Richter, M.M.

Lexikon der Kohlenstoff-Verbindungen

Supplement III

Richter, M.M.

Lexikon der Kohlenstoff-Verbindungen

Supplement III

Inktank publishing, 2018

www.inktank-publishing.com

ISBN/EAN: 9783747768921

LEXIKON

DER

KOHLENSTOFF-VERBINDUNGEN

Von

M. M. RICHTER.

SUPPLEMENT III

UMFASSEND

DIE LITTERATURJAHRE 1903 UND 1904.

HAMBURG UND LEIPZIG
VERLAG VON LEOPOLD VOSS
1905

INHALT.

Abkürzungen. — Abbreviations. — Abréviations. — Abbreviazioni.

A. LIEBIG's Annalen der Chemie.
A. ch. Annales de chimie et de physique.
Am. American chemical Journal.
Am. Soc. Journal of the American chemical Society.
A. Pth. Archiv für experimentelle Pathologie und Pharmakologie.
Ar. Archiv der Pharmacie.
B. Berichte der Deutschen chemischen Gesellschaft.
Bl. Bulletin de la société chimique de Paris.
Bulet. Buletinul societaţii de sciinţe din Bucuresci.
C. Chemisches Centralblatt.
C. r. Comptes rendus de l'académie des sciences.
Ch. J. Chemische Industrie.
Ch. Z. Chemiker-Zeitung (Cöthen).
Chem. N. Chemical News.
D. DINGLER's Polytechnisches Journal.
D.R.P. Patentschrift des Deutschen Reiches.
El. Ch. Z. Elektrochemische Zeitschrift.
Fr. (FRESENIUS') Zeitschrift für analytische Chemie.
Frdl. FRIEDLÄNDER's Fortschritte der Theerfarbenfabrication (Berlin, SPRINGER).
G. Gazzetta chimica italiana.
Gm. L. GMELIN's Handbuch der organischen Chemie. 4. Aufl. Band 1—4 (1848—1870) und Supplementband 1—2 (1867—1868).
Grh. GERHARDT, Traité de chimie organique. 4 Bände. (1853—1856).
H. (HOPPE-SEYLER's) Zeitschrift für physiologische Chemie.
J. Jahresbericht der Chemie.
J. pr. Journal für praktische Chemie.
J. r. Journal der russischen physikalisch-chemischen Gesellschaft.
J. Th. Jahresbericht der Thierchemie.
L. V. St. Landwirthschaftliche Versuchsstationen.
M. Monatshefte für Chemie.
P. POGGENDORFF's Annalen der Physik und Chemie.
P. C. H. Pharmaceutische Centralhalle.
P. Ch. S. Proceedings of the Chemical Society.
Ph. Ch. Zeitschrift für physikalische Chemie.
R. Recueil des travaux chimiques des Pays-Bas.
R. A. L. Atti della reale Accademia dei Lincei (RENDICONTI)
Soc. Journal of the chemical Society of London.
W. Annalen der Physik (WIEDEMANN).
Z. Zeitschrift für Chemie.
Z. a. Ch. Zeitschrift für anorganische Chemie.
Z. Ang. Zeitschrift für angewandte Chemie.
Z. B. Zeitschrift für Biologie.
Z. El. Ch. Zeitschrift für Elektrochemie.
Z. Kr. Zeitschrift für Krystallographie.

Abkürzungen. — Abbreviations. — Abréviations. — Abbreviazioni.

Anm.	Anmerkung	note	annotation	avvertenza
cor.	corrigirt	corrected	corrigé	corretto
d-	rechtsdrehend	dextrorotatory	destrogyre	destrogiro
f.	fest	solid	solide	solido
Fl.	flüssig	liquid	liquide	liquido
fum.	fumaroïd	fumaroid	fumaroïde	fumaroide
h.	hochschmelzend	high melting	fond à haute température	che fonde alto
i-	inactiv	inactive	inactif	inattivo
(i. D.)	im Dampf	in the vapour	dans la vapeur	nel vapore
isom.	isomer	isomeric	isomère	isomero
(i. V.)	im Vakuum	in a vacuum	dans le vide	nel vuoto
l-	linksdrehend	laevorotatory	lévogyre	levogiro
lab.	labil	unstable	instable	labile
m-	meta	meta	méta	meta
mal.	maleïnoïd	malenoid	malénoïde	maleinoide
norm.	normal	normal	normal	normal
o-	ortho	ortho	ortho	orto
p-	para	para	para	para
R.	Ring (cyklo)	ring (cyclic)	noyau (cyclo)	anello (ciclo)
s.	symmetrisch	symmetrical	symétrique	simmetrico
Sd.	Siedepunkt	boiling point	point d'ébullition	punto di ebullizione
Sm.	Schmelzpunkt	melting point	point de fusion	punto di fusione
stab.	stabil	stable	stable	stabile
u. Zers.	unter Zersetzung	with decomposition	en se décomposant	con decomposizione
unc.	uncorrigirt	uncorrected	non corrigé	non corretto
uns.	unsymmetrisch	unsymmetrical	asymétrique	asimmetrico
Verb.	Verbindung	compound	combinaison	combinazione (composto)

Häufiger vorkommende deutsche Ausdrücke.	Frequently occurring German Expressions.	Mots allemands souvent employés.	Vocaboli tedeschi pui frequentemente usati.
Base	base	base	base
Kohlenwasserstoff	hydrocarbon	hydrocarbure	idrocarburo
Lit. (Literatur) bedeutend	literature abundant	bibliographie considérable	Letteratura ricca, copiosa
Säure	acid	acide	acido
Salze meist bek. (bekannt)	most salts known	beaucoup de sels connus	i sali sono in gran parte noti
Verbindung aus	compound of	dérivré de	composto ottenuto da
aus	from	de	da
bei	at	à	a
oder	or	ou	o (oppure)
siehe auch	see also	à comparer	vedi anche
wasserfrei	anhydrous	anhydre	anidro

1) Ein „Stern“ vor der Ordnungsnummer bedeutet, dass die Verbindung schon im Stammwerk unter der gleichen Nummer beschrieben ist.

2) Die mit einem „Stern“ versehene „Beilstein-Notiz“ bezieht sich auf die Ergänzungsbände.

C_1-Gruppe.

CO_2 *1) **Kohlensäure** (*J. pr.* [2] **67**, 423 *C.* **1903** [1] 1387).

CCl_4 *1) **Tetrachlormethan** (*C.* **33** [1] 77 *C.* **1903** [1] 1109).

CS *1) **Kohlenstoffmonosulfid** (*Soc.* **81**, 1538 *C.* **1903** [1] 7, 127; *Z. a. Ch.* **34**, 187 *C.* **1903** [1] 808; *B.* **36**, 4336 *C.* **1904** [1] 437).

CMo 1) **Kohlenstoffmolybdän** (*B.* **37**, 3324 *C.* **1904** [2] 1022).

— 1 II —

CHN *1) **Cyanwasserstoffsäure** (*C.* **1903** [1] 494).

$CHCl_3$ *1) **Chloroform.** Sm. — 63,2° (*C.* **1904** [1] 1195).

$CHBr_3$ *1) **Bromoform** (*C.* **1904** [2] 301).

CHJ_3 *1) **Jodoform** (*C.* **1903** [1] 918; **1904** [1] 995).

CH_2O *1) **Aldehyd d. Ameisensäure.** + HBr. (*C.* **1903** [2] 709).

CH_2O_2 *1) **Ameisensäure.** NH_4 (*M.* **23**, 1034 *C.* **1903** [1] 386; *B.* **36**, 1783 *C.* **1903** [2] 189; *C. r.* **136**, 1465 *C.* **1903** [2] 282; *B.* **36**, 4351 *C.* **1904** [1] 356).

CH_2O_4 C 15,4 — H 2,6 — O 82,0 — M. G. 78.

1) **Ueberkohlensäure.** Na_2 + $1\frac{1}{2}H_2O$, K_2 (*B.* **32**, 1544 *C.* **1903** [1] 494; D.R.P. 145746 *C.* **1903** [2] 1034).

CH_2N_2 *2) **Diazomethan** (*M.* **24**, 364 *C.* **1903** [2] 507).

CH_2Br_2 *1) **Dibrommethan** (*M.* **24**, 783 *C.* **1904** [1] 157).

CH_2S_3 *1) **Trithiokohlensäure.** Salze siehe (*B.* **36**, 1146 *C.* **1903** [1] 1176).

CH_3F *1) **Fluormethan.** Sd. —78° bei 742,5° (*Soc.* **85**, 1317 *C.* **1904** [2] 1281).

CH_3As 1) **Arsenmethyl.** $C_4H_{12}As_4$? Sd. $190°_{18}$ (*C. r.* **138**, 1705 *C.* **1904** [2] 415).

2) **polym. Arsenmethyl** (*C. r.* **138**, 1707 *C.* **1904** [2] 415).

CH_5N *1) **Methylamin.** (HCl, $2HgCl_2$) (*J. pr.* [2] **66**, 466 *C.* **1903** [1] 561; *B.* **36**, 3945 *C.* **1904** [1] 352).

CH_5N_3 *1) **Guanidin.** (HCl, $2CdCl_2$) (*C.* **1903** [2] 211; *B.* **36**, 3024 *C.* **1903** [2] 957; *H.* **43**, 72 *C.* **1904** [2] 1610).

CH_8N_6 C 11,5 — H 7,7 — N 80,8 — M. G. 104.

1) **Hydrazondihydrazidomethan** (Triamidoguanidin). HCl (*B.* **37**, 3548 *C.* **1904** [2] 1379).

CO_8N_4 *1) **Tetranitromethan** (*B.* **36**, 2225 *C.* **1903** [2] 421).

CBr_4S_2 *1) **Verbindung.** (*C.* **1903** [1] 19).

— 1 III —

CHO_6N_3 *1) **Trinitromethan.** NH_4 (*B.* **36**, 2227 *C.* **1903** [2] 421; *G.* **33** [2] 323 *C.* **1904** [1] 256).

$CHNS$ *1) **Rhodanwasserstoffsäure.** Salze siehe (*C.* **1903** [2] 550; *Am.* **29**, 474 *C.* **1903** [1] 1307; *Am.* **30**, 145 *C.* **1903** [2] 715; *Am.* **30**, 184 *C.* **1903** [2] 873).

$CH_2O_3N_2$ *1) **Methylnitrolsäure.** Sm. 68° u. Zers. (*G.* **33** [1] 510 *C.* **1903** [2] 937).

$CH_2O_4N_2$ *1) **Dinitromethan.** K, Phenylhydrazinsalz, Benzylaminsalz (*B.* **35**, 4289 *C.* **1903** [1] 279).

CH_3ON *1) **Formaldoxim** (*B.* **35**, 4301 *C.* **1903** [1] 280).
*2) **Amid d. Ameisensäure.** (2HCl, $PtCl_4$) (*B.* **36**, 154 *C.* **1903** [1] 444).
CH_3OAs *1) **Arsenmethyloxyd.** Sm. 95° (*C. r.* **137**, 926 *C.* **1904** [1] 80).
CH_3O_2N *1) **Nitromethan** (*B.* **35**, 4300 *C.* **1903** [1] 280; *B.* **36**, 3297 *C.* **1903** [2] 1164).
*4) **Formhydroxamsäure** (*B.* **35**, 4299 *C.* **1903** [1] 280).
CH_3Cl_3Sn 1) **Methylzinnchlorid.** Sm. 43° (105—107°?); Sd. 179—180° (*C.* **1903** [2] 106, 553; *B.* **36**, 3027 *C.* **1903** [2] 938).
CH_3Br_3Sn 1) **Methylzinnbromid.** Sm. 50—55° (53°) (*C.* **1903** [2] 106, 553; *B.* **36**, 1059 *C.* **1903** [1] 1120).
CH_3J_3Sn 1) **Methylzinnjodid.** Sm. 82—84° (86,5°) (*C.* **1903** [2] 106, 552; *B.* **36**, 1058 *C.* **1903** [1] 1120).
CH_4ON_2 *1) **Harnstoff** (*M.* **24**, 218 *C.* **1903** [2] 57; *J. pr.* [2] **67**, 274 *C.* **1903** [1] 1218; *B.* **36**, 1926 *C.* **1903** [2] 193; *B.* **36**, 3025 *C.* **1903** [2] 957; *Soc.* **83**, 1391 *C.* **1904** [1] 160, 437; *B.* **37**, 2293 *C.* **1904** [2] 186).
$CH_4O_2N_2$ *4) **Dinitromethylsäure** (Nitrosomethylhydroxylamin). Cu + $^1/_2H_2O$ (*A.* **329**, 193 *C.* **1903** [2] 1414).
CH_4O_2Sn *1) **Zinnmethylsäure** (Methylstannonsäure). (*C.* **1903** [2] 553; *B.* **36**, 1060 *C.* **1903** [1] 1120).
CH_4N_2S *1) **Thioharnstoff.** 4 + Ammoniumthiocyanat (*Soc.* **83**, 1 *C.* **1903** [1] 77, 447; *Z. a. Ch.* **34**, 62 *C.* **1903** [1] 699; *B.* **36**, 1151 *C.* **1903** [1] 1177; *B.* **36**, 1928 *C.* **1903** [2] 193; *B.* **37**, 242 *C.* **1904** [1] 651).
CH_5O_3As *1) **Arsenmethylsäure** (*C.* **1903** [1] 280; *C. r.* **139**, 212 *C.* **1904** [2] 640).
$CO_4N_2Br_2$ *1) **Dibromdinitromethan** (*B.* **35**, 4291 *C.* **1903** [1] 279).

— 1 IV —

CHO_4N_2Br *1) **Bromdinitromethan.** K (*B.* **35**, 4292 *C.* **1903** [1] 279).

— 1 V —

CH_4ONCl_2P 1) **Methylmonamid d. Phosphorsäuredichlorid.** Sd. 132°$_{27}$ (*A.* **326**, 172 *C.* **1903** [1] 819).
CH_4NCl_2SP 1) **Methylmonamid d. Thiophosphorsäuredichlorid.** Sd. 115°$_{33}$ (*A.* **326**, 201 *C.* **1903** [1] 821).

C_2-Gruppe.

C_2H_2 *1) **Aethin.** Na (*C.* **1904** [2] 1024).
C_2Cl_4 *1) **Tetrachloräthen** (*G.* **34** [1] 249 *C.* **1904** [1] 1481).
C_2Cl_6 *1) **Hexachloräthan** (*C.* **1903** [2] 1052).
C_2Br_2 1) **Dibromäthin.** Sd. 76—77° (*C. r.* **136**, 1333 *C.* **1903** [2] 102; *C. r.* **137**, 55 *C.* **1903** [2] 551).
C_2Br_4 *1) **Tetrabromäthen.** Sm. 55—56° (*C. r.* **136**, 1334 *C.* **1903** [2] 102).
C_2Br_6 *1) **Hexabromäthan** (*C.* **1903** [2] 1053).
C_2J_2 *1) **Dijodäthin** (*B.* **37**, 3453 *C.* **1904** [2] 1281).
C_2Cs_2 1) **Kohlenstoffcäsium** (*C. r.* **136**, 1220 *C.* **1903** [2] 105).
C_2Rb_2 1) **Kohlenstoffrubidium** (*C. r.* **136**, 1221 C. **1903** [2] 105).

— 2 II —

C_2HCl_5 *1) **Pentachloräthan** (*G.* **34** [1] 249 *C.* **1904** [1] 1481).
C_2HBr_5 *1) **Pentabromäthan** (C. **1904** [1] 715).
$C_2H_2O_4$ *1) **Oxalsäure.** (NH_4, HF), (K, HF), (Rb, HF) (*A.* **328**, 151 *C.* **1903** [2] 987; *H.* **37**, 225 *C.* **1903** [1] 593; *C.* **1903** [2] 657, 658, 1240, 1241; **1904** [1] 81, 359, 505).
$C_2H_2O_6$ *1) **Perkohlensäure.** K_2 (*C.* **1904** [2] 13).
$C_2H_2Cl_4$ *2) $\alpha\alpha\beta\beta$-**Tetrachloräthan** (D.R.P. 154657 *C.* **1904** [2] 1177).
C_2H_3N *1) **Nitril der Essigsäure** (*B.* **35**, 4298 *C.* **1903** [1] 280).
C_2H_4O *2) **Aethylenoxyd** (*B.* **36**, 2017 C. **1903** [2] 338; *A.* **335**, 200 *C.* **1904** [2] 1201).
*4) **Aldehyd d. Essigsäure** (*Ph. Ch.* **43**, 131 *C.* **1903** [1] 1078).
$C_2H_4O_2$ *1) **Essigsäure.** NH_4, + $4AlCl_3$ (*M.* **23**, 1040 *C.* **1903** [1] 386; *Soc.* **85**, 1108 *C.* **1904** [2] 976).

$C_2H_4O_2$ *2) **Aldehyd d. Oxyessigsäure** (*H.* **38**, 148 *C.* **1903** [1] 1426).
*3) **Diformaldehyd** (*C.* **1904** [2] 586).

$C_2H_4O_3$ *1) **Glyoxylsäure.** Salze siehe (*B.* **37**, 3189 *C.* **1904** [2] 1108; *Soc.* **85**, 1382 *C.* **1904** [2] 1705).

$C_2H_4N_2$ *3) **Nitril d. Amidoessigsäure.** H_2SO_4, Pikrat (*B.* **36**, 1511 *C.* **1903** [1] 1303; *Bl.* [3] **29**, 1197 C. **1904** [1] 353).

$C_2H_4N_4$ *1) **Dicyandiamid** (*C.* **1903** [2] 225).

$C_2H_4Cl_2$ *1) **αα-Dichloräthan** (*B.* **37**, 2398 *C.* **1904** [2] 301).
*2) **αβ-Dichloräthan** (*B.* **37**, 2398 *C.* **1904** [2] 301).

$C_2H_4Br_2$ *2) **αβ-Dibromäthan** (*G.* **33** [1] 77 *C.* **1903** [1] 1109).

C_2H_5N *1) **Amidoäthen** (*C.* **1903** [2] 1165; *A.* **330**, 280 *C.* **1904** [1] 999).

C_2H_5As 1) **Arsenäthyl** (*C. r.* **138**, 1707 *C.* **1904** [2] 416).

C_2H_6O *2) **Dimethyläther.** Sm. —117,6°. + 5HCl (*C.* **1904** [1] 1195; *Soc.* **85**, 927 *C.* **1904** [2] 585).

$C_2H_6O_2$ *1) **αβ-Dioxyäthan** (*A.* **335**, 200 *C.* **1904** [2] 1201).

C_2H_6S *1) **Merkaptoäthan** (*G.* **33** [1] 77 *C.* **1903** [1] 1109).
*2) **Dimethylsulfid** (*G.* **33** [1] 77 *C.* **1903** [1] 1109).

C_2H_7N *1) **Aethylamin** (*B.* **36**, 3945 *C.* **1904** [1] 352).
*2) **Dimethylamin.** ($HCl + 3HgCl_2 + H_2O$) (*J. pr.* [2] **66**, 467 *C.* **1903** [1] 561).

$C_2H_8N_2$ *1) **αβ-Diamidoäthan.** 4 + CdJ_2, 3 + $2CdJ_2$, 2 + CdJ_2 (*C. r.* **136**, 688 *C.* **1903** [1] 919; *B.* **36**, 3831 *C.* **1904** [1] 19; D.R.P. 147943 *C.* **1904** [1] 133).

$C_2O_6Hg_3$ 1) **Verbindung** + $2^1/_2H_2O$ (aus d. Verb. $C_8H_6O_6Hg_3$). Explodiert bei 200° (*B.* **36**, 3708 *C.* **1903** [2] 1240).

C_2N_2S 2) **Cyansenföl.** Sd. 220° (*A.* **331**, 289 *C.* **1904** [2] 31).

$C_2Cl_4Br_2$ *1) **αααβ-Tetrachlor-ββ-Dibromäthan** (*C.* **1903** [2] 1053).
*2) **ααββ-Tetrachlor-αβ-Dibromäthan** (*C.* **1903** [2] 1053).

$C_2Cl_4F_2$ 1) **αβββ-Tetrachlor-αα-Difluoräthan.** Sm. 52°; Sd. 91° (*C.* **1903** [1] 13).

$C_2Br_2J_2$ 2) **αβ-Dibrom-αβ-Dijodäthen.** Sm. 95—96° (*C. r.* **136**, 1334 *C.* **1903** [2] 102).

— 2 III —

C_2HOCl_3 *5) **Chloralhydrat** (*Soc.* **85** 1376 *C.* **1904** [2] 1597).
7) **polym. Chloral** (D.R.P. 139392 *C.* **1903** [1] 743).

$C_2HO_2Cl_3$ *1) **Trichloressigsäure.** Pyridinsalz, Chinolinsalz (*A.* **326**, 313 *C.* **1903** [1] 1088; *C.* **1903** [2] 1238; **1904** [1] 1642, 1643).

$C_2HO_2Br_3$ *1) **Tribromessigsäure.** Derivate siehe (*C.* **1903** [2] 1238; **1904** [1] 1642).

C_2HCl_2F 1) **ββ-Dichlor-α-Fluoräthen.** Sd. 37,5° (*C.* **1903** [1] 13).

$C_2HCl_2F_3$ 1) **Dichlortrifluoräthan.** Sd. 25—30° (*C.* **1903** [1] 13).

$C_2HCl_3F_2$ 1) **Trichlordifluoräthan.** Sd. 70—72° (*C.* **1903** [1] 13).

C_2HCl_4F 1) **αβββ-Tetrachlor-α-Fluoräthan.** Sd. 116,5° (*C.* **1903** [1] 13).

C_2HBrMg 1) **Acetylenmagnesiumbromid** (*C.* **1904** [2] 943).

$C_2H_2O_2N_2$ *5) **polym. Nitril d. Nitroessigsäure.** Sm. 216° (*C.* **1904** [2] 1537.

$C_2H_2O_2Cl_2$ *1) **Dichloressigsäure.** Pyridinsalz, Chinolinsalz, Strychninsalz (*A.* **326**, 319 *C.* **1903** [1] 1088).

$C_2H_2O_2F_2$ *1) **Difluoressigsäure.** Sd. 134,2°$_{760}$. Na, Ca, Ba, Pb, Hg, Ag (*C.* **1903** [2] 709).

$C_2H_2O_2S_2$ 1) **Dithioloxalsäure.** Na_2 (*C. r.* **136**, 555 *C.* **1903** [1] 816).

$C_2H_2O_8N_4$ *1) **ααββ-Tetranitroäthan.** K_2 (*B.* **35**, 4288 *C.* **1903** [1] 279).

$C_2H_2N_2S$ 2) **1,2,3-Thiodiazol.** Sd. 157°$_{742}$. HCl. (HCl, $AuCl_3$), + $AuCl_3$ (*A.* **333**, 19 *C.* **1904** [2] 781).

$C_2H_2N_2S_2$ *1) **α-Cyanimido-αα-Dimerkaptomethan** (Dithiocyansäure). K_2 (*A.* **331**, 283 *C.* **1904** [2] 31).

$C_2H_2N_2S_3$ *3) **Isopersulfocyansäure** (*A.* **331**, 290 *C.* **1904** [2] 31).
4) **5-Imido-3-Thiocarbonyl-4,5-Dihydro-1,2,4-Dithioazol** (Xanthanwasserstoff) (*A.* **331**, 294 *C.* **1904** [2] 32).

C_2H_2ClF 1) **β-Chlor-α-Fluoräthen.** Sd. 10—11° (*C.* **1903** [1] 13).

$C_2H_2ClF_3$ 1) **α-Chlor-αββ-Trifluoräthan.** Sd. 17° (*C.* **1903** [1] 13).

$C_2H_2Cl_2F_2$ 1) **ββ-Dichlor-αα-Difluoräthan.** Sd. 60° *C.* **1903** [1] 13).

$C_2H_2Cl_3F$ 1) **αββ-Trichlor-α-Fluoräthan.** Sd. 103° (*C.* **1903** [1] 13).

C_2H_3OCl *5) **Chlorid d. Essigsäure** (D.R.P. 151864 *C.* **1904** [2] 69).

$C_2H_3O_2N_3$ *1) **Urazol.** Sm. 243° (*B.* **36**, 745 *C.* **1903** [1] 827).

1*

$C_2H_3O_3N$ *1) **Oximidoessigsäure.** Sm. 143—144° u. Zers. (*Bl.* [3] **31**, 677 *C.* **1904** [2] 195).
*2) **Oxaminsäure.** Sm. 210°. NH_4, Ag, Methylaminsalz (*Soc.* **83**, 22 *C.* **1903** [1] 448; *B.* **37**, 2930 *C.* **1904** [2] 1241).
3) **Gem. Anhydrid d. Salpetrigensäure u. Essigsäure** (Nitrosoacetanhydrid). Fl. (*C.* **1903** [2] 656; *G.* **34** [1] 439 *C.* **1904** [2] 511).

$C_2H_3O_5N$ C 19,8 — H 2,5 — O 66,1 — N 11,6 — M. G. 121.
1) **Nitrat d. Oxyessigsäure.** Sm. 54,5° (*Bl.* [3] **29**, 602 *C.* **1903** [2] 342).

$C_2H_3NCl_2$ 1) **$\alpha\beta$-Dichlor-α-Imidoäthan** (*J. pr.* [2] **69**, 352 *C.* **1904** [2] 510).

$C_2H_3ClF_2$ 1) **β-Chlor-$\alpha\alpha$-Difluoräthan.** Sd. 36° (*C.* **1903** [1] 438).

$C_2H_4OCl_2$ *2) **s-Dichlormethyläther** (*A.* **330**, 112 *C.* **1904** [1] 1063; *C. r.* **138**, 1110 *C.* **1904** [1] 1642; *A.* **334**, 15 *C.* **1904** [2] 947).

$C_2H_4OF_2$ 1) **$\beta\beta$-Difluor-α-Oxyäthan.** Sm. —28,2°; Sd. 95,5—96°. Na (*C.* **1903** [1] 436; **1903** [2] 486).

$C_2H_4O_2N_2$ *1) **$\alpha\beta$-Dioximidoäthan.** Sm. 178,5° (*B.* **36**, 3831 *C.* **1904** [1] 19).

$C_2H_4O_2Cl_2$ *1) **$\beta\beta$-Dichlor-$\alpha\alpha$-Dioxyäthan.** Sm. 55—56°; Sd. 96—97,5° (*G.* **33** [2] 395 *C.* **1904** [1] 921).

$C_2H_4O_2S$ *1) **Merkaptoessigsäure.** Salze (*Z. a. Ch.* **41**, 235 *C.* **1904** [2] 1107).

$C_2H_4O_3N_2$ *1) **Aethylnitrolsäure.** Sm. 87—88° u. Zers. (*G.* **33** [1] 510 *C.* **1903** [2] 937).
*5) **Methazonsäure.** Ag. (*M.* **25**, 719 *C.* **1904** [2] 1110).
*11) **Hydroxyloxamid** (*A.* **326**, 259 *C.* **1903** [1] 736).
12) **Amid d. Nitroessigsäure.** Zers. bei 97—98°. NH_4, Ag (*M.* **25**, 708 *C.* **1904** [2] 1110).
13) **Amid. d. Oximidooxyessigsäure.** Ag (*Soc.* **81**, 1565 *C.* **1903** [1] 157).

$C_2H_4O_5Cr$ 1) **Gem. Anhydrid d. Essigsäure u. Chromsäure.** (Acetylchromsäure (*B.* **34**, 2216 *C.* **1903** [2] 419).

$C_2H_4N_2S_3$ 2) **Dimerkaptomethylenthioharnstoff?** K_2 (*A.* **331**, 288 *C.* **1904** [2] 31).

C_2H_5ON *1) **Acetaldoxim** (*B.* **35**, 4298 *C.* 1903 [1] 280).
*3) **Aldehyd d. Amidoessigsäure.** (2HCl, $PtCl_4$) (*B.* **37**, 613 *C.* **1904** [1] 924).
*4) **Amid. d. Essigsäure.** HBr, HJ (*B.* **36**, 154 *C.* **1903** [1] 444).

C_2H_5OCl *3) **Chlordimethyläther.** Sd. 60° (*B.* **36**, 1384 *C.* **1903** [1] 1295; *A.* **334**, 49 *C.* **1904** [2] 948).

$C_2H_5O_2N$ *1) **Nitroäthan** (*B.* **35**, 4297 *C.* **1903** [1] 280).
*3) **Acethydroxamsäure** (*B.* **35**, 4295 *C.* **1903** [1] 280; *B.* **36**, 817 *C.* **1903** [1] 1017).
*6) **Amidoessigsäure** (D.R.P. 141976 *C.* **1903** [1] 1381; *H.* **39**, 464 *C.* **1903** [2] 961).
*7) **Methylester d. Amidoameisensäure.** Sm. 57—58° (*B.* **36**, 2475 *C.* **1903** [2] 559).
*8) **Amid d. Oxyessigsäure.** Sm. 120° (*B.* **37**, 2636 Anm. *C.* **1904** [2] 518).

$C_2H_5O_2N_3$ *2) **Biuret.** 2 + $CdCl_2$ (*H.* **43**, 72 *C.* **1904** [2] 1610).

$C_2H_5O_3N$ 6) **β-Oximido-$\alpha\beta$-Dioxyäthan** (Glykolhydroxamsäure). Cu (*G.* **34** [2] 73 *C.* **1904** [2] 734).

$C_2H_5O_4P$ 2) **Aethylenester d. Phosphorsäure** (*C. r.* **138**, 375 *C.* **1904** [1] 786).

$C_2H_5NF_2$ 1) **$\beta\beta$-Difluor-α-Amidoäthan.** Sd. 67,5—67,8°$_{757}$. HCl, (2HCl, $PtCl_4$), H_2SO_4, Oxalat (*C.* **1904** [2] 944).

$C_2H_5NS_2$ *1) **Methylester d. Amidodithioameisensäure.** Sm. 40—42° (*C. r.* **135**, 975 *C.* **1903** [1] 139).

$C_2H_5Cl_3Si$ *1) **Siliciumäthyltrichlorid** (*C.* **1904** [1] 636).

C_2H_5JZn *1) **Zinkäthyljodid** (*C.* **1903** [2] 339).

$C_2H_5J_2As$ 1) **Antimonäthyljodid.** Sm. 43° (*C. r.* **139**, 599 *C.* **1904** [2] 1451).

$C_2H_6ON_2$ *5) **Amid d. Amidoessigsäure** (*A.* **327**, 368 *C.* **1903** [2] 660).
*6) **Hydrazid d. Essigsäure.** Sd. 129°$_{19}$ (*J. pr.* [2] **69**, 145 *C.* **1904** [1] 1274).

C_2H_6OSn *1) **Zinndimethyloxyd** (*C.* **1903** [2] 553; *B.* **36**, 3030 *C.* **1903** [2] 938).

$C_2H_6O_2N_4$ *2) **Amid d. Hydrazodicarbonsäure.** Sm. 257° (246°) (*B.* **35**, 4215 *C.* **1903** [1] 161; *G.* **33** [1] 322 *C.* **1903** [2] 281; *B.* **36**, 4379 *C.* **1904** [1] 454).
*4) **Dihydrazid d. Oxalsäure.** Sm. 241° u. Zers. (*B.* **37**, 2202 *C.* **1904** [2] 323).

$C_2H_6O_2S$ *1) **Aethansulfinsäure.** Mg + $2H_2O$ (*B.* **37**, 2153 *C.* **1904** [2] 186).
*2) **Dimethylsulfon.** Sm. 110° (*B.* **37**, 3550 *C.* **1904** [2] 1377).

$C_2H_6O_3S$ *1) **Aethansulfonsäure.** Aethylaminsalz (*B.* **37**, 3803 *C.* **1904** [2] 1564).

$C_2H_6O_4S$ *2) **Dimethylester d. Schwefelsäure** (*A.* **327**, 105 *C.* **1903** [1] 1213).

$C_2H_6O_6S_2$ *1) **Aethan-$\alpha\alpha$-Disulfonsäure.** $(NH_4)_2$ (*B.* **37**, 3808 *C.* **1904** [2] 1564).
*2) **Aethan-$\alpha\beta$-Disulfonsäure.** $(NH_4)_2$ (*B.* **37**, 3806 *C.* **1904** [2] 1564).

C_2H_6NBr 2) **Dimethylbromamin.** Sd. 64—66° (*B.* **37**, 1783 *C.* **1904** [1] 1483).

$C_2H_6N_2S$ 2) **Methyläther d. Amidoimidomerkaptomethan** (Methylpseudothioharnstoff). HCl, HJ, Chloracetat (*Soc.* **83**, 567 *C.* **1903** [1] 1123; *Am.* **29**, 482, 492 *C.* **1903** [1] 1309).

C_2H_6ClTl 1) **Thalliumdimethylchlorid.** Zers. oberh. 280° (*B.* **37**, 2057 *C.* **1904** [2] 20).

C_2H_6BrTl 1) **Thalliumdimethylbromid.** Zers. oberh. 275° (*B.* **37**, 2055 *C.* **1904** [2] 20).

$C_2H_6Br_2Sn$ *1) **Zinndimethylbromid.** Sm. 74° (*B.* **36**, 1058 *C.* **1903** [1] 1120).

C_2H_6JTl 1) **Thalliumdimethyljodid.** Zers. bei 264—266° (*B.* **37**, 2056 *C.* **1904** [2] 20).

$C_2H_6J_2Sn$ *1) **Zinndimethyljodid.** Sm. 32° (*B.* **36**, 1058 *C.* **1903** [1] 1120).

$C_2H_6S_3Sn_2$ 1) **Methylzinnsulfid** (*B.* **36**, 3029 *C.* **1903** [2] 938).

$C_2H_7ON_3$ 2) **Hydrazid d. Amidoessigsäure.** Sm. 80—85°. HCl (*J. pr.* [2] **70**, 102 *C.* **1904** [2] 1035).

$C_2H_7O_2N_5$ C 18,0 — H 5,3 — O 24,1 — N 52,6 — M. G. 133.
1) **Dihydrazid d. Imidodiameisensäure.** Sm. 199—200° u. Zers. (*B.* **36**, 744 *C.* **1903** [1] 827).

$C_2H_7O_2As$ *1) **Kakodylsäure** (*B.* **36**, 3325 *C.* **1903** [2] 1165; *B.* **37**, 153 *C.* **1904** [1] 578; *B.* **37**, 1076 *C.* **1904** [1] 1327; *B.* **37**, 2289 *C.* **1904** [2] 186; *B.* **37**, 2705 *C.* **1904** [2] 416; *B.* **37**, 3625 *C.* **1904** [2] 1451).

$C_2H_7O_4P$ *1) **Aethylphosphorsäure** (*C. r.* **138**, 762 *C.* **1904** [1] 1196).
*3) **α-Oxyäthylphosphinsäure** (*C. r.* **136**, 48 *C.* **1903** [1] 439).

$C_2H_7O_5P$ 1) **Mono[β-Oxyäthylester] d. Phosphorsäure.** Ba + H_2O, Chininsalz (*C. r.* **138**, 375 *C.* **1904** [1] 786).

C_2H_7STl 1) **Thalliumdimethylsulfhydrat** (*B.* **37**, 2056 *C.* **1904** [2] 20).

$C_2H_8O_5As$ 1) **Dimethylpyroarsinsäure.** Na_2 (*C. r.* **139**, 411 *C.* **1904** [2] 764).

$C_2H_8O_6P_2$ 2) **Verbindung** (aus d. Verb. $C_4H_{10}O_8P_2$) (*C. r.* **136**, 757 *C.* **1903** [1] 1017).

$C_2H_8O_9P_2$ 1) **Säure** (aus Chlorophyllpflanzen). (Na_4, Ca_2 + $8H_2O$) (*C. r.* **137**, 338 *C.* **1903** [2] 728; *C. r.* **137**, 439 *C.* **1903** [2] 797; *H.* **40**, 121 *C.* **1904** [1] 191; *Am.* **31**, 569 *C.* **1904** [2] 47).

— 2 IV —

C_2HOClF_2 1) **Chlorid d. Difluoressigsäure.** Sd. 25° (*C.* **1903** [2] 710).

C_2HOCl_2F 1) **Fluorid d. Dichloressigsäure.** Sd. 70,5° (*C.* **1903** [1] 13).

C_2HOBr_2F *1) **Bromid d. Bromfluoressigsäure.** Sd. 112,5° (*C.* **1903** [1] 12).

$C_2HO_2Cl_3P$ 1) **Verbindung** (aus Chloral u. Phosphorpentachlorid). Sd. 238—242° (*G.* **34** [1] 250 *C.* **1904** [1] 1481).

$C_2HO_2BrF_2$ 1) **Bromdifluoressigsäure?** Sm. 40°; Sd. 145—160° (*C.* **1903** [2] 710).

$C_2HCl_2Br_2F$ 1) **$\beta\beta$-Dichlor-$\alpha\beta$-Dibrom-α-Fluoräthan.** Sd. 163,5° (*C.* **1903** [1] 13).

$C_2H_2O_2BrF$ 1) **Bromfluoressigsäure.** Sm. 49°; Sd. 183°. NH_4, Na, K, Pb, Zn (*C.* **1903** [1] 12).

$C_2H_2O_2JF$ 1) Jodfluoressigsäure. Sm. 74° (*C.* **1903** [1] 13).

$C_2H_2O_3N_2Br_2$ 1) **Amid d. Dibromnitroessigsäure** (*M.* **25**, 723 *C.* **1904** [2] 1110).

$C_2H_3ONCl_2$ 3) **Chloramid d. Chloressigsäure.** Sm. 68—69° (*G.* **33** [1] 231 *C.* **1903** [2] 24).

$C_2H_3ONJ_2$ *1) **Amid d. Dijodessigsäure.** Sm. 201—202° u. Zers. (*B.* **37**, 1787 *C.* **1904** [1] 1484).

$C_2H_3ONF_2$ 1) **Amid d. Difluoressigsäure.** Sm. 50,2° (*C.* **1903** [2] 710).

$C_2H_3O_2BrHg$ *1) **Quecksilberbromidessigsäure.** Sm. 198° (*A.* **329**, 189 *C.* **1903** [2] 1414).

$C_2H_3O_3NS$ 2) **Methylsulfonisocyansäure.** Sm. 31°; Sd. 73,5—75°$_{12}$ (*B.* **36**, 3214 *C.* **1903** [2] 1055).

$C_2H_3O_3N_2Br$ 2) **Amid d. Bromnitroessigsäure.** Sm. 80—81° (79°). NH_4 (*B.* **37**, 1786 *C.* **1904** [1] 1483; *M.* **25**, 728 *C.* **1904** [2] 1111).

C_2H_4ONCl *2) **Amid d. Chloressigsäure.** Hg (*G.* **33** [1] 229 *C.* **1903** [2] 24).

$C_2H_4OCl_3P$ 1) **β-Chloräthyläther d. Dichloroxyphosphin** (*C. r.* **136**, 756 *C.* **1903** [1] 1017).

$C_2H_4O_3NCl$ *3) **Nitrit d. β-Chlor-α-Oxyäthan.** Sd. 95—96°$_{764}$ (*C.* **1903** [1] 436).
4) **β-Chlor-αOximido-α-Oxyäthan** (Chloracethydroxamsäure). Sm. 108° u. Zers. (*G.* **34** [1] 430 *C.* **1904** [2] 511).

$C_2H_4O_3N_2F_2$ 1) **ββ-Difluor-α-Nitramidoäthan.** Sm. 22,4°; Sd. 111—112°$_{14}$. NH_4, Na (*C.* **1904** [2] 945).

$C_2H_5O_2Cl_2P$ 2) **β-Chloräthyläther d. Chlordioxyphosphin** (*C. r.* **136**, 757 *C.* **1903** [1] 1017).

$C_2H_5O_3ClS$ *4) **Chlorid d. Aethylschwefelsäure.** Sd. 58°$_{20}$ (*Am.* **30**, 213 *C.* **1903** [2] 936).

$C_2H_6O_3ClP$ 1) **β-Chloräthyläther d. Trioxyphosphin** (*C. r.* **136**, 757 *C.* **1903** [1] 1017).

$C_2H_6NCl_2P$ 1) **Aethylamidodichlorphosphin.** Sd. 222—225° (*A.* **326**, 150 *C.* **1903** [1] 760).

$C_2H_6NCl_4P$ 1) **Dimethylamidophosphortetrachlorid.** + PCl_5 (*A.* **326**, 160 *C.* **1903** [1] 761).

— 2 V —

$C_2HOClBrF$ 1) **Chlorid d. Bromfluoressigsäure.** Sd. 98°$_{765}$ (*C.* **1903** [1] 12).

$C_2H_3ONClBr$ 2) **Bromamid d. Chloressigsäure.** Sm. 61—63° (*G.* **33** [1] 229 *C.* **1903** [2] 24).

C_2H_3ONClJ 1) **Amid d. Chlorjodessigsäure.** Sm. 140—141° (*B.* **37**, 1786 *C.* **1904** [1] 1484).

C_2H_3ONBrF 1) **Amid d. Bromfluoressigsäure.** Sm. 44° (*C.* **1903** [1] 12).

C_2H_3ONJF 1) **Amid d. Jodfluoressigsäure.** Sm. 92,5° (*C.* **1903** [1] 13).

$C_2H_6ONCl_2P$ 1) **Dimethylmonamid d. Phosphorsäuredichlorid.** Sd. 194—195° (*A.* **326**, 179 *C.* **1903** [1] 819).
2) **Aethylmonamid d. Phosphorsäuredichlorid.** Sd. 140°$_{22}$ (*A.* **326**, 172 *C.* **1903** [1] 819).

$C_2H_6NCl_2SP$ 1) **Dimethylmonamid d. Thiophosphorsäuredichlorid.** Sd. 85 bis 90°$_{16}$ (*A.* **326**, 210 *C.* **1903** [1] 822).
2) **Aethylmonamid d. Thiophosphorsäuredichlorid.** Sd. 216° (*A.* **326**, 202 *C.* **1903** [1] 821).

C_3-Gruppe.

C_3H_6 *1) **Propylen** (*B.* **36**, 1997 *C.* **1903** [2] 335).
*2) **R-Trimethylen** (*B.* **36**, 2014 *C.* **1903** [2] 337).

— 3 II —

C_3H_2O *1) **Aldehyd d. Aethincarbonsäure** (*B.* **36**, 3664 *C.* **1903** [2] 1312).

$C_3H_4O_3$ *3) **Brenztraubensäure.** Ba, Pb, (NH_4 + $NH_4.HSO_3$), ($NH_4.HSO_3$) (*R.* **21**, 299 *C.* **1903** [1] 17; *H.* **42**, 121 *C.* **1904** [2] 664).
11) **Methylester d. Glyoxylsäure.** Sm. 53° (*B.* **37**, 3592 *C.* **1904** [2] 1378).

$C_3H_4O_4$ *1) **Malonsäure** (*C.* **1903** [2] 712; *C. r.* **135**, 1351 *C.* **1903** [1] 320; *C.* **1904** [1] 505).

$C_3H_4N_2$ *2) **Imidazol.** Benzoat (*B.* **37**, 3115 *C.* **1904** [2] 1316).
*3) **Nitril d. Methylenamidoessigsäure.** Sm. 129° (*B.* **36**, 1507 *C.* **1903** [1] 1302).
*4) **isom. Nitril d. Methylenamidoessigsäure.** Sm. 86° (*B.* **36**, 1508 *C.* **1903** [1] 1302).

C_3H_5N *3) **Nitril d. Propionsäure** (*G.* **33** [1] 77 *C.* **1903** [1] 1109).

$C_3H_5N_3$ *3) **4-Amidopyrazol.** Sm. 80—82°. 2HCl, $2HNO_3$, 2 Pikrat, Pikrolonat (*B.* **37**, 3520 *C.* **1904** [2] 1313).
5) **3- oder 5-Amidopyrazol.** Sd. 282°$_{733}$ (*B.* **37**, 3522 *C.* **1904** [2] 1314).

C_3H_6O *3) **αβ-Propylenoxyd** (*B.* **36**, 2017 *C.* **1903** [2] 338; *A.* **335**, 201 *C.* **1904** [2] 1201).
*7) **Aceton.** 2 + 5HCl, + HBr, 2 + HJ (*Soc.* **85**, 924 *C.* **1904** [2] 585).
11) **Porinin.** = $(C_3H_6O)x$. Sm. 70—71° (*J. pr.* [2] **68**, 63 *C.* **1903** [2] 513).

$C_3H_6O_2$ *2) **Acetol** (*C. r.* **135**, 970 *C.* **1903** [1] 132; *A.* **335**, 247 *C.* **1904** [2] 1283).
*3) **Glycid.** Sd. 62°$_{15}$ (*A.* **335**, 231 *C.* **1904** [2] 1204).
*4) **Propionsäure.** NH_4 (*G.* **33** [1] 77 *C.* **1903** [1] 1109; *M.* **23**, 1053 *C.* **1903** [1] 386).
*6) **Methylester d. Essigsäure** (*B.* **37**, 3659 *C.* **1904** [2] 1452).

$C_3H_6O_2$ 7) **Aldehyd d. β-Oxypropionsäure.** Sd. 90°$_{18}$ (*A.* **335**, 219 *C.* **1904** [2] 1203).

$C_3H_6O_3$ *1) **Dioxyaceton** (*C.* **1904** [2] 1291).
*2) **Trioxymethylen** (*Bl.* [3] **27**, 1212 *C.* **1903** [1] 224; *Bl.* [3] **29**, 87 *C.* **1903** [1] 501).
*4) **i-Milchsäure** (D.R.P. 140319 *C.* **1903** [1] 1106; *Ar.* **241**, 421 *C.* **1903** [2] 1027; *C. r.* **139**, 204 *C.* **1904** [2] 641).
*5) **d-Milchsäure** (*H.* **37**, 203 *C.* **1903** [1] 593; *C. r.* **139**, 204 *C.* **1904** [2] 641).
*6) **l-Milchsäure** (*Soc.* **83**, 259 *C.* **1903** [1] 564, 869; *C. r.* **139**, 204 *C.* **1904** [2] 641).

$C_3H_6O_4$ *1) **r-αβ-Dioxypropionsäure** (*H.* **42**, 61 *C.* **1904** [2] 608).
*3) **d-αβ-Dioxypropionsäure.** Ba (*B.* **37**, 340 *C.* **1904** [1] 645).
4) **l-αβ-Dioxypropionsäure.** Ba (*B.* **16**, 2720; *B.* **37**, 339 *C.* **1904** [1] 645). — I, *623.*

$C_3H_6N_2$ *2) **Nitril d. i-α-Amidopropionsäure.** HCl, (2HCl, $PtCl_4$), H_2SO_4, Pikrat, Tartrat (*Bl.* [3] **29**, 1197 *C.* **1904** [1] 353; *Bl.* [3] **29**, 1180 *C.* **1904** [1] 353; *Bl.* [3] **29**, 1190 *C.* **1904** [1] 360).
*3) **Nitril d. Methylamidoessigsäure.** H_2SO_4 (*Bl.* [3] **29**, 1199 *C.* **1904** [1] 354.
6) **Nitril d. d-α-Amidopropionsäure.** H_2SO_4, Tartrat (*Bl.* [3] **29**, 1195 *C.* **1904** [1] 361).
7) **Nitril d. l-α-Amidopropionsäure.** H_2SO_4, Tartrat (*Bl.* [3] **29**, 1195 *C.* **1904** [1] 361).

$C_3H_6N_4$ *1) **3,5-Diamidopyrazol** (*B.* **37**, 3524 *C.* **1904** [2] 1314).
3) **1-Amido-5-Methyl-1,2,3-Triazol.** Sm. 70°. HCl (*B.* **36**, 3617 *C.* **1903** [2] 1381).

$C_3H_6S_3$ *1) **Trimethylensulfid.** Sm. 216° (*C.* **1904** [2] 21).

C_3H_8O *1) **α-Oxypropan.** + 5HCl, + 2HBr, + 2HJ (*C. r.* **137**, 302 *C.* **1903** [2] 708; *Soc.* **85**, 928 *C.* **1904** [2] 585).
*2) **β-Oxypropan** (*C. r.* **137**, 302 *C.* **1903** [2] 708).

$C_3H_8O_2$ *1) **αβ-Dioxypropan** (*A.* **335**, 201 *C.* **1904** [2] 1201).
*2) **αγ-Dioxypropan** (*M.* **25**, 267 *C.* **1904** [1] 1401; *A.* **335**, 206 *C.* **1904** [2] 1202).

$C_3H_8O_3$ *1) **αβγ-Trioxypropan.** Na (*A.* **335**, 209 *C.* **1904** [2] 1202; *A.* **335**, 279 *C.* **1904** [2] 1284).

C_3H_8S *3) **Methyläthylsulfid** (*G.* **33** [1] 77 *C.* **1903** [1] 1109).

C_3H_9N *1) **α-Amidopropan.** (2HCl, $SnCl_4$) (*C.* **1904** [1] 923).
*2) **Isopropylamin** (*B.* **36**, 703 *C.* **1903** [1] 818).
*4) **Trimethylamin.** (HCl + 6$HgCl_2$ + H_2O) (*J. pr.* [2] **66**, 468 *C.* **1903** [1] 561; *A.* **334**, 229 *C.* **1904** [2] 900).

C_3H_9P 3) **Propylphosphin.** Sd. 53—53,5° (*A.* **241**, 411 *C.* **1903** [2] 987).

$C_3H_{10}N_2$ *1) **αβ-Diamidopropan.** (2HCl, $PtCl_4$) (*B.* **36**, 1063 *C.* **1903** [1] 1174; *J. pr.* [2] **70**, 217 *C.* **1904** [2] 1460).
*2) **αγ-Diamidopropan.** 2HCl (*B.* **36**, 334 *C.* **1903** [1] 702).
4) **Propylhydrazin.** HCl (*J. pr.* [2] **70**, 280 *C.* **1904** [2] 1545).

— 3 III —

C_3HOBr_5 *1) **Pentabromaceton.** Sm. 74° (*R.* **22**, 288 *C.* **1903** [2] 108).

$C_3H_2OBr_4$ *1) **ααα γ-Tetrabrom-β-Ketopropan** + 4H_2O. Sm. 62° (37—38° wasserfrei) (*R.* **22**, 286 *C.* **1903** [2] 108).

$C_3H_2O_2Cl_4$ 2) **Chlormethylester d. Trichloressigsäure.** Sd. 170° u. Zers. (*C. r.* **136**, 1566 *C.* **1903** [2] 342).

$C_3H_2O_3N_2$ *1) **Parabansäure.** Sm. 242—244° u. Zers. (*A.* **333**, 115 *C.* **1904** [2] 893).

C_3H_3ON 3) **Isoxazol.** Sd. 95—95.5°$_{760}$. + $CdCl_2$, 2 + $PtCl_4$ (*B.* **36**, 3665 *C.* **1903** [2] 1312).

$C_3H_3O_2N$ *7) **Acetylisocyansäure.** Sd. 80—80,3° (*B.* **36**, 3216 *C.* **1903** [2] 1055).
8) **Nitril d. Formoxylessigsäure.** Sd. 172—173°$_{750}$ (*C.* **1904** [2] 1377).

$C_3H_3O_3N_3$ 1) **Verbindung** (aus Nitromalonsäureamid) = $(C_3H_3O_3N_3)x$. Ag (*M.* **25**, 121 *C.* **1904** [1] 1553).

$C_3H_3O_3N_3$ *5) **Fulminursäure.** Sm. 136—149° (*Am.* **29**, 262 *C.* **1903** [1] 957).
13) **Nitril d. α-Nitro-β-Oximidopropionsäure.** Sm. 143—144° (*Am.* **29**, 266 *C.* **1903** [1] 958).

$C_3H_3O_4N_3$ *1) **1-Nitro-2,4-Diketotetrahydroimidazol.** Sm. 170° (*A.* **327**, 373 *C.* **1903** [2] 660).

$C_3H_3N_2J$ *1) **4-Jodpyrazol.** Sm. 108,5° (*B.* **37**, 3522 *C.* **1904** [2] 1314).

$C_3H_4ON_2$ *5) **Amid d. Cyanessigsäure.** Sm. 123—124° (*C.* **1903** [2] 192).
*8) **4-Oxypyrazol.** HCl (*A.* **335**, 109 *C.* **1904** [2] 1232).
10) **Verbindung** (aus Epinephrin). (HCl, JCl), (HCl, $AuCl_3$) (*B.* **37**, 370 *C.* **1904** [1] 677).

$C_3H_4OCl_2$ *4) **$\alpha\gamma$-Dichlor-β-Ketopropan.** Sm. 42,5°; Sd. 172° (*C.* **1904** [1] 576).

$C_3H_4OCl_4$ 2) **Chlormethyläther d. $\alpha\beta\beta$-Trichlor-α-Oxyäthan.** Sd. 174—176° (*A.* **330**, 129 *C.* **1904** [1] 1064).

$C_3H_4O_2N_2$ *2) **Hydantoïn.** Sm. 217—220°. Na, K (*Am.* **28**, 390 *C.* **1903** [1] 90; *A.* **327**, 355, 369 *C.* **1903** [2] 660; *A.* **333**, 109 *C.* **1904** [2] 893).

$C_3H_4O_2Cl_2$ 9) **Chlormethylester d. Chloressigsäure.** Sd. 155—160° (*C. r.* **136**, 1565 *C.* **1903** [2] 342).

$C_3H_4O_2Br_2$ 6) **isom. Dibrompropionsäure?** Sm. 61°. (*C.* **1904** [2] 665).

$C_3H_4O_4S_2$ 1) **Dithiolmalonsäure.** Na_2 (*C. r.* **136**, 556 *C.* **1903** [1] 816).

$C_3H_4O_4N_2$ *3) **Oxalursäure** (*H.* **37**, 225 *C.* **1903** [1] 593).
6) **Verbindung** (aus d. Amid d. Nitromalonsäure). Zers. bei 140—141° Ag, Ag_2 (*M.* **25**, 84 *C.* **1904** [1] 1552).
7) **isom. Verbindung** (aus d. Amid d. Nitromalonsäure). Zers. bei 142—143°. Ag + H_2O (*M.* **25**, 85 *C.* **1904** [1] 1552).

$C_3H_4O_8N_2$ C 18,4 — H 2,0 — O 65,3 — N 14,3. — M. G. 196.
1) **Dinitrat d. $\alpha\beta$-Dioxypropionsäure.** Zers. bei 117° (*C. r.* **137**, 573 *C.* **1903** [2] 1111).

$C_3H_4N_2S$ 3) **5-Methyl-1,2,3-Thiodiazol.** Sd. 91°$_{38}$ (184°$_{755}$). + $AuCl_3$ (*A.* **325**, 177 *C.* **1903** [1] 646; *A.* **333**, 15 *C.* **1904** [2] 781).

$C_3H_5ON_3$ 6) **Nitril d. Ureïdoessigsäure.** Sm. 139° (*Am.* **28**, 391 *C.* **1903** [1] 90).

$C_3H_5OCl_3$ *1) **$\alpha\alpha\alpha$-Trichlor-β-Oxypropan.** Sm. 50—51°; Sd. 161,8°$_{773}$ (*C. r.* **138**, 205 *C.* **1904** [1] 636; D.R.P. 151545 *C.* **1904** [1] 1586).
2) **Chlormethyläther d. $\alpha\beta$-Dichlor-α-Oxyäthan.** Sd. 144—148° (*A.* **330**, 128 *C.* **1904** [1] 1064).

C_3H_5OBr *5) **Aldehyd d. β-Brompropionsäure.** Sd. 40—45°$_{18}$ (*A.* **335**, 263 *C.* **1904** [2] 1283).
7) **Aldehyd d. r-α-Brompropionsäure.** Sd. 42—44°$_{68}$ (*A.* **335**, 264 *C.* **1904** [2] 1283).

C_3H_5OJ 6) **Aldehyd d. r-α-Jodpropionsäure.** Sd. 40°$_{15}$ (*A.* **335**, 266 *C.* **1904** [2] 1283).

$C_3H_5O_2N$ *4) **2-Ketotetrahydrooxazol.** Sm. 90°; Sd. 200°$_{21}$ (*B.* **36**, 1281 *C.* **1903** [1] 1215).

$C_3H_5O_2N_3$ 4) **Aethylester d. Stickstoffkohlensäure.** Fl. (P. GUTMANN, Dissert. Heidelberg 1903).

$C_3H_5O_2Cl$ *1) **α-Chlorpropionsäure.** Sd. 185° (*C.* **1903** [2] 486).
9) **γ-Chlor-β-Keto-α-Oxypropan.** Sm. 74°. (*C.* **1904** [1] 576).

$C_3H_5O_2J$ *1) **α-Jodpropionsäure.** Sm. 44,5—45,5°. Mg + $4^1/_2H_2O$, Li + H_2O, Ba, Cu (*B.* **36**, 4392 *C.* **1904** [1] 259).

$C_3H_5O_3N$ 9) **Gem. Anhydrid d. Salpetrigensäure u. Propionsäure.** Sd. 60° (*G.* **34** [1] 442 *C.* **1904** [2] 511).
10) **Methylester d. Oximidoessigsäure.** Sm. 55°; Sd. 100°$_{15}$ (*Bl.* [3] **31**, 678 *C.* **1904** [2] 195).

$C_3H_5O_3N_3$ *3) **Amid d. Oxalursäure** (*B.* **37**, 2929 *C.* **1904** [2] 1241).
*4) **Amid d. Oximidomalonsäure.** Sm. 187—188° u. Zers. (175,5°) NH_4, K, Cu + H_2O, Ag, Ag + $2NH_3$ (*Soc.* **83**, 31 *C.* **1903** [1] 73, 441; *M.* **25**, 67, 75 *C.* **1904** [1] 1552).
5) **Semicarbazonessigsäure.** Sm. 240° u. Zers. (*Bl.* [3] **31**, 682 *C.* **1904** [2] 196).

$C_3H_5O_3B$ *1) **Borsäureglycerinester** (*B.* **36**, 2222 *C.* **1903** [2] 420).

$C_3H_5O_4N$ *2) **Amidomalonsäure.** K (*A.* **333**, 80 *C.* **1904** [2] 827).
6) **Methylester d. Nitroessigsäure.** Sd. 107°$_{28}$ NH_4, K (*A.* **328**, 247 *C.* **1903** [2] 1000; *Bl.* [3] **31**, 853 *C.* **1904** [2] 641).
7) **Nitrat d. γ-Oxy-$\alpha\beta$-Propanoxyd.** Sd. 62—64°$_{10}$ (*A.* **335**, 238 *C.* **1904** [2] 1204).

$C_3H_5O_4N_3$ *2) **Amid d. Nitromethandicarbonsäure.** Ag (*M.* **25**, 58 *C.* **1904** [1] 1552; *M.* **25**, 691 *C.* **1904** [2] 1110).
*3) **β-Nitro-$\alpha\gamma$-Dioximidopropan.** Na_2 (*Am.* **29**, 260 *C.* **1903** [1] 957).

$C_3H_5O_4P$ 1) **Phosphat d.** *αβγ*-**Trioxypropan** (*C. r.* **138**, 49 *C.* **1904** [1] 431).

$C_3H_5O_5N$ *1) **Nitrat d.** *α*-**Oxypropionsäure.** Fl. (*C. r.* **137**, 1263 *C.* **1904** [1] 434).
2) *β*-**Nitro**-*α*-**Oxypropionsäure.** Sm. 76—77°. Ca, Ba, Ag (*Am.* **32**, 238 *C.* **1904** [2] 1141).
3) **Nitrat d. Oxyessigsäuremethylester.** Sd. 165° u. Zers. (*C. r.* **137**, 1263 *C.* **1904** [1] 434).

$C_3H_5NBr_2$ *2) **Aethylimidodibrommethan.** Sm. 50—55°; Sd. 145—147° (*Bl.* [3] **31**, 606 *C.* **1904** [2] 28).

$C_3H_5NS_2$ *1) **2-Merkapto-4,5-Dihydrothiazol.** Sm. 105—106° (*C.* **1904** [1] 431; *B.* **36**, 1281 *C.* **1903** [1] 1215).

$C_3H_5Br_3S_2$ 1) **Verbindung** (aus Bromäthan) (*C.* **1903** [1] 19).

$C_3H_6OCl_2$ *3) **Chlormethyläther d.** *β*-**Chlor**-*α*-**Oxyäthan.** Sd. 153—155°. + 2 Pyridin (*A.* **330**, 126 *C.* **1904** [1] 1064).
4) **Chlormethyläther d.** *α*-**Chlor**-*α*-**Oxyäthan.** + 2 Pyridin (*A.* **330**, 124 *C.* **1904** [1] 1064).

C_3H_6OS 5) **Thiolpropionsäure.** Fl. (*B.* **36**, 1009 *C.* **1903** [1] 1077).

$C_3H_6OS_2$ *1) **Aethylxanthogensäure.** Salze (*Z. a. Ch.* **41**, 233 *C.* **1904** [2] 1107).

$C_3H_6O_2N_2$ *1) *αβ*-**Dioximidopropan.** Sm. 150° (*G.* **34** [1] 207 *C.* **1904** [1] 1485).
*6) **Monomethylamid d. Oxaminsäure.** Sm. 231—233° (*Soc.* **83**, 20 *C.* **1903** [1] 448).

$C_3H_6O_2Cl_2$ 2) *ββ*-**Dichlor**-*αγ*-**Dioxypropan** (*C.* **1904** [1] 576).

$C_3H_6O_2S$ *1) *α*-**Merkaptopropionsäure** (*C.* **1903** [1] 15; *H.* **42**, 351, 365 *C.* **1904** [2] 979).
*2) *β*-**Merkaptopropionsäure** (*H.* **42**, 351 *C.* **1904** [2] 979).

$C_3H_6O_3N_2$ *1) **Propylnitrolsäure.** Sm. 66° u. Zers. (*G.* **33** [1] 511 *C.* **1903** [2] 938).
*8) **Methylester d. Methylnitrosamidoameisensäure.** Sd. 59—60°$_{18}$ (*B.* **36**, 2478 *C.* **1903** [2] 559).
13) **Methylderivat d. Nitroessigsäureamid.** Sm. 112° (*M.* **25**, 730 *C.* **1904** [2] 1111).

$C_3H_6O_4N_2$ *1) *αα*-**Dinitropropan.** K. (*J. pr.* [2] **67**, 138 *C.* **1903** [1] 865; *G.* **33** [1] 414 *C.* **1903** [2] 551).
*5) **Malondihydroxamsäure.** Sm. 160° (*Soc.* **81**, 1572 *C.* **1903** [1] 158).

$C_3H_6O_5N_2$ C 24,0 — H 4,0 — O 53,3 — N 18,7 — M. G. 150.
1) **Methyläther d.** *ββ*-**Dinitro**-*α*-**Oxyäthan.** Sd. 84°$_7$. K. (*B.* **36**, 436 *C.* **1903** [1] 563).

$C_3H_6NBr_3$ 2) **Aethylimidodibrommethanhydrobromid** (*Bl.* [3] **31**, 608 *C.* **1904** [2] 29).

$C_3H_6N_2S$ *1) **Aethylenthioharnstoff.** Sm. 194° (*Ar.* **240**, 675 *C.* **1903** [1] 393).

C_3H_7ON *2) *α*-**Amido**-*β*-**Ketopropan.** HCl (*M.* **25**, 1074 *C.* **1904** [2] 1659).
*6) **Formimidoäthyläther.** (HCl, $HgCl_2$) (*Am.* **31**, 207 *C.* **1904** [1] 1064).
*7) **Amid d. Propionsäure.** HBr (*B.* **36**, 155 *C.* **1903** [1] 444).
14) **Aldehyd d.** *α*-**Amidopropionsäure.** HCl (*B.* **37**, 615 *C.* **1904** [1] 925).

$C_3H_7ON_3$ 4) **Acetylguanidin.** HCl, (2 HCl, $PtCl_4$ + $2H_2O$), (HCl, $AuCl_3$) (*Ar.* **241**, 471 *C.* **1903** [2] 988).

C_3H_7OCl *1) *β*-**Chlor**-*α*-**Oxypropan.** Fl. (*C.* **1903** [2] 486).
*3) *α*-**Chlor**-*β*-**Oxypropan** (*C.* **1903** [2] 486).
*6) **Chlormethyläther d. Oxyäthan.** Sd. 82° (*A.* **330**, 122 *C.* **1904** [1] 1064; *A.* **334**, 62 *C.* **1904** [2] 949).

$C_3H_7O_2N$ *5) *β*-**Oximido**-*α*-**Oxypropan.** Sm. 68—70°; Sd. 123—125°$_{18}$ (*A.* **335**, 259 *C.* **1904** [2] 1283).
*15) **Methylester d. Methylamidoameisensäure.** Sd. 64—65°$_{14}$ (*B.* **36**, 2476 *C.* **1903** [2] 559).
*16) **Aethylester d. Amidoameisensäure.** Sm. 49° (*B.* **36**, 2475 *C.* **1903** [2] 559).

$C_3H_7O_2N_3$ *3) **Guanidinsäure** (Glykocyamin). Zers. bei 250—260°. Pikrat (*Am.* **29**, 491 *C.* **1903** [1] 1310).
5) **Methyläther d.** *α*-**Amidoformylimido**-*α*-**Amido**-*α*-**Oxymethan** (O-Methylisobiuret). Sm. 118° (*C.* **1904** [2] 29).
6) **Amid d. Ureïdoessigsäure.** Sm. 204° u. Zers. (*Am.* **28**, 391 *C.* **1903** [1] 90).

$C_3H_7O_2J$ *1) *γ*-**Jod**-*αβ*-**Dioxypropan.** Sd. 62°$_{21}$ (*A.* **335**, 235 *C.* **1904** [2] 1204).

$C_3H_7O_3N$ *7) *β*-**Amido**-*α*-**Oxypropionsäure.** Sm. 234—235° (241°). Cu + $3H_2O$ (*C.* **1903** [2] 343; *B.* **37**, 337 *C.* **1904** [1] 647; *B.* **37**, 343 *C.* **1904** [1] 646; *Am.* **32**, 240 *C.* **1904** [2] 1141; *J. pr.* [2] **70**, 201 *C.* **1904** [2] 1450).

$C_3H_7O_3N$ *8) α-Amido-β-Oxypropionsäure (*H.* **39**, 156 *C.* **1903** [2] 580).
$C_3H_7O_4P$ *1) Allylphosphorsäure (*C. r.* **138**, 762 *C.* **1904** [1] 1196).
$C_3H_7NS_2$ *2) Aethylester d. Amidodithioameisensäure. Sm. 42° (*C. r.* **135**, 975 *C.* **1903** [1] 139).
5) Dimethyläther d. Imidodimerkaptomethan. HJ (*C. r.* **135**, 976 *C.* **1903** [1] 139; *Bl.* [3] **29**, 54 *C.* **1903** [1] 446).
$C_3H_8ON_2$ *4) uns-Dimethylharnstoff. Sm. 182° (*B.* **36**, 1197 *C.* **1903** [1] 1215).
12) α-Acetyl-α-Methylhydrazin. Sm. 98° (*B.* **36**, 3189 *C.* **1903** [2] 939).
$C_3H_8O_2N_2$ *6) αβ-Diamidopropionsäure. HCl (*B.* **37**, 342 *C.* **1904** [1] 646; *H.* **42**, 59 *C.* **1904** [2] 608).
*8) Aethylester d. Hydrazidoameisensäure. Sm. 45°; Sd. 92°$_{13}$ HCl (*B.* **36**, 745 *C.* **1903** [1] 827; P. Gutmann, Dissert. Heidelberg 1903; *J. pr.* [2] **70**, 276 *C.* **1904** [2] 1544).
$C_3H_8O_2S$ 3) Propan-α-Sulfinsäure. Mg + $2H_2O$ (*B.* **37**, 2153 *C.* **1904** [2] 186).
$C_3H_8O_6S_2$ *2) Propan-αγ-Disulfonsäure. $(NH_4)_2$, Ag_2 (*B.* **37**, 3808 *C.* **1904** [2] 1564).
$C_3H_8O_9S_3$ *1) Propan-αβγ-Trisulfonsäure. $(NH_4)_3$ + H_2O, Ba_3 + $5H_2O$ (*Am.* **32**, 165 *C.* **1904** [2] 944).
$C_3H_8N_2S$ *7) Aethylpseudothioharnstoff. HBr (*Soc.* **83**, 566 *C.* **1903** [1] 1123; *Am.* **29**, 483 *C.* **1903** [1] 1309).
C_3H_9ON *2) β-Methylamido-α-Oxyäthan. (HCl, $AuCl_3$) (*B.* **36**, 3082 *C.* **1903** [2] 955).
C_3H_9OAs *1) Trimethylarsenoxyd (*C. r.* **139**, 599 *C.* **1904** [2] 1451).
$C_3H_9O_3P$ *2) Trimethylester d. Phosphorigensäure. $PtCl_2$ (*Z. a. Ch.* **37**, 398 *C.* **1904** [1] 157).
4) α-Oxyisopropylmetaphosphorige Säure. Sm. 52°. Pb (*C.* **1904** [2] 1708).
$C_3H_9O_3B$ *1) Trimethylester d. Borsäure. Sd. 65° (*B.* **36**, 2221 *C.* **1903** [2] 420).
$C_3H_9O_4P$ *5) α-Oxyisopropylphosphinsäure. Na_2 + $4H_2O$ (*C.* **1904** [2] 1708).
$C_3H_9O_6P$ *1) l-Glycerinphosphorsäure (aus Lecithin). Ca + $^3/_4H_2O$, Ba + $^1/_2H_2O$ (*C. r.* **138**, 48 *C.* **1904** [1] 431; *B.* **37**, 3754 *C.* **1904** [2] 1535).
2) isom. Glycerinphosphorsäure (aus Glycerin u. Phosphorsäure). Ca + $1^1/_2H_2O$, Ba + H_2O (*J. pr.* [1] **36**, 257; *B.* **37**, 3757 *C.* **1904** [2] 1535).
$C_3H_9N_2S$ *2) α-Amido-αβ-Dimethylthioharnstoff. Sm. 137—138° (*B.* **37**, 2320 *C.* **1904** [2] 311).
C_3H_9ClS *1) Trimethylsulfinchlorid (*J. pr.* [2] **66**, 453 *C.* **1903** [1] 561).
$C_3H_9J_2As$ *1) Trimethylarsenjodid (*C. r.* **137**, 297 *C.* **1904** [1] 80).
$C_3H_9J_3S$ 1) Trimethylsulfintrijodid. Sm. 38° (*C.* **1904** [2] 415).
$C_3H_9J_3Se$ 1) Trimethylselenintrijodid. Sm. 39° (*C.* **1904** [2] 415).
$C_3H_9J_3Te$ 1) Trimethyltellurtrijodid. Sm. 76,5° (*C.* **1904** [2] 415).
$C_3H_{10}OSn$ *1) Zinntrimethyloxydhydrat (*C.* **1903** [2] 553).
$C_3H_{10}O_7P_2$ 1) Verbindung (aus Glycerin). Ca (*C. r.* **136**, 1457 *C.* **1903** [2] 281).
$C_3ON_2S_3$ 1) Carbonyldithiocarbimid (*Soc.* **83**, 84 *C.* **1903** [1] 230, 447).
$C_3N_3S_3P$ 2) Phosphortrithiocyanat. Sd. 163°$_{15}$ (*Soc.* **85**, 353 *C.* **1904** [1] 935, 1407).

— 3 IV —

$C_3H_2O_2N_2Cl_2$ 1) 5, 5-Dichlor-2, 4-Diketotetrahydroimidazol? Sm. 120—121° (*A.* **327**, 380 *C.* **1903** [2] 661).
$C_3H_2O_2N_2S$ 2) 1, 2, 3-Thiodiazol-4-Carbonsäure. Zers. bei 228° (*A.* **333**, 11 *C.* **1904** [2] 780).
$C_3H_3OClBr_2$ *1) Chlorid d. αβ-Dibrompropionsäure. Sd. 71—73°$_{12}$ (*B.* **37**, 2508 Anm. *C.* **1904** [2] 427).
$C_3H_3O_2N_3S$ 2) 6-Merkapto-2, 4-Dioxy-1, 3, 5-Triazin + $^3/_4H_2O$. (Thiocyanursäure). Zers. bei 316° (*B.* **36**, 3196 *C.* **1903** [2] 956).
$C_3H_4ON_2Se$ 2) 2-Imido-4-Ketotetrahydroselenazol. (Selenhydantoïn.) Sm. 190° u. Zers. (*Ar.* **241**, 193 *C.* **1903** [2] 103).
3) Amid d. Selencyanessigsäure. Sm. 123—124° (*Ar.* **241**, 198 *C.* **1903** [2] 103).
$C_3H_4O_2NCl$ 3) α-Chlor-α-Nitroso-β-Ketopropan. Sm. 110°; Sd. 180—185° u. Zers. (*C.* **1903** [2] 486).
$C_3H_4O_4NBr$ 1) Methylester d. Bromnitroessigsäure. Sd. 103°$_{15}$. NH_4 (*A.* **328**, 249 *C.* **1903** [2] 1000).
$C_3H_4O_4N_3Br$ 1) Amid d. Bromnitromalonsäure. Sm. 131—132° (*M.* **25**, 694 *C.* **1904** [2] 1110).

$C_3H_5O_5N_2Br$ 2) **Methyläther d. β-Brom-ββ-Dinitro-α-Oxyäthan.** Sd. 84^0_7 (*B.* **36**, 437 *C.* **1903** [1] 563).

$C_3H_5N_2ClS$ 1) **Chlormethylat d. 1,2,3-Thiodiazol.** Sm. 192° u. Zers. 2 + $PtCl_4$, + $AuCl_3$ (*A.* **333**, 21 *C.* **1904** [2] 781).

$C_3H_5N_2JS$ 1) **Jodmethylat d. 1,2,3-Thiodiazol.** Sm. 222° u. Zers. (*A.* **333**, 20 *C.* **1904** [2] 781).

$C_3H_8ON_3Cl$ 1) **Chloracetylguanidin.** HCl, (2HCl, $PtCl_4$ + $2H_2O$), (HCl, $AuCl_3$) (*Ar.* **241**, 473 *C.* **1903** [2] 989).

$C_3H_6O_2N_2S$ 4) **Methylester d. Thiopseudoallophansäure.** HCl (*Soc.* **83**, 567 *C.* **1903** [1] 1123).

$C_3H_8NClBr_2$ 1) **Aethylimidodibrommethanhydrochlorid** (*Bl.* [3] **31**, 608 *C.* **1904** [2] 29).

$C_3H_8NBr_2J$ 1) **Aethylimidodibrommethanhydrojodid** (*Bl.* [3] **31**, 608 *C.* **1904** [2] 29).

$C_3H_5O_4ClP$ 2) **Verbindung** (aus Glycerin). Ca (*C. r.* **136**, 1458 *C.* **1903** [2] 281).

$C_3H_8NCl_2P$ 1) **Propylamidodichlorphosphin.** Sd. 97^0_{10} (*A.* **326**, 150 *C.* **1903** [1] 760).

$C_3ON_3S_3P$ *1) **Phosphoryltrithiocyanat.** Sd. 175^0_{21} (*Soc.* **85**, 362 *C.* **1904** [1] 935, 1407).

— 3 V —

$C_3H_8ONCl_2P$ 1) **Propylmonamid d. Phosphorsäuredichlorid.** Sd. 146^0_{16} (*A.* **326**, 173 *C.* **1903** [1] 819).

$C_3H_8NCl_2SP$ 1) **Propylmonamid d. Thiophosphorsäure.** Sd. 121^0_{17} (*A.* **326**, 203 *C.* **1903** [1] 821).

C_4-Gruppe.

C_4H_6 *2) **αγ-Butadiën** (Erythren) (*C.* **1903** [2] 489).

7) **Kohlenwasserstoff** (aus αβγδ-Tetrabrombutan) (*J. pr.* [2] **67**, 421 *C.* **1903** [1] 1296).

C_4H_8 *4) **Isobutylen** (*B.* **36**, 1997 *C.* **1903** [2] 335).

— 4 II —

$C_4H_2O_4$ *1) **Aethindicarbonsäure.** Monopyridinsalz, Monochinolinsalz (*C. r.* **137**, 1064 *C.* **1904** [1] 262).

$C_4H_2Rb_2$ 1) **Rubidiumcarbidacetylen** (*C. r.* **136**, 1219 *C.* **1903** [2] 105).

$C_4H_2Cs_2$ 1) **Cäsiumcarbidacetylen** (*C. r.* **136**, 1217 *C.* **1903** [2] 105).

$C_4H_4O_2$ *3) **Lakton d. γ-Oxypropen-α-Carbonsäure.** Sm. 4°; Sd. $95—96^0_{13}$ (*C. r.* **138**, 1051 *C.* **1904** [1] 1482).

$C_4H_4O_3$ *3) **Tetronsäure.** Na (*B.* **36**, 471 *C.* **1903** [1] 627).

*5) **Anhydrid d. Bernsteinsäure** (*Am.* **31**, 267 *C.* **1904** [1] 1078).

$C_4H_4O_4$ *1) **Fumarsäure.** Pyridinsalz, Chinolinsalz, Dichinaldinsalz (*C.* **1903** [2] 712; *C. r.* **137**, 1064 *C.* **1904** [1] 262; *B.* **36**, 4317 *C.* **1904** [1] 449).

*2) **Maleïnsäure** (*C.* **1903** [2] 712).

$C_4H_4O_5$ *1) **Oxalessigsäure.** Zers. bei 148—150°. Ag_2 (*C. r.* **137**, 855 *C.* **1904** [1] 85; *A.* **331**, 101 *C.* **1904** [1] 931).

$C_4H_4N_2$ *1) **1,2-Diazin.** Sm. —8°; Sd. 205^0_{755}. (2HCl, $PtCl_4$), 2 + $PtCl_4$, + $AuCl_3$, Pikrat (*C. r.* **136**, 369 *C.* **1903** [1] 652).

C_4H_5N *5) **Nitril d. Propen-α-Carbonsäure** (*C. r.* **137**, 262 *C.* **1903** [2] 657).

$C_4H_5N_3$ 2) **2-Amido-1,3-Diazin.** Sm. 127—128°. HCl, Pikrat (*B.* **36**, 2229 *C.* **1903** [2] 448).

3) **4-Amido-1,3-Diazin.** Sm. 150—152° (*B.* **36**, 2232 *C.* **1903** [2] 448).

C_4H_6O *1) **Methyläther d. γ-Oxypropin.** 2 + 3($HgCl_2$, HgO) (*G.* **33** [1] 317 *C.* **1903** [2] 281).

$C_4H_6O_2$ *6) **α-Crotonsäure.** Brucinsalz, Chininsalz (*Soc.* **85**, 347 *C.* **1904** [1] 1067, 1401; *C.* **1904** [2] 1206).

*7) **β-Crotonsäure.** Brucinsalz, Chininsalz (*Soc.* **85**, 347 *C.* **1904** [1] 1067, 1401; *C.* **1904** [2] 1238).

*9) **Metakrylsäure** (*B.* **36**, 1271 *C.* **1903** [1] 1219).

*11) **R-Trimethylencarbonsäure** (*Soc.* **83**, 1378 *C.* **1904** [1] 162, 437).

*19) **Propen-γ-Carbonsäure.** Sd. 167—169° (*B.* **36**, 2897 *C.* **1903** [2] 825; *A.* **314**, 201 *C.* **1904** [2] 884).

$C_4H_6O_3$ *8) α-Ketopropan-α-Carbonsäure. Ba + H_2O (*A.* **331**, 124 *C.* **1904** [1] 932).
*13) Anhydrid d. Essigsäure (*G.* **33** [1] 77 *C.* **1903** [1] 1109).
26) Verbindung [aus dem Aethylester d. α-(4-[illegible] β-Ketopropan-α-Carbonsäure]. Sm. 88° (*B.* [illegible]).

$C_4H_6O_4$ *1) Aethan-αα-Dicarbonsäure. Sm. 132° (*C.* **1903** [2] 1330; *A.* **325**, 145 *C.* **1903** [1] 644; *M.* **24**, 116 *C.* **1903** [1] 967).
*2) Bernsteinsäure (*C.* **1903** [2] 712; *C. r.* **135**, 1352 *C.* **1903** [1] 320; *C.* **1904** [1] 505).
*3) Acetoxylessigsäure. Sm. 66—68°; Sd. 144—145°$_{12}$ (*B.* **36**, 466 *C.* **1903** [1] 626).
*4) Superoxyd d. Essigsäure (*Am.* **29**, 182 *C.* **1903** [1] 959).

$C_4H_6O_5$ *4) β-Oxyäthan-αα-Dicarbonsäure. Ca, Cu (*C.* **1904** [2] 641).
*6) i-Aepfelsäure. Monochinolinsalz (*G.* **33** [2] 139 *C.* **1903** [2] 1315; *C. r.* **137**, 1064 *C.* **1904** [1] 262).
*7) i-Aepfelsäure (*C. r.* **135**, 1352 *C.* **1903** [1] 320).
21) Bernsteinmonopersäure. Sm. 107° u. Zers. (*Am.* **32**, 61 *C.* **1904** [2] 766).

$C_4H_6O_6$ *1) d-Weinsäure (*C. r.* **135**, 1352 *C.* **1903** [1] 320; *A.* **328**, 152 *C.* **1903** [2] 987).
*3) Mesoweinsäure (*B.* **35**, 4344 *C.* **1903** [1] 262).

$C_4H_6N_2$ *5) 5-Methylpyrazol (*C.* **1903** [2] 1323).
*8) 4- (oder 5-) Methylimidazol. Sm. 55° (*Soc.* **83**, 404 *C.* **1903** [1] 931, 1143).

$C_4H_6N_4$ C 43,6 — H 5,4 — N 50,9 — M. G. 110.
1) 2,4 Diamido-1,3-Diazin. Sm. 144—145° (2HCl, $PtCl_4$) (*B.* **36**, 2233 *C.* **1903** [2] 449).
2) 4,6-Diamido-1,3-Diazin. Sm. 267° (*B.* **36**, 2231 *C.* **1903** [2] 448).

$C_4H_6Br_2$ *2) αδ-Dibrom-β-Buten. Sm. 51° (*C.* **1903** [2] 489).

$C_4H_7N_3$ *4) 2,5-Dimethyl-1,3,4-Triazol. Sm. 141—142°; Sd. 159°$_{10}$. + $AgNO_3$ (*J. pr.* [2] **69**, 153 *C.* **1904** [1] 1274).

C_4H_7Br 10) Bromderivat (aus dem Kohlenwasserstoff C_4H_8). Sd. 102—107° (*J. pr.* [2] **67**, 421 *C.* **1903** [1] 1296).

C_4H_7J *3) 1-Jodmethyl-R-Trimethylen. Sd. 134°$_{768}$ (*C.* **1903** [2] 489).

C_4H_8O *9) β-Methylpropan-αβ-Oxyd (*B.* **36**, 2018 *C.* **1903** [2] 338).
*10) β-Ketobutan (*C. r.* **137**, 576 *C.* **1903** [2] 1110; *M.* **25**, 336 *C.* **1904** [1] 1400).
*12) Aldehyd d. Buttersäure (*B.* **37**, 188 *C.* **1904** [1] 638).
*13) Aldehyd d. Isobuttersäure (*C. r.* **138**, 91 *C.* **1904** [1] 505; *M.* **25**, 188 *C.* **1904** [1] 1000).

$C_4H_8O_2$ 17) Methyläther d. α-Oxy-β-Ketopropan. Sd. 112—114° (*G.* **33** [1] 317 *C.* **1903** [2] 281; *C.* **1904** [2] 302).
18) Methyläther d. γ-Oxypropan-αβ-Oxyd. Sd. 115—116° (*C.* **1904** [2] 303).

$C_4H_8O_3$ *2) Methylenäther d. αβγ-Trioxypropan. Sd. 90—91°$_{18}$ (*A.* **335**, 215 *C.* **1904** [2] 1202).
*6) i-β-Oxybuttersäure (*H.* **37**, 355 *C.* **1903** [1] 738).

$C_4H_8O_4$ *2) i-αβ-Dioxybuttersäure. Ba + $2H_2O$, Brucinsalz, Chininsalz, Chinidinsalz (*Soc.* **85**, 199 *C.* **1904** [1] 933).
*12) d-Erythrulose (*C.* **1904** [2] 1291).
*14) d-αβ-Dioxybuttersäure. Ba (*Soc.* **85**, 202 *C.* **1904** [1] 934).
17) l-αβ-Dioxybuttersäure. Sm. 74—75°. Ba (*Soc.* **85**, 201 *C.* **1904** [1] 788, 934).

$C_4H_8O_5$ *4) d-Erythronsäure (*H.* **37**, 424 *C.* **1903** [1] 1147).

$C_4H_8N_2$ *2) 5-Methyl-4,5-Dihydropyrazol (*M.* **24**, 443 *C.* **1903** [2] 617).
*6) Nitril d. Dimethylamidoessigsäure. Sd. 139° (*C.* **1904** [2] 945, 1377).
7) Nitril d. Aethylamidoessigsäure. Sd. 166—167° (*B.* **37**, 4092 *C.* **1904** [2] 1725).

C_4H_9N 9) Aethylimidoäthan. Sd. 48° (*C.* **1904** [2] 945).

C_4H_9Cl *4) β-Chlor-β-Methylpropan (*C.* **1904** [2] 691).

C_4H_9Br *3) Isobutylbromid (*B.* **36**, 1989 *C.* **1903** [2] 334).
*4) β-Brom-β-Methylpropan. Sm. 72° (*B.* **36**, 1988 *C.* **1903** [2] 334; *C.* **1904** [1] 1065).

C_4H_9J *4) β-Jod-β-Methylpropan (*C.* **1904** [2] 691).

$C_4H_{10}O$ *1) **α-Oxybutan** (*C. r.* **136**, 1261 *C.* **1903** [2] 105).
*2) **β-Oxybutan** (*C. r.* **137**, 302 *C.* **1903** [2] 708).
*3) **Isobutylalkohol** (*C. r.* **137**, 302 *C.* **1903** [2] 708).
*4) **Trimethylcarbinol.** Sm. 25,45°; Sd. 82,8°$_{761}$ (*C. r.* **136**, 1035 *C.* **1903** [1] 1296).
*6) **Diäthyläther.** + 5HCl, + HBr, + HJ, + $AlCl_3$ (*Soc.* **85**, 925 *C.* **1904** [2] 585; *Soc.* **85**, 1106 *C.* **1904** [2] 976).
8) **Methyläther d. β-Oxypropan.** Sd. 32,5°$_{777}$ (*C.* **1904** [1] 1065).

$C_4H_{10}O_2$ *2) **αγ-Dioxybutan** (*M.* **25**, 1 *C.* **1904** [1] 715; *M.* **25**, 332 *C.* **1904** [1] 1400).

$C_4H_{10}O_3$ 7) **Dimethyläther d. Di[Oxymethyl]äther.** Sd. 106—108° (*C. r.* **138**, 1705 *C.* **1904** [2] 416).

$C_4H_{10}O_4$ *3) **d-Erythrit.** Sm. 88,5—89° (*C.* **1904** [2] 1291).

$C_4H_{10}S$ *6) **Diäthylsulfid** (*G.* **33** [1] 77 *C.* **1903** [1] 1109).

$C_4H_{11}N$ *1) **α-Amidobutan.** (2HCl, $SnCl_4$), (2HCl, $PtCl_4$) (*C.* **1904** [1] 923).
*4) **tert. Butylamin** (*B.* **36**, 685 *C.* **1903** [1] 817).
*6) **Diäthylamin.** (HCl + $HgCl_2$ + H_2O), (2HCl, $SnCl_4$), (2HCl, $PtCl_4$) (*J. pr.* [2] **66**, 469 *C.* **1903** [1] 561; *C.* **1904** [1] 923).
*8) **d-β-Amidobutan.** Sd. 63°. HCl, Bitartrat (*B.* **36**, 583 *C.* **1903** [1] 695; *Ar.* **242**, 48 *C.* **1904** [1] 997; *Ar.* **242**, 53 *C.* **1904** [1] 997).
11) **l-β-Amidobutan.** Sd. 63°. HCl, Bitartrat (*B.* **36**, 583 *C.* **1903** [1] 695).
12) **Base** (aus Spilanthol). HCl, (2HCl, $PtCl_4$), (HCl, $AuCl_3$) (*Ar.* **241**, 283 *C.* **1903** [2] 452).

$C_4H_{12}N_2$ *6) **αγ-Diamidobutan.** Sd. 147—150°$_{769}$. 2HCl (*B.* **36**, 1924 *C.* **1903** [2] 209).

C_4O_4Ni *1) **Kohlenoxydnickel** (*C.* **1903** [1] 1250; *Ph. Ch.* **46**, 37 *C.* **1904** [1] 361; *Soc.* **85**, 208 *C.* **1904** [1] 632, 919; D.R.P. 149559 *C.* **1904** [1] 1048; *C.* **1904** [2] 1111).

— 4 III —

$C_4HN_2Cl_3$ *1) **2,4,6-Trichlor-1,3-Diazin.** Sd. 213° (*B.* **37**, 3657 *C.* **1904** [2] 1416).

$C_4H_2O_3N_4$ *2) **Verbindung** (aus Acetylen). Sm. 108° (*G.* **33** [2] 321 *C.* **1904** [1] 255).

$C_4H_2O_7N_8$ C 19,5 — H 0,8 — O 45,5 — N 34,1 — M. G. 246.
1) **Verbindung** (aus Acetylen). Sm. 78° u. Zers. (*G.* **33** [2] 320 *C.* **1904** [1] 255).

$C_4H_2NCl_3$ 1) **2,3,5-Trichlorpyrrol.** Fl. (*G.* **34** [1] 256 *C.* **1904** [1] 120; *G.* **34** [1] 414 *C.* **1904** [2] 452).

$C_4H_3ON_3$ C 52,7 — H 3,3 — O 17,6 — N 26,4 — M. G. 109.
1) **Cyanamid d. Cyanessigsäure.** Sm. 93° u. Zers. (D.R.P. 151597 *C.* **1904** [2] 69).

$C_4H_3O_2N$ 3) **Imid d. Maleïnsäure.** Sm. 93° (*C.* **1904** [2] 305).

$C_4H_3O_3N$ *2) **Verbindung** (aus Acetylen). Sm. 149° (*G.* **33** [2] 323 *C.* **1904** [1] 256).

$C_4H_3O_3Cl_3$ 3) **Formaltrichlormilchsäure.** Sm. 32°; Sd. 162°$_{18}$ (*R.* **21**, 317 *C.* **1903** [1] 137).

$C_4H_3O_4N_3$ *7) **1,2,3-Triazol-4,5-Dicarbonsäure** + $2H_2O$. Sm. 201° u. Zers. (*A.* **325**, 154 *C.* **1903** [1] 644).

$C_4H_3O_4Br$ *1) **Bromfumarsäure.** Monopyridinsalz (*C. r.* **137**, 1065 *C.* **1904** [1] 262).

$C_4H_3O_5N_3$ *2) **1-Oxy-1,2,3-Triazol-4,5-Dicarbonsäure.** Sm. 91—92°. K + H_2O (*A.* **325**, 165 *C.* **1903** [1] 645).

$C_4H_3NS_2$ 1) **Dimethyläther d. Methylimidodimerkaptomethan** (*C. r.* **136**, 452 *C.* **1903** [1] 699).

$C_4H_3N_3Cl_2$ 1) **4,6-Dichlor-2-Amido-1,3-Diazin.** Sm. 221° (*B.* **36**, 2228 *C.* **1903** [2] 448).
2) **2,6-Dichlor-4-Amido-1,3-Diazin.** Sm. 270—271° (*B.* **36**, 2228 *C.* **1903** [2] 448).

$C_4H_4O_2N_2$ *10) **Uracil.** Sm. 338° (*H.* **37**, 527 *C.* **1903** [1] 1218; *Am.* **29**, 485 *C.* **1903** [1] 1309).
12) **3-Nitropyrrol** (*C.* **1902** [2] 704; **1903** [2] 121).

$C_4H_4O_2N_4$ 2) **Nitril d. α-Oximido-β-Nitrosimidopropionsäure.** NH_4 (*B.* **37**, 3460 *C.* **1904** [2] 1305).

$C_4H_4O_3N_2$ 11) **Methyläther d. 2-Oxy-4,5-Diketo-4,5-Dihydroimidazol** (Methylparabansäure). Sm. 137,5°. (2HCl, $PtCl_4$) (*C.* **1904** [2] 30).

$C_4H_4O_3N_4$ 4) **4-Nitramido-2-Keto-1,2-Dihydro-1,3-Diazin.** Zers. oberh. 300° (*Am.* **31**, 605 *C.* **1904** [2] 243).

$C_4H_4O_4N_4$ *8) **Diamid d. 1,2,3,6-Dioxdiazin-4,5-Dicarbonsäure.** Sm. 253° (*Bl.* [3] **27**, 1166 *C.* **1903** [1] 228).

$C_4H_4O_4Br_2$ *1) **αβ-Dibrombernsteinsäure.** Monopyridinsalz, Dichinolinsalz, Monochinaldinsalz (*C. r.* **137**, 1064 *C.* **1904** [1] 262).

$C_4H_4O_5N_2$ *1) **Alloxansäure.** K + $3H_2O$ (*A.* **333**, 89 *C.* **1904** [2] 828).
5) **α-Amid d. α-Nitroäthen-αβ-Dicarbonsäure** (α-A. d. Nitromaleïnsäure). NH_4, K, Na, Ag (*Am.* **32**, 235 *C.* **1904** [2] 1141).

$C_4H_4O_{10}N_2$ *1) **Dinitroweinsäure** (*Soc.* **83**, 155 *C.* **1903** [1] 627).

C_4H_4NBr 2) **Nitril d. γ-Brompropen-α-Carbonsäure.** Sm. —14°; Sd. 84°$_{12}$ (*C. r.* **138**, 1051 *C.* **1904** [1] 1481).

$C_4H_4N_2S_3$ 1) **2,4,6-Trimerkapto-1,3-Diazin** (*B.* **36**, 2234 *C.* **1903** [2] 449).

$C_4H_4N_3Cl$ 1) **4-Chlor-2-Amido-1,3-Diazin.** Zers. bei 168°. (2HCl, $PtCl_4$) (*B.* **36**, 3383 *C.* **1903** [2] 1193).

$C_4H_4N_3J$ 1) **6-Jod-4-Amido-1,3-Diazin.** Sm. 211—212° (*B.* **36**, 2231 *C.* **1903** [2] 448).

$C_4H_5ON_3$ 2) **4-Amido-2-Keto-1,2-Dihydro-1,3-Diazin** + H_2O (Cytosin). Zers. bei 320—325°. 2HCl, (2HCl, $PtCl_4$), HNO_3, H_2SO_4, Pikrat (*B.* **27**, 2219; *H.* **37**, 377 *C.* **1903** [1] 725; *Am.* **29**, 498 *C.* **1903** [1] 1311; *Am.* **29**, 505 *C.* **1903** [1] 1311; *H.* **38**, 49 *C.* **1903** [1] 1364; *H.* **38**, 80 *C.* **1903** [1] 1366; *H.* **38**, 170 *C.* **1903** [1] 1417; *H.* **39**, 7 *C.* **1903** [2] 449; *Am.* **31**, 598 *C.* **1904** [2] 242). — **IV**, *1623*.
3) **2-Amido-4-Oxy-1,3-Diazin** (2-Amido-4-Keto-3,4-Dihydro-1,3-Diazin). Sm. 276° u. Zers. (2HCl, $PtCl_4$), (HCl, $AuCl_3$), Pikrat (*Am.* **29**, 501 *C.* **1903** [1] 1311; *B.* **36**, 3382 *C.* **1903** [2] 1193).
4) **Base** + H_2O (aus Störtestikeln). (2HCl, $PtCl_4$) (*H.* **37**, 178 *C.* **1903** [1] 240).

$C_4H_5OCl_3$ 6) **Aldehyd d. γγγ-Trichlorbuttersäure** (*C.* **1904** [1] 480).

$C_4H_5O_2N$ *7) **Succinimid.** Sm. 125°. Salze siehe (*Ph. Ch.* **42**, 703 *C.* **1903** [1] 756; *J. pr.* [2] **69**, 17 *C.* **1904** [1] 640; *B.* **37**, 1479 *C.* **1904** [1] 1331).
*8) **Nitril d. Acetoxylessigsäure.** Sd. 179—180°$_{755}$ (*C.* **1904** [2] 1377).

$C_4H_5O_2N_3$ *3) **4-Oximido-5-Keto-3-Methyl-4,5-Dihydropyrazol** + H_2O. Sm. 230° u. Zers. (232°). Ag, Methylpyrazolonsalz (*A.* **328**, 66 *C.* **1903** [2] 249; *G.* **34** [1] 210 *C.* **1904** [1] 1486; *G.* **34** [1] 180 *C.* **1904** [1] 1332; *B.* **37**, 2832 *C.* **1904** [2] 642; P. Guttmann, Dissert., Heidelberg 1903).
13) **5-Oxy-4-Acetyl-1,2,3-Triazol.** Sm. 128—129° u. Zers. (*A.* **325**, 154 *C.* **1903** [1] 644).
14) **5-Methyl-1,2,3-Triazol-4-Carbonsäure** + H_2O. Sm. 235° u. Zers. (*A.* **325**, 153 *C.* **1903** [1] 644).

$C_4H_5O_3N_3$ *2) **5-Amido-2,4,6-Triketohexahydro-1,3-Diazin.** K, K_2 + $2H_2O$, Na, Ba (*A.* **333**, 71 *C.* **1904** [2] 826).
6) **4-Nitro-5-Keto-3-Methyl-4,5-Dihydropyrazol.** Sm. 276° (*G.* **34** [1] 186 *C.* **1904** [1] 1332).
7) **1-Oxy-4,5-Dihydro-1,2,3-Triazol-4-Methylencarbonsäure.** Sm. 184 bis 185°. Ba + H_2O (*B.* **36**, 4256 *C.* **1904** [1] 359).
8) **1-Oxy-5-Methyl-1,2,3-Triazol-4-Carbonsäure** + H_2O. Zers. bei 205°. Ag_2 (*A.* **325**, 164 *C.* **1903** [1] 645).

$C_4H_5O_3Cl$ *2) **Chlorid d. Oxalsäuremonoäthylester.** Sd. 133—135°$_{760}$ (*B.* **37**, 3678 *C.* **1904** [2] 1495).
3) **Chlorid d. Acetoxylessigsäure.** Sd. 147—160° u. Zers. (54°$_{14}$) (*B.* **36**, 467 *C.* **1903** [1] 626).

$C_4H_5O_4N_3$ *1) **1-Nitro-2,4-Diketo-3-Methyltetrahydroimidazol.** Sm. 168° (*A.* **327**, 377 *C.* **1903** [2] 661).
7) **Säure** (aus Uramil). K + $\frac{1}{2}H_2O$ (*A.* **333** 88 *C.* **1904** [2] 828).

$C_4H_5O_4Br$ *2) **i-Brombernsteinsäure.** Dichinaldinsalz (*C. r.* **137**, 1064 *C.* **1904** [1] 262; *B.* **37**, 2598 *C.* **1904** [2] 421).

$C_4H_5O_5N$ 5) **Amidooxybernsteinsäure.** Sm. 320° (*B.* **37**, 1596 *C.* **1904** [1] 1449).
6) **Oximidomalonmethyläthersäure.** Sm. 90—91°. Ag_2 + $\frac{1}{2}H_2O$ (*M.* **25**, 110 *C.* **1904** [1] 1553).

$C_4H_5O_5N_3$ 2) **Säure** (aus Nitroessigsäureamid). Sm. 101° u. Zers. Ag (*M.* **25**, 758 *C.* **1904** [2] 1111).

$C_4H_5O_5Br$ *1) **Bromäpfelsäure.** Monochinaldinsalz (*C. r.* **137**, 1065 *C.* **1904** [1] 262).

$C_4H_5O_7N$ C 26,8 — H 2,8 — O 62,6 — N 7,8 — M. G. 179.
1) **β-Nitro-α-Oxyäthan-αβ-Dicarbonsäure** (Nitroäpfelsäure). Ba_3 (*Am.* **32**, 237 *C.* **1904** [2] 1141).
2) **Nitrat d. Oxyacetoxylessigsäure.** Fl. (*Bl.* [3] **29**, 678 *C.* **1903** [2] 488).

$C_4H_5O_7N$ 3) **Nitrat d. Aepfelsäure.** Sm. 115° u. Zers. (*Bl.* [3] **29**, 679 *C.* **1903** [2] 488).

$C_4H_5O_7N_3$ C 23,2 — H 2,4 — O 54,1 — N 20,3 — M. G. 207.
1) **Verbindung** + $^3/_4$ H_2O (aus Nitroessigsäureamid) (*M.* **25**, 717 *C.* **1904** [2] 1110).

$C_4H_5NBr_2$ 2) **Nitril d.** $\beta\gamma$**-Dibrombuttersäure.** Sd. 124—126°$_3$ (*C. r.* **136**, 1265 *C.* **1903** [2] 106; *C. r.* **137**, 262 *C.* **1903** [2] 657).

$C_4H_5N_3S_2$ *2) **Chrysean** (*B.* **36**, 3546 *C.* **1903** [2] 1378).

$C_4H_5N_4Cl$ 1) **6-Chlor-2,4-Diamido-1,4-Diazin.** Sm. 198° (*B.* **36**, 2232 *C.* **1903** [2] 449).

$C_4H_5N_4J$ 1) **6-Jod-2,4-Diamido-1,3-Diazin.** Sm. 187—188° (*B.* **36**, 2233 *C.* **1903** [2] 449).

$C_4H_6ON_2$ *8) **Amid d.** α**-Cyanpropionsäure.** Sm. 105° (105—106°; 81°?) (*C.* **1903** [2] 192, 713).
*14) **2,5-Dimethyl-1,3,4-Oxdiazol.** Sd. 178—179° (*J. pr.* [2] **69**, 150 *C.* **1904** [1] 1274).

$C_4H_6ON_4$ *1) **4-Imido-2-Keto-6-Methyl-1,2,3,4-Tetrahydro-1,3,5-Triazin.** Pikrat (*G.* **34** [2] 76 *C.* **1904** [2] 716).
8) **Diamidooxy-1,3-Diazin** (*H.* **38**, 176 *C.* **1903** [1] 1417).
9) **4,6-Diamido-2-Keto-1,2-Dihydro-1,3-Diazin.** Sm. noch nicht bei 347°. 2HCl, Pikrat (*Am.* **32**, 349 *C.* **1904** [2] 1414).

$C_4H_6OCl_4$ *2) **Aethyläther d.** $\beta\beta$**-Dichlor-**α**-Oxyäthen.** Sd. 144—146° (*C.* **1903** [1] 13; *G.* **33** [2] 383 *C.* **1904** [1] 921).

$C_4H_6O_2N_2$ *3) **2,4-Diketo-3-Methyltetrahydroimidazol.** Sm. 181—182°. Ag (*A.* **333**, 113 *C.* **1904** [2] 893).
*4) **Laktylharnstoff.** Sm. 146° (145°) (*Am.* **28**, 394 *C.* **1903** [1] 90; *A.* **327**, 383 *C.* **1903** [2] 661).
*6) **Glycinanhydrid.** Ag_2 (*B.* **37**, 1289 *C.* **1904** [1] 1336; *B.* **37**, 2501 *C.* **1904** [2] 426).
*9) **Methylester d.** α**-Diazopropionsäure.** Sd. 43—45°$_{11}$ (*B.* **37**, 1270 *C.* **1904** [1] 1334).
20) **2-Oxy-5-Keto-1-Methyl-4,5-Dihydroimidazol.** Sm. 171° (*A.* **327**, 375 *C.* **1903** [2] 661).

$C_4H_6O_2N_4$ 8) **5,6-Diamido-2,4-Diketo-1,2,3,4-Tetrahydro-1,3-Diazin.** H_2SO_4 + $1^1/_2$ H_2O (D.R.P. 144761 *C.* **1903** [2] 859).
9) **1-Amido-5-Methyl-1,2,3-Triazol-4-Carbonsäure.** Sm. 190° u. Zers. (*B.* **36**, 3616 *C.* **1903** [2] 1381).

$C_4H_6O_2Cl_2$ *12) $\beta\gamma$**-Dichlorbuttersäure** (*C. r.* **138**, 1051 *C.* **1904** [1] 1482).

$C_4H_6O_2Br_2$ *14) $\beta\gamma$**-Dibrombuttersäure.** Sm. 49—50° (*C. r.* **136**, 1266 *C.* **1903** [2] 106; *C. r.* **138**, 1051 *C.* **1904** [1] 1482).

$C_4H_6O_2F_2$ 1) **Aethylester d. Difluoressigsäure.** Sd. 99,2° (*C.* **1903** [2] 710).
2) $\beta\beta$**-Difluoräthylester d. Essigsäure.** Sd. 106° (*C.* **1903** [1] 437).

$C_4H_6O_3N_4$ *1) **Allantoïn** (5-Ureïdo-2,4-Diketotetrahydroimidazol). Sm. 230—232°. K (*C. r.* **138**, 426 *C.* **1904** [1] 792; *H.* **41**, 342 *C.* **1904** [1] 1338; *A.* **333**, 133 *C.* **1904** [2] 895).

$C_4H_6O_4N_2$ *5) **Methyloxalursäure.** Sm. 177—178° (*A.* **327**, 263 *C.* **1903** [2] 349; *A.* **333**, 126 *C.* **1904** [2] 894).
7) **Methylderivat d.** α**-Verb.** $C_3H_4O_4N_2$ (*M.* **25**, 101 *C.* **1904** [1] 1553).
8) **Methylderivat d.** β**-Verb.** $C_3H_4O_4N_2$ (*M.* **25**, 102 *C.* **1904** [1] 1553).
9) **Monoamid d. Oximidomalonmethyläthersäure.** Sm. 137—138° u. Zers. Ag (*M.* **25**, 107 *C.* **1904** [1] 1553).

$C_4H_6O_5N_2$ *4) **Aethylester d. Oximidonitroessigsäure.** Sm. 61° u. Zers. (*Bl.* [3] **31**, 679 *C.* **1904** [2] 195).
5) **Ureïdomalonsäure.** Sm. 148—150° u. Zers. $(NH_4)_2$ + H_2O, Ba + H_2O, Pb + H_2O (*A.* **333**, 80 *C.* **1904** [2] 827).

$C_4H_6O_6N_2$ C 27,0 — H 3,4 — O 53,9 — N 15,7 — M. G. 178.
1) **Aethylester d. Dinitroessigsäure.** Fl (*C. r.* **136**, 159 *C.* **1903** [1] 501).

$C_4H_6O_6Cr$ 1) **Gem. Anhydrid d. Essigsäure u. Chromsäure** (*B.* **36**, 2218 *C.* **1903** [2] 420).

C_4H_6NBr *1) **Nitril d.** γ**-Brombuttersäure.** Sd. 91°$_{12}$ (*Am.* **30**, 161 *C.* **1903** [2] 712).

$C_4H_6N_2S$ *9) **2,5-Dimethyl-1,3,4-Thiodiazol.** Sm. 64°; Sd. 202—203° (*J. pr.* [2] **69**, 152 *C.* **1904** [1] 1274).

$C_4H_8N_2S_2$ 1) **Dimethyläther d. α-Cyanimido-αα-Dimerkaptomethan.** Sm. 57° (*A.* **331**, 285 *C.* **1904** [2] 31).

$C_4H_6N_2S_3$ 5) **Dimethyläther d. 3,5-Dimerkapto-1,2,4-Thiodiazol** (Dimethylpersulfocyanat). Sm. 42°; Sd. 279° (*A.* **331**, 292 *C.* **1904** [2] 32).

$C_4H_6N_2Se$ 2) **2,5-Dimethyl-1,3,4-Selendiazol.** Sm. 77°. + $AgNO_3$ (*J. pr.* [2] **69**, 509 *C.* **1904** [2] 601).

$C_4H_6N_4S$ 2) **4,6-Diamido-2-Merkapto-1,3-Diazin** + $1^1/_2H_2O$. Sm. noch nicht bei 280° (*A.* **331**, 80 *C.* **1904** [1] 1200).

C_4H_7ON *5) **Nitril d. α-Oxyisobuttersäure** (D.R.P. 141509 *C.* **1903** [1] 1244).

$C_4H_7ON_3$ 8) **Amid d. 4,5-Dihydropyrazol-1-Carbonsäure.** Sm. 171° (*A.* **335**, 211 *C.* **1904** [2] 1202).

$C_4H_7OCl_3$ *2) **ααα-Trichlor-β-Oxy-β-Methylpropan** + $^1/_2H_2O$ (*C.* **1904** [1] 1643).
*4) **Aethyläther d. αββ-Trichlor-α-Oxyäthan.** S. 170—175° (*G.* **33** [2] 376 *C.* **1904** [1] 921).

$C_4H_7OBr_3$ *2) **ααα-Tribrom-β-Oxy-β-Methylpropan** + $^1/_2H_2O$ (*C.* **1904** [1] 1643).

$C_4H_7O_2N$ *2) **γ-Oximido-β-Ketobutan.** Sd. 83°$_8$ (*Bl.* [3] **31**, 1165 *C.* **1904** [2] 1700).

$C_4H_7O_2N_3$ 9) **3,5-Dioxy-6-Methyl-1,6-Dihydro-1,2,4-Triazin.** Na (*Am.* **28**, 398 *C.* **1903** [1] 90).

$C_4H_7O_2Br$ *8) **Aethylester d. Bromessigsäure.** Sd. 158,2°$_{760}$ (*B.* **36**, 291 *C.* **1903** [1] 581).

$C_4H_7O_3N$ *1) **α-Oximidobuttersäure.** Sm. 169—170° u. Zers. (*Bl.* [3] **31**, 1071 *C.* **1904** [2] 1457).
*3) **Methylester d. α-Oximidopropionsäure.** Sm. 68—69°; Sd. 122—123°$_{14}$ (*Bl.* [3] **31**, 1070 *C.* **1904** [2] 1457).
*4) **Aethylester d. Oximidoessigsäure.** Sm. 35°; Sd. 110—115°$_{15}$ (*Bl.* [3] **31**, 675 *C.* **1904** [2] 195).
15) **Amid d. Acetoxylessigsäure.** Sm. 93—95° (*B.* **36**, 468 *C.* **1903** [1] 626).

$C_4H_7O_3N_3$ 4) **Amid d. Oximidomalonmethyläthersäure.** Sm. 143—144,5° (*M.* **25**, 72, 80 *C.* **1904** [1] 1552).

$C_4H_7O_4N$ *4) **l-Asparaginsäure** (*H.* **38**, 114 *C.* **1903** [1] 1423; *H.* **42**, 207 *C.* **1904** [2] 961; *Ph. Ch.* **47**, 615 *C.* **1904** [1] 1254).
*9) **Aethylester d. Nitroessigsäure.** Sd. 95—98°$_{12}$. K (*Bl.* [3] **31**, 850 *C.* **1904** [2] 640).

$C_4H_7O_4N_5$ 3) **α-Nitro-α-Nitroso-β-Semicarbazonpropan.** Sm. 163—164° (*C.* **1903** [2] 1432).

$C_4H_7O_4P$ 1) **Phosphit d. Erythran.** Sm. 117° (*C. r.* **136**, 1068 *C.* **1903** [1] 1297).

$C_4H_7O_5N$ 5) **α-Nitro-β-Oxybuttersäure.** Sm. 119—121° (*C.* **1903** [2] 554).
6) **Amidooxybernsteinsäure.** Cu + $4H_2O$ (*H.* **42**, 285 *C.* **1904** [2] 958).
7) **Nitrat d. α-Oxybuttersäure.** Sm. 45° (*C. r.* **137**, 1263 *C.* **1904** [1] 434).
8) **Nitrat d. β-Oxybuttersäure.** Fl. (*Bl.* [3] **31**, 245 *C.* **1904** [1] 1067).
9) **Nitrat d. α-Oxyisobuttersäure.** Sm. 78° (*Bl.* [3] **31**, 246 *C.* **1904** [1] 1067).

$C_4H_7NF_4$ 1) **Di[ββ-Difluoräthyl]amin.** Sd. 124,4°$_{755}$ HCl, H_2SO_4, Oxalat (*C.* **1904** [2] 945).

$C_4H_7N_5S$ 2) **4,5,6-Triamido-2-Merkapto-1,3-Diazin** + $^1/_2H_2O$ (*A.* **331**, 82 *C.* **1904** [1] 1200).

C_4H_8OS *4) [illegible] u. H_2S). Sm. 61° (*C.* **1904** [2] 21).

$C_4H_8O_2N_2$ *1) [illegible] (*Am.* **30**, 419 *C.* **1904** [1] 241).
*15) **s-Dimethylamid d. Oxalsäure.** Sm. 209—210° (210—212°) (*A.* **327**, 262 *C.* **1903** [2] 349; *B.* **37**, 2200 *C.* **1904** [2] 323).
*20) **s-Diacetylhydrazin.** Sm. 138°; Sd. 209°$_{15}$. Cu (*J. pr.* [2] **69**, 145 *C.* **1904** [1] 1274).
25) **Methyläther d. α-Amido-α-Acetylimido-α-Oxymethan** (O-Methylacetylisoharnstoff). Sm. 58,5°. Ag (*C.* **1904** [1] 1560).
26) **Propionylharnstoff.** Sm. 209° (D.R.P. 147278 *C.* **1904** [1] 68).

$C_4H_8O_2N_4$ 10) **α-Oximido-β-Semicarbazonpropan.** Sm. 219—220° (*C.* **1903** [2] 1432).

$C_4H_8O_2Cl_2$ *2) **Monoäthyläther d. ββ-Dichlor-αα-Dioxyäthan.** Sd. 109—111° (*G.* **33** [2] 402 *C.* **1904** [1] 922).
3) **Dimethyläther d. ββ-Dichlor-αα-Dioxyäthan.** Sd. 166—168° (*G.* **33** [2] 415 *C.* **1904** [1] 922).

$C_4H_8O_3N_2$ *8) **Aethylester d. Methylnitrosamidoameisensäure.** Sd. 65—65,5°$_{13}$ (*B.* **36**, 2478 *C.* **1903** [2] 559; *B.* **36**, 3636 *C.* **1903** [2] 1331; *B.* **36**, 4295 *C.* **1904** [1] 507).
*9) **Aethylester d. Allophansäure.** Sm. 192° (*B.* **36**, 743 *C.* **1903** [1] 827).

$C_4H_8O_3N_2$ *11) **α-Amid d. α-Amidoäthan-αβ-Dicarbonsäure** (*G.* **34** [2] 44 *C.* **1904** [2] 825).
*12) **d-Asparagin** (*G.* **34** [2] 36 *C.* **1904** [2] 825).
*13) **l-Asparagin** (*Ph. Ch.* **47**, 611 *C.* **1904** [1] 1254; *G.* **34** [2] 36 *C.* **1904** [2] 825).
*20) **Diamid d. l-α-Oxyäthan-αβ-Dicarbonsäure.** Sm. 157° (*Soc.* **83**, 1325 *C.* **1904** [1] 82).
23) **Aethylester d. Amidooximidoessigsäure.** Sm. 97—98° (*Soc.* **81**, 1575 *C.* **1903** [1] 158).
24) **Amid d. Oximidooxyessig-N-Aethyläthersäure.** Sm. 178° (*Soc.* **81**, 1566 *C.* **1903** [1] 157).
25) **Hydroxylamid d. Aethyloxaminsäure.** Sm. 138°. Hydroxylaminsalz (*Soc.* **81**, 1572 *C.* **1903** [1] 158).

$C_4H_8O_4N_2$ *1) **αα-Dinitrobutan.** K (*J. pr.* [2] **67**, 139 *C.* **1903** [1] 866; *G.* **33** [1] 415 *C.* **1903** [2] 551).
*18) **Amid d. d-Weinsäure.** Sm. 195° u. Zers. (*Soc.* **83**, 1354 *C.* **1904** [1] 84).

$C_4H_8O_4N_4$ *1) **Diureïdoessigsäure** (Allantoïnsäure). Zers. bei 165° (*C. r.* **138**, 426 *C.* **1904** [1] 792).

$C_4H_8O_6Cr$ 1) **Gem. Anhydrid d. Buttersäure u. Chromsäure** (*B.* **36**, 2218 *C.* **1902** [2] 420).

$C_4H_8N_2S_4$ *2) **Dimethyläther d. Di[Imidomerkaptomethyl]disulfid** (B. **36**, 2266 *C.* **1903** [2] 562).

C_4H_9ON *4) **β-Oximidobutan.** Sm. 152—153° (*C.* **1903** [2] 1415; *M.* **25**, 337 *C.* **1904** [1] 1400).
18) **β-Nitroso-β-Methylpropan.** Sm. 76—76,5° (u. Druck) (*B.* **36**, 686 *C.* **1903** [1] 817).
19) **α-Amido-β-Ketobutan.** (2HCl, $PtCl_4$) (*B.* **37**, 2475 *C.* **1904** [2] 418).

$C_4H_9ON_3$ 3) **α-Semicarbazonpropan.** Sm. 88—90° (*A.* **335**, 202 *C.* **1904** [2] 1201).
4) **isom. α-Semicarbazonpropan.** Sm. 154° (*A.* **335**, 202 *C.* **1904** [2] 1201).
5) **Propionylguanidin.** HCl, (2HCl, $PtCl_4$), (HCl, $AuCl_3$) (*Ar.* **241**, 475 *C.* **1903** [2] 989).

$C_4H_9O_2N$ *4) **β-Nitro-β-Methylpropan.** Fl. (*B.* **36**, *C.* **1903** [1] 817).
*10) **i-α-Amidobuttersäure.** (*C.* **1903** [2] 554).
*11) **β-Amidobuttersäure.** Sm. 156° (*J. pr.* [2] **70**, 204 *C.* **1904** [2] 1459).
*14) **α-Amidoisobuttersäure** (*B.* **37**, 1923 *C.* **1904** [2] 196).
*22) **Aethylester d. Amidoessigsäure.** HCl (*A.* **327**, 365 *C.* **1903** [2] 660).
*23) **Aethylester d. Methylamidoameisensäure.** Sd. 79,8—80,6°$_{14,5}$ (*B.* **36**, 2476 *C.* **1903** [2] 559).
34) **α-Oximido-α-Oxybutan** (Butyrhydroxamsäure). Sm. 127° (*G.* **34** [1] 432 *C.* **1904** [2] 511).

$C_4H_9O_2N_3$ *10) **β-Semicarbazon-α-Oxypropan.** Zers. bei 195—200° (*A.* **335**, 213 *C.* **1904** [2] 1202).
12) **Aethylamidoformylharnstoff.** Sm. 153° (*Soc.* **81**, 1572 *C.* **1903** [1] 158).
13) **γ-Semicarbazon-α-Oxypropan.** Sm. 114° (*A.* **335**, 220 *C.* **1904** [2] 1203).

$C_4H_9O_2Cl$ 5) **α-Methyläther d. β-Chlor-α-γ-Dioxypropan.** Sd. 172—173°$_{737}$ (*C.* **1904** [2] 303.

$C_4H_9O_3N$ *10) **α-Oxamidobuttersäure.** Sm. 144° (*B.* **36**, 4317 *C.* **1904** [1] 449).
20) **α-Amido-β-Oxybuttersäure** + $^1/_2H_2O$. Sm. 229—230° u. Zers. NH_4, HCl (*C.* **1903** [2] 554).
21) **β-Amido-α-Oxyisobuttersäure.** Sm. 276° u. Zers. HCl, (2HCl, $PtCl_4$) (*C.* **1903** [2] 555).

$C_4H_9O_3N_3$ *1) **α-Semicarbazidopropionsäure** (*Am.* **28**, 399 *C.* **1903** [1] 90).
3) **Aethylester d. Semicarbazidoameisensäure.** Sm. 126° (P. Gutmann, Dissert. Heidelberg 1903).

$C_4H_9O_5N$ 2) **Gem. Anhydrid d. Essigsäure u. Orthosalpetersäure.** Hg, Ag_2 (*C.* **1903** [2] 419).

$C_4H_9O_5P$ 2) **Monophosphit d. Erythran.** Ca + H_2O (*C. r.* **136**, 1068 *C.* **1903** [1] 1297).

$C_4H_9O_6P$ 1) **Säure** (aus Erythrit) (*C. r.* **136**, 457 *C.* **1903** [1] 695).

$C_4H_9O_7N$ *1) **Diacetylsalpetersäure** (*C.* **1903** [2] 1108).

$C_4H_9NS_2$ *4) **Isopropylester d. Amidodithioameisensäure.** Sm. 97° (*C. r.* **135**, 975 *C.* **1903** [1] 139).
*5) **Methylester d. Dimethylamidodithioameisensäure** (*C. r.* **136**, 452 *C.* **1903** [1] 699).
7) **Methylenäther d. Methyldi[Merkaptomethyl]amin** (*C. r.* **136**, 452 *C.* **1903** [1] 699).
8) **Proyylester d. Amidodithioameisensäure.** Sm. 57° (58°) (*C.* **1903** [1] 962; *C. r.* 135, 975 *C.* **1903** [1] 139).

$C_4H_{10}ON_2$ *14) **Hydrazid d. Buttersäure.** Sm. 44°. HCl (*J. pr.* [2] **69**, 486 *C.* **1904** [2] 599).
15) **4-Amidomorpholin** (Morpholylhydrazin). Sd. 168°$_{767}$. HCl (*B.* **35**, 4474 *C.* **1903** [1] 404).
16) **Hydrazid d. Isobuttersäure.** Sm. 104° (*J. pr.* [2] **69**, 497 *C.* **1904** [2] 600).

$C_4H_{10}O_4N_4$ *4) **Dihydrazid d. d-Weinsäure** (*Soc.* **83**, 1363 *C.* **1904** [1] 84).

$C_4H_{10}O_4S$ *6) **Diäthylester d. Schwefelsäure.** (Fe_2O_3, $3SO_3 + 4H_2O$) (*C. r.* **137**, 189 *C.* **1903** [2] 613).

$C_4H_{10}O_8P_2$ 1) **Verbindung** (aus d. Verb. $C_4H_8O_4Cl_2P_2$) (*C. r.* **136**, 757 *C.* **1903** [1] 1017).

$C_4H_{10}NCl$ 7) **β-Chlor-α-Dimethylamidoäthan.** Sd. 109—110°$_{750}$. HCl, (HCl, $AuCl_3$) (*B.* **37**, 3508 *C.* **1904** [2] 1322).

$C_4H_{10}NBr$ *1) **β-Brom-α-Amidobutan.** Pikrat (*B.* **37**, 2482 *C.* **1904** [2] 420).

$C_4H_{10}ClTl$ *1) **Thalliumdiäthylchlorid.** Zers. bei 205—206° (*B.* **37**, 2057 *C.* **1904** [2] 20).

$C_4H_{10}Cl_2Si$ *1) **Siliciumdiäthyldichlorid** (*C.* **1904** [1] 636).

$C_4H_{10}BrTl$ 1) **Thalliumdiäthylbromid.** Zers. oberh. 270° (*B.* **37**, 2057 *C.* **1904** [2] 20).

$C_4H_{10}JTl$ *1) **Thalliumdiäthyljodid.** Zers. bei 185—187° (*B.* **37**, 2057 *C.* **1904** [2] 20).

$C_4H_{11}ON$ *2) **β-Dimethylamido-α-Oxyäthan.** (HCl, $AuCl_3$) (*B.* **37**, 3496 *C.* **1904** [2] 1320).
*5) **Diäthylhydroxylamin.** Sd. 76°$_{93}$. HCl, Oxalat (*B.* **36**, 2316 *C.* **1903** [2] 421).
*11) **α-Amido-β-Oxybutan.** Sd. 168,5—170°$_{774}$ (*B.* **37**, 2479 *C.* **1904** [2] 419).
12) **β-Amidodiäthyläther.** Sd. 108—109°$_{759}$. (HCl, $AuCl_3$) (*B.* **37**, 3500 *C.* **1904** [2] 1321).
13) **β-Hydroxylamido-β-Methylpropan** (tert. Butylhydroxylamin) (*B.* **36**, 685 *C.* **1903** [1] 817).

$C_4H_{11}ON_3$ 2) **α-Amido-α-Methyl-β-Aethylharnstoff.** HCl (*B.* **37**, 2324 *C.* **1904** [2] 312).

$C_4H_{11}OTl$ *1) **Thalliumdiäthylhydroxyd.** Sm. 127—128°. Salze siehe (*B.* **37**, 2058 *C.* **1904** [2] 20).

$C_4H_{11}O_2N$ *1) **β-Amido-αγ-Dioxy-β-Methylpropan.** HCl, (2HCl, $PtCl_4$) (*C.* **1903** [1] 816).

$C_4H_{11}O_3P$ *1) **Diäthylester d. Phosphorigen Säure.** Sd. 184—186° (*C.* **1903** [2] 22).
3) **Methyläthylcarbinolunterphosphorigesäure.** Pb, Cu + H_2O, Ag (*C. r.* **136**, 234 *C.* **1903** [1] 563; *C.* **1904** [2] 1708).

$C_4H_{11}O_4P$ 5) **Methyläthylcarbinolphosphinsäure.** Sm. 158—159°. Ag_2 (*C. r.* **136**, 235 *C.* **1903** [1] 564; *C.* **1904** [2] 1708).

$C_4H_{11}O_6P$ 1) **Phosphit d. Erythrit.** (Erythrophosphorige Säure) (*C. r.* **136**, 1008 *C.* **1903** [1] 1296).

$C_4H_{11}N_3S$ *1) **α-Amido-α-Methyl-β-Aethylthioharnstoff** (*B.* **37**, 2320 Anm. *C.* **1904** [2] 311).

$C_4H_{11}ClS$ *1) **Dimethyläthylsulfinchlorid** (*J. pr.* [2] **66**, 454 *C.* **1903** [1] 561).

$C_4H_{11}STl$ 1) **Thalliumdiäthylsulfhydrat** (*B.* **37**, 2057 *C.* **1904** [2] 20).

$C_4H_{12}ON_2$ 3) **α-Amido-β-[β-Oxyäthyl]amidoäthan.** Sd. 238—240°$_{752}$ (2HCl, $PtCl_4$) (*B.* **35**, 4470 *C.* **1903** [1] 403).

$C_4H_{12}O_2N_2$ C 40,0 — H 10,0 — O 26,7 — N 23,3 — M. G. 120.
1) **αα-Di[β-Oxyäthyl]hydrazin.** Sd. 188—190°$_{25}$ (*B.* **35**, 4474 *C.* **1903** [1] 404).

$C_4H_{12}NCl$ *1) **Tetramethylammoniumchlorid.** + $6HgCl_2$ (*J. pr.* [2] **66**, 468 *C.* **1903** [1] 561).

$C_4H_{12}NJ_9$ 1) **Tetramethylammoniumenneajodid.** Sm. 108° (*J. pr.* [2] **67**, 348 *C.* **1903** [1] 1297).

$C_4H_{12}ClP$ *1) **Tetramethylphosphoniumchlorid** (*C. r.* **139**, 598 *C.* **1904** [2] 1451).

$C_4H_{12}JP$ *1) **Tetramethylphosphoniumjodid.** + J_2 (*C. r.* **139**, 598 *C.* **1904** [2] 1451).

$C_4H_{12}O_6N_4$ 1) **Verbindung** (aus Dimethylviolursäure). Sm. 239—240° u. Zers. (*Soc.* **83**, 23 *C.* **1903** [1] 448).

— 4 IV —

$C_4HNClBr_3$ 1) **Chlortribrompyrrol.** Sm. 96—100° u. Zers. (*G.* **32** [2] 315 *C.* **1903** [1] 587).

$C_4HNCl_2Br_2$ 1) **Dichlordibrompyrrol.** Sm. 100° (*G.* **32** [2] 317 *C.* **1903** [1] 587).

C_4HNCl_3Br 1) **2, 3, 5-Trichlor-4-Brompyrrol.** Zers. bei 115° (*G.* **34** [2] 178 *C.* **1904** [2] 994).

$C_4H_2O_2NCl$ *2) **Imid d. Chlormaleïnsäure.** Sm. 130° (*G.* **34** [1] 416 *C.* **1904** [2] 452).

$C_4H_2O_4N_2S$ 3) **1, 2, 3-Thiodiazol-4, 5-Dicarbonsäure** + H_2O. Sm. 98° (oberh. 110° wasserfrei) (*A.* **333**, 8 *C.* **1904** [2] 780).

$C_4H_3O_2NCl_4$ 1) **Gem. Imid d. Chloressigsäure u. Trichloressigsäure.** Sm. 80° (*J. pr.* [2] **69**, 13 *C.* **1904** [1] 639).

$C_4H_3O_2N_2Br$ 1) **5-Brom-2, 4-Diketo-1, 2, 3, 4-Tetrahydro-1, 3-Diazin** (Bromuracil). Sm. 293° (*Am.* **29**, 486 *C.* **1903** [1] 1309).

$C_4H_3O_4NBr_2S$ 1) **Amid d. 2, 5-Dibromfuran-3-Sulfonsäure.** Sm. 153,5°. K, Ag (*Am.* **32**, 227 *C.* **1904** [2] 1140).

$C_4H_3O_7NHg_3$ 1) **Verbindung** (aus d. Verb. $C_6H_8O_8Hg_3$) (*B.* **36**, 3708 *C.* **1903** [2] 1240).

$C_4H_4ON_2S_3$ *1) **5-Acetylimido-3-Thiocarbonyl-4, 5-Dihydro-1, 2, 4-Dithioazol** (Acetylisopersulfocyansäure) (*A.* **331**, 295 *C.* **1904** [2] 32).

$C_4H_4ON_3Cl$ 1) **6-Chlor-4-Amido-2-Keto-1, 2-Dihydro-1, 3-Diazin.** Sm. noch nicht bei 300° (*Am.* **32**, 348 *C.* **1904** [2] 1414).

$C_4H_4ON_3Br$ 1) **5-Brom-4-Amido-2-Keto-1, 2-Dihydro-1, 3-Diazin.** Zers. oberh. 235° (*Am.* **31**, 604 *C.* **1904** [2] 243).

2) **5-Brom-2-Amido-4-Keto-3, 4-Dihydro-1, 3-Diazin.** Sm. 273° u. Zers. (*Am.* **29**, 504 *C.* **1903** [1] 1311).

$C_4H_4ON_3J$ 1) **6-Jod-2-Amido-4-Oxy-1, 3-Diazin.** Zers. bei 241° (*B.* **36**, 2230 *C.* **1903** [2] 448).

$C_4H_4O_2NCl_3$ 2) **Gem. Imid d. Chloressigsäure u. Dichloressigsäure.** Sm. 98° (*J. pr.* [2] **69**, 12 *C.* **1904** [1] 639).

$C_4H_4O_2N_2S$ 4) **5-Methyl-1, 2, 3-Thiodiazol-4-Carbonsäure** + H_2O. Sm. 75° (113° wasserfrei) (*A.* **325**, 177 *C.* **1903** [1] 646; *A.* **333**, 6 *C.* **1904** [2] 780).

$C_4H_4O_2N_4S$ 1) **5-Oximido-6-Imido-2-Thiocarbonyl-4-Ketohexahydro-1, 3-Diazin** + $^1/_2H_2O$ (*A.* **331**, 73 *C.* **1904** [1] 1200).

$C_4H_4O_7N_2S$ 1) **5-Oxy-2, 4, 6-Triketohexahydro-1, 3-Diazin-5-Sulfonsäure** (Alloxansulfit). $(NH_4)_2$, K_2 + H_2O, Dimethylaminsalz (*A.* **333**, 94 *C.* **1904** [2] 829).

$C_4H_5ONS_2$ 2) **2-Thiocarbonyl-4-Keto-3-Methyltetrahydrothiazol.** Sm. 72° (*M.* **25**, 167 *C.* **1904** [1] 894).

$C_4H_5ON_3S$ 4) **6-Amido-2-Thiocarbonyl-4-Keto-1, 2, 3, 4-Tetrahydro-1, 3-Diazin** + H_2O (*A.* **331**, 71 *C.* **1904** [1] 1199).

$C_4H_5OCl_3Br_2$ *1) **Aethyläther d. αββ-Trichlor-αβ-Dibrom-α-Oxyäthan.** Sd. 124—129°$_{25-30}$ (*G.* **33** [2] 386 *C.* **1904** [1] 921).

$C_4H_5O_2NCl_2$ 1) **Imid d. Chloressigsäure.** Sm. 189° u. Zers. (195°) (*J. pr.* [2] **69**, 11 *C.* **1904** [1] 639; *J. pr.* [2] **69**, 353 *C.* **1904** [2] 510).

$C_4H_5O_2N_3Se$ 1) **Selencyanacetylharnstoff.** Sm. 178—179° u. Zers. (*Ar.* **241**, 181 *C.* **1903** [2] 103).

$C_4H_5O_6N_3S$ *1) **Thionursäure** (*A.* **333**, 98 *C.* **1904** [2] 829).

$C_4H_5N_2Cl_2Br$ 1) **Verbindung** (aus Chloressigsäurenitril u. HBr). Sm. 143° u. Zers. (*J. pr.* [2] **69**, 356 *C.* **1904** [2] 510).

C_4H_6ONBr 2) **Nitril d. γ-Brom-β-Oxybuttersäure.** Sd. 149—150°$_{12}$ (*C. r.* **136**, 1265 *C.* **1903** [2] 106).

3) **Amid d. γ-Bromcrotonsäure.** Sm. 110° (*C. r.* **138**, 1050 *C.* **1904** [1] 1481).

$C_4H_6ON_2F_4$ 1) **Di[ββ-Difluoräthyl]nitrosamin.** Sd. 178,6°$_{755}$ (*C.* **1904** [2] 945).

2*

$C_4H_6ON_2Se$ 1) **2-Imido-4-Keto-5-Methyltetrahydroselenazol** (α-Methylselenhydantoïn). Sm. 179° (*Ar.* **241**, 197 *C.* **1903** [2] 103).

$C_4H_6ON_4S$ 3) **5,6-Diamido-2-Thiocarbonyl-4-Keto-1,2,3,4-Tetrahydro-1,3-Diazin** (*A.* **331**, 74 *C.* **1904** [1] 1200).

$C_4H_6O_2NCl$ 3) **Gem. Imid d. Essigsäure u. Chloressigsäure.** Sm. 105—106° (*J. pr.* [2] **69**, 15 *C.* **1904** [1] 640).

$C_4H_6O_2ClBr$ 3) **γ-Chlor-β-Brombuttersäure.** Sm. 49—50° (*C. r.* **136**, 1266 *C.* **1903** [2] 106; *C. r.* **138**, 1051 *C.* **1904** [1] 1482).

$C_4H_6O_2BrF$ *1) **Aethylester der Bromfluoressigsäure.** Sd. 154° (*C.* **1903** [1] 12).

$C_4H_6O_2JF$ 1) **Aethylester d. Jodfluoressigsäure.** Sd. 180° u. ger. Zers. (*C.* **1903** [1] 13).

$C_4H_7ONBr_2$ 3) **Amid d. βγ-Dibrombuttersäure.** Sm. 86° (*C. r.* **138**, 1050 *C.* **1904** [1] 1481).

$C_4H_7ONS_2$ *2) **Methylester d. Acetylamidodithioameisensäure.** Sm. 119° (*Bl.* [3] **29**, 51 *C.* **1903** [1] 440).

$C_4H_7OClF_2$ 1) **Aethyläther d. α-Chlor-ββ-Difluor-α-Oxyäthan.** Sd. 90° (*C.* **1903** [1] 13).

$C_4H_7OCl_2F$ 1) **Aethyläther d. ββ-Dichlor-α-Fluor-α-Oxyäthan.** Sd. 121° (*C.* **1903** [1] 13).

$C_4H_7O_2NS$ *1) **Aethylester d. Thiooxaminsäure** (*B.* **37**, 3721 *C.* **1904** [2] 1450).

$C_4H_7O_2N_2Br$ 1) **α-Brompropionylharnstoff.** Sm. 162° (*Ar.* **241**, 195 *C.* **1903** [2] 103).

$C_4H_7O_2BrHg$ 1) **Acetat d. Quecksilber-β-Oxyäthylbromid.** Sm. 75° (*A.* **329**, 188 *C.* **1903** [2] 1414).

$C_4H_7N_2ClS$ 3) **Chlormethylat d. 5-Methyl-1,2,3-Thiodiazol.** 2 + $PtCl_4$, + $AuCl_3$ (*A.* **333**, 17 *C.* **1904** [2] 781).

$C_4H_7N_2JS$ 2) **Jodmethylat d. 5-Methyl-1,2,3-Thiodiazol.** Sm. 76—77° (*A.* **333**, 16 *C.* **1904** [2] 781).

$C_4H_8ON_2S$ 3) **Methylhydroxyd d. 5-Methyl-1,2,3-Thiodiazol.** Salze siehe (*A.* **333**, 16 *C.* **1904** [2] 781).

$C_4H_8ON_2S_2$ 2) **Dimethyläther d. Dimerkaptomethylenharnstoff.** Zers. bei 217° (*A.* **331**, 288 *C.* **1904** [2] 31).

$C_4H_8O_2NCl$ 4) **α-Chlor-β-Nitro-β-Methylpropan.** Sd. 181—185° (*C.* **1904** [1] 1479).

$C_4H_8O_2N_2S$ *2) **Aethylester d. Thioharnstoffcarbonsäure** (Ae. d. Thiopseudoallophansäure). HCl (*Soc.* **83**, 566 *C.* **1903** [1] 1123).

$C_4H_8O_4Cl_4P_2$ 1) **Verbindung** (aus αβ-Dioxyäthan u. PCl_5) (*C. r.* **136**. 756 *C.* **1903** [1] 1017).

$C_4H_9O_2ClS$ *2) **Dimethylthetinchlorid.** + 6 $HgCl_2$ (*J. pr.* [2] **66**, 465 *C.* **1903** [1] 561).

$C_4H_{10}NCl_2P$ *1) **Diäthylamidodichlorphosphin.** Sd. 189° (*A.* **326**, 154 *C.* **1903** [1] 761).

2) **Isobutylamidodichlorphosphin.** Sd. $101°_{10}$ (*A.* **326**, 150 *C.* **1903** [1] 760).

$C_4H_{10}NCl_4P$ 1) **Diäthylamidophosphortetrachlorid.** + PCl_5 (*A.* **326**, 160 *C.* **1903** [1] 761).

$C_4H_{13}O_2N_2P$ 1) **Amid-Diäthylmonamid d. Phosphorsäure?** Sm. 144° (*A.* **326**, 191 *C.* **1903** [1] 820).

— 4 V —

C_4HO_2NClBr 1) **Imid d. Chlorbrommaleïnsäure.** Sm. 196° (*G.* **32** [2] 127 *C.* **1904** [2] 993).

$C_4H_5O_2NClBr$ 1) **Gem. Imid d. Chloressigsäure u. Bromessigsäure.** Sm. 180° u. Zers. (*J. pr.* [2] **69**, 14 *C.* **1904** [1] 640).

$C_4H_{10}ONCl_2P$ *1) **Diäthylmonamid d. Phosphorsäuredichlorid.** Sd. 220° (*A.* **326**, 181 *C.* **1903** [1] 819).

2) **Isobutylmonamid d. Phosphorsäuredichlorid.** Sd. $141°_{11}$ (*A.* **326**, 174 *C.* **1903** [1] 819).

$C_4H_{10}ONBr_2P$ 1) **Diäthylmonamid d. Phosphorsäuredibromid.** Fl. (*A.* **326**, 194 *C.* **1903** [1] 820).

$C_4H_{10}NCl_2SP$ *1) **Diäthylmonamid d. Thiophosphorsäuredichlorid.** Sd. $107°_{14}$ *A.* **326**, 211 *C.* **1903** [1] 822).

2) **Isobutylmonamid d. Thiophosphorsäuredichlorid.** Sd. 251° (*A.* **326**, 204 *C.* **1903** [1] 821).

$C_4H_{10}NBr_2SP$ 1) **Diäthylmonamid d. Thiophosphorsäuredibromid.** Fl. (*A.* **326**, 216 *C.* **1903** [1] 822).

— 4 VI —

$C_4H_3O_3NClBrS$ 1) **Amid d. 5-Chlor-2-Bromfuran-3-Sulfonsäure.** Sm. 134—135° K, Ag (*Am.* **32**, 216 *C.* **1904** [2] 1140).

C_5-Gruppe.

C_5H_6 *1) **Cyklopentadiën** (*B.* **35**, 4151 *C.* **1903** [1] 159).
5) **polym. Cyklopentadiën** (*B.* **35**, 4152 *C.* **1903** [1] 159).

C_5H_8 *7) **αγ-Pentadiën** (*C.* **1904** [2] 183).
16) **βγ-Pentadiën.** Sd. 49—51° (*C.* **1904** [1] 577).
17) **1-Methylen-R-Tetramethylen?** Sd. 43°$_{727}$ (*C.* **1903** [1] 828).
18) **Kohlenwasserstoff** (aus Asclepias syriaca L.) = $(C_5H_8)_x$ (*J. pr.* [2] **68**, 393 *C.* **1904** [1] 105).

C_5H_{10} *1) **α-Penten** (*G.* **33** [1] 77 *C.* **1903** [1] 1109).
*2) **β-Penten** (*C.* **1903** [2] 339).
*4) **γ-Methyl-α-Buten** (*B.* **36**, 2004 *C.* **1903** [2] 336).
*5) **Trimethyläthylen** (*B.* **36**, 2016 *C.* **1903** [2] 337).
*8) **1,1-Dimethyl-R-Trimethylen** (*B.* **36**, 2015 *C.* **1903** [2] 337).

— 5 II —

$C_5H_4O_2$ *2) **1,4-Pyron.** HCl, 2 + (HCl, $AuCl_3$), 3 + (HCl, $AuCl_3$), Oxalat, 2 + $CaCl_2$, + $HgCl_2$, 4 + $(AgNO_3)_7$, + CH_3OK, + C_2H_5ONa (*B.* **37**, 3745 *C.* **1904** [2] 1538).

$C_5H_4O_3$ *2) **Isobrenzschleimsäure.** Sm. 92°; Sd. 102°$_{15}$. Hydroxylaminsalz, Phenylhydrazinsalz (*Bl.* (3) **29**, 337 *C.* **1903** [1] 1217; *C. r.* **136**, 50 *C.* **1903** [1] 443; *Bl.* [3] **29**, 406 *C.* **1903** [1] 1302).
*5) **Anhydrid d. Itakonsäure** (*B.* **37**, 3969 *C.* **1904** [2] 1604).

C_5H_5N *1) **Pyridin.** Sd. 115,2°$_{760}$. 2 + 3 $HgCl_2$ (*Am.* **29**, 2 *C.* **1903** [1] 524; *A.* **326**, 314 *C.* **1903** [1] 1088; *C. r.* **136**, 1557 *C.* **1903** [2] 384; *B.* **37**, 559 *C.* **1904** [1] 873).

$C_5H_5N_5$ *1) **Adenin** + H_2O (*A.* **331**, 86 *C.* **1904** [1] 1200).

$C_5H_6O_3$ *4) **Andhydrid d. i-Propan-αβ-Dicarbonsäure.** Sm. 32,5—34,5° (37°) Sd. 244—248° (238—240°) (*C.* **1903** [2] 288; *Soc.* **85**, 542 *C.* **1904** [1] 1485).
7) **Anhydrid d. r-Propan-αβ-Dicarbonsäure.** Sm. 67—68° (*C.* **1903** [2] 288).

$C_5H_6O_4$ *8) **R-Trimethylen-1,1-Dicarbonsäure.** Sm. 140—141° (*Soc.* **83**, 1379 *C.* **1904** [1] 162, 437).
*9) **mal. (cis)-R-Trimethylen-1,2-Dicarbonsäure.** Ag_2 (*Soc.* **83**, 1379 *C.* **1904** [1] 162, 437).
*10) **fum. [trans]-R-Trimethylen-1,2-Dicarbonsäure.** Sm. 175°. Ag_2 (*Soc.* **83**, 1379 *C.* **1904** [1] 162, 437; *B.* **36**, 3786 *C.* **1904** [1] 43; *B.* **37**, 2105 *C.* **1904** [2] 104).

$C_5H_6O_5$ 9) **Methylenester d. Aepfelsäure** (*R.* **21**, 315 *C.* **1903** [1] 137).

$C_5H_6O_6$ 4) **Monoformal-d-Weinsäure.** Sm. 160°. Ba + $2H_2O$ (*R.* **21**, 313 *C.* **1903** [1] 137).
5) **Monoformal-l-Weinsäure.** Sm. 159—161°. Ba + $2H_2O$ (*R.* **21**, 314 *C.* **1903** [1] 137).
6) **Monoformal-i-Weinsäure.** Sm. 135°. Ba (*R.* **21**, 314 *C.* **1903** [1] 137).
7) **Monoformaltraubensäure.** Sm. 148°. Ba + $2H_2O$ (*R.* **21**, 314 *C.* **1903** [1] 137).

$C_5H_6N_2$ 11) **2-Methyl-1,3-Diazin.** Sm. —5°; Sd. 138°$_{758}$ (*B.* **37**, 3642 *C.* **1904** [2] 1416).

C_5H_7N *1) **1-Methylpyrrol.** Sd. 112—112,5°$_{720}$ (*B.* **37**, 2792 *C.* **1904** [2] 531).
*2) **2-Methylpyrrol.** Sd. 144,5—145,5° (*G.* **33** [2] 267 *C.* **1904** [1] 40; *B.* **37**, 2793 *C.* **1904** [2] 531).

$C_5H_7N_3$ 4) **4-Amido-2-Methyl-1,3-Diazin.** Sm. 205°. HNO_3 (*B.* **37**, 3642 *C.* **1904** [2] 1416).

C_5H_8O *7) **Acetyl-R-Trimethylen** (*B.* **36**, 1379 *C.* **1903** [1] 1416; *B.* **36**, 1795 *C.* **1903** [2] 282).

$C_5H_8O_2$ *1) **βγ-Diketopentan.** Sd. 108° (*Bl.* [3] **31**, 1174 *C.* **1904** [2] 1701).

*2) **Acetylaceton.** $SnCl_2$-Verbindung, $TiCl_2$, ($FeCl_2$, $TiCl_2$), ($PtCl_4$, $TiCl_2$) (*B.* **36**, 929 *C.* **1903** [1] 1025; *B.* **36**, 1834 *C.* **1903** [2] 191; *B.* **37**, 589 *C.* **1904** [1] 867; *A.* **331**, 336 *C.* **1904** [1] 1593; *B.* **37**, 3450 *C.* **1904** [2] 1274).

*4) **α-Buten-α-Carbonsäure.** Sm. 7—9°; Sd. 100—$102^\circ_{19,5}$ (*B.* **35**, 4267 *C.* **1903** [1] 280; *A.* **334**, 205 *C.* **1904** [2] 884).

*6) **Angelikasäure** (*Bl.* [3] **29**, 327 *C.* **1903** [1] 1225).

*7) **α-Buten-δ-Carbonsäure** (*A.* **334**, 206 *C.* **1904** [2] 884).

*8) **β-Buten-α-Carbonsäure.** Ba (*A.* **331**, 138 *C.* **1904** [1] 933; *A.* **334**, 206 *C.* **1904** [2] 884).

*9) **Tiglinsäure** (*Bl.* [3] **29**, 330 *C.* **1903** [1] 1226).

*10) **β-Methylpropen-α-Carbonsäure** (*M.* **24**, 769 *C.* **1904** [1] 158).

*13) **Lakton d. γ-Oxyvaleriansäure** (*C.* **1903** [2] 288).

*14) **Lakton d. δ-Oxyvaleriansäure.** Sd. 113—114°_{13-14} (218—220°) (*B.* **36**, 1200 *C.* **1903** [1] 1175; *B.* **37**, 1857 *C.* **1904** [1] 1487).

*18) **Aldehyd d. β-Ketobutan-δ-Carbonsäure** (*B.* **36**, 1934 *C.* **1903** [2] 189).

*21) **Aethylester d. Akrylsäure** (*Bl.* [3] **29**, 1044 *C.* **1903** [2] 1424).

*24) **Verbindung** (aus δ-Oxy-α-Methylglutarsäure). Sd. 222—226°_{56} (*B.* **36**, 1202 *C.* **1903** [1] 1175).

27) **polym. Lakton d. δ-Oxyvaleriansäure.** = $(C_5H_8O_2)_x$. Sm. 47—48° (*B.* **36**, 1200 *C.* **1903** [1] 1175).

$C_5H_8O_3$ *6) **α-Ketobutan-α-Carbonsäure.** Sd. 179°. Ca + $2H_2O$, Ba + H_2O, Ag (*A.* **331**, 129 *C.* **1904** [1] 932).

*8) **Lävulinsäure.** Ca + $2H_2O$ (*A.* **331**, 108 *C.* **1904** [1] 931; *B.* **37**, 2710 *C.* **1904** [2] 528).

*14) **αγ-Lakton d. βγ-Dioxybutan-α-Carbonsäure?** Fl. (*A.* **334**, 92 *C.* **1904** [2] 887).

28) **Monoformal-α-Oxybuttersäure.** Sd. 164° (*R.* **21**, 318 *C.* **1903** [1] 137).

29) **Monoformal-β-Oxybuttersäure.** Sm. 9°; Sd. 100° (*R.* **21**, 318 *C.* **1903** [1] 137).

30) **Monoformal-α-Oxyisobuttersäure.** Sd. 142° (*R.* **21**, 318 *C.* **1903** [1] 137).

31) **αγ-Lakton d. αγ-Dioxybutan-α-Carbonsäure.** Fl. (*A.* **334**, 88 *C.* **1904** [2] 887).

32) **Aldehyd d. r-α-Acetoxylpropionsäure.** Sd. 52—55°_{15} (*A.* **335**, 266 *C.* **1904** [2] 1284).

$C_5H_8O_4$ *1) **α-Acetoxylpropionsäure.** Sm. 57—60°; Sd. 127°_{11} (*B.* **36**, 468 *C.* **1903** [1] 626; *B.* **37**, 3972 *C.* **1904** [2] 1605).

*4) **Propan-αα-Dicarbonsäure** (*C.* **1903** [2] 1330).

*5) **Brenzweinsäure** (*C.* **1903** [2] 712).

*6) **Glutarsäure** (*C.* **1903** [2] 1053, 1330).

*14) **Diacetat d. Dioxymethan** (*C.* **1903** [2] 656).

*16) **γγ-Dioxy-βδ-Diketopentan.** Ba_2, Pb + H_2O (*B.* **36**, 3225 *C.* **1903** [2] 940).

19) **r-Propan-αβ-Dicarbonsäure.** Sm. 112,5—113,5° (*C.* **1903** [2] 288).

20) **Monomethylester d. Bernsteinsäure.** Sm. 57—58°; Sd. 151°_{20}. Ag (*Bl.* [3] **29**, 1046 *C.* **1903** [2] 1424; *Soc.* **85**, 539 *C.* **1904** [1] 1481).

$C_5H_8O_5$ *5) **r-β-Oxypropan-αβ-Dicarbonsäure.** Sm. 116—117° (*B.* **35**, 4376 *C.* **1903** [1] 281).

*9) **β-Oxypropan-αγ-Dicarbonsäure.** Sm. 95° (*Bl.* [3] **29**, 1014 *C.* **1903** [2] 1315).

$C_5H_8O_6$ *6) **Monomethylester d. d-Weinsäure.** K. (*Soc.* **85**, 1122 *C.* **1904** [2] 1206).

8) **Dimethylester d. Dioxymethandicarbonsäure.** Sm. 81° (77,5°) (*C. r.* **137**, 198 *C.* **1903** [2] 659; *B.* **37**, 1781 *C.* **1904** [1] 1463).

$C_5H_8O_7$ *3) **d-αβγ-Trioxypropan-αγ-Dicarbonsäure** (*B.* **36**, 3201 *C.* **1903** [2] 1055).

$C_5H_8N_2$ *4) **1,2-Dimethylimidazol.** Sd. 205—206° ($2HCl$, $PtCl_4$), (HCl, $AuCl_3$), Pikrat (*Soc.* **83**, 469 *C.* **1903** [1] 931, 1143).

7) **Methyläthylaziäthan.** Sm. 206° (*B.* **36**, 3186 *C.* **1903** [2] 939).

8) **1,3-Dimethylpyrazol.** Sd. 148°. HCl, ($2HCl$, $PtCl_4$), (HCl, $AuCl_3$ + $2H_2O$) (*Soc.* **83**, 467 *C.* **1903** [1] 931, 1143).

$C_5H_8N_2$ 9) **4,5-Dimethylpyrazol.** Sm. 55—57° (*C.* **1903** [2] 1324).
10) **4-[oder 5]-Aethylimidazol.** Fl. (HCl, $AuCl_3$), HNO_3, Pikrat (*B.* **37**, 2477 *C.* **1904** [2] 419).
11) **1,4-[oder 1,5]-Dimethylimidazol.** Sd. 210—215°. (2 HCl, $PtCl_4$), (HCl, $AuCl_3$), Pikrat (*Soc.* **83**, 443 *C.* **1903** [1] 930, 1143).
12) **isom. 1,4-[oder 1,5]-Dimethylimidazol.** Sd. 116°$_{25}$. HCl, (2 HCl, $PtCl_4$), (HCl, $AuCl_3$), Pikrat (*Soc.* **83**, 465 *C.* **1903** [1] 931, 1143).
13) **Nitril d. α-Aethylidenamidopropionsäure.** Sd. 152° (*Bl.* [3] **29**, 1185 *C.* **1904** [1] 354).

$C_5H_8Br_2$ 9) **1-Brom-1-Brommethyl-R-Tetramethylen?** Sd. 192—193° (*C.* **1903** [1] 828).

$C_5H_8Br_4$ *2) **αβγδ-Tetrabrompentan.** Sm. 41,5—43° (*C.* **1904** [2] 183).

C_5H_9N *2) **5-Methyl-2,3-Dihydropyrrol.** Sd. 42—45°$_{95-100}$ (*G.* **33** [2] 314 *C.* **1904** [1] 292).
*7) **Nitril d. β-Methylpropan-α-Carbonsäure** (*C.* **1904** [2] 665).

$C_5H_9N_4$ 1) **Verbindung** (aus d. Verb. $C_5H_{10}ON_4$). = $(C_5H_9N_4)_x$. Sm. 147° u. Zers. (*B.* **36**, 1298 *C.* **1903** [1] 1256).

C_5H_9Br *1) **Brom-R-Pentamethylen.** Sd. 135—138°$_{743}$ (*C.* **1903** [1] 828).
5) **βγγ-Tribrom-β-Methylbutan** (*B.* **37**, 548 *C.* **1904** [1] 866).

$C_5H_{10}O$ *14) **Pentan-αδ-Oxyd.** Sd. 77,5—78°$_{740}$ (*M.* **23**, 1087 *C.* **1903** [1] 384; *M.* **24**, 354 *C.* **1903** [2] 552).
*15) **Pentan-αε-Oxyd.** Sd. 81—82° (*M.* **23**, 1073 *C.* **1903** [1] 393).
*17) **β-Methylbutan-βγ-Oxyd** (*B.* **36**, 2018 *C.* **1903** [2] 338).
*21) **β-Ketopentan** (*Bl.* [3] **29**, 673 *C.* **1903** [2] 487; *C. r.* **137**, 576 *C.* **1903** [2] 1110).
*22) **γ-Ketopentan** (*C. r.* **137**, 576 *C.* **1903** [2] 1110).
*23) **γ-Keto-β-Methylbutan.** Sd. 93—94° (*Bl.* [3] **29**, 674 *C.* **1903** [2] 487).
*24) **Aldehyd d. Valeriansäure.** Sd. 101—102° (*C. r.* **138**, 698 *C.* **1904** [1] 1066).
*26) **Aldehyd d. Isovaleriansäure.** + Anilinsulfit, + Anilinanhydrosulfit (*A.* **325**, 356 *C.* **1903** [1] 696; *C. r.* **137**, 989 *C.* **1904** [1] 257; *M.* **25**, 150 *C.* **1904** [1] 1000).
*33) **1-Oxymethyl-R-Tetramethylen.** Sd. 139°$_{747}$ (*C.* **1903** [1] 828).

$C_5H_{10}O_2$ *7) **ε-Oxy-β-Ketopentan** (*M.* **24**, 351 *C.* **1903** [2] 551).
*14) **1-Butan-β-Carbonsäure** (*B.* **37**, 352 *C.* **1904** [1] 579).
*15) **Isovaleriansäure.** NH_4 (*M.* **23**, 1053 *C.* **1903** [1] 387).
*21) **Aethylester d. Propionsäure** [*Bl.* [3] **29**, 1044 *C.* **1903** [2] 1424).

$C_5H_{10}O_3$ *1) **Aethylidenäther d. αβγ-Trioxypropan.** Sd. 85°$_{15}$ (*A.* **335**, 214 *C.* **1904** [2] 1202).
*2) **α-Oxyvaleriansäure.** Sm. 34°. Ca, Zn + $2H_2O$ (*A.* **331**, 132 *C.* **1904** [1] 932).
*10) **β-Oxy-β-Methylpropan-α-Carbonsäure.** Ag (*M.* **24**, 768 *C.* **1904** [1] 158).
*32) **α-Oxy-β-Methylpropan-β-Carbonsäure.** Sm. 124° (123°) NH_4, Na, K, Ca + $1^1/_2H_2O$ (*Bl.* [3] **31**, 119 *C.* **1904** [2] 664; *M.* **25**, 869 *C.* **1904** [2] 1106).
*35) **Aethylester d. β-Oxypropionsäure.** Sd. 187° (170—175°) (*Bl.* [3] **29**, 1044 *C.* **1903** [2] 1424; *B.* **37**, 1276 *C.* **1904** [1] 1335).
38) **α-Acetat d. αβ-Dioxypropan.** Sd. 182—183°$_{700}$ (*C.* **1903** [2] 486).

$C_5H_{10}O_4$ *2) **βγ-Dioxybutan-α-Carbonsäure?** Ca, Ba + H_2O, Ag (*A.* **334**, 94 *C.* **1904** [2] 887).
*7) **Aethylester d. αβ-Dioxypropionsäure.** Sd. 200° (*B.* **37**, 1277 *C.* **1904** [1] 1335).
13) **Parasaccharopentose.** Sm. 81,5—82° (*B.* **37**, 1200 *C.* **1904** [1] 1197).
14) **αγ-Dioxybutan-α-Carbonsäure.** Ca, Ba, Zn (*A.* **334**, 90 *C.* **1904** [2] 887).

$C_5H_{10}O_5$ *1) **d-Arabinose** (*B.* **36**, 1194 *C.* **1903** [1] 1217).
*2) **l-Arabinose** (*B.* **36**, 1194 *C.* **1903** [1] 1217; *B.* **37**, 1210 *C.* **1904** [1] 1337).

$C_5H_{10}N_2$ *4) **2-Methyl-1,4,5,6-Tetrahydro-1,3-Diazin.** Sm. 72—74°; Sd. 120-126°$_{12}$ (2 HCl, $PtCl_4$), HNO_3, Oxalat, Pikrat, harnsaures Salz (*B.* **36**, 334 *C.* **1903** [1] 703).
8) **αγ-Di[Methylenamido]propan.** Fl. (*B.* **36**, 36 *C.* **1903** [1] 502).
9) **Nitril d. α-Aethylamidopropionsäure.** Sd. 153—154° (*C.* **1904** [2] 945).

$C_5H_{10}N_2$ 10) **Nitril d. α-Dimethylamidopropionsäure.** Sd. 144° (*C.* **1904** [2] 945).

$C_5H_{10}Cl_2$ *2) **βγ-Dichlor-β-Methylbutan** (*M.* **23**, 1082 *C.* **1903** [1] 384).
*5) **γδ-Dichlor-β-Methylbutan.** Sd. 142—145° (*M.* **23**, 1079 *C.* **1903** [1] 384).
*11) **βγ-Dichlorpentan.** Sd. 50—51°$_{20}$ (*M.* **23**, 1085 *C.* **1903** [1] 384).
12) **αδ-Dichlorpentan.** Sd. 58—60°$_{15}$ (*M.* **23**, 1088 *C.* **1903** [1] 384).
13) **αε-Dichlorpentan.** Sd. 176—178° u. Zers. (*B.* **37**, 2918 *C.* **1904** [2] 1237).

$C_5H_{10}Br_2$ *2) **αδ-Dibrompentan.** Sd. 99°$_{14}$ (*M.* **23**, 1086 *C.* **1903** [1] 384).
*3) **αε-Dibrompentan.** Sm. —34 bis —35°; Sd. 221°$_{765}$ (*M.* **23**, 1071 *C.* **1903** [1] 393; *C. r.* **138**, 1611 *C.* **1904** [2] 429; *B.* **37**, 3210 *C.* **1904** [2] 1238).
*5) **βγ-Dibrompentan.** Sd. 74°$_{17}$ (*M.* **23**, 1083 *C.* **1903** [1] 384).
*8) **βγ-Dibrom-β-Methylbutan.** Sd. 61—64°$_{17}$ (*M.* **23**, 1081 *C.* **1903** [1] 384).
*10) **γδ-Dibrom-β-Methylbutan** (*M.* **23**, 1077 *C.* **1903** [1] 384).
15) **βδ-Dibrompentan.** Sd. 63,5°$_{9}$ (*C.* **1904** [1] 1327).

$C_5H_{10}J_2$ 2) **αε-Dijodpentan.** Sm. 9°; Sd. 149°$_{20}$ (*C. r.* **138**, 1611 *C.* **1904** [2] 429).

$C_5H_{11}N$ *9) **1-Amidomethyl-R-Tetramethylen.** Sd. 110°$_{753}$ (82—83°?) (*C.* **1903** [1] 828).
*11) **2-Methyltetrahydropyrrol.** Sd. 95°$_{742}$. (HCl, $AuCl_3$) (*G.* **33** [2] 267 *C.* **1904** [1] 40; *G.* **33** [2] 314 *C.* **1904** [1] 292).
*13) **Piperidin.** + $P_{10}H_4$ (*B.* **36**, 993 *C.* **1903** [1] 1072).

$C_5H_{11}Cl$ *6) **γ-Chlor-β-Methylbutan** (*C.* **1904** [2] 691).

$C_5H_{11}Br$ *4) **β-Brom-β-Methylbutan** (*C.* **1904** [2] 691).
*5) **γ-Brom-β-Methylbutan** (*C.* **1904** [2] 691).
*6) **δ-Brom-β-Methylbutan** (*C.* **1904** [2] 691).
9) **d-α-Brom-β-Methylbutan.** Sd. 118—120° (*B.* **37**, 1046 *C.* **1904** [1] 1248).

$C_5H_{11}J$ *6) **γ-Jod-β-Methylbutan** (*C.* **1904** [2] 691).
*7) **δ-Jod-β-Methylbutan.** Sd. 147° cor. (*Bl.* [3] **31**, 600 *C.* **1904** [2] 19).
9) **d-α-Jod-β-Methylbutan** (*B.* **37**, 1045 *C.* **1904** [1] 1248).

$C_5H_{12}O$ *1) **α-Oxypentan** (*M.* **25**, 1090 *C.* **1904** [2] 1698).
*2) **β-Oxypentan.** Sd. 118° (*C. r.* **137**, 302 *C.* **1903** [2] 708).
*3) **γ-Oxypentan.** Sd. 116° (*C. r.* **137**, 302 *C.* **1903** [2] 708).
*4) **l-α-Oxy-β-Methylbutan.** Sd. 126—128° (*M.* **25**, 1098 *C.* **1904** [2] 1698).
*7) **Isoamylalkohol** (*C. r.* **137**, 302 *C.* **1903** [2] 708; *M.* **24**, 533 *C.* **1903** [2] 869; *Bl.* [3] **31**, 599 *C.* **1904** [2] 18).
*8) **α-Oxy-ββ-Dimethylpropan** (*M.* **25**, 1094 *C.* **1904** [2] 1698).
16) **Methyläther d. β-Oxy-β-Methylpropan.** Sd. 53—54° (*C.* **1903** [1] 1119; **1904** [1] 1065).

$C_5H_{12}O_2$ *1) **αδ-Dioxypentan.** Sd. 115—116°$_{14}$ (*M.* **23**, 1088 *C.* **1903** [1] 384; *M.* **24**, 353 *C.* **1903** [2] 551).
*3) **βγ-Dioxypentan.** Sd. 96,5—97°$_{17}$ (*M.* **23**, 1084 *C.* **1903** [1] 384).
*4) **βδ-Dioxypentan.** Sd. 197° (*C.* **1904** [1] 1327).
*5) **αβ-Dioxy-β-Methylbutan.** Sd. 186—189° (*C. r.* **137**, 757 *C.* **1903** [2] 1415).

$C_5H_{12}O_4$ *1) **Pentaerythrit** (*B.* **36**, 1349 *C.* **1903** [1] 1299).

$C_5H_{12}N_2$ 7) **3,5-Dimethyltetrahydropyrazol.** Sm. —5 bis —7°; Sd. 141—143°$_{740}$. HCl, H_2SO_4, Pikrat, + Aceton (*B.* **36**, 221 *C.* **1903** [1] 522).

$C_5H_{12}S$ *3) **Aethylpropylsulfid.** Sd. 117°$_{745}$ (*J. pr.* [2] **66**, 527 *C.* **1903** [1] 561).
*4) **Aethylisopropylsulfid.** Sd. 106—107° (*J. pr.* [2] **66**, 526 *C.* **1903** [1] 561).

$C_5H_{13}N$ *3) **γ-Amidopentan** (*B.* **36**, 703 *C.* **1903** [1] 818).
*4) **β-Amido-β-Methylbutan** (*B.* **36**, 692 *C.* **1903** [1] 817).
*6) **Isoamylamin.** Salze siehe (*C. r.* **135**, 902 *C.* **1903** [1] 131).
*11) **Aethylisopropylamin.** (2HCl, $PtCl_4$) (*C.* **1904** [1] 923).
*13) **Methyldiäthylamin.** (2HCl, $PtCl_4$) (*C.* **1904** [1] 923).
16) **d-α-Amido-β-Methylbutan.** Sd. 95,5—96°. HCl, (2HCl, $PtCl_4$) (*B.* **37**, 1047 *C.* **1904** [1] 1248).

$C_5H_{14}N_2$ *1) **αε-Diamidopentan** (Cadaverin, Musculamin). 2HCl, (2HCl, $PtCl_4$) (*C. r.* **135**, 699 *C.* **1902** [2] 1365; *C. r.* **135**, 865 *C.* **1903** [1] 46; *C. r.* **136**, 1285 *C.* **1903** [2] 127; *B.* **37**, 3587 *C.* **1904** [2] 1407).
*3) **stab. βδ-Diamidopentan.** Fl. (*B.* **36**, 224 *C.* **1903** [1] 522).
*9) **Spermin** (*C. r.* **135**, 1141 *C.* **1903** [1] 274).

$C_5H_{14}Sn$ *1) **Zinntrimethyläthyl.** Sd. 107—108°$_{758}$ (*C.* **1904** [1] 353).

— 5 III —

$C_5H_2O_4N_4$ C 33,0 — H 1,1 — O 35,1 — N 30,8 — M. G. 182.
1) **Verbindung** (aus β-Nitroisoxazol). Ag (*Am.* **29**, 273 *C.* **1903** [1] 958).

$C_5H_2O_4Cl_6$ 1) **Methylenester d. Trichloressigsäure.** Sm. 76° (*C. r.* **136**, 1566 *C.* **1903** [2] 342).

$C_5H_3O_2Cl$ *2) **Chlorid d. Furan-2-Carbonsäure.** Sd. 173° (*B.* **37**, 2951 *C.* **1904** [2] 992).

$C_5H_3O_3Br$ 6) **Bromisobrenzschleimsäure.** Sm. 172°. Hydroxylaminsalz, Phenylhydrazinsalz (*C. r.* **136**, 49 C. **1903** [1] 443).

$C_5H_3NCl_4$ 1) **2, 3, 4, 5-Tetrachlor-1-Methylpyrrol.** Sm. 118—119° (*G.* **34** [1] 259 *C.* **1904** [2] 120).

$C_5H_4ON_4$ *1) **Hypoxanthin** (*A.* **331**, 78 *C.* **1904** [1] 1200).

$C_5H_4O_2N_2$ 6) **polym. Nitropyridin.** Zers. bei 234° (*C.* **1903** [1] 1033).
7) **1, 3-Diazin-5-Carbonsäure.** Sm. 270° (*B.* **37**, 3650 *C.* **1904** [2] 1513).

$C_5H_4O_2N_4$ *1) **Xanthin** (D.R.P. 143725 *C.* **1903** [2] 474).

$C_5H_4O_3N_4$ *1) **Harnsäure** (*J. pr.* [2] **67**, 274 *C.* **1903** [1] 1218; *G.* **33** [2] 93, 98 *C.* **1903** [2] 1287).

$C_5H_4O_3Br_2$ *5) **αγ-Lakton d. αβ-Dibrom-γγ-Dioxypropen-γ-Methyläther-α-Carbonsäure.** Sm. 51°; Sd. 249—251° (*M.* **25**, 493 *C.* **1904** [2] 324).
6) **Methylester d. αβ-Dibromäthen-α-Carbonsäure-β-Carbonsäurealdehyd** (M. d. Mukobromsäure). Sd. 230—234° (*M.* **25**, 493 *C.* **1904** [2] 324).

$C_5H_4O_4N_2$ *7) **Imidazol-4, 5-Dicarbonsäure** (*B.* **37**, 701 *C.* **1904** [1] 1562).
10) **Amid d. ?-Nitrofuran-2-Carbonsäure.** Sm. 180° (*C. r.* **137**, 520 *C.* **1903** [2] 1069).

C_5H_4NCl *2) **3-Chlorpyridin.** Sd. 147—149°. (2HCl, $PtCl_4$) (*B.* **37**, 3835 *C.* **1904** [2] 1615).

$C_5H_4NCl_3$ 1) **2, 3, 5-Trichlor-1-Methylpyrrol.** Fl. (*G.* **34** [1] 257 *C.* **1904** [2] 120).

C_5H_5ON *3) **4-Oxypyridin.** $^1/_2HCl + H_2O$, $^1/_2HBr + H_2O$, $^1/_2HJ + H_2O$ (*C.* **1903** [1] 167; *J. pr.* [2] **67**, 47 *C.* **1903** [1] 723).

$C_5H_5O_2N$ *16) **Imid d. Citrakonsäure.** Sm. 109° (*C.* **1903** [1] 838).
21) **polym. Cyanmethylencarbonsäureäthylester.** Sm. 122° (*Am.* **30**, 463 *C.* **1904** [1] 378).

$C_5H_5O_3Br$ 3) **Verbindung** (aus β-Brom-α-Keto-β-Buten-αγ-Dicarbonsäure). Sm. 95° (*R.* **23**, 149 *C.* **1904** [2] 193).

$C_5H_5O_4N_3$ 11) **Nitril d. α-Nitro-β-Acetoximidopropionsäure.** Sm. 87—88° (*Am.* **29**, 265 *C.* **1903** [1] 958).

$C_5H_5O_6N$ C 34,3 — H 2,8 — O 54,9 — N 8,0 — M. G. 175.
1) **α-Methylester d. α-Nitroäthen-αβ-Dicarbonsäure** (α-M. d. Nitromaleïnsäure). K (*Am.* **32**, 233 *C.* **1904** [2] 1141).

$C_5H_5N_2Cl$ 2) **4-Chlor-2-Methyl-1, 3-Diazin.** Sm. 59—60°; Sd. $168°_{708}$. HCl (*B.* **37**, 3641 *C.* **1904** [2] 1416).

$C_5H_5N_5S$ 1) **6-Amido-2-Merkaptopurin** + H_2O (*A.* **331**, 84 *C.* **1904** [1] 1200).

$C_5H_6ON_2$ 10) **4-Keto-2-Methyl-3, 4-Dihydro-1, 3-Diazin** + $1^1/_2H_2O$. Sm. 212° (wasserfrei). (2HCl, $PtCl_4$) (*B.* **37**, 3640 *C.* **1904** [2] 1416).

$C_5H_6O_2N_2$ *5) **2, 4-Diketo-5-Methyl-1, 2, 3, 4-Tetrahydro-1, 3-Diazin** (Thymin). Sm. 326° (*Am.* **29**, 487 *C.* **1903** [1] 1309; *H.* **39**, 134 *C.* **1903** [2] 561).
*11) **4-Methylpyrazol-3[5]-Carbonsäure.** Sm. 218—220° (*B.* **36**, 1132 *C.* **1903** [1] 1139).
13) **4-Acetyl-5-Methyl-1, 2, 3-Oxdiazol.** Fl. (*A.* **325**, 139 *C.* **1903** [1] 644).
14) **1-Methylpyrazol-3-Carbonsäure.** Sm. 222° (*Soc.* **83**, 469 *C.* **1903** [1] 931, 1143).

$C_5H_6O_3N_2$ *1) **Dimethylparabansäure.** Sm. 149—150° (*A.* **327**, 261 *C.* **1903** [2] 349).
*5) **2, 4, 6-Triketo-5-Methylhexahydro-1, 3-Diazin.** Sm. 202—203°. Na + $5H_2O$ (D.R.P. 146948 *C.* **1904** [1] 68; *A.* **335**, 355 *C.* **1904** [2] 1381).
20) **2, 4-Diketo-1-Acetyltetrahydroimidazol** + H_2O. Sm. 143—144° (*A.* **327**, 374 *C.* **1903** [2] 661; *A.* **333**, 130 *C.* **1904** [2] 895).

$C_5H_6O_4N_4$ *3) **Pseudoharnsäure.** K + $2H_2O$ (*A.* **333**, 79 *C.* **1904** [2] 826).

$C_5H_6O_4Cl_2$ 5) **Methylenester d. Chloressigsäure.** Sm. 52—53° (*C. r.* **136**, 1566 *C.* **1903** [2] 342).

$C_5H_6N_2Br_2$ 1) **4, 5-Dibrom-1, 3-Dimethylpyrazol.** Sm. 74° (*Soc.* **83**, 469 *C.* **1903** [1] 931, 1143).

$C_5H_6N_2Br_2$ 2) **2,4[oder 2,5-]-Dibrom-1,4[oder 1,5]-Dimethylimidazol.** Sm. 127° (*Soc.* **83** 466 *C.* **1903** [1] 931, 1143).

C_5H_7ON *4) **3,5-Dimethylisoxazol** (*B.* **36**, 220 *C.* **1903** [1] 522).

$C_5H_7ON_3$ 6) **Anhydrodiacetylguanidin.** Sm. 210—212°. HCl + H_2O, (2HCl, $PtCl_4$), HBr + H_2O, Mg, Ag (*Ar.* **241**, 451 *C.* **1903** [2] 988).
7) **4-Nitroso-3,5-Dimethylpyrazol.** Sm. 128° (*A.* **325**, 193 *C.* **1903** [1] 647).
8) **Methyläther d. 2-Amido-4-Oxy-1,3-Diazin.** Sm. 118,5—120°; Sd. $274°_{764}$. (2HCl, $PtCl_4$) (*B.* **36**, 3382 *C.* **1903** [2] 1193).
9) **4-Amido-2-Keto-5-Methyl-1,2-Dihydro-1,3-Diazin** (5-Methylcytosin). Sm. 270°. HCl + $2H_2O$, 5 + 3HCl + H_2O, Pikrat (*Am.* **31**, 599 *C.* **1904** [2] 242).
10) **2-Amido-4-Keto-5-Methyl-3,4-Dihydro-1,3-Diazin.** Sm. 320—321°. HCl, (2HCl, $PtCl_4$ + $4H_2O$), H_2SO_4, Pikrat (*Am.* **32**, 135 *C.* **1904** [2] 956).

$C_5H_7O_2N$ *4) **Nitril d. α-Acetoxylpropionsäure.** Sd. $172—173°_{760}$ (*B.* **37**, 3974 *C.* **1904** [2] 1605).
*9) **Methylimid d. Bernsteinsäure.** Sm. 66—67° (*C.* **1903** [1] 841).
12) **Nitril d. Propionoxylessigsäure.** Sd. $188—189°_{760}$ (*C.* **1904** [2] 1377).

$C_5H_7O_2N_3$ 12) **4-Nitro-3,5-Dimethylpyrazol.** Sm. 124—126° (*A.* **325**, 193 *C.* **1903** [1] 647).
13) **Methyläther d. 6-Imido-2-Oxy-4-Keto-3,4,5,6-Tetrahydro-1,3-Diazin.** Sm. 228—220° (D.R.P. 155732 *C.* **1904** [2] 1631).

$C_5H_7O_2Br$ 9) **β-Brom-β-Buten-α-Carbonsäure.** Sm. 54° (*A.* **331**, 138 *C.* **1904** [1] 932).
10) **Aethylester d. β-Bromakrylsäure** (*M.* **25**, 784 *C.* **1904** [2] 1122).

$C_5H_7O_3N_3$ *9) **5-Methylamido-2,4,6-Triketohexahydro-1,3-Diazin** (*A.* **333**, 64 *C.* **1904** [2] 772).
11) **5-Amido-2,4,6-Triketo-5-Methylhexahydro-1,3-Diazin.** Sm. 237° u. Zers. (*A.* **335**, 359 *C.* **1904** [2] 1362).

$C_5H_7O_3N_5$ 2) **1-Ureïdo-5-Methyl-1-Triazol-4-Carbonsäure.** Zers. bei 205° (*A.* **325**, 161 *C.* **1903** [1] 645).

$C_5H_7O_3Cl$ 6) **Acetat d. γ-Chlor-β-Keto-α-Oxypropan.** Sd. $108—109°_{12}$ (*C.* **1904** [1] 576).
7) **Chlorid d. α-Acetoxylpropionsäure.** Sd. $56°_{11}$ ($150°_{760}$) (*B.* **36**, 468 *C.* **1903** [1] 626; *B.* **37**, 3973 *C.* **1904** [2] 1605).

$C_5H_7O_4N_3$ 4) **1-Nitro-2,4-Diketo-3-Aethyltetrahydroimidazol.** Sm. 95—96° (*A.* **327**, 379 *C.* **1903** [2] 602).

$C_5H_7O_4Br$ *4) **Citrabrombrenzweinsäure** (*B.* **35**, 4370 *C.* **1903** [1] 281).

$C_5H_7O_5N$ *5) **Dimethylester d. Oximidomethandicarbonsäure.** Sm. 67°; Sd. $108°_{10}$. Na (*C. r.* **137**, 198 *C.* **1903** [2] 659).

$C_5H_7O_6N$ *1) **Dimethylester d. Nitromalonsäure.** Dimethylaminsalz (*B.* **37**, 1783 *C.* **1904** [1] 1483).
2) **β-Nitro-α-Acetoxylpropionsäure.** Sm. 90—91°. Ag (*Am.* **32**, 239 *C.* **1904** [2] 1141).

$C_5H_7N_2J$ 3) **Pyridinjodamid** (*C. r.* **136**, 1471 *C.* **1903** [2] 296).

$C_5H_8ON_2$ *2) **5-Keto-3,4-Dimethyl-4,5-Dihydropyrazol.** Sm. 256° (268°) (*Bl.* [3] **27**, 1103 *C.* **1903** [1] 227; *B.* **37**, 2834 *C.* **1904** [2] 642).
11) **2-Oxy-4[oder 5]-Aethylimidazol.** Sm. 166—167° (*B.* **37**, 2478 *C.* **1904** [2] 419).
12) **Nitril d. α-Acetylamidopropionsäure.** Sm. 102° (*Bl.* [3] **29**, 1103 *C.* **1904** [1] 361).

$C_5H_8O_2N_2$ 19) **2,4-Diketo-3-Aethyltetrahydroimidazol.** Sm. 102° (*A.* **327**, 378 *C.* **1903** [2] 662).
20) **3,6-Diketo-2-Methylhexahydro-1,4-Diazin** (Methyldiacipiperazin). Sm. 238—239° u. Zers. (*B.* **36**, 2113 *C.* **1903** [2] 345).
21) **Methylester d. α-Diazobuttersäure.** Sd. $54—56°_{12}$ (*B.* **37**, 1275 *C.* **1904** [1] 1334).
22) **Aethylester d. α-Diazopropionsäure.** Sd. $65—68°_{41}$ (*B.* **37**, 1269 *C.* **1904** [1] 1334).

$C_5H_8O_2N_4$ 9) **1-Oxy-4-[α-Oximidoäthyl]-5-Methyl-1,2,3-Triazol.** Zers. bei 213° (*A.* **325**, 168 *C.* **1903** [1] 645).

$C_5H_8O_2N_6$ 2) **3,5-Diureïdopyrazol** (*B.* **37**, 3525 *C.* **1904** [2] 1314).
3) **5-Oxy-4-[α-Semicarbazonäthyl]-1,2,3-Triazol.** Sm. 201° u. Zers. (*A.* **325**, 156 *C.* **1903** [1] 644).

$C_5H_8O_2Br_2$ *3) βγ-Dibrombutan-α-Carbonsäure. Sm. 65—65,5° (*A.* **331**, 140 *C.* **1904** [1] 933).
13) αδ-Dibrombutan-α-Carbonsäure. Sd. 171—174_{18-15} (*B.* **37**, 2843 *C.* **1904** [2] 643).

$C_5H_8O_2N_2$ 6) γδ-Dioximido-β-Ketopentan. Sm. 128° u. Zers. (*A.* **325**, 194 *C.* **1903** [1] 647).
7) Aethylester d. β-Oxy-α-Diazopropionsäure (*B.* **37**, 1278 *C.* **1904** [1] 1335).

$C_5H_8O_3N_4$ *2) 5-Ureïdo-2,4-Diketo-3-Methyltetrahydroimidazol + H_2O. Sm. 219—221° (*A.* **333**, 138 *C.* **1904** [2] 896).

$C_5H_8O_5N_2$ 6) β-Amid d. β-Amidoäthan-ααβ-Tricarbonsäure. Sm. 120° (*A.* **332**, 121 *C.* **1904** [2] 189).

$C_5H_8O_6N_4$ *1) Uroxansäure. K + $3H_2O$ (*H.* **41**, 342 *C.* **1904** [1] 1338; *A.* **333**, 153 *C.* **1904** [2] 897).

$C_5H_8N_2S$ 6) 2-Merkapto-4[oder 5]-Aethylimidazol. Sm. noch nicht bei 265° (*B.* **37**, 2476 *C.* **1904** [2] 419).

$C_5H_8N_2S_4$ 1) Methylenäther d. Di[Methylimidomerkaptomethyl]disulfid. Sm. 118° (*B.* **36**, 2270 *C.* **1903** [2] 563).

$C_5H_8N_4S$ 1) Methyläther d. 4,6-Diamido-2-Merkapto-1,3-Diazin. Sm. 185—186° (*Am.* **32**, 349 *C.* **1904** [2] 1414).

C_5H_9ON *6) Oximido-R-Pentamethylen (*C.* **1903** [1] 828).
*7) α-Oximidoäthyl-R-Trimethylen. Sm. 50—55°. HCl (*B.* **36**, 1380).
26) polym. γ-Nitroso-β-Methyl-β-Buten. Sm. 145° (*B.* **37**, 543 *C.* **1904** [1] 865).

$C_5H_9ON_3$ 6) 5-Imido-2-Keto-4,4-Dimethyltetrahydroimidazol + H_2O. Sm. 230° u. Zers. (wasserfrei) (*B.* **36**, 1292 *C.* **1903** [1] 1255).
7) Amid d. 5-Methyl-4,5-Dihydropyrazol-1-Carbonsäure. Sm. 198° (*A.* **335**, 222 *C.* **1904** [2] 1203).
8) Verbindung (aus d. Verb. $C_5H_9N_4$). Sm. 140° u. Zers. (*B.* **36**, 1298 *C.* **1903** [1] 1256).

$C_5H_9O_2N$ *4) γ-Oximido-β-Ketopentan. Sm. 58—59° (*Soc.* **83**, 43 *C.* **1903** [1] 442).
*19) r-Tetrahydropyrrol-2-Carbonsäure. Sm. 203—203,5° (207°). Cu + $2H_2O$, HCl, (HCl, $AuCl_3$) (*A.* **326**, 104 *C.* **1903** [1] 842; *H.* **39**, 89 *C.* **1903** [2] 580; *H.* **39**, 157 *C.* **1903** [2] 580).
23) Säure (aus Gelatine). Cu + H_2O (*H.* **41**, 99 *C.* **1904** [1] 1015).

$C_5H_9O_2N_3$ 4) Diacetylguanidin. Sm. 152°. Acetat (*Ar.* **241**, 464 *C.* **1903** [2] 988).
5) 5-Imido-2-Keto-3-Oxy-4,4-Dimethyltetrahydroimidazol. Sm. 230° u. Zers. HCl (*B.* **34**, 1875; *B.* **36**, 1286 *C.* **1903** [1] 1254).
6) 3,5-Dioxy-6,6-Dimethyl-1,6-Dihydro-1,2,4-Triazin. Sm. 230° (*Am.* **28**, 402 *C.* **1903** [1] 91).
7) cis-α-Guanidylpropen-β-Carbonsäure. Sm. 319—320° (*Am.* **32**, 140 *C.* **1904** [2] 957).
8) trans-α-Guanidylpropen-β-Carbonsäure. Sm. 329—332° (*Am.* **32**, 138 *C.* **1904** [2] 956).

$C_5H_9O_2Cl$ *8) Aethylester d. i-α-Chlorpropionsäure. Sd. 145—146° (*B.* **37**, 1272 *C.* **1904** [1] 1334).
*19) β-Chlorpropylester d. Essigsäure. Sd. 152—153°$_{760}$ (*C.* **1903** [2] 486; *R.* **22**, 209 *C.* **1903** [2] 22).

$C_5H_9O_2Br$ 19) α-Brom-β-Methylpropan-β-Carbonsäure. Sm. 40,5—41°; Sd. 143 bis 145°$_{25}$ (*Bl.* [3] **31**, 155 *C.* **1904** [1] 868).

$C_5H_9O_2J$ *5) Aethylester d. β-Jodpropionsäure (*J. pr.* [2] **68**, 345 *C.* **1903** [2] 1317).

$C_5H_9O_3N$ *2) α-Oximidovaleriansäure. Sm. 155° u. Zers. (*Bl.* [3] **31**, 1073 *C.* **1904** [2] 1457).
*19) α-Acetylamidopropionsäure. Sm. 137,5° (*B.* **36**, 2114 *C.* **1903** [2] 346).
*21) α-Oximidoisovaleriansäure. Sm. 171—172° u. Zers. (*Bl.* [3] **31**, 1072 *C.* **1904** [2] 1457).
*22) ?-Oxytetrahydropyrrol-2-Carbonsäure (*H.* **39**, 157 *C.* **1903** [2] 580).

$C_5H_9O_3N_3$ *2) Di[Methylamid] d. Oximidomalonsäure. Sm. 157°. K, Fe (*Soc.* **83**, 33 *C.* **1903** [1] 73, 441; *Soc.* **83**, 21 *C.* **1903** [1] 77, 448).
*4) Amid d. Oximidomalonäthylläthersäure. Sm. 150,5—151,5° (*M.* **25**, 74, 81 *C.* **1904** [1] 1552).

$C_5H_9O_3N_3$ 6) **Methylester d. α-Semicarbazonpropionsäure.** Sm. 208° (*Am.* **28**, 398 *C.* **1903** [1] 90).

$C_5H_9O_4N$ *2) **d-Glutaminsäure.** Zn + $2H_2O$ (*H.* **38**, 114 *C.* **1903** [1] 1423; *C.* **1903** [2] 792, 1054).

*11) **N-Aethylester d. Amidomethancarbonsäure-N-Carbonsäure** (Carbäthoxylglycin). Sm. 75° (*B.* **36**, 2108 *C.* **1903** [2] 345).

24) **Aethylester d. α-Nitropropionsäure.** Sd. 190—195° (*C.* **1903** [2] 343).

25) **Methyläthylester d. Stickstoffdicarbonsäure.** Sm. 73°; Sd. 117—124°$_{10}$ (*B.* **37**, 3673 *C.* **1904** [2] 1494).

26) **α-Amid d. β-Oxypropan-αβ-Dicarbonsäure.** Sm. 139—141° (*B.* **35**, 4370 *C.* **1903** [1] 281).

27) **α-Amid d. γ-Oxypropan-αβ-Dicarbonsäure** (β-Itamalaminsäure). Sm. 118—120°. NH_4, Ag (*B.* **35**, 4376 *C.* **1903** [1] 281).

28) **Methylmonamid d. d-Weinsäure.** Methylaminsalz (*Soc.* **83**, 1360 *C.* **1904** [1] 84).

$C_5H_9O_4N_3$ 5) **Aethylester d. Nitrosoureïdoessigsäure.** Sm. 66—67° (*A.* **327**, 367 *C.* **1903** [2] 660).

$C_5H_9O_6N_3$ 2) **βγδ-Trinitro-β-Methylbutan.** Sm. 189—190° (*C.* **1903** [1] 625).

C_5H_9NS *9) **d-sec. Butylsenföl.** Sd. 159° (*B.* **36**, 584 *C.* **1903** [1] 696).

11) **l-sec. Butylsenföl.** Sd. 159° (*B.* **36**, 584 *C.* **1903** [1] 696).

12) **Allylamid d. Thioessigsäure.** Sd. 135—136°$_{17}$ (*B.* **37**, 877 *C.* **1904** [1] 1004).

$C_5H_9N_3S$ 4) **α-Methyl-β-[α-Cyanäthyl]thioharnstoff.** Fl. (*Bl.* [3] **29**, 1194 *C.* **1904** [1] 361).

$C_5H_{10}ON_4$ *4) **Porphyrexin.** (2,4-Diimido-1-Oxy-5,5-Dimethyltetrahydroimidazol) (*B.* **36**, 1284 *C.* **1903** [1] 1254).

5) **Verbindung** (aus Porphyrexin). Sm. 160° u. Zers. Na + $4H_2O$ (*B.* **36**, 1297 *C.* **1903** [1] 1256).

$C_5H_{10}O_2N_2$ *4) **βδ-Dioximidopentan.** Sm. 149—150° (*B.* **36**, 220 *C.* **1903** [1] 521; *B.* **37**, 3316 *C.* **1904** [2] 1026).

*14) **Amid d. Propan-ββ-Dicarbonsäure.** Sm. 263° (*Soc.* **83**, 1241 *C.* **1903** [2] 1421).

*16) **Di[Methylamid] d. Malonsäure.** Sm. 135° (*Soc.* **83**, 33 *C.* **1903** [1] 441).

$C_5H_{10}O_2N_4$ 6) **γ-Oximido-β-Semicarbazonbutan.** Sm. 303° u. Zers. (*Bl.* [3] **31**, 1165 *C.* **1904** [2] 1700).

$C_5H_{10}O_2Cl_2$ 6) **Methyläthyläther d. ββ-Dichlor-αα-Dioxyäthan.** Sd. 173—175° (*G.* **33** [2] 415 *C.* **1904** [1] 922).

$C_5H_{10}O_3N_2$ *7) **Aethylester d. Aethylnitrosamidoameisensäure.** Sd. 60—70°$_{18}$ (*B.* **36**, 2478 *C.* **1903** [2] 559; *B.* **36**, 3635 *C.* **1903** [2] 1331; *B.* **36**, 4295 *C.* **1904** [1] 507).

*17) **Aethylester d. Ureïdoessigsäure.** Sm. 135° (*A.* **327**, 366 *C.* **1903** [2] 660).

*18) **Trimethyläthylennitrosit** (*B.* **35**, 4120 *C.* **1903** [1] 278; *B.* **36**, 1765 *C.* **1903** [2] 100).

20) **α-Amidoacetylamidopropionsäure.** Sm. 227° u. Zers. (*B.* **37**, 2491 *C.* **1904** [2] 424).

21) **Aethylester d. Amidooxymethylamidoameisenmethylätherssäure** (O-Methylcarbäthoxyisoharnstoff). Sm. 5°. HCl (*C.* **1904** [2] 29).

22) **Aethylester d. α-Acetylhydrazin-β-Carbonsäure.** Sm. 90° (P. Gutmann, Dissert., Heidelberg 1903).

23) **Amid d. Amidoessigsäure-N-Carbonsäureäthylester** (Carbäthoxylglycinamid). Sm. 101—103,5° (*B.* **36**, 2109 *C.* **1903** [2] 345).

$C_5H_{10}O_3N_4$ 4) **Amid d. Ureïdoacetylamidoessigsäure** (α-Carbamidoglycylglycinamid). Sm. 210° u. Zers. (*B.* **36**, 2098 *C.* **1903** [1] 1304).

5) **isom. Amid d. Ureïdoacetylamidoessigsäure** (β-Carbamidoglycylglycinamid). Sm. 246° u. Zers. (*B.* **36**, 2098 *C.* **1903** [1] 1304).

$C_5H_{10}O_4N_2$ *10) **Trimethyläthylennitrosat** (*B.* **36**, 1765 *C.* **1903** [2] 100).

11) **βγ-Dinitro-β-Methylbutan.** Sd. 105—110°$_{0,012}$ (*C.* **1903** [1] 625).

12) **?-Diamidopropan-αγ-Dicarbonsäure.** Sm. 238° (*B.* **37**, 1596 *C.* **1904** [1] 1449; *H.* **42**, 282 *C.* **1904** [2] 958).

13) **Dimethylester d. Methylendi[Amidoameisensäure].** Sm. 125° (*B.* **36**, 2207 *C.* **1903** [2] 423).

$C_5H_{10}N_2S$ 7) **Methyläther d. Allylamidoimidomerkaptomethan.** HCl, Pikrat (*Soc.* **83**, 556 *C.* **1903** [1] 1123).

$C_5H_{10}N_2S_2$ *1) **Dimethylformcarbothialdin** (*C. r.* **136**, 452 *C.* **1903** [1] 699).
5) **isom. Carbothialdin** (*C. r.* **136**, 452 *C.* **1903** [1] 699).
6) **Pentamethylendiamindisulfin** (*C. r.* **136**, 452 *C.* **1903** [1] 699).

$C_5H_{10}Br_2S_2$ *1) **Diäthyläther d. Dibromdimerkaptomethan.** Sm. 68° u. Zers. (*C.* **1903** [1] 19).

$C_5H_{11}ON$ *21) **β-Nitroso-β-Methylbutan.** Sm. 50—50,5° (*B.* **36**, 693 *C.* **1903** [1] 817).
27) **α-Oximidopentan.** Sm. 52° (*C. r.* **138**, 698 *C.* **1904** [1] 1066).
28) **Piperidin-N-Oxyd** (Aldehyd d. δ-Amidovaleriansäure?). Sm. 39°; Sd. 110—111°$_{55}$. HCl (*B.* **25**, 2781; **26**, 2991; **31**, 1560; **32**, 2513; *Bl.* [3] **19**, 616; *B.* **37**, 3229 *C.* **1904** [2] 1152). — **I**, *949*; ***I**, *480*.
29) **Amid d. i-Butan-β-Carbonsäure.** Sm. 112°; Sd. 230°$_{745}$ (*M.* **25**, 1097 *C.* **1904** [2] 1698).
30) **Isobutylamid d. Ameisensäure.** Sd. 111°$_{12}$ (*B.* **36**, 2475 *C.* **1903** [2] 559).

$C_5H_{11}ON_3$ 3) **α-Semicarbazonbutan.** Sm. 126° (*Bl.* [3] **31**, 305 *C.* **1904** [1] 1133).

$C_5H_{11}OCl$ 9) **δ-Chlor-α-Oxypentan?** Sd. 70—80°$_{12}$ (*M.* **24**, 353 *C.* **1903** [2] 551).

$C_5H_{11}O_2N$ *2) **β-Nitro-β-Methylbutan.** Sd. 149—150° (*C.* **1903** [1] 625; *B.* **36**, 694 *C.* **1903** [1] 817).
*5) **Nitrit d. δ-Oxy-β-Methylbutan** (*C. r.* **136**, 1564 *C.* **1903** [2] 339).
*9) **α-Amidovaleriansäure.** Sm. 281—282° (*H.* **40**, 566 *C.* **1904** [1] 591).
*16) **α-Aethylamidopropionsäure** (*Bl.* [3] **29**, 1200 *C.* **1904** [1] 354; *C.* **1904** [2] 945).
*18) **Trimethylamidoessigsäure** (Betaïn). (HJ, J_5) (*C.* **1903** [2] 24; **1904** [2] 950).
*26) **Aethylester d. Aethylamidoameisensäure.** Sd. 74—75°$_{14}$ (*B.* **36**, 2476 *C.* **1903** [2] 559).
*28) **Isobutylester d. Amidoameisensäure.** Sm. 64—65° (*B.* **36**, 2475 *C.* **1903** [2] 559).
46) **isom. Amidovaleriansäure** (aus Pankreas) (*H.* **41**, 395 *C.* **1904** [2] 137).
47) **Methylester d. α-Amidobuttersäure.** HCl (*B.* **37**, 1274 *C.* **1904** [1] 1334).

$C_5H_{11}O_2N_3$ 8) **4-Ureïdomorpholin.** Sm. 218° u. Zers. (*B.* **35**, 4477 *C.* **1903** [1] 404).

$C_5H_{11}O_2Cl$ *1) **α-Aethyläther d. γ-Chlor-αβ-Dioxypropan.** Sd. 85—88°$_{30}$ (*A.* **335**, 240 *C.* **1904** [2] 1204).

$C_5H_{11}O_3N$ *5) **Nitrat d. δ-Oxy-β-Methylbutan.** Sd. 147—148° (*C. r.* **136**, 1563 *C.* **1903** [2] 338).
18) **3-Keto-2-[3,4-Dioxybenzyliden]-2,3-Dihydroindol** (*C.* **1903** [1] 84).
19) **Amidooxyvaleriansäure** + H_2O. Sm. 125° (*C.* **1904** [1] 260).

$C_5H_{11}O_3N_3$ 4) **α-Semicarbazidoisobuttersäure.** Sm. 194° u. Zers. (*Am.* **28**, 401 *C.* **1903** [1] 90).
5) **Methylester d. α-Semicarbazidopropionsäure.** Sm. 100° (*Am.* **28**, 398 *C.* **1903** [1] 90).

$C_5H_{11}NS_2$ *1) **Dimethyläther d. Aethylimidodimerkaptomethan** (*C. r.* **136**, 452 *C.* **1903** [1] 699).
*4) **Diäthylamidodithioameisensäure.** Diäthylaminsalz (*B.* **37**, 3235 *C.* **1904** [2] 1153).
*6) **Aethylester d. Dimethylamidodithioameisensäure** (*C. r.* **136**, 452 *C.* **1903** [1] 699).
7) **Diäthyläther d. Imidodimerkaptomethan.** Sm. 33°. HJ (*C.* **1903** [1] 19; *C. r.* **135**, 976 *C.* **1903** [1] 139; *Bl.* [3] **29**, 54 *C.* **1903** [1] 446).

$C_5H_{11}N_3S$ 2) **α-Amido-α-Methyl-β-Allylthioharnstoff.** Sm. 57° (*B.* **37**, 2321 *C.* **1904** [2] 311).

$C_5H_{12}ON_2$ 17) **d-sec. Butylharnstoff.** Sm. 166° (*Ar.* **242**, 69 *C.* **1904** [1] 999).

$C_5H_{12}O_2N_2$ *6) **r-αδ-Diamidovaleriansäure** (*C.* **1903** [2] 35).
10) **γδ-Diamidovaleriansäure.** (2HCl, $PtCl_4$) (*C.* **1904** [1] 260).
11) **Aethylester d. αβ-Diamidopropionsäure.** 2HCl (*B.* **37**, 1278 *C.* **1904** [1] 1335).

$C_5H_{12}O_4S$ *5) **d-β-Methylbutylschwefelsäure.** Ba + $2H_2O$ (*B.* **37**, 1041 *C.* **1904** [1] 1248).
6) **?-Oxy-β-Methylbutan-?-Sulfonsäure.** Ba + $2H_2O$ (*C.* **1903** [2] 1164).
7) **Aethylisopropylester d. Schwefelsäure.** Sd. 105°$_{15}$ (*Am.* **30**, 220 *C.* **1903** [2] 937).

$C_5H_{12}NCl$ *1) **ε-Chlor-α-Amidopentan.** HCl, (2HCl, $PtCl_4$) (*B.* **37**, 2018 *C.* **1904** [2] 1237).

$C_5H_{12}N_2S$ 11) **d-sec. Butylthioharnstoff.** Sm. 137° (*Ar.* **242**, 59 *C.* **1904** [1] [illegible]
$C_5H_{13}ON$ 16) **β-Hydroxylamido-β-Methylbutan** (tert. Amylhydroxylamin) (*B.* **36**, 692 *C.* **1903** [1] 817).
$C_5H_{13}O_3P$ 5) **Säure** (aus Methylpropylketon). Fl. Pb (*C. r.* **136**, 509 *C.* **1903** [1] [illegible]
6) **Säure** (aus Diäthylketon). Fl. Pb (*C. r.* **137**, 124 *C.* **1903** [2] [illegible]
$C_5H_{13}O_4N$ C 39,7 — H 8,6 — O 42,4 — N 9,3 — M. G. 151.
1) **ε-Amido-αβγδ-Tetraoxypentan** (Arabinamin). Sm. 98—99°. HCl, (2HCl, $PtCl_4$), HJ, Pikrat, Oxalat (*C. r.* **136**, 1079 *C.* **1903** [1] [illegible]; *C.* **1904** [1] 579).
2) **isom. ε-Amido-αβγδ-Tetraoxypentan** (Xylamin). Fl. HCl, HJ (*C. r.* **136**, 1081 *C.* **1903** [1] 1305; *C.* **1904** [1] 579).
$C_5H_{13}O_4P$ *1) **α-Oxyisoamylphosphinsäure.** Sm. 101° (*C. r.* **136**, 48 *C.* **1903** [1] [illegible]
5) **Oxyphosphinsäure** (aus d. Säure $C_5H_{13}O_3P$). Sm. 108° (*C. r.* **137**, 124 *C.* **1903** [2] 554).
6) **Säure** (aus Acetaldehyd). Sm. 132° (*C. r.* **138**, 1709 *C.* **1904** [2] [illegible]
7) **Säure** (aus d. Säure $C_6H_{15}O_3P$). Sm. 139—140° (*C. r.* **136**, 509 *C.* **1903** [1] 773).
$C_5H_{13}NBr_2$ *1) **Trimethyl-β-Bromäthylammoniumbromid.** Sm. 230—231° *B.* **36**, 2902 *C.* **1903** [2] 986).
$C_5H_{13}NP_4$ 1) **Verbindung** (aus Piperidin u. Phosphorwasserstoff) (*B.* **36**, 4205 *C.* **1904** [1] 247).
$C_5H_{13}ClS$ *1) **Methyldiäthylsulfinchlorid** (*J. pr.* [2] **66**, 454 *C.* **1903** [1] 561).
$C_5H_{14}O_2N_2$ C 44,8 — H 10,4 — O 23,9 — N 20,9 — M. G. 134.
1) **Sepsin.** H_2SO_4 (*C.* **1904** [2] 119).
$C_5H_{14}NJ_9$ *1) **Trimethyläthylammoniumnonajodid.** Sm. 67° (*J. pr.* [2] **67**, [illegible] *C.* **1903** [1] 1297).
$C_5H_{15}O_2N$ *1) **Cholin** (*H.* **39**, 162 *C.* **1903** [2] 591; *H.* **39**, 526 *C.* **1903** [2] [illegible]; *A.* **330**, 374 *C.* **1904** [1] 870).

— 5 IV —

$C_5H_2ONCl_3$ 3) **2,3,5-Trichlor-4-Oxypyridin.** Sm. 216—217° (*Soc.* **83**, 400 *C.* **1903** [1] 1141).
$C_5H_2O_4NCl$ 1) **Chlorid d. ?-Nitrofuran-2-Carbonsäure.** Sm. 38° (*C. r.* **137**, 520 *C.* **1903** [2] 1069).
$C_5H_3O_2NCl_2$ 3) **Methylimid d. Dichlormaleïnsäure.** Sm. 86° (*G.* **34** [1] [illegible] *C.* **1904** [2] 120; *G.* **34** [1] 489 *C.* **1904** [2] 453).
$C_5H_3O_2NBr_2$ *2) **3,4-Dibrompyrrol-2-Carbonsäure** + H_2O. Sm. 110° (158° wasserfrei) (*B.* **37**, 2800 *C.* **1904** [2] 533).
$C_5H_3NCl_3Br$ 1) **2,3,5-Trichlor-4-Brom-1-Methylpyrrol.** Sm. 120° (*G.* **34** [1] 48[illegible] *C.* **1904** [2] 452).
$C_5H_4ON_2Cl_2$ 1) **Methyläther d. 2,6-Dichlor-4-Oxy-1,3-Diazin.** Sm. 51° (*B.* **36**, 2234 *C.* **1903** [2] 449; *B.* **36**, 3381 *C.* **1903** [2] 1192).
$C_5H_4ON_2Br_2$ 1) **Amid d. 3,4-Dibrompyrrol-2-Carbonsäure** + H_2O. Sm. 158° + $C_2H_4O_2$ (*B.* **37**, 2799 *C.* **1904** [2] 533).
$C_5H_4ON_4S$ 2) **2-Thiocarbonyl-6-Ketopurin.** (*A.* **331**, 77 *C.* **1904** [1] 1260).
$C_5H_4O_2NCl$ 2) **Methylimid d. Chlormaleïnsäure.** Sm. 79° (*G.* **34** [1] 258 *C.* **1904** [2] 120).
$C_5H_4O_2N_4S$ *1) **8-Merkapto-2,6-Diketopurin** (D.R.P. 141974 *C.* **1903** [2] [illegible]; D.R.P. 142468 *C.* **1903** [2] 80).
$C_5H_4N_2Cl_2S$ 1) **Methyläther d. 4,6-Dichlor-2-Merkapto-1,3-Diazin.** Sm. 41 bis 42°; Sd. 135—136°$_{14}$ (*Am.* **32**, 346 *C.* **1904** [2] 1414).
$C_5H_5ON_3S_2$ 1) **Formylchrysean.** Zers. oberh. 210° (*B.* **36**, 3547 *C.* **1903** [2] 1379).
$C_5H_5O_3NS$ *1) **Pyridin-3-Sulfonsäure** (*M.* **24**, 203 *C.* **1903** [2] 48; *C.* **1904** [2] 45[illegible]).
$C_5H_5O_3N_3S$ 1) **2-Methyläther d. 5-Oximido-2-Merkapto-4,6-Diketo-3,4,5,6-Tetrahydro-1,3-Diazin.** Zers. bei 180—200° (*Am.* **32**, 350 *C.* **1904** [2] 1414).
$C_5H_5O_3N_2Br$ 1) **5-Brom-2,4,6-Triketo-5-Methylhexahydro-1,3-Diazin.** Sm. 192,5° (*A.* **335**, 359 *C.* **1904** [2] 1382).
C_5H_5NBrJ 1) **Pyridinbromojodid.** Sm. 115—117°. HBr (*C. r.* **136**, 1471 *C.* **1903** [2] 296).
$C_5H_6ON_2S$ 5) **4- oder 5-Acetylamidothiazol.** Sm. 162° (*B.* **36**, 3550 *C.* **1903** [2] 1379).

$C_5H_6ON_2S$ 6) **4-Acetyl-5-Methyl-1,2,3-**Thiodiazol. Fl. + $HgCl_2$ (*A.* **325**, 175 *C.* **1903** [1] 646).

7) **Methyläther d. 2-Merkapto-4-Keto-3,4-Dihydro-1,3-Diazin.** Sm. 198—199° (*Am.* **29**, 483 *C.* **1903** [1] 1309.)

$C_5H_6ON_3Cl$ 1) **Methyläther d. 6-Chlor-2-Amido-4-Oxy-1,3-Diazin.** Sm. 168 bis 169° (*B.* **36**, 3381 *C.* **1903** [2] 1192).

$C_5H_6O_2NBr$ *2) **Aethylester d. Bromcyanessigsäure.** Sd. 195—200°$_{760}$ (*Am.* **30**, 466 *C.* **1904** [1] 378).

$C_5H_6O_2N_2S$ 6) **2-Thiocarbonyl-4,6-Diketo-5-Methylhexahydro-1,3-Diazin** + H_2O. Sm. 244° (*Am.* **32**, 352 *C.* **1904** [2] 1414).

7) **Methyläther d. 2-Merkapto-4,6-Diketo-3,4,5,6-Tetrahydro-1,3-Diazin.** Sm. noch nicht bei 300° (*Am.* **32**, 345 *C.* **1904** [2] 1413).

$C_5H_6O_2N_2S_2$ 1) **Aethylester d. Isorhodanformylamidothioameisensäure** (Hemithiourethan). Sm. 141—142° (*Soc.* **83**, 87 *C.* **1903** [1] 230, 447).

$C_5H_6O_2N_3Cl$ 1) **Dimethyläther d. 6-Chlor-2,4-Dioxy-1,3,5-Triazin.** Sm. 81° (*B.* **36**, 3195 *C.* **1903** [2] 956).

$C_5H_6O_2N_4S$ 1) **5-Formylamido-6-Amido-2-Thiocarbonyl-4-Keto-1,2,3,4-Tetrahydro-1,3-Diazin** + H_2O. Na + $2H_2O$ (*A.* **331**, 76 *C.* **1904** [1] 1200).

$C_5H_6O_3N_4S$ *3) **γ-Thiopseudoharnsäure.** (5-Thioureïdo-2,4,6 Triketohexahydro-1,3-Diazin) (D.R.P. 141974 *C.* **1903** [2] 80).

$C_5H_6O_6NBr$ 1) **Dimethylester d. Bromnitromalonsäure.** Sd. 133°$_{16}$ (*B.* **37**, 1779 *C.* **1904** [1] 1483).

$C_5H_6N_3ClS$ 1) **Methyläther d. 6-Chlor-4-Amido-2-Merkapto-1,3-Diazin.** Sm. 127—128° (*Am.* **32**, 347 *C.* **1904** [2] 1414).

$C_5H_7ONS_2$ 2) **2-Thiocarbonyl-4-Keto-3-Aethyltetrahydrothiazol.** Fl. (*M.* **25**, 173 *C.* **1904** [1] 895).

$C_5H_7ON_3S$ 3) **4-[α-Oximidoäthyl]-5-Methyl-1,2,3-Thiodiazol.** Sm. 127° (*A.* **325**, 176 *C.* 1903 [illegible]

$C_5H_7ON_4Cl_2$ *1) **Dichlorporphyrexid.** Sm. 116° u. Zers. (*B.* **36**, 1290 *C.* **1903** [1] 1255).

$C_5H_7ON_5S$ 1) **4,6-Diamido-5-Formylamido-2-Merkapto-1,3-Diazin** + H_2O (*A.* **331**, 83 *C.* **1904** [1] 1200).

$C_5H_7OClBr_2$ 1) **Chlorid d. αδ-Dibrombutan-α-Carbonsäure.** Sd. 122—127°$_{13-15}$ (*B.* **37**, 2843 *C.* **1904** [2] 643).

$C_5H_7O_2N_3S$ 5) **Methyläther d. 5-Amido-2-Merkapto-4,6-Diketo-3,4,5,6-Tetrahydro-1,3-Diazin.** Sm. noch nicht bei 301° (*Am.* **32**, 351 *C.* **1904** [2] 1414).

6) **2,4-Dimethyläther d. 6-Merkapto-2,4-Dioxy-1,3,5-Triazin.** Sm. 134° (u. 194°) (*B.* **36**, 3196 *C.* **1903** [2] 956).

$C_5H_7O_2N_3Se$ 1) **α-Selencyanpropionylharnstoff.** Sm. 136° (*Ar.* **241**, 196 *C.* **1903** [2] 103).

2) **α-Methyl-β-Selencyanacetylharnstoff.** Sm. 148—149° u. Zers. (*A. r.* **241**, 190 *C.* **1903** [2] 103).

$C_5H_7O_3NBr_2$ 2) **αβ-Dibrompropionylamidoessigsäure.** Sm. 147—148° (*B.* **37**, 2509 *C.* **1904** [2] 427).

$C_5H_8ON_2S$ *5) **2-Thiocarbonyl-4-Keto-1,3-Dimethyltetrahydroimidazol.** Sm. 94,5° (*Bl.* [3] **29**, 1199 *C.* **1904** [1] 354).

*6) **2-Thiocarbonyl-5-Keto-1,4-Dimethyltetrahydroimidazol.** Sm. 168—169° (*Bl.* [3] **29**, 1194 *C.* **1904** [1] 361).

$C_5H_8ON_4Cl$ *1) **Chlorporphyrexid** (*B.* **36**, 1291 *C.* **1903** [1] 1255).

2) **isom. Chlorporphyrexid.** Sm. 151,5° (*B.* **36**, 1289 *C.* **1903** [1] 1255).

$C_5H_8O_3NCl$ *1) **Aethylester d. Chloracetylamidoameisensäure.** Sm. 130° (*B.* **36**, 745 *C.* **1903** [1] 827).

2) **α-Chloracetylamidopropionsäure.** Sm. 125—127° (*B.* **37**, 2490 *C.* **1904** [2] 424).

3) **Chlorid d. Amidoessigsäure-N-Carbonsäureäthylester** (Carbäthoxylglycinchlorid). Fl. (*B.* **36**, 2109 *C.* **1903** [2] 345).

$C_5H_8N_3JS_2$ 1) **Jodmethylat d. Chrysean.** Zers. bei 180° (*B.* **36**, 3546 *C.* **1903** [2] 1378).

$C_5H_9ONCl_2$ 1) **βγ-Dichlor-γ-Nitroso-β-Methylbutan.** Sm. 119—120° (*B.* **37**, 543 *C.* **1904** [1] 865).

$C_5H_9ONS_2$ *1) **Aethylester d. Acetylamidodithioameisensäure.** Sm. 123° (*Bl.* [3] **29**, 51 *C.* **1903** [1] 446).
3) **Methylester d. Acetylmethylamidodithioameisensäure.** Sd. 156 bis 158°$_{32}$ (*Bl.* [3] **29**, 60 *C.* **1903** [1] 447).

$C_5H_9ON_3S$ 2) **5-Imido-2-Thiocarbonyl-3-Oxy-4, 4-Dimethyltetrahydroimidazol.** Sm. 231° u. Zers. (*B.* **34**, 1877; *B.* **36**, 1289 *C.* **1903** [1] 1255).

$C_5H_9O_2NF_2$ 1) **Aethylester d. ββ-Difluoräthylamidoameisensäure.** Sm. 37,6°; Sd. 184—185,5° (*C.* **1904** [2] 945).

$C_5H_9O_4N_2Br$ 1) **Nitrat d. γ-Brom-γ-Nitroso-β-Oxy-β-Methylbutan** (*B.* **36**, 1771 *C.* **1903** [2] 101).

$C_5H_9O_5N_2Br$ 1) **Nitrat d. γ-Brom-γ-Nitro-β-Oxy-β-Methylbutan.** Sm. 226° u. Zers. (*B.* **36**, 1772 *C.* **1903** [2] 101).

$C_5H_{10}ONCl$ *3) **Chlorid d. Diäthylamidoameisensäure.** Sd. 187—190° (*Bl.* [3] **31**, 689 *C.* **1904** [2] 198).

$C_5H_{10}ONBr$ 3) **β-Brom-γ-Nitroso-β-Methylbutan.** Fl. (*B.* **37**, 536 *C.* **1904** [1] 864).
4) **β-Brom-γ-Oximido-β-Methylbutan.** Sm. 78—79° (*B.* **37**, 539 *C.* **1904** [1] 864).

$C_5H_{10}O_2N_2S$ 3) **Aethylester d. Thioureïdoessigsäure.** Sm. 65° (*A.* **327**, 371 *C.* **1903** [2] 660).

$C_5H_{10}NCl_2P$ *1) **1-Piperidyldichlorphosphin.** Sd. 94—95°$_{10}$ (*A.* **326**, 157 *C.* **1903** [1] 761).

$C_5H_{11}OCSl_2$ *1) **Methyloxydiäthylendisulfinchlorid** (*J. pr.* [2] **66**, 464 *C.* **1903** [1] 561).

$C_5H_{11}O_2ClS$ *1) **Methyläthylthetinchlorid.** + $6HgCl_2$ (*J. pr.* [2] **66**, 465 *C.* **1903** [1] 561).

$C_5H_{11}NCl_2S$ 1) **Amylmonamid d. Thiophosphorsäuredichlorid.** Sd. 140°$_{16}$ (*A.* **326**, 205 *C.* **1903** [1] 821).

$C_5H_{12}NCl_2P$ 1) **Amylamidodichlorphosphin.** Sd. 101°$_8$ (*A.* **325**, 150 *C.* **1903** [1] 760).

$C_5H_{13}ON_2J$ 1) **Jodmethylat d. 4-Amidomorpholin.** Sm. 170—171° (*B.* **35**, 4477 *C.* **1903** [1] 404).

$C_5H_{13}O_3NS$ 4) **α-Diäthylamidomethan-α-Sulfonsäure.** Na (*B.* **37**, 4087 *C.* **1904** [2] 1724).

$C_5H_{14}ONCl$ *1) **Cholinchlorid.** 2 + $PtCl_4$, + $AuCl_3$ (*B.* **36**, 2903 *C.* **1903** [2] 986).
*2) **Methyläther d. Oxytetramethylammoniumchlorid.** 2 + $PtCl_4$ (*A.* **334**, 12 *C.* **1904** [2] 947).

$C_5H_{14}ONBr$ *1) **Cholinbromid** (*B.* **36**, 2903 *C.* **1903** [2] 986).
2) **Trimethyl-β-Bromäthylammoniumhydroxyd.** Bromid, Pikrat (*B.* **36**, 2902 *C.* **1903** [2] 986).

— 5 V —

$C_5H_3O_2NClBr$ 1) **Methylimid d. Chlorbrommaleïnsäure.** Sm. 103° (*G.* **34** [1] 487 *C.* **1904** [2] 452).

$C_5H_4O_5NClS$ 1) **3-Amid d. 5-Chlorfuran-2-Carbonsäure-3-Sulfonsäure.** Sm. 194—195°. K, Ca + $6H_2O$, Ba + $3H_2O$, Pb + H_2O, Ag (*Am.* **32**, 209 *C.* **1904** [2] 1140).

$C_5H_4O_5NBrS$ 1) **3-Amid d. 5-Bromfuran-2-Carbonsäure-3-Sulfonsäure.** Sm. 190—191°. K + H_2O, Ba + $3H_2O$, Pb + $2H_2O$, Ag + $1^1/_2H_2O$ (*Am.* **32**, 222 *C.* **1904** [2] 1140).

$C_5H_5O_4N_2ClS$ 1) **Diamid d. 5-Chlorfuran-2-Carbonsäure-3-Sulfonsäure.** Sm. 212° (*Am.* **32**, 206 *C.* **1904** [2] 1139).

$C_5H_5O_4N_2BrS$ 1) **Diamid d. 5-Bromfuran-2-Carbonsäure-3-Sulfonsäure.** Sm. 219—220° (*Am.* **32**, 219 *C.* **1904** [2] 1140).

$C_5H_6O_3NBrS$ 1) **Amid d. 5-Brom-2-Methylfuran-4-Sulfonsäure.** Sm. 123° (*Am.* **32**, 199 *C.* **1904** [2] 1139).

$C_5H_{10}ONCl_2P$ 1) **Dichlorid d. 1-Piperidylphosphinsäure.** Sd. 257° (*A.* **326**, 186 *C.* **1903** [1] 820).

$C_5H_{10}NCl_2SP$ 1) **Dichlorid d. 1-Piperidylthiophosphinsäure.** Sd. 146—149°$_{21}$ (*A.* **326**, 213 *C.* **1903** [1] 822).

$C_5H_{12}ONCl_2P$ 1) **Amylmonamid d. Phosphorsäuredichlorid.** Sd. 159°$_{17}$ (*A.* **326**, 174 *C.* **1903** [1] 819).

C_6-Gruppe.

C_6H_8 *2) **1,2-Dihydrobenzol.** Sd. 81,5° (*A.* **328**, 105 *C.* **1903** [2] 244; *C.* **1904** [2] 440; *Soc.* **85**, 1417 *C.* **1904** [2] 1736).
*3) **1,4-Dihydrobenzol.** Sd. 81,5° (*A.* **328**, 107 *C.* **1903** [2] 244).
C_6H_{10} *9) **Diallyl** (*C.* **1903** [2] 339).
C_6Cl_6 *1) **Hexachlorbenzol** (*C.* **1903** [1] 870).

— 6 II —

$C_6H_2Br_4$ *1) **1,2,3,5-Tetrabrombenzol.** Sm. 98° (*A.* **330**, 55 *C.* **1904** [1] 1142).
$C_6H_4O_2$ *2) **1,4-Benzochinon** (*G.* **33** [1] 164).
5) **Säure** (aus p-Kresol). = $(C_6H_4O_2)_x$. Sm. noch nicht bei 320° (*B.* **36**, 2032 *C.* **1903** [2] 360).
$C_6H_4O_5$ *4) **$\beta\gamma$-Anhydrid d. Propen-$\alpha\beta\gamma$-Tricarbonsäure** (Akonitanhydridsäure). Sm. 76° (*B.* 37, 3968 *C.* **1904** [2] 1604).
$C_6H_4J_2$ *2) **1,3-Dijodbenzol.** Sm. 38° (*B.* **37**, 1301 *C.* **1904** [1] 1339).
C_6H_5Cl *1) **Chlorbenzol.** Sd. 131—132° (*C. r.* **135**, 1121 *C.* **1903** [1] 283; *B.* **36**, 1230 *C.* **1903** [1] 1218).
C_6H_5Na 1) **Natriumphenyl** (*Am.* **29**, 589 *C.* **1903** [2] 195).
C_6H_6O *1) **Oxybenzol.** + H_3PO_4 (Sm. 61—69°) (*R.* **21**, 354 *C.* **1903** [1] 151; *J. pr.* [2] **68**, 486 *C.* **1904** [1] 444).
$C_6H_6O_2$ *2) **1,2-Dioxybenzol** (*B.* **35**, 4324 *C.* **1903** [1] 285; *J. pr.* [2] **68**, 486 *C.* **1904** [1] 444).
*4) **1,4-Dioxybenzol.** + H_3PO_4 (*R.* **21**, 355 *C.* **1903** [1] 151; *J. pr.* [2] **68**, 486 *C.* **1904** [1] 444).
$C_6H_6O_3$ *3) **1,3,5-Trioxybenzol** (*Ar.* **242**, 462 *C.* **1904** [2] 783).
*5) **Maltol** (Larixinsäure). Sm. 159° (*A.* **123**, 191; *B.* **36**, 3407 *C.* **1903** [2] 1280).
*16) **Anhydrid d. β-Buten-$\beta\gamma$-Dicarbonsäure** (*B.* **37**, 1614 *C.* **1904** [1] 1402).
*18) **Aldehyd d. 4-Oxy-2-Methylfuran-5-Carbonsäure** (*B.* 37, 303 *C.* **1904** [1] 648).
20) **2-Methylfuran-3-Carbonsäure.** Sm. 102—103° (*C.* **1904** [1] 956).
21) **Methylester d. Isobrenzschleimsäure.** Sm. 60°; Sd. 130—135°$_{20}$ (*C. r.* **137**, 992 *C.* **1904** [1] 291).
$C_6H_6O_4$ *8) **2-Oxymethylfuran-5-Carbonsäure.** Sm. 165—167° (*B.* **36**, 2590 *C.* **1903** [2] 618).
16) **1,2,3,4-Tetraoxybenzol** (Apionol). Sm. 161° (*B.* **37**, 119 *C.* **1904** [1] 586).
17) **$\alpha\gamma$-Lakton d. γ-Oxy-α-Buten-$\alpha\beta$-Dicarbonsäure.** Sm. 159,5—160°. Ca, Ba (*A.* **331**, 141 *C.* **1904** [1] 933).
$C_6H_6O_5$ *9) **$\alpha\gamma$-Lakton d. α-Keto-γ-Oxybutan-$\alpha\gamma$-Dicarbonsäure.** Na + $NaHSO_3$ + $7H_2O$ (*R.* **21**, 153 *C.* **1904** [2] 194).
10) **Pentaoxybenzol** (*C.* **1903** [2] 830; *B.* **37**, 122 *C.* **1904** [1] 586).
11) **d-2,5-Dihydrofuran-2,5-Dicarbonsäure** + H_2O. Sm. 144° (wasserfrei). Ba + $1^1/_2H_2O$, Pb + $2H_2O$ (*B.* **37**, 2539 *C.* **1904** [2] 530).
12) **l-2,5-Dihydrofuran-2,5-Dicarbonsäure** + H_2O. Sm. 144° (wasserfrei). Ba + $1^1/_2H_2O$, Pb + $2H_2O$ (*B.* **37**, 2539 *C.* **1904** [2] 531).
13) **$\alpha\gamma$-Lakton d. $\beta\gamma$-Dioxypropen-$\alpha\alpha$-Dicarbonsäuremonomethylester** (Tetron-α-Carbonsäuremethylester). Sm. 171—173° u. Zers. NH_4, Methylaminsalz (*B.* **36**, 469 *C.* **1903** [1] 626).
$C_6H_6O_6$ *6) **Akonitsäure.** Sm. 155—166° (*A.* **327**, 237 *C.* **1903** [1] 1406).
*9) **cis-R-Trimethylen-1,2,3-Tricarbonsäure.** Ag_3 (*J. pr.* [2] **68**, 166 *C.* **1903** [2] 760).
*10) **trans-R-Trimethylen-1,2,3-Tricarbonsäure.** Sm. 218—219° (*B.* **36**, 3509 *C.* **1903** [2] 1274; *B.* **36**, 3781 *C.* **1904** [1] 42).
22) **r-Diformaltraubensäure** (*R.* **21**, 374 *C.* **1903** [1] 138).
$C_6H_6O_9$ C 32,4 — H 2,7 — O 64,9 — M. G. 222.
1) **Benzoltriozonid** (Ozobenzol). Zers. bei 50° (*C. r.* **76**, 572; *B.* **14**, 975; *A.* 170, 123; *Bl.* [3] **13**, 940; *B.* **37**, 3431 *C.* **1904** [2] 1111). — ***II**, *17.*
$C_6H_6N_2$ 3) **1,4-Diimido-1,4-Dihydrobenzol.** Zers. bei 50—60°. 2HCl, HBr (*Am.* **31**, 218 *C.* **1904** [1] 1073; *B.* **37**, 1499 *C.* **1904** [1] 1413; *B.* **37**, 2912 *C.* **1904** [2] 1458).
4) **Verbindung** (aus 1,4-Diamidobenzol) = $(C_6H_6N_2)_n$. Sm. 230—231° (238 bis 238,5 u. Zers.; 242—243°) (*M.* **10**, 124; *B.* **27**, 480; *B.* **37**, 1506 *C.* **1904** [1] 1414; *B.* **37**, 2907 *C.* **1904** [2] 1458). — **IV**, *595.*

$C_6H_6Cl_2$ 1) **3,5-Dichlor-1,2-Dihydrobenzol.** Sd. 88—90°$_{20}$ (*Soc.* **83**, 501 *C.* **1903** [1] 1028, 1352).

$C_6H_6Br_2$ 1) **3,5-Dibrom-1,2-Dihydrobenzol?** Sm. 104,5° (*Soc.* **83**, 502 *C.* **1903** [1] 1028, 1352).

C_6H_6S *1) **Merkaptobenzol** (*Bl.* [3] **29**, 692 *C.* **1903** [2] 565; *Bl.* [3] **29**, 762 *C.* **1903** [2] 620; *Am.* **31**, 572 *C.* **1904** [2] 98; *B.* **37**, 3274 *C.* **1904** [2] 1295).

C_6H_6Se *1) **Selenobenzol.** Sd. 182° (*Bl.* [3] **29**, 763 *C.* **1903** [2] 620).

C_6H_7N *1) **Anilin** (*A.* **327**, 108 *C.* **1903** [1] 1213).
*2) **2-Methylpyridin.** Sd. 128,8°$_{760}$ (*C.* **1903** [1] 399; *Am.* **29**, 3 *C.* **1903** [1] 524).
*3) **3-Methylpyridin.** Sd. 143,4°$_{760}$ (*Am.* **29**, 4 *C.* **1903** [1] 524).
*4) **4-Methylpyridin.** Sd. 143,1°$_{760}$ (*Am.* **29**, 6 *C.* **1903** [1] 524).

$C_6H_8O_2$ *8) **Sorbinsäure.** K, Ba (*C.* **1903** [2] 556).
*10) **α-Pentin-α-Carbonsäure.** Sm. 25°; Sd. 126—127°$_{24}$ (*C. r.* **136**, 553 *C.* **1903** [1] 824).
20) **2-Keto-1-Oxymethylen-R-Pentamethylen.** Sm. 72—73°; Sd. 80—110°$_{40}$ (*A.* **329**, 114 *C.* **1903** [2] 1322).
21) **γ-Methyl-α-Butin-α-Carbonsäure.** Sm. 36—38°; Sd. 114—115°$_{18}$ (*C. r.* **136**, 553 *C.* **1903** [1] 824).

$C_6H_8O_4$ *9) **α-Buten-αβ-Dicarbonsäure.** Sm. 194—196° (*A.* **331**, 123 *C.* **1904** [1] 932; *B.* **37**, 2384 *C.* **1904** [2] 306).
*10) **α-Buten-αβ-Dicarbonsäure.** Sm. 100 (*J. pr.* [2] **68**, 160 *C.* **1903** [2] 759).
*16) **β-Buten-αβ-Dicarbonsäure.** Sm. 166—167° (*A.* **330**, 307 *C.* **1904** [1] 927; *B.* **37**, 2384 *C.* **1904** [2] 306).
*17) **β-Buten-αδ-Dicarbonsäure.** Ag_2 (*Soc.* **85**, 613 *C.* **1904** [1] 1553).
*30) **αγ-Lakton d. γ-Oxybutan-αβ-Dicarbonsäure.** Sm. 78—79° (*A.* **330**, 312 *C.* **1904** [1] 927).
*48) **α-Buten-βδ-Dicarbonsäure.** Sm. 133,5° (130—131°). Ba + $2H_2O$ (*M.* **11**, 513; *B.* **36**, 1202 *C.* **1903** [1] 1175).
49) **cis-1-Methyl-R-Trimethylen-2,3-Dicarbonsäure.** Sm. 108° (*B.* **36**, 1087 *C.* **1903** [1] 1126).
50) **trans-1-Methyl-R-Trimethylen-2,3-Dicarbonsäure.** Fl. Ag_2 + $^1/_2H_2O$ (*J. pr.* [2] **68**, 159 *C.* **1903** [2] 759).
51) **αγ-Lakton d. α-Oxybutan-βγ-Dicarbonsäure.** Sm. 104°. Zn (*B.* **37**, 1613 *C.* **1904** [1] 1402).
52) **Aethylester d. αβ-Diketobuttersäure.** Sd. 70°$_{10}$. + $^1/_2H_2O$ (Sm. 120°) (*C. r.* **138**, 1222 *C.* **1904** [2] 27).
53) **β-Ketopropylester d. Brenztraubensäure.** Sm. 152—153° (*C.* **1904** [2] 302).

$C_6H_8O_6$ *2) **Tricarballylsäure** (*C. r.* **136**. 1332 *C.* **1903** [2] 107; *J. pr.* [2] **68**, 165 *C.* **1903** [2] 760).
*5) **Parabrenztraubensäure.** Ba (*R.* **21**, 299 *C.* **1903** [1] 17).
*10) **Metabrenztraubensäure.** Ba (*R.* **21**, 302 *C.* **1903** [1] 17).
13) **Lakton d. Parasaccharonsäure.** (Parasaccharon). Sm. 159—160° (*B.* **37**, 3613 *C.* **1904** [2] 1454).

$C_6H_8O_7$ *2) **Citronensäure.** Rb_3 (*C.* **1903** [1] 810; *C. r.* **135**, 1352 *C.* **1903** [1] 320; *B.* **36**, 3599 *C.* **1903** [2] 1317).

$C_6H_8O_8$ *1) **αβ-Dioxypropan-αβγ-Tricarbonsäure** + H_2O. Sm. 159—160°. K_3 + $4H_2O$, Ca_3 + $4H_2O$, Ca_3 + $18H_2O$, Cu_3 + $2H_2O$ (*B.* **37**, 3614 *C.* **1904** [2] 1454).

$C_6H_8N_2$ *3) **1,4-Diamidobenzol** (*B.* **36**, 3827 *C.* **1904** [1] 19; *B.* **37**, 2776 *C.* **1904** [2] 773; *B.* **37**, 2906 *C.* **1904** [2] 1458).
*4) **Phenylhydrazin** (*B.* **35**, 4178 *C.* **1903** [1] 144; *C. r.* **137**, 330 *C.* **1903** [2] 716).
17) **Pyrazol** (aus 2-Semicarbazon-1-Oxymethylen-R-Pentamethylen). Sm. 57—59° (*A.* **329**, 116 *C.* **1903** [2] 1322).
18) **3,6-Dimethyl-1,2-Diazin.** Sm. 24—33°. HCl, (HCl, $AuCl_3$), (2HCl, $AuCl_3$) (*B.* **36**, 503 *C.* **1903** [1] 654).

$C_6H_8Cl_4$ 2) **isom. Tetrachlorhexahydrobenzol.** Sm. 173° (*C. r.* **137**, 242 *C.* **1903** [2] 665).
3) **isom. Tetrachlorhexahydrobenzol.** Sd. 170,5—172,5°$_{50}$ (*C. r.* **137**, 242 *C.* **1903** [2] 665).

$C_6H_8Br_2$ 7) **1,4-Dibrom-1,2,3,4-Tetrahydrobenzol.** Sm. 108° (*C.* **1904** [2] 440; *Soc.* **85**, 1412 *C.* **1904** [2] 1736).

$C_6H_8Br_2$ 8) **?-Dibrom-1,2,3,4-Tetrahydrobenzol.** Sm. 116—117$^{\circ}_{39}$ (*C.* **1904** [2] 440).

$C_6H_9N_3$ *7) **Nitril d. $\alpha\alpha'$-Imidodipropionsäure** (*Bl.* [3] **29**, 1180 *C.* **1904** [1] 353).

11) **Di[Cyanmethyl]äthylamin.** (Nitril d. Aethylimidodiessigsäure). Sm. 141$^{\circ}_{18}$ HCl (*B.* **37**, 4092 *C.* **1904** [2] 1725).

$C_6H_9Cl_3$ 2) **1,3,5-Trichlorhexahydrobenzol?** Sm. 66; Sd. 233$^{\circ}_{745}$ (*C. r.* **137**, 242 *C.* **1903** [2] 665).

3) **isom. Trichlorhexahydrobenzol.** Sd. 221$^{\circ}_{745}$ u. Zers. (*C. r.* **137**, 242 *C.* **1903** [2] 665).

4) **isom. Trichlorhexahydrobenzol.** Sd. 226$^{\circ}_{745}$ u. Zers. (*C. r.* **137**, 242 *C.* **1903** [2] 665).

C_6H_9Br 1) **1-Brom-1,2,3,4-Tetrahydrobenzol.** Sd. 74$^{\circ}_{28}$ (*Soc.* **85**, 1422 *C.* **1904** [2] 1736).

$C_6H_{10}O$ *6) **δ-Keto-β-Methyl-β-Penten** (*M.* **24**, 770 *C.* **1904** [1] 158).

*7) **R-Ketohexamethylen.** Sd. 161° (*C. r.* **137**, 1026 *C.* **1904** [1] 280).

*8) **2-Keto-1-Methyl-R-Pentamethylen.** Sd. 140—141° (*A.* **331**, 322 *C.* **1904** [1] 1567).

17) **Hexahydrobenzol-1,2-Oxyd.** Sd. 131,5$^{\circ}_{760}$ (*C. r.* **137**, 62 *C.* **1903** [2] 570).

$C_6H_{10}O_2$ *10) **α-Penten-α-Carbonsäure** (*A.* **334**, 207 *C.* **1904** [2] 884).

*12) **α-Penten-ε-Carbonsäure.** Sd. 203° (*B.* **37**, 1999 *C.* **1904** [2] 23; *A.* **334**, 208 *C.* **1904** [2] 884).

*13) **β-Penten-α-Carbonsäure** (*A.* **334**, 207 *C.* **1904** [2] 884).

*14) **β-Penten-β-Carbonsäure.** Sm. 24—25°, Sd. 213° (*M.* **24**, 156 *C.* **1903** [1] 956; *B.* **37**, 1617 *C.* **1904** [1] 1403; *A.* **334**, 206 *C.* **1904** [2] 884).

*15) **β-Penten-γ-Carbonsäure.** (α-Aethylcrotonsäure). Ca + $5H_2O$ (*A.* **334**, 104 *C.* **1904** [2] 888).

*16) **β-Penten-ε-Carbonsäure** (*B.* **37**, 1999 *C.* **1904** [2] 23; *A.* **334**, 208 *C.* **1904** [2] 884).

*19) **Brenzterebinsäure.** Sd. 110—111$^{\circ}_{22}$ (*C. r.* **136**, 1464 *C.* **1903** [2] 282; *C. r.* **139**, 293 *C.* **1904** [2] 692).

*30) **Lakton d. γ-Oxyisocapronsäure.** Sd. 202—203° (*C. r.* **136**, 1464 *C.* **1903** [2] 282; *C. r.* **139**, 293 *C.* **1904** [2] 692).

*52) **γ-Methyl-α-Buten-γ-Carbonsäure.** Ca + $5H_2O$ (*C. r.* **139**, 293 *C.* **1904** [2] 692).

55) **α-Penten-δ-Carbonsäure** (*A.* **334**, 207 *C.* **1904** [2] 884).

56) **β-Penten-δ-Carbonsäure.** Sd. 198—199$^{\circ}_{740}$. Ca (*B.* **37**, 1617 *C.* **1904** [1] 1403; *A.* **334**, 206 *C.* **1904** [2] 884).

57) **isom. β-Penten-γ-Carbonsäure** (α-Aethylisocrotonsäure). Sd. 199,5$^{\circ}_{760}$. Ca + $2H_2O$ (*A.* **334**, 103 *C.* **1904** [2] 888).

58) **Keton** (aus d. Verb. $C_6H_{10}O_2$). Sd. 70—75$^{\circ}_{15}$ (*C. r.* **137**, 1205 *C.* **1904** [1] 356).

59) **Lakton d. γ-Oxy-β-Methylvaleriansäure.** Sd. 213° (*Bl.* [3] **29**, 335 *C.* **1903** [1] 1216).

60) **Lakton d. δ-Oxy-?-Methylvaleriansäure.** Sd. 104—108$^{\circ}_{13-14}$ (*B.* **36**, 1205 *C.* **1903** [1] 1176).

61) **Lakton d. γ-Oxy-β-Aethylbuttersäure.** Sd. 218—219° (*B.* **36**, 1204 *C.* **1903** [1] 1176).

62) **Lakton** (aus β-Methylpropan-$\alpha\beta$-Dicarbonsäurediäthylester). Sd. 201—202° (*C. r.* **138**, 580 *C.* **1904** [1] 925).

63) **Verbindung** (aus Epichlorhydrin u. Acetylacetonnatrium). Sd. 81—82$^{\circ}_{15}$ (*C. r.* **137**, 1204 *C.* **1904** [1] 356).

$C_6H_{10}O_3$ *1) **Glycerinäther** (β-Akroleïnglycerin). Sd. 170—171° (*A.* **335**, 224 *C.* **1904** [2] 1203).

*7) **β-Ketopentan-ε-Carbonsäure.** Ag (*A.* **331**, 324 *C.* **1904** [1] 1567).

*11) **α-Keto-$\beta\beta$-Dimethylpropan-α-Carbonsäure.** Sm. 82° (*A.* **327**, 205 *C.* **1903** [1] 1407).

*26) **Aetylester d. α-Ketopropan-α-Carbonsäure.** Sd. 162$^{\circ}_{760}$ (*Bl.* [3] **31**, 1149 *C.* **1904** [2] 1706).

*28) **Aethylester d. Acetessigsäure** (*B.* **36**, 1834 *C.* **1903** [2] 191; *B.* **37**, 591 *C.* **1904** [1] 867; *B.* **37**, 3451 *C.* **1904** [2] 1274; *B.* **37**, 3488 *C.* **1904** [2] 1288).

41) **$\alpha\beta$-Aethylidenäther d. $\alpha\beta\gamma$-Trioxypropan** (α-Akroleïnglycerin). Sd. 102—116$^{\circ}_{17}$ (*A.* **335**, 216 *C.* **1904** [2] 1202).

42) **Aether d. γ-Oxy-$\alpha\beta$-Propanoxyd** (Diglycidäther). Sd. 103$^{\circ}_{22}$ (*A.* **335**, 238 *C.* **1904** [2] 1204).

3*

$C_6H_{10}O_3$ 43) **Peroxyd** (aus Mesityloxyd) (*B.* **36**, 1933 *C.* **1903** [2] 189).
44) **δ-Oxy-β-Penten-ε-Carbonsäure.** Fl. Ba (*C.* **1903** [2] 556).
45) **3-Oxy-1,1-Dimethyl-R-Trimethylen-2-Carbonsäure?** Sm. 119—120° (*Soc.* **83**, 858 *C* **1903** [2] 572).
46) **δ-Keto-β-Methylbutan-δ-Carbonsäure.** Sm. —1,5°; Sd. 84—85°$_{15}$ (*Bl.* [3] **31**, 1151 *C.* **1904** [2] 1707).
47) **Lakton d. αγ-Dioxy-ββ-Dimethylpropan-α-Carbonsäure.** Sm. 55° (*M.* **25**, 48 *C.* **1904** [1] 717).
48) **Isobutylester d. Glyoxylsäure.** Sd. 75—80°$_{15}$ (*Bl.* [3] **31**, 681 *C.* **1904** [2] 195).

$C_6H_{10}O_4$ *10) **Butan-αδ-Dicarbonsäure** (*Bl.* [3] **29**, 1038 *C.* **1903** [2] 1424).
*15) **β-Methylpropan-αβ-Dicarbonsäure.** Sm. 140°. Ag_2 (*A.* **329**, 91 *C.* **1903** [2] 1071).
*16) **β-Methylpropan-αγ-Dicarbonsäure.** Sm. 85—86°. Ag_2 (*A.* **329**, 103 *C.* **1903** [2] 1071).
*29) **Diäthylester d. Oxalsäure.** + $AlCl_3$ (*Soc.* **85**, 1107 *C.* **1904** [2] 976).
34) **Dulcid.** Sd. 198°$_{18}$ (*C. r.* **139**, 637 *C.* **1904** [2] 1536).
35) **Peroxyd d. Propionsäure.** Fl. (*Am.* **29**, 191 *C.* **1903** [1] 959).
36) **isom. ?-Monomethylester d. Propan-αβ-Dicarbonsäure.** Sd. 140°$_{11}$. Ag (*Soc.* **85**, 542 *C.* **1904** [1] 1484).
37) **Monomethylester d. Propan-ββ-Dicarbonsäure.** Fl. (*Soc.* **83**, 1240 *C.* **1903** [2] 1420).

$C_6H_{10}O_5$ *9) **Cellulose** (*C.* **1904** [1] 1069).
*100) **Parasaccharin** (*B.* **37**, 1196 *C.* **1904** [1] 1196).
104) **Salepschleim** (*B.* **36**, 3200 *C.* **1903** [2] 1054).
105) **α-Oxybutan-αβ-Dicarbonsäure.** Sm. 108—109° (133—134°) (*B.* **35**, 4372 *C.* **1903** [1] 281; *B.* **37**, 2382 *C.* **1904** [2] 306).
106) **α-Oxybutan-βγ-Dicarbonsäure.** Ca (*B.* **37**, 1614 *C.* **1904** [1] 1402).
107) **Lakton d. Fukonsäure.** Sm. 106—107° (*B.* **37**, 308 *C.* **1904** [1] 649).

$C_6H_{10}O_6$ *7) **3,4-Dioxy-2-Oxymethyltetrahydrofuran-5-Carbonsäure** (Chitarsäure). Ca + $4H_2O$ (*B.* **35**, 4016 *C.* **1903** [1] 391; *B.* **36**, 2587 *C.* **1903** [2] 617).
*19) **Monoäthylester d. d-Weinsäure.** K (*Soc.* **85**, 1123 *C.* **1904** [2] 1206).
29) **i-αδ-Dioxybutan-αδ-Dicarbonsäure.** Sm. 132—134° (*B.* **37**, 2092 *C.* **1904** [2] 23).
30) **r-αδ-Dioxybutan-αδ-Dicarbonsäure.** Sm. 173° (*B.* **37**, 2092 *C.* **1904** [2] 23).
31) **isom. 3,4-Dioxy-2-Oxymethyltetrahydrofuran-5-Carbonsäure** (Chitonsäure). Fl. Ca + $2H_2O$ (*B.* **27**, 139; *B.* **36**, 2587 *C.* **1903** [2] 617). — *I, *426*.
32) **isom. Dimethylester d. d-Weinsäure.** Sm. 61,5° (*Soc.* **85**, 765 *C.* **1904** [2] 512).

$C_6H_{10}O_7$ *5) **d-Glykuronsäure** (*H.* **41**, 243 *C.* **1904** [1] 1095).
*7) **Oxyglykonsäure.** Ca + $3H_2O$ (*C.* **1904** [2] 1291).
10) **Parasaccharonsäure.** Ca + $5H_2O$, Cu + H_2O (*B.* **37**, 3613 *C.* **1904** [2] 1454).

$C_6H_{10}O_8$ *1) **Schleimsäure** (*C.* **1903** [2] 712).

$C_6H_{10}N_2$ *12) **Nitril d. Hexahydropyridin-1-Carbonsäure.** Sd. 122—124°$_{80}$ (*Am.* **29**, 302 *C.* **1903** [1] 1165; *B.* **36**, 1198 *C.* **1903** [1] 1215).
14) **1-Amido-2,5-Dimethylpyrrol.** Sm. 52—53°; Sd. 198—204° (*B.* **35**, 4316 *C.* **1903** [1] 336).

$C_6H_{10}Cl_2$ *4) **1,2-Dichlorhexahydrobenzol.** Sd. 196°$_{760}$ u. Zers. (*C. r.* **137**, 242 *C.* **1903** [2] 665).
*6) **1,4-Dichlorhexahydrobenzol.** Sd. 189°$_{761}$ (*C. r.* **137**, 241 *C.* **1903** [2] 665).

$C_6H_{10}Br_2$ *3) **1,2-Dibromhexahydrobenzol.** Sd. 116°$_{20}$ (*Soc.* **85**, 1414 *C.* **1904** [2] 1736).

$C_6H_{10}S_2$ *1) **Diallyldisulfid.** Sd. 77—82°$_{18}$ (*B.* **36**, 2265 *C.* **1903** [2] 562).

$C_6H_{11}N$ *3) **1,5-Dimethyl-2,3-Dihydropyrrol** (*G.* **33** [2] 317 *C.* **1904** [1] 292).

$C_6H_{11}Cl$ *7) **Chlorhexahydrobenzol.** Sd. 141,6—142,6° (*C. r.* **137**, 241 *C.* **1903** [2] 664).

$C_6H_{12}O$ *3) **δ-Oxy-δ-Methyl-α-Penten** (*C.* **1903** [2] 1415).
*13) **Oxyhexahydrobenzol.** Sm. 155,5° (*Bl.* [3] **29**, 1052 *C.* **1903** [2] 1437; *C. r.* **137**, 1026 *C.* **1904** [1] 280; *C.* **1904** [1] 727; *C. r.* **137**, 1269 *C.* **1904** [1] 454).
*18) **Hexan-αε-Oxyd.** Sd. 102—104° (*M.* **23**, 1090 *C.* **1903** [1] 384).
*24) **γ-Ketohexan.** Sd. 145—147° (*C.* **1903** [1] 1023; *B.* **36**, 2715 *C.* **1903** [2] 987).
*28) **Pinakolin** (*Bl.* [3] **29**, 597 *C.* **1903** [2] 396).

$C_6H_{12}O$ *34) **Aldehyd d. Isobutylessigsäure** (*C. r.* **137**, 989 *C.* **1904** [1] 257).
43) **Aldehyd d. Pentan-γ-Carbonsäure.** Sd. 117—118° (*C. r.* **138**, 91 *C.* **1904** [1] 505; *Bl.* [3] **31**, 305 *C.* **1904** [1] 1133).

$C_6H_{12}O_2$ *1) **1,2-Dioxyhexahydrobenzol** (*Bl.* [3] **29**, 234 *C.* **1903** [1] 970).
*11) **β-Oxy-δ-Keto-β-Methylpentan** (*M.* **24**, 767 *C.* **1904** [1] 158).
*16) **i-β-Methylbutan-α-Carbonsäure.** Sd. 197—198° (D.R.P. 150880 *C.* **1904** [2] 70).
*18) **β-Methylbutan-β-Carbonsäure.** Sd. 186°$_{752}$ (*A.* **327**, 210 *C.* **1903** [1] 1407).
*26) **Methylester d. Isovaleriansäure** (*B.* **37**, 3659 *C.* **1904** (2) 1452).
46) **isom. 1,2-Dioxyhexahydrobenzol.** Sm. 104°; Sd. 236°$_{760}$ (*C. r.* **136**, 383 *C.* **1903** [1] 711; *Bl.* [3] **29**, 231 *C.* **1903** [1] 970).
47) **Aethyläther d. α-Oxy-β-Ketobutan.** Sd. 145—146° (*C. r.* **138**, 91 *C.* **1904** [1] 505).
48) **Säure** (aus Naphta) (*C.* **1903** [1] 1134).

$C_6H_{12}O_3$ *11) **γ-Oxyisocapronsäure** (γ-Oxy-β-Methylbutan-δ-Carbonsäure). Sd. 173 bis 175°$_{48}$ (*M.* **24**, 250 *C.* **1903** [2] 238).
*21) **β-Oxy-α-Aethylbuttersäure.** Ca, Ba, Zn + H_2O (*A.* **334**, 113 *C.* **1904** [2] 888).
*23) **β-Oxy-αα-Dimethylbuttersäure** (γ-Oxy-β-Methylbutan-β-Carbonsäure). Sd. 150°$_{22}$ (*M.* **24**, 248 *C.* **1903** [2] 237).
*25) **Diäthylglykolsäure** (*A.* **334**, 101 *C.* **1904** [2] 888).
*33) **Metaldehyd** (*Ph. Ch.* **43**, 132 *C.* **1903** [1] 1078).
*34) **Paraldehyd** (*Ph. Ch.* **43**, 133 *C.* **1903** [1] 1078).
*44) **Propylester d. d-α-Oxypropionsäure.** Sd. 61—63°$_{11-12}$ (*C.* **1903** [2] 1419).
*57) **εζ-Dioxy-β-Ketohexan.** Sd. 170—175°$_{13}$ (*C. r.* **137**, 14 *C.* **1903** [2] 508).
61) **γ-Oxy-β-Aethylbuttersäure.** Ca + $2H_2O$, Ba (*B.* **36**, 1204 *C.* **1903** [1] 1176).
62) **α-Oxy-β-Methylbutan-β-Carbonsäure.** Sm. 56°. K (*Bl.* [3] **31**, 319 *C.* **1904** [1] 1134).
63) **Aldehyd d. Dioxyessigdiäthyläthersäure.** Sd. 80—90° (*B.* **36**, 1935 *C.* **1903** [2] 189).
64) **Methylester d. α-Oxy-β-Methylpropan-β-Carbonsäure.** Sd. 177—178°$_{740}$ (*Bl.* [3] **31**, 122 *C.* **1904** [1] 644).
65) **Aethylester d. β-Oxybuttersäure.** Sd. 170° (*B.* **37**, 1277 *C.* **1904** [1] 1335).
66) **Aethylester d. γ-Oxybuttersäure.** Sd. 65—70°$_{11}$ (*B.* **37**, 1277 *C.* **1904** [1] 1335).
67) **Propylester d. l-α-Oxypropionsäure.** Sd. 60—61°$_{10-11}$ (*C.* **1903** [2] 1419).
68) **Monacetat d. αβ-Dioxy-β-Methylpropan.** Sd. 122—125° (125°$_{760}$) (*C. r.* **137**, 758 *C.* **1903** [2] 1415; *Bl.* [3] **31**, 17 *C.* **1904** [1] 504).

$C_6H_{12}O_4$ *10) **Hexerinsäure.** Sm. 144,5—145°. Ca + $2H_2O$ (*A.* **334**, 107 *C.* **1904** [2] 888).
23) **αγ-Dioxy-ββ-Dimethylpropan-α-Carbonsäure.** Ca + $3H_2O$, Ag + $8H_2O$ (*M.* **25**, 49 *C.* **1904** [1] 717).

$C_6H_{12}O_5$ *6) **Fukose** (*B.* **37**, 299 *C.* **1904** [1] 647; *B.* **37**, 3859 *C.* **1904** [2] 1712).
*16) **Rhodeose.** Sm. 144° (*B.* **37**, 3859 *C.* **1904** [2] 1712).
17) **l-Quercit** + H_2O. Sm. 174° (*Soc.* **85**, 625 *C.* **1904** [2] 329).
18) **r-Rhodeose.** Sm. 161° (*B.* **37**, 3860 *C.* **1904** [2] 1712).
19) **Isorhodeose** (*C.* **1904** [1] 581).

$C_6H_{12}O_6$ *7) **d-Galaktose** (*B.* **36**, 4373 *C.* **1904** [1] 462).
*14) **d-Glykose** (*C.* **1903** [1] 1019; *A.* **331**, 359 *C.* **1904** [1] 1555).
*28) **d-Mannose** (*C.* **1904** [1] 191).
*30) **i-Mannose** (*H.* **37**, 545 *C.* **1903** [1] 1217).
*55) **polym. Trioxymethylen** + H_2O (*C. r.* **138**, 1227 *C.* **1904** [2] 22).
*59) **α-Glykose** (*Soc.* **83**, 1313 *C.* **1904** [1] 86).
*60) **β-Glykose** (*Soc.* **83**, 1312 *C.* **1904** [1] 86).
70) **Cocaose** + H_2O. Sm. 89—90° (*J. pr.* [2] **66**, 408 *C.* **1903** [1] 527).
51) **Fukonsäure.** K + $1^1/_2H_2O$, Ca + $5H_2O$, Ba, Sr (*B.* **37**, 308 *C.* **1904** [1] 649).

$C_6H_{12}N_2$ *9) **Nitril d. Diäthylamidoessigsäure.** Sd. 170° (*B.* **36**, 4189 *C.* **1904** [1] 262; *C.* **1904** [2] 1377; *B.* **37**, 4089 *C.* **1904** [2] 1724).

$C_6H_{12}N_2$ 10) **Aethylenyl-αδ-Tetrametylendiamin.** Sd. 220°$_{12}$. (2HCl, $PtCl_4$), Pikrat (*B.* **36**, 338 *C.* **1903** [1] 703).
11) **Nitril d. α-Dimethylamidoisobuttersäure.** Sd. 152° (*C.* **1904** [2] 945).

$C_6H_{12}N_4$ *1) **Hexamethylentetramin.** (HCl, $AuCl_3$) (*C.* **1903** [1] 439; *A.* **334**, 56 *C.* **1904** [2] 949).
2) **s-Aethylcarbylaminäthylguanidin.** Sm. 90—91° (*Bl.* [3] **31**, 610 *C.* **1904** [2] 29).

$C_6H_{12}Br_2$ *2) **αε-Dibromhexan.** Sd. 115—116°$_{20}$ (*M.* **23**, 1089 *C.* **1903** [1] 384).
*9) **βγ-Dibrom-βγ-Dimethylbutan.** Sm. 140° u. Zers. (*B.* **37**, 547 *C.* **1904** [1] 866).

$C_6H_{12}J_2$ *1) **αζ-Dijodhexan.** Sm. 9,5°; Sd. 163°$_{17,5}$ (*C. r.* **136**, 244 *C.* **1903** [1] 583).

$C_6H_{12}S_3$ *1) **α-Trithioacetaldehyd.** Sm. 101° (*C.* **1904** [2] 21).
*2) **β-Trithioacetaldehyd.** Sm. 125—126° (*C.* **1904** [2] 21).
5) **γ-Trithioacetaldehyd.** Sm. 76° (*C.* **1904** [2] 21).

$C_6H_{13}N$ *6) **Amidohexahydrobenzol.** Sd. 134°. HCl (*C. r.* **138**, 457 *C.* **1904** [1] 884).
*12) **1-Methylhexahydropyridin.** HCl, (2HCl, $PtCl_4$), Pikrat (*B.* **37**, 3234 *C.* **1904** [2] 1153).
*15) **r-3-Methylhexahydropyridin.** Bitartrat (*B.* **36**, 1650 *C.* **1903** [2] 123).
21) **α-Propylimidopropan.** Sd. 101—102° (*C.* **1904** [2] 945).
22) **Isobutylimidoäthan.** Sd. 90—91° (*C.* **1904** [2] 945).
23) **d-3-Methylhexahydropyridin.** Bitartrat (*B.* **36**, 1650 *C.* **1903** [2] 123).
24) **l-3-Methylhexahydropyridin.** Bitartrat (*B.* **36**, 1650 *C.* **1903** [2] 123).

$C_6H_{14}O$ *1) **α-Oxyhexan.** Sd. 156° (*C. r.* **138**, 149 *C.* **1904** [1] 577).
*2) **β-Oxyhexan.** Sd. 127° (*C. r.* **137**, 302 *C.* **1903** [2] 708).
*6) **γ-Oxy-β-Methylpentan.** Sd. 112,5° (*C. r.* **137**, 302 *C.* **1903** [2] 708).
*10) **γ-Oxy-γ-Methylpentan.** Sd. 121—123°$_{750}$ (*C.* **1903** [2] 1415; *C. r.* **137**, 758 *C.* **1903** [2] 1415; *Bl.* [3] **31**, 17 *C.* **1904** [1] 504).
*12) **γ-Oxy-ββ-Dimethylbutan** (*C.* **1903** [2] 1415).
*19) **Aethyläther d. β-Oxy-β-Methylpropan.** Sd. 67—68° (*C.* **1903** [1] 1119; **1904** [1] 1065).
*20) **Dipropyläther.** Sd. 89—91° (*G.* **33** [2] 420 *C.* **1904** [1] 922).
*21) **Diisopropyläther.** Sd. 70—70,5° (*C.* **1904** [2] 18).
23) **α-Oxy-ββ-Dimethylbutan.** Sd. 135° (*Bl.* [3] **31**, 749 *C.* **1904** [2] 303).

$C_6H_{14}O_2$ *1) **αε-Dioxyhexan** (*M.* **23**, 1091 *C.* **1903** [1] 384).
*2) **αζ-Dioxyhexan.** Sm. 42° (35°); Sd. 254°$_{767}$ (*C. r.* **136**, 245 *C.* **1903** [1] 583; *C. r.* **137**, 329 *C.* **1903** [2] 711).
*9) **Pinakon** (*Bl.* [3] **29**, 597 *C.* **1903** [2] 396).
*10) **Diäthyläther d. αα-Dioxyäthan** (*B.* **36**, 188 *C.* **1904** [1] 638).
16) **αδ-Dioxy-ββ-Dimethylbutan.** Sd. 123°$_{10}$ (*C. r.* **137**, 329 *C.* **1903** [2] 710).
17) **Dimethyläther d. αδ-Dioxybutan.** Sd. 132—133°$_{760}$ (*C. r.* **139**, 977 *C.* **1904** [1] 1401).
18) **Aethyläther d. αβ-Dioxy-β-Methylpropan.** Sd. 129° (*C. r.* **138**, 91 *C.* **1904** [1] 504; *Bl.* [3] **31**, 302 *C.* **1904** [1] 1133).

$C_6H_{14}O_3$ *12) **Diäthyläther d. Di[Oxymethyl]äther.** Sd. 140° (*C. r.* **138**, 1704 *C.* **1904** [2] 416).

$C_6H_{14}O_5$ 3) **Di[βγ-Dioxypropyl]äther.** Sd. 261—262°$_{27}$ (*A.* **335**, 239 *C.* **1904** [2] 1204).

$C_6H_{14}O_6$ *2) **d-Idit** (*C.* **1904** [2] 1291).
*4) **Mannit** (*B.* **37**, 299 *C.* **1904** [1] 647).
*11) **d-Sorbit** (*C.* **1904** [2] 1291).

$C_6H_{14}N_2$ *3) **1,4-Diamidohexahydrobenzol.** H_3PO_4 (*A.* **328**, 107 *C.* **1903** [2] 244).
*5) **1,4-Dimethylhexahydro-1,4-Diazin.** Sd. 131—132°$_{752}$. (2HCl, $PtCl_4$), (2HCl, $2AuCl_3$), Pikrat (*B.* **37**, 3516 *C.* **1904** [2] 1324).
20) **εζ-Diamido-α-Hexen.** Sd. 185—190°. 2HCl, (2HCl, $PtCl_4$), Oxalat (*C.* **1904** [2] 1024).
21) **1-Amido-3-Methylhexahydropyridin.** Sd. 160—165° (*C.* **1903** [1] 1034).
22) **1-Amido-4-Methylhexahydropyridin.** Sd. 160—165° (*C.* **1903** [1] 1034).
23) **Verbindung** (aus αδ-Diamidobutan u. Formaldehyd). Sd. 180—181°$_{30}$ (*B.* **36**, 37 *C.* **1903** [1] 502).

$C_6H_{15}N$ *10) **Dipropylamin.** (2HCl, $PtCl_4$) (*C.* **1904** [1] 923).
*13) **Triäthylamin.** (HCl + $6HgCl_2$) (*J. pr.* [2] **66**, 471 *C.* **1903** [1] 561).
18) **α-Isopropylamidopropan** (Propylisopropylamin). (2HCl, $PtCl_4$) (*C.* **1904** [1] 923).

$C_6H_{15}N_3$ *2) **1,3,5-T[illegible]hydro-1,3,5-Triazin.** Sd. 160—164°. HJ (D.R.P. 139394 [illegible]; *A.* **334**, 226 *C.* **1904** [2] 899).

$C_6H_{15}N_3$ 4) isom. **1,3,5-Trimethylhexahydro-1,3,5-Triazin.** HJ, (HJ + CHJ_3), Pikrat (*A.* **334**, 228 *C.* **1904** [2] 900).

$C_6H_{16}N_2$ *7) **αβ-Di[Dimethylamido]äthan.** Sd. 120—122°$_{745}$. 2HCl, Pikrat (*B.* **37**, 3495 *C.* **1904** [2] 1319; *B.* **37**, 3499 *C.* **1904** [2] 1321; *B.* **37**, 3510 *C.* **1904** [2] 1322).

$C_6H_{16}Sn$ *1) **Zinndimethyldiäthyl.** Fl. (*C.* **1904** [1] 353).
2) **Zinntrimethylpropyl.** Sd. 129°$_{764}$ (*C.* **1904** [1] 353).

C_6OCl_6 *1) **Hexachlor-1-Keto-1,2-Dihydrobenzol.** Sm. 106° (108—110°) (*B.* **37**, 4008 *C.* **1904** [2] 1715; *B.* **37**, 4021 *C.* **1904** [2] 1717).

C_6OCl_8 *1) **Oktochlor-1-Keto-1,2,3,4-Tetrahydrobenzol.** Sm. 106—108° (*B.* **37**, 4021 *C.* **1904** [2] 1717).

$C_6O_2Cl_4$ *2) **2,3,5,6-Tetrachlor-1,4-Benzochinon.** Sm. 289° (292°) (*C.* **1903** [2] 550; *B.* **36**, 4390 *C.* **1904** [1] 444; *B.* **37**, 2623 *C.* **1904** [2] 484).

$C_6O_2Br_4$ *1) **3,4,5,6-Tetrabrom-1,2-Benzochinon.** + Toluol, + Acetophenon (*Am.* **31**, 90 *C.* **1904** [1] 802).

— 6 III —

C_6HOCl_5 *1) **Pentachloroxybenzol.** Sm. 190—191°. NH_4, Na, Ag (*B.* **37**, 4017 *C.* **1904** [2] 1716).

C_6HOCl_7 *1) **2,2,3,4,4,5,6-Heptachlor-1-Keto-1,2,3,4-Tetrahydrobenzol.** Sd. 95° (*B.* **37**, 4006 *C.* **1904** [2] 1715).

$C_6HO_2Cl_3$ *1) **2,3,5-Trichlor-1,4-Benzochinon.** Sm. 169—170° (*B.* **37**, 4016 *C.* **1904** [2] 1716).

$C_6H_2OCl_4$ *1) **2,3,4,6-Tetrachlor-1-Oxybenzol.** Sm. 69—70°; Sd. 150°$_{16}$. Na (*B.* **37**, 4010 *C.* **1904** [2] 1715).
4) **2,3,4,5-Tetrachlor-1-Oxybenzol.** Sm. 67,5°; Sd. 190°$_{40}$ (*Bl.* [3] **27**, 1174 *C.* **1903** [1] 232).

$C_6H_2O_2Cl_4$ *3) **2,3,5,6-Tetrachlor-1,4-Dioxybenzol.** Sm. 236° (*J. pr.* [2] **70**, 33 *C.* **1904** [2] 1234).

$C_6H_2O_2Br_2$ *1) **2,5-Dibrom-1,4-Benzochinon.** Sm. 188° (*C.* **1903** [2] 550).

$C_6H_2N_4S_2$ 1) **Benzbithiodiazol** (p-Phenylenbisdiazosulfid). Sm. 224—226° u. Zers. (*Soc.* **83**, 1205 *C.* **1903** [2] 1328).

$C_6H_2ClBr_3$ *1) **1-Chlor-2,4,6-Tribrombenzol.** Sm. 80—81° (90—91°) (*C. r.* **136**, 242 *C.* **1903** [1] 570; *Am.* **31**, 374 *C.* **1904** [1] 1408).

$C_6H_2ClJ_3$ 2) **2,4,6-Trijod-1-Chlorbenzol.** Sm. 125—126° (*B.* **36**, 2071 *C.* **1903** [2] 358).

$C_6H_3ON_7$ C 38,1 — H 1,6 — O 8,4 — N 51,8 — M. G. 189.
1) **Azid d. 1,2,9-Benzisotetrazol-5-Carbonsäure.** Sm. 103—104° (*B.* **36**, 1116 *C.* **1903** [1] 1185).

$C_6H_3OJ_3$ 3) **2,4,5-Trijod-1-Oxybenzol.** Sm. 114° (*C. r.* **137**, 1066 *C.* **1904** [1] 266).

$C_6H_3O_2Cl_3$ *3) **2,3,5-Trichlor-1-4-Dioxybenzol.** Sm. 138° (*B.* **37**, 4017 *C.* **1904** [2] 1716).

$C_6H_3O_4Cl$ 3) **3-Chlor-1,2-Pyron-5-Carbonsäure.** Sm. 187—189° (*B.* **37**, 3830 *C.* **1904** [2] 1614).

$C_6H_3O_7N_3$ *3) **Pikrinsäure.** Rb (*C.* **1903** [1] 810; **1903** [2] 565; *Ph. Ch.* **46**, 827 *C.* **1904** [1] 508).

$C_6H_3O_8N_3$ *1) **2,4,6-Trinitro-1,3-Dioxybenzol.** Sm. 175° (*M.* **25**, 27 *C.* **1904** [1] 723).
4) isom. **Trinitrodioxybenzol.** Sm. 163° (*M.* **25**, 574 *C.* **1904** [2] 907).

$C_6H_3O_9N_3$ *1) **2,4,6-Trinitro-1,3,5-Trioxybenzol** + H_2O. Sm. 160—161° (*Am.* **32**, 173 *C.* **1904** [2] 950).

$C_6H_3NBr_4$ *2) **2,3,4,6-Tetrabrom-1-Amidobenzol.** Sm. 115° (*A.* **330**, 58 *C.* **1904** [1] 1142).

$C_6H_4OCl_2$ *1) **2,4-Dichlor-1-Oxybenzol.** Sm. 43° (*B.* **37**, 4030 *C.* **1904** [2] 1718).
5) **3,4-Dichlor-1-Oxybenzol.** Sm. 64—65°; Sd. 145—146° (D.R.P. 156333 *C.* **1904** [2] 1673).

$C_6H_4OBr_2$ *1) **2,4-Dibrom-1-Oxybenzol.** Sm. 34—35° (*Soc.* **85**, 1227 *C.* **1904** [2] 204, 1032).
*2) **2,6-Dibrom-1-Oxybenzol.** Sm. 57—59° (*A.* **334**, 177 *C.* **1904** [2] 834).

$C_6H_4OJ_2$ *1) **2,4-Dijod-1-Oxybenzol.** Sm. 72° (*C. r.* **139**, 65 *C.* **1904** [2] 590).
6) **3,4-Dijod-1-Oxybenzol.** Sm. 83° (*C. r.* **136**, 1078 *C.* **1903** [1] 1339).
7) **3,5-Dijod-1-Oxybenzol.** Sm. 103—104° (*C. r.* **136**, 237 *C.* **1903** [1] 574).

$C_6H_4OJ_2$ 8) **3-Jod-1-Jodosobenzol.** Zers. bei 124°. HNO_3, H_2SO_4, H_2CrO_4 (*B.* **37**, 1302 *C.* **1904** [1] 1339).

$C_6H_4O_2N_4$ 9) **1,2,3,9-Benzisotetrazol-5-Carbonsäure.** Ag (*B.* **36**, 1115 *C.* **1903** [1] 1184).

$C_6H_4O_2Cl_2$ *4) **2,5-Dichlor-1,4-Dioxybenzol.** Sm. 170° (*C.* **1903** [2] 550).

$C_6H_4O_2J_2$ 3) **1,3-Dijodosobenzol** (*B.* **37**, 1304 *C.* **1904** [1] 1340).
4) **3-Jod-1-Jodobenzol.** Zers. bei 216—218° (*B.* **37**, 1305 *C.* **1904** [1] 1340).

$C_6H_4O_3N_2$ 2) **2-Nitro-1-Nitrosobenzol.** Sm. 126—126,5° (*B.* **36**, 3804 *C.* **1904** [1] 17; *B.* **36**, 4176 *C.* **1904** [1] 264).
3) **3-Nitro-1-Nitrosobenzol.** Sm. 85° (89—90,5°) (*B.* **36**, 2530 *C.* **1903** [2] 491; *B.* **36**, 3806 *C.* **1904** [1] 17).
4) **4-Nitro-1-Nitrosobenzol.** Sm. 118,5—119° (*B.* **36**, 3809 *C.* **1904** [1] 17; *B.* **36**, 4177 *C.* **1904** [1] 264).

$C_6H_4O_3N_4$ *2) **Verbindung** (aus Acetylen). Sm. 78° (*G.* **33** [2] 322 *C.* **1904** [1] 255).

$C_6H_4O_3Br_2$ 4) **4,6-Dibrom-1,2,3-Trioxybenzol?** Sm. 158° u. Zers. (*B.* **37**, 113 *C.* **1904** [1] 585).

$C_6H_4O_4N_2$ *1) **1,2-Dinitrobenzol.** Sm. 118—118,5° (*B.* **36**, 3805 *C.* **1904** [1] 17; *B.* **36**, 4176 *C.* **1904** [1] 264).
*2) **1,3-Dinitrobenzol.** Sm. 71°. + $AlCl_3$ (*C.* **1903** [2] 194; *Soc.* **85**, 1108 *C.* **1904** [2] 976).
*3) **1,4-Dinitrobenzol.** Sm. 173,5—174° (*B.* **36**, 3829 *C.* **1904** [1] 19).
*4) **2,4-Dinitroso-1,3-Dioxybenzol** + $^1/_2H_2O$. Zers. bei 164—166° (*B.* **36**, 736 *C.* **1903** [1] 840; *B.* **37**, 1794 *C.* **1904** [1] 1612).
*6) **1,2-Diazin-4,5-Dicarbonsäure.** Sm. 212—213,5°. Ag_2 (*B.* **36**, 3376 *C.* **1903** [2] 1192).
10) **1,3-Diazin-4,5-Dicarbonsäure** + H_2O. Sm. 265° u. Zers. $(NH_4)_2$, Cu + $^1/_2H_2O$, Ag_2 (*B.* **37**, 3648 *C.* **1904** [2] 1513).

$C_6H_4O_4J_2$ 2) **1,3-Dijodobenzol.** Zers. bei 261° (*B.* **37**, 1306 *C.* **1904** [1] 1340).

$C_6H_4O_5N_2$ *1) **2,3-Dinitro-1-Oxybenzol** (*R.* **21**, 446 *C.* **1903** [1] 510).
*2) **2,4-Dinitro-1-Oxybenzol** (*R.* **21**, 446 *C.* **1903** [1] 510).
*3) **2,5-Dinitro-1-Oxybenzol** (*R.* **21**, 446 *C.* **1903** [1] 510).
*4) **2,6-Dinitro-1-Oxybenzol** (*R.* **21**, 446 *C.* **1903** [1] 510).
*5) **3,4-Dinitro-1-Oxybenzol** (*R.* **21**, 446 *C.* **1903** [1] 510).
*6) **3,5-Dinitro-1-Oxybenzol** (*R.* **21**, 446 *C.* **1903** [1] 510).

$C_6H_4O_5S$ 1) **1,4-Benzochinon-2-Sulfonsäure.** NH_4, K (*J. pr.* [2] **69**, 341 *C.* **1904** [2] 37).

$C_6H_4O_6N_2$ *6) **Pyrazol-3,4,5-Tricarbonsäure** + $2H_2O$. Sm. 230° (*A.* **325**, 184 *C.* **1903** [1] 646).

$C_6H_4O_6N_4$ 4) **Verbindung** (aus Acetylen). Sd. 112°$_{40}$ (*G.* **33** [2] 322 *C.* **1904** [1] 256).

$C_6H_4O_7N_2$ C 33,3 — H 1,8 — O 51,8 — N 13,0 — M. G. 216.
1) **4,6-Dinitro-1,2,3-Trioxybenzol.** Sm. 208° (*B.* **37**, 120 *C.* **1904** [1] 586).

$C_6H_4NCl_3$ *1) **2,3,4-Trichlor-1-Amidobenzol.** Sm. 65—68° (*A.* **330**, 56 *C.* **1904** [1] 1142).
6) **2,3,5-Trichlor-4-Methylpyridin.** Sm. 31—31,5° (*Soc.* **83**, 399 *C.* **1903** [1] 841, 1141).

$C_6H_4NJ_3$ *1) **2,4,6-Trijod-1-Amidobenzol.** Sm. 185° (*B.* **36**, 2070 *C.* **1903** [2] 358).
3) **2,4,5-Trijod-1-Amidobenzol.** Sm. 116° (*C. r.* **137**, 1066 *C.* **1904** [1] 266).

$C_6H_4N_2Cl_2$ *1) **1,4-Di[Chlorimido]-1,4-Dihydrobenzol.** Sm. 126° u. Zers. (*B.* **37**, 1498 *C.* **1904** [1] 1414).

$C_6H_4N_2Br_2$ *3) **2,6-Dibrom-1,4-Diimido-1,4-Dihydrobenzol.** HCl, HBr (*Am.* **31**, 210 *C.* **1904** [1] 1073).

$C_6H_4N_2S_4$ 1) **3,6-Diamido-1,2,4,5-Tetrathiocarbonyl-1,2,4,5-Tetrahydrobenzol** (*Soc.* **83**, 1211 *C.* **1903** [2] 1329).

$C_6H_4N_3Cl$ 3) **4-Chlor-1,2,3-Benztriazol.** Sm. 156° (*B.* **36**, 4028 *C.* **1904** [1] 294).

$C_6H_4N_5Br$ 1) **4-Nitrobenzoldiazoniumazid** (*B.* **36**, 2057 *C.* **1903** [2] 356).

$C_6H_4N_6Fe$ *1) **Ferrocyanwasserstoffsäure** (*C. r.* **137**, 65 *C.* **1903** [2] 348).

$C_6H_4Cl_2J_2$ 2) **3-Jod-1-Dichlorjodosobenzol** (3-Jodphenyljodidchlorid). Zers. bei 112° (*B.* **37**, 1301 *C.* **1904** [1] 1339).

$C_6H_4Cl_4J_2$ 2) **1,3-Di[Dichlorjodoso]benzol** (1,3-Phenylendijodidtetrachlorid). Zers. bei 122° (*B.* **37**, 1301, 1305 *C.* **1904** [1] 1339).

C_6H_5OCl *1) **2-Chlor-1-Oxybenzol** (D.R.P. 141751 *C.* **1903** [1] 1324; D.R.P. 155631 *C.* **1904** [2] 1486).

C_6H_5OBr *3) **4-Brom-1-Oxybenzol.** + H_3PO_4 (Sm. 65—75°) (*R.* **21**, 354 *C.* **1903** [1] 151).

C_6H_5OJ *3) **3-Jod-1-Oxybenzol** (*A.* **332**, 66 *C.* **1904** [2] 42).
*5) **Jodosobenzol** (*B.* **36**, 2996 *C.* **1903** [2] 932).

$C_6H_5O_2N$ *1) **Nitrobenzol** (*B.* **36**, 971 *C.* **1903** [1] 1066; *B.* **36**, 1110 *C.* **1903** [1] 1333).
*3) **Pyridin-2-Carbonsäure** (*M.* **24**, 199 *C.* **1903** [2] 48).
*4) **Pyridin-3-Carbonsäure** (*M.* **24**, 200 *C.* **1903** [2] 48).
*5) **Pyridin-4-Carbonsäure** (*M.* **24**, 200 *C.* **1903** [2] 48).

$C_6H_5O_3N$ *1) **2-Nitro-1-Oxybenzol.** Na, K + $^1/_2H_2O$, Rb + $^1/_2H_2O$ (*Am.* **30**, 312 *C.* **1903** [2] 1116).
*2) **3-Nitro-1-Oxybenzol.** Na, K + H_2O, Rb, Cs (*Am.* **30**, 317 *C.* **1903** [2] 1116; *J. pr.* [2] **68**, 480 *C.* **1904** [1] 443).
*3) **4-Nitro-1-Oxybenzol.** Na + $4H_2O$, K + H_2O, Rb + H_2O, Cs + $3H_2O$ (*Am.* **30**, 318 *C.* **1903** [2] 1116; *J. pr.* [2] **68**, 484 *C.* **1904** [1] 444).
*4) **4-Nitroso-1,3-Dioxybenzol** (*B.* **35**, 4192 *C.* **1903** [1] 145).

$C_6H_5O_3Br$ 4) **4-Brom-1,2,3-Trioxybenzol.** Zers. oberh. 120° (*B.* **37**, 112 *C.* **1904** [1] 584).
5) **2-Brommethylfuran-5-Carbonsäure.** Sm. 147—148° (*Am.* **15**, 180). — *III, *507*.

$C_6H_5O_4N$ *1) **3-Nitro-1,2-Dioxybenzol.** Sm. 85,5° (*J. pr.* [2] **68**, 477 *C.* **1904** [1] 443; *J. pr.* [2] **68**, 481 *C.* **1904** [1] 444).
*2) **4-Nitro-1,2-Dioxybenzol.** Sm. 175,5—176,5° (*J. pr.* [2] **68**, 477 *C.* **1904** [1] 443; *J. pr.* [2] **68**, 482 *C.* **1904** [1] 444).
*3) **2-Nitro-1,3-Dioxybenzol.** Sm. 85° (D.R.P. 145190 *C.* **1903** [2] 973; *B.* **37**, 725 *C.* **1904** [1] 1005).

$C_6H_5O_4N_3$ *3) **4-Nitro-1-Nitramidobenzol.** Sm. 110° (*A.* **330**, 36 *C.* **1904** [1] 1141).

$C_6H_5O_5N$ 7) **4-Nitro-1,2,3-Trioxybenzol.** Sm. 162° $(NH_4)_2$, K_2, + 2 Chinolin (*B.* **37**, 114 *C.* **1904** [1] 585).
8) **Methylester d. ?-Nitrofuran-2-Carbonsäure.** Sm. 78,5° (*C. r.* **137**, 520 *C.* **1903** [2] 1069).

$C_6H_5O_5N_3$ *1) **4,6-Dinitro-2-Amido-1-Oxybenzol** (*C.* **1904** [2] 1385).

$C_6H_5O_6N_5$ *1) **2,4,6-Trinitro-1,3-Diamidobenzol** (*R.* **21**, 324 *C.* **1903** [1] 79).
3) **β-Nitroisoalliturs äure.** Sm. 170—195° u. Zers. (*A.* **333**, 122 *C.* **1904** [2] 894).

$C_6H_5O_9N_3$ 1) **Verbindung** (aus d. Verb. $C_{12}H_{18}O_{10}N_{12}$) = $(C_6H_5O_9N_3)x$. Ag (*M.* **25**, 118 *C.* **1904** [1] 1553).

$C_6H_5NCl_2$ *2) **2,4-Dichlor-1-Amidobenzol.** Sm. 61—62° (*C.* **1903** [2] 549).

$C_6H_5NBr_2$ *1) **2,4-Dibrom-1-Amidobenzol.** Sm. 80° (*C.* **1903** [2] 549).
*3) **2,6-Dibrom-1-Amidobenzol.** Sm. 82—83° (*A.* **329**, 217 *C.* **1903** [2] 1427).

$C_6H_5NJ_2$ *1) **2,4-Dijod-1-Amidobenzol.** Sm. 95—96° (*C.* **1903** [2] 550; *C. r.* **139**, 64 *C.* **1904** [2] 590).
*3) **3,5-Dijod-1-Amidobenzol.** Sm. 107° (*C. r.* **136**, 237 *C.* **1903** [1] 574).
4) **2,6-Dijod-1-Amidobenzol.** Sm. 122° (*C. r.* **138**, 1505 *C.* **1904** [2] 319).
5) **3,4-Dijod-1-Amidobenzol.** Sm. 74,5° (*C. r.* **136**, 1078 *C.* **1903** [1] 1339).

$C_6H_5N_2Br_3$ 4) **3,4,5-Tribrom-1,2-Diamidobenzol.** Sm. 91°. HCl (*Am.* **30**, 78 *C.* **1903** [2] 356).

$C_6H_5N_2F$ 1) **Diazobenzolfluorid.** HF (*B.* **36**, 2059 *C.* **1903** [2] 357).

C_6H_5ClS *1) **4-Chlor-1-Merkaptobenzol.** Sm. 54° (*C. r.* **138**, 982 *C.* **1904** [1] 1413).
3) **2-Chlor-1-Merkaptobenzol.** Sd. 205—206° (*C.* **1904** [2] 1176).

$C_6H_5Cl_2J$ *1) **Jodbenzoldichlorid** (*C. r.* **136**, 242 *C.* **1903** [1] 570).

$C_6H_5Cl_3Si$ *1) **Siliciumphenyltrichlorid** (*B.* **37**, 1139 *C.* **1904** [1] 1257).

C_6H_5BrS *1) **4-Brom-1-Merkaptobenzol.** Sm. 70—71° (*C. r.* **138**, 982 *C.* **1904** [1] 1413).

$C_6H_6ON_2$ *1) **4-Nitroso-1-Amidobenzol.** Sm. 175° (*B.* **36**, 3830 *C.* **1904** [1] 19).

C_6H_6OS *1) **2-Merkapto-1-Oxybenzol** (*C.* **1904** [2] 1176).

$C_6H_6O_2N_2$ *4) **4-Nitro-1-Amidobenzol.** Sm. 147° (*B.* **36**, 3829 *C.* **1904** [1] 19; D.R.P. 148749 *C.* **1904** [1] 554).
*5) **Oxynitrosoamidobenzol.** Sm. 59°. Ba + H_2O (*A.* **329**, 192 *C.* **1903** [2] 1414; *G.* **33** [2] 242 *C.* **1904** [1] 24).
*9) **1,4-Dioximido-1,4-Dihydrobenzol.** Zers. bei 230—240° (*B.* **36**, 4137 *C.* **1904** [1] 185).
*16) **3-Amidopyridin-4-Carbonsäure** (*M.* **23**, 944 *C.* **1903** [1] 296).
*21) **4-Amidopyridin-3-Carbonsäure** (*M.* **23**, 945 *C.* **1903** [1] 296).

$C_6H_6O_2N_2$ 24) **4-Nitroso-3-Amido-1-Oxybenzol.** Sm. 200° u. Zers. (*B.* **37**, 2278 *C.* **1904** [2] 434).

$C_6H_6O_2N_4$ *6) **Heteroxanthin** (*C.* **1904** [2] 1421).

$C_6H_6O_2S$ *1) **Benzolsulfinsäure.** Sm. 84°. Na + H_2O, Mg_2 + $6H_2O$, Ag (*B.* **35**, 4114 *C.* **1903** [1] 82; *B.* **37**, 2153 *C.* **1904** [2] 186).

$C_6H_6O_3N_2$ 19) **Imid d. α-Imido-γ-Ketobutan-αβ-Dicarbonsäure** (*A.* **332**, 135 *C.* **1904** [2] 190).

$C_6H_6O_3S$ *1) **Benzolsulfonsäure.** NH_4 + HF, Methylaminsalz, Aethylaminsalz, Diäthylaminsalz, Anilinsalz (*A.* **328**, 145 *C.* **1903** [2] 992; *B.* **37**, 3804 *C.* **1904** [2] 1564).

$C_6H_6O_4N_2$ *9) **2-Methylimidazol-4,5-Dicarbonsäure** (*B.* **37**, 701 *C.* **1904** [1] 1562).
*12) **4-Methylpyrazol-3,5-Dicarbonsäure** + H_2O. Sm. 313° (315° u. Zers.) (*B.* **36**, 1131 *C.* **1903** [1] 1139; *A.* **325**, 182 *C.* **1903** [1] 646).
13) **4,5-Diacetyl-1,2,3,6-Dioxdiazin** (Diacetylglyoximhyperoxyd). Fl. (*C.* **1903** [2] 1432).
14) **Verbindung** (aus 1,4-Dinitrobenzol). K_2 (*B.* **36**, 4177 *C.* **1904** [1] 264).

$C_6H_6O_4N_4$ 11) **Isoallitursäure.** Sm. 258—260° u. Zers. Ag_2 (*A.* **333**, 118 *C.* **1904** [2] 893).

$C_6H_6O_4S$ *3) **4-Oxybenzol-1-Sulfonsäure.** (NH_4 + HF) (*A.* **328**, 146 *C.* **1903** [2] 992).

$C_6H_6O_4S_2$ *1) **Benzol-1,3-Disulfinsäure.** Fl. K_2, Zn + $3H_2O$ (*B.* **36**, 189 *C.* **1903** [1] 467; *J. pr.* [2] **68**, 315 *C.* **1903** [2] 1170).
2) **Benzol-1,4-Disulfinsäure.** K_2, Ba (*J. pr.* [2] **68**, 330 *C.* **1903** [2] 1171).

$C_6H_6O_4S_4$ *1) **Benzol-1,3-Di[Thiolsulfonsäure].** K_2 (*J. pr.* [2] **68**, 329 *C.* **1903** [2] 1171).

$C_6H_6O_5S$ 10) **1,2-Dioxybenzol-?-Sulfonsäure** (D.R.P. 137119 *C.* **1903** [1] 112).

$C_6H_6O_6N_2$ *3) **Dimethylester d. 1,2,3,6-Dioxdiazin-4,5-Dicarbonsäure.** Sd. 151°$_{10}$ (*Bl.* [3] **27**, 1165 *C.* **1903** [1] 228).
4) **Monoäthylester d. 1,2,3,6-Dioxdiazin-4,5-Dicarbonsäure.** Sm. 103,5°. NH_4 (*Bl.* [3] **27**, 1168 *C.* **1903** [1] 228).

$C_6H_6O_6S$ *1) **1,2,3-Trioxybenzol-?-Sulfonsäure.** Sr + $2H_2O$ (*C. r.* **136**, 760 *C.* **1903** [1] 1024).
*4) **2-Methylfuran-5-Carbonsäure-4-Sulfonsäure.** K_2 + $2H_2O$ (*Am.* **32**, 189 *C.* **1904** [2] 1138).

$C_6H_6O_6Hg_3$ 1) **Verbindung** (aus Essigsäureanhydrid u. Merkuriacetat) (*B.* **36**, 3707 *C.* **1903** [2] 1240).

$C_6H_6O_8S_2$ *2) **1,2,3-Trioxybenzol-?-Disulfonsäure.** Sr + $3H_2O$, Ba_3 (*C. r.* **136**, 760 *C.* **1903** [1] 1024).

C_6H_6NCl *3) **4-Chlor-1-Amidobenzol** (*Am.* **29**, 302 *C.* **1903** [1] 1165; *C. r.* **138**, 1174 *C.* **1904** [2] 96).

C_6H_6NJ *1) **2-Jod-1-Amidobenzol.** Sm. 57° (*M.* **25**, 956 *C.* **1904** [2] 1638).

$C_6H_6N_2Br_2$ *3) **2,6-Dibrom-1,4-Diamidobenzol** (*Am.* **31**, 209 *C.* **1904** [1] 1073).
9) **2,5-Dibrom-1,4-Diamidobenzol.** Sm. 183—184°. 2HCl (*Am.* **28**, 458 *C.* **1903** [1] 322).

$C_6H_6N_2S_2$ *1) **2,5-Diamido-1,4-Dithiocarbonyl-1,4-Dihydrobenzol.** Sm. 234—235° u. Zers. HCl, 2HCl (*Soc.* **83**, 1208 *C.* **1903** [2] 1328).

C_6H_7ON *1) **2-Amido-1-Oxybenzol** (*J. pr.* [2] **68**, 473 *C.* **1904** [1] 442).
*2) **3-Amido-1-Oxybenzol** (*J. pr.* [2] **68**, 474 *C.* **1904** [1] 443).
*3) **4-Amido-1-Oxybenzol** (*J. pr.* [2] **68**, 479 *C.* **1904** [1] 443; D.R.P. 150800 *C.* **1904** [1] 1235).
*11) **2-Keto-1-Methyl-1,2-Dihydropyridin** (*B.* **36**, 1062 *C.* **1903** [1] 1267).
*15) **2-Methylimidomethylfuran.** Sd. 67°$_{80}$. HCl, (2HCl, $PtCl_4$ + H_2O), (HCl, $AuCl_3$) (*A.* **335**, 371 *C.* **1904** [2] 1405).

$C_6H_7ON_3$ *7) **4-Nitroso-1,3-Diamidobenzol** (*B.* **37**, 2276 *C.* **1904** [2] 433).

C_6H_7OCl 2) **5-Chlor-1-Keto-1,2,3,4-Tetrahydrobenzol.** Sd. 104°$_{24}$ (*Soc.* **83**, 499 *C.* **1903** [1] 1028, 1352).

C_6H_7OBr 1) **5-Brom-1-Keto-1,2,3,4-Tetrahydrobenzol.** Sd. 132,5—133°$_{32}$ (*Soc.* **83**, 500 *C.* **1903** [1] 1028, 1352).

$C_6H_7O_2N$ *2) **4-Amido-1,3-Dioxybenzol** (*B.* **35**, 4195 *C.* **1903** [1] 145).
*16) **Nitril d. βδ-Diketopentan-γ-Carbonsäure.** Sm. 50° (*B.* **37**, 3386 *C.* **1904** [2] 1220).
30) **?-Acetylamidofuran.** Sm. 112° (*C. r.* **136**, 1455 *C.* **1903** [2] 292).
31) **3-Acetyl-5-Methylisoxazol?** Sm. 22°; Sd. 177° (*G.* **34** [1] 49 *C.* **1904** [1] 1150).

$C_6H_7O_2N$ 32) **5-Oxy-4-Keto-2-Methyl-1,4-Dihydropyridin** + H_2O. Sm. 80° (170 bis 171° wasserfrei). HCl + $2H_2O$ (*C. r.* **138**, 507 *C.* **1904** [1] 897).

$C_6H_7O_2N_3$ *2) **4-Nitro-1,3-Diamidobenzol.** Sm. 157° (*B.* **37**, 2277 *C.* **1904** [2] 433).
*8) **4-Nitrophenylhydrazin** (*C.* **1903** [2] 1471).
12) **4-Acetylamido-2-Keto-1,2-Dihydro-1,3-Diazin.** Sm. noch nicht bei 300° (*Am.* **29**, 500 *C.* **1903** [1] 1311).
13) **2-Acetylamido-4-Keto-3,4-Dihydro-1,3-Diazin.** Sm. 247° (*Am.* **29**, 504 *C.* **1903** [1] 1311).
14) **6-Hydrazidopyridin-3-Carbonsäure.** Sm. 283°. H_2SO_4 (*B.* **36**, 1113 *C.* **1903** [1] 1184).

$C_6H_7O_3N$ 19) **4-Amido-1,2,3-Trioxybenzol.** HCl (*B.* **37**, 118 *C.* **1904** [1] 586).

$C_6H_7O_3Br_3$ *1) **Aethylester d.** $\alpha\alpha\gamma$-**Tribrom-**β-**Ketopropan-**α-**Carbonsäure** (*C.* **1904** [1] 1067).

$C_6H_7O_4N_3$ *6) **Dimethylviolursäure** (*Soc.* **83**, 18 *C.* **1903** [1] 448).
9) **5-Acetylamido-2,4,6-Triketohexahydro-1,3-Diazin.** NH_4, K, Ag (*A.* **333**, 85 *C.* **1904** [2] 827).

$C_6H_7O_4Br$ 6) $\alpha\gamma$-**Lakton d.** β-**Brom-**γ-**Oxybutan-**$\alpha\beta$-**Dicarbonsäure.** Sm. 136° u. Zers. (*A.* **331**, 140 *C.* **1904** [1] 933).

$C_6H_7O_5N_3$ 2) **2,4,6-Triketohexahydro-1,3-Diazin-5-Amidoessigsäure** (Uramiloessigsäure) (*A.* **333**, 70 *C.* **1904** [2] 772).

$C_6H_7O_6N$ *2) α-**Aethylester d.** α-**Nitroäthen-**$\alpha\beta$-**Dicarbonsäure** (α-Ae. d. Nitromaleïnsäure). K, Anilinsalz (*Am.* **32**, 232 *C.* **1904** [2] 1141).

$C_6H_7O_{11}N_3$ 6) **Trinitrat d. Salepschleim** (*B.* **36**, 3201 *C.* **1903** [2] 1054).

C_6H_7NS *3) **Methyläther d. 2-Merkaptopyridin.** Sd. 197° (*A.* **331**, 251 *C.* **1904** [1] 1222).
*4) **2-Thiocarbonyl-1-Methyl-1,2-Dihydropyridin.** Sm. 89° (*A.* **331**, 248 *C.* **1904** [1] 1222).

C_6H_7NSe 1) **2-Selencarbonyl-1-Methyl-1,2-Dihydropyridin.** Sm. 79—80° (*A.* **331**, 251 *C.* **1904** [1] 1222).
2) **Methyläther d. 2-Selenopyridin.** Sd. 212° (*A.* **331**, 253 *C.* **1904** [1] 1223).

$C_6H_7N_2Cl$ *1) **4-Chlor-1,2-Diamidobenzol.** Sm. 72° (76°). H_2SO_4 (*B.* **36**, 4027 *C.* **1904** [1] 294; *B.* **37**, 555 *C.* **1904** [1] 893).

$C_6H_8ON_2$ *4) **3,4-Diamido-1-Oxybenzol.** 2HCl, (2HCl, $SnCl_2$) (*B.* **37**, 2278 *C.* **1904** [2] 434).
*12) **2-Keto-4,6-Dimethyl-2,5-Dihydro-1,3-Diazin.** Sm. 198—199° (*Am.* **32**, 357 *C.* **1904** [2] 1415).
18) **3-Oximido-2,4-Dimethylisopyrrol.** Na (*G.* **34** [1] 43 *C.* **1904** [1] 1150).
19) **3-Oximido-2,5-Dimethylisopyrrol.** Na (*G.* **34** [1] 44 *C.* **1904** [1] 1150).
20) **3- oder 5-Acetyl-4-Methylpyrazol.** Sm. 102—103°; Sd. 160—161°$_{26}$ (*B.* **36**, 1131 *C.* **1903** [1] 1139).

$C_6H_8O_2N_2$ *18) **2,4-Diketo-3,6-Dimethyl-1,2,3,4-Tetrahydro-1,3-Diazin.** Sm. 261 bis 262° (*A.* **329**, 349 *C.* **1904** [1] 435).
*20) **2,4-Diketo-5,6-Dimethyl-1,2,3,4-Tetrahydro-1,3-Diazin.** Sm. 292° u. Zers. (*Am.* **29**, 489 *C.* **1903** [1] 1309).
22) **2-Methyläther d. 2,6-Dioxy-4-Methyl-1,3-Diazin.** Sm. 207°. (2HCl, $PtCl_4$), Ag (*C.* **1904** [2] 30).
23) **Dimethyläther d. 2,4-Dioxy-1,3-Diazin.** Sm. 10°; Sd. 204,5—205°$_{760}$. (HCl, $AuCl_3$), 2 + $3HgCl_2$ (*B.* **36**, 3379 *C.* **1903** [2] 1192).
24) **Dilaktam d.** $\beta\gamma$-**Diamidobutan-**$\alpha\delta$-**Dicarbonsäure** + H_2O. HCl + H_2O (*B.* **35**, 4125 *C.* **1903** [1] 136; *B.* **36**, 172 *C.* **1903** [1] 445).
25) **Cyanamid d.** α-**Acetylpropionsäure?** Zers. bei 260° (*Am.* **29**, 489 *C.* **1903** [1] 1309).
26) **Methylester d.** α-**Cyan-**β-**Amidopropen-**α-**Carbonsäure.** Sm. 181,5° (*Bl.* [3] **31**, 334 *C.* **1904** [1] 1135).
27) **Verbindung** (aus $\beta\gamma\varepsilon$-Trioximidohexan). Sm. 117° (*G.* **34** [1] 47 *C.* **1904** [1] 1150).

$C_6H_8O_2N_4$ 2) **1-Aethylidenamido-5-Methyl-1,2,3-Triazol-4-Carbonsäure.** Sm. 153° u. Zers. (*B.* **36**, 3617 *C.* **1903** [2] 1381).

$C_6H_8O_2Cl_2$ 5) $\gamma\gamma$-**Dichlor-**$\beta\varepsilon$-**Diketohexan.** Sd. 124—126°$_{26}$ (*A.* **335**, 261 *C.* **1904** [2] 1283).

$C_6H_5O_2Cl_5$ 1) $\beta\beta\beta$-Trichlor-α-Oxyäthyläther d. $\alpha\alpha\alpha$-Trichlor-β-Oxy-β-Methylpropan (Chloralacetonchloroform). Sm. 65° (D.R.P. 151188 C. 1904 [1] 1506).

$C_6H_8O_3N_2$ *5) 2,4,6-Triketo-5-Aethylhexahydro-1,3-Diazin. Sm. 194° (D.R.P. 146948 C. 1904 [1] 68; A. 335, 357 C. 1904 [2] 1382).
*7) 2,4,6-Triketo-5,5-Dimethylhexahydro-1,3-Diazin. Sm. 279°. Na_2 (D.R.P. 146496 C. 1903 [2] 1484; D.R.P. 146949 C. 1904 [1] 68; A. 335, 341, 364 C. 1904 [2] 1381).
21) 4,6-Diamido-1,2,3-Trioxybenzol. 2HCl (B. 37, 121 C. 1904 [1] 586).
22) 2,4-Diketo-1-Acetyl-3-Methyltetrahydroimidazol. Sm. 134—135° (A. 333, 131 C. 1904 [2] 895).
23) 2,4-Diketo-1-Acetyl-5-Methyltetrahydroimidazol. Sm. 129—131° (A. 327, 383 C. 1903 [2] 661).
24) 5-Oxy-2,4-Diketo-3,6-Dimethyl-1,2,3,4-Tetrahydro-1,3-Diazin (Oxy-β-Dimethyluracil) (A. 327, 264 C. 1903 [2] 349).
25) Oxyhistincarbonsäure + H_2O (Oxydesamidohistidin). Sm. 204° (M. 24, 237 C. 1903 [2] 55).
26) Aethylester d. 5-Methyl-1,2,3-Oxdiazol-4-Carbonsäure (Anhydrid d. Diazoacetessigsäureäthylester). Sd. 102—104°$_{12}$ (A. 325, 134 C. 1903 [1] 643).

$C_6H_8O_3Br_2$ *2) Aethylester d. $\alpha\alpha$-Dibrom-β-Ketopropan-α-Carbonsäure. Sd. 120—125°$_{12}$ (B. 36, 1731 C. 1903 [2] 37; C. 1904 [1] 1067).

$C_6H_8O_4N_2$ 7) Verbindung (aus d. Verb. $C_6H_{12}O_4N_4$). Sm. 90° (B. 36, 4252 C. 1904 [1] 358; B. 36, 4366 C. 1904 [1] 358; B. 37, 48 C. 1904 [1] 506).

$C_6H_8O_4Br_2$ *4) $\alpha\delta$-Dibrombutan-$\alpha\delta$-Dicarbonsäure. Sm. 191° (B. 37, 2090 C. 1904 [2] 23).
13) $\beta\gamma$-Dibrombutan-$\alpha\beta$-Dicarbonsäure. Sm. 174° u. Zers. (A. 331, 136 C. 1904 [1] 932).
14) $\gamma\delta$-Dibrombutan-$\alpha\gamma$-Dicarbonsäure. Sm. 149—150° (B. 36, 1203 C. 1903 [1] 1175).
15) isom. $\alpha\delta$-Dibrombutan-$\alpha\delta$-Dicarbonsäure. Sm. 138—139° (B. 37, 2091 C. 1904 [2] 23).

$C_6H_8O_7Se_2$ 1) Verbindung (aus Mannit). Zers. bei 190° (C. r. 136, 376 C. 1903 [1] 625).

$C_6H_8O_{10}N_2$ C 26,9 — H 3,0 — O 59,7 — N 10,4 — M. G. 268.
1) Dimethylester d. Dinitroweinsäure. Sm. 75° (Soc. 83, 162 C. 1903 [1] 627).
2) Dimethylester d. Dinitrotraubensäure. Sm. 104° (B. 35, 4366 C. 1903 [1] 321).

$C_6H_8N_2S_2$ 2) 2,5-Diamido-1,4-Dimerkaptobenzol. Sm. 178—181° u. Zers. 2HCl, ZnOH (Soc. 83, 1209 C. 1903 [2] 1328).

C_6H_9ON 13) Anhydrid d. ?-Amidohexensäure. Sm. 109° (B. 37, 2360 C. 1904 [2] 423).

$C_6H_9ON_3$ 9) Methylanhydrodiacetylguanidin. Sm. 238—255°. HCl + $3H_2O$, (2HCl, $PtCl_4$ + $3H_2O$) (Ar. 241, 462 C. 1903 [2] 988).
10) Amid d. 3,4-Dimethylpyrazol-1-Carbonsäure. Sm. 164—165° u. Zers. (A. 329, 133 C. 1903 [2] 1323).

$C_6H_9ON_5$ 2) Hydrazid d. 6-Hydrazidopyridin-3-Carbonsäure + H_2O. Sm. 217—218°. 2HCl, Pikrat (B. 36, 1112 C. 1903 [1] 1184).

$C_6H_9O_2N$ *8) Aethylester d. α-Cyanpropionsäure. Sd. 198° (C. 1903 [2] 713).
28) Furfurol + Methylamin. (2HCl, $PtCl_4$) (A. 335, 374 C. 1904 [2] 1406).
29) Nitril d. Butyroxylessigsäure. Sd. 200°$_{758}$ (C. 1904 [2] 1377).

$C_6H_9O_2N_3$ *7) Hystidin. Sm. 253°. HCl + H_2O, (HCl, $CdCl_2$) Pikrolonat (M. 24, 229 C. 1903 [2] 55; H. 37, 220, 248 C. 1903 [1] 566; H. 39, 212 C. 1903 [2] 581; H. 39, 213 C. 1903 [2] 581; H. 42, 508 C. 1904 [2] 1289; H. 43, 73 C. 1904 [2] 1610).
11) Aethyläther d. 1-Nitroso-5-Oxy-3-Methylpyrazol. Sm. 40° (B. 37, 2835 C. 1904 [2] 643).
12) Aethyläther d. 4-Nitroso-5-Oxy-3-Methylpyrazol. Sm. 126—127° u. Zers. (B. 37, 2835 C. 1904 [2] 643).
13) 5-Methylamido-2,4-Diketo-6-Methyl-1,2,3,4-Tetrahydro-1,3-Diazin + H_2O. Sm. 214°. HCl (Am. 32, 355 C. 1904 [2] 1415).
14) 5-Dimethylamido-2,4-Diketo-1,2,3,4-Tetrahydro-1,3-Diazin. Sm. 297° u. Zers. (Am. 32, 355 C. 1904 [2] 1415).

$C_6H_9O_2N_3$ 15) **Aethyläther d. 6-Jmido-2-Oxy-4-Keto-3,4,5,6-Tetrahydro-1,3-Diazin.** Sm. 247° (D.R.P. 155732 *C.* **1904** [2] 1631).
16) **Aethylester d. 5-Methyl-1,2,3-Triazol-4-Carbonsäure.** Sm. 161 bis 162° (*A.* **325**, 153 *C.* **1903** [1] 644).

$C_6H_9O_2Cl$ *1) **2-Chlor-3-Keto-1-Oxyhexahydrobenzol.** Sm. 130—135° u. Zers. (*Soc.* **83**, 499 *C.* **1903** [1] 1352).

$C_6H_9O_2Br$ 6) **2-Brom-3-Keto-1-Oxyhexahydrobenzol?** Sm. 143—145° u. Zers. (*Soc.* **83**, 500 *C.* **1903** [1] 1352).
7) **Aethylester d. α-Brompropen-α-Carbonsäure.** (Ae. d. α-Bromcrotonsäure). Sd. 95—97°$_{15}$ (*B.* **36**, 1085 *C.* **1903** [1] 1126).

$C_6H_9O_3N_3$ *4) **5-Amido-2,4,6-Triketo-1,3-Dimethylhexahydro-1,3-Diazin** (*A.* **333**, 74 *C.* **1904** [2] 826).
12) **5-Amido-2,4,6-Triketo-5-Aethylhexahydro-1,3-Diazin.** Sm. 216° u. Zers. (*A.* **335**, 361 *C.* **1904** [2] 1382).
13) **5-Aethylamido-2,4,6-Triketohexahydro-1,3-Diazin** (Aethyluramil). *A.* **333**, 65 *C* **1904** [2] 772).
14) **Aethylester d. 1-Oxy-5-Methyl-1,2,3-Triazol-4-Carbonsäure.** Sm. 147—148° (*A.* **325**, 163 *C.* **1903** [1] 645).

$C_6H_9O_3Cl$ 6) **Aethylester d. γ-Chlor-β-Ketopropan-α-Carbonsäure.** Sd. 105°$_{11}$. Cu (*C. r.* **138**, 421 *C.* **1904** [1] 789).

$C_6H_9O_3Br$ *3) **Aethylester d. α-Brom-β-Ketopropan-α-Carbonsäure.** Sd. 101 bis 104°$_{12}$ (*B.* **36**, 1730 *C.* **1903** [2] 37; *C.* **1904** [1] 1067).

$C_6H_9O_3J$ *1) **Aethylester d. α-Jod-β-Ketopropan-α-Carbonsäure.** Fl. (*B.* **36**, 1731 *C.* **1903** [2] 37).

$C_6H_9O_4N$ *4) **Aethylester d. anti-α-Oximido-β-Ketopropan-α-Carbonsäure** (*B.* **37**, 47 *C.* **1904** [1] 506).
11) **Methylester d. α-Acetoximidopropionsäure.** Sm. 42°; Sd. 136°$_{14}$ (*Bl.* [3] **31**, 1070 *C.* **1904** [2] 1457).
12) **Aethylester d. γ-Oximido-β-Ketopropan-α-Carbonsäure.** Sm. 50° (*B.* **36**, 4252 *C.* **1904** [1] 357).

$C_6H_9O_4N_3$ 5) **Aethylester d. α-Oximido-β-Nitrosimidobuttersäure.** NH_4, K + H_2O, K_2, Ba, Zn (*C.* **1903** [2] 1111; *B.* **36**, 4250 *C.* **1904** [1] 357; *B.* **36**, 4366 *C.* **1904** [1] 358; *B.* **37**, 48 *C.* **1904** [1] 506).

$C_6H_9O_4Br$ *6) **α-Brom-β-Methylpropan-αβ-Dicarbonsäure.** Sm. 140° (*Soc.* **83**, 1383 *C.* **1904** [1] 158, 434).
*12) **γ- oder δ-Brombutan-αγ-Dicarbonsäure.** Sm. 110—111° (*B.* **36**, 1203 *C.* **1903** [1] 1175).
13) **β-Brombutan-αδ-Dicarbonsäure.** Sm. 147° u. Zers. (*A.* **326**, 82 *C.* **1903** [1] 842).

$C_6H_9O_5N$ 4) **α-Nitro-β-Acetoxylbuttersäure** (*C.* **1903** [2] 554).

$C_6H_9O_6B$ 1) **Gem. Anhydrid d. Essigsäure u. Borsäure.** Sm. 121° (*B.* **36**, 2219 *C.* **1903** [2] 420).

$C_6H_9O_7N$ C 34,8 — H 4,3 — O 54,1 — N 6,7 — M. G. 207.
1) **Nitrat d. 1-α-Oxyäthan-αβ-Dicarbonsäuredimethylester.** Sm. 24 bis 25° (*B.* **35**, 4363 *C.* **1903** [1] 320).

$C_6H_9O_8N$ C 32,3 — H 4,0 — O 57,4 — N 6,3 — M. G. 223.
1) **Dimethylester d. Mononitroweinsäure.** Sm. 97° (*Soc.* **83**, 162 *C.* **1903** [1] 627; *B.* **35**, 4366 *C.* **1903** [1] 321; *B.* **36**, 780 *C.* **1903** [1] 826).

$C_6H_9O_{16}N_5$ *1) **Mannitpentanitrat** (*B.* **36**, 797 *C.* **1903** [1] 956).
2) **Dulcitpentanitrat.** Sm. 75° (*B.* **36**, 799 *C.* **1903** [1] 956).

$C_6H_9N_3S$ 8) **Aethyläther d. 4-Amido-2-Merkapto-1,3-Diazin.** Sm. 85—86° (*Am.* **29**, 497 *C.* **1903** [1] 1311).

$C_6H_{10}ON_2$ *4) **Amid d. α-Cyanvaleriansäure.** Sm. 124—124,5° (*C.* **1903** [2] 192).
*10) **5-Keto-3-Propyl-4,5-Dihydropyrazol.** Sm. 198° (*Bl.* [3] **27**, 1091 *C.* **1903** [1] 226).
*11) **5-Keto-3-Methyl-4-Aethyl-4,5-Dihydropyrazol.** Sm. 195—196° (*Bl.* [3] **31**, 593 *C.* **1904** [2] 26; *Bl.* [3] **31**, 761 *C.* **1904** [2] 343).
12) **Aethyläther d. 5-Oxy-3-Methylpyrazol.** Sm. 66—67° (*B.* **37**, 2834 *C.* **1904** [2] 643).
13) **2,5-Diäthyl-1,3,4-Oxdiazol.** Sd. 198°$_{780}$ (*J. pr.* [2] **69**, 481 *C.* **1904** [2] 537).
14) **Nitril d. α-Acetylamidoisobuttersäure.** Sm. 106° (*B.* **37**, 1921 *C.* **1904** [2] 196).

$C_8H_{10}O_2N_2$ 21) **Aethylester d. α-Diazobuttersäure.** Sd. 63—65°$_{11}$ (*B.* **37**, 1274 *C.* **1904** [1] 1334).

$C_8H_{10}O_2N_4$ 12) **Bisdiazoaceton.** Sm. 228° u. Zers. (*G.* **34** [1] 202 *C.* **1904** [1] 1485).

$C_8H_{10}O_2Br_2$ *6) **βγ-Dibrompentan-γ-Carbonsäure.** Sm. 83,5° (*A.* **334**, 109 *C.* **1904** [2] 888).

15) **isom. βγ-Dibrompentan-γ-Carbonsäure.** Sm. 116,5° (*A.* **334**, 109 *C.* **1904** [2] 888).

$C_8H_{10}O_2S_2$ 3) **Disulfid d. Thiolpropionsäure.** Fl. (*B.* **36**, 1010 *C.* **1903** [1] 1077).

$C_8H_{10}O_3N_2$ *12) **Triacetylhydrazin.** Fl. (*J. pr.* [2] **69**, 147 *C.* **1904** [1] 1274).

$C_8H_{10}O_3N_4$ 1) **Acetat d. α-Oximido-β-Semicarbazonpropan.** Sm. 186° (*C.* **1903** [2] 1432).

$C_8H_{10}O_4N_2$ *5) **Diäthylester d. Azocarbonsäure.** Sd. 111—112°$_{15}$ (P. GUTMANN, Dissert., Heidelberg 1903).

9) **Acetylamidoacetylamidoessigsäure.** Sm. 187—189° (*B.* **36**, 2115 *C.* **1903** [2] 346).

10) **Aethylamid d. N-Acetoximidooxyessigsäure.** Sm. 138° (*Soc.* **81**, 1572 *C.* **1903** [1] 158).

$C_8H_{10}O_4N_8$ C 31,3 — H 4,3 — O 27,8 — N 36,5 — M. G. 230.

1) **Amid d. 1,3-Dinitrosohexahydro-1,3-Diazin-4,6-Dicarbonsäure.** Sm. 192—193° (*G.* **33** [1] 384 *C.* **1903** [2] 579).

$C_8H_{10}O_4Se$ 1) **α-Selendilaktylsäure.** Sm. 145—146°. Ba, Ag_2 (*B.* **35**, 4109 *C.* **1903** [1] 134).

2) **β-Selendilaktylsäure.** Sm. 106—107°. Ba, Ag_2 (*B.* **35**, 4110 *C.* **1903** [1] 135).

$C_8H_{10}O_5Hg_4$ 1) **Oxyd** (aus d. Verb. $C_{14}H_{22}O_{11}Hg_4$) (*B.* **36**, 3703 *C.* **1903** [2] 1239).

$C_8H_{10}O_6S$ 4) **Di[α-Oxyäthyl]sulfid-αα′-Dicarbonsäure** (α-Merkaptodimilchsäure). Sm. 94° u. Zers. (87° u. Zers.) (*A.* **188**, 325; *R.* **21**, 297 *C.* **1903** [1] 16). — I, *897*.

$C_8H_{10}N_2S$ 3) **4-Thiocarbonyl-2,5,5-Trimethyl-4,5-Dihydroimidazol?** Sm. 163° HCl (*B.* **37**, 1924 *C.* **1904** [2] 196).

4) **2,5-Diäthyl-1,3,4-Thiodiazol.** Sd. 105°$_{14}$ (*J. pr.* [2] **69**, 482 *C.* **1904** [2] 537).

$C_8H_{10}N_2S_2$ 2) **Aethylenäther d. αδ-Diimido-αδ-Dimerkaptobutan.** HCl (*B.* **36**, 3467 *C.* **1903** [2] 1244).

$C_8H_{10}ClJ$ 1) **2-Jod-1-Chlorhexahydrobenzol.** Sd. 117—118°$_{14}$ (*C. r.* **135**, 1057 *C.* **1903** [1] 233).

$C_8H_{11}ON$ *26) **2-Oximido-1-Methyl-R-Pentamethylen** (*A.* **331**, 325 *C.* **1904** [1] 1567).

32) **d-3-Oximido-1-Methyl-R-Pentamethylen.** Sm. 91—92,5° (*A.* **332**, 349 *C.* **1904** [2] 653).

33) **isom. d-3-Oximido-1-Methyl-R-Pentamethylen.** Sm. 60—68° (*A.* **332**, 349 *C.* **1904** [2] 653).

$C_8H_{11}OCl_3$ 1) **?-Trichlordipropyläther.** Sd. 199—205° (*G.* **33** [2] 426 *C.* **1904** [1] 922).

$C_8H_{11}OJ$ 4) **2-Jod-1-Oxyhexahydrobenzol.** Sm. 41,5—42° (*C. r.* **135**, 1055 *C.* **1903** [1] 233).

$C_8H_{11}O_2N$ *4) **β-Nitroso-δ-Keto-β-Methylpentan.** Sm. 75,5°; Sd. 157—158°$_{765}$ (*B.* **36**, 695 *C.* **1903** [1] 817; *B.* **36**, 1069 *C.* **1903** [1] 1121).

*16) **Hygrinsäure + H_2O** (1-Methyltetrahydropyrrol-2-Carbonsäure). Sm. 169—170°. HCl, (HCl, $AuCl_3$), Cu (*A.* **326**, 122 *C.* **1903** [1] 843).

*19) **Aethylester d. β-Amidocrotonsäure.** Sm. 33° (20°) (*B.* **36**, 388 *C.* **1903** [1] 567; *C.* **1904** [1] 1067).

30) **?-Nitroso-γ-Ketohexan.** Sd. 120—125°$_{80}$ (*B.* **36**, 2715 *C.* **1903** [2] 987).

31) **Acetylamid d. Isobuttersäure.** Sm. 177—178° (*C. r.* **137**, 714 *C.* **1903** [2] 1428).

$C_8H_{11}O_2N_3$ *3) **Diamid d. Tetrahydropyrrol-2,2-Dicarbonsäure.** Sm. 162—162,5°. Pikrat (*A.* **326**, 101 *C.* **1903** [1] 842).

4) **Monosemicarbazon d. βγ-Diketopentan.** Sm. 209° (*B.* **36**, 3185 *C.* **1903** [2] 939).

$C_8H_{11}O_2Br$ 17) **α-Bromisocapronsäure.** Sd. 128—131°$_{12}$ (*B.* **36**, 2988 Anm. *C.* **1903** [2] 1112).

$C_8H_{11}O_3N$ *4) **Aethylester d. α-Amido-α-Acetylessigsäure.** Acetat (*G.* **34** [1] 193 *C.* **1904** [1] 1333).

$C_6H_{11}O_3N$ 22) β-Nitro-δ-Keto-β-Methylpentan. Krystalle; Sd. 118—119°$_{17}$ (*B.* **36**, 658 *C.* **1903** [1] 762).
23) α-Acetylamidoisobuttersäure. K (*B.* **37**, 1922 *C.* **1904** [2] 196).
24) δ-Oximido-β-Methylbutan-δ-Carbonsäure. Sm. 153—154° u. Zers. Ag (*Bl.* [3] **31**, 1073 *C.* **1904** [2] 1457).
25) Isobutylester d. Oximidoessigsäure. Sd. 117—118°$_{10}$ (*Bl.* [3] **31**, 678 *C.* **1904** [2] 195).
26) Monamid d. Propan-ββ-Dicarbonsäuremonomethylester. Sm. 85 bis 86° (*Soc.* **83**, 1241 *C.* **1903** [2] 1421).
27) sec. Butylmonamid d. Oxalsäure. Sm. 88—89° (*Ar.* **242**, 55 *C.* **1904** [1] 997).

$C_6H_{11}O_3N_3$ 7) βγε-Trioximidohexan. Sm. 159° (*G.* **34** [1] 45 *C.* **1904** [1] 1150).
8) Acetat d. β-Semicarbazon-α-Oxypropan. Sm. 149—150° (145°) (*C. r.* **138**, 1275 *C.* **1904** [2] 93; *A.* **335**, 262, 269 *C.* **1904** [2] 1284).
9) Acetat d. α-Semicarbazon-β-Oxypropan. Sm. 163° (*A.* **335**, 267 *C.* **1904** [2] 1284).
10) Acetylhydrazid d. Acetylamidoessigsäure. Sm. 183,5° (*J. pr.* [2] **70**, 105 *C.* **1904** [2] 1036).

$C_6H_{11}O_4N$ *14) Diäthylester d. Imidodicarbonsäure. Sm. 49—50°; Sd. 132—133°$_{12}$ (*B.* **36**, 743 *C.* **1903** [1] 827).
18) α-Amidobutan-αβ-Dicarbonsäure + H_2O. Sm. 110—112° (132° wasserfrei). Ag (*B.* **35**, 4373 *C.* **1903** [1] 281).
19) α-Amidobutan-αδ-Dicarbonsäure + H_2O. Sm. 204—206° (wasserfrei) (*C.* **1903** [2] 34).
20) Aethylester d. α-Nitrobuttersäure. Sd. 123°$_{20}$. Na (*C.* **1904** [2] 1600).
21) Isobutylester d. Nitroessigsäure. Sd. 102°$_8$. K (*Bl.* [3] **31**, 853 *C.* **1904** [2] 641).
22) β-Amid d. α-Oxybutan-αβ-Dicarbonsäure. Sm. 158—159° (*B.* **35**, 4372 *C.* **1903** [1] 281).

$C_6H_{11}O_4N_3$ 3) Amidoacetylamidoacetylamidoessigsäure (Diglycylglycin). Sm. 246° u. Zers. (*B.* **36**, 2983 *C.* **1903** [2] 1111; *B.* **37**, 2500 *C.* **1904** [2] 426).
4) Aethylester d. 1,2-Dioxytetrahydro-1,2,3-Triazol-4-Methylencarbonsäure. Sm. 70—71°. Ba + $8H_2O$, Ag (*B.* **36**, 4254 *C.* **1904** [1] 358).

$C_6H_{11}O_5N_5$ C 30,9 — H 4,7 — O 34,4 — N 30,0 — M. G. 233.
1) β-Semicarbazon-γγ-Dinitropentan. Sm. 143—144° u. Zers. (*G.* **34** [1] 412 *C.* **1904** [2] 304).
2) γ-Semicarbazon-ββ-Dinitropentan. Sm. 147—148° u. Zers. (*G.* **34** [1] 412 *C.* **1904** [2] 304).

$C_6H_{11}O_6N_3$ *1) ?-Trinitro-β-Methylpentan. Sm. 85° (*C.* **1903** [2] 194).
$C_6H_{11}O_8N_6$ 1) Verbindung (aus d. Verb. $C_{12}H_{18}O_{10}N_{12}$). = $(C_6H_{11}O_8N_6)_x$ (*M.* **25**, 120 *C.* **1904** [1] 1553).
$C_6H_{11}O_6P$ 1) Säure (aus Mannit) (*C. r.* **137**, 518 *C.* **1903** [2] 1053).
$C_6H_{11}O_7P$ 1) Dulcidphosphorsäure + $^1/_2H_2O$ (*C. r.* **139**, 638 *C.* **1904** [2] 1536).
2) Säure (aus Mannit). Ba (*C. r.* **136**, 307 *C.* **1903** [1] 625).

$C_6H_{11}O_9N$ C 32,0 — H 4,9 — O 56,9 — N 6,2 — M. G. 225.
1) Nitrat d. Cellulose (*B.* **37**, 549 *C.* **1904** [1] 872).

$C_6H_{11}NBr_2$ 1) ?-Dibrom-1,5-Dimethyl-2,3-Dihydropyrrol. HBr (*G.* **33** [2] 318 *C.* **1904** [1] 292).
$C_6H_{11}NF_4$ 1) ββ β'β'-Tetrafluortriäthylamin. Sd. 137°$_{754}$ (*C.* **1904** [2] 1377).
$C_6H_{11}NS$ 6) Allylamid d. Thiopropionsäure. Sd. 136°$_{12}$ (*B.* **37**, 877 *C.* **1904** [1] 1004).

$C_6H_{11}N_2J$ *3) Jodmethylat d. 1,2-Dimethylimidazol. Sm. noch nicht bei 300° (*Soc.* **83**, 470 *C.* **1903** [1] 931, 1143).
5) Jodmethylat d. 1,3-Dimethylpyrazol. Sm. 256° (*Soc.* **83**, 468 *C.* **1903** [1] 931, 1143).
6) Jodmethylat d. 1,4-[oder 1,5-]Dimethylimidazol. Sm. 156° (*Soc.* **83**, 466 *C.* **1903** [1] 931, 1143).

$C_6H_{12}ON_2$ *4) Amid d. Hexahydropyridin-1-Carbonsäure. Sm. 93° (*Bl.* [3] **31** *C.* **1904** [1] 521).
$C_6H_{12}OCl_2$ *2) Propyläther d. αβ-Dichlor-α-Oxypropan. Sd. 165—170° (*G.* **33** [2] 424 *C.* **1904** [1] 922).
$C_6H_{12}O_2N_2$ 30) αα-Di[Formylamido]-β-Methylpropan. Sm. 172° (*M.* **25**, 936 *C.* **1904** [2] 1598).
31) Methyläthylacetylharnstoff. Sm. 178,5° (*A.* **335**, 367 *C.* **1904** [2] 1382).

$C_6H_{12}O_3N_2$ 32) **Ureïd d. Methyläthylessigsäure.** Sm. 178,5° (D.R.P. 144431 *C.* **1903** [2] 813).

$C_6H_{12}O_2N_4$ 5) **β-Oximido-γ-Semicarbazonpentan.** Sm. 219° u. Zers. (*G.* **34** [1] 410 *C.* **1904** [2] 304).

6) **γ-Oximido-β-Semicarbazonpentan.** Sm. 222° u. Zers. (*G.* **34** [1] 411 *C.* **1904** [2] 304).

$C_6H_{12}O_2N_6$ 2) **cyklisches Semicarbazon** (aus Oxymethylenaceton u. Semicarbazid). Zers. bei 232° (*A.* **329**, 131 *C.* **1903** [2] 1323).

$C_6H_{12}O_2Cl_2$ *2) **Diäthyläther d. ββ-Dichlor-αα-Dioxyäthan.** Sd. 181—184° (*G.* **33** [2] 405 *C.* **1904** [1] 922).

$C_6H_{12}O_3N_2$ 8) **Aethylester d. α-Ureïdopropionsäure.** Sm. 100° (93—94°) (*Am.* **28**, 393 *C.* **1903** [1] 90; *A.* **327**, 382 *C.* **1903** [2] 661).

$C_6H_{12}O_3S$ 2) **S-Methylhydroxyd d. Tetrahydrothiophen-2-Carbonsäure.** Sm. 105°. Salze siehe (*B.* **31**, 2290, 2294; **33**, 839). — *III, *593*.

$C_6H_{12}O_4N_2$ *2) **βγ-Dinitro-βγ-Dimethylbutan.** Sm. 213—214° (*B.* **36**, 1776 *C.* **1903** [2] 102).

18) **βγ-Diamidobutan-αβ-Dicarbonsäure** + $2H_2O$. Zers. bei 265—280°. 2HCl (*B.* **35**, 4124 *C.* **1903** [1] 136; *B.* **36**, 173 *C.* **1903** [1] 445).

19) **?-Diamidobutan-αδ-Dicarbonsäure.** Sm. 278° (*B.* **37**, 1596 *C.* **1904** [1] 1449; *H.* **42**, 283 *C.* **1904** [2] 958).

20) **Dinitrit d. βγ-Dioxy-βγ-Dimethylbutan.** Sm. 160° u. Zers. (*B.* **36**, 1775 *C.* **1903** [2] 102).

21) **Methylamid d. d-Weinsäure.** Sm. 189° (*Soc.* **83**, 1360 *C.* **1904** [1] 84).

22) **Di[β-Oxyäthylamid] d. Oxalsäure.** Sm. 167—168° (*B.* **36**, 1279 *C.* **1903** [1] 1215).

$C_6H_{12}O_4S$ 6) **Allylacetonhydrosulfonsäure.** Ba + H_2O (*B.* **37**, 4048 *C.* **1904** [2] 1648).

7) **2-Oxyhexahydrobenzol-1-Sulfonsäure.** Na + H_2O (*C. r.* **137**, 63 *C.* **1903** [2] 570).

$C_6H_{12}O_5Hg_2$ 1) **Verbindung** (aus Propylen) (*B.* **36**, 3705 *C.* **1903** [2] 1239).

$C_6H_{12}O_6B_2$ 1) **Triäthylendiborat.** Sm. 100; Sd. 271—272° (*B.* **36**, 2221 *C.* **1903** [2] 420).

$C_6H_{12}NJ$ 2) **Jodmethylat d. 5-Methyl-2,3-Dihydropyrrol.** Sm. 260° u. Zers. (*G.* **33** [2] 316 *C.* **1904** [1] 292).

$C_6H_{12}N_2S_2$ 1) **Sulfid d. Dimethylamidodithioameisensäure.** Sm. 104° (*B.* **36**, 2280 *C.* **1903** [2] 560).

$C_6H_{12}N_2S_4$ *3) **Dimethyläther d. Di[Methylimidomerkaptomethyl]disulfid** (*B.* **36**, 2266 *C.* **1903** [2] 562).

$C_6H_{13}ON$ *10) **1-Methylhexahydropyridin-N-Oxyd.** (2HCl, $PtCl_4$), HJ, Pikrat (*B.* **37**, 3233 *C.* **1904** [2] 1152).

*22) **ε-Oximido-β-Methylpentan.** Sd. $103°_{35}$ (*Bl.* [3] **29**, 646 *C.* **1903** [2] 553).

26) **2-Amido-1-Oxyhexahydrobenzol.** Sm. 66°; Sd. 219°. HCl, HNO_3 (*C. r.* **137**, 199 *C.* **1903** [2] 665).

27) **γ-Oximidomethylpentan.** Sd. $95°_{34}$ (*Bl.* [3] **31**, 306 *C.* **1904** [1] 1133).

28) **Isoamylamid d. Ameisensäure.** Sd. 123,5—124° (*B.* **36**, 2475 *C.* **1903** [2] 559).

$C_6H_{13}ON_3$ *3) **β-Semicarbazonpentan.** Sm. 112° (*Bl.* [3] **27**, 1083 *C.* **1903** [1] 225).

$C_6H_{13}OCl$ 7) **α-Chlor-β-Oxy-β-Methylpentan.** Sd. $75°_{28}$ (*C. r.* **138**, 767 *C.* **1904** [1] 1196).

$C_6H_{13}OBr$ 2) **Brommethyläther d. α-Oxypentan.** Sd. $74—76°_{18}$ (*C. r.* **138**, 814 *C.* **1904** [1] 1195).

$C_6H_{13}O_2N$ *19) **r-Leucin.** Sm. 290° u. Zers. (*H.* **37**, 18 *C.* **1903** [1] 60; *C.* **1903** [2] 811; *B.* **37**, 1838 *C.* **1904** [1] 1645; *Bl.* [3] **31**, 1181 *C.* **1904** [2] 1710).

*25) **Diäthylamidoessigsäure.** Camphersaures Salz (*Ar.* **240**, 638 *C.* **1903** [1] 24).

*32) **Amidoformiat d. δ-Oxy-β-Methylbutan** (Isoamylester d. Amidoameisensäure). Sm. 64,5° (*B.* **36**, 2475 *C.* **1903** [2] 559; *B.* **37**, 1040 *C.* **1904** [1] 1248).

*57) **Aethylester d. α-Amidobuttersäure.** HCl (*B.* **37**, 1273 *C.* **1904** [1] 1334).

61) **α-Oximido-α-Oxyhexan** (Capronhydroxamsäure) (*G.* **34** [1] 432 *C.* **1904** [2] 511).

62) **α-Amidocapronsäure.** Sm. 285°. Cu (*B.* **35**, 4015 *C.* **1903** [1] 390).

$C_6H_{13}O_2N$ 63) **d-Isoleucin.** Sm. 280° u. Zers. HCl, (2HCl, $PtCl_4$), Cu, Ag (*C.* **1903** [2] 811; *B.* **37**, 1823 *C.* **1904** [1] 1645).

64) **Amidoformiat d. d-α-Oxy-β-Methylbutan.** Sm. 61° (*B.* **37**, 1041 *C.* **1904** [1] 1248).

$C_6H_{13}O_2N_3$ 5) **Aethyläther d. β-Semicarbazon-α-Oxypropan.** Sm. 92° (*A.* **335**, 240 *C.* **1904** [2] 1204).

$C_6H_{13}O_3N$ 11) **α-Amido-?-Oxycapronsäure.** Sm. 190—200° (*B.* **35**, 4015 *C.* **1903** [1] 390).

$C_6H_{13}O_3N_3$ 2) **Methylester d. α-Semicarbazidoisobuttersäure.** Sm. 106,5° (*Am.* **28**, 402 *C.* **1903** [1] 90).

$C_6H_{13}O_5N$ *4) **d-Glykosamin** (*B.* **36**, 28 *C.* **1903** [1] 446; *H.* **39**, 423 *C.* **1903** [2] 962).

*5) **Isoglykosamin** (*C. r.* **137**, 658 *C.* **1903** [2] 1237).

$C_6H_{13}O_5N_3$ 2) **Semicarbazon d. d-Arabinose.** Sm. 190° u. Zers. (*B.* [3] **31**, 1076 *C.* **1904** [2] 1492).

3) **Semicarbazon d. d-Xylose.** Sm. 202—204° u. Zers. (*Bl.* [3] **31**, 1077 *C.* **1904** [2] 1492).

$C_6H_{13}O_6N$ *1) **d-Glykosaminsäure.** Brucinsalz (*B.* **35**, 4012 *C.* **1903** [1] 390; *B.* **36**, 27 *C.* **1903** [1] 446).

10) **Chitoseoxim.** + 3PbO (*B.* **35**, 4021 *C.* **1903** [1] 391).

11) **Tetraoxyamidocapronsäure** (*H.* **37**, 420 *C.* **1903** [1] 1147).

$C_6H_{13}NS_2$ *6) **Diäthyläther d. Methylimidodimerkaptomethan** (*C. r.* **136**, 452 *C.* **1903** [1] 699).

*7) **Methylester d. Diäthylamidodithioameisensäure** (*C. r.* **136**, 452 *C.* **1903** [1] 699).

8) **Aethylenäther d. Di[β-Merkaptoäthyl]amin** (*C. r.* **136**, 452 *C.* **1903** [1] 699).

9) **Isoamylester d. Amidodithioameisensäure.** Sm. 51,5° (*C.* **1903** [1] 962).

$C_6H_{14}ON_2$ *7) **Dipropylnitrosamin.** Sd. 95—95,6°$_{18}$ (*B.* **36**, 2477 *C.* **1903** [2] 559).

16) **Aethylamid d. Aethylamidoessigsäure.** HCl (*Ar.* **240**, 633 *C.* **1903** [1] 24).

$C_6H_{14}O_2N_2$ *7) **i-αε-Diamidocapronsäure** (*C.* **1903** [2] 35).

14) **isom. Diamidocapronsäure.** Pikrat (*B.* **37**, 2359 *C.* **1904** [2] 423).

$C_6H_{14}O_2N_4$ *1) **Arginin.** $Cu(NO_3)_2$ + $2H_2O$, Pikrolonat (*H.* **37**, 221 *C.* **1903** [1] 566; *H.* **43**, 73 *C.* **1904** [2] 1610).

$C_6H_{14}O_4S$ *6) **Schwefelsäureäthylisobutylester.** Sd. 108°$_{13}$ (*Am.* **30**, 219 *C.* **1903** [2] 937).

*7) **Schwefelsäurediisopropylester** (*Am.* **30**, 222 *C.* **1903** [2] 937).

$C_6H_{14}O_5N_2$ 2) **βγδε-Tetraoxyamylharnstoff** (Arabinaminharnstoff). Sm. 152—153° (*C. r.* **136**, 1079 *C.* **1903** [1] 1305).

$C_6H_{14}O_6S_2$ *2) **Diäthylester d. Aethan-αα-Disulfonsäure.** Fl. (*B.* **37**, 3808 *C.* **1904** [2] 1564).

3) **Diäthylester d. Aethan-αβ-Disulfonsäure.** Sm. 77,5° (*B.* **37**, 3806 *C.* **1904** [2] 1564).

$C_6H_{14}O_9S$ 1) **Glykoseschwefligesäure.** Na (*C.* **1904** [2] 57).

$C_6H_{14}O_{10}P_2$ 1) **Säure** (aus Mannit). Ca (*C. r.* **137**, 518 *C.* **1903** [2] 1053).

$C_6H_{14}N_2S$ 7) **α-Methyl-β-[d-sec. Butyl]thioharnstoff.** Sm. 84° (*Ar.* **242**, 59 *C.* **1904** [1] 998).

$C_6H_{14}ClTl$ 1) **Thalliumdipropylchlorid.** Zers. bei 198—202° (*B.* **37**, 2060 *C.* **1904** [2] 20).

$C_6H_{14}JTl$ 1) **Thalliumdipropyljodid.** Zers. bei 183—185° (*B.* **37**, 2060 *C.* **1904** [2] 20).

$C_6H_{15}ON$ 20) **α-Dimethylamido-β-Oxy-β-Methylpropan.** Sd. 60°$_{48}$ (*C. r.* **138**, 767 *C.* **1904** [1] 1196).

21) **β-Dimethylamidodiäthyläther.** Sd. 120—121°$_{760}$. (HCl, $AuCl_3$), Pikrat (*B.* **37**, 3497 *C.* **1904** [2] 1320; *B.* **37**, 3500, 3504 *C.* **1904** [2] 1320).

$C_6H_{15}OTl$ 1) **Thalliumdipropylhydroxyd.** Fl. Salze siehe (*B.* **37**, 2060 *C.* **1904** [2] 20).

$C_6H_{15}O_3P$ *1) **Triäthylester d. Phosphorigensäure.** $PtCl_2$ (*Z. a. Ch.* **37**, 398 *C.* **1904** [1] 157).

$C_6H_{15}O_3B$ *1) **Triäthylester d. Borsäure.** Sd. 119° (*B.* **36**, 2221 *C.* **1903** [2] 420).

$C_6H_{15}O_4P$ *3) **Di[α-Oxyisopropyl]unterphosphorigesäure.** Sm. 185° u. Zers. (*C.* **1904** [2] 1708).

$C_6H_{15}O_5N$ *2) **Glukamin** (*C.* **1904** [1] 431).
*3) **Galaktamin** (*C.* **1904** [1] 431).
4) **d-Glykamin** (*C. r.* **137**, 659 *C.* **1903** [2] 1238).
5) **isom. d-ζ-Amido-αβγδε-Pentaoxyhexan** (d-Mannamin). Sm. 139°. (2HCl, $PtCl_4$), H_2SO_4, Oxalat (*C. r.* 137, 659 *C.* **1903** [2] 1238; *C. r.* **138**, 504 *C.* **1904** [1] 871).

$C_6H_{15}ClS$ *1) **Triäthylsulfinchlorid** (*J. pr.* [2] **66**, 455 *C.* **1903** [1] 561).
*2) **Methyläthylpropylsulfinchlorid.** + 2(6)$HgCl_2$, 2 + $PtCl_4$ (*J. pr.* [2] **66**, 456 *C.* **1903** [1] 561; *J. pr.* [2] **66**, 527 *C.* **1903** [1] 561).
*3) **Methyläthylisopropylsulfinchlorid.** + 2(6)$HgCl_2$, 2 + $PtCl_4$ (*J. pr.* [2] **66**, 526 *C.* **1903** [1] 561; *J. pr.* [2] **66**, 456 *C.* **1903** [1] 561).

$C_6H_{15}ClPb$ *1) **Bleitriäthylchlorid** (*B.* **37**, 1127 *C.* **1904** [1] 1257).

$C_6H_{15}ClSi$ *1) **Siliciumtriäthylchlorid** (Silicoheptylchlorid) (*C.* **1904** [1] 636).

$C_6O_2ClBr_3$ *1) **6-Chlor-2,3,5-Tribrom-1,4-Benzochinon.** Sm. 302—303° (*C.* **1903** [2] 550).

$C_6O_4N_2Cl_4$ 1) **1,2,3,5-Tetrachlor-4,6-Dinitrobenzol.** Sm. 161—162° (*B.* **35**, 3855 *C.* **1903** [1] 21; *Am.* **31**, 365 *C.* **1904** [1] 1407).

$C_6O_6N_3Cl_3$ *1) **1,3,5-Trichlor-2,4,6-Trinitrobenzol.** Sm. 187° (*Am.* **31**, 365 *C.* **1904** [1] 1407; *Am.* **32**, 171 *C.* **1904** [2] 950).

$C_6O_6Cl_9B$ 1) **Gem. Anhydrid d. Borsäure u. Trichloressigsäure.** Sm. 165° (*B.* **36**, 2223 *C.* **1903** [2] 420).

— 6 IV —

$C_6HON_2Br_3$ 1) **4,5,6-Tribrom-2-Oxy-1-Diazobenzolanhydrid.** Zers. bei 124° (*Soc.* **83**, 811 *C.* **1903** [2] 195, 426).

$C_6HO_3N_3Br_2$ 1) **2,6-Dibrom-3-Nitro-4-Oxy-1-Diazobenzolanhydrid.** Zers. bei 196° (*Soc.* **83**, 810 *C.* **1903** [2] 195, 426).

$C_6HO_4N_2Br_3$ *3) **3,4,5-Tribrom-1,2-Dinitrobenzol.** Sm. 160° (*Am.* **30**, 68 *C.* **1903** [2] 355).

$C_6HO_6N_3J_2$ *1) **1,3,5-Trinitro-2,4-Dinitrobenzol** (*Am.* **32**, 300 *C.* **1904** [2] 1385).

$C_6H_2ON_2Cl_2$ 3) **4,6-Dichlor-2-Oxy-1-Diazobenzolanhydrid.** Sm. 83—84°. HCl (*C.* **1903** [1] 394).

$C_6H_2ON_2Br_2$ *1) **3,5-Dibrom-2-Oxy-1-Diazobenzolanhydrid.** Sm. 140° u. Zers. (*Soc.* **83**, 803 *C.* **1903** [2] 425).
5) **4,6-Dibrom-2-Oxy-1-Diazobenzolanhydrid.** Zers. bei 140° (*C.* **1903** [1] 394).

$C_6H_2ON_2Br_4$ 1) **2,3,4,6-Tetrabromdiazobenzol.** Sulfat (*Soc.* **83**, 810 *C.* **1903** [2] 426).

$C_6H_2O_2NCl_3$ 5) **2,3,5-Trichlorpyridin-4-Carbonsäure.** Sm. 188—189° (*Soc.* **83**, 400 *C.* **1903** [1] 841, 1141).

$C_6H_2O_2NBr_3$ *5) **3,4,5-Tribrom-1-Nitrobenzol.** Sm. 112° (*Am.* **30**, 58 *C.* **1903** [2] 354).

$C_6H_2O_2NJ_3$ 2) **2,4,5-Trijod-1-Nitrobenzol.** Sm. 124° (*C. r.* **137**, 1065 *C.* **1904** [1] 266).

$C_6H_2O_2ClBr_3$ *1) **2-Chlor-3,5,6-Tribrom-1,4-Dioxybenzol.** Sm. 239° (*C.* **1903** [2] 550).

$C_6H_2O_3NBr_3$ 3) **4,5,6-Tribrom-2-Nitro-1-Oxybenzol.** Sm. 120—121°. Ag (*Am.* **30**, 72 *C.* **1903** [2] 355).

$C_6H_2O_3N_3Br_3$ 1) **2,4,6-Tribrom-3-Nitrodiazobenzol.** Sulfat (*Soc.* **83**, 809 *C.* **1903** [2] 426).

$C_6H_2O_4N_2Cl_2$ 4) **3,4-Dichlor-1,2-Dinitrobenzol.** Sm. 55° (*B.* **37**, 3892 *C.* **1904** [2] 1611).
5) **4,5-Dichlor-1,2-Dinitrobenzol.** Sm. 110° (114°) (*R.* **21**, 419 *C.* **1903** [1] 503; *Soc.* **85**, 867 *C.* **1904** [2] 518; *B.* **37**, 3892 *C.* **1904** [2] 1611).

$C_6H_2O_4N_2Br_2$ 7) **2,5-Dibrom-1,4-Dinitrobenzol.** Sm. 127° (*Am.* **28**, 456 *C.* **1903** [1] 322).

$C_6H_2O_4N_2J_2$ *1) **2,4[oder 4,6]-Dijod-1,3-Dinitrobenzol.** Sm. 160° (*Am.* **32**, 304 *C.* **1904** [2] 1385).
2) **1,3-Dijod-?-Dinitrobenzol.** Sm. 168,4° (*J.* **1875**, 325; **1880**, 478; *C. r.* **139**, 64 *C.* **1904** [2] 590). — II, *90*.

$C_6H_2O_6N_3Cl$ 2) **5-Chlor-1,2,4-Trinitrobenzol.** Sm. 116° (*B.* **36**, 3953 *C.* **1904** [1] 363).

$C_6H_2O_6N_3Br$ 1) **1-Brom-2,4,6-Trinitrobenzol.** Sm. 122—123° (*Am.* **29**, 212 *C.* **1903** [1] 964).

$C_6H_2N_2ClJ_3$ 1) **2,4,6-Trijod-1-Diazobenzolchlorid.** Zers. oberh. 120° (*B.* **36**, 2070 *C.* **1903** [2] 358).

$C_6H_2N_2Br_3F$ 1) **2,4,6-Tribromdiazobenzolfluorid.** HF + 2H$_2$O (*B.* **36**, 2060 *C.* **1903** [2] 357).

$C_6H_2ON_2Cl_3$ 1) **2,4,6-Trichlordiazobenzol.** K, Nitrat, Sulfat (*C.* **1903** [1] 394; *Soc.* **83**, 807 *C.* **1903** [2] 426).

$C_6H_3ON_2Br$ 1) **6-Brom-2-Oxy-1-Diazobenzolanhydrid.** Sm. 103° u. Zers. (*Soc.* **83**, 812 *C.* **1903** [2] 426).

$C_6H_3ON_2Br_3$ *4) **2,4,6-Tribrom-1-Nitrosamidobenzol.** Sm. 85° (*C.* **1903** [1] 394; *B.* **36**, 2072 *C.* **1903** [2] 358).

$C_6H_3O_2NCl_2$ *1) **2,4-Dichlor-1-Nitrobenzol.** Sm. 33° (*Soc.* **85**, 868 *C.* **1904** [2] 518).
*2) **2,5-Dichlor-1-Nitrobenzol.** Sm. 54° (*Soc.* **85**, 868 *C.* **1904** [2] 518).
*3) **3,4-Dichlor-1-Nitrobenzol.** Sm. 43° (*Soc.* **85**, 867 *C.* **1904** [2] 518).
11) **5,6-Dichlorpyridin-3-Carbonsäure** + H$_2$O. Sm. 162—163° wasserfrei (*B.* **37**, 3832 *C.* **1904** [2] 1614).

$C_6H_3O_2NJ_2$ *1) **3,4-Dijod-1-Nitrobenzol.** Sm. 112,5° (*C. r.* **136**, 1077 *C.* **1903** [1] 1339).
*5) **3,5-Dijod-1-Nitrobenzol.** Sm. 103° (*C. r.* **136**, 236 *C.* **1903** [1] 574).
6) **2,4-Dijod-1-Nitrobenzol.** Sm. 101° (*C. r.* **139**, 63 *C.* **1904** [2] 590).
7) **2,6-Dijod-1-Nitrobenzol.** Sm. 114° (*C. r.* **138**, 1505 *C.* **1904** [2] 319; *Bl.* [3] **31**, 974 *C.* **1904** [2] 1114).

$C_6H_3O_2N_2Br_3$ *2) **4,5,6-Tribrom-2-Nitro-1-Amidobenzol.** Sm. 166° (*R.* **21**, 414 *C.* **1903** [1] 505; *Am.* **30**, 74 *C.* **1903** [2] 355).

$C_6H_3O_3NBr_2$ *1) **4,6-Dibrom-2-Nitro-1-Oxybenzol.** Sm. 117,5° (*A.* **333**, 363 *C.* **1904** [2] 1117; *C.* **1904** [2] 1697).
7) **3,6-Dibrom-2-Nitro-1-Oxybenzol.** Sm. 77°. Ba (*Am.* **28**, 473 *C.* **1903** [1] 323).

$C_6H_3O_3N_3Br_2$ 1) **4,6-Dibrom-3-Nitrodiazobenzol.** Sulfat (*Soc.* **83**, 814 *C.* **1903** [2] 426).

$C_6H_3O_4NBr_2$ 3) **2,6-Dibrom-4-Nitro-1,3-Dioxybenzol.** Sm. 148—149° (*A.* **333**, 360 *C.* **1904** [2] 1116).

$C_6H_3O_6N_2Br$ *2) **2-Brom-4,6-Dinitro-1,3-Dioxybenzol.** Sm. 191—192° (*A.* **333**, 362 *C.* **1904** [2] 1116).

$C_6H_3O_6N_3S$ 2) **3-Nitro-2-Oxydiazolbenzol-5-Sulfonsäure** (D. R. P. 141750 *C.* **1903** [1] 1324).

C_6H_4ONCl *2) **1,4-Benzochinonchlorimid** (*B.* **36**, 2980 *C.* **1903** [2] 980).

$C_6H_4O_2NCl$ *1) **2-Chlor-1-Nitrobenzol** (D. R. P. 137847 *C.* **1903** [1] 208).
*3) **4-Chlor-1-Nitrobenzol** (D. R. P. 137847 *C.* **1903** [1] 208).
11) **5-Chlorpyridin-3-Carbonsäure.** Sm. 170—171° (*B.* **37**, 3834 *C.* **1904** [2] 1614).

$C_6H_4O_2NBr_3$ 2) **3,4,5-Tribrom-1-Methylpyrrol-2-Carbonsäure** (*B.* **37**, 2802 *C.* **1904** [2] 533).

$C_6H_4O_2NJ$ *1) **2-Jod-1-Nitrobenzol.** Sm. 49° (*C.* **1903** [2] 1109).
*3) **4-Jod-1-Nitrobenzol.** Sm. 171—177° (*C.* **1903** [2] 1109).

$C_6H_4O_2N_2Cl_2$ *3) **4,5-Dichlor-2-Nitro-1-Amidobenzol.** Sm. 176° (*R.* **21**, 420 *C.* **1903** [1] 503; *B.* **37**, 3893 *C.* **1904** [2] 1611).
*4) **4,6-Dichlor-2-Nitro-1-Amidobenzol.** Sm. 100° (*A.* **330**, 17, 27 *C.* **1904** [1] 1140).

$C_6H_4O_2N_2Br_2$ *2) **4,5-Dibrom-2-Nitro-1-Amidobenzol.** Sm. 204° (*R.* **21**, 414 *C.* **1903** [1] 505).
*4) **2,6-Dibrom-4-Nitro-1-Amidobenzol.** Sm. 204° (*A.* **330**, 45 *C.* **1904** [1] 1141).
8) **2,5-Dibrom-4-Nitro-1-Amidobenzol.** Sm. 174—175° (*Am.* **28**, 463 *C.* **1903** [1] 323).

$C_6H_4O_2N_2J_2$ *1) **2,4-Dijod-3-Nitro-1-Amidobenzol.** Sm. 125° (*C. r.* **138**, 1504 *C.* **1904** [2] 319; *Bl.* [3] **31**, 973 *C.* **1904** [2] 1114).
4) **2,6-Dijod-3-Nitro-1-Amidobenzol.** Sm. 149° (*C. r.* **138**, 1504 *C.* **1904** [2] 319; *C. r.* **139**, 63 *C.* **1904** [2] 590).

$C_6H_4O_2N_3F$ 1) **4-Nitrodiazobenzolfluorid.** 2HF + H$_2$O (*B.* **36**, 2061 *C.* **1903** [2] 357).

$C_6H_4O_3NCl$ 13) 5-Chlor-6-Oxypyridin-3-Carbonsäure. Sm. 308° u. Zers. (*B.* **37**, 3832 *C.* **1904** [2] 1614).

$C_6H_4O_3NBr$ *1) 4-Brom-2-Nitro-1-Oxybenzol. Sm. 89—90° (*A.* **333**, 353 *C.* **1904** [2] 1116).

$C_6H_4O_3N_2S$ *6) 1-Diazobenzol-4-Sulfonsäure (*A.* **330**, 14 *C.* **1904** [1] 1138).

$C_6H_4O_3Br_2S$ *5) 3,5-Dibrombenzol-1-Sulfonsäure (*Am.* **29**, 223 *C.* **1903** [1] 963).

$C_6H_4O_4N_2S$ 4) Inn. Anhydrid d. 4-Oxy-1-Diazobenzol-2-Sulfonsäure (*J. pr.* [2] **69**, 339 *C.* **1904** [2] 37).

$C_6H_4O_4Br_2S_2$ 1) Bromid d. Benzol-1,3-Disulfinsäure. Sm. 52° (*J. pr.* [2] **68**, 318 *C.* **1903** [2] 1170).

$C_6H_4O_4J_2S$ *1) 2,6-Dijod-1-Oxybenzol-4-Sulfonsäure. (NH_4, HF), (K, HF), (Rb, HF) (*A.* **328**, 147 *C.* **1903** [2] 992).

$C_6H_4O_5NBr$ 2) 5-[oder 6]-Brom-4-Nitro-1,2,3-Trioxybenzol. Sm. 122° (*B.* **37**, 116 *C.* **1904** [1] 585).

$C_6H_4O_7N_2S$ *2) 1,3-Dinitrobenzol-5-Sulfonsäure. Ba + $3H_2O$ (*Am.* **29**, 218 *C.* **1903** [1] 963).

$C_6H_4NClBr_2$ *2) 4-Chlor-2,6-Dibrom-1-Amidobenzol. Sm. 95° (*A.* **333**, 338 *C.* **1904** [2] 1151).

$C_6H_4N_2BrF$ 1) 4-Bromdiazobenzolfluorid (*B.* **36**, 2060 *C.* **1903** [2] 357).

$C_6H_4BrJF_2$ 1) 4-Brombenzol-1-Jodidfluorid. Sm. 110° (*A.* **328**, 139 *C.* **1903** [2] 990).

$C_6H_5OJF_2$ *1) Benzoljodofluorid. Zers. bei 216° (*A.* **328**, 135 *C.* **1903** [2] 990).

$C_6H_5O_2NBr_2$ 3) 2,6-Dibrom-4-Amido-1,3-Dioxybenzol. HCl (*A.* **333**, 361 *C.* **1904** [2] 1116).

4) 3,4-Dibrom-1-Methylpyrrol-2-Carbonsäure (*B.* **37**, 2801 *C.* **1904** [2] 533).

$C_6H_5O_2NS$ *1) 4-Nitro-1-Merkaptobenzol. Sm. 78° (*J. pr.* [2] **66**, 553 *C.* **1903** [1] 508).

$C_6H_5O_2N_2Cl$ *3) 5-Chlor-2-Nitro-1-Amidobenzol. Sm. 115° (*B.* **36**, 4027 *C.* **1904** [1] 294).

$C_6H_5O_2N_2Br$ *3) 5-Brom-2-Nitro-1-Amidobenzol (*R.* **21**, 413 *C.* **1903** [1] 505).

$C_6H_5O_2N_2J$ 5) 6-Jod-3-Nitro-1-Amidobenzol. Sm. 160,5° (*C. r.* **138**, 1503 *C.* **1904** [2] 319).

$C_6H_5O_2N_3Br_2$ 1) 2,6-Dibrom-4-Nitro-1,3-Diamidobenzol. Sm. 189—190° (*Am.* **30**, 76 *C.* **1903** [2] 355).

$C_6H_5O_2BrS_2$ 1) 4-Brombenzol-1-Thiosulfonsäure. Na, p-Phenylendiaminsalz (*J. pr.* [2] **70**, 391 *C.* **1904** [2] 1721).

$C_6H_5O_2JS_2$ *1) 4-Jodbenzol-1-Thiolsulfonsäure. p-Phenylendiaminsalz (*J. pr.* [2] **70**, 392 *C.* **1904** [2] 1721).

$C_6H_5O_3N_2Cl$ 2) 4-Chlor-6-Nitro-2-Amido-1-Oxybenzol. Sm. 152° (D.R.P. 147060 *C.* **1904** [1] 233).

3) 6-Chlor-2-Nitro-4-Amido-1-Oxybenzol. Sm. 130° (D.R.P. 147060 *C.* **1904** [1] 233).

$C_6H_5O_3N_2Br$ 3) 3-Brom-1-Amido-2-Keto-1,2-Dihydropyridin-5-Carbonsäure. Sm. 238° (*B.* **37**, 3839 *C.* **1904** [2] 1615).

$C_6H_5O_5NS$ *1) 2-Nitrobenzol-1-Sulfonsäure. K (*J. pr.* [2] **66**, 554 *C.* **1903** [1] 508).

*2) 3-Nitrobenzol-1-Sulfonsäure (*J. pr.* [2] **66**, 559 *C.* **1903** [1] 518).

*3) 4-Nitrobenzol-1-Sulfonsäure. K + H_2O (*J. pr.* [2] **66**, 553 *C.* **1903** [1] 508).

$C_6H_5O_6N_3S$ *1) Amid d. 1,3-Dinitrobenzol-5-Sulfonsäure. Sm. 234—235° (*Am.* **29**, 220 *C.* **1903** [1] 963).

$C_6H_5O_{10}NS_2$ 2) 2-Nitro-1,3-Dioxybenzol-4,6-Disulfonsäure. K_3 (*B.* **37**, 726 *C.* **1904** [1] 1005).

C_6H_6ONCl 4) 3-Chlor-4-Amido-1-Oxybenzol (D.R.P. 143449 *C.* **1903** [2] 320).

$C_6H_6O_2NBr$ 2) 3[oder 4]-Brom-1-Methylpyrrol-2-Carbonsäure (*B.* **37**, 2802 *C.* **1904** [2] 533).

$C_6H_6O_2N_2Br_2$ 2) Dilaktam d. αδ-Dibrom-βγ-Diamidobutan-αδ-Dicarbonsäure (*B.* **35**, 4126 *C.* **1903** [1] 136).

$C_6H_6O_3N_2S$ 3) μ-Acetylamidothiazol-μ-Carbonsäure. Sm. 166° (*B.* **36**, 3549 *C.* **1903** [2] 1379).

$C_6H_6O_5N_2S$ 8) 1-Nitramidobenzol-4-Sulfonsäure. Na + H_2O, Na_2, BaH, Ba, Ag (*A.* **330**, 29 *C.* **1904** [1] 1141).

$C_6H_6O_5N_4S$ 1) **2,6-Di[Diazo]-1-Oxybenzol-4-Sulfonsäure** (D.R.P. 148085 *C.* **1904** [1] 135).

$C_6H_6N_2Cl_2S$ 1) **Methyläther d. 4,6-Dichlor-2-Merkapto-5-Methyl-1,3-Diazin.** Sm. 64°; Sd. 153—154°$_{18}$ (*Am.* **32**, 353 *C.* **1904** [2] 1414).

$C_6H_7ONS_2$ 1) **2-Thiocarbonyl-4-Keto-3-Allyltetrahydrothiazol.** Fl. (*M.* **24**, 504 *C.* **1903** [2] 836).

$C_6H_7O_2NS$ *6) **Amid d. Benzolsulfonsäure.** Sm. 151°. H_2SO_4 (*B.* **37**, 692 *C.* **1904** [1] 1074).

$C_6H_7O_2N_2Cl$ 3) **Dimethyläther d. 6-Chlor-2,4-Dioxy-1,3-Diazin.** Sm. 73° (*B.* **36**, 2234 *C.* **1903** [2] 449; *B.* **36**, 3379 *C.* **1903** [2] 1192).

$C_6H_7O_2N_3S$ 1) **Amid d. ?-Acetylamidothiazol-?-Carbonsäure.** Zers. oberh. 250° (*B.* **36**, 3549 *C.* **1903** [2] 1379).

$C_6H_7O_3NS$ *4) **Phenylsulfaminsäure.** Sm. noch nicht bei 280° (D.R.P. 151134 *C.* **1904** [1] 1381; *A.* **333**, 288 *C.* **1904** [2] 904).

$C_6H_7O_4NS$ 9) **4-Amido-1-Oxybenzol-3-Sulfonsäure** + H_2O. K, Ba (D.R.P. 150982 *C.* **1904** [1] 1235; D.R.P. 153123 *C.* **1904** [2] 574; *J. pr.* [2] **69**, 336 *C.* **1904** [2] 36).

$C_6H_7O_6NS$ 2) **4-Amid d. 2-Methylfuran-5-Carbonsäure-4-Sulfonsäure.** Sm. 217—218°. K + H_2O, Ba + $3H_2O$, Pb, Ag (*Am.* **32**, 193 *C.* **1904** [2] 1139).

$C_6H_7N_2ClS$ 1) **Aethyläther d. 4-Chlor-2-Merkapto-1,3-Diazin.** Sd. 135°$_{24}$ (*Am.* **29**, 496 *C.* **1903** [1] 1310; *Am.* **31**, 596 *C.* **1904** [2] 243).

$C_6H_8ON_2S$ *4) **Methyläther d. 2-Merkapto-4-Keto-6-Methyl-3,4-Dihydro-1,3-Diazin.** Sm. 219° (*Am.* **29**, 486 *C.* **1903** [1] 1309).
5) **Methyläther d. 2-Merkapto-4-Keto-5-Methyl-3,4-Dihydro-1,3-Diazin.** Sm. 233° (*Am.* **29**, 487 *C.* **1903** [1] 1309).
6) **Aethyläther d. 2-Merkapto-4-Keto-3,4-Dihydro-1,3-Diazin.** Sm. 152° (*Am.* **29**, 484 *C.* **1903** [1] 1309).
7) **2-Thiocarbonyl-4-Keto-3,6-Dimethyl-1,2,3,4-Tetrahydro-1,3-Diazin.** Sm. 271—273° (*A.* **329**, 348 *C.* **1904** [1] 435).

$C_6H_8O_2N_2S$ 8) **Methyläther d. 2-Merkapto-4,6-Diketo-5-Methyl-3,4,5,6-Tetrahydro-1,3-Diazin.** Zers. bei 303° (*Am.* **32**, 353 *C.* **1904** [2] 1414).
9) **2-Thiocarbonyl-4,6-Diketo-5-Aethylhexahydro-1,3-Diazin** + xH_2O. Sm. 190—191° (wasserfrei) (*Am.* **32**, 352 *C.* **1904** [2] 1414).
10) **Aethylester d. 5-Methyl-1,2,3-Thiodiazol-4-Carbonsäure.** Sm. 35° (*A.* **325**, 177 *C.* **1903** [1] 646; *A.* **333**, 6 *C.* **1904** [2] 780).

$C_6H_8O_3N_2S$ *2) **1,2-Diamidobenzol-4-Sulfonsäure** (*A.* **330**, 23 *C.* **1904** [1] 1139).
*6) **1,4-Diamidobenzol-2-Sulfonsäure** + $2H_2O$ (*B.* **37**, 2912 *C.* **1904** [2] 1458).

$C_6H_8O_3N_2Se$ 1) **Aethylester d. Selencyanacetylamidoameisensäure.** Fl. (*Ar.* **241**, 199 *C.* **1903** [2] 103).

$C_6H_8O_4N_2S$ 4) **2,6-Diamido-1-Oxybenzol-4-Sulfonsäure** (D.R.P. 147880 *C.* **1904** [1] 135; D.R.P. 148212 *C.* **1904** [1] 487).
5) **Diamid d. 2-Methylfuran-5-Carbonsäure-4-Sulfonsäure.** Sm. 196—197° (*Am.* **32**, 190 *C.* **1904** [2] 1138).

$C_6H_8O_6N_2S_2$ 7) **Di[Hydroxylamid] d. Benzol-1,3-Disulfonsäure** (1,3-Benzoldisulfhydroxamsäure). Sm. 152°. + $^1/_2C_6H_6$ (*G.* **33** [2] 309 *C.* **1904** [1] 288).

$C_6H_8O_6N_2S_4$ *1) **1,4-Diamidobenzol-2,5-Di[Thiosulfonsäure]** + $2H_2O$. K_2 + $2H_2O$ (*Soc.* **83**, 1204 *C.* **1903** [2] 1328).

$C_6H_8O_{12}N_2S_8$ *1) **1,4-Diamidobenzol-2,3,5,6-Tetra[Thiosulfonsäure].** K_4 (*Soc.* **83**, 1210 *C.* **1903** [2] 1328).

$C_6H_8N_3BrS$ 1) **Aethyläther d. 5-Brom-4-Amido-2-Merkapto-1,3-Diazin.** Sm. 123—124° (*Am.* **31**, 604 *C.* **1904** [2] 243).

$C_6H_9ON_5S$ 1) **4-[α-Semicarbazonäthyl]-5-Methyl-1,2,3-Thiodiazol.** Sm. 230° (*A.* **325**, 170 *C.* **1903** [1] 646).

$C_6H_9O_4N_2Cl$ 1) **Chloracetylamidoacetylamidoessigsäure.** Sm. 178—180° (*B.* **36**, 2114 *C.* **1903** [2] 346; *B.* **37**, 2500 *C.* **1904** [2] 426).

$C_6H_{10}OClBr$ 1) **Chlorid d. α-Bromisocapronsäure.** Sd. 68—71°$_{11-12}$ (*B.* **36**, 2989 Anm. *C.* **1903** [2] 1112; *B.* **37**, 2492 Anm. *C.* **1904** [2] 425).

$C_6H_{10}O_2NCl$ *5) **Aethylester d. β-Chloramidocrotonsäure** (*A.* **329**, 367 *C.* **1904** [1] 436).

$C_6H_{10}O_2NBr_3$ 1) **Aethylester d. ααβ-Tribrom-β-Amidobuttersäure** (*C.* **1904** [1] 1067).

$C_6H_{10}O_3Cl_4Hg_4$ 1) **Verbindung** (aus d. Verb. $C_{14}H_{22}O_{11}Hg_4$) (*B.* **36**, 3703 *C.* **1903** [2] 1239).

$C_6H_{11}ONJ_2$ 1) **Amid d. αα-Dijodpentan-α-Carbonsäure** (*B.* **37**, 1275 *C.* **1904** [1] 1334).

$C_6H_{11}O_2NBr_2$ 1) **Aethylester d. αβ-Dibrom-β-Amidobuttersäure.** Fl. (*C.* **1904** [1] 1067).

$C_6H_{11}O_4NS$ 1) **2-Merkapto-5-[αβγ-Trioxypropyl]-4,5-Dihydrooxazol(Merkapto-arabinoxazolin).** Sm. 172,5° (*C. r.* **136**, 1081 *C.* **1903** [1] 1305).

$C_6H_{11}NBr_2S$ 1) **βγ-Dibrompropylamid d. Thiopropionsäure.** Sm. 179° (*B.* **37**, 877 *C.* **1904** [1] 1004).

$C_6H_{12}ONBr$ 2) **γ-Brom-β-Nitro-βγ-Dimethylbutan** (*B.* **37**, 546 *C.* **1904** [1] 865).
3) **Methyläther d. β-Brom-γ-Oximido-β-Methylbutan.** Fl. (*B.* **37**. 540 *C.* **1904** [1] 865).
4) **Amid d. γ-Brompentan-γ-Carbonsäure.** Sm. 66—67° (*C.* **1904** [2] 1666).

$C_6H_{12}ON_2S$ 2) **Amid d. α-Acetylamidothioisobuttersäure.** Sm. 162° (*B.* **37**, 1923 *C.* **1904** [2] 196).

$C_6H_{12}OJ_2Hg_2$ 1) **Diisopropyläther-ββ'-Diquecksilberjodid** (*B.* **36**, 3705 *C.* **1903** [2] 1239).

$C_6H_{12}O_4N_2S_2$ *1) **Di[β-Amidoäthyl]disulfid-ββ'-Dicarbonsäure** (Cystin) (*B.* **36**, 2720 *C.* **1903** [2] 827; *H.* **38**, 557 *C.* **1903** [2] 389; *H.* **39**, 350 *C.* **1903** [2] 792).

$C_6H_{12}N_4Cl_2J_2$ 1) **Hexamethylenamindichlorojodid** (*C. r.* **136**, 1472 *C.* **1903** [2] 297).

$C_6H_{13}O_2ClS$ *1) **Diäthylthetinchlorid.** + 6 $HgCl_2$ (*J. pr.* [2] **66**, 465 *C.* **1903** [1] 561).

$C_6H_{14}NCl_2P$ 1) **Dipropylamidodichlorphosphin.** Sd. 220—223° (*A.* **326**, 155 *C.* **1903** [1] 761).

$C_6H_{14}NCl_4P$ 1) **Dipropylamidophosphortetrachlorid.** + PCl_5 (*A.* **326**, 159 *C.* **1903** [1] 761).

$C_6H_{16}ONCl$ 5) **Aethyläther d. Oxytetramethylammoniumchlorid.** 2 + $PtCl_4$, + $AuCl_3$ (*A.* **334**, 63 *C.* **1904** [2] 949).

$C_6H_{16}O_2NCl$ 3) **Dimethyläther d. αα'-Dioxytetramethylammoniumchlorid.** 2 + $PtCl_4$, + $AuCl_3$ (*A.* **334**, 57 *C.* **1904** [2] 949).

$C_6H_{16}O_3NP$ 1) **Dimethylmonamid d. Phosphorsäurediäthylester.** Sd. 85 bis 90°$_6$ (*A.* **326**, 180 *C.* **1903** [1] 819).

$C_6H_{18}N_3SP$ 1) **Tri[Aethylamid] d. Thiophosphorsäure.** Sm. 68° (*A.* **326**, 206 *C.* **1903** [1] 821).

$C_6O_4N_2ClBr_3$ 1) **5-Chlor-2,4,6-Tribrom-1,3-Dinitrobenzol.** Sm. 208° (*Am.* **31**, 375 *C.* **1904** [1] 1408).

— 6 V —

$C_6HO_2NClBr_3$ 1) **3-Chlor-2,4,6-Tribrom-1-Nitrobenzol.** Sm. 149—150° (*A.* **330**, 26 *C.* **1904** [1] 1140).

$C_6H_2O_3N_2Br_2S$ 3) **2,6-Dibrom-1-Diazobenzol-4-Sulfonsäure** (*A.* **330**, 37 *C.* **1904** [1] 1141).

$C_6H_3ONCl_5P$ 1) **2,4,6-Trichlorphenylmonamid d. Phosphorsäuredichlorid.** Sm. 128° (*A.* **326**, 230 *C.* **1903** [1] 867).

$C_6H_3O_3NClBr$ *2) **6-Chlor-4-Brom-2-Nitro-1-Oxybenzol.** Sm. 112° (*C.* **1904** [2] 1697).

$C_6H_3O_3NBrJ$ *1) **4-Brom-6-Jod-2-Nitro-1-Oxybenzol.** Sm. 104,2° (*C.* **1904** [2] 1697).

$C_6H_3O_6N_2ClS$ *1) **Chlorid d. 1,3-Dinitrobenzol-5-Sulfonsäure.** Sm. 98—99° (*Am.* **29**, 220 *C.* **1903** [1] 963).

$C_6H_4ONCl_4P$ 1) **2,4-Dichlorphenylmonamid d. Phosphorsäuredichlorid.** Sm. 126° (*A.* **326**, 228 *C.* **1903** [1] 867).

$C_6H_4OBrJF_2$ 1) **4-Brombenzol-1-Jodofluorid.** Zers. bei 225° (*A.* **328**, 137 *C.* **1903** [2] 990).

$C_6H_4O_3NCl_3S$ 1) **2,5,6-Trichlor-1-Amidobenzol-3-Sulfonsäure** (D.R.P. 139327 *C.* **1903** [1] 747).

$C_6H_4O_4N_2Cl_2S$ 1) **Dichloramid d. 3-Nitrobenzol-1-Sulfonsäure.** Sm. 121° (*C.* **1904** [2] 435).

$C_6H_4O_4N_2Cl_4S_2$ 1) **Di[Dichloramid] d. Benzol-1,3-Disulfonsäure.** Sm. 128° (*C.* **1904** [2] 435).

$C_6H_4O_5N_2Cl_2S$ 1) **3,6-Dichlor-2-Oxydiazobenzol-5-Sulfonsäure** (D.R.P. 139327 *C.* **1903** [1] 747).

$C_6H_4O_5N_2Br_2S$ 1) **2,6-Dibrom-1-Nitrobenzol-4-Sulfonsäure.** Na + H_2O, Na_2, Ca, Ba + $2^1/_2H_2O$ (*A.* **330**, 42 *C.* **1904** [1] 1141).

$C_6H_5O_2NCl_2S$ *1) **Dichloramid d. Benzolsulfonsäure.** Sm. 76° (*C.* **1904** [2] 435).

$C_6H_5O_3NCl_2S$ 2) **4,6-Dichlor-1-Amidobenzol-3-Sulfonsäure** (*A.* **330**, 55 *C.* **1904** [1] 1142).

$C_6H_5O_3NBr_2S$ *4) **4,6-Dibrom-1-Amidobenzol-3-Sulfonsäure** (*A.* **330**, 57 *C.* **1904** [1] 1142).

$C_6H_5O_3N_2Cl_2P$ 1) **3-Nitrophenylmonamid d. Phosphorsäuredichlorid.** Sm. 94° (*A.* **326**, 237 *C.* **1903** [1] 867).
2) **4-Nitrophenylmonamid d. Phosphorsäuredichlorid.** Sm. 156° (*A.* **326**, 237 *C.* **1903** [1] 867).

$C_6H_5O_5N_2ClS$ 2) **2-Chlor-3-Nitro-1-Amidobenzol-5-Sulfonsäure** (D.R.P. 141538 *C.* **1903** [1] 1381; D.R.P. 141750 *C.* **1903** [1] 1324).

$C_6H_6ONClHg$ 1) **Verbindung** (aus Quecksilberacetamid u. salzs. Anilin) (*M.* **23**, 1157 *C.* **1903** [1] 385).

$C_6H_6ONCl_2P$ *1) **Phenylamid d. Phosphorsäuredichlorid.** Sm. 84° (*A.* **326**, 223 *C.* **1903** [1] 866).

$C_6H_6O_3NCl_2P$ 1) **2,4-Dichlorphenylmonamid d. Phosphorsäure.** Sm. 167°. Cu (*A.* **326**, 228 *C.* **1903** [1] 867).

$C_6H_6O_3NBr_2P$ 1) **2,4-Dibromphenylmonamid d. Phosphorsäure.** Cu (*A.* **326**, 235 *C.* **1903** [1] 867).

$C_6H_6O_4NClS$ 4) **4-Chlor-2-Amido-1-Oxybenzol-?-Sulfonsäure** (D.R.P. 144618 *C.* **1903** [2] 974).

$C_6H_6N_2ClBrS$ 1) **Aethyläther d. 4-Chlor-5-Brom-2-Merkapto-1,3-Diazin.** Sm. 27° (*Am.* **31**, 603 *C.* **1904** [2] 243).

$C_6H_7ON_2BrS$ 1) **Aethyläther d. 5-Brom-2-Merkapto-4-Keto-3,4-Dihydro-1,3-Diazin.** Sm. 189° (*Am.* **31**, 603 *C.* **1904** [2] 243).

$C_6H_7O_3NBrP$ 1) **4-Bromphenylmonamid d. Phosphorsäure.** Sm. 158° (*A.* **326**, 231 *C.* **1903** [1] 867).

$C_6H_7O_3N_2ClS$ 1) **2-Chlor-1,3-Diamidobenzol-5-Sulfonsäure** + H_2O (D.R.P. 150373 *C.* **1904** [1] 1044).

$C_6H_{10}ONJHg$ 1) **3-Methyl-4,5-Dihydro-1,2-Oxazin[6]-6-Methylquecksilberjodid.** Sm. 122° (*A.* **329**, 180 *C.* **1903** [2] 1413).

$C_6H_{12}OBr_2Hg_2$ 1) **Diisopropyläther-ββ'-Diquecksilberbromid** (*B.* **36**, 3705 *C.* **1903** [2] 1239).

$C_6H_{14}ONCl_2P$ *1) **Dipropylmonamid d. Phosphorsäuredichlorid.** Sd. 243—244° (*A.* **326**, 184 *C.* **1903** [1] 820).

$C_6H_{14}NCl_2SP$ *1) **Dipropylmonamid d. Thiophosphorsäuredichlorid.** Sd. 240—245° u. Zers. (*A.* **326**, 212 *C.* **1903** [1] 822).

$C_6H_{15}ONClP$ 1) **Diäthylmonamid d. Aethylphosphinsäuremonochlorid.** Sd. 90 bis $92°_{18}$ (*A.* **326**, 155 *C.* **1903** [1] 761).

$C_6H_{15}O_2NClP$ 1) **Diäthylmonamid d. Aethylphosphorsäuremonochlorid.** Sd. $113°_{18}$ (*A.* **326**, 189 *C.* **1903** [1] 820).

$C_6H_{16}ON_2ClP$ 1) **Di[Propylamid] d. Phosphorsäuremonochlorid.** Sm. 88° (*A.* **326**, 176 *C.* **1903** [1] 819).

$C_6H_{16}O_2NSP$ 1) **Dimethylmonamid d. Thiophosphorsäurediäthylester.** Sd. $107°_{46}$ (*A.* **326**, 210 *C.* **1903** [1] 822).
2) **Aethylmonamid d. Thiophosphorsäurediäthylester.** Sd. $94°_{12}$ (*A.* **326**, 203 *C.* **1903** [1] 821).

— 6 VI —

$C_6H_3ONCl_2Br_3P$ 1) **2,4,6-Tribromphenylmonamid d. Phosphorsäuredichlorid.** Sm. 148° (*A.* **326**, 236 *C.* **1903** [1] 867).

$C_6H_4ONCl_2Br_2P$ 1) **2,4-Dibromphenylmonamid d. Phosphorsäuredichlorid.** Sm. 134° (*A.* **326**, 234 *C.* **1903** [1] 867).

$C_6H_5ONCl_2BrP$ 1) **3-Bromphenylmonamid d. Phosphorsäuredichlorid.** Sm. 87° (*A.* **326**, 234 *C.* **1903** [1] 867).
2) **4-Bromphenylmonamid d. Phosphorsäuredichlorid.** Sm. 98° (*A.* **326**, 230 *C.* **1903** [1] 867).

$C_6H_5O_6N_2ClBr_2S$ 1) **Verbindung** (aus 2,6-Dibrom-1-Diazobenzol-4-Sulfonsäure). Na, Ba (*A.* **330**, 39 *C.* **1904** [1] 1141).

C_7-Gruppe.

C_7H_8 *1) **Methylbenzol.** Sm. —97 bis —99° (*B.* **36**, 2117 *C.* **1903** [2] 350; *B.* **36**, 3086 *C.* **1903** [2] 990; *C.* **1904** [1] 1195).

C_7H_{10} *3) **Suberen** (Suberoterpen) Sd. 120—126° (*A.* **327**, 68 *C.* **1903** [1] 1124).

C_7H_{12} *13) **$\beta\delta$-Dimethyl-$\alpha\gamma$-Pentadien.** Sd. $92-93°_{760}$ (*B.* **37**, 3579 *C.* **1904** [2] 1376).

*14) **5-Methyl-1,2,3,4-Tetrahydrobenzol.** Sd. 106—107° ($109°_{768}$) (*A.* **289**, 343; *B.* **35**, 2494, 2823; *A.* **329**, 369 *C.* **1904** [1] 516; *C.* **1904** [1] 1213).

19) **1-Methyl-?-Tetrahydrobenzol.** Sd. 106—107° (*C.* **1903** [1] 329).

20) **r-2-Methyl-1,2,3,4-Tetrahydrobenzol.** Sd. $103,5_{767}$ (*C.* **1904** [1] 1213).

21) **2-Methyl-1,2,3,4-Tetrahydrobenzol.** Sd. $101,9°_{763}$ ($103°_{760}$) (*C.* **1903** [2] 289; *B.* **37**, 1377 *C.* **1904** [1] 1441; *C.* **1904** [1] 1213).

22) **Kohlenwasserstoff** (aus 1-Oxy-1-Methylhexahydrobenzol). Sd. $108°_{760}$ (*C. r.* **138**, 1323 *C.* **1904** [2] 219; *C. r.* **139**, 344 *C.* **1904** [2] 704).

C_7H_{14} *8) **Suberan.** Sd. $117-117,3°_{756}$ (*C.* **1903** [1] 568; *A.* **327**, 63 *C.* **1903** [1] 1124).

*9) **Methylhexahydrobenzol** (*C.* **1904** [1] 1345).

C_7H_{16} 8) **d-γ-Methylhexan.** Sd. 90—92° (*B.* **37**, 1046 *C.* **1904** [1] 1248).

— 7 II —

$C_7H_3Br_5$ *1) **2,3,4,5,6-Pentabrom-1-Methylbenzol.** Sm. 182° (*C.* **1903** [2] 1052).

$C_7H_4O_4$ C 55,3 — H 2,6 — O 42,1 — M. G. 152.

1) **1,2-Carbonat d. 1,2,3-Trioxybenzol.** (3-Oxy-1,2-Phenylenester d. Kohlensäure). Sm. 132—133° (*B.* **37**, 106 *C.* **1904** [1] 584).

$C_7H_4O_6$ *1) **1,4-Pyron-2,6-Dicarbonsäure.** Sm. 262°. Na (*B.* **37**, 3744 *C.* **1904** [2] 1538).

$C_7H_4Cl_4$ *8) **4-Chlor-1-Trichlormethylbenzol** (*C. r.* **136**, 241 *C.* **1903** [1] 570).

*9) **3,4,5-Trichlor-1-Chlormethylbenzol.** Sm. 97—98° (*Soc.* **85**, 1285 *C.* **1904** [2] 1293).

10) **2,3,4,5-Tetrachlor-1-Methylbenzol.** Sm. 86—88° (*Soc.* **85**, 1280 *C.* **1904** [2] 1293).

11) **2,3,4,6-Tetrachlor-1-Methylbenzol.** Sm. 91,5—92° (*Soc.* **85**, 1280 *C.* **1904** [2] 1293).

12) **2,3,5,6-Tetrachlor-1-Methylbenzol.** Sm. 93—94° (*Soc.* **85**, 1281 *C.* **1904** [2] 1293).

C_7H_5N *2) **Nitril d. Benzolcarbonsäure.** Sd. $190,6°_{760}$ (*B.* **36**, 13 *C.* **1903** [1] 398).

5) **Anhydro-3-Amidobenzol-1-Carbonsäurealdehyd** (D.R.P. 62950). — *III, *12.*

C_7H_5Cl 1) **Verbindung** (aus 4-Chlor-1-Chlormethylbenzol) = $(C_7H_5Cl)_n$ (*R.* **23**, 100 *C.* **1904** [1] 1136).

$C_7H_5Cl_3$ *1) **Benzotrichlorid** (*B.* **36**, 3060 *C.* **1903** [2] 945; *C. r.* **136**, 241 *C.* **1903** [1] 570; *C.* **1903** [2] 1431).

C_7H_5Br 1) **Verbindung** (aus 4-Brom-1-Chlormethylbenzol) = $(C_7H_5Br)_n$ (*R.* **23**, 100 *C.* **1904** [1] 1136).

C_7H_6O *1) **Aldehyd d. Benzolcarbonsäure.** + Anilinsulfit, + Anilinbisulfit, + Anilinanhydrosulfit (*A.* **325**, 357 *C.* **1903** [1] 696).

$C_7H_6O_2$ *4) **Benzolcarbonsäure.** $(NH_4)H$, KH (D.R.P. 138790 *C.* **1903** [1] 546; *C.* **1903** [2] 657; D.R.P. 139956 *C.* **1903** [1] 857; D.R.P. 140999 *C.* **1903** [1] 1106; *B.* **36**, 1798 *C.* **1903** [2] 283; *Soc.* **83**, 1442 *C.* **1904** [1] 510).

*5) **Aldehyd d. 2-Oxybenzol-1-Carbonsäure.** Sm. 195—196°. + Anilinsulfit, + Anilinbisulfit, + Anilinanhydrosulfit (*A.* **325**, 359 *C.* **1903** [1] 696; *M.* **24**, 833 *C.* **1904** [1] 367; *C.* **1904** [2] 436).

*6) **Aldehyd d. 3-Oxybenzol-1-Carbonsäure** (*M.* **24**, 834 *C.* **1904** [1] 367).

*7) **Aldehyd d. 4-Oxybenzol-1-Carbonsäure** (*M.* **24**, 835 *C.* **1904** [1] 367).

11) **Verbindung** (aus p-Kresol). Sm. 120°; Zers. bei 180° (*B.* **36**, 2032 *C.* **1903** [2] 360).

$C_7H_6O_3$ *2) **Salicylsäure.** KH (*C.* **1903** [1] 1026; *G.* **32** [2] 311 *C.* **1903** [1] 579; *Soc.* **83**, 1444 *C.* **1904** [1] 510).

*4) **4-Oxybenzol-1-Carbonsäure.** $(NH_4)H$, KH, Bi (*Bl.* [3] **31**, 36 *C.* **1904** [1] 510; *Soc.* **83**, 1445 *C.* **1904** [1] 510).

*8) **Aldehyd d. 2,4-Dioxybenzol-1-Carbonsäure.** Sd. $220-228°_{22}$ (D.R.P. 155731 *C.* **1904** [2] 1031).

$C_7H_6O_3$ *10) **Aldehyd d. 3,4-Dioxybenzol-1-Carbonsäure** (*M.* **24**, 836 *C.* **1904** [1] 367; D.R.P. 155731 *C.* **1904** [2] 1631).
*13) **Benzoylsuperoxyd** (Benzopersäure) (*Am.* **29**, 200 *C.* **1903** [1] 959).
*15) **Isosalicylsäure** (*C.* **1903** [1] 80).
16) **Aldehyd d. 2,3-Dioxybenzol-1-Carbonsäure.** Sd. 160—170_{22} (D.R.P. 155731 *C.* **1904** [2] 1631).

$C_7H_6O_4$ *4) **2,4-Dioxybenzol-1-Carbonsäure.** Bi (*Bl.* [3] **31**, 37 *C.* **1904** [1] 510).
*5) **2,5-Dioxybenzol-1-Carbonsäure.** Bi (*Bl.* [3] **31**, 37 *C.* **1904** [1] 510).
*7) **3,4-Dioxybenzol-1-Carbonsäure.** Bi (*Bl.* [3] **31**, 176 *C.* **1904** [1] 869).
18) **2-Methyläther d. 2,6-Dioxy-1,4-Benzochinon** (*M.* **23**, 954 *C.* **1903** [1] 286).

$C_7H_6O_5$ *2) **Pyrogallolcarbonsäure.** Bi (*Bl.* [3] **29**, 680 *C.* **1903** [2] 492).
7) **γ-Keto-αδ-Pentadiën-αε-Dicarbonsäure.** Sm. oberh. 230° u. Zers. (*B.* **37**, 3297 *C.* **1904** [2] 1041).
8) **1,4-Pyran-2,6-Dicarbonsäure.** Zers. bei 250° (*C. r.* **139**, 138 *C.* **1904** [2] 602).

$C_7H_6N_2$ *4) **Nitril d. 2-Amidobenzol-1-Carbonsäure.** Sm. 48—49°; Sd. 267—268°$_{777}$ (*C.* **1903** [1] 174; *B.* **36**, 804 *C.* **1903** [1] 977).
*5) **Nitril d. 3-Amidobenzol-1-Carbonsäure.** Sm. 53—53,5°. HCl (*C.* **1904** [2] 101).
*6) **Nitril d. 4-Amidobenzol-1-Carbonsäure.** Sm. 85,5—86° (*C.* **1903** [2] 113).

$C_7H_6N_4$ 5) **Nitril d. Phenylazoamidoameisensäure** (1-Phenyl-2-Cyantriazen). Sm. 72° u. Zers. K + H_2O (*B.* **37**, 2376 *C.* **1904** [2] 321).

$C_7H_6Cl_2$ *1) **Dichlormethylbenzol.** Sd. 205—206° (*C. r.* **136**, 241 *C.* **1903** [1] 570; *B.* **36**, 3060 *C.* **1903** [2] 945; *C.* **1903** [2] 1431).
*2) **4-Chlor-1-Chlormethylbenzol.** Sm. 29°; Sd. 214° (*C. r.* **136**, 241 *C.* **1903** [1] 570).
9) **2-Chlor-1-Chlormethylbenzol.** Sd. 213—214° (*C. r.* **136**, 241 *C.* **1903** [1] 570).

C_7H_7N *1) **Benzylidenimin** (*C. r.* **137**, 522 *C.* **1903** [2] 1060).
9) polym. **Methylenamidobenzol** (*C.* **1903** [2] 656).

$C_7H_7N_3$ *2) **6-Amidoindazol.** (2HCl, $PtCl_4$), + 1,3,5-Trinitrobenzol (*B.* **37**, 2580 *C.* **1904** [2] 659).
8) **7-Amidoindazol.** Sm. 155—156° (*B.* **37**, 2577 *C.* **1904** [2] 658).
9) **Nitril d. Phenylhydrazin-2-Carbonsäure.** Sm. 152—153° (156°). HCl, H_2SO_4, Pikrat (*B.* **29**, 626; *B.* **36**, 805 *C.* **1903** [1] 977). — **IV**, *1149.*

C_7H_7Cl *1) **Chlormethylbenzol** (D.R.P. 139552 *C.* **1903** [1] 607; *B.* **36**, 3060 *C.* **1903** [2] 945; *C.* **1903** [2] 1431).
*2) **2-Chlor-1-Methylbenzol.** Sd. 156—158° (*C. r.* **135**, 1121 *C.* **1903** [1] 283).

C_7H_7Br *3) **3-Brom-1-Methylbenzol** (*B.* **37**, 994 *C.* **1904** [1] 1415).

C_7H_8O *3) **3-Oxy-1-Methylbenzol** (D.R.P. 141421 *C.* **1903** [1] 1197; D.R.P. 148703 *C.* **1904** [1] 553; D.R.P. 152652 *C.* **1904** [2] 168).
*4) **4-Oxy-1-Methylbenzol.** + H_3PO_4 (D.R.P. 141421 *C.* **1903** [1] 1197 *R.* **21**, 355 *C.* **1903** [1] 151; D.R.P. 148703 *C.* **1904** [1] 553).
*5) **Methyläther d. Oxybenzol.** + $AlCl_3$ (*Ar.* **242**, 96 *C.* **1904** [1] 1005 *Soc.* **85**, 1107 *C.* **1904** [2] 976).

$C_7H_8O_2$ *4) **2,6-Dioxy-1-Methylbenzol.** Sm. 116—121°; Sd. 264°$_{760}$ (*M.* **24**, 906 *C.* **1904** [1] 513).
*11) **Guajakol** (*C.* **1903** [1] 635).
*12) **Monomethyläther d. 1,3-Dioxybenzol.** Sd. 243° (*A.* **327**, 116 *C.* **1903** [1] 1214).
*13) **Monomethyläther d. 1,4-Dioxybenzol.** Sm. 53° (*A.* **327**, 116 *C.* **1903** [1] 1214).
19) **1-Oxy-4-Keto-1-Methyl-1,4-Dihydrobenzol** (p-Toluchinol). Sm. 74—75° (*B.* **36**, 2031 *C.* **1903** [2] 360).
20) **δ-Methyl-α-Pentin-α-Carbonsäure.** Sm. 98° (*C. r.* **136**, 554 *C.* **1903** [1] 825).

$C_7H_8O_3$ *2) **2,4,6-Trioxy-1-Methylbenzol.** Sm. 214° (*A.* **329**, 272 *C.* **1904** [1] 795).
*8) **2,5-Dimethylfuran-3-Carbonsäure.** Sm. 135—135,5° (*B.* **37**, 2189 *C.* **1904** [2] 240).
*30) **1-Methyläther d. 1,2,4-Trioxybenzol.** Sm. 66—67° (*M.* **25**, 810 *C.* **1904** [2] 1119).
*31) **Monomethyläther d. 1,3,5-Trioxybenzol.** Sm. 80° (*A.* **329**, 273 *C.* **1904** [1] 795).

$C_7H_8O_3$ 36) **1-Methyläther d. 1,2,3-Trioxybenzol.** Sm. 37—40°; Sd. 146—147°$_{15}$ (*M.* **25**, 506 *C.* **1904** [2] 1118; *M.* **25**, 813 *C.* **1904** [2] 1119).

37) **2-Methyläther d. 1,2,3-Trioxybenzol.** Sm. 85—87°; Sd. 154—155°$_{24}$ (*M.* **25**, 815 *C.* **1904** [2] 1119).

38) **Anhydrid d. γ-Methyl-α-Buten-βγ-Dicarbonsäure.** Sd. 210—215° (*Soc.* **83**, 1388 *C.* **1904** [1] 435).

39) **Aethylester d. Isobrenzschleimsäure.** Sm. 52° (*C. r.* **137**, 992 *C.* **1904** [1] 291).

$C_7H_8O_4$ *13) **Isoterebilensäure.** Ca + H_2O, Ba + $2H_2O$ (*A.* **330**, 321 Anm. *C.* **1904** [1] 928).

*14) **Isoheptodilakton** (*A.* **330**, 316 *C.* **1904** [1] 927; *A.* **331**, 106 *C.* **1904** [1] 931).

$C_7H_8O_5$ 7) **Anhydrid d. β-Acetoxylpropan-αγ-Dicarbonsäure.** Sm. 87—88° (*Bl.* [3] **29**, 1014 *C.* **1903** [2] 1315).

8) **αγ-Lakton d. βγ-Dioxypropen-αα-Dicarbonsäuremonoäthylester** + xH_2O (Tetron-α-Carbonsäureäthylester). Sm. 75—77° (124—125° wasserfrei) (*B.* **36**, 470 *C.* **1903** [1] 627).

$C_7H_8O_6$ 13) **αε-Diketopentan-αε-Dicarbonsäure.** Sm. 127° (*C. r.* **139**, 138 *C.* **1904** [2] 602).

14) **1-Methyl-R-Trimethylen-2,2,3-Tricarbonsäure.** Zers. bei 215° (185°?). Ca_3, Ba_3 + $8H_2O$, Ag_3 (*B.* **17**, 2833; *B.* **36**, 1086 *C.* **1903** [1] 1126).

15) **αβ[oder αγ]-Anhydrid d. β-Oxypropanmethyläther-αβγ-Tricarbonsäure** (Methylocitronenanhydridsäure). Sm. 131° (*B.* **37**, 3970 *C.* **1904** [2] 1605).

$C_7H_8O_7$ *3) **Methylencitronensäure.** Na_2 (*C.* **1903** [2] 1344; D.R.P. 150949 *C.* **1904** [1] 1379).

$C_7H_8O_8$ *2) **Propan-αββγ-Tetracarbonsäure.** Sm. 151° (*J. pr.* [2] **68**, 165 *C.* **1903** [2] 760).

C_7H_8Se 1) **Methyläther d. Selenobenzol.** Sd. 200—201° (*Soc.* **81**, 1553 *C.* **1903** [1] 22, 144).

$C_7H_9O_5$ 1) **Aucubigenin** (*C. r.* **138**, 1114 *C.* **1904** [1] 1652).

C_7H_9N *2) **Benzylamin.** Phosphorigsaures Salz (*A.* **326**, 151 *C.* **1903** [1] 760).

*3) **2-Amido-1-Methylbenzol** (*A.* **327**, 108 *C.* **1903** [1] 1213).

*5) **4-Amido-1-Methylbenzol** (*A.* **327**, 108 *C.* **1903** [1] 1213).

*10) **2,4-Dimethylpyridin.** HCl, (HCl, $AuCl_3$), HBr (*B.* **37**, 2065 *C.* **1904** [2] 123).

*11) **2,5-Dimethylpyridin.** Sd. 159—160°. (HCl, $6HgCl_2$), (2HCl, $PtCl_4$ + $2H_2O$), (HCl, $AuCl_3$), Pikrat (*C.* **1903** [1] 1034; *B.* **37**, 2062 *C.* **1904** [2] 123).

*12) **2,6-Dimethylpyridin.** (HCl, $HgCl_2$), (HCl, $AuCl_3$) (*B.* **36**, 2907 *C.* **1903** [2] 889).

*14) **3,5-Dimethylpyridin.** Sd. 171°. (2HCl, $PtCl_4$), (HCl, $AuCl_3$), Pikrat (*C.* **1903** [1] 1034; *B.* **37**, 2064 *C.* **1904** [2] 123).

17) **2,3-Dimethylpyridin.** Sd. 163—164°$_{768}$. (HCl, $2HgCl_2$), (2HCl, $PtCl_4$), (HCl, $AuCl_3$) (*Soc.* **83**, 764 *C.* **1903** [2] 443).

$C_7H_9N_3$ *1) **Phenylguanidin.** Sd. 50—60°. HNO_3, Pikrat (*B.* **37**, 1682 *C.* **1904** [1] 1491).

4) **Diazobenzolmethylamid.** Sm. 37—37,5° (*B.* **36**, 911 *C.* **1903** [1] 974).

$C_7H_{10}O$ *2) **1-Keto-5-Methyl-1,2,3,4-Tetrahydrobenzol** (*B.* **37**, 1672 *C.* **1904** [1] 1606).

*9) **4-Keto-5-Methyl-1,2,3,4-Tetrahydrobenzol.** Sd. 178—181° (*C.* **1903** [1] 329; *A.* **329**, 374 *C.* **1904** [1] 517).

$C_7H_{10}O_2$ *7) **α-Hexin-α-Carbonsäure.** Sd. 140—142°$_{24}$ (*C. r.* **136**, 553 *C.* **1903** [1] 824].

*15) **βδ-Hexadiën-β-Carbonsäure.** Sm. 90—92°. Cu, Ag (*C.* **1903** [2] 556).

19) **2-Keto-1-Oxymethylenhexahydrobenzol.** Sd. 98—100°$_{55}$ (*A.* **329**, 117 *C.* **1903** [2] 1322).

20) **3-Keto-4-Oxymethylen-1-Methyl-R-Pentamethylen.** Sm. 53—54°; Sd. 105—112°$_{22}$ (*A.* **329**, 116 *C.* **1903** [2] 1322).

21) **γγ-Dimethyl-α-Butin-α-Carbonsäure.** Sm. 47—48°; Sd. 110°$_{10}$. Ba (*C. r.* **136**, 553 *C.* **1903** [1] 824; *Bl.* [3] **29**, 654 *C.* **1903** [2] 487).

22) **1,2,3,4-Tetrahydrobenzol-2-Carbonsäure.** Sm. 13°; Sd. 237°$_{748}$ (*Soc.* **85**, 431 *C.* **1904** [1] 1082, 1439).

23) **Lakton d. γ-Methyl-γ-Oxymethyl-α-Buten-α-Carbonsäure.** Sm. 177° (*M.* **25**, 13 *C.* **1904** [1] 718).

$C_7H_{10}O_2$ 24) **Methylester d. α-Pentin-α-Carbonsäure.** Sd. 80—82°$_{28}$ (*C. r.* **136**, 553 *C.* **1903** [1] 824).
25) **Methylester d. γ-Methyl-α-Butin-α-Carbonsäure.** Sd. 68—69°$_{20}$ (*C. r.* **136**, 553 *C.* **1903** [1] 824).

$C_7H_{10}O_3$ *1) **s-Diacetylaceton.** Na_2 + H_2O (*Soc.* **85**, 976 *C.* **1904** [2] 711).
*19) **Anhydrid d. cis-β-Methylbutan-αγ-Dicarbonsäure.** Sd. 273—276° (255°$_{765}$) (*C. r.* **136**, 243 *C.* **1903** [1] 565; *Soc.* **83**, 357 *C.* **1903** [1] 389, 1122).
*20) **Anhydrid d. β-Methylbutan-βγ-Dicarbonsäure.** Sm. 33° (*Soc.* **85**, 551 *C.* **1904** [1] 1485).
37) **4-Ketohexahydrobenzol-1-Carbonsäure** + H_2O. Sm. 68°; Sd. 210°$_{80}$ (*Soc.* **85**, 424 *C.* **1904** [1] 1082, 1439).
38) **Anhydrid d. 1-β-Methylbutan-γδ-Dicarbonsäure.** Sd. 138—140°$_{18}$ (*B.* **36**, 1751 *C.* **1903** [2] 116).

$C_7H_{10}O_4$ *10) **α-Penten-αβ-Dicarbonsäure** (*A.* **331**, 127 *C.* **1904** [1] 932).
*16) **trans-β-Penten-βδ-Dicarbonsäure.** Sm. 147° (*C. r.* **136**, 692 *C.* **1903** [1] 960; *Bl.* [3] **29**, 1020 *C.* **1903** [2] 1315).
*18) **β-Methyl-α-Buten-γδ-Dicarbonsäure** (*A.* **331**, 104 *C.* **1904** [1] 931).
*21) **Terakonsäure.** Sm. 164° u. Zers. (*B.* **35**, 4322 *C.* **1903** [1] 282; *B.* **36**, 197 *C.* **1903** [1] 443; *A.* **331**, 97 *C.* **1904** [1] 931).
*37) **Isoterebinsäure.** Ca + $2H_2O$ (*A.* **330**, 321 Anm. *C.* **1904** [1] 928).
*61) **trans-γ-Methyl-α-Buten-αγ-Dicarbonsäure.** Sm. 163° (172°) (*C. r.* **136**, 692 *C.* **1903** [1] 960; *Soc.* **83**, 17 *C.* **1903** [1] 76, 443; *Bl.* [3] **29**, 1019 *C.* **1903** [2] 1315).
*62) **cis-γ-Methyl-α-Buten-αγ-Dicarbonsäure.** Sm. 134—135° (*C. r.* **136**, 382 *C.* **1903** [1] 697; *C. r.* **136**, 692 *C.* **1903** [1] 960).
*69) **αγ-Diketohexan-α-Carbonsäure.** Na (*Soc.* **81**, 1490 *C.* **1903** [1] 138).
*70) **γε-Diketo-β-Methylpentan-ε-Carbonsäure.** K (*Soc.* **81**, 1488 *C.* **1903** [1] 138).
*73) **γ-Methyl-α-Buten-βγ-Dicarbonsäure.** Sm. 142°. Ag_2 (*Soc.* **83**, 1388 *C.* **1904** [1] 159, 435).
79) **β-Penten-γδ-Dicarbonsäure** (αγ-Dimethylitakonsäure). Sm. 148—150° u. Zers. (*B.* **37**, 1618 *C.* **1904** [1] 1403).
80) **isom. β-Penten-βγ-Dicarbonsäure** (Methyläthylfumarsäure?). Sm. 202°. Ca, Ba (*B.* **37**, 1618 *C.* **1904** [1] 1403).
81) **cis-γ-Methyl-α-Buten-αγ-Dicarbonsäure.** Sm. 135—137° (*Soc.* **83**, 15 *C.* **1903** [1] 76, 443).
82) **Säure** (aus Pilopinsäure). Sm. 190°. Ag_2 (*Soc.* **79**, 1342). — *III, *688.*
83) **βδ-Lakton d. δ-Oxypentan-βγ-Dicarbonsäure.** Sm. 131°; Sd. 195°$_{14}$. Ag (*B.* **37**, 1615 *C.* **1904** [1] 1403).

$C_7H_{10}O_5$ *13) **Oxyisoterebinsäure.** Ca + H_2O, Ba + $2H_2O$ (*A.* **330**, 315 *C.* **1904** [1] 927; *A.* **330**, 321 *C.* **1904** [1] 928).
31) **Formalmethylenarabinosid.** Sd. 155°$_{32}$ (*R.* **22**, 162 *C.* **1903** [2] 108).
32) **Formalmethylenxylosid.** Sm. 56—57° (*R.* **22**, 161 *C.* **1903** [2] 108).
33) **Oxylaktonsäure** (aus Isoheptodilakton). Ba (*A.* **330**, 322 *C.* **1904** [1] 928).

$C_7H_{10}O_6$ *8) **Butan-αβδ-Tricarbonsäure.** Sm. 122° (*C.* **1903** [1] 628; *Soc.* **85**, 612 *C.* **1904** [1] 1254, 1553).

$C_7H_{10}O_7$ 10) **β-Oxypropanmethyläther-αβγ-Tricarbonsäure** + H_2O (Methylocitronensäure). Sm. 98—99° (130—131° wasserfrei). Ag_3 (*A.* **327**, 230 *C.* **1903** [1] 1406).

$C_7H_{10}O_8$ 4) **Monoformalschleimsäure** + H_2O. Sm. 175° (192°) (*R.* **21**, 320 *C.* **1903** [1] 138).

$C_7H_{10}N_2$ 26) **2-[β-Amidoäthyl]pyridin.** Sd. 92—93°$_{12}$. (2HCl, $PtCl_4$ + $2H_2O$), HBr (*B.* **37**, 171 *C.* **1904** [1] 673).
27) **Pyrazol** (aus 2-Semicarbazon-1-Oxymethylenhexahydrobenzol). Sm. 84°. HCl, (2HCl, $PtCl_4$), (HCl, $AuCl_3$) (*A.* **329**, 118 *C.* **1903** [2] 1322).
28) **Pyrazol** (aus 3-Semicarbazon-4-Oxymethylen-1-Methyl-R-Pentamethylen. Fl. (2HCl, $PtCl_4$) (*A.* **329**, 117 *C.* **1903** [2] 1322).
29) **4-Methyl-5-Aethyl-1,3-Diazin.** Sd. 193,5°$_{768}$. HCl, + $2HgCl_2$, + $2PtCl_4$, + $AuCl_3$ (*B.* **36**, 1917 *C.* **1903** [2] 208).
30) **Nitril d. Pentan-αε-Dicarbonsäure.** Sd. 171—172°$_{12}$ (*B.* **37**, 3590 *C.* **1904** [2] 1407).

$C_7H_{11}N$ 13) **Nitril d. Hexahydrobenzolcarbonsäure.** Sd. 185—185,5°$_{738}$. HCl, (2HCl, $PtCl_4$), (HCl, $AuCl_3$) (*C.* **1904** [1] 1214).

$C_7H_{11}N_3$ *5) **4-Hydrazido-2,6-Dimethylpyridin.** HCl, H_2SO_4, Pikrat (*B.* **36**, 1116 *C.* **1903** [1] 1185).

7) **2-Amido-4-Methyl-5-Aethyl-1,3-Diazin.** Sm. 168—169°; Sd. $250°_{764}$ (*B.* **36**, 1919 *C.* **1903** [2] 208).

$C_7H_{12}O$ *1) **δ-Oxy-αζ-Heptadiën** (*C.* **1903** [2] 1415).

*9) **2-Keto-1-Methylhexahydrobenzol.** Sm. 165° (*A.* **329**, 376 *C.* **1904** [1] 517).

21) **1-Methylhexahydrobenzol-3,4-Oxyd.** Sd. $146°_{735}$ (*C.* **1903** [2] 280; **1904** [1] 1346).

22) **Aldehyd d. Hexahydrobenzolcarbonsäure.** Sd. 159° (*Bl.* [3] **29**, 1050 *C.* **1903** [2] 1437; *C. r.* **137**, 989 *C.* **1904** [1] 257; *C. r.* **139**, 344 *C.* **1904** [2] 704).

$C_7H_{12}O_2$ *2) **βδ-Diketoheptan** (Butyrylaceton). Sd. $69—70°_{20}$. Na, Cu (*Bl.* [3] **27**, 1085 *C.* **1903** [1] 225).

*21) **Hexahydrobenzolcarbonsäure** (*C.* **1903** [1] 1134).

*30) **Lakton d. γ-Oxyhexan-α-Carbonsäure.** Sd. $222—234°_{748}$ (*B.* **35**, 4272 *C.* **1903** [1] 281).

*33) **Lakton d. δ-Oxy-β-Methylpentan-β-Carbonsäure.** Sm. 52° (*Soc.* **85**, 158 *C.* **1904** [1] 720).

*53) **γδ-Diketoheptan.** Sd. 145—146° (*Bl.* [3] **31**, 1174 *C.* **1904** [2] 1701).

69) **α-Hexen-α-Carbonsäure.** Sd. $225—228°_{737}$. Ca (*B.* **35**, 4268 *C.* **1903** [1] 281).

70) **δ-Methyl-β-Penten-δ-Carbonsäure.** Sd. 213° (*Soc.* **85**, 158 *C.* **1904** [1] 720).

71) **Säure** (aus Naphta). Sd. $121—122°_{14}$ (D.R.P. 151880 *C.* **1904** [2] 70).

72) **Lakton** (aus β-Methylbutan-βδ-Dicarbonsäurediäthylester). Sd. $105°_{18}$. Ba + $1^1/_2H_2O$ (*C. r.* **138**, 580 *C.* **1904** [1] 925).

73) **Acetat d. 1-Oxymethyl-R-Tetramethylen.** Sd. $150—151°_{760}$ (*C.* **1903** [1] 828).

$C_7H_{12}O_3$ *13) **β-Ketohexan-ζ-Carbonsäure.** Sm. 50° (*A.* **329**, 377 *C.* **1904** [1] 517).

*14) **δ-Keto-β-Methylpentan-β-Carbonsäure.** Sm. 75,5—76,5° (*A.* **329**, 90 *C.* **1903** [2] 1071; *Soc.* **85**, 1219 *C.* **1904** [2] 1108).

*27) **Methylester d. γ-Keto-β-Methylbutan-β-Carbonsäure.** Sd. 174—174,2° (*Soc.* **83**, 1231 *C.* **1903** [2] 1420).

*39) **δ-Oxy-β-Hexen-ε-Carbonsäure.** Fl. K + $1^1/_2H_2O$, Ba + $3^1/_2H_2O$ (*C.* **1903** [2] 556).

*45) **Methylester d. β-Ketopentan-α-Carbonsäure.** Sd. $86°_{14}$ (*Bl.* [3] **27**, 1089 *C.* **1903** [1] 226).

49) **γ-Methyl-γ-Oxymethyl-α-Buten-α-Carbonsäure.** Ba (*M.* **25**, 14 *C.* **1904** [1] 718).

50) **trans-4-Oxyhexahydrobenzol-1-Carbonsäure.** Sm. 121° (*Soc.* **85**, 430 *C.* **1904** [1] 1082, 1439).

51) **γ-Ketohexan-α-Carbonsäure** (β-Butyrylpropionsäure). Sm. 46—47° (*Bl.* [3] **27**, 1093 *C.* **1903** [1] 226).

52) **ε-Keto-β-Methylpentan-ε-Carbonsäure.** Sm. 22°; Sd. $101—102°_{12}$ (*Bl.* [3] **31**, 1152 *C.* **1904** [2] 1707).

53) **α-Keto-ββ-Dimethylbutan-α-Carbonsäure** (Dimethyläthylbrenztraubensäure). Sd. $86°_{18}$. Ca + H_2O (*A.* **327**, 209 *C.* **1903** [1] 1407).

54) **Aethylester d. α-Ketobutan-α-Carbonsäure** (Ae. d. Butyrylameisensäure). Sd. 179—180° (*B.* **37**, 2386 Anm. *C.* **1904** [2] 307; *Bl.* [3] **31**, 1149 *C.* **1904** [2] 1706).

55) **Monoäthylester d. Propan-ββ-Dicarbonsäuremonaldehyd.** Sd. 163 bis $164°_{740}$ (*Bl.* [3] **31**, 161 *C.* **1904** [1] 869).

56) **Butyrat d. α-Oxy-β-Ketopropan.** Sd. $106—107°_{27}$ (*C. r.* **138**, 1275 *C.* **1904** [2] 93).

$C_7H_{12}O_4$ *8) **Pentan-αδ-Dicarbonsäure.** Sm. 57,5—61,5° (*C.* **1903** [2] 23, 289).

*9) **Pentan-αε-Dicarbonsäure.** Sm. 103—104° (*B.* **37**, 3591 *C.* **1904** [2] 1407).

*13) **trans-Pentan-βδ-Dicarbonsäure.** Sm. 140—141° (*Soc.* **83**, 359 *C.* **1903** [1] 1122).

*14) **cis-Pentan-βδ-Dicarbonsäure.** Sm. 126—127° (128°) (*C. r.* **136**, 382 *C.* **1903** [1] 697; *Soc.* **83**, 358 *C.* **1903** [1] 1122; *Bl.* [3] **29**, 1018 *C.* **1903** [2] 1315).

*19) **trans-β-Methylbutan-αγ-Dicarbonsäure.** Fl. (*Soc.* **83**, 357 *C.* **1903** [1] 389, 1122).

$C_7H_{12}O_4$ *20) **cis-β-Methylbutan-αγ-Dicarbonsäure.** Sm. 84—85° (82—83°; 87°) (*Bl.* [3] **29**, 333 *C.* **1903** [1] 1216; *C. r.* **136**, 243 *C.* **1903** [1] 565; *Soc.* **83**, 357 *C.* **1903** [1] 389. 1122).

*21) **β-Methylbutan-αδ-Dicarbonsäure.** Sm. 89,2° (*C.* **1903** [2] 288, 289, 1425).

*23) **β-Methylbutan-βδ-Dicarbonsäure.** Sm. 90° (82°) (*Soc.* **83**, 13 *C.* **1903** [1] 76, 443; *C. r.* **136**, 1463 *C.* **1903** [2] 282; *A.* **329**, 97 *C.* **1903** [2] 1071; *C. r.* **138**, 580 *C.* **1904** [1] 925).

*34) **Dimethylester d. Propan-αβ-Dicarbonsäure.** Sd. 197—198° (*Soc.* **85**, 543 *C.* **1904** [1] 1485).

*42) **Diäthylester d. Malonsäure.** + $AlCl_3$ (*B.* **36**, 268 *C.* **1903** [1] 440; *B.* **36**, 1333 *C.* **1903** [1] 1301; *Soc.* **85**, 1108 *C.* **1904** [2] 976).

57) **α-Acetoxyl-β-Methylpropan-β-Carbonsäure.** Sm. 56°. Ca (*Bl.* [3] **31**, 125 *C.* **1904** [1] 644).

58) **Monomethylester d. cis-Butan-βγ-Dicarbonsäure.** Sm. 38°. Ag (*Soc.* **85**, 545 *C.* **1904** [1] 1484).

59) **Monomethylester d. trans-Butan-βγ-Dicarbonsäure.** Sm. 49°. Ag (*Soc.* **85**, 546 *C.* **1904** [1] 1484).

60) **α-Methylester d. β-Methylpropan-αβ-Dicarbonsäure.** Sm. 52°. Ag (*Soc.* **85**, 547 *C.* **1904** [1] 1485).

61) **β-Methylester d. β-Methylpropan-αβ-Dicarbonsäure.** Sm. 40,5—41°; Sd. $141°_{14}$. Ag (*Soc.* **85**, 548 *C.* **1904** [1] 1485).

$C_7H_{12}O_5$ 40) **γ-Oxy-β-Methylbutan-βδ-Dicarbonsäure.** Sm. 158—160° (*Soc.* **83**, 14 *C.* **1903** [1] 76, 443).

41) **Oxysäure** (aus Pilopinsäure). Ba, Ag_2 (*Soc.* **79**, 1337 *C.* **1902** [1] 50). — *III, *688.*

$C_7H_{12}O_6$ *2) **d-Chinasäure** (*Ph. Ch.* **44**, 467 *C.* **1903** [2] 570).

*3) **γδ-Dioxypentan-αβ-Dicarbonsäure.** Ba + $3^1/_2H_2O$ (*A.* **330**, 318 *C.* **1904** [1] 928).

*11) **Diäthylester d. Dioxymethandicarbonsäure.** Sm. 57° (*C. r.* **137**, 197 *C.* **1903** [2] 659; *B.* **37**, 1782 *C.* **1904** [1] 1483).

16) **Methylengalaktosid.** Sm. 203° (*R.* **22**, 163 *C.* **1903** [2] 108).

17) **Methylenmannosid.** Sm. 188° (*R.* **22**, 164 *C.* **1903** [2] 109).

18) **Monopropylester d. d-Weinsäure.** K (*Soc.* **85**, 1124 *C.* **1904** [2] 1206).

$C_7H_{12}O_9$ 6) **isom. Pentaoxypimelinsäure.** Ca (*B.* **35**, 4020 *C.* **1903** [1] 391).

$C_7H_{12}N_2$ 10) **3-Methyl-5-Propylpyrazol** (oder 5-Methyl-3-Propylpyrazol). Sd. 136 bis $137°_{20}$ (*Bl.* [3] **27**, 1087 *C.* **1903** [1] 226; *Bl.* [3] **27**, 1099 *C.* **1903** [1] 227).

11) **Nitril d. Hexahydropyridin-1-Methylcarbonsäure** (N. d. Piperidylessigsäure). Sm. 19°; Sd. 210° (*B.* **36**, 4193 *C.* **1904** [1] 263; *C.* **1904** [2] 1378; *B.* **37**, 4082 *C.* **1904** [2] 1723).

$C_7H_{12}N_4$ 3) **2,6-Diamido-4-Methyl-5-Aethyl-1,3-Diazin.** Sm. 161—162°; Sd. 310° (2HCl, $PtCl_4$) (*B.* **36**, 1920 *C.* **1903** [2] 208).

$C_7H_{12}Br_2$ 6) **3,4-Dibrom-1-Methylhexahydrobenzol.** Sd. $130°_{40}$ (*C.* **1904** [1] 1213; **1904** [2] 220)

$C_7H_{13}Cl$ *7) **3-Chlor-1-Methylhexahydrobenzol.** Sd. $63,5—65°_{40}$ (*C.* **1904** [1] 1345).

*9) **1-Chlor-1-Methylhexahydrobenzol** (*C.* **1904** [1] 1345).

12) **2-Chlor-1-Methylhexahydrobenzol.** Sd. $65—67°_{40}$ (*C.* **1904** [1] 1345).

$C_7H_{13}Br$ *1) **3-Brom-1-Methylhexahydrobenzol.** Sd. $181°_{768}$ (*C.* **1904** [1] 1345; *B.* **37**, 851 *C.* **1904** [1] 1146).

*7) **Brom-R-Heptamethylen.** Sd. $101,5°_{40}$ (*C.* **1903** [1] 567; *A.* **327**, 63 *C.* **1903** [1] 1124).

$C_7H_{13}J$ *2) **3-Jod-1-Methylhexahydrobenzol.** Sd. $205—206°_{734}$ (**1904** [1] 1346).

$C_7H_{14}O$ *1) **δ-Oxy-δ-Methyl-α-Hexen** (*C.* **1903** [2] 1415).

*3) **Oxy-R-Heptamethylen.** Sd. $184—185°_{756}$ (*C.* **1904** [1] 1214).

*4) **2-Oxy-Methylhexahydrobenzol.** Sd. 168—170° (*A.* **329**, 375 *C.* **1904** [1] 517; *C.* **1904** [1] 1346).

*8) **2-Oxy-1,3-Dimethyl-R-Pentamethylen** (*C.* **1903** [2] 1415).

*12) **β-Ketoheptan.** Sd. 149—150° (*Bl.* [3] **29**, 674 *C.* **1903** [2] 487).

*15) **δ-Keto-β-Methylhexan** (*C. r.* **137**, 576 *C.* **1903** [2] 1110).

*17) **β-Keto-γ-Methylhexan.** Sd. 146—147° (*C.* **1903** [1] 1023; *B.* **36**, 2715 *C.* **1903** [2] 987).

*26) **Oenanthol.** + Anilinsulfit, + Anilinanhydrosulfit (*A.* **325**, 356 *C.* **1903** [1] 696).

*29) **1-Oxy-1-Methylhexahydrobenzol.** Sm. 12°; Sd. $155°_{760}$ (*C. r.* **138**, 1321 *C.* **1904** [2] 219).

$C_7H_{14}O$ 35) δ-Oxy-βδ-Dimethyl-β-Penten. Sd. 46°_{14} (*B.* **37**, 3578 *C.* **1904** [2] 1376).
36) Oxymethylhexahydrobenzol. (Hexahydrobenzylalkohol). Sd. 82°_{11} (181°_{755}) (*C. r.* **137**, 61 *C.* **1903** [2] 551; *C. r.* **139**, 344 *C.* **1904** [2] 704).
37) Aldehyd d. Hexan-γ-Carbonsäure. Sd. 141—143° (*C. r.* **138**, 92 *C.* **1904** [1] 505).

$C_7H_{14}O_2$ 52) 3,4-Dioxy-1-Methylhexahydrobenzol. Sd. 134°_{18} (*C.* **1904** [2] 220).
53) Monomethyläther d. isom. 1,2-Dioxyhexahydrobenzol. Sd. $184—185^{\circ}_{762}$ (*C. r.* **136**, 384 *C.* **1903** [1] 711).
54) Aethyläther d. α-Oxy-β-Ketopentan. Sd. 164—165° (*C. r.* **138**, 91 *C.* **1904** [1] 505).
55) Oxyd (aus d. Glycerin d. Methyläthylallylcarbinol). Sd. $201—203^{\circ}_{758}$ (*C.* **1904** [2] 185).
56) ββ-Dimethylbutan-δ-Carbonsäure. Sm. —1 bis +3°; Sd. 211—214° (*C. r.* **136**, 554 *C.* **1903** [1] 825; *Bl.* [3] **29**, 664 *C.* **1903** [2] 487).
57) Säure (aus Naphta). Sd. 207—209° (*C.* **1903** [1] 1134).
58) Aldehyd d. δ-Oxy-β-Methylpentan-γ-Carbonsäure. Sd. $100—110^{\circ}_{25}$ (*M.* **22**, 4; *M.* **24**, 245 *C.* **1903** [2] 237).
59) Methylester d. Pentan-γ-Carbonsäure (M. d. Diäthylessigsäure) (*C.* **1903** [1] 225).
60) Verbindung (aus d. Verb. $C_6H_{10}O_2$). Sd. 160—170° (*C. r.* **137**, 1205 *C.* **1904** [1] 356).

$C_7H_{14}O_3$ *6) γ-Oxyhexan-α-Carbonsäure. Ba (*B.* **35**, 4272 *C.* **1903** [1] 281).
*48) Aldehyd d. αγ-Dioxy-ββ-Dimethylbutan-δ-Carbonsäure (*M.* **25**, 1065 *C.* **1904** [2] 1599).
*49) Aethylester d. α-Oxy-β-Methylpropan-β-Carbonsäure. Sd. 188°_{760} (*Bl.* [3] **31**, 113 *C.* **1904** [1] 643; *Bl.* [3] **31**, 122 *C.* **1904** [1] 644).
52) δ-Oxy-β-Methylpentan-γ-Carbonsäure. Sd. 250° (*M.* **24**, 246 *C.* **1903** [2] 237).
53) α-Oxy-β-Methylpropanäthyläther-β-Carbonsäure. Sd. 123°_{22} (*Bl.* [3] **31**, 127 *C.* **1904** [1] 644).
54) Aethylester d. β-Oxy-α-Methylbuttersäure. Sd. $98—100^{\circ}_{30}$ (*Bl.* [3] **29**, 330 *C.* **1903** [1] 1226).
55) Butylester d. 1-α-Oxypropionsäure. Sd. $70{,}5—73^{\circ}_{10-11}$ (*C.* **1903** [2] 1419).
56) Isobutylester d. 1-α-Oxypropionsäure. Sd. $72—75^{\circ}_{13}$ (*C.* **1903** [2] 1419).
57) Monoacetat d. αβ-Dioxy-β-Methylbutan. Sd. $145—147^{\circ}_{10}$ (*C. r.* **137**, 758 *C.* **1903** [2] 1415).

$C_7H_{14}O_4$ *9) α-Butyrat d. αβγ-Trioxypropan (*C.* **1903** [1] 133).
13) α-Isobutyrat d. αβγ-Trioxypropan. Sd. 264—266° (*C.* **1903** [1] 134).

$C_7H_{14}O_6$ *6) α-Methyl-d-Glykosid. Sm. 164—165° (*M.* **24**, 358 *C.* **1903** [2] 488; *Soc.* **83**, 1313 *C.* **1904** [1] 86).
*7) β-Methyl-d-Glykosid (*Soc.* **83**, 1312 *C.* **1904** [1] 86).
22) Methylchitosid + H_2O. Sm. 169° (*B.* **35**, 4021 *C.* **1903** [1] 391).

$C_7H_{14}O_8$ 9) Chitoheptonsäure. Ba (*B.* **35**, 4022 *C.* **1903** [1] 391).

$C_7H_{14}N_2$ *1) Nitril d. Dipropylamidoameisensäure. Sd. 97°_{17} (*B.* **36**, 1108 *C.* **1903** [1] 1215).
*7) α-Diäthylamidopropionsäure. Sd. 68°_{17} (*B.* **37**, 4089 *C.* **1904** [2] 1724).
8) polym. αε-Di[Methylenamido]pentan. Sm. 251° (*B.* **36**, 38 *C.* **1903** [1] 502).
9) Nitril d. α-Propylamidobuttersäure. Sd. 176—177° (*C.* **1904** [2] 945).
10) Nitril d. α-Isobutylamidopropionsäure. Sd. 168—169° (*C.* **1904** [2] 945).

$C_7H_{15}N$ *7) 3-Amido-1-Methylhexahydrobenzol. Sd. 150° (*C. r.* **138**, 1258 *C.* **1904** [2] 105).
*13) 1-Aethylhexahydropyridin. d-Bromcamphersulfonat (*Soc.* **83**, 1144 *C.* **1903** [2] 1063).
31) 1-Amidomethylhexahydrobenzol. Sd. 163°_{740} (*C.* **1904** [1] 1214).
32) Methylamidohexahydrobenzol. Sd. 145° (*C. r.* **138**, 1258 *C.* **1904** [2] 105).
33) 2,5-Dimethylhexahydropyridin. Sd. 138—140°. HCl, (2HCl, $PtCl_4$), (HCl, $AuCl_3$), HBr, HJ (*C.* **1903** [1] 1034; *B.* **37**, 2063 *C.* **1904** [2] 123).

$C_7H_{15}Br$ *1) α-Bromheptan. Sd. $175{,}5—177{,}5^{\circ}_{755}$ (*C.* **1903** [1] 961).
*2) β-Bromheptan (*C.* **1903** [2] 100).

$C_7H_{16}O$ *1) α-Oxyheptan. Sd. 175° (*M.* **25**, 1087 *C.* **1904** [2] 1698).
*7) ζ-Oxy-β-Methylbutan. Sd. $167—169^{\circ}_{755}$ (*C. r.* **136**, 1261 *C.* **1903** [2] 106).
*9) γ-Oxy-γ-Aethylpentan. Sd. 142°_{764} (*B.* **36**, 1009 *C.* **1903** [1] 1077; *C.* **1903** [2] 1415).

$C_7H_{16}O$ 18) **Isopropyläther d. β-Oxy-β-Methylpropan.** Sd. 75—76°$_{768}$ (*C.* **1904** [1] 1065).

$C_7H_{16}O_2$ 11) **αζ-Dioxy-γ-Methylhexan.** Sd. 155°$_{12}$ (*C. r.* **137**, 329 *C.* **1903** [2] 711).

12) **αε-Dioxy-ββ-Dimethylpentan.** Sd. 134°$_{10}$ (*C. r.* **137**, 329 *C.* **1903** [2] 711).

$C_7H_{16}O_3$ *5) **αα-Diäthyläther d. ααγ-Trioxypropan** (*B.* **36**, 3658 *C.* **1903** [2] 1311).

7) **αγε-Trioxy-ββ-Dimethylpentan.** Fl. (*M.* **25**, 1068 *C.* **1904** [2] 1599).

8) **δ-Oxy-γγ-Di[Oxymethyl]-γ-Methylbutan.** Sm. 83—83,5° (*B.* **36**, 1342 *C.* **1903** [1] 1298).

$C_7H_{16}N_2$ 9) **1-Amido-2, 4-Dimethylhexahydropyridin.** Sd. 170—175° (*B.* **37**, 2065 *C.* **1904** [2] 123).

10) **1-Amido-2, 6-Dimethylhexahydropyridin.** Sd. 170—175° (*C.* **1903** [1] 1034).

$C_7H_{17}N$ 15) **act. β-Aethylamidopentan** (Aethyl-act. sec. Amylamin). (2HCl, $PtCl_4$) (*C.* **1904** [1] 923).

16) **α-Isopropylamido-β-Methylpropan** (Isopropylisobutylamin). (2HCl, $PtCl_4$) (*C.* **1904** [1] 923).

$C_7H_{18}Sn$ 2) **Zinndimethyläthylpropyl.** Sd. 153°$_{762}$ (*C.* **1904** [1] 353).

— 7 III —

$C_7H_2OCl_4$ 5) **2, 3, 5, 6-Tetrachlor-4-Keto-1-Methylen-1, 4-Dihydrobenzol.** Sm. noch nicht bei 270° (*A.* **328**, 295 *C.* **1903** [2] 1248).

$C_7H_2O_4Br_2$ 1) **1, 2-Carbonat d. 4, 6-Dibrom-1, 2, 3-Trioxybenzol.** Sm. 146° (*B.* **37**, 112 *C.* **1904** [1] 585).

$C_7H_2NCl_3$ *1) **Nitril d. 2, 4, 6-Trichlorbenzol-1-Carbonsäure.** Sm. 77,5° (*R.* **21**, 384 *C.* **1903** [1] 152).

$C_7H_3OCl_3$ *3) **Chlorid d. 2, 6-Dichlorbenzol-1-Carbonsäure.** Sd. 142—143°$_{21}$ (*Soc.* **83**, 1214 *C.* **1903** [2] 1330).

*4) **Chlorid d. 3, 4-Dichlorbenzol-1-Carbonsäure.** Sd. 159—160°$_{42}$ (*Soc.* **83**, 1214 *C.* **1903** [2] 1330).

5) **Chlorid d. 2, 3-Dichlorbenzol-1-Carbonsäure.** Sd. 140°$_{14}$ (*Soc.* **83**, 1214 *C.* **1903** [2] 1330).

6) **Chlorid d. 2, 4-Dichlorbenzol-1-Carbonsäure.** Sd. 150°$_{34}$ (*Soc.* **83**, 1214 *C.* **1903** [2] 1330).

7) **Chlorid d. 2, 5-Dichlorbenzol-1-Carbonsäure.** Sd. 137°$_{16}$ (*Soc.* **83**, 1214 *C.* **1903** [2] 1330).

8) **Chlorid d. 3, 5-Dichlorbenzol-1-Carbonsäure.** Sd. 135—137°$_{25}$ (*Soc.* **83**, 1214 *C.* **1903** [2] 1330).

$C_7H_3OCl_5$ 3) **2, 2, 3, 5, 6-Pentachlor-1-Keto-4-Methyl-1, 2-Dihydrobenzol.** Sm. 99—100° (*A.* **328**, 285 *C.* **1903** [2] 1246).

$C_7H_3O_2Cl_3$ *6) **2, 4, 6-Trichlorbenzol-1-Carbonsäure.** Sm. 164° (*R.* **21**, 385 *C.* **1903** [1] 152).

$C_7H_3O_2Cl_5$ 4) **2, 2, 4, 4, 5-Pentachlor-1, 3-Diketo-6-Methyl-1, 2, 3, 4-Tetrahydrobenzol.** Sm. 85° (*A.* **328**, 308 *C.* **1903** [2] 1248).

$C_7H_3O_3Cl_3$ 3) **3, 3, 6-Trichlor-1, 2, 4-Triketo-5-Methyl-1, 2, 3, 4-Tetrahydrobenzol** + $2H_2O$? Sm. 77—78° (*A.* **328**, 319 *C.* **1903** [2] 1247).

$C_7H_3O_3Br_3$ *2) **2, 4, 6-Tribrom-3-Oxybenzol-1-Carbonsäure** + $^1/_2 H_2O$. Sm. 145—146° (*G.* **32** [2] 338 *C.* **1903** [1] 580).

$C_7H_3O_4Br$ 1) **1, 2-Carbonat d. 4-[oder 6]-Brom-1, 2, 3-Trioxybenzol.** Sm. 155° (*B.* **37**, 111 *C.* **1904** [1] 584).

$C_7H_3O_6N$ 2) **Carbonat d. 4-Nitro-1, 2, 3-Trioxybenzol.** Sm. 148—149° (*B.* **37**, 113 C. **1904** [1] 585).

$C_7H_3O_7N_3$ 2) **2-Nitroso-4, 6-Dinitrobenzol-1-Carbonsäure.** Sm. 229° u. Zers. + C_6H_6 (*B.* **36**, 962 *C.* **1903** [1] 969).

$C_7H_3O_8N_3$ *1) **2, 4, 6-Trinitrobenzol-1-Carbonsäure.** Sm. 210° u. Zers. (*R.* **21**, 380 *C.* **1903** [1] 151; *Soc.* **85**, 237 *C.* **1904** [1] 1006).

$C_7H_3NBr_2$ *1) **Nitril d. 3, 5-Dibrombenzol-1-Carbonsäure.** Sm. 96,5—97° (*C.* **1903** [2] 1194).

$C_7H_3N_2Br_3$ 1) **Nitril d. ?-Tribrom-3-Amidobenzol-1-Carbonsäure.** Sm. 177—178° (*C.* **1904** [2] 104).

$C_7H_4OCl_4$ *3) **Methyläther d. 2, 3, 4, 6-Tetrachlor-1-Oxybenzol.** Sm. 64—65° (*B.* **37**, 4015 *C.* **1904** [2] 1716).

4) **2, 3, 5, 6-Trichlor-4-Oxy-1-Methylbenzol.** Sm. 190° (*A.* **328**, 281 *C.* **1903** [2] 1245).

$C_7H_4OCl_4$ 5) **2,2,5,6-Tetrachlor-1-Keto-4-Methyl-1,2-Dihydrobenzol?** Sm. 106 bis 107° (*A.* **328**, 283 *C.* **1903** [2] 1246).

$C_7H_4OBr_4$ *2) **2,4,5,6-Tetrabrom-3-Oxy-1-Methylbenzol.** Sm. 191—192° (*A.* **333**, 356 *C.* **1904** [2] 1116).
*7) **2,3,5-Tribrom-4-Oxy-1-Brommethylbenzol.** Sm. 122° (*A.* **334**, 330 *C.* **1904** [2] 988).

$C_7H_4OS_2$ 1) **Thiocarbonylthiobrenzkatechin.** Sm. 99,5° (*C.* **1904** [2] 1176).

$C_7H_4O_2N_2$ *2) **Nitril d. 2-Nitrobenzol-1-Carbonsäure.** Sm. 109,5° (*C.* **1903** [1] 174).
*3) **Nitril d. 3-Nitrobenzol-1-Carbonsäure.** Sm. 117—117,5° (*C.* **1904** [2] 100).
*5) **Imid d. Pyridin-2,3-Dicarbonsäure.** K (*B.* **37**, 2131 *C.* **1904** [2] 232).

$C_7H_4O_2Cl_2$ *4) **2,4-Dichlorbenzol-1-Carbonsäure.** Sm. 156—158° (*B.* **37**, 221 *C.* **1904** [1] 588).
*10) **Aldehyd d. 3,5-Dichlor-4-Oxybenzol-1-Carbonsäure.** Sm. 158—159° (*B.* **37**, 4033 *C.* **1904** [2] 1719).
12) **Aldehyd d. 3,5-Dichlor-2-Oxybenzol-1-Carbonsäure.** Sm. 95° (*B.* **37**, 4027 *C.* **1904** [2] 1718).

$C_7H_4O_2Cl_4$ 5) **2,3,5,6-Tetrachlor-4-Keto-1-Oxy-1-Methyl-1,4-Dihydrobenzol.** Sm. 166° *B.* **28**, 3122; *A.* **328**, 300 *C.* **1903** [2] 1248). — ***III,** *251.*

$C_7H_4O_2Br_2$ *8) **3,5-Dibrombenzol-1-Carbonsäure.** Sm. 219,5—220,5° (*C.* **1903** [2] 1194).

$C_7H_4O_2Br_4$ 5) **Aldehyd d. ?-Tetrabrom-3-Oxy-?-Dihydrobenzol-1-Carbonsäure.** Sm. 118° (D.R.P. 68583). — ***III,** *48.*

$C_7H_4O_3Cl_2$ *2) **3,5-Dichlor-2-Oxybenzol-1-Carbonsäure.** Sm. 219° (*B.* **37**, 4030 *C.* **1904** [2] 1718).
6) **3,6-[oder 5,6]-5[oder 3]-Oxy-2-Methyl-1,4-Benzochinon.** Sm. 157 bis 158° (*A.* **328**, 321 *C.* **1903** [2] 1247).

$C_7H_4O_3Cl_4$ 1) **Ketochlorid** + H_2O (aus 3,5,6-Trichlor-1,2-Dioxy-4-Keto-1-Methyl-1,4-Dihydrobenzol). Sm. 97° (103° wasserfrei) (*A.* **328**, 307 *C.* **1903** [2] 1248).

$C_7H_4O_3Cl_6$ 4) **Säure** (aus 2,2,4,4,5-Pentachlor-1,3-Diketo-6-Methyl-1,2,3,4-Tetrahydrobenzol). Sm. 133° (*A.* **328**, 310 *C.* **1903** [2] 1248).

$C_7H_4O_3Br_2$ *2) **3,5-Dibrom-2-Oxybenzol-1-Carbonsäure.** Sm. 221° (*Soc.* **81**, 1480 *C.* **1903** [1] 144).
*3) **3,5-Dibrom-4-Oxybenzol-1-Carbonsäure.** Sm. 266° u. Zers. (*G.* **33** [1] 70 *C.* **1903** [1] 876).
8) **4,6-Dibrom-3-Oxybenzol-1-Carbonsäure.** Sm. 194—195° (*G.* **32** [2] 337 *C.* **1903** [1] 579).
9) **4,6[?]-Dibrom-3-Oxybenzol-1-Carbonsäure** + H_2O. Sm. 202° (*Soc.* **81**, 1483 *C.* **1903** [1] 23, 144).

$C_7H_4O_4Hg$ 2) **Anhydrid d. Oxymerkurosalicylsäure** (*G.* **32** [2] 306 *C.* **1903** [1] 578).

$C_7H_4O_7N_4$ C 32,8 — H 1,5 — O 50,8 — N 21,9 — M. G. 256.
1) **2,4,6-Trinitrobenzaldoxim.** Sm. 158° (*B.* **36**, 961 *C.* **1903** [1] 969).
2) **Amid d. 2,4,6-Trinitrobenzol-1-Carbonsäure.** Sm. 264° u. Zers. (*R.* **21**, 382 *C.* **1903** [1] 152).

$C_7H_4O_9N_4$ C 29,2 — H 1,4 — O 50,0 — N 19,4 — M. G. 288.
1) **Methyläther d. 2,3,5,6-Tetranitro-1-Oxybenzol.** Sm. 112° (und 154°). + C_6H_6 (*R.* **23**, 115 *C.* **1904** [2] 205).

$C_7H_4N_2Br_2$ 3) **Nitril d. 3,5-Dibrom-2-Amidobenzol-1-Carbonsäure.** Sm. 156 bis 156,5° (*C.* **1903** [2] 1194).

C_7H_5ON *1) **Benzoxazol.** Sm. 30—31°; Sd. 182—183°. + $HgCl_2$ (*B.* **36**, 2054 *C.* **1903** [2] 383).
*2) **Anthranil.** (2HCl, $SnCl_4$) (*B.* **36**, 819 *C.* **1903** [1] 1026; *B.* **36**, 831 *C.* **1903** [1] 1027; *B.* **36**, 839 *C.* **1903** [1] 1028; *B.* **36**, 2465 *C.* **1903** [2] 559; *B.* **36**, 3637 *C.* **1903** [2] 1331; *B.* **36**, 3645 *C.* **1903** [2] 1332; *B.* **36**, 4295 *C.* **1904** [1] 507; *B.* **36**, 4178 *C.* **1904** [1] 278; *B.* **37**, 966 *C.* **1904** [1] 1078).
*3) **Nitril d. 2-Oxybenzol-1-Carbonsäure.** Sm. 98°. NH_4, Anilinsalz (*B.* **36**, 581 *C.* **1903** [1] 709).
*8) **Phenylisocyanat.** Sm. 162° (*B.* **36**, 2477 *C.* **1903** [2] 559; *M.* **24**, 851 *C.* **1904** [1] 364).

$C_7H_5ON_3$ *3) **4-Keto-3,4-Dihydro-1,2,3-Benztriazin** (*J. pr.* [2] **69**, 102 *C.* **1904** [1] 730).

C_7H_5OCl *4) **Chlorid d. Benzolcarbonsäure.** + $FeCl_3$ (*Am.* **29**, 141 *C.* **1903** [1] 715; *R.* **22**, 316 *C.* **1903** [2] 203).

$C_7H_5OCl_3$ 4) **2,3,5-Trichlor-4-Oxy-1-Methylbenzol.** Sm. 66—67° (*A.* **328**, 279 *C.* **1903** [2] 1245).

$C_7H_5OCl_7$ 1) **1,2,3,3,5,5,6-Heptachlor-4-Keto-1-Methyl-1,4-Dihydrobenzol.** Sm. 110° (*A.* **328**, 286 *C.* **1903** [2] 1245).

C_7H_5OBr *3) **Aldehyd d. 4-Brombenzol-1-Carbonsäure.** Sm. 57° (*B.* **37**, 188 *C.* **1904** [1] 638).

*4) **3,5-Dibrom-4-Oxy-1-Brommethylbenzol.** Sm. 149—150° (*B.* **36**, 1883 *C.* **1903** [2] 290).

$C_7H_5O_2N$ *3) **Aldehyd d. 3-Nitrosobenzol-1-Carbonsäure** (*B.* **36**, 2310 *C.* **1903** [2] 429; *Am.* **30**, 111 *C.* **1903** [2] 719).

*4) **Aldehyd d. 4-Nitrosobenzol-1-Carbonsäure.** Sm. 137,5° (*B.* **36**, 2308 *C.* **1903** [2] 429; *Am.* **30**, 111 *C.* **1903** [2] 719).

7) **Verbindung** (aus 2-Nitro-1-Oxymethylbenzol). = $(C_7H_5O_2N)_x$. Zers. bei 237° (*B.* **37**, 3429 *C.* **1904** [2] 1213).

$C_7H_5O_2N_3$ *1) **6-Nitroindazol.** Sm. 181°. HCl, (2HCl, $PtCl_4$) (*B.* **37**, 2577 *C.* **1904** [2] 658).

*2) **6-Nitrobenzimidazol** (*B.* **36**, 3968 *C.* **1904** [1] 177).

18) **4-Nitroindazol.** Sm. 203°. (2HCl, $PtCl_4$) (*B.* **37**, 2582 *C.* **1904** [2] 659).

19) **5-Nitroindazol.** Sm. 208° (*B.* **37**, 2584 *C.* **1904** [2] 659).

20) **7-Nitroindazol.** Sm. 186,5—187,5° (*B.* **37**, 2575 *C.* **1904** [2] 658).

21) **1,2,9-Benzisotriazol-5-Carbonsäure** (*B.* **36**, 1114 *C.* **1903** [1] 1184).

22) **Nitril d. 3-Nitrophenylamidoameisensäure.** Sm. 133—134° (*C.* **1903** [2] 111).

$C_7H_5O_2Cl$ *3) **2-Chlorbenzol-1-Carbonsäure.** Sm. 142° (*C.* **1903** [2] 550; D.R.P. 146174 *C.* **1903** [2] 1224).

*6) **Aldehyd d. 5-Chlor-2-Oxybenzol-1-Carbonsäure.** Sm. 99,5° (*B.* **37**, 4024 *C.* **1904** [2] 1717).

9) **Aldehyd d. 3-Chlor-4-Oxybenzol-1-Carbonsäure.** Sm. 156° (139°) (*B.* **10**, 2196; *G.* **28** [1] 235; D.R.P. 105798 *C.* **1900** [1] 523; *B.* **37**, 4032 *C.* **1904** [2] 1718). — **III**, *82*; ***III**, *60*.

$C_7H_5O_2Cl_3$ 7) **3,5,6-Trichlor-2,4-Dioxy-1-Methylbenzol.** Sm. 134° (*A.* **328**, 307 *C.* **1903** [2] 1248).

8) **2,3,5-Trichlor-1-Oxy-4-Keto-1-Methyl-1,4-Dihydrobenzol.** Sm. 89 bis 90° (*A.* **328**, 299 *C.* **1903** [2] 1248).

$C_7H_5O_2Br$ *3) **2-Brombenzol-1-Carbonsäure.** $(NH_4)H$, KH (*Soc.* **83**, 1443 *C.* **1904** [1] 510; *Soc.* **85**, 243 *C.* **1904** [1] 1006).

*4) **3-Brombenzol-1-Carbonsäure.** + H_2SO_4, $(NH_4)H$, K (*R.* **21**, 350 *C.* **1903** [1] 150; *Soc.* **83**, 1443 *C.* **1904** [1] 510; *Soc.* **85**, 243 *C.* **1904** [1] 1006).

*5) **4-Brombenzol-1-Carbonsäure.** $(NH_4)H$, KH (*Soc.* **83**, 1443 *C.* **1904** [1] 510).

*6) **Aldehyd d. 5-Brom-2-Oxybenzol-1-Carbonsäure.** Sm. 104—105° (*B.* **37**, 3934 *C.* **1904** [2] 1596).

8) **Aldehyd d. ?-Brom-3-Oxybenzol-1-Carbonsäure.** Sm. 40—45° (D.R.P. 28078). — ***III**, *58*.

$C_7H_5O_2Br_3$ *5) **Monomethyläther d. 4,5,6-Tribrom-1,2-Dioxybenzol** (*C. r.* **135**, 968 *C.* **1903** [1] 145).

$C_7H_5O_2J$ *2) **2-Jodbenzol-1-Carbonsäure.** Sm. 162° (*B.* **37**, 436 *C.* **1903** [1] 1150; *Soc.* **85**, 1272 *C.* **1904** [2] 1303).

*3) **3-Jodbenzol-1-Carbonsäure.** Sm. 187—188° (*Soc.* **85**, 1273 *C.* **1904** [2] 1303).

*4) **4-Jodbenzol-1-Carbonsäure.** Sm. 265° (*Soc.* **85**, 1274 *C.* **1904** [2] 1303).

10) **Aldehyd d. ?-Jod-2-Oxybenzol-1-Carbonsäure.** Sm. 52—54° (*J. pr.* [2] **59**, 116). — * **I**, *51*.

$C_7H_5O_3N$ *2) **2-Nitrosobenzol-1-Carbonsäure.** Sm. 213° u. Zers. (*R.* **22**, 298 *C.* **1903** [2] 231; *B.* **36**, 3651 *C.* **1903** [2] 1332; *B.* **37**, 3430 *C.* **1904** [2] 1214).

*3) **Aldehyd d. 2-Nitrobenzol-1-Carbonsäure** (*B.* **36**, 819 *C.* **1903** [1] 1025; *Bl.* [3] **31**, 134 *C.* **1904** [1] 721).

$C_7H_5O_3N$ *4) **Aldehyd d. 3-Nitrobenzol-1-Carbonsäure** (*B.* **36**, 819 *C.* **1903** [1] 1025).
*5) **Aldehyd d. 4-Nitrobenzol-1-Carbonsäure** (*B.* **36**, 819 *C.* **1903** [1] 1025).
6) **3-Nitrosobenzol-1-Carbonsäure.** Zers. bei 230° (*B.* **37**, 334 *C.* **1904** [1] 658).
7) **4-Nitrosobenzol-1-Carbonsäure.** Zers. bei 250° (*B.* **37**, 334 *C.* **1904** [1] 658).
8) **Gem. Anhydrid d. Salpetrigensäure u. Benzolcarbonsäure.** Fl. (*G.* **34** [1] 444 *C.* **1904** [2] 511).

$C_7H_5O_3Cl$ *4) **5-Chlor-2-Oxybenzol-1-Carbonsäure.** Sm. 168° (*B.* **37**, 4027 *C.* **1904** [2] 1718).
*6) **3-Chlor-4-Oxybenzol-1-Carbonsäure.** Sm. 169° (*B.* **37**, 4035 *C.* **1904** [2] 1719).

$C_7H_5O_3Cl_3$ 4) **3,5,6-Trichlor-1,2-Dioxy-4-Keto-1-Methyl-1,4-Dihydrobenzol** + H_2O. Sm. 125° (*A.* **328**, 304 *C.* **1903** [2] 1248).

$C_7H_5O_3Cl_5$ 4) **Säure** (aus 2,2,4,4,5-Pentachlor-1,3-D[illegible] 1,2,3,4-Tetrahydrobenzol). Sm. 115° (*A.* **328**, 309 *C.* [illegible]).

$C_7H_5O_3Br$ *3) **5-Brom-2-Oxybenzol-1-Carbon**[illegible] 55, 1228 *C.* **1904** [2] 204, 1032).
*4) **3-Brom-4-Oxybenzol-1-Carbonsäure** + H_2O. Sm. 156° (*G.* **33** [1] 69 *C.* **1903** [1] 876).
7) **6-Brom-3-Oxybenzol-1-Carbonsäure.** Sm. 221° (*G.* **32** [2] 335 *C.* **1903** [1] 579).

$C_7H_5O_4N$ *8) **2-Nitrobenzol-1-Carbonsäure.** KH (*B.* **36**, 1799 *C.* **1903** [2] 283; *Soc.* **83**, 1444 *C.* **1904** [1] 510; *Soc.* **85**, 241 *C.* **1904** [1] 1006).
*4) **3-Nitrobenzol-1-Carbonsäure.** $(NH_4)H$, KH (*Soc.* **83**, 1444 *C.* **1904** [1] 510; *Soc.* **85**, 242 *C.* **1904** [1] 1006).
*5) **4-Nitrobenzol-1-Carbonsäure.** $(NH_4)H$, KH (*Soc.* **83**, 1444 *C.* **1904** [1] 510; *Soc.* **85**, 242 *C.* **1904** [1] 1006).
*9) **Pyridin-2,6-Dicarbonsäure.** NaH + $3H_2O$ (*M.* **24**, 205 *C.* **1903** [2] 48).
*10) **Pyridin-3,4-Dicarbonsäure** (*M.* **24**, 203 *C.* **1903** [2] 48).
19) **3-Nitro-2-Methyl-1,4-Benzochinon.** Sm. 64—65° (*Soc.* **85**, 528 *C.* **1904** [1] 1256, 1490).

$C_7H_5O_4N_3$ *2) **Nitril d. 6-Nitro-2-Hydroxylamido-3-Oxybenzol-1-Carbonsäure** (Metapurpursäure). Zers. bei 92°. NH_4, K + $2H_2O$, BaOH + H_2O (*B.* **33**, 2718; *B.* **37**, 1847 *C.* **1904** [1] 1492). — *II, *380.*

$C_7H_5O_4Cl$ 1) **Methylester d. 3-Chlor-1,2-Pyron-5-Carbonsäure.** Sm. 138,5° (*B.* **37**, 3831 *C.* **1904** [2] 1614).

$C_7H_5O_4Br$ 5) **Acetylbromisobrenzschleimsäure.** Sm. 76° (*C. r.* **136**, 50 *C.* **1903** [1] 443).

$C_7H_5O_5N$ *4) **5-Nitro-2-Oxybenzol-1-Carbonsäure.** Sm. 229—230° (*C.* **1903** [2] 550).
17) **6-Nitro-2-Oxybenzol-1-Carbonsäure?** Sm. 130° (*B.* **35**, 3865 *C.* **1903** [1] 154).
18) **Aldehyd d. 2-Nitro-3,4-Dioxybenzol-1-Carbonsäure.** Sm. 176°. K_2 (*B.* **36**, 2931 *C.* **1903** [2] 888; *B.* **36**, 3528 *C.* **1903** [2] 1378).
19) **Aldehyd d. 5-Nitro-3,4-Dioxybenzol-1-Carbonsäure.** Sm. 106°. K_2 (*B.* **36**, 2933 *C.* **1903** [2] 888).

$C_7H_5O_5N_3$ *2) **Amid d. 3,5-Dinitrobenzol-1-Carbonsäure.** Sm. 183° (*J. pr.* [2] **69**, 461 *C.* **1904** [2] 595).

$C_7H_5O_6N$ 4) **?-Nitro-2,4-Dioxybenzol-1-Carbonsäure** + $\frac{1}{2}H_2O$. Sm. 215° (wasserfrei). Na_2, Na_3, K_2, K_3, Ba + $3H_2O$, Ba_3 + $10H_2O$, Ag, Ag_2 (*M.* **25**, 25 *C.* **1904** [1] 723).

$C_7H_5O_7N$ *1) **Oximidokomensäure?** (*G.* **33** [2] 233 *C.* **1904** [1] 45).

$C_7H_5O_7N_3$ *1) **3,4,5-Trinitro-2-Oxy-1-Methylbenzol** (*J. pr.* [2] **67**, 553 *C.* **1903** [2] 240).
*3) **Methyläther d. 2,4,6-Trinitro-1-Oxybenzol.** Sm. 58° (*Am.* **29**, 104 *C.* **1903** [1] 708; *R.* **22**, 269 *C.* **1903** [2] 198).
5) **Methyläther d. 2,3,5-Trinitro-1-Oxybenzol.** Sm. 104° (*R.* **23**, 112 *C.* **1904** [2] 205).

$C_7H_5N_2Cl$ 4) **5-oder-6-Chlorbenzimidazol.** Sm. 125°. (2 HCl, $PtCl_4$), (HCl, $AuCl_3$) (*B.* **37**, 556 *C.* **1904** [1] 893).

$C_7H_5ClF_2$ *1) **Chlordifluormethylbenzol** (*C.* **1903** [1] 14).
$C_7H_6ON_2$ *3) **1,3-Phenylenharnstoff** (D.R.P. 146914 *C.* **1903** [2] 1486).
13) **Phenylcyanhydroxylamin.** 2HCl (*B.* **37**, 1540 *C.* **1904** [1] 1411).
14) **isom. 3-Keto-1,3-Dihydroindazol?** Sm. 206°. (Cu, $CuSO_4$) (*J. pr.* [2] **69**, 94 *C.* **1904** [1] 729).
$C_7H_6OCl_2$ *5) **3,5-Dichlor-4-Oxy-1-Methylbenzol.** Sm. 39°; Sd. 235—240° (*A.* **328**, 278 *C.* **1903** [2] 1245).
$C_7H_6O_2N_2$ 11) **Ricininsäure.** Zers. bei 320° (*C. r.* **138**, 506 *C.* **1904** [1] 896).
$C_7H_6O_2Cl_2$ 8) **3,5-Dichlor-1-Oxy-4-Keto-1-Methyl-1,4-Dihydrobenzol.** Sm. 123° (*A.* **328**, 298 *C.* **1903** [2] 1248).
$C_7H_6O_2Br_2$ 8) **1-Methyläther d. ?-Dibrom-1,2-Dioxybenzol.** Sm. 94—95° (*C.* **1903** [1] 1339).
$C_7H_6O_3N_2$ *4) **anti-2-Nitrobenzaldoxim.** Sm. 102—103° (*B.* **36**, 4268 *C.* **1904** [1] 374).
*5) **syn-2-Nitrobenzaldoxim.** Sm. 148—150° (*B.* **36**, 4269 *C.* **1904** [1] 374).
*6) **anti-3-Nitrobenzaldoxim.** Sm. 121° (*B.* **36**, 4270 *C.* **1904** [1] 374; *B.* **37**, 180 *C.* **1904** [1] 880).
*7) **syn-3-Nitrobenzaldoxim** (*B.* **36**, 4270 *C.* **1904** [1] 374; *B.* **37**, 181 *C.* **1904** [1] 880).
*8) **anti-4-Nitrobenzaldoxim.** Sm. 130° (*B.* **36**, 4269 *C.* **1904** [1] 374).
*9) **syn-4-Nitrobenzaldoxim.** Sm. 174° (*B.* **36**, 4269 *C.* **1904** [1] 374).
25) **3-Nitro-4-Nitroso-1-Methylbenzol.** Sm. 145—145,4° (*B.* **36**, 3821 *C.* **1904** [1] 18).
26) **Aldehyd d. 4-Nitro-2-Amidobenzol-1-Carbonsäure.** Sm. 124° (*B.* **37**, 1862 *C.* **1904** [1] 1600).
27) **Aldehyd d. 5-Nitro-2-Amidobenzol-1-Carbonsäure.** Sm. 200,5 bis 201° (*M.* **24**, 98 *C.* **1903** [1] 921).
28) **Aldehyd d. 6-Nitro-3-Amidobenzol-1-Carbonsäure** (*M.* **24**, 8 *C.* **1903** [1] 775).
29) **Aldehyd d. 3-Nitro-4-Amidobenzol-1-Carbonsäure.** Sm. 190,5 bis 191° (*M.* **24**, 92 *C.* **1903** [1] 921).
$C_7H_6O_3Cl_2$ 6) **3,6-Dichlor-2,4,5-Trioxy-1-Methylbenzol.** Sm. 77—78° (*A.* **328**, 320 *C.* **1903** [2] 1247).
$C_7H_6O_3Br_2$ *1) **3,5-Dibrom-2,4,6-Trioxy-1-Methylbenzol.** Sm. 132—134° (*M.* **25**, 315 *C.* **1904** [1] 1494).
$C_7H_6O_4N_2$ *7) **2,4-Dinitro-1-Methylbenzol.** Sm. 71° (*C.* **1903** [2] 194).
*8) **2,5-Dinitro-1-Methylbenzol.** Sm. 48° (*C.* **1903** [2] 194).
*13) **2,4-Dinitroso-3,5-Dioxy-1-Methylbenzol** (*B.* **37**, 1406 *C.* **1904** [1] 1416).
*17) **3-Nitro-2-Amidobenzol-1-Carbonsäure** (*C.* **1903** [2] 1174).
*19) **5-Nitro-2-Amidobenzol-1-Carbonsäure.** Sm. 269,5° (*B.* **36**, 1802 *C.* **1903** [2] 283).
*24) **3-Nitro-4-Amidobenzol-1-Carbonsäure.** Sm. 284° (D.R.P. 151725 *C.* **1904** [1] 1588).
32) **6-Nitro-2-Amidobenzol-1-Carbonsäure.** Sm. 180° u. Zers. (*B.* **35**, 3863 *C.* **1903** [1] 154).
33) **Amid d. 1,4-Pyron-2,6-Dicarbonsäure** (*B.* **37**, 3752 *C.* **1904** [2] 1539).
$C_7H_6O_4N_4$ 2) **2,6-Diketo-3-Methylpurin-8-Carbonsäure** + $2H_2O$ (D.R.P. 153121 *C.* **1904** [2] 625).
$C_7H_6O_4Cl_2$ 1) **Verbindung** (aus 2-Amido-3,5-Dioxy-1-Methylbenzol). Sm. 117° (*B.* **37**, 1428 *C.* **1904** [1] 1418).
$C_7H_6O_4S$ 6) **Aldehyd d. Benzol-1-Carbonsäure-4-Sulfonsäure.** Na (D.R.P. 154528 *C.* **1904** [2] 1269).
$C_7H_6O_4Hg$ 1) **Oxymerkurosalicylsäure.** NH_4 (*G.* **32** [2] 308 *C.* **1903** [1] 579).
$C_7H_6O_5N_2$ *7) **Methyläther d. 2,3-Dinitro-1-Oxybenzol.** Sm. 118,8° (*Am.* **29**, 447 *C.* **1903** [1] 510; *R.* **22**, 280 *C.* **1903** [2] 198).
*8) **Methyläther d. 2,4-Dinitro-1-Oxybenzol.** Sm. 86,9° (*Am.* **29**, 447 *C.* **1903** [1] 510; *R.* **22**, 267 *C.* **1903** [2] 198).
*9) **Methyläther d. 2,5-Dinitro-1-Oxybenzol.** Sm. 97° (*Am.* **29**, 447 *C.* **1903** [1] 510; *R.* **22**, 280 *C.* **1903** [2] 198).
*10) **Methyläther d. 2,6-Dinitro-1-Oxybenzol.** Sm. 117,5° (*Am.* **29**, 447 *C.* **1903** [1] 510; *R.* **22**, 267 *C.* **1903** [2] 198).

$C_7H_6O_5N_2$ *11) **Methyläther d. 3,4-Dinitro-1-Oxybenzol.** Sm. 69,3° (*Am.* **29**, 447 *C.* **1903** [1] 510; *R.* **22**, 280 *C.* **1903** [2] 198).
*12) **Methyläther d. 3,5-Dinitro-1-Oxybenzol.** Sm. 105,8° (*Am.* **29**, 447 *C.* **1903** [1] 510).

$C_7H_6O_5N_4$ 3) **2,6-Dinitro-4-Amidobenzaldoxim?** Sm. 243° (*B.* **36**, 961 *C.* **1903** [1] 969).

$C_7H_6O_5S$ *1) **Benzol-1-Carbonsäure-2-Sulfonsäure.** Na_2 (*Am.* **30**, 271 *C.* **1903** [2] 1119).
*2) **Benzol-1-Carbonsäure-3-Sulfonsäure** (*M.* **23**, 1108 *C.* **1903** [1] 396).
*3) **Benzol-1-Carbonsäure-4-Sulfonsäure.** Na (*M.* **23**, 1132 *C.* **1903** [1] 396).

$C_7H_6O_6N_2$ *2) **3,5-Dinitro-2,4-Dioxy-1-Methylbenzol.** Sm. 90° (*J. pr.* [2] **67**, 550 *C.* **1903** [2] 240; *J. pr.* [2] **67**, 556 *C.* **1903** [2] 240).
*5) **1-Methyläther d. 3,5-Dinitro-1,2-Dioxybenzol.** Sm. 122° (*M.* **23**, 1030 *C.* **1903** [1] 288; *B.* **36**, 2257 *C.* **1903** [2] 428; *R.* **23**, 112 *C.* **1904** [2] 205).
*9) **1-Methyläther d. 4,6-Dinitro-1,3-Dioxybenzol.** Sm. 110° (*R.* **23**, 122 *C.* **1904** [2] 206).

$C_7H_6O_6N_4$ *3) **2,4,6-Trinitro-3-Amido-1-Methylbenzol.** Sm. 138° (*R.* **21**, 332 *C.* **1903** [1] 78).

$C_7H_6O_6S$ *1) **2-Oxybenzol-1-Carbonsäure-5-Sulfonsäure.** (NH_4, HF) (*A.* **328**, 146 *C.* **1903** [2] 992).

$C_7H_6O_7S_2$ 1) **Aldehyd d. Benzol-1-Carbonsäure-2,4-Disulfonsäure.** $Na_2 + 2H_2O$ (D.R.P. 98321; D.R.P. 154528 *C.* **1904** [2] 1269). — *III, *15.*
2) **Aldehyd d. Benzol-1-Carbonsäure-2,5-Disulfonsäure** (D.R.P. 91315). — *III, *16.*

$C_7H_6O_8S$ 2) **3,4,5-Trioxybenzol-1-Carbonsäure-2-Sulfonsäure.** K, Ba + H_2O, Bi (D.R.P. 74602). — *II, *1112.*

C_7H_6NCl 2) **polym. Anhydroformaldehyd-m-Chloranilin.** Sm. 228° (*B.* **36**, 46 *C.* **1903** [1] 504).

$C_7H_6NCl_3$ 7) **2,5,6-Trichlor-3-Amido-1-Methylbenzol.** Sm. 66—67° (*Soc.* **85**, 1281 *C.* **1904** [2] 1293).

$C_7H_6NBr_3$ 10) **2,4,6-Tribrom-1-Methylamidobenzol.** Sm. 37° (*B.* **37**, 2344, 2346 *C.* **1904** [2] 433).

$C_7H_6N_2S$ *3) **1,4-Phenylenthioharnstoff.** Sm. 270° (*Ar.* **241**, 163 *C.* **1903** [2] 109).
*4) **1-Amidobenzthiazol** (*A.* **212**, 326; *B.* **36**, 3135 *C.* **1903** [2] 1071).

$C_7H_6N_3Cl$ 1) **?-Chlor-5-Amidoindazol.** Sm. 172—173° (*B.* **37**, 2585 *C.* **1904** [2] 659).

C_7H_6ClBr *2) **4-Brom-1-Chlormethylbenzol.** Sm. 41°; Sd. 236° (*R.* **23**, 99 *C.* **1904** [1] 1136).
*3) **3-Chlor-5-Brom-1-Methylbenzol.** Sm. 25—26° (*Soc.* **85**, 1269 *C.* **1904** [2] 1302).
6) **2-Chlor-3-Brom-1-Methylbenzol.** Sd. 125—135°$_{80}$ (*Soc.* **85**, 1266 *C.* **1904** [2] 1302).
7) **2-Chlor-4-Brom-1-Methylbenzol.** Sd. 100—110°$_{10}$ (*Soc.* **85**, 1267 *C.* **1904** [2] 1302).
8) **2-Chlor-5-Brom-1-Methylbenzol.** Sd. 127—129°$_{45}$ (*Soc.* **85**, 1267 *C.* **1904** [2] 1302).
9) **2-Chlor-6-Brom-1-Methylbenzol.** Sd. 118—120°$_{40}$ (*Soc.* **85**, 1268 *C.* **1904** [2] 1302).
10) **3-Chlor-2-Brom-1-Methylbenzol.** Sd. 103—105°$_{25}$ (*Soc.* **85**, 1266 *C.* **1904** [2] 1302).
11) **3-Chlor-4-Brom-1-Methylbenzol.** Sd. 125—130°$_{25}$ (*Soc.* **85**, 1269 *C.* **1904** [2] 1302).
12) **3-Chlor-6-Brom-1-Methylbenzol.** Sd. 98—100°$_{25}$ (*Soc.* **85**, 1267).
13) **4-Chlor-2-Brom-1-Methylbenzol.** Sd. 112—114°$_{12}$ (*Soc.* **85**, 1267 *C.* **1904** [2] 1302).
14) **4-Chlor-3-Brom-1-Methylbenzol.** Sd. 120—125°$_{23}$ (*Soc.* **85**, 1269 *C.* **1904** [2] 1302).

C_7H_7ON *4) **anti-Benzaldoxim.** + $HgNO_3$, 2 + $AgNO_3$ (*C.* **1903** [2] 878).
*8) **Aldehyd d. 2-Amidobenzol-1-Carbonsäure** (*C. r.* **136**, 371 *C.* **1903** [1] 635; *M.* **24**, 94 *C.* **1903** [1] 921; *B.* **36**, 2046 *C.* **1903** [2] 382).
*10) **Aldehyd d. 4-Amidobenzol-1-Carbonsäure** (*M.* **24**, 87 *C.* **1903** [1] 921).
*11) **Amid d. Benzolcarbonsäure** (*J. pr.* [2] **70**, 307 *C.* **1904** [2] 1567).

C_7H_7ON *12) **Phenylamid d. Ameisensäure.** Sm. 47°; Sd. 166°$_{14}$ (*B.* **36**, 2476 *C.* **1903** [2] 559).
18) **4-Imido-1-Keto-2[oder 3]-Methyl-1,4-Dihydrobenzol.** HCl (*B.* **37**, 1680 *C.* **1904** [1] 1496).
19) **isom. anti-Benzaldoxim.** Sm. 5° (*B.* **37**, 3043 *C.* **1904** [2] 1215).

C_7H_7OCl *4) **3-Chlor-4-Oxy-1-Methylbenzol.** Sd. 194—196° (*A.* **328**, 277 *C.* **1903** [2] 1245).
*9) **2-Chlor-1-Oxymethylbenzol.** Sm. 72° (*B.* **37**, 3696 *C.* **1904** [2] 1387).
10) **6-Chlor-2-Oxy-1-Methylbenzol.** Sm. 86° (*B.* **37**, 1019 *C.* **1904** [1] 1202).
11) **2-Chlor-4-Oxy-1-Methylbenzol.** Sm. 55°; Sd. 228°$_{760}$ (D.R.P. 156333 *C.* **1904** [2] 1673).

C_7H_7OBr *2) **3-Brom-1-Oxymethylbenzol.** Sd. 250° (*B.* **37**, 3693 *C.* **1904** [2] 1387).
11) **6-Brom-2-Oxy-1-Methylbenzol.** Sm. 95° (*B.* **37**, 1022 *C.* **1904** [1] 1203).
12) **2-Brom-4-Oxy-1-Methylbenzol.** Sm. 55—56°; Sd. 245—246° (D.R.P. 156333 *C.* **1904** [2] 1673).

C_7H_7OJ *9) **3-Jodoso-1-Methylbenzol.** Zers. bei 206—207°. $HClO_4$, HJO_3, HNO_3, H_2CrO_4, H_2SO_4 (*A.* **327**, 269 *C.* **1903** [2] 350).
10) **6-Jod-2-Oxy-1-Methylbenzol.** Sm. 90° (*B.* **37**, 1024 *C.* **1904** [1] 1203).

$C_7H_7O_2N$ *3) **2-Nitro-1-Methylbenzol.** + $AlCl_3$ (*Bl.* [3] **31**, 133 *C.* **1904** [1] 721; *Soc.* **85**, 1108 *C.* **1904** [2] 976).
*5) **4-Nitro-1-Methylbenzol** (*B.* **36**, 4260 *C.* **1904** [1] 402).
*14) **Benzhydroxamsäure** (*G.* **33** [2] 241 *C.* **1904** [1] 24; *G.* **33** [2] 305 *C.* **1904** [1] 288).
*16) **2-Amidobenzol-1-Carbonsäure** (*C.* **1903** [1] 922; D.R.P. 146716 *C.* **1903** [2] 1226; D.R.P. 145604 *C.* **1903** [2] 1099; *B.* **37**, 592 *C.* **1904** [1] 881).
*25) **Pyridinbetaïn.** HCl (*A.* **326**, 318 *C.* **1903** [1] 1088).
*27) **Methylbetaïn d. Pyridin-3-Carbonsäure** (*M.* **24**, 709 *C.* **1904** [1] 218).
*39) **2-Methylpyridin-6-Carbonsäure.** Sm. 128—129° (*B.* **36**, 2908 *C.* **1903** [2] 890).
*40) **Methylbetaïn d. Pyridin-4-Carbonsäure.** Sm. 264° (*M.* **24**, 705 *C.* **1903** [2] 1282; *M.* **24**, 710 *C.* **1904** [1] 218).
*43) **Methyläther d. 4-Nitroso-1-Oxybenzol.** Sm. 23° (*B.* **37**, 44 *C.* **1904** [1] 654).
45) **2-Nitroso-1-Oxymethylbenzol.** Sm. 101° (*B.* **36**, 838 *C.* **1903** [1] 1028).
46) **2-Formylamido-1-Oxybenzol.** Sm. 129—129,5° (*B.* **36**, 833 *C.* **1903** 1027; *B.* **36**, 2044 *C.* **1903** [2] 383; *B.* **36**, 2052 *C.* **1903** [2] 383).
47) **4-Formylamido-1-Oxybenzol.** Sm. 139—140° (D.R.P. 146265 *C.* **1903** [2] 1227).
48) **Aldehyd d. 4-Hydroxylamidobenzol-1-Carbonsäure** (D.R.P. 89978 *C.* **1897** [1] 351; *B.* **36**, 2304 *C.* **1903** [2] 428).

$C_7H_7O_2N_3$ *5) **4-Semicarbazon-1-Keto-1,4-Dihydrobenzol.** Zers. bei 178° (*A.* **334**, 175 *C.* **1904** [2] 834).
*11) **Amid d. Pyridin-2,6-Dicarbonsäure.** Sm. 302° (*M.* **24**, 207 *C.* **1903** [2] 48).
*15) **α-Nitroso-α-Phenylharnstoff** (*M.* **24**, 853 *C.* **1904** [1] 364).
21) **Aethylester d. αβ-Dicyan-β-Imidopropionsäure.** Sm. 162° u. Zers. (*A.* **332**, 155 *C.* **1904** [2] 192).

$C_7H_7O_2Br$ 7) **2-Brom-4-Oxy-1-Oxymethylbenzol.** Sm. 137—138° (*A.* **334**, 330 *C.* **1904** [2] 988).

$C_7H_7O_2J$ *6) **3-Jodo-1-Methylbenzol.** Zers. bei 220° (*A.* **327**, 272 *C.* **1903** [2] 350).

$C_7H_7O_3N$ *2) **2-Nitro-1-Oxymethylbenzol** (*B.* **37**, 3429 *C.* **1904** [2] 1213).
*5) **3-Nitro-2-Oxy-1-Methylbenzol.** Sm. 64,5°. Na + $2H_2O$, K + $^1/_2H_2O$, Rb + H_2O (*Am.* **30**, 320 *C.* **1903** [2] 1116; *A.* **330**, 98 *C.* **1904** [1] 1076).
*7) **5-Nitro-2-Oxy-1-Methylbenzol.** Sm. 93—95° (*A.* **330**, 94 *C.* **1904** [1] 1075).
*8) **6-Nitro-2-Oxy-1-Methylbenzol.** Sm. 145° (*B.* **37**, 1020 *C.* **1904** [1] 1202).

$C_7H_7O_3N$ *13) 3-Nitro-4-Oxy-1-Methylbenzol. Sm. 34° (*Am.* **32**, 15 *C.* **1904** [2] 696).
*17) Methyläther d. 4-Nitro-1-Oxybenzol (*R.* **23**, 37 *C.* **1904** [1] 1137).
*18) 2-Nitroso-3,5-Dioxy-Methylbenzol (*B.* **36**, 882 *C.* **1903** [1] 964).
46) 1-Methyläther d. 4-Nitroso-1,3-Dioxybenzol. K (*B.* **35**, 1477 *C.* **1902** [1] 1208; *J. pr.* [2] **70**, 337 *C.* **1904** [2] 1542).
47) 5-Methyläther d. 2-Oximido-5-Oxy-1-Keto-1,2-Dihydrobenzol. Sm. 168° (*B.* **35**, 1478 *C.* **1902** [1] 1208; *J. pr.* [2] **70**, 337 *C.* **1904** [2] 1542).
48) 3-Amido-1-Oxybenzol-?-Carbonsäure. Sm. 148° u. Zers. HCl, H_2SO_4 (D.R.P. 50835). — *II, *915.*

$C_7H_7O_3N_3$ *2) 3-Nitro-1-Methylnitrosamidobenzol. Sm. 67° (*A.* **327**, 112 *C.* **1903** [1] 1213).
*3) 4-Nitro-1-Methylnitrosamidobenzol. Sm. 104° (*A.* **327**, 113 *C.* **1903** [1] 1213).
22) 4-Nitro-2-Amidobenzaldoxim. Sm. 193° (*B.* **37**, 1864 *C.* **1904** [1] 1600).
23) 5-Nitro-2-Amidobenzaldoxim. Sm. 203° (*M.* **24**, 98 *C.* **1903** [1] 922).

$C_7H_7O_3Br$ 4) 3-Brom-2,4,6-Trioxy-1-Methylbenzol + $4H_2O$. Sm. 129—130° (*M.* **25**, 316 *C.* **1904** [1] 1494).

$C_7H_7O_4N$ *4) 2-Nitro-3,5-Dioxy-1-Methylbenzol (β-Nitroorcin). Sm. 122°. K, Ag (*B.* **36**, 887 *C.* **1903** [1] 965).
*5) 4-Nitro-3,5-Dioxy-1-Methylbenzol (α-Nitroorcin). Sm. 127° (*B.* **36**, 887 *C.* **1903** [1] 965).
*6) 2-Methyläther d. 4-Nitro-1,2-Dioxybenzol. Sm. 105° (*B.* **36**, 2257 *C.* **1903** [2] 428).
*7) 1-Methyläther d. 4-Nitro-1,3-Dioxybenzol. Sm. 95° (*R.* **21**, 322 *C.* **1903** [1] 79).
*10) Pyromekursäure. Sm. 165° (*B.* **37**, 2956 *C.* **1904** [2] 993).
*13) Amid d. 3,4,5-Trioxybenzol-1-Carbonsäure. BiOH + H_2O (*Bl.* [3] **29**, 531 *C.* **1903** [2] 243).
19) 6-Nitro-2,5-Dioxy-1-Methylbenzol. Sm. 117—118° (*Soc.* **85**, 528 *C.* **1904** [1] 1256, 1490).
20) 1-Methyläther d. 3-Nitro-1,2-Dioxybenzol. Sm. 103° (*B.* **36**, 2257 *C.* **1903** [2] 428).
21) 3-Methyläther d. 4-Oximido-3,5-Dioxy-1-Keto-1,4-Dihydrobenzol. K, Ag (*M.* **23**, 949 *C.* **1903** [1] 285).
22) ?-Amido-2,4-Dioxybenzol-1-Carbonsäure + H_2O. Sm. 193° (wasserfrei). HCl + $2H_2O$, H_2SO_4 (*M.* **25**, 41 *C.* **1904** [1] 723).
23) ?-Acetylamidofuran-2-Carbonsäure. Zers. bei 285°. K + $5H_2O$, Ca + $7H_2O$ (*C. r.* **136**, 1455 *C.* **1903** [2] 292).

$C_7H_7O_4Cl_3$ 2) Verbindung (aus 2-Amido-3,5-Dioxy-1-Methylbenzol). Sm. 97° (*B.* **37**, 1427 *C.* **1904** [1] 1418).

$C_7H_7O_5N$ *1) Aethylester d. ?-Nitrofuran-2-Carbonsäure (*C. r.* **137**, 520 *C.* **1903** [2] 1069).

$C_7H_7O_5N_3$ 13) 3,5-Dinitro-2-Amido-4-Oxy-Methylbenzol. Sm. 141—142° (*J. pr.* [2] **67**, 552 *C.* **1903** [2] 240).
14) Methyläther d. 3,5-Dinitro-2-Amido-1-Oxybenzol. Sm. 174° (*R.* **23**, 113 *C.* **1904** [2] 205).
15) Methyläther d. 4,6-Dinitro-3-Amido-1-Oxybenzol. Sm. 156° (*R.* **23**, 121 *C.* **1904** [2] 206).

$C_7H_7NBr_2$ *10) 3,5-Dibrom-4-Amido-1-Methylbenzol. Sm. 73° (*C.* **1903** [2] 1052).
13) 2,4-Dibrom-1-Methylamidobenzol. Sm. 48°. (HBr, Br_2) (*B.* **37**, 2345 *C.* **1904** [2] 433).

C_7H_7NS *1) Amid d. Benzolthiocarbonsäure (*C. r.* **136**, 556 *C.* **1903** [1] 816).
*2) Phenylamid d. Thioameisensäure. Sm. 138° (*B.* **37**, 3714 *C.* **1904** [2] 1449).
3) Thioformimidophenyläther. HCl (*B.* **36**, 3468 *C.* **1903** [2] 1244).

C_7H_7NSe *1) Amid d. Benzolselencarbonsäure. Sm. 115° (*B.* **37**, 2551 *C.* **1904** [2] 520).

$C_7H_7N_2Cl$ 4) 3-Methyldiazobenzolchlorid (*A.* **325**, 302 *C.* **1903** [1] 704).

$C_7H_7Cl_2J$ 4) 3-Jod-1-Methylbenzoldichlorid. Zers. bei 104° (*A.* **327**, 269 *C.* **1903** [2] 350).

$C_7H_7JF_2$ 1) 4-Methylbenzoljodidfluorid. Sm. 112° (*A.* **328**, 137 *C.* **1903** [2] 990).

$C_7H_8ON_2$ *4) Methylnitrosamidobenzol. Sd. 120,9—121,5°$_{15}$ (*B.* **36**, 2477 *C.* **1903** [2] 559).

$C_7H_8ON_2$ *7) **2-Amidobenzaldoxim** (*B.* **36**, 803 *C.* **1903** [1] 977).
*14) **4-Methyldiazobenzol.** Sulfat (*Am.* **31**, 24 *C.* **1904** [1] 440).
*23) **Amid d. 4-Amidobenzol-1-Carbonsäure.** Sm. 178—179° (*C.* **1903** [2] 113).
*25) **Hydrazid d. Benzolcarbonsäure** (*J. pr.* [2] **69**, 154 *C.* **1904** [1] 1274).
*26) **s-Formylphenylhydrazin.** Sm. 145° (*C.* **1903** [1] 829).

$C_7H_8O_2N_2$ *1) **Methylnitramidobenzol** (*B.* **36**, 2505 *C.* **1903** [2] 489).
*3) **3-Nitro-1-Methylamidobenzol** (*A.* **327**, 112 *C.* **1903** [1] 1213).
*11) **4-Nitro-2-Amido-1-Methylbenzol.** Sm. 107° (*C.* **1903** [2] 1051).
*12) **5-Nitro-2-Amido-1-Methylbenzol.** Sm. 128° (*C.* **1903** [2] 1051).
*13) **6-Nitro-2-Amido-1-Methylbenzol.** Sm. 91,5° (92°) (*C.* **1903** [2] 1051; *B.* **37**, 1018 *C.* **1904** [1] 1202).
*19) **3-Nitro-4-Amido-1-Methylbenzol.** Sm. 117°. d-Camphersulfonat (*C.* **1903** [1] 1338; **1903** [2] 1051).
*22) **δ-Dicyanacetylaceton** (2, 3-Diimido-1, 1-Diacetyl-R-Trimethylen?). Sm. 162° (*A.* **332**, 147 *C.* **1904** [2] 191).
*24) **4-Methylphenylnitrosohydroxylamin** (*G.* **33** [2] 243 *C.* **1904** [1] 24).
*40) **2,4-Diamidobenzol-1-Carbonsäure.** Sm. 140°. 2HCl (*B.* **36**, 1803 *C.* **1903** [2] 283).
*42) **3,4-Diamidobenzol-1-Carbonsäure.** Sm. 210—211° (*B.* **36**, 4032 *C.* **1904** [1] 294).
*51) **Nitril d. α-Imido-γ-Keto-β-Aethanoylbutan-α-Carbonsäure** (α-Dicyanacetylaceton) (*A.* **332**, 146 *C.* **1904** [2] 191).
*52) **Hydrazid d. 2-Oxybenzol-1-Carbonsäure.** Sm. 147° (*C.* **1904** [2] 1493).
*63) **2-Hydroxylamidobenzaldoxim** (*B.* **36**, 3656 *C.* **1903** [2] 1332).
68) **β-Dicyanacetylaceton.** Sm. 227° (*A.* **332**, 146 *C.* **1904** [2] 191).
69) **γ-Dicyanacetylaceton.** Sm. 211° (*A.* **332**, 146 *C.* **1904** [2] 191).

$C_7H_8O_2N_4$ *4) **Theophyllin** (D.R.P. 138444 *C.* **1903** [1] 370; D.R.P. 151133 *C.* **1904** [1] 1430).
*7) **Theobromin** (*C.* **1903** [1] 237; D.R.P. 151133 *C.* **1904** [1] 1430).

$C_7H_8O_2S$ *2) **1-Methylbenzol-4-Sulfinsäure.** m-Toluidinsalz (*J. pr.* [2] **68**, 289 *C.* **1903** [2] 995).

$C_7H_8O_3N_2$ *27) **5-Acetyl-4-Methylpyrazol-3-Carbonsäure** + H_2O. Sm. 235° (wasserfrei) (*A.* **325**, 182 *C.* **1903** [1] 646).
31) **2-Nitro-6-Amido-3-Oxy-1-Methylbenzol.** Sm. 190° u. Zers. (*Soc.* **85**, 527 *C.* **1904** [1] 1256, 1490).
32) **5-Nitro-3-Amido-4-Oxy-1-Methylbenzol** (D.R.P. 139213 *C.* **1903** [1] 679).
33) **3-Acetyl-4-Methylpyrazol-5-Carbonsäure.** Sm. 233° (*B.* **36**, 1131 *C.* **1903** [1] 1139).
34) **Methylderivat d. α-Imido-γ-Ketobutan-αβ-Dicarbonsäureimid.** Sm. 226—227° (*A.* **332**, 136 *C.* **1904** [2] 190).

$C_7H_8O_3N_4$ 14) **6-Semicarbazidopyridin-3-Carbonsäure.** Sm. 277—278°. HCl (*B.* **36**, 1114 *C.* **1903** [1] 1184).

$C_7H_8O_3S$ *1) **1-Methylbenzol-2-Sulfonsäure** (D.R.P. 137935 *C.* **1903** [1] 108).
*5) **Methylester d. Benzolsulfonsäure.** Sd. $154°_{30}$ (*M.* **23**, 1096 *C.* **1903** [1] 396).

$C_7H_8O_3S_2$ 2) **4-Oxybenzolmethyläther-1-Thiolsulfonsäure.** p-Phenylendiaminsalz (*J. pr.* [2] **70**, 391 *C.* **1904** [2] 1721).

$C_7H_8O_4N_2$ 10) **2,4-Diketo-1,3-Diacetyltetrahydroimidazol.** Sm. 104—105° (*A.* **333**, 129 *C.* **1904** [2] 895).
11) **Monoäthylester d. β-Cyan-β-Imidoäthan-αα-Dicarbonsäure.** Sm. 238° (*A.* **332**, 119 *C.* **1904** [2] 189).
12) **Hydrazid d. 3,4,5-Trioxybenzol-1-Carbonsäure.** Zers. bei 295—298° (*C.* **1904** [2] 1494).

$C_7H_8O_4N_4$ 7) **2,4-Dinitro-3,5-Diamido-1-Methylbenzol.** Sm. 199° (*R.* **23**, 126 *C.* **1904** [2] 200).

$C_7H_8O_4S$ *7) **4-Oxy-1-Methylbenzol-3-Sulfonsäure.** K + H_2O (*Am.* **31**, 34 *C.* **1904** [1] 441).

$C_7H_8O_4S_2$ 1) **1-Methylbenzol-2,4-Disulfinsäure.** Fl. Na_2, K_2, Ba, Zn (*J. pr.* [2] **68**, 332 *C.* **1903** [2] 1172).

$C_7H_8O_5N_2$ 2) **Dimethylester d. 4-Oxypyrazol-3,5-Dicarbonsäure.** Sm. 232° (*A.* **335**, 107 *C.* **1904** [2] 1232).

$C_7H_8O_5S$ *2) **1,2-Dioxybenzol-1-Methyläther-3-Sulfonsäure** (*Bl.* [3] **29**, 365 *C.* **1904** [1] 365).

6) **1,2-Dioxybenzol-1-Methyläther-4-Sulfonsäure.** Sm. noch nicht bei 270° (*C.* **1900** [2] 459; *M.* **25**, 810 *C.* **1904** [2] 1119).

C_7H_8NCl *9) **6-Chlor-2-Amido-1-Methylbenzol.** Sd. $245°_{760}$ (*B.* **37**, 1019 *C.* **1904** [1] 1202).

*16) **3-Chlor-4-Amido-1-Methylbenzol.** d-Camphersulfonat, d-Bromcamphersulfonat (*C.* **1903** [1] 1338).

21) **Pyridoniumchlorid** + H_2O (aus 2-β-Bromäthylpyridin). 2 + $PtCl_4$ (*B.* **37**, 166 *C.* **1904** [1] 672).

C_7H_8NBr 15) **6-Brom-2-Amido-1-Methylbenzol.** Sd. 253—255°. H_2SO_4 (*B.* **37**, 1022 *C.* **1904** [1] 1203).

16) **2-[β-Bromäthyl]pyridin.** Fl. (2HCl, $PtCl_4$), Pikrat (*B.* **37**, 165 *C.* **1904** [1] 672).

17) **Pyridoniumbromid** + H_2O (aus 2-β-Bromäthylpyridin). Sm. 226—227° (*B.* **37**, 165 *C.* **1904** [1] 672).

C_7H_8NJ 5) **6-Jod-2-Amido-1-Methylbenzol.** Fl. HCl (*B.* **37**, 1024 *C.* **1904** [1] 1203).

6) **2-[β-Jodäthyl]pyridin.** (2HCl, $PtCl_4$), Pikrat (*B.* **36**, 1345; *B.* **37**, 161 *C.* **1904** [1] 672).

7) **Pyridoniumjodid** (aus 2-β-Jodäthylpyridin). Sm. 211—213° (*B.* **37**, 162 *C.* **1904** [1] 672).

$C_7H_8N_2Cl_2$ 3) **2,6-Dichlor-4-Methyl-5-Aethyl-1,3-Diazin.** Sm. 39°; Sd. 255° (*B.* **36**, 1917 *C.* **1903** [2] 208).

$C_7H_8N_2S$ *2) **Amid d. 3-Amidobenzol-1-Thiocarbonsäure.** Sm. 139° (*B.* **35**, 3934 *C.* **1903** [1] 38).

*3) **Amid d. 4-Amidobenzol-1-Thiocarbonsäure.** Sm. 172° (*C.* **1903** [2] 113).

4) **Amid d. 2-Amidobenzol-1-Thiocarbonsäure.** Sm. 121—122° (*C.* **1903** [1] 1270).

$C_7H_8N_4S$ 2) **Phenylazothioharnstoff.** Sm. 110—111° u. Zers. (*B.* **37**, 2380 *C.* **1904** [2] 322).

C_7H_9ON *1) **2-Amido-1-Oxymethylbenzol.** Sm. 83°. (2HCl, $PtCl_4$) (*M.* **23**, 983 *C.* 1903 [1] 288; *C. r.* 136, 371 *C.* **1903** [1] 635; *B.* **37**, 2260 *C.* **1904** [2] 212).

*3) **4-Amido-1-Oxymethylbenzol** (D.R.P. 83544; *M.* **23**, 977 *C.* **1903** [1] 288).

*7) **6-Amido-2-Oxy-1-Methylbenzol.** Sm. 129° (*B.* **37**, 1021 *C.* **1904** [1] 1203).

*18) **Methyläther d. 4-Amido-1-Oxybenzol.** (2HCl, $PtCl_4$) (*B.* **36**, 2906 *C.* **1903** [2] 1007).

*33) **2-[β-Oxyäthyl]pyridin** (*B.* **37**, 161 *C.* **1904** [1] 672).

*39) **4-Keto-2,6-Dimethyl-1,4-Dihydropyridin** (Lutidon). ½HCl, HBr, ½HJ, (HJ, J_2) (*C.* **1903** [1] 167; *J. pr.* [2] **67**, 45 *C.* **1903** [1] 723).

$C_7H_9ON_3$ *10) **Hydrazid d. Phenylamidoameisensäure.** Sm. 122° (*J. pr.* [2] **70**, 244 *C.* **1904** [2] 1463).

*11) **Hydrazid d. 2-Amidobenzol-1-Carbonsäure.** Sm. 123°. 2HCl (*J. pr.* [2] **69**, 92 *C.* **1904** [1] 729).

18) **α-Amido-α-Phenylharnstoff.** Sm. 118—119°. HCl (*B.* **36**, 1359 *C.* **1903** [1] 1340).

19) Inn. **Anhydrid d. 2-Semicarbazon-1-Oxymethylen-R-Pentamethylen.** Sm. 175—177° (*A.* **329**, 115 *C.* **1903** [2] 1322).

$C_7H_9O_2N$ *1) **4-Amido-3,5-Dioxy-1-Methylbenzol** (α-Amidoorcin). HCl (*B.* **36**, 888 *C.* **1903** [1] 965).

*2) **1-Methyläther d. 3-Amido-1,2-Dioxybenzol.** Sm. 127° (*B.* **36**, 2257 *C.* **1903** [2] 428).

*32) **5-Amido-2-Oxy-1-Oxymethylbenzol.** Sm. 135—142° (D.R.P. 148977 *C.* **1904** [1] 699; D.R.P. 149123 *C.* **1904** [1] 701).

36) **2-Amido-3,5-Dioxy-1-Methylbenzol** (β-Amidoorcin). HCl, H_2SO_4, Pikrat + H_2O, Oxalat, Ferrocyanat (*B.* **36**, 888 *C.* **1903** [1] 965; *B.* **37**, 1420 *C.* **1904** [1] 1417; *B.* **37**, 1425 *C.* **1904** [1] 1418).

$C_7H_9O_2N$ 37) 3-Amido-4-Oxy-1-Oxymethylbenzol. Sm. 112—114° (D.R.P. 148977 *C.* **1904** [1] 700; D.R.P. 149123 *C.* **1904** [1] 701).

38) 2-Hydroxylamido-1-Oxymethylbenzol. Sm. 104,2—104,7° (*B.* **36**, 836 *C.* **1903** [1] 1028).

39) 4-Methyläther d. 4-Oxyphenylhydroxylamin. Sm. 98° (*B.* **37**, 43 *C.* **1904** [1] 654).

$C_7H_9O_2N_3$ 15) 4-Acetylamido-2-Keto-5-Methyl-1,2-Dihydro-1,3-Diazin. Zers. bei 250° (*Am.* **31**, 602 *C.* **1904** [2] 242).

$C_7H_9O_2Cl$ *1) 2,6-Dimethyl-1,4-Pyronhydrochlorid. Sm. 152—154° (*B.* **36**, 1478 *C.* **1903** [1] 1349).

$C_7H_9O_3N$ *4) Aethylester d. Acetylcyanessigsäure. Sm. 26° (*B.* **37**, 3386 *C.* **1904** [2] 1220).

13) 1-Methyläther d. 2-Amido-1,3,5-Trioxybenzol. HCl (*M.* **23**, 951 *C.* **1903** [1] 285).

14) Methylester d. α-Cyan-β-Oxypropenmethyläther-α-Carbonsäure. Sm. 96—97° (*Bl.* [3] **31**, 341 *C.* **1904** [1] 1135).

15) Aethylester d. ?-Amidofuran-2-Carbonsäure. Sm. 95° (*C. r.* **136**, 1454 *C.* **1903** [2] 292).

$C_7H_9O_3Cl$ 3) 2-Chlormethyl-5-Methyl-2,3-Dihydrofuran-4-Carbonsäure. Sm. 108—109° (*C. r.* **137**, 14 *C.* **1903** [2] 508).

$C_7H_9O_3P$ *5) α-Oxybenzylunterphosphorigesäure. Sm. 108° (*C.* **1904** [2] 1709).

$C_7H_9O_4N$ 6) Verbindung + H_2O (aus 2,5-Dimethyl-1,4-Pyron-3,4-Dicarbonsäure-diäthylester). Sm. 166°. Ag (*C.* **1902** [2] 647; *G.* **34** [1] 458 *C.* **1904** [2] 537).

$C_7H_9O_4P$ *2) α-Oxybenzylphosphinsäure. Sm. 195°. Ag_2 (*C. r.* **135**, 1118 *C.* **1903** [1] 285).

$C_7H_9O_6N$ 2) α-Aethylester d. β-Imidoäthan-ααβ-Tricarbonsäure. Sm. 134°. Na (*A.* **332**, 120 *C.* **1904** [2] 189).

$C_7H_9O_6N_3$ C 36,4 — H 3,9 — O 41,5 — N 18,2 — M. G. 231.

1) αγ-Diacetat d. β-Nitro-αγ-Dioximidopropan. Sm. 64—66°. Na (*Am.* **29**, 264 *C.* **1903** [1] 957).

$C_7H_9N_3S$ *1) Phenylamidothioharnstoff. Sm. 201° (*J. pr.* [2] **67**, 217 *C.* **1903** [1] 1260).

3) 2-Amidophenylthioharnstoff. Sm. 167°. HCl, H_2SO_4 (*Ar.* **241**, 165 *C.* **1903** [2] 109).

4) 3-Amidophenylthioharnstoff. Sm. 170°. HCl, H_2SO_4 (*Ar.* **241**, 164 *C.* **1903** [2] 109).

5) 4-Amidophenylthioharnstoff. Sm. 190°. HCl, H_2SO_4 (*Ar.* **241**, 162 *C.* **1903** [2] 109).

$C_7H_{10}O_2N_2$ *5) Trimethyluracil (*A.* **327**, 259 *C.* **1903** [2] 349).

22) 2,4-Diamido-3,5-Dioxy-1-Methylbenzol. 2HCl (*B.* **37**, 1411 *C.* **1904** [1] 1416).

23) 2,6-Diamido-3,5-Dioxy-1-Methylbenzol. 2HCl (*B.* **37**, 1413 *C.* **1904** [1] 1417).

24) 2,6-Dioxy-4-Methyl-5-Aethyl-1,3-Diazin. Sm. 238° (*B.* **36**, 1916 *C.* **1903** [2] 208).

25) 2-Aethyläther d. 2,6-Dioxy-4-Methyl-1,3-Diazin. Sm. 206°. HCl, ($2HCl, PtCl_4$) (*C.* **1904** [2] 30).

26) 2,4-Diketo-6-Methyl-5-Aethyl-1,2,3,4-Tetrahydro-1,3-Diazin. Sm. 237° (*Am.* **29**, 490 *C.* **1903** [1] 1309).

27) Methylester d. α-Cyan-β-Methylamidopropen-α-Carbonsäure. Sm. 123° (*Bl.* [3] **31**, 341 *C.* **1904** [1] 1135).

28) Nitril d. α-Oxyessig-[β-Cyan-α-Aethoxyläthyl]äthersäure. Sm. 181°; Sd. 208°$_{25}$ (*C.* **1904** [1] 159).

29) Verbindung (aus d. Säure $C_8H_{10}O_4N_2$) = $(C_7H_{10}O_2N_2)_x$ (*C.* **1904** [1] 159).

$C_7H_{10}O_2Br_2$ 5) 3,4-Dibromhexahydrobenzol-1-Carbonsäure. Sm. 86° (*Soc.* **85**, 433 *C.* **1904** [1] 1082, 1440).

6) Lakton d. γδ-Dibrom-β-Oxymethyl-β-Methylbutan-δ-Carbonsäure. Sm. 152° u. Zers. (*M.* **25**, 15 *C.* **1904** [1] 718).

$C_7H_{10}O_3N_2$ 14) 2,4,6-Triketo-5-Propylhexahydro-1,3-Diazin. Sm. 208° (*A.* **335**, 358 *C.* **1904** [2] 1382).

15) 2,4,6-Triketo-5-Isopropylhexahydro-1,3-Diazin. Sm. 216° (*A.* **335**, 358 *C.* **1904** [2] 1382).

$C_7H_{10}O_3N_2$ 16) **2,4,6-Triketo-5-Methyl-5-Aethylhexahydro-1,3-Diazin** (Methyläthylbarbitursäure). Sm. 212° (D.R.P. 144432 *C.* **1903** [2] 778; D.R.P. 146496 *C.* **1903** [2] 1484; *A.* **335**, 343 *C.* **1904** [2] 1381).

17) **Trimethyläther d. 2,4,6-Trioxy-1,3-Diazin.** Sm. 53°; Sd. 232° (*B.* **36**, 2235 *C.* **1903** [2] 449).

18) **Aethylester d. 5-Keto-3-Methyl-4,5-Dihydropyrazol-1-Carbonsäure.** Sm. 202°. NH_4, Ag (P. Gutmann, Dissert., Heidelberg 1903).

19) **Aethylester d. 5-Keto-3-Methyl-4,5-Dihydropyrazol-4-Carbonsäure.** Sm. 196° (P. Gutmann, Dissert., Heidelberg 1903).

20) **Aethylester d. 3-Keto-5-Methyl-2,3-Dihydropyrazol-2-Carbonsäure.** Sm. 202° (P. Gutmann, Dissert., Heidelberg 1903).

$C_7H_{10}O_3N_4$ *2) **5-Formylamido-6-Amido-2,4-Diketo-1,3-Dimethyl-1,2,3,4-Tetrahydro-1,3-Diazin** (D.R.P. 148208 *C.* **1904** [1] 618).

$C_7H_{10}O_4N_2$ 10) **4-Oxy-2,5-Diketo-4-Acetyl-1,3-Dimethyltetrahydroimidazol** (Acetyldimethylallantursäure). Fl. (*A.* **327**, 266 *C.* **1903** [2] 349).

$C_7H_{10}O_4Br_2$ 15) **cis-γδ-Dibrom-β-Methylbutan-βδ-Dicarbonsäure.** Sm. 149—151° (*Soc.* **83**, 16 *C.* **1903** [1] 76, 443).

16) **trans-γδ-Dibrom-β-Methylbutan-βδ-Dicarbonsäure.** Sm. 215—217° (*Soc.* **83**, 18 *C.* **1903** [1] 76, 443).

$C_7H_{10}NCl$ *4) **Chlormethylat d. 2-Methylpyridin.** 2 + $PtCl_4$ (*Soc.* **83**, 1415 *C.* **1904** [1] 439).

$C_7H_{10}N_2S$ 1) **Methyläther d. 2-Merkapto-4,6-Dimethyl-1,3-Diazin.** Sm. 23—24°; Sd. $144°_{18}$ (*Am.* **32**, 356 *C.* **1904** [2] 1415).

$C_7H_{10}N_2S_2$ 2) **2,6-Dimerkapto-4-Methyl-5-Aethyl-1,3-Diazin.** Zers. bei 250° (*B.* **36**, 1923 *C.* **1903** [2] 209).

$C_7H_{10}N_3Cl$ 1) **6-Chlor-2-Amido-4-Methyl-5-Aethyl-1,3-Diazin.** Sm. 156°. Pikrat (*B.* **36**, 1918 *C.* **1903** [2] 208).

2) **2-Chlor-6-Amido-4-Methyl-5-Aethyl-1,3-Diazin.** Sm. 220° (*B.* **36**, 1922 *C.* **1903** [2] 209).

$C_7H_{11}ON$ 14) **3-Oximido-1-Methyl-?-Tetrahydrobenzol.** Sd. $113—115°_{11}$ (*C.* **1903** [1] 329).

15) **lab. 4-Oximido-5-Methyl-1,2,3,4-Tetrahydrobenzol.** Sm. 40—42°; Sd. $115—117°_{21}$ (*A.* **329**, 372 *C.* **1904** [1] 517).

16) **stab. 4-Oximido-5-Methyl-1,2,3,4-Tetrahydrobenzol.** Sm. 62—63° (*A.* **329**, 373 *C.* **1904** [1] 517).

17) **3-Methyl-5-Propylisoxazol** (oder 5-Methyl-3-Propylisoxazol). Sd. 70 bis $76°_{30}$ (*Bl.* [3] **27**, 1087 *C.* **1903** [1] 226).

18) **Methylhydroxyd d. 2-Methylpyridin.** d-Camphersulfonat (*Soc.* **83**, 1415 *C.* **1904** [1] 438).

$C_7H_{11}ON_3$ 5) **Anhydrodipropionylguanidin.** Sm. 159—160°. (2HCl, $PtCl_4$) (*Ar.* **241**, 469 *C.* **1903** [2] 988).

6) **2-Amido-6-Oxy-4-Methyl-5-Aethyl-1,3-Diazin.** Zers. bei 285° (*B.* **36**, 1915 *C.* **1903** [2] 208).

7) **Semicarbazonanhydrid d. Keton $C_6H_{10}O_2$.** Sm. 116° (*C. r.* **137**, 1205 *C.* **1904** [1] 356).

8) **isom. Semicarbazonanhydrid d. Keton $C_6H_{10}O_2$.** Sm. 280° u. Zers. (*C. r.* **137**, 1295 *C.* **1904** [1] 356).

$C_7H_{11}OCl$ 4) **4-Chlor-3-Keto-1-Methylhexahydrobenzol.** Sd. $110—111°_{40}$ (*C.* **1903** [2] 289; **1904** [1] 1346; **1904** [2] 220).

$C_7H_{11}O_2N$ *18) **Imid d. Pentan-βδ-Dicarbonsäure.** Sm. 173—175° (*Soc.* **83**, 358 *C.* **1903** [1] 1122).

29) **Imid d. cis-β-Methylbutan-αγ-Dicarbonsäure.** Sm. 106° (*Bl.* [3] **29**, 333 *C.* **1903** [1] 1216).

30) **Imid d. β-Methylbutan-αγ-Dicarbonsäure.** Sm. 113°. Ag (*Soc.* **83**, 356 *C.* **1903** [1] 389, 1122).

31) **Verbindung** (aus Methylamin u. 1,2-Dioxybenzol). Sm. 98° (D.R.P. 141101 *C.* **1903** [1] 1058).

32) **Verbindung** (aus Methylamin u. 1,4-Dioxybenzol). Sm. 110° (D.R.P. 141101 *C.* **1903** [1] 1058).

$C_7H_{11}O_2N_3$ *7) **Amid d. 5-Keto-3-Propyl-4,5-Dihydropyrazol-1-Carbonsäure.** Sm. 189° (*Bl.* [3] **27**, 1092 *C.* **1903** [1] 226).

8) **Aethyläther d. 1-Nitroso-5-Oxy-3,4-Dimethylpyrazol.** Sm. 34° (*B.* **37**, 2833 *C.* **1904** [2] 642).

9) **Methylester d. Histidin.** Fl. 2HCl (*H.* **42**, 515 *C.* **1904** [2] 1290).

$C_7H_{11}O_2Br$ 5) 3-Bromhexahydrobenzol-1-Carbonsäure. Sm. 122° (*Soc.* **85**, 432 *C.* **1904** [1] 1082, 1440).

6) trans-4-Bromhexahydrobenzol-1-Carbonsäure. Sm. 167° (*Soc.* **85**, 431 *C.* **1904** [1] 1082, 1439).

7) Lakton d. γ-Brom-δ-Oxy-β-Methylpentan-β-Carbonsäure. Sm. 82 bis 83° (*Soc.* **85**, 159 *C.* **1904** [1] 720).

$C_7H_{11}O_3N$ *9) r-Ecgoninsäure. Sm. 93—94°. Cu + $2^1/_2H_2O$, Ag, HCl (*A.* **326**, 83 *C.* **1903** [1] 842).

10) 4-Oximidohexahydrobenzol-1-Carbonsäure. Sm. 147° (*Soc.* **85**, 427 *C.* **1904** [1] 1439).

11) Aethylester d. β-Cyan-β-Oxybuttersäure (D.R.P. 141509 *C.* **1903** [1] 1244).

$C_7H_{11}O_3N_5$ C 39,4 — H 5,2 — O 22,5 — N 32,9 — M. G. 213.

1) Aethylester d. 1-Ureïdo-5-Methyl-1,2,3-Triazol-4-Carbonsäure. Sm. 201° (*A.* **325**, 161 *C.* **1903** [1] 645).

$C_7H_{11}O_4J$ 1) γ-Jod-β-Methylbutan-βδ-Dicarbonsäure. Sm. 168° u. Zers. (*C. r.* **136**, 1463 *C.* **1903** [2] 282).

$C_7H_{11}O_5N$ *4) Diäthylester d. Oximidomethandicarbonsäure. Sm. 172_{12}. Na (*C. r.* **137**, 197 *C.* **1903** [2] 658).

*5) Diäthylester d. Stickstoffcarbonsäureketocarbonsäure (Carboxäthyloxamäthan). Sm. 47; Sd. 143—144°$_9$ (*B.* **37**, 3680 *C.* **1904** [2] 1495).

$C_7H_{11}O_6N$ *1) Diäthylester d. Nitromalonsäure. NH_4 (*C.* **1903** [2] 343; *B.* **37**, 1784 *C.* **1904** [1] 1483; *M.* **25**, 703 *C.* **1904** [2] 1109).

2) Dimethyläthylester d. Stickstofftricarbonsäure. Sd. 127—137°$_{10}$ (*B.* **37**, 3675 *C.* **1904** [2] 1495).

$C_7H_{11}O_6N_3$ *1) Semicarbazon d. d-Glykuronsäurelakton. Sm. 188—189° (202 bis 206°?) (*H.* **41**, 245 *C.* **1904** [1] 1095; *H.* **41**, 548 *C.* **1904** [2] 422).

2) Carboxylamidoacetylamidoacetylamidoessigsäure (Diglycylglycincarbonsäure). Sm. 210 u. Zers. (*B.* **36**, 2101 *C.* **1903** [1] 1304).

$C_7H_{11}N_3S$ 4) 2-Amido-6-Merkapto-4-Methyl-5-Aethyl-1,3-Diazin. Sm. 230—245° (*B.* **36**, 1921 *C.* **1903** [2] 209).

5) Aethyläther d. 4-Amido-2-Merkapto-5-Methyl-1,3-Diazin. Sm. 96 bis 97° (*Am.* **31**, 597 *C.* **1904** [2] 242).

$C_7H_{12}ON_2$ *8) Amid d. δ-Cyan-β-Methylbutan-δ-Carbonsäure. Sm. 104—104,5°; Sd. 275—280°$_{745}$ (*C.* **1903** [2] 192).

*10) 5-Keto-3-Isobutyl-4,5-Dihydropyrazol. Sm. 239° (*Bl.* [3] **27**, 1093 *C.* **1903** [1] 226).

*11) 5-Keto-4-Methyl-3-Propyl-4,5-Dihydropyrazol. Sm. 184° (*Bl.* [3] **27**, 1102 *C.* **1903** [1] 227).

*12) Amid d. α-Cyanpentan-α-Carbonsäure. Sm. 125,5—126,5° (*A.* **325**, 221 *C.* **1903** [1] 439).

13) Aethyläther d. 5-Oxy-3,4-Dimethylpyrazol. Sm. 93° (*B.* **37**, 2832 *C.* **1904** [2] 642).

14) 5-Keto-3-Methyl-4-Propyl-4,5-Dihydropyrazol. Sm. 212—213° (*Bl.* [3] **31**, 761 *C.* **1904** [2] 343).

$C_7H_{12}O_2N_2$ 13) Monoacetylhydrazon d. βγ-Diketopentan. Sm. 130° (*B.* **36**, 3185 *C.* **1903** [2] 939).

14) γ-Methylacetylhydrazon-β-Ketobutan. Sm. 43° (*B.* **36**, 3188 *C.* **1903** [2] 939).

$C_7H_{12}O_2N_4$ 6) Amid d. 5-Methylenhexahydro-1,3-Diazin-4,6-Dicarbonsäure. Subl. bei 170°. Hg, Ag, HCl, HJ (*G.* **33** [1] 381 *C.* **1903** [2] 579).

$C_7H_{12}O_2N_8$ C 35,0 — H 5,0 — O 13,3 — N 46,7 — M. G. 240.

1) 1-Ureïdo-4-[α-Semicarbazonäthyl]-5-Methyl-1,2,3-Triazol. Sm. 208° u. Zers. (*A.* **325**, 162 *C.* **1903** [1] 645).

$C_7H_{12}O_3N_2$ 8) Verbindung (aus Zimmtsäureäthylester). Sm. 114—115° (*B.* **36**, 4310 *C.* **1904** [1] 448).

$C_7H_{12}O_4N_2$ *4) Nitrosat d. 5-Methyl-1,2,3,4-Tetrahydrobenzol. Sm. 107—108° (*A.* **329**, 370 *C.* **1904** [1] 516).

5) Nitrosat d. 1-Methyl-?-Tetrahydrobenzol. Sm. 103—104° (*C.* **1903** [1] 329).

$C_7H_{12}O_5N_4$ C 36,2 — H 5,2 — O 34,5 — N 24,1 — M. G. 232.

1) Amid d. Carboxylamidoacetylamidoacetylamidoessigsäure (Diglycylglycinamidcarbonsäure). Sm. 230—234° u. Zers. (*B.* **36**, 2102 *C.* **1903** [1] 1304).

$C_7H_{13}ON$ *5) **2-Oximido-1-Methylhexahydrobenzol.** Sm. 43—44° (*A.* **329**, 376 *C.* **1904** [1] 517).
*6) **d-3-Oximido-1-Methylhexahydrobenzol.** Sm. 43—44° (*A.* **332**, 338 *C.* **1904** [2] 653).

$C_7H_{13}ON_3$ *2) **2-Semicarbazon-1-Methyl-R-Pentamethylen.** Sd. 174—176° (*A.* **331**, 322 *C.* **1904** [1] 1567).
*8) **Verbindung** (aus Mesityloxyd). Sm. 129° (*B.* **36**, 4379 *C.* **1904** [1] 454).

$C_7H_{13}OCl$ 9) **4-Chlor-3-Oxy-1-Methylhexahydrobenzol.** Sd. 205—206°$_{758}$ (*C.* **1903** [2] 289; **1904** [1] 1346).

$C_7H_{13}OJ$ 2) **Methyläther d. 2-Jod-1-Oxyhexahydrobenzol.** Sd. 114°$_{40}$ (*C. r.* **135**, 1056 *C.* **1903** [1] 233).

$C_7H_{13}O_2N$ *28) **Aethylester d. Tetrahydropyrrol-2-Carbonsäure.** Sd. 85°$_{23}$ (*A.* **326**, 108 *C.* **1903** [1] 842).
*29) **γ-Oximido-δ-Ketoheptan.** Sd. 107—108°$_{10}$ (*Bl.* [3] **31**, 1165 *C.* **1904** [2] 1700).
*31) **2-Hexahydropyridylessigsäure.** Sm. 214°. HCl, (HCl, $AuCl_3$) (*B.* **36**, 2905 *C.* **1903** [2] 889).
33) **2-Methyl-2-Acetonyltetrahydrooxazol.** Sm. 73° (*B.* **36**, 1282 *C.* **1903** [1] 1216).
34) **Gem. Imid d. Propionsäure u. Buttersäure.** Sm. 109° (*C. r.* **137**, 326 *C.* **1903** [2] 712).
35) **Gem. Imid d. Propionsäure u. Isobuttersäure.** Sm. 140° (*C. r.* **137**, 326 *C.* **1903** [2] 712).

$C_7H_{13}O_2N_3$ 4) **Dipropionylguanidin.** Sm. 85—86° (*Ar.* **241**, 470 *C.* **1903** [2] 988).

$C_7H_{13}O_2Br$ *17) **Aethylester d. α-Brom-β-Methylpropan-β-Carbonsäure.** Sd. 80—90°$_{25}$ (*Bl.* [3] **31**, 158 *C.* **1904** [1] 869).
18) **Aethylester d. β-Brombutan-β-Carbonsäure.** Sd. 75°$_{18}$ (*Bl.* [3] **31**, 319 *C.* **1904** [1] 1133).

$C_7H_{13}O_3N$ *2) **δ-Oximido-β-Methylpentan-β-Carbonsäure.** Sm. 93—94° (*Soc.* **85**, 1220 *C.* **1904** [2] 1109).
*10) **Aethylester d. α-Oximidoisovaleriansäure.** Sm. 56°; Sd. 129°$_{13}$ (*Bl.* [3] **31**, 1071 *C.* **1904** [2] 1457).
13) **ε-Oximido-β-Methylpentan-ε-Carbonsäure.** Sm. 163—164° u. Zers. Na, Ag (*Bl.* [3] **31**, 1074 *C.* **1904** [2] 1458).
14) **Aethylester d. α-Oximidovaleriansäure.** Sm. 48°; Sd. 144—145°$_{16}$ (*Bl.* [3] **31**, 1072 *C.* **1904** [2] 1457).

$C_7H_{13}O_3N_3$ 8) **δ-Semicarbazon-β-Methylbutan-δ-Carbonsäure.** Sm. 205° (*Bl.* [3] **31**, 1152 *C.* **1904** [2] 1707).
9) **Propylester d. α-Semicarbazonpropionsäure.** Sm. 178° (*Am.* **28**, 397 *C.* **1903** [1] 90).
10) **Isobutylester d. Semicarbazonessigsäure.** Sm. 214—215° (*Bl.* [3] **31**, 681 *C* **1904** [2] 195).

$C_7H_{13}O_4N$ *5) **Diäthylester d. Amidomethancarbonsäure-N-Carbonsäure** (Carbäthoxylglycinäthylester). Sm. 27—28°; Sd. 135°$_{16}$ (*B.* **36**, 2107 *C.* **1903** [2] 345).
8) **Aethylester d. α-Nitrovaleriansäure.** Sd. 130°$_{40}$ (*C.* **1904** [2] 1601).

$C_7H_{13}O_4N_3$ 4) **α-Amidopropionylamidoacetylamidoessigsäure.** Sm. 214° u. Zers. (*B.* **36**, 2987 *C.* **1903** [2] 1112).

$C_7H_{14}ON_2$ *9) **β-Butyrylhydrazonpropan.** Sm. 82° (*J. pr.* [2] **69**, 487 *C.* **1904** [2] 599).
11) **β-Isobutyrylhydrazonpropan.** Sm. 90—91° (*J. pr.* [2] **69**, 498 *C.* **1904** [2] 600).
12) **Methylamid d. 1-Methyltetrahydropyrrol-2-Carbonsäure.** Sm. 44 bis 46°. (2HCl, $PtCl_4$), (HCl, $AuCl_3$), Pikrat (*A.* **326**, 118 *C.* **1903** [1] 843).

$C_7H_{14}O_2N_2$ *2) **γδ-Dioximidoheptan.** Sm. 167—168° (*Bl.* [3] **31**, 1175 *C.* **1904** [2] 1701).
*5) **αγ-Di[Acetylamido]propan.** Sm. 101° (*B.* **36**, 336 *C.* **1903** [1] 703).
18) **αα-Di[Acetylamido]propan.** Sm. 188° (*M.* **25**, 939 *C.* **1904** [2] 1598).
19) **Diäthylacetylharnstoff.** Sm. 207,5° (*C.* **1903** [1] 1155; *A.* **335**, 365 *C.* **1904** [2] 382).
20) **3-Nitroso-4,4,6-Trimethyltetrahydro-1,3-Oxazin.** Sd. 129—131°$_{22-24}$ (*M.* **25**, 830 *C.* **1904** [2] 1239).
21) **Ureïd d. Diäthylessigsäure** (Diäthylacetylharnstoff). Sm. 207,5° (D.R.P. 144431 *C.* **1903** [2] 813).

$C_7H_{14}O_2Cl_2$ 2) **Aethylpropyläther d. ββ-Dichlor-αα-Dioxyäthan.** Sd. 202—204° (*G.* **33** [2] 418 *C.* **1904** [1] 922).

$C_7H_{14}O_4N_4$ *1) **Aethylester d. αα-Diureïdopropionsäure.** Zers. bei 200° (*C. r.* **138**, 372 *C.* **1904** [1] 791).

*9) **Diäthylester d. Methylendi[Amidoameisensäure].** Sm. 131° (*B.* **36**, 2206 *C.* **1903** [2] 423).

$C_7H_{14}O_5N_2$ C 40,8 — H 6,8 — O 38,8 — N 13,6 — M. G. 206.

1) **β-Hydroxylamid d. Diäthylhydroxylamin-ββ'-Dicarbonsäure-β'-Methylester.** Sm. 124° (*B.* **37**, 255 *C.* **1904** [1] 642).

$C_7H_{14}O_6N_2$ *1) **Glykoseureïd.** Sm. 207° u. Zers. (*R.* **22**, 38 *C.* **1903** [1] 1079).

$C_7H_{14}NCl$ 5) **2-[β-Chloräthyl]hexahydropyridin.** Fl. HCl, (HCl, $AuCl_3$) (*B.* **37**, 1886 *C.* **1904** [2] 238).

$C_7H_{14}NBr$ 4) **2-[β-Bromäthyl]hexahydropyridin.** Fl. HCl, (HCl, $AuCl_3$) (*B.* **37**, 1884 *C.* **1904** [2] 238).

$C_7H_{14}NJ$ 3) **2-[β-Jodäthyl]hexahydropyridin.** HJ (*B.* **37**, 1886 *C.* **1904** [2] 238).

$C_7H_{15}ON$ *6) **β-Methylamido-δ-Keto-β-Methylpentan.** (2HCl, $PtCl_4$) (*M.* **24**, 776 *C.* **1904** [1] 158).

*15) **Amid d. Hexan-α-Carbonsäure.** Sm. 94,5° (*B.* **36**, 2550 *C.* **1903** [2] 654).

24) **4, 4, 6-Trimethyltetrahydro-1, 3-Oxazin.** Sd. 149—152°. (2 HCl, $PtCl_4$), (HCl, $AuCl_3$), Pikrat (*M.* **25**, 827 *C.* **1904** [2] 1239).

25) **Amid d. ββ-Dimethylbutan-δ-Carbonsäure.** Sm. 140—141° (*C. r.* **136**, 554 *C.* **1903** [1] 825).

26) **Diäthylamid d. Propionsäure.** Sd. 191° (*B.* **36**, 2287 *C.* **1903** [2] 563).

27) **Isoamylamid d. Essigsäure.** Sd. 230—232° (*Am.* **29**, 311 *C.* **1903** [1] 1166).

28) **Dipropylamid d. Ameisensäure.** Sd. 202—204° (*B.* **36**, 2287 *C.* **1903** [2] 563; *B.* **36**, 2476 *C.* **1903** [2] 559).

$C_7H_{15}ON_3$ *3) **β-Semicarbazonhexan.** Sm. 127° (*Bl.* [3] **31**, 1157 *C.* **1904** [2] 1707).

*5) **δ-Semicarbazon-β-Methylpentan.** Sm. 132—133° u. Zers. (*C.* **1903** [1] 225).

6) **γ-Semicarbazonmethylpentan.** Sm. 93—94° (*Bl.* [3] **31**, 306 *C.* **1904** [1] 1133).

$C_7H_{15}O_2N$ *16) **Aethylester d. Isobutylamidoameisensäure.** Sd. 95—96°$_{15}$ (*B.* **36**, 2476 *C.* **1903** [2] 559).

*34) **Betaïn d. Methyldiäthylamidoessigsäure.** HCl, Pikrat (*B.* **36**, 4190 *C.* **1904** [1] 263).

42) **β-Diäthylamidopropionsäure.** Sm. 70—71° (*J. pr.* [2] **68**, 350 *C.* **1903** [2] 1318).

43) **Aethylester d. Diäthylamidoameisensäure.** Sd. 167° (169—172°) (*B.* **36**, 2287 *C.* **1903** [2] 563; *B.* **36**, 2477 *C.* **1903** [2] 559; *Bl.* [3] **31**, 690 *C.* **1904** [2] 198).

44) **Acetat d. Diäthylamidooxymethan.** Sd. 81—82°$_{14,5}$ (*B.* **37**, 4088 *C.* **1904** [2] 1724).

$C_7H_{15}O_2Br$ 2) **Diäthyläther d. γ-Brom-αα-Dioxypropan.** Sd. 80—90°$_{20}$ (*A.* **335**, 263 *C.* **1904** [2] 1283).

$C_7H_{15}O_3N$ 7) **ε-Oximido-αγ-Dioxy-ββ-Dimethylpentan.** Fl. (*M.* **25**, 1066 *C.* **1904** [2] 1599).

$C_7H_{15}O_3N_3$ 3) **Aethylester d. α-Semicarbazidoisobuttersäure.** Sm. 97° (*Am.* **28**, 402 *C.* **1903** [1] 90).

4) **Propylester d. α-Semicarbazidopropionsäure.** Sm. 89° (*Am.* **28**, 397 *C.* **1903** [1] 90).

$C_7H_{15}O_5N_3$ C 38,0 — H 6,8 — O 36,2 — N 19,0 — M. G. 221.

1) **Semicarbazon d. Rhamnose** + $^1/_2H_2O$. Sm. 183° (*Bl.* [3] **31**, 1077 *C.* **1904** [2] 1492; *C.* **1904** [2] 1494).

$C_7H_{15}O_6N_3$ *1) **Semicarbazon d. d-Glykose** + $2H_2O$. Sm. 197—198° u. Zers. (*Bl.* [3] **31**, 1077 *C.* **1904** [2] 1492).

2) **Semicarbazon d. d-Galaktose.** Sm. 200—202° (Zers. bei 186—189°) (*Bl.* [3] **31**, 1078 *C.* **1904** [2] 1493; *C.* **1904** [2] 1494).

3) **Semicarbazon d. d-Mannose** + $^1/_2H_2O$. Sm. 117° (wasserfrei) (*Bl.* [3] **31**, 1077 *C.* **1904** [2] 1493; *C.* **1904** [2] 1493).

4) **Verbindung** (aus Guanidin). + C_3H_6O (*C.* **1904** [2] 1210).

$C_7H_{15}O_7N$ *2) **α-2-Amido-d-Glykoheptonsäure** (Galaheptosaminsäure) (*B.* **36**, 620 *C.* **1903** [1] 766).

$C_7H_{15}O_7N$ 3) β-2-**Amido-d-Glykoheptonsäure.** Cu (*B.* **36**, 619 *C.* **1903** [1] 766).
4) **Amidoglykoheptonsäure.** Brucinsalz (*B.* **35**, 4018 *C.* **1903** [1] 391).

$C_7H_{15}N_2Cl$ *1) **Nitril d. Methyldiäthylchlorammoniumessigsäure.** Sm. 186° (*B.* **37**, 4089 *C.* **1904** [2] 1724).

$C_7H_{15}N_2J$ *2) **Nitril d. Methyldiäthyljodammoniumessigsäure.** Sm. 190—191° (186°) (*B.* **36**, 4189 *C.* **1904** [1] 262; *B.* **37**, 4089 *C.* **1904** [2] 1724).

$C_7H_{15}N_4J$ *1) **Jodmethylat d. Hexamethylentetramin.** Sm. 204° (*A.* **334**, 231 *C.* **1904** [2] 900).

$C_7H_{16}ON_2$ *16) **Nitril d. Methyldiäthylammoniumhydroxydessigsäure.** Jodid, Pikrat (*B.* **36**, 4189 *C.* **1904** [1] 262).
17) α-**Aethyl-β-[d-sec. Butyl]harnstoff.** Sm. 92° (*Ar.* **242**, 70 *C.* **1904** [1] 999).
18) δ-**Oximido-β-Methylamido-β-Methylpentan.** Sm. 57—59°. Oxalat (*M.* **24**, 777 *C.* **1904** [1] 158).

$C_7H_{16}ON_4$ C 48,8 — H 9,3 — O 9,3 — N 32,6 — M. G. 172.
1) **Methylhydroxyd d. Hexamethylentetramin.** Salze siehe (*B.* **19**, 1843; *A.* **334**, 231 *C.* **1904** [2] 900). — **I**, *1168.*

$C_7H_{16}O_2N_2$ 2) **Aethylester d.** γδ-**Diamidovaleriansäure.** (2HCl, $PtCl_4$) (*C.* **1904** [1] 259).

$C_7H_{16}O_3S$ *1) **Heptan-α-Sulfonsäure.** Ba (*C.* **1903** [1] 961).

$C_7H_{16}O_4S$ 1) **Aethylisoamylester d. Schwefelsäure.** Sd. 127—128°$_{16}$ (*Am.* **30**, 219 *C.* **1903** [2] 937).

$C_7H_{16}O_6N_2$ 3) isom. βγδεζ-**Pentaoxyhexylharnstoff** (Mannaminharnstoff). Sm. 97—98° (*C. r.* **138**, 505 *C.* **1904** [1] 872).

$C_7H_{16}O_6S_2$ 2) **Diäthylester d. Propan-αγ-Disulfonsäure.** Fl. (*B.* **37**, 3808 *C.* **1904** [2] 1564).

$C_7H_{16}N_2S$ 9) α-**Aethyl-β-[d-sec. Butyl]thioharnstoff.** Sm. 67° (*Ar.* **242**, 59 *C.* **1904** [1] 998).
10) αα-**Dimethyl-β-[d-sec. Butyl]thioharnstoff.** Sm. 54° (*Ar.* **242**, 59 *C.* **1904** [1] 998).

$C_7H_{17}ON$ 17) β-**Methylamido-δ-Oxy-β-Methylpentan.** Sd. 184—186°$_{760}$. (2HCl, $PtCl_4$) (*M.* **25**, 137 *C.* **1904** [1] 866).
18) α-**Dimethylamido-β-Oxy-β-Methylbutan.** Sd. 57°$_{23}$ (*C. r.* **138**, 767 *C.* **1904** [1] 1196).

$C_7H_{17}ON_3$ C 52,8 — H 10,7 — O 10,1 — N 26,4 — M. G. 159.
1) α-**Oximido-α-Amido-α-Dipropylamidomethan.** Sm. 115°. Pikrat (*B.* **36**, 3661 *C.* **1903** [2] 1325).

$C_7H_{17}O_4P$ *3) **Diäthylester d.** α-**Oxyisopropylphosphinsäure.** Sm. 14—15°; Sd. 145°$_{20}$ u. Zers. (*C.* **1904** [2] 1708).

$C_7H_{17}ClS$ *1) **Methyldipropylsulfinchlorid.** + 2½ $HgCl_2$ (*J. pr.* [2] **66**, 460 *C.* **1903** [1] 561).
*2) **Methyldiisopropylsulfinchlorid.** + $HgCl_2$ (*J. pr.* [2] **66**, 461 *C.* **1903** [1] 561).
*3) **Methyläthylisobutylsulfinchlorid** (*J. pr.* [2] **66**, 457 *C.* **1903** [1] 561).
*4) **Methyläthylbutylsulfinchlorid.** + 6 $HgCl_2$ (*J. pr.* [2] **66**, 457 *C.* **1903** [1] 561).
*5) **Methyläthyl-sec. Butylsulfinchlorid.** + 2 (6) $HgCl_2$ (*J. pr.* [2] **66**, 458 *C.* **1903** [1] 561).
6) **Methylpropylisopropylsulfinchlorid.** + 6 $HgCl_2$ (*J. pr.* [2] **66**, 461 *C.* **1903** [1] 561).

$C_7H_{18}N_3J$ 1) **Jodmethylat d. 1,3,5-Trimethylhexahydro-1,3,5-Triazin** (*A.* **334**, 227 *C.* **1904** [2] 899).

— 7 IV —

$C_7HO_3NCl_4$ 1) **Chlorid d. 2,4,6-Trichlor-3-Nitrobenzol-1-Carbonsäure.** Sm. 96° (*R.* **21**, 388 *C.* **1903** [1] 152).

$C_7H_2O_4NCl_3$ *1) **2,4,5-Trichlor-?-Nitrobenzol-1-Carbonsäure** (*R.* **21**, 380 *C.* **1903** [1] 152).
3) **2,4,6-Trichlor-3-Nitrobenzol-1-Carbonsäure.** Sm. 169,25° (*R.* **21**, 387 *C.* **1903** [1] 152).

$C_7H_2O_6N_4S$ 1) **2,4,6-Trinitro-1-Rhodanbenzol.** Zers. bei 285° (*Soc.* **85**, 649 *C.* **1904** [2] 310).

$C_7H_2O_7N_3Cl$ *1) Chlorid d. 2,4,6-Trinitrobenzol-1-Carbonsäure. Sm. 163° (*R.* **21**, 381 *C.* **1903** [1] 152).

$C_7H_3ONCl_2$ 3) Nitril d. 3,5-Dichlor-2-Oxybenzol-1-Carbonsäure. Sm. 139° (*B.* **37**, 4030 *C.* **1904** [2] 1718).

$C_7H_3OCl_2Br$ 1) Chlorid d. 2-Chlor-3-Brombenzol-1-Carbonsäure. Sm. 41—42°; Sd. 150—152°$_{25}$ (*Soc.* **85**, 1263 *C.* **1904** [2] 1302).
2) Chlorid d. 2-Chlor-4-Brombenzol-1-Carbonsäure. Sm. 35—36°; Sd. 152—153°$_{22}$ (*Soc.* **85**, 1263 *C.* **1904** [2] 1302).
3) Chlorid d. 2-Chlor-5-Brombenzol-1-Carbonsäure. Sd. 147°$_{19}$ (*Soc.* **85**, 1263 *C.* **1904** [2] 1302).
4) Chlorid d. 2-Chlor-4-Brombenzol-1-Carbonsäure. Sm. 30°; Sd. 145—147°$_{24}$ (*Soc.* **85**, 1263 *C.* **1904** [2] 1302).
5) Chlorid d. 3-Chlor-2-Brombenzol-1-Carbonsäure. Sm. 40—41°; Sd. 144—146°$_{22}$ (*Soc.* **85**, 1263 *C.* **1904** [2] 1302).
6) Chlorid d. 3-Chlor-4-Brombenzol-1-Carbonsäure. Sm. 58—59°; (*Soc.* **85**, 1263 *C.* **1904** [2] 1302).
7) Chlorid d. 3-Chlor-5-Brombenzol-1-Carbonsäure. Sm. 33—34°; (*Soc.* **85**, 1263 *C.* **1904** [2] 1302).
8) Chlorid d. 3-Chlor-6-Brombenzol-1-Carbonsäure. Sm. 34—35°; Sd. 146—147°$_{23}$ (*Soc.* **85**, 1263 *C.* **1904** [2] 1302).
9) Chlorid d. 4-Chlor-2-Brombenzol-1-Carbonsäure. Sm. 32—33°; Sd. 155—156°$_{29}$ (*Soc.* **85**, 1263 *C.* **1904** [2] 1302).
10) Chlorid d. 4-Chlor-3-Brombenzol-1-Carbonsäure. Sm. 37—38°; (*Soc.* **85**, 1263 *C.* **1904** [2] 1302).

$C_7H_3O_2NCl_2$ *4) Chlorid d. Pyridin-2,6-Dicarbonsäure. Sm. 61° (*M.* **24**, 206 *C.* **1903** [2] 48).

$C_7H_3O_2NCl_4$ 4) 3,4,5,6-Tetrachlor-2-Nitro-1-Methylbenzol. Sm. 86—88° (*Soc.* **85**, 1280 *C.* **1904** [2] 1293).
5) 2,4,5,6-Tetrachlor-3-Nitro-1-Methylbenzol. Sm. 131—134° (*Soc.* **85**, 1280 *C.* **1904** [2] 1293).
6) 2,3,5,6-Tetrachlor-4-Nitro-1-Methylbenzol. Sm. 150—152° (*Soc.* **85**, 1282 *C.* **1904** [2] 1293).
7) 3,4,5-Trichlor-2-Nitro-1-Chlormethylbenzol? Sm. 159° (*Soc.* **85**, 1285 *C.* **1904** [2] 1293).

$C_7H_3O_3NCl_4$ 1) 2,3,5,6-Tetrachlor-1-Nitro-4-Keto-1-Methyl-1,4-Dihydrobenzol. Sm. 90° u. Zers. (*A.* **328**, 293 *C.* **1903** [2] 1248).

$C_7H_3O_3N_2Cl_3$ 1) Amid d. 2,4,6-Trichlor-3-Nitrobenzol-1-Carbonsäure. Sm. 228,5° (*R.* **21**, 389 *C.* **1903** [1] 152).

$C_7H_3O_5N_2Cl$ *3) Chlorid d. 3,5-Dinitrobenzol-1-Carbonsäure. Sm. 74° (*J. pr.* [2] **69**, 455 *C.* **1904** [2] 594).

$C_7H_3O_6N_3Cl_2$ 1) 3,5-Dichlor-2,4,6-Trinitro-1-Methylbenzol. Sm. 200—201° (*Am.* **32**, 178 *C.* **1904** [2] 951).

$C_7H_3O_6N_3Br_2$ *1) 3,5-Dibrom-2,4,6-Trinitro-1-Methylbenzol. Sm. 229—230° (*R.* **23**, 127 *C.* **1904** [2] 200).

$C_7H_3O_7N_2Br$ 1) 2-Brom-4,6-Dinitro-3-Oxybenzol-1-Carbonsäure? Sm. 217—218° (*Soc.* **81**, 1484 *C.* **1903** [1] 23, 144).

C_7H_3NClBr 1) Nitril d. 2-Chlor-4-Brombenzol-1-Carbonsäure. Sm. 51—61° (*Am.* **30**, 516 *C.* **1904** [1] 371).

C_7H_4ONCl 5) Nitril d. 5-Chlor-2-Oxybenzol-1-Carbonsäure. Sm. 165—167° (*B.* **37**, 4026 *C.* **1904** [2] 1718).
6) Nitril d. 3-Chlor-4-Oxybenzol-1-Carbonsäure. Sm. 155° (*B.* **37**, 4034 *C.* **1904** [2] 1719).

$C_7H_4ONCl_3$ *2) Amid d. 2,4,6-Trichlorbenzol-1-Carbonsäure. Sm. 181° (*R.* **21**, 386 *C.* **1903** [1] 152).

C_7H_4OClJ *1) Chlorid d. 2-Jodbenzol-1-Carbonsäure. Sm. 30—31°; Sd. 159°$_{27}$ (*Soc.* **85**, 1272 *C.* **1904** [2] 1303).
*2) Chlorid d. 4-Jodbenzol-1-Carbonsäure. Sm. 71—72°; Sd. 163 bis 164°$_{32}$ (*Soc.* **85**, 1274 *C.* **1904** [2] 1303).
3) Chlorid d. 3-Jodbenzol-1-Carbonsäure. Sd. 159—160°$_{28}$ (*Soc.* **85**, 1273 *C.* **1904** [2] 1303).

$C_7H_4O_2NCl$ 2) 4-Chlor-1-Keto-1,2-Dihydrobenzoxazol. Sm. 184—185° (*Am.* **32**, 26 *C.* **1904** [2] 696).

$C_7H_4O_2NCl_3$ 12) 2,3,5-Trichlorpyridin-4-Methylcarbonsäure. Sm. 144—145°. Ca, Ba, Ag (*Soc.* **83**, 399 *C.* **1903** [1] 841, 1141).

$C_7H_4O_2NBr_3$ *6) **2,4,6-Tribrom-3-Amidobenzol-1-Carbonsäure.** Salze siehe (*Soc.* **85**, 239 *C.* **1904** [1] 1006).
9) **?-Tribrom-3-Amidobenzol-1-Carbonsäure.** Sm. 154—156° (*C.* **1904** [2] 104).

$C_7H_4O_2ClBr$ *3) **2-Chlor-4-Brombenzol-1-Carbonsäure.** Sm. 166—167° (*Soc.* **85**, 1266 *C.* **1904** [2] 1302).
*4) **2-Chlor-6-Brombenzol-1-Carbonsäure.** Sm. 143—144° (*Soc.* **85**, 1268 *C.* **1904** [2] 1302).
*5) **3-Chlor-4-Brombenzol-1-Carbonsäure.** Sm. 218° (*Soc.* **85**, 1269 *C.* **1904** [2] 1302).
*6) **4-Chlor-2-Brombenzol-1-Carbonsäure.** Sm. 154—155° (*Soc.* **85**, 1267 *C.* **1904** [2] 1302).
7) **2-Chlor-3-Brombenzol-1-Carbonsäure.** Sm. 165° (*Soc.* **85**, 1266 *C.* **1904** [2] 1302).
8) **2-Chlor-5-Brombenzol-1-Carbonsäure.** Sm. 155—156° (*Soc.* **85**, 1267 *C.* **1904** [2] 1302).
9) **3-Chlor-2-Brombenzol-1-Carbonsäure.** Sm. 143—144° (*Soc.* **85**, 1266 *C.* **1904** [2] 1302).
10) **3-Chlor-5-Brombenzol-1-Carbonsäure.** Sm. 189—190° (*Soc.* **85**, 1269 *C.* **1904** [2] 1302).
11) **3-Chlor-6-Brombenzol-1-Carbonsäure.** Sm. 148—149° (*Soc.* **85**, 1267 *C.* **1904** [2] 1302).
12) **4-Chlor-3-Brombenzol-1-Carbonsäure.** Sm. 214° (*Soc.* **85**, 1269 *C.* **1904** [2] 1302).

$C_7H_4O_3NCl$ *3) **Aldehyd d. 6-Chlor-3-Nitrobenzol-1-Carbonsäure.** Sm. 80° (D.R.P. 102745; *M.* **25**, 366 *C.* **1904** [2] 322).
9) **4-Chlor-2-Nitrosobenzol-1-Carbonsäure** (*B.* **36**, 3302 *C.* **1903** [2] 1173).
10) **Aldehyd d. 4-Chlor-2-Nitrobenzol-1-Carbonsäure.** Sm. 67—68° (D.R.P. 128727 *C.* **1902** [1] 552; *B.* **36**, 3300 *C.* **1903** [2] 1173; D.R.P. 149748, 149749 *C.* **1904** [1] 909). — *III, *1l.*

$C_7H_4O_3NCl_3$ 3) **2,3,5-Trichlor-1-Nitro-4-Keto-1-Methyl-1,4-Dihydrobenzol.** Sm. 70° u. Zers. (*A.* **328**, 291 *C.* **1903** [2] 1248).

$C_7H_4O_3NBr$ 3) **4-Brom-2-Nitrosobenzol-1-Carbonsäure.** Sm. 222—225° (*B.* **37**, 1872 *C.* **1904** [1] 1601).
4) **Aldehyd d. 4-Brom-2-Nitrobenzol-1-Carbonsäure.** Sm. 97—98° (*B.* **36**, 3302 *C.* **1903** [2] 1173; D.R.P. 149748, 149749 *C.* **1904** [1] 909; *B.* **37**, 1867 *C.* **1904** [1] 1601).

$C_7H_4O_3NBr_3$ 4) **Methyläther d. 4,5,6-Tribrom-2-Nitro-1-Oxybenzol.** Sm. 109 bis 110° (*Am.* **30**, 68 *C.* **1903** [2] 355).

$C_7H_4O_3NJ$ 1) **Aldehyd d. 4-Jod-2-Nitrobenzol-1-Carbonsäure.** Sm. 110—111° (*B.* **36**, 3303 *C.* **1903** [2] 1173; D.R.P. 149749 *C.* **1904** [1] 909).

$C_7H_4O_3NJ_3$ 1) **Methyläther d. 2,4,6-Trijod-3-Nitro-1-Oxybenzol.** Sm. 128° (*Am.* **32**, 302 *C.* **1904** [2] 1385).

$C_7H_4O_3Cl_2S$ *1) **stab. Chlorid d. Benzol-1-Carbonsäure-2-Sulfonsäure.** Sm. 79° (*Am.* **30**, 247 *C.* **1903** [2] 1118).
*2) **lab. Chlorid d. Benzol-1-Carbonsäure-2-Sulfonsäure.** Sm. 40° (*Am.* **30**, 247 *C.* **1903** [2] 1118).

$C_7H_4O_4NCl$ *1) **3-Chlor-2-Nitrobenzol-1-Carbonsäure** (*C.* **1903** [2] 1174).
*3) **5-Chlor-2-Nitrobenzol-1-Carbonsäure** (*C.* **1903** [2] 1174).
*5) **4-Chlor-3-Nitrobenzol-1-Carbonsäure** (*C.* **1903** [2] 1174).
*7) **6-Chlor-3-Nitrobenzol-1-Carbonsäure** (*C.* **1903** [2] 1174).
*13) **2-Chlor-3-Nitrobenzol-1-Carbonsäure** (*C.* **1903** [2] 1174).
14) **?-Chlor-3-Nitro-2-Methyl-1,4-Benzochinon.** Sm. 70—71° (*Soc.* **85**, 528 *C.* **1904** [1] 1256, 1490).
15) **3-Chlor-5-Nitro-2-Methyl-1,4-Benzochinon** (oder 5-Chlor-3-Nitro-2-Methyl-1,4-Benzochinon). Sm. 128° (*A.* **328**, 314 *C.* **1903** [2] 1246).

$C_7H_4O_4NBr$ *3) **5-Brom-2-Nitrobenzol-1-Carbonsäure** (*C.* **1903** [2] 1174).
13) **Aldehyd d. 5-Brom-3-Nitro-2-Oxybenzol-1-Carbonsäure.** Sm. 147—148° (*B.* **37**, 3935 *C.* **1904** [2] 1596).

$C_7H_4O_4N_2Br_2$ 7) **3,5-Dibrom-2,4-Dinitro-1-Methylbenzol.** Sm. 157° (*R.* **21**, 126 *C.* **1904** [2] 200).

$C_7H_4O_5NBr$ *2) **3-Brom-5-Nitro-2-Oxybenzol-1-Carbonsäure.** Sm. 222° (*G.* **34** [1] 274 *C.* **1904** [1] 1499).

$C_7H_4O_6N_3Cl$ 1) **3-Chlor-2,4,6-Trinitro-1-Methylbenzol.** Sm. 148,5° (*B.* **37**, 2094 *C.* **1904** [2] 34).

$C_7H_4O_6N_4Cl_2$ 1) **4,5-Dichlor-2,6-Dinitro-1-Methylnitramidobenzol.** Sm. 121° (*R.* **21**, 420 *C.* **1903** [1] 504).

$C_7H_4O_6N_4Br_2$ 1) **4,5-Dibrom-2,6-Dinitro-1-Methylnitramidobenzol.** Sm. 140° (*R.* **21**, 415 *C.* **1903** [1] 505).

$C_7H_4O_7N_3Cl$ 1) **Methyläther d. 3-Chlor-2,4,6-Trinitro-1-Oxybenzol.** Sm. 88° (*R.* **21**, 323 *C.* **1903** [1] 79).

$C_7H_4O_7N_3Br$ 1) **Methyläther d. 3-Brom-2,4,6-Trinitro-1-Oxybenzol.** Sm. 97° (*R.* **23**, 121 *C.* **1904** [2] 206).

$C_7H_4O_9N_2S$ 1) **3,5-Dinitrobenzol-1-Carbonsäure-2-Sulfonsäure.** Sm. oberh. 300° (*G.* **33** [2] 334 *C.* **1904** [1] 278).

$C_7H_5O_2NCl_2$ 17) **3,5-Dichlor-2-Oxybenzaldoxim.** Sm. 195—196° (*B.* **37**, 4029 *C.* **1904** [2] 1718).

$C_7H_5O_2NBr_2$ *16) **4,5-Dibrom-2-Amidobenzol-1-Carbonsäure.** Sm. 227° (*J. pr.* [2] **69**, 36 *C.* **1904** [1] 641).

*17) **3,5-Dibrom-2-Amidobenzol-1-Carbonsäure.** Ba + $3^1/_2 H_2O$ (*C.* **1903** [2] 1194).

$C_7H_5O_2N_2Cl$ *2) **Diazobenzolchlorid-4-Carbonsäure** (*A.* **325**, 302 *C.* **1903** [1] 704).

3) **Diazobenzolchlorid-3-Carbonsäure** (*A.* **325**, 302 *C.* **1903** [1] 704).

$C_7H_5O_2N_2Br_3$ 3) **4,5,6-Tribrom-2-Nitro-1-Methylamidobenzol.** Sm. 128° (*R.* **21**, 415 *C.* **1903** [1] 505).

$C_7H_5O_2N_2Br_3$ 1) **Amid d. 3,5-Dibrom-4-Oxyphenylazoameisensäure.** Zers. bei 225° (*A.* **334**, 174 *C.* **1904** [2] 834).

$C_7H_5O_2N_4Cl_3$ 1) **2,6-Diketo-8-Trichlormethyl-3-Methylpurin.** Zers. oberh. 300° (D.R.P. 153121 *C.* **1904** [2] 625).

$C_7H_5O_3NCl_2$ 3) **Methyläther d. 4,5-Dichlor-2-Nitro-1-Oxybenzol.** Sm. 86° (*R.* **21**, 421 *C.* **1903** [1] 504).

4) **3,5-Dichlor-1-Nitro-4-Keto-1-Methyl-1,4-Dihydrobenzol.** Sm. 74—76° u. Zers. (*A.* **328**, 289 *C.* **1903** [2] 1248).

$C_7H_5O_3NBr_2$ *7) **Methyläther d. 2,6-Dibrom-4-Nitro-1-Oxybenzol.** Sm. 122,6° (*Am.* **30**, 59 *C.* **1903** [2] 354).

$C_7H_5O_3NS$ *1) **2-Cyanbenzol-1-Sulfonsäure.** NH_4, K (*Am.* **30**, 263 *C.* **1903** [2] 1119; *Am.* **30**, 371 *C.* **1904** [1] 277).

6) **Phenylsulfonisocyansäure.** Sd. $129°_9$. HJ (*B.* **36**, 3214 *C.* **1903** [2] 1055; *B.* **37**, 690 *C.* **1904** [1] 1074).

$C_7H_5O_3N_2Cl$ *2) **6-Chlor-3-Nitrobenzaldoxim.** Sm. 146—147° (*M.* **25**, 367 *C.* **1904** [2] 322).

*12) **Amid d. 4-Chlor-3-Nitrobenzol-1-Carbonsäure** (*C.* **1903** [2] 1174).

*13) **Amid d. 6-Chlor-3-Nitrobenzol-1-Carbonsäure** (*C.* **1903** [2] 1174).

14) **4-Chlor-2-Nitrobenzaldoxim.** Sm. 172° (*B.* **37**, 1865 *C.* **1904** [1] 1600).

15) **Chloramid d. 3-Nitrobenzol-1-Carbonsäure.** Sm. 183—184° u. Zers. (*Am.* **30**, 402 *C.* **1904** [1] 238).

$C_7H_5O_3N_2Br$ 9) **4-Brom-2-Nitrobenzaldoxim.** Sm. 164° (*B.* **37**, 1868 *C.* **1904** [1] 1601).

$C_7H_5O_3ClHg$ 1) **Chlormerkurosalicylsäure.** Na, K, Li, Ca (*G.* **32** [2] 308 *C.* **1903** [1] 579).

$C_7H_5O_3Cl_3S$ 4) **2,4,5-Trichlorphenylmethan-α-Sulfonsäure** (D.R.P. 146946 *C.* **1904** [1] 66).

$C_7H_5O_3BrHg$ 1) **Brommerkurosalicylsäure** (*G.* **32** [2] 310 *C.* **1903** [1] 579).

$C_7H_5O_3JHg$ 1) **Jodmerkurosalicylsäure** (*G.* **32** [2] 310 *C.* **1903** [1] 579).

$C_7H_5O_4N_2Cl$ *5) **2,4-Dinitro-1-Chlormethylbenzol.** Sm. 33—34° (*B.* **37**, 3599 *C.* **1904** [2] 1500).

$C_7H_5O_4ClS$ *2) **3-Chlorid d. Benzol-1-Carbonsäure-3-Sulfonsäure.** Sm. 133—134° (*M.* **23**, 1117 *C.* **1903** [1] 396).

3) **Aldehyd d. 4-Chlorbenzol-1-Carbonsäure-2-Sulfonsäure** (D.R.P. 117540 *C.* **1901** [1] 430). — *III, *16*.

4) **Aldehyd d. 5-Chlorbenzol-1-Carbonsäure-2-Sulfonsäure** (D.R.P. 91818). — *III, *16*.

$C_7H_5O_5N_2Cl$ 3) **Methyläther d. 5-Chlor-2,4-Dinitro-1-Oxybenzol.** Sm. 105° (*R.* **23**, 122 *C.* **1904** [2] 206).

$C_7H_5O_5N_2Br$ 5) **Methyläther d. 5-Brom-2,4-Dinitro-1-Oxybenzol.** Sm. 110° (*R.* **23**, 120 *C.* **1904** [2] 206).

$C_7H_5O_6NS$	3) **Aldehyd d. 3-Nitrobenzol-1-Carbonsäure-6-Sulfonsäure** (D.R.P. 94504, 102745). — *III, *16*.
$C_7H_5O_7NS$	*1) **2-Nitrobenzol-1-Carbonsäure-4-Sulfonsäure** (*M.* **23**, 1138 *C.* **1903** [1] 397).
$C_7H_5N_2BrS$	*2) **?-Brom-1-Amidobenzthiazol.** Sm. 209—211° (*B.* **36**, 3135 *C.* **1903** [2] 1071).
C_7H_6ONCl	*6) **Amid d. 2-Chlorbenzol-1-Carbonsäure** (*C.* **1903** [2] 1173).
	*7) **Amid d. 3-Chlorbenzol-1-Carbonsäure.** Sm. 134° (*J. pr.* [2] **67**, 498 *C.* **1903** [2] 251).
	*11) **Phenylchloramid d. Essigsäure.** Sm. 44° (*Am.* **29**, 304 *C.* **1903** [1] 1166).
	*12) **4-Chlorphenylamid d. Ameisensäure.** Sm. 101° (*Am.* **29**, 304 *C.* **1903** [1] 1166).
	14) **Aldehyd d. 4-Chlor-2-Amidobenzol-1-Carbonsäure.** Sm. 86° (*B* **37**, 1873 *C.* **1904** [1] 1601).
	15) **Aldehyd d. 2-Chlor-4-Amidobenzol-1-Carbonsäure.** Sm. 147° (D.R.P. 86874). — *III, *13*.
C_7H_6ONBr	*10) **Phenylbromamid d. Ameisensäure.** Sm. 70—80° (*Am.* **29**, 304 *C.* **1903** [1] 1166).
$C_7H_6ON_2Br_2$	5) **2,6-Dibrom-4-Methyl-1-Diazobenzol.** Sulfat (*Soc.* **83**, 811 *C.* **1903** [2] 426).
$C_7H_6O_2NCl$	*2) **6-Chlor-2-Nitro-1-Methylbenzol.** Sm. 37,5° (*B.* **37**, 1018 *C.* **1904** [1] 1202).
	*7) **2-Chlor-4-Nitro-1-Methylbenzol.** Sm. 65° (*Soc.* **85**, 1436 *C.* **1904** [2] 1740).
	*10) **4-Nitro-1-Chlormethylbenzol.** + $AlCl_3$ (*C.* **1903** [1] 147; *R.* **23**, 108 *C.* **1904** [1] 1136).
	*17) **5-Chlor-2-Oxybenzaldoxim.** Sm. 122° (*B.* **37**, 4025 *C.* **1904** [2] 1717).
	*23) **6-Chlor-3-Amidobenzol-1-Carbonsäure** (*C.* **1903** [2] 1174).
	*29) **Amid d. 5-Chlor-2-Oxybenzol-1-Carbonsäure.** Sm. 226—227° (*B.* **37**, 4026 *C.* **1904** [2] 1718).
	35) **6-Chlor-2-Imido-4-Oxy-1-Keto-5-Methyl-1,2-Dihydrobenzol?** (*A.* **328**, 318 *C.* **1903** [2] 1247).
	36) **3-Chlor-4-Oxybenzaldoxim.** Sm. 144—145° (*B.* **37**, 4034 *C.* **1904** [2] 1719).
	37) **Amid d. 3-Chlor-4-Oxybenzol-1-Carbonsäure.** Sm. 181—182° (*B.* **37**, 4035 *C.* **1904** [2] 1719).
$C_7H_6O_2NBr$	24) **6-Brom-2-Nitro-1-Methylbenzol.** Sm. 41° (*B.* **37**, 1021 *C.* **1904** [1] 1203).
$C_7H_6O_2NJ$	12) **6-Jod-2-Nitro-1-Methylbenzol.** Sm. 35,5° (*B.* **37**, 1024 *C.* **1904** [1] 1203).
$C_7H_6O_2N_2Cl_2$	1) **4,5-Dichlor-2-Nitro-1-Methylamidobenzol.** Sm. 148° (*R.* **21**, 420 *C.* **1903** [1] 504).
$C_7H_6O_2N_2Br_2$	10) **4,5-Dibrom-2-Nitro-1-Methylamidobenzol.** Sm. 105° (*R.* **21**, 414 *C.* **1903** [1] 505).
$C_7H_6O_3NCl$	*1) **Methyläther d. 4-Chlor-2-Nitro-1-Oxybenzol.** Sm. 98° (94—96°) (D.R.P. 137956 *C.* **1903** [1] 112; D.R.P. 140133 *C.* **1903** [1] 797; *B.* **36**, 1689 *C.* **1903** [2] 111).
	*2) **Methyläther d. 5-Chlor-2-Nitro-1-Oxybenzol.** Sm. 71° (*R.* **21**, 321 *C.* **1903** [1] 79).
	14) **6-Chlor-3-Nitro-2-Oxy-Methylbenzol.** Sm. 64,5° (*B.* **37**, 1020 *C.* **1904** [1] 1202).
	15) **6-Chlor-5-Nitro-2-Oxy-1-Methylbenzol.** Sm. 135° (*B.* **37**, 1020 *C.* **1904** [1] 1202).
	16) **5-Chlor-3-Nitro-4-Oxy-1-Methylbenzol.** Sm. 65°. Na (*A.* **328**, 311 *C.* **1903** [2] 1246).
	17) **Methylester d. 5-Chlor-6-Oxypyridin-3-Carbonsäure.** Sm. 218°. Na (*B.* **37**, 3832 *C.* **1904** [2] 1614).
$C_7H_6O_3NBr$	*7) **Methylester d. 5-Brom-6-Oxypyridin-3-Carbonsäure.** Sm. 221 bis 222° (*B.* **37**, 3830 *C.* **1904** [2] 1615).
	10) **6-Brom-3-Nitro-2-Oxy-1-Methylbenzol.** Sm. 64° (*B.* **37**, 1023 *C.* **1904** [1] 1203).

$C_7H_6O_3NBr$ 11) **6-Brom-5-Nitro-2-Oxy-1-Methylbenzol.** Sm. 145,5° (*B.* **37**, 1023 *C.* **1904** [1] 1203).

12) **Methyläther d. 5-Brom-2-Nitro-1-Oxybenzol.** Sm. 90° (*R.* **23**, 119 *C.* **1904** [2] 206).

$C_7H_6O_3Cl_2S$ 10) **2,4-Dichlorphenylmethan-α-Sulfonsäure.** Na (D.R.P. 146946 *C.* **1904** [1] 66).

11) **2,5-Dichlorphenylmethan-α-Sulfonsäure.** Na + H_2O (D.R.P. 146946 *C.* **1904** [1] 66).

12) **3,4-Dichlorphenylmethan-α-Sulfonsäure.** Na (D.R.P. 146946 *C.* **1904** [1] 66).

$C_7H_6O_4NCl$ 2) **4[oder 6]-Chlor-6[oder 4]-Nitro-2,5-Dioxy-1-Methylbenzol.** Sm. 179—180° (*A.* **328**, 316 *C.* **1903** [2] 1247).

$C_7H_6O_4Cl_2S_2$ *1) **Chlorid d. 1-Methylbenzol-2,4-Disulfonsäure.** Sm. 52° (*J. pr.* [2] **68**, 331 *C.* **1903** [2] 1171).

$C_7H_6O_4Br_2S_2$ 1) **Bromid d. 1-Methylbenzol-2,4-Disulfonsäure.** Sm. 78° (*J. pr.* [2] **68**, 334 *C.* **1903** [2] 1172).

$C_7H_6O_8N_2S$ 2) **2,6-Dinitro-1-Oxybenzolmethyläther-4-Sulfonsäure** (D.R.P. 148085 *C.* **1904** [1] 135).

$C_7H_7ONBr_2$ *5) **Methyläther d. 2,6-Dibrom-4-Amido-1-Oxybenzol.** Sm. 66° (64—65°) (*Soc.* **81**, 1479 *C.* **1903** [1] 23, 144; *Am.* **30**, 62 *C.* **1903** [2] 354).

$C_7H_7ON_2Cl$ 10) **Methyläther d. 2-Oxydiazobenzolchlorid** (*A.* **325**, 302 *C.* **1903** [1] 704).

11) **Hydrazid d. 4-Chlorbenzol-1-Carbonsäure.** Sm. 163° (*C.* **1904** [2] 1493).

$C_7H_7ON_2Br$ *4) **Methyläther d. 4-Bromdiazobenzol** (*A.* **325**, 245 *C.* **1903** [1] 632).

*8) **Hydrazid d. 4-Brombenzol-1-Carbonsäure.** Sm. 164° (*C.* **1904** [2] 1493).

$C_7H_7ON_2Br_3$ 1) **Methylamid d. 3,4,5-Tribrom-1-Methylpyrrol-2-Carbonsäure.** Sm. 176° (*B.* **37**, 2802 *C.* **1904** [2] 533).

$C_7H_7ON_2J$ 1) **2-Jodphenylharnstoff.** Sm. 197—198° (*M.* **25**, 956 *C.* **1904** [2] 1638).

2) **3-Jodphenylharnstoff.** Sm. 174° (*M.* **25**, 957 *C.* **1904** [2] 1638).

3) **4-Jodphenylharnstoff.** Sm. 288—300° (*M.* **25**, 945 *C.* **1904** [2] 1637).

$C_7H_7OJF_2$ *1) **1-Methylbenzol-2-Jodofluorid.** Sm. 120° (*A.* **328**, 135 *C.* **1903** [2] 990).

*2) **1-Methylbenzol-4-Jodofluorid.** Zers. bei 207° (*A.* **328**, 136 *C.* **1903** [2] 990).

3) **1-Methylbenzol-3-Jodofluorid.** Sm. 178° (*A.* **328**, 136 *C.* **1903** [2] 990).

$C_7H_7O_2NBr_2$ 2) **4,6-Dibrom-2-Amido-3,5-Dioxy-1-Methylbenzol.** HCl (*B.* **37**, 1426 *C.* **1904** [1] 1418).

$C_7H_7O_2N_2Br$ *9) **4-Brom-1-Methylnitramidobenzol** (*B.* **36**, 2507 *C.* **1903** [2] 490).

$C_7H_7O_2N_4Cl$ 7) **8-Chlor-2,6-Diketo-1,3-Dimethylpurin** (D.R.P. 145880 *C.* **1903** [2] 1036).

$C_7H_7O_2ClS$ *2) **Chlorid d. 1-Methylbenzol-2-Sulfonsäure** (D.R.P. 142116 *C.* **1903** [2] 79).

$C_7H_7O_3N_2Cl$ *1) **Methyläther d. 4-Chlor-5-Nitro-2-Amido-1-Oxybenzol.** Sm. 132° (D.R.P. 137956 *C.* **1903** [1] 113; D.R.P. 153940 *C.* **1904** [2] 1014).

$C_7H_7O_3N_2Br$ 2) **Methylester d. 3-Brom-1-Amido-2-Keto-1,2-Dihydropyridin-5-Carbonsäure.** Sm. 144—145,5° (*B.* **37**, 3837 *C.* **1904** [2] 1615).

$C_7H_7O_3ClS$ *6) **4-Chlorphenylmethan-α-Sulfonsäure.** Anilinsalz (D.R.P. 146946 *C.* **1904** [1] 66).

11) **2-Chlorphenylmethan-α-Sulfonsäure.** Na, K, Anilinsalz (D.R.P. 141783 *C.* **1903** [1] 1324; D.R.P. 146946 *C.* **1904** [1] 66; D.R.P. 150366 *C.* **1904** [1] 1307).

$C_7H_7O_4NS$ *7) **1-Amid d. Benzol-1-Carbonsäure-2-Sulfonsäure** + H_2O. Salze siehe (*Am.* **30**, 364 *C.* **1904** [1] 276).

*8) **2-Amid d. Benzol-1-Carbonsäure-2-Sulfonsäure.** Salze siehe (*Am.* **30**, 353 *C.* **1904** [1] 276).

*9) **3-Amid d. Benzol-1-Carbonsäure-3-Sulfonsäure.** Sm. 237—238° (*Am.* **30**, 329 *C.* **1903** [2] 1123).

$C_7H_7O_4NS$ 14) **Benzoylsulfaminsäure** (Benzamidosulfonsäure). Ag, Ag_2, Benzamidsalz (*A.* **333**, 288 *C.* **1904** [2] 804).

$C_7H_7O_5NS$ *10) **2-Amidobenzol-1-Carbonsäure-4-Sulfonsäure** (D.R.P. 138188 *C.* **1903** [1] 371).

23) **3-Amid d. 4-Oxybenzol-1-Carbonsäure-3-Sulfonsäure.** Sm. 258° (Zers. bei 265°). Na + $4H_2O$, Ba + $6\frac{1}{2}H_2O$ (*Am.* **31**, 41 *C.* **1904** [1] 441).

$C_7H_7O_6NS$ *3) **5-Nitro-2-Oxyphenylmethan-α-Sulfonsäure** (D.R.P. 150313 *C.* **1904** [1] 1115).

C_7H_8ONCl *8) **Methyläther d. 4-Chlor-2-Amido-1-Oxybenzol.** Sm. 84° (D.R.P. 137956 *C.* **1903** [1] 112).

12) **5-Chlor-3-Amido-4-Oxy-1-Methylbenzol.** Sm. 89—90°. HCl (*A.* **328**, 313 *C.* **1903** [2] 1247).

$C_7H_8ON_2Br_2$ 1) **Methylamid d. 3,4-Dibrom-1-Methylpyrrol-2-Carbonsäure.** Sm. 137° (*B.* **37**, 2801 *C.* **1904** [2] 533).

$C_7H_8O_2NCl$ *1) **4[oder 6]-Chlor-6[oder 4]-Amido-2,5-Dioxy-1-Methylbenzol.** Sm. 160—162° (*A.* **328**, 317 *C.* 1903 [2] 1247).

$C_7H_8O_3N_2S$ *9) **Diamid d. Benzol-1-Carbonsäure-2-Sulfonsäure.** Sm. 263° (*Am.* 30, 363 *C.* **1904** [1] 276).

10) **Phenylsulfonharnstoff.** Sm. 167,4° (*B.* **37**, 694 *C.* **1904** [1] 1074).

11) **Methylester d. ?-Acetylamidothiazol-?-Carbonsäure.** Sm. 178° u. Zers. (*B.* **36**, 3550 *C.* **1903** [2] 1379).

$C_7H_8O_4N_2S$ *10) **Amid d. 4-Nitro-1-Methylbenzol-2-Sulfonsäure** (D.R.P. 143455 *C.* 1903 [2] 405).

$C_7H_8O_4N_2S_2$ 1) **Methylenamid d. Benzol-1,3-Disulfonsäure.** Zers. oberh. 180° (*B.* **37**, 4104 *C.* **1904** [2] 1727).

$C_7H_8O_5N_2S$ 9) **5-Nitro-2-Amidophenylmethan-α-Sulfonsäure.** NH_4 (D.R.P. 150366 *C.* **1904** [1] 1307).

10) **1-Methylnitramidobenzol-4-Sulfonsäure.** K (*A.* **330**, 33 *C.* **1904** [1] 1141).

$C_7H_8O_6N_2S$ 1) **?-Nitro-?-Amido-2-Oxyphenylmethan-α-Sulfonsäure** (D.R.P. 141783 *C.* **1903** [1] 1325).

$C_7H_8O_8N_2S$ 1) **Nitromethoxylchinolnitrosäuresulfonsäure.** Ba (*Am.* **29**, 119 *C.* **1903** [1] 769).

$C_7H_8NCl_2P$ 1) **Methylphenylamidodichlorphosphin.** Sd. 251° (*A.* **326**, 221 *C.* 1903 [1] 866).

$C_7H_8NCl_4P$ 1) **Methylphenylamidophosphortetrachlorid** (*A.* **326**, 221 *C.* **1903** [1] 866).

$C_7H_9ON_2Br$ 2) **Methylamid d. 3[oder 4]-Brom-1-Methylpyrrol-2-Carbonsäure.** Sm. 112° (*B.* **37**, 2801 *C.* **1904** [2] 533).

$C_7H_9O_2NS$ *11) **Methylamid d. Benzolsulfonsäure.** Sm. 30—31° (*B.* **36**, 2700 *C.* **1903** [2] 829).

$C_7H_9O_3NS$ *15) **2-Methylphenylsulfaminsäure** (D.R.P. 151134 *C.* **1904** [1] 1381).

*17) **4-Methylphenylsulfaminsäure** (D.R.P. 151134 *C.* **1904** [1] 1381).

$C_7H_9O_4NS$ 8) **5-Amido-2-Oxyphenylmethan-α-Sulfonsäure** (D.R.P. 150313 *C.* **1904** [1] 1115).

9) **4-Amido-1-Oxybenzolmethyläther-3-Sulfonsäure** (D.R.P. 146655 *C.* **1903** [2] 1301).

$C_7H_9O_4N_2Br$ 1) **Bromakrylylamidoacetylamidoessigsäure.** Sm. 202° u. Zers. (*B.* 37, 2511 *C.* 1904 [2] 427).

$C_7H_9O_5NS_2$ 1) **α-Phenylsulfonamidomethan-α-Sulfonsäure.** Na (*B.* **37**, 4100 *C.* **1904** [2] 1726).

$C_7H_9N_2ClS$ 1) **Aethyläther d. 4-Chlor-2-Merkapto-5-Methyl-1,3-Diazin.** Sd. 157 bis 159°$_{25}$ (*Am.* 31, 506 *C.* **1904** [2] 242).

$C_7H_{10}ONCl$ *4) **Verbindung** (aus Chlordimethyläther u. Pyridin). + $HgCl_2$ (*A.* **334**, 52 *C.* **1904** [2] 948).

$C_7H_{10}ONJ$ 2) **Jodmethylat d. 2-Methylimidomethylfuran** (*A.* **335**, 373 *C.* **1904** [2] 1406).

$C_7H_{10}ON_2S$ 7) **Aethyläther d. 2-Merkapto-4-Keto-5-Methyl-3,4-Dihydro-1,3-Diazin.** Sm. 158—159° (*Am.* 31, 595 *C.* **1904** [2] 241).

$C_7H_{10}ON_3Cl$ 1) **5-Chlor-1-Semicarbazon-1,2,3,4-Tetrahydrobenzol.** Sm. 190° (*Soc.* **83**, 500 *C.* **1903** [1] 1028, 1352).

$C_7H_{10}ON_3Br$ 1) **5-Brom-1-Semicarbazon-1,2,3,4-Tetrahydrobenzol.** Sm. 180 bis 198° (*Soc.* **83**, 501 *C.* **1903** [1] 1352).

$C_7H_{10}O_2N_2S$ *4) Aethylester d. 2-Amidothiazol-4-Methylcarbonsäure. Sm. 94° (C. r. 138, 422 C. 1904 [1] 789).
9) Methyläther d. 2-Merkapto-4,6-Diketo-5-Aethyl-3,4,5,6-Tetrahydro-1,3-Diazin. Sm. 257° (Am. 32, 353 C. 1904 [2] 1414).

$C_7H_{10}O_2N_3Cl$ 1) Diäthyläther d. 6-Chlor-2,4-Dioxy-1,3,5-Triazin. Sm. 43—44°; Sd. 144—145°$_{12-14}$ (B. 36, 3195 C. 1903 [2] 956).

$C_7H_{10}O_3N_2S$ *2) 2,4-Diamido-1-Methylbenzol-5-Sulfonsäure (C. 1904 [1] 1410).
*4) 2,6-Diamido-1-Methylbenzol-4-Sulfonsäure (C. 1904 [1] 1410).
12) 2,4-Diamido-1-Methylbenzol-6-Sulfonsäure (C. 1904 [1] 1410).

$C_7H_{10}O_4N_2Br_2$ 1) αβ-Dibrompropionylamidoacetylamidoessigsäure. Sm. 184° u Zers. (B. 37, 2509 C. 1904 [2] 427).

$C_7H_{10}O_4N_2S$ 3) 2,6-Diamido-1-Oxybenzolmethyläther-4-Sulfonsäure (D.R.P. 148085 C. 1904 [1] 135).

$C_7H_{10}O_6NBr$ 1) Diäthylester d. Bromnitromalonsäure. Sd. 136—137°$_{11}$ (B. 37, 1780 C. 1904 [1] 1483).

$C_7H_{10}NClS$ 1) Chlormethylat d. 2-Merkaptopyridin-2-Methyläther. Sm. 97°. 2 + $PtCl_4$ (A. 331, 250 C. 1904 [1] 1222).

$C_7H_{10}NClSe$ 1) Chlormethylat d. 2-Selenopyridin-2-Methyläther. Sm. 86°. 2 + $PtCl_4$ (A. 331, 253 C. 1904 [1] 1222).

$C_7H_{10}NJS$ *1) Jodmethylat d. 2-Merkaptopyridin-2-Methyläther. Sm. 155 bis 156° (A. 331, 250 C. 1904 [1] 1222).

$C_7H_{10}NJSe$ 1) Jodmethylat d. 2-Selenopyridin-2-Methyläther. Sm. 186° (A. 331, 252 C. 1904 [1] 1222).

$C_7H_{10}N_3ClS$ 1) Methyläther d. 6-Chlor-4-Methylamido-2-Merkapto-5-Methyl-1,3-Diazin. Sm. 157° (Am. 32, 354 C. 1904 [2] 1415).

$C_7H_{11}ONS$ 2) Caproylsenföl. Sd. 108°$_{20}$ (Soc. 85, 807 C. 1904 [2] 201, 519).

$C_7H_{11}O_2N_2P$ 2) Monamid-Methylphenylamid d. Phosphorsäure. Sm. 125° (A. 326, 254 C. 1903 [1] 868).

$C_7H_{11}O_4N_2Br$ 1) α-Brompropionylamidoacetylamidoessigsäure. Sm. 166—167° (B. 36, 2986 C. 1903 [2] 1112).

$C_7H_{12}O_2N_4S$ 1) 1-Ureïdo-2-Thiocarbonyl-4-Keto-5-Methyl-3-Aethyltetrahydroimidazol. Sm. 153° (C. 1904 [2] 1027).

$C_7H_{12}O_3NCl$ 2) Aethylester d. α-Chloracetylamidopropionsäure. Sm. 48,5—49,5° (B. 36, 2112 C. 1903 [2] 345).

$C_7H_{13}ONS_2$ 4) Methylester d. Isovalerylamidodithioameisensäure. Sm. 87° (Bl. [3] 29, 51 C. 1903 [1] 446).

$C_7H_{13}O_5NS$ 4) isom. 2-Merkapto-5-[αβγδ-Tetraoxybutyl]-4,5-Dihydrooxazol (Merkaptomannoxazolin). Sm. 216° (C. r. 138, 505 C. 1904 [1] 872).

$C_7H_{14}ONCl$ 3) Chlorid d. Dipropylamidoameisensäure. Sd. 100—104°$_{12}$ (B. 36, 2273 C. 1903 [2] 563).
4) Isoamylchloramid d. Essigsäure (Am. 29, 311 C. 1903 [1] 1166).

$C_7H_{14}ONBr$ 1) Amid d. γ-Bromhexan-γ-Carbonsäure. Fl. (C. 1904 [2] 1666).

$C_7H_{14}O_2NJ$ 1) Jodmethylat d. 1-Methyltetrahydropyrrol-2-Carbonsäure. Na (A. 326, 128 C. 1903 [1] 844).

$C_7H_{18}ONJ$ 1) Aethyläther d. Trimethyl-β-Oxyäthylammoniumjodid. Sm. 160—165° (B. 37, 3498 C. 1904 [2] 1320).

— 7 V —

$C_7H_3O_3Cl_2BrS$ 4) s-Dichlorid d. 4-Brombenzol-1-Carbonsäure-2-Sulfonsäure. Sm. 99—100° (Am. 30, 487 C. 1904 [1] 369).
5) uns-Dichlorid d. 4-Brombenzol-1-Carbonsäure-2-Sulfonsäure. Sm. 89—90° (Am. 30, 488 C. 1904 [1] 369).

$C_7H_4O_3NBrS$ *1) 4-Brom-1-Cyanbenzol-2-Sulfonsäure. NH_4, Na + $1^1/_2O$, K + $1^1/_2H_2O$, Mg + $8^1/_2H_2O$, Ba + $6H_2O$, Zn + $8^1/_2H_2O$, Cu + $4H_2O$ (Am. 30, 503 C. 1904 [1] 371).
*2) Imid d. 4-Brombenzol-1-Carbonsäure-2-Sulfonsäure. NH_4 (Am. 30, 489 C. 1904 [1] 370).

$C_7H_5O_2NCl_3P$ 1) Trichlorid d. Phenylamidophosphinsäure-3-Carbonsäure. Sm. 109—110° (A. 326, 242 C. 1903 [1] 868).
2) Trichlorid d. Phenylamidophosphinsäure-4-Carbonsäure. Sm. 168° (A. 326, 243 C. 1903 [1] 868).
3) 2-Chlorid d. Phosphorsäuredichloridphenylamid-2-Carbonsäure (Chlorid d. Phenylamidooxydichlorphosphin-2-Carbonsäure). Sm. 62° (B. 36, 1827 C. 1903 [2] 201).

$C_7H_5O_7N_2ClS$ 2) **2-Chlor-?-Dinitrophenylmethan-α-Sulfonsäure** (D.R.P. 141783 *C.* **1903** [1] 1325).

$C_7H_6O_3NClS$ 2) **2-Chlorid d. Benzol-1-Carbonsäureamid-2-Sulfonsäure.** Sm. 63° (*Am.* **30**, 371 *C.* **1904** [1] 277).

$C_7H_6O_4NBrS$ 6) **1-Amid d. 4-Brombenzol-1-Carbonsäure-2-Sulfonsäure** + $1^1/_2H_2O$. Na + $1^1/_2H_2O$, K (*Am.* **30**, 507 *C.* **1904** [1] 371).

7) **2-Amid d. 4-Brombenzol-1-Carbonsäure-2-Sulfonsäure.** Sm. 192—197°. Na, K, Mg + $3H_2O$, Ca + $2H_2O$, Sr + $4H_2O$, Ba + $2H_2O$ (*Am.* **30**, 508 *C.* **1904** [1] 371).

$C_7H_6O_4N_2Cl_2S$ 1) **Dichloramid d. 2-Nitro-1-Methylbenzol-4-Sulfonsäure.** Sm. 101° (*C.* **1904** [2] 435).

$C_7H_6O_5NClS$ *4) **6-Chlor-3-Nitro-1-Methylbenzol-4-Sulfonsäure** (D.R.P. 145908 *C.* **1903** [2] 1099).

7) **6-Chlor-3-Nitrophenylmethan-α-Sulfonsäure.** Na (D.R.P. 150366 *C.* **1904** [1] 1307; D.R.P. 154493 *C.* **1904** [2] 1557).

$C_7H_7O_2NCl_2S$ *8) **Dichloramid d. 1-Methylbenzol-4-Sulfonsäure.** Sm. 83° (*C.* **1904** [2] 435).

9) **Dichloramid d. 1-Methylbenzol-2-Sulfonsäure.** Sm. 33° (*C.* **1904** [2] 435).

$C_7H_8ONCl_2P$ *2) **4-Methylphenylmonamid d. Phosphorsäuredichlorid.** Sm. 104° (*A.* **326**, 237 *C.* **1903** [1] 867).

3) **Benzylmonamid d. Phosphorsäuredichlorid.** Fl. (*A.* **326**, 174 *C.* **1903** [1] 819).

$C_7H_8O_3NClS$ 1) **6-Chlor-3-Amido-1-Methylbenzol-4-Sulfonsäure** (D.R.P. 145908 *C.* **1903** [2] 1099).

2) **2-Chlorphenylamidomethan-α-Sulfonsäure** (D.R.P. 148760 *C.* **1904** [1] 555).

$C_7H_8NCl_2SP$ 1) **Methylphenylmonamid d. Thiophosphorsäuredichlorid.** Fl. (*A.* **326**, 257 *C.* **1903** [1] 869).

2) **Benzylmonamid d. Thiophosphorsäuredichlorid.** Fl. (*A.* **326**, 205 *C.* **1903** [1] 821).

$C_7H_9ONCl_2P$ 1) **Methylphenylamid d. Phosphorsäuredichlorid.** Sd. 282° (*A.* **326**, 253 *C.* **1903** [1] 868).

$C_7H_9O_3NBrP$ 1) **2-Brom-4-Methylphenylmonamid d. Phosphorsäure.** Sm. 142° Cu (*A.* **326**, 238 *C.* **1903** [1] 867).

$C_7H_{15}ONClP$ 1) **Aethyläther d. 1-Piperidyloxychlorphosphin.** Sd. $125°_{25}$ (*A.* **326**, 157 *C.* **1903** [1] 761).

$C_7H_{18}O_2NSP$ 1) **Propylmonamid d. Thiophosphorsäurediäthylester.** Sd. $98°_{11}$ (*A.* **326**, 203 *C.* **1903** [1] 821).

— 7 VI —

$C_7H_3O_2NClBrS$ *1) **Chlorid d. 4-Brom-1-Cyanbenzol-2-Sulfonsäure.** Sm. 82° (*Am.* **30**, 515 *C.* **1904** [1] 371).

$C_7H_7ONCl_2BrP$ 1) **2-Brom-4-Methylphenylmonamid d. Phosphorsäuredichlorid** (*A.* **326**, 238 *C.* **1903** [1] 867).

C_8-Gruppe.

C_8H_8 *3) **Metastyrol** (*B.* **35**, 4154 *C.* **1903** [1] 150).

C_8H_{10} *1) **Aethylbenzol.** Sd. $136°_{762}$ (*B.* **36**, 1632 *C.* **1903** [2] 25; *B.* **36**, 3085 *C.* **1903** [2] 989).

*4) **1,4-Dimethylbenzol.** Sm. 0° (3—4°) (*B.* **36**, 2117 *C.* **1903** [2] 350; *B.* **36**, 3086 *C.* **1903** [2] 990).

C_8H_{12} *1) **1,2-Dimethyl-?-Dihydrobenzol** (Cantharen) (*A.* **328**, 115 *C.* **1903** [2] 245).

*2) **3,5-Dimethyl-1,2-Dihydrobenzol.** Sd. 133—135° (*A.* **328**, 114 *C.* **1903** [2] 245).

*8) **1,1-Dimethyl-1,2-Dihydrobenzol.** Sd. 110—111° (*A.* **328**, 113 *C.* **1903** [2] 245; *B.* **36**, 2692 *C.* **1903** [2] 1061).

*9) **1,3-Dimethyl-1,2-Dihydrobenzol.** Sd. 128—130° (*A.* **328**, 114 *C.* **1903** [2] 245).

11) **1,1-Dimethyl-1,4-Dihydrobenzol.** Sd. 135—137° (*A.* **328**, 111 *C.* **1903** [2] 245).

C_8H_{12} 12) **2-Methyl-4-Aethyl-R-Penten.** Sd. 135° (*B.* **36**, 950 *C.* **1903** [1] 1022).

C_8H_{14} *14) **Laurolen** (*Am.* **32**, 288 *C.* **1904** [2] 1222).

22) **Kohlenwasserstoff** (aus 1-Oxy-1-Aethylhexahydrobenzol). Sd. $134°_{760}$ (*C. r.* **138**, 1323 *C.* **1904** [2] 219; *C. r.* **139**, 344 *C.* **1904** [2] 704).

C_8H_{16} *9) **1,3-Dimethylhexahydrobenzol.** Sd. $120°_{751}$ (*C.* **1904** [2] 955).

— 8 II —

$C_8H_4O_3$ *1) **Anhydrid d. Benzol-1,2-Dicarbonsäure** (*Am.* **31**, 263 *C.* **1904** [1] 1078).

$C_8H_4N_2$ *2) **Nitril d. Benzol-1,3-Dicarbonsäure.** Sm. 161,5—162° (*C.* **1904** [2] 101).

$C_8H_4Br_6$ 1) **1,4-Di[Tribrommethyl]benzol.** Sm. 194° (*B.* **37**, 1466 *C.* **1904** [1] 1342).

C_8H_6O 3) **Phenyläther d. α-Oxyäthin.** Sd. $75°_{85}$. Cu, Ag (*B.* **36**, 294 *C.* **1903** [1] 582).

$C_8H_6O_2$ *6) **Aldehyd d. Benzolketocarbonsäure** + H_2O. Sm. 72—73° (*B.* **35**, 4132 *C.* **1903** [1] 295; *A.* **325**, 143 *C.* **1903** [1] 644).

$C_8H_6O_3$ *3) **Benzolketocarbonsäure** (*J. pr.* [2] **68**, 531 *C.* **1904** [1] 452).

*16) **Piperonal.** 2 + $3H_2SO_4$ (*R.* **21**, 356 *C.* **1903** [1] 151).

19) **Verbindung** + $3H_2O$ (aus Pannarol) (*J. pr.* [2] **68**, 59 *C.* **1903** [2] 513).

$C_8H_6O_4$ *1) **3,4-Dioxybenzol-3,4-Methylenäther-1-Carbonsäure** (*Soc.* **83**, 621 *C.* **1903** [1] 591).

*2) **Benzol-1,2-Dicarbonsäure** (D.R.P. 138790 *C.* **1903** [1] 546; D.R.P. 140999 *C.* **1903** [1] 1106; *R.* **21**, 352 *C.* **1903** [1] 150; D.R.P. 139956 *C.* **1903** [1] 857; *C.* **1903** [2] 1330).

*3) **Benzol-1,3-Dicarbonsäure.** Sm. 348,5° (*B.* **36**, 1798 *C.* **1903** [2] 283).

*5) **2-Oxybenzol-1-Ketocarbonsäure.** Sm. 41—42° (*B.* **35**, 4346 *C.* **1903** [1] 287).

*15) **5,6-Dioxy-2-Keto-1,2-Dihydrobenzfuran** (Anhydroglykopyrogallol). Sm. 229°. Pb (*B.* **37**, 817 *C.* **1904** [1] 1150).

$C_8H_6O_5$ *4) **4-Oxybenzol-1,3-Dicarbonsäure.** Sm. 305° (*B.* **37**, 2122 *C.* **1904** [2] 438).

*12) **Benzol-1-Carbonsäure-2-Percarbonsäure** (*Am.* **29**, 200 *C.* **1903** [1] 959).

13) **2,4-Dioxybenzol-1-Ketocarbonsäure.** Sm. 194° (*B.* **36**, 1949 *C.* **1903** [2] 296).

$C_8H_6O_6$ *8) **Dianhydrid d. isom. Butan-αβγδ-Tetracarbonsäure** (vom Sm. 236°). Sm. 168—169° (*B.* **36**, 3295 *C.* **1903** [2] 1167).

$C_8H_6N_2$ *2) **1,3-Benzdiazin.** Sm. 48—48,5°; Sd. $243°_{772}$. (2HCl, $PtCl_4$), (HCl, $AuCl_3$ + H_2O) (*B.* **36**, 808 *C.* **1903** [1] 978; *B.* **37**, 3643 *C.* **1904** [2] 1512).

C_8H_7N *2) **Indol** (*J. pr.* [2] **66**, 504 *C.* **1903** [1] 517; *B.* **37**, 1134 *C.* **1904** [1] 1270; D.R.P. 152683 *C.* **1904** [2] 166).

*4) **Nitril d. 1-Methylbenzol-2-Carbonsäure** (*B.* **36**, 14 *C.* **1903** [1] 398).

*6) **Nitril d. 1-Methylbenzol-4-Carbonsäure.** Sm. 28—29° (*B.* **36**, 14 *C.* **1903** [1] 398).

C_8H_8O *3) **Acetophenon** (*B.* **36**, 756 *C.* **1903** [1] 832; *C. r.* **136**, 576 *C.* **1903** [2] 1110; *C.* **1904** [1] 1259).

*4) **1,2-Dihydrobenzfuran** (Cumaran). Sd. 188—190° (*B.* **36**, 2876 *C.* **1903** [2] 834).

*6) **Aldehyd d. Phenylessigsäure** (*C. r.* **137**, 989 *C.* **1904** [1] 257).

*7) **Aldehyd d. 1-Methylbenzol-2-Carbonsäure.** Sd. 197° (*C. r.* **137**, 717 *C.* **1903** [2] 1433; *B.* **36**, 4152 *C.* **1904** [1] 273).

*9) **Aldehyd d. 1-Methylbenzol-4-Carbonsäure** (*C. r.* **138**, 94 *C.* **1904**, [1] 509).

$C_8H_8O_2$ *5) **Oxymethylphenylketon.** Sm. 84—85° (*A.* **325**, 143 *C.* **1903** [1] 644).

*14) **1-Methylbenzol-2-Carbonsäure.** + H_2SO_4 (*R.* **21**, 351 *C.* **1903** [1] 150; *Soc.* **85**, 241 *C.* **1904** [1] 1006).

*15) **1-Methylbenzol-3-Carbonsäure.** $(NH_4)H$, KH (*Soc.* **83**, 1443 *C.* **1904** [1] 510).

*16) **1-Methylbenzol-4-Carbonsäure.** + H_2SO_4, $(NH_4)H$, KH (*R.* **21**, 351, *C.* **1903** [1] 150; *Soc.* **83**, 1443 *C.* **1904** [1] 510).

*31) **Aldehyd d. 2-Oxybenzolmethyläther-1-Carbonsäure.** Sm. 38° (*B.* **37**, 2347 Anm. *C.* **1904** [2] 229).

*33) **Aldehyd d. 4-Oxybenzolmethyläther-1-Carbonsäure** (*B.* **37**, 188 *C.* **1904** [1] 638).

$C_8H_8O_2$ 39) **Pannarol.** Sm. 176° (*J. pr.* [2] **68**, 58 *C.* **1903** [2] 513).

$C_8H_8O_3$ *4) **Resacetophenon.** Sm. 142° (*B.* **36**, 735 *C.* **1903** [1] 840; *C.* **1904** [1] 1597).

*9) **Aethyläther d. 2-Oxy-1,4-Benzochinon.** Sm. 117—119° (*B.* **35**, 4194 *C.* **1903** [1] 145).

*14) **3-Oxyphenylessigsäure.** Sm. 129° (*B.* **37**, 2121 *C.* **1904** [2] 438).

*17) **1-Oxymethylbenzol-2-Carbonsäure.** Sm. 128° (*A.* **334**, 359 *C.* **1904** [2] 1055).

*30) **3-Oxybenzolmethyläther-1-Carbonsäure.** Sm. 110° (*B.* **36**, 1804 *C.* **1903** [2] 283).

*31) **4-Oxybenzolmethyläther-1-Carbonsäure** (*C. r.* **136**, 378 *C.* **1903** [1] 636).

*43) **Vanillin.** + H_2SO_4 (*R.* **21**, 356 *C.* **1903** [1] 151; *C.* **1904** [1] 586; *M.* **24**, 836 *C.* **1904** [1] 367).

*44) **Aldehyd d. 3,4-Dioxybenzol-4-Methyläther-1-Carbonsäure** (*M.* **24**, 837 *C.* **1904** [1] 367).

55) **Methyläther d. 6-Oxy-2-Methyl-1,4-Benzochinon.** Sm. 147° (*B.* **36**, 894 *C.* **1903** [1] 966).

$C_8H_8O_4$ *1) **Gallacetophenon.** Na + H_2O, K, Ba (*Soc.* **83**, 129 *C.* **1903** [1] 89, 466).

*2) **Dimethyläther d. 2,6-Dioxy-1,4-Benzochinon.** Sm. 249° (*Ar.* **242**, 507 *C.* **1904** [2] 1386).

*4) **2,5-Dioxyphenylessigsäure** (*C.* **1903** [1] 1035; *B.* **37**, 513 *C.* **1903** [1] 1235).

*7) **α-Oxy-α-[2-Oxyphenyl]essigsäure** (*B.* **36**, 2580 *C.* **1903** [2] 621).

*10) **i-3,5-Dioxybenzol-1-Methylbenzol-4-Carbonsäure.** Sm. 152° u. Zers. (*M.* **24**, 894 *C.* **1904** [1] 512; *B.* **37**, 1413 *C.* **1904** [1] 1417; *C. r.* **136**, 1460 *C.* **1903** [2] 284; *C.* **1903** [2] 1330).

*14) **3,5-Dioxy-1-Methylbenzol-2-Carbonsäure** (Orsellinsäure). Zers. bei 175—176° (*B.* **37**, 1414 *C.* **1904** [1] 1417; *Bl.* [3] **31**, 613 *C.* **1904** [2] 99).

*37) **Dehydracetsäure** (*B.* **37**, 3387 *C.* **1904** [2] 1220).

52) **2,3,5,6-Tetraoxy-1,4-Dimethylbenzol.** Sm. 245° (*B.* **37**, 2388 *C.* **1904** [2] 308).

53) **2,5-Dioxy-1-Methylbenzol-3-Carbonsäure.** Sm. 215° (D.R.P. 81297). — *II, *1033.*

54) **2,6-Dioxy-1-Methylbenzol-3-Carbonsäure.** Sm. 185° u. Zers. (*M.* **24**, 908 *C.* **1904** [1] 513).

55) **4,5-Dioxy-1-Methylbenzol-3-Carbonsäure.** Sm. 204° (D.R.P. 81298). — *II, *1031.*

56) **2,5-Dioxy-1-Methylbenzol-4-Carbonsäure.** Sm. 205° (D.R.P. 81297). — *II, *1033.*

57) **Aldehyd d. 2,4,6-Trioxy-1-Methylbenzol-3-Carbonsäure** + $^1/_2H_2O$. Zers. bei 130° (*M.* **24**, 876 *C.* **1904** [1] 368).

58) **Aldehyd d. 2,4,6-Trioxybenzol-4-Methyläther-1-Carbonsäure.** Zers. bei 170° (*M.* **24**, 862 *C.* **1904** [1] 367).

$C_8H_8O_5$ *18) **3,4,5-Trioxybenzol-4-Methyläther-1-Carbonsäure.** Sm. 240° (*B.* **36**, 216 *C.* **1903** [1] 455).

21) **Oxyessig-2,3-Dioxyphenyläthersäure** (Pyrogallolmonoglykolsäure). Sm. 153—154° (D.R.P. 155568 *C.* **1904** [2] 1443).

22) **2-Acetoxylmethylfuran-5-Carbonsäure.** Sm. 115—117° (*B.* **36**, 2590 *C.* **1903** [2] 617).

23) **1-Methylcarbonat d. 1,2,3-Trioxybenzol.** Sm. 120° (*B.* **37**, 108 *C.* **1904** [1] 584).

$C_8H_8O_6$ 7) **Gem. Anhydrid d. Essigsäure u. d. α-Keto-γ-Oxybutan-αγ-Dicarbonsäure-αγ-Lakton.** Sm. 112—113° (*R.* **22**, 283 *C.* **1903** [2] 107).

$C_8H_8O_7$ *1) **Monoanhydrid d. Butan-αβγδ-Tetracarbonsäure** (vom Sm. 236°). Sm. 168—169° (*B.* **36**, 3295 *C.* **1903** [2] 1167).

$C_8H_8N_2$ *10) **3,4-Dihydro-1,3-Benzdiazin.** Sm. 126—127°; Sd. 303—304°$_{730}$. (2HCl, $ZnCl_2$) (*B.* **36**, 807 *C.* **1903** [1] 978; *B.* **37**, 3645 *C.* **1904** [2] 1512).

*12) **Nitril d. Phenylamidoessigsäure.** Sm. 43° (48°) (D.R.P. 142559 *C.* **1903** [2] 81; D.R.P. 151538 *C.* **1904** [1] 1308; *B.* **37**, 4081 *C.* **1904** [2] 1723).

$C_8H_8N_2$ *16) **Nitril d. 4-Amidophenylessigsäure.** Sm. 46° (*B.* **35**, 4403 *C.* **1903** [1] 341).
28) **Nitril d. 4-Methylamidobenzol-1-Carbonsäure.** Sm. 85—86° (*B.* **37**, 1741 *C.* **1904** [1] 1599).
29) **Nitril d. 6-Amido-1-Methylbenzol-2-Carbonsäure.** Sm. 95,5° (*B.* **37**, 1025 *C.* **1904** [1] 1203).

$C_8H_8N_4$ *7) **2,3-Diamido-1,4-Benzdiazin** (*B.* **36**, 4039 *C.* **1904** [1] 182).
10) **α-Amido-α-Cyanamido-α-Phenylimidomethan** (Phenylcyanguanidin). Sm. 190—191° (*C.* **1903** [2] 662).
11) **5-Amido-1-Phenyl-1,2,3-Triazol.** Sm. 139° (*B.* **35**, 4060 *C.* **1903** [1] 171).
12) **Nitril d. Methylphenylamidoazoameisensäure** (2-Phenyl-2-Methyl-1-Cyantriazen). Sm. 69—70° (*B.* **37**, 2379 *C.* **1904** [2] 322).

$C_8H_8Cl_2$ *3) **ββ-Dichloräthylbenzol.** Sd. 210—220°$_{760}$ (*B.* **36**, 3910 *C.* **1903** [2] 1439).
17) **4-Dichlormethyl-1-Methylbenzol.** Sm. 48—49° (*B.* **36**, 1875 *C.* **1903** [2] 286).
18) **3,5-Dichlor-1,2-Dimethylbenzol.** Sm. 3—4°; Sd. 226°$_{760}$ (*Soc.* **81**, 1534 *C.* **1903** [1] 21, 140).

C_8H_9O 1) **Verbindung** (aus 2-Oxy-1,3-Dimethylbenzol). Sm. 175—176° (*B.* **36**, 2037 *C.* **1903** [2] 360).

C_8H_9N 15) **1,4-Anhydrid d. 4-Methylamido-1-Oxymethylbenzol.** HCl (*M.* **23**, 987 *C.* **1903** [1] 289).

$C_8H_9N_3$ 11) **7-Amido-6-Methylindazol.** Sm. 194° (*B.* **37**, 2592 *C.* **1904** [2] 660).

C_8H_9Cl *12) **2-Chlor-1,4-Dimethylbenzol.** Sd. 186° (*C. r.* **135**, 1121 *C.* **1903** [1] 283).

C_8H_9Br 13) **β-Bromäthylbenzol.** Sd. 217—218°$_{784}$ (*C. r.* **138**, 1049 *C.* **1904** [1] 1493).

C_8H_9J *6) **2-Jod-1,4-Dimethylbenzol.** Sd. 230°$_{722}$ (*A.* **332**, 46 *C.* **1904** [2] 40).
*8) **4-Jod-1-Aethylbenzol.** Sd. 209°$_{738}$ (*A.* **327**, 287 *C.* **1903** [2] 351).

$C_8H_{10}O$ *1) **α-Oxyäthylbenzol** (*B.* **37**, 2085 *C.* **1904** [2] 182).
*2) **β-Oxyäthylbenzol.** Sd. 212—215° (*J. pr.* [2] **66**, 509 *C.* **1903** [1] 517; *C. r.* **138**, 150 *C.* **1904** [1] 577).
*6) **2-Oxymethyl-1-Methylbenzol.** Sm. 35°; Sd. 219° (*Bl.* [3] **29**, 953 *C.* **1903** [2] 1117; *C. r.* **137**, 574 *C.* **1903** [2] 1117).
*12) **2-Oxy-1,3-Dimethylbenzol.** Sm. 49° (*B.* **36**, 2036 *C.* **1903** [2] 360).
*15) **2-Oxy-1,4-Dimethylbenzol.** Sm. 74° (*C.* **1903** [2] 1051).
*17) **Methyläther d. Oxymethylbenzol.** Sd. 170° (168°) (*C. r.* **138**, 814 *C.* **1904** [1] 1195; *B.* **37**, 3191 *C.* **1904** [2] 1109; *B.* **37**, 3695 *C.* **1904** [2] 1387).
*19) **Methyläther d. 3-Oxy-1-Methylbenzol.** Sd. 178° (*R.* **21**, 331 *C.* **1903** [1] 78).
*20) **Methyläther d. 4-Oxy-1-Methylbenzol.** Sd. 174—176° (*Am.* **31**, 26 *C.* **1904** [1] 441).

$C_8H_{10}O_2$ *31) **3-Methyläther d. 3,5-Dioxy-1-Methylbenzol** (*B.* **36**, 889 *C.* **1903** [1] 965).
*32) **Dimethyläther d. 1,2-Dioxybenzol.** Sd. 205—206°. Pikrat (*B.* **37**, 2150 *C.* **1904** [2] 207).
*33) **Dimethyläther d. 1,3-Dioxybenzol.** Sd. 214° (*A.* **327**, 116 *C.* **1903** [1] 1214; *B.* **37**, 2152 *C.* **1904** [2] 207).
*34) **Dimethyläther d. 1,4-Dioxybenzol** (*A.* **327**, 116 *C.* **1903** [1] 1214).
*46) **1-Oxy-4-Keto-1,3-Dimethyl-1,4-Dihydrobenzol.** Sm. 54° (74° wasserfrei) (*B.* **35**, 3891 *C.* **1903** [1] 26; *B.* **36**, 2032 *C.* **1903** [2] 360).
55) **3,4-Dioxy-1-Aethylbenzol.** Sm. 39°; Sd. 157—160°$_{10}$ (*C. r.* **138**, 1702 *C.* **1904** [2] 436).
56) **3,5-Dioxy-1,2-Dimethylbenzol** + H_2O. Sm. 136—137° (wasserfrei) (*A.* **329**, 305 *C.* **1904** [1] 793).
57) **1-Oxy-4-Keto-1,2-Dimethyl-1,4-Dihydrobenzol** (*B.* **36**, 1626 *C.* **1903** [2] 31).

$C_8H_{10}O_3$ *2) **2,4,6-Trioxy-1,3-Dimethylbenzol.** Sm. 164° (*A.* **329**, 279 *C.* **1904** [1] 796).
*4) **2-Methyläther d. 2,4,6-Trioxy-1-Methylbenzol** + H_2O (*A.* **329**, 275 *C.* **1904** [1] 795).
*6) **1,3-Dimethyläther d. 1,2,3-Trioxybenzol.** Sm. 55°; Sd. 262,5° (*B.* **36**, 1032 *C.* **1903** [1] 1223).

$C_8H_{10}O_3$ *9) **Monoäthyläther d. 1,2,3-Trioxybenzol.** Sm. 102—104° (*Soc.* **83**, 133 *C.* **1903** [1] 466).
*29) **Filicinsäure** (*A.* **329**, 289 *C.* **1904** [1] 796).
35) **3-Methyläther d. 2,3,5-Trioxy-1-Methylbenzol.** Sm. 128—129° (*B.* **36**, 895 *C.* **1903** [1] 966).
36) **1,2-Dimethyläther d. 1,2,3-Trioxybenzol.** Sd. 232—234°. Pikrat (*B.* **36**, 661 *C.* **1903** [1] 710; *M.* **25**, 513 *C.* **1904** [2] 1118).
37) **Anhydrid d.** *β*-**Hexen-***βγ***-Dicarbonsäure.** Sd. 241—242° (*B.* **37**, 2470 *C.* **1904** [2] 305).
38) **Anhydrid d. cis-***δ***-Methyl-***β***-Penten-***βδ***-Dicarbonsäure.** Sm. 88° (*Soc.* **83**, 777 *C.* **1903** [2] 191, 423; *Soc.* **85**, 157 *C.* **1904** [1] 720).
39) **Anhydrid d. Crotonsäure.** Sd. 128—130°$_{19}$ (*Am.* **29**, 194 *C.* **1903** [1] 959).
40) **Anhydrid d. Säure** $C_8H_{12}O_4$. Sm. 66° (*C. r.* **136**, 693 *C.* **1903** [1] 960).

$C_8H_{10}O_4$ *10) **1,2,3,4-Tetrahydrobenzol-2,5-Dicarbonsäure** (*Soc.* **85**, 437 *C.* **1904** [1] 1440).
38) **Peroxyd d. Crotonsäure.** Sm. 41° (*Am.* **29**, 195 *C.* **1903** [1] 959).

$C_8H_{10}O_8$ *3) **isom. Butan-***αβγδ***-Tetracarbonsäure.** Sm. 236—237°. Ag_4 (*B.* **36**, 3295 *C.* **1903** [2] 1167).
11) **Diformalschleimsäure.** Sm. 160° (*R.* **21**, 319 *C.* **1903** [1] 138).
12) **Diformalzuckersäure.** Sm. 103° (*R.* **21**, 316 *C.* **1903** [1] 137).
13) **Succinperoxyd.** Sm. 128° u. Zers. (*Am.* **32**, 55 *C.* **1904** [2] 765).

$C_8H_{10}N_2$ *5) *α*-**Aethyliden-***β***-Phenylhydrazin.** *α*-Modif. Sm. 98—100°; *β*-Modif. Sm. 62—64° (*B.* **36**, 56 *C.* **1903** [1] 450; *B.* **36**, 88 *C.* **1903** [1] 452).
*9) **1,2,3,4-Tetrahydro-1,3-Benzdiazin** + H_2O. Sm. 49—51° (81°; 76° wasserfrei) (*B.* **36**, 811 *C.* **1903** [1] 978).
17) **Methyl-2-Amidobenzylidenamin.** Fl. (*B.* **37**, 3654 *C.* **1904** [2] 1514).
18) **2-Methylbenzylidenhydrazin.** Sm. 97° (*C. r.* **137**, 717 *C.* **1903** [2] 1433).

$C_8H_{11}N$ *1) **Aethylamidobenzol.** Oxalat (*B.* **36**, 203 *C.* **1903** [1] 507; *C. r.* **138**, 1038 *C.* **1904** [1] 1490).
*2) **i-***α***-Amidoäthylbenzol** (*B.* **36**, 704 *C.* **1903** [1] 818).
*6) **4-Amido-1-Aethylbenzol** (*A.* **327**, 286 *C.* **1903** [2] 351).
*7) **Dimethylamidobenzol.** Oxalat (*M.* **25**, 384 Anm. *C.* **1904** [2] 320).
*18) **4-Amido-1,3-Dimethylbenzol.** (HBr, Br_2), ($2HBr, Br_2$) (*C. r.* **138**, 1038 *C.* **1904** [1] 1490; *B.* **37**, 2344 *C.* **1904** [2] 433).
*31) **2,4,6-Trimethylpyridin.** ($HCl, AuCl_3 + H_2O$) (*B.* **36**, 2130 *C.* **1903** [2] 365; *Soc.* **83**, 703 *C.* **1903** [2] 443).
*42) **d-***α***-Amidoäthylbenzol.** d-Bromcamphersulfonat (*Soc.* **83**, 1147 *C.* **1903** [2] 1061).
45) **l-***α***-Amidoäthylbenzol.** d-Chlorcamphersulfonat, d-Bromcamphersulfonat (*Soc.* **83**, 1147 *C.* **1903** [2] 1061).

$C_8H_{11}N_3$ 7) **4-Methylphenylguanidin.** HNO_3 (*B.* **37**, 1683 *C.* **1904** [1] 1491).

$C_8H_{11}Br$ 2) **Verbindung** (aus d. Verb. $C_8H_{18}OBr_2$). Sd. 165—167° (*Soc.* **83**, 859 *C.* **1903** [2] 573).

$C_8H_{12}O$ 13) **Ketobicyklo[1,2,3]oktan.** Sm. 157—158° (*B.* **36**, 3612 *C.* **1903** [2] 1372).

$C_8H_{12}O_2$ *32) **3-Keto-4-Oxymethylen-1-Methylhexahydrobenzol.** Sd. 85°$_{12}$ (*A.* **329**, 119 *C.* **1903** [2] 1322).
*33) *α*-**Heptin-***α***-Carbonsäure.** Ba + H_2O, Phenylhydrazinsalz (*C. r.* **136**, 553 *C.* **1903** [1] 824).
*35) **5-Methyl-1,2,3,4-Tetrahydrobenzol-2-Carbonsäure.** Sm. 99° (*Soc.* **85**, 663 *C.* **1904** [2] 330).
*40) **Lakton d. cis-1-Oxy-1-Methylhexahydrobenzol-4-Carbonsäure.** Sm. 70°; Sd. 185°$_{160}$ (*Soc.* **85**, 660 *C.* **1904** [2] 330).
42) **2-Keto-1-Oxymethylen-R-Heptamethylen** (Oxymethylensuberon). Sd. 100°$_{13}$ (*A.* **329**, 126 *C.* **1903** [2] 1323).
43) *βδ*-**Heptadiën-***ε***-Carbonsäure.** Sm. 75—77°. Cu, Ag (*C.* **1902** [2] 1400; **1903** [2] 556).
44) *βδ*-**Dimethyl-***αγ***-Pentadiën-***α***-Carbonsäure.** Sm. 93° (*B.* **36**, 15 *C.* **1903** [1] 387).
45) *ε*-**Methyl-***α***-Hexin-***α***-Carbonsäure.** Sm. 0°; Sd. 141—144°$_{12}$ (*C. r.* **136**, 553 *C.* **1903** [1] 824).

$C_8H_{12}O_2$ 46) **1,1-Dimethyl-2,3-Dihydro-R-Penten-2-Carbonsäure.** Sd. 236°$_{760}$ (*Soc.* **85**, 142 *C.* **1904** [1] 728).
47) **Methylester d. α-Hexin-α-Carbonsäure.** Sd. 91—93°$_{19}$ (*C. r.* **136**, 553 *C.* **1903** [1] 824).
48) **Methylester d. γγ-Dimethyl-α-Butin-α-Carbonsäure.** Sd. 66°$_{13}$ (*C. r.* **136**, 553 *C.* **1903** [1] 824).
49) **Aethylester d. α-Pentin-α-Carbonsäure.** Sd. 93—94°$_{24}$ (*C. r.* **136**, 553 *C.* **1903** [1] 824).
50) **Aethylester d. γ-Methyl-α-Butin-α-Carbonsäure.** Sd. 83°$_{10}$ (*C. r.* **136**, 553 *C.* **1903** [1] 824).
51) **Acetat d. Verb.** $C_6H_{10}O_2$. Sd. 190—195° (*C. r.* **137**, 1205 *C.* **1904** [1] 356).

$C_8H_{12}O_3$ *15) **Anhydrid d. βγ-Dimethylbutan-βγ-Dicarbonsäure.** Sm. 147° (*Soc.* **85**, 554 *C.* **1904** [1] 1485).
30) **β-Hepten-γζ-Oxyd-α-Carbonsäure** (Valaktenpropionsäure). Sd. 253 bis 255° u. Zers. Ca, Ba, Ag (*A.* **331**, 194 *C.* **1904** [1] 1213).
31) **5-Keto-1,1-Dimethyl-R-Pentamethylen-2-Carbonsäure.** Sm. 110° (*C.* **1903** [1] 923; *Soc.* **85**, 139 *C.* **1904** [1] 728).
32) **Anhydrid d. 1-β-Methylpentan-γε-Dicarbonsäure.** Sd. 155—160°$_{13}$ (*B.* **36**, 1751 *C.* **1903** [2] 117).
33) **Methylester d. 4-Ketohexahydrobenzol-1-Carbonsäure.** Sd. 140°$_{20}$ (*Soc.* **85**, 426 *C.* **1904** [1] 1439).

$C_8H_{12}O_4$ *15) **trans-βγ-Dimethyl-α-Buten-αγ-Dicarbonsäure.** Sm. 148° (*Soc.* **83**, 773 *C.* **1903** [2] 423).
*16) **cis-βγ-Dimethyl-α-Buten-αγ-Dicarbonsäure.** Sm. 133° (*Soc.* **83**, 773 *C.* **1903** [2] 423).
*21) **i-trans-Hexahydrobenzol-1,2-Dicarbonsäure.** Sm. 221° (*C.* **1904** [2] 1697).
*24) **cis-Hexahydrobenzol-1,4-Dicarbonsäure.** Sm. 160—162° (*B.* **36**, 2860 *C.* **1903** [2] 1129).
*25) **trans-Hexahydrobenzol-1,4-Dicarbonsäure.** Sm. 297—308° (*B.* **36**, 2860 *C.* **1903** [2] 1129).
*43) **Terpenylsäure.** Sm. 89° (*G.* **33** [1] 400 *C.* **1903** [2] 571).
*56) **Aethylester d. β-Acetoxylpropen-α-Carbonsäure** (*B.* **37**, 3395 *C.* **1904** [2] 1221).
*76) **β-Hexen-βγ-Dicarbonsäure.** Ba + H_2O (*B.* **37**, 2471 *C.* **1904** [2] 305).
86) **cis-δ-Methyl-β-Penten-βδ-Dicarbonsäure.** Sm. 125° u. Zers. (*Soc.* **85**, 157 *C.* **1904** [1] 720).
87) **trans-δ-Methyl-β-Penten-βδ-Dicarbonsäure** (trans-ααγ-Trimethylglutakonsäure). Sm. 150° (*Soc.* **83**, 777 *C.* **1903** [2] 191, 423; *C. r.* **136**, 1140 *C.* **1903** [1] 1405; *Bl.* [3] **29**, 1023 *C.* **1903** [2] 1315).
88) **Säure** (aus Glutakonylglutakonsäuretriäthylester) (*C. r.* **136**, 693 *C.* **1903** [1] 960).
89) **αγ-Lakton d. γ-Oxybutan-αβ-Dicarbonsäure-β-Aethylester.** Sd. 273—273,5° (*A.* **330**, 306 *C.* **1904** [1] 927; *B.* **37**, 1997 *C.* **1904** [2] 23).
90) **αγ-Lakton d. α-Oxybutan-βγ-Dicarbonsäure-β-Aethylester** (α-Methylparakonsäureäthylester). Sd. 145—150°$_{14}$ (*B.* **37**, 1613 *C.* **1904** [1] 1402).
91) **Lakton d. α-Oxy-β-Isopropylpropan-αγ-Dicarbonsäure** (*B.* **36**, 1750 *C.* **1903** [2] 116).
92) **Lakton d. γ-Oxy-α-Acetoxyl-ββ-Dimethylpropan-α-Carbonsäure?** Sd. 122—125°$_{11}$ (*M.* **25**, 51 *C.* **1904** [1] 717).
93) **Isobutylester d. αβ-Diketobuttersäure.** Sd. 96—100°$_{13}$. + $^1/_2$ H_2O (Sm. 96°) (*C. r.* **138**, 1222 *C.* **1904** [2] 27).

$C_8H_{12}O_5$ *11) **Diäthylester d. Oxalessigsäure** (*C. r.* **138**, 1505 *C.* **1904** [2] 422).
25) **cis-1-Oxyhexahydrobenzol-1,4-Dicarbonsäure.** Sm. 168—170° (*Soc.* **85**, 436 *C.* **1904** [1] 1082, 1440).
26) **trans-1-Oxyhexahydrobenzol-1,4-Dicarbonsäure.** Sm. 228—230° (*Soc.* **85**, 435 *C.* **1904** [1] 1082, 1440).
27) **α-Oxy-α-Butenäthyläther-βγ-Dicarbonsäure.** Sm. 151° (*B.* **37**, 1614 *C.* **1904** [1] 1402).
28) **βδ-Lakton d. γ-Oxy-β-Oxymethyl-β-Methylbutan-δδ-Dicarbonsäure.** Sm. 82° (*M.* **25**, 15 *C.* **1904** [1] 719).

$C_8H_{12}O_6$ *3) **Pentan-αγε-Tricarbonsäure.** Sm. 116—118° (*Soc.* **85**, 423 *C.* **1904** [1] 1439).
24) **Formalmethylenfruktosid.** Sm. 92° (*R.* **22**, 163 *C.* **1903** [2] 108).

$C_8H_{12}O_6$

25) **Formalmethylen-d-Sorbosid.** Sm. 54° (*R.* **22**, 164 *C.* **1903** [2] 109).
26) **Formalmethylen-l-Sorbosid.** Sm. 54° (*R.* **22**, 164 *C.* **1903** [2] 109).
27) **Formalmethylen-i-Sorbosid.** Sd. 81° (*R.* **22**, 164 *C.* **1903** [2] 109).
28) **β-Methylbutan-ααδ-Tricarbonsäure.** Sm. 127—128° u. Zers. Ca + H_2O (*C.* 1903 [2] 1425).
29) **β-Methylbutan-αγγ-Tricarbonsäure** Sm. 165° u. Zers. (*Soc.* **83**, 358 *C.* **1903** [1] 389, 1122).

$C_8H_{12}N_2$

*24) **uns-Aethylphenylhydrazin** (*C.* **1903** [1] **1128**).
42) **2-Amido-4-Amidomethyl-1-Methylbenzol.** Fl. (*C.* **1904** [2] 200).
43) **Crotonaldazin.** Sm. 96° (*M.* **24**, 439 *C.* **1903** [2] 617).
44) **R-Heptamethylenpyrazol** (Suberonpyrazol). Sm. 66—67°. (2 HCl, $PtCl_4$) (*A.* **329**, 129 *C.* **1903** [2] 1323).
45) **Pyrazol** (aus 3-Semicarbazon-4-Oxymethylen-1-Methylhexahydrobenzol). Sm. 99—100°. HCl, Pikrat, Ag (*A.* **329**, 120 *C.* **1903** [2] 1322).
46) **2-[β-Methylamidoäthyl]pyridin.** Sd. $113—114^{\circ}_{30}$. (2 HCl, $PtCl_4$ + H_2O), (2 HCl, $AuCl_3$), Pikrat (*B.* **37**, 169 *C.* **1904** [1] 672).
47) **2,5-Diäthyl-1,4-Diazin.** Sd. $185{,}5—186^{\circ}_{767}$. + 2 $HgCl_2$, (HCl, $AuCl_3$), Pikrat (*B.* **37**, 2478 *C.* **1904** [2] 419).
48) **Nitril d. Hexan-αζ-Dicarbonsäure.** Sm. —3,5°; Sd. 185_{18} (*C. r.* **136**, 246 *C.* **1903** [1] 583).

$C_8H_{12}Br_2$

2) **Verbindung** (aus d. Verb. $C_8H_{13}OBr_3$). Sd. 218—220° (*Soc.* **83**, 850 *C.* **1903** [2] 573).

$C_8H_{13}O$

1) **Verbindung** (aus Guttapercha). = $(C_8H_{13}O)_x$ (*C.* **1903** [1] 84).

$C_8H_{13}N$

*9) **Tropidin** (*A.* **326**, 20, 28 *C.* **1903** [1] 778).
*14) **Hämopyrrol** (*B.* **37**, 2472 *C.* **1904** [2] 306).
16) **2,5-Dimethyl-1-Aethylpyrrol** (*C.* **1903** [2] 1281).

$C_8H_{14}O$

*1) **δ-Oxy-δ-Methyl-αζ-Heptadiën** (*C.* **1903** [2] 1415).
*7) **ε-Keto-γ-Methyl-γ-Hepten.** Sd. 166° (*C.* **1903** [2] 656).
*18) **Aldehyd d. γ-Hepten-γ-Carbonsäure.** Sd. 172—174° (*M.* **25**, 337 *C.* **1904** [1] 1400).
*28) **isom. Ketodimethylhexahydrobenzol.** Sd. $169—170^{\circ}_{768}$ (*B.* **36**, 954 *C.* **1903** [1] 1022).
30) **Aethyläther d. 1-Oxy-1,2,3,4-Tetrahydrobenzol.** Sd. 155° (*C.* **1904** [2] 440; *Soc.* **85**, 1416 *C.* **1904** [2] 1736).
31) **γ-Keto-βδδ-Trimethyl-α-Penten.** Sd. $137—139^{\circ}_{751}$ (*C.* **1904** [2] 1025).
32) **Methylhexahydrophenylketon.** Sd. 68°_{18} (*Bl.* [3] **29**, 1051 *C.* **1903** [2] 1437).
33) **r-5-Keto-1,1,2-Trimethyl-R-Pentamethylen.** Sd. 164° (*C. r.* **136**, 1143 *C.* **1903** [1] 1410).
34) **2-Keto-1,1,3-Trimethyl-R-Pentamethylen.** Fl. (*A.* **329**, 94 *C.* **1903** [2] 1071).
35) **Aldehyd d. 1-Methylhexahydrobenzol-3-Carbonsäure.** Sd. 176—178° (*B.* **37**, 852 *C.* **1904** [1] 1146).
36) **Verbindung** (aus αγ-Dioxybutan). Sd. 175—185° u. Zers. (*M.* **25**, 7 *C.* **1904** [1] 716).

$C_8H_{14}O_2$

*11) **ε-Methyl-β-Hexen-α-Carbonsäure.** Sd. 229—232°. Ag (*A.* **331**, 148 *C.* **1904** [1] 933).
*51) **δε-Diketooktan.** Sd. $166—169^{\circ}_{756}$ (*Bl.* [3] **31**, 1175 *C.* **1904** [2] 1701).
*52) **δζ-Diketo-β-Methylheptan** (Isovalerylaceton). Sd. 76°_{18}. Cu (*Bl.* [3] **27**, 1085 *C.* **1903** [1] 225).
63) **δε-Diketo-β-Methylheptan.** Sd. $59—60^{\circ}_{16}$ (*Bl.* [3] **31**, 1176 *C.* **1904** [2] 1701).
64) **βδ-Diketo-γ-Methylheptan** (Methylbutyrylaceton). Sd. $89—90^{\circ}_{20}$ (*Bl.* [3] **27**, 1087 *C.* **1903** [1] 225).
65) **Säure** (aus Naphta). Sd. $129—130^{\circ}_{14}$ (D. R. P. 150880 *C.* **1904** [2] 70).

$C_8H_{14}O_3$

*29) **Aethylester d. Aethylacetessigsäure** (*B.* **36**, 4290 *C.* **1904** [1] 459).
*47) **Aethylester d. γ-Keto-β-Methylbutan-δ-Carbonsäure.** Sd. $86—87^{\circ}_{16}$ (*C. r.* **136**, 754 *C.* **1903** [1] 1019).
*51) **δ-Oxy-β-Hepten-ε-Carbonsäure.** Fl. Ag (*C.* **1903** [2] 556).
*53) **δ-Oxy-ε-Methyl-β-Hexen-ε-Carbonsäure.** Fl. Na + 5 H_2O, Ag (*C.* **1903** [2] 556).
*54) **cis-1-Oxy-1-Methylhexahydrobenzol-4-Carbonsäure.** Sm. 153° (*Soc.* **85**, 661 *C.* **1904** [2] 330).

$C_8H_{14}O_3$ *58) β-Ketoheptan-α-Carbonsäure. Sm. 73—74° (*C. r.* **136**, 755 *C.* **1903** [1] 1019; *Bl.* [3] **31**, 597 *C.* **1904** [2] 26).

*59) Methylester d. γ-Ketohexan-β-Carbonsäure (M. d. Methylbutyrylessigsäure). Sd. 89—90°$_{18}$ (*Bl.* [3] **27**, 1101 *C.* **1903** [1] 227).

*60) Methylester d. δ-Keto-β-Methylpentan-ε-Carbonsäure. Cu (*Bl.* [3] **27**, 1092 *C.* **1903** [1] 226).

*61) Aethylester d. δ-Oxy-β-Penten-ε-Carbonsäure. Sd. 100°$_2$ (*C.* **1903** [2] 555).

*63) Aethylester d. β-Ketopentan-α-Carbonsäure. Sd. 94—96°$_{15}$. Cu (*C. r.* **136**, 754 *C.* **1903** [1] 1019).

64) ε-Keto-β-Methylhexan-β-Carbonsäure. Sm. 49—50°. Ag_2 (*A.* **329**, 93 *C.* **1903** [2] 1071).

65) trans-5-Oxy-1,1-Dimethyl-R-Pentamethylen-2-Carbonsäure. Sm. 100—101° (*Soc.* **85**, 140 *C.* **1904** [1] 728).

66) Aethylester d. δ-Keto-β-Methylbutan-δ-Carbonsäure. Sd. 93°$_{25}$ (*Bl.* [3] 31, 1151 *C.* **1904** [2] 1707).

$C_8H_{14}O_4$ *8) Korksäure (*C.* **1903** [2] 1330).

*17) β-Methylpentan-βδ-Dicarbonsäure. Sm. 98° (*Soc.* **83**, 779 *C.* **1903** [2] 191, 423).

*21) β-Methylpentan-γε-Dicarbonsäure. Sm. 94—95°. Ag_2 (*A.* **327**, 139 *C.* **1903** [1] 1412).

*24) β-Methylpentan-εε-Dicarbonsäure. Sm. 98° (*C.* **1904** [1] 879).

*27) ββ-Dimethylbutan-αδ-Dicarbonsäure. Sm. 86—87° (*C. r.* **138**, 580 *C.* **1904** [1] 925).

*39) Dimethylester d. β-Methylpropan-αβ-Dicarbonsäure. Sd. 201—202° (*Soc.* **85**, 548 *C.* **1904** [1] 1485).

*46) Diäthylester d. Aethan-αα-Dicarbonsäure. Sd. 196—197° (*A.* **325**, 145 *C.* **1903** [1] 644).

69) 1-β-Methylpentan-γε-Dicarbonsäure. Sm. 94—95° (*B.* **36**, 1752, *C.* **1903** [2] 117).

70) γ-Methylpentan-αδ-Dicarbonsäure. Sm. 80°; Sd. 214—216°$_{18}$ Cu + H_2O, Ag_2 (*C.* **1903** [2] 1425; *C. r.* **138**, 210 *C.* **1904** [1] 663).

71) β-Aethylbutan-αα-Dicarbonsäure. Sm. 52—53° (*Bl.* [3] **31**, 350 *C.* **1904** [1] 1134).

72) γ-Methylester d. β-Methylbutan-βγ-Dicarbonsäure (*Soc.* **85**, 553 *C.* **1904** [1] 1485).

73) β-Methylester d. β-Methylbutan-βγ-Dicarbonsäure (*Soc.* **85**, 551 *C.* **1904** [1] 1485).

74) Methylester d. α-Acetoxyl-β-Methylpropan-β-Carbonsäure. Sd. 191 bis 192°$_{737}$ (*Bl.* [3] **31**, 125 *C.* **1904** [1] 644).

75) Dimethylester d. Butan-αδ-Dicarbonsäure. Sd. 115°$_{13}$ (*Bl.* [3] **29**, 1043, 1046 *C.* **1903** [2] 1424).

$C_8H_{14}O_5$ *11) α-Oxy-β-Isopropylpropan-αγ-Dicarbonsäure (*B.* **36**, 1750 *C.* **1903** [2] 116).

35) cis-γ-Oxy-β-Methylpentan-βδ-Dicarbonsäure. Sm. 115° (*Soc.* **83**, 776 *C.* **1903** [2] 191, 423).

36) trans-γ-Oxy-β-Methylpentan-βδ-Dicarbonsäure. Sm. 154—156° (*Soc.* **83**, 776 *C.* **1903** [2] 190, 422).

37) γ-Oxybutanäthyläther-αβ-Dicarbonsäure. Fl. Ca + H_2O, Ba, Ag_2 (*A.* **330**, 309 *C.* **1904** [1] 927).

$C_8H_{14}O_6$ *10) Diäthylester d. d-Weinsäure (*Soc.* **85**, 766 *C.* **1904** [2] 512).

22) γ-Oxy-β-Oxymethyl-β-Methylbutan-δδ-Dicarbonsäure. Ca (*M.* **25**, 16 *C.* **1904** [1] 719).

$C_8H_{14}N_2$ 9) 3,4-Dimethyl-5-Propylisopyrazol? Sd. 148—149°$_{25}$ (*Bl.* [3] **27**, 1105 *C.* **1903** [1] 228).

10) Nitril d. α-[1-Piperidyl]propionsäure. Sd. 93—94°$_{12,5}$ (*B.* **37**, 4086 *C.* **1904** [2] 1724).

$C_8H_{14}N_4$ 3) Nitril d. Aethylidendi[α-Amidopropionsäure]. Sm. 74—75° (*Bl.* [3] **29**, 1187 *C.* **1904** [1] 354).

$C_8H_{15}N$ *14) d-α-Conicein. Sd. 157—159°. HCl, (HCl, $AuCl_3$), (HCl, 6 $HgCl_2$) (*B.* **37**, 1896 *C.* **1904** [2] 238).

*15) β-Conicein (*B.* **37**, 1895 *C.* **1904** [2] 238).

*27) 2,2,5,5-Tetramethyl-2,5-Dihydropyrrol. (2 HCl, $PtCl_4$) (*B.* **36**, 3372 *C.* **1903** [2] 1187).

$C_8H_{15}N$

30) i-α-Coniceïn. Sd. 156—159° (158—161°). HCl, (HCl, 6HgCl₂), (2HCl, PtCl₄), Pikrat (*B.* **37**, 1897 *C.* **1904** [2] 238; *B.* **37**, 1892 *C.* **1904** [2] 238).

31) i-ε-Coniceïn. Sd. 151—153°. HCl, (HCl, AuCl₃), Pikrat (*B.* **37**, 1889 *C.* **1904** [2] 238).

$C_8H_{15}N_3$

C 62,7 — H 9,8 — N 27,4 — M. G. 153.

1) **2,5-Dipropyl-1,3,4-Triazol.** Sm. 70°; Sd. 176°$_{15}$. Ag (*J. pr.* [2] **69**, 493 *C.* **1904** [2] 600).

2) **2,5-Diisopropyl-1,3,4-Triazol.** Sm. 140—150°. Ag (*J. pr.* [2] **69**, 500 *C.* **1904** [2] 600).

$C_8H_{16}O$

*2) **δ-Oxy-δ-Methyl-α-Hepten** (*C.* **1903** [2] 1415).

*5) **δ-Oxy-δ-Aethyl-α-Hexen** (*C.* **1903** [2] 1415).

*14) **βε-Dimethylhexan-βε-Oxyd** (*C.* **1904** [1] 578).

*16) **β-Ketooktan.** Sd. 170,5—172° (*Bl.* [3] **29**, 674 *C.* **1903** [2] 487).

*17) **γ-Ketooktan.** Sd. 167—168° (*Bl.* [3] **31**, 1158 *C.* **1904** [2] 1707).

*19) **ε-Keto-β-Methylheptan.** Sd. 163,5° (*Bl.* [3] **31**, 1158 *C.* **1904** [2] 1708).

*29) **2-Oxy-1,3-Dimethylhexahydrobenzol** (*C.* **1903** [2] 1415).

*33) **Aldehyd d. Heptan-α-Carbonsäure.** Sd. 81°$_{32}$ (*C. r.* **138**, 699 *C.* **1904** [1] 1066).

*39) **ε-Oxy-ε-Methyl-α-Hepten.** Sd. 65°$_{14}$ (*A.* **329**, 176 *C.* **1903** [2] 1413).

40) **P-Oxy-1-Methyl-R-Heptamethylen** (*C.* **1903** [2] 1415).

41) **α-Oxyäthylhexahydrobenzol.** Sd. 87°$_{11}$ (180°$_{758}$) (*Bl.* [3] **29**, 1050 *C.* **1903** [2] 1437; *C. r.* **139**, 344 *C.* **1904** [2] 704).

42) **1-Oxy-1-Aethylhexahydrobenzol.** Sm. 33°; Sd. 166°$_{760}$ u. Zers. (*C. r.* **138**, 1321 *C.* **1904** [2] 219).

43) **Alkohol** (aus αϑ-Diamidooktan). Sd. 183—187° (u. 187—193°) (*M.* **24**, 398 *C.* **1903** [2] 620).

44) **Methyläther d. β-Oxy-α-Hepten.** Sd. 144,5° (*C. r.* **138**, 287 *C.* **1904** [1] 719; *Bl.* [3] **31**, 522 *C.* **1904** [1] 1551).

45) **Aldehyd d. Heptan-δ-Carbonsäure.** Sd. 159—161° (*C. r.* **138**, 91 *C.* **1904** [1] 505; *Bl.* [3] **31**, 306 *C.* **1904** [1] 1133).

$C_8H_{16}O_2$

*3) **γ-Oxy-ββδ-Trimethylpentan-γδ-Oxyd** (*C.* **1904** [2] 1025).

*8) **Diisobutyraldehyd** (*M.* **25**, 189 *C.* **1904** [1] 1000).

*10) **Caprylsäure.** Sm. 16° (*Bl.* [3] **29**, 663 *C.* **1903** [2] 487; *Bl.* [3] **29**, 1120 *C.* **1904** [1] 250).

59) **Monoäthyläther d. isom. 1,2-Dioxyhexahydrobenzol.** Sd. 195°$_{762}$ (*C. r.* **136**, 384 *C.* **1903** [1] 711).

60) **Bisacetolmethylalkoholat.** Sm. 130° (127°); Sd. 196° (193—194°) (*C.* **1902** [2] 928; *A.* **335**, 257 *C.* **1904** [2] 1283).

61) **Oxyd** (aus d. Glycerin d. Methylpropylallylcarbinol). Sd. 217—219° (*C.* **1904** [2] 185).

62) **Aethylester d. β-Methylbutan-β-Carbonsäure.** Sd. 141—142° (*Bl.* [3] **31**, 749 *C.* **1904** [2] 303).

$C_8H_{16}O_3$

47) **β-Oxy-βδ-Dimethylpentan-α-Carbonsäure.** Fl. Ca, Zn, Ag (*C.* **1904** [2] 185).

48) **Aethylester d. α-Oxy-β-Methylbutan-β-Carbonsäure.** Sd. 108°$_{25}$ (*Bl.* [3] **31**, 321 *C.* **1904** [1] 1134).

49) **Aethylester d. r-δ-Oxy-β-Methylbutan-δ-Carbonsäure** (Ac. d. r-α-Oxyisocapronsäure). Sd. 82°$_{10}$ (*Bl.* [3] **31**, 1180 *C.* **1904** [2] 1710).

$C_8H_{16}O_6$

*3) **Dimethyläther d. i-Inosit.** Sm. 195,5°; subl. oberh. 200° (*B.* **36**, 3110 *C.* **1903** [2] 1003).

$C_8H_{16}N_2$

15) **Nitril d. δ-Aethylamido-β-Methylbutan-δ-Carbonsäure.** Sd. 83,5 bis 84°$_{12}$ (*B.* **37**, 4093 *C.* **1904** [2] 1725).

16) **Nitril d. α-Isoamylamidopropionsäure.** H_2SO_4 (*Bl.* [3] **29**, 1200 *C.* **1904** [1] 354).

17) **Nitril d. Dipropylamidoessigsäure.** Sd. 200—202° (*C.* **1904** [2] 1378).

$C_8H_{16}N_4$

2) **3,6-Dipropyl-1,4-Dihydro-1,2,4,5-Tetrazin.** Sm. 179° (*J. pr.* [2] **69**, 488 *C.* **1904** [2] 599).

3) **3,6-Diisopropyl-1,4-Dihydro-1,2,4,5-Tetrazin.** Sm. 221° u. Zers. (*J. pr.* [2] **69**, 498 *C.* **1904** [2] 600).

$C_8H_{16}Br_2$

9) **αδ-Dibrom-ββδ-Trimethylpentan.** Sm. 68°; Sd. 102—103°$_{14}$ (*M.* **24**, 598 *C.* **1903** [2] 1235).

$C_8H_{17}N$

*9) **d-Coniin** (*B.* **37**, 2420 *C.* **1904** [2] 442).

*12) **Isoconiin** (*B.* **36**, 3698 *C.* **1903** [2] 1382).

$C_8H_{17}N$ 39) **ε-Amido-[illegible]-Dimethyl-δ-Hexen.** Sd. 160°$_{760}$. (2HCl, $PtCl_4$) (*B.* **36**, 33[illegible] *C.* **1903** [illegible]).

40) **Aethylamidohexahydrobenzol.** Sd. 164° (*C. r.* **138**, 1258 *C.* **1904** [2] 105).

41) **Dimethylamidohexahydrobenzol.** Sd. 165° (*C. r.* **138**, 1258 *C.* **1904** [2] 105).

42) **2-Methyl-5-Isopropyltetrahydropyrrol.** Sd. 150—151°. HCl (*C.* **1903** [2] 1324).

$C_8H_{17}Cl$ *1) **α-Chloroktan.** Sd. 78°$_{18}$ (*Bl.* [3] **31**, 673 *C.* **1904** [2] 184).

$C_8H_{18}O$ *1) **α-Oxyoktan.** Sd. 96°$_{17}$ (*C. r.* **136**, 1677 *C.* **1903** [2] 419; *Bl.* [3] **31**, 673 *C.* **1904** [2] 184).

*3) **δ-Oxy-δ-Methylheptan** (*C.* **1903** [2] 1415).

31) **Propyläther d. α-Oxypentan** (Propylamyläther). Sd. 130° (*C. r.* **138**, 814 *C.* **1904** [1] 1195).

$C_8H_{18}O_2$ *3) **αγ-Dioxy-ββδ-Trimethylpentan.** Sm. 51°; Sd. 222° (*M.* **25**, 195 *C.* **1904** [1] 1001; *M.* **25**, 252 *C.* **1904** [1] 1330).

*13) **βε-Dioxy-βε-Dimethylhexan.** Sm. 88,5—89° (*C.* **1904** [1] 578).

14) **αϑ-Dioxyoktan.** Sm. 58,5° (63°); Sd. 172°$_{20}$ (*M.* **24**, 404 *C.* **1903** [2] 620; *C. r.* **137**, 329 *C.* **1903** [2] 711; *M.* **25**, 345 *C.* **1904** [1] 1399).

15) **isom. Dioxyoktan.** Sd. 151—159°$_{12-15}$ (*M.* **24**, 405 *C.* **1903** [2] 620).

16) **αδ-Dioxy-ββδ-Trimethylpentan.** Sm. 86°; Sd. 209—211° (*M.* **24**, 600 *C.* **1903** [2] 1235).

17) **γδ-Dioxy-ββδ-Trimethylpentan.** Sm. 64,5—65°; Sd. 201—202,5°$_{745}$ (*C.* **1904** [2] 1025).

18) **α-Aethyläther d. αβ-Dioxy-β-Aethylbutan.** Sd. 168° (*C. r.* **138**, 91 *C.* **1904** [1] 605; *Bl.* [3] **31**, 303 *C.* **1904** [1] 1133).

$C_8H_{18}N_2$ *2) **1-Amido-2-Methyl-5-Aethylhexahydropyridin.** Sd. 180—185° (*C.* **1903** [1] 1034).

*5) **1,4-Diäthylhexahydro-1,4-Diazin.** Sd. 169—171°. (2HCl, $PtCl_4$) (*B.* **36**, 144 *C.* **1903** [1] 526).

15) **3,5-Diamido-1,1-Dimethylhexahydrobenzol.** Sd. 103—105°$_{9-10}$. 2CHl, 2HNO_3, H_3PO_4, Oxalat (*A.* **328**, 109 *C.* **1903** [2] 245).

16) **1-Amido-2,4,6-Trimethylhexahydropyridin.** Sd. 180—185° (*C.* **1903** [1] 1034).

$C_8H_{19}N$ *7) **Diisobutylamin.** (2HCl, $PtCl_4$) (*C.* **1904** [1] 923).

$C_8H_{20}N_2$ *1) **αϑ-Diamidooktan** (*M.* **24**, 393 *C.* **1903** [2] 620).

$C_8H_{20}Sn$ *1) **Zinntetraäthyl.** Sd. 175° (180—181°$_{758}$) (*C.* **1904** [1] 353; *B.* **37**, 320 *C.* **1904** [1] 637).

— 8 III —

$C_8H_2O_3Cl_2$ 4) **Anhydrid d. 3,5-Dichlorbenzol-1,2-Dicarbonsäure.** Sm. 89° (*Soc.* **81**, 1536 *C.* **1903** [1] 21, 140).

$C_8H_3O_5N$ *1) **Anhydrid d. 3-Nitrobenzol-1,2-Dicarbonsäure.** Sm. 164° (*B.* **35**, 3859 *C.* **1903** [1] 153).

$C_8H_4O_2Cl_4$ *4) **2,3,4,6-Tetrachlorphenylester d. Essigsäure.** Sm. 69° (*B.* **37**, 4014 *C.* **1904** [2] 1716).

$C_8H_4O_4N_2$ *4) **Imid d. 3-Nitrobenzol-1,2-Dicarbonsäure.** Sm. 216°. K (*B.* **35**, 3867 *C.* **1903** [1] 154).

5) **6-Nitro-2-Cyanbenzol-1-Carbonsäure.** Sm. 99—100° (*C.* **1903** [2] 431).

$C_8H_4O_4Cl_2$ 7) **3,5-Dichlorbenzol-1,2-Dicarbonsäure.** Sm. 164° u. Zers. Ag_2 (*Soc.* **81**, 1536 *C.* **1903** [1] 21, 140).

$C_8H_4O_4Br_2$ *2) **4,5-Dibrombenzol-1,2-Dicarbonsäure.** Sm. 209° (*A.* **334**, 365 *C.* **1904** [2] 1055).

$C_8H_5OCl_5$ 1) **Aethyläther d. Pentachloroxybenzol.** Sm. 89—90° (*B.* **37**, 4019 *C.* **1904** [2] 1717).

$C_8H_5OBr_3$ 5) **Phenyläther d. αββ-Tribrom-α-Oxyäthen.** Sm. 94° (*B.* **36**, 292 *C.* **1903** [1] 581).

$C_8H_5O_2N$ *2) **4-Nitrophenylacetylen.** Sm. 149° (*A.* **328**, 233 *C.* **1903** [2] 999).

*4) **Isatin** (*B.* **37**, 938 *C.* **1904** [1] 1216).

*6) **2-Cyanbenzol-1-Carbonsäure** (*B.* **37**, 3226 *C.* **1904** [2] 1121).

*7) **3-Cyanbenzol-1-Carbonsäure.** Sm. 217° (*B.* **37**, 3225 *C.* **1904** [2] 1121).

*8) **4-Cyanbenzol-1-Carbonsäure.** Sm. 214°. Ag (*B.* **18**, 1498; *B.* **37**, 3221 *C.* **1904** [2] 1120).

$C_8H_5O_3N$ 15) **Benzoylisocyansäure.** Sm. 25,5—26°; Sd. 202,5—204°$_{734}$ (*B.* **36**, 3218 *C.* **1903** [2] 1056).

$C_8H_5O_2Br_3$ *1) **Methylester d. 2,4,6-Tribrombenzol-1-Carbonsäure.** Sm. 68° (*B.* **37**, 3659 *C.* **1904** [2] 1452).

$C_8H_5O_2J_3$ 2) **2,4,5-Trijodphenylester d. Essigsäure.** Sm. 123° (*C. r.* **137**, 1066 *C.* **1904** [1] 266).

$C_8H_5O_3N$ *6) **Isatosäure.** Sm. 252—253° u. Zers. (*Bl.* [3] **31**, 884 *C.* **1904** [2] 673).

$C_8H_5O_3Br_3$ 7) **2,4,6-Tribrom-3-Oxyphenylessigsäure.** Sm. 237° u. Zers. (*B.* **37**, 2121 *C.* **1904** [2] 438).

$C_8H_5O_4N_3$ 8) **5-Nitro-4-Phenyl-1,2,3,6-Dioxdiazin.** Sm. 110° (*A.* **328**, 251 *C.* **1903** [2] 1000).

$C_8H_5O_4Cl$ *4) **4-Chlorbenzol-1,3-Dicarbonsäure.** Sm. 294,5° (*B.* **36**, 1799 *C.* **1903** [2] 283).

$C_8H_5O_5N$ 8) **2-Aldehyd d. 3-Nitrobenzol-1,2-Dicarbonsäure** + H_2O. Sm. 156 bis 157° (wasserfrei) (*M.* **24**, 820 *C.* **1904** [1] 372).

9) **1-Aldehyd d. 4-Nitrobenzol-1,2-Dicarbonsäure.** Sm. 159—161° (*M.* **24**, 816 *C.* **1904** [1] 372).

10) **1,2-Methylenätherester d. 5-Nitro-2-Oxybenzol-1-Carbonsäure.** Sm. 110° (*A.* **330**, 92 *C.* **1904** [1] 1075).

$C_8H_5O_5N_3$ *1) **Nitril d. 3,5-Dinitro-2-Oxy-1-Methylbenzol-4-Carbonsäure.** Sm. 148° (*B.* **36**, 4360 *C.* **1904** [1] 447; *B.* **37**, 1850 *C.* **1904** [1] 1492).

$C_8H_5O_6N$ *12) **Pyridin-3,4,5-Tricarbonsäure.** Zers. bei 261°. Ag_3 (*A.* **326**, 268 *C.* **1903** [1] 927).

$C_8H_5O_6N_5$ *1) **Purpursäure.** NH_4 + H_2O (Murexid), K, Na + H_2O, Na_2 + 3 H_2O (*A.* **333**, 29 *C.* **1904** [2] 768; *Am.* **31**, 662 *C.* **1904** [2] 316; *B.* **37**, 2686 *C.* **1904** [2] 829).

$C_8H_5O_8N_3$ *3) **Methylester d. 2,4,6-Trinitrobenzol-1-Carbonsäure.** Sm. 158° (*B.* **37**, 3660 *C.* **1904** [2] 1452).

$C_8H_5O_9N_5$ C 30,5 — H 1,6 — O 45,7 — N 22,2 — M. G. 315.

1) **Methylnitramid d. 2,4,6-Trinitrobenzol-1-Carbonsäure.** Sm. 173°. + C_6H_6 (*R.* **21**, 394 *C.* **1903** [1] 152; *C.* **1903** [2] 1173).

$C_8H_5NS_2$ *1) **Phenylimid d. Dithiooxalsäure.** Sm. 128—129° (*C.* **1903** [2] 493).

$C_8H_5N_2J$ 1) **1-Jod-2,3-Benzdiazin.** Sm. 78° (*B.* **36**, 3377 *C.* **1903** [2] 1192).

$C_8H_6ON_2$ *6) **4-Oxy-1,3-Benzdiazin.** Sm. 215,5—216,5° (*C.* **1903** [1] 174; *B.* **37**, 3649 *C.* **1904** [2] 1513).

*11) **Diazoacetophenon.** Sm. 49—50° (*A.* **325**, 141 *C.* **1903** [1] 644).

22) **Nitril d. 2-Formylamidobenzol-1-Carbonsäure** (*C.* **1903** [1] 174).

23) **Nitril d. 3-Formylamidobenzol-1-Carbonsäure.** Sm. 150,5—151° (*C.* **1904** [2] 101).

$C_8H_6OCl_4$ 1) **Aethyläther d. 2,3,4,6-Tetrachlor-1-Oxybenzol.** Sm. 59—60° (*B.* **37**, 4016 *C.* **1904** [2] 1716).

$C_8H_6OBr_2$ *1) **Phenyläther d. ββ-Dibrom-α-Oxyäthen.** Sm. 37—38°; Sd. 143°$_{20}$ (*B.* **36**, 290 *C.* **1903** [1] 581).

8) **Phenyläther d. αβ-Dibrom-α-Oxyäthen.** Sd. 155,8°$_{25}$ (*B.* **36**, 294 *C.* **1903** [1] 582).

$C_8H_6OBr_4$ 13) **Phenyläther d. ααββ-Tetrabrom-α-Oxyäthan.** Sd. 201°$_{15}$ (*B.* **36**, 294 *C.* **1903** [1] 582).

$C_8H_6O_2N_2$ *12) **2,4-Diketo-1,2,3,4-Tetrahydro-1,3-Benzdiazin** (*J. pr.* [2] **69**, 33 *C.* **1904** [1] 641).

36) **3-Nitroindol.** Sm. 210° (*G.* **34** [2] 60 *C.* **1904** [2] 710).

37) **5,6-Dioxy-2,3-Benzdiazin.** HCl + H_2O (*B.* **36**, 3376 *C.* **1903** [2] 1191).

38) **5,8-Diketo-5,6,7,8-Tetrahydro-1,6[oder 1,7]-Benzdiazin** (Dioxychinopyrin). Zers. bei 225°. (2HCl, $PtCl_4$), Pikrat (*B.* **37**, 2134 *C.* **1904** [2] 233).

39) **Nitril d. 6-Nitro-1-Methylbenzol-2-Carbonsäure.** Sm. 69,5° (*B.* **37**, 1025 *C.* **1904** [1] 1203).

40) **Imid d. 3-Amidobenzol-1,2-Dicarbonsäure.** Sm. 256—257° (*B.* **36**, 2496 *C.* **1903** [2] 567).

$C_8H_6O_2Cl_2$ *7) **3,5-Dichlor-1-Methylbenzol-2-Carbonsäure.** Sm. 184—185° (*Soc.* **85**, 279 *C.* **1904** [1] 1010).

$C_8H_6O_2Cl_4$ *5) **1-Methyläther d. 2,3,5,6-Tetrachlor-4-Oxy-1-Oxymethylbenzol.** Sm. 150—151° (*A.* **328**, 296 *C.* **1903** [2] 1248).

$C_8H_6O_2Br_4$ 9) **2,2,4,4-Tetrabrom-1,3-Diketo-5,6-Dimethyl-1,2,3,4-Tetrahydrobenzol.** Sm. 128—129° u. Zers. (*A.* **329**, 307 *C.* **1904** [1] 793).

$C_8H_6O_2J_2$ 4) **3,4-Dijodphenylester d. Essigsäure.** Fl. (*Bl.* [3] **29**, 606 *C.* **1903** [2] 359).

5) **3,5-Dijodphenylester d. Essigsäure.** Sm. 79° (*C. r.* **136**, 238 *C.* **1903** [1] 574).

$C_8H_6O_3N_2$ 18) **5-Oxy-4-Phenyl-1,2,3,6-Dioxdiazin.** Sm. 133° u. Zers. (*A.* **328**, 255 *C.* **1903** [2] 1001).

19) **Nitril d. α-Oxy-2-Nitrophenylessigsäure.** Sm. 95° (*B.* **37**, 948 *C.* **1904** [1] 1217).

20) **Nitril d. 3-Nitro-2-Oxy-1-Methylbenzol-4-Carbonsäure.** Sm. 141 bis 142° (*B.* **36**, 4360 *C.* **1904** [1] 447).

21) **Nitril d. 5-Nitro-2-Oxy-1-Methylbenzol-4-Carbonsäure.** Sm. 191 bis 193° (*B.* **36**, 4360 *C.* **1904** [1] 447).

$C_8H_6O_3Br_2$ 10) **Methylester d. 4,6-Dibrom-3-Oxybenzol-1-Carbonsäure.** Sm. 144 bis 145° (*G.* **32** [2] 338 *C.* **1903** [1] 580).

$C_8H_6O_4N_2$ *3) **β-Nitro-α-[4-Nitrophenyl]äthen.** Sm. 199° (*A.* **325**, 14 *C.* **1903** [1] 287).

$C_8H_6O_4N_4$ 4) **4,6-Dinitro-5-Methylindazol.** Sm. 190—191° (*B.* **37**, 2591 *C.* **1904** [2] 660).

5) **5,7-Dinitro-6-Methylindazol.** Sm. 229° (*B.* **37**, 2594 *C.* **1904** [2] 660).

6) **4,6-Dinitro-7-Methylindazol.** Sm. 200° u. Zers. (*B.* **37**, 2587 *C.* **1904** [2] 659).

$C_8H_6O_5N_2$ *8) **Methyl-3,5-Dinitrophenylketon.** Sm. 82—84° (*J. pr.* [2] **69**, 468 *C.* **1904** [2] 596).

*10) **1-Amid d. 3-Nitrobenzol-1,2-Dicarbonsäure.** Sm. 150—157° (*C.* **1903** [2] 431).

11) **Nitromethyl-4-Nitrophenylketon.** Sm. 148—148,5° (*A.* **325**, 18 *C.* **1903** [1] 287; *A.* **328**, 231 *C.* **1903** [2] 999).

12) **1-Amid d. 3-Nitrobenzol-1,2-Dicarbonsäure.** Sm. 152—155° (*B.* **35**, 3862, 3866 *C.* **1903** [1] 154).

$C_8H_6O_6N_2$ 16) **4,6-Dinitro-1-Methylbenzol-3-Carbonsäure.** Sm. 171—171,5° (*G.* **33** [2] 278 *C.* **1904** [1] 265).

17) **6-Nitro-4-Amidobenzol-1,3-Dicarbonsäure.** Sm. 280° u. Zers. Pb (*G.* **33** [2] 287 *C.* **1904** [1] 265).

$C_8H_6O_6N_4$ *2) **Hydurilsäure.** NH_4 (Uramilsäure) (*A.* **26**, 314; *A.* **333**, 84 *C.* **1904** [2] 827).

$C_8H_6O_7N_2$ 5) **3,5-Dinitro-2-Oxy-1-Methylbenzol-4-Carbonsäure.** Sm. 200° (*B.* **36**, 4361 *C.* **1904** [1] 447).

6) **Aldehyd d. 2,6-Dinitro-3,4-Dioxybenzol-4-Methyläther-1-Carbonsäure.** Sm. 164—165° (*B.* **35**, 4394 *C.* **1903** [1] 340).

$C_8H_6O_7N_4$ 5) **Methylamid d. 2,4,6-Trinitrobenzol-1-Carbonsäure.** Sm. 285° u. Zers. (*R.* **21**, 383 *C.* **1903** [1] 152).

$C_8H_6O_8N_4$ *1) **Alloxantin** + $2H_2O$ (*B.* **36**, 1581 *C.* **1903** [1] 1398; *A.* **333**, 57 *C.* **1904** [2] 771).

*2) **Methylester d. 2,4,6-Trinitrophenylamidoameisensäure.** Sm. 192°. K (*Soc.* **85**, 650 *C.* **1904** [2] 310).

C_8H_6NCl *2) **Nitril d. 4-Chlorphenylessigsäure.** Sm. 30° (*J. pr.* [2] **67**, 377 *C.* **1903** [1] 1356).

10) **Nitril d. 6-Chlor-1-Methylbenzol-2-Carbonsäure.** Sm. 19°; Sd. $107°_{28}$ (*B.* **37**, 1025 *C.* **1904** [1] 1203).

$C_8H_6N_2S$ 1) **5-Phenyl-1,2,3-Thiodiazol.** Sm. 53—53,5°. + $HgCl_2$ (*A.* **333**, 12 *C.* **1904** [2] 780).

2) **2-Merkapto-1,3-Benzdiazin.** Sm. 229—231° (*B.* **36**, 802 *C.* **1903** [1] 977).

3) **Phenylamid d. Cyanthioessigsäure.** Sm. 82° (*B.* **37**, 3718 *C.* **1904** [2] 1449).

$C_8H_6N_2S_2$ *2) **2-Thiocarbonyl-4-Phenyl-2,4-Dihydro-1,3,4-Thiodiazol** (3-Phenyl-2,3-Dihydro-1,3,4-Thiodiazol-2,5-Sulfit). Sm. 190° (*J. pr.* [2] **67**, 246 *C.* **1903** [1] 1264).

$C_8H_6Cl_2Br_2$ 5) **3,5-Dichlor-4,6-Dibrom-1,2-Dimethylbenzol.** Sm. 233° (*Soc.* **85**, 273, 285 *C.* **1904** [1] 806, 1009).

C_8H_7ON *8) **Indoxyl** (D.R.P. 137208, 137955 *C.* **1903** [1] 110; D.R.P. 139393 *C.* **1903** [1] 745; D.R.P. 141749 *C.* **1903** [1] 1323; *B.* **36**, 1624 *C.* **1903** [2] 36; D.R.P. 142700 *C.* **1903** [2] 271; D.R.P. 145601 *C.* **1903** [2] 1225).

*10) **Phtalimidin.** HCl, HBr, (HBr, Br_2), (HJ, J_2) (*B.* **36**, 155 *C.* **1903** [1] 444).

*16) **Nitril d. α-Oxyphenylessigsäure.** K + xH_2O (*Soc.* **85**, 1208 *C.* **1904** [2] 1119).

*25) **Nitril d. 4-Oxybenzolmethyläther-1-Carbonsäure.** Sm. 59,5—60,5° (56°) (*B.* **36**, 370 *C.* **1903** [1] 577; *B.* **36**, 650 *C.* **1903** [1] 768).

26) **Methylanthranil.** Sd. 245° (121—122°$_{17}$; 110,5—111°$_{10}$). + $1^1/_2HgCl_2$, (2HCl, $SnCl_4$), (2HCl, $PtCl_4$ + $2H_2O$) (*Ar.* **240**, 434 *C.* **1902** [2] 939; *B.* **36**, 1616 *C.* **1903** [2] 36; *B.* **36**, 3643 *C.* **1903** [2] 1331; *B.* **36**, 3649 *C.* **1903** [2] 1332; *B.* **36**, 4295 *C.* **1904** [1] 507; *B.* **36**, 4186 *C.* **1904** [1] 279; *B.* **37**, 967 *C.* **1904** [1] 1078).

27) **Nitril d. 6-Oxy-1-Methylbenzol-2-Carbonsäure.** Sm. 195° (*B.* **37**, 1027 *C.* **1904** [1] 1203).

28) **Nitril d. 2-Oxy-1-Methylbenzol-4-Carbonsäure.** Sm. 99,5° (*B.* **36**, 4359 *C.* **1904** [1] 447).

$C_8H_7ON_3$ 22) **3-Cyanphenylharnstoff.** Sm. 160—162° (*C.* **1904** [2] 102).

23) **5-Oxy-1-Phenyl-1,2,3-Triazol.** Sm. 118—119°. HCl, Na (*B.* **35**, 4054 *C.* **1903** [1] 170; *A.* **335**, 81 *C.* **1904** [2] 1231).

24) **3-Amido-4-Keto-3,4-Dihydro-1,3-Benzdiazin.** Sm. 204° (*J. pr.* [2] **69**, 100 *C.* **1904** [1] 730).

25) **Nitril d. Phenylnitrosamidoessigsäure.** Sm. 51—52° (*B.* **37**, 2638 *C.* **1904** [2] 519).

26) **Nitril d. 4-Methylnitrosamidobenzol-1-Carbonsäure.** Sm. 125° (*B.* **37**, 1741 *C.* **1904** [1] 1599).

C_8H_7OBr 6) **Phenyläther d. β-Brom-α-Oxyäthen.** Sd. 115—116°$_{15}$ (*B.* **36**, 293 *C.* **1903** [1] 581).

$C_8H_7OBr_3$ 15) **?-Tribromoxydimethylbenzol.** Sm. 176—177,5° (*Soc.* **83**, 124 *C.* **1903** [1] 231, 449).

16) **isom. ?-Tribromoxydimethylbenzol.** Sm. 182—183° (*Soc.* **83**, 128 *C.* **1903** [1] 231, 449).

17) **Phenyläther d. αββ-Tribrom-α-Oxyäthan.** Sd. 191°$_{16}$ (*B.* **36**, 294 *C.* **1903** [1] 582).

$C_8H_7OJ_3$ 2) **Aethyläther d. 2,4,5-Trijod-1-Oxybenzol.** Sm. 120° (*C. r.* **137**, 1066 *C.* **1904** [1] 266).

$C_8H_7O_2N$ *11) **3-Oxy-2-Keto-2,3-Dihydroindol.** Sm. 170° (*B.* **37**, 946 *C.* **1904** [1] 1217).

*17) **Phenylimidoessigsäure.** Anilinsalz (*A.* **332**, 277 *C.* **1904** [2] 701).

32) **5-Oxy-1-Methylbenzoxazol.** Sm. 193° (*B.* **35**, 4205 *C.* **1903** [1] 146).

33) **1-Keto-4-Methyl-1,2-Dihydrobenzoxazol.** Sm. 128° (*Am.* **32**, 17 *C.* **1904** [2] 696).

$C_8H_7O_2N_3$ *1) **Phenylurazol.** K, Ag_2 (*B.* **36**, 3145 *C.* **1903** [2] 1071; *B.* **37**, 621 *C.* **1904** [1] 956).

*4) **6-Nitro-2-Methylindazol.** (2HCl, $PtCl_4$) (*B.* **37**, 2578 *C.* **1904** [2] 658).

*5) **7-Nitro-5-Methylindazol.** Sm. 192,5° (*B.* **37**, 2588 *C.* **1904** [2] 659).

*6) **6-Nitro-2-Methylbenzimidazol.** Sm. 219° (*B.* **36**, 3970 *C.* **1904** [1] 177).

16) **4-Nitro-2-Methylindazol.** Sm. 81—82° (*B.* **37**, 2583 *C.* **1904** [2] 659).

17) **5-Nitro-2-Methylindazol.** Sm. 128—129° (*B.* **37**, 2584 *C.* **1904** [2] 659).

18) **7-Nitro-2-Methylindazol.** Sm. 144—145° (*B.* **37**, 2576 *C.* **1904** [2] 658).

19) **7-Nitro-3-Methylindazol.** Sm. 180—181° (*B.* **37**, 2586 *C.* **1904** [2] 659).

20) **5-Nitro-4-Methylindazol.** Sm. 259° (*B.* **37**, 2586 *C.* **1904** [2] 659).

21) **6-Nitro-4-Methylindazol.** Sm. 177—178° (*B.* **37**, 2586 *C.* **1904** [2] 659).

22) **4-Nitro-5-Methylindazol.** Sm. 198—199° (*B.* **37**, 2590 *C.* **1904** [2] 660).

23) **6-Nitro-5-Methylindazol.** Sm. 231—232° (*B.* **37**, 2593 *C.* **1904** [2] 660).

24) **4-Nitro-6-Methylindazol.** Sm. 206—207° (*B.* **37**, 2592 *C.* **1904** [2] 660).

$C_8H_7O_2N_3$ 25) **5-Nitro-6-Methylindazol.** Sm. 173—174° (*B.* **37**, 2588 *C.* **1904** [2] 659).
26) **7-Nitro-6-Methylindazol.** Sm. 162° (*B.* **37**, 2591 *C.* **1904** [2] 660).
27) **4-Nitro-7-Methylindazol?** Sm. 222,5° (*B.* **37**, 2587 *C.* **1904** [2] 659).
28) **6-Nitro-7-Methylindazol?** Sm. 175—176° (*B.* **37**, 2587 *C.* **1904** [2] 659).
29) **?-Nitro-5-Methylbenzimidazol.** Sm. 241° (*B.* **36**, 3971 *C.* **1904** [1] 178).
30) **5-Amido-4-Phenyl-1,2,3,6-Dioxdiazin.** Sm. 135—136° (*A.* **328**, 252 *C.* **1903** [2] 1001).

$C_8H_7O_2Cl$ *14) **6-Chlor-1-Methylbenzol-2-Carbonsäure.** Sm. 159° (*B.* **37**, 1026 *C.* **1904** [1] 1203).
*27) **Chlorid d. 2-Oxybenzolmethyläther-1-Carbonsäure.** Sd. 145°$_{17}$ (*B.* **36**, 2585 *C.* **1903** [2] 621).
*31) **Aldehyd d. 4-Oxy-1-Chlormethylbenzol-3-Carbonsäure.** Fl. (*B.* **37**, 192 *C.* **1904** [1] 660).
*33) **Chlormethylester d. Benzolcarbonsäure.** Sd. 116°$_{10}$ (*C.* **1903** [2] 656).
35) **Aldehyd d. 3-Chlor-4-Oxybenzolmethyläther-1-Carbonsäure.** Sm. 53° (*B.* **31**, 1151). — ***III**, *60*.

$C_8H_7O_2Cl_3$ *1) **Dimethyläther d. 4,5,6-Trichlor-1,2-Dioxybenzol.** Sm. 68—69° (*C. r.* **135**, 969 *C.* **1903** [1] 145).

$C_8H_7O_2Br$ *7) **4-Brom-1-Methylbenzol-2-Carbonsäure.** Sm. 174—176° (*C.* **1904** [2] 200).

$C_8H_7O_2Br_3$ *2) **Dimethyläther d. 4,5,6-Tribrom-1,2-Dioxybenzol.** Sm. 84—86° (*C.* **1903** [1] 1339; *C. r.* **135**, 968 *C.* **1903** [1] 144).

$C_8H_7O_2J$ *8) **Methylester d. 3-Jodbenzol-1-Carbonsäure.** Sm. 50°; Sd. 276—277°$_{739}$ (*A.* **332**, 72 *C.* **1904** [2] 42).

$C_8H_7O_3N$ *1) **α-Nitromethylphenylketon.** Sm. 105—105,5° (106°) (*B.* **29**, 360; *A.* **325**, 11 *C.* **1903** [1] 287; *B.* **36**, 2561 *C.* **1903** [2] 494; *A.* **328**, 239 *C.* **1903** [2] 999).
*7) **3,4-Methylenäther d. anti-3,4-Dioxybenzaldoxim** (*G.* **33** [2] 307 *C.* **1904** [1] 288).
*10) **Phenyloxaminsäure.** Sm. 150° (*A.* **335**, 89 *C.* **1904** [2] 1231).
*40) **Methylester d. 2-Nitrosobenzol-1-Carbonsäure.** Sm. 153° (156,5 bis 157,5°) (*B.* **36**, 2312 *C.* **1903** [2] 430; *B.* **36**, 3651 *C.* **1903** [2] 1332).
41) **Methylester d. 3-Nitrosobenzol-1-Carbonsäure.** Sm. 93° (*B.* **36**, 2313 *C.* **1903** [2] 430).
42) **Methylester d. 4-Nitrosobenzol-1-Carbonsäure.** Sm. 128—129,5° (*B.* **36**, 2313 *C.* **1903** [2] 430).
43) **Monamid d. Benzol-1,4-Dicarbonsäure.** Sm. noch nicht bei 300°. Ag (*B.* **37**, 3223 *C.* **1904** [2] 1121).

$C_8H_7O_3N_3$ 4) **7-Methyläther d. 3-Oximido-6,7-Dioxy-1,2-Benzisodiazol.** Sm. 169° u. Zers. (*C.* **1903** [2] 31, 32).
5) **Aldehyd d. 5,6-Dioxydiazobenzolimid-6-Methyläther-2-Carbonsäure** (*C.* **1903** [2] 31).

$C_8H_7O_3Br$ 16) **Methylester d. 6-Brom-3-Oxybenzol-1-Carbonsäure.** Sm. 126° (*G.* **32** [2] 335 *C.* **1903** [1] 579).

$C_8H_7O_4N$ *22) **3-Amidobenzol-1,2-Dicarbonsäure.** $(NH_4)_2$, Ag_2 (*B.* **36**, 2495 *C.* **1903** [2] 567).
*24) **4-Amidobenzol-1,3-Dicarbonsäure.** Sm. 328—329° (*B.* **36**, 1804 *C.* **1903** [2] 283).
*28) **1,3-Methylbetaïn d. Pyridin-3,4-Dicarbonsäure** (Apophyllensäure) (*M.* **24**, 520 *C.* **1903** [2] 888; *M.* **24**, 695 *C.* **1903** [2] 1282; *M.* **24**, 710 *C.* **1904** [1] 218).
*30) **2-Methylpyridin-4,6-Dicarbonsäure.** Sm. 274°. $(NH_4)_2$, $Na_2 + 6H_2O$, $Cu + 4H_2O$ (*R.* **23**, 136 *C.* **1904** [2] 193).
*35) **Aldehyd d. 5-Nitro-6-Oxy-1-Methylbenzol-3-Carbonsäure.** Sm. 152° (*B.* **37**, 3927 *C.* **1904** [2] 1595).
*54) **3,4-Methylenäther d. 3,4-Dioxybenzhydroxamsäure** (*G.* **33** [2] 241 *C.* **1904** [1] 24; *G.* **33** [2] 306 *C.* **1904** [1] 288).
*57) **1,3-Methylbetaïn d. Pyridin-2,3-Dicarbonsäure** $+ H_2O$. Sm. 151° (*M.* **24**, 202 *C.* **1903** [2] 48; *M.* **24**, 710 *C.* **1904** [1] 218).
59) **1,2-Methylenäther d. 5-Nitro-2-Oxy-1-Oxymethylbenzol.** Sm. 148° (*A.* **330**, 91 *C.* **1904** [1] 1075).
60) **3-Methyläther d. 1-Keto-3,5-Dioxy-1,2-Dihydrobenzoxazol.** Sm. 242° u. Zers. (*M.* **23**, 954 *C.* **1903** [1] 286).

7*

$C_8H_7O_4N$ 61) **Aldehyd d. 5-Nitro-2-Oxy-1-Methylbenzol-3-Carbonsäure.** Sm. 134° (*B.* **37**, 3916 *C.* **1904** [2] 1594).

$C_8H_7O_4N_3$ 11) **β-[2-Nitrophenyl]hydrazonessigsäure.** Sm. 202° (*B.* **36**, 1378 *C.* **1903** [1] 1344).

12) **Nitril d. 5-Nitro-3-Hydroxylamido-2-Oxy-1-Methylbenzol-1-Carbonsäure** (o-Kresolpurpursäure). Zers. bei 180°. K (*B.* **35**, 571 *C.* **1902** [1] 583; *B.* **37**, 1850 *C.* **1904** [1] 1493).

$C_8H_7O_4Br$ 5) **Brommethyl-2,3,4-Trioxyphenylketon.** Sm. 158—159° (D.R.P. 71312). — *III, *109.*

$C_8H_7O_5N$ *29) **5-Nitro-2-Oxy-1-Methylbenzol-3-Carbonsäure.** Sm. 199° (*A.* **330**, 97 *C.* **1904** [1] 1076).

*32) **Aldehyd d. 5-Nitro-3,4-Dioxybenzol-3-Methyläther-1-Carbonsäure.** Sm. 175—176°. K (*B.* 36, 2933 *C.* **1903** [2] 888).

34) **1,2-Methylenäther d. 5-Nitro-2,4-Dioxy-1-Oxymethylbenzol.** Sm. 130° (*A.* 330, 106 *C.* **1904** [1] 1075).

35) **6-Nitro-3-Oxy-1-Methylbenzol-4-Carbonsäure.** Sm. 219° (*A.* **330**, 100 *C.* **1904** [1] 1076).

36) **Aldehyd d. 2-Nitro-3,4-Dioxybenzol-4-Methyläther-1-Carbonsäure.** Sm. 148—149° (*B.* **35**, 4396 *C.* **1903** [1] 340).

37) **Aldehyd d. 5-Nitro-3,4-Dioxybenzol-4-Methyläther-1-Carbonsäure.** Sm. 113° (*B.* 35, 4398 *C.* **1903** [1] 341).

38) **Aldehyd d. 6-Nitro-3,4-Dioxybenzol-4-Methyläther-1-Carbonsäure.** Sm. 189° (*B.* 35, 4395 *C.* **1903** [1] 340).

39) **Methyl-2-Nitrophenylester d. Kohlensäure.** Fl. (*Am.* **32**, 15 *C.* **1904** [2] 695).

40) **Methyl-4-Nitrophenylester d. Kohlensäure.** Sm. 111—112° (*Am.* **32**, 14 *C.* **1904** [2] 695).

$C_8H_7O_5N_3$ 13) **α-Oximido-α-[3,5-Dinitrophenyl]äthan.** Sm. 122° (*J. pr.* [2] **69**, 469 *C.* **1904** [2] 506).

14) **α-Oximido-β-Nitro-α-[4-Nitrophenyl]äthan.** Sm. 141° u. Zers. (*A.* **328**, 230 *C.* **1903** [2] 999).

15) **3-Nitro-4-Amidophenyloxaminsäure.** Sm. 215° (*B.* **36**, 416 *C.* **1903** [1] 631).

16) **Hydroxylamid d. 2-Nitrophenyloxaminsäure.** Sm. 153° u. Zers. NH_4, Na, K (*Soc.* **81**, 1568 *C.* **1903** [1] 157).

17) **Hydroxylamid d. 3-Nitrophenyloxaminsäure.** Sm. 161° u. Zers. NH_4, Na, K (*Soc.* **81**, 1568 *C.* **1903** [1] 157).

18) **Hydroxylamid d. 4-Nitrophenyloxaminsäure.** Sm. 162° (*Soc.* **81**, 1570 *C.* 1903 [1] 158).

$C_8H_7O_5Br$ 2) **5-Brom-2,4,6-Trioxy-1-Methylbenzol-2-Carbonsäure** + H_2O. Sm. 149° (159—161° wasserfrei) (*M.* **25**, 315 *C.* **1904** [1] 1494).

$C_8H_7O_6N$ 6) **Methylester d. ?-Nitro-2,4-Dioxybenzol-1-Carbonsäure.** Sm. 167° (*M.* **25**, 33 *C.* **1904** [1] 723).

$C_8H_7O_6N_3$ *2) **2,4,6-Trinitro-1,3-Dimethylbenzol.** Sm. 176° (*G.* **33** [2] 278 *C.* **1904** [1] 265).

13) **2,4-Dinitrophenylamidoessigsäure.** Sm. 112° (*G.* 34 [2] 222 *C.* **1904** [2] 1393).

$C_8H_7O_6Br$ 1) **Gem. Anhydrid d. Essigsäure u. β-Brom-α-Keto-γ-Oxybutan-αγ-Dicarbonsäure-αγ-Lakton.** Sm. 88° (*R.* **23**, 150 *C.* **1904** [2] 193).

$C_8H_7O_7N_3$ *4) **2,4,6-Trinitro-5-Oxy-1,3-Dimethylbenzol.** Sm. 108° (*B.* **37**, 3477 *C.* **1904** [2] 1213).

6) **Methyläther d. 2,4,6-Trinitro-3-Oxy-1-Methylbenzol.** Sm. 92° (*R.* **21**, 332 *C.* 1903 [1] 78).

$C_8H_7O_8N_3$ *1) **Dimethyläther d. 3,4,5[oder 3,4,6]-Trinitro-1,2-Dioxybenzol.** Sm. 147° (*R.* **23**, 114 *C.* **1904** [2] 205).

*2) **Dimethyläther d. 2,4,6-Trinitro-1,3-Dioxybenzol.** Sm. 125° (*R.* **21**, 324 *C.* **1903** [1] 79).

$C_8H_7O_8N_5$ *2) **2,4,6-Trinitro-3-Methylnitramido-1-Methylbenzol.** Sm. 101° (*R.* 21, 338 *C.* **1903** [1] 78).

*3) **2,3,5-Trinitro-4-Methylnitramido-1-Methylbenzol.** Sm. 156,5° (*J. pr.* [2] **67**, 520 *C.* **1903** [2] 238).

$C_8H_7O_9N_5$ 2) **Methyläther d. 2,4,6-Trinitro-3-Methylnitramidobenzol.** Sm. 98° (*R.* 8, 276; *R.* **23**, 121 *C.* **1904** [2] 206).

$C_8H_7N_2Cl$ 4) **4-Chlor-2-Methylbenzimidazol.** Sm. 199° (*B.* **36**, 4028 *C.* **1904** [1] 294).
5) **Nitril d. 2-Chlorphenylamidoessigsäure.** Sd. 174—175°$_{14}$ (*B.* **37**, 4082 *C.* **1904** [2] 1723).

$C_8H_7N_3S_2$ 3) **3-Merkapto-5-Thiocarbonyl-1-Phenyl-4,5-Dihydro-1,2,4-Triazol.** Sm. 181° (*B.* **37**, 185 *C.* **1904** [1] 670).

$C_8H_7Cl_2Br$ 3) **3,5-Dichlor-4-Brom-1,2-Dimethylbenzol.** Sm. 100°; Sd. 265—270° (*Soc.* **85**, 273 *C.* **1904** [1] 806, 1008).
4) **3,5-Dichlor-6-Brom-1,2-Dimethylbenzol.** Sm. 42° (*Soc.* **85**, 280 *C.* **1904** [1] 1009).

$C_8H_7Cl_2J_2$ 1) **αβ-Dichloräthyl-3-Jodphenyljodoniumchlorid.** Sm. 148° (*B.* **37**, 1309 *C.* **1904** [1] 1340).

C_8H_7BrMg 1) **Magnesiumbromidverbindung d. Phenyläthen** (*C. r.* **135**, 1347 *C.* **1903** [1] 328).

$C_8H_8ON_2$ 17) **4-Methyl-1,3-Phenylenharnstoff.** Sm. oberh. 300° (D.R.P. 146914 *C.* **1903** [2] 1486).

$C_8H_8OCl_2$ 7) **2-Keto-1-Dichlormethyl-1-Methyl-1,2-Dihydrobenzol.** Sm. 30—33° (*B.* **35**, 4214 *C.* **1903** [1] 161).
8) **4-Keto-1-Dichlormethyl-1-Methyl-1,4-Dihydrobenzol.** Sm. 55° (*B.* **35**, 4211 *C.* **1903** [1] 161).

$C_8H_8OBr_2$ 10) **?-Dibromoxydimethylbenzol.** Sm. 96,5° (*Soc.* **83**, 127 *C.* **1903** [1] 231, 449).
11) **β-Bromäthyläther d. 2-Brom-1-Oxybenzol.** Sd. 160—162°$_{16}$ (*B.* **36**, 2874 *C.* **1903** [2] 834).

$C_8H_8OBr_4$ 2) **3,3,5,6-Tetrabrom-4-Keto-2,2-Dimethyl-1,2,3,4-Tetrahydrobenzol.** Sm. 118° (*Soc.* **83**, 125 *C.* **1903** [1] 231, 449).

$C_8H_8OJ_2$ 3) **Aethyläther d. 3,4-Dijod-1-Oxybenzol.** Fl. (*Bl.* [3] **29**, 606 *C.* **1903** [2] 359).
4) **Aethyläther d. 3,5-Dijod-1-Oxybenzol.** Sm. 29—30° (*C. r.* **136**, 237 *C.* **1903** [1] 574).

C_8H_8OS 6) **1-Methylbenzol-2-Thiolcarbonsäure.** Fl. (*B.* **36**, 1012 *C.* **1903** [1] 1078).
7) **1-Methylbenzol-4-Thiolcarbonsäure.** Sm. 43—44° (*B.* **36**, 1011 *C.* **1903** [1] 1078).

$C_8H_8O_2N_2$ *8) **Benzoylharnstoff.** Sm. 201° (*B.* **36**, 3220 *C.* **1903** [2] 1056; *J. pr.* [2] **70**, 241 *C.* **1904** [2] 1462).
*17) **Amid d. Phenyloxaminsäure** (*B.* **37**, 3715 *C.* **1904** [2] 1449).
*19) **Diamid d. Benzol-1,2-Dicarbonsäure.** Sm. 228—229° (*B.* **37**, 584 *C.* **1904** [1] 940).
*23) **Phenylnitrosamid d. Essigsäure** (*A.* **325**, 238 *C.* **1903** [1] 631).
*26) **Verbindung** (aus Acetessigsäureäthylester). Sm. 245° (P. Gutmann, Dissert., Heidelberg 1903).
29) **2-Nitro-3-Imidomethyl-1-Methylbenzol.** Sm. 140° (*C.* **1900** [2] 751). — *III, *40.*
30) **4-Nitro-3-Imidomethyl-1-Methylbenzol.** Sm. 93° (*C.* **1900** [2] 751). — *III, *40.*
31) **Ricinin.** Sm. 201,5° (*C. r.* **138**, 506 *C.* **1904** [1] 896).

$C_8H_8O_2S$ 6) **o-Xylylensulfon.** Sm. 150—152° (*B.* **36**, 188 *C.* **1903** [1] 467).
7) **α-Merkaptophenylessigsäure.** Fl. (*C.* **1903** [2] 1272).

$C_8H_8O_3N_2$ *14) **α-Styrolnitrosit** (Styrolpseudonitrosit). Sm. 129° u. Zers. (158°?) (*B.* **36**, 2559 *C.* **1903** [2] 494).
*15) **α-Oximido-β-Nitro-α-Phenyläthan** (β-Styrolnitrosit). Sm. 96° (*B.* **36**, 2560 *C.* **1903** [2] 494).
*56) **3-Nitro-4-Methylphenylamid d. Ameisensäure.** Sm. 133—134° (D.R.P. 138839 *C.* **1903** [1] 427).
57) **α-Nitroso-α-Nitro-α-Phenyläthan.** Fl. (*B.* **36**, 707 *C.* **1903** [1] 818).
58) **Methyl-5-Nitro-3-Amidophenylketon.** Sm. 156—158° (*J. pr.* [2] **69**, 471 *C.* **1904** [2] 596).
59) **2-Nitro-3-Methylbenzaldoxim.** Sm. 104—105° (*C.* **1900** [2] 751). — *III, *40.*
60) **6-Nitro-3-Methylbenzaldoxim.** Sm. 134—135° (*C.* **1900** [2] 751). — *III, *40.*
61) **1-Amidooximidomethylbenzol-4-Carbonsäure.** Sm. noch nicht bei 320° (*B.* **37**, 3222 *C.* **1904** [2] 1121).

$C_8H_8O_3N_2$ 62) **Methylamid d. 3-Nitrobenzol-1-Carbonsäure.** Sm. 174° (*R.* **21**, 417 *C.* **1903** [1] 506).

63) **Methylamid d. 4-Nitrobenzol-1-Carbonsäure.** Sm. 218° (*R.* **21**, 417).

64) **4-Amidophenylmonamid d. Oxalsäure** (4-Amidophenyloxaminsäure). Sm. noch nicht bei 280°. Ba (*B.* **36**, 413 *C.* **1903** [1] 630).

65) **5-Nitro-2-Methylphenylamid d. Ameisensäure.** Sm. 178—179° (D.R.P. 138839 *C.* **1903** [1] 427).

$C_8H_8O_4N_2$ *1) **3,5-Dinitro-1,2-Dimethylbenzol.** Sm. 69,5° (*C.* **1903** [2] 194).

*2) **2,4-Dinitro-1,3-Dimethylbenzol.** Sm. 82° (*G.* **33** [2] 278 *C.* **1904** [1] 264).

*4) **4,6-Dinitro-1,3-Dimethylbenzol.** Sm. 93° (*G.* **33** [2] 278 *C.* **1904** [1] 264).

*26) **3-Nitro-4-Methylamidobenzol-1-Carbonsäure.** Sm. 288° (*B.* **37**, 1029 *C.* **1904** [1] 1207).

59) **4-Nitro-2-Nitromethyl-1-Methylbenzol.** Sm. 58—59° (*C.* **1904** [2] 199).

60) **2-Nitro-4-Nitromethyl-1-Methylbenzol.** Sm. 72° (*C.* **1904** [2] 199).

61) **3,6-Dimethyl-1,2-Diazin-4,5-Dicarbonsäure** + H_2O. Sm. 225—226° u. Zers. K_2 + $3H_2O$, Ba + $3H_2O$, Pb + $3H_2O$, Ag_2 (*B.* **36**, 509 *C.* **1903** [1] 654).

$C_8H_8O_4N_4$ 3) **2-Nitrophenylamidoformylharnstoff** (2-Nitrophenylbiuret). Sm. 181° (*Soc.* **81**, 1568 *C.* **1903** [1] 157).

4) **3-Nitrophenylamidoformylharnstoff.** Sm. 178° (*Soc.* **81**, 1569 *C.* **1903** [1] 157).

5) **4-Nitrophenylamidoformylharnstoff.** Sm. 206° (*Soc.* **81**, 1570 *C.* **1903** [1] 158).

6) **2,6-Diketo-3,7-Dimethylpurin-8-Carbonsäure.** Sm. 345°. K (D.R.P. 153121 *C.* **1904** [2] 626).

7) **Methylester d. 2,6-Diketo-3-Methylpurin-8-Carbonsäure.** Sm. 290—291° (D.R.P. 153121 *C.* **1904** [2] 625).

$C_8H_8O_5N_2$ *13) **β-Nitro-α-Oxy-α-[2-Nitrophenyl]äthan** (*Bl.* [3] **29**, 527 *C.* **1903** [2] 244).

$C_8H_8O_5S$ *8) **1-Methylester d. Benzol-1-Carbonsäure-2-Sulfonsäure.** Na + $2H_2O$, Ba + H_2O, Ag (*Am.* **30**, 270 *C.* **1903** [2] 1119).

*10) **1-Methylester d. Benzol-1-Carbonsäure-3-Sulfonsäure.** Sm. 65—67° (*M.* **23**, 1112 *C.* **1903** [1] 396).

*11) **3-Methylester d. Benzol-1-Carbonsäure-3-Sulfonsäure.** Sm. 139 bis 140° (*M.* **23**, 1114 *C.* **1903** [1] 396).

12) **1-Methylester d. Benzol-1-Carbonsäure-4-Sulfonsäure.** Sm. 99 bis 100°. Ag (*M.* **23**, 1130 *C.* **1903** [1] 396).

13) **4-Methylester d. Benzol-1-Carbonsäure-4-Sulfonsäure.** Sm. 195 bis 196° (*M.* **23**, 1129 *C.* **1903** [1] 396).

$C_8H_8O_6N_2$ 12) **Dimethyläther d. 3,5-Dinitro-1,2-Dioxybenzol.** Sm. 101° (*R.* **23**, 112 *C.* **1904** [2] 205).

$C_8H_8O_6N_4$ *5) **2,3,5-Trinitro-4-Methylamido-1-Methylbenzol.** Sm. 129° (*J. pr.* [2] **67**, 534 *C.* **1903** [2] 239).

*7) **3,5-Dinitro-4-Methylnitramido-1-Methylbenzol.** Sm. 137° (*J. pr.* [2] **67**, 543 *C.* **1903** [2] 240).

*8) **2,4,6-Trinitro-5-Amido-1,3-Dimethylbenzol.** Sm. 206° (*R.* **21**, 330 *C.* **1903** [1] 78).

11) **2,4,6-Trinitro-3-Methylamido-1-Methylbenzol.** Sm. 138° (*R.* **21**, 332 *C.* **1903** [1] 78).

12) **2,5-Dinitro-4-Methylnitramido-1-Methylbenzol.** Sm. 122° (*J. pr.* [2] **67**, 544 *C.* **1903** [2] 240).

$C_8H_8O_7N_4$ *1) **Methyläther d. 3,5-Dinitro-2-Methylnitramido-1-Oxybenzol.** Sm. 118° (*R.* **23**, 113 *C.* **1904** [2] 205).

$C_8H_8O_8N_2$ *4) **βγ-Diimidobutan-ααδδ-Tetracarbonsäure** (Dicyandimalonsäure) (*A.* **332**, 126 *C.* **1904** [2] 189).

$C_8H_8N_2S_2$ 4) **2,2'-Dimethylbenzbithiazol** (Diäthenyl-2,5-Disulfhydro-p-Diamidobenzol). Sm. 98—100° (*Soc.* **83**, 1206 *C.* **1903** [2] 1328).

5) **Amid d. Phenyldithiooxaminsäure.** Sm. 98° (*B.* **37**, 3717 *C.* **1904** [2] 1449).

$C_8H_8N_3Cl$ 2) **3-Chlor-4,6-Dimethyl-2,1,5-Benztriazol.** Sm. 265—266° (*B.* **36**, 522 *C.* **1903** [1] 649).

C_8H_9ON *10) **Benzimidomethyläther.** Sd. 95—97$^0_{14-15}$. Methylsulfat (*A.* **333**, 292 *C.* **1904** [2] 905).
*11) **α-Oximido-α-Phenyläthan** (*B.* **36**, 705 *C.* **1903** [1] 818).
*12) **β-Oximido-α-Phenyläthan.** Sm. 103° (*B.* **37**, 843 *C.* **1904** [1] 1144).
*13) **anti-2-Methylbenzaldoxim.** Sm. 49° (*B.* **36**, 325 *C.* **1903** [1] 575).
*14) **anti-4-Methylbenzaldoxim.** Sm. 79° (*B.* **36**, 324 *C.* **1903** [1] 575).
*26) **Amid d. 1-Methylbenzol-2-Carbonsäure.** Sm. 147° (*B.* **37**, 3224 *C.* **1904** [2] 1121).
*27) **Amid d. 1-Methylbenzol-4-Carbonsäure.** Sm. 165° (*B.* **37**, 3224 *C.* **1904** [2] 1121).
*28) **Amid d. Phenylessigsäure.** Sm. 155° (*J. pr.* [2] **69**, 29 *C.* **1904** [1] 641).
*34) **Methylamid d. Benzolcarbonsäure.** Sm. 75°; Sd. 167$^0_{11}$ (*B.* **37**, 2815 *C.* **1904** [2] 648).
*36) **Methylphenylamid d. Ameisensäure.** Sd. 124,9—125,2° (*B.* **36**, 2476 *C.* **1903** [2] 559).
*47) **Amid d. 1-Methylbenzol-3-Carbonsäure.** Sm. 97° (*B.* **37**, 3224 *C.* **1904** [2] 1121).
51) **γ-Oxy-β-[2-Pyridyl]propen.** Fl. HCl, (HCl, $6HgCl_2$), ($2HCl, PtCl_4$), ($HCl, AuCl_3$), Pikrat (*B.* **37**, 742 *C.* **1904** [1] 1089).
52) **Aldehyd d. 2-Methylamidobenzol-1-Carbonsäure.** Sd. 112$^0_{10}$ (*B.* **37**, 981, 988 *C.* **1904** [1] 1079).

$C_8H_9ON_3$ *9) **α-Oximido-α-Phenylazoäthan.** Sm. 118,5—119,5° (*B.* **36**, 56 *C.* **1903** [1] 450; *B.* **36**, 87 *C.* **1903** [1] 452).
11) **Benzoylguanidin.** HCl, ($2HCl, PtCl_4 + H_2O$) (*Ar.* **241**, 476 *C.* **1903** [2] 989).
12) **3-Keto-4,6-Dimethyl-2,3-Dihydro-1,2,5-Benztriazol.** Sm. noch nicht bei 360°. ($2HCl, PtCl_4 + 2H_2O$) (*B.* **36**, 519 *C.* **1903** [1] 649).

C_8H_9OBr 10) **5-Brom-4-Oxy-1,3-Dimethylbenzol.** Sm. 4—5°; Sd. 228—230° (*B.* **36**, 2876 Anm. *C.* **1903** [2] 834).
11) **?-Bromoxydimethylbenzol.** Sm. 83,5—84° (*Soc.* **83**, 128 *C.* **1903** [1] 231, 449).

$C_8H_9OBr_3$ 1) **3,5,6-Tribrom-4-Keto-2,2-Dimethyl-1,2,3,4-Tetrahydrobenzol.** Sm. 106° (*Soc.* **83**, 124 *C.* **1903** [1] 231, 449).

C_8H_9OJ 6) **4-Jodoso-1-Aethylbenzol.** Sm. 89° (*A.* **327**, 288 *C.* **1903** [2] 351).

$C_8H_9O_2N$ *1) **α-Nitroäthylbenzol.** Sd. 115—115,5$^0_{11}$ (*B.* **35**, 3885 *C.* **1903** [1] 27; *B.* **36**, 706 *C.* **1903** [1] 818).
*15) **2-Acetylamido-1-Oxybenzol.** Sm. 209° (205°) (*B.* **36**, 2050 *C.* **1903** [2] 383; *Soc.* **83**, 755 *C.* **1903** [1] 1419; *C.* **1903** [2] 447).
*17) **4-Acetylamido-1-Oxybenzol** (D.R.P. 146265 *C.* **1903** [2] 1227).
*26) **2-Methyläther d. 2-Oxybenzaldoxim.** Sm. 92° (*B.* **36**, 649 *C.* **1903** [1] 768).
*27) **4-Methyläther d. anti-4-Oxybenzaldoxim.** Sm. 61° (*B.* **36**, 648 *C.* **1903** [1] 768; *A.* **332**, 320 *C.* **1904** [2] 651).
*39) **Phenylamidoessigsäure** (D.R.P. 145376 *C.* **1903** [2] 1098).
*44) **2-Methylamidobenzol-1-Carbonsäure.** Sm. 182° (179°) (*B.* **36**, 1806 *C.* **1903** [2] 284; D.R.P. 145604 *C.* **1903** [2] 1099; *M.* **24**, 718 *C.* **1904** [1] 218; *B.* **37**, 405 *C.* **1904** [1] 942; *B.* **37**, 3981 *C.* **1904** [2] 1728).
*61) **Aethylbetaïn d. Pyridin-2-Carbonsäure** (*M.* **24**, 709 *C.* **1904** [1] 218).
*64) **Methylester d. 2-Amidobenzol-1-Carbonsäure.** Sd. 126,2—126,8$^0_{12}$ (*B.* **36**, 2476 *C.* **1903** [2] 559).
*65) **Methylester d. 3-Amidobenzol-1-Carbonsäure.** Sm. 36—38° (*A.* **332**, 196 Anm. *C.* **1904** [2] 210).
*76) **Amid d. 4-Oxybenzolmethyläther-1-Carbonsäure.** Sm. 166,5—167,5° (*B.* **36**, 371 *C.* **1903** [1] 577).
*77) **Phenylamid d. Oxyessigsäure.** Sm. 92° (*A.* **335**, 91 *C.* **1904** [2] 1231).
*80) **1-Methyl-4-Nitromethylbenzol** (*C.* **1904** [2] 199).
102) **Aethyläther d. 4-Nitroso-1-Oxybenzol.** Sm. 33—34° (*B.* **37**, 46 *C.* **1904** [1] 654).
103) **2-[α-Oxyäthyliden]amido-1-Oxybenzol.** Sm. 190° u. Zers. (*Soc.* **83**, 755 *C.* **1903** [1] 1419 *C.* **1903** [2] 447).

$C_8H_9O_2N$ 104) **Methyl-2-Hydroxylamidophenylketon?** Sd. 127—128°$_{18}$ (*B.* **32**, 3232). — *III, *98.*
105) **4-Methyläther d. isom. anti-4-Oxybenzaldoxim.** Sm. 45° (*B.* **37**, 3042 *C.* **1904** [2] 1214).
106) **1-Amidomethylbenzol-2-Carbonsäure.** Sm. 217—220° (*M.* **24**, 953 *C.* **1904** [1] 916).
107) **4-Methylamidobenzol-1-Carbonsäure.** Sm. 228—229° (*B.* **37**, 3979 *C.* **1904** [2] 1728).
108) **Methylphenylmethylennitronsäure.** Sm. 45°. Na (*B.* **36**, 706 *C.* **1903** [1] 818).
109) **polym. Säure** (aus Hydrazin u. Diacetopropionsäureäthylester). = $(C_8H_9O_2N)_x$ (*B.* **37**, 2189 *C.* **1904** [2] 240).

$C_8H_9O_2N_3$ *2) **Benzoylamidoharnstoff.** Sm. 223° (*A.* **335**, 85 *C.* **1904** [2] 1231).
*10) **Amid d. Phenylnitrosamidoessigsäure.** Sm. 143° (*B.* **37**, 2089 *C.* **1904** [2] 519).
*13) **Amid-Phenylhydrazid d. Oxalsäure.** Sm. 231° (*Soc.* **81**, 1566 *C.* **1903** [1] 157).
23) **Phenylguanidin-2-Carbonsäure** (*o*-Guanidinbenzoësäure). Sm. 260° (*Am.* **29**, 491 *C.* **1903** [1] 1310).

$C_8H_9O_2N_5$ 7) **Verbindung** (aus Bisdiazoacetessigsäureäthylester). Zers. oberh. 250°. NH_4 (*G.* **34** [1] 187 *C.* **1904** [1] 1332).

$C_8H_9O_2J$ 3) **Dimethyläther d. 2-Jod-1,4-Dioxybenzol.** Sd. 285°$_{728}$ (*A.* **332**, 69 *C.* **1904** [2] 42).
4) **4-Jodoso-1-Aethylbenzol.** Sm. 196,5° (*A.* **327**, 289 *C.* **1903** [2] 351).

$C_8H_9O_3N$ *13) **Aethyläther d. 2-Nitro-1-Oxybenzol.** Sd. 207° (*J. pr.* [2] **67**, 161 *C.* **1903** [1] 871).
*15) **Aethyläther d. 4-Nitro-1-Oxybenzol.** Sm. 58° (*C.* **1903** [2] 1051; *R.* **23**, 37 *C.* **1904** [1] 1137).
*33) **4-Methoxylbenzhydroxamsäure** (*G.* **33** [2] 241 *C.* **1904** [1] 24).
*52) **Methylester d. 4-Amido-3-Oxybenzol-1-Carbonsäure.** Benzylsulfonat (D.R.P. 147580 *C.* **1904** [1] 130).
*54) **Methylester d. 3-Amido-4-Oxybenzol-1-Carbonsäure.** HCl, (2HCl, $ZnCl_2$), (2HCl, $PtCl_4$), (HCl, $HgCl_2$ + H_2O), HBr, HNO_3, H_2SO_4, Benzylsulfonat (*A.* **325**, 315 *C.* **1903** [1] 769; D.R.P. 147580 *C.* **1904** [1] 130).
72) **β-Nitro-α-Oxy-α-Phenyläthan.** Na (*A.* **325**, 7 *C.* **1903** [1] 286).
73) **1-Aethyläther d. 4-Nitroso-1,3-Dioxybenzol** (*J. pr.* [2] **70**, 316 *C.* **1904** [2] 1540).
74) **Amidomethyl-3,4-Dioxyphenylketon.** Zers. bei 300°. HCl (D.R.P. 155632 *C.* **1904** [2] 1487; *B.* **37**, 4154 *C.* **1904** [2] 1744).
75) **Dimethyläther d. 2-Oximido-5-Oxy-1-Keto-1,2-Dihydrobenzol.** Sm. 115—117° (*J. pr.* [2] **70**, 340 *C.* **1904** [2] 1542).
76) **5-Aethyläther d. 2-Oximido-5-Oxy-1-Keto-1,2-Dihydrobenzol.** Sm. 133,5° (147—148°) (*M.* **19**, 539; *J. pr.* [2] **70**, 317 *C.* **1904** [2] 1540). — *II, *567.*
77) **3-Methylamido-4-Oxybenzol-1-Carbonsäure.** Sm. 190° (*A.* **325**, 328 *C.* **1903** [1] 770).
78) **Aldehyd d. 2-Amido-3,4-Dioxybenzol-3-Methyläther-1-Carbonsäure.** Sm. 128—129° (*C.* **1903** [2] 31).
79) **Methyl-2-Amidophenylester d. Kohlensäure.** HCl (*Am.* **31**, 482 *C.* **1904** [2] 94; *Am.* **32**, 15 *C.* **1904** [2] 695).
80) **Methyl-4-Amidophenylester d. Kohlensäure.** HCl (*Am.* **31**, 470 *C.* **1904** [2] 94; *Am.* **32**, 14 *C.* **1904** [2] 695).
81) **Verbindung** (aus Damascenin). HCl + H_2O, HJ (*Ar.* **242**, 296 *C.* **1904** [2] 131).

$C_8H_9O_3N_3$ *9) **2-Nitro-4-Acetylamido-1-Amidobenzol.** Sm. 188° (*B.* **36**, 415 *C.* **1903** [1] 631).
*24) **4-Nitrophenylhydrazid d. Essigsäure.** Sm. 207° (*B.* **37**, 3237 *C.* **1904** [2] 1153).
25) **β-Amid d. α-Phenylhydrazin-αβ-Dicarbonsäure.** K, Ag (*B.* **37**, 621 *C.* **1904** [1] 956).

$C_8H_9O_3N_5$ 2) **4-Nitro-2-Nitrobenzylidenamidoharnstoff.** Zers. bei 390° (*B.* **37**, 1864 *C.* **1904** [1] 1600).

$C_8H_9O_4N$ *2) **Dimethyläther d. 4-Nitro-1,2-Dioxybenzol.** Sm. 99° (*B.* **37**, 2151 *C.* **1904** [2] 207).

$C_8H_9O_4N$ *4) **Phenylsulfonamidoessigsäure.** Sm. 165—166° (*B.* **37**, 4101 *C.* **1904** [2] 1727).
*30) **Dimethyläther d. 4-Nitro-1,3-Dioxybenzol.** Sm. 74° (*R.* **21**, 322 *C.* **1903** [1] 79; *R.* **23**, 119 *C.* **1904** [2] 206).
31) **3-Methyläther d. 2-Nitro-3,5-Dioxy-1-Methylbenzol.** Sm. 129—131° (*B.* **36**, 892 *C.* **1903** [1] 966).
32) **3-Methyläther d. 6-Nitro-3,5-Dioxy-1-Methylbenzol.** Sm. 104 bis 106° (*B.* **36**, 890 *C.* **1903** [1] 966).
33) **2,4,6-Trioxy-3-Oximidomethyl-1-Methylbenzol.** Zers. bei 170° (*M.* **24**, 877 *C.* **1904** [1] 369).
34) **2-Amido-3,5-Dioxy-1-Methylbenzol-4-Carbonsäure.** HCl + $2H_2O$ (*B.* **37**, 1424 *C.* **1904** [1] 1418).
35) **α-[2-Furanoyl]amidopropionsäure.** Sm. 169°. Ba, Ag (*B.* **37**, 2957 *C.* **1904** [2] 993).
36) **Amid d. 5-Oxy-1,4-Pyronäthyläther-2-Carbonsäure** (A. d. Komensäure). Sm. 159—160° (*G.* **33** [2] 264 *C.* **1904** [1] 45).

$C_8H_9O_4N_2$ 29) **3,4-Dinitro-1-Dimethylamidobenzol.** Sm. 174—175° (*B.* **37**, 2615 *C.* **1904** [2] 517).

$C_8H_9O_5N_3$ 9) **3,5-Dinitro-4-Methylamido-2-Oxy-1-Methylbenzol.** Sm. 151°. Methylaminsalz (*J. pr.* [2] **67**, 557 *C.* **1903** [2] 240).
10) **3,5-Dinitro-2-Methylamido-4-Oxy-1-Methylbenzol.** Sm. 177° (*J. pr.* [2] **67**, 551 *C.* **1903** [2] 240).
11) **Methyläther d. 3,5-Dinitro-2-Methylamido-1-Oxybenzol.** Sm. 168° (*R.* **23**, 113 *C.* **1904** [2] 205).
12) **Methyläther d. 4,6-Dinitro-3-Methylamido-1-Oxybenzol.** Sm. 198° (*R.* **23**, 121 *C.* **1904** [2] 206).

$C_8H_9O_6N_5$ 2) **3,5-Dinitro-2-Amido-4-Methylnitrosamido-1-Methylbenzol.** Sm. 164° (*J. pr.* [2] **67**, 562 *C.* **1903** [2] 241).

$C_8H_9O_6N_5$ *1) **2,4,6-Trinitro-1,3-Di[Methylamido]benzol.** Sm. 240° (*R.* **21**, 324 *C.* **1903** [1] 79).
3) **3,5-Dinitro-2-Amido-4-Methylnitramido-1-Methylbenzol.** Sm. 178 bis 178,5° (*J. pr.* [2] **67**, 522 *C.* **1903** [2] 238).
4) **β-Nitro-αα'-Dimethylisoallitursäure.** Zers. bei 168° (*A.* **333**, 125 *C.* **1904** [2] 894).

$C_8H_9NCl_2$ 7) **3,5-Dichlor-4-Amido-1,2-Dimethylbenzol.** Sm. 44,5° (*Soc.* **85**, 278 *C.* **1904** [1] 1009).

$C_8H_9NBr_2$ 7) **2,4-Dibrom-1-Dimethylamidobenzol.** Sd. 275°$_{749}$. (2 HCl, $PtCl_4$), (2HBr, Br), (2HBr, Br_2) (*B.* **37**, 2342 *C.* **1904** [2] 432).

C_8H_9NS *4) **Phenylamid d. Thioessigsäure.** Sm. 75° (*B.* **36**, 586 *C.* **1903** [1] 830).
7) **Phenyläther d. α-Imido-α-Merkaptoäthan.** HCl (*B.* **36**, 3466 *C.* **1903** [2] 1243).
8) **Methylamid d. Benzolthiocarbonsäure.** Sm. 79° (*B.* **37**, 877 *C.* **1904** [1] 1004).

$C_8H_9NS_2$ *7) **Benzylester d. Amidodithioameisensäure.** Sm. 90° (*C. r.* **135**, 975 *C.* **1903** [1] 139).

C_8H_9NSe 1) **Amid d. 1-Methylbenzol-4-Selencarbonsäure.** Sm. 161° u. Zers. (*B.* **37**, 2553 *C.* **1904** [2] 520).

$C_8H_9Cl_2Br_3$ 1) **3,5-Dichlor-2,3,4-Tribrom-1,1-Dimethyl-1,2,3,4-Tetrahydrobenzol.** Sm. 118° u. Zers. (*Soc.* **85**, 272 *C.* **1904** [1] 805, 1008).

$C_8H_9Cl_2J$ *2) **1-Aethylbenzol-4-Jodidchlorid.** Sm. 103° (*A.* **327**, 288 *C.* **1903** [2] 351).

$C_8H_{10}ON_2$ *1) **Aethylnitrosamidobenzol.** Sd. 119,5—120°$_{15}$ (*B.* **36**, 2477 *C.* **1903** [2] 559).
*3) **4-Nitroso-1-Dimethylamidobenzol** (*Soc.* **85**, 1010 *C.* **1904** [2] 704).
*4) **2-Methylnitrosamido-1-Methylbenzol** (*A.* **327**, 109 *C.* **1903** [1] 1213).
*38) **s-Acetylphenylhydrazin** (*C.* **1903** [1] 829).
*43) **Methyläther d. α-Imido-α-Phenylamido-α-Oxymethan.** Ag (*C.* **1904** [1] 1560).
45) **Hydrazid d. 1-Methylbenzol-2-Carbonsäure.** Sm. 124° (*J. pr.* [2] **69**, 368 *C.* **1904** [2] 534).
*46) **Hydrazid d. 1-Methylbenzol-3-Carbonsäure.** Sm. 97° (*J. pr.* [2] **69**, 369 *C.* **1904** [2] 534).
*47) **Hydrazid d. 1-Methylbenzol-4-Carbonsäure.** Sm. 117° (*J. pr.* [2] **69**, 369 *C.* **1904** [2] 534).

$C_8H_{10}ON_2$ *49) **Methyl-3,5-Diamidophenylketon.** Sm. 133—134° (*J. pr.* [2] **69**, 472 *C.* **1904** [2] 596).
53) **Formyl-2-Amidobenzylamin** (*B.* **36**, 807 *C.* **1903** [1] 978).
54) **Monoformyl-2,4-Diamido-1-Methylbenzol.** Sm. 113—114° (D.R.P. 138839 *C.* **1903** [1] 427).
55) **2-Methylamidobenzaldoxim.** Sm. 50,5—51° (*B.* **37**, 985 *C.* **1904** [1] 1079).

$C_8H_{10}OBr_2$ 1) **5,6-Dibrom-4-Keto-2,2-Dimethyl-1,2,3,4-Tetrahydrobenzol.** Sm. 96° (*Soc.* **83**, 122 *C.* **1903** [1] 231, 449).

$C_8H_{10}O_2N_2$ *6) **3-Nitro-1-Dimethylamidobenzol.** Sm. 61° (*A.* **327**, 112 *C.* **1903** [1] 1213; *B.* **37**, 2616 *C.* **1904** [2] 517).
*55) **α-Phenylhydrazidoessigsäure.** Sm. 168°. HCl (*B.* **36**, 3879 *C.* **1904** [1] 26).
*56) **β-Phenylhydrazidoessigsäure.** Sm. 172—173° u. Zers. HCl (*B.* **36**, 3879 *C.* **1904** [1] 26).
81) **3,5-Diacetyl-4-Methylpyrazol** + H_2O. Sm. 76—90° (114° wasserfrei) (*A.* **325**, 185 *C.* **1903** [1] 646).
82) **Methylester d. 3,4-Diamidobenzol-1-Carbonsäure.** Sm. 108—109° (D.R.P. 151725 *C.* **1904** [1] 1588).
83) **Amid d. 3-Oxyphenylamidoessigsäure.** Sm. 145° (*Bl.* [3] **29**, 967 *C.* **1903** [2] 1118).
84) **Amid d. 4-Oxyphenylamidoessigsäure.** Sm. 135—136° (*Bl.* [3] **29**, 967 *C.* **1903** [2] 1118).
85) **Hydroxylamid d. Phenylamidoessigsäure.** Sm. 118° u. Zers. (*Soc.* **81**, 1574 *C.* **1903** [1] 158).
86) **Phenylhydrazid d. Oxyessigsäure.** Sm. 115—120° (*H.* **38**, 140 *C.* **1903** [1] 1426).

$C_8H_{10}O_2N_4$ *8) **Kaffein** (D.R.P. 151133 *C.* **1904** [1] 1430).
*11) **Cyklohydrazid d. 3,6-Dimethyl-1,2-Dihydro-1,3-Diazin-4,5-Dicarbonsäure.** Sm. oberh. 274°. HCl + H_2O (*B.* **35**, 4322 *C.* **1903** [1] 337; *B.* **37**, 93 *C.* **1904** [1] 589).
21) **3-Amidobenzoylamidoharnstoff.** (Kryogenin). Sm. 205° (*C.* **1904** [1] 544).
22) **Monophenyldihydrazid d. Oxalsäure.** Sm. 205—206° (*B.* **37**, 2425 *C.* **1904** [2] 341).

$C_8H_{10}O_2N_6$ *1) **1,4-Disemicarbazon-1,4-Dihydrobenzol.** Zers. bei 241° (*A.* **334**, 186 *C.* **1904** [2] 835).

$C_8H_{10}O_2S_2$ 2) **1,3-Dimethylbenzol-4-Thiolsulfonsäure.** p-Phenylendiaminsalz (*J. pr.* [2] **70**, 392 *C.* **1904** [2] 1721).

$C_8H_{10}O_3N_2$ *3) **Aethyläther d. 5-Nitro-2-Amido-1-Oxybenzol.** Sm. 91° (*B.* **36**, 4125 *C.* **1904** [1] 273).
*12) **Aethylester d. δ-Cyan-δ-Imido-β-Ketobutan-γ-Carbonsäure.** (Ae. d. α-Dicyanacetessigsäure). Sm. 122° (*A.* **332**, 133 *C.* **1904** [2] 190).
18) **3-Methyläther d. 2-Amido-3,4-Dioxy-1-Oximidomethylbenzol.** Sm. 151—152° (*C.* **1903** [2] 31).
19) **3-Acetyl-1,4-Dimethylpyrazol-5-Carbonsäure.** Sm. 185—186° (*B.* **36**, 1130 *C.* **1903** [1] 1138).
20) **Methylester d. 3-Acetyl-4-Methylpyrazol-5-Carbonsäure.** Sm. 152° (*B.* **36**, 1129 *C.* **1903** [1] 1138).
21) **Aethylester d. β-Dicyanacetessigsäure.** Sm. 178° (*A.* **332**, 136 *C.* **1904** [2] 190).
22) **Aethylester d. γ-Dicyanacetessigsäure.** Sm. 211° (*A.* **332**, 137 *C.* **1904** [2] 190).

$C_8H_{10}O_3S$ *8) **1,4-Dimethylbenzol-2-Sulfonsäure.** Na + H_2O (*C.* **1903** [2] 1051).
20) **Methylester d. 1-Methylbenzol-4-Sulfonsäure.** Sm. 28° (*A.* **327**, 121 *C.* **1903** [1] 1221).

$C_8H_{10}O_4N_2$ 6) **Dimethyläther d. 5-Nitro-2-Amido-1,4-Dioxybenzol.** Sm. 158° (D.R.P. 141398 *C.* **1903** [1] 1163; D.R.P. 141975 *C.* **1903** [1] 1380).
7) **α-Cyan-α-Oxyessig-[β-Cyan-α-Aethoxyläthyl]äthersäure.** Sm. 142° (*C.* **1904** [1] 159).

$C_8H_{10}O_4N_4$ 5) **3,5-Dinitro-2-Amido-5-Methylamido-1-Methylbenzol.** Sm. 206 bis 208° (*J. pr.* [2] **67**, 535 *C.* **1903** [2] 239).
6) **αα'-Dimethylisoallitursäure.** Sm. 208—210° (*A.* **333**, 121 *C.* **1904** [2] 894).

$C_8H_{10}O_4S$ *16) **4-Oxy-1-Methylbenzolmethyläther-3-Sulfonsäure.** Sm. 105—108°. Na + $^1/_2H_2O$, K + $2H_2O$, Mg + $8H_2O$, Ca + $12H_2O$, Ba, Cu + $6^1/_2H_2O$, Zn + $6^1/_2H_2O$, Pb + $3H_2O$ (*Am.* **31**, 28 *C.* **1904** [1] 441).

$C_8H_{10}O_4S_2$ 2) **1,3-Di[Methylsulfon]benzol.** Sm. 195—196° (*J. pr.* [2] **68**, 320 *C.* **1903** [2] 1170).

3) **1,4-Di[Methylsulfon]benzol.** Sm. 255—256° (*J. pr.* [2] **68**, 331 *C.* **1903** [2] 1171).

4) **Dimethylester d. Benzol-1,3-Disulfinsäure.** Fl. (*J. pr.* [2] **68**, 319 *C.* **1903** [2] 1170).

$C_8H_{10}O_5N_2$ C 44,8 — H 4,7 — O 37,4 — N 13,1 — M. G. 214.

1) **Methylester d. δε-Dinitroso-γ-Methylpentan-β-Carbonsäure.** Sm. 169° (*Soc.* **83**, 1239 *C.* **1903** [2] 1421).

$C_8H_{10}O_6N_2$ *2) **Diäthylester d. 1,2,3,6-Dioxdiazin-4,5-Dicarbonsäure** (*Bl.* [3] **27**, 1165 *C.* **1903** [1] 228; *Bl.* [3] **31**, 848 *C.* **1904** [2] 640; *C.* **1904** [2] 1537).

*3) **Diäthylester d. Bisanhydronitroessigsäure** (*Bl.* [3] **31**, 679 *C.* **1904** [2] 195).

$C_8H_{10}NBr$ *4) **4-Brom-1-Dimethylamidobenzol.** (HBr, Br), (HBr, Br_2) (*B.* **37**, 2341 *C.* **1904** [2] 432).

$C_8H_{10}NJ$ 3) **2-[β-Jodpropyl]pyridin.** Fl. (*B.* **37**, 174 *C.* **1904** [1] 673).

$C_8H_{10}N_2J_2$ 1) **Di[Jodmethylat] d. 1,4-Dimethylhexahydro-1,4-Diazin.** Zers. bei 300° (*B.* **36**, 144 *C.* **1903** [1] 526).

$C_8H_{10}N_2S$ 7) **α-Imido-β-Phenylamido-α-Merkaptoäthan.** Sm. 165° (*B.* **36**, 4302 *C.* **1904** [1] 447).

8) **Methyläther d. Phenylamidoimidomerkaptomethan.** Sm. 71°. (2HCl, $PtCl_4$), HJ, HNO_3, Acetat, Pikrat (*B.* **25**, 49; *Soc.* **83**, 554 *C.* **1903** [1] 1123). — **II**, *390*.

9) **Amid d. 4-Amidophenylthioessigsäure.** Sm. 173° (*B.* **35**, 3938 *C.* **1903** [1] 38).

$C_8H_{10}N_2S_2$ *6) **Methylester d. β-Phenylhydrazidodithioameisensäure.** Sm. 136° (*J. pr.* [2] **67**, 248 *C.* **1903** [1] 1264; *B.* **36**, 1365 *C.* **1903** [1] 1341).

$C_8H_{10}N_4S$ 3) **Amid d. Methylphenylamidoazothiocarbonsäure.** Sm. 97° (*B.* **37**, 2381 *C.* **1904** [2] 322).

$C_8H_{10}N_4S_2$ *1) **1,3-Phenylendithioharnstoff** (D.R.P. 139429 *C.* **1903** [1] 904).

$C_8H_{10}Cl_2Br_2$ 1) **3,5-Dichlor-2,5-Dibrom-1,1-Dimethyl-1,2,3,4-Tetrahydrobenzol.** Fl. (*Soc.* **85**, 279 *C.* **1904** [1] 1009).

$C_8H_{10}Cl_2Si$ 1) **Siliciumäthylphenyldichlorid.** Sd. 228—230° (*C.* **1904** [1] 637).

$C_8H_{11}ON$ *11) **Methyläther d. 2-Amido-1-Oxymethylbenzol.** Oxalat (*C. r.* **137**, 522 *C.* **1903** [2] 1060).

*13) **Methyläther d. 4-Oxy-1-Amidomethylbenzol** (*B.* **36**, 371 *C.* **1903** [1] 577).

*44) **4-Dimethylamido-1-Oxybenzol.** Sm. 75° (*A.* **334**, 309 *C.* **1904** [2] 986).

*22) **Aethyläther d. 4-Amido-1-Oxybenzol.** Sd. 120—122°$_{10}$ (*B.* **36**, 4102 Anm. *C.* **1904** [1] 271; *C. r.* **138**, 1038 *C.* **1904** [1] 1490; *B.* **36**, 2966 *C.* **1903** [2] 1007).

*40) **4-Keto-1,2,6-Trimethyl-1,4-Dihydropyridin** + $3H_2O$. Sm. 110° (*A.* **331**, 256 *C.* **1904** [1] 1223).

*45) **4-Imido-1-Oxy-1,3-Dimethyl-1,4-Dihydrobenzol.** HCl (*B.* **35**, 3889 *C.* **1903** [1] 26).

55) **β-Amido-α-Oxy-α-Phenyläthan.** (2HCl, $PtCl_4$), Pikrat (*B.* **37**, 2483 *C.* **1904** [2] 420).

56) **2-Methyl-6-[β-Oxyäthyl]pyridin.** Fl. (2HCl, $PtCl_4$), (HCl, $AuCl_3$) (*B.* **36**, 2907 *C.* **1903** [2] 890).

$C_8H_{11}ON_3$ *16) **α-Amido-α-Benzylharnstoff.** Sm. 127—128° (*B.* **37**, 2325 *C.* **1904** [2] 312).

19) **α-Amido-α-Methyl-β-Phenylharnstoff.** Sm. 93—94° (*B.* **37**, 2324 *C.* **1904** [2] 312).

20) **3-Methylphenylamidoharnstoff** (Maretin). Sm. 183—184° (*C.* **1904** [2] 359).

21) **1-Acetylamido-2,4-Diamidobenzol.** Sm. 158—159° (D.R.P. 151204 *C.* **1904** [1] 1382).

22) **α-Oximido-α-Amido-α-Methylphenylamidomethan** (uns-Methylphenylharnstoffoxim). Sm. 102°. HCl, Pikrat (*B.* **36**, 3661 *C.* **1903** [2] 1324).

$C_8H_{11}ON_3$ 23) α-Oximido-α-Amido-β-Phenylamidoäthan. Sm. 147—148° (*B.* **36**, 4304 *C.* **1904** [1] 447).

24) Inn. Anhydrid d. 2-Semicarbazon-1-Oxymethylenhexahydrobenzol. Sm. 183—185° (und 220°) (*A.* **329**, 117 *C.* **1903** [2] 1322).

25) Inn. Anhydrid d. 3-Semicarbazon-4-Oxymethylen-1-Methyl-R-Pentamethylen. Sm. 115—116° (*A.* **329**, 116 *C.* **1903** [2] 1322).

$C_8H_{11}OCl$ *1) Chlorid d. α-Heptin-α-Carbonsäure. Sd. 84,5—87°$_{13}$ (*Bl.* [3] **29**, 656 *C.* **1903** [2] 487).

3) 6-Chlor-4-Keto-2,2-Dimethyl-1,2,3,4-Tetrahydrobenzol. Sd. 109°$_{14}$ (*Soc.* **83**, 117 *C.* **1903** [1] 230, 448).

$C_8H_{11}OBr$ 1) 6-Brom-4-Keto-2,2-Dimethyl-1,2,3,4-Tetrahydrobenzol. Sd. 129°$_{25}$ (*Soc.* **83**, 120 *C.* **1903** [1] 231, 448).

$C_8H_{11}O_2N$ *2) 3-Methyläther d. 6-Amido-3,5-Dioxy-1-Methylbenzol. HCl (*B.* **36**, 891 *C.* **1903** [1] 966).

*6) 1-Aethyläther d. 4-Amido-1,3-Dioxybenzol. HCl (*J. pr.* [2] **70**, 325 *C.* **1904** [2] 1541).

*22) 2-[ββ'-Dioxyisopropyl]pyridin. Sm. 78°. ($HCl, 6HgCl_2$), ($2HCl, PtCl_4$), ($HCl, AuCl_3$), Pikrat (*B.* **37**, 738 *C.* **1904** [1] 1089).

25) 3-Methyläther d. 2-Amido-3,5-Dioxy-1-Methylbenzol. HCl (*B.* **36**, 893 *C.* **1903** [1] 966).

26) 1-Methyläther d. 5-Amido-2-Oxy-1-Oxymethylbenzol. Sm. 124 bis 126° (D.R.P. 148977 *C.* **1904** [1] 699).

27) 4-Aethyläther d. 4-Oxyphenylhydroxylamin. Sm. 91,5—92° (*B.* **37**, 45 *C.* **1904** [1] 654).

28) 1,2,5-Trimethylpyrrol-3-Carbonsäure. Zers. bei 175° (*C.* **1903** [2] 1281).

29) Methylester d. 2,5-Dimethylpyrrol-3-Carbonsäure. Sm. 119,5°; Sd. 170°$_{18}$ (*B.* **37**, 2196 *C.* **1904** [2] 240).

30) Imid d. β-Hexen-βγ-Dicarbonsäure. Sm. 56—57° (*B.* **37**, 2472 *C.* **1904** [2] 306).

31) Imid d. δ-Methyl-β-Penten-βγ-Dicarbonsäure. Sm. 44—45° (*B.* **37**, 2473 *C.* **1904** [2] 306).

32) Imid einer Säure $C_8H_{12}O_4$ (aus Hämopyrrol). Sm. 63—64° (*B.* **37**, 2472 *C.* **1904** [2] 306).

$C_8H_{11}O_2N_3$ 10) 4-Nitro-1,2-Di[Methylamido]benzol. Sm. 172° (*B.* **36**, 3969 *C.* **1904** [1] 177).

11) 4-Dimethylamidophenylnitrosohydroxylamin. Ba + $2H_2O$ (*G.* **34** [2] 74 *C.* **1904** [2] 734).

$C_8H_{11}O_3N$ 24) trans-4-Cyan-4-Oxyhexahydrobenzol-1-Carbonsäure. Sm. 140° (*Soc.* **85**, 434 *C.* **1904** [1] 1082, 1440).

$C_8H_{11}O_3P$ 10) Methylphenylcarbinolunterphosphorigesäure. Sm. 70° (85°). Pb (*C. r.* **137**, 125 *C.* **1903** [2] 554; *C.* **1904** [2] 1708).

$C_8H_{11}O_4N$ 11) γ-Cyan-β-Methylbutan-αγ-Dicarbonsäure. Sm. 132—133°. K_2 (*Soc.* **83**, 356 *C.* **1903** [1] 389, 1122).

$C_8H_{11}O_4P$ 3) Oxyphosphinsäure (aus d. Säure $C_8H_{11}O_3P$). Sm. 170°. HBr (*C. r.* **137**, 125 *C.* **1903** [2] 554).

4) Säure (aus Benzaldehyd). Sm. 154° (*C. r.* **138**, 1709 *C.* **1904** [2] 423).

$C_8H_{11}O_5Br$ *2) Diäthylester d. Bromoxalessigsäure. Sd. 140—145°$_{11}$ (*B.* **36**, 1732 *C.* **1903** [2] 38).

$C_8H_{11}O_5N$ *1) Diäthylester d. Oxalaminsäure. Sm. 71—72°; Sd. 190°$_{12-13}$ (*B.* **37**, 3679 *C.* **1904** [2] 1495).

$C_8H_{11}O_6P$ 1) 4-Methoxylbenzaldehydphosphorsäure (*Ch. Z.* **25**, 1135). — *III, *59*.

$C_8H_{11}O_7Br_3$ 1) Urobromalsäure (*C.* **1903** [1] 781).

$C_8H_{11}O_8N_3$ C 34,6 — H 4,0 — O 46,2 — N 15,2 — M. G. 277.

1) Dimethyläther d. Nitrodioxydichinolnitrosäure. Na_3 (*Am.* **29**, 115 *C.* **1903** [1] 709).

$C_8H_{11}NS$ *4) Methyläther d. 4-Merkapto-2,6-Dimethylpyridin. Sm. 51°; Sd. 233° (*A.* **331**, 259 *C.* **1904** [1] 1223).

5) 4-Thiocarbonyl-1,2,6-Trimethyl-1,4-Dihydropyridin. Sm. 267 bis 268°. HCl (*A.* **331**, 256 *C.* **1904** [1] 1223).

$C_8H_{11}NSe$ 1) 1,2,6-Trimethylselenopyrintrioxyd. Sm. 268° (*A.* **331**, 261 *C.* **1904** [1] 1223).

2) Methyläther d. 4-Seleno-2,6-Dimethylpyridin. Sm. 70°. HCl, ($2HCl, PtCl_4$) (*A.* **331**, 263 *C.* **1904** [1] 1223).

$C_8H_{11}N_2Cl$ 3) **4-Chlor-1,2-Di[Methylamido]benzol.** Sm. 61° (*B.* **37**, 557 *C.* **1904** [1] 893).

$C_8H_{11}N_3S$ *1) **α-Amido-α-Methyl-β-Phenylthioharnstoff** (*B.* **37**, 2321 *C.* **1904** [2] 311).
*3) **α-Amido-α-Phenyl-β-Methylthioharnstoff.** Sm. 91°. HCl (*B.* **37**, 2331 *C.* **1904** [2] 314).
8) **3[oder 5]-Amido-4[oder 2]-Methylphenylthioharnstoff.** Sm. 107° (D.R.P. 152027 *C.* **1904** [2] 274).

$C_8H_{12}ON_2$ 24) **Nitril d. δ-Oxy-β-Methylpentan-βδ-Dicarbonsäure.** Sm. 165—166° (*Soc.* **85**, 1223 *C.* **1904** [2] 1108).

$C_8H_{12}ON_4$ 2) **4-Semicarbazido-2,6-Dimethylpyridin.** Sm. 268—269° u. Zers. (2HCl, $PtCl_4$) (*B.* **36**, 1117 *C.* **1903** [1] 1185).

$C_8H_{12}O_2N_2$ *16) **3-Methyl-5-Propylpyrazol-4-Carbonsäure.** Sm. 228° u. Zers. (*Bl.* [3] **27**, 1099 *C.* **1903** [1] 227).
17) **2-Methyläther d. 2,6-Dioxy-4-Methyl-5-Aethyl-1,3-Diazin.** Sm. 210°. HCl (*C.* **1904** [2] 30).
18) **Inn. Anhydrid d. i-α-[2-Pyrroloylamido]propionsäure** (Prolylalaninanhydrid). Sm. 126—129° (*B.* **37**, 2847 *C.* **1904** [2] 644).
19) **Nitril d. Oxyessig-[β-Cyan-α-Aethoxylpropyl]äthersäure.** Sm. 121° (*C.* **1904** [1] 159).
20) **Methylester d. α-Cyan-β-Aethylamidopropen-α-Carbonsäure.** Sm. 73° (*Bl.* [3] **31**, 341 *C.* **1904** [1] 1135).
21) **Verbindung** (aus d. Säure $C_9H_{12}O_4N_2$) = $(C_8H_{12}O_2N_2)_x$ (*C.* **1904** [1] 159).

$C_8H_{12}O_2N_4$ 5) **3,5-Di[α-Oximidoäthyl]-4-Methylpyrazol** + $^1/_2H_2O$. Sm. 217° (*A.* **325**, 186 *C.* **1903** [1] 647).

$C_8H_{12}O_2Cl_4$ 1) **bim. Aethyläther d. ββ-Dichlor-α-Oxyäthan.** Sd. 187—192°$_{30}$ (*G.* **33** [2] 385 *C.* **1904** [1] 921).

$C_8H_{12}O_2Br_2$ 4) **1,2-Dibrom-1-Methylhexahydrobenzol-4-Carbonsäure.** Sm. 104° (*Soc.* **85**, 665 *C.* **1904** [2] 330).

$C_8H_{12}O_3N_2$ *2) **2,4,6-Triketo-5,5-Diäthylhexahydro-1,3-Diazin.** Sm. 191° (D.R.P. 146496 *C.* **1903** [2] 1483; D.R.P. 146949 *C.* **1904** [1] 68; D.R.P. 147278 *C.* **1904** [1] 68; D.R.P. 147279 *C.* **1904** [1] 68).
*2) **2,4,6-Triketo-5,5-Diäthylhexahydro-1,3-Diazin** (Diäthylmalonylharnstoff; Veronal). Sm. 191°. Na (*C.* **1903** [1] 1155; D.R.P. 144432 *C.* **1903** [2] 778; *Ar.* **242**, 401 *C.* **1904** [2] 1005; *A.* **335**, 338 *C.* **1904** [2] 1380).
11) **2,4,6-Triketo-5-Methyl-5-Propylhexahydro-1,3-Diazin.** Sm. 182° (D.R.P. 146496 *C.* **1903** [2] 1484; *A.* **335**, 344 *C.* **1904** [2] 1381).

$C_8H_{12}O_3N_4$ 4) **5-Oximido-6-Imido-2,4-Diketo-1,3-Diäthylhexahydro-1,3-Diazin** + H_2O (*C.* **1904** [2] 1497).

$C_8H_{12}O_4N_2$ *1) **Tetraacetylhydrazin.** Sm. 85°; Sd. 141°$_{15}$ (*J. pr.* [2] **69**, 148 *C.* **1904** [1] 1274).
*5) **Diäthylester d. Diazobernsteinsäure.** Fl. (*B.* **37**, 1264 *C.* **1904** [1] 1333).
8) **α-Amid d. α-Imido-γ-Ketobutan-αβ-Dicarbonsäure-β-Aethylester.** Sm. 142° (*A.* **332**, 134 *C.* **1904** [2] 190).

$C_8H_{12}O_4N_6$ C 37,5 — H 4,7 — O 25,0 — N 32,8 — M. G. 256.
1) **Amid d. Diazoacetyldi[Amidoacetyl]amidoessigsäure.** Sm. 240° u. Zers. (*B.* **37**, 1296 *C.* **1904** [1] 1336).

$C_8H_{12}O_4Br_2$ 10) **cis-γδ-Dibrom-β-Methylpentan-βδ-Dicarbonsäure.** Sm. 168° u. Zers. (*Soc.* **85**, 158 *C.* **1904** [1] 720).
11) **trans-γδ-Dibrom-β-Methylpentan-βδ-Dicarbonsäure.** Sm. 205—207° (*Soc.* **83**, 779 *C.* **1903** [2] 191, 423).

$C_8H_{12}O_5N_2$ 2) **i-Nitrosocincholoiponsäure.** Sm. 173—174° (*B.* **30**, 1333). — *III, *635*.

$C_8H_{12}O_5N_6$ C 35,3 — H 4,4 — O 29,4 — N 30,9 — M. G. 272.
1) **Azid d. Oxyacetyldi[Amidoacetyl]amidoessigsäure.** Sm. 79—80° (*B.* **37**, 1297 *C.* **1904** [1] 1336).

$C_8H_{12}O_6N_2$ *6) **Diäthylester d. Oxalyldi[Amidoameisensäure].** Sm. 173° (*B.* **36**, 746 *C.* **1903** [1] 827).
9) **Aethylenester d. Acetylamidoameisensäure.** Sm. 174° (*B.* **36**, 3217 *C.* **1903** [2] 1056).

$C_8H_{12}O_7N_2$ 2) **Methylester d. δε-Dinitro-γ-Keto-β-Methylpentan-β-Carbonsäure.** Sm. 142—143° (*Soc.* **83**, 1238 *C.* **1903** [2] 1420).

$C_8H_{12}O_8N_2$ C 36,4 — H 4,5 — O 48,5 — N 10,6 — M. G. 264.
1) **βγ-Diamidobutan-ααδδ-Tetracarbonsäure.** Ag_2 (*B.* **35**, 4124 *C.* **1903** [1] 135).

$C_8H_{12}O_{10}N_2$ *1) **Diäthylester d. Dinitroweinsäure.** Sm. 27° (*Soc.* **83**, 161 *C.* **1903** [1] 627).

$C_8H_{13}ON$ 26) **5-Amylisoxazol.** Sd. 87—87,5°$_{14}$ (*C. r.* **138**, 1341 *C.* **1904** [2] 187).
27) **Amid d. α-Heptin-α-Carbonsäure.** Sm. 91—92° (*C. r.* **136**, 553 *C.* **1903** [1] 824).

$C_8H_{13}ON_3$ *1) **1-Semicarbazon-5-Methyl-1,2,3,4-Tetrahydrobenzol.** Sm. 194—195° (*A.* **329**, 375 *C.* **1904** [1] 517).
3) **4-Semicarbazon-5-Methyl-1,2,3,4-Tetrahydrobenzol.** Sm. 211—212° (*A.* **329**, 374 *C.* **1904** [1] 517).
4) **3-Semicarbazon-1-Methyl-?-Tetrahydrobenzol.** Sm. 207—208° (*C.* **1903** [1] 329).
5) **Amid d. 3-Methyl-5-Propylpyrazol-1-Carbonsäure** (oder A. d. 5-Methyl-3-Propylpyrazol-1-Carbonsäure). Sm. 95° (*Bl.* [3] **27**, 1088 *C.* **1903** [1] 226).

$C_8H_{13}OBr_3$ 1) **Verbindung** (aus α-Camphylsäure). Sd. 155—160° u. Zers. (*Soc.* **83**, 859 *C.* **1903** [2] 573).

$C_8H_{13}O_2N$ 24) **Verbindung** (aus Dimethylamin u. 1,2-Dioxybenzol). Sm. 115° (D.R.P. 141101 *C.* **1903** [1] 1058).
25) **Verbindung** (aus Dimethylamin u. 1,3-Dioxybenzol). Sm. 82° (D.R.P. 141101 *C.* **1903** [1] 1058).
26) **Verbindung** (aus Dimethylamin u. 1,4-Dioxybenzol). Sm. 132° (D.R.P. 141101 *C.* **1903** [1] 1058).

$C_8H_{13}O_2N_3$ C 52,4 — H 7,1 — O 17,5 — N 23,0 — M. G. 183.
1) **6-Imido-2,4-Diketo-1,3-Diäthylhexahydro-1,3-Diazin.** Sm. 137°. HCl, H_3PO_4 (*C.* **1904** [2] 1497).
2) **2-Imido-4,6-Diketo-5,5-Diäthylhexahydro-1,3-Diazin** (*A.* **335**, 352 *C.* **1904** [2] 1381).

$C_8H_{13}O_2Br$ 10) **β-Brom-ε-Methyl-β-Hexen-α-Carbonsäure.** Sm. 14—15° (*A.* **331**, 147 *C.* **1904** [1] 933).
11) **1-Brom-1-Methylhexahydrobenzol-4-Carbonsäure.** Sm. 126° (*Soc.* **85**, 663 *C.* **1904** [2] 330).
12) **5-Brom-1,1-Dimethyl-R-Pentamethylen-2-Carbonsäure.** Fl. (*Soc.* **85**, 142 *C.* **1904** [1] 728).

$C_8H_{13}O_3N$ *4) **Mesitylsäure** (*Soc.* **85**, 1224 *C.* **1904** [2] 1108).
*11) **Methylester d. 1-5-Keto-1-Methyltetrahydropyrrol-2-Methylcarbonsäure** (M. d. l-Ecgoninsäure). Sd. 159°$_{10,5}$ (*A.* **326**, 90 *C.* **1903** [1] 842).
12) **5-Oximido-1,1-Dimethyl-R-Pentamethylen-2-Carbonsäure.** Sm. 195° (*Soc.* **85**, 139 *C.* **1904** [1] 728).
13) **Methylester d. r-5-Keto-1-Methyltetrahydropyrrol-2-Methylcarbonsäure.** Sd. 165—170°$_{18}$ (*A.* **326**, 89 *C.* **1903** [1] 842).
14) **Verbindung** (aus Dimethylamin u. 1,2,3-Trioxybenzol). Sm. 163° (D.R.P. 141101 *C.* **1903** [1] 1058).

$C_8H_{13}O_3N_3$ 8) **4-Semicarbazonhexahydrobenzol-1-Carbonsäure.** Zers. bei 200° (*Soc.* **85**, 427 *C.* **1904** [1] 1439).
9) **Verbindung** (aus α-Dicyanacetessigsäureäthylester). Zers. bei 209—211° (*A.* **332**, 134 *C.* **1904** [2] 190).

$C_8H_{13}O_4N$ 14) **Methylester d. α-Butyroximidopropionsäure.** Sd. 153—155°$_{18}$ (*Bl.* [3] **31**, 1070 *C.* **1904** [2] 1457).

$C_8H_{13}O_5N$ 4) **Verbindung** (aus Dimethylamin u. 3,4,5-Trioxybenzol-1-Carbonsäure) (D.R.P. 141101 *C.* **1903** [1] 1058).

$C_8H_{13}O_6N$ 2) **Diäthylester d. α-Nitroäthan-αα-Dicarbonsäure** (*C.* **1903** [2] 343).

$C_8H_{13}O_7N$ *1) **Nitrat d. 1-α-Oxyäthan-αβ-Dicarbonsäurediäthylester.** Sd. 148 bis 151°$_{26}$ (*B.* **35**, 4364 *C.* **1903** [1] 321).

$C_8H_{13}O_8N$ C 38,2 — H 5,2 — O 41,0 — N 5,6 — M. G. 251.
1) **Diäthylester d. Mononitroweinsäure.** Sm. 46—47° (45—46°) (*B.* **3**, 583; *A. ch.* [4] **28**, 428; *Soc.* **83**, 163 *C.* **1903** [1] 627; *B.* **35**, 4366 *C.* **1903** [1] 321; *B.* **36**, 780 *C.* **1903** [1] 826). — **I**, *798*.

$C_8H_{13}N_2J$ *3) **Jodmethylat d. s-Methylphenylhydrazin** (*C. r.* **137**, 330 *C.* **1903** [2] 716).

$C_8H_{14}ON_2$ *5) **5-Keto-3-Amyl-4,5-Dihydropyrazol.** Sm. 195° (*C. r.* **136**, 755 *C.* **1903** [1] 1019; *Bl.* [3] **27**, 1092 *C.* **1903** [1] 226).

$C_8H_{14}ON_2$ *6) **5-Keto-4-Aethyl-3-Propyl-4,5-Dihydropyrazol.** Sm. 165—166° (*Bl.* [3] **31**, 593 *C.* **1904** [2] 26).
9) **5-Keto-3-Methyl-4-Isobutyl-4,5-Dihydropyrazol.** Sm. 237° (*Bl.* [3] **31**, 761 *C.* **1904** [2] 343).
10) **2,5-Dipropyl-1,3,4-Oxdiazol.** Sd. 227° (*J. pr.* [2] **69**, 491 *C.* **1904** [2] 599).
11) **2,5-Diisopropyl-1,3,4-Oxdiazol.** Sd. 209° (*J. pr.* [2] **69**, 500 *C.* **1904** [2] 600).
12) **Amid d. ε-Cyan-β-Methylpentan-ε-Carbonsäure.** Sm. 142,5° (*C.* **1903** [2] 193).

$C_8H_{14}O_2N_2$ 13) **Monomethylacetylhydrazon d. βγ-Diketopentan.** Sm. 47° (*B.* **36**, 3189 *C.* **1903** [2] 939).
14) **Aethylester d. α-Diazopentan-α-Carbonsäure.** Sd. 70—73°$_{13}$ (*B.* **37**, 1275 *C.* **1904** [1] 1334).

$C_8H_{14}O_2N_4$ 6) **5,6-Diamido-2,4-Diketo-1,3-Diäthyl-1,2,3,4-Tetrahydro-1,3-Diazin** (*C.* **1904** [2] 1497).

$C_8H_{14}O_3N_2$ 4) **i-α-[2-Pyrroloylamido]propionsäure** (Prolylalamin). Sm. 225—230° (*B.* **37**, 2845 *C.* **1904** [2] 644).
5) **Methylamid d. β-Imidopropan-αα-Dicarbonsäuremonoäthylester.** Sm. 124—126° (*A.* **329**, 347 *C.* **1904** [1] 435).
6) **Methylmonamid d. 1-Methyltetrahydropyrrol-2,2-Dicarbonsäure.** Sm. 137° u. Zers. (*A.* **326**, 113 *C.* **1903** [1] 843).

$C_8H_{14}O_3Cl_4$ 1) **Diäthyläther d. Di[ββ-Dichlor-α-Oxyäthyl]äther.** Sd. 183—188° (*G.* **33** [2] 405 *C.* **1904** [1] 922).

$C_8H_{14}O_4N_2$ 7) **Diäthylester d. bim. Methylenamidoameisensäure** (Anhydroformaldehydurethan). Sm. 102° (100°); Sd. 186—190°$_{20}$ (*B.* **36**, 2207 *C.* **1903** [2] 423; *B.* **36**, 40 *C.* **1903** [1] 502).
8) **Monoureïd d. Pentan-γγ-Dicarbonsäure.** Sm. 162° u. Zers. (D.R.P. 144431 *C.* **1903** [2] 813; *A.* **335**, 362 *C.* **1904** [2] 1382).

$C_8H_{14}O_4S$ 6) **5-Keto-1,3-Dimethylhexahydrobenzol-1-Sulfonsäure.** Na (*B.* **37**, 4041 *C.* **1904** [2] 1647).

$C_8H_{14}O_5N_2$ 3) **N-Aethylester d. α-Carboxylamidoacetylamidopropionsäure** (Carbäthoxylglycylalanin). Sm. 187,5—188,5° (*B.* **36**, 2111 *C.* **1903** [2] 345; *B.* **37**, 2191 *C.* **1904** [2] 424).

$C_8H_{14}O_5N_4$ C 39,0 — H 5,7 — O 32,5 — N 12,8 — M. G. 246.
1) **Tri[Amidoacetyl]amidoessigsäure.** Zers. oberh. 220°. Cu + H_2O (*B.* **37**, 1294 *C.* **1904** [1] 1336; *B.* **37**, 2502 *C.* **1904** [2] 426).

$C_8H_{14}NBr$ 4) **Bromtropan** (Tropidinhydrobromid). Sd. 109—109,5°$_{17,5}$. (2HCl, $PtCl_4$), (HCl, $AuCl_3$), HBr (*A.* **326**, 31 *C.* **1903** [1] 778).

$C_8H_{14}NJ$ 2) **Jodtropan.** HJ (*A.* **326**, 30 *C.* **1903** [1] 778).

$C_8H_{14}N_2S$ 5) **2,5-Dipropyl-1,3,4-Thiodiazol.** Sd. 127°$_{13}$ (*J. pr.* [2] **69**, 492 *C.* **1904** [2] 600).
6) **2,5-Diisopropyl-1,3,4-Thiodiazol.** Sd. 126°$_{27}$ (*J. pr.* [2] **69**, 502 *C.* **1904** [2] 600).

$C_8H_{15}ON$ *22) **Tropin** (*A.* **326**, 23 *C.* **1903** [1] 778).
*27) **Pseudotropin.** Sm. 108—109°; Sd. 240—241°. Pikrat (*A.* **326**, 36 *C.* **1903** [1] 779).
47) **3-Methylamido-1-Oxy-2,3,4,5-Tetrahydro-R-Hepten.** Sm. 103 bis 104° (*A.* **326**, 22 *C.* **1903** [1] 778).
48) **r-5-Oximido-1,1,2-Trimethyl-R-Pentamethylen.** Sm. 105° (*C. r.* **136**, 1143 *C.* **1903** [1] 1410).
49) **2-Oximido-1,1,3-Trimethyl-R-Pentamethylen.** Sm. 60—62° (*A.* **329**, 95 *C.* **1903** [2] 1071).
50) **Oxim d. Verbindung** $C_8H_{14}O$ (aus αγ-Dioxybutan). Sd. 180° (*M.* **25**, 9 *C.* **1904** [1] 716).
51) **Anhydrid d. i-Amidolauronsäure.** Sm. 209° (*Am.* **28**, 485 *C.* **1903** [1] 329).

$C_8H_{15}ON_3$ *2) **2-Semicarbazon-1-Methylhexahydrobenzol.** Sm. 191—192° (*A.* **329**, 376 *C.* **1904** [1] 517).
11) **Semicarbazonmethylhexahydrobenzol.** Sm. 176° (*Bl.* [3] **29**, 1050 *C.* **1903** [2] 1437).
12) **Isopropylidenhydrazid d. Isopropylidenamidoessigsäure.** Sm. 79° (*J. pr.* [2] **70**, 104 *C.* **1904** [2] 1036).

$C_8H_{15}OJ$ 2) **Aethyläther d. 2-Jod-1-Oxyhexahydrobenzol.** Sd. 118°$_{47}$ (*C. r.* **135**, 1057 *C.* **1903** [1] 233).

$C_8H_{15}O_2N$ *4) **γ-Oximido-β-Ketooktan.** Sm. 54°; Sd. 133°$_{11}$ (*Bl.* [3] **31**, 1167 *C.* **1904** [2] 1700).

*5) **β-Oximido-γ-Ketooktan.** Sm. 39°; Sd. 139°$_{10}$ (*Bl.* [3] **31**, 1168 *C.* **1904** [2] 1700).

*21) **Imid d. Isobuttersäure.** Sm. 173—174° (*C. r.* **137**, 129 *C.* **1903** [2] 552).

32) **ε-Oximido-δ-Ketooktan.** Sd. 117—120°$_{13}$ (*Bl.* [3] **31**, 1166 *C.* **1904** [2] 1700).

33) **γ-Oximido-δ-Keto-β-Methylheptan.** Sd. 115—119°$_{14}$ (*Bl.* [3] **31**, 1166 *C.* **1904** [2] 1700).

34) **ε-Oximido-δ-Keto-β-Methylheptan.** Sm. 38—39°; Sd. 117—118°$_{12}$ (*Bl.* [3] 31, 1166 *C.* **1904** [2] 1700).

35) **Methylbetaïn d. Hexahydropyridin-N-Methylcarbonsäure.** Sm. 116—118°. (HCl, $AuCl_3$) (*B.* **36**, 4193 *C.* **1904** [1] 263).

36) **Aethylester d. 1-Methyltetrahydropyrrol-2-Carbonsäure.** Sd. 75 bis 76°$_{19}$. (HCl, $AuCl_3$) (*A.* **326**, 126 *C.* **1903** [1] 844).

37) **Gem. Imid d. Propionsäure u. Isovaleriansäure.** Sm. 68° (*C. r.* **137**, 326 *C.* **1903** [2] 712).

38) **Gem. Imid d. Buttersäure u. Isobuttersäure.** Sm. 103° (*C. r.* **137**, 326 *C.* **1903** [2] 712).

$C_8H_{15}O_3N$ 12) **Aethylester d. α-Acetylamidoisobuttersäure.** Sm. 87,5° (*B.* **37**, 1023 *C.* **1904** [2] 196).

13) **Aethylester d. δ-Oximido-β-Methylbutan-δ-Carbonsäure.** Sm. 60°; Sd. 142°$_{12}$ (*Bl.* [3] 31, 1073 *C.* **1904** [2] 1457).

14) **Aethylester d. 2-Methyltetrahydrooxazol-1-Methylcarbonsäure.** Sm. 31—32° (*B.* **36**, 1288 *C.* **1903** [1] 1216).

$C_8H_{15}O_3N_3$ 8) **ε-Semicarbazonhexan-α-Carbonsäure.** Sm. 144—146° (*A.* **329**, 377 *C.* **1904** [1] 517).

9) **δ-Semicarbazon-β-Methylpentan-β-Carbonsäure.** Sm. 185—186° u. Zers. (197°) (*A.* **329**, 99 *C.* **1903** [2] 1071; *Soc.* **85**, 1220 *C.* **1904** [2] 1108).

10) **ε-Semicarbazon-β-Methylpentan-ε-Carbonsäure.** Sm. 205,5° (*Bl.* [3] **31**, 1152 *C.* **1904** [2] 1707).

11) **Aethylester d. α-Semicarbazonbutan-α-Carbonsäure.** Sm. 139—140° (*Bl.* [3] **31**, 1150 *C.* **1904** [2] 1706).

12) **Aethylester d. α-Semicarbazon-β-Methylpropan-β-Carbonsäure.** Sd. 163—164°$_{748}$ (*Bl.* [3] 31, 163 *C.* **1904** [1] 869).

13) **Aethylester d. β-Amidoacetylhydrazonbuttersäure.** Sm. 200° u. Zers. (*J. pr.* [2] **70**, 105 *C.* **1904** [2] 1036).

14) **Isobutylester d. α-Semicarbazonvaleriansäure.** Sm. 137—138° (*Bl.* [3] **31**, 1073 *C.* **1904** [2] 1457).

15) **Butyrat d. β-Semicarbazon-α-Oxypropan.** Sm. 82—83° (*C. r.* **138**, 1275 *C.* **1904** [2] 93).

$C_8H_{15}O_4N_3$ 3) **Aethylester d. Amidoacetylamidoacetylamidoessigsäure.** HCl (*B.* **36**, 2984 *C.* **1903** [2] 1111).

4) **Amid d. α-Carbäthoxylamidoacetylamidopropionsäure** (Carbäthoxylglycylalaninamid). Sm. 136,5—137,5° (*B.* **36**, 2111 *C.* **1903** [2] 345).

$C_8H_{15}O_5N$ 3) **Dimethylester d. Diäthylhydroxylamin-ββ'-Dicarbonsäure.** Fl. HCl, Oxalat (*B.* **37**, 255 *C.* **1904** [1] 642).

$C_8H_{16}O_5N_5$ C 36,8 — H 5,7 — O 30,6 — N 26,8 — M. G. 261.

1) **δ-Semicarbazon-εε-Dinitro-β-Methylhexan.** Sm. 148—149° u. Zers. (*G.* **34** [1] 412 *C.* **1904** [2] 304).

$C_8H_{15}NS$ 2) **α-Rhodanheptan.** Sd. 234—236° (*C.* **1903** [1] 961).

$C_8H_{15}N_2J$ 3) **Jodmethylat d. Hexahydropyridin-N-Methylcarbonsäurenitril.** Sm. 192—193° (*B.* **36**, 4193 *C.* **1904** [1] 263).

$C_8H_{16}ON_2$ 15) **1-Nitroso-2-Methyl-5-Isopropyltetrahydropyrrol.** Sd. 114°$_{18}$ (*C.* **1903** [2] 1324).

$C_8H_{16}O_2N_2$ *2) **βγ-Dioximidooktan.** Sm. 173° (*Bl.* [3] 31, 1167 *C.* **1904** [2] 1700).

*23) **δε-Dioximidooktan.** Sm. 186—187° (*Bl.* [3] 31, 1175 *C.* **1904** [2] 1701).

*24) **s-Dibutyrylhydrazin.** Sm. 168°; Sd. 214°$_{21}$ (*J. pr.* [2] **69**, 489 *C.* **1904** [2] 599).

25) **αδ-Di[Acetylamido]butan.** Sm. 137° (*B.* **36**, 337 *C.* **1903** [1] 703).

$C_8H_{16}O_2N_2$ 26) αα-Di[Acetylamido]-β-Methylpropan. Sm. 216° u. Zers. (*M.* **25**, 967 *C.* **1904** [2] 1598).
27) δε-Dioximido-β-Methylheptan. Sm. 166—167° (*Bl.* [3] **31**, 1167 *C.* **1904** [2] 1700).
28) s-Diisobutyrylhydrazin. Sm. 239° (*J. pr.* [2] **69**, 499 *C.* **1904** [2] 600).

$C_8H_{16}O_2N_4$ 5) ε-Oximido-δ-Semicarbazon-β-Methylhexan. Sm. 203° u. Zers. (*G.* **34** [1] 411 *C.* **1904** [2] 304).
6) Di[4-Morpholyl]tetrazon. Sm. 152° (*B.* **35**, 4477 *C.* **1903** [1] 404).

$C_8H_{16}O_2Cl_2$ 2) Dipropyläther d. ββ-Dichlor-αα-Dioxyäthan. Sd. 212—214° (*G.* **33** [2] 419 *C.* **1904** [1] 922).

$C_8H_{16}O_4N_2$ 15) Aethylamid d. d-Weinsäure. Sm. 210—211° (*Soc.* **83**, 1361 *C.* **1904** [1] 84).

$C_8H_{16}O_4N_6$ 2) Hydrazid d. Tri[Amidoacetyl]amidoessigsäure. Sm. noch nicht bei 300°. 2HCl (*B.* **37**, 1297 *C.* **1904** [1] 1336).

$C_8H_{16}O_6N_2$ C 40,7 — H 6,8 — O 40,7 — N 11,8 — M. G. 236.
1) Methylglykoseureïd. Sm. 126° u. Zers. (*R.* **22**, 64 *C.* **1903** [1] 1080).
2) Diamidodioxykorksäure. Sm. 243° (248—249° u. Zers.) (*B.* **37**, 1597 *C.* **1904** [1] 1449; *H.* **42**, 293 *C.* **1904** [2] 959).

$C_8H_{16}NJ$ 9) 2-[β-Jodpropyl]hexahydropyridin. Fl. HJ (*B.* **37**, 1888 *C.* **1904** [2] 238).

$C_8H_{16}N_2S$ 8) α-Allyl-β-[d-sec. Butyl]thioharnstoff. Sm. 31,5—32° (*Ar.* **242**, 61 *C.* **1904** [1] 998).

$C_8H_{17}ON$ *5) β-Dimethylamido-δ-Keto-β-Methylpentan (*M.* **24**, 774 *C.* **1904** [1] 158).
*9) β-Oximidooktan. Sd. $116,5°_{18}$ (*C. r.* **136**, 755 *C.* **1903** [1] 1019; *Bl.* [3] **29**, 675 *C.* **1903** [2] 487).
*39) 3-Oxy-2,2,5,5-Tetramethyltetrahydropyrrol (*B.* **36**, 3367 *C.* **1903** [2] 1186).
40) α-Oximidooktan. Sm. 58—59° (*C. r.* **138**, 699 *C.* **1904** [1] 1066).
41) δ-Oximidomethylheptan. Sd. $126°_{47}$ (*Bl.* [3] **31**, 306 *C.* **1904** [1] 1133).
42) 3,4,4,6-Tetramethyltetrahydro-1,3-Oxazin. Sd. 166—168°. (2HCl, $PtCl_4$), (HCl, $AuCl_3$), Pikrat (*M.* **25**, 835 *C.* **1904** [2] 1240).

$C_8H_{17}ON_3$ 8) γ-Semicarbazon-ββ-Dimethylpentan. Sm. 150—151° (*Bl.* [3] **31**, 114 *C.* **1904** [1] 643).

$C_8H_{17}OCl$ 2) α-Chlor-β-Oxy-βε-Dimethylhexan. Sd. $96°_{23}$ (*C. r.* **138**, 767 *C.* **1904** [1] 1196).

$C_8H_{17}OBr$ 2) 2-Brommenthon. Fl. (*B.* **37**, 2177 *C.* **1904** [2] 223).
3) Verbindung (aus d. Glykol $C_8H_{18}O_2$). Sd. $58—60°_{14}$ (*M.* **24**, 610 *C.* **1903** [2] 1235).

$C_8H_{17}O_2N$ *9) Nitrit d. α-Oxyoktan. Sd. 174—175° (*C. r.* **136**, 1564 *C.* **1903** [2] 339).
*10) Nitrit d. β-Oxyoktan. Sd. $65°_{15}$ (*C. r.* **136**, 1564 *C.* **1903** [2] 339).
*19) Betaïn d. Triäthylamidoessigsäure. + $AuCl_3$ (*B.* **36**, 4191 *C.* **1904** [1] 263).
*22) Aethylester d. r-α-Amido-γ-Methylvaleriansäure. Sd. $94°_{16}$ (*Bl.* [3] **31**, 1180 *C.* **1904** [2] 1710).
*24) Aethylester d. Isoamylamidoameisensäure. Sd. $122—123°_{22}$ (*B.* **36**, 2476 *C.* **1903** [2] 559).
32) Betaïn d. δ-Trimethylamidovaleriansäure + H_2O. Sm. 126—127° (228° wasserfrei) (*B.* **37**, 1856 *C.* **1904** [1] 1487).
33) Betaïn d. α-Methyldiäthylamidopropionsäure. Sm 117—119° (*B.* **36**, 4191 *C.* **1904** [1] 263).
34) Methylester d. δ-Dimethylamidovaleriansäure. Sd. 186—189°. (HCl, $AuCl_3$) (*B.* **37**, 1857 *C.* **1904** [1] 1487).
35) Nitrit d. γ-Oxy-γ-Aethylhexan. Sd. 155° (*C. r.* **136**, 1564 *C.* **1903** [2] 339).

$C_8H_{17}O_3N$ 4) Nitrat d. α-Oxyoktan. Sd. $110—112°_{20}$ (*C. r.* **136**, 1563 *C.* **1903** [2] 338).

$C_8H_{17}NBr_2$ 5) δε-Dibrom-β-Amido-βε-Dimethylhexan. HBr (*B.* **36**, 3367 *C.* **1903** [2] 1186).

$C_8H_{17}NS_2$ 4) norm. Heptylamidodithioameisensäure. Sm. 65° (*C.* **1903** [1] 962).

$C_8H_{17}N_2Cl$ 2) Nitril d. Triäthylchlorammoniumessigsäure. + $HgCl_2$, + $AuCl_3$ (*B.* **36**, 4190 *C.* **1904** [1] 263).

$C_8H_{17}N_2J$ *2) Nitril d. α-Methyldiäthyljodammoniumpropionsäure. Sm. 195—196° u. Zers. (192°) (*B.* **36**, 4191 *C.* **1904** [1] 263; *B.* **37**, 4089 *C.* **1904** [2] 1724).

$C_8H_{17}N_2J$ *3) **Nitril d. Triäthyljodammoniumessigsäure.** Sm. 184° (*B.* **36**, 4190 *C.* **1904** [1] 263).

$C_8H_{18}ON_2$ 8) **α-Propyl-β-[d-sec. Butyl]harnstoff.** Sm. 80° (*Ar.* **242**, 70 *C.* **1904** [1] 999).
9) **α-Isopropyl-β-[d-sec. Butyl]harnstoff.** Sm. 134° (*Ar.* **242**, 70 *C.* **1904** [1] 999).
10) **δ-Oximido-β-Dimethylamido-β-Methylpentan.** Sm. 46—47; Sd. 136 bis $138°_{17}$. Oxalat (*M.* **24**, 780 *C.* **1904** [1] 158).
11) **3, 5-Dimethyltetrahydropyrazol + Aceton.** Sm. 68—69° (*B.* **36**, 223 *C.* **1903** [1] 522).
12) **Nitril d. Triäthylammoniumhydroxydessigsäure.** HCl, Pikrat (*B.* **36**, 4190 *C.* **1904** [1] 263).

$C_8H_{18}O_2N_6$ 2) **Semicarbazidsemicarbazon d. Mesityloxyd.** Sm. 220° (*B.* **36**, 4378 *C.* **1904** [1] 454).

$C_8H_{18}O_4S$ *3) **Schwefelsäurediisobutylester.** Sd. 133—$134°_{18}$ (*Am.* **30**, 222 *C.* **1903** [2] 937).

$C_8H_{18}NCl$ 12) **δ- oder ε-Chlor-β-Amido-βε-Dimethylhexan.** HCl (*B.* **36**, 3366 *C.* **1903** [2] 1186).

$C_8H_{18}N_2S$ 3) **α-Propyl-β-[d-sec. Butyl]thioharnstoff.** Sm. 53° (*Ar.* **242**, 60 *C.* **1904** [1] 998).
4) **α-Isopropyl-β-[d-sec. Butyl]thioharnstoff.** Sm. 112—112,5° (*Ar.* **242**, 60 *C.* **1904** [1] 998).

$C_8H_{19}ON$ 7) **α-Dimethylamido-β-Oxy-β-Methylpentan.** Sd. $78°_{35}$ (*C. r.* **138**, 767 *C.* **1904** [1] 1196).
8) **β-Dimethylamido-δ-Oxy-β-Methylpentan.** Sd. 186—190°. (2HCl, $PtCl_4$) (*M.* **25**, 130 *C.* **1904** [1] 866).
9) **β-Aethylamido-δ-Oxy-β-Methylpentan.** Sd. 189—191°. (2HCl, $PtCl_4$) (*M.* **25**, 841 *C.* **1904** [2] 1240).

$C_8H_{19}ClS$ *1) **Methyläthylamylsulfinchlorid.** + $HgCl_2$ (*J. pr.* [2] **66**, 459 *C.* **1903** [1] 561).
*3) **Methylisopropylisobutylsulfinchlorid.** + 6 $HgCl_2$ (*J. pr.* [2] **66**, 462 *C.* **1903** [1] 561).

$C_8H_{20}NCl$ *2) **Tetraäthylammoniumchlorid** (*J. pr.* [2] **66**, 472 *C.* **1903** [1] 561; *C.* **1904** [1] 923).

$C_8H_{20}NJ$ *2) **Tetraäthylammoniumjodid.** + 2AgJ (*B.* **36**, 142 *C.* **1903** [1] 500).

$C_8H_{20}NJ_3$ *2) **Tetraäthylammoniumtrijodid.** Sm. 143° (*C.* **1904** [1] 1401).

$C_8H_{20}NJ_7$ *1) **Tetraäthylammoniumheptajodid.** Sm. 108° (*J. pr.* [2] **67**, 348 *C.* **1903** [1] 1297).

$C_8H_{20}N_2Cl_2$ 1) **Di[Chlormethylat] d. 1,4-Dimethylhexahydro-1,4-Diazin.** + 4 $HgCl_2$, 2 + $PtCl_4$, + 2 $AuCl_3$ (*J. pr.* [2] **66**, 520 *C.* **1903** [1] 561; *B.* **36**, 144 *C.* **1903** [1] 526; *B.* **37**, 3515 *C.* **1904** [2] 1323).

$C_8H_{20}N_2J_2$ *1) **Di[Jodmethylat] d. 1,4-Dimethylhexahydro-1,4-Diazin.** Zers. bei 300° (*J. pr.* [2] **66**, 520 *C.* **1903** [1] 561; *J. pr.* [2] **67**, 353 *C.* **1903** [1] 1298; *B.* **37**, 3515 *C.* **1904** [2] 1323).

$C_8H_{20}N_2J_{10}$ 1) **Oktojodid d. 1,4-Dimethylhexahydro-1,4-Diazindijodmethylat.** Sm. 120° u. Zers. (*J. pr.* [2] **67**, 353 *C.* **1903** [1] 1298).

$C_8O_3Cl_2Br_2$ 1) **Anhydrid d. 3,5-Dichlor-4,6-Dibrombenzol-1,2-Dicarbonsäure.** Sm. 248—250° (*Soc.* **85**, 286 *C.* **1904** [1] 1009).
2) **Anhydrid d. Dichlordibrombenzol-1,2-Dicarbonsäure.** Sm. 261° (D.R.P. 50117). — *II, *1060.*

— 8 IV —

$C_8HO_3Cl_2Br$ 1) **Anhydrid d. 3,5-Dichlor-4-Brombenzol-1,2-Dicarbonsäure.** Sm. 170—171° (*Soc.* **85**, 276 *C.* **1904** [1] 1009).

$C_8H_2O_4Cl_2Br_2$ 1) **3,5-Dichlor-4,6-Dibrombenzol-1,2-Dicarbonsäure.** Sm. 240 bis 241° u. Zers. (*Soc.* **85**, 285 *C.* **1904** [1] 1009).

$C_8H_3O_2NCl_2$ 7) **Imid d. 3,5-Dichlorbenzol-1,2-Dicarbonsäure.** Sm. 208° (*Soc.* **81**, 1537 *C.* **1903** [1] 140).

$C_8H_3O_4NCl_2$ 1) **Chlorid d. 3-Nitrobenzol-1,2-Dicarbonsäure.** Sm. 76—77° (*C.* **1903** [2] 431).

$C_8H_3O_4Cl_2Br$ 1) **3,5-Dichlor-4-Brombenzol-1,2-Dicarbonsäure.** Sm. 169—170°. Ag_2 (*Soc.* **85**, 276 *C.* **1904** [1] 806, 1009).

$C_8H_3O_6NCl_2$ 2) **3,5-Dichlor-4-Nitrobenzol-1,2-Dicarbonsäure.** Sm. 165° u. Zers. (*Soc.* **85**, 277 *C.* **1904** [1] 1009).

$C_8H_3O_6N_2Cl_3$ 1) **Trichlordinitrophenylessigsäure.** Sm. 190—191°. Ag (*Am.* **31**, 384 *C.* **1904** [1] 1409).

$C_8H_4ON_2Br_2$ 1) **6,8-Dibrom-4-Keto-3,4-Dihydro-1,3-Benzdiazin.** Zers. oberh. 300° (*C.* **1903** [2] 1194).

$C_8H_4O_2NCl$ *6) **Chlorimid d. Benzol-1,2-Dicarbonsäure** (D.R.P. 139553 *C.* **1903** [1] 744).

$C_8H_4O_3NCl$ 4) **Chlorformiat d. 4-Oxyphenylisocyanat.** Sm. 36—37° (*J. pr.* [2] **67**, 339 *C.* **1903** [1] 1339).

$C_8H_4O_3N_2S$ 1) **Rhodanid d. 3-Nitrobenzol-1-Carbonsäure.** Sm. 94° (*C.* **1904** [1] 1559).

$C_8H_4O_5N_3Cl_3$ 2) **Methylnitramid d. 2,4,6-Trichlor-3-Nitrobenzol-1-Carbonsäure.** Sm. 118,5° (*R.* **21**, 395 *C.* **1903** [1] 152).

$C_8H_5ONCl_2$ 3) **αα-Dichlor-α-Benzoylimidomethan** (Benzoylisocyanchlorid). Sd. 146—148°$_{31}$ (*Am.* **32**, 371 *C.* **1904** [2] 1507).

$C_8H_5O_2NS$ *2) **Benzthiazol-1-Carbonsäure.** Sm. 108° (*B.* **37**, 3731 *C.* **1904** [2] 1451).

$C_8H_5O_2N_2Br_3$ 1) **2,4,6-Tribromphenylnitrosamid d. Essigsäure.** Sm. 93° (*A.* **325**, 243 *C.* **1903** [1] 631).

$C_8H_5O_3N_2Cl$ *1) **Nitril d. 5-Chlor-6-Nitro-2-Oxybenzolmethyläther-1-Carbonsäure** (*R.* **21**, 426 *C.* **1903** [1] 511).

$C_8H_5O_3N_2Cl_3$ 4) **Methylamid d. 2,4,6-Trichlor-3-Nitrobenzol-1-Carbonsäure.** Sm. 217,25° (*R.* **21**, 390 *C.* **1903** [1] 152).

$C_8H_5O_4NCl_2$ 2) **3,5-Dichlor-6-Nitro-1-Methylbenzol-2-Carbonsäure.** Sm. 187 bis 189° (*Soc.* **85**, 281 *C.* **1904** [1] 1009).

$C_8H_5O_4N_2Br$ *1) **β-Brom-β-Nitro-α-[4-Nitrophenyl]äthen.** Sm. 135° (*A.* **325**, 14 *C.* **1903** [1] 287).

C_8H_6ONCl 3) **Chlormethylanthranil.** Sm. 97,5—98°. + 1½HgCl₂ (*B.* **36**, 1622 *C.* **1903** [2] 36).

4) **4-Chlor-1-Methylbenzoxazol.** Sm. 53—54°; Sd. 218—220°. HCl, (2HCl, PtCl₄) (*Am.* **32**, 42 *C.* **1904** [2] 698).

$C_8H_6ONJ_2$ 2) **2,4,5-Trijodphenylamid d. Essigsäure.** Sm. 227° (*C. r.* **137**, 1066 *C.* **1904** [1] 266).

$C_8H_6ON_2S$ 3) **Amid d. Benzthiazol-1-Carbonsäure.** Sm. 228—230° (*B.* **37**, 3732 *C.* **1904** [2] 1451).

$C_8H_6O_2NBr$ *1) **β-Brom-β-Nitro-α-Phenyläthen.** Sm. 67° (*A.* **325**, 8 *C.* **1903** [1] 286).

$C_8H_6O_2NBr_3$ *1) **?-Tribromphenylamidoessigsäure.** Sm. 200° u. Zers. (*B.* **37**, 834 *C.* **1904** [1] 1201).

4) **2,3,6-Tribrom-4-Acetylamido-1-Oxybenzol.** Sm. 224° u. Zers. (*Soc.* **81**, 1478 *C.* **1903** [1] 23, 144).

$C_8H_6O_2N_3Br_3$ 1) **α-[2,4,6-Tribromphenyl]hydrazon-α-Nitroäthan.** Sm. 116—117° (*B.* **36**, 3835 *C.* **1904** [1] 19).

$C_8H_6O_3NBr$ 10) **α-Brom-α-Nitromethylphenylketon.** Sm. 61,5° (*A.* **325**, 18 *C.* **1903** [1] 287).

$C_8H_6O_3NBr_3$ 6) **Aethyläther d. 4,5,6-Tribrom-2-Nitro-1-Oxybenzol.** Sm. 74° (*Am.* **30**, 71 *C.* **1903** [2] 355).

$C_8H_6O_3N_2Cl_2$ *7) **2,6-Dichlor-4-Nitrophenylamid d. Essigsäure.** Sm. 214—215° (*C.* **1903** [2] 550).

$C_8H_6O_4NCl$ *14) **Methylester d. 5-Chlor-2-Nitrobenzol-1-Carbonsäure** (*C.* **1903** [2] 1174).

*15) **Methylester d. 4-Chlor-3-Nitrobenzol-1-Carbonsäure** (*C.* **1903** [2] 1174).

*16) **Methylester d. 6-Chlor-3-Nitrobenzol-1-Carbonsäure** (*C.* **1903** [2] 1174).

18) **Acetat d. 4-Chlor-2-Nitro-1-Oxybenzol** (*Am.* **32**, 37 *C.* **1904** [2] 698).

$C_8H_6O_4NBr_3$ *2) **Dimethyläther d. 4,5,6-Tribrom-3-Nitro-1,2-Dioxybenzol.** Sm. 116—117° (*C. r.* **135**, 968 *C.* **1903** [1] 144).

$C_8H_6O_4N_2Cl_2$ 5) **4,6-Dichlor-3,5-Dinitro-1,2-Dimethylbenzol.** Sm. 175—176° (*Soc.* **85**, 284 *C.* **1904** [1] 1009).

$C_8H_6O_6N_4Br_2$ 1) **4,5-Dibrom-2,6-Dinitro-1-Aethylnitroamidobenzol.** Sm. 106° (*R.* **21**, 416 *C.* **1903** [1] 506).

8*

$C_8H_6O_7N_3Cl$ 1) **Aethyläther d. 3-Chlor-2,4,6-Trinitro-1-Oxybenzol.** Sm. 51° (*R.* **21**, 325 *C.* **1903** [1] 80).

$C_8H_7ONCl_2$ *3) **2,4-Dichlorphenylamid d. Essigsäure.** Sm. 145—146° (*C.* **1903** [2] 550).
*10) **4-Chlorphenylchloramid d. Essigsäure** (*C.* **1903** [1] 22).
13) **Methylanthranildichlorid.** Sm. 101—101,5° (*Ar.* **240**, 437 *C.* **1902** [2] 939; *B.* **36**, 1621 *C.* **1903** [2] 36).

$C_8H_7ONJ_2$ *1) **3,5-Dijodphenylamid d. Essigsäure** (*C. r.* **136**, 237 *C.* **1903** [1] 574).

$C_8H_7ONS_2$ 1) **Gem. Anhydrid d. Benzolcarbonsäure u. Amidodithioameisensäure.** Sm. 108—109° (*B.* **36**, 3527 *C.* **1903** [2] 1326).

$C_8H_7ON_3S$ 3) **3-Merkapto-5-Keto-1-Phenyl-4,5-Dihydro-1,2,4-Triazol.** Sm. 195°. K + H_2O (*B.* **36**, 3151 *C.* **1903** [2] 1074; *B.* **37**, 623 *C.* **1904** [1] 957).

$C_8H_7O_2NBr_2$ *9) **2,6-Dibrom-4-Acetylamido-1-Oxybenzol.** Sm. 185—186° (178 bis 179°) (*Soc.* **81**, 1477 *C.* **1903** [1] 23, 144).

$C_8H_7O_2NS$ 1) **4-Amid d. Benzol-1-Carbonsäure-4-Thiocarbonsäure.** Sm. 247° (*B.* **37**, 3222 *C.* **1904** [2] 1121).
2) **S-Phenylmonamid d. Thiooxalsäure.** Sm. 101—102°. Na, Anilinsalz (*B.* **37**, 3713 *C.* **1904** [2] 1449).

$C_8H_7O_2N_2Br$ 4) **4-Bromphenylnitrosamid d. Essigsäure.** Zers. bei 88° (*A.* **325**, 242 *C.* **1903** [1] 631).

$C_8H_7O_2N_2Br_3$ 2) **4,5,6-Tribrom-2-Nitro-1-Aethylamidobenzol.** Sm. 130° (*R.* **21**, 416 *C.* **1903** [1] 506).

$C_8H_7O_2N_3Cl_2$ 2) **3,5-Dichlor-2-Oxy-1-Semicarbazonmethylbenzol.** Sm. 227° u. Zers. (*B.* **37**, 4028 *C.* **1904** [2] 1718).
3) **3,5-Dichlor-4-Oxy-1-Semicarbazonmethylbenzol.** Sm. 236—237° u. Zers. (*B.* **37**, 4033 *C.* **1904** [2] 1719).

$C_8H_7O_2N_4Cl_3$ 1) **2,6-Diketo-8-Trichlormethyl-3,7-Dimethylpurin.** Sm. 211—212° (D.R.P. 146714 *C.* **1903** [2] 1485).

$C_8H_7O_3NBr_2$ *4) **Aethyläther d. 2,6-Dibrom-4-Nitro-1-Oxybenzol.** Sm. 58—59° (*Am.* **30**, 63 *C.* **1903** [2] 354).
7) **Aethyläther d. 3,6-Dibrom-2-Nitro-1-Oxybenzol.** Sm. 45° (*Am.* **28**, 470 *C.* **1903** [1] 323).
8) **Aethyläther d. 2,5-Dibrom-4-Nitro-1-Oxybenzol.** Sm. 126° (*Am.* **28**, 465 *C.* **1903** [1] 323).

$C_8H_7O_3NS$ *3) **Methylimid d. Benzol-1-Carbonsäure-2-Sulfonsäure.** Sm. 129° (*Am.* **30**, 278 *C.* **1903** [2] 1120).

$C_8H_7O_3N_2Cl$ *9) **Methylamid d. 4-Chlor-3-Nitrobenzol-1-Carbonsäure** (*C.* **1903** [2] 1174).
15) **Methyläther d. α-Chlorimido-α-Oxy-α-[3-Nitrophenyl]methan.** Sm. 86,5—87° (*Am.* **30**, 403 *C.* **1904** [1] 239).
16) **Methyläther d. isom. α-Chlorimido-α-Oxy-α-[3-Nitrophenyl]-methan.** Sm. 81—82° (*Am.* **30**, 406 *C.* **1904** [1] 239).
17) **Methylchloramid d. 3-Nitrobenzol-1-Carbonsäure.** Sm. 77° (*Am.* **30**, 408 *C.* **1904** [1] 239).
18) **3-Nitrophenylamid d. Chloressigsäure.** Sm. 101—102° (*C.* **1903** [2] 110).

$C_8H_7O_3N_3S$ 2) **2-Imido-4-Keto-3-[3-Nitrophenyl]tetrahydrothiazol.** Sm. 183—184° (*C.* **1903** [2] 110).

$C_8H_7O_3N_4Cl$ 2) **4-Chlor-2-Nitro-1-Semicarbazonmethylbenzol.** Sm. 269—270° (*B.* **36**, 3301 *C.* **1903** [2] 1173; D.R.P. 149748 *C.* **1904** [1] 909).

$C_8H_7O_3N_4Br$ 1) **4-Brom-2-Nitrobenzylidenamidoharnstoff.** Sm. 276° (*B.* **37**, 1868 *C.* **1904** [1] 1601).

$C_8H_7O_4NCl_2$ 2) **Dimethyläther d. ?-Dichlor-3-Nitro-1,2-Dioxybenzol.** Sm. 110—111° (*C. r.* **135**, 969 *C.* **1903** [1] 145).
3) **Dimethyläther d. ?-Dichlor-4-Nitro-1,2-Dioxybenzol.** Sm. 46—47° (*C. r.* **135**, 969 *C.* **1903** [1] 145).

$C_8H_7O_4NBr_2$ 4) **Dimethyläther d. Dibromnitrodioxybenzol** (aus 3,4,5-Tribrom-1,2-Dinitrobenzol). Sm. 81° (*Am.* **30**, 70 *C.* **1903** [2] 355).

$C_8H_7O_4N_2Br$ 5) **6-Brom-2-Nitro-4-Acetylamido-1-Oxybenzol.** Sm. 230° (*Soc.* **81**, 1478 *C.* **1903** [1] 23, 144).

$C_8H_7O_4ClS$ 3) **3-Chlorid d. Benzol-1-Carbonsäuremethylester-3-Sulfonsäure.** Sm. 63—65° (*M.* **23**, 1120 *C.* **1903** [1] 396).

$C_8H_7O_5N_2Cl$ 2) **Aethyläther d. 5-Chlor-2,4-Dinitro-1-Oxybenzol.** Sm. 112° (*R.* **23**, 123 *C.* **1904** [2] 206).

$C_8H_7O_5N_3S$ *1) **3- oder 6-Nitro-2,4-Dimethyl-1-Diazobenzol-5-Sulfonsäure** (*A.* **330**, 60 *C.* **1904** [1] 1142).

$C_8H_7O_7NS$ *1) **1-Methylester d. 4-Nitrobenzol-1-Carbonsäure-2-Sulfonsäure.** Na (*Am.* **30**, 388 *C.* **1904** [1] 275).

2) **3-Amidobenzol-1,2-Dicarbonsäure-?-Sulfonsäure** (D.R.P. 109487 *C.* **1900** [2] 408). — *II, *1062.*

3) **1-Methylester d. 2-Nitrobenzol-1-Carbonsäure-4-Sulfonsäure** + $2H_2O$. Sm. 95—97° (*M.* **23**, 1142 *C.* **1903** [1] 397).

4) **4-Methylester d. 2-Nitrobenzol-1-Carbonsäure-4-Sulfonsäure.** Sm. 140—142°. Ag (*M.* **23**, 1143 *C.* **1903** [1] 397).

$C_8H_7O_8N_6Br$ 1) **4-Brom-2,6-Dinitro-1,3-Di[Methylnitramido]benzol.** Sm. 173° u. Zers. (*R.* **21**, 415 *C.* **1903** [1] 506).

C_8H_8ONCl *13) **Phenylchloramid d. Essigsäure** (*R.* **21**, 367 *C.* **1903** [1] 141; *C.* **1903** [1] 22; *Am.* **29**, 299 *C.* **1903** [1] 1165; *R.* **22**, 290 *C.* **1903** [2] 242).

*16) **4-Chlorphenylamid d. Essigsäure** (*R.* **21**, 367 *C.* **1903** [1] 141; *R.* **22**, 290 *C.* **1903** [2] 242).

*22) **Methylamid d. 2-Chlorbenzol-1-Carbonsäure.** Sm. 92—94° (*Soc.* **83**, 768 *C.* **1903** [2] 200, 437; *C.* **1903** [2] 1174).

*25) **Methylchloramid d. Benzolcarbonsäure.** Fl. (*Am.* **29**, 310 *C.* **1903** [1] 1166).

27) **Methyl-3-Chlor-4-Amidophenylketon.** Sm. 92° (*Soc.* **85**, 341 *C.* **1904** [1] 1404).

28) **4-Methylphenylchloramid d. Ameisensäure.** Sm. 49—50°. Zers. bei 140° (*Am.* **29**, 306 *C.* **1903** [1] 1166).

C_8H_8ONBr *7) **Phenylbromamid d. Essigsäure.** Sm. 94—95° (*Am.* **29**, 303 *C.* **1903** [1] 1166).

*10) **4-Bromphenylamid d. Essigsäure.** Sm. 167—168° (*C.* **1903** [2] 550).

13) **4-Methylphenylbromamid d. Ameisensäure.** Sm. 80° (*Am.* **29**, 306 *C.* **1903** [1] 1166).

C_8H_8ONJ *2) **2-Jodphenylamid d. Essigsäure.** Sm. 109—110° (*M.* **25**, 957 *C.* **1904** [2] 1638).

*3) **3-Jodphenylamid d. Essigsäure.** Sm. 119,5° (*M.* **25**, 958 *C.* **1904** [2] 1638).

*4) **4-Jodphenylamid d. Essigsäure.** Sm. 181° (*M.* **25**, 948 *C.* **1904** [2] 1638).

$C_8H_8ON_2S$ 3) **O-Amid d. Phenylthiooxaminsäure.** Sm. 169—170° (*B.* **37**, 3719 *C.* **1904** [2] 1450).

4) **S-Amid d. Phenylthiooxaminsäure.** Sm. 176° (*B.* **37**, 3716 *C.* **1904** [2] 1449).

C_8H_8OClBr 1) **β-Bromäthyläther d. 2-Chlor-1-Oxybenzol.** Sd. 140—142°$_{13}$ (*B.* **36**, 2874 *C.* **1903** [2] 834).

$C_8H_8O_2NCl$ 15) **4-Chlor-2-Acetylamido-1-Oxybenzol.** Sm. 176° (*Am.* **32**, 40 *C.* **1904** [2] 698).

16) **2-Chlor-4-Acetylamido-1-Oxybenzol.** Sm. 144° (D.R.P. 147530 *C.* **1904** [1] 233).

17) **2-Chlorphenylamidoessigsäure.** Sm. 166—167° (*B.* **37**, 4082 *C.* **1904** [2] 1723).

18) **Acetat d. 4-Chlor-2-Amido-1-Oxybenzol.** HCl, (2HCl, $PtCl_4$) (*Am.* **32**, 38 *C.* **1904** [2] 698).

$C_8H_8O_2NBr$ 22) **4-Brom-2-Nitromethyl-1-Methylbenzol.** Sm. 65° (*C.* **1904** [2] 200).

$C_8H_8O_2N_2Cl_2$ 1) **4,5-Dichlor-2-Nitro-1-Aethylamidobenzol.** Sm. 120° (*R.* **21**, 421 *C.* **1903** [1] 504).

$C_8H_8O_2N_2Br_2$ 2) **4,5-Dibrom-2-Nitro-1-Aethylamidobenzol.** Sm. 128° (*R.* **21**, 416 *C.* **1903** [1] 506).

$C_8H_8O_2N_2S$ 6) **Nitril d. Phenylsulfonamidoessigsäure.** Sm. 76—77°. Na (*B.* **37**, 4100 *C.* **1904** [2] 1727).

7) **Methylcyanamid d. Benzolsulfonsäure.** Sm. 45—46°; Sd. 205°$_{30}$ (*B.* **37**, 2811 *C.* **1904** [2] 593).

$C_8H_8O_2N_2S_2$ 1) **4-Nitrobenzylester d. Amidodithioameisensäure.** Sm. 135° (*C. r.* **135**, 975 *C.* **1903** [1] 139).

$C_8H_9O_2N_3Cl$ 4) 5-Chlor-2-Oxy-1-Semicarbazonmethylbenzol. Sm. 286—287° (*B.* 37, 4025 *C.* 1904 [2] 1717).
5) 3-Chlor-4-Oxy-1-Semicarbazonmethylbenzol. Sm. 210° u. Zers. (*B.* 37, 4033 *C.* 1904 [2] 1718).

$C_8H_9O_2N_4Cl_2$ *1) 8-Chlor-2,6-Diketo-3-Chlormethyl-1,7-Dimethylpurin (D.R.P. 151190 *C.* 1904 [1] 1586).
2) 8-Chlor-2,6-Diketo-7-Chlormethyl-1,3-Dimethylpurin. Sm. 145° (D.R.P. 145880 *C.* 1903 [2] 1036; D.R.P. 153122 *C.* 1904 [2] 626).

$C_8H_8O_3NCl$ 8) Methyläther d. 5-Chlor-3-Nitro-4-Oxy-1-Methylbenzol. Sm. 40—41° (*A.* 328, 312 *C.* 1903 [2] 1246).
9) Aethyläther d. 5-Chlor-2-Nitro-1-Oxybenzol. Sm. 63° (*R.* 21, 322 *C.* 1903 [1] 79).

$C_8H_8O_3N_2Br_2$ 2) Monolaktam d. αδ-Dibrom-βγ-Diamidobutan-αδ-Dicarbonsäure (*B.* 35, 4126 *C.* 1903 [1] 136).

$C_8H_8O_3N_2S$ *1) 2,4-Dimethyl-1-Diazobenzol-5-Sulfonsäure (*A.* 330, 46 *C.* 1904 [1] 1141).

$C_8H_8O_4N_2S$ 2) 3-Nitrophenylamid d. Aethensulfonsäure. Sm. 119° (*B.* 36, 3630 *C.* 1903 [2] 1327).

$C_8H_8O_4J_2S_2$ *1) 1,3-Di[Jodmethylsulfon]benzol. Sm. 248° (*J. pr.* [2] 68, 324 *C.* 1903 [2] 1171).

$C_8H_8O_6N_2S$ 2) 4-Nitro-1-Acetylamidobenzol-3-Sulfonsäure (D.R.P. 150982 *C.* 1904 [1] 1235).

$C_8H_8O_6N_5Br$ 1) 4-Brom-2,6-Dinitro-3-Methylamido-1-Methylnitramidobenzol. Sm. 179° (*R.* 21, 415 *C.* 1903 [1] 505).

$C_8H_8O_8N_2S$ 1) 2,4-oder 4,6-Dinitro-5-Oxy-1,3-Dimethylbenzol-6 oder 2-Sulfonsäure. K (*B.* 37, 3478 *C.* 1904 [2] 1213).

C_8H_8NClS 3) 4-Chlorphenylamid d. Thioessigsäure. Sm. 143° (*B.* 37, 876 *C.* 1904 [1] 1004).

$C_8H_9ONBr_2$ *4) Aethyläther d. 2,6-Dibrom-4-Amido-1-Oxybenzol. Sm. 107° (67°?). HCl (*Am.* 30, 66 *C.* 1903 [2] 355).

C_8H_9ONSe 1) Phenylamid d. Selenessigsäure. Cu (*Ar.* 241, 203 *C.* 1903 [2] 103).

$C_8H_9ON_2Cl$ 7) Amid d. 4-Chlorphenylamidoessigsäure. Sm. 125—126° (*Bl.* [3] 29, 967 *C.* 1903 [2] 1118).
8) 2-Chlor-4-Amidophenylamid d. Essigsäure. Sm. 133° (D.R.P. 146654 *C.* 1903 [2] 1485).

$C_8H_9O_2N_3S$ 2) β-Amid d. α-Phenylhydrazin-α-Carbonsäure-β-Thiocarbonsäure. K + $2H_2O$ (*B.* 37, 622 *C.* 1904 [1] 957).

$C_8H_9O_2N_3S_2$ 1) Diacetylchrysean. Sm. 216° u. Zers. (*B.* 36, 3547 *C.* 1903 [2] 1379).

$C_8H_9O_3ClS$ *12) Chlorid d. 4-Oxy-1-Methylbenzolmethyläther-3-Sulfonsäure. Sm. 83,5—84° (*Am.* 31, 36 *C.* 1904 [1] 441).

$C_8H_9O_4NS$ 15) α-Benzoylamidomethan-α-Sulfonsäure. Na (*B.* 37, 4095 *C.* 1904 [2] 1726).
16) 2-Methylamid d. Benzol-1-Carbonsäure-2-Sulfonsäure. K_2, Ba (*Am.* 30, 281 *C.* 1903 [2] 1120).

$C_8H_9O_5NS$ *13) 3-Amid d. 4-Oxybenzolmethyläther-1-Carbonsäure-3-Sulfonsäure. Sm. 276—277°. Na + $3H_2O$, K + $1^1/_2H_2O$, Ca + $5H_2O$, Ba + $4^1/_2H_2O$, Mg + $6[10^1/_2]H_2O$ (*Am.* 31, 37 *C.* 1904 [1] 441).
16) 2-Sulfomethylamidobenzol-1-Carbonsäure (D.R.P. 155628 *C.* 1904 [2] 1444).
17) 4-Acetylamido-1-Oxybenzol-2-Sulfonsäure (D.R.P. 147530 *C.* 1904 [1] 233).
18) 2-Methylester d. Phenylsulfaminsäure-2-Carbonsäure. Na (D.R.P. 147552 *C.* 1904 [1] 129).
19) 3-Methylester d. Phenylsulfaminsäure-3-Carbonsäure. Na (D.R.P. 147552 *C.* 1904 [1] 129).
20) 4-Methylester d. Phenylsulfaminsäure-4-Carbonsäure. Na (D.R.P. 147552 *C.* 1904 [1] 129).

$C_8H_{10}ON_2S$ *3) Methyläther d. 2-Oxyphenylthioharnstoff. Sm. 152° (*B.* 36, 3322 *C.* 1903 [2] 1169).

$C_8H_{10}O_5N_4S$ 1) 2,6-Diketo-1,3,7-Trimethylpurin-8-Sulfonsäure (Kaffeïnsulfonsäure) (D.R.P. 74045). — *III, 707.

$C_8H_{10}NCl_2P$ 2) Aethylphenylamidodichlorphosphin. Sd. 143°$_{12}$ (*A.* 326, 222 *C.* 1903 [1] 866).

$C_8H_{11}ONCl_2$ 1) **Chlormethyläther d. β-Chlor-α-Oxyäthan + Pyridin.** 2 + $PtCl_4$, + $AuCl_3$ (*A.* **330**, 127 *C.* **1904** [1] 1064).

$C_8H_{11}O_2NS$ *14) **Dimethylamid d. Benzolsulfonsäure.** Sm. 47—48° (*B.* **36**, 2706 *C.* **1903** [2] 829).

*15) **Aethylamid d. Benzolsulfonsäure.** Sm. 57—58° (*B.* **36**, 2706 *C.* **1903** [2] 829; *B.* **37**, 3803 *C.* **1904** [2] 1564).

21) **Methylamid d. 1-Methylbenzol-2-Sulfonsäure.** Sm. 74—75° (*Am.* **30**, 281 *C.* **1903** [2] 1120).

$C_8H_{11}O_3NS$ *4) **1-Dimethylamidobenzol-4-Sulfonsäure.** Zers. bei 265—266° (*C.* **1903** [1] 573).

*9) **4-Amido-1,3-Dimethylbenzol-6-Sulfonsäure.** Ba (*C.* **1903** [1] 573).

*10) **2-Amido-1,4-Dimethylbenzol-5-Sulfonsäure** (*C.* **1903** [1] 573).

*13) **2,4-Dimethylphenylsulfaminsäure.** Sm. 200° (D.R.P. 151134 *C.* **1904** [1] 1381).

*19) **Amid d. 4-Oxy-1-Methylbenzolmethyläther-3-Sulfonsäure.** Sm. 180–181° (*Am.* **31**, 36 *C.* **1904** [1] 441).

*22) **4-Amido-1,3-Dimethylbenzol-5-Sulfonsäure** (*C.* **1903** [1] 573).

25) **1,2,6-Trimethylthiopyrintrioxyd** + $2H_2O$ (*A.* **331**, 260 *C.* **1904** [1] 1223).

26) **1-Dimethylamidobenzol-3-Sulfonsäure.** Zers. bei 265—266° (*C.* **1903** [1] 573).

27) **Methylphenylamidomethan-α-Sulfonsäure.** Na (D.R.P. 153193 *C.* **1904** [2] 575).

28) **β-Oxyäthylamid d. Benzolsulfonsäure.** Sd. 280°$_{16}$. Na (*B.* **36**, 1279 *C.* **1903** [1] 1215).

$C_8H_{11}O_4NS$ 5) **4-Amido-1-Oxybenzolmethyläther-3-Sulfonsäure** (D.R.P. 146655 *C.* **1903** [2] 1301).

$C_8H_{11}NClJ$ 1) **Jodmethylat d. 4-Chlor-2,6-Dimethylpyridin** + $2H_2O$. Sm. 233—234° (wasserfrei) (*A.* **331**, 255 *C.* **1904** [1] 1223).

$C_8H_{12}ONCl$ 4) **Verbindung** (aus Chlormethyläthyläther u. Pyridin). 2 + $PtCl_4$, + $AuCl_3$ (*A.* **334**, 65 *C.* **1904** [2] 949).

$C_8H_{12}ON_2S$ 2) **Methyläther d. 2-Merkapto-4-Keto-6-Methyl-5-Aethyl-3,4-Dihydro-1,3-Diazin.** Sm. 203° (*Am.* **29**, 489 *C.* **1903** [1] 1309).

3) **Diäthyläther d. 2-Merkapto-4-Oxy-1,3-Diazin.** Sd. 137—138°$_{18}$ (*Am.* **31**, 597 *C.* **1904** [2] 242).

4) **Aethyläther d. 2-Merkapto-4-Keto-5,6-Dimethyl-3,4-Dihydro-1,3-Diazin.** Sm. 156° (*Am.* **29**, 488 *C.* **1903** [1] 1309).

$C_8H_{12}O_2N_2S$ 8) **2-Thiocarbonyl-4,6-Diketo-5,5-Diäthylhexahydro-1,3-Diazin.** Sm. 180° (*A.* **335**, 350 *C.* **1904** [2] 1381).

$C_8H_{12}O_2N_4S$ 1) **1-Ureïdo-2-Thiocarbonyl-4-Keto-5-Methyl-3-Allyltetrahydroimidazol.** Sm. 167° (*C.* **1904** [2] 1027).

$C_8H_{12}O_4NBr$ 1) **Verbindung** (aus d. Verb. $C_8H_{13}O_4NBr_2$). Sm. 78° (*C.* **1903** [1] 816).

$C_8H_{12}O_5N_3Cl$ 1) **Chloracetylbis[Amidoacetyl]amidoessigsäure** (Chloracetyldiglycylglycin). Sm. 224° (*B.* **37**, 2501 *C.* **1904** [2] 426).

$C_8H_{12}O_6N_2S_4$ *1) **4-Amido-1-Dimethylamidobenzol-2,5-Di[Thiosulfonsäure].** K_2 (*Soc.* **83**, 1212 *C.* **1903** [2] 1329).

$C_8H_{12}O_{10}N_2S_4$ 1) **Benzol-1,3-Di[Sulfonamidomethansulfonsäure].** Na_2 (*B.* **37**, 4102 *C.* **1904** [2] 1727).

$C_8H_{13}O_3NBr_2$ 3) **i-α-[αδ-Dibromvaleryl]amidopropionsäure.** Sm. 113—116° (*B.* **37**, 2844 *C.* **1904** [2] 644).

$C_8H_{13}O_4NBr_2$ 1) **Verbindung** (aus β-Nitro-αγ-Dioxy-β-Methylpropan). Sm. 115—116° (*C.* **1903** [1] 816).

$C_8H_{13}O_4N_2Cl$ 1) **Aethylester d. Chloracetylamidoacetylamidoessigsäure.** Sm. 153 bis 154° (*B.* **36**, 2113 *C.* **1903** [2] 345).

$C_8H_{14}O_2N_2S$ 2) **S-Methylamid d. β-Imidopropan-α-Thiocarbonsäure-α-Carbonsäureäthylester.** Sm. 145—146° (*A.* **329**, 347 *C.* **1904** [1] 435).

$C_8H_{14}O_4N_4Se_2$ 1) **Di[β-Methylureïd] d. Dimethyldiselenid-αα'-Dicarbonsäure** (Diselenglykolylmethylharnstoff). Sm. 183—184° (*Ar.* **241**, 191 *C.* **1903** [2] 103).

$C_8H_{15}OJHg$ 1) **γ-Methylheptan-γζ-Oxyd-η-Quecksilberjodid.** Sm. 44° (*A.* **329**, 175 *C.* **1903** [2] 1413).

$C_8H_{15}O_2NCl_2$ 2) **ββ'-Dichlorisopropylester d. Diäthylamidoameisensäure.** Sd. 259 bis 261° (*Bl.* [3] **31**, 690 *C.* **1904** [2] 198).

$C_8H_{16}ONBr$ 1) **Amid d. δ-Bromheptan-δ-Carbonsäure.** Sm. 55—56° (*C.* **1904** [2] 1666).

$C_8H_{15}N_2BrS$ 1) **2-[d-sec. Butylamido]-5-Brommethyltetrahydrothiazol.** Sm. 92 bis 93° (*Ar.* **242**, 65 *C.* **1904** [1] 998).

$C_8H_{15}N_2JS$ 1) **2-[d-sec. Butylamido-5-Jodmethyltetrahydrothiazol.** Sm. 114° (*Ar.* **242**, 66 *C.* **1904** [1] 999).

$C_8H_{17}ON_4Cl$ 1) **Verbindung** (aus Chlordimethyläther u. Hexamethylentetramin) (*A.* **334**, 56 *C.* **1904** [2] 949).

$C_8H_{18}O_2NCl$ 5) **δ-Trimethylchloramidovaleriansäure.** 2 + $PtCl_4$ (*B.* **37**, 1856 *C.* **1904** [1] 1487).

$C_8H_{18}O_2NBr$ 1) **δ-Trimethylbromamidovaleriansäure.** Sm. 184—187° (*B.* **37**, 1855 *C.* **1904** [1] 1487).

$C_8H_{18}NCl_2P$ *1) **Diisobutylamidodichlorphosphin.** Sm. 37—38°; Sd. 116—117°$_{20}$ (*A.* **326**, 156 *C.* **1903** [1] 761).

$C_8H_{18}NCl_4P$ 1) **Diisobutylamidophosphortetrachlorid.** + PCl_5 (*A.* **326**, 160 *C.* **1903** [1] 761).

$C_8H_{19}O_2NCl$ 1) **Dipropylmonamid d. Aethylphosphorsäuremonochlorid.** Fl. (*A.* **326**, 192 *C.* **1903** [1] 820).

$C_8H_{20}OClP$ *1) **β-Oxytetraäthylphosphoniumchlorid.** + $HgCl_2$, 2 + $PtCl_4$, + $AuCl_3$ (*Ar.* **241**, 409 *C.* **1903** [2] 986).

$C_8H_{20}O_3NP$ 1) **Diäthylmonamid d. Phosphorsäurediäthylester.** Sd. 218—220° (*A.* **326**, 182 *C.* **1903** [1] 819).

$C_8H_{22}ON_2Cl_2$ *1) **Di[Chlormethylat] d. αα'-Di[Dimethylamido]dimethyläther.** + $PtCl_4$ + H_2O, + 2 $AuCl_3$ (*A.* **334**, 13 *C.* **1904** [2] 947).

$C_8H_{22}N_3SP$ 1) **Di[Aethylamid]-Isobutylamid d. Thiophosphorsäure.** Sm. 48,5° (*A.* **326**, 208 *C.* **1903** [1] 821).

— 8 V —

$C_8H_6O_2NCl_2Br$ 1) **4,6-Dichlor-5-Brom-3-Nitro-1,2-Dimethylbenzol.** Sm. 175,5 bis 176,5° (*Soc.* **85**, 275 *C.* **1904** [1] 1009).

$C_8H_6O_6NClS$ *1) **2-Chlorid d. 4-Nitrobenzol-1-Carbonsäuremethylester-2-Sulfonsäure.** Sm. 135° (*Am.* **30**, 388 *C.* **1904** [1] 275).

$C_8H_7ONClBr$ *9) **4-Bromphenylamid d. Chloressigsäure.** Sm. 179° (*Ar.* **241**, 212 *C.* **1903** [2] 104).

14) **3-Bromphenylamid d. Chloressigsäure.** Sm. 114° (*Ar.* **241**, 211 *C.* **1903** [2] 104).

$C_8H_{10}ONCl_2P$ 1) **Aethylphenylamid d. Phosphorsäuredichlorid.** Sd. 150°$_{16}$ (*A.* **326**, 255 *C.* **1903** [1] 869).

2) **2,4-Dimethylphenylmonamid d. Phosphorsäuredichlorid.** Sm. 79° (*A.* **326**, 240 *C.* **1903** [1] 868).

3) **2,5-Dimethylphenylmonamid d. Phosphorsäuredichlorid.** Sm. 119° (*A.* **326**, 240 *C.* **1903** [1] 868).

4) **3,4-Dimethylphenylmonamid d. Phosphorsäuredichlorid.** Sm. 76° (*A.* **326**, 240 *C.* **1903** [1] 868).

$C_8H_{10}O_2NSP$ 1) **Diäthylmonamid d. Thiophosphorsäurediäthylester.** Sd. 110°$_{20}$ (*A.* **326**, 211 *C.* **1903** [1] 822).

$C_8H_{10}O_3NBr_2P$ 1) **2,4-Dibromphenylmonamid d. Phosphorsäuremonoäthylester.** K (*A.* **326**, 235 *C.* **1903** [1] 867).

$C_8H_{10}NCl_2SP$ 1) **Aethylphenylmonamid d. Thiophosphorsäuredichlorid.** Fl. (*A.* **326**, 257 *C.* **1903** [1] 869).

$C_8H_{11}ON_2ClS$ 1) **2-Methyläther-4-Aethyläther d. 6-Chlor-2-Merkapto-4-Oxy-5-Methyl-1,3-Diazin.** Sm. 85° (*Am.* **32**, 354 *C.* **1904** [2] 1415).

$C_8H_{14}ONJ_2Hg_2$ 1) **α-Verbindung** (aus Methylheptenonoxim). Sm. 94°. Pikrat (*A.* **329**, 184 *C.* **1903** [2] 1413).

2) **β-Verbindung** (aus Methylheptenonoxim). Sm. 123° u. Zers. (*A.* **329**, 185 *C.* **1903** [2] 1413).

$C_8H_{18}ONCl_2P$ *1) **Diisobutylmonamid d. Phosphorsäuredichlorid.** Sm. 54° (*A.* **326**, 185 *C.* **1903** [1] 820).

$C_8H_{18}ONBr_2P$ 1) **Diisobutylmonamid d. Phosphorsäuredibromid.** Sm. 68° (*A.* **326**, 194 *C.* **1903** [1] 820).

$C_8H_{18}NCl_2SP$ *1) **Diisobutylmonamid d. Thiophosphorsäuredichlorid.** Sm. 36°; Sd. 150°$_{10}$ (*A.* **326**, 213 *C.* **1903** [1] 822).

$C_8H_{18}NBr_2SP$ 1) **Diisobutylmonamid d. Thiophosphorsäuredibromid.** Sm. 66° (*A.* **326**, 216 *C.* **1903** [1] 822).
$C_8H_{20}ON_2ClP$ 1) **Di[Isobutylamid] d. Phosphorsäuremonochlorid.** Sm. 86° (*A.* **326**, 176 *C.* **1903** [1] 819).
$C_8H_{20}O_2NSP$ 1) **Isobutylmonamid d. Thiophosphorsäurediäthylester.** Sd. 104°$_{12}$ (*A.* **326**, 204 *C.* **1903** [1] 821).

C_9-Gruppe.

C_9H_8 *1) **Inden** (*B.* **36**, 640 *C.* **1903** [1] 717).
*4) **Phenylallylen.** Sd. 181—185° (*C. r.* **135**, 1347 *C.* **1903** [1] 328).
C_9H_{10} *2) **α-Phenylpropen.** Sd. 174—175° (167—170°) (*B.* **36**, 206 *C.* **1903** [1] 512; *B.* **36**, 621 *C.* **1903** [1] 703; *B.* **36**, 772 *C.* **1903** [1] 834; *B.* **36**, 2572 *C.* **1903** [2] 495; *B.* **36**, 3033 *C.* **1903** [2] 948; *C. r.* **139**, 482 *C.* **1904** [2] 1038).
*3) **γ-Methylpropen.** Sd. 156—157° (*C. r.* **139**, 482 *C.* **1904** [2] 1038).
*5) **4-Methylphenyläthen.** Sd. 63°$_{15}$ (*B.* **36**, 1636 *C.* **1903** [2] 26).
C_9H_{12} *1) **Propylbenzol.** Sd. 157,5°$_{765}$ (*B.* **36**, 622 *C.* **1903** [1] 703).
*5) **1-Methyl-4-Aethylbenzol.** Sd. 162,5°$_{760}$ (*B.* **36**, 1637 *C.* **1903** [2] 26; *B.* **36**, 1874 *C.* **1903** [2] 286).
C_9H_{14} 12) **4-Methyl-1-Isopropyl-2,3-Dihydro-R-Penten** (Anhydrocamphorylalkohol). Sd. 144—146° (*B.* **37**, 237 *C.* **1904** [1] 726).
13) **Kohlenwasserstoff** (aus Pinonsäure). Fl. (*B.* **37**, 239 *C.* **1904** [1] 726).
C_9H_{16} *12) **α-Cyklogeraniolen.** Sd. 138—142°$_{735}$ (*B.* **37**, 848 *C.* **1904** [1] 1145).
*16) **4-Isopropyl-1-Methyl-2,3-Dihydro-R-Penten** (Pulegen). Sd. 138—139° (*A.* **327**, 131, 151 *C.* **1903** [1] 1412; *A.* **329**, 106 *C.* **1903** [2] 1071).
*17) **Pulenen.** Sd. 60—65°$_{12}$ (*A.* **329**, 88 *C.* **1903** [2] 1071).
19) **βζ-Dimethyl-βε-Heptadiën.** Sd. 140—142° (*B.* **37**, 846 *C.* **1904** [1] 1145).
20) **3-Methylen-1,1,2-Trimethyl-R-Pentamethylen.** Sd. 138—140° (*C. r.* **136**, 1461 *C.* **1903** [2] 287).
21) **Oktohydroinden.** Sd. 163—164° (*C.* **1903** [2] 989).
22) **Kohlenwasserstoff** (aus 1-Oxy-1-Propylhexahydrobenzol). Sd. 154°$_{760}$ (*C. r.* **138**, 1323 *C* **1904** [2] 219).
23) **Kohlenwasserstoff** (aus α-Oxyisopropylhexahydrobenzol). Sd. 151° (*C. r.* **139**, 345 *C.* **1904** [2] 704).
C_9H_{18} *25) **β-Nonen.** Sd. 147—148° (*B.* **36**, 2550 *C.* **1903** [2] 654).
28) **Aethyl-R-Heptamethylen.** Sd. 163—163,5°$_{740}$ (*C.* **1903** [1] 568; *A.* **327**, 72 *C.* **1903** [1] 1124).

— 9 II —

C_9H_5N C 85,0 — H 3,9 — N 11,0 — M. G. 127.
1) **Nitril d. α-Phenyläthin-β-Carbonsäure** (N. d. Phenylpropiolsäure). Sm. 38—40° (*B.* **36**, 3671 *C.* **1903** [2] 1313).
C_9H_6O *3) **Aldehyd d. Phenyläthin-α-Carbonsäure** (*C. r.* **137**, 125 *C.* **1903** [2] 569; *B.* **36**, 4670 *C.* **1903** [2] 1313).
$C_9H_6O_2$ *4) **Isocumarin.** Sm. 46° (*B.* **36**, 573 *C.* **1903** [1] 710).
*6) **Phenylpropiolsäure** (*Soc.* **83**, 1154 *C.* **1903** [2] 1369).
$C_9H_6O_3$ 16) **4-Oxy-1,2-Benzpyron.** Sm. 206° (*B.* **36**, 464 *C.* **1903** [1] 636).
17) **Verbindung** (aus Isobrenzschleimsäure). Sm. 155—160° (*C. r.* **137**, 923 *C.* **1904** [1] 291).
$C_9H_6O_4$ *4) **Daphnetin.** K, + Kaliumacetat (*Soc.* **83**, 134 *C.* **1903** [1] 89, 466).
*6) **Phtalidcarbonsäure.** Sm. 153° (*A.* **334**, 357 *C.* **1904** [2] 1054).
13) **7,8-Dioxy-1,4-Benzpyron** + $2H_2O$. Sm. 262° (wasserfrei) (*B.* **36**, 128 *C.* **1903** [1] 468).
14) **1,2-Lakton d. 1-Oxymethylbenzol-2,5-Dicarbonsäure.** Sm. 283 bis 284° (*B.* **36**, 843 *C.* **1903** [1] 971).
$C_9H_6O_5$ *2) **Benzol-1-Carbonsäure-2-Ketocarbonsäure.** Sm. 145°. K (*M.* **24**, 933 *C.* **1904** [1] 515; *A.* **334**, 359 *C.* **1904** [2] 1055).
$C_9H_6O_6$ *3) **Benzol-1,3,5-Tricarbonsäure.** Sm. 380° (*B.* **36**, 1799 *C.* **1903** [2] 283).
$C_9H_6N_2$ 6) **Nitril d. Phenylmalonsäure.** Sm. 68—69°; Sd. 152—153°$_{12}$. Na, Ag (*Am.* **32**, 123 *C.* **1904** [2] 953).

$C_9H_6Cl_2$ 3) γγ-Dichlor-α-Phenylpropin. Sd. 131—132°$_{22}$ (*C. r.* **137**, 127 *C.* **1903** [2] 569).

$C_9H_6Cl_4$ 1) αβγγ-Tetrachlor-α-Phenylpropen. Sd. 165—167°$_{28}$ (*C. r.* **137**, 127 *C.* **1903** [2] 570).

$C_9H_7Cl_3$ 2) βγγ-Trichlor-α-Phenylpropen. Sm. 47°; Sd. 155°$_{30}$ (*C. r.* **136**, 1074 *C.* **1903** [1] 1345).

C_9H_8O *1) **Methyläther d. 4-Oxyphenyläthin.** Sd. 85—88°$_{11}$ (*B.* **36**, 915 *C.* **1903** [1] 970).

*7) **2-Keto-2,3-Dihydroinden.** Sm. 58° (*A.* **336**, 3 *C.* **1904** [2] 1465).

*9) **γ-Keto-γ-Phenylpropen** (Vinylphenylketon). Fl. (*B.* **36**, 1355 *C.* **1903** [1] 1299).

*10) **Aldehyd d. β-Phenylakrylsäure.** + $SbCl_5$, 2 + $SnCl_4$, 2 + $SnBr_4$, 4 + $TlCl_4$ (*B.* **37**, 3666 *C.* **1904** [2] 1569).

16) **polym. γ-Keto-γ-Phenylpropen** (polym. Vinylphenylketon) (*B.* **36**, 1355 *C.* **1903** [1] 1299).

$C_9H_8O_2$ *7) **Zimmtsäure.** 3 + $SbCl_5$, + $FeCl_3$, 2 + $SnCl_4$ (*B.* **35**, 4128 *C.* **1903** [1] 160; *C. r.* **136**, 1332 *C.* **1903** [2] 107; *B.* **36**, 4266 *C.* **1904** [1] 378; *B.* **37**, 3668 *C.* **1904** [2] 1569).

*8) **Isozimmtsäure** (*B.* **36**, 176 *C.* **1903** [1] 582; *B.* **36**, 903 *C.* **1903** [1] 1133; *B.* **36**, 2497 *C.* **1903** [2] 721).

*9) **Allozimmtsäure.** Ca + $2H_2O$, Ba + H_2O (*B.* **36**, 182 *C.* **1903** [1] 582; *B.* **36**, 904 *C.* **1903** [1] 1133; *C.* **1904** [2] 439).

*10) **isom. β-Phenylakrylsäure.** Sm. 37° (*B.* **34**, 3640; *B.* **37**, 3361 *C.* **1904** [2] 1123).

*12) **Homococasäure** (Protococasäure) (*J. pr.* [2] **66**, 421 *C.* **1903** [1] 528).

*13) **Homoisococasäure** (Protoisococasäure) (*J. pr.* [2] **66**, 421 *C.* **1903** [1] 528).

*27) **isom. Isozimmtsäure** (*B.* **36**, 1448 *C.* **1903** [1] 1409).

28) **Methylenäther d. 3.4-Dioxyphenyläthen.** Sd. 107—108°$_{16}$ (223—225°) (*B.* **36**, 3596 *C.* **1903** [2] 1366; *G.* **34** [1] 365 *C.* **1904** [2] 214; *G.* **34** [2] 176 *C.* **1904** [2] 648, 982).

29) **Methylenäther d. polym. 3,4-Dioxyphenyläthen.** Zers. bei 210° (*G.* **34** [1] 370 *C.* **1904** [2] 214).

30) **4-Oxymethylbenzfuran.** Sm. 26—27°; Sd. 147—150°$_{12}$ (*B.* **37**, 200 *C.* **1904** [1] 661).

$C_9H_8O_3$ *1) **3,4-Methylenäther d. Methyl-3,4-Dioxyphenylketon.** Sm. 87° (*G.* **34** [1] 364 *C.* **1904** [2] 214).

*3) **β-[2-Oxyphenyl]akrylsäure** (*B.* **37**, 346 *C.* **1904** [1] 662).

*4) **β-[3-Oxyphenyl]akrylsäure.** Sm. 188—189° (*B.* **37**, 4127 *C.* **1904** [2] 1735).

*12) **β-Phenyl-α-Ketoäthan-α-Carbonsäure** (*A.* **333**, 228 *C.* **1904** [2] 1389).

*24) **Lakton d. 1-Dioxymethylbenzolmethyläther-2-Carbonsäure.** Sm. 44°; Sd. 242—245° (*M.* **25**, 497 *C.* **1904** [2] 325).

31) **Formalphenyloxyessigsäure.** Sm. 20°; Sd. 223° (*R.* **21**, 316 *C.* **1903** [1] 137).

32) **Methylester d. Benzol-1-Carbonsäure-2-Carbonsäurealdehyd.** Sd. 220—222° (*M.* **25**, 496 *C.* **1904** [2] 325).

33) **4-Aethyl-1,2-Phenylenester d. Kohlensäure.** Sd. 135—137°$_{12}$ (*C. r.* **138**, 1702 *C.* **1904** [2] 436).

$C_9H_8O_4$ *7) **3,4-Dioxyphenylessigmethylenäthersäure.** Sm. 128° (*A.* **332**, 333 *C.* **1904** [2] 652).

*18) **Benzol-1-Carbonsäure-2-Methylcarbonsäure.** Sm. 175° (*M.* **24**, 936 *C.* **1904** [1] 515).

*19) **Benzol-1-Carbonsäure-3-Methylcarbonsäure.** Sm. 184—185° (*B.* **36**, 3611 *C.* **1903** [2] 1372).

*43) **Monomethylester d. Benzol-1,4-Dicarbonsäure** (*B.* **37**, 3222 *C.* **1904** [2] 1121).

49) **Areolatol** + H_2O. subl. bei 220° (*J. pr.* [2] **68**, 60 *C.* **1903** [2] 513).

50) **Gemischtes Peroxyd d. Essigsäure u. Benzolcarbonsäure.** Sd. 128—130°$_{19}$ (*Am.* **29**, 197 *C.* **1903** [1] 959).

51) **Mono[4-Methylphenylester] d. Oxalsäure.** Sm. 185—186° u. Zers. (D.R.P. 137584 *C.* **1903** [1] 112).

$C_9H_8O_5$ *19) **α-Oxy-α-Phenylmethan-α,2-Dicarbonsäure.** Ba + H_2O (*A.* **334**, 358 *C.* **1904** [2] 1055).

$C_9H_8O_5$ *21) **4-Oxybenzolmethyläther-1,2-Dicarbonsäure.** Sm. 167° (*C.* **1904** [1] 1597).
*24) **2-Oxybenzolmethyläther-1,4-Dicarbonsäure.** Sm. 281° (*C.* **1904** [1] 1597).
35) **1-Aldehyd d. 4,5-Dioxybenzol-5-Methyläther-1,3-Dicarbonsäure** (D.R.P. 71162). — *II, *1122.*
36) **Aldehyd d. 3-Oxybenzol-1-Carbonsäure-4-Kohlensäuremethylester.** Sm. 98—99° (D.R.P. 93187). — *III, *76.*
37) **6-Acetat d. 2,6-Dioxy-1,4-Benzochinon-2-Methyläther.** Zers. bei 275—278° (*M.* **23**, 956 *C.* **1903** [1] 286).

$C_9H_8O_6$ 6) **4-Oxyphenyltartronsäure.** Sm. 118—120° u. Zers. K_2 (D.R.P. 115817 *C.* **1901** [1] 72). — *II, *1164.*
7) **Dimethylester d. 1,4-Pyron-2,6-Dicarbonsäure.** Sm. 122,5° (*B.* **37**, 3751 *C.* **1904** [2] 1539).

$C_9H_8O_7$ 3) **3,4-Dioxyphenyltartronsäure.** Fl. Ba + H_2O (D.R.P. 115817 *C.* **1901** [1] 72). — *II, *1194.*

$C_9H_8N_2$ *3) **4-Phenylpyrazol.** Sm. 228° (*B.* **36**, 3778 *C.* **1904** [1] 41).
*7) **1-[3-Pyridyl]pyrrol.** Sd. 251° (*C. r.* **137**, 861 *C.* **1904** [1] 104).
*8) **2-[3-Pyridyl]pyrrol.** Sm. 72° (*C. r.* **137**, 861 *C.* **1904** [1] 104).
*16) **2-Methyl-1,3-Benzdiazin.** Sm. 41—42; Sd. 247,5—248°$_{767,6}$ (*B.* **36**, 810 *C.* **1903** [1] 1978).
21) **5-Phenylimidazol.** Sm. 128—129°. (2HCl, $PtCl_4$ + $3H_2O$) (*B.* **35**, 4135 *C.* **1903** [1] 294).
22) **Nitril d. β-Phenylimidopropionsäure?** Sm. 124° (*B.* **36**, 3666 *C.* **1903** [2] 1312).

$C_9H_8Cl_2$ 2) **γγ-Dichlor-α-Phenylpropen.** Sm. 54°; Sd. 142—143°$_{30}$ (*C. r.* **136**, 94 *C.* **1903** [1] 457).

$C_9H_8Cl_4$ 1) **αβγγ-Tetrachlor-α-Phenylpropan.** Sm. 66° (*C. r.* **136**, 95 *C.* **1903** [1] 457).

$C_9H_8Br_4$ 4) **2,3,5,6-Tetrabrom-4-Aethyl-1-Methylbenzol** (*B.* **36**, 1637 *C.* **1903** [2] 26).

C_9H_9N *17) **Nitril d. 1,2-Dimethylbenzol-4-Carbonsäure.** Sm. 66° (*B.* **36**, 328 *C.* **1903** [1] 576).
*18) **Nitril d. 1,3-Dimethylbenzol-2-Carbonsäure.** Sm. 90—91° (*B.* **36**, 327 *C.* **1903** [1] 576).
*19) **Nitril d. 1,3-Dimethylbenzol-4-Carbonsäure.** Sm. 24°; Sd. 223 bis 224° (*B.* **36**, 327 *C.* **1903** [1] 576; *G.* **32** [2] 491 *C.* **1903** [1] 832).
20) **Nitril d. 1,2-Dimethylbenzol-3-Carbonsäure.** Sd. 230—240° (*B.* **36**, 329 *C.* **1903** [1] 576).
21) **Nitril d. 1,4-Dimethylbenzol-2-Carbonsäure.** Sm. 5,5° (13—14°) (*B.* **36**, 330 *C.* **1903** [1] 576; *G.* **32** [2] 484 *C.* **1903** [1] 831).

$C_9H_9N_3$ *17) **5-Methyl-1-Phenyl-1,2,3-Triazol.** HCl (*B.* **35**, 4048 *C.* **1903** [1] 169).

C_9H_9Cl 3) **α-Chlor-α-[4-Methylphenyl]äthen.** Sd. 96—97,5°$_{15}$ (*B.* **36**, 1876 *C.* **1903** [2] 286).
4) **β-Chlor-α-[4-Methylphenyl]äthen.** Sm. 36—37°; Sd. 222—224°$_{760}$ (*B.* **36**, 3908 *C.* **1903** [2] 1438).

C_9H_9Br *4) **α-Brom-β-Phenylpropen.** Sd. 225—228° (*C. r.* **135**, 1346 *C.* **1903** [1] 328).
5) **β-Brom-α-Phenylpropen.** Sd. 109—110°$_{20}$ (*B.* **36**, 207 *C.* **1903** [1] 512).
6) **β-Brom-α-[4-Methylphenyl]äthen.** Sm. 46,5—47,5° (*B.* **36**, 3908 *C.* **1903** [2] 1439).

$C_9H_{10}O$ *6) **Methyläther d. 2-Oxyphenyläthen.** Sd. 82—83°$_{11}$ (*B.* **36**, 3590 *C.* **1903** [2] 1365).
*7) **Methyläther d. 4-Oxyphenyläthen.** Sd. 204—205°$_{755}$ (*B.* **36**, 3592 *C.* **1903** [2] 1366).
*11) **β-Keto-α-Phenylpropan.** Sd. 210—212° (*A.* **325**, 146 *C.* **1903** [1] 644).
*12) **Aethylphenylketon** (*C. r.* **137**, 576 *C.* **1903** [2] 1110; *C.* **1904** [1] 1259).
*14) **Methyl-4-Methylphenylketon** (*C. r.* **136**, 558 *C.* **1903** [1] 832).
*15) **Aldehyd d. α-Phenylpropionsäure.** Sd. 204° (*C. r.* **137**, 1261 *C.* **1904** [1] 445).
*18) **Aldehyd d. 1,3-Dimethylbenzol-4-Carbonsäure.** Sd. 219—229° (*C.* **1901** [2] 772; *G.* **32** [1] 486 *C.* **1903** [1] 831; *Soc.* **85**, 217 *C.* **1904** [1] 656, 939).
*20) **Aldehyd d. 1,4-Dimethylbenzol-2-Carbonsäure** Sd. 100°$_{16}$ (*G.* **32** [2] 477 *C.* **1903** [1] 830).

$C_9H_{10}O$

26) **Methyläther d. α-Oxy-α-Phenyläthen.** Sd. 197° (*C. r.* **137**, 261 *C.* **1903** [2] 664; *C. r.* **138**, 287 *C.* **1904** [1] 719; *Bl.* [3] **31**, 525 *C.* **1904** [1] 1552).

27) **Methyläther d. β-Oxy-α-Phenyläthen.** Sd. 210—213° (*C. r.* **138**, 288 *C.* **1904** [1] 720; *Bl.* [3] **31**, 527 *C.* **1904** [1] 1552).

28) **Methyläther d. 3-Oxyphenyläthen.** Sd. 89—90_{14} (*B.* **36**, 3592 *C.* **1903** [2] 1366).

29) **4-Methyl-1,2-Dihydrobenzfuran.** Sd. 210—211° (*B.* **36**, 2877 *C.* **1903** [2] 834).

30) **Aldehyd d. 1-Aethylbenzol-4-Carbonsäure.** Sd. 221° (*C. r.* **136**, 558 *C.* **1903** [1] 832).

$C_9H_{10}O_2$

*7) **Methyl-4-Oxy-2-Methylphenylketon.** Sm. 128°; Sd. 313° (*C.* **1904** [1] 1597).

*9) **Methyläther d. Methyl-2-Oxyphenylketon.** Sd. $239°_{757}$ (*B.* **36**, 3589 *C.* **1903** [2] 1365).

*10) **Methyläther d. Methyl-3-Oxyphenylketon.** Sd. 238—$240°_{756}$ (*B.* **36**, 3591 *C.* **1903** [2] 1366).

*17) **β-Phenylpropionsäure.** Sm. 48°. Ca, Ba (*B.* **35**, 905 *C.* **1903** [1] 1133; *C. r.* **138**, 1049 *C.* **1904** [1] 1493; *C.* **1904** [2] 1697).

*20) **4-Methylphenylessigsäure.** Sm. 91° (*B.* **36**, 3515 *C.* **1903** [2] 1275).

*23) **1-Aethylbenzol-4-Carbonsäure.** Sm. 112° (*B.* **36**, 3906 *C.* **1903** [2] 1438).

*25) **1,2-Dimethylbenzol-4-Carbonsäure.** + H_2SO_4 (*R.* **21**, 351 *C.* **1903** [1] 150).

*27) **1,3-Dimethylbenzol-4-Carbonsäure.** + $1^1/_2H_2SO_4$ (*R.* **21**, 351 *C.* **1903** [1] 150).

*28) **1,3-Dimethylbenzol-5-Carbonsäure.** + H_2SO_4 (*R.* **21**, 351 *C.* **1903** [1] 150).

*29) **1,4-Dimethylbenzol-2-Carbonsäure.** + H_2SO_4 (*R.* **21**, 351 *C.* **1903** [1] 150).

*43) **Aethylester d. Benzolcarbonsäure.** + $AlCl_3$ (*B.* **36**, 3087 *C.* **1903** [2] 1004; *Soc.* **85**, 1107 *C.* **1904** [2] 976).

*53) **Aethyl-2-Oxyphenylketon.** Sd. $115°_{15}$ (*B.* **36**, 2586 *C.* **1903** [2] 621).

56) **Methylenäther d. 3,4-Dioxy-1-Aethylbenzol.** Sd. 212—$213°_{760}$ (*B.* **36**, 3596 *C.* **1903** [2] 1367).

57) **α-Oxy-β-Keto-α-Phenylpropan.** Sd. $135°_{40}$ (*G.* **33** [2] 263 *C.* **1904** [1] 24).

58) **β-Oxyäthylphenylketon.** Sm. 190° (*B.* **36**, 1356 *C.* **1903** [1] 1299).

59) **Methyl-2-Oxy-4-Methylphenylketon.** Sm. 21°; Sd. $245°_{760}$ (*C.* **1904** [1] 1597).

60) **3-Methylcykloheptatriëncarbonsäure.** Sm. 107—108°. Ag (*B.* **36**, 3516 *C.* **1903** [2] 1275).

61) **3-Methylnorcaradiëncarbonsäure.** Fl. (*B.* **36**, 3515 *C.* **1903** [2] 1275).

62) **Aldehyd d. 4-Oxy-1,3-Dimethylbenzol-5-Carbonsäure.** Sm. 11°; Sd. 222° (*B.* **35**, 4108 *C.* **1903** [1] 150).

63) **Aldehyd d. 3-Oxy-1,4-Dimethylbenzol-2-Carbonsäure.** Sm. 62—63° (*B.* **35**, 4108 *C.* **1903** [1] 150).

64) **Aldehyd d. 4-Oxyphenylessigmethyläthersäure.** Sd. 255—256° (*C. r.* **134**, 1505). — *III, *66*.

65) **Aldehyd d. 5-Oxy-1-Methylbenzolmethyläther-2-Carbonsäure.** Sd. 257° (*B.* **31**, 1151). — *III, *64*.

66) **Aldehyd d. 6-Oxy-1-Methylbenzolmethyläther-3-Carbonsäure.** Sd. 251° (*B.* **31**, 1151). — *III, *65*.

$C_9H_{10}O_3$

*8) **α-Oxy-α-Phenylpropionsäure** + $^1/_2H_2O$. Sm. 94° (89—90°) (*B.* **36**, 1406 *C.* **1903** [1] 1347; *B.* **36**, 4315 *C.* **1904** [1] 449).

*12) **α-Oxy-β-Phenylpropionsäure.** Sm. 96° (*B.* **36**, 4313 *C.* **1904** [1] 449).

*27) **4-Methoxylphenylessigsäure.** Sm. 86°. Ag (*A.* **332**, 326 *C.* **1904** [2] 651).

*41) **5-Oxy-1-Methylbenzolmethyläther-2-Carbonsäure.** Sm. 176° (*C.* **1904** [1] 1597).

*47) **3-Oxy-1-Methylbenzolmethyläther-4-Carbonsäure.** Sm. 104° (*C.* **1904** [1] 1597).

*50) **4-Oxybenzoläthyläther-1-Carbonsäure** (*C. r.* **136**, 378 *C.* **1903** [1] 636).

$C_9H_{10}O_3$ *60) **Aldehyd d. 3,4-Dioxybenzoldimethyläther-1-Carbonsäure** (*B.* **37**, 3402 *C.* **1904** [2] 1318).

*62) **Methylester d. α-Oxyphenylessigsäure.** Sm. 58°; Sd. 144°$_{20}$. + 4AlCl$_3$ (*B.* **37**, 2767 *C.* **1904** [2] 708; *Soc.* **85**, 1107 *C.* **1904** [2] 976).

*88) **α-[4-Oxyphenyl]propionsäure.** Sm. 130° (*A.* **227**, 268; *C. r.* **131**, 270). — *II, *930.*

93) **3,4-Methylenäther d. 3,4-Dioxy-1-[α-Oxyäthyl]benzol.** Sd. 137 bis 138°$_{14}$ (268—270°) (*B.* **36**, 3595 *C.* **1903** [2] 1366; *G.* **34** [1] 361 *C.* **1904** [2] 214).

94) **5-Methyläther d. Methyl-2,5-Dioxyphenylketon.** Sm. 52° (*B.* **37**, 774 Anm. *C.* **1904** [1] 1155).

95) **1-α-Oxy-α-Phenylpropionsäure.** Sm. 90—91,5° (*Soc.* **85**, 1260 *C.* **1904** [2] 1304).

96) **Aldehyd d. 4,5-Dioxy-1-Methylbenzol-4-Methyläther-2-Carbonsäure.** Sm. 165° (D.R.P. 91170). — *III, *77.*

97) **Aldehyd d. 3,4-Dioxybenzol-3-Aethyläther-1-Carbonsäure.** Sm. 77,5° (D.R.P. 81071, 81352, 85196, 90395). — *III, *74.*

98) **Methylester d. 1-α-Oxyphenylessigsäure** (*C. r.* **124**, 196). — *II, *925.*

$C_9H_{10}O_4$ *11) **r-α-Oxy-α-[4-Methoxylphenyl]essigsäure.** Sm. 108—109° (*B.* **37**, 3174 *C.* **1904** [2] 1303).

*18) **2,4-Dioxybenzoldimethyläther-1-Carbonsäure.** Sm. 108° (*M.* **24**, 890 *C.* **1904** [1] 512).

*21) **3,4-Dioxybenzoldimethyläther-1-Carbonsäure** + 2H$_2$O. Sm. 179 bis 180° (*Soc.* **83**, 621 *C.* **1903** [1] 591; *B.* **37**, 2152 *C.* **1904** [2] 207).

*22) **3,5-Dioxybenzoldimethyläther-1-Carbonsäure.** Sm. 180—181° (180°) (*B.* **35**, 3901 *C.* **1903** [1] 27; *B.* **36**, 2303 *C.* **1903** [2] 578).

*34) **Aldehyd d. 3,4,5-Trioxybenzol-3,5-Dimethyläther-1-Carbonsäure.** Sm. 113° (*B.* **36**, 1032 *C.* **1903** [1] 1223).

*35) **Methylester d. 3,5-Dioxy-1-Methylbenzol-2-Carbonsäure.** Sm. 140° (*M.* **24**, 898 *C.* **1904** [1] 512).

*55) **Methoxylmethylester d. 2-Oxybenzol-1-Carbonsäure** (Mesotan). Sd. 153°$_{32}$ (*C.* **1903** [1] 1155; D.R.P. 137585 *C.* **1903** [1] 112).

57) **Aethyl-2,3,4-Trioxyphenylketon.** Sm. 127° (D.R.P. 42149, 50451). — *III, *115.*

58) **Monomethyläther d. Methyl-2,3,4-Trioxyphenylketon** + H$_2$O. Sm. 132—133° (wasserfrei) (*Soc.* **83**, 131 *C.* **1903** [1] 89, 466).

59) **d-αβ-Dioxy-β-Phenylpropionsäure.** Sm. 166—167°. Zn + 6H$_2$O (*B.* **30**, 1608). — *II, *1034.*

60) **l-αβ-Dioxy-β-Phenylpropionsäure.** Sm. 166—167°. Zn + 2H$_2$O (*B.* **30**, 1608). — *II, *1034.*

61) **d-α-Oxy-α-[4-Methoxylphenyl]essigsäure.** Sm. 104—105°. Cinchoninsalz (*B.* **37**, 3175 *C.* **1904** [2] 1304).

62) **l-α-Oxy-α-[4-Methoxylphenyl]essigsäure.** Sm. 104—105°. Cinchoninsalz (*B.* **37**, 3175 *C.* **1904** [2] 1304).

63) **3,5-Dioxy-1-Methylbenzol-?-Methyläther-2-Carbonsäure.** Sm. 169 bis 170° (*M.* **24**, 897 *C.* **1904** [1] 512).

64) **3,5-Dioxy-1-Methylbenzol-3-Methyläther-4-Carbonsäure.** Sm. 145 bis 146° (*M.* **24**, 900 *C.* **1904** [1] 513).

65) **Anhydrid d. β-Hepten-γζ-Oxyd-αβ-Dicarbonsäure.** Sm. 182° (*A.* **331**, 193 *C.* **1904** [1] 1213).

66) **Aldehyd d. 2,4,6-Trioxy-1,3-Dimethylbenzol-5-Carbonsäure.** Zers. bei 190° (*M.* **24**, 878 *C.* **1904** [1] 369).

67) **Aldehyd d. 2,4,6-Trioxybenzol-2,4-Dimethyläther-1-Carbonsäure.** Sm. 70—71° (*M.* **24**, 861 *C.* **1904** [1] 367).

68) **Methylester d. 3,5-Dioxy-1-Methylbenzol-2-Carbonsäure.** Sm. 98 bis 99° (*M.* **24**, 895 *C.* **1904** [1] 512).

69) **Methylester d. 2,6-Dioxy-1-Methylbenzol-3-Carbonsäure.** Sm. 126 bis 128° (130—132°) (*M.* **24**, 117 *C.* **1903** [1] 967; *M.* **24**, 909 *C.* **1904** [1] 513).

70) **Methylester d. 2,4-Dioxybenzol-4-Methyläther-1-Carbonsäure.** Sm. 48—50° (*M.* **24**, 887 *C.* **1904** [1] 512).

$C_9H_{10}O_5$ *3) **3,4,5-Trioxybenzol-3,5-Dimethyläther-1-Carbonsäure** (Syringasäure). Sm. 202° (*B.* **36**, 216 *C.* **1903** [1] 455).

*25) **Methylester d. 3,4,5-Trioxybenzol-4-Methyläther-1-Carbonsäure.** Sm. 147,5° (*B.* **36**, 216 *C.* **1903** [1] 455).

$C_9H_{10}O_5$ 26) **2,3,4-Trioxybenzol-3,4-Dimethyläther-1-Carbonsäure.** Sm. 169 bis 172° (*B.* **36**, 661 *C.* **1903** [1] 710; *M.* **25**, 513, 518 *C.* **1904** [2] 1118).
27) **Dimethylester d.** γ-**Keto-**αδ**-Pentadiën-**αε**-Dicarbonsäure.** Sm. 169 bis 169,5° (*B.* **37**, 3295 *C.* **1904** [2] 1041).
28) **1-Aethylcarbonat d. 1,2,3-Trioxybenzol.** Sm. 74° (*B.* **37**, 108 *C.* **1904** [1] 584).
29) **Verbindung** (aus γ-Keto-αδ-Pentadiën-αε-Dicarbonsäuredimethylester). Sm. 240—241° u. Zers. (*B.* **37**, 3296 *C.* **1904** [2] 1041).

$C_9H_{10}O_{10}$ 2) **Butan-**ααββδ**-Pentacarbonsäure.** Fl. Ag_5 (*Soc.* **85**, 612 *C.* **1904** [1] 1254, 1553).

$C_9H_{10}N_2$ *4) **4-Phenyl-4,5-Dihydropyrazol.** Fl. HCl, (2HCl, $PtCl_4$), (HCl, $AuCl_3$), Oxalat (*B.* **36**, 3777 *C.* **1904** [1] 41).
*18) **2-Methyl-3,4-Dihydro-1,3-Benzdiazin.** Pikrat (*B.* **36**, 813 *C.* **1903** [1] 979).
*21) **Nitril d.** α**-Phenylamidopropionsäure.** Sm. 92° (D.R.P. 142559 *C.* **1903** [2] 81).
*24) **Nitril d. 4-Methylphenylamidoessigsäure.** Sm. 61° (57°) (D.R.P. 138098 *C.* **1903** [1] 208; D.R.P. 142559 *C.* **1903** [2] 81; *B.* **37**, 4082 *C.* **1904** [2] 1723).
*28) **Nitril d. 4-Dimethylamidobenzol-1-Carbonsäure.** Sm. 76°; Sd. 318°$_{756}$ (*B.* **37**, 1739 *C.* **1904** [1] 1599).
*30) **Nitril d. 2-Methylphenylamidoessigsäure** (D.R.P. 138098 *C.* **1903** [1] 208).
34) αβ**-Benzylidenhydrazonäthan.** Sm. 208° (*J. pr.* [2] **67**, 144 *C.* **1903** [1] 865).
35) **3-Methyl-3,4-Dihydro-1,3-Benzdiazin.** Sm. 91—92°; Sd. 309°$_{766}$. Pikrat (*B.* **37**, 3646 *C.* **1904** [2] 1513).
36) **Nitril d. Methylphenylamidoessigsäure.** Sm. 13°; Sd. 266° (*B.* **37**, 2636 *C.* **1904** [2] 518; *B.* **37**, 2825 *C.* **1904** [2] 702; *B.* **37**, 4083 *C.* **1904** [2] 1723).

$C_9H_{10}N_4$ 13) **1-Phenylamido-5-Methyl-1,2,3-Triazol** (*A.* **325**, 158 *C.* **1903** [1] 644).

$C_9H_{10}Cl_2$ 5) **Dichlortrimethylbenzol.** Sm. 77° (*Soc.* **79**, 144 *C.* **1904** [1] 88).
6) **Verbindung** (aus 4-Oxy-1-Dichlormethyl-1,4-Dimethyl-1,4-Dihydrobenzol). Sd. 118—123°$_{11}$ (*B.* **36**, 1871 *C.* **1903** [2] 286).

$C_9H_{10}Br_2$ *2) αβ**-norm. Dibrompropylbenzol.** Sm. 70° (*C. r.* **139**, 482 *C.* **1904** [2] 1038).
*5) **4-[**αβ**-Dibromäthyl]-1-Methylbenzol.** Sm. 45° (*B.* **36**, 1637 *C.* **1903** [2] 26).

$C_9H_{11}N$ *11) **r-2-Methyl-2,3-Dihydroindol.** Sd. 225—226° (*Soc.* **85**, 1331 *C.* **1904** [2] 1657).
21) α**-d-1-Amido-2,3-Dihydroinden.** d-Bromcamphersulfonat, d-Chlorcamphersulfonat (*Soc.* **83**, 878 *C.* **1903** [2] 504; *Soc.* **83**, 908 *C.* **1903** [2] 504).
22) β**-d-1-Amido-2,3-Dihydroinden.** d-Bromcamphersulfonat, d-Chlorcamphersulfonat (*Soc.* **83**, 890 *C.* **1903** [illegible] *C.* **1903** [2] 504).
23) α**-l-1-Amido-2,3-Dihydroinden.** d-Bromcamphersulfonat, d-Chlorcamphersulfonat (*Soc.* **83**, 879 *C.* **1903** [2] 504; *Soc.* **83**, 912 *C.* **1903** [2] 504).
24) β**-l-1-Amido-2,3-Dihydroinden.** d-Bromcamphersulfonat, d-Chlorcamphersulfonat (*Soc.* **83**, 890 *C.* **1903** [2] 504; *Soc.* **83**, 912 *C.* **1903** [2] 504).
25) **d-2-Methyl-2,3-Dihydroindol.** Sd. 225°? (*Soc.* **85**, 1334 *C.* **1904** [2] 1657).
26) **l-2-Methyl-2,3-Dihydroindol.** Sd. 228—229°. HCl, d-Bromcamphersulfonat (*Soc.* **85**, 1331 *C.* **1904** [2] 1657).

$C_9H_{11}Br$ 14) γ**-Brom-**α**-Phenylpropan.** Sd. 110°$_{12}$ (*C. r.* **138**, 1049 *C.* **1904** [1] 1493).

$C_9H_{11}J$ *1) **4-Jod-1-Propylbenzol.** Sd. 240—242° (*A.* **327**, 303 *C.* **1903** [2] 353).
7) **4-Jod-3-Aethyl-1-Methylbenzol.** Sm. 34°; Sd. 222—225° (*J. pr.* [2] **69**, 436 *C.* **1904** [2] 589).

$C_9H_{12}O$ *1) α**-Oxypropylbenzol.** Sd. 106—108°$_{18}$ (*B.* **37**, 2085 *C.* **1904** [2] 182).
*18) **Methyläther d. 2-Oxy-1-Aethylbenzol.** Sd. 186—188°$_{758}$ (*B.* **36**, 3591 *C.* **1903** [2] 1366).

$C_9H_{12}O$ *21) **Aethyläther d. Oxymethylbenzol.** Sd. 187—189°$_{732}$ (*B.* **37**, 3190 *C.* **1904** [2] 1109; *B.* **37**, 3695 *C.* **1904** [2] 1387).
*25) **Propylphenyläther.** Sd. 190—191° (*B.* **36**, 2062 *C.* **1903** [2] 357).
*26) **Isopropylphenyläther.** Sd. 176° (*B.* **36**, 2062 *C.* **1903** [2] 357).
*32) **4-[α-Oxyäthyl]-1-Methylbenzol.** Sd. 219°$_{758}$ (*B.* **36**, 1635 *C.* **1903** [2] 26).
*34) **Methyläther d. 4-Oxy-1-Aethylbenzol.** Sd. 196—197°$_{762}$ (*B.* **36**, 3593 *C.* **1903** [2] 1366).
35) **2-Oxymethyl-1,4-Dimethylbenzol.** Sd. 232—234° (*G.* **32** [2] 486 *C.* **1903** [1] 831).
36) **Methyläther d. β-Oxy-α-Phenyläthan.** Sd. 189—190° (*C. r.* **138**, 814 *C.* **1904** [1] 1195).
37) **Methyläther d. 3-Oxy-1-Aethylbenzol.** Sd. 196—197°$_{758}$ (*B.* **36**, 3592 *C.* **1903** [2] 1366).
38) **Methyläther d. 2-Methyl-1-Oxymethylbenzol.** Sd. 187—188°$_{760}$ (D.R.P. 154658 *C.* **1904** [2] 1355).
39) **Methyläther d. 5-Oxy-1,3-Dimethylbenzol.** Sd. 193° (*R.* **21**, 328 *C.* **1903** [1] 78).

$C_9H_{12}O_2$ *10) **5-Oxy-2-Oxymethyl-1,4-Dimethylbenzol** (*B.* **36**, 1889 *C.* **1903** [2] 291).
*32) **α-Camphylsäure.** Sm. 148°; Sd. 248°$_{740}$ (*Soc.* **83**, 849 *C.* **1903** [2] 571).
*33) **β-Camphylsäure.** Sm. 105—106°; Sd. 248°$_{740}$ u. ger. Zers. Ag (*Soc.* **83**, 867 *C.* **1903** [2] 573).
*38) **1-Oxy-4-Keto-1,3,5-Trimethyl-1,4-Dihydrobenzol** (*B.* **36**, 2033 *C.* **1903** [2] 360).
*41) **i-α-Oxy-α-[2-Oxyphenyl]propan.** Sd. 125—130°$_{0,25}$ (*B.* **36**, 2586 *C.* **1903** [2] 621).
*42) **αβ-Dioxy-β-Phenylpropan.** Sm. 38° (*C. r.* **137**, 1261 *C.* **1904** [1] 445).
48) **3,4-Dioxy-1-Isopropylbenzol.** Sm. 78°; Sd. 270—272° (*C. r.* **138**, 1702 *C.* **1904** [2] 436).
49) **4,6-Dioxy-1,2,3-Trimethylbenzol.** Sm. 163—164° (*A.* **329**, 309 *C.* **1904** [1] 794).
50) **3,5-Dioxy-1,?,?-Trimethylbenzol.** Sm. 160—162° (*M.* **24**, 913 *C.* **1904** [1] 513).
51) **2-Oxy-5-Oxymethyl-1,3-Dimethylbenzol.** Sm. 104,5—105° (*B.* **36**, 2035 *C.* **1903** [2] 360).
52) **2-Methyläther d. 2-Oxy-1-[α-Oxyäthyl]benzol.** Sd. 119—120°$_{11}$ (*B.* **36**, 3588 *C.* **1903** [2] 1365).
53) **3-Methyläther d. 3-Oxy-1-[α-Oxyäthyl]benzol.** Sd. 132—133°$_{12}$ (*B.* **36**, 3591 *C.* **1903** [2] 1366).
54) **4-Methyläther d. 4-Oxy-1-[α-Oxyäthyl]benzol.** Fl. (*B.* **36**, 3592 *C.* **1903** [2] 1366).
55) **5-Methyläther d. 2,5-Dioxy-1,3-Dimethylbenzol.** Sm. 77—77,5° (*B.* **36**, 2040 *C.* **1903** [2] 360).
56) **1-Oxy-4-Keto-1,2,5-Trimethyl-1,4-Dihydrobenzol.** Sm. 116—116,5° (*B.* **36**, 2038 *C.* **1902** [2] 360; *B.* **36**, 1627 *C.* **1903** [2] 31).
57) **β-Methyl-βζ-Heptenin-η-Carbonsäure.** Sd. 160—164°$_{24}$ (*C. r.* **134**, 554 *C.* **1903** [1] 825).
58) **2-Methyl-R-Penten-4-[Aethyl-β-Carbonsäure].** Sm. 64—65° (*B.* **36**, 950 *C.* **1903** [1] 1022).
59) **Lakton** (aus Umbellulon). Sd. 217—221° (*Soc.* **85**, 645 *C.* **1904** [1] 1608 *C.* **1904** [2] 330).
60) **Verbindung** (aus 2,6-Dimethylphenylhydroxylamin). Sm. 139,5—140,5° (*B.* **36**, 2040 *C.* **1903** [2] 360).

$C_9H_{12}O_3$ *5) **2,4,6-Trioxy-1,3,5-Trimethylbenzol** + $3H_2O$. Sm. 184° (wasserfrei) (*A.* **329**, 281 *C.* **1904** [1] 796).
*11) **Trimethyläther d. 1,2,3-Trioxybenzol.** Sm. 47°; Sd. 235° (*A.* **327**, 116 *C.* **1903** [1] 1214; *M.* **25**, 516 *C.* **1904** [2] 1118).
*13) **Trimethyläther d. 1,3,5-Trioxybenzol.** Sm. 52° (*Ar.* **242**, 505 *C.* **1904** [2] 1386).
*16) **α-Phenyläther d. αβγ-Trioxypropan.** Sm. 56° (*B.* **36**, 2064 *C.* **1903** [2] 357).
*26) **Aethylester d. 2,5-Dimethylfuran-3-Carbonsäure.** Sd. 210—214°$_{740}$ (*B.* **37**, 2188 *C.* **1904** [2] 240).

$C_9H_{12}O_3$ *32) **2-Methyläther d. 2,4,6-Trioxy-1,3-Dimethylbenzol** + H_2O. Sm. 148—150° (*A.* **329**, 284 *C.* **1904** [1] 796).

34) **3,4-Dimethyläther d. 3,4-Dioxy-1-Oxymethylbenzol.** Sd. 296—297°$_{732}$ (*B.* **37**, 3403 *C.* **1904** [2] 1318).

35) **4,6-Dioxy-2-Keto-1,1,5-Trimethyl-1,2-Dihydrobenzol.** Sm. 180 bis 181° (*M.* **24**, 111 *C.* **1903** [1] 967).

36) **Methylfilicinsäure.** Sm. 178—180° (*A.* **329**, 292 *C.* **1904** [1] 796).

37) **Aethylester d. 2,4-Dimethylfuran-3-Carbonsäure.** Sd. 97°$_{10}$ (*B.* **35**, 1539, 1545). — *III, *507.*

$C_9H_{12}O_4$ 29) **2,6-Diketohexahydrobenzol-1-Propionsäure.** Sm. 181—182° (*B.* **37**, 3823 *C.* **1904** [2] 1607).

$C_9H_{12}O_5$ 16) **β-Hepten-γζ-Oxyd-αβ-Dicarbonsäure** (Valaktenbernsteinsäure). Ba, Ag_2 (*A.* **331**, 193 *C.* **1904** [1] 1213).

17) **βγ-Anhydrid d. β-Methylpentan-βγε-Tricarbonsäure.** Sm. 155—157°; Sd. 255° (*Soc.* **85**, 136 (*C.* **1904** [1] 727).

$C_9H_{12}O_6$ 20) **Monoäthylester d. 1-Methyl-R-Trimethylen-2,2,3-Tricarbonsäure** + 2[3]H_2O. Sm. 70—71°. Ag_2 (*B.* **17**, 2834; *B.* **36**, 1086 *C.* **1903** [1] 1126). — I, *819.*

$C_9H_{12}O_8$ 6) **Succinglutarperoxyd.** Sm. 107° u. Zers. (*Am.* **32**, 64 *C.* **1904** [2] 766).

$C_9H_{12}N_2$ 19) **α-Imido-β-Amido-α-Phenylpropan** (*A.* **291**, 270). — *III, *113.*

20) **Aethyl-2-Amidobenzylidenamin.** Fl. (*B.* **37**, 3656 *C.* **1904** [2] 1514).

21) **1-Hydrazonmethyl-4-Aethylbenzol.** Sm. 101° (*C. r.* **136**, 558 *C.* **1903** [1] 832).

22) **2-Methyl-1,2,3,4-Tetrahydro-1,3-Diazin.** Pikrat (*B.* **36**, 812 *C.* **1903** [1] 979).

$C_9H_{12}Cl_2$ 1) **3,5-Dichlor-1,1,6-Trimethyl-1,2-Dihydrobenzol.** Sd. 120—125°$_{21}$ (*C.* **1904** [1] 88).

$C_9H_{13}N$ *9) **4-Amido-1-Propylbenzol.** Sd. 224—226° (*A.* **327**, 301 *C.* **1903** [2] 353).

51) **4-Amido-3-Aethyl-1-Methylbenzol.** Sd. 218—220°. H_2SO_4 (*J. pr.* [2] **69**, 436 *C.* **1904** [2] 580).

52) **4-tert. Butylpyridin.** Sd. 196—197°. (2HCl, $PtCl_4$), (HCl, $AuCl_3$) (*B.* **36**, 2911 *C.* **1903** [2] 890).

53) **Nitril d. r-α-Campholytsäure.** Sd. 200—205° (*C. r.* **138**, 696 *C.* **1904** [1] 1086).

$C_9H_{14}O$ *5) **Isocamphoron** (*Soc.* **81**, 1526 *C.* **1903** [1] 157).

*6) **Campherphoron** (*A.* **331**, 318 *C.* **1904** [1] 1567).

*26) **Pulegenon.** Sd. 189—190° (*A.* **327**, 133 *C.* **1903** [1] 1412).

28) **β-[4-Ketohexahydrophenyl]propen.** Sd. 184—186° (*Soc.* **85**, 670 *C.* **1904** [2] 331).

29) **Pinophoron.** Sd. 203—205° (*B.* **37**, 239 *C.* **1904** [1] 720).

30) **Vetirol.** Sd. 150—155°$_{10}$ (D.R.P. 142416 *C.* **1903** [2] 229).

31) **Aldehyd d. α-Oktin-α-Carbonsäure.** Sd. 90—92°$_{18}$ (*C. r.* **138**, 1341 *C.* **1904** [2] 187).

$C_9H_{14}O_2$ *9) **i-α-Campholytsäure.** Sd. 160—162°$_{45}$ (*Soc.* **83**, 853 *C.* **1903** [2] 572; *Soc.* **85**, 147 *C.* **1904** [1] 728).

*17) **Isocampholakton.** Sm. 32° (*Am.* **32**, 290 *C.* **1904** [2] 1222).

*44) **α-Oktin-α-Carbonsäure.** Sd. 154—156°$_{16}$ (*C. r.* **136**, 554 *C.* **1903** [1] 825; *Bl.* [3] **29**, 658 *C.* **1903** [2] 487).

57) **ζ-Methyl-α-Heptin-α-Carbonsäure.** Sm. —16 bis —12°; Sd. 169 bis 172°$_{38}$ (*C. r.* **136**, 554 *C.* **1903** [1] 825).

58) **1,3-Dimethyl-1,2,3,4-Tetrahydrobenzol-2-Carbonsäure.** Fl. (D.R.P. 148206 *C.* **1904** [1] 485).

59) **Lakton d. 5-Oxy-1,3-Dimethylhexahydrobenzol-2-Carbonsäure.** Sd. 129—131°$_{12}$ (D.R.P. 148207 *C.* **1904** [1] 486).

60) **isom. Lakton d. 5-Oxy-1,3-Dimethylhexahydrobenzol-2-Carbonsäure.** Sd. 129—131°$_{12}$ (D.R.P. 148207 *C.* **1904** [1] 486).

61) **Lakton d. i-5-Oxy-1,1,2-Trimethyl-R-Pentamethylen-2-Carbonsäure** (Isocampholakton). Sd. 155—157°$_{50}$ (*C.* **1903** [1] 923; *Soc.* **85**, 143 *C.* **1904** [1] 728).

62) **Methylester d. ε-Methyl-α-Hexin-α-Carbonsäure.** Sd. 98—99°$_{18}$ (*C. r.* **136**, 553 *C.* **1903** [1] 825).

63) **Aethylester d. α-Hexin-α-Carbonsäure.** Sd. 106—108°$_{24}$ (*C. r.* **136**, 553 *C.* **1903** [1] 824).

$C_9H_{14}O_2$ 64) **Aethylester d. γγ-Dimethyl-α-Butin-α-Carbonsäure.** Sd. 75°$_{15}$ (*C. r.* **136**, 553 *C.* **1903** [1] 824).

$C_9H_{14}O_3$ *30) **Aethylester d. 4-Keto-1-Methyl-R-Pentamethylen-3-Carbonsäure.** Sd. 118°$_{18}$ (*C. r.* **136**, 1613 *C.* **1903** [2] 440).

*32) **Aethylester d. 2-Keto-1-Methyl-R-Pentamethylen-3-Carbonsäure.** Sd. 113°$_{22}$ (*C.* **1903** [2] 23).

35) **i-Camphononsäure.** Sm. 232° (*Am.* **28**, 484 *C.* **1903** [1] 329).

36) **Säure** (aus Umbellulon). Ba (*Soc.* **85**, 645 *C.* **1904** [2] 330).

37) **5-Keto-1,3-Dimethylhexahydrobenzol-1-Carbonsäure** + H_2O. Sm. 124—125° (wasserfrei) (*B.* **37**, 4062 *C.* **1904** [2] 1650; *B.* **37**, 4071 *C.* **1904** [2] 1652).

38) **Methylester d. 3-Keto-1,2-Dimethyl-R-Pentamethylen-2-Carbonsäure.** Sd. 105—106°$_{15}$ (*C. r.* **138**, 210 *C.* **1904** [1] 662).

39) **Aethylester d. 4-Ketohexahydrobenzol-1-Carbonsäure.** Sd. 158°$_{40}$ (*Soc.* **85**, 427 *C.* **1904** [1] 1439).

$C_9H_{14}O_4$ *31) **Aethylester d. βε-Diketohexan-γ-Carbonsäure.** Sd. 161—163°$_{50-51}$ (*C.* **1903** [2] 1281).

*35) **Diäthylester d. Propen-αγ-Dicarbonsäure.** Sd. 129—131°$_{18}$ (*Bl.* [3] **29**, 1012 *C.* **1903** [2] 1315).

*61) **Aethylester d. αγ-Diketohexan-α-Carbonsäure.** Sd. 228—232° u. Zers. Na, Cu (*Soc.* **81**, 1490 *C.* **1903** [1] 138).

*63) **Aethylester d. γε-Diketo-β-Methylpentan-ε-Carbonsäure.** Sd. 230 bis 232° u. Zers. Na, Ca, Ba, Cu, Co (*Soc.* **81**, 1486 *C.* **1903** [1] 138).

64) **Hexahydrobenzol-1-Carbonsäure-3-Methylcarbonsäure.** Sm. 158° (*B.* **36**, 3611 *C.* **1903** [2] 1372).

65) **βδ-Lakton d. δ-Oxypentan-βγ-Dicarbonsäure-γ-Aethylester.** Sd. 142°$_{14}$ (*B.* **37**, 1616 *C.* **1904** [1] 1403).

66) **βδ-Lakton d. β-Oxy-β-Methylbutan-αδ-Dicarbonsäure-α-Aethylester.** Sd. 285—287° (*B.* **36**, 953 *C.* **1903** [1] 1017).

67) **δ-Aethylester d. β-Methyl-β-Buten-γδ-Dicarbonsäure.** Sm. 118 bis 120° (*J. pr.* [2] **67**, 199 *C.* **1903** [1] 869).

$C_9H_{14}O_5$ *5) **Trioxydihydro-α-Camphylsäure.** Sm. 148—150° u. Zers. Ba (*Soc.* **83**, 855 *C.* **1903** [2] 572).

26) **δ-Ketoheptan-αη-Dicarbonsäure.** Sm. 101—102° (u. Sm. 108—109°) (*B.* **37**, 3817 *C.* **1904** [2] 1606).

27) **Ketodioxyhydro-β-Camphylsäure.** Fl. (*Soc.* **83**, 872 *C.* **1903** [2] 574).

$C_9H_{14}O_6$ 33) **isom. β-Methylpentan-βγε-Tricarbonsäure.** Sm. 155—157° (*C.* **1903** [1] 923; *Soc.* **85**, 135 *C.* **1904** [1] 727).

34) **γ-Methylpentan-αδδ-Tricarbonsäure.** Sm. 159° (*C.* **1903** [2] 1425).

35) **Säure** (aus Bernsteinsäuremonoäthylester) (*Bl.* [3] **29**, 1046 *C.* **1903** [2] 1424).

$C_9H_{15}N$ *9) **Nitril d. β-Methyl-β-Hepten-ζ-Carbonsäure.** Sd. 202° u. Zers. (*A.* **328**, 345 *C.* **1903** [2] 1124).

10) **Nitril d. βε-Dimethyl-β-Hexen-ζ-Carbonsäure.** Sd. 216—217° (*A.* **329**, 102 *C.* **1903** [2] 1071).

$C_9H_{16}O$ *21) **Aethyläther d. 1-Oxy-2,3,4,5-Tetrahydro-R-Hepten.** Sd. 173 bis 175° (*A.* **327**, 69 *C.* **1903** [1] 1124).

*23) **2-Keto-1-Methyl-3-Isopropyl-R-Pentamethylen** (Dihydropulegenon). Sd. 184—185° (*A.* **327**, 135 *C.* **1903** [1] 1412; *A.* **329**, 108 *C.* **1903** [2] 1071; *B.* **37**, 237 *C.* **1904** [1] 726).

*27) **2-Keto-1,1,4-Trimethylhexahydrobenzol** (Pulenon). Sd. 183° (*A.* **329**, 85 *C.* **1903** [2] 1370).

28) **Pinocamphorylalkohol.** Sd. 203° (*B.* **37**, 240 *C.* **1904** [1] 726).

29) **5-Keto-4-Isopropyl-1-Methyl-R-Pentamethylen.** Sd. 180—181° (*C.* **1904** [2] 1045).

$C_9H_{16}O_2$ *1) **2-Oxy-4-Acetyl-1-Methylhexahydrobenzol.** Sm. 58—59°; Sd. 144 bis 145°$_{13}$ (*B.* **36**, 766 *C.* **1903** [1] 836).

*36) **βδ-Diketononan** (Caproylaceton). Sd. 100°$_{20}$. Cu (*Bl.* [3] **27**, 1086 *C.* **1903** [1] 225).

*38) **β-Methyl-β-Hepten-ζ-Carbonsäure.** Sd. 242° (*A.* **328**, 347 *C.* **1903** [2] 1124).

54) **1-Oxy-4-Keto-1-Isopropylhexahydrobenzol.** Sd. 177—180°$_{100}$ (*Soc.* **85**, 670 *C.* **1904** [2] 331).

55) **γδ-Diketononan.** Sd. 77—80°$_{10}$ (*Bl.* [3] **31**, 1176 *C.* **1904** [2] 1701).

$C_9H_{16}O_2$

56) γε-Diketo-β-Methyloktan (Butyrylisobutyrylmethan). Sd. 89—90°$_{20}$. Cu (*Bl.* [3] **27**, 1094 *C.* **1903** [1] 226).
57) βε-Dimethyl-β-Hexen-ζ-Carbonsäure. Sd. 143—147°$_{23}$. Ag (*A.* **329**, 102 *C.* **1903** [2] 1071).
58) Acetat d. 1-Oxy-1-Methylhexahydrobenzol. Sd. 176°$_{760}$ (*C. r.* **138**, 1323 *C.* **1904** [2] 219).

$C_9H_{16}O_3$

*4) γ-Keto-β-Methylheptan-ζ-Carbonsäure. Sd. 265°. Ag (*A.* **327**, 142 *C.* **1903** [1] 1412; *B.* **37**, 236 *C.* **1904** [1] 726).
*10) α-Oxydihydrocampholytische Säure. Sd. 180—185°$_{25}$ (*Am.* **32**, 289 *C.* **1904** [2] 1222).
*22) Aethylester d. 2-Oxyhexahydrobenzol-1-Carbonsäure. Sd. 100 bis 103°$_{10}$ (*B.* **37**, 1278 *C.* **1904** [1] 1335).
*54) Methylester d. β-Ketoheptan-α-Carbonsäure. Sd. 118°$_{19}$ (*Bl.* [3] **27**, 1092 *C.* **1903** [1] 226).
*55) Aethylester d. δ-Oxy-β-Hexen-ε-Carbonsäure. Sd. 110—112°$_{16}$ (*C.* **1903** [2] 556).
*57) Aethylester d. ε-Keto-β-Methylpentan-ε-Carbonsäure. Sd. 93—94°$_{12}$ (*Bl.* [3] **31**, 1152 *C.* **1904** [2] 1707).
62) 5-Oxy-1,3-Dimethylhexahydrobenzol-2-Carbonsäure. Fl. (D.R.P. 148207 *C.* **1904** [1] 486).
63) cis-2-Oxy-1,1,2-Trimethyl-R-Pentamethylen-5-Carbonsäure. Fl. (*Soc.* **85**, 144 *C.* **1904** [1] 728).
64) β-Oxy-α-Heptenmethyläther-α-Carbonsäure. Sm. 54,5° (*C. r.* **138**, 287 *C.* **1904** [1] 719).
65) ζ-Keto-β-Methylheptan-γ-Carbonsäure. Sd. 156°$_{14}$ (*B.* **37**, 239 *C.* **1904** [1] 726).
66) Isocampholaktonsäure. Ag (*Am.* **32**, 290 *C.* **1904** [2] 1222).
67) Säure (aus Dihydropulegenon). Sd. 154—155°$_{15}$ (*A.* **327**, 139 *C.* **1903** [1] 1412).
68) Methylester d. β-Keto-γ-Aethylpentan-γ-Carbonsäure (M. d. Diäthylacetessigsäure). Sd. 206—207°$_{760}$ (*C.* **1903** [1] 225; *Bl.* [3] **29**, 954 *C.* **1903** [2] 1111).
69) Isobutylester d. α-Ketobutan-α-Carbonsäure. Sd. 87—88°$_{11}$ (*Bl.* [3] **31**, 1150 *C.* **1904** [2] 1706).
70) Capronat d. α-Oxy-β-Ketopropan. Sd. 107—108°$_{10}$ (*C. r.* **138**, 1275 *C.* **1904** [2] 93).

$C_9H_{16}O_4$

*24) Diäthylester d. Propan-αα-Dicarbonsäure (*C. r.* **137**, 714 *C.* **1903** [2] 1423).
62) α-Cyklogeraniolenozonid. Sd. 80—100°$_{10}$ (*B.* **37**, 849 *C.* **1904** [1] 1145).
63) β-Methylhexan-βε-Dicarbonsäure. Sm. 114—115°. Ag_2 (*A.* **329**, 92 *C.* **1903** [2] 1071).
64) γ-Methylhexan-αδ-Dicarbonsäure. Sm. 97—98° (*C. r.* **138**, 211 *C.* **1904** [1] 663).
65) 3,5-Dioxyhexahydrobenzoldimethyläther-1-Carbonsäure. Fl. (D.R.P. 81443). — *II, *1023.*
66) Monomethylester d. βγ-Dimethylbutan-βγ-Dicarbonsäure. Sm. 63°. Ag (*Soc.* **85**, 554 *C.* **1904** [1] 1485).
67) Monoäthylester d. β-Methylbutan-αδ-Dicarbonsäure. Sd. 164—166° (*C.* **1903** [2] 288).
68) Aethylester d. α-Acetoxyl-β-Methylpropan-β-Carbonsäure. Sd. 202°$_{760}$ (*Bl.* [3] **31**, 125 *C.* **1904** [1] 644).
69) Isobutylester d. 1-α-Acetoxylpropionsäure. Sd. 90—91°$_{12}$ (*C.* **1903** [2] 1419).
70) Diacetat d. βδ-Dioxypentan. Sd. 200—210° u. Zers. (*C.* **1904** [1] 1327).

$C_9H_{16}O_5$

*3) γ-Oxy-βδ-Dimethylpentan-βδ-Dicarbonsäure (*Bl.* [3] **31**, 118 *C.* **1904** [1] 643).
*9) Diäthylester d. β-Oxypropan-αγ-Dicarbonsäure. Sd. 156—157°$_{28}$ (*Bl.* [3] **29**, 1014 *C.* **1903** [2] 1315).
19) δ-Oxyheptan-αη-Dicarbonsäure. Sm. 104—105°. Ba + $4H_2O$ (*B.* **37**, 3820 *C.* **1904** [2] 1606).
20) α-Oxy-β-Isopropylbutan-αδ-Dicarbonsäure. Fl. (*B.* **36**, 1751 *C.* **1903** [2] 117).

$C_9H_{14}O_5$ 21) **α-Aethylester d. β-Oxy-β-Methylbutan-αδ-Dicarbonsäure.** Ag (*B.* **36**, 953 *C.* **1903** [1] 1017).

$C_9H_{16}O_6$ 8) **βζ-Dimethylheptan-βγ-εζ-Diozonid.** Fl. (*B.* **37**, 847 *C.* **1904** [1] 1145).

9) **Lakton d. Glykontrimethyläthersäure.** Sd. 160°₁₁ (*Soc.* **83**, 1040 *C.* **1903** [2] 347, 659).

$C_9H_{16}N_2$ 13) **1-Methyl-4[oder 5]-Amylimidazol.** Sd. 158—160°₁₀. (2HCl, PtCl₄), (HCl, AuCl₃), Pikrat (*Soc.* **83**, 444 *C.* **1903** [1] 930, 1143).

$C_9H_{17}N$ 25) **r-α-Amidocampholen.** Sd. 184—185° (*C. r.* **138**, 696 *C.* **1904** [1] 1087).

26) **β-Aethylchinuclidin.** Sd. 190—192°. HCl, (2HCl, PtCl₄), (HCl, AuCl₃), Pikrat (*B.* **37**, 3245 *C.* **1904** [2] 996).

$C_9H_{18}O$ *2) **ζ-Oxy-βζ-Dimethyl-β-Hepten.** Sd. 73—75°₁₀,₅ (*B.* **37**, 845 *C.* **1904** [1] 1145).

*4) **δ-Oxy-δεε-Trimethyl-α-Hexen** (*C.* **1903** [2] 1415).

*17) **β-Ketononan.** Sd. 194,5—195,5°₇₆₃ (*Soc.* **81**, 1588 *C.* **1903** [1] 29, 162; *B.* **36**, 2547 *C.* **1903** [2] 654).

*24) **Oxyd** (aus αγ-Dioxy-ββε-Trimethylhexan). Sd. 139—140° (*M.* **24**, 530 *C.* **1903** [2] 869).

*27) **δ-Oxy-δ-Methyl-α-Okten** (*C.* **1903** [2] 1415).

*34) **2-Oxy-1-Methyl-3-Isopropyl-R-Pentamethylen.** Sd. 185—192° (*B.* **37**, 236 *C.* **1904** [1] 726).

*35) **2-Oxy-1,1,4-Trimethylhexahydrobenzol** (Pulenol). Sd. 187—189° (*A.* **329**, 87 *C.* **1903** [2] 1071).

*36) **Dihydropulegenol.** Sd. 77—78°₁₅ (*A.* **327**, 135 *C.* **1903** [1] 1412).

39) **δ-Oxy-δζ-Dimethyl-α-Hepten.** Sd. 173°₇₆₅ (*C.* **1904** [2] 185).

40) **α-Oxyisopropylhexahydrobenzol.** Sd. 96°₂₀ (*C. r.* **139**, 345 *C.* **1904** [2] 704).

41) **1-Oxy-1-Propylhexahydrobenzol.** Sd. 180°₇₆₀ u. Zers. (*C. r.* **138**, 1321 *C.* **1904** [2] 219).

42) **Methyläther d. β-Oxy-α-Okten.** Sd. 166—168° (*C. r.* **138**, 287 *C.* **1904** [1] 719; *Bl.* [3] **31**, 524 *C.* **1904** [1] 1552).

43) **Aethyläther d. β-Oxy-α-Hepten.** Sd. 161—161,5 (*C. r.* **138**, 287 *C.* **1904** [1] 719; *Bl.* [3] **31**, 523 *C.* **1904** [1] 1551).

44) **δ-Ketononan.** Sd. 75—76°₁₀ (*Bl.* [3] **31**, 1158 *C.* **1904** [2] 1708).

45) **β-Keto-δ-Methyloktan.** Sd. 184°₇₀₅ (*Soc.* **81**, 1595 *C.* **1903** [1] 15, 132).

46) **Aldehyd d. Oktan-β-Carbonsäure.** Sd. 92°₂₈ (*C. r.* **138**, 92 *C.* **1904** [1] 505).

$C_9H_{18}O_2$ *3) **Pelargonsäure.** Sm. 9—11,5°; Sd. 251—254°. Ca + H₂O (*Bl.* [3] **29**, 664 *C.* **1903** [2] 487; *G.* **34** [2] 54 *C.* **1904** [2] 693).

*4) **Oktan-β-Carbonsäure.** Sd. 136°₁₇ (*Bl.* [3] **31**, 748 *C.* **1904** [2] 303).

*9) **Methylester d. Caprylsäure.** Sd. 95°₂₅ (*Bl.* [3] **29**, 1120 *C.* **1904** [1] 259).

50) **5-Oxy-2-Oxymethyl-1,3-Dimethylhexahydrobenzol.** Sd. 159—161°₁₄ (D.R.P. 148207 *C.* **1904** [1] 486).

51) **Aethyläther d. ζ-Oxy-ε-Keto-β-Methylhexan.** Sd. 92—93°₁₈ (*C. r.* **138**, 91 *C.* **1904** [1] 505).

52) **Oxyd** (aus d. Glycerin d. Methylallylnormalbutylcarbinol). Sd. 230 bis 232°₇₄₃ (*C.* **1904** [2] 185).

53) **Isoheptylester d. Essigsäure** (Acetat d. ζ-Oxy-β-Methylhexan). Sd. 183 bis 185°₇₄₈ (*C. r.* **136**, 1261 *C.* **1903** [2] 106).

$C_9H_{18}O_3$ 41) **Triäthyläther d. αγγ-Trioxypropan.** Sd. 190—193° u. Zers. (*B.* **36**, 3668 *C.* **1903** [2] 1312).

42) **α-Oxyoktan-α-Carbonsäure.** Sm. 70° (*C. r.* **138**, 698 *C.* **1904** [1] 1066).

43) **γ-Oxybutteramyläthersäure.** Sd. 148°₁₅ (*C. r.* **136**, 96 *C.* **1903** [1] 455).

44) **Aethylester d. α-Oxy-β-Methylpropanäthyläther-β-Carbonsäure.** Sd. 75°₂₂ (*Bl.* [3] **31**, 128 *C.* **1904** [1] 644).

$C_9H_{18}O_6$ 5) **Trimethyläther d. Glykose.** Sd. 194°₉ (*Soc.* **83**, 1039 *C.* **1903** [2] 347, 659).

$C_9H_{18}Br_2$ 4) **βζ-Dibrom-βζ-Dimethylheptan.** Sm. 35° (*B.* **37**, 846 *C.* **1904** [1] 1145).

9*

$C_9H_{19}N$ 30) ε-Methylamido-βε-Dimethyl-β-Hexen. Sd. 167—168°. (2HCl, $PtCl_4$) (*B.* **36**, 3369 *C.* **1903** [2] 1187).

31) r-α-Dihydrocampholenamin. Sm. 190°. Pikrat (*C. r.* **136**, 1143 *C.* **1903** [1] 1410).

$C_9H_{20}O$ *1) α-Oxynonan. Sd. 215° (*C. r.* **138**, 149 *C.* **1904** [1] 577; *Bl.* [3] **31**, 674 *C.* **1904** [2] 184).

*3) δ-Oxy-δ-Aethylheptan (*C.* **1903** [2] 1415).

*7) Methyläther d. α-Oxyoktan. Sd. $75°_{20}$ (*C. r.* **136**, 1677 *C.* **1903** [2] 419; *Bl.* [3] **31**, 673 *C.* **1904** [2] 184).

*12) β-Oxynonan. Sd. 195—196° (193—194°) (*Soc.* **81**, 1592 *C.* **1903** [1] 29, 162; *B.* **36**, 2548 *C.* **1903** [2] 654).

16) α-Oxy-β-Methyloktan. Sd. $98—99°_{16}$ (*Bl.* [3] **31**, 748 *C.* **1904** [2] 303).

17) ε-Oxy-βε-Dimethylheptan. Sd. 175° (*C.* **1904** [1] 1496).

18) Butyläther d. α-Oxypentan (Butylamyläther). Sd. $157°_{756}$ (*C. r.* **138**, 1610 Anm. *C.* **1904** [2] 429).

$C_9H_{20}O_2$ 7) αι-Dioxynonan. Sm. 45,5°; Sd. $177°_{15}$ (*M.* **25**, 1085 *C.* **1904** [2] 1698).

8) α-Aethyläther d. αβ-Dioxy-β-Aethylpentan. Sd. 180—184° (*C. r.* **138**, 92 *C.* **1904** [1] 505).

$C_9H_{20}O_3$ 11) δζη-Trioxy-βδ-Dimethylheptan. Fl. (*C.* **1904** [2] 185).

12) Aldehyd d. α-Oxy-α-[2-Furanyl]-β-Methylpropan-β-Carbonsäure (*M.* **22**, 311). — *III, *520*.

$C_9H_{21}N$ *6) Tripropylamin. (2HCl, $PtCl_4$) (*C.* **1904** [1] 923).

*10) β-Amidononan. Sd. $69—69,5°_{11}$. (2HCl, $PtCl_4$), Pikrat (*B.* **36**, 2555 *C.* **1903** [2] 655).

$C_9H_{21}N_3$ *1) 1,3,5-Triäthylhexahydro-1,3,5-Triazin (R-Trimethylentriäthyltriamin). Sd. 196—198° (200—210°). HBr, HJ, Pikrat, Dipikrat (*A.* **334**, 217 *C.* **1904** [2] 899; D.R.P. 139394 *C.* **1903** [1] 678).

*2) isom. 1,3,5-Triäthylhexahydro-1,3,5-Triazin. (2HCl, $PtCl_4$), HBr, HJ, (HJ + CHJ_3), Pikrat (*A.* **334**, 220 *C.* **1904** [2] 899).

$C_9H_{22}N_2$ *2) Di[Diäthylamido]methan. Sd. 168° (*B.* **37**, 4088 *C.* **1904** [2] 1724).

$C_9H_{22}Sn$ 1) Zinnmethyläthyldipropyl. Sd. $183—184°_{758}$ (*C.* **1904** [1] 353).

2) Zinntriäthylpropyl. Sd. $195°_{761}$ (*C.* **1904** [1] 353).

— 9 III —

$C_9H_4OCl_4$ 2) 1,1,3,3-Tetrachlor-2-Keto-2,3-Dihydroinden. Sm. 98° (*A.* **334**, 356 *C.* **1904** [2] 1054).

$C_9H_4O_2Cl_2$ 2) 6,8-Dichlor-4-Oxy-1,2-Benzpyron. Sm. 284° u. Zers. (*B.* **35**, 464 *C.* **1903** [1] 636).

$C_9H_4NBr_3$ 17) 2,8,?-Tribromchinolin. Sm. 165° (*J. pr.* [2] **68**, 102 *C.* **1903** [2] 445).

C_9H_5OCl *1) Chlorid d. Phenylpropiolsäure. Sd. $119°_{12}$ (*Soc.* **85**, 1324 *C.* **1904** [2] 1645).

$C_9H_5O_2Cl_3$ 4) β-Chlor-β-[2,4-Dichlorphenyl]akrylsäure. Sm. 173° (*B.* **37**, 220, 224 *C.* **1904** [1] 588).

$C_9H_5O_2Br_5$ 2) Acetat d. 3,4,5,6-Tetrabrom-2-Oxy-1-Brommethylbenzol. Sm. 156° (*A.* **332**, 178 Anm. *C.* **1904** [2] 209).

$C_9H_5O_4Cl_3$ 3) α,2-Lakton d. βββ-Trichlor-α-Oxy-α-[4-Oxyphenyl]äthan-2-Carbonsäure. Sm. 197—198° (*A.* **296**, 344). — *II, *1036*.

$C_9H_5O_4N$ 12) Lakton d. 1-[β-Nitro-α-Oxyäthenyl]benzol-2-Carbonsäure (Nitromethylenphtalid). Sm. [illegible] (*R.* **30**, [illegible] *C.* **1903** [1] 710).

$C_9H_5O_5N_3$ 3) 5-Keto-3-[3,5-Dinitrophenyl]-4,5-Dihydroisoxazol. Sm. 173—175° u. Zers. (*J. pr.* [2] **69**, 403 *C.* **1904** [2] 595).

$C_9H_5NCl_2$ 12) 1,6[oder 1,7]-Dichlorisochinolin. Sm. 95,5—96° (*B.* **37**, 1077 *C.* **1904** [2] 236).

$C_9H_6O_2N_2$ *9) Nitril d. α-Oximidobenzoylessigsäure. Sm. 120—121° (*B.* **37**, 3468 *C.* **1904** [2] 1305).

$C_9H_6O_2N_4$ C 53,5 — H 3,0 — O 15,8 — N 27,7 — M. G. 202.

1) Nitril d. α-Oximido-β-Nitrosimido-α-Phenylpropionsäure. NH_4 (*B.* **37**, 3468 *C.* **1904** [2] 1305).

$C_9H_6O_2Cl_4$ 3) Acetat d. 2,3,5,6-Tetrachlor-4-Oxy-1-Methylbenzol. Sm. 112° (*A.* **328**, 282 *C.* **1903** [2] 1245).

$C_9H_6O_2Br_4$ *1) Acetat d. 2,4,5,6-Tetrabrom-3-Oxy-1-Methylbenzol. Sm. 165° (*A.* **333**, 356 *C.* **1904** [2] 1116).

$C_9H_6O_3N_2$ *6) 6-Nitro-2-Oxychinolin. Sm. 277° (*M.* **24**, 100 *C.* **1903** [1] 922).

$C_9H_8O_3N_2$ 26) **6-Diazo-1,2-Benzpyron.** Sulfat (*Soc.* **85**, 1235 *C.* **1904** [2] 1124).
27) **4-Nitro-3-Phenylisoxazol.** Sm. 116° (*A.* **328**, 245 *C.* **1903** [2] 1000).

$C_9H_8O_3Cl_4$ *1) **1-Acetat d. 2,3,5,6-Tetrachlor-4-Oxy-1-Oxymethylbenzol.** Sm. 170° (*A.* **328**, 296 *C.* **1903** [2] 1248).
2) **Acetat d. 2,3,5,6-Tetrachlor-1-Oxy-4-Keto-1-Methyl-1,2,3,4-Tetrahydrobenzol.** Sm. 135° (*A.* **328**, 302 *C.* **1903** [2] 1248).

$C_9H_8O_4N_2$ *8) **2,4,6-Triketo-5-Furalhexahydro-1,3-Diazin** (*B.* **35**, 4443 *C.* **1903** [1] 423).
10) **3-Nitroindol-2-Carbonsäure.** Sm. 230° u. Zers. (*G.* **34** [2] 65 *C.* **1904** [2] 710).

$C_9H_8O_4Br_2$ 2) **3,5-Dibrom-2-Acetoxylbenzol-1-Carbonsäure.** Sm. 156° (*Soc.* **81**, 1481 *C.* **1903** [1] 23, 144).
3) **3,5-Dibrom-4-Acetoxylbenzol-1-Carbonsäure.** Sm. 207° (*Soc.* **81**, 1483 *C.* **1903** [1] 23, 144).

C_9H_8NJ *5) **6-Jodchinolin.** Sm. 91° (*A.* **332**, 80 *C.* **1904** [2] 43).

$C_9H_8N_3Cl$ 1) **3-Chlor-5-Phenyl-1,2,4-Triazin.** Sm. 122—123° (*B.* **36**, 4127 *C.* **1904** [1] 295).

$C_9H_8Cl_2Br_2$ 1) **γγ-Dichlor-αβ-Dibrompropen.** Sm. 107° (*C. r.* **137**, 127 *C.* **1903** [2] 570).

C_9H_7ON *2) **5-Phenylisoxazol.** Sm. 18—22°; Sd. 254—256° (*B.* **36**, 3671 *C.* **1903** [2] 1313; *C. r.* **138**, 1341 *C.* **1904** [2] 187).
24) **γ-Oximido-α-Phenylpropin.** Sm. 108° (*B.* **36**, 3671 *C.* **1903** [2] 1313).
25) **Verbindung** (aus Tryptophan). Sm. 195° (*C.* **1903** [2] 1012).

$C_9H_7ON_3$ *4) **Nitril d. Phenylhydrazoncyanessigsäure.** Sm. 168° (*B.* **36**, 3666 *C.* **1903** [2] 1312).
6) **Acetophenonazocyanid.** Sm. 72°. K (*A.* **325**, 149 *C.* **1903** [1] 644).
7) **3-Oxy-5-Phenyl-1,2,4-Triazin.** Sm. 234° (*A.* **325**, 152 *C.* **1903** [1] 644).

C_9H_7OCl 5) **Methyläther d. 4-Oxyphenyläthin.** Sd. 133—138°$_{20}$ (*B.* **36**, 916 *C.* **1903** [1] 970).

$C_9H_7OCl_3$ 1) **Aldehyd d. ααβ-Trichlor-β-Phenylpropionsäure.** Fl. (*C. r.* **136**, 1073 *C.* **1903** [1] 1345).

$C_9H_7OCl_5$ 1) **Propyläther d. Pentachloroxybenzol.** Sm. 49—50° (*B.* **37**, 4019 *C.* **1904** [2] 1717).

$C_9H_7O_2N$ *19) **6-Amido-1,2-Benzpyron.** Sm. 163—164° (*Soc.* **85**, 1230 *C.* **1904** [2] 1123).
*38) **Nitril d. 4-Acetoxylbenzol-1-Carbonsäure.** Sm. 57° (*B.* **36**, 3974 *C.* **1904** [1] 163).
45) **2-Nitroinden.** Sm. 141° u. Zers. (*B.* **28**, 1333; *A.* **336**, 3 *C.* **1904** [2] 1465). — *II, *92.*
46) **6[oder 7]-Oxy-1-Keto-1,2-Dihydroisochinolin.** Sm. 270° (*B.* **37**, 1976 *C.* **1904** [2] 236).
47) **Phenylcyanessigsäure.** Sm. 92° (*Am.* **32**, 127 *C.* **1904** [2] 954).
48) **Methylimid d. Benzol-1,2-Dicarbonsäure.** Sm. 133—134° (*B.* **37**, 1945 *C.* **1904** [2] 123).
49) **Verbindung** (aus α-Oxamido-β-Phenylpropionsäure). Sm. 148—150° (*B.* **36**, 4310 *C.* **1904** [1] 448).

$C_9H_7O_2N_3$ 25) **Nitril d. α-Nitro-β-Phenylimidopropionsäure.** Sm. 215—216° (*Am.* **29**, 270 *C.* **1903** [1] 958).
26) **3-Cyanphenylamid d. Oxaminsäure.** Sm. 246° (*C.* **1904** [2] 102).

$C_9H_7O_2Cl_3$ 6) **ααβ-Trichlor-β-Phenylpropionsäure.** Sm. 112° (*C. r.* **136**, 1073 *C.* **1903** [1] 1345).
7) **Acetat d. 2,3,5-Trichlor-4-Oxy-1-Methylbenzol.** Sm. 37—38° (*A.* **328**, 281 *C.* **1903** [2] 1245).

$C_9H_7O_2Br$ *3) **Allo-α-Brom-β-Phenylpropionsäure** (*Soc.* **83**, 673 *C.* **1903** [2] 115; *C.* **1904** [2] 439).
*4) **β-Brom-β-Phenylakrylsäure** (*Soc.* **83**, 1156 *C.* **1903** [2] 1369).
*5) **Allo-β-Brom-β-Phenylakrylsäure.** Sm. 159° (*B.* **36**, 902 *C.* **1903** [1] 1133; *Soc.* **83**, 1156 *C.* **1903** [2] 1369; *C.* **1904** [2] 439).
*8) **β-[4-Bromphenyl]akrylsäure** (*B.* **37**, 223 *C.* **1904** [1] 588).

$C_9H_7O_3N$ 25) **2-Oxy-1,4-Diketo-1,2,3,4-Tetrahydroisochinolin** (*B.* **36**, 578 *C.* **1903** [1] 711).
26) **6[oder 7]-Oxy-1,4-Diketo-1,2,3,4-Tetrahydroisochinolin.** Sm. noch nicht bei 300° (*B.* **37**, 1975 *C.* **1904** [2] 236).

$C_9H_7O_3N$ 27) β-[3-Nitrosophenyl]akrylsäure. Zers. bei 230° (*B.* **37**, 335 *C.* **1904** [1] 658; *Am.* **32**, 396 *C.* **1904** [2] 1498).

28) β-[4-Nitrosophenyl]akrylsäure. Zers. oberh. 220° (*Am.* **32**, 393 *C.* **1904** [2] 1498).

$C_9H_7O_3N_3$ *13) 5-Oxy-1-Phenyl-1,2,4-Triazol-3-Carbonsäure. Sm. 179—180° (*B.* **36**, 1101 *C.* **1903** [1] 1140).

18) 5-Nitro-2-Acetylindazol. Sm. 158—159° (*B.* **37**, 2585 *C.* **1904** [2] 659).

19) 7-Nitro-2-Acetylindazol. Sm. 131—132° (*B.* **37**, 2576 *C.* **1904** [2] 658).

20) 5-Oxy-1-Phenyl-1,2,3-Triazol-4-Carbonsäure + H_2O. Sm. 82—83° K, K_2 + $2H_2O$ (*B.* **35**, 4052 *C.* **1903** [1] 170).

21) 5-Keto-1-Phenyl-4,5-Dihydro-1,2,3-Triazol-4-Carbonsäure. Sm. 111—112° u. Zers. (*B.* **35**, 4051 *C.* **1903** [1] 170).

22) 2-Phenyl-1,2,3,6-Oxtriazin-5-Carbonsäure. Sm. 155° u. Zers. Ag (*Soc.* **83**, 1248 *C.* **1903** [2] 1421).

23) Nitril d. 3-Nitrobenzoylamidoessigsäure. Sm. 118° (*B.* **36**, 1647 *C.* **1903** [2] 32).

24) Nitril d. 4-Nitrobenzoylamidoessigsäure. Sm. 145° (*B.* **36**, 1647 *C.* **1903** [2] 32).

$C_9H_7O_3Cl_3$ 1) Acetat d. 2,3,5-Trichlor-1-Oxy-4-Keto-1-Methyl-1,4-Dihydrobenzol. Sm. 85—86° (*A.* **328**, 300 *C.* **1903** [2] 1248).

$C_9H_7O_4N$ *4) β-[4-Nitrophenyl]akrylsäure. + H_2SO_4 (*R.* **21**, 352 *C.* **1903** [1] 150; *Am.* **32**, 392 *C.* **1904** [2] 1498).

*20) 3,4-Methylenäther d. β-Nitro-α-[3,4-Dioxyphenyl]äthen. Na (*Bl.* [3] **29**, 525 *C.* **1903** [2] 244).

21) Methylester d. 1-Oxybenzoxazol-4-Carbonsäure. Sm. 196,5° (*A.* **325**, 324 *C.* **1903** [1] 770).

$C_9H_7O_4N_3$ *2) 3,?-Dinitro-2-Methylindol. Zers. bei 260° (*C.* **1903** [2] 121; *G.* **34** [2] 64 *C.* **1904** [2] 710).

$C_9H_7O_4Cl_3$ 1) Acetat d. 3,5,6-Trichlor-1,2-Dioxy-4-Keto-1-Methyl-1,4-Dihydrobenzol. Sm. 161° u. Zers. (*A.* **328**, 306 *C.* **1903** [2] 1248).

$C_9H_7O_4Br$ 7) 5-Brom-2-Acetoxylbenzol-1-Carbonsäure. Sm. 168° (*Soc.* **81**, 1482 *C.* **1903** [1] 23, 144).

8) 3-Brom-4-Acetoxylbenzol-1-Carbonsäure. Sm. 155° (*Soc.* **81**, 1483 *C.* **1903** [1] 23, 144).

$C_9H_7O_5N$ *2) 2-Oxalylamidobenzol-1-Carbonsäure + H_2O. Sm. 210° u. Zers. Ag (*A.* **332**, 242 *C.* **1904** [2] 39).

22) 2-Nitrobenzoylessigsäure. Sm. 117—120° u. Zers. (*Soc.* **85**, 151 *C.* **1904** [1] 725).

23) Nitromethylphenylketon-2-Carbonsäure. Sm. 121,5°. Ag_2 (*B.* **36**, 575 *C.* **1903** [1] 710).

24) 2,3-Methylenätherester d. 5-Nitro-2-Oxy-1-Methylbenzol-3-Carbonsäure. Sm. 143° (*A.* **330**, 96 *C.* **1904** [1] 1076).

25) 3,4-Methylenätherester d. 6-Nitro-3-Oxy-1-Methylbenzol-4-Carbonsäure. Sm. 96° (*A.* **330**, 100 *C.* **1904** [1] 1076).

26) 1-Methylester d. 3-Nitrobenzol-1-Carbonsäure-2-Carbonsäurealdehyd. Sm. 145—146° (*M.* **24**, 830 *C.* **1904** [1] 373).

27) 2-Methylester d. 4-Nitrobenzol-1-Carbonsäurealdehyd-2-Carbonsäure. Sm. 85—86° (*M.* **24**, 825 *C.* **1904** [1] 372).

28) Pseudomethylester d. 3-Nitrobenzol-1-Carbonsäure-2-Carbonsäurealdehyd. Sm. 106—108° (*M.* **24**, 829 *C.* **1904** [1] 373).

29) Pseudomethylester d. 4-Nitrobenzol-1-Carbonsäurealdehyd-2-Carbonsäure. Sm. 101—103° (*M.* **24**, 823 *C.* **1904** [1] 372).

$C_9H_7O_5N_5$ C 40,8 — H 2,6 — O 30,2 — N 26,4 — M. G. 265.

1) 4-Methyluraciliminoalloxan (*Am.* **31**, 671 *C.* **1904** [2] 317).

$C_9H_7O_6N$ *12) 1-Methylester d. 3-Nitrobenzol-1,2-Dicarbonsäure. Sm. 157° (*B.* **35**, 3861 *C.* **1903** [1] 154).

*13) 2-Methylester d. 3-Nitrobenzol-1,2-Dicarbonsäure. Sm. 144° (*B.* **35**, 3861 *C.* **1903** [1] 154).

*14) 1-Methylester d. 4-Nitrobenzol-1,2-Dicarbonsäure. Sm. 129° (*M.* **24**, 828 *C.* **1904** [1] 373).

17) 1,3-Methylbetaïn d. Pyridin-2,3,4-Tricarbonsäure + H_2O (*M.* **24**, 712 *C.* **1904** [1] 218).

$C_9H_7O_6N$ 18) **2-Methylester d. 4-Nitrobenzol-1,2-Dicarbonsäure.** Sm. 140—142° (*M.* **24**, 827 *C.* **1904** [1] 373).

$C_9H_7O_6N_5$ 3) **5-Methylpurpursäure** (*Am.* **31**, 678 *C.* **1904** [2] 318).
4) **7-Methylpurpursäure.** $NH_4 + H_2O$ (*Am.* **31**, 674 *C.* **1904** [2] 317).
5) **Purpurmethyläthersäure** (*Am.* **31**, 679 *C.* **1904** [2] 318).

$C_9H_7O_7N$ 3) **?-Nitro-2-Acetoxyl-4-Oxybenzol-1-Carbonsäure.** Sm. 150° (*M.* **25**, 39 *C.* **1904** [1] 723).

$C_9H_7O_7N_5$ C 36,4 — H 2,4 — O 37,6 — N 23,6 — M. G. 297.
1) **Nitrodicyandichinolnitrosäure.** K_2 (*Am.* **29**, 118 *C.* **1903** [1] 709).

$C_9H_7O_8N_3$ 2) **4,6-Dinitrophenylamidoessigsäure-2-Carbonsäure.** Sm. 186—187°. Ba + $2H_2O$, Ag (*G.* **33** [2] 333 *C.* **1904** [1] 278).

$C_9H_7N_3S$ 1) **3-Thiocarbonyl-5-Phenyl-3,4-Dihydro-1,2,4-Triazin.** Sm. 200° (*B.* **36**, 4128 *C.* **1904** [1] 295).

$C_9H_7Cl_2Br$ 1) **γγ-Dichlor-β-Brom-α-Phenylpropen.** Sm. 55°; Sd. 167—168°$_{35}$ (*C. r.* **136**, 1074 *C.* **1903** [1] 1345).

$C_9H_8ON_2$ *23) **4-Oxy-2-Methyl-1,3-Benzdiazin.** Sm. 239° (*C.* **1903** [1] 174).
*37) **Nitril d. 2-Acetylamidobenzol-1-Carbonsäure.** Sm. 132,5° (*C.* **1903** [1] 174).
*46) **Nitril d. Benzoylamidoessigsäure.** Sm. 144° (*B.* **36**, 1646 *C.* **1903** [2] 32).
49) **4-Amido-3-Phenylisoxazol.** Sd. 179°$_{12}$ (*A.* **328**, 246 *C.* **1903** [2] 1000).
50) **Nitril d. 3-Acetylamidobenzol-1-Carbonsäure.** Sm. 130,5—131° (*C.* **1904** [2] 101).
51) **Nitril d. 4-Acetylamidobenzol-1-Carbonsäure.** Sm. 200° (*C.* **1903** [2] 113).
52) **Amid d. Phenylcyanessigsäure.** Sm. 147° (*Am.* **32**, 122 *C.* **1904** [2] 953).
53) **Verbindung** (aus 5-Oxy-4-Methyl-1-Phenyl-1,2,3-Triazol). Zers. bei 163 bis 164° (*A.* **335**, 101 *C.* **1904** [2] 1232).

$C_9H_8OBr_2$ 5) **αβ-Dibromäthylphenylketon.** Sm. 53—54° (*B.* **36**, 1355 *C.* **1903** [1] 1299).

$C_9H_8OBr_4$ 3) **Pseudotetrabrompropylphenol.** Sm. 112—113° (*B.* **37**, 1558 *C.* **1904** [1] 1438).

$C_9H_8O_2N_2$ *3) **2,5-Diketo-1-Phenyltetrahydroimidazol.** Sm. 197° u. Zers. (*Am.* **28**, 395 *C.* **1903** [1] 90).
*13) **1,3-Dioximido-2,3-Dihydroinden.** Sm. 225° u. Zers. (*G.* **33** [2] 153 *C.* **1903** [2] 1272).
*34) **3-Nitro-2-Methylindol.** Sm. 248° u. Zers. Na (*C.* **1903** [2] 121; *G.* **34** [2] 61 *C.* **1904** [2] 710).
*37) **2-Cyanmethylamidobenzol-1-Carbonsäure.** Sm. 182—184° u. Zers. (D.R.P. 142559 *C.* **1903** [2] 81; *B.* **37**, 4082 *C.* **1904** [2] 1723).
40) **6-Hydrazido-1,2-Benzpyron.** Sm. 165—167° (*Soc.* **85**, 1236 *C.* **1904** [2] 1124).
41) **Aldehyd d. α-Phenylazo-β-Oxyakrylsäure.** Sm. 116° (*B.* **36**, 3668 *C.* **1903** [2] 1312).

$C_9H_8O_2N_4$ 11) **5-Amido-1-Phenyl-1,2,3-Triazol-4-Carbonsäure.** Sm. 142°. K (*B.* **35**, 4059 *C.* **1903** [1] 171).

$C_9H_8O_2Cl_2$ 13) **Dichlormethylenäther d. 3,4-Dioxy-1-Aethylbenzol.** Sd. 133—135°$_{20}$ (*C. r.* **138**, 1702 *C.* **1904** [2] 436).
14) **1-[ββ-Dichloräthyl]benzol-4-Carbonsäure.** Sm. 179—181° (*B.* **36**, 3905 *C.* **1903** [2] 1438).
15) **Acetat d. 3,5-Dichlor-4-Oxy-1-Methylbenzol.** Sm. 48° (*A.* **328**, 278 *C.* **1903** [2] 1245).

$C_9H_8O_2Cl_4$ *2) **1-Aethyläther d. 2,3,5,6-Tetrachlor-4-Oxy-1-Oxymethylbenzol.** Sm. 128° (*A.* **328**, 296 *C.* **1903** [2] 1248).

$C_9H_8O_2Br_2$ *4) **i-αβ-Dibrom-β-Phenylpropionsäure** (*Soc.* **83**, 669 *C.* **1903** [2] 115).
21) **Methylenäther d. 3,4-Dioxy-1-[αβ-Dibromäthyl]benzol.** Sm. 160° (*G.* **34** [1] 369 *C.* **1904** [2] 214).

$C_9H_8O_2S$ *1) **α-Merkapto-β-Phenylakrylsäure.** Sm. 119° (*M.* **24**, 507 *C.* **1903** [2] 836).

$C_9H_8O_3N_2$ 24) **Methyläther d. 5-Oxy-4-Phenyl-1,2,3,6-Dioxdiazin.** Sm. 69° (*A.* **328**, 254 *C.* **1903** [2] 1001).
25) **Benzylidenharnstoff-2-Carbonsäure.** Sm. 240° u. Zers. (*B.* **21** [2] 353; *C. r.* **106**, 948. — **II**, *1626*; ***II**, *950*.

$C_9H_8O_3N_2$ 26) **Säure** (aus d. Verb. $C_{17}H_{19}O_3N_3$). Sm. 256° u. Zers. (*C.* **1904** [1] 1555).
27) **α-Amid d. α-Imido-α-Phenylessigsäure-2-Carbonsäure** (Imidophtalonaminsäure). Sm. 191—193°. NH_4 (*M.* **25**, 392 *C.* **1904** [2] 324).

$C_9H_8O_3Cl_2$ 7) **Acetat d. 3,5-Dichlor-1-Oxy-4-Keto-1-Methyl-1,4-Dihydrobenzol.** Sm. 82—84° (*A.* **328**, 299 *C.* **1903** [2] 1248).

$C_9H_8O_3Br_2$ 22) **Aethylester d. 3,5-Dibrom-4-Oxybenzol-1-Carbonsäure.** Sm. 90° (*Soc.* **81**, 1483 *C.* **1903** [1] 23, 144).

$C_9H_8O_4N_2$ *5) **β-[3-Nitro-4-Amidophenyl]akrylsäure.** Sm. 218—224,5° (*M.* **24**, 94 *C.* **1903** [1] 921).
*11) **Phenylhydrazonmethan-αα-Dicarbonsäure.** Sm. 163—164° (*B.* **37**, 4171 *C.* **1904** [2] 1703).
*22) **Benzoat d. α-Nitro-α-Oximidoäthan.** Sm. 131° (*G.* **33** [1] 510 *C.* **1903** [2] 938).
24) **6-Nitroso-3-Acetylamidobenzol-1-Carbonsäure.** Zers. bei 240° (*M.* **24**, 7 *C.* **1903** [1] 775).
25) **Aldehyd d. 5-Nitro-2-Acetylamidobenzol-1-Carbonsäure.** Sm. 160 bis 161° (*M.* **24**, 96 *C.* **1903** [1] 921).
26) **Aldehyd d. 6-Nitro-3-Acetylamidobenzol-1-Carbonsäure.** Sm. 161° (*M.* **24**, 5 *C.* **1903** [1] 775).
27) **Aldehyd d. 3-Nitro-4-Acetylamidobenzol-1-Carbonsäure.** Sm. 155° (*M.* **24**, 90 *C.* **1903** [1] 921).

$C_9H_8O_4N_4$ 3) **4,7-Dinitro-5,6-Dimethylindazol.** Sm. 221—222° (*B.* **37**, 2596 *C.* **1904** [2] 660).
4) **4,6-Dinitro-5,7-Dimethylindazol.** Sm. 247° (*B.* **37**, 2594 *C.* **1904** [2] 660).

$C_9H_8O_4Cl_2$ 2) **Verbindung** (aus Benzoësäure u. Dichloressigsäure) (*R.* **21**, 353 *C.* **1903** [1] 150).

$C_9H_8O_5N_2$ *4) **5-Nitro-2-Acetylamidobenzol-1-Carbonsäure.** Sm. 221° (*B.* **36**, 1801 *C.* **1903** [2] 283).
*6) **3-Nitrobenzoylamidoessigsäure.** Sm. 165° (*B.* **36**, 1647 *C.* **1903** [2] 32).
*7) **4-Nitrobenzoylamidoessigsäure** (*B.* **36**, 1648 *C.* **1903** [2] 32).
*13) **3-Nitro-4-Acetylamidobenzol-1-Carbonsäure** (D.R.P. 151725 *C.* **1904** [1] 1588).
21) **β-Keto-α-[?-Dinitrophenyl]propan.** Sm. 73—75° (*Bl.* [3] **19**, 74). — *III, *115.*
21) **Formyl-4-Nitrophenylamidoessigsäure.** Sm. 159—160° u. Zers. (D.R.P. 154556 *C.* **1904** [2] 1012).
22) **6-Nitro-3-Acetylamidobenzol-1-Carbonsäure.** Sm. 225° (*M.* **24**, 8 *C.* **1903** [1] 775).

$C_9H_8O_5S$ *3) **β-[4-Sulfophenyl]akrylsäure** + 3[5]H_2O. Na + 2H_2O, Anilinsalz (*C.* **1903** [2] 488).

$C_9H_8O_7N_4$ C 38,0 — H 2,8 — O 39,4 — N 19,7 — M. G. 284.
1) **Dimethylamid d. 2,4,6-Trinitrobenzol-1-Carbonsäure.** Sm. 144° (*R.* **21**, 383 *C.* **1903** [1] 152).

$C_9H_8O_8N_4$ *2) **Aethylester d. 2,4,6-Trinitrophenylamidoameisensäure.** Sm. 147° (*Soc.* **85**, 651 *C.* **1904** [2] 310).

$C_9H_8N_2S$ 4) **4-Thiocarbonyl-2-Methyl-4,5-Dihydro-1,3-Benzdiazin.** Sm. 218 bis 219° u. Zers. (*C.* **1903** [1] 1270).

$C_9H_8N_2S_2$ *2) **2-Thiocarbonyl-5-Methyl-4-Phenyl-2,4-Dihydro-1,3,4-Thiodiazol** (2-Methyl-3-Phenyl-2,3-Dihydro-1,3,4-Thiodiazol-2,5-Sulfid). Sm. 216° (*J. pr.* [2] **67**, 250 *C.* **1903** [1] 1264).

C_9H_8ClBr 1) **α-Chlor-β-Brom-α-Phenylpropen.** Sd. 135—140°$_{11}$ (*B.* **36**, 771 *C.* **1903** [1] 834).

$C_9H_8Cl_2Br_2$ 1) **γγ-Dichlor-αβ-Dibrom-α-Phenylpropan.** Sm. 127° (*C. r.* **136**, 96 *C.* **1903** [1] 457).

C_9H_9ON *17) **3-Methyl-2,4-Benzoxazin.** HBr, Pikrat (*B.* **37**, 2263 *C.* **1904** [2] 213).
*20) **Methylphtalimidin.** HBr, (HJ, J_2) (*B.* **36**, 156 *C.* **1903** [1] 444).
*21) **Amid d. β-Phenylakrylsäure.** Sm. 147° (*M.* **22**, 428).
*32) **Nitril d. 4-Oxybenzoläthyläther-1-Carbonsäure** (*B.* **36**, 652 *C.* **1903** [1] 768).
40) **γ-Phenylamido-γ-Oxypropin.** Sm. 122—123° (*B.* **36**, 3667 *C.* **1903** [2] 1312).

C_9H_9ON 41) **polym. Anhydroalkohol** (aus Methyl-4-Methylenamidophenylketon) (*C.* **1903** [1] 922).
42) **Methyl-4-Methylenamidophenylketon.** Sm. 170° (*C.* **1903** [1] 922).

$C_9H_9ON_3$ 34) **5-Oxy-4-Methyl-1-Phenyl-1,2,3-Triazol.** Zers. bei 133—134°. Na + $2H_2O$, HCl + H_2O (*B.* **35**, 4054 *C.* **1903** [1] 170; *A.* **335**, 93 *C.* **1904** [2] 1232).
35) **Nitril d. Methyl-4-Nitrosophenylamidoessigsäure.** Sm. 114—116° (*B.* **37**, 2637 *C.* **1904** [2] 519).

C_9H_9OBr 11) **α-Brom-β-Keto-α-Phenylpropan.** Fl. (*G.* **33** [2] 262 *C.* **1904** [1] 24).

$C_9H_9OBr_3$ 10) **Methyläther d. 2,4,6-Tribrom-5-Oxy-1,3-Dimethylbenzol.** Sm. 111° (*R.* **21**, 328 *C.* **1903** [1] 78).

$C_9H_9O_2N$ *8) **γ-Oximido-γ-Oxy-α-Phenylpropen.** Cu (*G.* **34** [2] 70 *C.* **1904** [2] 733).
*36) **Aldehyd d. 4-Acetylamidobenzol-1-Carbonsäure.** Sm. 161° (*C.* **1903** [1] 883; *M.* **24**, 89 *C.* **1903** [1] 921).
*38) **Amid d. Benzoylessigsäure.** Sm. 114—116° (*C.* **1904** [2] 905).
*42) **Phenylamid d. Brenztraubensäure.** Sm. 103—105° (*B.* **35**, 4056 *C.* **1903** [1] 171).
*48) **Nitril d. α-Oxy-α-[4-Methoxylphenyl]essigsäure.** Sm. 66—67° (*B.* **37**, 3173 *C.* **1904** [2] 1303).
66) **Aldehyd d. 3-Acetylamidobenzol-1-Carbonsäure.** Sm. 84° (*M.* **24**, 3 *C.* **1903** [1] 775).

$C_9H_9O_2N_3$ *10) **?-Nitro-2,5-Dimethylbenzimidazol.** Sm. 210° (*B.* **36**, 3972 *C.* **1904** [1] 178).
* *24) **5-Keto-3-Oxy-4-Methyl-1-Phenyl-4,5-Dihydro-1,2,4-Triazol.** Sm. 223—224° (*B.* **36**, 3149 *C.* **1903** [2] 1073; *B.* **37**, 2337 *C.* **1904** [2] 315).
27) **Methyläther d. 3-Oxy-5-Keto-1-Phenyl-4,5-Dihydro-1,2,4-Triazol.** Sm. 197° (*B.* **36**, 3150 *C.* **1903** [2] 1073).
28) **3,5-Diketo-1-Phenylhexahydro-1,2,4-Triazin.** Sm. 225° (*B.* **36**, 3884 *C.* **1904** [1] 27).
29) **?-Nitro-4,6-Dimethylbenzimidazol.** Sm. 268° (*B.* **36**, 3973 *C.* **1904** [1] 178).
30) **4-Nitro-5,6-Dimethylindazol.** Sm. 204° (*B.* **37**, 2596 *C.* **1904** [2] 660).
31) **7-Nitro-5,6-Dimethylindazol.** Sm. 180,5—181,5° (*B.* **37**, 2595 *C.* **1904** [2] 660).
32) **4[oder 6]-Nitro-5,7-Dimethylindazol.** Sm. 180—181° (*B.* **37**, 2594 *C.* **1904** [2] 660).
33) **Nitril d. 3-Nitro-4-Dimethylamidobenzol-1-Carbonsäure.** Sm. 114 bis 115° (*B.* **37**, 1030 *C.* **1904** [1] 1207).
34) **Amid d. Acetophenonazocarbonsäure.** Sm. 217° u. Zers. (*A.* **325**, 151 *C.* **1903** [1] 644).

$C_9H_9O_2N_5$ 2) **Azid d. β-Phenylureïdoessigsäure.** Sm. 92° u. Zers. (*J. pr.* [2] **70**, 248 *C.* **1904** [2] 1463).

$C_9H_9O_2Cl$ 25) **2-Methylphenylester d. Chloressigsäure.** Sd. 147° (i. V.) (*Ar.* **240**, 634 *C.* **1903** [1] 24).
26) **3-Methylphenylester d. Chloressigsäure.** Sd. 170° (i. V.) (*Ar.* **240**, 635 *C.* **1903** [1] 24).
27) **4-Methylphenylester d. Chloressigsäure.** Sm. 29—30°; Sd. 153 bis 154° (i. V.) (*Ar.* **240**, 635 *C.* **1903** [1] 24).

$C_9H_9O_2Br$ 22) **Methylenäther d. 3,4-Dioxy-1-[α-Bromäthyl]benzol.** Sm. 107° (*G.* **34** [1] 368 *C.* **1904** [2] 214).
23) **α-Brom-β-Phenylpropionsäure.** Fl. (*B.* **37**, 3064 *C.* **1904** [2] 1207).
24) **Benzoat d. β-Brom-α-Oxyäthan.** Sd. 280—285° u. Zers. (*A.* **332**, 209 *C.* **1904** [2] 211).

$C_9H_9O_3N$ *10) **2-Acetylamidobenzol-1-Carbonsäure.** Sm. 186,5°. Ca (*B.* **36**, 1800 *C.* **1903** [2] 283).
*11) **3-Acetylamidobenzol-1-Carbonsäure.** Sm. 250° (*B.* **36**, 1801 *C.* **1903** [2] 283).
*12) **4-Acetylamidobenzol-1-Carbonsäure.** Sm. 256,5° (*B.* **36**, 1801 *C.* **1903** [2] 283; *B.* **36**, 4088 *C.* **1904** [1] 269; D.R.P. 151725 *C.* **1904** [1] 1587).
*33) **2-Amid d. Benzol-1-Carbonsäure-2-Methylcarbonsäure.** Sm. 184° u. Zers. (*M.* **24**, 952 *C.* **1904** [1] 916).
*48) **Methylester d. 2-Formylamidobenzol-1-Carbonsäure.** Sm. 42—43°; Sd. 169,8—170°$_{18}$ (*B.* **36**, 2476 *C.* **1903** [2] 559).

$C_9H_9O_3N$ *49) **Aethylester d. 2-Nitrosobenzol-1-Carbonsäure.** Sm. 120—121° (*B.* **36**, 2313 *C.* **1903** [2] 430; *B.* **36**, 2701 *C.* **1903** [2] 996).

50) **2-Methylformylamidobenzol-1-Carbonsäure.** Sm. 167° (168,5—169°) (D.R.P. 139393 *C.* **1903** [1] 745; *B.* **36**, 1805 *C.* **1903** [2] 284).

51) **Aethylester d. 3-Nitrosobenzol-1-Carbonsäure.** Sm. 52—53° (*Am.* **32**, 401 *C.* **1904** [2] 1500).

52) **Aethylester d. 4-Nitrosobenzol-1-Carbonsäure.** Sm. 81° (*Am.* **32**, 398 *C.* **1904** [2] 1499).

53) **Phenylester d. Acetylamidoameisensäure.** Sm. 117° (*B.* **36**, 3216 *C.* **1903** [2] 1055).

54) **1-Amid d. Benzol-1-Carbonsäure-2-Methylcarbonsäure.** Sm. 230° (*M.* **24**, 956 *C.* **1904** [1] 916).

55) **Monamid d. Benzol-1,4-Dicarbonsäuremonomethylester.** Sm. 201° (*B.* **37**, 3223 *C.* **1904** [2] 1121).

$C_9H_9O_3N_3$ 18) **Monophenyldiamid d. Oximidomalonsäure.** Sm. 180—181° u. Zers. (*C.* **1904** [1] 1555).

$C_9H_9O_3Cl$ *2) **Chloracetat d. 1,2-Dioxybenzolmonomethyläther.** Sm. 58—60° (*Ar.* **240**, 636 *C.* **1903** [1] 24).

20) **4-Oxy-?-Chlormethyl-1-Methylbenzol-3-Carbonsäure.** Sm. 160° (D.R.P. 113723). — *II, *931.*

21) **3-Oxy-?-Chlormethyl-1-Methylbenzol-4-Carbonsäure.** Sm. 192° (D.R.P. 113723). — *II, *931.*

$C_9H_9O_3Br$ 19) **Aldehyd d. 6-Brom-3,4-Dioxybenzoldimethyläther-1-Carbonsäure?** Sm. 150° (*B.* **37**, 3815 *C.* **1904** [2] 1575).

20) **Aethylester d. 6-Brom-3-Oxybenzol-1-Carbonsäure.** Sm. 94° (*G.* **32** [2] 336 *C.* **1903** [1] 579).

$C_9H_9O_3Br_3$ 6) **Tribrommethylfilicinsäure.** Sm. 116° (*A.* **329**, 295 *C.* **1904** [1] 797).

$C_9H_9O_4N$ *6) **2-[illegible]** (D.R.P. 142506 *C.* **1903** [2] 80; D.[illegible] 1903 [illegible]; D.R.P. 143902 *C.* **1903** [2] 610; D.R.P. 147228 *C.* **1903** [2] 1485; D.R.P. 149346 *C.* **1904** [1] 847).

*38) **2,6-Dimethylpyridin-3,5-Dicarbonsäure.** Sm. 315—320° (*J. pr.* [2] **69**, 245 *C.* **1904** [1] 1358).

*49) **Dimethylester d. Pyridin-2,6-Dicarbonsäure.** Sm. 121° (*M.* **24**, 205 *C.* **1903** [2] 48).

*74) **1,3-Methylbetaïn d. Pyridin-3,4-Dicarbonsäure-4-Methylester.** Sm. 218° u. Zers. (*M.* **24**, 522 *C.* **1903** [2] 889).

81) **2,3-Methylenäther d. 5-Nitro-2-Oxy-3-Oxymethyl-1-Methylbenzol.** Sm. 133° (*A.* **330**, 94 *C.* **1904** [1] 1076).

82) **3,4-Methylenäther d. 6-Nitro-3-Oxy-4-Oxymethyl-1-Methylbenzol.** Sm. 137° (*A.* **330**, 99 *C.* **1904** [1] 1076).

83) **2-Oxyacetylamidobenzol-1-Carbonsäure.** Sm. 167° (D.R.P. 153576 *C.* **1904** [2] 678).

84) **1,4-Methylbetaïn d. Pyridin-3,4-Dicarbonsäure-3-Methylester** + H_2O. Sm. 182° u. Zers. (*M.* **24**, 523 *C.* **1903** [2] 889).

85) **Methylamid d. 3,4-Dioxybenzol-1-Ketocarbonsäure** (Peradrenalon) (*C.* **1904** [2] 1512).

$C_9H_9O_4N_3$ 11) **Methyläther d. α-Amido-α-[3-Nitrobenzoylimido]-α-Oxymethan.** Sm. 115° (*C.* **1904** [1] 1500).

12) **5-Nitro-2-Acetylamidobenzaldoxim.** Sm. 239° (*M.* **24**, 97 *C.* **1903** [1] 921).

13) **6-Nitro-3-Acetylamidobenzaldoxim.** Sm. 189° (*M.* **24**, 6 *C.* **1903** [1] 775).

14) **3-Nitro-4-Acetylamidobenzaldoxim.** Sm. 206° (*M.* **24**, 91 *C.* **1903** [1] 921).

15) **Methylester d. 4-Nitrophenylhydrazonessigsäure.** Zers. bei 170 bis 180° (*B.* **37**, 3592 *C.* **1904** [2] 1378).

16) **Methylester d. α-Phenylhydrazon-α-Nitroessigsäure.** Sm. 74° (*A.* **328**, 250 *C.* **1903** [2] 1000).

$C_9H_9O_4Br$ *3) **6-Brom-3,4-Dioxybenzoldimethyläther-1-Carbonsäure.** Sm. 186° (*B.* **37**, 3814 *C.* **1904** [2] 1575).

$C_9H_9O_4N_5$ 2) **Amid d. 3-Nitrophenylhydrazonmethan-αα-Dicarbonsäure.** Sm. 235° (*B.* **37**, 4177 *C.* **1904** [2] 1704).

3) **Amid d. 4-Nitrophenylhydrazonmethan-αα-Dicarbonsäure.** Sm. oberh. 285° (*B.* **37**, 4177 *C.* **1904** [2] 1704).

$C_9H_8O_5N$ *1) **1-Acetat d. 4-Nitro-1,2-Dioxybenzol-2-Methyläther.** Sm. 101° (*B.* **36**, 2257 *C.* **1903** [2] 428).

*35) **Aldehyd d. 2-Nitro-3,4-Dioxybenzol-3,4-Dimethyläther-1-Carbonsäure.** Sm. 64° (63°) (*B.* **35**, 4397 *C.* **1903** [1] 340; *B.* **36**, 2932 *C.* **1903** [2] 888; *B.* **36**, 3528 *C.* **1903** [2] 1378).

*36) **Aldehyd d. 6-Nitro-3,4-Dioxybenzol-3,4-Dimethyläther-1-Carbonsäure.** Sm. 132° (*B.* **35**, 4396 *C.* **1903** [1] 340).

37) **6-Nitroso-3,4-Dioxybenzoldimethyläther-1-Carbonsäure.** Sm. 180 bis 190° u. Zers. (*C.* **1903** [2] 32).

38) **Aldehyd d. 5-Nitro-3,4-Dioxybenzol-3,4-Dimethyläther-1-Carbonsäure.** Sm. 90—91° (*B.* **35**, 4399 *C.* **1903** [1] 341).

39) **2-Acetat d. 3-Nitro-1,2-Dioxybenzol-1-Methyläther.** Sm. 135—136° (*B.* **36**, 2257 *C.* **1903** [2] 428).

$C_9H_9O_6N$ 12) **1-2-Furanoylamidoäthan-αβ-Dicarbonsäure.** Sm. 162—163°. Ba (*B.* **37**, 2958 *C.* **1904** [2] 993).

$C_9H_9O_6N_5$ 2) **Verbindung** (aus Alloxantin). Zers. bei 240° (*B.* **37**, 2667 *C.* **1904** [2] 830).

$C_9H_9O_7N$ 1) **Aethylcarbonat d. 4-Nitro-1,2,3-Trioxybenzol.** Sm. 134° (*B.* **37**, 114 *C.* **1904** [1] 585).

$C_9H_9O_7N_3$ 5) **Methyläther d. 2,4,6-Trinitro-5-Oxy-1,3-Dimethylbenzol.** Sm. 127° (*R.* **21**, 329 *C.* **1903** [1] 78).

$C_9H_9O_8N_5$ 2) **2,4,6-Trinitro-3-Aethylnitramido-1-Methylbenzol.** Sm. 79° (*R.* **21**, 333 *C.* **1903** [1] 78).

3) **2,5,6-Trinitro-4-Methylnitramido-1,3-Dimethylbenzol.** Sm. 134° (*R.* **21**, 334 *C.* **1903** [1] 79).

4) **2,4,6-Trinitro-5-Methylnitramido-1,3-Dimethylbenzol.** Sm. 181° u. Zers. (*R.* **21**, 331 *C.* **1903** [1] 78).

$C_9H_9O_{10}N_7$ C 28,8 — H 2,4 — O 42,7 — N 26,1 — M. G. 375.

1) **2,4,6-Trinitro-3,5-Di[Methylnitramido]-1-Methylbenzol.** Sm. 199 bis 200° u. Zers. (*R.* **23**, 127 *C.* **1904** [2] 200).

$C_9H_9O_{12}N_9$ C 24,8 — H 2,1 — O 44,1 — N 29,0 — M. G. 435.

1) **2,4,6-Trinitro-1,3,5-Tri[Methylnitramido]benzol.** Sm. 200—203° u. Zers. (*R.* **23**, 129 *C.* **1904** [2] 201).

$C_9H_9N_2Cl$ 7) **3-Chlormethylat d. 1,3-Benzdiazin.** Sm. 171—172° (*B.* **37**, 3653 *C.* **1904** [2] 1514).

$C_9H_9N_2J$ 4) **3-Jodmethylat d. 1,3-Benzdiazin.** + CH_4O. Sm. 125—127° (*B.* **37**, 3652 *C.* **1904** [2] 1513).

$C_9H_9N_3S$ *6) **Methyläther d. α-Cyanimido-α-Phenylamido-α-Merkaptomethan.** Sm. 186°. NH_4 (*C.* **1903** [2] 662; *A.* **331**, 296 *C.* **1904** [2] 33).

C_9H_9BrMg 1) **Magnesiumbromidverbindung d. β-Phenylpropen** (*C. r.* **135**, 1348 *C.* **1903** [1] 328).

$C_9H_{10}ON_2$ *6) **α-Acetyl-β-Benzylidenhydrazin.** Sm. 137° (*J. pr.* [2] **69**, 145 *C.* **1904** [1] 1274).

39) **3-Methylhydroxyd d. 1,3-Benzdiazin.** Sm. 163—165°. Chlorid, Jodid (*B.* **37**, 3652 *C.* **1904** [2] 1514).

$C_9H_{10}OCl_2$ *1) **4-Keto-1-Dichlormethyl-1,2-Dimethyl-1,4-Dihydrobenzol.** Sm. 102 bis 103° (*B.* **35**, 4216 *C.* **1903** [1] 161).

*2) **4-Keto-1-Dichlormethyl-1,3-Dimethyl-1,4-Dihydrobenzol.** Sm. 56° (*B.* **35**, 4216 *C.* **1903** [1] 161).

*35) **Amid d. β-Amido-β-Phenylakrylsäure.** Sm. 164,5—165° (*C.* **1904** [2] 905).

$C_9H_{10}OBr_2$ 10) **β-Bromäthyläther d. 3-Brom-4-Oxy-1-Methylbenzol.** Sd. 172 bis $173°_{15}$ (*B.* **36**, 2875 *C.* **1903** [2] 834).

$C_9H_{10}O_2N_2$ *1) **s-Acetylphenylharnstoff.** Sm. 183—184° (*Am.* **30**, 418 *C.* **1904** [1] 241).

*34) **Monophenyldiamid d. Malonsäure** + $^1/_2 H_2O$. Sm. 153—154° (wasserfrei) (*C.* **1904** [1] 1555).

49) **Methyläther d. α-Benzoylamido-α-Imido-α-Oxymethan.** Na, HCl (*C.* **1904** [1] 1559).

50) **2,4-Di[Formylamido]-1-Methylbenzol.** Sm. 176—177° (D. R. P. 138839 *C.* **1903** [1] 427).

51) **3-Acetylamidobenzaldoxim.** Sm. 185° (*M.* **24**, 4 *C.* **1903** [1] 775).

52) **Methylester d. Phenylhydrazonessigsäure.** Sm. 139° (*B.* **36**, 1936 *C.* **1903** [2] 189).

$C_9H_{10}O_2N_2$ 53) **Amid d. 3-Acetylamidobenzol-1-Carbonsäure.** Sm. 216—216,5° (*C.* **1904** [2] 101).

$C_9H_{10}O_2N_4$ *6) **Amid d. Phenylhydrazonmethan-αα-Dicarbonsäure.** Sm. 231—232° (*B.* **37**, 4171 *C.* **1904** [2] 1703).

10) **Amid d. 4-Methylphenylnitrosohydrazonessigsäure** (*J. pr.* [2] **67**, 412 *C.* **1903** [1] 1347).

$C_9H_{10}O_3N_2$ *17) **β-Phenylureïdoessigsäure** (*J. pr.* [2] **70**, 245 *C.* **1904** [2] 1463).

*44) **4-Nitro-3-Methylphenylamid d. Essigsäure.** Sm. 103—104° (*Soc.* **83**, 333 *C.* **1903** [1] 870).

*59) **Aldehyd d. 3-Nitro-4-Dimethylamidobenzol-1-Carbonsäure** (D.R.P. 92010; *B.* **37**, 1028 *C.* **1904** [1] 1207).

69) **Formyl-4-Amidophenylamidoessigsäure** (D.R.P. 154556 *C.* **1904** [2] 1012).

70) **Phenylhydrazonoxyessigmethyläthersäure.** Zers. bei 99—100° (*Soc.* **85**, 988 *C.* **1904** [2] 830).

71) **Aethylester d. βδ-Dicyan-α-Ketovaleriansäure.** Sm. 96—98° (*Am.* **30**, 162 *C.* **1903** [2] 712).

72) **Aldehyd d. 5-Nitro-2-Dimethylamidobenzol-1-Carbonsäure.** Sm. 105° (*M.* **25**, 368 *C.* **1904** [2] 322).

73) **Hydroxylamid d. 2-Methylphenyloxaminsäure.** Sm. 152° (*Soc.* **81**, 1571 *C.* **1903** [1] 158).

74) **Aethylamid d. 3-Nitrobenzol-1-Carbonsäure.** Sm. 120° (*Am.* **29**, 309 *C.* **1903** [1] 1166).

$C_9H_{10}O_3Br_2$ 6) **Dibrommethylfilicinsäure.** Sm. 142° (*A.* **329**, 295 *C.* **1904** [1] 707).

$C_9H_{10}O_3S$ 8) **Sulton d. 1-[α-Oxyisopropyl]benzol-2-Sulfonsäure.** Sm. 106—107° (*B.* **37**, 3257 *C.* **1904** [2] 1031).

$C_9H_{10}O_4N_2$ *2) **?-Dinitro-4-Aethyl-1-Methylbenzol.** Sm. 51—52° (*B.* **36**, 1875 *C.* **1903** [2] 286).

*25) **4-Amido-2,6-Dimethylpyridin-3,5-Dicarbonsäure** (*M.* **23**, 945 *C.* **1903** [1] 296).

*32) **Aethylester d. 3-Nitro-4-Amidobenzol-1-Carbonsäure.** Sm. 136° (D.R.P. 151725 *C.* **1904** [1] 1587).

46) **Di[5-Keto-3-Methyl-4,5-Dihydro-4-Isoxazolyl]methan.** Sm. 180 bis 183° u. Zers. (*A.* **332**, 12 *C.* **1904** [1] 1564).

47) **Nitrosodamascenin.** Sm. 150—152° (*Ar.* **242**, 321 *C.* **1904** [2] 457).

48) **3-Nitro-4-Dimethylamidobenzol-1-Carbonsäure.** Sm. 214—215° (*B.* **37**, 1031 *C.* **1904** [1] 1208).

49) **Methylester d. 4-[oder 6]-Nitro-6-[oder 4]-Amidobenzol-1,3-Dicarbonsäure.** Sm. 128° (*G.* **33** [2] 289 *C.* **1904** [1] 265).

50) **Methylester d. 3-Ureïdo-4-Oxybenzol-1-Carbonsäure.** Sm. 183° (D.R.P. 18945; *A.* **325**, 321 *C.* **1903** [1] 770).

$C_9H_{10}O_4N_4$ 4) **2,6-Diketo-1,3,7-Trimethylpurin-8-Carbonsäure** (D.R.P. 153121 *C.* **1904** [2] 626).

5) **Methylester d. 2,6-Diketo-3,7-Dimethylpurin-8-Carbonsäure.** Sm. 270° (D.R.P. 153121 *C.* **1904** [2] 626).

6) **Aethylester d. 2,6-Diketo-3-Methylpurin-8-Carbonsäure.** Sm. 304 bis 305° (D.R.P. 153121 *C.* **1904** [2] 625).

$C_9H_{10}O_4S$ 6) **γ-Oxy-α-Phenylpropen-γ-Sulfonsäure.** Na (*B.* **37**, 4044 *C.* **1904** [2] 1648).

7) **γ-Oxy-α-Phenylpropan-γ-Schwefelsäure.** Na (*B.* **37**, 4046 *C.* **1904** [2] 1648).

8) **Aldehyd d. β-Phenylpropionsäure-β-Sulfonsäure.** Ba + $2H_2O$ (*B.* **37**, 4046 *C.* **1904** [2] 1648).

$C_9H_{10}O_5N_2$ 11) **Monamid d. 1-2-Furanoylamidoäthan-αβ-Dicarbonsäure.** Sm. 172 bis 173°. Ba + $2H_2O$, Cu + H_2O, Ag (*B.* **37**, 2959 *C.* **1904** [2] 993).

$C_9H_{10}O_5Br_4$ 1) **Dimethylester d. αβδε-Tetrabrom-γ-Ketopentan-αε-Dicarbonsäure.** Sm. 207° u. Zers. (*B.* **37**, 3295 *C.* **1904** [2] 1041).

$C_9H_{10}O_5S$ *7) **1-Aethylester d. Benzol-1-Carbonsäure-2-Sulfonsäure.** Na (*Am.* **30**, 269 *C.* **1903** [2] 1119).

12) **Dimethylester d. Benzol-1-Carbonsäure-3-Sulfonsäure.** Sm. 32—33°; Sd. 198—200°$_{20}$ (*M.* **23**, 1111 *C.* **1903** [1] 396).

13) **Dimethylester d. Benzol-1-Carbonsäure-4-Sulfonsäure.** Sm. 88—90° (*M.* **23**, 1127 *C.* **1903** [1] 396).

$C_9H_{10}O_8N_2$ 3) **Dimethyläther d. 2,4-Dinitro-1-Dioxymethylbenzol.** Sd. 183—185°$_{18}$ (*B.* **37**, 1869 *C.* **1904** [1] 1601).

4) **1-Methyläther-2-Aethyläther d. 3,5-Dinitro-1,2-Dioxybenzol.** Sm. 91° (*R.* **23**, 112 *C.* **1904** [2] 205).

$C_9H_{10}O_8N_4$ 5) **2,4,6-Trinitro-3-Aethylamido-1-Methylbenzol.** Sm. 98° (*R.* **21**, 333 *C.* **1903** [1] 78).

6) **2,4,6-Trinitro-5-Methylamido-1,3-Dimethylbenzol.** Sm. 164° (*R.* **21**, 331 *C.* **1903** [1] 78).

$C_9H_{10}O_8N_6$ C 36,2 — H 3,3 — O 32,2 — N 28,2 — M. G. 298.

1) **3,5-Dinitro-2,4-Di[Methylnitrosamido]-1-Methylbenzol.** Sm. 132° (*J. pr.* [2] **67**, 560 *C.* **1903** [2] 240).

$C_9H_{10}O_7N_2$ 5) **Trimethyläther d. 2,4-Dinitro-1,3,5-Trioxybenzol.** Sm. 165°. + C_2H_6O (*Am.* **13**, 179; *R.* **23**, 116 *C.* **1904** [2] 205).

$C_9H_{10}O_7N_4$ C 37,8 — H 3,5 — O 39,1 — N 19,6 — M. G. 286.

1) **Methyläther d. 3,5-Dinitro-2-Aethylnitramido-1-Oxybenzol.** Sm. 67° (*R.* **23**, 113 *C.* **1904** [2] 205).

$C_9H_{10}NCl$ 5) **α-Chlor-α-Aethylimido-α-Phenylmethan.** Sd. 110—111°$_{15}$ (*Soc.* **83**, 320 *C.* **1903** [1] 580, 876).

$C_9H_{10}NJ_3$ 1) **4-Tri[Jodmethyl]methylpyridin** (4-tert. Trijodbutylpyridin). Sm. 136° (*B.* **36**, 2910 *C.* **1903** [2] 890).

$C_9H_{10}Cl_2J_2$ 1) **αβ-Dichloräthyl-3-Methylphenyljodoniumjodid.** Sm. 110° (*A.* **327**, 285 *C.* **1903** [2] 351).

$C_9H_{10}Cl_3J$ 3) **αβ-Dichloräthyl-3-Methylphenyljodoniumchlorid.** Sm. 174°. 2 + $PtCl_4$ (*A.* **327**, 284 *C.* **1903** [2] 351).

$C_9H_{11}ON$ *31) **4-Methyl-3,4-Dihydro-1,4-Benzoxazin.** Sm. 167—168°; Sd. 252 bis 254°$_{769}$. HCl (*Soc.* **83**, 758 *C.* **1903** [1] 1419 *C.* **1903** [2] 448).

*33) **Aldehyd d. 4-Dimethylamidobenzol-1-Carbonsäure.** Sm. 73°. + 2,4,6-Trinitro-1-Methylbenzol (*B.* **37**, 859 *C.* **1904** [1] 1206; *B.* **37**, 1733, 1745 *C.* **1904** [1] 1598).

*48) **Dimethylamid d. Benzolcarbonsäure.** Sd. 272—273° (*B.* **37**, 2814 *C.* **1904** [2] 648).

*49) **Aethylamid d. Benzolcarbonsäure.** Sm. 68° (*B.* **36**, 3526 *C.* **1903** [2] 1326; *B.* **37**, 2815 *C.* **1904** [2] 648).

*56) **Aethylphenylamid d. Ameisensäure.** Sd. 89,5—91°$_{14}$ (*B.* **36**, 2476 *C.* **1903** [2] 559).

*65) **Aethyl-4-Amidophenylketon.** Sm. 142° (*C.* **1903** [1] 1222).

*67) **Aldehyd d. 4-Aethylamidobenzol-1-Carbonsäure.** Sm. 79° (*B.* **37**, 858 *C.* **1904** [1] 1206).

*70) **Methyläther d. α-Phenylimido-α-Oxyäthan.** Sd. 81—82°$_{12}$ (*A.* **333**, 294 *C.* **1904** [2] 905).

80) **Methyläther d. α-Methylimido-α-Oxy-α-Phenylmethan.** Sd. 203 bis 206°. HCl (*Soc.* **83**, 324 *C.* **1903** [1] 581, 876).

81) **2-Methylbenzimidomethyläther.** HCl (*Soc.* **83**, 769 *C.* **1903** [2] 200, 437).

82) **α-Oximido-β-Phenylpropan** (Oxim d. α-Phenylpropionsäurealdehyd). Sd. 124°$_7$. — *III, *41*.

83) **4-Aethylbenzaldoxim** (1-Oximidomethyl-4-Aethylbenzol). Sm. 29° (*C. r.* **136**, 558 *C.* **1903** [1] 832).

84) **anti-2,4-Dimethylbenzaldoxim.** Sm. 85—86° (84—85,5°) (*C.* **1901** [2] 772; **1903** [2] 878; *B.* **36**, 326 *C.* **1903** [1] 576; *G.* **32** [2] 490 *C.* **1903** [1] 831).

85) **syn-2,4-Dimethylbenzaldoxim.** Sm. 126° (*B.* **36**, 326 *C.* **1903** [1] 576).

86) **anti-2,5-Dimethylbenzaldoxim.** Sm. 62,5—63,5° (60°) (*G.* **32** [2] 479 *C.* **1903** [1] 830; *B.* **36**, 329 *C.* **1903** [1] 576).

87) **syn-2,5-Dimethylbenzaldoxim.** Sm. 139° (133°) (*B.* **36**, 329 *C.* **1903** [1] 576; *G.* **32** [2] 482 *C.* **1903** [1] 831).

88) **anti-3,4-Dimethylbenzaldoxim.** Sm. 106° (*B.* **36**, 327 *C.* **1903** [1] 576).

89) **Aldehyd d. 6-Methylamido-1-Methylbenzol-3-Carbonsäure.** Sm. 115° (*B.* **37**, 863 *C.* **1904** [1] 1206).

90) **Aldehyd d. 2-Dimethylamidobenzol-1-Carbonsäure.** Sd. 120°$_{11}$ (244°). + H_2SO_3, (2HCl, $PtCl_4$) (*B.* **37**, 973, 987 *C.* **1904** [1] 1079; *M.* **25**, 371 *C.* **1904** [2] 322).

$C_9H_{11}ON$ 91) **Amid d. 3-Methylcykloheptatriëncarbonsäure.** Sm. 99° (*B.* **36**, 3516 *C.* **1903** [2] 1275).
92) **Amid d. 3-Methylnorcaradiëncarbonsäure.** Sm. 131° (*B.* **36**, 3514 *C.* **1903** [2] 1275).

$C_9H_{11}ON_3$ 14) **β-Semicarbazon-α-Phenyläthan.** Sm. 153° (*B.* **36**, 3911 *C.* **1903** [2] 1439).
15) **2-Semicarbazonmethyl-1-Methylbenzol.** Sm. 209° (*C. r.* **137**, 717 *C.* **1903** [2] 1433).
16) **4-Semicarbazonmethyl-1-Methylbenzol.** Sm. 215° u. Zers. (*C. r.* **137**, 717 *C.* **1903** [2] 1433).
17) **3-Keto-4,5,6-Trimethyl-2,3-Dihydro-5,1,2-Benztriazol** + $3H_2O$. Sm. 92° (167° wasserfrei). HJ (*B.* **36**, 520 *C.* **1903** [1] 649).
18) **Amid d. 2-Methylphenylhydrazonessigsäure.** Sm. 186° (*J. pr.* [2] **67**, 410 *C.* **1903** [1] 1347).
19) **Amid d. 4-Methylphenylhydrazonessigsäure.** Sm. 168° (*J. pr.* [2] **67**, 410 *C.* **1903** [1] 1347).
20) **Benzylidenhydrazid d. Amidoessigsäure.** Sm. 157° (*J. pr.* [2] **70**, 103 *C.* **1904** [2] 1035).

$C_9H_{11}OCl$ *7) **Chlorid d. α-Camphylsäure.** Sd. 138—140°$_{30}$ (*Soc.* **83**, 850 *C.* **1903** [2] 572).
10) **Methyläther d. α-Chlor-α-[2-Oxyphenyl]äthan.** Fl. (*B.* **36**, 3590 *C.* **1903** [2] 1365).
11) **Aethyläther d. 2-Chlor-1-Oxymethylbenzol.** Sd. 212° (*B.* **37**, 3696 *C.* **1904** [2] 1387).
12) **Aethyläther d. 3-Chlor-1-Oxymethylbenzol.** Sd. 219° (*B.* **37**, 3693 *C.* **1904** [2] 1387).

$C_9H_{11}OBr$ 9) **Aethyläther d. 3-Brom-1-Oxymethylbenzol.** Sd. 237° (*B.* **37**, 3696 *C.* **1904** [2] 1387).

$C_9H_{11}OJ$ 3) **Phenyläther d. γ-Jod-α-Oxypropan.** Sm. 12°; Sd. 155—156°$_{18}$ (*C. r.* **136**, 97 *C.* **1903** [1] 455).
4) **4-Jodoso-1-Propylbenzol.** Explod. bei 105°. $HClO_4$, HJO_3, HNO_3, H_2SO_4, H_2CrO_4 (*A.* **327**, 304 *C.* **1903** [2] 353).
5) **4-Jodoso-3-Aethyl-1-Methylbenzol.** Zers. bei 209°. H_2SO_4 (*J. pr.* [2] **69**, 437 *C.* **1904** [2] 589).

$C_9H_{11}O_2N$ *14) **2-Acetylamido-1-Oxymethylbenzol.** Sm. 115—116°. HCl (*B.* **37**, 2261 *C.* **1904** [2] 212).
*26) **Acetat d. 2-Amido-1-Oxymethylbenzol.** HCl, HBr, Pikrat (*B.* **37**, 2265 *C.* **1904** [2] 212).
*35) **4-Aethyläther d. anti-4-Oxybenzaldoxim.** Sm. 118° (83—84°?) (*B.* **36**, 651 *C.* **1903** [1] 768).
*49) **α-Amido-α-Phenylpropionsäure.** Sm. 233° (*B.* **36**, 4315 *C.* **1904** [1] 449).
*51) **r-α-Amido-β-Phenylpropionsäure.** Sm. 271—273° (231°) (*C.* **1903** [2] 33; *B.* **36**, 4312 *C.* **1904** [1] 448; *B.* **37**, 3064 *C.* **1904** [2] 1207).
*59) **Methylphenylamidoessigsäure.** HCl (*B.* **37**, 2637 *C.* **1904** [2] 518).
*70) **2-Dimethylamidobenzol-1-Carbonsäure.** Sm. 70°. (2 + HCl, $AuCl_3$), HJ + $2H_2O$ (*B.* **37**, 406, 409 *C.* **1904** [1] 942).
*72) **4-Dimethylamidobenzol-1-Carbonsäure** (*B.* **37**, 411 Anm. *C.* **1904** [1] 943).
*77) **2,4,6-Trimethylpyridin-3-Carbonsäure.** Sm. 153—155°. (2HCl, $PtCl_4$) (*B.* **37**, 1337 *C.* **1904** [1] 1361).
*83) **Aethylester d. Phenylamidoameisensäure.** Sm. 53°; Sd. 152°$_{14}$ (*B.* **36**, 2476 *C.* **1903** [2] 559).
*84) **Aethylester d. 2-Amidobenzol-1-Carbonsäure.** Sd. 137,5—138° (D.R.P. 139218 *C.* **1903** [1] 745; *B.* **36**, 2476 *C.* **1903** [2] 559).
*86) **Aethylester d. 4-Amidobenzol-1-Carbonsäure.** Benzylsulfonat, o-Phenolsulfonat, p-Phenolsulfonat, Phenol-α-Disulfonat, p-Kresol-m-Sulfonat (D.R.P. 147580 *C.* **1904** [1] 130; D.R.P. 147790 *C.* **1904** [1] 131).
*103) **Phenylamid d. Oxyessigmethylläthersäure.** Sm. 58° (*A.* **335**, 93 *C.* **1904** [2] 1231).
*114) **2-Aethylamidobenzol-1-Carbonsäure.** Sm. 152—153° (D.R.P. 145604 *C.* **1903** [2] 1099).
*117) **Methylester d. Methylphenylamidoameisensäure.** Sd. 235° (*Am.* **29**, 300 *C.* **1903** [1] 1165).

$C_9H_{11}O_2N$ 126) **2-Methylacetylamido-1-Oxybenzol.** Sm. 150° (*Soc.* **83**, 756 *C.* **1903** [1] 1419; *C.* **1903** [2] 447).
127) **5-Acetylamido-2-Oxy-1-Methylbenzol.** Sm. 179° (D.R.P. 147530 *C.* **1904** [1] 233).
128) **α-Oximido-α-[2-Oxy-4-Methylphenyl]äthan.** Sm. 103° (*C.* **1904** [1] 1597).
129) **2-Methyläther d. α-Oximido-α-[2-Oxyphenyl]äthan.** Sm. 83° (*B.* **36**, 3589 *C.* **1903** [2] 1365).
130) **4-Methyläther d. β-Oximido-α-[4-Oxyphenyl]äthan.** Sm. 121—122° — *III, *66.*
131) **Amid d. 3-Oxybenzoläthyläther-1-Carbonsäure.** Sm. 139—139,5° (*A.* **329**, 69 *C.* **1903** [2] 1440).
132) **β-Oxyäthylamid d. Benzolcarbonsäure.** Sm. 58° (*B.* **36**, 1279 *C.* **1903** [1] 1215).

$C_9H_{11}O_2N_3$ 33) **2-Methylphenylamidoformylharnstoff.** Sm. 180° (*Soc.* **81**, 158 *C.* **1903** [1] 158).
34) **3-Oxy-2-Semicarbazonmethyl-1-Methylbenzol.** Zers. bei 210° (*B.* **35**, 4106 *C.* **1903** [1] 149).
35) **2-Oxy-3-Semicarbazonmethyl-1-Methylbenzol.** Sm. 241° u. Zers. (*B.* **35**, 4106 *C.* **1903** [1] 149).
36) **4-Oxy-3-Semicarbazonmethyl-1-Methylbenzol.** Zers. bei 238° (*B.* **35**, 4106 *C.* **1903** [1] 149).
37) **Methyläther d. 4-Oxy-1-Semicarbazonmethylbenzol** (Anisaldehydsemicarbazon). Sm. 203—204° (*J. pr.* [2] **68**, 247 *C.* **1903** [2] 1063).
38) **Amid d. β-Phenylureïdoessigsäure.** Sm. 201° (*J. pr.* [2] **70**, 249 *C.* **1904** [2] 1463).
39) **Amid d. Methyl-4-Nitrosophenylamidoessigsäure.** Sm. 179° (*B.* **37**, 2638 *C.* **1904** [2] 519).
40) **Amid d. 4-Aethoxylphenylazoameisensäure.** Sm. 164—165° u. Zers. (*A.* **334**, 185 *C* **1904** [2] 835).
41) **Diamid d. Benzol-1-Carbonsäure-3-Amidoessigsäure.** Sm. 201—202° (*Bl.* [3] **29**, 966 *C.* **1903** [2] 1118).
42) **Hydroxylamid d. α-Phenylhydrazonpropionsäure.** Sm. 148° (*Soc.* **81**, 1573 *C.* **1903** [1] 158).

$C_9H_{11}O_2Cl$ 4) **Dimethyläther d. 3,4-Dioxy-1-Chlormethylbenzol.** Sm. 50—51° (*B.* **37**, 3404 *C.* **1904** [2] 1318).

$C_9H_{11}O_2Br$ *4) **Brom-α-Camphylsäure.** Sm. 107° (*Soc.* **83**, 852 *C.* **1903** [2] 572).
*5) **Brom-β-Camphylsäure.** Sm. 152° (*Soc.* **83**, 871 *C.* **1903** [2] 574).

$C_9H_{11}O_2Br_3$ *1) **Tribromdihydro-α-Camphylsäure.** Sm. 178° u. Zers. (*Soc.* **83**, 852 *C.* **1903** [2] 572).

$C_9H_{11}O_2J$ 3) **4-Jodo-1-Propylbenzol.** Explodirt bei 185—200° (*A.* **327**, 308 *C.* **1903** [2] 353).
4) **4-Jodo-3-Aethyl-1-Methylbenzol.** Zers. bei 229° (*J. pr.* [2] **69**, 439 *C.* **1904** [2] 589).

$C_9H_{11}O_3N$ *25) **α-Oxamido-β-Phenylpropionsäure.** Sm. 165° u. Zers. (*B.* **36**, 4309 *C.* **1904** [1] 448).
*28) **l-Tyrosin** (*H.* **37**, 18 *C.* **1903** [1] 60).
*44) **Aethylester d. 4-Oxyphenylamidoameisensäure.** Sm. 123° (*J. pr.* [2] **67**, 341 *C.* **1903** [1] 1339).
*51) **Amid d. α-Oxy-α-[4-Methoxylphenyl]essigsäure.** Sm. 163—164° (*B.* **37**, 3174 *C.* **1904** [2] 1303).
*55) **Damascenin.** Ba, HCl + H_2O (*Ar.* **242**, 295 *C.* **1904** [2] 131; *Ar.* **242**, 299 *C.* **1904** [2] 456).
*60) **Aethyl-2-Amidophenylester d. Kohlensäure** (*Am.* **31**, 475 *C.* **1904** [2] 94).
73) **Methylamidomethyl-3,4-Dioxyphenylketon** (Adrenalon). Zers. bei 230°. HCl, H_2SO_4 (D.R.P. 152814 *C.* **1904** [2] 270; *C.* **1904** [2] 1512; *B.* **37**, 4152 *C.* **1904** [2] 1744).
74) **Damascenin-S** + $3H_2O$. Sm. 144°. HCl + H_2O, (2HCl, $PtCl_4$ + $4H_2O$), HBr + H_2O, H_2SO_4 + H_2O, Cu + $1/2H_2O$, Ag + H_2O (*Ar.* **242**, 304 *C.* **1904** [2] 456).
75) **r-Tyrosin.** Sm. 316° u. Zers. (*A.* **219**, 170; **307**, 142; *B.* **30**, 2981; **32**, 3640). — *II, *929.*

$C_9H_{11}O_3N$ 76) 3-Dimethylamido-1-Oxybenzol-?-Carbonsäure. Sm. 145—146° u. Zers. (D.R.P. 50835). — *II, 916.
77) α-Oxamido-α-Phenylpropionsäure. Fl. (B. 36, 4315 C. 1904 [1] 449).
78) 6-Oxy-2-Methyl-5-Aethylpyridin-3-Carbonsäure. Sm. 305° u. Zers. (G. 33 [2] 168 C. 1903 [2] 1283).
79) 6-Oxy-2,5-Dimethylpyridin-6-Methyläther-3-Carbonsäure. Sm. 167—168° (G. 33 [2] 170 C. 1903 [2] 1283).
80) Methylester d. ?-Amido-2-Oxy-1-Methylbenzol-4-Carbonsäure. HCl (C. 1897 [2] 672). — *II, 922.
81) Methylester d. 3-Methylamido-4-Oxybenzol-1-Carbonsäure. Sm. 154° (A. 325, 329 C. 1903 [1] 770).
82) Aethylester d. 2-Hydroxylamidobenzol-1-Carbonsäure. Sm. 78,5° (B. 36, 2700 C. 1903 [2] 996).
83) Aethyl-4-Amidophenylester d. Kohlensäure (Am. 31, 467 C. 1904 [2] 94).
84) 1-Acetat d. 5-Amido-4-Oxy-1-Oxymethylbenzol. Sm. 105—107° (D.R.P. 148977 C. 1904 [1] 699).

$C_9H_{11}O_3N_3$ 16) 5-Nitro-2-Dimethylamidobenzaldoxim. Sm. 125° (M. 25, 369 C. 1904 [2] 322).
17) 3-Nitro-4-Dimethylamidobenzaldoxim. Sm. 132° (B. 37, 1030 C. 1904 [1] 1207).
18) 5-Nitro-2-Oxy-1,3-Dimethyl-2,3-Dihydrobenzimidazol. Sm. 128° (B. 36, 3969 C. 1904 [1] 177).
19) α-Phenylsemicarbazidoessigsäure. Sm. 190—191° (B. 36, 3884 C. 1904 [1] 27).
20) Amid d. 3-Nitro-4-Dimethylamidobenzol-1-Carbonsäure. Sm. 210° (B. 37, 1741 C. 1904 [1] 1599).

$C_9H_{11}O_3Br$ 4) α-[?-Bromphenyl]äther d. αβγ-Trioxypropan. Sm. 81° (B. 36, 2064 C. 1903 [2] 357).

$C_9H_{11}O_4N$ *3) Dimethyläther d. 2-Nitro-1-Dioxymethylbenzol (B. 36, 3652 C. 1903 [2] 1332).
*7) Dimethyläther d. 6-Nitro-3,4-Dioxy-1-Methylbenzol. Sm. 118° (118—120°) (B. 37, 1933 C. 1904 [2] 129; M. 25, 890 C. 1904 [2] 1313).
31) 6-Nitro-3,4-Dioxy-1-Propylbenzol. Sm. 73° (Ar. 242, 87 C. 1904 [1] 1007).
32) 2,4,6-Trioxy-5-Oximidomethyl-1,3-Dimethylbenzol. Zers. bei 168° (M. 24, 879 C. 1904 [1] 369).
33) Aethylester d. α-Cyan-β-Acetoxylpropen-α-Carbonsäure. Sd. 115 bis $135°_{11}$ u. Zers. (Bl. [3] 31, 337 C. 1904 [1] 1135).
34) Aethylester d. 2-Furanoylamidoessigsäure. Sm. 77° (B. 37, 2957 C. 1904 [2] 903).
35) Aethylester d. ?-Acetylamidofuran-2-Carbonsäure. Sm. 177,5° (C. r. 136, 1455 C. 1903 [2] 292).

$C_9H_{11}O_4N_3$ 13) Semicarbazidomethyl-3,4-Dioxyphenylketon. Sm. 187° (B. 34, 100). — *III, 109.

$C_9H_{11}O_5N$ 6) Trimethyläther d. 4-Nitro-1,2,3-Trioxybenzol. Sm. 44° (B. 37, 117 C. 1904 [1] 585).

$C_9H_{11}O_5N_3$ C 44,8 — H 4,5 — O 33,2 — N 17,4 — M. G. 241.
1) Methyläther d. 3,5-Dinitro-4-Methylamido-2-Oxy-1-Methylbenzol. Sm. 117,5° (J. pr. [2] 67, 558 C. 1903 [2] 240).
2) Methyläther d. 3,5-Dinitro-2-Aethylamido-1-Oxybenzol. Sm. 123° (R. 23, 113 C. 1904 [2] 205).
3) Methyläther d. 4,6-Dinitro-3-Aethylamido-1-Oxybenzol. Sm. 148° (R. 23, 121 C. 1904 [2] 206).

$C_9H_{11}O_5N_5$ C 40,1 — H 4,1 — O 29,7 — N 26,0 — M. G. 269.
1) 3,5-Dinitro-2-Methylamido-4-Methylnitrosamido-1-Methylbenzol. Sm. 186—187° (J. pr. [2] 67, 561 C. 1903 [2] 241).

$C_9H_{11}O_5Cl$ 1) γε-Lakton d. ζ-Chlor-ε-Oxy-β-Ketohexan-αγ-Dicarbonsäure-α-Methylester. Fl. Cu (C. r. 136, 436 C. 1903 [1] 698).

$C_9H_{11}O_6N_5$ C 37,9 — H 3,8 — O 33,7 — N 24,6 — M. G. 285.
1) 2,4,6-Trinitro-3,5-Di[Methylamido]-1-Methylbenzol. Sm. 156° (R. 23, 127 C. 1904 [2] 201).

$C_9H_{11}NS$ 13) Phenyläther d. α-Imido-α-Merkaptopropan. HCl (B. 36, 3466 C. 1903 [2] 1243).

$C_9H_{11}NS$ 14) Phenylamid d. Thiopropionsäure. Sm. 67—67,5° (*B.* **36**, 587 *C.* **1903** [1] 830).

$C_9H_{11}NS_2$ *6) Dimethyläther d. Phenylimidodimerkaptomethan (*C. r.* **136**, 452 *C.* **1903** [1] 699).

*7) Aethylphenylamidodithioameisensäure. NH_4 (*J. pr.* [2] **67**, 286 *C.* **1903** [1] 1306).

10) Methylbenzyläther d. Imidodimerkaptomethan. HJ (*Bl.* [3] **29**, 54 *C.* **1903** [1] 446; *C. r.* **135**, 976 *C.* **1903** [1] 139).

$C_9H_{11}N_3S_2$ 3) Methyläther d. α-Thioureïdo-α-Phenylimido-α-Merkaptomethan. Sm. 122° (*Am.* **30**, 172 *C.* **1903** [2] 871).

4) Methyläther d. α-[β-Phenylthioureïdo]-α-Imido-α-Merkaptomethan. Sm. 124° (*Am.* **30**, 172 *C.* **1903** [2] 871).

$C_9H_{11}Cl_2J$ 3) 4-Propylphenyljodidchlorid. Sm. 68° (*A.* **327**, 304 *C.* **1903** [2] 353).

4) 4-Dichlorjodoso-3-Aethyl-1-Methylbenzol. Sm. 108° (*J. pr.* [2] **69**, 437 *C.* **1904** [2] 589).

$C_9H_{12}ON_2$ *7) 4-Methylnitrosamido-1,3-Dimethylbenzol. Fl. (*A.* **327**, 109 *C.* **1903** [1] 1213).

*37) β-Phenylhydrazon-α-Oxypropan. Sm. 106° (*A.* **335**, 253 *C.* **1904** [2] 1283).

*47) Amid d. Methylphenylamidoessigsäure. Sm. 163° (*B.* **37**, 2637 *C.* **1904** [2] 518).

*50) Amid d. 4-Methylphenylamidoessigsäure. Sm. 168° (D.R.P. 142559 *C.* **1903** [2] 81).

*56) Aethyläther d. α-Phenylamido-α-Imido-α-Oxymethan. Ag (*C.* **1904** [1] 1560).

66) 2-Dimethylamidobenzaldoxim. Sm. 87—87,2° (84—85°) (*B.* **37**, 978 *C.* **1904** [1] 1079; *M.* **25**, 373 *C.* **1904** [2] 322).

67) 4-Dimethylamidobenzaldoxim. Sm. 144° (*B.* **20**, 3195; *B.* **37**, 860 *C.* **1904** [1] 1206).

68) 4-Aethylamidobenzaldoxim. Sm. 118° (*B.* **37**, 858 *C.* **1904** [1] 1206).

69) 2-[β-Acetylamidoäthyl]pyridin. Sd. 175° (*B.* **37**, 172 *C.* **1904** [1] 673).

$C_9H_{12}OCl_2$ 1) 4-Oxy-1-Dichlormethyl-1,4-Dimethyl-1,4-Dihydrobenzol. Sm. 96° (*B.* **36**, 1868 *C.* **1903** [2] 286).

$C_9H_{12}O_2N_2$ *43) 5-Nitro-3-Dimethylamido-1-Methylbenzol. Sm. 52° (*C.* **1903** [2] 1051).

53) α-[β-Oxyäthyl]-β-Phenylharnstoff. Sm. 122—123° (*B.* **36**, 1280 *C.* **1903** [1] 1215).

54) Aethylester d. 3,4-Diamidobenzol-1-Carbonsäure. Sm. 112—113° (D.R.P. 151725 *C.* **1904** [1] 1587).

55) Aethylester d. 3,6-Dimethyl-1,2-Diazin-4-Carbonsäure. Sm. 55—57° (*B.* **36**, 512 *C.* **1903** [1] 654; *B.* **37**, 2187 *C.* **1904** [2] 240).

56) Amid d. 2-Oxyphenylamidoessigmethyläthersäure. Sm. 153—154° (*Bl.* [3] **29**, 967 *C.* **1903** [2] 1118).

57) Amid d. 4-Oxyphenylamidoessigmethyläthersäure. Sm. 145—146° (*Bl.* [3] **29**, 967 *C.* **1903** [2] 1118).

$C_9H_{12}O_2N_4$ 13) 2,6-Diketo-1,3-Diäthylpurin (Diäthylxanthin). Sm. 208° (*C.* **1904** [2] 1497).

14) Hydrazid d. β-Phenylureïdoessigsäure. Sm. 186,5°. HCl (*J. pr.* [2] **70**, 247 *C.* **1904** [2] 1463).

$C_9H_{12}O_2Br_2$ *1) Dibromdihydro-α-Camphylsäure. Sm. 165—170° u. Zers. (*Soc.* **83**, 852 *C.* **1903** [2] 572).

*2) Dibromdihydro-β-Camphylsäure. Sm. 172° u. Zers. (*Soc.* **83**, 870 *C.* **1903** [2] 574).

$C_9H_{12}O_3N_2$ *7) Aethylester d. 5-Acetyl-4-Methylpyrazol-3-Carbonsäure. Sm. 121° (*Am.* **325**, 181 *C.* **1903** [1] 646).

8) 3-Acetyl-4-Methyl-1-Aethylpyrazol-5-Carbonsäure. Sm. 167—168° (*B.* **36**, 1131 *C.* **1903** [1] 1138).

9) Methylderivat d. γ-Dicyanacetessigsäureäthylester. Sm. 110—113° (*A.* **332**, 138 *C.* **1904** [2] 190).

$C_9H_{12}O_3S$ *10) 1,2,4-Trimethylbenzol-5-Sulfonsäure. + H_3PO_4 (*R.* **21**, 356 *C.* **1903** [1] 151).

*21) Aethylester d. 1-Methylbenzol-4-Sulfonsäure. Sm. 32—33° (*A.* **327**, 121 *C.* **1903** [1] 1221).

$C_9H_{12}O_3S$ 25) α-Oxyäthyl-4-Methylphenylsulfon. Sm. 52—72° (*Am.* 31, 166 *C.* 1904 [1] 875).

$C_9H_{12}O_2Se$ 1) d-Methylphenylselenetin. d-Bromcamphersulfonat (*Soc.* 81, 1554 *C.* 1903 [1] 22, 144).

2) l-Methylphenylselenetin. d-Bromcamphersulfonat (*Soc.* 81, 1555 *C.* 1903 [1] 22, 144).

$C_9H_{12}O_4N_2$ *3) Diäthylester d. β-Cyan-β-Imidoäthan-αα-Dicarbonsäure (D. d. Dicyanmalonsäure). Sm. 93° (*A.* 332, 118 *C.* 1904 [2] 189).

5) 1-Methyläther-4-Aethyläther d. 5-Nitro-2-Amido-1,4-Dioxybenzol. Sm. 148° (D.R.P. 141975 *C.* 1903 [1] 1380).

6) α-Cyan-α-Oxyessig-[β-Cyan-α-Aethoxylpropyl]äthersäure. Sm. 145° (*C.* 1904 [1] 159).

7) Aethylester d. 1-Acetyl-3-Keto-5-Methyl-2,3-Dihydropyrazol-2-Carbonsäure. Sm. 58° (P. Gutmann, Dissert., Heidelberg 1903).

8) Diäthylester d. isom. Dicyanmalonsäure. Sm. 123° (*A.* 332, 119 *C.* 1904 [2] 189).

$C_9H_{12}O_4N_4$ 3) 3,5-Dinitro-2,4-Di[Methylamido]-1-Methylbenzol. Sm. 169—170° (*J. pr.* [2] 67, 546 *C.* 1903 [2] 240).

4) 2,4-Dinitro-3,5-Di[Methylamido]-1-Methylbenzol. Sm. 140° (*R.* 23, 126 *C.* 1904 [2] 200).

$C_9H_{12}O_4S_2$ 2) α-Aethylsulfon-α-Phenylsulfonmethan. Sm. 110—111° (*B.* 36, 300 *C.* 1903 [1] 500).

3) 2,4-Di[Methylsulfon]-1-Methylbenzol. Sm. 153—154° (*J. pr.* [2] 68, 335 *C.* 1903 [2] 1172).

4) Dimethylester d. 1-Methylbenzol-2,4-Disulfinsäure. Fl. (*J. pr.* [2] 68, 335 *C.* 1903 [2] 1172).

$C_9H_{12}O_5N_8$ *1) Dipyruvintriureïd + $2H_2O$ (*C. r.* 136, 507 *C.* 1903 [1] 763).

$C_9H_{12}O_5Br_2$ 1) Dimethylester d. βδ-Dibrom-γ-Ketopentan-αε-Dicarbonsäure. Sm. 58° (*B.* 37, 3295 *C.* 1904 [2] 1041).

$C_9H_{12}O_7S_2$ 2) γ-Oxy-α-Phenylpropan-αγ[oder βγ]-Disulfonsäure. K + H_2O, Ba + $3H_2O$ (*B.* 24, 1806; *B.* 37, 4045 *C.* 1904 [2] 1648).

$C_9H_{12}N_2S$ *13) Aethyläther d. Phenylamidoimidomerkaptomethan (*Soc.* 83, 553 *C.* 1903 [1] 1123).

14) Methyläther d. 2-Methylphenylamidoimidomerkaptomethan. Sm. 101—102°. HCl (*Soc.* 83, 556 *C.* 1903 [1] 1123; *Am.* 30, 179 *C.* 1903 [2] 872).

15) Methyläther d. 4-Methyl[illegible]. Sm. 65—67°. HCl, HJ (*Soc.* 8[illegible], [illegible] 1903 [illegible]; [illegible] 30, [illegible]73 *C.* 1903 [2] 871).

$C_9H_{12}N_2S_2$ 5) Methylester d. β-[2-Methylphenyl]hydrazidodithioameisensäure. Sm. 148° (*B.* 36, 1370 *C.* 1903 [1] 1342).

6) Methylester d. β-[3-Methylphenyl]hydrazidodithioameisensäure. Sm. 111° (*B.* 36, 1372 *C.* 1903 [1] 1343).

$C_9H_{12}N_4S_2$ *1) 2,4-Di[Thioureïdo]-1-Methylbenzol (4-Methyl-1,3-Phenylendithioharnstoff) (D.R.P. 144762 *C.* 1903 [2] 814; D.R.P. 139429 *C.* 1903 [1] 904).

$C_9H_{13}ON$ 44) 2-Methyläthylamido-1-Oxybenzol. HCl (*Soc.* 83, 757 *C.* 1903 [1] 1419 *C.* 1903 [2] 447).

45) Methyläther d. 2-Amido-5-Oxy-1,3-Dimethylbenzol. Sm. 42,5—43° (*B.* 36, 2039 *C.* 1903 [2] 360).

46) Nitril d. 5-Keto-1,3-Dimethylhexahydrobenzol-1-Carbonsäure. Sm. 92—94° (*B.* 37, 4061 *C.* 1904 [2] 1650).

$C_9H_{13}ON_3$ *7) β-Phenylamido-α-Aethylharnstoff. Sm. 151° (*B.* 36, 1377 *C.* 1903 [1] 1344).

16) α-Amido-β-Aethyl-α-Phenylharnstoff. Sm. 88° (*B.* 36, 1376 *C.* 1903 [1] 1344).

17) Inn. Anhydrid d. 2-Semicarbazon-1-Oxymethylen-R-Heptamethylen. Sm. 181—183° (*A.* 329, 128 *C.* 1903 [2] 1323).

18) Inn. Anhydrid d. 3-Semicarbazon-4-Oxymethylen-1-Methylhexahydrobenzol. Sm. 154—157° (*A.* 329, 119 *C.* 1903 [2] 1322).

$C_9H_{13}OCl$ *2) Chlorid d. α-Oktin-ω-Carbonsäure. Sd. 113—116°$_{25}$ (*C. r.* 136, 554 *C.* 1903 [1] 825).

$C_9H_{13}O_2N$ *3) Anhydroecgonin. (HBr, Br_2) (*Ar.* 242, 9 *C.* 1904 [1] 731).

*7) Aethylester d. 2,5-Dimethylpyrrol-3-Carbonsäure. Sm. 117° (*C.* 1903 [2] 1281).

$C_9H_{13}O_2N$ 12) **2,5-Dimethyl-1-Aethylpyrrol-3-Carbonsäure** (*C.* **1903** [2] 1281).

$C_9H_{13}O_2N_3$ 4) **?-Nitro-3,4-Di[Methylamido]-1-Methylbenzol.** Sm. 194° (*B.* **36**, 3972 *C.* **1904** [1] 178).

5) **Aethyläther d. β-[4-Oxyphenyl]amidoharnstoff.** Sm. 190° u. Zers. (*A.* **334**, 185 *C.* **1904** [2] 835).

$C_9H_{13}O_2Br$ *2) **Bromdihydro-β-Camphylsäure.** Sm. 130° (*Soc.* **83**, 866 Anm. *C.* **1903** [2] 574).

8) **isom. Bromdihydro-β-Camphylsäure.** Sm. 137—138° (*Soc.* **83**, 866 *C.* **1903** [2] 574).

$C_9H_{13}O_3N$ 20) **4-Tri[Oxymethyl]methylpyridin** (4-tert. Trioxybutylpyridin). Sm. 156 bis 157°. HCl (*B.* **36**, 2909 *C.* **1903** [2] 890).

21) **Adrenalin** (Suprarenin; Epinephrinhydrat). Sm. 206—207° (*C.* **1901** [2] 1354; **1903** [1] 1156; *H.* **39**, [illegible]; *M.* **24**, 263 *C.* **1903** [2] 302; *C. r.* **135**, 1142 *C.* **1903** [1] 274; *B.* **36**, 2944 *C.* **1903** [2] 895; *Soc.* **75**, 192 *C.* **1904** [1] 816, 957; *B.* **37**, 1388 *C.* **1904** [1] 1526; *B.* **37**, 2022 *C.* **1904** [2] 239; *C. r.* **139**, 502 *C.* **1904** [2] 1156; *C.* **1904** [2] 1512, 1575; *B.* **37**, 4149 *C.* **1904** [2] 1743). — *III, *666.*

22) **Tropinon-O-Carbonsäure.** Na (*B.* **34**, 1458; *A.* **326**, 51 *C.* **1903** [1] 841). — *III, *610.*

$C_9H_{13}O_3Cl$ 1) **Aethylester d. α-Chlor-δ-Keto-β-Methyl-β-Penten-γ-Carbonsäure.** Sd. $120°_{19-20}$ (*C.* **1904** [1] 956).

2) **Aethylester d. 2-Chlormethyl-5-Methyl-2,3-Dihydrofuran-4-Carbonsäure.** Sm. 57—58°; Sd. $141—143°_{17}$ (*C. r.* **137**, 12 *C.* **1903** [2] 507).

$C_9H_{13}O_4N$ 10) **Aethyläther d. Verb. $C_7H_9O_4N$.** Sm. 80° (*G.* **34** [1] 466 *C.* **1904** [2] 537).

11) **Verbindung** (aus Dimethylamin u. 2,4-Dioxybenzol-1-Carbonsäureäthylester). Sm. 95° (D.R.P. 141101 *C.* **1903** [1] 1058).

$C_9H_{13}O_4N_5$ 2) **2,4-Dinitro-1,3,5-Tri[Methylamido]benzol.** Sm. 220° (*R.* **23**, 129 *C.* **1904** [2] 201).

$C_9H_{13}O_4Br$ 7) **δζ-Lakton d. δ-Oxy-β-Methylhexan-αζ-Dicarbonsäure.** Sm. 144—145° u. Zers. (*A.* **331**, 146 *C.* **1904** [1] 933).

$C_9H_{13}O_4P$ 2) **Dimethylester d. α-Oxybenzylphosphinsäure.** Sm. 99° (*C. r.* **135**, 1119 *C.* **1903** [1] 285).

3) **Dimethyl-?-Methylphenylester d. Phosphorsäure** (D.R.P. 142971 *C.* **1903** [2] 171).

$C_9H_{13}O_5N$ 2) **γ-Oximido-δ-Ketoheptan-αη-Dicarbonsäure.** Sm. 133—136° u. Zers. (*B.* **37**, 3826 *C.* **1904** [2] 1607).

$C_9H_{13}O_6Br$ 1) **Trimethylester d. β-Brompropan-αβγ-Tricarbonsäure.** Sm. 98—99° (*B.* **36**, 3292 *C.* **1903** [2] 1167).

$C_9H_{13}O_9N_3$ C 35,2 — H 4,2 — O 46,9 — N 13,7 — M. G. 307.

1) **Trimethyläther d. Nitrotrioxydichinolnitrosäure.** Na_2 (*Am.* **29**, 117 *C.* **1903** [1] 709).

$C_9H_{13}NJ_2$ 1) **Jodäthylat d. 4-Jod-2,6-Dimethylpyridin.** Sm. 239—240° (*A.* **331**, 256 *C.* **1904** [1] 1223).

$C_9H_{13}NS$ 2) **4-Thiocarbonyl-2,6-Dimethyl-1-Aethyl-1,4-Dihydropyridin.** Sm. 248° (*A.* **331**, 258 *C.* **1904** [1] 1223).

$C_9H_{13}NSe$ 1) **4-Selenocarbonyl-2,6-Dimethyl-1-Aethyl-1,4-Dihydropyridin.** Sm. 254° (*A.* **331**, 263 *C.* **1904** [1] 1223).

$C_9H_{13}N_3S$ *4) **Methyläther d. α-[α-Methylhydrazido]-α-Phenylimido-α-Merkaptomethan.** Sm. 132° (*B.* **37**, 2322 *C.* **1904** [2] 312).

8) **4-Dimethylamidophenylthioharnstoff.** Sm. 180—181° (*C.* **1903** [1] 1258).

9) **α-Amido-β-Methyl-α-Benzylthioharnstoff.** Sm. 129° (*B.* **37**, 2327 *C.* **1904** [2] 313).

10) **Methyläther d. α-[α-Phenylhydrazido]-α-Methylimido-α-Merkaptomethan.** Fl. (*B.* **37**, 2331 *C.* **1904** [2] 314).

$C_9H_{14}O_2N_2$ *7) **Nitrosodihydrolaurolaktam.** Sm. 138—139° (*Am.* **32**, 288 *C.* **1904** [2] 1222).

10) **Anhydrid d. i-Nitrosamidolauronsäure.** Sm. 138° (*Am.* **28**, 485 *C.* **1903** [1] 329).

11) **Nitril d. α-Oxyessig-[β-Cyan-α-Aethoxybutyl]äthersäure.** Sm. 115° (*C.* **1904** [1] 160).

$C_9H_{14}O_2N_2$ 12) **Aethylester d. 1-Amido-2,5-Dimethylpyrrol-3-Carbonsäure.** Sm. 87—88° (*B.* **37**, 2191 *C.* **1904** [2] 240).

13) **Aethylester d. 3,6-Dimethyl-4,5-Dihydro-1,2-Diazin-4-Carbonsäure.** Sm. 108—109° (108—110°); Sd. 245—248° (*B.* **35**, 4313 *C.* **1903** [1] 335; *B.* **36**, 502 *C.* **1903** [1] 654; *B.* **37**, 2186 *C.* **1904** [2] 239).

14) **Verbindung** (aus d. Säure $C_{10}H_{14}O_4N_2$). = $(C_9H_{14}O_2N_2)_x$ (*C.* **1904** [1] 159).

$C_9H_{14}O_2Br_2$ *4) **Dibromid d. cis-trans-Campholytischen Säure** (i-Dibromdihydro-α-Campholytsäure). Sm. 111—116° (*Soc.* **83**, 854 *C.* **1903** [2] 572).

9) **Dibromtetrahydro-α-Camphylsäure.** Sm. 156° (*Soc.* **83**, 851 *C.* **1903** [2] 572).

$C_9H_{14}O_3N_2$ 6) **2,4,6-Triketo-5-Aethyl-5-Propylhexahydro-1,3-Diazin.** Sm. 146° (D.R.P. 146496 *C.* **1903** [2] 1484; *A.* **335**, 346 *C.* **1904** [2] 1381).

7) **2,4,6-Triketo-1-Methyl-5,5-Diäthylhexahydro-1,3-Diazin.** Sm. 154,5° (D.R.P. 146496 *C.* **1903** [2] 1484; *A.* **335**, 348 *C.* **1904** [2] 1381).

$C_9H_{14}O_3N_4$ 4) **5-Formylamido-6-Amido-2,4-Diketo-1,3-Diäthyl-1,2,3,4-Tetrahydro-1,3-Diazin.** Sm. 235° (*C.* **1904** [2] 1497).

$C_9H_{14}O_4N_2$ 4) **2,6-Dioximidohexahydrobenzol-1-Propionsäure.** Sm. 203—206° (*B.* **37**, 3824 *C.* **1904** [2] 1007).

$C_9H_{14}O_4Br_2$ 8) **δε-Dibrom-β-Methylhexan-εζ-Dicarbonsäure.** Sm. 168—171° u. Zers. (*A.* **331**, 145 *C.* **1904** [1] 933).

$C_9H_{14}O_5S$ *3) **Sulfocamphylsäure** (*Soc.* **83**, 835 *C.* **1903** [2] 571).

$C_9H_{14}O_7N_4$ 2) **Carboxylamidoacetylamidoacetyl[illegible]** (Triglycylglycincarbonsäure). Sm. 235° [illegible] **36**, [illegible] **1903** [1] 1304).

$C_9H_{14}O_{12}N_4$ C 29,2 — H 3,8 — O 51,9 — N 15,1 — M. G. 370.

1) **Säure** (aus d. Verb. $C_9H_{18}O_9N_4$). Sm. 149°. $Cu_2 + H_2O$, Ag_4 (*B.* **36**, 1510 *C.* **1903** [1] 1302).

$C_9H_{14}NCl$ *1) **Trimethylphenylammoniumchlorid.** + $6HgCl_2$ (*J. pr.* [2] **66**, 473 *C.* **1903** [1] 561).

$C_9H_{14}NJ$ *1) **Trimethylphenylammoniumjodid.** Sm. 216° (*B.* **37**, 414 *C.* **1904** [1] 943).

$C_9H_{14}NJ_9$ 1) **Trimethylphenylammoniumnonajodid.** Sm. 69° (*J. pr.* [2] **67**, 350 *C.* **1903** [1] 1297).

$C_9H_{15}ON$ *19) **Inn. Anhydrid d. Amidodihydrolauronolsäure.** Sd. 285° (*Am.* **32**, 288 *C.* **1904** [2] 1222).

*32) **Pulegenonoxim.** Sd. 237—242° (*A.* **327**, 133 *C.* **1903** [1] 1412).

38) **5-Keto-2,2-Dimethyl-4-Isopropylidentetrahydropyrrol.** Sm. 121° (*B.* **36**, 3368 *C.* **1903** [2] 1186).

39) **5-Hexylisoxazol.** Sd. 103—104°₁₅ (*C. r.* **138**, 1341 *C.* **1904** [2] 187).

40) **Piperidon** (aus Pinophoron). Sd. 136—140°₁₄ (*B.* **37**, 240 *C.* **1904** [1] 726).

41) **Amid d. βε-Dimethyl-βδ-Hexadiën-γ-Carbonsäure.** Sm. 50°; Sd 142—145°₁₄ (*B.* **36**, 2304 *C.* **1903** [2] 1186).

42) **Amid d. r-α-Campholytsäure.** Sm. 103° (*C. r.* **138**, 696 *C.* **1904** [1] 1086).

$C_9H_{15}ON_3$ 3) **α-Semicarbazon-β-Oktin.** Sm. 90° (*C. r.* **138**, 1341 *C.* **1904** [2] 187).

4) **Semicarbazon d. Ketobicyklo[1,2,3]oktan.** Sm. 189—190° (*B.* **36**, 3612 *C.* **1903** [2] 1372).

$C_9H_{15}O_2N$ *6) **Hydroecgonidin.** HCl, (HCl, $AuCl_3$ + $5H_2O$) (*Ar.* **242**, 9 *C.* **1904** [1] 731).

*18) **β-Isomerochinen.** (2HCl, $PtCl_4$), (HCl, $AuCl_3$) (*M.* **24**, 307 *C.* **1903** [2] 297).

*19) **2,2,5,5-Tetramethyl-2,5-Dihydropyrrol-3-Carbonsäure** (*B.* **36**, 3371 *C.* **1903** [2] 1[illegible]).

25) **Allomerochinen.** HCl, (2HCl, $PtCl_4$ + $3H_2O$), (HCl, $AuCl_3$) (*M.* **23**, 460). — *III, *640.*

26) **Amid d. i-Camphononsäure.** Sm. 215° (*Am.* **28**, 484 *C.* **1903** [1] 329).

$C_9H_{15}O_2Br$ 9) **2-Brom-1,1,2-Trimethyl-R-Pentamethylen-5-Carbonsäure.** Sm. 108° u. Zers. (*Soc.* **85**, 145 *C.* **1904** [1] 72[illegible]).

10) **i-Bromdihydro-α-Campholytsäure.** Sm. 100° (*Soc.* **83**, 854 *C.* **1903** [2] 572).

$C_9H_{15}O_3N$ *2) **d-Ecgonin.** HCl + ½[1]H_2O (*A.* **326**, 63 *C.* **1903** [1] 841).

$C_9H_{15}O_3N$ *17) **r-Ecgonin** (Pseudotropin-C-Carbonsäure). Sm. 251° u. Zers. (*A.* **326**, 61 *C.* **1903** [1] 841).

*18) **Pseudotropin-O-Carbonsäure** + $3H_2O$. Sm. 201—202° u. Zers. HCl + 1[2]H_2O, (HCl, $AuCl_3$) (*A.* **326**, 54 *C.* **1903** [1] 841).

22) **Acetylscopolin.** Sm. 53°; Sd. oberh. 250° (D. R. P. 79864). — *III, *619.*

23) **5-Oximido-1,3-Dimethylhexahydrobenzol-1-Carbonsäure.** Sm. 155 bis 156° (*B.* **37**, 4072 *C.* **1904** [2] 1652).

24) **Verbindung** (aus Trimethylamin u. 1,2,3-Trioxybenzol). Sm. 160° (D. R. P. 141101 *C.* **1903** [1] 1058).

$C_9H_{15}O_3N_3$ 10) **5-Semicarbazon-1,1-Dimethyl-R-Pentamethylen-2-Carbonsäure.** Sm. 217° (*C.* **1903** [1] 923; *Soc.* **85**, 140 *C.* **1904** [1] 728).

$C_9H_{15}O_5N$ 6) **Verbindung** (aus Dimethylamin u. 3,4,5-Trioxybenzol-1-Carbonsäuremethylester). Sm. 164° (D. R. P. 141101 *C.* **1903** [1] 1058).

$C_9H_{15}O_6N$ 2) **Triäthylester d. Stickstofftricarbonsäure.** Sd. 146—147°$_{12}$ (*B.* **36**, 740 *C.* **1903** [1] 827).

$C_9H_{15}O_6N_3$ 2) **N-Aethylester d. Carboxylamidoacetylamidoacetylamidoessigsäure** ([illegible]ylglycin). Sm. 212—214° (*B.* **36**, 2100 *C.* **1903** [1] 1[illegible]; [illegible] **36**, [illegible] *C.* **1903** [2] 1111).

$C_9H_{15}O_6N_5$ C 37,4 — H 5,2 — O 33,2 — N 24,2 — M. G. 289.

1) **Methylester d. δ-Oximido-ε-Semicarbazidohydroxylhydrazon-γ-Keto-β-Methylpentan-β-Carbonsäure.** Sm. 170° u. Zers. (*Soc.* **83**, 1256 *C.* **1903** [2] 1423).

$C_9H_{15}NCl_2$ 1) **Verbindung** (aus r-α-Campholytsäureamid). Sm. 175° (*C. r.* **138**, 696 *C.* **1904** [1] 1086).

$C_9H_{16}ON_2$ 15) **2-Di[Dimethylamido]methylfuran.** (2HCl, $PtCl_4$) (*A.* **335**, 376 *C.* **1904** [2] 1406).

16) **5-Keto-3-Hexyl-4,5-Dihydropyrazol.** Sm. 197° (*C. r.* **136**, 755 *C.* **1903** [1] 1019).

17) **5-Keto-3-Methyl-4-Amyl-4,5-Dihydropyrazol.** Sm. 186—187° (*Bl.* [3] **31**, 761 *C.* **1904** [2] 343).

18) **5-Keto-4-Methyl-3-Amyl-4,5-Dihydropyrazol.** Sm. 164—165° (*Bl.* [3] **31**, 596 *C.* **1904** [2] 26).

19) **5-Keto-3-Methyl-4-Isoamyl-4,5-Dihydropyrazol.** Sm. 217—218° (*Bl.* [3] **31**, 761 *C.* **1904** [2] 343).

20) **5-Keto-4-Methyl-3-Isoamyl-4,5-Dihydropyrazol.** Sm. 177—178° (*Bl.* [3] **31**, 599 *C.* **1904** [2] 26).

21) **5-Keto-4-Aethyl-3-Isobutyl-4,5-Dihydropyrazol.** Sm. 106° (*Bl.* [3] **31**, 595 *C.* **1904** [2] 26).

22) **5-Keto-3,4-Dipropyl-4,5-Dihydropyrazol.** Sd. 190—200°$_{14}$ (*Bl.* [3] **31**, 594 *C.* **1904** [2] 26).

23) **5-Keto-3-Propyl-4-Isopropyl-4,5-Dihydropyrazol.** Sm. 133° (*Bl.* [3] **31**, 594 *C.* **1904** [2] 26).

$C_9H_{16}OCl_2$ 1) **Dihydrochlorid d. Phoron.** Fl. (*B.* **36**, 3536 *C.* **1903** [2] 1368).

$C_9H_{16}OBr_2$ 2) **Dihydrobromid d. Phoron.** Sm. 19° (*B.* **36**, 3536 *C.* **1903** [2] 1368).

$C_9H_{16}OS_2$ 1) **Xanthogenat d. 2-Oxy-1-Methylhexahydrobenzol.** Sd. 149—151°$_{18}$ (*C.* **1903** [2] 289).

$C_9H_{16}O_2N_2$ 11) **Pseudotropylamincarbamat** (*B.* **31**, 1209). — *III, *614.*

$C_9H_{16}O_4N_2$ 3) **Diäthylester d. α-Isopropylidenhydrazin-α'β-Dicarbonsäure** (Acetessigesterhydrazoncarbonester). Sm. 64° (P. GUTMANN, Dissert., Heidelberg 1903).

$C_9H_{16}O_5N_2$ *2) **Diäthylester d. Carboxylamidoacetylamidoessigsäure** (α-Carbäthoxylglycylglycinäthylester). Sm. 87° (*B.* **36**, 2097 *C.* **1903** [1] 1303; *B.* **36**, 2110 *C.* **1903** [2] 345).

4) **isom. Diäthylester d. Carboxylamidoacetylamidoessigsäure** (β-Carbäthoxylglycylglycinäthylester). Sm. 148—150° (*B.* **36**, 2097 *C.* **1903** [1] 1303).

$C_9H_{16}O_5N_4$ 2) **Amid d. Carboxylamidoacetylamidoacetylamidoessigsäure-N-Aethylester** (Carbäthoxyldiglycylglycinamid). Sm. 235° (*B.* **36**, 2101 *C.* **1903** [1] 1304).

$C_9H_{16}O_7N_2$ C 40,9 — H 6,1 — O 42,4 — N 10,6 — M. G. 264.

1) **Kaseansäure.** Sm. 192°. Cu_2 + $3H_2O$, HCl (*B.* **37**, 1597 *C.* **1904** [1] 1449; *H.* **42**, 289 *C.* **1904** [2] 958).

$C_9H_{16}O_7S$ 1) **Aethylidenmalonäthylesterhydrosulfonsäure.** K, Ba (*B.* **37**, 4057 *C.* **1904** [2] 1649).

$C_9H_{16}O_9N_4$ C 33,3 — H 4,9 — O 44,4 — N 17,3 — M. G. 324.
1) **Säure** (aus d. Verb. $C_{17}H_{40}O_{18}N_4$). Sm. 220°. 4HCl, Cu + $2H_2O$ (*B.* **36**, 1509 *C.* **1903** [1] 1302).

$C_9H_{16}NCl$ 6) **1-Chlor-3-Dimethylamido-2,3,4,5-Tetrahydro-R-Hepten.** (2HCl, $PtCl_4$) (*A.* **326**, 10 *C.* **1903** [1] 778).

$C_9H_{16}NJ$ *2) **Jodmethylat d. Tropidin.** Sm. noch nicht bei 300° (*A.* **326**, 20 *C.* **1903** [1] 778).

$C_9H_{17}ON$ *4) **5-Oximido-1,1,3-Trimethylhexahydrobenzol.** Sm. 84—85° (*C.* **1904** [2] 653).
*11) **α-Methyltropin** (3-Dimethylamido-1-Oxy-2,3,4,5-Tetrahydro-R-Hepten). Sd. 247—248°. (HCl, $AuCl_3$) (*A.* **326**, 9 *C.* **1903** [1] 778).
*23) **4-Oximido-1,1,3-Trimethylhexahydrobenzol.** Sm. 108—109° (*C.* **1904** [2] 653).
*24) **α-Isooxim d. 4-Keto-1,1,3-Trimethylhexahydrobenzol.** Sm. 115 bis 116° (*C.* **1904** [2] 654).
*26) **2-Oximido-1,1,4-Trimethylhexahydrobenzol** (Pulenonoxim). Sm. 94 bis 95°; Sd. 117°$_{13}$ (*A.* **329**, 100 *C.* **1903** [2] 1071).
*27) **Pulenonisooxim.** Sm. 96—97°; Sd. 145—150°$_{27}$ (*A.* **329**, 100 *C.* **1903** [2] 1071).
33) **β-Isooxim d. 4-Keto-1,1,3-Trimethylhexahydrobenzol.** Sm. 106 bis 108° (*C.* **1904** [2] 654).
34) **α-Isooxim d. 5-Keto-1,1,3-Trimethylhexahydrobenzol.** Sm. 111 bis 112° (*C.* **1904** [2] 654).
35) **β-Isooxim d. 5-Keto-1,1,3-Trimethylhexahydrobenzol.** Sm. 82—84° (*C.* **1904** [2] 654).
36) **2-Oximido-1-Methyl-3-Isopropyl-R-Pentamethylen.** Sm. 79° (*B.* **37**, 238 *C.* **1904** [1] 720).
37) **Pseudomethyltropin.** Sd. 242—244° (*A.* **326**, 15 *C.* **1903** [1] 778).
38) **Nitril d. γ-Oxybutteramyläthersäure.** Sd. 108—110°$_{12}$ (*C. r.* **136**, 96 *C.* **1903** [1] 455).

$C_9H_{17}ON_3$ 15) **α-Semicarbazon-α-Hexahydrophenyläthan.** Sm. 175° (*Bl.* [3] **29**, 1051 *C.* **1903** [2] 1437).
16) **3-Semicarbazonmethyl-1-Methylhexahydrobenzol.** Sm. 158—159° (*B.* **37**, 852 *C.* **1904** [1] 1146).
17) **5-Semicarbazon-1,1,2-Trimethyl-R-Pentamethylen.** Sm. 210—212° (*C. r.* **136**, 1143 *C.* **1903** [1] 1410).
18) **2-Semicarbazon-1,1,3-Trimethyl-R-Pentamethylen.** Sm. 150—151° (*A.* **329**, 94 *C.* **1903** [2] 1071).

$C_9H_{17}O_2N$ 24) **γ-Oximido-δ-Ketononan.** Sm. 33—34; Sd. 131—132°$_9$ (*Bl.* [3] **31**, 1168 *C.* **1904** [2] 1701).
25) **3-Acetyl-4,4,6-Trimethyltetrahydro-1,3-Oxazin.** Sd. 235—237°. (HCl, $AuCl_3$) (*M.* **25**, 832 *C.* **1904** [2] 1239).
26) **2,2,5,5-Tetramethyltetrahydropyrrol-3-Carbonsäure** + H_2O. Sm. 220° u. Zers. HCl, (2HCl, $PtCl_4$) (*B.* **36**, 3359 *C.* **1903** [2] 1185).
27) **Säure** (aus Pinophoronpiperidon). Sm. 204—206° (*B.* **37**, 240 *C.* **1904** [1] 726).
28) **Gem. Imid d. Buttersäure u. Isovaleriansäure.** Sm 88° (*C. r.* **137**, 326 *C.* **1903** [2] 712).
29) **Gem. Imid. d. Isobuttersäure u. Valeriansäure.** Sm. 84° (*C. r.* **137**, 326 *C.* **1903** [2] 712).
30) **Gem. Imid d. Isobuttersäure u. Isovaleriansäure.** Sm. 94° (*C. r.* **137**, 326 *C.* **1903** [2] 712).

$C_9H_{17}O_2N_3$ 5) **Di[Methylamid] d. 1-Methyltetrahydropyrrol-2-Carbonsäure.** Sm. 122,5—123° (*A.* **326**, 109 *C.* **1903** [1] 843).

$C_9H_{17}O_2Br$ 8) **α-Bromoktan-α-Carbonsäure.** Fl. (*C. r.* **138**, 698 *C.* **1904** [1] 1066).

$C_9H_{17}O_3N$ *2) **γ-Oximido-β-Methylheptan-ζ-Carbonsäure.** Sm. 76—77° (75°) (*A.* **327**, 142 *C.* **1903** [1] 1412; *B.* **37**, 238 *C.* **1904** [1] 720).
*10) **Aethylester d. ε-Oximido-β-Methylpentan-ε-Carbonsäure.** Sd. 156°$_{16}$ (*Bl.* [3] **31**, 1074 *C.* **1904** [2] 1457).
12) **Isobutylester d. α-Oximidovaleriansäure.** Sm. 16°; Sd. 152°$_{15}$ (*Bl.* [3] **31**, 1072 *C.* **1904** [2] 1457).

$C_9H_{17}O_3N_3$ 4) **ε-Semicarbazon-β-Methylhexan-β-Carbonsäure.** Sm. 163° (*A.* **329**, 93 *C.* **1903** [2] 1071).

$C_9H_{17}O_3N_3$ 5) **Aethylester d. δ-Semicarbazon-β-Methylbutan-δ-Carbonsäure.** Sm. 158—159° (*Bl.* [3] **31**, 1151 *C.* **1904** [2] 1707).

6) **ββ-Dimethylpropylester d. α-Semicarbazonpropionsäure.** Sm. 168° (*C. r.* **138**, 985 *C.* **1904** [1] 1398).

7) **β-Methylbutylester d. α-Semicarbazonpropionsäure.** Sm. 151,5° (*M.* **25**, 1098 *C.* **1904** [2] 1698).

$C_9H_{17}NBr_2$ *4) **Brommethylat d. Bromtropan** (*A.* **326**, 35 *C.* **1903** [1] 779).

$C_9H_{18}O_2N_2$ 18) **γδ-Dioximidononan.** Sm. 158—158,5° (*Bl.* [3] **31**, 1168 *C.* **1904** [2] 1701).

19) **Dipropylacetylharnstoff.** Sm. 192,5° (*A.* **335**, 367 *C.* **1904** [2] 1382).

20) **Ureïd d. Dipropylessigsäure** (Dipropylacetylharnstoff). Sm. 192,5° (D.R.P. 144431 *C.* **1903** [2] 813).

$C_9H_{18}O_3N_2$ 3) **Base** (aus [illegible]eton). Sm. 47°; Sd. 120°. (2HCl, $PtCl_4$) (*B.* **36**, 21[illegible] [illegible]).

4) **r-α-[α-Amidoisocapronyl]amidopropionsäure** (r-Leucylalanin). Sm. 245° u. Zers. (*B.* **37**, 3105 *C.* **1904** [2] 1210).

5) **Aethylester d. r-α-Ureïdo-γ-Methylvaleriansäure.** Sm. 92—93° (*Bl.* [3] **31**, 1181 *C.* **1904** [2] 1710).

$C_9H_{18}O_4N_2$ *1) **αα-Dinitrononan.** K (*J. pr.* [2] **67**, 139 *C.* **1903** [1] 865; *G.* **33** [1] 416 *C.* **1903** [2] 551; *G.* **34** [2] 54 *C.* **1904** [2] 693).

$C_9H_{18}O_6N_2$ 3) **Dimethylglykoseureïd.** Sm. 157° u. Zers. (*R.* **22**, 65 *C.* **1903** [1] 1081).

$C_9H_{18}O_7S_2$ 2) **Phoronhydrodisulfonsäure.** $Na_2 + 2^1/_2H_2O$, Ba + $4H_2O$ (*B.* **37**, 4047 *C.* **1904** [2] 1648).

$C_9H_{18}NJ$ 4) **Jodmethylat d. i-ε-Coniceïn.** Sm. 185—186° (*B.* **37**, 1891 *C.* **1904** [2] 238).

$C_9H_{19}ON$ *19) **Amid d. Oktan-α-Carbonsäure.** Sm. 98—99° (*B.* **36**, 2549 *C.* **1903** [2] 654).

*29) **4-Dimethylamido-1-Oxy-R-Heptamethylen.** Sd. 251° (*A.* **326**, 7 *C.* **1903** [1] 777).

34) **β-Oximido-δ-Methyloktan.** Fl. (*Soc.* **81**, 1595 *C.* **1903** [1] 16, 132).

35) **4,4,6-Trimethyl-3-Aethyltetrahydro-1,3-Oxazin.** Sd. 176—180°. (2HCl, $PtCl_4$), (HCl, $AuCl_3$), Pikrat (*M.* **25**, 843 *C.* **1904** [2] 1240).

36) **Dipropylamid d. Propionsäure.** Sd. 227° (*B.* **36**, 3526 *C.* **1903** [2] 1326).

37) **Diisobutylamid d. Ameisensäure.** Sd. 109—110°$_{15}$ (*B.* **36**, 2476 *C.* **1903** [2] 559).

$C_9H_{19}ON_3$ 2) **α-Semicarbazonoktan.** Sm. 101° (*C. r.* **138**, 699 *C.* **1904** [1] 1066).

3) **β-Semicarbazonoktan.** Sm. 121° (122—123°) (*C. r.* **136**, 755 *C.* **1903** [1] 1019; *Bl.* [3] **31**, 1157 *C.* **1904** [2] 1707).

4) **γ-Semicarbazonoktan.** Sm. 117—117,5° (*Bl.* [3] **31**, 1158 *C.* **1904** [2] 1707).

5) **δ-Semicarbazon-β-Methylheptan.** Sm. 124° (*Bl.* [3] **31**, 1157 *C.* **1904** [2] 1707).

6) **ε-Semicarbazon-β-Methylheptan.** Sm. 132—133° (*Bl.* [3] **31**, 1158 *C.* **1904** [2] 1708).

7) **δ-Semicarbazonmethylheptan.** Sm. 100—101° (*Bl.* [3] **31**, 306 *C.* **1904** [1] 1133).

8) **5-Semicarbazon-4-Isopropyl-1-Methyl-R-Pentamethylen.** Sm. 203 bis 204° (*C.* **1904** [2] 1045).

$C_9H_{19}OBr$ 1) **Amyläther d. δ-Brom-α-Oxybutan.** Sd. 114—115°$_{18}$ (*C. r.* **138**, 976 *C.* **1904** [1] 1400).

$C_9H_{19}OJ$ 1) **Amyläther d. δ-Jod-α-Oxybutan.** Sd. 128—129°$_{18}$ (*C. r.* **138**, 976 *C.* **1904** [1] 1400).

$C_9H_{19}O_2N$ 8) **Betaïn d. α-Triäthylamidopropionsäure.** Sm. 90—92°. (HCl, $AuCl_3$) (*B.* **36**, 4192 *C.* **1904** [1] 263).

9) **Aethylester d. β-Diäthylamidopropionsäure.** Sd. 192°$_{758}$ (*J. pr.* [2] **68**, 347 *C.* **1903** [2] 1318).

10) **Aethylester d. Dipropylamidoameisensäure.** Sd. 97°$_{20}$ (*B.* **36**, 2287 *C.* **1903** [2] 563).

$C_9H_{19}O_3Br$ *1) **Triäthyläther d. β-Brom-ααγ-Trioxypropan** (*B.* **36**, 3670 *C.* **1903** [2] 1313).

$C_9H_{19}N_2J$ 1) **Nitril d. α-Triäthyljodammoniumpropionsäure.** Sm. 178—179° u. Zers. (*B.* **36**, 4191 *C.* **1904** [1] 263).

$C_9H_{20}ON_2$ 11) α-norm. Butyl-β-[d-sec. Butyl]harnstoff. Sm. 47° (*Ar.* **242**, 70 *C.* **1904** [1] 999).
12) α-[r-sec. Butyl]-β-[d-sec. Butyl]harnstoff. Sm. 132° (*Ar.* **242**, 71 *C.* **1904** [1] 999).

$C_9H_{20}O_3N_2$ *1) Triacetondihydroxylamin. Sm. 112—114° (*B.* **36**, 657 Anm. *C.* **1903** [1] 762).

$C_9H_{21}O_3B$ *2) Triisopropylester d. Borsäure. Sd. 140° (*B.* **36**, 2221 *C.* **1903** [2] 420).

$C_9H_{20}N_2S$ *8) s-rd-Di[sec. Butyl]thioharnstoff. Sm. 113° (*Ar.* **242**, 60 *C.* **1904** [1] 998).
9) α-[norm. Butyl]-β-[d-sec. Butyl]thioharnstoff. Sm. 32° (*Ar.* **242**, 60 *C.* **1904** [1] 998).
10) α-[d-sec. Butyl]-β-[tert. Butyl]thioharnstoff. Sm. 132° (*Ar.* **242**, 60 *C.* **1904** [1] 998).
11) α-Isobutyl-β-[d-sec. Butyl]thioharnstoff. Sm. 51° (*Ar.* **242**, 60 *C.* **1904** [1] 998).
12) αα-Diäthyl-β-[d-sec. Butyl]thioharnstoff. Sm. 60—60,5° (*Ar.* **242**, 61 *C.* **1904** [1] 998).

$C_9H_{21}ClS$ *1) Methyläthyl-sec. Hexylsulfinchlorid (*J. pr.* [2] **66**, 460 *C.* **1903** [1] 561).
*2) Methyldiisobutylsulfinchlorid. + $4HgCl_2$ (*J. pr.* [2] **66**, 463 *C.* **1903** [1] 561).

$C_9H_{23}O_2N$ 2) Methylhydroxyd d. β-Dimethylamido-δ-Oxy-β-Methylpentan. (2 Chlorid + $AuCl_3$), Pikrat (*M.* **25**, 145 *C.* **1904** [1] 866).

$C_9H_{24}N_2Cl_2$ *1) Hexamethyltrimethylendiammoniumchlorid. + $2HgCl_2$ (*J. pr.* [2] **66**, 519 *C.* **1903** [1] 561).

$C_9H_{24}N_2J_6$ 1) Hexamethyltrimethylendiammoniumtrijodid. Sm. 205° (*J. pr.* [2] **67**, 352 *C.* **1903** [1] 1298).

$C_9H_{24}N_2J_{10}$ 1) Hexamethyltrimethylendiammoniumpentajodid. Sm. 150° (*J. pr.* [2] **67**, 352 *C.* **1903** [1] 1297).

$C_9H_{24}N_2J_{18}$ 1) Hexamethyltrimethylendiammoniumenneajodid. Sm. 100° (*J. pr.* [2] **67**, 352 *C.* **1903** [1] 1297).

— 9 IV —

$C_9H_4O_6N_2Cl_3$ *1) ?-Dinitro-2-[βββ-Trichloräthyliden]amidobenzol-1-Carbonsäure. Sm. 187° (*B.* **35**, 3899 *C.* **1903** [1] 20).

$C_9H_5ONBr_2$ 4) 8,?-Dibrom-2-Oxychinolin. Sm. 188° (*J. pr.* [2] **68**, 102 *C.* **1903** [2] 445).

$C_9H_5O_2NCl_2$ 4) Nitril d. 3,5-Dichlor-2-Acetoxylbenzol-1-Carbonsäure. Sm. 78° (*B.* **37**, 4029 *C.* **1904** [2] 1718).

$C_9H_5O_2N_2Cl$ 12) 2-Chlor-8-Nitrochinolin. Sm. 152° (*J. pr.* [2] **68**, 101 *C.* **1903** [2] 444).

$C_9H_5O_2N_2Br_3$ 1) ?-Tribrom-3-Nitro-2-Methylindol. Sm. 290° u. Zers. (*G.* **34** [2] 63 *C.* **1904** [2] 710).

C_9H_6ONCl 17) Nitril d. β-Oxy-α-[4-Chlorphenyl]akrylsäure. Sm. 159—161° (*J. pr.* [2] **67**, 393 *C.* **1903** [1] 1357).

$C_9H_6ON_2Br_2$ 2) 6,8-D[illegible]-1-K[illegible]-2-M[illegible]-1-3,4-Dihydro-1,3-Benzdiazin. Zers. [illegible] 1903 [illegible]

$C_9H_6O_2NCl$ *2) Nitril d. 5-Chlor-2-Acetoxylbenzol-1-Carbonsäure. Sm. 79—80° (*B.* **37**, 4026 *C.* **1904** [2] 1717).
4) Nitril d. 3-Chlor-4-Acetoxylbenzol-1-Carbonsäure. Sm. 89—90° (*B.* **37**, 4034 *C.* **1904** [2] 1719).

$C_9H_6O_3N_2Cl_2$ 1) ?-Dichlor-2-Cyanmethylamidobenzol-1-Carbonsäure. Sm. 222 bis 223° (D.R.P. 148615 *C.* **1904** [1] 1046).

$C_9H_6O_2N_2S$ 3) 5-Phenyl-1,2,3-Thiodiazol-4-Carbonsäure. Sm. 157° u. Zers. (*A.* **333**, 5 *C.* **1904** [2] 780).

$C_9H_6O_3N_3Cl$ 3) 2-[4-Chlorphenyl]-1,2,3,6-Oxtriazin-5-Carbonsäure. Sm. 145° u. Zers. (*Soc.* **83**, 1249 *C.* **1903** [2] 1422).

$C_9H_6O_5N_3Cl$ 1) Nitril d. 5-Chlor-3,6-Dinitro-2-Oxybenzoläthyläther-1-Carbonsäure. Sm. 65° (*R.* **21**, 426 *C.* **1903** [1] 511).

$C_9H_6N_2Br_2S$ 1) 6,8-Dibrom-4-Thiocarbonyl-2-Methyl-3,4-Dihydro-1,3-Benzdiazin. Sm. noch nicht bei 290° (*C.* **1903** [2] 1195).

$C_9H_7ONS_2$ *1) 2-Thiocarbonyl-4-Keto-3-Phenyltetrahydrothiazol. Sm. 192 bis 193° (*M.* **24**, 500 *C.* **1903** [2] 836).

$C_9H_7ON_2Cl_3$ 2) **Nitril d. 3-[βββ-Trichlor-α-Oxyäthyl]amidobenzol-1-Carbonsäure.** Sm. 102—103° u. Zers. (*C.* **1904** [2] 103).

$C_9H_7ON_2Br$ 2) **Nitril d. 4-Brombenzoylamidoessigsäure.** Sm. 174° (*B.* **36**, 1646 *C.* **1903** [2] 32).

$C_9H_7ON_3S_2$ 2) **Phenylamid d. Isorhodanformylthioameisensäure.** Sm. 172° (*Soc.* **83**, 89 *C.* **1903** [1] 230, 447).

$C_9H_7OClBr_2$ 2) **Aldehyd d. α-Chlor-αβ-Dibrom-β-Phenylpropionsäure.** Fl. (*C. r.* **136**, 1073 *C.* **1903** [1] 1345).

$C_9H_7O_2NBr_2$ 2) **4,6-Dibrom-5-Oxy-1,3-Dimethylbenzoxazol.** Sm. 221—222° (*B.* **37**, 1427 *C.* **1904** [1] 1418).

$C_9H_7O_2N_2Cl$ 3) **?-Chlor-2-Cyanmethylamidobenzol-1-Carbonsäure.** Sm. 199—200° (D.R.P. 148615 *C.* **1904** [1] 1045).

$C_9H_7O_2N_2Br$ 5) **?-Brom-2-Cyanmethylamidobenzol-1-Carbonsäure.** Sm. 209—210° (D.R.P. 148615 *C.* **1904** [1] 1045).

$C_9H_7O_2ClBr_2$ *1) **α-Chlor-αβ-Dibrom-β-Phenylpropionsäure.** Sm. 138° (*C. r.* **136**, 1073 *C.* **1903** [1] 1345).

$C_9H_7O_3N_2Cl$ *4) **Nitril d. 5-Chlor-6-Nitro-2-Oxybenzoläthyläther-1-Carbonsäure** (*R.* **21**, 426 *C.* **1903** [1] 511).

$C_9H_7O_3N_2Cl_3$ 2) **Dimethylamid d. 2,4,6-Trichlor-3-Nitrobenzol-1-Carbonsäure.** Sm. 111,25° (*R.* **21**, 392 *C.* **1903** [1] 152).
3) **2,5,6-Trichlor-4-Nitro-3-Methylphenylamid d. Essigsäure.** Sm. noch nicht bei 200° (*Soc.* **83**, 334 *C.* **1903** [1] 870).

$C_9H_7O_4NCl_2$ 1) **?-Dichlorphenylamidoessigsäure-2-Carbonsäure.** Sm. 237—238° (D.R.P. 148615 *C.* **1904** [1] 1045).

$C_9H_7O_5NCl_2$ 1) **Aethyl-4,6-Dichlor-2-Nitrophenylester d. Kohlensäure.** Sm. 38—39° (*Am.* **32**, 30 *C.* **1904** [2] 697).

C_9H_7NBrJ 1) **Chinolinbromojodid.** Sm. 138—140° (*C. r.* **136**, 1471 *C.* **1903** [2] 296).

$C_9H_7N_4S_3P$ 1) **Phosphortrithiocyanat + Anilin.** Sm. 116—117° (*Soc.* **85**, 358 *C.* **1904** [1] 1407).

C_9H_8ONCl 3) **2-Chlorbenzimidomethyläther.** HCl (*Soc.* **83**, 768 *C.* **1903** [2] 200, 437).

$C_9H_8ONCl_3$ 13) **4-Methylphenylamid d. Trichloressigsäure.** Sm. 113° (*A.* **332**, 264 *C.* **1904** [2] 699).

$C_9H_8ON_2S$ 8) **1-Acetylamidobenzthiazol.** Sm. 186—187° (*A.* **212**, 329; *B.* **36**, 3136 *C.* **1903** [2] 1071). — **IV**, *682*.

$C_9H_8ON_2Se$ 1) **Phenylamid d. Selencyanessigsäure.** Sm. 129° (*Ar.* **241**, 200 *C.* **1903** [2] 103).

C_9H_8OClBr 2) **Chlorid d. α-Brom-β-Phenylpropionsäure.** Sd. 132—133°$_{12}$ (*B.* **37**, 3065 *C.* **1904** [2] 1207).

$C_9H_8O_2NCl$ 3) **Aldehyd d. 6-Chlor-3-Acetylamidobenzol-1-Carbonsäure.** Sm. 163—164° (*M.* **25**, 368 *C.* **1904** [2] 322).

$C_9H_8ONCl_3$ 3) **βββ-Trichlor-α-Oxyäthyläther d. anti-Benzaldoxim** (Chloralbenzaldoxim). Sm. 62° (D.R.P. 66877). — ***III**, *34*.

$C_9H_8O_2N_4Cl_4$ 1) **2,6-Diketo-7-Chlormethyl-8-Trichlormethyl-1,3-Dimethylpurin.** Sm. 204—205° (D.R.P. 146715 *C.* **1903** [2] 1485).

$C_9H_8O_3NCl$ *5) **3-Chlorbenzoylamidoessigsäure** (*C.* **1903** [1] 412).
14) **2-Chlorbenzoylamidoessigsäure.** Fl. Ca (*C.* **1903** [1] 412).
15) **4-Chlorbenzoylamidoessigsäure + H_2O.** Sm. 143° (*C.* **1903** [1] 412).

$C_9H_8O_3NBr$ *2) **4-Brombenzoylamidoessigsäure.** Sm. 162° (*B.* **36**, 1647 *C.* **1903** [2] 32).
7) **2-Brombenzoylamidoessigsäure + H_2O.** Sm. 153° (*C.* **1903** [1] 412).
8) **3-Brombenzoylamidoessigsäure + H_2O.** Sm. 183° (*C.* **1903** [1] 412).
9) **Aethylester d. 4-Brom-2-Nitrosobenzol-1-Carbonsäure.** Sm. 155° (*B.* **37**, 1872 *C.* **1904** [1] 1601).

$C_9H_8O_3NJ$ *2) **3-Jodbenzoylamidoessigsäure** (*H.* **37**, 436 *C.* **1903** [1] 1150).
3) **2-Jodbenzoylamidoessigsäure.** Ba (*H.* **37**, 435 *C.* **1903** [1] 1150).

$C_9H_8O_3N_2Cl_2$ 1) **?-Dichlor-4-Nitro-3-Methylphenylamid d. Essigsäure.** Sm. 181—183° (*Soc.* **83**, 334 *C.* **1903** [1] 870).

$C_9H_8O_3N_3Cl$ 2) **Nitril d. 5-Chlor-3-Nitro-6-Amido-2-Oxybenzoläthyläther-1-Carbonsäure.** Sm. 157° (*R.* **21**, 427 *C.* **1903** [1] 511).

$C_9H_8O_3N_4S$ 1) **1-Phenylazoimidazol-1⁴-Sulfonsäure.** Zers. oberh. 270—280° (*B.* **37**, 699 *C.* **1904** [1] 1562).

$C_9H_8O_4NCl$ 8) **?-Chlorphenylamidoessigsäure-2-Carbonsäure.** Sm. 210—215° (D.R.P. 148615 *C.* **1904** [1] 1045).

9) **Acetat d. 5-Chlor-3-Nitro-4-Oxy-1-Methylbenzol.** Sm. 95° (*A.* **328**, 312 *C.* **1903** [2] 1246).

$C_9H_8O_4NBr$ 14) **?-Bromphenylamidoessigsäure-2-Carbonsäure.** Sm. 228° (D.R.P. 148615 *C.* **1904** [1] 1045).

$C_9H_8O_4N_2S$ 1) **O-Methyläther d. 3-Nitrobenzoylimidomerkaptooxymethan.** Sm. 120° (*C.* **1904** [1] 1559).

$C_9H_8O_5NCl$ 8) **Aethyl-4-Chlor-2-Nitrophenylester d. Kohlensäure.** Sm. 60° (*Am.* **32**, 23 *C.* **1904** [2] 696).

9) **Aethyl-6-Chlor-2-Nitrophenylester d. Kohlensäure.** Fl. (*Am.* **32**, 26 *C.* **1904** [2] 696).

$C_9H_8O_5NBr$ 4) **Aethyl-4-Brom-2-Nitrophenylester d. Kohlensäure.** Sm. 76° (*Am.* **32**, 28 *C.* **1904** [2] 697).

$C_9H_8O_5N_2Br_2$ 2) **Methyläther d. ββ-Dibrom-β-Nitro-α-Oxy-α-[4-Nitrophenyl]-äthan.** Sm. 160—160,5° (*A.* **325**, 16 *C.* **1903** [1] 287).

$C_9H_8O_5Br_2S$ 1) **αβ-Dibrom-β-[4-Sulfophenyl]propionsäure** + $2H_2O$. Na + $3H_2O$, Na_2 + $4H_2O$, Ba + $4H_2O$, Cu + $2H_2O$, Anilinsalz, Dimethylanilinsalz, Diäthylanilinsalz (*C.* **1903** [2] 438).

$C_9H_8O_6NBr$ 1) **Aethylcarbonat d. 5-[oder 6]-Brom-4-Nitro-1,2,3-Trioxybenzol.** Sm. 172° (*B.* **37**, 114 *C.* **1904** [1] 585).

$C_9H_9ONS_2$ *1) **Methylester d. Benzoylamidodithioameisensäure.** Sm. 135° (*Bl.* [3] **29**, 51 *C.* **1903** [1] 446).

$C_9H_9ON_3S$ *5) **3-Merkapto-5-Keto-4-Methyl-1-Phenyl-4,5-Dihydro-1,2,4-Triazol.** Sm. 203°. Ag (*B.* **37**, 624 *C.* **1904** [1] 957; *B.* **37**, 2337 *C.* **1904** [2] 315).

8) **Methyläther d. 3-Merkapto-5-Keto-1-Phenyl-4,5-Dihydro-1,2,4-Triazol.** Sm. 178° (*B.* **36**, 3152 *C.* **1903** [2] 1074).

9) **Amid d. Benzoylmethylazothiocarbonsäure.** Sm. 170° (*B.* **36**, 4127 *C.* **1904** [1] 295).

$C_9H_9O_2NBr_2$ 3) **Methyläther d. 2,6-Dibrom-4-Acetylamido-1-Oxybenzol.** Sm. 206° (*Soc.* **81**, 1479 *C.* **1903** [1] 23, 144).

$C_9H_9O_2N_2J$ 1) **α-Acetyl-β-[2-Jodphenyl]harnstoff.** Sm. 182° (*M.* **25**, 961 *C.* **1904** [2] 1638).

2) **α-Acetyl-β-[3-Jodphenyl]harnstoff.** Sm. 201° (*M.* **25**, 961 *C.* **1904** [2] 1638).

3) **α-Acetyl-β-[4-Jodphenyl]harnstoff.** Sm. 248° (*M.* **25**, 958 *C.* **1904** [2] 1638).

$C_9H_9O_2N_4Cl_3$ 1) **2,6-Diketo-8-Trichlormethyl-1,3,7-Trimethylpurin.** Sm. 182 bis 184° (D.R.P. 146714 *C.* **1903** [2] 1484; D.R.P. 153121 *C.* **1904** [2] 625).

$C_9H_9O_2BrS$ 1) **α-Merkaptopropion-4-Bromphenylläthersäure.** Sm. 112° (*C.* **1903** [2] 1430).

2) **β-Merkaptopropion-4-Bromphenyläthersäure.** Sm. 115—116° (*C.* **1903** [2] 1430).

$C_9H_9O_3NCl_2$ 1) **Aethylester d. 3,5-Dichlor-2-Oxyphenylamidoameisensäure.** Sm. 125° (*Am.* **32**, 31 *C.* **1904** [2] 697).

2) **Aethyl-4,6-Dichlor-2-Amidophenylester d. Kohlensäure.** HCl (*Am.* **31**, 501 *C.* **1904** [2] 95; *Am.* **32**, 30 *C.* **1904** [2] 697).

$C_9H_9O_3NBr_2$ 9) **Methyläther d. ββ-Dibrom-β-Nitro-α-Oxy-α-Phenyläthan.** Sm. 83° (*A.* **335**, 10 *C.* **1903** [1] 287).

$C_9H_9O_3NS$ *6) **Aethylimid d. Benzol-1-Carbonsäure-2-Sulfonsäure.** Sm. 94° (*Am.* **30**, 285 *C.* **1903** [2] 1120; *B.* **37**, 3254 *C.* **1904** [2] 1031).

$C_9H_9O_3N_2Cl$ *7) **Aethyläther d. α-Chlorimido-α-Oxy-α-[3-Nitrophenyl]methan.** Sm. 61° (*Am.* **29**, 314 *C.* **1903** [1] 1167).

*8) **Dimethylamid d. 5-Chlor-2-Nitrobenzol-1-Carbonsäure** (*C.* **1903** [2] 1174).

*9) **Dimethylamid d. 4-Chlor-3-Nitrobenzol-1-Carbonsäure** (*C.* **1903** [2] 1174).

*10) **Dimethylamid d. 6-Chlor-3-Nitrobenzol-1-Carbonsäure** (*C.* **1903** [2] 1174).

$C_9H_9O_3N_2Cl$ 12) **Aldehyd d. 6-Chlor-3-Nitro-4-Dimethylamidobenzol-1-Carbonsäure.** Sm. 122—123° (125°) (D.R.P. 90382; *B.* **37**, 865 *C.* **1904** [1] 1207). — *III, *14.*

$C_9H_9O_3N_2Br$ *7) **Aethyläther d. α-Bromimido-α-Oxy-α-[3-Nitrophenyl]methan.** Sm. 71°; Zers. bei 130° (*Am.* **29**, 316 *C.* **1903** [1] 1167).

$C_9H_9O_4N_2Cl$ 6) **Methyläther d. 4-Chlor-5-Nitro-2-Acetylamido-1-Oxybenzol.** Sm. 193° (D.R.P. 137956 *C.* **1903** [1] 113).

$C_9H_9O_5N_2Br$ 1) **Methyläther d. β-Brom-β-Nitro-α-Oxy-α-[4-Nitrophenyl]äthan.** Sm. 126,5—127° (*A.* **325**, 15 *C.* **1903** [1] 287).

$C_9H_9O_6BrS$ 4) **β-[4-Bromphenyl]sulfon-α-Oxypropionsäure.** Sm. 149° (*C.* **1903** [2] 1429).

$C_9H_9O_7NS$ *1) **1-Aethylester d. 4-Nitrobenzol-1-Carbonsäure-2-Sulfonsäure.** K + H_2O, Ba + $4H_2O$ (*Am.* **30**, 389 *C.* **1904** [1] 276).

4) **Dimethylester d. 2-Nitrobenzol-1-Carbonsäure-4-Sulfonsäure.** Sm. 86—87° (*M.* **23**, 1139 *C.* **1903** [1] 397).

$C_9H_9N_2ClS$ 1) **Chlormethylat d. 5-Phenyl-1,2,3-Thiodiazol.** 2 + $PtCl_4$, + $AuCl_3$ (*A.* **333**, 14 *C.* **1904** [2] 781).

$C_9H_9N_2JS$ 1) **Jodmethylat d. 5-Phenyl-1,2,3-Thiodiazol** + H_2O. Sm. 136° u. Zers. (*A.* **333**, 13 *C.* **1904** [2] 780).

$C_9H_9N_2JS_2$ 1) **Methyläther d. 2-Jod-5-Merkapto-3-Phenyl-2,3-Dihydro-1,3,4-Thiodiazol.** Sm. 151° (*J. pr.* [2] **67**, 247 *C.* **1903** [1] 1264).

$C_9H_{10}ONCl$ *13) **3-Chlor-2-Methylphenylamid d. Essigsäure.** Sm. 156° (*B.* **37**, 1019 *C.* **1904** [1] 1202).

*38) **Dimethylamid d. 3-Chlorbenzol-1-Carbonsäure** (*C.* **1903** [2] 1174).

*43) **Aethylchloramid d. Benzolcarbonsäure.** Sm. 53,5° (*Am.* **29**, 309 *C.* **1903** [1] 1166).

49) **2-Chlorbenzimidoäthyläther.** HCl (*Soc.* **83**, 767 *C.* **1903** [2] 200, 437).

50) **α- oder -β-Chloräthyl-4-Amidophenylketon.** Sm. 98° (D.R.P. 105199 *C.* **1900** [1] 240). — *III, *113.*

51) **Aldehyd d. 2-Chlor-4-Dimethylamidobenzol-1-Carbonsäure.** Sm. 82° (*B.* **37**, 864 *C.* **1904** [1] 1207).

$C_9H_{10}ONBr$ 26) **α- oder -β-Bromäthyl-4-Amidophenylketon.** Sm. 110—111° (D.R.P. 105199 *C.* **1900** [1] 240). — *III, *114.*

27) **Dimethylamid d. 4-Brombenzol-1-Carbonsäure.** Sm. 72° (*B.* **37**, 2816 *C.* **1904** [2] 649).

28) **3-Brom-2-Methylphenylamid d. Essigsäure.** Sm. 158° (*B.* **37**, 1022 *C.* **1904** [1] 1203).

$C_9H_{10}ONJ$ 2) **3-Jod-2-Methylphenylamid d. Essigsäure.** Sm. 166° (*B.* **37**, 1024 *C.* **1904** [1] 1203).

$C_9H_{10}ON_2S_2$ 2) **Methylester d. β-Phenylthioureïdothiolameisensäure.** Sm. 157 bis 158° (*Am.* **30**, 176 *C.* **1903** [2] 872).

$C_9H_{10}O_2NCl$ *2) **Methyläther d. 5-Chlor-2-Acetylamido-1-Oxybenzol.** Sm. 150° (*J. pr.* [2] **67**, 158 *C.* **1903** [1] 871).

*6) **Methyläther d. 4-Chlor-2-Acetylamido-1-Oxybenzol.** Sm. 104° (D.R.P. 137956 *C.* **1903** [1] 113).

$C_9H_{10}O_2N_2S$ 8) **Methylester d. Phenylthiopseudoallophansäure.** Sm. 166—167°. HCl (*Soc.* **83**, 559 *C.* **1903** [1] 1123, 1306).

9) **Aethylcyanamid d. Benzolsulfonsäure.** Sd. 195°$_{15}$ (*B.* **37**, 2811 *C.* **1904** [2] 593).

$C_9H_{10}O_2N_2Se$ 1) **Phenylamid d. Carbaminselenessigsäure.** Sm. 118—119° (*Ar.* **241**, 202 *C.* **1903** [2] 103).

$C_9H_{10}O_2N_3J$ 1) **3-Jodmethylat d. 6-Nitro-1-Methylbenzimidazol.** Sm. 259°. + J_2 (*B.* **36**, 3968 *C.* **1904** [1] 177).

$C_9H_{10}O_2N_4Cl_2$ 1) **2,6-Diketo-8-Dichlormethyl-1,3,7-Trimethylpurin.** Sm. 230 bis 232° (D.R.P. 146714 *C.* **1903** [2] 1484).

$C_9H_{10}O_3NCl$ 3) **Aethylester d. 3-Chlor-2-Oxyphenylamidoameisensäure.** Sm. 92—93° (*Am.* **32**, 27 *C.* **1904** [2] 697).

4) **Aethylester d. 5-Chlor-2-Oxyphenylamidoameisensäure.** Sm. 136—137° (*Am.* **32**, 24 *C.* **1904** [2] 696).

5) **Aethyl-4-Chlor-2-Amidophenylester d. Kohlensäure.** HCl, (2HCl, $PtCl_4$) (*Am.* **31**, 501 *C.* **1904** [2] 95; *Am.* **32**, 23 *C.* **1904** [2] 696).

$C_9H_{10}O_3NCl$ 6) **Aethyl-6-Chlor-2-Amidophenylester d. Kohlensäure.** HCl (*Am.* **31**, 501 *C.* **1904** [2] 95; *Am.* **32**, 27 *C.* **1904** [2] 696).

$C_9H_{10}O_3NBr$ 3) **Methyläther d. β-Brom-β-Nitro-α-Oxy-α-Phenyläthan.** Sd. $159°_{18}$. K (*A.* **325**, 8 *C.* **1903** [1] 287).

4) **Aethylester d. 5-Brom-2-Oxyphenylamidoameisensäure.** Sm. 140—142° (*Am.* **32**, 28 *C.* **1904** [2] 697).

5) **Aethyl-4-Brom-2-Amidophenylester d. Kohlensäure.** HCl (*Am.* **31**, 501 *C.* **1904** [2] 95; *Am.* **32**, 28 *C.* **1904** [2] 697).

$C_9H_{10}O_3N_2S$ 5) **Methylester d. 3-Thioureïdo-4-Oxybenzol-1-Carbonsäure.** Sm. 163° (*A.* **325**, 322 *C.* **1903** [1] 770).

$C_9H_{10}O_3N_2Cl$ 1) **6-Chlor-3-Nitro-4-Dimethylamidobenzaldoxim.** Sm. 178° (*B.* **37**, 865 *C.* **1904** [1] 1207).

$C_9H_{10}O_4N_2S$ *2) **Phenylsulfonacetylharnstoff.** Sm. 225° (*Ar.* **241**, 188 *C.* **1903** [2] 103).

3) **α-Acetyl-β-Phenylsulfonharnstoff.** Sm. 155—156° (*B.* **37**, 695 *C.* **1904** [1] 1074).

$C_9H_{10}O_6N_2S$ 3) **5-Nitro-2-Methylphenylsulfonamidoessigsäure.** Sm. 178°. Ba (*H.* **43**, 68 *C.* **1904** [2] 1607).

$C_9H_{10}N_2ClJ$ 1) **Jodmethylat d. 5-oder-6-Chlor-1-Methylbenzimidazol** (*B.* **37**, 556 *C.* **1904** [1] 893).

$C_9H_{10}Cl_2BrJ$ 1) **αβ-Dichloräthyl-3-Methylphenyljodoniumbromid.** Sm. 166° (*A.* **327**, 285 *C.* **1903** [2] 351).

$C_9H_{11}ONSe$ 1) **Methylphenylamid d. Selenessigsäure.** Cu (*Ar.* **241**, 218 *C.* **1903** [2] 104).

$C_9H_{11}ON_2Cl$ 4) **5-Chlor-2-Oxy-1,3-Dimethyl-2,3-Dihydrobenzimidazol.** Sm. 106° (*B.* **37**, 556 *C.* **1904** [1] 893).

$C_9H_{11}ON_3Cl_2$ 1) **2-Semicarbazon-1-Dichlormethyl-1-Methyl-1,2-Dihydrobenzol.** Sm. 198° (*B.* **35**, 4214 *C.* **1903** [1] 161).

2) **4-Semicarbazon-1-Dichlormethyl-1-Methyl-1,4-Dihydrobenzol.** Sm. 184° (*B.* **35**, 4212 *C.* **1903** [1] 161).

$C_9H_{11}ON_3S$ 4) **Methyläther d. α-Phenylamidothioformylimido-α-Amido-α-Oxymethan** (O-Methylthiophenylureïdoisoharnstoff). Sm. 131° (*C.* **1904** [2] 29).

$C_9H_{11}OCl_2J$ 1) **αβ-Dichloräthyl-3-Methylphenyljodoniumhydrat.** Salze siehe (*A.* **327**, 284 *C.* **1903** [2] 351).

$C_9H_{11}O_2NS$ 8) **Allylamid d. Benzolsulfonsäure.** Sm. 40,5—41° (*B.* **36**, 2707 *C.* **1903** [2] 829).

11) **2-[illegible] d. Aethensulfonsäure.** Sm. 64—65° (*B.* **36**, [illegible]).

12) **3-[illegible] d. Aethensulfonsäure.** Sm. 88° (*B.* **36**, 3630 *C.* [illegible]).

13) **4-Methylphenylamid d. Aethensulfonsäure.** Sm. 74° (*B.* **36**, 3628 *C.* **1903** [2] 1327).

$C_9H_{11}O_2N_2Cl$ *1) **Methyläther d. 4-Chlor-2-Acetylamido-5-Amido-1-Oxybenzol** (D.R.P. 153940 *C.* **1904** [2] 1014).

$C_9H_{11}O_2N_3S$ 5) **α-Methylamid d. α-Phenylhydrazin-α-Thiocarbonsäure-β-Carbonsäure.** Sm. 90° (*B.* **37**, 2337 *C.* **1904** [2] 315).

6) **β-Methylamid d. α-Phenylhydrazin-α-Carbonsäure-β-Thiocarbonsäure.** Na (*B.* **37**, 624 *C.* **1904** [1] 957).

$C_9H_{11}O_2N_4Cl$ 4) **2,6-Diketo-8-Chlormethyl-1,3,7-Trimethylpurin.** Sm. 208—210° (D.R.P. 146714 *C.* **1903** [2] 1484).

$C_9H_{11}O_2ClSe$ 1) **d-Methylphenylselenetinchlorid.** 2 + $PtCl_4$ (*Soc.* **81**, 1555 *C.* **1903** [1] 22, 144).

2) **l-Methylphenylselenetinchlorid.** 2 + $PtCl_4$ (*Soc.* **81**, 1555 *C.* **1903** [1] 22, 144).

$C_9H_{11}O_2BrSe$ 1) **Methylphenylselenetinbromid.** Sm. 111° (*Soc.* **81**, 1553 *C.* **1903** [1] 22, 144).

$C_9H_{11}O_2JSe$ 1) **i-Methylphenylselenetinjodid.** HgJ_2 (*Soc.* **81**, 1556 *C.* **1903** [1] 23, 144).

$C_9H_{11}O_3NBr_2$ 1) **Dibromdihydrodamascenin.** HBr (*Ar.* **242**, 302 *C.* **1904** [2] 456).

2) **Dibromdihydrodamascenin-S.** Sm. 206—208° (*Ar.* **242**, 314 *C.* **1904** [2] 457).

$C_9H_{11}O_3NS$ 7) **α-Phenylsulfonamido-β-Ketobutan.** Sm. 88—89° (*B.* **37**, 2478 *C.* **1904** [2] 419).

$C_9H_{11}O_4NS$ *16) **2-Aethylamid d. Benzol-1-Carbonsäure-2-Sulfonsäure.** K_2 + $2H_2O$, Ba (*Am.* **30**, 286 *C.* **1903** [2] 1121).
19) **Aldehyd d. 4-Dimethylamidobenzol-1-Carbonsäure-?-Sulfonsäure.** Ca (*C.* **1898** [1] 813). — *III, *17*.
20) **Aethylester d. Phenylsulfonamidoameisensäure.** Sm. 109°. Na (*B.* **37**, 694 *C.* **1904** [1] 1074).

$C_9H_{11}O_5NS$ 11) **α-[4-Methoxylbenzoyl]methan-α-Sulfonsäure.** Na + H_2O (*B.* **37**, 4098 *C.* **1904** [2] 1726).
12) **2-Aethylester d. Phenylsulfaminsäure-2-Carbonsäure.** Na (D.R.P. 147552 *C.* **1904** [1] 129).
13) **3-Aethylester d. Phenylsulfaminsäure-3-Carbonsäure.** Na (D.R.P. 147552 *C.* **1904** [1] 129).
14) **4-Aethylester d. Phenylsulfaminsäure-4-Carbonsäure.** Na (D.R.P. 147552 *C.* **1904** [1] 130).

$C_9H_{12}ON_2S$ 7) **α-[β-Oxyäthyl]-β-Phenylthioharnstoff.** Sm. 138° (*B.* **36**, 1280 *C.* **1903** [1] 1215).

$C_9H_{12}O_3N_2S$ 6) **sym-Di[Methylamid] d. Benzol-1-Carbonsäure-2-Sulfonsäure.** Sm. 74° (*Am.* **30**, 283 *C.* **1903** [2] 1120).
7) **uns-Di[Methylamid] d. Benzol-1-Carbonsäure-2-Sulfonsäure.** Zers. oberh. 330° (*Am.* **30**, 284 *C.* **1903** [2] 1121).

$C_9H_{12}O_4N_2S$ 4) **α-[β-Phenylureïdo]äthan-β-Sulfonsäure.** Zers. bei 175°. Ba + $1\frac{1}{2}H_2O$ (*B.* **36**, 3343 *C.* **1903** [2] 1175).

$C_9H_{13}ON_3Br_2$ 1) **5,6-Dibrom-4-Semicarbazon-2,2-Dimethyl-1,2,3,4-Tetrahydrobenzol.** Sm. 202° u. Zers. (*Soc.* **83**, 123 *C.* **1903** [1] 449).

$C_9H_{13}O_2NBr_2$ 1) **d-Anhydroecgonindibromid.** HCl, (HBr, Br_2) (*B.* **23**, 2873; *Ar.* **242**, 15 *C.* **1904** [1] 732).

$C_9H_{13}O_3NS$ 14) **α-[4-Methylphenyl]amidoäthan-β-Sulfonsäure.** Sm. 254° u. Zers. Ba (*M.* **25**, 685 *C.* **1904** [2] 1122).

$C_9H_{14}ONJ$ 3) **Trimethyl-4-Oxyphenylammoniumjodid** + H_2O. Sm. 190—201° (*A.* **334**, 308 *C.* **1904** [2] 986).

$C_9H_{14}ON_3Cl$ 1) **6-Chlor-4-Semicarbazon-2,2-Dimethyl-1,2,3,4-Tetrahydrobenzol.** Sm. 199° u. Zers. (*Soc.* **83**, 118 *C.* **1903** [1] 448).

$C_9H_{14}ON_3Br$ 1) **6-Brom-4-Semicarbazon-2,2-Dimethyl-1,2,3,4-Tetrahydrobenzol.** Sm. 190° u. Zers. (*Soc.* **83**, 121 *C.* **1903** [1] 448).

$C_9H_{14}O_2NCl$ 2) **Chlormethylat d. 2-[ββ'-Dioxyisopropyl]pyridin.** + $6HgCl_2$, (2 + $PtCl_4$ + $2H_2O$), + $AuCl_3$ (*B.* **37**, 740 *C.* **1904** [1] 1089).

$C_9H_{14}O_2NBr$ *2) **Anhydroecgoninhydrobromid.** HBr (*Ar.* **242**, 16 *C.* **1904** [1] 732).

$C_9H_{14}O_4N_2Br_2$ 1) **Aethylester d. αβ-Dibrompropionylamidoacetylamidoessigsäure.** Sm. 151—152° (*B.* **37**, 2510 *C.* **1904** [2] 427).

$C_9H_{14}NClS$ 1) **Chlormethylat d. 4-Merkapto-2,6-Dimethylpyridin-4-Methyläther.** 2 + $PtCl_4$ (*A.* **331**, 258 *C.* **1904** [1] 1223).

$C_9H_{14}NClSe$ 1) **Chlormethylat d. 4-Seleno-2,6-Dimethylpyridin-4-Methyläther.** Sm. 210°. 2 + $PtCl_4$ (*A.* **331**, 262 *C.* **1904** [1] 1223).

$C_9H_{14}NJS$ 1) **Jodmethylat d. 4-Merkapto-2,6-Dimethylpyridin-4-Methyläther.** Sm. 236° (*A.* **331**, 258 *C.* **1904** [1] 1223).

$C_9H_{14}NJSe$ 1) **Jodmethylat d. 4-Seleno-2,6-Dimethylpyridin-4-Methyläther.** Sm. 219° u. Zers. (*A.* **331**, 262 *C.* **1904** [1] 1223).

$C_9H_{15}O_4N_2Br$ 1) **Aethylester d. α-Brompropionylamidoacetylamidoessigsäure.** Sm. 135—136° (*B.* **36**, 2985 *C.* **1903** [2] 1112).

$C_9H_{16}ONCl$ *6) **Pulegennitrosochlorid.** Sm. 74—75° (*A.* **327**, 131 *C.* **1903** [1] 1412).
7) **Chlorid d. i-Amidolauronsäure.** Sm. 266° u. Zers. (*Am.* **28**, 485 *C.* **1903** [1] 329).

$C_9H_{17}ONBr_2$ *2) **Brommethylat d. Brompseudotropin.** Sm. 237—238° u. Zers. (*A.* **326**, 18 *C.* **1903** [1] 778).
3) **Brommethylat d. Bromtropin.** Sm. 233° (*A.* **326**, 12 *C.* **1903** [1] 778).
4) **6,7-Dibrom-3-Dimethylamido-1-Oxy-R-Heptamethylen** (α-Methyltropindibromid). HBr (*A.* **326**, 11 *C.* **1903** [1] 778).

$C_9H_{17}OJHg$ *1) **lab. βζ-Dimethylheptan-βζ-Oxyd-γ-Quecksilberjodid.** Fl. (*A.* **329**, 169 *C.* **1903** [2] 1413).
2) **stab. βζ-Dimethylheptan-βζ-Oxyd-γ-Quecksilberjodid.** Sm. 108 bis 110° (*A.* **329**, 170 *C.* **1903** [2] 1413).

$C_9H_{17}NClBr$ 3) **Chlormethylat d. Bromtropan.** 2 + $PtCl_4$ (*A.* **326**, 36 *C.* **1903** [1] 779).

$C_9H_{17}NBrJ$ 3) **Jodmethylat d. Bromtropan** (*A.* **326**, 35 *C.* **1903** [1] 779).

$C_9H_{18}O_2NJ$ 2) **Jodmethylat d. 1-Methyltetrahydropyrrol-2-Carbonsäureäthylester.** Sm. 88—89° (*A.* **326**, 126 *C.* **1903** [1] 844).

$C_9H_{19}O_2JHg$ *1) **stab. βζ-Dioxy-βζ-Dimethylheptan-γ-Quecksilberjodid.** Sm. 124 bis 125° (*A.* **329**, 173 *C.* **1903** [2] 1413).
2) **lab. βζ-Dioxy-βζ-Dimethylheptan-γ-Quecksilberjodid.** Fl. (*A.* **329**, 172 *C.* **1903** [2] 1413).

$C_9H_{20}ONCl$ 6) **Chlormethylat d. 3,4,4,6-Tetramethyltetrahydro-1,3-Oxazin.** 2 + $PtCl_4$, + $AuCl_3$ (*M.* **25**, 834, 838 *C.* **1904** [2] 1240).

$C_9H_{22}ONCl$ 1) **Chlormethylat d. δ-Dimethylamido-β-Oxy-β-Methylpentan.** 2 + $PtCl_4$, + $AuCl_3$ (*M.* **25**, 848 *C.* **1904** [2] 1240).
2) **Chlormethylat d. β-Dimethylamido-δ-Oxy-β-Methylpentan.** + $AuCl_3$ (*M.* **25**, 144 *C.* **1904** [1] 866).

$C_9H_{22}ONJ$ 1) **Jodmethylat d. β-Dimethylamido-δ-Oxy-β-Methylpentan** (*M.* **25**, 147 *C.* **1904** [1] 866).

$C_9H_{23}ON_2P$ 1) **Di[Diäthylamid] d. Methylphosphinsäure.** Sd. 145—148°$_{22}$ (*A.* **326**, 163 *C.* **1903** [1] 761).

$C_9H_{24}ON_3P$ 1) **Tri[Propylamid] d. Phosphorsäure.** Fl. (*A.* **326**, 177 *C.* **1903** [1] 819).

$C_9H_{24}O_2N_2Cl_2$ 1) **Methylenäther d. Oxytetramethylammoniumchlorid.** + $PtCl_4$, + 2 $AuCl_3$ (*A.* **334**, 33 *C.* **1904** [2] 947).

$C_9H_{24}N_3SP$ 1) **Tri[Propylamid] d. Thiophosphorsäure.** Sm. 73° (*A.* **326**, 207 *C.* **1903** [1] 821).

— 9 V —

$C_9H_7ONCl_2Br_2$ 1) **4-Chlor-2,6-Dibromphenylchloramid d. Propionsäure.** Sm. 74° (*Soc.* **85**, 181 *C.* **1904** [1] 938).

$C_9H_7ON_2ClSe$ 1) **3-Chlorphenylamid d. Selencyanessigsäure.** Sm. 117—118° (*Ar.* **241**, 209 *C.* **1903** [2] 104).
2) **4-Chlorphenylamid d. Selencyanessigsäure.** Sm. 178° u. Zers. (*Ar.* **241**, 210 *C.* **1903** [2] 104).

$C_9H_7ON_2BrSe$ 1) **3-Bromphenylamid d. Selencyanessigsäure.** Sm. 105° (*Ar.* **241**, 212 *C.* **1903** [2] 104).
2) **4-Bromphenylamid d. Selencyanessigsäure.** Sm. 188° u. Zers. (*Ar.* **241**, 213 *C.* **1903** [2] 104).

$C_9H_7ON_4S_3P$ 1) **Phosphoryltrithiocyanat + Anilin.** Sm. 120—121° (*Soc.* **85**, 366 *C.* **1904** [1] 1407).

$C_9H_7O_5NClBr$ 2) **Aethyl-4-Chlor-6-Brom-2-N[illegible] d. Kohlensäure.** Sm. 48—40,5° (*Am.* **32**, 31 *C.* 190[illegible]

$C_9H_8ONClBr_2$ 2) **4-Chlor-2,6-Dibromphenylamid d. Propionsäure.** Sm. 185° (*Soc.* **85**, 181 *C.* **1904** [1] 938).
3) **2-Chlor-4,6-Dibromphenylamid d. Propionsäure.** Sm. 185,5° (*Soc.* **85**, 182 *C.* **1904** [1] 938).

$C_9H_8ONCl_2Br$ 2) **2,4-Dichlor-6-Bromphenylamid d. Propionsäure.** Sm. 165° (*Soc.* **85**, 182 *C* **1904** [1] 938).
3) **2,6-Dichlor-4-Bromphenylamid d. Propionsäure.** Sm. 184° (*Soc.* **85**, 182 *C.* **1904** [1] 938).

$C_9H_8O_2ClBrS$ 1) **α-Chlor-β-Merkaptopropion-4-Bromphenyläthersäure** (*C.* **1903** [2] 1429).

$C_9H_8O_6NClS$ *1) **2-Chlorid d. 4-Nitrobenzol-1-Carbonsäureäthylester-2-Sulfonsäure.** Sm. 68° (*Am.* **30**, 380 *C.* **1904** [1] 275).

$C_9H_9ONClBr$ 5) **2-Chlor-4-Bromphenylamid d. Propionsäure.** Sm. 129° (*Soc.* **85**, 180 *C.* **1904** [1] 938).
6) **4-Chlor-2-Bromphenylamid d. Propionsäure.** Sm. 128,5° (*Soc.* **85**, 180 *C.* **1904** [1] 938).
7) **2-Chlor-6-Brom-4-Methylphenylamid d. Essigsäure.** Sm. 201 bis 202° (*Soc.* **85**, 1269 *C.* **1904** [2] 1302).

$C_9H_9O_3NClBr$ 1) **Aethylester d. 5-Chlor-3-Brom-2-Oxyphenylamidoameisensäure.** Sm. 116—118° (*Am.* **32**, 33 *C.* **1904** [2] 697).
2) **Aethyl-4-Chlor-6-Brom-2-Amidophenylester d. Kohlensäure.** HCl (*Am.* **31**, 501 *C.* **1904** [2] 95; *Am.* **32**, 32 *C.* **1904** [2] 697).

$C_9H_{10}ONCl_2P$ 1) **Dichlorid d. 1, 2, 3, 4-Tetrahydro-1-Chinolylphosphinsäure.** Sm. 79° (*A.* **326**, 187 *C.* **1903** [1] 820).

$C_9H_{10}O_2NBrS$ *1) **α-Amido-β-Merkaptopropion-4-Bromphenyläthersäure.** Sm. 192° (*C.* **1903** [2] 1429).

$C_9H_{10}O_3N_2Br_2S$ 1) **Diamid d. αβ-Dibrom-β-[4-Sulfophenyl]propionsäure.** Sm. 208° (*C.* **1903** [2] 439).

$C_9H_{10}O_4NBrS$ 4) **α-Amido-β-[4-Bromphenyl]sulfonpropionsäure.** Sm. 196° u. Zers. (*C.* **1903** [2] 1429).

$C_9H_{12}ONCl_2P$ 1) **2, 4, 5-Trimethylphenylmonamid d. Phosphorsäuredichlorid.** Sm. 122° (*A.* **326**, 240 *C.* **1903** [1] 868).
2) **2, 4, 6-Trimethylphenylamid d. Phosphorsäuredichlorid.** Sm. 155° (*A.* **326**, 240 *C.* **1903** [1] 868).

$C_9H_{13}O_3NBrP$ 1) **2-Brom-4-Methylphenylmonamid d. Phosphorsäuremonoäthylester.** K (*A.* **326**, 239 *C.* **1903** [1] 868).

$C_9H_{17}ONBrJ$ 1) **Jodmethylat d. Bromtropin.** Sm. 233—234° u. Zers. (*A.* **326**, 13 *C.* **1903** [1] 778).
2) **Jodmethylat d. Brompseudotropin.** Sm. 238° u. Zers. (*A.* **326**, 19 *C.* **1903** [1] 778).

$C_9H_{20}O_3NSP$ 1) **Diäthylester d. 1-Piperidylphosphinsäure.** Sd. 138°$_{10}$ (*A.* **326**, 214 *C.* **1903** [1] 822).

C_{10}-Gruppe.

$C_{10}H_8$ *1) **Naphtalin** (*C.* **1903** [2] 575; *B.* **37**, 2531 *C.* **1904** [2] 447).

$C_{10}H_{10}$ *9) **α-Phenyl-αγ-Butadiën.** Sd. 90—92°$_{16}$ (*B.* **36**, 4324 *C.* **1904** [1] 453; *B.* **37**, 2103 *C.* **1904** [2] 104).
*10) **Phenylcyklobutadiën.** Sm. 25°; Sd. 120—122°$_{10}$ (*B.* **36**, 4323 *C.* **1904** [1] 453).
13) **Isocyklobutadiën.** Sm. 100—101°; Sd. 155—165°$_{18}$ (*B.* **36**, 4323 *C.* **1904** [1] 453).

$C_{10}H_{12}$ *1) **δ-Phenyl-α-Buten.** Sd. 182—185°$_{747}$ (*B.* **36**, 3000 *C.* **1903** [2] 949; *B.* **36**, 4323 *C.* **1904** [1] 453).
*2) **α-Phenyl-α-Buten.** Sd. 188—190° (*B.* **36**, 774 *C.* **1903** [1] 835; *B.* **37**, 2312 *C.* **1904** [2] 216).
*3) **α-Phenyl-β-Methylpropen.** Sd. 181—182°$_{761}$ (*B.* **37**, 1722 *C.* **1904** [1] 1515).
*8) **1, 2, 3, 4-Tetrahydronaphtalin.** Sd. 206° (*C. r.* **139**, 673 *C.* **1904** [2] 1654).
*12) **α-[4-Methylphenyl]propen.** Sd. 195—197° (*B.* **36**, 2235 *C.* **1903** [2] 437).
*14) **4-Aethylphenyläthen.** Sd. 68°$_{11}$ (*B.* **36**, 1633 *C.* **1903** [2] 25).
16) **α-Phenyl-β-Buten.** Sd. 176°$_{760}$ (*B.* **35**, 2651 *C.* **1902** [2] 588; *B.* **37**, 843 *C.* **1904** [1] 1144; *B.* **37**, 2310 *C.* **1904** [2] 216).
17) **2, 4-Dimethylphenyläthen.** Sd. 79—80°$_{12}$ (*B.* **36**, 1638 *C.* **1903** [2] 26).
18) **2, 5-Dimethylphenyläthen.** Sd. 69°$_{10}$ (*B.* **36**, 1639 *C.* **1903** [2] 26).

$C_{10}H_{14}$ *2) **Isobutylbenzol** (*Bl.* [3] **31**, 966 *C.* **1904** [2] 1112).
*4) **tert. Butylbenzol.** Sd. 168,2°$_{760}$ (*Bl.* [3] **31**, 965 *C.* **1904** [2] 1112).
*12) **1, 4-Diäthylbenzol** (*B.* **36**, 1633 *C.* **1903** [2] 25).
*15) **4-Aethyl-1, 3-Dimethylbenzol.** Sd. 184—185°$_{754}$ (*B.* **36**, 1638 *C.* **1903** [2] 26).
*17) **2-Aethyl-1, 4-Dimethylbenzol.** Sd. 185,5°$_{759}$ (*B.* **36**, 1640 *C.* **1903** [2] 27).

$C_{10}H_{16}$ *7) **l-Camphen.** Sm. 40°; Sd. 159—160° (*C.* **1903** [1] 835; *J. pr.* [2] **66**, 492 *C.* **1903** [1] 516; D.R.P. 149791 *C.* **1904** [1] 1042; D.R.P. 153924 *C.* **1904** [2] 678; D.R.P. 154107 *C.* **1904** [2] 965).
*11) **Carvestren** (*J. pr.* [2] **68**, 111 *C.* **1903** [2] 722).
*15) **Dipenten** (5-Methyl-2-α-Methyläthenyl-1, 2, 3, 4-Tetrahydrobenzol) (*Soc.* **85**, 668 *C.* **1904** [2] 331).
*20) **Fenchen** (*J. pr.* [2] **67**, 94 *C.* **1903** [1] 636).
*28) **Myrcen.** Sd. 166—168°$_{774}$ (*Soc.* **83**, 506 *C.* **1903** [1] 1028).
*30) **d-α-Phellandren** (*J. pr.* [2] **68**, 294 *C.* **1903** [2] 949).
*33) **Pinen.** + $2CrO_2Cl_2$ (*C.* **1903** [2] 372; *Soc.* **83**, 1301 *C.* **1904** [1] 95).
*30) **d-4-Methyl-1-Isopropyl-1, 2-Dihydrobenzol** (d-α-Phellandren). Sd. 61°$_{11}$ (*B.* **36**, 1749 *C.* **1903** [2] 116; *A.* **336**, 12 *C.* **1904** [2] 1466).
*31) **l-α-Phellandren** (*A.* **336**, 12 *C.* **1904** [2] 1466).
*49) **Thujen** (*J. pr.* [2] **67**, 573 *C.* **1903** [2] 245).

$C_{10}H_{16}$ *121) **Bornylen.** Sm. 101—101,5°; Sd. 149—149,5° (*J. pr.* [2] **67**, 280 *C.* **1903** [1] 922).
*122) **isom. Fenchen** (aus sec. Fenchylalkohol). Sd. 159—161° (*J. pr.* [2] **68**, 108 *C.* **1903** [2] 722).
*124) **l-α-Thujen** (*B.* **37**, 1483 *C.* **1904** [1] 1349).
*138) **Kohlenwasserstoff** (aus Kautschuköl) (*B.* **37**, 3645 *C.* **1904** [2] 1613).
140) **βζ-Dimethyl-δ-Methylen-β_ε-Heptadiën.** Sd. 55—57°$_{14}$ (*B.* **37**, 3580 *C.* **1904** [2] 1376).
141) **6-Isopropyl-3-Methyl-1,2-Dihydrobenzol** (p-Menthadiën). Sd. 174 bis 176°$_{766}$ (*A.* **328**, 323 *C.* **1903** [2] 1062).
142) **3-Isopropyl-1-Methyl-?-Dihydrobenzol.** Sd. 172—174° (*A.* **328**, 117 *C.* **1903** [2] 245).
143) **β-[1-Methyl-1,2,3,4-Tetrahydrophenyl-4-]propen?** Sd. 75—80°$_0$ (*B.* **36**, 489 *C.* **1903** [1] 637).
144) **2-Aethenyl-1,1,5-Trimethyl-2,3-Dihydro-R-Penten.** Sd. 157—158° (*C. r.* **136**, 1462 *C.* **1903** [2] 287).
145) **β-Phellandren.** Sd. 57°$_{11}$ (*G.* **16**, 225; *A.* **336**, 42 *C.* **1904** [2] 1468). — **III,** *529.*
146) **Tricyklodekan** (Tetrahydrodicyklopentadiën). Sm. 77°; Sd. 193°$_{750}$ (*C.* **1903** [2] 989).
147) **isom. Tricyklodekan.** Sm. 9°; Sd. 191,5°$_{760}$ (*C.* **1903** [2] 989).
148) **Cyklen.** Sm. 67,5—67,8°; Sd. 152,8—153°$_{757,5}$ (*J. r.* **29**, 121; *B.* **37**, 1035 *C.* **1904** [1] 1263).
149) **synth. Paraterpen.** Sd. 174° (*B.* **25**, 2122; **26**, 232; **27**, 453). — ***III,** *401.*
150) **l-β-Thujen.** Sd. 150—151°$_{750}$ (*B.* **34**, 2279; *B.* **37**, 1482 *C.* **1904** [1] 1349).
151) **Tricylen.** Sm. 65—66°; Sd. 153° (*C.* **1897** [1] 1055). — ***III,** *402.*
152) **Terpen** (aus Cinnamomumpedatinervium). Sd. 167—172° (*Soc.* **83**, 1095 *C.* **1903** [2] 794).
153) **Terpen** (aus d. Oel von Amorpha Fruticosa). Sd. 150—220°$_{750}$ (*C.* **1904** [2] 224).
154) **Kohlenwasserstoff** (aus Thymianöl). Sd. 156—158° (*Bl.* [3] **19**, 1010). — ***III,** *401.*
155) **Kohlenwasserstoff** (aus Fenchylchlorid). Sd. 181—184° (*J. pr.* [2] **68**, 109 *C.* **1903** [2] 722).
156) **Kohlenwasserstoff** (aus Guttapercha). Sd. 170° (*C.* **1903** [1] 83).
157) **polym. Kohlenwasserstoff** (aus Cineol). Sd. 200—245°$_{22}$ (*Ar.* **242**, 193 *C.* **1904** [1] 1350).

$C_{10}H_{18}$ *5) **Menthen.** Sd. 168—168,5° (*B.* **37**, 1375 *C.* **1904** [1] 1441).
*10) **Dekahydronaphtalin.** Sd. 187—188° (*C. r.* **139**, 674 *C.* **1904** [2] 1654).
39) **5-Methyl-2-Isopropyl-1,2,3,4-Tetrahydrobenzol** (Dihydrophellandren; Dihydrolimonen). Sd. 173—174° (*B.* **36**, 1035 *C.* **1903** [1] 1134; *B.* **36**, 1753 *C.* **1903** [2] 117).
40) **1-Methylbicyklo-[1,3,3]-Nonan.** Sd. 176—178°$_{761}$ (*B.* **37**, 1674 *C.* **1904** [1] 1607).
41) **Cineolen.** Sd. 165—167° (*Ar.* **242**, 185 *C.* **1904** [1] 1350).
42) **Dihydrotanaceten.** Sd. 164—166° (*B.* **36**, 1037 *C.* **1903** [1] 1135).
43) **Thujamenthen.** Sd. 157—159°$_{750}$ (*B.* **37**, 1485 *C.* **1904** [1] 1350).
44) **Kohlenwasserstoff** (aus Bornyljodid oder Hydrojodpinen). Sd. 157—159° (*B.* **35**, 4419 *C.* **1903** [1] 330).
45) **Kohlenwasserstoff** (aus Chlorcampher). Sd. 315° (*C. r.* **135**, 1349 *C.* **1903** [1] 322).
46) **Kohlenwasserstoff** (aus d. Glykol $C_{10}H_{22}O_2$). Sd. 138° (*M.* **24**, 582 *C.* **1903** [2] 870).

$C_{10}H_{20}$ 25) **ζ-Methyl-γ-Aethyl-γ-Hepten.** Sd. 157—158°$_{760}$ (*Bl.* [3] **31**, 753 *C.* **1904** [2] 303).

— 10 II —

$C_{10}H_6O_2$ 6) **Verbindung** (aus Diphenacylfumarsäure) (*A.* **299**, 60). — ***II,** *1191.*

$C_{10}H_6O_3$ *3) **5-Oxy-1,4-Naphtochinon.** Sm. 154° (*C.* **1903** [2] 1109).
7) **1,3-Diketo-2-Oxymethylen-2,3-Dihydroinden** + H_2O. Sm. 141 bis 142° (wasserfrei). NH_4, Na, Cu (*G.* **32** [2] 330 *C.* **1903** [1] 586; *G.* **33** [1] 417 *C.* **1903** [2] 950).
8) **Aldehyd d. 1,2-Benzpyron-6-Carbonsäure.** Sm. 187° (*B.* **37**, 195 *C.* **1904** [1] 661).

$C_{10}H_6O_4$ *2) **Naphtazarin.** 2 + Essigsaures Kali (*Soc.* **83**, 140 *C.* **1903** [1] 89, 466).
*8) **1,2-Benzpyron-3-Carbonsäure.** Sm. 188° (*C.* **1903** [1] 89).
15) **1,2-Benzpyron-6-Carbonsäure.** Sm. 267—268° u. Zers. (*B.* **37**, 196 *C.* **1904** [1] 661).

$C_{10}H_6O_5$ 10) **Benzfuran-1,4-Dicarbonsäure.** Sm. noch nicht bei 310° (*B.* **37**, 200 *C.* **1904** [1] 661).

$C_{10}H_6O_6$ *5) **2,3-oder 3,4-Anhydrid d. 5-Oxy-1-Methylbenzol-2,3,4-Tricarbonsäure.** + $C_2H_4O_2$ (*B.* **37**, 3346 *C.* **1904** [2] 1057).
6) **α,2-Lakton d. α-Oxy-α-Phenylmethan-α,2,5-Tricarbonsäure** (Phtaliddicarbonsäure) (*B.* **36**, 843 *C.* **1903** [1] 971).

$C_{10}H_7Cl$ *1) **1-Chlornaphtalin** (*C. r.* **135**, 1122 *C.* **1903** [1] 283).

$C_{10}H_8O_2$ *4) **1,5-Dioxynaphtalin** (*J. pr.* [2] **69**, 84 *C.* **1904** [1] 812).
*7) **1,8-Dioxynaphtalin** (*J. pr.* [2] **69**, 87 *C.* **1904** [1] 813).
*15) **1-Acetylbenzfuran.** Sm. 75—76° (*B.* **36**, 2864 *C.* **1903** [2] 832).
*24) **Methylester d. Phenylpropiolsäure.** Sm. 24—26° (*Bl.* [3] **31**, 495 *C.* **1904** [1] 1602).

$C_{10}H_8O_3$ *20) **Anhydrid d. α-Phenyläthan-αβ-Dicarbonsäure.** Sm. 53—54° (*M.* **24**, 418 *C.* **1903** [2] 622; *Soc.* **85**, 1365 *C.* **1904** [2] 1646).
33) **6-Oxymethyl-1,2-Benzpyron.** Sm. 150° (*B.* **37**, 194 *C.* **1904** [1] 660).
34) **isom. γ-Keto-α-Phenylpropen-γ-Carbonsäure** + H_2O. Sm. 53—54° (57° wasserfrei) (*B.* **36**, 2528 *C.* **1903** [2] 496).

$C_{10}H_8O_4$ *11) **β-[3,4-Dioxyphenyl]akryl-3,4-Methylenäthersäure.** Sm. 242° (*C.* **1904** [1] 880).
*23) **Methylester d. Phtalidcarbonsäure.** Sm. 57° (*A.* **334**, 358 *C.* **1904** [2] 1054).
33) **5,7-Dioxy-2-Methyl-1,4-Benzpyron.** Sm. 290° (*B.* **37**, 2100 *C.* **1904** [2] 122).
34) **7,8-Dioxy-2-Methyl-1,4-Benzpyron** + $^1/_2H_2O$. Sm. 243° (wasserfrei) (*B.* **36**, 2192 *C.* **1903** [2] 384).
35) **5,7-Dioxy-4-Methyl-2,1-Benzpyron.** Sm. 258° (D.R.P. 73700). — *II, *1125.*
36) **Isoanemonin** (*Ar.* **230**, 201). — *III, *456.*
37) **4-Oxymethylbenzfuran-1-Carbonsäure.** Sm. 210°. Ca (*B.* **37**, 199 *C.* **1904** [1] 661).
38) **Aldehyd d. 3,4,5-Trioxy-1-Aethenylbenzol-4,5-Methylenäther-2-Carbonsäure** (Norcotarnon). Sm. 89°. K (*B.* **36**, 1530 *C.* **1903** [2] 52).
39) **Monophenylester d. Fumarsäure.** Sm. 130° (*B.* **35**, 4087 *C.* **1903** [1] 75).
40) **Monophenylester d. Maleïnsäure.** Sm. 101° (*B.* **35**, 4089 *C.* **1903** [1] 75).
41) **polym. 1,2-Phenylenester d. Bernsteinsäure.** = $(C_{10}H_8O_4)_x$. Sm. 190° (*B.* **35**, 4075 *C.* **1903** [1] 73).
42) **polym. 1,4-Phenylenester d. Bernsteinsäure.** = $(C_{10}H_8O_4)_x$. Sm. 267 bis 269° (*B.* **35**, 4076 *C.* **1903** [1] 73).

$C_{10}H_8O_5$ 19) **2-Methylester d. Benzol-1-Carbonsäure-2-Ketocarbonsäure** + H_2O. Sm. 79—81° (*M.* **24**, 926 *C.* **1904** [1] 514; *M.* **25**, 391 *C.* **1904** [2] 324).

$C_{10}H_8O_6$ 15) **Dianhydrid d. cis-Hexahydrobenzol-1,2,4,5-Tetracarbonsäure.** Sm. 60° (*Soc.* **83**, 786 *C.* **1903** [2] 439).

$C_{10}H_8O_7$ 5) **6-Oxybenzol-1,3-Dicarbonsäure-4-Methylcarbonsäure.** Sm. 250 bis 255° (*B.* **37**, 2121 *C.* **1904** [2] 438).

$C_{10}H_8S$ *1) **1-Merkaptonaphtalin** (*Bl.* [3] **29**, 762 *C.* **1903** [2] 620).

$C_{10}H_8Se$ 1) **1-Selenonaphtalin.** Fl. (*Bl.* [3] **29**, 763 *C.* **1903** [2] 620).

$C_{10}H_9N$ *1) **1-Amidonaphtalin** (*C. r.* **138**, 1038 *C.* **1904** [1] 1490).
*2) **2-Amidonaphtalin** (*C. r.* **138**, 1039 *C.* **1904** [1] 1490; *B.* **37**, 2616 *C.* **1904** [2] 517).
*8) **6-Methylchinolin.** Sd. 258° (*C.* **1904** [2] 543).

$C_{10}H_9Cl$ 4) **α-Chlor-α-Phenyl-αβ-Butadiën.** Sd. 232—234° (*B.* **36**, 775 *C.* **1903** [1] 835).

$C_{10}H_{10}O$ *4) **2-Keto-1,2,3,4-Tetrahydronaphtalin** (*B.* **36**, 710 *C.* **1903** [1] 818).
*5) **1-Keto-2-Methyl-2,3-Dihydroinden.** Fl. (*Soc.* **83**, 915 *C.* **1903** [2] 504).
*14) **Benzylidenaceton.** + H_3PO_4 (*C.* **1903** [2] 284).

$C_{10}H_{10}O$ 31) **2-Keto-1-Methyl-2,3-Dihydroinden.** Sm. 62—63° (*A.* **336**, 6 *C.* **1904** [2] 1466).
32) **Aldehyd d. β-[4-Methylphenyl]akrylsäure.** Sm. 41,5°; Sd. 154 bis 159°$_{25}$ (*B.* **36**, 850 *C.* **1903** [1] 975).

$C_{10}H_{10}O_2$ *2) **Isosafrol.** Sd. 246—248°. Pikrat (*C.* **1904** [2] 954, 1568).
*8) **Benzoylaceton** (*B.* **36**, 1837 *C.* **1903** [2] 192).
*12) **α-Phenylpropen-α-Carbonsäure.** Sm. 136° (*B.* **36**, 2254 *C.* **1903** [2] 437).
*25) **Lakton d. γ-Oxy-γ-Phenylbuttersäure.** Sm. 37°; Sd. 123°$_2$ (*C.* **1904** [1] 1259).
*26) **Dimethylphtalid.** Sm. 67—68°; Sd. 274—275° (*B.* **37**, 736 *C.* **1904** [1] 1078).
40) **Methylenäther d. β-[3,4-Dioxyphenyl]propen.** Sd. 238—239° (*C. r.* **139**, 140 *C.* **1904** [2] 593).
41) **γ-Keto-α-[4-Oxyphenyl]-α-Buten** (4-Oxybenzalaceton). Sm. 102—103° (*B.* **36**, 134 *C.* **1903** [1] 458).
42) **1-[α-Oxyäthyl]benzfuran.** Sm. 37°; Sd. 145°$_{15}$ (*B.* **36**, 2869 *C.* **1903** [2] 833).
43) **β-Phenylpropen-α-Carbonsäure.** Sm. 97—98,8°; Sd. 166—168°$_{11}$ (*B.* **37**, 1092 *C.* **1904** [1] 1262; *C. r.* **138**, 986 *C.* **1904** [1] 1439).
44) **isom. β-Phenylpropen-α-Carbonsäure.** Sm. 129°; Sd. 170—172°$_{14}$ (*C. r.* **138**, 986 *C.* **1904** [1] 1439).
45) **trans-1-Phenyl-R-Trimethylen-2-Carbonsäure.** Sm. 105°. Ca + 2H_2O, Ag (*B.* **36**, 3784 *C.* **1904** [1] 42).
46) **Aldehyd d. β-[4-Methoxylphenyl]akrylsäure.** Sm. 58°; Sd. 173 bis 176°$_{14}$ (*B.* **36**, 853 *C.* **1903** [1] 976).

$C_{10}H_{10}O_3$ *3) **Methylenäther d. Aethyl-3,4-Dioxyphenylketon.** Sm. 39° (*C.* **1904** [2] 1568).
*9) **γ-Oxy-α-Phenylpropen-γ-Carbonsäure.** Sm. 135° (*B.* **36**, 2529 *C.* **1903** [2] 496).
*23) **β-Benzoylpropionsäure.** Sm. 116°. Ca (*M.* **24**, 81 *C.* **1903** [1] 769).
*34) **Lakton d. 1-Dioxymethylbenzoläthyläther-2-Carbonsäure.** Sm. 64°; Sd. 255—260° (*M.* **25**, 498 *C.* **1904** [2] 325).
56) **Methylenäther d. β-Keto-α-[3,4-Dioxyphenyl]propan.** Sd. 156° (*A.* **332**, 332 *C.* **1904** [2] 652).
57) **β-Oxy-β-Phenylakrylmethyläthersäure.** Sm. 180° u. Zers. (*C. r.* **137**, 261 *C.* **1903** [2] 664; *C. r.* **138**, 287 *C.* **1904** [1] 719).
58) **1-Aethylbenzol-4-Ketocarbonsäure.** Sm. 70—71° (*C. r.* **136**, 558 *C.* **1903** [1] 832).
59) **Dialdehyd d. 3-Oxy-1,4-Dimethylbenzol-2,6-Dicarbonsäure.** Sm. 154° (*B.* **35**, 4108 *C.* **1903** [1] 150).
60) **Aethylester d. Benzol-1-Carbonsäure-2-Carbonsäurealdehyd.** Sd. 240—243° u. Zers. (*M.* **25**, 497 *C.* **1904** [2] 325).
61) **Carbonat d. 3,4-Dioxy-1-Propylbenzol.** Sd. 139—141°$_{18}$ (*C. r.* **138**, 425 *C.* **1904** [1] 798).
62) **Carbonat d. 3,4-Dioxy-1-Isopropylbenzol.** Sm. 41°; Sd. 135—137°$_{13}$ (*C. r.* **138**, 1703 *C.* **1904** [2] 436).
63) **Verbindung** (aus Isosafrol). Sd. 142°$_{28}$ (*B.* **36**, 3580 *C.* **1903** [2] 1363).

$C_{10}H_{10}O_4$ *9) **β-[3,4-Dioxyphenyl]propionmethylenäthersäure.** Sm. 84—85° (*C.* **1904** [1] 879).
*18) **α-Phenyläthan-αβ-Dicarbonsäure.** Sm. 167°. K + H_2O, Ag_2 (*M.* **24**, 417 *C.* **1903** [2] 622; *B.* **37**, 4069 *C.* **1904** [2] 1651; *Soc.* **85**, 1365 *C.* **1904** [2] 1646).
*39) **αγ-Lakton d. αβγ-Trioxy-γ-Phenylbuttersäure.** Sm. 116—117° (*B.* **37**, 3127 *C.* **1904** [2] 1042).
*40) **Mekonin** (*Ar.* **241**, 261 *C.* **1903** [2] 447).
*53) **Dimethylester d. Benzol-1,4-Dicarbonsäure** (*B.* **37**, 2002 *C.* **1904** [2] 225).
*67) **ββ-Dioxy-αγ-Diketo-α-Phenylbutan.** Ba_2 (*B.* **36**, 3226 *C.* **1903** [2] 940).
75) **4,6-Dioxy-1,3-Diacetylbenzol** (*C.* **1904** [1] 1597).
76) **Dimethyläther d. 5,6-Dioxy-2-Keto-1,2-Dihydrobenzfuran.** Sm. 122° (*Soc.* **83**, 137 *C.* **1903** [1] 90, 466).

$C_{10}H_{10}O_4$ 77) **5-Oxy-1-Methylbenzolmethyläther-2-Ketocarbonsäure** + H_2O. Sm. 85° (*C.* **1904** [1] 1597).
78) **3-Oxy-1-Methylbenzolmethyläther-4-Ketocarbonsäure** + H_2O. Sm. 101° (*C.* **1904** [1] 1597).
79) **6-Acetoxyl-1-Methylbenzol-2-Carbonsäure.** Sm. 144,5° (D.R.P. 91201). — ***II,** *918.*
80) **Aldehyd d. 3-Acetoxyl-4-Oxybenzol-4-Methyläther-1-Carbonsäure.** Sm. 64° (*B.* **35**, 4397 *C.* **1903** [1] 340).
81) **1-Methylester d. Benzol-1-Carbonsäure-2-Methylcarbonsäure.** Sm. 143—145° (*M.* **24**, 944 *C.* **1904** [1] 516).
82) **2-Methylester d. Benzol-1-Carbonsäure-2-Methylcarbonsäure.** Sm. 96—98° (*M.* **24**, 939 *C.* **1904** [1] 515).
83) **Monophenylester d. Bernsteinsäure.** Sm. 98° (*B.* **35**, 4076 *C.* **1903** [1] 73).

$C_{10}H_{10}O_5$ *5) **3,4-Dioxybenzoldimethyläther-1-Ketocarbonsäure.** Sm. 138—139° (wasserfrei). K, Pb, Cu + $5H_2O$, Ag (*C.* **1904** [1] 511).
*19) **4-Oxybenzoläthyläther-1,2-Dicarbonsäure.** Sm. 163° (*C.* **1904** [1] 1597).
*20) **2-Oxybenzoläthyläther-1,4-Dicarbonsäure.** Sm. 254° (*C.* **1904** [1] 1597).
44) **Isoanemonsäure** (*Ar.* **230**, 193). — ***III,** *456.*
45) **β-Ketopropylester d. 3,5-Dioxybenzol-1-Carbonsäure** + H_2O. Sm. 97° (D.R.P. 73700). — ***II,** *1030.*
46) **Verbindung** (aus βγδ-Triketopentan). Sm. 119° (*B.* **36**, 3230 *C.* **1903** [2] 941).

$C_{10}H_{10}O_6$ *3) **Dillölapiolsäure** (*Ar.* **242**, 341 *C.* **1904** [2] 525).
32) **6-Oxy-3-Methylphenyltartronsäure.** K_2 (D.R.P. 115817 *C.* **1901** [1] 72). — ***II,** *1165.*

$C_{10}H_{10}O_7$ 4) **Pyrogalloldiglykolsäure** (D.R.P. 155568 *C.* **1904** [2] 1443).
5) **3,4-Dioxyphenyltartron-3-Methyläthersäure.** K_2 (D.R.P. 115817 *C.* **1901** [1] 72). — ***II,** *1194.*

$C_{10}H_{10}N_2$ *6) **1,5-Diamidonaphtalin.** Sm. 189—190° (*C.* **1904** [1] 461; *J. pr.* [2] **69**, 84 *C.* **1904** [1] 812).
*9) **1,8-Diamidonaphtalin.** Sm. 66—67° (*C.* **1904** [1] 461).
*12) **2,7-Diamidonaphtalin** (*J. pr.* [2] **69**, 89 *C.* **1904** [1] 813).
*15) **3-Methyl-1-Phenylpyrazol.** Sm. 35° (*B.* **36**, 3988 *C.* **1904** [1] 171).
*19) **3-Metyyl-5-Phenylpyrazol.** Sm. 127—127,5° (*C. r.* **136**, 1264 *C.* **1903** [2] 122).
*27) **1-Methyl-2-[3-Pyridyl]pyrrol** (Nikotyrin). Sd. 276° (272—274°) (*C. r.* **137**, 861 *C.* **1904** [1] 104; *B.* **37**, 1226 *C.* **1904** [1] 1278).

$C_{10}H_{10}N_4$ 6) **1-Benzylidenamido-5-Methyl-1,2,3-Triazol.** Sm. 67—68° (*B.* **36**, 3617 *C.* **1903** [2] 1381).
7) **Nitril d. 1,4-Phenylendi[Amidoessigsäure].** Sm. 170—171° (D.R.P. 145062 *C.* **1903** [2] 1036).

$C_{10}H_{10}Br_2$ 2) **αδ-Dibrom-α-Phenyl-β-Buten.** Sm. 94° (*B.* **36**, 1404 *C.* **1903** [1] 1347; *B.* **36**, 4325 *C.* **1904** [1] 453).

$C_{10}H_{10}Br_4$ *3) **2,3,5,6-Tetrabrom-1,4-Diäthylbenzol.** Sm. 112° (*B.* **36**, 1633 *C.* **1903** [2] 25).
*6) **αβγδ-Tetrabrom-α-Phenylbutan.** Sm. 151° (*B.* **36**, 1406 *C.* **1903** [1] 1348; *B.* **36**, 4325 *C.* **1904** [1] 453).
7) **isom. αβγδ-Tetrabrom-α-Phenylbutan.** Sm. 76° (*B.* **36**, 1406 *C.* **1903** [1] 1348).

$C_{10}H_{11}N$ *21) **Nitril d. 1,3,5-Trimethylbenzol-2-Carbonsäure.** Sm. 53° (*B.* **36**, 331 *C.* **1903** [1] 576).

$C_{10}H_{11}N_3$ *7) **5-Imido-3-Methyl-1-Phenyl-4,5-Dihydropyrazol.** Sm. 116° (*B.* **36**, 3271 *C.* **1903** [2] 1188; *B.* **36**, 3279 *C.* **1903** [2] 1189).
17) **2-Phenylazo-1-Methylpyrrol.** Sd. $140°_{21}$. Pikrat (*G.* **32** [2] 464 *C.* **1903** [1] 839).

$C_{10}H_{11}Cl$ 3) **?-Chlor-1,2,3,4-Tetrahydronaphtalin.** Sd. 230° u. Zers. (*C. r.* **139**, 673 *C.* **1904** [2] 1654).

$C_{10}H_{11}Br$ 3) **γ-Brom-β-Phenyl-β-Buten.** Sd. $114—116°_{13}$ (*B.* **37**, 233 *C.* **1904** [1] 660).
4) **5-Brom-1,2,3,4-Tetrahydronaphtalin.** Sd. 255—257° (*Soc.* **85**, 729 *C.* **1904** [2] 116, 338).

$C_{10}H_{11}Br$ 5) **6-Brom-1,2,3,4-Tetrahydronaphtalin.** Sd. 238—239°$_{758}$ (*Soc.* **85**, 729 *C.* **1904** [2] 116, 338).
6) **?-Brom-1,2,3,4-Tetrahydronaphtalin.** Sd. 250° u. Zers. (*C. r.* **139**, 673 *C.* **1904** [2] 1654).

$C_{10}H_{11}Br_3$ 8) **2,5,6-Tribrom-4-Aethyl-1,3-Dimethylbenzol.** Sm. 135° (*B.* **36**, 1639 *C.* **1903** [2] 26).
9) **3,4,5-Tribrom-2-Aethyl-1,4-Dimethylbenzol.** Sm. 89° (*B.* **36**, 1640 *C.* **1903** [2] 27).

$C_{10}H_{11}J$ 1) **β-[4-Jodphenyl]-β-Buten.** Sm. 45—46°; Sd. 155°$_{23}$ (*B.* **35**, 2642 *C.* **1902** [2] 586).

$C_{10}H_{12}O$ *6) **Methyläther d. 4-Oxy-1-Allylbenzol.** Sd. 108—114°$_{25}$ (215—216°) (D.R.P. 154654 *C.* **1904** [2] 1355; *C. r.* **139**, 482 *C.* **1904** [2] 1038).
*7) **Methyläther d. 2-Oxy-1-Propenylbenzol.** Sd. 222° (*B.* **36**, 1188 *C.* **1903** [1] 1179).
*15) **Aethyläther d. β-Oxy-α-Phenyläthen.** Sd. 225—226° (*C. r.* **138**, 288 *C.* **1904** [1] 720; *Bl.* [3] **31**, 527 *C.* **1904** [1] 1552).
*27) **Methyl-2,4-Dimethylphenylketon.** + H_2SO_4 (*R.* **21**, 355 *C.* **1903** [1] 151).
*30) **2-Methyl-3,4-Dihydro-1,2-Benzpyran.** Sm. 223° (*B.* **36**, 2872 *C.* **1903** [2] 833).
*32) **Aldehyd d. α-[4-Methylphenyl]äthan-α-Carbonsäure.** Sd. 219—221° (*C. r.* **137**, 1261 *C.* **1904** [1] 445).
*37) **Aldehyd d. 1,3,5-Trimethylbenzol-2-Carbonsäure** (*Soc.* **85**, 219 *C.* **1904** [1] 656, 939).
*41) **Aethyläther d. α-Oxy-α-Phenyläthen.** Sd. 209—210° (*C. r.* **138**, 287 *C.* **1904** [1] 719; *Bl.* [3] **31**, 525 *C.* **1904** [1] 1552).
*43) **Methyläther d. β-[4-Oxyphenyl]propen.** Sm. 32°; Sd. 222° (*C. r.* **139**, 140 *C.* **1904** [2] 593; *B.* **37**, 3995 *C.* **1904** [2] 1640).
49) **Methyläther d. β-[2-Oxyphenyl]propen** (o-Pseudoanisol). Sd. 198-199° (*C. r.* **139**, 140 *C.* **1904** [2] 593).
50) **Methyläther d. β-[3-Oxyphenyl]propen.** Sd. 215—216° (*C. r.* **139**, 140 *C.* **1904** [2] 593).
51) **Aethyläther d. 4-Oxyphenyläthen.** Sd. 108—110°$_{12}$ (*B.* **36**, 3594 *C.* **1903** [2] 1366).
52) **4,6-Dimethyl-1,2-Dihydrobenzfuran.** Fl. (*B.* **36**, 2877 *C.* **1903** [2] 834).

$C_{10}H_{12}O_2$ *3) **Eugenol** (*J. pr.* [2] **68**, 237 *C.* **1903** [2] 1063).
*20) **Aethyläther d. Methyl-4-Oxyphenylketon.** Sd. 158—161°$_{16}$ (*B.* **36**, 3593 *C.* **1903** [2] 1366).
*28) **γ-Phenylbuttersäure.** Sm. 47—48° (*C. r.* **138**, 1049 *C.* **1904** [1] 1493).
*29) **i-α-Phenylpropan-β-Carbonsäure.** Sm. 37°; Sd. 160—161°$_{17}$. Ag (*Soc.* **83**, 915 *C.* **1903** [2] 504; *Soc.* **83**, 1006 *C.* **1903** [2] 663).
*30) **α-[4-Methylphenyl]propionsäure** (*B.* **36**, 709 *C.* **1903** [1] 836).
*46) **1,2,4-Trimethylbenzol-5-Carbonsäure.** + H_2SO_4 (*R.* **21**, 352 *C.* **1903** [1] 150).
*48) **1,3,5-Trimethylbenzol-2-Carbonsäure.** Salze siehe (*Soc.* **85**, 240 *C.* **1904** [1] 1006).
*55) **Aethylester d. Phenylessigsäure** (*B.* **36**, 3088 *C.* **1903** [2] 1004).
*73) **Aethyl-6-Oxy-3-Methylphenylketon.** Sm. —2°; Sd. 135—140°$_{23}$ (*B.* **36**, 3892 *C.* **1904** [1] 93).
*84) **Methyläther d. Aethyl-2-Oxyphenylketon.** Sd. 137°$_{18}$ (*B.* **36**, 2585 *C.* **1903** [2] 621).
*87) **d-α-Phenylpropan-β-Carbonsäure.** Fl. Chininsalz (*Soc.* **83**, 1007 *C.* **1903** [2] 663).
92) **3-Methyläther d. β-[3,4-Dioxyphenyl]propen.** Sd. 257—258° (*C. r.* **139**, 140 *C.* **1904** [2] 593).
93) **Methyläther d. β-Keto-α-[4-Oxyphenyl]propan.** Sd. 141° (i. V.) (*A.* **332**, 323 *C.* **1904** [2] 651).
94) **Methyläther d. Methyl-4-Oxy-2-Methylphenylketon.** Sm. 12°; Sd. 268°$_{760}$ (*C.* **1904** [1] 1597).
95) **Methyläther d. Methyl-2-Oxy-4-Methylphenylketon.** Sm. 37,2°; Sd. 265°$_{754}$ (*C.* **1904** [1] 1597).
96) **Aethyläther d. Oxymethylphenylketon.** Sd. 134—136°$_{21}$ (*C. r.* **138**, 91 *C.* **1904** [1] 505).

$C_{10}H_{12}O_2$ 97) 1-[α-Oxyäthyl]-1,2-Dihydrobenzfuran. Sd. 142°$_{15}$ (*B.* **36**, 2870 *C.* **1903** [2] 833).

98) Rheosmin. Sm. 79,5° (*C.* **1903** [1] 883; *C. r.* **136**, 386 *C.* **1903** [1] 722).

99) Aldehyd d. 6-Oxy-1-Methylbenzoläthyläther-2-Carbonsäure. Sd. 258—260° (*B.* **31**, 1151). — *III, *65.*

100) Acetat d. 4-Oxymethyl-1-Methylbenzol. Sd. 227° (*B.* **37**, 1466 *C.* **1904** [1] 1342).

$C_{10}H_{12}O_3$ *11) 3-Oxy-5-Isopropyl-2-Methyl-1,4-Benzochinon. Sm. 170° (*A.* **336**, 29 *C.* **1904** [2] 1467).

*13) Methyläther d. 5-Oxy-2-Propyl-1,4-Benzochinon. Sm. 111° (*B.* **36**, 859 *C.* **1903** [1] 1084; *Ar.* **242**, 99 *C.* **1904** [1] 1008).

*51) 3-Oxy-1-Methylbenzoläthyläther-4-Carbonsäure. Sm. 78,5° (*C.* **1904** [1] 1597).

*66) Aethylester d. α-Oxyphenylessigsäure (*C.* **1903** [2] 199).

*94) 5-Oxy-1-Methylbenzoläthyläther-2-Carbonsäure. Sm. 146° (*C.* **1904** [1] 1597).

104) 3,4-Methylenäther d. 3,4-Dioxy-1-[α-Oxypropyl]benzol. Sd. 172 bis 175° (*C.* **1904** [2] 1568).

105) 4,5-Methylenäther d. 2,4,5-Trioxy-1-Propylbenzol. Sm. 71—72° (*Ar.* **242**, 90 *C.* **1904** [1] 1007).

106) α-Oxyisopropyl-4-Oxyphenylketon. Sm. 97—98° (D.R.P. 80986). — *III, *120.*

107) Methyläther d. 6-Oxy-2-Propyl-1,4-Benzochinon. Sm. 79° (*B.* **36**, 1719 *C.* **1903** [2] 114; *Ar.* **242**, 347 *C.* **1904** [2] 525).

108) Dimethyläther d. Methyl-2,5-Dioxyphenylketon. Sd. 156—158°$_{15}$ (*B.* **37**, 3996 *C.* **1904** [2] 1641).

109) Dimethyläther d. Methyl-3,5-Dioxyphenylketon. Sd. 290—291° (*B.* **36**, 2302 *C.* **1903** [2] 578).

110) α-Phenylbutan-βγ-Ozonid. Sd. 80—100°$_{11-12}$ (*B.* **37**, 843 *C.* **1904** [1] 1144).

111) 1-α-Oxy-α-Phenylbuttersäure. Zn, Ag (*Soc.* **85**, 1258 *C.* **1904** [2] 1304).

112) Aldehyd d. 4,5-Dioxy-1-Methylbenzol-4-Aethyläther-1-Carbonsäure. Sm. 91° (D.R.P. 91170). — *III, *77.*

113) Aldehyd d. 3,4-Dioxybenzol-3-Propyläther-1-Carbonsäure. Sm. 82° (D.R.P. 85196). — *III, *74.*

$C_{10}H_{12}O_4$ *4) 3,4-Dimethyläther d. Methyl-2,3,4-Trioxyphenylketon. Sm. 78 bis 79° (*B.* **36**, 127 *C.* **1903** [1] 468; *Soc.* **83**, 132 *C.* **1903** [1] 89, 466).

*30) Rhizoninsäure (*J. pr.* [2] **68**, 16 *C.* **1903** [2] 511).

*39) Methylester d. 3,5-Dioxybenzoldimethyläther-1-Carbonsäure. Sm. 41° (81°?) (*B.* **35**, 3002 *C.* **1903** [1] 27).

*43) Dimethylester d. cis-1,4-Dihydrobenzol-1,4-Dicarbonsäure (*B.* **36**, 2857 *C.* **1903** [2] 1129).

*54) α-Benzoat d. αβγ-Trioxypropan. Sm. 36°; Sd. 124°$_0$ (*B.* **36**, 1573 *C.* **1903** [2] 225; *B.* **36**, 4341 *C.* **1904** [1] 433).

66) 3,4-Methylenäther d. 3,4-Dioxy-1-[αβ-Dioxypropyl]benzol. Sm. 101 bis 102° (*B.* **24**, 3490; *B.* **36**, 3580 *C.* **1903** [2] 1363).

67) Propyl-2,3,4-Trioxyphenylketon + xH_2O. Sm. 76—80° (100° wasserfrei) (D.R.P. 49149, 50451). — *III, *119.*

68) 3,6-Dioxy-2,5-Diäthyl-1,4-Benzochinon. Sm. 217—218° (*B.* **37**, 2385 *C.* **1904** [2] 307).

69) 3,5-Dioxy-1-Methylbenzoldimethyläther-2-Carbonsäure. Zers. bei 178° (*M.* **24**, 897 *C.* **1904** [1] 512).

70) 3,5-Dioxy-1-Methylbenzoldimethyläther-4-Carbonsäure. Sm. 140° u. Zers. (*M.* **24**, 901 *C.* **1904** [1] 513).

71) 4-Oxy-1-Oxymethylbenzol-1-Aethyläther-3-Carbonsäure. Sm. 74° (D.R.P. 113512 *C.* **1900** [2] 796). — *II, *1032.*

72) 2-Methyl-R-Penten-5-Carbonsäure-4-[Aethyl-β-Carbonsäure]. Sm. 218°. Ba (*B.* **36**, 947 *C.* **1903** [1] 1021).

73) Aldehyd d. 2,4,6-Trioxybenzoltrimethyläther-1-Carbonsäure. Sm. 118° (*M.* **24**, 863, 866 *C.* **1904** [1] 367).

74) Methylester d. 3,5-Dioxy-1,4-Dimethylbenzol-2-Carbonsäure (Atrarsäure; Physcianin; Ceratophyllin). Sm. 143° (*G.* **12**, 257; *A.* **119**, 365; **284**, 189; **288**, 48; **295**, 225; *B.* **30**, 359, 1985; *J. pr.* [2] **57**, 287). — II, *2083*; III, *642*; *II, *1036.*

$C_{10}H_{12}O_4$ 75) **Methylester d. 3,5-Dioxy-1-Methylbenzol-?-Methyläther-2-Carbonsäure.** Sm. 95—97° (*M.* **24**, 896 *C.* **1904** [1] 512).

76) **Methylester d. 3,5-Dioxy-1-Methylbenzol-3-Methyläther-4-Carbonsäure.** Sm. 63—65° (*M.* **24**, 899 *C.* **1904** [1] 512).

77) **Methylester d. 2,4-Dioxybenzoldimethyläther-1-Carbonsäure.** Sd. 294—296° (*C.* **1903** [1] 580; *Soc.* **85**, 159 *C.* **1904** [1] 724; *M.* **24**, 889 *C.* **1904** [1] 512).

78) **Aethoxylmethylester d. 2-Oxybenzol-1-Carbonsäure.** Sd. 168 bis 169_{13} (D.R.P. 137585 *C.* **1903** [1] 112).

79) **2-Oxybenzoat d. αα-Dioxyäthan-α-Methyläther** (Methoxyäthylidensalicylat). Fl. (D.R.P. 146849 *C.* **1903** [2] 1353).

$C_{10}H_{12}O_5$ *9) **3,4,5-Trioxybenzoltrimethyläther-1-Carbonsäure.** Sm. 167—169° (*M.* **25**, 511 *C.* **1904** [2] 1118).

*16) **Lakton d. β-Diacetylbernsteinsäuremonoäthylester.** Sm. 110° (*B.* **37**, 3491 *C.* **1904** [2] 1289).

*17) **Methylester d. 3,4,5-Trioxybenzol-3,5-Dimethyläther-1-Carbonsäure** + H_2O. Sm. 83—84° (106° wasserfrei) (*B.* **36**, 217 *C.* **1903** [1] 455).

*29) **Aethylester d. 5-Oxy-1,4-Pyronäthyläther-2-Carbonsäure** (*G.* **33** [2] 264 *C.* **1904** [1] 44).

*31) **2,4,6-Trioxybenzoltrimethyläther-1-Carbonsäure.** Sm. 142—144° u. Zers. (*M.* **24**, 873 *C.* **1904** [1] 368).

37) **α-Oxy-α-[3,4-Dioxyphenyl]essig-3,4-Dimethyläthersäure.** Sm. 105°. K, Ba, Pb, Cu, Ag (*C.* **1904** [1] 511).

38) **Methylester d. 2,3,4-Trioxybenzol-3,4-Dimethyläther-1-Carbonsäure.** Sm. 75—78° (*B.* **36**, 660 *C.* **1903** [1] 710; *M.* **25**, 509, 511 *C.* **1904** [2] 1118).

39) **Methylester d. 3,4,5-Trioxybenzol-3,4-Dimethyläther-1-Carbonsäure.** Sm. 84° (81—83°) (*B.* **36**, 217 *C.* **1903** [1] 455; *B.* **36**, 660 *C.* **1903** [1] 710; *M.* **25**, 519 *C.* **1904** [2] 1118).

$C_{10}H_{12}O_8$ 9) **cis-Hexahydrobenzol-1,2,4,5-Tetracarbonsäure.** Sm. 138—140° (*Soc.* **83**, 786 *C.* **1903** [2] 201, 439).

10) **trans-Hexahydrobenzol-1,2,4,5-Tetracarbonsäure.** Sm. 175° (*Soc.* **83**, 784 *C.* **1903** [2] 201, 439).

$C_{10}H_{12}N_2$ *18) **1-Methyl-2-[3-Pyridyl]-2,3-Dihydropyrrol** (Dihydronikotyrin). Sd. 248° (*C. r.* **137**, 861 *C.* **1904** [1] 104).

35) **Nitril d. α-[Methylphenylamido]propionsäure.** Sm. 212° (*B.* **36**, 758 *C.* **1903** [1] 962).

36) **Nitril d. Aethylphenylamidoessigsäure.** Sm. 24° (21°); Sd. $183°_{20}$ (D.R.P. 142559 *C.* **1903** [2] 81; *B.* **37**, 4083 *C.* **1904** [2] 1723).

37) **Nitril d. 2,4-Dimethylphenylamidoessigsäure.** Sm. 50—52° (*B.* **37**, 4082 *C.* **1904** [2] 1723).

$C_{10}H_{12}Br_2$ *4) **αβ-Dibrombutylbenzol.** Sm. 70—71° (*B.* **36**, 774 *C.* **1903** [1] 835).

*14) **4,6-Dibrom-1,2,3,5-Tetramethylbenzol.** Sm. 199° (*B.* **37**, 1717 *C.* **1904** [1] 1489).

*17) **βγ-Dibrombutylbenzol.** Fl. (*B.* **37**, 2311 *C.* **1904** [2] 216).

20) **4-[αβ-Dibromäthyl]-1-Aethylbenzol.** Sm. 66° (*B.* **36**, 1633 *C.* **1903** [2] 25).

21) **2-[αβ-Dibromäthyl]-1,4-Dimethylbenzol.** Sm. 55° (*B.* **36**, 1630 *C.* **1903** [2] 27).

$C_{10}H_{13}N$ *13) **1-Methyl-1,2,3,4-Tetrahydrochinolin.** Sd. $245,5—247°_{724}$. HJ, Pikrat (*B.* **36**, 2569 *C.* **1903** [2] 727; *B.* **36**, 3709 *C.* **1904** [1] 21).

34) **γ-Amido-α-Phenyl-α-Buten.** Sd. $119°_{12}$. Oxalat (*B.* **36**, 3002 *C.* **1903** [2] 949).

35) **γ-Amido-α-Phenyl-β-Methylpropen.** Sd. 230°. (2HCl, $PtCl_4$) (*C.* **1904** [1] 1496).

36) **γ-[2-Methylphenyl]amidopropen** (Allyl-2-Methylphenylamin). Sd. 225 bis 230° (*B.* **37**, 3896 *C.* **1904** [2] 1612).

37) **γ-[4-Methylphenyl]amidopropen** (Allyl-4-Methylphenylamin). Sd. 232—234°. HCl, Oxalat (*B.* **37**, 2720 *C.* **1904** [2] 592).

38) **d-1-Amido-2-Methyl-2,3-Dihydroinden.** d-Bromcamphersulfonat, d-Chlorcamphersulfonat, Ditartrat (*Soc.* **83**, 931 *C.* **1903** [2] 505; *Soc.* **85**, 171 *C.* **1904** [1] 380, 809).

$C_{10}H_{13}N$ 39) **1-l-Amido-2-Methyl-2,3-Dihydroinden.** d-Bromcamphersulfonat, d-Chlorcamphersulfonat, Ditartrat (*Soc.* **83**, 930 *C.* **1903** [2] 505; *Soc.* **85**, 171 *C.* **1904** [1] 380, 809).

40) **d-l-l-Amido-2-Methyl-2,3-Dihydroinden.** Fl. HCl, (2HCl, $PtCl_4$), H_2SO_4, Pikrat (*C.* **1901** [2] 421; *Soc.* **83**, 916 *C.* **1903** [2] 505; *Soc.* **83**, 925 *C.* **1903** [2] 505).

41) **d-l-neo-l-Amido-2-Methyl-2,3-Dihydroinden.** Fl. HCl, H_2SO_4, Pikrat, d-Bromcamphersulfonat (*Soc.* **83**, 916 *C.* **1903** [2] 505; *Soc.* **83**, 927 *C.* **1903** [2] 505).

$C_{10}H_{13}Cl$ 15) **α-Chlor-α-Phenylbutan.** Sd. $94°_{20}$ (*B.* **37**, 2312 *C.* **1904** [2] 216).

16) **β-Chlor-α-Phenyl-β-Methylpropan.** Fl. (*B.* **37**, 1723 *C.* **1904** [1] 1515).

$C_{10}H_{14}O$ *1) **α-Oxy-α-Phenylbutan.** Sd. $110°_{15}$ (*B.* **37**, 2312 *C.* **1904** [2] 216).

*6) **4-Oxy-1-tert. Butylbenzol** (*A.* **327**, 203 *C.* **1903** [1] 1407; *Soc.* **83**, 329 *C.* **1903** [1] 875).

*26) **Methyläther d. 4-Oxy-1-Propylbenzol** (*B.* **37**, 3987 *C.* **1904** [2] 1639).

*30) **Methyläther d. 4-Oxy-1-Isopropylbenzol.** Sd. $212—213°_{756}$ (*B.* **37**, 3996 *C.* **1904** [2] 1640).

*37) **Aethyläther d. 4-Oxy-1-Aethylbenzol.** Sd. $208°_{750}$ (*B.* **36**, 3594 *C.* **1903** [2] 1366).

*50) **Eucarvon.** Sm. $98—101°_{17}$ (*B.* **36**, 237 *C.* **1903** [1] 515).

*58) **β-Oxy-α-Phenyl-β-Methylpropan.** Sm. 24°; Sd. 214—216° (*C.* **1904** [1] 1496; *B.* **37**, 1723 *C.* **1904** [1] 1515).

74) **2-[β-Oxyäthyl]-1,4-Dimethylbenzol.** Sd. $229°_{759}$ (*B.* **36**, 1639 *C.* **1903** [2] 26).

75) **isom. γ-Oxy-α-Phenylbutan.** Sd. 236—238° (*B.* **37**, 2313 *C.* **1904** [2] 217).

76) **Aethyläther d. 2-Methyl-1-Oxymethylbenzol.** Sd. 202—203° (D.R.P. 154658 *C.* **1904** [2] 1355).

77) **Umbellon.** Sd. 219—220° (*Soc.* **85**, 634 *C.* **1904** [1] 1607 *C.* **1904** [2] 333).

78) **Keton** (aus Pinen). Sd. $206—207°_{774}$ (*C.* **1903** [2] 372; *Soc.* **83**, 1304 *C.* **1904** [1] 95).

$C_{10}H_{14}O_2$ *21) **β-[3,5-Diketo-4-Methylhexahydrophenyl]propen.** Sm. 187—188° (*A.* **330**, 266 *C.* **1904** [1] 947).

46) **γ-Oxy-α-[2-Oxyphenyl]butan.** Sm. 65°; Sd. $188—192°_{18}$ (*B.* **36**, 2871 *C.* **1903** [2] 833).

47) **αβ-Dioxy-β-[4-Methylphenyl]propan.** Sm. 36° (*C. r.* **137**, 1261 *C.* **1904** [1] 445).

48) **4-Methyläther d. α-Oxy-α-[4-Oxyphenyl]propan.** Sd. $140—143°_{16}$ (*B.* **37**, 4188 *C.* **1904** [2] 1642).

49) **3-Methyläther d. 3,5-Dioxy-1-Propylbenzol.** Sd. $160—161°_{17}$ (*B.* **36**, 3449 *C.* **1903** [2] 1176).

50) **Dimethyläther d. αα-Dioxy-α-Phenyläthan** (*B.* **31**, 1012). — ***III**, *91*.

51) **4-Aethyläther d. 4-Oxy-1-[α-Oxyäthyl]benzol.** Sm. 48°; Sd. 140 bis $142°_{11}$ (*B.* **36**, 3593 *C.* **1903** [2] 1366).

52) **4-Keto-6-Oxy-5-Methyl-2-Isopropyliden-1,2,3,4-Tetrahydrobenzol.** Sm. 157° (*A.* **330**, 272 *C.* **1904** [1] 948).

53) **Säure** (aus Lorbeerblätteröl). Sm. 146—147° (*Ar.* **242**, 167 *C.* **1904** [1] 1351).

54) **Lakton d. δ-Oxy-αζ-Heptadiën-δ-[Aethyl-β-Carbonsäure]** (Diallylbutyrolakton). Sd. 266—267° (*C.* **1904** [1] 1330).

55) **Methylester d. β-Methyl-βζ-Heptenin-η-Carbonsäure.** Sd. $114—125°_{23}$ (*C. r.* **136**, 554 *C.* **1903** [1] 825).

$C_{10}H_{14}O_3$ *13) **2,4-Diketo-6-Oxy-1,1,3,3-Tetramethyl-1,2,3,4-Tetrahydrobenzol.** Sm. 190° (*M.* **24**, 112 *C.* **1903** [1] 967).

39) **3-Methyläther d. 2,3,5-Trioxy-1-Propylbenzol.** Sm. 107° (*B.* **36**, 1719 *C.* **1903** [2] 114; *Ar.* **242**, 347 *C.* **1904** [2] 525).

40) **4-Methyläther d. 2,4,5-Trioxy-1-Propylbenzol.** Sm. 92° (*B.* **36**, 859 *C.* **1903** [1] 1084).

41) **5-Acetyl-6-Oxy-4-Keto-2,2-Dimethyl-1,2,3,4-Tetrahydrobenzol.** Sm. 36°; Sd. $127—128°_{14}$. Cu (*B.* **37**, 3380 *C.* **1904** [2] 1219).

42) **6-Methyläther d. 4,6-Dioxy-2-Keto-1,1,5-Trimethyl-1,2-Dihydrobenzol.** Sm. 179—180° (*M.* **24**, 110 *C.* **1903** [1] 967).

43) **Säure** (aus d. Verb. $C_{10}H_{18}O_2$). Sm. 197—198° (*B.* **37**, 1034 *C.* **1904** [1] 1262).

$C_{10}H_{14}O_3$ 44) **Anhydrid d. βε-Dimethyl-γ-Hexen-βε-Dicarbonsäure.** Sd. 116—120°$_{20}$ (*Soc.* **83**, 1385 *C.* **1904** [1] 434).

45) **Anhydrid d. Homotanacetondicarbonsäure.** Sd. 157—158°$_{15}$ (*B.* **36**, 4369 *C.* **1904** [1] 455).

46) **Acetat d. 6-Oxy-4-Keto-2,2-Dimethyl-1,2,3,4-Tetrahydrobenzol.** Sd. 144°$_{18}$ (*B.* **37**, 3379 *C.* **1904** [2] 1219).

$C_{10}H_{14}O_4$ *41) **Säure** (aus Citral). Sm. 192—194° (*C.* **1903** [2] 1081).

43) **ββ'-Dioxyisopropylphenylketon** + H_2O. Sm. 116° (*B.* **36**, 1356 *C.* **1903** [1] 1299).

44) **βε-Dimethyl-βδ-Hexadiën-γδ-Dicarbonsäure.** Sm. 231° u. Zers. K_2, Ag_2 (*J. pr.* [2] **67**, 197 *C.* **1903** [1] 869).

45) **r-Dehydrocamphersäure.** Sm. 221—223° (*B.* **36**, 4334 *C.* **1904** [1] 456).

46) **Säure** (aus 2,3,4,5-Tetrahydro-R-Hepten-6-Carbonsäureäthylester). Sm. 231° (*B.* **37**, 936 *C.* **1904** [1] 1072).

47) **isom. Säure** (aus 2,3,4,5-Tetrahydro-R-Hepten-6-Carbonsäureäthylester). Sm. 132° (*B.* **37**, 936 *C.* **1904** [1] 1072).

$C_{10}H_{14}O_5$ *12) **Diäthylester d. α-Keto-β-Buten-αγ-Dicarbonsäure.** Sd. 182—184°$_{28}$ (*R.* **23**, 151 *C.* **1904** [2] 194).

19) **γ-Oxy-βε-Diketo-γδ-Diacetylhexan.** Sm. 112° (*B.* **36**, 3227 *C.* **1903** [2] 940).

$C_{10}H_{14}O_6$ 25) **Anemonolsäure.** Sm. 151—153° (*M.* **20**, 640). — *III, *456*.

$C_{10}H_{14}O_7$ 3) **Acetat d. Formalmethylenfruktosid.** Fl. (*R.* **22**, 163 *C.* **1903** [2] 108).

$C_{10}H_{14}O_8$ *1) **Hexan-αγδζ-Tetracarbonsäure.** Ag_4 (*C.* **1903** [1] 628; *Soc.* **85**, 614 *C.* **1904** [1] 1553).

11) **Glutarperoxyd.** Sm. 108° u. Zers. (*Am.* **32**, 65 *C.* **1904** [2] 766).

$C_{10}H_{14}N_2$ *11) **5,8-Diamido-1,2,3,4-Tetrahydronaphtalin** (*Soc.* **85**, 754 *C.* **1904** [2] 448).

*21) **d-1-Methyl-2-[3-Pyridyl]tetrahydropyrrol** (Nikotin). Tartrat (*C.* **1903** [2] 123; *C. r.* **137**, 862 *C.* **1904** [1] 104; *Ph. Ch.* **47**, 113 *C.* **1904** [1] 589; *B.* **37**, 1232 *C.* **1904** [1] 1278; *B.* **37**, 2429 *C.* **1904** [2] 442).

*30) **Nitril d. Camphersäure** (*C.* **1903** [1] 837).

*33) **i-Nikotin.** Sd. 242—243°. ($2HCl$, $PtCl_4$ + H_2O) (*C. r.* **137**, 862 *C.* **1904** [1] 104; *B.* **37**, 1227 *C.* **1904** [1] 1278).

37) **l-Nikotin.** Tartrat (*C. r.* **137**, 862 *C.* **1904** [1] 104; *B.* **37**, 1230 *C.* **1904** [1] 1278).

$C_{10}H_{15}N$ *47) **Nitril d. r-α-Campholensäure.** Sd. 228° (*C. r.* **138**, 696 *C.* **1904** [1] 1087).

61) **γ-Amidobutylbenzol.** Sd. 221—222°$_{750}$. HCl, H_3PO_4, Oxalat (*B.* **36**, 2999 *C.* **1903** [2] 949).

62) **2-Methylamido-1,3,5-Trimethylbenzol.** Sd. 228—229°$_{739}$ (*A.* **327**, 110 *C.* **1903** [1] 1213).

63) **4-Methyläthylamido-1-Methylbenzol** (Methyläthyl-4-Methylphenylamin). Sd. 218—220°. Pikrat (*B.* **37**, 2716 *C.* **1904** [2] 591).

64) **Nitril d. 1,1,3-Trimethyl-1,2,3,4-Tetrahydrobenzol-5-Carbonsäure?** Sd. 220—221°$_{760}$ (D.R.P. 141699 *C.* **1903** [1] 1245).

$C_{10}H_{16}O$ *7) **d-Campher** (*C.* **1903** [1] 1223; *B.* **37**, 511 *C.* **1904** [1] 884).

*19) **Dihydrocarvoxyd** (Isodihydrocarvon). Sd. 199° (*B.* **36**, 765 *C.* **1903** [1] 836).

*21) **d-Fenchon** (*C.* **1904** [1] 282).

*26) **Myristicol** (*C.* **1904** [1] 593).

*30) **3-Keto-4-Isopropyliden-1-Methylbenzol** (Pulegon) (*A.* **329**, 108 *C.* **1903** [2] 1071).

*56) **β-Cyklocitral** (D.R.P. 138141 *C.* **1903** [1] 267; D.R.P. 139957 *C.* **1903** [1] 857).

*68) **Aldehyd d. Camphenilansäure** (Camphenol). Sm. 68—70° (*H.* **37**, 197 *C.* **1903** [1] 594).

*71) **α-Cyklocitral.** Sd. 90—95°$_{20}$ (D.R.P. 138141 *C.* **1903** [1] 267; D.R.P. 139957 *C.* **1903** [1] 857).

81) **Alkohol** (aus Gingergrasöl). Sd. 92—93°$_6$ (*C.* **1904** [1] 1264).

82) **3-Keto-5-Isopropyl-2-Methyl-1,2,3,4-Tetrahydrobenzol** (Menthen-[3]-on[5]). Sd. 206—208° (*B.* **28**, 1587; *Am.* **16**, 395; **18**, 762; *A.* **305**, 272). — *III, *385*.

83) **4-Keto-5-Isopropyl-2-Methyl-1,2,3,4-Tetrahydrobenzol** (Menthenon) (*C.* **1903** [2] 1373).

$C_{10}H_{16}O$

84) l-4-Keto-2-Isopropyl-5-Methyl-1,2,3,4-Tetrahydrobenzol (l-Carvotanaceton). Sd. 227—229° (*A.* **336**, 37 *C.* **1904** [2] 1468).
85) Camphenol. Sd. 202—204° (*H.* **33**, 579). — *III, *397*.
86) Calaminthon. Sd. 208—209°$_{745}$ (*C. r.* **136**, 388 *C.* **1903** [1] 714).
87) Keton (aus Bromumbellulon). Sd. 214—217° (*Soc.* **85**, 643 *C.* **1904** [1] 1607; *C.* **1904** [2] 330).
88) Aldehyd d. Cyklogeraniolencarbonsäure. Sd. 101—102° (D.R.P. 141973 *C.* **1903** [2] 78).
89) Aldehyd d. isom. Cyklygeraniolencarbonsäure. Sd. 87—88°$_{10}$ (D.R.P. 142139 *C.* **1903** [2] 78).
90) Aldehyd d. Säure $C_{10}H_{16}O_2$ (aus Pinen). Sm. 32—33°; Sd. 205—207°$_{765}$ (*C.* **1903** [2] 372; *Soc.* **83**, 1302 *C.* **1904** [1] 95).
91) Verbindung (aus d-Pinen u. Chloraceton). Sd. 290° (*G.* **33** [1] 395 *C.* **1903** [2] 571).

$C_{10}H_{16}O_2$

*20) r-α-Campholensäure. Sd. 184° (*C. r.* **138**, 696 *C.* **1904** [1] 1087).
*27) α-Pulegensäure (*A.* **327**, 125, 147 *C.* **1903** [1] 1412).
*45) Isocamphenilansäure. Sm. 117—118° (*H.* **37**, 198 *C.* **1903** [1] 594).
*60) 6-Oxy-4-Keto-5-Methyl-2-Isopropyl-1,2,3,4-Tetrahydrobenzol. Sd. 164,5—165° (*B.* **36**, 3575 *C.* **1903** [2] 1362).
74) 2,3-Diketo-4-Isopropyl-1-Methylhexahydrobenzol. Sm. 80—81°; Sd. 125—127°$_{18}$ (*C.* **1904** [2] 1044).
75) isom. Oxyfenchon (*C.* **1904** [1] 282).
76) 5-Oxy-7-Keto-1-Methylbicyklo-[1,3,3]-Nonan. Sd. 170—173°$_{17-18}$ (*B.* **37**, 1672 *C.* **1904** [1] 1606).
77) αζ-Heptadiën-δ-[Aethyl-β-Carbonsäure] (γγ-Diallylbuttersäure). Sd. 264—267°. Na, Ag (*C.* **1904** [1] 1330).
78) α-Nonin-α-Carbonsäure. Sm. 6—10; Sd. 164—168°$_{20}$ (*C. r.* **136**, 554 *C.* **1903** [1] 825).
79) 1,1,3-Trimethyl-1,2,3,4-Tetrahydrobenzol-2-Carbonsäure? Sd. 140—142°$_{15}$ (D.R.P. 148206 *C.* **1904** [1] 486).
80) 1,1,3-Trimethyl-1,2,3,4-Tetrahydrobenzol-5-Carbonsäure? Sm. 140°; Sd. 154°$_{16}$ (D.R.P. 141699 *C.* **1903** [1] 1245).
81) Säure (aus Pinen). Sm. 117°. Pb, Ag (*C.* **1903** [2] 372; *Soc.* **83**, 1304 *C.* **1904** [1] 95).
82) Lakton d. cis-5-Oxy-1,1,3-Trimethylhexahydrobenzol-2-Carbonsäure. Sm. 57°; Sd. 122—123°$_9$ (D.R.P. 148207 *C.* **1904** [1] 487).
83) Lakton (aus Pulegensäure). Sm. 30—31°; Sd. 126—128°$_{12}$ (*A.* **327**, 128 *C.* **1903** [1] 1412).
84) Methylester d. ζ-Methyl-α-Heptin-α-Carbonsäure. Sd. 125—127°$_{31}$ (*C. r.* **136**, 554 *C.* **1903** [1] 825).
85) Aethylester d. ε-Methyl-α-Hexin-α-Carbonsäure. Sd. 110—112°$_{18}$ (*C. r.* **136**, 553 *C.* **1903** [1] 825).
86) Aethylester d. βδ-Dimethyl-αγ-Pentadiën-α-Carbonsäure. Sd. 94°$_{14}$ (*B.* **36**, 16 *C.* **1903** [1] 387).
87) Aethylester d. 2,3,4,5-Tetrahydro-R-Hepten-6-Carbonsäure. Sd. 108°$_{14}$ (*B.* **37**, 934 *C.* **1904** [1] 1072).
88) Aethylester d. 5-Methyl-1,2,3,4-Tetrahydrobenzol-2-Carbonsäure. Sd. 155—157°$_{100}$ (*Soc.* **85**, 664 *C.* **1904** [2] 330).
89) Isobutylester d. γ-Methyl-α-Butin-α-Carbonsäure. Sd. 99—101°$_{19}$ (*C. r.* **136**, 553 *C.* **1903** [1] 824).
90) Verbindung (aus Camphen). Sm. 169—170° (*B.* **37**, 1034 *C.* **1904** [1] 1262).

$C_{10}H_{16}O_3$

*15) Flüssige Pinonsäure (*B.* **37**, 239 *C.* **1904** [1] 726).
*32) Oxylakton (aus Pulegensäure). Sm. 129—130° (*A.* **327**, 127 *C.* **1903** [1] 1412).
58) Barringtogenin. Sm. 169—170° (*C.* **1903** [2] 842).
59) δ-Oxy-αζ-Heptadien-δ-[Aethyl-β-Carbonsäure]. Ca, Ba (*C.* **1904** [1] 1330).
60) 5-Oxy-1,3-Dimethylhexahydrobenzol-1,5-Dicarbonsäure. Sm. 182—183° (wasserfrei) (*B.* **37**, 4064 *C.* **1904** [2] 1650; *B.* **37**, 4072 *C.* **1904** [2] 1652).
61) Oxydihydro-β-Camphylmethyläthersäure. Sm. 94°. Ag (*Soc.* **83**, 869 *C.* **1903** [2] 574).

$C_{10}H_{16}O_3$ 62) α-[3-Keto-4-Methylhexahydrophenyl]propionsäure (*B.* **36**, 769 *C.* **1903** [1] 836).
63) Anhydrid d. β-Methylheptan-γζ-Dicarbonsäure. Fl. (*C.* **1904** [2] 1044).
64) Methylester d. 3-Keto-1-Methyl-2-Aethyl-R-Pentamethylen-2-Carbonsäure. Sd. 108—110°$_{18}$ (*C. r.* **138**, 210 *C.* **1904** [1] 663).
65) Aethylester d. 5-Keto-1,1-Dimethyl-R-Pentamethylen-2-Carbonsäure. Sd. 170—172°$_{100}$ (*C.* **1903** [1] 923; *Soc.* **85**, 138 *C.* **1904** [1] 728).
66) Aethylester d. 3-Keto-1,2-Dimethyl-R-Pentamethylen-2-Carbonsäure. Sd. 112—113°$_{15}$ (*C. r.* **138**, 210 *C.* **1904** [1] 663).

$C_{10}H_{16}O_4$ *3) r-Camphersäure. Sm. 200—202° (*B.* **36**, 4335 *C.* **1904** [1] 450).
*18) Homotanacetondicarbonsäure. Sm. 148°. Ag_2 (*B.* **36**, 4368 *C.* **1904** [1] 455).
*38) Diäthylester d. β-Buten-βγ-Dicarbonsäure. Sd. 234—236° (*B.* **37**, 1272 *C.* **1904** [1] 1334).
*61) Aethylester d. γε-Diketo-β-Methylhexan-δ-Carbonsäure (Ae. d. Isobutyrylacetessigsäure). Sd. 93—94°$_{18}$ (*Bl.* [3] **27**, 1092 *C.* **1903** [1] 226).
77) ε-Methyl-α-Hepten-δη-Dicarbonsäure. Sm. 104° (*C. r.* **138**, 211 *C.* **1904** [1] 663).
78) ζ-Methyl-α-Hepten-δη-Dicarbonsäure (γ-Methyl-α-Allyladipinsäure). Sm. 100°; Sd. 235°$_{20}$ (*C. r.* **136**, 1614 *C.* **1903** [2] 440).
79) βε-Dimethyl-γ-Hexen-βε-Dicarbonsäure. Sm. 70°. Ag_2 (*Soc.* **83**, 1384 *C.* **1904** [1] 159, 434).
80) Säure (aus βε-Dimethyl-γ-Hexen-βε-Dicarbonsäure). Sm. 60—61°. Ag_2 (*Soc.* **83**, 1386 *C.* **1904** [1] 434).
81) Säure (aus d. Verb. $C_{10}H_{16}O_3$). Sm. 203° (*B.* **37**, 1034 *C.* **1904** [1] 1262).
82) Methylester d. γ-Butyroxyl-β-Buten-β-Carbonsäure (M. d. O-Methylbutyrylacetessigsäure). Sd. 122—130°$_{20}$ (*Bl.* [3] **27**, 1103 *C.* **1903** [1] 227).
83) Methylester d. βδ-Diketo-γ-Methylheptan-γ-Carbonsäure (M. d. Methylbutyrylacetessigsäure). Sd. 122—130°$_{20}$ (*Bl.* [3] **27**, 1103 *C.* **1903** [1] 227).
84) Diäthylester d. β-Buten-αδ-Dicarbonsäure. Sd. 120—125°$_{17}$ (*Soc.* **85**, 612 *C.* **1904** [1] 1254, 1553).
85) Diäthylester d. trans-1-Methyl-R-Trimethylen-2,3-Dicarbonsäure. Sd. 198—200°$_{14}$ (*J. pr.* [2] **68**, 160 *C.* **1903** [2] 759).

$C_{10}H_{16}O_5$ *15) Diäthylester d. Oxyfumaräthyläthersäure. Sd. 138°$_{11}$ (*Soc.* **83**, 417 *C.* **1903** [1] 834).
29) isom. Oxycamphersäure. Ag_2 (*Am.* **28**, 481 *C.* **1903** [1] 329).
30) Dimethylester d. γ-Ketohexan-αβ-Dicarbonsäure (D. d. Butyrylbernsteinsäure). Sd. 153—154°$_{25}$ (*Bl.* [3] **27**, 1093 *C.* **1903** [1] 226).
31) Diäthylester d. α-Oxy-α-Buten-βγ-Dicarbonsäure. Sd. 150°$_{12}$ (*B.* **37**, 1611 *C.* **1904** [1] 1402).
32) Diäthylester d. Butan-βγ-Dicarbonsäure-α-Carbonsäurealdehyd. Fl. (*B.* **37**, 1612 *C.* **1904** [1] 1402).

$C_{10}H_{16}O_6$ 22) Dioxycamphersäure. Fl. (*B.* **36**, 4333 *C.* **1904** [1] 450).
23) Verbindung (aus Aethyloxalylchlorid). Sd. 246—248°$_{760}$ (*C. r.* **136**, 1200 *C.* **1903** [2] 22).

$C_{10}H_{16}O_7$ 9) Trimethylester d. β-Oxypropanmethyläther-αβγ-Tricarbonsäure (Tr. d. Methylocitronensäure). Sd. 159—160°$_{12}$ (*A.* **327**, 228 *C.* **1903** [1] 1403).

$C_{10}H_{16}N_2$ *4) 2,5-Diamido-4-Isopropyl-1-Methylbenzol. 2HCl (*A.* **336**, 22 *C.* **1904** [2] 1467).
*12) 1,4-Di[Dimethylamido]benzol. Sm. 51° (*B.* **36**, 2979 *C.* **1903** [2] 980).
24) αβ-Diäthyl-α-Phenylhydrazin. Sd. 111—115°$_{12}$ (*C.* **1903** [1] 1128; *B.* **35**, 4185 *C.* **1903** [1] 143).

$C_{10}H_{16}Cl_2$ 7) Dichlordekahydronaphtalin. Sd. 145—148°$_{18}$ (*C. r.* **139**, 674 *C.* **1904** [2] 1654).
8) i-Dichlorid d. Kohlenw. $C_{10}H_{16}$ (aus Fenchylchlorid). Sm. 49—51° (*J. pr.* [2] **68**, 109 *C.* **1903** [2] 722).

$C_{10}H_{16}Br_2$ *3) Pinendibromid. Sm. 167—168° (*C. r.* **137**, 131 *C.* **1903** [2] 571).
7) Phellandrendibromid (*B.* **36**, 1754 *C.* **1903** [2] 117).
8) Dibromid d. Terpen $C_{10}H_{16}$. Fl (*Soc.* **83**, 1096 *C.* **1903** [2] 794).

$C_{10}H_{16}Br_4$ 13) **Verbindung** (aus Guttapercha) oder $C_{17}H_{27}Br_7$. Zers. bei 120° (*C.* **1903** [1] 83).

$C_{10}H_{16}S$ *1) **Thiocampher.** Sm. 119°; Sd. 228—230°$_{761}$ u. Zers. (*B.* **36**, 868 *C.* **1903** [1] 972).

$C_{10}H_{17}N$ 23) **Nitril d. r-α-Dihydrocampholensäure.** Sd. 225—228° (*C. r.* **136**, 1143 *C.* **1903** [1] 1410).

$C_{10}H_{17}Cl$ *29) **sec. Fenchylchlorid.** Sm. 75°; Sd. 83—84°$_{16}$ (*J. pr.* [2] **68**, 107 *C.* **1903** [2] 722).

30) **Chlordekahydronaphtalin.** Sd. 112—115°$_{18}$ (*C. r.* **139**, 674 *C.* **1904** [2] 1654).

31) **Chlorid d. d-Fenchylalkohol.** Sd. 105—110°$_3$ (*C. r.* **126**, 756). — *III, *343.*

$C_{10}H_{17}J$ *2) **Bornyljodid** (l-Pinenhydrojodid) (*B.* **35**, 4417 *C.* **1903** [1] 330).

6) **Isobornyljodid** (*B.* **32**, 2320). — *III, *398.*

7) **Camphenhydrojodid.** Sm. 48—55° (*C.* **1901** [1] 629; *J. pr.* [2] **68**, 535; *Ch. Z.* **25**, 132). — *III, *398.*

8) **isom. Camphenhydrojodid.** Fl. (*C.* **1901** [1] 629; *J. pr.* [2] **68**, 535).

9) **i-Pinenhydrojodid** (i-Bornyljodid) (*B.* **32**, 2317). — *III, *393.*

$C_{10}H_{18}O$ *9) **Cineol** (Cajeputol). Sd. 174° (*G.* **33** [1] 401 *C.* **1903** [2] 571; *Ar.* **242**, 181 *C.* **1904** [1] 1350).

*22) **Geraniol** (*J. pr.* [2] **66**, 498 *C.* **1903** [1] 516).

*28) **l-Linalool** (*J. pr.* [2] **66**, 493 *C.* **1903** [1] 516).

*32) **l-Menthon** (*B.* **36**, 273 *C.* **1903** [1] 440).

*42) **i-Terpineol** (5-Methyl-2-α-Oxyisopropyl-1,2,3,4-Tetrahydrobenzol). Sd. 134—135° (*Soc.* **85**, 666 *C.* **1904** [2] 330).

*44) **d-Terpineol** (*J. pr.* [2] **66**, 497 *C.* **1903** [1] 516).

*53) **δ-Oxy-δ-Propyl-αζ-Heptadiën** (*C.* **1903** [2] 1415).

*66) **ε-Keto-βγζ-Trimethyl-γ-Hepten.** Sd. 189—191° (*C.* **1903** [2] 656).

*70) **Diisovaleraldehyd.** Sd. 86°$_{18}$ (*M.* **25**, 153 *C.* **1904** [1] 1000).

*76) **i-Linalool** (*Soc.* **83**, 509 *C.* **1903** [1] 1029).

*81) **β-[4-Oxy-4-Methylhexahydrophenyl]propen.** Sd. 125—127°$_{60}$ (*Soc.* **85**, 671 *C.* **1904** [2] 331).

88) **δ-Oxy-βδζ-Trimethyl-βε-Heptadiën.** Sm. 57,5°; Sd. 43—46°$_{0,25}$ (*B.* **37**, 3579 *C.* **1904** [2] 1376).

89) **1,1,5-Trimethyl-4-[β-Oxyäthyl]-2,3-Dihydro-R-Penten** (Campholenalkohol). Sd. 215—216°$_{760}$ (*C. r.* **138**, 280 *C.* **1904** [1] 725).

90) **Allyläther d. l-3-Oxy-l-Methylhexahydrobenzol.** Sd. 79—81°$_{18}$ (*C. r.* **138**, 1666 *C.* **1904** [2] 441).

91) **Apopinol.** Sd. 200° (*C.* **1904** [1] 1263).

92) **Campholenyloxyd.** Sd. 180—182°$_{760}$ (*C. r.* **138**, 281 *C.* **1904** [1] 725).

93) **Cyklogeraniol.** Sd. 95—100°$_{12}$ (D.R.P. 138141 *C.* **1903** [1] 266).

94) **d-Isoborneol** (*J. pr.* [2] **55**, 34). — *III, *340.*

95) **l-Isoborneol** (*J. pr.* [2] **55**, 34). — *III, *340.*

96) **isom. Isofenchylalkohol.** Sm. 61,5° (*J. pr.* [2] **65**, 229). — *III, *344.*

97) **Nerol.** Sd. 225—227°$_{755}$ (*J. pr.* [2] **66**, 501 *C.* **1903** [1] 517; *B.* **36**, 265 *C.* **1903** [1] 585; *C.* **1903** [2] 877, 1081; *B.* **37**, 1094 *C.* **1904** [1] 1265; D.R.P. 150495 *C.* **1904** [2] 69). — *III, *350.*

98) **isom. Terpineol** (*Soc.* **85**, 1329 *C.* **1904** [2] 1652).

99) **Alkohol** (aus Camphenylon). Sm. 117,5—118°; Sd. 204—206° (*B.* **37**, 1037 *C.* **1904** [1] 1263).

100) **ζ-Keto-δ-Methyl-δ-Nonen.** Sd. 196—200° (*C.* **1903** [2] 656).

101) **l-P-Menthon.** Sd. 94—95°$_{18}$ (*C.* **1904** [2] 1045).

102) **Keton** (aus Buccoblätteröl). Sd. 208,5—209,5°$_{760}$ (*J. pr.* [2] **54**, 438; [2] **63**, 54). — *III, *408.*

103) **Aldehyd d. βζ-Dimethyl-β-Hepten-η-Carbonsäure** (Rhodinal) (*C. r.* **122**, 737). — *III, *350.*

$C_{10}H_{18}O_2$ *3) **Camphenglykol.** Sm. 199—200° (*B.* **37**, 1035 *C.* **1904** [1] 1262).

*22) **i-Citronellalsäure** (Rhodinsäure). Sd. 146°$_{10}$ (*C. r.* **138**, 1700 *C.* **1904** [2] 440).

58) **5,7-Dioxy-1-Methylbicyklo-[1,3,3]-Nonan.** Sm. 124—125° (*B.* **37**, 1673 *C.* **1904** [1] 1607).

59) **ε-Aethyläther d. δε-Dioxy-δ-Allyl-α-Penten.** Sd. 101—102°$_{25}$ (*C. r.* **138**, 91 *C.* **1904** [1] 505).

60) **2-Keto-1-Methyl-4-[α-Oxyisopropyl]hexahydrobenzol** (8-Oxytetrahydrocarvon). Fl. (*B.* **28**, 1590; **29**, 15). — *III, *353.*

$C_{10}H_{18}O_2$ 61) r-α-Dihydrocampholensäure. Sd. 258° (*C. r.* **136**, 1143 *C.* **1903** [1] 1410).
62) Säure (aus Naphta). Sd. 132—145° (*C.* **1903** [1] 1134).
63) Acetat d. 1-Oxy-1-Aethylhexahydrobenzol. Sd. $190°_{760}$ (*C. r.* **138**, 1323 *C.* **1904** [2] 219).

$C_{10}H_{18}O_3$ *55) α-Keto-β-Methyloktan-α-Carbonsäure. Sd. 124—$125°_9$ (*Bl.* [3] **31**, 1153 *C.* **1904** [2] 1707).
*58) Aethylester d. δ-Oxy-β-Hepten-ε-Carbonsäure. Sd. 128—$130°_{15}$ (*C.* **1903** [2] 556).
*59) Aethylester d. δ-Oxy-ε-Methyl-β-Hexen-ε-Carbonsäure. Sd. 118 bis $120°_{17}$ (*C.* **1903** [2] 556).
*60) Aethylester d. β-Ketoheptan-α-Carbonsäure. Sd. 116—$117°_{20}$ (*Bl.* [3] **31**, 597 *C.* **1904** [2] 26).
65) 2-Keto-4-[αβ-Dioxyisopropyl]-1-Methylhexahydrobenzol (Ketoglykol). Sm. 115—120°; Sd. $200°_{100}$ (*B.* **28**, 2705). — *III, *375*.
66) β-Oxy-α-Oktenmethyläther-α-Carbonsäure. Sm. 55,5° (*C. r.* **138**, 287 *C.* **1904** [1] 719).
67) β-Oxy-α-Heptenäthyläther-α-Carbonsäure. Sm. 74° (*C. r.* **138**, 287 *C.* **1904** [1] 719).
68) α-[3-Oxy-4-Methylhexahydrophenyl]propionsäure. Ag (*B.* **36**, 769 *C.* **1903** [1] 836).
69) cis-5-Oxy-1,1,3-Trimethylhexahydrobenzol-2-Carbonsäure. Sm. 141—143° (D.R.P. 148207 *C.* **1904** [1] 487).
70) trans-5-Oxy-1,1,3-Trimethylhexahydrobenzol-2-Carbonsäure. Sm. 151—153° (D.R.P. 148207 *C.* **1904** [1] 487).
71) cis-5-Oxy-1,1,3-Trimethylhexahydrobenzol-5-Carbonsäure. Sm. 113° (D.R.P. 141699 *C.* **1903** [1] 1245).
72) trans-5-Oxy-1,1,3-Trimethylhexahydrobenzol-5-Carbonsäure. Sm. 130° (D.R.P. 141699 *C.* **1903** [1] 1245).
73) Methylester d. β-Oxy-α-Heptenmethyläther-α-Carbonsäure. Sd. 232 bis 233° (*C. r.* **138**, 208 *C.* **1904** [1] 659; *Bl.* [3] **31**, 511 *C.* **1904** [1] 1002).
74) Verbindung (aus δ-Oxy-βδζ-Trimethyl-βε-Heptadiën). Fl. (*B.* **37**, 3580 *C.* **1904** [2] 1376).

$C_{10}H_{18}O_4$ *5) Sebacinsäure (*C.* **1903** [2] 1330).
*33) Diäthylester d. Butan-αδ-Dicarbonsäure. Sd. $130°_{14}$ (*Bl.* [3] **29**, 1044 *C.* **1903** [2] 1424).
70) Oktan-αα-Dicarbonsäure. Sm. 95° u. Zers. Ba + $3H_2O$ (*C.* **1904** [1] 880).
71) β-Methylheptan-γζ-Dicarbonsäure. Sm. 105—106°; Sd. 218—220° u. Zers. Cu (*C.* **1904** [2] 1044).
72) γ-Methylheptan-αδ-Dicarbonsäure. Sm. 110° (*C. r.* **138**, 211 *C.* **1904** [1] 663).
73) Aethylester d. α-Acetoxyl-β-Methylbutan-β-Carbonsäure. Sd. $113°_{20}$ (*Bl.* [3] **31**, 322 *C.* **1904** [1] 1134).
74) Isobutylester d. α-1-Propionoxylpropionsäure. Sd. 97,5—$100°_{11}$ (*C.* **1903** [2] 1419).
75) Diacetat d. αζ-Dioxyhexan. Sm. 5°; Sd. $262°_{765}$ (*C. r.* **136**, 245 *C.* **1903** [1] 583).

$C_{10}H_{18}O_5$ 22) Diäthylester d. α-Oxybutan-αβ-Dicarbonsäure. Sd. 133—$135°_{12}$ (*B.* **37**, 2382 *C.* **1904** [2] 306).

$C_{10}H_{18}O_6$ *4) Dipropylester d. d-Weinsäure. Sd. 171—$172°_{17}$ (*Soc.* **85**, 707 *C.* **1904** [2] 512).
9) γδ-Dioxy-βε-Dimethylhexan-βε-Dicarbonsäure. Sm. 129—130° (*Soc.* **83**, 1386 *C.* **1904** [1] 159, 434).
10) Lakton d. Glykontetramethyläthersäure. Fl. (*Soc.* **83**, 1033 *C.* **1903** [2] 346, 659).

$C_{10}H_{18}O_8$ 5) Phaseolunatinsäure (*C.* **1903** [2] 1334).

$C_{10}H_{18}Cl_2$ *23) Terpendihydrochlorid (aus Kautschuk) (*B.* **37**, 2433 *C.* **1904** [2] 334).

$C_{10}H_{18}Br_2$ *3) trans-1,4-Dibrom-4-Isopropyl-1-Methylhexahydrobenzol. Sm. 58 bis 59° (*B.* **37**, 1483 *C.* **1904** [1] 1349).
*11) Dibromid (aus l-Fenchylalkohol). Sm. 49° u. 52,5° (*J. pr.* [2] **68**, 111 *C.* **1903** [2] 722).
12) Dihydrobromid d. Kohlenw. $C_{10}H_{16}$ (aus Fenchylchlorid) (*J. pr.* [2] **68**, 110 *C.* **1903** [2] 722).

$C_{10}H_{18}S$ 1) **Merkaptoborneol.** Sm. 61—62°; Sd. 224—225°$_{760}$. Pb, Hg (*B.* **36**, 869 *C.* **1903** [1] 972).

$C_{10}H_{19}N$ *6) **Bornylamin.** H_3PO_4, CHNS (*Soc.* **85**, 1194 *C.* **1904** [2] 1125).
27) **sec. i-Amidodihydrocamphen.** Sm. 65—130°; Sd. 194—204°. (2HCl, $PtCl_4$) (*C.* **1903** [1] 512).

$C_{10}H_{19}Cl$ 8) **Chlormenthan.** Sd. 94—95°$_{15}$ (*C.* **1904** [1] 1348).
9) **sec. l-Menthylchlorid.** Sd. 113,5—114,5° (*C.* **1897** [1] 1058; **1901** [2] 347). — *III, *333.*

$C_{10}H_{19}Br$ *2) **act. Menthylbromid.** Sd. 104—106°$_{15}$ (*J. pr.* [2] **67**, 193 *C.* **1903** [1] 713; *B.* **35**, 4416 *C.* **1903** [1] 330).
5) **p-4-Brommenthan.** Sd. 110—111°$_{15}$ (*C.* **1904** [1] 1347).
6) **isom. act. Menthylbromid.** Sd. 103—105°$_{18}$ (*J. pr.* [2] **67**, 194 *C.* **1903** [1] 713).
7) **i-Menthylbromid.** Sd. 98—99°$_{11}$ (*J. pr.* [2] **67**, 195 *C.* **1903** [1] 713).

$C_{10}H_{19}J$ 3) **i-Menthyljodid** (*J. pr.* [2] **63**, 63). — *III, *336.*

$C_{10}H_{20}O$ *10) **2-Oxy-4-Isopropyl-1-Methylhexahydrobenzol** (Hexahydrocarvakrol). Sd. 218—219° (*C. r.* **137**, 1269 *C.* **1904** [1] 454).
*23) **δ-Oxy-δ-Propyl-α-Hepten** (*C.* **1903** [2] 1415).
47) **3-Oxy-4-Isopropyl-1-Methylhexahydrobenzol** (Hexahydrothymol). Sd. 214° (*C. r.* **137**, 1269 *C.* **1904** [1] 454).
48) **d-Menthol.** Sm. 38,5—39° (*J. pr.* [2] **63**, 56). — *III, *336.*
49) **i-Menthol.** Sm. 49—51° (*J. pr.* [2] **55**, 30). — *III, *336.*
50) **isom. i-Menthol.** Sd. 215—216°$_{763}$ (*J. pr.* [2] **63**, 61). — *III, *336.*
51) **r-Rhodinol.** Sd. 110°$_{10}$ (*C. r.* **138**, 1701 *C.* **1904** [2] 440).
52) **Tetrahydroumbellulol.** Sd. 207—208°$_{760}$ (*Soc.* **85**, 644 *C.* **1904** [1] 1608 *C.* **1904** [2] 330).
53) **1-Oxy-1-Isobutylhexahydrobenzol.** Sd. 102°$_{30}$ (*C. r.* **138**, 1322 *C.* **1904** [2] 219).
54) **2-Oxymethyl-1,1,2,5-Tetramethyl-R-Pentamethylen** (Campholalkohol). Sm. 60°; Sd. 213° (*Bl.* [3] **31**, 750 *C.* **1904** [2] 303).
55) **Alkohol** (aus Hydroxylnitrosamidomenthen). Sd. 119—125°$_{19}$ (*B.* **36**, 490 *C.* **1903** [1] 637).
56) **Propyläther d. β-Oxy-α-Hepten.** Sd. 181—182° (*C. r.* **138**, 287 *C.* **1904** [1] 719; *Bl.* [3] **31**, 524 *C.* **1904** [1] 1552).
57) **βγδε-Tetramethylhexan-γδ-Oxyd.** Sd. 185—193° (*C.* **1903** [2] 23).
58) **Aldehyd d. Nonan-β-Carbonsäure.** Sd. 98—100°$_{20}$ (*C. r.* **138**, 92 *C.* **1904** [1] 505).
59) **Aldehyd d. β-Methyloktan-ε-Carbonsäure.** Sd. 195—198° (*C. r.* **138**, 92 *C.* **1904** [1] 505).
60) **Aldehyd d. βζ-Dimethylheptan-δ-Carbonsäure.** Sd. 185—186° (*C. r.* **138**, 91 *C.* **1904** [1] 505; *Bl.* [3] **31**, 306 *C.* **1904** [1] 1133).
61) **Verbindung** (aus d. Glykol $C_{10}H_{22}O_2$). Sd. 108—112° (*M.* **24**, 581 *C.* **1903** [2] 870).
62) **Verbindung** (aus d. Glykol $C_{10}H_{22}O_2$). Sd. 171° (*M.* **24**, 583 *C.* **1903** [2] 870).

$C_{10}H_{20}O_2$ *12) **Aldehyd d. δ-Oxy-βζ-Dimethylheptan-γ-Carbonsäure.** Sm. 83—84°; Sd. 200° (*B.* **5**, 481; **6**, 983; **8**, 369, 414; *M.* **25**, 1038 *C.* **1904** [2] 1599). — I, *950.*
*30) **norm. Oktylester d. Essigsäure.** Sd. 98°$_{15}$ (*C. r.* **136**, 1677 *C.* **1903** [2] 419).
55) **5-Oxy-2-Oxymethyl-1,1,3-Trimethylhexahydrobenzol.** Sm. 92 bis 93°; Sd. 152°$_{8}$ (D.R.P. 148207 *C.* **1904** [1] 487).
56) **2-Oxy-1,1,2-Trimethyl-3-[β-Oxyäthyl]-R-Pentamethylen** (β-Campholandiol). Sm. 145° (*C. r.* **138**, 281 *C.* **1904** [1] 725).
57) **Glykol** (aus Dihydrophellandren). Fl. (*B.* **36**, 1035 *C.* **1903** [1] 1135).

$C_{10}H_{20}O_3$ *5) **δ-Oxy-βζ-Dimethylheptan-γ-Carbonsäure.** Sm. 81—82°; Sd. 240—244° u. Zers. Ag (*M.* **25**, 1046 *C.* **1904** [2] 1599).
21) **Methylester d. β-Ketooktan-α-Carbonsäure.** Sd. 132,5—134°$_{10}$. Cu (*C. r.* **136**, 755 *C.* **1903** [1] 1019).
22) **Heptylester d. l-α-Oxypropionsäure.** Sd. 115—116°$_{10}$ (*C.* **1903** [2] 1419).

$C_{10}H_{20}O_4$ 14) **Oxypivalinat d. αγ-Dioxy-ββ-Dimethylpropan.** Sm. 51°; Sd. 260° (*M.* **25**, 867 *C.* **1904** [2] 1106).

$C_{10}H_{20}O_6$ *1) **Trimethyläther d. α-Methylglykosid.** Sd. 167—170°$_{17}$ (*Soc.* **83**, 1028 *C.* **1903** [2] 346, 659; *Soc.* **83**, 1037 *C.* **1903** [2] 346, 659).

$C_{10}H_{20}O_6$ 2) **α-Tetramethyläther d. Glykose.** Sm. 88—89°; Sd. 182—185°$_{20}$ (*Soc.* **83**, 1031 *C.* **1903** [2] 346, 659; *Soc.* **85**, 1066 *C.* **1904** [2] 891).
3) **β-Tetramethyläther d. Glykose.** Sm. 88—89° (*Soc.* **85**, 1060 *C.* **1904** [2] 892).
4) **Tetramethyläther d. Galaktose.** Sd. 172°$_{13}$ (*Soc.* **85**, 1075 *C.* **1904** [2] 892).

$C_{10}H_{20}O_7$ C 47,6 — H 7,9 — O 44,5 — M. G. 252.
1) **Glykontetramethylläthersäure.** Ba (*Soc.* **83**, 1034 *C.* **1903** [2] 346, 659).

$C_{10}H_{20}N_2$ 16) **Nitril d. α-Aethylamidoheptan-α-Carbonsäure.** Sd. 122°$_{12}$ (*B.* **37**, 4094 *C.* **1904** [2] 1725).
17) **Nitril d. δ-Diäthylamido-β-Methylbutan-δ-Carbonsäure.** Sd. 88,5 bis 89°$_{11}$ (*B.* **37**. 4089 *C.* **1904** [2] 1724).

$C_{10}H_{20}N_4$ *1) **Dipiperidyltetrazon** (*G.* **33** [2] 244 *C.* **1904** [1] 25).
2) **3,6-Diisobutyl-1,4-Dihydro-1,2,4,5-Tetrazin.** Sm. 197° (*J. pr.* [2] **69**, 483 *C.* **1904** [2] 537).

$C_{10}H_{21}N$ *14) **l-Menthylamin.** HCl, d-Camphersulfonat, d-Bromcamphersulfonat (*Soc.* **85**, 69 *C.* **1904** [1] 375, 808).
28) **Diäthylamidohexahydrobenzol.** Sd. 193° (*C. r.* **138**, 1258 *C.* **1904** [2] 105).
29) **Iso-l-Menthylamin.** d-Camphersulfonat, d-Bromcamphersulfonat (*Soc.* **85**, 74 *C.* **1904** [1] 375, 808).
30) **neo-l-Menthylamin.** d-Camphersulfonat, d-Bromcamphersulfonat (*Soc.* **85**, 77 *C.* **1904** [1] 375, 808).
31) **l-P-Menthylamin.** Sd. 206—207°. HCl, Pikrat (*C.* **1904** [2] 1046).
32) **ϑ-Amido-βζ-Dimethyl-β-Okten** (Rhodinamin). Sd. 105°$_{15}$ (*Bl.* [3] **29**, 1048 *C.* **1903** [2] 1439).
33) **4-[α-Amidoisopropyl]-1-Methylhexahydrobenzol.** Sd. 199—200°$_{760}$ (*C.* **1904** [1] 1517).

$C_{10}H_{22}O$ *1) **α-Oxydekan** (*C. r.* **137**, 61 *C.* **1903** [2] 551).
*5) **γ-Oxymethyl-βζ-Dimethylheptan** (*Am.* **30**, 227 *C.* **1903** [2] 933).
22) **α-Oxy-γ-Methylnonan.** Sd. 114—116°$_{14}$ (*C. r.* **137**, 328 *C.* **1903** [2] 710).
23) **ε-Oxy-β-Methyl-ε-Aethylheptan.** Sd. 83—86°$_{15}$ (*C. r.* **138**, 153 *C.* **1904** [1] 577).

$C_{10}H_{22}O_2$ 10) **ακ-Dioxydekan.** Sm. 71,5° (70°); Sd. 179°$_{11}$ (192°$_{20}$) (*C. r.* **137**, 329 *C.* **1903** [2] 711; *M.* **24**, 620 *C.* **1903** [2] 1237; *M.* **25**, 344 *C.* **1904** [1] 1399).
11) **γδ-Dioxy-βγδε-Tetramethylhexan.** Sm. 22° (*C.* **1903** [2] 23).
12) **isom. γδ-Dioxy-βγδε-Tetramethylhexan.** Fl. (*C.* **1903** [2] 23).
13) **Glykol** (aus Isovaleriansäurealdehyd). Sm. 48°; Sd. 146—150°$_{16}$ (*M.* **24**, 579 *C.* **1903** [2] 870).
14) **α-Aethyläther d. αβ-Dioxy-β-Propylpentan.** Sd. 201° (*C. r.* **138**, 91 *C.* **1904** [1] 505; *Bl.* [3] **31**, 303 *C.* **1904** [1] 1133).
15) **Diäthyläther d. εε-Dioxy-β-Methylpentan.** Sd. 180—182° (*B.* **37**, 188 *C.* **1904** [1] 638).

$C_{10}H_{22}N_2$ 7) **1,5-Diamido-3-Isopropyl-1-Methylhexahydrobenzol.** Sd. 115—117°$_{18}$. Oxalat (*A.* **328**, 116 *C.* **1903** [2] 245).

$C_{10}H_{23}N$ *4) **Diisoamylamin.** Salze siehe (*C. r.* **135**, 902 *C.* **1903** [1] 131).
9) **Base** (aus tert. Amylchlorid u. Diäthylformamid). Sd. 105—106° (*C. r.* **136**, 1109 *C.* **1904** [1] 1644).

— 10 III —

$C_{10}H_4O_2Cl_4$ 5) **1,1,4,4-Tetrachlor-2,3-Diketo-1,2,3,4-Tetrahydronaphtalin** + ½H_2O. Sm. 115°. HNO_3 (*A.* **334**, 351 *C.* **1904** [2] 1054).

$C_{10}H_4O_4Br_4$ 1) **1,4,6,7-Tetrabrom-2,3-Dioxynaphtalin.** Sm. 242° (*A.* **334**, 363 *C.* **1904** [2] 1055).

$C_{10}H_5O_4N$ *1) **3-Nitro-1,2-Naphtochinon.** Sm. 158° (*C.* **1903** [2] 1109).

$C_{10}H_5O_7N_3$ *1) **2,4,5-Trinitro-1-Oxynaphtalin.** Sm. 190°. K + H_2O (*A.* **335**, 147 *C.* **1904** [2] 1135).
*4) **2,4,8-Trinitro-1-Oxynaphtalin.** Sm. 175° (*A.* **335**, 156 *C.* **1904** [2] 1136).

$C_{10}H_5O_7Br$ 1) **4-Brombenzol-1,3-Dicarbonsäure-2-Ketocarbonsäure.** Sm. 192° (*A.* **327**, 90 *C.* **1903** [1] 1228).

$C_{10}H_6ON_2$ 7) **Anhydrid d. 1-Oxy-2-Diazonaphtalin.** Sm. 76—77° (*C.* **1903** [1] 401).
$C_{10}H_6OBr_2$ *1) **2,4-Dibrom-1-Oxynaphtalin.** Sm. 107—108° (*A.* **333**, 367 *C.* **1904** [2] 1117).
$C_{10}H_6O_2N_4$ 3) **2,3-Dioxy-1,4,5,10-Naphttetrazin** (Dioxypyrazinophenazin). Sm. oberh. 300°. NH_4 (*B.* **36**, 4041 *C.* **1904** [1] 183).
$C_{10}H_6O_2Cl_2$ 7) **1,4-Dichlor-2,3-Dioxynaphtalin.** Sm. 181° (*A.* **334**, 353 *C.* **1904** [2] 1054).
$C_{10}H_6O_2Br_2$ 6) **1,4-Dibrom-2,3-Dioxynaphtalin.** Sm. 178° (*A.* **334**, 361 *C.* **1904** [2] 1055).
7) **6,7-Dibrom-2,3-Dioxynaphtalin.** Sm. 217° (*A.* **334**, 364 *C.* **1904** [2] 1055).
8) **1-Dibromacetylbenzfuran.** Sm. 90° (*B.* **36**, 2865 *C.* **1903** [2] 832).
$C_{10}H_6O_4N_2$ *2) **1,5-Dinitronaphtalin.** Sm. 214° (*C.* **1904** [1] 461).
*3) **1,6-Dinitronaphtalin.** Sm. 161° (*A.* **335**, 142 *C.* **1904** [2] 1135).
*4) **1,8-Dinitronaphtalin.** Sm. 170° (*C.* **1904** [1] 461).
*14) **5-Nitro-4-Nitroso-1-Oxynaphtalin.** Zers. bei 250—260° (*A.* **335**, 145 *C.* **1904** [2] 1135).
*15) **8-Nitro-4-Nitroso-1-Oxynaphtalin.** Zers. bei 235—240°. Ba + $3H_2O$ (*A.* **335**, 153 *C.* **1904** [2] 1136).
$C_{10}H_6O_5N_2$ *6) **4,8-Dinitro-1-Oxynaphtalin.** Sm. 235° u. Zers. (*A.* **335**, 154 *C.* **1904** [2] 1136).
$C_{10}H_6O_5S$ *1) **1,2-Naphtochinon-4-Sulfonsäure** (*H.* **41**, 379 *C.* **1904** [2] 112).
$C_{10}H_6O_6S$ 5) **2-Oxy-1,4-Naphtochinon-6-Sulfonsäure** (D.R.P. 100703). — *III, *281.*
$C_{10}H_6O_7N_4$ *2) **6,8,?-Trinitro-2-Keto-1-Methyl-1,2-Dihydrochinolin.** Sm. 214 bis 215° (*J. pr.* [2] **68**, 103 *C.* **1903** [2] 445).
$C_{10}H_7OCl$ *2) **4-Chlor-1-Oxynaphtalin.** Sm. 116—117°. Pikrat (*Bl.* [3] **31**, 35 *C.* **1904** [1] 519).
$C_{10}H_7OBr$ *1) **4-Brom-1-Oxynaphtalin.** Sm. 121°. Pikrat (*Bl.* [3] **31**, 35 *C.* **1904** [1] 519).
$C_{10}H_7O_2N$ *2) **2-Nitronaphtalin.** Sm. 79°; Sd. 160—170°$_{15}$ (*B.* **36**, 4157 *C.* **1904** [1] 284).
*3) **2-Nitroso-1-Oxynaphtalin** (2-Oximido-1-Keto-1,2-Dihydronaphtalin). Sm. 162—164° u. Zers. (*B.* **36**, 4167 *C.* **1904** [1] 287).
*13) **Chinolin-4-Carbonsäure** (*M.* **24**, 201 *C.* **1903** [2] 48).
25) **1,3-Diketo-2-Amidomethylen-2,3-Dihydroinden.** Sm. 210° u. Zers. (*G.* **32** [2] 331 *C.* **1903** [1] 586; *G.* **33** [1] 419 *C.* **1903** [2] 950, 1181).
$C_{10}H_7O_2N_5$ C 52,4 — H 3,1 — O 13,9 — N 30,6 — M. G. 229.
1) **Ureïdamidoazin.** Na + $^1/_2H_2O$ (*A.* **333**, 45 *C.* **1904** [2] 770).
$C_{10}H_7O_2Cl$ 3) **6-Chlormethyl-1,2-Benzpyron.** Sm. 140—141° (*B.* **37**, 195 *C.* **1904** [1] 660).
$C_{10}H_7O_3N$ *1) **2-Nitro-1-Oxynaphtalin.** Sm. 128° (*C.* **1903** [2] 1109).
*3) **1-Nitro-2-Oxynaphtalin.** Sm. 103° (*C.* **1903** [2] 1109).
*29) **Kynurensäure** (*B.* **37**, 1807 *C.* **1904** [1] 1611).
38) **1,3-Diketo-2-Hydroxylamidomethylen-2,3-Dihydroinden.** Sm. 250°. K, Ag (*G.* **33** [2] 154 *C.* **1903** [2] 1272).
39) **6-Formylamido-1,2-Benzpyron.** Sm. 175—176° (*Soc.* **85**, 1233 *C.* **1904** [2] 1124).
40) **6-Oximidomethyl-1,2-Benzpyron.** Sm. 223° (*B.* **37**, 196 *C.* **1904** [1] 661).
41) **1,3,4-Triketo-2-Methyl-1,2,3,4-Tetrahydroisochinolin.** Sm. 186 bis 187° (*B.* **37**, 1944 *C.* **1904** [2] 123).
42) **α-Cyan-β-[3-Oxyphenyl]akrylsäure** (*Bl.* [3] **25**, 594). — *II, *1131.*
43) **α-Cyan-β-[4-Oxyphenyl]akrylsäure** (*Bl.* [3] **25**, 594). — *II, *1131.*
44) **Nitril d. 3,4,5-Trioxy-1-Aethenylbenzol-4,5-Methylenäther-2-Carbonsäure** (Norcotarnonnitril). Sm. 202°. Na (*B.* **36**, 1532 *C.* **1903** [2] 52).
$C_{10}H_7O_3N_3$ 5) **Amid d. α-Cyan-β-[2-Nitrophenyl]akrylsäure.** Sm. 173—174° (*C.* **1904** [1] 878).
$C_{10}H_7O_3Cl$ 4) **Monochlorid d. Fumarsäuremonophenylester.** Sm. 39°; Sd. 187 bis 188°$_{40}$ (*B.* **35**, 4088 *C.* **1903** [1] 75).
$C_{10}H_7O_4N$ 12) **Anhydrid d. 3-Acetylamidobenzol-1,2-Dicarbonsäure.** Sm. 181° (*B.* **36**, 2537 Anm. *C.* **1903** [2] 720).

$C_{10}H_7O_4N_3$ *10) **4,5-Dinitro-1-Amidonaphtalin.** Sm. 236° (D.R.P. 145191 *C.* **1903** [2] 1097).
15) **1-Oxy-4-Benzoyl-1,2,3-Triazol-5-Carbonsäure.** Sm. 126—127° u. Zers. (*A.* **325**, 167 *C.* **1903** [1] 645).

$C_{10}H_7O_4Br$ 6) **Aldehyd d. 6-Brom-3,4,5-Trioxy-1-Aethenylbenzol-4,5-Methylenäther-2-Carbonsäure** (Bromnorcotarnon). Sm. 138°. Na (*B.* **36**, 1536 *C.* **1903** [2] 53).

$C_{10}H_7O_5N$ 8) **Difuranoylhydroxamsäure.** Sm. 180° (*B.* **37**, 2952 *C.* **1904** [2] 993).

$C_{10}H_7O_5N_3$ 2) **Ureïdoxyoxazon.** Ba + $2H_2O$ (*A.* **333**, 50 *C.* **1904** [2] 771).
3) **4-[4-Nitrobenzoyl]methyl-1,2,3,6-Dioxdiazin.** Sm. 197—198° (*A.* **330**, 240 *C.* **1904** [1] 945).
4) **8,?-Dinitro-2-Keto-1-Methyl-1,2-Dihydrochinolin.** Sm. 208° (*J. pr.* [2] **68**, 102 *C.* **1903** [2] 445).

$C_{10}H_7ClS$ 1) **4-Chlor-1-Merkaptonaphtalin.** Sm. 43—44° (*C. r.* **138**, 982 *C.* **1904** [1] 1413).

$C_{10}H_7BrS$ 1) **4-Brom-1-Merkaptonaphtalin.** Sm. 55—56° (*C. r.* **138**, 982 *C.* **1904** [1] 1413).

$C_{10}H_7BrHg$ 1) **1-Naphtylmagnesiumbromid** (*B.* **37**, 626 *C.* **1904** [1] 810).

$C_{10}H_8OBr_2$ 1) **Methyläther d. α-[?-Dibrom-2-Oxyphenyl]propin.** Sd. 165—166°$_{10}$ (*B.* **36**, 1192 *C.* **1903** [1] 1179).
2) **Verbindung** (aus Dibromanetholdibromid). Sd. 200—205°$_{18}$ (*B.* **37**, 1558 *C.* **1904** [1] 1438).

$C_{10}H_8OBr_4$ 1) **Methyläther d. αβ-Dibrom-α-[?-Dibrom-2-Oxyphenyl]propen.** Fl. (*B.* **36**, 1192 *C.* **1903** [1] 1179).

$C_{10}H_8O_2N_2$ *22) **2,4-Diketo-6-Phenyl-1,2,3,4-Tetrahydro-1,3-Diazin.** Sm. 269 bis 270° (*Am.* **29**, 490 *C.* **1903** [1] 1310).
*27) **8-Nitro-6-Methylchinolin.** Sm. 122° (*C.* **1904** [2] 543).
*53) **5-Phenylpyrazol-3-Carbonsäure.** Hydrazinsalz (*B.* **37**, 2202 *C.* **1904** [2] 323).
54) **6-Nitro-2-Methylchinolin.** Sm. 173—174°. ($2HCl$, $PtCl_4$) (*M.* **24**, 99 *C.* **1903** [1] 922).
55) **4-Benzoyl-5-Methyl-1,2,3-Oxdiazol.** Sm. 65—66° (*A.* **325**, 136 *C.* **1903** [1] 643).
56) **1-Phenylpyrazol-1³-Carbonsäure.** Sm. 138,5—139°. Ba (*G.* **19**, 123). — **IV**, *498*.
57) **1-Phenylpyrazol-1⁴-Carbonsäure.** Sm. 264—265°. Na, Ba (*G.* **19**, 120). — **II**, *498*.
58) **Nitril d. α-Oximido-4-Methylbenzoylessigsäure.** Sm. 130,5—131° (*B.* **37**, 3469 *C.* **1904** [2] 1305).

$C_{10}H_8O_2N_4$ 3) **5-Oximido-6-Imido-4-Keto-2-Phenyl-3,4,5,6-Tetrahydro-1,3-Diazin** (*B.* **37**, 2269 *C.* **1904** [2] 198).
4) **Nitril d. α-Oximido-β-Nitrosimido-β-[4-Methylphenyl]propionsäure.** NH_4 (*B.* **37**, 3469 *C.* **1904** [2] 1305).

$C_{10}H_8O_2Br_4$ 5) **Methyläther d. 2,5,6-Tribrom-3-Oxy-4-Keto-1-[β-Brompropyliden]-1,4-Dihydrobenzol** (*A.* **329**, 32 *C.* **1903** [2] 1436).

$C_{10}H_8O_2S$ *3) **Naphtalin-2-Sulfinsäure.** Sm. 103°. Ag (*G.* **33** [2] 306 *C.* **1904** [1] 288).

$C_{10}H_8O_3N_2$ *16) **Methyläther d. 5-Nitro-8-Oxychinolin.** Sm. 151° (*C.* **1903** [1] 36).
*22) **5-Keto-1-Phenyl-4,5-Dihydropyrazol-3-Carbonsäure.** Sm. 263° u. Zers. (*A.* **331**, 103 *C.* **1904** [1] 931).
*37) **8-Nitro-2-Keto-1-Methyl-1,2-Dihydrochinolin.** Sm. 133—134° (*J. pr.* [2] **68**, 100 *C.* **1903** [2] 444).
40) **6-Methylnitrosamido-1,2-Benzpyron.** Sm. 168—169° (*Soc.* **85**, 1238 *C.* **1904** [2] 1124).
41) **4-Nitro-5-Methyl-3-Phenylisoxazol.** Sm. 48° (*A.* **329**, 260 *C.* **1904** [1] 32).
42) **4-Benzoylmethyl-1,2,3,6-Dioxdiazin.** Sm. 158—159° (*A.* **330**, 241 *C.* **1904** [1] 945).
43) **4-Oximido-1,3-Diketo-2-Methyl-1,2,3,4-Tetrahydroisochinolin.** Sm. 207—208° (*B.* **37**, 1945 *C.* **1904** [2] 123).
44) **Amid d. α-Cyan-β-[3,4-Dioxyphenyl]akrylsäure.** Sm. 232° u. Zers. (*C.* **1904** [2] 903).

$C_{10}H_8O_3Br_2$ 3) **αβ-Dibrom-γ-Keto-α-Phenylpropan-γ-Carbonsäure.** Sm. 138° u. Zers. (*B.* **36**, 2528 *C.* **1903** [2] 496).

$C_{10}H_8O_4N_2$ *9) **4-Nitrophenylimid d. Bernsteinsäure.** Sm. 210° (*A.* **327**, 49 Anm. *C.* **1903** [1] 1336).
18) **δ-Nitro-δ-Nitroso-γ-Keto-α-Phenyl-α-Buten.** Sm. 123—124° (*C.* **1903** [2] 1432; *A.* **330**, 256 *C.* **1904** [1] 946).
19) **δ-Oximido-γ-Keto-α-[3-Nitrophenyl]-α-Buten.** Sm. 164° u. Zers. (*C.* **1904** [1] 28; *A.* **330**, 252 *C.* **1904** [1] 946).
20) **Methylester d. 5,8-Diketo-5,6,7,8-Tetrahydro-1,6[oder 1,7]-Benzdiazin-7[oder 6]-Carbonsäure.** Sm. 203—205° u. Zers. (*B.* **37**, 2133 *C.* **1904** [2] 232).
21) **3-Nitrophenylimid d. Bernsteinsäure.** Sm. 175—176° (*A.* **327**, 47 *C.* **1903** [1] 1336).

$C_{10}H_8O_4N_4$ 5) **5-Methyl-3-[3,5-Dinitrophenyl]pyrazol.** Sm. 220° (*J. pr.* [2] **69**, 466 *C.* **1904** [2] 596).

$C_{10}H_8O_4Br_4$ 2) **Anemonintetrabromid.** Zers. bei 180° (*Ar.* **230**, 205). — *III, *355.*

$C_{10}H_8O_4S$ *3) **1-Oxynaphtalin-4-Sulfonsäure** (*J. pr.* [2] **69**, 85 *C.* **1904** [1] 813).
*8) **2-Oxynaphtalin-6-Sulfonsäure.** Pararosanilinsalz (*C.* **1904** [1] 1013).
*10) **2-Oxynaphtalin-8-Sulfonsäure.** (Na, HgCl) (D.R.P. 143726 *C.* **1903** [2] 474).

$C_{10}H_8O_4S_2$ 1) **Naphtalin-?-Disulfinsäure** (*J. pr.* [2] **68**, 339 *C.* **1903** [2] 1172).

$C_{10}H_8O_5N_2$ 7) **γ-Keto-α-[2,4-Dinitrophenyl]-α-Buten.** Sm. 73—74° (*M.* **23**, 1005 *C.* **1903** [1] 292).
8) **Methylen-3-Nitrohippursäure.** Sm. 165° (D.R.P. 153860 *C.* **1904** [2] 678).

$C_{10}H_8O_6S$ *9) **1,6-Dioxynaphtalin-3-Sulfonsäure** (*J. pr.* [2] **69**, 83 *C.* **1904** [1] 812).
15) **1,7-Dioxynaphtalin-3-Sulfonsäure** (*J. pr.* [2] **69**, 89 *C.* **1904** [1] 813).

$C_{10}H_8O_6N_2$ 12) **αγ-Diketo-α-[3,5-Dinitrophenyl]butan.** Sm. 121° (*J. pr.* [2] **69**, 465 *C.* **1904** [2] 596).
13) **Phenylhydrazonmethan-α,α,4-Tricarbonsäure.** Sm. 275° u. Zers. (*B.* **37**, 4175 *C.* **1904** [2] 1704).
14) **Dilaktam d. γδ-Diimidohexan-ββεε-Tetracarbonsäure** (*A.* **332**, 129 *C.* **1904** [2] 189).

$C_{10}H_8O_7N_2$ 6) **6-Nitro-4-Acetylamidobenzol-1,3-Dicarbonsäure.** Sm. 264° u. Zers. (*G.* **33** [2] 286 *C.* **1904** [1] 265).

$C_{10}H_8O_7S_2$ *6) **2-Oxynaphtalin-3,6-Disulfonsäure** (D.R.P. 143448 *C.* **1903** [2] 403).
*13) **1-Oxynaphtalin-4,8-Disulfonsäure** (*J. pr.* [2] **69**, 81 *C.* **1904** [1] 812).

$C_{10}H_8O_8S_2$ *6) **1,8-Dioxynaphtalin-3,6-Disulfonsäure** (D.R.P. 147852 *C.* **1904** [1] 133).

$C_{10}H_8NCl$ *3) **8-Chlor-1-Amidonaphtalin.** Sm. 98° (D.R.P. 147852 *C.* **1904** [1] 132).
14) **5[oder 7]-Chlor-2-Methylchinolin.** Sm. 78° (*C.* **1904** [2] 543).
15) **6-Chlor-2-Methylchinolin.** Sm. 91°. HCl (*C.* **1904** [2] 543).
16) **8-Chlor-2-Methylchinolin.** Sm. 64° (*C.* **1904** [2] 543).

$C_{10}H_8NBr$ 13) **6-Brom-2-Methylchinolin.** Sm. 96—97° (*C.* **1904** [2] 543).

$C_{10}H_8N_2S_2$ *3) **1,3-Di[Rhodanmethyl]benzol.** Sm. 62° (*B.* **36**, 1681 *C.* **1903** [2] 30).

$C_{10}H_9ON$ *12) **3-Methyl-5-Phenylisoxazol.** Sm. 68°; Sd. 151—152°$_{19}$ (*C. r.* **137**, 796 *C.* **1904** [1] 43).
*32) **Methyläther d. 8-Oxychinolin.** Sm. 46,5°; Sd. 282°$_{742}$ (*C.* **1903** [1] 36).
*37) **2-Keto-1-Methyl-1,2-Dihydrochinolin.** Sm. 72°; Sd. 320° (*B.* **36**, 1170 *C.* **1903** [1] 1363; *B.* **36**, 1209 *C.* **1903** [1] 1418).
*41) **Anhydro-6-Oxychinolinmethyloxydhydrat** (*B.* **36**, 1170 *C.* **1903** [1] 1363).
*51) **5-Amido-1-Oxynaphtalin** (*J. pr.* [2] **69**, 84 *C.* **1904** [1] 812).
*54) **7-Amido-2-Oxynaphtalin** (*J. pr.* [2] **69**, 89 *C.* **1904** [1] 813).
*55) **1-Naphtylhydroxylamin** + H_2O (oder $C_{10}H_{11}O_2N$). Sm. 78—79° (D.R.P. 84138; *B.* **37**, 3055 *C.* **1904** [2] 992).
57) **1-Keto-3-Aethylpseudoisoindol.** Sm. 210° (*C. r.* **138**, 988 *C.* **1904** [1] 1446).

$C_{10}H_9ON_3$ 13) **2,8-Diamido-4-Imido-1-Keto-1,4-Dihydronaphtalin.** HCl (*B.* **34**, 1226). — *III, *277.*
14) **γ-Semicarbazon-α-Phenylpropin.** Sm. 137—138° (*C. r.* **138**, 1341 *C.* **1904** [2] 187).
15) **4-Nitroso-3-Methyl-5-Phenylpyrazol.** Sm. 153° (*A.* **325**, 194 *C.* **1903** [1] 647).
16) **4-Amido-6-Oxy-2-Phenyl-1,3-Diazin.** Sm. 252° (*B.* **37**, 2268 *C.* **1904** [2] 198).

$C_{10}H_9OCl_5$ 2) **Butyläther d. Pentachloroxybenzol.** Sm. 15,5—16,5°; Sd. 343° (*B.* **37**, 4020 *C.* **1904** [2] 1717).

$C_{10}H_9OBr$ 1) **Methyläther d. α-[?-Brom-2-Oxyphenyl]propin.** Sd. 148—149°$_{10}$ (*B.* **36**, 1190 *C.* **1903** [1] 1179).

2) **α-Brom-γ-Keto-α-Phenyl-α-Buten.** Sd. 169—170°$_{20}$ (*Soc.* **85**, 464 *C.* **1904** [1] 1438).

$C_{10}H_9OBr_3$ 3) **Methyläther d. β-Brom-α-[?-Dibrom-2-Oxyphenyl]propen.** Sd. 172 bis 173°$_{10}$ (*B.* **36**, 1191 *C.* **1903** [1] 1179).

4) **Methyläther d. αβ-Dibrom-α-[?-Brom-2-Oxyphenyl]propen.** Fl. (*B.* **36**, 1190 *C.* **1903** [1] 1179).

5) **Methyläther d. β-Brom-α-[3,5-Dibrom-4-Oxyphenyl]propen.** Sm. 58° (*B.* **37**, 1553 *C.* **1904** [1] 1438).

$C_{10}H_9OBr_5$ 3) **Methyläther d. ?-Dibrom-2-Oxy-1-[αββ-Tribrompropyl]benzol.** Fl. (*B.* **36**, 1191 *C.* **1903** [1] 1179).

4) **Methyläther d. 3,5-Dibrom-4-Oxy-1-[αββ-Tribrompropyl]benzol.** Sm. 92° (*B.* **37**, 1553 *C.* **1904** [1] 1438).

$C_{10}H_9O_2N$ *28) **Indol-3-Methylcarbonsäure.** Sm. 165° (*B.* **37**, 1805 *C.* **1904** [1] 1610).

*37) **Phenylimid d. Bernsteinsäure.** Sm. 150° (*C.* **1903** [2] 432; *B.* **37**, 1598 *C.* **1904** [1] 1418).

*53) **5-Amido-1,4-Dioxynaphtalin.** HCl (*A.* **335**, 149 *C.* **1904** [2] 1136).

63) **2-Nitro-3-Methylinden.** Sm. 107—108° (*A.* **336**, 5 *C.* **1904** [2] 1465).

64) **6-Methylamido-1,2-Benzpyron.** Sm. 105—106° (*Soc.* **85**, 1238 *C.* **1904** [2] 1124).

65) **6-Oxy-2-Keto-1-Methyl-1,2-Dihydrochinolin** + H_2O. Sm. 218—220° (228°) wasserfrei. HJ (*B.* **36**, 458 *C.* **1903** [1] 590; *B.* **36**, 1175 *C.* **1903** [1] 1363).

66) **8-Oxy-2-Keto-1-Methyl-1,2-Dihydrochinolin.** Sm. 286° (*B.* **36**, 1176 *C.* **1903** [1] 1364).

67) **Aldehyd d. γ-Oximido-α-Phenylpropen-γ-Carbonsäure.** Sm. 103 bis 104° (*C.* **1903** [2] 1432; *A.* **330**, 250 *C.* **1904** [1] 946).

68) **Imid d. α-Phenyläthan-αβ-Dicarbonsäure.** Sm. 90° (*M.* **24**, 421 *C.* **1903** [2] 622).

$C_{10}H_9O_2N_3$ *3) **4-Oximido-5-Keto-3-Methyl-1-Phenyl-4,5-Dihydropyrazol.** Sm. 156° (*A.* **328**, 75 *C.* **1903** [2] 249).

*27) **Nitril d. 2,6-Diketo-4-Propyl-1,2,3,6-Tetrahydropyridin-3,5-Dicarbonsäure.** NH_4, Ag (*A.* **325**, 218 *C.* **1903** [1] 439).

30) **1-Oxy-4-Benzoyl-5-Methyl-1,2,3-Triazol.** Zers. bei 190° (*A.* **325**, 166 *C.* **1903** [1] 645).

31) **Amid d. 5-Keto-3-Phenyl-4,5-Dihydropyrazol-1-Carbonsäure.** Sm. 184—185° (*A.* **331**, 317 *C.* **1904** [2] 46).

$C_{10}H_9O_2Br$ 9) **Methylenäther d. ?-Brom-3,4-Dioxy-1-Propenylbenzol.** Sm. 208° (*C.* **1904** [2] 1568).

10) **Methylester d. β-[4-Bromphenyl]akrylsäure.** Sm. 79—80° (*B.* **37**, 223 *C.* **1904** [1] 588).

$C_{10}H_9O_2Br_3$ *1) **Methylenäther d. ?-Brom-3,4-Dioxy-1-[αβ-Dibrompropyl]benzol.** Sm. 110—111° (*C.* **1903** [1] 969).

*4) **Methyläther d. α-Bromäthyl-3,5-Dibrom-4-Oxyphenylketon.** Sm. 101° (*B.* **37**, 1549 *C.* **1904** [1] 1437).

13) **3-Methyläther d. 2,5,6-Tribrom-3,4-Dioxy-1-Propenylbenzol.** Sm. 118° (*A.* **329**, 33 *C.* **1903** [2] 1436).

14) **Methyläther d. 2,5-Dibrom-3-Oxy-4-Keto-1-[β-Brompropyliden]-1,4-Dihydrobenzol.** Zers. bei 175° (*A.* **329**, 23 *C.* **1903** [illegible]).

15) **Methyläther d. polym. 2,5-Dibrom-3-Oxy-4-Keto-1-[β-Brompropyliden]-1,4-Dihydrobenzol** (*A.* **329**, 25 *C.* **1903** [2] 1436).

$C_{10}H_9O_2Br_5$ 2) **3-Methyläther d. 2,5,6-Tribrom-3,4-Dioxy-1-[αβ-Dibrompropyl]-benzol.** Sm. 130° (*A.* **329**, 30 *C.* **1903** [2] 1436).

$C_{10}H_9O_3N$ *5) **β-Oximido-αγ-Diketo-α-Phenylbutan.** Sm. 124—126° (*A.* **325**, 136 *C.* **1903** [1] 643).

45) **Methyläther d. 5-Keto-3-[4-Oxyphenyl]-4,5-Dihydroisoxazol.** Sm. 143° u. Zers. (*C.* **1897** [2] 616). — *II, *1040*.

46) **6[oder 7]-Aethyläther d. 6[oder 7]-Oxy-1,4-Diketo-3-Methyl-1,2,3,4-Tetrahydroisochinolin.** Zers. bei 240° (*B.* **37**, 1979 *C.* **1904** [2] 237).

47) **Methylenhippursäure** (D.R.P. 148669 *C.* **1904** [1] 411).

$C_{10}H_9O_3N$ 48) **Methylester d. β-[4-Nitrosophenyl]akrylsäure.** Sm. 111—112° (*Am.* **32**, 395 *C.* **1904** [2] 1498).

49) **Acetat d. 5-Oxy-1-Methylbenzoxazol.** Sm. 55° (*B.* **35**, 4205 *C.* **1903** [1] 146).

$C_{10}H_9O_3N_3$ *25) **4-[α-Oximido-α-Phenyläthyl]-1,2,3,6-Dioxdiazin.** Sm. 215°. Na (*A.* **330**, 237 *C.* **1904** [1] 945).

28) **6-Nitro-2-Acetyl-5-Methylindazol.** Sm. 203—204° (*B.* **37**, 2593 *C.* **1904** [2] 660).

29) **5-Nitro-2-Acetyl-6-Methylindazol.** Sm. 182—183° (*B.* **37**, 2589 *C.* **1904** [2] 660).

30) **αγ-Laktam d. α-Cyan-βγ-Diimido-δ-Acetyl-ε-Ketohexan-α-Carbonsäure.** Sm. 175° (*A.* **332**, 156 *C.* **1904** [2] 192).

31) **Methylester d. 5-Oxy-1-Phenyl-1,2,3-Triazol-4-Carbonsäure** + H_2O. Sm. 72—73°. NH_4, Na, Cu + $2H_2O$, Anilinsalz, Phenylhydrazinsalz, o-Tolidinsalz, Benzidinsalz, Dianisidinsalz (*B.* **35**, 4049 *C.* **1903** [1] 169; *A.* **335**, 29 *C.* **1904** [2] 1229).

32) **Methylester d. 5-Keto-1-Phenyl-4,5-Dihydro-1,2,3-Triazol-4-Carbonsäure.** Sm. 82—83°. o-Tolidinsalz (*B.* **35**, 4049 *C.* **1903** [1] 169; *A.* **335**, 63 *C.* **1904** [2] 1230).

33) **Amid d. α-Cyan-β-[3-Nitrophenyl]propionsäure.** Sm. 147—148° (*C.* **1904** [1] 878).

34) **Amid d. α-Cyan-β-[4-Nitrophenyl]propionsäure.** Sm. 168,5° (*C.* **1904** [1] 878).

$C_{10}H_9O_3N_5$ 2) **1-Ureïdo-5-Phenyl-1,2,3-Triazol-4-Carbonsäure.** Sm. 208° u. Zers. (*B.* **36**, 3615 *C.* **1903** [2] 1380).

$C_{10}H_9O_4N$ *2) **Methylenäther d. β-Nitro-α-[3,4-Dioxyphenyl]propen.** Sm. 98° (*A.* **332**, 331 *C.* **1904** [2] 652).

*23) **Methylester d. β-[4-Nitrophenyl]akrylsäure.** Sm. 160° (*Am.* **32**, 395 *C.* **1904** [2] 1498).

*26) **Phenylimid d. d-Weinsäure.** Sm. 225° u. Zers. (*Soc.* **83**, 1365 *C.* **1904** [1] 85).

*35) **Methylester d. 3-Keto-3,4-Dihydro-1,4-Benzoxazin-6-Carbonsäure.** Sm. 193° (*A.* **325**, 338 *C.* **1903** [1] 771).

39) **4,5-Methylenäther d. 4,5,6-Trioxy-2-Aethenyl-1-Oximidomethylbenzol** (Oxim d. Norcotarnon). Sm. 202—203° (*B.* **36**, 1531 *C.* **1903** [2] 52).

40) **trans-1-[?-Nitrophenyl]-R-Trimethylen-2-Carbonsäure.** Sm. 154° (*B.* **36**, 3786 *C.* **1904** [1] 43).

41) **4-Amido-4-Oxy-3,4-Dihydrobenzpyran-2-Carbonsäure** (*Soc.* **79**, 471). — *III, *553*.

42) **Lakton d. ?-Nitro-1-[α-Oxyisopropyl]benzol-2-Carbonsäure** (Nitrodimethylphtalid). Sm. 131—132° (*B.* **37**, 736 *C.* **1904** [1] 1078).

43) **Methylester d. 1-Keto-2-Methyl-1,2-Dihydrobenzoxazol-4-Carbonsäure.** Sm. 168° (*A.* **325**, 328 *C.* **1903** [1] 770).

$C_{10}H_9O_4N_3$ 6) **γδ-Dioximido-α-[3-Nitrophenyl]-α-Buten.** Sm. 220° (*C.* **1904** [1] 28; *A.* **330**, 253 *C.* **1904** [1] 946).

$C_{10}H_9O_4Br$ 11) **β-Brom-α-Phenyläthan-ββ-Dicarbonsäure.** Sm. 137° (*B.* **37**, 3063 *C.* **1904** [2] 1207).

$C_{10}H_9O_5N$ *14) **4-Acetylamidobenzol-1,3-Dicarbonsäure.** Sm. 289,5° (*B.* **36**, 1803 *C.* **1903** [2] 283).

26) **Lakton d. β-Nitro-α-Oxy-α-Methoxyl-α-Phenyläthan-2-Carbonsäure.** Sm. 110—111°. K (*B.* **36**, 576 *C.* **1903** [1] 711).

$C_{10}H_9O_5N_3$ 9) **Nitrat d. 4-[β-Oxy-β-Phenyläthyl]-1,2,3,6-Dioxdiazin.** Sm. 101 bis 102° (*C.* **1903** [2] 1432; *A.* **330**, 249 *C.* **1904** [1] 946).

$C_{10}H_9O_6N$ 28) **α-[3-Nitrophenyl]äthan-ββ-Dicarbonsäure.** Ba (*C.* **1904** [1] 878).

29) **Aldehyd d. 5-Nitro-3-Acetoxyl-4-Oxybenzol-4-Methyläther-1-Carbonsäure.** Sm. 86° (*B.* **35**, 4397 *C.* **1903** [1] 341).

$C_{10}H_9O_6N_3$ 4) **2-Nitro-4-Acetylamidophenyloxaminsäure.** Sm. 228° u. Zers. Ba (*B.* **36**, 414 *C.* **1903** [1] 630).

5) **3-Amido-4-Acetylamidophenyloxaminsäure.** Sm. 209° (*B.* **36**, 415 *C.* **1903** [1] 631).

6) **Aethylester d. 4-Cyan-5-Nitro-3-Hydroxylamido-2-Oxybenzol-1-Carbonsäure.** Sm. 186°. NH_4 (*B.* **37**, 1851 *C.* **1904** [1] 1493).

$C_{10}H_9O_6N_3$ 7) **2-Nitrophenylamid d. N-Acetoximidooxyessigsäure.** Sm. 160° (*Soc* **81**, 1568 *C.* **1903** [1] 157).
8) **3-Nitrophenylamid d. N-Acetoximidooxyessigsäure.** Sm. 184° u. Zers. Na, K (*Soc.* **81**, 1569 *C.* **1903** [1] 157).
9) **4-Nitrophenylamid d. N-Acetoximidooxyessigsäure.** Sm. 182° u. Zers. (*Soc.* **81**, 1570 *C.* **1903** [1] 158).

$C_{10}H_9O_6N_5$ C 40,7 — H 3,0 — O 32,5 — N 23,7 — M. G. 295.
1) **1,3-Dimethylpurpursäure.** NH_4 (*Am.* **31**, 668 *C.* **1904** [2] 317).
2) **1',3'-Dimethylpurpursäure.** NH_4 (*Am.* **31**, 668 *C.* **1904** [2] 317).
3) **7-Aethylpurpursäure.** $NH_4 + H_2O$ (*Am.* **31**, 676 *C.* **1904** [2] 318).

$C_{10}H_9O_7N$ *4) **Nitroopiansäure.** Sm. 168,5—169,5° (*B.* **36**, 1541 *C.* **1903** [2] 112; *M.* **24**, 796 *C.* **1904** [1] 163).

$C_{10}H_9NCl_2$ 5) **Methylenchlorid d. Chinolin.** $2 + PtCl_4 + H_2O$ (*B.* **16**, 2004; *A.* **326**, 320 *C.* **1903** [1] 1088).

$C_{10}H_9N_2Cl$ 9) **3-Chlor-5-Methyl-1-Phenylpyrazol.** Sd. 295° (*B.* **36**, 718 *C.* **1903** [1] 776).

$C_{10}H_9N_2J$ *1) **?-Jod-1-Methyl-2-[3-Pyridyl]pyrrol (Jodnikotyrin).** Sm. 110° (*C. r.* **137**, 861 *C.* **1904** [1] 104).

$C_{10}H_{10}ON_2$ *9) **3-Keto-5-Methyl-1-Phenyl-2,3-Dihydropyrazol.** Sm. 167° (*B.* **36**, 718 *C.* **1903** [1] 776).
*57) **4,8-Diamido-1-Oxynaphtalin.** 2HCl (*A.* **335**, 155 *C.* **1904** [2] 1136).
*61) **Amid d. α-Cyan-β-Phenylpropionsäure.** Sm. 133—133,5° (*A.* **325**, 222 *C.* **1903** [1] 439).
*63) **4,5-Diamido-1-Oxynaphtalin.** 2HCl (*A.* **335**, 152 *C.* **1904** [2] 1136).
70) **6-Amido-2-Keto-1-Methyl-1,2-Dihydrochinolin.** Sm. 165° (*B.* **36**, 1173 *C.* **1903** [1] 1363).
71) **Nitril d. d-α-Benzoylamidopropionsäure.** Sm. 115—120° (*Bl.* [3] **29**, 1196 *C.* **1904** [1] 361).
72) **Nitril d. l-α-Benzoylamidopropionsäure.** Sm. 123,5° (*Bl.* [3] **29**, 1196 *C.* **1904** [1] 361).
73) **Nitril d. i-α-Benzoylamidopropionsäure.** Sm. 108° (*Bl.* [3] **29**, 1193 *C.* **1904** [1] 361).
74) **Nitril d. r-α-Benzoylamidopropionsäure.** Sm. 161—162° (*Bl.* [3] **29**, 1196 *C.* **1904** [1] 361).
75) **Nitril d. Phenylacetylamidoessigsäure.** Sm. 90,5° (*B.* **36**, 1648 *C.* **1903** [2] 32).
76) **Nitril d. 4-Methylbenzoylamidoessigsäure.** Sm. 153° (*B.* **36**, 1648 *C.* **1903** [2] 32).
77) **Nitril d. 2-Propionylamidobenzol-1-Carbonsäure.** Sm. 119° (*C.* **1903** [1] 175).
78) **Nitril d. 3-Propionylamidobenzol-1-Carbonsäure.** Sm. 83,5—84° (*C.* **1904** [2] 101).
79) **Nitril d. 4-Propionylamidobenzol-1-Carbonsäure.** Sm. 169° (*C.* **1903** [2] 113).

$C_{10}H_{10}ON_4$ 15) **4,5-Diamido-6-Oxy-2-Phenyl-1,3-Diazin.** HCl (*B.* **37**, 2269 *C.* **1904** [2] 198).
16) **Hydrazid d. 5-Phenylpyrazol-3-Carbonsäure.** Sm. 205° (*B.* **37**, 2203 *C.* **1904** [2] 323).

$C_{10}H_{10}OBr_2$ 4) **Methyläther d. β-Brom-α-[?-Brom-2-Oxyphenyl]propen.** Sd. 160 bis 162°$_{10}$ (*B.* **36**, 1189 *C.* **1903** [1] 1179).

$C_{10}H_{10}OBr_4$ 3) **Methyläther d. ?-Brom-2-Oxy-1-[αββ-Tribrompropyl]benzol.** Sm. 105 bis 106° (*B.* **36**, 1190 *C.* **1903** [1] 1179).
4) **Methyläther d. ?-Dibrom-2-Oxy-1-[αβ-Dibrompropyl]benzol** (*B.* **36**, 1191 *C.* **1903** [1] 1179).
5) **Methyläther d. 3,5-Dibrom-4-Oxy-1-[αβ-Dibrompropyl]benzol.** Sm. 101,5° (*B.* **37**, 1550 *C.* **1904** [1] 1438).

$C_{10}H_{10}O_2N_2$ *10) **2,4-Diketo-3-Phenyl-1-Methyltetrahydroimidazol.** Sm. 199,5° (*Bl.* [3] **29**, 1200 *C.* **1904** [1] 354).
*32) **Anhydrid d. α-Diisonitrosoanethol.** Sm. 63° (97°) (*A.* **329**, 267 *C.* **1904** [1] 32).
*45) **1,2-Phenylenamid d. Bernsteinsäure.** Sm. 236° (*A.* **327**, 21, 29 *C.* **1903** [1] 1336).
*52) **2,5-Diketo-4-Methyl-1-Phenyltetraimidazol.** Sm. 172° (*Bl.* [3] **29**, 1194 *C.* **1904** [1] 361).

$C_{10}H_{10}O_2N_2$ 60) γδ-Dioximido-α-Phenyl-α-Buten. Sm. 201—202° u. Zers. (C. 1903 [2] 1432; A. 330, 248 C. 1904 [1] 946).
61) Peroxyd d. 4-Oxy-1-[αβ-Dioximidopropyl]benzol-4-Methyläther. Sm. 97° (B. 36, 3022 C. 1903 [2] 1002).
62) Aethyläther d. 5-Oxy-3-Phenyl-1,2,4-Oxdiazol. Sm. 36° (Am. 32, 371 C. 1904 [2] 1507).
63) Aethyläther d. 3-Oxy-5-Phenyl-1,2,4-Oxdiazol. Sm. 47—48° (Am. 32, 370 C. 1904 [2] 1507).
64) Aethyläther d. 5-Oxy-2-Phenyl-1,3,4-Oxdiazol. + $AgNO_3$ (P. GUTMANN, Dissert., Heidelberg 1903).
65) 3-Nitro-1-Aethylindol. Sm. 102° (G. 34 [2] 61 C. 1904 [2] 710).
66) Benzimidazol-2-[Aethyl-β-Carbonsäure]. Sm. 226° (A. 327, 23 C. 1903 [1] 1336).
67) Methylester d. β-Phenyl-α-Diazopropionsäure. Sd. 85—87°₁₂ (B. 37, 1269 C. 1904 [1] 1334).
68) Aethylester d. Phenyldiazoessigsäure. Fl. (B. 37, 1266 C. 1904 [1] 1333).
69) Aethylester d. 3-Cyanphenylamidoameisensäure. Sm. 61—62° (C. 1904 [2] 102).
70) 2-Amidophenylimid d. Bernsteinsäure. Sm. 230—232° u. Zers. (A. 337, 46 C. 1903 [1] 1336).
71) 3-Amidophenylimid d. Bernsteinsäure. Sm. 196—198° (A. 327, 47 C. 1903 [1] 1336).
72) 4-Amidophenylimid d. Bernsteinsäure. Sm. 236° (A. 327, 25 C. 1903 [1] 1336).

$C_{10}H_{10}O_2N_4$ 9) 1-Phenylamido-5-Methyl-1,2,3-Triazol-4-Carbonsäure + H_2O. Sm. 162° (wasserfrei) (A. 325, 158 C. 1903 [1] 644).
10) Azid d. α-Benzoylamidopropionsäure. Sm. 54° (J. pr. [2] 70, 145 C. 1904 [2] 1394).

$C_{10}H_{10}O_2Cl_2$ *3) 3,6-Dichlor-5-Isopropyl-2-Methyl-1,4-Benzochinon. Sm. 99° (A. 336, 26 C. 1904 [2] 1467).
11) 3,4-Dichlormethylenäther d. 3,4-Dioxy-1-Propylbenzol. Sd. 142 bis 145°₁₀ (C. r. 138, 423 C. 1904 [1] 797).
12) Dichlormethylenäther d. 3,4-Dioxy-1-Isopropylbenzol. Sd. 131 134°₁₂ (C. r. 138, 1703 C. 1904 [2] 436).
13) Benzoat d. αγ-Dichlor-β-Oxypropan. Sd. 296° (C. 1903 [1] 134).

$C_{10}H_{10}O_2Cl_4$ 2) Diäthyläther d. 2,4,5,6-Tetrachlor-1,3-Dioxybenzol. Sm. 73° (Am. 31, 381 C. 1904 [1] 1409).

$C_{10}H_{10}O_2Br_2$ *17) Methylester d. i-αβ-Dibrom-β-Phenylpropionsäure. Sm. 117° (Soc. 83, 670 C. 1903 [2] 115).
21) 3-Methyläther d. 2,5-Dibrom-3,4-Dioxy-1-Propenylbenzol. Sm. 102° (A. 329, 25 C. 1903 [2] 1436).
22) Methyläther d. 5-Brom-3-Oxy-4-Keto-1-[β-Brompropyliden]-1,4-Dihydrobenzol. Zers. oberh. 140° (A. 329, 13 C. 1903 [2] 1434).

$C_{10}H_{10}O_2Br_4$ 3) 3-Methyläther d. 2,5-Dibrom-3,4-Dioxy-1-[αβ-Dibrompropyl]-benzol. Sm. 124° (A. 329, 22 C. 1903 [2] 1435).

$C_{10}H_{10}O_3N_2$ 35) s-Acetylbenzoylharnstoff. Sm. 187° (B. 36, 3217 C. 1903 [2] 1056).
36) Aethyläther d. 5-Oxy-4-Phenyl-1,2,3,6-Dioxdiazin. Sm. 83° (A. 328, 253 C. 1903 [2] 1001).
37) Nitril d. 6-Nitro-2-Oxybenzolpropyläther-1-Carbonsäure. Sm. 105° (R. 23, 35 C. 1904 [1] 1137).

$C_{10}H_{10}O_3Br_2$ 14) Methylenäther d. ?-Brom-3,4-Dioxy-1-[β-Brom-α-Oxypropyl]benzol. Sm. 89° (C. 1903 [1] 969).

$C_{10}H_{10}O_3S$ 2) Verbindung (aus Benzophenonoxim). Sm. 86° (G. 34 [1] 103 C. 1904 [1] 1011).

$C_{10}H_{10}O_4N_2$ *15) Monomethylester d. Phenylhydrazonmethan-αα-Dicarbonsäure. Sm. 125—126° (B. 37, 4171 C. 1904 [2] 1703).
*21) α-Phenylhydrazonäthan-αβ-Dicarbonsäure. Sm. 98—102° (A. 331, 102 C. 1904 [1] 931).
23) α-Oximido-β-Nitro-γ-Keto-α-Phenylbutan. Sm. 84° (A. 329, 258 C. 1904 [1] 32).
24) Dimethyläther d. 5,6-Dioxy-1,4-Diketo-1,2,3,4-Tetrahydro-2,3-Benzdiazin? (Hydrazid d. Hemipinsäure). Sm. 227—229° (M. 24, 381 C. 1903 [2] 493).

$C_{10}H_{10}O_4N_2$ 25) 3-Acetylamidophenyloxaminsäure. Sm. 209° u. Zers. (*B.* **36**, 413 *C.* **1903** [1] 630).
26) 4-Acetylamidophenyloxaminsäure. Sm. oberhalb 270° (*B.* **36**, 414 *C.* **1903** [1] 630).
27) Benzoat d. α-Nitro-α-Oximidopropan. Sm. 85° (*G.* **33** [1] 511 *C.* **1903** [2] 938).

$C_{10}H_{10}O_4N_4$ 8) Dilaktam d. γδ-Diimidohexan-ββεε-Tetracarbonsäure-βε-Diamid (*A.* **332**, 128 *C.* **1904** [2] 189).
9) αα-Diamid d. Phenylhydrazonmethan-αα,2-Tricarbonsäure. Sm. 275° (*B.* **37**, 4173 *C.* **1904** [2] 1703).
10) αα-Diamid d. Phenylhydrazonmethan-αα,3-Tricarbonsäure. Sm. oberh. 285° (*B.* **37**, 4174 *C.* **1904** [2] 1704).
11) αα-Diamid d. Phenylhydrazonmethan-αα,4-Tricarbonsäure. Sm. oberh. 285° (*B.* **37**, 4175 *C.* **1904** [2] 1704).
12) α-Semicarbazid d. Phenylimidoessigsäure-2-Carbonsäure. Zers. bei 278—280°. Ca + $11H_2O$, Ba + $9^1/_2H_2O$ (*A.* **332**, 243 *C.* **1904** [2] 39).

$C_{10}H_{10}O_4J_2$ 3) Diacetat d. 3-Jod-1-Jodobenzol. Sm. 160° (*B.* **37**, 1303 *C.* **1904** [1] 1339).

$C_{10}H_{10}O_5N_2$ *10) 2-Nitrophenylmonamid d. Bernsteinsäure. Sm. 131° (*A.* **327**, 54 *C.* **1903** [1] 1336).
*11) 4-Nitrophenylmonamid d. Bernsteinsäure. Sm. 202° (*A.* **327**, 55 *C.* **1903** [1] 1336).
17) Acetyl-4-Nitrophenylamidoessigsäure. Sm. 191—192° (D.R.P. 152012 *C.* **1904** [2] 70).
18) 3-Nitro-4-Acetylamidobenzol-1-Carbonsäure. Sm. 190° (*B.* **37**, 1029 *C.* **1904** [1] 1207).
19) Aethylester d. 2-Nitrophenyloxaminsäure. Sm. 113° (*Soc.* **81**, 1568 *C.* **1903** [1] 157).
20) Aethylester d. 4-Nitrophenyloxaminsäure. Sm. 166° (*Soc.* **81**, 1570 *C.* **1903** [1] 158).
21) 3-Nitrophenylmonamid d. Bernsteinsäure. Sm. 181—182° (*A.* **327**, 54 *C.* **1903** [1] 1336).

$C_{10}H_{10}O_6N_2$ 11) Methylenäther d. 2,6-Dinitro-3,4-Dioxy-1-Propylbenzol. Sm. 121° (*Ar.* **242**, 90 *C.* **1904** [1] 1007).
12) α-Oxy-γ-Keto-α-[2,4-Dinitrophenyl]butan. Sm. 63—64° (*M.* **23**, 1003 *C.* **1903** [1] 292).
13) Dimethylester d. 6-Nitro-4-Amidobenzol-1,3-Dicarbonsäure. Sm. 153° (*G.* **33** [2] 288 *C.* **1904** [1] 265).
14) Aethylester d. 4,6-Dinitro-1-Methylbenzol-3-Carbonsäure. Sm. 61—62° (*G.* **33** [2] 279 *C.* **1904** [1] 265).
15) Amid d. Oxyessig-2-Nitrophenyläthersäure-4-Carbonsäuremethylester. Sm. 186° (*A.* **325**, 336 *C.* **1903** [1] 771).

$C_{10}H_{10}O_8N_4$ 3) Propylester d. 2,4,6-Trinitrophenylamidoameisensäure. Sm. 139° (*Soc.* **85**, 652 *C.* **1904** [2] 310).
4) Isopropylester d. 2,4,6-Trinitrophenylamidoameisensäure. Sm. 177,5° (*Soc.* **85**, 652 *C.* **1904** [2] 310).

$C_{10}H_{10}O_8N_6$ C 35,1 — H 2,9 — O 37,4 — N 24,6 — M. G. 342.
1) Verbindung + $2H_2O$ (aus Alloxan u. Glykol) (*A.* **333**, 68 *C.* **1904** [2] 772).

$C_{10}H_{10}O_8S_2$ 1) 1,3-Phenylendi[Sulfonessigsäure]. Na_4 + $3H_2O$ (*J. pr.* [2] **68**, 327 *C.* **1903** [2] 1171).

$C_{10}H_{10}N_2S$ 9) Methyläther d. 5-Merkapto-1-Phenylpyrazol. Sd. 142—143°$_{14}$ (*A.* **331**, 223 *C.* **1904** [1] 1220).
10) 5-Thiocarbonyl-3-Methyl-1-Phenyl-4,5-Dihydropyrazol. Sm. 100°; Sd. 294° (*B.* **37**, 2775 *C.* **1904** [2] 711).
11) 4-Thiocarbonyl-2-Aethyl-4,5-Dihydro-1,3-Benzdiazin. Sm. 203 bis 204° u. Zers. (*C.* **1903** [1] 1270).

$C_{10}H_{10}N_3Cl$ 3) 5-Chlor-4-Amido-3-Methyl-1-Phenylpyrazol. Sm. 49°. HCl (D.R.P. 153861 *C.* **1904** [2] 680).

$C_{10}H_{10}ClBr$ 1) α-Chlor-β-Brom-α-Phenyl-α-Buten. Sd. 140—145°$_8$ (*B.* **36**, 774 *C.* **1903** [1] 835).

$C_{10}H_{11}ON$ *2) γ-Imido-α-Keto-α-Phenylbutan (Benzoylacetonamin). Sm. 143° (*B.* **37**, 585 *C.* **1904** [1] 940).

$C_{10}H_{11}ON$ *7) **2-Oximido-1,2,3,4-Tetrahydronaphtalin** (*B.* **36**, 709 *C.* **1903** [1] 818).
*46) **1-Oximido-2-Methyl-2,3-Dihydroinden.** Sm. 104° (*Soc.* **83**, 916 *C.* **1903** [2] 504).
51) **β-Amido-γ-Keto-α-Phenyl-α-Buten.** Sm. 125° (*Soc.* **83**, 378 *C.* **1903** [1] 845, 1144).
52) **γ-Oximido-α-[4-Methylphenyl]propen.** Sm. 135—136° (*B.* **36**, 851 *C.* **1903** [1] 975).
53) **1-[α-Amidoäthyl]benzfuran.** Sd. 140°$_{20}$. HCl, (2HCl, $PtCl_4$), (HCl, $AuCl_3$), (HCl, $HgCl_2$), HBr, HJ (*B.* **36**, 2868 *C.* **1903** [2] 832).
54) **Methyläther d. 3-Oxy-2-Methylindol.** Sm. 82—83° (*G.* **33** [1] 321 *C.* **1903** [2] 281).
55) **Laktam d. γ-Amido-γ-Phenylbuttersäure.** Sm. 91° (*B.* **36**, 174 *C.* **1903** [1] 445).
56) **Amid d. α-Phenylpropen-γ-Carbonsäure.** Sm. 130° (*B.* **36**, 174 *C.* **1903** [1] 445).
57) **Amid d. trans-1-Phenyl-R-Trimethylen-2-Carbonsäure.** Sm. 187 bis 188° (*B.* **36**, 3784 *C.* **1904** [1] 42).
58) **Phenylamid d. Propen-β-Carbonsäure** (Ph. d. Methakrylsäure). Sm. 87° (*B.* **36**, 1269 *C.* **1903** [1] 1219).

$C_{10}H_{11}ON_3$ 22) **α-[α-Cyanäthyl]-β-Phenylharnstoff.** Sm. 135° (*Bl.* [3] **29**, 1194 *C.* **1904** [1] 361).
23) **α-Cyanmethyl-α-Methyl-β-Phenylharnstoff.** Sm. 83° (*Bl.* [3] **29**, 1200 *C.* **1904** [1] 354).
24) **2-Semicarbazon-2,3-Dihydroinden.** Sm. 203—205° (*A.* **336**, 3 *C.* **1904** [2] 1465).
25) **Imidoäther d. Phenylcyancarbodiimid.** Sm. 126—127° (*B.* **37**, 1684 *C.* **1904** [1] 1491).
26) **Aethyläther d. 5-Oxy-1-Phenyl-1,2,3-Triazol.** Sm. 58—59° (*A.* **335**, 80 *C.* **1904** [2] 1231).
27) **Nitril d. α-[Methyl-4-Nitrosophenylamido]propionsäure.** Sm. 75,5° (*B.* **36**, 759 *C.* **1903** [1] 962).

$C_{10}H_{11}OCl$ *14) **Chlorid d. d-α-Phenylpropan-β-Carbonsäure.** Sd. 120—121°$_{15}$ (*Soc.* **83**, 1008 *C.* **1903** [2] 663; *Soc.* **85**, 447 *C.* **1904** [1] 1445).
15) **Chlorid d. i-α-Phenylpropan-β-Carbonsäure.** Fl. (*Soc.* **83**, 915 *C.* **1903** [2] 504).

$C_{10}H_{11}OBr$ 8) **?-Brom-?-Oxy-1,2,3,4-Tetrahydronaphtalin.** Sm. 112° (*C. r.* **139**, 673 *C.* **1904** [2] 1654).

$C_{10}H_{11}OBr_3$ *2) **Methyläther d. 3-Brom-4-Oxy-1-[αβ-Dibrompropyl]benzol.** Sm. 112,5° (*B.* **37**, 1546 *C.* **1904** [1] 1437).
8) **2,6,?-Tribrom-3-Oxy-4-Isopropyl-1-Methylbenzol.** Sm. 50—51° (*M.* **24**, 72 *C.* **1903** [1] 767).
9) **Methyläther d. ?-Brom-2-Oxy-1-[αβ-Dibrompropyl]benzol.** Sm. 84 bis 85° (*B.* **36**, 1180 *C.* **1903** [1] 1179).
10) **Methyläther d. 3,6-Dibrom-5-Oxy-2-Brommethyl-1,4-Dimethylbenzol.** Sm. 122—124° (*A.* **334**, 302 *C.* **1904** [2] 985).

$C_{10}H_{11}O_2N$ *11) **Methyl-4-Acetylamidophenylketon.** Sm. 166—167° (*B.* **36**, 394 *C.* **1903** [1] 723).
*54) **Methyläther d. 5-Oxy-1,3-Dimethylbenzoxazol.** Sm. 71—72° (*B.* **36**, 892 *C.* **1903** [1] 966).
67) **γ-Nitro-α-Phenyl-β-Methylpropen.** Fl. (*C.* **1904** [1] 1496).
68) **trans-1-[?-Amidophenyl]-R-Trimethylen-2-Carbonsäure.** HCl (*B.* **36**, 3786 *C.* **1904** [1] 43).
69) **Acetat d. γ-Oxy-β-[2-Pyridyl]propen.** Sd. 140—144°$_{18}$. (2HCl, $PtCl_4$) (*B.* **37**, 744 *C.* **1904** [1] 1090).
70) **Methylamid d. Benzoylessigsäure.** Sm. 104—105° (*C.* **1904** [2] 905).

$C_{10}H_{11}O_2N_3$ *20) **Aethyläther d. 3-Oxy-5-Keto-1-Phenyl-4,5-Dihydro-1,2,4-Triazol.** Sm. 152° (*B.* **36**, 3146 *C.* **1903** [2] 1073).
25) **Monosemicarbazon d. αβ-Diketo-α-Phenylpropan.** Sm. 213° u. Zers. (*B.* **36**, 3187 *C.* **1903** [2] 939).
26) **Methyläther d. 3-Oxy-5-Keto-4-Methyl-1-Phenyl-4,5-Dihydro-1,2,4-Triazol.** Sm. 95° (*B.* **36**, 3149 *C.* **1903** [2] 1073).

$C_{10}H_{11}O_2Cl$ 17) **Methylenäther d. 3,4-Dioxy-1-[α-Chlorpropyl]benzol.** Fl. 2 + $PtCl_4$ + Pyridin, + $AuCl_3$ + Pyridin (*C.* **1904** [2] 1568).

$C_{10}H_{11}O_2Br$ 19) **3-Methyläther d. 5-Brom-3,4-Dioxy-1-Propenylbenzol** (*A.* **329**, 15 *C.* **1903** [2] 1435).
20) **Methyläther d. 3-Oxy-4-Keto-1-[β-Brompropyliden]-1,4-Dihydrobenzol.** Fl. (*A.* **329**, 9 *C.* **1903** [2] 1434).
$C_{10}H_{11}O_2Br_3$ *1) **3-Methyläther d. 5-Brom-3,4-Dioxy-1-[αβ-Dibrompropyl]benzol.** Sm. 138° (*A.* **329**, 12 *C.* **1903** [2] 1434).
$C_{10}H_{11}O_2J$ 4) **3-Methyläther d. ?-Jod-3,4-Dioxy-1-Allylbenzol** (Jodeugenol). Sm. 78° u. Zers. (*C.* **1903** [2] 306).
$C_{10}H_{11}O_3N$ *18) **Phenylacetylamidoessigsäure.** Sm. 136° (*B.* **36**, 1649 *C.* **1903** [2] 32).
*36) **syn-γ-Oximido-γ-Phenylbuttersäure.** Sm. 129° (*M.* **24**, 82 *C.* **1903** [1] 769).
*47) **Methylester d. Phenylimidooxyessigmethylsäthersäure.** Sd. 130 bis $132°_{12}$ (*Soc.* **85**, 988 *C.* **1904** [2] 831).
*50) **1-Methylester d. Benzol-1-Carbonsäure-2-Methylcarbonsäure.** Sm. 110—112° (*M.* **24**, 953 *C.* **1904** [1] 916).
*57) **Acetat d. 2-Acetylamido-1-Oxybenzol.** Sm. 124,5° (*B.* **36**, 2050 *C.* **1903** [2] 383).
85) **Methyläther d. β-Nitro-α-[4-Oxyphenyl]propen.** Sm. 48° (47°); Sd. 180—$190°_{12}$ (*B.* **20**, 2983; *A.* **329**, 263 *C.* **1904** [1] 32; *A.* **332**, 319 *C.* **1904** [2] 651).
86) **Aethyläther d. β-Nitro-α-Oxy-α-Phenyläthan.** Sd. $143°_{14}$ (*A.* **328**, 242 *C.* **1903** [2] 999).
87) **3,4-Methylenäther d. β-Oximido-α-[3,4-Dioxyphenyl]propan.** Sm. 86—87° (*A.* **332**, 332 *C.* **1904** [2] 652).
88) **Anhydrid d. β-Diisonitrosoanethol.** Sm. 128° (*B.* **36**, 3022 *C.* **1903** [2] 1002).
89) **2-Acetylphenylamidoessigsäure.** Sm. 225° (*B.* **32**, 3234). — *III, *96*.
90) **α-[4-Methoxylphenyl]imidopropionsäure** (*G.* **34** [2] 272 *C.* **1904** [2] 1454).
91) **2-Aethylformylamidobenzol-1-Carbonsäure.** Sm. 119,5° (*B.* **36**, 1806 *C.* **1903** [2] 284).
92) **Methylester d. Methylphenyloxaminsäure.** Sd. 170—$175°_{18}$ (*Soc.* **85**, 988 *C.* **1904** [2] 831).
93) **Methylester d. 4-Methylphenyloxaminsäure.** Sm. 145° (*Soc.* **85**, 995 *C.* **1904** [2] 831).
94) **Phenylamid d. Acetoxylessigsäure.** Sm. 89—90° (*B.* **37**, 3975 *C.* **1904** [2] 1605).
95) **Oxim d. Verbindung** $C_{10}H_{10}O_3$ (aus Isosafrol). Sm. 89° (*B.* **36**, 3580 *C.* **1903** [2] 1363).
$C_{10}H_{11}O_3N_3$ *1) **Benzoylamidoacetylharnstoff** (*J. pr.* [2] **70**, 241 *C.* **1904** [2] 1462).
17) **3,5-Diketo-2-Acetyl-4-Methyl-1-Phenyltetrahydro-1,2,4-Triazol.** Sm. 94—95° (*B.* **36**, 3151 *C.* **1903** [2] 1073).
18) **Mono[4-Methylphenylamid] d. Oximidomalonaminsäure.** Sm. 183° u. ger. Zers. (*Soc.* **83**, 37 *C.* **1903** [1] 73, 441).
$C_{10}H_{11}O_3Cl$ *5) **4-Chloracetat d. 3,4-Dioxy-1-Methylbenzol-3-Methyläther.** Fl. (*Ar.* **240**, 639 *C.* **1903** [1] 24).
$C_{10}H_{11}O_3Br_3$ 6) **3-Methyläther d. 2,5-Dibrom-3,4-Dioxy-1-[β-Brom-α-Oxypropyl]benzol.** Sm. 127—128° (*A.* **329**, 27 *C.* **1903** [2] 1436).
$C_{10}H_{11}O_4N$ *2) **α-Oxy-γ-Keto-α-[2-Nitrophenyl]butan** (o-Nitrophenylmilchsäureketon) (D.R.P. 146294 *C.* **1903** [2] 1290).
65) **Methylenäther d. 6-Nitro-3,4-Dioxy-1-Propylbenzol** (Nitrodihydrosafrol). Sm. 36° (*Ar.* **242**, 86 *C.* **1904** [1] 1007).
66) **Aldehyd d. 2-Acetylamido-3,4-Dioxybenzol-3-Methyläther-1-Carbonsäure.** Sm. 97° (*C.* **1903** [2] 31).
67) **Methylester d. 3-Acetylamido-4-Oxybenzol-1-Carbonsäure.** Sm. 198° (*A.* **325**, 320 *C.* **1903** [1] 770).
68) **Dimethylester d. Phenylamin-NN-Dicarbonsäure.** Sm. 142—143° (*B.* **37**, 3682 *C.* **1904** [2] 1495).
69) **β-Oxyäthylester d. Benzoylamidoameisensäure.** Sm. 148° (*B.* **36**, 3220 *C.* **1903** [2] 1056).
70) **Acetat d. 5-Nitro-2-Oxy-1,4-Dimethylbenzol.** Sm. 72—73° (*B.* **37**, 2594 *C.* **1904** [2] 660).
$C_{10}H_{11}O_4N_3$ *3) **2-Nitro-1,4-Di[Acetylamido]benzol** (D.R.P. 146916 *C.* **1904** [1] 234; D.R.P. 152717 *C.* **1904** [2] 799).

$C_{10}H_{11}O_4N_3$ 16) **4-Nitro-1,3-Di[Acetylamido]benzol** (D.R.P. 147729 *C.* **1904** [1] 235).

$C_{10}H_{11}O_5N$ 41) **γ-Keto-α-[4-Nitrophenyl]butan.** Sm. 40—41° (*B.* **37**, 1994 *C.* **1904** [2] 26).

42) **Säure** (aus d. Amid d. Oxyessig-2-Nitrophenyläthersäure-4-Carbonsäuremethylester). Sm. 191° (*A.* **325**, 338 *C.* **1903** [1] 771).

43) **Oxim d. Maticosäurealdehyd.** Sm. 154° (*B.* **35**, 4358 *C.* **1903** [1] 331).

44) **Aethylester d. α-Oxy-α-[Nitrophenyl]essigsäure.** Sm. 49—50° (*B.* **37**, 949 *C.* **1904** [1] 1218).

45) **3-Aethylester d. 4-Oxybenzol-1-Carbonsäure-3-Amidoameisensäure.** Sm. noch nicht bei 280° (*A.* **325**, 323 *C.* **1903** [1] 770).

46) **Aethyl-6-Nitro-2-Methylphenylester d. Kohlensäure.** Sm. 32—33° (*Am.* **32**, 21 *C.* **1904** [2] 696).

47) **Aethyl-6-Nitro-3-Methylphenylester d. Kohlensäure.** Fl. (*Am.* **32**, 20 *C.* **1904** [2] 696).

48) **Aethyl-2-Nitro-4-Methylphenylester d. Kohlensäure.** Sm. 56° (*Am.* **32**, 15 *C.* **1904** [2] 695).

49) **Verbindung** (aus d. Glykosaminsäure). Sm. 125° (*B.* **35**, 4014 *C.* **1903** [1] 390).

$C_{10}H_{11}O_5N_3$ 12) **Aethylester d. α-[3-Nitrophenyl]harnstoff-β-Carbonsäure.** Sm. 188° (*Soc.* **81**, 1569 *C.* **1903** [1] 157).

13) **Aethylester d. α-[4-Nitrophenyl]harnstoff-β-Carbonsäure.** Sm. 220° u. Zers. (*Soc.* **81**, 1570 *C.* **1903** [1] 158).

$C_{10}H_{11}O_5Br$ 1) **2-Brom-3,4,5-Trioxybenzoltrimethyläther-1-Carbonsäure.** Sm. 151° (*M.* **19**, 598). — *II, *1112.*

$C_{10}H_{11}O_6Br$ 1) **Gem. Anhydrid d. Essigsäure u. β-Brom-α-Keto-β-Buten-αγ-Dicarbonsäure-α-Aethylester.** Fl. (*R.* **23**, 151 *C.* **1904** [2] 194).

$C_{10}H_{11}O_8N_5$ 3) **2,4,6-Trinitro-5-Aethylnitramido-1,3-Dimethylbenzol.** Sm. 85° (*R.* **21**, 331 *C.* **1903** [1] 78).

$C_{10}H_{11}O_{10}N_7$ C 30,8 — H 2,8 — O 41,1 — N 25,2 — M. G. 389.

1) **2,4,6-Trinitro-1,3-Di[Aethylnitramido]benzol.** Sm. 165° (*R.* **21**, 326 *C.* **1903** [1] 80).

$C_{10}H_{11}NS$ 10) **Allylamid d. Benzolthiocarbonsäure.** Sd. 214—215°$_{17}$ (*B.* **37**, 878 *C.* **1904** [1] 1004).

$C_{10}H_{11}N_2Br$ 1) **4-oder-5-Brom-1-Methyl-2-[3-Pyridyl]-2,3-Dihydropyrrol.** (HBr, Br_2) (*C. r.* **137**, 862 *C.* **1904** [1] 104).

$C_{10}H_{11}N_3S$ *2) **Aethyläther d. α-Cyanimido-α-Phenylamido-α-Merkaptomethan.** (Aethylcyanamid d. Phenylamidothioameisensäure). Sm. 119—120° (*A.* **331**, 297 *C.* **1904** [2] 33).

5) **α-[α-Cyanäthyl]-β-Phenylthioharnstoff** (*Bl.* [3] **29**, 1195 *C.* **1904** [1] 361).

$C_{10}H_{11}ClS_3$ 1) **Verbindung** (aus Acetylchlorid u. Trithiodibutolakton) (*B.* **34**, 3405). — *III, *594.*

$C_{10}H_{12}ON_2$ 41) **α-Methylphenylhydrazon-β-Ketopropan.** Sm. 64° (*A.* **247**, 201). — IV, *757.*

42) **Phenylhydrazid d. Crotonsäure.** Sm. 190° (*B.* **36**, 1100 *C.* **1903** [1] 1140).

$C_{10}H_{12}OBr_2$ *2) **3,5-Dibrom-2-Oxy-4-Isopropyl-1-Methylbenzol.** Sd. 219—220° (*A.* **333**, 358 *C.* **1904** [2] 1116).

7) **2,6-Dibrom-4-Oxy-1-tert. Butylbenzol.** Sm. 70—71° (*Soc.* **83**, 330 *C.* **1903** [1] 876).

8) **2,6-Dibrom-3-Oxy-4-Isopropyl-1-Methylbenzol.** Sd. 180—186°$_{17-20}$ (*M.* **24**, 70 *C.* **1903** [1] 767; *A.* **333**, 354 *C.* **1904** [2] 1116).

9) **β-Bromäthyläther d. 5-Brom-4-Oxy-1,3-Dimethylbenzol.** Sd. 172 bis 173°$_{13}$ (*B.* **36**, 2875 *C.* **1903** [2] 834).

10) **2,4-Dibrom-1-Keto-3-Methyl-6-Isopropyl-1,4-Dihydrobenzol.** Fl. (*M.* **24**, 68 *C.* **1903** [1] 767).

$C_{10}H_{12}O_2N_2$ *19) **1,2-Di[Acetylamido]benzol.** Sm. 186° (*C.* **1904** [1] 102; *B.* **37**, 3116 *C.* **1904** [2] 1316).

*20) **1,3-Di[Acetylamido]benzol.** Sm. 192—195° (*A.* **327**, 33 *C.* **1903** [1] 1336).

*37) **α-Phenylhydrazonbuttersäure.** Sm. 144—145° (*A.* **331**, 124 *C.* **1904** [1] 932).

*45) **Aethylester d. Benzylidenhydrazidoameisensäure.** Sm. 135—136°. Hg, Ag (P. Gutmann, Dissertat., Heidelberg 1903).

$C_{10}H_{12}O_2N_2$ 76) **Methyläther d. α-Acetylamido-α-Phenylimido-α-Oxymethan.** Fl. (2HCl, $PtCl_4$), Ag (*C.* **1904** [1] 1559).

77) **Methyläther d. α-Acetylphenylamido-α-Imido-α-Oxymethan.** Sm. 102°. HCl (*C.* **1904** [1] 1560).

78) **3,6-Diacetyl-2,5-Dimethyl-1,4-Diazin.** Sm. 98—99° (*A.* **325**, 195 *C.* **1903** [1] 647).

79) **Methylester d. Methylphenylhydrazonessigsäure.** Sm. 158—160° (*B.* **37**, 3592 *C.* **1904** [2] 1378).

80) **Mono[4-Methylphenyl]diamid d. Malonsäure** + $^1/_2H_2O$. Sm. 163 bis 164° u. ger. Zers. (*Soc.* **83**, 38 *C.* **1903** [1] 441).

$C_{10}H_{12}O_2N_4$ 6) **Amid d. 4-Methylphenylhydrazonmethan-αα-Dicarbonsäure.** Sm. 173—174° (*B.* **37**, 4178 *C.* **1904** [2] 1705).

7) **Amid d. 2,4-Dimethylphenylnitrosohydrazonessigsäure** (*J. pr.* [2] **67**, 412 *C.* **1903** [1] 1347).

$C_{10}H_{12}O_2Br_2$ *11) **3-Methyläther d. 3,4-Dioxy-1-[αβ-Dibrompropyl]benzol.** Sm. 95° (*A.* **329**, 9 *C.* **1903** [2] 1434).

$C_{10}H_{12}O_2S$ *3) **α-Merkaptopropionbenzyläthersäure.** Sm. 76,5° (*H.* **42**, 350 *C.* **1904** [2] 979).

7) **β-Merkaptopropionbenzyläthersäure.** Sm. 81—81,5° (*H.* **42**, 352 *C.* **1904** [2] 979).

8) **1,2,3,4-Tetrahydronaphtalin-5-Sulfinsäure.** Zers. bei 103—105° (*Soc.* **85**, 757 *C.* **1904** [2] 449).

$C_{10}H_{12}O_2S_2$ 3) **Diäthyläther d. 2,5-Dimerkapto-1,4-Benzochinon.** Sm. 159° (*A.* **336**, 158 *C.* **1904** [2] 1300).

$C_{10}H_{12}O_3N_2$ *6) **Methyläther d. syn-4-Oxy-1-[αβ-Dioximidopropyl]benzol.** Sm. 121° (*A.* **332**, 318 *C.* **1904** [2] 651).

*7) **Methyläther d. anti-4-Oxy-1-[αβ-Dioximidopropyl]benzol.** Sm. 206° u. Zers. (*B.* **36**, 3021 *C.* **1903** [2] 1002; *A.* **329**, 268 *C.* **1904** [1] 32).

*53) **5-Nitro-2,4-Dimethylphenylamid d. Essigsäure.** Sm. 159° (*G.* **33** [2] 283 *C.* **1904** [1] 265).

*75) **2-Amid d. Benzol-1-Carbonsäure-2-Amidoessigsäure-1-Methylester.** Sm. 195° (D.R.P. 137846 *C.* **1903** [1] 108).

87) **Nitrosit d. δ-Phenyl-α-Buten.** Zers. bei 110° (*B.* **36**, 3001 *C.* **1903** [2] 949).

88) **Acetyl-4-Amidophenylamidoessigsäure** (D.R.P. 152012 *C.* **1904** [2] 70).

89) **Methylester d. Phenylhydrazonoxyessigmethyläthersäure.** Sm. 123—124° (126°) (*A.* **306**, 15; *Soc.* **85**, 987 *C.* **1904** [2] 830).

90) **Methylester d. β-Phenylureïdoessigsäure.** Sm. 143° (*J. pr.* [2] **70**, 246 *C.* **1904** [2] 1463).

91) **Aethylester d. α-[2-Oxybenzyliden]hydrazin-β-Carbonsäure.** Sm. 127° (P. Gutmann, Dissert., Heidelberg 1903).

92) **Aethylester d. α-Benzoylhydrazin-β-Carbonsäure.** Sm. 126° (P. Gutmann, Dissert., Heidelberg 1903).

93) **N-Acetat d. β-Phenylamido-α-Oximido-α-Oxyäthan.** Sm. 107° (*Soc.* **81**, 1574 *C.* **1903** [1] 158).

94) **3-Amid d. 3-Carboxylphenylamidoameisensäure.** Sm. 159—160° (*C.* **1904** [2] 102).

95) **Aethoxylamid d. Phenyloxaminsäure.** Sm. 176° (*Soc.* **81**, 1567 *C.* **1903** [1] 157).

96) **Verbindung** (aus Bernsteinsäureanhydrid u. 1,3-Diamidobenzol). Sm. 166° (183°) (*A.* **327**, 39 *C.* **1903** [1] 1336).

97) **Verbindung** (aus Bernsteinsäureanhydrid u. 1,4-Diamidobenzol). Sm. 183° (*A.* **327**, 39 *C.* **1903** [1] 1336).

$C_{10}H_{12}O_3N_4$ 3) **Amid d. 2-Methoxylphenylhydrazonmethan-αα-Dicarbonsäure.** Sm. 143° (*B.* **37**, 4179 *C.* **1904** [2] 1705).

4) **Acetylhydrazid-Phenylhydrazid d. Oxalsäure.** Sm. 220—221° (*B.* **37**, 2426 *C.* **1904** [2] 341).

$C_{10}H_{12}O_3Br_2$ *5) **3-Methyläther d. 5-Brom-3,4-Dioxy-1-[β-Brom-α-Oxypropyl]-benzol.** Sm. 144° (*A.* **329**, 18 *C.* **1903** [2] 1435).

$C_{10}H_{12}O_3S$ 6) **α-Merkapto-α-Oxypropion-S-Benzyläthersäure.** Sm. 82° (*B.* **36**, 299 *C.* **1903** [1] 499).

$C_{10}H_{12}O_3S$ 7) **1, 2, 3, 4-Tetrahydronaphtalin-5-Sulfonsäure.** Ba + 3 H_2O (*Soc.* **85**, 756 *C.* **1904** [2] 440).

$C_{10}H_{12}O_4N_2$ *22) **1, 4-Phenylendi[Amidoessigsäure].** Sm. 233—235° u. Zers. (D.R.P. 145062 *C.* **1903** [2] 1036).

*43) **β-[β-Phenylureïdo]-α-Oxypropionsäure.** Sm. 180° (*B.* **37**, 338 *C.* **1904** [1] 647).

45) **Methylenäther d. 6-Nitro-2-Amido-3, 4-Dioxy-1-Propylbenzol.** Sm. 76,5° (*Ar.* **242**, 91 *C.* **1904** [1] 1007).

46) **4-Methyläther d. α-Oximido-β-Nitro-α-[4-Oxyphenyl]propan.** Sm. 87° (*A.* **329**, 262 *C.* **1904** [1] 32).

47) **β-Aethyläther d. β-Imido-αβ-Dioxy-α-[2-Nitrophenyl]äthan.** HCl (*B.* **37**, 949 *C.* **1904** [1] 1217).

48) **αα-Di[5-Keto-3-Methyl-4, 5-Dihydro-4-Isoxazolyl]äthan.** Sm. 157° u. Zers. (*A.* **332**, 20 *C.* **1904** [1] 1565).

49) **Aethylester d. 3-Nitro-4-Methylamidobenzol-1-Carbonsäure.** Sm. 101—102° (*B.* **37**, 1030 *C.* **1904** [1] 1207).

50) **Monoäthylester d. 3, 6-Dimethyl-1, 2-Diazin-4, 5-Dicarbonsäure.** Sm. 155—156°. K (*B.* **36**, 508 *C.* **1903** [1] 654).

51) **Amid d. Oxyessig-2-Amidophenyläthersäure-4-Carbonsäuremethylester.** Sm. 178° (*A.* **325**, 337 *C.* **1903** [1] 771).

52) **Amid d. 3, 4-Dioxybenzoldimethyläther-1, 2-Dicarbonsäure** + H_2O? Sm. 203—205° (221—223°) (*M.* **24**, 388 *C.* **1903** [2] 493).

$C_{10}H_{12}O_4N_4$ 6) **Aethylester d. 2, 6-Diketo-3, 7-Dimethylpurin-8-Carbonsäure.** Sm. 300° (D.R.P. 153121 *C.* **1904** [2] 626).

$C_{10}H_{12}O_4S$ 13) **Benzylidenacetonhydrosulfonsäure.** Na, K, Ba (*B.* **37**, 4043 *C.* **1904** [2] 1648).

14) **β-[4-Methylphenyl]sulfonpropionsäure.** Sm. 110—113° (*Am.* **31**, 175 *C.* **1904** [1] 876).

$C_{10}H_{12}O_5N_2$ *2) **3, 5-Dinitro-2-Oxy-4-Isopropyl-1-Methylbenzol.** Sm. 116—117° (*A.* **333**, 359 *C.* **1904** [2] 1116).

$C_{10}H_{12}O_5N_4$ 2) **β-Acetyl-αα'-Dimethylisoalliturs äure.** Sm. 193—194° (*A.* **333**, 127 *C.* **1904** [2] 894).

$C_{10}H_{12}O_6N_2$ *1) **Diäthyläther d. 4, 6-Dinitro-1, 3-Dioxybenzol.** Sm. 133° (130°) (*R.* **23**, 123 *C.* **1904** [2] 206; *Am.* **32**, 303 *C.* **1904** [2] 1385).

*7) **?-Dinitro-1-Isopropyl-?-Dihydrobenzol-4-Carbonsäure** (*M.* **25**, 465 *C.* **1904** [2] 333; *B.* **37**, 2431 *C.* **1904** [2] 334).

8) **Dimethyläther d. β-Nitro-αα-Dioxy-α-[4-Nitrophenyl]äthan.** Sm. 112,5°; Zers. oberh. 200° (*A.* **325**, 17 *C.* **1903** [1] 287).

9) **δε-Diimido-βη-Diketooktan-γζ-Dicarbonsäure.** Sm. 230° (*A.* **332**, 141 *C.* **1904** [2] 191).

10) **Aethylester d. Tetronsäureazoacetessigsäure.** Sm. 128° (*A.* **325**, 179 *C.* **1903** [1] 646).

11) **3-Aethylester-5-Glykolester d. 4-Methylpyrazol-3, 5-Dicarbonsäure.** Sm. 181° (*A.* **325**, 180 *C.* **1903** [1] 646).

$C_{10}H_{12}O_6N_4$ 6) **2, 4, 6-Trinitro-5-Aethylamido-1, 3-Dimethylbenzol.** Sm. 122° (*R.* **21**, 331 *C.* **1903** [1] 78).

$C_{10}H_{12}NBr$ 2) **8-Brom-5-Amido-1, 2, 3, 4-Tetrahydronaphtalin.** Sm. 42°. HCl (*Soc.* **85**, 745 *C.* **1904** [2] 447).

3) **5-Brom-6-Amido-1, 2, 3, 4-Tetrahydronaphtalin.** Sm. 52,5° (*Soc.* **85**, 731 *C.* **1904** [2] 116, 339).

4) **8-Brom-6-Amido-1, 2, 3, 4-Tetrahydronaphtalin.** Sm. 52° (*Soc.* **85**, 731 *C.* **1904** [2] 116, 339).

$C_{10}H_{12}Cl_2J_2$ 2) **αβ-Dichloräthyl-4-Aethylphenyljodoniumjodid.** Zers. bei 69° (*A.* **327**, 297 *C.* **1903** [2] 352).

$C_{10}H_{12}Cl_3J$ 2) **αβ-Dichloräthyl-4-Aethylphenyljodoniumchlorid.** Zers. bei 134°. 2 + $HgCl_2$, 2 + $PtCl_4$ + 2 H_2O (*A.* **327**, 297 *C.* **1903** [2] 352).

$C_{10}H_{13}ON$ *26) **anti-2, 4, 6-Trimethylbenzaldoxim.** Sm. 124° (*B.* **36**, 331 *C.* **1903** [1] 576).

*27) **syn-2, 4, 6-Trimethylbenzaldoxim.** Sm. 180—181° (*B.* **36**, 330 *C.* **1903** [1] 576).

*57) **Aethylphenylamid d. Essigsäure.** Sm. 55° (*B.* **35**, 4188 *C.* **1903** [1] 143).

*91) **2-Methylbenzimidoäthyläther.** Sd. 106—118°$_{10-35}$ (*Soc.* **83**, 770 *C.* **1903** [2] 200, 437).

$C_{10}H_{13}ON$ *102) **Propylamid d. Benzolcarbonsäure.** Sm. 83° (*C. r.* **135**, 973 *C.* **1903** [1] 232).
103) **Methyläther d. α-Aethylimido-α-Oxy-α-Phenylmethan.** Sd. 209 bis 212°$_{760}$ (*Soc.* **83**, 323 *C.* **1903** [1] 580, 876).
104) **Aethyläther d. α-Methylimido-α-Oxy-α-Phenylmethan.** Sd. 215° (*Soc.* **83**, 325 *C.* **1903** [1] 581, 876).
105) **isom. anti-4-Isopropylbenzaldoxim.** Sm. 35° (*B.* **37**, 3044 *C.* **1904** [2] 1215).
106) **Aldehyd d. 6-Aethylamido-1-Methylbenzol-3-Carbonsäure.** Sm. 69,5° (*B.* **37**, 863 *C.* **1904** [1] 1207).
107) **Aldehyd d. 4-Methyläthylamidobenzol-1-Carbonsäure.** Sm. 14°; Sd. 180°$_{20}$ (*B.* **37**, 862 *C.* **1904** [1] 1206).

$C_{10}H_{13}ON_3$ *6) **α-Semicarbazon-α-Phenylpropan.** Sm. 178—179° (*A.* **325**, 147 *C.* **1903** [1] 644).
11) **β-Semicarbazon-α-Phenylpropan.** Sm. 188—189° (*A.* **325**, 146 *C.* **1903** [1] 644).
12) **α-Semicarbazon-β-Phenylpropan.** Sm. 156—157° (*C. r.* **137**, 1261 *C.* **1904** [1] 445). — *III, *41.*
13) **1-Semicarbazonmethyl-4-Aethylbenzol.** Sm. 199° (*C. r.* **136**, 558 *C.* **1903** [1] 832).
14) **Amid d. 2,4-Dimethylhydrazonessigsäure.** Sm. 184° (*J. pr.* [2] **67**, 410 *C.* **1903** [1] 1347).

$C_{10}H_{13}OCl$ 4) **γ-Chlor-β-Oxy-α-Phenyl-β-Methylpropan.** Sd. 155°$_{25}$ (*C. r.* **138**, 768 *C.* **1904** [1] 1196).

$C_{10}H_{13}OBr$ 14) **Bromumbellulon.** Sd. 140—145°$_{20}$ (*Soc.* **85**, 642 *C.* **1904** [1] 1607 *C.* **1904** [2] 330).

$C_{10}H_{13}O_2N$ *49) **γ-Amido-γ-Phenylbuttersäure.** Sm. 216°. HCl (*B.* **36**, 174 *C.* **1903** [1] 445).
*66) **Inn. Anhydrid d. 4-Trimethylamidobenzol-1-Carbonsäure** + H_2O. Sm. 255° (wasserfrei) (*B.* **37**, 414 *C.* **1904** [1] 943).
*67) **N-Anhydrid d. Dimethylphenylammoniumessigsäure** + H_2O. Sm. 123—124°. HCl; (2HCl, $PtCl_4$), Pikrat (*A.* **326**, 326 *C.* **1903** [1] 1089; *B.* **37**, 415 *C.* **1904** [1] 943; *B.* **37**, 1860 *C.* **1904** [1] 1487).
*73) **Methylester d. 4-Dimethylamidobenzol-1-Carbonsäure.** Sm. 102° (*B.* **37**, 415 *C.* **1904** [1] 943).
*81) **Aethylester d. Methylphenylamidoameisensäure.** Sd. 127—128°$_{18}$ (*B.* **36**, 2477 *C.* **1903** [2] 559).
*124) **Aethylester d. 2,6-Dimethylpyridin-3-Carbonsäure.** Sd. 140—142°$_{80}$ (*B.* **36**, 2857 *C.* **1903** [2] 1129).
136) **Methylenäther d. 6-Amido-3,4-Dioxy-1-Propylbenzol.** Sm. 24°; Sd. 156°$_{11,5}$. HCl (*Ar.* **242**, 89 *C.* **1904** [1] 1007).
137) **4-Methyläther d. β-Oximido-α-[4-Oxyphenyl]propan.** Sm. 65—66°; Sd. 160—170°. HCl (*A.* **332**, 322 *C.* **1904** [2] 651).
138) **2-Methyläther d. α-Oximido-α-[2-Oxy-4-Methylphenyl]äthan.** Sm. 136° (*C.* **1904** [1] 1597).
139) **Oxim d. Rheosmin** (*C.* **1903** [1] 883).
140) **Inn. Anhydrid d. 2-Trimethylamidobenzol-1-Carbonsäure** + ½H_2O (Anthranilsäurebetaïn). Sm. 224° (227° wasserfrei). (HCl, $AuCl_3$), HJ + H_2O (*B.* **37**, 413 *C.* **1904** [1] 943).
141) **Methylester d. α-Amido-β-Phenylpropionsäure.** Sd. 141°$_{12}$. HCl (*B.* **37**, 1267 *C.* **1904** [1] 1334).
142) **Methylester d. Methylphenylamidoessigsäure.** Sd. 140—141°$_{10}$ (*B.* **37**, 416 *C.* **1904** [1] 943).
143) **Methylester d. 2-Dimethylamidobenzol-1-Carbonsäure.** Sd. 160 bis 161°$_{38}$. HJ (*B.* **37**, 408 *C.* **1904** [1] 942).
144) **Acetat d. 4-Dimethylamido-1-Oxybenzol.** Sm. 78—79° (*A.* **334**, 309 *C.* **1904** [2] 986).
145) **Methylamid d. 3-Oxybenzoläthyläther-1-Carbonsäure.** Sm. 64° (*A.* **329**, 70 *C.* **1903** [2] 1440).
146) **Piperidid d. Furan-2-Carbonsäure.** Sm. 58° (*B.* **37**, 2953 *C.* **1904** [2] 993).

$C_{10}H_{13}O_2N_3$ 29) **Aethyläther d. α-Imido-β-Phenylnitrosamido-α-Oxyäthan.** Sm. 98° (*B.* **36**, 4304 *C.* **1904** [1] 447).

$C_{10}H_{13}O_2N_3$ 30) β-[4-Nitrophenyl]hydrazonbutan. Sm. 128° (119,5—120°) (*R.* **22**, 435 *C.* **1904** [1] 15; *B.* **37**, 1793 *C.* **1904** [1] 1612).
31) **Methyläther d. α-Semicarbazon-α-[2-Oxyphenyl]äthan.** Sm. 180 bis 182° (*B.* **36**, 3589 *C.* **1903** [2] 1365).
32) **Methyläther d. α-Semicarbazon-α-[3-Oxyphenyl]äthan.** Sm. 181 bis 183° (*B.* **36**, 3591 *C.* **1903** [2] 1366).
33) **Amid d. α-[Methyl-4-Nitrosophenyl]amidopropionsäure.** Sm. 159,5° (*B.* **36**, 761 *C.* **1903** [1] 963).
34) **Hydrazid d. α-Benzoylamidopropionsäure.** Sm. 105—107° (*J. pr.* [2] **70**, 142 *C.* **1904** [2] 1394).

$C_{10}H_{13}O_2Cl$ *1) **6-Chlor-2,5-Dioxy-4-Isopropyl-1-Methylbenzol.** Sm. 70° (*A.* **336**, 27 *C.* **1904** [2] 1467).

$C_{10}H_{13}O_3N$ 63) **γ-Keto-α-Oxy-α-[2-Hydroxylamidophenyl]butan.** Sm. 78° (D.R.P. 89978). — *III, *119.*
64) **Aethylamidomethyl-3,4-Dioxyphenylketon.** Sm. 185° u. Zers. HCl (D.R.P. 152814 *C.* **1904** [2] 271; *B.* **37**, 4153 *C.* **1904** [2] 1744).
65) **Diäthyläther d. 2-Oximido-5-Oxy-1-Keto-1,2-Dihydrobenzol.** Sm. 89,5—91,5° (*J. pr.* [2] **70**, 323 *C.* **1904** [2] 1540).
66) **Epinephrin** + $^1/_2H_2O$. HCl, HBr, H_2SO_4, Pikrat (*H.* **28**, 325; *B.* **36**, 1839 *C.* **1903** [2] 303; *B.* **37**, 368 *C.* **1904** [1] 677). — *III, *667.*
67) **Methyldamascenin-S.** HCl + H_2O (*Ar.* **242**, 313 *C.* **1904** [2] 457).
68) **β-oder-γ-Oxamido-γ-Phenylbuttersäure.** Sm. 108° (*B.* **36**, 4316 *C.* **1904** [1] 449).
69) **α-Oxamido-β-Phenylisobuttersäure** (*B.* **36**, 4314 *C.* **1904** [1] 449).
70) **6-Oxy-2-Methyl-5-Propylpyridin-6-Aethyläther-3-Carbonsäure.** Sm. 300° u. Zers. (*G.* **33** [2] 166 *C.* **1903** [2] 1283).
71) **Methylester d. 3-Dimethylamido-4-Oxybenzol-1-Carbonsäure.** Sm. 59,5—60° (*A.* **325**, 329 *C.* **1903** [1] 770).
72) **Aethylester d. 2-Cyan-3-Keto-1-Methyl-R-Pentamethylen-2-Carbonsäure.** Sm. 185° (*C.* **1903** [2] 1425).
73) **Aethylester d. 2-Oxy-3-Methylphenylamidoameisensäure.** Sm. 74—76° (*Am.* **32**, 22 *C.* **1904** [2] 696).
74) **Aethylester d. 6-Oxy-3-Methylphenylamidoameisensäure.** Sm. 101° (*Am.* **32**, 16 *C.* **1904** [2] 696).
75) **Aethylester d. 2-Oxy-4-Methylphenylamidoameisensäure.** Sm. 95° (*Am.* **32**, 20 *C.* **1904** [2] 696).
76) **Aethyl-6-Amido-2-Methylphenylester d. Kohlensäure.** HCl, (2HCl, $PtCl_4$) (*Am.* **31**, 492 *C.* **1904** [2] 94; *Am.* **32**, 21 *C.* **1904** [2] 696).
77) **Aethyl-6-Amido-3-Methylphenylester d. Kohlensäure.** HCl, (2HCl, $PtCl_4$) (*Am.* **31**, 490 *C.* **1904** [2] 94; *Am.* **32**, 20 *C.* **1904** [2] 696).
78) **Aethyl-2-Amido-4-Methylphenylester d. Kohlensäure.** HCl, (2HCl, $PtCl_4$) (*Am.* **31**, 485 *C.* **1904** [2] 94; *Am.* **32**, 18 *C.* **1904** [2] 696).
79) **Monoacetat d. 2-[ββ'-Dioxyisopropyl]pyridin.** Fl. (2HCl, $PtCl_4$ + H_2O) (*B.* **37**, 741 *C.* **1904** [1] 1089).
80) **Verbindung** (aus Damasceninjodmethylat). Sm. 118—119° (*Ar.* **242**, 319 *C.* **1904** [2] 457).

$C_{10}H_{13}O_3N_3$ 7) **Methyläther d. β-[4-Nitrophenyl]hydrazon-α-Oxypropan.** Sm. 110—111° (*G.* **33** [1] 322 *C.* **1903** [2] 281).
8) **5-Nitro-2-Oxy-1,2,3-Trimethyl-2,3-Dihydrobenzimidazol.** Sm. 175° (*B.* **36**, 3969 *C.* **1904** [1] 177).
9) **?-Nitro-2-Oxy-1,3,5-Trimethyl-2,3-Dihydrobenzimidazol.** Sm. 150° u. Zers. (*B.* **36**, 3971 *C.* **1904** [1] 178).

$C_{10}H_{13}O_3N_5$ C 47,8 — H 5,2 — O 19,1 — N 27,9 — M. G. 251.
1) **8-Acetylamido-2,6-Diketo-1,3,7-Trimethylpurin.** Sm. 270° (D.R.P. 139960 *C.* **1903** [1] 859).

$C_{10}H_{13}O_4N$ 29) **4-Methyläther d. 6-Nitro-3,4-Dioxy-1-Propylbenzol.** Sm. 52° (*Ar.* **242**, 93 *C.* **1904** [1] 1007).
30) **Dimethyläther d. β-Nitro-αα-Dioxy-α-Phenyläthan.** Sm. 55,5—56° (*A.* **325**, 10 *C.* **1903** [1] 287).
31) **β-Oxyäthylamidomethyl-3,4-Dioxyphenylketon.** HCl (D.R.P. 152814 *C.* **1904** [2] 271).
32) **2,4,6-Trimethyläther d. 2,4,6-Trioxybenzol-1-Oximidomethylbenzol.** Sm. 201—203° (*M.* **24**, 868 *C.* **1904** [1] 368).

$C_{10}H_{15}O_4N$ 33) **Aethylester d. 6-Amido-3,5-Dioxy-1-Methylbenzol-2-Carbonsäure.** HCl (*B.* **37**, 1419 *C.* **1904** [1] 1417).
34) **Aethylester d. α-[2-Furanoyl]amidopropionsäure.** Sm. 71—72° (*B.* **37**, 2958 *C.* **1904** [2] 993).

$C_{10}H_{13}O_5N_3$ C 47,0 — H 5,1 — O 31,4 — N 16,5 — M. G. 255.
1) **Aethyläther d. 3,5-Dinitro-4-Methylamido-2-Oxy-1-Methylbenzol.** Sm. 160° (*J. pr.* [2] **67**, 559 *C.* **1903** [2] 240).

$C_{10}H_{13}O_5N_5$ C 42,4 — H 4,6 — O 28,3 — N 24,7 — M. G. 283.
1) **Vernin** (oder $C_{16}H_{20}O_8N_8$) (*H.* **41**, 462 *C.* **1904** [1] 1656).

$C_{10}H_{13}O_5Cl$ 2) **γε-Lakton d. ζ-Chlor-ε-Oxy-β-Ketohexan-αγ-Dicarbonsäure-α-Aethylester.** Fl. Cu (*C. r.* **136**, 435 *C.* **1903** [1] 698).

$C_{10}H_{13}O_6N_5$ C 40,1 — H 4,3 — O 32,1 — N 23,4 — M. G. 299.
1) **2,4,6-Trinitro-1,3-Di-[Aethylamido]benzol.** Sm. 144° (*R.* **21**, 325 *C.* **1903** [1] 80).
2) **3,5-Dinitro-4-Methylnitramido-2-Dimethylamido-1-Methylbenzol.** Sm. 126—127° (*J. pr.* [2] **67**, 527 *C.* **1903** [2] 239).

$C_{10}H_{13}NS$ 7) **Phenylamid d. Thiobuttersäure.** Sm. 32—33° (*B.* **36**, 588 *C.* **1903** [1] 830).

$C_{10}H_{13}NS_2$ 8) **Methylester d. Aethylphenylamidodithioameisensäure.** Sm. 52 bis 53° (*J. pr.* [2] **67**, 287 *C.* **1903** [1] 1306).
9) **Aethylester d. Methylphenylamidodithioameisensäure.** Sm. 94 bis 95,5° (*J. pr.* [2] **67**, 286 *C.* **1903** [1] 1306).

$C_{10}H_{13}N_2J$ 5) **Jodnikotin** (*C.* **1903** [2] 123).

$C_{10}H_{13}N_3S_2$ 2) **Aethyläther d. α-[β-Phenylthioureïdo]-α-Imido-α-Merkaptomethan.** Sm. 114° (*Am.* **30**, 173 *C.* **1903** [2] 871).

$C_{10}H_{13}N_3S_3$ 1) **β-Methyl-β-[Methylmerkaptophenylimido]methylhydrazidodithioameisensäure** (*B.* **37**, 2323 *C.* **1904** [2] 312).

$C_{10}H_{14}ON_2$ *5) **4-Nitroso-1-Diäthylamidobenzol** (*C.* **1904** [2] 319).
*11) **4-Acetylamido-1-Dimethylamidobenzol.** Sm. 129° (*A.* **334**, 311 *C.* **1904** [2] 986).
*60) **Amid d. α-Methylphenylamidopropionsäure.** Sm. 47,5° (*B.* **36**, 760 *C.* **1903** [1] 962).
62) **2-Methylnitrosamido-1,3,5-Trimethylbenzol.** Fl. (*A.* **327**, 110 *C.* **1903** [1] 1213).
63) **Aethyläther d. α-Imido-β-Phenylamido-α-Oxyäthan.** Sd. 134°$_{120}$. 2HCl (*B.* **36**, 4303 *C.* **1904** [1] 447).
64) **4-Aethylamido-3-Methylbenzaldoxim.** Sm. 82° (*B.* **37**, 864 *C.* **1904** [1] 1207).
65) **Methyläther d. β-Phenylhydrazon-α-Oxypropan.** Sd. 186°$_{24}$ u. Zers. (*G.* **33** [1] 320 *C.* **1903** [2] 281).
66) **Amid d. Aethylphenylamidoessigsäure.** Sm. 114° (D.R.P. 142559 *C.* **1903** [2] 81).

$C_{10}H_{14}NBr_2$ *2) **αβ-Dibromcampher.** Sm. 112—114° (*B.* **37**, 2078 *C.* **1904** [2] 18).
5) **Dibromdihydroumbellulon.** Fl. (*Soc.* **85**, 641 *C.* **1904** [1] 1607 *C.* **1904** [2] 329).
6) **isom. Dibromdihydroumbellulon.** Sm. 119—119,5° (*Soc.* **85**, 643 *C.* **1904** [1] 1607 *C.* **1904** [2] 330).

$C_{10}H_{14}OJ_2$ 1) **o,o-Dijodcampher.** Sm. 108—109° (*B.* **37**, 2165, 2182 *C.* **1904** [2] 222).

$C_{10}H_{14}O_2N_2$ *34) **Aethylester d. α-Phenylhydrazidoessigsäure.** HCl, Oxalat (*B.* **36**, 3883 *C.* **1904** [1] 27).
*35) **Aethylester d. β-Phenylhydrazidoessigsäure.** Oxalat (*B.* **36**, 3881 *C.* **1904** [1] 26).
52) **Methylenäther d. 2,6-Diamido-3,4-Dioxy-1-Propylbenzol.** Sm. 72°. HCl (*Ar.* **242**, 91 *C.* **1904** [1] 1007).
53) **Peroxyd d. Campherdioxim.** Sm. 144,5° (*Soc.* **83**, 525 *C.* **1903** [1] 1136, 1353).
54) **3,6-Di[Methylamido]-2,5-Dimethyl-1,4-Benzochinon.** Sm. 227° (*B.* **37**, 2388 *C.* **1904** [2] 308).
55) **Amid d. 2-Oxyphenylamidoessigäthyläthersäure.** Sm. 161—162° (*Bl.* [3] **29**, 967 *C.* **1903** [2] 1118).
56) **Amid d. 4-Oxyphenylamidoessigäthyläthersäure.** Sm. 145—146° (*Bl.* [3] **29**, 967 *C.* **1903** [2] 1118).

$C_{10}H_{14}O_2N_4$ 10) **Diamid d. 1,3-Phenylendi[Amidoessigsäure].** Sm. 196—197° (*Bl.* [3] **29**, 967 *C.* **1903** [2] 1118).
11) **Diamid d. 1,4-Phenylendi[Amidoessigsäure].** Sm. 250—252° u. Zers. (*Bl.* [3] **29**, 967 *C.* **1903** [2] 1118).

$C_{10}H_{14}O_2Br_4$ 1) **Lakton d. αβζη-Tetrabrom-δ-Oxyheptan-δ-[Aethyl-β-Carbonsäure].** Sm. 125—127° (*C.* **1904** [1] 1330).

$C_{10}H_{14}O_2S_2$ 1) **2,5-Diäthyläther d. 2,5-Dimerkapto-1,4-Dioxybenzol.** Sm. 49 bis 50° (*A.* **336**, 158 *C.* **1904** [2] 1300).

$C_{10}H_{14}O_3N_2$ 7) **Dimethyläther d. 2-Acetylamido-5-Amido-1,4-Dioxybenzol** (D.R.P. 139286 *C.* **1903** [1] 679).
8) **Aethylester d. 3-Acetyl-1,4-Dimethylpyrazol-5-Carbonsäure.** Sm. 80—81° (*B.* **36**, 1130 *C.* **1903** [1] 1138).

$C_{10}H_{14}O_3S$ *25) **1,2,3,5-Tetramethylbenzol-4-Sulfonsäure.** Sm. 79—80° (*B.* **37**, 1717 *C.* **1904** [1] 1489).

$C_{10}H_{14}O_4N_2$ 5) **α-Cyan-α-Oxyessig-[β-Cyan-α-Aethoxylbutyl]äthersäure.** Sm. 153° u. Zers. (*C.* **1904** [1] 159).
6) **Aethylester d. α-Cyan-α-Oxyessig-[β-Cyan-α-Aethoxyläthyl]äthersäure.** Sm. 53°; Sd. 235°$_{20}$ u. Zers. (*C.* **1904** [1] 159).
7) **Monoäthylester d. 3,6-Dimethyl-4,5-Dihydro-1,2-Diazin-4,5-Dicarbonsäure.** Sm. 205—207° K (*B.* **35**, 4313 *C.* **1903** [1] 336; *B.* **36**, 502 *C.* **1903** [1] 654).
8) **Verbindung** (aus 1-Nitrocamphen). Sm. 123° (*Soc.* **85**, 327 *C.* **1904** [1] 807, 1440).

$C_{10}H_{14}O_4N_4$ 3) **3,5-Dinitro-2-Dimethylamido-4-Methylamido-1-Methylbenzol.** Sm. 115° (*J. pr.* [2] **67**, 565 *C.* **1903** [2] 241).
4) **Dihydrazid d. 3,4-Dioxybenzoldimethyläther-1,2-Dicarbonsäure.** Sm. 215° (*M.* **24**, 379 *C.* **1903** [2] 493).

$C_{10}H_{14}O_4Br_4$ 4) **Tetrabromid d. Säure** $C_{10}H_{14}O_4$. Sm. 90° (*C.* **1901** [1] 53). — *II, *1026.*

$C_{10}H_{14}O_4S$ *7) **3-Oxy-4-Isopropyl-1-Methylbenzol-6-Sulfonsäure.** Salze siehe (*A.* **328**, 141 *C.* **1903** [2] 991).
17) **4-Oxy-1-Aethylbenzoläthyläther-?-Sulfonsäure.** Sm. 82—84° (*B.* **36**, 3594 *C.* **1903** [2] 1366).

$C_{10}H_{14}O_4S_2$ 3) **α-Aethylsulfon-α-Phenylsulfonäthan.** Sm. 97—99° (*B.* **36**, 303 *C.* **1903** [1] 500).
4) **α-Aethylsulfon-α-Benzylsulfonmethan.** Sm. 172—174° (*B.* **36**, 300 *C.* **1903** [1] 500).

$C_{10}H_{14}O_5N_2$ 4) **Verbindung** (aus 1-Nitrocamphen). Sm. 85—86°. NH_4, Cu, Ag (*Soc.* **85**, 330 *C.* **1904** [1] 807, 1440).

$C_{10}H_{14}O_8S$ 1) **Tetramethylester d. Dimethylsulfid-ααββ-Tetracarbonsäure.** Sm. 122° (*B.* **36**, 3724 *C.* **1903** [2] 1416).

$C_{10}H_{14}O_8S_3$ 1) **Tetramethylester d. Trithiodimalonsäure.** Sm. 167° (*B.* **36**, 3722 *C.* **1903** [2] 1416).

$C_{10}H_{14}N_2S$ 13) **Methyläther d. α-Imido-α-[Methyl-4-Methylphenyl]amido-α-Merkaptomethan.** Sm. 190—191° (*Am.* **30**, 175 *C.* **1903** [2] 872).

$C_{10}H_{15}ON$ *30) **Pseudoephedrin** (Isoephedrin). Sm. 117°. HCl, (HCl, $AuCl_3$) (*Ar.* **242**, 380 *C.* **1904** [2] 508).
*40) **Ephedrin** (*Ar.* **242**, 380 *C.* **1904** [2] 508).

$C_{10}H_{15}ON_3$ 8) **α-Amido-β-Aethyl-α-Benzylharnstoff.** Fl. (*B.* **37**, 2325 *C.* **1904** [2] 312).
9) **β-Nitroso-αβ-Diäthyl-α-Phenylhydrazin.** Fl. (*C.* **1903** [1] 1128; *B.* **35**, 4187 *C.* **1903** [1] 143).
10) **Amid d. 4-Dimethylamidophenylamidoessigsäure.** Sm. 159—160° (*Bl.* [3] **29**, 968 *C.* **1903** [2] 1118).

$C_{10}H_{15}OCl$ *2) **α-Chlorcampher.** Sm. 92° (*C.* **1903** [2] 373).
11) **Chlorid d. Pulegensäure** (*A.* **327**, 128 *C.* **1903** [1] 1412).

$C_{10}H_{15}OBr$ *2) **α-Bromcampher.** Sm. 76° (*B.* **36**, 668 *C.* **1903** [1] 771).
11) **l-α-Bromcampher.** Sm. 76° (*Soc.* **79**, 80). — *III, *371.*
12) **Bromdihydroumbellulon.** Sm. 58—59° (*Soc.* **85**, 644 *C.* **1904** [1] 1608; *C.* **1904** [2] 330).

$C_{10}H_{15}OJ$ *1) **α-Jodcampher.** Sm. 42—43° (*B.* **37**, 2168, 2182 *C.* **1904** [2] 222).

$C_{10}H_{15}O_2N$ *4) **Nitro-α-Phellandren.** Sd. 130—134°$_{11}$ (*A.* **336**, 30 *C.* **1904** [2] 1468).
*5) **Nitropinen** (*A.* **336**, 7 *C.* **1904** [2] 1466).
*6) **Oximidocampher.** 2 + 3$HgNO_3$, 2 + $AgNO_3$ (*C. r.* **136**, 1223 *C.* **1903** [2] 116; *C.* **1903** [2] 878; *Soc.* **85**, 902 *C.* **1904** [2] 596).

$C_{10}H_{15}O_2N$ *21) **Imid d. Camphersäure.** Sm. 248—249° (*Ph. Ch.* **42**, 703 *C.* **1903** [1] 757; *A.* **328**, 342 *C.* **1903** [2] 1124).
32) **Nitro-β-Phellandren.** Fl. (*G.* **16**, 227; *A.* **336**, 44 *C.* **1904** [2] 1468). — III, *530*.
33) **isom. Oximidocampher.** Sm. 114° (*Soc.* **83**, 534 *C.* **1903** [1] 1136, 1353; *Soc.* **85**, 904 *C.* **1904** [2] 597).
34) **Aethylester d. 1,2,5-Trimethylpyrrol-3-Carbonsäure.** Sm. 48°; Sd. 282—283°$_{748}$ (*C.* **1903** [2] 1281).
35) **Imid d. i-Camphersäure.** Sm. 249° (*Am.* **28**, 484 *C.* **1903** [1] 329).

$C_{10}H_{15}O_2Br$ 9) **2,6-Diketo-4-[α-Bromisopropyl]-1-Methylhexahydrobenzol.** Sm. 135° (*A.* **330**, 271 *C.* **1904** [1] 948).

$C_{10}H_{15}O_2J$ 1) **δ-Jod-αζ-Heptadiën-δ-[Aethyl-β-Carbonsäure]** (γ-Jod-γγ-Diallylbuttersäure). Fl. (*C.* **1904** [1] 1330).

$C_{10}H_{15}O_3N$ 28) **tert. Nitrofenchon.** Sm. 96,5—97,5° (*C.* **1904** [1] 282).
29) **sec. Nitrofenchon.** Sm. 86—87° (*C.* **1904** [1] 282).
30) **Nitropulegon.** Sm. 123° (*C.* **1904** [1] 282).
31) **5-Oxy-5-Cyan-1,3-Dimethylhexahydrobenzol-1-Carbonsäure** + $2H_2O$? Sm. 202,5° (*B.* **37**, 4063 *C.* **1904** [2] 1650).
32) **Amid d. i-Camphansäure.** Sm. 196° (*Am.* **28**, 482 *C.* **1903** [1] 329).

$C_{10}H_{15}O_3N_3$ 4) **1-Amid d. 3,6-Dimethyl-1,4-Dihydro-1,2-Diazin-1,5-Dicarbonsäure-5-Aethylester.** Sm. 230° (*A.* **331**, 315 *C.* **1904** [2] 46).
5) **Verbindung** (aus Anemonin). Sm. 68—69° (*Ar.* **230**, 204). — *III, *455*.

$C_{10}H_{15}O_3N_5$ C 47,4 — H 5,9 — O 19,0 — N 27,7 — M. G. 253.
1) **Aethylester d. 3-[α-Sem[illegible]-4-Methylpyrazol-5-Carbonsäure.** Sm. 220—2[illegible] [illegible] 1903 [1] 1138).

$C_{10}H_{15}O_4P$ 5) **α-Oxyisopropyl-α-Oxybenzylunterphosphorige Säure.** Ag (*C.* **1904** [2] 1709).
6) **Säure** (aus Acetaldehyd). Sm. 192° (*C. r.* **138**, 1708 *C.* **1904** [2] 423).
7) **Säure** (aus Aceton). Sm. 182° (*C. r.* **138**, 1708 *C.* **1904** [2] 422).

$C_{10}H_{15}O_5N_5$ C 42,1 — H 5,2 — O 28,1 — N 24,6 — M. G. 285.
1) **Aethylester d. Diazoacetyldi[Amidoacetyl]amidoessigsäure.** Sm. 159° u. Zers. (*B.* **37**, 1295 *C.* **1904** [1] 1330).

$C_{10}H_{15}O_6N_3$ C 43,9 — H 5,5 — O 35,2 — N 15,4 — M. G. 273.
1) **3,4,6-Trinitro-5-Methyl-2-Isopropyl-1,2,3,4-Tetrahydrobenzol.** Sm. 136—137° (*A.* **313**, 351; *A.* **336**, 21 *C.* **1904** [2] 1467).
2) **Nitrosat d. 1-Nitrocamphen.** Sm. 217° u. Zers. (*Soc.* **85**, 326 *C.* **1904** [1] 807, 1440).

$C_{10}H_{15}O_7N$ 2) **Triäthylester d. Stickstoffdicarbonsäureketocarbonsäure** (Dicarboxäthyloxamäthan). Sd. 170,5—171,5°$_{11}$ (*B.* **37**, 3679 *C.* **1904** [2] 1495).

$C_{10}H_{16}ON_4$ 2) **Nitril d. 5-Semicarbazon-1,3-Dimethylhexahydrobenzol-1-Carbonsäure.** Sm. 200—201° (*B.* **37**, 4062 *C.* **1904** [2] 1650).

$C_{10}H_{16}OBr_2$ 10) **Dibromid d. Dihydrocarvoxyd.** Sm. 55° (*B.* **36**, 760 *C.* **1903** [1] 836).
11) **Menthenondibromid.** Sm. 36° (*C.* **1903** [2] 1373).

$C_{10}H_{16}OS$ 1) **β-Merkaptocampher.** Sm. 66°. Pb, HgCl (*Soc.* **83**, 479 *C.* **1903** [1] 923, 1137).

$C_{10}H_{16}O_2N_2$ *11) **β-[3,5-Dioximido-4-Methylhexahydrophenyl]propen.** Sm. 188° (*A.* **330**, 274 *C.* **1904** [1] 948).
14) **α-d-Campherdioxim.** Sm. 201° (181—182° u. Zers.) (*B.* **26**, 243; *G.* **30** [2] 297; *Soc.* **83**, 519 *C.* **1903** [1] 1136, 1352). — III, *500*; *III, *367*.
15) **β-d-Campherdioxim.** Sm. 248° (220—221° u. Zers.) (*B.* **26**, 243; *G.* **30** [2] 298; *Soc.* **83**, 519 *C.* **1903** [1] 1136, 1352). — III, *500*; *III, *367*.
16) **γ-d-Campherdioxim.** Sm. 138° (131—132°) (*B.* **26**, 244; *Soc.* **83**, 519 *C.* **1903** [1] 1136, 1352; *Soc.* **85**, 913 *C.* **1904** [2] 598). — III, *500*; *III, *367*.
17) **δ-d-Campherdioxim.** Sm. 199° (*Soc.* **83**, 520 *C.* **1903** [1] 1136, 1353). — *III, *367*.
18) **r-Camphenylnitramin** (r-Nitrocampherimin). Sm. 28° (*C. r.* **136**, 1143 *C.* **1903** [1] 1410).
19) **Pernitrosoderivat** (aus Thujonoxim). Fl. (*R. A. L.* [5] **9** [1] 211). — *III, *385*.
20) **2,4,6-Triketo-5,5-Dipropylhexahydro-1,3-Diazin** (Dipropylmalonylharnstoff) (*C.* **1903** [1] 1155).
21) **Skatosin.** 3HCl (*C.* **1903** [1] 411).

$C_{10}H_{16}O_2N_2$ 22) **Methylester d. 3,4-Dimethyl-5-Propylisopyrazol-4-Carbonsäure.** Sd. 156—158°₁₄ (*Bl.* [3] **27**, 1104 *C.* **1903** [1] 227).
23) **Verbindung** (aus d. Verbindung $C_{24}H_{34}O_4N_4$). Sm. noch nicht bei 260° (*Soc.* **85**, 911 *C.* **1904** [2] 598).

$C_{10}H_{16}O_2N_4$ 2) **5-Nitro-3-Amido-2-Dimethylamido-4-Methylamido-1-Methylbenzol.** Sm. 61,5—62° (*J. pr.* [2] **67**, 568 *C.* **1903** [2] 241).

$C_{10}H_{16}O_2N_8$ C 42,8 — H 5,7 — O 11,4 — N 40,0 — M. G. 280.
1) **Porphyrindin** + $2H_2O$. Sm. 190° u. Zers. wasserfrei (*B.* **36**, 1301 *C.* **1903** [1] 1256).

$C_{10}H_{16}O_2Cl_2$ 2) **Chlorid d. β-Methylheptan-γζ-Dicarbonsäure.** Sd. 247—248°₂₅ (*C. r.* **136**, 458 *C.* **1903** [1] 696).

$C_{10}H_{16}O_2Br_2$ 5) **Methylester d. Dibromdihydro-β-Campholytsäure.** Fl. (*Soc.* **83**, 860 *C.* **1903** [2] 573).

$C_{10}H_{16}O_2Br_4$ 1) **αβζη-Tetrabromheptan-δ-[Aethyl-β-Carbonsäure]** (*C.* **1904** [1] 1330).

$C_{10}H_{16}O_3N_2$ *3) **d-Phellandrennitrit** (*B.* **36**, 1754 *C.* **1903** [2] 118).
4) **α-Nitrit d. d-α-Phellandren.** Sm. 112—113° (*A.* **336**, 15 *C.* **1904** [2] 1466).
10) **β-Nitrit d. d-α-Phellandren.** Sm. 105° (*A.* **336**, 15 *C.* **1904** [2] 1467).
11) **α-Nitrit d. l-α-Phellandren.** Sm. 112—113° (*A.* **336**, 15 *C.* **1904** [2] 1466).
12) **β-Nitrit d. l-α-Phellandren.** Sm. 105° (*A.* **336**, 15 *C.* **1904** [2] 1467).
13) **α-Nitrit d. β-Phellandren.** Sm. 102° (*G.* **16**, 226; *A.* **336**, 44 *C.* **1904** [2] 1468). — **III**, *530.*
14) **β-Nitrit d. β-Phellandren.** Sm. 97—98° (*G.* **16**, 226; *A.* **336**, 44 *C.* **1904** [2] 1468). — **III**, *530.*
15) **Pulegonnitrosit.** Sm. 68—69° (*C. r.* **137**, 494 *C.* **1903** [2] 1003).
16) **2,4,6-Triketo-5,5-Dipropylhexahydro-1,3-Diazin.** Sm. 145° (146°). Na (D.R.P. 146496 *C.* **1903** [2] 1483; D.R.P. 146949 *C.* **1904** [1] 68; *A.* **335**, 344 *C.* **1904** [2] 1381).

$C_{10}H_{16}O_4Br_2$ *7) **Diäthylester d. αδ-Dibrombutan-αα-Dicarbonsäure.** Sd. 176 bis 177,5°₁₃ (*A.* **326**, 100 *C.* **1903** [1] 842).

$C_{10}H_{16}O_4S$ 4) **Carvonhydrosulfonsäure.** Na, Ba (*Bl.* [3] **23**, 280; *B.* **37**, 4042 *C.* **1904** [2] 1647).
5) **l-Camphersulfonsäure.** NH_4 (*Soc.* **79**, 80). — ***III**, *371.*

$C_{10}H_{16}O_5N_2$ 2) **Verbindung** (aus Pulegon). Sm. 84—86° (*C.* **1904** [1] 282).
3) **isom. Verbindung** (aus Pulegon). Sm. 64—72° (*C.* **1904** [1] 282).
4) **isom. Verbindung** (aus Pulegon). Sm. 96—98° (*C.* **1904** [1] 282).

$C_{10}H_{16}O_5S$ *2) **Sulfocampholencarbonsäure.** NH_4, K, K_2, Ca, Ba, Mg (*C.* **1903** [2] 38; *Soc.* **83**, 1102 *C.* **1903** [2] 793).

$C_{10}H_{16}NCl$ 6) **β-Chlorcampherimin.** Zers. bei 200° (*C.* **1903** [2] 373).

$C_{10}H_{16}NJ_9$ 1) **Dimethyläthylphenylammoniumnonajodid.** Sm. 29° (*J. pr.* [2] **67**, 351 *C.* **1903** [1] 1297).

$C_{10}H_{17}ON$ *13) **Oxim d. d-Campher.** + $2HgNO_3$, 2 + $AgNO_3$ (*C.* **1903** [2] 878).
*21) **r-4-Oximido-2-Isopropyl-5-Methyl-1,2,3,4-Tetrahydrobenzol.** Sm. 92—93° (*A.* **336**, 38 *C.* **1904** [2] 1468).
*46) **Trimethyl-4-Methylphenylammoniumhydroxyd.** Methylsulfat (*A.* **327**, 111 *C.* **1903** [1] 1213).
*50) **Amid d. r-α-Campholensäure.** Sm. 122° (*C. r.* **138**, 696 *C.* **1904** [1] 1087).
*55) **Amid d. Pulegensäure.** Sm. 121—122° (*A.* **327**, 128 *C.* **1903** [1] 1412).
*68) **d-4-Oximido-2-Isopropyl-5-Methyl-1,2,3,4-Tetrahydrobenzol.** Sm. 75° (*A.* **336**, 38 *C.* **1904** [2] 1468).
*69) **Oximidomenthen.** Sm. 62—62,5° (*C.* **1904** [1] 1347).
78) **Trimethyl-2-Methylphenylammoniumhydroxyd.** Methylsulfat (*A.* **327**, 111 *C.* **1903** [1] 1213).
79) **3-Oximido-5-Isopropyl-2-Methyl-1,2,3,4-Tetrahydrobenzol.** Sm. 63—66° (*B.* **28**, 1588). — ***III**, *385.*
80) **l-4-Oximido-2-Isopropyl-5-Methyl-1,2,3,4-Tetrahydrobenzol.** Sm. 75—76° (*A.* **336**, 37 *C.* **1904** [2] 1468).
81) **α-Anhydropulegonhydroxylamin.** Sd. 91°₃. Pikrat (*B.* **37**, 951 *C.* **1904** [1] 1087; *B.* **37**, 2282 *C.* **1904** [2] 441; *B.* **37**, 1341 *C.* **1904** [1] 1350; *B.* **37**, 2428 *C.* **1904** [2] 442).

$C_{10}H_{17}ON$ 82) **Oxim d. Calaminthon.** Sm. 88—89°. HCl (*C. r.* **136**, 388 *C.* **1903** [1] 714).
83) **Oxim d. synth. Pulegon.** Sd. 145°$_{15}$ (*A.* **300**, 270). — *III, *384.*
84) **Oxim d. Keton** $C_{10}H_{16}O$. Sm. 96—98° (*C.* **1898** [1] 572). — *III, *386.*
85) **Oxim d. Keton** $C_{10}H_{16}O$ (aus Terpinennitrosit). Sm. 83—84° (*C.* **1898** [1] 572). — *III, *386.*
86) **5-Keto-1,2,2-Trimethyl-4-Isopropylidentetrahydropyrrol.** Sd. 127 bis 128°$_{15}$ (*B.* **36**, 3370 *C.* **1903** [2] 1187).
87) **Amid d. 1,1,3-Trimethyl-1,2,3,4-Tetrahydrobenzol-5-Carbonsäure?** Nadeln; Sd. 168°$_{11}$ (D.R.P. 141699 *C.* **1903** [1] 1245).

$C_{10}H_{17}ON_3$ *11) **Semicarbazon d. Pulegenon.** Sm. 183—184° (*A.* **327**, 134 *C.* **1903** [1] 1412).
14) **α-Semicarbazon-β-Nonin.** Sm. 78—79° (*C. r.* **138**, 1341 *C.* **1904** [2] 187).
15) **2-Semicarbazon-1-Methyl-3-Isopropyliden-R-Pentamethylen.** Sm. 197° (*A.* **331**, 326 *C.* **1904** [1] 1567).
16) **Semicarbazon d. Pinophoron.** Sm. 157—158° (*B.* **37**, 240 *C.* **1904** [1] 726).

$C_{10}H_{17}OCl$ 5) **Dihydrocarvonhydrochlorid.** Sd. 155,5—157°$_{15}$ (*J. pr.* [2] **56**, 256). — *III, *375.*

$C_{10}H_{17}OBr$ 1) **3-Keto-4-[α-Bromisopropyl]-1-Methylhexahydrobenzol.** Sm. 40,5° (*A.* **262**, 21; *B.* **32**, 3368). — *III, *383.*
2) **o-Brommenthon.** Sd. 102—108°$_{16-18}$ (*B.* **37**, 2078 *C.* **1904** [2] 18).
3) **Pulegonhydrobromid.** Sm. 40—41° (*C.* **1904** [2] 1045).

$C_{10}H_{17}O_2N$ 35) **sec. i-Nitrodihydrocamphen.** Sm. 125—129° (*C.* **1903** [1] 512).
36) **ϑ-Oximido-ϑ-Oxy-βζ-Dimethyl-βζ-Oktadiën** (Geranylhydroxamsäure). Fl. Cu (*G.* **34** [2] 73 *C.* **1904** [2] 734).
37) **α-Cyanoktan-α-Carbonsäure.** Sm. 141° (*C.* **1904** [1] 880).

$C_{10}H_{17}O_2N_3$ C 56,9 — H 8,0 — O 15,2 — N 19,9 — M. G. 211.
1) **2-Imido-4,6-Diketo-5,5-Dipropylhexahydro-1,3-Diazin.** HNO_3 (*A.* **335**, 353 *C.* **1904** [2] 1381).

$C_{10}H_{17}O_2Cl$ 7) **r-Pinolglykolchlorhydrin.** Sm. 105—107° (*B.* **29**, 888). — *III, *392.*
8) **Aethylester d. β-Chlor-α-Hepten-α-Carbonsäure.** Sd. 123—128°$_{18}$ (*Bl.* [3] **29**, 677 *C.* **1903** [2] 488).

$C_{10}H_{17}O_3N$ *3) **α-Campheraminsäure.** NH_4 (*Am.* **32**, 287 *C.* **1904** [2] 1222).
*4) **β-Campheraminsäure.** Na (*Am.* **32**, 287 *C.* **1904** [2] 1222).
32) **i-Campheraminsäure.** Sm. 198° (*Am.* **28**, 485 *C.* **1903** [1] 829).
33) **Methylester d. r-Ecgonin.** Sm. 125—126° (*A.* **326**, 68 *C.* **1903** [1] 841).

$C_{10}H_{17}O_3N_3$ 6) **5-Semicarbazon-1,3-Dimethylhexahydrobenzol-1-Carbonsäure.** Sm. 203—205° (*B.* **37**, 4072 *C.* **1904** [2] 1652).

$C_{10}H_{17}O_3P$ 3) **Verbindung** (aus Terpentinöl) (*C.* **1904** [2] 654).

$C_{10}H_{17}O_4N_3$ 2) **2,5-Diketo-1,4,4-Trimethyltetrahydroimidazol-3-α-Amidoisobuttersäure.** Sm. 169° (*C.* **1904** [2] 1029).

$C_{10}H_{17}O_4Cl_5$ 1) **Di[ββ-Dichlor-α-Aethoxyäthyläther] d. β-Chlor-αα-Dioxyäthan.** Sm. 82—84° (*G.* **33** [2] 407 *C.* **1904** [1] 922).

$C_{10}H_{17}O_4Br$ *5) **Diäthylester d. δ-Brombutan-αα-Dicarbonsäure.** Sd. 153—154°$_{?}$ (*A.* **326**, 99 *C.* **1903** [1] 842).

$C_{10}H_{17}O_5N$ 3) **Verbindung** (aus Dimethylamin u. 3,4,5-Trioxybenzol-1-Carbonsäureäthylester). Sm. 79° (D.R.P. 141101 *C.* **1903** [1] 1058).

$C_{10}H_{17}O_5N_3$ *1) **α-Antipepton** (α-Trypsinfibrinpepton) (*H.* **38**, 258, 269 *C.* **1903** [2] 210).
2) **δ-Semicarbazonheptan-αη-Dicarbonsäure.** Sm. 176—177° (*B.* **37**, 3820 *C.* **1904** [2] 1606).
3) **Diäthylester d. β-Semicarbazonpropan-αγ-Dicarbonsäure.** Sm. 94—95° (*Bl.* [3] **31**, [illegible] **1904** [illegible]).

$C_{10}H_{17}O_6N$ 3) **Phaseolunatin.** Sm. 141° (*C.* **1903** [2] 1334).
4) **Triäthylester d. Amidoessigsäure-N-Dicarbonsäure.** Sm. 30,5°; Sd. 152—153°$_{10}$ (*B.* **37**, [illegible] *C.* **1904** [2] 1495).

$C_{10}H_{17}O_6N_3$ C 43,6 — H 6,2 — O 34,9 — N 15,3 — M. G. 275.
1) **α-Carbäthoxyamidopropionylamidoacetylamidoessigsäure.** Sm. 161 bis 162° (*B.* **36**, 2988 *C.* **1903** [2] 1112).
2) **Aethylester d. Oxyacetyldi[Amidoacetyl]amidoessigsäure** (*B.* **37**, 1297 *C.* **1904** [1] 1336).

$C_{10}H_{17}O_6N_5$ C 39,6 — H 5,6 — O 31,7 — N 23,1 — M. G. 303.
1) **Tetra[Amidoacetyl]amidoessigsäure** (Tetraglycylglycin). Zers. oberh. 246° (*B.* **37**, 2507 *C.* **1904** [2] 427).

$C_{10}H_{17}O_7N$ 2) **Nitrat d. l-α-Oxyäthan-αβ-Dicarbonsäuredipropylester.** Fl. (*B.* **35**, 4365 *C.* **1903** [1] 321).

$C_{10}H_{17}O_8N$ C 43,0 — H 6,1 — O 45,9 — N 5,0 — M. G. 279.
1) **Dipropylester d. Nitroweinsäure.** Fl. (*B.* **35**, 4367 *C.* **1903** [1] 321; *B.* **36**, 780 *C.* **1903** [1] 826).

$C_{10}H_{17}N_2Br$ 2) **Bromäthylat d. s-Aethylphenylhydrazin** (*C. r.* **137**, 330 *C.* **1903** [2] 716; *Bl.* [3] **29**, 969 *C.* **1903** [2] 1115).

$C_{10}H_{17}N_2J$ *2) **Jodäthylat d. s-Aethylphenylhydrazin** (*C. r.* **137**, 330 *C.* **1903** [2] 716; *Bl.* [3] **29**, 969 *C.* **1903** [2] 1115).

$C_{10}H_{18}ON_2$ 18) **Oxim d. α-Anhydropulegonhydroxylamin.** Sm. 181° (*B.* **37**, 953 *C.* **1904** [1] 1087).
19) **5-Keto-4-Aethyl-3-Amyl-4,5-Dihydropyrazol.** Sm. 138—139° (*Bl.* [3] **31**, 596 *C.* **1904** [2] 26).
20) **2,5-Diisobutyl-1,3,4-Oxdiazol.** Sd. 232° (*J. pr.* [2] **69**, 483 *C.* **1904** [2] 537).
21) **Amid d. α-Cyanoktan-α-Carbonsäure.** Sm. 137,5° (*C.* **1903** [2] 193).

$C_{10}H_{18}O_2N_2$ *8) **d-β-[3-Oxamido-5-Oximido-4-Methylhexahydrophenyl]propen** + $^1/_2H_2O$. Sm. 106° (*A.* **330**, 268 *C.* **1904** [1] 947).
16) **l-β-[3-Oxamido-5-Oximido-4-Methylhexahydrophenyl]propen** (l-Oxamidocarvoxim). Sm. 109°. 2HCl (*A.* **330**, 273 *C.* **1904** [1] 948).
17) **β-[2-Hydroxylnitrosamido-4-Methylhexahydrophenyl]propen.** Sm. 52° (*B.* **36**, 486 *C.* **1903** [1] 637).
18) **Oxim d. Hydroxylamidodihydroumbellulon** (*Soc.* **85**, 636 *C.* **1904** [1] 1607 *C.* **1904** [2] 333).
19) **Eucarvonoxaminoxim.** Sm. 141—142°. Oxalat (*A.* **330**, 275 *C.* **1904** [1] 948).

$C_{10}H_{18}O_2N_8$ C 42,6 — H 6,4 — O 11,3 — N 39,7 — M. G. 282.
1) **Verbindung** (aus Porphyrexin). Sm. 280° u. Zers. (*B.* **36**, 1299 *C.* **1903** [1] 1256).

$C_{10}H_{18}O_3N_2$ 7) **Methylmonamid d. 1-Methyltetrahydropyrrol-2,2-Dicarbonsäuremonoäthylester.** Sm. 199,5—200° (*A.* **326**, 115 *C.* **1903** [1] 843).

$C_{10}H_{18}O_4N_2$ 12) **Monoureïd d. Heptan-δδ-Dicarbonsäure.** Sm. 147° (D.R.P. 144431 *C.* **1903** [2] 813; *A.* **335**, 363 *C.* **1904** [2] 1382).

$C_{10}H_{18}O_4N_6$ C 41,9 — H 6,3 — H 22,4 — N 29,4 — M. G. 286.
1) **Isobutylester d. αβ-Disemicarbazonbuttersäure.** Sm. 254—255° (*C. r.* **138**, 1222 *C.* **1904** [2] 27).

$C_{10}H_{18}O_4S$ 5) **l-Borneolschwefelsäure.** K (*C. r.* **125**, 111). — *III, *338.*

$C_{10}H_{18}O_5N_2$ 2) **Diäthylester d. α-Carboxylamidoacetylamidopropionsäure** (Carbäthoxylglycylalaninäthylester). Sm. 65,5—66,5° (*B.* **36**, 2111 *C.* **1903** [2] 345).

$C_{10}H_{18}O_6N_4$ C 43,8 — H 6,6 — O 29,2 — N 20,4 — M. G. 274.
1) **Aethylester d. Tri[Amidoacetyl]amidoessigsäure.** Zers. bei 270°. HCl, (2HCl, $PtCl_4$ + $2H_2O$), Pikrat (*B.* **37**, 1287 *C.* **1904** [1] 1336; *B.* **37**, 2504 *C.* **1904** [2] 426).

$C_{10}H_{18}O_5Cl_6$ 1) **Verbindung** (aus Dichloressigsäurealdehyd u. 2 Molec. ββ-Dichlor-αα-Dioxyäthanmonoäthyläther). Sd. 110—111° (*G.* **33** [2] 399 *C.* **1904** [1] 921).

$C_{10}H_{18}NCl$ 5) **Amidohydrochlorpinen.** (2HCl, $PtCl_4$) (*C.* **1903** [1] 513).
6) **Chlorlupinid.** (HCl, $AuCl_3$) (*A.* **235**, 278). — *III, *664.*

$C_{10}H_{18}N_2S$ 1) **2,5-Diisobutyl-1,3,4-Thiodiazol.** Sd. 130—132°$_{26}$ (*J. pr.* [2] **69**, 484 *C.* **1904** [2] 537).

$C_{10}H_{19}ON$ *2) **β-[2-Hydroxylamido-4-Methylhexahydrophenyl]propen.** Sd. 122 bis 123°$_{14}$. (2HCl, $PtCl_4$), Oxalat (*B.* **36**, 485 *C.* **1903** [1] 637).
*4) **3-Keto-4-[α-Amidoisopropyl]-1-Methylhexahydrobenzol** (Pulegonamin). Sd. 99—100°$_{10}$ (*B.* **37**, 2287 *C.* **1904** [2] 442).
*12) **α-Isooxim d. l-Menthon.** Sm. 88—89° (*C.* **1904** [2] 1045).
*39) **Lupinin.** Sm. 68—69° (*Ar.* **242**, 411 *C.* **1904** [2] 782).
42) **Base** (aus α-Anhydropulegonhydroxylamin). Sd. 106°$_{11}$ (*B.* **37**, 956 *C.* **1904** [1] 1087).
43) **Oxim d. l-P-Menthon.** Sm. 88—89° (*C.* **1904** [2] 1045).
44) **Benzoat d. l-Menthonoxim.** Sm. 54° (*A.* **332**, 351 *C.* **1904** [2] 653).
45) **Amid d. r-α-Dihydrocampholensäure.** Sm. 126° (*C. r.* **136**, 1143 *C.* **1903** [1] 1410).

$C_{10}H_{19}ON_3$ *9) **Semicarbazon d. Dihydropulegenon.** Sm. 193—195° (198—199°) (*A.* **327**, 136 *C.* **1903** [1] 1412).

10) **2-Semicarbazon-1-Methyl-3-Isopropyl-R-Pentamethylen.** Sm. 196 bis 197° (*B.* **37**, 238 *C.* **1904** [1] 726).

11) **Pinolonsemicarbazon.** Sm. 158° (*B.* **28**, 2710). — *III, *382.*

$C_{10}H_{19}O_2N$ 19) **4-[α-Nitroisopropyl]-1-Methylhexahydrobenzol.** Sd. 135—137° (*C.* **1904** [1] 1517).

20) **ϑ-Oximido-ϑ-Oxy-βζ-Dimethyl-β-Okten** (Citronellalhydroxamsäure). Cu (*G.* **34** [2] 72 *C.* **1904** [2] 734).

21) **1,2,2,5,5-Pentamethyltetrahydropyrrol-3-Carbonsäure** + $2\frac{1}{2}H_2O$. Sm. 129°. HCl, (2HCl, $PtCl_4$) (*B.* **36**, 3360 *C.* **1903** [2] 1185).

22) **Methylester d. 2,2,5,5-Tetramethyltetrahydropyrrol-3-Carbonsäure.** Sd. $206°_{760}$ (*B.* **36**, 3359 *C.* **1903** [2] 1185).

23) **Amid d. cis-5-Oxy-1,1,3-Trimethylhexahydrobenzol-5-Carbonsäure.** Sm. 128—129°; Sd. $190°_{15}$ (D.R.P. 141699 *C.* **1903** [1] 1245).

24) **Amid d. trans-5-Oxy-1,1,3-Trimethylhexahydrobenzol-5-Carbonsäure.** Sm. 196°; Sd. $210°_{38}$ (D.R.P. 141699 *C.* **1903** [1] 1245).

25) **Imid d. Valeriansäure.** Sm. 100° (*C. r.* **137**, 130 *C.* **1903** [2] 552).

26) **Imid d. Isovaleriansäure.** Sm. 94° (*C. r.* **137**, 129 *C.* **1903** [2] 552).

27) **Verbindung** (aus Hydroxylamin u. Dihydrocarvoxyd). Sm. 111—112° (113—114°). HCl (*A.* **279**, 386; *B.* **36**, 767 *C.* **1903** [1] 836). — **III**, *505.*

28) **Verbindung** (aus Hydroxylamin u. Dihydrocarvoxyd). Sm. 164—165° (*A.* **279**, 386; *B.* **36**, 765 *C.* **1903** [1] 836). — **III**, *505.*

$C_{10}H_{19}O_2N_3$ 2) **2-Oxy-4-[α-Semicarbazonäthyl]-1-Methylhexahydrobenzol.** Sm. 206—207° (*B.* **36**, 767 *C.* **1903** [1] 836).

$C_{10}H_{19}O_3N$ 14) **2-Oximido-4-[αβ-Dioxyisopropyl]-1-Methylhexahydrobenzol.** Sm. 202° (*B.* **28**, 2705). — *III, *375.*

15) **α-Oximido-β-Methyloktan-α-Carbonsäure.** Sm. 89—90° (*Bl.* [3] **31**, 1075 *C.* **1904** [2] 1458).

$C_{10}H_{19}O_3N_3$ *7) **γ-Semicarbazon-β-Methylheptan-ζ-Carbonsäure.** Sm. 164° (*A.* **327**, 141 *C.* **1903** [1] 1412).

8) **ζ-Semicarbazon-β-Methylheptan-γ-Carbonsäure.** Sm. 140° (*B.* **37**, 238 *C.* **1904** [1] 726).

9) **γ-Semicarbazon-β-Methylheptan-ζ-Carbonsäure.** Sm. 167—168° (*B.* **37**, 238 *C.* **1904** [1] 726).

10) **Semicarbazon d. Säure** $C_9H_{16}O_3$ (aus Dihydropulegenon). Sm. 140 bis 143° (*A.* **327**, 138 *C.* **1903** [1] 1412).

11) **Aethylester d. ε-Semicarbazon-β-Methylpentan-ε-Carbonsäure.** Sm. 162—163° (*Bl.* [3] **31**, 1152 *C.* **1904** [illegible]

12) **Isobutylester d. α-Semicarbazonbutan-α-Carbonsäure.** Sm. 137 bis 138° (*Bl.* [3] **31**, 1150 *C.* **1904** [2] 1707).

13) **Capronat d. β-Semicarbazon-α-Oxypropan.** Sm. 91° (*C. r.* **138**, 1275 *C.* **1904** [2] 93).

$C_{10}H_{19}O_4N_3$ 3) **α-Amidoisocapronylamidoacetylamidoessigsäure.** Sm. 235° u. Zers. (*B.* **36**, 2990 *C.* **1903** [2] 1112).

$C_{10}H_{19}O_5N$ 2) **δ-[βγδε-Tetraoxyamyl]imido-β-Ketopentan** (Acetylacetonarabinamin). Sm. 160° (*C. r.* **136**, 1081 *C.* **1903** [1] 1305).

$C_{10}H_{19}O_8P$ *1) **Phosphat d. α-Oxy-β-Methylpropan-β-Carbonsäure** + H_2O. Sm. 110 bis 120° (148° wasserfrei). K_3 + $5H_2O$ (*Bl.* [3] **31**, 157 *C.* **1904** [1] 868).

$C_{10}H_{20}ON_2$ 15) **r-5-Ureïdomethyl-1,1,2-Trimethyl-R-Pentamethylen** (r-α-Dihydrocampholenaminharnstoff). Sm. 112° (*C. r.* **136**, 1143 *C.* **1903** [1] 1410).

$C_{10}H_{20}O_2N_2$ *4) **Amid d. Oktan-αϑ-Dicarbonsäure** (*M.* **24**, 626 *C.* **1903** [2] 1236).

16) **αα-Di[Acetylamido]hexan.** Sm. 145° (*M.* **25**, 971 *C.* **1904** [2] 1598).

17) **αβ-Di[4-Morpholyl]äthan** (Aethylenbismorpholin). Sm. 74°; Sd. 153 bis $154°_6$. 2HCl, (2HCl, $PtCl_4$), 2(HCl, $AuCl_3$), Dipikrat, Pikrolonat (*B.* **35**, 4472 *C.* **1903** [1] 403).

18) **3-Nitroso-4,4,6-Trimethyl-2-Isopropyltetrahydro-1,3-Oxazin.** Fl. (*M.* **25**, 855 *C.* **1904** [2] 1240).

19) **Amid d. β-Methylheptan-γζ-Dicarbonsäure.** Sm. 242° (*C. r.* **136**, 458 *C.* **1903** [1] 696).

$C_{10}H_{20}O_3N_2$ 3) **Di[Propylamid] d. l-Aepfelsäure.** Sm. 125,5° (*Soc.* **83**, 1325 *C.* **1904** [1] 82).

$C_{10}H_{20}NCl$ 5) **Chlormethylat d. β-Aethylchinuclidin.** 2 + $PtCl_4$ (*B.* **37**, 3251 *C.* **1904** [2] 996).

$C_{10}H_{20}NCl$ 6) **Chloräthylat d. d-α-Coniceïn.** 2 + $PtCl_4$ (*B.* **37**, 1897 *C.* **1904** [2] 238).
7) **Chloräthylat d. i-α-Coniceïn.** 2 + $PtCl_4$ (*B.* **37**, 1899 *C.* **1904** [2] 238).

$C_{10}H_{20}NJ$ 6) **Jodmethylat d. β-Aethylchinuclidin.** Sm. 55° (*B.* **37**, 3250 *C.* **1904** [2] 996).
7) **Jodäthylat d. d-α-Coniceïn.** Sm. 170—171° (*B.* **37**, 1897 *C.* **1904** [2] 238).
8) **Jodäthylat d. i-α-Coniceïn.** Sm. 168—169° (*B.* **37**, 1899 *C.* **1904** [2] 238).
9) **Jodäthylat d. i-ε-Coniceïn.** Sm. 176—177° (*B.* **37**, 1891 *C.* **1904** [2] 238).

$C_{10}H_{20}N_2S$ 2) **d-sec. Butylamid d. Hexahydropyridin-1-Thiocarbonsäure.** Sm. 114° (*Ar.* **242**, 62 *C.* **1904** [1] 998).

$C_{10}H_{21}ON$ *2) **3-Hydroxylamido-1-Methyl-4-Isopropylhexahydrobenzol** (*B.* **36**, 486 *C.* **1903** [1] 637).
19) **3-Oxy-4-[α-Amidoisopropyl]-1-Methylhexahydrobenzol** (Tetrahydro-α-Anhydropulegonhydroxylamin). Sd. 134—135°$_{18}$ (*B.* **37**, 956 *C.* **1904** [1] 1087; *B.* **37**, 2285 *C.* **1904** [2] 441).
20) **4,4,6-Trimethyl-2-Isopropyltetrahydro-1,3-Oxazin.** Sd. 171—173°$_{744}$. (2HCl, $PtCl_4$), (HCl, $AuCl_3$) (*M.* **25**, 852 *C.* **1904** [2] 1240).

$C_{10}H_{21}ON_3$ *2) **β-Semicarbazonnonan.** Sm. 119—120° (*Soc.* **81**, 1588 *C.* **1903** [1] 29, 162).
7) **δ-Semicarbazonnonan.** Sm. 73—74° (*Bl.* [3] **31**, 1158 *C.* **1904** [2] 1708).
8) **β-Semicarbazon-δ-Methyloktan.** Sm. 75° (*Soc.* **81**, 1595 *C.* **1903** [1] 16, 132).

$C_{10}H_{21}OBr$ 1) **Amyläther d. ε-Brom-α-Oxypentan.** Sd. 130—131°$_{20}$ (*C. r.* **138**, 1611 *C.* **1904** [2] 429).

$C_{10}H_{21}O_2N$ *5) **δ-Oxy-γ-Oximidomethyl-βζ-Dimethylheptan.** Sd. 157°$_{14}$ (*M.* **25**, 1042 *C.* **1904** [2] 1599).
10) **Nitrit d. α-Oxydekan.** Sd 105—108°$_{12}$ (*C. r.* **136**, 1564 *C.* **1903** [2] 339).
11) **Diäthylamidoformiat d. γ-Oxypentan.** Sd. 206—208° (*Bl.* [3] **31**, 690 *C.* **1904** [2] 198).

$C_{10}H_{21}O_3N$ 2) **Tropincholin.** 2Chlorid + $PtCl_4$, Nitrat (*C.* **1898** [2] 889; **1899** [1] 119). — *III, *606*.
3) **Nitrat d. α-Oxydekan.** Sd. 127—128°$_{11}$ (*C. r.* **136**, 1563 *C.* **1903** [2] 338).

$C_{10}H_{22}ON_2$ *1) **Diisoamylnitrosamin.** Sd. 132,4—132,8°$_{14,5}$ (*B.* **36**, 2477 *C.* **1903** [2] 559).

$C_{10}H_{22}O_4S$ *2) **Diisoamylester d. Schwefelsäure.** Sd. 149—151°$_{12}$ (*Am.* **30**, 221 *C.* **1903** [2] 937).

$C_{10}H_{22}NJ$ 10) **Jodmethylat d. 2-Methyl-5-Isopropyltetrahydropyrrol.** Sm. 242 243° (*C.* **1903** [2] 1324).

$C_{10}H_{22}N_2S$ 2) **α-[d-sec. Butyl]-β-Isoamylthioharnstoff.** Sm. 43—44° (*Ar.* **242**, 61 *C.* **1904** [1] 998).

$C_{10}H_{23}ON$ 4) **ϑ-Amido-β-Oxy-βζ-Dimethyloktan.** Sd. 140°$_{15}$ (*Bl.* [3] **29**, 1049 *C.* **1903** [2] 1439).
5) **α-Dimethylamido-β-Oxy-βε-Dimethylhexan.** Sd. 98°$_{24}$ (*C. r.* **138**, 767 *C.* **1904** [1] 1196).
6) **Aethylhydroxyd d. 1-Propylhexahydropyridin.** d-Bromcamphersulfonat (*Soc.* **83**, 1142 *C.* **1903** [2] 1062).

$C_{10}H_{23}O_4P$ *2) **Di[α-Oxyisoamyl]unterphosphorige Säure.** Sm. 230° (*C.* **1904** [2] 1709).
3) **Säure** (aus Oenanthaldehyd). Sm. 131° (*C. r.* **138**, 1708 *C.* **1904** [2] 422).

$C_{10}H_{24}O_4N_2$ C 50,8 — H 10,2 — O 27,1 — N 11,9 — M. G. 236.
1) **αβ-Di[β-Oxyäthylamido]äthan.** Fl. (2HCl, $PtCl_4$) (*B.* **35**, 4471 *C.* **1903** [1] 403).

$C_{10}H_{24}N_2Cl_2$ 1) **Di[Chlormethylat] d. 1,4-Diäthylhexahydro-1,4-Diazin.** 2 + $PtCl_4$ (*B.* **36**, 145 *C.* **1903** [1] 526).

$C_{10}H_{24}N_3J$ *1) **Jodmethylat d. 1,3,5-Triäthylhexahydro-1,3,5-Triazin.** Sm. 98 bis 99° (*A.* **334**, 219 *C.* **1904** [2] 899).

— 10 IV —

$C_{10}H_4O_2ClBr$ 1) **3-Chlor-4-Brom-1,2-Naphtochinon.** Sm. 181,5° (*B.* **33**, 2412). — *III, *382*.

$C_{10}H_4O_3Cl_2Br_2$ 1) **2,3-Dichlor-2,4-Dibrom-1-Keto-2,3-Dihydroinden-6-Carbonsäure.** Sm. 205—206° (*A.* **293**, 161). — *II, *984*.

$C_{10}H_4O_6N_2Cl_2$ 1) **1,4-Dichlor-1,4-Dinitro-2,3-Diketo-1,2,3,4-Tetrahydronaphtalin** + $2H_2O$. Sm. 155° u. Zers. (*A.* **334**, 355 *C.* **1904** [2] 1054).

$C_{10}H_4O_6N_2Br_2$ 1) **1,4-Dibrom-1,4-Dinitro-2,3-Diketo-1,2,3,4-Tetrahydronaphtalin** + $2H_2O$. Sm. 134° (*A.* **334**, 365 *C.* **1904** [2] 1055).

$C_{10}H_5ON_2Br$ 2) **Anhydrid d. 4-Brom-2-Oxy-1-Diazonaphtalin.** Sm. 132—133° u. Zers. (*C.* **1903** [1] 401).

$C_{10}H_6ON_2Br_2$ 2) **2,4-Dibrom-1-Diazonaphtalin.** Sulfat (*C.* **1903** [1] 401).

$C_{10}H_6O_3NBr$ *3) **6-Brom-1-Nitro-2-Oxynaphtalin.** Sm. 122—123° (*A.* **333**, 369 *C.* **1904** [2] 1117).

8) **4-Brom-2-Nitro-1-Oxynaphtalin.** Sm. 102° (*A.* **333**, 368 *C.* **1904** [2] 1117).

$C_{10}H_6O_8N_2S$ *1) **2,4-Dinitro-1-Oxynaphtalin-7-Sulfonsäure.** K_2 + $1^1/_2H_2O$, Na_2 + $3H_2O$, Ca + $4H_2O$ (*B.* **37**, 3476 *C.* **1904** [2] 1225).

$C_{10}H_7ON_2Cl$ 1) **1-Chlor-2-Diazonaphtalin.** Sulfat (*C.* **1903** [1] 401).

$C_{10}H_7O_2NS_2$ 1) **2-Thiocarbonyl-4-Keto-5-[2-Oxybenzyliden]tetrahydrothiazol.** Sm. 200° u. Zers. (*M.* **23**, 960 *C.* **1903** [1] 284).

$C_{10}H_7O_2N_2Cl$ 4) **5-Chlor-4,6-Diketo-2-Phenyl-3,4,5,6-Tetrahydro-1,3-Diazin.** Sm. noch nicht bei 320° (*Soc.* **83**, 379 *C.* **1903** [1] 1144).

$C_{10}H_7O_3NS$ 1) **2,4-Diketo-5-[2-Oxybenzyliden]tetrahydrothiazol.** Sm. 230° u. Zers. (*M.* **23**, 964 *C.* **1903** [1] 284).

$C_{10}H_7O_3ClS$ *1) **1-Chlornaphtalin-2-Sulfonsäure** + $3^1/_2H_2O$. Sm. 130—133° u. Zers. (*R.* **23**, 182 *C.* **1904** [2] 228).

$C_{10}H_7O_6N_2Cl_3$ 1) **Aethylester d. Trichlordinitrophenylessigsäure.** Sm. 87—88° (*Am.* 31, 383 *C.* **1904** [1] 1409).

$C_{10}H_7O_7ClS_2$ *2) **8-Chlor-1-Oxynaphtalin-3,6-Disulfonsäure** (D.R.P. 147852 *C.* **1904** [1] 133).

$C_{10}H_7O_8N_3Cl_2$ 1) **Aethylester d. 3,5-Dichlor-2,4,6-Trinitrophenylessigsäure.** Sm. 130—131° (*Am.* **32**, 175 *C.* **1904** [2] 951).

$C_{10}H_7O_8ClS_2$ 1) **?-Chlor-1,8-Dioxynaphtalin-3,6-Disulfonsäure** (D.R.P. 153195 *C.* **1904** [2] 575).

$C_{10}H_8ONBr$ 8) **Methyläther d. 5-Brom-6-Oxychinolin.** Sm. 94—95° (*B.* **36**, 459 *C.* **1903** [1] 590).

$C_{10}H_8ON_2Br_2$ 3) **6,8-Dibrom-4-Keto-2-Aethyl-3,4-Dihydro-1,3-Benzdiazin.** Sm. 278—280° (*C.* **1903** [2] 1194).

4) **6,8-D[illegible]-4-Ke[illegible]-2-A[illegible]-3,4-Dihydro-1,3-Benzdiazin.** Sm. [illegible] 1903 [illegible]

$C_{10}H_8ON_2S$ 5) **4-Benzoyl-5-Methyl-1,2,3-Thiodiazol.** Sm. 43°. + $HgCl_2$ (*A.* **325**, 171 *C.* **1903** [1] 645).

6) **4-Acetyl-5-Phenyl-1,2,3-Thiodiazol.** Sm. 70° (*A.* **325**, 174 *C.* **1903** [1] 645).

$C_{10}H_8O_2NCl$ 7) **4-Chlor-1-[α-Oximidoäthyl]benzfuran.** Sm. 162—164° (*A.* **312**, 334). — *III, *530*.

8) **5-Chlor-6-Oxy-2-Keto-1-Methyl-1,2-Dihydrochinolin.** Sm. 290° u. Zers. (*B.* **36**, 462 *C.* **1903** [1] 590).

$C_{10}H_8O_2N_2S$ 2) **2-Imido-4-Keto-5-[2-Oxybenzyliden]tetrahydrothiazol.** Sm. 215° u. Zers. (*M.* **23**, 963 *C.* **1903** [1] 284).

$C_{10}H_8O_2N_3Br$ 2) **4-Oximido-5-Keto-3-Methyl-1-[4-Bromphenyl]-4,5-Dihydropyrazol.** Sm. 188° (*A.* **328**, 76 *C.* **1903** [2] 249).

$C_{10}H_8O_3NCl$ 3) **γ-Keto-α-[4-Chlor-2-Nitrophenyl]-α-Buten.** Sm. 102° (*B.* **37**, 1867 *C.* **1904** [1] 1601).

$C_{10}H_8O_3NBr$ 8) **γ-Keto-α-[4-Brom-2-Nitrophenyl]-α-Buten.** Sm. 109° (*B.* **37**, 1869 *C.* **1904** [1] 1601).

$C_{10}H_8O_6N_4S$ 1) **1-Phenylazoimidazol-4[oder 5]-Carbonsäure-1⁴-Sulfonsäure.** Zers. oberh. 265° (*B.* **37**, 702 *C.* **1904** [1] 1562).

$C_{10}H_9ONS_2$ 2) **2-Thiocarbonyl-4-Keto-5-Methyl-3-Phenyltetrahydrothiazol.** Sm. 118—119° (*M.* **25**, 179 *C.* **1904** [1] 896).

$C_{10}H_9ON_3S_2$ 2) **4-Methylphenylamid d. I[illegible]säure.** Sm. 182° (*Soc.* **83**, 9[illegible] 1903 [illegible]

$C_{10}H_9O_2NCl_2$ 1) **Methyl-3-Chlor-4-Acetylchloramidophenylketon.** Sm. 56° (*Soc.* **85**, 341 *C.* **1904** [1] 1404).

$C_{10}H_9O_2NJ_2$ 1) **2,4-Dijodphenylimid d. Essigsäure.** Sm. 98° (*C. r.* **139**, 65 *C.* **1904** [2] 590).
2) **2,6-Dijodphenylimid d. Essigsäure.** Sm. 147° (*C. r.* **138**, 1505 *C.* **1904** [2] 319).

$C_{10}H_9O_2NS$ 8) **Aethylester d. Benzthiazol-1-Carbonsäure.** Sm. 70—71° (*B.* **37**, 3732 *C.* **1904** [2] 1451).

$C_{10}H_9O_2N_2Cl$ *1) **Dimethyläther d. 4-Chlor-5,6-Dioxy-2,3-Benzdiazin** (Chloropiazin) (*B.* **36**, 3374 *C.* **1903** [2] 1191).

$C_{10}H_9O_2N_2J$ 5) **Jodmethylat d. 8-Nitrochinolin.** Zers. oberh. 100° (*B.* **36**, 261 *C.* **1903** [1] 524).

$C_{10}H_9O_2N_3Se$ 1) **α-Phenyl-β-Selencyanacetylharnstoff.** Sm. 147—148° (*Ar.* **241**, 102 *C.* **1903** [2] 103).

$C_{10}H_9O_2ClBr_4$ 1) **Verbindung** (aus 2,5,6-Tribrom-3-Oxy-4-Keto-1-[β-Brompropyliden]-1,4-Dihydrobenzol). Sm. 102—103° (*A.* **329**, 33 *C.* **1903** [2] 1436).

$C_{10}H_9O_3NS$ *1) **1-Amidonaphtalin-2-Sulfonsäure.** Sm. 262—265° u. Zers. NH_4 (*R.* **23**, 180 *C.* **1904** [2] 227).
*14) **1-Naphtylsulfaminsäure.** NH_4, Ba + $3H_2O$ (*R.* **23**, 182 *C.* **1904** [2] 227).
33) **Hydroxylamid d. Naphtalin-1-Sulfonsäure.** Sm. 153° u. Zers. (*C.* **1902** [2] 692; *G.* **33** [2] 305 *C.* **1904** [1] 288).

$C_{10}H_9O_3N_2Cl$ 2) **3-Chlor-5-Nitro-2-Oxy-1-Methyl-1,2-Dihydrochinolin.** Sm. 120 bis 130° u. Zers. (*B.* **36**, 1207 *C.* **1903** [1] 1417).

$C_{10}H_9O_3N_2Br$ *2) **3-Brom-5-Nitro-2-Oxy-1-Methyl-1,2-Dihydrochinolin** (*B.* **36**, 1205 *C.* **1903** [1] 1417).

$C_{10}H_9O_4NBr_2$ 3) **Methyläther d. α-Bromäthyl-3-Brom-?-Nitro-4-Oxyphenylketon.** Sm. 92° (*B.* **37**, 1548 *C.* **1904** [1] 1437).

$C_{10}H_9O_4NS$ *7) **7-Amido-1-Oxynaphtalin-3-Sulfonsäure** (*J. pr.* [2] **69**, 90 *C.* **1904** [1] 813).
*27) **6-Amido-1-Oxynaphtalin-3-Sulfonsäure** (*J. pr.* [2] **69**, 82 *C.* **1904** [1] 812).
41) **8-Amido-1-Oxynaphtalin-4-Sulfonsäure** (D.R.P. 140710 *C.* **1903** [1] 1058; D.R.P. 147852 *C.* **1904** [1] 133; *J. pr.* [2] **69**, 86 *C.* **1904** [1] 813).

$C_{10}H_9O_4N_2Cl$ 2) **Diacetat d. 2-Chlor-1,4-Dioximido-1,4-Dihydrobenzol.** Sm. 171 bis 172° (*A.* **303**, 10). — *III, *257*.

$C_{10}H_9O_4N_2Br$ 3) **5-Brom-?-Dinitro-1,2,3,4-Tetrahydronaphtalin.** Sm. 91° (*Soc.* **85**, 747 *C.* **1904** [2] 447).
4) **6-Brom-?-Dinitro-1,2,3,4-Tetrahydronaphtalin.** Sm. 105—106° (*Soc.* **85**, 747 *C.* **1904** [2] 447).

$C_{10}H_9O_6NS_2$ *8) **1-Amidonaphtalin-4,8-Disulfonsäure** (*J. pr.* [2] **69**, 80 *C.* **1904** [1] 812).

$C_{10}H_9O_7NS_2$ *4) **8-Amido-1-Oxynaphtalin-3,6-Disulfonsäure** (D.R.P. 147852 *C.* **1904** [1] 133; D.R.P. 153557 *C.* **1904** [2] 750).

$C_{10}H_{10}ONCl$ 12) **1-Chlor-2-Nitroso-1-Methyl-2,3-Dihydroinden** (Methylindennitrosochlorid) (*A.* **336**, 4 *C.* **1904** [2] 1465).

$C_{10}H_{10}ON_2S$ *1) **2-Thiocarbonyl-5-Keto-4-Methyl-1-Phenyltetrahydroimidazol.** Sm. 185° (*Bl.* [3] **29**, 1195 *C.* **1904** [1] 361).

$C_{10}H_{10}ON_2Se$ 1) **Methylphenylamid d. Selencyanessigsäure.** Sm. 78° (*Ar.* **241**, 216 *C.* **1903** [2] 104).
2) **2-Methylphenylamid d. Selencyanessigsäure.** Sm. 126° (*Ar.* **241**, 204 *C.* **1903** [2] 104).
3) **3-Methylphenylamid d. Selencyanessigsäure.** Sm. 136° (*Ar.* **241**, 205 *C.* **1903** [2] 104).
4) **4-Methylphenylamid d. Selencyanessigsäure.** Sm. 160° (*Ar.* **241**, 206 *C.* **1903** [2] 104).

$C_{10}H_{10}OClJ$ 1) **α[oder β]-Chlor-β[oder α]-Jod-γ-Keto-α-Phenylbutan.** Sm. 59 bis 60° u. Zers. (*C.* **1904** [2] 507).

$C_{10}H_{10}O_2NCl$ 8) **Methyl-3-Chlor-4-Acetylamidophenylketon.** Sm. 163° (*Soc.* **85**, 341 *C.* **1904** [1] 1404).
9) **Methyl-4-Acetylchloramidophenylketon.** Sm. 92° (*C.* **1903** [1] 832; *Soc.* **85**, 390 *C.* **1904** [1] 1404).

$C_{10}H_{10}O_2NCl_3$ 3) βββ-Trichlor-α-Oxyäthyläther d. α-Oximido-α-Phenyläthan (Chloralacetophenonoxim). Sm. 81° (*C.* **1897** [1] 300). — *III, *100.*

$C_{10}H_{10}O_2NBr$ 7) **Methyl-4-Acetylbromamidophenylketon.** Sm. 83° (*C.* **1903** [1] 832; *Soc.* **85**, 390 *C.* **1904** [1] 1404).

$C_{10}H_{10}O_2N_2S$ *12) **Hydrazid d. Naphtalin-2-Sulfonsäure.** Sm. 137—139° (*C.* **1904** [2] 1494).

$C_{10}H_{10}O_2N_2Se$ 1) **2-Methoxylphenylamid d. Selencyanessigsäure.** Sm. 110° (*Ar.* **241**, 214 *C.* **1903** [2] 104).

2) **4-Methoxylphenylamid d. Selencyanessigsäure.** Sm. 131° (*Ar.* **241**, 215 *C.* **1903** [2] 104).

$C_{10}H_{10}O_3N_4S$ 1) **1-Phenylazo-2-Methylimidazol-1⁴-Sulfonsäure.** Zers. bei 250° (*B.* **37**, 699 *C.* **1904** [1] 1562).

$C_{10}H_{10}O_4NCl$ *7) **Methylester d. 3-Chloracetylamido-4-Oxybenzol-1-Carbonsäure.** Sm. 191° (*A.* **325**, 332 *C.* **1903** [1] 771).

8) **α-Oxy-γ-Keto-α-[4-Chlor-2-Nitrophenyl]butan.** Sm. 76° (*B.* **37**, 1866 *C.* **1904** [1] 1600).

$C_{10}H_{10}O_4NBr$ 9) **α-Oxy-γ-Keto-α-[4-Brom-2-Nitrophenyl]butan.** Sm. 92° (*B.* **37**, 1868 *C.* **1904** [1] 1601).

$C_{10}H_{10}O_4N_2S_2$ 1) **Nitril d. Benzol-1,3-Di[Sulfonamidoessigsäure].** Sm. 149—150° (*B.* **37**, 4102 *C.* **1904** [2] 1727).

$C_{10}H_{10}O_5NBr$ 3) **Aethyl-4-Brom-6-Nitro-2-Methylphenylester d. Kohlensäure.** Sm. 61—62° (*Am.* **32**, 33 *C.* **1904** [2] 697).

4) **Aethyl-6-Brom-2-Nitro-4-Methylphenylester d. Kohlensäure.** Sm. 84—85° (*Am.* **32**, 35 *C.* **1904** [2] 697).

$C_{10}H_{11}ONCl_2$ 4) **3,5-Dichlor-4-Acetylamido-1,2-Dimethylbenzol.** Sm. 185° (*Soc.* **85**, 278 *C.* **1904** [1] 1009).

$C_{10}H_{11}ONBr_2$ 8) **Phenylamid d. αβ-Dibromisobuttersäure.** Sm. 128° (*B.* **36**, 1269 *C.* **1903** [1] 1219).

$C_{10}H_{11}ONS_2$ *4) **Benzylester d. Acetylamidodithioameisensäure.** Sm. 135—137° (*Bl.* [3] **29**, 51 *C.* **1903** [1] 446).

5) **Gem. Anhydrid d. Benzolcarbonsäure u. Aethylamidodithioameisensäure.** Sm. 76° (*B.* **36**, 3526 *C.* **1903** [2] 1326).

6) **Gem. Anhydrid d. Benzolcarbonsäure u. Dimethylamidodithioameisensäure** (N-Dimethyl-S-Benzoyldithiourethan). Sm. 59° (*B.* **36**, 3525 *C.* **1903** [2] 1326).

$C_{10}H_{11}ON_3S$ 2) **1-Amido-2-Thiocarbonyl-4-Keto-5-Methyl-3-Phenyltetrahydroimidazol.** Sm. 150° (*C.* **1904** [2] 1027).

3) **5-Merkapto-4-Methyl-1-Benzyl-4,5-Dihydro-1,2,4-Triazol-3,5-Oxyd.** Sm. 117° (*B.* **37**, 2334 *C.* **1904** [2] 314).

4) **Methyläther d. 3-Merkapto-5-Keto-4-Methyl-1-Phenyl-4,5-Dihydro-1,2,4-Triazol.** Sm. 95° (*B.* **36**, 3153 *C.* **1903** [2] 1074).

5) **Aethyläther d. 3-Merkapto-5-Keto-1-Phenyl-4,5-Dihydro-1,2,4-Triazol.** Sm. 138° (*B.* **36**, 3153 *C.* **1903** [2] 1074).

6) **5-Thiocarbonyl-3-Keto-4-Methyl-1-Benzyltetrahydro-1,2,4-Triazol.** Sm. 157° (*B.* **37**, 2335 *C.* **1904** [2] 314).

$C_{10}H_{11}OClBr_2$ 2) **Methyläther d. 3,6-Dibrom-5-Oxy-2-Chlormethyl-1,4-Dimethylbenzol.** Sm. 116—117° (*A.* **334**, 302 *C.* **1904** [2] 985).

$C_{10}H_{11}OBrHg$ 1) **2-Oxy-1,2,3,4-Tetrahydronaphtalin-3-Quecksilberbromid.** Sm. 159° (*B.* **36**, 3706 *C.* **1903** [2] 1239).

$C_{10}H_{11}OBr_2J$ 1) **Methyläther d. 3,6-Dibrom-5-Oxy-2-Jodmethyl-1,4-Dimethylbenzol.** Sm. 114—115° (*A.* **334**, 303 *C.* **1904** [2] 985).

$C_{10}H_{11}OJHg$ 1) **2-Oxy-1,2,3,4-Tetrahydronaphtalin-3-Quecksilberjodid.** Sm. 156° (*B.* **36**, 3706 *C.* **1903** [2] 1239).

$C_{10}H_{11}O_2NBr_2$ 2) **Acetat d. 2-[αβ-Dibrom-β'-Oxyisopropyl]pyridin.** Sm. 89—90° (*B.* **37**, 745 *C.* **1904** [1] 1090).

$C_{10}H_{11}O_2NS$ *5) **Dimethyläther d. Benzoylimidomerkaptooxymethan.** Sm. 43°; Sd. 200°₂₀ (*Am.* **32**, 364 *C.* **1904** [2] 1506).

8) **S-Phenylamid d. Thiooxalsäure-O-Aethylester.** Fl. (*B.* **37**, 3712 *C.* **1904** [2] 1449).

$C_{10}H_{11}O_2N_2Cl$ 9) **4-Chlor-1,2-Di[Acetylamido]benzol.** Sm. 201° u. Zers. (*B.* **36**, 4028 *C.* **1904** [1] 294).

$C_{10}H_{11}O_2ClBr_2$ 2) **3-Methyläther d. 5-Brom-3,4-Dioxy-1-[α-Chlor-β-Brompropyl]benzol.** Sm. 110° (*A.* **329**, 15 *C.* **1903** [2] 1434).

$C_{10}H_{11}O_2ClS$ 2) Chlorid d. 1,2,3,4-Tetrahydronaphtalin-5-Sulfonsäure. Sm. 70,5° (*Soc.* **85**, 756 *C.* **1904** [2] 449).

$C_{10}H_{11}O_3ClHg$ 1) Verbindung (aus Safrol). Zers. bei 170° (*B.* **36**, 3579 *C.* **1903** [2] 1363).
2) isom. Verbindung (aus Safrol). Sm. 138° (*B.* **36**, 3579 *C.* **1903** [2] 1363).

$C_{10}H_{11}O_5N_2Br_3$ 1) Verbindung (aus d. Verb. $C_{10}H_{14}O_5N_2$). Sm. 78° (*Soc.* **85**, 334 *C.* **1904** [1] 807, 1440).

$C_{10}H_{11}O_6N_2Br$ 4) Dimethyläther d. β-Brom-β-Nitro-αα-Dioxy-α-[4-Nitrophenyl]-äthan. Sm. 122,5—123° (*A.* **325**, 16 *C.* **1903** [1] 287).

$C_{10}H_{11}O_7NS$ 3) 1-Propylester d. 4-Nitrobenzol-1-Carbonsäure-2-Sulfonsäure. K, Ba + $4H_2O$ (*Am.* **30**, 391 *C.* **1904** [1] 276).

$C_{10}H_{11}O_7N_2Cl$ 1) Diäthyläther d. 6-Chlor-2,4-Dinitro-1,3,5-Trioxybenzol. Sm. 102—103°. Ba (*B.* **35**, 3856 *C.* **1903** [1] 21; *Am.* **31**, 378 *C.* **1904** [1] 1409).

$C_{10}H_{11}NBr_2S$ 1) βγ-Dibrompropylamid d. Benzolthiocarbonsäure. Sm. 208—209° (*B.* **37**, 878 *C.* **1904** [1] 1004).

$C_{10}H_{12}ONCl$ *21) 2,4-Dimethylphenylamid d. Chloressigsäure. Sm. 151—152° (*C.* **1903** [2] 110).

$C_{10}H_{12}ONCl_3$ 4) 2,4,6-Trimethylpyridin + Chloral. Sm. 139,5° (*B.* **37**, 1335 *C.* **1904** [1] 1361).

$C_{10}H_{12}ON_2S_2$ 4) 5-Methyläther d. 5-Merkapto-2-Oxy-2-Methyl-3-Phenyl-2,3-Dihydro-1,3,4-Thiodiazol. Sm. 182° (*J. pr.* [2] **67**, 251 *C.* **1903** [1] 1265).
5) Methylester d. Acetylphenylamidodithioameisensäure. Sm. 126° (*J. pr.* [2] **67**, 252 *C.* **1903** [1] 1265).
6) Aethylester d. β-Phenylthioureïdothiolameisensäure. Sm. 131 bis 132° (*Am.* **30**, 181 *C.* **1903** [2] 873).

$C_{10}H_{12}O_2NCl$ *8) Anetholnitrosylchlorid. Sm. 127—128°. Na (*A.* **332**, 326 *C.* **1904** [2] 651; *C.* **1904** [2] 1038).

$C_{10}H_{12}O_2N_2S$ 17) Methylester d. 2-Methylphenylthiopseudoallophansäure. Sm. 175—176°. HCl (*Soc.* **83**, 564 *C.* **1903** [1] 1123, 1306).
18) Methylester d. 4-Methylphenylthiopseudoallophansäure. Sm. 175—176° (*Soc.* **83**, 563 *C.* **1903** [1] 1123).
19) Amid d. Phenylamidothioessigsäure-2-Carbonsäuremethylester. Sm. 178° (D.R.P. 141698 *C.* **1903** [1] 1244).

$C_{10}H_{12}O_2N_2Se$ 1) Methylphenylamid d. Carbaminselenessigsäure. Sm. 123 u. Zers. (*Ar.* **241**, 216 *C.* **1903** [2] 104).

$C_{10}H_{12}O_2N_3J$ 1) Jodmethylat d. 6-Nitro-1,2-Dimethylbenzimidazol. Sm. 267°. + J_2 (*B.* **36**, 3970 *C.* **1904** [1] 177).
2) Jodmethylat d. ?-Nitro-1,5-Dimethylbenzimidazol. Sm. 238°. + J_2 (*B.* **36**, 3971 *C.* **1904** [1] 178).

$C_{10}H_{12}O_2N_4S$ 1) α-[3-Nitrobenzyliden]amido-αβ-Dimethylthioharnstoff. Sm. 227 bis 228° (*B.* **37**, 2321 *C.* **1904** [2] 311).

$C_{10}H_{12}O_3NBr$ *1) 6-Brom-2-Nitro-3-Oxy-4-Isopropyl-1-Methylbenzol. Sm. 109 bis 111° (*A.* **333**, 357 *C.* **1904** [2] 1116).
6) Aethylester d. 5-Brom-2-Oxy-3-Methylphenylamidoameisensäure. Sm. 123° (*Am.* **32**, 34 *C.* **1904** [2] 697).
7) Aethylester d. 5-Brom-6-Oxy-3-Methylphenylamidoameisensäure. Sm. 83° (*Am.* **32**, 36 *C.* **1904** [2] 697).
8) Aethyl-4-Brom-6-Amido-2-Methylphenylester d. Kohlensäure. HCl (*Am.* **31**, 501 *C.* **1904** [2] 95; *Am.* **32**, 34 *C.* **1904** [2] 697).
9) Aethyl-6-Brom-2-Amido-4-Methylphenylester d. Kohlensäure. HCl (*Am.* **31**, 501 *C.* **1904** [2] 95; *Am.* **32**, 36 *C.* **1904** [2] 697).

$C_{10}H_{12}O_3N_5Cl$ 1) 8-Chloracetylamido-2,6-Diketo-1,3,7-Trimethylpurin. Sm. 208° (D.R.P. 139960 *C.* **1903** [1] 859).

$C_{10}H_{12}O_4NBr$ 2) Diäthyläther d. 6-Brom-4-Nitro-1,3-Dioxybenzol. Sm. 103 bis 104° (*Am.* **28**, 467 *C.* **1903** [1] 323).

$C_{10}H_{12}O_5N_2S$ 1) 2-Nitro-4-Aethoxylphenylamid d. Aethensulfonsäure. Sm. 92° (*B.* **36**, 3632 *C.* **1903** [2] 1327).

$C_{10}H_{12}O_6N_2S$ 1) r-α-[5-Nitro-2-Methylphenylsulfon]amidopropionsäure. Sm. 96°. Ba (*H.* **43**, 70 *C.* **1904** [2] 1607).

$C_{10}H_{12}O_6N_2S_3$ 1) Amid d. 1,3-Phenylendi[Sulfonessigsäure]. Sm. 229—230° (*J. pr.* [2] **68**, 327 *C.* **1903** [2] 1171).

$C_{10}H_{12}O_8N_2S_2$ *1) **Benzol-1,3-Di[Sulfonamidoessigsäure].** Sm. 181° u. Zers. (*B.* **37**, 4102 *C.* **1904** [2] 1727).

$C_{10}H_{12}Cl_2BrJ$ 2) **αβ-Dichloräthyl-4-Aethylphenyljodoniumbromid.** Sm. 129° (*A.* **327**, 297 *C.* **1903** [2] 352).

$C_{10}H_{13}ONS$ 23) **4-Aethoxylphenylamid d. Thioessigsäure.** Sm. 99—100° (*B.* **37**, 876 *C.* **1904** [1] 1004).

$C_{10}H_{13}ON_3Cl_2$ 1) **4-Semicarbazon-1-Dichlormethyl-1,2-Dimethyl-1,4-Dihydrobenzol.** Sm. 212° (*B.* **35**, 4216 *C.* **1903** [1] 161).
2) **4-Semicarbazon-1-Dichlormethyl-1,3-Dimethyl-1,4-Dihydrobenzol.** Sm. 182—186° (*B.* **35**, 4217 *C.* **1903** [1] 161).

$C_{10}H_{13}ON_3S_2$ 1) **β-Amid d. α-Phenylhydrazin-αβ-Di[Thiocarbonsäure]-α-Aethylester.** Sm. 173° u. Zers. (*B.* **37**, 185 *C.* **1904** [1] 669).

$C_{10}H_{13}O_2N_2Cl$ 3) **γ-Chlor-α-[4-Methylphenyl]nitrosamido-β-Oxypropan.** Sm. 70,5° (*B.* **37**, 3035 *C.* **1904** [2] 1213).

$C_{10}H_{13}O_2N_3S$ 3) **Aethylester d. Phenylthiosemicarbazidoameisensäure.** Sm. 142° (P. Gutmann, Dissert., Heidelberg 1903).

$C_{10}H_{13}O_2ClHg$ 1) **Verbindung** (aus Methylchavicol). Sm. 81—82° (*B.* **36**, 3580 *C.* **1903** [2] 1363).
2) **isom. Verbindung** (aus Methylchavicol). Sm. 55° (*B.* **36**, 3581 *C.* **1903** [2] 1363).

$C_{10}H_{13}O_2BrHg$ 1) **Verbindung** (aus Methylchavicol). Sm. 70° (*B.* **36**, 3581 *C.* **1903** [2] 1363).

$C_{10}H_{13}O_3NS$ 6) **5-Amido-1,2,3,4-Tetrahydronaphtalin-8-Sulfonsäure** + H_2O. Na + $2H_2O$, Ba + $3H_2O$ (*Soc.* **85**, 755 *C.* **1904** [2] 449).
7) **4-Aethoxylphenylamid d. Aethensulfonsäure.** Sm. 88° (*B.* **36**, 36[illegible] *C.* **1903** [illegible]).

$C_{10}H_{13}O_3ClS$ 7) **Chlorid d. 4-Oxy-1-Aethylbenzoläthyläther-?-Sulfonsäure.** Fl. (*B.* **36**, 3594 *C.* **1903** [2] 1366).

$C_{10}H_{13}O_4BrS$ 4) **6-Brom-4-Oxy-1-tert. Butylbenzol-2-Sulfonsäure.** K (*Soc.* **83**, 330 *C.* **1903** [1] 875).

$C_{10}H_{13}O_5N_2Br$ 1) **Verbindung** (aus d. Verb. $C_{10}H_{14}O_5N_2$). Sm. 157° (*Soc.* **85**, 332 *C.* **1904** [1] 807, 1440).

$C_{10}H_{14}ONCl$ 6) **γ-Chlor-α-[4-Methylphenyl]amido-β-Oxypropan.** Sm. 81—82° (*B.* **37**, 3035 *C.* **1904** [2] 1213).

$C_{10}H_{14}ONJ$ 4) **Jodmethylat d. 2-Dimethylamidobenzol-1-Carbonsäurealdehyd.** Sm. 163,5° (*B.* **37**, 978 *C.* **1904** [1] 1079).

$C_{10}H_{14}O_2N_2Br_2$ 2) **Verbindung** (aus Pilocarpin). (HBr, Br_2) (*C. r.* **97**, 1435). — **III**, *925*.

$C_{10}H_{14}O_3NCl$ *1) **α-Chlor-α'-Nitrocampher** (*C.* **1903** [2] 374).

$C_{10}H_{14}O_3NBr$ *4) **π-Bromcamphoryloxim** (π-Brom-α-Isonitrosocampher) (*Soc.* **83**, 967 *C.* **1903** [1] 1611 *C.* **1903** [2] 666).
7) **β-Bromcamphoryloxim** + H_2O. Sm. 112° (*Soc.* **83**, 966 *C.* **1903** [1] 1411 *C.* **1903** [2] 666).
8) **β-Brom-α'-Nitrocampher.** Sm. 114° (*Soc.* **83**, 964 *C.* **1903** [2] 665).
9) **Pseudo-β-Brom-α'-Nitrocampher.** Sm. 132° u. Zers. K + $2H_2O$ (*Soc.* **83**, 965 *C.* **1903** [1] 1411; *C.* **1903** [2] 665).

$C_{10}H_{14}O_3NJ$ *1) **Jodmethylat d. Damascenin** + H_2O. Sm. 172—173° wasserfrei (*Ar.* **242**, 318 *C.* **1904** [2] 457).

$C_{10}H_{14}O_6NP$ 1) **Trimethylester d. Phenylamidophosphinsäure-3-Carbonsäure.** Sd. 184—186° (*A.* **326**, 243 *C.* **1903** [1] 868).
2) **Trimethylester d. Phenylamidophosphinsäure-4-Carbonsäure.** Sd. 166—167° (*A.* **326**, 244 *C.* **1903** [1] 868).

$C_{10}H_{14}O_6N_3Cl$ 1) **γε-Lakton d. ζ-Lakton-β-Semicarbazon-ε-Oxyhexan-αγ-Dicarbonsäure-α-Methylester.** Sm. 132—133° (*C. r.* **136**, 436 *C.* **1903** [1] 698).

$C_{10}H_{15}OBrMg$ 1) **Magnesiumbromcampher.** + $(C_2H_5)_2O$ (*B.* **36**, 2614 *C.* **1903** [2] 623).

$C_{10}H_{15}O_2NS$ *2) **Diäthylamid d. Benzolsulfonsäure.** Sm. 42—43° (*B.* **36**, 2706 *C.* **1903** [2] 829).

$C_{10}H_{15}O_2N_2Cl$ 3) **Chlorpernitrosocampher.** Sm. 192° (*C.* **1903** [2] 373).
4) **Isochlorpernitrosocampher.** Sm. 75°. K (*C.* **1903** [2] 373).
5) **Pseudochlorpernitrosocampher.** Sm. 90°. HCl, Pikrat (*C.* **1903** [2] 373).

$C_{10}H_{15}O_2N_2Cl$ 6) **Verbindung** (aus Pseudochlorpernitrosocampher). Sm. 80° (*C.* **1903** [2] 374).

$C_{10}H_{15}O_2N_2Br$ *1) **α-Brompernitrosocampher.** Sm. 114° (*C.* **1904** [2] 1697).
*2) **β-Brompernitrosocampher.** Sm. 67° (*C.* **1904** [2] 1697).

$C_{10}H_{15}O_3NS$ 10) **Amid d. 4-Oxy-1-Aethylbenzoläthyläther-?-Sulfonsäure.** Sm. 118° (*B.* **36**, 3594 *C.* **1903** [2] 1366).
11) **Methylamid d. 1-[α-Oxyisopropyl]benzol-2-Sulfonsäure.** Sm. 105—106° (*B.* **37**, 3264 *C.* **1904** [2] 1031).

$C_{10}H_{15}O_4BrS$ 3) **l-Bromcamphersulfonsäure.** NH_4 (*Soc.* **79**, 76). — *III, *371.*

$C_{10}H_{15}O_5N_2P$ 1) **3-Nitrophenylmonamid d. Phosphorsäurediäthylester.** Sm. 120° (*A.* **326**, 237 *C.* **1903** [1] 867).

$C_{10}H_{15}O_5N_3J_2$ 1) **Aethylester d. Dijodacetyldi[Amidoacetyl]amidoessigsäure.** Sm. 190° u. Zers. (*B.* **37**, 1296 *C.* **1904** [1] 1336).

$C_{10}H_{15}O_5BrS$ *1) **Bromdihydrocampholensulfocarbonsäure.** Sm. 155° u. Zers. (*Soc.* **83**, 1110 *C.* **1903** [2] 794).

$C_{10}H_{15}O_6N_4Cl$ 1) **Chloracetyltri[Amidoacetyl]amidoessigsäure.** Sm. 256° u. Zers. (*B.* **37**, 2507 *C.* **1904** [2] 427).

$C_{10}H_{16}ONCl$ *7) **Pinennitrosylchlorid.** Sm. 115° (*Soc.* **85**, 759 *C.* **1904** [2] 220, 524).
*11) **β-Chlorcampheroxim.** Sm. 127° (*C.* **1903** [2] 373).

$C_{10}H_{16}OCl_2Hg_2$ 1) **Verbindung** (aus Camphen). Sm. noch nicht bei 250° (*B.* **36**, 3576 *C.* **1903** [2] 1362).

$C_{10}H_{16}O_2NCl$ 4) **sec. l-Nitrohydrochlorpinen.** Sm. 136—142° (*C.* **1903** [1] 513).
5) **tert. Nitrohydrochlorpinen.** Sm. 195—200° (*C.* **1903** [1] 513).

$C_{10}H_{16}O_2NBr$ 3) **Bromnitrodihydrocamphen.** Sm. 158—172° (*C.* **1903** [1] 513).

$C_{10}H_{16}NClS$ 1) **Chlormethylat d. 4-Merkapto-2,6-Dimethylpyridin-4-Aethyläther.** Sm. 136° (*A.* **331**, 259 *C.* **1904** [1] 1223).

$C_{10}H_{16}NClSe$ 1) **Chlormethylat d. 4-Seleno-2,6-Dimethylpyridin-4-Aethyläther.** Sm. 126° (*A.* **331**, 263 *C.* **1904** [1] 1223).

$C_{10}H_{16}NJS$ 1) **Jodmethylat d. 4-Merkapto-2,6-Dimethylpyridin-4-Aethyläther.** Sm. 154° u. Zers. (*A.* **331**, 259 *C.* **1904** [1] 1223).

$C_{10}H_{16}NJSe$ 1) **Jodmethylat d. 4-Seleno-2,6-Dimethylpyridin-4-Aethyläther.** Sm. 155° (*A.* **331**, 263 *C.* **1904** [1] 1223).

$C_{10}H_{17}O_3N_3S$ 1) **2-Thiocarbonyl-4-Keto-3,5,5-Trimethyltetrahydroimidazol-1-α-Amidoisobuttersäure.** Sm. 129° (*C.* **1904** [2] 1028).

$C_{10}H_{17}O_4N_2Br$ 1) **α-Bromisocapronylamidoacetylamidoessigsäure.** Sm. 144—145° (*B.* **36**, 2989 *C.* **1903** [2] 1112).

$C_{10}H_{18}ONCl$ *1) **Menthennitrosochlorid.** Sm. 117° (*B.* **37**, 1375 *C.* **1904** [1] 1441).

$C_{10}H_{18}ONJ$ 2) **Dihydroeucarvoximhydrojodid.** Sm. 161—162° (*B.* **31**, 2071). — *III, *375.*

$C_{10}H_{18}O_2NCl$ 4) **i-Terpineolnitrosochlorid.** Sm. 120—122° (*Soc.* **85**, 666 *C.* **1904** [2] 330).
5) **isom. i-Terpineolnitrosochlorid.** Sm. 102—103° (*C.* **1901** [1] 1008).
6) **Chlormethylat d. Methylscopolin.** Sm. noch nicht bei 250°. 2 + $PtCl_4$, + $AuCl_3$ (*Ar.* **236**, 30). — *III, *619.*

$C_{10}H_{20}O_2N_2Cl_2$ *1) **Bistrimethyläthylennitrosochlorid** (*B.* **36**, 1765 *C.* **1903** [2] 100).

$C_{10}H_{20}O_2N_2Br_2$ 1) **bim. β-Brom-γ-Nitroso-β-Methylbutan.** Sm. 67° (*B.* **37**, 534 *C.* **1904** [1] 864).

$C_{10}H_{22}ONCl$ 1) **Chloräthylat d. 3,4,4,6-Tetramethyltetrahydro-1,3-Oxazin.** 2 + $PtCl_4$, + $AuCl_3$ (*M.* **25**, 840 *C.* **1904** [2] 1240).

$C_{10}H_{22}NCl_2P$ 1) **Diamylamidodichlorphosphin.** Sd. 140°$_8$ (*A.* **326**, 157 *C.* **1903** [1] 761).

$C_{10}H_{24}O_3NP$ 1) **Dipropylmonamid d. Phosphorsäurediäthylester.** Sd. 105—110°$_{12}$ (*A.* **326**, 185 *C.* **1903** [1] 820).

$C_{10}H_{25}ON_2P$ 1) **Aethyläther d. Di[Diäthylamido]oxyphosphin.** Sd. 105—108°$_{29}$ (*A.* **326**, 161 *C.* **1903** [1] 761).

$C_{10}H_{25}O_2N_2P$ 1) **Di[Diäthylamid] d. Phosphorsäuremonoäthylester.** Sd. 140°$_{18}$ (*A.* **326**, 195 *C.* **1903** [1] 820).

$C_{10}H_{26}O_3N_2Cl_2$ *1) **Di[Chlormethylat] d. Di[Dimethylamidomethoxylmethyl]äther.** 2 + $PtCl_4$ (*A.* **334**, 18 *C.* **1904** [2] 947).

— 10 V —

$C_{10}H_6O_4N_2Cl_4S_2$ 1) **Di[Dichloramid] d. Naphtalin-2,7-Disulfonsäure.** Sm. 165° (*C.* **1904** [2] 435).

$C_{10}H_7O_2NCl_2S$ 19) **Dichloramid d. Naphtalin-1-Sulfonsäure.** Sm. 91° (*C.* **1904** [2] 435).

$C_{10}H_7O_2NCl_2S$ 20) **Dichloramid d. Naphtalin-2-Sulfonsäure.** Sm. 68° (*C.* **1904** [2] 435).

$C_{10}H_7O_3NCl_2S$ 1) **2,4-Dichlor-1-Amidonaphtalin-?-Sulfonsäure** (D.R.P. 153298 *C.* **1904** [2] 750).

$C_{10}H_8O_3NClS$ *6) **8-Chlor-1-Amidonaphtalin-5-Sulfonsäure** (D.R.P. 147852 *C.* **1904** [1] 133).

$C_{10}H_8O_6NClS_2$ 1) **8-Chlor-1-Amidonaphtalin-3,6-Disulfonsäure** (D.R.P. 147852 *C.* **1904** [1] 133).

$C_{10}H_{10}O_6NClS$ 1) **2-Chlorid d. 4-Nitrobenzol-1-Carbonsäurepropylester-2-Sulfonsäure.** Sm. 76° (*Am.* **30**, 390 *C.* **1904** [1] 276).

$C_{10}H_{13}O_3NBr_2S$ 1) **4-Aethoxylphenylamid d. αβ-Dibromäthan-α-Sulfonsäure.** Sm. 139° (*B.* **36**, 3633 *C.* **1903** [2] 1327).

$C_{10}H_{14}O_3NCl_2P$ 1) **2,4-Dichlorphenylmonamid d. Phosphorsäurediäthylester.** Sm. 106° (*A.* **326**, 229 *C.* **1903** [1] 867).

$C_{10}H_{14}O_3NBr_2P$ 1) **2,4-Dibromphenylmonamid d. Phosphorsäurediäthylester.** Sm. 114° (*A.* **326**, 235 *C.* **1903** [1] 867).

$C_{10}H_{15}O_2NClBr$ 1) **Bromnitrohydrochlorpinen.** Sm. 105—110° (*C.* **1903** [1] 513).

$C_{10}H_{20}ON_2ClP$ 2) **1,1¹-Dipiperidid d. Phosphorsäuremonochlorid.** Sm. 184°$_{12}$ (*A.* **326**, 196 *C.* **1903** [1] 820).

$C_{10}H_{20}N_2ClSP$ 1) **1,1-Dipiperidid d. Thiophosphorsäuremonochlorid.** Sm. 98° (*A.* **326**, 217 *C.* **1903** [1] 822).

$C_{10}H_{22}ONCl_2P$ *1) **Diisoamylmonamid d. Phosphorsäuredichlorid.** Sd. 150°$_{12}$ (*A.* **326**, 186 *C.* **1903** [1] 820).

$C_{10}H_{22}NCl_2SP$ *1) **Diamylmonamid d. Thiophosphorsäuredichlorid.** Sd. 160—163°$_{18}$ (*A.* **326**, 213 *C.* **1903** [1] 822).

$C_{10}H_{23}O_2NClP$ 1) **Diisobutylmonamid d. Aethylphosphorsäuremonochlorid.** Fl. (*A.* **326**, 193 *C.* **1903** [1] 820).

$C_{10}H_{25}ON_2ClS$ 1) **Di[Diäthylamid] d. Thiophosphorsäuremonoäthylester.** Sd. 149 bis 151° (i.V.) (*A.* **326**, 162 *C.* **1903** [1] 761).

C_{11}-Gruppe.

$C_{11}H_{12}$ 5) **Phenocyklohepten.** Sd. 234° (*Soc.* **83**, 247 *C.* **1903** [1] 586, 882).

$C_{11}H_{14}$ *4) **α-Phenyl-γ-Methyl-α-Buten.** Sd. 201—202° (207°$_{757}$) (*B.* **37**, 1088 *C.* **1904** [1] 1260; *B.* **37**, 2316 *C.* **1904** [2] 217).

*6) **4-Isopropylphenyläthen.** Sd. 76°$_{10}$ (*B.* **36**, 1640 *C.* **1903** [2] 27).

*8) **2,4,5-Trimethylphenyläthen.** Sd. 97°$_{13}$ (*B.* **36**, 1641 *C.* **1903** [2] 27).

*11) **2,4,6-Trimethylphenyläthen.** Sd. 206—207°$_{755}$ (*B.* **36**, 1644 *C.* **1903** [2] 27).

*15) **δ-Phenyl-β-Methyl-β-Buten.** Sd. 205° (*B.* **37**, 2314 *C.* **1904** [2] 217).

16) **α-Phenyl-β-Penten.** Sd. 201° (*B.* **37**, 2313 *C.* **1904** [2] 216).

17) **γ-Phenyl-β-Penten.** Sd. 197—198°$_{763}$ (*B.* **36**, 3692 *C.* **1903** [2] 1426; *Bl.* [3] **31**, 755 *C.* **1904** [2] 303).

18) **δ-Phenyl-β-Methyl-β-Buten.** Sd. 114°$_{80}$ (*B.* **37**, 2313 *C.* **1904** [2] 216).

19) **β-Phenyl-γ-Methyl-α-Buten.** Sd. 191—192°$_{768}$ (*B.* **36**, 3691 *C.* **1903** [2] 1426).

20) **α-[4-Methylphenyl]-α-Buten.** Sd. 210—212° (*B.* **36**, 2237 *C.* **1903** [2] 438).

21) **α-[4-Aethylphenyl]propen.** Sd. 216—218° (*B.* **36**, 2236 *C.* **1903** [2] 438).

22) **α-[2,4-Dimethylphenyl]propen.** Sd. 206—208° (*B.* **36**, 2236 *C.* **1903** [2] 437).

23) **α-[3,4-Dimethylphenyl]propen.** Sd. 224—226° (*B.* **36**, 2236 *C.* **1903** [2] 437; *B.* **37**, 1090 Anm. *C.* **1904** [1] 1260).

$C_{11}H_{16}$ *2) **Isoamylbenzol.** Sd. 198—199°$_{762}$ (*B.* **37**, 2317 *C.* **1904** [2] 217).

*3) **tert. Amylbenzol.** Sd. 77°$_{15}$ (*A.* **327**, 223 *C.* **1903** [1] 1408).

*4) **γ-Phenylpentan.** Sd. 187°$_{763}$ (*B.* **31**, 3693 *C.* **1903** [2] 1427).

*12) **4-Isopropyl-1-Aethylbenzol.** Sd. 196°$_{763}$ (*B.* **36**, 1640 *C.* **1903** [2] 27).

*19) **5-Aethyl-1,2,4-Trimethylbenzol.** Sd. 208°$_{758}$ (*B.* **36**, 1642 *C.* **1903** [2] 27).

*20) **2-Aethyl-1,3,5-Trimethylbenzol.** Sd. 207—208°$_{755}$ (*B.* **36**, 1644 *C.* **1903** [2] 27; *B.* **37**, 1717 *C.* **1904** [1] 1489).

*22) **α-Laurol** (*G.* **33** [1] 407 *C.* **1903** [2] 566).

33) **γ-Phenyl-β-Methylbutan.** Sd. 188—189°$_{768}$ (*B.* **36**, 3691 *C.* **1903** [2] 1426).

$C_{11}H_{20}$ *6) β-Undekin. Sd. 199—201° (*B.* **36**, 2551 *C.* **1903** [2] 654).
13) **Kohlenwasserstoff** (aus 1-Oxy-1-Isoamylhexahydrobenzol). Sd. 194°$_{780}$ (*C. r.* **138**, 1323 *C.* **1904** [2] 219; *C. r.* **139**, 344 *C.* **1904** [2] 704).

$C_{11}H_{22}$ *8) β-**Undeken**. Sd. 78,5°$_{14}$ (*B.* **36**, 2548 *C.* **1903** [2] 654).

— 11 II —

$C_{11}H_6O_5$ C 60,5 — H 2,7 — O 36,7 — M. G. 218.
1) **Purpurogallon**. Sm. 262—264° (*Soc.* **83**, 197 *C.* **1903** [1] 402, 640).
2) **Isopurpurogallon** (*Soc.* **83**, 198 *C.* **1903** [1] 402, 640).

$C_{11}H_7N$ *1) **Nitril d. Naphtalin-1-Carbonsäure**. Sm. 37—38°; Sd. 295—297° (*B.* **37**, 2817 *C.* **1904** [2] 649).

$C_{11}H_8O_2$ *4) **Naphtalin-1-Carbonsäure** (*B.* **37**, 627 *C.* **1904** [1] 810).

$C_{11}H_8O_3$ *2) **2-Phenyl-1,3-Diketo-2,3-Dihydroinden**. Cu (*B.* **37**, 3383 *C.* **1904** [2] 1219).
23) **Phenylester d. Furan-2-Carbonsäure**. Sm. 41,5° (*B.* **37**, 2951 *C.* **1904** [2] 993).

$C_{11}H_8O_4$ *17) **Verbindung** (aus d. Aldehyd d. 2-Brommethylfuran-5-Carbonsäure). Sm. 117° (*C.* **1903** [1] 421; *Soc.* **83**, 187 *C.* **1903** [1] 421, 670).
23) **4-Keto-3-Acetyl-1,2-Benzpyron**? Sm. 132° (D.R.P. 102746 *C.* **1899** [2] 408). — *II, *1134.*
24) **Methylester d. 1,2-Benzpyron-6-Carbonsäure**. Sm. 174° (*B.* **37**, 196 *C.* **1904** [1] 661).
25) **Acetat d. 4-Oxy-1,2-Benzpyron**. Sm. 103° (*B.* **36**, 465 *C.* **1903** [1] 636).
26) **Verbindung** (aus Phloroglucin u. Furfurol) (*B.* **35**, 4443 *C.* **1903** [1] 422; *B.* **37**, 315 *C.* **1904** [1] 697).

$C_{11}H_8O_5$ *5) **Purpurogallin**. Sm. 274—275° u. Zers. K (*Soc.* **83**, 194 *C.* **1903** [1] 639; *Soc.* **85**, 245 *C.* **1904** [1] 798, 1005; *C.* **1904** [1] 927).

$C_{11}H_8O_6$ *1) α-[**3,4-Dioxyphenyl]äthen-3,4-Methylenäther**-ββ-**Dicarbonsäure**. Sm. 187—189°. Ca + 2½ H_2O (*C.* **1904** [1] 880).

$C_{11}H_8N_2$ 11) **Nitril d. 2-Methylchinolin-3-Carbonsäure**. Sm. 125—127° (*J. pr.* [2] **67**, 507 *C.* **1903** [2] 252).

$C_{11}H_9N$ 6) **2-Methylenamidonaphtalin**. Sm. 62—64° (*B.* **35**, 4167 *C.* **1903** [1] 172).
7) **polym. 2-Methylenamidonaphtalin**. Sm. 203° (*B.* **35**, 4168 *C.* **1903** [1] 172).

$C_{11}H_9N_5$ 2) **6-Amido-2-Phenylpurin** (*B.* **37**, 2271 *C.* **1904** [2] 199).

$C_{11}H_{10}O$ 10) γ-**Keto**-α-**Phenyl**-α-**Pentin**. Sm. 8—10°; Sd. 137—138°$_{10}$ (*C. r.* **137**, 796 *C.* **1904** [1] 43).

$C_{11}H_{10}O_2$ *4) α-**Phenyl**-αγ-**Butadiën**-δ-**Carbonsäure**. Sm. 166°. NH_4 (*A.* **336**, 196 *C.* **1904** [2] 1731).
*17) **Aethylester d. Phenylpropiolsäure**. Sd. 151—152°$_{12-13}$ (*Soc.* **83**, 1161 *C.* **1903** [2] 1370).

$C_{11}H_{10}O_3$ 31) **7-Oxy-3-Aethyl-1,2-Benzpyron**. Sm. 123—124° (*B.* **37**, 2383 *C.* **1904** [2] 306).
32) αγ-**Lakton d.** βγ-**Dioxy**-α-**Phenyl**-α-**Buten**-α-**Carbonsäure** (Methylphenyltetronsäure). Sm. 178° (*B.* **36**, 2255 *C.* **1903** [2] 437).

$C_{11}H_{10}O_4$ *3) 5,7-Dimethyläther d. **5,7-Dioxy-1,2-Benzpyron** (Citropten). Sm. 146 bis 147° (*Ar.* **242**, 290 *C.* **1904** [2] 105).
*16) α-**Phenylpropen**-βγ-**Dicarbonsäure**. Sm. 180° u. Zers. (*M.* **24**, 367 *C.* **1903** [2] 496).
*21) **cis-1-Phenyl-R-Trimethylen-trans-2,3-Dicarbonsäure**. Sm. 175° (*J. pr.* [2] **68**, 163 *C.* **1903** [2] 760; *B.* **36**, 3780 *C.* **1904** [1] 42).
*33) **r-Phenylisoparakonsäure**. Sm. 170°. Ba (*A.* **330**, 329, 332 *C.* **1904** [1] 928).
*39) **d-Phenylparakonsäure** + ¼ H_2O. Sm. 134° (wasserfrei) (*A.* **330**, 347 *C.* **1904** [1] 929).
*40) **l-Phenylparakonsäure** + ¼ H_2O. Sm. 134° (wasserfrei) (*A.* **330**, 347 *C.* **1904** [1] 929).
*43) **Methyester d.** αγ-**Diketo**-α-**Phenylpropan**-γ-**Carbonsäure** (*Ph. Ch.* **23**, 311). — *II, *1074.*
44) **Dimethyläther d. 7,8-Dioxy-1,4-Benzpyron** + H_2O. Sm. 124° (wasserfrei) (*B.* **36**, 128 *C.* **1903** [1] 468).

$C_{11}H_{10}O_4$

45) **α-[3,4-Dioxyphenyl]äthin-3,4-Dimethyläther-β-Carbonsäure** (3,4-Dimethoxylphenylpropiolsäure). Sm. 149° u. Zers. (*C.* **1903** [1] 580; *Soc.* **85**, 165 *C.* **1904** [1] 724).
46) **cis-1-Phenyl-R-Trimethylen-cis-trans-2,3-Dicarbonsäure.** Sm. 121° (*B.* **36**, 3782 *C.* **1904** [1] 42).
47) **d-Phenylisoparakonsäure.** Sm. 182° (*A.* **330**, 339 *C.* **1904** [1] 929).
48) **l-Phenylisoparakonsäure.** Sm. 182° (*A.* **330**, 339 *C.* **1904** [1] 929).

$C_{11}H_{10}O_5$

18) **α-[4-Oxyphenyl]äthenmethyläther-ββ-Dicarbonsäure.** Sm. 185 bis 190° (*B.* **31**, 2607). — *II, *1131.*
19) **Dimethylester d. Benzol-1-Carbonsäure-2-Ketocarbonsäure.** Sm. 66 bis 68° (*M.* **24**, 922 *C.* **1904** [1] 514).

$C_{11}H_{10}O_6$

14) **α-[3,4-Dioxyphenyl]äthan-3,4-Methylenäther-ββ-Dicarbonsäure.** Sm. 142—143° u. Zers. Ca + $^1/_2H_2O$, Ba + $3H_2O$ (*C.* **1904** [1] 879).
15) **α-Phenyläthan-β,2,4-Tricarbonsäure.** Sm. 265—266° (*A.* **293**, 171). — *II, *1171.*

$C_{11}H_{10}N_2$

13) **3-Methyl-6-Phenyl-1,2-Diazin.** Sm. 104—105°; Sd. $185°_{10-20}$. HCl, (HCl, $HgCl_2$), (2HCl, $PtCl_4$), (HCl, $AuCl_3$), Chromat (*B.* **36**, 492 *C.* **1903** [1] 653).

$C_{11}H_{11}N$

*6) **1-[4-Methylphenyl]pyrrol.** Sm. 82°; Sd. $252°_{724,5}$ (*B.* **37**, 2795 *C.* **1904** [2] 531).
*15) **2,4-Dimethylchinolin** (*B.* **37**, 1325 *C.* **1904** [1] 1359).
32) **1-[2-Methylphenyl]pyrrol.** Sd. 246° (*B.* **37**, 2795 *C.* **1904** [2] 531).
33) **2-[2-Methylphenyl]pyrrol.** Sd. 284° (*B.* **37**, 2796 *C.* **1904** [2] 531).
34) **2-[4-Methylphenyl]pyrrol.** Sm. 153°; Sd. 294° (*B.* **37**, 2796 *C.* **1904** [2] 531).

$C_{11}H_{12}O$

17) **2,2-Dimethyl-1,2-Benzpyran.** Sd. $97°_{14}$ (*B.* **37**, 494 *C.* **1904** [1] 805).

$C_{11}H_{12}O_2$

*2) **Methyläther d. γ-Keto-α-[4-Oxyphenyl]-α-Buten.** + $2H_3PO_4$, + Chloressigsäure (*C.* **1903** [2] 284).
*3) **αγ-Diketo-α-Phenylpentan.** Sd. $150—155°_{18}$. Cu (*C. r.* **139**, 209 *C.* **1904** [2] 649).
*28) **Aethylester d. β-Phenylakrylsäure.** 3 + $SbCl_3$, + $FeCl_3$, 2 + $SnCl_4$ (*B.* **37**, 3667 *C.* **1904** [2] 1569).
*31) **β-[2,4-Dimethylphenyl]akrylsäure.** Sm. 176—177°. Ag (*G.* **34** [2] 116 *C.* **1904** [2] 1214).
34) **γ-Keto-α-[6-Oxy-3-Methylphenyl]-α-Buten.** Sm. 128—129° (*B.* **37**, 3186 *C.* **1904** [2] 991).
35) **Dimethyl-m-Biscyklohexenon.** Sm. 125—127° (*B.* **36**, 2162 *C.* **1903** [2] 370).
36) **β-[4-Methylphenyl]propen-α-Carbonsäure.** Sm. 136° (*C. r.* **138**, 986 Anm. *C.* **1904** [1] 1439).
37) **β-[2,5-Dim[illegible]säure.** Sm. 129—130°. Na, Ca, Ag (*G.* **34** [illegible] **1904** [illegible]).
38) **Methylester d. β-Phenylpropen-α-Carbonsäure.** Sm. 28°; Sd. 259 bis 260° (*C. r.* **138**, 987 *C.* **1904** [1] 1439).
39) **polym. Aethylester d. β-Phenylakrylsäure** (*B.* **35**, 4152 *C.* **1903** [1] 159).

$C_{11}H_{12}O_3$

*1) **5-Oxy-2,4-Diacetyl-1-Methylbenzol.** Sm. 106° (*B.* **36**, 2162 *C.* **1903** [2] 370).
63) **3,4-Methylenäther-5-Methyläther d. 3,4,5-Trioxy-1-Allylbenzol** (Myristicin). Sd. $149,5°_{16}$ (*B.* **36**, 3146 *C.* **1903** [2] 1176).
64) **3,4-Methylenäther-5-Methyläther d. 3,4,5-Trioxy-1-Propenylbenzol** (Isomyristicin). Sm. 44—45° (30,2°); Sd. $142—149°_{15}$ (*B.* **23**, 1806; *B.* **36**, 3447 *C.* **1903** [2] 1176; *B.* **36**, 3454 *C.* **1903** [2] 1177). — III, *638*; *III, *468.*
65) **β-Oxy-β-Phenylakryläthylläthersäure.** Sm. 160° u. Zers. (*C. r.* **138**, 287 *C.* **1904** [1] 719).
66) **Methylester d. β-Oxy-β-Phenylakrylmethyläthersäure.** Sd. 154 bis $155°_{14}$ (*C. r.* **137**, 261 *C.* **1903** [2] 664; *C. r.* **138**, 208 *C.* **1904** [1] 659; *Bl.* [3] **31**, 515 *C.* **1904** [1] 1602).
67) **Acetat d. α-Oxy-β-Keto-α-Phenylpropan.** Sd. $165—170°_{40}$ (*G.* **33** [2] 261 *C.* **1904** [1] 24).
68) **Acetat d. β-Oxyäthylphenylketon.** Sm. 54° (*B.* **36**, 1354 *C.* **1903** [1] 1299).

$C_{11}H_{12}O_4$

*1) **3,5-Diacetyl-2,6-Dimethyl-1,4-Pyron.** Sm. 124°; Sd. oberh. 300° (*Soc.* **85**, 977 *C.* **1904** [2] 711).
*15) **isom. β-[2,4-Dioxyphenyl]akryl-2,4-Dimethyläthersäure.** Sm. 184° (*C.* **1903** [1] 580; *Soc.* **85**, 162 *C.* **1904** [1] 724).
*17) **β-[3,4-Dioxyphenyl]akryl-3,4-Dimethylräthersäure** (*C.* **1903** [1] 580; *Soc.* **85**, 163 *C.* **1904** [1] 724).
*24) **α-Phenylpropan-γ,2-Dicarbonsäure.** Sm. 122° (138°) (*Soc.* **83**, 249 *C.* **1903** [1] 586, 882).
*47) **2-Aethylester d. Benzol-1-Carbonsäure-2-Methylcarbonsäure.** Sm. 107—108° (*M.* **24**, 949 *C.* **1904** [1] 916).
64) **3,5-Dioxy-2,4-Diacetyl-1-Methylbenzol.** Sm. 95° (*G.* **34** [2] 977 *C.* **1904** [2] 711).
65) **β-Methyläther-3,4-Methylenäther d. α-Keto-β-Oxy-α-[3,4-Dioxyphenyl]propen.** Sd. 173—174° (i. V.) (*A.* **332**, 334 *C.* **1904** [2] 652).
66) **4-Oxy-3,5-Diacetyl-5-Methyl-2-Methylen-1,2-Pyran.** Sm. 75° (*G.* **34** [2] 979 *C.* **1904** [2] 711).
67) **1,3,5-Trimethylbenzol-2,4-Dicarbonsäure.** Sm. 283° u. Zers. — *II, *1072.*
68) **5-Oxy-1-Methylbenzoläthyläther-2-Ketocarbonsäure** + H_2O. Sm. 78° (*C.* **1904** [1] 1597).
69) **3-Oxy-1-Methylbenzoläthyläther-4-Ketocarbonsäure.** Sm. 144° (*C.* **1904** [1] 1597).
70) **1-Methylen-2-Methyl-R-Penten-5-Carbonsäure-4-[Aethyl-β-Carbonsäure].** Sm. 187° (*B.* **36**, 951 *C.* **1903** [1] 1022).
71) **Porinsäure** + H_2O. Sm. 218° (wasserfrei) (*J. pr.* [2] **68**, 64 *C.* **1903** [2] 513).
72) **α-[6-Aldehydo-3-Methylphenoxyl]propionsäure.** Sm. 114—115° (*A.* **312**, 287). — *III, *65.*
73) **α-Methylester d. α-Phenyläthan-αβ-Dicarbonsäure.** Sm. 102° (*M.* **24**, 425 *C.* **1903** [2] 622).
74) **β-Methylester d. α-Phenyläthan-αβ-Dicarbonsäure.** Sm. 92° (*M.* **24**, 425 *C.* **1903** [2] 623).
75) **Dimethylester d. Benzol-1-Carbonsäure-2-Methylcarbonsäure.** Sm. 39—42°; Sd. 173—176°$_{25}$ (*M.* **24**, 939 *C.* **1904** [1] 515).
76) **1-Aethylester d. Benzol-1-Carbonsäure-2-Methylcarbonsäure.** Sm. 111—113° (*M.* **24**, 950 *C.* **1904** [1] 916).
77) **Monobenzylester d. Bernsteinsäure.** Sm. 59° (*B.* **35**, 4077 *C.* **1903** [1] 74).
78) **Verbindung** (aus Ceropten). Sm. 52° (*C.* **1904** [1] 40).

$C_{11}H_{12}O_5$

*3) **β-[4-Oxy-3,5-Dimethoxylphenyl]akrylsäure.** Sm. 192° (*B.* **36**, 1032 *C.* **1903** [1] 1223).
43) **1,3-Diacetat d. 1,2,3-Trioxybenzol-2-Methyläther.** Sm. 51—54° (*M.* **25**, 814 *C.* **1904** [2] 1119).
44) **2,3-Diacetat d. 1,2,3-Trioxybenzol-1-Methyläther.** Sm. 91—93° (*M.* **25**, 508 *C.* **1904** [2] 1118; *M.* **25**, 812 *C.* **1904** [2] 1119).

$C_{11}H_{12}O_6$

*10) **Diäthylester d. Chelidonsäure.** 2 + $HgCl_2$, 4 + 3 $HgCl_2$, + C_2H_5ONa (*B.* **37**, 3737 *C.* **1904** [2] 1537; *B.* **37**, 3751 *C.* **1904** [2] 1539).
16) **Carminsäure.** K, Ba (*Soc.* **83**, 138 **1903** [1] 89, 466).
17) **Homomaticosäure.** Sm. 96°. Ba + H_2O (*B.* **35**, 4356 *C.* **1903** [1] 331).
18) **Oxysäure** (aus Phenylisoparakonsäure). Ba (*A.* **330**, 331 *C.* **1904** [1] 928).

$C_{11}H_{12}O_7$

*8) **3,4-Dioxybenzoldimethyläther-1-Carbonsäure-2-Oxyessigsäure.** Sm. 215—217° (*B.* **36**, 2319 *C.* **1903** [2] 443; *M.* **25**, 891 *C.* **1904** [2] 1313).

$C_{11}H_{12}N_2$

*2) **3,4-Dimethyl-1-Phenylpyrazol.** Sd. 277—278° (*A.* **331**, 240 *C.* **1904** [1] 1221).
*7) **6-Methyl-1-Phenyl-1,4-Dihydro-1,2-Diazin.** Sm. 196—197° (*B.* **36**, 1934 Anm. *C.* **1903** [2] 189).

$C_{11}H_{12}N_4$

6) **Nitril d. 2-Methyl-1,4-Phenylendi[Amidoessigsäure].** Sm. 100—103° (D.R.P. 145062 *C.* **1903** [2] 1037).

$C_{11}H_{12}Br_4$

1) **2,3,5,6-Tetrabrom-4-Isopropyl-1-Aethylbenzol.** Sm. 246° (*B.* **36**, 1640 *C.* **1903** [2] 27).

$C_{11}H_{13}N$

*28) **1,2,5-Trimethylindol.** Sm. 56—57° (D.R.P. 137117 *C.* **1903** [1] 110).
29) **polym. 6-Methylenamido-1,2,3,4-Tetrahydronaphtalin.** Sm. 164° u. Zers. (*Soc.* **85**, 734 *C.* **1904** [2] 116, 339).

$C_{11}H_{13}N_3$ 10) **3-Imido-2,5-Dimethyl-1-Phenyl-2,3-Dihydropyrazol.** Pikrat (*B.* **36**, 3290 *C.* **1903** [2] 1191).

11) **3-Imido-1,5-Dimethyl-2-Phenyl-2,3-Dihydropyrazol.** Salze siehe (*B.* **36**, 3282 *C.* **1903** [2] 1189).

$C_{11}H_{14}O$ *5) **Methyläther d. α-[4-Oxyphenyl]-α-Buten.** Sd. 135—136°$_{26}$ (*B.* **37**, 3998 *C.* **1904** [2] 1641).

*6) **Methyläther d. α-[4-Oxyphenyl]-β-Methylpropen.** Sm. 8—9°; Sd. 123°$_{17}$ (*B.* **37**, 4000 *C.* **1904** [2] 1641).

*9) **Aethyläther d. 4-Oxy-1-Allylbenzol.** Sd. 224°$_{760}$ (D. R. P. 154654 *C.* **1904** [2] 1355).

*20) **Methyl-2,4,5-Trimethylphenylketon.** + H_2SO_4 (*R.* **21**, 355 *C.* **1903** [1] 151).

*29) **Aethyläther d. α-[4-Oxyphenyl]propen.** Sm. 61°; Sd. 241°$_{750}$ (D. R. P. 154654 *C.* **1904** [2] 1355).

34) **γ-[2-Oxyphenyl]-β-Penten.** Sd. 215—216°$_{753}$ u. Zers. (*Bl.* [3] **29**, 353 *C.* **1903** [1] 1222).

35) **Methyläther d. α-[3-Oxyphenyl]-α-Buten.** Sd. 128—129°$_{18}$ (*B.* **37**, 3999 *C.* **1904** [2] 1641).

36) **Methyläther d. β-[4-Oxyphenyl]-β-Buten.** Sd. 233—236°$_{750}$ (*B.* **37**, 3997 *C.* **1904** [2] 1641).

37) **Methyläther d. α-[4-Oxy-2-Methylphenyl]propen.** Sd. 119—121°$_{13}$ (*B.* **37**, 3994 *C.* **1904** [2] 1640).

38) **Methyläther d. α-[4-Oxy-3-Methylphenyl]propen.** Sd. 121—123°$_{14}$ (*B.* **37**, 3992 *C.* **1904** [2] 1640).

39) **Methyläther d. α-[6-Oxy-3-Methylphenyl]propen.** Sd. 122—124°$_{17}$ (*B.* **37**, 3995 *C.* **1904** [2] 1640).

40) **Aethyläther d. α-[2-Oxyphenyl]propen.** Sd. 230—231°$_{757}$ (*B.* **37**, 3987 *C.* **1904** [2] 1639).

41) **Aethyläther d. α-[3-Oxyphenyl]propen.** Sd. 124—125°$_{16}$ (*B.* **37**, 3990 *C.* **1904** [2] 1639).

42) **Propyläther d. β-Oxy-α-Phenyläthen.** Sd. 238—241° (*C. r.* **138**, 288 *C.* **1904** [1] 720; *Bl.* [3] **31**, 528 *C.* **1904** [1] 1552).

43) **Aldehyd d. 1-Pseudobutyl-3-Carbonsäure** (*B.* **32**, 2533). — *III, *44*.

$C_{11}H_{14}O_2$ *2) **Dimethyläther d. 3,4-Dioxy-1-Allylbenzol** (*J. pr.* [2] **68**, 246 *C.* **1903** [2] 1063).

*4) **Dimethyläther d. 3,4-Dioxy-1-Propenylbenzol.** Pikrat (*C.* **1904** [2] 954).

*26) **1-Pseudobutylbenzol-4-Carbonsäure.** Sm. 164° (*Bl.* [3] **31**, 969 *C.* **1904** [2] 1112).

*55) **Isobutyl-4-Oxyphenylketon.** Sm. 97—98° (*B.* **36**, 3891 *C.* **1904** [1] 93).

*56) **Propyl-6-Oxy-3-Methylphenylketon.** Sm. 34° (*B.* **36**, 3892 *C.* **1904** [1] 93).

67) **Dimethyläther d. α-[2,5-Dioxyphenyl]propen.** Sd. 132—135°$_{14}$ (*B.* **36**, 858 *C.* **1903** [1] 1084).

68) **Dimethyläther d. β-[2,5-Dioxyphenyl]propen.** Sd. 124—125°$_{18}$ (*B.* **37**, 3997 *C.* **1904** [2] 1641).

69) **Dimethyläther d. β-[3,4-Dioxyphenyl]propen.** Sd. 253—254° (*C. r.* **139**, 140 *C.* **1904** [2] 593).

70) **Methyläther d. γ-Keto-α-[4-Oxyphenyl]butan.** Sd. 160°$_{22}$ (*A.* **330**, 236 *C.* **1904** [1] 945).

71) **Methyläther d. Aethyl-4-Oxy-2-Methylphenylketon.** Sm. 43°; Sd. 149—150°$_{14}$ (*B.* **37**, 3993 *C.* **1904** [2] 1640).

72) **Methyläther d. Aethyl-4-Oxy-3-Methylphenylketon.** Sm. 41°; Sd. 169—171°$_{25}$ (*B.* **37**, 3991 *C.* **1904** [2] 1640).

73) **Methyläther d. Aethyl-6-Oxy-3-Methylphenylketon.** Sd. 149—151°$_{17}$ (*B.* **37**, 3994 *C.* **1904** [2] 1640).

74) **Aethyläther d. Methyl-4-Oxy-2-Methylphenylketon.** Sm. 22°; Sd. 195°$_{81}$ (*C.* **1904** [1] 1597).

75) **Aethyläther d. Methyl-2-Oxy-4-Methylphenylketon.** Sm. 71°; Sd. 140°$_{10}$ (*C.* **1904** [1] 1597).

76) **γ-Phenylvaleriansäure.** Sm. 13°; Sd. 210°$_{85}$. Ca, Al (*C.* **1904** [1] 1416).

77) **Aethylester d. 3-Methylnorcaradiëncarbonsäure.** Sd. 122—126°$_{15}$ (*B.* **36**, 3514 *C.* **1903** [2] 1275).

$C_{11}H_{14}O_2$ 78) **Acetat d. 2-Oxymethyl-1,4-Dimethylbenzol.** Sd. 242—243° (*G.* **32** [2] 485 *C.* **1903** [1] 831).

$C_{11}H_{14}O_3$ 79) **3,4-Methylenäther-5-Methyläther d. 3,4,5-Trioxy-1-Propylbenzol** (Dihydromyristicin). Sd. 149—150°$_{17}$ (*B.* **36**, 3449 *C.* **1903** [2] 1176).

80) **1-Keto-2,4-Diacetyl-5-Methyl-1,2,3,4-Tetrahydrobenzol.** Sm. 75° (*B.* **36**, 2159 *C.* **1903** [2] 370).

81) **Dimethyläther d. α-Keto-β-Oxy-α-[4-Oxyphenyl]propan.** Sd. 160° (*A.* **332**, 329 *C.* **1904** [2] 651).

82) **Dimethyläther d. β-Keto-α-[3,4-Dioxyphenyl]propan.** Sd. 195 bis 200°$_{11}$ (*A.* **332**, 336 *C.* **1904** [2] 652).

83) **δ-Phenyl-β-Methylbutan-βγ-Ozonid.** Fl. (*B.* **37**, 845 *C.* **1904** [1] 1144).

84) **β-Oxy-β-Phenylvaleriansäure.** Sm. 118—121°. Ca, Ba (*C.* **1904** [1] 1343).

85) **Aldehyd d. 3,4-Dioxybenzol-3-Isobutyläther-1-Carbonsäure.** Sm. 94° (D.R.P. 85196). — *III, *74.*

86) **Aethylester d. α-Oxy-β-Phenylpropionsäure.** Sd. 126°$_{15}$ (*B.* **37**, 1268 *C.* **1904** [1] 1334).

$C_{11}H_{14}O_4$ *11) **2,4-Dioxybenzoldiäthyläther-1-Carbonsäure.** Sm. 99—102° (*M.* **24**, 893 *C.* **1904** [1] 512).

*23) **Aethylester d. 2,4-Dioxybenzol-4-Aethyläther-1-Carbonsäure.** Sm. 53—54° (*M.* **24**, 890 *C.* **1904** [1] 512).

33) **Isobutyl-2,3,4-Trioxyphenylketon.** Sm. 108° (D.R.P. 49149, 50451). — *III, *122.*

34) **Propyl-2,4,6-Trioxy-3-Methylphenylketon.** Sm. 161—162° (*A.* **329**, 318 *C.* **1904** [1] 799).

35) **Trimethyläther d. 2,3,4-Trioxyphenylketon.** Sd. 174°$_{18}$ (*B.* **36**, 2191 *C.* **1903** [2] 384).

36) **ββ-Dioxy-β-Phenylpropiondimethyläthersäure.** Zers. bei 95°. Na + $5H_2O$ (*C. r.* **137**, 261 *C.* **1903** [2] 664).

37) **Methylester d. 3,5-Dioxy-1-Methylbenzoldimethyläther-2-Carbonsäure.** Sm. 80—84° (*M.* **24**, 896 *C.* **1904** [1] 512).

38) **Methylester d. 3,5-Dioxy-1-Methylbenzoldimethyläther-4-Carbonsäure.** Sm. 31—37° (*M.* **24**, 900 *C.* **1904** [1] 513).

39) **Methylester d. Säure $C_{10}H_{12}O_4$.** Sm. 115—117° (*M.* **24**, 913 *C.* **1904** [1] 513).

40) **Aethylester d. α-Oxy-α-[4-Methoxylphenyl]essigsäure.** Sm. 47 bis 48° (*B.* **37**, 3173 *C.* **1904** [2] 1303).

41) **Aethylester d. 2,4-Dioxybenzoldimethyläther-1-Carbonsäure.** Sd. 170°$_{18}$ (*C.* **1903** [1] 580; *Soc.* **85**, 160 *C.* **1904** [1] 724).

42) **2-Oxybenzoat d. αα-Dioxyäthan-α-Aethyläther** (Aethoxyäthylidensalicylat). Fl. (D.R.P. 146849 *C.* **1903** [2] 1363).

$C_{11}H_{14}O_5$ *4) **Methylester d. 3,4,5-Trioxybenzoltrimethyläther-1-Carbonsäure.** Sm. 80—82° (*M.* **25**, 511 *C.* **1904** [2] 1118).

*13) **Methylester d. 2,4,6-Trioxybenzoltrimethyläther-1-Carbonsäure.** Sm. 67—70° (*M.* **24**, 874 *C.* **1904** [1] 368).

14) **2,4,6-Trioxy-1,3-Dimethylbenzol-2,4-Dimethyläther-5-Carbonsäure.** Sm. 125° (*M.* **24**, 114 *C.* **1903** [1] 967).

15) **Aethylester d. 5-Oxy-1,4-Pyronisopropyläther-2-Carbonsäure** (Ae. d. Komenisopropyläthersäure). Sm. 123° (*G.* **33** [2] 266 *C.* **1904** [1] 45).

16) **Diäthylester d. γ-Keto-αδ-Pentadiën-αε-Dicarbonsäure.** Sm. 49,5 bis 50° (*B.* **37**, 3296 *C.* **1904** [2] 1041).

$C_{11}H_{14}O_7$ *1) **Diäthylester d. Acetondioxalsäure.** Sm. 104° (*B.* **37**, 3734 *C.* **1904** [2] 1537).

3) **Diäthylester d. αε-Dioxy-γ-Keto-αδ-Pentadiën-αε-Dicarbonsäure.** Sm. 97,5—98,5°. Na_2, Ba (*B.* **37**, 3735 *C.* **1904** [2] 1537).

$C_{11}H_{14}Br_2$ *3) **αβ-Dibromisoamylbenzol.** Sm. 128° (*B.* **37**, 1088 *C.* **1904** [1] 1260; *B.* **37**, 2316 *C.* **1904** [2] 217).

*8) **4,6-Dibrom-2-Aethyl-1,3,5-Trimethylbenzol.** Sm. 59—60° (*B.* **37**, 1718 *C.* **1904** [1] 1489).

*10) **βγ-Dibromisoamylbenzol.** Sm. 66° (*B.* **37**, 2315 *C.* **1904** [2] 217).

11) **γδ-Dibrom-γ-Phenyl-β-Methylbutan.** Fl. (*B.* **36**, 3691 *C.* **1903** [2] 1426).

$C_{11}H_{14}Br_2$ 12) **αβ-Dibrom-α-[2,5-Dimethylphenyl]propan.** Sd. 163—166°$_{17}$ (*B.* **36**, 773 *C.* **1903** [1] 834).

13) **4-[αβ-Dibrompropyl]-1,3-Dimethylbenzol.** Sd. 151—153°$_{8}$ (*B.* **36**, 2236 *C.* **1903** [2] 437).

$C_{11}H_{15}N$ *7) **1-Phenylhexahydropyridin.** Sd. 257—258°$_{752}$. (2HCl, $PtCl_4$ + $2H_2O$) (*B.* **37**, 3212 *C.* **1904** [2] 1238).

*12) **1-Aethyl-1,2,3,4-Tetrahydrochinolin.** Pikrat (*B.* **36**, 2572 *C.* **1903** [2] 727).

33) **α-[4-Dimethylamidophenyl]propen.** Sm. 48° (*B.* **37**, 1742 *C.* **1904** [1] 1599).

34) **Methylallyl-2-Methylphenylamin.** Sd. 215—220°. Pikrat (*B.* **37**, 3897 *C.* **1904** [2] 1612).

35) **4-Methylallylamido-1-Methylbenzol** (Methylallyl-4-Methylphenylamin). Sd. 230—232°. Pikrat (*B.* **37**, 2719 *C.* **1904** [2] 592).

36) **6-Methylamido-1,2,3,4-Tetrahydronaphtalin.** Sd. 267,5°$_{719}$. HCl, HNO_3 (*Soc.* **85**, 735 *C.* **1904** [2] 117, 339).

37) **1,8-Dimethyl-1,2,3,4-Tetrahydrochinolin.** Sd. 238—240°. (2HCl, $PtCl_4$), Pikrat (*B.* **37**, 22 *C.* **1904** [1] 522).

38) **α-Cytisolidin.** Fl. (2HCl, $PtCl_4$) (*B.* **37**, 20 *C.* **1904** [1] 522).

39) **β-Cytisolidin.** (2HCl, $PtCl_4$) (*B.* **37**, 21 *C.* **1904** [1] 522).

$C_{11}H_{15}Cl$ 6) **γ-Chlor-γ-Phenylpentan.** Fl. (*B.* **36**, 3692 *C.* **1903** [2] 1426).

7) **γ-Chlor-γ-Phenyl-β-Methylbutan.** Fl. (*B.* **36**, 3691 *C.* **1903** [2] 1426).

$C_{11}H_{16}O$ *3) **4-Oxy-1-tert. Amylbenzol** (*A.* **327**, 207 *C.* **1903** [1] 1407; *A.* **327**, 219 *C.* **1903** [1] 1408).

*25) **Isoamyläther d. Oxybenzol.** Sd. 215—220° (*B.* **36**, 2062 *C.* **1903** [2] 357).

*31) **δ-Oxy-δ-Phenyl-β-Methylbutan.** Sd. 126°$_{22}$ (*B.* **37**, 2316 *C.* **1904** [2] 217).

33) **γ-Oxy-γ-Phenylpentan.** Sd. 125—127°$_{16}$ (223—224°$_{762}$). Mg + $(C_2H_5)_2O$ (*C. r.* **137**, 758 *C.* **1903** [2] 1415; *B.* **36**, 3692 *C.* **1903** [2] 1426; *C. r.* **138**, 154 *C.* **1904** [1] 577).

34) **β-Oxy-α-Phenyl-β-Methylbutan.** Sd. 235—238° u. Zers. (*C.* **1904** [1] 1496).

35) **γ-Oxy-γ-Phenyl-β-Methylbutan.** Sd. 196—198°$_{760}$ (*B.* **36**, 3691 *C.* **1903** [2] 1426).

36) **β-Oxy-δ-Phenyl-β-Methylbutan.** Sd. 121°$_{13}$ (*B.* **37**, 2314 *C.* **1904** [2] 217).

37) **Methyläther d. α-[3-Oxyphenyl]butan.** Sd. 115—116°$_{16}$ (*B.* **37**, 4000 *C.* **1904** [2] 1641).

38) **Methyläther d. α-[4-Oxyphenyl]butan.** Sd. 120°$_{18}$ (*B.* **37**, 3999 *C.* **1904** [2] 1641).

39) **Methyläther d. β-[4-Oxyphenyl]butan.** Sd. 106—108°$_{16}$ (*B.* **37**, 3997 *C.* **1904** [2] 1641).

40) **Methyläther d. 4-Oxy-3-Propyl-1-Methylbenzol.** Sd. 216—218° (*B.* **37**, 3995 *C.* **1904** [2] 1640).

41) **Methyläther d. 6-Oxy-3-Propyl-1-Methylbenzol.** Sd. 222° (*B.* **37**, 3993 *C.* **1904** [2] 1640).

42) **Aethyläther d. 2-Oxy-1-Propylbenzol.** Sd. 213°$_{754}$ (*B.* **37**, 3989 *C.* **1904** [2] 1639).

43) **Aethyläther d. 3-Oxy-1-Propylbenzol.** Sd. 220—224°$_{761}$ (*B.* **37**, 3990 *C.* **1904** [2] 1639).

44) **Aethyläther d. 4-Oxy-1-Propylbenzol.** Sd. 106—110°$_{13}$ (*B.* **37**, 3990 *C.* **1904** [2] 1639).

45) **Methylencampher.** Sm. 30—35°; Sd. 218° (*C. r.* **136**, 752 *C.* **1903** [1] 971; *C. r.* **136**, 1223 *C.* **1903** [2] 116).

$C_{11}H_{18}O_2$ *6) **Dimethyläther d. 3,4-Dioxy-1-Propylbenzol.** Sd. 246—247° (*B.* **36**, 860 *C.* **1903** [1] 1085).

*9) **Diäthyläther d. Dioxymethylbenzol.** Sd. 220—222° (*B.* **37**, 188 *C.* **1904** [1] 638).

*19) **Oxymethylencampher.** Sm. 79°; Sd. 105°$_{11}$. Na, Ca, Cu (*C. r.* **136**, 1223 *C.* **1903** [2] 116; *B.* **36**, 2635 *C.* **1903** [2] 626; *B.* **36**, 4287 *C.* **1904** [1] 458; *B.* **37**, 762 *C.* **1904** [1] 1085; *B.* **37**, 2070 *C.* **1904** [2] 17; *B.* **37**, 2130 *C.* **1904** [2] 223).

$C_{11}H_{16}O_2$ *24) **Aethylester d. α-Camphylsäure.** Sd. 132°$_{70}$ (*Soc.* **83**, 850 *C.* **1903** [2] 572).
33) **γ-Oxy-γ-[2-Oxyphenyl]pentan.** Sm. 57° (*Bl.* [3] **29**, 351 *C.* **1903** [1] 1222).
34) **3-Methyläther d. α-Oxy-α-[3-Oxyphenyl]butan.** Sd. 151—152°$_{15}$ (*B.* **37**, 3999 *C.* **1904** [2] 1641).
35) **5-Methyläther d. 5-Oxy-2-[α-Oxypropyl]-1-Methylbenzol.** Sd. 149 bis 151°$_{13}$ (*B.* **37**, 3993 *C.* **1904** [2] 1640).
36) **4-Methyläther d. 4-Oxy-3-[α-Oxypropyl]-1-Methylbenzol.** Sd. 153 bis 154°$_{22}$ (*B.* **37**, 3995 *C.* **1904** [2] 1640).
37) **6-Methyläther d. 6-Oxy-3-[α-Oxypropyl]-1-Methylbenzol.** Sd. 157°$_{20}$ (*B.* **37**, 3991 *C.* **1904** [2] 1640).
38) **Dimethyläther d. 2,5-Dioxy-1-Propylbenzol.** Sd. 240°$_{740}$ (*B.* **36**, 857 *C.* **1903** [1] 1084).
39) **Dimethyläther d. 2,5-Dioxy-1-Isopropylbenzol.** Sd. 114—116°$_{16}$ (*B.* **37**, 3997 *C.* **1904** [2] 1641).
40) **Dimethyläther d. 3,5-Dioxy-1-Propylbenzol.** Sd. 136—137°$_{18}$ (*B.* **36**, 3450 *C.* **1903** [2] 1176).
41) **2-Aethyläther d. 2-Oxy-1-[α-Oxypropyl]benzol.** Sd. 129—130°$_{15}$ (*B.* **37**, 3988 *C.* **1904** [2] 1639).
42) **Oxymethylenisothujon.** Sd. 128—132°$_{18}$ (*A.* **329**, 126 *C.* **1903** [2] 1323).
43) **2,4-Diketo-1,1,3,3,5-Pentamethyl-1,2,3,4-Tetrahydrobenzol.** Sm. 59—62° (*M.* **24**, 911 *C.* **1904** [1] 513).
44) **β-Metacopaivasäure** (oder $C_{16}H_{24}O_3$). Sm. 89—90° (*Ar.* **239**, 555). — *III, *419.*

$C_{11}H_{16}O_3$ *2) **2,5-Dimethyläther d. 2,3,5-Trioxy-1-Propylbenzol.** Sd. 149,5 bis 151°$_{12}$ (*B.* **36**, 1718 *C.* **1903** [2] 114).
*6) **Camphocarbonsäure.** Sm. 126—127° (129°) (*B.* **36**, 208 *C.* **1903** [1] 515; *B.* **36**, 669 *C.* **1903** [1] 771; *B.* **36**, 1305 *C.* **1903** [1] 1224; *B.* **36**, 2622 *C.* **1903** [2] 624; *B.* **36**, 4289 *C.* **1904** [1] 456; *B.* **37**, 2512 *C.* **1904** [2] 332).
18) **2,5-Dimethyläther d. 2,5-Dioxy-1-[α-Oxyisopropyl]benzol.** Sd. 138—141°$_{16}$ (*B.* **37**, 3996 *C.* **1904** [2] 1641).
19) **Trimethyläther d. 2,4,6-Trioxy-1,3-Dimethylbenzol.** Sm. 61° (*M.* **24**, 108 *C.* **1903** [1] 967).
20) **3-Aethyläther d. 2,3,5-Trioxy-1-Propylbenzol.** Sm. 143° (*B.* **36**, 1720 *C.* **1903** [2] 114).
21) **Säure** (aus Carvon). Sm. 96—97° (*C.* **1904** [1] 1082).
22) **Säure** (aus Carvon). Sm. 137° (*C.* **1904** [1] 1082).
23) **Methylester d. 3-Keto-1-Methyl-2-Allyl-R-Pentamethylen-2-Carbonsäure.** Sd. 114—115°$_{15}$ (*C. r.* **138**, 210 *C.* **1904** [1] 663).

$C_{11}H_{16}O_4$ *2) **3,4-Dimethyläther d. i-3,4-Dioxy-1-[αβ-Dioxypropyl]benzol.** Sm. 120—121° (*B.* **36**, 3582 *C.* **1903** [2] 1363).
*3) **3,4-Dimethyläther d. isom. i-3,4-Dioxy-1-[αβ-Dioxypropyl]benzol.** Sm. 88—89° (*B.* **36**, 3582 *C.* **1903** [2] 1363).
*14) **1-Oxy-5-Keto-2,4-Diacetyl-1-Methylhexahydrobenzol** (Methylenbisacetylaceton). Sm. 87—88° (*B.* **36**, 2155 *C.* **1903** [2] 370; *A.* **332**, 21 Anm. *C.* **1904** [1] 1565).

$C_{11}H_{16}O_5$ *2) **Anhydrid d. γ-Acetoxyl-βδ-Dimethylpentan-βδ-Dicarbonsäure.** Sm. 89—90° (*Bl.* [3] **31**, 118 *C.* **1904** [1] 643).

$C_{11}H_{16}O_6$ 16) **Acetoxyldioxydihydro-α-Camphylsäure.** Sm. 185° u. Zers. (*Soc.* **83**, 857 *C.* **1903** [2] 572).

$C_{11}H_{16}N_2$ 13) **Campherpyrazol.** Sm. 149—150°. (2HCl, $PtCl_4$) (*A.* **329**, 130 *C.* **1903** [2] 1323).
14) **Dihydrocarvonpyrazol.** Fl. (2HCl, $PtCl_4$) (*A.* **329**, 124 *C.* **1903** [2] 1323).
15) **Thujonpyrazol.** Fl. (2HCl, $PtCl_4$) (*A.* **329**, 125 *C.* **1903** [2] 1323).
16) **Isothujonpyrazol.** Sm. 89—90°. (2HCl, $PtCl_4$) (*A.* **329**, 126 *C.* **1903** [2] 1323).

$C_{11}H_{17}N$ *7) **Methylisobutylamidobenzol** (Methylisobutylphenylamin). Sd. 227 bis 228° (*Soc.* **83**, 1408 *C.* **1904** [1] 438).
*13) **5-Dimethylamido-1,2,4-Trimethylbenzol.** Sd. 219°. (2HCl, $PtCl_4$) (*Soc.* **85**, 236 *C.* **1904** [1] 1006).

$C_{11}H_{17}N$ *20) **Isobutylamidomethylbenzol** (Isobutylbenzylamin). HJ (*Soc.* **83**, 1414 *C.* **1904** [1] 438).
*28) **Aethylisopropylamidobenzol.** Sd. 220°. (HCl, 4HgCl₂), (2HCl, PtCl₄) (*J. pr.* [2] **66**, 473 *C.* **1903** [1] 561).
33) **4-Amido-1-tert. Amylbenzol.** Sd. 140—142°$_{15}$ (*A.* **327**, 222 *C.* **1903** [1] 1408).
34) **Bornylisocyanid.** Sm. 137° (*Soc.* **85**, 1193 *C.* **1904** [2] 1125).

$C_{11}H_{18}O$ 11) **4-[β-Ketopropyl]-1,1,5-Trimethyl-2,3-Dihydro-R-Penten** (Methylcampholenon). Sd. 210—212° (*Bl.* [3] **31**, 464 *C.* **1904** [1] 1516).
12) **Vetirol.** Sd. 174—176°$_{10}$ (**D. R. P.** 142416 *C.* **1903** [2] 229).

$C_{11}H_{18}O_2$ *7) **Methylester d. Pulegensäure.** Sd. 114—115°$_{30}$ (*A.* **327**, 126 *C.* **1903** [1] 1412).
*15) **Formiat d. Isoborneol.** Sd. 103°$_{18}$ (*C. r.* **136**, 239 *C.* **1903** [1] 584).
35) **Oxymethylentetrahydrocarvon.** Sd. 131—135°$_{16}$ (*A.* **329**, 123 *C.* **1903** [2] 1322).
36) **Oxymethylenthujamenthon.** Sd. 109—115°$_{11}$ (*A.* **329**, 127 *C.* **1903** [2] 1323).
37) **Camphancarbonsäure.** Sm. 69—71° (*B.* **35**, 4417 *C.* **1903** [1] 330).
38) **Methylester d. α-Nonin-α-Carbonsäure.** Sd. 133—135°$_{21}$ (*C. r.* **136**, 554 *C.* **1903** [1] 825).
39) **Aethylester d. ζ-Methyl-α-Heptin-α-Carbonsäure.** Sd. 135—137°$_{30}$ (*C. r.* **136**, 554 *C.* **1903** [1] 825).
40) **Aethylester d. 1,3-Dimethyl-1,2,3,4-Tetrahydrobenzol-2-Carbonsäure.** Sd. 89—91°$_{12}$ (D. R. P. 148206 *C.* **1904** [1] 485).
41) **Propylester d. α-Heptin-α-Carbonsäure.** Sd. 133—134°$_{17}$ (*Bl.* [3] **31**, 508 *C.* **1904** [1] 1602).
42) **Amylester d. α-Pentin-α-Carbonsäure.** Sd. 127—128°$_{22}$ (*C. r.* **136**, 553 *C.* **1903** [1] 824).
43) **Formiat d. Campholenalkohol.** Sd. 215—216° (*C. r.* **138**, 280 *C.* **1904** [1] 725).
44) **Formiat d. Geraniol.** Sd. 104—105°$_{10-11}$ (D. R. P. 80711; *B.* **29**, 907 Anm.). — **III**, *477*; ***III**, *345*.
45) **Formiat d. Cyklogeraniol.** Sd. 102—108°$_{20}$ (D. R. P. 138141 *C.* **1903** [1] 267).
46) **Formiat d. Nerol.** Sd. 119—121°$_{25}$ (*B.* **36**, 267 *C.* **1903** [1] 585). — ***III**, *350*.

$C_{11}H_{18}O_3$ 15) **Oxy-β-Campholytäthyläthersäure.** Sd. 174—177°$_{35}$ (*Soc.* **83**, 861 *C.* **1903** [2] 573).
16) **Methylester d. 3-Keto-1-Methyl-2-Propyl-R-Pentamethylen-2-Carbonsäure.** Sd. 138—140°$_{22}$ (*C. r.* **138**, 210 *C.* **1904** [1] 663).
17) **Aethylester d. ζ-Keto-β-Methyl-β-Hepten-η-Carbonsäure.** Sd. 127 bis 130°$_{14}$ (*C. r.* **136**, 755 *C.* **1903** [1] 1019).
18) **Aethylester d. 3-Keto-1-Methyl-2-Aethyl-R-Pentamethylen-2-Carbonsäure.** Sd. 119—120°$_{12}$ (*C. r.* **138**, 210 *C.* **1904** [1] 663).

$C_{11}H_{18}O_4$ *4) **β-Nonen-αβ-Dicarbonsäure.** Sm. 131° (*A.* **331**, 110 *C.* **1904** [1] 931).
*5) **γ-Nonen-αβ-Dicarbonsäure** (Hexylatikonsäure). Sm. 79—79,5° (*A.* **331**, 116 *C.* **1904** [1] 931).
*33) **Diäthylester d. γ-Methyl-α-Buten-αγ-Dicarbonsäure.** Sd. 131°$_{14}$ (*C. r.* **136**, 382 *C.* **1903** [1] 697).
*34) **Diäthylester d. γ-Methyl-α-Buten-βγ-Dicarbonsäure.** Sd. 126 bis 127°$_{20}$ (*Soc.* **83**, 1389 *C.* **1904** [1] 435).
37) **Maclayetin.** Sm. 209—210° (*Ch. Z.* **20**, 970). — ***III**, *444*.
38) **Dilakton** (aus Hexylatikonsäure). Sm. 185—186° u. Zers. (*A.* **331**, 122 *C.* **1904** [1] 932).
39) **Methylester d. γε-Diketo-β-Methyloktan-δ-Carbonsäure** (M. d. Isobutyrylbutyrylessigsäure). Sd. 125°$_{18}$. Cu (*Bl.* [3] **27**, 1094 *C.* **1903** [1] 226).
40) **Methylester d. β-Isobutyroxyl-α-Penten-α-Carbonsäure** (M. d. O-Isobutyrylbutyrylessigsäure). Sd. 128°$_{18}$ (*Bl.* [3] **27**, 1095 *C.* **1903** [1] 227.
41) **Aethylester** (aus d. Verb. $C_{11}H_{19}O_4Br$). Sd. 155°$_{13}$ (*Soc.* **77**, 858; **79**, 1341). — ***III**, *687*.
42) **Diacetat d. 3,4-Dioxy-1-Methylhexahydrobenzol.** Sd. 157—158°$_{40}$ (*C.* **1904** [2] 220).

$C_{11}H_{18}O_5$ 18) **Säure** (aus Hexylatikonsäure). Sm. 126—127°. Ca + H_2O, Ag_2 (*A.* **331**, 118 *C.* **1904** [1] 931).

19) **αγ-Lakton d. βγ-Dioxynonan-αβ-Dicarbonsäure.** Sm. 103—104°. Ca + $2^1/_2 H_2O$, Ba + H_2O, Ag (*A.* **331**, 112 *C.* **1904** [1] 931).

20) **Aldehyd d. αγ-Diacetoxyl-ββ-Dimethylbutan-δ-Carbonsäure.** Fl. (*M.* **25**, 1070 *C.* **1904** [2] 1599).

21) **Dimethylester d. δ-Ketoheptan-αη-Dicarbonsäure.** Sm. 30—31° (*B.* **37**, 3819 *C.* **1904** [2] 1606).

22) **Diäthylester d. γ-Keto-β-Methylbutan-βδ-Dicarbonsäure.** Sd. 185 bis 190°$_{100}$ (*Soc.* **83**, 12 *C.* **1903** [1] 76, 443).

$C_{11}H_{18}O_6$ *3) **γ-Acetoxyl-βδ-Dimethylpentan-βδ-Dicarbonsäure.** Sm. 171° (158 bis 159°?) (*Bl.* [3] **31**, 118 *C.* **1904** [1] 644).

20) **Diäthylester d. β-Acetoxylpropan-αγ-Dicarbonsäure.** Sd. 153 bis 154°$_{11}$ (*Bl.* [3] **29**, 1014 *C.* **1903** [2] 1315).

$C_{11}H_{18}N_2$ 13) **2-[β-Diäthylamidoäthyl]pyridin.** Sd. 115—116°$_{13}$. (2HCl, $PtCl_4$), (2HCl, $AuCl_3$), Pikrat) (*B.* **36**, 169 *C.* **1904** [1] 672).

14) **Menthonpyrazol.** Fl. (2HCl, $PtCl_4$) (*A.* **329**, 123 *C.* **1903** [2] 1322).

15) **Tetrahydrocarvonpyrazol.** Fl. (2HCl, $PtCl_4$) (*A.* **329**, 124 *C.* **1903** [2] 1323).

16) **Thujamenthonpyrazol.** Fl. (2HCl, $PtCl_4$) (*A.* **329**, 128 *C.* **1903** [2] 1323).

$C_{11}H_{19}N$ 3) **Methylamidocamphen.** Sd. 202°$_{756}$. (2HCl, $PtCl_4$), HJ (*Soc.* **85**, 334 *C.* **1904** [1] 808, 1440).

$C_{11}H_{19}N_3$ C 68,4 — H 9,8 — N 21,7 — M. G. 193.

1) **3,4,5-Triamido-1-tert. Amylbenzol.** Sm. 149° (*A.* **327**, 216 *C.* **1903** [1] 1408).

$C_{11}H_{20}O$ 11) **ϑ-Oxy-βζ-Dimethyl-βζ-Nonadiën** (α-Methylgeraniol). Sd. 112—113°$_{12}$ (D.R.P. 153120 *C.* **1904** [2] 624; D.R.P. 154656 *C.* **1904** [2] 1269).

12) **Methyläther d. Tanacetylalkohol** (M. d. Thujylalkohol) (*B.* **33**, 3122). — *III, *351.*

13) **Isobutylhexahydrophenylketon.** Sd. 114°$_{20}$ (*C. r.* **139**, 344 *C.* **1904** [2] 704).

14) **isom. 1-Methylmenthon.** Sd. 96—97°$_{18}$ (*C. r.* **138**, 1140 *C.* **1904** [2] 106; *C.* **1904** [2] 1046).

$C_{11}H_{20}O_2$ *29) **Lakton d. γ-Oxymethyl-βζ-Dimethylheptan-δ-Carbonsäure** (*Am.* **30**, 232 *C.* **1903** [2] 933).

33) **βγ-Diketo-δ-Methyldekan.** Sd. 94°$_{10}$ (*Bl.* [3] **31**, 1176 *C.* **1904** [2] 1701).

34) **1-1-Methyl-4-Isopropylhexahydrobenzol-3-Carbonsäure** (l-Menthancarbonsäure). Sm. 65; Sd. 167°$_{21}$ (*B.* **35**, 4417 *C.* **1903** [1] 330).

35) **Acetat d. δ-Oxy-δζ-Dimethyl-α-Hepten** (*C.* **1904** [2] 185).

36) **Acetat d. 2-Oxy-1-Methyl-3-Isopropyl-R-Pentamethylen.** Sd. 92 bis 94°$_{14}$ (*B.* **37**, 237 *C.* **1904** [1] 726).

$C_{11}H_{20}O_3$ *7) **Aethylester d. ζ-Keto-β-Methylheptan-ε-Carbonsäure.** Sd. 114 bis 115°$_{12}$ (*Bl.* [3] **31**, 759 *C.* **1904** [2] 309).

18) **β-Oxy-α-Heptenpropyläther-α-Carbonsäure.** Sm. 58° (*C. r.* **138**, 287 *C.* **1904** [1] 719).

19) **Methylester d. β-Oxy-α-Oktenmethyläther-α-Carbonsäure.** Sd. 245 bis 248° (*C. r.* **138**, 208 *C.* **1904** [1] 659; *Bl.* [3] **31**, 514 *C.* **1904** [1] 1602).

20) **Aethylester d. 5-Oxy-1,3-Dimethylhexahydrobenzol-2-Carbonsäure.** Sd. 144—146°$_{16}$ (D.R.P. 148207 *C.* **1904** [1] 486).

21) **Aethylester d. β-Ketooktan-α-Carbonsäure.** Sd. 132—133°$_{18}$ (*C. r.* **136**, 755 *C.* **1903** [1] 1019).

22) **Aethylester d. γ-Ketooktan-β-Carbonsäure.** Sd. 128—129°$_{11}$ (*Bl.* [3] **31**, 596 *C.* **1904** [2] 26).

23) **Aethylester d. ε-Ketooktan-δ-Carbonsäure.** Sd. 112—113°$_{10}$ (*Bl.* [3] **31**, 594 *C.* **1904** [2] 26).

24) **Aethylester d. δ-Keto-β-Methylheptan-γ-Carbonsäure.** Sd. 111°$_{14}$ (*Bl.* [3] **31**, 594 *C.* **1904** [2] 26).

25) **Aethylester d. δ-Keto-β-Methylheptan-ε-Carbonsäure.** Sd. 107 bis 108°$_{11}$ (*Bl.* [3] 31, 595 *C.* **1904** [2] 26).

26) **Aethylester d. ε-Keto-β-Methylheptan-ζ-Carbonsäure.** Sd. 117 bis 118°$_{18}$ (*Bl.* [3] 31, 599 *C.* **1904** [2] 26).

$C_{11}H_{20}O_3$ 27) **Isobutylester d. β-Ketohexan-γ-Carbonsäure.** Sd. 115—116$^{\circ}_{18}$ (*Bl.* [3] **31**, 1072 *C.* **1904** [2] 1457).

$C_{11}H_{20}O_4$ *10) **Diäthylester d. Pentan-γγ-Dicarbonsäure.** Sd. 220—222° (*C. r.* **137**, 715 *C.* **1903** [2] 1424).

*12) **Diäthylester d. β-Methylbutan-αδ-Dicarbonsäure.** Sd. 257$^{\circ}_{748}$ (*C.* **1903** [2] 288).

*30) **Nonan-αι-Dicarbonsäure.** Sm. 124°. Ca (*J. pr.* [2] **67**, 416 *C.* **1903** [1] 1404).

36) **α-Acetoxyloktan-α-Carbonsäure.** Sd. 171—174$^{\circ}_{10}$ (u. Zers.) (*C. r.* **138**, 698 *C.* **1904** [1] 1066).

37) **cis-βζ-Dimethylheptan-γδ-Dicarbonsäure.** Sm. 118—119°. Ca, Ag_2 (*Am.* **30**, 236 *C.* **1903** [2] 934).

38) **trans-βζ-Dimethylheptan-γδ-Dicarbonsäure.** Sm. 142°. Ag_2 (*Am.* **30**, 234 *C.* **1903** [2] 934).

39) **Methylester d. Dioxydihydropulegensäure.** Sm. 118—119° (*A.* **327**, 127 *C.* **1903** [1] 1412).

40) **Diäthylester d. cis-β-Methylbutan-αγ-Dicarbonsäure.** Sd. 138$^{\circ}_{24}$ (*C. r.* **136**, 243 *C.* **1903** [1] 565).

41) **Isobutylester d. l-α-Butyroxylpropionsäure.** Sd. 110—112$^{\circ}_{12-13}$ (*C.* **1903** [2] 1419).

$C_{11}H_{20}O_5$ *6) **Diäthylester d. γ-Oxypentan-βδ-Dicarbonsäure.** Sd. 178—179$^{\circ}_{15}$ (*Bl.* [3] **29**, 1021 *C.* **1903** [2] 1315).

*12) **αβ-Dibutyrat d. αβγ-Trioxypropan** (*C.* **1903** [1] 134).

14) **αγ-Dibutyrat d. αβγ-Trioxypropan** (*C.* **1903** [1] 133).

15) **αβ-Diisobutyrat d. αβγ-Trioxypropan.** Sd. 269—272° (*C.* **1903** [1] 134).

16) **αγ-Diisobutyrat d. αβγ-Trioxypropan.** Sd. 272—275° (*C.* **1903** [1] 134).

$C_{11}H_{20}O_6$ 4) **βγ-Dioxynonan-αβ-Dicarbonsäure.** Ca, Ba (*A.* **331**, 115 *C.* **1904** [1] 931).

5) **Säure** (aus Hexylatikonsäure). Ba (*A.* **331**, 118 *C.* **1904** [1] 931).

$C_{11}H_{20}Br_2$ 1) **βγ-Dibrom-β-Undeken.** Sd. 137—139$^{\circ}_{11}$ (*B.* **36**, 2552 *C.* **1903** [2] 655).

$C_{11}H_{21}Br$ 1) **Bromundeken.** Sd. 122—127$^{\circ}_{10}$ (*B.* **36**, 2549 *C.* **1903** [2] 654).

$C_{11}H_{22}O$ *1) **δ-Oxy-δ-Methyl-α-Deken** (*C.* **1903** [2] 1415).

*5) **β-Ketoundekan.** Sd. 231,5—232,5° (220°) (*Soc.* **81**, 1588 *C.* **1903** [1] 29, 162; *Bl.* [3] **29**, 675 *C.* **1903** [2] 487; *B.* **36**, 2547 *C.* **1903** [2] 654; *B.* **36**, 2552 *C.* **1903** [2] 655).

*16) **β-Keto-δ-Methyldekan.** Sd. 115$^{\circ}_{25}$ (*Bl.* [3] **31**, 1158 *C.* **1904** [2] 1708).

17) **α-Oxyisoamylhexahydrobenzol.** Sd. 123$^{\circ}_{20}$ (*C. r.* **139**, 344 *C.* **1904** [2] 704).

18) **1-Oxy-1-Isoamylhexahydrobenzol.** Sd. 115$^{\circ}_{20}$ (*C. r.* **138**, 1322 *C.* **1904** [2] 219).

19) **Diäthyläther d. Dioxymethylhexahydrobenzol.** Sd. 109—110$^{\circ}_{20}$ (*C. r.* **139**, 344 *C.* **1904** [2] 704).

20) **Aldehyd d. Dekan-α-Carbonsäure.** Sm. —4°; Sd. 116—117$^{\circ}_{15}$ (*Bl.* [3] **29**, 1203 *C.* **1904** [1] 355; *C. r.* **138**, 699 *C.* **1904** [1] 1066).

$C_{11}H_{22}O_2$ *4) **ββγδδ-Pentamethylpentan-γ-Carbonsäure.** Sm. 68° (*C.* **1903** [2] 120).

*8) **Aethylester d. Oktan-β-Carbonsäure.** Sd. 99$^{\circ}_{11}$ (*Bl.* [3] **31**, 748 *C.* **1904** [2] 303).

27) **Methylheptylcarbinolester d. Essigsäure** (Acetat d. β-Oxynonan). Sd. 213—215° (*Soc.* **81**, 1592 *C.* **1903** [1] 29, 162).

$C_{11}H_{22}O_3$ 13) **Aethylester d. α-Oxyoktan-α-Carbonsäure.** Sm. 69—70° (*C. r.* **138**, 698 *C.* **1904** [1] 1066).

14) **Oktylester d. 1-α-Oxypropionsäure.** Sd. 126—128$^{\circ}_{11}$ (*C.* **1903** [2] 1419).

$C_{11}H_{22}O_6$ *1) **Tetramethyläther d. α-Methylglykosid.** Sd. 148—150$^{\circ}_{13}$ (*Soc.* **83**, 1030 *C.* **1903** [2] 346, 659; *Soc.* **83**, 1039 *C.* **1903** [2] 659; *Soc.* **85**, 1058 *C.* **1904** [2] 891).

2) **Tetramethyläther d. β-Methylglykosid.** Sm. 42—43° (*Soc.* **83**, 1035 *C.* **1903** [2] 346, 659; *Soc.* **85**, 1061 *C.* **1904** [2] 891).

3) **Tetramethyläther d. α-Methylgalaktosid.** Sd. 260—262° u. Zers. (*Soc.* **85**, 1074 *C.* **1904** [2] 892).

4) **Tetramethyläther d. β-Methylgalaktosid.** Sm. 44—45° (*Soc.* **85**, 1078 *C.* **1904** [2] 892).

$C_{11}H_{22}Br_2$ *2) **βγ-Dibromundekan.** Sd. 145—146$^{\circ}_{9}$ (*B.* **36**, 2549 *C.* **1903** [2] 654).

$C_{11}H_{23}N$ 11) **Base** (aus Dihydro-β-Dimethylamidocampholenmethylhydroxyd). Sd. 191 bis 192°. HCl (*C. r.* **136**, 1462 *C.* **1903** [2] 287).

$C_{11}H_{24}O$ *5) **α-Oxyundekan.** Sm. 11°; Sd. 146°$_{30}$ (*Bl.* [3] **29**, 1207 *C.* **1904** [1] 355).
*6) **β-Oxyundekan.** Sd. 231—233° (*Soc.* **81**, 1593 *C.* **1903** [1] 29, 162; *B.* **36**, 2548 *C.* **1903** [2] 654).

$C_{11}H_{24}O_2$ 6) **α-Aethyläther d. αβ-Dioxy-β-Methyloktan.** Sd. 110—112°$_{14}$ (*C. r.* **138**, 92 *C.* **1904** [1] 505).

$C_{11}H_{24}O_4$ C 60,0 — H 10,9 — O 29,1 — M. G. 220.
1) **Tetraäthyläther d. ααγγ-Tetraoxypropan** + H_2O. Fl. (*B.* **36**, 3659 *C.* **1903** [2] 1311).

$C_{11}H_{25}N$ *1) **β-Amidoundekan.** Sd. 113—114°$_{20}$. (2HCl, $PtCl_4$), Pikrat (*B.* **36**, 2554 *C.* **1903** [2] 655).
3) **Propyldiisobutylamin.** (2HCl, $PtCl_4$) (*C.* **1904** [1] 923).

$C_{11}H_{26}N_2$ C 70,9 — H 14,0 — N 15,0 — M. G. 186.
1) **αγ-Di[Diäthylamido]propan.** Sd. 205—209°. (2HCl, 2$HgCl_2$) (*J. pr.* [2] **68**, 355 *C.* **1903** [2] 1318).

— 11 III —

$C_{11}H_6O_5Br_2$ *1) **Dibrompurpurogallin.** Sm. 204—206° (*Soc.* **83**, 195 *C.* **1903** [1] 639).

$C_{11}H_7ON$ *1) **Naphtostyril.** Na (*B.* **35**, 4220 *C.* **1903** [1] 165).

$C_{11}H_7O_5N$ *3) **4-Nitro-1-Oxynaphtalin-2-Carbonsäure.** Sm. 212° (*A.* **330**, 103 *C.* **1904** [1] 1076).

$C_{11}H_7O_5N_3$ 4) **4,5-Dinitro-1-Naphtylamid d. Ameisensäure.** Sm. 244° (D.R.P. 145191 *C.* **1903** [2] 1098).

$C_{11}H_7O_6N_3$ 3) **Verbindung** (aus 4-Nitro-3-Phenylisoxazol). K (*A.* **328**, 250 *C.* **1903** [2] 1000).

$C_{11}H_7NBr_4$ 1) **Brom-2,4,6-Tribromphenylat d. Pyridin.** Sm. 310—312° u. Zers. + Br_2 (*A.* **333**, 336 *C.* **1904** [2] 1151).

$C_{11}H_7N_3S$ 1) **Nitril d. ?-Benzylidenamidothiazol-?-Carbonsäure.** Sm. 140—141° (*B.* **36**, 3549 *C.* **1903** [2] 1379).

$C_{11}H_7N_4Cl$ 2) **6-Chlor-2-Phenylpurin** (*B.* **37**, 2271 *C.* **1904** [2] 199).

$C_{11}H_8ON_4$ 2) **6-Keto-2-Phenylpurin** (*B.* **37**, 2270 *C.* **1904** [2] 199).
3) **3-Oxy-2-Methyl-1,4,5,10-Naphttetrazin**(Oxymethylpyrazinophenazin). Sm. oberh. 300° (*B.* **36**, 4041 *C.* **1904** [1] 183).

$C_{11}H_8O_2N_2$ 8) **3-Phenyl-1,2-Diazin-6-Carbonsäure.** Sm. 130—131° (*B.* **36**, 494 *C.* **1903** [1] 653).
9) **Lakton d. 5-Oxy-3-Methyl-1-Phenylpyrazol-1²-Carbonsäure.** Sm. 109°; Sd. 345° (*B.* **37**, 2231 *C.* **1904** [2] 229).
10) **3-Cyanphenylimid d. Bernsteinsäure.** Sm. 137—137,5° (*C.* **1904** [2] 103).

$C_{11}H_8O_3N_2$ 13) **Amid d. α-Cyan-β-[3,4-Dioxyphenyl]akryl-3,4-Methylenäthersäure.** Sm. 209° (*C.* **1903** [2] 715).
14) **5-Nitro-1-Naphtylamid d. Ameisensäure.** Sm. 199° (D.R.P. 145191 *C.* **1903** [2] 1098).

$C_{11}H_8O_4N_2$ 23) α-**Cyan-β-[3-Nitrophenyl]propen-γ-Carbonsäure** (*C.* **1904** [1] 877).
24) **Phenylamid d. ?-Nitrofuran-2-Carbonsäure.** Sm. 180° (*C. r.* **137**, 520 *C.* **1903** [2] 1069).

$C_{11}H_8O_5N_2$ *1) **Methyläther d. 1,6-Dinitro-2-Oxynaphtalin.** Sm. 204° (*A.* **335**, 143 *C.* **1904** [2] 1135).

$C_{11}H_8O_6S$ *3) **3-Oxynaphtalin-2-Carbonsäure-5-Sulfonsäure.** Na (*C.* **1903** [2] 42).
*4) **3-Oxynaphtalin-2-Carbonsäure-7-Sulfonsäure.** Na (*C.* **1903** [2] 42).
5) **2-Oxynaphtalin-1-Carbonsäure-6-Sulfonsäure** (D.R.P. 53343). — *II, *989.*

$C_{11}H_9ON$ *5) **2-Benzoylpyrrol.** Sm. 77°; Sd. 320° (*B.* **37**, 2797 *C.* **1904** [2] 532).
19) **1-Benzoylpyrrol.** Sd. 276°$_{715}$ (*B.* **37**, 2797 *C.* **1904** [2] 531).

$C_{11}H_9O_2N$ *27) **2-Methylchinolin-3-Carbonsäure.** Sm. 234° (*J. pr.* [2] **67**, 508 *C.* **1903** [2] 252).
*37) **Chinolinbetaïn.** HCl (*A.* **326**, 323 *C.* **1903** [1] 1089).
*38) **Methylbetaïn d. Chinolin-4-Carbonsäure.** Sm. 232° u. Zers. (*M.* **24**, 201 *C.* **1903** [2] 48).
*50) **Phenylamid d. Furan-2-Carbonsäure.** Sm. 123,5° (*B.* **37**, 2954 *C.* **1904** [2] 993).

$C_{11}H_9O_2N$ 62) **4-Formylamido-1-Oxynaphtalin.** Sm. 168° (D.R.P. 149022 *C.* **1904** [1] 769).
63) **4-Methylchinolin-2-Carbonsäure** + $1\frac{1}{2}H_2O$. Sm. 153—154°. HCl, (2HCl, $PtCl_4$) (*B.* **37**, 1327 *C.* **1904** [1] 1350).

$C_{11}H_9O_2N_3$ 10) **α-Nitromethylen-β-[1-Naphtyl]hydrazin.** Sm. 120° (*C.* **1903** [2] 427).
11) **Oxim d. 1,2-Naphtochinonmonoureïn** (*G.* **27** [1] 236). — *III, *285.*

$C_{11}H_9O_3N$ *1) **Methyläther d. 1-Nitro-2-Oxynaphtalin.** Sm. 126° (*C.* **1903** [2] 1109).
*34) **Methylester d. Benzoylcyanessigsäure.** Sm. 74°. NH_4, Aethylaminsalz (*C. r.* **136**, 690 *C.* **1903** [1] 920; *Bl.* [3] **31**, 332 *C.* **1904** [1] 1135).
46) **Methyläther d. 2-Nitro-1-Oxynaphtalin.** Sm. 80° (*C.* **1903** [2] 1109).
47) **Cytisolinsäure.** Sm. oberh. 350° (*B.* **37**, 19 *C.* **1904** [1] 522).

$C_{11}H_9O_3N_3$ *5) **Acetylphenylhydrazoncyanessigsäure.** Sm. 210°. Pb (*J. pr.* [2] **67**, 404 *C.* **1903** [1] 1346).
9) **6-Semicarbazonmethyl-1,2-Benzpyron.** Sm. noch nicht bei 320° (*B.* **37**, 196 *C.* **1904** [1] 661).
10) **Benzoat d. 4-Oximido-5-Keto-3-Methyl-4,5-Dihydropyrazol.** Sm. 170—180° u. Zers. (*G.* **34** [1] 182 *C.* **1904** [1] 1332).

$C_{11}H_9O_4N$ 15) **α-Cyan-β-[3,4-Dioxyphenyl]propion-3,4-Methylenäthersäure.** Sm. 142° (*C.* **1904** [1] 879).
16) **α-Phtalylamidopropionsäure.** Sm. 164° (*M.* **25**, 779 *C.* **1904** [2] 1121).
17) **Diäthylester d. 1-Methyltetrahydropyrrol-2,2-Dicarbonsäure.** Sd. 133—135°$_{16}$. Pikrat (*A.* **326**, 110 *C.* **1903** [1] 843).

$C_{11}H_9O_4Cl_3$ 7) **Diacetat d. 3,5,6-Trichlor-2,4-Dioxy-1-Methylbenzol.** Sm. 126° (*A.* **328**, 308 *C.* **1903** [2] 1248).

$C_{11}H_9O_4Br$ 5) **Phenylbromisoparakonsäure.** Sm. 147° (*A.* **305**, 39 Anm.; *A.* **330**, 325 *C.* **1904** [1] 928). — *II, *1077.*

$C_{11}H_9O_5N$ 10) **Anhydrid d. β-[2-Nitrophenyl]propan-αγ-Dicarbonsäure.** Sm. 106° (*B.* **36**, 2673 *C.* **1903** [2] 948).
11) **Anhydrid d. Iso-β-[2-Nitrophenyl]propan-αγ-Dicarbonsäure.** Sm. 130—131° (*B.* **36**, 2673 *C.* **1903** [2] 948).

$C_{11}H_9O_5N_3$ *2) **2,4-Dinitrophenyloxydhydrat d. Pyridin.** Salze siehe (*J. pr.* [2] **68**, 200 *C.* **1903** [2] 1064; *A.* **333**, 296 *C.* **1904** [2] 1147).
5) **ε-[2,4-D[illegible]phenyl]imido-α-Oxy-αγ-Pentadiën.** Sm. 180° (*B.* **34**, 3022; [illegible] 333, [illegible] 1904 [2] 1148; *J. pr.* [2] **70**, 25 *C.* **1904** [2] 1233).

$C_{11}H_9O_6N$ 11) **cis-1-[?-Nitrophenyl]-R-Trimethylen-trans-2,3-Dicarbonsäure.** Sm. 245° u. Zers. (*B.* **36**, 3780 *C.* **1904** [1] 42).

$C_{11}H_9NCl_2$ 2) **Chlor-2-Chlorphenylat d. Pyridin** + H_2O. Sm. 88—93°. 2 + $PtCl_4$ (*A.* **333**, 334 *C.* **1904** [2] 1150).
3) **Chlor-4-Chlorphenylat d. Pyridin.** Sm. 123—124°. 2 + $PtCl_4$ (*A.* **333**, 332 *C.* **1904** [2] 1150).

$C_{11}H_{10}ON_2$ 37) **2-[α-Oximidobenzyl]pyrrol.** Sm. 147° (*B.* **37**, 2797 *C.* **1904** [2] 532).

$C_{11}H_{10}O_2N_2$ *34) **Phenylhydrazid d. Furan-2-Carbonsäure.** Sm. 144° (*B.* **37**, 2953 *C.* **1904** [2] 993).
48) **4-Acetylamido-3-Phenylisoxazol.** Sm. 128—129° (*A.* **328**, 247 *C.* **1903** [2] 1000).
49) **8-Nitro-2,6-Dimethylchinolin.** Sm. 114°. HCl (*C.* **1904** [2] 543).
50) **Methylester d. α-Cyan-β-Amido-β-Phenylakrylsäure.** Sm. 181 bis 182° (*C. r.* **136**, 690 *C.* **1903** [1] 920; *Bl.* [3] **31**, 332 *C.* **1904** [1] 1135).

$C_{11}H_{10}O_2N_4$ 8) **1-Benzylidenamido-5-Methyl-1,2,3-Triazol-4-Carbonsäure.** Sm. 170° (*B.* **36**, 3615 *C.* **1903** [2] 1380).
9) **Amid d. Acetylphenylhydrazoncyanessigsäure.** Sm. 224° (*J. pr.* [2] **67**, 406 *C.* **1903** [1] 1347).

$C_{11}H_{10}O_2Br_4$ *1) **αβγδ-Tetrabrom-δ-Phenylvaleriansäure.** Sm. 245° (*A.* **336**, 221 *C.* **1904** [2] 1733).

$C_{11}H_{10}O_2S$ 5) **δ-Merkapto-α-Phenyl-αγ-Butadiën-δ-Carbonsäure.** Sm. 149° (*M.* **23**, 968 *C.* **1903** [1] 284).

$C_{11}H_{10}O_3N_2$ *29) **8-Nitro-2-Keto-1-Aethyl-1,2-Dihydrochinolin.** Sm. 87° (*J. pr.* [2] **68**, 101 *C.* **1903** [2] 445).
31) **ε-[4-Nitrophenyl]imido-α-Oxy-αγ-Pentadiën** (*J. pr.* [2] **70**, 32 *C.* **1904** [2] 1234).
32) **6-Aethylnitrosamido-1,2-Benzpyron.** Sm. 90° (*Soc.* **85**, 1238 *C.* **1904** [2] 1124).

$C_{11}H_{10}O_3N_2$ 33) 6-[β-Acetylhydrazido]-1, 2-Benzpyron. Sm. 163° (*Soc.* **85**, 1236 *C.* **1904** [2] 1124).
34) **Nitrocytisolin.** Sm. 275° (*B.* **37**, 20 *C.* **1904** [1] 522).
35) **3-Nitrophenylhydroxyd d. Pyridin.** Salze siehe (*J. pr.* [2] **70**, 40 *C.* **1904** [2] 1235).
36) **5-Keto-3-Methyl-1-Phenyl-4, 5-Dihydropyrazol-1²-Carbonsäure.** Sm. 139° (*B.* **37**, 2231 *C.* **1904** [2] 229).
37) **Aethylester d. 3-Cyanphenyloxaminsäure.** Sm. 148—148,5° (*C.* **1904** [2] 102).
38) **Aethylester d. 5-Phenyl-1, 2, 3-Oxdiazol-4-Carbonsäure.** Fl. (*B.* **36**, 3613 *C.* **1903** [2] 1380).
39) **Amid d. α-Cyan-β-[3, 4-Dioxyphenyl]propion-3, 4-Methylenäthersäure.** Sm. 186—186,5° (*C.* **1903** [2] 715; **1904** [1] 879).
40) **Amid d. α-Cyan-β-[4-Oxy-3-Methoxylphenyl]akrylsäure.** Sm. 210 bis 210,5° (*C.* **1904** [2] 903).
41) **3-Cyanphenylmonamid d. Bernsteinsäure.** Sm. 132—133°. Ag (*C.* **1904** [2] 103).

$C_{11}H_{10}O_3Br_4$ 6) **3, 4-Methylenäther-5-Methyläther d. 2, 6-Dibrom-3, 4, 5-Trioxy-1-[αβ-Dibrompropyl]benzol** (Dibromisomyristicindibromid). Sm. 156° (*B.* **36**, 3449 *C.* **1903** [2] 1176).
7) **3, 4-Methylenäther-5-Methyläther d. 2, 6-Dibrom-3, 4, 5-Trioxy-1-[βγ-Dibrompropyl]benzol** (Dibrommyristicindibromid). Sm. 130° (*B.* **36**, 3448 *C.* **1903** [2] 1176; *B.* **36**, 3453 *C.* **1903** [2] 1177).

$C_{11}H_{10}O_3S$ *5) **Methylester d. Naphtalin-1-Sulfonsäure.** Sm. 78° (*A.* **327**, 117 *C.* **1903** [1] 1214).
*6) **Methylester d. Naphtalin-2-Sulfonsäure.** Sm. 54° (*A.* **327**, 117 *C.* **1903** [1] 1214).

$C_{11}H_{10}O_4N_2$ 19) **2, 5-Diketo-1-Phenyltetrahydroimidazol-4-Methylcarbonsäure.** Sm. 228°. Ag (*B.* **36**, 3341 *C.* **1903** [2] 1175).
20) **Aethylester d. 1, 3-Diketo-1, 3-Dihydro-2, 4-Benzdiazol-2-Methylcarbonsäure** (Ae. d. Chinolinylamidoessigsäure). Sm. 122° (*B.* **37**, 2132 *C.* **1904** [2] 232).

$C_{11}H_{10}O_4Cl_2$ 2) **Verbindung** (aus Zimmtsäure u. Dichloressigsäure) (*R.* **21**, 353 *C.* **1903** [1] 150).

$C_{11}H_{10}O_4Br_2$ *4) **Dimethyläther d. 3, 4-Dibrom-5, 7-Dioxy-3, 4-Dihydro-1, 2-Benzpyron.** Sm. 250—260° (*Ar.* **242**, 292 *C.* **1904** [2] 105).

$C_{11}H_{10}O_7N_2$ 3) **Aethylester d. 3, 5-Dinitrobenzoylessigsäure.** Sm. 73° (*J. pr.* [2] **69**, 461 *C.* **1904** [2] 595).

$C_{11}H_{10}O_8N_2$ 4) **β-[2, 6-Dinitrophenyl]propan-αγ-Dicarbonsäure.** Sm. 168—169° (*B.* **36**, 2674 *C.* **1903** [2] 948).
5) **Iso-β-[2, 6-Dinitrophenyl]propan-αγ-Dicarbonsäure.** Sm. 181° (*B.* **36**, 2674 *C.* **1903** [2] 948).

$C_{11}H_{10}NCl$ 5) **Chlorphenylat d. Pyridin** + H_2O. Sm. 105—106°. + $FeCl_3$, + $PtCl_4$, + $AuCl_3$ (*J. pr.* [2] **69**, 115 *C.* **1904** [1] 815; *A.* **333**, 329 *C.* **1904** [2] 1150).

$C_{11}H_{10}NBr$ 1) **Bromphenylat d. Pyridin.** + $FeCl_3$ (*J. pr.* [2] **69**, 118 *C.* **1904** [1] 815).

$C_{11}H_{11}ON$ *49) **Cytisolin.** Sm. 199° (*B.* **37**, 19 *C.* **1904** [1] 522).
50) **Phenylhydroxyd d. Pyridin.** Salze siehe (*J. pr.* [2] **69**, 117 *C.* **1904** [1] 815; *A.* **333**, 329 *C.* **1904** [2] 1150).
51) **3-Aethyl-5-Phenylisoxazol.** Sm. —2°; Sd. 157—158°$_{18}$ (*C. r.* **137**, 796 *C.* **1904** [1] 43).
52) **5-Oxy-2, 4-Dimethylchinolin.** Sm. 200° (*B.* **36**, 4017 *C.* **1904** [1] 293).
53) **7-Oxy-2, 4-Dimethylchinolin.** Sm. 218°. HCl (*B.* **36**, 4016 *C.* **1904** [1] 293).
54) **Nitril d. isom. β-Keto-α-Phenylbutan-α-Carbonsäure.** Sm. 70° (*B.* **36**, 2242 *C.* **1903** [2] 435).

$C_{11}H_{11}ON_3$ 18) **4-Nitroso-3, 5-Dimethyl-1-Phenylpyrazol.** Sm. 94° (*A.* **325**, 192 *C.* **1903** [1] 647).
19) **5-Oxy-3-Propenyl-1-Phenyl-1, 2, 4-Triazol.** Sm. 188° (*B.* **36**, 1100 *C.* **1903** [1] 1140).

$C_{11}H_{11}O_2N$ *49) **4-Methylphenylimid d. Bernsteinsäure.** Sm. 150° (*B.* **37**, 1599 *C.* **1904** [1] 1418).
*60) **6-Methyläther d. 6, 7-Dioxy-2-Methylchinolin.** HCl, Pikrat (*B.* **36**, 2211 *C.* **1903** [2] 444).

$C_{11}H_{11}O_2N$ 63) **6-Dimethylamido-1,2-Benzpyron.** Sm. 85—86° (*Soc.* **85**, 1237 *C.* **1904** [2] 1124).
64) **6-Aethylamido-1,2-Benzpyron.** Sm. 83° (*Soc.* **85**, 1238 *C.* **1904** [2] 1124).
65) **6-Oxy-2-Keto-1-Aethyl-1,2-Dihydrochinolin.** Sm. 208—210° (207 bis 208°) (*B.* **36**, 459 *C.* **1903** [1] 590; *B.* **36**, 1176 *C.* **1903** [1] 1364).
66) **8-Oxy-2-Keto-1-Aethyl-1,2-Dihydrochinolin.** Sm. 202—203° (*B.* **36**, 1177 *C.* **1903** [1] 1364).
67) **Methyläther d. 6-Oxy-2-Keto-1-Methyl-1,2-Dihydrochinolin.** Sm. 75° (*B.* **36**, 457 *C.* **1903** [1] 590).
68) **Aethylester d. Phenylcyanessigsäure.** Sd. 275°$_{760}$ (*Am.* **32**, 120 *C.* **1904** [2] 953).

$C_{11}H_{11}O_2N_3$ *17) **Aethylester d. Phenylhydrazoncyanessigsäure.** Sm. 82° (*J. pr.* [2] **67**, 396 *C.* **1903** [1] 1346).
*18) **Aethylester d. isom. Phenylhydrazoncyanessigsäure.** Sm. 125° (*J. pr.* [2] **67**, 396 *C.* **1903** [1] 1346).
*19) **Aethylester d. Phenylazocyanessigsäure.** Sm. 84° (*J. pr.* [2] **67**, 397 *C.* **1903** [1] 1346).
34) **4-Nitro-3,5-Dimethyl-1-Phenylpyrazol.** Sm. 103° (*A.* **325**, 192 *C.* **1903** [1] 647).
35) **7-Acetylamido-2-Acetylindazol.** Sm. 160,5—161,5° (*B.* **37**, 2577 *C.* **1904** [2] 658).
36) **Aethylester d. isom. Phenylazocyanessigsäure.** Sm. 118° (*J. pr.* [2] **67**, 399 *C.* **1903** [1] 1346).
37) **Nitril d. 2,6-Dioxy-4-Isobutylpyridin-3,5-Dicarbonsäure.** NH_4, Ni, Co + $7H_2O$, Cu, Ag + H_2O (*C.* **1903** [2] 192).
38) **3-Cyanphenylamid d. Succinaminsäure.** Sm. 184° (*C.* **1904** [2] 103).

$C_{11}H_{11}O_2Cl$ 1) **β-Chlor-α-Phenyl-α-Buten-α-Carbonsäure.** Sm. 121° (*B.* **36**, 2248 *C.* **1903** [2] 436).

$C_{11}H_{11}O_3N$ *4) **Oxyhydrastinin** (*Soc.* **83**, 623 *C.* **1903** [1] 591).
*33) **Aethylester d. 3-Oxyindol-2-Carbonsäure** (D.R.P. 138845 *C.* **1903** [1] 547).
*44) **Benzylimid d. d-Aepfelsäure.** Sm. 105° (*J. pr.* [2] **70**, 9 *C.* **1904** [2] 774; *J. pr.* [2] **70**, 342 *C.* **1904** [2] 1567).
58) **Aethylester d. β-[3-Nitrosophenyl]akrylsäure.** Sm. 65—66° (*Am.* **32**, 397 *C.* **1904** [2] 1498).
59) **Aethylester d. β-[4-Nitrosophenyl]akrylsäure.** Sm. 72—73° (*Am.* **32**, 394 *C.* **1904** [2] 1498).
60) **4-Oxyphenylimid d. Propan-αβ-Dicarbonsäure.** Sm. 230° (*G.* **34** [2] 262 *C.* **1904** [2] 1453).
61) **Benzylimid d. l-Aepfelsäure.** Sm. 105° (*B.* **30**, 1582; *J. pr.* [2] **70**, 10 *C.* **1904** [2] 774).
62) **Benzylimid d. r-Aepfelsäure.** Sm. 118° (*B.* **30**, 1582; *J. pr.* [2] **70**, 8 *C.* **1904** [2] 773).

$C_{11}H_{11}O_3N_3$ 13) **Methylenäther d. γ-Semicarbazon-α-[3,4-Dioxyphenyl]propen.** Sm. 226° (*B.* **37**, 1701 *C.* **1904** [1] 1497).
14) **4-[β-Oximido-β-Phenyläthyl]-1,2,3,6-Dioxdiazin.** Sm. 195° (*A.* **330**, 245 *C.* **1904** [1] 946).
15) **1-Benzoyl-3,5-Dioxy-6-Methyl-1,6-Dihydro-1,2,4-Triazin.** Sm. 210° (*Am.* **28**, 400 *C.* **1903** [1] 90).
16) **5-Oxy-1-Phenyl-1,2,3-Triazoläthyläther-4-Carbonsäure** + H_2O. Sm. 96—97° wasserfrei (*A.* **335**, 80 *C.* **1904** [2] 1230).
17) **Aethylester d. 5-Keto-1-Phenyl-4,5-Dihydro-1,2,3-Triazol-4-Carbonsäure.** Sm. 73—74° (*B.* **35**, 4051 *C.* **1903** [1] 170).
18) **Amid d. 5-[3,4-Dioxyphenyl]-4,5-Dihydropyrazol-3,4-Methylenäther-1-Carbonsäure.** UCl_2 (*B.* **37**, 1701 *C.* **1904** [1] 1497).

$C_{11}H_{11}O_3N_5$ C 50,6 — H 4,2 — O 18,4 — N 26,8 — M. G. 261.
1) **Azid d. Benzoylamidoacetylamidoessigsäure.** Sm. 109—110° (*J. pr.* [2] **70**, 79 *C.* **1904** [2] 1033).

$C_{11}H_{11}O_3Br_3$ 4) **Acetat d. Pseudo-p-Bromoxypropyldibromphenol.** Sm. 107—108° (*B.* **37**, 1560 *C.* **1904** [1] 1438).

$C_{11}H_{11}O_3J$ 1) **Verbindung** (aus Ceropten). Sm. 182° (*C.* **1904** [1] 40).

$C_{11}H_{11}O_4N$ *14) **Aethylester d. β-[3-Nitrophenyl]akrylsäure.** Sm. 78—79° (*Am.* **32**, 397 *C.* **1904** [2] 1498).

$C_{11}H_{11}O_4N$ *15) **Aethylester d. β-[4-Nitrophenyl]akrylsäure.** Sm. 141—142° (*Am.* **32**, 394 *C.* **1904** [2] 1498).
26) **cis-1-[?-Amidophenyl]-R-Trimethylen-trans-2,3-Dicarbonsäure.** Sm. noch nicht bei 300°. HCl (*B.* **36**, 3781 *C.* **1904** [1] 42).
27) **Methylester d. α-Benzoximidopropionsäure.** Sm. 103°; Sd. $190°_{12}$ u. Zers. (*Bl.* [3] **31**, 1071 *C.* **1904** [2] 1457).
28) **4-Methylphenylimid d. d-Weinsäure.** Sm. 235° u. Zers. (*Soc.* **83**, 1366 *C.* **1904** [1] 85).

$C_{10}H_{11}O_4N_3$ 6) **4-Methyläther d. 4-[β-Oximido-β-4-Oxyphenyläthyl]-1,2,3,6-Dioxdiazin.** Sm. 197—198° (*A.* **330**, 243 *C.* **1904** [1] 945).
7) **αγ-Laktam d. α-Cyan-βγ-Diimido-ε-Ketohexan-αδ-Dicarbonsäure-δ-Aethylester.** Sm. 168° (*A.* **332**, 156 *C.* **1904** [2] 192).
8) **γ-Acetat d. α-Phenylimido-β-Nitro-γ-Oximidopropan.** Sm. 115—116° (*Am.* **29**, 269 *C.* **1903** [1] 958).

$C_{11}H_{11}O_4N_5$ 2) **γ-Semicarbazon-δ-Oximido-α-[3-Nitrophenyl]-α-Buten.** Sm. 196 bis 197° u. Zers. (*C.* **1904** [1] 28; *A.* **330**, 254 *C.* **1904** [1] 946).

$C_{11}H_{11}O_4Br$ 4) **6-Brom-3,5-Dioxy-2,4-Diacetyl-1-Methylbenzol.** Sm. 79° (*Soc.* **85**, 978 *C.* **1904** [2] 454, 711).

$C_{11}H_{11}O_5N$ *16) **Benzol-1-Carbonsäure-2-Acetylamidoessigsäure** (D.R.P. 147633 *C.* **1904** [1] 66; D.R.P. 151435 *C.* **1904** [1] 1585).
23) **α-Benzoylamidopropionsäure-2-Carbonsäure** + H_2O. Sm. 129°. Ba + $4H_2O$ (*M.* **25**, 781 *C.* **1904** [2] 1122).
24) **Aethylester d. 2-Nitrobenzoylessigsäure.** Fl. K, Cu (*Soc.* **85**, 152 *C.* **1904** [1] 724).

$C_{11}H_{11}O_6N$ *7) **Diacetat d. 4-Nitro-1-Dioxymethylbenzol.** Sm. 126,5° (*Am.* **31**, 168 *C.* **1904** [1] 875).
12) **Iso-β-[2-Nitrophenyl]propan-αγ-Dicarbonsäure.** Sm. 204,5° (*B.* **36**, 2672 *C.* **1903** [2] 948).

$C_{11}H_{11}O_6N_3$ 4) **Dimethylester d. 2-Nitrophenylhydrazonmethan-αα-Dicarbonsäure.** Sm. 143—144° (*B.* **37**, 4176 *C.* **1904** [2] 1704).
5) **Dimethylester d. 3-Nitrophenylhydrazonmethan-αα-Dicarbonsäure.** Sm. 115—116° (*B.* **37**, 4177 *C.* **1904** [2] 1704).
6) **Dimethylester d. 4-Nitrophenylhydrazonmethan-αα-Dicarbonsäure.** Sm. 162—163° (*B.* **37**, 4177 *C.* **1904** [2] 1704).

$C_{11}H_{11}O_7N$ 6) **2-Methylester d. 6-Nitro-3,4-Dioxybenzoldimethyläther-1-Carbonsäurealdehyd-2-Carbonsäure** (2-M. d. Nitroopiansäure). Sm. 76—78° (*M.* **24**, 801 *C.* **1904** [1] 164).
7) **Pseudomethylester d. 6-Nitro-3,4-Dioxybenzoldimethyläther-1-Carbonsäurealdehyd-2-Carbonsäure** (Ps. d. Nitroopiansäure). Sm. 181,5—182,5° (*M.* **24**, 796 *C.* **1904** [1] 163).

$C_{11}H_{11}NCl_2$ 1) **3-Dichlormethyl-2,3-Dimethylpseudoindol.** Sm. 73—74° (*C.* **1904** [2] 342).

$C_{11}H_{11}N_2Cl$ 5) **5-Chlor-3-Methyl-1-[2-Methylphenyl]pyrazol.** Sm. 56° (*B.* **37**, 2229 *C.* **1904** [2] 228).

$C_{11}H_{11}N_2Br$ *2) **5-Brom-3,4-Dimethyl-1-Phenylpyrazol.** Sm. 51° (*A.* **331**, 241 *C.* **1904** [1] 1221).

$C_{11}H_{12}ON_2$ *8) **Antipyrin.** + $Hg(NO_3)_2$, + $Hg(NO_2)_2$, + $Hg_2(NO_2)_2$ (*Bl.* [3] **29**, 201 *C.* **1903** [1] 839; *A.* **328**, 78 *C.* **1903** [2] 250).
*53) **Amid d. α-Cyan-β-[3-Methylphenyl]propionsäure.** Sm. 108,5° (*A.* **325**, 211 *C.* **1903** [1] 439).
55) **5-Keto-4,4-Dimethyl-1-Phenyl-4,5-Dihydropyrazol.** Sm. 51° (*Bl.* [3] **31**, 166 *C.* **1904** [1] 869).
56) **Nitril d. 2-Butyrylamidobenzol-1-Carbonsäure.** Sm. 89—89,5° (*C.* **1903** [1] 175).
57) **Nitril d. 3-Butyrylamidobenzol-1-Carbonsäure.** Sm. 72,5—73,5° (*C.* **1904** [2] 101).
58) **Nitril d. 2-Isobutyrylamidobenzol-1-Carbonsäure.** Sm. 111—111,5° (*C.* **1903** [1] 175).
59) **Nitril d. 3-Isobutyrylamidobenzol-1-Carbonsäure.** Sm. 101° (*C.* **1904** [2] 101).

$C_{11}H_{12}O_2N_2$ *39) **Amid d. α-Cyan-β-[4-Methoxylphenyl]propionsäure.** Sm. 172° (*A.* **325**, 223 *C.* **1903** [1] 439).
40) **γ-Nitrimido-α-Phenyl-β-Methyl-α-Buten?** Sm. 154—155° (*A.* **330**, 246 *C.* **1904** [1] 946).

$C_{11}H_{12}O_2N_2$ 41) **3,5-Diketo-4,4-Dimethyl-1-Phenyltetrahydropyrazol.** Sm. 177° (*Soc.* **83**, 1251 *C.* **1903** [2] 1422).
42) **3-Nitro-2-Methyl-1-Aethylindol.** Sm. 125° (*G.* **34** [2] 62 *C.* **1904** [2] 710).
43) **Tryptophan** (*C.* **1903** [2] 1011; *B.* **37**, 1803 *C.* **1904** [1] 1610).
44) **Monoacetylhydrazon d. αβ-Diketo-α-Phenylpropan.** Sm. 154° (*B.* **36**, 3187 *C.* **1903** [2] 939).
45) **Aethylester d. α-Cyanphenylamidoessigsäure.** Sm. 57° (*Am.* **30**, 469 *C.* **1904** [1] 378).
46) **Aethylester d. β-Phenyl-α-Diazopropionsäure.** Sd. 90—94°$_{11}$ (*B.* **37**, 1268 *C.* **1904** [1] 1334).

$C_{11}H_{12}O_2N_4$ 10) **γ-Oximido-δ-Semicarbazon-α-Phenyl-α-Buten.** Sm. 225—226° u. Zers. (*C.* **1903** [2] 1432; *A.* **330**, 251 *C.* **1904** [1] 946).
11) **isom. γ-Oximido-δ-Semicarbazon-α-Phenyl-α-Buten?** Sm. 242° (*C.* **1903** [2] 1432; *A.* **330**, 252 *C.* **1904** [1] 946).
12) **1-Methylphenylamido-5-Methyl-1,2,3-Triazol-4-Carbonsäure** + H_2O. Sm. 125° (148° wasserfrei) (*A.* **325**, 159 *C.* **1903** [1] 645).
13) **Aethylester d. 5-Amido-1-Phenyl-1,2,3-Triazol-4-Carbonsäure.** Sm. 122° (*B.* **35**, 4059 *C.* **1903** [1] 171).

$C_{11}H_{12}O_2Br_2$ *7) **Aethylester d. i-αβ-Dibrom-β-Phenylpropionsäure.** Sm. 75—76° (*Soc.* **83**, 671 *C.* **1903** [2] 115).
15) **αβ-Dibrom-β-[2,5-Dimethylphenyl]propionsäure.** Sm. 179—180° u. Zers. (*G.* **34** [2] 121 *C.* **1904** [2] 1214).

$C_{11}H_{12}O_3N_2$ 20) **Aethylester d. β-[4-Oxyphenyl]-α-Diazopropionsäure.** Fl. (*B.* **37**, 1265 *C.* **1904** [1] 1333).
21) **Aethylester d. Säure $C_9H_8O_3N_2$.** Sm. 168° (*C.* **1904** [1] 1555).

$C_{11}H_{12}O_3N_4$ 6) **3-Ureïdo-2,5-Diketo-4-Methyl-1-Phenyltetrahydroimidazol.** Zers. bei 192° (*C.* **1904** [2] 1029).

$C_{11}H_{12}O_3N_6$ C 47,8 — H 4,3 — O 17,4 — N 30,4 — M. G. 276.
1) **Azid d. β-Phenylureïdoacetylamidoessigsäure.** Sm. 108° u. Zers. (*J. pr.* [2] **70**, 257 *C.* **1904** [2] 1464).

$C_{11}H_{12}O_3Br_2$ 16) **3,4-Methylenäther-5-Methyläther d. 3,4,5-Trioxy-1-[αβ-Dibrompropyl]benzol** (Isomyristicindibromid). Sm. 109° (105°) (*B.* **23**, 1809; *B.* **36**, 3448 *C.* **1903** [2] 1176). — **III**, *638*.

$C_{11}H_{12}O_3Br_4$ 1) **α,3-Dimethyläther d. 2,5,6-Tribrom-3,4-Dioxy-1-[β-Brom-α-Oxypropyl]benzol.** Sm. 126—127° (*A.* **329**, 34 *C.* **1903** [2] 1437).

$C_{11}H_{12}O_4N_2$ *5) **Benzoylamidoacetylamidoessigsäure.** Sm. 206,5° (*J. pr.* [2] **70**, 76 *C.* **1904** [2] 1033).
*6) **Dimethylester d. Phenylhydrazonmethan-αα-Dicarbonsäure.** Sm. 62° (*B.* **37**, 4170 *C.* **1904** [2] 1703).
21) **2,4-Di[Acetylamido]benzol-1-Carbonsäure.** Sm. 261° (*B.* **36**, 1802 *C.* **1903** [2] 283).
22) **4-Phenyltetrahydropyrazol-3,5-Dicarbonsäure.** Sm. 227—228° (*B.* **36**, 3779 *C.* **1904** [1] 41).
23) **2-Methylphenylamid d. N-Acetoximidooxyessigsäure.** Sm. 125° (*Soc.* **81**, 1571 *C.* **1903** [1] 158).
24) **3-Amidoformylphenylmonamid d. Bernsteinsäure.** Sm. 203—205°. Ag (*C.* **1904** [2] 103).

$C_{11}H_{12}O_5N_2$ *9) **Aethylester d. 3-Nitro-4-Acetylamidobenzol-1-Carbonsäure.** Sm. 96—97° (D.R.P. 151725 *C.* **1904** [1] 1587).
13) **β-Phenylureïdobernsteinsäure.** Sm. 183°. Ba + H_2O (*B.* **36**, 3339 *C.* **1903** [2] 1175).
14) **Methylester d. β-Nitro-γ-Oximido-γ-Phenylbuttersäure.** Sm. 128° u. Zers. (*A.* **329**, 251 *C.* **1904** [1] 31).
15) **Aethylester d. 3-Nitrobenzoylamidoessigsäure.** Sm. 75° (*B.* **36**, 1647 *C.* **1903** [2] 32).
16) **Aethylester d. 4-Nitrobenzoylamidoessigsäure.** Sm. 144° (*B.* **36**, 1648 *C.* **1903** [2] 32).
17) **2-Aethylester d. Phenylnitrosamidoessigsäure-2-Carbonsäure.** Fl. (D.R.P. 138207 *C.* **1903** [1] 305).
18) **Monamid d. β-[2-Nitrophenyl]propan-αγ-Dicarbonsäure.** Sm. 142° (*B.* **36**, 2674 *C.* **1903** [2] 948).
19) **Monamid d. Iso-β-[2-Nitrophenyl]propan-αγ-Dicarbonsäure.** Sm. 156° (*B.* **36**, 2674 *C.* **1903** [2] 948).

$C_{11}H_{12}O_5S$ 1) α-Phenyl-α-Buten-δ-Carbonsäure-γ-Sulfonsäure. Sm. 76°. K, K_2, Ca + $3H_2O$, Ba (*Am.* **31**, 247 *C.* **1904** [1] 1080).

$C_{11}H_{12}O_6N_2$ 10) Iso-β-[2-Nitro-4-Amidophenyl]propan-αγ-Dicarbonsäure. Sm. 185° (*B.* **36**, 2676 *C.* **1903** [2] 948).

$C_{11}H_{12}O_6S$ 1) Piperonylidenacetonhydrosulfonsäure. Na + $2H_2O$, K + H_2O, Ba + $2H_2O$ (*B.* **37**, 4050 *C.* **1904** [2] 1648).

$C_{11}H_{12}O_7N_2$ 7) β-[2-Nitro-4-Hydroxylamidophenyl]propan-αγ-Dicarbonsäure. Sm. 165° u. Zers. NH_4 (*B.* **35**, 2073; *B.* **36**, 2675 *C.* **1903** [2] 948).

$C_{11}H_{12}O_8N_4$ C 40,2 — H 3,7 — O 39,0 — N 17,1 — M. G. 328.
1) Isobutylester d. 2,4,6-Trinitrophenylamidoameisensäure. Sm. 134° (*Soc.* **85**, 652 *C.* **1904** [2] 311).

$C_{11}H_{12}O_8S_2$ 1) 4-Methyl-1,3-Phenylendi[Sulfonessigsäure]. Fl. Ba (*J. pr.* [2] **68**, 337 *C.* **1903** [2] 1172).

$C_{11}H_{12}NJ$ *8) Jodäthylat d. Chinolin. Sm. 156—157° (*B.* **37**, 2009 *C.* **1904** [2] 124).

$C_{11}H_{12}N_2S$ *5) Thiopyrin. HJ (*A.* **331**, 197 *C.* **1904** [1] 1218).
*6) Methyläther d. 5-Merkapto-3-Methyl-1-Phenylpyrazol. Sd. 306 bis 307°$_{760}$. HCl + H_2O, (2HCl, $PtCl_4$ + $2H_2O$), HJ, HNO_3, Pikrat (*A.* **331**, 224 *C.* **1904** [1] 1220; *A.* **331**, 201 *C.* **1904** [1] 1218).
7) Isothioantipyrin. Sm. 136° (*B.* **36**, 718 *C.* **1903** [1] 776).
8) 4-Thiocarbonyl-2-Propyl-3,4-Dihydro-1,3-Benzdiazin. Sm. 182 bis 183° (*C.* **1903** [1] 1270).
9) 4-Thiocarbonyl-2-Isopropyl-3,4-Dihydro-1,3-Benzdiazin. Sm. 203 bis 204° (*C.* **1903** [1] 1270).

$C_{11}H_{12}ClBr$ 1) α-Chlor-β-Brom-α-Phenyl-γ-Methyl-α-Buten. Sd. 125—129°$_{10}$ (*B.* **37**, 1088 *C.* **1904** [1] 1260).
2) α-Chlor-β-Brom-α-[2,5-Dimethylphenyl]propen. Sd. 258—261° (*B.* **36**, 773 *C.* **1903** [1] 834).

$C_{11}H_{13}ON$ *2) δ-Phenylimido-β-Ketopentan. Sm. 51—53°; Sd. 279—281°$_{715}$ (*B.* **37**, 1325 *C.* **1904** [1] 1345).
46) d-1-Acetyl-2-Methyl-2,3-Dihydroindol. Sm. 89° (*Soc.* **85**, 1335 *C.* **1904** [2] 1657).
47) 1-1-Acetyl-2-Methyl-2,3-Dihydroindol. Sm. 89° (*Soc.* **85**, 1333 *C.* **1904** [2] 1657).
48) 2-Oxy-3-Isopropylpseudoindol (2-Keto-3-Isopropyl-2,3-Dihydroindol). Sm. 106°. Ag (*M.* **24**, 568 *C.* **1903** [2] 887).
49) Aldehyd d. β-[4-Dimethylamidophenyl]akrylsäure (*B.* **37**, 827 *C.* **1904** [1] 1152).

$C_{11}H_{13}ON_3$ 15) γ-Semicarbazon-α-Phenyl-α-Buten. Sm. 185° (*B.* **36**, 4381 *C.* **1904** [1] 454).
16) γ-Semicarbazon-α-Phenyl-α-Buten. Sm. 187° (*B.* **37**, 3183 *C.* **1904** [2] 991).
17) γ-Semicarbazon-α-[4-Methylphenyl]propen. Sm. 210° (*B.* **36**, 851 *C.* **1903** [1] 975).
18) 2-Semicarbazon-1-Methyl-2,3-Dihydroinden. Sm. 195° (*A.* **336**, 6 *C.* **1904** [2] 1466).
19) α-Cyanmethyl-α-Aethyl-β-Phenylharnstoff. Sm. 116° (*B.* **37**, 4092 *C.* **1904** [2] 1725).
20) 5-Oxy-3-Propyl-1-Phenyl-1,2,4-Triazol. Sm. 146° (*B.* **36**, 1098 *C.* **1903** [1] 1140).

$C_{11}H_{13}OBr$ 7) α-Bromisobutylphenylketon. Sm. 47° (*B.* **37**, 1088 *C.* **1904** [1] 1260).

$C_{11}H_{13}O_2N$ *52) Aethyl-4-Acetylamidophenylketon. Sm. 175° (*C.* **1903** [1] 1222).
60) δ-[3-Oxyphenyl]imido-β-Oxy-β-Penten. Sm. 135° (*B.* **36**, 4015 *C.* **1904** [1] 293).
61) 4-Acetylamido-2 oder-3-Acetyl-1-Methylbenzol. Sm. 105° (D.R.P. 56971). — *III, *118.*
62) Methyl-4-Propionylamidophenylketon. Sm. 136° (*C.* **1903** [1] 832; *Soc.* **85**, 390 *C.* **1904** [1] 1404).
63) 4-Methyläther d. γ-Oximido-α-[4-Oxyphenyl]-α-Buten. Sm. 119 bis 120° (*A.* **330**, 242 *C.* **1904** [1] 945).
64) 3-Keto-1-Oxy-1-Methyl-2-Aethyl-2,3-Dihydroisoindol. Sm. 93—94° u. Zers. (*B.* **37**, 387 *C.* **1904** [1] 668).
65) 8-Amido-1,2,3,4-Tetrahydronaphtalin-1-Carbonsäure. Sm. 160 bis 161° u. Zers. Ag + $AgNO_3$ (*B.* **35**, 4222 *C.* **1903** [1] 166).

$C_{11}H_{13}O_2N$ 66) **Amid d. β-Keto-α-Phenylbutan-α-Carbonsäure.** Sm. 114—116° (*B.* **36**, 2244 *C.* **1903** [2] 435).

$C_{11}H_{13}O_2N_3$ 16) **γ-Semicarbazon-α-[2-Oxyphenyl]-α-Buten.** Sm. 206—207° u. Zers. (*B.* **37**, 3184 *C.* **1904** [2] 991).

17) **Methyläther d. γ-Semicarbazon-α-[4-Oxyphenyl]propen.** Sm. 190° (*B.* **36**, 854 *C.* **1903** [1] 976).

18) **Aethyläther d. 3-Oxy-5-Keto-4-Methyl-1-Phenyl-4,5-Dihydro-1,2,4-Triazol.** Sm. 95° (*B.* **36**, 3148 *C.* **1903** [2] 1073).

19) **3,5-Diketo-4-Aethyl-1-Phenylhexahydro-1,2,4-Triazin.** Sm. 135 bis 136° (*B.* **36**, 3886 *C.* **1904** [1] 27).

$C_{11}H_{13}O_3N$ *1) **Corydaldin** (*Soc.* **83**, 622 *C.* **1903** [1] 591).

*3) **Hydrastinin** (*Soc.* **83**, 623 *C.* **1903** [1] 591; *Soc.* **85**, 1005 *C.* **1904** [2] 455, 716).

62) **α-[4-Aethoxylphenyl]imidopropionsäure.** Sm. 228° (*G.* **34** [2] 273 *C.* **1904** [2] 1454).

63) **Aethylester d. Phenacetylamidoameisensäure.** Sm. 113° (*B.* **36**, 746 *C.* **1903** [1] 827).

64) **Aethylester d. 4-Acetylamidobenzol-1-Carbonsäure.** Sm. 110° (D.R.P. 151725 *C.* **1904** [1] 1587).

65) **Aethylester d. 2-Methylphenyloxaminsäure.** Sm. 40° (*Soc.* **81**, 1571 *C.* **1903** [1] 158).

66) **Phenylamid d. α-Acetoxylpropionsäure.** Sm. 121—122° (*B.* **37**, 3974 *C.* **1904** [2] 1605).

67) **Phenylmonamid d. Propan-αγ-Dicarbonsäure.** Sm. 126—127° (*C.* **1904** [2] 955).

68) **Phenylmonamid d. Propan-ββ-Dicarbonsäure.** Sm. 133° (*Soc.* **83**, 1246 *C.* **1903** [2] 1421).

$C_{11}H_{13}O_3N_3$ 15) **Methylenäther d. β-Semicarbazon-α-[3,4-Dioxyphenyl]propan.** Sm. 163° (*A.* **332**, 333 *C.* **1904** [2] 652).

16) **5- oder -7-Nitro-2-Keto-1,3,4,6-Tetramethyl-2,3-Dihydrobenzimidazol.** Sm. 132° (*B.* **36**, 3974 *C.* **1904** [1] 178).

17) **Semicarbazon d. Verbindung** $C_{10}H_{10}O_3$ (aus Isosafrol). Sm. 158° (*B.* **36**, 3580 *C.* **1903** [2] 1363).

18) **Benzylester d. α-Semicarbazonpropionsäure.** Sm. 176° (*C. r.* **138**, 985 *C.* **1904** [1] 1398).

19) **N-Acetat d. β-Phenylhydrazon-α-Oximido-α-Oxypropan.** Sm. 113° (*Soc.* **81**, 1574 *C.* **1903** [1] 158).

$C_{11}H_{13}O_3Br_3$ 3) **α,3-Dimethyläther d. 2,5-Dibrom-3,4-Dioxy-1-[β-Brom-α-Oxypropyl]benzol.** Sm. 111—112° (*A.* **329**, 26 *C.* **1903** [2] 1436).

4) **Verbindung** (aus Maticoöl). Sm. 116° (*B.* **35**, 4361 *C.* **1903** [1] 331).

$C_{11}H_{13}O_4N$ *43) **β-Benzylamid d. i-α-Oxyäthan-αβ-Dicarbonsäure.** Sm. 131°. Benzylaminsalz (*B.* **37**, 2125 *C.* **1904** [2] 439).

*44) **β-Benzylamid d. d-α-Oxyäthan-αβ-Dicarbonsäure.** Sm. 130—131° u. Zers. Na, Ag, Benzylaminsalz (*B.* **37**, 2124 *C.* **1904** [2] 439).

*45) **β-Benzylamid d. 1-α-Oxyäthan-αβ-Dicarbonsäure.** Sm. 130—131° (*B.* **37**, 2125 *C.* **1904** [2] 439).

57) **Dimethyläther d. β-Nitro-α-[3,4-Dioxyphenyl]-α-Propen.** Sm. 72° (*A.* **332**, 335 *C.* **1904** [2] 652).

58) **β-Methyläther-3,4-Methylenäther d. α-Oximido-β-Oxy-α-[3,4-Dioxyphenyl]propan.** Sm. 74°; Sd. 200—205° (i. V.). HCl (*A.* **332**, 334 *C.* **1904** [2] 652).

59) **Acetyldamascenin.** Sm. 203—204° (*Ar.* **242**, 303 *C.* **1904** [2] 450).

60) **Methyläthylester d. Phenylamin-NN-Dicarbonsäure.** Sm. 69° (*B.* **37**, 3681 *C.* **1904** [2] 1495).

61) **Benzylmonamid d. r-Aepfelsäure** (*J. pr.* [2] **70**, 8 *C.* **1904** [2] 774).

$C_{11}H_{13}O_4N_3$ *10) **β-Phenylureïdoacetylamidoessigsäure.** Sm. 176°. Ag (*J. pr.* [2] **70**, 253 *C.* **1904** [2] 1464).

11) **Monoamid d. Phenylureïdobernsteinsäure.** Sm. 164°. Ba, Ag_2 (*B.* **36**, 3338 *C.* **1903** [2] 1175).

$C_{11}H_{13}O_4N_5$ 2) **Di[Methylamid] d. 2-Nitrophenylhydrazonmethan-αα-Dicarbonsäure.** Sm. 186—187° (*B.* **37**, 4176 *C.* **1904** [2] 1704).

$C_{11}H_{13}O_4N_5$ 3) Di[Methylamid] d. 3-Nitrophenylhydrazonmethan-αα-Dicarbonsäure. Sm. 202—203° (*B.* **37**, 4177 *C.* **1904** [2] 1704).
4) Di[Methylamid] d. 4-Nitrophenylhydrazonmethan-αα-Dicarbonsäure. Sm. 243° (*B.* **37**, 4177 *C.* **1904** [2] 1704).

$C_{11}H_{13}O_4J$ *1) Diacetat d. 3-Jodoso-1-Methylbenzol. Sm. 148° (*A.* **327**, 270 *C.* **1903** [2] 350).

$C_{11}H_{13}O_5N$ *18) Diäthylester d. 4-Oxypyridin-2,6-Dicarbonsäure + H_2O. Sm. 80 bis 81° (*M.* **24**, 204 *C.* **1903** [2] 48).
30) 1-Methylester-3-Aethylester d. 4-Oxybenzol-1-Carbonsäure-3-Amidoameisensäure. Sm. 158° (*A.* **325**, 323 *C.* **1903** [1] 770).

$C_{11}H_{13}O_5N_3$ 6) Semicarbazon d. Verb. $C_{10}H_{10}O_5$. Sm. 256° u. Zers. (*B.* **36**, 3231 *C.* **1903** [2] 941).

$C_{11}H_{13}O_8N_3$ 2) Dimethyläther d. 2,5,6-Trinitro-3,4-Dioxy-1-Propylbenzol. Sm. 97,3° (*B.* **36**, 862 *C.* **1903** [1] 1085).

$C_{11}H_{13}N_2J$ *8) Jodmethylat d. 1-Methyl-2-[3-Pyridyl]pyrrol (J. d. Nikotyrin). Sm. 207° (*C. r.* **137**, 861 *C.* **1904** [1] 104).

$C_{11}H_{13}N_3S$ 5) α-Cyanmethyl-α-Aethyl-β-Phenylthioharnstoff. Sm. 184—185° (*B.* **37**, 4092 *C.* **1904** [2] 1725).

$C_{11}H_{14}ON_2$ *1) Cytisin (*B.* **37**, 16 *C.* **1904** [1] 522).
*30) Benzylidenhydrazid d. Buttersäure. Sm. 98° (*J. pr.* [2] **69**, 487 *C.* **1904** [2] 599).
31) 6-Methylnitrosamido-1,2,3,4-Tetrahydronaphtalin. Fl. (*Soc.* **85**, 736 *C.* **1904** [2] 117, 339).
32) 4-Benzylidenmorpholin. Sm. 89° (*B.* **35**, 4476 *C.* **1903** [1] 404).
33) Methylamid d. β-Methylamido-β-Phenylakrylsäure. Sm. 118—119° (*C.* **1904** [2] 905).
34) Benzylidenhydrazid d. Isobuttersäure. Sm. 103° (*J. pr.* [2] **69**, 498 *C.* **1904** [2] 600).

$C_{11}H_{14}OBr_2$ 3) Methyläther d. βγ-Dibrom-β-[4-Oxyphenyl]butan. Fl. (*B.* **37**, 3997 *C.* **1904** [2] 1641).

$C_{11}H_{14}O_2N_2$ *15) α-Phenylhydrazonbutan-α-Carbonsäure. Sm. 114—115° (*A.* **331**, 131 *C.* **1904** [1] 932).
46) Di[3,5-Dimethyl-4-Isoxazolyl]methan. Sm. 141—142° (*B.* **36**, 2167, 2176 *C.* **1903** [2] 371; *A.* **332**, 21 *C.* **1904** [1] 1565).
47) 4-Benzoylamidomorpholin. Sm. 214° (*B.* **35**, 4476 *C.* **1903** [1] 404).

$C_{11}H_{14}O_2N_4$ *2) 1-[4-Nitrophenyl]azohexahydropyridin (*C.* **1903** [2] 550).
5) Di[Methylamid] d. Phenylhydrazonmethan-αα-Dicarbonsäure. Sm. 117—118° (*B.* **37**, 4172 *C.* **1904** [2] 1703).

$C_{11}H_{14}O_2S$ *2) γ-[2,4-Dimethylphenyl]sulfonpropen. Sm. 52° (*J. pr.* [2] **68**, 309 *C.* **1903** [2] 1115).

$C_{11}H_{14}O_2S_2$ 1) αα-Dimerkaptopropionäthylphenylāthersäure. Sm. 98—99° (*B.* **36**, 302 *C.* **1903** [1] 500).

$C_{11}H_{14}O_3N_2$ *39) Amid d. Benzol-1-Carbonsäure-2-Amidoessigsäure-1-Aethylester. Sm. 180° (D.R.P. 137846 *C.* **1903** [1] 108).
47) 5-Oxy-2,4-Di[α-Oximidoäthyl]-1-Methylbenzol. Sm. 191° (*B.* **36**, 2164 *C.* **1903** [2] 370).
48) α-Amidoacetylamido-β-Phenylpropionsäure. Sm. 270° u. Zers. (*B.* **37**, 3313 *C.* **1904** [2] 1307).
49) Methylester d. α-Benzoylamidoäthylamidoameisensäure. Sm. 150° (*J. pr.* [2] **70**, 146 *C.* **1904** [2] 1394).
50) Aethylester d. β-Phenylureïdoessigsäure. Sm. 108—109° (*Am.* **28**, 394 *C.* **1903** [1] 90).
51) Aethylester d. α-[2-Methylphenyl]harnstoff-β-Carbonsäure. Sm. 137° (*Soc.* **81**, 1571 *C.* **1903** [1] 158).

$C_{11}H_{14}O_3N_4$ *3) Hydrazid d. Benzoylamidoacetylamidoessigsäure. Sm. 227—230° (*J. pr.* [2] **70**, 78, 107 *C.* **1904** [2] 1033, 1036).
4) α-[3-Nitrobenzyliden]amido-α-Methyl-β-Aethylharnstoff. Sm. 142 bis 143° (*B.* **37**, 2324 *C.* **1904** [2] 312).

$C_{11}H_{14}O_3Br_2$ *4) α,3-Dimethyläther d. 5-Brom-3,4-Dioxy-1-[β-Brom-α-Oxypropyl]-benzol. Sm. 106—107° (*A.* **328**, 16 *C.* **1903** [2] 1435).

$C_{11}H_{14}O_3S$ 4) Sulton d. γ-Oxy-γ-Phenylpentan-γ²-Sulfonsäure. Sm. 91° (*B.* **37**, 3260 *C.* **1904** [2] 1031).

$C_{11}H_{14}O_4N_2$ 31) **1-α-Amidoacetylamido-β-[4-Oxyphenyl]propionsäure** (1-Glycyltyrosin). Sm. 165° (*B.* **37**, 2405 *C.* **1904** [2] 425; *B.* **37**, 3104 *C.* **1904** [2] 1210).

32) **2-Methyl-1,4-Phenylendi[Amidoessigsäure]**. Sm. 150—160° (D.R.P. 145062 *C.* **1903** [2] 1037).

33) **Aethylester d. 3-Nitro-4-Dimethylamidobenzol-1-Carbonsäure.** Sm. 80—81° (*B.* **37**, 1031 *C.* **1904** [1] 1208).

$C_{11}H_{14}O_5N_2$ 10) **3,5-Dinitro-4-Oxy-1-tert. Amylbenzol.** Sm. 65°. Ag (*A.* **327**, 211 *C.* **1903** [1] 1407).

$C_{11}H_{14}O_5Br_4$ 1) **Diäthylester d. αβδε-Tetrabrom-γ-Ketopentan-αε-Dicarbonsäure.** Sm. 171—172° (*B.* **37**, 3297 *C.* **1904** [2] 1041).

$C_{11}H_{14}O_5S$ 3) **Zimmtsäureäthylesterhydrosulfonsäure.** K + $1^1/_2H_2O$ (*B.* **37**, 4058 *C.* **1904** [2] 1649).

4) **4-Methoxylbenzylidenacetonhydrosulfonsäure.** Na + H_2O, K + H_2O (*B.* **37**, 4051 *C.* **1904** [2] 1649).

$C_{11}H_{14}O_6N_2$ C 48,9 — H 5,2 — O 35,5 — N 10,4 — M. G. 270.

1) **Dimethyläther d. 2,6-Dinitro-3,4-Dioxy-1-Propylbenzol.** Sm. 66,5° (*B.* **36**, 862 *C.* **1903** [1] 1085).

2) **Methylester d. ?-Dinitro-1-Isopropyl-?-Dihydrobenzol-4-Carbonsäure** (*M.* **25**, 470 *C.* **1904** [2] 333).

$C_{11}H_{14}O_8N_2$ 2) **Verbindung** (aus Formaldehyd u. Nitromalonsäureamid). Sm. 46° (*G.* **33** [1] 380 *C.* **1903** [2] 579).

$C_{11}H_{14}N_2S$ 15) **2-Phenylimido-5-Aethyltetrahydrothiazol.** Sm. 89—90° (*B.* **37**, 2481 *C.* **1904** [2] 419).

$C_{11}H_{14}N_3Cl$ 1) **2-Chlormethylat d. 5-Amido-3-Methyl-1-Phenylpyrazol.** Sm. 192°. 2 + $PtCl_4$ (*B.* **36**, 3284 *C.* **1903** [2] 1190).

$C_{11}H_{14}N_3Br$ 3) **2-Brommethylat d. 5-Amido-3-Methyl-1-Phenylpyrazol.** Sm. 196° (*B.* **36**, 3284 *C.* **1903** [2] 1190).

$C_{11}H_{14}Cl_2J_2$ 1) **αβ-Dichloräthyl-4-Methyl-2-Aethylphenyljodoniumjodid.** Sm. 96° (*J. pr.* [2] **69**, 447 *C.* **1904** [2] 590).

$C_{11}H_{14}Cl_3J$ 2) **αβ-Dichloräthyl-4-Methyl-2-Aethylphenyljodoniumchlorid.** Sm. 171° u. Zers. + $HgCl_2$, 2 + $PtCl_4$ (*J. pr.* [2] **69**, 446 *C.* **1904** [2] 590).

$C_{11}H_{15}ON$ *26) **Aldehyd d. 4-Diäthylamidobenzol-1-Carbonsäure.** Sm. 41° (*B.* **37**, 861 *C.* **1904** [1] 1200).

*37) **Diäthylamid d. Benzolcarbonsäure.** Sd. 164—165°$_{27}$ (*J. pr.* [2] **68**, 354 *C.* **1903** [2] 1318; *B.* **37**, 2815 *C.* **1904** [2] 648).

*70) **Isobutylamid d. Benzolcarbonsäure.** Sm. 54° (*C. r.* **135**, 974 *C.* **1903** [1] 232).

75) **Aethyläther d. α-Aethylimido-α-Oxy-α-Phenylmethan.** Sd. 221 bis 223°$_{780}$ (*Soc.* **83**, 321 *C.* **1903** [1] 580, 876).

76) **Nitril** (aus Carvon). Sm. 93,5—94,5 (*C.* **1904** [1] 1082).

$C_{11}H_{15}ON_3$ 19) **γ-Semicarbazon-α-Phenylbutan.** Sm. 142° (*B.* **37**, 2313 *C.* **1904** [2] 217).

20) **α-Semicarbazon-β-[4-Methylphenyl]propan.** Sm. 152° (*C. r.* **137**, 1261 *C.* **1904** [1] 445).

21) **2-Methylhydroxyd d. 5-Amido-3-Methyl-1-Phenylpyrazol.** Salze siehe (*B.* **36**, 3284 *C.* **1903** [2] 1190).

$C_{11}H_{15}O_2N$ 82) **4-Nitro-1-tert. Amylbenzol.** Sd. 152—154°$_{16}$ (*A.* **327**, 224 *C.* **1903** [1] 1408).

83) **1-Keto-4-Acetyl-2-[α-Amidoäthyliden]-5-Methyl-1,2,3,4-Tetrahydrobenzol.** Sm. 136° (*B.* **36**, 2161 *C.* **1903** [2] 370).

84) **4-Methyläther d. α-Oximido-α-[4-Oxy-2-Methylphenyl]propan.** Sm. 94—95° (*B.* **37**, 3993 *C.* **1904** [2] 1640).

85) **4-Methyläther d. α-Oximido-α-[4-Oxy-3-Methylphenyl]propan.** Sm. 99° (*B.* **37**, 3991 *C.* **1904** [2] 1640).

86) **6-Methyläther d. α-Oximido-α-[6-Oxy-3-Methylphenyl]propan.** Sm. 92° (*B.* **37**, 3994 *C.* **1904** [2] 1640).

87) **2-Aethyläther d. α-Oximido-α-[2-Oxy-4-Methylphenyl]äthan.** Sm. 132° (*C.* **1904** [1] 1597).

88) **Campherchinoncyanhydrin.** K + xH_2O (*Soc.* **85**, 1210 *C.* **1904** [2] 1119).

89) **2-Diäthylamidobenzol-1-Carbonsäure.** Sm. 120—121°. + HJ (*M.* **25**, 487 *C.* **1904** [2] 325).

$C_{11}H_{15}O_2N$ 90) **Aethylester d. r-α-Amido-β-Phenylpropionsäure.** Sd. 143°$_{10}$. HCl, HNO_3, Pikrat (*B.* **34**, 450; *B.* **37**, 1266 *C.* **1904** [1] 1333).
91) **Aethylester d. Aethylphenylamidoameisensäure.** Sd. 130—130,5°$_{14}$ (*B.* **36**, 2477 *C.* **1903** [2] 559).
92) **Phenylester d. Diäthylamidoameisensäure.** Sd. 150°$_{15}$ (270—271°) (*Bl.* [3] **31**, 20 *C.* **1904** [1] 508; *Bl.* [3] **31**, 691 *C.* **1904** [2] 198).
93) **Dimethylamid d. 3-Oxybenzoläthyläther-1-Carbonsäure.** Fl. (*A.* **329**, 71 *C.* **1903** [2] 1440).

$C_{11}H_{15}O_2N_3$ 22) **γ-[4-Nitrophenyl]hydrazonpentan.** Sm. 139—139,5° (141°) (*B.* **36**, 703 *C.* **1903** [1] 818; *R.* **22**, 435 *C.* **1904** [1] 15).
23) **Methyläther d. β-Semicarbazon-α-[4-Oxyphenyl]propan.** Sm. 175° (*A.* **332**, 324 *C.* **1904** [2] 651).
24) **Acetylphenyläthylsemicarbazid.** Sm. 92° (*B.* 36, 1378 *C.* **1903** [1] 1344).

$C_{11}H_{15}O_2Br$ *1) **Formylbromcampher.** Sm. 40—42° (*B.* **37**, 2175 *C.* **1904** [2] 223).

$C_{11}H_{15}O_2J$ 2) **Formyljodcampher.** Sm. 67—68° (*B.* **37**, 2163 *C.* **1904** [2] 221).

$C_{11}H_{15}O_3N$ *9) **Methylester d. 3-Dimethylamido-4-Oxybenzolmethyläther-1-Carbonsäure.** Sd. 286°. HJ (*A.* **325**, 325 *C.* **1903** [1] 770).
34) **β,4-Dimethyläther d. α-Oximido-β-Oxy-β-[4-Oxyphenyl]propan.** Sm. 48—49°. HCl (*A.* **332**, 328 *C.* **1904** [2] 651).
35) **Aethylester d. 6-Oxy-2-Methyl-5-Aethylpyridin-3-Carbonsäure.** Sm. 190° (*G.* **33** [2] 168 *C.* **1903** [2] 1283).
36) **Aethylester d. 6-Oxy-2,5-Dimethylpyridin-6-Methyläther-3-Carbonsäure** + H_2O. Sm. 80° (wasserfrei) (*G.* **33** [2] 169 *C.* **1903** [2] 1283).

$C_{11}H_{15}O_3N_3$ 7) **Monosemicarbazon d. 3-Oxy-5-Isopropyl-2-Methyl-1,4-Benzochinon.** Sm. 214—217° (*A.* **336**, 29 *C.* **1904** [2] 1467).
8) **Dimethyläther d. α-Semicarbazon-α-[2,5-Dioxyphenyl]äthan.** Sm. 181—182° (*B.* 37, 3996 *C.* **1904** [2] 1641).
9) **Dimethyläther d. α-Semicarbazon-α-[3,5-Dioxyphenyl]äthan.** Sm. 192° (*B.* **36**, 2302 *C.* **1903** [2] 578).
10) **Aethyläther d. β-[4-Nitrophenyl]hydrazon-α-Oxypropan.** Sm. 101 bis 102° (*G.* **33** [1] 317 *C.* **1903** [2] 281).
11) **?-Nitro-2-Oxy-1,2,3,5-Tetramethyl-2,3-Dihydrobenzimidazol.** Sm. 195° (*B.* **36**, 3972 *C.* **1904** [1] 178).
12) **5-oder-7-Nitro-2-Oxy-1,3,4,6-Tetramethyl-2,3-Dihydrobenzimidazol.** Sm. 163° (*B.* **36**, 3973 *C.* **1904** [1] 178).
13) **α-Phenyl-γ-Aethylsemicarbazidoessigsäure.** Sm. 195° (*B.* **36**, 3885 *C.* **1904** [1] 27).
14) **Aethylester d. α-Phenylsemicarbazidoessigsäure.** Sm. 123° (*B.* **36**, 3884 *C.* **1904** [1] 27).
15) **Aethylester d. β-Phenylureïdomethylamidoameisensäure.** Sm. 190° (*J. pr.* [2] **70**, 251 *C.* **1904** [2] 1464).

$C_{11}H_{15}O_3N_5$ C 49,8 — H 5,7 — O 18,1 — N 26,4 — M. G. 265.
1) **8-Propionylamido-2,6-Diketo-1,3,7-Trimethylpurin.** Sm. 220° (D.R.P. 139960 *C.* **1903** [1] 859).
2) **Hydrazid d. β-Phenylureïdoacetylamidoessigsäure.** Sm. 206° u. Zers. HCl (*J. pr.* [2] **70**, 255 *C.* **1904** [2] 1464).

$C_{11}H_{15}O_3Cl$ 2) **isom. Chlorcamphocarbonsäure.** Sm. 116—117° (*B.* **35**, 4118 *C.* **1903** [1] 83).

$C_{11}H_{15}O_3Br$ *2) **Bromcamphocarbonsäure.** Sm. 105—106° (109—110°) (*B.* **36**, 1729 *C.* **1903** [2] 37).

$C_{11}H_{15}O_4N$ 6) **Dimethyläther d. 4-Nitro-2,5-Dioxy-1-Propylbenzol.** Sm. 64° (*B.* **36**, 856 *C.* **1903** [1] 1084).
7) **Dimethyläther d. 6-Nitro-3,4-Dioxy-1-Propylbenzol.** Sm. 81—82° (*B.* **36**, 860 *C.* **1903** [1] 1085; *Ar.* **242**, 88 *C.* **1904** [1] 1007).
8) **Diäthyläther d. 2-Nitro-1-Dioxymethylbenzol** (*B.* **36**, 3653 *C.* **1903** [2] 1332).
9) **1-Diäthylamidoformiat d. 1,2,3-Trioxybenzol.** Sm. 149° (*B.* **37**, 109 *C.* **1904** [1] 584).

$C_{11}H_{15}O_4N_3$ 5) **3,5-Dinitro-4-Amido-1-tert. Amylbenzol.** Sm. 71—72° (*A.* **327**, 214 *C.* **1903** [1] 1408).

$C_{11}H_{15}O_4P$ 1) **Benzoylderivat d. Methyläthylcarbinolphosphinsäure.** Ag_2 (*C.* **1904** [2] 1708).

$C_{11}H_{15}O_6N$ C 51,4 — H 5,8 — O 37,4 — N 5,4 — M. G. 257.
1) **Diäthylester d. 2,6-Dioxy-1,4-Dihydropyridin-4,4-Dicarbonsäure** + $^1/_2H_2O$. Sm. 195—196°. Na + $2H_2O$, Ba + $2H_2O$, Ag (*M.* **24**, 739 *C.* **1904** [1] 179).

$C_{11}H_{15}O_6N_3$ 2) **4-Nitrophenylhydrazon d. Arabinose.** Sm. 168° (*R.* **22**, 438 *C.* **1904** [1] 15).
3) **4-Nitrophenylhydrazon d. Xylose.** Sm. 156° (*R.* **22**, 438 *C.* **1904** [1] 15).

$C_{11}H_{15}O_8N$ C 43,7 — H 5,2 — O 44,3 — N 4,8 — M. G. 289.
1) **Triäthylester d. Stickstoffcarbonsäurediketocarbonsäure** (Aethoxalylcarboxäthyloxamäthan). Sd. 182—184°$_{9-10}$ (*B.* **37**, 3680 *C.* **1904** [2] 1495).

$C_{11}H_{15}NS$ 7) **Phenylamid d. Thioisovaleriansäure** (*B.* **36**, 588 *C.* **1903** [1] 830).

$C_{11}H_{15}N_3S$ 8) **α-Amido-β-Allyl-α-Benzylthioharnstoff.** Sm. 61° (*B.* **37**, 2328 *C.* **1904** [2] 313).

$C_{11}H_{16}ON_2$ *29) **Phenylhydrazid d. Isovaleriansäure.** Sm. 104° (*C.* **1903** [1] 820; *M.* **24**, 568 *C.* **1903** [2] 887).
37) **γ-Ureïdobutylbenzol.** Sm. 119,5° (*B.* **36**, 3000 *C.* **1903** [2] 949).
38) **α-[d-sec. Butyl]-β-Phenylharnstoff.** Sm. 150° (*Ar.* **242**, 70 *C.* **1904** [1] 999).
39) **4-Diäthylamidobenzaldoxim.** Sm. 93° (*B.* **37**, 861 *C.* **1904** [1] 1206).
40) **Limonen-β-Nitrosocyanid.** Sm. 90—91° (*Soc.* **85**, 931 *C.* **1904** [2] 705).
41) **d-Limonennitrosocyanid.** Sm. 90—91° (*C.* **1904** [2] 440).

$C_{11}H_{16}O_2N_2$ *1) **Pilocarpin** (*C.* **1903** [1] 1270; *Soc.* **83**, 454 *C.* **1903** [1] 930, 1143).
*14) **Isopilocarpin** (*Soc.* **83**, 458 *C.* **1903** [1] 930, 1143).
21) **Phenylhydrazid d. α-Oxy-β-Methylpropan-β-Carbonsäure.** Sm. 173° (*Bl.* [3] **31**, 124 *C.* **1904** [1] 644).

$C_{11}H_{16}O_2N_4$ 7) **Dimethyläther d. Benzylidendi[α-Amido-α-Imido-α-Oxymethan].** Sm. 137°. 2HCl (*C.* **1904** [2] 29).
8) **2,6-Diketo-1,3,7-Triäthylpurin.** Sm. 115° (*C.* **1904** [2] 1407).

$C_{11}H_{16}O_2S$ *5) **d-Methyläthylphenacylsulfinhydrat.** Pikrat, d-Bromcamphersulfonat (*Soc.* **81**, 1557 *C.* **1903** [1] 23, 144).
*6) **l-Methyläthylphenacylsulfinhydrat.** Pikrat, d-Bromcamphersulfonat (*Soc.* **81**, 1557 *C.* **1903** [1] 23, 144).

$C_{11}H_{16}O_3N_2$ 8) **Aethylester d. 3-Acetyl-4-Methyl-1-Aethylpyrazol-5-Carbonsäure.** Sm. 57—58° (*B.* **36**, 1131 *C.* **1903** [1] 1138).

$C_{11}H_{16}O_3N_6$ C 47,1 — H 5,7 — O 17,2 — N 30,0 — M. G. 280.
1) **Anhydro-2,6-Disemicarbazonhexahydrobenzol-1-Propionsäure.** Sm. 278° u. Zers. (*B.* **37**, 3825 *C.* **1904** [2] 1607).

$C_{11}H_{16}O_3S$ *1) **γ-Phenylpentan-?-Sulfonsäure.** Ba + H_2O (*B.* **36**, 3094 *C.* **1903** [2] 1427).
*13) **2-Aethyl-1,3,5-Trimethylbenzol-4-Sulfonsäure.** Sm. 78—80°. Na (*B.* **36**, 1644 *C.* **1903** [2] 27).
18) **α-Oxyisobutyl-4-Methylphenylsulfon** (*Am.* **31**, 166 *C.* **1904** [1] 875).
19) **β-Phenylpentan-?-Sulfonsäure.** Na, Ba + H_2O (*B.* **36**, 3089 *C.* **1903** [2] 1426).
20) **γ-Phenyl-β-Methylbutan-?-Sulfonsäure.** Ba + $2H_2O$ (*B.* **36**, 3092 *C.* **1903** [2] 1426).
21) **4-Isopropyl-1-Aethylbenzol-?-Sulfonsäure.** Mg + $4H_2O$, Zn + $4H_2O$ (*B.* **36**, 1641 *C.* **1903** [2] 27).
22) **5-Aethyl-1,2,4-Trimethylbenzol-?-Sulfonsäure.** Sm. 70—72° (*B.* **36**, 1642 *C.* **1903** [2] 27).

$C_{11}H_{16}O_4N_2$ 7) **Pyrazolon** (aus 1-Oxy-5-Keto-1-Methylhexahydrobenzol-2,4-Dicarbonsäurediäthylester). Sm. 203° u. Zers. (*A.* **332**, 16 *C.* **1904** [1] 1565).
8) **Aethylester d. α-Cyan-α-Oxyessig-[β-Cyan-α-Aethoxylpropyl]äthersäure.** Sm. 63°; Sd. 220°$_{20}$ (*C.* **1904** [1] 159).
9) **3-Nitrobenzoat d. Oximidocampher.** Sm. 89—90° (*Soc.* **85**, 906 *C.* **1904** [2] 597).

$C_{11}H_{16}O_4S$ 4) **α-[4-Oxyphenyl]butanmethyläther-?-Sulfonsäure** (*B.* **37**, 3999 *C.* **1904** [2] 1641).
5) **3-Oxy-1-Propylbenzoläthyläther-?-Sulfonsäure.** Ba (*B.* **37**, 3990 *C.* **1904** [2] 1639).
6) **4-Oxy-1-Propylbenzoläthyläther-?-Sulfonsäure.** Sm. 66—68°. Ba (*B.* **37**, 3991 *C.* **1904** [2] 1640).

$C_{11}H_{16}O_4S_2$ 2) β-Aethylsulfon-β-Phenylsulfonpropan. Sm. 78—80° (*B.* **36**, 303 *C.* **1903** [1] 500).
3) 2,4-Di[Aethylsulfon]-1-Methylbenzol (*J. pr.* [2] **68**, 335 *C.* **1903** [2] 1172).

$C_{11}H_{16}O_6N_2$ 13) Verbindung (aus γ-Amido-δ-Imidohexan-ββεε-Tetracarbonsäure). Sm. 199° (*B.* **35**, 4127 *C.* **1903** [1] 136).

$C_{11}H_{16}O_5Cl_2$ 1) Diäthylester d. ?-Dichlor-γ-Ketopentan-αε-Dicarbonsäure. Sm. 60—75° (*B.* **37**, 3297 *C.* **1904** [2] 1041).

$C_{11}H_{16}O_5Br_2$ 1) Diäthylester d. βδ-Dibrom-γ-Ketopentan-δε-Dicarbonsäure. Sm. 48,5—49° (*B.* **37**, 3296 *C.* **1904** [2] 1041).

$C_{11}H_{16}NCl$ 4) Dimethylallylphenylammoniumjodid. 2 + $PtCl_4$ (*Soc.* **85**, 413 *C.* **1904** [1] 1410).

$C_{11}H_{16}NJ$ *3) Jodmethylat d. 1-Methyl-1,2,3,4-Tetrahydrochinolin. Sm. 173° u. Zers. (*B.* **36**, 2570 *C.* **1903** [2] 727).
6) Dimethylallylphenylammoniumjodid. Sm. 86—87° (*Soc.* **83**, 1406 *C.* **1904** [1] 438; *Soc.* **85**, 412 *C.* **1904** [1] 1409).

$C_{11}H_{16}N_2S$ 7) α-[d-sec. Butyl]-β-Phenylthioharnstoff. Sm. 88° (*Ar.* **242**, 62 *C.* **1904** [1] 998).

$C_{11}H_{17}ON$ 21) α-Dimethylamido-β-Oxy-β-Phenylpropan. Sd. 135—136°$_{32}$. HCl (*C. r.* **138**, 767 *C.* **1904** [1] 1196).
22) Dimethylallylphenylammoniumhydroxyd. Jodid, d-Camphersulfonat (*Soc.* **83**, 1406 *C.* **1904** [1] 438).
23) d-Bornylisocyanat. Sm. 69° (72°); Sd. 114—116°$_{14}$ (*C.* **1904** [1] 1605; *Soc.* **85**, 687 *C.* **1904** [2] 332; *Soc.* **85**, 1189 *C.* **1904** [2] 1125).
24) Neobornylisocyanat. Sm. 88° (*Soc.* **85**, 1192 *C.* **1904** [2] 1125).
25) Methylhydroxyd d. 1-Methyl-1,2,3,4-Tetrahydrochinolin. Pikrat (*B.* **36**, 2570 *C.* **1903** [2] 727).
26) Nitril (aus Pulegon). Sm. 160,5° (*C.* **1904** [1] 1083).

$C_{11}H_{17}ON_3$ 17) Semicarbazon d. Keton $C_9H_{14}O$ (aus Pinen). Sm. 226—228° u. Zers. (*C.* **1903** [2] 372; *Soc.* **83**, 1304 *C.* **1904** [1] 95).

$C_{11}H_{17}OBr$ 2) Brommethylcampher. Sm. 65° (*C. r.* **136**, 752 *C.* **1903** [1] 971).
3) Methylbromcampher. Sm. 61° (*C. r.* **136**, 752 *C.* **1903** [1] 971).

$C_{11}H_{17}O_2N$ *6) N-Methyläther d. Oximidocampher. Sd. 233°$_{430}$ u. Zers. (*Soc.* **85**, 896 *C.* **1904** [2] 331, 596).
20) Dimethyläther d. 4-Amido-2,5-Dioxy-1-Propylbenzol. Sm. 94° (*B.* **36**, 857 *C.* **1903** [1] 1084).
21) Dimethyläther d. 6-Amido-3,4-Dioxy-1-Propylbenzol. Sm. 59°; Sd. 169°$_{10}$ (*B.* **36**, 860 *C.* **1903** [1] 1085).
22) O-Methyläther d. Oximidocampher. Sm. 107° (*Soc.* **85**, 894 *C.* **1904** [2] 331, 596).
23) 2,5-Dimethyl-1-Butylpyrrol-3-Carbonsäure. Sm. 154° (*C.* **1903** [2] 1281).
24) Aethylester d. 2,5-Dimethyl-1-Aethylpyrrol-3-Carbonsäure. Sd. 286°$_{748}$ (*C.* **1903** [2] 1281).

$C_{11}H_{17}O_2N_3$ *2) Monosemicarbazon d. Campherchinon. Sm. 229° (*B.* **36**, 3190 *C.* **1903** [2] 939).
3) 5-Nitro-3,4-Diamido-1-tert. Amylbenzol. Sm. 82—83° (*A.* **327**, 215 *C.* **1903** [1] 1408).
4) β-[5-Semicarbazon-3-Keto-4-Methylhexahydrophenyl]propen. Sm. 235° (*A.* **330**, 270 *C.* **1904** [1] 947).

$C_{11}H_{17}O_2Br$ 2) Formylbrommenthon. Fl. (*B.* **37**, 2176 C. **1904** [2] 223).
3) Aethylester d. Brom-β-Campholytsäure. Sd. 164—168°$_{40}$ (*Soc.* **83**, 860 *C.* **1903** [2] 573).

$C_{11}H_{17}O_3N$ 33) Benzoat d. Oximidocampher. Sm. 136° (*Soc.* **83**, 527 *C.* **1903** [1] 234, 1353; *Soc.* **85**, 906 *C.* **1904** [2] 597).
34) Benzoat d. isom. Oximidocampher. Sm. 105—106° (*Soc.* **83**, 526 *C.* **1903** [1] 234, 1353).

$C_{11}H_{17}O_4N$ *5) Diäthylester d. α-Cyan-β-Methylpropan-αβ-Dicarbonsäure (*C.* **1903** [1] 923; *Soc.* **85**, 134 *C.* **1904** [1] 727).
10) ε-Aethylester d. γ-Cyan-β-Methylpentan-βε-Dicarbonsäure. Sd. 245—250°$_{50}$ (*Soc.* **85**, 138 *C.* **1904** [1] 728).

$C_{11}H_{17}O_4P$ 3) Säure (aus d. Säure $C_4H_{11}O_3P$ u. Benzaldehyd) (*C. r.* **136**, 235 *C.* **1903** [1] 564).

$C_{11}H_{27}ClSi$ 1) Siliciumäthylpropylphenylchlorid. Sd. 240° (*C.* **1904** [1] 637).

$C_{11}H_{18}O_2N_2$ *3) **Nitril d. Phoronsäure** (*Soc.* **83**, 999 *C.* **1903** [2] 373, 660).
7) **O-Methyläther d. Oximidocampheroxim.** Sm. 188° (*Soc.* **85**, 896 *C.* **1904** [2] 331, 596).
8) **Inn. Anhydrid d. i-1-[α-Amidoisocapronyl]tetrahydropyrrol-2-Carbonsäure** (Leucylpyrolinanhydrid). Sm. 117—121° (*B.* **37**, 3075 *C.* **1904** [2] 1210).
9) **Aethylester d. Cykloheptanopyrazolincarbonsäure.** HCl (*B.* **37**, 937 *C.* **1904** [1] 1072).

$C_{11}H_{18}O_2Br_2$ 3) **Aethylester d. Dibromdihydro-β-Campholytsäure.** Fl. (*Soc.* **83**, 860 *C.* **1903** [2] 573).

$C_{11}H_{18}NJ$ 11) **Dimethylpropylphenylammoniumjodid.** Sm. 68,5° (*Soc.* **83**, 1407 *C.* **1904** [1] 438).

$C_{11}H_{19}ON$ *3) **Formylbornylamin** (*Soc.* **85**, 1193 *C.* **1904** [2] 1125).
*7) **Methylamidocampher.** Sd. 237—238°$_{760}$. (2HCl, $PtCl_4$) (*Soc.* **85**, 898 *C.* **1904** [2] 596).
10) **Methyl-α-Anhydropulegonhydroxylamin.** Sd. 102—104°$_9$. Pikrat (*B.* **37**, 955 *C.* **1904** [1] 1087).
11) **l-Menthylisocyanat.** Sd. 108—110°$_{10-13}$ (*Soc.* **85**, 688 *C.* **1904** [2] 332).

$C_{11}H_{19}ON_3$ *13) **r-4-Semicarbazon-2-Isopropyl-5-Methyl-1,2,3,4-Tetrahydrobenzol.** Sm. 177—178° (*A.* **336**, 38 *C.* **1904** [2] 1468).
*25) **Semicarbazon d. β-Cyklocitral.** Sm. 166° (D.R.P. 138141 *C.* **1903** [1] 267).
33) **3-Semicarbazon-5-Isopropyl-2-Methyl-1,2,3,4-Tetrahydrobenzol.** Sm. 171—173° (*B.* **28**, 1588). — *III, *385*.
34) **4-Semicarbazon-5-Isopropyl-2-Methyl-1,2,3,4-Tetrahydrobenzol** (Semicarbazon d. Menthenon). Sm. 135—136° (*C.* **1903** [2] 1373).
35) **i-4-Semicarbazon-2-Isopropyl-5-Methyl-1,2,3,4-Tetrahydrobenzol.** Sm. 173° (*A.* **336**, 38 *C.* **1904** [2] 1468).
36) **Semicarbazon d. α-Cyklocitral.** Sm. 204° (D.R.P. 138141 *C.* **1903** [1] 267).
37) **Semicarbazon d. Calaminthon.** Sm. 165° (*C. r.* **136**, 388 *C.* **1903** [1] 714).
38) **Semicarbazon d. Keton** $C_{10}H_{16}O$ (aus Terpinennitrosit). Sm. 173° (*A.* **313**, 363). — *III, *386*.
39) **Semicarbazon d. Keton** $C_{10}H_{16}O$. Sm. 171—172° (*Soc.* **85**, 643 *C.* **1904** [1] 1608; *C.* **1904** [2] 330).
40) **Semicarbazon d. Aldehyd** $C_{10}H_{16}O$ (aus Pinen). Sm. 191° (*C.* **1903** [2] 372; *Soc.* **83**, 1303 *C.* **1904** [1] 95).

$C_{11}H_{19}O_2N$ 13) **Amidoformiat d. Geraniol.** Sm. 124° (D.R.P. 58129). — *III, *345*.

$C_{11}H_{19}O_2N_3$ *6) **4-Semicarbazon-6-Oxy-5-Methyl-2-Isopropyl-1,2,3,4-Tetrahydrobenzol.** Sm. 175—176° (*B.* **36**, 3576 *C.* **1903** [2] 1362).

$C_{11}H_{19}O_2Br$ 4) **Aethylester d. 2-Brom-1,1,2-Trimethyl-R-Pentamethylen-5-Carbonsäure.** Sd. 165—170°$_{70}$ (*Soc.* **85**, 145 *C.* **1904** [1] 728).

$C_{11}H_{19}O_3N_3$ 12) **α-[3-Semicarbazon-4-Methylhexahydrophenyl]propionsäure.** Sm. 178—179° (*B.* **36**, 769 *C.* **1903** [1] 836).
13) **Hexahydrobenzylester d. α-Semicarbazonpropionsäure.** Sm. 182° (*C. r.* **138**, 985 *C.* **1904** [1] 1398).

$C_{11}H_{19}O_4N_3$ 3) **2,5-Diketo-4,4-Dimethyl-1-Aethyltetrahydroimidazol-3-α-Amidoisobuttersäure.** Sm. 140° (*C.* **1904** [2] 1029).

$C_{11}H_{19}O_4Cl$ 3) **Diäthylester d. γ-Chlor-β-Methylbutan-βδ-Dicarbonsäure.** Fl. (*Soc.* **83**, 17 *C.* **1903** [1] 443).

$C_{11}H_{19}O_5N_3$ *2) **β-Antipepton** (β-Trypsinfibrinpepton) (*H.* **38**, 258, 269 *C.* **1903** [2] 210).

$C_{11}H_{19}O_6N_3$ C 45,7 — H 6,6 — O 33,2 — N 14,5 — M. G. 289.
1) **Diäthylester d. Carboxylamidoacet**[illegible] (α-C[illegible] 36, [illegible] *C.* 1903 [illegible] 1903 [2] 345).
2) **isom. Diäthylester d. Carboxylamidoacetylamidoacetylamidoessigsäure** (β-Carbäthoxyldiglycylglycinäthylester). Sm. 148—150° (*B.* **36**, 2102 *C.* **1903** [1] 1304).

$C_{11}H_{19}O_6N_5$ C 41,6 — H 6,0 — O 30,3 — N 22,1 — M. G. 317.
1) **Amid d. Carboxylamidoacetylamidoacetylamidoacetylamidoessigsäure-N-Aethylester** (Carbäthoxyltriglycylglycinamid). Sm. 275° u. Zers. (*B.* **36**, 2104 *C.* **1903** [1] 1304).

$C_{11}H_{19}NS_2$ 2) **Bornylamidodithioameisensäure.** Bornylaminsalz (*C.* **1904** [1] 1605; *Soc.* **85**, 1194 *C.* **1904** [2] 1125).

$C_{11}H_{20}ON_2$ *2) **d-Bornylharnstoff.** HNO_3, H_2SO_4 (*Soc.* **85**, 1189 *C.* **1904** [2] 1125).

$C_{11}H_{20}ON_4$ 2) **Semicarbazon d. α-Anhydropulegonhydroxylamin.** Sm. 153—154° (*B.* **37**, 954 *C.* **1904** [1] 1087).

$C_{11}H_{20}O_3N_2$ 2) **i-1-[α-Amidoisocapronyl]tetrahydropyrrol-2-Carbonsäure** (i-Leucylpyrolin). Sm. 116—119° (*B.* **37**, 3074 *C.* **1904** [2] 1209).

$C_{11}H_{20}O_4N_2$ 2) **Aethylester d. δε-Diamido-βη-Diketooktan-γ-Carbonsäure.** Sm. 35° (*A.* **332**, 140 *C.* **1904** [2] 191).

$C_{11}H_{20}O_5N_2$ 2) **α-Carbäthoxylamidoacetylamido-γ-Methylvaleriansäure.** Sm. 135,5 bis 136,5° (*B.* **36**, 2602 *C.* **1903** [2] 619).

$C_{11}H_{21}ON$ 14) **δ-Oximido-δ-Hexahydrophenyl-β-Methylbutan.** Sm. 77° (*C. r.* **139**, 345 *C.* **1904** [2] 704).

15) **d-P-Menthylamid d. Ameisensäure.** Sm. 117—118° (*C.* **1904** [2] 1046).

$C_{11}H_{21}ON_3$ 15) **ϑ-Semicarbazon-βζ-Dimethyl-β-Okten** (Semicarbazon d. Rhodinal). Sm. 115° (*C. r.* **122**, 737). — ***III**, *350.*

16) **Semicarbazon d. P-Menthon.** Sm. 187—188° (*C.* **1904** [2] 1046).

$C_{11}H_{21}O_2N$ 9) **γ-Oximido-β-Keto-δ-Methyldekan.** Sd. 147—149°$_{10}$ (*Bl.* [3] **31**, 1168 *C.* **1904** [2] 1701).

10) **Methylester d. 1,2,2,5,5-Pentamethyltetrahydropyrrol-3-Carbonsäure.** Sd. 218°. HJ (*B.* **36**, 3361 *C.* **1903** [2] 1185).

11) **Methylester d. d-2-Propylhexahydro-1-Pyridylessigsäure.** Sd. 244 bis 245° (*B.* **37**, 3637 *C.* **1904** [2] 1510).

12) **Aethylester d. 2,2,5,5-Tetramethyltetrahydropyrrol-3-Carbonsäure.** Sd. 217°$_{748}$ (*B.* **36**, 3360 *C.* **1903** [2] 1185).

$C_{11}H_{21}O_2Br$ 3) **Aethylester d. α-Bromoktan-α-Carbonsäure.** Sm. 23—24° (*C. r.* **138**, 698 *C.* **1904** [1] 1066).

$C_{11}H_{21}O_3N$ 5) **Monamid d. cis-βζ-Dimethylheptan-γδ-Dicarbonsäure.** Sm. 146°. Ag (*Am.* **30**, 238 *C.* **1903** [2] 934).

$C_{11}H_{21}O_3N_3$ 8) **2-Semicarbazon-4-[αβ-Dioxyisopropyl]-1-Methylhexahydrobenzol.** Sm. 187° (*B.* **28**, 2705). — ***III**, *375.*

9) **α-Semicarbazon-β-Methyloktan-α-Carbonsäure.** Sm. 121—121,5 (*Bl.* [3] **31**, 1153 *C.* **1904** [2] 1707).

$C_{11}H_{21}O_6N$ C 50,2 — H 8,0 — O 36,5 — N 5,3 — M. G. 263.

1) **δ-[βγδεζ-Pentaoxyhexyl]imido-β-Ketopentan** (Acetylacetonmannamin). Sm. 172° (*C. r.* **138**, 505 *C.* **1904** [1] 872).

2) **Acetylacetonglukamin.** Sm. 172° (*C.* **1904** [1] 431).

$C_{11}H_{22}ON_2$ 12) **Amid d. ε-Dimethylamido-βε-Dimethyl-β-Hexen-γ-Carbonsäure.** Sm. 98°; Sd. 170°$_{13}$ (*B.* **36**, 3363 *C.* **1903** [2] 1186).

$C_{11}H_{22}O_2N_6$ 2) **δ-Semicarbazon-ζ-Semicarbazido-βζ-Dimethyl-β-Hepten.** Sm. 221° (*B.* **36**, 4382 *C.* **1904** [1] 455).

3) **Campherphoronsemicarbazon + Semicarbazid.** Sm. 135°. Pikrat (*A.* **331**, 327 *C.* **1904** [1] 1567).

$C_{11}H_{23}ON$ *3) **β-Oximidoundekan.** Sm. 46—47° (*Soc.* **81**, 1593 *C.* **1903** [1] 29, 162).

15) **α-Oximidoundekan.** Sm. 72° (*Bl.* [3] **29**, 1206 *C.* **1904** [1] 355).

16) **3,4,4,6-Tetramethyl-2-Isopropyltetrahydro-1,3-Oxazin.** Sd. 190 bis 194°$_{750}$. (2HCl, $PtCl_4$), (HCl, $AuCl_3$) (*M.* **25**, 856 *C.* **1904** [2] 1240).

17) **Diisoamylamid d. Ameisensäure.** Sd. 132—132,6° (*B.* **36**, 2476 *C.* **1903** [2] 559).

$C_{11}H_{23}ON_3$ 2) **δ-Semicarbazonmethyl-βζ-Dimethylheptan.** Sm. 140° (*Bl.* [3] **31**, 306 *C.* **1904** [1] 1133).

$C_{11}H_{24}O_4S_2$ 3) **Di[Isoamylsulfon]methan.** Sm. 138—139° (*B.* **36**, 298 *C.* **1903** [1] 499).

$C_{11}H_{24}O_6S_3$ 1) **ββδ-Triäthylsulfonpentan.** Sm. 106° (*B.* **37**, 504 *C.* **1904** [1] 882).

$C_{11}H_{24}N_2S$ 4) **α-[d-sec. Butyl]-β-Hexylthioharnstoff.** Fl. (*Ar.* **242**, 61 *C.* **1904** [1] 998).

$C_{11}H_{25}O_4P$ 1) **Säure** (aus Oenanthaldehyd). Sm. 147° (*C. r.* **128**, 1708 *C.* **1904** [2] 422).

$C_{11}H_{25}ClS$ *1) **Methyldiamylsulfinchlorid** (*J. pr.* [2] **66**, 464 *C.* **1903** [1] 561).

— 11 IV —

$C_{11}H_7O_2NBr_4$ 1) **Tetrabromisopropylimid d. Benzol-1,2-Dicarbonsäure.** Sm. 155,5 bis 156,5° (Sachs, Dissert., Berlin 1898). — ***II**, *1053.*

$C_{11}H_7O_2N_2Br_5$ 1) **2,6-Dibrom-4-Nitrophenylpyridoniumbromid.** Zers. oberh. 280°. + Br_2 (*J. pr.* [2] **70**, 36 *C.* **1904** [2] 1235).

$C_{11}H_7O_3NS_2$ 1) **3,4-Methylenäther d. 2-Thiocarbonyl-4-Keto-5-[3,4-Dioxybenzyliden]tetrahydrothiazol.** Zers. bei 245° (*M.* **24**, 516 *C.* **1903** [2] 837).

$C_{11}H_7O_3N_2Br$ 1) **Amid d. α-Cyan-β-Brom-β-[3,4-Dioxyphenyl]akryl-3,4-Methylenäthersäure.** Sm. 245° (*C.* **1903** [2] 715).

$C_{11}H_7NClBr_3$ 1) **Brom-4-Chlor-2,6-Dibromphenylat d. Pyridin.** Sm. 270—271° u. Zers. + Br_2 (*A.* **333**, 339 *C.* **1904** [2] 1151).

$C_{11}H_7NCl_2Br_2$ 1) **Chlor-4-Chlor-2,6-Dibromphenylat d. Pyridin.** 2 + $PtCl_4$ (*A.* **333**, 339 *C.* **1904** [2] 1151).

$C_{11}H_8ONCl$ 5) **1-Naphtylchloramid d. Ameisensäure.** Sm. 63° (*Am.* **29**, 307 *C.* **1903** [1] 1166).

6) **2-Naphtylchloramid d. Ameisensäure.** Sm. 75° (*Am.* **29**, 307 *C.* **1903** [1] 1166).

$C_{11}H_8ONBr_3$ 1) **2,4,6-Tribromphenylhydroxyd d. Pyridin.** Salze siehe (*A.* **333**, 336 *C.* **1904** [2] 1151).

$C_{11}H_8O_3N_2Br_2$ 2) **ε-[2,6-Dibrom-4-Nitrophenyl]imido-α-Oxy-αγ-Pentadiën.** Sm. 165—166° u. Zers. (*J. pr.* [2] **70**, 38 *C.* **1904** [2] 1235).

$C_{11}H_8O_3N_2S_2$ 1) **2-Thiocarbonyl-4-Keto-5-[3-Nitrobenzyliden]-3-Methyltetrahydrothiazol.** Sm. 233° (*M.* **25**, 170 *C.* **1904** [1] 895).

2) **2-Thiocarbonyl-4-Keto-5-[4-Nitrobenzyliden]-3-Methyltetrahydrothiazol.** Sm. 205° (*M.* **25**, 171 *C.* **1904** [1] 895).

$C_{11}H_8O_4N_2S$ 1) **1,8-Naphtylenharnstoff-6-Sulfonsäure** (D.R.P. 146914 *C.* **1903** [2] 1486).

2) **2-Phenylimido-4-Ketotetrahydrothiazol-5-Ketocarbonsäure.** Sm. 221—222°. Ag_2 (*C.* **1903** [1] 1258).

$C_{11}H_8O_4N_3Cl$ *1) **2,4-Dinitrochlorphenylat d. Pyridin.** Sm. 201° (190°). 2 + $PtCl_4$ (*J. pr.* [2] **68**, 259 *C.* **1903** [2] 1064; *A.* **330**, 361 *C.* **1904** [2] 1147; *A.* **333**, 296 *C.* **1904** [2] 1147).

$C_{11}H_8O_4N_3Br$ 1) **2,4-Dinitrobromphenylat d. Pyridin.** Sm. 225° u. Zers. + Br_2 (*A.* **333**, 299 *C.* **1904** [2] 1147).

$C_{11}H_8O_4N_3J$ 1) **2,4-Dinitrojodphenylat d. Pyridin.** + J_2 (*A.* **333**, 300 *C.* **1904** [2] 1147).

$C_{11}H_8O_4N_6S$ 1) **7-Phenylazo-6-Ketopurin-7⁴-Sulfonsäure.** Sm. noch nicht bei 270° (*B.* **37**, 705 *C.* **1904** [1] 1562).

$C_{11}H_8O_5N_6S$ 1) **7-Phenylazo-2,6-Diketopurin-7⁴-Sulfonsäure.** Sm. noch nicht bei 265° (*B.* **37**, 703 *C.* **1904** [1] 1562).

$C_{11}H_9ONS_2$ 1) **2-Thiocarbonyl-4-Keto-5-Benzyliden-3-Methyltetrahydrothiazol.** Sm. 169° (*M.* **25**, 169 *C.* **1904** [1] 895).

$C_{11}H_9ON_3S_2$ 2) **Benzoylchrysean.** Sm. 212—213° u. Zers. (*B.* **36**, 3547 *C.* **1903** [2] 1379).

$C_{11}H_9O_2NS_2$ 1) **Methyläther d. 2-Thiocarbonyl-4-Keto-5-[4-Oxybenzyliden]tetrahydrothiazol.** Sm. 130—142° u. Zers. (*M.* **24**, 515 *C.* **1903** [2] 837).

$C_{11}H_9O_2N_2Cl$ 3) **Chlor-3-Nitrophenylat d. Pyridin.** 2 + $PtCl_4$, + $AuCl_3$ (*J. pr.* [2] **70**, 41 *C.* **1904** [2] 1235).

4) **Chlor-4-Nitrophenylat d. Pyridin.** + $FeCl_3$, 2 + $PtCl_4$, + $AuCl_3$ (*J. pr.* [2] **70**, 30 *C.* **1904** [2] 1234).

5) **5-Chlor-3-Methyl-1-Phenylpyrazol-1²-Carbonsäure.** Sm. 169°. Ca, Ba + $3H_2O$ (*B.* **37**, 2230 *C.* **1904** [2] 228).

6) **3-Cyanphenylmonamid d. Bernsteinsäuremonochlorid.** Sm. 80° (*C.* **1904** [2] 103).

$C_{11}H_9O_2N_2Br$ 2) **Brom-3-Nitrophenylat d. Pyridin.** Sm. 229—230°. + $FeCl_3$ (*J. pr.* [2] **70**, 40 *C.* **1904** [2] 1235).

3) **Brom-4-Nitrophenylat d. Pyridin.** + $FeCl_3$ (*J. pr.* [2] **70**, 31 *C.* **1904** [2] 1234).

$C_{11}H_9O_4N_7S$ 1) **7-Phenylazo-2-Amido-6-Ketopurin-7⁴-Sulfonsäure.** Sm. noch nicht bei 270° (*B.* **37**, 705 *C.* **1904** [1] 1562).

$C_{11}H_{10}ONCl$ 10) **2-Chlorphenylhydroxyd d. Pyridin.** Salze siehe (*A.* **333**, 334 *C.* **1904** [2] 1150).

11) **4-Chlorphenylhydroxyd d. Pyridin.** Salze siehe (*A.* **333**, 332 *C.* **1904** [2] 1150).

12) **1-Chlor-4-Oxy-3-Aethylisochinolin.** Sm. 124—125° (*B.* **37**, 1693 *C.* **1904** [1] 1525).

$C_{11}H_{10}ONBr$ *4) **Aethyläther d. 5-Brom-6-Oxychinolin.** Sm. 80—81° (*B.* **36**, 459 *C.* **1903** [1] 590).

$C_{11}H_{10}ON_2Br_2$ 1) **6,8-Dibrom-4-Keto-2-Propyl-3,4-Dihydro-1,3-Benzdiazin.** Sm. 238—240° (*C.* **1903** [2] 1195).

2) **6,8-Dibrom-4-Keto-2-Isopropyl-3,4-Dihydro-1,3-Benzdiazin.** Sm. 259—260° (*C.* **1903** [2] 1195).

3) **6,8-Dibrom-4-Keto-2-Methyl-3-Aethyl-3,4-Dihydro-1,3-Benzdiazin.** Zers. bei 170° (*C.* **1903** [2] 1194).

$C_{11}H_{10}ON_2S$ 6) **Methyläther d. 2-Merkapto-4-Keto-6-Phenyl-3,4-Dihydro-1,3-Diazin.** Sm. 240° (*Am.* **29**, 490 *C.* **1903** [1] 1310).

$C_{11}H_{10}O_2NBr$ 4) **Methyläther d. 5-Brom-6-Oxy-2-Keto-1-Methyl-1,2-Dihydrochinolin.** Sm. 168—170° (*B.* **36**, 461 *C.* **1903** [1] 590).

$C_{11}H_{10}O_2NJ$ *3) **Jodmethylat d. Chinolin-4-Carbonsäure.** Sm. 222° u. Zers. (*M.* **24**, 201 *C.* **1903** [2] 48).

$C_{11}H_{10}O_2N_2Br_2$ 4) **?-Dibrom-3-Nitro-2-Methyl-1-Aethylindol.** Sm. 203° (*G.* **34** [2] 63 *C.* **1904** [2] 710).

$C_{11}H_{10}O_2N_2S$ 4) **Aethylester d. 5-Phenyl-1,2,3-Thiodiazol-4-Carbonsäure.** Sm. 42° (*A.* **333**, 4 *C.* **1904** [2] 780).

$C_{11}H_{10}O_3NBr$ 5) **Aethylester d. 5-Brom-3-Oxyindol-2-Carbonsäure.** Sm. 152—154° (D.R.P. 138845 *C.* **1903** [1] 547).

$C_{11}H_{10}O_3N_6S$ 1) **7-Phenylazo-6-Amidopurin-7[4]-Sulfonsäure.** Sm. noch nicht bei 270° (*B.* **37**, 706 *C.* **1904** [1] 1563).

$C_{11}H_{10}O_4N_2S$ 1) **Monoformyl-1,4-Diamidonaphtalin-6-oder-7-Sulfonsäure** (D.R.P. 138030, 138031 *C.* **1903** [1] 109).

$C_{11}H_{10}O_5N_3Cl_3$ 1) **Verbindung** (aus d. Verb. $C_{11}H_9O_6N_3$). Sm. 95° u. Zers. (*A.* **333**, 310 *C.* **1904** [2] 1148).

$C_{11}H_{10}O_5N_3Cl_5$ 1) **Verbindung** (aus d. Verb. $C_{11}H_{10}O_5N_3Cl_3$) (*A.* **333**, 311 *C* **1904** [2] 1148).

$C_{11}H_{10}O_5N_4S$ 1) **1-Phenylazo-2-Methylimidazol-4[oder 5]-Carbonsäure-1[4]-Sulfonsäure** + $2H_2O$. Zers. oberh. 120° (*B.* **37**, 702 *C.* **1904** [1] 1562).

$C_{11}H_{10}O_6NCl$ 4) **Diacetat d. 4-Chlor-3-Nitro-1-Dioxymethylbenzol.** Sm. 97° (*C.* **1899** [1] 836). — *III, *11.*

5) **Diacetat d. 4[oder 6]-Chlor-6[oder 4]-Nitro-2,5-Dioxy-1-Methylbenzol.** Sm. 105—107° (*A.* **328**, 316 *C.* **1903** [2] 1247).

$C_{11}H_{10}O_6N_3Cl$ 1) **Diazochlorid d. Iso-β-[2-Nitro-4-Amidophenyl]propan-αγ-Dicarbonsäure** (*B.* **36**, 2676 *C.* **1903** [2] 948).

$C_{11}H_{10}N_2Br_2S$ 1) **6,8-Dibrom-4-Thiocarbonyl-2-Methyl-3-Aethyl-3,4-Dihydro-1,3-Benzdiazin.** Zers. bei 305° (*C.* **1903** [2] 1195).

$C_{11}H_{11}ONBr_2$ 4) **?-Dibrom-2-Keto-3-Isopropyl-2,3-Dihydroindol.** Sm. 142° (*M.* **24**, 575 *C.* **1903** [2] 887).

$C_{11}H_{11}ON_2Br$ *1) **4-Brom-3-Keto-1,5-Dimethyl-2-Phenyl-2,3-Dihydropyrazol.** Sm. 117° (*A.* **331**, 231 *C.* **1904** [1] 1220).

$C_{11}H_{11}ON_3Br_2$ 1) **5-Oxy-3-[αβ-Dibrompropyl]-1-Phenyl-1,2,4-Triazol.** Sm. 128° (*B.* **36**, 1101 *C.* **1903** [1] 1140).

$C_{11}H_{11}ON_5S$ 1) **4-[α-Semicarbazonäthyl]-5-Phenyl-1,2,3-Thiodiazol.** Sm. 207° u. Zers. (*A.* **325**, 174 *C.* **1903** [1] 645).

2) **4-[α-Semicarbazonbenzyl]-5-Methyl-1,2,3-Thiodiazol.** Sm. 217° u. Zers. (*A.* **325**, 173 *C.* **1903** [1] 645).

3) **isom. 4-[α-Semicarbazonbenzyl]-5-Methyl-1,2,3-Thiodiazol.** Sm. 149—150° (*A.* **325**, 173 *C.* **1903** [1] 645).

$C_{11}H_{11}O_2N_2Cl$ 1) **Lakton d. δ-Chlor-α-Phenylhydrazon-γ-Oxyvaleriansäure.** Sm. 183—184° (*C. r.* **137**, 15 *C.* **1903** [2] 508).

$C_{11}H_{11}O_2N_3S$ 2) **Methyläther d. 5-Merkapto-3-Methyl-1-[4-Nitrophenyl]pyrazol.** Sm. 135—136° (*A.* **331**, 232 *C.* **1904** [1] 1220).

$C_{11}H_{11}O_3N_2Br$ 3) **Methyläther d. 3-Brom-5-Nitro-2-Oxy-1-Methyl-1,2-Dihydrochinolin.** Sm. 81° (*J. pr.* [2] **45**, 184, 185). — **IV**, *265.*

$C_{11}H_{11}O_3N_3S$ 1) **2-Phenylimido-5-Oxy-2,3-Dihydro-1,3,4-Thiodiazol-3-[Aethyl-α-Carbonsäure].** Sm. 220° u. Zers. (*C.* **1904** [2] 1027).

$C_{11}H_{11}O_5BrS$ 1) **αγ-Sulton d. β-Brom-α-Oxy-α-Phenylbutan-δ-Carbonsäure-γ-Sulfonsäure** (*Am.* **31**, 253 *C.* **1904** [1] 1081).

$C_{11}H_{11}N_2BrS$ 2) **Methyläther d. 4-Brom-5-Merkapto-3-Methyl-1-Phenylpyrazol.** Sm. 52° (*A.* **331**, 229 *C.* **1904** [1] 1220).

$C_{11}H_{12}ONCl$ 6) **Verbindung** (aus Chlordimethyläther u. Chinolin). 2 + $PtCl_4$ (*A.* **334**, 54 *C.* **1904** [2] 948).

$C_{11}H_{12}ONBr$ 6) 8-Brom-5-Formylamido-1, 2, 3, 4-Tetrahydronaphtalin. Sm. 164,5° (*Soc.* **85**, 745 *C.* **1904** [2] 447).

$C_{11}H_{12}ON_2S$ 18) 2-[2,4-Dimethylphenyl]imido-4-Ketotetrahydrothiazol. Sm. 157° (*C.* **1903** [2] 110).
19) 2, 4-Dimethylphenylamid d. Rhodanessigsäure. Sm. 98° (*C.* **1903** [2] 110).

$C_{11}H_{12}ON_2Se$ 1) 2, 4-Dimethylphenylamid d. Selencyanessigsäure. Sm. 148° (*Ar.* **241**, 207 *C.* **1903** [2] 104).
2) 2, 5-Dimethylphenylamid d. Selencyanessigsäure. Sm. 144—146° (*Ar.* **241**, 208 *C.* **1903** [2] 104).

$C_{11}H_{12}O_2NCl$ 5) Methyl-3-Chlor-4-Propionylamidophenylketon. Sm. 115° (*Soc.* **85**, 342 *C.* **1904** [1] 1404).
6) Methyl-4-Propionylchloramidophenylketon. Sm. 42° (*C.* **1903** [1] 832).
7) Aethyl-4-Acetylchloramidophenylketon. Sm. 75° (*C.* **1903** [1] 1223).

$C_{11}H_{12}O_2NBr$ 2) Aethyl-4-Acetylbromamidophenylketon. Sm. 115° (*C.* **1903** [1] 1223).
3) α-oder-β-Bromäthyl-4-Acetylamidophenylketon. Sm. 122° (D.R.P. 105199 *C.* **1900** [1] 240). — *III, *114*.

$C_{11}H_{12}O_2N_2S$ 5) 5-Methylsulfon-3-Methyl-1-Phenylpyrazol. Sm. 88—90° (*A.* **331**, 228 *C.* **1904** [1] 1220).

$C_{11}H_{12}O_2N_4S$ 2) 1-Ureïdo-2-Thiocarbonyl-4-Keto-5-Methyl-3-Phenyltetrahydroimidazol. Sm. 206° u. Zers. (*C.* **1904** [2] 1027).
3) Amid d. 2-Phenylimido-5-Oxy-2, 3-Dihydro-1, 3, 4-Thiodiazol-3-[Aethyl-α-Carbonsäure]. Sm. 228° u. Zers. (*C.* **1904** [2] 1028).

$C_{11}H_{12}O_3NCl$ 8) α-Chloracetylamido-β-Phenylpropionsäure. Sm. 130—131° (*B.* **37**, 3313 *C.* **1904** [2] 1306).
9) Acetat d. 5-Chlor-3-Acetylamido-4-Oxy-1-Methylbenzol. Sm. 162—163° (*A.* **328**, 313 *C.* **1903** [2] 1247).
10) 4-Chlorphenylmonamid d. Propan-ββ-Dicarbonsäure. Sm. 160° (*Soc.* **83**, 1248 *C.* **1903** [2] 1420).

$C_{11}H_{12}O_3NBr$ 6) Aethylester d. 4-Brombenzoylamidoessigsäure. Sm. 123° (*B.* **36**, 1647 *C.* **1903** [2] 32).

$C_{11}H_{12}O_3N_2S$ *4) Thiopyrintrioxyd (*A.* **331**, 206 *C.* **1904** [1] 1218).

$C_{11}H_{12}O_4NCl$ 3) 1-α-Chloracetylamido-β-[4-Oxyphenyl]propionsäure (1-Chloracetyltyrosin). Sm. 155—156° (*B.* **37**, 2494 *C.* **1904** [2] 425).

$C_{11}H_{12}O_4N_2S$ 3) O-Methyläther-S-Aethyläther d. 3-Nitrobenzoylimidomerkaptooxymethan. Sm. 78° (*C.* **1904** [1] 1559).

$C_{11}H_{12}NBrMg$ 1) Chinolinäthylmagnesiumbromid (*B.* **37**, 3091 *C.* **1904** [2] 995).

$C_{11}H_{13}ONS_2$ 5) Benzylester d. Acetylmethylamidodithioameisensäure. Sm. 80° (*Bl.* [3] **29**, 60 *C.* **1903** [1] 447).

$C_{11}H_{13}ON_3S$ 3) 2-[4-Dimethylamidophenyl]imido-4-Ketotetrahydrothiazol (*C.* **1903** [1] 1258).
4) 1-Amido-2-Thiocarbonyl-4-Keto-5-Dimethyl-3-Phenyltetrahydroimidazol. Sm. 173° (*C.* **1904** [2] 1027).

$C_{11}H_{13}O_2NS_2$ 3) Gem. Anhydrid d. 4-Oxybenzolmethyläther-1-Carbonsäure u. Dimethylamidodithioameisensäure (N-[illegible] Anisoyldithiourethan). Sm. 78—80° (*B.* **36**, 3525 *C.* 190[illegible]).

$C_{11}H_{13}O_3NS$ 9) Acetyl-2-Methylphenylamid d. Aethensulfonsäure. Sm. 69° (*B.* **36**, 3630 *C.* **1903** [2] 1327).
10) Acetyl-4-Methylphenylamid d. Aethensulfonsäure. Sm. 87° (*B.* **36**, 3629 *C.* **1903** [2] 1327).

$C_{11}H_{13}O_3N_2Cl$ 3) β-Chlorid d. α-Phenylhydrazin-αβ-Dicarbonsäure-α-Aethylester. Fl. (*B.* **36**, 3889 *C.* **1904** [1] 28).

$C_{11}H_{14}ONCl$ 11) Nitrosochlorid d. γ-Phenyl-β-Penten. Sm. 117° (*B.* **36**, 3693 *C.* **1903** [2] 1426).
12) Nitrosochlorid d. δ-Phenyl-β-Methyl-β-Buten. Sm. 146—147° (*B.* **37**, 2315 *C.* **1904** [2] 217).

$C_{11}H_{14}O_2NCl$ 7) Nitrosochlorid d. α-[4-Oxy-2-Methylphenyl]propenmethyläther. Sm. 108° (*B.* **37**, 3994 *C.* **1904** [2] 1640).
8) Nitrosochlorid d. α-[4-Oxy-3-Methylphenyl]propenmethyläther. Sm. 117° (*B.* **37**, 3992 *C.* **1904** [2] 1640).

$C_{11}H_{14}O_2NCl$ 9) **Nitrosochlorid d. α-[3-Oxyphenyl]propenäthyläther.** Sm. 122 bis 123° (*B.* **37**, 3990 *C.* **1904** [2] 1639).

$C_{11}H_{14}O_2N_2Br_2$ *1) **Dibrompilocarpin** (*Soc.* **83**, 461 *C.* **1903** [1] 930, 1143).

$C_{11}H_{14}O_2N_2S$ 13) **2,4-Dimethylphenylthiohydantoïnsäure.** Sm. 179° (*C.* **1903** [2] 110).

14) **Amid d. Phenylamidothioessigsäure-2-Carbonsäureäthylester.** Sm. 186° (D.R.P. 141698 *C.* **1903** [1] 1244).

$C_{11}H_{14}O_2N_3Cl$ 2) **Monosemicarbazon d. 6-Chlor-5-Isopropyl-2-Methyl-1,3-Benzochinon.** Sm. 230° (*A.* **336**, 27 *C.* **1904** [2] 1467).

$C_{11}H_{14}O_2N_3J$ 1) **Jodmethylat d. ?-Nitro-1,2,5-Trimethylbenzimidazol.** Sm. 297°. + J_2 (*B.* **36**, 3972 *C.* **1904** [1] 178).

2) **Jodmethylat d. ?-Nitro-1,4,6-Trimethylbenzimidazol.** Sm. 214°. + J_2 (*B.* **36**, 3973 *C.* **1904** [1] 178).

$C_{11}H_{14}O_2Cl_2S$ 1) **βγ-Dichlor-α-[2,4-Dimethylphenyl]sulfonpropan.** Fl. (*J. pr.* [2] **68**, 310 *C.* **1903** [2] 1115).

$C_{11}H_{14}O_3NCl$ 2) **Nitrosochlorid d. 3,4-Dioxy-1-Propenylbenzol-3,4-Dimethyläther.** Sm. 110° u. Zers. (*A.* **332**, 336 *C.* **1904** [2] 652).

$C_{11}H_{14}O_5N_2S_2$ 1) **Amid d. 4-Methyl-1,3-Phenylendi[Sulfonessigsäure].** Sm. 230° u. Zers. (*J. pr.* [2] **68**, 338 *C.* **1903** [2] 1172).

$C_{11}H_{14}Cl_2BrJ$ 1) **αβ-Dichloräthyl-4-Methyl-2-Aethylphenyljodoniumbromid.** Sm. 150° u. Zers. (*J. pr.* [2] **69**, 447 *C.* **1904** [2] 590).

$C_{11}H_{15}ONBr_2$ 1) **Diäthyl-3,5-Dibrom-2-Oxybenzylamin.** Sm. 141—142° (*A.* **332**, 221 *C.* **1904** [2] 203).

$C_{11}H_{15}ONS$ 8) **4-Aethoxylphenylamid d. Thiopropionsäure.** Sm. 74—75° (*B.* **37**, 876 *C.* **1904** [1] 1004).

$C_{11}H_{15}ON_3Cl_2$ 1) **4-Semicarbazon-1-Dichlormethyl-1,2,5-Trimethyl-1,4-Dihydrobenzol.** Sm. 192° (*B.* **35**, 4217 *C.* **1903** [1] 162).

$C_{11}H_{15}ON_3S_2$ 1) **Methylester d. α-Aethylamidoformyl-α-Phenylhydrazin-β-Dithiocarbonsäure.** Sm. 122° (*B.* **36**, 1376 *C.* **1903** [1] 1344).

$C_{11}H_{15}OClS$ *1) **i-Methyläthylphenacylsulfinchlorid.** $HgCl_2$ (*Soc.* **81**, 1559 *C.* **1903** [1] 144).

2) **i-Methyläthylphenacylsulfinchlorid.** 2 + $PtCl_4$ (*Soc.* **81**, 1558 *C.* **1903** [1] 144).

$C_{11}H_{15}OJS$ 1) **i-Methyläthylphenacylsulfinjodid.** HgJ_2 (*Soc.* **81**, 1559 *C.* **1903** [1] 23, 144).

$C_{11}H_{15}O_2NS$ *1) **Piperidid d. Benzolsulfonsäure.** Sm. 92—93° (*B.* **36**, 2706 *C.* **1903** [2] 829).

2) **Sultam d. 1-[α-Oxyisopropyl]benzol-2-Sulfonsäureäthylamid.** Sm. 40° (*B.* **37**, 3257 *C.* **1904** [2] 1031).

$C_{11}H_{15}O_2N_3S$ 1) **α-Imido-α-[4-Dimethylamidophenyl]amidodimethylsulfid-α'-Carbonsäure** (4-Dimethylamidophenylthiohydantoïnsäure) (*C.* **1903** [1] 1258).

$C_{11}H_{15}O_2ClS$ 3) **Chlorid d. β-Phenylpentan-?-Sulfonsäure.** Sd. 194°$_{12}$ (*B.* **36**, 3689 *C.* **1903** [2] 1426).

4) **Chlorid d. γ-Phenylpentan-?-Sulfonsäure.** Fl. (*B.* **36**, 3694 *C.* **1903** [2] 1427).

5) **Chlorid d. 4-Isopropyl-1-Aethylbenzol-?-Sulfonsäure.** Sd. 158°$_{10}$ (*B.* **36**, 1641 *C.* **1903** [2] 27).

$C_{11}H_{15}O_2BrS$ 1) **β- oder -γ-Brom-α-[2,4-Dimethylphenyl]sulfonpropan.** Fl. (*J. pr.* [2] **68**, 311 *C.* **1903** [2] 1115).

$C_{11}H_{15}O_3ClS$ 1) **Chlorid d. 3-Oxy-1-Propylbenzoläthyläther-?-Sulfonsäure.** Fl. (*B.* **37**, 3990 *C.* **1904** [2] 1639).

$C_{11}H_{15}O_3ClHg$ 1) **Verbindung** (aus Methyleugenol). Sm. 112—113° (*B.* **36**, 3581 *C.* **1903** [2] 1363).

$C_{11}H_{16}ON_2S$ *3) **α-[β-Oxybutyl]-β-Phenylthioharnstoff.** Sm. 100,5° (*B.* **37**, 2480 *C.* **1904** [2] 419).

$C_{11}H_{16}O_2NCl$ 2) **Chlormethylat d. 2-Dimethylamidobenzol-1-Carbonsäure.** + $AuCl_3$ (*B.* **37**, 410 *C.* **1904** [1] 943).

$C_{11}H_{16}O_2NJ$ *1) **Methylester d. Dimethylphenyljodammoniumessigsäure.** Sm. 98 bis 99° (*B.* **37**, 417 *C.* **1904** [1] 943).

2) **Jodmethylat d. 2-Dimethylamidobenzol-1-Carbonsäuremethylester.** Sm. 153° (*B.* **37**, 410 *C.* **1904** [1] 943).

3) **Jodmethylat d. 3-Dimethylamidobenzol-1-Carbonsäuremethylester.** Sm. 220—221° u. Zers. (*B.* **37**, 411 *C.* **1904** [1] 943).

$C_{11}H_{16}O_2NJ$ 4) **Jodmethylat d. 4-Dimethylamidobenzol-1-Carbonsäure.** Sm. 170° u. Zers. (*B.* **37**, 412 *C.* **1904** [1] 943).
5) **Acetat d. Trimethyl-4-Oxyphenylammoniumjodid.** Sm. 192 bis 193° (*A.* **334**, 310 *C.* **1904** [2] 986).

$C_{11}H_{16}O_3NJ$ 1) **Jodmethylat d. Methyldamascenin** + H_2O. Sm. 164—166° (*Ar.* **242**, 319 *C.* **1904** [2] 457).
2) **Jodmethylat d. 3-Dimethylamido-4-Oxybenzol-1-Carbonsäure.** Sm. 190° (*A.* **325**, 330 *C.* **1903** [1] 770).

$C_{11}H_{16}O_4N_2S$ 3) **sym-Di[Dimethylamid] d. Benzol-1-Carbonsäure-2-Sulfonsäure** (*Am.* **30**, 289 *C.* **1903** [2] 1121).
4) **uns-Di[Aethylamid] d. Benzol-1-Carbonsäure-2-Sulfonsäure** (*Am.* **30**, 288 *C.* **1903** [2] 1121).

$C_{11}H_{16}O_6N_3Cl$ 1) **γε-Lakton d. ζ-Chlor-β-Semicarbazon-ε-Oxyhexan-αγ-Dicarbonsäure-α-Aethylester.** Sm. 118—119° (*C. r.* **136**, 435 *C.* **1903** [1] 698).

$C_{11}H_{17}ON_2Cl$ 3) **Phenylamid d. Trimethylchlorammoniumessigsäure** + H_2O. Sm. 204—207° (wasserfrei). + $HgCl_2$, 2 + $PtCl_4$, + $AuCl_3$ (*Ar.* **241**, 122 *C.* **1903** [1] 1023).
4) **Verbindung** (aus Trimethylphenacylammoniumchloridoxim). 2 + $PtCl_4$, + $AuCl_3$ (*Ar.* **237**, 232). — *III, *101.*

$C_{11}H_{17}ON_2Br$ 2) **Phenylamid d. Trimethylbromammoniumessigsäure.** Sm. 201 bis 203° (*Ar.* **241**, 122 *C.* **1903** [1] 1023).

$C_{11}H_{17}O_2NS$ 24) **Amid d. β-Phenylpentan-?-Sulfonsäure.** Sm. 66—67° (*B.* **36**, 3690 *C.* **1903** [2] 1426).
25) **Amid d. γ-Phenylpentan-?-Sulfonsäure.** Sm. 89—90° (*B.* **36**, 3694 *C.* **1903** [2] 1427).

$C_{11}H_{17}O_3NS$ 8) **Amid d. 3-Oxy-1-Propylbenzoläthyläther-?-Sulfonsäure.** Sm. 84° (*B.* **37**, 3990 *C.* **1904** [2] 1639).
9) **Amid d. 4-Oxy-1-Propylbenzoläthyläther-?-Sulfonsäure.** Sm. 97—98° (*B.* **37**, 3991 *C.* **1904** [2] 1640).
10) **Aethylamid d. 1-[α-Oxyisopropyl]benzol-2-Sulfonsäure** + $^1/_2H_2O$. Sm. 109—110° (*B.* **37**, 3255 *C.* **1904** [2] 1031).

$C_{11}H_{17}O_5BrS$ 1) **Methylester d. Bromdihydrocampholensulfocarbonsäure.** Sm. 192—193° u. Zers. (*C.* **1903** [2] 38; *Soc.* **83**, 1112 *C.* **1903** [2] 794).

$C_{11}H_{18}ON_3Cl$ 1) **Semicarbazon d. β-Chlorcampher.** Sm. 183° (*C.* **1403** [2] 373).

$C_{11}H_{18}O_3NBr$ 1) **l-1-[α-Bromisocapronyl]tetrahydropyrrol-2-Carbonsäure.** Sm. 154—158° (*B.* **37**, 3074 *C.* **1904** [2] 1209).
2) **r-1-[α-Bromisocapronyl]tetrahydropyrrol-2-Carbonsäure.** Sm. 159,5—163° (*B.* **37**, 3073 *C.* **1904** [2] 1209).

$C_{11}H_{19}O_3N_3S$ 1) **2-Thiocarbonyl-4-Keto-5,5-Dimethyl-3-Aethyltetrahydroimidazol-1-α-Amidoisobuttersäure.** Sm. 110° (*C.* **1904** [2] 1028).

$C_{11}H_{20}O_3NJ$ 2) **Jodmethylat d. r-Ecgoninmethylester.** Sm. 182—182,5° (*A.* **326**, 69 *C.* **1903** [1] 841).

$C_{11}H_{21}ONS$ *1) **Amid d. Menthylxanthogensäure** (*C.* **1904** [1] 1347).

$C_{11}H_{22}ONJ$ *2) **Jodmethylat d. Lupinin** (*Ar.* **235**, 279). — *III, *663.*

$C_{11}H_{22}ON_2Cl_2$ 1) **Di[Chlormethylat] d. 2-Di[Dimethylamido]methylfuran.** 2 + 2$AuCl_3$ (*A.* **335**, 378 *C.* **1904** [2] 1406).

$C_{11}H_{22}ON_2J_2$ 1) **Di[Jodmethylat] d. 2-Di[Dimethylamido]methylfuran** (*A.* **335**, 377 *C.* **1904** [2] 1406).

$C_{11}H_{23}ON_2J$ 1) **Jodmethylat d. 1,2,2,5,5-Pentamethyltetrahydropyrrol-3-Carbonsäureamid.** Zers. bei 255° (*B.* **36**, 3362 *C.* **1903** [2] 1186).

$C_{11}H_{25}O_2N_2P$ 1) **Diäthylmonamid d. 1-Piperidylphosphinsäuremonoäthylester.** Fl. (*A.* **326**, 195 *C.* **1903** [1] 820).

— 11 V —

$C_{11}H_8ONClBr_2$ 1) **4-Chlor-2,6-Dibromphenylhydroxyd d. Pyridin.** Salze siehe (*A.* **333**, 339 *C.* **1904** [2] 1151).

$C_{11}H_{10}O_2N_2BrJ$ 1) **Jodäthylat d. 3-Brom-5-Nitrochinolin.** Sm. 195° (213°) (*J. pr.* [2] **39**, 306).

$C_{11}H_{11}ONBrJ$ 1) **Jodmethylat d. 5-Brom-6-Oxychinolinmethyläther.** Sm. 220° u. Zers. (*B.* **36**, 460 *C.* **1903** [1] 590).

$C_{11}H_{11}O_2N_2BrS$ 1) **4-Brom-5-Methylsulfon-3-Methyl-1-Phenylpyrazol.** Sm. 150 bis 151° (*A.* **331**, 231 *C.* **1904** [1] 1220).

$C_{11}H_{12}O_6NBrS$ *1) **4-Bromphenylmerkaptursäure.** Sm. 152—153° (*C.* **1903** [2] 1431).

$C_{11}H_{17}O_3NBrP$ 1) **2-Brom-4-Methylphenylmonamid d. Phosphosäurediäthylester.** Sm. 102° (*A.* **326**, 239 *C.* **1903** [1] 868).

$C_{11}H_{28}ON_2JS$ 1) **Aethyläther d. Methyldi[Diäthylamido]oxyphosphoniumjodid.** Fl. (*A.* **326**, 162 *C.* **1903** [1] 761).

C_{12}-Gruppe.

$C_{12}H_8$ *1) **Acenaphtylen.** Sm. 92—93° (*C.* **1903** [2] 44).

$C_{12}H_{10}$ *1) **Acenaphen.** Sm. 95° (*C.* **1903** [2] 44).
*2) **Biphenyl.** Sm. 70,5° (*A.* **332**, 40 *C.* **1904** [2] 39; *B.* **37**, 2531 *C.* **1904** [2] 447).

$C_{12}H_{14}$ 7) **δ-Phenyl-β-Methyl-βγ-Pentadiën.** Sd. 218—220°$_{751}$ u. Zers. (*B.* **37**, 2305 *C.* **1904** [2] 215).
8) **Kohlenwasserstoff** (aus 1-Oxy-1-Phenylhexahydrobenzol). Sd. 133°$_{20}$ (*C. r.* **138**, 1323 *C.* **1904** [2] 219).

$C_{12}H_{16}$ *2) **α-[4-Isopropylphenyl]propen.** Sd. 225—235° (*B.* **36**, 2237 *C.* **1903** [2] 438).
*5) **1,2,3,4,5,6-Hexahydrobiphenyl.** Sm. 0°; Sd. 238°$_{770}$ (*C.* **1903** [2] 989).
*6) **α-[2,4-Dimethylphenyl]α-Buten.** Sd. 226—228° (*B.* **36**, 2237 *C.* **1903** [2] 438).
*7) **α-[2,4,6-Trimethylphenyl]propen.** Sd. 223—224°$_{746}$ (*B.* **37**, 927 *C.* **1904** [1] 1209).
10) **α-Phenyl-β-Hexen.** Sd. 108°$_{18}$ (*B.* **37**, 2313 *C.* **1904** [2] 216).
11) **β-Phenyl-γ-Hexen.** Sd. 84°$_{10}$ (*B.* **36**, 1405 *C.* **1903** [1] 1347).
12) **d-α-Phenyl-γ-Methyl-α-Penten.** Sd. 100—103°$_9$ (*B.* **37**, 653 *C.* **1904** [1] 937).
13) **γ-Phenyl-β-Methyl-β-Penten.** Sd. 206—207°$_{765}$ (*B.* **37**, 1725 *C.* **1904** [1] 1515).
14) **δ-Phenyl-β-Methyl-β-Penten.** Sd. 210—211°$_{755}$ (*B.* **37**, 2306 *C.* **1904** [2] 215).
15) **α-Phenyl-γ-Methyl-β-Penten.** Sd. 120°$_{30}$ (226°$_{749}$) (*B.* **37**, 2313 *C.* **1904** [2] 216; *B.* **37**, 2317 *C.* **1904** [2] 217).
16) **β-Phenyl-δ-Methyl-β-Penten.** Sd. 207°$_{754}$ (*B.* **37**, 2308 *C.* **1904** [2] 216).
17) **α-Phenyl-β-Aethyl-α-Buten.** Sd. 204—206° u. ger. Zers. (*B.* **37**, 1724 *C.* **1904** [1] 1515).
18) **α-[4-Methylphenyl]-γ-Methyl-α-Buten.** Sd. 221—222° (*B.* **37**, 1089 *C.* **1904** [1] 1260).
19) **2,5-Diäthylphenyläthen.** Sd. 96—97°$_{12}$ (*B.* **36**, 1634 *C.* **1903** [2] 25).

$C_{12}H_{18}$ *13) **2-Propyl-1,3,5-Trimethylbenzol.** Sd. 221° (*B.* **37**, 1719 *C.* **1904** [1] 1489).
*14) **1,3,5-Triäthylbenzol.** Sd. 215°$_{755}$. + Al_2Cl_6 (*B.* **36**, 1634 *C.* **1903** [2] 26; *J. pr.* [2] **68**, 212 *C.* **1903** [2] 1114).
*23) **1,2,4-Triäthylbenzol.** Sd. 217—218°$_{755}$ (*B.* **36**, 1634 *C.* **1903** [2] 25).
24) **δ-Phenyl-β-Methylpentan.** Sd. 197° (*B.* **37**, 2308 *C.* **1904** [2] 216).
25) **d-α-Phenyl-γ-Methylpentan.** Sd. 220°$_{757}$ (*B.* **37**, 654 *C.* **1904** [1] 938).

$C_{12}H_{20}$ 9) **4-Isobutyliden-1,1,5-Trimethyl-2,3-Dihydro-R-Penten** (Dimethylcampholandien). Sd. 188—190° (*Bl.* [3] **31**, 462 *C.* **1904** [1] 1516).
10) **Kohlenwasserstoff** (aus 1-Oxydodekahydrobiphenyl). Sd. 124°$_{20}$ (*C. r.* **138**, 1323 *C.* **1904** [2] 219).

$C_{12}H_{22}$ 8) **Kohlenwasserstoff** (aus Petroleum). Sd. 205—210°$_{760}$ (*C.* **1904** [1] 61).

— 12 II —

$C_{12}H_4Cl_6$ 1) **2,4,6,2',4',6'-Hexachlorbiphenyl.** Sm. 112,5° (*A.* **332**, 56 *C.* **1904** [2] 41).

$C_{12}H_6O_2$ *1) **7,8-Acenaphtenchinon** (*G.* **33** [1] 36 *C.* **1903** [1] 881).

$C_{12}H_6O_3$ *2) **Anhydrid d. Naphtalin-1,8-Dicarbonsäure** Sm. 266° (*B.* **36**, 967 *C.* **1903** [1] 1087; *G.* **33** [2] 129 *C.* **1903** [2] 1181).

$C_{12}H_6O_4$ 3) **Anhydrid d. 4-Oxynaphtalin-1,8-Dicarbonsäure.** Sm. 257° (*A.* **327**, 87 *C.* **1903** [1] 1228).

$C_{12}H_6O_{12}$ *1) **Benzolhexacarbonsäure** (*Bl.* [3] **31**, 135 *C.* **1904** [2] 724).
*2) **Thiophansäure.** Sm. 242—245° (*A.* **327**, 343 *C.* **1903** [2] 509).

$C_{12}H_6N_2$ 8) **Diazoacenaphtylen.** Sm. 164° (*G.* **33** [1] 48 *C.* **1903** [1] 882).

$C_{12}H_6Cl_4$ 1) **2,4,2',4'-Tetrachlorbiphenyl.** Sm. 83° (*A.* **332**, 55 *C.* **1904** [2] 40).
2) **3,4,3',4'-Tetrachlorbiphenyl.** Sm. 172°; Sd. 230°$_{50}$ (*Soc.* **85**, 7 *C.* **1904** [1] 376, 728).

$C_{12}H_7J_5$ 1) **3,3',?-Trijoddiphenyljodoniumjodid** (*B.* **37**, 1309 *C.* **1904** [1] 1340).

$C_{12}H_8O_2$ *3) **2-Phenyl-1,4-Benzochinon.** Sm. 114° (*B.* **37**, 879 *C.* **1904** [1] 1142).

$C_{12}H_8O_4$ 18) **1,8-Lakton d. 4-oder-5-Oxy-1-Dioxymethylnaphtalin-8-Carbonsäure.** Sm. 100° (*A.* **327**, 89 *C.* **1903** [1] 1228).

$C_{12}H_8O_7$ *1) **Purpurogallincarbonsäure.** Sm. noch nicht bei 330° (*Soc.* **83**, 199 *C.* **1903** [1] 640; *Soc.* **85**, 247 *C.* **1904** [1] 798, 1005).

$C_{12}H_8N_2$ *6) **Phenazon.** Sm. 156°. (2 HCl, $ZnCl_2$) (*B.* **37**, 25 *C.* **1904** [1] 523).

$C_{12}H_8Cl_2$ *1) **4,4'-Dichlorbiphenyl.** Sm. 148°; Sd. 315° (*A.* **332**, 54 *C.* **1904** [2] 40).
2) **3,3'-Dichlorbiphenyl.** Sm. 29° (23°); Sd. 298° (322—324°) (*Soc.* **85**, 7 *C.* **1904** [1] 376, 728; *A.* **332**, 54 *C.* **1904** [2] 40).

$C_{12}H_8Br_2$ 4) **3,3'-Dibrombiphenyl.** Sm. 53° (*A.* **332**, 57 *C.* **1904** [2] 41).

$C_{12}H_8J_4$ 1) **Di[3-Jodphenyl]jodoniumjodid.** Sm. 141° (*B.* **37**, 1308 *C.* **1904** [1] 1340).

$C_{12}H_9N$ *1) **Carbazol.** Sm. 238° (*A.* **332**, 84 *C.* **1904** [1] 1571).
7) **7,8-Imidoacenaphten.** Sm. 97°. HCl, (2HCl, $PtCl_4$), Acetat (*G.* **33** [1] 49 *C.* **1903** [1] 882).

$C_{12}H_9N_3$ *4) **2-Phenyl-2,1,3-Benztriazol.** Sm. 109,5° (*B.* **36**, 3825 *C.* **1904** [1] 18).

$C_{12}H_9Br$ *1) **3-Bromacenaphten.** Sm. 52°; Sd. 335°. Pikrat (*A.* **327**, 85 *C.* **1903** [1] 1228).

$C_{12}H_9J$ 1) **4-Jodbiphenyl.** Sm. 111° (*A.* **332**, 52 *C.* **1904** [2] 40).

$C_{12}H_9J_3$ 2) **3-Joddiphenyljodoniumjodid.** Zers. bei 80° (*B.* **37**, 1307 *C.* **1904** [1] 1340).

$C_{12}H_{10}O$ *1) **2-Oxybiphenyl.** Sm. 67,7° (*Am.* **29**, 125 *C.* **1903** [1] 705)
*2) **4-Oxybiphenyl** (*Am.* **29**, 124 *C.* **1903** [1] 705).
*3) **Diphenyläther.** Sm. 26,9—27°; Sd. 258,97° (*C.* **1904** [1] 1204).
7) **3-Oxybiphenyl.** Sm. 78° (*B.* **36**, 4085 *C.* **1904** [1] 268).

$C_{12}H_{10}O_2$ 24) **3,4-Dioxybiphenyl?** Sm. 136—136,5°; Sd. oberh. 360° (*Am.* **29**, 128 *C.* **1903** [1] 705).
25) **isom. ?-Dioxybiphenyl.** Sm. 147,5—148,5° (*Am.* **29**, 129 *C.* **1903** [1] 705).
26) **2-Oxydiphenyläther.** Sm. 105—106° (*Am.* **29**, 127 *C.* **1903** [1] 705).
27) **Methyl-4-Oxy-1-Naphtylketon.** Sm. 98° (*B.* **25**, 3534). — *III, *141.*
28) **Benznorcaradiëncarbonsäure.** Sm. 165—166°. Ag (*B.* **36**, 3506 *C.* **1903** [2] 1273).
29) **Lakton d. δ-Oxy-α-Phenyl-αγ-Pentadiën-β-Carbonsäure.** Sm. 60 bis 63° (*A.* **319**, 187 *C.* **1902** [1] 106). — *II, *986.*

$C_{12}H_{10}O_3$ *3) **3,3'-Dioxydiphenyläther** (*B.* **36**, 3051 *C.* **1903** [2] 1008).
*27) **Anhydrid d. β-Phenyl-β-Buten-γδ-Dicarbonsäure.** Sm. 112—114° (*B.* **37**, 1622 *C.* **1904** [1] 1419).
32) **2-Oxynaphtalinmethyläther-1-Carbonsäure.** Sm. 176° u. Zers. (*Bl.* [3] **17**, 311; *C. r.* **136**, 617 *C.* **1903** [1] 881; *Bl.* [3] **31**, 32 *C.* **1904** [1] 519). — *II, *989.*
33) **ε-Keto-α-Phenyl-αγ-Pentadiën-ε-Carbonsäure** + H_2O (Cinnamylidenbrenztraubensäure). Sm. 75° (107° wasserfrei) (*B.* **37**, 1319 *C.* **1904** [1] 1344).
34) **1-Keto-3-Methylinden-2-Methylcarbonsäure.** Sm. 154—155° (*B.* **37**, 1620 *C.* **1904** [1] 1419).
35) **Lakton d. 3-Keto-1-Oxy-1-Methyl-2,3-Dihydroinden-2-Methylcarbonsäure.** Sm. 179,5° (*B.* **37**, 1621 *C.* **1904** [1] 1419).
36) **Benzylester d. Isobrenzschleimsäure.** Sm. 71° (*C. r.* **137**, 992 *C.* **1904** [1] 291).

$C_{12}H_{10}O_4$ *22) **Anhydrid d. α-Keto-α-Phenylbutan-γδ-Dicarbonsäure.** Sm. 146° (*C.* **1903** [2] 944).
38) **Acetat d. 6-Oxymethyl-1,2-Benzpyron.** Sm. 108—109°; Sd. 205 bis 207°$_{16}$ (*B.* **37**, 193 *C.* **1904** [1] 660).

$C_{12}H_{10}O_5$ 28) **Anhydrid d. Triacetsäurelakton.** Sd. 170—172°$_{18}$ (*B.* **37**, 3390 *C.* **1904** [2] 1220).

$C_{12}H_{10}O_5$ 29) **Aldehyd d. 4,5-Dioxy-3-Acetoxyl-1-Aethenylbenzol-4,5-Methylenäther-2-Carbonsäure.** Sm. 84—85° (*B.* **36**, 1533 *C.* **1903** [2] 52).
30) **Aethylester d. 4-Oxy-1,2-Benzpyron-3-Carbonsäure.** Sm. 101° (*B.* **36**, 464 *C.* **1903** [1] 636).
31) **Verbindung** (aus 1,2,3-Trioxy-9,10-Anthrachinon). Sm. 197°. Ag_2 (*M.* **22**, 588). — *III, *310*.

$C_{12}H_{10}O_6$ 18) **trans-1-Phenyl-R-Trimethylen-1²,2,3-Tricarbonsäure.** Sm. 273 bis 275° u. Zers. Ag_3 (*B.* **36**, 3507 *C.* **1903** [2] 1274).
19) **7,8-Dioxy-1,4-Benzpyrondimethyläther-2-Carbonsäure.** Sm. 272° (*B.* **36**, 127 *C.* **1903** [1] 468).
20) **αγ-Lakton d. α-Oxy-α-Phenylpropan-βγγ-Tricarbonsäure** + $4H_2O$ (Phenylparakoncarbonsäure). Sm. 188°. K (*B.* **25**, 1153; *B.* **36**, 3776 Anm. *C.* **1904** [1] 41). — II, *2018*.
21) **Diacetat d. 5,6-Dioxy-2-Keto-1,2-Dihydrobenzfuran.** Sm. 106° (*B.* **37**, 820 *C.* **1904** [1] 1151).

$C_{12}H_{10}O_7$ 4) **Areolatin.** Sm. 270° (*J. pr.* [2] **68**, 59 *C.* **1903** [2] 513).

$C_{12}H_{10}N_2$ *1) **Azobenzol.** (2HCl, $PtCl_4$) (D.R.P. 141535 *C.* **1903** [1] 1283; *B.* **36**, 4109 *C.* **1904** [1] 272; *C.* **1904** [2] 1383).
*4) **3-Amidocarbazol.** Sm. 254°. Pikrat (*A.* **332**, 99 *C.* **1904** [1] 1570).
*6) **2-Methyl-β-Naphtimidazol.** Chromat (*Soc.* **83**, 1196 *C.* **1903** [2] 1444).
13) **4-[β-Phenyläthenyl]-1,3-Diazin.** Sm. 72—74°; Sd. 325—327°$_{786}$ (*B.* **36**, 3384 *C.* **1903** [2] 1193).
14) **2-Methyl-α-oder-β-Naphtimidazol** + H_2O. Sm. 264° u. Zers. HCl + H_2O, H_2CrO_4 + $2H_2O$, Pikrat (*Soc.* **83**, 1190 *C.* **1903** [2] 1444).
15) **Nitril d. 1-Naphtylamidoessigsäure.** Sm. 45—46° (*B.* **37**, 4082 *C.* **1904** [2] 1723).
16) **Nitril d. 2-Naphtylamidoessigsäure.** Sm. 82—85° (*B.* **37**, 4082 *C.* **1904** [2] 1723).
17) **Verbindung** (aus Tryptophan) (*C.* **1903** [2] 1012).

$C_{12}H_{10}N_4$ *6) **2,3-Diamido-5,10-Naphtdiazin** (*B.* **35**, 4302 *C.* **1903** [1] 344).
*8) **3,8-Diamido-5,6-Naphtisodiazin** (Diamidodiphenazon). Sm. 265° (*C.* **1904** [1] 1614; *B.* **37**, 28 *C.* **1904** [1] 523).

$C_{12}H_{10}S_2$ *1) **Diphenyldisulfid** (*Bl.* [3] **29**, 762 *C.* **1903** [2] 620).

$C_{12}H_{10}S_3$ 2) **Di[4-Merkaptophenyl]sulfid.** Sm. 116,5°; Sd. 147,5—148,5°$_{11}$. Na_2, Pb (*R.* **22**, 361 *C.* **1904** [1] 23).

$C_{12}H_{10}Hg$ *1) **Quecksilberdiphenyl.** Sm. 120° (*B.* **37**, 1127 *C.* **1904** [1] 1258).

$C_{12}H_{10}Se_2$ *1) **Diphenyldiselenid.** Sm. 62° (*Bl.* [3] **29**, 763 *C.* **1903** [2] 620).

$C_{12}H_{11}N$ *3) **4-Amidobiphenyl** (*B.* **37**, 881 *C.* **1904** [1] 1143).
*4) **3-Amidoacenaphten.** Sm. 108° (*A.* **327**, 81, 94 *C.* **1903** [1] 1227).
10) **3-Amidobiphenyl.** Sm. 30°; Sd. 254°. H_2SO_4 (*B.* **36**, 4084 *C.* **1904** [1] 268; *B.* **37**, 882 *C.* **1904** [1] 1143).
11) **3-Benzylpyridin.** Sm. 34; Sd. 286—287°$_{740}$, (2HCl, $PtCl_4$), Pikrat (*B.* **36**, 2709, 2711 *C.* **1903** [2] 837).
12) **2-Methyl-4-Phenylpyridin.** Sd. 280°. Pikrat (*B.* **36**, 2458 *C.* **1903** [2] 671).

$C_{12}H_{11}N_3$ *1) **Diazoamidobenzol** (*B.* **36**, 910 *C.* **1903** [1] 974; *C. r.* **137**, 1264 *C.* **1904** [1] 439).
*6) **4-Amidoazobenzol.** HCl (*B.* **36**, 3965 *C.* **1904** [1] 162).
*8) **5-Amido-2-Methyl-α-oder-β-Naphtimidazol** + $3^1/_2(9^1/_2)H_2O$. Zers. bei 265°. Acetat + H_2O (*Soc.* **83**, 1185 *C.* **1903** [2] 1443).
*12) **isom. 5-Amido-2-Methyl-α-oder-β-Naphtimidazol.** (2HCl, $HgCl_2$ + $5H_2O$), Oxalat (*Soc.* **83**, 1198 *C.* **1903** [2] 1445).

$C_{12}H_{12}O$ *2) **2-Oxy-1,4-Dimethylnaphtalin** (*C.* **1903** [2] 1377).
*9) **γ-Keto-α-Phenyl-α-Hexin.** Sd. 148—150°$_{18}$ (*C. r.* **137**, 796 *C.* **1904** [1] 43).

$C_{12}H_{12}O_2$ *1) **Dimethyläther d. 2,7-Dioxynaphtalin.** Sm. 135°; Sd. 319°$_{731}$ (*A.* **327**, 117 *C.* **1903** [1] 1214).
*16) **Dimethyläther d. 2,3-Dioxynaphtalin.** Sm. 116,5° (*B.* **36**, 569 *C.* **1903** [1] 702).
18) **Dimethyläther d. 1,5-Dioxynaphtalin.** Sm. 174—175° (*B.* **36**, 569 *C.* **1903** [1] 702).
19) **Dimethyläther d. 2,6-Dioxynaphtalin.** Sm. 149,5° (*B.* **36**, 570 *C.* **1903** [1] 702).

$C_{12}H_{12}O_2$ 20) **7-Oxy-4-Methylen-2,3-Dimethyl-1,4-Benzpyran.** HCl + H_2O, (2HCl, $PtCl_4$), (HCl, $AuCl_3$) Pikrat (*B.* **36**, 191 *C.* **1903** [1] 469; *B.* **37**, 1792 *C.* **1904** [1] 1611).
21) **α-Phenyl-αγ-Pentadiën-ε-Carbonsäure.** Sm. 111—112°. Ca + $2H_2O$, Ba + $2H_2O$, Ag (*A.* **331**, 162 *C.* **1904** [1] 1211).
22) **1-[β-Phenyläthenyl]-R-Trimethylen-2-Carbonsäure.** Sm. 130° (*B.* **37**, 2104 *C.* **1904** [2] 104).
23) **Methylester d. α-Phenyl-αγ-Butadiën-δ-Carbonsäure.** Sm. 71° (*A.* **336**, 198 *C.* **1904** [2] 1731).

$C_{12}H_{12}O_3$ *25) **γ-Keto-α-Phenyl-α-Penten-ε-Carbonsäure.** Sm. 120° (123°) (*B.* **23**, 74; *A.* **258**, 129; *B.* **37**, 1320 *C.* **1904** [1] 1345). — *II, *986.*
28) **5,7-Dioxy-4-Methylen-2,3-Dimethyl-1,4-Benzpyran** + H_2O. HCl + H_2O, Pikrat (*B.* **37**, 1799 *C.* **1904** [1] 1612).
29) **6,7-Dioxy-4-Methylen-2,3-Dimethyl-1,4-Benzpyran.** HCl + $2\frac{1}{4}H_2O$, Pikrat (*B.* **37**, 1796 *C.* **1904** [1] 1612).
30) **7,8-Dioxy-4-Methylen-2,3-Dimethyl-1,4-Benzpyran.** HCl + H_2O, Pikrat (*B.* **37**, 1797 *C.* **1904** [1] 1612).
31) **ε-Oxy-α-Phenyl-αγ-Pentadiën-ε-Carbonsäure.** Sm. 145° (*B.* **37**, 1320 *C.* **1904** [1] 1344).
32) **Acetat d. γ-Keto-α-[4-Oxyphenyl]-α-Buten.** Sm. 80—81° (*B.* **36**, 134 *C.* **1903** [1] 458).

$C_{12}H_{12}O_4$ *5) **cis-trans-β-Phenyl-β-Buten-γδ-Dicarbonsäure.** Sm. 171° (*B.* **37**, 1619 *C.* **1904** [1] 1419).
*35) **δ-Phenyl-α-Buten-αα-Dicarbonsäure.** Sm. 124° (*B.* **37**, 3123 *C.* **1904** [2] 1217).
*36) **α-Phenyl-β-Buten-δδ-Dicarbonsäure.** Sm. 112°. Ag_2 (*B.* **37**, 3121 *C.* **1904** [2] 1217).
*37) **cis-β-Phenyl-β-Buten-γδ-Dicarbonsäure.** Sm. 183° (*B.* **37**, 1619 *C.* **1904** [1] 1419).
46) **Dimethyläther d. 7,8-Dioxy-2-Methyl-1,4-Benzpyron** + H_2O. Sm. 102° (wasserfrei) (*B.* **36**, 2192 *C.* **1903** [2] 384).
47) **Podophylloresin** (*Soc.* **73**, 221). — *III, *474.*
48) **Dioxynorcarencarbonsäure.** Sm. 203° u. Zers. (*B.* **36**, 3507 *C.* **1903** [2] 1274).
49) **4-Oxymethylbenzfuranäthyläther-1-Carbonsäure.** Sm. 163—164°. Ca (*B.* **37**, 198 *C.* **1904** [1] 661).

$C_{12}H_{12}O_5$ *11) **α-Keto-α-Phenylbutan-γδ-Dicarbonsäure.** Sm. 160° (*C.* **1903** [2] 944).

$C_{12}H_{12}O_6$ *22) **α-Phenylpropan-αβγ-Tricarbonsäure** + H_2O. Sm. 110° (*M.* **24**, 371 *C.* **1903** [2] 496).

$C_{12}H_{12}N_2$ *4) **2,4'-Diamidobiphenyl.** Sm. 57—58° (*B.* **36**, 4000 *C.* **1904** [1] 260).
*6) **4,4'-Diamidobiphenyl** (D.R.P. 147852 *C.* **1904** [1] 133).
*10) **s-Diphenylhydrazin** (*B.* **36**, 339 *C.* **1903** [1] 633).

$C_{12}H_{12}N_4$ *2) **3,3'-Diamidoazobenzol.** Sm. 156° (*J. pr.* [2] **67**, 265 *C.* **1903** [1] 1221).

$C_{12}H_{13}N$ *2) **1-Aethylamidonaphtalin.** Sd. 292—323°$_{745}$ (*C.* **1903** [1] 998).
*3) **2-Aethylamidonaphtalin.** Sd. 322—336°$_{746}$ (*C.* **1903** [1] 998).

$C_{12}H_{13}N_3$ *3) **4,4'-Diamidodiphenylamin.** Sm. 158° (D.R.P. 139568 *C.* **1903** [1] 746).

$C_{12}H_{13}N_5$ 2) **α-Tetraamidocarbazol.** 4HCl (*B.* **37**, 3598 *C.* **1904** [2] 1505).
3) **β-Tetraamidocarbazol.** 4HCl (*B.* **37**, 3598 *C.* **1904** [2] 1505).
4) **γ-Tetraamidocarbazol.** 4HCl (*B.* **37**, 3598 *C.* **1904** [2] 1505).
5) **δ-Tetraamidocarbazol.** 4HCl (*B.* **37**, 3598 *C.* **1904** [2] 1505).

$C_{12}H_{14}O$ *10) **γ-Keto-α-Phenyl-δ-Methyl-α-Penten.** Sd. 284—286°$_{760}$ (*Soc.* **81**, 1489 *C.* **1903** [1] 138).

$C_{12}H_{14}O_2$ *4) **αγ-Diketo-α-Phenylhexan.** Sd. 152—155°$_{10}$ (*C. r.* **139**, 209 *C.* **1904** [2] 649).
*14) **Diäthylphtalid.** Sm. 54° (*B.* **37**, 736 *C.* **1904** [1] 1078).
28) **Aethyläther d. α-Oxy-γ-Keto-α-Phenyl-α-Buten.** Sd. 167—169°$_{20}$ (*Soc.* **85**, 1180 *C.* **1904** [2] 1216).
29) **βδ-Diketo-γ-Benzylpentan.** Sd. 151—152°$_{18}$ (*A.* **330**, 235 *C.* **1904** [1] 945).
30) **Trimethyl-m-Biscyklohexenon.** Sm. 136°; Sd. 320°$_{754}$ (*B.* **36**, 2150 *C.* **1903** [2] 369).
31) **isom. Trimethyl-m-Biscyklohexenon.** Sm. 64°; Sd. 280°$_{754}$ (*B.* **36**, 2150 *C.* **1903** [2] 369).

$C_{12}H_{14}O_2$ 32) α-Phenyl-β-Penten-ε-Carbonsäure. Sm. 88°. Ba + $2H_2O$, Ag (A. 331, 163 C. 1904 [1] 1211).
33) Lakton d. α-Oxy-α-Phenylpentan-γ-Carbonsäure. Sm. 30° (C. 1904 [1] 1259).
34) Lakton d. α-Oxy-α-Phenylbutan-β-Methylcarbonsäure. Sm. 88°; Sd. 165°$_8$ (C. 1904 [1] 1258).
35) Aethylester d. α-Phenylpropen-α-Carbonsäure. Sd. 128—131°$_{16}$ (B. 36, 2253 C. 1903 [2] 436).
36) Aethylester d. β-Phenylpropen-α-Carbonsäure. Sd. 133—135°$_8$ (269 bis 271°) (B. 37, 1092 C. 1904 [1] 1262; C. r. 138, 987 C. 1904 [1] 1439).
37) Aethylester d. trans-1-Phenyl-R-Trimethylen-2-Carbonsäure. Sm. 39°; Sd. 144—148°$_{16}$ (B. 36, 3783 C. 1904 [1] 42).

$C_{12}H_{14}O_3$ *12) α-Keto-α-Phenylpentan-γ-Carbonsäure. Sm. 87° (C. 1904 [1] 1259).
*40) Aethylester d. β-Benzoylpropionsäure. Sd. 184°$_{22}$ (C. 1904 [1] 1259).
56) Anhydrobis-1, 4-Diketohexahydrobenzol. Sm. 133° (B. 37, 3488 C. 1904 [2] 1301).
57) α-[2-Aethoxylphenyl]propen-γ-Carbonsäure (γ-[2-Aethoxylphenyl]-isocrotonsäure). Sm. 130—131°. Ag (B. 37, 3988 C. 1904 [2] 1639).
58) α-[3-Aethoxylphenyl]propen-γ-Carbonsäure. Sm. 98° (B. 37, 3989 C. 1904 [2] 1639).
59) β-Benzoylbutan-α-Carbonsäure. Sm. 78,5° (C. 1904 [1] 1258).
60) Aethylester d. 1-Aethylbenzol-4-Ketocarbonsäure. Sd. 186—188°$_{30}$ (C. r. 136, 558 C. 1903 [1] 832).

$C_{12}H_{14}O_4$ *1) 3, 4-Methylenäther-2, 5-Dimethyläther d. 2, 3, 4, 5-Tetraoxy-1-Allylbenzol (Apiol) (B. 36, 1714 C. 1903 [2] 113; B. 36, 3455 C. 1903 [2] 1177; Ar. 242, 336, 344 C. 1904 [2] 525).
*2) Dillapiol (4, 5-Methylenäther-2, 3-Dimethyläther d. 2, 3, 4, 5-Tetraoxy-1-Allylbenzol (Ar. 242, 339 C. 1904 [2] 524; Ar. 242, 346 C. 1904 [2] 525).
*3) Isoapiol. Pikrat (C. 1904 [2] 954).
*4) Dillisoapiol (4,5-Methylenäther-2, 3-Dimethyläther d. 2,3,4,5-Tetraoxy-1-Propenylbenzol). Pikrat (Ar. 242, 340 C. 1904 [2] 525; C. 1904 [2] 954).
56) α-[2, 5-Dioxyphenyl]propen-2, 5-Dimethyläther-β-Carbonsäure. Sm. 113° (B. 36, 859 C. 1903 [1] 1084).
57) Dimethylester d. α-Phenyläthan-αβ-Dicarbonsäure. Sm. 57° (M. 24, 423 C. 1903 [2] 622).
58) 5-Aethylester d. 1,3-Dimethylbenzol-2,5-Dicarbonsäure. Sm. 189 bis 190° (Am. 20, 811). — *II, 1070.
59) α-Acetat d. 3,4-Dioxy-1-[α-Oxypropyl]benzol-3,4-Methylenäther. Sd. 182—185°$_{12}$ (C. 1904 [2] 1568).

$C_{12}H_{14}O_5$ *12) 1,2-Lakton d. 3,4-Dioxy-1-Dioxymethylbenzol-3,4-Dimethyläther-1-Aethyläther-2-Carbonsäure. Sm. 92° (B. 36, 1581 C. 1903 [1] 1398).
*21) Diäthylester d. 4-Oxybenzol-1, 3-Dicarbonsäure. Sm. 57° (B. 37, 2122 C. 1904 [2] 438).
38) β-[2,4,6-Trioxyphenyl]akryltrimethyläthersäure. Sm. 218° u. Zers. (M. 24, 868 C. 1904 [1] 368).
39) Aethylester d. 2,4-Dioxybenzoldimethyläther-1-Ketocarbonsäure (Bl. [3] 17, 946). — *II, 1122.
40) 2-Methoxylphenylester d. α-Acetoxylpropionsäure. Sm. 71°; Sd. 180°$_{18}$ (B. 37, 3973 C. 1904 [2] 1605).

$C_{12}H_{14}O_6$ 32) α-[3, 4-Dioxyphenyl]äthan-3, 4-Dimethyläther-ββ-Dicarbonsäure. Sm. 80° (C. 1904 [2] 903).
33) Methylester d. 2-Acetoxyl-3, 4-Dioxybenzol-3, 4-Dimethyläther-1-Carbonsäure. Sm. 62—64° (M. 25, 512 C. 1904 [2] 1118).

$C_{12}H_{14}O_7$ 9) Pyrogalloldiglykolmonoäthyläthersäure. Sm. 108—109° (D.R.P. 155568 C. 1904 [2] 1443).
10) Monoäthylester d. Glutakonylglutakonsäure. Sm. 218—220° u. Zers. (C. r. 136, 694 C. 1903 [1] 960).
11) Monoäthylester d. 6-Oxy-1, 4-Dihydrobenzol-1, 3-Dicarbonsäure-4-Methylcarbonsäure. Sm. 154° u. Zers. (B. 37, 2119 C. 1904 [2] 438).
12) Diäthylester d. 2, 4, 6-Trioxybenzol-1, 3-Dicarbonsäure. Sm. 107° (Soc. 85, 166 C. 1904 [1] 163, 722).

$C_{12}H_{14}O_8$ 2) Diäthylester d. αγδζ-Tetraketohexan-αζ-Dicarbonsäure. Sm. 126° (B. 36, 958 C. 1903 [1] 1019).

$C_{12}H_{14}N_2$ *22) **3,4,5-Trimethyl-1-Phenylpyrazol.** Sd. 287—290°$_{760}$. HCl, (2HCl, $PtCl_4$), (HCl, $AuCl_3$), Pikrat, Pikrolonat (*B.* **36**, 1277 *C.* **1903** [1] 1253; *B.* **36**, 3989 *C.* **1904** [1] 172; *B.* **37**, 3525 *C.* **1904** [2] 1314).

23) **3-Aethyl-5-Phenylpyrazol.** Sm. 82°; Sd. 205—207°$_{17}$ (*C. r.* **139**, 206 *C.* **1904** [2] 710).

$C_{12}H_{14}N_4$ *1) **2,4,2',4'-Tetraamidobiphenyl** (*J. pr.* [2] **66**, 561 *C.* **1903** [1] 518).

14) **3[5]-[α-Phenylhydrazonäthyl]-4-Methylpyrazol.** Sm. 135—136° (*B.* **36**, 1132 *C.* **1903** [1] 1139).

$C_{12}H_{14}Br_4$ 1) **βγγδ-Tetrabrom-δ-Phenyl-β-Methylpentan.** Fl. (*B.* **37**, 2306 *C.* **1904** [2] 215).

$C_{12}H_{15}N$ *20) **3,3-Dimethyl-2-Aethylpseudoindol.** Sm. 52—53° (*G.* **32** [2] 422 *C.* **1903** [1] 838).

*25) **2,5-Dimethyl-1-Aethylindol.** Sm. 47° (D.R.P. 137117 *C.* **1903** [1] 109).

$C_{12}H_{15}N_3$ 4) **3-Imido-1,4,5-Trimethyl-2-Phenyl-2,3-Dihydropyrazol.** Carbonat, Chromat, Pikrat (*B.* **36**, 3287 *C.* **1903** [2] 1190).

5) **3-Methylimido-1,5-Dimethyl-2-Phenyl-2,3-Dihydropyrazol.** Pikrat (*B.* **36**, 3286 *C.* **1903** [2] 1190).

$C_{12}H_{15}Br_3$ *2) **2,4,6-Tribrom-1,3,5-Triäthylbenzol.** Sm. 103,5—104° (*J. pr.* [2] **68**, 212 *C.* **1903** [2] 1114).

3) **3,5,6-Tribrom-1,2,4-Triäthylbenzol.** Sm. 88—90° (*B.* **36**, 1634 *C.* **1903** [2] 25).

$C_{12}H_{16}O$ *1) **δ-Oxy-δ-Phenyl-α-Hexen** (*C.* **1904** [1] 1343).

31) **1-Oxy-1-Phenylhexahydrobenzol.** Sm. 61°; Sd. 153°$_{20}$ u. Zers. (*C. r.* **138**, 1322 *C.* **1904** [2] 219).

32) **Methyläther d. γ-[2-Oxyphenyl]-β-Penten.** Sd. 134—136°$_{85}$ (*Bl.* [3] **29**, 354 *C.* **1903** [1] 1222).

33) **Methyläther d. γ-[4-Oxyphenyl]-β-Penten.** Sd. 129—130°$_{17}$ (*B.* **37**, 3998 *C.* **1904** [2] 1641).

34) **Aethyläther d. α-[2-Oxyphenyl]-α-Buten.** Sd. 126—127°$_{19}$ (*B.* **37**, 4000 *C.* **1904** [2] 1641).

35) **Aethyläther d. α-[4-Oxyphenyl]-β-Methylpropen.** Sd. 128°$_{15}$ (*B.* **37**, 4001 *C.* **1904** [2] 1641).

36) **Isobutyläther d. β-Oxy-α-Phenyläthen.** Sd. 248—251° (*C. r.* **138**, 288 *C.* **1904** [1] 720; *Bl.* [3] **31**, 528 *C.* **1904** [1] 1552).

37) **Methyl-2,5-Diäthylphenylketon.** Sd. 246—247°$_{760}$ (*B.* **36**, 1633 *C.* **1903** [2] 25).

38) **Aldehyd d. Methyltertiärbutylbenzolcarbonsäure** (D.R.P. 94019) — *III, *45*.

$C_{12}H_{16}O_2$ *9) **Aethyläther d. Isopropyl-4-Oxyphenylketon.** Sm. 41°; Sd. 170 bis 171°$_{22}$ (*B.* **37**, 4001 *C.* **1904** [2] 1641).

*20) **3-tert. Butyl-1-Methylbenzol-5-Carbonsäure.** Sm. 158—159°. Ba + $1^1/_2H_2O$, Cu + $2H_2O$ (*C.* **1904** [1] 1498).

59) **Methyl-4-Oxy-2-Methyl-5-Isopropylphenylketon** (*C.* **1904** [1] 1597).

60) **γ-[4-Methylphenyl]valeriansäure.** Sd. 176°$_{10}$ (*C.* **1904** [1] 1416).

61) **α-Phenylbutan-β-Methylcarbonsäure.** Sm. 22°; Sd. 134°$_1$. Ca + $3H_2O$ (*C.* **1904** [1] 1259).

$C_{12}H_{16}O_3$ *1) **Asaron.** Pikrat (*C.* **1904** [2] 954).

*56) **Aethylester d. α-Oxy-α-Phenylbuttersäure.** Sd. 143°$_{20}$ (*C.* **1903** [1] 225).

59) **Aethylester d. β-Oxy-β-Phenyl-α-Methylpropionsäure.** Fl. (*J. r.* **28**, 597). — *II, *935*.

$C_{12}H_{16}O_4$ *6) **4-Methyläther d. Propyl-2,4,6-Trioxy-3-Methylphenylketon** (Aspidinol) (*A.* **329**, 286 *C.* **1904** [1] 796; *Ar.* **242**, 496 *C.* **1904** [2] 1418).

24) **1-Keto-2,4-Diacetyl-2-Oxymethyl-5-Methyl-1,2,3,4-Tetrahydrobenzol.** Sm. 69° (*B.* **36**, 2167 *C.* **1903** [2] 371).

25) **3,6-Dioxy-2,5-Diisopropyl-1,4-Benzochinon.** Sm. 154°. Na_2 + $2C_2H_6O$ (*B.* **37**, 2389 *C.* **1904** [2] 308).

26) **α-Oxy-α-[4-Methoxylphenyl]-β-Methylpropan-β-Carbonsäure.** Sm. 110°. Na + $4H_2O$, K + H_2O, Ba + $4H_2O$ (*C.* **1903** [2] 566).

27) **Säure** (aus d. Cyanhydrin $C_{13}H_{18}ON_2$) (*C.* **1904** [1] 1083).

28) **Methylester d. ββ-Dioxy-β-Phenylpropiondimethyläthersäure.** Sd. 146—147°$_{16}$ (*C. r.* **137**, 260 *C.* **1903** [2] 623; *Bl.* [3] **31**, 350 *C.* **1904** [1] 1602).

29) **Dimethylester d. 2-Methyl-R-Penten-5-Carbonsäure-4-[Aethyl-β-Carbonsäure].** Sd. 290° (*B.* **36**, 949 *C.* **1903** [1] 1021).

$C_{12}H_{16}O_4$ 30) **Monoäthylester d. 2-Methyl-R-Penten-5-Carbonsäure-4-[Aethyl-β-Carbonsäure].** Sm. 103—104°. Ag (*B.* **36**, 948 *C.* **1903** [1] 1021).

$C_{12}H_{16}O_5$ 18) **3,4-Methylenäther-2,5-Dimethyläther d. 2,3,4,5-Tetraoxy-1-[α-oder-β-Oxypropyl]benzol.** Sm. 120° (*B.* **36**, 3584 *C.* **1903** [2] 1364).

19) **Oxyessig-2,3-Diäthoxylphenyläthersäure** (Pyrogallolglykoldiäthyläthersäure). Sm. 82—83° (D.R.P. 155568).

20) **2,4,6-Trioxy-1,3-Dimethylbenzoltrimethyläther-1-Carbonsäure.** Sm. 125—126° (*M.* **24**, 107 *C.* **1903** [1] 966).

21) **Methylester d. 2,4,6-Trioxy-1,3-Dimethylbenzol-2,4-Dimethyläther-5-Carbonsäure.** Sm. 50—51° (*M.* **24**, 113 *C.* **1903** [1] 967).

22) **Aethylester d. 2,4,6-Trioxybenzoltrimethyläther-1-Carbonsäure.** Sm. 77—78° (*M.* **24**, 874 *C.* **1904** [1] 368).

$C_{12}H_{16}O_6$ 10) **Dimethylester d. Diketocamphersäure.** Sm. 85—88°. Cu (*B.* **36**, 4333 *C.* **1904** [1] 456).

$C_{12}H_{16}O_7$ *2) **Pikroerythrin** (*Bl.* [3] **31**, 613 *C.* **1904** [2] 99).

$C_{12}H_{16}O_8$ 17) **Säure** (aus Cholesterin). $Ca_2 + 8H_2O$, $Cu_2 + H_2O$ (*M.* **24**, 181 *C.* **1903** [2] 20).

$C_{12}H_{16}N_2$ 11) **Nitril d. α-Diäthylamidophenylessigsäure.** Sd. 142°$_{18}$ (*B.* **36**, 4192 *C.* **1904** [1] 263).

$C_{12}H_{16}N_4$ C 66,7 — H 7,4 — N 25,9 — M. G. 216.

1) **2,3-Di[Aethylamido]-1,4-Benzdiazin.** Sm. 156° (*B.* **36**, 4050 *C.* **1904** [1] 184).

$C_{12}H_{16}Br_2$ *5) **4,6-Dibrom-2-Propyl-1,3,5-Trimethylbenzol.** Sm. 56—57° (*B.* **37**, 1719 *C.* **1904** [1] 1489).

6) **βγ-Dibrom-δ-Phenyl-β-Methylpentan.** Fl. (*B.* **37**, 2307 *C.* **1904** [2] 216).

7) **d-αβ-Dibrom-α-Phenyl-γ-Methylpentan.** Sm. 91—92° (*B.* **37**, 654 *C.* **1904** [1] 937).

8) **αβ-Dibrom-α-Phenyl-β-Aethylbutan.** Fl. (*B.* **37**, 1724 *C.* **1904** [1] 1515).

9) **4-[αβ-Dibromisoamyl]-1-Methylbenzol.** Sm. 85° (*B.* **37**, 1089 *C.* **1904** [1] 1260).

$C_{12}H_{16}J_2$ 1) **4-[αβ-Dijodisoamyl]-1-Methylbenzol.** Sm. 106—107° (*B.* **37**, 1090 *C.* **1904** [1] 1260).

$C_{12}H_{17}N$ *9) **1-Benzylhexahydropyridin.** Sd. 245°. HCl, ($2HCl$, $PtCl_4$) (*B.* **37**, 2920 *C.* **1904** [2] 1237; *B.* **37**, 3232 *C.* **1904** [2] 1152).

37) **Aethylallyl-4-Methylphenylamin.** Sd. 238°. Pikrat (*B.* **37**, 2717 *C.* **1904** [2] 591).

38) **Phenylamidohexahydrobenzol.** Sd. 275° u. Zers. HCl (*C. r.* **138**, 459 *C.* **1904** [1] 884).

39) **i-3-Benzylhexahydropyridin.** Sd. 278—279°. ($2HCl$, $PtCl_4$) (*B.* **36**, 2713 *C.* **1903** [2] 838).

40) **Nitril d. Cyklocitrylidenessigsäure.** Sd. 141°$_{17}$ (D.R.P. 153575 *C.* **1904** [2] 678).

$C_{12}H_{17}Cl$ 5) **γ-Chlor-γ-Benzylpentan.** Fl. (*B.* **37**, 1724 *C.* **1904** [1] 1515).

6) **γ-Chlor-γ-Phenyl-β-Methylpentan.** Fl. (*B.* **37**, 1725 *C.* **1904** [1] 1515).

$C_{12}H_{18}O$ *19) **Xyliton** (L. Blach, Dissert., Heidelberg 1900).

*22) **α-Oxy-α-[2,4,6-Trimethylphenyl]propan.** Sd. 142°$_{14}$ (*B.* **37**, 927 *C.* **1904** [1] 1209).

25) **γ-Oxy-γ-Benzylpentan.** Sd. 243—245°$_{755}$ (*B.* **37**, 1724 *C.* **1904** [1] 1515).

26) **γ-Oxy-γ-Phenyl-β-Methylpentan.** Sd. 224—226° u. Zers. (*B.* **37**, 1724 *C.* **1904** [1] 1515).

27) **δ-Oxy-δ-Phenyl-β-Methylpentan.** Sd. 110—112°$_{12}$ (*B.* **37**, 2307 *C.* **1904** [2] 216).

28) **γ-Oxy-α-Phenyl-γ-Methylpentan.** Sd. 129—130°$_{13}$ (*B.* **37**, 2317 *C.* **1904** [2] 217).

29) **β-Oxy-α-Phenyl-β-Aethylbutan.** Sd. 245° (*C.* **1904** [1] 1496).

30) **Aethyläther d. α-[2-Oxyphenyl]butan.** Sd. 124—125°$_{19}$ (*B.* **37**, 4000 *C.* **1904** [2] 1641).

31) **4-Keto-6-Isobutenyl-2,2-Dimethyl-1,2,3,4-Tetrahydrobenzol.** Sd. 132—134°$_{12}$ (L. Blach, Dissert., Heidelberg 1900).

32) **Isoxyliton.** Sd. 129—130°$_{11}$ (L. Blach, Dissert., Heidelberg 1900).

33) **Aethylidencampher.** Sd. 110—115°$_{10}$ (*C. r.* **138**, 578 *C.* **1904** [1] 948).

$C_{12}H_{18}O_2$ 29) **2-Methyläther d. γ-Oxy-γ-[2-Oxyphenyl]pentan.** Sd. 142°$_{18}$ (*Bl.* [3] **29**, 352 *C.* **1903** [1] 1222).

$C_{12}H_{18}O_2$ 30) Diäthyläther d. ββ-Dioxy-α-Phenyläthan. Sd. 245—246° (*B.* **37**, 188 *C.* **1904** [1] 638).
31) α-Phenyläther d. αβ-Dioxy-β-Aethylbutan. Sd. 140—142°$_{12}$ (*C. r.* **138**, 91 *C.* **1904** [1] 505).
32) Acetylcampher (Oxyäthylidencampher). Sd. 127°$_{11}$. Cu (*B.* **36**, 2628, 2638 *C.* **1903** [2] 626; *B.* **36**, 4282 *C.* **1904** [1] 458; *B.* **37**, 755 *C.* **1904** [1] 1083; *B.* **37**, 763 *C.* **1904** [1] 1085; *B.* **37**, 2181 *C.* **1904** [2] 224).
33) Cyklocitrylidenessigsäure (D.R.P. 153575 *C.* **1904** [2] 677).
34) Acetat d. Alkohol $C_{10}H_{16}O$ (aus Gingergrasöl). Sd. 90—91°$_4$ (*C.* **1904** [1] 1264).

$C_{12}H_{18}O_3$ *16) Methylester d. Camphocarbonsäure. Sd. 162°$_{16}$. Na, Fe (*B.* **36**, 672 *C.* **1903** [1] 772; *B.* **36**, 1310 *C.* **1903** [1] 1225; *C. r.* **136**, 240 *C.* **1903**, [1] 584; *B.* **37**, 2515 *C.* **1904** [2] 332; *B.* **37**, 3047 *C.* **1904** [2] 1569).
27) 2-Methyläther d. βγ-Dioxy-γ-[2-Oxyphenyl]pentan. Fl. (*Bl.* [3] **29**, 355 *C.* **1903** [1] 1222).
28) Trimethyläther d. 2,3,5-Trioxy-1-Propylbenzol. Sd. 144—146°$_{12}$ (*B.* **36**, 1718 *C.* **1903** [2] 114).
29) 3-Propyläther d. 2,3,5-Trioxy-1-Propylbenzol. Sm. 102° (*B.* **36**, 1721 *C.* **1903** [2] 114).
30) Aethylester d. 4-Keto-2,2,6-Trimethyl-1,2,3,4-Tetrahydrobenzol-1-Carbonsäure. Sd. 146—148°$_{18}$ (D.R.P. 148080 *C.* **1904** [1] 328).
31) Aethylester d. 4-Keto-1-Methyl-3-Allyl-R-Pentamethylen-3-Carbonsäure. Sd. 139—141°$_{18}$ (*C. r.* **136**, 1614 *C.* **1903** [2] 440).
32) Aethylester d. 3-Keto-1-Methyl-2-Allyl-R-Pentamethylen-2-Carbonsäure. Sd. 139—141°$_{18}$ (*C. r.* **138**, 210 *C.* **1904** [1] 663).
33) Acetat d. 5-Oxy-7-Keto-1-Methylbicyklo-[1,3,3]-Nonan. Sd. 172 bis 176°$_{16}$ (*B.* **37**, 1673 *C.* **1904** [1] 1607).

$C_{12}H_{18}O_4$ 19) ααγγ-Tetraacetyl-β-Methylpropan (Aethylidenbisacetylaceton). Sm. 108° (*B.* **36**, 2150 *C.* **1903** [2] 369).
20) γε-Lakton d. ε-Oxy-βε-Dimethyl-β-Hexadiën-γδ-Dicarbonsäure-δ-Aethylester. Sm. 75°; Sd. 165°$_{12}$ (*J. pr.* [2] **67**, 197 *C.* **1903** [1] 869).
21) Monoäthylester d. βε-Dimethyl-βδ-Hexen-γδ-Dicarbonsäure. Sm. 49° (*J. pr.* [2] **67**, 198 *C.* **1903** [1] 869).

$C_{12}H_{18}O_5$ 7) ββδδ-Tetraacetyl-α-Oxybutan. Sm. 91° (*B.* **36**, 2165 *C.* **1903** [2] 371).

$C_{12}H_{18}O_6$ *3) Diäthylester d. βε-Dioxy-βδ-Hexadiën-γδ-Dicarbonsäure (*B.* **37**, 3490 *C.* **1904** [2] 1288).
*10) Triäthylester d. Aconitsäure (*B.* **36**, 270 *C.* **1903** [1] 440).
18) Dimethylester d. Anemonolsäure. Sm. 93—94° (*M.* **20**, 641). — *III, *456*.
19) isom. Triäthylester d. Isoakonitsäure. Sd. 173—176°$_{15}$ (*C.* **1903** [1] 628).
20) Triäthylester d. Propen-ααγ-Tricarbonsäure. Sd. 173—176°$_{15}$ (*Soc.* **85**, 864 *C* **1904** [2] 512).

$C_{12}H_{18}O_7$ 7) Diäthylester d. β-Oxy-γ-Keto-β-Acetylbutan-αα-Dicarbonsäure. Sm. 53° (*B.* **36**, 3228 *C.* **1903** [2] 941).

$C_{12}H_{18}O_9$ *2) Glykosetriacetat (*Am.* **28**, 370 *C.* **1903** [1] 76).

$C_{12}H_{19}N$ 20) Methylisobutylbenzylamin. Sd. 115—118°$_{20}$ (*Soc.* **83**, 1412 *C.* **1904** [1] 438).

$C_{12}H_{20}O$ *3) Myroxocerin. Sm. 120–130° (*C.* **1904** [2] 1047).
8) 4-[β-Ketobutyl]-1,1,3-Trimethyl-2,3-Dihydro-R-Penten (Aethylcampholenon). Sd. 222—225° (*Bl.* [3] **31**, 465 *C.* **1904** [1] 1516).
9) Verbindung (aus d. Glykol $C_{12}H_{22}O_2$). Sd. 115—117°$_{30}$ (*M.* **24**, 165 *C.* **1903** [1] 957).
10) Verbindung (aus Leberpigment). Sd. 208—212° (*C.* **1904** [2] 665).
11) Verbindung (aus αγ-Dioxybutan). Sd. 200° (*M.* **25**, 10 *C.* **1904** [1] 716).

$C_{12}H_{20}O_2$ *12) Acetat d. Isoborneol. Sd. 106°$_{14}$ (*C. r.* **136**, 239 *C.* **1903** [1] 584).
*20) Acetat d. l-Linalool (*J. pr.* [2] **68**, 495 *C.* **1903** [1] 516).
42) α-Oxyäthylcampher. Sd. 223—226°$_{758,8}$ (*B.* **36**, 2628 *C.* **1903** [2] 625).
43) α-Undekin-α-Carbonsäure. Sm. 30° (*C. r.* **136**, 554 *C.* **1903** [1] 825).
44) βζ-Dimethyl-αϑ-Nonadiën-ι-Carbonsäure (Citronellidenessigsäure). Sd. 175,5—177,5°$_{14}$. Ni (*B.* **36**, 2797 *C.* **1903** [2] 877).

$C_{12}H_{20}O_2$ 45) **Aethylester d. α-Nonin-α-Carbonsäure.** Sd. 143—146°$_{21}$ (*C. r.* **136**, 554 *C.* **1903** [1] 825).
46) **Aethylester d. 1,1,3-Trimethyl-1,2,3,4-Tetrahydrobenzol-2-Carbonsäure?** Sd. 95—98°$_{13}$ (D.R.P. 148206 *C.* **1904** [1] 486).
47) **Isopropylester d. α-Oktin-α-Carbonsäure.** Sd. 145—148°$_{32}$ (*C. r.* **136**, 554 *C.* **1903** [1] 825).
48) **Acetat d. Campholenalkohol.** Sd. 228—229° (*C. r.* **138**, 280 *C.* **1904** [1] 725).
49) **Acetat d. Cyklogeraniol.** Sd. 130—132°$_{30}$ (D.R.P. 138141 *C.* **1903** [1] 267).
50) **Acetat d. Nerol.** Sd. 134°$_{25}$ (*B.* **36**, 267 *C.* **1903** [1] 585). — *III, *350.*

$C_{12}H_{20}O_3$ 14) **Aethylester d. δ-Oxy-αζ-Heptadiën-δ-[Aethyl-β-Carbonsäure]** (A. d. γ-Oxy-γγ-Diallylbuttersäure). Sd. 244—250° (*C.* **1904** [1] 1330).
15) **Aethylester d. 5-Keto-1,1,3-Trimethylhexahydrobenzol-2-Carbonsäure.** Sd. 132—133°$_{13}$ (D.R.P. 148207 *C.* **1904** [1] 487).
16) **Aethylester d. 3-Keto-1-Methyl-2-Propyl-R-Pentamethylen-2-Carbonsäure.** Sd. 136—137°$_{17}$ (*C. r.* **138**, 210 *C.* **1904** [1] 663).
17) **Aethylester d. 4-Keto-1-Methyl-3-Propyl-R-Pentamethylen-3-Carbonsäure.** Sd. 136—137°$_{17}$ (*C. r.* **136**, 1614 *C.* **1903** [2] 440).
18) **Verbindung** (aus d. Verb. $C_{12}H_{22}O_4$ aus Guttapercha). Fl. (*C.* **1903** [1] 83).

$C_{12}H_{20}O_4$ 41) **α-Methylhomocamphersäure.** Sm. 178—180° (*C. r.* **118**, 690; *C. r.* **137**, 1068 *C.* **1904** [1] 283).
42) **β-Methylhomocamphersäure.** Sm. 143°. Na_2 (*C. r.* **137**, 1068 *C.* **1904** [1] 283).
43) **Aethylester d. εη-Diketo-β-Methyloktan-ζ-Carbonsäure.** Sd. 133 bis 134°$_{18}$ (*Bl.* [3] **31**, 598 *C.* **1904** [2] 26).
44) **Diäthylester d. δ-Methyl-β-Penten-βδ-Dicarbonsäure.** Sd. 139°$_{24}$ (*C. r.* **136**, 1140 *C.* **1903** [1] 1405; *Bl.* [3] **29**, 1025 *C.* **1903** [2] 1315).
45) **Monomenthylester d. Oxalsäure.** Fl. (*C.* **1903** [1] 162; *B.* **37**, 1378 *C.* **1904** [1] 1441).

$C_{12}H_{20}O_5$ 14) **Diäthylester d. γ-Keto-β-Methylpentan-βδ-Dicarbonsäure.** Sd. 195 bis 197°$_{103}$ (*Soc.* **83**, 775 *C.* **1903** [2] 190, 422).

$C_{12}H_{20}O_6$ 24) **Trimethylester d. Säure $C_9H_{14}O_6$.** Sd. 104°$_{20}$ (*Bl.* [3] **29**, 1046 *C.* **1903** [2] 1425).
25) **Verbindung** (aus Aethyloxalylchlorid). Sd. 143—144°$_{18}$ (*C. r.* **136**, 1201 *C.* **1903** [2] 22).

$C_{12}H_{22}O$ 9) **ϑ-Oxy-βζ-Dimethyl-βζ-Dekadiën** [illegible]. Sd. 120°$_{14}$ (D.R.P. 153120 *C.* **1904** [2] 624; D.R.P. [illegible] 1269).
10) **1-Oxydodekahydrobiphenyl.** Sm. 51°; Sd. 148°$_{30}$ (*C. r.* **138**, 1322 *C.* **1904** [2] 219).
11) **4-[β-Oxyisobutyl]-1,1,5-Trimethyl-2,3-Dihydro-R-Penten** (Dimethylcampholenol. Sd. 218—220° (*Bl.* [3] **31**, 461 *C.* **1904** [1] 1516).
12) **Aethylmenthon.** Sd. 101—102°$_{18}$ (*C. r.* **136**, 1140 *C.* **1904** [2] 106).
13) **l-Aethylmenthon.** Sd. 106—108°$_{15}$ (*C.* **1904** [2] 1046).

$C_{12}H_{22}O_2$ 29) **Glykol** (aus Methyläthylakroleïn). Sm. 89,5°; Sd. 165—170°$_{11}$ (*M.* **24**, 157 *C.* **1903** [1] 956).
30) **Diäthyläther d. αα-Dioxy-β-Oktin.** Sd. 110°$_{11}$ (*C. r.* **138**, 1340 *C.* **1904** [2] 187).
31) **ε-[β-Oxyisobutyl]-1,1,2-Trimethyl-R-Pentamethylen-2,3-Oxyd.** Sm. 142° (*Bl.* [3] **31**, 466 *C.* **1904** [1] 1516).
32) **Säure** (aus Hefefett). Pb (*H.* **38**, 8 *C.* **1903** [1] 1428).
33) **Aethylester d. i-Citronellalsäure.** Sd. 115°$_{10}$ (*C. r.* **138**, 1701 *C.* **1904** [2] 440).

$C_{12}H_{22}O_3$ 30) **Aethylester d. β-Oxy-α-Heptenäthyläther-α-Carbonsäure.** Sd. 253 bis 253,5° (*C. r.* **138**, 208 *C.* **1904** [1] 659; *Bl.* [3] **31**, 512 *C.* **1904** [1] 1602).
31) **Aethylester d. 5-Oxy-1,1,3-Trimethylhexahydrobenzol-2-Carbonsäure.** Sd. 150—154°$_{17}$ (D.R.P. 148207 *C.* **1904** [1] 487).
32) **Aethylester d. α-Keto-β-Methyloktan-α-Carbonsäure.** Sd. 123 bis 124°$_{12}$ (*Bl.* [3] **31**, 1153 *C.* **1904** [2] 1707).
33) **Aethylester d. β-Keto-δ-Methyloktan-γ-Carbonsäure.** Sd. 243 bis 245°$_{760}$ (*Soc.* **81**, 1594 *C.* **1903** [1] 15, 132).

16*

$C_{12}H_{22}O_4$

*16) **Diäthylester d. $\beta\gamma$-Dimethylbutan-$\beta\gamma$-Dicarbonsäure** (*Bl.* [3] 31, 116 *C.* **1904** [1] 643).

38) **Dimethylester d. β-Methylheptan-$\gamma\zeta$-Dicarbonsäure.** Sd. 251° u. Zers. (*C. r.* **136**, 458 *C.* **1903** [1] 696; *C* **1904** [2] 1045).

39) **Diäthylester d. β-Aethylbutan-$\alpha\alpha$-Dicarbonsäure.** Sd. 242—245° (*Bl.* [3] 31, 350 *C.* **1904** [1] 1134).

40) **Diacetat d. $\alpha\vartheta$-Dioxyoktan.** Sd. 163—168$^{0}_{11}$ (*M.* **24**, 404 *C.* **1903** [2] 620).

41) **Diacetat d. $\alpha\delta$-Dioxy-$\beta\beta\delta$-Trimethylpentan.** Sd. 214—216° (*M.* **24**, 602 *C.* **1903** [2] 1235).

42) **Diacetat d. $\gamma\delta$-Dioxy-$\beta\beta\delta$-Trimethylpentan.** Sd. 122—123$^{0}_{18}$ (*C.* **1904** [2] 1025).

43) **Verbindung** (aus Guttapercha). Fl. (*C.* **1903** [1] 83).

$C_{12}H_{22}O_5$

*5) **Diäthylester d. β-Oxy-$\beta\gamma$-Dimethylbutan-$\alpha\gamma$-Dicarbonsäure** (*Bl.* [3] **29**, 1025 *C.* **1903** [2] 1315).

14) **Anhydrid d. β-Oxy-α-Aethylbuttersäure.** Fl. (*A.* **334**, 114 *C.* **1904** [2] 888).

15) **Aethylester d. Oxypivalyloxypivalinsäure.** Sd. 154$^{0}_{37}$ (*Bl.* [3] 31, 129 *C.* **1904** [1] 644).

16) **Diäthyläther d. γ-Oxybutanäthyläther-$\alpha\beta$-Dicarbonsäure.** Sd. 253 bis 255° (*A.* **330**, 309 *C.* **1904** [1] 927).

17) **Diäthylester d. Homopilomalsäure.** Sd. 203$^{0}_{755}$ (*B.* **33**, 2361). — *III, *687*.

$C_{12}H_{22}O_7$

2) **Diäthylester d. β-Aethoxylmethoxylmethoxyläthan-$\alpha\alpha$-Dicarbonsäure.** Fl. (*C.* **1904** [2] 641).

$C_{12}H_{22}O_{11}$

*6) **Isomaltose** (*C.* **1904** [2] 1712).

*10) **Melibiose** + $2H_2O$. K, Na (*C.* **1903** [2] 1243; **1904** [1] 1645).

*12) **Milchzucker** (*Ph. Ch.* **44**, 487 *C.* **1903** [2] 557).

*15) **Rohrzucker** (*C. r.* **137**, 1259 *C.* **1904** [1] 430; *C. r.* **138**, 638 *C.* **1904** [1] 1068).

*24) **Gentiobiose** (*C.* **1903** [1] 229).

29) **Anhydrischer Milchzucker** (*C.* **1904** [2] 1202).

$C_{12}H_{22}O_{12}$

6) **Zellobionsäure.** Fl. (*Bl.* [3] **31**, 857 *C.* **1904** [2] 645).

$C_{12}H_{23}N$

*1) **Nitril d. Laurinsäure.** Sm. 4°; Sd. 198$^{0}_{100}$ (*Bl.* [3] **29**, 1209 *C.* **1904** [1] 355).

*4) **Dimethylbornylamin.** Sd. 210—213$^{0}_{760}$. ($2HCl, PtCl_4$) (*Soc.* **85**, 1195 *C.* **1904** [2] 1125).

6) **Di[Hexahydrophenyl]amin.** Sm. 20°; Sd. 145$^{0}_{30}$ (250° u. Zers.). HCl (*C. r.* **138**, 458 *C.* **1904** [1] 884).

7) **Base** (aus α-Camphylamin). Sd. 215° (*C. r.* **136**, 1463 *C.* **1903** [2] 287).

8) **Nitril d. $\beta\zeta$-Dimethylnonan-ε-Carbonsäure.** Sd. 129—131$^{0}_{19}$ (*Bl.* [3] **31**, 307 *C.* **1904** [1] 1133).

$C_{12}H_{24}O$

8) **Aldehyd d. $\beta\vartheta$-Dimethylnonan-ε-Carbonsäure.** Sd. 103—105$^{0}_{11}$ (*C. r.* **138**, 91 *C.* **1904** [1] 505; *Bl.* [3] **31**, 306 *C.* **1904** [1] 1133).

$C_{12}H_{24}O_2$

*1) **Laurinsäure.** Sm. 44° (*Bl.* [3] **29**, 1121 *C.* **1904** [1] 259).

*20) **$\beta\vartheta$-Dimethylnonan-ε-Carbonsäure.** Sm. 46—47° (*Bl.* [3] **31**, 307 *C.* **1904** [1] 1133).

26) **2-Oxy-3-[β-Oxyisobutyl]-1,1,2-Trimethyl-R-Pentamethylen** (Dimethylcampholandiol). Sm. 94° (*Bl.* [3] **31**, 466 *C.* **1904** [1] 1516).

27) **Säure** (aus Suberites domunculc). Sm. 110° (*H.* **41**, 121 *C.* **1904** [1] 1667).

28) **Acetat d. ε-Oxy-β-Methyl-ε-Aethylheptan.** Sd. 93—94$^{0}_{14}$ (*C. r.* **138**, 154 *C.* **1904** [1] 577).

$C_{12}H_{24}O_3$

*6) **α-Isobutyrat d. $\alpha\gamma$-Dioxy-$\beta\beta\delta$-Trimethylpentan** (*M.* **25**, 191 *C.* **1904** [1] 1000; *M.* **25**, 251 *C.* **1904** [1] 1330).

14) **α-Oxyundekan-α-Carbonsäure.** Sm. 73—74°. Na, K, Cu (*Bl.* [3] **29**, 1124 *C.* **1904** [1] 261).

$C_{12}H_{24}N_2$

8) **Nitril d. α-Diäthylamidoheptan-α-Carbonsäure.** Sd. 125—126$^{0}_{11}$ (*B.* **37**, 4090 *C.* **1904** [2] 1725).

$C_{12}H_{24}S_3$

1) **trim. β-Thiobutan.** Sd. 238$^{0}_{175}$ (*C. r.* **136**, 1460 *C.* **1903** [2] 282).

$C_{12}H_{25}N$

4) **α-Isoamylimidoheptan.** + $NaHSO_3$ (*C.* **1904** [2] 945).

$C_{12}H_{26}O$

*1) **α-Oxydodekan.** Sm. 22,6° (*M.* **25**, 348 *C.* **1904** [1] 1400; *Bl.* [3] **31**, 674 *C.* **1904** [2] 184).

$C_{12}H_{26}O_2$

8) **α-Aethyläther d. $\alpha\beta$-Dioxy-β-Methylnonan.** Sd. 130—133$^{0}_{18}$ (*C. r.* **138**, 92 *C.* **1904** [1] 505).

$C_{12}H_{26}O_2$ 9) ζ-Aethyläther d. εζ-Dioxy-ε-Propyl-β-Methylhexan. Sd. 109—113°[12] (*C. r.* **138**, 92 *C.* **1904** [1] 505).
10) ε-Aethyläther d. δε-Dioxy-β-Methyl-δ-Isobutylpentan. Sd. 112 bis 113°[28] (*C. r.* **138**, 91 *C.* **1904** [1] 505; *Bl.* [3] **31**, 303 *C.* **1904** [1] 1133).

$C_{12}O_4Br_8$ *1) Hexabrom-1,2-Benzochinonbrenzkatechinäther (*Am.* **31**, 98 *C.* **1904** [1] 802).

— 12 III —

$C_{12}H_2O_4Br_4$ 1) Verbindung (aus Tribromresochinon) (*M.* **1**, 350; **4**, 223). — II, *922.*

$C_{12}H_2O_4Br_6$ *2) Hexabromdi-o-Oxybrenzkatechinäther. Sm. 304—307° (*Am.* **30**, 523 *C.* **1904** [1] 366).

$C_{12}H_2O_6Br_8$ 1) α-Verbindung (aus 3,4,5,6-Tetrabrom-1,2-Benzochinon). Zers. bei 190 bis 200° (*B.* **36**, 455 *C.* **1903** [1] 574; *Am.* **31**, 109 *C.* **1904** [1] 802).
2) β-Verbindung (aus 3,4,5,6-Tetrabrom-1,2-Benzochinon). Sm. 221—222° (*B.* **36**, 455 *C.* **1903** [1] 574; *Am.* **31**, 110 *C.* **1904** [1] 802).

$C_{12}H_5O_2Br$ 1) 3-Brom-7,8-Acenaphtenchinon. Sm. 194° (*A.* **327**, 87 *C.* **1903** [1] 1228).

$C_{12}H_5O_3Br$ 2) Anhydrid d. 4-Bromnaphtalin-1,8-Dicarbonsäure. Sm. 210° (*B.* **7**, 1095; *A.* **327**, 86 *C.* **1903** [1] 1228; *B.* **36**, 3770 *C.* **1903** [2] 1445). — II, *1880.*

$C_{12}H_5O_5N$ *1) Anhydrid d. 4-Nitronaphtalin-1,8-Dicarbonsäure. Sm. 220—222° (*B.* **36**, 3772 *C.* **1903** [2] 1446).
2) Anhydrid d. 3-Nitronaphtalin-1,8-Dicarbonsäure. Sm. 247° (249°) (*B.* **32**, 3248; *A.* **327**, 84 *C.* **1903** [1] 1228).

$C_{12}H_5O_8N_5$ *1) α-Tetranitrocarbazol. Sm. 285—286° (*B.* **37**, 3597 *C.* **1904** [2] 1505).
*2) β-Tetranitrocarbazol. Sm. 273° (*B.* **37**, 3597 *C.* **1904** [2] 1505).
*3) γ-Tetranitrocarbazol. Sm. 275° u. Zers. (*B.* **37**, 3597 *C.* **1904** [2] 1505).
*4) δ-Tetranitrocarbazol (*B.* **37**, 3597 *C.* **1904** [2] 1505).

$C_{12}H_5O_9N_5$ C 39,6 — H 1,4 — O 39,7 — N 19,3 — M. G. 363.
1) 3,5,7,9-Tetranitrophenoxazin. Zers. bei 210° (*B.* **36**, 480 *C.* **1903** [1] 651).

$C_{12}H_6O_2N_2$ C 68,6 — H 2,8 — O 15,2 — N 13,3 — M. G. 210.
1) Peroxyd d. 7,8-Dioximidoacenaphten? Sm. 140° u. Zers. (*G.* **33** [1] 45 *C.* **1903** [1] 881).

$C_{12}H_6O_4N_2$ 3) Imid d. 4-Nitronaphtalin-1,8-Dicarbonsäure. Sm. 284° (*A.* **327**, 83 *C.* **1903** [1] 1227).

$C_{12}H_6O_5N_4$ C 50,3 — H 2,1 — O 28,0 — N 19,6 — M. G. 286.
1) ?-Dinitro-5,10-Naphtdiazin-5,10-Oxyd. Sm. 240° (*B.* **36**, 4143 *C.* **1904** [1] 186).
2) isom ?-Dinitro-5,10-Naphtdiazin-5,10-Oxyd. Sm. 269° (*B.* **36**, 4143 *C.* **1904** [1] 186).

$C_{12}H_6O_7N_4$ C 45,3 — H 1,9 — O 35,2 — N 17,6 — M. G. 318.
1) 3,7,9-Trinitrophenoxazin (*B.* **36**, 482 *C.* **1903** [1] 652).

$C_{12}H_6O_9N_6$ *1) 3,5,3',5'-Tetranitroazoxybenzol. Sm. 183° (*Am.* **29**, 116 *C.* **1903** [1] 709).

$C_{12}H_6N_2Cl_2$ 2) 2,3-Dichlor-1,4-Naphtisodiazin. Sm. 142° (*B.* **36**, 4045 *C.* **1904** [1] 183).

$C_{12}H_6N_2Cl_4$ *1) 2,4,2',4'-Tetrachlorazobenzol. Sm. 161—162° (*A.* **330**, 53 *C.* **1904** [1] 1141).

$C_{12}H_6N_2Br_4$ 2) 2,4,2',4'-Tetrabromazobenzol. Sm. 179° (*A.* **330**, 54 *C.* **1904** [1] 1142).

$C_{12}H_6Cl_2Br_2$ 1) 3,3'-Dichlor-4,4'-Dibrombiphenyl. Sm. 176—177° (*Soc.* **85**, 8 *C.* **1904** [1] 376, 728).

$C_{12}H_6Cl_2J_2$ 1) 3,3'-Dichlor-4,4'-Dijodbiphenyl. Sm 162°; Sd. 275°[10] (*Soc.* **85**, 8 *C.* **1904** [1] 376, 728).

$C_{12}H_7O_2N$ *2) 2-Naphtisatin (*B.* **36**, 1736 *C.* **1903** [2] 118).
8) 7-Oximido-8-Ketoacenaphten. Sm. 230° (*G.* **33** [1] 42 *C.* **1903** [1] 881).

$C_{12}H_7O_2Cl_3$ 4) 3,5,3'-Trichlor-4,4'-Dioxybiphenyl. Sm. 179° (*Soc.* **85**, 11 *C.* **1904** [1] 376, 729).

$C_{12}H_7O_3N$ *3) Anhydrid d. 3-Amidonaphtalin-1,8-Dicarbonsäure. Sm. noch nicht bei 360° (*A.* **327**, 85 *C.* **1903** [1] 1228).
6) 2-Oxy-4,9-Diketo-4,9-Dihydro-ββ-Naphtindol (E. Hoyer, Dissert., Berlin 1901).
7) Anhydrid d. 2-Naphtisatosäure. Sm. 264° (*B.* **36**, 1737 *C.* **1903** [2] 119).

$C_{12}H_7O_4Br$ 3) **Benzoylbromisobrenzschleimsäure.** Sm. 123° (*C. r.* **136**, 50 *C.* **1903** [1] 443).
4) **Acetat d. 3-Brom-2-Oxy-1,4-Naphtochinon.** Sm. 134° (E. Hoyer, Dissert., Berlin 1901.

$C_{12}H_7O_6N$ C 58,8 — H 2,8 — O 32,7 — N 5,7 — M. G. 245.
1) **1,2-Methylenätherester d. 4-Nitro-1-Oxynaphtalin-2-Carbonsäure.** Sm. 167—168° (*A.* **330**, 102 *C.* **1904** [1] 1076).

$C_{12}H_7O_5N_3$ 3) **3,9-Dinitrophenoxazin.** Zers. oberh. 200° (*B.* **36**, 478 *C.* **1903** [1] 651).

$C_{12}H_7O_6N$ *3) **4-Nitronaphtalin-1,8-Dicarbonsäure** (*A.* **327**, 82 *C.* **1903** [1] 1227).

$C_{12}H_7O_7N_3$ *1) **Phenyläther d. 2,4,6-Trinitro-1-Oxybenzol.** Sm. 153° (*Am.* **29**, 213 *C.* **1903** [1] 964).

$C_{12}H_7O_8N_5$ *1) **Di[2,4-Dinitrophenyl]amin.** Sm. 197° (*C.* **1903** [2] 1109).

$C_{12}H_7O_9N_5$ 4) **2',4',?,?-Tetranitro-4-Oxydiphenylamin.** Sm. 225,5° (*B.* **37**, 1731 *C.* **1904** [1] 1521).

$C_{12}H_7ClJ_4$ 1) **3,3',?-Trijoddiphenyljodoniumchlorid.** 2 + $PtCl_4$ (*B.* **37**, 1309 *C.* **1904** [1] 1340).

$C_{12}H_7BrJ_4$ 1) **3,3',?-Trijoddiphenyljodoniumbromid.** Sm. 109° (*B.* **37**, 1309 *C.* **1904** [1] 1340).

$C_{12}H_8ON_2$ *4) **Diphenylenazonoxyd.** Sm. 139° (*B.* **37**, 24 *C.* **1904** [1] 523).
*7) **5,10-Naphtdiazin-5,10-Oxyd.** HCl (*B.* **36**, 4142 *C.* **1904** [1] 186).
9) **7-Hydrazon-8-Ketoacenaphten.** Sm. 240—241° (*G.* **33** [1] 47 *C.* **1903** [1] 882).

$C_{12}H_8OJ_4$ 1) **3,3',?-Trijoddiphenyljodoniumhydroxyd.** Salze siehe (*B.* **37**, 1308 *C.* **1904** [1] 1340).

$C_{12}H_8O_2N_2$ *2) **7,8-Dioximidoacenaphten.** Sm. 222° (*G.* **33** [1] 44 *C.* **1903** [1] 881).
*12) **2,3-Dioxy-1,4-Naphtisodiazin** (*B.* **35**, 4305; *B.* **36**, 4044 *C.* **1904** [1] 183).
17) **Oxim d. 2-Naphtisatin.** Sm. 186° u. Zers. (*B.* **36**, 1738 *C.* **1903** [2] 119).
18) **3-Cyan-2-Methylchinolin-4-Carbonsäure.** Sm. 238° u. Zers. (2HCl, $PtCl_4$) (*J. pr.* [2] **67**, 504 *C.* **1903** [2] 251).

$C_{12}H_8O_2N_4$ *2) **5-Nitro-1-Phenyl-1,2,3-Benztriazol.** Sm. 167° (*A.* **332**, 99 *C.* **1904** [1] 1570).

$C_{12}H_8O_2Cl_2$ 8) **3,3'-Dichlor-4,4'-Dioxybiphenyl.** Sm. 124° (*Soc.* **83**, 691 *C.* **1903** [2] 39; *Soc.* **85**, 10 *C.* **1904** [1] 376, 729).

$C_{12}H_8O_2Br_2$ 3) **Acetat d. 2,4-Dibrom-1-Oxynaphtalin.** Sm. 92—93° (*A.* **333**, 368 *C.* **1904** [2] 1117).

$C_{12}H_8O_4N_2$ *3) **2,2'-Dinitrobiphenyl.** Sm. 124—126° (*B.* **36**, 3747 *C.* **1904** [1] 38).
*5) **4,4'-Dinitrobiphenyl** (D.R.P. 147943 *C.* **1904** [1] 133).

$C_{12}H_8O_4N_4$ *5) **4,4'-Dinitroazobenzol.** Sm. 216° (*A.* **330**, 28 *C.* **1904** [1] 1141).

$C_{12}H_8O_4S$ 1) **2-Phenylsulfon-1,4-Benzochinon** (*A.* **334**, 179 *C.* **1904** [2] 834).

$C_{12}H_8O_4S_4$ 1) **1,3-Phenylenester d. Benzol-1,3-Di[Thiolsulfonsäure]** (*J. pr.* [2] **68**, 319 *C.* **1903** [2] 1170).

$C_{12}H_8O_5N_2$ *2) **2,2'-Dinitrophenyläther.** Sm. 114° (*R.* **23**, 27 *C.* **1904** [1] 1137).
*4) **4,4'-Dinitrodiphenyläther.** Sm. 141° (*R.* **23**, 27 *C.* **1904** [1] 1137).
8) **5-Benzoylpyrazol-3,4-Dicarbonsäure.** Sm. 220° u. Zers. (*A.* **325**, 189 *C.* **1903** [1] 647).

$C_{12}H_8O_5N_4$ *2) **3,3'-Dinitroazoxybenzol.** Sm. 144—145° (141—142°) (*B.* **36**, 3807 *C.* **1904** [1] 17; *C.* **1904** [2] 1383).
*3) **4,4'-Dinitroazoxybenzol.** Sm. 191,5° (*B.* **36**, 3810, 3829 *C.* **1904** [1] 17; *R.* **23**, 31 *C.* **1904** [1] 1137).
6) **2,2'-Dinitroazoxybenzol.** Sm. 175—175,5° (*B.* **36**, 3805, 3813 *C.* **1904** [1] 17).

$C_{12}H_8O_5Cl_2$ 3) **Aethylester d. 6,8-Dichlor-4-Oxy-1,2-Benzpyron-3-Carbonsäure.** Sm. 135°. Na (*B.* **36**, 463 *C.* **1903** [1] 636).

$C_{12}H_8O_6N_2$ 7) **Nitroderivat d. Verbindung** $C_{12}H_9O_4N$ + H_2O. Sm. 218° (*R.* **23**, 154 *C.* **1904** [2] 194).

$C_{12}H_8O_6Cl_2$ 1) **Di[Chloracetat] d. 5,6-Dioxy-2-Keto-1,2-Dihydrobenzfuran.** Sm. 168° (*B.* **37**, 820 *C.* **1904** [1] 1151).

$C_{12}H_8NCl$ *1) **3-Chlorcarbazol.** Sm. 201,5° (*A.* **332**, 96 *C.* **1904** [1] 1571).
2) **2-Chlorcarbazol.** Sm. 244° (*A.* **332**, 97 *C.* **1904** [1] 1571).

$C_{12}H_8N_2Cl_2$ *4) **2,2'-Dichlorazobenzol.** Sm. 136° (*J. pr.* [2] **67**, 146 *C.* **1903** [1] 870).

$C_{12}H_8N_3Cl$ 3) **5-Chlor-1-Phenyl-1,2,3-Benztriazol.** Sm. 142° (*A.* **332**, 95 *C.* **1904** [1] 1571).
4) **2-[4-Chlorphenyl]-2,1,3-Benztriazol.** Sm. 167,5—168,5 (*B.* **36**, 3826 *C.* **1904** [1] 19).
5) **2-oder-3-Chlor-3-oder-2-Amido-1,4-Naphtisodiazin.** Sm. 222° u. Zers. (*B.* **36**, 4049 *C.* **1904** [1] 184).

$C_{12}H_8N_3Br$ 2) **2-[4-Bromphenyl]-2,1,3-Benztriazol.** Sm. 174° (*B.* **36**, 3825 *C.* **1904** [1] 18).

$C_{12}H_8ClJ_2$ 1) **Di[3-Jodphenyl]jodoniumchlorid.** Sm. 156°. 2 + $PtCl_4$ (*B.* **37**, 1308 *C.* **1904** [1] 1340).

$C_{12}H_8Cl_2J_2$ 2) **Di[3-Chlorphenyl]jodoniumjodid.** Sm. 132° (*B.* **37**, 1316 *C.* **1904** [1] 1341).

$C_{12}H_8Cl_2S_2$ *1) **Di[4-Chlorphenyl]disulfid.** Sm. 70—71° (*C. r.* **138**, 982 *C.* **1904** [1] 1413).
2) **2,2'-Dichlordiphenyldisulfid.** Sm. 89—90° (*C.* **1904** [2] 1176).

$C_{12}H_8Cl_3J$ 2) **Di[3-Chlorphenyl]jodoniumchlorid.** Sm. 175—177°. 2 + $HgCl_2$, 2 + $PtCl_4$ (*B.* **37**, 1315 *C.* **1904** [1] 1341).

$C_{12}H_8BrJ_3$ 1) **Di[3-Jodphenyl]jodoniumbromid.** Zers. bei 163° (*B.* **37**, 1308 *C.* **1904** [1] 1340).

$C_{12}H_8Br_2J_2$ 1) **Di[3-Bromphenyl]jodoniumjodid.** Sm. 154° (*J. pr.* [2] **69**, 326 *C.* **1904** [2] 35).

$C_{12}H_8Br_2S_2$ *1) **Di[4-Bromphenyl]disulfid.** Sm. 93° (*C. r.* **138**, 982 *C.* **1904** [1] 1413).

$C_{12}H_8Br_3J$ 1) **Di[3-Bromphenyl]jodoniumbromid.** Sm. 178° (*J. pr.* [2] **69**, 326 *C.* **1904** [2] 35).

$C_{12}H_9ON$ *9) **3-Benzoylpyridin.** Sm. 42°; Sd. 319°$_{741}$ (*B.* **36**, 2711 *C.* **1903** [2] 837).

$C_{12}H_9ON_3$ *1) **2-Phenyl-1,1-Dihydro-2,1,3-Benztriazol-1-Oxyd** (Azoazoxybenzol). Sm. 88,5° (*B.* **32**, 3271; *B.* **36**, 3824 *C.* **1904** [1] 18).
5) **2-[4-Oxyphenyl]-2,1,3-Benztriazol.** Sm. 217—219° (*J. pr.* [2] **67**, 581 *C.* **1903** [2] 204).
6) **3-Amido-2-Oxy-5,10-Naphtdiazin.** HNO_3 (*B.* **35**, 4304 *C.* **1903** [1] 344).

$C_{12}H_9OJ_3$ 1) **Di[3-Jodphenyl]jodoniumhydroxyd.** Salze siehe (*B.* **37**, 1308 *C.* **1904** [1] 1340).

$C_{12}H_9O_2N$ *1) **3-Nitroacenaphten.** Sm. 106° (*A.* **327**, 80 *C.* **1903** [1] 1227).
*3) **3-Nitrobiphenyl.** Sm. 61° (58,5°) (*B.* **36**, 4083 *C.* **1904** [1] 268; *B.* **37**, 882 *C.* **1904** [1] 1143).
*16) **Inn. Anhydrid d. Oxyessig-1-Amido-2-Naphtyläthersäure** (β-Naphtomorpholon). Sm. 215—216° (*Soc.* **83**, 759 *C.* **1903** [1] 1419 *C.* **1903** [2] 448).
17) **β-[4-Chinolyl]akrylsäure.** Sm. 250—255°. (2HCl, $PtCl_4$ + $1^1/_2H_2O$) (*B.* **37**, 1338 *C.* **1904** [1] 1362).

$C_{12}H_9O_2N_3$ *2) **2-Nitroazobenzol.** Sm. 70,5—71° (*B.* **36**, 3818 *C.* **1904** [1] 18).
*3) **3-Nitroazobenzol.** Sm. 81—82° (*B.* **36**, 2531 *C.* **1903** [2] 491; *B.* **36**, 3811 *C.* **1904** [1] 17).
*4) **4-Nitroazobenzol.** Sm. 134—135° (*B.* **36**, 3811 *C.* **1904** [1] 17).

$C_{12}H_9O_2Cl$ 8) **3-Chlor-4,4'-Dioxybiphenyl.** Sm. 215° (*Soc.* **85**, 10 *C.* **1904** [1] 376, 729).

$C_{12}H_9O_3N$ 26) **5-Acetylamido-1,4-Naphtochinon.** Sm. 162° (*B.* **32**, 2879; *A.* **335**, 151 *C.* **1904** [2] 1136). — *III, 276.

$C_{12}H_9O_4N$ *8) **2-Methylchinolin-3,4-Dicarbonsäure.** Sm. 238—239° (*J. pr.* [2] **67**, 506 *C.* **1903** [2] 252).
*21) **Verbindung** + H_2O (aus d. Verb. $C_{12}H_{10}O_6N_2$) (*R.* **23**, 154 *C.* **1904** [2] 194).
22) **1,2-Methylenäther d. 4-Nitro-1-Oxy-2-Oxymethylnaphtalin.** Sm. 149° (*A.* **330**, 102 *C.* **1904** [1] 1076).
23) **4-Amidonaphtalin-1,8-Dicarbonsäure.** Sm. 200° (*A.* **327**, 83 *C.* **1903** [1] 1227).
24) **2-Phenylpyrrol-4,5-Dicarbonsäure.** Sm. 250° (*A.* **331**, 311 *C.* **1904** [2] 45).
25) **Nitril d. 4,5-Dioxy-3-Acetoxyl-1-Aethenylbenzol-4,5-Methylenäther-2-Carbonsäure** (Norcotarnonnitrilacetat). Sm. 110° (*B.* **36**, 1533 *C.* **1903** [2] 52).

$C_{12}H_9O_4N_3$ *1) **2,4-Dinitrodiphenylamin.** Sm. 155—156° (*J. pr.* [2] **68**, 254 *C.* **1903** [2] 1064).
8) **3,5-Dinitro-4-Amidobiphenyl.** Sm. 233° (*B.* **37**, 883 *C.* **1904** [1] 1143).

$C_{12}H_9O_4N_3$ 9) 6-Nitro-3,3'-Dioxyazobenzol. Sm. 205° (*J. pr.* [2] **67**, 268 *C.* **1903** [1] 1221).
10) 2-Nitro-2'-Oxyazoxybenzol. Sm. 91—92° (*B.* **36**, 3814 *C.* **1904** [1] 17).

$C_{12}H_9O_4Cl$ *5) Aethylester d. 2-Chlor-1,3-Diketo-2,3-Dihydroinden-2-Carbonsäure. Sm. 72—74° (*B.* **37**, 1788 *C.* **1904** [1] 1484).

$C_{12}H_9O_4Br$ *1) Aethylester d. 2-Brom-1,3-Diketo-2,3-Dihydroinden-2-Carbonsäure. Sm. 72—74° (*B.* **37**, 1788 *C.* **1904** [1] 1484).

$C_{12}H_9O_5N$ *5) Oxyessig-1-Nitro-2-Naphtyläthersäure. Sm. 188—189° (*Soc.* **83**, 758 *C.* **1903** [1] 1419 *C.* **1903** [2] 448).

$C_{12}H_9O_5N_3$ *2) 2,4-Dinitro-4'-Oxydiphenylamin (D.R.P. 147862 *C.* **1904** [1] 235).
6) 2,4-Dinitro-4'-Amidodiphenyläther. Sm. 144°. HCl (*B.* **37**, 1518 *C.* **1904** [1] 1596).

$C_{12}H_9O_6N_5$ *4) 3,2',4'-Trinitro-4-Amidodiphenylamin. Sm. 226° (*B.* **37**, 1727 *C.* **1904** [1] 1520).
8) 2,4,6-Trinitro-3-Amidodiphenylamin. Sm. 186° (*R.* **21**, 325 *C.* **1903** [1] 79).

$C_{12}H_9O_8N$ C 58,8 — H 3,0 — O 43,4 — N 4,7 — M. G. 295.
1) trans-1-[4-Nitrophenyl]-R-Trimethylen-1²,2,3-Tricarbonsäure. Sm. 285—290° u. Zers. (*B.* **36**, 3508 *C.* **1903** [2] 1274).

$C_{12}H_9N_2Cl$ *2) 4-Chlorazobenzol. Sm. 88—89° (*B.* **36**, 4090 Anm. *C.* **1904** [1] 269).

$C_{12}H_9N_2J$ *1) 4-Jodazobenzol. Sm. 105° (*B.* **37**, 1311 *C.* **1904** [1] 1341).

$C_{12}H_9N_4Cl$ 1) 7-Chlor-2,3-Diamido-5,10-Naphtdiazin. Sm. noch nicht bei 360°. HCl, HNO_3 (*B.* **36**, 4029 *C.* **1904** [1] 294).

$C_{12}H_9N_4Br$ 1) 7-Brom-2,3-Diamido-5,10-Naphtdiazin. Sm. noch nicht bei 360° (*B.* **36**, 4032 *C.* **1904** [1] 294).

$C_{12}H_9ClJ_2$ 2) 3-Chlordiphenyljodoniumjodid. Sm. 130° (*B.* **37**, 1317 *C.* **1904** [1] 1341).
3) 3-Joddiphenyljodoniumchlorid. Sm. 134°. + $HgCl_2$, 2 + $PtCl_4$ (*B.* **37**, 1306 *C.* **1904** [1] 1340).

$C_{12}H_9Cl_2J$ 1) 3-Chlordiphenyljodoniumchlorid. Sm. 163°. 2 + $HgCl_2$, 2 + $PtCl_4$ (*B.* **37**, 1316 *C.* **1904** [1] 1341).

$C_{12}H_9BrJ_2$ 2) 3-Bromdiphenyljodoniumjodid. Sm. 146° (*J. pr.* [2] **69**, 328 *C.* **1904** [2] 35).
3) 3-Joddiphenyljodoniumbromid. Sm. 109° (*B.* **37**, 1307 *C.* **1904** [1] 1340).

$C_{12}H_9Br_2J$ 1) 3-Bromdiphenyljodoniumbromid. Sm. 169° (*J. pr.* [2] **69**, 328 *C.* **1904** [2] 35).

$C_{12}H_{10}ON_2$ *1) Diphenylnitrosamin. Sm. 67,2—67,6° (*C.* **1903** [1] 326; *B.* **36**, 2477 *C.* **1903** [2] 559).
*2) 4-Nitrosodiphenylamin. Sm. 145° (*B.* **36**, 4136 *C.* **1904** [1] 185).
*4) Azoxybenzol. Sm. 38° (*C.* **1903** [1] 324; *R.* **22**, 6 *C.* **1903** [1] 1082; *C.* **1904** [2] 1383).
*5) 4-Oxyazobenzol (*C.* **1903** [1] 325; *R.* **22**, 8 *C.* **1903** [1] 1082; *B.* **36**, 3010 *C.* **1903** [2] 1031; *C.* **1904** [2] 164; *C. r.* **138**, 1278 *C.* **1904** [2] 97).
*18) 2-Oxyazobenzol. (2HCl, $PtCl_4$) (*C.* **1903** [1] 325; *R.* **22**, 8 *C.* **1903** [1] 1082; *B.* **36**, 4105 Anm., 4107 *C.* **1904** [1] 271; *C.* **1904** [2] 164).
23) 3-Oxyazobenzol. Sm. 114—116°. HCl, (2HCl, $PtCl_4$) (*B.* **36**, 4102 *C.* **1904** [1] 271; *C.* **1904** [2] 164).

$C_{12}H_{10}OJ_2$ 2) 3-Joddiphenyljodoniumhydroxyd. Salze siehe (*B.* **37**, 1306 *C.* **1904** [1] 1340).

$C_{12}H_{10}OS$ *3) Diphenylsulfoxyd. Sm. 70° (*B.* **37**, 2154 *C.* **1904** [2] 186).
6) 4-Oxydiphenylsulfid. Fl. (*B.* **36**, 110 *C.* **1903** [1] 454; D.R.P. 147634 *C.* **1904** [1] 131).

$C_{12}H_{10}O_2N_2$ *11) 2,4-Dioxyazobenzol (*B.* **36**, 3010 *C.* **1903** [2] 1031).
*27) 3,3'-Dioxyazobenzol. Sm. 205° (*J. pr.* [2] **67**, 266 *C.* **1903** [1] 1221).
30) 3-Nitro-4-Amidobiphenyl. Sm. 167° (*B.* **37**, 882 *C.* **1904** [1] 1143).
31) Nitril d. α-Imido-β-Benzoyl-γ-Ketobutan-α-Carbonsäure. Sm. 121° (*A.* **332**, 157 *C.* **1904** [2] 192).

$C_{12}H_{10}O_2Br_2$ 1) Dibrombenznorcarencarbonsäure. Sm. 163° u. Zers. (*B.* **36**, 3506 *C.* **1903** [2] 1274).

$C_{12}H_{10}O_3N_2$ *16) 3-Keto-4-Methyl-2-Phenyl-2,3-Dihydro-1,2-Diazin-6-Carbonsäure. Sm. 216° (*R.* **23**, 146 *C.* **1904** [2] 193).
35) 3,3'-Dioxyazoxybenzol. Sm. 182° (*J. pr.* [2] **68**, 476 *C.* **1904** [1] 443).

$C_{12}H_{10}O_3N_2$ 36) **5-Acetyl-4-Phenylpyrazol-3-Carbonsäure.** Sm. 208° (*A.* **325**, 185 *C.* **1903** [1] 646).
37) **5-Benzoyl-4-Methylpyrazol-3-Carbonsäure.** Sm. 233° (*A.* **325**, 188 *C.* **1903** [1] 647).
38) **5-Nitro-1-Naphtylamid d. Essigsäure.** Sm. 220° (D.R.P. 145191 *C.* **1903** [2] 1098).
$C_{12}H_{10}O_4N_2$ 17) **4-Methylphenylamid d. ?-Nitrofuran-2-Carbonsäure.** Sm. 162° (*C. r.* **137**, 521 *C.* **1903** [2] 1069).
$C_{12}H_{10}O_4Br_4$ 7) **αβγδ-Tetrabrom-α-Phenylbutan-δδ-Dicarbonsäure** (*A.* **336**, 223 *C.* **1904** [2] 1733).
$C_{12}H_{10}O_4S$ *2) **2,5-Dioxydiphenylsulfon.** Sm. 195° (*B.* **36**, 112 *C.* **1903** [1] 454).
*3) **3,4-Dioxydiphenylsulfon.** Sm. 152—153° (*B.* **36**, 112 *C.* **1903** [1] 454).
$C_{12}H_{10}O_4S_2$ 2) **Benzolsulfoperoxyd.** Zers. bei 53—54° (*B.* **36**, 2702 *C.* **1903** [2] 992).
$C_{12}H_{10}O_4S_3$ 2) **Diphenylsulfid-4,4'-Disulfinsäure.** Sm. 107° (*R.* **22**, 360 *C.* **1904** [1] 23).
$C_{12}H_{10}O_5N_2$ 15) **Aethyläther d. 4,8-Dinitro-1-Oxynaphtalin.** Sm. 115° (*A.* **335**, 155 *C.* **1904** [2] 1136).
$C_{12}H_{10}O_6S_3$ *1) **Diphenylsulfid-4,4'-Disulfonsäure** (*R.* **22**, 356 *C.* **1904** [1] 22).
$C_{12}H_{10}O_7N_2$ *2) **αγε-Triketo-α-[3,5-Dinitrophenyl]hexan.** Sm. 153° (*J. pr.* [2] **69**, 456 *C.* **1904** [2] 595).
$C_{12}H_{10}O_{10}N_2$ C 42,1 — H 2,9 — O 46,8 — N 8,2 — M. G. 342.
1) **Triacetat d. 4,6-Dinitro-1,2,3-Trioxybenzol.** Sm. 154° (*B.* **37**, 121 *C.* **1904** [1] 586).
$C_{12}H_{10}N_2Br_2$ 10) **4-[αβ-Dibrom-β-Phenyläthyl]-1,3-Diazin.** Sm. 225—226° u. Zers. (*B.* **36**, 3384 *C.* **1903** [2] 1193).
$C_{12}H_{10}N_2Si$ *1) **Silicodiphenyldiimid** (*Soc.* **83**, 252 *C.* **1903** [1] 572, 875).
$C_{12}H_{10}BrTl$ 1) **Thalliumdiphenylbromid.** Zers. oberh. 270° (*B.* **37**, 2060 *C.* **1904** [2] 20).
$C_{12}H_{11}ON$ 25) **2-Amido-?-Acetylnaphtalin.** Sm. 106° (D. R. P. 56971). — *III, *142*.
26) **2-[α-Oxybenzyl]pyridin** (Phenyl-α-Pyridylcarbinol). Sm. 82°. (2HCl, $PtCl_4$) (*B.* **37**, 1371 *C.* **1904** [1] 1358).
27) **4-[α-Oxybenzyl]pyridin.** Sm. 126°. (2HCl, $PtCl_4$) (*B.* **37**, 1372 *C.* **1904** [1] 1358).
28) **Amid d. Benznorcaradiëncarbonsäure.** Sm. 217° (*B.* **36**, 3506 *C.* **1903** [2] 1274).
$C_{12}H_{11}ON_3$ *6) **1-Phenyloxyamidodiazobenzol.** Sm. 126—127° (*B.* **35**, 3895 *C.* **1903** [1] 28).
12) **4-Oxy-1-Phenylamidodiazobenzol.** Sm. 80° (*B.* **36**, 4146 *C.* **1904** [1] 186).
$C_{12}H_{11}ON_5$ 2) **Amid d. Methyl-4-Dicyanmethylenamidophenylamidoessigsäure.** Sm. 211° (*B.* **37**, 2638 *C.* **1904** [2] 519).
$C_{12}H_{11}O_2N$ *35) **Aethylbetaïn d. Chinolin-4-Carbonsäure.** Sm. 204° (*M.* **24**, 201 *C.* **1903** [2] 48).
64) **β-[4-Chinolyl]propionsäure.** Sm. 202—303° (*B.* **37**, 1339 *C.* **1904** [1] 1362).
65) **2-Methylphenylamid d. Furan-2-Carbonsäure.** Sm. 62° (*B.* **37**, 2955 *C.* **1904** [2] 993).
66) **3-Methylphenylamid d. Furan-2-Carbonsäure.** Sm. 87° (*B.* **37**, 2955 *C.* **1904** [2] 993).
67) **4-Methylphenylamid d. Furan-2-Carbonsäure.** Sm. 107,5° (*B.* **37**, 2954 *C.* **1904** [2] 993).
68) **Phenylimid d. α-Buten-αβ-Dicarbonsäure.** Sm. 108—109° (*B.* **37**, 2383 *C.* **1904** [2] 306).
69) **Verbindung** (aus β-Benzallävulinsäure). Sm. 94° (*A.* **258**, 132). — *II, *986*.
$C_{12}H_{11}O_2N_3$ *1) **4-Nitro-2-Amidodiphenylamin.** Sm. 131° (134°) (*J. pr.* [2] **69**, 41 *C.* **1904** [1] 520; *A.* **332**, 90 *C.* **1904** [1] 1570).
*16) **4-Nitro-4'-Amidodiphenylamin** (D.R.P. 145061 *C.* **1903** [2] 973).
24) **3-Nitro-4,4'-Diamidobiphenyl.** Sm. 190° (*B.* **37**, 2883 *C.* **1904** [2] 594).
25) **3,9-Diamidophenoxazoniumhydroxyd.** Chlorid + H_2O, 2Chlorid + $PtCl_4$, Bichromat (*B.* **36**, 479 *C.* **1903** [1] 651).
$C_{12}H_{11}O_2N_5$ 3) **Dimethylureïdamidoazin** (*A.* **333**, 44 *C.* **1904** [2] 771).

$C_{12}H_{11}O_3N$ *28) Aethylester d. Benzoylcyanessigsäure. Sm. 37,5° (*A.* **332**, 150 *C.* **1904** [2] 192).
47) α-Phtalylamido-β-Ketobutan. Sm. 107° (*B.* **37**, 2475 *C.* **1904** [2] 418).
48) 1-Keto-4-Oxy-3-Propionyl-1,2-Dihydroisochinolin. Sm. 231—232° (*B.* **37**, 2485 *C.* **1904** [2] 420).
49) Methylester d. α-Cyan-β-Oxy-β-Phenylakrylmethyläthersäure. Sm. 127—128° (*C. r.* **136**, 691 *C.* **1903** [1] 920).

$C_{12}H_{11}O_3N_3$ *9) 2[oder 4]-Nitro-4[oder 2]-Amido-4'-Oxydiphenylamin. Sm. 204 bis 205° (D.R.P. 144157 *C.* **1903** [2] 814).
13) Acetyl-4-Methylphenylhydrazoncyanessigsäure. Sm. 225° (*J. pr.* [2] **67**, 407 *C.* **1903** [1] 1347).

$C_{12}H_{11}O_3Cl$ 2) Aethylester d. 4-Chlormethylbenzfuran-1-Carbonsäure. Sm. 65 bis 66° (*B.* **37**, 199 *C.* **1904** [1] 661).

$C_{12}H_{11}O_3Br$ 4) Bromoxynorcarencarbonsäure. Sm. 170—173° u. Zers. (*B.* **36**, 3507 *C.* 1903 [2] 1274).

$C_{12}H_{11}O_3Br_5$ 2) 4-Acetat d. 2,5,6-Tribrom-3,4-Dioxy-1-[αβ-Dibrompropyl]benzol-3-Methyläther. Sm. 175° (*A.* **329**, 36 *C.* **1903** [2] 1437).

$C_{12}H_{11}O_4N$ 22) γ-Keto-β-Acetyl-α-[3-Nitrophenyl]-α-Buten. Sm. 101—102° (*Soc.* **83**, 1374 *C.* **1904** [1] 164, 450).
23) 6-[α-Oxypropionyl]amido-1,2-Benzpyron. Sm. 159—160° (*Soc.* **85**, 1234 *C.* **1904** [2] 1124).
24) 6,7-Dioxy-2-Methylchinolin-6-Methyläther-5-Carbonsäure. Sm. 212°. (HCl, $AuCl_3$ + H_2O) (*B.* **36**, 2211 *C.* **1903** [2] 444).

$C_{12}H_{11}O_4N_3$ *1) 2,4-Diacetyl-3,5-Diketo-1-Phenyltetrahydro-1,2,4-Triazol. Sm. 162° (*Am.* **30**, 38 *C.* **1903** [2] 363).
7) Acetat d. 4-[α-Oximido-α-Phenyläthyl]-1,2,3,6-Dioxdiazin. Sm. 150 bis 154° (*A.* **330**, 239 *C.* **1904** [1] 945).
8) Diacetat d. 3,5-Dioxy-1-Phenyl-1,2,4-Triazol. Sm. 113—115° (*Am.* **30**, 37 *C.* **1903** [2] 363).

$C_{12}H_{11}O_5N$ 11) 4-Acetylamidobenzoylbrenztraubensäure. Sm. 221,5° (*B.* **36**, 2698 *C.* **1903** [2] 952).
12) 4-Aethoxylphtalylamidoessigsäure. Sm. 179° (*B.* **37**, 1974 *C.* **1904** [2] 236).
13) Methylester d. 4,6[oder 4,7]-Dioxy-1-Keto-1,2-Dihydroisochinolin-6[oder 7]-Methyläther-3-Carbonsäure. Sm. 248° (*B.* **36**, 1975 *C.* **1904** [2] 236).
14) 1-Acetat d. 4,5,6-Trioxy-2-Aethenyl-1-Oximidomethylbenzol-4,5-Methylenäther (Norcotarnonoximacetat). Sm. 130° (*B.* **36**, 1532 *C.* **1903** [2] 52).
15) 6-Acetat d. 4,5,6-Trioxy-2-Aethenyl-1-Oximidomethylbenzol-4,5-Methylenäther. Sm. 115—116° (*B.* **36**, 1534 *C.* **1903** [2] 52).

$C_{12}H_{11}O_5N_3$ C 52,0 — H 4,0 — O 28,9 — N 15,1 — M. G. 277.
1) Dimethylureïdoxyoxazon + H_2O (*A.* **333**, 48 *C.* **1904** [2] 771).

$C_{12}H_{11}O_6N$ 7) trans-1-[4-Amiphenyl]-R-Trimethylen-1², 2, 3-Tricarbonsäure. Zers. bei 259° (*B.* **36**, 3508 *C.* **1903** [2] 1274).
8) 6-Methylester d. 2-Keto-3,4-Dihydro-1,4-Benzoxazin-4-Methylcarbonsäure-6-Carbonsäure. Sm. 227° (*A.* **325**, 334 *C.* **1903** [1] 771).

$C_{12}H_{11}O_8N$ 4) Triacetat d. 4-Nitro-1,2,3-Trioxybenzol. Sm. 85° (*B.* **37**, 117 *C.* **1904** [1] 585).

$C_{12}H_{11}NS$ *2) 4-Amidodiphenylsulfid. Sm. 95° (*B.* **36**, 114 *C.* **1903** [1] 454).

$C_{12}H_{11}N_2Cl$ *3) 5-Chlor-2,4'-Diamidobiphenyl. Sm. 169° (166—167°) (*B.* **36**, 4089 *C.* **1904** [1] 269).
8) 4-Chlor-2-Amidodiphenylamin. Sm. 82° (*A.* **332**, 94 *C.* **1904** [1] 1571).

$C_{12}H_{12}ON_2$ *7) 4-Amido-4'-Oxydiphenylamin (D.R.P. 139204 *C.* **1903** [1] 608).
41) 4,4'-Diamido-2-Oxybiphenyl. Sm. 226—227° (*B.* **36**, 4113 *C.* **1904** [1] 272).
42) 3-Oxy-s-Diphenylhydrazin. Sm. 126—126,5° (*B.* **36**, 4112 *C.* 1904 [1] 272).
43) Amid d. 2-Naphtylamidoessigsäure. Sm. 164—165° (*Bl.* [3] **29**, 967 *C.* **1903** [2] 1118).

$C_{12}H_{12}OSi$ 1) Diphenylsilicon. Sm. 100—110° (*B.* **37**, 1141 *C.* **1904** [1] 1257).

$C_{12}H_{12}O_2N_2$ *4) **4-Oxy-5-Phenylhydrazonmethyl-2-Methylfuran.** Sm. 140—141° (*B.* **37**, 303 *C.* **1904** [1] 648).

*39) **Aethylester d. α-Cyan-β-Amido-β-Phenylakrylsäure.** Sm. 125° (*C. r.* **136**, 691 *C.* **1903** [1] 920).

*51) **Aethylester d. 5-Phenylpyrazol-3-Carbonsäure.** Sm. 140° (*B.* **37**, 2201 *C.* **1904** [2] 323).

52) **4,4'-Diamido-2,2'-Dioxybiphenyl** (*J. pr.* [2] **67**, 270 *C.* **1903** [1] 1221).

53) **6-Acetyl-2-Keto-1-Methyl-1,2-Dihydrochinolin.** Sm. 278—281° (*B.* **36**, 1174 *C.* **1903** [1] 1363).

54) **Methylester d. α-Cyan-β-Methylamido-β-Phenylakrylsäure.** Sm. 128,5° (*Bl.* [3] **31**, 342 *C.* **1904** [1] 1135).

$C_{12}H_{12}O_2N_4$ 7) **4-Nitro-2,4'-Diamidodiphenylamin.** Sm. 188—189° (*B.* **37**, 1072 *C.* **1904** [1] 1273).

8) **3,7,9-Triamidophenoxazoniumhydroxyd.** Chlorid, Bichromat (*B.* **36**, 483 *C.* **1903** [1] 652).

9) **Amid d. Acetyl-4-Methylphenylhydrazoncyanessigsäure.** Sm. oberh. 250° (*J. pr.* [2] **67**, 408 *C.* **1903** [1] 1347).

$C_{12}H_{12}O_2Br_2$ 2) **1-[αβ-Dibrom-β-Phenyläthyl]-R-Trimethylen-2-Carbonsäure.** Sm. 203—204° (*B.* **37**, 2105 *C.* **1904** [2] 104).

3) **Methylester d. γδ-Dibrom-δ-Phenyl-α-Buten-α-Carbonsäure?** Sm. 126° (*A.* **336**, 222 *C.* **1904** [2] 1733).

$C_{12}H_{12}O_2Br_4$ 1) **Methylester d. αβγδ-Tetrabrom-δ-Phenylvaleriansäure.** Sm. 150° (*A.* **336**, 222 *C.* **1904** [2] 1733).

$C_{12}H_{12}O_2Si$ 1) **Diphenylsilicol.** Sm. 138—139° (*B.* **37**, 1141 *C.* **1904** [1] 1257).

$C_{12}H_{12}O_3N_2$ 25) **Aethylester d. 5-Keto-3-Phenyl-4,5-Dihydropyrazol-1-Carbonsäure.** Sm. 134° (P. Gutmann, Dissert., Heidelberg 1903).

26) **3-Cyanphenylmonamid d. Bernsteinsäuremonomethylester.** Sm. 88—89° (*C.* **1904** [2] 103).

$C_{12}H_{12}O_3N_4$ 5) **3-[α-4-Nitrophenylhydrazonäthyl]-5-Methylisoxazol.** Sm. 235° u. Zers. (*G.* **34** [1] 49 *C.* **1904** [1] 1150).

6) **5-[4-Dimethylphenyl]imido-2,4,6-Triketohexahydro-1,3-Diazin** (Dimethylureïdindoanilin) (*A.* **333**, 37 *C.* **1904** [2] 770).

7) **4-Acetyl-5-[α-Phenylhydrazonäthyl]-1,2,3,6-Dioxdiazin.** Sm. 161 bis 162° (*C.* **1903** [2] 1433).

$C_{12}H_{12}O_3Br_2$ 4) **?-Dibrom-β-Benzoylbutan-α-Carbonsäure.** Sm. 150° (*C.* **1904** [1] 1258).

5) **4-Acetat d. 2,5-Dibrom-3,4-Dioxy-1-Propenylbenzol-3-Methyläther.** Sm. 123° (*A.* **329**, 26 *C.* **1903** [2] 1436).

$C_{12}H_{12}O_3Br_4$ 3) **4-Acetat d. 2,5-Dibrom-3,4-Dioxy-1-[αβ-Dibrompropyl]benzol-3-Methyläther.** Sm. 117—118° (*A.* **329**, 29 *C.* **1903** [2] 1436).

$C_{12}H_{12}O_4N_2$ 20) **αβ-Di[2-Furanoylamido]äthan.** Sm. 200° (*B.* **37**, 2954 *C.* **1904** [2] 993).

$C_{12}H_{12}O_4Cl_2$ 6) **Diäthylester d. 3,5-Dichlorbenzol-1,2-Dicarbonsäure.** Sd. 312 bis 313°$_{760}$ (*Soc.* **81**, 1537 *C.* **1903** [1] 140).

$C_{12}H_{12}O_4Br_2$ 10) **α-Acetat d. ?-Brom-3,4-Dioxy-1-[β-Brom-α-Oxypropyl]benzol-3,4-Methylenäther.** Sm. 73—74° (*C.* **1903** [1] 969).

$C_{12}H_{12}O_4Br_4$ 1) **α-Acetat d. 2,5,6-Tribrom-3,4-Dioxy-1-[β-Brom-α-Oxypropyl]-benzol-3-Methyläther.** Sm. 156—157° (*A.* **329**, 35 *C.* **1903** [2] 1437).

$C_{12}H_{12}O_4S_2$ 2) **?-Di[Methylsulfon]naphtalin** (*J. pr.* [2] **68**, 339 *C.* **1903** [2] 1172).

$C_{12}H_{12}O_5N_2$ 5) **Dimethylester d. β-Phenylhydrazon-α-Ketoäthan-αβ-Dicarbonsäure.** Sm. 104—105° (*Bl.* [3] **31**, 80 *C.* **1904** [1] 580).

$C_{12}H_{12}O_6N_2$ *7) **Dilaktam d. βγ-Diimidobutan-ααδδ-Tetracarbonsäure-αδ-Diäthylester.** $Na_2 + 2H_2O$, $K_2 + 2H_2O$ (*A.* **332**, 122 *C.* **1904** [2] 189).

8) **αα-Dimethylester d. Phenylhydrazonmethan-αα,2-Tricarbonsäure.** Sm. 186—187° (*B.* **37**, 4172 *C.* **1904** [2] 1703).

9) **αα-Dimethylester d. Phenylhydrazonmethan-αα,3-Tricarbonsäure.** Sm. 157—158° (*B.* **37**, 4174 *C.* **1904** [2] 1704).

10) **αα-Dimethylester d. Phenylhydrazonmethan-αα,4-Tricarbonsäure.** Sm. 238° u. Zers. (*B.* **37**, 4175 *C.* **1904** [2] 1704).

11) **Diäthylester d. βγ-Dicyan-αδ-Diketobutan-αδ-Dicarbonsäure.** Sm. 121—122° (*Am.* **30**, 160 *C.* **1903** [2] 711).

12) **1,2-Phenylenester d. Acetylamidoameisensäure.** Sm. 175° (*B.* **36**, 3217 *C.* **1903** [2] 1056).

$C_{12}H_{12}O_7S$ 1) **α-Phenyl-α-Buten-δδ-Dicarbonsäure-γ-Sulfonsäure.** $K_3 + 2H_2O$ (*Am.* **31**, 246 *C.* **1904** [1] 1080).

$C_{12}H_{12}O_{12}B_2$ 1) **Gem. Anhydrid d. Bernsteinsäure u. Borsäure.** Sm. 164° (*B.* **36**, 2224 *C.* **1903** [2] 421).

$C_{12}H_{12}NCl$ 6) **Chlor-2-Methylphenylat d. Pyridin.** 2 + $PtCl_4$ (*J. pr.* [2] **70**, 44 *C.* **1904** [2] 1235).

7) **Chlor-3-Methylphenylat d. Pyridin.** + $AuCl_3$ (*J. pr.* [2] **70**, 46 *C.* **1904** [2] 1236).

$C_{12}H_{12}NBr$ 2) **Brom-2-Methylphenylat d. Pyridin.** + $FeCl_3$ (*J. pr.* [2] **70**, 44 *C.* **1904** [2] 1235).

3) **Brom-3-Methylphenylat d. Pyridin.** + $FeCl_3$ (*J. pr.* [2] **70**, 46 *C.* **1904** [2] 1236).

4) **Brom-4-Methylphenylat d. Pyridin.** + $FeCl_3$ (*J. pr.* [2] **70**, 47 *C.* **1904** [2] 1236).

$C_{12}H_{13}ON$ 41) **2-Methylphenylhydroxyd d. Pyridin.** Salze siehe (*J. pr.* [2] **70**, 44 *C.* **1904** [2] 1235).

42) **3-Propyl-5-Phenylisoxazol.** Sm. 5—10°; Sd. 168—169°$_{18}$ (*C. r.* **137**, 796 *C.* **1904** [1] 43).

43) **1-Keto-3-Isobutylpseudoisoindol.** Sm. 180° (*C. r.* **138**, 988 *C.* **1904** [1] 1446).

44) **4-Methyl-2-[β-Oxyäthyl]chinolin.** Sm. 98°. HCl, (2HCl, $PtCl_4$) (*B.* **37**, 1326 *C.* **1904** [1] 1360).

45) **Methyläther d. 6-Oxy-2,4-Dimethylchinolin** + $2H_2O$. Sm. 92°. (2HCl, $PtCl_4$) (*B.* **37**, 1334 *C.* **1904** [1] 1361).

46) **Amid d. 1-[β-Phenyläthenyl]-R-Trimethylen-2-Carbonsäure.** Sm. 160° (*B.* **37**, 2105 *C.* **1904** [2] 104).

$C_{12}H_{13}ON_3$ 6) **1-Acetylamido-2,4-Diamidonaphtalin.** Sm. 189° (D.R.P. 151768 *C.* **1904** [2] 274).

$C_{12}H_{13}O_2N$ 49) **4-Oxy-1-Keto-3-Isopropyl-1,2-Dihydroisochinolin.** Sm. 198—207° (*B.* **37**, 1694 *C.* **1904** [1] 1525).

50) **Methyläther d. 6-Oxy-2-Keto-1-Aethyl-1,2-Dihydrochinolin.** Fl. (*B.* **36**, 1175 *C.* **1903** [1] 1364).

51) **Methyläther d. 4-Oxy-1-Keto-3-Aethyl-1,2-Dihydroisochinolin.** Sm. 160—160,5° (*B.* **37**, 1692 *C.* **1904** [1] 1525).

52) **Aethyläther d. 6-Oxy-2-Keto-1-Methyl-1,2-Dihydrochinolin.** Sm. 116°. HCl (*B.* **36**, 1174 *C.* **1903** [1] 1363).

$C_{12}H_{13}O_2N_3$ *9) **Aethylester d. 2-Methylphenylhydrazoncyanessigsäure.** Sm. 134° (*J. pr.* [2] **67**, 408 *C.* **1903** [1] 1347).

21) **4,5,4'-Triamido-2,2'-Dioxybiphenyl.** 2HCl (*J. pr.* [2] **67**, 272 *C.* **1903** [1] 1221).

$C_{12}H_{13}O_2N_5$ 4) **3,5,7,9-Tetraamidophenoxazoniumhydroxyd.** Chlorid, Bichromat (*B.* **36**, 482 *C.* **1903** [1] 651).

$C_{12}H_{13}O_3N$ 22) **1,1-Dimethyläther d. 2-Oximido-1,1-Dioxy-1,2-Dihydronaphtalin.** Sm. 126° (*B.* **36**, 4169 *C.* **1904** [1] 287).

23) **Dimethyläther d. 6,7-Dioxy-1-Keto-2-Methyl-1,2-Dihydroisochinolin.** Sm. 107° (109—110°). HCl + $2H_2O$, Pikrat (*B.* **37**, 1933 *C.* **1904** [2] 129; *B.* **37**, 3401 *C.* **1904** [2] 1318).

24) **6[oder 7]-Aethyläther d. 4,6[oder 4,7]-Dioxy-1-Keto-3-Methyl-1,2-Dihydroisochinolin.** Zers. bei 285° (*B.* **37**, 1979 *C.* **1904** [2] 237).

25) **γ-Oximido-α-Phenyl-α-Penten-ε-Carbonsäure.** Sm. 148—149° (*A.* **258**, 132). — *II, *987*.

26) **Aldehyd d. 6,7-Dioxy-2-Methyl-1,2,3,4-Tetrahydrochinolin-6-Methyläther-5-Carbonsäure.** HCl, (2HCl, $PtCl_4$) (*B.* **36**, 2214 *C.* **1903** [2] 444).

27) **Phenylimid d. α-Oxybutan-αβ-Dicarbonsäure.** Sm. 142—143° (*B.* **37**, 2382 *C.* **1904** [2] 306).

28) **4-Methoxylphenylimid d. Propan-αβ-Dicarbonsäure.** Sm. 95° (*G.* **34** [2] 267 *C.* **1904** [2] 1453).

$C_{12}H_{13}O_3N_3$ 9) **Methylester d. 5-Oxy-1-Phenyl-1,2,3-Triazoläthyläther-4-Carbonsäure.** Sm. 93—94° (*A.* **335**, 78 *C.* **1904** [2] 1230).

$C_{12}H_{13}O_3N_5$ 2) **Aethylester d. 1-Ureïdo-5-Phenyl-1,2,3-Triazol-4-Carbonsäure.** Sm. 208° (*B.* **36**, 3615 *C.* **1903** [2] 1380).

3) **Azid d. α-Benzoylamidoacetylamidopropionsäure.** Sm. 101—102° u. Zers. (*J. pr.* [2] **70**, 119 *C.* **1904** [2] 1037).

4) **Azid d. α-Benzoylamidopropionylamidoessigsäure.** Sm. 84° u. Zers. (*J. pr.* [2] **70**, 155 *C.* **1904** [2] 1395).

$C_{12}H_{13}O_3Br$ 1) **4-Acetat d. 5-Brom-3,4-Dioxy-1-Propenylbenzol-3-Methyläther** (*A.* **329**, 16 *C.* **1903** [2] 1435).

$C_{12}H_{13}O_3Br_3$ *2) **4-Acetat d. 5-Brom-3,4-Dioxy-1-[αβ-Dibrompropyl]benzol-3-Methyläther.** Sm. 130—131° (*A.* **329**, 20 *C.* **1903** [2] 1435).

$C_{12}H_{13}O_4N$ *1) **γ-Acetoximido-γ-Phenylbuttersäure.** Sm. 99° (*M.* **24**, 82 *C.* **1903** [1] 769).

20) **Lakton d. ?-Nitro-1-[α-Oxy-α-Aethylpropyl]benzol-2-Carbonsäure** (Nitrodiäthylphtalid). Sm. 103—104° (*B.* **37**, 736 *C.* **1904** [1] 1078).

$C_{12}H_{13}O_4Br$ 8) **α-Acetat d. α-Oxyäthyl-3-Brom-4-Oxyphenylketon-4-Methyläther.** Sm. 87° (*B.* **37**, 1548 *C.* **1904** [1] 1437).

$C_{12}H_{13}O_4Br_3$ *3) **Methylenäther-Dimethyläther d. 6-Brom-2,3,4,5-Tetraoxy-1-[αβ-Dibrompropyl]benzol.** Sm. 120° (*C.* **1903** [1] 970).

6) **α-Acetat d. 2,5-Dibrom-3,4-Dioxy-1-[β-Brom-α-Oxypropyl]benzol-3-Methyläther.** Sm. 114—115° (*A.* **329**, 28 *C.* **1903** [2] 1436).

$C_{12}H_{13}O_5N$ *13) **4,6,7-Trioxy-2-Methyl-3,4-Dihydrochinolin-6-Methyläther-5-Carbonsäure.** Ba + H_2O (HCl, $AuCl_3$) (*B.* **36**, 2210 *C.* **1903** [2] 443).

15) **Dimethylester d. 4-Acetylamidobenzol-1,3-Dicarbonsäure.** Sm. 126° (*B.* **36**, 1804 *C.* **1903** [2] 283).

$C_{12}H_{13}O_5Br$ 2) **Methylenäther-Dimethyläther d. 6-Brom-2,3,4,5-Tetraoxy-1-Propionylbenzol.** Sm. 128—129° (*C.* **1903** [1] 970).

$C_{12}H_{13}O_6N_3$ C 48,8 — H 4,4 — O 32,5 — N 14,2 — M. G. 295.

1) **Aethylester d. 2-Nitro-4-Acetylamidophenyloxaminsäure.** Sm. 174° (*B.* **36**, 417 *C.* **1903** [1] 631).

2) **Aethylester d. 3-Nitro-4-Acetylamidophenyloxaminsäure.** Sm. 179° (*B.* **36**, 417 *C.* **1903** [1] 631).

$C_{12}H_{13}O_7N$ *6) **Aethylester d. Nitroopiansäure.** Sm. 96° (*M.* **24**, 802 *C.* **1904** [1] 164).

$C_{12}H_{13}O_7Br$ *1) **Diäthylester d. 5-Brom-2,4,6-Trioxybenzol-1,3-Dicarbonsäure.** Sm. 128° (*Soc.* **85**, 167 *C.* **1904** [1] 163, 722).

$C_{12}H_{14}ON_2$ *24) **3,3-Dimethyl-2-[α-Oximidoäthyl]pseudoindol.** Sm. 175—176° (*G.* **32** [2] 428 *C.* **1903** [1] 838).

33) **Aethyläther d. β-Cyan-α-Imido-α-Oxy-β-Phenylpropan.** Sd. 158 bis 159°$_{22-23}$ (*Am.* **32**, 33 *C.* **1904** [2] 954).

34) **Nitril d. 2-Isovalerylamidobenzol-1-Carbonsäure.** Sm. 105,5—106,5° (*C.* **1903** [1] 175).

35) **Nitril d. 3-Isovalerylamidobenzol-1-Carbonsäure.** Sm. 77—78° (*C.* **1904** [2] 101).

$C_{12}H_{14}O_2N_2$ 37) **3,5-Diketo-2,4,4-Trimethyl-1-Phenyltetrahydropyrazol.** Sm. 72° (*Soc.* **83**, 1251 *C.* **1903** [2] 1422).

$C_{12}H_{14}O_2N_4$ 8) **Aethylester d. 1-Phenylamido-5-Methyl-1,2,3-Triazol-4-Carbonsäure.** Sm. 162° (*A.* **325**, 157 *C.* **1903** [1] 644).

9) **Amid d. 5-Keto-3-Propyl-1-Phenyl-4,5-Dihydro-1,2,4-Triazol-4-Carbonsäure.** Sm. 133° (*B.* **36**, 1098 *C.* **1903** [1] 1140).

$C_{12}H_{14}O_2Br_2$ 6) **3-Methyläther-4-Aethyläther d. α-[2,5-Dibrom-3,4-Dioxyphenyl]-propen.** Sm. 79,5 (*B.* **37**, 1131 *C.* **1904** [1] 1261).

7) **βγ-Dibrom-α-Phenylpentan-ε-Carbonsäure.** Sm. 103—104° u. Zers. (*A.* **331**, 165 *C.* **1904** [1] 1211).

8) **Acetat d. 2,6-Dibrom-3-Oxy-4-Isopropyl-1-Methylbenzol.** Sm. 54—55° (*A.* **333**, 355 *C.* **1904** [2] 1116).

$C_{12}H_{14}O_2Br_4$ 1) **3-Methyläther-4-Aethyläther d. 2,5-Dibrom-3,4-Dioxy-1-[αβ-Dibrompropyl]benzol.** Sm. 70—71° (*B.* **37**, 1132 *C.* **1904** [1] 1261).

$C_{12}H_{14}O_3N_2$ 19) **Methyldi[3,5-Acetylamido]phenylketon.** Sm. 210° (*J. pr.* [2] **69**, 473 *C.* **1904** [2] 596).

20) **β-[1-Nitroso-1,2,3,4-Tetrahydro-4-Chinolyl]propionsäure.** Sm. 121 bis 122° u. Zers. (*B.* **37**, 1340 *C.* **1904** [1] 1363).

21) **Aethylester d. β-Phenylhydrazon-α-Ketobuttersäure.** Sm. 102—103° (*C. r.* **138**, 1222 *C.* **1904** [2] 27; *C. r.* **139**, 134 *C.* **1904** [2] 588).

22) **Amid d. α-Cyan-β-[3,4-Dioxyphenyl]propion-3,4-Dimethyläthersäure.** Sm. 173° (*C.* **1904** [2] 903).

$C_{12}H_{14}O_3Br_2$ *9) **4-Acetat d. 3,4-Dioxy-1-[αβ-Dibrompropyl]benzol-3-Methyläther.** Sm. 125—126° (*A.* **329**, 11 *C.* **1903** [2] 1434).

$C_{12}H_{14}O_4N_2$ *15) **5-Nitro-2,4-Dimethylphenylimid d. Essigsäure.** Sm. 115° (*G.* **33** [2] 284 *C.* **1904** [1] 265).

20) **α-Benzoylamidoacetylamidopropionsäure.** Sm. 202°. Ag (*J. pr.* [2] **70**, 114 *C.* **1904** [2] 1036).

$C_{12}H_{14}O_4N_2$ 21) **α-Benzoylamidopropionylamidoessigsäure.** Sm. 166°. Cu, Ag (*J. pr.* [2] **70**, 151 *C.* **1904** [2] 1395).

22) **Dilakton d. Glyazintetrahydrotetramethyldimalonsäure.** Sm. 270 bis 275° u. Zers. (*Soc.* **83**, 1262 *C.* **1903** [2] 1423).

23) **Dimethylester d. 2-Methylphenylhydrazonmethan-αα-Dicarbonsäure.** Sm. 75—76° (*B.* **37**, 4178 *C.* **1904** [2] 1704).

24) **Dimethylester d. 3-Methylphenylhydrazonmethan-αα-Dicarbonsäure.** Sm. 63° (*B.* **37**, 4178 *C.* **1904** [2] 1705).

25) **Dimethylester d. 4-Methylphenylhydrazonmethan-αα-Dicarbonsäure.** Sm. 89—90° (*B.* **37**, 4178 *C.* **1904** [2] 1705).

26) **Aethylester d. 4-Acetylamidophenyloxaminsäure.** Sm. 193° u. Zers. (*B.* **36**, 414 *C.* **1903** [1] 630).

27) **2-Nitrophenylester d. Hexahydropyridin-1-Carbonsäure.** Sm. 77°; Sd. 226—227°$_{11}$ u. Zers. (*Bl.* [3] **29**, 753 *C.* **1903** [2] 629).

28) **4-Nitrophenylester d. Hexahydropyridin-1-Carbonsäure.** Sm. 94—95°; Sd. 272° (*Bl.* [3] **29**, 753 *C.* **1903** [2] 629).

29) **2-Methylphenylmonamid d. Oximidomalonsäuremonoäthylester.** Sm. 140—141° (*Soc.* **83**, 40 *C.* **1903** [1] 73, 442).

$C_{12}H_{14}O_4N_4$ C 51,8 — H 5,0 — O 23,0 — N 20,1 — M. G. 278.

1) **Dilaktam d. δε-Diimidooktan-γγζζ-Tetracarbonsäure-γζ-Diamid** (*A.* **332**, 128 *C.* **1904** [2] 189).

2) **αα-Di[Methylamid] d. Phenylhydrazonmethan-α,α,2-Tricarbonsäure.** Sm. 247° (*B.* **37**, 4173 *C.* **1904** [2] 1703).

3) **αα-Di[Methylamid] d. Phenylhydrazonmethan-α,α,3-Tricarbonsäure.** Sm. 247—248° (*B.* **37**, 4174 *C.* **1904** [2] 1704).

4) **αα-Di[Methylamid] d. Phenylhydrazonmethan-α,α,4-Tricarbonsäure.** Sm. oberh. 285° (*B.* **37**, 4176 *C.* **1904** [2] 1704).

5) **Verbindung** (aus Acetylisocyansäure u. Phenylhydrazin). Sm. 184° (*B.* **36**, 3217 *C.* **1903** [2] 1056).

$C_{12}H_{14}O_4Br_2$ *3) **α-Acetat d. 5-Brom-3,4-Dioxy-1-[β-Brom-α-Oxypropyl]benzol-3-Methyläther.** Sm. 85—86° (*A.* **329**, 19 *C.* **1903** [2] 1435).

$C_{12}H_{14}O_4S$ 2) **Cinnamylidenacetonhydrosulfonsäure.** K, Ba + 8H_2O (*B.* **37**, 4052 *C.* **1904** [2] 1649).

$C_{12}H_{14}O_4S_2$ 2) **1,3-Di[Allylsulfon]benzol.** Sm. 105° (*J. pr.* [2] **68**, 321 *C.* **1903** [2] 1170).

$C_{12}H_{14}O_5N_2$ 11) **ε-Lakton d. Glyazindihydrotetramethyldimalonsäure.** Sm. 214° u. Zers. Ba (*Soc.* **83**, 1259 *C.* **1903** [2] 1423).

12) **α-Oxy-γ-Keto-α-[6-Nitro-3-Acetylamidophenyl]butan** + 2H_2O. Sm. 62° (142° wasserfrei) (*M.* **24**, 9 *C.* **1903** [1] 775).

13) **β-Amido-α-Benzoylamidoacetoxylpropionsäure.** Sm. 176°. NH_4, Ag (*J. pr.* [2] **70**, 202 *C.* **1904** [2] 1459).

14) **Dicyanmalonesteracetylacetonlaktam.** Sm. 135° (*A.* **332**, 132 *C.* **1904** [2] 190).

15) **Dimethylester d. 2-Methoxylphenylhydrazonmethan-αα-Dicarbonsäure.** Sm. 112—113° (*B.* **37**, 4179 *C.* **1904** [2] 1705).

16) **Dimethylester d. 4-Methoxylphenylhydrazonmethan-αα-Dicarbonsäure.** Sm. 91° (*B.* **37**, 4179 *C.* **1904** [2] 1705).

$C_{12}H_{14}O_5Br_2$ 1) **Methylenäther-Dimethyläther d. 6-Brom-2,3,4,5-Tetraoxy-1-[β-Brom-α-Oxypropyl]benzol.** Sm. 85—86° (*C.* **1903** [1] 970).

$C_{12}H_{14}O_6S$ 2) **β-[4-Methylphenyl]sulfonpropan-αβ-Dicarbonsäure.** Sm. 169—171° u. Zers. (*Am.* **31**, 176 *C.* **1904** [1] 876).

$C_{12}H_{14}O_6S_2$ 2) **1,3-Di[Acetonylsulfon]benzol.** Sm. 150—151° (*J. pr.* [2] **68**, 324 *C.* **1903** [2] 1171).

$C_{12}H_{14}O_7N_2$ 5) **Gemischtes Anhydrid d. Essigsäure u. ?-Dinitro-1-Isopropyl-?-Dihydrobenzol-4-Carbonsäure.** Sm. 72° (*M.* **25**, 471 *C.* **1904** [2] 333).

$C_{12}H_{14}O_8N_2$ 2) **Säure** (aus d. Verb. $C_{16}H_{18}O_8N_2$). Sm. 158—160° (*Bl.* [3] **31**, 530 *C.* **1904** [1] 1555).

$C_{12}H_{14}O_8N_4$ 2) **Amylester d. 2,4,6-Trinitrophenylamidoameisensäure.** Sm. 131° (*Soc.* **85**, 653 *C.* **1904** [2] 311).

$C_{12}H_{14}O_8S_2$ 1) **1,3-Phenylendi[α-Sulfonpropionsäure].** Ba (*J. pr.* [2] **68**, 328 *C.* **1903** [2] 1171).

2) **Dimethylester d. 1,3-Phenylendi[Sulfonsäure].** Sm. 96—97° (*J. pr.* [2] **68**, 326 *C.* **1903** [2] 1171).

$C_{12}H_{14}NJ$ *2) **Jodäthylat d. 2-Methylchinolin.** Sm. 234—235° (*B.* **37**, 2010 *C.* **1904** [2] 124).
*3) **Jodäthylat d. 4-Methylchinolin.** Sm. 142° (*B.* **37**, 2821 *C.* **1904** [2] 661).

$C_{12}H_{14}N_2Cl_2$ 4) **Chlormethylat d. 5-Chlor-3-Methyl-1-[2-Methylphenyl]pyrazol** + $2H_2O$. Sm. 210° (wasserfrei) (*B.* **37**, 2229 *C.* **1904** [2] 228).

$C_{12}H_{14}N_2S$ *5) **3-Thiocarbonyl-1,4,5-Trimethyl-2-Phenyl-2,3-Dihydropyrazol.** HCl, (2HCl, $PtCl_4$ + $2H_2O$), (+ SO_2 + H_2O) (*A.* **331**, 215 *C.* **1904** [1] 1219).
6) **3-Thiocarbonyl-5-Methyl-1-Aethyl-2-Phenyl-2,3-Dihydropyrazol** (Aethylthiopyrin). Sm. 171°. + SO_2 (*A.* **331**, 208 *C.* **1904** [1] 1219).
7) **Methyläther d. 5-Merkapto-3,4-Dimethyl-1-Phenylpyrazol.** Sm. 56°; Sd. 310°. HCl, (2HCl, $PtCl_4$) (*A.* **331**, 238 *C.* **1904** [1] 1221).
8) **Aethyläther d. 5-Merkapto-3-Methyl-1-Phenylpyrazol.** Sd. 308 bis 310° (*A.* **331**, 232 *C.* **1904** [1] 1221).

$C_{12}H_{14}ClBr$ 1) **α-Chlor-β-Brom-α-[4-Methylphenyl]-γ-Methyl-α-Buten.** Sd. 130 bis 140°$_{18}$ (*B.* **37**, 1089 *C.* **1904** [1] 1260).

$C_{12}H_{16}ON$ *4) **1-Benzoylhexahydropyridin.** Sd. 320—321° (*B.* **36**, 3524 *C.* **1903** [2] 1326).
*14) **Phenylamid d. β-Methyl-β-Buten-δ-Carbonsäure.** Sm. 106° (*C. r.* **139**, 293 *C.* **1904** [2] 692).
*27) **γ-Oximido-α-Phenyl-δ-Methyl-α-Penten.** Sm. 131—132° (*Soc.* **81**, 1489 *C.* **1903** [1] 138).
34) **Methyläther d. 2-Oxy-3-Isopropylpseudoindol.** Sm. 82° (*M.* **24**, 572 *C.* **1903** [2] 887).
35) **2-Keto-1-Methyl-3-Isopropyl-2,3-Dihydroindol.** Sm. 96° (*M.* **24**, 573 *C.* **1903** [2] 887).
36) **4-Methylphenylamid d. α-Buten-α-Carbonsäure.** Sm. 110°; Sd. 230 bis 235°$_{30}$ (*B.* **37**, 2000 *C.* **1904** [2] 24).
37) **4-Methylphenylamid d. α-Buten-δ-Carbonsäure.** Sm. 81,5°; Sd. 205°$_{18}$ (*B.* **37**, 2000 *C.* **1904** [2] 24).
38) **4-Methylphenylamid d. β-Buten-α-Carbonsäure.** Sm. 106° (*B.* **37**, 2000 *C.* **1904** [2] 24).
39) **Amid d. 1-[β-Phenyläthyl]-R-Trimethylen-2-Carbonsäure.** Sm. 104 bis 105° (*B.* **37**, 2106 *C.* **1904** [2] 105).

$C_{12}H_{15}OBr$ 1) **α-Bromisobutyl-4-Methylphenylketon.** Sm. 57° (*B.* **37**, 1088 *C.* **1904** [1] 1260).

$C_{12}H_{15}O_2N$ 40) **Methyl-4-Acetylamido-1,3-Dimethylphenylketon** (aus Essigsäure-2,4-Dimethylphenylamid). Sm. 119° (D.R.P. 56971). — *III, *121.*
41) **Aethyl-4-Propionylamidophenylketon.** Sm. 153° (*C.* **1903** [1] 1223).
42) **Methyläther d. δ-[4-Oxyphenyl]imido-β-Ketopentan** (Acetylaceton-p-Anisidid). Sm. 49°; Sd. 195°$_{15}$ (*B.* **37**, 1333 *C.* **1904** [1] 1361).
43) **3-Keto-1-Oxy-1,2-Diäthyl-2,3-Dihydroisoindol.** Sm. 129—130° (*B.* **37**, 388 *C.* **1904** [1] 669).
44) **β-[1,2,3,4-Tetrahydro-4-Chinolyl]propionsäure** (*B.* **37**, 1340 *C.* **1904** [1] 1362).
45) **Methylester d. 8-Amido-1,2,3,4-Tetrahydronaphtalin-1-Carbonsäure.** Sm. 53—54°. HCl (*B.* **35**, 4223 *C.* **1903** [1] 166).
46) **Acetylphenylamid d. Isobuttersäure.** Sm. 49—50° (*C. r.* **137**, 714 *C.* **1903** [2] 1428).

$C_{12}H_{15}O_2N_3$ 14) **γ-Semicarbazon-α-[6-Oxy-3-Methylphenyl]-α-Buten.** Sm. 203° (*B.* **37**, 3186 *C.* **1904** [2] 991).
15) **Diäthyläther d. 3,5-Dioxy-1-Phenyl-1,2,4-Triazol.** Sm. 46—47° (53°) (*Am.* **30**, 39 *C.* **1903** [2] 363; *B.* **36**, 3148 *C.* **1903** [2] 1073).

$C_{12}H_{15}O_2Br_3$ 3) **3-Methyläther-4-Aethyläther d. 2-Brom-3,4-Dioxy-1-[αβ-Dibrompropyl]benzol.** Fl. (*B.* **37**, 1130 *C.* **1904** [1] 1261).

$C_{12}H_{15}O_3N$ *18) **Aethylester d. Phenylacetylamidoessigsäure.** Sm. 82° (*B.* **36**, 1648 *C.* **1903** [2] 32).
*20) **Aethylester d. 2-Methylphenylmalonaminsäure.** Sm. 78° (*Soc.* **83**, 39 *C.* **1903** [1] 442).
*21) **Aethylester d. 4-Methylphenylmalonaminsäure.** Sm. 86° (*Soc.* **83**, 36 *C.* **1903** [1] 441).
*42) **Aethylester d. 4-Methylbenzoylamidoessigsäure.** Sm. 71° (*B.* **36**, 1648 *C.* **1903** [2] 32).

$C_{12}H_{15}O_3N$ 57) **Methylenäther d. 6-Acetylamido-3,4-Dioxy-1-Propylbenzol.** Sm. 171,5° (*Ar.* **242**, 89 *C.* **1904** [1] 1007).

58) **6-Methyläther d. 6,7-Dioxy-5-Oxymethyl-2-Methyl-3,4-Dihydrochinolin.** Sm. 226°. (HCl, $AuCl_3 + 4H_2O$) (*B.* **36**, 2214 *C.* **1903** [2] 444).

59) **Aethylester d. 2-Acetylphenylamidoessigsäure** (*B.* **32**, 3234). — *III, *96.*

60) **Aethylester d. Aethyphenyloxaminsäure.** Sd. 215—220° (*Soc.* **81**, 1573 Anm. *C.* **1903** [1] 158).

61) **Phenylmonamid d. Propan-ββ-Dicarbonsäuremonomethylester.** Sm. 80° (*Soc.* **83**, 1245 *C.* **1903** [2] 1421).

$C_{12}H_{15}O_3N_3$ 11) **Amid d. α-Benzoylamidoacetylamidoäthylamidoameisensäure.** Sm. 195° (*J. pr.* [2] **70**, 120 *C.* **1904** [2] 1037).

12) **4-Nitrophenylamid d. Hexahydropyridin-1-Carbonsäure.** Sm. 157° (*Bl.* [3] **29**, 410 *C.* **1903** [1] 1363).

$C_{12}H_{15}O_3Br$ 1) **3-Methyläther-4-Aethyläther d. α-Bromäthyl-3,4-Dioxyphenylketon.** Sm. 79° (*B* **37**, 872 *C.* **1904** [1] 1154).

$C_{12}H_{15}O_3Br_3$ 6) **3-Methyläther-4-Aethyläther d. 2,5-Dibrom-3,4-Dioxy-1-[β-Brom-α-Oxypropyl]benzol.** Sm. 102—103° (*B.* **37**, 1132 *C.* **1904** [1] 1261).

$C_{12}H_{15}O_4N$ *1) **Cotarnin** (Aldehyd d. 3,4,5-Trioxy-1-[β-Methylamidoäthyl]benzol-3-Methyläther-4,5-Methylenäther-2-Carbonsäure) (*B.* **36**, 1522 *C.* **1903** [2] 49; *Soc.* **83**, 598 *C.* **1903** [1] 1034, 1364; *Soc.* **85**, 121 *C.* **1904** [1] 382, 732).

46) **β-[4-Dimethylamido-2-Oxybenzoyl]propionsäure.** Sm. 190° (*C.* **1903** [2] 1433).

47) **α-Phenylamidoformoxyl-β-Methylpropan-β-Carbonsäure.** Sm. 126°. K (*Bl.* [3] **31**, 129 *C.* **1904** [1] 644).

48) **Diäthylester d. Phenylamin-NN-Dicarbonsäure.** Sm. 62° (*B.* **37**, 3681 *C.* **1904** [2] 1495).

49) **2,3-Dioxyphenylester d. Hexahydropyridin-1-Carbonsäure.** Sm. 161° (*B.* **37**, 109 *C.* **1904** [1] 584).

50) **3-Acetat d. 4-Acetylamido-1,3-Dioxybenzol-1-Aethyläther.** Sm. 91—93° (*J. pr.* [2] **70**, 328 *C.* **1904** [2] 1541).

51) **β-Benzylamid d. 1-α-Oxyäthan-αβ-Dicarbonsäure-α-Methylester.** Sm. 105° (*B.* **37**, 2127 *C.* **1904** [2] 439).

52) **β-[4-Methoxylphenylamid] d. Propan-αβ-Dicarbonsäure.** Sm. 173° (*G.* **34** [2] 268 *C.* **1904** [2] 1454).

53) **4-Aethoxylphenylamid d. Acetoxylessigsäure.** Sm. 130—131° (*B.* **37**, 3975 *C.* **1904** [2] 1605).

$C_{12}H_{15}O_4N_3$ 10) **β-Methyläther-3,4-Methylenäther d. α-Semicarbazon-β-Oxy-α-[3,4-Dioxyphenyl]propan.** Sm. 181° (*A.* **332**, 335 *C.* **1904** [2] 652).

11) **α-Phenylhydrazon-γ-Amidobutan-αγ-Dicarbonsäure** + H_2O. Sm. 156° u. Zers. K + $4H_2O$ (*R.* **23**, 144 *C.* **1904** [2] 193).

$C_{12}H_{15}O_4N_5$ 2) **8-Diacetylamido-2,6-Diketo-1,3,7-Trimethylpurin.** Sm. 145° (D.R.P. 139960 *C.* **1903** [1] 859).

$C_{12}H_{15}O_5N$ 18) **4,6,7-Trioxy-2-Methyl-1,2,3,4-Tetrahydrochinolin-6-Methyläther-5-Carbonsäure.** HCl, (2HCl, $PtCl_4$) (*B.* **36**, 2212 *C.* **1903** [2] 444).

19) **3-Methylester-α-Aethylester d. 6-Oxyphenylamidoessigsäure-3-Carbonsäure.** Sm. 126° (*A.* **325**, 322 *C.* **1903** [1] 770).

$C_{12}H_{15}O_8Cl$ *1) **Lakton d. Chlortriacetylgalaktonsäure.** Sm. 98° (*C.* **1903** [2] 1051).

$C_{12}H_{15}O_9N_3$ *1) **Triäthyläther d. 2,4,6-Trinitro-1,3,5-Trioxybenzol.** Sm. 119° (*Am.* **32**, 173 *C.* **1904** [2] 950).

$C_{12}H_{16}ON_2$ *17) **Phenylamid d. Hexahydropyridin-1-Carbonsäure.** Sm. 168° (*Bl.* [3] **29**, 410 *C.* **1903** [1] 1363).

25) **α-[d-sec. Butyl]-β-Benzylharnstoff.** Sm. 105° (*Ar.* **242**, 71 *C.* **1904** [1] 999).

26) **5-Oxy-3,4,4-Trimethyl-1-Phenyl-4,5-Dihydropyrazol.** Sm. 118° (*B.* **36**, 1275 *C.* **1903** [1] 1253).

27) **Cyanhydrin** (aus d. Nitril $C_{11}H_{15}ON$). Sm. 106—108° (*C.* **1904** [1] 1082).

$C_{12}H_{16}O_2N_2$ *20) **α-Phenylhydrazon-ββ-Dimethylpropan-α-Carbonsäure.** Sm. 153° (*A.* **327**, 204 *C.* **1903** [1] 1407).

47) **4-Diacetylamido-1-Dimethylamidobenzol.** Sm. 68—69° (*A* **334**, 312 *C.* **1904** [2] 986).

48) **Phenylamidoformiat d. 1-Oxyhexahydropyridin.** Sm. 105—106° (*B.* **37**, 3236 *C.* **1904** [2] 1153).

$C_{12}H_{16}O_2N_4$ 4) **7-Nitro-4-Dimethylamido-2,5-Dimethylbenzimidazol.** Sm. 146,5° (*J. pr.* [2] **67**, 570 *C.* **1903** [2] 241).
5) **Di[Methylamid] d. 4-Methylphenylhydrazonmethan-αα-Dicarbonsäure.** Sm. 91° (*B.* **37**, 4179 *C.* **1904** [2] 1705).

$C_{12}H_{16}O_2Br_2$ *1) **3-Methyläther-4-Aethyläther d. 3,4-Dioxy-1-[αβ-Dibrompropyl]-benzol** (*B.* **37**, 1130 *C.* **1904** [1] 1261).

$C_{12}H_{16}O_3N_2$ 39) **r-Benzoylornithin** (r-Monobenzoyl-αδ-Diamidovaleriansäure). Sm. 228° u. Zers. (*B.* **34**, 463). — ***II**, *1237*.
40) **α-[α-Amidopropionyl]amido-β-Phenylpropionsäure** + $2H_2O$. Sm. 241—243° (*B.* **37**, 3312 *C.* **1904** [2] 1306).
41) **Aethylester d. α-Benzoylamidoäthylamidoameisensäure.** Sm. 140° (*J. pr.* [2] **70**, 146 *C.* **1904** [2] 1394).
42) **Amid d. β-[4-Dimethylamido-2-Oxybenzoyl]propionsäure.** Sm. 217 bis 220° u. Zers. (*C.* **1903** [2] 1433).
43) **Phenylmonohydrazid d. Propan-ββ-Dicarbonsäuremonomethylester.** Sm. 111° (*Soc.* **83**, 1250 *C.* **1903** [2] 1422).

$C_{12}H_{16}O_3N_4$ 2) **Hydrazid d. α-Benzoylamidoacetylamidopropionsäure.** Sm. 187° (*J. pr.* [2] **70**, 118 *C.* **1904** [2] 1036).
3) **Hydrazid d. α-Benzoylamidopropionylamidoessigsäure.** Sm. 161 bis 162° (*J. pr.* [2] **70**, 154 *C.* **1904** [2] 1395).

$C_{12}H_{16}O_3Br_2$ *3) **3-Methyläther-α-Aethyläther d. 5-Brom-3,4-Dioxy-1-[β-Brom-α-Oxypropyl]benzol.** Sm. 66—67° (*A.* **329**, 17 *C.* **1903** [2] 1435).
4) **3-Methyläther-4-Aethyläther d. 2-Brom-3,4-Dioxy-1-[β-Brom-α-Oxypropyl]benzol.** Sm. 106—107° (*B.* **37**, 1131 *C.* **1904** [1] 1261).

$C_{12}H_{16}O_4N_2$ *1) **δε-Diimido-γζ-Diäthanoyl-βη-Diketooktan** (*A.* **332**, 147 *C.* **1904** [2] 191).
30) **Diäthylester d. 3,6-Dimethyl-1,2-Diazin-4,5-Dicarbonsäure.** Sm. 22°; Sd. 275° u. Zers. + $HgCl_2$ (*B.* **36**, 508 *C.* **1903** [1] 654; *B.* **36**, 2538 *C.* **1903** [2] 727).

$C_{12}H_{16}O_4N_4$ 2) **Methylester d. β-Phenylureïdoacetylamidomethylamidoameisensäure.** Sm. 201° u. Zers. (*J. pr.* [2] **70**, 258 *C.* **1904** [2] 1464).

$C_{12}H_{16}O_4Hg$ 1) **Verbindung** (aus Methylchavicol). Fl. (*B.* **36**, 3580 *C.* **1903** [2] 1363).

$C_{12}H_{16}O_5N_2$ 8) **Methyläther d. 3,5-Dinitro-4-Oxy-1-tert. Amylbenzol.** Sm. 39° (*A.* **327**, 213 *C.* **1903** [1] 1408).

$C_{12}H_{16}O_6N_2$ 6) **2-Oxybenzoylhydrazon d. 1-Arabinose.** Zers. 191° (*C.* **1904** [2] 1494).

$C_{12}H_{16}O_8N_2$ *7) **αδ-Diäthylester d. βγ-Diimidobutan-ααδδ-Tetracarbonsäure.** Na_2 (*A.* **332**, 124 *C.* **1904** [2] 189).

$C_{12}H_{16}NJ$ *2) **Jodallylat d. 1,2,3,4-Tetrahydrochinolin.** Sm. 169—170° (141°?) (*B.* **35**, 3910 *C.* **1903** [1] 36).

$C_{12}H_{16}N_2S_3$ 1) **Gem. Anhydrid d. Dimethylamidodithioameisensäure u. Aethylamidodithioameisensäure.** Sm. 95° (*B.* **36**, 2282 *C.* **1903** [2] 560).

$C_{12}H_{17}ON$ *17) **α-Cyanmethylcampher** (*C. r.* **136**, 789 *C.* **1903** [1] 1085).
*18) **β-Cyanmethylcampher** (*C. r.* **136**, 789 *C.* **1903** [1] 1085).
*25) **Diäthylamid d. Phenylessigsäure.** Sd. 167—168°$_{15}$ (*B.* **36**, 3525 *C.* **1903** [2] 1326).
*56) **1-Benzylhexahydropyridin-N-Oxyd.** Sm. 148°. HCl, (HCl, $AuCl_3$), Pikrat (*B.* **37**, 3232 *C.* **1904** [2] 1152).
61) **Amid d. α-Phenylpentan-ε-Carbonsäure.** Sm. 95—96° (*B.* **37**, 2106 *C.* **1904** [2] 105).
62) **Methylphenylamid d. Isovaleriansäure.** Sm. 22°; Sd. 170°$_{50}$ (*C. r.* **139**, 300 *C.* **1904** [2] 703).

$C_{12}H_{17}ON_3$ 6) **Inn. Anhydrid d. Oxymethylencamphersemicarbazon.** Sm. 205 bis 207° (*A.* **329**, 130 *C.* **1903** [2] 1323).
7) **Inn. Anhydrid d. Oxymethylendihydrocarvonsemicarbazon.** Sm. 125—127° (und 146—148°) (*A.* **329**, 124 *C.* **1903** [2] 1323).
8) **Inn. Anhydrid d. Oxymethylenthujonsemicarbazon.** Sm. 133—134° (*A.* **329**, 125 *C.* **1903** [2] 1323).
9) **Inn. Anhydrid d. Oxymethylenisothujonsemicarbazon.** Sm. 193—194° (*A.* **329**, 126 *C.* **1903** [2] 1323).

$C_{12}H_{17}O_2N$ *48) **Phenylester d. Diäthylamidoessigsäure.** Fl. HCl (*Ar.* **240**, 633 *C.* **1903** [1] 24).
*55) **Phenylamidoformiat d. d-α-Oxy-β-Methylbutan.** Sm. 30° (*B.* **37**, 1049 *C.* **1904** [1] 1249).

$C_{12}H_{17}O_2N$ 57) **2-Methylphenylester d. Diäthylamidoameisensäure.** Sm. 52°; Sd. 178—179°$_{15}$ (*Bl.* [3] **31**, 20 *C.* **1904** [1] 508).
58) **Phenylamidoformiat d. δ-Oxy-β-Methylbutan.** Sm. 55° (57—58°) (*B.* **37**, 1049 *C.* **1904** [1] 1249; *Bl.* [3] **31**, 600 *C.* **1904** [2] 19).
59) **Benzylamid d. α-Oxy-β-Methylpropan-β-Carbonsäure.** Sm. 64° (*Bl.* [3] 31, 124 *C.* **1904** [1] 644).

$C_{12}H_{17}O_2N_3$ 10) **β-Nitro-δ-Phenylhydrazon-β-Methylpentan.** Sm. 97° (*B.* **36**, 658 *C.* **1903** [1] 763).

$C_{12}H_{17}O_2Br_3$ 1) **1-Bornylester d. Tribromessigsäure.** Sm. 61° (*C. r.* **134**, 609 *C.* **1902** [1] 872). — *III, *339*.

$C_{12}H_{17}O_3N$ 23) **Säure** (aus d. Cyanhydrin $C_{12}H_{16}ON_2$) (*C.* **1904** [1] 1083).
24) **Methylester d. 3-Diäthylamido-4-Oxybenzol-1-Carbonsäure.** Sd. 285°. HJ (*A.* **325**, 331 *C.* **1903** [1] 770).
25) **Aethylester d. 6-Oxy-2-Methyl-5-Propylpyridin-6-Aethyläther-3-Carbonsäure.** Sm. 152° (*G.* **33** [2] 166 *C.* **1903** [2] 1283).
26) **2-Methoxylphenylester d. Diäthylamidoameisensäure.** Sd. 299—300° (*Bl.* [3] **31**, 691 *C.* **1904** [2] 198).

$C_{12}H_{17}O_3N_3$ 5) **Dimethyläther d. β-Semicarbazon-α-[3,4-Dioxyphenyl]propan.** Sm. 176° (*A.* **332**, 336 *C.* **1904** [2] 652).
6) **β,4-Dimethyläther d. α-Semicarbazon-β-Oxy-α-[4-Oxyphenyl]-propan.** Sm. 192° (*A.* **332**, 329 *C.* **1904** [2] 651).

$C_{12}H_{17}O_3Cl$ 1) **Methylester d. Chlorcamphocarbonsäure.** Sm. 52—53° (*B.* **35**, 4114 *C.* **1903** [1] 82).
2) **Methylester d. isom. Chlorcamphocarbonsäure.** Sm. 60—61° (*B.* **35**, 4115 *C.* **1903** [1] 82).

$C_{12}H_{17}O_3Br$ 3) **Methylester d. o-Bromcamphocarbonsäure.** Sm. 64—66° (*B.* **36**, 1724 *C.* **1903** [2] 37; *B.* **36**, 4280 Anm. *C.* **1904** [1] 457).

$C_{12}H_{17}O_3J$ 1) **Methylester d. o-Jodcamphocarbonsäure.** Sm. 71—72° (*B.* **36**, 1725 *C.* **1903** [2] 37; *B.* **36**, 4276 *C.* **1904** [1] 457).

$C_{12}H_{17}O_4N$ 13) **ε-Benzylidenamido-αβγδ-Tetraoxypentan** (Benzalarabinamin). Sm. 160 bis 161° u. Zers. (*C. r.* **136**, 1081 *C.* **1903** [1] 1305).

$C_{12}H_{17}O_5N$ 10) **Trimethyläther d. 4-Nitro-2,3,5-Trioxy-1-Propylbenzol.** Sm. 65° (*B.* **36**, 1718 *C.* **1903** [2] 114).

$C_{12}H_{17}O_5Cl$ 1) **Diäthylester d. 2-Chlormethyl-2,3-Dihydrofuran-4-Carbonsäure-5-Methylcarbonsäure.** Sd. 198—199°$_{17}$ (*C. r.* **137**, 12 *C.* **1903** [2] 507).

$C_{12}H_{17}O_6N$ 3) **ε-Aethylester d. γ-Cyan-β-Methylpentan-βγε-Tricarbonsäure.** K_2 (*Soc.* **85**, 137 *C.* **1904** [1] 728).
4) **Triäthylester d. β-Cyanäthan-ααβ-Tricarbonsäure.** Sm. 45—47° (*Am.* **30**, 468 *C.* **1904** [1] 378).

$C_{12}H_{17}O_6N_3$ C 48,1 — H 5,7 — O 32,1 — N 14,0 — M. G. 299.
1) **4-Nitrophenylhydrazon d. Rhamnose.** Sm. 186° (*R.* **22**, 438 *C.* **1904** [1] 15).

$C_{12}H_{17}O_7N_3$ C 45,7 — H 5,4 — O 35,6 — N 13,3 — M. G. 315.
1) **4-Nitrophenylhydrazon d. Fruktose.** Sm. 176° (*R.* **22**, 438 *C.* **1904** [1] 15).
2) **4-Nitrophenylhydrazon d. Galaktose.** Sm. 192° (*R.* **22**, 438 *C.* **1904** [1] 15).
3) **4-Nitrophenylhydrazon d. Glykose.** Sm. 185° (*R.* **22**, 436 *C.* **1904** [1] 15).
4) **isom. 4-Nitrophenylhydrazon d. Glykose.** Sm. 195° (*R.* **22**, 436 *C.* **1904** [1] 15).
5) **4-Nitrophenylhydrazon d. Mannose.** Sm. 190° (*R.* **22**, 437 *C.* **1904** [1] 15).
6) **isom. 4-Nitrophenylhydrazon d. Mannose.** Sm. 202° (*R.* **22**, 437 *C.* **1904** [1] 15).

$C_{12}H_{17}O_8N_3$ 2) **Methylisoamyläther d. 3,5-Dinitro-2,2-Dioxychinolnitrosäure?** Na (*Am.* **29**, 105 *C.* **1903** [1] 708).

$C_{12}H_{17}NS$ 3) **Phenylamid d. Thioisocapronsäure.** Sm. 63° (*B.* **36**, 588 *C.* **1903** [1] 830).

$C_{12}H_{18}ON_2$ 19) **Methylphenylhydrazid d. Isovaleriansäure.** Sm. 61° (*M.* **24**, 576 *C.* **1903** [2] 887).
20) **Amid d. α-Diäthylamidophenylessigsäure.** Sm. 143—144° (*B.* **36**, 4192 *C.* **1904** [1] 263).

$C_{12}H_{18}O_2S$ 4) **Acetat d. β-Merkaptocampher.** Sm. 38° (*Soc.* **83**, 483 *C.* **1903** [1] 923, 1137).

$C_{12}H_{18}O_3N_2$ 4) **Monoacetat d. α-d-Campherdioxim.** Sm. 148—149° u. Zers. (*Soc.* **85**, 909 *C.* **1904** [2] 597).

$C_{12}H_{18}O_3S$ 14) **δ-Phenyl-β-Methylpentan-?-Sulfonsäure.** Na + 1½H_2O, Mg + 3H_2O, Ba + H_2O, Cu + 3H_2O (*B.* **37**, 2308 *C.* **1904** [2] 216).

15) **d-α-Phenyl-γ-Methylpentan-?-Sulfonsäure.** Ba (*B.* **37**, 654 *C.* **1904** [1] 938).

$C_{12}H_{18}O_4N_2$ *3) **Diäthylester d. 3,6-Dimethyl-4,5-Dihydro-1,2-Diazin-4,5-Dicarbonsäure.** Sm. 68—69° (*B.* **35**, 4311 *C.* **1903** [1] 335; *B.* **36**, 500 *C.* **1903** [1] 653).

*4) **Methylphenylhydrazon d. l-Arabinose.** Sm. 164° (*B.* **37**, 312 *C.* **1904** [1] 650; *B.* **37**, 3853 *C.* **1904** [2] 1711).

*6) **Phenylhydrazon d. Fukose.** Sm. 170—171° (172—173°) (*B.* **37**, 307 *C.* **1904** [1] 649; *B.* **37**, 3859 *C.* **1904** [2] 1712).

*8) **Pyrazolon** (aus 5-Keto-1-Oxy-1,3-Dimethylhexahydrobenzol-3,5-Dicarbonsäurediäthylester) (*A.* **332**, 20 *C.* **1904** [1] 1565).

9) **Methylphenylhydrazon d. Xylose.** Sm. 108—110° (*B.* **37**, 311 *C.* **1904** [1] 650).

10) **Aethylester d. α-Cyan-α-Oxyessig-[β-Cyan-α-Aethoxylbutyl]äthersäure.** Sm. 68°; Sd. 215°$_{20}$ (*C.* **1904** [1] 159).

11) **Diäthylester d. 1-Amido-2,5-Dimethylpyrrol-3,4-Dicarbonsäure.** Sm. 102—103° (*B.* **35**, 4312 *C.* **1903** [1] 336).

$C_{12}H_{18}O_4N_6$ C 46,5 — H 5,8 — O 20,6 — N 27,1 — M. G. 310.

1) **2,4,2',4'-Tetraketo-3,5,5,3',5',5'-Hexamethyloktohydro-1,1'-Azoimidazol.** Zers. bei 278° (*C.* **1904** [2] 1029).

$C_{12}H_{18}O_4S$ 4) **α-[2-Oxyphenyl]butanäthyläther-?-Sulfonsäure** (*B.* **37**, 4000 *C.* **1904** [2] 1641).

$C_{12}H_{18}O_4S_2$ 2) **α-Isoamylsulfon-α-Phenylsulfonmethan.** Sm. 86—88° (*B.* **36**, 300 *C.* **1903** [1] 500).

3) **1,3-Di[Propylsulfon]benzol.** Sm. 109—110° (*J. pr.* [2] **68**, 321 *C.* **1903** [2] 1170).

$C_{12}H_{18}O_5N_2$ 14) **α-[βγδε-Tetraoxyamyl]-β-Phenylharnstoff** (Arabinaminphenylharnstoff). Sm. 179° (*C. r.* **136**, 1079 *C.* **1903** [1] 1305).

15) **Phenylhydrazid d. Fukonsäure.** Sm. 203—204° (*B.* **37**, 309 *C.* **1904** [1] 649).

16) **Phenylhydrazid d. Rhodeonsäure.** Sm. 206° (*B.* **37**, 3860 *C.* **1904** [2] 1712).

$C_{12}H_{18}O_6N_2$ *11) **Triäthylester d. 4,5-Dihydropyrazol-3,4,5-Tricarbonsäure.** Sm. 99° (*B.* **36**, 3513 *C.* **1903** [2] 1275).

12) **Diisobutylester d. Bisanhydronitroessigsäure.** Sd. 180—185°$_{15}$ (*Bl.* [3] **31**, 681 *C.* **1904** [2] 195).

$C_{12}H_{18}O_6N_4$ *2) **Azin d. Oximidoacetessigsäureäthylester** (Diäthylester d. Bisdiazoacetessigsäure). Sm. 194° u. Zers. (*G.* **34** [1] 179 *C.* **1904** [1] 1332; *B.* **37**, 2831 *C.* **1904** [2] 642).

$C_{12}H_{18}O_8N_2$ C 45,3 — H 5,7 — O 40,2 — N 8,8 — M. G. 318.

1) **Monoäthylester d. γ-Amido-δ-Imidohexan-ββεε-Tetracarbonsäure.** Sm. 139—140° u. Zers. (*B.* **35**, 4127 *C.* **1903** [1] 136).

$C_{12}H_{18}O_{10}N_{12}$ C 27,6 — H 3,8 — O 33,5 — N 35,1 — M. G. 478.

1) **Verbindung** (aus Nitromalonsäureamid) (*M.* **25**, 115 *C.* **1904** [1] 1553).

$C_{12}H_{18}NCl$ *1) **Chlormethylat d. 1-Aethyl-1,2,3,4-Tetrahydrochinolin.** 2 + $PtCl_4$ (*Soc.* **83**, 1417 *C.* **1904** [1] 439).

6) **d-Methyläthylallylphenylammoniumchlorid.** 2 + $PtCl_4$ (*Soc.* **83**, 1420 *C.* **1904** [1] 439).

7) **Methyläthylallylphenylammoniumchlorid.** 2 + $PtCl_4$ (*B.* **36**, 3794 *C.* **1904** [1] 20).

$C_{12}H_{18}NBr$ 2) **Methyläthylallylphenylammoniumbromid.** Zers. bei 140°. + $CHCl_3$ (*B.* **36**, 3796 *C.* **1904** [1] 20).

$C_{12}H_{18}NJ$ *7) **Methyläthylallylphenylammoniumjodid.** Sm. 75—80°. + $CHCl_3$ (*B.* **36**, 3793 *C.* **1904** [1] 20).

$C_{12}H_{18}N_2S$ 8) **α-[d-sec. Butyl]-β-Benzylthioharnstoff.** Sm. 58° (*Ar.* **242**, 62 *C.* **1904** [1] 998).

$C_{12}H_{19}ON$ *6) **Oxim d. Xyliton.** Fl. (L. Blach, Dissert., Heidelberg 1900).

17*

$C_{12}H_{19}ON$ *10) **Methylhydroxyd d. 1-Aethyl-1,2,3,4-Tetrahydrochinolin.** d-Bromcamphersulfonat (*Soc.* **83**, 1417 *C.* **1904** [1] 439).
*16) **Aethyläther d. 6-Amido-3-Oxy-4-Isopropyl-1-Methylbenzol.** Fl. (*B.* **36**, 2691 *C.* **1903** [2] 875).
18) **γ-Dimethylamido-β-Oxy-α-Phenyl-β-Methylpropan.** Sd. $144°_{24}$ (*C. r.* **138**, 768 *C.* **1904** [1] 1196).
19) **Methyläthylallylphenylammoniumhydroxyd.** d-Bromcamphersulfonat (*Soc.* **83**, 1419 *C.* **1904** [1] 439).
20) **4-Oximido-6-Isobutenyl-2,2-Dimethyl-1,2,3,4-Tetrahydrobenzol.** Sm. 98° (L. Blach, Dissert., Heidelberg 1900).
21) **Oxim d. Isoxyliton.** Fl. (L. Blach, Dissert., Heidelberg 1900).

$C_{12}H_{19}ON_3$ 3) **δ-Phenylhydrazon-β-Hydroxylamido-β-Methylpentan.** Sm. 120°; Sd. 140—$150°_{10}$ u. Zers. Oxalat (*B.* **36**, 656 *C.* **1903** [1] 762).
4) **Semicarbazon d. Santalon.** Sm. 175° (*Ar.* **238**, 378). — *III, *415.*
5) **Inn. Anhydrid d. Oxymethylenmenthonsemicarbazon.** Sm. 117 bis 118° (und 143—144°) (*A.* **329**, 122 *C.* **1903** [2] 1322).
6) **Inn. Anhydrid d. Oxymethylentetrahydrocarvonsemicarbazon.** Sm. 178—182° (150°) (*A.* **329**, 123 *C.* **1903** [2] 1323).
7) **Inn. Anhydrid d. Oxymethylenthujamenthonsemicarbazon.** Sm. 121 bis 122° (und 159—161°) (*A.* **329**, 127 *C.* **1903** [2] 1323).

$C_{12}H_{19}OBr$ 2) **Aethylbromcampher.** Sd. 115—$120°_{10}$ (*C. r.* **138**, 578 *C.* **1904** [1] 948).

$C_{12}H_{19}OJ$ 1) **Verbindung** (aus d-Pinen) (*G.* **33** [1] 398 *C.* **1903** [2] 571).

$C_{12}H_{19}OJ_2$ 1) **Verbindung** (aus d-Pinen) (*G.* **33** [1] 399 *C.* **1903** [2] 571).

$C_{12}H_{19}OJ_3$ 1) **Verbindung** (aus d-Pinen) (*G.* **33** [1] 397 *C.* **1903** [2] 571).

$C_{12}H_{19}O_2N$ *1) **Aethyläther d. Oximidocampher.** Sm. 71° (*Soc.* **85**, 903 *C.* **1904** [2] 597).
10) **α-Aethyläther d. γ-[4-Methylphenyl]amido-αβ-Dioxypropan.** Sm. 41 bis 42° (*B.* **37**, 3035 *C.* **1904** [2] 1213).
11) **α-Oximidoäthylcampher.** Sm. 164° (*B.* **36**, 2637 *C.* **1903** [2] 626).
12) **Nitril d. 5-Acetoxyl-1,1,3-Trimethylhexahydrobenzol-5-Carbonsäure.** Sd. $146°_{17}$ (D.R.P. 141699 *C.* **1903** [1] 1245).

$C_{12}H_{19}O_2N_3$ 4) **Semicarbazon d. Oxymethylencampher.** Sm. 217—218° (*A.* **329**, 129 *C.* **1903** [2] 1323).
5) **Semicarbazon d. Oxymethylendihydrocarvon.** Sm. 163—165° (*A.* **329**, 124 *C.* **1903** [2] 1323).
6) **Semicarbazon d. Oxymethylenthujon.** Sm. 179—181° (*A.* **329**, 125 *C.* **1903** [2] 1323).
7) **Semicarbazon d. Oxymethylenisothujon.** Sm. 204—205° (*A.* **329**, 126 *C.* **1903** [2] 1323).

$C_{12}H_{19}O_2Cl$ *1) **l-Bornylester d. Chloressigsäure.** Sd. $147°_{30}$ (*Ar.* **240**, 649 *C.* **1903** [1] 399).

$C_{12}H_{19}O_2Cl_3$ 4) **Verbindung** (aus l-Borneol u. Chloral). Sm. 48° (*C. r.* **132**, 1574). — *III, *338.*
5) **Verbindung** (aus i-Borneol u. Chloral). Sm. 48° (*C. r.* **132**, 1574). — *III, *339.*

$C_{12}H_{19}O_2Br_3$ 3) **Verbindung** (aus l-Borneol u. Tribromessigsäurealdehyd). Sm. 109° (*C. r.* **132**, 1574). — *III, *338.*
4) **Verbindung** (aus i-Borneol u. Tribromessigsäurealdehyd). Sm. 82° (*C. r.* **132**, 1574). — *III, *339.*

$C_{12}H_{19}O_3N$ 7) **Trimethyläther d. Dimethyl-3,4,5-Trioxybenzylamin** (N-Methylmezcalin). (2HCl, $PtCl_4$), HJ (*B.* **31**, 1195; **34**, 3011). — *III, *601.*

$C_{12}H_{19}O_4N$ 11) **Diäthylester d. cis-α-Cyan-β-Methylbutan-αγ-Dicarbonsäure.** Sd. $172°_{17}$ (*C. r.* **136**, 243 *C.* **1903** [1] 565).
12) **Diäthylester d. γ-Cyan-β-Methylbutan-αγ-Dicarbonsäure.** Sd. $185°_{30}$ (*Soc.* **83**, 355 *C.* **1903** [1] 389, 1122).
13) **Diäthylester d. α-Cyan-β-Methylbutan-αδ-Dicarbonsäure.** Sd. 175 bis $185°_{20}$ (*C.* **1903** [2] 1425).

$C_{12}H_{19}O_4N_3$ 2) **2,5-Diketo-4,4-Dimethyl-1-Allyltetrahydroimidazol-3-α-Amidoisobuttersäure.** Sm. 114° (*C.* **1904** [2] 1029).

$C_{12}H_{19}O_4P$ 1) **Säure** (aus Benzaldehyd). Sm. 192° (*C. r.* **138**, 1708 *C.* **1904** [2] 423).
2) **Säure** (aus Isovaleraldehyd). Sm. 203—205° (*C. r.* **138**, 1709 *C.* **1904** [2] 423).
3) **Säure.** Sm. 170° (*C. r.* **138**, 1708 *C.* **1904** [2] 423).

$C_{12}H_{19}O_5N_3$ C 50,5 — H 6,7 — O 28,1 — N 14,7 — M. G. 285.
1) **Diäthylester d. Azodiazobisacetessigsäure.** Sm. 140° u. Zers. (*G.* **34** [1] 209 *C.* **1904** [1] 1486).

$C_{12}H_{19}O_6Cl$ 2) **Triäthylester d. α-Chlorpropan-ααγ-Tricarbonsäure.** Fl. (*Soc.* **85**, 863 *C.* **1904** [2] 512).

$C_{12}H_{19}O_6Br$ 1) **Triäthylester d. α-Brompropan-ααγ-Tricarbonsäure.** Fl. (*C.* **1903** [1] 628; *Soc.* **85**, 863 *C.* **1904** [2] 512).

$C_{12}H_{19}O_6J$ 1) **Triäthylester d. α-Jodpropan-ααγ-Tricarbonsäure.** Fl. (*C.* **1903** [1] 628; *Soc.* **85**, 863 *C.* **1904** [2] 512).

$C_{12}H_{20}OS_2$ 2) **Methylester d. Bornylxanthogensäure.** Sm. 56—57° (*C.* **1904** [2] 983).

$C_{12}H_{20}O_3N_2$ C 60,0 — H 8,3 — O 20,0 — N 11,7 — M. G. 240.
1) **2,4,6-Triketo-5,5-Diisobutylhexahydro-1,3-Diazin.** Sm. 173,5° (D.R.P. 146496 *C.* **1903** [2] 1484; *A.* **335**, 346 *C.* **1904** [2] 1381).
2) **2,4,6-Triketo-1,3,5,5-Tetraäthylhexahydro-1,3-Diazin.** Sd. 125,5 bis 126° (*A.* **335**, 349 *C.* **1904** [2] 1381).
3) **Methylhydroxyd d. Isopilocarpin.** Salze siehe (*C.* **1897** [1] 1214; *Bl.* [3] **17**, 563; *Soc.* **77**, 485, 853; *B.* **35**, 2442). — *III, *685.*

$C_{12}H_{20}O_4N_2$ 6) **Azin d. Acetessigsäureäthylester.** Sm. 47—48° (*B.* **37**, 2830 *C.* **1904** [2] 642).

$C_{12}H_{20}NJ$ 7) **Dimethylisobutylphenylammoniumjodid.** Sm. 155—156° (*Soc.* **83**, 1408 *C.* **1904** [1] 438).

$C_{12}H_{20}N_2J_2$ *3) **Dijodmethylat d. i-Nikotin.** Sm. 219° (*B.* **37**, 1228 *C.* **1904** [1] 1278).

$C_{12}H_{20}N_2S_3$ 1) **Sulfid d. Hexahydropyridin-1-Dithiocarbonsäure.** Sm. 120° (*B.* **36**, 2281 *C.* **1903** [2] 560).

$C_{12}H_{21}ON$ 19) **Methyldipropylphenylammoniumhydroxyd.** Jodid, d-Camphersulfonat (*Soc.* **83**, 1409 *C.* **1904** [1] 438).

$C_{12}H_{21}OBr$ 1) **Verbindung** (aus Phellandrendibromid). Sd. 125—135°$_{10}$ (*B.* **36**, 1754 *C.* **1903** [2] 117).

$C_{12}H_{21}O_2N$ 5) **Acetyllupinin.** (HCl, $AuCl_3$) (*Ar.* **235**, 276). — *III, *664.*

$C_{12}H_{21}O_2N_3$ 2) **Semicarbazon d. Oxymethylenmenthon.** Sm. 167—169° (*A.* **329**, 121 *C.* **1903** [2] 1322).
3) **Semicarbazon d. Oxymethylenthujamenthon.** Sm. 125—145° (*A.* **329**, 127 *C.* **1903** [2] 1323).

$C_{12}H_{21}O_2Cl$ *2) **l-Menthylester d. Chloressigsäure.** Sm. 38° (*Ar.* **240**, 646 *C.* **1903** [1] 399).

$C_{12}H_{21}O_2Br$ 4) **Hydrobromid d. βζ-Dimethyl-αϑ-Nonadiën-ι-Carbonsäure.** Fl. (*B.* **36**, 2799 *C.* **1903** [2] 877).

$C_{12}H_{21}O_4N$ 10) **Diäthylester d. r-Tropinsäure.** Sd. 160°$_{18,5}$ (*B.* **33**, 414). — *III, *615.*

$C_{12}H_{21}O_6B$ 1) **Gem. Anhydrid d. Buttersäure u. Borsäure.** Fl. (*B.* **36**, 2223 *C.* **1903** [2] 421).

$C_{12}H_{21}O_8N$ C 46,9 — H 6,8 — O 41,7 — N 4,6 — M. G. 307.
1) **Diisobutylester d. Nitroweinsäure.** Fl. (*B.* **35**, 4367 *C.* **1903** [1] 321; *B.* **36**, 780 *C.* **1903** [1] 826).

$C_{12}H_{21}O_{11}N$ *1) **Chondrosin** (*H.* **37**, 411 *C.* **1903** [1] 1140).

$C_{12}H_{21}N_2J$ 2) **Jodpropylat d. s-Propylphenylhydrazin** (*C. r.* **137**, 330 *C.* **1903** [2] 716; *Bl.* [3] **29**, 970 *C.* **1903** [2] 1115).

$C_{12}H_{22}ON_2$ *6) **Nitrolpiperidid d. 5-Methyl-1,2,3,4-Tetrahydrobenzol.** Sm. 152 bis 153° (*B.* **36**, 329; *A.* **329**, 370 *C.* **1904** [1] 516).
7) **5-Keto-3-Methyl-4-norm. Oktyl-4,5-Dihydropyrazol.** Sm. 182° (*Bl.* [3] **31**, 762 *C.* **1904** [2] 343).
8) **5-Keto-3-Methyl-4-sec. Oktyl-4,5-Dihydropyrazol.** Sm. 137° (*Bl.* [3] **31**, 762 *C.* **1904** [2] 343).

$C_{12}H_{22}OS_2$ *1) **Methylester d. Menthylxanthogensäure** (*C.* **1904** [1] 1347).
2) **Methylester d. Thujamenthylxanthogensäure.** Fl. (*B.* **37**, 1485 *C.* **1904** [1] 1349).

$C_{12}H_{22}O_2N_2$ *3) **2,5-Diketo-3,6-Diisobutylhexahydro-1,4-Diazin.** Sm. 265° (*B.* **37**, 1182 *C.* **1904** [2] 1710).

$C_{12}H_{22}O_2N_6$ C 51,1 — H 7,8 — O 11,3 — N 29,8 — M. G. 282.
1) **2,3-Disemicarbazon-4-Isopropyl-1-Methylhexahydrobenzol.** Sm. 268 bis 270° u. Zers. (*C.* **1904** [2] 1044).
2) **Semicarbazon d. Semicarbazidodihydroumbellulon.** Sm. 217° u. Zers. (*Soc.* **85**, 635 *C.* **1904** [1] 1607 *C.* **1904** [2] 333).

$C_{12}H_{22}O_2Br_2$ 1) **Dihydrobromid d. βζ-Dimethyl-αϑ-Nonadiën-ι-Carbonsäure.** Fl. (*B.* **36**, 2800 *C.* **1903** [2] 877).

$C_{12}H_{22}O_2Br_4$ 1) **Tetrabromid d. Glykol** $C_{12}H_{22}O_2$ (*M.* **24**, 158 *C.* **1903** [1] 957).

$C_{12}H_{22}O_3N_2$ C 59,5 — H 9,1 — O 19,8 — N 11,6 — M. G. 242.
1) **Di[2-Oxyhexahydrophenyl]nitrosamin.** Sm. 148° (*C. r.* **137**, 199 *C.* **1903** [2] 665).
2) **isom. Di[2-Oxyhexahydrophenyl]nitrosamin.** Sm. 171° (*C. r.* **137**, 199 *C.* **1903** [2] 665).

$C_{12}H_{22}O_5N_2$ C 52,6 — H 8,0 — O 29,2 — N 10,2 — M. G. 274.
1) **Verbindung** (aus Acetylen). Sd. 135—140°$_{55}$ (*G.* **33** [2] 321 *C.* **1904** [1] 255).

$C_{12}H_{23}ON$ 9) **l-P-Menthylamid d. Essigsäure.** Sm. 136—137° (*C.* **1904** [2] 1046).

$C_{12}H_{23}ON_3$ C 64,0 — H 10,2 — O 7,1 — N 18,7 — M. G. 225.
1) **Semicarbazon d. isom. l-Methylmenthon.** Sm. 203—204° (*C.* **1904** [2] 1046).

$C_{12}H_{23}OCl$ *1) **Chlorid d. Laurinsäure.** Sd. 135—140°$_{10}$ (*Bl.* [3] **29**, 1122 *C.* **1904** [1] 259).

$C_{12}H_{23}O_2N$ 8) **Di[2-Oxyhexahydrophenyl]amin.** Sm. 153°. HCl (*C. r.* **137**, 199 *C.* **1903** [2] 665).
9) **isom. Di[2-Oxyhexahydrophenyl]amin.** Sm. 114°. HCl (*C. r.* **137**, 199 *C.* **1903** [2] 665).
10) **Methylester d. l-Menthylamidoameisensäure.** Sm. 53° (*Soc.* **85**, 689 *C.* **1904** [2] 332).
11) **Aethylester d. 1,2,2,5,5-Pentamethyltetrahydropyrrol-3-Carbonsäure.** Sd. 227°$_{760}$ (*B.* **36**, 3361 *C.* **1903** [2] 1185).

$C_{12}H_{23}O_2Br$ *1) **α-Bromundekan-α-Carbonsäure** (α-Laurinsäure). Sm. 32° (*Bl.* [3] **29**, 1123 *C.* **1904** [1] 259).

$C_{12}H_{23}O_3N_3$ 2) **sec. Oktylester d. α-Semicarbazonpropionsäure.** Sm. 118—119° (*C. r.* **138**, 985 *C.* **1904** [1] 1398).

$C_{12}H_{23}O_4N_3$ 2) **Aethylester d. α-Amidoisocapronylamidoacetylamidoessigsäure.** Fl. HCl (*B.* **36**, 2991 *C.* **1903** [2] 1112).

$C_{12}H_{24}O_2N_4$ 2) **γ-Oximido-β-Semicarbazon-δ-Methyldekan.** Sm. 178° (*Bl.* [3] **31**, 1169 *C.* **1904** [2] 1701).

$C_{12}H_{24}O_3N_2$ *3) **i-α-[α-Amidoisocapronyl]amidoisocapronsäure** + 1½ H_2O (i-Leucylleucin) (*B.* **37**, 2493 *C.* **1904** [2] 425).

$C_{12}H_{24}O_5N_2$ C 54,1 — H 5,3 — O 30,1 — N 10,5 — M. G. 266.
1) **d-Kaseïnsäure.** Sm. 226° (228°). Cu (*B.* **37**, 1597 *C.* **1904** [1] 1449; *H.* **42**, 290 *C.* **1904** [2] 958).
2) **r-Kaseïnsäure.** Sm. 246°. Cu (*B.* **37**, 1597 *C.* **1904** [1] 1449; *H.* **42**, 295 *C.* **1904** [2] 958).

$C_{12}H_{24}O_9N_2$ C 42,3 — H 7,1 — O 42,3 — N 8,2 — M. G. 340.
1) **Verbindung.** Zers. bei 170° (*M.* **24**, 451 *C.* **1903** [2] 588).

$C_{12}H_{24}O_{10}N_2$ 3) **Di[βγδε-Tetraoxyamylamid] d. Oxalsäure** (Arabinoxamid). Sm. 217 bis 218° (*C. r.* **136**, 1079 *C.* **1903** [1] 1305).

$C_{12}H_{25}ON$ *1) **Amid d. Laurinsäure.** Sm. 98—99° (*Bl.* [3] **29**, 1209 *C.* **1904** [1] 355).
3) **ε-Oximidomethyl-βζ-Dimethylnonan.** Sd. 153°$_{30}$ (*Bl.* [3] **31**, 307 *C.* **1904** [1] 1133).

$C_{12}H_{25}ON_3$ *1) **β-Semicarbazonundekan.** Sm. 122° (*Soc.* **81**, 1588 *C.* **1903** [1] 29, 162; *Bl.* [3] **29**, 676 *C.* **1903** [2] 487).
*2) **β-Semicarbazon-δ-Methyldekan.** Sm. 66° (*Bl.* [3] **31**, 1158 *C.* **1904** [2] 1708).
3) **α-Semicarbazonundekan.** Sm. 103° (*Bl.* [3] **29**, 1205 *C.* **1904** [1] 355).

$C_{12}H_{25}O_4N$ C 58,3 — H 10,1 — O 25,9 — N 5,7 — M. G. 247.
1) **β-Diäthylamidoformiat d. αβγ-Trioxypropan-αγ-Diäthyläther.** Sd. 260—262° (*Bl.* [3] **31**, 691 *C.* **1904** [2] 198).

$C_{12}H_{26}O_4S_2$ 1) **αα-Di[Isoamylsulfon]äthan.** Sm. 130° (*B.* **36**, 298 *C.* **1903** [1] 499).

$C_{12}H_{26}O_5N_2$ C 51,8 — H 9,3 — O 28,8 — N 10,1 — M. G. 278.
1) **Diamidotrioxyundekancarbonsäure.** Sm. 255° u. Zers. Cu (*H.* **42**, 540 *C.* **1904** [2] 1417).

$C_{12}H_{26}O_6S_3$ 2) **ββε-Triäthylsulfonhexan.** Sm. 125—130° (*B.* **37**, 508 *C.* **1904** [1] 883).

$C_{12}H_{26}NJ$ 5) **Jodmethylat d. Dihydro-β-Dimethylamidocampholen.** Sm. 270° u. Zers. (*C. r.* **136**, 1461 *C.* **1903** [2] 287).

$C_{12}H_{27}ON$ 3) **Methylhydroxyd d. Dihydro-β-Dimethylamidocampholen** (*C. r.* **136**, 1461 *C.* **1903** [2] 287).

$C_{12}H_{27}O_3B$ *1) **Triisobutylester d. Borsäure.** Sd. 212° (*B.* **36**, 2221 *C.* **1903** [2] 420).

$C_{12}H_{28}NCl$ 1) **Tetrapropylammoniumchlorid.** 2 + $PtCl_4$ (*C.* **1904** [1] 923).

$C_{12}H_{30}N_3P$ 1) **Tri[Isobutylamido]phosphin.** Fl. (*A.* **326**, 151 *C.* **1903** [1] 760).
2) **Tri[Diäthylamido]phosphin.** Sd. 245—246° u. ger. Zers. (*A.* **326**, 169 *C.* **1903** [1] 762).

— 12 IV —

$C_{12}H_4O_5N_3Cl_3$ 1) **2,3,5- oder -2,3,6-Trichlor-4-[2,4-Dinitrophenyl]imido-1-Keto-1,4-Dihydrobenzol.** Sm. 211° (*B.* **36**, 3268 *C.* **1903** [2] 1126; *B.* **37**, 1727 *C.* **1904** [1] 1520).
2) **3,5,?-Trichor-4-[2,4-Dinitrophenyl]imido-1-Keto-1,4-Dihydrobenzol.** Sm. 216° (*B.* **36**, 3265 *C.* **1903** [2] 1126).

$C_{12}H_5ONCl_4$ 1) **2,3,5-Trichlor-4-[4-Chlorphenyl]imido-1-Keto-1,4-Dihydrobenzol.** Sm. 153° (*C.* **1898** [2] 36). — *III, *258.*

$C_{12}H_5O_5N_3Cl_2$ 1) **2,6-Diketo-4-[2,4-Dinitrophenyl]imido-1-Keto-1,4-Dihydrobenzol.** Sm. 219—220° (*B.* **36**, 3262 *C.* **1903** [2] 1126).

$C_{12}H_5O_8N_5Cl_2$ 1) **2′,4′-Dichlor-2,4,?,?-Tetranitrodiphenylamin.** Sm. 198° (*B.* **36**, 34 *C.* **1903** [1] 521).

$C_{12}H_5O_9N_4Br$ 1) **4-Brom-2,2′,4′,6′-Tetranitrodiphenyläther.** Sm. 232° (*Am.* **29**, 215 *C.* **1903** [1] 964).

$C_{12}H_6O_2N_3Cl_3$ 1) **2,4,6-Trichlor-2′-Nitroazobenzol.** Sm. 143° (*B.* **36**, 3820 *C.* **1904** [1] 18).

$C_{12}H_6O_3N_2S$ 1) **Nitroindophenin** (*B.* **37**, 3349 *C.* **1904** [2] 1058).

$C_{12}H_6O_5N_3Cl_3$ 1) **2,3,5- oder -2,3,6-Trichlor-2′,4′-Dinitro-4-Oxydiphenylamin.** Sm. 211° (*B.* **36**, 3269 *C.* **1903** [2] 1126).

$C_{12}H_6O_6N_2Br_2$ 1) **3-Brom-?-Dinitro-4,4′-Dioxybiphenyl.** Zers. bei 241° (*A.* **333**, 364 *C.* **1904** [2] 1117).

$C_{12}H_6O_6N_4S_2$ *1) **4,4′-Bidiazobiphenyl-2,2′-Disulfonsäure** + $2H_2O$ (*J. pr.* [2] **66**, 572 *C.* **1903** [1] 519).

$C_{12}H_6O_6N_6S_2$ 1) **Diazoderivat d. 2,2′-Diamidoazobenzol-4,4′-Disulfonsäure** + $2H_2O$ (*A.* **330**, 21 *C.* **1904** [1] 1139).

$C_{12}H_6O_7N_4Cl_2$ 1) **3,5-Dichlor-2,2′,4′-Trinitro-4-Oxydiphenylamin.** Sm. 235° (*B.* **37**, 1730 *C.* **1904** [1] 1521).
2) **3,5-Dichlor-2′,4′,6′-Trinitro-4-Oxydiphenylamin.** Sm. 225° (*B.* **37**, 1730 *C.* **1904** [1] 1521).

$C_{12}H_6O_7Br_2S$ 1) **?-Dibromnaphtalin-1,8-Dicarbonsäure-?-Sulfonsäure.** Sm. 204 bis 205°. Ba + $8H_2O$ (*C.* **1903** [2] 725).

$C_{12}H_6O_8N_5Cl$ 1) **4′-Chlor-2′,4′,?,?-Tetranitrodiphenylamin.** Sm. 182—183° (*B.* **36**, 33 *C.* **1903** [1] 520).

$C_{12}H_7ONS$ *1) **Indophenin** (*B.* **37**, 2463 *C.* **1904** [2] 368.

$C_{12}H_7O_2N_2Br$ 1) **3-Brom-7,8-Dioximidoacenaphten** (*A.* **327**, 88 *C.* **1903** [1] 1228).

$C_{12}H_7O_3N_2Br_3$ 2) **4,5,6-Trinitro-2-Nitrodiphenylamin.** Sm. 138—139° (*Am.* **30**, 77 *C.* **1903** [2] 356).

$C_{12}H_7O_2N_3Cl_2$ 2) **2,4-Dichlor-2′-Nitroazobenzol.** Sm. 155,5° (*B.* **36**, 3820 *C.* **1904** [1] 18).

$C_{12}H_7O_4NS_2$ 1) **Indopheninsulfonsäure.** Ba (*B.* **37**, 2464 Anm. *C.* **1904** [2] 368).

$C_{12}H_7O_4N_3Cl_2$ 2) **2′,4′-Dichlor-2,4-Dinitrodiphenylamin.** Sm. 166° (*B.* **36**, 33 *C.* **1903** [1] 521).

$C_{12}H_7O_5N_3Cl_2$ 1) **3,5-Dichlor-2′,4′-Dinitro-4-Oxydiphenylamin.** Sm. 207° (*B.* **36**, 3264 *C.* **1903** [2] 1126).

$C_{12}H_7O_6N_4Cl$ *3) **4′-Chlor-2,4,6-Trinitrodiphenylamin.** Sm. 170° (*J. pr.* [2] **67**, 469 *C.* **1903** [1] 1422).
4) **2′-Chlor-2,4,4′-Trinitrodiphenylamin.** Sm. 165—166° (*B.* **36**, 32 *C.* **1903** [1] 520).
5) **3′-Chlor-2,4,?-Trinitrodiphenylamin.** Sm. 209° (?) (*B.* **36**, 33 *C.* **1903** [1] 520).

$C_{12}H_7O_7N_4Cl$ 1) **5-Chlor-2,2′,4′-Trinitro-4-Oxydiphenylamin.** Sm. 252° u. Zers. (*B.* **37**, 1728 *C.* **1904** [1] 1520).
2) **5-Chlor-3,2′,4′-Trinitro-4-Oxydiphenylamin.** Sm. 232° (*B.* **37**, 1729 *C.* **1904** [1] 1520).
3) **3-Chlor-2′,4′,6′-Trinitro-4-Oxydiphenylamin.** Sm. 185,5° (*B.* **37**, 1728 *C.* **1904** [1] 1520).
4) **2-Chlor-2′,4′,?-Trinitro-4-Oxydiphenylamin.** Sm. 232,5° (*B.* **37**, 1729 *C.* **1904** [1] 1521).

$C_{12}H_8ON_2Cl_2$ 4) **2,2'-Dichlorazoxybenzol.** Sm. 56° (*J. pr.* [2] **67**, 148 *C.* **1903** [1] 870).

$C_{12}H_8ON_2Br_2$ 5) **Phenazin-N-Oxydibromid.** Sm. 132—133°. HBr (*B.* **36**, 4141 *C.* **1904** [1] 185).

$C_{12}H_8ON_3Cl$ 2) **2-[4-Chlorphenyl]-1,1-Dihydro-2,1,3-Benztriazol-1-Oxyd.** Sm. 155,5—156,5° (*B.* **36**, 3826 *C.* **1904** [1] 19).
3) **7-Chlor-3-Amido-2-Oxy-5,10-Naphtdiazin.** HCl, HNO_3 (*B.* **36**, 4030 *C.* **1904** [1] 294).

$C_{12}H_8ON_3Br$ 1) **2-[4-Bromphenyl]-1,1-Dihydro-2,1,3-Benztriazol-1-Oxyd.** Sm. 162—162,5° (*B.* **36**, 3825 *C.* **1904** [1] 18).
2) **7-Brom-3-Amido-2-Oxy-5,10-Naphtdiazin** (*B.* **36**, 4032 *C.* **1904** [1] 294).

$C_{12}H_8O_2N_3Cl$ 4) **4-Chlor-2'-Nitroazobenzol.** Sm. 145—146° (*B.* **36**, 3819 *C.* **1904** [1] 18).

$C_{12}H_8O_2N_3Br$ 5) **4-Brom-2'-Nitroazobenzol.** Sm. 152,5° (*B.* **36**, 3820 *C.* **1904** [1] 18).

$C_{12}H_8O_4NBr$ 1) **Acetat d. 6-Brom-1-Nitro-2-Oxynaphtalin.** Sm. 115—117° (*A.* **333**, 370 *C.* **1904** [2] 1117).

$C_{12}H_8O_4N_2S_2$ *1) **2,2'-Dinitrodiphenyldisulfid.** Sm. 195° (*J. pr.* [2] **66**, 553 *C.* **1903** [1] 508).
*3) **4,4'-Dinitrodiphenyldisulfid.** Sm. 181° (*J. pr.* [2] **66**, 551 *C.* **1903** [1] 508).

$C_{12}H_8O_4N_3Cl$ 2) **2'-Chlor-2,4-Dinitrodiphenylamin.** Sm. 148—149° (*B.* **36**, 32 *C.* **1903** [1] 520).
3) **3'-Chlor-2,4-Dinitrodiphenylamin.** Sm. 182—183° (*B.* **36**, 33 *C.* **1903** [1] 520).
4) **4'-Chlor-2,4-Dinitrodiphenylamin.** Sm. 165° (*B.* **36**, 33 *C.* **1903** [1] 520).

$C_{12}H_8O_4N_3Br$ 4) **4-Brom-2,5-Dinitrodiphenylamin.** Sm. 153—154° (*Am.* **28**, 463 *C.* **1903** [1] 323).

$C_{12}H_8O_4Cl_2S_3$ *1) **Chlorid d. Diphenylsulfid-4,4'-Disulfonsäure.** Sm. 159° (*R.* **22**, 351 *C.* **1904** [1] 22; *R.* **22**, 357 *C.* **1904** [1] 22).
2) **Chlorid d. Diphenylsulfid-2,2'-Disulfonsäure.** Sm. 94—95° (95 bis 96°) (*R.* **22**, 352 *C.* **1904** [1] 22; *R.* **22**, 365 *C.* **1904** [1] 23).

$C_{12}H_8O_5N_3Cl$ *3) **3-Chlor-2',4'-Dinitro-4-Oxydiphenylamin.** Sm. 183° (*B.* **36**, 3267 *C.* **1903** [2] 1126; *B.* **37**, 1517 *C.* **1904** [1] 1596).
5) **2-Chlor-2',4'-Dinitro-4-Oxydiphenylamin.** Sm. 189° (*B.* **36**, 3266 *C.* **1903** [2] 1126; *B.* **37**, 1516 *C.* **1904** [1] 1596).
6) **3-Chlor-2',4'-Dinitro-4-Amidodiphenyläther.** Sm. 137° (*B.* **37**, 1517 *C.* **1904** [1] 1596).

$C_{12}H_8O_5N_3Br$ 1) **2-Brom-2',4'-Dinitro-4-Oxydiphenylamin.** Sm. 178—179° (*B.* **36**, 3269 *C.* **1903** [2] 1126).

$C_{12}H_8O_6Cl_2S_3$ 2) **Chlorid d. Diphenylsulfon-2,2'-Disulfonsäure.** Sm. 147—148° (*R.* **22**, 352 *C.* **1904** [1] 22; *R.* **22**, 365 *C.* **1904** [1] 23).
3) **Chlorid d. Diphenylsulfon-4,4'-Disulfonsäure.** Sm. 217—220° u. Zers. (*R.* **22**, 351 *C.* **1904** [1] 22; *R.* **22**, 363 *C.* **1904** [1] 23).

$C_{12}H_8O_{10}N_4S_2$ *1) **2,2'-Dinitroazobenzol-4,4'-Disulfonsäure** + $2H_2O$. Na_2 + $2H_2O$, Ba + $2H_2O$, Ag_2 + $2H_2O$ (*A.* **330**, 16 *C.* **1904** [1] 1140).

$C_{12}H_8ClBr_2J$ 1) **Di[3-Bromphenyl]jodoniumchlorid.** Sm. 207°. 2 + $PtCl_4$ (*J. pr.* [2] **69**, 326 *C.* **1904** [2] 35).

$C_{12}H_8Cl_2BrJ$ 2) **Di[3-Chlorphenyl]jodoniumbromid.** Sm. 155° (*B.* **37**, 1315 *C.* **1904** [1] 1341).

$C_{12}H_9ONS_2$ 2) **2-Thiocarbonyl-4-Keto-5-Cinnamylidentetrahydrothiazol.** Sm. 208—211° u. Zers. (*M.* **23**, 967 *C.* **1903** [1] 284).

$C_{12}H_9ON_2Br$ *2) **3-Brom-4'-Oxyazobenzol.** Sm. 139—140° (*B.* **36**, 3867 *C.* **1904** [1] 92).

$C_{12}H_9ON_2J$ 2) **4-Jodosoazobenzol.** Sm. 105° (*B.* **37**, 1312 *C.* **1904** [1] 1341).

$C_{12}H_9OCl_2J$ 2) **Di[3-Chlorphenyl]jodoniumhydroxyd.** Salze siehe (*B.* **37**, 1315 *C.* **1904** [1] 1341).

$C_{12}H_9OBr_2J$ 1) **Di[3-Bromphenyl]jodoniumhydroxyd.** Salze siehe (*J. pr.* [2] **69**, 326 *C.* **1904** [2] 35).

$C_{12}H_9O_2NS$ 4) **2,4-Diketo-5-Cinnamylidentetrahydrothiazol.** Sm. 214—216° (*M.* **23**, 971 *C.* **1903** [1] 284).

$C_{12}H_9O_2N_2Cl$ 3) **4-Chlor-2-Nitrodiphenylamin.** Sm. 61° (*A.* **332**, 93 *C.* **1904** [1] 1571).

$C_{12}H_9O_2N_2J$ 2) **4-Jodoazobenzol.** Zers. bei 189° (*B.* **37**, 1313 *C.* **1904** [1] 1341).

$C_{12}H_9O_3NS_2$ 1) **2-Thiocarbonyl-4-Keto-5-[2-Acetoxylbenzyliden]tetrahydrothiazol.** Sm. 168° (*M.* **23**, 962 *C.* **1903** [1] 284).

2) **3,4-Methylenäther d. 2-Thiocarbonyl-4-Keto-5-[3,4-Dioxybenzyliden]-3-Methyltetrahydrothiazol.** Sm. 204° (*M.* **25**, 172 *C.* **1904** [1] 895).

$C_{12}H_9O_4NS$ 5) **2,4-Diketo-5-[2-Acetoxylbenzyliden]tetrahydrothiazol.** Sm. 171° (*M.* **23**, 966 *C.* **1903** [1] 284).

$C_{12}H_9O_6NS$ *1) **2-Nitro-1-Oxybenzolphenyläther-4-Sulfonsäure** (D.R.P. 156156 *C.* **1904** [2] 1674).

$C_{12}H_9O_7N_3S$ *2) **2,4-Dinitrodiphenylamin-4'-Sulfonsäure** (D.R.P. 152406 *C.* **1904** [2] 273).

$C_{12}H_9O_8N_3S$ 2) **2',4'-Dinitro-4-Oxydiphenylamin-2-Sulfonsäure** (D.R.P. 143494 *C.* **1903** [2] 405).

$C_{12}H_9N_2Cl_2J$ 1) **Azobenzol-4-Jodidchlorid.** Sm. 100° u. Zers. (*B.* **37**, 1311 *C.* **1904** [1] 1341).

$C_{12}H_9ClBrJ$ 1) **3-Chlordiphenyljodoniumbromid.** Sm. 164° (*B.* **37**, 1316 *C.* **1904** [1] 1341).

2) **3-Bromdiphenyljodoniumchlorid.** Sm. 191°. + $HgCl_2$, 2 + $PtCl_4$ (*J. pr.* [2] **69**, 327 *C.* **1904** [2] 35).

$C_{12}H_{10}ONCl$ 6) **Pyridin + Benzoylchlorid** (*C. r.* **136**, 1555 *C.* **1903** [2] 350).

7) **1-Naphtylchloramid d. Essigsäure.** Sm. 75° (*Am.* **29**, 308 *C.* **1903** [1] 1166).

8) **2-Naphtylamid d. Chloressigsäure.** Sm. 117—118° (*C.* **1903** [2] 110).

$C_{12}H_{10}ONBr_3$ 1) **3,5-Dibrom-4-Oxy-1-Brommethylbenzol + Pyridin.** Sm. 186 bis 190° u. Zers. (*B.* **36**, 1884 *C.* **1903** [2] 291).

$C_{12}H_{10}ONP$ 2) **Anhydrid d. Diphenylamidophosphinsäure** + H_2O. Sm. 224° (*A.* **326**, 222 *C.* **1903** [1] 866).

$C_{12}H_{10}ON_2Br_2$ 1) **Azoxybenzoldibromid** (*B.* **36**, 4140 *C.* **1904** [1] 185).

$C_{12}H_{10}ON_2S$ 3) **2-Imido-4-Keto-5-Cinnamylidentetrahydrothiazol.** Zers. bei 235° (*M.* **23**, 971 *C.* **1903** [1] 284).

$C_{12}H_{10}ON_3Cl$ 1) **3,9-Diamidophenoxazoniumchlorid** + H_2O. 2 + $PtCl_4$ (*B.* **36**, 479 *C.* **1903** [1] 651).

$C_{12}H_{10}OClJ$ 1) **3-Chlordiphenyljodoniumhydroxyd.** Salze siehe (*B.* **37**, 1316 *C.* **1904** [1] 1341).

$C_{12}H_{10}OBrJ$ 1) **3-Bromdiphenyljodoniumhydroxyd.** Salze siehe (*J. pr.* [2] **69**, 327 *C.* **1904** [2] 35).

$C_{12}H_{10}O_3N_2S$ 2) **2-Imido-4-Keto-5-[2-Acetoxylbenzyliden]tetrahydrothiazol.** Sm. 223—228° u. Zers. (*M.* **23**, 964 *C.* **1903** [1] 284).

$C_{12}H_{10}O_3N_2S_2$ 2) **2-Thiocarbonyl-4-Keto-5-[3-Nitrobenzyliden]-3-Aethyltetrahydrothiazol.** Sm. 188° (*M.* **25**, 176 *C.* **1904** [1] 895).

$C_{12}H_{10}O_4N_2S$ *6) **4-Oxyazobenzol-4'-Sulfonsäure** (*C.* **1903** [1] 325).

*9) **Phenylamid d. 3-Nitrobenzol-1-Sulfonsäure.** Sm. 126° (*Soc.* **85**, 1187 *C.* **1904** [2] 1115).

13) **2-Oxyazobenzol-5-Sulfonsäure.** Na (*B.* **36**, 2978 *C.* **1903** [2] 1031).

$C_{12}H_{10}O_6N_2S_2$ *4) **Azobenzol-4,4'-Disulfonsäure.** Na_2, K_2 + $2^1/_4 H_2O$ (*J. pr.* [2] **66**, 554 *C.* **1903** [1] 508; *A.* **330**, 21 *C.* **1904** [1] 1139).

$C_{12}H_{10}O_7N_4S$ 2) **2',4'-Dinitro-4-Amidodiphenylamin-2-oder-3-Sulfonsäure** (D.R.P. 147862 *C.* **1904** [1] 235).

$C_{12}H_{11}ONS$ 5) **4-Amidodiphenylsulfoxyd.** Sm. 152° (*B.* **36**, 113 *C.* **1903** [1] 454).

$C_{12}H_{11}ONS_2$ 2) **2-Thiocarbonyl-4-Keto-5-Benzyliden-3-Aethyltetrahydrothiazol.** Sm. 149° (*M.* **25**, 174 *C.* **1904** [1] 895).

$C_{12}H_{11}ON_2P$ 2) **Phenylimid-Phenylamid d. Phosphorsäure.** Sm. 225—226° (*Soc.* **83**, 1048 *C.* **1903** [2] 663).

$C_{12}H_{11}ON_4Cl$ 1) **3,7,9-Triamidophenoxazoniumchlorid** (*B.* **36**, 483 *C.* **1903** [1] 652).

$C_{12}H_{11}O_2NBr_2$ 6) **Phenylimid d. αβ-Dibrombutan-αβ-Dicarbonsäure.** Sm. 164—165° (*B.* **37**, 2383 *C.* **1904** [2] 306).

$C_{12}H_{11}O_2NS$ *3) **Phenylamid d. Benzolsulfonsäure.** Sm. 108,5—109° (*B.* **36**, 2706 *C.* **1903** [2] 829).

$C_{12}H_{11}O_2NS_2$ 2) **2-Thiocarbonyl-4-Keto-5-[2-Oxybenzyliden]-3-Aethyltetrahydrothiazol.** Sm. 190° (*M.* **25**, 174 *C.* **1904** [1] 895).

$C_{12}H_{11}O_2NS_2$ 3) **Methyläther d. 2-Thiocarbonyl-4-Keto-5-[4-Oxybenzyliden]-3-Methyltetrahydrothiazol.** Sm. 181° (*M.* **25**, 170 *C.* **1904** [1] 895).

$C_{12}H_{11}O_3NS_2$ 1) **5³-Methyläther d. 2-Thiocarbonyl-4-Keto-5-[3,4-Dioxybenzyliden]-3-Methyltetrahydrothiazol.** Sm. 199° (*M.* **25**, 171 *C.* **1904** [1] 895).

$C_{12}H_{11}O_4NS$ 6) **2-Amidodiphenyläther-4-Sulfonsäure** (D.R.P. 156156 *C.* **1904** [2] 1674).

$C_{12}H_{11}O_5NS_2$ *1) Oxyimid d. Benzolsulfonsäure (*G.* **33** [2] 310 *C.* **1904** [1] 288).

$C_{12}H_{11}O_6N_3S$ 1) **4'-Nitro-2'-Amido-4-Oxydiphenylamin-3-Sulfonsäure** (D.R.P. 139679 *C.* **1903** [1] 748).

$C_{12}H_{11}O_6N_3S_2$ *1) **Diazoamidobenzol-4,4'-Disulfonsäure.** Ba (*Bl.* [3] **31**, 642 *C.* **1904** [2] 96).

4) **Diazoamidobenzol-2,2'-Disulfonsäure** (*Bl.* [3] **31**, 642 *C.* **1904** [2] 96).

5) **Diazoamidobenzol-3,3'-Disulfonsäure** (*Bl.* [3] **31**, 642 *C.* **1904** [2] 96).

$C_{12}H_{12}ONCl$ 5) **Methyläther d. 1-Chlor-4-Oxy-3-Aethylisochinolin.** Sm. 55,5° (*B.* **37**, 1693 *C.* **1904** [1] 1525).

$C_{12}H_{12}ONBr$ 3) **4-Methyläther d. Brom-4-Oxyphenylat d. Pyridin.** + $FeCl_3$ (*J. pr.* [2] **70**, 49 *C.* **1904** [2] 1236).

$C_{12}H_{12}ON_2Br_2$ 1) **6,8-Dibrom-4-Keto-2-Isobutyl-3,4-Dihydro-1,3-Benzdiazin.** Sm. 230—231,5° (*C.* **1903** [2] 1195).

$C_{12}H_{12}ON_5Cl$ 1) **3,5,7,9-Tetraamidophenoxazoniumchlorid** (*B.* **36**, 481 *C.* **1903** [1] 651).

$C_{12}H_{12}O_2NCl_3$ 2) **2,4,6-Trichlorphenylester d. Hexah[illegible]-1-Carbonsäure.** Sm. 75°; Sd. 227°₂₈ (*Bl.* [3] **29**, 752 *C.* [illegible]

$C_{12}H_{12}O_2NBr$ 5) **Aethyläther d. 5-Brom-6-Oxy-2-Keto-1-Methyl-1,2-Dihydrochinolin.** Sm. 136—137° (*B.* **36**, 461 *C.* **1903** [1] 590).

$C_{12}H_{12}O_2NBr_3$ 1) **2,4,6-Tribromphenylester d. Hexahydropyridin-1-Carbonsäure.** Sm. 60—61°; Sd. 218°₄₀ (*Bl.* [3] **29**, 753 *C.* **1903** [2] 629).

$C_{12}H_{12}O_2NJ$ *1) **Jodäthylat d. Chinolin-4-Carbonsäure.** Sm. 200—203° (*M.* **24**, 201 *C.* **1903** [2] 48).

$C_{12}H_{12}O_2N_2S$ 7) **Verbindung** (aus Dicyanbenzoylaceton). Sm. 182° u. Zers. (*A.* **332**, 158 *C.* **1904** [2] 192).

$C_{12}H_{12}O_3NP$ 3) **Phenylmonamid d. Phosphorsäuremonophenylester.** Sm. 134°. Ag (*A.* **326**, 225 *C.* **1903** [1] 866).

$C_{12}H_{12}O_3N_4S_3$ 1) **1,3-Di[Thioureïdo]naphtalin-6-Sulfonsäure** (D.R.P. 139429 *C.* **1903** [1] 904).

$C_{12}H_{12}O_3ClBr_3$ 1) α-Acetat d. **2,5-Dibrom-3,4-Dioxy-1-[α-Chlor-β-Brompropyl]-benzol-3-Methyläther.** Sm. 97—98° (*A.* **329**, 30 *C.* **1903** [2] 1436).

$C_{12}H_{12}O_4NCl_3$ 3) **Diäthylester d. 2,3,5-Trichlorpyridin-4-Malonsäure.** Sm. 63 bis 64°. K (*Soc.* **83**, 398 *C.* **1903** [1] 840, 1141).

$C_{12}H_{12}O_4N_2S_3$ 1) **Amid d. Diphenylsulfid-4,4'-Disulfonsäure.** Sm. 195° (*R.* **22**, 359 *C.* **1904** [1] 23).

$C_{12}H_{12}O_6N_2S_2$ *1) **4,4'-Diamidobiphenyl-2,2'-Disulfonsäure** (*J. pr.* [2] **66**, 560 *C.* **1903** [1] 518).

*3) **s-Diphenylhydrazin-3,3'-Disulfonsäure** (*J. pr.* [2] **66**, 559 *C.* **1903** [1] 518).

*5) **s-Diphenylhydrazin-4,4'-Disulfonsäure.** K_2 (*J. pr.* [2] **66**, 555 *C.* **1903** [1] 508).

$C_{12}H_{12}O_6N_4S_2$ 2) **2,2'-Diamidoazobenzol-4,4'-Disulfonsäure** + $2H_2O$. Ag_2 (*A.* **330**, 19 *C.* **1904** [1] 1139).

$C_{12}H_{13}ONBr_2$ 2) **8,?-Dibrom-5-Acetylamido-1,2,3,4-Tetrahydronaphtalin.** Sm. 198—199° (*Soc.* **85**, 746 *C.* **1904** [2] 447).

$C_{12}H_{13}ON_2Cl_3$ 1) **?-Trichlorphenylamid d. Hexahydropyridin-1-Carbonsäure.** Subl. bei 275—280° (*Bl.* [3] **31**, 23 *C.* **1904** [1] 521).

$C_{12}H_{13}ON_2Br_3$ 1) **?-Tribromphenylamid d. Hexahydropyridin-1-Carbonsäure.** Subl. bei 260° (*Bl.* [3] **31**, 23 *C.* **1904** [1] 521).

$C_{12}H_{13}ON_3S$ 1) **5-Merkapto-3-Keto-4-Allyl-1-Benzyltetrahydro-1,2,4-Triazol.** Sm. 161° (*B.* **37**, 2335 *C.* **1904** [2] 315).

2) **5-Merkapto-4-Allyl-1-Benzyltetrahydro-1,2,4-Triazol-3,5-Oxyd.** Sm. 108° (*B.* **37**, 2335 *C.* **1904** [2] 314).

$C_{12}H_{13}O_2N_2Cl$ 1) **Lakton d. δ-Oxy-α-[4-Methylphenyl]hydrazon-γ-Oxyvaleriansäure.** Sm. 210° (*C. r.* **137**, 15 *C.* **1903** [2] 508).

$C_{12}H_{13}O_3NS$ 11) **1-Aethylamidonaphtalin-2-Sulfonsäure.** Sm. 207—208°. K (*R.* **23,** 185 *C.* **1904** [2] 228).

$C_{12}H_{13}O_3N_2Br$ 3) **Aethyläther d. 3-Brom-5-Nitro-2-Oxy-1-Methyl-1,2-Dihydrochinolin.** Sm. 111° u. Zers. (*J. pr.* [2] **39,** 309; [2] **45,** 185). — **IV,** *265.*

$C_{12}H_{13}O_3ClBr_2$ 1) **4-Acetat d. 5-Brom-3,4-Dioxy-1-[α-Chlor-β-Brompropyl]benzol-3-Methyläther.** Sm. 111—112° (*A.* **329,** 21 *C.* **1903** [2] 1435).

$C_{12}H_{13}O_4N_2Br$ 1) **4-Nitrobenzoat d. β-Brom-γ-Oximido-β-Methylbutan.** Sm. 105° (*B.* **37,** 540 *C.* **1904** [1] 865).

$C_{12}H_{13}O_5N_2Br$ 2) **Acetylderivat d. Verb.** $C_{10}H_{11}O_4N_2Br$. Sm. 242° (*B.* **31,** 926). — ***II,** *1121.*

$C_{12}H_{13}O_5ClS_2$ 1) **Aethylester d. α-[4-Chlorphenylthiosulfon]acetessigsäure.** Sm. 56—57° (*J. pr.* [2] **70,** 387 *C.* **1904** [2] 1720).

$C_{12}H_{13}O_5BrS$ 1) **αγ-Sulton d. β-Brom-α-Oxy-α-Phenylbutan-γ-Sulfonsäure-δ-Carbonsäuremethylester.** Sm. 148° (*Am.* **31,** 255 *C.* **1904** [1] 1081).

$C_{12}H_{13}O_5BrS_2$ 1) **Aethylester d. α-[4-Bromphenylthiosulfon]acetessigsäure.** Sm. 70—71° (*J. pr.* [2] **70,** 388 *C.* **1904** [2] 1720).

$C_{12}H_{13}O_5JS_2$ 1) **Aethylester d. α-[4-Jodphenylthiosulfon]acetessigsäure.** Sm. 90 bis 91° (*J. pr.* [2] **70,** 389 *C.* **1904** [2] 1720).

$C_{12}H_{14}ONBr$ *5) **8-Brom-5-Aethylamido-1,2,3,4-Tetrahydronaphtalin.** Sm. 180 bis 181° (*Soc.* **85,** 745 *C.* **1904** [2] 447).

6) **5-Brom-6-Acetylamido-1,2,3,4-Tetrahydronaphtalin.** Sm. 125,5° (*Soc.* **85,** 730 *C.* **1904** [2] 116, 338).

7) **8-Brom-6-Acetylamido-1,2,3,4-Tetrahydronaphtalin.** Sm. 151° (*Soc.* **85,** 730 *C.* **1904** [2] 116, 338).

$C_{12}H_{14}ONJ$ 6) **Jodäthylat d. 6-Oxychinolin-6-Methyläther** + H_2O. Sm. 179° wasserfrei (*B.* **36,** 1175 *C.* **1903** [1] 1364).

$C_{12}H_{14}ON_2Cl_2$ *1) **Verbindung** (aus s-Dichlormethyläther + 2 Molec. Pyridin). + $PtCl_4$, + $2AuCl_3$ (*A.* **330,** 116 *C.* **1904** [1] 1063; *A.* **334,** 35 *C.* **1904** [2] 948).

$C_{12}H_{14}O_2NCl$ 8) **Aethyl-4-Propionylchloramidophenylketon.** Sm. 80° (*C.* **1903** [1] 1223).

$C_{12}H_{14}O_2NBr$ 5) **Aethyl-4-Propionylbromamidophenylketon.** Sm. 120° (*C.* **1903** [1] 1223).

6) **Brommethylat d. 6-Dimethylamido-1,2-Benzpyron.** Sm. 229° (*Soc.* **85,** 1237 *C.* **1904** [2] 1124).

7) **2-Bromphenylester d. Hexahydropyridin-1-Carbonsäure.** Sm. 63° (*Bl.* [3] **29,** 752 *C.* **1903** [2] 629).

8) **4-Bromphenylester d. Hexahydropyridin-1-Carbonsäure.** Sm. 66—67°; Sd. 245°$_{32}$ (*Bl.* [3] **29,** 753 *C.* **1903** [2] 629).

9) **Benzoat d. β-Brom-γ-Oximido-β-Methylbutan.** Sm. 70—71° (*B.* **37,** 540 *C.* **1904** [1] 865).

$C_{12}H_{14}O_2NJ$ 3) **Jodmethylat d. 6-Dimethylamido-1,2-Benzpyron.** Sm. 202 bis 207° u. Zers. (*Soc.* **85,** 1237 *C.* **1904** [2] 1124).

$C_{12}H_{14}O_2N_2S$ 1) **5-Aethylsulfon-3-Methyl-1-Phenylpyrazol.** Sm. 61—62° (*A.* **331,** 235 *C.* **1904** [1] 1221).

2) **5-Methylsulfon-3,4-Dimethyl-1-Phenylpyrazol.** Sm. 137° (*A.* **331,** 242 *C.* **1904** [1] 1221).

$C_{12}H_{14}O_2N_4S$ 1) **α-[3-Nitrobenzyliden]amido-α-Methyl-β-Allylthioharnstoff.** Sm. 132° (*B.* **37,** 2321 *C.* **1904** [2] 311).

2) **1-Ureïdo-2-Thiocarbonyl-4-Keto-5-Dimethyl-3-Phenyltetrahydroimidazol.** Sm. 191° u. Zers. (*C.* **1904** [2] 1027).

$C_{12}H_{14}O_3NCl$ 3) **4-Chlorphenylmonamid d. Propan-ββ-Dicarbonsäuremonomethylester.** Sm. 90—91° (*Soc.* **83,** 1247 *C.* **1903** [2] 1421).

$C_{12}H_{14}O_3NBr$ 7) **α-[α-Brompropionyl]amido-β-Phenylpropionsäure.** Sm. 132—133° (*B.* **37,** 3312 *C.* **1904** [2] 1306).

$C_{12}H_{14}O_3N_2S$ 2) **Methylthiopyrintrioxyd.** Sm. 305° u. Zers. (*A.* **331,** 219 *C.* **1904** [1] 1219).

3) **Aethylthiopyrintrioxyd.** Sm. 257° u. Zers. (*A.* **331,** 210 *C.* **1904** [1] 1219).

$C_{12}H_{14}O_4NBr$ *3) **Aldehyd d. 6-Brom-3,4,5-Trioxy-1-[β-Methylamidoäthyl]benzol-3-Methyläther-4,5-Methylenäther-2-Carbonsäure** (Bromcotarnin). Sm. 135° (*B.* **36,** 1534 *C.* **1903** [2] 52).

$C_{12}H_{14}O_4Cl_4S_2$ 1) **1,3-Di[βγ-Dichlorpropylsulfon]benzol** (*J. pr.* [2] **68**, 322 *C.* **1903** [2] 1170).

$C_{12}H_{14}O_4Br_4S_2$ 1) **1,3-Di[βγ-Dibrompropylsulfon]benzol.** Fl. (*J. pr.* [2] **68**, 323 *C.* **1903** [2] 1171).

$C_{12}H_{14}O_6N_4S_2$ 3) **2,2'-Diamido-s-Diphenylhydrazin-4,4'-Disulfonsäure.** Na_2 + $2H_2O$ (*A.* **330**, 22 *C.* **1904** [1] 1139).

$C_{12}H_{14}O_8N_2S$ 1) **β-[5-Nitro-2-Methylphenylsulfon]amidopropan-αγ-Dicarbonsäure.** Sm. 158—159°. Ba (*H.* **43**, 70 *C.* **1904** [2] 1007).

$C_{12}H_{14}N_2ClJ$ 4) **Jodmethylat d. 5-Chlor-3-Methyl-1-[2-Methylphenyl]pyrazol.** Sm. 231—232° (*B.* **37**, 2229 *C.* **1904** [2] 228).

$C_{12}H_{14}N_2Cl_2S$ 1) **Methylthiopyridindichlorid** (*A.* **331**, 220 *C.* **1904** [1] 1219).

$C_{12}H_{14}N_2Cl_2Hg$ 1) **Verbindung** (aus Quecksilberacetamid u. salzs. Anilin) (*M.* **23**, 1158 *C.* **1903** [1] 385).

$C_{12}H_{14}N_2Br_2S$ 1) **Methylthiopyridindibromid.** Sm. 111° (*A.* **331**, 221 *C.* **1904** [1] 1219).

$C_{12}H_{15}ON_2Cl$ 4) **Methylhydroxyd d. 5-Chlor-3-Methyl-1-[2-Methylphenyl]-pyrazol.** Salze siehe (*B.* **37**, 2229 *C.* **1904** [2] 228).
5) **3-Chlorphenylamid d. Hexahydropyridin-1-Carbonsäure.** Sm. 149,5° (*Bl.* [3] **31**, 22 *C.* **1904** [1] 521).
6) **4-Chlorphenylamid d. Hexahydropyridin-1-Carbonsäure.** Sm. 173—174° (*Bl.* [3] **31**, 22 *C.* **1904** [1] 521).

$C_{12}H_{15}ON_2Br$ 1) **Brommethylcytisin.** (2HCl, $PtCl_4$), (HCl, $AuCl_3$), HJ (*Ar.* **235**, 384). — ***III**, *654*.
2) **3-Bromphenylamid d. Hexahydropyridin-1-Carbonsäure.** Sm. 157° (*Bl.* [3] **31**, 22 *C.* **1904** [1] 521).
3) **4-Bromphenylamid d. Hexahydropyridin-1-Carbonsäure.** Sm. 188° (*Bl.* [3] **31**, 23 *C.* **1904** [1] 521).

$C_{12}H_{15}O_2N_2Br$ 3) **Phenylamidoformiat d. β-Brom-γ-Oximido-β-Methylbutan.** Sm. 88—89° (*B.* **37**, 541 *C.* **1904** [1] 865).

$C_{12}H_{15}O_3N_2Br$ 2) **4-Bromphenylmonohydrazid d. Propan-ββ-Dicarbonsäuremonomethylester.** Sm. 96° (*Soc.* **83**, 1252 *C.* **1903** [2] 1422).

$C_{12}H_{15}O_4NS$ 1) **Acetyl-4-Aethoxylphenylamid d. Aethensulfonsäure.** Sm. 70° (*B.* **36**, 3631 *C.* **1903** [2] 1327).

$C_{12}H_{15}O_5N_2Cl$ 1) **4-Chlorbenzoylhydrazon d. l-Arabinose.** Zers. bei 203° (*C.* **1904** [2] 1493).

$C_{12}H_{15}O_5N_2Br$ 4) **4-Brombenzoylhydrazon d. l-Arabinose.** Zers. bei 215—216° (*C.* **1904** [2] 1493).
5) **4-Brombenzoylhydrazon d. d-Xylose.** Zers. bei 258—260° (*C.* **1904** [2] 1493).

$C_{12}H_{15}O_7N_2Cl$ 1) **Triäthyläther d. 6-Chlor-2,4-Dinitro-1,3,5-Trioxybenzol.** Sm. 76° (*B.* **35**, 3856 *C.* **1903** [1] 21; *Am.* **31**, 377 *C.* **1904** [1] 1408).

$C_{12}H_{16}ONCl$ 3) **ε-Chlor-α-Benzoylamidopentan.** Sm. 66° (*B.* **37**, 2916 *C.* **1904** [2] 1237).
4) **Nitrosochlorid d. δ-Phenyl-β-Methyl-β-Penten.** Sm. 140° (*B.* **37**, 2307 *C.* **1904** [2] 215).
5) **Nitrosochlorid d. α-Phenyl-γ-Methyl-β-Penten.** Sm. 140—141° u. Zers. (*B.* **37**, 2317 *C.* **1904** [2] 217).
6) **Nitrosochlorid d. α-Phenyl-β-Aethyl-α-Buten.** Sm. 99° (*B.* **37**, 1724 *C.* **1904** [1] 1515).

$C_{12}H_{16}ON_3Br$ 1) **β-Brom-α-Semicarbazon-α-[4-Methylphenyl]butan.** Sm. 232° (*C. r.* **133**, 1218 *C.* **1902** [1] 299). — ***III**, *124*.

$C_{12}H_{16}O_4NBr$ *1) **Acetat d. π-Brom-α-Isonitrosocampher.** Sm. 171° (*Soc.* **83**, 967 *C.* **1903** [1] 1411 *C.* **1903** [2] [illegible]).
3) **Acetat d. β-Bromcamphoryloxim.** Sm. 112° (*Soc.* **83**, 967 *C.* **1903** [1] 1411 *C.* **1903** [2] 606).

$C_{12}H_{16}O_4Br_2S_2$ 1) **1,3-Di[β- oder γ-Brompropylsulfon]benzol.** Sm. 74° (*J. pr.* [2] **68**, 323 *C.* **1903** [2] 1171).

$C_{12}H_{16}O_6N_2S_2$ 1) **1,3-Di[β-Oximidopropylsulfon]benzol.** Sm. 198—199° (*J. pr.* [2] **68**, 325 *C.* **1903** [2] 1171).

$C_{12}H_{17}ON_3S_2$ 1) **Dimethyläther d. α-Dimerkaptomethylenamido-β-Aethyl-α-Phenylharnstoff.** Sm. 106° (*B.* **36**, 1376 *C.* **1903** [1] 1344).

$C_{12}H_{17}O_4NS$ *3) **r-α-Phenylsulfonamido-γ-Methylvaleriansäure.** Sm. 145—146° (*Bl.* [3] **31**, 1182 *C.* **1904** [2] 1710).
5) **Phenylsulfon-d-Isoleucin.** Sm. 149—150° (*B.* **37**, 1828 *C.* **1904** [1] 1645).

$C_{12}H_{17}O_4N_2Br$ 2) **4-Bromphenylhydrazon d. Rhamnose.** Sm. 167° u. Zers. (*Soc.* **83**, 1288 *C.* **1904** [1] 86).

$C_{12}H_{18}O_2NCl_3$ 1) **Chloralcampheroxim** + $2H_2O$. Sm. 82° u. Zers. (D.R.P. 66879; *Am.* **21**, 474). — *III, *366*.

$C_{12}H_{18}O_7N_2S$ *1) **Phenylsulfonhydrazon d. d-Glykose** (*C.* **1904** [2] 1494).

$C_{12}H_{19}O_2N_2Cl$ 2) **Chlormethylat d. Isopilocarpin.** 2 + $PtCl_4$ (*Soc.* **77**, 853). — *III, *685*.

$C_{12}H_{19}O_3NS$ 2) **Methylamid d. γ-Oxy-γ-Phenylpentan-γ¹-Sulfonsäure.** Sm. 111 bis 112° (*B.* **37**, 3265 *C.* **1904** [2] 1031).

$C_{12}H_{19}O_3N_3S$ 1) **2-Thiocarbonyl-4-Keto-5-Dimethyl-3-Allyltetrahydroimidazol-1-α-Amidoisobuttersäure.** Sm. 121° (*C.* **1904** [2] 1028).

$C_{12}H_{19}O_5BrS$ 1) **Aethylester d. Bromdihydrocampholensulfocarbonsäure.** Sm. 100—101° (*C.* **1903** [2] 38; *Soc.* **83**, 1111 *C.* **1903** [2] 794).

$C_{12}H_{20}O_3NP$ 1) **2,4-Dimethylphenylmonamid d. Phosphorsäurediäthylester.** Sm. 96° (*A.* **326**, 240 *C.* **1903** [1] 868).

$C_{12}H_{21}O_4N_2Br$ 1) **Aethylester d. α-Bromisocapronylamidoacetylamidoessigsäure.** Sm. 124—125° (123—124°) (*B.* **36**, 2988 *C.* **1903** [2] 1112; *B.* **37**, 3071 *C.* **1904** [2] 1208).

$C_{12}H_{22}O_3NBr$ 1) **α-[α-Bromisocapronyl]amidoisocapronsäure.** Sm. 188—189° (*B.* **37**, 2492 *C.* **1904** [2] 424).

$C_{12}H_{22}O_4NJ$ 4) **Jodmethylat d. 1-Methyltetrahydropyrrol-2,2-Dicarbonsäure.** Sm. 98° (*A.* **326**, 127 *C.* **1903** [1] 844).

$C_{12}H_{25}ON_2J$ 1) **Jodmethylat d. ε-Dimethylamido-βε-Dimethyl-β-Hexen-γ-Carbonsäureamid.** Sm. 184° (*B.* **36**, 3363 *C.* **1903** [2] 1186).

$C_{12}H_{25}ON_2P$ 1) **Aethyläther d. Di[1-Piperidyl]oxyphosphin.** Sd. 152—154°$_{27}$ (*A.* **326**, 166 *C.* **1903** [1] 762).

$C_{12}H_{25}O_2N_2P$ 1) **Dipiperidid d. Phosphorsäuremonoäthylester.** Sd. 176—180°$_{20}$ (*A.* **326**, 166 *C.* **1903** [1] 762; *A.* **326**, 196 *C.* **1903** [1] 820).

$C_{12}H_{26}ONCl$ 2) **Chlormethylat d. 3,4,4,6-Tetramethyl-2-Isopropyltetrahydro-1,3-Oxazin.** + $AuCl_3$ (*M.* **25**, 858 *C.* **1904** [2] 1241).

$C_{12}H_{26}O_2N_2J_2$ 1) **Di[Jodmethylat] d. Aethylenbismorpholin.** Zers. bei 262° (*B.* **35**, 4473 *C.* **1903** [1] 404).

$C_{12}H_{26}N_3SP$ 1) **Aethylmonamid-1,1-Dipiperidid d. Thiophosphorsäure.** Sm. 95° (*A.* **326**, 203 *C.* **1903** [1] 821).

$C_{12}H_{27}O_3NS$ 1) **α-Isoamylamidoheptan-α-Sulfonsäure.** Na (*C.* **1904** [2] 945).

$C_{12}H_{28}O_3NP$ 1) **Diisobutylmonamid d. Phosphorsäurediäthylester.** Fl. (*A.* **326**, 186 *C.* **1903** [1] 820).

$C_{12}H_{30}ON_3P$ 1) **Tri[Diäthylamid] d. Phosphorsäure.** Fl. (*A.* **326**, 200 *C.* **1903** [1] 821).

2) **Tri[Isobutylamid] d. Phosphorsäure.** Sm. 46—47° (*A.* **326**, 177 *C.* **1903** [1] 819).

$C_{12}H_{30}O_3N_3P_3$ 1) **trim. Phosphinodiäthylamin.** Sm. 103° (*A.* **326**, 190 *C.* **1903** [1] 820).

$C_{12}H_{30}N_3SP$ 1) **Tri[Diäthylamid] d. Thiophosphorsäure.** Fl. (*A.* **326**, 218 *C.* **1903** [1] 822).

2) **Tri[Isobutylamid] d. Thiophosphorsäure.** Sm. 78,5° (*A.* **326**, 208 *C.* **1903** [1] 821).

— 12 V —

$C_{12}H_4O_4N_2Cl_4S_2$ 1) **Di[4,5-Dichlor-2-Nitrophenyl]disulfid.** Sm. 233° u. Zers. (*R.* **21**, 422 *C.* **1903** [1] 504).

$C_{12}H_6O_4N_2Br_2S_2$ 2) **Di[5-Brom-2-Nitrophenyl]disulfid.** Sm. 184° (*R.* **21**, 422 *C.* **1903** [1] 504).

$C_{12}H_6O_6N_2Br_4S_2$ *1) **2,4,2′,4′-Tetrabromazobenzol-5,5′-Disulfonsäure.** Na_2 + $4H_2O$ (*A.* **330**, 24 *C.* **1904** [1] 1140).

*2) **2,6,2′,6′-Tetrabromazobenzol-4,4′-Disulfonsäure.** Na_2 + $2H_2O$ (*A.* **330**, 38 *C.* **1904** [1] 1141).

$C_{12}H_8O_2NCl_3S$ 1) **2,4-Dichlorphenylchloramid d. Benzolsulfonsäure.** Sm. 89° (*Soc.* **85**, 1185 *C.* **1904** [2] 1115).

$C_{12}H_9O_2NCl_2S$ 1) **2,4-Dichlorphenylamid d. Benzolsulfonsäure.** Sm. 128° (*Soc.* **85**, 1185 *C.* **1904** [2] 1115).

2) **4-Chlorphenylchloramid d. Benzolsulfonsäure.** Sm. 97° (*Soc.* **85**, 1184 *C.* **1904** [2] 1115).

$C_{12}H_9O_4N_2ClS$ 2) **Phenylchloramid d. 3-Nitrobenzol-1-Sulfonsäure.** Sm. 106° (*Soc.* **85**, 1187 *C.* **1904** [2] 1115).

$C_{12}H_{10}O_2NClS$ *3) **2-Chlorphenylamid d. Benzolsulfonsäure.** Sm. 127° (*B.* **37**, 2811 *C.* **1904** [2] 593).

5) **Phenylchloramid d. Benzolsulfonsäure.** Sm. 61° (*Soc.* **85**, 1183 *C.* **1904** [2] 1115).

$C_{12}H_{10}O_2NJS$ 1) **Phenylamid d. 4-Jodbenzol-1-Sulfonsäure.** Sm. 143° (*A.* **332**, 58 *C.* **1904** [2] 41).

$C_{12}H_{11}O_2NClP$ 1) **Phenylmonamid d. Phenylphosphorsäuremonochlorid.** Sm. 137° (*A.* **326**, 224 *C.* **1903** [1] 866).

$C_{12}H_{11}O_3NBrP$ 1) **4-Bromphenylmonamid d. Phosphorsäuremonophenylester.** Sm. 164° (*A.* **326**, 232 *C.* **1903** [1] 867).

$C_{12}H_{12}ON_2ClP$ *1) **Di[Phenylamid] d. Phosphorsäuremonochlorid.** Sm. 174° (*A.* **326**, 245 *C.* **1903** [1] 868).

$C_{12}H_{13}ONBrJ$ 1) **Jodmethylat d. 5-Brom-6-Oxychinolinäthyläther.** Sm. 215° u. Zers. (*B.* **36**, 460 *C.* **1903** [1] 590).

$C_{12}H_{13}O_2N_2BrS$ 1) **5-Methylsulfon-3,4-Dimethyl-1-[4-Bromphenyl]pyrazol.** Sm. 178° (*A.* **331**, 243 *C.* **1904** [1] 1221).

$C_{12}H_{14}N_2BrJS$ 1) **Jodmethylat d. 4-Brom-5-Merkapto-3-Methyl-1-Phenylpyrazol.** Sm. 179° (*A.* **331**, 230 *C.* **1904** [1] 1220).

$C_{12}H_{15}O_2N_2JS$ 1) **Jodmethylat d. 5-Methylsulfon-3-Methyl-1-Phenylpyrazol.** Sm. 194° (*A.* **331**, 229 *C.* **1904** [1] 1220).

$C_{12}H_{20}O_2NSP$ 1) **Aethylphenylmonamid d. Thiophosphorsäurediäthylester.** Fl. *A.* **326**, 258 *C.* **1903** [1] 869).

$C_{12}H_{25}ON_2SP$ 1) **1,1-Dipiperidid d. Thiophosphorsäuremonoäthylester.** Sd. 198 bis 210°$_{22}$ (*A.* **326**, 166 *C.* **1903** [1] 762; *A.* **326**, 217 *C.* **1903** [1] 822).

$C_{12}H_{28}O_2NSP$ 1) **Diamylmonamid d. Thiophosphorsäuredimethylester.** Sd. 118 bis 121°$_{18}$ (*A.* **326**, 213 *C.* **1903** [1] 822).

C_{13}-Gruppe.

$C_{13}H_{10}$ *1) **Fluoren.** Sm. 113,5—114,5° (*B.* **36**, 878 *C.* **1903** [1] 972).

$C_{13}H_{12}$ *1) **Diphenylmethan** (*J. pr.* [2] **67**, 128 *C.* **1903** [1] 872; *C.* **1903** [2] 1415).

$C_{13}H_{16}$ 3) **Kohlenwasserstoff** (aus 1-Oxy-1-Benzylhexahydrobenzol). Sd. 138°$_{20}$ (*C. r.* **138**, 1323 *C.* **1904** [2] 219; *C. r.* **139**, 345 *C.* **1904** [2] 705).

4) **Kohlenwasserstoff** (aus 1-Oxy-1-p-Methylphenylhexahydrobenzol). Sd. 142°$_{20}$ (*C. r.* **138**, 1323 *C.* **1904** [2] 219).

$C_{13}H_{18}$ *2) **α-[4-Isopropylphenyl]-β-Methylpropen.** Sd. 235—236°$_{745}$ (*M.* **22**, 257 *C.* **1903** [2] 243).

11) **γ-Phenyl-β-Methyl-β-Hexen.** Sd. 210—212°$_{755}$ (*B.* **37**, 1726 *C.* **1904** [1] 1516).

12) **α-Phenyl-γ-Methyl-β-Hexen.** Sd. 116°$_{18}$ (*B.* **37**, 2313 *C.* **1904** [2] 216).

13) **α-[3-Methyl-6-Isopropylphenyl]propen.** Sd. 226—228° (*B.* **36**, 2237 *C.* **1903** [2] 438).

14) **α-[2,4,6-Trimethylphenyl]-β-Methylpropen.** Sd. 226—227°$_{745}$ (*B.* **37**, 929 *C.* **1904** [1] 1209).

$C_{13}H_{20}$ 14) **2-Isobutyl-1,3,5-Trimethylbenzol.** Sd. 228—230°$_{745}$ (*B.* **37**, 1719 *C.* **1904** [1] 1489).

$C_{13}H_{22}$ 2) **Hexahydrobenzylidenhexahydrobenzol.** Sd. 133°$_{20}$ (*C. r.* **139**, 346 *C.* **1904** [2] 705).

$C_{13}H_{24}$ 2) **Di[Hexahydrophenyl]methan.** Krystalle; Sd. 251,5°$_{730}$ (*C.* **1903** [2] 989).

3) **3-Isopropyl-9-Methylbicyklo-[1,3,3]-Nonan.** Sd. 232—233°$_{755}$ (*B.* **37**, 1670 *C.* **1904** [1] 1606).

— 13 II —

$C_{13}H_6O_5$ C 64,5 — H 2,5 — O 33,0 — M. G. 242.

1) **Anhydrid d. Naphtalin-1,4,8-Tricarbonsäure.** Sm. 243° (*A.* **327**, 95 *C.* **1903** [1] 1228).

$C_{13}H_6Cl_6$ *1) **αα,2,5,2′,5′-Hexachlordiphenylmethan** (*Am.* **30**, 398 *C.* **1904** [1] 284).

$C_{13}H_8O_2$ *6) **Xanthon** (*C. r.* **136**, 1007 *C.* **1903** [1] 1266).

14) **3-Oxy-1-Ketofluoren.** Sm. 225° (*B.* **35**, 4279 *C.* **1903** [1] 333).

$C_{13}H_8O_2$ 15) α-Naphtocumarin (1,2-α-Naphtopyron). Sm. 141—142° (*B.* **36**, 1967 *C.* **1903** [2] 376).

$C_{13}H_8O_4$ 9) **2,3-Dioxyxanthon.** Sm. 294° (*B.* **37**, 2736 *C.* **1904** [2] 542).

$C_{13}H_8O_6$ 3) **Naphtalin-1,4,8-Tricarbonsäure.** Ag_3 (*A.* **327**, 95 *C.* **1903** [1] 1228).

$C_{13}H_8Cl_4$ *2) **αα,4,4'-Tetrachlordiphenylmethan.** Sm. 52—53°; Sd. 223°$_{18}$ (*Am.* **30**, 398 *C.* **1904** [1] 284).

3) **αα,2,4'-Tetrachlordiphenylmethan.** Sd. 223°$_{28}$ (*Am.* **30**, 397 *C.* **1904** [1] 284).

$C_{13}H_8Br_2$ *2) **β-Dibromfluoren.** Sm. 158° (163°) (*B.* **11**, 170; *B.* **37**, 3029 *C.* **1904** [2] 1225).

$C_{13}H_9Cl$ 1) **9-Chlorfluoren.** Sm. 90° (*B.* **37**, 2896 *C.* **1904** [2] 1310).

$C_{13}H_9Br_3$ 3) **α,4,4'-Tribromdiphenylmethan.** Sm. 106—107° (*Am.* **30**, 449 *C.* **1904** [1] 376).

$C_{13}H_{10}O$ *1) **9-Oxyfluoren.** Sm. 153° (*B.* **37**, 2895 *C.* **1904** [2] 1310).

*6) **Diphenylketon.** + $FeCl_3$ (*R.* **22**, 316 *C.* **1903** [2] 203; *Bl.* [3] **29**, 1131 *C.* **1904** [1] 284; *Am.* **31**, 258 *C.* **1904** [1] 1078; *B.* **37**, 2531 *C.* **1904** [2] 447).

$C_{13}H_{10}O_2$ *5) **4-Oxydiphenylketon.** Sm. 134° (*C.* **1904** [2] 1697).

*7) **1-Phenylbenzol-2-Carbonsäure.** Sm. 113,5—114,5°. Cu (*B.* **36**, 881 *C.* **1903** [1] 973).

18) **2-Benzyl-1,4-Benzochinon.** Sm. 43° (*B.* **37**, 3487 *C.* **1904** [2] 1301).

$C_{13}H_{10}O_3$ *6) **2,4'-Dioxydiphenylketon.** Sm. 144° (*B.* **36**, 3901 *C.* **1904** [1] 94).

*9) **4,4'-Dioxydiphenylketon.** Sm. 208—210° (*B.* **36**, 3899 *C.* **1904** [1] 94).

*14) **2-Oxbenzolphenyläther-1-Carbonsäure.** Sm. 113° (*C. r.* **136**, 1075 *C.* **1903** [1] 1362; *B.* **37**, 854 *C.* **1904** [1] 1259).

26) **γ-Keto-αε-Di[2-Furanyl]-αδ-Pentadiën** (*G.* **27** [2] 274). — ***III,** *521.*

27) **2,3-Dioxyxanthen.** Sm. 173—175° (*B.* **37**, 2734 *C.* **1904** [2] 542).

28) **2-Oxy-1-Phenylbenzol-3-Carbonsäure.** Sm. 180° (D.R.P. 61125). — ***II,** *993.*

29) **Aldehyd d. 2-Acetoxylnaphtalin-1-Carbonsäure.** Sm. 87° (*Bl.* [3] **29**, 879 *C.* **1903** [2] 885).

30) **Verbindung** (aus 1,2,3-Trioxybenzol u. Benzaldehyd). Sm. oberh. 300° (*B.* **37**, 1179 *C.* **1904** [1] 1162).

31) **Verbindung** (aus Resorcin u. Salicylaldehyd (*B.* **37**, 2737 *C.* **1904** [2] 542).

$C_{13}H_{10}O_4$ *12) **Monobenzoat d. Maltol.** Sm. 115° (*B.* **36**, 3408 *C.* **1903** [2] 1281).

*16) **αδ-Di[2-Furanyl]-αγ-Butadiën-β-Carbonsäure.** Sm. 213°. Ag (*Soc.* **85**, 191 *C.* **1904** [1] 644, 925).

$C_{13}H_{10}O_5$ 15) **2,3,4,3'-Tetraoxydiphenylketon.** Sm. 133° (D.R.P. 49149, 50451). — ***III,** *158.*

16) **2,3,4,4'-Tetraoxydiphenylketon.** Sm. noch nicht bei 200° (D.R.P. 49149, 50451). — ***III,** *158.*

17) **3,4,3',4'-Tetraoxydiphenylketon.** Sm. 227—228° (D.R.P. 72446). — ***III,** *158.*

$C_{13}H_{10}O_6$ 13) **2,3,4,2',4'-Pentaoxydiphenylketon.** Sm. 168—170° (D.R.P. 49149, 50451). — ***III,** *158.*

14) **3,4,5,2',4'-Pentaoxydiphenylketon.** Sm. oberh. 200° (D.R.P. 49149, 50451). — ***III,** *158.*

15) **Diacetat d. 7,8-Dioxy-1,4-Benzpyron.** Sm. 110° (*B.* **36**, 129 *C.* **1903** [1] 468).

$C_{13}H_{10}O_7$ 2) **2,3,4,2',3',4'-Hexaoxydiphenylketon.** Sm. 238° (D.R.P. 49149, 50451). — ***III,** *159.*

3) **2,3,4,3',4',5'-Hexaoxydiphenylketon.** Sm. oberh. 270° (D.R.P. 49149, 50451). — ***III,** *159.*

$C_{13}H_{10}O_8$ *1) **Sordidin** (*A.* **327**, 324 *C.* **1903** [2] 508).

$C_{13}H_{10}N_2$ *8) **2-Phenylindazol.** (2HCl, $PtCl_4$), Pikrat (*C. r.* **136**, 1137 *C.* **1903** [1] 1416; *Bl.* [3] **29**, 746 *C.* **1903** [2] 628).

*10) **2-Phenylbenzimidazol.** Sm. 290—292° (*C.* **1903** [2] 204).

22) **Azodiphenylmethan.** Sm. 76° (*C. r.* **136**, 1137 *C.* **1903** [1] 1416).

$C_{13}H_{10}Br_2$ 4) **4,4'-Dibromdiphenylmethan.** Sm. 64° (*Am.* **30**, 449 *C.* **1904** [1] 376).

$C_{13}H_{11}N$ *6) **α-Phenyl-β-[2-Pyridyl]äthen** (*B.* **36**, 119 *C.* **1903** [1] 469).

14) **α-Phenyl-α-[2-Pyridyl]äthen.** Sd. 292—295° u. Zers. (2HCl, $PtCl_4$), Pikrat (*J. pr.* [2] **69**, 313 *C.* **1904** [1] 1613).

15) **α-Phenyl-α-[4-Pyridyl]äthen.** Sd. 300—305° (*J. pr.* [2] **69**, 318 *C.* **1904** [1] 1614).

$C_{13}H_{11}N$ 16) **1-Methylcarbazol.** Sm. 120,5°. Pikrat (*A.* **332**, 86 *C.* **1904** [1] 1569).
17) **3-Methylcarbazol.** Sm. 208°. Pikrat (*A.* **332**, 89 *C.* **1904** [1] 1569).

$C_{13}H_{11}N_3$ 13) **6-Methyl-2-Phenyl-2,1,3-Benztriazol.** Sm. 98,5° (*B.* **36**, 3827 *C.* **1904** [1] 19).
14) **Diphenylmethylazid** (Benzhydrylazid). Sm. 45°? (*J. pr.* [2] **67**, 165 *C.* **1903** [1] 873).

$C_{13}H_{11}Cl$ *1) **α-Chlordiphenylmethan.** Sm. 14° (*J. pr.* [2] **67**, 129 *C.* **1903** [1] 872).

$C_{13}H_{12}O$ *1) **α-Oxydiphenylmethan** (*B.* **36**, 2816 *C.* **1903** [2] 1127; *B.* **36**, 2823 *C.* **1903** [2] 1128; *Soc.* **85**, 791 *C.* **1904** [2] 529).
*3) **4-Oxydiphenylmethan.** Sm. 84° (*G.* **33** [2] 456 *C.* **1904** [1] 654; *A.* **334**, 373 *C.* **1904** [2] 1050).
*6) **Phenyläther d. Oxymethylbenzol.** Sm. 39° (*B.* **36**, 2063 *C.* **1903** [2] 357).
*10) **Methyläther d. 2-Oxybiphenyl.** Sm. 29° (*B.* **36**, 4080 *C.* **1904** [1] 268).

$C_{13}H_{12}O_2$ 25) **2,5-Dioxydiphenylmethan** (Benzylhydrochinon). Sm. 105°; Sd. 230°$_{10}$ (*B.* **37**, 3487 *C.* **1904** [2] 1301).
26) **Methyläther d. 2-Oxydiphenyläther.** Sm. 77° (*Am.* **29**, 128 *C.* **1903** [1] 705).
27) **Methyläther d. Methyl-4-Oxy-1-Naphtylketon.** Sm. 71—72°; Sd. oberh. 350° (*B.* **23**, 1208). — **III**, *174*; ***III**, *141*.
28) **Aldehyd d. 2-Oxynaphtalinäthyläther-1-Carbonsäure.** Sm. 109° (115°) (*C. r.* **133**, 44; *B.* **36**, 1975 *C.* **1903** [2] 378). — ***III**, *70*.

$C_{13}H_{12}O_3$ 22) **2-Oxynaphtalinäthyläther-1-Carbonsäure.** Sm. 142° (*C. r.* **136**, 618 *C.* **1903** [1] 881; *Bl.* [3] **31**, 33 *C.* **1904** [1] 519).
23) **Anhydrid d. α-Phenyl-α-Buten-δ-Carbonsäure-γ-Methylcarbonsäure.** Sm. 138° (*B.* **36**, 2339 *C.* **1903** [2] 438).
24) **Methylester d. 2-Oxynaphtalinmethyläther-1-Carbonsäure.** Sm. 52° (*B.* **37**, 3661 *C.* **1904** [2] 1453).
25) **Methylester d. 3-Oxynaphtalinmethyläther-2-Carbonsäure.** Sm. 49° (*B.* **37**, 3661 *C.* **1904** [2] 1453).

$C_{13}H_{12}O_4$ 26) **Methylbenzoat d. 1,4-Pyron.** Sm. 98,5—99° (*B.* **37**, 3749 *C.* **1904** [2] 1539).

$C_{13}H_{12}O_5$ 9) **Methylderivat d. Verb.** $C_{12}H_{10}O_5$. Sm. 135° (*M.* **22**, 589). — ***III**, *310*.

$C_{13}H_{12}O_6$ *2) **Formaldehydphloroglucid** (Methylenbisphloroglucin). Sm. 225° u. Zers. (*A.* **329**, 269 *C.* **1904** [1] 795).
9) **Di[?-Trioxyphenyl]methan** (aus 1,2,4-Trioxybenzol). Sm. 227—230° (*B.* **37**, 1176 *C.* **1904** [1] 1161).
10) **1,3,5-Trimethylbenzol-2,4-Di[Ketocarbonsäure]** + $2H_2O$. Sm. 100°. K, Ba. — ***II**, *1174*.
11) **1-Phenyl-R-Tetramethylen-2,3,4-Tricarbonsäure.** Sm. 184° (*B.* **37**, 2275 *C.* **1904** [2] 217).
12) **Dilakton d. βκ-Dioxy-δϑ-Diketo-βι-Undekadiën-βη-Dicarbonsäure** (Methylenbistriacetsäurelakton). Sm. 245° u. Zers. (*B.* **37**, 3391 *C.* **1904** [2] 1221).

$C_{13}H_{12}O_7$ 9) **Aldehyd d. 2,4,6-Triacetoxylbenzol-1-Carbonsäure.** Sm. 122—123° (*M.* **24**, 865 *C.* **1904** [1] 368).

$C_{13}H_{12}N_2$ *1) **Diphenylformamidin.** Dibenzoat (*B.* **37**, 3116 *C.* **1904** [2] 1310).
*7) **stab. α-Phenyl-β-Benzylidenhydrazin.** Sm. 158—160° (*C.* **1903** [2] 1432).
*22) **1,2-Dimethyl-β-Naphtimidazol.** Pikrat (*Soc.* **83**, 1197 *C.* **1903** [2] 1445).
23) **2,N-Dimethyl-α- oder -β-Naphtimidazol.** Fl. Pikrat (*Soc.* **83**, 1193 *C.* **1903** [2] 1444).
24) **Nitril d. α-[1-Naphtyl]amidopropionsäure.** Sm. 104—105° (D.R.P. 144536 *C.* **1903** [2] 779).

$C_{13}H_{12}J_2$ 3) **Phenyl-3-Methylphenyljodoniumjodid.** Sm. 165° (*A.* **327**, 276 *C.* **1903** [2] 350).

$C_{13}H_{13}N$ *4) **α-Amidodiphenylmethan** (*B.* **36**, 704 *C.* **1903** [1] 818).
*8) **Methyldiphenylamin.** Sd. 291° (*A.* **327**, 113 *C.* **1903** [1] 1213).
21) **α-Phenyl-β-[4-Pyridyl]äthan.** Sm. 69—71°. ($2HCl$, $PtCl_4$), (HCl, $AuCl_3$), Pikrat (*B.* **37**, 2148 *C.* **1904** [2] 235).

$C_{13}H_{13}N_3$ *3) **Phenylimido-β-Phenylhydrazidomethan.** Sm. 100—100,5° (*B.* **36**, 2481 *C.* **1903** [2] 559).

$C_{13}H_{13}N_3$ *4) α-Phenyl-β-[2-Amidobenzyliden]hydrazin (*B.* **36**, 4184 *C.* **1904** [1] 279).
24) α-Phenylhydrazon-α-Amido-α-Phenylmethan. HCl + $^1/_2H_2O$ (*B.* **36**, 2484 *C.* **1903** [2] 490).
25) 4-Phenylazo-2,6-Dimethylpyridin. Sm. 62—63°. (2HCl, $PtCl_4$), $H_2Cr_2O_7$, Pikrat (*B.* **36**, 1119 *C.* **1903** [1] 1185).

$C_{13}H_{14}O_2$ 10) 7-Oxy-4-Methylen-2,3,5-Trimethyl-1,4-Benzpyran. HCl + H_2O, Pikrat (*B.* **37**, 1795 *C.* **1904** [1] 1612).

$C_{13}H_{14}O_4$ *7) Aethylester d. Benzoylacetessigsäure. Cu (*B.* **37**, 3395 *C.* **1904** [2] 1221).
30) α-Phenyl-α-Buten-δ-Carbonsäure-γ-Methylcarbonsäure (Cinnamenylglutarsäure). Sm. 135° (*B.* **36**, 2339 *C.* **1903** [2] 438).
31) Dimethylester d. α-Phenylpropen-βγ-Dicarbonsäure. Sd. 186° (*M.* **24**, 369 *C.* **1903** [2] 496).

$C_{13}H_{14}O_5$ *4) α-Keto-α-Phenylpentan-γγ-Dicarbonsäure. 2 + $CHCl_3$ (*C.* **1904** [1] 1259).
11) β-Benzoylbutan-αα-Dicarbonsäure. Sm. 140° u. Zers. (*C.* **1904** [1] 1258).
12) Monoacetat d. 3,5-Dioxy-2,4-Diacetyl-1-Methylbenzol. Sm. 75° (*Soc.* **85**, 978 *C.* **1904** [2] 454, 711).
13) Verbindung (aus Harnstoff u. d. Verb. $C_{11}H_8O_4$). Zers. bei 200° (*Soc.* **83**, 189 *C.* **1903** [1] 670).

$C_{13}H_{14}O_6$ 27) Lakton d. l-Benzylidengulonsäure. Sm. 174° (*R.* **19**, 180). — *III, 7.
28) Diacetat d. Methyl-2,3,4-Trioxyphenylketonmonomethyläther. Sm. 146—148° (*Soc.* **83**, 132 *C.* **1903** [1] 89, 466).

$C_{13}H_{14}O_7$ 10) 2,3,5-Triacetat d. 1,2,3,5-Tetraoxybenzol-1-Methyläther. Zers. bei 103—105° (*M.* **23**, 956 *C.* **1903** [1] 286).

$C_{13}H_{14}N_2$ *17) uns-Phenylbenzylhydrazin. Sd. 216—218°$_{38}$ (*M.* **25**, 599 *C.* **1904** [2] 1294).
36) Diphenylmethylhydrazin (Benzhydrylhydrazin). Sm. 58—59°; Sd. 188°$_{12}$. HCl, HNO_2, HNO_3, Pikrat, Oxalat (*J. pr.* [2] **67**, 125 *C.* **1903** [1] 872).
37) 3-Methyl-6-[β-Phenyläthenyl]-2,5-Dihydro-1,4-Diazin. Sd. 151°$_{10}$. 2HCl, (2HCl, $PtCl_4$) (*M.* **25**, 1075 *C.* **1904** [2] 1659).

$C_{13}H_{15}N$ 17) 2-[oder 4]-Methyl-1,2,3,4-Tetrahydrocarbazol. Sm. 98—99°. Pikrat (*C.* **1904** [2] 343).

$C_{13}H_{15}N_3$ 6) 4-Phenylhydrazido-2,6-Dimethylpyridin. Sm. 172—180°. HCl, (2HCl, $PtCl_4$) (*B.* **36**, 1118 *C.* **1903** [1] 1185).

$C_{13}H_{16}O$ *4) Benzoylhexahydrobenzol. Sm. 51° (*C. r.* **139**, 345 *C.* **1904** [2] 705).
6) 2,2-Diäthyl-1,2-Benzpyran. Sd. 126—127°$_{15}$ (*B.* **37**, 495 *C.* **1904** [1] 805).

$C_{13}H_{16}O_2$ *9) α-[4-Isopropylphenyl]propen-β-Carbonsäure. Sm. 90—91° (*A.* **330**, 264 *C.* **1904** [1] 947).
*15) Diäthyläther d. γγ-Dioxy-α-Phenylpropin. Sd. 144—145°$_{14}$ (*C. r.* **138**, 1340 *C.* **1904** [2] 187).
22) Aethyläther d. α-Oxy-γ-Keto-α-Phenyl-α-Penten. Sd. 167—170°$_{18}$ (*C. r.* **139**, 209 *C.* **1904** [2] 649).
23) Isobutylester d. β-Phenylakrylsäure. Sd. 164—165°$_{16-17}$ (*Soc.* **83**, 673 *C.* **1903** [2] 115).
24) Acetat d. γ-[2-Oxyphenyl]-β-Penten. Sd. 132—134°$_{28}$ (*Bl.* [3] **29**, 353 *C.* **1903** [1] 1222).
25) Benzoat d. β-Oxy-α-oder-β-Hexen. Sd. 170—175°$_{50}$ (*Soc.* **83**, 151 *C.* **1903** [1] 72, 436).

$C_{13}H_{16}O_3$ 28) β-Oxy-α-Phenyl-α-Butenäthyläther-α-Carbonsäure. Sm. 92°. Cu (*B.* **36**, 2248 *C.* **1903** [2] 436).
29) isom. β-Oxy-α-Phenyl-α-Butenäthyläther-α-Carbonsäure. Sm. 108°. Cu (*B.* **36**, 2248 *C.* **1903** [2] 436).
30) isom. β-Oxy-α-Phenyl-α-Butenäthyläther-α-Carbonsäure. Sm. 92—93°. Cu (*B.* **36**, 2248 *C.* **1903** [2] 436).
31) β-Oxy-α-Phenyl-β-Butenäthyläther-α-Carbonsäure + H_2O. Sm. 86—87°. Cu (*B.* **36**, 2246 *C.* **1903** [2] 435).
32) Methylester d. α-[2-Aethoxylphenyl]propen-γ-Carbonsäure. Fl. (*B.* **37**, 3988 *C.* **1904** [2] 1639).
33) Methylester d. α-[3-Aethoxylphenyl]propen-γ-Carbonsäure. Sd. 175 bis 176°$_{14}$ (*B.* **37**, 3989 *C.* **1904** [2] 1639).

$C_{13}H_{16}O_3$ 34) **Aethylester d. β-Oxy-β-Phenylakryläthyläthersäure.** Sd. 167—168°$_{16}$ (*C. r.* **138**, 208 *C.* **1904** [1] 659; *Bl.* [3] **31**, 516 *C.* **1904** [1] 1602).

35) **Aethylester d. β-Keto-α-Phenylbutan-α-Carbonsäure** (Ac. d. Propionylphenylessigsäure). Sd. 154—156°$_{18}$ (*B.* **36**, 2243 *C.* **1903** [2] 435).

$C_{13}H_{16}O_4$ 31) **Trimethyläther d. γ-Keto-α-[2,4,5-Trioxyphenyl]-α-Buten.** Sm. 96,5° (*Ar.* **242**, 102 *C.* **1904** [1] 1008).

32) **Trimethyläther d. γ-Keto-α-[2,4,6-Trioxyphenyl]-α-Buten.** Sm. 118—120° (*M.* **24**, 870 *C.* **1904** [1] 368).

33) **Aethylester d. β-[3,4-Dioxyphenyl]akryl-3,4-D[illegible]** Sm. 59°; Sd. 196—197°$_{11}$ (*C.* **1903** [1] 580; *Soc.* **85**, [illegible] 1904 [illegible]

34) **Aethylester d. isom. β-[2,4-Dioxyphenyl]akryl-2,4-Dimethyläthersäure.** Sm. 61°; Sd. 208°$_{13}$ (*C.* **1903** [1] 580; *Soc.* **85**, 162 *C.* **1904** [1] 724).

$C_{13}H_{16}O_5$ 15) **Trimethyläther d. αγ-Diketo-α-[2,3,4-Trioxyphenyl]butan.** Sm. 65° (*B.* **36**, 2191 *C.* **1903** [2] 384).

16) **Trimethyläther d. αγ-Diketo-α-[2,4,6-Trioxyphenyl]butan.** Sm. 94—95° (*B.* **37**, 2100 *C.* **1904** [2] 122).

17) **Methylester d. β-[2,4,6-Trioxyphenyl]akryltrimethyläthersäure.** Sm. 134—135° (*M.* **24**, 869 *C.* **1904** [1] 368).

$C_{13}H_{16}O_6$ *1) **β-Pikroerythrin** (*Bl.* [3] **31**, 613 *C.* **1904** [2] 99).

$C_{13}H_{16}O_7$ 9) **Dimethylester d. 3,4-Dioxybenzoldimethyläther-1-Carbonsäure-2-Oxyessigsäure.** Sm 84—87° (*M.* **25**, 892 *C.* **1904** [2] 1313).

$C_{13}H_{16}O_{10}$ C 47,0 — H 4,8 — O 48,2 — M. G. 332.

1) **Glykogallin.** Sm. 200° u. Zers. (*C.* **1903** [1] 883; *C. r.* **136**, 386 *C.* **1903** [1] 722).

2) **Pentamethylester d. Propen-ααβγγ-Pentacarbonsäure** (P. d. Dicarboxyaconitsäure). Sm. 62°. Na, Methylaminsalz (*A.* **327**, 233 *C.* **1903** [1] 1406).

$C_{13}H_{16}N_2$ 8) **3-Propyl-5-Phenylpyrazol.** Sm. 105° (*C. r.* **139**, 296 *C.* **1904** [2] 710).

9) **Nitril d. α-Phenyl-α-[1-Piperidyl]essigsäure.** Sm. 62—63° (63—64°) (*B.* **37**, 4086 *C.* **1904** [2] 1724).

$C_{13}H_{16}N_4$ 3) **2-Amido-6-Phenylamido-4-Methyl-5-Aethyl-1,3-Diazin.** Sm. 158 bis 159° (*B.* **36**, 1920 *C.* **1903** [2] 208).

$C_{13}H_{17}N$ *5) **1,3,3-Trimethyl-2-Aethyliden-2,3-Dihydroindol.** Sd. 257°$_{757}$. (HCl, $AuCl_3$) (*G.* **32** [2] 434 *C.* **1903** [1] 838).

*6) **2-Methylen-1,3-Dimethyl-3-Aethyl-2,3-Dihydroindol** (*G.* **32** [2] 406 *C.* **1903** [1] 838).

21) **Diallyl-2-Methylphenylamin.** Sd. 229—232°. Pikrat (*C.* **1903** [2] 28).

22) **Diallyl-3-Methylphenylamin.** Sd. 245—249°. Pikrat (*C.* **1903** [2] 28).

23) **Diallyl-4-Methylphenylamin.** Sd. 252—257°. Pikrat (*C.* **1903** [2] 28).

24) **2 [oder 4]-Methylhexahydrocarbazol.** Sm. 102—103°. (2 HCl, $PtCl_4$), HBr, HJ (*C.* **1904** [2] 343).

$C_{13}H_{17}N_3$ 2) **3-Methylimido-1,4,5-Trimethyl-2-Phenyl-2,3-Dihydropyrazol.** Pikrat (*B.* **36**, 3289 *C.* **1903** [2] 1191).

3) **3-Aethylimido-1,5-Dimethyl-2-Phenyl-2,3-Dihydropyrazol.** Pikrat (*B.* **36**, 3287 *C.* **1903** [2] 1190).

$C_{13}H_{18}O$ 16) **α-Oxybenzylhexahydrobenzol.** Sm. 41°; Sd. 168°$_{20}$ (*C. r.* **139**, 345 *C.* **1904** [2] 704).

17) **1-Oxy-1-Benzylhexahydrobenzol.** Sm. 33°; Sd. 160°$_{20}$ (*C. r.* **138**, 1322 *C.* **1904** [2] 219).

18) **1-Oxy-1-[4-Methylphenyl]hexahydrobenzol.** Sm. 0°; Sd. 151°$_{20}$ (*C. r.* **138**, 1322 *C.* **1904** [2] 219).

19) **Aethyläther d. γ-[2-Oxyphenyl]-β-Penten.** Sd. 121—122,5°$_{21}$ (*Bl.* [3] **29**, 354 *C.* **1903** [1] 1222).

20) **Isopropyl-2,4,6-Trimethylphenylketon.** Sd. 142°$_{25}$ (*B.* **37**, 928 *C.* **1904** [1] 1209).

$C_{13}H_{18}O_2$ *23) **Aethyläther d. Propyl-6-Oxy-3-Methylphenylketon.** Sd. 205°$_{100}$ (*B.* **36**, 3892 *C.* **1904** [1] 93).

32) **α-Oxyäthyl-2-Methyl-5-Isopropylphenylketon.** Sd. 153°$_{16}$ (*C.* **1899** [1] 959). — *III, *125*.

33) **Aldehyd d. Oxymethyl-tert. Butylbenzolmethyläthercarbonsäure.** Sm. 78°; Sd. 280—285° (D.R.P. 94019). — *III, *67*.

$C_{13}H_{18}O_3$ 40) **Aldehyd d. α-Oxy-α-[3-Aethoxylphenyl]-β-Methylpropan-β-Carbonsäure.** Fl. (*M.* **24**, 169 *C.* **1903** [1] 968).

$C_{13}H_{18}O_3$ 41) **Aethylester d. β-Oxy-β-Phenyl-αα-Dimethylpropionsäure.** Sm. 39°; Sd. 219°_{120} (*J. r.* **28**, 595). — *II, *937.*

$C_{13}H_{18}O_4$ 16) **ββ-Dioxy-β-Phenylpropiondiäthyläthersäure.** Sm. 68° (*C. r.* **138**, 207 *C.* **1904** [1] 659).

17) **Aethylester d. 2,4-Dioxybenzoldiäthyläthersäure.** Fl. (*M.* **24**, 893 *C.* **1904** [1] 512).

$C_{13}H_{18}O_5$ 14) **4-Keto-1,3-Diacetyl-1,3-Di[Oxymethyl]-6-Methyl-1,2,3,4-Tetrahydrobenzol.** Sm. 145° (*B.* **36**, 2174 *C.* **1903** [2] 371).

15) **Methylester d. 2,4,6-Trioxy-1,3-Dimethylbenzoltrimethyläther-5-Carbonsäure.** Sm. 49—50°; Sd. $178—180^\circ_{15}$ (*M.* **24**, 107 *C.* **1903** [1] 966).

16) **Aethylester d. 5-Oxy-1,4-Pyronamyläther-2-Carbonsäure** (Ae. d. Komenamyläthersäure). Sm. 79—80° (*G.* **33** [2] 266 *C.* **1904** [1] 45).

$C_{13}H_{18}O_6$ 11) **Dimethylester d. 3-Keto-4-Oxy-1,1,2-Trimethyl-2,3-Dihydro-R-Penten-4-Methyläther-2,5-Dicarbonsäure.** Sd. $167—168^\circ_{12}$ (*B.* **36**, 4335 *C.* **1904** [1] 456).

$C_{13}H_{18}O_8$ 3) **Säure** (aus Cholesterin). $Cu_2 + 2H_2O$, Ag_2 (*M.* **24**, 180 *C.* **1903** [2] 20).

$C_{13}H_{18}Br_2$ 3) **βγ-Dibrom-γ-Phenyl-β-Methylhexan.** Fl. (*B.* **37**, 1726 *C.* **1904** [1] 1516).

4) **αβ-Dibrom-α-[4-Isopropylphenyl]-β-Methylpropen** (*M.* **24**, 257 *C.* **1903** [2] 243).

5) **αβ-Dibrom-α-[2,4,6-Trimethylphenyl]-β-Methylpropan.** Fl. (*B.* **37**, 929 *C.* **1904** [1] 1209).

$C_{13}H_{19}O_8$ 1) **Aucubin** $+ H_2O$ (*C. r.* **138**, 1115 *C.* **1904** [1] 1652).

$C_{13}H_{19}N$ 13) **Phenyl-3-Methylhexahydrophenylamin.** Sd. 175°_{20} (*C. r.* **138**, 1258 *C.* **1904** [2] 105).

14) **d-2-[β-Phenyläthyl]hexahydropyridin** (d-Stilbazolin). d-Tartrat (*B.* **36**, 3696 *C.* **1903** [2] 1382; *B.* **37**, 3688 *C.* **1904** [2] 1508).

15) **l-2-[β-Phenyläthyl]hexahydropyridin.** d-Tartrat $+ H_2O$ (*B.* **36**, 3696 *C.* **1903** [2] 1382; *B.* **37**, 3688 *C.* **1904** [2] 1508).

16) **Isostilbazolin.** Sd. $156—158^\circ_{20}$. Tartrat, Camphersulfonat (*B.* **36**, 3696 *C.* **1903** [2] 1382; *B.* **37**, 3688 *C.* **1904** [2] 1508).

17) **1,3,3-Trimethyl-2-Aethyl-2,3-Dihydroindol.** Sd. 141°_{21}. Pikrat (*G.* **32** [2] 438 *C.* **1903** [1] 838).

$C_{13}H_{19}Cl$ 2) **γ-Chlor-γ-Phenyl-β-Methylhexan.** Fl. (*B.* **37**, 1726 *C.* **1904** [1] 1516).

3) **α-Chlor-α-[2,4,6-Trimethylphenyl]-β-Methylpropan.** Fl. (*B.* **37**, 929 *C.* **1904** [1] 1209).

$C_{13}H_{20}O$ *16) **α-Jonon.** Sd. $134{,}3^\circ_{13}$. $+ NaHSO_3 + 1\frac{1}{2}H_2O$, $+ KHSO_3$ (*C.* **1904** [1] 280, 282; D.R.P. 139959 *C.* **1903** [1] 858).

*17) **β-Jonon.** Sd. $140{,}4^\circ_{18}$. $+ NaHSO_3 + 2H_2O$, $+ Ca(H_2SO_3)_2 + 4H_2O$ (*C.* **1904** [1] 281, 282; D.R.P. 138100 *C.* **1903** [1] 304).

*18) **Pseudojonon** (D.R.P. 147839 *C.* **1904** [1] 128).

28) **γ-Oxy-γ-Phenyl-β-Methylhexan.** Sd. $230—232^\circ_{759}$ (*B.* **37**, 1726 *C.* **1904** [1] 1515).

29) **α-Oxy-α-[2,4,6-Trimethylphenyl]-β-Methylpropan.** Sd. $149—150^\circ_{19}$ (*B.* **37**, 928 *C.* **1904** [1] 1209).

30) **Isoamyläther d. 2-Methyl-1-Oxymethylbenzol.** Sd. 124°_{15} (D.R.P. 154658 *C.* **1904** [2] 1355).

31) **Isopropylidencampher.** Sd. $200—204^\circ_{758}$ (*B.* **35**, 3911 *C.* **1903** [1] 29; *B.* **36**, 2631 *C.* **1903** [2] 625).

32) **Allylcampher.** Sd. 130°_{20} (*C. r.* **136**, 790 *C.* **1903** [1] 1086).

33) **Camphenilidenaceton.** Sd. $147—150^\circ_{23}$ (D.R.P. 138211 *C.* **1903** [1] 269).

$C_{13}H_{20}O_2$ 16) **Propionylcampher** (Oxypropylidencampher). Sd. $138{,}5^\circ_{11}$. Cu (*B.* **36**, 2638 *C.* **1903** [2] 626; *B.* **37**, 763 *C.* **1904** [1] 1085; *B.* **37**, 2181 *C.* **1904** [2] 224).

17) **9-Methyl-3-Isopropenylbicyklo-[1,3,3]-nonan-5-ol-7-on.** Sd. 182 bis 183°_{12-15} (*B.* **36**, 228 *C.* **1903** [1] 514).

18) **Beljiabieninsäure.** Sm. 113—115°. K (*Ar.* **240**, 586 *C.* **1903** [1] 164).

19) **Galbanumsäure.** Sm. 155—156°. K, Ba, Ag (*Ar.* **242**, 533 *C.* **1904** [2] 1418).

20) **Palabieninsäure.** Sm. 110° (*Ar.* **240**, 575 *C.* **1903** [1] 163).

$C_{13}H_{20}O_2$ 21) **Methylester d. Citrylidenessigsäure.** Sd. 133^0_{18} (D.R.P. 153575 *C.* **1904** [2] 677).

22) **Methylester d. Cyklocitrylidenessigsäure.** Sd. 138^0_{17} (D.R.P. 153575 *C.* **1904** [2] 678).

$C_{13}H_{20}O_3$ *6) **Methylester d. α-Methylcamphocarbonsäure.** Sm. 85° (*C. r.* **137**, 1067 *C.* **1904** [1] 282).

*7) **Aethylester d. Camphocarbonsäure.** Sd. 164^0_{20} (*C. r.* **136**, 240 *C.* **1903** [1] 584; *B.* **37**, 3947 *C.* **1904** [2] 1569).

16) **2,3-Dimethyläther-5-Aethyläther d. 2,3,5-Trioxy-1-Propylbenzol.** Sd. $144—150^0_{11}$ (*Ar.* **242**, 346 *C.* **1904** [2] 525).

17) **2,5-Dimethyläther-3-Aethyläther d. 2,3,5-Trioxy-1-Propylbenzol.** Sd. $147—149^0_{12}$ (*B.* **36**, 1719 *C.* **1903** [2] 114).

18) **3-Aethyläther d. αγ-Dioxy-α-[3-Oxyphenyl]-ββ-Dimethylpropan.** Sd. 210^0_{19} (*M.* **24**, 171 *C.* **1903** [1] 966).

19) **Oxyketoisopropenylmethylbicyklononan.** Sd. $175—185^0_{18}$ (*B.* **37**, 1670 *C.* **1904** [1] 1606).

20) **Methylester d. β-Methylcamphocarbonsäure.** Sd. $135—140^0_{13}$ (*C. r.* **137**, 1067 *C.* **1904** [1] 282).

21) **d-Bornylester d. Brenztraubensäure.** Sd. $149—150^0_{18}$ (*P. Ch. S.* No. 230). — *III, *338.*

22) **Aethylcarbonat d. Campher** (Carboxyäthylcampher). Fl. (*C.* **1903** [1] 922).

$C_{13}H_{20}O_6$ *2) **Diäthylester d. βζ-Diketopentan-γε-Dicarbonsäure.** Sd. $215—218^0_{35-37}$ (*A.* **332**, 10 *C.* **1904** [1] 1564).

*9) **Diäthylester d. 1-Oxy-5-Keto-1-Methylhexahydrobenzol-2,4-Dicarbonsäure.** Sm. 79° (*A.* **332**, 12 *C.* **1904** [1] 1564).

11) **ββδδ-Tetraacetyl-αε-Dioxypentan + $2H_2O$.** Sm. 95° (129° wasserfrei) (*B.* **36**, 2172 *C.* **1903** [2] 371).

12) **Diäthylester d. 2,6-Dioxy-2-Methyl-1,2,3,4-Tetrahydrobenzol-3,5-Dicarbonsäure.** Fl. Na (*A.* **332**, 15 *C.* **1904** [1] 1564).

13) **Triäthylester d. 1-Methyl-R-Trimethylen-2,2,3-Tricarbonsäure.** Sd. $163—164^0_{15}$ (*B.* **36**, 1085 *C.* **1903** [1] 1126).

$C_{13}H_{20}N_2$ 5) **Verbindung** (aus d. Verb. $C_{13}H_{14}N_2$). Sd. 153^0_{11}. 2HCl (*M.* **25**, 1078 *C.* **1904** [2] 1659).

$C_{13}H_{22}O$ 8) **Allyläther d. l-Borneol.** Sd. $105—107^0_{17}$ (*C. r.* **138**, 1665 *C.* **1904** [2] 441).

9) **Allyläther d. l-Linalool.** Sd. $103—105^0_{16}$ (*C. r.* **138**, 1667 *C.* **1904** [2] 441).

10) **κ-Keto-βζ-Dimethyl-αϑ-Undekadiën** (Citronellalaceton). Sd. 142 bis $144{,}5^0_{14}$ (D.R.P. 75128; *B.* **36**, 2801 *C.* **1903** [2] 878).

11) **Di[Hexahydrophenyl]keton.** Sd. 159^0_{20} (*C. r.* **139**, 346 *C.* **1904** [2] 705).

12) **Allylmenthon.** Sd. $134—137^0_{20}$ (*C. r.* **138**, 1140 *C.* **1904** [2] 106).

13) **Vetiron.** Sd. $149—150^0_{10}$ (D.R.P. 142415 *C.* **1903** [2] 79).

14) **Keton** (aus Methylpropylketon und Acetylchlorid). Sd. oberh. 300° (*C.* **1903** [2] 656).

$C_{13}H_{22}O_2$ 9) **Pseudojononhydrat.** Sd. $176—178^0_0$ (D.R.P. 143724 *C.* **1903** [2] 473).

10) **α-Oxyisopropylcampher.** Sm. 88°; Sd. 210—215° (*B.* **35**, 3911 *C.* **1903** [1] 29; *B.* **36**, 2630 *C.* **1903** [2] 625).

11) **9-Methyl-3-Isopropenylbicyklo-[1,3,3]-Nonan-5,7-diol.** Sm. 172 bis 173° (*B.* **36**, 231 *C.* **1903** [1] 514).

12) **isom. 9-Methyl-3-Isopropenylbicyklo-[1,3,3]-Nonan-5,7-diol.** Sd. 198^0_{15} (*B.* **36**, 232 *C.* **1903** [1] 514).

13) **Methylester d. α-Undekin-α-Carbonsäure.** Sd. $168—172^0_{80}$ (*Bl.* [3] **29**, 661 *C.* **1903** [2] 487; *C. r.* **136**, 554 *C.* **1903** [1] 825).

14) **Methylester d. βζ-Dimethyl-αϑ-Nonadiën-ι-Carbonsäure.** Sd. 135 bis 137^0_{14} (*B.* **36**, 2799 *C.* **1903** [2] 877).

15) **Propionat d. d-Borneol.** Sd. $109—110^0_{10-11}$ (D.R.P. 80711). — *III, *337.*

16) **Propionat d. Isoborneol.** Sd. 150^0_{18} (*C. r.* **136**, 239 *C.* **1903** [1] 584).

17) **Propionat d. l-Linalool.** Sd. 115^0_{10-11} (D.R.P. 80711). — *III, *346.*

$C_{13}H_{22}O_3$ 8) **Aethylester d. 3-Keto-1-Methyl-2-Isobutyl-R-Pentamethylen-2-Carbonsäure.** Sd. $188—190^0_{18}$ (*C. r.* **138**, 210 *C.* **1904** [1] 663).

$C_{13}H_{22}O_3$ 9) **r-Rhodinolester d. Brenztraubensäure.** Sd. 143^0_{10} (*C. r.* **138**, 1701 *C.* **1904** [2] 440).

$C_{13}H_{22}O_4$ 15) **β-Aethylhomocamphersäure.** Sm. 135—140° (*C. r.* **138**, 578 *C.* **1904** [1] 949).

16) **Diacetat d. 5-Oxy-2-Oxymethyl-1,3-Dimethylhexahydrobenzol.** Sd. 160^0_{14} (D.R.P. 148207 *C.* **1904** [1] 487).

$C_{13}H_{22}O_6$ 16) **Triacetat d. δ-Oxy-γγ-Di[Oxymethyl]-β-Methylbutan.** Sm. 33—34° (*B.* **36**, 1346 *C.* **1903** [1] 1298).

17) **β-Acetat-αγ-Dibutyrat d. αβγ-Trioxypropan.** Sd. 289—291° (*C.* **1903** [1] 134).

$C_{13}H_{24}O$ 2) **α-Oxydi[Hexahydrophenyl]methan.** Sm. 63°; Sd. 166^0_{20} (*C. r.* **139**, 345 *C.* **1904** [2] 705).

3) **Allyläther d. l-Menthol.** Sd. $103—104^0_{18}$ (*C. r.* **138**, 1665 *C.* **1904** [2] 441).

4) **Propylmenthon.** Sd. $128—132^0_{19}$ (*C. r.* **138**, 1140 *C.* **1904** [2] 106).

$C_{13}H_{24}O_2$ 9) **Diäthyläther d. αα-Dioxy-β-Nonin.** Sd. 127^0_{11} (*C. r.* **138**, 1340 *C.* **1904** [2] 187).

10) **Propionat d. l-Menthol.** Sd. 118^0_{15} (*B.* **31**, 364). — *III, *333.*

$C_{13}H_{24}O_3$ 7) **Caprylat d. α-Oxy-β-Ketopropan.** Sd. $165—170^0_{25}$ (*C. r.* **138**, 1275 *C.* **1904** [2] 93).

$C_{13}H_{24}O_4$ *1) **Brassylsäure** (*G.* **34** [2] 54 *C.* **1904** [2] 693).

21) **Diacetat d. αι-Dioxynonan.** Sd. 161^0_9 (*M.* **25**, 1086 *C.* **1904** [2] 1698).

$C_{13}H_{24}O_5$ *2) **Diäthylester d. γ-Oxy-βδ-Dimethylpentan-βδ-Dicarbonsäure** (*Bl.* [3] **31**, 117 *C.* **1904** [1] 643).

$C_{13}H_{26}O$ *2) **β-Ketotridekan.** Sm. 28°; Sd. $140—142^0_{14-15}$ (*Bl.* [3] **29**, 1128 *C.* **1904** [1] 258).

6) **Aldehyd d. Dodekan-α-Carbonsäure.** Sd. 152^0_{24} (*C. r.* **138**, 699 *C.* **1904** [1] 1066).

$C_{13}H_{26}O_2$ 10) **Methylester d. Laurinsäure.** Sm. 5°; Sd. 148^0_{18} (*Bl.* [3] **29**, 1121 *C.* **1904** [1] 259).

$C_{13}H_{30}N_2$ *1) **Di[Dipropylamido]methan.** Sd. 115^0_{15} (*B.* **36**, 1197 *C.* **1903** [1] 1215).

$C_{13}O_3Cl_{10}$ *1) **Di[Pentachlorphenylester] d. Kohlensäure.** Sm. 258° (*C. r.* **138**, 981 *C.* **1904** [1] 1413).

— 13 III —

$C_{13}HO_3Cl_9$ 1) **2,3,4,5,6,2′,3′,4′,6′-Nonachlordiphenylester d. Kohlensäure.** Sm. 168—169° (*C. r.* **138**, 981 *C.* **1904** [1] 1413).

$C_{13}H_2O_3Cl_8$ 1) **2,3,4,6,2′,3′,4′,6′-Oktochlordiphenylester d. Kohlensäure.** Sm. 67° (*C. r.* **138**, 981 *C.* **1904** [1] 1413).

$C_{13}H_3O_3Cl_7$ 1) **2,3,4,6,2′,4′,6′-Heptachlordiphenylester d. Kohlensäure.** Sm. 175 bis 176° (*C. r.* **138**, 981 *C.* **1904** [1] 1413).

$C_{13}H_4O_2Br_6$ 1) **2,3,5-Tribrom-4-Keto-1-[2,3,5-Tribrom-4-Oxybenzyliden]-1,4-Dihydrobenzol.** Sm. 245° (*A.* **330**, 71 *C.* **1904** [1] 1148).

$C_{13}H_4O_3Cl_6$ 1) **2,4,6,2′,4′,6′-Hexachlordiphenylester d. Kohlensäure.** Sm. 153 bis 154° (*C. r.* **138**, 911 *C.* **1904** [1] 1412).

$C_{13}H_4O_5Br_8$ 1) **α-Verbindung** (aus Methylalkohol u. 3,4,5,6-Tetrabrom-1,2-Benzochinon). Zers. bei 50° (*Am.* **31**, 97 *C.* **1904** [1] 802).

2) **β-Verbindung** (aus Methylalkohol u. 3,4,5,6-Tetrabrom-1,2-Benzochinon). Sm. 261° u. Zers. (*B.* **36**, 454 *C.* **1903** [1] 574; *Am.* **31**, 98 *C.* **1904** [1] 802).

$C_{13}H_5O_2Cl_5$ *1) **Pentachlorphenylester d. Benzolcarbonsäure.** Sm. 164—165° (*B.* **37**, 4020 *C.* **1904** [2] 1717).

$C_{13}H_5O_2Br_7$ 1) **α,2,3,5,2′,3′,5′-Heptabrom-4,4′-Dioxybiphenylmethan.** Sm. 205 bis 206° u. Zers. (*A.* **330**, 68 *C.* **1904** [1] 1147).

$C_{13}H_5O_3Cl_5$ 1) **2,4,6,2′,4′-Pentachlorphenylester d. Kohlensäure.** Sm. 94° (*C. r.* **138**, 911 *C.* **1904** [1] 1412).

2) **isom. Pentachlordiphenylester** d. **Kohlensäure.** Sm. 130° (*C. r.* **138**, 981 *C.* **1904** [1] 1413).

$C_{13}H_6OBr_2$ *3) **?-Dibrom-9-Ketofluoren.** Sm. 202° (197—198°) (*B.* **37**, 3030 *C.* **1904** [2] 1225).

$C_{13}H_6O_2Cl_4$ *1) **2,3,4,6-Tetrachlorphenylester d. Benzolcarbonsäure.** Sm. 115° (*B.* **37**, 4015 *C.* **1904** [2] 1716).

$C_{13}H_6O_2Br_6$ 2) **2, 3, 5, 2′, 3′, 5′-Hexabrom-4, 4′-Dioxydiphenylmethan.** Sm. 204° (*A.* **330**, 67, 80 *C.* **1904** [1] 1147).

$C_{13}H_6O_3Cl_4$ 1) **2,4,2′,4′-Tetrachlorphenylester d. Kohlensäure.** Sm. 122—123° (*C. r.* **138**, 911 *C.* **1904** [1] 1412).

2) isom. **2,4,2′,4′-Tetrachlordiphenylester d. Kohlensäure.** Sm. 88 bis 89° (*C. r.* **138**, 911 *C.* **1904** [1] 1412).

$C_{13}H_6O_3Br_6$ 1) **2,3,5,2′,3′,5′-Hexabrom-α,4,4′-Trioxydiphenylmethan.** Sm. 250° u. Zers. (*A.* **330**, 75 *C.* **1904** [1] 1148).

$C_{13}H_6O_4N_4$ C 55,3 — H 2,1 — O 22,7 — N 19,9 — M. G. 282.

1) **Nitril d. 6-Oxy-2-Keto-4-[4-Nitrophenyl]-2,5-Dihydropyridin-3,5-Dicarbonsäure.** Zers. bei 270—275°. $NH_4 + 1\frac{1}{2}H_2O$, $Ba + 6H_2O$ (*C.* **1904** [1] 878).

$C_{13}H_6O_{11}N_4$ 2) **3,5,3′,5′-Tetranitro-4,4′-Dioxydiphenylketon.** Sm. 203° (*G.* **34** [1] 382 *C.* **1904** [2] 111).

$C_{13}H_6O_{13}N_6$ C 34,4 — H 1,3 — O 45,8 — N 18,5 — M. G. 454.

1) **Hexanitro-4-Methyldiphenyläther** (*C.* **1903** [1] 634).

$C_{13}H_7OCl_5$ 1) **Benzyläther d. Pentachloroxybenzol.** Sm. 167—168° (*B.* **37**, 4020 *C.* **1904** [2] 1717).

$C_{13}H_7OBr_5$ 1) **2,3,5,6,4′-Pentabrom-4-Oxydiphenylmethan.** Sm. 146—147° (*A.* **334**, 376 *C.* **1904** [2] 1051).

$C_{13}H_7O_3Cl_3$ 2) **2,4,4′-Trichlordiphenylester d. Kohlensäure.** Sm. 115° (*C. r.* **138**, 911 *C.* **1904** [1] 1412).

3) **?-Trichlordiphenylester d. Kohlensäure.** Sm. unterhalb 100° (*C. r.* **138**, 911 *C.* **1904** [1] 1412).

$C_{13}H_7O_4N_3$ 2) **Nitril d. 2,6-Diketo-4-[3,4-Dioxyphenyl]-1,2,3,6-Tetrahydropyridin-3,5-Dicarbonsäure.** 2 isom. Formen. $NH_4 + H_2O$, $Ba + H_2O$ (*C.* **1904** [2] 903).

$C_{13}H_8OCl_2$ *1) **4,4′-Dichlordiphenylketon.** Sm. 145° (146°) (*C. r.* **137**, 711 *C.* **1903** [2] 1442; *G.* **34** [1] 376 *C.* **1904** [2] 110).

3) **2,4′-Dichlordiphenylketon.** Sm. 66,5—67°; Sd. 214—215°$_{22}$ (*Am.* **30**, 397 *C.* **1904** [1] 284).

$C_{13}H_8OBr_2$ *1) **2,4′-Dibromdiphenylketon.** Sm. 50—52° (*Am.* **30**, 453 *C.* **1904** [1] 377).

*3) **4,4′-Dibromdiphenylketon.** Sm. 171—172° (172—173°) (*C. r.* **137**, 710 *C.* **1903** [2] 1442; *Am.* **30**, 451 *C.* **1904** [1] 377).

4) **3,5-Dibrom-4-Keto-1-Benzyliden-1,4-Dihydrobenzol** + H_2O. Sm. 135—136° (*A.* **334**, 377 *C.* **1904** [2] 1051).

5) **3,4′-Dibromdiphenylketon.** Sm. 130° (*B.* **37**, 3485 *C.* **1904** [2] 1131).

$C_{13}H_8O_2Br_4$ *1) **3,5,3′,5′-Tetrabrom-4,4′-Dioxydiphenylmethan.** + $2C_2H_4O_2$ (Sm. 226—227°) (*B.* **36**, 1884 *C.* **1903** [2] 291; *A.* **330**, 66 *C.* **1904** [1] 1147).

$C_{13}H_8O_2J_2$ 3) **3,4-Dijodphenylester d. Benzolcarbonsäure.** Sm. 123° (*C. r.* **136**, 1079 *C.* **1903** [1] 1339).

$C_{13}H_8O_3Cl_2$ *2) **4,4′-Dichlordiphenylester d. Kohlensäure.** Sm. 144—145° (*C. r.* **138**, 910 *C.* **1904** [1] 1412).

$C_{13}H_8O_6N_4$ C 49,3 — H 2,5 — O 30,4 — N 17,7 — M. G. 316.

1) **2,4,6-Trinitro-1-Phenylimidomethylbenzol.** Sm. 162° (*B.* **36**, 961 *C.* **1903** [1] 969).

$C_{13}H_8O_6N_6$ C 45,3 — H 2,3 — O 27,9 — N 24,4 — M. G. 344.

1) **6-[2,4,6-Trinitrophenyl]amidoindazol.** Zers. bei 240° (*B.* **37**, 2582 *C.* **1904** [2] 659).

$C_{13}H_8O_7N_2$ 4) **3,3′-Dinitro-4,4′-Dioxydiphenylketon.** Sm. 172° (*G.* **34** [1] 385 *C.* **1904** [2] 111).

$C_{13}H_8O_8N_6$ 3) **4-Nitrophenyl-2,4,6-Trinitrobenzylidenhydrazin.** Sm. 247° (*B.* **36**, 961 *C.* **1903** [1] 969).

$C_{13}H_8O_9N_6$ *2) **3,5,3′,5′-Tetranitro-4,4′-Diamidodiphenylketon.** Sm. 270° (*G.* **34** [1] 383 *C.* **1904** [2] 111).

$C_{13}H_8O_{10}N_6$ C 38,2 — H 2,0 — O 39,2 — N 20,6 — M. G. 408.

1) **2,4,6-Trinitrophenyl-4-Nitrobenzylnitramin.** Sm. 141° u. Zers. (*R.* **21**, 429 *C.* **1903** [1] 506).

$C_{13}H_9ON$ 20) **Phenylanthranil.** Sm. 52—53° (*B.* **36**, 1615 *C.* **1903** [2] 36).

$C_{13}H_9ON_3$ 4) **3-[2-Oxyphenyl]-1,2,4-Benztriazin.** Sm. 167° (*C.* **1903** [2] 427).

$C_{13}H_9ON_5$ C 62,1 — H 3,6 — O 6,4 — N 27,9 — M. G. 251.

1) **4-Benzoylbenzoldiazoniumazid.** Zers. bei 116—117° (*B.* **36**, 2058 *C.* **1903** [2] 356).

$C_{13}H_9OBr_3$ 3) 3,5,4'-Tribrom-4-Oxydiphenylmethan. Sm. 88° (*A.* **334**, 375 *C.* **1904** [2] 1051).

$C_{13}H_9O_2N$ *3) 5-Oxy-1-Phenylbenzoxazol. Sm. 217° (*B.* **35**, 4202 *C.* **1903** [1] 146).
17) αβ-Diketo-α-Phenyl-β-[2-Pyridyl]äthan. Sm. 78—79°. HCl, Pikrat (*B.* **36**, 125 *C.* **1903** [1] 470).
18) 3-Oxy-1-Phenylbenzoxazol. Sm. 188—189° (*B.* **37**, 3111 *C.* **1904** [2] 995; *B.* **37**, 3775 Berichtigung).
19) 3-Oxy-5-Keto-5,10-Dihydroakridin. Sm. 327—330° (*C.* **1904** [2] 720).

$C_{13}H_9O_2N_3$ 13) 7-Semicarbazon-8-Ketoacenaphten. Sm. 192—193° (*G.* **33** [1] 46 *C.* **1903** [1] 882).

$C_{13}H_9O_2Br$ *5) 4-Bromphenylester d. Benzolcarbonsäure. Sm. 101—102° (*Soc.* **85**, 1227 *C.* **1904** [2] 1032).

$C_{13}H_9O_2J$ 1) 3-Jodphenylester d. Benzolcarbonsäure. Sm. 70° (*A.* **332**, 66 *C.* **1904** [2] 42).

$C_{13}H_9O_3N$ 14) Naphtostyril-N-Methylcarbonsäure (peri-Naphtostyrilessigsäure). Sm. 258—259°. Na, Ag (*B.* **35**, 4220 *C.* **1903** [1] 166).

$C_{13}H_9O_3N_3$ 5) 2-[4-Oxyphenyl]-2,1,3-Benztriazol-2³-Carbonsäure. Sm. 296—297° (*J. pr.* [2] **67**, 583 *C.* **1903** [2] 205).
6) 3-Amido-2-Oxy-5,10-Naphtdiazin-7-Carbonsäure. Sm. noch nicht bei 360° (*B.* **36**, 4032 *C.* **1904** [1] 294).
7) Aldehyd d. 3'-Nitroazobenzol-4-Carbonsäure. Sm. 223° (*Am.* **32**, 398 *C.* **1904** [2] 1499).
8) Aethylester d. α-Phenyl-γ-Aethylsemicarbazidoessigsäure. Sm. 97 bis 98° (*B.* **36**, 3885 *C.* **1904** [1] 27).

$C_{13}H_9O_3Cl$ *2) 4-Chlordiphenylester d. Kohlensäure. Sm. 95—96° (*C. r.* **138**, 910 *C.* **1904** [1] 1412).

$C_{13}H_9O_3Br$ *1) Phenylester d. 5-Brom-2-Oxybenzol-1-Carbonsäure. Sm. 112° (*G.* **34** [1] 277 *C.* **1904** [1] 1499).
6) Phenylester d. 3-Brom-2-Oxybenzol-1-Carbonsäure. Sm. 98° (*G.* **34** [1] 277 *C.* **1904** [1] 1499).

$C_{13}H_9O_4N$ *14) 3-Nitro-4'-Oxydiphenylketon. Sm. 173° (*B.* **36**, 3891 *C.* **1904** [1] 93).
16) 4-Nitro-2'-Oxydiphenylketon. Sm. 111—113° (*Ph. Ch.* **32**, 43; *B.* **36**, 3897 *C.* **1904** [1] 93).
17) 4-Nitro-4'-Oxydiphenylketon. Sm. 190—192° (*B.* **36**, 3897 *C.* **1904** [1] 94).

$C_{13}H_9O_4N_5$ *2) 6-[2,4-Dinitrophenyl]amidoindazol. Sm. 261° (*B.* **37**, 2582 *C.* **1904** [2] 659).

$C_{13}H_9O_4Cl$ 1) 4'-Chlor-2,3,4-Trioxydiphenylketon. Sm. 154—155° (D.R.P. 49149, 50451). — *III, *156*.

$C_{13}H_9O_5N_3$ 13) 2'-Nitro-4-Oxyazobenzol-3-Carbonsäure. Sm. 215—217° (*J. pr.* [2] **27**, 583 *C.* **1903** [2] 204).

$C_{13}H_9O_6N$ 3) Monobenzoat d. 4-Nitro-1,2,3-Trioxybenzol. Sm. 214° u. Zers. (*B.* **37**, 116 *C.* **1904** [1] 585).

$C_{13}H_9O_6N_5$ 5) Phenyl-2,4,6-Trinitrobenzylidenhydrazin. Sm. 202° (*B.* **36**, 960 *C.* **1903** [1] 969).

$C_{13}H_9O_7N_3$ *6) 5-[2,4-Dinitrophenyl]amido-2-Oxybenzol-1-Carbonsäure (D.R.P. 147862 *C.* **1904** [1] 235).

$C_{13}H_9O_8N_5$ 2) 2',4',?,?-Tetranitro-2-Methyldiphenylamin. Sm. 190° (*B.* **36**, 31 *C.* **1903** [1] 520).
3) 2',4',?,?-Tetranitro-4-Methyldiphenylamin. Sm. 219° (*B.* **36**, 32 *C.* **1903** [1] 520).

$C_{13}H_9NCl_2$ 8) 5,10-Dichlor-5,10-Dihydroakridin. Sm. 240° (*Soc.* **85**, 1200 *C.* **1904** [2] 1059).

$C_{13}H_9NBr_2$ 1) 5,10-Dibrom-5,10-Dihydroakridin. Sm. 186—188° (*Soc.* **85**, 1200 *C.* **1904** [2] 1059).

$C_{13}H_9NBr_4$ 3) 5,10-Dibrom-5,10-Dihydroakridindibromid. Sm. 220° u. Zers. (*Soc.* **85**, 1200 *C.* **1904** [2] 1059).

$C_{13}H_9NJ_2$ 1) 5,10-Dijod-5,10-Dihydroakridin. Sm. 145° (*Soc.* **85**, 1201 *C.* **1904** [2] 1059).

$C_{13}H_9NSe$ 1) 5-Selenoakridin. Sm. 238° (*J. pr.* [2] **68**, 88 *C.* **1903** [2] 446).

$C_{13}H_{10}ON_2$ *1) Benzolazobenzoyl. Fl. (*J. pr.* [2] **70**, 301 *C.* **1904** [2] 1566).
*19) Aldehyd d. Azobenzol-4-Carbonsäure (*C. r.* **135**, 1116 *C.* **1903** [1] 286).
20) Carbonyldiphenylhydrazin (*B.* **36**, 3158 *C.* **1903** [2] 1057).

$C_{13}H_{10}OBr_2$ 3) **4,4'-Dibrom-α-Oxydiphenylmethan.** Sm. 115—116° (*Am.* **30**, 457 *C.* **1904** [1] 377).
4) **3,5-Dibrom-4-Oxydiphenylmethan.** Sm. 44° (u. 57°) (*A.* **334**, 374 *C.* **1904** [2] 1050).

$C_{13}H_{10}OJ_2$ 2) **Benzyläther d. 3,4-Dijod-1-Oxybenzol.** Fl. (*Bl.* [3] **29**, 606 *C.* **1903** [2] 359).

$C_{13}H_{10}OS$ *2) **Phenylester d. Benzolthiolcarbonsäure.** Sm. 56° (*Bl.* [3] **29**, 764 *C.* **1903** [2] 621).
3) **9-Oxythioxanthen.** Sm. 150° (*B.* **34**, 3310). — *III, *597.*

$C_{13}H_{10}O_2N_2$ *18) **Azobenzol-4-Carbonsäure** (*B.* **36**, 3009 *C.* **1903** [2] 1031).
*24) **Phenylnitrosamid d. Benzolcarbonsäure** (*A.* **325**, 236 *C.* **1903** [1] 631).

$C_{13}H_{10}O_2Br_2$ 2) **3,5-Dibrom-α,4-Dioxydiphenylmethan.** Sm. 164—165° (*A.* **334**, 379 *C.* **1904** [2] 1051).
3) **3,5-Dibrom-4-Keto-1-[α-Oxybenzyl]-1,4-Dihydrobenzol.** Sm. oberh. 137—138° u. Zers. (*A.* **334**, 380 *C.* **1904** [2] 1052).

$C_{13}H_{10}O_3N_2$ 31) **Monobenzoat d. 1,4-Dioximido-1,4-Dihydrobenzol.** Zers. bei 160° (*G.* **33** [1] 238 *C.* **1903** [1] 1409).

$C_{13}H_{10}O_3N_4$ 2) **α-Nitroso-α-Phenylhydrazon-α-[2-Nitrophenyl]methan.** Zers. bei 83,5—84° (*B.* **36**, 80 *C.* **1903** [1] 452).
3) **α-Nitroso-α-Phenylhydrazon-α-[3-Nitrophenyl]methan.** Zers. 98,5° (*B.* **36**, 74 *C.* **1903** [1] 452; *B.* **36**, 98 *C.* **1903** [1] 463).
4) **α-Nitroso-α-Phenylhydrazon-α-[4-Nitrophenyl]methan.** Zers. bei 79° (*B.* **36**, 78 *C.* **1903** [1] 452).
5) **α-[4-Nitrophenyl]-β-[α-Nitrosobenzyliden]hydrazin.** Zers. bei 85—86° (*B.* **36**, 351 *C.* **1903** [1] 574).
6) **α-Oximido-α-Phenylazo-α-[2-Nitrophenyl]methan.** Sm. 153,5—154° (*B.* **36**, 81 *C.* **1903** [1] 452).
7) **α-Oximido-α-Phenylazo-α-[3-Nitrophenyl]methan.** Zers. bei 183° (*B.* **36**, 72 *C.* **1903** [1] 452).
8) **α-Oximido-α-Phenylazo-α-[4-Nitrophenyl]methan.** Sm. 180,8° (*B.* **36**, 77 *C.* **1903** [1] 452).
9) **α-Oximido-α-[4-Nitrophenyl]azo-α-Phenylmethan.** Sm. 142,5°. 3 + C_6H_6 (*B.* **36**, 357 *C.* **1903** [1] 575).

$C_{13}H_{10}O_3S$ 2) **4-Oxydiphenylsulfid-3-Carbonsäure?** Sm. 168° (*B.* **36**, 111 *C.* **1903** [1] 454; D.R.P. 147634 *C.* **1904** [1] 131).

$C_{13}H_{10}O_4N_2$ 25) **3'-Nitrodiphenylamin-2-Carbonsäure.** Sm. 215° (*B.* **36**, 2384 *C.* **1903** [2] 664).

$C_{13}H_{10}O_4N_4$ *11) **4-Nitrophenylhydrazonphenylnitromethan** (*B.* **36**, 355 *C.* **1903** [1] 575).
16) **α-Nitro-α-Phenylhydrazon-α-[2-Nitrophenyl]methan.** Sm. 146° (*B.* **36**, 82 *C.* **1903** [1] 452).
17) **α-Nitro-α-Phenylhydrazon-α-[3-Nitrophenyl]methan.** Sm. 135° (140,5°) (*B.* **36**, 76 *C.* **1903** [1] 452; *B.* **36**, *C.* **1903** [1] 453).
18) **α-Nitro-α-Phenylhydrazon-α-[4-Nitrophenyl]methan.** Sm. 156,5° (*B.* **36**, 79 *C.* **1903** [1] 452).
19) **α-[4-Nitrophenyl]-β-[2-Nitrobenzyliden]hydrazin.** Sm. 250° (*R.* **22**, 439 *C.* **1904** [1] 15).

$C_{13}H_{10}O_5N_2$ 14) **2',?-Dinitro-2-Methyldiphenyläther.** Sm. 98° (*C.* **1903** [1] 634).
15) **4',?-Dinitro-2-Methyldiphenyläther.** Sm. 125° (*C.* **1903** [1] 509).
16) **2',?-Dinitro-3-Methyldiphenyläther.** Sm. 106° (*C.* **1903** [1] 634).
17) **4',?-Dinitro-3-Methyldiphenyläther.** Sm. 103—104° (*Am.* **28**, 479 *C.* **1903** [1] 327).
18) **2',?-Dinitro-4-Methyldiphenyläther.** Sm. 100° (*C.* **1903** [1] 634).
19) **4',?-Dinitro-4-Methyldiphenyläther.** Sm. 101° (*C.* **1903** [1] 634).

$C_{13}H_{10}O_5N_4$ *3) **s-Di[3-Nitrophenyl]harnstoff.** Sm. 233° (*M.* **25**, 388 *C.* **1904** [2] 320).
8) **3,3'-Dinitro-4,4'-Diamidodiphenylketon.** Sm. 121° (*G.* **34** [1] 379 *C.* **1904** [2] 111).

$C_{13}H_{10}O_5S$ 3) **3-Benzolsulfonat d. 3,4-Dioxybenzol-1-Carbonsäurealdehyd.** Sm. 147° (D.R.P. 76493). — *III, *76.*
4) **4-Benzolsulfonat d. 3,4-Dioxybenzol-1-Carbonsäurealdehyd.** Sm. 110° (D.R.P. 76493, 82747). — *III, *76.*

$C_{13}H_{10}O_6N_4$ *2) **2,4,6-Trinitro-3-Methyldiphenylamin.** Sm. 150° (*B.* **37**, 2095 *C.* **1904** [2] 34).

$C_{13}H_{10}O_6N_4$ 4) **2',4',6'-Trinitro-2-Methyldiphenylamin.** Sm. 164° (*B.* **36**, 31 *C.* **1903** [1] 520).
5) **2',4',?-Trinitro-2-Methyldiphenylamin.** Sm. 158° (*B.* **36**, 30 *C.* **1903** [1] 520).
$C_{13}H_{10}O_7N_4$ 2) **2,4,6-Trinitro-4'-Oxy-3-Methyldiphenylamin.** Sm. 207° (*B.* **37**, 2095 *C.* **1904** [2] 34).
3) **Methyläther d. 2,4,6-Trinitro-3-Oxydiphenylamin.** Sm. 178° (*R.* **21**, 324 *C.* **1903** [1] 79).
$C_{13}H_{10}NJ$ 1) **Phenyl-4-Jodbenzylidenamin.** Sm. 93° (*A.* **332**, 75 *C.* **1904** [2] 43).
$C_{13}H_{10}N_2S$ *6) **1-Phenylamidobenzthiazol.** Sm. 159° (*B.* **36**, 3127 *C.* **1903** [2] 1070).
$C_{13}H_{11}ON$ *5) **2-Amidodiphenylketon.** Sm. 105° (*B.* **35**, 4276 *C.* **1903** [1] 333).
*8) **α-Oximidodiphenylmethan.** Sm. 143,5—144° (*B.* **36**, 704 *C.* **1903** [1] 818).
*12) **Formyldiphenylamin.** Sm. 72,2°; Sd. 189,5—190,5°$_{18}$ (*B.* **36**, 2477 *C.* **1903** [2] 559).
*20) **Phenylamid d. Benzolcarbonsäure.** Sm. 161° (*B.* **36**, 135 *C.* **1903** [1] 507).
29) **3-Oxy-1-Phenylimidomethylbenzol.** Sm. 90,5—91° (92—93°) (*A.* **313**, 112; D.R.P. 105006 *C.* **1899** [2] 1078). — *III, *57*.
30) **3,5-Diphenylisoxazol.** Sm. 142° (*C. r.* **137**, 796 *C.* **1904** [1] 43).
31) **β-Oxy-α-Phenyl-β-[2-Pyridyl]äthen.** Sm. 50—51°. HCl + 2H_2O, (2HCl, $PtCl_4$), Pikrat (*B.* **36**, 122 *C.* **1903** [1] 470).
$C_{13}H_{11}ON_3$ 14) **2,7-Diamido-9-Oximidofluoren** (D.R.P. 52596, 57394). — *III, *177*.
15) **α-Oximido-α-Phenylazo-α-Phenylmethan** (Phenylazobenzaldoxim). Sm. 134—135° (*B.* **36**, 63 *C.* **1903** [1] 451).
16) **4-Oximidomethylazobenzol.** Sm. 143° (*C. r.* **135**, 1117 *C.* **1903** [1] 286).
17) **5-Amido-1-Oxy-2-Phenylbenzimidazol.** Sm. 164° (*B.* **37**, 2281 *C.* **1904** [2] 434).
18) **6-Methyl-2-Phenyl-1,1-Dihydro-2,1,3-Benztriazol-1-Oxyd.** Sm. 142,5° (*B.* **36**, 3826 *C.* **1904** [1] 19).
$C_{13}H_{11}OJ$ 1) **α-Oxy-4-Joddiphenylmethan.** Sm. 71° (*A.* **332**, 78 *C.* **1904** [2] 43).
$C_{13}H_{11}O_2N$ *8) **4-Nitrodiphenylmethan.** Sm. 31°. + $AlCl_3$ (*R.* **23**, 106 *C.* **1904** [1] 1136.
*15) **4-Benzoylamido-1-Oxybenzol.** Sm. 212—213° (*B.* **37**, 3941 *C.* **1904** [2] 1597).
*33) **2-Phenylamidobenzol-1-Carbonsäure.** Sm. 181° (183—184°) (*B.* **36**, 2383 *C.* **1903** [2] 664; D.R.P. 145189 *C.* **1903** [2] 1097).
58) **α-Imido-2,2'-Dioxydiphenylmethan.** Sm. 222° (*A.* **269**, 321; *B.* **32**, 1678). — III, *195*; *III, *153*.
59) **γ-Keto-γ-[4-Amidophenyl]-α-[2-Furanyl]propen.** H_2SO_4 (*B* **37**, 396 *C.* **1904** [1] 658).
60) **β-[4-Methyl-2-Chinolyl]akrylsäure.** Sm. 214° u. Zers. (2HCl, $PtCl_4$) (*B.* **37**, 1331 *C.* **1904** [1] 1360).
61) **Inn. Anhydrid d. Oxyessig-1-Methylamido-2-Naphtyläthersäure** (N-Methyl-β-Naphtomorpholon). Sm. 84—85° (*Soc.* **83**, 1419 *C.* **1903** [1] 1419 *C.* **1903** [2] 448).
62) **3-Amidophenylester d. Benzolcarbonsäure** (*A.* **332**, 65 *C.* **1904** [2] 42).
$C_{13}H_{11}O_2N_3$ *11) **Phenylhydrazonphenylnitromethan.** Sm. 101,5—102,5° (*B.* **36**, 65 *C.* **1903** [1] 451).
*19) **Benzyliden-4-Nitrophenylhydrazin.** Sm. 191—192° (*B.* **36**, 357 *C.* **1903** [1] 575).
26) **Phenyl-4-Nitro-2-Amidobenzylidenamin.** Sm. 147° (*B.* **37**, 1864 *C.* **1904** [1] 1600).
27) **α-Nitroso-αβ-Diphenylharnstoff.** Sm. 82° u. Zers. (*A.* **325**, 244 *C.* **1903** [1] 631).
28) **2'-Nitro-2-Methylazobenzol.** Sm. 108—109° (*B.* **36**, 3818 *C.* **1904** [1] 18).
29) **2-Nitro-4-Methylazobenzol.** Sm. 71—71,5° (*B.* **36**, 3821 *C.* **1904** [1] 18).
30) **2'-Nitro-4-Methylazobenzol.** Sm. 88° (*B.* **36**, 3819 *C.* **1904** [1] 18).
31) **6-Benzylidenhydrazidopyridin-3-Carbonsäure.** Sm. 281° u. Zers. (*B.* **36**, 1114 *C.* **1903** [1] 1184).
32) **Phenylamid d. 4-Oxyphenylazoameisensäure.** Sm. 185—186° (*A.* **334**, 167 *C.* **1904** [2] 834).
$C_{13}H_{11}O_3N$ *36) **4'-Nitro-4-Methyldiphenyläther.** Sm. 66°; Sd. 225°$_{25}$ (*C.* **1903** [1] 634).

$C_{13}H_{11}O_3N$ 41) **4'-Nitro-2-Methyldiphenyläther.** Sd. 220—222°$_{27}$ (*C.* **1903** [1] 509).
42) **4'-Nitro-3-Methyldiphenyläther.** Sm. 60—61°; Sd. 230—233°$_{30}$ (*Am.* **28**, 486 *C.* **1903** [1] 327).
43) **Phenylamid d. 3,4-Dioxybenzol-1-Carbonsäure.** Sm. 154—156°. Bi (*Bl.* [3] **31**, 178 *C.* **1904** [1] 869; *Bl.* [3] **31**, 920 *C.* **1904** [2] 773).

$C_{13}H_{11}O_3N_3$ *11) **4-Nitrophenyl-2-Oxybenzylidenhydrazin.** Sm. 225° (*R.* **22**, 439 *C.* **1904** [1] 15).
40) **3'-Amido-4-Oxyazobenzol-3-Carbonsäure** (D.R.P. 137594 *C.* **1903** [1] 113).

$C_{13}H_{11}O_4N$ *18) **Phenylamid d. 3,4,5-Trioxybenzol-1-Carbonsäure.** BiOH (*Bl.* [3] **29**, 532 *C.* **1903** [2] 243).
20) **1-Naphtylamidoessigsäure-8-Carbonsäure.** Na_2, Ag_2 (*B.* **35**, 4221 *C.* **1903** [1] 166).
21) **α-[2-Furanoyl]amido-α-Phenylessigsäure.** Sm. 178—179° (*B.* **37**, 2960 *C.* **1904** [2] 993).
22) **Methylester d. α-Cyan-β-Acetoxyl-β-Phenylakrylsäure.** Sm. 89° (*C. r.* **136**, 690 *C.* **1903** [1] 919; *Bl.* [3] **31**, 327 *C.* **1904** [1] 1135).
23) **Methylester d. α-Cyan-β-Benzoxylcrotonsäure.** Sm. 61,5° (*C. r.* **136**, 691 *C.* **1903** [1] 920).
24) **1-Phenylamidoformiat d. 1,2,3-Trioxybenzol.** Sm. 141° (*B.* **37**, 109 *C.* **1904** [1] 584).
25) **s-Phenylamid d. β-Oxy-δ-Keto-β-Penten-s ε-Dicarbonsäure-βε-Lakton** (C-Carbanilidotriacetsäurelakton). Sm. 156° (*B.* **37**, 3391 *C.* **1904** [2] 1221).

$C_{13}H_{11}O_4N_3$ *4) **2-[2,4-Dinitrophenyl]amido-1-Methylbenzol.** Sm. 120° (*J. pr.* [2] **68**, 257 *C.* **1903** [2] 1064; *B.* **36**, 30 *C.* **1903** [1] 520).
*5) **4-[2,4-Dinitrophenyl]amido-1-Methylbenzol.** Sm. 131° (*J. pr.* [2] **68**, 256 *C.* **1903** [2] 1064).
*10) **2-Nitrophenyl-4-Nitrobenzylamin.** Sm. 138° (*R.* **21**, 429 *C.* **1903** [1] 506).
*11) **Methyl-2,4-Dinitrodiphenylamin.** Sm. 167° (*J. pr.* [2] **68**, 255 *C.* **1903** [2] 1064).
*16) **4-Nitrophenyl-4-Nitrobenzylamin.** Sm. 192° (*R.* **21**, 428 *C.* **1903** [1] 506).
18) **3-[2,4-Dinitrophenyl]amido-1-Methylbenzol.** Sm. 159° (*J. pr.* [2] **68**, 257 *C.* **1903** [2] 1064).
19) **2,'4'-Dinitro-3-Methyldiphenylamin.** Sm. 161° (*B.* **36**, 31 *C.* **1903** [1] 520).

$C_{13}H_{11}O_5N_3$ *3) **5-[4-Nitro-2-Amidophenyl]amido-2-Oxybenzol-1-Carbonsäure.** (D.R.P. 139679 *C.* **1903** [1] 748).
6) **Methyläther d. 4,6-Dinitro-2-Oxydiphenylamin.** Sm. 155° (*R.* **23**, 114 *C.* **1904** [2] 205).
7) **Methyläther d. 4,6-Dinitro-3-Oxydiphenylamin.** Sm. 168° (*R.* **23**, 121 *C.* **1904** [2] 206).
8) **Nitroamidooxydiphenylamincarbonsäure.** Na (D. R. P. 148341 *C.* **1904** [1] 415).

$C_{13}H_{11}O_6N_5$ 3) **2,4,6-Trinitro-4'-Amido-3-Methyldiphenylamin.** Sm. 198,5° (*B.* **37**, 2096 *C.* **1904** [2] 34).
4) **2,4,6-Trinitro-3-Methylamidodiphenylamin.** Sm. 174° (*R.* **21**, 325 *C.* **1903** [1] 80).

$C_{13}H_{11}NS$ *3) **Phenylamid d. Benzolthiocarbonsäure.** Sm. 101,5—102° (*B.* **36**, 587 *C.* **1903** [1] 830).
6) **Thiobenzimidophenyläther.** Sm. 48°. HCl (*B.* **36**, 3465 *C.* **1903** [2] 1243).

$C_{13}H_{11}N_2Cl$ 8) **α-Imido-α-[4-Chlorphenyl]amido-α-Phenylmethan.** Sm. 115—116°. (2HCl, $PtCl_4$), (HCl, $AuCl_3$), Pikrat (*J. pr.* [2] **67**, 450 *C.* **1903** [1] 1421).
9) **2-Chlorbenzylidenphenylhydrazin.** Sm. 86° (*C.* **1903** [2] 427).

$C_{13}H_{11}BrJ_2$ 1) **3'-Brom-4-Methyldiphenyljodoniumjodid.** Sm. 130° u. Zers. (*J. pr.* [2] **69**, 329 *C.* **1904** [2] 36).

$C_{13}H_{11}Br_2J$ 1) **3'-Brom-2-Methyldiphenyljodoniumbromid.** Sm. 185° (*J. pr.* [2] **69**, 331 *C.* **1904** [2] 36).
2) **3'-Brom-4-Methyldiphenyljodoniumbromid.** Sm. 175° (*J. pr.* [2] **69**, 329 *C.* **1904** [2] 36).

$C_{13}H_{12}ON_2$ *2) **s-Diphenylharnstoff.** Sm. 235° (*M.* **25**, 370 *C.* **1904** [2] 320).

$C_{13}H_{12}ON_2$ *20) **2-Oxybenzylidenphenylhydrazin.** Sm. 142°; Sd. 234°$_{38}$ (*B.* **36**, 580 *C.* **1903** [1] 709).

*23) **4-Oxybenzylidenphenylhydrazin.** Sm. 184° (*B.* **36**, 3974 *C.* **1904** [1] 163).

*49) **β-Phenylhydrazid d. Benzolcarbonsäure** (*C.* **1903** [1] 829).

59) **2-Oxymethylazobenzol.** Sm. 77—78° (*C. r.* **136**, 1136 *C.* **1903** [1] 1416).

60) **Methyläther d. 3-Oxyazobenzol.** Sm. 32,5—33,5°; Sd. 193—193,5°$_{15}$. (2HCl, $PtCl_4$) (*B.* **36**, 4099 *C.* **1904** [1] 270).

61) **Farbstoff** (aus 4-Amido-1-Oxybenzol u. 2-Amido-1-Methylbenzol) (*J. pr.* [2] **69**, 172 *C.* **1904** [1] 1268).

62) **Verbindung** (aus α-Nitroso-β-[2-Amidobenzoyl]-α-Phenylhydrazin). Sm. 206° (*J. pr.* [2] **69**, 104 *C.* **1904** [1] 730).

$C_{13}H_{12}OS$ 4) **4'-Oxy-4-Methyldiphenylsulfid.** Fl. (D.R.P. 147634 *C.* **1904** [1] 131).

5) **Methyläther d. 4-Oxydiphenylsulfid.** Sd. 180—185°$_{19}$ (*B.* **36**, 109 *C.* **1903** [1] 454; D.R.P. 147634 *C.* **1904** [1] 131).

$C_{13}H_{12}O_2N_2$ *3) **2-Oxy-1-Phenylnitrosamidomethylbenzol.** K (*A.* **325**, 247 *C.* 1903 [1] 632).

*10) **Phenyl-4-Nitrobenzylamin** (*Am.* **30**, 107 *C.* **1903** [2] 718).

53) **3,5-Diacetyl-4-Phenylpyrazol.** Sm. 134° (*A.* **325**, 186 *C.* **1903** [1] 647).

54) **3-Acetyl-5-Benzoyl-4-Methylpyrazol.** Sm. 97° (*A.* **325**, 190 *C.* **1903** [1] 647).

$C_{13}H_{12}O_2N_4$ 30) **6-Nitro-3-Amido-1-Phenylhydrazonmethylbenzol.** Sm. 212° (*M.* **24**, 8 *C.* **1903** [1] 775).

31) **3-Nitro-4-Amido-1-Phenylhydrazonmethylbenzol.** Sm. 202° (*M.* **24**, 93 *C.* **1903** [1] 921).

32) **α-Nitroso-β-[2-Amidobenzoyl]-α-Phenylhydrazin.** Zers. bei 78° (*J. pr.* [2] **69**, 103 *C.* **1904** [1] 730).

$C_{13}H_{12}O_2S$ *2) **Phenyl-4-Methylphenylsulfon.** Sm. 124° (*B.* **35**, 4275 Anm. *C.* **1903** [1] 332).

$C_{13}H_{12}O_3N_2$ 35) **Aethylester d. α-Cyan-α-Imido-γ-Ketobutan-β-Carbonsäure.** Sm. 142,5° (*A.* **332**, 148 *C.* **1904** [2] 192).

36) **Aethylester d. β-Cyan-β-Imido-α-Benzoylpropionsäure** (*Z. Kr.* **33**, 88). — *II, *1174.*

37) **Benzoat d. Verbindung** $C_6H_8O_2N_2$. Sm. 180—181° (*G.* **34** [1] 47 *C.* **1904** [1] 1150).

$C_{13}H_{12}O_3N_4$ 3) **2-Phenyl-1,2,3,4-Tetrazin-6-Dimethylmalonsäure.** Sm. 163—164°. Ca, Ba (*Soc.* **83**, 1253 *C.* **1903** [2] 1422).

$C_{13}H_{12}O_3S$ 5) **α-[1-Naphtyl]sulfon-β-Ketopropan.** Sm. 65° (*J. pr.* [2] **55**, 415). — *II, *509.*

6) **α-[2-Naphtyl]sulfon-β-Ketopropan.** Sm. 130° (*J. pr.* [2] **55**, 399). — *II, *528.*

7) **Verbindung** (aus βγ-Dibrompropyl-1-Naphtylsulfon). Sm. 127° (*J. pr.* [2] **55**, 215). — *II, *509.*

8) **Verbindung** (aus βγ-Dibrompropyl-2-Naphtylsulfon). Sm 167° (*J. pr.* [2] **53**, 488; [2] **55**, 216). — *II, *528.*

$C_{13}H_{12}O_4N_4$ *5) **2,2'-Dinitro-4,4'-Diamidodiphenylmethan** (D.R.P. 139989 *C.* **1903** [1] 798).

*6) **4-[2,4-Dinitrophenyl]amido-2-Amido-1-Methylbenzol.** Sm. 183 bis 184° (*J. pr.* [2] **68**, 258 *C.* **1903** [2] 1064).

11) **4,6-Dinitro-4'-Amido-3-Methyldiphenylamin.** Sm. 166° (*B.* **37**, 2094 *C.* **1904** [2] 34).

$C_{13}H_{12}O_4N_8$ C 45,3 — H 3,5 — O 18,6 — N 32,6 — M. G. 344.

1) **Azid d. α-Benzoylamidoacetylamidoäthan-αβ-Dicarbonsäure.** Sm. 76° (*J. pr.* [2] **70**, 177 *C.* **1904** [2] 1396).

$C_{13}H_{12}O_5N_2$ 2) **Nitril d. β-Oxy-γ-Keto-α-[4-Nitrophenyl]-β-Acetylbutan-α-Carbonsäure.** Sm. 161—162° (*B.* **36**, 3229 *C.* **1903** [2] 941).

$C_{13}H_{12}O_5N_4$ 2) **Säure** (aus d. Verb. $C_{15}H_{16}O_5N_4$) (*A.* **331**, 313 *C.* **1904** [2] 46).

$C_{13}H_{12}O_6N_2$ C 53,4 — H 4,1 — O 32,9 — N 9,6 — M. G. 292.

1) **Aethylester d. 4,5-Diketo-2-[3-Nitrophenyl]tetrahydropyrrol-3-Carbonsäure.** Zers. bei 173°. NH_4 (*C. r.* **138**, 979 *C.* **1904** [1] 1415).

$C_{13}H_{12}O_6N_4$ 6) **Methylamidobenzol + 1,3,5-Trinitrobenzol.** Sm. 81—82° (*Soc.* **83**, 1341 *C.* **1904** [1] 100).

$C_{13}H_{12}O_6N_2$ *1) **Aethylester d. α-[3,5-Dinitrobenzoyl]acetessigsäure.** Sm. 88—89° (*J. pr.* [2] **69**, 458 *C.* **1904** [2] 595).

$C_{13}H_{12}N_2Cl_2$ 1) **Di[2-Chlorphenylamido]methan.** Sm. 84° (*B.* **36**, 45 *C.* **1903** [1] 504).
2) **Di[3-Chlorphenylamido]methan.** Sm. 73° (*B.* **36**, 46 *C.* **1903** [1] 505).
3) **Di[4-Chlorphenylamido]methan.** Sm. 65° (*B.* **36**, 46 *C.* **1903** [1] 505).

$C_{13}H_{12}N_2S$ *1) **s-Diphenylthioharnstoff.** Sm. 154—155° (*B.* **36**, 3846 *C.* **1904** [1] 89; *B.* **37**, 158 *C.* **1904** [1] 582; *C. r.* **139**, 451 *C.* **1904** [2] 1114).

$C_{13}H_{12}N_3Cl$ 8) **α-Phenyl-β-[4-Chlor-2-Amidobenzyliden]hydrazin.** Sm. 230° (*B.* **37**, 1873 *C.* **1904** [1] 1602).

$C_{13}H_{12}ClJ$ 3) **Phenyl-3-Methylphenyljodoniumchlorid.** Sm. 213°. + $HgCl_2$, 2 + $PtCl_4$ (*A.* **327**, 276 *C.* **1903** [2] 350).

$C_{13}H_{12}BrJ$ 1) **Phenyl-3-Methylphenyljodoniumbromid.** Sm. 193° (*A.* **327**, 276 *C.* **1903** [2] 350).

$C_{13}H_{13}ON$ *37) **4′-Amido-4-Methyldiphenyläther.** Sm. 122°. HCl, (2HCl, $PtCl_4$ + H_2O), HBr (*C.* **1903** [1] 634).
42) **4′-Amido-2-Methyldiphenyläther.** Sm. 60°. HCl, (2HCl, $PtCl_4$), HBr, H_2SO_4 (*C.* **1903** [1] 509).
43) **4′-Amido-3-Methyldiphenyläther.** HCl (*Am.* **28**, 488 *C.* **1903** [1] 327).
44) **β-Oxy-α-Phenyl-α-[4-Pyridyl]äthan.** Sm. 89—90°. (2HCl, $PtCl_4$) (*J. pr.* [2] **69**, 317 *C.* **1904** [1] 1613).
45) **N-Methyl-β-Naphtomorpholin.** Sd. 220—222°$_{40}$. Camphersulfonat (*Soc.* **83**, 762 *C.* **1903** [1] 1419 *C.* **1903** [2] 448).
46) **Dimethylamid d. Naphtalin-1-Carbonsäure.** Sm. 62°; Sd. 207° bis 208°$_{15}$ (*B.* **37**, 2685 *C.* **1904** [2] 522; *B.* **37**, 2817 *C.* **1904** [2] 649).

$C_{13}H_{13}ON_3$ *4) **β-Phenylamido-α-Phenylharnstoff.** Sm. 176° (*B.* **36**, 1368 *C.* **1903** [1] 1342; *J. pr.* [2] **67**, 263 Anm. *C.* **1903** [1] 1266).
22) **α-Amido-αβ-Diphenylharnstoff.** Sm. 165° (165,5°). HCl, (2HCl, $PtCl_4$) (*B.* **36**, 1361 *C.* **1903** [1] 1340; *B.* **36**, 1366 *C.* **1903** [1] 1342).
23) **α-Oximido-α-Amido-α-Diphenylamidomethan.** Sm. 161°. HCl, Pikrat (*B.* **36**, 3662 *C.* **1903** [2] 1325).
24) **α-Nitroso-α-Diphenylmethylhydrazin.** Sm. 92—93° (*J. pr.* [2] **68**, 136 *C.* **1903** [1] 875).
25) **4-Oxy-1-[2-Methylphenylamido]diazobenzol** (*B.* **36**, 4148 *C.* **1904** [1] 186).
26) **4-Oxy-1-[4-Methylphenylamido]diazobenzol.** Zers. bei 63° (*B.* **36**, 4147 *C.* **1904** [1] 186).
27) **Methyläther d. 4-Amido-3-Oxyazobenzol.** Sm. 110,5—111,5° (*B.* **36**, 4096 *C.* **1904** [1] 270).

$C_{13}H_{13}ON_5$ C 61,2 — H 5,1 — O 6,2 — N 27,4 — M. G. 255.
1) **Amid d. 1-[Methyl-α-Carboxyäthylamido]-4-Dicyanmethylenamidobenzol.** Sm. 244,5° (*B.* **36**, 762 *C.* **1903** [1] 963).

$C_{13}H_{13}OJ$ 3) **Phenyl-3-Methylphenyljodoniumoxydhydrat.** Salze siehe (*A.* **327**, 274 *C.* **1903** [2] 350).

$C_{13}H_{13}O_2N$ 47) **2′-Amido-2,4-Dioxydiphenylmethan.** Sm. 158—159°. H_2SO_4 (*M.* **23**, 985 *C.* **1903** [1] 289).
48) **4′-Amido-2,4-Dioxydiphenylmethan.** Sm. 160—161° (*M.* **23**, 979 *C.* **1903** [1] 288).
49) **αβ-Dioxy-α-Phenyl-β-[2-Pyridyl]äthan.** Sm. 144—145°. HCl + $2H_2O$, (2HCl, $PtCl_4$), Pikrat (*B.* **36**, 120 *C.* **1903** [1] 470).
50) **8-Acetyl-1,2,3,4-Tetrahydronaphtostyril.** Sm. 103—104° (*B.* **35**, 4224 *C.* **1903** [1] 166).
51) **1,2,3,4-Tetrahydrocarbazol-3-Carbonsäure** (*Soc.* **85**, 428 *C.* **1904** [1] 1439).
52) **Phenylimid d. β-Penten-βγ-Dicarbonsäure.** Sd. 184°$_{14}$ (*B.* **37**, 1617 *C.* **1904** [1] 1403).

$C_{13}H_{13}O_2N_3$ 12) **2-Nitro-4,4′-Diamidodiphenylmethan.** Sm. 100—101° (D.R.P. 139989 *C.* **1903** [1] 798).
13) **β-[4-Oxyphenyl]amido-α-Phenylharnstoff.** Sm. 207° u. Zers. (*A.* **334**, 169 *C.* **1904** [2] 834).
14) **s-Dioxydiphenylguanidin.** Sm. 135° u. Zers. (*B.* **37**, 1530 *C.* **1904** [1] 1411).

$C_{13}H_{13}O_3N$ *22) **Aethylester d. α-Cyan-β-Oxy-β-Phenylakrylmethyläthersäure.** Sm. 101,5° (*C. r.* **136**, 691 *C.* **1903** [1] 920).

$C_{13}H_{13}O_3N$ 28) **2'-Amido-2,4,6-Trioxydiphenylmethan.** HCl (*M.* **23**, 986 *C.* **1903** [1] 289).

$C_{13}H_{13}O_3N_3$ *5) **Aethylester d. Acetylphenylhydrazoncyanessigsäure.** α-Modif. Sm. 158°; β-Modif. Sm. 166° (*J. pr.* [2] **67**, 403 *C.* **1903** [1] 1346).
11) **1-Semicarbazon-3-Methylinden-2-Methylcarbonsäure.** Sm. 218 bis 219° u. Zers. (*B.* **37**, 1621 *C.* **1904** [1] 1419).
12) **Lakton d. 3-Semicarbazon-1-Oxy-1-Methyl-2,3-Dihydroinden-2-Methylcarbonsäure.** Sm. 258—259° u. Zers. (*B.* **37**, 1622 *C.* **1904** [1] 1419).
13) **Phenylamidoformiat d. Verb.** $C_6H_8O_2N_2$. Sm. 178—180° (*G.* **34** [1] 48 *C.* **1904** [1] 1150).

$C_{13}H_{13}O_3P$ 5) **Säure** (aus Diphenylketon). Sm. 150—151°. Pb, Ag (*C. r.* **136**, 509 *C.* **1903** [1] 773).

$C_{13}H_{13}O_4N$ *15) **Aethylester d. α-Phtalylamidopropionsäure.** Sm. 65° (*M.* **25**, 774 *C.* **1904** [2] 1121).
21) **Aethylester d. 4,5-Diketo-2-Phenyltetrahydropyrrol-3-Carbonsäure.** Zers. bei 185°. NH_4, K, Cu + $2C_2H_4O_2$, Ag (*C. r.* **138**, 977 *C.* **1904** [1] 1415).

$C_{13}H_{13}O_4N_3$ 4) **Acetat d. 4-[β-Oximido-β-Phenyläthyl]-1,2,3,6-Dioxdiazin.** Sm. 146—147° (*A.* **330**, 245 *C.* **1904** [1] 946).

$C_{13}H_{13}O_4P$ 1) **Säure** (aus d. Säure $C_{13}H_{13}O_3P$). Sm. 184—185° (*C. r.* **136**, 509 *C.* **1903** [1] 773).

$C_{13}H_{13}O_5N$ *2) **Aethylester d. γ-Keto-α-[3-Nitrophenyl]-α-Buten-β-Carbonsäure.** Sm. 110° (*Soc.* **83**, 719 *C.* **1903** [2] 54).
8) **α-[4-Aethoxylphtalyl]amidopropionsäure.** Sm. 146° (*B.* **37**, 1978 *C.* **1904** [2] 236).
9) **Aethylester d. 4,5-Diketo-2-[2-Oxyphenyl]tetrahydropyrrol-3-Carbonsäure.** Zers. bei 175°. NH_4 (*C. r.* **138**, 979 *C.* **1904** [1] 1415).

$C_{13}H_{13}O_5N_3$ C 53,6 — H 4,5 — O 27,5 — N 14,4 — M. G. 291.
1) **β-Acetat d. 4-[β-Oximido-β-4-Oxyphenyläthyl]-1,2,3,6-Dioxdiazin-4-Methyläther.** Sm. 168—169° (*A.* **330**, 243 *C.* **1904** [1] 945).

$C_{13}H_{13}O_6N$ *2) **Aethylester d. 2-Nitrobenzoylacetessigsäure** (*Soc.* **85**, 151 *C.* **1904** [1] 724).

$C_{13}H_{13}O_7N$ *2) **Acetonylnitromekonin** (*B.* **36**, 2208 *C.* **1903** [2] 443).

$C_{13}H_{13}O_8N$ C 50,2 — H 4,2 — O 41,1 — N 4,5 — M. G. 311.
1) **Triacetat d. 3-Nitro-2-Oxy-1-Dioxymethylbenzol.** Sm. 110° (*B.* **20**, 2110; *B.* **37**, 3931 *C.* **1904** [2] 1595). — **III**, *70*.
2) **Triacetat d. 5-Nitro-2-Oxy-1-Dioxymethylbenzol.** Sm. 112° (114—115°) (*B.* **20**, 2110; *B.* **37**, 3931 *C.* **1904** [2] 1595). — **III**, *70*.

$C_{13}H_{13}NS$ *1) **4'-Amido-4-Methyldiphenylsulfid.** Sm. 72½°; Sd. 365° u. ger. Zers. HCl, (2HCl, $PtCl_4$), HNO_3, H_2SO_4, Oxalat (*J. pr.* [2] **68**, 265 *C.* **1903** [2] 992).

$C_{13}H_{13}N_3S$ *5) **α-Amido-αβ-Diphenylthioharnstoff.** HCl (*B.* **37**, 2331 *C.* **1904** [2] 313).

$C_{13}H_{14}ON_2$ *1) **α-Oxy-?-Diamidodiphenylmethan** (*C.* **1903** [2] 442).
*8) **Methyläther d. 4,4'-Diamido-2-Oxybiphenyl.** Sm. 103—103,5°. 2HCl, Pikrat (*B.* **36**, 4076 *C.* **1904** [1] 267).
38) **4-Amido-4'-Oxy-3-Methyldiphenylamin.** Sm. 160° (D.R.P. 139204 *C.* **1903** [1] 608; *J. pr.* [2] **69**, 173 *C.* **1904** [1] 1268).
39) **1-Benzoylamido-2,5-Dimethylpyrrol.** Sm. 177—179° (*B.* **35**, 4319 *C.* **1903** [1] 336).

$C_{13}H_{14}ON_4$ 7) **3,4,3',4'-Tetraamidodiphenylketon.** Sm. 155° (*G.* **34** [1] 380 *C.* **1904** [2] 111).
8) **Methyloxydhydrat d. 2,3-Diamido-5,10-Naphtdiazin.** Nitrat (*A.* **327**, 119 *C.* **1903** [1] 1214).

$C_{13}H_{14}O_2N_2$ 34) **Säure** (aus Diacetopropionsäureäthylester u. essigsaurem Phenylhydrazin). Sm. 210° u. Zers. Ag + H_2O (*B.* **37**, 2194 *C.* **1904** [2] 240).
35) **Methylester d. α-Cyan-β-Aethylamido-β-Phenylakrylsäure.** Sm. 123° (*C. r.* **136**, 691 *C.* **1903** [1] 920).
36) **Aethylester d. α-Cyan-β-Methylamido-β-Phenylakrylsäure.** Sm. 104 bis 105° (*Bl.* [3] **31**, 343 *C.* **1904** [1] 1135).

$C_{13}H_{14}O_3N_2$ 24) **3-Cyanphenylmonamid d. Bernsteinsäuremonoäthylester.** Sm. 84 bis 84,5° (*C.* **1904** [2] 103).

$C_{13}H_{14}O_3N_4$ C 56,9 — H 5,1 — O 17,5 — N 20,4 — M. G. 274.
1) **Methylester d. 5-Acetylamido-1-Phenyl-1,2,3-Triazol-4-Carbonsäure.** Sm. 81° (*B.* **35**, 4059 *C.* **1903** [1] 171).

$C_{13}H_{14}O_4N_2$ 7) **Cinnamoylamidoacetylamidoessigsäure.** Sm. 229—230° (*B.* **37**, 3067 *C.* **1904** [2] 1207).
8) **Aethylester d. 2,5-Diketo-1-Phenyltetrahydroimidazol-4-Methylcarbonsäure.** Sm. 122° (*B.* **36**, 3342 *C.* **1903** [2] 1175).

$C_{13}H_{14}O_4N_6$ *1) **Azid d. Benzoylbis[Amidoacetyl]amidoessigsäure.** Sm. 162° (*J. pr.* [2] **70**, 84 *C.* **1904** [2] 1033).

$C_{13}H_{14}O_6N_2$ C 53,1 — H 4,8 — O 32,6 — N 9,5 — M. G. 294.
1) **α-Benzoylamidoacetylamidoäthan-αβ-Dicarbonsäure** (Hippurylasparaginsäure). Sm. 191°. $(NH_4)_2$, Ba, Cu + $3H_2O$, Ag_2 (*J. pr.* [2] **70**, 168 *C.* **1904** [2] 1396).

$C_{13}H_{14}O_7N_2$ C 50,3 — H 4,5 — O 36,1 — N 9,0 — M. G. 310.
1) **Lakton d. γ-Oximido-α-Oxy-α-[6-Nitro-3,4-Dimethoxylphenyl]-butan-2-Carbonsäure** (Oxim d. Acetonylnitromekonin). Sm. 170° (*B.* **36**, 2209 *C.* **1903** [2] 443).

$C_{13}H_{14}N_2Br_2$ 1) **2-Bromallylat d. 5-Brom-3-Methyl-1-Phenylpyrazol.** Sm. 196° (*A.* **331**, 211 *C.* **1904** [1] 1219).

$C_{13}H_{14}N_2J_2$ 1) **2-Jodallylat d. 5-Jod-3-Methyl-1-Phenylpyrazol.** Sm. 203° (*A.* **331**, 212 *C.* **1904** [1] 1219).

$C_{13}H_{14}N_2S$ 2) **Allyläther d. 5-Merkapto-3-Methyl-1-Phenylpyrazol.** Sm. 56—57°; Sd. 184—188°$_{11}$ (*A.* **331**, 237 *C.* **1904** [1] 1221).
3) **3-Thiocarbonyl-5-Methyl-1-Allyl-2-Phenyl-2,3-Dihydropyrazol** (Allylthiopyrin). Sm. 123° (*A.* **331**, 213 *C.* **1904** [1] 1219).

$C_{13}H_{15}ON$ 20) **2-Methyläthylamido-1-Oxynaphtalin.** Sm. 25—27°; Sd. 193°$_{40}$. HJ, Camphersulfonat + H_2O (*Soc.* **83**, 761 *C.* **1903** [1] 1419 *C.* **1903** [2] 448).
21) **3-Keto-1-Isoamylpseudoisoindol.** Sm. 115° (*C. r.* **138**, 988 *C.* **1904** [1] 1446).

$C_{13}H_{15}ON_3$ 3) **ε-Semicarbazon-α-Phenyl-αγ-Hexadiën.** Sm. 186° (*B.* **36**, 4381 *C.* **1904** [1] 455).

$C_{13}H_{15}O_2N$ *16) **Phenylimid d. mal. Pentan-βδ-Dicarbonsäure.** Sm. 207° (*Bl.* [3] **29**, 1019 *C.* **1903** [2] 1315).
*22) **Phenylimid d. β-Methylbutan-γδ-Dicarbonsäure.** Sm. 88° (*B.* **36**, 1751 *C.* **1903** [2] 117).
41) **δ-Oximido-γ-Keto-α-[4-Isopropylphenyl]α-Buten.** Sm. 162—163° (*C.* **1904** [1] 28; *A.* **330**, 254 *C.* **1904** [1] 946).
42) **2-Keto-1-Acetyl-3-Isopropyl-2,3-Dihydroindol.** Sm. 104° (*M.* **24**, 574 *C.* **1903** [2] 887).
43) **4-Methyl-2-[ββ'-Dioxyisopropyl]chinolin.** Sm. 140°. HCl, (2HCl, $PtCl_4$ + H_2O) (*B.* **37**, 1329 *C.* **1904** [1] 1360).
44) **4-Oxy-1-Keto-3-Isobutyl-1,2-Dihydroisochinolin.** Sm. 171—173° (*B.* **37**, 1695 *C.* **1904** [1] 1525).
45) **Aethyläther d. 6-Oxy-2-Keto-1-Aethyl-1,2-Dihydrochinolin.** Sm. 84° (*B.* **36**, 458 *C.* **1903** [1] 590).
46) **d-sec. Amylimid d. Benzol-1,2-Dicarbonsäure.** Sm. 23°; Sd. 303° (*B.* **37**, 1047 *C.* **1904** [1] 1249).
47) **Benzoat d. d-3-Oximido-1-Methyl-R-Pentamethylen.** Sm. 60—61° (*A.* **332**, 349 *C.* **1904** [2] 653).
48) **Isoamylimid d. Benzol-1,2-Dicarbonsäure.** Sm. 12,5°; Sd. 307 bis 308° (*B.* **23**, 998; *B.* **37**, 1047 *C.* **1904** [1] 1249). — **II**, *1804*.

$C_{13}H_{15}O_2N_3$ *10) **Aethylester d. 2,4-Dimethylphenylhydrazoncyanessigsäure.** Sm. 166° (*J. pr.* [2] **67**, 409 *C.* **1903** [1] 1347).
15) **Acetat d. 5-Oxy-3-Propyl-1-Phenyl-1,2,4-Triazol.** Sm. 84° (*B.* **36**, 1099 *C.* **1903** [1] 1140).
16) **Nitril d. 2,6-Diketo-4-Hexyl-1,2,3,6-Tetrahydropyridin-3,5-Dicarbonsäure.** NH_4, Nikotinsalz (*C.* **1903** [2] 193).
17) **Verbindung** (aus Benzylidenacetylaceton u. Semicarbazid). Sm. 210° u. Zers. (*Soc.* **85**, 467 *C.* **1904** [1] 1080, 1438).

$C_{13}H_{15}O_2Cl$ 1) **Aethylester d. β-Chlor-α-Phenyl-β-Buten-α-Carbonsäure.** Sd. 159 bis 161°$_{18}$ (*B.* **36**, 2245 *C.* **1903** [2] 435).

$C_{13}H_{15}O_3N$ 20) **Dimethyläther d. 6,7-Dioxy-1-Keto-2-Aethyl-1,2-Dihydroisochinolin.** Sm. 60—62°. HCl (*B.* **37**, 3402 *C.* **1904** [2] 1318).

$C_{13}H_{15}O_3N$ 21) **8-Acetylamido-1,2,3,4-Tetrahydronaphtalin-1-Carbonsäure.** Sm. 181—182° (*B.* **35**, 4224 *C.* **1903** [1] 166).
22) *γ*-**Phenylamid d.** *β*-**Oxy-***β*-**Methylbutan-***γδ*-**Dicarbonsäure-***βδ*-**Lakton.** Sm. 176° (*C. r.* **139**, 293 *C.* **1904** [2] 692.
23) *α*-**Phenylmonamid d. cis-***γ*-**Methyl-***α*-**Buten-***αγ*-**Dicarbonsäure.** Sm. 162° (164° u. Zers.) (*C. r.* **136**, 382 *C.* **1903** [1] 697; *Soc.* **83**, 15 *C.* **1903** [1] 443).
24) **4-Methylphenylmonamid d.** *α*-**Buten-***βδ*-**Dicarbonsäure.** Sm. 154 bis 155° (*B.* **36**, 1203 *C.* **1903** [1] 1175).
25) **4-Aethoxylphenylimid d. Propan-***αβ*-**Dicarbonsäure.** Sm. 97° (*G.* **34** [2] 272 *C.* **1904** [2] 1454).

$C_{13}H_{15}O_3N_3$ 5) **4-[***β*-**Oximido-***β*-**4-Isopropylphenyläthyl]-1,2,3,6-Dioxdiazin.** Sm. 187° (*A.* **330**, 244 *C.* **1904** [1] 946).
6) **Verbindung** (aus Dicyanbenzoylessigsäureäthylester). Sm. 176° (*A.* **332**, 150 *C.* **1904** [2] 192).

$C_{13}H_{15}O_3N_5$ C 54,0 — H 5,2 — O 16,6 — N 24,2 — M. G. 289.
1) **Azid d.** *β*-**Benzoylamidoacetylamidobuttersäure.** Zers. bei 73° (*J. pr.* [2] **70**, 212 *C.* **1904** [2] 1460).
2) **Azid d.** *α*-[*α*-**Benzoylamidopropionyl]amidopropionsäure** (*J. pr.* [2] **70**, 151 *C.* **1904** [2] 1394).

$C_{13}H_{15}O_4N$ 17) **Dimethylester d. cis-1-[?-Amidophenyl]-R-Trimethylen-trans-2,3-Dicarbonsäure.** HCl (*B.* **36**, 3781 *C.* **1904** [1] 42).

$C_{13}H_{15}O_4N_7$ C 46,8 — H 4,5 — O 19,2 — N 29,4 — M. G. 333.
1) **Azid d.** *β*-**Phenylureïdoacetylamidoacetylamidoessigsäure.** (*J. pr.* [2] **70**, 262 *C.* **1904** [2] 1465).

$C_{13}H_{15}O_5N$ 17) *α*-**Benzoylamidobutan-***αδ*-**Dicarbonsäure** (*C.* **1903** [2] 34).
18) **Diäthylester d. Phenylamin-N-Carbonsäure-N-Ketocarbonsäure.** Sm. 68°; Sd. 188—190°$_{8-9}$ (*B.* **37**, 3683 *C.* **1904** [2] 1495).
19) *β*-**Benzylamid d. i-***α*-**Acetoxyläthan-***αβ*-**Dicarbonsäure.** Sm. 111° (*B.* **37**, 2126 *C.* **1904** [2] 439).

$C_{13}H_{15}O_5N_3$ *7) **Benzoylbis[Amidoacetyl]amidoessigsäure.** Sm. 215—216°. Ag (*J. pr.* [2] **70**, 81 *C.* **1904** [2] 1033).

$C_{13}H_{15}O_5Br$ 1) **Phenolbromglykosid.** Sm. 170—180° (*C.* **1903** [2] 1446).

$C_{13}H_{15}O_6N$ 11) **Methylester d.** *β*-**Nitro-***γ*-**Acetoxyl-***γ*-**Phenylbuttersäure.** Sm. 89° (*A.* **329**, 253 *C.* **1904** [1] 31).
12) **Dimethylester d. Iso-***β*-**[2-Nitrophenyl]propan-***αγ*-**Dicarbonsäure.** Sm. 65,5° (*B.* **36**, 2673 *C.* **1903** [2] 948).

$C_{13}H_{15}N_2Br$ 1) **Brom-4-Dimethylamidophenylat d. Pyridin** (*J. pr.* [2] **70**, 51 *C.* **1904** [2] 1236).

$C_{13}H_{16}ON_2$ *15) **5-Keto-4-Methyl-3-Propyl-1-Phenyl-4,5-Dihydropyrazol.** Sm. 100° (*Bl.* [3] **27**, 1102 *C.* **1903** [1] 227).
19) **4-Dimethylamidophenylhydroxyd d. Pyridin.** Salze siehe (*J. pr.* [2] **70**, 51 *C.* **1904** [2] 1236).
20) **Nitril d.** *α*-**[2-Oxyphenyl]-***α*-**[1-Piperidyl]essigsäure.** Sm. 89—90° (*B.* **37**, 4086 *C.* **1904** [2] 1724).

$C_{13}H_{16}O_2N_2$ 24) *γδ*-**Dioximido-***α*-**[4-Isopropylphenyl]***α*-**Buten.** Sm. 192° u. Zers. (*C.* **1904** [1] 28; *A.* **330**, 255 *C.* **1904** [1] 946).
25) **Phenylhydantoïn d. d-Isoleucin.** Sm. 78—79° (*B.* **37**, 1830 *C.* **1904** [1] 1645).
26) **Nitril d.** *α*-**Diäthylamido-***α*-**[3,4-Dioxyphenyl]essig-3,4-Methylenäthersäure.** Sm. 43—44°; Sd. 179,5°$_{12,5}$ (*B.* **37**, 4091 *C.* **1904** [2] 1725).
27) **Amid d.** *α*-**Cyan-***β*-**[4-Isopropylphenyl]propionsäure.** Sm. 144° (*A.* **325**, 217 *C.* **1903** [1] 439).

$C_{13}H_{16}O_2N_4$ 2) **Amid d. 3-Keto-1,5-Dimethyl-2-Phenyl-2,3-Dihydropyridin-4-Amidoessigsäure.** Sm. 194—195° (*Bl.* [3] **29**, 967 *C.* **1903** [2] 1118).

$C_{13}H_{16}O_2Br_2$ 2) **Isobutylester d.** *αβ*-**Dibrom-***β*-**Phenylpropionsäure.** Sm. 59—60° (*Soc.* **83**, 677 *C.* **1903** [2] 115).

$C_{13}H_{16}O_3N_2$ *13) **Phenylmonamid d.** *β*-**Imidopropan-***αα*-**Dicarbonsäuremonoäthylester.** Sm. 125—126° (*A.* **329**, 345 *C.* **1904** [1] 435).
16) **3-Nitro-4-Methylphenylamid d.** *α*-**Penten-***α*-**Carbonsäure.** Sm. 87° (*B.* **37**, 2000 *C.* **1904** [2] 24).
17) **Verbindung** (aus Oxybenzol u. Harnstoff). Sm. 61° (*J.* **1886**, 548). — **II**, *651*.

$C_{13}H_{16}O_4N_2$ *5) **Aethylester d. Benzoylamidoacetylamidoessigsäure.** Sm. 117° (*J. pr.* [2] **70**, 77 *C.* **1904** [2] 1033; *J. pr.* [2] **70**, 194 *C.* **1904** [2] 1398).
11) **β-Benzoylamidoacetylamidobuttersäure.** Sm. 122°. NH_4, Ag (*J. pr.* [2] **70**, 205 *C.* **1904** [2] 1459).
12) **γ-Benzoylamidoacetylamidobuttersäure.** Sm. 176°. NH_4, Ag (*J. pr.* [2] **70**, 225 *C.* **1904** [2] 1461).
13) **α-[α-Benzoylamidopropionyl]amidopropionsäure.** Sm. 170—171° (*J. pr.* [2] **70**, 148 *C.* **1904** [2] 1394).
14) **Methylester d. α-Benzoylamidoacetylamidopropionsäure.** Sm. 136° (*J. pr.* [2] **70**, 117 *C.* **1904** [2] 1036).
15) **Dimethylester d. 2,4-Dimethylphenylhydrazonmethan-αα-Dicarbonsäure.** Sm. 93° (*B.* **37**, 4179 *C.* **1904** [2] 1705).

$C_{13}H_{16}O_4N_4$ 2) **Nitril d. 6-Oxy-2-Keto-4-[3-Nitrophenyl]-2,5-Dihydropyridin-3,5-Dicarbonsäure.** Zers. bei 260°. NH_4, Ba + $7H_2O$, (Cu + $1^1/_2NH_3$ + $1^1/_2H_2O$), Ag + $4H_2O$ (*C.* **1904** [1] 877).
3) **Amid d. α-Benzoylamidoacetylamidoäthan-αβ-Dicarbonsäure.** Sm. 223° u. Zers. (*J. pr.* [2] **70**, 179 *C.* **1904** [2] 1396).
4) **Verbindung** (aus Dicyanbenzoylessigsäureäthylester). Sm. 155° u. Zers. (*A.* **332**, 152 *C.* **1904** [2] 192).

$C_{13}H_{16}O_4Br_2$ 4) **Aethylester d. αβ-Dibrom-β-[3,4-Dioxyphenyl]akryl-3,4-Dimethyläthersäure.** Sm. 111° (*C.* **1903** [1] 580; *Soc.* **85**, 164 *C.* **1904** [1] 724).

$C_{13}H_{16}O_4S$ 2) **5-Keto-3-Phenyl-1-Methylhexahydrobenzol-3-Sulfonsäure.** Ba (*B.* **37**, 4041 *C.* **1904** [2] 1647).

$C_{13}H_{16}O_4S_2$ 1) **2,4-Di[Allylsulfon]-1-Methylbenzol.** Sm. 89—90° (*J. pr.* [2] **68**, 336 *C.* **1903** [2] 1172).

$C_{13}H_{16}O_5N_2$ *7) **Inn. Anhydrid d. d-Phenylamidoformylglykosamin.** Sm. 210—211° (*B.* **36**, 29 *C.* **1903** [1] 446).
*8) **ε-Lakton d. Glyazindihydrotetramethyldimalonsäuremethylester.** Sm. 177° (*Soc.* **83**, 1257 *C.* **1903** [2] 1423).

$C_{13}H_{16}O_5N_4$ C 50,6 — H 5,2 — O 26,0 — N 18,2 — M. G. 308.
1) **β-Phenylureïdoacetylamidoacetylamidoessigsäure.** Sm. 184° (*J. pr.* [2] **70**, 259 *C.* **1904** [2] 1465).

$C_{13}H_{16}O_5S_2$ *1) **Aethylester d. α-[4-Methylphenylthiosulfon]acetessigsäure.** Sm. 62° (*J. pr.* [2] **70**, 376 *C.* **1904** [2] 1719).
2) **Aethylester d. α-[2-Methylphenylthiosulfon]acetessigsäure.** Fl. (*J. pr.* [2] **70**, 382 *C.* **1904** [2] 1719).

$C_{13}H_{16}O_6N_2$ 5) **d-Phenylamidoformylglykosaminsäure** (Tetraoxybutyl-N-Phenylhydantoïn). Sm. 199—201° (*B.* **35**, 4013 *C.* **1903** [1] 390).
6) **αγ-Laktam d. βγ-Diimido-ε-Ketohexan-ααδ-Tricarbonsäure-αδ-Diäthylester.** Sm. 103—137° (*A.* **332**, 129 *C.* **1904** [2] 189).

$C_{13}H_{16}O_6S_2$ 1) **2,4-Di[Acetonylsulfon]-1-Methylbenzol.** Sm. 127° (*J. pr.* [2] **68**, 337 *C.* **1903** [2] 1172).
2) **Aethylester d. α-[4-Methoxylphenylthiosulfon]acetessigsäure.** Fl. (*J. pr.* [2] **70**, 390 *C.* **1904** [2] 1721).

$C_{13}H_{16}N_2S$ 2) **Aethyläther d. 5-Merkapto-3,4-Dimethyl-1-Phenylpyrazol.** Sd. 316—318° (*A.* **331**, 244 *C.* **1904** [1] 1221).
3) **Isopropyläther d. 5-Merkapto-3-Methyl-1-Phenylpyrazol.** Sd. 309 bis 310° (*A.* **331**, 235 *C.* **1904** [1] 1221).

$C_{13}H_{17}ON$ *5) **α-Oximidobenzylhexahydrobenzol.** Sm. 157° (*C. r.* **139**, 345 *C.* **1904** [2] 705).
25) **Methyläther d. 4-[4-Oxybenzoyl]methyl-1,2,3,6-Dioxdiazin.** Sm. 159—160° (*A.* **330**, 244 *C.* **1904** [1] 945).
26) **Nitril d. 3-Oxy-?-tert. Butyl-1-Methylbenzol-?-Carbonsäure.** Sm. 117° (D.R.P. 84336). — *II, *938.*
27) **4-Methylphenylamid d. α-Penten-α-Carbonsäure.** Sm. 125°; Sd. 205 bis 215°$_{18}$ (*B.* **37**, 2000 *C.* **1904** [2] 24).
28) **4-Methylphenylamid d. α-Penten-ε-Carbonsäure.** Sm. 75°; Sd. 220°$_{14}$ (*B.* **37**, 2000 *C.* **1904** [2] 24).
29) **4-Methylphenylamid d. β-Penten-α-Carbonsäure.** Sm. 95,5° (*B.* **37**, 2000 *C.* **1904** [2] 24).
30) **4-Methylphenylamid d. β-Penten-ε-Carbonsäure.** Sm. 103°; Sd. 200 bis 205°$_{12}$ (*B.* **37**, 2000 *C.* **1904** [2] 24).

$C_{13}H_{17}ON_3$ *2) **4-Dimethylamido-3-Keto-1,5-Dimethyl-2-Phenyl-2,3-Dihydropyrazol** (*C.* **1897** [1] 1006; D.R.P. 144393 *C.* **1903** [2] 777; D.R.P. 145603 *C.* **1903** [2] 1225).
*6) **γ-Semicarbazon-α-Phenyl-δ-Methyl-α-Penten.** Sm. 166—167° (*Soc.* **81**, 1489 *C.* **1903** [1] 138).
8) **Isopropylidenhydrazid d. 2-Isopropylidenamidobenzol-1-Carbonsäure.** Sm. 244° (*J. pr.* [2] **69**, 98 *C.* **1904** [1] 730).

$C_{13}H_{17}OCl$ 2) **Hydrochlorid d. Benzalpinakolin.** Sm. 33—34° (*B.* **36**, 1480; *B.* **36**, 3535 *C.* **1903** [2] 1368).

$C_{13}H_{17}OBr$ 1) **Hydrobromid d. Benzalpinakolin.** Sm. 44° (*B.* **36**, 3534 *C.* **1903** [2] 1368).

$C_{13}H_{17}O_2N$ 24) **Methyläther d. 1-[4-Oxybenzoyl]hexahydropyridin.** Sd. 220—222°$_{14}$ (*B.* **36**, 3525 *C.* **1903** [2] 1326).
25) **Aethylester d. 1,2,3,4-Tetrahydroisochinolin-2-Methylcarbonsäure.** Sd. 184—185°$_{18}$ (*B.* **36**, 1161 *C.* **1903** [1] 1186).
26) **Phenylamidoformiat d. Oxyhexahydrobenzol.** Sm. 82,5° (*Bl.* [3] **29**, 1052 *C.* **1903** [2] 1437).

$C_{13}H_{17}O_2N_3$ 8) **Isopropylidenhydrazid d. α-Benzoylamidopropionsäure.** Sm. 157,5° (*J. pr.* [2] **70**, 144 *C.* **1904** [2] 1394).

$C_{13}H_{17}O_3N$ *27) **Phenylmonamid d. mal. Pentan-βδ-Dicarbonsäure.** Sm. 155—156° (*Bl.* [3] **29**, 1019 *C.* **1903** [2] 1315).
*29) **Phenylmonamid d. cis-β-Methylbutan-αγ-Dicarbonsäure.** Sm. 140° (147°) (*Soc.* **83**, 358 *C.* **1903** [1] 389, 1122; *C. r.* **136**, 243 *C.* **1903** [1] 565).
*42) **r-α-Benzoylamido-γ-Methylvaleriansäure.** Sm. 139—140° (*Bl.* [3] **31**, 1182 *C.* **1904** [2] 1710).
*58) **Phenylmonamid d. β-Methylbutan-αδ-Dicarbonsäure.** Sm. 100 bis 103° (*C.* **1903** [2] 288).
62) **α-Methylhydrocotarnin.** Fl. (2HCl, $PtCl_4$), HBr, HJ, H_2SO_4 (*B.* **36**, 4258 *C.* **1904** [1] 382).
63) **Benzoyl-d-Isoleucin.** Sm. 116—117° (*B.* **37**, 1827 *C.* **1904** [1] 1645).
64) **Aethylester d. 4-Methylphenylimidooxyessigäthylättersäure.** Sd. 160—162°$_{14-15}$ (*Soc.* **85**, 989 *C.* **1904** [2] 830).
65) **d-sec. Amylmonamid d. Benzol-1,2-Dicarbonsäure.** Sm. 123° (*B.* **37**, 1048 *C.* **1904** [1] 1249).
66) **norm. Propylester d. Phenylacetylamidoessigsäure.** Sm. 31° (*J. pr.* [2] **38**, 106). — *II, 1313.*
67) **isom. Phenylmonamid d. cis-β-Methylbutan-αγ-Dicarbonsäure.** Sm. 127° (*Bl.* [3] **29**, 336 *C.* **1903** [1] 1216).

$C_{13}H_{17}O_3N_3$ 4) **α-Phenylpropylester d. α-Semicarbazonpropionsäure.** Sm. 143° (*C. r.* **138**, 985 *C.* **1904** [1] 1398).
5) **Amid d. β-Benzoylamidoacetylamidobuttersäure.** Sm. 173° (*J. pr.* [2] **70**, 213 *C.* **1904** [2] 1460).
6) **2-Nitro-4-Methylphenylamid d. Hexahydropyridin-1-Carbonsäure.** Sm. 152° (*Bl.* [3] **31**, 23 *C.* **1904** [1] 521).

$C_{13}H_{17}O_3Br_3$ 1) **α,3-Dimethyläther-4-Aethyläther d. 2,5-Dibrom-3,4-Dioxy-1-[β-Brom-α-Oxypropyl]benzol.** Sm. 63—64° (*B.* **37**, 1132 *C.* **1904** [1] 1261).

$C_{13}H_{17}O_4N$ 26) **2,4,5-Trimethyläther d. γ-Oximido-α-[2,4,5-Trioxyphenyl]butan.** Sm. 145° (*Ar.* **242**, 102 *C.* **1904** [1] 1008).
27) **α-Phenylamidoformoxyl-β-Methylbutan-β-Carbonsäure.** Sm. 114 bis 115° (*Bl.* [3] **31**, 322 *C.* **1904** [1] 1134).
28) **4-Aethoxylphenylamid d. α-Acetoxylpropionsäure.** Sm. 129° (*B.* **37**, 3974 *C.* **1904** [2] 1605).

$C_{13}H_{17}O_4N_3$ 6) **δ-[4-Nitrophenyl]hydrazon-β-Methylpentan-β-Carbonsäure.** Sm. 190° (*Soc.* **85**, 1221 *C.* **1904** [2] 1108).
7) **α-Bisamidoacetylamido-β-Phenylpropionsäure.** Sm. 238—239° (*B.* **37**, 3315 *C.* **1904** [2] 1307).
8) **α-Amido-β-Phenylpropionylamidoacetylamidoessigsäure.** Sm. 235° u. Zers. (*B.* **37**, 3066 *C.* **1904** [2] 1207).
9) **Aethylester d. β-Phenylureïdoacetylamidoessigsäure.** Sm. 165° (*J. pr.* [2] **70**, 252 *C.* **1904** [2] 1464).
10) **Aethylester d. Benzoylamidoacetylamidomethylamidoameisensäure.** Sm. 200° (*J. pr.* [2] **70**, 80 *C.* **1904** [2] 1033).

$C_{13}H_{17}O_4N_5$ *1) **Hydrazid d. Benzoylbis[Amidoacetyl]amidoessigsäure.** Sm. 245 bis 250° u. Zers. (*J. pr.* [2] **70**, 83 *C.* **1904** [2] 1033).

$C_{13}H_{17}O_4J$ 2) **Diacetat d. 4-Jodoso-1-Propylbenzol.** Sm. 101° (*A.* **327**, 305 *C.* **1903** [2] 353).

3) **Diacetat d. 4-Jodoso-3-Aethyl-1-Methylbenzol** (*J. pr.* [2] **69**, 438 *C.* **1904** [2] 589).

$C_{13}H_{17}O_5N_3$ 5) **Oxim d. Glyazindihydrotetramethyldimalonsäuremethylester-s-Lakton.** Sm. 136° (*Soc.* **83**, 1258 *C.* **1903** [2] 1423).

$C_{13}H_{17}O_8N$ 2) **3-Nitrobenzylidendulcit.** Sm. 256,5° (*Bl.* [3] **29**, 506 *C.* **1903** [2] 237).

3) **4-Nitrobenzylidendulcit.** Sm. 186° (*Bl.* [3] **29**, 506 *C.* **1903** [2] 237).

4) **2-Nitrobenzyliden-d-Mannit.** Sm. 214° (*R.* **19**, 179). — *III, *9.*

5) **3-Nitrobenzyliden-d-Mannit.** Sm. 247° (*R.* **19**, 179). — *III, *10.*

6) **4-Nitrobenzyliden-d-Mannit.** Sm. 162° (198,5°) (*R.* **19**, 179; *Bl.* [3] **29**, 504 *C.* **1903** [2] 237). — *III, *10.*

7) **4-Nitrobenzyliden-d-Sorbit.** Sm. 150° (204,5°) (*R.* **19**, 179; *Bl.* [3] **29**, 505 *C.* **1903** [2] 237). — *III, *10.*

$C_{13}H_{18}ON_2$ 17) **Nitril d. α-Diäthylamido-α-[4-Oxyphenyl]essigmethyläthersäure.** Sm. 44°; Sd. 166°$_{11}$ (*B.* **37**, 4090 *C.* **1904** [2] 1725).

18) **2-Methylphenylamid d. Hexahydropyridin-1-Carbonsäure.** Sm. 113° (*Bl.* [3] **29**, 410 *C.* **1903** [1] 1363).

19) **4-Methylphenylamid d. Hexahydropyridin-1-Carbonsäure.** Sm. 143° (*Bl.* [3] **29**, 410 *C.* **1903** [1] 1363).

20) **Phenylhydrazid d. Hexahydrobenzolcarbonsäure.** Sm. 164° (*B.* **36**, 1095 *C.* **1903** [1] 1139).

$C_{13}H_{18}O_2N_2$ *10) **δ-Phenylhydrazon-β-Methylpentan-β-Carbonsäure.** Sm. 135° (*Soc.* **85**, 1221 *C.* **1904** [2] 1108).

20) **3-Nitroso-4,4,6-Trimethyl-2-Phenyltetrahydro-1,3-Oxazin.** Sm. 108—111° (*M.* **25**, 862 *C.* **1904** [2] 1241).

21) **α-Phenylhydrazon-ββ-Dimethylbutan-α-Carbonsäure.** Sm. 146° (*A.* **327**, 207 *C.* **1903** [1] 1407).

$C_{13}H_{18}O_3N_2$ 13) **r-α-[Phenylamidoformyl]amidoisocapronsäure.** Sm. 165° u. Zers. (*B.* **37**, 2492 Anm. *C.* **1904** [2] 425).

14) **Phenylamidoformyl-d-Isoleucin.** Sm. 119—120° (*B.* **37**, 1829 *C.* **1904** [1] 1645).

$C_{13}H_{18}O_3N_4$ C 56,1 — H 6,5 — O 17,3 — N 20,1 — M. G. 278.

1) **Hydrazid d. β-Benzoylamidoacetylamidobuttersäure.** Sm. 188°. HCl (*J. pr.* [2] **70**, 207 *C.* **1904** [2] 1459).

2) **Hydrazid d. γ-Benzoylamidoacetylamidobuttersäure.** Sm. 165—167° u. Zers. (*J. pr.* [2] **70**, 226 *C.* **1904** [2] 1461).

3) **Hydrazid d. α-[α-Benzoylamidopropionyl]amidopropionsäure.** Sm. 183—184° (*J. pr.* [2] **70**, 151 *C.* **1904** [2] 1394).

$C_{13}H_{18}O_3Br_2$ 1) **α,3-Dimethyläther-4-Aethyläther d. 2-Brom-3,4-Dioxy-1-[β-Brom-α-Oxypropyl]benzol.** Sm. 63—64° (*B.* **37**, 1131 *C.* **1904** [1] 1261).

$C_{13}H_{18}O_4N_2$ 6) **Aethylester d. 1-α-Amidoacetylamido-β-[4-Oxyphenyl]propionsäure.** HCl (*B.* **37**, 2496 *C.* **1904** [2] 425).

$C_{13}H_{18}O_4N_4$ C 53,1 — H 6,1 — O 21,8 — N 19,0 — M. G. 294.

1) **Aethylester d. α-[α-Phenylamidoformylsemicarbazido]propionsäure.** Sm. 163° (*C.* **1904** [2] 1029).

$C_{13}H_{18}O_4N_6$ C 48,4 — H 5,6 — O 19,9 — N 26,1 — M. G. 322.

1) **Hydrazid d. β-Phenylureïdoacetylamidoacetylamidoessigsäure.** Sm. 241° u. Zers. HCl (*J. pr.* [2] **70**, 261 *C.* **1904** [2] 1465).

2) **Hydrazid d. α-Benzoylamidoacetylamidoäthan-αβ-Dicarbonsäure.** Sm. 213,5°. 2HCl (*J. pr.* [2] **70**, 174 *C.* **1904** [2] 1396).

$C_{13}H_{18}O_5Hg$ 1) **Verbindung** (aus Methyleugenol) (*B.* **36**, 3581 *C.* **1903** [2] 1363).

$C_{13}H_{18}O_6N_2$ *3) **Phenylglykoseureïd.** Sm. 223° u. Zers. (*R.* **22**, 66 *C.* **1903** [1] 1081).

$C_{13}H_{18}O_7N_2$ C 49,7 — H 5,7 — O 35,7 — N 8,9 — M. G. 314.

1) **2-Oxybenzoylhydrazon d. d-Glykose.** Zers. 198° (*C.* **1904** [2] 1494).

2) **Diäthylester d. δε-Diimido-β-Ketohexan-γζζ-Tricarbonsäure.** Sm. 160° (*A.* **332**, 145 *C.* **1904** [2] 191).

$C_{13}H_{18}N_2J$ 1) **Jodmethylat d. 3-Methylimido-1,5-Dimethyl-2-Phenyl-2,3-Dihydropyrazol.** Sm. 183° (*B.* **36**, 3286 *C.* **1903** [2] 1190).

$C_{13}H_{19}ON$ *28) **4-tert. Amylphenylamid d. Essigsäure.** Sm. 138—139° (*A.* **327**, 222 *C.* **1903** [1] 1408).

30) **O-Aethylcyancampher** (*C. r.* **136**, 789 *C.* **1903** [1] 1085).

$C_{13}H_{19}ON$ 31) **4,4,6-Trimethyl-2-Phenyltetrahydro-1,3-Oxazin.** Sd. 131°$_{10}$. (2HCl, $PtCl_4$), (HCl, $AuCl_3$) (*M.* **25**, 859 *C.* **1904** [2] 1241).

$C_{13}H_{19}O_2N$ *33) **2-Methylphenylester d. Diäthylamidoessigsäure.** Fl. HCl, HBr, HJ (*Ar.* **240**, 634 *C.* **1903** [1] 24).

*34) **3-Methylphenylester d. Diäthylamidoessigsäure.** Fl. HCl, Br (*Ar.* **240**, 635 *C.* **1903** [1] 24).

*35) **4-Methylphenylester d. Diäthylamidoessigsäure.** Fl. HBr, Pikrat (*Ar.* **240**, 635 *C.* **1903** [1] 24).

44) **Betaïn d. α-Methyldiäthylamidophenylessigsäure.** Sm. 85—87° (*B.* **36**, 4193 *C.* **1904** [1] 263).

45) **norm. Hexylester d. Phenylamidoameisensäure.** Sm. 42° (*C. r.* **138**, 149 *C.* **1904** [1] 577).

46) **Benzoat d. α-Dimethylamido-β-Oxy-β-Methylpropan.** Sm. 202° (*C. r.* **138**, 767 *C.* **1904** [1] 1196).

$C_{13}H_{19}O_3N$ *10) **Diäthylamidoacetat d. 1,2-Dioxybenzolmonomethyläther.** Fl. HCl, (2HCl, $PtCl_4$), HBr (*Ar.* **240**, 637 *C.* **1903** [1] 24).

11) **Dimethyläther d. 4-Acetylamido-2,5-Dioxy-1-Propylbenzol.** Sm. 104° (*B.* **36**, 857 *C.* **1903** [1] 1084).

12) **Dimethyläther d. 6-Acetylamido-3,4-Dioxy-1-Propylbenzol.** Sm. 144° (*B.* **36**, 860 *C.* **1903** [1] 1085).

13) **Methylester d. 1-Methyl-1,2,3,4-Tetrahydrochinoliniumessigsäure.** d-Camphersulfonat, d-Bromcamphersulfonat (*Soc.* **83**, 1416 *C.* **1904** [1] 439).

$C_{13}H_{19}O_3Br$ *1) **α,3-Dimethyläther-4-Aethyläther d. β-Brom-α-Oxy-α-[3,4-Dioxyphenyl]propan.** Sm. 69—70° (*B.* **37**, 1130 *C.* **1904** [1] 1261).

$C_{13}H_{19}O_3J$ 1) **Aethylester d. o-Jodcamphocarbonsäure.** Sm. 42—43° (*B.* **36**, 1727 *C.* **1903** [2] 37).

$C_{13}H_{19}O_4N$ *4) **Diäthylester d. stab. 2,6-Dimethyl-1,4-Dihydropyridin-3,5-Dicarbonsäure** (*B.* **36**, 2848 *C.* **1903** [2] 1129; *B.* **36**, 2852 *C.* **1903** [2] 1129).

$C_{13}H_{19}O_4Br$ 1) **Tetramethyläther d. β-Brom-α-Oxy-α-[2,4,5-Trioxyphenyl]propan.** Sm. 77,5° (*Ar.* **242**, 100 *C.* **1904** [1] 1008).

$C_{13}H_{19}O_5N$ 9) **2,5-Dimethyläther-3-Aethyläther d. 4-Nitro-2,3,5-Trioxy-1-Propylbenzol.** Sm. 75° (*B.* **36**, 1719 *C.* **1903** [2] 114).

10) **isom. ζ-Benzylidenamido-αβγδε-Pentaoxyhexan** (Benzylidenmannamin). Sm. 183° u. Zers. (*C. r.* **138**, 505 *C.* **1904** [1] 872).

$C_{13}H_{19}N_2J$ 2) **Nitril d. α-Methyldiäthyljodammoniumphenylessigsäure.** Sm. 128—129° (*B.* **36**, 4193 *C.* **1904** [1] 263).

$C_{13}H_{20}ON_2$ 10) **Propyläther d. Propylhydrazonoxyphenylmethan.** Sm. 100°. HBr (*J. pr.* [2] **70**, 279 *C.* **1904** [2] 1545).

$C_{13}H_{20}O_2N_2$ 2) **Amid d. α-Diäthylamido-α-[4-Oxyphenyl]essigmethyläthersäure.** Sm. 161° (*B.* **37**, 4091 *C.* **1904** [2] 1725).

$C_{13}H_{20}O_2N_4$ 3) **Diäthyläther d. Benzylidendi[-α-Amido-α-Imido-α-Oxymethan].** Sm. 154° (*C.* **1904** [2] 30).

4) **α-Aethylureïdo-β-Aethyl-α-Benzylharnstoff.** Sm. 146° (*B.* **37**, 2326 *C.* **1904** [2] 312).

$C_{13}H_{20}O_4N_2$ 2) **Methylphenylhydrazon d. Fukose.** Sm. 177° (*B.* **37**, 306 *C.* **1904** [1] 649).

3) **Aethylester d. α-Cyan-α-Oxypropion-[β-Cyan-α-Aethoxylisobutyl]-äthersäure.** Sm. 120° (*C.* **1904** [1] 160).

$C_{13}H_{20}O_4S_2$ 1) **α-Isoamylsulfon-α-Phenylsulfonäthan.** Sm. 84—86° (*B.* **36**, 303 *C.* **1903** [1] 500).

2) **2,4-Di[Propylsulfon]-1-Methylbenzol.** Sm. 83—84° (*J. pr.* [2] **68**, 336 *C.* **1903** [2] 1172).

$C_{13}H_{20}O_5N_2$ *1) **Methylphenylhydrazon d. d-Galaktose.** Sm. 189—190° (*R.* **15**, 225; *B.* **37**, 305 *C.* **1904** [1] 649; *B.* **37**, 3853 *C.* **1904** [2] 1711).

*4) **β-Amid d. β-Cyan-γ-Oxy-ε-Ketohexanäthyläther-βδ-Dicarbonsäure-δ-Aethylester?** (*G.* **33** [2] 161 *C.* **1903** [2] 1282).

5) **4-Keto-1,3-Di[α-Oximidoäthyl]-1,3-Di[Oxymethyl]-6-Methyl-1,2,3,4-Tetrahydrobenzol.** Sm. 268° (*B.* **36**, 2175 *C.* **1903** [2] 371).

$C_{13}H_{20}O_6N_2$ 10) **isom. α-[βγδεζ-Pentaoxyhexyl]-β-Phenylharnstoff** (Mannaminphenylharnstoff). Sm. 202° (*C. r.* **138**, 505 *C.* **1904** [1] 872).

$C_{13}H_{20}NBr$ 1) **Methyläthylallyl-4-Methylphenylammoniumbromid.** Zers. bei 173 bis 174° (*B.* **37**, 2718 *C.* **1904** [2] 592).

$C_{13}H_{20}NJ$ 9) **Methyläthylallyl-4-Methylphenylammoniumjodid.** Sm. 140—142°. + $CHCl_3$ (*B.* **37**, 2716 *C.* **1904** [2] 591).

$C_{13}H_{21}ON$ 13) **Methyläthylallyl-4-Methylphenylammoniumhydroxyd.** Salze siehe (*B.* **37**, 2716 *C.* **1904** [2] 592).
14) **Oxim d. Allylcampher.** Sd. 165—170°$_{20}$ (*C. r.* **136**, 792 *C.* **1903** [1] 1086).
15) **Oxim d. Pseudojonon.** Sd. 190—195°$_{20}$ (*C.* **1904** [1] 280).
16) **Methylhydroxyd d. 1-Benzylhexahydropyridin.** d-Bromcamphersulfonat (*Soc.* **83**, 1143 *C.* **1903** [2] 1062).

$C_{13}H_{21}ON_3$ C 66,4 — H 8,9 — O 6,8 — N 17,9 — M. G. 235.
1) **4-Semicarbazon-6-Isobutenyl-2,2-Dimethyl-1,2,3,4-Tetrahydrobenzol.** Sm. 168—169° (L. Blach, Dissert., Heidelberg 1900).
2) **Semicarbazon d. Xyliton.** Sm. 158—159° (L. Blach, Dissert., Heidelberg 1900).
3) **Semicarbazon d. Isoxyliton.** Sm. 157° (L. Blach, Dissert., Heidelberg 1900).

$C_{13}H_{21}O_2N$ *6) **1-Menthylester d. Cyanessigsäure.** Sm. 83—84° (*C.* **1903** [1] 566; *Soc.* **85**, 43 *C.* **1904** [1] 789).

$C_{13}H_{21}O_3N$ 3) **d-Bornylester d. α-Oximidopropionsäure.** Sm. 90° (*P. Ch. S.* No. 230). — *III, *338*.

$C_{13}H_{21}O_4N$ 10) **Diäthylester d. δ-Cyan-γ-Methylpentan-αδ-Dicarbonsäure.** Sd. 184 bis 194°$_{29}$ (*C.* **1903** [2] 1425).

$C_{13}H_{21}O_5N$ C 57,6 — H 7,7 — O 29,5 — N 5,2 — M. G. 271.
1) **Diäthylester d. 5-Imido-1-Oxy-1-Methylhexahydrobenzol-2,4-Dicarbonsäure.** Sm. 92° (*A.* **332**, 17 *C.* **1904** [1] 1565).

$C_{13}H_{22}O_2Br_2$ 1) **Dibromid d. 9-Methyl-3-Isopropenylbicyklo-[1,3,3]-Nonan-5,7-diol.** Sm. 161° u. Zers. (*B.* **36**, 231 *C.* **1903** [1] 514).
2) **Dibromid d. isom. 9-Methyl-3-Isopropenylbicyklo-[1,3,3]-Nonan-5,7-diol.** Fl. (*B.* **36**, 233 *C.* **1903** [1] 514).

$C_{13}H_{22}O_4S$ 1) **Dihydro-α-Jononsulfonsäure** + $3H_2O$. Sm. 80—88° u. Zers. Na (*C.* **1904** [1] 281).

$C_{13}H_{22}O_5N_2$ C 51,6 — H 7,3 — O 31,8 — N 9,3 — M. G. 302.
1) **ββ-Diacetyl-ββ-Di[α-Oximidoäthyl-αε-Dioxypentan** + H_2O. Sm. 252° (*B.* **36**, 2174 *C.* **1903** [2] 371).

$C_{13}H_{22}O_7N_4$ 2) **Diäthylester d. Carboxylamidoacetylamidoacetylamidoacetylamidoessigsäure** (Carbäthoxyltriglycylglycinäthylester). Sm. 235—236° (*B.* **36**, 2108 *C.* **1903** [1] 1304).

$C_{13}H_{22}NJ$ 3) **Methyldipropylphenylammoniumjodid.** Sm. 156° (*Soc.* **83**, 1407 *C.* **1904** [1] 438).

$C_{13}H_{23}O_2N$ 2) **α-[Methyl-β-Oxyäthylamido]campher.** Fl. (*A.* **307**, 195). — *III, *360*.
3) **Aethylester d. d-Bornylamidoameisensäure.** Sm. 89° (*Soc.* **85**, 686 *C.* **1904** [2] 331).
4) **Aethylester d. Neobornylamidoameisensäure.** Sm. 36° (*Soc.* **85**, 688 *C.* **1904** [2] 332).

$C_{13}H_{24}OS_2$ 1) **Aethylester d. Menthylxanthogensäure.** Sm. 9° (*C.* **1904** [1] 1347).

$C_{13}H_{24}O_{11}N_2$ 1) **Laktoseureïd** + H_2O. [illegible] **22**, 72 *C.* **1903** [1] 1081).

$C_{13}H_{25}O_2N$ C 68,7 — H 11,0 — O 14,1 — N 6,2 — M. G. 227.
1) **Aethylester d. l-Menthylamidoameisensäure.** Sm. 59° (*Soc.* **85**, 689 *C.* **1904** [2] 332).

$C_{13}H_{25}O_{11}N_3$ C 39,1 — H 6,3 — O 44,1 — N 10,5 — M. G. 399.
1) **Semicarbazon d. Cellose** + $2H_2O$. Sm. 183—185° (*Bl.* [3] **31**, 1078 *C.* **1904** [2] 1493).
2) **Semicarbazon d. Laktose** + $2H_2O$. Sm. 185° u. Zers. (*Bl.* [3] **31**, 1078 *C.* **1904** [2] 1493).

$C_{13}H_{26}NJ$ 3) **Jodmethylat d. Base** $C_{12}H_{23}N$ (aus α-Camphylamin). Sm. 285° u. Zers. (*C. r.* **136**, 1462 *C.* **1903** [2] 287).

$C_{13}H_{27}ON$ 8) **α-Acetylamidoundekan.** Sm. 47—48° (*Bl.* [3] **29**, 1214 *C.* **1904** [1] 355).
9) **β-Oximidotridekan.** Sm. 56—57° (*Bl.* [3] **29**, 1130 *C.* **1904** [1] 258; *Bl.* [3] **29**, 1211 *C.* **1904** [1] 355).
10) **Methylhydroxyd d. Dimethylbornylamin** (*Soc.* **85**, 1195 *C.* **1904** [2] 1125).

$C_{13}H_{27}O_2N$ *2) **Aethylester d. Diisoamylamidoameisensäure.** Sd. 120—130°$_{14}$ (*B.* **36**, 2477 *C.* **1903** [2] 559).

$C_{13}H_{28}ON_2$ 3) **α-[d-sec. Butyl]-β β'-Diisobutylharnstoff.** Sm. 84° (*Ar.* **242**, 71 *C.* **1904** [1] 999).

$C_{13}H_{28}N_2S$ 2) αα-Diisobutyl-β-[d-sec. Butyl]thioharnstoff. Sm. 33° (*Ar.* **242**, 61 *C.* **1904** [1] 998).

— 13 IV —

$C_{13}H_4O_9N_4Cl_2$ 1) 4,4'-Dichlor-3,5,3',5'-Tetranitrodiphenylketon. Sm. 202° (*G.* **34** [1] 381 *C.* **1904** [2] 111).

$C_{13}H_6O_2ClBr_6$ 1) α-Chlor-2,3,5,2',3',5'-Hexabrom-4,4'-Dioxydiphenylmethan. Sm. 215—217° u. Zers. (*A.* **330**, 73 Anm. *C.* **1904** [1] 1148).

$C_{13}H_5O_7N_3Cl_2$ 1) 4,4'-Dichlor-3,5,3'-Trinitrodiphenylketon. Sm. 140° (*G.* **34** [1] 377 *C.* **1904** [2] 110).

$C_{13}H_6O_5N_2Cl_2$ 2) 4,4'-Dichlor-3,3'-Dinitrodiphenylketon. Sm. 120° (*G.* **34** [1] 377 *C.* **1904** [2] 110).

$C_{13}H_6O_5N_2Br_2$ 2) 3,3'-Dibrom-?-Dinitrodiphenylketon. Sm. 209° (*B.* **37**, 3484 *C.* **1904** [2] 1131).
3) 3,4'-Dibrom-?-Dinitrodiphenylketon. Sm. 181° (*B.* **37**, 3485 *C.* **1904** [2] 1131).

$C_{13}H_6O_6N_2Br_4$ 1) 2,5,2',5'[oder 5,6,5',6']-Tetrabrom-3,3'-Dinitro-4,4'-Dioxydiphenylmethan. Sm. 244° (*A.* **333**, 366 *C.* **1904** [2] 1117).

$C_{13}H_7O_2NS$ 2) Carbindophenin (*B.* **37**, 3349 *C.* **1904** [2] 1056).

$C_{13}H_7O_2NCl_4$ 1) Phenylamidoformiat d. 2,3,4,6-Tetrachlor-1-Oxybenzol. Sm. 141—142° (*B.* **37**, 4016 *C.* **1904** [2] 1716).

$C_{13}H_8O_2NCl$ 3) Verbindung (aus Phenol u. o-Nitrobenzaldehyd). Sm. oberh. 200° (*Bl.* [3] **31**, 531 *C.* **1904** [1] 1598).

$C_{13}H_8O_3NCl$ 3) 4-Chlor-4'-Nitrodiphenylketon. Sm. 98° (*R.* **23**, 107 *C.* **1904** [1] 1136).

$C_{13}H_8O_3NBr$ 2) 4-Brom-4'-Nitrodiphenylketon. Sm. 134° (*R.* **23**, 108 *C.* **1904** [1] 1136).

$C_{13}H_8O_5NBr$ 1) Phenylester d. 3-Brom-5-Nitro-2-Oxybenzol-1-Carbonsäure. Sm. 165° (*G.* **34** [1] 273 *C.* **1904** [1] 1499).
2) Phenylester d. ?-Brom-?-Nitro-2-Oxybenzol-1-Carbonsäure. Sm. 193—195° (*G.* **34** [1] 275 Anm. *C.* **1904** [1] 1499).

$C_{13}H_8O_5N_3Br$ 5) 3-Brom-?-Dinitro-3'-Amidodiphenylketon. Sm. 250° (*B.* **37**, 3485 *C.* **1904** [2] 1131).
6) 3-Brom-?-Dinitro-4'-Amidodiphenylketon. Sm. 240° (*B.* **37**, 3486 *C.* **1904** [2] 1131).

$C_{13}H_8O_6N_2Br_2$ 1) 5,5'-Dibrom-3,3'-Dinitro-4,4'-Dioxydiphenylmethan. Sm. 232° (*A.* **333**, 365 *C.* **1904** [2] 1117).

$C_{13}H_8O_8N_6Br$ 1) 2-Brom-4,6-Dinitrophenyl-4-Nitrobenzylnitramin. Sm. 132° (*R.* **21**, 429 *C.* **1903** [1] 506).

$C_{13}H_8N_2Br_2S$ 1) ?-Dibrom-1-Phenylamidobenzthiazol. Sm. 195° (*B.* **36**, 3129 *C.* **1903** [2] 1070).

$C_{13}H_9ONCl_2$ *1) α-Oximido-4,4'-Dichlordiphenylmethan. Sm. 135° (*C. r.* **137**, 711 *C.* **1903** [2] 1442).
8) 3,5-Dichlor-4-Amidodiphenylketon. Sm. 137° (*Soc.* **85**, 345 *C.* **1904** [1] 1405).

$C_{13}H_9ONBr_2$ *3) α-Oximido-4,4'-Dibromdiphenylmethan. Sm. 150° (150—152°) (*C. r.* **137**, 710 *C.* **1903** [2] 1442; *Am.* **30**, 452 *C.* **1904** [1] 377).

$C_{13}H_9ONBr_4$ 1) Phenyl-3,4,5,6-Tetrabrom-2-Oxybenzylamin. Sm. 165—170° u. Zers. (*A.* **332**, 179 *C.* **1904** [2] 209).

$C_{13}H_9ONJ_2$ 5) 3,4-Dijodphenylamid d. Benzolcarbonsäure. Sm. 174° (*C. r.* **136**, 1078 *C.* **1903** [1] 1339).

$C_{13}H_9ON_3S_2$ 1) 1-Naphtylamid d. Isorhodanformylthioameisensäure. Sm. 182° (*Soc.* **83**, 94 *C.* **1903** [1] 230, 447).

$C_{13}H_9OClS$ 1) Benzoat d. 4-Chlor-1-Merkaptobenzol. Sm. 75—76° (*C. r.* **138**, 983 *C.* **1904** [1] 1413).

$C_{13}H_9OBrS$ 1) Benzoat d. 4-Brom-1-Merkaptobenzol. Sm. 83—84° (*C. r.* **138**, 983 *C.* **1904** [1] 1413).

$C_{13}H_9O_2NCl_2$ 2) αα-Dichlor-4-Nitrodiphenylmethan. Sm. 56—57° (*B.* **37**, 605 *C.* **1904** [1] 887).

$C_{13}H_9O_2NBr_2$ *3) 2,6-Dibrom-4-Benzoylamido-1-Oxybenzol (*Soc.* **81**, 1479 *C.* **1903** [1] 144).

$C_{13}H_9O_2N_2Cl$ 7) Phenyl-4-Chlor-2-Nitrobenzylidenamin. Sm. 93° (*B.* **37**, 1865 *C.* **1904** [1] 1600).

$C_{13}H_9O_2N_2Cl$ 8) **Phenyl-6-Chlor-3-Nitrobenzylidenamin.** Sm. 103° (*M.* **25**, 369 *C.* **1904** [2] 322).
9) **Phenylamid d. 4-Chlor-2-Nitrosobenzol-1-Carbonsäure.** Sm. 170° (*B.* **37**, 1870 *C.* **1904** [1] 1601).

$C_{13}H_9O_2N_2Br$ 2) **Phenyl-4-Brom-2-Nitrobenzylidenamin.** Sm. 105° (*B.* **37**, 1869 *C.* **1904** [1] 1601).

$C_{13}H_9O_2N_2Br_2$ 1) **Phenylamid d. 3, 5 - Dibrom - 4 - Oxyphenylazoameisensäure.** Sm. 226—227° u. Zers. (*A.* **334**, 173 *C.* **1904** [2] 834).

$C_{13}H_9O_3NCl_2$ 3) **2-Chlorbenzyläther d. 4-Chlor-2-Nitro-1-Oxybenzol.** Sm. 117° (D.R.P. 142061 *C.* **1903** [2] 83).

$C_{13}H_9O_3N_2Br$ 6) **3-Brom-1-Benzylidenamido-2-Keto-1, 2-Dihydropyridin-5-Carbonsäure.** Sm. 243° (*B.* **37**, 3840 *C.* **1904** [2] 1616).

$C_{13}H_9O_4N_2Br$ 1) **6-Brom-2-Nitro-4-Benzoylamido-1-Oxybenzol.** Sm. 247° (*Soc.* **81**, 1478 *C.* **1903** [1] 23, 144).
2) **Phenylamid d. 3-Brom-5-Nitro-2-Oxybenzol-1-Carbonsäure.** Sm. 221° (*G.* **34** [1] 275 *C.* **1904** [1] 1499).

$C_{13}H_9O_4N_3Br_2$ 2) **4, 6-Dibrom-2-Nitrophenyl-4-Nitrobenzylamin.** Sm. 128° (*R.* **21**, 430 *C.* **1903** [1] 506).

$C_{13}H_9O_4ClS$ *2) **2-Chlorid d. Benzol-1-Carbonsäurephenylester-2-Sulfonsäure.** Sm. 103—104° (*Am.* **30**, 302 *C.* **1903** [2] 1122).

$C_{13}H_9O_5N_3Cl_2$ 1) **3′, 5′-Dichlor-4, 6-Dinitro-4′-Oxy-3-Methyldiphenylamin.** Sm. 230° (*B.* **37**, 2094 *C.* **1904** [2] 34).
2) **Methyläther d. β-Dichlor-2′, 4′-Dinitro-2-Oxydiphenylamin.** Sm. 206—207° (*B.* **36**, 3270 *C.* **1903** [2] 1127).

$C_{13}H_9O_7NS$ 2) **1-Phenylester d. 4-Nitrobenzol-1-Carbonsäure-2-Sulfonsäure.** K, Ba + $5H_2O$ (*Am.* **30**, 377 *C.* **1904** [1] 275).

$C_{13}H_9NClBr$ 1) **α-Chlor-α-Phenylimido-α-[4-Bromphenyl]methan.** Sm. 78°; Sd. 205—207°$_{12}$ (*Am.* **30**, 34 *C.* **1903** [2] 363).

$C_{13}H_{10}ONCl$ *8) **Phenylchloramid d. Benzolcarbonsäure.** Sm. 81,5—82° (*Am.* **29**, 305 *C.* **1903** [1] 1166).
*10) **4-Chlorphenylamid d. Benzolcarbonsäure.** Sm. 187—187,5° (192—193°) (*Am.* **29**, 306 *C.* **1903** [1] 1166; *R.* **22**, 11 *C.* **1903** [1] 1082; *J. pr.* [2] **67**, 453 *C.* **1903** [1] 1421).
13) **5-Chlor-2-Amidodiphenylketon.** Sm. 100° (*Soc.* **85**, 344 *C.* **1904** [1] 1405).
14) **3-Chlor-4-Amidodiphenylketon.** Sm. 140° (*Soc.* **85**, 342 *C.* **1904** [1] 1405).

$C_{13}H_{10}ONBr_3$ 1) **Phenyl-2, 4, 6-Tribrom-3-Oxybenzylamin.** Sm. 96° (*A.* **332**, 182 *C.* **1904** [2] 209).

$C_{13}H_{10}ON_2Cl_2$ 7) **α-Phenyl-β-[3, 5-Dichlor-2-Oxybenzyliden]hydrazin.** Sm. 153° (*B.* **37**, 4028 *C.* **1904** [2] 1718).

$C_{13}H_{10}ON_2Br_2$ 10) **Monobenzoylderivat d. 2, 6-Dibrom-1, 4-Diamidobenzol.** Sm. 194° (*Am.* **31**, 219 *C.* **1904** [1] 1073).

$C_{13}H_{10}ON_2S$ 6) **2-Imido-4-Keto-3-[2-Naphtyl]tetrahydrothiazol.** Sm. 147° (*C.* **1903** [2] 110).
7) **2-[2-N[illegible]ydrothiazol** (stabil. 2-Naphtyl-pseud[illegible]° u. Zers. (*C.* **1903** [2] 110).

$C_{13}H_{10}O_2NCl$ 3) **2-Chlor-4′-Nitrodiphenylmethan?** Sm. 67° (*R.* **23**, 108 *C.* **1904** [1] 1136).
4) **4-Chlor-4′-Nitrodiphenylmethan.** Sm. 104° (*R.* **23**, 107 *C.* **1904** [1] 1136).

$C_{13}H_{10}O_2NCl_3$ 1) **Phenylaminverbindung** (aus 2, 3, 5, 6-Tetrachlor-1-Oxy-4-Keto-1-Methyl-1, 4-Dihydrobenzol). Sm. 192° (*A.* **328**, 303 *C.* **1903** [2] 1248).

$C_{13}H_{10}O_2NBr$ 5) **2-Brom-4′-Nitrodiphenylmethan?** Sm. 73° (*R.* **23**, 109 *C.* **1904** [1] 1136).
6) **4-Brom-4′-Nitrodiphenylmethan.** Sm. 121° (*R.* **23**, 108 *C.* **1904** [1] 1136).

$C_{13}H_{10}O_2N_2S$ 8) **Nitril d. 3-Phenylsulfonamidobenzol-1-Carbonsäure.** Sm. 126,5 bis 127° (*C.* **1904** [2] 102).
9) **Phenylcyanamid d. Benzolsulfonsäure.** Sm. 66—67° (*B.* **37**, 2810 *C.* **1904** [2] 592).

$C_{13}H_{10}O_2N_3Cl$ *2) **6-Chlor-3-Nitrobenzylidenphenylhydrazin.** Sm. 183° (*M.* **25**, 367 *C.* **1904** [2] 322).

$C_{13}H_{10}O_2N_3Cl$ 3) **Phenyl-4-Chlor-2-Nitrobenzylidenhydrazin.** Sm. 176—177° (180—181°) (*B.* **36**, 3301 *C.* **1903** [2] 1173; D.R.P. 149748 *C.* **1904** [1] 909).

$C_{13}H_{10}O_2N_3Br$ 4) **Phenyl-4-Brom-2-Nitrobenzylidenhydrazin.** Sm. 181—182° (*B.* **36**, 3303 *C.* **1903** [2] 1173; D.R.P. 149748 *C.* **1904** [1] 909).

$C_{13}H_{10}O_2N_3J$ 1) **Phenyl-4-Jod-2-Nitrobenzylidenhydrazin.** Sm. 185° (*B.* **36**, 3303 *C.* **1903** [2] 1173; D.R.P. 149749 *C.* **1904** [1] 909).

$C_{13}H_{10}O_3NCl$ 1) **2-Nitrophenyläther d. 2-Chlor-1-Oxymethylbenzol.** Sm. 89° (D.R.P. 142061 *C.* **1903** [2] 83).
2) **2-Nitrophenyläther d. 4-Chlor-1-Oxymethylbenzol.** Sm. 75—78° (D.R.P. 142061 *C.* **1903** [2] 83).
3) **Benzyläther d. 4-Chlor-2-Nitro-1-Oxybenzol.** Sm. 86° (D.R.P. 142899 *C.* **1903** [2] 83).

$C_{13}H_{10}O_3NBr$ *3) **4-Brom-2-Nitrobenzyläther d. Oxymethylbenzol.** Sm. 88—89° (D.R.P. 142899 *C.* **1903** [2] 83).

$C_{13}H_{10}O_3N_2S_2$ 1) **2-Thiocarbonyl-4-Keto-5-[2-Nitrobenzyliden]-3-Allyltetrahydrothiazol.** Sm. 73° (*M.* **24**, 513 *C.* **1903** [2] 837).
2) **2-Thiocarbonyl-4-Keto-5-[3-Nitrobenzyliden]-3-Allyltetrahydrothiazol.** Sm. 145° (*M.* **25**, 161 *C.* **1904** [1] 894).
3) **2-Thiocarbonyl-4-Keto-5-[4-Nitrobenzyliden]-3-Allyltetrathiazol.** Sm. 153° (*M.* **25**, 162 *C.* **1904** [1] 894).

$C_{13}H_{10}O_3N_3Cl$ 3) **Azoverbindung** (aus 4-Nitrodiazobenzol u. 6-Chlor-2-Oxy-1-Methylbenzol). Sm. 230° (*B.* **37**, 1020 *C.* **1904** [1] 1202).

$C_{13}H_{10}O_3N_3Br$ 6) **α-Phenyl-β-[5-Brom-3-Nitro-2-Oxybenzyliden]hydrazin.** Sm. 243° (*B.* **37**, 3936 *C.* **1904** [2] 1596).
7) **Azoverbindung** (aus 4-Nitrodiazobenzol u. 6-Brom-2-Oxy-1-Methylbenzol). Sm. 215° (*B.* **37**, 1022 *C.* **1904** [1] 1203).

$C_{13}H_{10}O_4N_3Br$ 1) **4-Brom-2-Nitrophenyl-4-Nitrobenzylamin.** Sm. 151° (*R.* **21**, 430 *C.* **1903** [1] 506).
2) **2-Brom-4-Nitrophenyl-4-Nitrobenzylamin.** Sm. 180° (*R.* **21**, 429 *C.* **1903** [1] 506).
3) **Phenylhydrazid d. 3-Brom-5-Nitro-2-Oxybenzol-1-Carbonsäure.** Sm. 190° (*G.* **34** [1] 276 *C.* **1904** [1] 1499).

$C_{13}H_{10}O_5N_2S$ 5) **1-[2-Nitrobenzyliden]amidobenzol-4-Sulfonsäure** (D.R.P. 97948 *C.* **1898** [2] 742). — *III, *22.*
6) **1-[4-Nitrobenzyliden]amidobenzol-4-Sulfonsäure** (D.R.P. 97948 *C.* **1898** [2] 742). — *III, *22.*

$C_{13}H_{10}O_5N_3Cl$ 1) **3′-Chlor-4,6-Dinitro-4′-Oxy-3-Methyldiphenylamin.** Sm. 176° (*B.* **37**, 2093 *C.* **1904** [2] 34).

$C_{13}H_{10}O_6N_2S$ 5) **2-Amid d. 4-Nitrobenzol-1-Carbonsäurephenylester-2-Sulfonsäure.** Sm. 185° (*Am.* **30**, 385 *C.* **1904** [1] 275).

$C_{13}H_{10}NClS$ 1) **4-Chlorphenylamid d. Benzolthiocarbonsäure.** Sm. 146—147° (*J. pr.* [2] **67**, 464 *C.* **1903** [1] 1422).

$C_{13}H_{10}NBrS$ 1) **Phenylamid d. 4-Brombenzol-1-Thiocarbonsäure.** Sm. 161 bis 162° (*C.* **1904** [1] 1003).

$C_{13}H_{10}N_2Cl_2S$ *2) **s-Di[3-Chlorphenyl]thioharnstoff** (*B.* **36**, 197 *C.* **1903** [1] 450).
*3) **s-Di[4-Chlorphenyl]thioharnstoff.** Sm. 141° (*B.* **36**, 197 *C.* **1903** [1] 450).

$C_{13}H_{10}N_2Br_2S$ 2) **s-Di[3-Bromdiphenyl]thioharnstoff.** Sm. 135° (*B.* **36**, 197 *C.* **1903** [1] 450).

$C_{13}H_{10}N_2Br_4S$ 1) **Verbindung** (aus s-Diphenylthioharnstoff). Sm. 136° (*B.* **36**, 3127 *C.* **1903** [2] 1070).

$C_{13}H_{11}ONCl_2$ 2) **2-Chlorbenzyläther d. 4-Chlor-2-Amido-1-Oxybenzol.** HCl (D.R.P. 142061 *C.* **1903** [2] 83).

$C_{13}H_{11}ONS_2$ 1) **2-Thiocarbonyl-4-Keto-3-Allyl-5-Benzylidentetrahydrothiazol.** Sm. 144° (*M.* **24**, 506 *C.* **1903** [2] 836).
2) **2-Thiocarbonyl-4-Keto-5-Cinnamyliden-3-Methyltetrahydrothiazol.** Sm. 226° (*M.* **25**, 172 *C.* **1904** [1] 695).

$C_{13}H_{11}ON_2Cl$ *11) **α-Phenyl-β-[5-Chlor-2-Oxybenzyliden]hydrazin.** Sm. 148° (*B.* **37**, 4025 *C.* **1904** [2] 1717).
15) **α-Oximido-α-[4-Chlorphenyl]amido-α-Phenylmethan.** Sm. 173 bis 174°. + C_2H_6O, [illegible] (*J. pr.* [2] **67**, 470 *C.* **1903** [1] 1422).
16) **Chlorid d. ββ-Diphenylhydrazidoameisensäure** (*B.* **36**, 3156 *C.* **1903** [2] 1057).

$C_{13}H_{11}ON_2Br$ *8) **α-Phenyl-β-[5-Brom-2-Oxybenzyliden]hydrazin.** Sm. 151° (*B.* **37**, 3934 *C.* **1904** [2] 1596).

$C_{13}H_{11}O_2NS_2$ 1) **2-Thiocarbonyl-4-Keto-3-Allyl-5-[2-Oxybenzyliden]tetrahydrothiazol.** Sm. 179° (*M.* **24**, 508 *C.* **1903** [2] 836).

$C_{13}H_{11}O_2N_3S$ *1) **s-3-Nitrodiphenylthioharnstoff.** Sm. 155° (*B.* **36**, 197 *C.* **1903** [1] 450; *J. pr.* [2] **67**, 480 *C.* **1903** [1] 1407).

$C_{13}H_{11}O_3NS$ *3) **Benzoylamid d. Benzolsulfonsäure.** Sm. 146° (*B.* **37**, 693 *C.* **1904** [1] 1074).

$C_{13}H_{11}O_3NS_2$ 1) **3,4-Methylenäther d. 2-Thiocarbonyl-4-Keto-5-[3,4-Dioxybenzyliden]-3-Aethyltetrahydrothiazol.** Sm. 154° (*M.* **25**, 177 *C.* **1904** [1] 895).

$C_{13}H_{11}O_3N_4Br$ 1) **2-[4-Bromphenyl]-1,2,3,4-Tetrazin-6-Dimethylmalonsäure.** Sm. 154°. 2 + C_6H_6 (*Soc.* **83**, 1255 *C.* **1903** [2] 1422).

$C_{13}H_{11}O_3JS$ 1) **2-Jodphenylester d. 1-Methylbenzol-4-Sulfonsäure.** Sm. 73° (*A.* **332**, 64 *C.* **1904** [2] 41).

$C_{13}H_{11}O_4NS$ *4) **1-Phenylester d. Benzol-1-Carbonsäure-2-Sulfonsäureamid.** Sm. 132° (*Am.* **30**, 295 *C.* **1903** [2] 1121).

11) **Phenylester d. Phenylsulfonamidoameisensäure.** Sm. 123° (*B.* **37**, 694 *C.* **1904** [1] 1074).

12) **2-Phenylester d. Benzol-1-Carbonsäureamid-2-Sulfonsäure.** Sm. 95° (*Am.* **30**, 300 *C.* **1903** [2] 1122).

$C_{13}H_{11}O_5NS$ 8) **Diphenylamin-2-Carbonsäure-3-Sulfonsäure.** Na, Ba (D.R.P. 146102 *C.* **1903** [2] 1152).

9) **Diphenylamin-2-Carbonsäure-4-Sulfonsäure.** Na (D.R.P. 146102 *C.* **1903** [2] 1152).

10) **Phenylester d. 4-Nitro-1-Methylbenzol-2-Sulfonsäure.** Sm. 64° (*Soc.* **85**, 1432 *C.* **1904** [2] 1740).

$C_{13}H_{11}O_5N_5S$ 1) **α-Phenylhydrazon-α-[4-Sulfophenyl]azo-α-Nitromethan.** K (*C.* **1903** [2] 427).

$C_{13}H_{11}O_6NS$ 6) **4'-Nitro-2-Methyldiphenyläther-?-Sulfonsäure.** Sm. 115°. Na, K, Ba, Cu + $5H_2O$ (*C.* **1903** [1] 509).

7) **4'-Nitro-3-Methyldiphenyläther-?-Sulfonsäure.** Sm. 135°. Ba, Cu + $4H_2O$ (*Am.* **28**, 487 *C.* **1903** [1] 327).

8) **4'-Nitro-4-Methyldiphenyläther-?-Sulfonsäure.** Sm. 102°. Na + $3^1/_2H_2O$, Ba + $2H_2O$ (*C.* **1903** [1] 634).

$C_{13}H_{11}O_7N_3S$ 3) **2',4'-Dinitro-2-Methyldiphenylamin-5-Sulfonsäure.** Na (*B.* **36**, 34 *C.* **1903** [1] 521).

4) **2',4'-Dinitro-4-Methyldiphenylamin-3-Sulfonsäure.** Na (*B.* **36**, 34 *C.* **1903** [1] 521).

$C_{13}H_{11}O_8N_2Cl_3$ 1) **Diäthylester d. Trichlordinitrophenylmalonsäure.** Sm. 82° (*Am.* **31**, 381 *C.* **1904** [1] 1409).

$C_{13}H_{11}N_2ClS$ *1) **s-2-Chlordiphenylthioharnstoff.** Sm. 165° (*B.* **36**, 196 *C.* **1903** [1] 450).

2) **s-3-Chlordiphenylthioharnstoff.** Sm. 120° (*B.* **36**, 196 *C.* **1903** [1] 450).

3) **s-4-Chlordiphenylthioharnstoff.** Sm. 152° (*B.* **36**, 197 *C.* **1903** [1] 450).

$C_{13}H_{11}N_2BrS$ 2) **s-2-Bromdiphenylthioharnstoff.** Sm. 161° (144°) (*B.* **36**, 196 *C.* **1903** [1] 450).

3) **s-3-Bromdiphenylthioharnstoff.** Sm. oberh. 120° (*B.* **36**, 196 *C.* **1903** [1] 450).

$C_{13}H_{11}ClBrJ$ 1) **3'-Brom-2-Methyldiphenyljodoniumchlorid.** Sm. 170°. + $HgCl_2$, 2 + $PtCl_4$ (*J. pr.* [2] **69**, 330 *C.* **1904** [2] 36).

2) **3'-Brom-4-Methyldiphenyljodoniumchlorid.** Sm. 174,5°. + $HgCl_2$, 2 + $PtCl_4$ (*J. pr.* [2] **69**, 329 *C.* **1904** [2] 36).

$C_{13}H_{12}ONCl$ *1) **Aethyläther d. α-Chlorimido-α-Oxy-α-[2-Naphtyl]methan.** Sm. 71° (*Am.* **29**, 317 *C.* **1903** [1] 1167).

4) **2-Chlor-1-[2-Oxybenzyl]amidobenzol.** Sm. 118° (*Ar.* **240**, 689 *C.* **1903** [1] 395).

5) **4-Chlor-1-[2-Oxybenzyl]amidobenzol.** Sm. 121° (*Ar.* **240**, 684 *C.* **1903** [1] 395).

6) **Benzyläther d. 4-Chlor-2-Amido-1-Oxybenzol.** HCl (D.R.P. 142899 *C.* **1903** [2] 83).

$C_{13}H_{12}ONCl$ 7) **2-Amidophenyläther d. 2-Chlor-1-Oxymethylbenzol.** HCl (D.R.P. 142061 *C.* **1903** [2] 83).
8) **2-Amidophenyläther d. 4-Chlor-1-Oxymethylbenzol.** HCl (D.R.P. 142061 *C.* **1903** [2] 83).

$C_{13}H_{12}ONCl_3$ 1) **4-Methyl-2-[γγγ-Trichlor-β-Oxypropyl]chinolin.** Sm. 126° (*B.* **37**, 1330 *C.* **1904** [1] 1360).

$C_{13}H_{12}ONBr$ *6) **Aethyläther d. α-Bromimido-α-Oxy-α-[2-Naphtyl]methan.** Sm. 76,5—77° (*Am.* **29**, 318 *C.* **1903** [1] 1167).
9) **4-Brom-1-[2-Oxybenzyl]amidobenzol.** Sm. 126° (*Ar.* **240**, 685 *C.* **1903** [1] 395).
10) **Benzyläther d. 4-Brom-2-Amido-1-Oxybenzol.** HCl (D.R.P. 142899 *C.* **1903** [2] 83).

$C_{13}H_{12}OBrJ$ 1) **3′-Brom-2-Methyldiphenyljodoniumhydroxyd.** Salze siehe (*J. pr.* [2] **69**, 330 *C.* **1904** [2] 36).
2) **3′-Brom-4-Methyldiphenyljodoniumhydroxyd.** Salze siehe (*J. pr.* [2] **69**, 329 *C.* **1904** [2] 36).

$C_{13}H_{12}O_2NCl$ 5) **Acetat d. ε-[4-Chlorphenyl]imido-α-Oxy-αγ-Pentadiën.** Sm. 129° (*A.* **333**, 322 *C.* **1904** [2] 1149).

$C_{13}H_{12}O_2N_2S$ 12) **2-Naphtylpseudothiohydantoïnsäure.** Sm. 195—230° (*C.* **1903** [2] 110).

$C_{13}H_{12}O_3N_2S$ 11) **α-Phenylsulfon-β-Phenylharnstoff.** Sm. 158,4° (*B.* **37**, 695 *C.* **1904** [1] 1074).
12) **1-[4-Amidobenzyliden]amidobenzol-4-Sulfonsäure** (D.R.P. 99542 *C.* **1899** [1] 238). — *III, *22*.

$C_{13}H_{12}O_4N_2S$ 12) **2-Methylphenylamid d. 3-Nitrobenzol-1-Sulfonsäure.** Sm. 104° (*Soc.* **85**, 1187 *C.* **1904** [2] 1115).
13) **4-Methylphenylamid d. 3-Nitrobenzol-1-Sulfonsäure.** Sm. 132° (*Soc.* **85**, 1187 *C.* **1904** [2] 1115).

$C_{13}H_{12}O_5N_2S$ 6) **3-Nitrobenzylidenphenylaminbisulfit.** Sm. 177° (*A.* **316**, 141). — *III, *21*.
7) **5-Nitro-2-Phenylamidophenylmethan-α-Sulfonsäure.** Anilinsalz (D.R.P. 150366 *C.* **1904** [1] 1308).

$C_{13}H_{12}O_5N_2S_2$ 2) **αβ-Di[Phenylsulfon]harnstoff.** Sm. 159° (*B.* **37**, 695 *C.* **1904** [1] 1074).

$C_{13}H_{12}O_5N_6S$ 1) **7-Phenylazo-2,6-Diketo-1,3-Dimethylpurin-7⁴-Sulfonsäure.** Sm. noch nicht bei 265° (*B.* **37**, 704 *C.* **1904** [1] 1562).

$C_{13}H_{12}O_6N_4S$ 1) **Amid d. 2′,4′-Dinitro-2-Methyldiphenylamin-5-Sulfonsäure.** Sm. 209° (*B.* **36**, 34 *C.* **1903** [1] 521).
2) **Amid d. 2′,4′-Dinitro-4-Methyldiphenylamin-3-Sulfonsäure.** Sm. 255° (*B.* **36**, 34 *C.* **1903** [1] 521).

$C_{13}H_{12}O_6N_4S_2$ 2) **4′-Nitro-2′-Thioureïdo-4-Oxydiphenylamin-3-Sulfonsäure.** (D.R.P. 139679 *C.* **1903** [1] 748).

$C_{13}H_{12}O_8N_2Br_2$ 3) **Diäthylester d. ?-Dibrom-?-Dinitrophenylmethan-αα-Dicarbonsäure** (aus 3,4,5-Tribrom-1,2-Dinitrobenzol). Sm. 103—104° (*Am.* **30**, 74 *C.* **1903** [2] 355).

$C_{13}H_{12}N_3ClS$ 5) **anti-α-Phenylamido-β-[3-Chlorphenyl]thioharnstoff.** Sm. 120° (*B.* **32**, 1084).
6) **syn-α-Phenylamido-β-[3-Chlorphenyl]thioharnstoff.** Sm. 168° (*B.* **32**, 1084).
7) **anti-α-Phenylamido-β-[4-Chlorphenyl]thioharnstoff.** Sm. 133° (*B.* **32**, 1084).
8) **syn-α-Phenylamido-β-[4-Chlorphenyl]thioharnstoff.** Sm. 165° (*B.* **32**, 1084).

$C_{13}H_{13}ON_2Cl$ *2) **Phenylamid d. Chlorpyridyliumessigsäure.** Sm. 234° u. Zers. + $HgCl_2$, 2 + $PtCl_4$, + $AuCl_3$ (*Ar.* **241**, 124 *C.* **1903** [1] 1023).

$C_{13}H_{13}ON_2Br$ 1) **Phenylamid d. Brompyridyliumessigsäure.** Sm. 199—200° (*Ar.* **241**, 124 *C.* **1903** [1] 1023).

$C_{13}H_{13}ON_2P$ 1) **Phenylamid-4-Methylphenylimid d. Phosphorsäure.** Sm. 188° (*Soc.* **83**, 1045 *C.* **1903** [2] 663).

$C_{13}H_{13}O_2NS$ *7) **Methylphenylamid d. Benzolsulfonsäure.** Sm. 77,5—78° (*B.* **36**, 2706 *C.* **1903** [2] 829).
13) **3-Methylphenylamid d. Benzolsulfonsäure.** Sm. 95° (*C.* **1904** [1] 1075; *Soc.* **85**, 375 *C.* **1904** [1] 1412).

$C_{13}H_{13}O_2NS_2$ 1) **Methyläther d. 2-Thiocarbonyl-4-Keto-5-[2-Oxybenzyliden]-3-Aethyltetrahydrothiazol.** Sm. 143° (*M.* **25**, 175 *C.* **1904** [1] 895).

$C_{13}H_{13}O_2N_2Cl$ 2) **Aethylester d. 5-Chlor-3-Methyl-1-Phenylpyrazol-1[2]-Carbonsäure.** Sd. 315° (*B.* **37**, 2230 *C.* **1904** [2] 229).

$C_{13}H_{13}O_2N_3S$ 1) **Aethyläther d. 5-Benzoylamido-2-Merkapto-4-Keto-3,4-Dihydro-1,3-Diazin.** Sm. 238—239° (*Am.* **32**, 144 *C.* **1904** [2] 957).

$C_{13}H_{13}O_3NS$ 17) **α-Phenylamido-α-Phenylmethan-α-Sulfonsäure.** Na, Anilinsalz (*B.* **37**, 4080, 4083 *C.* **1904** [2] 1722).

18) **4-Methoxylphenylamid d. Benzolsulfonsäure.** Sm. 95—96° (*B.* **37**, 2810 *C.* **1904** [2] 592).

$C_{13}H_{13}O_3NS_2$ 1) **5[3]-Methyläther d. 2-Thiocarbonyl-4-Keto-5-[3,4-Dioxybenzyliden]-3-Aethyltetrahydrothiazol.** Sm. 140° (*M.* **25**, 176 *C.* **1904** [1] 895).

$C_{13}H_{13}O_4NS$ 5) **2-Oxybenzylidenamidobenzolbisulfit.** Sm. 128° (*A.* **316**, 142). — *III, *52.*

$C_{13}H_{13}O_6N_2J$ 1) **Diäthylester d. 3-Jod-4,6-Dinitrophenylmethandicarbonsäure?** Sm. 83° (*Am.* **32**, 305 *C.* **1904** [2] 1385).

$C_{13}H_{14}ON_2Cl_4$ 1) **Verbindung** (aus d. Chlormethyläther d. αββ-Trichlor-α-Oxyäthan u. 2 Molec. Pyridin). + $PtCl_4$ (*A.* **330**, 130 *C.* **1904** [1] 1064).

$C_{13}H_{14}O_2NBr$ 5) **Aethyläther d. 5-Brom-6-Oxy-2-Keto-1-Aethyl-1,2-Dihydrochinolin.** Sm. 95—97° (*B.* **36**, 461 *C.* **1903** [1] 590).

$C_{13}H_{14}O_2N_2S$ 7) **2-[2,4-Dimethylphenyl]imido-4-Keto-3-Acetyltetrahydrothiazol.** Sm. 165—166° u. Zers. (*C.* **1903** [2] 110).

$C_{13}H_{14}O_3N_2S$ 3) **Verbindung** (aus Dicyanbenzoylessigsäureäthylester). Sm. 160° (*A.* **332**, 151 *C.* **1904** [2] 102).

$C_{13}H_{14}O_4NJ$ 1) **Verbindung** (aus [illegible] u. Pyridin). Sm. 234° u. Zers. (*G.* **34** [1] 344 *C.* [illegible]

$C_{13}H_{14}O_5NCl$ *1) **Diacetat d. 4[oder 6]-Chlor-6[oder 4]-Acetylamido-2,5-Dioxy-1-Methylbenzol.** Sm. 197—198° (*A.* **328**, 318 *C.* **1903** [2] 1247).

$C_{13}H_{14}O_7N_4S_2$ 1) **4,4'-Diamido-s-Diphenylharnstoff-3,3'-Dicarbonsäure** (D. R. P. 140613 *C.* **1903** [1] 1010).

$C_{13}H_{14}N_2ClBr$ 1) **2-Chlorallylat d. 5-Brom-3-Methyl-1-Phenylpyrazol.** Sm. 182° (*A.* **331**, 212 *C.* **1904** [1] 1219).

$C_{13}H_{14}N_2ClJ$ 1) **2-Chlorallylat d. 5-Jod-3-Methyl-1-Phenylpyrazol.** Sm. 193 bis 194° (*A.* **331**, 213 *C.* **1904** [1] 1219).

$C_{13}H_{15}ONBr_2$ 2) **Bromäthylat d. 5-Brom-6-Oxychinolinäthyläther** + $3H_2O$. Sm. 80—85° (195° wasserfrei) (*B.* **36**, 400 *C.* **1903** [1] 590).

$C_{13}H_{15}ONS_2$ 1) **Gem. Anhydrid d. Benzolcarbonsäure u. Hexahydropyridin-1-Dithiocarbonsäure** (N-Piperidyl-S-Benzoyldithiourethan). Sm. 89 bis 90° (*B.* **36**, 3523 *C.* **1903** [2] 1326).

$C_{13}H_{15}ON_2Cl_3$ 1) **Verbindung** (aus d. Chlormethyläther d. αβ-Dichlor-α-Oxyäthan u. 2 Molec. Pyridin). + $PtCl_4$, 2 + $AuCl_3$ (*A.* **330**, 120 *C.* **1904** [1] 1064).

$C_{13}H_{15}ON_3S$ 1) **Diäthyläther d. 5-Merkapto-3-Oxy-1-Phenyl-1,3,5-Triazin.** Sm. 47—48° (*Am.* **32**, 370 *C.* **1904** [2] 1506).

$C_{13}H_{15}O_2N_2Cl_3$ *1) **Chloralantipyrin.** Sm. 67—68° (*C.* **1903** [2] 19).

$C_{13}H_{15}O_3N_2Br$ 2) **Propyläther d. 3-Brom-5-Nitro-2-Oxy-1-Methyl-1,2-Dihydrochinolin** (*J. pr.* [2] **45**, 186). — **IV**, *265.*

3) **Isopropyläther d. 3-Brom-5-Nitro-2-Oxy-1-Methyl-1,2-Dihydrochinolin.** Sm. 95° (*J. pr.* [2] **45**, 187). — **IV**, *265.*

$C_{13}H_{15}O_3N_3S$ 1) **Aethylester d. 2-Phenylimido-5-Oxy-2,3-Dihydro-1,3,4-Thiodiazol-3-[Aethyl-α-Carbonsäure].** Sm. 171°. Na (*C.* **1904** [2] 1028).

$C_{13}H_{15}O_4N_2Cl$ 2) **α-Chloracetylamidoacetylamido-β-Phenylpropionsäure.** Sm. 151 bis 152° (*B.* **37**, 3315 *C.* **1904** [2] 1307).

$C_{13}H_{15}O_4N_2Br$ 1) **α-Brom-β-Phenylpropionylamidoacetylamidoessigsäure.** Sm. 157 bis 158° (*B.* **37**, 3066 *C.* **1904** [2] 1207).

$C_{13}H_{15}O_5NS$ 1) **4-Methylbenzolsulfonat d. α-Cyan-β-Oxypropen-α-Carbonsäure.** Sm. 116° (*Bl.* [3] **31**, 340 *C.* **1904** [1] 1135).

$C_{13}H_{15}O_5BrS$ 1) **αγ-Sulton d. β-Brom-α-Oxy-α-Phenylbutan-γ-Sulfonsäure-δ-Carbonsäureäthylester.** Sm. 121° (*Am.* **31**, 255 *C.* **1904** [1] 1081).

$C_{13}H_{16}ONBr$ 2) **8-Brom-5-Propionylamido-1,2,3,4-Tetrahydronaphtalin.** Sm. 185—186° (*Soc.* **85**, 740 *C.* **1904** [2] 447).

$C_{13}H_{16}ON_2Cl_2$ 1) Verbindung (aus d. Chlormethyläther d. α-Chlor-α-Oxyäthan und Pyridin). + $PtCl_4$, + $2AuCl_3$ (*A.* **330**, 125 *C.* **1904** [1] 1064).

$C_{13}H_{16}O_2NBr$ 3) **3-Brom-4-Methylphenylester d. Hexahydropyridin-1-Carbonsäure.** Sm. 75—76°; Sd. 262°$_{84}$ (*Bl.* [3] **29**, 754 *C.* **1903** [2] 629).

$C_{13}H_{16}O_2N_2Cl_2$ 1) Verbindung (aus d. Methylenäther d. Chloroxymethan u. Pyridin). + $PtCl_4$, + $2AuCl_3$ (*A.* **334**, 37 *C.* **1904** [2] 948).

$C_{13}H_{16}O_2N_2S$ 2) **5-Isopropylsulfon-3-Methyl-1-Phenylpyrazol.** Sm. 83° (*A.* **331**, 236 *C.* **1904** [1] 1221).

3) **5-Aethylsulfon-3,4-Dimethyl-1-Phenylpyrazol.** Sm. 115° (*A.* **331**, 244 *C.* **1904** [1] 1221).

$C_{13}H_{16}O_4NCl$ 1) **Aethylester d. 1-α-Chloracetylamido-β-[4-Oxyphenyl]propionsäure.** Sm. 87—88° (*B.* **37**, 2495 *C.* **1904** [2] 425).

$C_{13}H_{17}ON_3S$ 1) **1-Phenylamido-2-Thiocarbonyl-4-Keto-5,5-Dimethyl-3-Aethyltetrahydroimidazol.** Sm. 85° (*C.* **1904** [2] 1028).

$C_{13}H_{17}O_2NBr_2$ 2) **Acetat d. Diäthyl-3,5-Dibrom-2-Oxybenzylamin** (*A.* **332**, 221 *C.* **1904** [2] 203).

$C_{13}H_{17}O_2N_2Br$ 1) **Methylester d. γ-[4-Bromphenyl]hydrazon-β-Methylbutan-β-Carbonsäure.** Sm. 90° (*Soc.* **83**, 1231 *C.* **1903** [2] 1420).

$C_{13}H_{17}O_6N_2Cl$ 1) **4-Chlorbenzoylhydrazon d. d-Glykose.** Zers. bei 211° (*C.* **1904** [2] 1493).

$C_{13}H_{17}O_6N_2Br$ 1) **4-Brombenzoylhydrazon d. d-Galaktose.** Zers. bei 216° (*C.* **1904** [2] 1493).

2) **4-Brombenzoylhydrazon d. d-Glykose.** Zers. bei 206—207° (*C.* **1904** [2] 1493).

3) **4-Brombenzoylhydrazon d. d-Mannose** (*C.* **1904** [2] 1493).

$C_{13}H_{17}N_2ClS$ 1) **2-Chlormethylat d. 5-Merkapto-3,4-Dimethyl-1-Phenylpyrazol-5-Methyläther.** Sm. 91°. 2 + $PtCl_4$ (*A.* **331**, 218 *C.* **1904** [1] 1219).

$C_{13}H_{17}N_2JS$ 2) **2-Jodmethylat d. 5-Merkapto-3,4-Dimethyl-1-Phenylpyrazol-5-Methyläther.** Sm. 167° (*A.* **331**, 218 *C.* **1904** [1] 1219).

3) **2-Jodmethylat d. 5-Merkapto-3-Methyl-1-Phenylpyrazol-5-Aethyläther.** Sm. 158° (*A.* **331**, 201. 234 *C.* **1904** [1] 1218).

4) **2-Jodäthylat d. 5-Merkapto-3-Methyl-1-Phenylpyrazol-5-Methyläther.** Sm. 203° (*A.* **331**, 209, 227 *C.* **1904** [1] 1219).

$C_{13}H_{18}ONCl$ 2) **Nitrosochlorid d. α-[2,4,6-Trimethylphenyl]-β-Methylpropen.** Sm. 136° (*B.* **37**, 929 *C.* **1904** [1] 1209).

$C_{13}H_{18}ON_2S$ 4) **s-Caproylphenylthioharnstoff.** Sm. 77—78° (*Soc.* **85**, 809 *C.* **1904** [2] 201, 519).

$C_{13}H_{18}O_2NCl$ 2) **Chlormethylat d. 1,2,3,4-Tetrahydrochinolin-1-Essigsäuremethylester.** 2 + $PtCl_4$ (*Soc.* **83**, 1417 *C.* **1904** [1] 439).

$C_{13}H_{18}O_4NJ$ 2) **Jodmethylat d. 3,4,5-Trioxy-1-[β-Dimethylamidoäthyl]benzol-4,5-Methylenäther-2-Carbonsäurealdehyd** (Norcotarninmethinmethyljodid). Sm. 272° (*B.* **36**, 1529 *C.* **1903** [2] 52).

$C_{13}H_{18}O_6N_2S$ 1) **Tetraoxybutyl-N-Phenylthiohydantoïnsäure.** Sm. 178—180° u. Zers. (*B.* **35**, 4014 *C.* **1903** [1] 390).

$C_{13}H_{19}O_2NS$ 4) **Sultam d. γ-Oxy-γ-Phenylpentan-γ²-Sulfonsäureäthylamid.** Sm. 140—150° (*B.* **37**, 3259 *C.* **1904** [2] 1031).

$C_{13}H_{19}O_2N_2Cl$ 2) **Verbindung** (aus Chlordimethyläther u. Cytisin). + $AuCl_3$ (*A.* **334**, 56 *C.* **1904** [2] 949).

$C_{13}H_{20}O_2NBr$ 1) **Menthylester d. Bromcyanessigsäure.** Sm. 134—135° (*C.* **1903** [1] 566; *Soc.* **85**, 44 *C.* **1904** [1] 789).

$C_{13}H_{20}O_3NP$ 1) **Diäthylester d. 1,2,3,4-Tetrahydro-1-Chinolylphosphinsäure.** Sd. 155°$_8$ (*A.* **326**, 188 *C.* **1903** [1] 820).

$C_{13}H_{20}O_5NP$ 1) **Triäthylester d. Phenylamidophosphinsäure-3-Carbonsäure.** Sd. 232—234° (*A.* **326**, 242 *C.* **1903** [1] 868).

2) **Triäthylester d. Phenylamidophosphinsäure-4-Carbonsäure.** Sd. 206—207° (*A.* **326**, 244 *C.* **1903** [1] 868).

$C_{13}H_{21}O_2N_2J$ 2) **Jodäthylat d. Isopilocarpin** (*B.* **35**, 2454). — *III, *685.*

$C_{13}H_{21}O_3NS$ 3) **Aethylamid d. γ-Oxy-γ-Phenylpentan-γ²-Sulfonsäure.** Sm. 99 bis 100° (*B.* **37**, 3258 *C.* **1904** [2] 1031).

4) **Verbindung** (aus Aethylsaccharin). Sm. 99—100° (*B.* **37**, 389 *C.* **1904** [1] 669).

$C_{13}H_{26}ONJ$ 1) **Jodmethylat d. Dimethyllupinin.** Fl. (*B.* **35**, 1924). — *III, *664.*

$C_{13}H_{26}O_4NBr$ 1) **Brommethylat d. δ-Dimethylamidobutan-αα-Dicarbonsäurediäthylester** (*B.* **37**, 1855 *C.* **1904** [1] 1487).

$C_{13}H_{29}O_2N_2P$ 1) **Aethyläther d. Dipiperidylmethyloxyphosphoniumhydroxyd** (*A.* **326**, 167 *C.* **1903** [1] 762).

$C_{13}H_{31}ON_2P$ 1) **Di[Dipropylamid] d. Methylphosphinsäure.** Sd. 176—180°$_{25}$ (*A.* **326**, 165 *C.* **1903** [1] 762).

— 13 V —

$C_{13}H_8O_5N_2ClBr$ 1) **4'-Chlor-3-Brom-?-Dinitrodiphenylketon.** Sm. 165° (*B.* **37**, 3486 *C.* **1904** [2] 1131).

$C_{13}H_7ONClBr_3$ 1) **2,4,6-Tribromphenylchloramid d. Benzolcarbonsäure.** Sm. 115° (*Soc.* **85**, 181 *C.* **1904** [1] 938).

$C_{13}H_7ONCl_2Br_2$ 1) **2-Chlor-4,6-Dibromphenylchloramid d. Benzolcarbonsäure.** Sm. 97° (*Soc.* **85**, 182 *C.* **1904** [1] 938).
2) **4-Chlor-2,6-Dibromphenylchloramid d. Benzolcarbonsäure.** Sm. 111° (*Soc.* **85**, 181 *C.* **1904** [1] 938).

$C_{13}H_7ONCl_3Br$ 1) **2,4-Dichlor-6-Bromphenylchloramid d. Benzolcarbonsäure.** Sm. 92° (*Soc.* **85**, 182 *C.* **1904** [1] 938).
2) **2,6-Dichlor-4-Br[illegible] d. Benzolcarbonsäure.** Sm. 95° (*Soc.* **85**, [illegible] *C.* **190**[illegible]).

$C_{13}H_8ONClBr_2$ 1) **2-Chlor-4,6-Di**[illegible] **d. Benzolcarbonsäure.** Sm. 192° (*Soc.* **85**, 182 [illegible]).
2) **4-Chlor-2,6-Dibromphenylamid d. Benzolcarbonsäure.** Sm. 194° (*Soc.* **85**, 181 *C.* **1904** [1] 938).

$C_{13}H_8ONCl_2Br$ 1) **2,6-Dichlor-4-Bromphenylamid d. Benzolcarbonsäure.** Sm. 195° (*Soc.* **85**, 181 *C.* **1904** [1] 938).
2) **2-Chlor-4-Bromphenylchloramid d. Benzolcarbonsäure.** Sm. 74° (*Soc.* **85**, 180 *C.* **1904** [1] 938).
3) **4-Chlor-2-Bromphenylchloramid d. Benzolcarbonsäure.** Sm. 62° (*Soc.* **85**, 180 *C.* **1904** [1] 938).

$C_{13}H_8O_3NBrS$ 1) **Phenylimid d. 4-Brombenzol-1-Carbonsäure-2-Sulfonsäure.** Sm. 184,5° (*Am.* **30**, 493 *C.* **1904** [1] 370).

$C_{13}H_8O_6NCl_2S$ 1) **2-Chlorid d. 4-Nitrobenzol-1-Carbonsäurephenylester-2-Sulfonsäure.** Sm. 145—147° (*Am.* **30**, 375 *C.* **1904** [1] 275).

$C_{13}H_9ONClBr$ 4) **2-Chlor-4-Bromphenylamid d. Benzolcarbonsäure.** Sm. 145° (*Soc.* **85**, 180 *C.* **1904** [1] 938).
5) **4-Chlor-2-Bromphenylamid d. Benzolcarbonsäure.** Sm. 130,5° (*Soc.* **85**, 180 *C.* **1904** [1] 938).

$C_{13}H_{10}O_2NCl_3S$ 1) **2,4-Dichlorphenylchloramid d. 1-Methylbenzol-4-Sulfonsäure.** Sm. 81° (*Soc.* **85**, 1186 *C.* **1904** [2] 1115).

$C_{13}H_{11}O_2NCl_2S$ 1) **4-Chlorphenylchloramid d. 1-Methylbenzol-4-Sulfonsäure.** Sm. 102° (*Soc.* **85**, 1185 *C.* **1904** [2] 1115).
2) **2,4-Dichlorphenylamid d. 1-Methylbenzol-4-Sulfonsäure.** Sm. 126° (*Soc.* **85**, 1186 *C.* **1904** [2] 1115).
3) **2,4-Dichlor-3-Methylphenylamid d. Benzolsulfonsäure.** Sm. 114° (*C.* **1904** [1] 1075; *Soc.* **85**, 376 *C.* **1904** [1] 1412).

$C_{13}H_{11}O_4N_2ClS$ 3) **2-Methylphenylchloramid d. 3-Nitrobenzol-1-Sulfonsäure.** Sm. 118° u. Zers. (*Soc.* **85**, 1187 *C.* **1904** [2] 1115).
4) **4-Methylphenylchloramid d. 3-Nitrobenzol-1-Sulfonsäure.** Sm. 115° (*Soc.* **85**, 1187 *C.* **1904** [2] 1115).

$C_{13}H_{12}O_2NClS$ 5) **Phenylchloramid d. 1-Methylbenzol-4-Sulfonsäure.** Sm. 91° (*Soc.* **85**, 1184 *C.* **1904** [2] 1115).
6) **4-Chlorphenylamid d. 1-Methylbenzol-4-Sulfonsäure.** Sm. 95° (*Soc.* **85**, 1184 *C.* **1904** [2] 1115).
7) **5-Chlor-2-Methylphenylamid d. Benzolsulfonsäure.** Sm. 124 bis 125° (*C.* **1904** [1] 1075; *Soc.* **85**, 374 *C.* **1904** [1] 1412).
8) **4-Chlor-3-M**[illegible] **d. Benzolsulfonsäure.** Sm. 130°. Na (*C.* **190**[illegible]; [illegible] **85**, 375 *C.* **1904** [1] 1412).
9) **2-Chlor-4-Methylphenylamid d. Benzolsulfonsäure.** Sm. 110° (*C.* **1904** [1] 1075; *Soc.* **85**, 376 *C.* **1904** [1] 1412).
10) **2-Methylphenylchloramid d. Benzolsulfonsäure.** Sm. 99—100° (106°) (*C.* **1904** [1] 1075; *Soc.* **85**, 374 *C.* **1904** [1] 1411; *Soc.* **85**, 1186 *C.* **1904** [2] 1115).
11) **4-Methylphenylchloramid d. Benzolsulfonsäure.** Sm. 86° (*Soc.* **85**, 1186 *C.* **1904** [2] 1115).

$C_{13}H_{12}O_2NJS$ 1) Methylphenylamid d. 4-Jodbenzol-1-Sulfonsäure. Sm. 111° (*A.* **332**, 58 *C.* **1904** [2] 41).
2) 3-Jodphenylamid d. 1-Methylbenzol-4-Sulfonsäure. Sm. 128° (*A.* **332**, 61 *C.* **1904** [2] 41).

$C_{13}H_{13}O_2NClP$ 1) 4 - Methylphenylmonamid d. Phenylphosphorsäurechlorid. Sm. 77° (*A.* **326**, 237 *C.* **1903** [1] 867).

$C_{13}H_{13}O_3NBrP$ 1) 4 - Bromphenylmonamid d. Phosphorsäuremono[4 - Methylphenylester]. Sm. 230° (*A.* **326**, 233 *C.* **1903** [1] 867).

$C_{13}H_{15}O_3N_2ClS$ 1) β-Chlorpropylthiopyrintrioxyd + H_2O. Sm. 244° u. Zers. (*A.* **331**, 214 *C.* **1904** [1] 1219).

$C_{13}H_{17}O_2N_2ClS$ 1) Chlormethylat d. 5-Methylsulfon-3,4-Dimethyl-1-Phenylpyrazol. Sm. 81°. 2 + $PtCl_4$ (*A.* **331**, 243 *C.* **1904** [1] 1221).

$C_{13}H_{17}O_2N_2JS$ 1) Jodmethylat d. 5-Methylsulfon-3,4-Dimethyl-1-Phenylpyrazol. Sm. 188° (*A.* **331**, 242 *C.* **1904** [1] 1221).

$C_{13}H_{17}O_4NBrJ$ 1) Jodmethylat d. 6 - Brom - 3, 4, 5 - Trioxy-1-[β-Dimethylamidoäthyl]benzol - 3 - Methyläther - 4, 5 - Methylenäther - 2 - Carbonsäurealdehyd (Bromnorcotarninmethinmethyljodid). Zers. bei 264° (*B.* **36**, 1535 *C.* **1903** [2] 52).

$C_{13}H_{28}ON_2JS$ 1) Aethyläther d. Dipiperidylmethyloxyphosphoniumjodid (*A.* **326**, 166 *C.* **1903** [1] 762).

— 13 VI —

$C_{13}H_{13}ONClSP$ 1) Benzylmonamid d. Phenylthiophosphorsäuremonochlorid. Fl. (*A.* **326**, 205 *C.* **1903** [1] 821).

C_{14}-Gruppe.

$C_{14}H_{10}$ *1) Anthracen (D.R.P. 141186 *C.* **1903** [1] 1197).
*3) Phenanthren (*B.* **37**, 4145 *C.* **1904** [2] 1655).

$C_{14}H_{12}$ *2) αα-Diphenyläthen (*B.* **37**, 1449 *C.* **1904** [1] 1352).
*3) Stilben. Sm. 124—125° (*B.* **36**, 1194 *C.* **1903** [1] 1179; *B.* **36**, 4266 *C.* **1904** [1] 374; *R.* **21**, 449 *C.* **1903** [1] 503; *B.* **37**, 453 *C.* **1904** [1] 949).
9) Kohlenwasserstoff (aus Phenylpropiolsäurechlorid). Sm. 95° (*Soc.* **85**, 1325 *C.* **1904** [2] 1645).

$C_{14}H_{14}$ *1) αα-Diphenyläthan. Sd. 268—270° (*B.* **37**, 1450 *C.* **1904** [1] 1352).
*4) 2, 2'-Dimethylbiphenyl. Sm. 17,8°; Sd. 258°$_{737}$ (*A.* **332**, 42 *C.* **1904** [2] 39).
*6) 3, 3'-Dimethylbiphenyl. Sd. 283°$_{718}$ (*B.* **37**, 1401 *C.* **1904** [1] 1443; *A.* **332**, 43 *C.* **1904** [2] 39).
*7) 4, 4'-Dimethylbiphenyl. Sm. 121° (122°); Sd. 295°$_{760}$ (*B.* **36**, 1011 *C.* **1903** [1] 1078; *A.* **322**, 44 *C.* **1904** [2] 39).
19) Tetrahydroanthracen. Sm. 89°; Sd. 309—313° (*C. r.* **139**, 605 *C.* **1904** [2] 1573).

$C_{14}H_{18}$ 6) Oktohydroanthracen. Sm. 71°; Sd. 292—295°. Pikrat (*C. r.* **139**, 605 *C.* **1904** [2] 1574).
7) Kohlenwasserstoff (aus α-Oxy-α-Phenyl-α-Hexahydrophenyläthan). Sd. 260°$_{755}$ (*C. r.* **139**, 345 *C.* **1904** [2] 705).

$C_{14}H_{20}$ C 89,4 — H 10,6 — M. G. 188.
1) γ-Phenyl-δ-Okten. Sd. 104°$_8$ (*B.* **36**, 1406 *C.* **1903** [1] 1347).
2) α-[2, 4, 6-Trimethylphenyl]-γ-Methyl-α-Buten. Sd. 239—240°$_{753}$ (*B.* **37**, 930 *C.* **1904** [1] 1209).

$C_{14}H_{22}$ *4) 1, 4-Dipseudobutylbenzol. Sm. 76°; Sd. 236,5° (*Bl.* [3] **31**, 969 *C.* **1904** [2] 1112).
*8) 1, 2, 4, 5-Tetraäthylbenzol. Sd. 248°$_{755}$ (*B.* **36**, 1635 *C.* **1903** [2] 26).
13) 2-Isoamyl-1, 3, 5-Trimethylbenzol. Sd. 241—243°$_{747}$ (*B.* **37**, 1720 *C.* **1904** [1] 1489).

$C_{14}H_{24}$ *9) bim. βδ-Dimethyl-αγ-Pentadiën. Sd. 98—100°$_{12}$ (*B.* **37**, 3579 *C.* **1904** [2] 1376).
10) 2-Methyl-6-[3-Methylhexahydrophenyl]-1, 2, 3, 4-Tetrahydrobenzol. Sd. 257—259° (*C.* **1904** [1] 1346).

$C_{14}H_{24}$ 11) **4-[β-Aethylbutenyl]-1,1,5-Trimethyl-2,3-Dihydro-R-Penten** (Diäthylcampholandien). Sd. 222—224° (*Bl.* [3] **31**, 463 *C.* **1904** [1] 1516).

$C_{14}H_{26}$ *8) **3,3'-Dimethyldodekahydrobiphenyl.** Sd. 264—266° (*B.* **37**, 853 *C.* **1904** [1] 1146).

10) **Disuberyl** (Bi-R-Heptamethylenyl). Sd. 290—291°$_{728}$ (*C.* **1903** [1] 568; *A.* **327**, 70 *C.* **1903** [1] 1124).

11) **Kohlenwasserstoff** (aus Butyronpinakon). Sd. 216—218° (*M.* **25**, 125 *C.* **1904** [1] 716).

12) **Kohlenwasserstoff** (aus Petroleum). Sd. 160—165°$_{50}$ (*C.* **1904** [1] 61).

— 14 II —

$C_{14}H_6O_4$ 2) **Morphenolchinon** (*B.* **33**, 357). — *III, *321.*

$C_{14}H_6O_8$ *1) **Ellagsäure.** Na_2, K, K_2 (*B.* **36**, 212 *C.* **1903** [1] 456; *Soc.* **83**, 133 *C.* **1903** [1] 89, 466; D.R.P. 137033, 137034 *C.* **1903** [1] 111).

$C_{14}H_6Cl_4$ *2) **α-Tetrachloranthracen.** Sm. 163° (*C. r.* **135**, 1122 *C.* **1903** [1] 283).

$C_{14}H_8O_2$ *2) **1,2-Anthrachinon** (*B.* **36**, 4020 *C.* **1904** [1] 168).

$C_{14}H_8O_3$ *2) **1-Oxy-9,10-Anthrachinon** (D.R.P. 145238 *C.* **1903** [2] 1099).

*8) **9-Ketofluoren-2-Carbonsäure.** subl. oberh. 275° (*M.* **25**, 451 *C.* **1904** [2] 450).

$C_{14}H_8O_4$ *4) **1,4-Dioxy-9,10-Anthrachinon** (Chinizarin) (D.R.P. 146223 *C.* **1903** [2] 1299; D.R.P. 153129 *C.* **1904** [2] 751).

*5) **1,5-Dioxy-9,10-Anthrachinon** (D.R.P. 145238 *C.* **1903** [2] 1099).

*6) **Chrysazin.** K (D.R.P. 145238 *C.* **1903** [2] 1099; *B.* **36**, 2941 *C.* **1903** [2] 886; *B.* **36**, 4198 *C.* **1904** [1] 290).

*8) **1,7-Dioxy-9,10-Anthrachinon.** Sm. 292—293° (*B.* **36**, 4198 *C.* **1904** [1] 290).

*10) **Anthraflavinsäure** (D.R.P. 137948 *C.* **1903** [1] 268; D.R.P. 140128 *C.* **1903** [1] 903).

*12) **2,7-Dioxy-9,10-Phenanthrenchinon.** Sm. oberh. 400° u. Zers. (*B.* **36**, 3741 *C.* **1904** [1] 37; *B.* **37**, 3087 *C.* **1904** [2] 1056).

19) **1,6-Dioxy-9,10-Anthrachinon.** Sm. 260° (D.R.P. 145188 *C.* **1903** [2] 1037).

20) **3,4-Dioxy-9,10-Phenanthrenchinon** (Morpholchinon) (*B.* **32**, 1522, 2379 Anm.; **33**, 352, 1810). — *III, *318.*

21) **4,5-Dioxy-9,10-Phenanthrenchinon.** Zers. oberh. 400° (*B.* **36**, 3750 *C.* **1904** [1] 38).

22) **3,4-β-Naphtopyron-2-Carbonsäure** (β-Naphtocumarin-α-Carbonsäure). Sm. 234° (*B.* **36**, 1972 *C.* **1903** [2] 377).

23) **Anhydrid d. 4-Acetylnaphtalin-1,8-Dicarbonsäure.** Sm. 189° (*A.* **327**, 94 *C.* **1903** [1] 1228).

$C_{14}H_8O_5$ *4) **Flavopurpurin** (D.R.P. 137948 *C.* **1903** [1] 268; D.R.P. 140127 *C.* **1903** [1] 903; D.R.P. 140129 *C.* **1903** [1] 904).

10) **1,2,4-Trioxy-9,10-Anthrachinon** (D.R.P. 153129 *C.* **1904** [2] 751).

11) **Anhydrid d. αδ-Di[2-Furanyl]-αγ-Butadiën-βγ-Dicarbonsäure.** Sm. 187° (*Soc.* **85**, 188 *C.* **1904** [1] 644, 925).

12) **1,2-Carbonat-3-Benzoat d. 1,2,3-Trioxybenzol.** Sm. 149° (*B.* **37**, 108 *C.* **1904** [1] 584).

$C_{14}H_8O_6$ *12) **1,4,5,8-Tetraoxy-9,10-Anthrachinon** (D.R.P. 143804 *C.* **1903** [2] 476).

13) **1,2,7,8-Tetraoxy-9,10-Anthrachinon** (D.R.P. 103988 *C.* **1899** [2] 922). — *III, *314.*

14) **1,6,?,?-Tetraoxy-9,10-Anthrachinon.** Sm. 217° (*B.* **36**, 2937 *C.* **1903** [2] 885).

15) **isom. 1,6,?,?-Tetraoxy-9,10-Anthrachinon.** Sm. 292° (*B.* **36**, 2941 *C.* **1903** [2] 886).

$C_{14}H_8O_8$ *1) **Rufigallussäure** (*C.* **1903** [1] 398).

5) **isom. Hexaoxy-9,10-Anthrachinon** (D.R.P. 66153, 103988). — *III, *315.*

$C_{14}H_8Br_2$ *3) **α-Dibromphenanthren.** Sm. 146° (*B.* **37**, 3027 *C.* **1904** [2] 1225).

*7) **4,9 [oder 4,10]-Dibromphenanthren.** Sm. 112—113° (*B.* **37**, 3554 *C.* **1904** [2] 1399).

8) **3,9 [oder 3,10]-Dibromphenanthren.** Sm. 146° (*B.* **37**, 3576 *C.* **1904** [2] 1404).

$C_{14}H_9N$ 2) **Nitril d. Fluoren-2-Carbonsäure.** Sm. 88° (*M.* **25**, 446 *C.* **1904** [2] 449).

$C_{14}H_9N_3$ 4) **Verbindung** (aus 3-Amido-2-Phenylindol). Sm. 115° (*C.* **1904** [1] 1357).

$C_{14}H_{10}O$ *2) **9-Oxyanthracen.** Sm. 161° (*A.* **330**, 182 *C.* **1904** [1] 892).
*5) **9-Oxyphenanthren.** Sm. 149° (*B.* **36**, 2517 *C.* **1903** [2] 507).
10) **1-Oxyanthracen.** Sm. 152° (*B.* **37**, 70 *C.* **1904** [1] 666).
11) **1-Phenylbenzfuran.** Sm. 120—121° (*B.* **36**, 3981 *C.* **1904** [1] 171; *B.* **36**, 4006 *C.* **1904** [1] 175).
12) **2-Phenylbenzfuran.** Sm. 12—13° (und 42°); Sd. 316—317°$_{760}$ (*B.* **36**, 4004 *C.* **1904** [1] 174).

$C_{14}H_{10}O_2$ *9) **9,10-Dioxyphenanthren** (D.R.P. 151981 *C.* **1904** [2] 167; *B.* **37**, 3085 *C.* **1904** [2] 1056).
*16) **Benzil.** + H_2SO_4 (*R.* **21**, 355 *C.* **1903** [1] 151).
31) **αβ-Di[4-Oxyphenyl]äthin.** Sm. 220—225° (*A.* **335**, 184 *C.* **1904** [2] 1130).
32) **1,2-Dioxyanthracen.** Sm. 131° u. Zers. (*B.* **36**, 4020 *C.* **1904** [1] 168).
33) **Methyläther d. 3-Oxy-9-Ketofluoren.** Sm. 99° (*B.* **35**, 4278 *C.* **1903** [1] 333).
34) **Stilbenchinon** (*A.* **335**, 168 *C.* **1904** [2] 1128).
35) **2-Acetyl-β-Naphtofuran.** Sm. 115—116° (*B.* **36**, 2866 *C.* **1903** [2] 832).
36) **4-Methyl-1,2-α-Naphtopyron** (β-Methyl-α-Naphtocumarin). Sm. 167° (*B.* **36**, 1967 *C.* **1903** [2] 376).
37) **2-Methyl-3,4-β-Naphtopyron** (α-Methyl-β-Naphtocumarin). Sm. 157 bis 158° (*B.* **36**, 1969 *C.* **1903** [2] 377).
38) **Fluoren-2-Carbonsäure.** Zers. oberh. 260°. Ag (*M.* **25**, 448 *C.* **1904** [2] 449).
39) **Aldehyd d. Biphenyl-4,4'-Dicarbonsäure.** Sm. 145° (*A.* **332**, 76 *C.* **1904** [2] 43).

$C_{14}H_{10}O_3$ *22) **Anhydrid d. Benzolcarbonsäure** (*Am.* **31**, 261 *C.* **1904** [1] 1078).
*33) **8-Oxy-7-Methylfluoron.** HCl (*M.* **25**, 313 *C.* **1904** [1] 1494).
37) **2,3,9-Trioxyanthracen.** Sm. 282° (*B.* **36**, 2938 *C.* **1903** [2] 886).
38) **Säure** (aus p-Kresol). Zers. bei 100° (*B.* **36**, 2032 *C.* **1903** [2] 360).

$C_{14}H_{10}O_4$ *2) **1,4,9,10-Tetraoxyanthracen** (Leukochinizarin). Sm. 150° (153—154°) (*C.* **1904** [1] 101; D.R.P. 148792 *C.* **1904** [1] 557).
*20) **Biphenyl-3,3'-Dicarbonsäure.** Sm. 356—357° (*A.* **332**, 71 *C.* **1904** [2] 42).
31) **2-[3-Oxybenzoyl]benzol-1-Carbonsäure.** Sm. 181—182° (D.R.P. 148110 *C.* **1904** [1] 329).
32) **Monophenylester d. Benzol-1,2-Dicarbonsäure.** Sm. 103° (*B.* **35**, 4092 *C.* **1903** [1] 75).

$C_{14}H_{10}O_5$ 14) **2,3,7-Trioxy-9-Methylfluoron** (*B.* **37**, 1177 *C.* **1904** [1] 1161; *B.* **37**, 2731 *C.* **1904** [2] 541).

$C_{14}H_{10}O_6$ *14) **αδ-Di[2-Furanyl]-αγ-Butadiën-βγ-Dicarbonsäure.** Sm. 185—187°. Na_2 (*Soc.* **85**, 190 *C.* **1904** [1] 645, 925).
16) **1,4,5,8,9,10-Hexaoxyanthracen** (D.R.P. 148792 *C.* **1904** [1] 557).

$C_{14}H_{10}N_2$ 10) **Bisanhydro-2-Amidobenzaldehyd.** Sm. 81°; Sd. 212—216°$_{19}$. (2HCl, $PtCl_4$) (*C. r.* **136**, 371 *C.* **1903** [1] 635).

$C_{14}H_{10}Br_2$ 6) **β-Brom-α-Phenyl-α-[4-Bromphenyl]äthen.** Sm. 107° (*B.* **37**, 4168 *C.* **1904** [2] 1643).
7) **isom. β-Brom-α-Phenyl-α-[4-Bromphenyl]äthen.** Sm. 35° (*B.* **37**, 4168 *C.* **1904** [2] 1643).

$C_{14}H_{11}N$ *3) **9-Amidophenanthren.** Sm. 137—138° (145—150°). HNO_3, H_2SO_4, Oxalat (*B.* **36**, 2515 *C.* **1903** [2] 506; *A.* **330**, 165 *C.* **1904** [1] 891; *B.* **37**, 3575 *C.* **1904** [2] 1404).
*11) **3-Methylakridin.** Sm. 132,5° (*A.* **332**, 92 *C.* **1904** [1] 1570).
26) **1-[1-Naphtyl]pyrrol.** Sm. 42°; Sd. oberh. 360° (*B.* **37**, 2795 *C.* **1904** [2] 531).
27) **1-[2-Naphtyl]pyrrol.** Sm. 107°; Sd. oberh. 360° (*B.* **37**, 2795 *C.* **1904** [2] 531).
28) **2-[2-Naphtyl]pyrrol.** Sm. 155° (*B.* **37**, 2796 *C.* **1904** [2] 531).

$C_{14}H_{11}N_3$ *5) **2,5-Diphenyl-1,3,4-Triazol.** Sm. 190° (*J. pr.* [2] **69**, 160 *C.* **1904** [1] 1274).
11) **1,5-Diphenyl-1,2,3-Triazol.** Sm. 113—114°. HCl (*B.* **35**, 4048 *C.* **1903** [1] 169).

$C_{14}H_{11}N_5$ *1) **Nitril d. Formazylcarbonsäure.** Sm. 158° (*J. pr.* [2] **67**, 400 *C.* **1903** [1] 1346).

$C_{14}H_{11}Cl$ 5) α-Phenyl-β-[2-Chlorphenyl]äthen. Sm. 40°; Sd. 195°$_{22}$ (*B.* **35**, 3970 *C.* **1903** [1] 31).

$C_{14}H_{11}Br$ 4) 4-Brom-αα-Diphenyläthen. Sd. 199—201°$_{19}$ (*B.* **37**, 4168 *C.* **1904** [2] 1643).

$C_{14}H_{12}O$ *6) 3-Methyldiphenylketon. Sd. 310—320° (*B.* **37**, 3360 *C.* **1904** [2] 1127).

*8) Desoxybenzoïn. Sm. 55° (*B.* **36**, 1497 *C.* **1903** [1] 1351; *B.* **36**, 1580 *C.* **1903** [1] 1398).

*10) Aldehyd d. Diphenylessigsäure. Sd. 168—170°$_{16}$ (*C. r.* **138**, 91 *C.* **1904** [1] 505; *Bl.* [3] **31**, 307 *C.* **1904** [1] 1133).

18) 2-Oxy-αα-Diphenyläthen. Sd. 180°$_{22}$ (*B.* **36**, 3999, 4003 *C.* **1904** [1] 174).

19) Phenyläther d. β-Oxy-α-Phenyläthen. Sd. 180°$_{16}$ (*B.* **36**, 4010 Anm. *C.* **1904** [1] 176).

20) 3-Acetylacenaphten. Sm. 75°; Sd. 361°. Pikrat (*A.* **327**, 91 *C.* **1903** [1] 1228).

21) 1-Phenyl-1,2-Dihydrobenzfuran. Sm. 32—33° (*B.* **36**, 3982 *C.* **1904** [1] 171).

22) 2-Phenyl-1,2-Dihydrobenzfuran. Sm. 38,5°; Sd. 167°$_{14}$ (*B.* **36**, 3984 *C.* **1904** [1] 171; *B.* **36**, 4008 *C.* **1904** [1] 175).

23) Verbindung (aus Eberwurzelöl). Sd. 158—160°$_{16-17}$ (*Ar.* **241**, 46 *C.* **1903** [1] 713).

$C_{14}H_{12}O_2$ *4) αβ-Di[4-Oxyphenyl]äthen. Sm. 280—281° u. Zers. (*A.* **325**, 26 *C.* **1903** [1] 460; *A.* **335**, 187 *C.* **1904** [2] 1131).

*7) Benzoïn. Sm. 212° (*B.* **36**, 1580 *C.* **1903** [1] 1398; *B.* **36**, 2829 *C.* **1903** [2] 1128).

*13) Methyläther d. 4-Oxydiphenylketon. Sm. 61—62° (*B.* **37**, 226 *C.* **1904** [1] 659).

*32) 6-Oxy-3-Methyldiphenylketon. Sm. 84° (*B.* **36**, 3892 *C.* **1904** [1] 93).

40) Verbindung (aus αβ-Di[4-Oxyphenyl]äthen). Sm. 250° u. Zers. (*A.* **325**, 28 *C.* **1903** [1] 460).

$C_{14}H_{12}O_3$ *9) 2-Oxydiphenylessigsäure (*B.* **36**, 3999 *C.* **1904** [1] 174).

*22) Methylester d. 2-Oxybenzolphenyläther-1-Carbonsäure. Sd. 312° (*B.* **37**, 2368 *C.* **1904** [2] 344).

*41) Phenylester d. 4-Oxy-1-Methylbenzol-3-Carbonsäure. Sm. 92—93° (D.R.P. 46756). — *II, *920*.

*43) Benzylester d. 2-Oxybenzol-1-Carbonsäure (D.R.P. 144002 *C.* **1903** [2] 1040).

44) α-Keto-αβ-Di[4-Oxyphenyl]äthan. Sm. 214—215° (*A.* **325**, 75 *C.* **1903** [1] 463).

45) Monomethyläther d. 4,4′-Dioxydiphenylketon. Sm. 151—152° (*B.* **36**, 3900 *C.* **1904** [1] 94).

46) Methyläther d. 2-[4-Oxybenzyl]-1,4-Benzochinon. Sm. 43° (*B.* **37**, 3488 *C.* **1904** [2] 1301).

47) Aldehyd d. 3,4-Dioxybenzol-3-Benzyläther-1-Carbonsäure. Sm. 113—114° (D.R.P. 82816). — *III, *74*.

48) Aldehyd d. 3,4-Dioxybenzol-4-Benzyläther-1-Carbonsäure. Sm. 122° (D.R.P. 82816). — *III, *74*.

49) Phenylester d. 2-Oxy-1-Methylbenzol-3-Carbonsäure. Sm. 48° (D.R.P. 46756). — *II, *919*.

50) Acetat d. 2-Oxydiphenyläther. Sd. 358—360° (*Am.* **29**, 127 *C.* **1903** [1] 705).

$C_{14}H_{12}O_4$ 33) Benzyl-2,3,4-Trioxyphenylketon. Sm. 141—142° (D.R.P. 50450, 50451). — *III, *165*.

34) Aethylester d. 6-Phenyl-1,2-Pyron-3-Carbonsäure. Sm. 107—108° (*B.* **36**, 3670 *C.* **1903** [2] 1313).

35) Verbindung (aus d. 4,4′-Diamido-3,3′-Dioxybiphenyldimethyläther) (*Soc.* **83**, 692 *C.* **1903** [2] 39).

$C_{14}H_{12}O_6$ 14) Diacetat d. 5,7-Dioxy-2-Methyl-1,4-Benzpyron. Sm. 149° (*B.* **37**, 2101 *C.* **1904** [2] 122).

15) Diacetat d. 7,8-Dioxy-2-Methyl-1,4-Benzpyron. Sm. 120° (*B.* **36**, 2192 *C.* **1903** [2] 384).

$C_{14}H_{12}O_{16}$ C 38,5 — H 2,7 — O 58,7 — M. G. 436.
1) **Hexahydrobenzol-1,1,2,2,4,4,5,5-Oktocarbonsäure.** Sm. 218 bis 220° u. Zers. Ag_8 (*Soc.* **83**, 783 *C.* **1903** [2] 201, 439).

$C_{14}H_{12}N_2$ *6) **2-[4-Methylphenyl]indazol** (*C. r.* **138**, 1276 *C.* **1904** [2] 120).
*19) **3,8-Dimethyldiphenazon.** Sm. 188°. HNO_3 (*B.* **37**, 26 *C.* **1904** [1] 523).
*20) **Nitril d. α-Phenylamido-α-Phenylessigsäure.** Sm. 84—85° (D.R.P. 142559 *C.* **1903** [2] 81; *B.* **37**, 4079 *C.* **1904** [2] 1722; *B.* **37**, 4084 *C.* **1904** [2] 1723).
29) **αβ-Di[4-Amidophenyl]äthin.** Sm. 235°. 2HCl, H_2SO_4 (*A.* **325**, 72 *C.* **1903** [1] 463).
30) **9-Hydrazidophenanthren.** Sm. 220—221° u. Zers. (*B.* **36**, 2515 *C.* **1903** [2] 506).
31) **2-Methyl-5-Phenylbenzimidazol.** Sm. 116° (*B.* **37**, 882 *C.* **1904** [1] 1143).

$C_{14}H_{12}N_4$ 12) **5-Amido-1,4-Diphenyl-1,2,3-Triazol.** Sm. 169°. HCl (*B.* **35**, 4058 *C.* **1903** [1] 171).
13) **3-Amido-1,5-Diphenyl-1,2,4-Triazol.** Sm. 154,5° (*Am.* **29**, 76 *C.* **1903** [1] 523).

$C_{14}H_{12}N_6$ C 63,6 — H 4,5 — N 31,8 — M. G. 264.
1) **3,6-Di[3-Amidophenyl]-1,2,4,5-Tetrazin.** Sm. 266—267°. $2HNO_3$ + $3H_2O$ (*B.* **35**, 3937 *C.* **1903** [1] 38).

$C_{14}H_{13}N$ 26) **1,3-Dimethylcarbazol.** Sm. 95°. Pikrat (*A.* **332**, 91 *C.* **1904** [1] 1570).

$C_{14}H_{13}N_3$ 10) **5-Amido-2-Methyl-1-Phenylbenzimidazol.** Sm. 145—146° (*J. pr.* [2] **69**, 42 *C.* **1904** [1] 521).
20) **7-Amido-2-Methyl-5-Phenylbenzimidazol.** Sm. 94° (*B.* **37**, 883 *C.* **1904** [1] 1143).
21) **4,6-Dimethyl-2-Phenyl-2,1,5-Benztriazol** + H_2O. Sm. 150° (154° wasserfrei) (*B.* **36**, 521 *C.* **1903** [1] 649).

$C_{14}H_{13}J_3$ 3) **?-Joddi[3-Methylphenyl]jodoniumjodid.** Sm. 105° (*A.* **327**, 283 *C.* **1903** [2] 351).

$C_{14}H_{14}O$ *2) **α-Oxy-αβ-Diphenyläthan.** Sm. 66—67° (*B.* **37**, 456 *C.* **1904** [1] 949).
*3) **4-Oxy-αα-Diphenyläthan.** Sm. 57—58° (*B.* **36**, 4012 *C.* **1904** [1] 176).
27) **2-Oxy-αα-Diphenyläthan.** Sd. 177—178°$_{12}$ (*B.* **36**, 4009 *C.* **1904** [1] 175).
28) **2-Oxy-αβ-Diphenyläthan.** Sm. 83,5° (*B.* **36**, 3982 *C.* **1904** [1] 171).
29) **4-Oxy-αβ-Diphenyläthan.** Sm. 100—101° (*B.* **36**, 4009 *C.* **1904** [1] 175).
30) **Phenol** (aus 2-Phenyl-1,2-Dihydrobenzfuran). Sm. 63° (*B.* **36**, 3985 *C.* **1904** [1] 171).
31) **Aethyläther d. 3-Oxybiphenyl.** Sm. 34°; Sd. 305° (310°) (*B.* **36**, 4075 *C.* **1904** [1] 267; *B.* **36**, 4085 *C.* **1904** [1] 268).
32) **Phenyläther d. β-Oxyäthylbenzol.** Sd. 166°$_{14}$ (*C. r.* **138**, 1049 *C.* **1904** [1] 1493).

$C_{14}H_{14}O_2$ *1) **i-Hydrobenzoïn.** Sm. 136° (134°) (*B.* **36**, 1576 *C.* **1903** [1] 1397; *B.* **37**, 1677 *C.* **1904** [1] 1522).
*4) **αα-Di-[4-Oxyphenyl]äthan.** Sm. 122,9° (126°). + C_6H_6O (*A.* **325**, 29 *C.* **1903** [1] 460; *C.* **1904** [1] 1650).
*8) **4,4'-Dioxy-3,3'-Dimethylbiphenyl.** Sm. 155° (*Am.* **31**, 127 *C.* **1904** [1] 809).
*11) **Dimethyläther d. 2,2'-Dioxybiphenyl.** Sm. 154° (*A.* **332**, 62 *C.* **1904** [2] 41).
*14) **Dimethyläther d. 4,4'-Dioxybiphenyl.** Sm. 172° (*Am.* **31**, 127 *C.* **1904** [1] 809; *A.* **332**, 67 *C.* **1904** [2] 42).
*18) **6-Oxy-4-Keto-2-[β-Phenyläthenyl]-1,2,3,4-Tetrahydrobenzol** (*B.* **36**, 2339 *C.* **1903** [2] 438).
31) **Aethyläther d. Methyl-4-Oxy-1-Naphtylketon.** Sm. 78—79°; Sd. 320° u. ger. Zers. (*B.* **23**, 1209; **28**, 1947). — III, *174*; *III, *141*. *
32) **Aethylester d. Benznorcaradiëncarbonsäure.** Sd. 163—164°$_{11}$ (*B.* **36**, 3504 *C.* **1903** [2] 1273).

$C_{14}H_{14}O_3$ 15) **4'-Methyläther d. 2,5,4'-Trioxydiphenylmethan.** Sm. 126°; Sd. 271°$_{16}$ (*B.* **37**, 3487 *C.* **1904** [2] 1301).
16) **5-Acetyl-4,6-Diketo-2-Phenylhexahydrobenzol.** Sm. 104°. Cu (*B.* **37**, 3382 *C.* **1904** [2] 1219).

$C_{14}H_{14}O_3$ 17) α-Oxyisopropyl-1-Oxy-?-Naphtylketon. Sm. 127—128° (D. R. P. 80986). — *III, *143*.
18) α-Oxyisopropyl-2-Oxy-?-Naphtylketon. Sm. 122—123° (D. R. P. 80986). — *III, *143*.
19) 2-Oxynaphtalinpropyläther-1-Carbonsäure. Sm. 79°; Zers. bei 145° (*C. r.* **136**, 618 *C.* **1903** [1] 881; *Bl.* [3] **31**, 33 *C.* **1904** [1] 519).
20) Acetat d. 6-Oxy-4-Keto-2-Phenyl-1,2,3,4-Tetrahydrobenzol. Sd. $200°_{14}$ (*B.* **37**, 3382 *C.* **1904** [2] 1219).
21) Acetat d. 7-Oxy-4-Methylen-2,3-Dimethyl-1,4-Benzpyran (*B.* **37**, 1792 *C.* **1904** [1] 1612).

$C_{14}H_{14}O_5$ 9) Trimethyläther d. Purpurogallin. Sm. 174—177° (*Soc.* **83**, 196 *C.* **1903** [1] 401, 639).
10) Lakton d. α-Oxy-α-Phenylpropan-β-Ketocarbonsäure-β-Carbonsäureäthylester. Fl. (*B.* **31**, 196). — *II, *1172*.
11) Aethylester d. γ-Keto-α-[3,4-Dioxyphenyl]-α-Buten-3,4-Methylenäther-β-Carbonsäure. Sm. 83° (*B.* **37**, 1703 *C.* **1904** [1] 1497).

$C_{14}H_{14}O_8$ 10) Tetraacetat d. 1,2,3,4-Tetraoxybenzol. Sm. 136° (*B.* **37**, 120 *C.* **1904** [1] 586).

$C_{14}H_{14}N_2$ *32) 2,2′-Dimethylazobenzol. Sm. 75° (*C.* **1904** [2] 1383).
*37) 4,4′-Dimethylazobenzol. Sm. 144° (*C.* **1904** [2] 1383).
49) 4-[4-Amidobenzyliden]amido-1-Methylbenzol (D. R. P. 106719). — *III, *23*.
50) α-Benzyliden-β-[2-Methylphenyl]hydrazin. Sm. 100—102° (*C.* **1903** [2] 1432).
51) α-Benzyliden-β-[4-Methylphenyl]hydrazin. Sm. 114° (*C.* **1903** [2] 1432).
52) 2-Methyl-1-Aethyl-β-Naptimidazol. HCl, (2HCl, $PtCl_4$), (HCl, $AuCl_3$), Chromat, Pikrat (*Soc.* **83**, 1197 *C.* **1903** [2] 1445).
53) 2-Methyl-N-Aethyl-α-oder-β-Naphtimidazol. Sm. 84°. (2HCl, $HgCl_2$), (2HCl, $PtCl_4$ + $4H_2O$) (*Soc.* **83**, 1193 *C.* **1903** [2] 1444).

$C_{14}H_{14}N_4$ *6) Di[2-Amidobenzyliden]hydrazin. Sm. 248° (*M.* **25**, 374 *C.* **1904** [2] 322).
*9) α-Phenylazo-α-Phenylhydrazonäthan (Methylformazyl). Sm. 123 bis 123,5° (*B.* **36**, 87 *C.* **1903** [1] 452).

$C_{14}H_{14}N_6$ 3) 3,6-Di[3-Amidophenyl]-1,2-Dihydro-1,2,4,5-Tetrazin. Sm. 170 bis 190° (*B.* **35**, 3936 *C.* **1903** [1] 38).

$C_{14}H_{14}Cl_2$ 1) Dichlorhexahydroanthracen. Sm. 159° (*C. r.* **139**, 606 *C.* **1904** [2] 1574).

$C_{14}H_{14}Br_2$ 2) Dibromhexahydroanthracen. Sm. 162° (*C. r.* **139**, 606 *C.* **1904** [2] 1574).

$C_{14}H_{14}J_2$ 3) 4-Aethyldiphenyljodoniumjodid. Sm. 160° (*A.* **327**, 292 *C.* **1903** [2] 352).
4) Di[3-Methylphenyl]jodoniumjodid. Sm. 155° (*A.* **327**, 274 *C.* **1903** [2] 350).
5) 2,3′-Dimethyldiphenyljodoniumjodid. Sm. 150° (*A.* **327**, 279 *C.* **1903** [2] 351).
6) 3,4′-Dimethyldiphenyljodoniumjodid. Sm. 143° (*A.* **327**, 281 *C.* **1903** [2] 351).

$C_{14}H_{14}S$ *1) Dibenzylsulfid (*B.* **36**, 538 *C.* **1903** [1] 706).

$C_{14}H_{14}S_2$ *5) Dibenzyldisulfid (*B.* **36**, 539 *C.* **1903** [1] 707).

$C_{14}H_{14}S_3$ 4) Dimethyläther d. Di[4-Merkaptophenyl]sulfid. Sm. 89° (*R.* **22**, 362 *C.* **1904** [1] 23).

$C_{14}H_{15}N$ 21) α-Phenylamidoäthylbenzol. Sd. $183°_{20}$. HCl, H_2SO_4 (*B.* **37**, 2691 *C.* **1904** [2] 519).

$C_{14}H_{15}N_3$ *17) 4′-Amido-2,3′-Dimethylazobenzol (*J. pr.* [2] **69**, 321 *C.* **1904** [2] 34).
38) α-Phenyl-β-[2-Methylamidobenzyliden]hydrazin. Sm. 123—124° (*B.* **36**, 4187 *C.* **1904** [1] 279).
39) β-Phenylhydrazon-β-Amido-α-Phenyläthan. Sm. 70°. HCl (*B.* **36**, 2485 *C.* **1903** [2] 490).
40) 2-Methylamido-1-Phenylhydrazonmethylbenzol. Sm. 124,5—125,5° (*B.* **37**, 984 *C.* **1904** [1] 1079).
41) 4-Benzylidenhydrazido-2,6-Dimethylpyridin. Sm. 220—224° u. Zers. HCl, HNO_3 (*B.* **36**, 1117 *C.* **1903** [1] 1185).

$C_{14}H_{16}O$ *3) 3-Keto-4-Benzyliden-1-Methylhexahydrobenzol. Sm. 59°; Sd. 190 bis 200°$_{13}$ (*C. r.* **136**, 1225 *C.* **1903** [2] 116).

$C_{14}H_{16}O_2$ 12) Aethylester d. 1-[β-Phenyläthenyl]-R-Trimethylen-2-Carbonsäure. Sm. 42—43° (*B.* **37**, 2104 *C.* **1904** [2] 104).

$C_{14}H_{16}O_4$ 15) Diäthyläther d. 5,7-Dioxy-4-Methyl-2,1-Benzpyron. Sm. 131° (D.R.P. 73700). — *II, *1126.*

16) α-Acetoxyl-α-Phenyl-α-Buten-β-Methylcarbonsäure (*C.* **1904** [1] 1258).

17) Dimethylester d. α-Phenyl-β-Buten-δδ-Dicarbonsäure. Sd. 187°$_{12}$ (*B.* **37**, 3122 *C.* **1904** [2] 1217).

$C_{14}H_{16}O_5$ 21) Mekoninmethyläthylketon. Sm. 128—132° (*M.* **25**, 1052 *C.* **1904** [2] 1644).

$C_{14}H_{16}O_6$ 19) Diacetat d. 3,6-Dioxy-2,5-Diäthyl-1,4-Benzochinon. Sm. 130° (*B.* **37**, 2386 *C.* **1904** [2] 307).

$C_{14}H_{16}N_2$ *16) 4-Amido-3-[4-Methylphenyl]amido-1-Methylbenzol. Sm. 107° (*B.* **36**, 341 *C.* **1903** [1] 633).

*24) 4,4'-Diamido-3,3'-Dimethylbiphenyl. Oxalat (*B.* **37**, 1401 *C.* **1904** [1] 1443; *M.* **25**, 383 *C.* **1904** [2] 320).

*27) s-Di[2-Methylphenyl]hydrazin (*B.* **36**, 340 *C.* **1903** [1] 633).

*29) s-Di[4-Methylphenyl]hydrazin (*B.* **36**, 340 *C.* **1903** [1] 633).

*40) 4-Amido-2-Benzylamido-1-Methylbenzol (Benzyl-5-Amido-2-Methylphenylamin). Sm. 80° (D.R.P. 141297 *C.* **1903** [1] 1163).

41) 4,4'-Di[Methylamido]biphenyl. Sm. 74—76°. 2HCl (*B.* **37**, 3773 *C.* **1904** [2] 1548).

$C_{14}H_{16}N_4$ 20) αβ-Di[2,4-Diamidophenyl]äthen. Sm. 191° (*B.* **37**, 3600 *C.* **1904** [2] 1500).

21) α-Phenylhydrazon-α-Phenylhydrazidoäthan. HCl (*B.* **36**, 2483 *C.* **1903** [2] 490).

22) ?-Diamido-3,?-Dimethylazobenzol (*J. pr.* [2] **68**, 307 *C.* **1903** [2] 1143).

$C_{14}H_{16}Cl_2$ 1) Dichloroktohydroanthracen. Sm. 192° (*C. r.* **139**, 606 *C.* **1904** [2] 1574).

$C_{14}H_{16}Br_2$ 1) Dibromoktohydroanthracen. Sm. 194° (*C. r.* **139**, 605 *C.* **1904** [2] 1574).

$C_{14}H_{17}N_3$ *9) 4-Amido-4'-Dimethylamidodiphenylamin. Sm. 116°. 2HCl, H_2SO_4 (*J. pr.* [2] **69**, 223 *C.* **1904** [1] 1268).

10) Di[β-2-Pyridyläthyl]amin. Fl. 3[2HCl, $PtCl_4$] + $2H_2O$, 3 Pikrat (*B.* **37**, 173 *C.* **1904** [1] 673).

$C_{14}H_{17}Cl$ 1) Chloroktohydroanthracen (*C. r.* **139**, 606 *C.* **1904** [2] 1574).

$C_{14}H_{17}Br$ 1) Bromoktohydroanthracen. Fl. (*C. r.* **139**, 606 *C.* **1904** [2] 1574).

$C_{14}H_{18}O$ 6) γ-Keto-α-[4-Isopropylphenyl]-α-Penten. Sm. 32—33°; Sd. 170°$_{17}$ (*A.* **330**, 257 *C.* **1904** [1] 946).

7) γ-Keto-α-[4-Isopropylphenyl]-β-Methyl-α-Buten. Sd. 171,5°$_{17}$ (*A.* **330**, 261 *C.* **1904** [1] 947).

$C_{14}H_{18}O_2$ 13) Aethyläther d. α-Oxy-γ-Keto-α-Phenyl-α-Hexen. Sd. 155—158°$_{10}$ (*C. r.* **139**, 206 *C.* **1904** [2] 649).

14) Benzoat d. α-Oxy-α-Hepten. Sd. 195°$_{50}$ (*Soc.* **83**, 153 *C.* **1903** [1] 72, 436).

15) Benzoat d. 2-Oxy-1-Methylhexahydrobenzol. Fl. (*C.* **1904** [1] 1346).

$C_{14}H_{18}O_3$ 19) Aethylester d. β-Benzoylbutan-α-Carbonsäure. Sd. 175°$_{20}$ (*C.* **1904** [1] 1258).

$C_{14}H_{18}O_4$ *18) Diäthyläther d. αγ-Diketo-α-[2,4-Dioxyphenyl]butan. Cu (*B.* **37**, 355 *C.* **1904** [1] 670).

28) Diisopropylester d. Benzol-1,2-Dicarbonsäure (*G.* **28** [2] 503). — *II, *1047.*

29) Isobutylester d. 1-α-Benzoxylpropionsäure. Sd. 163—164°$_{11}$ (*C.* **1903** [2] 1419).

$C_{14}H_{18}O_5$ 13) 6-Ketododekahydrobiphenylen-3,4'-Dicarbonsäure. Sm. 170° (*Soc.* **85**, 429 *C.* **1904** [1] 1082, 1439).

14) β-Ketopropylester d. 3,5-Dioxybenzoldiäthyläther-1-Carbonsäure. Sm. 65° (D.R.P. 73700). — *II, *1030.*

$C_{14}H_{18}O_6$ 18) 2,5-Diacetat d. 2,3,5,6-Tetraoxy-1,4-Diäthylbenzol. Sm. 205° (*B.* **37**, 2387 *C.* **1904** [2] 307).

$C_{14}H_{18}O_7$ 5) Diäthylester d. 6-Oxy-1,4-Dihydrobenzol-1,3-Dicarbonsäure-4-Methylcarbonsäure. Sm. 112—113° (*B.* **37**, 2118 *C.* **1904** [2] 438).

20*

$C_{14}H_{18}O_7$ 6) **Diäthylester d. Glutakonylglutakonsäure.** Sm. 98—99° (*C. r.* **136**, 693 *C.* **1903** [1] 960).

$C_{14}H_{18}N_2$ *7) **5-Amyl-3-Phenylpyrazol.** Sm. 76° (*C. r.* **136**, 1264 *C.* **1903** [2] 122).

$C_{14}H_{18}N_4$ 9) **2,4-Diamido-4'-Dimethylamidodiphenylamin?** Sm. 70—75° (*J. pr.* [2] **69**, 230 *C.* **1904** [1] 1269).

$C_{14}H_{20}O$ 10) **α-Oxy-α-Phenyl-α-Hexahydrophenyläthan.** Sd. 168°$_{20}$ (*C. r.* **139**, 345 *C.* **1904** [2] 705).

11) **Methyläther d. α-[2-Oxyphenyl]-α-Hepten.** Sd. 179°$_{15}$ (*B.* **37**, 4002 *C.* **1904** [2] 1641).

12) **γ-Keto-α-[4-Isopropylphenyl]pentan.** Sd. 160—164°$_{17}$ (*A.* **330**, 259 *C.* **1904** [1] 947).

13) **γ-Keto-α-[4-Isopropylphenyl]-β-Methylbutan.** Sd. 155,5°$_{18}$ (*A.* **330**, 263 *C.* **1904** [1] 947).

14) **Isobutyl-2,4,6-Trimethylphenylketon.** Sd. 151°$_{20}$ (*B.* **37**, 929 *C.* **1904** [1] 1209).

15) **Methyl-2,4,5-Triäthylphenylketon.** Sd. 146°$_{13}$ (*B.* **36**, 1635 *C.* **1903** [2] 26).

$C_{14}H_{20}O_2$ 16) **α-Oxyisopropyl-2-Methyl-5-Isopropylphenylketon.** Sd. 157°$_{16}$ (*C.* **1899** [1] 959) — *III, *126*.

17) **2,5-Dipseudobutyl-1,4-Benzochinon.** Sm. 152,5° (*Bl.* [3] **31**, 970 *C.* **1904** [2] 1113).

18) **Aethylester d. 3-tert. Butyl-1-Methylbenzol-5-Carbonsäure.** Sd. 268—270°$_{748}$ (*C.* **1904** [1] 1498).

$C_{14}H_{20}O_3$ 32) **Lakton d. β-Oxypropylcamphocarbonsäure.** Sm. 141° (*C. r.* **136**, 702 *C.* **1903** [1] 1086).

33) **Allylester d. Camphocarbonsäure.** Sd. 160—170°$_{20}$ (*C. r.* **136**, 240 *C.* **1903** [1] 584).

$C_{14}H_{20}O_4$ 7) **Methylester d. Acetylcamphocarbonsäure.** Sd. 142°$_{12}$ (*B.* **35**, 4032 *C.* **1903** [1] 81).

8) **Aethylester d. α-Oxy-α-[4-Methoxylphenyl]-β-Methylpropan-β-Carbonsäure.** Sm. 71° (*C.* **1903** [2] 566).

$C_{14}H_{20}O_6$ 3) **4-Keto-1,3-Diacetyl-1,3,5-Tri[Oxymethyl]-6-Methyl-1,2,3,4-Tetrahydrobenzol + xH$_2$O.** Sm. 110° (122° wasserfrei) (*B.* **36**, 2176 *C.* **1903** [2] 371).

$C_{14}H_{20}O_8$ *2) **Tetraäthylester d. Aethentetracarbonsäure.** Sm. 56—58°; Sd. 227 bis 233°$_{15}$ (*J. pr.* [2] **68**, 159 *C.* **1903** [2] 759; *Soc.* **85**, 613 *C.* **1904** [1] 1553).

$C_{14}H_{20}O_9$ 6) **Säure** (aus Cholesterin). Ca$_2$ + 2H$_2$O (*M.* **24**, 190 *C.* **1903** [2] 21).

$C_{14}H_{20}O_{10}$ 2) **Pentamethylester d. Butan-ααβγδ-Pentacarbonsäure.** Sm. 95—96° (*B.* **36**, 3293 *C.* **1903** [2] 1167).

$C_{14}H_{20}Br_2$ *2) **3,6-Dibrom-1,2,4,5-Tetraäthylbenzol.** Sm. 113° (*B.* **36**, 1635 *C.* **1903** [2] 26).

3) **γδ-Dibrom-δ-[2,4,6-Trimethylphenyl]-β-Methylbutan.** Fl. (*B.* **37**, 930 *C.* **1904** [1] 1209).

4) **4,6-Dibrom-2-Isoamyl-1,3,5-Trimethylbenzol.** Sm. 44° (*B.* **37**, 1720 *C.* **1904** [1] 1489).

$C_{14}H_{21}Cl$ 3) **δ-Chlor-δ-[2,4,6-Trimethylphenyl]-β-Methylbutan.** Fl. (*B.* **37**, 930 *C.* **1904** [1] 1209).

$C_{14}H_{22}O$ *17) **α-Methyljonon.** Sd. 137—142°$_{15}$ (D.R.P. 150827 *C.* **1904** [1] 1379).

*18) **β-Methyljonon.** Sd. 145—151°$_{15}$ (D.R.P. 150827 *C.* **1904** [1] 1379).

*19) **Methylpseudojonon** (D.R.P. 150771 *C.* **1904** [1] 1307).

20) **isom. α-Methyljonon.** Sd. 135—140°$_{16}$ (D.R.P. 150827 *C.* **1904** [1] 1379).

21) **isom. β-Methyljonon.** Sd. 135—140°$_{15}$ (D.R.P. 150827 *C.* **1904** [1] 1379).

22) **δ-Oxy-δ-[2,4,6-Trimethylphenyl]-β-Methylbutan.** Sd. 164°$_{21}$ (*B.* **37**, 930 *C.* **1904** [1] 1209).

23) **5-[α-Oxyäthyl]-1,2,4-Triäthylbenzol.** Sm. 45°; Sd. 149°$_{13}$ (*B.* **36**, 1635 *C.* **1903** [2] 26).

24) **Methyläther d. α-[2-Oxyphenyl]heptan.** Sd. 153—155°$_{20}$ (*B.* **37**, 4002 *C.* **1904** [2] 1642).

25) **Alstonin.** Sm. 191—192° (*B.* **37**, 4113 *C.* **1904** [2] 1656).

26) **Isoalstonin.** Sm. 163° (*B.* **37**, 4113 *C.* **1904** [2] 1656).

$C_{14}H_{22}O_2$ 15) αγ-Dioxy-α-[4-Isopropylphenyl]-β-Methylpropan. Sm. 58°; Sd. 210°$_{22}$ (*M.* **24**, 252 *C.* **1903** [2] 242).

16) **Dipropyläther d. αα-Dioxy-α-Phenyläthan** (*B.* **31**, 1012). — *III, *91.*

17) **Butyrylcampher.** Sd. 146°$_{12}$ (*B.* **36**, 2639 *C.* **1903** [2] 627; *B.* **37**, 762 *C.* **1904** [1] 1085).

18) **Cyklamiretin.** Sm. 215° (*B.* **36**, 1765 *C.* **1903** [2] 119).

19) **Aethylester d. Cyklocitrylidenessigsäure.** Sd. 141°$_{17}$ (D.R.P. 153575 *C.* **1904** [2] 678).

20) **Bornylester d. Crotonsäure.** Sd. 173°$_{19}$ (*C. r.* **136**, 238 *C.* **1903** [1] 584).

$C_{14}H_{22}O_3$ 22) **2,5-Dimethyläther-3-Propyläther d. 2,3,5-Trioxy-1-Propylbenzol.** Sd. 156—157°$_{12}$ (*B.* **36**, 1720 *C.* **1903** [2] 114).

23) **Methylester d. α-Aethylcamphocarbonsäure.** Sm. 60° (*C. r.* **137**, 1067 *C.* **1904** [1] 283).

24) **Methylester d. β-Aethylcamphocarbonsäure.** Sd. 162°$_{18}$ (*C. r.* **137**, 1068 *C.* **1904** [1] 283).

25) **Propylester d. Camphocarbonsäure.** Sd. 170°$_{15}$ (*C. r.* **136**, 240 *C.* **1903** [1] 584).

26) **Verbindung** (aus Guttapercha). Sm. 120—130° (*C.* **1903** [1] 84).

$C_{14}H_{22}O_4$ *3) **Digitogensäure** (*B.* **37**, 1216 *C.* **1904** [1] 1363).

11) **β-Oxypropylcamphocarbonsäure** (*C. r.* **136**, 792 *C.* **1903** [1] 1086).

12) **Diacetat d. 5,7-Dioxy-1-Methylbicyklo-[1,3,3]-Nonan.** Fl. (*B.* **37**, 1674 *C.* **1904** [1] 1607).

$C_{14}H_{22}O_5$ 5) **2,4,5-Trimethyläther-1,1-Diäthyläther d. 2,4,5-Trioxy-1-Dioxymethylbenzol.** Sm. 101,5° (*Ar.* **242**, 103 *C.* **1904** [1] 1008).

$C_{14}H_{22}O_6$ *1) **Diäthylester d. 3,5-Dioxy-1,3-Dimethyl-1,2,3,4-Tetrahydrobenzol-2,6-Dicarbonsäure.** Sm. 60—63°. Na + C_2H_6O (*B.* **32**, 89; *A.* **332**, 26 *C.* **1904** [1] 1566).

*4) **Diäthylester d. 5-Keto-1-Oxy-1,3-Dimethylhexahydrobenzol-2,4-Dicarbonsäure.** Sm. 80° (*A.* **332**, 25 *C.* **1904** [1] 1566).

$C_{14}H_{23}Br_3$ 1) **1,6,?-Tribrom-3,3′-Dimethyldodekahydrobiphenyl** (*C.* **1904** [1] 1346).

$C_{14}H_{24}O_2$ *11) **l-Menthylester d. Crotonsäure.** Sd. 140—140,5°$_{14}$ (*A.* **327**, 172 *C.* **1903** [1] 1396).

*13) **Isobutyrat d. Isoborneol.** Sd. 120°$_{14}$ (*C. r.* **136**, 239 *C.* **1903** [1] 584).

14) **Methylpseudojononhydrat.** Sd. 186—192°$_{12,5}$ (D.R.P. 150771 *C.* **1904** [1] 1307).

15) **isom. Methylpseudojononhydrat.** Sd. 185—195°$_{12,5}$ (D.R.P. 150771 *C.* **1904** [1] 1307).

16) **Aethylester d. α-Undekin-α-Carbonsäure.** Sd. 170—174°$_{25}$ (*C. r.* **136**, 554 *C.* **1903** [1] 825).

17) **Isoamylester d. α-Oktin-α-Carbonsäure.** Sd. 168—172°$_{27}$ (*C. r.* **136**, 554 *C.* **1903** [1] 825).

18) **l-Menthylester d. R-Trimethylencarbonsäure.** Sd. 135—135,5°$_{14}$ (*A.* **327**, 182 *C.* **1903** [1] 1396).

19) **Acetat d. 4-[β-Oxyisobutyl]-1,1,5-Trimethyl-2,3-Dihydro-R-Penten.** Sd. 118—122°$_{19}$ (*Bl.* [3] **31**, 462 *C.* **1904** [1] 1516).

20) **Butyrat d. d-Borneol.** Sd. 120—121°$_{10-11}$ (D.R.P. 80711). — *III, *337.*

21) **Butyrat d. Campholenalkohol.** Sd. 252—254° (*C. r.* **138**, 280 *C.* **1904** [1] 725).

22) **Butyrat d. Isoborneol.** Sd. 123°$_{11}$ (*C. r.* **136**, 239 *C.* **1903** [1] 584).

23) **Crotonat d. d-Citronellol.** Sd. 138—140°$_{35}$ (*C. r.* **126**, 1727). — *III, *332.*

$C_{14}H_{24}O_3$ *4) **Menthylester d. Acetessigsäure** (*Soc.* **81**, 1501 *C.* **1903** [1] 138).

*6) **Menthylester d. β-Oxycrotonsäure.** Cu (*Soc.* **81**, 1503 *C.* **1903** [1] 138).

$C_{14}H_{24}O_4$ *6) **Monomenthylester d. Bernsteinsäure.** Sm. 59° (*B.* **37**, 1379 *C.* **1904** [1] 1441).

12) **Diäthylester d. ζ-Methyl-α-Hepten-δη-Dicarbonsäure.** Sd. 155°$_{17}$ (*C. r.* **136**, 1614 *C.* **1903** [2] 440).

$C_{14}H_{24}O_5$ 7) **Diäthylester d. Oxycamphersäure.** Fl. (*Am.* **28**, 481 *C.* **1903** [1] 329).

$C_{14}H_{24}O_6$ 22) **Diäthylester d. Dimethylmalonyloxypivalinsäure.** Sd. 156—157°$_{18}$ (*Bl.* [3] **31**, 163 *C.* **1904** [1] 869).

$C_{14}H_{26}O$ 3) **4-[β-Oxy-β-Aethylbutyl]-1,1,5-Trimethyl-2,3-Dihydro-R-Penten** (Diäthylcampholenol). Sd. 144—148°$_{28}$ (*Bl.* [3] **31**, 463 *C.* **1904** [1] 1516).

4) **Isobutylmenthon.** Sd. 124—128°$_{10}$ (*C. r.* **138**, 1140 *C.* **1904** [2] 106).

$C_{14}H_{26}O_2$ *2) **Suberonpinakon.** Sm. 75—76° (*C.* **1903** [1] 568; *A.* **327**, 66 *C.* **1903** [1] 1124).

$C_{14}H_{26}O_3$ 7) **Aethylester d. β-Ketoundekan-α-Carbonsäure.** Sd. 164—165°$_{18}$. Cu (*C. r.* **136**, 755 *C.* **1903** [1] 1019).

8) **Aethylester d. β-Keto-δ-Methyldekan-γ-Carbonsäure.** Sd. 147°$_{12}$ (*Bl.* [3] **31**, 597 *C.* **1904** [2] 26; *Bl.* [3] **31**, 759 *C.* **1904** [2] 309).

9) **Propylester d. β-Oxy-α-Heptenpropyläther-α-Carbonsäure.** Sd. 270 bis 280° (*C. r.* **138**, 208 *C.* **1904** [1] 659; *Bl.* [3] **31**, 513 *C.* **1904** [1] 1602).

$C_{14}H_{26}O_4$ *4) **Diäthylester d. Oktan-αϑ-Dicarbonsäure** (*M.* **24**, 621 *C.* **1903** [2] 1236).

26) **α-Acetoxylundekan-α-Carbonsäure.** Sm. 47° (*Bl.* [3] **29**, 1126 *C.* **1904** [1] 261).

27) **Diäthylester d. β-Methylheptan-γζ-Dicarbonsäure.** Sd. 158°$_{10}$ (*C. r.* **136**, 458 *C.* **1903** [1] 696; *C.* **1904** [2] 1045).

28) **Diacetat d. ακ-Dioxydekan.** Sm. 25,5°; Sd. 170,5°$_{10}$ (*M.* **24**, 630 *C.* **1903** [2] 1237).

$C_{14}H_{26}Br_2$ 1) **Dibromid d. Kohlenwasserstoff** $C_{14}H_{26}$. Sm. 83° (*M.* **25**, 126 *C.* **1904** [1] 716).

$C_{14}H_{27}N$ *1) **Di[3-Methylhexahydrophenyl]amin.** Sd. 145°$_{20}$ (*C. r.* **138**, 1258 *C.* **1904** [2] 105).

$C_{14}H_{28}O$ 9) **γ-Ketotetradekan.** Sm. 34°; Sd. 152°$_{18}$ (*Bl.* [3] **29**, 1209 *C.* **1904** [1] 355).

10) **Oxyd** (aus Butyronpinakon). Sd. 243—244° (*M.* **25**, 128 *C.* **1904** [1] 716).

$C_{14}H_{28}O_2$ *4) **Aethylester d. Laurinsäure.** Sd. 79°$_{3}$ (*B.* **36**, 4340 *C.* **1904** [1] 433).

$C_{14}H_{28}O_3$ 4) **Aethylester d. α-Oxyundekan-α-Carbonsäure.** Sm. 43° (*Bl.* [3] **29**, 1126 *C.* **1904** [1] 261).

$C_{14}H_{30}O$ *1) **α-Oxytetradekan.** Sm. 38°; Sd. 160°$_{10}$ (*C. r.* **137**, 61 *C.* **1903** [2] 551).

$C_{14}H_{30}O_2$ 4) **ζ-Aethyläther d. εζ-Dioxy-β-Methyl-ε-Isoamylhexan.** Sd. 143—144°$_{25}$ (*C. r.* **138**, 91 *C.* **1904** [1] 505; *Bl.* [3] **31**, 304 *C.* **1904** [1] 1133).

$C_{14}H_{31}N$ *1) **α-Amidotetradekan.** Sm. 37° (*C.* **1903** [1] 826; *J. pr.* [2] **67**, 419 *C.* **1903** [1] 1405).

— 14 III —

$C_{14}H_4O_2Cl_8$ *1) **3,5,3',5'-Tetrachlortolanchloridchinon.** Sm. 249° (*A.* **325**, 86 *C.* **1903** [1] 464).

$C_{14}H_4O_2Cl_8$ *1) **αβ-Dichlor-αβ-Di[3,3,5-Trichlor-4-Keto-3,4-Dihydrophenyl]äthan.** Sm. 185° (*A.* **325**, 91 *C.* **1903** [1] 465).

$C_{14}H_4O_2Cl_{12}$ 1) **Ketochlorid** (aus αβ-Di[4-Amidophenyl]äthin). Sm. 191° (*A.* **325**, 80 Anm. *C.* **1903** [1] 464).

$C_{14}H_4O_2Cl_{14}$ 1) **Ketochlorid** (aus pp-Diamidostilben). Sm. 150° u. Zers. (*A.* **325**, 47 Anm. *C.* **1903** [1] 462).

$C_{14}H_4O_4Br_4$ 4) **?-Tetrabrom-1,6-Dioxy-9,10-Anthrachinon.** Sm. 295° (*B.* **36**, 2937, 2942 *C.* **1903** [2] 885).

$C_{14}H_4O_6Br_4$ 1) **2,4,6,8-Tetrabrom-1,3,5,7-Tetraoxy-9,10-Anthrachinon** (D.R.P. 155633 *C.* **1904** [2] 1487).

$C_{14}H_4O_6Br_8$ 1) **Verbindung** (aus 3,4,5,6-Tetrabrom-1,2-Benzochinon u. Essigsäure). Zers. bei 220—230° (*Am.* **31**, 111 *C.* **1904** [1] 803).

$C_{14}H_4O_{14}N_4$ C 37,2 — H 0,9 — O 49,5 — N 12,4 — M. G. 452.

1) **2,4,6,8-Tetranitro-1,3,5,7-Tetraoxy-9,10-Anthrachinon.** Zers. bei 280—300° (D.R.P. 73605, 72552, 101486, 108420). — **III**, *313.

$C_{14}H_5O_2Cl_{11}$ 1) **Ketochlorid** (aus pp-Diamidostilben). Sm. 217° u. Zers. (*A.* **325**, 47 Anm. *C.* **1903** [1] 462).

$C_{14}H_5O_2Cl_{13}$ 1) **Ketochlorid** (aus αβ-Di[4-Amidophenyl]äthin). Sm. 258° (*A.* **325**, 79 Anm., 85 *C.* **1903** [1] 464).

2) **isom. Ketochlorid** (aus αβ-Di[4-Amidophenyl]äthin). Sm. 212° (*A.* **325**, 79 Anm., 85 *C.* **1903** [1] 464).

$C_{14}H_5O_4Cl_3$ 1) **?-Trichlor-2,6-Dioxy-9,10-Anthrachinon** (D.R.P. 152175 *C.* **1904** [2] 168).

$C_{14}H_8O_2Cl_4$ *1) **3,5,3',5'-Tetrachlorstilbenchinon** (*A.* **325**, 54 *C.* **1903** [1] 462).
2) **αβ-Di[3,5-Dichlor-4-Oxyphenyl]äthin.** Sm. 226° (*A.* **325**, 77 *C.* **1903** [1] 463).

$C_{14}H_8O_2Cl_6$ *1) **αβ-Dichlor-αβ-Di[3,5-Dichlor-4-Oxyphenyl]äthen.** Sm. 248° (*A.* **325**, 78 *C.* **1903** [1] 464).

$C_{14}H_8O_2Cl_8$ *2) **ααββ-Tetrachlor-αβ-Di[3,5-Dichlor-4-Oxyphenyl]äthan.** Sm. 222° u. Zers. + 2 Molec. Essigsäure (*A.* **325**, 82 *C.* **1903** [1] 464).

$C_{14}H_8O_2Cl_{12}$ 1) **Ketochlorid** (aus 4,4'-Dioxystilben). Sm. 223—224° (*A.* **325**, 51 Anm. *C.* **1903** [1] 462).

$C_{14}H_6O_2Br_2$ 6) **2,7-Dibrom-9,10-Phenanthrenchinon.** Sm. 323° (*B.* **37**, 3559 *C.* **1904** [2] 1400; *B.* **37**, 3567 *C.* **1904** [2] 1402).

$C_{14}H_8O_2Br_4$ 2) **3,5,3',5'-Tetrabromstilbenchinon** (Tetrabromdibenzylidenchinon). Zers. oberh. 300°. NaOH, KOH (*A.* **325**, 34 *C.* **1903** [1] 460).

$C_{14}H_6O_4Cl_2$ 4) **?-Dichlor-2,6-Dioxy-9,10-Anthrachinon** (D.R.P. 152175 *C.* **1904** [2] 168).
5) **?-Dichlor-2,7-Dioxy-9,10-Anthrachinon** (D.R.P. 152175 *C.* **1904** [2] 168).

$C_{14}H_6O_4Cl_4$ 1) **αβ-Diketo-αβ-Di[2,5-Dichlor-4-Oxyphenyl]äthan.** Sm. 275° (*J. pr.* [2] **59**, 233). — ***III**, *224.*
2) **αβ-Diketo-αβ-Di[3,5-Dichlor-4-Oxyphenyl]äthan.** Sm. noch nicht bei 300° (*A.* **325**, 88 *C.* **1903** [1] 464).

$C_{14}H_6O_4Br_2$ 7) **isom. ?-Dibrom-1,6-Dioxy-9,10-Anthrachinon.** Sm. 210—213° (*B.* **36**, 2937 *C.* **1903** [2] 885).
8) **?-Dibrom-2,3-Dioxy-9,10-Anthrachinon.** Sm. 127—129° (*B.* **36**, 2939 *C.* **1903** [2] 886).

$C_{14}H_6O_4Br_4$ 1) **αβ-Diketo-αβ-Di[3,5-Dibrom-4-Oxyphenyl]äthan.** Sm. noch nicht bei 270° (*A.* **325**, 90 *C.* **1903** [1] 465).

$C_{14}H_6O_6N_2$ *4) **2,7-Dinitro-9,10-Phenanthrenchinon.** Sm. 301—303° (*B.* **36**, 3739 *C.* **1904** [1] 36; *B.* **37**, 3085 *C.* **1904** [2] 1056).
*7) **4,5-Dinitro-9,10-Phenanthrenchinon.** Sm. 228° (*B.* **36**, 3745 *C.* **1904** [1] 37).
8) **isom. Dinitro-9,10-Anthrachinon.** Sm. bei 300° (D.R.P. 72685). — ***III**, *296.*

$C_{14}H_6O_6Br_2$ 1) **?-Dibrom-1,3,5,7-Tetraoxy-9,10-Anthrachinon** (D.R.P. 78642, 81962). — ***III**, *312.*

$C_{14}H_6O_8N_2$ 6) **1,4-Dinitro-2,3-Dioxy-9,10-Anthrachinon.** Ca, Ba (*B.* **36**, 2940 *C.* **1903** [2] 886).

$C_{14}H_6O_{10}N_6$ C 40,2 — H 1,4 — O 38,3 — N 20,1 — M. G. 418.
1) **2,4,6,8-Tetranitro-1,5-Diamido-9,10-Anthrachinon** (D.R.P. 148109 *C.* **1904** [1] 230).

$C_{14}H_6N_2Cl_2$ 1) **Nitril d. 3,3'-Dichlorbiphenyl-4,4'-Dicarbonsäure.** Sm. 152—153° (*Soc.* **85**, 9 *C.* **1904** [1] 376, 729).

$C_{14}H_7O_2Cl$ *1) **2-Chlor-9,10-Anthrachinon.** Sm. 208—209° (*B.* **37**, 62 *C.* **1904** [1] 520).

$C_{14}H_7O_2Br$ *2) **2-Brom-9,10-Anthrachinon.** Sm. 204—205° (*B.* **37**, 61 *C.* **1904** [1] 520).
*3) **4-Brom-9,10-Phenanthrenchinon.** Sm. 126° (*B.* **37**, 3554 *C.* **1904** [2] 1399).
4) **2-Brom-9,10-Phenanthrenchinon.** Sm. 233—234° (*B.* **37**, 3558 *C.* **1904** [2] 1400).
5) **3-Brom-9,10-Phenanthrenchinon.** Sm. 268° (*B.* **37**, 3571 *C.* **1904** [2] 1403).

$C_{14}H_7O_2J$ 1) **2-Jod-9,10-Anthrachinon.** Sm. 175—176° (*B.* **36**, 60 *C.* **1904** [1] 520).

$C_{14}H_7O_3Cl$ 1) **3-Chlor-2-Oxy-9,10-Anthrachinon.** Sm. 258—260° (D.R.P. 148110 *C.* **1904** [1] 329).
2) **?-Chlor-2-Oxy-9,10-Anthrachinon** (D.R.P. 152175 *C.* **1904** [2] 168).

$C_{14}H_7O_3Br$ 1) **3-Brom-2-Oxy-9,10-Anthrachinon.** Sm. 249—252° (D.R.P. 148110 *C.* **1904** [1] 329).

$C_{14}H_7O_4N$ *2) **2-Nitro-9,10-Phenanthrenchinon.** Sm. 257—258° (*B.* **36**, 3731 *C.* **1904** [1] 35; *B.* **37**, 3085 *C.* **1904** [2] 1056).
*7) **?-Nitro-9,10-Phenanthrenchinon.** Sm. 161—162° (*B.* **36**, 3734 *C.* **1904** [1] 36).
*8) **3-Nitro-9,10-Phenanthrenchinon.** Sm. 276° (*B.* **37**, 3084 *C.* **1904** [2] 1056).
9) **2-Nitro-9,10-Anthrachinon.** Sm. 184—185° (*B.* **37**, 63 *C.* **1904** [1] 520).

$C_{14}H_7O_4N$ 10) **4-Nitro-9,10-Phenanthrenchinon.** Sm. 170—180° (*B.* **36**, 3734 *C.* **1904** [1] 36).

$C_{14}H_7O_4N_3$ C 59,8 — H 2,5 — O 22,8 — N 14,9 — M. G. 281.
1) **3,4-Methylenäther d. 3,5-Dicyan-6-Oxy-2-Keto-4-[3,4-Dioxyphenyl]-2,5-Dihydropyridin** (Piperonyldicyanglutakonimid). Sm. oberh. 300°. NH_4, Ca + $5H_2O$, Ba + $4H_2O$, Co, Cu, Ag (*C.* **1903** [2] 714).

$C_{14}H_7O_4Cl$ 3) **?-Chlor-1,2-Dioxy-9,10-Anthrachinon** (D.R.P. 151018 *C.* **1904** [1] 1382).
4) **isom. ?-Chlor-1,2-Dioxy-9,10-Anthrachinon.** Sm. 265—267° (D.R.P. 77179). — *III, *302.*
5) **?-Chlor-1,7-Dioxy-9,10-Anthrachinon** (D.R.P. 153194 *C.* **1904** [2] 575).
6) **?-Chlor-2,6-Dioxy-9,10-Anthrachinon** (D.R.P. 152175 *C.* **1904** [2] 168).

$C_{14}H_7O_4Br$ 4) **?-Brom-1,4-Dioxy-9,10-Anthrachinon** (D.R.P. 151018 *C.* **1904** [1] 1382).
5) **isom. ?-Brom-1,2-Dioxy-9,10-Anthrachinon.** Sm. 245° (D.R.P. 81965). — *III, *302.*

$C_{14}H_7O_5N_3$ 2) **2,7-Dinitro-9-Imido-10-Ketophenanthren.** Sm. 358—360° u. Zers. (*B.* **36**, 3741 *C.* **1904** [1] 37).

$C_{14}H_7O_5Cl$ 2) **?-Chlor-1,2,4-Trioxy-9,10-Anthrachinon** (D.R.P. 151018 *C.* **1904** [1] 1382).

$C_{14}H_7O_5Br$ 3) **?-Brom-1,2,4-Trioxy-9,10-Anthrachinon** (D.R.P. 151018 *C.* **1904** [1] 1382).

$C_{14}H_7O_6N$ 3) **4-Nitro-1,3-Dioxy-9,10-Anthrachinon** (D.R.P. 153770 *C.* **1904** [2] 752).
4) **5-Nitro-1,4-Dioxy-9,10-Anthrachinon.** Sm. 244—245° (D.R.P. 90041 — *III, *305.*
5) **1-Nitro-2,3-Dioxy-9,10-Anthrachinon** (*B.* **36**, 2039 *C.* **1903** [2] 886).

$C_{14}H_7O_6N_3$ *4) **3-Nitrophenylimid d. 3-Nitrobenzol-1,2-Dicarbonsäure.** Sm. 218 bis 219° (*C.* **1903** [2] 431).
*6) **4-Nitrophenylimid d. 3-Nitrobenzol-1,2-Dicarbonsäure.** Sm. 248 bis 249° u. Zers. (*C.* **1903** [2] 431).
8) **Monooxim d. 2,7-Dinitro-9,10-Phenanthrenchinon.** Sm. 246 bis 248° u. Zers. (*B.* **36**, 3740 *C.* **1904** [1] 37).
9) **Monooxim d. 4,5-Dinitro-9,10-Phenanthrenchinon.** Sm. 190 bis 191° u. Zers. (*B.* **36**, 3748 *C.* **1904** [1] 38).

$C_{14}H_7O_8Br$ 1) **4-Brom-1,2,3,5,6,7-Hexaoxy-9,10-Anthrachinon** (D.R.P. 114263 *C.* **1900** [2] 931). — *III, *315.*

$C_{14}H_8O_2N_2$ 3) **Amid einer Säure** (aus 2-Nitrobenzylalkohol). Sm. 294° (*C. r.* **136**, 372 *C.* **1903** [1] 636).

$C_{14}H_8O_2Cl_4$ *2) **αβ-Di[3,5-Dichlor-4-Oxyphenyl]äthen.** Sm. 237—238° (*A.* **325**, 46 *C.* **1903** [1] 462).

$C_{14}H_8O_2Cl_6$ *1) **αβ-Dichlor-αβ-Di[3,5-Dichlor-4-Oxyphenyl]äthan.** Sm. 240° u. Zers. + 2 Molec. Essigsäure (*A.* **325**, 51 *C.* **1903** [illegible]

$C_{14}H_8O_2Br_2$ 4) **2-Dibromacetyl-β-Naphtofuran.** Sm. 177° (*B.* **36**, 2867 *C.* **1903** [2] 832).
5) **9,10-Phenanthrenchinondibromid** (*B.* **37**, 3556 *C.* **1904** [2] 1400).

$C_{14}H_8O_2Br_4$ 2) **αβ-Di[3,5-Dibrom-4-Oxyphenyl]äthen.** Sm. 269° (*A.* **325**, 30 *C.* **1903** [1] 460).

$C_{14}H_8O_2Br_6$ 1) **αβ-Dibrom-αβ-Di[3,5-Dibrom-4-Oxyphenyl]äthen.** Zers. bei 265° (*A.* **325**, 32 *C.* **1903** [1] 460).

$C_{14}H_8O_3N_2$ C 66,7 — H 3,2 — O 19,0 — N 11,1 — M. G. 252.
1) **1-Diazo-9,10-Anthrachinon.** Sulfat (*B.* **37**, 4185 *C.* **1904** [2] 1742).
2) **2-Diazo-9,10-Anthrachinon.** Nitrat (*B.* **37**, 64 *C.* **1904** [1] 520).

$C_{14}H_8O_3Cl_2$ 2) **Dichlordisalicylaldehyd.** Sm. 172° (*Am.* **14**, 295; *B.* **37**, 4023).

$C_{14}H_8O_3Br_6$ 1) **α-Methyläther d. 2,3,5,2',3',5'-Hexabrom-α,4,4'-Trioxydiphenylmethan.** Sm. 179° u. Zers. (*A.* **330**, 77 *C.* **1904** [1] 1148).

$C_{14}H_8O_4N_2$ *2) **9,10-Dinitroanthracen.** Sm. 294° (*A.* **330**, 162, 167 *C.* **1904** [1] 890).
*8) **4-Nitrophenylimid d. Benzol-1,2-Dicarbonsäure** (D.R.P. 141893 *C.* **1903** [1] 1325).
*13) **Phenylimid d. 3-Nitrobenzol-1,2-Dicarbonsäure.** Sm. 135° (138°) (*C.* **1903** [2] 431; *B.* **37**, 2610 *C.* **1904** [2] 522).

$C_{14}H_8O_4N_2$ 17) **5-Nitro-1-Amido-9,10-Anthrachinon.** Sm. 200° (D.R.P. 78772; D.R.P. 147851 *C.* **1904** [1] 132). — *III, *298.*
18) **8-Nitro-1-Amido-9,10-Anthrachinon** (D.R.P. 147851 *C.* **1904** [1] 132).
19) **3-Nitro-2-Amido-9,10-Anthrachinon.** Sm. 305—306° (D.R.P. 148109 *C.* **1904** [1] 230).
20) **Monooxim d. 2-Nitro-9,10-Phenanthrenchinon.** Sm. 213° u. Zers. (*B.* **36**, 3732 *C.* **1904** [1] 35).
21) **Monooxim d. 4-Nitro-9,10-Phenanthrenchinon.** Sm. 169—170° (*B.* **36**, 3736 *C.* **1904** [1] 36).
22) **Nitroisopyrophtalon.** Sm. 199° (*B.* **36**, 1661 *C.* **1903** [2] 40).

$C_{14}H_8O_4N_4$ 2) **αβ-Di[2,4-Dinitrophenyl]äthen.** Sm. 266—267° (*B.* **37**, 3599 *C.* **1904** [2] 1500).
3) **1,5-Bisdiazo-9,10-Anthrachinon.** Sulfat (*B.* **37**, 4186 *C.* **1904** [2] 1742).

$C_{14}H_8O_4Cl_2$ 2) **3,3'-Dichlorbiphenyl-4,4'-Dicarbonsäure.** Sm. 287—288° (*Soc.* **85**, 9 *C.* **1904** [1] 376, 729).

$C_{14}H_8O_4Br_2$ 11) **4,4'-Dibrombiphenyl-2,2'-Dicarbonsäure.** Sm. 277—278° (*B.* **37**, 3569 *C.* **1904** [2] 1402).

$C_{14}H_8O_4Br_4$ 1) **Diacetat d. 1,4,6,7-Tetrabrom-2,3-Dioxynaphtalin.** Sm. 237° (*A.* **334**, 363 *C.* **1904** [2] 1055).

$C_{14}H_8O_5Br_4$ 1) **Anhydrid d. αβγδ-Tetrabrom-αδ-Di[2-Furanyl]butan-βγ-Dicarbonsäure.** Sm. 196° (*Soc.* **85**, 190 *C.* **1904** [1] 645, 925).

$C_{14}H_8O_5S$ 3) **9,10-Anthrachinon-1-Sulfonsäure.** K (*B.* **36**, 4197 *C.* **1904** [1] 290; *B.* **37**, 67 *C.* **1904** [1] 667; *B.* **37**, 331 *C.* **1904** [1] 667; *B.* **37**, 646 *C.* **1904** [1] 893; D.R.P. 149801 *C.* **1904** [1] 1043).

$C_{14}H_8O_6S$ 6) **1-Oxy-9,10-Anthrachinon-6-Sulfonsäure.** Na (D.R.P. 145188 *C.* **1903** [2] 1037).

$C_{14}H_8O_7S$ 8) **isom. 1,2-Dioxy-9,10-Anthrachinon-?-Sulfonsäure** (*B.* **36**, 4199 *C.* **1904** [1] 291).
9) **1,4-Dioxy-9,10-Anthrachinon-2-Sulfonsäure** (D.R.P. 153129 *C.* **1904** [2] 751).
10) **isom. 1,4-Dioxy-9,10-Anthrachinon-?-Sulfonsäure** (D.R.P. 84505). — *III, *305.*

$C_{14}H_8O_8N_2$ *2) **4,4'-Dinitrobiphenyl-2,2'-Dicarbonsäure** + H_2O. Sm. 253° (*B.* **36**, 3740 *C.* **1904** [1] 37).
*3) **6,6'-Dinitrobiphenyl-2,2'-Dicarbonsäure.** Sm. 303° u. Zers. (*B.* **36**, 3746 *C.* **1904** [1] 37).

$C_{14}H_8O_8S$ 4) **1,2,4-Trioxy-9,10-Anthrachinon-3-Sulfonsäure** (D.R.P. 153129 *C.* **1904** [2] 751).
5) **1,2,4-Trioxy-9,10-Anthrachinon-5-[oder 8]-Sulfonsäure** (*B.* **37**, 71 *C.* **1904** [1] 666).
6) **1,2,4-Trioxy-9,10-Anthrachinon-8-Sulfonsäure** (D.R.P. 155045 *C.* **1904** [2] 1270).
7) **1,2,4-Trioxy-9,10-Anthrachinon-?-Sulfonsäure** (D.R.P. 84774, 97688). — *III, *312.*
8) **1,4,?-Trioxy-9,10-Anthrachinon-2-Sulfonsäure** (D.R.P. 153129 *C.* **1904** [2] 751).

$C_{14}H_8O_8S_2$ *1) **9,10-Anthrachinon-1,5-Disulfonsäure** (*B.* **36**, 4197 *C.* **1904** [1] 290; *B.* **37**, 68 *C.* **1904** [1] 666).
*2) **9,10-Anthrachinon-1,6-Disulfonsäure** (*B.* **36**, 4197 *C.* **1904** [1] 290; *B.* **37**, 69 *C.* **1904** [1] 666).
9) **9,10-Anthrachinon-1,7-Disulfonsäure** (*B.* **36**, 4197 *C.* **1904** [1] 290; *B.* **37**, 69 *C.* **1904** [1] 666).
10) **9,10-Anthrachinon-1,8-Disulfonsäure** (*B.* **36**, 4197 *C.* **1904** [1] 290; *B.* **37**, 68 *C.* **1904** [1] 666).

$C_{14}H_8O_{10}S_2$ 2) **1,2-Dioxy-9,10-Anthrachinon-?-Disulfonsäure** (D.R.P. 56952). — *III, *304.*
3) **1,5-Dioxy-9,10-Anthrachinon-?-Disulfonsäure** (D.R.P. 96364 *C.* **1898** [1] 1255). — *III, *306.*
4) **1,6-Dioxy-9,10-Anthrachinon-?-Disulfonsäure.** K_2 (*B.* **36**, 2941 *C.* **1903** [2] 886).
5) **2,7-Dioxy-9,10-Anthrachinon-?-Disulfonsäure.** K_2 (D.R.P. 99612 *C.* **1899** [1] 399). — *III, *309.*

$C_{14}H_8O_{12}S_2$ 2) **1,3,5,7-Tetraoxy-9,10-Anthrachinon-?-Disulfonsäure.** Na_2 (D.R.P. 70803). — *III, *313.*

$C_{14}H_8O_{14}S_2$ 1) **1,2,4,5,6,8-Hexaoxy-9,10-Anthrachinon-3,7-Disulfonsäure** (D.R.P. 75490, 94397, 104244, 104367, 104750, 107238 *C.* **1903** [2] 1130). — *III, *315.*

$C_{14}H_8N_2S_2$ 3) **Biphenyl-2,4'-Disenföl** (2,4'-Diisorhodanbiphenyl). Sm. 94° (*B.* **36**, 4092 *C.* **1904** [1] 269).

$C_{14}H_8N_3Cl$ 2) **α-Chlorindophenazin.** Sm. oberh. 300° (*B.* **35**, 4331 *C.* **1903** [1] 292).
3) **β-Chlorindophenazin.** Sm. 310° (*B.* **35**, 4332 *C.* **1903** [1] 292).

$C_{14}H_8N_3Br$ 1) **Bromindophenazin.** Sm. 279—280° (*B.* **35**, 4333 *C.* **1903** [1] 292).

$C_{14}H_9OCl$ 1) **1-Chlor-2-Phenylbenzfuran.** Sd. 191°$_{18}$ (*B.* **36**, 3983 *C.* **1904** [1] 171).

$C_{14}H_9OBr$ 2) **4-Brom-1-Phenylbenzfuran.** Sm. 148° (*B.* **36**, 3982 *C.* **1904** [1] 171).
3) **1-Brom-2-Phenylbenzfuran.** Sd. 189—191°$_{20}$ (*B.* **36**, 4007 *C.* **1904** [1] 175).

$C_{14}H_9O_2N$ *5) **9-Nitroanthracen.** Sm. 143—144° (*A.* **330**, 165 *C.* **1904** [1] 890).
*8) **1-Amido-9,10-Anthrachinon** (*B.* **35**, 3922 *C.* **1903** [1] 88; D.R.P. 148110 *C.* **1904** [1] 329; D.R.P. 149801 *C.* **1904** [1] 1043).
*9) **2-Amido-9,10-Anthrachinon** (D.R.P. 148110 *C.* **1904** [1] 329).
*10) **2-Amido-9,10-Phenanthrenchinon** (*C.* **1904** [1] 461).
*11) **2-Benzoylanthranil** (*B.* **36**, 2766 *C.* **1903** [2] 835).
*12) **Pyrophtalon.** Sm. 260° u. Zers. (283°) (*B.* **36**, 1654 *C.* **1903** [2] 39; *B.* **36**, 3916 *C.* **1904** [1] 97; *B.* **37**, 3025 *C.* **1904** [2] 1411).
*18) **Phenylimid d. Benzol-1,2-Dicarbonsäure.** Sm. 203° (*C.* **1903** [2] 432; *B.* **36**, 1000 *C.* **1903** [1] 1131).
*19) **Phenylisoimid d. Benzol-1,2-Dicarbonsäure.** Sm. 120—122° (*R.* **21**, 339 *C.* **1903** [1] 156).
*23) **9-Nitrophenanthren.** Sm. 116—117°. Pikrat (*B.* **36**, 2511 *C.* **1903** [2] 505).
27) **3-Keto-2-Phenylindol-1-Oxyd** (*C.* **1904** [1] 1356).
28) **1,3-Diketo-2-Phenyl-2,3-Dihydro-5-Isobenzazol** + H_2O. HCl + H_2O, Ba + $2H_2O$, Ag (*B.* **37**, 2142 *C.* **1904** [2] 234).
29) **Lakton d. 4-[α-Oxy-β-Phenyläthenyl]pyridin-3-Carbonsäure** (Benzalmerid). Sm. 178—180° (*B.* **37**, 2140 *C.* **1904** [2] 234).
30) **Isopyrophtalon.** Sm. 280° (283°) (*B.* **36**, 1657 *C.* **1903** [2] 39; *B.* **36**, 3916 *C.* **1904** [1] 97; *B.* **37**, 3024 *C.* **1904** [2] 1411).

$C_{14}H_9O_2N_3$ *4) **Nitril d. 2,6-Diketo-4-[3-Methylphenyl]-1,2,3,6-Tetrahydropyridin-3,5-Dicarbonsäure.** NH_4, Cu + $6H_2O$, Ag (*A.* **325**, 209 *C.* **1903** [2] 430).
5) **3,4-Methylenäther d. 3-[3,4-Dioxyphenyl]-1,2,4-Benztriazin.** Sm. 154° (*C.* **1903** [2] 427).

$C_{14}H_9O_2Cl_3$ 1) **Benzoat d. 2,3,5-Trichlor-4-Oxy-1-Methylbenzol.** Sm. 89° (*A.* **328**, 281 *C.* **1903** [2] 1245).

$C_{14}H_9O_2Br$ 3) **2-Bromacetyl-β-Naphtofuran.** Sm. 113° (*B.* **36**, 2867 *C.* **1903** [2] 832).

$C_{14}H_9O_2Br_3$ 1) **Benzoat d. 3,5-Dibrom-2-Oxy-1-Brommethylbenzol.** Sm. 119 bis 120° (*A.* **332**, 199 *C.* **1904** [2] 211).

$C_{14}H_9O_3N$ *2) **Nitroanthron.** Sm. 135° (148° u. Zers.) (*A.* **330**, 171 *C.* **1904** [1] 891; *A.* **330**, 177 *C.* **1904** [1] 891).
*7) **4-Amido-1-Oxy-9,10-Anthrachinon.** Sm. 207—208° (*B.* **35**, 3923 *C.* **1903** [1] 88; D.R.P. 154353 *C.* **1904** [2] 1013).
*13) **4-Oxyphenylimid d. Benzol-1,2-Dicarbonsäure.** Sm. 287—288° (*B.* **36**, 1000 *C.* **1903** [1] 1131).
17) **5-Amido-1-Oxy-9,10-Anthrachinon.** Sm. 215—216° (210°). Na (*B.* **35**, 3925 *C.* **1903** [1] 88; D.R.P. 148875 *C.* **1904** [1] 556; D.R.P. 149780 *C.* **1904** [1] 909).
18) **6-Amido-1-Oxy-9,10-Anthrachinon** (*B.* **36**, 2036 *C.* **1903** [2] 885).
19) **8-Amido-1-Oxy-9,10-Anthrachinon.** Sm. 214—215° (230°) (*B.* **35**, 3927 *C.* **1903** [1] 89; D.R.P. 148875 *C.* **1904** [1] 556; D.R.P. 149780 *C.* **1904** [1] 909).
20) **10-Hydroxyloximido-9-Keto-9,10-Dihydroanthracen** (Isonitrosoanthron). Na (*A.* **330**, 178 *C.* **1904** [1] 891).
21) **Acetat d. 7-Oximido-8-Ketoacenaphten.** Sm. 247° (*G.* **33** [1] 43 *C.* **1903** [1] 881).

$C_{14}H_9O_3N$ 22) **Acetat d. 2-Naphtisatin.** Sm. 195° (*B.* **36**, 1738 *C.* **1903** [2] 119).

$C_{14}H_9O_3N_3$ 8) **4-Nitro-2-Acetylindazol.** Sm. 162—163° (*B.* **37**, 2584 *C.* **1904** 659).

9) **6-Nitro-2-Benzoylindazol.** Sm. 165—165,5° (*B.* **37**, 2578 *C.* **1904** [2] 658).

10) **Nitril d. 3-[3-Nitrobenzoyl]amidobenzol-1-Carbonsäure.** Sm. 196,5 bis 197° (*C.* **1904** [2] 102).

11) **Nitril d. 3-[4-Nitrobenzoyl]amidobenzol-1-Carbonsäure.** Sm. 250 bis 251° (*C.* **1904** [2] 102).

$C_{14}H_9O_3Cl$ 3) **2-[4-Chlorbenzoyl]benzol-1-Carbonsäure.** Sm. 147—148° (151—153°) (D.R.P. 75288; D.R.P. 148110 *C.* **1904** [1] 329). — *II, *1000.*

$C_{14}H_9O_3Br$ 4) **2-[4-Brombenzoyl]benzol-1-Carbonsäure.** Sm. 169° (D.R.P. 148110 *C.* **1904** [1] 329).

$C_{14}H_9O_4N$ *5) **Diäthylester d. 4-Methylphenylamidomalonsäure** (*Am.* **30**, 142 *C.* **1903** [2] 721).

14) **2-Nitro-9,10-Dioxyphenanthren.** Sm. 220° (*B.* **36**, 3732 *C.* **1904** [1] 35).

15) **4-Amido-1,8-Dioxy-9,10-Anthrachinon** (*B.* **35**, 3927 *C.* **1903** [1] 89).

$C_{14}H_9O_4N_3$ 7) **Nitril d. 6-Oxy-2-Keto-4-[4-Oxy-3-Methoxylphenyl]-2,5-Dihydropyridin-3,5-Dicarbonsäure.** $NH_4 + 2^1/_2 H_2O$, Ag (*C.* **1904** [2] 902).

$C_{14}H_9O_4Br$ 3) **4-Brombiphenyl-2,2'-Dicarbonsäure.** Sm. 238—239° (*B.* **37**, 3566 *C.* **1904** [2] 1402).

4) **5-Brombiphenyl-2,2'-Dicarbonsäure.** Sm. 257° u. Zers. (*B.* **37**, 3572 *C.* **1904** [2] 1403).

$C_{14}H_9O_5N$ 9) **2-[3-Nitrobenzoyl]benzol-1-Carbonsäure.** Sm. 186—187° (D.R.P. 148110 *C.* **1904** [1] 329).

10) **Gem. Anhydrid d. Benzolcarbonsäure u. 4-Nitrobenzol-1-Carbonsäure.** Sm. 130° (*B.* **36**, 2537 Anm. *C.* **1903** [2] 720).

$C_{14}H_9O_6N$ *2) **4-Nitrobiphenyl-2,2'-Dicarbonsäure.** Sm. 214—216° (*B.* **36**, 3732 *C.* **1904** [1] 35).

3) **5-Nitrobiphenyl-2,2'-Dicarbonsäure.** Sm. 268° (*B.* **36**, 3734 *C.* **1904** [1] 35).

4) **6-Nitrobiphenyl-2,2'-Dicarbonsäure.** Sm. 248—250° u. Zers. (*B.* **36**, 3737 *C.* **1904** [1] 36).

$C_{14}H_9O_6N_3$ 9) **9,9,10-Trinitro-9,10-Dihydroanthracen.** Sm. 139—140° u. Zers. (*A.* **330**, 162 *C.* **1904** [1] 890).

10) **3,9-Dinitro-6-Acetylphenoxazin.** Sm. 192° (*B.* **36**, 477 *C.* **1903** [1] 651).

$C_{14}H_9O_8N_3$ *1) **4,6-Dinitrodiphenylamin-2,2'-Dicarbonsäure.** Sm. 251—252°. Na (*G.* **33** [2] 330 *C.* **1904** [1] 278).

2) **4,6-Dinitrodiphenylamin-2,3'-Dicarbonsäure.** Sm. 273° (*G.* **33** [2] 332 *C.* **1904** [1] 278).

3) **4,6-Dinitrodiphenylamin-2,4'-Dicarbonsäure.** Sm. 264—265° (*G.* **33** [2] 332 *C.* **1904** [1] 278).

$C_{14}H_9O_8N_5$ C 43,0 — H 2,3 — O 36,8 — N 17,9 — M. G. 391.

1) **Acetyl-2,4,2',4'-Tetranitrodiphenylamin.** Sm. 178° (*C.* **1903** [2] 1109).

$C_{14}H_9O_{10}N_5$ C 41,3 — H 2,2 — O 39,3 — N 17,2 — M. G. 407.

1) **Acetat d. 2',4',?,?-Tetranitro-4-Oxydiphenylamin.** Sm. 161° (*B.* **37**, 1731 *C.* **1904** [1] 1521).

$C_{14}H_9N_3Cl_2$ 1) **2,5-Di[3-Chlorphenyl]-1,3,4-Triazol.** Sm. 220° (*J. pr.* [2] **69**, 384 *C.* **1904** [2] 536).

$C_{14}H_{10}ON_2$ *5) **2,5-Diphenyl-1,3,4-Oxdiazol.** Sm. 138° (*J. pr.* [2] **69**, 157 *C.* **1904** [1] 1274).

*8) **1-Benzoylbenzimidazol** (*B.* **37**, 3116 *C.* **1904** [2] 1316).

*9) **4-Oxy-2-Phenyl-1,3-Benzdiazin.** Sm. 235° (*B.* **36**, 2385 *C.* **1903** [2] 569).

*11) **4-Keto-2-Phenyl-1,4-Dihydro-1,3-Benzdiazin.** Sm. 233—234° (*J. pr.* [2] **67**, 457 *C.* **1903** [1] 1421).

24) **4,4'-Azoxy-αβ-Diphenyläthen** (p-Azoxystilben) (*C.* **1903** [1] 1414).

25) **α-Pyrophtalin.** Sm. 185°. HCl, (HCl, $HgCl_2$), (2HCl, $TlCl_3$), (2HCl, $PtCl_4$), (HCl, $AuCl_3$), Pikrat (*B.* **36**, 1663 *C.* **1903** [2] 40).

26) **β-Pyrophtalin.** Sm. 255°. HCl, (HCl, $HgCl_2$), (2HCl, TCl_3), (2HCl, $PtCl_4$), (HCl, $AuCl_3$), H_2SO_4 (*B.* **36**, 1664 *C.* **1903** [2] 41).

$C_{14}H_{10}ON_2$ 27) **3-Keto-1-Benzyliden-2,3-Dihydro-2,5-Isobenzazol** (Benzalmerimidin). Sm. 234—236° (*B.* **37**, 2145 *C.* **1904** [2] 235).

28) **Aldehyd d. 2-Phenylindazol-2⁴-Carbonsäure.** Sm. 94,5—95° (*C. r.* **137**, 983 *C.* **1904** [1] 176; *Bl.* [3] **31**, 872 *C.* **1904** [2] 661).

29) **Nitril d. 3-Benzoylamidobenzol-1-Carbonsäure.** Sm. 141,5—142° (*C.* **1904** [2] 101).

$C_{14}H_{10}ON_4$ C 67,2 — H 4,0 — O 6,4 — N 22,4 — M. G. 250.

1) **Aldazin d. Azoxybenzol-3,3'-Dicarbonsäurealdehyd** (*B.* **36**, 3472 *C.* **1903** [2] 1269).

$C_{14}H_{10}OCl_2$ *5) **Aldehyd d. Di[4-Chlorphenyl]essigsäure** (*C.* **1903** [2] 1052).

$C_{14}H_{10}OJ_2$ 1) **10-Oxy-9-Phenylanthracendijodid** (*B.* **37**, 3343 *C.* **1904** [2] 1057).

$C_{14}H_{10}O_2N_2$ *3) **1,5-Diamido-9,10-Anthrachinon** (D.R.P. 147851 *C.* **1904** [1] 132; *C.* **1904** [1] 461; *B.* **37**, 4180 *C.* **1904** [2] 1741).

*6) **2,7-Diamido-9,10-Phenanthrenchinon.** Sm. oberh. 315° (*C.* **1904** [1] 462).

*33) **Azodibenzoyl.** Sm. 118° u. Zers. (*J. pr.* [2] **70**, 272 *C.* **1904** [2] 1543; *J. pr.* [2] **70**, 289 *C.* **1904** [2] 1566).

*40) **Aldehyd d. Azobenzol-4,4'-Dicarbonsäure.** Sm. 237—238° (*B.* **36**, 2306 *C.* **1903** [2] 428; *Bl.* [3] **31**, 453 *C.* **1904** [1] 1408).

41) **2,?-Diamido-9,10-Anthrachinon** (D.R.P. 148109 *C.* **1904** [1] 230).

42) **4,5-Diamido-9,10-Phenanthrenchinon.** Sm. 235° (*B.* **36**, 3750 *C.* **1904** [1] 38).

43) **3-Nitroso-1-Oxy-2-Phenylindol.** Sm. 240° (*C.* **1904** [1] 1356).

44) **Oxim d. Isopyrophtalon.** Sm. 240° (*B.* **36**, 1662 *C.* **1903** [2] 40).

45) **2-Phenylindazol-2⁴-Carbonsäure?** Sm. 203—204° (204—205°) (*C. r.* **136**, 372 *C.* **1903** [1] 635; *C. r.* **137**, 983 *C.* **1904** [1] 176; *C. r.* **138**, 1277 *C.* **1904** [2] 121; *Bl.* [3] **31**, 873 *C.* **1904** [2] 661).

46) **Aldehyd d. Azobenzol-3,3'-Dicarbonsäure.** Sm. 150° (*C. r.* **138**, 289 *C.* **1904** [1] 722).

47) **Phenylimid d. 3-Amidobenzol-1,2-Dicarbonsäure.** Sm. 185—187° (*B.* **37**, 2611 *C.* **1904** [2] 522).

48) **2-Amidophenylimid d. Benzol-1,2-Dicarbonsäure.** Sm. 184—186° (*A.* **327**, 49 *C.* **1903** [1] 1336).

49) **3-Amidophenylimid d. Benzol-1,2-Dicarbonsäure.** Sm. 190° (178°) (*B.* **10**, 1165; *A.* **327**, 42 *C.* **1903** [1] 1336).

50) **4-Amidophenylimid d. Benzol-1,2-Dicarbonsäure.** Sm. 250° (182°?) (*B.* **10**, 1164; *A.* **327**, 43 *C.* **1903** [1] 1336).

51) **1,2-Phenylenamid d. Benzol-1,2-Dicarbonsäure.** Sm. 278° (277°) u. Zers. (*G.* **24** [1] 145; *A.* **327**, 41 *C.* **1903** [1] 1336). — **IV**, *563*.

52) **Verbindung** (aus p-Hydroxylaminbenzaldehyd). Sm. 205—206° (*C.* **1903** [1] 147).

$C_{14}H_{10}O_2N_4$ 7) **6-[4-Nitrobenzyliden]amidoindazol.** Sm. 215—216° (*B.* **37**, 2580 *C.* **1904** [2] 659).

8) **7-[4-Nitrobenzyliden]amidoindazol.** Sm. 227—229° (*B.* **37**, 2577 *C.* **1904** [illegible]).

$C_{14}H_{10}O_2Cl_2$ *2) **2,6-Dichlor-4-Methylphenylester d. Benzolcarbonsäure.** Sm. 91° (*A.* **328**, 278 *C.* **1903** [2] 1245).

$C_{14}H_{10}O_2Cl_4$ 2) **αβ-Di[3,5-Dichlor-4-Oxyphenyl]äthan.** Sm. 160° (*A.* **325**, 50 *C.* **1903** [1] 462).

$C_{14}H_{10}O_2S_2$ *1) **Dibenzoyldisulfid.** Sm. 129—130° (133°) (*B.* **36**, 1010 *C.* **1903** [1] 1077; *B.* **36**, 2272 *C.* **1903** [2] 563).

$C_{14}H_{10}O_3N_2$ *6) **Aldehyd d. Azoxybenzol-4,4'-Dicarbonsäure.** Sm. 190° (*C.* **1903** [1] 147; *Am.* **28**, 475 *C.* **1903** [1] 327; *B.* **36**, 3474 *C.* **1903** [2] 1270).

12) **1-Amido-5-Hydroxylamido-9,10-Anthrachinon** (D.R.P. 147851 *C.* **1904** [1] 132).

13) **cis-γ-Keto-α-[2-Nitrophenyl]-γ-[2-Pyridyl]propen.** Sm. 153° (*B.* **35**, 4064 *C.* **1903** [1] 91).

14) **trans-γ-Keto-α-[2-Nitrophenyl]-γ-[2-Pyridyl]propen.** Sm. 141°. (2HCl, $PtCl_4$), (HCl, $AuCl_3$) (*B.* **35**, 4065 *C.* **1903** [1] 91).

15) **Aldehyd d. Azoxybenzol-3,3'-Dicarbonsäure.** Sm. 129° (*Am.* **28**, 479 *C.* **1903** [1] 328; *B.* **36**, 3470 *C.* **1903** [2] 1269; *B.* **36**, 3801 *C.* **1904** [1] 25).

16) **Monoaldehyd d. Azobenzol-3,3'-Dicarbonsäure.** Sm. 163°. Na (*B.* **36**, 3473 *C.* **1903** [2] 1269).

$C_{14}H_{10}O_3N_2$ 17) **Monoaldehyd d. Azobenzol-4,4'-Dicarbonsäure** (*B.* **36**, 3474 *C.* **1903** [2] 1270).

$C_{14}H_{10}O_3S$ 10) **Anthracen-1-Sulfonsäure.** Na (*B.* **37**, 70 *C.* **1904** [1] 666; *B.* **37**, 648 *C.* **1904** [1] 892).

$C_{14}H_{10}O_4N_2$ *4) **αβ-Di[4-Nitrophenyl]äthen.** Sm. 280° (*G.* **32** [2] 356 *C.* **1903** [1] 629).

*14) **N-3-Formylphenyläther d. 3-Nitrobenzaldoxim.** Sm. 189—190° (*B.* **36**, 2309 *C.* **1903** [2] 429).

*15) **N-4-Formylphenyläther d. 4-Nitrobenzaldoxim.** Sm. 224° (*B.* **36**, 2306 *C.* **1903** [2] 428).

*17) **9,10-Dinitro-9,10-Dihydroanthracen.** Sm. 194° (*A.* **330**, 170 *C.* **1904** [1] 891).

27) **4,5-Diamido-1,8-Dioxy-9,10-Anthrachinon** (D.R.P. 100138 *C.* **1899** [1] 655). — *III, *308*.

28) **Nitrit d. 10-Nitro-9-Oxy-9,10-Dihydroanthracen.** Sm. 125° u. Zers. (*A.* **330**, 159 *C.* **1904** [1] 890).

29) **2-[2-Nitrobenzyliden]amidobenzol-1-Carbonsäure.** Sm. 167—168° (*B.* **37**, 595 *C.* **1904** [1] 881).

30) **2-[3-Nitrobenzyliden]amidobenzol-1-Carbonsäure.** Sm. 198—200° (*B.* **37**, 595 *C.* **1904** [1] 881).

$C_{14}H_{10}O_4N_6$ 5) **6-Nitro-3-[5-Nitro-2-Methylphenylazo]indazol** (*B.* **37**, 2579 *C.* **1904** [2] 659).

6) **7-Nitro-3-[6-Nitro-2-Methylphenylazo]indazol.** Sm. 250—251° (*B.* **37**, 2576 *C.* **1904** [2] 658).

$C_{14}H_{10}O_4Cl_2$ 4) **Diacetat d. 1,4-Dichlor-2,3-Dioxynaphtalin.** Sm. 140,5° (*A.* **334**, 354 *C.* **1904** [2] 1054).

$C_{14}H_{10}O_4Br_2$ 4) **Diacetat d. 1,4-Dibrom-2,3-Dioxynaphtalin.** Sm. 175° (*A.* **334**, 362 *C.* **1904** [2] 1055).

5) **Diacetat d. 6,7-Dibrom-2,3-Dioxynaphtalin.** Sm. 155° (*A.* **334**, 365 *C.* **1904** [2] 1055).

$C_{14}H_{10}O_4Br_4$ 2) **αβ-Dioxy-αβ-Di[3,5-Dibrom-4-Oxyphenyl]äthan.** Sm. 280° u. Zers. (*A.* **325**, 41 *C.* **1903** [1] 461).

3) isom. **αβ-Dioxy-αβ-Di[3,5-Dibrom-4-Oxyphenyl]äthan?** Sm. 270° u. Zers. (*A.* **325**, 43 *C.* **1903** [1] 461).

$C_{14}H_{10}O_5N_2$ *11) **Azoxybenzol-2,2'-Dicarbonsäure.** Sm. 250—251° (237—242°) (*B.* **36**, 374 *C.* **1903** [1] 578; *B.* **36**, 2049 *C.* **1903** [2] 383; *C.* **1904** [1] 878).

*12) **Azoxybenzol-3,3'-Dicarbonsäure** (*B.* **36**, 3472 *C.* **1903** [2] 1269).

22) **Nitrat d. 10-Nitro-9-Oxy-9,10-Dihydroanthracen.** Sm. 78—79° u. Zers. (*A.* **330**, 160 *C.* **1904** [1] 890).

23) **2-Nitrophenylmonamid d. Benzol-1,2-Dicarbonsäure.** Sm. 145 bis 146° (*A.* **327**, 55 *C.* **1903** [1] 1336).

24) **3-Nitrophenylmonamid d. Benzol-1,2-Dicarbonsäure.** Sm. 240° (*A.* **327**, 55 *C.* **1903** [1] 1336).

25) **4-Nitrophenylmonamid d. Benzol-1,2-Dicarbonsäure.** Sm. 190 bis 192° (*A.* **327**, 55 *C.* **1903** [1] 1336).

$C_{14}H_{10}O_6N_2$ 6) **?-Diamido-1,3,5,7-Tetraoxy-9,10-Anthrachinon** (D.R.P. 81741, 81742, 106034, 119756). — *III, *313*.

$C_{14}H_{10}O_7S$ 1) **1,4,9,10-Tetraoxyanthracen-5-Sulfonsäure** (D.R.P. 148767 *C.* **1904** [1] 558).

2) **1,4,9,10-Tetraoxyanthracen-6-Sulfonsäure** (Chinizarinhydrürsulfonsäure) (D.R.P. 148767 *C.* **1904** [1] 558; *C.* **1904** [2] 340).

$C_{14}H_{10}O_{10}N_4$ 2) **Dimethyläther d. ?-Tetranitro-4,4'-Dioxybiphenyl.** Sm. 244,6° (*Am.* 31, 138 *C.* **1904** [1] 809).

$C_{14}H_{10}N_2S$ *1) **3,5-Diphenyl-1,2,4-Thiodiazol.** Sm. 91°. (2HCl, $PtCl_4$) (*J. pr.* [2] **69**, 45 *C.* **1904** [1] 521).

*3) **2,5-Diphenyl-1,3,4-Thiodiazol.** Sm. 141—142°; Sd. 259°$_{17}$ (*J. pr.* [2] **69**, 158 *C.* **1904** [1] 1274).

$C_{14}H_{10}N_2S_2$ *1) **2-Thiocarbonyl-4,5-Diphenyl-2,4-Dihydro-1,3,4-Thiodiazol** (Endothiodiphenylthiobiazolin) (*J. pr.* [2] **67**, 216 *C.* **1903** [1] 1260).

3) **Phenylamid d. Benzthiazol-1-Thiocarbonsäure.** Sm. 155° (*B.* **37**, 3727 *C.* **1904** [2] 1450).

$C_{14}H_{10}N_2Se$ *1) **3,5-Diphenyl-1,2,4-Selendiazol.** Sm. 85°. (2HCl, $PtCl_4$) (*B.* **37**, 2551 *C.* **1904** [2] 520).

2) **2,5-Diphenyl-1,3,4-Selendiazol.** Sm. 156° (*J. pr.* [2] **69**, 511 *C.* **1904** [2] 601).

$C_{14}H_{10}N_3Cl$ 2) **5-Chlor-1,4-Diphenyl-1,2,3-Triazol.** Sm. 137° (*A.* **335**, 106 *C.* **1904** [2] 1232).

$C_{14}H_{11}ON$ *17) **5-Keto-10-Methyl-5,10-Dihydroakridin** (*B.* **37**, 1567 *C.* **1904** [1] 1447).

*24) **9-Amido-10-Oxyphenanthren** (D.R.P. 141422 *C.* **1903** [1] 1197).

26) **γ-Keto-α-Phenyl-γ-[2-Pyridyl]propan.** Sm. 75°. HCl, (2HCl, $PtCl_4$) (*B.* **35**, 4061 *C.* **1903** [1] 91).

27) **1-Keto-2-[2-Pyridyl]-2,3-Dihydroinden.** Sm. 207,5° (*B.* **36**, 3917 *C.* **1904** [1] 97).

$C_{14}H_{11}ON_3$ *5) **2-Keto-1,3-Diphenyl-2,3-Dihydro-1,3,4-Triazol** (1,4-Diphenyl-4,5-Dihydro-1,2,4-Triazol-3,5-Oxyd). Sm. 256° (*J. pr.* [2] **67**, 263 *C.* **1903** [1] 1266).

22) **α-Phenyl-β-[3-Cyanphenyl]harnstoff.** Sm. 170,5—171° (*C.* **1904** [2] 102).

23) **5-Oxy-1,4-Diphenyl-1,2,3-Triazol.** Sm. 150—151°. Na (*A.* **335**, 102 *C.* **1904** [2] 1232).

24) **2-[2-Oximidomethylphenyl]indazol.** Sm. 223° (*Bl.* [3] **31**, 872 *C.* **1904** [2] 661).

25) **2-Amido-4-Keto-3-Phenyl-3,4-Dihydro-1,3-Benzdiazin.** Sm. 237 bis 238° (*C.* **1903** [2] 831).

26) **2-Phenylamido-4-Keto-3,4-Dihydro-1,3-Benzdiazin.** Sm. 256° (*C.* **1903** [2] 831).

27) **3-Phenylamido-4-Keto-3,4-Dihydro-1,3-Benzdiazin.** Sm. 140° (*J. pr.* [2] **69**, 101 *C.* **1904** [1] 730).

$C_{14}H_{11}ON_5$ C 63,4 — H 4,1 — O 6,0 — N 26,4 — M. G. 265.

1) **Verbindung** (aus 5-Oxy-1-Phenyl-1,2,3-Triazol). Sm. 131—132° (*A.* **335**, 87 *C.* **1904** [2] 1231).

2) **isom. Verbindung** (aus 5-Oxy-1-Phenyl-1,2,3-Triazol). Sm. 162—163° (*A.* **335**, 88 *C.* **1904** [2] 1231).

$C_{14}H_{11}OCl$ *3) **α-Keto-β-[4-Chlorphenyl]-α-Phenyläthan.** Sm. 133° (*J. pr.* [2] **67**, 379 *C.* **1903** [1] 1356).

$C_{14}H_{11}O_2N$ *19) **Imid d. Benzolcarbonsäure.** Sm. 149° (*Soc.* **81**, 1530 *C.* **1903** [1] 157).

*22) **2-Naphtylimid d. Bernsteinsäure.** Sm. 183° (*B.* **37**, 1590 *C.* **1904** [1] 1418).

33) **3-Oxy-5-Methyl-1-Phenylbenzoxazol.** Sm. 124—126° (*B.* **37**, 3110 *C.* **1904** [2] 994).

34) **2-[α-Oximidoäthyl]-β-Naphtofuran.** Sm. 207° (*B.* **36**, 2867 *C.* **1903** [2] 832).

35) **6-Acetylphenoxazin.** Sm. 142° (*B.* **36**, 477 *C.* **1903** [1] 650).

$C_{14}H_{11}O_2N_3$ *9) **1-[4-Methylphenyl]-1,2,3-Benztriazol-5-Carbonsäure.** Sm. 267° (*A.* **332**, 88 *C.* **1904** [1] 1569).

*19) **5-Keto-3-Oxy-1,4-Diphenyl-4,5-Dihydro-1,2,4-Triazol.** Sm. 163° (*B.* **36**, 1367 *C.* **1903** [1] 1342).

23) **6-Nitro-2-Benzylindazol.** Sm. 111—112° (*B.* **37**, 2578 *C.* **1904** [2] 658).

24) **5-Nitro-2-Methyl-1-Phenylbenzimidazol.** Sm. 170° (*J. pr.* [2] **69**, 41 *C.* **1904** [1] 521).

25) **P-Phenylazo-5-Oxy-1-Methylbenzoxazol.** Sm. 91° (*B.* **35**, 4200 *C.* **1903** [1] 147).

26) **1-[2-Methylphenyl]-1,2,3-Benztriazol-5-Carbonsäure.** Sm. 204,5° (*A.* **332**, 86 *C.* **1904** [1] 1569).

27) **2-Acetylamido-3-Oxy-5,10-Naphtdiazin.** Sm. noch nicht bei 340° (*B.* **35**, 4305 *C.* **1903** [1] 344).

$C_{14}H_{11}O_2Cl$ 6) **Diphenylchloressigsäure.** Sm. 118—119° u. Zers. (*B.* **36**, 145 *C.* **1903** [1] 466).

$C_{14}H_{11}O_2Br$ 9) **Benzoat d. 6-Brom-2-Oxy-1-Methylbenzol.** Sm. 76° (*B.* **37**, 1022 *C.* **1904** [1] 1203).

$C_{14}H_{11}O_3N$ *20) **2-Benzoylamidobenzol-1-Carbonsäure.** Sm. 183° (*J. pr.* [2] **69**, 25 *C.* **1904** [1] 641).

*32) **Phenylmonamid d. Benzol-1,2-Dicarbonsäure** (*B.* **36**, 997 *C.* **1903** [1] 1131).

43) **3-[2-Oxybenzyliden]amidobenzol-1-Carbonsäure.** Sm. 202—204° (*B.* **37**, 595 *C.* **1904** [1] 881).

$C_{14}H_{11}O_3N$ 44) 2 - [3 - Amidobenzoyl] benzol - 1 - Carbonsäure. Sm. 165° u. Zers. (D.R.P. 148110 *C.* **1904** [1] 329).
45) 4-Phenylacetylpyridin-3-Carbonsäure. Sm. 187—188° u. Zers. Ag (*B.* **37**, 2143 *C.* **1904** [2] 234).
46) Aethylester d. 1-Ketoinden-3-Cyanessigsäure. Sm. 124° (*B.* **33**, 2431). — *II, *1141*.
47) Benzoylamid d. 2-Oxybenzol-1-Carbonsäure. Sm. 122° (*Soc.* **81**, 1533 *C.* **1903** [1] 157).
48) Verbindung (aus α-Pikolin u. Phtalsäureanhydrid). Sm. 180° (*B.* **36**, 1659 *C.* **1903** [2] 40).

$C_{14}H_{11}O_3N_3$ 14) 3-Oximidomethylazobenzol-3'-Carbonsäure. Sm. 185° (*B.* **36**, 3473 *C.* **1903** [2] 1270).
15) Amid d. 4 - Benzoxylphenylazoameisensäure. Sm. 191° u. Zers. (*A.* **334**, 188 *C.* **1904** [2] 835).

$C_{14}H_{11}O_4N$ *8) 4-Amidobiphenyl - 2, 2'-Dicarbonsäure. Sm. 277° u. Zers. (*B.* **36**, 3733 *C.* **1904** [1] 35).
*12) 4 - Nitro - 2 - Methylphenylester d. Benzolcarbonsäure. Sm. 128° (*A.* **330**, 95 *C.* **1904** [1] 1075).
*13) 4 - Oxyphenylmonamid d. Benzol - 1, 2 - Dicarbonsäure. Sm. 220 bis 225° (*B.* **36**, 998 *C.* **1903** [1] 1131).
*17) 4'- Nitro - 6 - Oxy - 3 - Methyldiphenylketon. Sm. 142—143° (*B.* **36**, 3892 *C.* **1904** [1] 93).
*19) Methyläther d. 4'- Nitro - 4 - Oxydiphenylketon. Sm. 121° (*B.* **36**, 3899 *C.* **1904** [1] 94).
25) Methyläther d. 4'-Nitro-2-Oxydiphenylketon. Sm. 117—119° (*B.* **36**, 3900 *C.* **1904** [1] 94).
26) Diphenylamin-2, 2'-Dicarbonsäure. Sm. 300° u. Zers. (D.R.P. 145604, 145605 *C.* **1903** [2] 1099; D.R.P. 148179 *C.* **1904** [1] 412).
27) Diphenylamin d. 2, 3'-Dicarbonsäure. Sm. 281—282° (D.R.P. 148179 *C.* **1904** [1] 412).
28) Diphenylamin - 2, 4' - Dicarbonsäure. Sm. 282—283° (D.R.P. 148179 *C.* **1904** [1] 412).
29) 6 - Amidobiphenyl - 2, 2' - Dicarbonsäure. Sm. noch nicht bei 300° (*B.* **36**, 3738 *C.* **1904** [1] 36).
30) 2 - Methyl - 4 - Phenylpyridin-5, 6-Dicarbonsäure. Sm. 100° u. Zers. Cu (*B.* **36**, 2457 *C.* **1903** [2] 671).
31) Aethylester d. ?-Benzoylamidofuran-2-Carbonsäure. Sm. 99—100° (*C. r.* **136**, 1455 *C.* **1903** [2] 292).
32) 4 - Nitro - 3 - Methylphenylester d. Benzolcarbonsäure. Sm. 75° (*A.* **330**, 99 *C.* **1904** [1] 1076).
33) 6 - Nitro - 3 - Methylphenylester d. Benzolcarbonsäure. Sm. 76° (*A.* **330**, 99 *C.* **1904** [1] 1076).

$C_{14}H_{11}O_4N_3$ 31) s-Phenyl-3-Nitrobenzoylharnstoff. Sm. 224° (*C.* **1904** [1] 1559).
32) Phenylamid d. 3-Nitrophenyloxaminsäure. Sm. 204° (*Soc.* **81**, 1569 *C.* **1903** [1] 157).

$C_{14}H_{11}O_5N_3$ 19) 3, 5 - Dinitro - 4 - Acetylamidobiphenyl. Sm. 240—241° (*B.* **37**, 883 *C.* **1904** [1] 1143).

$C_{14}H_{11}O_6N_3$ *4) Acetat d. 4 - [2, 4 - Dinitrophenyl]amido - 1 - Oxybenzol. Sm. 137° (*B.* **36**, 3265 *C.* **1903** [2] 1126).
6) 2, 4 - Dinitro - 4'-Acetylamidodiphenyläther. Sm. 195° (*B.* **37**, 1518 *C.* **1904** [1] 1596).
7) 4', 6'-Dinitro-2-Methyldiphenylamin-2'-Carbonsäure. Sm. 171—172°. Na, K + H_2O (*G.* **33** [2] 325 *C.* **1904** [1] 278).
8) 4', 6'- Dinitro - 3 - Methyldiphenylamin -2'- Carbonsäure. Sm. 203° (*G.* **33** [2] 327 *C.* **1904** [1] 278).
9) 4', 6'- Dinitro - 4 - Methyldiphenylamin - 2'-Carbonsäure. Sm. 220°. Na, K + H_2O (*G.* **33** [2] 327 *C.* **1904** [1] 278).

$C_{14}H_{11}NCl_2$ 1) 5, 10 - Dichlor - 5 - Methyl - 5, 10 - Dihydroakridin. Sm. 280° u. Zers. (*Soc.* **85**, 1201 *C.* **1904** [2] 1059).

$C_{14}H_{11}NBr_2$ 2) 5,10-Dibrom-5-Methyl-5,10-Dihydroakridin. Zers. 261° (*Soc.* **85**, 1201 *C.* **1904** [2] 1060).

$C_{14}H_{11}NJ_2$ 1) 5 - Methylakridindijodid. Sm. 180—210° (*Soc.* **85**, 1202 *C.* **1904** [2] 1060).

$C_{14}H_{11}NSe$ 1) **Methyläther d. 5-Selenoakridin.** Sm. 108°. (2HCl, $PtCl_4$), Pikrat (*J. pr.* [2] **68**, 93 *C.* **1903** [2] 446).

$C_{14}H_{11}N_3S$ 8) **α-Phenyl-β-[3-Cyanphenyl]thioharnstoff** (*C.* **1904** [2] 102).

9) **1,4-Diphenyl-4,5-Dihydro-1,2,4-Triazol-3,5-Disulfid.** Sm. 214 bis 215° (*J. pr.* [2] **67**, 249 *C.* **1903** [1] 1264).

$C_{14}H_{11}ClBr_2$ 2) **αβ-Dibrom-α-Phenyl-β-[2-Chlorphenyl]äthan.** Sm. 176° (*B.* **35**, 3971 *C.* **1903** [1] 31).

$C_{14}H_{12}ON_2$ *24) **3-Acetylamidocarbazol.** Sm. 217° (*A.* **337**, 101 *C.* **1904** [1] 1570).

*29) **Verbindung** (aus 2-Amidobenzol-1-Carbonsäurealdehyd). Sd. 250°$_{17}$ (*C. r.* **136**, 371 *C.* **1903** [1] 635).

40) **2-[2-Oxymethylphenyl]indazol.** Sm. 56—57°; Sd. 250°$_{20-25}$. (2HCl, $PtCl_4$) (*C. r.* **138**, 1277 *C.* **1904** [2] 121).

41) **3,3-Dimethyldiphenazonoxyd.** Sm. 209° (*B.* **37**, 26 *C.* **1904** [1] 523).

42) **Base** (aus d. Aethyläther d. 3-Oxy-s-Diphenylhydrazin). Pikrat (*B.* **36**, 4082 *C.* **1904** [1] 268).

43) **Aldehyd d. 4-Methylazobenzol-4'-Carbonsäure.** Sm. 177,5° (*B.* **36**, 2311 *C.* **1903** [2] 429).

44) **Nitril d. α-Phenylamido-α-[2-Oxyphenyl]essigsäure.** Sm. 113—114° (*B.* **37**, 4084 *C.* **1904** [2] 1723).

$C_{14}H_{12}O_2N_2$ *4) **α-Phenyl-β-Benzoylharnstoff.** Sm. 210° (205°) (*B.* **36**, 3220 *C.* **1903** [2] 1056; *Am.* **30**, 418 *C.* **1904** [1] 241).

*8) **α-Benzildioxim.** K, Fe (*Soc.* **83**, 44 *C.* **1903** [1] 442).

*21) **s-Dibenzoylhydrazin.** Sm. 237—239°. Na, K, Pb, Ag, HgCl (*J. pr.* [2] **69**, 156 *C.* **1904** [1] 1274; *J. pr.* [2] **70**, 208 *C.* **1904** [2] 1543; *J. pr.* [2] **70**, 281 *C.* **1904** [2] 1566; *J. pr.* [2] **70**, 303 *C.* **1904** [2] 1567).

*53) **s-Di[Phenylamid] d. Oxalsäure.** Sm. 245° (*A.* **332**, 266 *C.* **1904** [2] 700).

77) **2-[3-Nitrobenzyliden]amido-1-Methylbenzol.** Sm. 78—79° (*Soc.* **85**, 1179 *C.* **1904** [2] 1216).

78) **4-[3-Nitrobenzyliden]amido-1-Methylbenzol.** Sm. 96° (*B.* **36**, 1024 *C.* **1903** [1] 1268).

79) **4-[4-Nitrobenzyliden]amido-1-Methylbenzol.** Sm. 124,5° (*B.* **36**, 1022 *C.* **1903** [1] 1268).

80) **2-Nitro-3-Methylbenzylidenamidobenzol** (2-Nitro-3-Phenylimidomethyl-1-Methylbenzol). Sm. 51,5° (*C.* **1900** [2] 751). — *III, *40*.

81) **6-Nitro-3-Methylbenzylidenamidobenzol** (4-Nitro-3-Phenylimidomethyl-1-Methylbenzol). Sm. 79° (*C.* **1900** [2] 751). — *III, *40*.

82) **4,5-Diamido-9,10-Dioxyphenanthren.** 2HCl (*B.* **36**, 3749 *C.* **1904** [1] 38).

83) **4,4'-Di[Oximidomethyl]biphenyl.** Sm. 204° (*A.* **332**, 77 *C.* **1904** [2] 43).

84) **3-Nitro-9-Aethylcarbazol.** Sm. 108° (*C.* **1904** [1] 1570).

85) **Phenylimidophenylamidoessigsäure.** Sm. 100° u. Zers. (*Soc.* **85**, 995 *C.* **1904** [2] 831).

86) **2-Methylazobenzol-2'-Carbonsäure.** Sm. 148° (D.R.P. 145063 *C.* **1903** [2] 973).

87) **Acetat d. 3-Oxyazobenzol.** Sm. 67,5° (*B.* **36**, 4104 *C.* **1904** [1] 271).

88) **Amid d. 4-Phenylacetylpyridin-3-Carbonsäure.** Sm. 205—206° u. Zers. (*B.* **37**, 2144 *C.* **1904** [2] 234).

89) **Monophenyldiamid d. Benzol-1,2-Dicarbonsäure** (*J. pr.* [2] **55**, 265). — *II, *1054*.

$C_{14}H_{12}O_2N_4$ *5) **Formazylcarbonsäure.** Sm. 163° (*J. pr.* [2] **67**, 401 *C.* **1903** [1] 1346).

*10) **1,4,5,8-Tetraamido-9,10-Anthrachinon** (D.R.P. 143804 *C.* **1903** [2] 475).

$C_{14}H_{12}O_2N_6$ C 56,8 — H 4,0 — O 10,8 — N 28,4 — M. G. 296.

1) **7,8-Disemicarbazonacenaphten.** Sm. 271° (*G.* **33** [1] 47 *C.* **1903** [1] 882).

$C_{14}H_{12}O_2Cl_2$ 4) **αβ-Dichlor-αβ-Di[4-Oxyphenyl]äthan** (*A.* **335**, 170 *C.* **1904** [2] 1129).

5) **Di[2-Chlorphenyläther] d. αβ-Dioxyäthan.** Sm. 103—104° (*B.* **36**, 2874 *C.* **1903** [2] 834).

$C_{14}H_{12}O_2Br_2$ 2) **αβ-Dibrom-αβ-Di[4-Oxyphenyl]äthan** (*A.* **335**, 167 *C.* **1904** [2] 1128).

3) **α-Methyläther d. 3,5-Dibrom-α,4-Dioxydiphenylmethan.** Sm. 126° (*A.* **334**, 381 *C.* **1904** [2] 1052).

$C_{14}H_{12}O_2Br_2$ 4) **Di[2-Bromphenyläther] d.** *αβ*-**Dioxyäthan.** Sm. 110—111° (*B.* **36,** 2875 *C.* **1903** [2] 834).

$C_{14}H_{12}O_2S$ 3) **Benzyläther d. 5-Merkapto-2-Methyl-1,4-Benzochinon.** Sm. 136 bis 137° (*A.* **336,** 163 *C.* **1904** [2] 1300).

$C_{14}H_{12}O_3N_2$ *25) **Anhydrid d. 3-Amidobenzol-1-Carbonsäure** (*A.* **326,** 241 *C.* **1903** [1] 868).

62) **3-Nitro-4-Acetylamidobiphenyl.** Sm. 132° (*B.* **37,** 881 *C.* **1904** [1] 1143).

63) **Phenoxazinderivat** (d. 4-Amido-1,3-Dioxybenzol-1-Aethyläther). Sm. 280°. HCl (*J. pr.* [2] **70,** 329 *C.* **1904** [2] 1541).

64) **5[oder 6]-Oxy-2[oder 3]-Methylazobenzol-2'-Carbonsäure** (D.R.P. 151279 *C.* **1904** [1] 1430).

65) **2-Oxymethylazobenzol-2'-Carbonsäure?** Sm. 195° (*C. r.* **136,** 372 *C.* **1903** [1] 635).

66) **Monobenzoat d. 1,4-Dioximido-2-Methyl-1,4-Dihydrobenzol.** Sm. 180° u. Zers. (*G.* **33** [1] 239 *C.* **1903** [1] 1409).

67) **Verbindung** (aus d. Verb. $C_{16}H_{14}O_3N_2$) (*J. pr.* [2] **70,** 370 *C.* **1904** [2] 1565).

$C_{14}H_{12}O_3N_4$ 7) **3,3'-Di[Oximidomethyl]azoxybenzol.** Sm. 191° (*B.* **36,** 3471 *C.* **1903** [2] 1269).

$C_{14}H_{12}O_3S$ 4) **4'-Oxy-4-Methyldisulfid-3'-Carbonsäure?** Sm. 162—164° (D.R.P. 147634 *C.* **1904** [1] 131).

$C_{14}H_{12}O_4N_2$ *22) **3-Nitro-4-[2-Methylphenyl]amidobenzol-1-Carbonsäure.** Sm. 212° (*A.* **332,** 84 *C.* **1904** [1] 1569).

*26) **6,6'-Diamidobiphenyl-2,2'-Dicarbonsäure** (*B.* **36,** 3747 *C.* **1904** [1] 38).

*28) **4,4'-Diamidobiphenyl-3,3'-Dicarbonsäure** (*C.* **1903** [1] 34).

61) **4,4'-Dinitro-3,3'-Dimethylbiphenyl.** Sm. 228° (*B.* **37,** 1401 *C.* **1904** [1] 1443).

62) **2'-Methyläther d. 5-Nitro-2-[4-Oxybenzyliden]amido-1-Oxybenzol.** Sm. 160—161° (*B.* **36,** 4124 *C.* **1904** [1] 273).

63) **1,4-Di[Succinylamido]benzol** (*A.* **327,** 25 *C.* **1903** [1] 1336).

64) *γ*-**Keto-***α*-**Oxy-***α*-**[2-Nitrophenyl]-***γ*-**[2-Pyridyl]propan.** Sm. 106° (*B.* **35,** 4063 *C.* **1903** [1] 91).

65) **4,2'-Diamidobiphenyl-2,4'-Dicarbonsäure** (D.R.P. 69541). — *II, *1092.*

66) **2-[2-Nitrobenzyl]amidobenzol-1-Carbonsäure.** Sm. 205—206° (*B.* **37,** 594 *C.* **1904** [1] 881).

67) **2-[4-Nitrobenzyl]amidobenzol-1-Carbonsäure.** Sm. 208—210° (*B.* **37,** 594 *C.* **1904** [1] 881).

68) **4,6-Dioxy-2-Methylazobenzol-3-Carbonsäure** (Benzolazoorsellinsäure). Zers. bei 191° (*B.* **37,** 1423 *C.* **1904** [1] 1418).

69) **4,6-Dioxy-2-Methylazobenzol-5-Carbonsäure** (Benzolazoparaorsellinsäure). Zers. bei 190° (*B.* **37,** 1424 *C.* **1904** [1] 1418).

70) **Acetylderivat d. Verb.** $C_{12}H_{10}O_3N_2$. Zers. bei 264° (*R.* **21,** 154 *C.* **1904** [2] 194).

71) **2-Phenylamidoformiat d. 2-Oximido-5-Oxy-1-Keto-1,2-Dihydrobenzol-5-Methyläther.** Sm. 168° (*J. pr.* [2] **70,** 338 *C.* **1904** [2] 1542).

$C_{14}H_{12}O_4N_4$ *21) *α*-**Phenylhydrazon-***α*-**[3,5-Dinitrophenyl]äthan.** Sm. 212° (*J. pr.* [2] **69,** 469 *C.* **1904** [2] 596).

26) *α*-**Nitro-***α*-**[4-Nitrophenyl]azo-***α*-**Phenyläthan.** Sm. 118,5—119° (*B.* **36,** 708 *C.* **1903** [1] 818).

27) **Phenylhydrazid d. 2-Nitrophenyloxaminsäure.** Sm. 181° u. Zers. (*Soc.* **81,** 1568 *C.* **1903** [1] 157).

28) **Phenylhydrazid d. 3-Nitrophenyloxaminsäure.** Sm. 184° (*Soc.* **81,** 1569 *C.* **1903** [1] 157).

29) **Phenylhydrazid d. 4-Nitrophenyloxaminsäure.** Sm. 217° u. Zers. (*Soc.* **81,** 1570 *C.* **1903** [1] 158).

$C_{14}H_{12}O_4N_6$ 4) **4-Nitro-6-Nitroso-5-Methylnitrosamido-2-Methylazobenzol.** Sm. 174° u. Zers. (*J. pr.* [2] **67,** 529 *C.* **1903** [2] 239).

$C_{14}H_{12}O_4S_4$ 1) **4-Methyl-1,3-Phenylenester d. 1-Methylbenzol-2,4-Di[Thiolsulfonsäure]** (*J. pr.* [2] **68,** 334 *C.* **1903** [2] 1172).

$C_{14}H_{12}O_5N_4$ 11) **2,2'-Dinitro-4'-Oxy-2,3'-Dimethylazobenzol.** Sm. 147—150° (*B.* **37,** 2582 *C.* **1904** [2] 659).

$C_{14}H_{12}O_6S$ 4) **4-[4-Methylbenzol]sulfonat d. 3,4-Dioxybenzol-1-Carbonsäurealdehyd.** Sm. 118° (D.R.P. 76493). — *III, 76.

$C_{14}H_{12}O_6N_4$ 5) **2,4,6-Trinitro-3,4'-Dimethyldiphenylamin.** Sm. 127° (*B.* **37**, 2095 *C.* **1904** [2] 34).

6) **4-Methyläther d. 2,6-Dinitro-3,4-Dioxy-1-Phenylhydrazonmethylbenzol.** Sm. 185° (*B.* **35**, 4394 *C.* **1903** [1] 340).

$C_{14}H_{12}O_6N_6$ 2) **4,6-Dinitro-5-Methylnitrosamido-2-Methyldiphenylnitrosamin.** Zers. bei 100° (*J. pr.* [2] **67**, 562 *C.* **1903** [2] 241).

$C_{14}H_{12}O_7N_4$ C 48,3 — H 3,4 — O 32,2 — N 16,1 — M. G. 348.

1) **Aethyläther d. 2,4,6-Trinitro-3-Oxydiphenylamin.** Sm. 174° (*R.* **21**, 326 *C.* **1903** [1] 80).

$C_{14}H_{12}O_7N_6$ C 44,7 — H 3,2 — O 29,8 — N 22,3 — M. G. 376.

1) **4,6-Dinitro-5-Methylnitramido-2-Methyldiphenylnitrosamin.** Sm. 141° u. Zers. (*J. pr.* [2] **67**, 563 *C.* **1903** [2] 241).

$C_{14}H_{12}O_9N_6$ *1) **?-Tetranitro-4-Dimethylamido-4'-Oxydiphenylamin.** Sm. 228° u. Zers. (*J. pr.* [2] **69**, 166 *C.* **1904** [1] 1268).

$C_{14}H_{12}NCl$ *3) **α-Chlor-α-Benzylimido-α-Phenylmethan.** Sd. 110°$_{30}$ (*B.* **36**, 19 *C.* **1903** [1] 510; *Soc.* **83**, 326 *C.* **1903** [1] 581, 876).

$C_{14}H_{12}NJ$ 5) **Jodmethylat d. Akridin** (*B.* **37**, 576 *C.* **1904** [1] 897).

$C_{14}H_{12}N_2S_2$ *3) **Di[Phenylamid] d. Dithiooxalsäure.** Sm. 134° (*B.* **37**, 3722 *C.* **1904** [2] 1450).

$C_{14}H_{12}N_3Cl$ 1) **3-Chlor-4,6-Dimethyl-2-Phenyl-2,1,5-Benztriazol.** Sm. 179—180° (*B.* **36**, 521 *C.* **1903** [1] 649).

$C_{14}H_{12}N_4S$ 4) **2,5-Di[3-Amidophenyl]-1,3,4-Thiodiazol.** Sm. 239—240°. 2HCl (*B.* **35**, 3935 *C.* **1903** [1] 38).

5) **3-Merkapto-1,6-Diphenyl-1,4-Dihydro-1,2,4,5-Tetrazin.** Sm. 208° (*J. pr.* [2] **67**, 233 *C.* **1903** [1] 1262).

$C_{14}H_{13}ON$ *4) **4-Benzylidenamido-1-Methylbenzol.** Sm. 29°; Sd. 178°$_{11}$ (*Soc.* **85**, 1174 *C.* **1904** [2] 1215).

*7) **Methyläther d. 4-Oxy-1-Phenylimidomethylbenzol.** Sm. 63°. HJ (*B.* **36**, 1539 *C.* **1903** [2] 53).

*11) **2-Amidophenyl-4-Methylphenylketon.** Sm. 95° (*B.* **35**, 4277 *C.* **1903** [1] 333).

*18) **α-Oximido-αβ-Diphenyläthan.** Sm. 96° (*B.* **36**, 1497 *C.* **1903** [1] 1351).

*33) **3-Acetylamidoacenaphten.** Sm. 186° (*A.* **327**, 82 *C.* **1903** [1] 1227).

*43) **Phenylamid d. 1-Methylbenzol-2-Carbonsäure.** Sm. 125° (*B.* **36**, 1012 *C.* **1903** [1] 1078).

*45) **Methylphenylamid d. Benzolcarbonsäure.** Sd. 331—332° (*B.* **37**, 2681 *C.* **1904** [2] 521; *B.* **37**, 2815 *C.* **1904** [2] 648).

*49) **Benzylamid d. Benzolcarbonsäure.** Sm. 104—105° (108°) (*C. r.* **136**, 974 *C.* **1903** [1] 232; *B.* **36**, 2289 *C.* **1903** [2] 564).

*55) **6-Amido-3-Methyldiphenylketon.** Sm. 66°. HCl (*Soc.* **85**, 595 *C.* **1904** [1] 1554).

69) **Methyläther d. 2-Oxy-1-Phenylimidomethylbenzol** (M. d. Phenyl-2-Oxybenzylidenamin). Sd. 235—236°$_{30}$ (*B.* **36**, 1537 *C.* **1903** [2] 53).

70) **Methyläther d. 3-Oxy-1-Phenylimidomethylbenzol.** Sd. 223—225°$_{18}$ (*B.* **36**, 1538 *C.* **1903** [2] 53).

71) **4-Amido-3-Methyldiphenylketon.** Sm. 112°. HCl, H_2SO_4 (*Soc.* **85**, 592 *C.* **1904** [1] 1554).

72) **2-Methylamidodiphenylketon.** Sm. 66° (*B.* **35**, 4276 *C.* **1903** [1] 333).

73) **3-Acetylamidobiphenyl.** Sm. 148° (*B.* **37**, 883 *C.* **1904** [1] 1143).

74) **1-Oxy-2-[2-Pyridyl]-2,3-Dihydroinden.** Sd. 140—160°$_{16}$. HCl, (HCl, $HgCl_2$), (2HCl, $PtCl_4$), (HCl, $AuCl_3$), HNO_3 (*B.* **36**, 1655 *C.* **1903** [2] 39).

75) **Methylhydroxyd d. Akridin.** Jodid, Pikrat (*B.* **37**, 576 *C.* **1904** [1] 897).

76) **Base** (aus Isopyrophtalon). Fl. (HCl, $HgCl_2$), (2HCl, $PtCl_4$), (HCl, $AuCl_3$) (*B.* **36**, 1660 *C.* **1903** [2] 40).

$C_{14}H_{13}ON_3$ *11) **5-Acetylamido-2-Methyl-α-oder-β-Naphtimidazol.** Sm. 288—290° (*Soc.* **83**, 1186 *C.* **1903** [2] 1444).

25) **α-Benzylidenamido-α-Phenylharnstoff.** Sm. 154° (*B.* **36**, 1358 *C.* **1903** [1] 1340).

26) **Diphenylmethylenamidoharnstoff** (Benzophenonsemicarbazon). Sm. 164—165° (*B.* **37**, 3180 *C.* **1904** [2] 991).

$C_{14}H_{13}ON_3$ 27) **3-Keto-4,6-Dimethyl-2-Phenyl-2,3-Dihydro-1,2,5-Benztriazol.** Sm. 233—234° (*B.* **36**, 518 *C.* **1903** [1] 649).
28) **Phenylamid d. 2-Methyldiazobenzol-N-Carbonsäure.** Sm. 132—133° (*B.* **36**, 1372 *C.* **1903** [1] 1343).
29) **Phenylamid d. 4-Methyldiazobenzol-N-Carbonsäure.** Sm. 129° u. Zers. (*B.* **36**, 1376 *C.* **1903** [1] 1344).
30) **Benzylidenhydrazid d. 2-Amidobenzol-1-Carbonsäure.** Sm. 195° (*J. pr.* [2] **69**, 97 *C.* **1904** [1] 729).

$C_{14}H_{13}O_2N$ *38) **α-Phenylamido-α-Phenylessigsäure.** Sm. 173—175° (*B.* **37**, 4084 *C.* **1904** [2] 1723).
*39) **2-Benzylamidobenzol-1-Carbonsäure.** Sm. 174—176° (*B.* **37**, 593 *C.* **1904** [1] 881).
*41) **2-[2-Methylphenyl]amidobenzol-1-Carbonsäure.** Sm. 185° (188 bis 189°) (*B.* **36**, 2384 *C.* **1903** [2] 664; D.R.P. 145189 *C.* **1903** [2] 1097).
*42) **2-[4-Methylphenyl]amidobenzol-1-Carbonsäure.** Sm. 191—192° (D.R.P. 145189 *C.* **1903** [2] 1097).
*49) **Aethylester d. δ-Cyan-α-Phenyl-αγ-Butadiën-δ-Carbonsäure.** Sm. 115—116° (*C.* **1903** [2] 714).
*55) **2-Amidobenzylester d. Benzolcarbonsäure.** HCl (*B.* **37**, 2260 *C.* **1904** [2] 212).
83) **4-Methoxylphenyl-2-Oxybenzylidenamin.** Sm. 86° (*A.* **325**, 248 *C.* **1903** [1] 632).
84) **Methyläther d. 2-Amido-4'-Oxydiphenylketon.** Sm. 76° (*B.* **35**, 4278 *C.* **1903** [1] 333).
85) **2-Benzoylamido-1-Oxymethylbenzol.** Sm 132—133° (*B.* **37**, 2261 *C.* **1904** [2] 212).
86) **3-Benzoylamido-1-Oxymethylbenzol.** Sm. 115° (*B.* **37**, 3941 *C.* **1904** [2] 1597).
87) **3-[α-Oximidoäthyl]acenaphten.** Sm. 165° (*A.* **327**, 93 *C.* **1903** [1] 1228).
88) **Methyläther d. 3-[4-Oxyphenyl]-5-Phenylisoxazol.** Sm. 128—129° (*C. r.* **137**, 797 *C.* **1904** [1] 43).
89) **4-[β-Phenyläthyl]pyridin-3-Carbonsäure.** Sm. 156—157°. Ag (*B.* **37**, 2146 *C.* **1904** [2] 235).
90) **α-Phenyl-β-[2-Pyridyl]äthan-α²-Carbonsäure.** HCl (*B.* **36**, 3917 *C.* **1904** [1] 97).
91) **Methylester d. Diphenylamin-2-Carbonsäure.** Sd. 216,5—217,5° (*B.* **37**, 3201 *C.* **1904** [2] 1472).
92) **Imid d. 1,2,3,4-Tetrahydrobenzol-5,6-Dicarbonsäure.** Sm. 137° (*B.* **36**, 1002 *C.* **1903** [1] 1132).

$C_{14}H_{13}O_2N_3$ *24) **Phenylhydrazid d. Phenyloxaminsäure.** Sm. 228° u. Zers. (*Soc.* **81**, 1567 *C.* **1903** [1] 157).
*30) **α-Methyl-α-Phenyl-β-[3-Nitrobenzyliden]hydrazin.** Sm. 112—113° (*B.* **36**, 373 *C.* **1903** [1] 577).
47) **α-Benzoylamido-β-Phenylharnstoff.** Sm. 210° (*B.* **37**, 2330 *C.* **1904** [2] 313).
48) **α-Formylphenylamido-β-Phenylharnstoff.** Sm. 170° u. Zers. (*J. pr.* [2] **67**, 263 *C.* **1903** [1] 1266).
49) **Phenyl-2-Nitro-3-Methylbenzylidenhydrazin.** Sm. 141—142° (*C.* **1900** [2] 751). — *III, *40*.
50) **Phenyl-6-Nitro-3-Methylbenzylidenhydrazin.** Sm. 131—132° (*C.* **1900** [2] 751). — *III, *40*.
51) **4-Nitrophenyl-4-Methylbenzylidenhydrazin.** Sm. 198° (*R.* **22**, 439 *C.* **1904** [1] 15).
52) **α-Phenylhydrazon-β-Nitro-α-Phenyläthan.** Sm. 105—105,5° (*A.* **325**, 12 *C.* **1903** [1] 287).
53) **α-Nitro-α-Phenylazo-α-Phenyläthan.** Fl. (*B.* **36**, 708 *C.* **1903** [1] 818).
54) **4-Methyläther d. α-Oximido-α-Phenylazo-α-[4-Oxyphenyl]methan** (Phenylazoanisaldoxim). Sm. 147° (*B.* **36**, 66 *C.* **1903** [1] 451).
55) **4-Methyläther d. α-Phenylhydrazon-α-[4-Oxyphenyl]nitrosomethan.** Zers bei 69,5° (*B.* **36**, 68 *C.* **1903** [1] 452).
56) **4'-Nitro-3,4-Dimethylazobenzol.** Sm. 135,5° (*B.* **36**, 1627 *C.* **1903** [2] 31).
57) **αβ-Diphenylguanidin-2-Carbonsäure.** Sm. 248° (*C.* **1903** [2] 831).

21*

$C_{14}H_{13}O_{3}N_{3}$ 58) **Methylester d. Phenylazobenzylidennitronsäure.** Sm. 92° (*B.* **36**, 90 *C.* **1903** [1] 453).
59) **Phenylamid d. 4-Oxy-3-Methylphenylazoameisensäure.** Sm. 198—199° u. Zers. (*A.* **334**, 190 *C.* **1904** [2] 835).

$C_{14}H_{13}O_{3}N$ 34) **4-Nitrobenzyläther d. 4-Oxy-1-Methylbenzol.** Sm. 91° (*A.* **224**, 144). — **II**, *1060.*
35) **4-Oxyphenylimid d. 1,2,3,4-Tetrahydrobenzol-5,6-Dicarbonsäure.** Sm. 178° (*B.* **36**, 1002 *C.* **1903** [1] 1132).

$C_{14}H_{13}O_{3}N_{3}$ *8) **4-Nitro-2-Acetylamidodiphenylamin.** Sm. 164° (*J. pr.* [2] **69**, 41 *C.* **1904** [1] 521).
*31) **Methyläther d. α-Phenylhydrazon-α-[4-Oxyphenyl]nitromethan.** Sm. 113,5—114° (*B.* **36**, 71 *C.* **1903** [1] 452).
35) **α-Phenyl-β-[5-Nitro-2-Oxy-3-Methylbenzyliden]hydrazin** + H_2O. Sm. 206—207° (wasserfrei) (*B.* **37**, 3917 *C.* **1904** [2] 1594).
36) **α-Phenyl-β-[5-Nitro-4-Oxy-3-Methylbenzyliden]hydrazin.** Sm. 153—155° (*B.* **37**, 3927 *C.* **1904** [2] 1595).
37) **α-Phenyl-β-[5-Nitro-6-Oxy-3-Methylbenzyliden]hydrazin.** Sm. 164—166° (*B.* **37**, 3923 *C.* **1904** [2] 1594).
38) **Methyläther d. β-[4-Oxybenzoyl]-α-Nitroso-α-Phenylhydrazin.** Sm. 123° (*B.* **36**, 367 *C.* **1903** [1] 577).

$C_{14}H_{13}O_{4}N$ 23) **Aethylester d. α-Cyan-β-Acetoxyl-β-Phenylakrylsäure.** Fl. (*Bl.* [3] **31**, 337 *C.* **1904** [1] 1135).
24) **2-Methylphenylamid d. 3,4,5-Trioxybenzol-1-Carbonsäure.** BiOH (*Bl.* [3] **29**, 533 *C.* **1903** [2] 244).

$C_{14}H_{13}O_{4}N_{3}$ 14) **Aethyl-2,4-Dinitrodiphenylamin.** Sm. 97,5° (*C.* **1904** [1] 1570).
15) **Methyl-2′,4′-Dinitro-2-Methyldiphenylamin.** Sm. 155° (*J. pr.* [2] **68**, 258 *C.* **1903** [2] 1064).
16) **4-Methyläther d. 2-Nitro-3,4-Dioxy-1-Phenylhydrazonmethylbenzol.** Sm. 157—158° (*B.* **35**, 4396 *C.* **1903** [1] 340).
17) **4-Methyläther d. 5-Nitro-3,4-Dioxy-1-Phenylhydrazonmethylbenzol.** Sm. 170° (*B.* **35**, 4398 *C.* **1903** [1] 341).
18) **4-Methyläther d. 6-Nitro-3,4-Dioxy-1-Phenylhydrazonmethylbenzol.** Sm. 200—201° (*B.* **35**, 4396 *C.* **1903** [1] 340).

$C_{14}H_{13}O_{4}N_{5}$ *1) **5,5′-Dinitro-2,2′-Dimethyldiazoamidobenzol.** Sm. 200—201° (*B.* **37**, 2579 *C.* **1904** [2] 659).
8) **4,4′-Dinitro-2,2′-Dimethyldiazoamidobenzol.** Sm. 237° (*Bl.* [3] **31**, 641 *C.* **1904** [2] 96).
9) **6,6′-Dinitro-2,2′-Dimethyldiazoamidobenzol.** Sm. 191° (*B.* **37**, 2583 *C.* **1904** [2] 659).

$C_{14}H_{13}O_{5}N_{3}$ 4) **Methyläther d. 4,6-Dinitro-4′-Oxy-3-Methyldiphenylamin.** Sm. 139° (*B.* **37**, 2094 *C.* **1904** [2] 34).
5) **Aethyläther d. 4,6-Dinitro-3-Oxydiphenylamin.** Sm. 170° (*R.* **23**, 123 *C.* **1904** [2] 206).

$C_{14}H_{13}O_{5}N_{5}$ 2) **4,6-Dinitro-5-Methylnitrosamido-2-Methyldiphenylamin.** Sm. 122° (*J. pr.* [2] **67**, 563 *C.* **1903** [2] 241).

$C_{14}H_{13}O_{5}P$ 1) **Benzoylverbindung d. α-Oxybenzylphosphinsäure.** Sm. 93° (*C. r.* **135**, 1120 *C.* **1903** [1] 285).

$C_{14}H_{13}O_{6}N$ C 57,7 — H 4,5 — O 33,0 — N 4,8 — M. G. 291.
1) **Aethylester d. 4,5-Diketo-2-[3,4-Dioxyphenylmethylenäther]tetrahydropyrrol-3-Carbonsäure.** Zers. bei 155°. NH_4 (*C. r.* **138**, 979 *C.* **1904** [1] 1415).
2) **1,6-Diacetat d. 4,5,6-Trioxy-2-Aethenyl-1-Oximidomethylbenzol-4,5-Methylenäther.** Sm. 100—101° (*B.* **36**, 1534 *C.* **1903** [2] 52).

$C_{14}H_{13}O_{6}N_{5}$ 4) **4,6-Dinitro-5-Methylnitramido-2-Methyldiphenylamin.** Sm. 134° (*J. pr.* [2] **67**, 523 *C.* **1903** [2] 238).

$C_{14}H_{13}NS$ 11) **Phenyläther d. β-Imido-β-Merkapto-α-Phenyläthan.** HCl (*B.* **36**, 3466 *C.* **1903** [2] 1243).
12) **Phenylamid d. Phenylthioessigsäure.** Sm. 87° (*B.* **37**, 875 *C.* **1904** [1] 1004).

$C_{14}H_{13}NS_{2}$ 2) **Phenylbenzylamidodithioameisensäure.** NH_4 (*J. pr.* [2] **67**, 287 *C.* **1903** [1] 1306).

$C_{14}H_{13}N_{2}Br$ 6) **α-[3-Bromphenyl]hydrazon-α-Phenyläthan.** Sm. 112—113° (113—115°) (*Am.* **21**, 30; *B.* **36**, 756 *C.* **1903** [1] 833).

$C_{14}H_{13}N_2J$ *2) **Jodmethylat d. 2-Phenylindazol.** Sm. 211° u. Zers. (188°?) (*Bl.* [3] **29**, 746 *C.* **1903** [2] 629).

7) **4'-Jod-2,3'-Dimethylazobenzol.** Sm. 64° (*J. pr.* [2] **69**, 322 *C.* **1904** [2] 35).

$C_{14}H_{13}ClJ_2$ 3) **?-Dijoddi[3-Methylphenyl]jodoniumchlorid.** Sm. 160°. 2 + $PtCl_4$ (*A.* **327**, 283 *C.* **1903** [2] 351).

$C_{14}H_{13}BrJ_2$ 3) **?-Joddi[3-Methylphenyl]jodoniumbromid.** Sm. 154° (*A.* **327**, 283 *C.* **1903** [2] 351).

$C_{14}H_{14}ON_2$ *5) **s-Phenyl-4-Methylphenylharnstoff.** Sm. 212° (*B.* **36**, 1374 *C.* **1903** [1] 1343).

*20) **Phenolblau.** Sm. 160° (*J. pr.* [2] **69**, 162 *C.* **1904** [1] 1268).

*39) **2,2'-Dimethylazoxybenzol.** Sm. 59—60° (*C.* **1904** [2] 1383).

*41) **4,4'-Dimethylazoxybenzol.** Sm. 75° (*C.* **1904** [2] 1383).

*62) **Amid d. α-Phenylamido-α-Phenylessigsäure.** Sm. 122—123° (*B.* **37**, 4084 *C.* **1904** [2] 1723).

89) **α-Keto-αβ-Di[4-Amidophenyl]äthan.** Sm. 145°. 2HCl (D.R.P. 45371; *A.* **325**, 74 *C.* **1903** [1] 463). — *III, *163.*

90) **α-Phenylnitrosamidoäthylbenzol.** Fl. (*B.* **37**, 2692 *C.* **1904** [2] 519).

91) **3-Oxy-2-Phenylhydrazonmethyl-1-Methylbenzol.** Sm. 136° (*B.* **35**, 4104 *C.* **1903** [1] 149).

92) **isom. 3-Oxy-2-Phenylhydrazonmethyl-1-Methylbenzol.** Sm. 168° (*B.* **35**, 4104 *C.* **1903** [1] 149).

93) **5-Oxy-2-Phenylhydrazon-1-Methylbenzol.** Sm. 88° u. Zers. (*B.* **35**, 4105 *C.* **1903** [1] 149).

94) **2-Oxy-3-Phenylhydrazonmethyl-1-Methylbenzol.** Sm. 97° (*B.* **35**, 4104 *C.* **1903** [1] 149).

95) **4-Oxy-3-Phenylhydrazonmethyl-1-Methylbenzol.** Sm. 149° (*B.* **35**, 4104 *C.* **1903** [1] 149).

96) **6-Oxy-3-Phenylhydrazonmethyl-1-Methylbenzol.** Zers. bei 147° (*B.* **35**, 4105 *C.* **1903** [1] 149).

97) **2-Oxymethyl-4'-Methylazobenzol.** Sm. 93° (*C. r.* **138**, 1276 *C.* **1904** [2] 120; *Bl.* [3] **31**, 868 *C.* **1904** [2] 661).

98) **Aethyläther d. 2-Oxyazobenzol.** Sm. 43—44°. (2HCl, $PtCl_4$) (*B.* **36**, 4071 *C.* **1904** [1] 267; *B.* **36**, 4108 *C.* **1904** [1] 272).

99) **Aethyläther d. 3-Oxyazobenzol.** Sm. 63,5—64°; Sd. $200°_{21}$ (*B.* **36**, 4099 *C.* **1904** [1] 271).

100) **Verbindung** (aus o-Nitrobenzacetal). (2HCl, $PtCl_4$) (*Bl.* [3] **31**, 452 *C.* **1904** [1] 1498).

$C_{14}H_{14}OJ_2$ 3) **?-Joddi[3-Methylphenyl]jodoniumhydrat.** Salze siehe (*A.* **327**, 283 *C.* **1903** [2] 351).

$C_{14}H_{14}OS$ *1) **Dibenzylsulfoxyd.** Sm. 133° (*B.* **36**, 543 *C.* **1903** [1] 707).

$C_{14}H_{14}O_2N_2$ *48) **3-Amido-4-[2-Methylphenyl]amidobenzol-1-Carbonsäure.** Sm. 169° (*A.* **332**, 85 *C.* **1904** [1] 1569).

*49) **3-Amido-4-[4-Methylphenyl]amidobenzol-1-Carbonsäure.** Sm. 183° (*A.* **332**, 88 *C.* **1904** [1] 1569).

*77) **Benzyl-5-Nitro-2-Methylphenylamin.** Sm. 124° (D.R.P. 141297 *C.* **1903** [1] 1163).

82) **β-Nitro-α-Phenylamido-α-Phenyläthan.** HCl (*B.* **20**, 2986; **29**, 360; *B.* **36**, 2564 *C.* **1903** [2] 494). — *II, *86.*

83) **Dimethyläther d. 4,4'-Dioxyazobenzol.** Sm. 160—162°; Sd. oberh. 315° (*B.* **36**, 3162 *C.* **1903** [2] 947; *B.* **36**, 3876 *C.* **1904** [1] 23).

84) **Diamidomethylbiphenylcarbonsäure.** Sm. 183° (D.R.P. 145063 *C.* **1903** [2] 973).

85) **2-Methyl-s-Diphenylhydrazin-2'-Carbonsäure.** Sm. 136° (D.R.P. 145063 *C.* **1903** [2] 973).

$C_{14}H_{14}O_2N_4$ 21) **β-[2-Methylphenyl]nitrosamido-α-Phenylharnstoff.** Sm. 116° (*B.* **36**, 1371 *C.* **1903** [1] 1343).

22) **α-Ureïdo-αβ-Diphenylharnstoff.** Sm. 210° u. Zers. (*C.* **1904** [2] 1028).

23) **2-Methylamido-1-[4-Nitrophenylhydrazon]methylbenzol.** Sm. 245 bis 246° (*B.* **37**, 984 *C.* **1904** [1] 1079).

24) **4'-Nitro-3-Methylamido-4-Methylazobenzol?** Sm. 193—194° (*C.* **1903** [1] 400).

25) **Dimethyläther d. 3,8-Diamido-2,9-Dioxydiphenazon.** Sm. 244°. 2HCl (*B.* **37**, 35 *C.* **1904** [1] 524).

$C_{14}H_{14}O_2N_6$ C 56,4 — H 4,5 — O 10,7 — N 28,2 — M.G. 298.
1) **4-[β-Phenylsemicarbazon]-1-Semicarbazon-1,4-Dihydrobenzol.** Zers. bei 242° (*A.* **334**, 171 *C.* **1904** [2] 834).

$C_{14}H_{14}O_2Br_2$ 2) **Aethylester d. Dibrombenznorcarencarbonsäure.** Sm. 95—96° (*B.* **36**, 3505 *C.* **1903** [2] 1273).

$C_{14}H_{14}O_2S$ *5) **Dibenzylsulfon.** Sm 150° (*B.* **36**, 545 *C.* **1903** [1] 707).
11) **4-Benzyläther d. 4-Merkapto-2,5-Dioxy-1-Methylbenzol.** Sm. 113 bis 114,5° (*A.* **336**, 164 *C.* **1904** [2] 1300).
12) **Verbindung** (aus Merkaptomethylbenzol u. 2-Methyl-1,4-Benzochinon). Sm. 101—103,5° (*A.* **336**, 162 *C.* **1904** [2] 1300).

$C_{14}H_{14}O_3N_2$ *10) **Dimethyläther d. 2,2'-Dioxyazoxybenzol.** Sm. 81° (*J. pr.* [2] **67**, 150 *C.* **1903** [1] 870).
*11) **Dimethyläther d. 4,4'-Dioxyazoxybenzol.** Sm. 144—146° (118,5°) (*B.* **36**, 3159 *C.* **1903** [2] 947; *B.* **36**, 3874 *C.* **1904** [1] 23; *B.* **37**, 45 *C.* **1904** [1] 654; *B.* **37**, 3421 *C.* **1904** [2] 1294).
34) **4-Methoxylphenyl-2-Oxybenzylnitrosamin.** Sm. 91° (*A.* **325**, 249 *C.* **1903** [1] 632).
35) **2,2'-Di[Oxymethyl]azoxybenzol.** Sm. 123° (*B.* **36**, 837 *C.* **1903** [1] 1028).
36) **α-Oxy-α-[3-Nitrophenyl]-β-[6-Methyl-2-Pyridyl]äthan** + H_2O. Sm. 82—83° (96° wasserfrei). HCl, (HCl, $HgCl_2$), (2HCl, $PtCl_4$), Pikrat (*B.* **36**, 1686 *C.* **1903** [2] 47).
37) **Aethylester d. 5-Acetyl-4-Phenylpyrazol-3-Carbonsäure.** Sm. 113° (*A.* **325**, 184 *C.* **1903** [1] 646).
38) **Aethylester d. 5-Benzoyl-4-Methylpyrazol-3-Carbonsäure.** Sm. 119—120° (*A.* **325**, 187 *C.* **1903** [1] 647).
39) **Aethylester d. 3-Keto-4-Methyl-2-Phenyl-2,3-Dihydro-1,2-Diazin-6-Carbonsäure.** Sm. 125° (*R.* **22**, 284 *C.* **1903** [2] 108).

$C_{14}H_{14}O_3N_4$ 6) **Methylester d. 2-Phenyl-1,2,3,4-Tetrazin-6-Dimethylmalonsäure.** Sm. 88—89° (*Soc.* **83**, 1254 *C.* **1903** [2] 1422).

$C_{14}H_{14}O_4N_2$ 9) **Aethylester d. 5-[4-Acetylamidophenyl]isoxazol-3-Carbonsäure** (*B.* **36**, 2697 *C.* **1903** [2] 952).

$C_{14}H_{14}O_4N_4$ 15) **4,6-Dinitro-5-Methylamido-2-Methyldiphenylamin.** Sm. 197° (*J. pr.* [2] **67**, 536 *C.* **1903** [2] 250).

$C_{14}H_{14}O_4Br_2$ 1) **Dimethylester d. γδ-Dibrom-δ-Phenyl-α-Buten-αα-Dicarbonsäure.** Sm. 93° (*B.* **37**, 1125 *C.* **1904** [1] 1210; *A.* **336**, 223 *C.* **1904** [2] 1733).

$C_{14}H_{14}O_4Br_4$ 2) **Dimethylester d. αβγδ-Tetrabrom-α-Phenylbutan-δδ-Dicarbonsäure.** Sm. 135° (*A.* **336**, 225 *C.* **1904** [2] 1733).

$C_{14}H_{14}O_4S_2$ 4) **α-Phenylsulfon-α-Benzylsulfonmethan.** Sm. 145—147° (*B.* **36**, 300 *C.* **1903** [1] 500).

$C_{14}H_{14}O_6N_4$ *1) **Dimethyläther d. 6,6'-Dinitro-4,4'-Diamido-3,3'-Dioxybiphenyl.** Sm. 222° (*B.* **37**, 35 *C.* **1904** [1] 524).
*2) **Dimethylamidobenzol + 1,3,5-Trinitrobenzol.** Sm. 108—109° (*Soc.* **83**, 1341 *C.* **1904** [1] 100).
5) **Aethylamidobenzol + 1,3,5-Trinitrobenzol.** Sm. 55—56° (*Soc.* **83**, 1342 *C.* **1904** [1] 100).
6) **Difurfurylidenhydrazid d. d-Weinsäure.** Sm. 204° (*Soc.* **83**, 1364 *C.* **1904** [1] 85).

$C_{14}H_{14}O_6S_2$ 1) **Dimethylester d. Diphenylsulfid-4,4'-Disulfonsäure.** Sm. 97° (118°) (*R.* **22**, 358 *C.* **1904** [1] 23).

$C_{14}H_{14}N_2S$ *4) **s-Phenyl-2-Methylphenylthioharnstoff.** Sm. 139° (140°) (*B.* **36**, 1141 *C.* **1903** [1] 1220; *B.* **36**, 3848 *C.* **1904** [1] 89).
14) **isom. s-Phenyl-2-Methylphenylthioharnstoff.** Sm. 166—168° (*B.* **37**, 159 *C.* **1904** [1] 582).
15) **isom. s-Phenyl-4-Methylphenylthioharnstoff.** Sm. 176—178° (*B.* **37**, 159 *C.* **1904** [1] 582).

$C_{14}H_{14}N_4S_2$ 6) **2,4'-Biphenylendithioharnstoff** (2,4'-Dithioureidobiphenyl). Sm. 201° (*B.* **36**, 4092 *C.* **1904** [1] 269).

$C_{14}H_{14}ClJ$ 3) **4-Aethyldiphenyljodoniumchlorid.** Sm. 169°. 2 + $HgCl_2$, 2 + $PtCl_4$ (*A.* **327**, 292 *C.* **1903** [2] 352).
4) **Di[3-[illegible].** Sm. 200°. + $HgCl_2$, + $PtCl_4$ (*A.* **327**, [illegible] *C.* **1903** [illegible]).
5) **2,3'-Dimethyldiphenyljodoniumchlorid.** Sm. 183—185°. + $HgCl_2$, 2 + $PtCl_4$ (*A.* **327**, 278 *C.* **1903** [2] 350).

$C_{14}H_{14}ClJ$ 6) **3,4'-Dimethyldiphenyljodoniumchlorid.** Sm. 186°. 2 + $PtCl_4$ + $2H_2O$ (*A.* **327**, 280 *C.* **1903** [2] 351).

$C_{14}H_{14}BrJ$ 3) **4-Aethyldiphenyljodoniumbromid.** Sm. 127° (*A.* **327**, 292 *C.* **1903** [2] 352).

4) **Di[3-Methylphenyl]jodoniumbromid.** Sm. 146° (*A.* **327**, 274 *C.* **1903** [2] 350).

5) **2,3'-Dimethyldiphenyljodoniumbromid.** Sm. 172° (*A.* **327**, 278 *C.* **1903** [2] 350).

6) **3,4'-Dimethyldiphenyljodoniumbromid.** Sm. 184° (*A.* **327**, 280 *C.* **1903** [2] 351).

$C_{14}H_{15}ON$ 24) **Methylphenyl-2-Oxybenzylamin.** Fl. (*Ar.* **240**, 690 *C.* **1903** [1] 395).

$C_{14}H_{15}ON_3$ 28) **Diphenylmethylamidoharnstoff** (Benzhydrylsemicarbazid). Sm. 150 bis 160° (*J. pr.* [2] **67**, 171 *C.* **1903** [1] 873).

29) **α-Amido-β-Phenyl-α-Benzylharnstoff.** Sm. 109—110° (*B.* **37**, 2326 *C.* **1904** [2] 312).

30) **α-Amido-β-Phenyl-α-[2-Methylphenyl]harnstoff.** Sm. 136° (*B.* **36**, 1369 *C.* **1903** [1] 1342).

31) **α-Amido-α-[3-Methylphenyl]-β-Phenylharnstoff.** Sm. 112° (*B.* **36**, 1373 *C.* **1903** [1] 1343).

32) **α-Amido-α-[4-Methylphenyl]-β-Phenylharnstoff.** Sm. 184—185°. HCl (*B.* **36**, 1374 *C.* **1903** [1] 1343).

33) **β-[2-Methylphenyl]amido-α-Phenylharnstoff.** Sm. 142° (*B.* **36**, 1371 *C.* **1903** [1] 1343).

34) **β-[3-Methylphenyl]amido-α-Phenylharnstoff.** Sm. 159° (*B.* **36**, 1373 *C.* **1903** [1] 1343).

35) **β-[4-Methylphenyl]amido-α-Phenylharnstoff.** Sm. 171° (*B.* **36**, 1375 *C.* **1903** [1] 1343).

36) **Aethyläther d. 4-Amido-3-Oxyazobenzol.** Sm. 109—110,5° (*B.* **36**, 4097 *C.* **1904** [1] 270).

$C_{14}H_{15}OJ$ 3) **4-Aethyldiphenyljodoniumhydrat.** Salze siehe (*A.* **327**, 292 *C.* **1903** [2] 352).

4) **Di[3-Methylphenyl]jodoniumhydrat.** Salze siehe (*A.* **327**, 273 *C.* **1903** [2] 350).

5) **2,3'-Dimethyldiphenyljodoniumhydrat.** Salze siehe (*A.* **327**, 278 *C.* **1903** [2] 351).

6) **3,4'-Dimethyldiphenyljodoniumhydrat.** Salze siehe (*A.* **327**, 280 *C.* **1903** [2] 351).

$C_{14}H_{15}O_2N$ 35) **4'-Methylamido-2,4-Dioxydiphenylmethan.** Sm. 111—112°. HCl (*M.* **23**, 992 *C.* **1903** [1] 289).

36) **4-Methoxylphenyl-2-Oxybenzylamin.** Sm. 127° (*A.* **325**, 248 *C.* **1903** [1] 632).

37) **1-Methyläther d. 2-[2-Oxybenzyl]amido-1-Oxybenzol.** Sm. 70—71° (*Ar.* **240**, 689 *C.* **1903** [1] 395).

38) **1-Methyläther d. 4-[2-Oxybenzyl]amido-1-Oxybenzol.** Sm. 128° (*Ar.* **240**, 681 *C.* **1903** [1] 395).

39) **1-Benzyläther d. 5-Amido-4-Oxy-1-Oxymethylbenzol.** Sm. 76—78° (D.R.P. 148977 *C.* **1904** [1] 699).

40) **αγ-Dioxy-β-Phenyl-β-[2-Pyridyl]propan.** Sm. 106—107°. (2HCl, $PtCl_4$), Pikrat (*J. pr.* [2] **69**, 312 *C.* **1904** [1] 1613).

41) **αγ-Dioxy-β-Phenyl-β-[4-Pyridyl]propan.** Sm. 194°. (2HCl, $PtCl_4$) (*J. pr.* [2] **69**, 316 *C.* **1904** [1] 1613).

42) **Benzoat d. lab. 4-Oximido-5-Methyl-1,2,3,4-Tetrahydrobenzol.** Sm. 142—143° (*C.* **1903** [1] 329; *A.* **329**, 372 *C.* **1904** [1] 517).

43) **Benzoat d. stab. 4-Oximido-5-Methyl-1,2,3,4-Tetrahydrobenzol.** Sm. 90—91° (*C.* **1903** [1] 329; *A.* **329**, 373 *C.* **1904** [1] 517).

$C_{14}H_{15}O_2N_3$ *6) **4-Dimethylamido-3'-Oxydiphenylnitrosamin.** Sm. 125—126° (*J. pr.* [2] **69**, 237 *C.* **1904** [1] 1269).

9) **Aethyl-4-Nitro-2-Amidodiphenylamin.** Sm. 86,5°. H_2SO_4 (*C.* **1904** [1] 1570).

10) **4'-Nitroso-4-Dimethylamido-3'-Oxydiphenylamin.** Sm. 164° (*J. pr.* [2] **69**, 238 *C.* **1904** [1] 1269).

11) **3-Methyläther d. 2-Amido-3,4-Dioxy-1-Phenylhydrazonmethylbenzol.** Sm. 165° (*C.* **1903** [2] 31).

$C_{14}H_{15}O_2N_3$ 12) **4-[β-Phenylhydrazido]-2,6-Dimethylpyridin-3-Carbonsäure.** Sm. 176—177°. HCl (*B.* **36**, 517 *C.* **1903** [1] 648).

$C_{14}H_{15}O_2P$ *1) **Dibenzylphosphinsäure.** Sm. 190—191° (*C. r.* **139**, 675 *C.* **1904** [2] 1638).

$C_{14}H_{15}O_3N$ 17) **Methylester d. α-Cyan-β-Oxy-β-Phenylakrylpropyläthersäure.** Sm. 84° (*C. r.* **136**, 691 *C.* **1903** [1] 920; *Bl.* [3] **31**, 342 *C.* **1904** [1] 1135).

18) **Phenylmonamid d. 1,2,3,4-Tetrahydrobenzol-5,6-Dicarbonsäure.** Sm. 155° (*B.* **36**, 999 *C.* **1903** [1] 1131).

$C_{14}H_{15}O_3N_3$ 2) **Aethylester d. Acetyl-4-Methylphenylhydrazoncyanessigsäure.** lab. Modif. Sm. 216°; stab. Modif. Sm. 218—219° (*J. pr.* [2] **67**, 407 *C.* **1903** [1] 1347).

$C_{14}H_{15}O_4N$ *1) **i-α-[1,2-Phtalyl]amidopentan-α-Carbonsäure.** Sm. 141,5—142° (*B.* **37**, 1695 *C.* **1904** [1] 1525).

13) **Aethylester d. α-Cyan-β-[3,4-Dioxyphenyl]akryl-3,4-Dimethyläthersäure.** Sm. 156° (*C.* **1904** [2] 903).

14) **4-Oxyphenylmonamid d. 1,2,3,4-Tetrahydrobenzol-5,6-Dicarbonsäure.** Sm. 170—175° (*B.* **36**, 999 *C.* **1903** [1] 1131).

$C_{14}H_{15}O_4N_5$ C 53,0 — H 4,7 — O 20,2 — N 22,1 — M. G. 317.

1) **4,6-Dinitro-5-Methylamido-2-Methyl-s-Diphenylhydrazin.** Sm. 155° (*J. pr.* [2] **67**, 537 *C.* **1903** [2] 239).

$C_{14}H_{15}O_4Br$ 2) **Dimethylester d. γ-Brom-α-Phenyl-α-Buten-δδ-Dicarbonsäure.** Fl. (*A.* **336**, 200 *C.* **1904** [2] 1731).

$C_{14}H_{15}O_4Br_3$ 1) **Dimethylester d. αβγ- oder αβδ-Tribrom-α-Phenylbutan-δδ-Dicarbonsäure.** Sm. 126—127° (*A.* **336**, 226 *C.* **1904** [2] 1733).

$C_{14}H_{15}O_4P$ *3) **Aethyldiphenylester d. Phosphorsäure** (D.R.P. 142971 *C.* **1903** [2] 171).

4) **Di[α-Oxybenzyl]unterphosphorige Säure.** Sm. 230° (*C.* **1904** [2] 1709).

$C_{14}H_{15}O_5N$ 3) **Aethylester d. 4-Acetylamidobenzoylbrenztraubensäure.** Sm. 80 bis 124°. Cu (*B.* **36**, 2696 *C.* **1903** [2] 952).

4) **Aethylester d. 4-Aethoxylphtalylamidoessigsäure.** Sm. 118° (*B.* **37**, 1974 *C.* **1904** [2] 236).

5) **Aethylester d. 4,5-Diketo-2-[4-Methoxylphenyl]tetrahydropyrrol-3-Carbonsäure.** Zers. bei 180°. NH_4 (*C. r.* 138, [illegible] *C.* **1904** [1] 1415).

6) **Aethylester d. 4,6[oder 4,7]-Dioxy-1-Keto-1,2-Dihydroisochinolin-6[oder 7]-Aethyläther-3-Carbonsäure.** Zers. bei 233° (*B.* **37**, 1974 *C.* **1904** [2] 236).

$C_{14}H_{15}O_5Br_3$ 3) **α,4-Diacetat d. 2,5-Dibrom-3,4-Dioxy-1-[β-Brom-α-Oxypropyl]-benzol.** Sm. 139—140° (*A.* **329**, 27 *C.* **1903** [2] 1436).

$C_{14}H_{15}O_6N$ *2) **Diäthylester d. α-[3-Nitrophenyl]äthen-ββ-Dicarbonsäure.** Sm. 75—76° (*Soc.* **83**, 723 *C.* **1903** [2] 55).

4) **6-Methylester-4-Aethylester d. 2-Keto-3,4-Dihydro-1,4-Benzoxazin-4-Methylcarbonsäure-6-Carbonsäure.** Sm. 136° (*A.* **325**, 336 *C.* **1903** [1] 771).

5) **Aethylester d. 4,5-Diketo-2-[4-Oxy-3-Methoxylphenyl]tetrahydropyrrol-3-Carbonsäure.** Zers. bei 180°. NH_4 (*C. r.* **138**, 979 *C.* **1904** [1] 1415).

6) **Diacetat d. 4-Diacetylamido-1,3-Dioxybenzol.** Sm. 106—108° (*B.* **35**, 4193 *C.* **1903** [1] 145; *B.* **35**, 4204 *C.* **1903** [1] 146; *J. pr.* [2] **70**, 326 *C.* **1904** [2] 1541).

7) **Mono[4-Aethoxylphenylamid] d. Akonitsäure** + H_2O. Sm. 72° (129° wasserfrei). + $C_2H_4O_2$ (*C.* **1903** [2] 565).

$C_{14}H_{15}O_8N$ 2) **Triacetat d. 5-Nitro-4-Oxy-3-Dioxymethyl-1-Methylbenzol.** Sm. 132 bis 132,5° (*B.* **37**, 3926 *C.* **1904** [2] 1595).

$C_{14}H_{15}NCl_2$ 1) **Base** (aus 2- oder 4-Methyl-1,2,3,4-Tetrahydrocarbazol). Sm. 125—126°. Pikrat (*C.* **1904** [2] 343).

$C_{14}H_{15}NS$ 1) **4-Amido-2,4'-Dimethyldiphenylsulfid** (*J. pr.* [2] **68**, 289 *C.* **1903** [2] 995).

2) **4-Amido-3,4'-Dimethyldiphenylsulfid.** Sm. 48—49°. HCl, (2HCl, $PtCl_4$), H_2SO_4, Oxalat, Pikrat (*J. pr.* [2] **68**, 279 *C.* **1903** [2] 994).

$C_{14}H_{15}N_3S$ *8) **α-Phenylamido-β-Benzylthioharnstoff.** Sm. 102° (*J. pr.* [2] **67**, 217 *C.* **1903** [1] 1260).

$C_{14}H_{15}N_3S$ *17) **α-Amido-β-Phenyl-α-Benzylthioharnstoff.** Sm. 123° (*B.* **37**, 2328 *C.* **1904** [2] 313).
20) **α-Benzylamido-β-Phenylthioharnstoff.** Sm. 155° (*B.* **37**, 2329 *C.* **1904** [2] 313).

$C_{14}H_{16}ON_2$ *9) **Aethyläther d. 4,4'-Diamido-3-Oxybiphenyl.** Sm. 139° (*B.* **36**, 4072 *C.* **1904** [1] 267).
*10) **Aethyläther d. 6,4'-Diamido-3-Oxybiphenyl** (*B.* **36**, 4087 *C.* **1904** [1] 269).
*20) **4-Dimethylamido-3'-Oxydiphenylamin.** Sm. 99°. HCl, H_2SO_4 (*J. pr.* [2] **69**, 232 *C.* **1904** [1] 1269).
*21) **4-Dimethylamido-4'-Oxydiphenylamin.** Sm. 161° (*J. pr.* [2] **69**, 161 *C.* **1904** [1] 1267).
26) **Aethyläther d. 2-Oxy-s-Diphenylhydrazin.** Sm. 66° (*B.* **36**, 4072 *C.* **1904** [1] 267).
27) **Aethyläther d. 3-Oxy-s-Diphenylhydrazin.** Sm. 74—75° (*B.* **36**, 4113 *C.* **1904** [1] 272).
28) **Aethyläther d. 4-Oxy-s-Diphenylhydrazin.** Sm. 86° (*B.* **36**, 3848 *C.* **1904** [1] 89).
29) **1-Phenacetylamido-2,5-Dimethylpyrrol.** Sm. 110—111°; Sd. 245 bis 265°$_{26}$ (*B.* **35**, 4321 *C.* **1903** [1] 336).
30) **1-Benzoyl-3-Methyl-5-Propylpyrazol** (oder 1-Benzoyl-5-Methyl-3-Propylpyrazol). Fl. (*Bl.* [3] **27**, 1087 *C.* **1903** [1] 226).

$C_{14}H_{16}ON_4$ 10) **Di[β-2-Pyridyläthyl]nitrosamin.** Fl. (HCl, $PtCl_4$) (*B.* **37**, 173 *C.* **1904** [1] 673).

$C_{14}H_{16}O_2N_2$ 21) **Aethylester d. α-Cyan-β-Aethylamido-β-Phenylakrylsäure.** Sm. 90—91° (*Bl.* [3] **31**, 343 *C.* **1904** [1] 1135).
22) **Acetat d. 3,3-Dimethyl-2-[α-Oximidoäthyl]pseudoindol.** Sm. 149° (*G.* **32** [2] 431 *C.* **1903** [1] 838).

$C_{14}H_{16}O_3N_2$ 16) **2,4,6-Triketo-5,5-Diäthyl-1-Phenylhexahydro-1,3-Diazin.** Sm. 197° (D.R.P. 146496 *C.* **1903** [2] 1484; *A.* **335**, 349 *C.* **1904** [2] 1381).

$C_{14}H_{16}O_3N_4$ 4) **5-[4-Dimethylamidophenyl]imido-2,4,6-Triketo-1,3-Dimethylhexahydro-1,3-Diazin** (Tetramethylureïdindoanilin). Sm. 168° (*A.* **333**, 38 *C.* **1904** [2] 770).

$C_{14}H_{16}O_4N_2$ *1) **Coffearin** (*C.* **1904** [2] 837).
12) **γ-Aethylester d. α-Phenylhydrazon-β-Oxybutan-αγ-Dicarbonsäure-αγ-Lakton.** Sm. 120° (*R.* **22**, 283 *C.* **1903** [2] 107).

$C_{14}H_{16}O_4N_4$ C 55,3 — H 5,3 — O 21,0 — N 18,4 — M. G. 304.
1) **Methylester d. 2-Phenylamido-1,2,3,6-Oxtriazin-5-[Isobutyryl-α-Carbonsäure].** Sm. 139° (u. 154°) (*Soc.* **83**, 1250 *C.* **1903** [2] 1422).

$C_{14}H_{16}O_5N_2$ *5) **Diäthylester d. β-Phenylhydrazon-α-Ketoäthan-αβ-Dicarbonsäure.** Sm. 72—73° (*Bl.* [3] **31**, 78 *C.* **1904** [1] 580; *Bl.* [3] **31**, 94 *C.* **1904** [1] 581).
6) **Monooxim d. 4-Acetylamidobenzoylbrenztraubensäureäthylester.** Sm. 177—178° (*B.* **36**, 2697 *C.* **1903** [2] 952).
7) **Diäthylester d. isom. β-Phenylhydrazon-α-Ketoäthan-αβ-Dicarbonsäure.** Sm. 126—127° (*Bl.* [3] **31**, 79 *C.* **1904** [1] 580; *Bl.* [3] **31**, 95 *C.* **1904** [1] 581).
8) **Butyrat d. 5-Oxy-3-Methyl-1-Phenylpyrazol.** Sd. 172°$_8$ (*B.* **36**, 530 *C.* **1903** [1] 642).

$C_{14}H_{16}O_5N_4$ C 52,5 — H 5,0 — O 25,0 — N 17,5 — M. G. 320.
1) **3,6'-Dinitro-4'-Oxy-2,5,2',5'-Tetramethylazobenzol.** Sm. 226—227° (*B.* **37**, 2593 *C.* **1904** [2] 660).

$C_{14}H_{16}O_5Br_2$ 3) **α,4-Diacetat d. 5-Brom-3,4-Dioxy-1-[β-Brom-α-Oxypropyl]benzol-3-Methyläther.** Sm. 112—114° (*A.* **329**, 19 *C.* **1903** [2] 1435).

$C_{14}H_{16}O_6N_2$ 11) **1,3-Phenylendisuccinaminsäure.** Sm. 215°. Zers. bei 220—221° (*A.* **327**, 31 *C.* **1903** [1] 1336).
12) **1,4-Phenylendisuccinaminsäure.** Sm. 262° (*A.* **327**, 33 *C.* **1903** [1] 1336).
13) **Dilaktam d. γδ-Diimidohexan-ββεε-Tetracarbonsäure-βε-Diäthylester.** Sm. 150° (*A.* **332**, 127 *C.* **1904** [2] 189).
14) **Dicyanmalonmethylacetessigesterlaktam.** Sm. 139° (*A.* **332**, 130 *C.* **1904** [2] 190).
15) **Furfurylamid d. d-Weinsäure.** Sm. 179° (*Soc.* **83**, 1346 *C.* **1904** [1] 83).

$C_{14}H_{16}O_6Br_2$ 1) **α-Acetat d. 6-Brom-2,3,4,5-Tetraoxy-1-[β-Brom-α-Oxypropyl]-benzol-3,4-Methylenäther-2,5-Dimethyläther?** Sm. 114—115° (*C.* **1903** [1] 970).

$C_{14}H_{16}O_7N_4$ C 47,7 — H 4,5 — O 31,8 — N 15,9 — M. G. 352.
1) **Lakton d. γ-Semicarbazon-α-Oxy-α-[6-Nitro-3,4-Dimethoxylphenyl]butan-2-Carbonsäure** (Semicarbazon d. Acetonylnitromekonin). Sm. 218° (*B.* **36**, 2209 *C.* **1903** [2] 443).

$C_{14}H_{16}O_8J_2$ 2) **Tetraacetat d. 1,3-Dijodobenzol.** Sm. 204° (*B.* **37**, 1305 *C.* **1904** [1] 1340).

$C_{14}H_{16}NCl$ 2) **4-[α-Chloräthyl]-1-Methylbenzol + Pyridin.** 2 + $PtCl_4$ (*B.* **36**, 1636 *C.* **1903** [2] 26).

$C_{14}H_{16}NJ$ 2) **Dimethyldiphenylammoniumjodid.** Sm. 163° (*B.* **36**, 2488 *C.* **1903** [2] 564).

$C_{14}H_{16}N_2Cl_2$ 1) **Diphenochinon-N N′-Dimethyldiimoniumchlorid.** 2 + $PtCl_4$ (*B.* **37**, 3774 *C.* **1904** [2] 1548).

$C_{14}H_{16}N_4S$ 1) **4-Phenylthiosemicarbazido-2,6-Dimethylpyridin.** Sm. 199°. Pikrat (*B.* **36**, 1117 *C.* **1903** [1] 1185).

$C_{14}H_{17}ON$ 12) **4-[α-Oxyäthyl]-1-Methylbenzol + Pyridin.** Chlorid, 2 Chlorid + $PtCl_4$, Pikrat (*B.* **36**, 1636 *C.* **1903** [2] 26).

$C_{14}H_{17}ON_3$ 6) **4′-Amido-4-Dimethylamido-3′-Oxydiphenylamin** (*J. pr.* [2] **69**, 238 *C.* **1904** [1] 1269).
7) **5-Oxy-1-Phenyl-3-Hexahydrophenyl-1,2,4-Triazol.** Sm. 196—197° (*B.* **36**, 1096 *C.* **1903** [1] 1140).

$C_{14}H_{17}O_2N$ 22) **βδ-Diketo-γ-[4-Dimethylamidobenzyliden]pentan.** Sm. 95° (*B.* **37**, 1744 *C.* **1904** [1] 1599).
23) **Base d. Pyridyliumchlorid** $C_{14}H_{16}ONCl$. Pikrat (*B.* **36**, 3590 *C.* **1903** [2] 1365).
24) **Benzoat d. 2-Oximido-1-Methylhexahydrobenzol.** Sm. 70—72° (*A.* **329**, 376 *C.* **1904** [1] 517).
25) **Benzoat d. d-3-Oximido-1-Methylhexahydrobenzol.** Sm. 96—97° (*A.* **332**, 339 *C.* **1904** [2] 652).
26) **Benzoat d. 1-3-Oximido-1-Methylhexahydrobenzol.** Sm. 82—83° (*A.* **332**, 340 *C.* **1904** [2] 653).
27) **α-Benzoat d. i-3-Oximido-1-Methylhexahydrobenzol.** Sm. 105—106° (*A.* **332**, 345 *C.* **1904** [2] 653).
28) **β-Benzoat d. i-3-Oximido-1-Methylhexahydrobenzol.** Sm. 70—72° (*A.* **332**, 346 *C.* **1904** [2] 653).

$C_{14}H_{17}O_2N_3$ 7) **Aethylester d. 1,5-Dimethyl-2-Phenyl-2,3-Dihydropyrazol-3-Imidoameisensäure** (Iminopyrinäthylurethan). Sm. 178° (*B.* **36**, 3284 *C.* **1903** [2] 1190).

$C_{14}H_{17}O_3N$ 18) **Diäthyläther d. 3-Methyl-5-[2,4-Dioxyphenyl]isoxazol.** Sm. 126,5° (*B.* **37**, 356 *C.* **1904** [1] 670).
19) **Anhydrohydrastininaceton.** Sm. 72°. (2 HCl, $PtCl_4$) (*B.* **37**, 214 *C.* **1904** [1] 590).

$C_{14}H_{17}O_3N_3$ 4) **4-[β-Oximido-β-4-Isopropylphenyläthyl]-1,2,3,6-Dioxdiazin.** Sm. 167,5° u. Zers. (*A.* **330**, 259 *C.* **1904** [1] 947).

$C_{14}H_{17}O_5N$ 7) **Oxim d. Mekoninmethyläthylketon.** Sm. 109—112° (*M.* **25**, 1056 *C.* **1904** [2] 1644).
8) **Diäthylester d. 4-Acetylamidobenzol-1,3-Dicarbonsäure.** Sm. 108° (D.R.P. 102894). — *II, *1063.*

$C_{14}H_{17}O_5N_3$ 3) **α-Benzoylamidopropionylamidoacetylamidoessigsäure.** Sm. 204 bis 205°. Ag (*J. pr.* [2] **70**, 150 *C.* **1904** [2] 1395).
4) **Methylester d. δ-Oximido-ε-Phenylhydroxylhydrazon-γ-Keto-β-Methylpentan-β-Carbonsäure.** Sm. [illegible]. H_2SO_4 (*Soc.* **83**, 1243 *C.* **1903** [2] 1421).

$C_{14}H_{17}O_5N_5$ C 50,1 — H 5,1 — O 23,9 — N 20,9 — M. G. 335.
1) **Verbindung** (aus d. β-Dicyanacetessigsäureäthylester). Sm. 219° (*A.* **332**, 137 *C.* **1904** [2] 190).

$C_{14}H_{17}O_6N$ 12) **α, N-Diäthylester d. Phenylamidoessigsäure-2-Carbonsäure-N-Carbonsäure.** Sm. 114—116° (D.R.P. 138207 *C.* **1903** [1] 305).
13) **2, N-Diäthylester d. Phenylamidoessigsäure-2-Carbonsäure-N-Carbonsäure.** Sm. 106—108° (D.R.P. 138207 *C.* **1903** [1] 305).

$C_{14}H_{18}ON_2$ 6) **Nitril d. α-[4-Oxyphenyl]-α-[1-Piperidyl]essigmethylläthersäure.** Sm. 75—76° (*B.* **37**, 4086 *C.* **1904** [2] 1724).

$C_{14}H_{18}OBr_2$ 1) αβ-Dibrom-γ-Keto-α-[4-Isopropylphenyl]pentan. Sm. 141° (*A.* **330**, 259 *C.* **1904** [1] 947).

$C_{14}H_{18}O_2N_2$ *3) 5,8-Di[Acetylamido]-1,2,3,4-Tetrahydronaphtalin. Sm. 291—292° (*Soc.* **85**, 755 *C.* **1904** [2] 448).
13) γ-Nitrimido-α-[4-Isopropylphenyl]-β-Methyl-α-Buten. Sm. 169,5° (*A.* **330**, 262 *C.* **1904** [1] 947).

$C_{14}H_{18}O_2N_4$ 3) γ-Semicarbazon-δ-Oximido-α-[4-Isopropylphenyl]-α-Buten. Sm. 176° u. Zers. (*C.* **1904** [1] 28; *A.* **330**, 254 *C.* **1904** [1] 946).

$C_{14}H_{18}O_3N_2$ 8) Aethylester d. α-[4-Dimethylamidophenyl]imido-β-Ketopropan-α-Carbonsäure. Sm. 63,5° (*B.* **36**, 3233 *C.* **1903** [2] 941).
9) Isobutylester d. β-Phenylhydrazon-α-Ketobuttersäure. Sm. 98—99° (*C. r.* **138**, 1222 *C.* **1904** [2] 27; *C. r.* **139**, 134 *C.* **1904** [2] 588).

$C_{14}H_{18}O_4N_2$ 9) Methylester d. β-Benzoylamidoacetylamidobuttersäure. Sm. 104° (*J. pr.* [2] **70**, 206 *C.* **1904** [2] 1459).
10) Aethylester d. α-Benzoylamidoacetylamidopropionsäure. Sm. 124 bis 126° (*J. pr.* [2] **70**, 116 *C.* **1904** [2] 1036).
11) Aethylester d. α-Benzoylamidopropionylamidoessigsäure. Sm. 108° (*J. pr.* [2] **70**, 153 *C.* **1904** [2] 1395).

$C_{14}H_{18}O_4S_2$ 1) 1,4-Diacetat d. 2,5-Dimerkapto-1,4-Dioxybenzol-2,5-Diäthyläther. Sm. 133—134° (*A.* **336**, 159 *C.* **1904** [2] 1300).

$C_{14}H_{18}O_5N_2$ 6) Aethylester d. β-Amido-α-Benzoylamidoacetoxylpropionsäure. Sm. 96° (*J. pr.* [2] **70**, 203 *C.* **1904** [2] 1459).
7) Diäthylester d. 2-Methylphenylnitrosamidomalonsäure. Fl. (*Am.* **30**, 138 *C.* **1903** [2] 721).
8) Diäthylester d. 3-Methylphenylnitrosamidomalonsäure. Sm. 58 bis 58,5° (*Am.* **30**, 140 *C.* **1903** [2] 721).
9) Diäthylester d. 4-Methylphenylnitrosamidomalonsäure (*Am.* **30**, 143 *C.* **1903** [2] 721).

$C_{14}H_{18}O_5Br_2$ *1) 3,4-Dimethylenäther-2,5-Dimethyläther-α-Aethyläther d. β-Brom-α-Oxy-α-[6-Brom-2,3,4,5-Tetraoxyphenyl]propan. Sm. 72—73° (*C.* **1903** [1] 970).

$C_{14}H_{18}O_5S_2$ 1) Aethylester d. α-[2,4-Dimethylphenylthiosulfon]acetessigsäure. Fl. (*J. pr.* [2] **70**, 386 *C.* **1904** [2] 1720).

$C_{14}H_{18}O_7S$ 1) Benzylidenmalonäthylesterhydrosulfonsäure. K + $1^1/_2H_2O$ (*B.* **37**, 4058 *C.* **1904** [2] 1649).

$C_{14}H_{18}O_7Hg$ 1) Verbindung (aus Apiol). Sm. 157—158° (*B.* **36**, 3582 *C.* **1903** [2] 1363).

$C_{14}H_{18}O_8N_2$ *1) Verbindung (aus Dimethylacetessigsäuremethylester). Sm. 65° (*Soc.* **83**, 1232 *C.* **1903** [2] 1420).

$C_{14}H_{18}O_8S_2$ 1) 1,3-Phenylendi[α-Sulfonbuttersäure]. Ba (*J. pr.* [2] **68**, 329 *C.* **1903** [2] 1171).
2) Diäthylester d. 1,3-Phenylendi[Sulfonessigsäure]. Sm. 86—87° (*J. pr.* [2] **68**, 326 *C.* **1903** [2] 1171).

$C_{14}H_{18}O_8Hg$ 1) Quecksilberderivat d. 2,3,4,5-Tetraoxy-1-[αβ-Dioxypropyl]benzol-3,4-Methylenäther-2,5-Dimethyläther. Sm. 174° u. Zers. (*B.* **36**, 3584 *C.* **1903** [2] 1364).

$C_{14}H_{18}N_2S$ 5) Isobutyläther d. 5-Merkapto-3-Methyl-1-Phenylpyrazol. Sd. 313 bis 314° (*A.* **331**, 236 *C.* **1904** [1] 1221).

$C_{14}H_{19}ON$ 13) γ-Oximido-α-[4-Isopropylphenyl]-β-Methyl-α-Buten. Sm. 116,5° (*A.* **330**, 262 *C.* **1904** [1] 947).
14) C-Allylcyancampher. Sd. 155—165°$_{10}$ (*C. r.* **136**, 789 *C.* **1903** [1] 1085).
15) O-Allylcyancampher. Sd. 140—150°$_{10}$ (*C. r.* **136**, 789 *C.* **1903** [1] 1085).

$C_{14}H_{19}ON_3$ C 68,6 — H 7,8 — O 6,5 — N 17,1 — M. G. 245.
1) 3-Phenylsemicarbazon-1-Methylhexahydrobenzol. Sm. 169—170° (*B.* **37**, 3181 *C.* **1904** [2] 991).
2) 4-Dimethylamido-3-Keto-5-Methyl-1-Aethyl-2-Phenyl-2,3-Dihydropyrazol. Sm. 107° (*C.* **1897** [1] 1140).
3) 4-Methyläthylamido-3-Keto-1,5-Dimethyl-2-Phenyl-2,3-Dihydropyrazol. Sm. 92° (D.R.P. 145603 *C.* **1903** [2] 1225).

$C_{14}H_{19}O_2N$ 17) 5-Oxy-3-Methyl-1-Hexylbenzoxazol. Sm. 99° (*B.* **37**, 3109 *C.* **1904** [2] 994).

$C_{14}H_{19}O_2N$ 18) **Phenylamidoformiat d. Oxymethylhexahydrobenzol.** Sm. 82° (*C. r.* **137**, 61 *C.* **1903** [2] 551).
19) **Phenylamidoformiat d. 1-Oxy-1-Methylhexahydrobenzol.** Sm. 105° (*C. r.* **138**, 1324 *C.* **1904** [2] 219).
20) **Phenylamidoformiat d. 2-Oxy-1-Methylhexahydrobenzol.** Sm. 103 bis 104° (*A.* **329**, 375 *C.* **1904** [1] 517).

$C_{14}H_{19}O_2N_3$ 3) **4-Nitrophenylhydrazondimethylhexahydrobenzol.** Sm. 168° (*B.* **36**, 957 *C.* **1903** [1] 1022).
4) **3-Diäthylamido-4,5-Diketo-3-Methyl-1-Phenyl-4,5-Dihydropyrazol.** Sm. 66,5—67°. Pikrat (*B.* **36**, 1452 *C.* **1903** [1] 1301).

$C_{14}H_{19}O_3N$ *18) **4-Methylphenylmonamid d. mal. Pentan-βδ-Dicarbonsäure.** Sm. 176—177° (*Bl.* [3] **29**, 1019 *C.* **1903** [2] 1315).
32) **4-Methylphenylmonamid d. cis-β-Methylbutan-αγ-Dicarbonsäure.** Sm. 117—118° (*C. r.* **136**, 243 *C.* **1903** [1] 565).

$C_{14}H_{19}O_3N_5$ C 55,1 — H 6,2 — O 15,7 — N 23,0 — M. G. 305.
1) **Isopropylidenhydrazid d. β-Phenylureïdoacetylamidoessigsäure.** Sm. 234° u. Zers. (*J. pr.* [2] **70**, 256 *C.* **1904** [2] 1464).

$C_{14}H_{19}O_4N$ 16) **Diäthylester d. 2-Methylphenylamidomalonsäure.** Fl. HCl (*Am.* **30**, 135 *C.* **1903** [2] 720).
17) **Diäthylester d. 3-Methylphenylamidomalonsäure.** Sm. 50,5—51° (*Am.* **30**, 138 *C.* **1903** [2] 721).

$C_{14}H_{19}O_4N_3$ 2) **Methylester d. β-Benzoylamidoacetylamidopropylamidoameisensäure.** Sm. 151° (*J. pr.* [2] **70**, 214 *C.* **1904** [2] 1460).
3) **Aethylester d. α-Benzoylamidoacetylamidoäthylamidoameisensäure.** Sm. 205° (*J. pr.* [2] **70**, 120 *C.* **1904** [2] 1037).

$C_{14}H_{19}O_4N_5$ C 52,3 — H 5,9 — O 19,9 — N 21,8 — M. G. 321.
1) **8-Dipropionylamido-2,6-Diketo-1,3,7-Trimethylpurin.** Sm. 140° (D.R.P. 139960 *C.* **1903** [1] 859).

$C_{14}H_{19}O_5N_5$ C 49,8 — H 5,6 — O 23,7 — N 20,8 — M. G. 337.
1) **Semicarbazon d. Glyazindihydrotetramethyldimalonsäuremethylester-ε-Lakton.** Sm. 230° (*Soc.* **83**, 1258 *C.* **1903** [2] 1423).

$C_{14}H_{20}O_2N_2$ *2) **2,5-Di[Acetylamido]-4-Isopropyl-1-Methylbenzol.** Sm. 260° (*A.* **336**, 22 *C.* **1904** [2] 1467).
10) **s-Caproyl-2-Methylphenylharnstoff.** Sm. 99—100° (*Soc.* **85**, 810 *C.* **1904** [2] 201, 520).
11) **s-Caproyl-4-Methylphenylharnstoff.** Sm. 131—132° (*Soc.* **85**, 810 *C.* **1904** [2] 201, 520).
12) **2-Acetylamido-1-Oxy-?-Piperidylmethylbenzol.** Sm. 82° (D.R.P. 92309). — ***IV**, *15*.
13) **4-Acetylamido-1-Oxy-?-Piperidylmethylbenzol.** Sm. 159° (D.R.P. 92309). — ***IV**, *15*.

$C_{14}H_{20}O_4N_2$ 16) **Diäthylester d. 1,3-Phenylendi[Methylamidoameisensäure].** Sm. 160° (*B.* **36**, 1682 *C.* **1903** [2] 30).
17) **Diacetat d. β-d-Campherdioxim.** Sm. 119° (*Soc.* **85**, 910 *C.* **1904** [2] 598).

$C_{14}H_{20}O_4N_8$ C 46,1 — H 5,5 — O 17,6 — N 30,8 — M. G. 364.
1) **Diacetylporphyrindin.** Sm. 170° u. Zers. (*B.* **36**, 1302 *C.* **1903** [1] 1256).

$C_{14}H_{20}O_6N_2$ *1) **Diäthylester d. δε-Diimido-βη-Diketooktan-γζ-Dicarbonsäure** (D. d. Dicyandiacetessigsäure). Sm. 132° (*A.* **332**, 138 *C.* **1904** [2] 190).
2) **Diäthylester d. isom. Dicyandiacetessigsäure.** Sm. 132,5° (*A.* **332**, 139 *C.* **1904** [2] 190).
3) **Diäthylester d. βγ-Diimido-δ-Acetyl-ε-Ketohexan-αα-Dicarbonsäure.** Sm. 141—142° (*A.* **332**, 148 *C.* **1904** [2] 191).

$C_{14}H_{20}O_7N_4$ C 47,2 — H 5,6 — O 31,5 — N 15,7 — M. G. 356.
1) **Diäthylester d. Acetylbisdiazoacetessigsäure.** Sm. 140° (*C.* **34** [1] 192 *C.* **1904** [1] 1333).

$C_{14}H_{20}O_8N_2$ *1) **Dimethylester d. Glyoximperoxyddihydrotetramethyldimalonsäure.** Sm. 154° (*Soc.* **83**, 1260 *C.* **1903** [2] 1423).
*2) **Dimethylester d. δε-Dioximido-γζ-Diketo-βη-Dimethyloktan-βη-Dicarbonsäure.** Sm. 177° (*Soc.* **83**, 1261 *C.* **1903** [2] 1423).

$C_{14}H_{20}NCl$ 1) **Chlorallylat d. 1-Aethyl-1,2,3,4-Tetrahydrochinolin.** 2 + $PtCl_4$ (*B.* **35**, 3909 *C.* **1903** [1] 36).

$C_{14}H_{20}NJ$ 3) **Methyläthylallyl-4-Methylphenylammoniumjodid** (*Ph. Ch.* **45**, 239 *C.* **1903** [2] 979).
4) **Jodallylat d. 1-Aethyl-1, 2, 3, 4-Tetrahydrochinolin.** Zers. bei 119—120° (*B.* **35**, 3909 *C.* **1903** [1] 36).

$C_{14}H_{20}N_2S$ 5) **d-sec. Butylamid d. 1, 2, 3, 4-Tetrahydrochinolin-1-Thiocarbonsäure.** Sm. 40° (*Ar.* **242**, 62 *C.* **1904** [1] 998).
6) **d-sec. Butylamid d. 1,2,3,4-Tetrahydroisochinolin-2-Thiocarbonsäure.** Sm. 117° (*Ar.* **242**, 62 *C.* **1904** [1] 998).

$C_{14}H_{20}N_2J$ 1) **Jodmethylat d. 3-Methylimido-1,4,5-Trimethyl-2-Phenyl-2,3-Dihydropyrazol.** Sm. 130° (*B.* **36**, 3289 *C.* **1903** [2] 1191).

$C_{14}H_{21}ON$ 22) **O-Propylcyancampher** (*C. r.* **136**, 789 *C.* **1903** [1] 1085).
23) **Cyanpropylcampher.** Sm. 46°; Sd. 140—150°$_{20}$ (*B.* **24** [2] 733). — III, *513*.
24) **3,4,4,6-Tetramethyl-2-Phenyltetrahydro-1,3-Oxazin.** Sd. 267 bis 270°$_{747}$. (2HCl, $PtCl_4$), (HCl, $AuCl_3$) (*M.* **25**, 863 *C.* **1904** [2] 1241).

$C_{14}H_{21}O_2N$ *19) **Aethyläther d. 6-Acetylamido-3-Oxy-4-Isopropyl-1-Methylbenzol.** Sm. 135° (*B.* **36**, 2891 *C.* **1903** [2] 875).
22) **4-Oximido-1-Keto-2,5-Dipseudobutyl-1,4-Dihydrobenzol.** Sm. 209° (*Bl.* [3] **31**, 971 *C.* **1904** [2] 1113).
23) **2-Methylphenylester d. Dipropylamidoameisensäure.** Sd. 180°$_{19}$ (*Bl.* [3] **31**, 20 *C.* **1904** [1] 508).
24) **4-Methylphenylester d. Dipropylamidoameisensäure.** Sd. 185°$_{18}$ (*Bl.* [3] **31**, 21 *C.* **1904** [1] 508).
25) **Benzoat d. α-Dimethylamido-β-Oxy-β-Methylbutan.** HCl (*C. r.* **138**, 767 *C.* **1904** [1] 1196).

$C_{14}H_{21}O_3N$ *5) **4-Diäthylamidoacetat d. 3,4-Dioxy-1-Methylbenzol-3-Methyläther.** Fl. HCl, (2HCl, $PtCl_4$), HJ (*Ar.* **240**, 639 *C.* **1903** [1] 24).
9) **2-Methoxylphenylester d. Dipropylamidoameisensäure.** Sd. 196°$_{18}$ (*Bl.* [3] **31**, 21 *C.* **1904** [1] 508).

$C_{14}H_{21}O_3N_3$ C 60,2 — H 7,5 — O 17,2 — N 15,1 — M. G. 279.
1) **α-[β-Phenylhydrazido]-α-Diäthylamidoäthan-α-Ketocarbonsäure.** (4 + 3HCl, $AuCl_3$) (*B.* **36**, 1455 *C.* **1903** [1] 1361).

$C_{14}H_{21}O_4N$ *4) **Diäthylester d. Dihydrocollidindicarbonsäure.** Sm. 131° (*A.* **332**, 19 *C.* **1904** [1] 1565).

$C_{14}H_{21}O_5N$ 4) **2,5-Dimethyläther-3-Propyläther d. 4-Nitro-2,3,5-Trioxy-1-Propylbenzol.** Sm. 68° (*B.* **36**, 1720 *C.* **1903** [2] 114).

$C_{14}H_{22}O_3S$ 6) **α-Oxyheptyl-4-Methylphenylsulfon** (*Am.* **31**, 160 *C.* **1904** [1] 875).
7) **2-Isoamyl-1,3,5-Trimethylbenzol-4-Sulfonsäure.** Fl. (*B.* **37**, 1720 *C.* **1904** [1] 1489).

$C_{14}H_{22}O_4N_6$ C 49,7 — H 6,5 — O 18,9 — N 24,9 — M. G. 338.
1) **2,4,2',4'-Tetraketo-5,5,5',5'-Tetramethyl-3,3'-Diäthyloktohydro-1,1'-Azoimidazol.** Sm. 234° u. Zers. (*C.* **1904** [2] 1029).

$C_{14}H_{22}O_4S_2$ 1) **1,3-Di[Butylsulfon]benzol.** Fl. (*J. pr.* [2] **68**, 321 *C.* **1903** [2] 1170).

$C_{14}H_{22}O_5N_2$ C 56,4 — H 7,4 — O 26,8 — N 9,4 — M. G. 298.
1) **Aethylester d. 6-Keto-2,4-Dioxy-5-Cyan-2-Methyl-5-Aethylhexahydropyridin-4-Aethyläther-3-Carbonsäure.** Sm. 198° (*G.* **33** [2] 167 *C.* **1903** [2] 1283).

$C_{14}H_{22}O_5Hg_2$ 1) **Verbindung** (aus Camphen). Sm. 188—189° (*B.* **36**, 3576 *C.* **1903** [2] 1362).

$C_{14}H_{22}O_8S_2$ 1) **Tetraäthylester d. Dimethyldisulfid-ααββ-Tetracarbonsäure.** Sm. 131° (*B.* **36**, 3725 *C.* **1903** [2] 1416).

$C_{14}H_{22}O_{11}Hg_4$ 1) **Verbindung** (aus Aceton u. Merkuriacetat). Sm. 157° (*B.* **36**, 3703 *C.* **1903** [2] 1239).

$C_{14}H_{23}ON_3$ *4) **Semicarbazon d. α-Jonon.** + $NaHSO_3$ (*C.* **1904** [1] 280).
*5) **Semicarbazon d. β-Jonon.** $NaHSO_3$ + $4H_2O$ (*C.* **1904** [1] 281).
9) **Semicarbazon d. Allylcampher.** Sm. 180° (*C. r.* **136**, 792 *C.* **1903** [1] 1086).
10) **Semicarbazon d. Camphenilidenaceton.** Sm. 178—179° (D.R.P. 138211 *C.* **1903** [1] 269).

$C_{14}H_{23}O_5N$ 2) **Diäthylester d. β-Amido-γ-Acetyl-δ-Methyl-β-Penten-εε-Dicarbonsäure.** Sm. 75° (*B.* **36**, 2190 *C.* **1903** [2] 569).

$C_{14}H_{23}N_3S$ 2) **Thiosemicarbazon d. Iron.** Sm. 181° (*C.* **1904** [1] 281).
3) **Thiosemicarbazon d. α-Jonon.** Sm. 121° (*C.* **1904** [1] 281).
4) **Thiosemicarbazon d. β-Jonon.** Sm. 158° (*C.* **1904** [1] 281).

$C_{14}H_{24}O_3N_2$ 2) **2,4,6-Triketo-5,5-Diisoamylhexahydro-1,3-Diazin.** Sm. 172° (D.R.P. 146496 *C.* **1903** [2] 1484; *A.* **335**, 347 *C.* **1904** [2] 1381).

$C_{14}H_{24}O_4N_2$ 3) **Azin d. Methylacetessigsäureäthylester.** Fl. (*B.* **37**, 2831 *C.* **1904** [2] 642).

4) **Piperidid d. d-Weinsäure.** Sm. 189—190° (*Soc.* **83**, 1348 *C.* **1904** [1] 83).

$C_{14}H_{25}O_2N$ *2) **Menthylester d. β-Amidopropen-α-Carbonsäure.** Sm. 88—89° (*Soc.* **81**, 1505 *C.* **1903** [1] 138).

$C_{14}H_{25}O_2N_3$ C 62,9 — H 9,4 — O 12,0 — N 15,7 — M. G. 267.

1) **Semicarbazon d. Pseudojononhydrat.** Sm. 144° (D.R.P. 143724 *C.* **1903** [2] 474).

$C_{14}H_{25}O_3N_3$ C 59,4 — H 8,8 — O 17,0 — N 14,8 — M. G. 283.

1) **r-Rhodinolester d. α-Semicarbazonpropionsäure.** Sm. 112° (*C. r.* **138**, 1701 *C.* **1904** [2] 440).

$C_{14}H_{26}ON_2$ *3) **Pulegennitrolpiperidid.** Sm. 106—107° (*A.* **327**, 132 *C.* **1903** [1] 1412).

$C_{14}H_{26}O_3N_2$ *1) **Methylester d. αα-Dipiperidyloxyessigmethyläthersäure.** Sd. 106 bis 109°$_{15}$ (*Soc.* **85**, 987 *C.* **1904** [2] 830).

$C_{14}H_{27}O_2N$ 4) **Propylester d. l-Menthylamidoameisensäure.** Sm. 57° (*Soc.* **85**, 690 *C.* **1904** [2] 332).

$C_{14}H_{27}O_2Cl$ 1) **β-Chloräthylester d. Laurinsäure.** Sm. 24°; Sd. 100°$_0$ (*B.* **36**, 4341 *C.* **1904** [1] 433).

$C_{14}H_{27}O_2Br$ 3) **β-Bromäthylester d. Laurinsäure.** Sm. 36°; Sd. 124°$_0$ (*B.* **36**, 4341 *C.* **1904** [1] 433).

$C_{14}H_{27}O_3N_3$ 2) **βζ-Dimethyloktylester d. α-Semicarbazonpropionsäure.** Sm. 124° (*C. r.* **138**, 985 *C.* **1904** [1] 1398).

3) **Caprylat d. β-Semicarbazon-α-Oxypropan.** Sm. 104—105° (*C. r.* **138**, 1275 *C.* **1904** [2] 93).

$C_{14}H_{28}OS$ 2) **Thiolmyristinsäure.** Sm. 25°. Na (*C. r.* **136**, 555 *C.* **1903** [1] 816).

$C_{14}H_{28}O_4N_2$ 2) **Di[α-Oxymethyl-γ-Methylbutylamid] d. Oxalsäure.** Sm. 99—100° (*C.* **1902** [1] 400).

$C_{14}H_{28}O_{12}N_2$ *1) **Oxamid d. Glukamin** + $1^1/_2 H_2O$. Sm. 178° (*C.* **1904** [1] 431).

2) **isom. [illegible] d. Oxalsäure** (Oxamid d. Mannamin). [illegible] (*C. r.* 138, [illegible] *C.* **1904** [1] 872).

$C_{14}H_{29}ON$ 3) **γ-Oximidotetradekan.** Sm. 40° (*Bl.* [3] **29**, 1210 *C.* **1904** [1] 355).

$C_{14}H_{29}ON_3$ C 65,9 — H 11,4 — O 6,3 — N 16,4 — M. G. 255.

1) **β-Semicarbazontridekan.** Sm. 123° (*Bl.* [3] **29**, 1130 *C.* **1904** [1] 258).

$C_{14}H_{29}O_3N$ C 64,9 — H 11,2 — O 18,5 — N 5,4 — M. G. 259.

1) **Nitrat d. α-Oxytetradekan.** Sd. 175—180°$_{12}$ (*C. r.* **136**, 1563 *C.* **1903** [2] 338).

$C_{14}H_{30}O_6S_3$ 1) **βζζ-Triäthylsulfon-β-Methylheptan** (*B.* **37**, 508 *C.* **1904** [1] 883).

— 14 IV —

$C_{14}H_4O_8N_2Cl_2$ 1) **4,8-Dichlor-1,5-Dinitro-9,10-Anthrachinon** (D.R.P. 137782 *C.* **1903** [1] 108).

2) **4,5-Dichlor-1,8-Dinitro-9,10-Anthrachinon** (D.R.P. 137782 *C.* **1903** [1] 108).

$C_{14}H_4O_8N_2Br_2$ 2) **4,8-Dibrom-1,5-Dinitro-9,10-Anthrachinon** (D.R.P. 137782 *C.* **1903** [1] 108).

$C_{14}H_4O_{12}N_2Br_2$ 1) **?-Dibromdinitro-1,3,5,7-Tetraoxy-9,10-Anthrachinon** (D.R.P. 97287 *C.* **1898** [2] 689). — *III, *313.*

$C_{14}H_6O_2N_2Br_4$ 2) **?-Tetrabrom-1,4-Diamido-9,10-Anthrachinon.** Sm. noch nicht bei 300° (D.R.P. 137783 *C.* **1903** [1] 112).

3) **2,4,6,8-Tetrabrom-1,5-Diamido-9,10-Anthrachinon** (D.R.P. 148109 *C.* **1904** [1] 230; *B.* **37**, 4183 *C.* **1904** [2] 1741).

$C_{14}H_6O_4NCl$ 1) **4-Chlor-1-Nitro-9,10-Anthrachinon** (D.R.P. 137782 *C.* **1903** [1] 108).

$C_{14}H_6O_4NBr$ 2) **4-Brom-1-Nitro-9,10-Anthrachinon** (D.R.P. 137782 *C.* **1903** [1] 108).

$C_{14}H_6O_4N_2Br_2$ 1) **2,4-Dibrom-5-Nitro-1-Amido-9,10-Anthrachinon** (D.R.P. 151512 *C.* **1904** [1] 1677).

$C_{14}H_6O_5NBr$ 1) **2-Brom-4-Nitro-1-Oxy-9,10-Anthrachinon** (D.R.P. 127439 *C.* **1902** [1] 1032). — *III, *300.*

$C_{14}H_6O_6N_2Cl_2$ 1) **Chlorid d. 4,4'-Dinitrobiphenyl-2,2'-Dicarbonsäure.** Sm. 138° (*B.* **36**, 3744 *C.* **1904** [1] 87).

$C_{14}H_6O_6N_4Br_2$ 1) **2,6-Dibrom-4,8-Dinitro-1,5-Diamido-9,10-Anthrachinon.** Sm. oberh. 360° (D.R.P. 148109 *C.* **1904** [1] 230).

$C_{14}H_6O_{11}N_2S$ 1) **4,8-Diamido-1,5-Dioxy-9,10-Anthrachinon-?-Sulfonsäure** (D.R.P. 152013 *C.* **1904** [2] 378).

$C_{14}H_6O_{12}Cl_2S_2$ 1) **4,8-Dichlor-1,3,5,7-Tetraoxy-9,10-Anthrachinon-2,6-Disulfonsäure** (D.R.P. 99078 *C.* **1898** [2] 1152). — *III, *313.*

$C_{14}H_6O_{14}N_2S_2$ 3) **4,5-Dinitro-1,8-Dioxy-9,10-Anthrachinon-?-Disulfonsäure** (D.R.P. 100136, 101805, 115858, 119228, 119229). — *III, *308.*

4) **?-Dinitro-2,7-Dioxy-9,10-Anthrachinon-?-Disulfonsäure** (D.R.P. 99612 *C.* **1899** [1] 400). — *III, *309.*

$C_{14}H_7ONBr_2$ 1) **2,7-Dibrom-9-Imido-10-Keto-9,10-Dihydrophenanthren.** Sm. 231 bis 232° u. Zers. (*B.* **37**, 3570 *C.* **1904** [2] 1403).

$C_{14}H_7ONS_2$ 1) **Indophtenin** (*B.* **37**, 3350 *C.* **1904** [2] 1058).

$C_{14}H_7ON_2Cl$ 1) **Chlorcumarophenazin.** Sm. 149—150° (*B.* **35**, 4335 *C.* **1903** [1] 293).

$C_{14}H_7O_2NCl_2$ 3) **Phenylimid d. 3,5-Dichlorbenzol-1,2-Dicarbonsäure.** Sm. 150 bis 150,5° (*Soc.* **81**, 1537 *C.* **1903** [1] 140).

$C_{14}H_7O_2NBr_2$ 3) **2,4-Dibrom-1-Amido-9,10-Anthrachinon.** Sm. 221° (*C.* **1904** [2] 340).

4) **2,7-Dibrom-9-Oximido-10-Keto-9,10-Dihydrophenanthren.** Sm. 229—230° u. Zers. (*B.* **37**, 3570 *C.* **1904** [2] 1403).

$C_{14}H_7O_2N_2Cl$ 1) **9,10-Anthrachinon-2-Diazoniumchlorid** (*B.* **37**, 62 *C.* **1904** [1] 520).

$C_{14}H_7O_2N_2Br_3$ 1) **9,10-Anthrachinon-2-Diazoniumtribromid** (*B.* **37**, 62 *C.* **1904** [1] 520).

$C_{14}H_7O_2N_5Cl_6$ 1) **αα-Di[2,4,6-Trichlorphenylazo]-α-Nitroäthan.** Sm. 97,5° u. Zers. (*B.* **36**, 3834 *C.* **1904** [1] 19).

$C_{14}H_7O_2N_5Br_6$ 1) **αα-Di[2,4,6-Tribromphenylazo]-α-Nitroäthan.** Sm. 98° u. Zers. (*B.* **36**, 3835 *C.* **1904** [1] 19).

$C_{14}H_7O_5BrS$ 1) **2-Brom-9,10-Phenanthrenchinon-?-Sulfonsäure** (*B.* **37**, 3564 *C.* **1904** [2] 1402).

$C_{14}H_7O_7NS$ 3) **1-Nitro-9,10-Anthrachinon-5-Sulfonsäure** (*B.* **37**, 71 *C.* **1904** [1] 666).

4) **1-Nitro-9,10-Anthrachinon-8-Sulfonsäure** (*B.* **37**, 71 *C.* **1904** [1] 666).

$C_{14}H_7O_8BrS_2$ 1) **2-Brom-9,10-Phenanthrenchinon-?-Disulfonsäure** (*B.* **37**, 3565 *C.* **1904** [2] 1402).

$C_{14}H_8ONBr$ 1) **2[oder 7]-Brom-10-Imido-9-Keto-9,10-Dihydrophenanthren.** Sm. 169° u. Zers. (*B.* **37**, 3561 *C.* **1904** [2] 1401).

$C_{14}H_8ON_2Cl_2$ 4) **2,5-Di[3-Chlorphenyl]-1,3,4-Oxdiazol.** Sm. 144°. + $AgNO_3$ (*J. pr.* [2] **69**, 382 *C.* **1904** [2] 535).

$C_{14}H_8ON_2Br_2$ 1) **2,5-Di[2-Bromphenyl]-1,3,4-Oxdiazol.** Sm. 108°; Sd. 240—250°$_{18}$ (*J. pr.* [2] **69**, 476 *C.* **1904** [2] 536).

2) **2,5-Di[3-Bromphenyl]-1,3,4-Oxdiazol.** Sm. 179° (*J. pr.* [2] **69**, 478 *C.* **1904** [2] 536).

3) **2,5-Di[4-Bromphenyl]-1,3,4-Oxdiazol.** Sm. 249° (*J. pr.* [2] **69**, 480 *C.* **1904** [2] 536).

$C_{14}H_8O_2NCl$ 3) **3-Chlor-2-Amido-9,10-Anthrachinon.** Sm. 280—283° (D.R.P. 148110 *C.* **1904** [1] 329).

4) **?-Chlor-2-Amido-9,10-Anthrachinon** (D.R.P. 138134 *C.* **1903** [1] 209).

$C_{14}H_8O_2NBr$ *1) **9-Brom-10-Nitrophenanthren.** Sm. 206—207° (*B.* **37**, 3573 *C.* **1904** [2] 1403).

3) **3-Brom-2-Amido-9,10-Anthrachinon.** Sm. 267—270° (D.R.P. 148110 *C.* **1904** [1] 329).

4) **?-Brom-2-Amido-9,10-Anthrachinon** (D.R.P. 138134 *C.* **1903** [1] 209).

5) **2[oder 7]-Brom-9-Oximido-10-Keto-9,10-Dihydrophenanthren.** Sm. 163—164° (*B.* **37**, 3560 *C.* **1904** [2] 1401).

6) **3[oder 6]-Brom-9-Oximido-10-Keto-9,10-Dihydrophenanthren.** Sm. 198° (*B.* **37**, 3572 *C.* **1904** [2] 1403).

7) **Bromisopyrophtalon.** Sm. 153° (*B.* **36**, 1661 *C.* **1903** [2] 40).

$C_{14}H_8O_2N_2Br_2$ *2) **2,6-Dibrom-1,5-Diamido-9,10-Anthrachinon.** Sm. 274° (*B.* **37**, 4181 *C.* **1904** [2] 1741).

$C_{14}H_8O_2Cl_4Br_2$ 1) **αβ-Dibrom-αβ-Di[3,5-Dichlor-4-Oxyphenyl]äthan.** Sm. 248° u. Zers. (*A.* **325**, 58 *C.* **1903** [1] 462).

$C_{14}H_8O_3NBr$ 2) **10-Brom-10-Nitro-9-Keto-9,10-Dihydroanthracen.** Zers. bei 116° (*A.* **330** 181 *C.* **1904** [1] 891).

$C_{14}H_8O_3N_3Cl$ 1) **Verbindung** (aus 1,5-Bisdiazo-9,10-Anthrachinon) (*B.* **35**, 3926 *C.* **1903** [1] 88).

$C_{14}H_8O_4N_2Cl_2$ *2) **trans-αβ-Di[2-Chlor-4-Nitrophenyl]äthen.** Sm. 302° (*Soc.* **85**, 1437 *C.* **1904** [2] 1740).

3) **cis-αβ-Di[2-Chlor-4-Nitrophenyl]äthen.** Sm. 172—173° (*Soc.* **85**, 1437 *C.* **1904** [2] 1740).

$C_{14}H_8O_5NCl$ 1) **2-[4-Chlor-3-Nitrobenzoyl]benzol-1-Carbonsäure.** Sm. 202—204° (D.R.P. 148110 *C.* **1904** [1] 329).

$C_{14}H_8O_5N_2Cl_3$ 1) **Acetat d. 2,3,5-oder-2,3,6-Trichlor-2′,4′-Dinitro-4-Oxydiphenylamin.** Sm. 153° (*B.* **36**, 3269 *C.* **1903** [2] 1126).

$C_{14}H_8O_8N_4Cl_2$ 1) **Acetat d. 3,5-Dichlor-2,2′,4′-Trinitro-4-Oxydiphenylamin.** Sm. 177,5° (*B.* **37**, 1730 *C.* **1904** [1] 1521).

2) **Acetat d. 3,5-Dichlor-2′,4′,6′-Trinitro-4-Oxydiphenylamin.** Sm. 259° (*B.* **37**, 1730 *C.* **1904** [1] 1521).

$C_{14}H_8N_2Cl_2S$ 1) **2,5-Di[3-Chlorphenyl]-1,3,4-Thiodiazol.** Sm. 151° (*J. pr.* [2] **69**, 383 *C.* **1904** [2] 536).

$C_{14}H_8N_2Br_2S$ 1) **2,5-Di[2-Bromphenyl]-1,3,4-Thiodiazol.** Sm. 117° (*J. pr.* [2] **69**, 477 *C.* **1904** [2] 536).

2) **2,5-Di[3-Bromphenyl]-1,3,4-Thiodiazol.** Sm. 175° (*J. pr.* [2] **69**, 478 *C.* **1904** [2] 536).

3) **2,5-Di[4-Bromphenyl]-1,3,4-Thiodiazol.** Sm. 237° (*J. pr.* [2] **69**, 480 *C.* **1904** [2] 536).

$C_{14}H_9O_2NBr_2$ 1) **9,10-Dibrom-9-Nitro-9,10-Dihydrophenanthren.** Sm. 81—82° (*B.* **37**, 3576 *C.* **1904** [2] 1404).

$C_{14}H_9O_2N_2Cl$ 1) **6-oder-7-Chlor-3-Oxy-2-[2-Oxyphenyl]-1,4-Benzdiazin.** Sm. 286—287° (*B.* **35**, 4334 *C.* **1903** [1] 293).

$C_{14}H_9O_5NS$ 5) **1-Amido-9,10-Anthrachinon-5-Sulfonsäure** (*B.* **37**, 71 *C.* **1904** [1] 666).

6) **1-Amido-9,10-Anthrachinon-7-Sulfonsäure** (D.R.P. 105634 *C.* **1900** [1] 381; *B.* **37**, 69 Anm. *C.* **1904** [1] 666).

7) **1-Amido-9,10-Anthrachinon-8-Sulfonsäure** (*B.* **37**, 71 *C.* **1904** [1] 666).

$C_{14}H_9O_6NS$ 6) **isom. 2-Amidooxy-9,10-Anthrachinonsulfonsäure** (D.R.P. 105634 *C.* **1900** [1] 381). — *III, *301.*

7) **4-Amido-1-Oxy-9,10-Anthrachinon-7-Sulfonsäure** (D.R.P. 101919; D.R.P. 155440 *C.* **1904** [2] 1356).

$C_{14}H_9O_6N_3Cl_2$ 1) **Acetylderivat d. 3,5-Dichlor-2′,4′-Dinitro-4-Oxydiphenylamin.** Sm. 207—208° (*B.* **36**, 3264 *C.* **1903** [2] 1126).

$C_{14}H_9O_8N_4Cl$ 1) **Acetat d. 5-Chlor-2,2′,4′-Trinitro-4-Oxydiphenylamin.** Sm. 177,5—178° (*B.* **37**, 1728 *C.* **1904** [1] 1520).

2) **Acetat d. 5-Chlor-3,2′,4′-Trinitro-4-Oxydiphenylamin.** Sm. 188,5° (*B.* **37**, 1729 *C.* **1904** [1] 1521).

3) **Acetat d. 3-Chlor-2′,4′,6′-Trinitro-4-Oxydiphenylamin.** Sm. 173° (*B.* **37**, 1728 *C.* **1904** [1] 1520).

4) **Acetat d. 2-Chlor-2′,4′,?-Trinitro-4-Oxydiphenylamin.** Sm. 134,5° (*B.* **37**, 1729 *C.* **1904** [1] 1521).

$C_{14}H_{10}ON_2S$ *3) **2-Thiocarbonyl-4-Keto-3-Phenyl-1,2,3,4-Tetrahydro-1,3-Benzdiazin.** Sm. oberh. 300° (*Bl.* [3] **31**, 882 *C.* **1904** [2] 672).

6) **1-Benzoylamidobenzthiazol.** Sm. 180° (*A.* **212**, 330; *B.* **36**, 3136 *C.* **1903** [2] 1071). — **IV**, *682.*

7) **Phenylamid d. Benzthiazol-1-Carbonsäure.** Sm. 160° (*B.* **37**, 3729 *C.* **1904** [2] 1450).

$C_{14}H_{10}ON_3Cl$ 2) **6-oder-7-Chlor-3-Oxy-2-[2-Amidophenyl]-1,4-Benzdiazin.** Sm. 264° (*B.* **35**, 4332 *C.* **1903** [1] 292).

3) **isom. 6-oder-7-Chlor-3-Oxy-2-[2-Amidophenyl]-1,4-Benzdiazin.** Sm. 239—240° (*B.* **35**, 4333 *C.* **1903** [1] 292).

$C_{14}H_{10}ON_3Br$ 2) **3-Oxy-2-[3-Brom-2-Amidophenyl]-1,4-Benzdiazin.** Sm. 249—250° (*B.* **35**, 4333 *C.* **1903** [1] 202).

$C_{14}H_{10}O_2NCl$ *3) **Chlorimid d. Benzolcarbonsäure.** Sm. 86° (89°) (*Am.* **30**, 420 *C.* **1904** [1] 241; *C.* **1904** [1] 803).
4) **Methyläther d. Verb.** $C_{13}H_8O_2NCl$. Sm. 144° (*Bl.* [3] **31**, 532 *C.* **1904** [1] 1598).
5) **Verbindung** (aus α-Pikolin u. Phtalylchlorid). HCl (*B.* **36**, 1658 *C.* **1903** [2] 40).

$C_{14}H_{10}O_2N_2Br_2$ *2) **αβ-Di[3-Brombenzoyl]hydrazin.** Sm. 265° (*J. pr.* [2] **69**, 477 *C.* **1904** [2] 536).
*5) **αβ-Di[4-Brombenzoyl]hydrazin.** Sm. 300° u. Zers. (*J. pr.* [2] **69**, 479 *C.* **1904** [2] 536).
6) **αβ-Di[2-Brombenzoyl]hydrazin.** Sm. 245° (*J. pr.* [2] **69**, 475 *C.* **1904** [2] 536).

$C_{14}H_{10}O_2N_4Br_2$ 1) **2,6-Dibrom-1,4,5,8-Tetraamido-9,10-Anthrachinon** (D.R.P. 148109 *C.* **1904** [1] 230).

$C_{14}H_{10}O_3NCl$ 7) **2-[4-Chlor-3-Amidobenzoyl]benzol-1-Carbonsäure.** Sm. 175 bis 176° (D.R.P. 148110 *C.* **1904** [1] 329).

$C_{14}H_{10}O_3N_2Br_4$ *1) **Dimethyläther d. 3,5,3',5'-Tetrabrom-4,4'-Dioxyazoxybenzol.** Sm. 214° (*Am.* **30**, 61 *C.* **1903** [2] 354).
2) **trans-ββγγ-Tetrabrom-α-Keto-γ-[2-Nitrophenyl]-α-[2-Pyridyl]-propan.** Sm. 120° (*B.* **35**, 4066 *C.* **1903** [1] 92).

$C_{14}H_{10}O_3N_2S_3$ 1) **4-Sulfophenylamid d. Benzthiazol-1-Thiocarbonsäure.** Na (*B.* **37**, 3728 *C.* **1904** [2] 1450).

$C_{14}H_{10}O_4NCl$ 1) **Phenylester d. 4-Chlorformoxylphenylamidoameisensäure.** Sm. 143—144° (*J. pr.* [2] **67**, 340 *C.* **1903** [1] 1339).

$C_{14}H_{10}O_4N_2S_2$ 1) **4-Sulfophenylamid d. Benzthiazol-1-Carbonsäure.** Na (*B.* **37**, 3730 *C.* **1904** [2] 1450).

$C_{14}H_{10}O_6N_2Br_2$ 1) **Dimethylester d. 3,3'-Dibrom-2,2'-Diketo-1,2,1',2'-Tetrahydro-1,1'-Bipyridyl-5,5'-Dicarbonsäure.** Sm. 344° (*B.* **37**, 3840 *C.* **1904** [2] 1616).

$C_{14}H_{10}O_6N_2S_2$ 1) **4,8-Diimido-1,5-Diketo-1,4,5,8-Tetrahydro-9,10-Anthrachinon-2,6-Disulfonsäure** (D.R.P. 113724 *C.* **1900** [2] 831). — *III, *307*.
2) **4,4'-Azo-αβ-Diphenyläthen-2,2'-Disulfonsäure** (*C.* **1903** [1] 1414).

$C_{14}H_{10}O_6N_3Cl$ 1) **Acetat d. 2-Chlor-2',4'-Dinitro-4-Oxydiphenylamin.** Sm. 170° (*B.* **36**, 3266 *C.* **1903** [2] 1126).
2) **Acetat d. 3-Chlor-2',4'-Dinitro-4-Oxydiphenylamin.** Sm. 156° (*B.* **36**, 3267 *C.* **1903** [2] 1126).

$C_{14}H_{10}O_6N_3Br$ 1) **Acetat d. 2-Brom-2',4'-Dinitro-4-Oxydiphenylamin.** Sm. 165 bis 166° (*B.* **36**, 3269 *C.* **1903** [2] 1126).

$C_{14}H_{10}O_7N_2S$ 2) **2,4-Dinitro-αβ-Diphenyläthen-?-Sulfonsäure.** Sm. 70°; Zers. bei 112—120°. Na (*B.* **35**, 4146 *C.* **1903** [1] 165).
3) **4,5-Diamido-1,8-Dioxy-9,10-Anthrachinon-2-Sulfonsäure** (D.R.P. 117893 *C.* **1901** [1] 550; D.R.P. 119228 *C.* **1901** [1] 807). — *III, *308*.

$C_{14}H_{10}O_7N_2S_2$ *1) **4,4'-Azoxy-αβ-Diphenyläthen-2,2'-Disulfonsäure** (*C.* **1903** [1] 1414).

$C_{14}H_{10}O_{10}N_2S_2$ *1) **αβ-Di[4-Nitrophenyl]äthen-2,2'-Disulfonsäure** (*Soc.* **85**, 1427 *C.* **1904** [2] 1739).
4) **2,4-Dinitro-αβ-Diphenyläthen-?-Disulfonsäure.** Sm. 83—85° (125°). Ba + $4H_2O$, Benzidinsalz (*B.* **35**, 4147 *C.* **1903** [1] 165).
5) **?-Diamido-2,6-Dioxy-9,10-Anthrachinon-?-Disulfonsäure.** K_2 (D.R.P. 99611 *C.* **1899** [1] 399). — *III, *309*.
6) **?-Diamido-2,7-Dioxy-9,10-Anthrachinon-?-Disulfonsäure.** K_2 (D.R.P. 99612). — *III, *309*.

$C_{14}H_{10}O_{10}N_4S$ 1) **Dimethyläther d. 4,6,4',6'-Tetranitro-2,2'-Dioxydiphenylsulfid.** Sm. 270° (*R.* **23**, 114 *C.* **1904** [2] 205).
2) **Dimethyläther d. 4,6,4',6'-Tetranitro-3,3'-Dioxydiphenylsulfid.** Sm. 204° (*R.* **23**, 122 *C.* **1904** [2] 206).

$C_{14}H_{10}O_{10}N_4S_2$ 1) **Dimethyläther d. 4,6,4',6'-Tetranitro-3,3'-Dioxydiphenyldisulfid.** Sm. 236° u. Zers. (*R.* **23**, 123 *C.* **1904** [2] 206).

$C_{14}H_{10}O_{12}N_2S_2$ *1) **4,8-Diamido-1,3,5,7-Tetraoxy-9,10-Anthrachinon-2,6-Disulfonsäure** (*C.* **1903** [2] 1130).
3) **4,8-Dihydroxylamido-1,5-Dioxy-9,10-Anthrachinon-2,6-Disulfonsäure** (D.R.P. 100137 *C.* **1899** [1] 655). — *III, *307*.

$C_{14}H_{10}O_{12}N_2S_2$ 4) **4,5-Dihydroxylamido-1,8-Dioxy-9,10-Anthrachinon-2,7-Disulfonsäure** (D.R.P. 100137 *C.* **1899** [1] 655; D.R.P. 119229 *C.* **1901** [1] 867). — *III, *308.*

$C_{14}H_{10}N_2J_2S_2$ 1) **Jodid d. 2,3-Diphenyl-2,3-Dihydro-1,3,4-Thiodiazol-2,5-Sulfid.** Sm. 145° (*J. pr.* [2] **67**, 221 *C.* **1903** [1] 1261).

$C_{14}H_{11}ONS_2$ 1) **Gem. Anhydrid d. Benzolcarbonsäure u. Phenylamidodithioameisensäure** (N-Phenyl-S-Benzoyldithiourethan). Sm. 64° (*B.* **36**, 3527 *C.* **1903** [2] 1326).

$C_{14}H_{11}ON_2Cl$ 4) **Chlorid d. α-Phenyl-β-Benzylidenhydrazin-α-Carbonsäure.** Sm. 101—102° (*B.* **36**, 1358 *C.* **1903** [1] 1339).

$C_{14}H_{11}O_2NCl_4$ 2) **2,3,5,6-Tetrachlor-1,4-Benzochinon + Dimethylamidobenzol.** Sm. 105° (*B.* **37**, 179 *C.* **1904** [1] 653).

$C_{14}H_{11}O_2NBr_2$ 3) **Methyläther d. 2,6-Dibrom-4-Benzoylamido-1-Oxybenzol.** Sm. 180° (*Soc.* **81**, 1480 *C.* **1903** [1] 23, 144).

$C_{14}H_{11}O_2N_2Cl$ 10) **2-Methylphenyl-6-Chlor-3-Nitrobenzylidenamin.** Sm. 125° (*M.* **25**, 370 *C.* **1904** [2] 322).

11) **4-Methylphenyl-6-Chlor-3-Nitrobenzylidenamin.** Sm. 133° (*M.* **25**, 370 *C.* **1904** [2] 322).

12) **s-Benzoyl-4-Chlorphenylharnstoff.** Sm. 235—237° (*Am.* **30**, 416 *C.* **1904** [1] 240).

$C_{14}H_{11}O_3NBr_2$ 3) **2-[3,5-Dibrom-2-Oxybenzyl]amidobenzol-1-Carbonsäure.** Sm. 175—178° (*A.* **332**, 195 *C.* **1904** [2] 210).

4) **3-[3,5-Dibrom-2-Oxybenzyl]amidobenzol-1-Carbonsäure.** Sm. 167° (*A.* **332**, 196 *C.* **1904** [2] 210).

$C_{14}H_{11}O_3NS_2$ 1) **3,4-Methylenäther d. 2-Thiocarbonyl-4-Keto-3-Allyl-5-[3,4-Dioxybenzyliden]tetrahydrothiazol.** Sm. 151° (*M.* **24**, 511 *C.* **1903** [2] 837).

$C_{14}H_{11}O_3N_2Br$ 3) **Methylester d. 3-Brom-1-Benzylidenamido-2-Keto-1,2-Dihydropyridin-5-Carbonsäure.** Sm. 173° (*B.* **37**, 3838 *C.* **1904** [2] 1615).

$C_{14}H_{11}O_3N_3S$ 2) **Aethyläther d. 5-Phtalylamido-2-Merkapto-4-Keto-3,4-Dihydro-1,3-Diazin.** Sm. 230—231° (*Am.* **32**, 142 *C.* **1904** [2] 957).

$C_{14}H_{11}O_4N_2Br$ 1) **2-Methylphenylamid d. 3-Brom-5-Nitro-2-Oxybenzol-1-Carbonsäure.** Sm. 250° (*G.* **34** [1] 276 *C.* **1904** [1] 1499).

2) **4-Methylphenylamid d. 3-Brom-5-Nitro-2-Oxybenzol-1-Carbonsäure.** Sm. 256° u. Zers. (*G.* **34** [1] 276 *C.* **1904** [1] 1499).

$C_{14}H_{11}O_4N_3Cl_4$ 1) **2,4,5,6-Tetrachlor-1,3-Dinitrobenzol + Dimethylamidobenzol.** Sm. 113° (*B.* **37**, 178 *C.* **1904** [1] 653).

$C_{14}H_{11}O_4N_4Cl_3$ *1) **βββ-Trichlor-αα-Di[4-Nitrophenylamido]äthan.** Sm. 216° (*C.* **1903** [1] 140).

2) **βββ-Trichlor-αα-Di[2-Nitrophenylamido]äthan.** Sm. 171° (*C.* **1903** [1] 140).

3) **βββ-Trichlor-αα-Di[3-Nitrophenylamido]äthan.** Sm. 212° (*C.* **1903** [1] 140).

$C_{14}H_{11}O_4ClS$ 1) **1-[2-Methylphenyl]ester d. Benzol-1-Carbonsäure-2-Sulfonsäurechlorid.** Sm. 112° (*Am.* **30**, 309 *C.* **1903** [2] 1122).

$C_{14}H_{11}O_6N_3Cl_2$ 1) **Aethyläther d. ?-Dichlor-2',4'-Dinitro-2-Oxydiphenylamin.** Sm. 185—186° (*B.* **36**, 3269 *C.* **1903** [2] 1127).

$C_{14}H_{11}O_6N_4Cl_3$ 1) **2,4,6-Trichlor-1,3,5-Trinitrobenzol + Dimethylamidobenzol.** Sm. 78° (*B.* **37**, 178 *C.* **1904** [1] 653).

$C_{14}H_{11}O_6N_4Br_3$ 1) **2,4,6-Tribrom-1,3,5-Trinitrobenzol + Dimethylamidobenzol.** Zers. bei 50° (*B.* **37**, 178 *C.* **1904** [1] 653).

$C_{14}H_{12}ONCl$ *21) **3-Chlor-2-Methylphenylamid d. Benzolcarbonsäure.** Sm. 173° (*B.* **37**, 1019 *C.* **1904** [1] 1202).

22) **Methyläther d. α-Chlor-α-Phenylimido-α-[4-Oxyphenyl]methan.** Sm. 70°; Sd. 220—230°$_{17}$ (*Am.* **30**, 37 *C.* **1903** [2] 362).

23) **Diphenylamid d. Chloressigsäure.** Sm. 118° (*Ar.* **241**, 220 *C.* **1903** [2] 104).

$C_{14}H_{12}ON_2S$ 9) **Di[Phenylamid] d. Thiooxalsäure.** Sm. 144—145° (*B.* **37**, 3720 *C.* **1904** [2] 1450).

$C_{14}H_{12}O_2NCl_3$ 1) **2,3,5-Trichlor-1,4-Benzochinon + Dimethylamidobenzol.** Sm. 65° (*B.* **37**, 180 *C.* **1904** [1] 653).

$C_{14}H_{12}O_2NBr$ 7) **Phenylamidoformiat d. 3-Brom-4-Oxy-1-Methylbenzol.** Sm. 135° (*B.* **36**, 2875 Anm. *C.* **1903** [2] 834).

$C_{14}H_{12}O_2N_2S$ 9) **4-Methylphenylcyanamid d. Benzolsulfonsäure.** Sm. 88° (*B.* **37**, 2810 *C.* **1904** [2] 592).

$C_{14}H_{12}O_2N_2S_2$ 1) **Farbstoff** (aus 4-Dimethylamido-4'-Oxydiphenylamin). Zn, + $NaHSO_3$ + $2H_2O$ (*J. pr.* [2] **69**, 168 *C.* **1904** [1] 1268).

$C_{14}H_{12}O_2N_3Br$ 2) **Phenylamid d. 5-Brom-4-Oxy-3-Methylphenylazoameisensäure.** Sm. 212—213° (*A.* **334**, 192 *C.* **1904** [2] 835).

$C_{14}H_{12}O_3NCl$ 1) **2-Chlorbenzyläther d. 3-Nitro-4-Oxy-1-Methylbenzol.** Sm. 104° (D.R.P. 142061 *C.* **1903** [2] 83).
2) **4-Chlorbenzyläther d. 3-Nitro-4-Oxy-1-Methylbenzol.** Sm. 103° (D.R.P. 142061 *C.* **1903** [2] 83).

$C_{14}H_{12}O_3NBr$ 2) **Benzyläther d. 5-Brom-3-Nitro-2-Oxy-1-Methylbenzol.** Fl. (D.R.P. 142899 *C.* **1903** [2] 83).

$C_{14}H_{12}O_3N_2S$ 3) **4-Methoxylphenylcyanamid d. Benzolsulfonsäure.** Sm. 90—91° (*B.* **37**, 2811 *C.* **1904** [2] 593).

$C_{14}H_{12}O_4N_2S$ 5) **α-Benzoyl-β-Phenylsulfonharnstoff.** Sm. 208° (*B.* **36**, 3220 *C.* **1903** [2] 1056; *B.* **37**, 695 *C.* **1904** [1] 1074).

$C_{14}H_{12}O_4N_2S_2$ 4) **O-4-Sulfophenylamid d. Phenylthiooxaminsäure.** Na_2 (*B.* **37**, 3723 *C.* **1904** [2] 1450).

$C_{14}H_{12}O_4N_3J_3$ 1) **2,4,6-Trijod-1,3-Dinitrobenzol + Dimethylamidobenzol.** Sm. 160° (*B.* **37**, 179 *C.* **1904** [1] 653).

$C_{14}H_{12}O_5N_3J$ 1) **Aethyläther d. 2-Jod-4-[2,4-Dinitrophenyl]amido-1-Oxybenzol.** Sm. 172° (*B.* **29**, 2590).

$C_{14}H_{12}O_6N_4S$ 2) **4'-Nitro-2'-Thioureïdo-4-Oxydiphenylamin-3-Carbonsäure** (D.R.P. 139079 *C.* **1903** [1] 748).

$C_{14}H_{12}O_6N_5Cl$ 1) **4'-Chlor-4,6-Dinitro-5-Methylnitramido-2-Methyldiphenylamin.** Sm. 193° (*J. pr.* [2] **67**, 527 *C.* **1903** [2] 239).

$C_{14}H_{12}O_6Cl_2S_2$ 1) **4,4'-Dichlor-3,3'-Dimethylbiphenyl-6,6'-Disulfonsäure.** Ba + $3^1/_2H_2O$ (*J. pr.* [2] **66**, 571 *C.* **1903** [1] 519).

$C_{14}H_{12}O_6N_2S_2$ 3) **4-Nitro-4'-Amido-s-Diphenyläthen-2,2'-Disulfonsäure.** Na (*Bl.* [3] **29**, 348 *C.* **1903** [1] 1226).

$C_{14}H_{12}O_{10}N_2S_2$ *1) **αβ-Di[4-Nitrophenyl]äthan-2,2'-Disulfonsäure** (*Soc.* **85**, 1427 *C.* **1904** [2] 1739).

$C_{14}H_{13}ONBr_2$ 2) **Methylphenyl-3,5-Dibrom-2-Oxybenzylamin.** Sm. 67—68° (*A.* **332**, 225 *C.* **1904** [2] 203).

$C_{14}H_{13}ONS$ *1) **4-Acetylamidodiphenylsulfid.** Sm. 148° (*B.* **36**, 115 *C.* **1903** [1] 454).

$C_{14}H_{13}ONS_2$ 1) **2-Thiocarbonyl-4-Keto-5-Cinnamyliden-3-Aethyltetrahydrothiazol.** Sm. 187° (*M.* **25**, 177 *C.* **1904** [1] 895).

$C_{14}H_{13}ON_2Br$ 7) **2-Oxy-3-[4-Bromphenylhydrazon]methyl-1-Methylbenzol.** Sm. 108° (*B.* **35**, 4105 *C.* **1903** [1] 149).
8) **4-Oxy-3-[4-Bromphenylhydrazon]methyl-1-Methylbenzol.** Sm. 181° u. Zers. (*B.* **35**, 4105 *C.* **1903** [1] 149).
9) **Aethyläther d. 2'-Brom-4-Oxyazobenzol.** Sm. 39° (*B.* **36**, 3864 *C.* **1904** [1] 91).
10) **Aethyläther d. 3'-Brom-4-Oxyazobenzol.** Sm. 68° (*B.* **36**, 3868 *C.* **1904** [1] 92).

$C_{14}H_{13}ON_2J$ 2) **4'-Jodoso-2,3'-Dimethylazobenzol.** Zers. bei 273° (*J. pr.* [2] **69**, 323 *C.* **1904** [2] 35).

$C_{14}H_{13}ON_3S$ *4) **β-Benzoylamido-α-Phenylthioharnstoff.** Sm. 166—167° (*B.* **37**, 2330 *C.* **1904** [2] 313).

$C_{14}H_{13}O_2NS_2$ 1) **Methyläther d. 2-Thiocarbonyl-4-Keto-3-Allyl-5-[4-Oxybenzyliden]tetrahydrothiazol.** Sm. 114° (*M.* **24**, 510 *C.* **1903** [2] 836).

$C_{14}H_{13}O_2N_2J$ 1) **4'-Jodo-2,3'-Dimethylazobenzol.** Sm. 180° (*J. pr.* [2] **69**, 323 *C.* **1904** [2] 35).

$C_{14}H_{13}O_2N_3Cl_2$ 1) **[illegible]-1-Dichlormethyl-1-Methyl-1,4-Di[illegible]** [illegible] Zers. (*B.* **35**, 4213 *C.* **1903** [1] 161).

$C_{14}H_{13}O_2N_3S$ *1) **s-Phenyl-2-Nitro-4-Methylphenylthioharnstoff.** Sm. 145° (*B.* **36**, 1138 *C.* **1903** [1] 1220).

$C_{14}H_{13}O_3NS$ 11) **Methyl-4-Phenylsulfonamidophenylketon.** Sm. 128° (*Soc.* **85**, 390 *C.* **1904** [1] 1404).

$C_{14}H_{13}O_3NS_2$ 1) **5³-Methyläther d. 2-Thiocarbonyl-4-Keto-5-[3,4-Dioxybenzyliden]-3-Allyltetrahydrothiazol.** Sm. 146° (*M.* **25**, 164 *C.* **1904** [1] 894).

$C_{14}H_{13}O_4NS$ 12) 2-[4-Methy[illegible]-1-Carbonsäure. Sm. 227° (*B.* **35**, 4274 [illegible] 3).

13) 1-[2-Methylphenyl]ester d. Benzol-1-Carbonsäure-2-Sulfonsäureamid. Sm. 152° (*Am.* **30**, 300 *C.* **1903** [2] 1122).

$C_{14}H_{13}O_4N_3S$ 2) α-Phtalimido-β-Pseudoäthylthioharnstoffakrylsäure. Sm. 130 bis 131° (*Am.* **32**, 143 *C.* **1904** [2] 957).

$C_{14}H_{13}O_5NS$ 5) 4-Methylphenyl-[3-Nitro-α-Oxybenzyl]sulfon. Sm. 110° (*Am.* **31**, 167 *C.* **1904** [1] 875).

6) 4-Methylphenyl-[4-Nitro-α-Oxybenzyl]sulfon. Sm. 116° (*Am.* **31**, 168 *C.* **1904** [1] 875).

7) 2-Methyldiphenylamin-2′-Carbonsäure-4-Sulfonsäure. Na (D.R.P. 146102 *C.* **1903** [2] 1152).

8) 4-Methyldiphenylamin-2′-Carbonsäure-3-Sulfonsäure. Na (D.R.P. 146102 *C.* **1903** [2] 1152).

9) Methylester d. 3-Phenylsulfonamidobenzol-1-Carbonsäure. Sm. 197° (*A.* **325**, 321 *C.* **1903** [1] 770).

10) Diacetylderivat d. Naphtalin-1-Sulfonsäurehydroxylamid. Sm. 104° (*G.* **33** [2] 307 *C.* **1904** [1] 288).

$C_{14}H_{13}O_6NBr_2$ 1) Diacetat d. 2,6-Dibrom-4-Diacetylamido-1,3-Dioxybenzol. Sm. 123—125° (*A.* **333**, 362 *C.* **1904** [2] 1116).

$C_{14}H_{13}O_6N_4Br$ 1) 5-Brom-4-Amido-1,3-Dimethylbenzol + 1,3,5-Trinitrobenzol. Sm. 104—105° (*Soc.* **85**, 238 *C.* **1904** [1] 1006).

$C_{14}H_{13}N_2Cl_2Br$ 1) 4-[4-B[illegible]hydrazon-1-Dichlormethyl-1-Methyl-1,4-Dihydro[illegible] (*B.* **35**, 4213 *C.* **1903** [1] 161).

$C_{14}H_{13}N_2Cl_2J$ 1) 2,3′-Dimethylazobenzol-4′-Jodidchlorid. Zers. bei 101° (*J. pr.* [2] **69**, 323 *C.* **1904** [2] 35).

$C_{14}H_{14}ONCl$ 1) 2-Chlorbenzyläther d. 3-Amido-4-Oxy-1-Methylbenzol. HCl (D.R.P. 142061 *C.* **1903** [2] 83).

2) 4-Chlorbenzyläther d. 3-Amido-4-Oxy-1-Methylbenzol. HCl (D.R.P. 142061 *C.* **1903** [2] 83).

$C_{14}H_{14}ONBr$ 8) Benzyläther d. 5-Brom-3-Amido-2-Oxy-1-Methylbenzol. HCl (D.R.P. 142899 *C.* **1903** [2] 83).

$C_{14}H_{14}ON_2S$ 10) 1-[illegible] d. 4-Merkaptophenylharnstoff. Sm. 168° [illegible] **1903** [2] 993).

$C_{14}H_{14}O_4N_2S$ 13) 2-Oxyazobenzoläthyläther-5-Sulfonsäure. Na (*B.* **36**, 2978 *C.* **1903** [2] 1031).

$C_{14}H_{14}O_5N_2S$ *2) 2-N[illegible]lamidoessigsäure (β-Naphtalinsulfogly[illegible] *B.* **36**, 2105 *C.* **1903** [1] 1304; *B.* **36**, 2596 *C.* **1903** [2] 618).

4) 5-Nitro-2-[4-Methylphenyl]amidophenylmethan-α-Sulfonsäure. Na (D.R.P. 150366 *C.* **1904** [1] 1308).

5) 5-Nitro-2-[2-Methylphenyl]amidophenylmethan-α-Sulfonsäure. Na (D.R.P. 150366 *C.* **1904** [1] 1308).

$C_{14}H_{14}O_6N_2S_2$ *5) 4,4′-Dimethylazobenzol-3,3′-Disulfonsäure (*C.* **1903** [1] 1414).

$C_{14}H_{15}ONBr_2$ 1) 6-Brom-5-Oxy-2-Brommethyl-1,4-Dimethylbenzol + Pyridin. Sm. 221—223° u. Zers. (*B.* **36**, 1890 *C.* **1903** [2] 291).

$C_{14}H_{15}ON_2Br$ 2) Aethyläther d. 3′-Brom-2-Amido-5-Oxydiphenylamin (*B.* **36**, 3868 *C.* **1904** [1] 92).

3) Aethyläther d. 3′-Brom-4′-Amido-4-Oxydiphenylamin. Sm. 54° (*B.* **36**, 3865 *C.* **1904** [1] 91).

$C_{14}H_{15}ON_2P$ 3) 4-Methylphenylimid-4-Methylphenylamid d. Phosphorsäure. Sm. 226—228° (*Soc.* **83**, 1048 *C.* **1903** [2] 663).

$C_{14}H_{15}O_2NS$ *9) 2,4-Dimethylphenylamid d. Benzolsulfonsäure. Sm. 124—125° (*Soc.* **85**, 377 *C.* **1904** [1] 1412).

*13) 2-Methylphenylamid d. 1-Methylbenzol-4-Sulfonsäure. Sm. 110° (*Soc.* **85**, 1186 *C.* **1904** [2] 1115).

15) Aethylphenylamid d. Benzolsulfonsäure. Fl. (*B.* **36**, 2706 *C.* **1903** [illegible]).

$C_{14}H_{15}O_4N_4Br$ 1) Methylester d. 2-[4-Bromphenyl]amido-1,2,3,6-Oxtriazin-5-[Isobutyryl-α-Carbonsäure]. Sm. 159° (*Soc.* **83**, 1252 *C.* **1903** [2] 1422).

$C_{14}H_{15}O_6N_3S_2$ 2) 2,2′-Dimethyldiazoamidobenzol-5,5′-Disulfonsäure (*Bl.* [3] **31**, 644 *C.* **1904** [2] 96).

$C_{14}H_{15}ONCl$ 1) **Pyridyliumchlorid** (aus Pyridin u. d. Methyläther d. α-Chlor-α-[2-Oxyphenyl]äthan. Sm. 119—121° (*B.* **36**, 3590 *C.* **1903** [2] 1365).

$C_{14}H_{15}ONJ$ 1) **Jodmethylat d. N-Methyl-β-Naphtomorpholin.** Sm. 163—164° u. Zers. (*Soc.* **83**, 763 *C.* **1903** [1] 1410 *C.* **1903** [2] 448).

$C_{14}H_{16}O_3NP$ *2) **Phenylmonamid d. Phosphorsäureäthylphenylester.** Sm. 120° (*A.* **326**, 226 *C.* **1903** [1] 866).

$C_{14}H_{16}O_3N_2S$ 2) **4-Amido-4'-Sulfomethylamidodiphenylmethan.** Sm. 168° (D.R.P. 148760 *C.* **1904** [1] 555).

$C_{14}H_{15}O_3N_4S$ 1) **?-Diamido-?-Methylazobenzol-?-Sulfonsäure.** NH_4, Na, Ba (*J. pr.* [2] **68**, 301 *C.* **1903** [2] 1142).

$C_{14}H_{16}O_5N_2Cl$ 1) **Methylester d. δ-Oximido-ε-[4-Chlorphenyl]hydroxylhydrazon-γ-Keto-β-Methylpentan-β-Carbonsäure.** Sm. 140°. HCl (*Soc.* **83**, 1246 *C.* **1903** [2] 1421).

$C_{14}H_{16}O_6N_2S_2$ *3) **4,4'-Diamido-3,3'-Dimethylbiphenyl-6,6'-Disulfonsäure** (*J. pr.* [2] **66**, 560 *C.* **1903** [1] 518).

$C_{14}H_{16}NJS$ 1) **Methyl-4-Amidophenyl-4-Methylphenylsulfinjodid.** Sm. 80° (*J. pr.* [2] **68**, 278 *C.* **1903** [2] 994).

$C_{14}H_{17}ON_2Cl$ 1) **Verbindung** (aus 4,4'-Di[Methylamido]biphenyl) (*B.* **37**, 3774 *C.* **1904** [2] 1548).

$C_{14}H_{17}O_2NBr_2$ 1) **Acetat d. 1-[3,5-Dibrom-2-Oxybenzyl]hexahydropyridin.** Sm. 86—87°. HCl, HBr (*A.* **332**, 216 *C.* **1904** [2] 202).

$C_{14}H_{17}O_2NS_2$ 1) **Gem. Anhydrid d. 4-Oxybenzolmethyläther-1-Carbonsäure u. Hexahydropyridin-1-Dithiocarbonsäure** (N-Piperidyl-S-p-Anisoyl-dithiourethan). Sm. 62—65° (*B.* **36**, 3524 *C.* **1903** [2] 1326).

$C_{14}H_{17}O_2N_2P$ 3) **Di[Phenylamid] d. Phosphorsäuremonoäthylester.** Sm. 114° (*A.* **326**, 246 *C.* **1903** [1] 868).

$C_{14}H_{17}O_3N_2Br$ 2) **Isobutyläther d. 3-Brom-5-Nitro-2-Oxy-1-Methyl-1,2-Dihydrochinolin.** Sm. 70° (*J. pr.* [2] **45**, 187). — **IV**, *266.*

$C_{14}H_{17}N_2JS$ 1) **2-Jodmethylat d. 5-Merkapto-3-Methyl-1-Phenylpyrazol-5-Allyläther.** Sm. 125° (*A.* **331**, 203 *C.* **1904** [1] 1218).
2) **2-Jodallylat d. 5-Merkapto-3-Methyl-1-Phenyl-5-Methyläther.** Sm. 142° (*A.* **331**, 214 *C.* **1904** [1] 1219).

$C_{14}H_{18}ON_3P$ 1) **Dimethylmonamid-Di[Phenylamid] d. Phosphorsäure.** Sm. 196° (*A.* **326**, 180 *C.* **1903** [1] 819).
2) **Aethylamid-Di[Phenylamid] d. Phosphorsäure.** Sm. 147° (*A.* **326**, 173 *C.* **1903** [1] 819).

$C_{14}H_{18}O_2N_2Cl_2$ 1) **Verbindung** (aus Di[illegible]äther u. Pyridin). $+PtCl_4$, $+ 2AuCl_3$ (*A.* **334**, 3[illegible] *C.* 190[illegible]).

$C_{14}H_{18}N_3SP$ 1) **Dimethylmonamid-Di[Phenylamid] d. Thiophosphorsäure.** Sm. 209—210° (*A.* **326**, 210 *C.* **1903** [1] 822).
2) **Aethylmonamid-Di[Phenylamid] d. Thiophosphorsäure.** Sm. 106° (*A.* **326**, 203 *C.* **1903** [1] 821).

$C_{14}H_{19}ONJ_4$ 1) **Verbindung** (aus Cineol u. 2,3,4,5-Tetrajodpyrrol). Sm. 112° u. Zers. (*Ar.* **235**, 178). — ***III**, *840.*

$C_{14}H_{19}O_2NBr_2$ 1) **N-Acetylamyl-3,5-Dibrom-2-Oxybenzylamin.** Sm. 150° (*A.* **332**, 187 *C.* **1904** [2] 210).

$C_{14}H_{19}N_2JS$ 1) **2-Jodmethylat d. 5-Merkapto-3-Methyl-1-Phenylpyrazol-5-Isopropyläther** $+ H_2O$. Sm. 170—172° (wasserfrei) (*A.* **331**, 202 *C.* **1904** [1] 1218).
2) **2-Jodmethylat d. 5-Merkapto-3,4-Dimethyl-1-Phenylpyrazol-5-Aethyläther.** Sm. 125° (*A.* **331**, 219 *C.* **1904** [1] 1219).
3) **2-Jodisopropylat d. 5-Merkapto-3-Methyl-1-Phenylpyrazol-5-Methyläther** $+ H_2O$. Sm. 187° (wasserfrei) (*A.* **331**, 227 *C.* **1904** [1] 1220).

$C_{14}H_{20}ONCl$ 2) **Nitrosochlorid d. α-[2,4,6-Trimethylphenyl]-γ-Methyl-α-Buten.** Sm. 185° u. Zers. (*B.* **37**, 930 *C.* **1904** [1] 1209).

$C_{14}H_{20}ON_2S$ 3) **s-Caproyl-2-Methylphenylthioharnstoff.** Sm. 97—98° (*Soc.* **85**, 810 *C.* **1904** [2] 201, 519).
4) **s-Caproyl-4-Methylphenylthioharnstoff.** Sm. 90—91° (*Soc.* **85**, 810 *C.* **1904** [2] 201, 520).

$C_{14}H_{20}ON_5P$ 1) **Dimethylmonamid-Di[Phenylhydrazid] d. Phosphorsäure.** Sm. 194—195° (*A.* **326**, 181 *C.* **1903** [1] 819).
2) **Aethylamid-Di[Phenylhydrazid] d. Phosphorsäure.** Sm. 153° (*A.* **326**, 173 *C.* **1903** [1] 819).

$C_{14}H_{20}O_3NCl$ 3) Chlormethylat d. Methylanhalonidin. 2 + $PtCl_4$ (*B.* **34**, 3015). — *III, *602*.

$C_{14}H_{20}O_3NJ$ 4) Jodmethylat d. α-Methylhydrocotarnin. Sm. 228—229° (*B.* **36**, 4258 *C.* **1904** [1] 382).

$C_{14}H_{20}O_8N_2S_2$ 1) Diäthylester d. Benzol-1,3-Di[Sulfonamidoessigsäure]. Sm. 110° (*B.* **37**, 4103 *C.* **1904** [2] 1727).

$C_{14}H_{23}O_2NS$ *3) Diisobutylamid d. Benzolsulfonsäure. Sm. 55—56° (*B.* **36**, 2706 *C.* **1903** [2] 829).

$C_{14}H_{23}O_2N_2J$ 1) Jodpropylat d. Pilocarpin (*B.* **35**, 2455). — *III, *684*.

$C_{14}H_{23}O_3NS$ 1) Methylamid d. δ-Oxy-δ-Phenylheptan-δ[2]-Sulfonsäure. Sm. 122 bis 123° u. Zers. (*B.* **37**, 3267 *C.* **1904** [2] 1031).

$C_{14}H_{24}O_4N_3S$ 1) Semicarbazon d. Dihydro-α-Jononsulfonsäure. Sm. 203° u. Zers. Na (*C.* **1904** [1] 280).

$C_{14}H_{30}N_3SP$ 1) Diäthylmonamid-1,1-Dipiperidid d. Thiophosphorsäure. Sm. 126° (*A.* **326**, 212 *C.* **1903** [1] 822).
2) Isobutylmonamid-1,1-Dipiperidid d. Thiophosphorsäure. Sm. 106° (*A.* **326**, 205 *C.* **1903** [1] 821). — *IV, *10*.

$C_{14}H_{33}ON_2P$ 1) Aethyläther d. Di[Dipropylamido]oxyphosphin. Sd. 143—147°$_{20}$ (*A.* **326**, 164 *C.* **1903** [1] 761).

$C_{14}H_{33}O_2N_2P$ 1) Di[Dipropylamid] d. Phosphorsäuremonoäthylester. Sd. 164 bis 166°$_{20}$ (*A.* **326**, 165 *C.* **1903** [1] 762).

— 14 V —

$C_{14}H_5O_{11}N_2BrS$ 1) ?-Bromdinitro-1,5-Dioxy-9,10-Anthrachinon-?-Sulfonsäure (D.R.P. 114200 *C.* **1900** [2] 930). — *III, *306*.
2) Bromdinitro-1,8-Dioxy-9,10-Anthrachinonsulfonsäure. (D.R.P. 114200 *C.* **1900** [2] 930). — *III, *308*.

$C_{14}H_6ONBrS_2$ 1) Bromindophtenin (*B.* **37**, 3351 *C.* **1904** [2] 1058).

$C_{14}H_6O_2NCl_2Br$ 1) Phenylimid d. 3,5-Dichlor-4-Brombenzol-1,2-Dicarbonsäure. Sm. 200—200,5° (*Soc.* **85**, 277 *C.* **1904** [1] 1009).

$C_{14}H_7O_4NCl_2S$ 1) Dichloramid d. 9,10-Anthrachinon-2-Sulfonsäure. Sm. 177° (*C.* **1904** [2] 435).

$C_{14}H_8ON_2Br_4S$ 1) Tetrabrommethylenviolet (*B.* **37**, 2621 *C.* **1904** [2] 484; *B.* **37**, 3032 *C.* **1904** [2] 1012).

$C_{14}H_9O_5N_2ClS$ 1) 6-oder-7-Chlor-3-Oxy-2-[2-Oxyphenyl]-1,4-Benzdiazin-?-Sulfonsäure. Na + $3H_2O$, Ba (*B.* **35**, 4335 *C.* **1903** [1] 293).

$C_{14}H_9O_7N_2BrS$ 1) ?-Brom-4,5-Diamido-1,8-Dioxy-9,10-Anthrachinon-2-Sulfonsäure (D.R.P. 114200 *C.* **1900** [2] 930). — *III, *308*.
2) Bromdiamido-1,5-Dioxy-9,10-Anthrachinonsulfonsäure (D.R.P. 114200 *C.* **1900** [2] 930). — *III, *307*

$C_{14}H_{10}O_6NClS$ 1) 2-Chlorid d. 4-Nitrobenzol-1-Carbonsäure-[2-Methylphenyl]ester-2-Sulfonsäure. Sm. 150° (*Am.* **30**, 379 *C.* **1904** [1] 275).
2) 2-Chlorid d. 4-Nitrobenzol-1-Carbonsäure-[4-Methylphenyl]ester-2-Sulfonsäure. Sm. 152° (*Am.* **30**, 380 *C.* **1904** [1] 275).

$C_{14}H_{12}O_3NClS$ 1) Methyl-4-Phenylsulfonchloramidophenylketon. Sm. 91° (*Soc.* **85**, 300 *C.* **1904** [1] 1404).

$C_{14}H_{14}O_2NClS$ 1) 6-Chlor-2,4-Dimethylphenylamid d. Benzolsulfonsäure. Sm. 148—149° (*C.* **1904** [1] 1075; *Soc.* **85**, 377 *C.* **1904** [1] 1412).
2) 2-Methylphenylchloramid d. 1-Methylbenzol-4-Sulfonsäure. Sm. 101° (*Soc.* **85**, 1186 *C.* **1904** [2] 1115).
3) 4-Methylphenylchloramid d. 1-Methylbenzol-4-Sulfonsäure. Sm. 109° (*Soc.* **85**, 1186 *C.* **1904** [2] 1115).

$C_{14}H_{14}O_2NJS$ 2) Methyl-3-Jodphenylamid d. 1-Methylbenzol-4-Sulfonsäure. Sm. 81° (*A.* **332**, 60 *C.* **1904** [2] 41).

$C_{14}H_{14}O_3N_2Cl_2S$ 1) 3,3′-Dichlor-4-Amido-4′-Sulfomethylamidodiphenylmethan. Sm. 168—169° (D.R.P. 148760 *C.* 1904 [illegible]

$C_{14}H_{16}ON_2ClP$ 2) Phenylamid-Aethylphenylamid d. Phosphorsäuremonochlorid. Sm. 113° (*A.* **326**, 255 *C.* **1903** [1] 869).
3) Di[4-Methylphenylamid] d. Phosphorsäuremonochlorid. Sm. 210° (*A.* **326**, 249 *C.* **1903** [1] 868).

$C_{14}H_{33}ON_2SP$ 1) Di[Dipropylamid] d. Thiophosphorsäuremonoäthylester. Sd. 178—180°$_{22}$ (*A.* **326**, 165 *C.* **1903** [1] 761).

C_{15}-Gruppe.

$C_{15}H_{12}$ *2) **2-Methylanthracen** (*Soc.* **81**, 1581 *C.* **1903** [1] 34, 167).
8) **Kohlenwasserstoff** (aus β-Chlor-αγ-Diphenylpropen). Sm. 121,5° (*B.* **37**, 1144 *C.* **1904** [1] 1266).

$C_{15}H_{14}$ *1) **α-Phenyl-β-[4-Methylphenyl]äthen.** Sm. 117° (*B.* **35**, 3967 *C.* **1903** [1] 31).
*4) **αα-Diphenylpropen.** Sm. 52°; Sd. 149°$_{11}$ (*B.* **37**, 232 *C.* **1904** [1] 660; *B.* **37**, 1450 *C.* **1904** [1] 1352).
*5) **αβ-Diphenylpropen.** Sm. 82—83° (*B.* **36**, 1495 *C.* **1903** [1] 1351; *B.* **37**, 458 *C.* **1904** [1] 949; *B.* **37**, 1134 *C.* **1904** [1] 1256; *C. r.* **139**, 482 *C.* **1904** [2] 1038).

$C_{15}H_{16}$ *1) **αβ-Diphenylpropan.** Sd. 277—279° (*B.* **37**, 1450 *C.* **1904** [1] 1352).
*9) **αα-Diphenylpropan.** Sd. 139°$_{11}$ (*B.* **37**, 1450 *C.* **1904** [1] 1352).

$C_{15}H_{22}$ 8) **Kohlenwasserstoff** (aus α-Homodypnopinakolin) (*C.* **1903** [1] 880).

$C_{15}H_{24}$ *3) **d-Cadinen** (*Ar.* **241**, 148 *C.* **1903** [1] 1020).
*16) **Patschoulen.** Sd. 112—115°$_{12-12,5}$ (*Ar.* **241**, 41 *C.* **1903** [1] 713).
*23) **Guajen.** Sd. 123—124°$_{9}$ (*Ar.* **241**, 43 *C.* **1903** [1] 713).
45) **Amorphen.** Sd. 250—270° (*C.* **1904** [2] 224).
46) **Atractylen.** Sd. 125—126°$_{10}$ (*Ar.* **241**, 33 *C.* **1903** [1] 712).
47) **polym. Atractylen.** Sd. 133—141°$_{14,5}$ (*Ar.* **241**, 34 *C.* **1903** [1] 712).
48) **d-Cadinen.** Sd. 260—261° (274—275°) (*Ar.* **240**, 291 *C.* **1902** [2] 124; *C. r.* **135**, 1058 *C.* **1903** [1] 233). — *III, *402.*
49) **d-Galipen.** Sd. 258—259° (*Ar.* **235**, 528; **236**, 394). — *III, *403.*
50) **l-Galipen.** Sd. 265° (*Ar.* **235**, 641, 642). — *III, *403.*
51) **Vetiven.** Sd. 262—263°$_{740}$ (*C. r.* **135**, 1060 *C.* **1903** [1] 234).
52) **Sesquiterpen** (aus Citronellöl). Sd. 260—270° u. Zers. (*C.* **1899** [2] 879). — *III, *403.*
53) **Sesquiterpen** (aus Citronellöl). Sd. 272—275°$_{760}$ (*C.* **1899** [2] 879). — *III, *403.*
54) **d-Sesquiterpen** (aus Eucalyptusöl). Sd. 265,5—266°$_{760}$ (*C.* **1904** [1] 1264).
55) **l-Sesquiterpen** (aus Eucalyptusöl). Sd. 247—248°$_{748}$ (*C.* **1904** [1] 1264).
56) **Sesquiterpen** (aus Limettöl). Sd. 262—263°$_{766}$ (*Soc.* **85**, 415 *C.* **1904** [1] 1443).
57) **Sesquiterpen** (aus Patschouliöl). Sd. 264—265°$_{750}$ (*B.* **37**, 3354 *C.* **1904** [2] 1308).

$C_{15}H_{26}$ 3) **Dihydroisocaryophyllen.** Sd. 137—138°$_{10}$ (*B.* **36**, 1038 *C.* **1903** [1] 1135).

$C_{15}H_{30}$ 6) **Spilanthen.** Sd. 220—225° (*Ar.* **241**, 278 *C.* **1903** [2] 451).

— 15 II —

$C_{15}H_{8}O_{9}$ C 54,6 — H 1,8 — O 43,6 — M. G. 330.
1) **2, 3, 2', 3'-Dicarbonat d. Kohlensäuredi[2, 3-Dioxyphenylester]** (Dipyrogalloltricarbonat). Sm. 177° (*B.* **37**, 107 *C.* **1904** [1] 584).

$C_{15}H_{8}O_{5}$ 6) **Alochrysin?** Sm. 223—224° (*Ar.* **237**, 89). — *III, *455.*

$C_{15}H_{8}O_{6}$ 4) **Rheïn.** Sm. 313—314° (*C.* **1903** [1] 297; *Ar.* **240**, 610 *C.* **1903** [1] 176; *C.* **1904** [1] 1077).
5) **1, 4-Dioxy-9, 10-Anthrachinon-2-Carbonsäure?** (D.R.P. 84505). — *II, *1185.*
6) **Diacetat d. Anhydropurpurogallon.** Sm. 174—176° (*Soc.* **83**, 198 *C.* **1903** [1] 402, 639).
7) **Diacetat d. Anhydroisopurpurogallon.** Sm. 280—282° (*Soc.* **83**, 198 *C.* **1903** [1] 402, 640).

$C_{15}H_{8}O_{10}$ C 51,7 — H 2,3 — O 46,0 — M. G. 348.
1) **Galloflavin** (oder $C_{13}H_{6}O_{9}$) (*M.* **25**, 603 *C.* **1904** [2] 907).

$C_{15}H_{10}O_{2}$ *7) **3-Phenyl-1, 2-Benzpyron.** Sm. 137° (140°) (*C.* **1903** [1] 89; *B.* **37**, 3165 *C.* **1904** [2] 983).
*9) **2-Phenyl-1, 4-Benzpyron** (*B.* **37**, 2635 *C.* **1904** [2] 540).
*11) **Anthracen-1-Carbonsäure** (*B.* **37**, 648 *C.* **1904** [1] 892).
19) **Phenyläther d. γ-Keto-α-Oxy-γ-Phenylpropin.** Sm. 69°; Sd. 178 bis 179°$_{20}$ (*B.* **36**, 293 *C.* **1903** [1] 581).

$C_{15}H_{10}O_3$ *1) αβγ-Triketo-αγ-Diphenylpropan. Sm. 66—67° (*B.* **37**, 1531 *C.* **1904** [1] 1609).
*6) β-Phenylumbelliferon (*B.* **36**, 193 *C.* **1903** [1] 469).
*8) **7-Oxy-2-Phenyl-1,4-Benzpyron.** Sm. 242—243° (*J. pr.* [2] **67**, 342 *C.* **1903** [1] 1361).
23) **Methyläther d. 1-Oxy-9,10-Anthrachinon.** Sm. 140—145° (D.R.P. 75054). — *III, *300.*
24) **Methyläther d. 2-Oxy-9,10-Anthrachinon.** Sm. 195—196° (*B.* **37**, 65 *C.* **1904** [1] 520).
25) **3-Oxy-2-Phenyl-1,4-Benzpyron** (Flavonol). Sm. 169—170° (*B.* **37**, 2820 *C.* **1904** [2] 712).
26) **2-Acetyl-3,4-β-Naphtopyron** (α-Acetyl-β-Naphtocumarin). Sm. 187° (*B.* **36**, 1973 *C.* **1903** [2] 377).
27) **2-Oxyphenanthren-3-Carbonsäure.** Sm. 277° (*B.* **35**, 4425 *C.* **1903** [1] 334).
28) **3-Oxyphenanthrencarbonsäure.** Sm. 303° u. Zers. (*B.* **35**, 4425 *C.* **1903** [1] 334).
29) **Methylester d. 9-Ketofluoren-2-Carbonsäure.** Sm. 181° (*M.* **25**, 451 *C.* **1904** [2] 450).

$C_{15}H_{10}O_4$ *2) **5,7-Dioxy-2-Phenyl-1,4-Benzpyron** (*B.* **37**, 3168 *C.* **1904** [2] 1059).
*8) **Chrysophansäure.** Sm. 176° (*Soc.* **81**, 1583 *C.* **1903** [1] 34, 167; *Ar.* **240**, 602 *C.* **1903** [1] 176; *Soc.* **83**, 1327 *C.* **1904** [1] 100; *C.* **1904** [1] 1077).
40) **Sennachrysophansäure.** Sm. 171—172° (*Ar.* **238**, 435). — *III, *324.*
41) **2-Keto-1-[3,4-Dioxybenzyliden]-1,2-Dihydrobenzfuran.** Sm. 224° (*B.* **30**, 1082). — *III, *531.*
42) **3,6-Dioxy-2-Phenyl-1,4-Benzpyron.** Sm. 233—234° (*B.* **37**, 777 *C.* **1904** [1] 1156).
43) **3,7-Dioxy-2-Phenyl-1,4-Benzpyron.** Sm. 257—259° (*B.* **37**, 1182 *C.* **1904** [1] 1275).
44) **7,8-Dioxy-2-Phenyl-1,4-Benzpyron.** Sm. 239° (*B.* **36**, 4242 *C.* **1904** [1] 382).
45) **5,7-Dioxy-4-Phenyl-2,1-Benzpyron.** Sm. 293° (D.R.P. 73700). — *II, *1144.*

$C_{15}H_{10}O_5$ *6) **Emodin.** Sm. 254—256° (*Ar.* **240**, 607 *C.* **1903** [1] 176; *Soc.* **83**, 1329 *C.* **1904** [1] 100; *C.* **1904** [1] 1077).
*15) **3,5,7-Trioxy-2-Phenyl-1,4-Benzpyron** + H_2O (Galangin). Sm. 217—218°. K + H_2O (*Soc.* **83**, 135 *C.* **1903** [1] 89, 466; *B.* **37**, 2805 *C.* **1904** [2] 712).
42) **isom. Monomethyläther d. 1,2,3-Trioxy-9,10-Anthrachinon.** Sm. 238° (*M.* **23**, 1017 *C.* **1903** [1] 291).
43) **Emodin** (aus Feroxaloe). Sm. 216° (*Ar.* **241**, 348 *C.* **1903** [2] 726).
44) **isom. Isoemodin.** Sm. 212° (*C.* **1904** [1] 1077).
45) **5,6-Dioxy-2-Keto-1-[2-Oxybenzyliden]-1,2-Dihydrobenzfuran.** Sm. 214—216° (*B.* **29**, 2433). — *III, *533.*
46) **5,6-Dioxy-2-Keto-1-[3-Oxybenzyliden]-1,2-Dihydrobenzfuran.** Sm. 221—223° (*B.* **29**, 2433). — *III, *533.*
42) **5,6-Dioxy-2-Keto-1-[4-Oxybenzyliden]-1,2-Dihydrobenzfuran.** Sm. 220° (*B.* **29**, 2434). — *III, *533.*
47) **3,7,8-Trioxy-2-Phenyl-1,4-Benzpyron.** Sm. 249° (*B.* **37**, 2808 *C.* **1904** [2] 713).
48) **3,6-Dioxy-2-[2-Oxyphenyl]-1,4-Benzpyron.** Sm. 242—243° (*B.* **37**, 2348 *C.* **1904** [2] 230).
49) **3,6-Dioxy-2-[3-Oxyphenyl]-1,4-Benzpyron.** Sm. 300° u. Zers. (*B.* **37**, 960 *C.* **1904** [1] 1160).
50) **3,6-Dioxy-2-[4-Oxyphenyl]-1,4-Benzpyron.** Sm. 340° u. Zers. (*B.* **37**, 784 *C.* **1904** [1] 1159).
51) **3,7-Dioxy-2-[2-Oxyphenyl]-1,4-Benzpyron.** Sm. 271° (*B.* **37**, 4158 *C.* **1904** [2] 1658).
52) **3,7-Dioxy-2-[3-Oxyphenyl]-1,4-Benzpyron.** Sm. 298—300° (*B.* **37**, 4160 *C.* **1904** [2] 1658).
53) **3,7-Dioxy-2-[4-Oxyphenyl]-1,4-Benzpyron.** Sm. 310° (*B.* **37**, 4162 *C.* **1904** [2] 1659).

$C_{15}H_{10}O_6$ *3) **3,7-Dioxy-2-[3,4-Dioxyphenyl]-1,4-Benzpyron** + H_2O (Fisetin). Sm. 330° u. Zers. (*B.* **37**, 790 *C.* **1904** [1] 1157).
*4) **Luteolin** + H_2O (*B.* **37**, 2627 *C.* **1904** [2] 538).
*6) **Rheïn.** Sm. 314° (*Ar.* **241**, 604 *C.* **1904** [1] 168).
*18) **3,5,7-Trioxy-2-[4-Oxyphenyl]-1,4-Benzpyron** (Kämpferol). Sm. 275° (*B.* **37**, 2098 *C.* **1904** [2] 121; *C.* **1904** [2] 453).
*20) **Robigenin** + H_2O. Sm. 270° (*C.* **1904** [1] 1610; *Ar.* **242**, 223 *C.* **1904** [1] 1651).
21) **3,6-Dioxy-2-[3,4-Dioxyphenyl]-1,4-Benzpyron.** Sm. 335° u. Zers. (*B.* **37**, 781 *C.* **1904** [1] 1156).
22) **3,7,8-Trioxy-2-[2-Oxyphenyl]-1,4-Benzpyron.** Sm. 298° u. Zers. (*B.* **37**, 2630 *C.* **1904** [2] 539).
23) **3,7,8-Trioxy-2-[3-Oxyphenyl]-1,4-Benzpyron.** Sm. 260° (*B.* **37**, 2633 *C.* **1904** [2] 540).
24) **Pigment d. Geraniums.** K_2 (*B.* **36**, 3959 *C.* **1904** [1] 39).

$C_{15}H_{10}O_7$ *1) **3,5,7-Trioxy-2-[2,4-Dioxyphenyl]-1,4-Benzpyron** (Morin) (*B.* **37**, 2350 *C.* **1904** [2] 230).
*2) **3,5,7-Trioxy-2-[3,4-Dioxyphenyl]-1,4-Benzpyron** (Quercetin; Sophoretin). Sm. 313—314° u. Zers. (*B.* **37**, 1404 *C.* **1904** [1] 1356; *Ar.* **242**, 550 *C.* **1904** [2] 1405).

$C_{15}H_{11}N$ *2) **2-Phenylchinolin.** Sm. 84°; Sd. 363° (*C.* **1904** [2] 454; *M.* **25**, 621 *C.* **1904** [2] 1154).
*9) **Nitril d.** $\alpha\beta$**-Diphenylakrylsäure.** Sm. 86° (*B.* **36**, 2862 *C.* **1903** [2] 1129).

$C_{15}H_{12}O$ *4) **Benzylidenacetophenon.** HCl (*B.* **37**, 1652 *C.* **1904** [1] 1603).
12) **3-Keto-1-Phenyl-2,3-Dihydroinden.** Sm. 78° (*Am.* **31**, 650 *C.* **1904** [2] 446).

$C_{15}H_{12}O_2$ *7) **Dibenzoylmethan.** Sm. 78° (*B.* **36**, 3677 *C.* **1903** [2] 1442).
*15) **2,7-Dimethylxanthon** (*C. r.* **136**, 1568 *C.* **1903** [2] 384).
*17) **4,5-Dimethylxanthon.** Sm. 172° (*C. r.* **136**, 1007 *C.* **1903** [1] 1267; *Bl.* [3] **31**, 267 *C.* **1904** [1] 1089).
*27) **Lakton d. 6-Oxy-3-Methyldiphenylessigsäure.** Sm. 106°; Sd. 213°$_{16}$ (*B.* **36**, 4001 *C.* **1904** [1] 174).
39) **3,4-Methylenäther d.** α**-Phenyl-**β**-[3,4-Dioxyphenyl]äthen.** Sm. 95—96° (*B.* **37**, 1432 *C.* **1904** [1] 1351).
40) **3-Methyläther d. 3,4-Dioxyphenanthren** (Methylmorphol). Sm. 65° (*B.* **37**, 3497 *C.* **1904** [2] 1320).
41) **2-Phenyl-2,3-Dihydro-1,4-Benzpyron** (Flavanon). Sm. 75—76° (*B.* **37**, 2634 *C.* **1904** [2] 540).
42) **2-Aethyl-3,4-**β**-Naphtopyron** (α-Aethyl-β-Naphtocumarin). Sm. 110° (*B.* **36**, 1970 *C.* **1903** [2] 377).
43) **Methylester d. Fluoren-2-Carbonsäure.** Sm. 120° (*M.* **25**, 449 *C.* **1904** [2] 449).
44) **Benzoat d.** α**-Oxy-**α**-Phenyläthen.** Sm. 41°; Sd. 229—230°$_{80}$ (*Soc.* **83**, 152 *C.* **1903** [1] 72, 436; *B.* **36**, 3675 *C.* **1903** [2] 1442).

$C_{15}H_{12}O_3$ *7) **Chrysophanhydroanthron.** Sm. oberh. 200° (*Ar.* **240**, 606 *C.* **1903** [1] 176).
*15) α**-Phenyl-**β**-[3-Oxyphenyl]akrylsäure.** Sm. 172° (*B.* **37**, 4132 Anm. *C.* **1904** [2] 1736).
*28) **Methylester d. 2-Benzoylbenzol-1-Carbonsäure.** Sm. 52°; Sd. 350 bis 352° (*M.* **25**, 475 *C.* **1904** [2] 336).
*37) **8-Oxy-5,7-Dimethylfluoron** (*M.* **25**, 319 *C.* **1904** [1] 1495).
*38) **Chrysarobin.** Sm. 202° (*Soc.* **81**, 1578 *C.* **1903** [1] 33, 166).
42) **isom. Methylester d. 2-Benzoylbenzol-1-Carbonsäure.** Sm. 80—81°; Sd. 345—348° (*M.* **25**, 477 *C.* **1904** [2] 337).

$C_{15}H_{12}O_4$ *5) $\beta\beta$**-Dioxy-**$\alpha\gamma$**-Diketo-**$\alpha\gamma$**-Diphenylpropan.** Sm. 89° (*B.* **37**, 1531 *C.* **1904** [1] 1609).
*11) **2-[4-Methoxylbenzoyl]benzol-1-Carbonsäure.** Sm. 142—143° (*B.* **36**, 2965 *C.* **1903** [2] 1007).
*22) **Monobenzylester d. Benzol-1,2-Dicarbonsäure.** Sm. 104° (106—107°) (*B.* **35**, 4093 *C.* **1903** [1] 76; *J. pr.* [2] **68**, 242 Anm. *C.* **1903** [2] 1063).
*34) **Dibenzoat d. Dioxymethan** (*C.* **1903** [2] 656).
35) **Aldehyd d. 3-Benzoxyl-4-Methoxylbenzol-1-Carbonsäure.** Sm. 75° (*B.* **35**, 4398 *C.* **1903** [1] 341).

$C_{15}H_{12}O_5$ 14) **Buteïn** + H_2O. Sm. 213—215° (wasserfrei) (*C.* **1903** [1] 1415; **1904** [2] 451).
15) **Butin** + $^1/_2 H_2O$. Sm. 224—226° (*C.* **1903** [1] 1415; **1904** [2] 453).
16) **3,5-Dioxybenzoat d. α-Oxymethylphenylketon.** Sm. 206° (D.R.P. 73700). — *III, *103.*

$C_{15}H_{12}O_6$ 12) **Farbstoff** (aus Rosa gallica). Sm. noch nicht bei 220° (*C.* **1904** [2] 1405).

$C_{15}H_{12}O_7$ 5) **Verbindung** (aus 1,3,4-Triketo-2-Methyl-1,2,3,4-Tetrahydroisochinolin). Sm. 199° (*B.* **37**, 1945 *C.* **1904** [2] 124).

$C_{15}H_{12}N_2$ *2) **1,3-Diphenylpyrazol.** Sm. 84—85° (*B.* **36**, 3988 *C.* **1904** [1] 171).
*4) **3,5-Diphenylpyrazol.** Sm. 199—200° (*C. r.* **136**, 1264 *C.* **1903** [2] 122).
*6) **4,5-Diphenylimidazol.** Sm. 227°. HCl, H_2SO_4 (*B.* **35**, 4139 *C.* **1903** [1] 295).

$C_{15}H_{12}N_4$ *1) **4-Phenylazo-1-Phenylpyrazol.** Sm. 124° (*B.* **36**, 3669 *C.* **1903** [2] 1313).

$C_{15}H_{13}N$ 23) **3,7-Dimethylakridin.** Sm. 176° (171°). (2HCl, $PtCl_4$), HNO_3, Bichromat (*B.* **36**, 590 *C.* **1903** [1] 724; *B.* **36**, 1018 *C.* **1903** [1] 1268).

$C_{15}H_{13}N_3$ 18) **3-[4-Nitrophenyl]-5-Phenylpyrazol.** Sm. 179° (*B.* **37**, 1152 *C.* **1904** [1] 1267).
19) **2-[β-2-Amidophenyläthenyl]benzimidazol.** Sm. 213° (*C.* **1904** [1] 103).
20) **2-[β-3-Amidophenyläthenyl]benzimidazol** + $^1/_2 H_2O$. Sm. 116° (153° wasserfrei). HCl, (2HCl, $PtCl_4$) (*C.* **1904** [1] 103).
21) **2-[β-4-Amidophenyläthenyl]benzimidazol.** Sm. 225°. 2HCl (*C.* **1904** [1] 103).

$C_{15}H_{13}Cl$ 3) **β-Chlor-αγ-Diphenylpropen.** Sd. 240° u. Zers. (*B.* **37**, 1143 *C.* **1904** [1] 1266).

$C_{15}H_{13}Br$ 1) **β-Brom-αα-Diphenylpropen.** Sm. 48—49°; Sd. 169—170°$_{12}$ (*B.* **37**, 232 *C.* **1904** [1] 660).

$C_{15}H_{14}O$ *1) **Methyläther d. α-Phenyl-β-[4-Oxyphenyl]äthen.** Sm. 135—136° (*B.* **37**, 457 *C.* **1904** [1] 949; *A.* **333**, 269 *C.* **1904** [2] 1392).
*6) **Dibenzylketon** (*B.* **37**, 1428 *C.* **1904** [1] 1355).
21) **γ-Oxy-αγ-Diphenylpropen.** Fl. (*Am.* **31**, 660 *C.* **1904** [2] 447).
22) **6-Oxy-3-Methyl-αα-Diphenyläthen.** Sd. 187°$_{20}$ (*B.* **36**, 4001 *C.* **1904** [1] 174).
23) **Methyläther d. 2-Oxy-αα-Diphenyläthen.** Sm. 35°; Sd. 166°$_{14}$ (*B.* **36**, 4000 *C.* **1904** [1] 174).
24) **Methyläther d. 4-Oxy-αα-Diphenyläthen.** Sm. 75° (*B.* **37**, 4166 *C.* **1904** [2] 1643).
25) **2,4′-Dimethyldiphenylketon.** Sd. 316—318° (*B.* **36**, 2025 *C.* **1903** [2] 376).
26) **3,4′-Dimethyldiphenylketon.** Sm. 82°; Sd. 328—330° (*B.* **36**, 2027 *C.* **1903** [2] 376).
27) **4-Methyl-2-Phenyl-1,2-Dihydrobenzfuran.** Sm. 57°; Sd. 184°$_{18}$ (*B.* **36**, 4001 *C.* **1904** [1] 174).
28) **2,7-Dimethylxanthen.** Sm. 165° (*C. r.* **136**, 1569 *C.* **1903** [2] 384).

$C_{15}H_{14}O_2$ *12) **ββ-Diphenylpropionsäure.** Sm. 147° (*Am.* **31**, 651 *C.* **1904** [2] 446).
43) **3-Methoxylphenyläther d. α-Oxy-α-Phenyläthen.** Sd. 199—200°$_{16}$ (*Soc.* **83**, 1134 *C.* **1903** [2] 1060).
44) **Oxydimethyldiphenylketon** ($CH_3 : CH_3 : OH$ = 1 : 3 : 4). Sm. 145—146° (*G.* **33** [2] 60 *C.* **1903** [2] 995).
45) **Methyläther d. γ-Keto-α-[2-Oxy-1-Naphtyl]-α-Buten.** Sm. 171° (*Bl.* [3] **29**, 882 *C.* **1903** [2] 885).

$C_{15}H_{14}O_3$ *9) **Dimethyläther d. 4,4′-Dioxydiphenylketon.** Sm. 144° (*B.* **36**, 654 *C.* **1903** [1] 768).
*29) **Methylester d. α-Oxydiphenylessigsäure.** Sm. 73° (*B.* **37**, 2765 *C.* **1904** [2] 708).
*48) **Dibenzylester d. Kohlensäure.** Sm. 29° (*B.* **36**, 159 *C.* **1903** [1] 502).
49) **1,3-Dioxy-2,4-Dimethylxanthen.** Sm. 185—186° (*M.* **25**, 326 *C.* **1904** [1] 1495).
50) **α-Phenyl-β-[3-Oxyphenyl]akrylsäure.** Fl. (*B.* **37**, 4134 *C.* **1904** [2] 1736).
51) **2-Oxy-1-Methylbenzol-2-[2-Methylphenyl]äther-3-Carbonsäure.** Sm. 115° (*Bl.* [3] **31**, 267 *C.* **1904** [1] 1088).
52) **4-Oxy-1-Methylbenzol-4-[4-Meth[illegible]-3-Carbonsäure.** Sm. 113—114° (*C. r.* **136**, 1569 *C.* **1903** [illegible]

$C_{15}H_{14}O_3$

53) **Aldehyd d. 3,4-Dioxybenzol-3-Methyläther-4-Benzyläther-1-Carbonsäure.** Sm. 63—64° (D.R.P. 65937). — *III, *75.*

54) **2-Methylphenylester d. 2-Oxy-1-Methylbenzol-3-Carbonsäure.** Sm. 38° (D.R.P. 46756). — *II, *919.*

55) **2-Methylphenylester d. 4-Oxy-1-Methylbenzol-3-Carbonsäure.** Sm. 34° (D.R.P. 46756). — *II, *920.*

56) **2-Methylphenylester d. 3-Oxy-1-Methylbenzol-4-Carbonsäure.** Sm. 48° (D.R.P. 46756). — *II, *922.*

57) **3-Methylphenylester d. 2-Oxy-1-Methylbenzol-3-Carbonsäure.** Sm. 57° (D.R.P. 46756). — *II, *919.*

58) **3-Methylphenylester d. 4-Oxy-1-Methylbenzol-3-Carbonsäure.** Sm. 63° (D.R.P. 46756). — *II, *920.*

59) **3-Methylphenylester d. 3-Oxy-1-Methylbenzol-4-Carbonsäure.** Sm. 68° (D.R.P. 46756). — *II, *922.*

60) **4-Methylphenylester d. 2-Oxy-1-Methylbenzol-3-Carbonsäure.** Sm. 29° (D.R.P. 46756). — *II, *919.*

61) **4-Methylphenylester d. 4-Oxy-1-Methylbenzol-3-Carbonsäure.** Sm. 74—75° (D.R.P. 46756). — *II, *920.*

62) **4-Methylphenylester d. 3-Oxy-1-Methylbenzol-4-Carbonsäure.** Sm. 79° (D.R.P. 46756). — *II, *922.*

$C_{15}H_{14}O_4$

25) **Methylenäther d. ε-Keto-δ-Acetyl-α-[3,4-Dioxyphenyl]-αγ-Hexadien.** Sm. 105° (*B.* **37**, 1700 *C.* **1904** [1] 1497).

26) **Aethylester d. 3-Acetoxylnaphtalin-2-Carbonsäure.** Sm. 82—83° (*Z. Kr.* **29**, 285). — *II, *989.*

27) **2-Methoxylphenylester d. 2-Oxy-1-Methylbenzol-3-Carbonsäure.** Sm. 60—61° (D.R.P. 57941). — *II, *919.*

28) **2-Methoxylphenylester d. 4-Oxy-1-Methylbenzol-3-Carbonsäure.** Sm. [illegible] (D.R.P. 57941). — *II, *920.*

29) **2-Methoxylphenylester d. 3-Oxy-1-Methylbenzol-4-Carbonsäure.** Sm. 86° (D.R.P. 57941). — *II, *922.*

30) **Benzoat d. 1,2,3-Trioxybenzol-1,2-Dimethyläther.** Sm. 55—57° (*M.* **25**, 515 *C.* **1904** [2] 1118).

$C_{15}H_{14}O_6$

*8) **Acakatechin** (*C.* **1904** [2] 439).

*9) **Katechin** b + $4H_2O$. Sm. 96° (210° wasserfrei) (*C.* **1903** [1] 883; *B.* **36**, 101 *C.* **1903** [1] 397).

11) **Cyanomaklurin.** Zers. bei 250° (*Soc.* **67**, 939; *Soc.* **81**, 1173 *C.* **1902** [2] 199; *C.* **1904** [2] 438). — III, *684.*

12) **Decocacetin.** Sm. 238° (*J. pr.* [2] **66**, 412 *C.* **1903** [1] 527).

$C_{15}H_{14}N_2$

*24) **Nitril d. α-[4-Methylphenyl]amido-α-Phenylessigsäure.** Sm. 109° (*B.* **37**, 4079 *C.* **1904** [2] 1722).

*25) **Nitril d. Dibenzylamidoameisensäure.** Sm. 54° (*B.* **36**, 1199 *C.* **1903** [1] 1215).

*27) **Nitril d. α-Methylphenylamido-α-Phenylessigsäure.** Sm. 63—64° (*B.* **37**, 4085 *C.* **1904** [2] 1723).

30) **α-Phenylamido-γ-Phenylimidopropen.** Sm. 115°. HCl (*B.* **36**, 3667 *C.* **1903** [2] 1312).

31) **2-Amido-3,7-Dimethylakridin.** Sm. 244°. HCl (*B.* **36**, 1025 *C.* **1903** [1] 1268; *Soc.* **85**, 531 *C.* **1904** [1] 1525).

32) **Nitril d. Phenylbenzylamidoessigsäure.** Fl. (*B.* **37**, 4083 *C.* **1904** [2] 1723).

$C_{15}H_{14}Br_2$

3) **αβ-Dibrom-αβ-Diphenylpropan.** Sm. 134—135° (127° u. Zers.) (*B.* **37**, 458 *C.* **1904** [1] 949; *B.* **36**, 1496 *C.* **1903** [1] 1351; *B.* **37**, 458 *C.* **1904** [1] 949; *B.* **37**, 1134 *C.* **1904** [1] 1256).

4) **αβ-Dibrom-α-Phenyl-β-[4-Methylphenyl]äthan.** Sm. 185° (*B.* **35**, 3967 *C.* **1903** [1] 31).

$C_{15}H_{15}N$

20) **4-Aethylbenzylidenamidobenzol.** Sm. 2—3°; Sd. 208—210°$_{20}$ (*C. r.* **136**, 558 *C.* **1903** [1] 832).

21) **α-[4-Methylphenyl]-β-[6-Methyl-2-Pyridyl]äthen.** Sm. 144—145°. (HCl, $HgCl_2$), (2HCl, $PtCl_4$), (HCl, $AuCl_3$), Pikrat (*B.* **36**, 1684 *C.* **1903** [2] 46).

22) **3,7-Dimethyl-5,10-Dihydroakridin.** Sm. 218—220° (*B.* **36**, 1019 *C.* **1903** [1] 1268).

$C_{15}H_{15}N_3$

*15) **2,8-Diamido-3,7-Dimethylakridin.** Sm. oberh. 300°. HCl (D.R.P. 52324; *B.* **36**, 589 *C.* **1903** [1] 724).

$C_{15}H_{15}N_3$ 16) **2-[2-Amidobenzyliden]amido-1-Methylimidomethylbenzol.** Sm. 189 bis 190°. 2HCl (*B.* **37**, 3653 *C.* **1904** [2] 1514).

$C_{15}H_{16}O$ *23) **α-Oxy-αα-Diphenylpropan.** Sm. 92° (94—95°); Sd. 170—172°$_{11}$ (*C. r.* **138**, 154 *C.* **1904** [1] 577; *B.* **37**, 231 *C.* **1904** [1] 660).

24) **β-Oxy-αβ-Diphenylpropan.** Sm. 50—51°; Sd. 175°$_{15}$ (*B.* **37**, 457 *C.* **1904** [1] 949).

25) **Methyläther d. 2-Oxy-αα-Diphenyläthan.** Sm. 26°; Sd. 160—161°$_{11}$ (*B.* **36**, 4008 *C.* **1904** [1] 175).

26) **Phenyläther d. γ-Oxy-α-Phenylpropan.** Sd. 171—172°$_{11}$ (*C. r.* **138**, 1049 *C.* **1904** [1] 1493).

$C_{15}H_{16}O_2$ *12) **Dibenzyläther d. Dioxymethan.** Sd. 280° u. ger. Zers. (*Bl.* [3] **27**, 1217 *C.* **1903** [1] 225).

21) **2-Methyläther d. α,2-Dioxy-αα-Diphenyläthan.** Sm. 75,5°; Sd. 285 bis 287° (*B.* **36**, 4002 *C.* **1904** [1] 174).

$C_{15}H_{16}O_3$ 12) **4,4'-Dimethyläther d. α-Oxydi[4-Oxyphenyl]methan.** Sm. 72° (*B.* **36**, 655 *C.* **1903** [1] 768).

13) **Artemisinsäure.** Sm. 135—136°. Ba (*C.* **1903** [2] 1377).

14) **Aethylester d. 3-Oxynaphtalinäthyläther-2-Carbonsäure.** Sm. 60° (*Z. Kr.* **29**, 285). — *II, *989.*

15) **Verbindung** (aus p-Anisol). HCl (*B.* **36**, 650 *C.* **1903** [1] 768).

$C_{15}H_{16}O_4$ *1) **Di[4,6-Dioxy-2-Methylphenyl]methan** (*A.* **329**, 302 *C.* **1904** [1] 793).

$C_{15}H_{16}O_5$ 9) **γ-Oxy-βε-Diketo-γ-Benzoyl-δ-Acetylhexan.** Sm. 103° (*B.* **36**, 3229 *C.* **1903** [2] 941).

$C_{15}H_{16}O_6$ 9) **Methylenbismethylphloroglucin.** Sm. 230° (*A.* **329**, 279 *C.* **1904** [1] 796).

10) **Dimethylester d. 1,3,5-Trimethylbenzol-2,4-Di[Ketocarbonsäure].** Sm. 103,5—104°. — *II, *1174.*

$C_{15}H_{16}N_2$ *8) **1-[α-Phenylimido-α-Dimethylamidomethyl]benzol.** Sm. 72° (*B.* **37**, 2680 *C.* **1904** [2] 521).

*17) **α-Phenylhydrazon-α-[4-Methylphenyl]äthan.** Sm. 94—95° (*B.* **35**, 1877 *C.* **1903** [2] 287).

32) **α-Aethylimido-α-Phenylamido-α-Phenylmethan.** Sm. 74—76°. (2HCl, $PtCl_4$ + $2H_2O$) (*Soc.* **83**, 321 *C.* **1903** [1] 580, 876).

$C_{15}H_{16}N_4$ *1) **αβ-Di[Phenylhydrazon]propan.** Sm. 150—154° (*A.* **335**, 254 *C.* **1904** [2] 1283).

12) **β-[4-Methylphenyl]azomethylen-α-[4-Methylphenyl]hydrazin** (Di-p-Tolylformazylwasserstoff). Sm. 105° (*B.* **36**, 1373 *C.* **1903** [1] 1343).

$C_{15}H_{16}J_2$ 2) **2-Methyl-4-Aethyldiphenyljodoniumjodid.** Sm. 139° (*A.* **327**, 294 *C.* **1903** [2] 352).

$C_{15}H_{17}N$ *6) **Aethylphenylbenzylamin.** Sd. 275—298°. Pikrat (*A.* **334**, 236 *C.* **1904** [2] 900).

*8) **Methylbenzyl-2-Methylphenylamin.** Sd. 167°$_{13}$. Pikrat (*B.* **37**, 3898 *C.* **1904** [2] 1612).

$C_{15}H_{17}N_3$ *7) **4-Dimethylamidobenzylidenphenylhydrazin.** Sm. 148° (*B.* **37**, 859 *C.* **1904** [1] 1206).

18) **2-Dimethylamidobenzylidenphenylhydrazin.** Sm. 74—74,5° (*B.* **37**, 977 *C.* **1904** [1] 1079).

19) **4-Aethylamidobenzylidenphenylhydrazin.** Sm. 178° (*B.* **37**, 858 *C.* **1904** [1] 1206).

20) **4-Methylamido-3-Methylbenzylidenphenylhydrazin.** Sm. 124° (*B.* **37**, 863 *C.* **1904** [1] 1206).

$C_{15}H_{18}O_2$ 8) **Methyläther d. 3-Keto-4-[4-Oxybenzyliden]-1-Methylhexahydrobenzol.** Sm. 97° (*C. r.* **136**, 1225 *C.* **1903** [2] 116).

$C_{15}H_{18}O_3$ *5) **Desmotroposantonin** (*B.* **36**, 2667 *C.* **1903** [2] 951).

*9) **Santonid.** Sm. 127° (*C.* **1903** [2] 1067).

*10) **Parasantonid.** Sm. 110° (*C.* **1903** [2] 1066).

$C_{15}H_{18}O_4$ 9) **Dimethylester d. α-Phenyl-α-Buten-δ-Carbonsäure-γ-Methylcarbonsäure.** Sm. 70° (*B.* **36**, 2339 *C.* **1903** [2] 438).

$C_{15}H_{18}O_5$ 11) **Mekoninmethylpropylketon.** Sm. 91—95° (*M.* **25**, 1054 *C.* **1904** [2] 1644).

12) **Mekoninmethylisopropylketon.** Sm. 88—91° (*M.* **25**, 1055 *C.* **1904** [2] 1644).

13) **Dehydrodioxyparasantonsäure.** Sm. 187—188°. Ba + H_2O, Ag_2 (*C.* **1903** [2] 1447).

$C_{15}H_{18}O_6$ 12) **Diäthylester d. 3-Methoxylphenoxylfumarsäure.** Sd. 206—207°$_{12}$ (*Soc.* **83**, 1132 *C.* **1903** [2] 1059).

$C_{15}H_{18}N_2$ *19) **αα-Di[Phenylamido]propan.** Fl. (*A.* **328**, 127 *C.* **1903** [2] 790).
23) **4, 4'-Di-[Methylamidophenyl]methan.** Sm. 56—57° (55°) (D. R. P. 68011; *B.* **37**, 2675 *C.* **1904** [2] 443).
24) **Di[3-Methylphenylamido]methan.** Sd. 146°$_{13}$ (*B.* **36**, 43 *C.* **1903** [1] 504).
25) **Aethylbenzyl-4-Amidophenylamin.** Sd. 225°$_{21}$. Oxalat (*A.* **334**, 262 *C.* **1904** [2] 902).
26) **Nitril d. α-Phenyl-γ-[1-Piperidyl]propen-γ-Carbonsäure.** Sm. 98 bis 99° (*B.* **37**, 4087 *C.* **1904** [2] 1724).

$C_{15}H_{19}N$ 2) **N, 4, 7 [oder N, 6, 7]-Trimethylcarbazolenin.** Pikrat (*C.* **1904** [2] 343).

$C_{15}H_{19}N_5$ 8) **Verbidung** (aus d. Verb. $C_{15}H_{19}N_4Cl$, HCl + $2H_2O$). Sm. 118° (*B.* **37**, 554 *C.* **1904** [1] 893).

$C_{15}H_{20}O_2$ 9) **Benzoat d. β-Oxy-γ-Methyl-α-oder-β-Hepten.** Sd. 197—200°$_{50}$ (*Soc.* **83**, 151 *C.* **1903** [1] 72, 436).

$C_{15}H_{20}O_3$ *9) **i-Santonigesäure** (*B.* **36**, 2668 *C.* **1903** [2] 951).

$C_{15}H_{20}O_4$ *4) **Santonsäure** (*B.* **37**, 258 *C.* **1904** [1] 642).
*5) **Isosantonsäure.** Sm. 152° (*C.* **1903** [2] 1067).
*7) **Parasantonsäure.** Sm. 170° (*C.* **1903** [2] 1067, 1446).
29) **l-Desmotroposantoninsäure.** Ba (*R. A. L.* [5] **7** II, 322. — *II, *1046.*

$C_{15}H_{20}O_5$ 11) **Oxyparasantonsäure.** Sm. 189—190°. Ba (*C.* **1903** [2] 1377).

$C_{15}H_{20}O_6$ 8) **Dioxyparasantonsäure.** Sm. 206—207° (*C.* **1903** [2] 1447).

$C_{15}H_{22}O_2$ 13) **Methylenäther d. αγ-Dioxy-α-[4-Isopropylphenyl]-β-Methylpropen.** Sd. 154—157°$_{10}$ (*M.* **24**, 258 *C.* **1903** [2] 243).

$C_{15}H_{22}O_3$ *14) **Methylester d. Allylcamphocarbonsäure.** Sm. 75—76° (*C. r.* **136**, 791 *C.* **1903** [1] 1086).
15) **Acetat d. 9-Methyl-3-Isopropenylbicyklo-[1, 3, 3]-Nonan-5-ol-7-on.** Sd. 178—182°$_{15}$ (*B.* **36**, 230 *C.* **1903** [1] 514).

$C_{15}H_{22}O_4$ 9) **Aethylester d. ββ-Dioxy-β-Phenylpropiondiäthyläthersäure.** Sd. 158°$_{13}$ (*C. r.* **138**, 207 *C.* **1904** [1] 659).

$C_{15}H_{22}O_5$ 9) **Santolsäure.** Sm. 166—167°. Ba + H_2O, Ag (*G.* **33** [1] 202 *C.* **1903** [1] 45).

$C_{15}H_{22}O_7$ *3) **Glyko-o-Oxyphenyläthylcarbinol.** Sm. 145—150° u. Zers. (*B.* **36**, 2582 *C.* **1903** [2] 621).

$C_{15}H_{22}O_8$ *4) **Tetraäthylester d. R-Trimethylen-1, 1, 2, 2-Tetracarbonsäure.** Sm. 43°; Sd. 158—160°$_{14}$ (*J. pr.* [2] **68**, 167 *C.* **1903** [2] 760).

$C_{15}H_{22}O_9$ 2) **αβγ-Trimethylester-δδ-Diäthylester d. ε-Ketohexan-αβγδδ-Pentacarbonsäure.** Sm. 102° (*B.* **36**, 3296 *C.* **1903** [2] 1167).

$C_{15}H_{22}O_{10}$ *2) **Tetraacetat d. β-Methyl-d-Glykosid** (*C.* **1903** [1] 1369).
5) **Saponin** (*Ar.* **241**, 615 *C.* **1904** [1] 169).

$C_{15}H_{23}N$ 5) **d-2-Propyl-1-Benzylhexahydropyridin** (N-Benzylconiin). Sd. 294 bis 296° (*B.* **37**, 3633 *C.* **1904** [2] 1510).

$C_{15}H_{24}O$ 23) **sec. Amylidencampher.** Sd. 253—260°$_{750}$ (*B.* **36**, 2631 *C.* **1903** [2] 625).
24) **Aethylpseudojonon** (D. R. P. 150771 *C.* **1904** [1] 1307).
25) **Colereson** = $(C_{15}H_{24}O)_x$. Sm. 75—77° (*Ar.* **242**, 351 *C.* **1904** [2] 526).
26) **Taceleresen** = $(C_{15}H_{24}O)_x$. Sm. 75° (*Ar.* **242**, 363 *C.* **1904** [2] 527).

$C_{15}H_{24}O_2$ 4) **Isovalerylcampher.** Sd. 141—148°$_{11}$ (*B.* **37**, 762 *C.* **1904** [1] 1085).

$C_{15}H_{24}O_3$ 10) **Barringtogenitin.** Sm. 179—180° (*C.* **1903** [2] 841).
11) **Methylester d. Propylcamphocarbonsäure.** Sm. 69—70° (*C. r.* **136**, 790 *C.* **1903** [1] 1085).
12) **Methylester d. isom. Propylcamphocarbonsäure.** Sm. 30° (*C. r.* **136**, 790 *C.* **1903** [1] 1085).
13) **Isobutylester d. Camphocarbonsäure.** Sd. 177°$_{19}$ (*C. r.* **136**, 240 *C.* **1903** [1] 584).
14) **d-Bornylester d. β-Acetylpropionsäure.** Sd. 170—171°$_{20-25}$ (*P. Ch. S.* No. 230). — **III**, *338.*

$C_{15}H_{24}O_4$ 5) **Säure** (aus Vetiveröl). Ag_2 (*C. r.* **135**, 1060 *C.* **1903** [1] 234).
6) **Verbindung** (aus Hopfenbitter). Sm. 92,5 (*C.* **1904** [2] 1227).

$C_{15}H_{24}O_5$ 2) **Dimethylester d. Pulegonmalonsäure.** Sm. 49; Sd. 187°$_{15}$ (*B.* **33**, 3186 Anm.). — **III**, *383.*

$C_{15}H_{24}Br_2$ 1) **Atractylendibromid.** Fl. (*Ar.* **241**, 36 *C.* **1903** [1] 712).

$C_{15}H_{25}O$ 1) **β-Tacoresen.** Sm. 82° (*Ar.* **242**, 398 *C.* **1904** [2] 528).

$C_{15}H_{26}O_2$ 1) **Tacamaholsäure.** Sm. 104—106° (*Ar.* **242**, 397 *C.* **1904** [2] 528).

$C_{15}H_{25}Cl$ *2) **Chlorid d. Caryophyllenhydrat.** Sm. 64°; Sd. 295° (*B.* **36**, 1038 *C.* **1903** [1] 1135).

$C_{15}H_{25}J$ 3) **Atractyljodid.** Fl. (*Ar.* **241**, 29 *C.* **1903** [1] 712).
4) **Guajyljodid** (*Ar.* **241**, 43 *C.* **1903** [1] 713).

$C_{15}H_{26}O$ *7) **Guajol.** Sm. 91° (*Ar.* **241**, 42 *C.* **1903** [1] 713).
*9) **Patschoulialkohol.** Sm. 56°; Sd. 266–271° (*Ar.* **241**, 39 *C.* **1903** [1] 712).
20) **Atractylol.** Sm. 59°; Sd. 290—292°$_{760}$ (*Ar.* **241**, 23 *C.* **1903** [1] 712).
21) **Farnesol.** Sd. 160°$_{10}$ (D.R.P. 149603 *C.* **1904** [1] 975; *B.* **37**, 1095 *C.* **1904** [1] 1065).
22) **Galipol.** Sd. 264—265° (*Ar.* **235**, 526; **236**, 392, 408). — *III, *386.*
23) **Gurjuresinol.** Sm. 131—132° (*Ar.* **241**, 385 *C.* **1903** [2] 724).
24) **Matikocampher.** Sm. 94° (*B.* **16**, 2841 *C.* **1904** [2] 1125). — **III**, *513.*
25) **d-Nerolidol.** Sd. 276—277° (*J. pr.* [2] **66**, 503 *C.* **1903** [1] 517). — *III, *387.*
26) **Vetivenol.** Sd. 169—170°$_{16}$ (*C. r.* **135**, 1060 *C.* **1903** [1] 234).
27) **Sesquiterpenalkohol** (aus Copaivabalsam). Sm. 113,5—115° (*C.* **1904** [2] 1223; *Ar.* **242**, 542 *C.* **1904** [2] 1500).
28) **Sesquiterpenalkohol** (aus Eucalyptusöl). Sd. 247—248°$_{748}$ (*C.* **1904** [1] 1264).

$C_{15}H_{26}O_2$ 12) **α-Oxy-α-Methylbutylcampher.** Fl. (*B.* **36**, 2631 *C.* **1903** [2] 625).
13) **Aethylpseudojononhydrat.** Sd. 198—205° (D.R.P. 150771 *C.* **1904** [1] 1307).
14) **l-Menthylester d. α-Buten-α-Carbonsäure.** Sd. 152—153,5°$_{14}$ (*A.* **327**, 173 *C.* **1903** [1] 1396).
15) **l-Menthylester d. α-Buten-δ-Carbonsäure.** Sd. 139—140°$_{11}$ (*A.* **327**, 174 *C.* **1903** [1] 1396).
16) **l-Menthylester d. β-Buten-α-Carbonsäure.** Sd. 143—144,5°$_{14}$ (*A.* **327**, 173 *C.* **1903** [1] 1396).
17) **l-Menthylester d. R-Tetramethylencarbonsäure.** Sd. 148°$_{11}$ (*A.* **327**, 183 *C.* **1903** [1] 1396).
18) **Valerianat d. Cyklogeraniol.** Sd. 145—155°$_{20}$ (D.R.P. 138141 *C.* **1903** [1] 267).
19) **Valerianat d. Isoborneol.** Sd. 136°$_{12}$ (*C. r.* **136**, 239 *C.* **1903** [1] 584).

$C_{15}H_{26}O_6$ *16) **Tributyrat d. αβγ-Trioxypropan** (*C.* **1903** [1] 134).
23) **Triäthylester d. β-Methylpentan-βγε-Tricarbonsäure.** Sd. 195°$_{40}$ (*Soc.* **85**, 136 *C.* **1904** [1] 727).
24) **Triäthylester d. β-Methylpentan-δεε-Tricarbonsäure.** Sd. 176—177°$_{19}$ (*Am.* **30**, 239 *C.* **1903** [2] 934).
25) **Triäthylester d. Säure** $C_9H_{14}O_6$. Sd. 195—205°$_{10}$ (*Bl.* [3] **29**, 1045 *C.* **1903** [2] 1424).
26) **Triacetat d. δζη-Trioxy-βδ-Dimethylheptan** (*C.* **1904** [2] 185).
27) **Triisobutyrat d. αβγ-Trioxypropan.** Sd. 282—284° (*C.* **1903** [1] 134).

$C_{15}H_{26}N_2$ *1) **Sparteïn** (Lupinidin). Sd. 325°$_{754}$. (2HCl, $PtCl_4$ + 2H_2O), (2HCl, $AuCl_3$), HJ, 2HJ, $2H_2SO_4$, Pikrat (*C. r.* **137**, 194 *C.* **1903** [2] 671; *Bl.* [3] **29**, 1135 *C.* **1904** [1] 293; *C.* **1904** [1] 731; *B.* **37**, 2354 *C.* **1904** [2] 455; *B.* **37**, 2429 *C.* **1904** [2] 442; *Ar.* **242**, 412 *C.* **1904** [2] 782; *B.* **37**, 3238 *C.* **1904** [2] 1154).

$C_{15}H_{26}Cl_2$ 6) **Atractylendihydrochlorid.** Fl. (*Ar.* **241**, 28 *C.* **1903** [1] 712).
7) **Guajendihydrochlorid.** Fl. (*Ar.* **241**, 44 *C.* **1903** [1] 713).
8) **d-Cadinendihydrochlorid.** Sm. 117—118° (*C. r.* **135**, 1058 *C.* **1903** [1] 233).
9) **Sesquiterpendihydrochlorid** (aus Copaivabalsam). Sm. 116—117° (*Ar.* **242**, 546 *C.* **1904** [2] 1500).

$C_{15}H_{26}Br_2$ 2) **Atractylendihydrobromid.** Fl. (*Ar.* **241**, 28 *C.* **1903** [1] 712).

$C_{15}H_{26}J_2$ 2) **Patschoulendihydrojodid.** Fl. (*Ar.* **241**, 40 *C.* **1903** [1] 712).

$C_{15}H_{27}Cl_3$ 1) **Sesquiterpentrihydrochlorid.** Sm. 79—80° (*Soc.* **85**, 416 *C.* **1904** [1] 1443).

$C_{15}H_{28}O$ 2) **Isoamylmenthon.** Sd. 138—143°$_{10}$ (*C. r.* **138**, 1140 *C.* **1904** [2] 106).

$C_{15}H_{28}O_2$ 8) **Valerianat d. l-Menthol.** Sd. 141°$_{18}$ (D.R.P. 80711; *B.* **31**, 364). — *III, *333.*

$C_{15}H_{28}O_4$ *2) **Dimethylester d. Brassylsäure.** Sm. 36°; Sd. 326° (*G.* **34** [2] 54 *C.* **1904** [2] 693).

$C_{15}H_{28}N_2$ *1) **Dihydrosparteïn** (*C. r.* **137**, 196 *C.* **1903** [2] 671).

$C_{15}H_{30}O$ 6) **ι-Keto-η-Methyltetradekan.** Sd. 143—144$^{\circ}_{9}$ (*Bl.* [3] **31**, 1159 *C.* **1904** [2] 1708).

7) **Aldehyd d. Tetradekan-α-Carbonsäure.** Sd. 185$^{\circ}_{25}$ (*C. r.* **138**, 699 *C.* **1904** [1] 1066).

$C_{15}H_{30}O_2$ 13) **Säure** (aus Hefefett). Sm. 56° (*H.* **38**, 5 *C.* **1903** [1] 1428).

$C_{15}H_{30}O_4$ C 65,7 — H 11,9 — O 23,3 — M. G. 274.

1) **α-Laurinat d. αβγ-Trioxypropan.** Sm. 59°; Sd. 142$^{\circ}_{0}$ (*B.* **36**, 4341 *C.* **1904** [1] 434).

$C_{15}H_{30}Br_2$ 2) **Spilanthendibromid.** Fl. (*Ar.* **241**, 279 *C.* **1903** [2] 451).

$C_{15}H_{32}O_2$ 2) **Diamyläther d. αε-Dioxypentan.** Sd. 276—277° (*C. r.* **138**, 977 *C.* **1904** [1] 1401; *C. r.* **138**, 1610 *C.* **1904** [2] 429).

$C_{15}H_{32}O_4$ 4) **ε-Oxy-βϑ-Dimethyl-ε-Isobutylundekan.** Sd. 126—129$^{\circ}_{15}$ (*C. r.* **138**, 154 *C.* **1904** [1] 577).

$C_{15}H_{33}N$ *2) **Triisoamylamin.** Salze siehe (*C. r.* **135**, 903 *C.* **1903** [1] 132).

— 15 III —

$C_{15}H_6O_6Br_8$ 1) **Acetat d. Verbindung $C_{13}H_4O_5Br_8$.** Sm. 249° (*B.* **36**, 455 *C.* **1903** [1] 574; *Am.* **31**, 100 *C.* **1904** [1] 802).

$C_{15}H_6O_8Br_4$ *2) **Tetrabromyricetin** (*Soc.* **85**, 62 *C.* **1904** [1] 381, 729).

$C_{15}H_8O_2N_2$ C 72,6 — H 3,2 — O 12,9 — N 11,3 — M. G. 248.

1) **Lakton d. 3-Oxy-2-Phenyl-1,4-Benzdiazin-2²-Carbonsäure.** Sm. 201—203° (*G.* **34** [1] 498 *C.* **1904** [2] 458).

$C_{15}H_8O_4Cl_2$ 2) **5,6-Dioxy-2-Keto-1-[?-Dichlorbenzyliden]-1,2-Dihydrobenzfuran.** Sm. 210° u. Zers. (*B.* **29**, 2434). — *III, *532.*

$C_{15}H_8O_4Br_6$ 1) **α-Acetat d. 2,3,5,2',3',5'-Hexabrom-α,4,4'-Trioxydiphenylmethan.** Sm. 208° (u. 225—226°) (*A.* **330**, 79 *C.* **1904** [1] 1148).

$C_{15}H_9ON_3$ 2) **Verbindung** (aus d. Lakton $C_{15}H_8O_2N_2$). Sm. 266°. (2HCl, $PtCl_4$) (*G.* **34** [1] 499 *C.* **1904** [2] 458).

$C_{15}H_9O_3N$ *1) **1-Benzoyl-2,3-Diketo-2,3-Dihydroindol.** Sm. 206° (*B.* **36**, 2764 *C.* **1903** [2] 835).

$C_{15}H_9O_4N$ 16) **Benzoat d. 1,2-Phtalylhydroxylamin** (*C.* **1899** [2] 245). — *II, *1058.*

$C_{15}H_9O_4Cl$ 1) **2-Keto-5,6-Dioxy-1-[2-Chlorbenzyliden]-1,2-Dihydrobenzfuran.** Sm. 253° (*B.* **37**, 825 *C.* **1904** [1] 1152).

$C_{15}H_9O_5N$ 3) **αβγ-Triketo-α-Phenyl-γ-[4-Nitrophenyl]propan.** Sm. 98—99° (*B.* **37**, 1532 *C.* **1904** [1] 1609).

$C_{15}H_9O_5N_3$ C 57,9 — H 2,9 — O 25,7 — N 13,5 — M. G. 311.

1) **4-Nitro-5-Phenyl-3-[4-Nitrophenyl]isoxazol.** Sm. 199° (*A.* **328**, 224 *C.* **1903** [2] 998).

$C_{15}H_9O_6N$ 2) **2-Methyläther d. 4-Nitro-1,2-Dioxy-9,10-Anthrachinon.** Sm. 280 bis 282° (D.R.P. 150322 *C.* **1904** [1] 1043).

3) **2-Keto-5,6-Dioxy-1-[2-Nitrobenzyliden]-1,2-Dihydrobenzfuran.** Sm. 278° (*B.* **37**, 824 *C.* **1904** [1] 1152).

4) **2-Keto-5,6-Dioxy-1-[3-Nitrobenzyliden]-1,2-Dihydrobenzfuran.** Sm. 274° (219—221°) (*B.* **29**, 2434; *B.* **37**, 824 *C.* **1904** [1] 1151). — *III, *532.*

5) **2-Keto-5,6-Dioxy-1-[4-Nitrobenzyliden]-1,2-Dihydrobenzfuran.** Sm. noch nicht bei 360° (*B.* **37**, 823 *C.* **1904** [1] 1151).

$C_{15}H_9O_7N_3$ C 52,5 — H 2,6 — O 32,6 — N 12,2 — M. G. 343.

1) **γ-Keto-γ-[3,5-Dinitrophenyl]-α-[3-Nitrophenyl]propen.** Sm. 226° (*J. pr.* [2] **69**, 470 *C.* **1904** [2] 596).

$C_{15}H_9O_{14}N_7$ C 35,2 — H 1,8 — O 43,8 — N 19,2 — M. G. 511.

1) **Aethyläther-2,4,6-Trinitrophenyläther d. 2,4,6-Trinitrophenylimidodioxymethan.** Sm. 222° (*Soc.* **85**, 651 *C.* **1904** [2] 310).

$C_{15}H_{10}ON_4$ 2) **s-Di[3-Cyanphenyl]harnstoff.** Sm. 198—199° (*C.* **1904** [2] 102).

$C_{15}H_{10}O_2N_2$ 20) **Dibenzoyldiazomethan.** Sm. 114° u. Zers. (*B.* **37**, 2526 *C.* **1904** [2] 335).

21) **6-Phenylazo-1,2-Benzpyron.** Sm. 158° (*B.* **37**, 348 *C.* **1904** [1] 662).

22) **4,5-Diketo-1,3-Diphenyl-4,5-Dihydropyrazol.** Sm. 165°. + C_2H_6O, + $NaHSO_3$ (*B.* **36**, 1134 *C.* **1903** [1] 1253).

$C_{15}H_{10}O_3N_2$ 19) **3-[4-Nitrophenyl]-5-Phenylisoxazol.** Sm. 221° (*B.* **37**, 1151 *C.* **1904** [1] 1267).

20) **3-Oxy-2-Phenyl-1,4-Benzdiazin-2²-Carbonsäure.** Sm. 232° u. Zers. NH_4, Ba + $10H_2O$, o-Phenylendiaminsalz (*G.* **34** [1] 494 *C.* **1904** [2] 458).

$C_{15}H_{10}O_3Br_2$ 3) **1,2-Dibrom-2-Acetyl-3,4-β-Naphtopyran.** Sm. 213° (*B.* **36**, 1974 *C.* **1903** [2] 377).

$C_{15}H_{10}O_3Br_6$ 2) **α-Aethyläther d. 2,3,5,2′,3′,5′-Hexabrom-α,4,4′-Trioxydiphenylmethan.** Sm. 189—190° (*A.* **330**, 78 *C.* **1904** [1] 1148).

$C_{15}H_{10}O_4N_2$ *1) **2-Nitrobenzylimid d. Benzol-1,2-Dicarbonsäure** (*B.* **36**, 807 Anm. *C.* **1903** [1] 978).

*9) **4-Methylphenylimid d. 3-Nitrobenzol-1,2-Dicarbonsäure.** Sm. 152 bis 153° (*C.* **1903** [2] 431).

11) **5-Nitro-1-Methylamido-9,10-Anthrachinon** (D.R.P. 144634 *C.* **1903** [2] 750).

12) **8-Nitro-1-Methylamido-9,10-Anthrachinon** (D.R.P. 144634 *C.* **1903** [2] 750).

13) **3-Nitro-4-Methylphenylimid d. Benzolcarbonsäure.** Sm. 225° (D.R.P. 141893 *C.* **1903** [1] 1325).

$C_{15}H_{10}O_4N_4$ C 58,1 — H 3,2 — O 20,6 — N 18,1 — M. G. 310.

1) **6-[4-Nitrophenylazo]amido-1,2-Benzpyron.** Zers. 218—225° (*Soc.* **85**, 1234 *C.* **1904** [2] 1124).

$C_{15}H_{10}O_4Cl_4$ 1) **α-Methyläther d. α-Oxy-β-Keto-αβ-Di[3,5-Dichlor-4-Oxyphenyl]-äthan.** Sm. 155—156° (*A.* **325**, 59 *C.* **1903** [1] 462).

$C_{15}H_{10}O_5N_2$ 4) **α-Nitro-γ-Keto-γ-Phenyl-α-[4-Nitrophenyl]propen.** Sm. 164° (*A.* **328**, 233 *C.* **1903** [2] 999).

5) **β-Oximido-αγ-Diketo-α-Phenyl-γ-[4-Nitrophenyl]propan.** Sm. 135° (*B.* **37**, 1534 *C.* **1904** [1] 1609).

$C_{15}H_{10}O_5N_4$ C 55,2 — H 3,1 — O 24,5 — N 17,2 — M. G. 326.

1) **5-Keto-1-Phenyl-3-[3,5-Dinitrophenyl]-4,5-Dihydropyrazol.** Sm. 227° (*J. pr.* [2] **69**, 464 *C.* **1904** [2] 595).

$C_{15}H_{10}O_6S$ 1) **1-Oxy-9,10-Anthrachinon-1-Methyläther-6-Sulfonsäure.** Na (D.R.P. 145188 *C.* **1903** [2] 1037).

2) **1-Oxy-9,10-Anthrachinon-1-Methyläther-7-Sulfonsäure** (D.R.P. 145188 *C.* **1903** [2] 1038).

$C_{15}H_{11}ON$ 41) **Nitril d. α-Phenyl-β-[2-Oxyphenyl]akrylsäure.** Sm. 104° (*B.* **37**, 3165 *C.* **1904** [2] 983).

$C_{15}H_{11}ON_3$ *3) **3-Oxy-5,6-Diphenyl-1,2,4-Triazin.** Sm. 223° (*B.* **36**, 3190 *C.* **1903** [2] 939).

*7) **Nitril d. Phenylazobenzoylessigsäure.** Sm. 135—136° (*B.* **37**, 2207 *C.* **1904** [2] 323).

10) **3-Benzylidenamido-4-Keto-3,4-Dihydro-1,3-Benzdiazin.** Sm. 129° (*J. pr.* [2] **69**, 101 *C.* **1904** [1] 730).

$C_{15}H_{11}OCl$ 2) **1-Chlor-4-Methyl-2-Phenylbenzfuran.** Sm. 66,5°; Sd. 194°$_{15}$ (*B.* **36**, 4001 *C.* **1904** [1] 174).

$C_{15}H_{11}O_2N$ *26) **4-Oxy-1-Keto-3-Phenyl-1,2-Dihydroisochinolin.** Sm. 255—257° (*B.* **37**, 1689 *C.* **1904** [1] 1524).

31) **1-Methylamido-9,10-Anthrachinon.** Sm. 167° (D.R.P. 144634 *C.* **1903** [2] 750; D.R.P. 156056 *C.* **1904** [2] 1631).

32) **2-Methylamido-9,10-Anthrachinon** (D.R.P. 144634 *C.* **1903** [2] 750).

$C_{15}H_{11}O_2N_3$ 20) **3-[4-Nitrophenyl]-5-Phenylpyrazol.** Sm. oberh. 250° (*B.* **37**, 1152 *C.* **1904** [1] 1267).

21) **4-Oximido-5-Keto-1,3-Diphenyl-4,5-Dihydropyrazol.** Sm. 200° (*B.* **36**, 1135 *C.* **1903** [1] 1254).

22) **2-[β-2-Nitrophenyläthenyl]benzimidazol.** Sm. 215° (*C.* **1904** [1] 102).

23) **2-[β-3-Nitrophenyläthenyl]benzimidazol.** Zers. bei 220°. HCl (*C.* **1904** [1] 103).

24) **2-[β-4-Nitrophenyläthenyl]benzimidazol.** Sm. 269—270° u. Zers. (*C.* **1904** [1] 103).

25) **3-[2-Oxybenzyliden]amido-4-Keto-3,4-Dihydro-1,3-Benzdiazin.** Sm. 205° (*J. pr.* [2] **69**, 101 *C.* **1904** [1] 730).

26) **1,5-Diphenyl-1,2,3-Triazol-4-Carbonsäure.** Sm. 164—165°. Na + 3½H_2O, Ba + 5H_2O, Cu + 1½H_2O (*B.* **35**, 4047 *C.* **1903** [1] 169).

27) **Nitril d. 2-Keto-6-Oxy-4-[β-Phenyläthyl]-2,5-Dihydropyridin-3,5-Dicarbonsäure** (Hydrocinnamylidenglutaconimid). NH_4 (*C.* **1903** [2] 714).

28) **Benzoat d. 5-Oxy-1-Phenyl-1,2,3-Triazol.** Sm. 141—142° (*A.* **335**, 83 *C.* **1904** [2] 1231).

29) **s-Phenyl-3-Cyanphenylamid d. Oxalsäure.** Sm. 205—206° (*C.* **1904** [2] 102).

$C_{15}H_{11}O_2Br_3$ 2) **Acetat d. 3,5,4'-Tribrom-4-Oxydiphenylmethan.** Sm. 105° (*A.* **334**, 376 *C.* **1904** [2] 1051).

$C_{15}H_{11}O_3N$ *2) **β-Oximido-αγ-Diketo-αγ-Diphenylpropan.** Sm. 143—144° (*B.* **37**, 1531 *C.* **1904** [1] 1608).

*18) **γ-Keto-γ-Phenyl-α-[4-Nitrophenyl]propen.** Sm. 162,5° (*B.* **37**, 1149 *C.* **1904** [1] 1267).

21) **β-Nitro-γ-Keto-αγ-Diphenylpropen.** Sm. 90° (*A.* **328**, 236 *C.* **1903** [2] 999).

22) **γ-Keto-γ-Phenyl-α-[3-Nitrophenyl]propen.** Sm. 145° (*Soc.* **83**, 1377 *C.* **1904** [1] 164, 450).

23) **4-Methylamido-1-Oxy-9,10-Anthrachinon** (D.R.P. 144634 *C.* **1903** [2] 750; D.R.P. 154353 *C.* **1904** [2] 1013).

24) **3-Oximido-2-Phenyl-2,3-Dihydro-1,4-Benzpyron.** Sm. 158—159° u. Zers. (*B.* **37**, 2819 *C.* **1904** [2] 712).

25) **Benzoat d. 3-Oxy-2-Keto-2,3-Dihydroindol.** Sm. 134° (*B.* **37**, 947 *C.* **1904** [1] 1217).

26) **4-Methoxylphenylimid d. Benzol-1,2-Dicarbonsäure** (2 isom. Formen). Sm. 162° (*B.* **36**, 1000 *C.* **1903** [1] 1131).

$C_{15}H_{11}O_3Br$ 3) **?-Brom-8-Oxy-5,7-Dimethylfluoron.** Zers. bei 170—180° (*M.* **25**, 328 *C.* **1904** [1] 1495).

$C_{15}H_{11}O_4N$ 11) **4-Nitrodibenzoylmethan.** Sm. 160° (*B.* **37**, 1151 *C.* **1904** [1] 1267).

12) **2-Methyläther d. 4-Amido-1,2-Dioxy-9,10-Anthrachinon** (D.R.P. 150322 *C.* **1904** [1] 1043).

13) **α-Oximido-β-Keto-αβ-Diphenyläthan-β²-Carbonsäure?** Sm. 166° (*B.* **23**, 1345). — *II, *1098.*

14) **α-Phenylimido-2-Carboxyphenylessigsäure.** 2 Anilinsalz (D.R.P. 97241 *C.* **1898** [2] 524). — *II, *1129.*

$C_{15}H_{11}O_4N_3$ 4) **Benzyläther d. Nitroisatinoxim.** Sm. 234—235° (*B.* **35**, 4337 *C.* **1903** [1] 293).

5) **Nitril d. 2,6-Diketo-4-[3,4-Dioxyphenyl]-1,2,3,6-Tetrahydropyridin-3,4-Dimethyläther-3,5-Dicarbonsäure.** NH_4 + $2^1/_2H_2O$ (*C.* **1904** [2] 903).

$C_{15}H_{11}O_5N$ 9) **Aethylester d. 2,4,9-Triketo-2,3,4,9-Tetrahydro-ββ-Naphtindol-3-Carbonsäure.** Sm. 275° u. Zers. Cu (E. Hoyer, Dissert., Berlin 1901).

10) **Acetat d. 4-Nitro-4'-Oxydiphenylketon.** Sm. 131° (*B.* **36**, 3898 *C.* **1904** [1] 94).

$C_{15}H_{11}O_6N$ 5) **ββ-Dioxy-αγ-Diketo-α-Phenyl-γ-[4-Nitrophenyl]propan.** Sm. 100° (*B.* **37**, 1533 *C.* **1904** [1] 1609).

6) **Aldehyd d. 5-Nitro-3-Benzoyl-4-Methoxylbenzol-1-Carbonsäure.** Sm. 120—121° (*B.* **36**, 4398 *C.* **1903** [1] 341).

$C_{15}H_{11}O_6N_3$ 2) **γ-Oximido-β-Nitro-α-Keto-γ-[4-Nitrophenyl]-α-Phenylpropan.** Sm. 136—137° u. Zers. + $^1/_2C_6H_6$ (*A.* **328**, 228 *C.* **1903** [2] 998).

$C_{15}H_{11}N_2Cl$ 3) **Nitril d. β-Imido-α-[4-Chlorphenyl]-β-Phenylpropionsäure.** Sm. 174° (*J. pr.* [2] **67**, 388 *C.* **1903** [1] 1357).

$C_{15}H_{12}ON_2$ 41) **2-[4-Amidobenzyliden]-2,3-Dihydroindol** (*C.* **1903** [1] 34).

42) **3-[4-Amidophenyl]-5-Phenylisoxazol.** Sm. 155° (*A.* **328**, 234 *C.* **1903** [2] 999).

43) **4-Keto-2-Benzyl-3,4-Dihydro-1,3-Benzdiazin.** Sm. 242° (*J. pr.* [2] **69**, 20 *C.* **1904** [1] 640).

$C_{15}H_{12}ON_4$ 8) **Verbindung** (aus 4,5-Diketo-1,3-Diphenyl-4,5-Dihydropyrazol). Sm. 98—101° (*B.* **36**, 1136 *C.* **1903** [1] 1254).

$C_{15}H_{12}O_2N_2$ 38) **5-Amido-1-Methylamido-9,10-Anthrachinon** (*B.* **37**, 72 *C.* **1904** [1] 666).

39) **8-Amido-1-Methylamido-9,10-Anthrachinon** (*B.* **37**, 72 *C.* **1904** [1] 666).

40) **4-Oxy-5-Keto-1,3-Diphenyl-4,5-Dihydropyrazol.** Sm. 200—203° (*B.* **36**, 1136 *C.* **1903** [1] 1254).

41) **Benzyläther d. Isatinoxim.** Sm. 168,5—169° (*B.* **35**, 4336 *C.* **1903** [1] 293).

42) **Azobenzol-4-Akrylsäure.** Sm. 245° u. Zers. (*C. r.* **135**, 1117 *C.* **1903** [1] 286).

43) **Methylester d. 2-Phenylindazol-2³-Carbonsäure.** Sm. 73° (*Bl.* [3] **31**, 875 *C.* **1904** [2] 661).

$C_{15}H_{12}O_3Br_2$ 4) **Dibromoxydimethyldiphenylketon** ($CH_3 : CH_3 : OH = 1 : 3 : 4$) (*G.* **33** [2] 64 *C.* **1903** [2] 996).
5) **Acetat d. 4,4'-Dibrom-α-Oxydiphenylmethan.** Sm. 70—72° (*Am.* **30**, 456 *C.* **1904** [1] 377).
6) **Acetat d. 3,5-Dibrom-4-Oxydiphenylmethan.** Sm. 53° (*A.* **334**, 375 *C.* **1904** [2] 1051).

$C_{15}H_{12}O_2Br_4$ 1) **Dimethyläther d. 3,5,3',5'-Tetrabrom-4,4'-Dioxydiphenylmethan.** Sm. 150—151° (*B.* **36**, 1886 *C.* **1903** [2] 291).

$C_{15}H_{12}O_3N_2$ *1) **s-Dibenzoylharnstoff.** Sm. 208—209° (*B.* **36**, 3220 *C.* **1903** [2] 1056).
14) **α-Amido-γ-Keto-γ-Phenyl-α-[4-Nitrophenyl]propen.** Sm. 141° (*B.* **37**, 1150 *C.* **1904** [1] 1267; *Soc.* **85**, 1173 *C.* **1904** [2] 1216).
15) **αγ-Dioximido-β-Keto-αγ-Diphenylpropan.** Sm. 133,5° (*B.* **37**, 1145 *C.* **1904** [1] 1266).
16) **4,4-Dioxy-5-Keto-1,3-Diphenyl-4,5-Dihydropyrazol.** Sm. 82° (*B.* **36**, 1134 *C.* **1903** [1] 1254).
17) **4-Oxyazobenzol-2-Akrylsäure.** Sm. 168° (*B.* **37**, 4128 *C.* **1904** [2] 1735).
18) **4-Oxyazobenzol-3-Akrylsäure.** Sm. 206° u. Zers. (*B.* **37**, 4126 *C.* **1904** [2] 1735).

$C_{15}H_{12}O_3Br_2$ 4) **α-Acetat d. 3,5-Dibrom-α,4-Dioxydiphenylmethan.** Sm. 115° (*A.* **334**, 382 *C.* **1904** [2] 1052).

$C_{15}H_{12}O_4N_4$ 3) **6-Nitro-2-Methyl-3-[4-Nitrophenyl]-3,4-Dihydro-1,3-Benzdiazin.** Sm. 188—191°. HCl, HNO_3, H_2SO_4, Essigsulfons. Salz (*B.* **36**, 3118 *C.* **1903** [2] 1132).

$C_{15}H_{12}O_5N_2$ 9) **Nitrit d. β-Nitro-γ-Keto-α-Oxy-αγ-Diphenylpropan.** Fl. (*A.* **328**, 236 *C.* **1903** [2] 999).

$C_{15}H_{12}O_7N_2$ 5) **Dimethyläther d. 3,3'-Dinitro-4,4'-Dioxydiphenylketon.** Sm. 205° (*G.* **34** [1] 384 *C.* **1904** [2] 111).

$C_{15}H_{12}O_7N_6$ 2) **s-Di[3-Nitrophenylamidoformyl]harnstoff.** Sm. 142° u. Zers. (*Soc.* **81**, 1569 *C.* **1903** [1] 157).

$C_{15}H_{12}O_{10}N_4$ C 47,4 — H 3,1 — O 42,1 — N 7,4 — M. G. 380.
1) **ββ-Di[P-Dinitro-4-Oxyphenyl]propan.** Sm. 231—232° (*C.* **1904** [2] 1737).

$C_{15}H_{12}NCl$ 3) **Chlor-1-Naphtylat d. Pyridin.** + $FeCl_3$ (*J. pr.* [2] **69**, 129 *C.* **1904** [1] 815).
4) **Chlor-2-Naphtylat d. Pyridin.** + $FeCl_3$, 2 + $PtCl_4$, + $AuCl_3$ (*J. pr.* [2] **69**, 127 *C.* **1904** [1] 815).

$C_{15}H_{12}NJ$ 1) **Jod-2-Naphtylat d. Pyridin.** Sm. 201° (*J. pr.* [2] **69**, 128 *C.* **1904** [1] 815).

$C_{15}H_{12}N_2S_2$ 2) **2-Phenyl-3-[4-Methylphenyl]-2,3-Dihydro-1,3,4-Thiodiazol-2,5-Sulfid.** Sm. 205—206° u. Zers. (*J. pr.* [2] **67**, 257 *C.* **1903** [1] 1265).

$C_{15}H_{13}ON$ 27) **α-Amido-γ-Keto-αγ-Diphenylpropen.** Sm. 97° (*Soc.* **85**, 1181 *C.* **1904** [2] 1216; *Soc.* **85**, 1323 *C.* **1904** [2] 1645).
28) **γ-Keto-γ-[4-Amidophenyl]-α-Phenylpropen.** HCl (*B.* **37**, 392 *C.* **1904** [1] 657).
29) **Methyl-4-Benzylidenamidophenylketon.** Sm. 96° (*B.* **37**, 392 *C.* **1904** [1] 657).

$C_{15}H_{13}ON_3$ 32) **4-Amido-5-Phenyl-3-[4-Amidophenyl]isoxazol** + $^1/_2 H_2O$. Sm. 118° (*A.* **328**, 225 *C.* **1903** [2] 998).
33) **Methyläther d. 5-Oxy-1,4-Diphenyl-1,2,3-Triazol.** Sm. 126° (*A.* **335**, 105 *C.* **1904** [2] 1232).
34) **Amid d. Azobenzol-4-Akrylsäure.** Sm. 228—229° (*C. r.* **135**, 1117 *C.* **1903** [1] 286).

$C_{15}H_{13}ON_5$ 4) **2-[2-Semicarbazonmethylphenyl]indazol.** Sm. 252—253° (*Bl.* [3] **31**, 872 *C.* **1904** [2] 661).

$C_{15}H_{13}OCl$ *1) **γ-Chlor-α-Keto-αγ-Diphenylpropan.** Sm. 120° u. Zers. (*B.* **36**, 1479 *C.* **1903** [1] 1349).
4) **Methyläther d. β-Chlor-α-Phenyl-α-[2-Oxyphenyl]äthen.** Sm. 71,5° (*B.* **37**, 4165 *C.* **1904** [2] 1643).
5) **Methyläther d. isom. β-Chlor-α-Phenyl-α-[2-Oxyphenyl]äthen.** Sm. 50,5° (*B.* **37**, 4166 *C.* **1904** [2] 1643).
6) **Methyläther d. β-Chlor-α-Phenyl-α-[4-Oxyphenyl]äthen.** Sm. 59 bis 60° (*B.* **37**, 4167 *C.* **1904** [2] 1643).

$C_{15}H_{13}OCl$ 7) **Methyläther d. isom. β-Chlor-α-Phenyl-α-[4-Oxyphenyl]äthen.** Sm. 26—28°; Sd. 210—213° (*B.* **37**, 4167 *C.* **1904** [2] 1043).

$C_{15}H_{13}OBr$ 5) **Methyläther d. β-Brom-α-Phenyl-α-[2-Oxyphenyl]äthen.** Sm. 78,5° (*B.* **37**, 4164 *C.* **1904** [2] 1643).

6) **Methyläther d. isom. β-Brom-α-Phenyl-α-[2-Oxyphenyl]äthen.** Sm. 56,5° (*B.* **37**, 4165 *C.* **1904** [2] 1643).

7) **Methyläther d. β-Brom-α-Phenyl-α-[4-Oxyphenyl]äthen.** Sm. 82,5° (*B.* **37**, 4166 *C.* **1904** [2] 1643).

8) **Methyläther d. isom. β-Brom-α-Phenyl-α-[4-Oxyphenyl]äthen.** Sm. 52° (*B.* **37**, 4166 *C.* **1904** [2] 1643).

$C_{15}H_{13}O_2N$ *6) **β-Oximido-α-Keto-αγ-Diphenylpropan.** Sm. 126° (*B.* **36**, 3018 *C.* **1903** [2] 1001).

*31) **Benzoylamid d. Phenylessigsäure.** Sm. 129—130° (*C.* **1903** [2] 831).

42) **Methyl-4-[2-Oxybenzyliden]amidophenylketon.** Sm. 116° (*B.* **37**, 395 *C.* **1904** [1] 657).

43) **Methyl-4-[4-Oxybenzyliden]amidophenylketon.** Sm. 209° (*B.* **37**, 658 *C.* **1904** [1] 658).

44) **Methyl-4-Benzoylamidophenylketon.** Sm. 205° (*C.* **1903** [1] 832).

45) **2-Oxy-1-[α-Amidofural]naphtalin.** Sm. 115°. HCl (*G.* **33** [1] 13 *C.* **1903** [1] 925).

46) **Methyläther d. 5-Oxy-3-Methyl-1-Phenylbenzoxazol.** Sm. 98° (*B.* **37**, 3110 *C.* **1904** [2] 994).

47) **Aethyläther d. 5-Oxy-1-Phenylbenzoxazol.** Sm. 64—66° (*J. pr.* [2] **70**, 328 *C.* **1904** [2] 1541).

48) **Aldehyd d. 2-Methylbenzoylamidobenzol-1-Carbonsäure.** Sm. 78,5 bis 79° (*B.* **37**, 983 *C.* **1904** [1] 1079).

49) **Benzoat d. γ-Oxy-β-[2-Pyridyl]propen.** Sm. 60—61° (*B.* **37**, 745 *C.* **1904** [1] 1090).

50) **Benzoylamid d. 1-Methylbenzol-4-Carbonsäure.** Sm. 112—113° (*C.* **1903** [2] 831).

$C_{15}H_{13}O_2N_3$ 24) **Dibenzoylguanidin.** Sm. 215° (*Ar.* **241**, 478 *C.* **1903** [2] 989).

25) **2-[α-Semicarbazonäthyl]-β-Naphtofuran.** Sm. 249° (*B.* **36**, 2867 *C.* **1903** [2] 832).

26) **6-Cinnamylidenhydrazidopyridin-3-Carbonsäure.** Sm. 263—264° (*B.* **36**, 1114 *C.* **1903** [1] 1184).

27) **1-[2,4-Dimethylphenyl]-1,2,3-Benztriazol-5-Carbonsäure.** Sm. 230° (*A.* **332**, 91 *C.* **1904** [1] 1570).

$C_{15}H_{13}O_3N$ *13) **α-Benzoylamido-α-Phenylessigsäure.** Ba (*B.* **37**, 2961 *C.* **1904** [2] 993).

37) **β-Oximido-αβ-Diphenylpropionsäure.** Sm. 138—139°. Ag (*J. pr.* [2] **55**, 316). — *II, *1003.*

38) **Aethylester d. Naphtostyril-N-Methylcarbonsäure.** Sm. 86—87° (*B.* **35**, 4221 *C.* **1903** [1] 166).

39) **Phenylamid d. 2-Acetoxylbenzol-1-Carbonsäure.** Sm. 136—137° (*B.* **37**, 3976 *C.* **1904** [2] 1605).

$C_{15}H_{13}O_3N_3$ 15) **Di[Phenylamid] d. Oximidomalonsäure.** 2 isom. Formen. Sm. 141°. K, Ag (*Soc.* **83**, 34 *C.* **1903** [1] 73, 441).

16) **α-Phenylhydrazid d. Phenylimidoessigsäure-2-Carbonsäure.** Sm. 243° u. Zers. K, Ca + $8^1/_2H_2O$, Ba (*A.* **332**, 232 *C.* **1904** [2] 38).

$C_{15}H_{13}O_4N$ *20) **Aethyläther d. 2-Nitro-4'-Oxydiphenylketon.** Sm. 115° (*B.* **36**, 3891 *C.* **1904** [1] 93).

*21) **Aethyläther d. 3-Nitro-4'-Oxydiphenylketon.** Sm. 79—81° (*B.* **36**, 3891 *C.* **1904** [1] 93).

*22) **Aethyläther d. 4-Nitro-4'-Oxydiphenylketon.** Sm. 112° (*B.* **36**, 3896 *C.* **1904** [1] 93).

31) **2-[4-Oxy-3-Methoxylbenzyliden]amidobenzol-1-Carbonsäure.** Sm. 172—174° (*B.* **37**, 596 *C.* **1904** [1] 881).

32) **r-α-[Phenylamidoformoxyl]phenylessigsäure.** Sm. 146° (*Bl.* [3] **19**, 775). — *II, *923.*

33) **4-Methoxylphenylmonamid d. Benzol-1,2-Dicarbonsäure.** Sm. 180 bis 185° (*B.* **36**, 998 *C.* **1903** [1] 1131).

$C_{15}H_{13}O_4N_3$ *23) **Methyläther d. Benzoylimido-3-Nitrophenylamidooxymethan.** Sm. 86—88° (*Am.* **32**, 364 *C.* **1904** [2] 1507).

$C_{15}H_{13}O_4N_3$ 28) **Methyläther d. Phenylamido-3-Nitrobenzoylimidooxymethan.** Sm. 124° (*C.* **1904** [1] 1559).
29) **α-Acetyl-α-Phenyl-β-[5-Nitro-2-Oxybenzyliden]hydrazin.** Sm. 165° (*B.* **37**, 3930 *C.* **1904** [2] 1595).
30) **α-Acetyl-α-Phenyl-β-[3-Nitro-4-Oxybenzyliden]hydrazin.** Sm. 193 bis 194° (*B.* **37**, 3933 *C.* **1904** [2] 1596).
31) **s-Diphenylguanidin-2,2'-Dicarbonsäure** + $^1/_2H_2O$. Sm. 201° u. Zers. (*J. pr.* [2] **69**, 30 *C.* **1904** [1] 641).
32) **α-Phenyl-β-[3-Nitrobenzyliden]hydrazidoessigsäure.** Sm. 196 bis 197° (*B.* **36**, 3883 *C.* **1904** [1] 26).
33) **Acetat d. α-Phenyl-β-[5-Nitro-2-Oxybenzyliden]hydrazin.** Sm. 191° (*B.* **37**, 3929 *C.* **1904** [2] 1595).
34) **Acetat d. α-Phenyl-β-[6-Nitro-2-Oxybenzyliden]hydrazin.** Sm. 128° (*B.* **37**, 3932 *C.* **1904** [2] 1596).
35) **Acetat d. α-Phenyl-β-[3-Nitro-4-Oxybenzyliden]hydrazin.** Sm. 134—135° (*B.* **37**, 3932 *C.* **1904** [2] 1596).
36) **Di[Phenylamid] d. Nitromalonsäure.** Sm. 141° (*C.* **1904** [1] 1555).

$C_{15}H_{13}O_5N_3$ 10) **Acetyl-2',4'-Dinitro-4-Methyldiphenylamin.** Sm. 141—142° (*B.* **36**, 32 *C.* **1903** [1] 520).

$C_{15}H_{13}O_6N$ 8) **1-Methylester-3-[3-Oxyphenyl]ester d. 4-Oxybenzol-1-Carbonsäure-3-Amidoameisensäure.** Sm. 161° (*A.* **325**, 325 *C.* **1903** [1] 770).

$C_{15}H_{13}O_6N_3$ 7) **4,6-Dinitroäthyldiphenylamin-2-Carbonsäure.** Sm. 150—151°. K (*G.* **33** [2] 329 *C.* **1904** [1] 278).
8) **Acetat d. 4,6-Dinitro-4'-Oxy-3-Methyldiphenylamin.** Sm. 146—147° (*B.* **37**, 2093 *C.* **1904** [2] 33).

$C_{15}H_{13}O_6N_5$ *2) **2,4,6-Trinitro-1-[4-Dimethylamidophenyl]imidomethylbenzol.** Zers. bei 268°. + Nitrobenzol (*B.* **36**, 960 *C.* **1903** [1] 969).

$C_{15}H_{13}NS$ 5) **Aethyläther d. 5-Merkaptoakridin.** Sm. 65°. (2HCl, $PtCl_4$), Pikrat (*J. pr.* [2] **68**, 76 *C.* **1903** [2] 445).

$C_{15}H_{13}N_3S$ *2) **Benzyläther d. α-Cyanimido-α-Phenylamido-α-Merkaptomethan.** Sm. 182—183° (185—186°) (*C.* **1903** [2] 662; *A.* **331**, 297 *C.* **1904** [2] 33).
*5) **Methyläther d. 3-Merkapto-1,5-Diphenyl-1,2,4-Triazol.** Sm. 103—104° (*J. pr.* [2] **67**, 226 *C.* **1903** [1] 1261).
6) **5-Methyl-1,4-Diphenyl-4,5-Dihydro-1,2,4-Triazol-3,5-Sulfid.** Sm. 253° (*J. pr.* [2] **67**, 252 *C.* **1903** [1] 1265).

$C_{15}H_{14}ON_2$ *41) **Benzylidenhydrazid d. 1-Methylbenzol-2-Carbonsäure.** Sm. 164° (*J. pr.* [2] **69**, 370 *C.* **1904** [2] 534).
*42) **Benzylidenhydrazid d. 1-Methylbenzol-3-Carbonsäure.** Sm. 139° (*J. pr.* [2] **69**, 371 *C.* **1904** [2] 534).
*43) **Benzylidenhydrazid d. 1-Methylbenzol-4-Carbonsäure.** Sm. 235° (*J. pr.* [2] **69**, 371 *C.* **1904** [2] 534).
50) **α-Imido-α-Acetylphenylamido-α-Phenylmethan.** Sm. 128—129° (*C.* **1903** [2] 831).
51) **α-Phenylimido-α-Acetylamido-α-Phenylmethan.** Sm. 138—139° (*C.* **1903** [2] 831).
52) **Carbonyl-4,4'-Diamido-3,3'-Dimethylbiphenyl** (o-Tolidinharnstoff). Sm. 370—373° (*M.* **25**, 386 *C.* **1904** [2] 320).
53) **Methyläther d. 2-[2-Oxymethylphenyl]indazol** (*C. r.* **137**, 523 *C.* **1903** [2] 1061).
54) **Nitril d. α-Phenylamido-α-[4-Oxyphenyl]essigmethylätherssäure.** Sm. 104—105° (*B.* **37**, 4085 *C.* **1904** [2] 1723).

$C_{15}H_{14}OCl_2$ 1) **Methyläther d. αβ-Dichlor-α-Phenyl-β-[2-Oxyphenyl]äthan.** Sm. 90° (*B.* **37**, 4165 *C.* **1904** [2] 1643).

$C_{15}H_{14}OBr_2$ *1) **Methyläther d. αβ-Dibrom-α-Phenyl-β-[4-Oxyphenyl]äthan.** Sm. 177° (*A.* **333**, 270 *C.* **1904** [2] 1392).
2) **Aethyläther d. 4,4'-Dibrom-α-Oxydiphenylmethan.** Sd. 228°₁₆ (*Am.* **30**, 461 *C.* **1904** [1] 377).

$C_{15}H_{14}O_2N_2$ *6) **Di[Benzoylamido]methan.** Sm. 218° (*B.* **37**, 4097 *C.* **1904** [2] 1720).
*59) **2-Oxybenzylidenhydrazid d. 1-Methylbenzol-2-Carbonsäure.** Sm. 166° (*J. pr.* [2] **69**, 370 *C.* **1904** [2] 534).
*60) **2-Oxybenzylidenhydrazid d. 1-Methylbenzol-4-Carbonsäure.** Sm. 197° (*J. pr.* [2] **69**, 371 *C.* **1904** [2] 534).
74) **Methyläther d. α-Benzoylamido-α-Phenylimido-α-Oxymethan.** Ag (*C.* **1904** [1] 1550).

$C_{15}H_{14}O_2N_2$ 75) α-Acetyl-α-Phenyl-β-[4-Oxybenzyliden]hydrazin. Sm. 182° (*B.* **36**, 3974 *C.* **1904** [1] 163).

76) α-Phenyl-β-Benzylidenhydrazidoessigsäure. Sm. 165—166° (*B.* **36**, 3883 *C.* **1904** [1] 26).

77) Methylester d. Phenylimidophenylamidoessigsäure. Sm. 65—66°. (2HCl, $PtCl_4$) (*Soc.* **85**, 991 *C.* **1904** [2] 831).

78) Acetat d. 2-Oxymethylazobenzol. Sm. 39—40° (*C. r.* **138**, 1427 *C.* **1904** [2] 229; *Bl.* [3] **31**, 868 *C.* **1904** [2] 661).

79) s-Phenyl-4-Methylphenylamid d. Oxalsäure. Sm. 206° (*A.* **332**, 267 *C.* **1904** [2] 700).

$C_{15}H_{14}O_2N_4$ 13) Phenylhydrazid-Benzylidenhydrazid d. Oxalsäure. Sm. 249—250° (*B.* **37**, 2426 *C.* **1904** [2] 341).

$C_{15}H_{14}O_2Br_2$ 1) 3,4-Methylenäther d. αβ-Dibrom-α-Phenyl-β-[3,4-Dioxyphenyl]-äthan. Sm. 188° (*B.* **37**, 1432 *C.* **1904** [1] 1351).

2) α-Aethyläther d. 3,5-Dibrom-α,4-Dioxydiphenylmethan. Sm. 85—86° (*A.* **334**, 382 *C.* **1904** [2] 1052).

$C_{15}H_{14}O_3N_2$ 61) 3-Nitro-4'-Dimethylamidodiphenylketon. Sm. 173° (D.R.P. 42853). — *III, *148*.

62) Phenoxazinderivat (aus 2-Amido-3,5-Dioxy-1-Methylbenzol-5-Methyläther). Sm. 253° (256—260°). HCl, HBr (*B.* **30**, 1107; *J. pr.* [2] **70**, 366 *C.* **1904** [2] 1565). — *II, *583*.

63) 4-Oxyazobenzol-2-Propionsäure. Sm. 146° (*B.* **37**, 4130 *C.* **1904** [2] 1735).

64) 4-Oxyazobenzol-3-Propionsäure. Sm. 130° (*B.* **37**, 4129 *C.* **1904** [2] 1735).

65) 6-Oxyazobenzol-3-Propionsäure. Sm. 140—141° (*B.* **37**, 4131 *C.* **1904** [2] 1735).

66) 3-Nitro-2,4-Dimethylphenylamid d. Benzolcarbonsäure. Sm. 236° (*G.* **33** [2] 281 *C.* **1904** [1] 265).

67) 5-Nitro-2,4-Dimethylphenylamid d. Benzolcarbonsäure. Sm. 200° (*G.* **33** [2] 281 *C.* **1904** [1] 265).

68) Benzoat d. αβ-Phenylnitrosamido-α-Oxyäthan. Fl. (*A.* **332**, 210 *C.* **1904** [2] 211).

69) Methylester d. 2-Oxymethylazobenzol-2'-Carbonsäure (*C. r.* **138**, 1277 *C.* **1904** [2] 120).

70) Phenylamid d. Phenylamidoformoxylessigsäure. Sm. 145—147° (*Bl.* [3] **29**, 122 *C.* **1903** [1] 564).

$C_{15}H_{14}O_3N_4$ *7) s-Di[Phenylamidoformyl]harnstoff. Sm. 211° (*C.* **1904** [2] 29).

10) 4,4'-Di[Methylnitrosamidophenyl]keton. Sm. 228—229° (*B.* **37**, 2677 *C.* **1904** [2] 444).

11) 5-Nitro-2-Acetylamido-1-Phenylhydrazonmethylbenzol. Sm. 229° (*M.* **24**, 97 *C.* **1903** [1] 921).

12) 6-Nitro-3-Acetylamido-1-Phenylhydrazonmethylbenzol. Sm. 247° (*M.* **24**, 6 *C.* **1903** [1] 775).

13) 3-Nitro-4-Acetylamido-1-Phenylhydrazonmethylbenzol. Sm. 209° (*M.* **24**, 91 *C.* **1903** [1] 921).

14) Phenylnitrosamid d. β-Phenylureïdoessigsäure. Sm. 131° u. Zers. (*J. pr.* [2] **70**, 250 *C.* **1904** [2] 1463).

$C_{15}H_{14}O_4N_2$ *25) Di[Phenylamido]methan-2,2'-Dicarbonsäure. Sm. 150—158° u. Zers. (157°) (*B.* **36**, 50 *C.* **1903** [1] 505; D.R.P. 138393 *C.* **1903** [1] 372).

29) 2'-Nitro-2,4-Dimethyldiphenylamin-4'-Carbonsäure. Sm. 213° (*A.* **332**, 90 *C.* **1904** [1] 1570).

30) Di[Phenylamido]methan-3,3'-Dicarbonsäure. Sm. 119—129° (*B.* **36**, 51 *C.* **1903** [1] 505).

31) Di[Phenylamido]methan-4,4'-Dicarbonsäure. Sm. 167—168° (*B.* **36**, 52 *C.* **1903** [1] 505).

32) Aethylester d. Acetyldicyanbenzoylessigsäure. Sm. 111° (*A.* **332**, 153 *C.* **1904** [2] 192).

33) 2-Phenylamidoformiat d. 2-Oximido-5-Oxy-1-Keto-1,2-Dihydrobenzol-5-Aethyläther (*J. pr.* [2] 70, 324 *C.* **1904** [2] 1541).

$C_{15}H_{14}O_4S$ 4) Benzylidenacetophenonhydrosulfonsäure. K + $2^1/_2H_2O$ (*B.* **37**, 4049 *C.* **1904** [2] 1648).

5) β-Phenylsulfon-β-Phenylpropionsäure. Sm. 173°. Ba (*Am.* **31**, 174 *C.* **1904** [1] 876).

$C_{15}H_{14}O_5N_2$ 5) **1-Benzoylamido-2,5-Dimethylpyrrol-3,4-Dicarbonsäure.** Sm. 231 bis 232° u. Zers. K + $^1/_2H_2O$ (*B.* **35**, 4319 *C.* **1903** [1] 336).

6) **Dimethylester d. $\alpha\gamma$-Dicyan-β-Oxy-β-Phenylpropan-$\alpha\gamma$-Dicarbonsäure.** Sm. 162° (*Bl.* [3] **31**, 529 *C.* **1904** [1] 1554).

$C_{15}H_{14}O_5N_4$ 12) **3,3'-Dinitro-4,4'-Di[Methylamido]diphenylketon.** Sm. 212° (*G.* **34** [1] 386 *C.* **1904** [2] 111).

13) **6-Nitro-2-Oxy-2-Methyl-3-[4-Nitrophenyl]-1,2,3,4-Tetrahydro-1,3-Benzdiazin.** Sm. 243—246° (*B.* **35**, 741 *C.* **1902** [1] 753; *B.* **36**, 3120 *C.* **1903** [2] 1132).

$C_{15}H_{14}O_5S$ 2) **4-Benzolsulfonat d. 3,4-Dioxybenzol-3-Aethyläther-1-Carbonsäurealdehyd.** Sm. 72° (D.R.P. 81352). — *III, *76.*

3) **4-[4-Methylbenzol]sulfonat d. 3,4-Dioxybenzol-3-Methyläther-1-Carbonsäurealdehyd.** Sm. 115° (D.R.P. 80498). — *III, *76.*

$C_{15}H_{14}O_6N_2$ 2) **$\beta\beta$-Di[?-Nitro-4-Oxyphenyl]propan.** Sm. 133°. Na_2 (*C.* **1904** [2] 1737).

3) **Dimethyläther d. 3,3'-Dinitro-4,4'-Dioxydiphenylmethan.** Sm. 160° (D.R.P. 140690 *C.* **1903** [1] 1010).

$C_{15}H_{14}NJ$ 9) **3,4-Dimethyldiphenyljodoniumcyanid.** Sm. 104—108° (*A.* **327**, 281 *C.* **1903** [2] 351).

$C_{15}H_{14}N_2S$ 13) **2-Phenylimido-5-Phenyltetrahydrothiazol.** Sm. 113,5—115°. Pikrat (*B.* **37**, 2485 *C.* **1904** [2] 420).

14) **1-[2-Methylphenyl]amido-4-Methylbenzthiazol.** Sm. 136—137° (*B.* **36**, 3129 *C.* **1903** [2] 1070).

15) **1-[4-Methylphenyl]amido-5-Methylbenzthiazol.** Sm. 162° (*B.* **36**, 3131 *C.* **1903** [2] 1070).

$C_{15}H_{15}ON$ *33) **i-α-Benzoylamido-α-Phenyläthan.** Sm. 120° (*Soc.* **83**, 1152 *C.* **1903** [2] 1061).

*76) **Phenylbenzylamid d. Essigsäure.** Sm. 58° (*C. r.* **139**, 300 *C.* **1904** [2] 703).

92) **Methyläther d. α-Benzylimido-α-Oxy-α-Phenylmethan.** Sd. 178 bis 180°$_{11}$ (*Soc.* **83**, 328 *C.* **1903** [1] 581, 876).

93) **anti-α-Oximido-2,4'-Dimethyldiphenylmethan.** Sm. 122° (*B.* **36**, 2026 *C.* **1903** [2] 376).

94) **anti-α-Oximido-3,4'-Dimethyldiphenylmethan.** Sm. 118—119° (*B.* **36**, 2027 *C.* **1903** [2] 376).

95) **syn-α-Oximido-3,4'-Dimethyldiphenylmethan.** Sm. 143° (*B.* **36**, 2027 *C.* **1903** [2] 376).

96) **5-Keto-3,4-Dimethyl-2-[γ-Phenylallyliden]-2,5-Dihydropyrrol.** Sm. 248° (*A.* **306**, 246). — *II, *991.*

97) **4-Methylphenylamid d. 1-Methylbenzol-2-Carbonsäure.** Sm. 144° (*B.* **36**, 2027 *C.* **1903** [2] 376).

98) **Methylbenzylamid d. Benzolcarbonsäure.** Sd. 213—214°$_{11}$ (*Soc.* **83**, 408 *C.* **1903** [1] 833).

99) **Methyl-2-Methylphenylamid d. Benzolcarbonsäure.** Sm. 65—66° (*Soc.* **83**, 408 *C.* **1903** [1] 833).

100) **Methyl-4-Methylphenylamid d. Benzolcarbonsäure.** Sm. 46—48° (*Soc.* **83**, 408 *C.* **1903** [1] 833).

$C_{15}H_{15}ON_3$ *1) **4-Acetylamido-1-Phenylhydrazonmethylbenzol.** Sm. 209° (*M.* **24**, 89 *C.* **1903** [1] 921).

*18) **Phenylamid d. α-Phenylhydrazonpropionsäure.** Sm. 174° (*A.* **335**, 97 *C.* **1904** [2] 1232).

27) **α-Benzylidenamido-α-Methyl-β-Phenylharnstoff.** Sm. 108° (*B.* **37**, 2323, 2325 *C.* **1904** [2] 312).

28) **α-Benzylidenamido-α-Benzylharnstoff.** Sm. 153—154° (*B.* **37**, 2325 *C.* **1904** [2] 312).

29) **3-Keto-4,5,6-Trimethyl-2-Phenyl-2,3-Dihydro-5,1,2-Benztriazol** + $3H_2O$. Sm. 122° (144° wasserfrei) (*B.* **36**, 518 *C.* **1903** [1] 649).

30) **α-Phenyläthylidenhydrazid d. 2-Amidobenzol-1-Carbonsäure.** Sm. 165° (*J. pr.* [2] **69**, 99 *C.* **1904** [1] 730).

$C_{15}H_{15}O_2N$ *44) **Benzylamid d. 4-Oxybenzolmethyläther-1-Carbonsäure.** Sm. 131° (*B.* **37**, 4138 *C.* **1904** [2] 1714).

64) **1-Aethyläther d. 4-[2-Oxybenzyliden]amido-1-Oxybenzol.** Sm. 94° (90—91,5°) (D. R. P. 79814, 79857). — *III, *52.*

$C_{15}H_{15}O_3N$ 65) β-Benzoylamido-α-Oxy-α-Phenyläthan. Sm. 144—145,5° (*B.* **37**, 2434 *C.* **1904** [2] 420).
66) N-Benzoyl-β-Oxyäthylphenylamin. Sm. 142—146° (*A.* **332**, 212 *C.* **1904** [2] 211).
67) Benzoat d. β-Phenylamido-α-Oxyäthan. Sm. 77°. HCl (*A.* **332**, 209 *C.* **1904** [2] 211).
68) Phenylamidoformiat d. 2-Oxymethyl-1-Methylbenzol. Sm. 79° (*C. r.* **137**, 574 *C.* **1903** [2] 1117).

$C_{15}H_{15}O_3N_3$ *3) α-Acetylamido-αβ-Diphenylharnstoff. Sm. 184° (*B.* **36**, 1365 *C.* **1903** [1] 1341).
*4) α-Acetylphenylamido-β-Phenylharnstoff. Sm. 192° (*B.* **36**, 1369 *C.* **1903** [1] 1342).
39) Phenylamid d. β-Phenylureïdoessigsäure. Sm. 214° (*J. pr.* [2] **70**, 249 *C.* **1904** [2] 1463).
40) Phenylamid d. 4-Aethoxylphenylazoameisensäure. Sm. 139—140° (*A.* **334**, 180, 184 *C.* **1904** [2] 834).
41) Di[Phenylamid] d. Amidomalonsäure. Sm. 141—142° (*C.* **1904** [1] 1555).

$C_{15}H_{15}O_2N_5$ 6) Amid d. s-Diphenylguanidin-2,2'-Dicarbonsäure + H_2O. Sm. oberh. 290° (wasserfrei). Pikrat (*J. pr.* [2] **69**, 37 *C.* **1904** [1] 641).

$C_{15}H_{15}O_3N$ *27) 3-Methyläther d. 6-Benzoylamido-3,5-Dioxy-1-Methylbenzol. Sm. 219—220° (*B.* **36**, 891 *C.* **1903** [1] 966).
32) Dimethyläther d. 2'-Amido-2,4-Dioxydiphenylketon. Sm. 128° (*B.* **35**, 4280 *C.* **1903** [1] 333).
33) 1-Aethyläther d. 4-Benzoylamido-1,3-Dioxybenzol. Sm. 187° (*J. pr.* [2] **70**, 327 *C.* **1904** [2] 1541).
34) 4-Methoxylphenylamid d. 4-Oxybenzolmethyläther-1-Carbonsäure. Sm. 202° (*B.* **36**, 654 *C.* **1903** [1] 768).
35) 4-Methoxylphenylimid d. 1,2,3,4-Tetrahydrobenzol-5,6-Dicarbonsäure (2 isom. Formen). Sm. 108° (*B.* **36**, 1008 *C.* **1903** [1] 1132).

$C_{15}H_{15}O_3N_3$ 11) Methyläther d. ?-Nitro-α-Methyl-α-Phenyl-β-[4-Oxybenzyliden]-hydrazin. Sm. 159—159,5° (*B.* **36**, 372 *C.* **1903** [1] 577).
12) Methyläther d. α-Methyl-α-Phenyl-β-[α-Nitro-4-Oxybenzyliden]-hydrazin. Sm. 104,5—105,2° (*B.* **36**, 363 *C.* **1903** [1] 577).
13) αγ-Diphenylsemicarbazidoessigsäure. Sm. 203—204° u. Zers. (*B.* **36**, 3886 *C.* **1904** [1] 27).

$C_{15}H_{15}O_4N_3$ 9) Aethyl-2',4'-Dinitro-2-Methyldiphenylamin. Sm. 114° (*J. pr.* [2] **68**, 258 *C.* **1903** [2] 1064).
10) Aethyl-2',4'-Dinitro-4-Methyldiphenylamin. Sm. 120° (*J. pr.* [2] **68**, 256 *C.* **1903** [2] 1064).
11) ?-Nitroäthylbenzyl-4-Nitrophenylamin. Sm. 71° (*A.* **334**, 256 *C.* **1904** [2] 901).
12) Dimethyläther d. 5-Nitro-3,4-Dioxy-1-Phenylhydrazonmethylbenzol. Sm. 108—110° (*B.* **35**, 4399 *C.* **1903** [1] 341).

$C_{15}H_{15}O_5N$ 5) 2,3-Dioxyphenylester d. 4-Aethoxylphenylamidoameisensäure. Sm. 162° (*B.* **37**, 110 *C.* **1904** [1] 584).

$C_{15}H_{15}O_6N$ 4) Diäthylester d. Phtalylamidomalonsäure. Sm. 73,8—74°. Na (*C.* **1903** [2] 33).

$C_{15}H_{15}O_8N_5$ 2) 4,6-Dinitro-5-Methylnitramido-2,4'-Dimethyldiphenylamin. Sm. 184° (*J. pr.* [2] **67**, 525 *C.* **1903** [2] 239).

$C_{15}H_{15}O_9N$ C 51,0 — H 4,2 — O 40,8 — N 4,0 — M. G. 353.
1) α-[2-Carboxybenzoyl]amidobutan-ααδ-Tricarbonsäure (*C.* **1903** [2] 33).

$C_{15}H_{15}NBr_2$ 3) αβ-Dibrom-α-[4-Methylphenyl]-β-[6-Methyl-2-Pyridyl]äthan. Sm. 154° (*B.* **36**, 1684 *C.* **1903** [2] 46).

$C_{15}H_{15}NS_2$ 3) Dibenzylamidodithioameisensäure. Dibenzylaminsalz (*B.* **37**, 3236 *C.* **1904** [2] 1153).

$C_{15}H_{15}N_2Cl$ 5) 5-Chlormethylat d. 3,8-Dimethyldiphenazon. 2 + $ZnCl_2$ (*B.* **37**, 27 *C.* **1904** [1] 523).

$C_{15}H_{15}N_3S$ 6) α-Benzylidenamido-α-Methyl-β-Phenylthioharnstoff. Sm. 132° (*B.* **37**, 2322 *C.* **1904** [2] 311).
7) α-Benzylidenamido-β-Methyl-α-Phenylthioharnstoff. Sm. 151—152° (*B.* **37**, 2331 *C.* **1904** [2] 314).

$C_{15}H_{15}N_3S_2$ 1) **Methyläther d. α-Phenylimido-α-[β-Phenylthioureïdo]-α-Merkaptomethan.** Sm. 101° (*Am.* **30**, 176 *C.* **1903** [2] 872).

$C_{15}H_{16}ON_2$ *7) **s-Di[2-Methylphenyl]harnstoff.** Sm. 250° (*M.* **25**, 378 *C.* **1904** [2] 320).
*8) **s-Di[3-Methylphenyl]harnstoff.** Sm. 221° (*M.* **25**, 382 *C.* **1904** [2] 320).
*38) **Methyläther d. α-Phenylhydrazon-α-[2-Oxyphenyl]äthan.** Sm. 114° (*B.* **36**, 3589 *C.* **1903** [2] 1365).
*45) **Aethyläther d. 4'-Oxy-2-Methylazobenzol** (*B.* **36**, 3859 *C.* **1904** [1] 91).
79) **Aethylbenzyl-4-Nitrosophenylamin.** Sm. 61—62°. HCl (*A.* **334**, 238 *C.* **1904** [2] 900).
80) **4,4'-Di[Methylamidophenyl]keton.** Sm. 130°. (2HCl, $PtCl_4$) (*B.* **37**, 2677 *C.* **1904** [2] 443).
81) **β-Benzoyl-α-Aethyl-α-Phenylhydrazin.** Sm. 168° (*C.* **1903** [1] 1128; *B.* **35**, 4189 *C.* **1903** [1] 143).
82) **Methyläther d. α-Methyl-α-Phenyl-β-[4-Oxybenzyliden]hydrazin.** Sm. 113,5—114° (*B.* **36**, 363 *C.* **1903** [1] 577).
83) **Methyläther d. polym. α-Methyl-α-Phenyl-β-[4-Oxybenzyliden]-hydrazin** = $(C_{15}H_{16}ON_2)_x$. Sm. 106,5—108,5° (*B.* **36**, 369 *C.* **1903** [1] 577).
84) **5-Oxy-4-Phenylhydrazonmethyl-1,2-Dimethylbenzol.** Sm. 190° (*B.* **35**, 4104 *C.* **1903** [1] 149).
85) **4-Oxy-5-Phenylhydrazonmethyl-1,3-Dimethylbenzol.** Sm. 105° (*B.* **35**, 4104 *C.* **1903** [1] 149).
86) **3-Oxy-2-Phenylhydrazonmethyl-1,4-Dimethylbenzol.** Sm. 148° (*B.* **35**, 4104 *C.* **1903** [1] 149).
87) **5-Oxy-2-Phenylhydrazonmethyl-1,4-Dimethylbenzol.** Sm. 164° (*B.* **35**, 4105 *C.* **1903** [1] 149).
88) **Phenylamid d. β-Phenylamidopropionsäure.** Sm. 92—93°. HCl (*B.* **36**, 1264 *C.* **1903** [1] 1219).
89) **Phenylhydrazid d. β-Phenylpropionsäure.** Sm. 116—117° (*B.* **36**, 1101 *C.* **1903** [1] 1140).

$C_{15}H_{16}O_2N_2$ *43) **Aethylphenyl-3-Nitrobenzylamin.** Sm. 69°. HCl, Pikrat (*A.* **334**, 243 *C.* **1904** [2] 901).
45) **Aethylbenzyl-2-Nitrophenylamin.** Fl. (2HCl, $PtCl_4$) (*A.* **334**, 252 *C.* **1904** [2] 901).
46) **Aethylbenzyl-4-Nitrophenylamin.** Sm. 63° (*A.* **334**, 258 *C.* **1904** [2] 902).
47) **Aethylphenyl-2-Nitrobenzylamin.** Sm. 66°. HCl, (2HCl, $PtCl_4$) (*A.* **334**, 248 *C.* **1904** [2] 901).
48) **Aethylphenyl-4-Nitrobenzylamin.** Sm. 67° (*A.* **334**, 247 *C.* **1904** [2] 901).
49) **Methyläther d. β-[4-Oxybenzoyl]-α-Methyl-α-Phenylhydrazin.** Sm. 165—166,5° u. Zers. (*B.* **36**, 366 *C.* **1903** [1] 577).
50) **2'-Amido-2,4-Dimethyldiphenylamin-4'-Carbonsäure.** Sm. 179° (*A.* **332**, 90 *C.* **1904** [1] 1570).

$C_{15}H_{16}O_2N_4$ 19) **4,4'-Di[Methylnitrosamidophenyl]methan.** Sm. 97—98° (*B.* **37**, 2675 *C.* **1904** [2] 443).
20) **α-Phenylureïdo-α-Methyl-β-Phenylharnstoff.** Sm. 204° (*B.* **37**, 2324 *C.* **1904** [2] 312).
21) **2-Dimethylamido-1-[4-Nitrophenylhydrazon]methylbenzol.** Sm. 190,5—191° (*B.* **37**, 977 *C.* **1904** [1] 1079).
22) **5-Nitro-2-Dimethylamidobenzylidenphenylhydrazin.** Sm. 168° (*M.* **25**, 369 *C.* **1904** [2] 322).
23) **Phenylhydrazid d. β-Phenylureïdoessigsäure.** Sm. 227° (*J. pr.* [2] **70**, 251 *C.* **1904** [2] 1464).

$C_{15}H_{16}O_3N_2$ 21) **4'-Dimethylamido-4-Oxydiphenylamin-3-Carbonsäure.** Sm. 175 bis 177° (D.R.P. 140733 *C.* **1903** [1] 1011).
22) **Verbindung** (aus d. Verb. $C_{15}H_{14}O_3N_2$). 2HCl (*J. pr.* [2] **70**, 372 *C.* **1904** [2] 1566).

$C_{15}H_{16}O_4N_4$ 3) **4,6-Dinitro-5-Methylamido-2,4'-Dimethyldiphenylamin.** Sm. 164° (*J. pr.* [2] **67**, 537 *C.* **1903** [2] 239).

$C_{15}H_{16}O_4S_2$ 8) **α-Phenylsulfon-α-Benzylsulfonäthan.** Sm. 144° (*B.* **36**, 301 *C.* **1903** [1] 500).
9) **α-Aethylsulfon-α-Phenylsulfon-α-Phenylmethan.** Sm. 155—156° (*B.* **36**, 301 *C.* **1903** [1] 500).

$C_{15}H_{18}O_5N_2$ 3) **Diamid d. δ-Keto-δ-Phenyl-β-Buten-αβγ-Tricarbonsäuremonoäthylester.** Sm. 185—186° (*Soc.* **69**, 1365; **77**, 805). — *II, *1200.*

$C_{15}H_{18}O_5N_4$ C 54,2 — H 4,8 — O 24,1 — N 16,9 — M. G. 332.
1) **Verbindung** (aus 6-Methyl-3-Phenyl-1,4-Dihydro-1,2 Diazin-1,5-Dicarbonsäure-5-Aethylester-1-Amid). Sm. 270° u. Zers. (*A.* **331**, 313 *C.* **1904** [2] 46).

$C_{15}H_{18}O_6N_4$ 2) **5-Amido-1,2,4-Trimethylbenzol + 1,3,5-Trinitrobenzol.** Sm. 115° (*Soc.* **85**, 239 *C.* **1904** [1] 1006).

$C_{15}H_{16}O_8S_2$ 1) **Benzylidenfurfurylidenbishydrosulfonsäure.** $K_2 + 2H_2O$ (*B.* **37**, 4056 *C.* **1904** [2] 1649).

$C_{15}H_{16}N_2S$ *7) **s-Di[2-Methylphenyl]thioharnstoff.** Sm. 157° (153—154°) (*B.* **36**, 3847 *C.* **1904** [1] 89; *C. r.* **139**, 451 *C.* **1904** [2] 1114).
*8) **s-Di[3-Methylphenyl]thioharnstoff.** Sm. 120—121° (*C. r.* **139**, 451 *C.* **1904** [2] 1114).
*9) **s-Di[4-Methylphenyl]thioharnstoff.** Sm. 176° (178—179°) (*B.* **36**, 3847 *C.* **1904** [1] 89; *C. r.* **139**, 451 *C.* **1904** [2] 1114).

$C_{15}H_{16}N_3Cl$ 3) **2-Chlor-4-Dimethylamidobenzylidenphenylhydrazin.** Sm. 122° (*B.* **37**, 864 *C.* **1904** [1] 1207).

$C_{15}H_{16}ClJ$ 3) **2-Methyl-4'-Aethyldiphenyljodoniumchlorid.** Sm. 165°. $2 + PtCl_4$ (*A.* **327**, 294 *C.* **1903** [2] 352).

$C_{15}H_{16}BrJ$ 2) **2-Methyl-4'-Aethyldiphenyljodoniumbromid.** Sm. 150° (*A.* **327**, 294 *C.* **1903** [2] 352).

$C_{15}H_{17}ON$ *5) **α-Oxy-4-Dimethylamidodiphenylmethan.** Sm. 69—70° (*B.* **37**, 1742 *C.* **1904** [1] 1599).
*20) **Phenylamid d. α-Camphylsäure.** Sm. 111—112° (*Soc.* **83**, 850 *C.* **1903** [2] 572).
34) **4'-Dimethylamido-4-Oxydiphenylmethan.** Sm. 108—109° (*A.* **334**, 339 *C.* **1904** [2] 989).
35) **4-[2-Oxybenzyl]amido-1,3-Dimethylbenzol.** Sm. 114° (*Ar.* **240**, 687 *C.* **1903** [1] 395).

$C_{15}H_{17}O_2N$ 15) **4'-Aethylamido-2,4-Dioxydiphenylmethan.** Sm. 154—155° (*M.* **23**, 995 *C.* **1903** [1] 289).
16) **1-Aethyläther d. 4-[2-Oxybenzyl]amido-1-Oxybenzol.** Sm. 145 bis 146° (*Ar.* **240**, 683 *C.* **1903** [1] 395).
17) **Acetat d. 2-Methyläthylamido-1-Oxynaphtalin.** Sd. 212—215°$_{40}$ (*Soc.* **83**, 761 *C.* **1903** [1] 1410 *C.* **1903** [2] 448).

$C_{15}H_{17}O_2N_3$ 6) **Aethyläther d. β-[4-Oxyphenyl]amido-α-Phenylharnstoff.** Sm. 137—138° u. Zers. (*A.* **334**, 181 *C.* **1904** [2] 834).

$C_{15}H_{17}O_3N_3$ 2) **1-Amid d. 6-Methyl-3-Phenyl-1,4-Dihydro-1,2-Diazin-1,5-Dicarbonsäure-5-Aethylester.** Sm. 254,5° (*A.* **331**, 312 *C.* **1904** [2] 45).

$C_{15}H_{17}O_4N$ 10) **Methylester d. i-α-[1,2-Phtalyl]amidopentan-α-Carbonsäure.** Sm. 65,5—66° (*B.* **37**, 1695 *C.* **1904** [1] 1525).
11) **Aethylester d. α-Phtalylamidoisovaleriansäure.** Sd. 332—337°$_{761}$ (*B.* **37**, 1694 *C.* **1904** [1] 1525).
12) **4-Methoxylphenylmonamid d. 1,2,3,4-Tetrahydrobenzol-5,6-Dicarbonsäure.** Sm. 150—155° (*B.* **36**, 999 *C.* **1903** [1] 1131).

$C_{15}H_{17}O_5N$ 3) **Aethylester d. α-[4-Aethoxylphtalyl]amidopropionsäure.** Sm. 78° (*B.* **37**, 1978 *C.* **1904** [2] 237).

$C_{15}H_{17}O_5N_7$ C 48,0 — H 4,5 — O 21,3 — N 26,1 — M. G. 375.
1) **Azid d. Benzoyltri[Amidoacetyl]amidoessigsäure.** Sm. 245—258° (*J. pr.* [2] **70**, 87 *C.* **1904** [2] 1034).

$C_{15}H_{17}O_5P$ *1) **ββ'-Diphenoxylisopropylphosphorigesäure.** $Ca + 2H_2O$, Anilinsalz, p-Toluidinsalz (*Soc.* **83**, 1137 *C.* **1903** [2] 1059).

$C_{15}H_{17}O_7N$ C 55,7 — H 5,3 — O 34,7 — N 4,3 — M. G. 323.
1) **3,5-Diacetat d. 2-Diacetylamido-1,3,5-Trioxybenzol-1-Methyläther.** Sm. 127—129° (*M.* **23**, 953 *C.* **1903** [1] 285).

$C_{15}H_{17}O_9N$ C 50,7 — H 4,8 — O 40,6 — N 3,9 — M. G. 355.
1) **Diäthylester d. Mono[3-Nitrobenzoyl]weinsäure.** Sm. 113,5° (*Soc.* **83**, 170 *C.* **1903** [1] 389, 628).

$C_{15}H_{17}N_3S$ *7) **α-[4-Methylphenyl]amido-β-Benzylthioharnstoff.** Sm. 120—121° (*J. pr.* [2] **67**, 258 Anm. *C.* **1903** [1] 1265).
14) **isom. α-[4-Methylphenyl]amido-β-Benzylthioharnstoff.** Sm. 156° (*J. pr.* [2] **67**, 258 *C.* **1903** [1] 1265).

$C_{15}H_{17}N_3S$ 15) **Methyläther d. α-[α-Benzylhydrazido]-α-Phenylimido-α-Merkaptomethan.** Fl. (*B.* **37**, 2329 *C.* **1904** [2] 313).
16) **Methyläther d. α-[β-Benzylhydrazido]-α-Phenylimido-α-Merkaptomethan.** Fl. (*B.* **37**, 2329 *C.* **1904** [2] 313).

$C_{15}H_{18}ON_2$ *16) **Aethyläther d. 4'-Oxy-4-Methyl-s-Diphenylhydrazin.** Sm. 96—97° (*B.* **36**, 3850 *C.* **1904** [1] 89).
26) **α-Oxydi[4-Amido-3-Methylphenyl]methan.** Sm. 135° (*C.* **1903** [2] 442).
27) **4'-Dimethylamido-4-Oxy-3-Methyldiphenylamin.** Sm. 153—154° (D.R.P. 140733 *C.* **1903** [1] 1011).
28) **Aethyläther d. 2'-Amido-5'-Oxy-2-Methyldiphenylamin.** Sm. 82 bis 83° (*B.* **36**, 3860 *C.* **1904** [1] 91).
29) **Aethyläther d. 4-Oxy-2-Methyl-s-Diphenylhydrazin.** Sm. 100° (*B.* **36**, 3853 *C.* **1904** [1] 90).

$C_{15}H_{18}O_2N_2$ 11) **4'-Dimethylamido-3-Oxy-4-Oxymethyldiphenylamin?** Sm. noch nicht bei 300° (*J. pr.* [2] **69**, 239 *C.* **1904** [1] 1260).
12) **ββ-Di[?-Amido-4-Oxyphenyl]propan.** Sm. 218—219° (*C.* **1904** [2] 1737).
13) **Dimethyläther d. 3,3'-Diamido-4,4'-Dioxydiphenylmethan.** Sm. 107° (D.R.P. 140690 *C.* **1903** [1] 1010).
14) **Dimethyläther d. Di[2-Oxyphenylamido]methan.** Sm. 86° (*B.* **36**, 48 *C.* **1903** [1] 505).
15) **Dimethyläther d. Di[4-Oxyphenylamido]methan.** Sm. 66° (*B.* **36**, 49 *C.* **1903** [1] 505).
16) **Verbindung** (aus Parasantonid). Sm. 171—172° (*C.* **1903** [2] 1377).

$C_{15}H_{18}O_2N_4$ 3) **Aethylester d. 3-[α-Phenylhydrazonäthyl]-4-Methylpyrazol-5-Carbonsäure.** Sm. 197—198° (*B.* **36**, 1130 *C.* **1903** [1] 1138).
4) **Amid d. 5-Keto-1-Phenyl-3-Hexahydrophenyl-4,5-Dihydro-1,2,4-Triazol-4-Carbonsäure.** Sm. oberh. 300° (*B.* **36**, 1095 *C.* **1903** [1] 1140).

$C_{15}H_{18}O_4N_2$ *2) **Pernitrososantonin.** Sm. 190° u. Zers. (*G.* **33** [1] 195 *C.* **1903** [2] 45).
4) **2-Naphtylhydrazon d. l-Xylose.** Sm. 123—124° (*B.* **35**, 4444 *C.* **1903** [1] 392).

$C_{15}H_{18}O_4N_6$ C 52,0 — H 5,2 — O 18,5 — N 24,3 — M. G. 346.
1) **Azid d. α-[α-Benzoylamidoacetylamidopropionyl]amidopropionsäure.** Sm. 145° u. Zers. (*J. pr.* [2] **70**, 125 *C.* **1904** [2] 1037).

$C_{15}H_{18}O_4Br_2$ 1) **Dibromparasantonsäure.** Sm. 176—177° u. Zers. (*C.* **1903** [2] 1447).

$C_{15}H_{18}O_5N_2$ 3) **Diäthylester d. β-[2-Methylphenyl]hydrazon-α-Ketoäthan-αβ-Dicarbonsäure.** Sm. 86—87° (*Bl.* [3] **31**, 81 *C.* **1904** [1] 580).
4) **Diäthylester d. isom. β-[2-Methylphenyl]hydrazon-α-Ketoäthan-αβ-Dicarbonsäure.** Sm. 155—156° (*Bl.* [3] **31**, 82 *C.* **1904** [1] 580).

$C_{15}H_{18}O_6N_2$ 6) **Dimethylester d. α-Benzoylamidoacetylamidoäthan-αβ-Dicarbonsäure.** Sm. 136—137° (*J. pr.* [2] **70**, 173 *C.* **1904** [2] 1390).

$C_{15}H_{18}O_6N_4$ *1) **Benzoyltri[Amidoacetyl]amidoessigsäure.** Sm. 233° (235°). Ag (*B.* **37**, 1283 *C.* **1904** [1] 1335; *J. pr.* [2] **70**, 84 *C.* **1904** [2] 1034; *B.* **37**, 2505 *C.* **1904** [2] 426).

$C_{15}H_{18}NCl$ *2) **4-[α-Chloräthyl]-1,3-Dimethylbenzol + Pyridin.** Sm. 153° (*B.* **36**, 1637 *C.* **1903** [2] 26).

$C_{15}H_{18}NBr$ 1) **4-[α-Bromäthyl]-1,3-Dimethylbenzol + Pyridin.** Sm. 144—145° (*B.* **36**, 1638 *C.* **1903** [2] 26).

$C_{15}H_{18}NJ$ 1) **Dimethylphenylbenzylammoniumjodid.** Sm. 165° (*Soc.* **83**, 1409 *C.* **1904** [1] 438).

$C_{15}H_{18}N_2S$ 3) **α-[d-sec. Butyl]-β-[1-Naphtyl]thioharnstoff.** Sm. 135° (*Ar.* **242**, 63 *C.* **1904** [1] 998).
4) **α-[d-sec. Butyl]-β-[2-Naphtyl]thioharnstoff.** Sm. 120° (*Ar.* **242**, 63 *C.* **1904** [1] 998).

$C_{15}H_{18}N_3Cl$ 1) **Chlormethylat d. 4-Dimethylamidoazobenzol.** Sm. 193° (*B.* **36**, 1487 *C.* **1903** [1] 1350).

$C_{15}H_{18}N_3J$ *1) **Jodmethylat d. 4-Dimethylamidoazobenzol.** Sm. 185° (173°) (*B.* **36**, 1486 *C.* **1903** [1] 1350; *A.* **327**, 113 *C.* **1903** [1] 1213).

$C_{15}H_{19}ON$ 15) **2-Oxy-1-[α-Amidoamyl]naphtalin.** Sm. 114°. HCl, Pikrat (*G.* **33** [1] 11 *C.* **1903** [1] 925).
16) **Dimethylphenylbenzylammoniumhydroxyd.** Jodid, d-Camphersulfonat (*Soc.* **83**, 1409 *C.* **1904** [1] 438).

$C_{15}H_{19}ON$ 17) **4-[α-Oxyäthyl]-1,3-Dimethylbenzol + Pyridin.** Chlorid, Bromid, Pikrat (*B.* **36**, 1638 *C.* **1903** [2] 26).

18) **Acetylderivat d. 2-Methylen-1,3-Dimethyl-3-Aethyl-2,3-Dihydroindol.** Sm. 85—86° (*G.* **32** [2] 411 *C.* **1903** [1] 838).

$C_{15}H_{19}O_2N$ 11) **Parasantonimid.** Sm. 216—217° (*C.* **1903** [2] 1067).

$C_{15}H_{19}O_3N$ 14) **Parasantoninoximid** (*C.* **1903** [2] 1377).

15) **Oxyparasantoninimid?** Sm. 256° (*C.* **1903** [2] 1377).

16) **Anhydrid d. Verbindung** $C_{15}H_{21}O_4N$. Sm. 171—172° (*C.* **1904** [1] 1447).

$C_{15}H_{19}O_4N$ 8) **Anhydrocotarninaceton.** Sm. 83°. HCl, (2HCl, $PtCl_4$) (*B.* **37**, 212 *C.* **1904** [1] 590).

$C_{15}H_{19}O_4N_3$ 2) **2,5-Diketo-4,4-Dimethyl-1-Phenyltetrahydroimidazol-3-α-Amidoisobuttersäure.** Sm. 205° (*C.* **1904** [2] 1029).

$C_{15}H_{19}O_5N$ 6) **Oxim d. Mekoninmethylpropylketon.** Sm. 153—157° (*M.* **25**, 1056 *C.* **1904** [2] 1644).

7) **Oxim d. Mekoninmethylisopropylketon.** Sm. 110° (*M.* **25**, 1057 *C.* **1904** [2] 1644).

8) **isom. Oxim d. Mekoninmethylisopropylketon.** Sm. 223° (*M.* **25**, 1059 *C.* **1904** [2] 1644).

$C_{15}H_{19}O_5N_3$ *2) **Aethylester d. Benzoylbis[Amidoacetyl]amidoessigsäure.** Sm. 173° (*J. pr.* [2] **70**, 82, 94 *C.* **1904** [2] 1033).

3) **α-[α-Benzoylamidoacetylamidopropionyl]amidopropionsäure.** Sm. 120—130°. Ag (*J. pr.* [2] **70**, 122 *C.* **1904** [2] 1037).

$C_{15}H_{19}O_5Cl$ 1) **Chlorhydrin d. Dehydrodioxyparasantonsäure.** Sm. 204—205° (*C.* **1903** [2] 1447).

$C_{15}H_{20}O_3N_2$ 3) **3,6-Diketo-2-Isobutyl-5-[4-Oxybenzyl]hexahydro-1,4-Diazin + H_2O** (Anhydrid d. Leucyl-l-Tyrosin). Sm. 310° u. Zers. (*B.* **37**, 2498 *C.* **1904** [2] 426).

$C_{15}H_{20}O_3N_4$ C 59,2 — H 6,6 — O 15,8 — N 18,4 — M. G. 304.

1) **Isopropylidenhydrazid d. α-Benzoylamidopropionylamidoessigsäure.** Sm. 177° (*J. pr.* [2] **70**, 155 *C.* **1904** [2] 1395).

$C_{15}H_{20}O_4N_2$ 11) **δ-Phenylhydrazonheptan-αη-Dicarbonsäure.** Sm. 151° u. Zers. (*B.* **37**, 3819 *C.* **1904** [2] 1606).

12) **Aethylester d. β-Benzoylamidoacetylamidobuttersäure.** Sm. 80° (*J. pr.* [2] **70**, 207 *C.* **1904** [2] 1459).

13) **Aethylester d. γ-Benzoylamidoacetylamidobuttersäure.** Sm. 94° (*J. pr.* [2] **70**, 226 *C.* **1904** [2] 1461).

14) **Aethylester d. α-[α-Benzoyla[illegible]propionyl]amidopropionsäure.** Sm. 148—149° (*J. pr.* [2] **70**, 1[illegible] [illegible] 1904 [illegible]).

15) **Diäthylester d. 4-Phenyltetrahydropyrazol-3,5-Dicarbonsäure.** Sm. 91°; Sd. 280° (*B.* **36**, 3779 *C.* **1904** [1] 41).

$C_{15}H_{20}O_5N_4$ C 53,6 — H 5,9 — O 23,8 — N 16,7 — M. G. 336.

1) **Aethylester d. β-Phenylureïdoacetylamidoacetylamidoessigsäure.** Sm. 203° u. Zers. (*J. pr.* [2] **70**, 259 *C.* **1904** [2] 1464).

$C_{15}H_{20}O_5N_6$ C 49,4 — H 5,5 — O 22,0 — N 23,1 — M. G. 364.

1) **Hydrazid d. Benzoyltri[Amidoacetyl]amidoessigsäure.** Sm. 268° (*J. pr.* [2] **70**, 86 *C.* **1904** [2] 1034).

$C_{15}H_{20}O_6S_2$ 1) **4-Methyl-1,3-Phenylendi[α-Sulfonbuttersäure].** Fl. Ba (*J. pr.* [2] **68**, 338 *C.* **1903** [2] 1172).

2) **Diäthylester d. 4-Methyl-1,3-Phenylendi[Sulfonessigsäure].** Fl. (*J. pr.* [2] **68**, 337 *C.* **1903** [2] 1172).

$C_{15}H_{21}ON_3$ C 69,5 — H 8,1 — O 6,2 — N 16,2 — M. G. 259.

1) **γ-Semicarbazon-α-[4-Isopropylphenyl]-α-Penten.** Sm. 193° (*A.* **330**, 258 *C.* **1904** [1] 946).

2) **γ-Semicarbazon-α-[4-Isopropylphenyl]-β-Methyl-α-Buten.** Sm. 177,5° (*A.* 330, 261 *C.* **1904** [1] 947).

3) **4-Diäthylamido-3-Keto-1,5-Dimethyl-2-Phenyl-2,3-Dihydropyrazol** (*C.* **1897** [1] 1140; D.R.P. 144393 *C.* **1903** [2] 777).

$C_{15}H_{21}O_2N$ 13) **Phenylamidoformiat d. 1-Oxy-1-Aethylhexahydrobenzol.** Sm. 83° (*C. r.* **138**, 1324 *C.* **1904** [2] 219).

$C_{15}H_{21}O_3N$ 15) **Phenylmonamid d. β-Methylhexan-βε-Dicarbonsäure.** Sm. 176—178° (*A.* **329**, 93 *C.* **1903** [2] 1071).

$C_{15}H_{21}O_4N$ 10) **Parasantoninhydroxamsäure?** Sm. 180° (*C.* **1903** [2] 1377).

$C_{15}H_{21}O_4N$ 11) **Anhydrid d. Hydroxamsantolsäure.** Sm. 226—227°. Ba + H_2O (*G.* **33** [1] 199 *C.* **1903** [1] 45).
12) **Verbindung** (aus Parasantonsäure). Sm. 239—240° u. Zers. (*C.* **1903** [2] 1446).

$C_{15}H_{21}O_4N_3$ C 58,6 — H 6,8 — O 20,8 — N 13,7 — M. G. 307.
1) **Aethylester d. β-Benzoylamidoacetylamidopropylamidoameisensäure.** Sm. 151° (*J. pr.* [2] **70**, 215 *C.* **1904** [2] 1460).

$C_{15}H_{21}O_4N_5$ C 53,8 — H 6,2 — O 19,1 — N 20,9 — M. G. 335.
1) **Amid d. α-[α-Benzoylamidoacetylamidopropionyl]amidoäthylamidoameisensäure.** Sm. 199° (*J. pr.* [2] **70**, 126 *C.* **1904** [2] 1037).
2) **Hydrazid d. α-[α-Benzoylamidoacetylamidopropionyl]amidopropionsäure.** Sm. 213° (*J. pr.* [2] **70**, 124 *C.* **1904** [2] 1037).

$C_{15}H_{21}O_5N$ 2) **Amid d. 3,4-Dioxy-1-[α-Oxy-γ-Ketoisohexyl]benzol-3,4-Dimethyläther-2-Carbonsäure.** Sm. 141—143° (*M.* **25**, 1061 *C.* **1904** [2] 1644).

$C_{15}H_{21}O_5N_5$ C 51,3 — H 6,0 — O 22,8 — N 19,9 — M. G. 351.
1) **Aethylester d. β-Phenylureïdoacetylamidoacetylamidomethylamidoameisensäure.** Sm. 244° u. Zers. (*J. pr.* [2] **70**, 262 *C.* **1904** [2] 1465).

$C_{15}H_{22}ON_2$ 8) **α-Aethyl-α-Hexahydrophenyl-β-Phenylharnstoff.** Sm. 125° (*C. r.* **138**, 1258 *C.* **1904** [2] 105).

$C_{15}H_{22}O_2N_2$ 5) **Piperidinverbindung d. Anetholnitrosochlorid.** Sm. 107° (*C.* **1904** [2] 1038).

$C_{15}H_{22}O_3N_2$ 2) **α-[α-Amidoisocapronyl]amido-β-Phenylpropionsäure** + H_2O. Sm. 220—223° (*B.* **37**, 3308 *C.* **1904** [2] 1306).
3) **isom. α-[α-Amidoisocapronyl]amido-β-Phenylpropionsäure.** Sm. 259° u. Zers. (*B.* **37**, 3308 *C.* **1904** [2] 1306).

$C_{15}H_{22}O_3S$ 1) **γ-Keto-ε-Aethylsulfon-ε-Phenyl-β-Methylpentan.** Sm. 122—124° (*B.* **37**, 506 *C.* **1904** [1] 883).

$C_{15}H_{22}O_4N_2$ 7) **Metasantonsäuredioxim.** Sm. 115—120° (*G.* **29** [2] 234). — *II, *1045.*
8) **l-α-[α-Amidoisocapronyl]amido-β-[4-Oxyphenyl]propionsäure** (Leucyl-l-Tyrosin) (*B.* **37**, 2498 *C.* **1904** [2] 426).

$C_{15}H_{22}O_7N_2$ *1) **Triäthylester d. δε-Diimido-β-Ketohexan-γζζ-Tricarbonsäure** (*A.* **332**, 144 *C.* **1904** [2] 191).

$C_{15}H_{22}O_8Br_2$ 1) **Tetraäthylester d. αγ-Dibrompropan-ααγγ-Tetracarbonsäure.** Sm. 54—55° (*Soc.* **83**, 782 *C.* **1903** [2] 201, 439).

$C_{15}H_{22}N_2S$ 3) **α-Aethyl-α-Hexahydrophenyl-β-Phenylthioharnstoff.** Sm. 126° (*C. r.* **138**, 1258 *C.* **1904** [2] 105).

$C_{15}H_{23}ON_3$ 2) **γ-Semicarbazon-α-[4-Isopropylphenyl]pentan.** Sm. 214,5° (*A.* **330**, 260 *C.* **1904** [1] 947).
3) **γ-Semicarbazon-α-[4-Isopropylphenyl]-β-Methylbutan.** Sm. 148,5° (*A.* **330**, 263 *C.* **1904** [1] 947).

$C_{15}H_{23}O_2N$ 6) **Benzoat d. α-Dimethylamido-β-Oxy-β-Methylpentan.** HCl (*C. r.* **138**, 767 *C.* **1904** [1] 1196).
7) **Phenylamidoformiat d. α-Oxyoktan.** Sm. 69° (74°) (*Bl.* [3] **31**, 50 *C.* **1904** [1] 507; *C. r.* **136**, 1677 *C.* **1903** [2] 419).
8) **Phenylamidoformiat d. β-Oxyoktan.** Fl. (*Bl.* [3] **31**, 51 *C.* **1904** [1] 507).
9) **Phenylamid d. α-Oxyoktan-α-Carbonsäure.** Sm. 69—70° (*C. r.* **138**, 698 *C.* **1904** [1] 1066).

$C_{15}H_{23}O_5N$ 3) **Oxim d. Santolsäure.** Sm. 202—205° u. Zers. (*G.* **33** [1] 205 *C.* **1903** [2] 45).

$C_{15}H_{23}O_5N_3$ C 55,4 — H 7,1 — O 24,6 — N 12,9 — M. G. 325.
1) **Semicarbazon d. Keto-β-Santorsäuredimethylester.** Sm. 168° (*C.* **1896** [2] 1114). — *II, *1115.*

$C_{15}H_{23}O_6N$ 4) **Triäthylester d. γ-Cyanpentan-αγε-Tricarbonsäure.** Fl. (*Soc.* **85**, 422 *C.* **1904** [1] 1439).

$C_{15}H_{23}O_8N$ C 52,2 — H 6,6 — O 37,1 — N 4,1 — M. G. 345.
1) **Verbindung** (aus δε-Diimido-β-Ketohexan-γζζ-Tricarbonsäuretriäthylester). Sm. 110° (*A.* **332**, 144 *C.* **1904** [2] 191).

$C_{15}H_{23}O_8N_5$ C 44,9 — H 5,7 — O 31,9 — N 17,5 — M. G. 401.
1) **Pepton** (aus Leim) (*H.* **38**, 322 *C.* **1903** [2] 213).
2) **Dimethylester d. Semicarbazonglyoximperoxydihydrotetramethyldimalonsäure.** Sm. 170—172° (*Soc.* **83**, 1261 *C.* **1903** [2] 1423).

$C_{15}H_{24}ON_2$ *1) **d-Lupanin.** (HCl, $AuCl_3$), HJ + $2H_2O$, CHNS + H_2O (*C.* **1903** [1] 930; *G.* **33** [1] 428 *C.* **1903** [2] 839; *Ar.* **242**, 415 *C.* **1904** [2] 781; *Ar.* **242**, 432 *C.* **1904** [2] 783).

$C_{15}H_{24}O_2N_2$ 2) **Oxylupanin** + $2H_2O$. Sm. 76—77° (172—174° wasserfrei). HCl + $2H_2O$, 2HCl + H_2O, (2HCl, $PtCl_4$ + H_2O), (HCl, $AuCl_3$), CHNS + H_2O (*Ar.* **242**, 419 *C.* **1904** [2] 782).

$C_{15}H_{24}O_4N_2$ *1) **Caryophyllennitrosat.** Sm. 152° (*Ar.* **241**, 38 *C.* **1903** [1] 712).

$C_{15}H_{24}O_4S_2$ 1) **2,4-Di[Butylsulfon]-1-Methylbenzol.** Fl. (*J. pr.* [2] **68**, 336 *C.* **1903** [2] 1172).

$C_{15}H_{24}O_5N_2$ C 57,7 — H 7,7 — O 25,6 — N 9,0 — M. G. 312.

1) **Aethylester d. 6-Keto-2,4-Dioxy-5-Cyan-2-Methyl-5-Propylhexahydropyridin-4-Aethyläther-3-Carbonsäure.** Sm. 260° (*G.* **33** [2] 165 *C.* **1903** [2] 1283).

2) **α-Verbindung** (aus Cyklogallipharsäure). Sm. 63,5° (*Ar.* **242**, 266 *C.* **1904** [1] 1654).

3) **β-Verbindung** (aus Cyklogallipharsäure). Sm. 59,5° (*Ar.* **242**, 267 *C.* **1904** [1] 1654).

$C_{15}H_{24}O_{15}N_3$ 1) **Karakin.** Sm. 100° (*C.* **1903** [2] 379).

$C_{15}H_{24}NJ$ 1) **Methylallyl-l-Amylphenylammoniumjodid** (*C.* **1904** [2] 952).

$C_{15}H_{25}ON_3$ C 68,4 — H 9,5 — O 6,1 — N 16,0 — M. G. 263.

1) **Semicarbazon d. α-Methyljonon.** Sm. 144° (D.R.P. 150827 *C.* **1904** [1] 1379).

2) **Semicarbazon d. isom. α-Methyljonon.** Sm. 202° (D.R.P. 150827 *C.* **1904** [1] 1379).

3) **Semicarbazon d. β-Methyljonon.** Sm. 138—139° (D.R.P. 150827 *C.* **1904** [1] 1379).

4) **Semicarbazon d. isom. β-Methyljonon.** Sm. 175—176° (D.R.P. 150827 *C.* **1904** [1] 1379).

$C_{15}H_{25}O_4Cl$ 1) **Verbindung** (aus d. Verb. $C_{15}H_{24}O$) (*C.* **1904** [2] 1227).

$C_{15}H_{26}O_2N_2$ *1) **Dioxyspartein** (Sparteïnoxyd). Sm. 127—128° (*B.* **37**, 3240 *C.* **1904** [2] 1154).

$C_{15}H_{26}O_2N_4$ C 61,2 — H 8,8 — O 10,9 — N 19,0 — M. G. 294.

1) **βζ-Di[Hydroxylamido]-δ-Phenylhydrazon-βζ-Dimethylheptan.** Sm. 152° (*B.* **36**, 657 *C.* **1903** [1] 762).

$C_{15}H_{26}O_3N_2$ C 63,8 — H 9,2 — O 17,0 — N 9,9 — M. G. 282.

1) **Amidoderivat** + H_2O (aus d. Verb. $C_{15}H_{24}O_5N_2$). Sm. 47° (*Ar.* **242**, 270 *C.* **1904** [1] 1654).

$C_{15}H_{27}O_3N_3$ *2) **Menthylester d. β-Semicarbazidopropen-α-Carbonsäure.** Sm. 143 bis 144° (*Soc.* **81**, 1504 *C.* **1903** [1] 138).

$C_{15}H_{27}O_6N$ C 56,8 — H 8,5 — O 30,3 — N 4,4 — M. G. 317.

1) **Aethyldiisoamylester d. Stickstofftricarbonsäure.** Sd. 184—186°$_{13}$ (*B.* **37**, 3676 *C.* **1904** [2] 1495).

$C_{15}H_{27}O_6B$ 1) **Gem. Anhydrid d. Isovaleriansäure u. Borsäure.** Fl. (*B.* **36**, 2223 *C.* **1903** [2] 421).

$C_{15}H_{30}O_2N_6$ C 55,2 — H 9,2 — O 9,8 — N 25,8 — M. G. 326.

1) **Semicarbazidsemicarbazon d. Citronellidenaceton.** Sm. 167° (*B.* **36**, 2802 *C.* **1903** [2] 878; *B.* **36**, 4378 *C.* **1904** [1] 454).

$C_{15}H_{30}N_2Cl_2$ 1) **R-Aethylentrimethylendi[Piperidyliumchlorid].** + $2HgCl_2$, + $PtCl_4$ (*Ph. Ch.* **46**, 307 *C.* **1904** [1] 674).

2) **isom. R-Aethylentrimethylendi[Piperidyliumchlorid].** + $2HgCl_2$, + $PtCl_4$ (*Ph. Ch.* **46**, 309 *C.* **1904** [1] 674).

$C_{15}H_{30}N_2Br_2$ *1) **R-Aethylentrimethylendi[Piperidyliumbromid].** Sm. oberh. 300° (*Ph. Ch.* **46**, 306 *C.* **1904** [1] 674).

2) **isom. R-Aethylentrimethylendi[Piperidyliumbromid].** Sm. oberh. 300° (*Ph. Ch.* **46**, 309 *C.* **1904** [1] 674).

$C_{15}H_{30}N_2J_2$ 1) **R-Aethylentrimethylendi[Piperidyliumjodid].** Sm. 300° u. Zers. (*Ph. Ch.* **46**, 308 *C.* **1904** [1] 674).

2) **isom. R-Aethylentrimethylendi[Piperidyliumjodid].** Sm. 282° u. Zers. (*Ph. Ch.* **46**, 310 *C.* **1904** [1] 674).

$C_{15}H_{31}ON_3$ C 66,9 — H 11,5 — O 5,9 — N 15,6 — M. G. 269.

1) **γ-Semicarbazontetradekan.** Sm. 92° (*Bl.* [3] **29**, 1211 *C.* **1904** [1] 355).

$C_{15}H_{32}O_2N_2$ C 66,2 — H 11,7 — O 11,7 — N 10,3 — M. G. 272.

1) **R-Aethylentrimethylendi[Piperidyliumhydroxyd].** d-Camphersulfonat (*Ph. Ch.* **46**, 313 *C.* **1904** [1] 675).

$C_{15}H_{32}O_2N_2$ 2) **isom. R-Aethylentrimethylendi[Piperidyliumhydroxyd].** d-Camphersulfonat (*Ph. Ch.* **46**, 314 *C.* **1904** [1] 675).

$C_{15}H_{32}N_2S$ 2) **α-[d-sec. Butyl]-ββ-Diisoamylthioharnstoff.** Fl. (*Ar.* **242**, 61 *C.* **1904** [1] 998).

$C_{15}H_{33}O_3B$ *1) **Triisoamylester d. Borsäure.** Sd. 258° (*B.* **36**, 2221 *C.* **1903** [2] 420).

$C_{15}H_{36}N_2J_2$ 1) **Di[Jodmethylat] d. Di[Dipropylamido]methan.** Sm. 96° (*B.* **36**, 1199 *C.* **1903** [1] 1215).

— 15 IV —

$C_{15}H_7O_2NS_2$ 1) **Carbindophtenin** (*B.* **37**, 3351 *C.* **1904** [2] 1058).

$C_{15}H_7O_4NBr_2$ 1) **Dibromamido-9,10-Anthrachinon-2-Carbonsäure** (D.R.P. 142097 *C.* **1903** [2] 169).

$C_{15}H_{10}ONCl$ 4) **1-Chlor-4-Oxy-3-Phenylisochinolin.** Sm. 119° (*B.* **37**, 1601 *C.* **1904** [1] 1524).

5) **α-Benzoyl-α-[4-Chlorphenyl]essigsäure.** Sm. 92° (*J. pr.* [2] **67**, 378 *C.* **1903** [1] 1356).

$C_{15}H_{10}ONBr_3$ 1) **Nitril d. αβ?-Tribrom-α-Phenyl-β-[2-Oxyphenyl]propionsäure.** Sm. 135° (*B.* **37**, 3166 *C.* **1904** [2] 983).

$C_{15}H_{10}O_2NCl$ 2) **5-Chlor-1-Methylamido-9,10-Anthrachinon** (D.R.P. 144634 *C.* **1903** [2] 750).

3) **5-Keto-4-[4-Chlorphenyl]-3-Phenyl-4,5-Dihydroisoxazol.** Sm. 147° (*J. pr.* [2] **67**, 382 *C.* **1903** [1] 1356).

$C_{15}H_{10}O_2NCl_3$ 1) **3,5-Dichlor-4-Acetylchloramidodiphenylketon.** Sm. 118° (*Soc.* **85**, 345 *C.* **1904** [1] 1405).

$C_{15}H_{10}O_2NBr$ 2) **4-Brom-1-Methylamido-9,10-Anthrachinon.** Sm. 192° (D.R.P. 144634 *C.* **1903** [2] 750).

3) **5-Brom-1-Methylamido-9,10-Anthrachinon** (D.R.P. 144634 *C.* **1903** [2] 750).

$C_{15}H_{10}O_3NCl$ 1) **α-Chlor-γ-Keto-α[oder γ]-Phenyl-γ[oder α]-[4-Nitrophenyl]-propen.** Sm. 131° (*B.* **37**, 1152 *C.* **1904** [1] 1267).

$C_{15}H_{10}O_5N_2S$ 1) **6-Phenylazo-1,2-Benzpyron-6¹-Sulfonsäure** (*B.* **37**, 4127 *C.* **1904** [2] 1735).

$C_{15}H_{11}ON_2Cl$ 1) **4-Keto-2-[4-Chlorbenzyl]-3,4-Dihydro-1,3-Benzdiazin.** Sm. 246° u. Zers. (*J. pr.* [2] **69**, 22 *C.* **1904** [1] 640).

2) **Nitril d. β-Oximido-α-[4-Chlorphenyl]-β-Phenylpropionsäure.** Sm. 168° (*J. pr.* [2] **67**, 381 *C.* **1903** [1] 1356).

3) **Chlorid d. Azobenzol-4-Akrylsäure** (*C. r.* **135**, 1117 *C.* **1903** [1] 286).

$C_{15}H_{11}O_2NCl_2$ 3) **3,5-Dichlor-4-Acetylamidodiphenylketon.** Sm. 185° (*Soc.* **85**, 345 *C.* **1904** [1] 1405).

4) **5-Chlor-2-Acetylchloramidodiphenylketon.** Sm. 107° (*Soc.* **85**, 344 *C.* **1904** [1] 1405).

5) **3-Chlor-4-Acetylchloramidodiphenylketon.** Sm. 102° (*Soc.* **85**, 342 *C.* **1904** [1] 1405).

$C_{15}H_{11}O_2NBr_4$ 1) **N-Acetylphenyl-3,4,5,6-Tetrabrom-2-Oxybenzylamin.** Sm. 157 bis 158° (*A.* **332**, 178 *C.* **1904** [2] 209).

$C_{15}H_{11}O_2N_2Cl$ 1) **Benzyläther d. Chlorisatinoxim.** Sm. 224,5° (*B.* **35**, 4337 *C.* **1903** [1] 293).

$C_{15}H_{11}O_2N_2Br$ 2) **Benzyläther d. Bromisatinoxim.** Sm. 200° (*B.* **35**, 4337 *C.* **1903** [1] 293).

$C_{15}H_{11}O_3NBr_2$ *3) **βγ-Dibrom-α-Keto-γ-[4-Nitrophenyl]-α-Phenylpropan.** Sm. 151° (*B.* **37**, 1149 *C.* **1904** [1] 1267).

$C_{15}H_{11}O_4NS$ 2) **6-Phenylsulfonamido-1,2-Benzpyron.** Sm. 159° (*Soc.* **85**, 1234 *C.* **1904** [2] 1124).

$C_{15}H_{11}O_5NS$ 1) **1-Methylamido-9,10-Anthrachinon-5-Sulfonsäure** (*B.* **37**, 70 *C.* **1904** [1] 666).

2) **1-Methylamido-9,10-Anthrachinon-8-Sulfonsäure** (*B.* **37**, 70 *C.* **1904** [1] 666).

3) **?-Methylamido-9,10-Anthrachinon-1-Sulfonsäure.** Na (D.R.P. 144634 *C.* **1903** [2] 750).

$C_{15}H_{11}O_6NS$ 1) **4-Methylamido-1-Oxy-9,10-Anthrachinon-7-Sulfonsäure** (D.R.P. 155440 *C.* **1904** [2] 1356).

$C_{15}H_{12}ON_2S$ *2) **1-Acetylphenylamidobenzthiazol.** Sm. 162—163° (*B.* **34**, 3138; *B.* **36**, 3128 *C.* **1903** [2] 1070).

$C_{15}H_{12}ON_2Se$ 1) **Diphenylamid d. Selencyanessigsäure.** Sm. 103° (*Ar.* **241**, 221 *C.* **1903** [2] 104).

$C_{15}H_{12}ON_3Br$ 1) **3-Oxy-2-[3-Brom-2-Amidophenyl]-6- oder 7-Methyl-1,4-Benzdiazin.** Sm. 243° (*B.* **35**, 4334 *C.* **1903** [1] 293).

$C_{15}H_{12}O_2NCl$ 5) **Methyl-3-Chlor-4-Benzoylamidophenylketon.** Sm. 132° (*Soc.* **85**, 342 *C.* **1904** [1] 1404).

6) **Methyl-4-Benzoylchloramidophenylketon.** Sm. 77° (*C.* **1903** [1] 832).

7) **2-Acetylchloramidodiphenylketon.** Sm. 102° (*C.* **1903** [1] 1137).

8) **4-Acetylchloramidodiphenylketon.** Sm. 124° (*C.* **1903** [1] 1137).

9) **5-Chlor-2-Acetylamidodiphenylketon.** Sm. 117° (*Soc.* **85**, 344 *C.* **1904** [1] 1405).

10) **3-Chlor-4-Acetylamidodiphenylketon.** Sm. 99,5° (*Soc.* **85**, 342 *C.* **1904** [1] 1405).

11) **Amid d. α-Benzoyl-α-[4-Chlorphenyl]essigsäure.** Sm. 196° (*J. pr.* [2] **67**, 384 *C.* **1903** [1] 1356).

$C_{15}H_{12}O_2NBr$ 5) **2-Acetylbromamidodiphenylketon.** Sm. 121° (*C.* **1903** [1] 1137).

6) **4-Acetylbromamidodiphenylketon.** Sm. 151° (*C.* **1903** [1] 1137).

$C_{15}H_{12}O_2NBr_3$ 1) **N-Acetylphenyl-2,4,6-Tribrom-3-Oxybenzylamin.** Sm. 180° (*A.* **332**, 182 *C.* **1904** [2] 209).

2) **Acetat d. Phenyl-2,4,6-Tribrom-3-Oxybenzylamin.** Sm. 99—100° (*A.* **332**, 181 *C.* **1904** [2] 209).

$C_{15}H_{12}O_2N_2S$ 1) **2-Acetylimido-4-Keto-3-[2-Naphtyl]tetrahydrothiazol.** Sm. 139 bis 140° (*C.* **1903** [2] 110).

2) **2-[2-Naphtyl]imido-4-Keto-3-Acetyltetrahydrothiazol.** Sm. 142 bis 143° (*C.* **1903** [2] 110).

$C_{15}H_{12}O_3NCl$ 1) **β-Oximido-α-[4-Chlorphenyl]-β-Phenylpropionsäure.** Sm. 153° (*J. pr.* [2] **67**, 385 *C.* **1903** [1] 1357).

$C_{15}H_{12}O_4N_2Br_2$ 1) **N-Acetyl-3-Nitrophenyl-3,5-Dibrom-2-Oxybenzylamin.** Sm. 158 bis 159° (*A.* **332**, 189 *C.* **1904** [2] 210).

2) **N-Acetyl-4-Nitrophenyl-3,5-Dibrom-2-Oxybenzylamin.** Sm. 146 bis 150° (*A.* **332**, 190 *C.* **1904** [2] 210).

$C_{15}H_{12}O_4N_3Br$ 3) **α-Acetyl-α-Phenyl-β-[5-Brom-3-Nitro-2-Oxybenzyliden]-hydrazin.** Sm. 248° (*B.* **37**, 3937 *C.* **1904** [2] 1596).

4) **Acetat d. α-Phenyl-β-[5-Brom-3-Nitro-2-Oxybenzyliden]-hydrazin.** Sm. 209—210° (*B.* **37**, 3936 *C.* **1904** [2] 1596).

$C_{15}H_{12}O_6N_2S$ 1) **4-Oxyazobenzol-3-Akrylsäure-4'-Sulfonsäure** (*B.* **37**, 4127 *C.* **1904** [2] 1735).

$C_{15}H_{12}O_6N_3Cl$ 1) **Acetat d. ?-Chlor-4,6-Dinitro-4'-Oxy-3-Methyldiphenylamin.** Sm. 128° (*B.* **37**, 2093 *C.* **1904** [2] 34).

$C_{15}H_{12}NCl_3S$ 1) **4-Methylphenyläther d. βββ-Trichlor-α-[4-Merkaptophenyl]-imidoäthan.** Sm. 107—108° (*J. pr.* [2] **68**, 271 *C.* **1903** [2] 993).

$C_{15}H_{12}NBrMg$ 1) **Chinolinphenylmagnesiumbromid** (*B.* **37**, 3091 *C.* **1904** [2] 995).

$C_{15}H_{12}N_2Br_2S_2$ 1) **Methyläther d. 2,?-Dibrom-5-Merkapto-2,3-Diphenyl-2,3-Dihydro-1,3,4-Thiodiazol.** Sm. 196° u. Zers. (*J. pr.* [2] **67**, 237 *C.* **1903** [1] 1263).

$C_{15}H_{13}ONBr_4$ 2) **3,4,5,6-Tetrabrom-4'-Dimethylamido-2-Oxydiphenylmethan.** Sm. 121—123°. HBr (*A.* **334**, 327 *C.* **1904** [2] 988).

$C_{15}H_{13}ONS_2$ 2) **2-Thiocarbonyl-4-Keto-3-Allyl-5-Cinnamylidentetrahydrothiazol.** Sm. 166° (*M.* **24**, 514 *C.* **1903** [2] 837).

$C_{15}H_{13}ON_3S$ 4) **5-Thiocarbonyl-3-Keto-4-Phenyl-1-Benzyltetrahydro-1,2,4-Triazol.** Sm. 218° (*B.* **37**, 2336 *C.* **1904** [2] 315).

5) **5-Merkapto-4-Phenyl-1-Benzyl-4,5-Dihydro-1,2,4-Triazol-3,5-Oxyd.** Sm. 147° (*B.* **37**, 2335 *C.* **1904** [2] 315).

$C_{15}H_{13}ON_2Br$ 2) **Aethyläther d. 6-Oxy-1-[2-Bromphenyl]benzimidazol.** Pikrat (*B.* **36**, 3867 *C.* **1904** [1] 92).

3) **Aethyläther d. 6-Oxy-1-[3-Bromphenyl]benzimidazol.** Sm. 130°. Pikrat (*B.* **36**, 3869 *C.* **1904** [1] 92).

$C_{15}H_{13}ON_3S$ 4) **2-Phenylimido-6-Keto-4-Phenyl-3,4,5,6-Tetrahydro-1,3,4-Thiodiazin?** Sm. 201° u. Zers. (*B.* **36**, 3888 *C.* **1904** [1] 27).

$C_{15}H_{13}O_2NBr_2$ *1) **Phenyl-3,5-Dibrom-2-Oxybenzylamid d. Essigsäure.** Sm. 152° (*A.* **332**, 177 *C.* **1904** [2] 209).

$C_{15}H_{13}O_3N_2Br$ 10) α-Acetyl-α-Phenyl-β-[5-Brom-2-Oxybenzyliden]hydrazin. Sm. 152° (*B.* **37**, 3935 *C.* **1904** [2] 1596).
11) Acetat d. α-Phenyl-β-[5-Brom-2-Oxybenzyliden]hydrazin. Sm. 138° (*B.* **37**, 3934 *C.* **1904** [2] 1596).

$C_{15}H_{13}O_3NBr_2$ 1) Methylester d. 3-[3,5-Dibrom-2-Oxybenzyl]amidobenzol-1-Carbonsäure. Sm. 120—123° (*A.* **332**, 197 *C.* **1904** [2] 210).

$C_{15}H_{13}O_3N_2Br$ 3) Bromderivat d. Verb. $C_{15}H_{14}O_3N_2$. Sm. 212° (*J. pr.* [2] **70**, 374 *C.* **1904** [2] 1566).

$C_{15}H_{13}O_4N_4Cl$ 1) 2-Chlor-6-Nitro-2-Methyl-3-[4-Nitrophenyl]-1,2,3,4-Tetrahydro-1,3-Benzdiazin (*B.* **36**, 3121 *C.* **1903** [2] 1132).

$C_{15}H_{13}N_2BrS_2$ 1) Methyläther d. 2-Brom-5-Merkapto-2,3-Diphenyl-2,3-Dihydro-1,3,4-Thiodiazol. + Br_2 (Sm. 172°) (*J. pr.* [2] **67**, 237 *C.* **1903** [1] 1263).

$C_{15}H_{13}N_2JS_2$ 1) Methyläther d. 2-Jod-5-Merkapto-2,3-Diphenyl-2,3-Dihydro-1,3,4-Thiodiazol. Sm. 188°. + J_2 (*J. pr.* [2] **67**, 222 *C.* **1903** [2] 1261).

$C_{15}H_{14}ONCl$ 13) Phenylbenzylamid d. Essigsäure. Sm. 80—81° (*Ar.* **241**, 218 *C.* **1903** [2] 104).

$C_{15}H_{14}ONBr_3$ 1) 2,3,5-Tribrom-4'-Dimethylamido-4-Oxydiphenylmethan. Sm. 127°. HBr (*A.* **334**, 331 *C.* **1904** [2] 988).

$C_{15}H_{14}ON_2S$ *6) 6-Aethyläther d. 2-Merkapto-6-Oxy-1-Phenylbenzimidazol. Sm. 229°. Hg (*B.* **36**, 3848 *C.* **1904** [1] 89).
11) Benzyläther d. Benzoylimidoamidomerkaptomethan. Sm. 161° (*Am.* **29**, 76 *C.* **1903** [1] 523).

$C_{15}H_{14}ON_2S_2$ *2) Monomethyläther d. α-Dimerkaptomethylen-α-Benzoyl-β-Phenylhydrazin. Sm. 201—202° (*J. pr.* [2] **67**, 223 *C.* **1903** [1] 1261).

$C_{15}H_{14}ON_4S_2$ 1) s-Di[Phenylamidothioformyl]harnstoff. Sm. 166° (*Soc.* **83**, 91 *C.* **1903** [1] 230, 447).

$C_{15}H_{14}O_2NCl$ 3) 4-Chlor-1-[Acetyl-2-Oxybenzyl]amidobenzol. Sm. 95° (*Ar.* **240**, 685 *C.* **1903** [1] 395).

$C_{15}H_{14}O_2NBr$ 2) 4-Brom-1-[Acetyl-2-Oxybenzyl]amidobenzol. Sm. 108° (*Ar.* **240**, 686 *C.* **1903** [1] 395).
3) Phenylamidoformiat d. 5-Brom-4-Oxy-1,3-Dimethylbenzol. Sm. 138—139° (*B.* **36**, 2876 Anm. *C.* **1903** [2] 834).

$C_{15}H_{14}O_2N_2S$ 7) Methylester d. Diphenylthioallophansäure. Sm. 105° (*Soc.* **83**, 557 *C.* **1903** [1] 1123).
8) 4-[4-Methylphenyl]merkaptophenylamid d. Oxaminsäure (p-Thiotolylphenyloxamid). Sm. 222° (*J. pr.* [2] **68**, 268 *C.* **1903** [2] 993).

$C_{15}H_{14}O_2N_3Cl$ 2) 6-Chlor-3-Nitro-4-Dimethylamido-1-Phenylimidomethylbenzol. Sm. 118° (*B.* **37**, 865 *C.* **1904** [1] 1207).

$C_{15}H_{14}O_3N_2S$ 2) 2-Naphtylacetylthiohydantoïnsäure. Sm. 167—173° (*C.* **1903** [2] 110).

$C_{15}H_{14}O_4N_4S$ *2) s-Di[2-Nitro-4-Methylphenyl]thioharnstoff. Sm. 207° (*B.* **36**, 1139 *C.* **1903** [1] 1220).

$C_{15}H_{14}O_5N_2S$ 1) Aldehyd d. 4-Nitro-5-Dimethylamidodiphenylsulfon-2-Carbonsäure. Sm. 196° (*B.* **37**, 866 *C.* **1904** [1] 1207).

$C_{15}H_{14}O_6N_2S$ 1) 4-Oxyazobenzol-2-Propionsäure-4'-Sulfonsäure (*B.* **37**, 4131 *C.* **1904** [2] 1735).
2) 4-Oxyazobenzol-3-Propionsäure-4'-Sulfonsäure (*B.* **37**, 4130 *C.* **1904** [2] 1735).
3) 6-Oxyazobenzol-3-Propionsäure-4'-Sulfonsäure (*B.* **37**, 4131 *C.* **1904** [2] 1736).

$C_{15}H_{14}N_3ClS$ 1) Verbindung (aus β-Phenylamido-α-Phenylthioharnstoff u. Acetylchlorid). Sm. 218° (*J. pr.* [2] **67**, 253 *C.* **1903** [1] 1265).

$C_{15}H_{14}N_3JS$ 1) Methyläther d. 5-Jod-3-Merkapto-1,4-Diphenyl-4,5-Dihydro-1,2,4-Triazol. Sm. 243° (*J. pr.* [2] **67**, 250 *C.* **1903** [1] 1264).

$C_{15}H_{15}ONBr_2$ 4) 3,5-Dibrom-4'-Dimethylamido-4-Oxydiphenylmethan. Fl. HBr (*A.* **334**, 338 *C.* **1904** [2] 989).

$C_{15}H_{15}ONS$ 14) 4'-Acetylamido-4-Methyldiphenylsulfid. Sm. 108° (*J. pr.* [2] **68**, 267 *C.* **1903** [2] 993).
15) 4-Aethoxylphenylamid d. Benzolthiocarbonsäure. Sm. 127° (*B.* **37**, 876 *C.* **1904** [1] 1004).

$C_{15}H_{15}O_2NS$ *1) **1-Phenylsulfon-1,2,3,4-Tetrahydrochinolin.** Sm. 54—55° (*B.* **36**, 2706 *C.* **1903** [2] 829).
5) **4'-Acetylamido-4-Methyldiphenylsulfoxyd.** Sm. 182,5° (*J. pr.* [2] **68**, 277 *C.* **1903** [2] 994).

$C_{15}H_{15}O_2N_3S$ 4) **αγ-Diphenylthiosemicarbazidoessigsäure.** Sm. 195° u. Zers. (*B.* **36**, 3887 *C.* **1904** [1] 27).

$C_{15}H_{15}O_2N_4Cl$ 1) **6-Chlor-3-Nitro-4-Dimethylamidobenzylidenphenylhydrazin.** Sm. 166° (*B.* **37**, 865 *C.* **1904** [1] 1207).

$C_{15}H_{15}O_3NS$ 9) **Methyl-4-[4-Methylphenylsulfon]amidophenylketon.** Sm. 203° (*Soc.* **85**, 391 *C.* **1904** [1] 1404).
10) **Aethyl-4-Phenylsulfonamidophenylketon.** Sm. 165° (*Soc.* **85**, 394 *C.* **1904** [1] 1404).
11) **4'-Acetylamido-4-Methyldiphenylsulfon.** Sm. 195° (*J. pr.* [2] **68**, 277 *C.* **1903** [2] 994).

$C_{15}H_{15}O_6NS$ 4) **2,4-Dimethyldiphenylamin-2'-Carbonsäure-?-Sulfonsäure.** Na (D. R. P. 146102 *C.* **1903** [2] 1152).
5) **4-Dimethylamido-2-Oxydiphenylketon-3'-Sulfonsäure.** K (*B.* **37**, 208 *C.* **1904** [1] 665).

$C_{15}H_{15}O_6N_4Br$ 1) **3-Brom-2,4,6-Trinitro-1-Methylbenzol + Dimethylamidobenzol.** Sm. 120° (*B.* **37**, 178 *C.* **1904** [1] 653).

$C_{15}H_{16}ONJ$ 1) **Jodmethylat d. 1-Oxy-2-[2-Pyridyl]-2,3-Dihydroinden.** Sm. 130° (*B.* **36**, 1656 *C.* **1903** [2] 39).

$C_{15}H_{16}ON_2S$ 4) **α-Phenyl-β-[β-Oxy-β-Phenyläthyl]thioharnstoff.** Sm. 131—132° (*B.* **37**, 2483 *C.* **1904** [2] 420).
5) **Aethyläther d. 3-Oxy-s-Diphenylthioharnstoff.** Sm. 138,5° (*B.* **36**, 4102 *C.* **1904** [1] 271).
6) **4-Methylphenyläther d. 4-Merkapto-2-Methylphenylharnstoff.** Sm. 175° (*J. pr.* [2] **68**, 285 *C.* **1903** [2] 995).

$C_{15}H_{16}O_3N_2S$ 3) **α-Phenylsulfon-β-Aethyl-β-Phenylharnstoff.** Sm. 123,2° (*B.* **37**, 695 *C.* **1904** [1] 1074).
4) **1-[4-Aethylamidobenzyliden]amidobenzol-4-Sulfonsäure** (*B.* **37**, 858 *C.* **1904** [1] 1206).

$C_{15}H_{16}O_5N_2S$ 1) **d-α-[2-Naphtylsulfonamidoacetyl]amidopropionsäure** + H_2O. Sm. 154—155° (wasserfrei) (*B.* **36**, 2594 *C.* **1903** [2] 618).
2) **r-α-[2-Naphtylsulfonamidoacetyl]amidopropionsäure** (β-Naphtylsulfoglycylalanin). Sm. 172—173° (*B.* **36**, 2106 *C.* **1903** [1] 1304).
3) **α-d-[2-Naphtylsulfonamidopropionyl]amidoessigsäure.** Sm. 180,5 bis 181,5° (*B.* **36**, 2595 *C.* **1903** [2] 618).

$C_{15}H_{17}O_2NS$ 5) **Piperidid d. Naphtalin-2-Sulfonsäure.** Sm. 135—136° (*B.* **37**, 3250 *C.* **1904** [2] 996).

$C_{15}H_{17}O_2N_2P$ 1) **Phenylmonamid d. 1,2,3,4-Tetrahydro-1-Chinolylphosphinsäure** (*A.* **326**, 198 *C.* **1903** [1] 821).

$C_{15}H_{18}O_4N_4S$ 1) **2-Thiocarbonyl-4-Keto-5,5-Dimethyl-3-Phenyltetrahydroimidazol-1-α-Nitrosamidoisobuttersäure.** Sm. 166° (*C.* **1904** [2] 1028).

$C_{15}H_{18}O_6N_2S$ 1) **2-Naphtylsulfonhydrazon d. l-Arabinose.** Zers. bei 175° (*C.* **1904** [2] 1494).

$C_{15}H_{19}ON_2J$ *1) **Jodmethylat d. 4-Dimethylamido-4'-Oxydiphenylamin.** Sm. 218° (*J. pr.* [2] **69**, 166 *C.* **1904** [1] 1268).
2) **Jodmethylat d. 4-Dimethylamido-3'-Oxydiphenylamin.** Sm. 199,5—200° (*J. pr.* [2] **69**, 236 *C.* **1904** [1] 1269).

$C_{15}H_{19}O_3N_2Cl_3$ 1) **Verbindung** (*C.* **1903** [2] 19).

$C_{15}H_{19}O_3N_2Br$ 1) **Isoamyläther d. 3-Brom-5-Nitro-2-Oxy-1-Methyl-1,2-Dihydrochinolin.** Sm. 65° (*J. pr.* [2] **45**, 188). — **IV**, *266*.

$C_{15}H_{19}O_3N_3S$ 1) **2-Thiocarbonyl-4-Keto-5,5-Dimethyl-3-Phenyltetrahydroimidazol-1-α-Amidoisobuttersäure.** Sm. 153° (*C.* **1904** [2] 1028).

$C_{15}H_{20}ON_2S_2$ 1) **Verbindung** (aus Taurin u. Benzoesäureanhydrid). Sm. 175° (*C.* **1903** [2] 986).

$C_{15}H_{20}ON_3P$ 1) **Propylamid-Di[Phenylamid] d. Phosphorsäure.** Sm. 146° (*A.* **326**, 173 *C.* **1903** [1] 819).

$C_{15}H_{20}O_3NBr$ 1) **α-[α-Bromisocapronyl]amido-β-Phenylpropionsäure.** Sm. 119 bis 123° (*B.* **37**, 3306 *C.* **1904** [2] 1305).

$C_{15}H_{20}O_4NBr$ 1) **l-α-[α-Bromisocapronyl]amido-α-[4-Oxyphenyl]propionsäure.** Sm. 139—140° (*B.* **37**, 2497 *C.* **1904** [2] 425).

$C_{15}H_{20}N_3SP$ 1) **Propylmonamid-Di[Phenylamid] d. Thiophosporsäure.** Sm. 116° (*A.* **326**, 204 *C.* **1903** [1] 821).

$C_{15}H_{21}ONBr_2$ 1) **Methyläther d. 1-[3,6-Dibrom-4-Oxy-2,5-Dimethylbenzyl]hexahydropyridin.** Sm. 49–51° (*A.* **334**, 304 *C.* **1904** [2] 985).

$C_{15}H_{21}O_6ClSi$ 1) **Triacetylacetonylsiliciumchlorid.** HCl, (HCl, $FeCl_3$), (2HCl, $PtCl_4$), (HCl, $AuCl_3$) (*B.* **36**, 926 *C.* **1903** [1] 1025).

$C_{15}H_{21}N_2JS$ 1) **2-Jodisobutylat d. 5-Merkapto-3-Methyl-1-Phenylpyrazol-5-Methyläther.** Sm. 189—191° (*A.* **331**, 227 *C.* **1904** [1] 1220).
2) **2-Jodmethylat d. 5-Merkapto-3-Methyl-1-Phenylpyrazol-5-Isobutyläther.** Sm. 117° (*A.* **331**, 202 *C.* **1904** [1] 1218).

$C_{15}H_{22}ON_5P$ 1) **Propylamid-Di[Phenylhydrazid] d. Phosphorsäure.** Sm. 151° (*A.* **326**, 175 *C.* **1903** [1] 819).

$C_{15}H_{24}ONCl$ *1) **Caryophyllennitrosylchlorid.** Sm. 158° (*Ar.* **241**, 38 *C.* **1903** [1] 712).

$C_{15}H_{25}O_3NS$ 3) **Aethylamid d. δ-Oxy-δ-Phenylheptan-δ²-Sulfonsäure.** Sm. 117 bis 118° (*B.* **37**, 3261 *C.* **1904** [2] 1031).

$C_{15}H_{30}ON_3P$ *1) **1-Tripiperidinphosphinoxyd.** Sm. 75—76° (*A.* **326**, 200 *C.* **1903** [1] 821). — *IV, *10.*

$C_{15}H_{30}N_3SP$ *1) **1-Tripiperidylphosphinsulfid.** Sm. 120° (*A.* **326**, 219 *C.* **1903** [1] 822). — *IV, *10.*

$C_{15}H_{36}N_3SP$ 1) **Tri[Amylamid] d. Thiophosphinsäure.** Fl. (*A.* **326**, 208 *C.* **1903** [1] 821).

— 15 V —

$C_{15}H_{11}O_2NCl_2Br_2$ 1) **N-Acetyl-?-Dichlorphenyl-3,5-Dibrom-2-Oxybenzylamin.** Sm. 141,5—143,5° (*A.* **332**, 188 *C.* **1904** [2] 210).

$C_{15}H_{12}O_2NClBr_2$ 1) **N-Acetyl-2-Chlorphenyl-3,5-Dibrom-2-Oxybenzylamin.** Sm. 129—130° (*A.* **332**, 188 *C.* **1904** [2] 210).

$C_{15}H_{13}ON_2BrS$ 1) **6-Aethyläther d. 2-Merkapto-6-Oxy-1-[3-Bromphenyl]benzimidazol.** Sm. 201° (*B.* **36**, 3869 *C.* **1904** [1] 92).

$C_{15}H_{14}O_3NClS$ 1) **Methyl-4-[4-Methylphenylsulfon]chloramidophenylketon.** Sm. 93° (*Soc.* **85**, 391 *C.* **1904** [1] 1404).
2) **Aethyl-4-Phenylsulfonchloramidophenylketon.** Sm. 81° (*Soc.* **85**, 394 *C.* **1904** [1] 1404).

$C_{15}H_{15}ON_2Br_3S$ 1) **Verbindung** (aus Acetyl-s-Diphenylthioharnstoff). Sm. 167° u. Zers. (*B.* **34**, 3138; *B.* **35**, 3128 *C.* **1903** [2] 1070).

$C_{15}H_{18}ON_2ClP$ 1) **Phenylmonamid d. 1,2,3,4-Tetrahydro-1-Chinolylphosphinsäuremonochlorid.** Sm. 174—175° (*A.* **326**, 198 *C.* **1903** [1] 821).

C_{16}-Gruppe.

$C_{16}H_{12}$ *2) **2-Phenylnaphtalin.** Sm. 101—102° (*B.* **36**, 3910 *C.* **1903** [2] 1439; *B.* **36**, 4010 *C.* **1904** [1] 176).
*9) **Kohlenwasserstoff** (aus Naphtalin). Sm. 180—181° (*Soc.* **85**, 220 *C.* **1904** [1] 656, 939).

$C_{16}H_{14}$ *2) **αδ-Diphenyl-αγ-Butadiën.** Sm. 149° (*C. r.* **135**, 1347 *C.* **1903** [1] 328).
*6) **2,6-Dimethylanthracen.** Sm 215—216° (*Soc.* **85**, 216 *C.* **1904** [1] 656, 939).

$C_{16}H_{16}$ *9) **αβ-Di[4-Methylphenyl]äthen** (*R.* **21**, 453 *C.* **1903** [1] 503).
*14) **αα-Diphenyl-α-Buten.** Sd. 286°$_{750}$ (*B.* **37**, 1451 *C.* **1904** [1] 1352).
15) **αβ-Diphenyl-α-Buten.** Sm. 57°; Sd. 296—297° (*B.* **37**, 1453 *C.* **1904** [1] 1352).
16) **αβ-Di[3-Methylphenyl]äthen.** Sm. 55—56° (*R.* **21**, 456 *C.* **1903** [1] 503).

$C_{16}H_{18}$ *11) **αβ-Di[3-Methylphenyl]äthan.** Sd. 298° (*R.* **21**, 457 *C.* **1903** [1] 503).
*21) **αβ-Di[4-Methylphenyl]äthan.** Sm. 81—82° (*R.* **21**, 453 *C.* **1903** [1] 503).
*23) **αα-Diphenylbutan.** Sm. 27°; Sd. 265—266°$_{761}$ (*B.* **37**, 1452 *C.* **1904** [1] 1352).
25) **αβ-Diphenylbutan.** Sd. 288—289° (*B.* **37**, 1454 *C.* **1904** [1] 1353).
26) **2,4,2′,4′-Tetramethylbiphenyl.** Sm. 41°; Sd. 288°$_{722}$ (*A.* **332**, 45 *C.* **1904** [2] 40).
27) **2,5,2′,5′-Tetramethylbiphenyl.** Sm. 50°; Sd. 284°$_{732}$ (*A.* **332**, 46 *C.* **1904** [2] 40).

$C_{16}H_{24}$ 3) **α-[2,4,6-Trimethylphenyl]-α-Hepten.** Sd. 270—272° (*B.* **37**, 931 *C.* **1904** [1] 1209).

$C_{16}H_{26}$ 3) **2-Heptyl-1,3,5-Trimethylbenzol.** Sd. 271—272°$_{750}$ (*B.* **37**, 1720 *C.* **1904** [1] 1489).

$C_{16}H_{32}$ 4) *βϑ*-**Dimethyl-*ε*-Isoamyl-*δ*-Nonen.** Sd. 114—115°$_{10}$ (*C. r.* **136**, 816 *C.* **1903** [1] 1077).

— 16 II —

$C_{16}H_8O_5$ *2) **Styrogallol.** K (*Soc.* **83**, 139 *C.* **1903** [1] 89, 466).

$C_{16}H_{10}O$ 3) *ββ*-**Phenylennaphtylenoxyd** (Brasan). Sm. 202° (*B.* **36**, 2199 *C.* **1903** [2] 381).

$C_{16}H_{10}O_3$ *7) **Anhydrid d. Diphenylmaleïnsäure.** Sm. 156° (*Soc.* **83**, 289 *C.* **1903** [1] 877; *B.* **36**, 2652 *C.* **1903** [2] 725).

$C_{16}H_{10}O_4$ 19) **Methylenäther d. 2-Keto-1-[3,4-Dioxybenzyliden]-1,2-Dihydrobenzfuran.** Sm. 192° (*B.* **30**, 1083; **32**, 316). — *III, *531.*

$C_{16}H_{10}O_5$ *3) **Dilakton d. Di[α-Oxybenzyl]äther-2,2'-Dicarbonsäure.** Sm. 221 bis 223° (*M.* **25**, 499 *C.* **1904** [2] 325).

5) **2-Aldehydobenzoat d. 1-Dioxymethylbenzol-2-Carbonsäure-1,2-Lakton.** Sm. 202° (*M.* 25, 499 *C.* **1904** [2] 325).

$C_{16}H_{10}O_6$ 6) **3,4-Methylenäther d. 5,6-Dioxy-2-Keto-1-[3,4-Dioxybenzyliden]-1,2-Dihydrobenzfuran.** Sm. 221° (*B.* **29**, 2435). — *III, *533.*

7) **1,3-Phenylenester d. Furan-2-Carbonsäure.** Sm. 128—129° (*B.* **37**, 2952 *C.* **1904** [2] 993).

$C_{16}H_{10}O_8$ 4) **Biphenyl-3,4,3',4'-Tetracarbonsäure.** Sm. noch nicht bei 250° (*B.* **26**, 2486).

$C_{16}H_{10}N_2$ *5) **Nitril d. *αβ*-Diphenyläthen-*αβ*-Dicarbonsäure.** Sm. 157° (160°) (*C.* **1903** [2] 493; *B.* **36**, 2652 *C.* **1903** [2] 725; *B.* **36**, 2862 *C.* **1903** [2] 1129).

$C_{16}H_{10}N_6$ C 67,1 — H 3,5 — N 29,4 — M. G. 286.

1) **Fluorobin.** Sm. noch nicht bei 300° (*B.* **36**, 4048 *C.* **1904** [1] 184; *B.* **36**, 4051 *C.* **1904** [1] 185).

$C_{16}H_{11}N$ *5) **isom. Phenyl-*β*-Naphtylcarbazol.** Sm. 134—135°; Sd. 448°$_{750}$. Pikrat (*B.* **31**, 1697; *Soc.* **83**, 271 *C.* **1903** [1] 883; *A.* **332**, 101 *C.* **1904** [1] 1571).

$C_{16}H_{12}O_2$ *3) **4-Methylen-2-[4-Oxyphenyl]-1,4-Benzpyran** (Phenaceteïn) (*B.* **36**, 732 *C.* **1903** [1] 840).

*24) **stab. Lakton d. *γ*-Oxy-*βγ*-Diphenylpropen-*α*-Carbonsäure.** Sm. 151,5° (*Soc.* **83**, 292 *C.* **1903** [1] 877; *B.* **37**, 3126 *C.* **1904** [2] 1042).

47) **isom. Lakton d. *α*-Oxy-*αγ*-Diphenylpropen-*γ*-Carbonsäure.** Sm. 284 bis 286° (*Soc.* **85**, 1362 *C.* **1904** [2] 1646).

$C_{16}H_{12}O_3$ 40) **Methylester d. 3-Oxyphenanthren-2-Carbonsäure.** Sm. 171° (*B.* **35**, 4428 *C.* **1903** [1] 334).

41) **Methylester d. 2-Oxyphenanthren-3-Carbonsäure.** Sm. 126° (*B.* **35**, 4428 *C.* **1903** [1] 334).

$C_{16}H_{12}O_4$ *3) **7-Oxy-4-Methylen-2-[2,4-Dioxyphenyl]-1,4-Benzpyran** + H_2O (Resaceteïn). HCl + $^1/_2H_2O$, Pikrat (*B.* **36**, 733 *C.* **1903** [1] 839; *B.* **37**, 363 *C.* **1904** [1] 671).

*32) **Diphenylester d. Fumarsäure.** Sd. 219°$_{14}$ (*B.* **35**, 4086 *C.* **1903** [1] 75).

*43) **Aethylester d. Naphtaronylessigsäure** (*Soc.* **83**, 1130 *C.* **1903** [2] 1060).

44) **Methyläther d. *αβγ*-Triketo-*α*-Phenyl-*γ*-[4-Oxyphenyl]propan.** Sm. 65° (*B.* **37**, 1535 *C.* **1904** [1] 1609).

45) **1,5-Dioxy-2,6-Dimethyl-9,10-Anthrachinon.** Sm. 224—225° (*Soc.* **83**, 1333 *C.* **1904** [1] 100).

46) **1,7-Dioxy-2,6-Dimethyl-9,10-Anthrachinon.** Sm. noch nicht bei 300° (*Soc.* **83**, 1331 *C.* **1904** [1] 100).

47) **3,7-Dioxy-2,6-Dimethyl-9,10-Anthrachinon.** Sm. 232° (*Soc.* **83**, 1333 *C.* **1904** [1] 100).

48) **Dimethyläther d. 1,5-Dioxy-9,10-Anthrachinon.** Sm. 230° (D.R.P. 77818). — *III, *305.*

49) **Dimethyläther d. 1,8-Dioxy-9,10-Anthrachinon.** Sm. 215° (D.R.P. 77818). — *III, *307.*

50) **Dimethyläther d. 2,7-Dioxy-9,10-Anthrachinon.** Sm. 215° (D.R.P. 143858 *C.* **1903** [2] 404).

$C_{16}H_{12}O_4$ 51) **Dimethyläther d. 4,5-Dioxy-9,10-Phenanthrenchinon.** Sm. 190 bis 191° (*B.* **36**, 3751 *C.* **1904** [1] 38).

52) **2-Keto-5,6-Dioxy-1-[4-Methylbenzyliden]-1,2-Dihydrobenzfuran.** Sm. 276° (*B.* **37**, 825 *C.* **1904** [1] 1152).

53) **Monomethyläther d. 5,6-Dioxy-2-Keto-1-Benzyliden-1,2-Dihydrobenzfuran.** Sm. 158° (*B.* **29**, 2432). — *III, *532.*

54) **6-Methyläther d. 3,6-Dioxy-2-Phenyl-1,4-Benzpyron.** Sm. 204 bis 205° (*B.* **37**, 775 *C.* **1904** [1] 1155).

55) **7-Methyläther d. 3,7-Dioxy-2-Phenyl-1,4-Benzpyron.** Sm. 180° (*B.* **37**, 1181 *C.* **1904** [1] 1275).

56) **3,4-Dioxyphenanthren-3-Methyläther-9-Carbonsäure.** Sm. 264° (*B.* **35**, 4414 *C.* **1903** [1] 344).

57) **Aethylester d. 1,2-α-Naphtopyron-4-Carbonsäure.** Sm. 145—146° (*B.* **36**, 1968 *C.* **1903** [2] 377).

58) **Aethylester d. 3,4-β-Naphtopyron-2-Carbonsäure** (Ae. d. β-Naphtocumarin-α-Carbonsäure). Sm. 115° (*B.* **36**, 1971 *C.* **1903** [2] 377).

59) **Diphenylester d. Maleïnsäure.** Sm. 73°; Sd. 226°$_{18}$ (*B.* **35**, 4086 *C.* **1903** [1] 75).

$C_{16}H_{12}O_5$ *3) **Brasileïn** (*B.* **36**, 400 *C.* **1903** [1] 587; *B.* **36**, 3951 *C.* **1904** [1] 170; *M.* **25**, 885 *C.* **1904** [2] 1313).

*25) **isom. Dimethyläther d. 1,2,3-Trioxy-9,10-Anthrachinon.** Sm. 159 bis 160°. Na, Li (*M.* **23**, 1014 *C.* **1903** [1] 290).

26) **1⁴-Methyläther d. 2-Keto-5,6-Dioxy-1-[4-Oxybenzyliden]-1,2-Dihydrobenzfuran.** Sm. 252° (*B.* **37**, 825 *C.* **1904** [1] 1152).

27) **isom. Monomethyläther d. Emodin.** Sm. 200° (*Soc.* **83**, 26 *C.* **1904** [1] 100).

28) **4,7-Dioxy-2-Phenyl-1,4-Benzpyran-4-Carbonsäure.** Pikrat (*B.* **36**, 1947 *C.* **1903** [2] 296).

$C_{16}H_{12}O_6$ *4) **2⁴-Methyläther d. 3,5,7-Trioxy-2-[4-Oxyphenyl]-1,4-Benzpyron** (Kämpferid). K + H_2O (*Soc.* **83**, 136 *C.* **1903** [1] 89, 466; *B.* **37**, 2096 *C.* **1904** [2] 121).

22) **Dimethyläther d. 1,3,5,7-Tetraoxy-9,10-Anthrachinon.** Sm. 280 bis 283° (D.R.P. 139424 *C.* **1903** [1] 678).

23) **1,8-Lakton d. 4- oder -5-Acetyl-1-Acetoxyloxymethylnaphtalin-8-Carbonsäure.** Sm. 183° (*A.* **327**, 90 *C.* **1903** [1] 1228).

$C_{16}H_{12}O_7$ 5) **Cocacetin** + $3H_2O$. Sm. 260—265° (wasserfrei) (*J. pr.* [2] **66**, 408 *C.* **1903** [1] 527).

$C_{16}H_{12}N_2$ *14) **Nitril d. αβ-Diphenyläthan-αβ-Dicarbonsäure.** Sm. 224° (*Soc.* **83**, 998 *C.* **1903** [2] 373, 666; *B.* **37**, 4067 *C.* **1904** [2] 1651).

*17) **3,6-Diphenyl-1,2-Diazin** (*B.* **36**, 496 *C.* **1903** [1] 653).

20) **Nitril d. αβ-Diphenyläthan-αα-Dicarbonsäure.** Sm. 97—98° (*Am.* **32**, 129 *C.* **1904** [2] 954).

$C_{16}H_{12}N_4$ 5) **bim. Crotonaldazin.** Sm. 95—100° (*M.* **24**, 440 *C.* **1903** [2] 617).

6) **Nitril d. αβ-Di[2-Amidophenyl]äthen-αβ-Dicarbonsäure.** Sm. 265° (*A.* **332**, 284 *C.* **1904** [2] 702).

7) **Nitril d. αβ-Di[4-Amidophenyl]äthen-αβ-Dicarbonsäure.** Sm. oberh. 300° (*A.* **332**, 280 *C.* **1904** [2] 701).

$C_{16}H_{13}N$ *2) **2-Phenylamidonaphtalin** (*C.* **1904** [1] 1013).

*8) **2-Methyl-4-Phenylchinolin.** Sd. 200—203°$_{10}$ (*B.* **36**, 2456 *C.* **1903** [2] 670).

*18) **1-Benzylisochinolin.** Sd. 211—213°$_{11}$. HCl, (2HCl, $PtCl_4$), Pikrat (*B.* **37**, 3399 *C.* **1904** [2] 1317).

*19) **3-Benzylisochinolin.** Sm. 104°; Sd. 311°$_{28}$. HCl, (2HCl, $PtCl_4$ + H_2O), 5(HCl, $HgCl_2$), HNO_3, H_2SO_4, Pikrat (*A.* **328**, 326 *C.* **1903** [2] 1074).

*20) **4-Benzylisochinolin.** Sm. 117,5—118°; Sd. 238°$_{28}$. HCl, (2HCl, $PtCl_4$ + H_2O), (2HCl, $HgCl_2$ + $^1/_2H_2O$), HNO_3, H_2SO_4, Pikrat (*A.* **326**, 265 *C.* **1903** [1] 927).

$C_{16}H_{14}O$ *6) **α-Keto-αγ-Diphenyl-β-Buten.** Sd. 340—345° (*C.* **1903** [1] 521, 880; *M.* **25**, 431 *C.* **1904** [2] 336).

19) **γ-Keto-αβ-Diphenyl-α-Buten.** Sm. 53—54° (*M.* **18**, 444; **19**, 411; **22**, 667). — *III, *185.*

20) **γ-Keto-αγ-Diphenyl-β-Methylpropen.** Sd. 190—192°$_{28}$ (*Am.* **31**, 656 *C.* **1904** [2] 446).

$C_{16}H_{14}O_2$ *27) **Methyläther d. γ-Keto-α-[4-Oxyphenyl]-γ-Phenylpropen.** HCl, HBr (*B.* **37**, 1652 *C.* **1904** [1] 1603).
39) **γ-Keto-δ-Phenyl-α-[2-Oxyphenyl]-α-Buten.** Sd. 217—219°$_{12}$ (*B.* **37**, 498 *C.* **1904** [1] 805).
40) **4-Methyl-3-Aethyl-1,2-α-Naphtocumarin** (β-Methyl-α-Aethyl-α-Naphtocumarin). Sm. 138° (*B.* **36**, 1968 *C.* **1903** [2] 376).
41) **Acetat d. 2-Oxy-αα-Diphenyläthen.** Sd. 172—173°$_8$ (*B.* **36**, 4003 *C.* **1904** [1] 174).

$C_{16}H_{14}O_3$ *1) **3,6-Dimethyläther d. 3,4,6-Trioxyphenanthren** (Thebaol). Sm. 93 bis 94° (*B.* **35**, 4400 *C.* **1903** [1] 341; *B.* **37**, 3499 *C.* **1904** [2] 1320).
*11) **i-α-Phenyl-β-Benzoylpropionsäure** (*Soc.* **85**, 1360 *C.* **1904** [2] 1646).
*12) **Desylessigsäure.** Sm. 161° (*Soc.* **83**, 292 *C.* **1903** [1] 877).
*24) **Anhydrid d. Phenylessigsäure** (*Am.* **31**, 265 *C.* **1904** [1] 1078).
59) **Methyläther d. 6-Oxy-2-Phenyl-2,3-Dihydro-1,4-Benzpyron.** Sm. 141—142° (*B.* **37**, 774 *C.* **1904** [1] 1155).
60) **Methyläther d. 7-Oxy-2-Phenyl-2,3-Dihydro-1,4-Benzpyron.** Sm. 91° (*B.* **37**, 1181 *C.* **1904** [1] 1275).
61) **γ-Oxy-αβ-Diphenylpropen-γ-Carbonsäure.** Sm. 125°. Ag (*B.* **31**, 2228, 2235; *B.* **36**, 917 *C.* **1903** [1] 1030; *A.* **333**, 232 *C.* **1904** [2] 1389). — *II, *1011*.
62) **d-α-Phenyl-β-Benzoylpropionsäure.** Sm. 176—178° (*Soc.* **85**, 1368 *C.* **1904** [2] 1646).
63) **l-α-Phenyl-β-Benzoylpropionsäure** (*Soc.* **85**, 1368 *C.* **1904** [2] 1647).

$C_{16}H_{14}O_4$ *9) **2-[4-Aethoxylbenzoyl]benzol-1-Carbonsäure.** Sm. 135—136° (*B.* **36** 2967 *C.* **1903** [2] 1007).
*16) **αβ-Diphenyläthan-2,2'-Dicarbonsäure.** Sm. 231°. K_2 (*B.* **37**, 3218 *C.* **1904** [2] 1120).
*21) **Dimethylester d. Biphenyl-2,2'-Dicarbonsäure.** Sm. 74,5° (*A.* **332**, 70 *C.* **1904** [2] 42).
*23) **Dimethylester d. Biphenyl-3,3'-Dicarbonsäure.** Sm. 104° (*A.* **332**, 72 *C.* **1904** [2] 42).
*30) **Diphenylester d. Bernsteinsäure.** Sm. 121°; Sd. 222,5°$_{15}$ (*B.* **35**, 4073 *C.* **1903** [1] 73).
*41) **Dimethylester d. Biphenyl-4,4'-Dicarbonsäure.** Sm. 214° (*A.* **332**, 73 *C.* **1904** [2] 43).
*43) **αβ-Diphenyläthan-4,4'-Dicarbonsäure.** Sm. noch nicht bei 320°. $(NH_4)_2$, Ba, Ag_2 (*B.* **37**, 3215 *C.* **1904** [2] 1120).
*48) **Di[4-Methylphenylester] d. Oxalsäure** (D.R.P. 137584 *C.* **1903** [1] 111).
54) **β-Oxy-β-Phenylakryl-3-Methoxylphenyläthersäure.** Sm. 110° (*Soc.* **83**, 1134 *C.* **1903** [2] 1060).
55) **Diacetat d. 3,4-Dioxybiphenyl.** Sm. 77—77,5° (*Am.* **29**, 128 *C.* **1903** [1] 705).

$C_{16}H_{14}O_5$ *1) **Brasilin** (*B.* **36**, 840 *C.* **1903** [1] 973).
20) **4'-Methoxyldiphenylmethan-2,5-Dicarbonsäure.** Sm. 265—266° (*B.* **36**, 844 *C.* **1903** [1] 971).
21) **α-Oxy-α-Phenylessig-4-Aldehydo-2-Methoxylphenylläthersäure** (Vanillinmandelüthersäure). Sm. 81—82° (D.R.P. 82924). — *III, *76*.
22) **1-Oxymethylbenzol-4-Aldehydo-2-Methoxylphenyläther-4-Carbonsäure.** Sm. 195° (D.R.P. 82924). — *III, *76*.
23) **Aldehyd d. Di[4-Oxybenzyl]äther-3,3'-Dicarbonsäure.** Fl. (*B.* **37**, 192 *C.* **1904** [1] 660).

$C_{16}H_{14}O_6$ *2) **Hesperitin** (*Soc.* **85**, 62 *C.* **1904** [1] 381, 729).
*7) **Dehydrodivanillin** (*C.* **1904** [1] 587).
21) **Peroxyd d. 4-Oxybenzolmethyläther-1-Carbonsäure.** Sm. 128° (*B.* **37**, 3624 *C.* **1904** [2] 1500).

$C_{16}H_{14}O_7$ *1) **Lekanorsäure** (*Bl.* [3] **31**, 615 *C.* **1904** [2] 99; *C.* **1904** [2] 1504).
*3) **Gyrophorsäure** (*J. pr.* [2] **68**, 62 *C.* **1903** [2] 513).

$C_{16}H_{14}O_8$ 4) **Pyrogallolsuccinein.** HCl (*M.* **20**, 450). — *II, *1224*.
5) **Verbindung** (aus Dehydracetsäure). Sm. 214—215° u. Zers. (*G.* **34** [1] 346 *C.* **1904** [2] 195).

$C_{16}H_{14}N_2$ *21) **4-Methyl-2-[4-Amidophenyl]chinolin** (Flavanilin). Sm. 97° (*C.* **1903** [1] 976).

$C_{16}H_{14}N_2$ 43) **3,6-Diphenyl-?-Dihydro-1,2-Diazin.** Sm. 202° (*B.* **36**, 496 *C.* **1903** [1] 653).
44) **3,6-Diphenyl-2,5-Dihydro-1,4-Diazin.** Sm. 193° (*A.* **330**, 231 *C.* **1904** [1] 944).
45) **1-Methyl-4,5-Diphenylimidazol.** Sm. 147° (*B.* **35**, 4139 *C.* **1903** [1] 295).
46) **4-[4-Amidobenzyl]isochinolin.** Sm. 160—161°. (2HCl, $PtCl_4$ + $4H_2O$) (*A.* **326**, 277 *C.* **1903** [1] 928).
47) **Base** (aus Acetanilid). Sm. 156°. HCl (D.R.P. 137121 *C.* **1903** [1] 107).

$C_{16}H_{14}N_4$ 15) **4-Phenylazo-3-Methyl-1-Phenylpyrazol.** Sm. 126° (*B.* **36**, 3598 *C.* **1903** [2] 1378).

$C_{16}H_{15}N$ 20) **10-Amido-9-Aethylanthracen** (*A.* **330**, 174 *C.* **1904** [1] 891).

$C_{16}H_{15}N_3$ 17) **5-Phenylamido-3-Methyl-1-Phenylpyrazol.** Sm. 120° (124°) (*C.* **1900** [2] 654; *B.* **34**, 724; *B.* **36**, 3272 *C.* **1903** [2] 1188).

$C_{16}H_{16}O$ *6) **α-Keto-αγ-Diphenylbutan.** Sm. 72° (74°); Sd. 200°$_{18}$ (*A.* **330**, 232 *C.* **1904** [1] 944; *Am.* **31**, 655 *C.* **1904** [2] 446).
25) **γ-Oxy-αγ-Diphenyl-α-Buten.** Fl. (*Am.* **31**, 659 *C.* **1904** [2] 447).

$C_{16}H_{16}O_2$ *12) **γγ-Diphenylbuttersäure.** Sm. 107° (*C.* **1904** [1] 1416).
*31) **Aethyläther d. 6-Oxy-3-Methyldiphenylketon.** Sm. 68° (*B.* **36**, 3892 *C.* **1904** [1] 93).
43) **Methyläther d. Oxydimethyldiphenylketon** (CH_3 : CH_3 : OH = 1:3:4). Sm. 52,5—53° (*G.* **33** [2] 63 *C.* **1903** [2] 996).
44) **Aethyläther d. γ-Keto-α-[2-Oxy-1-Naphtyl]-α-Buten.** Sm. 112° (*Bl.* [3] **29**, 881 *C.* **1903** [2] 885).
45) **Aethyläther d. 2-Oxy-2-Phenyl-1,2-Dihydrobenzfuran.** Sm. 88—89° (*B.* **36**, 4004 *C.* **1904** [1] 174).

$C_{16}H_{16}O_3$ *10) **Aethylester d. α-Oxydiphenylessigsäure.** Sd. 201°$_{21}$ (*B.* **37**, 2766 *C.* **1904** [2] 708).
22) **α-Oxydi[4-Methylphenyl]essigsäure.** Sm. 131—132° (*C. r.* **136**, 1201 *C.* **1903** [2] 22).
23) **Aldehyd d. 3,4-Dioxybenzol-3-Aethyläther-4-Benzyläther-1-Carbonsäure.** Sm. 57° (D.R.P. 85196). — *III, *75.*

$C_{16}H_{16}O_4$ 26) **Methyläther d. α-Phenyl-α-[4-Oxyphenyl]propen.** Sm. 54°; Sd. 312° (*B.* **36**, 227 *C.* **1904** [1] 659).
27) **Diäthylester d. δ-Phenyl-αγ-Butenin-αα-Dicarbonsäure.** Fl. (*B.* **36**, 3671 *C.* **1903** [2] 1313).
28) **3-Methoxyl-4-Methylphenylester d. 2-Oxy-1-Methylbenzol-3-Carbonsäure.** Sm. 80—81° (D.R.P. 57941). — *II, *919.*
29) **2-Methoxyl-4-Methylphenylester d. 4-Oxy-1-Methylbenzol-3-Carbonsäure.** Sm. 79—81° (D.R.P. 57941). — *II, *920.*
30) **2-Methoxyl-4-Methylphenylester d. 3-Oxy-1-Methylbenzol-4-Carbonsäure.** Sm. 95° (D.R.P. 57941). — *II, *922.*
31) **Diacetat d. Podophylloresin.** Sm. 198° (*Soc.* **73**, 221). — *III, *474.*

$C_{16}H_{16}O_5$ 6) **Diacetat d. 5,7-Dioxy-4-Methylen-2,3-Dimethyl-1,4-Benzpyran** (*B.* **37**, 1800 *C.* **1904** [1] 1612).
7) **Diacetat d. 7,8-Dioxy-4-Methylen-2,3-Dimethyl-1,4-Benzpyran.** Sm. 148° (*B.* **37**, 1799 *C.* **1904** [1] 1612).

$C_{16}H_{16}O_6$ 8) **Diacetoxylnorcarencarbonsäure.** Sm. 216° (*B.* **36**, 3507 *C.* **1903** [2] 1274).
9) **Acetat d. Purpurogallintrimethyläther.** Sm. 140—143° (*Soc.* **83**, 197 *C.* **1903** [1] 401, 639).

$C_{16}H_{16}O_8$ C 57,1 — H 4,8 — O 38,1 — M. G. 336.
1) **1,1,6-Triacetat d. 4,5,6-Trioxy-2-Aethenyl-1-Dioxymethylbenzol-4,5-Methylenäther.** Sm. 124° (*B.* **36**, 1531 *C.* **1903** [2] 52).

$C_{16}H_{16}O_{10}$ 2) **Pentaacetat d. Pentaoxybenzol.** Sm. 165° u. Zers. (*B.* **37**, 123 *C.* **1904** [1] 586).

$C_{16}H_{16}N_2$ 33) **γ-Phenylhydrazon-α-[4-Methylphenyl]propen.** Sm. 145° (*B.* **36**, 851 *C.* **1903** [1] 975).
34) **Base** (aus 2-Amido-5-Oxy-3,7,10-Trimethyl-5,10-Dihydroakridin). Sm. noch nicht bei 250° (*Soc.* **85**, 532 *C.* **1904** [1] 1525).
35) **Verbindung** (aus 2-Amido-5-Oxy-3,7,10-Trimethyl-5,10-Dihydroakridin) (*C.* **1904** [1] 677).

$C_{16}H_{16}N_4$ 13) **6-[4-Dimethylamidobenzyliden]amidoindazol.** Sm. 198—199° (*B.* **37**, 2581 *C.* **1904** [2] 659).

$C_{16}H_{16}N_6$ 4) **3,6-Di[4-Amidobenzyl]-1,2,4,5-Tetrazin.** Sm. 166° (*B.* **35**, 3939 *C.* **1903** [1] 39).

$C_{16}H_{16}Br_2$ 6) **αβ-Dibrom-αβ-Di[3-Methylphenyl]äthan.** Sm. 167—168° (*R.* **21**, 456 *C.* **1903** [1] 503).

$C_{16}H_{16}S$ 2) **Aethyläther d. α-Merkapto-αβ-Diphenyläthen.** Sd. 190—200°$_{15}$ (*A.* **329**, 51 Anm. *C.* **1903** [2] 1448).

$C_{16}H_{16}S_2$ 4) **Cyklodi-o-Xylylendisulfid** (Disulfid d. 1,2-Di[Merkaptomethyl]benzol). Sm. 234—236° (*B.* **36**, 186 *C.* **1903** [1] 467).

$C_{16}H_{17}N$ *13) **2-Benzyl-1,2,3,4-Tetrahydroisochinolin.** Oxalat (*B.* **36**, 1162 *C.* **1903** [1] 1186).

14) **α-Amido-αγ-Diphenyl-β-Buten.** HCl, (2HCl, $PtCl_4$), Pikrat (*M.* **25**, 438 *C.* **1904** [2] 336).

15) **4-[4-Aethylbenzyliden]amido-1-Methylbenzol.** Sm. 49° (*C. r.* **136**, 558 *C.* **1903** [1] 832).

$C_{16}H_{17}N_3$ 12) **2-[2-Amidobenzyliden]amido-1-Aethylimidomethylbenzol.** Sm. 152—153,5°. 2HCl (*B.* **37**, 3656 *C.* **1904** [2] 1514).

$C_{16}H_{17}Cl$ 2) **α-Chlor-αα-Diphenylbutan.** Fl. (*B.* **37**, 1451 *C.* **1904** [1] 1352).

$C_{16}H_{17}J_3$ 2) **?-Jod-2-Methylphenyl-4-Aethylphenyljodoniumjodid.** Sm. 90° (*A.* **327**, 296 *C.* **1903** [2] 352).

$C_{16}H_{18}O$ *7) **α-Oxy-αα-Diphenylbutan.** Sm. 65°; Sd. 162—163°$_{11}$ (*B.* **37**, 1451 *C.* **1904** [1] 1352).

9) **β-Oxy-αβ-Diphenylbutan.** Sd. 179°$_{14}$ (*B.* **37**, 1452 *C.* **1904** [1] 1352).

$C_{16}H_{18}O_2$ *3) **Diäthyläther d. 4,4'-Dioxybiphenyl.** Sm. 176° (*A.* **332**, 68 *C.* **1904** [2] 42).

14) **Dimethyläther d. αα-Di[4-Oxyphenyl]äthan.** Sm. 59,4°; Sd. 352 bis 354°$_{767}$ (*C.* **1904** [1] 1650).

15) **Dimethyläther d. 4,4'-Dioxy-3,3'-Dimethylbiphenyl.** Sm. 145,5° (*Am.* **31**, 121 *C.* **1904** [1] 809).

16) **β-Aethyläther d. αβ-Dioxy-αα-Diphenyläthan.** Sd. 209—210°$_{29}$ (*C. r.* **138**, 91 *C.* **1904** [1] 505; *Bl.* [3] **31**, 304 *C.* **1904** [1] 1133).

17) **Diphenyläther d. αδ-Dioxybutan.** Sm. 98° (*C. r.* **138**, 1048 *C.* **1904** [1] 1493).

$C_{16}H_{18}O_3$ 12) **Methylester d. Artemisinsäure.** Fl. (*C.* **1903** [2] 1377).

$C_{16}H_{18}O_4$ *4) **4,4'-Dimethyläther d. isom. αβ-Dioxy-αβ-Di[4-Oxyphenyl]äthan** (Isohydranisoïn). Sm. 109° (*B.* **37**, 1677 *C.* **1904** [1] 1522).

13) **αβ-Dimethyläther d. αβ-Dioxy-αβ-Di[4-Oxyphenyl]äthan.** Sm. 220° u. Zers. (*A.* **335**, 173, 186 *C.* **1904** [2] 1129).

14) **αβ-Dimethyläther d. isom. αβ-Dioxy-αβ-Di[4-Oxyphenyl]äthan** (*A.* **335**, 174 *C.* **1904** [2] 1129).

15) **Dimethyläther d. αβ-Dioxy-αβ-Di[4-Keto-1,4-Dihydrophenyl]äthan.** Sm. 82° (*A.* **335**, 172 *C.* **1904** [2] 1129).

16) **Tetramethyläther d. 2,5,2',5'-Tetraoxybiphenyl.** Sm. 104° (*A.* **332**, 68 *C.* **1904** [2] 42).

$C_{16}H_{18}O_7$ *3) **Nataloïn.** Sm. 202° (*Ar.* **241**, 352 *C.* **1903** [2] 726).

4) **Aloïn** (Feroxaloïn). Sm. 142° (*Ar.* **241**, 341 *C.* **1903** [2] 725).

$C_{16}H_{18}N_2$ *6) **p-Dimethylenditoluidin** (oder $C_{24}H_{27}N_3$). Sm. 136° (*C.* **1903** [2] 238).

43) **Methyldi[4-Methylphenyl]formamidin.** Sm. 68—69° (*Soc.* **85**, 996 *C.* **1904** [2] 831).

44) **m-Dimethylenditoluidin** (Anhydroformaldehyd-m-Toluidin). Sm. 148 bis 149° (*B.* **36**, 42 *C.* **1903** [1] 504).

45) **isom. m-Dimethylenditoluidin.** Sm. 183—184° (*B.* **36**, 42 *C.* **1903** [1] 504).

46) **Base** (aus 1,4-Anhydro-4-Methylamido-1-Oxymethylbenzol). Sm. 205 bis 210° u. Zers. 2HCl (*M.* **23**, 988 *C.* **1903** [1] 289).

$C_{16}H_{18}N_4$ *1) **αβ-Di[Phenylhydrazon]butan.** Sm. 115—116° (*B.* **37**, 2476 *C.* **1904** [2] 418).

18) **3,8-Di[Dimethylamido]diphenazon.** Sm. 276°. HCl (*B.* **37**, 31 *C.* **1904** [1] 524).

$C_{16}H_{18}N_6$ C 65,3 — H 6,1 — N 28,6 — M. G. 294.

1) **3,6-Di[4-Amidobenzyl]-1,2-Dihydro-1,2,4,5-Tetrazin.** Sm. 212° (*B.* **35**, 3939 *C.* **1903** [1] 39).

$C_{16}H_{18}J_2$ 3) **Di[4-Aethylphenyl]jodoniumjodid.** Sm. 42° (*A.* **327**, 291 *C.* **1903** [2] 352).

$C_{16}H_{16}J_2$ 4) **2,4'-Dimethyl-2'-Aethyldiphenyljodoniumjodid.** Sm. 168° (*J. pr.* [2] **69**, 444 *C.* **1904** [2] 590).
5) **2-Methylphenyl-4-Propylphenyljodoniumjodid.** Zers. bei 123° (*A.* **327**, 314 *C.* **1903** [2] 354).

$C_{16}H_{19}N$ *6) **Aethylbenzyl-4-Methylphenylamin.** Sd. 226°$_{28}$. Pikrat (*B.* **37**, 2726 *C.* **1904** [2] 592).

$C_{16}H_{19}N_3$ 15) **4-Aethylamido-3-Methylbenzylidenphenylhydrazin.** Sm. 95° (*B.* **37**, 864 *C.* **1904** [1] 1207).
16) **4-Methyläthylamidobenzylidenphenylhydrazin.** Sm. 114° (*B.* **37**, 862 *C.* **1904** [1] 1206).

$C_{16}H_{20}O$ 4) **Benzylidenthujaketon.** Sm. 170° (*B.* **30**, 425). — *III, *140.*

$C_{16}H_{20}O_3$ 11) **Rimusäure.** Sm. 192—193°; Sd. 296—300°$_{21}$. Ba + 14H_2O (*C.* **1903** [2] 375; *Soc.* **85**, 1242 *C.* **1904** [2] 1308).

$C_{16}H_{20}O_5$ 8) **Dimethylester d. γ-Oxy-α-Phenyl-α-Butenäthyläther-δδ-Dicarbonsäure.** Na (*A.* **336**, 202 *C.* **1904** [2] 1731).

$C_{16}H_{20}O_6$ 10) **Diacetat d. 3,6-Dioxy-2,5-Diisopropyl-1,4-Benzochinon.** Sm. 137,5° (*B.* **37**, 2389 *C.* **1904** [2] 308).

$C_{16}H_{20}O_7$ 9) **Triäthylester d. 6-Oxybenzol-1,3-Dicarbonsäure-4-Methylcarbonsäure.** Sm. 81° (*B.* **37**, 2119 *C.* **1904** [2] 438).

$C_{16}H_{20}N_2$ *12) **4,4'-Di[Aethylamido]biphenyl.** Sm. 115,5—116° (*B.* **35**, 4182, 4190 *C.* **1903** [1] 142; *C.* **1903** [1] 1128; **1903** [2] 1271).
*14) **4,4'-Di[Dimethylamido]biphenyl.** Sm. 197° (198°). (2HBr, Br_4) (*B.* **37**, 29 *C.* **1904** [1] 523; *B.* **37**, 2343 *C.* **1904** [2] 433; *B.* **37**, 3765 *C.* **1904** [2] 1546).

$C_{16}H_{20}N_4$ *1) **3,3'-Di[Dimethylamido]azobenzol.** + C_6H_6 (*B.* **35**, 4228 Anm. *C.* **1903** [1] 207).

$C_{16}H_{21}N$ 5) **4-Methyl-1-Isopropyl-1,2,3,4-Tetrahydrocarbazol.** Sd. 202—204°$_{14}$. Pikrat (*C.* **1904** [2] 342).
6) **4-Methyl-7-Isopropylcarbazolenin.** Sd. 170—171°$_{14}$. Pikrat (*C.* **1904** [2] 342).

$C_{16}H_{22}O$ 3) **ϑ-Oxy-ϑ-Phenyl-βζ-Dimethyl-βζ-Oktadiën** (α-Phenylgeraniol). Sd. 175 bis 176°$_{12}$ (D.R.P. 153120 *C.* **1904** [2] 624).

$C_{16}H_{22}O_2$ 7) **Benzoat d. β-Oxy-α- oder -β-Nonen.** Sd. 210—211°$_{50}$ (*Soc.* **83**, 151 *C.* **1903** [1] 72, 436).

$C_{16}H_{22}O_3$ 12) **Aether d. 6-Oxy-4-Keto-2,2-Dimethyl-1,2,3,4-Tetrahydrobenzol.** Sm. 99,5° (*Soc.* **83**, 119 *C.* **1903** [1] 230, 448).
13) **Methylester d. r-Santonigen Säure.** Sm. 110,5—111° (*G.* **25** [1] 523). — *II, *978.*

$C_{16}H_{22}O_4$ *2) **Methylester d. Santonsäure.** Sm. 85° (*B.* **37**, 260 *C.* **1904** [1] 643).
*5) **Methylester d. Parasantonsäure.** Sm. 183—184° (*C.* **1904** [1] 1446).

$C_{16}H_{22}O_5$ 10) **Methylester d. Oxyparasantonsäure.** Sm. 138—139° (*C.* **1903** [2] 1377).
11) **Dimethylester d. 6-Ketododekahydrobiphenylen-3,4'-Dicarbonsäure.** Sd. 255°$_{20}$ (*Soc.* **85**, 429 *C.* **1904** [1] 1439).

$C_{16}H_{22}O_7$ 6) **Triäthylester d. 6-Oxy-1,4-Dihydrobenzol-1,3-Dicarbonsäure-4-Methylcarbonsäure.** Sm. 82° (*B.* **37**, 2118 *C.* **1904** [2] 437).
7) **Triäthylester d. Glutakonylglutakonsäure.** Sm. 77—78° (*C. r.* **136**, 693 *C.* **1903** [1] 960).

$C_{16}H_{22}O_{10}$ 3) **Pentaacetat d. l-Quercit.** Sm. 124—125°. + C_6H_6 (Sm. 87—97°) (*Soc.* **85**, 626 *C.* **1904** [2] 329).

$C_{16}H_{22}O_{11}$ *2) **Pentaacetat d. d-Glykose** (*A.* **331**, 373 *C.* **1904** [1] 1556).
*3) **isom. Pentaacetat d. d-Glykose** (*A.* **331**, 373 *C.* **1904** [1] 1556).

$C_{16}H_{22}N_2$ *5) **Phenylhydrazon d. Campher.** Sd. 210°$_{17}$ (*B.* **36**, 868 *C.* **1903** [1] 972).

$C_{16}H_{22}N_4$ 9) **2,2'-Diamido-4,4'-Di[Dimethylamido]biphenyl.** Sm. 166° (*B.* **37**, 33 *C.* **1904** [1] 524).

$C_{16}H_{24}O$ 8) **Hexyl-2,4,6-Trimethylphenylketon.** Sd. 172°$_{15}$ (*B.* **37**, 930 *C.* **1904** [1] 1209).

$C_{16}H_{24}O_2$ 8) **α-Beljiabietinolsäure.** Sm. 96° (*Ar.* **240**, 591 *C.* **1903** [1] 164).
9) **β-Beljiabietinolsäure.** Sm. 96° (*Ar.* **240**, 591 *C.* **1903** [1] 164).
10) **α-Palabietinolsäure.** Sm. 95° (*Ar.* **240**, 581 *C.* **1903** [1] 163).
11) **β-Palabietinolsäure.** Sm. 95° (*Ar.* **240**, 581 *C.* **1903** [1] 163).
12) **Formiat d. Santalol.** Sd. 175—178° (*C.* **1900** [2] 314). — *III, *414.*

$C_{16}H_{24}O_4$ 5) **Methylester d. Santolsäure.** Sm. 111—114° (*B.* **37**, 260 *C.* **1904** [1] 643).

6) **Aethylester d. β-[5-Keto-4-Methylhexahydrophenyl]propen-3-Acetessigsäure** (Ae. d. Dihydrocarvonylacetessigsäure). Fl. (*B.* **37**, 1668 *C.* **1904** [1] 1606).

$C_{16}H_{24}O_8$ 9) **Camphenglykolmonoglykuronsäure.** K + $1^1/_2$(?)H_2O (*H.* **37**, 200 *C.* **1903** [1] 594).

$C_{16}H_{24}O_{10}$ 5) **βγδ-Trimethylester-αα-Diäthylester d. Butan-ααβγδ-Pentacarbonsäure.** Sm. 57—58° (*B.* **36**, 3294 *C.* **1903** [2] 1167).

$C_{16}H_{24}Br_2$ 1) **αβ-Dibrom-α-[2,4,6-Trimethylphenyl]heptan.** Fl. (*B.* **37**, 931 *C.* **1904** [1] 1209).

$C_{16}H_{26}O$ 5) **α-Oxy-α-[2,4,6-Trimethylphenyl]heptan.** Sd. 194°$_{21}$ (*B.* **37**, 931 *C.* **1904** [1] 1209).

6) **Verbindung** (aus Cadinen u. Formaldehyd). Sd. 180°$_{15}$ (*C. r.* **138**, 1229 *C.* **1904** [2] 106).

7) **Verbindung** (aus Caryophyllen u. Formaldehyd). Sd. 177—178°$_{15}$ (*C. r.* **138**, 1228 *C.* **1904** [2] 106).

8) **Verbindung** (aus Cloven u. Formaldehyd). Sd. 170°$_{19}$ (*C. r.* **138**, 1229 *C.* **1904** [2] 106).

$C_{16}H_{26}O_2$ 14) **l-Menthylester d. αγ-Pentadiën-α-Carbonsäure.** Sd. 173°$_{14}$ (*A.* **327**, 178 *C.* **1903** [1] 1396).

$C_{16}H_{26}O_3$ *12) **Isoamylester d. Camphocarbonsäure** (*B.* **36**, 1310 *C.* **1903** [1] 1225; *B.* **37**, 2515 *C.* **1904** [2] 332; *B.* **37**, 3947 *C.* **1904** [2] 1569).

$C_{16}H_{26}O_4$ 4) **Gurjoresinolsäure.** Sm. 254—255°. Na (*Ar.* **241**, 396 *C.* **1903** [2] 724).

5) **Diacetat d. Glykol** $C_{12}H_{22}O_2$. Sd. 166—170°$_{18}$ (*M.* **24**, 159 *C.* **1903** [1] 957).

$C_{16}H_{26}O_6$ 5) **Triacetat d. 1,2-Dioxy-4-[α-Oxyisopropyl]-1-Methylhexahydrobenzol.** Sd. 193—195°$_{20}$ (*C.* **1897** [2] 417). — *III, *712.*

$C_{16}H_{26}O_7$ 3) **Monomenthylester d. Citronensäure** (*C.* **1903** [1] 162; *B.* **37**, 1380 *C.* **1904** [1] 1441).

$C_{16}H_{26}O_8$ *16) **Tetraäthylester d. β-Methylpropan-ααγγ-Tetracarbonsäure.** Sd. 194—197°$_{14}$ (*J. pr.* [2] **68**, 157 *C.* **1903** [2] 759).

$C_{16}H_{28}O$ C 81,4 — H 11,8 — O 6,8 — M. G. 236.

1) **Verbindung** (aus Asclepias syriaca L.). Sm. 104—105° (*J. pr.* [2] **68**, 407 *C.* **1904** [1] 105).

$C_{16}H_{28}O_2$ 4) **Santanolformaldehyd.** Fl. (D.R.P. 148944 *C.* **1904** [1] 846).

5) **Acetat d. 4-[β-Oxy-β-Aethylbutyl]-1,1,5-Trimethyl-2,3-Dihydro-R-Penten.** Fl. (*Bl.* [3] **31**, 464 *C.* **1904** [1] 1516).

6) **l-Menthylester d. α-Penten-α-Carbonsäure.** Sd. 163—164°$_{14}$ (*A.* **327**, 174 *C.* **1903** [1] 1396).

7) **l-Menthylester d. α-Penten-ε-Carbonsäure.** Sd. 155—155,5°$_{14}$ (*A.* **327**, 176 *C.* **1903** [1] 1396).

8) **l-Menthylester d. β-Penten-α-Carbonsäure.** Sd. 149—150°$_{14}$ (*A.* **327**, 175 *C.* **1903** [1] 1396).

9) **l-Menthylester d. β-Penten-ε-Carbonsäure.** Sd. 156—157°$_{14}$ (*A.* **327**, 176 *C.* **1903** [1] 1396).

10) **l-Menthylester d. R-Pentamethylencarbonsäure.** Sd. 160,5—161°$_{14}$ (*A.* **327**, 183 *C.* **1903** [1] 1396).

$C_{16}H_{30}O_2$ 10) **Valerianat d. β-Oxy-α-oder-β-Undeken.** Sd. 185—190°$_{50}$ (*Soc.* **83**, 154 *C.* **1903** [1] 72, 436).

11) **Capronat d. l-Menthol.** Sd. 153°$_{15}$ (*B.* **31**, 364). — *III, *333.*

$C_{16}H_{30}O_3$ 9) **Scammonolsäure** (*C.* **1904** [2] 1226).

$C_{16}H_{30}O_4$ 8) **Aethylester d. α-Acetoxylundekan-α-Carbonsäure.** Sd. 172—173°$_{18}$ (*Bl.* [3] **29**, 1127 *C.* **1904** [1] 261).

$C_{16}H_{30}O_5$ *1) **Agaricinsäure** (D.R.P. 138713 *C.* **1903** [1] 546).

$C_{16}H_{32}O_2$ *1) **Palmitinsäure** (*M.* **23**, 941 *C.* **1903** [1] 297; *B.* **36**, 1050 *C.* **1903** [1] 1148).

*6) **Aethylester d. Myristinsäure.** Sd. 102° (*B.* **36**, 4340 *C.* **1904** [1] 433).

16) **Galliphаrsäure.** Sm. 54°. Ag (*Ar.* **242**, 282 *C.* **1904** [1] 1654).

$C_{16}H_{34}O$ *1) **α-Oxyhexadekan.** Sm. 49,3°; Sd. 182—184°$_{9,5}$ (*M.* **25**, 346 *C.* **1904** [1] 1399).

$C_{16}H_{34}O_2$ 2) **θι-Dioxyhexadekan.** Sd. 200°$_{12}$ (*C. r.* **136**, 1677 *C.* **1903** [2] 419).

— 16 III —

$C_{16}H_8O_2N_2$ *2) 5,6-Diketo-5,6-Dihydro-αβ-Naphtophenazin. Sm. 265° u. Zers. (*B.* **36**, 3624 *C.* **1903** [2] 1383).

$C_{16}H_8O_4N_4$ C 60,0 — H 2,5 — O 20,0 — N 17,5 — M. G. 320.

1) Nitril d. αβ-Di[2-Nitrophenyl]äthen-αβ-Dicarbonsäure. Zers. oberh. 210° (*A.* **332**, 283 *C.* **1904** [2] 702).

2) Nitril d. αβ-Di[4-Nitrophenyl]äthen-αβ-Dicarbonsäure. Sm. 268 bis 269° (*A.* **332**, 279 *C.* **1904** [2] 701).

$C_{16}H_8O_6N_4$ 4) isom. Dinitroindigo (*M.* **23**, 1006 *C.* **1903** [1] 292).

$C_{16}H_8O_6Br_4$ 1) Dimethyläther d. 2,4,6,8-Tetrabrom-1,3,5,7-Tetraoxy-9,10-Anthrachinon (D.R.P. 155633 *C.* **1904** [2] 1487).

$C_{16}H_8O_7N_2$ 2) Anhydrid d. αβ-Di[4-Nitrophenyl]äthen-αβ-Dicarbonsäure. Sm. 197° (*A.* **332**, 281 *C.* **1904** [2] 702).

$C_{16}H_8O_8N_2$ C 53,9 — H 2,2 — O 35,9 — N 7,9 — M. G. 356.

1) Acetat d. ?-Dinitro-3-Oxy-9,10-Phenanthrenchinon. Sm. 263—265° (*A.* **322**, 158). — *III, *318.*

$C_{16}H_8O_9N_2$ C 51,6 — H 2,1 — O 38,7 — N 7,5 — M. G. 372.

1) Anhydroderivat d. 3-Nitrobenzol-1-Carbonsäure-2-Carbonsäurealdehyd. Sm. 248—251° (*M.* **24**, 822 *C.* **1904** [1] 372).

2) Anhydroderivat d. 4-Nitrobenzol-1-Carbonsäurealdehyd-2-Carbonsäure. Sm. 224—226° (*M.* **24**, 817 *C.* **1904** [1] 372).

$C_{16}H_8N_2Cl_2$ 2) 6,11-Dichlor-ββ-Naphtophenazin. Sm. 265° (*A.* **334**, 360 *C.* **1904** [2] 1055).

$C_{16}H_9O_2N$ 9) Naphtophenoxazon. Sm. 200—211° (*B.* **36**, 1808 *C.* **1903** [2] 205).

$C_{16}H_9O_3N$ 2) Oxyphenonaphtoxazon (*B.* **36**, 1810 *C.* **1903** [2] 206).

$C_{16}H_9O_5N$ *1) Gallorubin. Sm. bei 300°. + C_2H_6O (*B.* **37**, 828 *C.* **1904** [1] 1152).

$C_{16}H_{10}O_2N_2$ *1) Indigo. HCl, (2HCl, $PtCl_4$), HBr, H_2SO_4, 2H_2SO_4 (*C.* **1903** [1] 640, 1138; D.R.P. 138177 *C.* **1903** [1] 211; *A.* **325**, 196 *C.* **1903** [1] 467; D.R.P. 138903 *C.* **1903** [1] 549; D.R.P. 139567 *C.* **1903** [1] 745; *M.* **24**, 13 *C.* **1903** [1] 776; *Bl.* [3] **29**, 756 *C.* **1903** [2] 628).

*3) Indirubin (*B.* **35**, 4339 *C.* **1903** [1] 294; *Bl.* [3] **29**, 756 *C.* **1903** [2] 628).

*12) 5,6-Dioxy-αβ-Naphtophenazin. Sm. 270° u. Zers. (*B.* **36**, 3625 *C.* **1903** [2] 1383).

21) Oxim d. Naphtophenoxazon. HCl (*B.* **36**, 1812 *C.* **1903** [2] 207).

$C_{16}H_{10}O_2N_4$ 9) s-Di[3-Cyanphenylamid] d. Oxalsäure (*C.* **1904** [2] 102).

$C_{16}H_{10}O_3N_2$ 6) Indenophenazinglykolsäure. Sm. 223—224° (*B.* **36**, 3626 *C.* **1903** [2] 1383).

$C_{16}H_{10}O_4N_4$ 6) Verbindung (aus Dioxychinopyrin). 2HCl (*B.* **37**, 2136 *C.* **1904** [2] 233).

$C_{16}H_{10}O_2N_6$ C 54,9 — H 2,8 — O 18,3 — N 24,0 — M. G. 350.

1) pp'-Tetrazoindigo (*M.* **24**, 14 *C.* **1903** [1] 776).

$C_{16}H_{10}O_5N_2$ 6) 2-[2-Nitro-4-Oxyphenyl]amido-1,4-Naphtochinon (*B.* **30**, 2137). — *III, *275.*

$C_{16}H_{10}O_8N_2$ 4) αβ-Di[2-Nitrophenyl]äthen-αβ-Dicarbonsäure. Sm. 237,5° u. Zers. (*A.* **332**, 284 *C.* **1904** [2] 702).

$C_{16}H_{10}O_{10}N_2$ C 49,2 — H 2,6 — O 41,0 — N 7,2 — M. G. 390.

1) Dimethyläther d. ?-Dinitro-1,3,5,7-Tetraoxy-9,10-Anthrachinon. Sm. oberh. 300° (D.R.P. 155633 *C.* **1904** [2] 1487).

$C_{16}H_{11}ON_3$ 7) 2-[4-Oxy-1-Naphtyl]-2,1,3-Benztriazol. Sm. 203—204° (*J. pr.* [2] **67**, 584 *C.* **1903** [2] 205).

$C_{16}H_{11}O_2N$ 23) 6-Benzylidenamido-1,2-Benzpyron. Sm. 150—152° (*Soc.* **85**, 1234 *C.* **1904** [2] 1124).

$C_{16}H_{11}O_3N$ 32) 3,4-Methylenäther d. 3-Keto-2-[3,4-Dioxybenzyliden]-2,3-Dihydroindol. Sm. 221° (*C.* **1903** [1] 84).

$C_{16}H_{11}O_3N_3$ 16) 4-Phenylazo-5-Phenylisoxazol-3-Carbonsäure. Sm. 217° (*B.* **37**, 2206 *C.* **1904** [2] 323).

$C_{16}H_{11}O_4N$ 12) α-Phtalylamidophenylessigsäure. Sm. 168° (*B.* **37**, 1688 *C.* **1904** [1] 1524).

13) Verbindung (aus Chinolin u. Pyrogallolcarbonat). Sm. 103° (*B.* **37**, 110 *C.* **1904** [1] 584).

$C_{16}H_{11}O_4N_3$ 6) 8-Nitro-4-[4-Nitrobenzyl]isochinolin. Sm. 149—150° (*A.* **326**, 283 *C.* **1903** [1] 928; *A.* **326**, 285 *C.* **1903** [1] 929).

$C_{16}H_{11}O_5N$ 4) Lakton d. α-Oxy-γ-Keto-α-Phenyl-β-[2-Nitrophenyl]propan-γ-Carbonsäure. Sm. 171° (*A.* **333**, 235 *C.* **1904** [2] 1390).

$C_{16}H_{11}O_6N$ *4) **Berberidinsäure** (*Soc.* **83**, 620 *C.* **1903** [1] 1364).
5) **2-Aethyläther d. 4-Nitro-1,2-Dioxy-9,10-Anthrachinon** (D.R.P. 150322 *C.* **1904** [1] 1043).

$C_{16}H_{11}N_4Cl_3$ 1) **βββ-Trichlor-αα-Di[3-Cyanphenylamido]äthan.** Sm. 165—167° (*C.* **1904** [2] 103).

$C_{16}H_{11}N_4Br_3$ 2) **βββ-Tribrom-αα-Di[3-Cyanphenylamido]äthan.** Zers. bei 130° (*C.* **1904** [2] 103).

$C_{16}H_{11}BrJ_2$ 1) **3-Bromphenyl-1-Naphtyljodoniumjodid.** Sm. 133° u. Zers. (*J. pr.* [2] **69**, 332 *C.* **1904** [2] 36).

$C_{16}H_{11}Br_2J$ 1) **3-Bromphenyl-1-Naphtyljodoniumbromid.** Sm. 156° (*J. pr.* [2] **69**, 332 *C.* **1904** [2] 36).

$C_{16}H_{12}ON_2$ *16) **2-Benzoyl-5-Phenylimidazol** (Isoindileucin). Sm. 194—195° (*B.* **22**, 2559; *B.* **35**, 4135 *C.* **1903** [1] 295).

$C_{16}H_{12}ON_4$ 3) **Verbindung** (aus Diacetonitril u. Isatin). Sm. oberh. 285° (*J. pr.* [2] **67**, 511 *C.* **1903** [2] 252).

$C_{16}H_{12}O_2N_2$ *10) **Indigweiss** (D.R.P. 137884 *C.* **1903** [1] 104).
35) **6-Benzylidenhydrazido-1,2-Benzpyron.** Sm. 190—194° (*Soc.* **85**, 1236 *C.* **1904** [2] 1124).
36) **4-[4-Nitrobenzyl]isochinolin.** Sm. 128,5—129°. HNO_3 (*A.* **326**, 273 *C.* **1903** [1] 928).

$C_{16}H_{12}O_2N_4$ 12) **pp'-Diamidoindigo** (*M.* **24**, 11 *C.* **1903** [1] 775; *M.* **24**, 14 *C.* **1903** [1] 776).
13) **4-Phenylazo-5-Phenylpyrazol-3-Carbonsäure.** Sm. 247—248° u. Zers. (*B.* **37**, 2207 *C.* **1904** [2] 323).

$C_{16}H_{12}O_2Cl_2$ 3) **Chlorid d. αβ-Diphenyläthan-4,4'-Dicarbonsäure.** Sm. 119° (*B.* **37**, 3217 *C.* **1904** [2] 1120).

$C_{16}H_{12}O_2Br_4$ 1) **Dimethyläther d. αβ-Di[3,5-Dibrom-4-Oxyphenyl]äthen.** Sm. 279 bis 280° (*B.* **36**, 1889 *C.* **1903** [2] 291).

$C_{16}H_{12}O_2Br_6$ 1) **Dimethyläther d. αβ-Dibrom-αβ-Di[3,5-Dibrom-4-Oxyphenyl]-äthan.** Sm. 228—230° u. Zers. (*B.* **36**, 1888 *C.* **1903** [2] 291).

$C_{16}H_{12}O_3N_2$ 19) **Methylester d. 1-Keto-2-Phenyl-1,2-Dihydro-2,3-Benzdiazin-4-Carbonsäure.** Sm. 114° (*B.* **21**, 1611; *M.* **25**, 395 *C.* **1904** [2] 324). — **IV**, *718*.
20) **Phenylimid d. 3-Acetylamidobenzol-1,2-Dicarbonsäure.** Sm. 191° (*B.* **37**, 2611 *C.* **1904** [2] 522).

$C_{16}H_{12}O_4N_2$ *1) **Isatyd.** Sm. 245° u. Zers. (217°?) (*B.* **12**, 1309; **34**, 1541; *B.* **37**, 943 *C.* **1904** [1] 1217).
*9) **Diacetat d. 2,3-Dioxy-5,10-Naphtdiazin.** Sm. 226° (*B.* **35**, 4305 *C.* **1903** [1] 344).
18) **8-Nitro-1-Aethylamido-9,10-Anthrachinon** (D.R.P. 144634 *C.* **1903** [2] 750).
19) **Phenylazobenzoylbrenztraubensäure.** Zers. bei 140—150° (*B.* **37**, 2208 *C.* **1904** [2] 323).

$C_{16}H_{12}O_4N_4$ 8) **5-Methyl-1-Phenyl-3-[3,5-Dinitrophenyl]pyrazol.** Sm. 179° (*J. pr.* [2] **69**, 467 *C.* **1904** [2] 596).

$C_{16}H_{12}O_6N_4$ 5) **4,8-Dinitro-1,5-Di[Methylamido]-9,10-Anthrachinon** (D.R.P. 144634 *C.* **1903** [2] 750).

$C_{16}H_{12}O_8N_2$ 8) **Di[2-Nitrophenylester] d. Bernsteinsäure.** Sm. 162° (*B.* **35**, 4082 *C.* **1903** [1] 74).
9) **Di[3-Nitrophenylester] d. Bernsteinsäure.** Sm. 153° (*B.* **35**, 4082 *C.* **1903** [1] 74).
10) **Di[4-Nitrophenylester] d. Bernsteinsäure.** Sm. 178° (*B.* **35**, 4082 *C.* **1903** [1] 74).

$C_{16}H_{13}ON$ *2) **9-Acetylamidoanthracen.** Sm. 273—274° (*A.* **330**, 166 *C.* **1904** [1] 891).
*27) **Nitril d. α-Phenyl-β-Benzoylpropionsäure.** Sm. 126—127° (*Soc.* **85**, 1358 *C.* **1904** [2] 1646).
38) **2-[4-Oxyphenyl]amidonaphtalin.** Sm. 135° (*C.* **1904** [1] 1013).
39) **3-[2-Oxybenzyliden]-2-Methylindol.** HCl (*B.* **37**, 323 *C.* **1904** [1] 668).
40) **7-Oxy-2-Methyl-4-Phenylchinolin.** Sm. 262°. HCl + $1^1/_2H_2O$, (2HCl, $PtCl_4$), H_2SO_4, $H_2Cr_2O_7$, Pikrat, Oxalat + H_2O (*B.* **36**, 2453 *C.* **1903** [2] 670).

$C_{16}H_{13}ON$ 41) **4-[4-Oxybenzyl]isochinolin.** Sm. 238° (2HCl, $PtCl_4$ + $2H_2O$) (*A.* **326**, 289 *C.* **1903** [1] 929).

$C_{16}H_{13}ON_3$ *2) **4-Amido-1-[4-Oxyphenylazo]naphtalin.** Zers. bei 200° (*B.* **36**, 4149 *C.* **1904** [1] 186).

$C_{16}H_{13}O_2N$ *2) **10-Nitro-9-Aethylanthracen.** Sm. 135° (*A.* **330**, 173 *C.* **1904** [1] 891).

*30) **β-Cyan-αβ-Diphenylpropionsäure?** Sm. 196—198° (*B.* **37**, 4067 *C.* **1904** [2] 1651).

35) **1-Methylamido-2-Methyl-9,10-Anthrachinon.** Sm. 114° (D.R.P. 144634 *C.* **1903** [2] 750).

36) **4-Amido-1-Benzoyl-2-Methylbenzfuran.** Sm. 138° (*B.* **36**, 1261 *C.* **1903** [1] 1184).

37) **Methyläther d. 5-Phenyl-3-[4-Oxyphenyl]isoxazol.** Sm. 121° (*Soc.* **85**, 1326 *C.* **1904** [2] 1645).

38) **Methyläther d. 4-Oxy-1-Keto-3-Phenyl-1,2-Dihydroisochinolin.** Sm. 235—240° (*B.* **20**, 2868; *B.* **37**, 1690 *C.* **1904** [1] 1524).

39) **2-Cinnamylidenamidobenzol-1-Carbonsäure.** Sm 163—164° (*B.* **37**, 595 *C.* **1904** [1] 881).

40) **Phenylimid d. α-Phenyläthan-αβ-Dicarbonsäure.** Sm. 137—138° (*Soc.* **85**, 1367 *C.* **1904** [2] 1646).

$C_{16}H_{13}O_2N_3$ *19) **Nitril d. 2,6-Diketo-4-[4-Isopropylphenyl]-1,2,3,6-Tetrahydropyridin-3,5-Dicarbonsäure.** NH_4, Cu + $8H_2O$, Ag, Coniinsalz (*A.* **325**, 213 *C.* **1903** [1] 439).

22) **4-[3-Nitro-4-Amidobenzyl]isochinolin.** Sm. 231—232° (*A.* **326**, 281 *C.* **1903** [1] 928).

23) **Methylester d. 1,5-Diphenyl-1,2,3-Triazol-4-Carbonsäure.** Sm. 135—136° (*B.* **35**, 4048 *C.* **1903** [1] 169).

24) **Benzoat d. 5-Oxy-4-Methyl-1-Phenyl-1,2,3-Triazol.** Sm. 91° (*A.* **335**, 94 *C.* **1904** [2] 1232).

$C_{16}H_{13}O_2N_5$ 3) **4-Semicarbazon-5-Keto-1,3-Diphenyl-4,5-Dihydropyrazol.** Sm. 205,5° (*B.* **36**, 1135 *C.* **1903** [1] 1254).

$C_{16}H_{13}O_2Cl$ *1) **β-Chlor-αδ-Dioxy-αδ-Diphenyl-αγ-Butadiën** (α-Chlordiphenacyl). Sm. 117° (*B.* **36**, 2395 *C.* **1903** [2] 498).

*2) **isom. β-Chlor-αδ-Dioxy-αδ-Diphenyl-αγ-Butadiën** (β-Chlordiphenacyl). Sm. 155° (*B.* **36**, 2395 *C.* **1903** [2] 498).

6) **δ-Chlordiphenacyl.** Sm. 189° (*B.* **36**, 2403 *C.* **1903** [2] 499).

$C_{16}H_{13}O_2Br$ *2) **isom. β-Brom-αδ-Dioxy-αδ-Diphenyl-αγ-Butadiën** (β-Bromdiphenacyl). Sm. 161° (*B.* **36**, 2395 *C.* **1903** [2] 498).

*3) **β-Brom-αδ-Dioxy-αδ-Diphenyl-αγ-Butadiën** (α-Bromdiphenacyl). Sm. 129° (*B.* **36**, 2395 *C.* **1903** [2] 498).

$C_{16}H_{13}O_2J$ 5) **β-Jod-αδ-Dioxy-αδ-Diphenyl-αγ-Butadiën** (α-Joddiphenacyl). Sm. 90° u. Zers. (*B.* **36**, 2407 *C.* **1903** [2] 500).

6) **isom. β-Jod-αδ-Dioxy-αδ-Diphenyl-αγ-Butadiën** (β-Joddiphenacyl). Sm. 105° (*B.* **32**, 533; *B.* **36**, 2409 *C.* **1903** [2] 500). — *III, *229.*

7) **isom. β-Jod-αδ-Dioxy-αδ-Diphenyl-αγ-Butadiën** (δ-Joddiphenacyl). Sm. 150—153° (*B.* **36**, 2411 *C.* **1903** [2] 500).

8) **β-Jod-αδ-Diketo-αδ-Diphenylbutan** (γ-Joddiphenacyl). Sm. 121° (*B.* **36**, 2407 *C.* **1903** [2] 499).

$C_{16}H_{13}O_3N$ *2) **10-Nitro-9-Keto-10-Aethyl-9,10-Dihydroanthracen.** Sm. 102° (*A.* **330**, 176 *C.* **1904** [1] 891).

27) **3,4-Methylenäther d. Methyl-4-[3,4-Dioxybenzyliden]amidophenylketon.** Sm. 147° (*B.* **37**, 393 *C.* **1904** [1] 657).

28) **3,4-Methylenäther d. γ-Keto-γ-[4-Amidophenyl]-α-[3,4-Dioxyphenyl]propen.** Sm. 198—200° (*B.* **37**, 393 *C.* **1904** [1] 657).

29) **4-Aethylamido-1-Oxy-9,10-Anthrachinon** (D.R.P. 154353 *C.* **1904** [2] 1013).

30) **6,7-Dioxy-1-Keto-2-Benzyl-1,2-Dihydroisochinolin.** Sm. 225° (*B.* **37**, 531 *C.* **1904** [1] 819).

31) **Phenylamidoformiat d. 4-Oxymethylbenzfuran.** Sm. 90° (*B.* **37**, 201 *C.* **1904** [1] 661).

32) **4-Aethoxylphenylimid d. Benzol-1,2-Dicarbonsäure** (2 isom. Formen). Sm. 206,5° (*B.* **36**, 1002 *C.* **1903** [1] 1132).

$C_{16}H_{13}O_3N_3$ 10) **δ-Phenylazo-γ-Keto-α-[4-Nitrophenyl]-α-Buten.** Sm. 210° u. Zers. (*B.* **36**, 1450 *C.* **1903** [1] 1345).

$C_{16}H_{13}O_3N_3$ 11) 6-Keto-2-Phenyl-4-[3-Nitrophenyl]-3,4,5,6-Tetrahydro-1,3-Diazin. Sm. 192—193° (*Soc.* **83**, 719 *C.* **1903** [2] 54).

12) Acetat d. 3-Acetylamido-2-Oxy-5,10-Naphtdiazin. Sm. 230° (*B.* **35**, 4305 *C.* **1903** [1] 344).

$C_{16}H_{13}O_3N_5$ *2) 5-Keto-4-[4-Nitrophenyl]azo-3-Methyl-1-Phenyl-4,5-Dihydropyrazol. Sm. 196° (*C. r.* **139**, 135 *C.* **1904** [2] 588).

$C_{16}H_{13}O_3Cl$ 1) Methylester d. α-Benzoyl-α-[4-Chlorphenyl]essigsäure. Sm. 176° (*J. pr.* [2] **67**, 387 *C.* **1903** [1] 1357).

$C_{16}H_{13}O_3Br$ 2) αγ-Lakton d. β-Brom-αγ-Dioxy-βγ-Diphenylbuttersäure. Sm. 105° u. Zers. (*A.* **333**, 233 *C.* **1904** [2] 1390).

$C_{16}H_{13}O_4N$ 23) 4-Methyläther d. β-Oximido-αγ-Diketo-α-Phenyl-γ-[4-Oxyphenyl]-propan. Sm. 127° (*B.* **37**, 1535 *C.* **1904** [1] 1609).

24) 6-Methyläther d. 3-Oximido-6-Oxy-2-Phenyl-2,3-Dihydro-1,4-Benzpyron. Sm. 160° u. Zers. (*B.* **37**, 775 *C.* **1904** [1] 1155).

25) 7-Methyläther d. 3-Oximido-7-Oxy-2-Phenyl-2,3-Dihydro-1,4-Benzpyron. Sm. 188° u. Zers. (*B.* **37**, 1181 *C.* **1904** [1] 1275).

26) Acetat d. 10-Nitro-9-Oxy-9,10-Dihydroanthracen. Sm. 120° u. Zers. (*A.* **330**, 158 *C.* **1904** [1] 890).

$C_{16}H_{13}O_5N$ 10) α-Benzoylamidophenylessigsäure-α²-Carbonsäure. Sm. 162—163° (*B.* **37**, 1690 *C.* **1904** [1] 1524).

$C_{16}H_{13}O_6N_3$ *1) 9,9,10-Trinitro-10-Aethyl-9,10-Dihydroanthracen. Sm. 136° u. Zers. (*A.* **330**, 175 *C.* **1904** [1] 891).

3) Diacetat d. 6-Nitro-3,3'-Dioxyazobenzol. Sm. 141° (*J. pr.* [2] **67**, 268 *C.* **1903** [1] 1221).

$C_{16}H_{13}N_2Cl$ 2) Nitril d. β-Imido-γ-Phenyl-α-[4-Chlorphenyl]buttersäure. Sm. 67 bis 70° (*J. pr.* [2] **67**, 392 *C.* **1903** [1] 1357).

$C_{16}H_{13}N_4Cl$ 1) 5-Chlor-4-Phenylazo-3-Methyl-1-Phenylpyrazol. Sm. 109° (*B.* **36**, 3597 *C.* **1903** [2] 1378).

$C_{16}H_{14}ON_2$ *19) 3-[4-Methylphenyl]imido-2-Keto-5-Methyl-2,3-Dihydroindol. Sm. 259° (*A.* **332**, 261 *C.* **1904** [2] 699).

*37) 2,5-Di[2-Methylphenyl]-1,3,4-Oxdiazol. Sm. 121°. + 2 $AgNO_3$ (*J. pr.* [2] **69**, 374 *C.* **1904** [2] 535).

*38) 2,5-Di[3-Methylphenyl]-1,3,4-Oxdiazol. Sm. 72°. + $AgNO_3$ (*J. pr.* [2] **69**, 376 *C.* **1904** [2] 535).

*39) 2,5-Dibenzyl-1,3,4-Oxdiazol. Sm. 98° (*J. pr.* [2] **69**, 378 *C.* **1904** [2] 535).

50) 2,5-Di[4-Methylphenyl]-1,3,4-Oxdiazol. Sm. 175°. + $AgNO_3$ (*J. pr.* [2] **69**, 377 *C.* **1904** [2] 535).

51) Methyläther d. 3-Phenyl-5-[4-Oxyphenyl]pyrazol. Sm. 170° (*C. r.* **136**, 1264 *C.* **1903** [2] 122).

52) 6-Keto-2,4-Diphenyl-3,4,5,6-Tetrahydro-1,3-Diazin. Sm. 180°. (2 HCl, $PtCl_4$) (*Soc.* **83**, 377 *C.* **1903** [1] 845, 1144; *Soc.* **83**, 722 *C.* **1903** [2] 54).

$C_{16}H_{14}ON_4$ *1) 5-Keto-4-Phenylhydrazon-3-Methyl-1-Phenyl-4,5-Dihydropyrazol. Sm. 156° (*B.* **36**, 2687 *C.* **1903** [2] 1009; *J. pr.* [2] **70**, 379 *C.* **1904** [2] 1719).

8) 5-Acetylamido-1,4-Diphenyl-1,2,3-Triazol. Sm. 172° (*B.* **35**, 4058 *C.* **1903** [1] 171).

9) 3-Acetylamido-1,5-Diphenyl-1,2,4-Triazol. HCl (*Am.* **29**, 78 *C.* **1903** [1] 523).

$C_{16}H_{14}OBr_2$ 6) Methyläther d. β,?-Dibrom-α-Phenyl-α-[4-Oxyphenyl]propen. Sm. 98—99° (*B.* **37**, 229 *C.* **1904** [1] 659).

$C_{16}H_{14}O_2N_2$ *1) αβ-Di[Benzoylamido]äthen. Sm. 202—203° (*B.* **37**, 3115 *C.* **1904** [2] 1316).

43) 1,5-Di[Methylamido]-9,10-Anthrachinon (D.R.P. 144634 *C.* **1903** [2] 750; *B.* **37**, 70 *C.* **1904** [1] 666; D.R.P. 156056 *C.* **1904** [2] 1631).

44) 1,8-Di[Methylamido]-9,10-Anthrachinon (D.R.P. 144634 *C.* **1903** [2] 750; D.R.P. 156056 *C.* **1904** [2] 1631).

45) 3,3'-Diacetylazobenzol. Sm. 105° (*C.* **1903** [2] 112).

46) 4-Oxy-3-Keto-1-Methyl-2,5-Diphenyl-2,3-Dihydropyrazol. Sm. 221° (*B.* **36**, 1137 *C.* **1903** [1] 1254).

47) γ-Phenylhydrazon-α-Phenylpropen-γ-Carbonsäure. Sm. 158° (*B.* **36**, 2528 *C.* **1903** [2] 496).

$C_{16}H_{14}O_2N_2$ 48) **Methylester d. Azobenzol-4-Akrylsäure.** Sm. 145° (*C. r.* **135**, 1117 *C.* **1903** [1] 286).
49) **3,3'-Dimethyl-4,4'-Biphenylenamid d. Oxalsäure.** Sm. 335° (*M.* **25**, 385 *C.* **1904** [2] 320).

$C_{16}H_{14}O_2Cl_2$ 3) **γγ-Dichlor-αδ-Dioxy-αδ-Diphenyl-α-Buten.** Sm. 164° (*B.* **36**, 2400 *C.* **1903** [2] 498).

$C_{16}H_{14}O_2Br_2$ 6) **γγ-Dibrom-αδ-Dioxy-αδ-Diphenyl-α-Buten.** Sm. 145° u. Zers. (*B.* **36**, 2402 *C.* **1903** [2] 499).
7) **Acetat d. αβ-Dibrom-2-Oxy-αα-Diphenyläthan.** Sm. 83° (*B.* **36**, 4003 *C.* **1904** [1] 174).

$C_{16}H_{14}O_2S_2$ 2) **Disulfid d. 1-Methylbenzol-2-Thiolcarbonsäure.** Sm. 62—75° (*B.* **36**, 1012 *C.* **1903** [1] 1078).
3) **Disulfid d. 1-Methylbenzol-4-Thiolcarbonsäure.** Sm. 116° (*B.* **36**, 1012 *C.* **1903** [1] 1078).

$C_{16}H_{14}O_3N_2$ 26) **α-Acetyl-αβ-Dibenzoylhydrazin.** Sm. 169—170° (*J. pr.* [2] **70**, 275 *C.* **1904** [2] 1544).
27) **3,3'-Diacetylazoxybenzol.** Sm. 137,5° (130—131°) (*C.* **1903** [2] 112; *B.* **36**, 1618 *C.* **1903** [2] 36).
28) **2,5-Diketo-1-Phenyl-4-[4-Oxybenzyl]tetrahydroimidazol.** Sm. 184° (*B.* **36**, 3345 *C.* **1903** [2] 1176).
29) **3-Aethylester d. Azobenzol-3-Carbonsäure-3'-Carbonsäurealdehyd.** Sm. 156° (*B.* **36**, 3474 *C.* **1903** [2] 1269).
30) **4-Aethylester d. Azobenzol-4-Carbonsäure-4'-Carbonsäurealdehyd.** Sm. 60° (*B.* **36**, 3475 *C.* **1903** [2] 1270).
31) **Benzoylamid d. Benzoylamidoessigsäure.** Sm. 179° (*Soc.* **81**, 1532 *C.* **1903** [1] 157).

$C_{16}H_{14}O_3N_4$ 12) **γ-Phenylhydrazon-δ-Oximido-α-[3-Nitrophenyl]-α-Buten.** Sm. 99 bis 100° (*C.* **1904** [1] 28; *A.* **330**, 253 *C.* **1904** [1] 946).

$C_{16}H_{14}O_3Br_2$ 1) **βγ-Dibrom-α-Oxy-βγ-Diphenylbuttersäure.** Zers. bei 144° (*A.* **333**, 233 *C.* **1904** [2] 1390).
2) **4-Acetat d. 3,5-Dibrom-α,4-Dioxydiphenylmethan-α-Methyläther.** Sm. 97° (*A.* **334**, 382 *C.* **1904** [2] 1052).

$C_{16}H_{14}O_4N_2$ 15) **αβ-Dibenzoylhydrazidoessigsäure.** Sm. 195° u. Zers. Ag (*J. pr.* [2] **70**, 277 *C.* **1904** [2] 1544).
16) **αβ-Di[2-Amidophenyl]äthen-αβ-Dicarbonsäure** (*A.* **332**, 270 *C.* **1904** [2] 700).
17) **isom. αβ-Di[2-Amidophenyl]äthen-αβ-Dicarbonsäure** (*A.* **332**, 270 *C.* **1904** [2] 700).
18) **αβ-Di[4-Amidophenyl]äthen-αβ-Dicarbonsäure** (*A.* **332**, 282 *C.* **1904** [2] 702).
19) **polym. 3-Methylenamidobenzol-1-Carbonsäure.** Sm. 175—200° (*B.* **36**, 51 *C.* **1903** [1] 505).
20) **Dimethylester d. Azobenzol-2,2'-Dicarbonsäure.** Sm. 101° (*A.* **326**, 346 *C.* **1903** [1] 1130).
21) **Dimethylester d. Azobenzol-3,3'-Dicarbonsäure.** Sm. 163° (corr.) (*A.* **326**, 343 *C.* **1903** [1] 1130).
22) **Dimethylester d. Azobenzol-4,4'-Dicarbonsäure.** Sm. 242° (corr.) (*A.* **326**, 338 *C.* **1903** [1] 1130).
23) **Diacetat d. 3,3'-Dioxyazobenzol.** Sm. 137° (*J. pr.* [2] **67**, 267 *C.* **1903** [1] 1221).
24) **Acetylderivat d. Verb.** $C_{14}H_{12}O_3N_2$ (*J. pr.* [2] **70**, 330 *C.* **1904** [2] 1541).

$C_{16}H_{14}O_4N_4$ 9) **γ-Phenylhydrazon-α-[2,4-Dinitrophenyl]-α-Buten.** Sm. 191° (*M.* **23**, 1006 *C.* **1903** [1] 292).

$C_{16}H_{14}O_4Cl_4$ 1) **αβ-Dimethyläther d. αβ-Dioxy-αβ-Di[3,5-Dichlor-4-Oxyphenyl]-äthan.** Sm. 242° (*A.* **325**, 56 *C.* **1903** [1] 462).
2) **αβ-Dimethyläther d. isom. αβ-Dioxy-αβ-Di[3,5-Dichlor-4-Oxy-phenyl]äthan.** Sm. 168° (*A.* **325**, 57 *C.* **1903** [1] 462).

$C_{16}H_{14}O_4Br_2$ 3) **Verbindung** (aus ?-Brom-8-Oxy-5,7-Dimethylfluoron). Sm. 117—118° (*M.* **25**, 329 *C.* **1904** [1] 1495).

$C_{16}H_{14}O_4Br_4$ 1) **αβ-Dimethyläther d. αβ-Dioxy-αβ-Di[3,5-Dibrom-4-Oxyphenyl]-äthan.** Sm. 209° (*A.* **325**, 37 *C.* **1903** [1] 461).
2) **αβ-Dimethyläther d. isom. αβ-Dioxy-αβ-Di[3,5-Dibrom-4-Oxy-phenyl]äthan?** Sm. 160° (*A.* **325**, 38 *C.* **1903** [1] 461).

$C_{16}H_{14}O_4S_2$ 5) **Dibenzyldisulfid-αα'-Dicarbonsäure.** Sm. 198—200° (*C.* **1903** [2] 1272).

$C_{16}H_{14}O_4S_3$ 2) **Dibenzyltrisulfid-αα'-Dicarbonsäure** (**Trithiodiphenylessigsäure**). Sm. 145—148° (*C.* **1903** [2] 1271).

$C_{16}H_{14}O_5N_2$ *4) **Dimethylester d. Azoxybenzol-2,2'-Dicarbonsäure.** Sm. 117° (corr.) (*A.* **326**, 346 *C.* **1903** [1] 1130).
9) **α-Phenyl-β-[2-Diazo-3-Oxy-4-Methoxylphenyl]akrylsäure.** Zers. bei 150° (*B.* **35**, 4413 *C.* **1903** [1] 343).
10) **Dimethylester d. Azoxybenzol-3,3'-Dicarbonsäure.** Sm. 134° (136—136,5°) (*A.* **326**, 344 *C.* **1903** [1] 1130; *B.* **36**, 2313 *C.* **1903** [2] 430).
11) **Dimethylester d. Azoxybenzol-4,4'-Dicarbonsäure.** Sm. 207° (corr.) (*A.* **326**, 340 *C.* **1903** [1] 1130; *B.* **36**, 2314 *C.* **1903** [2] 430).
12) **Diacetat d. 4,4'-Dioxyazoxybenzol.** Sm. 169° (*B.* **36**, 4150 *C.* **1904** [1] 187).

$C_{16}H_{14}O_8N_2$ 13) **Dimethyläther d. ?-Diamido-1,3,5,7-Tetraoxy-9,10-Anthrachinon** (D.R.P. 155633 *C.* **1904** [2] 1487).

$C_{16}H_{14}O_{10}N_4$ C 45,5 — H 3,3 — O 37,9 — N 13,3 — M. G. 422.
1) **Dimethyläther d. ?-Tetranitro-4,4'-Dioxy-3,3'-Dimethylbiphenyl.** Sm. 130,5° (*Am.* **31**, 127 *C.* **1904** [1] 809).

$C_{16}H_{14}NCl$ *4) **Chlorbenzylat d. Chinolin.** Sm. 170° (*Bl.* [3] **29**, 135 *C.* **1903** [1] 584).

$C_{16}H_{14}N_2S$ *1) **2,5-Dibenzyl-1,3,4-Thiodiazol.** Sm. 98° (*J. pr.* [2] **69**, 381 *C.* **1904** [2] 535).
*3) **2,5-Di[4-Methylphenyl]-1,3,4-Thiodiazol.** Sm. 156—158° (*J. pr.* [2] **69**, 380 *C.* **1904** [2] 535).

$C_{16}H_{14}N_2Se$ 1) **3,5-Di[4-Methylphenyl]-1,2,4-Selendiazol.** Sm. 116° (*B.* **37**, 2553 *C.* **1904** [2] 520).

$C_{16}H_{14}N_4S$ 2) **5-Merkapto-4-Phenylazo-3-Methyl-1-Phenylpyrazol** (*B.* **37**, 2775 *C.* **1904** [2] 711).

$C_{16}H_{15}ON$ *6) **anti-α-Oximido-αγ-Diphenyl-β-Buten.** Sm. 78° (*B.* **37**, 731 *C.* **1904** [1] 1012; *M.* **25**, 435 *C.* **1904** [2] 336).
31) **γ-Oximido-αβ-Diphenyl-α-Buten.** Sm. 153° (*M.* **19**, 410; **20**, 739; **22**, 667). — *III, *185.*
32) **syn-α-Oximido-αγ-Diphenyl-β-Buten.** Sm. 134° (*B.* **37**, 732 *C.* **1904** [1] 1012; *M.* **25**, 433 *C.* **1904** [2] 336).
33) **γ-Keto-γ-[4-Amidophenyl]-α-[4-Methylphenyl]propen.** HCl (*B.* **37**, 393 *C.* **1904** [1] 657).
34) **d-1-Benzoyl-2-Methyl-2,3-Dihydroindol.** Sm. 119° (*Soc.* **85**, 1335 *C.* **1904** [2] 1657).
35) **l-1-Benzoyl-2-Methyl-2,3-Dihydroindol.** Sm. 119° (*Soc.* **85**, 1333 *C.* **1904** [2] 1657).
36) **Methyläther d. 3-Methyl-2-[4-Oxyphenyl]indol.** Sm. 123° (*B.* **37**, 870 *C.* **1904** [1] 1154).
37) **Benzyloxydhydrat d. Chinolin.** Chlorid, d-Camphersulfonat (*Bl.* [3] **29**, 135 *C.* **1903** [1] 584).
38) **Phenylamid d. β-Phenylpropen-α-Carbonsäure.** Sm. 121° (*B.* **37**, 734 *C.* **1904** [1] 1012; *C. r.* **138**, 987 *C.* **1904** [1] 1439).
39) **Phenylamid d. Phenylisocrotonsäure.** Sm. 89—90° (*B.* **37**, 2001 *C.* **1904** [2] 24).

$C_{16}H_{15}ON_3$ 15) **5-Oxy-1-Phenyl-3-[β-Phenyläthyl]-1,2,4-Triazol.** Sm. 182—183° (*B.* **36**, 1102 *C.* **1903** [1] 1140).

$C_{16}H_{15}OCl$ 2) **γ-Chlor-α-Keto-α-Phenyl-β-Methylpropan.** Sm. 83° (*Am.* **31**, 656 *C.* **1904** [2] 446).

$C_{16}H_{15}OBr$ 1) **Methyläther d. β-Brom-α-Phenyl-α-[4-Oxyphenyl]propen.** Sm. 51 bis 52° (*B.* **37**, 228 *C.* **1904** [1] 659).

$C_{16}H_{15}O_2N$ *35) **Imid d. Phenylessigsäure.** Sm. 195° (*B.* **36**, 747 *C.* **1903** [1] 827).
50) **γ-[3-Oxyphenyl]imido-α-Oxy-α-Phenyl-α-Buten.** Sm. 160° (*B.* **36**, 2451 *C.* **1903** [2] 670).
51) **4-Propionylamidodiphenylketon.** Sm. 139° (*C.* **1903** [1] 1137).
52) **4-Acetylamido-3-Methyldiphenylketon.** Sm. 175° (*Soc.* **85**, 593 *C.* **1904** [1] 1554).
53) **6-Acetylamido-3-Methyldiphenylketon.** Sm. 159° (*Soc.* **85**, 595 *C.* **1904** [1] 1554).
54) **Aethyl-4-Benzoylamidophenylketon.** Sm. 190° (*C.* **1903** [1] 1223).

$C_{16}H_{15}O_2N$ 55) **3-Keto-1-Oxy-2-Aethyl-1-Phenyl-1,2-Dihydroisoindol.** Sm. 166 bis 167°. HCl (*B.* **37**, 388 *C.* **1904** [1] 669).

$C_{16}H_{15}O_2N_3$ 23) **Benzylidenhydrazid d. 2-Acetylamidobenzol-1-Carbonsäure.** Sm. 180° u. Zers. (*J. pr.* [2] **69**, 98 *C.* **1904** [1] 720).

$C_{16}H_{15}O_3N$ *18) **r-α-Benzoylamido-β-Phenylpropionsäure.** Sm. 185° (*B.* **36**, 4313 *C.* **1904** [1] 448).

49) **10-Nitro-9-Oxy-9-Aethyl-9,10-Dihydroanthracen.** Sm. 166° u. Zers. (*A.* **330**, 172 *C.* **1904** [1] 891).

50) **3-Methyläther d. Methyl-4-[3,4-Dioxybenzyliden]amidophenylketon.** Sm. 167° (*B.* **37**, 396 *C.* **1904** [1] 658).

51) **γ-Oximido-αγ-Diphenylbuttersäure.** Sm. 83—87°. + C_6H_6 (*Soc.* **85**, 1364 *C.* **1904** [2] 1646).

52) **Methylester d. 4-Benzoyl-2-Methylphenylamidoameisensäure.** Sm. 107° (*Soc.* **85**, 593 *C.* **1904** [1] 1554).

53) **Methylester d. 2-Benzoyl-4-Methylphenylamidoameisensäure.** Sm. 110° (*Soc.* **85**, 596 *C.* **1904** [1] 1554).

54) **Aethylester d. Phenylbenzoylamidoameisensäure.** Sm. 67—68° (*Am.* **30**, 35 *C.* **1903** [2] 363).

55) **Phenylmonamid d. α-Phenyläthan-αβ-Dicarbonsäure.** Sm. 170 bis 171° (*Soc.* **85**, 1367 *C.* **1904** [2] 1646).

$C_{16}H_{15}O_3N_3$ 56) **Benzoylhydrazid d. Benzoylamidoessigsäure.** Sm. 213° (*J. pr.* [2] **70**, 106 *C.* **1904** [2] 1036).

57) **2-Oxybenzylidenhydrazid d. 2-Oxybenzylidenamidoessigsäure.** Sm. 189—191° (*J. pr.* [2] **70**, 104 *C.* **1904** [2] 1036).

$C_{16}H_{15}O_4N$ 26) **Dimethyläther d. 10-Nitro-9,9-Dioxy-9,10-Dihydroanthracen.** Sm. 135° u. Zers. (*A.* **330**, 183 *C.* **1904** [1] 892).

27) **α-Phenyl-β-[2-Amido-3-Oxy-4-Methoxylphenyl]akrylsäure.** Sm. 180° (*B.* **35**, 4413 *C.* **1903** [1] 343).

28) **4-Acetylamidophenylester d. 2-Oxy-1-Methylbenzol-3-Carbonsäure.** Sm. 181° (D.R.P. 70714). — *II, *919.*

29) **4-Acetylamidophenylester d. 4-Oxy-1-Methylbenzol-3-Carbonsäure.** [illegible] 4). — *II, *920.*

30) **4-Acetylamidophenylester d. 3-Oxy-1-Methylbenzol-4-Carbonsäure.** Sm. 198° (D.R.P. 70714). — *II, *922.*

31) **α-Phenylamidoformiat d. 3,4-Dioxy-1-[α-Oxyäthyl]benzol-3,4-Methylenäther.** Sm. 65-67° (*B.* **36**, 3595 *C.* **1903** [2] 1305).

32) **4-Aethoxylphenylmonamid d. Benzol-1,2-Dicarbonsäure.** Sm. 160 bis 165° (*B.* **36**, 998 *C.* **1903** [1] 1131).

$C_{16}H_{15}O_4N_3$ 11) **α-[2,4-Dinitrophenyl]-β-[4-Dimethylamidophenyl]äthen.** Sm. 181° (*B.* **37**, 1744 *C.* **1904** [1] 1599).

12) **Aethyläther d. Benzoylimido-3-Nitrophenylamidooxymethan.** Sm. 86—88° (*Am.* **32**, 366 *C.* **1904** [2] 1507).

13) **α-Acetyl-α-Phenyl-β-[5-Nitro-2-Oxy-3-Methylbenzyliden]hydrazin.** Sm. 241—242° (*B.* **37**, 3919 *C.* **1904** [2] 1594).

14) **α-Acetyl-α-Phenyl-β-[5-Nitro-4-Oxy-3-Methylbenzyliden]hydrazin.** Sm. 188—189° (*B.* **37**, 3928 *C.* **1904** [2] 1595).

15) **α-Acetyl-α-Phenyl-β-[5-Nitro-6-Oxy-3-Methylbenzyliden]hydrazin.** Sm. 252—253° (*B.* **37**, 3924 *C.* **1904** [2] 1595).

16) **Acetat d. α-Phenyl-β-[5-Nitro-2-Oxy-3-Methylbenzyliden]-hydrazin.** Sm. 205—206° (*B.* **37**, 3920 *C.* **1904** [2] 1594).

17) **Acetat d. α-Phenyl-β-[5-Nitro-4-Oxy-3-Methylbenzyliden]-hydrazin.** Sm. 162—163° (*B.* **37**, 3928 *C.* **1904** [2] 1595).

18) **Acetat d. α-Phenyl-β-[5-Nitro-6-Oxy-3-Methylbenzyliden]-hydrazin.** Sm. 155—156° (*B.* **37**, 3924 *C.* **1904** [2] 1595).

$C_{16}H_{15}O_5N$ *15) **Diacetat d. 5-Acetylamido-1,4-Dioxynaphtalin.** Sm. 165° (*A.* **335**, 150 *C.* **1904** [2] 1130).

17) **Methylbetaïn d. 2-[3,4-Dimethoxylbenzoyl]pyridin-4-Carbonsäure** + $3H_2O$ (M. d. Pyropapaverinsäure). $(2HCl, PtCl_4 + 2H_2O)$ (*M.* **24**, 702 *C.* **1903** [2] 1282; *M.* **24**, 715 *C.* **1904** [1] 218).

$C_{16}H_{15}O_5N_3$ 5) **4-Methyläther d. 5-Nitro-3-Acetoxyl-4-Oxy-1-Phenylhydrazonmethylbenzol.** Sm. 165° (*B.* **36**, 4393 *C.* **1903** [1] 341).

$C_{16}H_{15}O_6N$ 3) **Diäthylester d. 4-Nitronaphtalin-1,8-Dicarbonsäure.** Sm. 86° (*A.* **327**, 82 *C.* **1903** [1] 1227).

$C_{16}H_{15}N_2Br$ 3) α-Brom-γ-Phenylhydrazon-α-Phenyl-α-Buten. Sm. 97° u. Zers. (*Soc.* **85**, 464 *C.* **1904** [1] 1438).

$C_{16}H_{15}N_3S$ *3) Aethyläther d. 3-Merkapto-1,5-Diphenyl-1,2,4-Triazol. Sm. 99 bis 100° (*J. pr.* [2] **67**, 242 *C.* **1903** [1] 1263).

4) 4-Aethyl-1,5-Diphenyl-4,5-Dihydro-1,2,4-Triazol-3,5-Sulfid. Sm. 232° (*J. pr.* [2] **67**, 227 *C.* **1903** [1] 1261).

5) 5-Methyl-1-Phenyl-4-Benzyl-4,5-Dihydro-1,2,4-Triazol-3,5-Sulfid. Sm. 205° (*J. pr.* [2] **67**, 256 *C.* **1903** [1] 1265.

$C_{16}H_{16}ON_2$ 37) α-Methylimido-α-Benzoylmethylamido-α-Phenylmethan. Sm. 116 bis 117,5°. (2HCl, $PtCl_4$) (*Soc.* **83**, 324 *C.* **1903** [1] 581, 876).

38) Methyläther d. γ-Phenylhydrazon-α-[4-Oxyphenyl]propen. Sm. 136 bis 137° (*B.* **36**, 853 *C.* **1903** [1] 976).

39) Aethyläther d. 6-Oxy-1-[2-Methylphenyl]benzimidazol. Sm. 77 bis 78° (*B.* **36**, 3862 *C.* **1904** [1] 91).

40) Anhydro-2-Methylamidobenzol-1-Carbonsäurealdehyd. Sm. 139,5 bis 140° (*B.* **37**, 985 *C.* **1904** [1] 1079).

$C_{16}H_{16}O_2N_2$ *23) Dimethyläther d. Di[4-Oxybenzyliden]hydrazin. Sm. 160° (*B.* **37**, 3422 *C.* **1904** [2] 1294).

*47) s-Diphenylamid d. Bernsteinsäure. Sm. 226° (*C.* **1903** [2] 432).

*51) s-Di[4-Methylphenylamid] d. Oxalsäure. Sm. 263° (*A.* **332**, 265 *C.* **1904** [2] 700).

*64) s-Di[2-Methylbenzoyl]hydrazin. Sm. 217° (*J. pr.* [2] **69**, 372 *C.* **1904** [2] 534).

*65) s-Di[3-Methylbenzoyl]hydrazin. Sm. 214—216° (*J. pr.* [2] **69**, 373 *C.* **1904** [2] 534).

*66) s-Di[4-Methylbenzoyl]hydrazin. Sm. 250° (*J. pr.* [2] **69**, 374 *C.* **1904** [2] 534).

*70) αβ-Dibenzoyl-α-Aethylhydrazin. Sm. 133° (*J. pr.* [2] **70**, 278 *C.* **1904** [2] 1545).

75) Di[6-Oxy-3-Methylbenzyliden]hydrazin. Sm. 122° (*B.* **37**, 3187 *C.* **1904** [2] 991).

76) Monoacetylderivat d. α-Keto-αβ-Di[4-Amidophenyl]äthan. Sm. 198 bis 205° (*A.* **325**, 75 *C.* **1903** [1] 463).

77) 4-Oxy-3-Acetylphenylhydrazonmethyl-1-Methylbenzol. Sm. 126° (*B.* **35**, 4106 *C.* **1903** [1] 149).

78) Di[2-Oxy-3-Methylbenzyliden]hydrazin. Sm. 229° (*B.* **35**, 4106 *C.* **1903** [1] 149).

79) 5-Methyläther d. 5,6-Dioxy-3-Allylazobenzol (Benzolazoeugenol). Sm. 76—77° (*B.* **37**, 4135 *C.* **1904** [2] 1736).

80) 5-Methyläther d. 5,6-Dioxy-3-Propenylazobenzol (Benzolazoisoeugenol) (*B.* **37**, 4135 *C.* **1904** [2] 1736).

81) 4-Methylphenylimido-4-Methylphenylamidoessigsäure (*Soc.* **85**, 995 *C.* **1904** [2] 831).

82) Phenylamid d. α-Benzoylamidopropionsäure. Sm. 163—165° (*J. pr.* [2] **70**, 147 *C.* **1904** [2] 1394).

$C_{16}H_{16}O_2N_4$ *13) Aethylester d. α-Phenylazo-α-Phenylhydrazonessigsäure. Sm. 116—117° (*Bl.* [3] **31**, 83 *C.* **1904** [1] 580).

24) Benzylidenhydrazid d. β-Phenylureïdoessigsäure. Sm. 227° u. Zers. (*J. pr.* [2] **70**, 248 *C.* **1904** [2] 1463).

$C_{16}H_{16}O_2Br_2$ 3) Di[2-Brom-4-Methylphenyläther] d. αβ-Dioxyäthan. Sm. 156° (*B.* **36**, 2875 *C.* **1903** [2] 834).

$C_{16}H_{16}O_2S_2$ 1) αα-Dimerkaptopropionphenylbenzylläthersäure. Sm. 72° (*B.* **36**, 302 *C.* **1903** [1] 500).

$C_{16}H_{16}O_3N_2$ 48) Phenylamid d. α-Phenylamidoformoxylpropionsäure. Sm. 155—156° (*Bl.* [3] **29**, 124 *C.* **1903** [1] 564).

$C_{16}H_{16}O_3N_4$ 5) Methyläther d. α-Phenylamidoformylimido-α-Phenylureïdo-α-Oxymethan. Sm. 153°. 3HCl (*C.* **1904** [2] 29).

6) α-[3-Nitrobenzyliden]amido-β-Aethyl-α-Phenylharnstoff. Sm. 153° (*B.* **36**, 1377 *C.* **1903** [1] 1344).

$C_{16}H_{16}O_3Cl_2$ 1) δ-Acetat d. isom. γγ-Dichlor-αδ-Dioxy-αδ-Diphenyl-α-Buten. Sm. 98° (*B.* **36**, 2396 *C.* **1903** [2] 498).

$C_{16}H_{16}O_3S$ 2) Aldehyd d. β-[4-Methylphenyl]sulfon-β-Phenylpropionsäure. Sm. 78° (*Am.* **31**, 170 *C.* **1904** [1] 876). — *III, *66.*

$C_{16}H_{16}O_4N_2$ *27) **Di[Phenylamid] d. d-Weinsäure.** Sm. 250° u. Zers. (*Soc.* **83**, 1355 *C.* **1904** [1] 84).

43) **α-[β-Phenylureïdo]-β-[4-Oxyphenyl]propionsäure** + $^1/_2H_2O$. Sm. 104°. Ba + $6H_2O$, Ag + H_2O (*B.* **36**, 3344 *C.* **1903** [2] 1175).

44) **Phenylhydrazon d. Maticosäurealdehyd.** Sm. 163° (*B.* **35**, 4359 *C.* **1903** [1] 331).

45) **Phenylhydrazon d. Verb.** $C_{10}H_{10}O_5$. Sm. 249° (*B.* **36**, 3231 *C.* **1903** [2] 941).

46) **Aethylester d. 4,6-Dioxy-2-Methylazobenzol-3-Carbonsäure.** Sm. 142° (*B.* **37**, 1418 *C.* **1904** [1] 1417).

$C_{16}H_{16}O_4S$ 7) **β-[4-Methylphenyl]sulfon-β-Phenylpropionsäure.** Sm. 197—198°. Na + $2H_2O$, Ca, Ba + $4H_2O$ (*Am.* **31**, 171 *C.* **1904** [1] 876).

$C_{16}H_{16}O_4S_2$ 3) **Cyklodi-o-Xylylendisulfon.** Sm. oberh. 320° (*B.* **36**, 187 *C.* **1903** [1] 467).

$C_{16}H_{16}O_5N_2$ 7) **1-Phenacetylamido-2,5-Dimethylpyrrol-3,4-Dicarbonsäure.** Sm. 216—217° u. Zers. (*B.* **35**, 4320 *C.* **1903** [1] 336).

$C_{16}H_{16}O_5N_4$ 2) **γ-Phenylhydrazon-α-Oxy-α-[2,4-Dinitrophenyl]butan.** Sm. 227° u. Zers. (*M.* **23**, 1005 *C.* **1903** [1] 292).

$C_{16}H_{16}O_7N_4$ 4) **4-Dimethylamidobenzaldehyd + 2,4,6-Trinitro-1-Methylbenzol.** Sm. 60° (*B.* **37**, 1745 *C.* **1904** [1] 1600).

$C_{16}H_{16}O_8N_2$ C 52,7 — H 4,4 — O 35,2 — N 7,7 — M. G. 364.

1) **2,5,2',5'-Tetramethyl-1,1'-Bipyrrol-3,4,3',4'-Tetracarbonsäure** + H_2O. Sm. oberh. 290° u. Zers. (*B.* **37**, 2700 *C.* **1904** [2] 532).

$C_{16}H_{16}N_2S_2$ 5) **Diphenyläther d. αδ-Diimido-αδ-Dimerkaptobutan.** HCl (*B.* **36**, 3467 *C.* **1903** [2] 1244).

6) **Aethyläther d. 5-Merkapto-2,3-Diphenyl-2,3-Dihydro-1,3,4-Thiodiazol.** Sm. 70° (*J. pr.* [2] **67**, 240 *C.* **1903** [1] 1263).

$C_{16}H_{18}N_2S_3$ 1) **Dimethyläther d. Di[Phenylimidomerkaptomethyl]sulfid.** Sm. 84—85° (*B.* **36**, 2285 *C.* **1903** [2] 561).

2) **Sulfid d. Methylphenylamidodithioameisensäure.** Sm. 150—151° (*B.* **36**, 2281 *C.* **1903** [2] 560).

$C_{16}H_{16}N_2S_4$ *1) **Dimethyläther d. Di[Phenylimidomerkaptomethyl]disulfid.** Sm. 123° (*B.* **36**, 2264 *C.* **1903** [2] 562).

*3) **Disulfid d. Methylphenylamidodithioameisensäure.** Sm. 198° (*B.* **36**, 2274 *C.* **1903** [2] 563).

$C_{16}H_{16}N_4S$ 6) **2,5-Di[4-Amidobenzyl]-1,3,4-Thiodiazol.** Sm. 148° (*B.* **35**, 3940 *C.* **1903** [1] 39).

$C_{16}H_{16}Br_2S_2$ 1) **Cyklodi-o-Xylylendibromdisulfid.** Sm. 110—112° (*B.* **36**, 187 *C.* **1903** [1] 467).

$C_{16}H_{17}ON$ 64) **Aethyläther d. α-[4-Oxyphenyl]imido-α-Phenyläthan.** Sm. 88°; Sd. 210—212°$_{72}$ (D.R.P. 87897, 98840). — *III, *99.*

65) **Aethyläther d. α-Benzylimido-α-Oxy-α-Phenylmethan.** Sd. 186 bis 188°$_{12}$ (*Soc.* **83**, 328 *C.* **1903** [1] 581, 876).

66) **α-Oximido-αγ-Diphenylbutan.** Sm. 93° (*Am.* **31**, 655 *C.* **1904** [2] 446).

67) **Benzylamid d. β-Phenylpropionsäure.** Sm. 85° (*B.* **37**, 2704 *C.* **1904** [2] 518).

68) **Aethylbenzylamid d. Benzolcarbonsäure.** Sd. 214—216°$_{12}$ (*Soc.* **83**, 408 *C.* **1903** [1] 833).

69) **Aethyl-2-Methylphenylamid d. Benzolcarbonsäure.** Sm. 71—72° (*Soc.* **83**, 408 *C.* **1903** [1] 833).

70) **Aethyl-4-Methylphenylamid d. Benzolcarbonsäure.** Sm. 38—40° (*Soc.* **83**, 408 *C.* **1903** [1] 833).

$C_{16}H_{17}ON_3$ 18) **5-Acetylamido-2-Methyl-N-Aethyl-α- oder -β-Naphtimidazol** + $^1/_2H_2O$. Sm. 184—185°. (HCl, $AuCl_3$), Pikrat (*Soc.* **83**, 1188 *C.* **1903** [2] 1444).

$C_{16}H_{17}O_2N$ *27) **Phenylamidoformiat d. 4-[α-Oxyäthyl]-1-Methylbenzol.** Sm. 95—96° (*B.* **36**, 1636 *C.* **1903** [2] 26).

34) **γ-Hydroxylamido-α-Keto-αγ-Diphenylbutan** (Dypnonhydroxylamin). Sm. 109—110° (112°). Oxalat (*C.* **1903** [1] 521; *A.* **330**, 229 *C.* **1904** [1] 944).

35) **Methyläther d. 4-Dimethylamido-3'-Oxydiphenylketon.** Sm. 67° (D.R.P. 65952). — *III, *153.*

36) **Phenylamidoformiat d. α-Oxyisopropylbenzol.** Sm. 113° (*B.* **36**, 1863 Anm. *C.* **1903** [2] 286).

$C_{16}H_{17}O_2N_3$ 29) 4-Methylphenylamid d. β-Phenylureïdoessigsäure. Sm. 229° (*J. pr.* [2] **70**, 250 *C.* **1904** [2] 1463).

$C_{16}H_{17}O_3N$ 19) 1-Methyläther d. 4-[Acetyl-2-Oxybenzyl]amido-1-Oxybenzol. Sm. 96° (*Ar.* **240**, 682 *C.* **1903** [1] 395).

20) Phenylamidoformiat d. 3,4-Dioxy-1-Propylbenzol. Sm. 142° (*C. r.* **138**, 425 *C.* **1904** [1] 798).

21) α-Phenylamidoformiat d. 2-Oxy-1-[α-Oxyäthyl]benzol-2-Methyläther. Sm. 106° (*B.* **36**, 3588 *C.* **1903** [2] 1365).

22) α-Phenylamidoformiat d. 3-Oxy-1-[α-Oxyäthyl]benzol-3-Methyläther. Fl. (*B.* **36**, 3591 *C.* **1903** [2] 1366).

23) α-Phenylamidoformiat d. 4-Oxy-1-[α-Oxyäthyl]benzol-4-Methyläther. Sm. 82—83° (*B.* **36**, 3592 *C.* **1903** [2] 1366).

24) 4-Aethoxylphenylimid d. 1,2,3,4-Tetrahydrobenzol-5,6-Dicarbonsäure. Sm. 137° (*B.* **36**, 1005 *C.* **1903** [1] 1132).

$C_{16}H_{17}O_3N_3$ 4) Benzylester d. β-Phenylureïdomethylamidoameisensäure. Sm. 204° (*J. pr.* [2] **70**, 252 *C.* **1904** [2] 1464).

5) Phenylamidoformiat d. α-[β-Oxyäthyl]-β-Phenylharnstoff. Sm. 195° (*B.* **36**, 1280 *C.* **1903** [1] 1215).

$C_{16}H_{17}O_4N$ 6) 4-Aethoxylphenylamidomethyl-3,4-Dioxyphenylketon. Sm. 105° (D.R.P. 71312). — *III, *109*.

7) Aethylester d. α-Cyan-β-Butyroxyl-β-Phenylakrylsäure. Fl. (*Bl.* [3] **31**, 337 *C.* **1904** [1] 1135).

$C_{16}H_{17}N_3S$ 7) Methyläther d. α-[α-Phenyl-β-Benzylidenhydrazido]-α-Methylimido-α-Merkaptomethan. Sm. 136—137° (*B.* **37**, 2332 *C.* **1904** [2] 314).

8) α-Benzylidenamido-β-Methyl-α-Benzylthioharnstoff. Sm. 147° (*B.* **37**, 2327 *C.* **1904** [2] 313).

$C_{16}H_{17}N_3S_2$ 1) Methyläther d. α-[β-Phenylthioureïdo]-α-[2-Methylphenyl]imido-α-Merkaptomethan. Sm. 114—115° (*Am.* **30**, 179 *C.* **1903** [2] 872).

2) Methyläther d. α-[β-Phenylthioureïdo]-α-[4-Methylphenyl]imido-α-Merkaptomethan. Sm. 93° (*Am.* **30**, 174 *C.* **1903** [2] 871).

3) Methyläther d. α-Phenylamidothioformylimido-α-Methylphenylamido-α-Merkaptomethan. Sm. 133—134° (*Am.* **30**, 177 *C.* **1903** [2] 872).

4) Methyläther d. α-[4-Methylphenylthioureïdo]-α-Phenylimido-α-Merkaptomethan. Sm. 114—115° (*Am.* **30**, 180 *C.* **1903** [2] 872).

5) Aethyläther d. α-[β-Phenylthioureïdo]-α-Phenylimido-α-Merkaptomethan. Sm. 91—93° (*Am.* **30**, 181 *C.* **1903** [2] 873).

6) Dimethyläther d. Di[Phenylimidomerkaptomethyl]amin. Sm. 103 bis 104°. HJ (*Am.* **30**, 177 *C.* **1903** [2] 872).

$C_{16}H_{17}ClJ_2$ 2) ?-Jod-2-Methylphenyl-4-Aethylphenyljodoniumchlorid. 2 + $HgCl_2$, 2 + $PtCl_4$ (*A.* **327**, 296 *C.* **1903** [2] 352).

$C_{16}H_{17}BrJ_2$ 2) ?-Jod-2-Methylphenyl-4-Aethylphenyljodoniumbromid. Sm. 120° (*A.* **327**, 296 *C.* **1903** [2] 352).

$C_{16}H_{18}ON_2$ *8) α-Phenylamido-β-Phenylacetylamidoäthan. Sm. 128° (*A.* **332**, 218 *C.* **1904** [2] 212).

*47) Phenylamid d. β-Phenylamidobuttersäure. Sm. 93°. HCl (*B.* **36**, 1266 *C.* **1903** [1] 1219).

*49) Benzylamid d. Benzylamidoessigsäure. HCl (*Ar.* **240**, 633 *C.* **1903** [1] 24).

74) 5-Oxy-6-Phenylhydrazonmethyl-1,2,4-Trimethylbenzol. Sm. 144° (*B.* **35**, 4104 *C.* **1903** [1] 149).

75) 2-Amido-5-Oxy-3,7,10-Trimethyl-5,10-Dihydroakridin. Sm. 184° (*C.* **1904** [1] 676).

76) Phenylamid d. ?-Phenylamidoisobuttersäure. Sm. 120° (122°) (*B.* **24**, 1042; *B.* **36**, 1270 *C.* **1903** [1] 1219).

77) Phenylhydrazid d. dl-β-Phenylisobuttersäure. Sm. 116—117° (*Soc.* **85**, 446 *C.* **1904** [1] 1445).

$C_{16}H_{18}ON_4$ 9) 3,8-Di[Dimethylamido]diphenazonoxyd. Sm. 242° (*B.* **37**, 30 *C.* **1904** [1] 524).

$C_{16}H_{18}OJ_2$ 2) ?-Jod-2-Methylphenyl-4-Aethylphenyljodoniumhydrat. Salze siehe (*A.* **327**, 295 *C.* **1903** [2] 352).

$C_{16}H_{18}O_2N_2$ *13) Diäthyläther d. 4,4′-Dioxyazobenzol. Sm. 158° (*B.* **36**, 3163 *C.* **1903** [2] 947).

*25) Mesoporphyrin (*H.* **43**, 11 *C.* **1904** [2] 1572).

25*

$C_{16}H_{18}O_2N_2$ 26) **Dimethyläther d. 2,2'-Di[Oxymethyl]azobenzol.** Sm. 68,5° (*C. r.* **137**, 522 *C.* **1903** [2] 1060).

$C_{16}H_{18}O_2N_4$ 25) **4,4'-Di[Aethylnitrosamido]biphenyl.** Sm. 163° (*C.* **1903** [1] 1128; *B.* **35**, 4184 *C.* **1903** [1] 143).

26) **3-Amido-4-Methylphenylamid d. β-Phenylureïdoessigsäure.** Sm. 193° (*J. pr.* [2] **70**, 251 *C.* **1904** [2] 1463).

27) **Di[2-Amidophenylamid] d. Bernsteinsäure.** 2HCl (*A.* **327**, 22 *C.* **1903** [1] 1336).

28) **Di[3-Amido-4-Methylphenylamid] d. Oxalsäure.** Sm. 180° (D.R.P. 156177 *C.* **1904** [2] 1675).

$C_{16}H_{18}O_3N_2$ *8) **Diäthyläther d. 4,4'-Dioxyazoxybenzol.** Sm. 137,4—137,9° (*B.* **37**, 46 *C.* **1904** [1] 654).

$C_{16}H_{18}O_4N_4$ *4) **Di[Phenylhydrazid] d. d-Weinsäure.** Sm. 245° (231° u. Zers.) (*B.* **21**, 312 *C.* **1903** [1] 137; *Soc.* **83**, 1363 *C.* **1904** [1] 84).

*5) **2,2'-Dinitro-4,4'-Di[Dimethylamido]biphenyl.** Sm. 229,5° (*B.* **37**, 29 *C.* **1904** [1] 523).

6) **Ricinin** (Ricidin) oder $C_{16}H_{18}O_4N_4$. Sm. 194° (193°). + $2HgCl_2$ (*C.* **1895** [1] 853; **1900** [1] 612; *B.* **30**, 2197; *J.* **1864**, 457; **1870**, 877). — **III**, *981*; ***III**, *690*.

7) **Di[Phenylhydrazid] d. Traubensäure.** Sm. 220° (*B.* **21**, 312 *C.* **1903** [1] 137).

$C_{16}H_{18}O_4S_2$ 5) **β-Phenylsulfon-β-Benzylsulfonpropan.** Sm. 125—126° (*B.* **36**, 304 *C.* **1903** [1] 500).

6) **αα-Di[Benzylsulfon]äthan.** Sm. 130° (*B.* **36**, 298 *C.* **1903** [1] 490).

$C_{16}H_{18}O_6N_4$ 3) **Diäthylamidobenzol + 1,3,5-Trinitrobenzol.** Sm. 42—42,5° (*Soc.* **83**, 1342 *C.* **1904** [1] 100).

$C_{16}H_{18}O_8N_2$ 1) **Säure** (aus Nitrocodeïn) (*B.* **36**, 3068 *C.* **1903** [2] 953).

$C_{16}H_{18}N_4Cl_2$ 1) **Chlormethylat d. Verb.** $C_{15}H_{15}N_4Cl$. HCl + $2H_2O$, (HCl, $PtCl_4$ + H_2O) (*B.* **37**, 557 *C.* **1904** [1] 893).

$C_{16}H_{18}ClJ$ 3) **2-Methylphenyl-4-Propylphenyljodoniumchlorid.** Sm. 133° u. Zers. 2 + $PtCl_4$ (*A.* **327**, 313 *C.* **1903** [2] 353).

4) **Di[4-Aethylphenyl]jodoniumchlorid.** Sm. 150°. + $HgCl_2$, 2 + $PtCl_4$ + $3H_2O$ (*A.* **327**, 290 *C.* **1903** [2] 352).

5) **2,4'-Dimethyl-2'-Aethyldiphenyljodoniumchlorid.** Sm. 177°. 2 + $PtCl_4$ (*J. pr.* [2] **69**, 445 *C.* **1904** [2] 590).

$C_{16}H_{18}BrJ$ 3) **2-Methylphenyl-4-Propylphenyljodoniumbromid.** Sm. 133° u. Zers. (*A.* **327**, 313 *C.* **1903** [2] 353).

4) **Di[4-Aethylphenyl]jodoniumbromid.** Sm. 145° (*A.* **327**, 290 *C.* **1903** [2] 352).

5) **2,4'-Dimethyl-2'-Aethyldiphenyljodoniumbromid.** Sm. 175° (*J. pr.* [2] **69**, 445 *C.* **1904** [2] 590).

$C_{16}H_{19}ON$ 11) **5-[2-Oxybenzyl]amido-1,2,4-Trimethylbenzol.** Sm. 172—173° (*Ar.* **240**, 688 *C.* **1903** [1] 395).

$C_{16}H_{19}OJ$ 3) **2,4'-Dimethyl-2'-Aethyldiphenyljodoniumhydroxyd.** Salze siehe (*J. pr.* [2] **69**, 444 *C.* **1904** [2] 590).

$C_{16}H_{19}O_2N$ 15) **4-Phenylimido-6-Oxy-5-Acetyl-2,2-Dimethyl-1,2,3,4-Tetrahydrobenzol.** Sm. 129—130° (*B.* **37**, 3381 *C.* **1904** [2] 1219).

16) **Benzoat d. Pulegenonoxim.** Sm. 104—105° (*A.* **327**, 133 *C.* **1903** [1] 1412).

$C_{16}H_{19}O_2N_3$ 5) **Acetat d. 5-Oxy-1-Phenyl-3-Hexahydrophenyl-1,2,4-Triazol.** Sm. 107—108° (*B.* **36**, 1097 *C.* **1903** [1] 1140).

$C_{16}H_{19}O_4N$ 12) **4-Aethoxylphenylmonamid d. 1,2,3,4-Tetrahydrobenzol-5,6-Dicarbonsäure.** Sm. 145° (*B.* **36**, 909 *C.* **1903** [1] 1131).

$C_{16}H_{19}O_6N_3$ C 50,4 — H 5,0 — O 34,0 — N 11,0 — M. G. 381.

1) **Verbindung** (aus Cyanessigsäuremethylester u. Acetylcyanessigsäuremethylester). Sm. 135° (*Bl.* [3] **31**, 530 *C.* **1904** [1] 1554).

$C_{16}H_{19}O_9N$ C 52,0 — H 5,1 — O 39,0 — N 3,8 — M. G. 369.

1) **Diäthylester d. Mono[3-Nitro-4-Methylbenzoyl]weinsäure.** Sm. 104 bis 105° (*Soc.* **83**, 172 *C.* **1903** [1] 389, 628).

$C_{16}H_{19}NCl$ 1) **2-[α-Chloräthyl]-1,3,5-Trimethylbenzol + Pyridin.** Sm. 107—108°. + $HgCl_2$, 2 + $PtCl_4$, + $AuCl_3$, + CdJ_2 (*B.* **36**, 1642 *C.* **1903** [2] 27).

$C_{16}H_{19}N_4Cl$ 1) **Chlormethylat d. Verbind.** $C_{15}H_{16}N_4$. HCl + $2H_2O$, + $HgCl_2$ (*B.* **37**, 553 *C.* **1904** [1] 893).

$C_{16}H_{20}ON_2$ *17) **Aethyläther d. 6-Oxy-3,4'-Dimethyl-s-Diphenylhydrazin.** Sm. 55 (*B.* **36**, 3856 *C.* **1904** [1] 90).

*21) **Phenylhydrazoncampher.** Enolform Sm. 180—181° (*Soc.* **81**, 1514 *C.* **1903** [1] 162).

26) **Aethyläther d. 4-Oxy-2,2'-Dimethyl-s-Diphenylhydrazin.** Sm. 80° (*B.* **36**, 3854 *C.* **1904** [1] 90).

$C_{16}H_{20}ON_4$ 6) **Methyloxydhydrat d. 3-Amido-7-Dimethylamido-2-Methyl-5,10-Naphtdiazin.** Nitrat (*A.* **327**, 123 *C.* **1903** [1] 1221).

7) **Methylhydroxyd d. Verb.** $C_{15}H_{16}N_4$. Chlorid, Nitrat (*B.* **37**, 553 *C.* **1904** [1] 893).

$C_{16}H_{20}O_2N_2$ 13) **Dimethyläther d.** $\alpha\beta$**-Dioxy-**$\alpha\beta$**-Di[4-Amidophenyl]äthan.** Sm. 203 bis 204° (*A.* **325**, 48 Anm. *C.* **1903** [1] 462).

$C_{16}H_{20}O_5N_2$ *1) **2-Naphtylhydrazon d. Galaktose.** Sm. 189° (*B.* **35**, 4446 *C.* **1903** [1] 392).

*3) **2-Naphtylhydrazon d. d-Glykose.** Sm. 178—179° (*B.* **35**, 4446 *C.* **1903** [1] 392).

*4) **isom. 2-Naphtylhydrazon d. d-Glykose.** Sm. 95,5° (*B.* **37**, 3854 *C.* **1904** [2] 1711).

7) **2-Naphtylhydrazon d. Lävulose.** Sm. 161—162° (*B.* **35**, 4445 *C.* **1903** [1] 392).

8) **2-Naphtylhydrazon d. d-Mannose.** Sm. 186—187° u. Zers. (*B.* **36**, 3202 *C.* **1903** [2] 1055).

$C_{16}H_{20}O_8N_2$ 2) **Dilaktam d.** $\delta\varepsilon$**-Diimidooktan-**$\gamma\gamma\zeta\zeta$**-Tetracarbonsäure-**$\gamma\zeta$**-Diäthylester.** Sm. 156° (*A.* **332**, 127 *C.* **1904** [2] 189).

$C_{16}H_{20}NBr$ 1) **l-Methyläthylphenylbenzylammoniumbromid.** Sm. 155—156° (*Soc.* **85**, 231 *C.* **1904** [1] 938).

2) **i-Methyläthylphenylbenzylammoniumbromid.** Sm. 155—156° (*Soc.* **85**, 231 *C.* **1904** [1] 938).

$C_{16}H_{20}NJ$ 1) **Dimethyldibenzylammoniumjodid.** Sm. 186—187,5° (*Soc.* **83**, 1413 *C.* **1904** [1] 438).

2) **d-Methyläthylphenylbenzylammoniumjodid.** Sm. 146—147° (*Soc.* **83**, 1419 *C.* **1904** [1] 439; *Soc.* **85**, 227 *C.* **1904** [1] 652, 938).

3) **l-Methyläthylphenylbenzylammoniumjodid.** Sm. 146—147° (*Soc.* **85**, 228 *C.* **1904** [1] 652, 938).

4) **i-Methyläthylphenylbenzylammoniumjodid.** Sm. 145—146° (140,5°) (*Soc.* **83**, 1419 *C.* **1904** [1] 439; *Soc.* **85**, 224 *C.* **1904** [1] 652, 938; *A.* **334**, 238 *C.* **1904** [2] 900).

$C_{16}H_{20}N_2Cl_2$ 1) **Diphenochinon-NN'-Tetramethyldiimoniumchlorid.** 2 + $PtCl_4$ + $2H_2O$ (*B.* **37**, 3769 *C.* **1904** [2] 1547).

$C_{16}H_{20}N_2J_2$ 1) **Diphenochinon-NN'-Tetramethyldiimoniumjodid.** + J_2 (*B.* **37**, 3769 *C.* **1904** [2] 1547).

$C_{16}H_{21}ON$ *8) **Phenylamid d. Pulegensäure.** Sm. 124° (*A.* **227**, 128 *C.* **1903** [1] 1412).

9) **d-Methyläthylphenylbenzylammoniumhydroxyd.** d-Camphersulfonat (*Soc.* **83**, 1419 *C.* **1904** [1] 439; *Soc.* **85**, 226 *C.* **1904** [1] 652, 938).

10) **l-Methyläthylphenylbenzylammoniumhydroxyd.** l-Camphersulfonat (*Soc.* **85**, 226 *C.* **1904** [1] 652, 938).

11) **1-Oximido-5-Methyl-3-[4-Isopropylphenyl]-1,2,3,4-Tetrahydrobenzol.** Sm. 124° (*A.* **303**, 243). — *III, *140*.

$C_{16}H_{21}ON_3$ *1) **Phenylhydrazon d. Oximidocampher.** Sm. 138° (*Soc.* **85**, 909 *C.* **1904** [2] 597).

2) **4-[1-Piperidyl]-3-Keto-1,5-Dimethyl-2-Phenyl-2,3-Dihydropyrazol.** Sm. 145° (D.R.P. 145603 *C.* **1903** [2] 1225).

$C_{16}H_{21}O_2N$ 14) **Benzoat d. α-Methyltropin.** HCl (*A.* **326**, 10 *C.* **1903** [1] 778).

15) **Benzoat d. Pseudomethyltropin.** HCl (*A.* **326**, 18 *C.* **1903** [1] 778).

$C_{16}H_{21}O_5N_3$ 3) **Methylester d. α-[α-Benzoylamidoacetylamidopropionyl]amidopropionsäure.** Sm. 180—181° (*J. pr.* [2] **70**, 123 *C.* **1904** [2] 1037).

$C_{16}H_{22}O_2N_2$ 9) **Diphenochinon-NN'-Tetramethyldiimoniumhydrat.** Salze (*B.* **37**, 3768 *C.* **1904** [2] 1547).

$C_{16}H_{22}O_3N_4$ C 60,4 — H 6,9 — O 15,1 — N 17,6 — M. G. 318.

1) **Isopropylidenhydrazid d. β-Benzoylamidoacetylamidobuttersäure.** Sm. 145° (*J. pr.* [2] **70**, 209 *C.* **1904** [2] 1460).

$C_{16}H_{22}O_8S_2$ 1) **Diäthylester d. 1,3-Phenylendi[α-Sulfonpropionsäure].** Fl. (*J. pr.* [2] **68**, 328 *C.* **1903** [2] 1171).

$C_{16}H_{22}O_9N_2$ C 49,8 — H 5,7 — O 37,3 — N 7,2 — M. G. 386.
1) Nitril d. α-Pentaacetylglykosaminsäure. Sm. 118—119° (*B.* **35**, 4017 *C.* **1903** [1] 391).

$C_{16}H_{23}O_2N$ 7) Phenylamidoformiat d. 2-Oxy-1-Methyl-3-Isopropyl-R-Pentamethylen. Sm. 82° (*B.* **37**, 237 *C.* **1904** [1] 726).
8) Phenylamidoformiat d. 2-Oxy-1,1,4-Trimethylhexahydrobenzol. Sm. 84—85° (u. 92°) (*A.* **329**, 88 *C.* **1903** [2] 1071).
9) Phenylamidoformiat d. Dihydropulegenol. Sm. 81—82° (*A.* **327**, 135 *C.* **1903** [1] 1412).

$C_{16}H_{23}O_4N_3$ C 59,8 — H 7,2 — O 19,9 — N 13,1 — M. G. 321.
1) Semicarbazon d. Santonsäure. Sm. 183—185° (*G.* **33** [1] 198 *C.* **1903** [2] 45).

$C_{16}H_{24}O_2S_2$ 2) Diisoamyläther d. 2,5-Dimerkapto-1,4-Benzochinon. Sm. 170 bis 172° (*A.* **336**, 156 *C.* **1904** [2] 1300).

$C_{16}H_{24}O_4N_2$ 4) Di[Diäthylamidoformiat] d. 1,3-Dioxybenzol. Sd. 236—237°$_{10}$ (*Bl.* [3] **31**, 691 *C.* **1904** [2] 198).

$C_{16}H_{24}O_5S_2$ 1) ε-Keto-αγ-Diäthylsulfon-α-Phenylhexan (*B.* **37**, 509 *C.* **1904** [1] 884).

$C_{16}H_{24}O_8N_8$ 2) N-Anhydrid d. Hepta[Amidoacetyl]amidoessigsäure (Oktoglycyl) (*B.* **37**, 1300 *C.* **1904** [1] 1337).

$C_{16}H_{25}O_2N$ *4) norm. Nonylester d. Phenylamidoameisensäure. Sm. 59° (*C. r.* **138**, 149 *C.* **1904** [1] 577).
5) Phenylamidoformiat d. α-Oxynonan. Sm. 59° (*Bl.* [3] **31**, 674 *C.* **1904** [2] 184).

$C_{16}H_{25}O_3N$ 2) Verbindung (aus Cyancampher u. Epichlorhydrin). Sm. 128—129° (*Bl.* [3] **31**, 371 *C.* **1904** [1] 1263).

$C_{16}H_{25}O_3Cl$ 1) Isoamylester d. Chlorcamphocarbonsäure. Sd. 182—183°$_{12}$ (*B.* **35**, 4117 *C.* **1903** [1] 82).

$C_{16}H_{25}O_3Br$ 2) Isoamylester d. o-Bromcamphocarbonsäure. Sd. 193,5—194,5°$_{13}$ (*B.* **36**, 1723 *C.* **1903** [2] 37).

$C_{16}H_{25}O_3J$ 2) Isoamylester d. o-Jodcamphocarbonsäure. Fl. (*B.* **36**, 1724 *C.* **1903** [2] 37).

$C_{16}H_{25}O_4Cl$ *1) Aethylester d. α-Chlortetrahydrocarvonylacetessigsäure. Fl. Na (*B.* **36**, 236 *C.* **1903** [1] 515).
*2) Aethylester d. β-Chlortetrahydrocarvonylacetessigsäure. Sm. 146° (*B.* **36**, 235 *C.* **1903** [1] 514).

$C_{16}H_{25}O_6N$ 6) Triäthylester d. γ-Cyan-β-Methylpentan-βγε-Tricarbonsäure. Sd. 210°$_{20}$ (*C.* **1903** [1] 923; *Soc.* **85**, 134 *C.* **1904** [1] 727).

$C_{16}H_{25}O_8N_3$ C 59,6 — H 6,5 — O 33,1 — N 10,8 — M. G. 387.
1) Diisoamyläther d. 3,5-Dinitro-2,2-Dioxychinolnitrolsäure? Na (*Am.* **29**, 111 *C.* **1903** [1] 708).

$C_{16}H_{26}O_2S_2$ 1) 2,5-Diisoamyläther d. 2,5-Dimerkapto-1,4-Dioxybenzol. Sm. 68 bis 70° (*A.* **336**, 157 *C.* **1904** [2] 1300).

$C_{16}H_{26}O_3S$ 2) 2-Heptyl-1,3,5-Trimethylbenzol-4-Sulfonsäure. Mg (*B.* **37**, 1721 *C.* **1904** [1] 1489).

$C_{16}H_{26}O_9N_8$ C 40,5 — H 5,5 — O 30,4 — N 23,6 — M. G. 474.
1) Hepta[Amidoacetyl]amidoessigsäure. HCl (*B.* **37**, 1300 *C.* **1904** [1] 1337).

$C_{16}H_{26}O_{11}Hg_4$ 1) Verbindung (aus Methyläthylketon u. Merkuriacetat). ½ Pikrat (*B.* **36**, 3704 *C.* **1903** [2] 1239).

$C_{16}H_{26}NJ$ 1) Jodmethylat d. d-2-Propyl-1-Benzylhexahydropyridin (J. d. N-Benzylconiin). Sm. 187° (*B.* **37**, 3636 *C.* **1904** [2] 1510).
2) isom. Jodmethylat d. d-2-Propyl-1-Benzylhexahydropyridin. Sm. 215° (*B.* **37**, 3636 *C.* **1904** [2] 1510).

$C_{16}H_{27}O_8N_7$ C 43,1 — H 6,1 — O 28,8 — N 22,0 — M. G. 445.
1) Aethylester d. Hexa[Amidoacetyl]amidoessigsäure. Zers. bei 187—190° (*C.* **1903** [2] 344).

$C_{16}H_{28}ON_2$ C 72,7 — H 10,6 — O 6,1 — N 10,6 — M. G. 264.
1) Piperidid d. Bornylamidoameisensäure. Sm. 153° (*Soc.* **85**, 1190 *C.* **1904** [2] 1125).

$C_{16}H_{28}O_2S_2$ 1) Diisoamyläther d. 2,5-Dimerkapto-1,4-Diketohexahydrobenzol. Sm. 150—152° (*A.* **336**, 156 *C.* **1904** [2] 1300).

$C_{16}H_{29}O_2N$ 3) Bornylester d. Diäthylamidoessigsäure. Sd. 160°$_{20}$. Citrat (*Ar.* **240**, 650 *C.* **1903** [1] 399).

$C_{16}H_{29}N_2J$ *1) **Jodmethylat d. Sparteïn.** Sm. bei 240° (234°). HJ (*Bl.* [3] **29**, 1140 *C.* **1904** [1] 293; *Ar.* **242**, 515 *C.* **1904** [2] 1412).
2) **Jodisoamylat d. s-Isoamylphenylhydrazin** (*C. r.* **137**, 330 *C.* **1903** [2] 716; *Bl.* [3] **29**, 974 *C.* **1903** [2] 1115).

$C_{16}H_{30}O_5N_4$ C 53,6 — H 8,4 — O 22,3 — N 15,6 — M. G. 358.
1) **i-α-[α-Amidoisocapronyl]amidoisocapronylamidoacetylamidoessigsäure** (i-Dileucylglycylglycin). Sm. 250° u. Zers. (*B.* **37**, 2506 *C.* **1904** [2] 426).

$C_{16}H_{31}O_2N$ C 71,4 — H 11,5 — O 11,9 — N 5,2 — M. G. 269.
1) **Menthylester d. Diäthylamidoessigsäure.** Sd. 160—162°$_{20}$. HCl (*Ar.* **240**, 646 *C.* **1903** [1] 399).

$C_{16}H_{31}O_2Cl$ 1) **β-Chloräthylester d. Myristinsäure.** Sm. 34°; Sd. 115°$_0$ (*B.* **36**, 4341 *C.* **1904** [1] 433).

$C_{16}H_{31}O_2Br$ 2) **β-Bromäthylester d. Myristinsäure.** Sm. 48°; Sd. 134°$_0$ (*B.* **36**, 4341 *C.* **1904** [1] 433).

$C_{16}H_{32}OS$ 1) **Thiolpalmitinsäure.** Sm. 71° (*C. r.* **136**, 555 *C.* **1903** [1] 816).

— 16 IV —

$C_{16}H_8O_2N_2Cl_2$ 3) **isom. Dichlorindigo** (D.R.P. 139838 *C.* **1903** [1] 748).
4) **isom. Dichlorindigo** (*B.* **37**, 1866 *C.* **1904** [1] 1600).

$C_{16}H_8O_2N_2Br_2$ *1) **m-Dibromindigo** (D.R.P. 149940 *C.* **1904** [1] 1046).
4) **isom. Dibromindigo** (*B.* **37**, 1868 *C.* **1904** [1] 1601).

$C_{16}H_9ON_2Br_3$ 1) **1-[2,4,6-Tribromphenyl]azo-2-Oxynaphtalin.** Sm. 169° (*B.* **36**, 2073 *C.* **1903** [2] 358).

$C_{16}H_9O_2N_2Cl$ *1) **Chlorindigo** (D.R.P. 139838 *C.* **1903** [1] 748).

$C_{16}H_9O_2N_2Br$ *2) **Bromindigo** (D.R.P. 144249 *C.* **1903** [2] 779; D.R.P. 149899, 149940, 149983 *C.* **1904** [1] 1046).

$C_{16}H_9O_2N_2Br_3$ 1) **2-Oxy-1-[2,4,6-Tribromphenylazo]naphtalin.** Sm. 173—174° (*Soc.* **83**, 808 *C.* **1903** [2] 195, 426).

$C_{16}H_9O_4N_3Cl_2$ 1) **?-Dichlor-1-[2,4-Dinitrophenyl]amidonaphtalin.** Sm. 179° (*B.* **36**, 3270 *C.* **1903** [2] 1127).

$C_{16}H_{10}ON_2Cl_2$ 2) **2-Oxy-1-[2,4-Dichlorphenylazo]naphtalin.** Sm. 190° (*Soc.* **83**, 813 *C.* **1903** [2] 426).

$C_{16}H_{10}ON_3Cl$ 2) **Acetyl-α-Chlorindophenazin.** Sm. 208—209° (*B.* **35**, 4332 *C.* **1903** [1] 292).

$C_{16}H_{10}O_2N_2Br_2$ 1) **2-Oxy-1-[4,6-Dibrom-2-Oxyphenylazo]naphtalin.** Sm. 214—215° (*Soc.* **83**, 804 *C.* **1903** [2] 195, 425).

$C_{16}H_{10}O_3N_2S_2$ 1) **2-Thiocarbonyl-4-Keto-3-Phenyl-5-[2-Nitrobenzyliden]tetrahydrothiazol.** Sm. 238° (*M.* **24**, 512 *C.* **1903** [2] 837).
2) **2-Thiocarbonyl-4-Keto-3-Phenyl-5-[3-Nitrobenzyliden]tetrahydrothiazol.** Sm. 240° (*M.* **25**, 160 *C.* **1904** [1] 894).
3) **2-Thiocarbonyl-4-Keto-3-Phenyl-5-[4-Nitrobenzyliden]tetrahydrothiazol.** Sm. 240° (*M.* **25**, 162 *C.* **1904** [1] 894).

$C_{16}H_{10}O_4N_3Cl$ 1) **?-Chlor-2-[2,4-Dinitrophenyl]amidonaphtalin.** Sm. 206° (*B.* **36**, 3270 *C.* **1903** [2] 1127).

$C_{16}H_{10}O_8N_2S_2$ *1) **Indigo-3,3'-Disulfonsäure** (*M.* **24**, 14 *C.* **1903** [1] 776).
4) **isom. Indigodisulfonsäure** (D.R.P. 143141 *C.* **1903** [2] 272).

$C_{16}H_{10}O_{11}N_2S$ 1) **?-Dinitro-2,6-Dioxy-9,10-Anthrachinon-2,6-Dimethyläther-?-Sulfonsäure** (D.R.P. 143858 *C.* **1903** [2] 404).
2) **?-Dinitro-2,7-Dioxy-9,10-Anthrachinon-2,7-Dimethyläther-?-Sulfonsäure** (D.R.P. 143858 *C.* **1903** [2] 404).

$C_{16}H_{10}O_{16}N_2S_2$ 1) **?-Dinitro-1,3,5,7-Tetraoxy-9,10-Anthrachinondimethyläther-?-Disulfonsäure** (D.R.P. 139425 *C.* **1903** [1] 746).

$C_{16}H_{11}ONS_2$ 1) **2-Thiocarbonyl-4-Keto-3-Phenyl-4-Benzylidentetrahydrothiazol.** Sm. 186° (*M.* **24**, 505 *C.* **1903** [2] 836).

$C_{16}H_{11}O_2NS_2$ 1) **2-Thiocarbonyl-4-Keto-5-[2-Oxybenzyliden]-3-Phenyltetrahydrothiazol.** Sm. 172° (*M.* **25**, 165 *C.* **1904** [1] 894).

$C_{16}H_{11}O_2N_2Cl$ 4) **2-Oxy-1-[4-Chlor-2-Oxyphenylazo]naphtalin.** Sm. 265° (*Soc.* **83**, 813 *C.* **1903** [2] 426).

$C_{16}H_{11}O_2N_4Br$ 1) **4-Brom-2-[2-Nitrophenyl]azo-1-Amidonaphtalin.** Sm. 219—220° (*Soc.* **85**, 752 *C.* **1904** [2] 448).
2) **4-Brom-2-[3-Nitrophenyl]azo-1-Amidonaphtalin.** Sm. 246° (*Soc.* **85**, 752 *C.* **1904** [2] 448).

$C_{16}H_{11}O_2N_4Br$ 3) **4-Brom-2-[4-Nitrophenyl]azo-1-Amidonaphtalin.** Sm. 201—202° (*Soc.* **85**, 751 *C.* **1904** [2] 448).

$C_{16}H_{11}O_3NCl_2$ 2) **?-Dichlordimethylamidooxy-9,10-Anthrachinon.** Sm. 185° (*Bl.* [3] **29**, 62 *C.* **1903** [1] 456).

$C_{16}H_{11}O_3N_3S$ 2) **2-Phenylimido-4-Keto-5-[3-Nitrobenzyliden]tetrahydrothiazol.** Sm. noch nicht bei 290° (*C.* **1903** [1] 1258).

$C_{16}H_{11}O_4N_2Br$ 1) **?-Brom-8-Nitro-1-Dimethylamido-9,10-Anthrachinon.** Sm. 198° (D.R.P. 146691 *C.* **1903** [2] 1352).

$C_{16}H_{11}O_4N_4Cl$ 1) **1-Amido-2-[5-Chlor-2,4-Dinitrophenyl]amidonaphtalin.** Sm. 232° (*B.* **37**, 3888 *C.* **1904** [2] 1654).

$C_{16}H_{11}O_{13}N_7S$ 2) **O-Isopropyläther-S-2,4,6-Trinitrophenyläther d. 2,4,6-Trinitrophenylimidomerkaptooxymethan.** Sm. 147° (*Soc.* **85**, 648 *C.* **1904** [2] 310).

$C_{16}H_{11}ClBrJ$ 1) **3-Bromphenyl-1-Naphtyljodoniumchlorid.** Sm. 159°. + $HgCl_2$, 2 + $PtCl_4$ (*J. pr.* [2] **69**, 332 *C.* **1904** [2] 36).

$C_{16}H_{12}ONCl$ *2) **Methyläther d. 4-Chlor-1-Oxy-3-Phenylisochinolin.** Sm. 76° (*B.* **37**, 1686 *C.* **1904** [1] 1523).

6) **Methyläther d. 1-Chlor-4-Oxy-3-Phenylisochinolin.** Sm. 103,5° (*B.* **37**, 1690 *C.* **1904** [1] 1524).

7) **Nitril d. β-Keto-γ-[4-Chlorphenyl]-α-Phenylpropan-γ-Carbonsäure.** Sm. 127° (*J. pr.* [2] **67**, 390 *C.* **1903** [1] 1357).

$C_{16}H_{12}ON_2S$ *1) **2-Phenylimido-4-Keto-5-Benzylidentetrahydrothiazol.** Sm. 251 bis 252°. Ag, + C_2H_5ONa (*C.* **1903** [1] 1257).

$C_{16}H_{12}OBrJ$ 1) **3-Bromphenyl-1-Naphtyljodoniumhydroxyd.** Salze siehe (*J. pr.* [2] **69**, 332 *C* **1904** [2] 36).

$C_{16}H_{12}O_2NCl$ *3) **4-Chlor-1-Dimethylamido-9,10-Anthrachinon.** Sm. 172° (D.R.P. 146691 *C.* **1903** [2] 1353).

$C_{16}H_{12}O_2NBr$ 1) **4-Brom-1-Dimethylamido-9,10-Anthrachinon.** Sm. 178° (D.R.P. 146691 *C.* **1903** [2] 1352).

$C_{16}H_{12}O_4N_2S$ 14) **2-Benzoyl-5-Phenylimidazol-1-Sulfonsäure** + $4H_2O$. Sm. 274° wasserfrei. NH_4 + $2H_2O$, PbOH, Ag (*B.* **35**, 4133 *C.* **1903** [1] 295). — *III, *93.*

$C_{16}H_{12}O_5N_4S$ 3) **1-Phenylazo-2-Phenylimidazol-4[oder 5]-Carbonsäure-1⁴-Sulfonsäure.** Zers. oberh. 200° (*B.* **37**, 703 *C.* **1904** [1] 1562).

$C_{16}H_{12}O_7N_4S_2$ 1) **2-[4-Amidophenyl]-8-Oxynaphtriazol-3,6-Disulfonsäure** (D.R.P. 146375 *C.* **1903** [2] 1402).

$C_{16}H_{12}N_4Br_2J_2$ 1) **Hexamethylenamindibromojodid** (*C. r.* **136**, 1472 *C.* **1903** [2] 297).

$C_{16}H_{13}ON_2Cl$ 2) **4-Chlor-1-[α-Phenylhydrazonäthyl]benzfuran.** Sm. 90—92° (*A.* **312**, 334). — *III, *530.*

3) **Nitril d. β-Oximido-γ-Phenyl-α-[4-Chlorphenyl]buttersäure.** Sm. 125° (*J. pr.* [2] **67**, 391 *C.* **1903** [1] 1357).

$C_{16}H_{13}ON_3S_2$ 1) **Phenylbenzylamid d. Isorhodanformylamidothioameisensäure.** Sm. 180° (*Soc.* **83**, 95 *C.* **1903** [1] 230, 447).

$C_{16}H_{13}ON_4Cl$ 1) **5-Keto-4-[4-Chlorphenyl]azo-3-Methyl-1-Phenyl-4,5-Dihydropyrazol.** Sm. 141—142° (*Soc.* **83**, 1125 *C.* **1903** [2] 24, 791).

$C_{16}H_{13}ON_4Br$ 1) **5-Keto-4-[4-Bromphenyl]azo-3-Methyl-1-Phenyl-4,5-Dihydropyrazol.** Sm. 152—153° (*Soc.* **83**, 1124 *C.* **1903** [2] 24, 791).

$C_{16}H_{13}O_2NCl_2$ 1) **3-Chlor-4-Propionylchloramidodiphenylketon.** Sm. 114° (*Soc.* **85**, 343 *C.* **1904** [1] 1405).

$C_{16}H_{13}O_3NS$ *8) **2-Phenylamidonaphtalin-6-Sulfonsäure.** Na (*C.* **1904** [1] 1013).

10) **2-Phenylamidonaphtalin-8-Sulfonsäure.** Na (*C.* **1904** [1] 1013).

$C_{16}H_{13}O_4NCl_2$ 1) **Dichlordimethylamidooxydiphenylketon-2-Carbonsäure** (aus 3-Dimethylamido-1-Oxybenzol u. ?-Dichlorbenzol-1,2-Dicarbonsäureanhydrid). Sm. 191° (*Bl.* [3] **29**, 60 *C.* **1903** [1] 456).

$C_{16}H_{13}O_4NBr_2$ 1) **N-Acetyl-2-[3,5-Dibrom-2-Oxybenzyl]amidobenzol-1-Carbonsäure.** Sm. 201—202° (*A.* **332**, 193 *C.* **1904** [2] 210).

2) **N-Acetyl-3-[3,5-Dibrom-2-Oxybenzyl]amidobenzol-1-Carbonsäure.** Sm. 211—213° (*A.* **332**, 195 *C.* **1904** [2] 210).

3) **N-Acetyl-4-[3,5-Dibrom-2-Oxybenzyl]amidobenzol-1-Carbonsäure.** Sm. 221—222° (*A.* **332**, 198 *C.* **1904** [2] 210).

$C_{16}H_{13}O_4NS$ *1) **6-Phenylamido-1-Oxynaphtalin-3-Sulfonsäure** (*C.* **1904** [1] 1013).

*2) **7-Phenylamido-1-Oxynaphtalin-3-Sulfonsäure** (*C.* **1904** [1] 1013).

3) **6-Methylphenylsulfonamido-1,2-Benzpyron.** Sm. 165—167° (*Soc.* **85**, 1238 *C.* **1904** [2] 1124).

$C_{16}H_{13}O_4NS$ 4) **2-[4-Oxyphenyl]amidonaphtalin-6-Sulfonsäure** (*C.* **1904** [1] 1013).
5) **2-[4-Oxyphenyl]amidonaphtalin-8-Sulfonsäure** (*C.* **1904** [1] 1013).

$C_{16}H_{13}O_4N_2Cl_3$ *3) **βββ-Trichlor-αα-Di[Phenylamido]äthan-2,2'-Dicarbonsäure.** Sm. 165° (*B.* **36**, 3898 *C.* **1903** [1] 29).

$C_{16}H_{13}O_5NS$ *1) **7-[4-Oxyphenyl]amido-1-Oxynaphtalin-3-Sulfonsäure.** Na (*C.* **1904** [1] 1013).
4) **?-Aethylamido-9,10-Anthrachinon-1-Sulfonsäure** (D.R.P. 144634 *C.* **1903** [2] 750).

$C_{16}H_{13}O_6NS$ 2) **4-Aethylamido-1-Oxy-9,10-Anthrachinon-7-Sulfonsäure** (D.R.P. 155440 *C.* **1904** [2] 1356).

$C_{16}H_{13}O_6NS_2$ 1) **2-Phenylamidonaphtalin-2³,6-Disulfonsäure.** Na (*C.* **1904** [1] 1013).
2) **2-Phenylamidonaphtalin-2⁴,6-Disulfonsäure.** Na (*C.* **1904** [1] 1013).

$C_{16}H_{14}ON_2Se$ 1) **Phenylbenzylamid d. Selencyanessigsäure.** Sm. 70° (*Ar.* **241**, 218 *C.* **1903** [2] 104).

$C_{16}H_{14}O_2NCl$ 5) **3-Chlor-4-Propionylamidodiphenylketon.** Sm. 107,5° (*Soc.* **85**, 343 *C.* **1904** [1] 1405).
6) **2-Propionylchloramidodiphenylketon.** Sm. 107° (*C.* **1903** [1] 1137).
7) **4-Propionylchloramidodiphenylketon.** Sm. 129° (*C.* **1903** [1] 1137).
8) **Aethyl-4-Benzoylchloramidophenylketon.** Sm. 70° (*C.* **1903** [1] 1223).
9) **4-Acetylchloramido-3-Methyldiphenylketon.** Sm. 110° (*Soc.* **85**, 593 *C.* **1904** [1] 1554).
10) **6-Acetylchloramido-3-Methyldiphenylketon.** Sm. 116° (*Soc.* **85**, 595 *C.* **1904** [1] 1554).
11) **Gem. Imid d. Phenylessigsäure d. 4-Chlorphenylessigsäure.** Sm. 172° (*J. pr.* [2] **69**, 16 *C.* **1904** [1] 640).

$C_{16}H_{14}O_2NBr$ 1) **2-Propionylbromamidodiphenylketon.** Sm. 90° (*C.* **1903** [1] 1137).
2) **4-Propionylbromamidodiphenylketon.** Sm. 123° (*C.* **1903** [1] 1137).
3) **Aethyl-4-Benzoylbromamidophenylketon.** Sm. 111° (*C.* **1903** [1] 1223).

$C_{16}H_{14}O_2N_2Br_2$ 4) **s-Di[4-Brom-2-Methylphenylamid] d. Oxalsäure.** Sm. 254—255° (*M.* **25**, 378 *C.* **1904** [2] 320).

$C_{16}H_{14}O_2ClBr$ 1) **γ-Chlor-γ-Brom-αδ-Dioxy-αδ-Diphenyl-α-Buten.** Sm. 155° (*B.* **36**, 2401 *C.* **1903** [2] 499).
2) **isom. γ-Chlor-γ-Brom-αδ-Dioxy-αδ-Diphenyl-α-Buten.** Sm. 160° (*B.* **36**, 2402 *C.* **1903** [2] 499).

$C_{16}H_{14}O_2ClJ$ 1) **γ-Chlor-γ-Jod-αδ-Dioxy-αδ-Diphenyl-α-Buten.** Sm. 133—134° u. Zers. (*B.* **36**, 2414 *C.* **1903** [2] 500).

$C_{16}H_{14}O_3N_2Br_4$ *1) **Diäthyläther d. 3,5,3',5'-Tetrabrom-4,4'-Dioxyazoxybenzol.** Sm. 163° (*Am.* **30**, 65 *C.* **1903** [2] 355).

$C_{16}H_{14}O_3N_2S$ *7) **2-[4-Amidophenyl]amidonaphtalin-6-Sulfonsäure.** Na (*C.* **1904** [1] 1013).

$C_{16}H_{14}O_4NBr$ *2) **Methyläther d. 10-Brom-10-Nitro-9,9-Dioxy-9,10-Dihydroanthracen.** Sm. 139° (*A.* **330**, 169 *C.* **1904** [1] 891).

$C_{16}H_{14}O_4N_2Br_2$ 1) **N-Acetyl-4-Nitro-2-Methylphenyl-3,5-Dibrom-2-Oxybenzylamin.** Sm. 161—162° (*A.* **332**, 191 *C.* **1904** [2] 210).
2) **N-Acetyl-3-Nitro-4-Methylphenyl-3,5-Dibrom-2-Oxybenzylamin.** Sm. 179—180,5° (*A.* **332**, 192 *C.* **1904** [2] 210).

$C_{16}H_{14}O_6N_2S_2$ 2) **6-[3-Amidophenylsulfon]amido-1-Oxynaphtalin-3-Sulfonsäure** (D.R.P. 151017 *C.* **1904** [1] 382).
3) **6-[3-Amidophenylsulfon]amido-2-Oxynaphtalin-4-Sulfonsäure** (D.R.P. 151017 *C.* **1904** [1] 1382).

$C_{16}H_{14}O_8N_2S_2$ 2) **1,5-Di[Sulfomethylamido]-9,10-Anthrachinon** (D.R.P. 112115 *C.* **1900** [2] 651). — *III, *297.*

$C_{16}H_{14}O_{12}N_2S_2$ 1) **?-Diamido-1,3,5,7-Tetraoxy-9,10-Anthrachinondimethyläther-?-Disulfonsäure** (D.R.P. 146265 *C.* **1903** [2] 1227).

$C_{16}H_{15}ONBr_2$ 2) **1-[3,5-Dibrom-2-Oxybenzyl]-1,2,3,4-Tetrahydrochinolin.** Sm. 113—114° (*A.* **332**, 224 *C.* **1904** [2] 203).

$C_{16}H_{15}ONS_2$ *1) **1,2-Diphenyl-3-Aethylimidoxanthid.** Sm. 97° (*C.* **1904** [1] 1003).

$C_{16}H_{15}O_2NBr_2$ 4) **N-Acetyl-2-Methylphenyl-3,5-Dibrom-2-Oxybenzylamin.** Sm. 115° (*A.* **332**, 186 *C.* **1904** [2] 210).

$C_{16}H_{15}O_2NBr_2$ 5) **Acetat d. Methylphenyl-3,5-Dibrom-2-Oxybenzylamin.** Sm. 91° (*A.* **332**, 225 *C.* **1904** [2] 203).

$C_{16}H_{15}O_2N_2Cl$ 4) **Aethyläther d. Benzoylimido-3-Chlorphenylamidooxymethan.** Sm. 47—48° (*Am.* **32**, 366 *C.* **1904** [2] 1507).

$C_{16}H_{15}O_2N_2Br$ 2) **s-2-Methylphenylamid-4-Brom-2-Methylphenylamid d. Oxalsäure.** Sm. 186° (*M.* **25**, 380 *C.* **1904** [2] 320).

$C_{16}H_{15}O_2N_4Br$ 1) **8-Brom-5-[2-Nitrophenylazo]amido-1,2,3,4-Tetrahydronaphtalin.** Zers. 170—175° (*Soc.* **85**, 749 *C.* **1904** [2] 448).

2) **8-Brom-5-[3-Nitrophenylazo]amido-1,2,3,4-Tetrahydronaphtalin.** Zers. bei 165—166° (*Soc.* **85**, 749 *C.* **1904** [2] 448).

3) **8-Brom-5-[4-Nitrophenylazo]amido-1,2,3,4-Tetrahydronaphtalin.** Zers. bei 178° (*Soc.* **85**, 749 *C.* **1904** [2] 448).

$C_{16}H_{15}O_3NCl_2$ 1) **?-Dichlordimethylamidooxydiphenylmethan-2-Carbonsäure.** Sm. 195° (*Bl.* [3] **29**, 62 *C.* **1903** [1] 456).

$C_{16}H_{15}O_3NBr_2$ 4) **N-Acetyl-2-Methoxylphenyl-3,5-Dibrom-2-Oxybenzylamin.** Sm. 102—103° (*A.* **332**, 192 *C.* **1904** [2] 210).

5) **N-Acetyl-4-Methoxylphenyl-3,5-Dibrom-2-Oxybenzylamin.** Sm. 114—115° (*A.* **332**, 193 *C.* **1904** [2] 210).

$C_{16}H_{15}O_4N_2J$ 1) **Diacetat d. 4-Jodosoazobenzol.** Sm. 164° (*B.* **37**, 1312 *C.* **1904** [1] 1341).

$C_{16}H_{15}N_2BrS_2$ 1) **Aethyläther d. 2-Brom-5-Merkapto-2,3-Diphenyl-2,3-Dihydro-1,3,4-Thiodiazol.** Sm. 185—187° u. Zers. + J_2 (*J. pr.* [2] **67**, 239 *C.* **1903** [1] 1263).

$C_{16}H_{15}N_2JS_2$ 1) **Methyläther d. 2-Jod-5-Merkapto-2-Phenyl-3-[4-Methylphenyl]-2,3-Dihydro-1,3,4-Thiodiazol.** Sm. 188° (*J. pr.* [2] **67**, 259 *C.* **1903** [1] 1265).

2) **Aethyläther d. 2-Jod-5-Merkapto-1,2-Diphenyl-1,2-Dihydro-1,3,4-Triazol.** Sm. 193—194° u. Zers. + J_2 (*J. pr.* [2] **67**, 241 *C.* **1903** [1] 1263).

$C_{16}H_{16}ONCl$ 2) **2-Benzoylamido-1-[γ-Chlorpropyl]benzol.** Sm. 108° (*B.* **37**, 2921 *C.* **1904** [2] 1238).

$C_{16}H_{16}ONBr_3$ 2) **α-[4-Dimethylamidophenyl]-α-[2,3,5-Tribrom-4-Oxyphenyl]-äthan.** Sm. 108°. HBr, HJ (*A.* **334**, 333 *C.* **1904** [2] 989).

$C_{16}H_{16}ON_2Br_2$ 1) **Phenylamid d. ?-Dibrom-?-Phenylamidoisobuttersäure.** Sm. 152° (*B.* **36**, 1271 *C.* **1903** [1] 1219).

$C_{16}H_{16}ON_2S$ 12) **Methyläther d. α-Benzoylimido-α-Methylphenylamido-α-Merkaptomethan.** Sm. 113° (*Am.* **29**, 81 *C.* **1903** [1] 523).

13) **6-Aethyläther d. 2-Merkapto-6-Oxy-4-Methyl-1-Phenylbenzimidazol.** Sm. 244—245° (*B.* **36**, 3853 *C.* **1904** [1] 90).

14) **6-Aethyläther d. 2-Merkapto-6-Oxy-1-[4-Methylphenyl]benzimidazol.** Sm. 205—206° (*B.* **36**, 3851 *C.* **1904** [1] 89).

$C_{16}H_{16}ON_2S_2$ *3) **Monoäthyläther d. α-Dimerkaptomethylen-β-Benzoyl-β-Phenylhydrazin.** Sm. 164—165° (*J. pr.* [2] **67**, 242 *C.* **1903** [1] 1263).

5) **Dimethyläther d. 5-Merkapto-2-Oxy-2,3-Diphenyl-2,3-Dihydro-1,3,4-Thiodiazol.** Sm. 82° (*J. pr.* [2] **67**, 225 *C.* **1903** [1] 1261).

6) **Methylester d. Benzoyl-4-Methylphenylamidodithioameisensäure.** Sm. 160° (*J. pr.* [2] **67**, 259 *C.* **1903** [1] 1266).

$C_{16}H_{16}O_2N_2S$ *6) **Aethylester d. Diphenylthioallophansäure.** Sm. 95° (*Soc.* **83**, 557 *C.* **1903** [1] 1123).

$C_{16}H_{16}O_2N_2S_3$ 2) **Amid d. Dibenzyltrisulfid-αα'-Dicarbonsäure** + H_2O. Sm. 217° (*C.* **1903** [2] 1272).

$C_{16}H_{16}O_2N_2Se$ 1) **Phenylbenzylamid d. Carbaminselenessigsäure.** Sm. 140—141° u. Zers. (*Ar.* **241**, 219 *C.* **1903** [2] 104).

$C_{16}H_{16}O_2N_2Se_2$ 1) **Di[Phenylamid] d. Dimethyldiselenid-αα'-Dicarbonsäure** (Diselenglykolsäureanilid). Sm. 158° (*Ar.* **241**, 201 *C.* **1903** [2] 103).

$C_{16}H_{16}O_4N_4Br_2$ 1) **Dibromricinin** ($C_{16}H_{14}O_4N_4Br_2$). Sm. 247° (*C.* **1895** [1] 853). — *III, *690*.

$C_{16}H_{16}O_5N_4S$ 1) **5-[4-Nitrophenylazo]amido-1,2,3,4-Tetrahydronaphtalin-8-Sulfonsäure** (*Soc.* **85**, 758 *C.* **1904** [2] 449).

$C_{16}H_{16}O_8N_2S_2$ 1) **4,4'-Di[Acetylamido]biphenyl-2,2'-Disulfonsäure.** Na_2 (*J. pr.* [2] **66**, 572 *C.* **1903** [1] 520).

$C_{16}H_{16}N_3JS$ 1) **Methyläther d. 5-Jod-3-Merkapto-5-Methyl-1,4-Diphenyl-4,5-Dihydro-1,2,4-Triazol.** Sm. 250° (*J. pr.* [2] **67**, 255 *C.* **1903** [1] 1265).

$C_{16}H_{17}ONBr_2$ 2) **Methyläther d. Phenyl-3,6-Dibrom-4-Oxy-2,5-Dimethylbenzylamin.** Sm. 115—116° (*A.* **334**, 303 *C.* **1904** [2] 985).

$C_{16}H_{17}ONS$ 8) **4-Acetylamido-3,4'-Dimethyldiphenylsulfid.** Sm. 135—136° (*J. pr.* [2] **68**, 282 *C.* **1903** [2] 994).

$C_{16}H_{17}ON_3S_2$ 1) **Dimethyläther d. α-Dimerkaptomethylenamido-αβ-Diphenylharnstoff.** Sm. 105° (*B.* **36**, 1365 *C.* **1903** [1] 1341).

2) **Methylester d. α-Phenylamidoformyl-α-[2-Methylphenyl]-hydrazin-β-Dithiocarbonsäure.** Sm. 152° (*B.* **36**, 1370 *C.* **1903** [1] 1342; *B.* **36**, 1372 *C.* **1903** [1] 1343).

$C_{16}H_{17}O_2NS$ 3) **Aethylester d. 4-Merkaptophenylamidoameisen-4-Methylphenyläthersäure** (p-Thiotolylphenylurethan). Sm. 94° (*J. pr.* [2] **68**, 269 *C.* **1903** [2] 993).

4) **Phenylamid d. 1,2,3,4-Tetrahydronaphtalin-5-Sulfonsäure.** Sm. 144—145° (*Soc.* **85**, 757 *C.* **1904** [2] 449).

$C_{16}H_{17}O_3N_3S$ *1) **5-Amido-8-Phenylazo-1,2,3,4-Tetrahydronaphtalin-8⁴-Sulfonsäure** (*Soc.* **85**, 754 *C.* **1904** [2] 448).

$C_{16}H_{17}O_3N_5S$ 1) **Dimethyläther d. Nitrosodi[2-Oxyphenyl]thiodicyandiamin.** Sm. 171—172° (*B.* **36**, 3324 *C.* **1903** [2] 1169).

$C_{16}H_{17}O_4NS$ 2) **Methylester d. 2-[Methyl-4-Methylphenylsulfon]amidobenzol-1-Carbonsäure.** Sm. 94° (*B.* **35**, 4274 *C.* **1903** [1] 332).

$C_{16}H_{18}ON_2S$ 3) **Aethyläther d. 4'-Oxy-4-Methyl-s-Diphenylthioharnstoff.** Sm. 134—135° (*B.* **36**, 3851 *C.* **1904** [1] 90).

$C_{16}H_{18}O_2NBr_3$ 1) **Methylhydroxyd d. 2,3,5-Tribrom-4'-Dimethylamido-4-Oxydiphenylmethan.** Sm. 210—212° (*A.* **334**, 332 *C.* **1904** [2] 988).

$C_{16}H_{18}O_2N_4S$ 4) **Dimethyläther d. Di[2-Oxyphenyl]thiodicyandiamin.** Sm. 80—82°. HCl, HNO_3, Pikrat (*B.* **36**, 3323 *C.* **1903** [2] 1169).

$C_{16}H_{18}O_5N_2S$ 1) **Aethylester d. 2-Naphtylsulfonamidoacetylamidoessigsäure** (β-Naphtalinsulfoglycylglycinäthylester). Sm. 119—120° (*B.* **36**, 2105 *C.* **1903** [1] 1304).

$C_{16}H_{18}O_6N_2S_2$ *1) **2,4,2',4'-Tetramethylazobenzol-5,5'-Disulfonsäure** + $5H_2O$. Na_2 + H_2O, Ca + H_2O, CaH + $1^1/_2H_2O$, Ba, BaH + H_2O (*A.* **330**, 46 *C.* **1904** [1] 1141).

$C_{16}H_{18}N_4ClBr$ 1) **Brommethylat d. Verb.** $C_{15}H_{15}N_4Cl$. HBr + H_2O (*B.* **37**, 558 *C.* **1904** [1] 893).

$C_{16}H_{19}ON_4Cl$ 1) **Base** (aus 4-Chlor-1,2-Di[Methylamido]benzol). Chlorid, Bromid, Pikrat (*B.* **37**, 557 *C.* **1904** [1] 893).

$C_{16}H_{19}O_5NS$ 1) **4-Amidobenzol-1-Carbonsäureäthylester + 1-Methylbenzol-4-Sulfonsäure.** Sm. 185—187° (D.R.P. 150070 *C.* **1904** [1] 975).

$C_{16}H_{19}O_6NS$ 1) **1-Oxybenzolmethyläther-4-Sulfonsäure + 4-Amidobenzol-1-Carbonsäureäthylester.** Sm. 188° (D.R.P. 149345 *C.* **1904** [1] 846).

$C_{16}H_{19}O_7NS$ 1) **1,2-Dioxybenzol-1-Methyläther-3-Sulfonsäure + 4-Amidobenzol-1-Carbonsäureäthylester.** Sm. 175° (D.R.P. 149345 *C.* **1904** [1] 846).

$C_{16}H_{20}ONP$ 1) **Diäthylamid d. Diphenylphosphinsäure.** Sm. 138° (*A.* **326**, 183 *C.* **1903** [1] 819).

$C_{16}H_{20}O_3NP$ 2) **Diäthylmonamid d. Phosphorsäurediphenylester.** Fl. (*A.* **326**, 183 *C.* **1903** [1] 819).

$C_{16}H_{20}O_3N_2S$ 1) **4-Amido-4'-Sulfomethylamido-2,2'-Dimethyldiphenylmethan.** Sm. 178—180° (D.R.P. 148760 *C.* **1904** [1] 555).

2) **4-Amido-4'-Sulfomethylamido-3,3'-Dimethyldiphenylmethan.** Sm. 172° (D.R.P. 148760 *C.* **1904** [1] 555).

3) **6-Amido-6'-Sulfomethylamido-3,3'-Dimethyldiphenylmethan.** Sm. 159—160° (D.R.P. 148760 *C.* **1904** [1] 555).

4) **4,4'-Di[Dimethylamido]biphenyl-3-Sulfonsäure.** Sm. 261,5° u. Zers. (*B.* **37**, 3770 *C.* **1904** [2] 1547).

$C_{16}H_{20}O_6N_2S_2$ 1) **2'-Amido-2,4,3',5'-Tetramethyldiphenylamin-5,6'-Disulfonsäure** + H_2O (*A.* **330**, 58 *C.* **1904** [1] 1142).

$C_{16}H_{20}O_7N_2S$ 1) **2-Naphtylsulfonhydrazon d. d-Glykose** (*C.* **1904** [2] 1494).

$C_{16}H_{21}ON_2Cl$ 1) **Verbindung** + $2H_2O$ (aus 4,4'-Tetramethyldiamidobiphenyl) (*B.* **37**, 3766 *C.* **1904** [2] 1546).

$C_{16}H_{21}ON_2J$ *1) **Jodäthylat d. 4-Dimethylamido-4'-Oxydiphenylamin.** Sm. 207° (*J. pr.* [2] **69**, 166 *C.* **1904** [1] 1268).

2) **Jodäthylat d. 4-Dimethylamido-3'-Oxydiphenylamin.** Sm. 180° (*J. pr.* [2] **69**, 237 *C.* **1904** [1] 1269).

$C_{16}H_{21}ON_2J_3$ 1) **Verbindung** (aus d. Verb. $C_{16}H_{20}N_2J_4$) (*B.* **37**, 3770 *C.* **1904** [2] 1547).

$C_{16}H_{21}O_2N_2P$ 1) **Di[2-Methylphenylamid] d. Phosphorsäuremonoäthylester.** Sm. 115° (*A.* **326**, 250 *C.* **1903** [1] 868).

$C_{16}H_{21}O_3NS$ 2) **Phenylsulfon-α-Anhydropulegonhydroxylamin.** Sm. 120° (*B.* **37**, 954 *C.* **1904** [1] 1087).

$C_{16}H_{21}O_3N_3S$ 1) **Methylester d. 2-Thiocarbonyl-4-Keto-5-Dimethyl-3-Phenyltetrahydroimidazol-1-α-Amidoisobuttersäure.** Sm. 142° u. Zers. (*C.* **1904** [2] 1028).

$C_{16}H_{22}ON_3P$ 1) **Diäthylmonamid-Di[Phenylamid] d. Phosphorsäure.** Sm. 150° (*A.* **326**, 184 *C.* **1903** [1] 820).
2) **Isobutylamid-Di[Phenylamid] d. Phosphorsäure.** Sm. 207° (*A.* **326**, 174 *C.* **1903** [1] 819).

$C_{16}H_{22}N_3SP$ 1) **Aethylmonamid-Di[4-Methylphenylamid] d. Thiophosphorsäure.** Sm. 140° (*A.* **326**, 203 *C.* **1903** [1] 821).
2) **Diäthylmonamid-Di[Phenylamid] d. Thiophosphorsäure.** Sm. 192° (*A.* **326**, 212 *C.* **1903** [1] 822).
3) **Isobutylmonamid-Di[Phenylamid] d. Thiophosphorsäure.** Sm. 118° (*A.* **326**, 204 *C.* **1903** [1] 821).

$C_{16}H_{24}ONCl$ 1) **Nitrosochlorid d. α-[2,4,6-Trimethylphenyl]-α-Hepten.** Sm. 160° u. Zers. (*B.* **37**, 931 *C.* **1904** [1] 1209).

$C_{16}H_{24}ON_5P$ 1) **Diäthylmonamid-Di[Phenylhydrazid] d. Phosphorsäure.** Sm. 184—185° (*A.* **326**, 184 *C.* **1903** [1] 820).
2) **Isobutylamid-Di[Phenylhydrazid] d. Phosphorsäure.** Sm. 141° (*A.* **326**, 174 *C.* **1903** [1] 819).

$C_{16}H_{24}N_5SP$ 1) **Diäthylmonamid-Di[Phenylhydrazid] d. Thiophosphorsäure** (*A.* **326**, 212 *C.* **1903** [1] 822).
2) **Isobutylmonamid-Di[Phenylhydrazid] d. Thiophosphorsäure.** Sm. 129° (*A.* **326**, 205 *C.* **1903** [1] 821).

$C_{16}H_{25}O_2N_2P$ 1) **1,1'-Dipiperidid d. Phosphorsäuremonophenylester.** Sd. 215 bis 216°$_{10}$ (*A.* **326**, 197 *C.* **1903** [1] 821). — ***IV**, *10.*

$C_{16}H_{26}ON_3P$ 1) **Phenylamid-1,1'-Dipiperidid d. Phosphorsäure.** Sm. 159° (*A.* **326**, 197 *C.* **1903** [1] 821). — ***IV**, *10.*

$C_{16}H_{26}N_3SP$ 1) **Phenylmonamid-1,1'-Dipiperidid d. Thiophosphorsäure.** Sm. 112° (*A.* **326**, 217 *C.* **1903** [1] 822). — ***IV**, *10.*

$C_{16}H_{27}ON_2Cl$ *1) **Chlormethylat d. d-Lupanin.** (HCl, $PtCl_4$), + $AuCl_3$ (*Ar.* **242**, 435 *C.* **1904** [2] 783).

$C_{16}H_{27}ON_2J$ *1) **Jodmethylat d. d-Lupanin.** Sm. 238,5—240° (*Ar.* **242**, 435 *C.* **1904** [2] 783).

$C_{16}H_{27}ON_4P$ 1) **Phenylhydrazid-1,1'-Dipiperidid d. Phosphorsäure.** Sm. 155° (*A.* **326**, 197 *C.* **1903** [1] 821).

$C_{16}H_{27}O_2N_2Cl$ 1) **Chlormethylat d. Oxylupanin.** + (HCl, $PtCl_4$ + $3H_2O$), + $AuCl_3$ (*Ar.* **242**, 429 *C.* **1904** [2] 782).

$C_{16}H_{27}O_2N_2J$ 1) **Jodmethylat d. Oxylupanin.** Sm. 228,5—230,5° (*Ar.* **242**, 429 *C.* **1904** [2] 782).

$C_{16}H_{28}O_5N_3Br$ 1) **α-[α-Bromisocapronyl]amidoisocapronylamidoacetylamidoessigsäure** (α-Bromisocapronylleucylglycylglycin). Sm. 161—162° (*B.* **37**, 2505 *C.* **1904** [2] 426).

— 16 V —

$C_{16}H_{11}O_4N_3Cl_2S$ 1) **8-Amido-7-[2,4-Dichlorphenyl]azo-1-Oxynaphtalin-4-Sulfonsäure** (*C.* **1903** [1] 676).

$C_{16}H_{11}O_6N_3ClS$ 1) **1-[4-Chlor-3-Nitrophenyl]azo-2-Oxynaphtalin-1^6-Sulfonsäure** (D.R.P. 132968 *C.* **1903** [2] 315; D.R.P. 145911 *C.* **1903** [2] 1153).

$C_{16}H_{12}O_2NClS$ 1) **1-Chlor-2-Naphtylamid d. Benzolsulfonsäure.** Sm. 130 bis 131°. Na + $5C_2H_6O$ (*C.* **1904** [1] 1075; *Soc.* **85**, 378 *C.* **1904** [1] 1412).

$C_{16}H_{12}O_3N_3BrS$ 1) **4-Brom-2-Phenylazo-1-Amidonaphtalin-2^4-Sulfonsäure** (*Soc.* **85**, 752 *C.* **1904** [2] 448).

$C_{16}H_{12}O_5NBrS$ 1) **?-Brom-1-Dimethylamido-9,10-Anthrachinon-4-Sulfonsäure** (D.R.P. 146691 *C.* **1903** [2] 1352).

$C_{16}H_{13}ON_4S_3P$ 1) **Phosphoryltrithiocyanat + Phenylbenzylamin.** Sm. 137 bis 138° (*Soc.* **85**, 368 *C.* **1904** [1] 1407).

$C_{16}H_{14}O_2N_2Cl_2Se_2$ 1) **Di[3-Chlorphenylamid] d. Dimethyldiselenid-αα'-Dicarbonsäure.** Sm. 183° (*Ar.* **241**, 209 *C.* **1903** [2] 104).

$C_{16}H_{14}O_2N_2Br_2Se_2$ 1) **Di[3-Bromphenylamid] d. Dimethyldiselenid-αα'-Dicarbonsäure.** Sm. 198° (*Ar.* **241**, 213 *C.* **1903** [2] 104).

$C_{16}H_{15}ON_2BrS_2$ 1) **Aethylester d. ?-Brom-α-Benzoyl-α-Phenylhydrazin-β-Dithiocarbonsäure.** Sm. 117° (*J. pr.* [2] **67**, 240 *C.* **1903** [1] 1263).

$C_{16}H_{16}ONBr_4J$ 1) **Jodmethylat d. 3,4,5,6-Tetrabrom-4'-Dimethylamido-2-Oxydiphenylmethan.** Sm. 165—166° (*A.* **334**, 328 *C.* **1904** [2] 988).

$C_{16}H_{17}ONBr_3J$ 1) **Jodmethylat d. 2,3,5-Tribrom-4'-Dimethylamido-4-Oxydiphenylmethan.** Sm. 171—173° (*A.* **334**, 332 *C.* **1904** [2] 988).

$C_{16}H_{18}ONBr_2J$ 1) **Jodmethylat d. 3,5-Dibrom-4'-Dimethylamido-4-Oxydiphenylmethan.** Sm. 165—170° (*A.* **334**, 338 *C.* **1904** [2] 989).

$C_{16}H_{18}ON_2ClP$ 1) **2-Methylphenylmonamid d. 1,2,3,4-Tetrahydro-1-Chinolylphosphinsäuremonochlorid.** Sm. 122° (*A.* **326**, 198 *C.* **1903** [1] 821).

$C_{16}H_{20}O_2NSP$ *1) **Diäthylmonamid d. Thiophosphorsäurediphenylester.** Sm. 70° (*A.* **326**, 211 *C.* **1903** [1] 822).

$C_{16}H_{24}ON_3Br_2P$ 1) **2,4-Dibromphenylamid-1,1-Dipiperidid d. Phosphorsäure.** Sm. 186° (*A.* **326**, 236 *C.* **1903** [1] 867). — ***IV**, *10.*

$C_{16}H_{25}ON_2SP$ 1) **1,1-Dipiperidid d. Thiophosphorsäuremonophenylester.** Sm. 108° (*A.* **326**, 217 *C.* **1903** [1] 822). — ***IV**, *10.*

$C_{16}H_{25}ON_3BrP$ 1) **3-Bromphenylmonamid-1,1-Dipiperidid d. Phosphorsäure** (*A.* **326**, 234 *C.* **1903** [1] 867).
2) **4-Bromphenylmonamid-1,1-Dipiperidid d. Phosphorsäure.** Sm. 169° (*A.* **326**, 233 *C.* **1903** [1] 867). — ***IV**, *10.*

$C_{16}H_{28}O_2N_2J_4Hg_2$ 1) **α-Verbindung** (aus Methylheptenonoxim). Sm. 114° (*A.* **329**, 188 *C.* **1903** [2] 1414).
2) **β-Verbindung** (aus Methylheptenonoxim). Sm. 150° u. Zers. (*A.* **329**, 187 *C.* **1903** [2] 1414).

C_{17}-Gruppe.

$C_{17}H_{12}$ *1) **Chrysofluoren.** Sm. 188°; Sd. 413°. Pikrat (*A.* **335**, 134 *C.* **1904** [2] 1134).

$C_{17}H_{18}$ *1) **α-Phenyl-β-[4-Isopropylphenyl]äthen.** Sm. 84° (85°) (*B.* **35**, 3969 *C.* **1903** [1] 31; *A.* **333**, 241 *C.* **1904** [2] 1390).

$C_{17}H_{22}$ 3) **Kohlenwasserstoff** (aus Benzyltanacetylalkohol). Sd 165°$_{15}$ (*B.* **36**, 4370 *C.* **1904** [1] 455).

$C_{17}H_{30}$ C 87,2 — H 12,8 — M. G. 234.
1) **Kohlenwasserstoff** (aus Petroleum). Sd. 210—215°$_{50}$ (*C.* **1904** [1] 61).

— 17 II —

$C_{17}H_{10}O$ *1) **Chrysoketon.** Sm. 132,5° (*A.* **335**, 132 *C.* **1904** [2] 1134).

$C_{17}H_{11}N$ *3) **α-Chrysidin** (2,1-Naphtakridin). Sm. 108°. HCl, HNO_3, Pikrat (*B.* **37**, 2924 *C.* **1904** [2] 1411).
*4) **β-Chrysidin** (1,2-Naphtakridin). Sm. 131°. HCl, HNO_3, Pikrat (*B.* **37**, 2926 *C.* **1904** [2] 1412; *B.* **37**, 3078 *C.* **1904** [2] 1474).
8) **α-Naphtophenanthridin.** Sm. 135,5°. HCl + H_2O, Pikrat (*A.* **335**, 127 *C.* **1904** [2] 1133).
9) **β-Naphtophenanthridin.** Sm. 182°. HCl (*A.* **335**, 129 *C.* **1904** [2] 1133).

$C_{17}H_{12}O$ *4) **Phenyl-1-Naphtylketon** (*B.* **37**, 628 *C.* **1904** [1] 810).

$C_{17}H_{12}O_2$ *10) **2-Phenylnaphtalin-1-Carbonsäure.** Sm. 114°. Ag (*A.* **335**, 129 *C.* **1904** [2] 1134).

$C_{17}H_{12}O_3$ *13) **Anhydrid d. αα-Diphenylpropen-βγ-Dicarbonsäure.** Sm. 147—150° u. Zers. (*A.* **330**, 354 *C.* **1904** [1] 929).
22) **Anhydrid d. γγ-Diphenylpropen-αβ-Dicarbonsäure.** Sm. 96—98°. + C_6H_6 (*A.* **330**, 357 *C.* **1904** [1] 929).
23) **Aldehyd d. 2-Benzoxylnaphtalin-1-Carbonsäure.** Sm. 109° (*Bl.* [3] **29**, 879 *C.* **1903** [2] 885).

$C_{17}H_{12}O_4$ 18) **2-Keto-5,6-Dioxy-1-Cinnamyliden-1,2-Dihydrobenzfuran.** Sm. 236° (*B.* **37**, 826 *C.* **1904** [1] 1152).
19) **3-Acetoxylphenanthren-2-Carbonsäure.** Sm. 207—208° (*B.* **35**, 4427 *C.* **1903** [1] 334).
20) **2-Acetoxylphenanthren-3-Carbonsäure.** Sm. 210° (*B.* **35**, 4428 *C.* **1903** [1] 334).
21) **Lakton** (aus d. Lakton $C_{17}H_{14}O_6$, Sm. 153°). Sm. 183° (*A.* **333**, 264 *C.* **1904** [2] 1392).
22) **Acetat d. 3-Oxy-2-Phenyl-1,4-Benzpyron.** Sm. 110—111° (*B.* **37**, 2820 *C.* **1904** [2] 712).

$C_{17}H_{12}O_5$ *8) **4-Acetat d. 3,4-Dioxyphenanthrenchinon-3-Methyläther** (Acetylmethylmorpholchinon). Sm. 208—209° (corr.) (*B.* **35**, 4415 *C.* **1903** [1] 344).
15) **αγ-Lakton d. α-Oxy-γ-Keto-β-Phenyl-α-[3,4-Dioxyphenyl]propen-3,4-Methylenäther-γ-Carbonsäure.** Sm. 208—209° (*A.* **333**, 255 *C.* **1904** [2] 1391).
16) **isom. Lakton d. α-Oxy-γ-Keto-β-Phenyl-α-[3,4-Dioxyphenyl]propen-3,4-Methylenäther-γ-Carbonsäure.** Sm. 205° (*A.* **333**, 255 *C.* **1904** [2] 1391).
17) **Lakton d. β-Oxy-α-Phenyl-β-[3,4-Dioxyphenyl]äthan-3,4-Methylenäther-α-Ketocarbonsäure.** Sm. 205° (*B.* **36**, 2346 *C.* **1903** [2] 433).
18) **isom. Lakton d. β-Oxy-α-Phenyl-β-[3,4-Dioxyphenyl]äthan-3,4-Methylenäther-α-Ketocarbonsäure.** Sm. 205° (*B.* **36**, 2346 *C.* **1903** [2] 433).

$C_{17}H_{12}O_6$ 12) **Fukugetin** + $1^1/_2H_2O$. Sm. 288—290° (wasserfrei) (*Soc.* **85**, 59 *C.* **1904** [1] 380, 729).
13) **Diacetat d. 2,3-Dioxyxanthon.** Sm. 186° (*B.* **37**, 2735 *C.* **1904** [2] 542).

$C_{17}H_{12}N_2$ 8) **3'-Amido-1,2-Naphtakridin.** Sm. 270°. HCl (*B.* **37**, 3082 *C.* **1904** [2] 1474).

$C_{17}H_{13}N$ 10) **1,2-Naphto-2'-Methylcarbazol.** Sm. 181°. Pikrat (*A.* **332**, 103 *C.* **1904** [1] 1571).

$C_{17}H_{13}N_3$ 5) **1-[4-Methylphenyl]-ββ-Naphtisotriazol.** Sm. 145° (*A.* **332**, 103 *C.* **1904** [1] 1571).

$C_{17}H_{14}O$ *1) **1-[α-Oxybenzyl]naphtalin** (α-Oxyphenyl-1-Naphtylmethan). Sm. 86° (*B.* **37**, 628 *C.* **1904** [1] 810).
*5) **ε-Keto-αε-Diphenyl-αγ-Pentadiën.** (HCl, $SbCl_5$), (HCl, $SnCl_4$), + $2FeCl_3$ (*B.* **37**, 3670 *C.* **1904** [2] 1569).
*6) **Dibenzylidenaceton** (*C.* **1903** [2] 284; *B.* **37**, 1650 *C.* **1904** [1] 1603; *B.* **37**, 3284 *C.* **1904** [2] 1038; *B.* **37**, 3669 *C.* **1904** [2] 1569).
8) **α-Oxy-α-Phenyl-α-[1-Naphtyl]metan.** Sm. 85—86° (*B.* **37**, 2757 *C.* **1904** [2] 707).
9) **2-Oxy-1-Benzylnaphtalin.** Sm. 115—116° (*G.* **33** [2] 489 *C.* **1904** [1] 656).
10) **4-Oxy-1-Benzylnaphtalin.** Sm. 125—126° (*G.* **33** [2] 471 *C.* **1904** [1] 655).

$C_{17}H_{14}O_2$ 28) **5-Oxy-1-Keto-3,4-Diphenyl-2,3-Dihydro-R-Penten.** Sm. 176° (*B.* **36**, 1494 *C.* **1903** [1] 1350; *B.* **37**, 1133 *C.* **1904** [1] 1256).
29) **γ-Keto-β-Benzoyl-α-Phenyl-α-Buten** (Benzylidenbenzoylaceton). Sm. 98—99° (*B.* **36**, 2134 *C.* **1903** [2] 366).
30) **Lakton d. α-Oxy-αβ-Diphenyl-β-Buten-γ-Carbonsäure.** Sm. 88,5° (*Soc.* **83**, 290 *C.* **1903** [1] 877).
31) **Verbindung** (aus αβ-Dioxy-αβ-Diphenylbutan-αγ-Dicarbonsäure). Sm. 138—139° (*Soc.* **83**, 293 *C.* **1903** [1] 877).

$C_{17}H_{14}O_3$ *1) **γ-Keto-αε-Di[2-Oxyphenyl]-αδ-Pentadiën** (Lygosin). Na, Na_2 + $7H_2O$ (*C.* **1903** [1] 835).
*3) **Dibenzoylaceton** (*B.* **37**, 3449 *C.* **1904** [2] 1273).
39) **lab. γ-Keto-αε-Di[4-Oxyphenyl]-αδ-Pentadiën.** Sm. 232°. HCl (*B.* **36**, 133 *C.* **1903** [1] 458).
40) **stab. γ-Keto-αε-Di[4-Oxyphenyl]-αδ-Pentadiën.** Sm. 237—238°. HCl, HBr, H_2SO_4 (*B.* **36**, 130 *C.* **1903** [1] 457).
41) **α-Keto-αβ-Diphenyl-β-Buten-γ-Carbonsäure** (Desylenpropionsäure). Sm. 174,5° (*Soc.* **83**, 289 *C.* **1903** [1] 877).
42) **Lakton d. γ-Oxy-γ-[4-Oxyphenyl]-α-Phenylpropen-4-Methyläther-α-Carbonsäure.** Sm. 105° (*B.* **36**, 2524 *C.* **1903** [2] 575).

$C_{17}H_{14}O_3$ 43) Lakton d. γ-Oxy-β-Phenyl-γ-[4-Oxyphenyl]propen-4-Methyläther-α-Carbonsäure. Sm. 105° (*A.* **333**, 273 *C.* **1904** [2] 1392).

44) Lakton d. α-Oxy-β-Phenyl-α-[4-Oxyphenyl]propen-4-Methyläther-γ-Carbonsäure. Sm. 122° (*B.* **36**, 2524 *C.* **1903** [2] 575; *A.* **333**, 273 *C.* **1904** [2] 1392).

$C_{17}H_{14}O_4$ *3) Dimethyläther d. 7,8-Dioxy-2-Phenyl-1,4-Benzpyron. Sm. 151° (*B.* **36**, 4239 *C.* **1904** [1] 381).

*11) αα-Diphenylpropen-βγ-Dicarbonsäure (*A.* **330**, 352 *C.* **1904** [1] 929).

25) Monomethyläther d. 1,7-Dioxy-2,6-Dimethyl-9,10-Anthrachinon. Sm. 214—215° (*Soc.* **83**, 1332 *C.* **1904** [1] 100).

26) Dimethyläther d. 5,6-Dioxy-2-Keto-1-Benzyliden-1,2-Dihydrobenzfuran. Sm. 148—149,5° (*B.* **29**, 2433). — *III, *532.*

27) Dimethyläther d. 3,6-Dioxy-2-Phenyl-1,4-Benzpyron. Sm. 128 bis 129° (*B.* **37**, 778 *C.* **1904** [1] 1156).

28) 6-Aethyläther d. 3,6-Dioxy-2-Phenyl-1,4-Benzpyron. Sm. 177 bis 178° (*B.* **37**, 777 *C.* **1904** [1] 1156).

29) γγ-Diphenylpropen-αβ-Dicarbonsäure. Sm. 105—115° u. Zers. Ca + $2H_2O$, Ba + $3^1/_2H_2O$, Ag_2 (*A.* **330**, 357 *C.* **1904** [1] 929).

30) 3,4-Dioxyphenanthrendimethyläther-?-Carbonsäure. Sm. 196° (*B.* **35**, 4392 *C.* **1903** [1] 339).

31) αγ-Lakton d. α-Oxy-γ-Keto-β-Phenyl-α-[4-Oxyphenyl]propan-4-Methyläther-γ-Carbonsäure. Sm. 191° (*A.* **333**, 268 *C.* **1904** [2] 1392).

32) Aethylester d. αβ-Diketo-αβ-Diphenyläthan-2-Carbonsäure. Sm. 71° (*B.* **23**, 1345). — *II, *1098.*

33) Verbindung (aus Chrysarobin). Sm. 181° (*Soc.* **81**, 1583 *C.* **1903** [1] 34, 167).

$C_{17}H_{14}O_5$ 26) Trimethyläther d. 1,2,3-Trioxy-9,10-Anthrachinon. Sm. 168° (*M.* **23**, 1020 *C.* **1903** [1] 201).

27) 2^2,6-Dimethyläther d. 3,6-Dioxy-2-[2-Oxyphenyl]-1,4-Benzpyron. Sm. 187—188° (*B.* **37**, 2348 *C.* **1904** [2] 230).

28) 2^3,6-Dimethyläther d. 3,6-Dioxy-2-[3-Oxyphenyl]-1,4-Benzpyron. Sm. 144° (*B.* **37**, 959 *C.* **1904** [1] 1160).

29) 2^4,6-Dimethyläther d. 3,6-Dioxy-2-[4-Oxyphenyl]-1,4-Benzpyron. Sm. 184—185° (*B.* **37**, 783 *C.* **1904** [1] 1159).

30) 2^2,7-Dimethyläther d. 3,7-Dioxy-2-[2-Oxyphenyl]-1,4-Benzpyron. Sm. 203° (*B.* **37**, 4157 *C.* **1904** [2] 1658).

31) 2^3,7-Dimethyläther d. 3,7-Dioxy-2-[3-Oxyphenyl]-1,4-Benzpyron. Sm. 170° (*B.* **37**, 4160 *C.* **1904** [2] 1658).

32) 2^4,7-Dimethyläther d. 3,7-Dioxy-2-[4-Oxyphenyl]-1,4-Benzpyron. Sm. 196—197° (*B.* **37**, 4162 *C.* **1904** [2] 1659).

33) 5,7-Dimethyläther d. 3,5,7-Trioxy-2-Phenyl-1,4-Benzpyron. Sm. 177—178° (*B.* **37**, 2804 *C.* **1904** [2] 712).

34) 7,8-Dimethyläther d. 3,7,8-Trioxy-2-Phenyl-1,4-Benzpyron. Sm. 203° (*B.* **37**, 2808 *C.* **1904** [2] 713).

35) γ-Oxy-β-Phenyl-α-[3,4-Dioxyphenyl]propen-3,4-Methylenäther-γ-Carbonsäure. Sm. 147° (*A.* **333**, 266 *C.* **1904** [2] 1392).

36) α-Keto-β-Phenyl-α-[3,4-Dioxyphenyl]propan-3,4-Methylenäther-γ-Carbonsäure. Sm. 157° (*A.* **333**, 263 *C.* **1904** [2] 1391).

37) 3,4,6-Trioxyphenanthren-3,6-Dimethyläther-9-Carbonsäure. Sm. 254—256° (*B.* **35**, 4409 *C.* **1903** [1] 343).

38) αγ-Lakton d. αγ-Dioxy-β-Phenyl-α-[3,4-Dioxyphenyl]propan-3,4-Methylenäther-γ-Carbonsäure. Sm. 153° (*A.* **333**, 260 *C.* **1904** [2] 1391).

39) isom. Lakton d. αγ-Dioxy-β-Phenyl-α-[3,4-Dioxyphenyl]propan-3,4-Methylenäther-γ-Carbonsäure. Sm. 155° (*A.* **333**, 260 *C.* **1904** [2] 1391).

40) Diacetat d. 2,3-Dioxyxanthen. Sm. 110° (*B.* **37**, 2735 *C.* **1904** [2] 542).

$C_{17}H_{14}O_6$ 7) 5,6-Dimethyläther d. 5,6-Dioxy-2-Keto-1-[3,4-Dioxybenzyliden]-1,2-Dihydrobenzfuran. K (*Soc.* **83**, 137 *C.* **1903** [1] 90, 466).

$C_{17}H_{14}N_2$ 19) Benzyliden-2-Naphtylhydrazin. Sm. 194° (*C.* **1903** [2] 427).

$C_{17}H_{14}N_4$ 2) 3-Methyl-1,4-Diphenylbipyrazol. Sm. 232°. Ag (*B.* **36**, 527 *C.* **1903** [1] 642).

$C_{17}H_{15}N$

*1) **1-[2-Methylphenyl]amidonaphtalin.** Sd. 395—405° (*B.* **37**, 2924 *C.* **1904** [2] 1411).

*3) **2-[2-Methylphenyl]amidonaphtalin.** Sd. 400—405° (*B.* **37**, 2926 *C.* **1904** [2] 1412).

14) **4-[4-Methylbenzyl]isochinolin.** Sm. 66—67°. (3 HCl, 2 $HgCl_2$), (2 HCl, $PtCl_4$ + H_2O), H_2SO_4, Pikrat (*A.* **326**, 297 *C.* **1903** [1] 929).

$C_{17}H_{15}N_3$

19) **4-Methyl-6-[3-Amidophenyl]-2-Phenyl-1,3-Diazin.** Sm. 104—105° (*Soc.* **83**, 1375 *C.* **1904** [1] 450).

$C_{17}H_{16}O$

5) **γ-Keto-αε-Diphenyl-α-Penten.** Sm. 53° (*A.* **330**, 233 *C.* **1904** [1] 945).

$C_{17}H_{16}O_2$

*15) **Dimethylphenyl-m-Biscyklohexenon.** Sm. 151°; Sd. 355° (*B.* **36**, 2148 *C.* **1903** [2] 369).

*23) **Aethyläther d. α-Oxy-γ-Keto-αγ-Diphenylpropen.** Sm. 77—78° (*Soc.* **85**, 462 *C.* **1904** [1] 1079, 1438).

$C_{17}H_{16}O_3$

56) **Trimethyläther d. 3, 4, 6-Trioxyphenanthren** (Methylthebaol). Fl. Pikrat (*B.* **35**, 4406 *C.* **1903** [1] 342; *B.* **35**, 4411 *C.* **1903** [1] 343; *B.* **36**, 3081 *C.* **1903** [2] 955).

57) **δ-Oxy-αγ-Diphenyl-β-Buten-δ-Carbonsäure..** Sm. 168° (*A.* **333**, 281 *C.* **1904** [2] 1393).

58) **β-Keto-αγ-Diphenylbutan-δ-Carbonsäure.** Sm. 128° (*A.* **333**, 282 *C.* **1904** [2] 1393).

59) **Säure** (aus Benzaldehyd u. Bernsteinsäurediäthylester). Sm. 170—171° u. Zers. Ca, Ba + H_2O (*B.* **37**, 2247 *C.* **1904** [2] 328).

60) **Gem. Anhydrid d. Benzolcarbonsäure u. 1, 3, 5-Trimethylbenzol-2-Carbonsäure.** Sm. 105° (*B.* **36**, 2537 Anm. *C.* **1903** [2] 720).

61) **βδ-Lakton d. βδ-Dioxy-αγ-Diphenylbutan-δ-Carbonsäure.** Sm. 113° (*A.* **333**, 278 *C.* **1904** [2] 1392).

62) **isom. βδ-Lakton d. βδ-Dioxy-αγ-Diphenylbutan-δ-Carbonsäure.** Sm. 153° (*A.* **333**, 278 *C.* **1904** [2] 1392).

$C_{17}H_{16}O_4$

32) **$α^2,γ^4$-Dimethyläther d. γ-Keto-γ-[2,4-Dioxyphenyl]-α-[2-Oxyphenyl]propen.** Sm. 94° (*B.* **37**, 4156 *C.* **1904** [2] 1658).

33) **$α^3,γ^4$-Dimethyläther d. γ-Keto-γ-[2,4-Dioxyphenyl]-α-[3-Oxyphenyl]propen.** Sm. 80—81° (*B.* **37**, 4159 *C.* **1904** [2] 1658).

34) **Dimethyläther d. αγ-Diketo-γ-Phenyl-α-[3,5-Dioxyphenyl]propan.** Sm. 75°. Cu + C_6H_6 (*B.* **35**, 3902 *C.* **1903** [1] 27).

35) **Dimethyläther d. αγ-Diketo-α-Phenyl-γ-[2,4-Dioxyphenyl]propan.** Sm. 55°. Cu (*C.* **1903** [1] 580; *Soc.* **85**, 100 *C.* **1904** [1] 724).

36) **3,4-Dimethyläther d. γ-Keto-γ-[2,3,4-Trioxyphenyl]-α-Phenylpropen.** Sm. 98° (*B.* **36**, 4238 *C.* **1904** [1] 381).

37) **Dimethyläther d. 6-Oxy-2-[2-Oxyphenyl]-2, 3-Dihydro-1, 4-Benzpyron.** Sm. 120° (*B.* **37**, 2348 *C.* **1904** [2] 230).

38) **Dimethyläther d. 6-Oxy-2-[3-Oxyphenyl]-2, 3-Dihydro-1,4-Benzpyron.** Sm. 104° (*B.* **37**, 958 *C.* **1904** [1] 1160).

39) **Dimethyläther d. 6-Oxy-2-[4-Oxyphenyl]-2, 3-Dihydro-1, 4-Benzpyron.** Sm. 160° (*B.* **37**, 782 *C.* **1904** [1] 1159).

40) **Dimethyläther d. 7-Oxy-2-[2-Oxyphenyl]-2, 3-Dihydro-1, 4-Benzpyron.** Sm. 102° (*B.* **37**, 4157 *C.* **1904** [2] 1658).

41) **Dimethyläther d. 7-Oxy-2-[3-Oxyphenyl]-2, 3-Dihydro-1, 4-Benzpyron.** Sm. 104° (*B.* **37**, 4159 *C.* **1904** [2] 1658).

42) **Dimethyläther d. 7-Oxy-2-[4-Oxyphenyl]-2, 3-Dihydro-1, 4-Benzpyron.** Sm. 94—95° (*B.* **37**, 4161 *C.* **1904** [2] 1659).

43) **Dimethyläther d. 5,7-Dioxy-2-Phenyl-2, 3-Dihydro-1, 4-Benzpyron.** Sm. 146—147° (*B.* **37**, 2803 *C.* **1904** [2] 712).

44) **Dimethyläther d. 7, 8-Dioxy-2-Phenyl-2, 3-Dihydro-1,4-Benzpyron.** Sm. 115° (*B.* **36**, 4243 *C.* **1904** [1] 382; *B.* 37, 2807 *C.* **1904** [2] 713).

45) **γ-Oxy-β-Phenyl-α-[4-Oxyphenyl]propen-4-Methyläther-γ-Carbonsäure.** Sm. 145° (*A.* **333**, 273 *C.* **1904** [2] 1392).

46) **α-Keto-β-Phenyl-α-[4-Oxyphenyl]propan-4-Methyläther-γ-Carbonsäure.** Sm. 148° (*A.* **333**, 272 *C.* **1904** [2] 1392).

47) **2-Methyl-1-Benzyliden-R-Penten-5-Carbonsäure-4-[Aethyl-β-Carbonsäure].** Zers. bei 203°. Ag_2 (*B.* **36**, 951 *C.* **1903** [1] 1022).

48) **αγ-Lakton d. αγ-Dioxy-β-Phenyl-α-[4-Oxyphenyl]propan-4-Methyläther-γ-Carbonsäure.** Sm. 123° (*A.* **333**, 270 *C.* **1904** [2] 1392).

49) **isom. Lakton d. αγ-Dioxy-β-Phenyl-α-[4-Oxyphenyl]propan-4-Methyläther-γ-Carbonsäure.** Sm. 155° (*A.* **333**, 271 *C.* **1904** [2] 1392).

$C_{17}H_{16}O_4$ 50) **Diphenylester d. Propan-αγ-Dicarbonsäure.** Sm. 54°; Sd. 236,5°$_{16}$ (*B.* **35**, 4085 *C.* **1903** [1] 75).

51) **Phenylbenzylester d. Bernsteinsäure.** Sm. 51°; Sd. 245—250°$_5$ (*B.* **35**, 4077 *C.* **1903** [1] 74).

$C_{17}H_{16}O_5$ *8) **Dibenzoat d. αβγ-Trioxypropan** (*B.* **36**, 1573 Anm. *C.* **1903** [2] 225).

12) **1,3,8-Trioxy-2,4,5,7-Tetramethylfluoron.** H_2SO_4 (*M.* **25**, 666 *C.* **1904** [2] 1144).

$C_{17}H_{16}O_6$ 14) **Di[2,4-Dioxy-1-Acetyl-?-Phenyl]methan.** Sm. oberh. 250° (*C.* **1903** [1] 922).

15) **Methylenbisvanillin.** Sm. 155—156° (D. R. P. 75264, 76061). — *III, *75.*

$C_{17}H_{16}O_8$ C 58,6 — H 4,6 — O 36,8 — M. G. 348.

1) **Di[Acetyl-?-Trioxyphenyl]methan.** Sm. 265° (*C.* **1903** [1] 922).

$C_{17}H_{16}N_2$ 19) **ε-Phenylimido-α-Phenylamido-αγ-Pentadiën.** Sm. 85—86° u. Zers. HCl, (2 HCl, $PtCl_4$), HBr, (HJ, J_2) (*A.* **333**, 308, 314 *C.* **1904** [2] 1149).

20) **2,6-Diphenyl-4-Methyl-1,4-Dihydro-1,3-Diazin.** Sm. 149—150°. (2 HCl, $PtCl_4$) (*Soc.* **83**, 1374 *C.* **1904** [1] 164, 450).

$C_{17}H_{16}N_4$ 6) **4,4'-Di[Methylcyanamidophenyl]methan.** Sm. 155° (*B.* **37**, 2672 *C.* **1904** [2] 443).

$C_{17}H_{17}N_3$ 6) **5-[4-Methylphenyl]amido-3-Methyl-1-Phenylpyrazol.** Sm. 111° (*C.* **1900** [2] 654; *B.* **36**, 3273).

7) **5-Methylphenylamido-3-Methyl-1-Phenylpyrazol.** Sm. 88,5°; Sd. 220—228°$_{20}$. (2 HCl, $PtCl_4$) (*B.* **36**, 3277 *C.* **1903** [2] 1189).

8) **Anilopyrin.** Sm. 58—59°. (2 HCl, $PtCl_4$), HJ, Pikrat (*B.* **36**, 3275 *C.* **1903** [2] 1189).

$C_{17}H_{18}O$ *4) **γ-Keto-αε-Diphenylpentan** (*A.* **330**, 234 *C.* **1904** [1] 945).

$C_{17}H_{18}O_3$ 15) **4-Keto-1,3-Diacetyl-6-Methyl-2-Phenyl-1,2,3,4-Tetrahydrobenzol.** Sm. 68° (*B.* **36**, 2145 *C.* **1903** [2] 360).

16) **Aldehyd d. 3,4-Dioxybenzol-3-Propyläther-4-Benzyläther-1-Carbonsäure.** Sm. 74° (D. R. P. 85196). — *III, *75.*

17) **Propylester d. α-Oxydiphenylessigsäure.** Sd. 220°$_{35}$ (*B.* **37**, 2766 *C.* **1904** [2] 708).

$C_{17}H_{18}O_4$ 11) **α-Acetat d. α-Oxydi[4-Oxyphenyl]methan-4,4'-Dimethyläther.** Sm. 83,5° (*B.* **36**, 655 *C.* **1903** [1] 768).

$C_{17}H_{18}O_6$ 12) **1,3,6,8-Tetraoxy-2,4,5,7-Tetramethylxanthen.** Sm. 320—324° (*M.* **25**, 674 *C.* **1904** [2] 1145).

$C_{17}H_{18}O_{10}$ 4) **Pentaacetat d. 2,4,6-Trioxy-1-Dioxymethylbenzol.** Sm. 155—156° (*M.* **24**, 865 *C.* **1904** [1] 367).

$C_{17}H_{18}N_2$ *5) **Nitril d. α-Phenylamido-α-[4-Isopropylphenyl]essigsäure.** Sm. 86° (*B.* **37**, 4085 *C.* **1904** [2] 1723).

$C_{17}H_{18}Br_2$ *1) **αβ-Dibrom-α-Phenyl-β-[4-Isopropylphenyl]äthan.** Sm. 181° (*A.* **333**, 241 *C.* **1904** [2] 1390).

$C_{17}H_{19}N$ 10) **Allylbenzyl-2-Methylphenylamin.** Sd. 180—183°$_{27}$. Pikrat (*B.* **37**, 3896 *C.* **1904** [2] 1612).

11) **Allylbenzyl-4-Methylphenylamin.** Sd. 214—215°$_{31}$. Pikrat (*B.* **37**, 2721 *C.* **1904** [2] 592).

$C_{17}H_{20}O$ 12) **Benzylidentanaceton.** Sd. 178°$_9$ (*B.* **36**, 4367 *C.* **1904** [1] 455).

13) **Verbindung** (aus d-Brombenzylidencampher). Sm. 68° (*C. r.* **132**, 1574). — *III, *388.*

14) **Verbindung** (aus i-Brombenzylidencampher). Sm. 43° (*C. r.* **132**, 1574). — *III, *388.*

$C_{17}H_{20}O_2$ *11) **d-α-Benzoylcampher.** Sm. 88° (*B.* **36**, 2629, 2639 *C.* **1903** [2] 625; *C. r.* **136**, 1223 *C.* **1903** [2] 116).

13) **4,4'-Dioxy-2,5,2',5'-Tetramethyldiphenylmethan.** Sm. 181—182° (*B.* **36**, 1801 *C.* **1903** [2] 291; *B.* **37**, 1471 *C.* **1904** [1] 1518).

14) **α-Oxybenzylidencampher** (Benzoylcampher-Enolform). Sm. 221° (*Soc.* **83**, 98 *C.* **1903** [1] 233, 458).

15) **Benzoat d. 1-Oxycamphen.** Sd. 215—220°$_{60}$ (*Soc.* **83**, 152 *C.* **1903** [1] 72, 436).

$C_{17}H_{20}O_3$ 6) **αγ-Di[2-Methylphenyläther] d. αβγ-Trioxypropan.** Sm. 36—37°; Sd. 226°$_{14}$ (*Soc.* **83**, 1137 *C.* **1903** [2] 1059).

7) **αγ-Di[3-Methylphenyläther] d. αβγ-Trioxypropan.** Sd. 232°$_{13}$ (*Soc.* **83**, 1139 *C.* **1903** [2] 1059).

8) **Oxoniumbase** (aus p-Phenetol). HCl (*B.* **36**, 653 *C.* **1903** [1] 768).

9) **Aethylester d. Artemisinsäure.** Sm. 97—98° (*C.* **1903** [2] 1377).

$C_{17}H_{20}O_4$ *4) **Acetat d. Desmotroposantonin.** Sm. 156° (*C.* **1904** [1] 941).
*5) **Acetat d. l-Desmotroposantonin.** Sm. 154° (*C.* **1904** [1] 941).
*6) **Acetat d. r-Desmotroposantonin.** Sm. 145° (*C.* **1904** [1] 941).
*7) **Acetat d. d-Desmotroposantonin.** Sm. 154° (*C.* **1904** [1] 941).
16) **Acetat d. l-r-Desmotroposantonin.** Sm. 142° (*C.* **1904** [1] 941).

$C_{17}H_{20}O_6$ 3) **Dimethyläther d. Methylenbismethylphloroglucin.** Sm. 228—229° (*A.* **329**, 282 *C.* **1904** [1] 796).
4) **Methylenbisfilicinsäure** (*A.* **329**, 290 *C.* **1904** [1] 796).

$C_{17}H_{20}O_8$ 5) **Triäthylester d. 6-Oxybenzolmethyläther-1,3-Dicarbonsäure-4-Methylcarbonsäure.** Sm. 78° (*B.* **37**, 2120 *C.* **1904** [2] 438).

$C_{17}H_{20}N_2$ 13) **α-Phenylimido-α-Diäthylamido-α-Phenylmethan.** Sd. 188—189°$_{10}$. (2HCl, $PtCl_4$), Pikrat (*B.* **37**, 2662 *C.* **1904** [2] 521).

$C_{17}H_{21}N_3$ *2) **4-Dimethylamido-1-[4-Dimethylamidobenzyliden]amidobenzol.** Sm. 229° (*B.* **37**, 858 *C.* **1904** [1] 1206).
*8) **α-Imidodi[3-Methylamido-4-Methylphenyl]methan?** (Auramin G.). Sm. 119—120°. H_2SO_4, Pikrat, Oxalat (*C.* **1903** [1] 399).
9) **4-Dimethylamido-1-[4-Aethylamidobenzyliden]amidobenzol** (*B.* **37**, 857 *C.* **1904** [1] 1206).
10) **4-[4-Methylamido-3-Methylbenzyliden]amido-1-Dimethylamidobenzol.** Sm. 162° (*B.* **37**, 862 *C.* **1904** [1] 1206).
11) **4-Diäthylamidobenzylidenphenylhydrazin.** Sm. 103° (*B.* **37**, 861 *C.* **1904** [1] 1206).

$C_{17}H_{22}O$ *2) **d-Benzylidenmenthon.** Sd. 184—185°$_{10}$ (*B.* **37**, 234 *C.* **1904** [1] 725; *C.* **1904** [2] 1043).
*5) **isom. Benzylidenmenthon.** Sm. 47° (*C.* **1904** [2] 1044).
*6) **isom. Benzylidenmenthon.** Sm. 51° (*C.* **1904** [2] 1044).
8) **3-Keto-4-[4-Isopropylidenphenyl]-1-Methylhexahydrobenzol.** Sm. 58° (*C. r.* **136**, 1225 *C.* **1903** [2] 116).
9) **Benzyltanaceton.** Sd. 180—181°$_{15}$ (*B.* **36**, 4370 *C.* **1904** [1] 455).

$C_{17}H_{22}O_3$ *5) **Podocarpinsäure** (*Soc.* **85**, 1242 *C.* **1904** [2] 1308).
9) **2-Oxy-3-Keto-2-Benzoyl-4-Isopropyl-1-Methylhexahydrobenzol** (Benzoyloxymenthon). Sm. 87°; Sd. 208—210°$_{12}$ u. Zers. (*C.* **1904** [2] 1044).
10) **isom. Benzoyloxymenthon.** Sm. 71—72° (*C.* **1904** [2] 1045).
11) **isom. Benzoyloxymenthon.** Sm. 100° (*C.* **1904** [2] 1045).
12) **d-Bornylester d. 2-Oxybenzol-1-Carbonsäure.** Sm. 44—45° (*C.* **1904** [1] 1580; **1904** [2] 1043).

$C_{17}H_{22}O_5$ 9) **Diäthylester d. β-Benzoylbutan-αα-Dicarbonsäure.** Fl. (*C.* **1904** [1] 1258).

$C_{17}H_{22}O_8$ 4) **Olivaceïn** + H_2O. Sm. 156° (*J. pr.* [2] **68**, 50 *C.* **1903** [2] 513).
5) **Olivaceasäure.** Sm. 138° (*J. pr.* [2] **68**, 51 *C.* **1903** [2] 513).
6) **Acetoxylparasantonsäure.** Sm. 207° (*C.* **1903** [2] 1377).

$C_{17}H_{24}O$ *4) **3-Keto-4-Isopropyl-2-Benzyl-1-Methylhexahydrobenzol.** Sd. 175° bis 180°$_{10}$ (*B.* **37**, 236 *C.* **1904** [1] 726).
5) **Benzyltanacetylalkohol.** Sd. 181—182°$_{15}$ (*B.* **36**, 4370 *C.* **1904** [1] 455).

$C_{17}H_{24}O_2$ *4) **Benzoat d. l-Menthol.** Sm. 55°; Sd. 179°$_{12}$ (*A.* **327**, 194 *C.* **1903** [1] 1396).
5) **Capronat d. γ-[2-Oxyphenyl]-β-Penten.** Sd. 175—177°$_{20}$ (*Bl.* [3] **29**, 354 *C.* **1903** [1] 1222).
6) **Benzoat d. d-Menthol.** Sm. 82° (*J. pr.* [2] **68**, 57). — *III, *336*.

$C_{17}H_{24}O_3$ 13) **Aethylester d. Desmotroposantonigen Säure.** Sm. 116—117° (*G.* **25** [1] 514). — *II, *978*.

$C_{17}H_{24}O_4$ *5) **Aethylester d. Parasantonsäure.** Sm. 172° (*C.* **1903** [2] 1446).
9) **Diacetat d. 4-Dioxymethyl-5-tert. Butyl-1,3-Dimethylbenzol.** Sm. 87° (*B.* **32**, 3648). — *III, *45*.

$C_{17}H_{24}O_5$ 8) **αγ-Diacetat d. αγ-Dioxy-α-[3-Oxyphenyl]-ββ-Dimethylpropan-3-Aethyläther.** Sd. 202°$_{13}$ (*M.* **24**, 172 *C.* **1903** [1] 968).

$C_{17}H_{24}O_6$ 4) **ααγγεε-Hexaacetylpentan** (Dimethylentrisacetylaceton). Sm. 101° (*B.* **36**, 2179 *C.* **1903** [2] 372).
5) **Verbindung** (aus Acetylaceton u. Formaldehyd). Sm. 181° (*A.* **323**, 109; *A.* **332**, 21 Anm. *C.* **1904** [1] 1565).

$C_{17}H_{24}O_7$ 3) **Triäthylester d. Methylglutakonylglutakonsäure.** Sd. 224—226° u. ger. Zers. (*C. r.* **136**, 693 *C.* **1903** [1] 960).

$C_{17}H_{24}O_{10}$ 3) **Tetraäthylester d.** *αε*-**Diketopentan**-*αβδε*-**Tetracarbonsäure.** Sm. 80—81° (*C. r.* **139**, 137 *C.* **1904** [2] 602).

$C_{17}H_{25}N$ 8) **Benzyltanacetylamin.** Sd. 185—190°$_{28}$ (*B.* **36**, 4371 *C.* **1904** [1] 455).

$C_{17}H_{26}O$ *1) **3-Oxy-4-Isopropyl-2-Benzyl-1-Methylhexahydrobenzol.** Sd. 179 bis 180°$_{9}$ (*B.* **37**, 236 *C.* **1904** [1] 725).

6) **Verbindung** (aus Guttapercha). Sm. 201—204° (*C.* **1903** [1] 83).

7) **Verbindung** (aus Guttapercha). Sm. 201—204° (*C.* **1903** [1] 83; **1903** [2] 1177).

$C_{17}H_{26}O_4$ 4) **Diacetat d. 9-Methyl-3-Isopropenylbicyklo-[1, 3, 3]-Nonan-5,7-diol.** Sd. 193—196°$_{18}$ (*B.* **36**, 231 *C.* **1903** [1] 514).

5) **Diacetat d. isom. 9-Methyl-3-Isopropenylbicyklo-[1, 3, 3]-Nonan-5,7-diol.** Sd. 194—196°$_{18}$ (*B.* **36**, 233 *C.* **1903** [1] 514).

$C_{17}H_{26}O_5$ 3) **Verbindung** (aus Guttapercha oder $C_{17}H_{28}O_5$). Sm. 133° (*C.* **1903** [1] 84).

$C_{17}H_{28}O$ 4) **Verbindung** (aus Guttapercha). Sm. 190—197° (*C.* **1903** [1] 83).

$C_{17}H_{28}O_2$ 10) **Gurjoresen.** Sm. 40—43° (*Ar.* **241**, 382 *C.* **1903** [2] 724).

11) **Methyläther d. Storesinol** (*Ar.* **239**, 523). — *III, *425.*

12) **l-Menthylester d. 1, 2, 3, 4-Tetrahydrobenzol-1-Carbonsäure.** Sd. 176°$_{12}$ (*A.* **327**, 195 *C.* **1903** [1] 1396).

13) **l-Menthylester d. 1, 2, 3, 4-Tetrahydrobenzol-5-Carbonsäure.** Sd. 178°$_{12}$ (*A.* **327**, 195 *C.* **1903** [1] 1396).

14) **Acetat d. Atractylol.** Fl. (*Ar.* **241**, 30 *C.* **1903** [1] 712).

15) **Acetat d. Gurjuresinol.** Sm. 96° (*Ar.* **241**, 388 *C.* **1903** [2] 724).

$C_{17}H_{28}O_3$ 5) **l-Menthylester d.** *β*-**Keto**-*γ*-**Hexen**-*γ*-**Carbonsäure.** Sm. 84—88° (*Soc.* **85**, 51 *C.* **1904** [1] 360, 788).

$C_{17}H_{28}O_4$ 2) **Pleopsidsäure.** Sm. 131—132°. Ag (*A.* **327**, 317 *C.* **1903** [2] 508).

$C_{17}H_{28}O_5$ 2) **Diäthylester d. Pulegonmalonsäure.** Sd. 209—210°$_{26}$ (*B.* **33**, 3186 Anm.). — *III, *383.*

3) **Verbindung** (aus Guttapercha). Sm. 120—125° (*C.* **1903** [1] 84).

$C_{17}H_{30}O_2$ *2) **Elaeomargarinsäure.** Sm. 48° (*C.* **1904** [2] 949).

5) **l-Menthylester d.** *α*-**Hexen**-*α*-**Carbonsäure.** Sd. 174—175,5°$_{14}$ (*A.* **327**, 177 *C.* **1903** [1] 1396).

6) **l-Menthylester d. Hexahydrobenzolcarbonsäure.** Sm. 48°; Sd. 170°$_{12}$ (*A.* **327**, 186, 196 *C.* **1903** [1] 1396).

$C_{17}H_{30}O_4$ 2) **Säure** (aus Chaulmoograsäure). Ag_2 (*Soc.* **85**, 860 *C.* **1904** [2] 349, 604).

$C_{17}H_{30}O_5$ 3) **Säure** (aus Chaulmoograsäure). Sm. 128°. Ag_2 (*Soc.* **85**, 861 *C.* **1904** [2] 349, 604).

$C_{17}H_{32}O_2$ 3) **l-Menthylester d. Oenanthsäure.** Sd. 165°$_{15}$ (*B.* **31**, 364). — *III, *334.*

$C_{17}H_{32}O_3$ C 71,8 — H 11,6 — O 16,9 — M. G. 284.

1) **Myristat d.** *α*-**Oxy**-*β*-**Ketopropan.** Sd. 224—226°$_{28}$ (*C. r.* **138**, 1275 *C.* **1904** [2] 93).

$C_{17}H_{32}O_4$ *7) **Lichestronsäure.** Sm. 80° (*J. pr.* [2] **68**, 33 *C.* **1903** [2] 512).

$C_{17}H_{32}O_5$ *1) **Oxyroccellsäure.** Sm. 128° (*J. pr.* [2] **68**, 67 *C.* **1903** [2] 514).

$C_{17}H_{32}O_{10}$ 2) **Maclayin.** Sm. 158—165° (*Ch. Z.* **20**, 970). — *III, *444.*

$C_{17}H_{34}O$ 5) **Aldehyd d. Margarinsäure.** Sm. 36°. + C_2H_6O (Sm. 52°), + $NaHSO_3$ (*Soc.* **85**, [illegible] *C.* **1904** [2] [illegible]4, 509).

$C_{17}H_{34}O_2$ *1) **Margarinsäure.** Ag (*Soc.* **85**, 836 *C.* **1904** [2] 509).

10) **Säure** (aus Schweinefett). Sm. 55—56° (*B.* **36**, 2770 *C.* **1903** [2] 896; *C.* **1904** [2] 414).

$C_{17}H_{34}O_3$ 5) *α*-**Oxyhexadekan**-*α*-**Carbonsäure.** Sm. 89° (*Soc.* **85**, 838 *C.* **1904** [2] 509).

$C_{17}H_{34}O_4$ 2) *α*-**Myristat d.** *αβγ*-**Trioxypropan.** Sm. 68°; Sd. 162°$_{0}$ (*B.* **36**, 4342 *C.* **1904** [1] 434).

— 17 III —

$C_{17}H_9O_4Br_7$ 1) **Diacetat d.** *α*, **2,3,5,2′,3′,5′-Heptabrom-4,4′-Dioxydiphenylmethan.** Sm. 227—228° (*A.* **330**, 70 *C.* **1904** [1] 1147).

$C_{17}H_{10}O_2N_2$ 4) **Methylenindigo** = $(C_{17}H_{10}O_2N_2)_x$ (*C.* **1903** [2] 835).

$C_{17}H_{10}O_4Br_6$ 1) **Diacetat d. 2,3,5,2′,3′,5′-Hexabrom-4,4′-Dioxydiphenylmethan.** Sm. 215° (*A.* **330**, 68 *C.* **1904** [1] 1147).

$C_{17}H_{10}O_8Br_2$ 1) **Dibromfukugetin.** Sm. 280° (*Soc.* **85**, 60 *C.* **1904** [1] 380, 729).

$C_{17}H_{10}O_8Br_4$ 1) **Aethyläther d. Tetrabrommyricetin.** Sm. 146° (*Soc.* **85**, 62 *C.* **1904** [1] 381, 729).

26*

$C_{17}H_{11}ON$ *1) **Oximidochrysofluoren.** Sm. 202° u. Zers. (*A.* **335**, 133 *C.* **1904** [2] 1134).

7) **7-Oxy-1,2-Naphtakridin.** Sm. 322°. HCl (*B.* **37**, 3080 *C.* **1904** [2] 1474).

8) **α-Naphtophenanthridon.** Sm. 332,5° (*A.* **335**, 126 *C.* **1904** [2] 1133).

9) **β-Naphtophenanthridon.** Sm. 338° (*A.* **335**, 128 *C.* **1904** [2] 1133).

$C_{17}H_{11}OBr$ 3) **Verbindung** (aus Cinnamylidenacetophenon). Sm. 80—90° (*C.* **1903** [2] 945).

$C_{17}H_{11}O_3N$ *2) **Benzoat d. 2-Oximido-1-Keto-1,2-Dihydronaphtalin.** Sm. 189 bis 190° u. Zers. (*B.* **36**, 4169 *C.* **1904** [1] 287).

7) **Methyläther d. Oxyphenonaphtoxazon.** Sm. 270—271° (*B.* **36**, 1812 *C.* **1903** [2] 206).

$C_{17}H_{11}O_6N$ C 62,8 — H 3,4 — O 29,5 — N 4,3 — M. G. 325.

1) **2-Keto-5,6-Dioxy-1-[4-Nitrocinnamyliden]-1,2-Dihydrobenzfuran.** Sm. 265° (*B.* **37**, 526 *C.* **1904** [1] 1152).

$C_{17}H_{11}O_6N_3$ *2) **3,5-Dinitro-2-[1-Naphtyl]amidobenzol-1-Carbonsäure.** Sm. 226° u. Zers. (*G.* **33** [2] 328 *C.* **1904** [1] 278).

*3) **3,5-Dinitro-2-[2-Naphtyl]amidobenzol-1-Carbonsäure.** Sm. 210° u. Zers. (*G.* **33** [2] 329 *C.* **1904** [1] 278).

$C_{17}H_{11}O_9N_5$ C 47,6 — H 2,6 — O 33,5 — N 16,3 — M. G. 429.

1) **2,4-Dinitrophenyläther d. 2,4-Dinitrophenylpyridoniumhydroxyd.** Sm. 142—143° (*A.* **333**, 302 *C.* **1904** [2] 1147).

$C_{17}H_{12}OS$ *1) **Benzoat d. 1-Merkaptonaphtalin.** Sm. 117—118° (*Bl.* [3] **29**, 764 *C.* **1903** [2] 621).

$C_{17}H_{12}O_2N_2$ *11) **Nitril d. α-[4-Nitrophenyl]-δ-Phenyl-αγ-Butadiën-α-Carbonsäure.** Sm. 209—210° (*A.* **336**, 216 *C.* **1904** [2] 1732).

12) **2-[2-Nitrobenzyliden]amidonaphtalin.** Sm. 91° (*B.* **36**, 594 *C.* **1903** [1] 725).

13) **2-[3-Nitrobenzyliden]amidonaphtalin.** Sm. 90° (*B.* **36**, 593 *C.* **1903** [1] 724).

14) **α-[2-[illegible]]-β-[2-Chinolyl]äthen.** Sm. 103°. HCl, (2HCl, 3HgC[illegible]) (2HCl, $PtCl_4$), (HCl, $AuCl_3$), HNO_3, H_2SO_4 (*B.* **36**, 1667 *C.* **1903** [2] 48).

15) **α-[2-Nitrophenyl]-β-[4-Chinolyl]äthen.** Sm. 162°. HCl, (HCl, $HgCl_2$), (2HCl, $PtCl_4$), (HCl, $AuCl_3$), HNO_3 (*B.* **36**, 1669 *C.* **1903** [2] 49).

16) **α-[4-Nitrophenyl]-β-[4-Chinolyl]äthen.** Sm. 221°. HCl, (2HCl, $HgCl_2$), (2HCl, $PtCl_4$), (HCl, $AuCl_3$), HBr, Pikrat (*B.* **36**, 1670 *C.* **1903** [2] 49).

$C_{17}H_{12}O_4N_2$ 11) **4-Nitrobenzyläther d. 2-Oximido-1-Keto-1,2-Dihydronaphtalin.** Sm. 199° (*B.* **36**, 4169 *C.* **1904** [1] 287).

$C_{17}H_{12}O_4N_4$ 2) **Nitril d. β-Cyan-αγ-Di[4-Nitrophenyl]propan-β-Carbonsäure.** Sm. 219—221° (*G.* **32** [2] 361 *C.* **1903** [1] 629).

$C_{17}H_{12}O_4Br_2$ 1) **Dimethyläther d. 6,8-Dibrom-5,7-Dioxy-2-Phenyl-1,4-Benzpyron.** Sm. 253° (*B.* **37**, 3167 *C.* **1904** [2] 1059).

$C_{17}H_{12}O_4Br_4$ 1) **Diacetat d. 3,5,3',5'-Tetrabrom-4,4'-Dioxydiphenylmethan.** Sm. 168 bis 169° (*B.* **36**, 1886 *C.* **1903** [2] 291; *A.* **330**, 67 *C.* **1904** [1] 1147).

$C_{17}H_{12}O_5N_4$ C 58,0 — H 3,4 — O 22,7 — N 15,9 — M. G. 352.

1) **5-Keto-3-Methyl-4-[2,4-Dinitrobenzyliden]-1-Phenyl-4,5-Dihydropyrazol.** Sm. 160° (*B.* **37**, 1870 *C.* **1904** [1] 1604).

$C_{17}H_{13}ON$ *5) **2-Amidophenyl-1-Naphtylketon.** Sm. 140,5° (*B.* **35**, 4277 *C.* **1903** [1] 333).

28) **3-Phenyl-5-[β-Phenyläthenyl]isoxazol?** Sm. 126—127° (*B.* **36**, 1498 *C.* **1903** [1] 1351).

$C_{17}H_{13}OBr_3$ 1) **Tribromdihydrocinnamylidenacetophenon.** Sm. 129° u. Zers. (*C.* **1903** [2] 945).

$C_{17}H_{13}O_2N$ 38) **3,4-Methylenäther d. 3-[3,4-Dioxybenzyliden]-2-Methylindol.** HCl (*B.* **37**, 323 *C.* **1904** [1] 668).

39) **1-Phenylamidonaphtalin-1²-Carbonsäure.** Sm. 205—206° (D.R.P. 145189 *C.* **1903** [2] 1097).

40) **2-Phenylamidonaphtalin-2²-Carbonsäure.** Sm. 208—209° (D.R.P. 145189 *C.* **1903** [2] 1097).

41) **Nitril d. αδ-Dioxy-αδ-Diphenyl-αγ-Butadiën-γ-Carbonsäure** (β-Cyandiphenacyl). Sm. 118° (*B.* **36**, 2415 *C.* **1903** [2] 500).

42) **Verbindung** (aus 2-Methylchinolin u. Protokatechualdehyd). Sm. 249°. HCl + H_2O (*B.* **36**, 4331 *C.* **1904** [1] 449).

$C_{17}H_{13}O_2N$ 43) **Verbindung** (aus 4-Methylchinolin u. Protokatechualdehyd). HCl, (2HCl, $PtCl_4$) (*B.* **36**, 4331 *C.* **1904** [1] 449).

$C_{17}H_{13}O_2N_3$ 5) **2-Phenylsemicarbazon-1-Keto-1,2-Dihydronaphtalin.** Sm. 250 bis 251° (*A.* **334**, 200 *C.* **1904** [2] 835).

6) **4-Methyl-6-[3-Nitrophenyl]-2-Phenyl-1,3-Diazin.** Sm. 137—138° (*Soc.* **83**, 1375 *C.* **1904** [1] 164, 450).

7) **Phenylamid d. 4-Oxy-1-Naphtylazoameisensäure.** Sm. 235° u. Zers. (*A.* **334**, 197 *C.* **1904** [2] 835).

$C_{17}H_{13}O_2N_5$ C 64,0 — H 4,1 — O 10,0 — N 21,9 — M. G. 319.

1) **?-Nitro-3-Methyl-1,4-Diphenylpyrazol.** Sm. oberh. 300° (*B.* **36**, 528 *C.* **1903** [1] 642).

2) **Nitril d. Methyl-4-[α-Cyan-4-Nitrobenzyliden]amidophenylamidoessigsäure.** Sm. 195° (*B.* **37**, 2638 *C.* **1904** [2] 519).

$C_{17}H_{13}O_2Br$ 4) **?-Brom-αδ-Diphenyl-αγ-Butadiën-α-Carbonsäure.** Sm. 200—201° (*J. pr.* [2] **68**, 534 *C.* **1904** [1] 452).

$C_{17}H_{13}O_3N$ *12) **Säure** (aus 2-Methylindol u. Phtalsäureanhydrid). Sm. 200° (*B.* **37**, 1223 *C.* **1904** [1] 1272).

21) **?-Nitro-4-Oxy-1-Benzylnaphtalin.** Zers. bei 80—90° (*G.* **33** [2] 477 *C.* **1904** [1] 655).

$C_{17}H_{13}O_3N_3$ 10) **5-Keto-3-Methyl-4-[2-Nitrobenzyliden]-1-Phenyl-4,5-Dihydropyrazol.** Sm. 154° (*B.* **37**, 1870 *C.* **1904** [1] 1601).

11) **Anhydrid d. Phenylimidoessigsäure-2-Carbonsäure-α-Acetylphenylhydrazid.** Sm. 260—262° (*A.* **332**, 238 *C.* **1904** [2] 38).

$C_{17}H_{13}O_3Br$ 8) **Acetat d. Bromdioxymethylphenanthren.** Sm. 160° (*A.* **297**, 214). — *III, *672.*

$C_{17}H_{13}O_4N$ 13) **γ-Keto-β-Benzoyl-α-[3-Nitrophenyl]-α-Buten.** Sm. 111—112° (*Soc.* **83**, 1377 *C.* **1904** [1] 164, 450).

14) **δ-Phenyl-α-[4-Nitrophenyl]-αγ-Butadiën-α-Carbonsäure.** Sm. 259° u. Zers. Na + $2H_2O$ (*B.* **37**, 1123 *C.* **1904** [1] 1210; *A.* **336**, 215 *C.* **1904** [2] 1732).

15) **Methylester d. α-Phtalylamidophenylessigsäure.** Sm. 99° (*B.* **37**, 1689 *C.* **1904** [1] 1524).

16) **Phenylester d. α-Phtalylamidopropionsäure.** Sm. 99° (*M.* **25**, 778 *C.* **1904** [2] 1121).

17) **1-Naphtylamid d. 3,4,5-Trioxybenzol-1-Carbonsäure.** Sm. 163° (D.R.P. 53315). — *II, *1112.*

18) **2-Naphtylamid d. 3,4,5-Trioxybenzol-1-Carbonsäure.** Sm. 216° (D.R.P. 53315). — *II, *1112.*

$C_{17}H_{13}O_4N_3$ 8) **Methylester d. 5-Benzoxyl-1-Phenyl-1,2,3-Triazol-4-Carbonsäure.** Sm. 104—105° (*A.* **335**, 77 *C.* **1904** [2] 1230).

$C_{17}H_{13}O_4Br_3$ 1) **Dimethyläther d. 3,6,8-Tribrom-5,7-Dioxy-2-Phenyl-2,3-Dihydro-1,4-Benzpyron.** Sm. 174—175° u. Zers. (*B.* **37**, 3167 *C.* **1904** [2] 1059).

$C_{17}H_{13}O_7N_3$ 5) **Acetat d. γ-Oximido-β-Nitro-α-Keto-γ-[4-Nitrophenyl]-α-Phenylpropan.** Sm. 158° u. Zers. (*A.* **328**, 230 *C.* **1903** [2] 999).

$C_{17}H_{13}N_4Br$ 1) **?-Brom-3-Methyl-1,4-Diphenylbipyrazol** (*B.* **36**, 528 *C.* **1903** [1] 642).

$C_{17}H_{14}ON_2$ 46) **Inn. Anhydrid d. Chinolinphenacyloxim.** Sm. 72°. HCl + H_2O, (2HCl, $PtCl_4$), (HCl, $AuCl_3$), HBr (*Ar.* **240**, 695 *C.* **1903** [1] 402).

47) **Inn. Anhydrid d. Isochinolinphenacyloxim.** Sm. 121°. HCl + H_2O, (2HCl, $PtCl_4$), (HCl, $AuCl_3$) (*Ar.* **240**, 703 *C.* **1903** [1] 403).

$C_{17}H_{14}ON_4$ 5) **4,4'-Di[Methylcyanamidophenyl]keton.** Sm. 236° (*B.* **37**, 2673 *C.* **1904** [2] 443).

$C_{17}H_{14}OBr_2$ 1) **δε-Dibrom-γ-Keto-αε-Diphenyl-α-Penten.** Sm. 163° u. Zers. (*B.* **36**, 1498 *C.* **1903** [1] 1351).

2) **Dibromdihydrocinnamylidenacetophenon.** Sm. 104° (*C.* **1903** [2] 945).

$C_{17}H_{14}OBr_4$ *1) **αβδε-Tetrabrom-γ-Keto-αε-Diphenylpentan** (*C.* **1903** [1] 399).

$C_{17}H_{14}O_2N_2$ *10) **3-Keto-4-Benzoyl-5-Methyl-2-Phenyl-2,3-Dihydropyrazol.** Sm. 102°. Na (*B.* **36**, 526 *C.* **1903** [1] 641).

$C_{17}H_{14}O_2N_4$ 3) **3,5-Di[Benzoylamido]pyrazol.** Sm. 207—208° (*B.* **37**, 3525 *C.* **1904** [2] 1314).

$C_{17}H_{14}O_2Br_2$ *2) **γδ-Dibrom-αδ-Diphenyl-α-Buten-α-Carbonsäure.** Sm. 180—181° (174°) (*J. pr.* [2] **68**, 527 *C.* **1904** [1] 451; *B.* **37**, 1124 *C.* **1904** [1] 1210; *A.* **336**, 227 *C.* **1904** [2] 1733).

$C_{17}H_{14}O_3N_2$ 11) **α-Oxy-α-[2-Nitrophenyl]-β-[2-Chinolyl]äthan.** Sm. 168°. HCl, (2HCl, $HgCl_2$), (2HCl, $PtCl_4$), (HCl, $AuCl_3$) (*B.* **36**, 1668 *C.* **1903** [2] 49).

$C_{17}H_{14}O_3Br_2$ 7) **Trimethyläther d. ?-Dibrom-3,4,6-Trioxyphenanthren.** Sm. 122 bis 123° (*B.* **35**, 4407 *C.* **1903** [1] 342; *B.* **35**, 4411 *C.* **1903** [1] 343).

$C_{17}H_{14}O_4N_2$ 6) **4-Acetoxylbenzol-3-Akrylsäure.** Sm. 167—169° (*B.* **37**, 4126 *C.* **1904** [2] 1735).

$C_{17}H_{14}O_4N_4$ 2) **ε-[3-Nitrophenyl]imido-α-[3-Nitrophenyl]amido-αγ-Pentadiën.** HBr (*J. pr.* [2] **70**, 39 *C.* **1904** [2] 1235).

3) **ε-[4-Nitrophenyl]imido-α-[4-Nitrophenyl]amido-αγ-Pentadiën.** HBr (*J. pr.* [2] **70**, 28 *C.* **1904** [2] 1234).

4) **Verbindung** (aus 5-Keto-1-Phenyl-4,5-Dihydro-1,2,3-Triazol-4-Carbonsäure). Sm. 168° (*A.* **335**, 91 *C.* **1904** [2] 1231).

$C_{17}H_{14}O_4Br_2$ 2) **Diacetat d. 3,5-Dibrom-α,4-Dioxydiphenylmethan.** Sm. 109° (*A.* **334**, 384 *C.* **1904** [2] 1052).

3) **α-Benzoat d. ?-Brom-3,4-Dioxy-1-[β-Brom-α-Oxypropyl]benzol-3,4-Methylenäther.** Sm. 142—143° (*C.* **1903** [1] 970).

$C_{17}H_{14}O_4S$ 1) **γ-Keto-αε-Diphenyl-αδ-Pentadiën-?-Sulfonsäure.** Sm. 140° u. Zers. Na + $4H_2O$ (*B.* **36**, 1493 *C.* **1903** [1] 1350).

$C_{17}H_{14}O_5N_2$ 3) **α-[4-Methoxylphenyl]-β-[2-Oxy-3-Diazoanhydrid-4-Methoxylphenyl]akrylsäure.** Zers. bei 145° (*B.* **35**, 4408 *C.* **1903** [1] 343).

$C_{17}H_{14}O_5N_4$ C 57,6 — H 4,0 — O 22,6 — N 15,8 — M. G. 354.

1) **Amid d. β-Cyan-αγ-Di[4-Nitrophenyl]propan-β-Carbonsäure.** Sm. 230—231° (*G.* **32** [2] 360 *C.* **1903** [1] 629).

$C_{17}H_{14}O_8N_2$ 3) **2-Keto-5,6-Dioxy-1-[3-Nitro-4-Dimethylamidobenzyliden]-1,2-Dihydrobenzfuran.** Sm. oberh. 250° (*B.* **37**, 824 *C.* **1904** [1] 1152).

$C_{17}H_{14}O_9N_2$ C 52,3 — H 3,6 — O 36,9 — N 7,2 — M. G. 390.

1) **Di[4-Nitrobenzoat] d. αβγ-Trioxypropan.** Sm. 137° (*A.* **335**, 285 *C.* **1904** [2] 1285).

$C_{17}H_{14}N_2Cl_2$ 1) **ε-[3-Chlorphenyl]imido-α-[3-Chlorphenyl]amido-αγ-Pentadiën.** Sm. 109°. HCl (*A.* **336**, 322 *C.* **1904** [2] 1149).

2) **ε-[4-Chlorphenyl]imido-α-[4-Chlorphenyl]amido-αγ-Pentadiën.** Sm. 108—110° u. Zers. HCl (*A.* **333**, 319 *C.* **1904** [2] 1149).

$C_{17}H_{15}ON$ *20) **isom. γ-Oximido-αε-Diphenyl-αδ-Pentadiën.** Sm. 151° (55°) (*C.* **1903** [1] 399).

*24) **2-Oxy-1-[α-Amidobenzyl]naphtalin.** (HCl, $HgCl_2$), (2HCl, $PtCl_4$), Pikrat (*G.* **33** [1] 2 *C.* **1903** [1] 924).

28) **4-Amidophenyl-[4-Oxy-1-Naphtyl]methan.** Sm. 174—175°. HCl (*M.* **23**, 982 *C.* **1903** [1] 288).

29) **7-Oxy-2-Aethyl-4-Phenylchinolin.** Sm. 251° (*B.* **36**, 4018 *C.* **1904** [1] 293).

30) **Methyläther d. 4-[4-Oxybenzyl]isochinolin.** Fl. (2HCl, $PtCl_4$) (*A.* **326**, 292 *C.* **1903** [1] 929).

$C_{17}H_{15}ON_3$ 14) **5-Amido-4-Benzoyl-3-Methyl-1-Phenylpyrazol.** Sm. 153°. HCl (*B.* **36**, 525 *C.* **1903** [1] 641).

15) **Monoacetylderivat d. 2-[β-2-Amidophenyläthenyl]benzimidazol.** Sm. oberh. 285° (*C.* **1904** [1] 103).

16) **Monoacetylderivat d. 2-[β-4-Amidophenyläthenyl]benzimidazol** (*C.* **1904** [1] 103).

$C_{17}H_{15}ON_5$ 3) **α-Oximido-4,4'-Di[Methylcyanamidophenyl]methan.** Sm. 173° (*B.* **37**, 2674 *C.* **1904** [2] 443).

$C_{17}H_{15}OCl$ 1) **ε-Chlor-γ-Keto-αε-Diphenyl-α-Penten.** Sm. 84—95° (*B.* **36**, 2375 *C.* **1903** [2] 495).

2) **Hydrochlorid d. Dibenzalaceton** (*B.* **37**, 3288 *C.* **1904** [2] 1038).

$C_{17}H_{15}OBr$ 1) **Hydrobromid d. Dibenzalaceton.** Sm. 100° (*B.* **36**, 3537 *C.* **1903** [2] 1368).

2) **isom. Hydrobromid d. Dibenzalaceton.** Sm. 119—121° (*B.* **37**, 3365 *C.* **1904** [2] 1122).

$C_{17}H_{15}OBr_3$ 1) **αβε-Tribrom-γ-Keto-αε-Diphenylpentan.** Sm. 134—137° (*B.* **37**, 3368 *C.* **1904** [2] 1123).

$C_{17}H_{15}O_2N$ 23) **2-Oxy-1-[α-Amido-2-Oxybenzyl]naphtalin.** HCl (*G.* **33** [1] 15 *C.* **1903** [1] 925).

24) **Methylenäther d. γ-[2-Methylphenyl]imido-α-[3,4-Dioxyphenyl]-propen.** Sm. 94—95° (*B.* **37**, 1699 *C.* **1904** [1] 1497).

$C_{17}H_{15}O_2N$ 25) **Methylenäther d. γ-[3-Methylphenyl]imido-α-[3,4-Dioxyphenyl]-propen.** Sm. 95° (*B.* **37**, 1699 *C.* **1904** [1] 1497).
26) **Methylenäther d. γ-[4-Methylphenyl]imido-α-[3,4-Dioxyphenyl]-propen.** Sm. 138° (*B.* **37**, 1700 *C.* **1904** [1] 1497).
27) **Aethyläther d. 4-Oxy-1-Keto-3-Phenyl-1,2-Dihydroisochinolin.** Sm. 183° (*B.* **37**, 1691 *C.* **1904** [1] 1524).
28) **Imid d. αβ-Diphenylpropan-αβ-Dicarbonsäure.** Sm. 162—163° (*B.* **33**, 2009). — *II, *1098.*
29) **4-Methylphenylimid d. α-Phenyläthan-αβ-Dicarbonsäure.** Sm. 138—139° (*Soc.* **85**, 1367 *C.* **1904** [2] 1646).

$C_{17}H_{15}O_2N_3$ 20) **4-Oximido-5-Keto-3-Methyl-1-Diphenylmethyl-4,5-Dihydro-pyrazol.** Sm. 182° u. Zers. + C_2H_6O (*J. pr.* [2] **67**, 174 *C.* **1903** [1] 874).
21) **Aethylester d. 1,5-Diphenyl-1,2,3-Triazol-4-Carbonsäure.** Sm. 134—135° (*B.* **35**, 4048 *C.* **1903** [1] 169).

$C_{17}H_{15}O_3N$ 26) **γ-Keto-γ-[5-Acetylamido-2-Oxyphenyl]-α-Phenylpropen.** Sm. 190° (*B.* **37**, 2826 *C.* **1904** [2] 704).
27) **Dimethyläther d. 3-Phenyl-5-[3,5-Dioxyphenyl]isoxazol.** Sm. 82° (83°) (*B.* **35**, 3904 *C.* **1903** [1] 27; *B.* **36**, 2301 *C.* **1903** [2] 577).
28) **Phenylamidoformiat d. 1-[α-Oxyäthyl]benzfuran.** Sm. 126° (*B.* **36**, 2869 *C.* **1903** [2] 833).

$C_{17}H_{15}O_3N_5$ C 60,5 — H 4,4 — O 14,2 — N 20,8 — M. G. 337.
1) **Amid d. Methyl-4-[α-Cyan-4-Nitrobenzyliden]amidophenylamido-essigsäure.** Sm. 229° (*B.* **37**, 2638 *C.* **1904** [2] 519).

$C_{17}H_{15}O_3Cl$ *1) **Aethylester d. α-Benzoyl-α-[4-Chlorphenyl]essigsäure.** Sm. 91° (*J. pr.* [2] **67**, 387 *C.* **1903** [1] 1357).

$C_{17}H_{15}O_4N$ 16) **Aethyläther d. α-Oxy-γ-Keto-γ-Phenyl-α-[4-Nitrophenyl]propen.** Sm. 89—90° (*Soc.* **85**, 463 *C.* **1904** [1] 1079, 1438).
17) **5,6-Dioxy-2-Keto-1-[4-Dimethylamidobenzyliden]-1,2-Dihydro-benzfuran.** Sm. 203° (281°) (*B.* **29**, 2434; *B.* **37**, 823 *C.* **1904** [1] 1151). — *III, *532.*

$C_{17}H_{15}O_4N_3$ 3) **α-Acetylphenylhydrazid d. Phenylimidoessigsäure-2-Carbonsäure.** Sm. 268° (*A.* **332**, 238 *C.* **1904** [2] 38).

$C_{17}H_{15}O_4N_5$ C 57,8 — H 4,2 — O 18,1 — N 19,8 — M. G. 353.
1) **ε-[2,4-Dinitrophenyl]imido-α-Phenylhydrazido-αγ-Pentadiën.** Sm. 140° u. Zers. (*A.* **333**, 327 *C.* **1904** [2] 1150).

$C_{17}H_{15}O_4Br$ 1) **Dimethyläther d. 3-Brom-7,8-Dioxy-2-Phenyl-2,3-Dihydro-1,4-Benzpyron.** Sm. 110° (*B.* **36**, 4243 *C.* **1904** [1] 382).
2) **α-Benzoat d. α-Oxyäthyl-3-Brom-4-Oxyphenylketon-4-Methyl-äther.** Sm. 116° (*B.* **37**, 1548 *C.* **1904** [1] 1437).

$C_{17}H_{15}O_5N$ 10) **2²,6-Dimethyläther d. 3-Oximido-6-Oxy-2-[2-Oxyphenyl]-2,3-Di-hydro-1,4-Benzpyron.** Sm. 164—166° u. Zers. (*B.* **37**, 2348 *C.* **1904** [2] 230).
11) **2³,6-Dimethyläther d. 3-Oximido-6-Oxy-2-[3-Oxyphenyl]-2,3-Di-hydro-1,4-Benzpyron.** Sm. 153—154° u. Zers. (*B.* **37**, 958 *C.* **1904** [1] 1160).
12) **2⁴,6-Dimethyläther d. 3-Oximido-6-Oxy-2-[4-Oxyphenyl]-2,3-Di-hydro-1,4-Benzpyron.** Sm. 157—158° u. Zers. (*B.* **37**, 783 *C.* **1904** [1] 1159).
13) **2²,7-Dimethyläther d. 3-Oximido-7-Oxy-2-[2-Oxyphenyl]-2,3-Di-hydro-1,4-Benzpyron.** Sm. 195° u. Zers. (*B.* **37**, 4157 *C.* **1904** [2] 1658).
14) **2³,7-Dimethyläther d. 3-Oximido-7-Oxy-2-[3-Oxyphenyl]-2,3-Di-hydro-1,4-Benzpyron.** Sm. 160° u. Zers. (*B.* **37**, 4160 *C.* **1904** [2] 1658).
15) **2⁴,7-Dimethyläther d. 3-Oximido-7-Oxy-2-[4-Oxyphenyl]-2,3-Dihydro-1,4-Benzpyron.** Sm. 170° u. Zers. (*B.* **37**, 4162 *C.* **1904** [2] 1659).
16) **5,7-Dimethyläther d. 3-Oximido-5,7-Dioxy-2-Phenyl-2,3-Dihydro-1,4-Benzpyron.** Sm. 175—177° u. Zers. (*B.* **37**, 2804 *C.* **1904** [2] 712).
17) **7,8-Dimethyläther d. 3-Oximido-7,8-Dioxy-2-Phenyl-2,3-Dihydro-1,4-Benzpyron.** Sm. 166° u. Zers. (*B.* **37**, 2807 *C.* **1904** [2] 713).

$C_{17}H_{15}O_5N_3$ 9) **Acetat d. α-Acetyl-α-Phenyl-β-[3-Nitro-2-Oxybenzyliden]hydrazin.** Sm. 156° (150°) (*A.* **305**, 190; *B.* **37**, 3913 *C.* **1904** [2] 1593; *B.* **37**, 3931 *C.* **1904** [2] 1596).

$C_{17}H_{15}O_5N_3$ 10) **Acetat d. α-Acetyl-α-Phenyl-β-[5-Nitro-2-Oxybenzyliden]hydrazin.** Sm. 166—167° (165—166°) (*A.* **305**, 188; *B.* **37**, 3913 *C.* **1904** [2] 1593; *B.* **37**, 3931 *C.* **1904** [2] 1595).
11) **Acetat d. α-Acetyl-α-Phenyl-β-[3-Nitro-4-Oxybenzyliden]hydrazin** (*B.* **37**, 3932 *C.* **1904** [2] 1596).

$C_{17}H_{15}O_5Br$ 2) **9-Brom-1,3,8-Tribrom-2,4,5,7-Tetramethylfluoron** (*M.* **25**, 681 *C.* **1904** [2] 1145).

$C_{17}H_{15}O_6N$ 5) **Benzoylderivat d. Säure** $C_{10}H_{11}O_5N$. Sm. 138° (*A.* **325**, 338 *C.* **1903** [1] 771).

$C_{17}H_{15}O_7N$ *1) **Papaverinsäuremethylbetaïn.** (4 + 4HCl, $PtCl_4$ + $8H_2O$), (HCl, $AuCl_3$ + H_2O) (*M.* **24**, 693 *C.* **1903** [2] 1281; *M.* **24**, 714 *C.* **1904** [1] 218).

$C_{17}H_{15}N_2Cl_3$ 1) **Isochinolin + ββγ-Trichlor-α-Phenylamidopropan.** + $AuCl_3$ (*Ar.* **240**, 706 *C.* **1903** [1] 403; *Ar.* **241**, 120 *C.* **1903** [1] 1023).

$C_{17}H_{15}N_4Cl$ 2) **5-Chlor-4-[2-Methylphenyl]azo-3-Methyl-1-Phenylpyrazol.** Sm. 97° (D.R.P. 153861 *C.* **1904** [2] 680).

$C_{17}H_{16}ON_2$ 17) **5-Keto-3-Aethyl-1,4-Diphenyl-4,5-Dihydropyrazol.** Sm. 197° (*B.* **36**, 2244 *C.* **1903** [2] 435).
18) **5-Keto-1-Diphenylmethyl-3-Methyl-4,5-Dihydropyrazol.** Sm. 195° (*J. pr.* [2] **67**, 173 *C.* **1903** [1] 874).
19) **3-Keto-2-[4-Dimethylamidobenzyliden]-2,3-Dihydroindol.** Sm. 226 bis 227° (*C.* **1903** [1] 34).
20) **2-Acetylamido-3,7-Dimethylakridin.** Sm. 258° (270°) (*B.* **36**, 1026 *C.* **1903** [1] 1269; *Soc.* **85**, 529 *C.* **1904** [1] 676, 1525).

$C_{17}H_{16}ON_4$ 4) **5-Keto-4-[2-Methylphenyl]azo-3-Methyl-1-Phenyl-4,5-Dihydropyrazol.** Sm. 183° (D.R.P. 153861 *C.* **1904** [2] 680).
5) **5-Keto-4-[4-Methylphenyl]azo-3-Methyl-1-Phenyl-4,5-Dihydropyrazol.** Sm. 136—137° (*Soc.* **83**, 1124 *C.* **1903** [2] 23, 791).

$C_{17}H_{16}OCl_2$ 1) **Dihydrochlorid d. Dibenzalaceton** (*B.* **36**, 1473 *C.* **1903** [1] 1348; *B.* **36**, 2376 *C.* **1903** [2] 495; *B.* **36**, 3543 *C.* **1903** [2] 1369; *B.* **37**, 3290 *C.* **1904** [2] 1040).

$C_{17}H_{16}OBr_2$ 3) **Dihydrobromid d. Dibenzalaceton** (*B.* **36**, 3539 *C.* **1903** [2] 1369).
4) **isom. Dihydrobromid d. Dibenzalaceton.** Sm. 124—126° u. Zers. (*B.* **36**, 3541 *C.* **1903** [2] 1369; *B.* **37**, 3364 *C.* **1904** [2] 1122).

$C_{17}H_{16}O_2N_2$ 29) **1-Methylamido-8-Dimethylamido-9,10-Anthrachinon.** (D.R.P. 144634 *C.* **1903** [2] 751).
30) **Methyläther d. 4-Oxy-3-Keto-1-Methyl-2,5-Diphenyl-2,3-Dihydropyrazol.** Sm. 155° (*B.* **36**, 1137 *C.* **1903** [1] 1254).
31) **Aethylester d. Azobenzol-4-Akrylsäure.** Sm. 101—102° (*C. r.* **136**, 1118 *C.* **1903** [1] 286).

$C_{17}H_{16}O_2Br_2$ *3) **Benzoat d. 2,6-Dibrom-3-Oxy-4-Isopropyl-1-Methylbenzol.** Sm. 80 bis 81° (*M.* **24**, 72 *C.* **1903** [1] 767).

$C_{17}H_{16}O_3N_2$ 24) **Acetat d. α-Acetyl-α-Phenyl-β-[4-Oxybenzyliden]hydrazin.** Sm. 148° (*B.* **36**, 3975 *C.* **1904** [1] 163).
25) **Di[Methylphenylamid] d. Mesoxalsäure.** Sm. 172° (*Soc.* **83**, 43 *C.* **1903** [1] 442).

$C_{17}H_{16}O_3N_4$ 9) **Aethylester d. β-Phenylazo-β-Phenylhydrazon-α-Ketoäthan-α-Carbonsäure.** Sm. 144—145° (*Bl.* [3] **31**, 96 *C.* **1904** [1] 581).

$C_{17}H_{16}O_4N_2$ *6) **αβ-Di[Benzoylamido]propionsäure.** Sm. 195° (*J. pr.* [2] **70**, 181 *C.* **1904** [2] 1397).
15) **Aethylester d. αβ-Dibenzoylhydrazin-α-Carbonsäure.** Sm. 130° (*J. pr.* [2] **70**, 276 *C.* **1904** [2] 1544).
16) **Acetylderivat d. Verb.** $C_{15}H_{14}O_3N_2$. Zers. oberh. 265° (*B.* **37**, 371 *C.* **1904** [2] 1565).

$C_{17}H_{16}O_4N_4$ 3) **8-Nitro-1,4,5-Tri[Methylamido]-9,10-Anthrachinon** (D.R.P. 144634 *C.* **1903** [2] 751).
4) **3,5-Diketo-1-Phenylhexahydro-1,2,4-Triazin-4-Phenylamidoessigsäure.** Sm. 176° (*B.* **36**, 3890 *C.* **1904** [1] 28).

$C_{17}H_{16}O_4Br_2$ 1) **Verbindung** (aus ?-Brom-3-Oxy-5,7-Dimethylfluoron). Sm. 99—100° (*M.* **25**, 330 *C.* **1904** [1] 1495).

$C_{17}H_{16}O_4S$ 1) **Cinnamylidenacetophenonhydrosulfonsäure.** K (*B.* **37**, 4053 *C.* **1904** [2] 1649).

$C_{17}H_{16}O_5N_2$ 13) **β-Keto-αα-Di[4-Nitrobenzyl]propan.** Sm. 108,5—109,5° (*B.* **37**, 1993 *C.* **1904** [2] 26).

$C_{17}H_{16}O_5N_2$ 14) **β-Keto-αγ-Di[4-Nitrobenzyl]propan.** Sm. 136—138° (*B.* **37**, 1998 *C.* **1904** [2] 26).

15) **Phenylmonamid d. β-[2-Nitrophenyl]propan-αγ-Dicarbonsäure.** Fl. (*B.* **36**, 2674 *C.* **1903** [2] 948).

16) **Phenylmonamid d. Iso-β-[2-Nitrophenyl]propan-αγ-Dicarbonsäure.** Sm. 129° (*B.* **36**, 2674 *C.* **1903** [2] 948).

$C_{17}H_{16}O_5S$ 1) **Dibenzalacetonhydrosulfat** (*B.* **36**, 1481 *C.* **1903** [1] 1349).

$C_{17}H_{16}O_7N_2$ C 56,7 — H 4,4 — O 31,1 — N 7,8 — M. G. 360.

1) **Diäthyläther d. 3,3'-Dinitro-4,4'-Dioxydiphenylketon.** Sm. 132° (*G.* **34** [1] 384 *C.* **1904** [2] 111).

2) **3-[6-Oxy-3-Methylcarboxyphenylamid] d. 4-Oxybenzol-1-Carbonsäure-3-Amidoessigsäure?** Sm. noch nicht bei 280° (*A.* **325**, 334 *C.* **1903** [1] 771).

$C_{17}H_{16}O_9N_6$ C 45,5 — H 3,6 — O 32,1 — N 18,8 — M. G. 448.

1) **3,5,3',5'-Tetranitro-4,4'-Di[Dimethylamido]diphenylketon.** Sm. 202° (*G.* **34** [1] 383 *C.* **1904** [2] 111).

$C_{17}H_{16}NJ$ 5) **Jodmethylat d. 2-Benzylchinolin.** Zers. bei 220° (*B.* **37**, 3400 *C.* **1904** [2] 1318).

6) **Jodmethylat d. 1-Benzylisochinolin.** Sm. 247—248° (*B.* **37**, 3398 *C.* **1904** [2] 1317).

7) **Jodmethylat d. 4-Benzylisochinolin.** Sm. 188° (*A.* **326**, 295 *C.* **1903** [1] 929).

8) **Jodmethylat d. Base $C_{16}H_{13}N$** (aus Morphin) (*B.* **34**, 1163). — *III, *668.*

$C_{17}H_{16}N_2S$ 3) **Benzyläther d. 5-Merkapto-3-Methyl-1-Phenylpyrazol.** Sd. 246°$_{20}$ (*A.* **331**, 237 *C.* **1904** [1] 1221).

$C_{17}H_{17}ON$ *17) **d-1-neo-1-Benzoylamido-2-Methyl-2,3-Dihydroinden.** Sm. 169° (*Soc.* **83**, 917 *C.* **1903** [2] 505; *Soc.* **83**, 928 *C.* **1903** [2] 505).

25) **γ-Benzoylamido-α-Phenyl-α-Buten.** Sm. 136—137° (*B.* **36**, 3002 *C.* **1903** [2] 949).

26) **d-1-1-Benzoylamido-2-Methyl-2,3-Dihydroinden.** Sm. 151° (*Soc.* **83**, 917 *C.* **1903** [2] 505; *Soc.* **83**, 927 *C.* **1903** [2] 505).

27) **γ-Oximido-αε-Diphenyl-α-Penten.** Sm. 95—105° (*A.* **330**, 234 *C.* **1904** [1] 945).

28) **Methyläther d. 3,5-Dimethyl-2-[4-Oxyphenyl]indol.** Sm. 134° (*B.* **37**, 871 *C.* **1904** [1] 1154).

29) **Methyläther d. 3,7-Dimethyl-2-[4-Oxyphenyl]indol.** Sm. 127° (*B.* **37**, 870 *C.* **1904** [1] 1154).

30) **2-Benzoylmethyl-1,2,3,4-Tetrahydroisochinolin.** Sm. 100—101° (*B.* **36**, 1161 *C.* **1903** [1] 1186).

31) **4-Methylphenylamid d. Phenylisocrotonsäure.** Sm. 149° (*B.* **37**, 2001 *C.* **1904** [2] 24).

$C_{17}H_{17}ON_3$ 8) **γ-Phenylsemicarbazon-α-Phenyl-α-Buten.** Sm. 195° (*B.* **37**, 3183 *C.* **1904** [2] 991).

$C_{17}H_{17}O_2N$ *21) **Apomorphin.** + $(C_2H_5)_2O$ (*B.* **35**, 4383 *C.* **1903** [1] 337; *C.* **1903** [2] 1449).

41) **γ-[3-Oxyphenyl]imido-α-Oxy-α-Phenyl-α-Penten.** Sm. 139° (*B.* **36**, 4018 *C.* **1904** [1] 293).

42) **4-Propionylamido-3-Methyldiphenylketon.** Sm. 128° (*Soc.* **85**, 593 *C.* **1904** [1] 1554).

43) **6-Propionylamido-3-Methyldiphenylketon.** Sm. 99° (*Soc.* **85**, 596 *C.* **1904** [1] 1554).

44) **Benzoylphenylamid d. Isobuttersäure.** Sm. 83° (*Bl.* [3] **31**, 626 *C.* **1904** [2] 98).

$C_{17}H_{17}O_2N_3$ 10) **γ-Phenylsemicarbazon-α-[2-Oxyphenyl]-α-Buten** + H_2O. Sm. 183 bis 184° u. Zers. (*B.* **37**, 3184 *C.* **1904** [2] 991).

11) **Benzylidenhydrazid d. α-Benzoylamidopropionsäure.** Sm. 194° (*J. pr.* [2] **70**, 143 *C.* **1904** [2] 1394).

$C_{17}H_{17}O_2N_5$ C 63,2 — H 5,2 — O 9,9 — N 21,7 — M. G. 323.

1) **4-Phenylhydroxylamidoazo-3-Keto-2-Phenyl-1,5-Dimethyl-2,3-Dihydropyrazol.** Sm. 105° u. Zers. (*A.* **328**, 70 *C.* **1903** [2] 249).

$C_{17}H_{17}O_3N$ 40) **Methylenäther d. 6-Benzoylamido-3,4-Dioxy-1-Propylbenzol.** Sm. 151° (*Ar.* **242**, 89 *C.* **1904** [1] 1007).

41) **6-Aethyläther d. 4-Oximido-6-Oxy-2-Phenyl-2,3-Dihydrobenzpyran.** Sm. 185—186° (*B.* **33**, 1484). — *III, *559.*

$C_{17}H_{17}O_3N$ 42) **Aethylester d. 4-Benzoyl-2-Methylphenylamidoameisensäure.** Sm. 88° (*Soc.* **85**, 594 *C.* **1904** [1] 1554).
43) **Aethylester d. 2-Benzoyl-4-Methylphenylamidoameisensäure.** Sm. 58° (*Soc.* **85**, 596 *C.* **1904** [1] 1554).
44) **Phenylamidoformiat d. 1-[α-Oxyäthyl]-1,2-Dihydrobenzfuran.** Sm. 73° (*B.* **36**, 2871 *C.* **1903** [2] 833).

$C_{17}H_{17}O_3N_3$ 6) **d-γ-Semicarbazon-αγ-Diphenylbuttersäure.** Sm. 107—110° (*Soc.* **85**, 1369 *C.* **1904** [2] 1647).
7) **i-γ-Semicarbazon-αγ-Diphenylbuttersäure.** Sm. 189—191° (*Soc.* **85**, 1364 *C.* **1904** [2] 1646).
8) **Phenylamid d. Benzoylamidoacetylamidoessigsäure.** Sm. 238—240° (*J. pr.* [2] **70**, 80 *C.* **1904** [2] 1033).
9) **Di[Methylphenylamid] d. Oximidomalonsäure.** Sm. 109°. + CH_4O (*Soc.* **83**, 42 *C.* **1903** [1] 442).
10) **isom. Di[Methylphenylamid] d. Oximidomalonsäure.** Sm. 192° (*Soc.* **83**, 43 *C.* **1903** [1] 442; *C.* **1904** [1] 1555).
11) **Di[2-Methylphenylamid] d. Oximidomalonsäure.** Sm. 111°. K (*Soc.* **83**, 39 *C.* **1903** [1] 441).
12) **Di[4-Methylphenylamid] d. Oximidomalonsäure.** Sm. 170—171°. K, Ag (*Soc.* **83**, 36 *C.* **1903** [1] 73, 441).
13) **α-Phenylhydrazid d. Phenylimidoessigsäure-2-Carbonsäureäthylester.** Sm. 140—141° u. Zers. (*A.* **332**, 236 *C.* **1904** [2] 38).
14) **Benzoylhydrazid d. α-Benzoylamidopropionsäure.** Sm. 180—184° (*J. pr.* [2] **70**, 144 *C.* **1904** [2] 1394).

$C_{17}H_{17}O_4N$ *14) **4-Aethoxylphenylamid d. 2-Acetoxylbenzol-1-Carbonsäure.** Sm. 132° (*B.* **37**, 3976 *C.* **1904** [2] 1605).
25) **Aethyläther d. β-Nitro-γ-Keto-α-Oxy-αγ-Diphenylpropan.** Sm. 119° (*A.* **328**, 240 *C.* **1903** [2] 909).
26) **Benzoylepinephrin.** H_2SO_4, Pikrat (*H.* **28**, 318; **29**, 105; *B.* **36**, 1839). — *III, *667*.
27) **Diacetat d. αβ-Dioxy-α-Phenyl-β-[2-Pyridyl]äthan.** Sm. 36—37° (*B.* **36**, 121 *C.* **1903** [1] 470).

$C_{17}H_{17}O_4N_3$ 5) **Aethylester d. α-Phenyl-β-[3-Nitrobenzyliden]hydrazidoessigsäure.** Sm. 86° (*B.* **36**, 3884 *C.* **1904** [1] 27).
6) **Di[Methylphenylamid] d. Nitromalonsäure.** Sm. 156° u. Zers. (*C.* **1904** [1] 1555).

$C_{17}H_{17}O_5N$ 12) **Dimethyläther d. γ-Keto-αα-Dioxy-γ-Phenyl-α-[4-Nitrophenyl]-propan.** Sm. 91° (*B.* **37**, 1150 *C.* **1904** [1] 1267).
13) **Trimethyläther d. α-[4-Oxyphenyl]-β-[2-Nitro-3,4-Dioxyphenyl]-äthen.** Sm. 156° (*B.* **35**, 4404 *C.* **1903** [1] 342).
14) **α-[4-Methoxylphenyl]-β-[2-Amido-3-Oxy-4-Methoxylphenyl]akrylsäure.** Sm. 150—152° (*B.* **35**, 4408 *C.* **1903** [1] 342).

$C_{17}H_{17}O_5N_5$ C 55,0 — H 4,6 — O 21,5 — N 18,9 — M. G. 371.
1) **Amid d. 1-[Methyl-α-Carboxyäthylamido]-4-[2,4-Dinitrobenzyliden]amidobenzol.** Sm. 235—238° (*B.* **36**, 763 *C.* **1903** [1] 963).

$C_{17}H_{17}N_2Br$ 4) **Bromphenylat d. 2-Phenylamido-1,2-Dihydropyridin.** Sm. 162° (*J. pr.* [2] **69**, 109, 123 *C.* **1904** [1] 814).

$C_{17}H_{18}O_2N_2$ *11) **3,6-Di[Dimethylamido]xanthon.** Sm. 240°. (2HCl, $PtCl_4$) (*B.* **37**, 204 *C.* **1904** [1] 664).
*23) **Di[4-Methylphenylamid] d. Malonsäure.** Sm. 250° (*Soc.* **83**, 36 *C.* **1903** [1] 441).
*38) **Aethyläther d. Benzoylimido-4-Methylphenyloxymethan.** Sm. 77 bis 78° (*Am.* **32**, 367 *C.* **1904** [2] 1507).
*39) **α-Acetyl-αβ-Di[4-Methylphenyl]harnstoff.** Sm. 148° (*B.* **37**, 3119 *C.* **1904** [2] 1317).
*40) **αβ-Dibenzoyl-α-Propylhydrazin.** Sm. 131° (*J. pr.* [2] **70**, 279 *C.* **1904** [2] 1545).
43) **Di[4-Acetylphenylamido]methan.** Sm. 188° (*B.* **37**, 397 *C.* **1904** [1] 658).
44) **Dioxim d. Dimethylphenyl-m-Bicyklohexenon.** Sm. 103—105° (*B.* **36**, 2146 *C.* **1903** [2] 369).
45) **isom. Dioxim d. Dimethylphenyl-m-Bicyklohexenon.** Sm. 190 bis 193° (*B.* **36**, 2147 *C.* **1903** [2] 369).

$C_{17}H_{18}O_2N_2$ 46) αβ-**Diacetyl-α-Diphenylmethylhydrazin.** Sm. 197—198° (*J. pr.* [2] **67**, 169 *C.* **1903** [1] 873).

47) α-[**4-Methylphenyl]imido-α-[Methyl-4-Methylphenyl]amidoessigsäure.** Zers. bei 80—81° (*Soc.* **85**, 997 *C.* **1904** [2] 321, 831).

48) **Methylester d. 4-Methylphenylimido-4-Methylphenylamidoessigsäure.** Sm. 103°. (2HCl, $PtCl_4$) (*Soc.* **85**, 994 *C.* **1904** [2] 831).

49) **Methylester d. 2-[α-Dimethylamidobenzyliden]amidobenzol-1-Carbonsäure.** Sm. 109°. Pikrat (*B.* **37**, 2681 *C.* **1904** [2] 521).

50) **4-Methylphenylamid d. α-Benzoylamidopropionsäure.** Sm. 172 bis 175° (*J. pr.* [2] **70**, 147 *C.* **1904** [2] 1394).

51) **Di[2-Methylphenylamid] d. Malonsäure.** Sm. 193° (*Soc.* **83**, 39 *C.* **1903** [1] 441).

$C_{17}H_{18}O_2N_4$ 10) α-**Semicarbazido-γ-[3-Oxyphenyl]imido-α-Phenyl-α-Buten.** Sm. 124° (*B.* **36**, 2452 *C.* **1903** [2] 670).

$C_{17}H_{18}O_2Br_2$ 2) **3, 3′-Dibrom-4, 4′-Dioxy-2, 5, 2′, 5′-Tetramethyldiphenylmethan.** Sm. 152—153° (*B.* **36**, 1890 *C.* **1903** [2] 291; *B.* **37**, 1471 *C.* **1904** [1] 1518).

$C_{17}H_{18}O_2S_2$ 2) αα-**Dimerkaptopropiondibenzyläthersäure.** Sm. 98—100° (*B.* **36**, 299 *C.* **1903** [1] 499).

$C_{17}H_{18}O_3N_2$ 17) **Methyläther d. 4, 4′-Di[Acetylamido]-2-Oxybiphenyl.** Sm. 285° (*B.* **36**, 4079 *C.* **1904** [1] 268).

18) **Aethyläther d. N-Formyl-4′-Formylamido-4-Oxy-2-Methyldiphenylamin.** Sm. 140° (*B.* **36**, 3860 *C.* **1904** [1] 91).

19) **4-Methyläther-α-Aethyläther d. α-Benzoylimido-α-[3-Oxyphenyl]-amido-α-Oxymethan.** Sm. 66—67° (*Am.* **32**, 367 *C.* **1904** [2] 1507).

20) **Phenylamid d. α-Phenylamidoformoxylbuttersäure.** Sm. 153—154° (*Bl.* [3] **29**, 126 *C.* **1903** [1] 564).

21) **Phenylamid d. α-Phenylamidoformoxylisobuttersäure.** Sm. 155 bis 156° (*Bl.* [3] **29**, 127 *C.* **1903** [1] 564).

$C_{17}H_{18}O_3N_4$ 5) α-[**3-Nitrobenzyliden]amido-β-Aethyl-α-Benzylharnstoff.** Sm. 106° (*B.* **37**, 2326 *C.* **1904** [2] 312).

6) **s-Di[2-Methylphenylamidoformyl]harnstoff.** Sm. 190° (*Soc.* **81**, 1571 *C.* **1903** [1] 158).

$C_{17}H_{18}O_3S$ 2) α-[**4-Methylphenyl]sulfon-γ-Keto-α-Phenylbutan** (*Am.* **31**, 178 *C.* **1904** [1] 876). — *III, *119.*

$C_{17}H_{18}O_4N_2$ 26) **Dimethyläther d. Di[4-Oxybenzoylamido]methan.** Sm. 206—207,5 (*B.* **37**, 4099 *C.* **1904** [2] 1726).

27) **Propyl-2, 4, 6-Trioxy-5-Phenylazo-3-Methylphenylketon.** Sm. 182° (*A.* **329**, 339 *C.* **1904** [1] 801).

28) **Methylester d. β-Nitro-γ-Phenylamido-γ-Phenylbuttersäure.** Sm. 122° (*A.* **329**, 254 *C.* **1904** [1] 31).

29) **Di[Methylphenylamid] d. Dioxymalonsäure.** Sm. 184° (*C.* **1904** [1] 1555).

$C_{17}H_{18}O_4N_4$ 3) αβ-**Di[β-Phenylureïdo]propionsäure.** Sm. 214° u. Zers. (*B.* **37**, 344 *C.* **1904** [1] 646).

$C_{17}H_{18}O_4S$ 2) **Methylester d. β-[4-Methylphenyl]sulfon-β-Phenylpropionsäure.** Sm. 156° (*Am.* **31**, 173 *C.* **1904** [1] 876).

3) **Aethylester d. β-Phenylsulfon-β-Phenylpropionsäure.** Sm. 139° (*Am.* **31**, 174 *C.* **1904** [1] 876).

$C_{17}H_{18}O_5N_2$ 5) **Verbindung** (aus Oximidocampher u. 3-Nitrobenzoylchlorid). Sm. 136 bis 137° (*Soc.* **83**, 533 *C.* **1903** [1] 1136, 1353).

6) **isom. Verbindung** (aus Oximidocampher u. 3-Nitrobenzoylchlorid). Sm. 152° (*Soc.* **83**, 534 *C.* **1903** [1] 1136, 1353).

$C_{17}H_{18}O_5N_4$ 5) **3, 3′-Dinitro-4, 4′-Di[Dimethylamido]diphenylketon.** Sm. 150° (*G.* **34** [1] 386 *C.* **1904** [2] 111).

6) **Diphenylcarbaziddiessigsäure.** Sm. 235° u. Zers. (*B.* **36**, 3889 *C.* **1904** [1] 28).

$C_{17}H_{18}O_6N_2$ *4) α′-**Nitro-α-[3-Nitrobenzoyl]campher.** Sm. 175° u. Zers. (*Soc.* **83**, 541 *C.* **1903** [1] 1354).

5) α-**Nitro-α′-[3-Nitrobenzoyl]campher.** Sm. 112—113° (*Soc.* **83**, 541 *C.* **1903** [1] 1354).

$C_{17}H_{18}O_7S_2$ 2) **Dibenzylidenacetonbishydrosulfonsäure.** $K_2 + 3\frac{1}{2}H_2O$ (*B.* **37**, 4054 *C.* **1904** [2] 1640).

$C_{17}H_{18}NCl$ 1) **Chloräthylat d. d-2-Propyl-1-Benzylhexahydropyridin** (Ch. d. N-Benzylconiin). 2 + $PtCl_4$ (*B.* **37**, 3632 *C.* **1904** [2] 1510).

2) **isom. Chloräthylat d. d-2-Propyl-1-Benzylhexahydropyridin.** 2 + $PtCl_4$ (*B.* **37**, 3632 *C.* **1904** [2] 1510).

$C_{17}H_{18}NJ$ 2) **Jodmethylat d. 9-Dimethylamidophenanthren.** Sm. 217° u. Zers. (*B.* **36**, 2516 *C.* **1903** [2] 507).

$C_{17}H_{18}N_3Cl$ 2) **Chlormethylat d. 5-Phenylamido-3-Methyl-1-Phenylpyrazol.** 2 + $PtCl_4$, + $AuCl_3$ (*B.* **36**, 3276 *C.* **1903** [2] 1189).

$C_{17}H_{18}N_3J$ 2) **Jodmethylat d. 5-Phenylamido-3-Methyl-1-Phenylpyrazol.** Sm. 174° (*B.* **34**, 726; *B.* **36**, 3276 *C.* **1903** [2] 1189).

$C_{17}H_{19}ON$ 29) **γ-Benzoylamidobutylbenzol.** Sm. 108° (*B.* **36**, 3000 *C.* **1903** [2] 949).

30) **Methylphenylamid d. dl-β-Phenylisobuttersäure.** Sm. 54—55° (*Soc.* **85**, 445 *C.* **1904** [1] 1445).

31) **4-Methylphenylamid d. dl-β-Phenylisobuttersäure.** Sm. 130° (*Soc.* **85**, 445 *C.* **1904** [1] 1445).

32) **4-Methylphenylamid d. d-β-Phenylisobuttersäure.** Sm. 115—116° (*Soc.* **85**, 446 *C.* **1904** [1] 1445).

33) **α-Phenyläthylamid d. β-Phenylpropionsäure.** Sm. 89° (*B.* **37**, 2704 *C.* **1904** [2] 518).

$C_{17}H_{19}ON_3$ 8) **Methylhydroxyd d. 5-Phenylamido-3-Methyl-1-Phenylpyrazol.** Salze siehe (*B.* **36**, 3276 *C.* **1903** [2] 1189).

$C_{17}H_{19}OCl$ 1) **α-Chlorbenzylidencampher.** Sm. 100° (*Soc.* **83**, 104 *C.* **1903** [1] 233, 468).

$C_{17}H_{19}OBr$ *2) **d-2-Brombenzylidencampher.** Sm. 105° (*C. r.* **136**, 71 *C.* **1903** [1] 459).

*3) **d-4-Brombenzylidencampher.** Sm. 129—130° (*C. r.* **136**, 71 *C.* **1903** [1] 459).

4) **i-α-Brombenzylidencampher.** Sm. 56° (*C. r.* **132**, 1574). — *III, *388*.

$C_{17}H_{19}O_2N$ *19) **Aethylester d. Dibenzylamidoameisensäure.** Sd. 216°_{28} (*B.* **36**, 2238 *C.* **1903** [2] 563).

43) **Aethyläther d. 4-Dimethylamido-3′-Oxydiphenylketon.** Sm. 90° (D.R.P. 65952). — *III, *153*.

44) **Phenylamidoformiat d. γ-Oxy-α-Phenylbutan.** Sm. 113° (*B.* **37**, 2314 *C.* **1904** [2] 217).

45) **Phenylamidoformiat d. β-Oxy-α-Phenyl-β-Methylpropan.** Sm. 96° (*B.* **37**. 1723 *C.* **1904** [1] 1515).

$C_{17}H_{19}O_2N_3$ 11) **Phenylamid d. 4-Oxy-5-Isopropyl-2-Methylphenylazoameisensäure.** Sm. 179—180° u. Zers. (*A.* **334**, 194 *C.* **1904** [2] 835).

12) **Di[Methylphenylamid] d. Amidomalonsäure.** Sm. 108° (*C.* **1904** [1] 1555).

13) **Verbindung** (aus d. isom. Di[Methylphenylamid] d. Oximidomalonsäure oder $C_{17}H_{17}O_2N_3$). Sm. 185—186° (*C.* **1904** [1] 1555).

$C_{17}H_{19}O_2N_5$ C 62,8 — H 5,8 — O 9,8 — N 21,5 — M. G. 325.

1) **β-Methyl-α-Phenylhydrazid d. α-Oximido-β-Phenylhydrazonbuttersäure.** Sm. 210° (*A.* **328**, 69 *C.* **1903** [2] 249).

$C_{17}H_{19}O_2J$ *1) **α-Jod-α′-Benzoylcampher** (*Soc.* **83**, 542 *C.* **1903** [1] 1354).

$C_{17}H_{19}O_3N$ *9) **Morphin.** Ditartrat (*C.* **1903** [1] 525).

*15) **4-Naphtylmonamid d. mal. Pentan-βδ-Dicarbonsäure.** Sm. 151 bis 152° (*Bl.* [3] **29**, 1019 *C.* **1903** [2] 1315).

33) **1-Aethyläther d. 4-[Acetyl-2-Oxybenzyl]amido-1-Oxybenzol.** Sm. 101° (*Ar.* **240**, 683 *C.* **1903** [1] 395).

34) **γ-Phenylamidoformiat d. γ-Oxy-α-[2-Oxyphenyl]butan.** Sm. 90° (*B.* **36**, 2872 *C.* **1903** [2] 833).

35) **α-Phenylamidoformiat d. 4-Oxy-1-[α-Oxyäthyl]benzol-4-Aethyläther.** Sm. 81° (*B.* **36**, 3594 *C.* **1903** [2] 1366).

36) **Methylphenylamidoformiat d. 3,4-Dioxy-1-Propylbenzol.** Sm. 110° (*C. r.* **138**, 425 *C.* **1904** [1] 798).

$C_{17}H_{19}O_3N_3$ 9) **Aethylester d. αγ-Diphenylsemicarbazidoessigsäure.** Sm. 160° (*B.* **36**, 3888 *C.* **1904** [1] 27).

$C_{17}H_{19}O_3N_5$ C 59,8 — H 5,6 — O 14,1 — N 20,5 — M. G. 341.

1) **Phenylamid d. β-Phenylureïdoacetylamidomethylamidoameisensäure.** Sm. 222° u. Zers. (*J. pr.* [2] **70**, 258 *C.* **1904** [2] 1464).

2) **Phenylhydrazid d. β-Phenylureïdoacetylamidoessigsäure.** Sm. 139° u. Zers. (*J. pr.* [2] **70**, 257 *C.* **1904** [2] 1464).

$C_{17}H_{19}O_4N$ *6) **α'-Nitro-α-Benzoylcampher.** Sm. 225° (*Soc.* **83**, 539 *C.* **1903** [1] 1354).

9) **α-Nitro-α'-Benzoylcampher.** Sm. 110° (*Soc.* **83**, 539 *C.* **1903** [1] 1354).

10) **Aethylester d. 2-Keto-5-Acetyl-4-Methyl-6-Phenyl-1,2,3,4-Tetrahydropyridin-3-Carbonsäure.** Sm. 156° (*B.* **36**, 2189 *C.* **1903** [2] 569).

$C_{17}H_{19}O_4N_3$ 3) **Verbindung** (aus d. γ-d-Campherdioximmonobenzoat). Sm. 112° (*Soc.* **85**, 912 *C.* **1904** [2] 598).

$C_{17}H_{19}O_6N$ 3) **Diäthylester d. δ-Keto-δ-Phenyl-β-Buten-αβγ-Tricarbonsäure.** Sm. 137° (*Soc.* **75**, 785). — *II, *1200.*

$C_{17}H_{19}N_3S_2$ 1) **Methyläther d. α-Phenylamidothioformylimido-α-[Methyl-4-Methylphenyl]amido-α-Merkaptomethan.** Sm. 124°. HJ (*Am.* **30**, 175 *C.* **1903** [2] 872).

2) **Methyläther d. α-[β-2-Methylphenylthioureïdo]-α-[2-Methylphenyl]imido-α-Merkaptomethan.** Sm. 122—123° (*Am.* **30**, 182 *C.* **1903** [2] 873).

3) **Aethyläther d. α-[β-Phenylthioureïdo]-α-[2-Methylphenyl]imido-α-Merkaptomethan.** Sm. 117—118° (*Am.* **30**, 180 *C.* **1903** [2] 873).

4) **Aethyläther d. α-[β-2-Methylphenylthioureïdo]-α-Phenylimido-α-Merkaptomethan.** Sm. 95—96° (*Am.* **30**, 181 *C.* **1903** [2] 873).

5) **Dimethyläther d. Phenylimidomerkaptomethyl-2-Methylphenylimidomerkaptomethylamin.** Sm. 147—148° (*Am.* **30**, 179 *C.* **1903** [2] 872).

6) **Dimethyläther d. Phenylimidomerkaptomethyl-4-Methylphenylimidomerkaptomethylamin.** Fl. HJ (*Am.* **30**, 174 *C.* **1903** [2] 872).

$C_{17}H_{20}ON_2$ *7) **s-Di[2,4-Dimethylphenyl]harnstoff.** Sm. 260—262° (*M.* **25**, 381 *C.* **1904** [2] 320).

*24) **3,6-Di[Dimethylamido]xanthen.** Sm. 113°. 2HCl, (2HCl, PtCl$_4$) (*B.* **37**, 204 *C.* **1904** [1] 665; *B.* **37**, 3620 *C.* **1904** [2] 1503).

*36) **Di[4-Methylamido-3-Methylphenyl]keton.** 2HCl (*C.* **1903** [1] 399).

39) **Aethylbenzyl-4-Acetylamidophenylamin.** Sm. 111° (*A.* **334**, 263 *C.* **1904** [2] 902).

40) **β-Benzoyl-αβ-Diphenyl-α-Phenylhydrazin.** Sm. 59—60° (*B.* **35**, 4186 *C.* **1903** [1] 143).

41) **β-Benzoyl-αβ-Diäthyl-α-Phenylhydrazin.** Sm. 60° (*C.* **1903** [1] 1128).

$C_{17}H_{20}OBr_2$ 2) **α,4-Dibrombenzylcampher** (*C. r.* **136**, 72 *C.* **1903** [1] 459).

3) **2-Brombenzylbromcampher.** Fl. (*C. r.* **136**, 71 *C.* **1903** [1] 459).

4) **4-Brombenzylbromcampher.** Fl. (*C. r.* **136**, 71 *C.* **1903** [1] 459).

$C_{17}H_{20}O_2N_2$ 22) **3,6-Di[Dimethylamido]-9-Oxyxanthen?** Chlorid + H_2O, 2 Chlorid + PtCl$_4$ (D.R.P. [illegible], 60505; *J. pr.* [2] **54**, 232). — *III, *569.*

23) **Acetat d. α-Oxydi[4-Amido-3-Methylphenyl]methan.** Sm. 153° (*C.* **1903** [2] 442).

$C_{17}H_{20}O_2S$ 2) **Benzoat d. β-Merkaptocampher.** Sm. 59° (*Soc.* **83**, 483 *C.* **1903** [1] 923, 1137).

$C_{17}H_{20}O_3N_2$ 10) **4'-Diäthylamido-4-Oxydiphenylamin-3-Carbonsäure.** Sm. 175 bis 177° (D.R.P. 140733 *C.* **1903** [1] 1011).

11) **Monobenzoat d. γ-d-Campherdioxim.** Sm. 172° u. Zers. (*Soc.* **85**, 911 *C.* **1904** [2] 598).

$C_{17}H_{20}O_3N_4$ 13) **αγ-Di[4-Methylphenylnitrosamido]-β-Oxypropan.** Sm. 223° (*B.* **37**, 3035 *C.* **1904** [2] 1213).

$C_{17}H_{20}O_4N_2$ *5) **Diphenylhydrazon d. 1-Arabinose.** Sm. 204—205° (*B.* **37**, 312 *C.* **1904** [1] 650).

$C_{17}H_{20}O_4N_4$ *1) **Di[2-Nitro-4-Dimethylamidophenyl]methan** (D.R.P. 139989 *C.* **1903** [1] 798).

7) **Di[4-Nitrophenylamido]-β-Methylbutan.** Sm. 158° (*A.* **328**, 130 *C.* **1903** [2] 790).

$C_{17}H_{20}O_4S_2$ 9) **ββ-Di[Benzylsulfon]propan.** Sm. 153° (*B.* **36**, 299 *C.* **1903** [1] 499).

$C_{17}H_{20}O_5N_2$ 6) **Aethylester d. Anhydrocotarnincyanessigsäure.** Sm. 95—96° u. Zers. (2HCl, PtCl$_4$) (*B.* **37**, 2747 *C.* **1904** [2] 545).

$C_{17}H_{20}O_6N_4$ 2) **5-Dimethylamido-1,2,4-Trimethylbenzol + 1,3,5-Trinitrobenzol** (*Soc.* **85**, 239 *C.* **1904** [1] 1006).

$C_{17}H_{20}NJ$ *1) **α-Methylallylphenylbenzylammoniumjodid** (*Ph. Ch.* **45**, 236 *C.* **1903** [2] 979).

*4) **d-α-Methylallylphenylbenzylammoniumjodid** (*B.* **37**, 2725 *C.* **1904** [2] 592).

$C_{17}H_{21}ON$ *1) **Phenylamidomethylencampher** (*C. r.* **136**, 1223 *C.* **1903** [2] 116).
19) **4'-Dimethylamido-4-Oxy-2,5-Dimethyldiphenylmethan.** Sm. 153 bis 155° (*A.* **334**, 337 *C.* **1904** [2] 989).
20) **Benzyliden-α-Anhydropulegonhydroxylamin.** Sm. 105—106°. Pikrat (*B.* 37, 2284 *C.* **1904** [2] 441).
21) **Base** (aus α-Oxybenzylidencampher). Sm. 118—119°. Pikrat (*Soc.* **83**, 108 *C.* **1903** [1] 233, 458).
22) **Base** (aus α-Chlorbenzylidencampher). Sm. 170°. Pikrat (*Soc.* **83**, 107 *C.* **1903** [1] 233, 458).

$C_{17}H_{21}ON_3$ 7) **4-Phenylsemicarbazon-5-Methyl-2-Isopropyl-1,2,3,4-Tetrahydrobenzol** (d-Carvonphenylcarbaminsäurehydrazon). Sm. 176—177° (*B.* **37**, 3183 *C.* **1904** [2] 991).

$C_{17}H_{21}OBr$ *3) **d-Benzylbromcampher.** Sd. 94—95° (*C. r.* **136**, 69 *C.* **1903** [1] 459).
*4) **isom. d-Benzylbromcampher.** Sm. 91—92° (*C. r.* **136**, 70 *C.* **1903** [1] 459).
5) **r-Benzylbromcampher.** Sm. 112° (*C. r.* **132**, 1574). — ***III**, *389.*

$C_{17}H_{21}O_2N$ *6) **Benzoylamidocampher.** Sm. 132° (*Soc.* **85**, 895 *C.* **1904** [2] 331, 596).

$C_{17}H_{21}O_2N_3$ *2) **2-Nitro-4,4'-Di[Dimethylamido]diphenylmethan.** Sm. 96—96,5° (D.R.P. 139989 *C.* **1903** [1] 798).

$C_{17}H_{21}O_3N$ 5) **Acetylparasantonimid.** Sm. 169—170° (*C.* **1903** [2] 1067).

$C_{17}H_{21}O_4N$ *20) **r-Cocaïn.** HCl, (HCl, $AuCl_3$ + $2H_2O$), HNO_3 (*A.* **326**, 71 *C.* **1903** [1] 841).
22) **Acetylderivat d. Parasantoninoximid.** Sm. 176° (*C.* **1903** [2] 1377).

$C_{17}H_{21}O_5N$ *5) **Diäthylester d. 4-[2-Furanyl]-2,6-Dimethyl-1,4-Dihydropyridin-3,5-Dicarbonsäure** (D. d. Hydrofuryldicarbolutidinsäure). Sm. 164° (*Soc.* **83**, 378 *C.* **1903** [1] 845, 1144).
7) **Pentamethyläther d. Pentaoxydiphenylamin.** Sm. 131—133° (*Ar.* **242**, 512 *C.* **1904** [2] 1387).
8) **Anhydrocotarninacetylaceton.** Sm. 98—99°. HCl, (2 HCl, $PtCl_4$) (*B.* 37, 2745 *C.* **1904** [2] 545).

$C_{17}H_{21}O_5P$ *1) **ββ'-Di[4-Methylphenoxyl]isopropylphosphorigesäure.** Anilinsalz, p-Toluidinsalz (*Soc.* **83**, 1141 *C.* **1903** [2] 1059).
2) **ββ'-Di[2-Methylphenoxyl]isopropylphosphorigesäure.** Sm. 88—89°. Ca + $4H_2O$, Anilinsalz, p-Toluidinsalz (*Soc.* **83**, 1138 *C.* **1903** [2] 1059).
3) **ββ'-Di[3-Methylphenoxyl]isopropylphosphorigesäure.** Sm. 85—87°. Anilinsalz, p-Toluidinsalz (*Soc.* **83**, 1140 *C.* **1903** [2] 1059).

$C_{17}H_{21}O_7N_5$ C 50,1 — H 5,2 — O 27,5 — N 17,2 — M. G. 407.
1) **Benzoyltetra[Amidoacetyl]amidoessigsäure** + H_2O. Sm. 246—252° u. Zers. Ag (*J. pr.* [2] **70**, 87, 95 *C.* **1904** [2] 1034, 1035).

$C_{17}H_{22}ON_2$ *1) **α-Oxydi[4-Dimethylamidophenylmethan]** (*B.* **36**, 4298 *C.* **1904** [1] 379).
9) **αγ-Di[4-Methylphenylamido]-β-Oxypropan.** Sm. 113,5° (*B.* **37**, 3085 *C.* **1904** [2] 1213).

$C_{17}H_{22}ON_4$ 3) **Aethyloxydhydrat d. 3-Amido-7-Dimethylamido-2-Methyl-5,10-Naphtdiazin.** Nitrat (*A.* **327**, 124 *C.* **1903** [1] 1221).

$C_{17}H_{22}O_2N_2$ *1) **Di[4-Dimethylamido-2-Oxyphenyl]methan** (*B.* **37**, 205 Anm. *C.* **1904** [1] 665).
*2) **Diäthyläther d. Di[4-Oxyphenylamido]methan.** Sm. 89° (*B.* **36**, 49 *C.* **1903** [1] 505).

$C_{17}H_{22}O_2Cl_2$ 1) **l-Menthylester d. 2,3-Dichlorbenzol-1-Carbonsäure.** Sd. 220°$_{15}$ (*Soc.* **83**, 1214 *C.* **1903** [2] 1330).
2) **l-Menthylester d. 2,4-Dichlorbenzol-1-Carbonsäure.** Sd. 218—219°$_{15}$ (*Soc.* **83**, 1214 *C.* **1903** [2] 1330).
3) **l-Menthylester d. 2,5-Dichlorbenzol-1-Carbonsäure.** Sm. 28—29°; Sd. 243—245°$_{35}$ (*Soc.* **83**, 1214 *C.* **1903** [2] 1330).
4) **l-Menthylester d. 2,6-Dichlorbenzol-1-Carbonsäure.** Sm. 134—135° (*Soc.* **83**, 1214 *C.* **1903** [2] 1330).
5) **l-Menthylester d. 3,4-Dichlorbenzol-1-Carbonsäure.** Sd. 244—245°$_{25}$ (*Soc.* **83**, 1214 *C.* **1903** [2] 1330).
6) **l-Menthylester d. 3,5-Dichlorbenzol-1-Carbonsäure.** Sd. 223—225°$_{20}$ (*Soc.* **83**, 1214 *C.* **1903** [2] 1330).

$C_{17}H_{22}O_4N_6$ C 54,5 — H 5,9 — O 17,1 — N 22,5 — M. G. 374.
1) **Azid d. β-[β-Benzoylamidoacetylamidobutyryl]amidobuttersäure.** Zers. bei 78° (*J. pr.* [2] **70**, 222 *C.* **1904** [2] 1461).

$C_{17}H_{22}O_6N_2$ C 58,3 — H 6,3 — O 27,4 — N 8,0 — M. G. 350.
1) **Diäthylester d. α-Benzoylamidoacetylamidoäthan-αβ-Dicarbonsäure.** Sm. 92° (*J. pr.* [2] **70**, 171 *C.* **1904** [2] 1396).

$C_{17}H_{22}O_6N_4$ *1) **Aethylester d. Benzoyltri[Amidoacetyl]amidoessigsäure.** Sm. 213° (*B.* **37**, 1284 *C.* **1904** [1] 1335; *B.* **37**, 1299 *C.* **1904** [1] 1336; *J. pr.* [2] **70**, 85 *C.* **1904** [2] 1034).

$C_{17}H_{22}O_8N_2$ 2) **Dicyanmalonacetbernsteinsäureesterlaktam.** Sm. 116° (*A.* **332**, 131 *C.* **1904** [2] 190).

$C_{17}H_{23}ON_3$ 2) **3-Phenylsemicarbazon-4-Isopropyliden-1-Methylhexahydrobenzol** (Pulegonphenylcarbaminsäurehydrazon). Sm. 132—133° (*B.* **37**, 3182 *C.* **1904** [2] 991).
3) **Phenylsemicarbazon d. d-Campher.** Sm. 153—154° (*B.* **37**, 3182 *C.* **1904** [2] 991).

$C_{17}H_{23}OCl$ *1) **2-Chlor-3-Keto-1-Methyl-4-Isopropyl-2-Benzylhexahydrobenzol.** Sm. 140° (*C.* **1904** [2] 1043).

$C_{17}H_{23}O_2N$ 16) **Benzylidentanacetonhydroxylamin.** Sm. 138—140° (*B.* **36**, 4371 *C.* **1904** [1] 456).
17) **Benzoylderivat d. β-[2-Hydroxylamido-4-Methylhexahydrophenyl]-propen.** Sm. 63° (*B.* **36**, 486 *C.* **1903** [1] 637).
18) **β-Acetyl-γ-Keto-α-[1-Piperidyl]-α-Phenylbutan.** Sm. 93° (*Soc.* **85**, 1176 *C.* **1904** [2] 1215).
19) **Phenylamidoformiat d. isom. Terpineol.** Sm. 132° (*Soc.* **85**, 1329 *C.* **1904** [2] 1652).
20) **Phenylamidoformiat d. 1-Linalool.** Sm. 65° (*J. pr.* [2] **67**, 323 *C.* **1903** [1] 1137).
21) **Phenylamidoformiat d. Alkohol** $C_{10}H_{18}O$ (aus Camphenylon). Sm. 127,5 bis 128° (*B.* **37**, 1037 *C.* **1904** [1] 1263).
22) **Hydroxylaminderivat** (aus Benzylidendihydrocarvon). Sm. 145—146° (*A.* **305**, 269). — *III, *144.*
23) **Verbindung** (aus Menthonamin). Sm. 145—146° (*C.* **1904** [1] 1517).
24) **isom. Verbindung** (aus Menthonamin). Sm. 85—86° (*C.* **1904** [1] 1517).

$C_{17}H_{23}O_2Cl$ 1) **1-Menthylester d. 2-Chlorbenzol-1-Carbonsäure.** Sd. 225°$_{20}$ (*Soc.* **83**, 1214 *C.* **1903** [2] 1330).
2) **1-Menthylester d. 3-Chlorbenzol-1-Carbonsäure.** Sd. 218—219°$_{14}$ (*Soc.* **83**, 1214 *C.* **1903** [2] 1330).
3) **1-Menthylester d. 4-Chlorbenzol-1-Carbonsäure.** Sd. 231—232°$_{20}$ (*Soc.* **83**, 1214 *C.* **1903** [2] 1330).

$C_{17}H_{23}O_2Br$ *2) **1-Menthylester d. 2-Brombenzol-1-Carbonsäure** (*Soc.* **83**, 1214 *C.* **1903** [2] 1330).

$C_{17}H_{23}O_2J$ 1) **1-Menthylester d. 2-Jodbenzol-1-Carbonsäure.** Fl. (*Soc.* **85**, 1272 *C.* **1904** [2] 1303).
2) **1-Menthylester d. 3-Jodbenzol-1-Carbonsäure.** Fl. (*Soc.* **85**, 1273 *C.* **1904** [2] 1303).
3) **1-Menthylester d. 4-Jodbenzol-1-Carbonsäure.** Fl. (*Soc.* **85**, 1274 *C.* **1904** [2] 1303).

$C_{17}H_{23}O_3N$ 18) **Benzoat d. Verbindung** $C_{10}H_{19}O_2N$. Sm. 144°. HCl (*B.* **36**, 768 *C.* **1903** [1] 836).

$C_{17}H_{23}O_3Br$ 5) **isom. 4-Bromphenyloxyhomocampholsäure.** Sm. 120° (*C. r.* **136**, 73 *C.* **1903** [1] 459).

$C_{17}H_{23}O_4N$ 6) **Anhydrocotarninmethylpropylketon.** Sm. 86—92°. (2HCl, $PtCl_4$) (*B.* **37**, 214 *C.* **1904** [1] 591).
7) **α-[3-Phenylamidoformoxyl-4-Methylhexahydrophenyl]propionsäure.** Sm. 227° (*B.* **36**, 769 *C.* **1903** [1] 836).

$C_{17}H_{23}O_4N_3$ C 61,3 — H 6,9 — O 19,2 — N 12,6 — M. G. 333.
1) **Aethylester d. 2,5-Diketo-4,4-Dimethyl-1-Phenyltetrahydroimidazol-3-α-Amidoisobuttersäure.** Sm. 98° (*C.* **1904** [2] 1029).

$C_{17}H_{23}O_5N_3$ C 58,5 — H 6,6 — O 22,9 — N 12,0 — M. G. 349.
1) **β-[β-Benzoylamidoacetylamidobutyryl]amidobuttersäure.** Sm. 147°. NH_4, Ag (*J. pr.* [2] **70**, 219 *C.* **1904** [2] 1461).
2) **Aethylester d. α-[α-Benzoylamidoacetylamidopropionyl]amidopropionsäure.** Sm. 174—175° (*J. pr.* [2] **70**, 123 *C.* **1904** [2] 1037).

$C_{17}H_{23}O_5Cl$ 1) **Chlorhydrin d. Dehydrodioxyparasantonsäuredimethylester.** Sm. 146° (*C.* **1903** [2] 1447).

$C_{17}H_{23}O_6N$ C 60,5 — H 6,8 — O 28,5 — N 4,1 — M. G. 337.
1) Amid d. 3,4-Dioxy-1-[α-Acetoxyl-γ-Ketoisohexyl]benzol-3,4-Dimethyläther-2-Carbonsäure. Sm. 187° (*M.* **25**, 1062 *C.* **1904** [2] 1644).

$C_{17}H_{23}O_6N_7$ C 48,4 — H 5,5 — O 22,8 — N 23,3 — M. G. 421.
1) Hydrazid d. Benzoyltetra[Amidoacetyl]amidoessigsäure. Sm. 272 bis 274° (268—269°). HCl (*B.* **37**, 1300 *C.* **1904** [1] 1337; *J. pr.* [2] **70**, 97 *C.* **1904** [2] 1035).

$C_{17}H_{24}O_4N_2$ 3) Amylester d. α-Benzoylamidoacetylamidopropionsäure. Sm. 96° (*J. pr.* [2] **70**, 117 *C.* **1904** [2] 1036).

$C_{17}H_{24}O_5N_4$ C 56,0 — H 6,6 — O 22,0 — N 15,4 — M. G. 364.
1) α-Phenylamidoformylamidoisocapronylamidoacetylamidoessigsäure. Sm. 182—183° (*B.* **36**, 2991 *C.* **1903** [2] 1112).
2) Aethylester d. α-[α-Benzoylamidoacetylamidopropionyl]amidoäthylamidoameisensäure. Sm. 203° (*J. pr.* [2] **70**, 126 *C.* **1904** [2] 1037).

$C_{17}H_{24}O_6N_4$ C 53,7 — H 6,3 — O 25,2 — N 14,7 — M. G. 380.
1) Diäthylester d. α-Benzoylamidoacetylamidoäthan-αβ-Di[Amidoameisensäure]. Sm. 214° (*J. pr.* [2] **70**, 178 *C.* **1904** [2] 1396).

$C_{17}H_{24}O_7S$ 1) Cuminylidenmalonäthylesterhydrosulfonsäure. K + $^1/_2H_2O$ (*B.* **37**, 4059 *C.* **1904** [2] 1649).

$C_{17}H_{24}O_{11}N_2$ C 47,2 — H 5,6 — O 40,7 — N 6,5 — M. G. 432.
1) Pentaacetat d. Glykoseureïd. Sm. 200° (*R.* **22**, 59 *C.* **1903** [1] 1080).

$C_{17}H_{24}NCl$ 2) Chlormethylat d. 4-Methyl-7-Isopropylcarbazolenin. 2 + $PtCl_4$, + $AuCl_3$ (*C.* **1904** [2] 343).

$C_{17}H_{24}NJ$ 2) Jodmethylat d. 4-Methyl-7-Isopropylcarbazolenin. Sm. 209—210° u. Zers. (*C.* **1904** [2] 342).

$C_{17}H_{24}N_2S$ 12) isom. s-Phenylcamphylthioharnstoff? Sm. 150—152° (*B.* **37**, 160 *C.* **1904** [1] 582).

$C_{17}H_{25}ON$ 7) Benzoyl-l-Menthylamin. Sm. 156° (*Soc.* **85**, 70 *C.* **1904** [1] 375, 808).
8) Benzoyl-iso-l-Menthylamin. Sm. 121° (*Soc.* **85**, 121 *C.* **1904** [1] 808).
9) Benzoyl-neo-l-Menthylamin. Sm. 128° (*Soc.* **85**, 77 *C.* **1904** [1] 375, 808).
10) Benzoyl-iso-neo-l-Menthylamin. Sm. 104° (*Soc.* **85**, 77 *C.* **1904** [1] 375, 808).

$C_{17}H_{25}ON_3$ 2) α-Phenylamido-β-Bornylharnstoff. Sm. 140° u. Zers. (*Soc.* **85**, 1191 *C.* **1904** [2] 1125).
3) 1-3-Phenylsemicarbazon-4-Isopropyl-1-Methylhexahydrobenzol. Sm. 180—181° (*B.* **37**, 3182 *C.* **1904** [2] 991).

$C_{17}H_{25}O_2N$ 5) 3-Keto-2-[α-Hydroxylamidobenzyl]-4-Isopropyl-1-Methylhexahydrobenzol. Sm. 162° (*B.* **37**, 234 *C.* **1904** [1] 725).
6) Hydroxylaminderivat d. isom. Benzylidenmenthon vom Sm. 47°. Sm. 155° (*C. r.* **134**, 1438 *C.* **1902** [2] 280; *C.* **1904** [2] 1044).
7) Hydroxylaminderivat d. isom. Benzylidenmenthon vom Sm. 51°. Sm. 172° (*C. r.* **134**, 1437 *C.* **1902** [2] 280; *C.* **1904** [2] 1044).
8) Phenylamidoformiat d. 2-Oxymethyl-1, 1, 2, 5-Tetramethyl-R-Pentamethylen. Sm. 45° (*Bl.* [3] **31**, 750 *C.* **1904** [2] 303).

$C_{17}H_{25}O_3N$ 8) Phenylmonamid d. cis-βζ-Dimethylheptan-γδ-Dicarbonsäure. Sm. 149—150° (*Am.* **30**, 238 *C.* **1903** [2] 934).

$C_{17}H_{25}O_4N_3$ C 60,9 — H 7,5 — O 19,1 — N 12,5 — M. G. 335.
1) α-[α-Amidoisocapronyl]amidoacetylamido-β-Phenylpropionsäure. Sm. 225—228° (*B.* **37**, 3314 *C.* **1904** [2] 1307).

$C_{17}H_{25}O_4N_5$ C 56,1 — H 6,9 — O 17,6 — N 19,3 — M. G. 363.
1) Hydrazid d. β-[β-Benzoylamidoacetylamidobutyryl]amidobuttersäure. Sm. 194°. HCl (*J. pr.* [2] **70**, 221 *C.* **1904** [2] 1461).

$C_{17}H_{25}O_4Br$ 1) Monoäthylester d. Säure $C_{15}H_{21}O_4Br$ (aus Dibromparasantonsäure). Sm. 93—95° (*C.* **1903** [2] 1447).

$C_{17}H_{26}O_2N_2$ C 66,7 — H 8,5 — O 15,7 — N 9,1 — M. G. 306.
1) Acetat d. Oxylupanin. (HCl, $AuCl_3$) (*Ar.* **242**, 428 *C.* **1904** [2] 782).
2) Aethylester d. α-[α-Amidoisocapronyl]amido-β-Phenylpropionsäure. HCl (*B.* **37**, 3310 *C.* **1904** [2] 1306).

$C_{17}H_{27}ON$ *3) 3-Oxy-2-Phenylamidomethyl-4-Isopropyl-1-Methylhexahydrobenzol (*C.* **1904** [2] 1044).
4) 3-Oxy-2-[α-Amidobenzyl]-4-Isopropyl-1-Methylhexahydrobenzol. Sd. 202—206°$_{15}$ (*B.* **37**, 235 *C.* **1904** [1] 725).

$C_{17}H_{27}O_3N$ 4) **Benzoat d. α-Dimethylamido-β-Oxy-βε-Dimethylhexan.** HCl (*C. r.* **138**, 767 *C.* **1904** [1] 1196).

$C_{17}H_{27}O_3N_3$ C 66,9 — H 8,8 — O 10,5 — N 13,8 — M. G. 305.
1) **Semicarbazon d. Methylpseudojononhydrat** (D. R. P. 150771 *C.* **1904** [1] 1307).
2) **Semicarbazon d. isom. Methylpseudojononhydrat.** Sm. 193° (D. R. P. 150771 *C.* **1904** [1] 1307).

$C_{17}H_{27}O_3N$ *2) **2-Methoxylphenylester d. Diisobutylamidoessigsäure.** Fl. (2 HCl, $PtCl_4$), (HCl, $AuCl_3$), HJ (*Ar.* **240**, 638 *C.* **1903** [1] 24).

$C_{17}H_{28}O_4S_2$ 1) **αα-Di[Isoamylsulfon]-α-Phenylmethan.** Sm. 99—100° (*B.* **36**, 298 *C.* **1903** [1] 499).

$C_{17}H_{28}O_6S_3$ 1) **ααδ-Triäthylsulfon-α-Phenylpentan.** Sm. 163° (*B.* **37**, 508 *C.* **1904** [1] 883).

$C_{17}H_{28}NJ$ 1) **Jodäthylat d. d-2-Propyl-1-Benzylhexahydropyridin** (J. d. N-Benzylconiin). Sm. 179° (*B.* **37**, 3631 *C.* **1904** [2] 1510).
2) **isom. Jodäthylat d. d-2-Propyl-1-Benzylhexahydropyridin.** Sm. 208° (*B.* **37**, 3632 *C.* **1904** [2] 1510).

$C_{17}H_{33}O_2Br$ 2) **α-Bromhexadekan-α-Carbonsäure.** Sm. 52,5° (*Soc.* **85**, 838 *C.* **1904** [2] 509).

$C_{17}H_{35}ON$ 2) **α-Oximidoheptadekan.** Sm. 89,5° (*Soc.* **85**, 834 *C.* **1904** [2] 509).
3) **Amid d. Margarinsäure.** Sm. 106° (*Soc.* **85**, 837 *C.* **1904** [2] 509).

$C_{17}H_{35}O_2N$ *1) **Sphingosin.** H_2SO_4 (*H.* **43**, 29 *C.* **1904** [2] 1550).

$C_{17}H_{40}O_{13}N_4$ C 40,2 — H 7,9 — O 40,9 — N 11,0 — M. G. 508.
1) **Verbindung** (aus d. Nitril d. Methylenamidoessigsäure). 4 HCl (*B.* **36**, 1509 *C.* **1903** [1] 1302).

— 17 IV —

$C_{17}H_{10}O_2N_2Br_2$ 1) **Dibrommethylindigo** (D. R. P. 149940 *C.* **1904** [1] 1046).

$C_{17}H_{10}O_5N_2S$ 1) **Methylenindigosulfonsäure** (*C.* **1903** [2] 835).

$C_{17}H_{10}O_8N_2Br_4$ 1) **Diacetat d. 2,5,2′,5′ [oder 5,6,5′,6′]-Tetrabrom-3,3′-Dinitro-4,4′-Dioxydiphenylmethan.** Sm. 167° (*A.* **333**, 367 *C.* **1904** [2] 1117).

$C_{17}H_{11}OClS$ 1) **Benzoat d. 4-Chlor-1-Merkaptonaphtalin.** Sm. 111—112° (*C. r.* **138**, 983 *C.* **1904** [1] 1413).

$C_{17}H_{11}OBrS$ 1) **Benzoat d. 4-Brom-1-Merkaptonaphtalin.** Sm. 120—121° (*C. r.* **138**, 983 *C.* **1904** [1] 1413).

$C_{17}H_{11}O_2N_2Cl$ 3) **1-[6-Chlor-3-Nitrophenyl]amidonaphtalin.** Sm. 176° (*M.* **25**, 371 *C.* **1904** [2] 322).

$C_{17}H_{11}O_2N_2Br$ 3) **?-Brom-α-[2-Nitrophenyl]-β-[2-Chinolyl]äthen.** Sm. 274° (*B.* **36**, 1667 *C.* **1903** [2] 49).
4) **Brommethylindigo** (D. R. P. 149940 *C.* **1904** [1] 1046).

$C_{17}H_{11}O_2N_3Br_2$ 1) **Phenylamid d. 3,?-Dibrom-4-Oxy-1-Naphtylazoameisensäure.** Sm. 250° u. Zers. (*A.* **334**, 200 *C.* **1904** [2] 835).

$C_{17}H_{11}O_3NS_2$ 1) **3,4-Methylenäther d. 2-Thiocarbonyl-4-Keto-3-Phenyl-5-[3,4-Dioxybenzyliden]tetrahydrothiazol.** Sm. 193° (*M.* **24**, 511 *C.* **1903** [2] 836).

$C_{17}H_{12}ON_2Br_2$ 4) **2-Oxy-1-[2,6-Dibrom-4-Methylphenylazo]naphtalin.** Sm. 141° (*Soc.* **83**, 812 *C.* **1903** [2] 426).

$C_{17}H_{12}O_2N_2Br_2$ 2) **Nitril d. γδ-Dibrom-α-[4-Nitrophenyl]-δ-Phenyl-α-Buten-α-Carbonsäure.** Sm. 17?—180° (*A.* **336**, 220 *C.* **1904** [2] 1733).

$C_{17}H_{12}O_2N_3Br$ 1) **Phenylamid d. 3-Brom-4-Oxy-1-Naphtylazoameisensäure.** Sm. 250° u. Zers. (*A.* **334**, 199 *C.* **1904** [2] 835).

$C_{17}H_{12}O_3N_2S$ 1) **3,4-Methylenäther d. 2-Phenylimido-4-Keto-5-[3,4-Dioxybenzyliden]tetrahydrothiazol.** Sm. 259—261° (*C.* **1903** [1] 1258).

$C_{17}H_{12}O_3N_3Cl$ 1) **5-Keto-3-Methyl-4-[4-Chlor-2-Nitrobenzyliden]-1-Phenyl-4,5-Dihydropyrazol.** Sm. 180° (*B.* **37**, 1865 *C.* **1904** [1] 1600).

$C_{17}H_{12}O_4NBr$ 1) **Lakton d. γ-Brom-δ-Oxy-δ-Phenyl-α-[4-Nitrophenyl]-α-Buten-α-Carbonsäure.** Sm. 169—171° (*B.* **37**, 1123 *C.* **1904** [1] 1210; *A.* **336**, 219 *C.* **1904** [2] 1733).

$C_{17}H_{12}O_4N_3Br$ 1) **Aethylester d. 4-Brom-2-[α-Cyan-4-Nitrobenzyliden]amidobenzol-1-Carbonsäure.** Sm. 144° (*B.* **37**, 1872 *C.* **1904** [1] 1601).

$C_{17}H_{12}O_8N_2Br_2$ 1) **Diacetat d. 5,5′-Dibrom-3,3′-Dinitro-4,4′-Dioxydiphenylmethan.** Sm. 185° (*A.* **333**, 366 *C.* **1904** [2] 1117).

$C_{17}H_{13}ON_2Cl$ 2) 5-Chlor-4-Benzoyl-3-Methyl-1-Phenylpyrazol. Sm. 88°; Sd. 245°, (*B.* 36, 524 *C.* 1903 [1] 641).

$C_{17}H_{13}O_2NS_2$ 1) Methyläther d. 2-Thiocarbonyl-4-Keto-3-Phenyl-5-[4-Oxybenzyliden]tetrahydrothiazol. Sm. 221° (*M.* 24, 509 *C.* 1903 [2] 836).

$C_{17}H_{13}O_3NBr_4$ 1) Acetat d. N-Acetylphenyl-3, 4, 5, 6-Tetrabrom-2-Oxybenzylamin Sm. 161—162° (*A.* 332, 180 *C.* 1904 [2] 209).

$C_{17}H_{13}O_3NS_2$ 1) 5³-Methyläther d. 2-Thiocarbonyl-4-Keto-5-[3, 4-Dioxybenzyliden]-3-Phenyltetrahydrothiazol. Sm. 193° (*M.* 25, 16; *C.* 1904 [1] 894).

$C_{17}H_{13}O_4NBr_2$ 1) γδ-Dibrom-δ-Phenyl-α-[4-Nitrophenyl]-α-Buten-α-Carbonsäure Sm. 207—209° (*B.* 37, 1124 *C.* 1904 [1] 1210; *A.* 336, 218 *C.* 1904 [2] 1732).

$C_{17}H_{13}O_5NS$ 2) 1-Phenylamidonaphtalin-1²-Carbonsäure-4-Sulfonsäure. Na (D.R.P. 146102 *C.* 1903 [2] 1152).

3) 1-Phenylamidonaphtalin-1²-Carbonsäure-5-Sulfonsäure. Na (D.R.P. 146102 *C.* 1903 [2] 1152).

4) 1-Phenylamidonaphtalin-1²-Carbonsäure-7-Sulfonsäure. Na (D.R.P. 146102 *C.* 1903 [2] 1152).

5) 2-Phenylamidonaphtalin-2²-Carbonsäure-5-Sulfonsäure (D.R.P. 146102 *C.* 1903 [2] 1152).

6) 2-Phenylamidonaphtalin-2²-Carbonsäure-6-Sulfonsäure. Na (D.R.P. 146102 *C.* 1903 [2] 1152).

$C_{17}H_{14}ONCl$ 2) Aethyläther d. 1-Chlor-4-Oxy-3-Phenylisochinolin. Sm. 82—83° (*B.* 37, 1691 *C.* 1904 [1] 1524).

3) Phenacylchlorid d. Chinolin + H_2O. Sm. 193—197° (wasserfrei). 2 + $PtCl_4$, + $AuCl_3$ (*Ar.* 240, 692 Anm. *C.* 1903 [1] 402).

4) Phenacylchlorid d. Isochinolin + $2H_2O$. + $HgCl_2$, 2 + $PtCl_4$, + $AuCl_3$ (*Ar.* 240, 701 Anm. *C.* 1903 [1] 403).

$C_{17}H_{14}ONBr$ *2) Phenacylbromid d. Chinolin + H_2O. Sm. 117—118° (169° wasserfrei) (*Ar.* 240, 692 *C.* 1903 [1] 402).

*3) Phenacylbromid d. Isochinolin + $^1/_2 H_2O$. Sm. 206° wasserfrei (*Ar.* 240, 701 *C.* 1903 [1] 403).

$C_{17}H_{14}ON_2S$ 1) Benzoat d. 5-Merkapto-3-Methyl-1-Phenylpyrazol. Sm. 93° (*B.* 37, 2774 *C.* 1904 [2] 711).

$C_{17}H_{14}ON_3Cl$ 3) 5-Keto-3-Methyl-4-[4-Chlor-2-Amidobenzyliden]-1-Phenyl-4,5-Dihydropyrazol. Sm. 265° (*B.* 37, 1873 *C.* 1904 [1] 1602).

$C_{17}H_{14}O_5N_2S$ 1) 6-[3-Amidobenzoyl]amido-1-Oxynaphtalin-3-Sulfonsäure (D.R.P. 151017 *C.* 1904 [1] 1381).

$C_{17}H_{14}O_5N_3Br$ 1) Acetat d. α-Acetyl-α-Phenyl-β-[5-Brom-3-Nitro-2-Oxybenzyliden]hydrazin. Sm. 203—201° (*B.* 37, 3936 *C.* 1904 [2] 1590).

$C_{17}H_{15}ON_2Cl$ 1) Oxim d. Chinolinphenacylchlorid. HCl + $1^1/_2 H_2O$ (*Ar.* 240, 697 *C.* 1903 [1] 402).

2) Oxim d. Isochinolinphenacylchlorid + $1^1/_2 H_2O$. Sm. 147° (*Ar.* 240, 704 *C.* 1903 [1] 403).

3) Phenylamid d. Chlorchinoliniumessigsäure + H_2O. 2 + $PtCl_4$, + $AuCl_3$ (*Ar.* 241, 126 *C.* 1903 [1] 1024).

4) Phenylamid d. Chlorisochinoliniumessigsäure. Sm. 202—206°. + $HgCl_2$, 2 + $PtCl_4$, + $AuCl_3$ (*Ar.* 240, 706 *C.* 1903 [1] 403; *Ar.* 241, 127 *C.* 1903 [1] 1024).

$C_{17}H_{15}ON_2Br$ 1) Oxim d. Chinolinphenacylbromid. Sm. 207° (*Ar.* 240, 693 *C.* 1903 [1] 402).

2) Oxim d. Isochinolinphenacylbromid. Sm. 195—205° (*Ar.* 240, 701 *C.* 1903 [1] 403).

3) Phenylamid d. Bromchinoliniumessigsäure. Sm. 225—227° (*Ar.* 241, 126 *C.* 1903 [1] 1023).

4) Phenylamid d. Bromisochinoliniumessigsäure. Sm. 216—218° (*Ar.* 241, 127 *C.* 1903 [1] 1024).

$C_{17}H_{15}OClBr_2$ 1) ε-Chlor-αβ-Dibrom-γ-Keto-αε-Diphenylbutan. Sm. 128° (*B.* 36, 2376 *C.* 1903 [2] 495).

$C_{17}H_{15}O_3NBr_2$ 1) Acetat d. N-Acetylphenyl-3,5-Dibrom-2-Oxybenzylamin (*A.* 332, 178 *C.* 1904 [2] 209).

$C_{17}H_{15}O_2N_2Cl$ 1) α - **Acetylimido - α - [Acetyl - 4 - Chlorphenyl]amido - α - Phenylmethan.** Sm. 170° (*J. pr.* [2] **67**, 456 *C.* **1903** [1] 1421).

$C_{17}H_{15}O_3NS$ 9) **2-[2-Methylphenyl]amidonaphtalin-6-Sulfonsäure.** Na, Ca, Ba (*C.* **1904** [1] 1013).

10) **2 - [4 - Methylphenyl] amidonaphtalin - 6 - Sulfonsäure** (*C.* **1904** [1] 1013).

11) **2-[4-Methylphenyl]amidonaphtalin-8-Sulfonsäure.** Na (*C.* **1904** [1] 1013).

$C_{17}H_{15}O_3N_2Br$ 1) **Benzyläther d. 3-Brom-5-Nitro-2-Oxy-1-Methyl-1,2-Dihydrochinolin.** Sm. 120° (*J. pr.* [2] **45**, 189). — **IV**, *266*.

2) **Acetat d.** α-**Acetyl** - α - **Phenyl**-β-**[5-Brom-2-Oxybenzyliden]-hydrazin.** Sm. 136—137° (*B.* **37**, 3934 *C.* **1904** [2] 1596).

$C_{17}H_{15}O_4NBr_2$ 1) **Methylester d. N-Acetyl-3-[3,5-Dibrom-2-Oxybenzyl]amidobenzol-1-Carbonsäure.** Sm. 117—119° (*A.* **332**, 196 *C.* **1904** [2] 210).

$C_{17}H_{15}O_4NS$ 4) **6-Aethylphenylsulfonamido-1,2-Benzpyron.** Sm. 124° (*Soc.* **85**, 1238 *C.* **1904** [2] 1124).

$C_{17}H_{15}O_6N_3S$ 1) **6 - [4 - Amidophenyl] ureïdo - 1 - Oxynaphtalin - 3 - Sulfonsäure** (D.R.P. 151017 *C.* **1904** [1] 1382).

$C_{17}H_{15}O_6NS_2$ 1) **2-[4-Methylphenyl]amidonaphtalin-6,8-Disulfonsäure** (*C.* **1904** [1] 1013).

$C_{17}H_{15}N_2Cl_2Br$ 1) **Isochinolin** + ββ - **Dichlor** - γ - **Brom** - α - **Phenylamidopropan.** 2 + $PtCl_4$, + $AuCl_3$ (*Ar.* **241**, 121 *C.* **1903** [1] 1023).

$C_{17}H_{16}ONBr$ 2) **8-Brom-5-Benzoylamido-1,2,3,4-Tetrahydronaphtalin.** Sm. 202 bis 203° (*Soc.* **85**, 746 *C.* **1904** [2] 447).

$C_{17}H_{16}ON_2S$ 3) **2 - [2 - Methylphenyl]imido - 4 - Keto - 3 - [2 - Methylphenyl]tetrahydrothiazol.** Sm. 151—152° (*C.* **1903** [1] 1258).

4) **1-[Acetyl-2-Methylphenyl]amido-4-Methylbenzthiazol.** Sm. 77° (*B.* **36**, 3130 *C.* **1903** [2] 1070).

5) **1-[Acetyl-4-Methylphenyl]amido-5-Methylbenzthiazol.** Sm. 158° (*B.* **36**, 3131 *C.* **1903** [2] 1070).

$C_{17}H_{16}ON_4S$ 1) **1 - Phenylthioureïdo - 2 - Thiocarbonyl - 4 - Keto - 5 - Methyl - 3 - Phenyltetrahydroimidazol.** Sm. 223° u. Zers. (*C.* **1904** [2] 1027).

$C_{17}H_{16}O_2N_2S$ 5) **5-Benzylsulfon-3-Methyl-1-Phenylpyrazol.** Sm. 92° (*A.* **331**, 238 *C.* **1904** [1] 1221).

6) **2-Acetat d. 2-Merkapto-6-Oxy-1-Phenylbenzimidazol-6-Aethyläther.** Sm. 163—164° (*B.* **36**, 3849 *C.* **1904** [1] 89).

$C_{17}H_{16}O_3NCl$ 3) **Acetat d. 4-Chlor-1-[Acetyl-2-Oxybenzyl]amidobenzol** (*Ar.* **240**, 685 *C.* **1903** [1] 395).

$C_{17}H_{16}O_3NBr$ 4) **Acetat d. 4-Brom-1-[Acetyl-2-Oxybenzyl]amidobenzol** (*Ar.* **240**, 686 *C.* **1903** [1] 395).

$C_{17}H_{16}O_3ClJ$ 1) **4-Benzoat d. 3,4-Dioxy-1-[**α-**Chlor**-β-**Jodpropyl]benzol-3-Methyläther** (*C.* **1904** [2] 506).

2) **4-Benzoat d. 3,4-Dioxy-1-[**β-**Chlor**-γ-**Jodpropyl]benzol-3-Methyläther.** Sm. 91° (*C.* **1904** [2] 506).

$C_{17}H_{16}O_6N_2S_2$ 1) **Verbindung** (aus Pyridin u. Sulfanilsäure). Na (*J. pr.* [2] **69**, 131 *C.* **1904** [1] 816).

$C_{17}H_{16}N_3ClS$ 1) α - **Allylamidothioformylimido** - α - **[4 - Chlorphenyl]amido** - α - **Phenylmethan.** Sm. 169—171° (*J. pr.* [2] [illegible] 1903 [1] 1422).

$C_{17}H_{17}ON_3S$ 1) β-**Benzoylamido**-α-**Isopropylidenamido**-α-**Phenylthioharnstoff.** Sm. 136° (*Am.* **32**, 369 *C.* **1904** [2] 1507).

2) **1-Phenylamido-2-Thiocarbonyl-4-Keto-5,5-Dimethyl-3-Phenyltetrahydroimidazol.** Sm. 206° (*C.* **1904** [2] 1028).

$C_{17}H_{17}O_2NBr_2$ *1) **3,6-Dibrom-5-Oxy-2-Acetylphenylamido-1,4-Dimethylbenzol.** Sm. 223—225° (*A.* **332**, 184 *C.* **1904** [2] 209).

*2) **Acetat d. 3,6-Dibrom-5-Oxy-2-Phenylamidmethyl-1,4-Dimethylbenzol.** Sm. 120° (*A.* **332**, 183 *C.* **1904** [2] 209).

$C_{17}H_{17}O_2N_2Br$ 1) **4-Oxybromphenylat d. 2-[4-Oxyphenyl]amido-1,2-Dihydropyridin.** Sm. 181° (*J. pr.* [2] **69**, 130 *C.* **1904** [1] 815).

$C_{17}H_{17}O_3N_3Br_2$ 1) **Phenylamid d. 3,6-Dibrom-4-Oxy-5-Isopropyl-2-Methylphenylazoameisensäure.** Sm. 199—200° (*A.* **334**, 197 *C.* **1904** [2] 835).

$C_{17}H_{17}O_2N_3S$ 2) **3-Phenylsulfonimido-1,5-Dimethyl-2-Phenyl-2,3-Dihydropyrazol.** Sm. 211° (*B.* **36**, 3286 *C.* **1903** [2] 1190).

27*

$C_{17}H_{17}O_3NS$ 2) **4-[4-Methylphenyl]merkaptophenylamid** d. **Oxalsäuremonoäthylester** (p-Thiotolylphenyloxamäthan). Sm. 121° (*J. pr.* [2] **66**, 268 *C.* **1903** [2] 993).

$C_{17}H_{18}ONBr_3$ 1) **3,6,3'-Tribrom-4'-Dimethylamido-4-Oxy-2,5-Dimethyldiphenylmethan.** Sm. 99—100°. HBr (*A.* **334**, 297 *C.* **1904** [2] 985).
2) **2,6,3'-Tribrom-4'-Dimethylamido-4-Oxy-3,5-Dimethyldiphenylmethan.** Sm. 135°. HBr (*A.* **334**, 323 *C.* **1904** [2] 987).

$C_{17}H_{18}ON_2S$ *4) **6-Aethyläther** d. **2-Merkapto-6-Oxy-5-Methyl-1-[4-Methylphenyl]benzimidazol.** Sm. 205—206° (*B.* **36**, 3855 *C.* **1904** [1] 90).
11) **6-Aethyläther** d. **2-Merkapto-6-Oxy-4-Methyl-1-[2-Methylphenyl]benzimidazol.** Sm. 240° (*B.* **36**, 3854 *C.* **1904** [1] 90).

$C_{17}H_{18}ON_2S_2$ 2) **Dimethyläther** d. **5-Merkapto-2-Oxy-2-Phenyl-3-[4-Methylphenyl]-2,3-Dihydro-1,3,4-Thiodiazol.** Sm. 95° (*J. pr.* [2] **67**, 260 *C.* **1903** [1] 1266).
3) **5-Methyläther-2-Aethyläther** d. **5-Merkapto-2-Oxy-2,3-Diphenyl-2,3-Dihydro-1,3,4-Thiodiazol.** Sm. 106° (*J. pr.* [2] **67**, 224 *C.* **1903** [1] 1261).

$C_{17}H_{18}ON_4S_2$ 1) **s-Di[4-Methylphenylamidothioformyl]harnstoff.** Sm. 172° (*Soc.* **83**, 94 *C.* **1903** [1] 230, 447).

$C_{17}H_{18}O_2N_3Br$ 1) **Phenylamid** d. **3-Brom-4-Oxy-5-Isopropyl-2-Methylphenylazoameisensäure.** Sm. 203° (*A.* **334**, 196 *C.* **1904** [2] 835).

$C_{17}H_{18}O_2N_5Br$ 1) **β-Methyl-α-Phenylhydrazid** d. **α-Oximido-β-[4-Bromphenyl]-hydrazonbuttersäure.** Sm. 205° u. Zers. + [illegible] (*A.* **328**, 74 *C.* **1903** [2] 249).

$C_{17}H_{18}O_3N_2S$ 2) **Inn. Anhydrid** d. **α-[αβ-Di(4-Methylphenyl)ureïdo]äthan-β-Sulfonsäure.** Sm. 204° (*M.* **25**, 683 *C.* **1904** [2] 1122).

$C_{17}H_{18}O_3N_4Br_2$ *1) **Di[4-Bromphenylhydrazon]** d. **l-Arabinose.** Sm. 171° u. Zers. (*Soc.* **83**, 1285 *C.* **1904** [1] 86).

$C_{17}H_{18}O_4NBr$ 3) **Benzoat** d. **β-Bromcamphoryloxim.** Sm. 134° (*Soc.* **83**, 966 *C.* **1903** [1] 1411 *C.* **1903** [2] 666).
4) **Benzoat** d. **π-Brom-α-Isonitrosocampher.** Sm. 185° (*Soc.* **83**, 967 *C.* **1903** [1] 1611 *C.* **1903** [2] 666).

$C_{17}H_{18}O_6N_3Br$ 1) **Dimethylamidobenzol + 4-Brom-3,5-Dinitrobenzol-1-Carbonsäure.** Sm. 56° (*B.* **37**, 179 *C.* **1904** [1] 653).

$C_{17}H_{18}O_{12}N_3Cl$ 1) **Triäthylester** d. **5-Chlor-2,4,6-Trinitrobenzol-1-Methylcarbonsäure-3-Methyldicarbonsäure.** Sm. 147—148° (*Am.* **32**, 179 *C.* **1904** [2] 951).

$C_{17}H_{19}ONBr_2$ *1) **3,6-Dibrom-4'-Dimethylamido-4-Oxy-2,5-Dimethyldiphenylmethan.** Sm. 124°. HBr, HJ (*A.* **334**, 287, 307 *C.* **1904** [2] 984, 986).
2) **2,6-Dibrom-4'-Dimethylamido-4-Oxy-3,5-Dimethyldiphenylmethan.** Sm. 128°. HBr (*A.* **334**, 319 *C.* **1904** [2] 987).
3) **Methyläther** d. **Methylphenyl-3,6-Dibrom-4-Oxy-2,5-Dimethylbenzylamin.** Sm. 90—91° (*A.* **334**, 304 *C.* **1904** [2] 985).

$C_{17}H_{19}ON_3S_2$ 1) **Dimethyläther** d. **α-Dimerkaptomethylenamido-α-[2-Methylphenyl]-β-Phenylharnstoff.** Sm. 98° (*B.* **36**, 1370 *C.* **1903** [1] 1342).
2) **Dimethyläther** d. **α-Dimerkaptomethylenamido-α-[3-Methylphenyl]-β-Phenylharnstoff.** Sm. 127° (*B.* **36**, 1373 *C.* **1903** [1] 1343).

$C_{17}H_{19}O_3NS$ 3) **Aethylester** d. **4-Merkapto-2-Methylphenylamidoameisen-4-Methylphenyläthersäure.** Sm. 81° (*J. pr.* [2] **68**, 285 *C.* **1903** [2] 995).

$C_{17}H_{19}O_6N_2P$ 1) **Trimethylester** d. **Phosphorsäuredi[Phenylamid]-2,2'-Dicarbonsäure.** Sm. 174° (*B.* **36**, 1828 *C.* **1903** [2] 201).

$C_{17}H_{20}ONBr$ 1) **6-Brom-4'-Dimethylamido-4-Oxy-2,5-Dimethyldiphenylmethan.** Sm. 155—157° (*A.* **334**, 335 *C.* **1904** [2] 989).

$C_{17}H_{20}ONBr_5$ 1) **Bromderivat** d. **Base** $C_{17}H_{21}ON$ (aus α-Oxybenzylidencampher). Sm. 173° (*Soc.* **83**, 108 *C.* **1903** [1] 233, 458).

$C_{17}H_{20}ON_2Br_2$ 1) **3,6-Dibrom-6'-Dimethylamido-3'-Amido-4-Oxy-2,5-Dimethyldiphenylmethan.** Sm. 141—142°. HBr (*A.* **334**, 313 *C.* **1904** [2] 986).

$C_{17}H_{20}ON_2S$ 2) **Aethyläther** d. **6-Oxy-3,4'-Dimethyl-s-Diphenylthioharnstoff.** Sm. 158° (*B.* **36**, 3856 *C.* **1904** [1] 90).

$C_{17}H_{20}O_2NCl$ 3) **Benzoat** d. **act. Hydrochlorcarvoxim.** Sm. 114—115° (*B.* **18**, 2222; *A.* **270**, 179). — *III, *394.*

$C_{17}H_{20}O_3NP$ 1) Diphenylester d. 1-Piperidylphosphinsäure. Sm. 70° (*A.* **326**, 187 *C.* **1903** [1] 820). — *IV, *9.*

$C_{17}H_{20}O_5N_2S$ 1) Aethylester d. α-d-[2-Naphtylsulfonamidopropionyl]amidoessigsäure. Sm. 104° (*B.* **36**, 2596 *C.* **1903** [2] 618).

$C_{17}H_{20}O_5N_4Br_2$ 1) 4-Bromphenylhydrazid einer Arabinose-p-Bromphenylhydrazonsäure. Sm. 112° u. Zers. (*Soc.* **83**, 1287 *C.* **1904** [1] 86).

$C_{17}H_{21}O_2NS$ 7) Phenylamid d. β-Phenylpentan-?-Sulfonsäure. Sm. 60—61° (*B.* **36**, 3690 *C.* **1903** [2] 1426).

8) Phenylamid d. 1-Aethyl-4-Isopropylbenzol-?-Sulfonsäure. Sm. 110° (92—93°) (*B.* **36**, 1641 *C.* **1903** [2] 27).

9) Phenylamid d. 1,3,5-Trimethyl-2-Aethylbenzol-4-Sulfonsäure. Sm. 123—124° (*B.* **36**, 1644 *C.* **1903** [2] 27).

$C_{17}H_{22}ON_2S$ 1) Phenylthioharnstoff d. α-Anhydropulegonhydroxylamin. Sm. 134° (*B.* **37**, 957 *C.* **1904** [1] 1087).

$C_{17}H_{22}O_2ClBr$ 1) l-Menthylester d. 2-Chlor-3-Brombenzol-1-Carbonsäure. Sm. 31 bis 32°; Sd. 237—239°$_{22}$ (*Soc.* **85**, 1264 *C.* **1904** [2] 1302).

2) l-Menthylester d. 2-Chlor-4-Brombenzol-1-Carbonsäure. Sd. 224 bis 226° (*Soc.* **85**, 1264 *C.* **1904** [2] 1302).

3) l-Menthylester d. 2-Chlor-5-Brombenzol-1-Carbonsäure. Sm. 34 bis 35°; Sd. 224° (*Soc.* **85**, 1264 *C.* **1904** [2] 1302).

4) l-Menthylester d. 2-Chlor-6-Brombenzol-1-Carbonsäure. Sm. 144 bis 145° (*Soc.* **85**, 1264 *C.* **1904** [2] 1302).

5) l-Menthylester d. 3-Chlor-2-Brombenzol-1-Carbonsäure. Sd. 227 bis 229° (*Soc.* **85**, 1264 *C.* **1904** [2] 1302).

6) l-Menthylester d. 3-Chlor-4-Brombenzol-1-Carbonsäure. Sm. 46 bis 47°; Sd. 225—227° (*Soc.* **85**, 1264 *C.* **1904** [2] 1302).

7) l-Menthylester d. 3-Chlor-5-Brombenzol-1-Carbonsäure. Sd. 226 bis 228° (*Soc.* **85**, 1264 *C.* **1904** [2] 1302).

8) l-Menthylester d. 3-Chlor-6-Brombenzol-1-Carbonsäure. Sm. 36,5 bis 37,5° (*Soc.* **85**, 1264 *C.* **1904** [2] 1302).

9) l-Menthylester d. 4-Chlor-2-Brombenzol-1-Carbonsäure. Sd. 221 bis 223° (*Soc.* **85**, 1264 *C.* **1904** [2] 1302).

10) l-Menthylester d. 4-Chlor-3-Brombenzol-1-Carbonsäure. Sm. 35 bis 36°; Sd. 223—225° (*Soc.* **85**, 1264 *C.* **1904** [2] 1302).

$C_{17}H_{22}O_4N_2S_2$ 4) αε-Di[Phenylsulfonamido]pentan. Sm. 119° (*B.* **37**, 3588 *C.* **1904** [2] 1407).

$C_{17}H_{22}N_3SP$ 1) Di[Phenylamid] d. 1-Piperidylphosphinsäure. Sm. 199° (*A.* **326**, 215 *C.* **1903** [1] 822). — *IV, *9.*

$C_{17}H_{22}O_3NBr$ 1) Brommethylat d. Homoatropin. Sm. 180—181° (D.R.P. 145996 *C* **1903** [2] 1226).

$C_{17}H_{23}O_3N_3S$ 1) Aethylester d. 2-Thiocarbonyl-4-Keto-5-Dimethyl-3-Phenyltetrahydroimidazol-1-α-Amidoisobuttersäure. Sm. 84° (*C.* **1904** [2] 1028).

$C_{17}H_{23}O_4N_2Br$ 1) α-[α-Bromisocapronyl]amidoacetylamido-β-Phenylpropionsäure. Sm. 163—164° (*B.* **37**, 3314 *C.* **1904** [2] 1307).

$C_{17}H_{24}ON_3P$ 1) Amylamid-Di[Phenylamid] d. Phosphorsäure. Sm. 117° (*A.* **326**, 174 *C.* **1903** [1] 819).

$C_{17}H_{24}O_3N_3Cl_3$ 1) Verbindung (aus Butylchloral u. 4-Dimethylamido-3-Keto-1,3-Dimethyl-2-Phenyl-2,3-Dihydropyrazol). [illegible] (D.R.P. 150799 *C.* **1904** [1] 1379).

$C_{17}H_{24}O_4NCl$ 1) Chlormethylat d. Anhydromethylcotarninaceton. 2 + $PtCl_4$ (*B.* **37**, 213 *C.* **1904** [1] 590).

$C_{17}H_{24}O_4NJ$ 1) Jodmethylat d. Anhydromethylcotarninaceton. Sm. 144° (*B.* **37**, 213 *C.* **1904** [1] 590).

$C_{17}H_{24}N_5SP$ 1) Di[Phenylhydrazid] d. 1-Piperidylthiophosphinsäure. Sm. 158° (*A.* **326**, 215 *C.* **1903** [1] 822).

$C_{17}H_{26}ON_2S$ 1) 3-Oxy-4-[α-Phenylthioureïdoisopropyl]-1-Methylhexahydrobenzol. Sm. 132° (*B.* **37**, 2286 *C.* **1904** [2] 441).

$C_{17}H_{26}ON_5P$ 1) Amylamid-Di[Phenylhydrazid] d. Phosphorsäure. Sm. 122° (*A.* **326**, 174 *C.* **1903** [1] 819).

$C_{17}H_{28}ON_3P$ 1) Methylphenylamid-1,1'-Dipiperidid d. Phosphorsäure. Sm. 86° (*A.* **326**, 255 *C.* **1903** [1] 869). — *IV, *10.*

2) 2-Methylphenylamid-1,1'-Dipiperidid d. Phosphorsäure. Sm. 146° (*A.* **326**, 197 *C.* **1903** [1] 821). — *IV, *10.*

$C_{17}H_{28}N_3SP$ 1) **4-Methylphenylmonamid-1,1'-Dipiperidid d. Thiophosphorsäure.** Sm. 157° (*A.* **326**, 218 *C.* **1903** [1] 822).

$C_{17}H_{32}O_2NCl$ 1) **Chlormethylat d. Diäthylamidoessigsäurebornylester** + H_2O. Zers. bei 130° (*Ar.* **240**, 651 *C.* **1903** [1] 399).

$C_{17}H_{32}O_2NJ$ 1) **Jodmethylat d. Diäthylamidoessigsäurebornylester.** Sm. 194° (*Ar.* **240**, 650 *C.* **1903** [1] 399).

$C_{17}H_{34}O_2NCl$ 1) **Chlormethylat d. Diäthylamidoessigsäurementhylester** + H_2O. Sm. 185° (*Ar.* **240**, 648 *C.* **1903** [1] 399).

$C_{17}H_{34}O_2NJ$ 1) **Jodmethylat d. Diäthylamidoessigsäurementhylester.** Sm. 157° (*Ar.* **240**, 647 *C.* **1903** [1] 399).

$C_{17}H_{40}N_4J_2P$ 1) **Methyldi[Diisobutylamido]jodphosphoniumjodid.** Sm. 132° (*A.* **326**, 168 *C.* **1903** [1] 762).

— 17 V —

$C_{17}H_{10}ON_2Br_4S$ 1) **Verbindung** (aus Acetyl-sym-Di[2-Methylphenyl]thioharnstoff). Sm. 141° u. Zers. (*B.* **36**, 3130 *C.* **1903** [2] 1070).

C_{18}-Gruppe.

$C_{18}H_{12}$ *5) **Truxen** (*B.* **36**, 644 *C.* **1903** [1] 717; *B.* **36**, 645 *C.* **1903** [1] 718).

$C_{18}H_{14}$ *2) **1,4-Diphenylbenzol.** Sm. 205° (*B.* **36**, 1410 *C.* **1903** [1] 1358).
*3) **5,12-Dihydronaphtacen.** Sm. 200—204° (*B.* **36**, 553 *C.* **1903** [1] 720).
7) **α-Phenyl-α-[1-Naphtyl]äthen.** Sm. 60°; Sd. 350—355° (*B.* **37**, 2757 *C.* **1904** [2] 707; *B.* **37**, 4167 *C.* **1904** [2] 1643).
8) **Kohlenwasserstoff** (aus Acetylenmagnesiumbromid u. Benzaldehyd). Sm. 213—214° (*C.* **1904** [2] 943).

$C_{18}H_{16}$ 2) **2-Methyl-7-[4-Methylphenyl]naphtalin.** Sm. 140—141° (*B.* **36**, 1873 *C.* **1903** [2] 286; *B.* **36**, 3909 *C.* **1903** [2] 1438).

$C_{18}H_{18}$ *1) **Reten.** Sm. 98° (*Ar.* **240**, 571 *C.* **1903** [1] 163; *B.* **36**, 4200 *C.* **1904** [1] 288; *Ar.* **241**, 581 *C.* **1904** [1] 166; *M.* **25**, 452 *C.* **1904** [2] 450).
*4) **1,3,5,7-Tetramethylanthracen.** Sm. 280° (*Soc.* **85**, 218 *C.* **1904** [1] 656, 939).
8) **βε-Diphenyl-βδ-Hexadiën.** Sm. 138° (*C. r.* **135**, 1348 *C.* **1903** [1] 328).
9) **Kohlenwasserstoff** (aus Abiëten). Sm. 86° (*Soc.* **85**, 1248 *C.* **1904** [2] 107, 1308).

$C_{18}H_{22}$ 11) **2,4,5,2',4',5'-Hexamethylbiphenyl.** Sm. 52°; Sd. 320°$_{788}$ (*A.* **332**, 47 *C.* **1904** [2] 40).
12) **2,4,6,2',4',6'-Hexamethylbiphenyl.** Sm. 100,5°; Sd. 296°$_{788}$ (*A.* **332**, 48 *C.* **1904** [2] 40).

$C_{18}H_{28}$ 3) **Abiëten.** Sd. 340—345°$_{760}$ (*Soc.* **85**, 1244 *C.* **1904** [2] 107, 1308).

$C_{18}H_{30}$ *1) **Dodekahydroreten** (Dihydroabiëten). Sd. 330—340° (*Soc.* **85**, 1247 *C.* **1904** [2] 107, 1308).
*4) **Hexaäthylbenzol** (*J. pr.* [2] **68**, 227 *C.* **1903** [2] 1114).

$C_{18}H_{34}$ 4) **Chaulmoogren.** Sd. 193—194°$_{20}$ (*Soc.* **85**, 859 *C.* **1904** [2] 348, 604).

$C_{18}H_{38}$ 3) **Kohlenwasserstoff** (aus Lichesterinsäure). Sd. 190—200° (*Ar.* **241**, 21 *C.* **1903** [1] 698).

— 18 II —

$C_{18}H_8O_4$ *2) **5,6,11,12-Naphtacendichinon.** Sm. 333° (*B.* **36**, 727 *C.* **1903** [1] 774).

$C_{18}H_{10}O_3$ *3) **Chrysoketoncarbonsäure.** Sm. 283° (*A.* **335**, 119 *C.* **1904** [2] 1132).
7) **11-Oxy-5,12-Naphtacenchinon.** Sm. 303° (*B.* **36**, 549 *C.* **1903** [1] 719).
8) **Anhydrid d. 2-Phenylnaphtalin-1,2ᵖ-Dicarbonsäure.** Sm. 146° (*A.* **335**, 118 *C.* **1904** [2] 1132).

$C_{18}H_{10}O_4$ *3) **Isoäthindiphtalid.** Sm. 345—347° (300°?) (D.R.P. 138324, 138325 *C.* **1903** [1] 371; *B.* **36**, 721 *C.* **1903** [1] 773; *B.* **36**, 2328 *C.* **1903** [2] 442).
*4) **2,2'-Bi-1,3-Diketo-2,3-Dihydroinden.** Sm. noch nicht bei 320° (*B.* **35**, 3960 *C.* **1903** [1] 32).

$C_{18}H_{10}O_5$ 5) **6,11,?-Trioxy-5,12-Diketo-5,12-Dihydroacenaphten** (*B.* **36**, 2329 *C.* **1903** [2] 442).
6) **6,8,11-Trioxy-5,12-Naphtacenchinon?** (*B.* **36**, 725 *C.* **1903** [1] 774).

$C_{18}H_{10}O_5$ 7) ?-Trioxynaphtacenchinon. Sm. 300° (*B.* **36**, 727 *C.* **1903** [1] 774).

$C_{18}H_{10}O_{11}$ C 53,7 — H 2,5 — O 43,8 — M. G. 402.

1) **Diphenylketon-2,4,6,3',5'-Pentacarbonsäure.** Sm. 350—355° (*B.* **33**, 343). — *II, *1231.*

$C_{18}H_{12}O_2$ 7) **1,2-Dioxychrysen.** Sm. 152—154° (D.R.P. 151981 *C.* **1904** [2] 167).

$C_{18}H_{12}O_3$ *7) **Anhydrid d. αδ-Diphenyl-αγ-Butadiën-βγ-Dicarbonsäure.** Sm. 203 bis 204° (*B.* **37**, 2244 *C.* **1904** [2] 328; *B.* **37**, 2465 *C.* **1904** [2] 329).

$C_{18}H_{12}O_4$ *13) **Hydrodicumarin.** Sm. 262° (*B.* **35**, 4130 *C.* **1903** [1] 160).

*18) **2-Phenylnaphtalin-1,2²-Dicarbonsäure.** Sm. 199°. Ag_2 (*A.* **335**, 114 *C.* **1904** [2] 1132).

19) **αγ-Diketo-β-Phtalyl-α-Phenylbutan** (Phtalylbenzoylaceton). Sm. 175° (*B.* **37**, 579 *C.* **1904** [1] 939).

20) **Biscumarin.** Sm. noch nicht bei 275° (*B.* **37**, 1385 *C.* **1904** [1] 1344).

21) **2-[1-Oxy-2-Naphtoyl]benzol-1-Carbonsäure.** Sm. 186°; Sd. 265 bis 270° (*B.* **36**, 554 *C.* **1903** [1] 720).

22) **1-[1-Oxy-2-Naphtoyl]benzol-2-Carbonsäure** (D.R.P. 134985 *C.* **1902** [2] 1085; D.R.P. 141025 *C.* **1903** [1] 1197).

23) **Phenanthroxylenacetessigsäure.** Sm. 188° (*M.* **17**, 344). — *II, *1105.*

$C_{18}H_{12}O_5$ *1) **Calycin** (*C.* **1903** [2] 121).

*6) **Verbindung** (aus Formononetin) (*M.* **24**, 148 *C.* **1903** [1] 1033).

7) **Lakton d. 4-Oxy-7-Acetoxyl-2-Phenyl-1,4-Benzpyran-4-Carbonsäure.** Sm. 157,5—158° (*B.* **36**, 1940 *C.* **1903** [2] 296).

$C_{18}H_{12}O_6$ *3) **Diacetat d. 1,2-Dioxy-9,10-Anthrachinon.** Sm. 184° (*B.* **36**, 4021 *C.* **1904** [1] 184).

*9) **Diacetat d. 2,3-Dioxy-9,10-Naphtochinon.** Sm. 206—207° (*B.* **36**, 2939 *C.* **1903** [2] 886).

18) **Dimethyläther d. Dioxybisbenzaronyl.** Sm. 310° (*Soc.* **83**, 1132 *C.* **1903** [2] 1059).

19) **Diacetat d. 2,7-Dioxy-9,10-Phenanthrenchinon.** Sm. 235—236° u. Zers. (*B.* **36**, 3742 *C.* **1904** [1] 37).

$C_{18}H_{12}N_2$ *5) **2,7'-Bichinolyl.** Sm. 191—192° (*B.* **37**, 1243 *C.* **1904** [1] 1362).

*6) **6,6'-Bichinolyl.** Sm. 181° (*A.* **332**, 80 *C.* **1904** [2] 43).

$C_{18}H_{12}N_4$ *5) **Naphtofluoflavin** (*B.* **36**, 4047 *C.* **1904** [1] 184).

$C_{18}H_{12}J_2$ 1) **Di[3-Jodphenyl]-1,3-Phenylendijodoniumjodid.** Zers. bei 140° (*B.* **37**, 1310 *C.* **1904** [1] 1340).

$C_{18}H_{13}N_3$ 8) **Nitril d. α-Phenylimido-α-[1-Naphtyl]amidoessigsäure.** Sm. 121° (D.R.P. 153418 *C.* **1904** [2] 679).

9) **Nitril d. α-Phenylimido-α-[2-Naphtyl]amidoessigsäure.** Sm. 146° (D.R.P. 153418 *C.* **1904** [2] 679).

$C_{18}H_{13}Br$ 3) **β-Brom-α-Phenyl-α-[1-Naphtyl]äthen.** Sm. 71—72°; Sd. 240—260°$_{16}$ (*B.* **37**, 2757 *C.* **1904** [2] 707; *B.* **37**, 4167 *C.* **1904** [2] 1643).

4) **isom. β-Brom-α-Phenyl-α-[1-Naphtyl]äthen.** Sm. 54° (*B.* **37**, 4168 *C.* **1904** [2] 1643).

$C_{18}H_{14}O$ 5) **Aether d. γ-Oxy-γ-Phenylpropin.** Sd. 155—160°$_{10}$ (*C.* **1904** [2] 943).

6) **2-Oxy-1,4-Diphenylbenzol.** Sm. 194°; Sd. 260° (*B.* **36**, 1408 *C.* **1903** [1] 1358).

$C_{18}H_{14}O_2$ 9) **Methylester d. 2-Phenylnaphtalin-1-Carbonsäure.** Sm. 75° (*A.* **335**, 131 *C.* **1904** [2] 1134).

10) **Methylester d. 2-Phenylnaphtalin-2²-Carbonsäure.** Sm. 63° (*A.* **335**, 131 Anm. *C.* **1904** [2] 1134).

$C_{18}H_{14}O_3$ 26) **Lakton d. ε-Keto-γ-Oxy-αδ-Diphenyl-α-Penten-ε-Carbonsäure.** Sm. 179° (*A.* **333**, 267 *C.* **1904** [2] 1392).

$C_{18}H_{14}O_4$ *5) **αδ-Diphenyl-αγ-Butadiën-βγ-Dicarbonsäure.** Sm. 218° u. Zers. + $(CH_3)_2O$, + $C_2H_4O_2$. Na_2 + H_2O, 4Ba + $7H_2O$, Ag_2, Piperidinsalz (*B.* **37**, 2241 *C.* **1904** [2] 328).

33) **αγ-Diketo-β-Phtalidyl-α-Phenylbutan.** Sm. 119° (*B.* **37**, 586 *C.* **1904** [1] 940).

34) **αγ-Lakton d. γ-Oxy-β-Benzoxyl-α-Phenyl-α-Buten-α-Carbonsäure.** Sm. 100° (*B.* **36**, 2256 *C.* **1903** [2] 437).

35) **Lakton d. α-Oxy-γ-Keto-αβ-Diphenylbutan-β-Carbonsäure.** Sm. 115° (*A.* **333**, 231 *C.* **1904** [2] 1389).

36) **Diacetat d. αβ-Di[4-Oxyphenyl]äthin.** Sm. 198° (*A.* **335**, 185, 187 *C.* **1904** [2] 1130).

$C_{18}H_{14}O_4$ 37) **Diacetat d. 1,2-Dioxyanthracen.** Sm. 145° (*B.* **36**, 4021 *C.* **1904** [1] 168).
38) **Verbindung** (aus Acenaphtenchinon u. Acetessigsäureäthylester). Sm. 150° (*G.* **32** [2] 366 *C.* **1903** [1] 639).

$C_{18}H_{14}O_5$ 15) **$2^3,2^4$-Methylenäther-6-Aethyläther d. 6-Oxy-2-[3,4-Dioxyphenyl]-1,4-Benzpyron.** Sm. 205° (*B.* **33**, 329). — *III, *566.*
16) **4-Acetoxyl-3-Methoxylphenanthren-9-Carbonsäure.** Sm. 244° (*B.* **35**, 4414 *C.* **1903** [1] 344).
17) **3-Acetat d. 3,6-Dioxy-2-Phenyl-1,4-Benzpyron-6-Methyläther.** Sm. 164—166° (*B.* **37**, 777 *C.* **1904** [1] 1156).
18) **3-Acetat d. 3,7-Dioxy-2-Phenyl-1,4-Benzpyron-7-Methyläther.** Sm. 140° (*B.* **37**, 1181 *C.* **1904** [1] 1275).

$C_{18}H_{14}O_6$ *2) **4-Acetat d. 3,4,6-Trioxyphenanthrenchinon-3,6-Dimethyläther** (Acetylthebaolchinon). Sm. 208° (corr.) (*B.* **35**, 4410 *C.* **1903** [1] 343).
13) **Dimethyläther d. Dioxybisketocumaran.** Sm. 166° (*Soc.* **83**, 1133 *C.* **1903** [2] 1060).
14) **Acetat d. 1,2,3-Trioxy-9,10-Anthrachinondimethyläther.** Sm. 167° (*M.* **23**, 1016 *C.* **1903** [1] 291).

$C_{18}H_{14}N_2$ *3) **4-Phenylazobenzol.** Sm. 151° (*C.* **1904** [1] 1491).
*7) **Nitril d. α-[1-Naphtyl]amido-α-Phenylessigsäure.** Sm. 106° (D.R.P. 144536 *C.* **1903** [2] 779; *B.* **37**, 4080 *C.* **1904** [2] 1722).

$C_{18}H_{15}N$ 9) **2-Phenyl-6-[4-Methylphenyl]pyridin.** Sm. 89°. ($2HCl, PtCl_4 + 2H_2O$), ($HCl, AuCl_3$), Pikrat (*B.* **36**, 847 *C.* **1903** [1] 975).

$C_{18}H_{15}N_3$ 12) **Diphenyldiazoamidobenzol.** Sm. 47°. HCl (*C. r.* **138**, 1104 *C.* **1904** [1] 1595).

$C_{18}H_{15}P$ *1) **Triphenylphosphin.** Sm. 79° (*C. r.* **139**, 675 *C.* **1904** [2] 1638).

$C_{18}H_{16}O$ *1) **1-Keto-3,5-Diphenyl-1,2,3,4-Tetrahydrobenzol.** Sm. 82—83° (*B.* **36**, 2133 *C.* **1903** [2] 366).
5) **ε-Keto-α-Phenyl-ε-[4-Methylphenyl]-αγ-Pentadiën.** Sm. 89° (*B.* **36**, 846 *C.* **1903** [1] 975).
6) **ε-Keto-ε-Phenyl-α-[4-Methylphenyl]-αγ-Pentadiën.** Sm. 100° (*B.* **36**, 851 *C.* **1903** [1] 975).

$C_{18}H_{16}O_2$ *4) **Retenchinon** (*B.* **36**, 4202 Anm. *C.* **1904** [1] 289).
*10) **1-Oxy-3-Keto-4-Methyl-1,5-Diphenyl-2,3-Dihydro-R-Penten.** Sm. 118° (133,5°) (*Soc.* **83**, 276 *C.* **1903** [1] 569, 877; *Soc.* **83**, 289 *C.* **1903** [1] 569, 877).
13) **Dimethyläther d. 3,4-Dioxy-?-Aethenylphenanthren.** Sm. 80°. Pikrat (*B.* **35**, 4391 *C.* **1903** [1] 339).
14) **Methyläther d. ε-Keto-ε-Phenyl-α-[4-Oxyphenyl]-αγ-Pentadiën.** Sm. 118° (*B.* **36**, 854 *C.* **1903** [1] 976).
15) **αδ-Diphenyl-αγ-Pentadiën-ε-Carbonsäure.** Sm. 190°. + C_6H_6 (Sm. 140°), Ag (*B.* **36**, 1407 *C.* **1903** [1] 1358).
16) **Lakton d. α-Oxy-αβ-Diphenyl-γ-Methyl-α-Buten-γ-Carbonsäure.** Sm. 105—106° (*Soc.* **83**, 308 *C.* **1903** [1] 879).
17) **Methylester d. αδ-Diphenyl-αγ-Butadiën-α-Carbonsäure.** Sm. 82—83° (*J. pr.* [2] **68**, 527 *C.* **1904** [1] 451).

$C_{18}H_{16}O_3$ *2) **Methyläther d. Thebenol.** Sm. 135° (*B.* **37**, 2790 *C.* **1904** [2] 716).
*7) **Aethylester d. Benzylidenbenzoylessigsäure.** Sm. 98—99° (*Soc.* **83**, 720 *C.* **1903** [2] 54; *G.* **33** [2] 146 *C.* **1903** [2] 1270).
16) **Anhydrid d. cis-αδ-Diphenylbutan-βγ-Dicarbonsäure.** Sm. 104° (*B.* **37**, 2666 *C.* **1904** [2] 524).
17) **Anhydrid d. trans-αδ-Diphenylbutan-βγ-Dicarbonsäure.** Sm. 155° (*B.* **37**, 2667 *C.* **1904** [2] 524).

$C_{18}H_{16}O_4$ *2) **7-Oxy-4-Methylen-5-Methyl-2-[4,6-Dioxy-2-Methylphenyl]-1,4-Benzpyran** (Orcacetoïn) (*B.* **36**, 733 *C.* **1903** [1] 840).
*18) **β-Isoatropasäure** (β-Isococasäure). + C_6H_6 (*J. pr.* [2] **66**, 420 *C.* **1903** [1] 528).
*20) **α-Truxillsäure** (Cocasäure). Sm. 266—267° (*J. pr.* [2] **66**, 419 *C.* **1903** [1] 528).
*32) **Diacetat d. αβ-Di[4-Oxyphenyl]äthen.** Sm. 213° (*A.* **335**, 189 *C.* **1904** [2] 1131).
*44) **Diacetat d. isom. αβ-Dioxy-αβ-Diphenyläthen.** Sm. 118° (*Am.* **29**, 607 *C.* **1903** [2] 198).

$C_{18}H_{16}O_4$ 47) δ-Keto-βγ-Diphenylpentan-βγ-Oxyd-α-Carbonsäure. Sm. 131—132° u. Zers. Ag (Soc. 83, 291 C. 1903 [1] 877).
48) βδ-Diphenyl-α-Buten-αγ-Dicarbonsäure (Soc. 75, 250). — *II, 1101.
49) αγ-Diketo-β-Phtalidyl-α-Phenylbutan-β²-Carbonsäure. Sm. 136° (B. 37, 587 C. 1904 [1] 940).
50) Dibenzylester d. Fumarsäure. Sm. 64°; Sd. 239°₁₄ (B. 35, 4089 C. 1903 [1] 75).
51) Dibenzylester d. Maleïnsäure. Sd. 241°₁₄ (B. 35, 4090 C. 1903 [1] 75).
52) γ-Acetat d. αγ-Dioxy-δ-Keto-αε-Diphenyl-α-Buten. Sm. 98° (B. 36, 2419 C. 1903 [2] 501).
53) Diacetat d. Verbindung $C_{14}H_{12}O_2$ (A. 325, 28 C. 1903 [1] 460).

$C_{18}H_{16}O_5$ *19) Ononetin (M. 25, 566 C. 1904 [2] 907).
21) 3,4,6-Trioxyphenanthrentrimethyläther-9-Carbonsäure. Sm. 203° (B. 35, 4406 C. 1903 [1] 342).
22) ?-Trioxyphenanthrencarbontrimethylätbersäure. Sm. 219—221° (B. 37, 2790 C. 1904 [2] 716).
23) Aethylester d. 4,7-Dioxy-2-Phenyl-1,4-Benzpyran-4-Carbonsäure. Pikrat (B. 36, 1950 C. 1903 [2] 296).
24) Diacetat d. α-Keto-αβ-Di[4-Oxyphenyl]äthan. Sm. 125° (A. 325, 76 C. 1903 [1] 463).

$C_{18}H_{16}O_6$ 13) 2³,2⁴,6-Trimethyläther d. 3,6-Dioxy-2-[3,4-Dioxyphenyl]-1,4-Benzpyron. Sm. 189—190° (B. 37, 780 C. 1904 [1] 1156).
14) 2⁴,5,7-Trimethyläther d. 3,5,7-Trioxy-2-[4-Oxyphenyl]-1,4-Benzpyron + H_2O. Sm. 151—152° (wasserfrei) (B. 37, 2098 C. 1904 [2] 121).
15) 2²,7,8-Trimethyläther d. 3,7,8-Trioxy-2-[2-Oxyphenyl]-1,4-Benzpyron. Sm. 212—214° (B. 37, 2630 C. 1904 [2] 539).
16) 2³,7,8-Trimethyläther d. 3,7,8-Trioxy-2-[3-Oxyphenyl]-1,4-Benzpyron. Sm. 188—189° (B. 37, 2633 C. 1904 [2] 540).
17) bim. o-Cumarsäure. Sm. noch nicht bei 275° (B. 37, 1384 C. 1904 [1] 1343).

$C_{18}H_{16}O_7$ *2) d-Usninsäure. Sm. 191,4° (C. 1903 [2] 121; A. 325, 341 C. 1903 [1] 722).
*4) Usnolsäure. Sm. 206—210° (J. pr. [2] 68, 7 C. 1903 [2] 510).
*6) l-Usninsäure. Sm. 191,4° (A. 325, 341 C. 1903 [1] 722).
*7) i-Usninsäure (A. 325, 339 C. 1903 [1] 722).
9) Trimethyläther d. Quercetin. Sm. 154° (Ar. 242, 241 C. 1904 [1] 1652).

$C_{18}H_{16}O_8$ *2) Tetramethyläther d. 1,2,3,5,6,7-Hexaoxy-9,10-Anthrachinon. Sm. 235—237° (C. 1904 [2] 709).

$C_{18}H_{16}N_2$ *7) 4-Phenyl-s-Diphenylhydrazin. Sm. 122° (C. 1904 [1] 1491).

$C_{18}H_{16}N_4$ 5) 3,6-Dimethyl-1,4-Diphenylbipyrazol. Sm. 163° (B. 36, 528 C. 1903 [1] 642).

$C_{18}H_{16}J_2$ 1) 4-Aethylphenyl-1-Naphtyljodoniumjodid. Sm. 48° (A. 327, 299 C. 1903 [2] 352).

$C_{18}H_{18}O_2$ 22) β-Keto-γδ-Diphenylhexan-γδ-Oxyd. Sm. 98—99° (Soc. 83, 297 C. 1903 [1] 878).
23) o-Dioxyreten (D.R.P. 151981 C. 1904 [2] 167).
24) Phenyläther d. α-Oxy-γ-Keto-α-Phenyl-α-Hexen. Sm. 55°; Sd. 206 bis 209°₁₁ (C. r. 139, 210 C. 1904 [2] 649).
25) Lakton d. δ-Oxy-γδ-Diphenyl-β-Methylbutan-β-Carbonsäure. Sm. 106° (Soc. 83, 311 C. 1903 [1] 880).
26) Benzoat d. γ-[2-Oxyphenyl]-β-Penten. Sd. 212—213,5°₃₀ (Bl. [3] 29, 354 C. 1903 [1] 1222).

$C_{18}H_{18}O_3$ 20) 2-Methoxylphenyläther d. α-Oxy-γ-Keto-α-Phenyl-α-Penten. Sm. 76—77°; Sd. 231°₁₇ (C. r. 139, 210 C. 1904 [2] 649).
21) δ-Keto-γδ-Diphenyl-β-Methylbutan-β-Carbonsäure (α-Desylisobuttersäure). Sm. 218° u. Zers. Ag (Soc. 83, 309 C. 1903 [1] 879).

$C_{18}H_{18}O_4$ *11) Dimethylester d. αβ-Diphenyläthan-2,2'-Dicarbonsäure. Sm. 103° (B. 37, 3219 C. 1904 [2] 1120).
*20) Dibenzylester d. Bernsteinsäure. Sm. 45°; Sd. 238°₁₄ (B. 35, 4078 C. 1903 [1] 74).

$C_{18}H_{18}O_4$ 39) **Tetramethyläther d.** *αβ*-**Di[3,4-Dioxyphenyl]äthin.** Sm. 156° (*A.* **329,** 45 *C.* **1903** [2] 1448).
40) **Ceropten.** Sm. 135° (*C.* **1904** [1] 39).
41) **r-α-Oxyphenylessigeugenoläthersäure.** Sm 101—102° (D.R.P. 82924). — *II, *923.*
42) **r-α-Oxyphenylessigisoeugenoläthersäure.** Sm. 91—92° (D.R.P. 82924). — *II, *923.*
43) **1-Oxymethylbenzoleugenoläther-4-Carbonsäure.** Sm. 141° (D.R.P. 82924). — *II, *927*
44) **1-Oxymethylbenzolisoeugenoläther-4-Carbonsäure.** Sm. 185° (D.R.P. 82924). — *II, *927.*
45) **cis-αδ-Diphenylbutan-βγ-Dicarbonsäure.** Sm. 203° u. Zers. (*C.* **1900** [2] 562; *B.* **37,** 2666 *C.* **1904** [2] 524). — *II, *1098.*
46) **trans-αδ-Diphenylbutan-βγ-Dicarbonsäure.** Sm. 204° (*B.* **37,** 2667 *C.* **1904** [2] 524). — *II, *1098.*
47) **Dimethylester d. αβ-Diphenyläthan-4,4'-Dicarbonsäure.** Sm. 119° (*B.* **37,** 3216 *C.* **1904** [2] 1120).
48) **Aethylester d. β-Oxy-β-Phenylakryl-3-Methoxylphenyläthersäure.** Sd. 232—234°$_{12}$ (*Soc.* **83,** 1134 *C.* **1903** [2] 1060).
49) **Di[2-Methylphenylester] d. Bernsteinsäure.** Sd. 238—240°$_5$ (*B.* **35,** 4079 *C.* **1903** [1] 74).
50) **Di[3-Methylphenylester] d. Bernsteinsäure.** Sm. 60° (*B.* **35,** 4080 *C.* **1903** [1] 74).
51) **Di[4-Methylphenylester] d. Bernsteinsäure.** Sm. 121° (*B.* **35,** 4080 *C.* **1903** [1] 74).

$C_{18}H_{18}O_5$ 12) **Dimethylenäther d. Di[α-3,4-Dioxyphenyläthyl]äther.** Sm. 111° (*Bl.* [3] **25,** 275; *G.* **34** [1] 372 *C.* **1904** [2] 214; *G.* **34** [2] 171 *C.* **1904** [2] 648, 982).
13) **α², γ³, γ⁴-Trimethyläther d. γ-Keto-α-[2-Oxyphenyl]-γ-[2,3,4-Trioxyphenyl]propen.** Sm. 105° (*B.* **37,** 2628 *C.* **1904** [2] 539).
14) **α³, γ³, γ⁴-Trimethyläther d. γ-Keto-α-[3-Oxyphenyl]-γ-[2,3,4-Trioxyphenyl]propen.** Sm. 127—128° (*B.* **37,** 2631 *C.* **1904** [2] 539).
15) **α⁴, γ³, γ⁴-Trimethyläther d. γ-Keto-γ-[2,4,6-Trioxyphenyl]-α-[4-Oxyphenyl]propen.** Sm. 113° (*B.* **37,** 792 *C.* **1904** [1] 1158).
16) **Trimethyläther d. 6-Oxy-2-[3,4-Dioxyphenyl]-2,3-Dihydro-1,4-Benzpyron.** Sm. 175—176° (*B.* **37,** 779 *C.* **1904** [1] 1156).
17) **Trimethyläther d. 5,7-Dioxy-2-[4-Oxyphenyl]-2,3-Dihydro-1,4-Benzpyron.** Sm. 125° (*B.* **37,** 2097 *C.* **1904** [2] 121).
18) **Trimethyläther d. 7,8-Dioxy-2-[2-Oxyphenyl]-2,3-Dihydro-1,4-Benzpyron.** Sm. 112° (*B.* **37,** 2629 *C.* **1904** [2] 539).
19) **Trimethyläther d. 7,8-Dioxy-2-[3-Oxyphenyl]-2,3-Dihydro-1,4-Benzpyron.** Sm. 79° (*B.* **37,** 2632 *C.* **1904** [2] 539).
20) **Trimethyläther d. Buteïn.** Sm. 156—158° (*C.* **1904** [2] 451).
21) **Trimethyläther d. Butin.** Sm. 119—121° (*C.* **1904** [2] 451).

$C_{18}H_{18}O_6$ *11) **Di[2-Methoxylphenylester] d. Bernsteinsäure.** Sm. 135° (*B.* **35,** 4083 *C.* **1903** [1] 74).
16) **Tetramethyläther d. αβ-Diketo-αβ-Di[3,4-Dioxyphenyl]äthan.** Sm. 219—220° (*A.* **329,** 53 *C.* **1903** [2] 1448).
17) **αβ-Dioxy-αβ-Diphenylbutan-αγ-Dicarbonsäure.** Ag$_2$ (*Soc.* **83,** 293 *C.* **1903** [1] 877).
18) **αδ-Dioxy-αδ-Diphenylbutan-2,2'-Dicarbonsäure** (o-Aethylenbenzhydrylcarbonsäure) (*B.* **10,** 2209; **31,** 1579). — II, *2023;* *II, *1182.*

$C_{18}H_{18}O_8$ 4) **Usnidinsäure + $2H_2O$.** Sm. 195° u. Zers. (*J. pr.* [2] **63,** 526). — *II, *1205.*

$C_{18}H_{18}N_2$ 9) **1-Diphenylmethyl-3,5-Dimethylpyrazol.** Sm. 108—109° (*J. pr.* [2] **67,** 172 *C.* **1903** [1] 874).

$C_{18}H_{18}N_6$ *1) **1,4-Di[2,5-Diamidophenyl]-1,4-Azophenylen.** Sm. 238—238,5° u. Zers. (*B.* **37,** 1506 *C.* **1904** [1] 1414).

$C_{18}H_{20}O$ 6) **Benzyläther d. γ-[2-Oxyphenyl]-β-Penten.** Sd. 192—193°$_{18}$ (*Bl.* [3] **29,** 354 *C.* **1903** [1] 1222).

$C_{18}H_{20}O_2$ *10) **Benzoat d. 4-Oxy-1-tert. Amylbenzol.** Sm. 60° (*A.* **327,** 220 *C.* **1903** [1] 1408).
17) **αβ-Di[4-Oxy-2,5-Dimethylphenyl]äthen.** Sm. 320—330° (*B.* **36,** 1892 *C.* **1903** [2] 291).

$C_{18}H_{20}O_2$ 18) γδ-Diphenyl-β-Methylbutan-β-Carbonsäure. Sm. 172°. Ag (*Soc.* **83**, 313 *C.* **1903** [1] 880).

$C_{18}H_{20}O_3$ *5) α-Benzoat d. Oxymethylencampher (*C. r.* **136**, 1223 *C.* **1903** [2] 116).
11) Methylenäther d. d-3,4-Dioxybenzylidencampher. Sm. 159° (*C. r.* **128**, 1273; **130**, 222). — *III, *389.*
12) δ-Oxy-γδ-Diphenyl-β-Methylbutan-β-Carbonsäure (*Soc.* **83**, 312 *C.* **1903** [1] 880).
13) Aldehyd d. 3,4-Dioxybenzol-3-Isobutyläther-4-Benzyläther-1-Carbonsäure. Sm. 42,5° (D.R.P. 85196). — *III, *75.*

$C_{18}H_{20}O_6$ 5) Tetramethyläther d. α-Keto-αβ-Di[3,4-Dioxyphenyl]äthan. Sm. 108° (*A.* **329**, 48 *C.* **1903** [2] 1448).

$C_{18}H_{20}O_{10}$ 3) Diäthylester d. 2,4,6-Triacetoxylbenzol-1,3-Dicarbonsäure. Sm. 96° (75—76°) (*B.* **21**, 1768; *Soc.* **85**, 167 *C.* **1904** [1] 163, 722).
4) Pentaacetat d. 2,4,6-Trioxy-3-Dioxymethyl-1-Methylbenzol. Sm. 144—145° (*M.* **24**, 878 *C.* **1904** [1] 369).

$C_{18}H_{20}N_2$ 8) 1-[α-Phenylimidobenzyl]hexahydropyridin. Fl. ($2HCl, PtCl_4$), Pikrat (*B.* **37**, 2684 *C.* **1904** [2] 521).

$C_{18}H_{21}N$ 2) 2-Phenyl-6-[4-Methylphenyl]hexahydropyridin. Sm. 41,5°; Sd. 237 bis 239°$_{44}$. ($2HCl, PtCl_4 + 2H_2O$), ($HCl, AuCl_3$), HBr, HJ, H_2SO_4, Pikrat (*B.* **36**, 848 *C.* **1903** [1] 975).
3) isom. 2-Phenyl-6-[4-Methylphenyl]hexahydropyridin. Sd. 218 bis 220°$_{20}$. ($2HCl, PtCl_4 + 2H_2O$), ($HCl, AuCl_3$), HBr, Pikrat (*B.* **36**, 849 *C.* **1903** [1] 975).

$C_{18}H_{21}J_3$ 1) ?-Joddi[4-Propylphenyl]jodoniumjodid. Sm. 38° u. Zers. (*A.* **327**, 316 *C.* **1903** [2] 354).
2) ?-Jod-4,4'-Dimethyl-2,2'-Diäthyldiphenyljodoniumjodid. Sm. 145° u. Zers. (*J. pr.* [2] **69**, 442 *C.* **1904** [2] 589).

$C_{18}H_{22}O_2$ *2) 5,5'-Dioxy-1,2,4,1',2',4'-Hexamethyl-?-Biphenyl. Sm. 172,5—173,5° (*B.* **36**, 2038 *C.* **1903** [2] 360).
*3) Diäthyläther d. 4,4'-Dioxy-3,3'-Dimethylbiphenyl. Sm. 154° (*Am.* **31**, 125 *C.* **1904** [1] 809).
*5) Diphenyläther d. αζ-Dioxyhexan. Sm. 83° (*C. r.* **136**, 97 *C.* **1903** [1] 455).
15) Methyläther d. i-4-Oxybenzylidencampher. Sm. 99° (*C. r.* **132**, 1574). — *III, *389.*

$C_{18}H_{22}O_3$ 4) 3,4-Methylenäther d. 3-Keto-2-[3,4-Dioxybenzyliden]-4-Isopropyl-1-Methylhexahydrobenzol. Sd. oberh. 220°$_{15}$ u. Zers. (*C.* **1904** [2] 1046).
5) d-Bornylester d. Benzolketocarbonsäure. Sm. 78° (*P. Ch. S.* No. 230). — *III, *338.*

$C_{18}H_{22}O_4$ 15) 1-Monolinaloolester d. Benzol-1,2-Dicarbonsäure. Fl. (*B.* **31**, 839). — *III, *346.*

$C_{18}H_{22}O_5$ *4) Aethylester d. isom. ε-Acetyl-βζ-Diketo-δ-Phenylheptan-γ-Carbonsäure. Sm. 123° (*B.* **36**, 2152 *C.* **1903** [2] 369).

$C_{18}H_{22}O_8$ 3) Triäthylester d. 6-Acetoxylbenzol-1,3-Dicarbonsäure-4-Methylcarbonsäure. Sm. 59° (*B.* **37**, 2120 *C.* **1904** [2] 438).
4) Tetraacetat d. 2,3,5,6-Tetraoxy-1,4-Diäthylbenzol. Sm. 213° (*B.* **37**, 2387 *C.* **1904** [2] 307).

$C_{18}H_{22}N_2$ *16) α-Phenylimido-γ-Phenylamido-β-Methylpentan. HCl, 2HCl (*A.* **329**, 215 *C.* **1903** [2] 1427).
24) 1,4-Anhydrid d. 4-Aethylamido-1-Oxymethylbenzol. Sm. 79—80°. 2HCl (*M.* **23**, 990 *C.* **1903** [1] 289).
25) 2,5-Dimethylbenzyliden-2,5-Dimethylbenzylhydrazin. Sm. 74—78° (*C.* **1903** [1] 141).

$C_{18}H_{22}N_4$ 14) Di[2-Dimethylamidobenzyliden]hydrazin. Sm. 148—149° (*M.* **25**, 373 *C.* **1904** [2] 322).

$C_{18}H_{22}J_2$ 2) Di[4-Propylphenyl]jodoniumjodid. Sm. 135—140°. + J_2 (*A.* **327**, 311 *C.* **1903** [2] 353).
3) 4,4'-Dimethyl-2,2'-Diäthyldiphenyljodoniumjodid (*J. pr.* [2] **69**, 440 *C.* **1904** [2] 589).

$C_{18}H_{23}N$ 2) Isobutyldibenzylamin. Sd. 170—173°$_{10}$ (*Soc.* **83**, 1413 *C.* **1904** [1] 438).
3) Di[2,5-Dimethylbenzyl]amin. HCl, ($2HCl, HgCl_2$), ($2HCl, PtCl_4$), HNO_3, Pikrat (*C.* **1903** [2] 1441).

$C_{18}H_{23}N_3$ 4) **4-[4-Methyläthylamidobenzyliden]amido-1-Dimethylamidobenzol.** Sm. 216° (*B.* **37**, 861 *C.* **1904** [1] 1206).

5) **Verbindung** (aus Silicotetraphenylamid u. Senfölen). (2HCl, $PtCl_4$) (*Soc.* **83**, 258 *C.* **1903** [1] 572, 875).

$C_{18}H_{24}O_2$ 5) **Methyläther d. 1-3-Keto-2-[4-Oxybenzyliden]-4-Isopropyl-1-Methylhexahydrobenzol** (1-Anisylidenmenthon). Sm. 115—116° (*C.* **1904** [2] 1046).

$C_{18}H_{24}O_3$ 7) **l-Menthylester d. Benzolketocarbonsäure.** Sm. 73—74° (*Soc.* **85**, 1254 *C.* **1904** [2] 1304).

$C_{18}H_{24}O_4$ 8) **α-Dicamphylsäure.** Sm. 230°. Ca + $2H_2O$, Ag_2 (*Soc.* **83**, 862 *C.* **1903** [2] 573).

$C_{18}H_{24}O_6$ 7) **Dioxy-α-Dicamphylsäure.** Sm. 255—257° u. Zers. Ag (*Soc.* **83**, 864 *C.* **1903** [2] 573).

8) **αγ-Dibutyrat-β-Benzoat d. αβγ-Trioxypropan.** Fl. (*C.* **1903** [1] 134).

$C_{18}H_{24}O_7$ 3) **Diäthylester d. 3,5-Diäthoxylphenoxylfumarsäure.** Sd. 238—240°$_{15}$ (*Soc.* **83**, 1134 *C.* **1903** [2] 1060).

$C_{18}H_{26}O_2$ 10) **Benzoat d. β-Oxy-α-oder-β-Undeken.** Sd. 233—235°$_{50}$ (*Soc.* **83**, 149 *C.* **1903** [1] 71, 436).

$C_{18}H_{26}O_3$ 3) **l-Menthylester d. d-α-Oxyphenylessigsäure.** Sm. 99—100° (*Soc.* **85**, 1254 *C.* **1904** [2] 1304).

4) **l-Menthylester d. l-α-Oxyphenylessigsäure.** Sm. 81—82° (*Soc.* **85**, 1254 *C.* **1904** [2] 1304).

5) **l-Menthylester d. r-α-Oxyphenylessigsäure.** Sm. 85—86°; Sd. 225°$_{30}$ (*Soc.* **85**, 383 *C.* **1904** [1] 940, 1419).

$C_{18}H_{26}O_4$ 7) **Diacetat d. αγ-Dioxy-α-[4-Isopropylphenyl]-β-Methylpropan.** Sd. 182°$_{10,5}$ (*M.* **24**, 254 *C.* **1903** [2] 242).

$C_{18}H_{26}O_{12}$ 9) **d-Idithexaacetat.** Sm. 121° (*C.* **1904** [2] 1291).

$C_{18}H_{28}O$ *2) **Undekylphenylketon** (*C.* **1904** [1] 1259).

$C_{18}H_{28}O_2$ 8) **Acetat d. Verb.** $C_{16}H_{26}O$ (aus Caryophyllen u. Formaldehyd). Sd. 185°$_{16}$ (*C. r.* **138**, 1228 *C.* **1904** [2] 106).

$C_{18}H_{28}O_4$ 2) **Säure** (aus α-Camphylsäure). Sd. 270—290°$_{45}$ (*Soc.* **83**, 855 *C.* **1903** [2] 572).

3) **Aethylester d. Isovalerylcamphocarbonsäure.** Sd. 174—176°$_{18}$ (*B.* **35**, 4037 *C.* **1903** [1] 82).

4) **Isamylester d. Acetylcamphocarbonsäure.** Sd. 170—171°$_{10,5}$ (*B.* **35**, 4036 *C.* **1903** [1] 81).

$C_{18}H_{28}O_6$ 5) **Aethylester d. 6-Keto-4-[α-Acetoxylisopropyl]hexahydrobenzol-2-Acetessigsäure** (Acetat d. Oxyisopropenylacetessigsäureäthylester). Sm. 133° (*B.* **37**, 1669 *C.* **1904** [1] 1606).

$C_{18}H_{28}O_{10}$ 3) **Barringtonin.** Zers. oberh. 200° (*C.* **1903** [2] 841).

$C_{18}H_{28}N_2$ 3) **1,3-Di[1-Piperidylmethyl]benzol.** Fl. 2HCl, (2HCl, $PtCl_4$), 2 Pikrat (*B.* **36**, 1677 *C.* **1903** [2] 29).

$C_{18}H_{30}O$ 6) **Verbindung** (aus Asclepias syriaca L.) (*J. pr.* [2] **68**, 407 *C.* **1904** [1] 105).

$C_{18}H_{30}O_2$ 6) **Methyläthylakrylat d. Glykol** $C_{12}H_{22}O_2$. Sd. 198—205°$_{11}$ (*M.* **24**, 160 *C.* **1903** [1] 957).

$C_{18}H_{30}O_4$ C 69,7 — H 9,7 — O 20,6 — M. G. 310.

1) **Dihydroembeliasäure.** Sm. 116—117° (*Ar.* **238**, 22). — *II, *1235*.

$C_{18}H_{30}O_5$ *2) **α-Lichesterinsäure** (*J. pr.* [2] **68**, 33 *C.* **1903** [2] 512).

*4) **γ-Lichesterinsäure** (*J. pr.* [2] **68**, 36 *C.* **1903** [2] 512).

6) **Proto-α-Lichesterinsäure.** Sm. 106—107°. Ba, Ag (*J. pr.* [2] **68**, 29 *C.* **1903** [2] 511).

$C_{18}H_{32}O_2$ *3) **Leinölsäure** (*C. r.* **137**, 69 *C.* **1903** [2] 552).

10) **Chaulmoograsäure.** Sm. 68°; Sd. 247—248°$_{20}$. NH_4, K, Mg + $2H_2O$, Ca, Sr, Ba, Zn, Pb, Mn, Fe, Cu, Ag (*Soc.* **85**, 846 *C.* **1904** [2] 348, 603; *Soc.* **85**, 851 *C.* **1904** [2] 348, 604).

11) **Elaeomargarinsäure.** Sm. 43—44° (*Soc.* **83**, 1042 *C.* **1903** [2] 657).

12) **Lakton d. Lichesterylsäure.** Sm. 41—42° (*Ar.* **241**, 8 *C.* **1903** [1] 697).

13) **l-Bornylester d. Caprylsäure.** Sd. 175°$_{15}$ (*B.* **31**, 1775). — *III, *339*.

14) **Verbindung** (aus Chaulmoograsamen). Sd. 214—215°$_{18}$ (*Soc.* **85**, 842 *C.* **1904** [2] 604).

$C_{18}H_{32}O_4$ *1) **Stearoxylsäure.** Sm. 83—84° (*B.* **36**, 2660 *C.* **1903** [2] 826).

$C_{18}H_{32}O_6$ 7) **Triäthylester d. βζ-Dimethylheptan-γγδ-Tricarbonsäure.** Sd. 188 bis 190°$_{15}$ (*Am.* **30**, 240 *C.* **1903** [2] 935).

$C_{18}H_{34}O$ *2) κ-Keto-ϑ-Methyl-ϑ-Oktadeken. Sd. 184—187°₁₄ (*B.* **36**, 2558 *C.* **1903** [2] 655).

3) **Chaulmoogrylalkohol.** Sm. 36° (*Soc.* **85**, 857 *C.* **1904** [2] 348, 604).

$C_{18}H_{34}O_2$ *2) **Elaïdinsäure** (*C.* **1903** [1] 319).

*3) **Oelsäure** (*C.* **1903** [1] 319; **1903** [2] 1418).

*4) **Isoölsäure** (ϑ-Heptadeken-ϱ-Carbonsäure) (*C.* **1903** [1] 826).

*8) **Lakton d. γ-Oxyheptadekan-α-Carbonsäure** (*C.* **1903** [1] 826).

11) **α-Heptadeken-α-Carbonsäure.** Sm. 59°. Na, Ca + H_2O, Ba, Ag (*G.* **34** [2] 83 *C.* **1904** [2] 694).

12) **Dihydrochaulmoograsäure.** Sm. 71—72°; Sd. 248°₂₀ (*Soc.* **85**, 857 *C.* **1904** [2] 348, 604).

13) **Säure** (aus Hefefett). Sd. 210—220°₁₂ (*H.* **38**, 10 *C.* **1903** [1] 1429).

14) **l-Menthylester d. Caprylsäure.** Sd. 175°₁₅ (*B.* **31**, 364). — *III, *334*.

$C_{18}H_{34}O_3$ *9) **ι-Ketoheptadekan-α-Carbonsäure.** Sm. 74—76°. Na, Ba (*C.* **1904** [1] 1331).

17) **γ-Ketoheptadekan-α-Carbonsäure.** Sm. 97°. Ca (*C.* **1903** [1] 826; *J. pr.* [2] **67**, 418 *C.* **1903** [1] 1405).

18) **κ-Ketoheptadekan-α-Carbonsäure.** Sm. 65°. Ca (*C.* **1903** [1] 825; *J. pr.* [2] **67**, 416 *C.* **1903** [1] 1404).

19) **Lichesterylsäure.** Sm. 83—84° (*Ar.* **241**, 10 *C.* **1903** [1] 697).

20) **Säure** (aus Dioxystearinsäure vom Sm. 136,5°). Fl. (*J. pr.* [2] **67**, 369 *C.* **1903** [1] 1404).

21) **Aethylester d. ι-Keto-η-Methyltetradekan-ϑ-Carbonsäure.** Sd. 183 bis 184°₁₁ (*Bl.* [3] **31**, 596 *C.* **1904** [2] 26).

$C_{18}H_{34}O_4$ 15) **isom. Ketooxystearinsäure.** Sm. 63—64°. Ag (*B.* **36**, 2658 *C.* **1903** [2] 826).

16) **Dioxydihydrochaulmoograsäure.** Sm. 102° (*Soc.* **85**, 859 *C.* **1904** [2] 349, 604).

$C_{18}H_{34}O_5$ 4) **Diisoamylester d. Homopilomalsäure.** Sd. 192°₂₅ (*B.* **34**, 732; **35**, 200). — *III, *687*.

$C_{18}H_{36}O$ 4) **Alkohol** (aus Oelsäure). Sd. 207°₁₉ (*C. r.* **137**, 328 *C.* **1903** [2] 710).

$C_{18}H_{36}O_2$ *1) **Stearinsäure** (*B.* **36**, 1050 *C.* **1903** [1] 1148).

*6) **Aethylester d. Palmitinsäure.** Sd. 122°₀ (*B.* **36**, 4340 *C.* **1904** [1] 433).

*9) **Oxyd** (aus αγ-Dioxy-ββε-Trimethylhexan). Sd. 244—246° u. Zers. (*M.* **24**, 531 *C.* **1903** [2] 869).

10) **λ-Isostearinsäure.** Sm. 49,5—50,5°. Na, Ba, Ag (*Ar.* **241**, 16 *C.* **1903** [1] 698).

11) **Methylester d. Margarinsäure.** Sm. 29° (*Soc.* **85**, 837 *C.* **1904** [2] 509).

$C_{18}H_{36}O_3$ *1) **α-Oxystearinsäure.** Sm. 84—85° (90—91°) (*C.* **1903** [1] 825; *J. pr.* [2] **67**, 416 *C.* **1903** [1] 1404; *G.* **34** [2] 81 *C.* **1904** [2] 694).

*2) **ι-Oxyheptadekan-α-Carbonsäure.** Sm. 83—85° (*C.* **1903** [1] 825; *J. pr.* [2] **67**, 415 *C.* **1903** [1] 1404).

7) **α-Oxyheptadekan-α-Carbonsäure.** Sm. 91—92° (*Soc.* **85**, 830 *C.* **1904** [2] 509).

$C_{18}H_{36}O_4$ *3) **Dioxystearinsäure** (aus Oelsäure). Sm. 136,5° (*C.* **1903** [1] 319; *B.* **36**, 1051 *C.* **1903** [1] 1148; *Ar.* **240**, 660 *C.* **1903** [1] 406; *J. pr.* [2] **67**, 290 *C.* **1903** [1] 1404; *J. pr.* [2] **67**, 359 *C.* **1903** [1] 1404; *Ar.* **242**, 22 *C.* **1904** [1] 734).

*4) **Dioxystearinsäure** (aus Elaïdinsäure). Sm. 99—100° (*C.* **1903** [1] 319; *J. pr.* [2] **67**, 296 *C.* **1903** [1] 1404; *J. pr.* [2] **67**, 362 *C.* **1903** [1] 1404).

$C_{18}H_{36}O_6$ *1) **Sativinsäure.** Sm. 173° (*B.* **36**, 1051 *C.* **1903** [1] 1148).

$C_{18}H_{36}O_8$ *1) **Linusinsäure** (*B.* **36**, 1051 *C.* **1903** [1] 1148).

$C_{18}H_{38}O$ *1) **α-Oxyoktadekan** (*C.* **1904** [1] 822).

$C_{18}H_{40}O_{10}$ C 51,9 — H 9,6 — O 38,4 — M. G. 416.

1) **Verbindung** (aus Camphersäure u. Isobuttersäure) (*R.* **21**, 354 *C.* **1903** [1] 151).

— 18 III —

$C_{18}H_8O_7N_2$ C 59,3 — H 2,2 — O 30,8 — N 7,7 — M. G. 364.

1) **6,?-Dinitro-11-Oxy-5,12-Diketo-5,12-Dihydronaphtacen.** Sm. 260° (*B.* **36**, 2327 *C.* **1903** [2] 442).

$C_{18}H_{8}O_{8}N_{2}$ C 56,8 — H 2,1 — O 33,7 — N 7,4 — M. G. 380.
1) ?-**Dinitro-6,11-Dioxy-5,12-Diketo-5,12-Dihydroacenaphten** (*B.* **36**, 2329 *C.* **1903** [2] 442).

$C_{18}H_{9}O_{5}N$ C 67,7 — H 2,8 — O 25,1 — N 4,4 — M. G. 319.
1) **6-Nitro-11-Oxy-5,12-Diketo-5,12-Dihydronaphtacen.** Sm. 274° (*B.* **36**, 2326 *C.* **1903** [2] 442).

$C_{18}H_{10}OS$ 1) **Verbindung** (aus Phenanthrenchinon u. Thiophen) (*B.* **37**, 3352 *C.* **1904** [2] 1058).

$C_{18}H_{10}O_{4}Cl_{4}$ 1) **Diacetat d.** *αβ*-**Di[3,5-Dichlor-4-Oxyphenyl]äthin.** Sm. 234° (*A.* **325**, 78 *C.* **1903** [1] 463).

$C_{18}H_{10}O_{4}Cl_{6}$ *1) **Diacetat d.** *αβ*-**Dichlor**-*αβ*-**Di[3,5-Dichlor-4-Oxyphenyl]äthen.** Sm. 182° (*A.* **325**, 81 *C.* **1903** [1] 464).
2) **1,3-Dichlor-1,3-Di[2,4-Dichlorphenyl]-R-Tetramethylen-2,4-Dicarbonsäure** (Hexachlor-[illegible]). Sm. 316° (*B.* **37**, 220 *C.* **1904** [1] 588).
3) **isom. 1,3-Dichlor-1,3-Di[2,4-Dichlorphenyl]-R-Tetramethylen-2,4-Dicarbonsäure** (Hexachlor-*γ*-Truxillsäure). Sm. 285° (*B.* **37**, 224 *C.* **1904** [1] 588).

$C_{18}H_{10}O_{4}Cl_{8}$ *1) **Diacetat d.** *ααββ*-**Tetrachlor**-*αβ*-**Di[3,5-Dichlor-4-Oxyphenyl]äthan.** Sm. 176—177° (*A.* **325**, 87 *C.* **1903** [1] 464).

$C_{18}H_{10}O_{6}N_{2}$ *3) **Dioxycarbindigo.** Sm. noch nicht bei 300° (*B.* **37**, 1977 *C.* **1904** [2] 236).
4) **isom. Indigocarbonsäure** (D.R.P. 73687). — *II, *948.*

$C_{18}H_{10}O_{6}Cl_{4}$ 1) **Diacetat d.** *αβ*-**Diketo**-*αβ*-**Di[3,5-Dichlor-4-Oxyphenyl]äthan.** Sm. 165° (*A.* **325**, 89 *C.* **1903** [1] 464).

$C_{18}H_{10}O_{6}Br_{4}$ 1) **Diacetat d.** *αβ*-**Diketo**-*αβ*-**Di[3,5-Dibrom-4-Oxyphenyl]äthan.** Sm. 191° (*A.* **325**, 90 *C.* **1903** [1] 465).

$C_{18}H_{10}O_{6}S$ 2) **11-Oxy-5,12-Naphtacenchinon-?-Sulfonsäure** (*B.* **36**, 720 *C.* **1903** [1] 773).

$C_{18}H_{10}O_{7}S$ 1) **6,11-Dioxy-5,12-Diketo-5,12-Dihydronaphtacen-?-Sulfonsäure** (D.R.P. 138325 *C.* **1903** [1] 371; *B.* **36**, 724 *C.* **1903** [1] 774).

$C_{18}H_{10}N_{4}Cl_{2}$ 1) **2,10-Dichlorhomofluorindin** (*B.* **36**, 4031 *C.* **1904** [1] 294).

$C_{18}H_{11}O_{2}N$ *3) **Chinophtalon.** Sm. 238—240°. Na, K (*B.* **37**, 3006 *C.* **1904** [2] 1408).
*10) **Isochinophtalon** (*B.* **37**, 3009 *C.* **1904** [2] 1408; *B.* **37**, 3011 *C.* **1904** [2] 1409).

$C_{18}H_{11}O_{3}N$ 5) **6-Amido-11-Oxy-5,12-Diketo-5,12-Dihydronaphtacen** (*B.* **36**, 2327 *C.* **1903** [2] 442).

$C_{18}H_{11}O_{4}N$ C 70,8 — H 3,6 — O 21,0 — N 4,6 — M. G. 305.
1) **6-Amido-11,?-Dioxy-5,12-Diketo-5,12-Dihydronaphtacen** (*B.* **36**, 2329 *C.* **1903** [2] 442).

$C_{18}H_{11}O_{4}N_{3}$ 3) **6,6'-Diazoamidocumarin.** Sm. 230—234° (*Soc.* **85**, 1234 *C.* **1904** [2] 1124).

$C_{18}H_{11}O_{4}Cl_{5}$ 1) **1-Chlor-1,3-Di[2,4-Dichlorphenyl]-R-Tetramethylen-2,4-Dicarbonsäure** (Pentachlor-*α*-Truxillsäure). Sm. 274°. Ag_2 (*B.* **37**, 222 *C.* **1904** [1] 588).

$C_{18}H_{11}O_{5}N$ 2) ?-**Nitro-2,5-Dibenzoylfuran.** Sm. 130—131° (*Am.* **25**, 459). — *III, *523.*

$C_{18}H_{11}O_{9}N_{5}$ *1) **2,4-Dinitrophenyläther d. 2',4'-Dinitro-4-Oxydiphenylamin.** Sm. 225° (233°) (*B.* **37**, 1518 *C.* **1904** [1] 1597; *B.* **37**, 1732 *C.* **1904** [1] 1521).

$C_{18}H_{11}N_{4}Cl$ 2) **2-Chlorhomofluorindin.** HCl (*B.* **36**, 4030 *C.* **1904** [1] 294).

$C_{18}H_{12}ON_{2}$ *12) **1-Benzoyl-*β*-Naphtimidazol.** Sm. 126° (*B.* **37**, 3116 *C.* **1904** [2] 1316).
*14) *β*-**Chinophtalin** (*B.* **37**, 3021 *C.* **1904** [2] 1410).
16) **1-Keto-2-Phenylimido-1,2-Dihydro-*β*-Naphtindol** (*β*-Naphtisatin-*α*-Anilid) (D.R.P. 153418 *C.* **1904** [2] 679).

$C_{18}H_{12}OS_{3}$ 1) **3,5-Dimerkapto-4-Thiocarbonyl-1-Keto-2,6-Diphenyl-1,4-Dihydrobenzol.** Sm. 165°. $+ CHCl_3$, $+ (C_2H_5)_2O$, $+ C_6H_6$, $(NH_4)_2$, $Na_2 + 2C_2H_6O$, $K_2 + 12H_2O$, $Ba + 10H_2O$ (*B.* **37**, 1602 *C.* **1904** [1] 1444).

$C_{18}H_{12}O_{2}S_{2}$ 1) **Diphenyläther d. 2,5-Dimerkapto-1,4-Benzochinon.** Sm. 257° (*A.* **336**, 126 *C.* **1904** [2] 1298).
2) **Diphenyläther d. 2,6-Dimerkapto-1,4-Benzochinon.** Sm. 203—204° (*A.* **336**, 130 *C.* **1904** [2] 1298).

$C_{18}H_{12}O_4N_2$ 11) ?-Diamido-6,11-Dioxy-5,12-Diketo-5,12-Dihydroacenaphten (*B* **36**, 2330 *C.* **1903** [2] 442).

12) **Verbindung** (aus Chinolylacetophenon-2-Carbonsäure). Sm. 205° u. Zers. (*B.* **37**, 3013 *C.* **1904** [2] 1409).

$C_{18}H_{12}O_4Cl_4$ 1) **Diacetat d. αβ-Di[3,5-Dichlor-4-Oxyphenyl]äthen.** Sm. 246° (*A.* **325**, 50 *C.* **1903** [1] 462).

$C_{18}H_{12}O_4Cl_6$ 1) **Diacetat d. αβ-Dichlor-αβ-Di[3,5-Dichlor-4-Oxyphenyl]äthan.** Sm. 206°? (*A.* **325**, 65 *C.* **1903** [1] 463).

$C_{18}H_{12}O_4Br_4$ 1) **Diacetat d. αβ-Di[3,5-Dibrom-4-Oxyphenyl]äthen.** Sm. 241° (*A.* **325**, 31 *C.* **1903** [1] 460).

$C_{18}H_{12}O_4Br_6$ 1) **Diacetat d. αβ-Dibrom-αβ-Di[3,5-Dibrom-4-Oxyphenyl]äthan.** Sm. 216° u. Zers. (*A.* **325**, 43 *C.* **1903** [1] 461).

$C_{18}H_{12}O_5N_2$ 3) **3,5-Dinitro-2-Oxy-1,4-Diphenylbenzol.** Sm. 193—194°. K (*B.* **36**, 1410 *C.* **1903** [1] 1358).

$C_{18}H_{12}O_5Br_6$ 1) **4,4'-Diacetat d. 2,3,5,2',3',5'-Hexabrom-α,4,4'-Trioxydiphenylmethan-α-Methyläther.** Sm. 197° (*A.* **330**, 78 *C.* **1904** [1] 1148).

$C_{18}H_{12}O_6N_6$ 3) **4-[2,4,6-Trinitrophenylamido]azobenzol.** Sm. 176—177° (*J. pr.* [2] **69**, 43 *C.* **1904** [1] 508).

$C_{18}H_{12}N_3Cl_3$ 1) **2,4,6-Trichlor-1-Diphenylamidodiazobenzol.** Sm. 38—39° (*C. r.* **139**, 570 *C.* **1904** [2] 1497).

$C_{18}H_{12}N_3Br_3$ 1) **2,4,6-Tribrom-1-Diphenylamidodiazobenzol.** Sm. 48° (*C. r.* **139**, 570 *C.* **1904** [2] 1497).

$C_{18}H_{12}N_6S_2$ 1) **Disulfid d. 3-Merkapto-5-Phenyl-1,2,4-Triazin.** Sm. 183° (*B.* **36**, 4129 *C.* **1904** [1] 295).

$C_{18}H_{12}Cl_2J_4$ 1) **Di[3-Jodphenyl]-1,3-Phenylendijodoniumchlorid.** 2 + $PtCl_4$ (*B.* **37**, 1310 *C.* **1904** [1] 1340).

$C_{18}H_{12}Br_2J_4$ 1) **Di[3-Jodphenyl]-1,3-Phenylendijodoniumbromid.** Sm. 146° (*B.* **37**, 1310 *C.* **1904** [1] 1340).

$C_{18}H_{13}ON_3$ 13) **Phenylhydrazon d. 2-Naphtisatin.** Sm. 220° (*B.* **36**, 1737 *C.* **1903** [2] 119).

$C_{18}H_{13}OBr$ 2) **5-Brom-2-Oxy-1,4-Diphenylbenzol.** Sm. 86° (*B.* **36**, 1409 *C.* **1903** [1] 1358).

$C_{18}H_{13}O_2N$ *5) **2,6-Diphenylpyridin-4-Carbonsäure.** Sm. 278—279°. Ag (*Bl.* [3] **29**, 407 *C.* **1903** [1] 1362).

15) **Methylenäther d. 2-[3,4-Dioxybenzyliden]amidonaphtalin.** Sm. 115°. + C_2H_6O (*B.* **37**, 1703 *C.* **1904** [1] 1497).

$C_{18}H_{13}O_2Br_3$ 1) **Dimethyläther d. ?-Brom-3,4-Dioxy-?-Aethenylphenanthren.** Sm. 158—159° (*B.* **35**, 4392 *C.* **1903** [1] 339).

$C_{18}H_{13}O_3N$ *6) **2²-Amid d. 2-Phenylnaphtalin-1,2²-Dicarbonsäure.** Sm. 220° (*A.* **335**, 122 *C.* **1904** [2] 1133).

*7) **1-Amid d. 2-Phenylnaphtalin-1,2²-Dicarbonsäure.** Sm. 275° (*A.* **335**, 122 *C.* **1904** [2] 1133).

10) **Chinolylacetophenon-2-Carbonsäure.** Sm. 155° u. Zers. (*B.* **37**, 3012 *C.* **1904** [2] 1409; *B.* **37**, 3022 *C.* **1904** [2] 1410).

$C_{18}H_{13}O_4N$ 9) **Methylester d. α-Cyan-β-Benzoxyl-β-Phenylakrylsäure.** Sm. 83° (*C. r.* **136**, 691 *C.* **1903** [1] 920; *Bl.* [3] **31**, 335 *C.* **1904** [1] 1135).

$C_{18}H_{13}O_4N_5$ C 59,5 — H 3,6 — O 17,5 — N 19,3 — M. G. 363.

1) **4-[2,4-Dinitrophenylamido]azobenzol.** Sm. 175,5—176° (*J. pr.* [2] **69**, 43 *C.* **1904** [1] 508).

$C_{18}H_{13}O_4Br$ 2) **Diacetat d. 2-Brom-9,10-Dioxyphenanthren.** Sm. 178—179° (*B.* **37**, 3561 *C.* **1904** [2] 1401).

$C_{18}H_{13}O_6N$ 5) **Lakton d. α-Oxy-γ-Keto-α-Phenyl-β-[2-Nitrophenyl]butan-β-Ketocarbonsäure.** Sm. 118° (*A.* **333**, 237 *C.* **1904** [2] 1390).

6) **Diacetat d. 2-Nitro-9,10-Dioxyphenanthren.** Sm. 258° (*B.* **36**, 3732 *C.* **1904** [1] 35).

7) **Diacetat d. 4-Nitro-9,10-Dioxyphenanthren.** Sm. 222—223° u. Zers. (*B.* **36**, 3736 *C.* **1904** [1] 36).

$C_{18}H_{13}N_3Cl_2$ 1) **2,4-Dichlor-1-Diphenylamidodiazobenzol.** Sm. 35—40° (*C. r.* **139**, 570 *C.* **1904** [2] 1497).

$C_{18}H_{13}N_3Br_2$ 1) **2,4-Dibrom-1-Diphenylamidodiazobenzol.** Sm. 80° (*C. r.* **139**, 570 *C.* **1904** [2] 1497).

$C_{18}H_{13}N_3J_2$ 1) **2,4-Dijod-1-Diphenylamidodiazobenzol.** Sm. 70° (*C. r.* **139**, 571 *C.* **1904** [2] 1497).

$C_{18}H_{14}ON_4$ *2) **4-Oxy-1,3-Di[Phenylazo]benzol.** Sm. 123° (*C. r.* **138**, 1278 *C.* **1904** [2] 97).

$C_{18}H_{14}O_2N_2$ 27) **2-Oxy-1-[2-Acetylphenyl]azonaphtalin.** Sm. 198,5—199° (*B.* **36**, 1621 *C.* **1903** [2] 36).

28) **2,2'-Dimethylindigo** (D.R.P. 58276, 63310). — *II, *960.*

$C_{18}H_{14}O_2N_4$ 19) **2-Nitro-1-Diphenylamidodiazobenzol.** Fl. (*C. r.* **139**, 569 *C.* **1904** [2] 1497).

20) **3-Nitro-1-Diphenylamidodiazobenzol.** Fl. (*C. r.* **139**, 569 *C.* **1904** [2] 1497).

21) **4-Nitro-1-Diphenylamidodiazobenzol.** Sm. 63° (*C. r.* **139**, 569 *C.* **1904** [2] 1497).

22) **αβ-Di[4-Keto-3,4-Dihydro-1,3-Benzdiazin-2-]äthan** + H_2O. Sm. oberh. 310° (wasserfrei). (2HCl, $PtCl_4$) (*J. pr.* [2] **69**, 23 *C.* **1904** [1] 640).

$C_{18}H_{14}O_2Br_4$ 1) **Bromderivat d. 3,4-Dioxy-?-Aethenylphenanthrendimethyläther.** Sm. 145—147° u. Zers. (*B.* **35**, 4391 *C.* **1903** [1] 339).

$C_{18}H_{14}O_2J_4$ 1) **Di[3-Jodphenyl]-1,3-Phenylendijodoniumhydroxyd.** Salze siehe (*B.* **37**, 1310 *C.* **1904** [1] 1340).

$C_{18}H_{14}O_2S_2$ 1) **2,5-Diphenyläther d. 2,5-Dimerkapto-1,4-Dioxybenzol.** Sm. 103° (*A.* **336**, 134 *C.* **1904** [2] 1298).

2) **2,6-Diphenyläther d. 2,6-Dimerkapto-1,4-Dioxybenzol** (*A.* **336**, 136 *C.* **1904** [2] 1299).

3) **Disulfid d. β-Phenylakrylthiolsäure** (Zimmtsäuredisulfid). Sm. 139° (*B.* **36**, 2272 *C.* **1903** [2] 563).

$C_{18}H_{14}O_3N_2$ 17) **Oxim d. Chinolylacetophenon-2-Carbonsäure.** Sm. 145° u. Zers. (*B.* **37**, 3012 *C.* **1904** [2] 1409).

$C_{18}H_{14}O_4N_2$ *1) **Dibenzamidodioxytetrol.** Sm. 137,5° (*J. pr.* [2] **70**, 239 *C.* **1904** [2] 1462).

14) **αγ-Dioximido-β-Phtalyl-α-Phenylbutan.** Sm. 63° (*B.* **37**, 582 *C.* **1904** [1] 940).

15) **αβ-Di[2-Methylenamidophenyl]äthen-αβ-Dicarbonsäure** (*A.* **332**, 276 *C.* **1904** [2] 701).

16) **1-Phenylazo-3,4-Dioxynaphtalin-2-Methylcarbonsäure.** Sm. 212° u. Zers. (E. Hoyer, Dissert., Berlin 1901).

$C_{18}H_{14}O_4N_4$ *3) **4-Amido-4'-[2,4-Dinitrophenyl]amidobiphenyl.** Sm. 244—245° (*J. pr.* [2] **68**, 262 *C.* **1903** [2] 1064).

$C_{18}H_{14}O_4Cl_4$ 2) **Diacetat d. αβ-Di[3,5-Dichlor-4-Oxyphenyl]äthan.** Sm. 159° (*A.* **325**, 50 *C.* **1903** [1] 462).

$C_{18}H_{14}O_4Br_2$ *2) **1,3-Di[4-Bromphenyl]-R-Tetramethylen-2,4-Dicarbonsäure** (Dibrom-α-Truxillsäure). Sm. 296°. Ag_2 (*B.* **37**, 219, 224 Anm. *C.* **1904** [1] 588).

3) **isom. 1,3-Di[4-Bromphenyl]-R-Tetramethylen-2,4-Dicarbonsäure** (Dibrom-γ-Truxillsäure). Sm. 280° (*B.* **37**, 223 *C.* **1904** [1] 588).

$C_{18}H_{14}O_6Cl_4$ 1) **αβ-Diacetat d. αβ-Dioxy-αβ-Di[3,5-Dichlor-4-Oxyphenyl]äthan.** Sm. 220° (*A.* **325**, 60 *C.* **1903** [1] 462).

2) **αβ-Diacetat d. isom. αβ-Dioxy-αβ-Di[3,5-Dichlor-4-Oxyphenyl]-äthan.** Sm. 202° (*A.* **325**, 62 *C.* **1903** [1] 462).

$C_{18}H_{14}O_6Br_4$ 1) **αβ-Diacetat d. αβ-Dioxy-αβ-Di[3,5-Dibrom-4-Oxyphenyl]äthan.** Sm. 218° (*A.* **325**, 38 *C.* **1903** [1] 461).

2) **αβ-Diacetat d. isom. αβ-Dioxy-αβ-Di[3,5-Dibrom-4-Oxyphenyl]-äthan?** Sm. 217° (*A.* **325**, 40 *C.* **1903** [1] 461).

$C_{18}H_{14}O_{14}N_4$ C 42,4 — H 2,7 — O 43,9 — N 11,0 — M. G. 510.

1) **Di[?-Dinitro-2-Methoxylphenylester] d. Bernsteinsäure** (*B.* **35**, 4083 *C.* **1903** [1] 74).

$C_{18}H_{14}NJ$ *1) **Jodmethylat d. α-Chrysidin.** Sm. 262—263° (*B.* **37**, 2925 *C.* **1904** [2] 1412).

*2) **Jodmethylat d. β-Chrysidin.** Sm. 264° (*B.* **37**, 2927 *C.* **1904** [2] 1412).

$C_{18}H_{14}N_2J_2$ 1) **4-Phenylazodiphenyljodoniumjodid.** Sm. 135° (*B.* **37**, 1314 *C.* **1904** [1] 1341).

$C_{18}H_{14}N_3Cl$ 2) **2-Chlor-1-Diphenylamidodiazobenzol.** Fl. (*C. r.* **139**, 569 *C.* **1904** [2] 1497).

3) **3-Chlor-1-Diphenylamidodiazobenzol.** Fl. (*C. r.* **139**, 569 *C.* **1904** [2] 1497).

4) **4-Chlor-1-Diphenylamidodiazobenzol.** Sm. 20° (*C. r.* **139**, 569 *C.* **1904** [2] 1497).

$C_{18}H_{14}N_3Br$ 2) **2-Brom-1-Diphenylamidodiazobenzol.** Fl. (*C. r.* **139**, 570 *C.* **1904** [2] 1497).
3) **3-Brom-1-Diphenylamidodiazobenzol.** Fl. (*C. r.* **139**, 570 *C.* **1904** [2] 1497).
4) **4-Brom-1-Diphenylamidodiazobenzol.** Fl. (*C. r.* **139**, 570 *C.* **1904** [2] 1497).

$C_{18}H_{14}N_3J$ 1) **4-Jod-1-Diphenylamidodiazobenzol.** Fl. (*C. r.* **139**, 571 *C.* **1904** [2] 1497).

$C_{18}H_{15}ON$ 19) **1-Phenyl-1,3-Dihydro-4,2-β-Naphtisoxazin.** Sm. 214° (*G.* **33** [1] 29 *C.* **1903** [1] 926).
20) **10-Methyl-1,2-Naphtakridol.** Sm. 206—207° (*B.* **37**, 2928 *C.* **1904** [2] 1412).

$C_{18}H_{15}OP$ 2) **Triphenylphosphinoxyd.** Sm. 156° (*C. r.* **139**, 675 *C.* **1904** [2] 1638).

$C_{18}H_{15}O_2N$ 32) **Imid d. Buttersäure.** Sm. 107° (*C. r.* **137**, 128 *C.* **1903** [2] 552).

$C_{18}H_{15}O_2N_5$ 2) **1-[Methyl-α-Cyanäthylamido]-1-[α-Cyan-4-Nitrobenzyliden]amidobenzol.** Sm. 142° (*B.* **36**, 759 *C.* **1903** [1] 962).

$C_{18}H_{15}O_2Br$ 3) **Methylester d. ?-Brom-αδ-Diphenyl-αγ-Butadiën-α-Carbonsäure.** Sm. 81—82° (*J. pr.* [2] **68**, 533 *C.* **1904** [1] 452).

$C_{18}H_{15}O_3N$ 16) **Methylenäther d. Methyl-4-[3,4-Dioxycinnamyliden]amidophenylketon.** Sm. 158° (*B.* **37**, 1701 *C.* **1904** [1] 1497).
17) **4-Acetylamido-1-Benzoyl-2-Methylbenzfuran.** Sm. 178—179° (*B.* **36**, 1260 *C.* **1903** [1] 1183).
18) **3-Methyl-5-Phenyl-4-Benzylisoxazol-4²-Carbonsäure.** Sm. 189 bis 190° (*B.* **37**, 588 *C.* **1904** [1] 940).
19) **Verbindung** + $^1/_2H_2O$ (aus Thallin u. Phtalsäureanhydrid). Sm. 239° (*B.* **37**, 1963 *C.* **1904** [2] 44).

$C_{18}H_{15}O_3N_3$ 7) **4-[3-Nitro-4-Acetylamidobenzyl]isochinolin** + $3H_2O$. Sm. 144 bis 145° (wasserfrei) (*A.* **326**, 281 *C.* **1903** [1] 928).
8) **Aethylester d. 4-Phenylazo-5-Phenylisoxazol-3-Carbonsäure.** Sm. 99—100° (*B.* **37**, 2205 *C.* **1904** [2] 323).

$C_{18}H_{15}O_3N_5$ C 61,9 — H 4,3 — O 13,8 — N 20,0 — M. G. 349.
1) **1-Phenylamidoformyl-4-Phenylamidoformylamido-2-Keto-1,2-Dihydro-1,3-Diazin.** Sm. 260° (*Am.* **29**, 501 *C.* **1903** [1] 1311).

$C_{18}H_{15}O_3Br$ 3) **Methyläther d. Bromthebenol.** Sm. 148—149° (*B.* **37**, 2791 *C.* **1904** [2] 716).

$C_{18}H_{15}O_3B$ *1) **Triphenylester d. Borsäure.** Sm. 50° (*B.* **36**, 2222 *C.* **1903** [2] 420).

$C_{18}H_{15}O_4N$ *5) **Benzylimid d. i-Benzoyläpfelsäure.** Sm. 100—101° (*J. pr.* [2] **70**, 9 *C.* **1904** [2] 774).
*6) **Benzylimid d. d-Benzoyläpfelsäure.** Sm. 126—127° (*J. pr.* [2] **70**, 11 *C.* **1904** [2] 774).
10) **Methylester d. α-[4-Nitrophenyl]-δ-Phenyl-αγ-Butadiën-α-Carbonsäure.** Sm. 130—131° (*A.* **336**, 216 *C.* **1904** [2] 1732).
11) **Benzylimid d. l-Benzoyläpfelsäure.** Sm. 126—127° (*J. pr.* [2] **70**, 12 *C.* **1904** [2] 774).

$C_{18}H_{15}O_4Cl$ 1) **Diacetat d. α-Chlor-αβ-Di[4-Oxyphenyl]äthen.** Sm. 125—126° (*A.* **335**, 183 *C.* **1904** [2] 1130).

$C_{18}H_{15}O_4Br$ 4) **Diacetat d. α-Brom-αβ-Di[4-Oxyphenyl]äthen.** Sm. 126—127° (*A.* **335**, 182 *C.* **1904** [2] 1130).

$C_{18}H_{15}O_5N$ 2) **Aethylester d. 3-Nitrobenzylidenbenzoylessigsäure.** Sm. 107—108° (*Soc.* **83**, 722 *C.* **1903** [2] 54).

$C_{18}H_{15}O_6N_5$ C 54,4 — H 3,8 — O 24,2 — N 17,6 — M. G. 397.
1) **4,6-Dinitro-5-Methylnitramido-2-Methylphenyl-2-Naphtylamin.** Sm. 131° (*J. pr.* [2] **67**, 520 *C.* **1903** [2] 239).

$C_{18}H_{15}O_7N$ 2) **α-Phenyl-β-[2-Nitro-3-Acetoxyl-4-Methoxylphenyl]akrylsäure.** Sm. 201° (*B.* **35**, 4412 *C.* **1903** [1] 343).
3) **β-[2-Carboxybenzoyl]amido-α-Phenyläthan-ββ-Dicarbonsäure.** Sm. 160—165° u. Zers. (*C.* **1903** [2] 33).

$C_{18}H_{15}O_8N_3$ C 53,9 — H 3,7 — O 31,9 — N 10,5 — M. G. 401.
1) **Diphenyläther d. Nitrodioxydichinolnitrosäure.** Na_2 (*Am.* **29**, 118 *C.* **1903** [1] 709).

$C_{18}H_{16}ON_2$ 23) **4-Phenylamido-4'-Oxydiphenylamin** (D. R. P. 150553 *C.* **1904** [1] 1467).
24) **4-[4-Acetylamidobenzyl]isochinolin.** Sm. 181—182° (*A.* **326**, 279 *C.* **1903** [1] 928).

$C_{18}H_{16}OS$ 1) **5-Thiocarbonyl-2-Keto-1,3-Diphenylhexahydrobenzol.** Sm. 136,5° (*B.* **37**, 1609 *C.* **1904** [1] 1445).

$C_{18}H_{16}OSi$ *1) **Siliciumtriphenyloxydhydrat.** Sm. 155° (*B.* **37**, 1140 *C.* **1904** [1] 1257).

$C_{18}H_{16}O_2N_2$ 28) **αβ-Di[4-Acetylamidophenyl]äthin.** Sm. 270° (*A.* **325**, 73 *C.* **1903** [1] 463).

29) **6-Methyl-1,3-Diphenyl-1,4-Dihydro-1,2-Diazin-5-Carbonsäure.** Sm. 185—186° (*A.* **331**, 310 *C.* **1904** [2] 45).

30) **Phenylimid d. α-Phenylamido-α-Buten-αβ-Dicarbonsäure.** Sm. 113 bis 114° (*B.* **37**, 2383 *C.* **1904** [2] 306).

$C_{18}H_{16}O_2N_4$ 8) **Aethylester d. 4-Phenylazo-5-Phenylpyrazol-3-Carbonsäure.** Sm. 153° (*B.* **37**, 2208 *C.* **1904** [2] 323).

$C_{18}H_{16}O_2N_6$ C 62,1 — H 4,6 — O 9,2 — N 24,1 — M. G. 348.

1) **3,6-Di[3-Acetylamidophenyl]-1,2,4,5-Tetrazin.** Sm. 295° (*B.* **35**, 3937 *C.* **1903** [1] 38).

$C_{18}H_{16}O_2Br_2$ *2) **Methylester d. γδ-Dibrom-αδ-Diphenyl-α-Buten-α-Carbonsäure.** Sm. 118° (*J. pr.* [2] **68**, 527 *C.* **1904** [1] 452).

3) **Methylester d. isom. ?-Dibrom-αβ-Diphenyl-α- oder -β-Buten-α-Carbonsäure.** Sm. 133—134° (*J. pr.* [2] **68**, 526 *C.* **1904** [1] 451).

$C_{18}H_{16}O_2S$ 1) **δ-Merkapto-α-Phenyl-αγ-Butadiën-δ-Carbonsäure.** Sm. 164° (*M.* **23**, 970 *C.* **1903** [1] 284).

$C_{18}H_{16}O_2S_2$ *1) **Diphenyläther d. 2,5-Dimerkapto-1,4-Diketohexahydrobenzol** (Thiophenochinon) (*A.* **336**, 117 *C.* **1904** [2] 1298).

$C_{18}H_{16}O_3N_2$ 14) **4-Acetylamido-1-[α-Oximidobenzyl]-2-Methylbenzfuran.** Sm. 192° (*B.* **36**, 1261 *C.* **1903** [1] 1183).

15) **2,4,6-Triketo-5,5-Dibenzylhexahydro-1,3-Diazin.** Sm. 222° (D.R.P. 146496 *C.* **1903** [2] 1484; *A.* **335**, 347 *C.* **1904** [2] 1381).

$C_{18}H_{16}O_3Cl_2$ 1) **δ-Acetat d. γγ-Dichlor-αδ-Dioxy-αδ-Diphenyl-α-Buten.** Sm. 106° (*B.* **36**, 2396 *C.* **1903** [2] 498).

$C_{18}H_{16}O_3Br_2$ 3) **Aethylester d. αβ-Dibrom-γ-Keto-αγ-Diphenylpropan-β-Carbonsäure.** Sm. 110° (*G.* **33** [2] 147 *C.* **1903** [2] 1270).

4) **δ-Acetat d. γγ-Dibrom-αδ-Dioxy-αδ-Diphenyl-α-Buten.** Sm. 124° (*B.* **36**, 2398 *C.* **1903** [2] 498).

5) **δ-Acetat d. isom. γγ-Dibrom-αδ-Dioxy-αδ-Diphenyl-α-Buten.** Sm. 103° (*B.* **36**, 2399 *C.* **1903** [2] 498).

$C_{18}H_{16}O_4N_2$ *7) **Aethylester d. Phenylazobenzoylbrenztraubensäure.** Sm. 115 bis 116° (*B.* **37**, 2204 *C.* **1904** [2] 323).

14) **Diacetat d. Di[2-Oxybenzyliden]hydrazin.** Sm. 190—191° (*B.* **37**, 3185 *C.* **1904** [2] 991).

$C_{18}H_{16}O_4Cl_2$ 2) **Diacetat d. αβ-Dichlor-αβ-Di[4-Oxyphenyl]äthan.** Sm. 220° u. Zers. (*A.* **335**, 179 *C.* **1904** [2] 1130).

3) **Diacetat d. isom. αβ-Dichlor-αβ-Di[4-Oxyphenyl]äthan.** Sm. 132° (*A.* **335**, 181 *C.* **1904** [2] 1130).

$C_{18}H_{16}O_4Br_2$ 4) **Diacetat d. αβ-Dibrom-αβ-Di[4-Oxyphenyl]äthan.** Sm. 215° u. Zers. (*A.* **335**, 176, 178 *C.* **1904** [2] 1129).

5) **Diacetat d. isom. αβ-Dibrom-αβ-Di[4-Oxyphenyl]äthan.** Sm. 169 bis 170° (*A.* **335**, 176, 179 *C.* **1904** [2] 1130).

$C_{18}H_{16}O_6N_4$ 3) **1-Dimethylamidonaphtalin + 1,3,5-Trinitrobenzol.** Sm. 105—106° (*Soc.* **83**, 1338 *C.* **1904** [1] 99).

4) **1-Aethylamidonaphtalin + 1,3,5-Trinitrobenzol.** Sm. 153,5—154° (*Soc.* **83**, 1337 *C.* **1904** [1] 99).

5) **2-Aethylamidonaphtalin + 1,3,5-Trinitrobenzol.** Sm. 106° (*Soc.* **83**, 1339 *C.* **1904** [1] 99).

$C_{18}H_{16}O_6Br_4$ 1) **9-Methyläther d. Tetrabrom-1,3,6,8-Tetraketo-2,4,5,7-Tetramethyloktohydroxanthen.** Sm. 155—160° u. Zers. (*M.* **25**, 980 *C.* **1904** [2] 1145).

$C_{18}H_{16}O_8N_2$ 5) **Biphenyl-3,3'-Dicarbonsäure-4,4'-Di[Amidoessigsäure].** Sm. oberh. 300° (*C.* **1903** [1] 34).

$C_{18}H_{16}ClJ$ 1) **4-Aethylphenyl-1-Naphtyljodoniumchlorid.** Sm. 168°. 2 + $HgCl_2$, 2 + $PtCl_4$ (*A.* **327**, 299 *C.* **1903** [2] 352).

$C_{18}H_{16}BrJ$ 1) **4-Aethylphenyl-1-Naphtyljodoniumbromid.** Sm. 156° (*A.* **327**, 299 *C.* **1903** [2] 352).

$C_{18}H_{17}ON$ 17) **ε-Oximido-α-Phenyl-ε-[4-Methylphenyl]-αγ-Pentadiën.** Sm. 170° (*B.* **36**, 847 *C.* **1903** [1] 975).

$C_{18}H_{17}ON$ 18) ε-Oximido-ε-Phenyl-α-[4-Methylphenyl]-αγ-Pentadiën. Sm. 128 bis 129° (*B.* **36**, 851 *C.* **1903** [1] 975).
19) **4-Methylamido-[2-Oxy-1-Naphtyl]methan.** Sm. 142°. HCl (*M.* **23**, 998 *C.* **1903** [1] 290).
20) **4-Methylamidophenyl-[4-Oxy-1-Naphtyl]methan.** Sm. 141—142°. HCl, H_2SO_4 (*M.* **23**, 996 *C.* **1903** [1] 290).
21) **10-Acetylamido-9-Aethylanthracen.** Sm. 259—260° (*A.* **330**, 174 *C.* **1904** [1] 891).
22) **7-Oxy-2-Propyl-4-Phenylchinolin.** Sm. 221° (*B.* **36**, 4019 *C.* **1904** [1] 293).
23) **Aethyläther d. 7-Oxy-2-Methyl-4-Phenylchinolin.** Sm. 91° (*B.* **36**, 2455 *C.* **1903** [2] 670).

$C_{18}H_{17}ON_3$ 12) **4-[4-Amidophenyl]amido-1-[4-Oxyphenyl]amidobenzol.** Sm. 185° (D.R.P. 153994 *C.* **1904** [2] 966).
13) **3-Benzoylimido-1,5-Dimethyl-2-Phenyl-2,3-Dihydropyrazol** (Benzoyliminopyrin). Sm. 176° (*B.* **36**, 3285 *C.* **1903** [2] 1190).
14) **Monoacetylderivat d. 2-[β-3-Amidophenyläthenyl]-5-oder-6-Methylbenzimidazol** (*C.* **1904** [1] 103).
15) **Verbindung** (aus Benzaldehyd u. α-Cyanpropionsäureäthylester). Sm. 198° u. Zers. (*C.* **1903** [2] 713).
16) **isom. Verbindung** (aus Benzaldehyd u. α-Cyanpropionsäureäthylester). Sm. 210° u. Zers. (*C.* **1903** [2] 713).

$C_{18}H_{17}OJ$ 1) **4-Aethylphenyl-1-Naphtyljodoniumhydrat.** Salze siehe (*A.* **327**, 299 *C.* **1903** [2] 352).

$C_{18}H_{17}O_2N$ 11) **4-Methylamidophenyl-[2,3-Dioxy-1-Naphtyl]methan.** Sm. 185 bis 186°. H_2SO_4 (*M.* **23**, 1001 *C.* **1903** [1] 290).
12) **4-Methylamidophenyl-[2,7-Dioxy-1-Naphtyl]methan.** Sm. 179—180° (*M.* **23**, 1000 *C.* **1903** [1] 290).
13) **Aethylester d. α-Cyan-αβ-Diphenylpropionsäure.** Sd. 231—233°$_{32}$ (*Am.* **32**, 130 *C.* **1904** [2] 954).
14) **Acetat d. γ-Oximido-αβ-Diphenyl-α-Buten.** Sm. 92° (*M.* **19**, 410; **20**, 739; **22**, 667). — *III, *185.*
15) **Acetat d. syn-α-Oximido-αγ-Diphenyl-β-Buten.** Sm. 74° (*M.* **25**, 436 *C.* **1904** [2] 336).
16) **Nitril d. 1-Oxymethylbenzoleugenoläther-4-Carbonsäure.** Sm. 63 bis 64° (D.R.P. 82924). — *II, *927.*
17) **Nitril d. 1-Oxymethylbenzolisoeugenoläther-4-Carbonsäure.** Sm. 97—98° (D.R.P. 82924). — *II, *927.*

$C_{18}H_{17}O_2N_3$ 11) **Phenylhydrazon d. 1-Keto-4-Oxy-3-Propionyl-1,2-Dihydroisochinolin.** Sm. 212—213° (*B.* **37**, 2486 *C.* **1904** [2] 420).
12) **Acetat d. 5-Oxy-1-Phenyl-3-[β-Phenyläthyl]-1,2,4-Triazol.** Sm. 109° (*B.* **36**, 1102 *C.* **1903** [1] 1140).
13) **Verbindung** (aus Benzylidenbenzoylaceton u. Semicarbazid). Zers. bei 230° (*Soc.* **85**, 467 *C.* **1904** [1] 1080, 1438).

$C_{18}H_{17}O_3N$ 6) **Dimethyläther d. 6,7-Dioxy-1-Keto-2-Benzyl-1,2-Dihydroisochinolin.** Sm. 167°. Pikrat (*B.* **37**, 530 *C.* **1904** [1] 818; *B.* **37**, 3814 *C.* **1904** [2] 1575).
7) **α-Cinnamoylamido-β-Phenylpropionsäure.** Sm. 198—199° (*B.* **37**, 3069 *C.* **1904** [2] 1208).
8) **Aethylester d. α-Cyan-β-[2-Aethoxyl-1-Naphtyl]akrylsäure.** Sm. 71° (*Bl.* [3] **29**, 880 *C.* **1903** [2] 885).

$C_{18}H_{17}O_3N_5$ 2) **Amid d. 1-[Methyl-α-Carboxyäthylamido]-4-[α-Cyan-4-Nitrobenzyliden]amidobenzol.** Sm. 205—210° (*B.* **36**, 762 *C.* **1903** [1] 963).
3) **Azid d. α-Benzoylamidoacetylamido-β-Phenylpropionsäure.** Zers. bei 70° (*J. pr.* [2] **70**, 229 *C.* **1904** [2] 1462).

$C_{18}H_{17}O_3Cl$ 1) **Aethylester d. β-Keto-γ-[4-Chlorphenyl]-α-Phenylpropan-γ-Carbonsäure.** Sm. 166—168° (*J. pr.* [2] **67**, 392 *C.* **1903** [1] 1357).

$C_{18}H_{17}O_4N$ 8) **Dimethyläther d. Papaverolin.** (2HCl, $PtCl_4$), Pikrat (*C.* **1903** [1] 844).
9) **Trimethyläther d. 7,8-Dioxy-2-Keto-3-[4-Oxyphenyl]-1,2-Dihydrochinolin.** Sm. 282° (*B.* **35**, 4405 *C.* **1903** [1] 342).

$C_{18}H_{17}O_5N$ 9) **2-Aethylester d. Benzoyl-2-Carboxyphenylamidoessigsäure.** Sm. 141—143° (D.R.P. 138207 *C.* **1903** [1] 305).
10) **β-Benzylamid d. d-α-Benzoxyläthan-αβ-Dicarbonsäure.** Sm. 125° (*B.* **37**, 2125 *C.* **1904** [2] 439).

$C_{18}H_{17}O_5N$ 11) β-Benzylamid d. i-α-Benzoxyläthan-αβ-Dicarbonsäure. Sm. 116° (*B.* **37**, 2126 *C.* **1904** [2] 439).

$C_{18}H_{17}O_6N_3$ C 60,8 — H 4,8 — O 22,5 — N 11,8 — M. G. 355.
1) Acetat d. α-Acetyl-α-Phenyl-β-[5-Nitro-2-Oxy-3-Methylbenzyliden]-hydrazin. Sm. 199—200° (*B.* **37**, 3922 *C.* **1904** [2] 1594).
2) Acetat d. α-Acetyl-α-Phenyl-β-[5-Nitro-6-Oxy-3-Methylbenzyliden]-hydrazin. Sm. 130—150° (*B.* **37**, 3926 *C.* **1904** [2] 1595).

$C_{18}H_{17}O_6N$ *1) Corydinsäure + $^1/_2H_2O$ (*Soc.* **83**, 620 *C.* **1903** [1] 1364).
5) $2^3,2^4$,6-Trimethyläther d. 3-Oximido-6-Oxy-2-[3,4-Dioxyphenyl]-2,3-Dihydro-1,4-Benzpyron. Sm. 168° u. Zers. (*B.* **37**, 780 *C.* **1904** [1] 1156).
6) 2^4,5,7-Trimethyläther d. 3-Oximido-5,7-Dioxy-2-[4-Oxyphenyl]-2,3-Dihydro-1,4-Benzpyron. Sm. 189—190° u. Zers. (*B.* **37**, 2097 *C.* **1904** [2] 121).
7) 2^2,7,8-Trimethyläther d. 3-Oximido-7,8-Dioxy-2-[2-Oxyphenyl]-2,3-Dihydro-1,4-Benzpyron. Sm. 170° u. Zers. (*B.* **37**, 2629 *C.* **1904** [2] 539).
8) 2^3,7,8-Trimethyläther d. 3-Oximido-7,8-Dioxy-2-[3-Oxyphenyl]-2,3-Dihydro-1,4-Benzpyron. Sm. 168° u. Zers. (*B.* **37**, 2632 *C.* **1904** [2] 540).
9) Aldehyd (aus Bebeerin). Sm. 255° (*Ar.* **236**, 538). — *III, *621.*

$C_{18}H_{17}O_7N$ 13) α-[4-Methoxylphenyl] β-[2-Nitro-3,4-Dimethoxylphenyl]akrylsäure. Sm. 230—231° (*B.* **35**, 4404 *C.* **1903** [1] 342).
14) Säure (aus Bebeerin). Sm. 270° (*Ar.* **236**, 538). — *III, *621.*

$C_{18}H_{17}N_4J$ 2) 2-Jodmethylat d. 3-Methyl-1,4-Diphenylbipyrazol. Sm. 221° (*B.* **36**, 528 *C.* **1903** [1] 642).

$C_{18}H_{18}ON_2$ *14) 7-[4-Dimethylamidophenyl]amido-2-Oxynaphtalin. Sm. 126—127° (*J. pr.* [2] **69**, 242 *C.* **1904** [1] 1269).
16) 2-Amido-5-Oxy-3,7,10-Trimethyl-5,10-Dihydroakridin. Sm. 210° (*Soc.* **85**, 532 *C.* **1904** [1] 1525).

$C_{18}H_{18}ON_4$ 6) Amid d. 1-[Methyl-α-Carboxyäthylamido]-4-[α-Cyanbenzyliden]-amidobenzol. Sm. 154° (*B.* **36**, 761 *C.* **1903** [1] 968).

$C_{18}H_{18}O_2N_4$ 7) Aethyläther d. 5-Keto-4-[4-Oxyphenyl]-3-Methyl-1-Phenyl-4,5-Dihydropyrazol. Sm. 159° (D.R.P. 153861 *C.* **1904** [2] 680).

$C_{18}H_{16}O_2N_6$ C 61,7 — H 5,1 — O 9,1 — N 24,0 — M. G. 350.
1) 4,5-Di[α-Phenylhydrazonäthyl]-1,2,3,6-Dioxdiazin. Sm. 175° (*C.* **1903** [2] 1433).

$C_{18}H_{18}O_3N_2$ 16) α-Keto-αβ-Di[Acetylamidophenyl]äthan. Sm. 272° (*A.* **325**, 75 *C.* **1903** [1] 463).
17) 3-Methyläther-4-Aethyläther d. 1-Nitrosamido-2-[3,4-Dioxyphenyl]indol (*B.* **37**, 873 *C.* **1904** [1] 1154).
18) Acetat d. 4-Oxy-3-Acetylphenylhydrazonmethyl-1-Methylbenzol. Sm. 149° (*B.* **35**, 4106 *C.* **1903** [1] 149).

$C_{18}H_{18}O_3N_4$ 2) Benzylidenhydrazid d. Benzoylamidoacetylamidoessigsäure. Sm. 215—217° (*J. pr.* [2] **70**, 79 *C.* **1904** [2] 1033).

$C_{18}H_{18}O_4N_2$ *9) Diäthylester d. Azobenzol-3,3'-Dicarbonsäure. Sm. 100° (corr.) (*A.* **326**, 341 *C.* **1903** [1] 1130).
*10) Diäthylester d. Azobenzol-4,4'-Dicarbonsäure. Sm. 145,5° (*A.* **326**, 332 *C.* **1903** [1] 1130).
17) α-Benzoylamidoacetyl-β-Phenylpropionsäure. Sm. 172°. *Ag* (*J. pr.* [2] **70**, 226 *C.* **1904** [2] 1461).
18) Aethylester d. αβ-Dibenzoylhydrazidoessigsäure. Sm. 112—113° (*J. pr.* [2] **70**, 277 *C.* **1904** [2] 1544).

$C_{18}H_{18}O_4N_4$ *8) Di[Benzylidenhydrazid] d. d-αβ-Dioxyäthan-αβ-Dicarbonsäure. Sm. 230° u. Zers. (*Soc.* **83**, 1304 *C.* **1904** [1] 84).

$C_{18}H_{18}O_4Cl_4$ 2) αβ-Diäthyläther d. αβ-Dioxy-αβ-Di[3,5-Dichlor-4-Oxyphenyl]-äthan. Sm. 183—184° (*A.* **325**, 59 *C.* **1903** [1] 462).

$C_{18}H_{18}O_4Br_2$ 1) Tetramethyläther d. αβ-Dibrom-αβ-Di[3,4-Dioxyphenyl]äthen. Sm. 208° (*A.* **329**, 47 *C.* **1903** [2] 1448).

$C_{18}H_{18}O_4S$ 2) 2,5-Diacetat d. 4-Merkapto-2,5-Dioxy-1-Methylbenzol-4-Benzyläther. Sm. 120—122° (*A.* **336**, 164 *C.* **1904** [2] 1300).

$C_{18}H_{18}O_5N_2$ *1) Diäthylester d. Azoxybenzol-3,3'-Dicarbonsäure. Sm. 78° (*A.* **326**, 342 *C.* **1903** [1] 1130).

$C_{18}H_{18}O_5N_2$ *7) **Diäthylester d. Azoxybenzol-2,2'-Dicarbonsäure.** Sm. 76—77° (*A.* **326**, 345 *C.* **1903** [1] 1130).
8) **Diäthylester d. Azoxybenzol-4,4'-Dicarbonsäure.** Sm. 114,5° (122,5°) (*A.* **326**, 334 *C.* **1903** [1] 1130; *Am.* **32**, 398 *C.* **1904** [2] 1499).

$C_{18}H_{18}O_6N_2$ 7) **Dicyanmalonbenzoylessigesterlaktam.** Sm. 194° (*A.* **332**, 131 *C.* **1904** [2] 190).
8) **Aethylester d. ββ'-Di[4-Nitrophenyl]isobuttersäure.** Sm. 104,5° (106—107°) (*G.* **32** [2] 357 *C.* **1903** [1] 629; *B.* **37**, 1996 *C.* **1904** [2] 27).

$C_{18}H_{18}O_7N_2$ C 57,8 — H 4,8 — O 29,9 — N 7,5 — M. G. 374.
1) **3-[6-Oxy-3-Methylcarboxyphenylamid] d. 4-Oxybenzol-1-Carbonsäure-3-Amidoessigsäure-1-Methylester.** Sm. 219° (*A.* **325**, 333 *C.* **1903** [1] 771).

$C_{18}H_{18}O_{10}N_4$ C 48,0 — H 4,0 — O 35,6 — N 12,4 — M. G. 450.
1) **Diäthyläther d. ?-Tetranitro-4,4'-Dioxy-3,3'-Dimethylbiphenyl.** Sm. 142° (*Am.* **31**, 127 *C.* **1904** [1] 809).

$C_{18}H_{18}NJ$ 1) **Jodäthylat d. 4-Benzylisochinolin.** Sm. 188—189° (*A.* **326**, 295 *C.* **1903** [1] 929).

$C_{18}H_{18}N_2Cl_2$ 3) **1,3-Xylylendipyridoniumchlorid.** 2 + $PtCl_4$ (*B.* **36**, 1679 *C.* **1903** [2] 29).

$C_{18}H_{18}N_2Br_2$ 3) **1,3-Xylylendipyridoniumbromid.** Sm. 264°. + Br_4 (*B.* **36**, 1679 *C.* **1903** [2] 29).

$C_{18}H_{18}N_3J$ 2) **Verbindung** (aus Phenylbenzylidenhydrazin). Sm. 262°. + $3HgCl_2$ + H_2O, + $PtCl_4$, 2 + $PtCl_4$ (*G.* **33** [2] 55 *C.* **1903** [2] 1057).

$C_{18}H_{19}O_2N$ *11) **Apocodeïn.** Fl. HCl (*B.* **36**, 1592 *C.* **1903** [2] 53).
23) **γ-[3-Oxyphenyl]imido-α-Oxy-α-Phenyl-α-Hexen.** Sm. 152° (*B.* **36**, 4019 *C.* **1904** [1] 293).
24) **βδ-Diketo-γ-[α-Phenylamidobenzyl]pentan.** Sm. 113° (*Soc.* **85**, 466 *C.* **1904** [1] 1080, 1438).
25) **3-Methyläther-4-Aethyläther d. 3-Methyl-2-[3,4-Dioxyphenyl]-indol.** Sm. 165° (*B.* **37**, 873 *C.* **1904** [1] 1154).
26) **Methylapomorphin.** + CH_4O (*B.* **35**, 4388 *C.* **1903** [1] 339).

$C_{18}H_{19}O_2N_3$ 4) **γ-Phenylsemicarbazon-α-[6-Oxy-3-Methylphenyl]-α-Buten** + H_2O. Sm. 177° (*B.* **37**, 3186 *C.* **1904** [2] 991).

$C_{18}H_{19}O_2Cl_3$ 2) **βββ-Trichlor-αα-Di[4-Oxy-2,5-Dimethylphenyl]äthan.** Sm. 175 bis 176° (*B.* **36**, 1892 *C.* **1903** [2] 291).

$C_{18}H_{19}O_3N$ *4) **Thebenin.** HCl + $3H_2O$ (*B.* **36**, 3082 *C.* **1903** [2] 955).
*13) **Morphothebaïn.** Sm. 197° u. Zers. (*B.* **36**, 3083 *C.* **1903** [2] 955).
26) **Codeïnon.** Sm. 185—186°. HCl + H_2O, Pikrat, Pikrolonat (*B.* **36**, 3070 *C.* **1903** [2] 953).
27) **Methylester d. α-Phenylamido-γ-Keto-α-Phenylbutan-β-Carbonsäure.** Sm. 125° (*B.* **36**, 942 *C.* **1903** [1] 1018).
28) **Methylester d. isom. α-Phenylamido-γ-Keto-α-Phenylbutan-β-Carbonsäure.** Sm. 86° (*B.* **36**, 942 *C.* **1903** [1] 1018).
29) **Amid d. 1-Oxymethylbenzoleugenoläther-4-Carbonsäure.** Sm. 178° (D.R.P. 82924). — *II, *927.*
30) **Amid d. 1-Oxymethylbenzolisoeugenoläther-4-Carbonsäure.** Sm. 191—192° (D.R.P. 82924). — *II, *927.*

$C_{18}H_{19}O_3N_3$ 3) **Methyläther d. α-Oximido-α-[4-Methylbenzoyl]-β-[4-Methylphenyl]-oxyhydrazonäthan** (*R.* **16**, 333). — *III, *231.*

$C_{18}H_{19}O_3N_5$ 2) **Benzylidenhydrazid d. β-Phenylureïdoacetylamidoessigsäure.** Sm. 243° u. Zers. (*J. pr.* [2] **70**, 256 *C.* **1904** [2] 1464).

$C_{18}H_{19}O_4N$ *15) **Apocorydalin.** HCl, HJ (*Ar.* **241**, 652 *C.* **1904** [1] 182).
16) **2⁴-Methyläther-6-Aethyläther d. 4-Oximido-6-Oxy-2-[4-Oxyphenyl]-2,3-Dihydrobenzpyran.** Sm. 190—191° (*B.* **33**, 1484). — *III, *560.*
17) **4²-Acetat d. 4-[Acetyl-2-Oxybenzyl]amido-1-Oxybenzol-1-Methyläther** (*Ar.* **240**, 682 *C.* **1903** [1] 395).

$C_{18}H_{19}O_4Cl$ 1) **Tetramethyläther d. β-Chlor-αα-Di[3,4-Dioxyphenyl]äthen.** Sm. 98° (*A.* **329**, 44 *C.* **1903** [2] 1448).

$C_{18}H_{19}O_5N$ 10) **Anhydrocotarninresorcin.** Sm. 220° u. Zers. HCl (*B.* **37**, 2743 *C.* **1904** [2] 544).
11) **α-[4-Methoxylphenyl]-β-[2-Amido-3,4-Dimethoxylphenyl]akrylsäure.** Sm. 176—177° (*B.* **35**, 4405 *C.* **1903** [1] 342).

$C_{18}H_{19}O_5N$ 2) **3,4,3',4'-Tetramethyläther d. β-Oximido-α-Keto-αβ-Di[3,4-Dioxyphenyl]äthan.** Sm. 149—150° (*A.* **329**, 52 *C.* **1903** [2] 1448).

$C_{18}H_{19}N_3S$ 1) **α-Benzylidenamido-β-Allyl-α-Benzylthioharnstoff.** Sm. 106—107° (*B.* **37**, 2328 *C.* **1904** [2] 313).

$C_{18}H_{20}ON_2$ 17) **α-Aethylimido-α-Benzoyläthylamido-α-Phenylmethan.** Sm. 90 bis 91,5°. (2HCl, $PtCl_4$) (*Soc.* **83**, 323 *C.* **1903** [1] 581, 876).

$C_{18}H_{20}O_2N_2$ *42) **Methyläther d. Benzoylimido-2,4,5-Trimethylphenylamidooxymethan.** Sm. 87—89° (*Am.* **32**, 365 *C.* **1904** [2] 1507).

53) **Peroxyd d. anti-2,5-Dimethylbenzaldoxim.** Sm. 97—98° u. Zers. (*G.* **32** [2] 481 *C.* **1903** [1] 831).

54) **1,3-Xylylendipyridoniumhydroxyd.** 2 Chlorid + $PtCl_4$, 2 Bromid + Br_4, 2 Pikrat (*B.* **36**, 1679 *C.* **1903** [2] 29).

55) **d-Benzoyllimonen-β-Nitrosocyanid.** Sm. 107° (*C.* **1904** [2] 440; *Soc.* **85**, 932 *C.* **1904** [2] 705).

56) **α-Phenylhydrazon-α-Phenyl-β-Aethylpropan-γ-Carbonsäure.** Sm. 136° (*C.* **1904** [1] 1258).

57) **Methylester d. α-[4-M[illegible]-4-Methylphenyl]amidoessigsäure.** [illegible] **85**, [illegible] **1904** [2] 321, 831).

58) **Aethylester d. 4-Methylphenylimido-4-Methylphenylamidoessigsäure.** Sm. 98—100°. (2HCl, $PtCl_4$) (*Soc.* **85**, 991 *C.* **1904** [2] 831).

$C_{18}H_{20}O_2N_4$ *11) **αγ-Di[4-Methylphenylnitrosamido]-α-Buten.** Sm. 165° (*A.* **329**, 222 *C.* **1903** [2] 1428).

17) **1,4,5,8-Tetra[Methylamido]-9,10-Anthrachinon** (D. R. P. 144634 *C.* **1903** [2] 750).

18) **Aethylester d. α-[2-Methylphenyl]azo-α-[2-Methylphenyl]hydrazonessigsäure.** Sm. 99—100° (*Bl.* [3] **31**, 85 *C.* **1904** [1] 580).

$C_{18}H_{20}O_2Br_2$ 3) **Di[6-Brom-2,4-Dimethylphenyläther] d. αβ-Dioxyäthan.** Sm. 100° (*B.* **36**, 2876 *C.* **1903** [2] 834).

$C_{18}H_{20}O_3N_2$ *23) **Diacetylderivat d. 4-Dimethylamido-3'-Oxydiphenylamin.** Sm. 101° (*J. pr.* [2] **69**, 234 *C.* **1904** [1] 1269).

*24) **Diacetylderivat d. 4-Dimethylamido-4'-Oxydiphenylamin.** Sm. 131° (*J. pr.* [2] **69**, 164 *C.* **1904** [1] 1268).

25) **6-Methyläther-4,5-Methylenäther d. 4,5,6-Trioxy-2-[β-Methylamidoäthyl]-1-Phenylimidomethylbenzol** (Cotarninanil). Sm. 124° u. Zers. (*B.* **36**, 1528 *C.* **1903** [2] 51).

26) **Codeïnonoxim.** Sm. 212°. + C_2H_6O (*B.* **36**, 3072 *C.* **1903** [2] 953).

27) **α-[α-Amido-β-Ph[illegible]amido-β-Phenylpropionsäure** + $2H_2O$. Sm. 288° [illegible] **37**, [illegible] **1904** [2] 1208).

28) **Di[Phenylamid] d. α-Oxybutan-αβ-Dicarbonsäure.** Sm. 203—204° (*B.* **37**, 2382 *C.* **1904** [2] 306).

29) **s-Dibenzylamid d. d-Aepfelsäure.** Sm. 157° (*B.* **37**, 2128 *C.* **1904** [2] 439).

30) **s-Dibenzylamid d. l-Aepfelsäure.** Sm. 155,5° (157°) (*Soc.* **83**, 1325 *C.* **1904** [1] 82; *B.* **37**, 2127 *C.* **1904** [2] 430).

$C_{18}H_{20}O_3N_4$ 8) **α-[α-Benzoylamidoacetylamidoäthyl]-β-Phenylharnstoff.** Sm. 216° (*J. pr.* [2] **70**, 121 *C.* **1904** [2] 1037).

9) **Di[Phenylhydrazon]trioxyhexahydrobenzol.** Sm. 209° (*Soc.* **85**, 628 *C.* **1904** [2] 329).

10) **Hydrazid d. α-Benzoylamidoacetylamido-β-Phenylpropionsäure.** Sm. 183°. HCl (*J. pr.* [2] **70**, 227 *C.* **1904** [2] 1461).

$C_{18}H_{20}O_4N_2$ *12) **2-Methylphenylamid d. d-Weinsäure.** Sm. 184—185° (*Soc.* **83**, 1357 *C.* **1904** [1] 84).

*13) **3-Methylphenylamid d. d-Weinsäure.** Sm. 184° (*Soc.* **83**, 1358 *C.* **1904** [1] 84).

*14) **4-Methylphenylamid d. d-Weinsäure.** Sm. 240° u. Zers. (*Soc.* **83**, 1356 *C.* **1904** [1] 84).

22) **Diäthylester d. s-Diphenylhydrazin-4,4'-Dicarbonsäure.** Sm. 118° (*A.* **326**, 333 *C.* **1903** [1] 1130).

23) **Benzylamid d. d-Weinsäure.** Sm. 199° (*Soc.* **83**, 1362 *C.* **1904** [1] 84).

$C_{18}H_{20}O_4Cl_2$ 1) **Tetramethyläther d. ββ-Dichlor-αα-Di[3,4-Dioxyphenyl]äthan.** Sm. 122° (*A.* **329**, 43 *C.* **1903** [2] 1448).

$C_{18}H_{20}O_5N_2$ C 62,8 — H 5,8 — O 23,3 — N 8,1 — M. G. 344.

1) **Nitrocodeïn** (Methyläther d. Nitromorphin) (*A.* **77**, 341; *H.* **38**, 162). — III, *903*; *III, *672*.

$C_{18}H_{20}O_8N_2$ 3) **Di[Phenylamidoformiat] d. Dulcid.** Sm. 233° (*C. r.* **139**, 638 *C.* **1904** [2] 1536).

$C_{18}H_{20}O_8N_2$ *2) **Tetramethyläther d. αβ-Di[6-Nitro-3,4-Dioxyphenyl]äthan.** Sm. 205 bis 206° (*M.* **23**, 890 *C.* **1904** [2] 1313).

$C_{18}H_{20}N_2S_2$ 1) **4,4'-Biphenylenamid d. Thiopropionsäure.** Sm. 228—229° (*B.* **37**, 876 *C.* **1904** [1] 1004).

$C_{18}H_{20}N_2S_3$ 1) **Sulfid d. Aethylphenylamidodithioameisensäure.** Sm. 115° (*B.* **36**, 2282 *C.* **1903** [2] 560).

$C_{18}H_{20}N_2S_4$ *2) **Disulfid d. Aethylphenylamidodithioameisensäure.** Sm. 170° (*B.* **36**, 2274 *C* **1903** [2] 563).

$C_{18}H_{20}N_3J$ 2) **2-Jodmethylat d. 5-Methylphenylamido-3-Methyl-1-Phenylpyrazol.** Sm. 194° (*B.* **36**, 3277 *C.* **1903** [2] 1189).

$C_{18}H_{21}ON$ *9) **4-tert. Amylphenylamid d. Benzolcarbonsäure.** Sm. 158° (*A.* **327**, 223 *C.* **1903** [1] 1408).

10) **l-α-Phenyläthylamid d. d-β-Phenylisobuttersäure.** Sm. 119—122,5° (*Soc.* **85**, 448 *C.* **1904** [1] 1445).

$C_{18}H_{21}O_2N$ 20) **Methyläther d. 4-Diäthylamido-3'-Oxydiphenylketon.** Sm. 120 bis 121° (D.R.P. 65952). — *III, *153.*

21) **Benzoat d. α-Dimethylamido-β-Oxy-β-Phenylpropan.** HCl (*C. r.* **138**, 768 *C.* **1904** [1] 1196).

22) **Phenylamidoformiat d. β-Oxy-δ-Phenyl-β-Buten.** Sm. 143—144° (*B.* **37**, 2314 *C.* **1904** [2] 217).

$C_{18}H_{21}O_2N_5$ C 63,7 — H 6,2 — O 9,4 — N 20,6 — M. G. 339.

1) **β-Methyl-α-Phenylhydrazid d. α-Methyloximido-β-Phenylhydrazonbuttersäure.** Zers. bei 208° (*A.* **328**, 69 *C.* **1903** [2] 249).

$C_{18}H_{21}O_3N$ 18) **α-Phenylamidoformiat d. α-Oxy-α-[3-Oxyphenyl]butan-3-Methyläther.** Sm. 63—64° (*B.* **37**, 3999 *C.* **1904** [2] 1641).

19) **α-Phenylamidoformiat d. 5-Oxy-2-[α-Oxypropyl]-1-Methylbenzol-5-Methyläther.** Sm. 94—95° (*B.* **37**, 3994 *C.* **1904** [2] 1640).

20) **α-Phenylamidoformiat d. 4-Oxy-3-[α-Oxypropyl]-1-Methylbenzol-4-Methyläther.** Sm. 91° (*B.* **37**, 3995 *C.* **1904** [2] 1640).

21) **α-Phenylamidoformiat d. 6-Oxy-3-[α-Oxypropyl]-1-Methylbenzol-6-Methyläther.** Sm. 78° (*B.* **37**, 3992 *C.* **1904** [2] 1640).

22) **α-Phenylamidoformiat d. 2-Oxy-1-[α-Oxypropyl]benzol-2-Aethyläther.** Sm. 95—96° (*B.* **37**, 3989 *C.* **1904** [2] 1639).

$C_{18}H_{21}O_3N_5$ C 60,9 — H 5,9 — O 13,5 — N 19,7 — M. G. 355.

1) **Phenylamido-4-Nitrophenylhydrazonmethyläther d. 1-Oxyhexahydropyridin.** Sm. 211° (*B.* **37**, 3237 *C.* **1904** [2] 1153).

$C_{18}H_{21}O_4N$ 12) **Oxycodeïn.** Sm. 207—208° (*B.* **36**, 3068 *C.* **1903** [2] 953).

13) **4-Aethoxylphenylamidoformiat d. 3,4-Dioxy-1-Propylbenzol.** Sm. 122° (*C. r.* **138**, 425 *C.* **1904** [1] 798).

$C_{18}H_{21}O_6N$ 2) **Verbindung** (aus 1,3,5-Trioxybenzoltrimethyläther). + C_2H_6O, HNO_3 (*Ar.* **242**, 511 *C.* **1904** [2] 1386).

$C_{18}H_{21}N_3S_2$ 4) **Aethyläther d. α-[β-2-Methylphenylthioureïdo]-α-[2-Methylphenyl]-imido-α-Merkaptomethan.** Sm. 86—87° (*Am.* **30**, 181 *C.* **1903** [2] 873).

$C_{18}H_{21}ClJ_2$ 1) **?-Joddi[4-Propylphenyl]jodoniumchlorid.** Zers. bei 43°. + $HgCl_2$, 2 + $PtCl_4$ (*A.* **327**, 316 *C.* **1903** [2] 354).

2) **?-Jod-4,4'-Dimethyl-2,2'-Diäthyldiphenyljodoniumchlorid.** Sm. 157° u. Zers. 2 + $PtCl_4$ (*J. pr.* [2] **69**, 443 *C.* **1904** [2] 590).

$C_{18}H_{21}BrJ_2$ 1) **?-Joddi[4-Propylphenyl]jodoniumbromid.** Sm. 45° (*A.* **327**, 316 *C.* **1903** [2] 354).

2) **?-Jod-4,4'-Dimethyl-2,2'-Diäthyldiphenyljodoniumbromid.** Sm. 151° (*J. pr.* [2] **69**, 443 *C.* **1904** [2] 589).

$C_{18}H_{22}OJ_2$ 1) **?-Jod-4,4'-Dimethyl-2,2'-Diäthyldiphenyljodoniumhydroxyd.** Salze siehe (*J. pr.* [2] **69**, 442 *C.* **1904** [2] 589).

$C_{18}H_{22}O_2N_2$ 18) **Diäthyläther d. α-Phenylhydrazon-α-[2,4-Dioxyphenyl]äthan.** Sm. 109° (*B.* **37**, 366 *C.* **1904** [1] 671).

19) **3,6-Di[Dimethylamido]-9-Oxy-9-Methylxanthen.** Sm. 152°. 2 Chlorid + $PtCl_4$ (*B.* **27**, 2895). — *III, *569.*

$C_{18}H_{22}O_4N_2$ 13) **Phenylbenzylhydrazon d. Parasaccharopentose.** Sm. 112—114° (*B.* **37**, 1201 *C.* **1904** [1] 1197).

$C_{18}H_{22}O_4N_4$ 4) **Di[Phenylhydrazon] d. Fukose.** Sm. 177,5° (*B.* **37**, 3860 *C.* **1904** [2] 1712).

$C_{18}H_{22}O_8N_4$ 5) **Di[Phenylhydrazon] d. act. Rhodeose.** Sm. 176,5° (*B.* **37**, 3859 *C.* **1904** [2] 1712).
6) **Di[Phenylhydrazon] d. r-Rhodeose.** Sm. 187° (*B.* **37**, 3861 *C.* **1904** [2] 1712).

$C_{18}H_{22}O_4N_2$ *9) **Tetramethyläther d. 4,4'-Di[Dioxymethyl]azobenzol** (*C. r.* **138**, 289 *C.* **1904** [1] 722).
10) **Diphenylhydrazon d. Fukose.** Sm. 198° (*B.* **37**, 306 *C.* **1904** [1] 649).
11) **Tetramethyläther d. 2,2'-Di[Dioxymethyl]azobenzol.** Sm. 144° (*C. r.* **138**, 289 *C.* **1904** [1] 722).
12) **Tetramethyläther d. 3,3'-Di[Dioxymethyl]azobenzol.** Sm. 86° (*C. r.* **138**, 289 *C.* **1904** [1] 722).
13) **Tetramethyläther d. 4,4'-Di[Dioxymethyl]azobenzol.** Sm. 118°; Sd. 250°$_{15-20}$ (*Bl.* [3] **31**, 453 *C.* **1904** [1] 1498).

$C_{18}H_{22}O_4N_4$ 19) **Di[Phenylhydrazon] d. Cocaose.** Sm. 179—180° (*J. pr.* [2] **66**, 408 *C.* **1903** [1] 527).

$C_{18}H_{22}O_4S_2$ *1) **αβ-Di[2,4-Dimethylphenylsulfon]äthan.** Sm. 163° (*J. pr.* [2] **68**, 311 *C.* **1903** [2] 1115).

$C_{18}H_{22}O_7N_2$ C 57,1 — H 5,8 — O 29,6 — N 7,4 — M. G. 378.
1) **Hexamethyläther d. 2,4,6,2',4',6'-Hexaoxydiphenylnitrosamin.** Sm. 193° (*Ar.* **242**, 510 *C.* **1904** [2] 1386).

$C_{18}H_{22}NBr$ 1) **Methylallylbenzyl-4-Methylphenylammoniumbromid.** Sm. 146 bis 147° u. Zers. (*B.* **37**, 2723 *C.* **1904** [2] 592).

$C_{18}H_{22}NJ$ 3) **Methylallylbenzyl-2-Methylphenylammoniumjodid.** Sm. 154—155° (*B.* **37**, 3897 *C.* **1904** [2] 1612).
4) **isom. Methylallylbenzyl-2-Methylphenylammoniumjodid** (*B.* **37**, 3898 *C.* **1904** [2] 1612).
5) **Methylallylbenzyl-4-Methylphenylammoniumjodid.** Zers. bei 144—146° (*Ph. Ch.* **45**, 238 *C.* **1903** [2] [illegible]; *B.* **37**, [illegible] *C.* **1904** [2] 592).
6) **Jodäthylat d. 1-Benzyl-1,2,3,4-Tetrahydrochinolin.** Sm. 105—106° (*Soc.* **83**, 1417 *C.* **1904** [1] 439).

$C_{18}H_{22}ClJ$ 2) **Di[4-Propylphenyl]jodoniumchlorid.** Sm. 143°. + $HgCl_2$, 2 + $PtCl_4$ (*A.* **327**, 310 *C.* **1903** [2] 353).
3) **4,4'-Dimethyl-2,2'-Diäthyldiphenyljodoniumchlorid.** Sm. 120°. + $HgCl_2$, 2 + $PtCl_4$ (*J. pr.* [2] **69**, 441 *C.* **1904** [2] 589).

$C_{18}H_{22}BrJ$ 2) **Di[4-Propylphenyl]jodoniumbromid.** Sm. 158° (*A.* **327**, 311 *C.* **1903** [2] 353).
3) **4,4'-Dimethyl-2,2'-Diäthyljodoniumbromid.** Sm. 162° (*J. pr.* [2] **69**, 440 *C.* **1904** [2] 589).

$C_{18}H_{23}ON$ *1) **Methylphenylamidomethylencampher** (*C. r.* **136**, 1223 *C.* **1903** [2] 116).
3) **Methylallylbenzyl-4-Methylphenylammoniumhydroxyd.** Salze siehe (*B.* **37**, 2720 *C.* **1904** [2] 592).
4) **Aethylhydroxyd d. 1-Benzyl-1,2,3,4-Tetrahydrochinolin.** d-Camphersulfonat (*Soc.* **83**, 1418 *C.* **1904** [1] 439).

$C_{18}H_{23}OJ$ 2) **Di[4-Propylphenyl]jodoniumhydrat.** Salze siehe (*A.* **327**, 310 *C.* **1903** [2] 353).
3) **4,4'-Dimethyl-2,2'-Diäthyldiphenyljodoniumhydroxyd.** Salze siehe (*J. pr.* [2] **69**, 440 *C.* **1904** [2] 589).

$C_{18}H_{23}O_4N$ 7) **Aethylester d. isom. Benzoylecgonin.** Sm. 110—111° (*C.* **1899** [1] 848). — *III, *645*.

$C_{18}H_{23}O_5N$ 2) **Anhydrocotarninacetonylaceton.** Sm. 147—149°. HCl, (2HCl, $PtCl_4$) (*B.* **37**, 2746 *C.* **1904** [2] 545).

$C_{18}H_{23}O_6N$ 2) **Hexamethyläther d. 2,4,6,2',4',6'-Hexaoxydiphenylamin.** Sm. 142° (*Ar.* **242**, 509 *C.* **1904** [2] 1386).
3) **Aethylester d. Anhydrocotarninacetessigsäure.** Sm. 59—60°. HCl, (2HCl, $PtCl_4$) (*B.* **37**, 2746 *C.* **1904** [2] 545).
4) **Diäthylester d. Anhydrohydrastininmalonsäure.** Sm. 55—57° (*B.* **37**, 2742 *C.* **1904** [2] 544).

$C_{18}H_{24}O_4N_2$ 2) **Tetramethyläther d. αβ-Di[2-Dioxymethylphenyl]hydrazin.** Sm. 115° (*C. r.* **138**, 289 *C.* **1904** [1] 722; *Bl.* [3] **31**, 871 *C.* **1904** [2] 661).

$C_{18}H_{24}O_6N_4$ C 55,1 — H 6,1 — O 24,5 — N 14,3 — M. G. 392.
1) **α-[α-Benzoylamidoacetylamidobisamidopropionyl]amidopropionsäure.** Sm. 230° (*J. pr.* [2] **70**, 127 *C.* **1904** [2] [illegible]).

$C_{18}H_{24}O_{10}N_2$ C 50,4 — H 5,6 — O 37,4 — N 6,6 — M. G. 428.]
1) **Dimethylester d. $\delta\varepsilon$-Diacetoximido-$\gamma\zeta$-Diketo-$\beta\eta$-Dimethyloktan-$\beta\eta$-Dicarbonsäure** (*Soc.* **83**, 1261 *C.* **1903** [2] 1423).

$C_{18}H_{25}ON_3$ 2) **Semicarbazon d. Benzyltanaceton.** Sm. 195° (*B.* **36**, 4370 *C.* **1904** [1] 455).

$C_{18}H_{25}O_5Br$ 1) **Verbindung** (aus Cholsäure). Sm. 130° u. Zers. (*C.* **1903** [2] 728).

$C_{18}H_{25}O_4N$ C 67,7 — H 7,8 — O 20,1 — N 4,4 — M. G. 319.
1) **Hydroxylaminderivat d. l-Piperonylidenmenthon.** Sm. 173—174° (*C.* **1904** [2] 1046).

$C_{18}H_{26}ON_2$ C 75,5 — H 9,1 — O 5,6 — N 9,8 — M. G. 286.
1) **α-[4-Methylphenyl]-β-Bornylharnstoff.** Sm. 198° (*Soc.* **85**, 1192 *C.* **1904** [2] 1125).

$C_{18}H_{26}O_2Br_2$ 1) **Benzoat d. $\alpha\beta$- oder -$\beta\gamma$-Dibrom-β-Oxyundekan.** Fl. (*Soc.* **81**, 150 *C.* **1903** [1] 430).

$C_{18}H_{26}O_5N_2$ C 61,7 — H 7,4 — O 22,9 — N 8,0 — M. G. 350.
1) **α-[α-Carbäthoxylamidoisocapronyl]amido-β-Phenylpropionsäure.** Sm. 140—141,5° (*B.* **37**, 3310 *C.* **1904** [2] 1306).

$C_{18}H_{26}O_6N_8$ C 48,0 — H 5,8 — O 21,3 — N 24,9 — M. G. 450.
1) **Tetraacetylderivat d. Verb. $C_{10}H_{18}O_2N_8$.** Sm. 178° u. Zers. (*B.* **36**, 1300 *C.* **1903** [1] 1256).

$C_{18}H_{26}O_6S_2$ 1) **Diäthylester d. 1,3-Phenylendi[α-Sulfonbuttersäure].** Sm. 96° (*J. pr.* [2] **68**, 328 *C.* **1903** [2] 1171).

$C_{18}H_{27}O_3N$ 3) **Hydroxylaminderivat d. l-p-Anisylidenmenthon.** Sm. 165—166° (*C.* **1904** [2] 1046).
4) **4-Methylphenylmonamid d. cis-$\beta\zeta$-Dimethylheptan-$\gamma\delta$-Dicarbonsäure.** Sm. 156—157° (*Am.* **30**, 238 *C.* **1903** [2] 934).

$C_{18}H_{27}O_4N$ 3) **Methyloxydhydrat d. Atropin.** Nitrat, Sulfat (D.R.P. 138443 *C.* **1903** [1] 427).
4) **2-Nitrophenylester d. Laurinsäure.** Sm. 35—36° (*A.* **332**, 205 *C.* **1904** [2] 211).

$C_{18}H_{27}O_{14}N$ *1) **Chondroitin** (*H.* **37**, 411 *C.* **1903** [1] 1146).

$C_{18}H_{29}O_2N$ 3) **Phenylamidoformiat d. α-Oxyundekan.** Sm. 55—55,5° (*Bl.* [3] **31**, 51 *C.* **1904** [1] 507).
4) **Phenylamid d. α-Oxyundekan-α-Carbonsäure.** Sm. 83° (*Bl.* [3] **29**, 1127 *C.* **1904** [1] 261).
5) **2-Oxyphenylamid d. Laurinsäure.** Sm. 68—69° (*A.* **332**, 206 *C.* **1904** [2] 211).

$C_{18}H_{30}ON_2$ C 74,5 — H 10,3 — O 5,5 — N 9,6 — M. G. 290.
1) **Phenylhydrazid d. Laurinsäure.** Sm. 105° (*Bl.* [3] **29**, 1122 *C.* **1904** [1] 259).

$C_{18}H_{30}O_4N_2$ C 63,9 — H 8,9 — O 18,9 — N 8,3 — M. G. 338.
1) **Verbindung** (aus Nitrosodihydrolaurolaktam). Sm. 327—328° (*Am.* **32**, 1223 *C.* **1904** [2] 1223).

$C_{18}H_{32}O_2Br_4$ 7) **Elaeomargarinsäuretetrabromid.** Sm. 114° (*Soc.* **83**, 1044 *C.* **1903** [2] 657).

$C_{18}H_{33}ON$ C 77,4 — H 11,8 — O 5,7 — N 5,0 — M. G. 279.
1) **Amid d. α-Heptadeken-α-Carbonsäure.** Sm. 107—108° (*G.* **34** [2] 85 *C.* **1904** [2] 694).
2) **Amid d. Chaulmoograsäure.** Sm. 106° (*Soc.* **85**, 855 *C.* **1904** [2] 348, 604).

$C_{18}H_{33}O_2Br$ *1) **Bromölsäure** (*J. pr.* [2] **67**, 308 *C.* **1903** [1] 1404).
3) **Bromdihydrochaulmoograsäure.** Sm. 36—38° (*Soc.* **85**, 856 *C.* **1904** [2] 348, 856).

$C_{18}H_{34}O_2Br_2$ *1) **Dibromstearinsäure** (aus Elaïdinsäure). Sm. 26—28° (*J. pr.* [2] **67**, 291 *C.* **1903** [1] 1404).
5) **$\alpha\beta$-Dibromstearinsäure.** Sm. 72° (*G.* **34** [2] 85 *C.* **1904** [2] 694).

$C_{18}H_{34}O_6N_2$ C 57,7 — H 9,1 — O 25,7 — N 7,5 — M. G. 374.
1) **Nitrit d. Nitrooxystearinsäure.** Sm. 85—87° (*C.* **1904** [1] 260).

$C_{18}H_{34}N_2J_2$ 1) **Jodmethylat-Jodäthylat d. Sparteïn.** Sm. 239° (*Ar.* **242**, 516 *C.* **1904** [2] 1412).
2) **isom. Jodmethylat-Jodäthylat d. Sparteïn.** Sm. 246° (*Ar.* **242**, 516 *C.* **1904** [2] 1412).

$C_{18}H_{35}ON$ 4) **Nitril d. α-Oxyheptadekan-α-Carbonsäure.** Sm. 61,5—62,5° (*Soc.* **85**, 834 *C.* **1904** [2] 509).

$C_{18}H_{35}OCl$ 2) **Chlorid d. λ-Isostearinsäure.** Fl. (*Ar.* **241**, 18 *C.* **1903** [1] 608).

$C_{18}H_{35}O_2Br$ *1) **α-Bromstearinsäure.** Sm. 57—58° (*G.* **34** [2] 79 *C.* **1904** [2] 693).

$C_{18}H_{35}O_2Cl$ 3) **β-Chloräthylester d. Palmitinsäure.** Sm. 44°; Sd. 138°$_0$ (*B.* **36**, 4340 *C.* **1904** [1] 433).

$C_{18}H_{35}O_2Br$ 3) **β-Bromäthylester d. Palmitinsäure.** Sm. 62°; Sd. 144°$_0$ (*B.* **36**, 4340 *C.* **1904** [1] 433).

$C_{18}H_{35}O_2J$ *1) **α-Jodstearinsäure.** Sm. 66° (*G.* **34** [2] 80 *C.* **1904** [2] 693).

$C_{18}H_{35}O_3N$ 6) **γ-Oximidoheptadekan-α-Carbonsäure.** Sm. 85° (*C.* **1903** [1] 826; *J. pr.* [2] **67**, 418 *C.* **1903** [1] 1405).

7) **Tetradekylmonamid d. Bernsteinsäure.** Sm. 123° (*C.* **1903** [1] 826; *J. pr.* [2] **67**, 419 *C.* **1903** [1] 1405).

$C_{18}H_{36}O_3N_3$ C 63,3 — H 10,3 — O 14,1 — N 12,3 — M. G. 341.

1) **Myristat d. β-Semicarbazon-α-Oxypropan.** Sm. 111—112° (*C. r.* **138**, 1275 *C.* **1904** [2] 94).

$C_{18}H_{35}O_5N$ C 62,6 — H 10,1 — O 23,2 — N 4,1 — M. G. 345.

1) **?-Nitrooxystearinsäure.** Fl. (*C.* **1904** [1] 260).

$C_{18}H_{35}O_5N_7$ C 50,3 — H 8,2 — O 18,6 — N 22,8 — M. G. 429.

1) **Verbindung** (aus Trypsin). 4HNO$_3$ + 2AgNO$_3$ (*H.* **25**, 190). — *III, *689.*

$C_{18}H_{37}ON_3$ C 69,4 — H 11,9 — O 5,1 — N 13,5 — M. G. 311.

1) **α-Semicarbazonheptadekan.** Sm. 107—108° (*Soc.* **85**, 833 *C.* **1904** [1] 638 *C.* **1904** [2] 509).

$C_{18}H_{37}O_2N$ 4) **Amid d. α-Oxyheptadekan-α-Carbonsäure.** Sm. 148—149° (*Soc.* **85**, 831 *C.* **1904** [2] 509).

$C_{18}H_{37}O_3N$ C 68,6 — H 11,7 — O 15,2 — N 4,4 — M. G. 315.

1) **?-Amidooxystearinsäure.** HCl (*C.* **1904** [1] 260).

$C_{18}H_{39}N_3P$ 1) **Diisobutylamidodi[1-Piperidyl]phosphin.** Fl. (*A.* **326**, 171 *C.* **1903** [1] 762).

$C_{18}H_{42}N_3P$ 1) **Tri[Dipropylamido]phosphin.** Sd. 310—315° (*A.* **326**, 170 *C.* **1903** [1] 762).

— 18 IV —

$C_{18}H_5O_{12}N_6J_6$ 1) **2 Molec. 2,4[oder 4,6]-Dijod-1,3-Dinitrobenzol + 2,4,6-Trijod-1,3-Dinitrobenzol.** Sm. 182° (*Am.* **32**, 306 *C.* **1904** [2] 1385).

$C_{18}H_6O_6N_2Cl_4$ 1) **Tetrachlorbisdioxymethylenindigo** (*B.* **36**, 2934 *C.* **1903** [2] 888).

$C_{18}H_9O_4Cl_6P$ 1) **Tri[?-Dichlorphenylester] d. Phosphorsäure.** Sm. 96° (D.R.P. 142832 *C.* **1903** [2] 171).

$C_{18}H_{10}ON_2Br_4$ 1) **Tetrabromdihydro-β-Chinophtalin.** Sm. 78° (*B.* **37**, 3022 *C.* **1904** [2] 1410).

$C_{18}H_{10}O_2NBr$ 2) **Bromisochinophtalon.** Sm. 275° (*B.* **37**, 3020 *C.* **1904** [2] 1410).

$C_{18}H_{11}ON_2Br$ 3) **3-Brom-7[oder 8]-Phenylhydrazon-8[oder 7]-Ketonaphtacen.** Sm. 153° (*A.* **327**, 89 *C.* **1903** [1] 1228).

$C_{18}H_{12}ON_4Br_2$ 1) **?-Di[2-Bromphenylazo]-1-Oxybenzol.** Sm. 160° (*B.* **36**, 3864 *C.* **1904** [1] 91).

2) **?-Di[3-Bromphenylazo]-1-Oxybenzol.** Sm. 162—163° (*B.* **36**, 3867 *C.* **1904** [1] 92).

$C_{18}H_{12}O_2N_2Br_2$ 2) **3,6-Dibrom-4,5-Di[Phenylamido]-1,2-Benzochinon.** Sm. 160°. + CH$_4$O, + C$_2$H$_6$O, + Anilin (*B.* **35**, 3852 *C.* **1903** [1] 26; *Am.* **30**, 526 *C.* **1904** [1] 366).

$C_{18}H_{12}O_3N_4S$ 1) **Homofluorindin-2-Sulfonsäure** (*B.* **36**, 4034 *C.* **1904** [1] 205).

$C_{18}H_{12}O_4Cl_3P$ 2) **Tri[?-Chlorphenylester] d. Phosphorsäure.** Sm. 118° (D.R.P. 142832 *C.* **1903** [2] 171).

$C_{18}H_{12}O_4Cl_4Br_2$ 1) **Diacetat d. αβ-Dibrom-αβ-Di[3,5-Dichlor-4-Oxyphenyl]äthan.** Sm. 218° (*A.* **325**, 66 *C.* **1903** [1] 463).

$C_{18}H_{13}ONS_2$ 1) **2-Thiocarbonyl-4-Keto-3-Phenyl-5-Cinnamylidentetrahydrothiazol.** Sm. 217° (*M.* **24**, 513 *C.* **1903** [2] 837).

$C_{18}H_{13}ON_4Br$ 1) **3-Phenylazo-4-[4-Bromphenyl]azo-1-Oxybenzol.** Sm. 115° (*B.* **36**, 4116 *C.* **1904** [1] 272).

$C_{18}H_{13}O_3NS_2$ 1) **Acetat d. 2-Thiocarbonyl-4-Keto-5-[2-Oxybenzyliden]-3-Phenyltetrahydrothiazol.** Sm. 202° (*M.* **25**, 166 *C.* **1904** [1] 894).

$C_{18}H_{13}O_5N_4Cl$ 1) **1-Acetylamido-2-[5-Chlor-2,4-Dinitrophenyl]amidonaphtalin** (*B.* **37**, 3888 *C.* **1904** [2] 1654).

$C_{18}H_{14}ONCl$ 2) **Chlormethylat d. 7-Oxy-1,2-Naphtakridin** (*B.* **37**, 3081 *C.* **1904** [2] 1474).

$C_{18}H_{14}N_2ClJ$ 1) **4-Phenylazodiphenyljodoniumchlorid.** Sm. 205°. + $HgCl_2$, 2 + $PtCl_4$ (*B.* **37**, 1313 *C.* **1904** [1] 1341).

$C_{18}H_{14}N_2BrJ$ 1) **4-Phenylazodiphenyljodoniumbromid.** Sm. 135° (*B.* **37**, 1314 *C.* **1904** [1] 1341).

$C_{18}H_{15}ON_2J$ 1) **4-Phenylazodiphenyljodoniumhydroxyd.** Salze siehe (*B.* **37**, 1313 *C.* **1904** [1] 1341).

$C_{18}H_{15}O_2NS$ *1) **Diphenylamid d. Benzolsulfonsäure.** Sm. 122—123° (*B.* **36**, 2706 *C.* **1903** [2] 829).

$C_{18}H_{15}O_2N_2J$ 1) **Jodmethylat d.** α-**[2-Nitrophenyl]**-β-**[4-Chinolyl]äthen.** Sm. 237° (*B.* **36**, 1670 *C.* **1903** [2] 49).

$C_{18}H_{15}O_4NCl_4$ 1) **3,4,5,6-Tetrachlor-4′-Diäthylamido-2′-Oxydiphenylketon-2-Carbonsäure** (D.R.P. 118077 *C.* **1901** [1] 602). — *II, *1094.*

$C_{18}H_{15}O_4NBr_2$ 1) **Methylester d.** γδ-**Dibrom**-α-**[4-Nitrophenyl]**-δ-**Phenyl**-α-**Buten**-α-**Carbonsäure.** Sm. 133—136° (*A.* **336**, 220 *C.* **1904** [2] 1733).

$C_{18}H_{15}O_4NS_2$ *2) **Phenylimid d. Benzolsulfonsäure.** Sm. 143—144° (*C. r.* **137**, 714 *C.* **1903** [2] 1428).

$C_{18}H_{15}O_5NS$ 2) **4-Methylbenzolsulfonat d.** α-**Cyan**-β-**Oxy**-β-**Phenylakrylsäuremethylester.** Sm. 97—98° (*Bl.* [3] **31**, 339 *C.* **1904** [1] 1135).

$C_{18}H_{15}O_{13}N_7S$ 1) **O-Amyläther-S-2,4,6-Trinitrophenyläther d. 2,4,6-Trinitrophenylimidomerkaptooxymethan.** Sm. 138,5° (*Soc.* **85**, 649 *C.* **1904** [2] 310).

$C_{18}H_{16}O_2N_2Br_2$ 2) **4,8-Dibrom-1,5-Di[Dimethylamido]-9,10-Anthrachinon.** Sm. 236° (D.R.P. 146691 *C.* **1903** [2] 1352).

$C_{18}H_{16}O_2N_4S$ 1) **2-[4-Dimethylamidophenyl]imido-4-Keto-5-[4-Nitrobenzyliden]-tetrahydrothiazol** (*C.* **1903** [1] 1258).

$C_{18}H_{16}O_3ClBr$ *1) δ-**Acetat d. isom.** γ-**Chlor**-γ-**Brom**-αδ-**Dioxy**-αδ-**Diphenyl**-α-**Buten** (α-Acetylchlorbromdiphenacyl). Sm. 122° (*B.* **36**, 2398 *C.* **1903** [2] 498).

*2) δ-**Acetat d. isom.** γ-**Chlor**-γ-**Brom**-αδ-**Dioxy**-αδ-**Diphenyl**-α-**Buten** (β-Acetylchlorbromdiphenacyl). Sm. 91° (*B.* **36**, 2397 *C.* **1903** [2] 498).

3) δ-**Acetat d. isom.** γ-**Chlor**-γ-**Brom**-αδ-**Dioxy**-αδ-**Diphenyl**-α-**Buten.** Sm. 104° (114°) (*B.* **36**, 2396 *C.* **1903** [2] 498).

$C_{18}H_{16}O_4N_2S_2$ *6) **Di[Phenylamid] d. Benzol-1,3-Disulfonsäure.** Sm. 150° (*Soc.* **85**, 1187 *C.* **1904** [2] 1115).

$C_{18}H_{16}O_4N_2S_6$ 1) **Diacetylderivat d. Farbstoffs** $C_{14}H_{12}O_2N_2S_6$ (*J. pr.* [2] **69**, 170 *C.* **1904** [1] 1268).

$C_{18}H_{16}O_5N_3Br$ 1) **3-Brom-?-Dinitro-4′-[1-Piperidyl]diphenylketon.** Sm. 76° u. Zers. (*B.* **37**, 3486 *C.* **1904** [2] 1131).

$C_{18}H_{17}ON_3S$ 1) **1-Benzylidenamido-2-Thiocarbonyl-4-Keto-5-Dimethyl-3-Phenyltetrahydroimidazol.** Sm. 135° (*C.* **1904** [2] 1027).

$C_{18}H_{17}ON_4Cl$ 2) **Aethyläther d. 5-Chlor-4-[4-Oxyphenyl]-3-Methyl-1-Phenylpyrazol.** Sm. 123° (D.R.P. 153861 *C.* **1904** [2] 680).

$C_{18}H_{17}O_2NBr_2$ 1) **Acetat d. 1-[3,5-Dibrom-2-Oxybenzyl]-1,2,3,4-Tetrahydrochinolin.** Sm. 105° (*A.* **332**, 224 *C.* **1904** [2] 203).

$C_{18}H_{17}O_2N_2P$ *1) **Di[Phenylamid] d. Phosphorsäuremonophenylester.** Sm. 179,5° (169°) (*A.* **326**, 247 *C.* **1903** [1] 868).

$C_{18}H_{17}O_3NS$ 6) **2-[2,4-Dimethylphenyl]amidonaphtalin-6-Sulfonsäure** (*C.* **1904** [1] 1013).

$C_{18}H_{17}O_3N_4P$ 1) **Di[Phenylamid]-3-Nitrophenylamid d. Phosphorsäure.** Sm. 177° (*A.* **326**, 237 *C.* **1903** [1] 867).

2) **Di[Phenylamid]-4-Nitrophenylamid d. Phosphorsäure.** Sm. 272° (*A.* **326**, 237 *C.* **1903** [1] 867).

$C_{18}H_{17}O_4NCl_2$ 1) **3,6-Dichlor-4′-Diäthylamido-2′-Oxydiphenylketon-2-Carbonsäure** (D.R.P. 118077 *C.* **1901** [1] 602). — *II, *1094.*

$C_{18}H_{17}O_4NS$ 3) **2-[4-Aethoxylphenyl]amidonaphtalin-6-Sulfonsäure.** NH_4 (*C.* **1904** [1] 1013).

4) **2-[4-Aethoxylphenyl]amidonaphtalin-8-Sulfonsäure** (*C.* **1904** [1] 1013).

$C_{18}H_{17}O_5NS$ 2) **7-[4-Aethoxylphenyl]amido-1-Oxynaphtalin-3-Sulfonsäure** (*C.* **1904** [1] 1013).

$C_{18}H_{18}ONJ$ 1) **Jodmethylat d. 4-[4-Oxybenzyl]isochinolin-4-Methyläther.** Sm. 219° u. Zers. (*A.* **326**, 296 *C.* **1903** [1] 929).

$C_{18}H_{18}ON_3P$ *2) **Tri[Phenylamid] d. Phosphorsäure** (*C. r.* **139**, 206 *C.* **1904** [2] 647).

$C_{18}H_{18}ON_4S_2$ 3) **1-Phenylthioureïdo-2-Thiocarbonyl-4-Keto-5-Dimethyl-3-Phenyltetrahydroimidazol.** Zers. bei 233° (*C.* **1904** [2] 1027).

$C_{18}H_{18}O_2NCl$ 1) α-[3-Chlorphenyl]amido-β-Acetyl-γ-Keto-α-Phenylbutan. Sm. 93—94° (*Soc.* **85**, 1175 *C.* **1904** [2] 1215).
2) α-[4-Chlorphenyl]amido-β-Acetyl-γ-Keto-α-Phenylbutan. Sm. 99° (*Soc.* **85**, 1175 *C.* **1904** [2] 1215).

$C_{18}H_{18}O_4N_2Br_4$ 1) 1,4-Di[3,5-Dibrom-2-Oxybenzyl]hexahydro-1,4-Diazin. Sm. 240 bis 242° (*A.* **332**, 222 *C.* **1904** [2] 203).

$C_{18}H_{18}O_3N_2S$ 2) 2-Acetat d. 2-Merkapto-6-Oxy-1-[4-Methylphenyl]benzimidazol-6-Aethyläther. Sm. 145° (*B.* **36**, 3851 *C.* **1904** [1] 89).

$C_{18}H_{18}O_3NBr$ 1) α-[α-Brom-β-Phenylpropionyl]amido-β-Phenylpropionsäure. Sm. 174—175° (*B.* **37**, 3068 *C.* **1904** [2] 1208).

$C_{18}H_{19}ON_2J$ 2) Jodmethylat d. 2-Acetylamido-3,7-Dimethylakridin (*Soc.* **85**, 532 *C.* **1904** [1] 1525).

$C_{18}H_{19}O_2NBr_2$ 1) N-Acetyl-2,4,5-Trimethylphenyl-3,5-Dibrom-2-Oxybenzylamin. Sm. 120—121° (*A.* **332**, 108 *C.* **1904** [2] 210).
2) Acetat d. Methylphenyl-3,6-Dibrom-4-Oxy-2,5-Dimethylbenzylamin. Sm. 102—103° (*A.* **334**, 305 *C.* **1904** [2] 980).

$C_{18}H_{19}O_2N_3S_3$ 1) Verbindung (aus 4-Nitrobenzoylchlorid u. Methyläthylphenylthiuramsulfid). Sm. 138° (*B.* **36**, 2284 *C.* **1903** [2] 561).

$C_{18}H_{19}O_3NS$ 1) 4-[4-Methylphenyl]merkapto-2-Methylphenylamid d. Oxalsäuremonoäthylester. Sm. 113—114° (*J. pr.* [2] **68**, 283 *C.* **1903** [2] 994).
2) 4-[4-Methylphenyl]merkapto-3-M[illegible] d. Oxalsäuremonoäthylester. Sm. 113° (*J.* [illegible] **68**, [illegible] **1903** [2] 995).

$C_{18}H_{19}O_3N_2Br$ 1) 6-Methyläther-4,5-Methylenäther d. 3-Brom-4,5,6-Trioxy-2-[β-Methylamidoäthyl]-1-Phenylimidomethylbenzol (Bromcotarninanil). Sm. 127° (*B.* **36**, 1535 *C.* **1903** [2] 52).

$C_{18}H_{19}N_2JS$ 1) 2-Jodmethylat d. 5-Merkapto-3-Methyl-1-Phenylpyrazol-5-Benzyläther. Sm. 174—175° (*A.* **331**, 203 *C.* **1904** [1] 1218).

$C_{18}H_{20}ON_2S_2$ 2) 5-Methyläther-2-Aethyläther d. 5-Merkapto-2-Oxy-2-Phenyl-3-[4-Methylphenyl]-2,3-Dihydro-1,3,4-Thiodiazol. Sm. 83° (*J. pr.* [2] **67**, 260 *C.* **1903** [1] 1266).

$C_{18}H_{20}O_2NBr$ 3) Brommethylat d. Apomorphin (Eupophin). Sm. 180° (*C.* **1904** [1] 1581).

$C_{18}H_{20}O_2N_2Se_2$ 2) D[illegible] d. Dimethyldiselenid-αα'-Dicarbon[illegible] **241**, 217 *C.* **1903** [2] 104).
3) Di[2-Methylphenylamid] d. Dimethyldiselenid-αα'-Dicarbonsäure. Sm. 174—175° (*Ar.* **241**, 204 *C.* **1903** [2] 104).
4) Di[3-Methylphenylamid] d. Dimethyldiselenid-αα'-Dicarbonsäure. Sm. 158° (*Ar.* **241**, 206 *C.* **1903** [2] 104).
5) Di[4-Methylphenylamid] d. Dimethyldiselenid-αα'-Dicarbonsäure. Sm. 174° (*Ar.* **241**, 206 *C.* **1903** [2] 104).

$C_{18}H_{20}O_4N_4Br_2$ 1) Di[4-Bromphenylhydrazon] d. Rhamnose. Sm. 215° u. Zers. (*Soc.* **83**, 1287 *C.* **1904** [1] 86).

$C_{18}H_{20}O_4N_4S$ 1) Dimethyläther d. Acetyldi[2-O[illegible]andiamin. Sm. 205—206° (*B.* **36**, 3324 *C.* **1903** [illegible]

$C_{18}H_{20}O_4N_2Se_2$ 1) Di[2-Methoxylphenylamid] d. D[illegible]-Dicarbonsäure. Sm. 124° (*Ar.* **241**, 214 *C.* **1903** [2] 104).
2) Di[4-Methoxylphenylamid] d. Dimethyldiselenid-αα'-Dicarbonsäure. Sm. 172° (*Ar.* **241**, 215 *C.* **1903** [2] 104).

$C_{18}H_{20}O_5N_2S_2$ 1) Monophenylhydrazon d. 1,3-Di[Acetonylsulfon]benzol. Sm. 152° u. Zers. (*J. pr.* [2] **68**, 326 *C.* **1903** [2] 1171).

$C_{18}H_{20}O_8N_2S_2$ 1) 4,4'-Di[Acetylamido]-3,3'-Dimethylbiphenyl-6,6'-Disulfonsäure. Na_2 (*J. pr.* [2] **66**, 569 *C.* **1903** [1] 519).

$C_{18}H_{21}O_4N_2P$ 1) Di[4-Methylphenylamid] d. Phosphorsäuremonoäthylester. Sm. 108° (*A.* **326**, 249 *C.* **1903** [1] 868).

$C_{18}H_{22}O_4NBr$ 2) Methylhydroxyd d. Brommorphin (*A.* **297**, 212). — *III, *669.*

$C_{18}H_{22}O_5N_2S$ 1) α-dl-[2-Naphtylsulfonamidoacetyl]amido-γ-Methylvaleriansäure. Sm. 124,3—125° (*B.* **36**, 2601 *C.* **1903** [2] 619).
2) α-l-[2-Naphty[illegible]valeriansäure. Sm. 144—145° [illegible] **36**, [illegible] **1903** [illegible]

$C_{18}H_{23}ON_2J$ 1) Hydrojod-δ-Ci[illegible] **22**, [illegible] — *III, *640.*

$C_{18}H_{23}O_2NBr_2$ *1) Methylhydroxyd d. 3,6-Dibrom-4'-Dimethylamido-4-Oxy-2,5-Dimethyldiphenylmethan. Sm. 208°. Salze siehe (*A.* **334**, 290 *C.* **1904** [2] 984).

$C_{18}H_{23}O_3NBr_2$ 2) **Methylhydroxyd d. 2,6-Dibrom-4'-Dimethylamido-4-Oxy-3,5-Dimethyldiphenylmethan.** Sm. 188—189° (*A.* **334**, 322 *C.* **1904** [2] 987).

$C_{18}H_{23}O_3NS$ 5) **Benzylamid d. β-Phenylpentan-?-Sulfonsäure.** Sm. 62—64° (*B.* **36**, 3690 *C.* **1903** [2] 1426).

$C_{18}H_{24}O_3N_2S$ 1) **4-Amido-4'-Sulfonmethylamido-2,5,2',5'-Tetramethyldiphenylmethan.** Sm. 170° (D.R.P. 148760 *C.* **1904** [1] 555).

$C_{18}H_{24}O_4NBr$ *2) **Brommethylat d. l-Scopolamin.** Sm. 216—217° (D.R.P. 145996 *C.* **1903** [2] 1226).

3) **Brommethylat d. l-Cocaïn** (D.R.P. 48273). — *III, *645.*

$C_{18}H_{26}ON_3P$ 1) **Dipropylmonamid-Di[Phenylamid] d. Phosphorsäure.** Sm. 220° (*A.* **326**, 185 *C.* **1903** [1] 820).

$C_{18}H_{26}O_3NBr$ 1) **Brommethylat d. Atropin.** Sm. 222—223° (D.R.P. 145996 *C.* **1903** [2] 1225).

2) **Brommethylat d. Hyoscyamin.** Sm. 210—212° (D.R.P. 145996 *C.* **1903** [2] 1225).

$C_{18}H_{26}N_3SP$ 1) **Diäthylmonamid-Di[4-Methylphenylamid] d. Thiophosphorsäure.** Sm. 166—167° (*A.* **326**, 212 *C.* **1903** [1] 822).

2) **Dipropylmonamid-Di[Phenylamid] d. Thiophosphorsäure.** Sm. 145° (*A.* **326**, 212 *C.* **1903** [1] 822).

3) **Isobutylmonamid-Di[4-Methylphenylamid] d. Thiophosphorsäure.** Sm. 152° (*A.* **326**, 205 *C.* **1903** [1] 821).

$C_{18}H_{27}O_{17}NS$ *1) **Chondroitinschwefelsäure** (*H.* **37**, 411 *C.* **1903** [1] 1146).

$C_{18}H_{28}ON_5P$ 1) **Dipropylmonamid-Di[Phenylhydrazid] d. Phosphorsäure.** Sm. 164° (*A.* **326**, 185 *C.* **1903** [1] 820).

$C_{18}H_{28}O_2NJ$ 1) **Jodbenzylat d. d-2-Propylhexahydro-1-Pyridylessigsäuremethylester.** Sm. 103° (*B.* **37**, 3637 *C.* **1904** [2] 1510).

2) **isom. Jodbenzylat d. d-2-Propylhexahydro-1-Pyridylessigsäuremethylester.** Sm. 146° (*B.* **37**, 3637 *C.* **1904** [2] 1510).

$C_{18}H_{28}N_5SP$ 1) **Dipropylmonamid-Di[Phenylhydrazid] d. Thiophosphorsäure.** Sm. 196° (*A.* **326**, 213 *C.* **1903** [1] 822).

$C_{18}H_{31}O_2N_2J$ 1) **Methylester d. Sparteïnjodammoniumessigsäure.** Sm. 230° (*Ar.* **242**, 517 *C.* **1904** [2] 1412).

$C_{18}H_{31}O_3NS$ 1) **Methylamid d. ε-Oxy-ε-Phenyl-βϑ-Dimethylnonan-ε²-Sulfonsäure.** Sm. 81—82° (*B.* **37**, 3267 *C.* **1904** [2] 1031).

$C_{18}H_{42}ON_3P$ 1) **Tri[Dipropylamid] d. Phosphorsäure.** Fl. (*A.* **326**, 200 *C.* **1903** [1] 821).

$C_{18}H_{42}O_3N_3P_3$ 1) **trim. Phosphinodipropylamin.** Sd. 204°$_{10}$ (*A.* **326**, 192 *C.* **1903** [1] 820).

— 18 V —

$C_{18}H_{14}O_3NCl_2P$ 1) **2,4-Dichlorphenylmonamid d. Phosphorsäurediphenylester.** Sm. 132° (*A.* **326**, 229 *C.* **1903** [1] 867).

$C_{18}H_{14}O_3NBr_2P$ 1) **2,4-Dibromphenylmonamid d. Phosphorsäurediphenylester.** Sm. 141° (*A.* **326**, 230 *C.* **1903** [1] 867).

$C_{18}H_{14}O_4N_2Cl_2S_2$ 1) **Di[Phenylchloramid] d. Benzol-1,3-Disulfonsäure.** Sm. 124° (*Soc.* **85**, 1187 *C.* **1904** [2] 1115).

$C_{18}H_{15}O_3NBrP$ 1) **4-Bromphenylmonamid d. Phosphorsäurediphenylester.** Sm. 112° (*A.* **326**, 232 *C.* **1903** [1] 867).

$C_{18}H_{15}O_4N_2BrS_2$ 1) **Di[Phenylamid] d. 4-Brombenzol-1,2-Disulfonsäure.** Sm. 182° (*C.* **1900** [2] 371). — *II, *223.*

$C_{18}H_{16}ON_3Br_2P$ 2) **Di[Phenylamid]-2,4-Dibromphenylamid d. Phosphorsäure.** Sm. 228° (*A.* **326**, 236 *C.* **1903** [1] 867).

$C_{18}H_{16}O_2N_2ClP$ 1) **Di[Phenylamid] d. Phosphorsäuremono-4-Chlorphenylester.** Sm. 167—168° (*A.* **326**, 249 *C.* **1903** [1] 868).

$C_{18}H_{21}ONBr_3J$ 1) **Jodmethylat d. 2,6,3'-Tribrom-4'-Dimethylamido-4-Oxy-3,5-Dimethyldiphenylmethan.** Sm. 172—173° u. Zers. (*A.* **334**, 325 *C.* **1904** [2] 988).

$C_{18}H_{22}ONClBr_2$ 1) **Chlormethylat d. 3,6-Dibrom-4'-Dimethylamido-4-Oxy-2,5-Dimethyldiphenylmethan.** Sm. 225—226° (*A.* **334**, 292 *C.* **1904** [2] 984).

$C_{18}H_{22}ONBr_2J$ *1) **Jodmethylat d. 3,6-Dibrom-4'-Dimethylamido-4-Oxy-2,5-Dimethyldiphenylmethan.** Sm. 174—175° (190—191°) (*A.* **334**, 292 *C.* **1904** [2] 984).

$C_{18}H_{22}ONBr_2J$ 2) **Jodmethylat d. 2,6-Dibrom-4'-Dimethylamido-4-Oxy-3,5-Dimethyldiphenylmethan.** Sm. 193—196° u. Zers. (*A.* **334**, 321 *C.* **1904** [2] 987).

C_{19}-Gruppe.

$C_{19}H_{14}$ *2) **9-Phenylfluoren.** Sm. 145° (146—148°) (*B.* **37**, 74 *C.* **1904** [1] 518; *B.* **37**, 2897 *C.* **1904** [2] 1310).

$C_{19}H_{16}$ *1) **Triphenylmethan** (*B.* **36**, 383 *C.* **1903** [1] 716; *C. r.* **137**, 59 *C.* **1903** [2] 574; *C. r.* **138**, 92 *C.* **1904** [1] 509; *B.* **37**, 616 *C.* **1904** [1] 811).

4) **2-Benzylacenaphten.** Sm. 112—113°; Sd. 340—345° (*Bl.* [3] **31**, 375 *C.* **1904** [1] 1271; *Bl.* [3] **31**, 924 *C.* **1904** [2] 778).

$C_{19}H_{22}$ 2) **αα-Diphenyl-α-Hepten.** Fl. (*B.* **37**, 1454 *C.* **1904** [1] 1353).

$C_{19}H_{24}$ *1) **αα-Diphenylheptan.** Sd. 333—334° (*B.* **37**, 1454 *C.* **1904** [1] 1353).

$C_{19}H_{28}$ *1) **Kohlenwasserstoff** (aus Cholesterylchlorid). Sd. 235—250°$_{18}$ (*M.* **24**, 661 *C.* **1903** [2] 1236).

$C_{19}H_{36}$ 2) **Kohlenwasserstoff** (aus Petroleum) (*C.* **1904** [1] 409).

— 19 II —

$C_{19}H_{10}O_4$ C 75,5 — H 3,3 — O 21,2 — M. G. 302.

1) **Methenylbisindandion.** Sm. 303° (*G.* **32** [2] 330 *C.* **1903** [1] 586; *G.* **33** [1] 421 *C.* **1903** [2] 421).

2) **Anhydrid d. 3-Benzoylnaphtalin-1,8-Dicarbonsäure.** Sm. 196° (*Bl.* [3] **31**, 379 *C.* **1904** [1] 1271; *Bl.* [3] **31**, 924 *C.* **1904** [2] 778; *Bl.* [3] **31**, 929 *C.* **1904** [2] 779).

3) **Anhydrid d. 4-Benzoylnaphtalin-1,8-Dicarbonsäure.** Sm. 195° (*A.* **327**, 98 *C.* **1903** [1] 1228).

$C_{19}H_{10}O_5$ C 71,7 — H 3,1 — O 25,2 — M. G. 318.

1) **1-Keto-2-[1,3-Diketo-2,3-Dihydro-2-Indenyl]inden-3-Carbonsäure.** Sm. 242° (*B.* **35**, 3959 *C.* **1903** [1] 32).

$C_{19}H_{12}O_2$ 3) **2-Phenyl-3,4-β-Naphtopyron** (α-Phenyl-β-Naphtocumarin). Sm. 142° (*B.* **36**, 1971 *C.* **1903** [2] 377).

$C_{19}H_{12}O_3$ 3) **Anhydrid d. 2-Benzylnaphtalin-4,5-Dicarbonsäure.** Sm. 175° (*Bl.* [3] **31**, 378 *C.* **1904** [1] 1271; *Bl.* [3] **31**, 924 *C.* **1904** [2] 778).

$C_{19}H_{12}O_5$ 3) **2,3,7-Trioxy-9-Phenylfluoron.** Sm. noch nicht bei 300°. H_2SO_4 (*B.* **37**, 1173 *C.* **1904** [1] 1161).

$C_{19}H_{12}O_6$ 2) **Di[4-Oxy-1,2-Benzpyron-3-]methan** (Methylenbis-β-Oxycumarin). Sm. 260° u. Zers. (*B.* **36**, 465 *C.* **1903** [1] 636).

3) **2,3,7-Trioxy-9-[2-Oxyphenyl]fluoron** (*B.* **37**, 2734 *C.* **1904** [2] 542).

4) **2,3,7-Trioxy-9-[4-O[illegible]** (*B.* **37**, 2733 *C.* **1904** [2] 542).

$C_{19}H_{12}O_7$ C 64,8 — H 3,4 — O [illegible] — M. G. [illegible]2.

1) **2,3,7-Trioxy-9-[3,4-Dioxyphenyl]fluoron.** Sm. oberh. 300°. H_2SO_4 + H_2O (*B.* **37**, 2732 *C.* **1904** [2] 541).

$C_{19}H_{12}O_8$ C 62,0 — H 3,2 — O 34,8 — M. G. 368.

1) **Diacetat d. Rheïn.** Sm. 236° (240°) (*C.* **1903** [1] 297; *Ar.* **240**, 611 *C.* **1903** [1] 176; *C.* **1904** [1] 1077).

$C_{19}H_{12}Cl_4$ 1) **α,4,4',4''-Tetrachlortriphenylmethan.** Sm. 146—148° (*B.* **37**, 1635 *C.* **1904** [1] 1649).

$C_{19}H_{13}N$ *3) **3-Phenyl-β-Naphtochinolin.** Sm. 189° (*C. r.* **139**, 298 *C.* **1904** [2] 714).

*4) **5-Phenylakridin.** Sm. 181—183°. Pikrat + $^1/_2C_6H_6$ (*B.* **37**, 3200 *C.* **1904** [2] 1472).

6) **α-Di-o-Benzylenpyridin.** Sm. 205°. Pikrat (*G.* **33** [1] 426 *C.* **1903** [2] 951).

$C_{19}H_{13}Cl_3$ 1) **Tri[4-Chlorphenyl]methan.** Sm. 88° (*C.* **1903** [2] 1052).

$C_{19}H_{14}O$ 5) **9-Oxy-9-Phenylfluoren.** Sm. 106° (*B.* **37**, 73 *C.* **1904** [1] 518).

6) **4-Keto-1-Diphenylmethylen-1,4-Dihydrobenzol** (Diphenylchinonmethan). Sm. 167—168° (*B.* **36**, 2335 *C.* **1903** [2] 441; *B.* **36**, 2792 *C.* **1903** [2] 882; *B.* **36**, 3253 *C.* **1903** [2] 884).

7) **3-Benzoylacenaphten.** Sm. 101° (99°). + $AlCl_3$, Pikrat (*A.* **327**, 96 *C.* **1903** [1] 1228; *Bl.* [3] **31**, 859 *C.* **1904** [2] 655).

8) **9-Phenylxanthen.** Sm. 145° (*B.* **37**, 2371 *C.* **1904** [2] 344).

$C_{19}H_{14}O_2$ 6) **Diphenylmethylenäther d. 1,2-Dioxybenzol.** Sm. 93° (*B.* **37**, 3331 *C.* **1904** [2] 1050).
7) **3-Oxy-4-Keto-1-Diphenylmethylen-1,4-Dihydrobenzol** (chin. 2-Oxyfuchson). Sm. 123° (*B.* **37**, 3330 *C.* **1904** [2] 1049).
8) **9-Oxy-9-Phenylxanthen.** Sm. 158° (*B.* **37**, 2370 *C.* **1904** [2] 344; *B.* **37**, 2933 *C.* **1904** [2] 1142).

$C_{19}H_{14}O_3$ *4) **Phenylester d. Diphenyläther-2-Carbonsäure.** Sm. 109° (*C. r.* **136**, 1075 *C.* **1903** [1] 1362; *C. r.* **139**, 141 *C.* **1904** [2] 593).

$C_{19}H_{14}O_4$ 13) **Dilakton d. αε-Dioxy-αε-Diphenyl-β-Penten-γδ-Dicarbonsäure** (Diphenylheptendilakton). Sm. 161° (*A.* **331**, 176 *C.* **1904** [1] 1212).
14) **Isodiphenylheptendilakton.** Sm. 234°. Ca, Ba, Ag_2 (*A.* **331**, 181 *C.* **1904** [1] 1212).
15) **Methylester d. 2-[1-Oxy-2-Naphtoyl]benzol-1-Carbonsäure.** Sm. 108—109° (*B.* **36**, 560 *C.* **1903** [1] 721).
16) **1-Methylester d. 2-Phenylnaphtalin-1,2²-Dicarbonsäure.** Sm. 171,5° (*A.* **335**, 117 *C.* **1904** [2] 1132).
17) **2²-Methylester d. 2-Phenylnaphtalin-1,2²-Dicarbonsäure.** Sm. 124°. Ag (*A.* **334**, 117 *C.* **1904** [2] 1132).

$C_{19}H_{14}O_5$ *2) **Vulpinsäure** (*C.* **1903** [2] 121).
8) **2,3,6,7-Tetraoxy-9-Phenylxanthen** (*B.* **37**, 1174 *C.* **1904** [1] 1161).

$C_{19}H_{14}O_6$ *13) **Pinastrinsäure** (*C.* **1903** [2] 121).
24) **Trimethyläther d. Trioxybrasanchinon.** Sm. 260° (*B.* **36**, 2200 *C.* **1903** [2] 381).
25) **Lakton d. α-Oxy-γ-Keto-β-Phenyl-α-[3,4-Dioxyphenyl]butan-3,4-Methylenäther-β-Ketocarbonsäure.** Sm. 135° (*A.* **333**, 258 *C.* **1904** [2] 1391).
26) **isom. Lakton d. α-Oxy-γ-Keto-β-Phenyl-α-[3,4-Dioxyphenyl]butan-3,4-Methylenäther-β-Ketocarbonsäure.** Sm. 130° (*A.* **333**, 258 *C.* **1904** [2] 1391).
27) **Diacetat d. 3,6-Dioxy-2-Phenyl-1,4-Benzpyron.** Sm. 195—196° (*B.* **37**, 778 *C.* **1904** [1] 1156).
28) **Diacetat d. 3,7-Dioxy-2-Phenyl-1,4-Benzpyron.** Sm. 157° (*B.* **37**, 1182 *C.* **1904** [1] 1275).
29) **Diacetat d. 7,8-Dioxy-2-Phenyl-1,4-Benzpyron.** Sm. 193° (*B.* **36**, 4242 *C.* **1904** [1] 382).

$C_{19}H_{14}O_7$ 5) **Diacetat d. isom. 1,2,3-Trioxy-9,10-Anthrachinonmonomethyläther.** Sm. 184° (*M.* **23**, 1017 *C.* **1903** [1] 291).

$C_{19}H_{14}O_8$ *1) **Diacetat d. Rhein.** Sm. 247—248° (*Ar.* **241**, 605 *C.* **1904** [1] 169).
3) **Diacetat d. Pigments** $C_{15}H_{10}O_6$. Sm. 125° (*B.* **36**, 3960 *C.* **1904** [1] 39).

$C_{19}H_{14}Cl_2$ 2) **α,4-Dichlortriphenylmethan.** Sm. 87° (*B.* **37**, 1633 *C.* **1904** [1] 1649).

$C_{19}H_{14}Br_2$ 2) **4,4'-Dibromtriphenylmethan.** Sm. 100°; Sd. 260°$_{15}$ (*Am.* **30**, 463 *C.* **1904** [1] 377).

$C_{19}H_{15}N$ 6) **Inn. Anhydrid d. α-Oxy-4-Amidotriphenylmethan.** Sm. bei 300° u. Zers. (*B.* **36**, 2794 *C.* **1903** [2] 883).
7) **Verbindung** (aus 2-Methylchinolin u. Zimmtaldehyd). Sm. 117° (*B.* **36**, 4330 *C.* **1904** [1] 449).

$C_{19}H_{15}N_3$ 9) **4-Benzylidenamidoazobenzol.** Sm. 127° (*A.* **329**, 221 *C.* **1903** [2] 1428).
10) **Nitril d. α-[2-Methylphenyl]imido-α-[1-Naphtyl]amidoessigsäure.** Sm. 97° (D.R.P. 153418 *C.* **1904** [2] 679).
11) **Nitril d. α-[2-Methylphenyl]imido-α-[2-Naphtyl]amidoessigsäure.** Sm. 106° (D.R.P. 153418 *C.* **1904** [2] 679).
12) **Nitril d. α-[4-Methylphenyl]imido-α-[1-Naphtyl]amidoessigsäure.** Sm. 151° (D.R.P. 153418 *C.* **1904** [2] 679).
13) **Nitril d. α-[4-Methylphenyl]imido-α-[2-Naphtyl]amidoessigsäure.** Sm. 129° (D.R.P. 153418 *C.* **1904** [2] 679).

$C_{19}H_{15}Cl$ *1) **α-Chlortriphenylmethan.** + Pyridin, + $AlCl_3$ (*Am.* **29**, 129 *C.* **1903** [1] 714; *B.* **36**, 384 *C.* **1903** [1] 716; *Am.* **29**, 609 *C.* **1903** [2] 204; *R.* **22**, 309 *C.* **1903** [2] 203; *B.* **36**, 3925 *C.* **1904** [1] 95).

$C_{19}H_{15}Br$ *1) **α-Bromtriphenylmethan.** + Br_5, + J_5 (*B.* **37**, 3543 *C.* **1904** [2] 1738).

$C_{19}H_{16}O$

*1) **α-Oxytriphenylmethan.** Sm. 162° (160,5°). + Chinolin, + Phenylhydrazin (*B.* **35**, 4007 *C.* **1903** [1] 30; *B.* **36**, 406 *C.* **1903** [1] 585; *B.* **36**, 1010 *C.* **1903** [1] 1077; *B.* **36**, 1589 *C.* **1903** [2] 111; *B.* **36**, 2337 *C.* **1903** [2] 441; *B.* **36**, 3006 *C.* **1903** [2] 950; *Bl.* [3] **29**, 1131 *C.* **1904** [1] 284; *B.* **37**, 2107 *C.* **1904** [2] 107; *B.* **37**, 2755 *C.* **1904** [2] 707).

*3) **ε-Keto-αη-Diphenyl-αγζ-Heptatriën.** (HCl, $SbCl_5$), (HCl, $SnCl_4$) (*B.* **37**, 3671 *C.* **1904** [2] 1569).

*4) **2-Keto-1,3-Dibenzyliden-R-Pentamethylen.** 2HBr (*B.* **37**, 1653 *C.* **1904** [1] 1603).

7) **ε-Keto-αη-Diphenyl-αγζ-Heptatriën** (Benzalcinnamylidenaceton). Sm. 108° (*C.* **1904** [2] 507).

$C_{19}H_{16}O_2$

*5) **α,4-Dioxytriphenylmethan** + $^1/_2 H_2O$. Sm. 143—144° (165° wasserfrei). + C_6H_6 (*B.* **36**, 2337 *C.* **1903** [2] 441; *B.* **36**, 2791 *C.* **1903** [2] 882; *B.* **36**, 3247 *C.* **1903** [2] 884; *B.* **36**, 3571 *C.* **1903** [2] 1375).

6) **Acetat d. 2-Oxy-1-Benzylnaphtalin.** Sm. 40° (*G.* **33** [2] 490 *C.* **1904** [1] 656).

7) **Acetat d. 4-Oxy-1-Benzylnaphtalin.** Sm. 87—88° (*G.* **33** [2] 473 *C.* **1904** [1] 654).

8) **Verbindung** (aus d. Verb. $C_{19}H_{18}O_6$). Sm. 144,5° (*Soc.* **83**, 304 *C.* **1903** [1] 879).

9) **Verbindung** (aus 2-Keto-1,4,5-Trioxy-1,3-Dimethyl-4,5-Diphenyl-R-Pentamethylen). Sm. 175° (*Soc.* **83**, 303 *C.* **1903** [1] 878).

$C_{19}H_{16}O_3$

*2) **α,4,4'-Trioxytriphenylmethan** (Benzaurin) (*B.* **36**, 2791 *C.* **1903** [2] 882).

15) **α,3,4-Trioxytriphenylmethan** (*B.* **37**, 3329 *C.* **1904** [2] 1049).

16) **2-Keto-1,3-Di[2-Oxybenzyliden]-R-Pentamethylen.** Sm. 190° u. Zers. (*B.* **36**, 1502 *C.* **1903** [1] 1351).

17) **2-Keto-1,3-Di[4-Oxybenzyliden]-R-Pentamethylen.** Sm. oberh. 300° (*B.* **36**, 1503 *C.* **1903** [1] 1352).

18) **Methylenäther d. ε-Keto-α-[3,4-Dioxyphenyl]-ε-[4-Methylphenyl]-αγ-Pentadiën.** Sm. 122° (*B.* **37**, 1700 *C.* **1904** [1] 1497).

19) **Acetat d. Verb. $C_{17}H_{14}O_2$.** Sm. 145° (*B.* **36**, 1494 *C.* **1903** [1] 1350).

$C_{19}H_{16}O_4$

13) **Trimethyläther d. Trioxy-ββ-Phenylennaphtylenoxyd** (Tr. d. Trioxybrasan). Sm. 244—246° (*B.* **36**, 2199 *C.* **1903** [2] 381).

14) **Anhydrid d. γδ-Diphenyl-β-Methylbutan-γδ-Oxyd-βδ-Dicarbonsäure.** Sm. 158° (*Soc.* **83**, 307 *C.* **1903** [1] 879).

15) **Lakton d. β-Oxy-δ-Keto-αγ-Diphenylpentan-γ-Carbonsäure.** Sm. 91° (*A.* **333**, 231 *C.* **1904** [2] 1389).

16) **Dilakton d. αε-Dioxy-αε-Diphenylpentan-βγ-Dicarbonsäure** (Diphenylheptodilakton). Sm. 149° (*A.* **331**, 187 *C.* **1904** [1] 1212).

$C_{19}H_{16}O_5$

12) **Trimethyläther d. Tetraoxy-ββ-Phenylennaphtylenoxyd** (Tr. d. Tetraoxybrasan). Sm. 220° (*B.* **36**, [illegible] **1903** [illegible]).

13) **Lakton d. α-Oxy-γ-Keto-β-Phenyl-α-[4-Oxyphenyl]butan-4-Methyläther-β-Ketocarbonsäure.** Sm. 116° (*A.* **333**, 260 *C.* **1904** [2] 1302).

14) **Monolakton d. αε-Dioxy-αε-Diphenyl-β-Penten-γδ-Dicarbonsäure.** Ba + H_2O, Ag (*A.* **331**, 178 *C.* **1904** [1] 1212).

15) **Acetat d. 1,7-Dioxy-2,6-Dimethyl-9,10-Anthrachinonmonomethyläther.** Sm. 195—196° (*Soc.* **83**, 1332 *C.* **1904** [1] 100).

16) **4,6-Diacetat d. 3,4,6-Trioxyphenanthren-3-Methyläther.** Sm. 162 bis 163° (*B.* **36**, 3081 *C.* **1903** [illegible] **37**, 3501 *C.* **1904** [2] 1320).

17) **3-Acetat d. 3,6-Dioxy-2-Phenyl-1,4-Benzpyron-6-Aethyläther.** Sm. 133—134° (*B.* **37**, 777 *C.* **1904** [1] 1150).

18) **isom. Diacetat d. Chrysarobin.** Sm. 193° (*Soc.* **81**, 1579 *C.* **1903** [1] 34, 167).

$C_{19}H_{16}O_6$

*4) **Diphenacylmalonsäure.** + $CHCl_3$ (*C.* **1904** [1] 1259).

11) **4-Acetoxyl-3,6-Dimethoxylphenanthren-9-Carbonsäure.** Sm. 201 bis 203° (*B.* **35**, 4409 *C.* **1903** [1] 343).

12) **αγ-Lakton d. α-Oxy-γ-Acetoxyl-β-Phenyl-α-[3,4-Dioxyphenyl]-propan-3,4-Methylenäther-γ-Carbonsäure.** Sm. 116—117° (*A.* **333**, 261 *C.* **1904** [2] 1391).

13) **3-Acetat d. 3,6-Dioxy-2-[2-Oxyphenyl]-1,4-Benzpyron-2²,6-Dimethyläther.** Sm. 121—122° (*B.* **37**, 2349 *C.* **1904** [2] 230).

$C_{19}H_{16}O_6$ 14) **3-Acetat d. 3,6-Dioxy-2-[3-Oxyphenyl]-1,4-Benzpyron-2³,6-Dimethyläther.** Sm. 134° (*B.* **37**, 960 *C.* **1904** [1] 1160).

15) **3-Acetat d. 3,6-Dioxy-2-[4-Oxyphenyl]1,4-Benzpyron-2⁴,6-Dimethyläther.** Sm. 131—132° (*B.* **37**, 788 *C.* **1904** [1] 1159).

16) **3-Acetat d. 3,7-Dioxy-2-[2-Oxyphenyl]-1,4-Benzpyron-2²,7-Dimethyläther.** Sm. 138—139° (*B.* **37**, 4158 *C.* **1904** [2] 1658).

17) **3-Acetat d. 3,7-Dioxy-2-[3-Oxyphenyl]-1,4-Benzpyron-2³,7-Dimethyläther.** Sm. 165° (*B.* **37**, 4160 *C.* **1904** [2] 1658).

18) **3-Acetat d. 3,7-Dioxy-2-[4-Oxyphenyl]-1,4-Benzpyron-2⁴,7-Dimethyläther.** Sm. 193—194° (*B.* **37**, 4162 *C.* **1904** [2] 1659).

19) **3-Acetat d. 3,5,7-Trioxy-2-Phenyl-1,4-Benzpyron-5,7-Dimethyläther.** Sm. 192—193° (*B.* **37**, 2804 *C.* **1904** [2] 712).

20) **3-Acetat d. 3,7,8-Trioxy-2-Phenyl-1,4-Benzpyron-7,8-Dimethyläther.** Sm. 185° (*B.* **37**, 2808 *C.* **1904** [2] 713).

21) **Triacetat d. Verb. $C_{13}H_{10}O_6$.** Sm. oberh. 300° (*B* **37**, 1179 *C.* **1904** [1] 1162).

22) **Triacetat d. Verb. $C_{13}H_{10}O_3$.** Sm. noch nicht bei 300° (*B.* **37**, 2737 *C.* **1904** [2] 542).

23) **isom. Triacetat d. Verb. $C_{13}H_{10}O_3$.** Sm. 270—275° (*B.* **37**, 2737 *C.* **1904** [2] 542).

$C_{19}H_{16}O_7$ *2) **Diäthylester d. 2,4,9-Triketo-2,3,4,9-Tetrahydro-ββ-Naphtinden-1,3-Dicarbonsäure.** Sm. 159°. Ba (E. Hovsa, Dissert., Berlin 1901).

$C_{19}H_{16}O_8$ 3) **Carbousninsäure.** Sm. 195—196° (*J. pr.* [2] **68**, 4 *C.* **1903** [2] 510).

$C_{19}H_{16}O_9$ *3) **Tetraacetat d. Purpurogallin.** Sm. 184—186° (*Soc.* **85**, 246 *C.* **1904** [1] 798, 1005).

$C_{19}H_{16}N_2$ *2) **Diphenylbenzenylamidin.** Sm. 145° (*Am.* **31**, 583 *C.* **1904** [2] 109).

11) **Anhydrid d. α-Oxy-4,4'-Diamidotriphenylmethan.** Sm. oberh. 250° (*B.* **37**, 2865 *C.* **1904** [2] 776).

12) **4-Imido-1-[4-Amidodiphenyl]methylen-1,4-Dihydrobenzol**(p-Amidofuchsonimin). HCl, Pikrat (*B.* **37**, 2868 *C.* **1904** [2] 776).

13) **4-[4-Methylphenyl]azobenzol.** Sm. 137° (*C.* **1904** [1] 1491).

$C_{19}H_{16}N_6$ *2) **Formazylazobenzol** (*B.* **36**, 55 *C.* **1903** [1] 450).

$C_{19}H_{17}N$ 12) **α-Phenylamido-αα-Diphenylmethan.** Fl. HCl (*B.* **37**, 2693 *C.* **1904** [2] 519).

13) **2-Amidotriphenylmethan.** Sm. 128—130°. + C_6H_6 (Sm. 94—95°) (*B.* **37**, 3198 *C.* **1904** [2] 1472).

14) **2,6-Di[4-Methylphenyl]pyridin.** Sm. 162°. (HCl, $AuCl_3$), Pikrat (*B.* **36**, 852 *C.* **1903** [1] 976).

$C_{19}H_{17}N_3$ *2) **α-Phenylimido-α-[α-Phenylhydrazido]-α-Phenylmethan.** Sm. 119° (*Am.* **31**, 582 *C.* **1904** [2] 109).

*3) **α-Phenylimido-α-[β-Phenylhydrazido]-α-Phenylmethan.** Sm. 174 bis 175° (*Am.* **31**, 583 *C.* **1904** [2] 109).

18) **Anhydrid d. α-Oxytri[4-Amidophenyl]methan** (*B.* **36**, 4025 *C.* **1904** [1] 167).

$C_{19}H_{17}N_5$ 8) **5-Amido-1,2-Di[4-Amidophenyl]benzimidazol.** Sm. 223—224° (*B.* **37**, 1071 *C.* **1904** [1] 1273).

$C_{19}H_{18}O$ 3) **ε-Keto-αε-Di[4-Methylphenyl]-αγ-Pentadiën.** Sm. 123—124° (*B.* **36**, 852 *C.* **1903** [1] 976).

4) **2-Keto-1,3-Dimethyl-4,5-Diphenyl-2,3-Dihydro-R-Penten.** Sm. 122° (*Soc.* **83**, 303 *C.* **1903** [1] 878).

$C_{19}H_{18}O_2$ 8) **Säure** (aus 2-Keto-1,4,5-Trioxy-1,3-Dimethyl-4,5-Diphenyl-R-Pentamethylen). Sm. 215—216°. Ag (*Soc.* **83**, 301 *C.* **1903** [1] 879).

9) **Lakton d. α-Oxy-β-Phenyl-α-[4-Isopropylphenyl]propen-γ-Carbonsäure.** Sm. 124° (*B.* **36**, 921 *C.* **1903** [1] 1031; *A.* **333**, 245 *C.* **1904** [2] 1391).

$C_{19}H_{18}O_3$ *10) **Dianisalaceton.** Sm. 126,5—127°. + HCl, + 2HCl, + HBr, + 1(2)H_2SO_4, + H_3PO_4, + Chloressigsäure (*C.* **1903** [2] 284; *B.* **36**, 1481 *C.* **1903** [1] 1349; *B.* **36**, 131 *C.* **1903** [1] 457).

12) **Trimethyläther d. ?-Trioxyäthenylphenanthren.** Sm. 122,5°. Pikrat (*B.* **37**, 2789 *C.* **1904** [2] 716).

13) **γ-Benzoylmethyl-α-Phenyl-α-Buten-δ-Carbonsäure.** Sm. 125° (*C.* **1903** [2] 944).

14) **Lakton d. α-Oxy-γ-Keto-β-Phenyl-α-[4-Isopropylphenyl]propan-γ-Carbonsäure.** Sm. 186° (*B.* **36**, 920 *C.* **1903** [1] 1031; *A.* **333**, 238 *C.* **1904** [2] 1390).

$C_{19}H_{16}O_3$ 15) isom. Lakton d. α-Oxy-γ-Keto-β-Phenyl-α-[4-Isopropylphenyl]-propan-γ-Carbonsäure. Sm. 198° (*B.* **36**, 920 *C.* **1903** [1] 1031; *A.* **333**, 251 *C.* **1904** [2] 1391).
16) Verbindung (aus 2-Keto-1,4,5-Trioxy-1,3-Dimethyl-4,5-Diphenyl-R-Pentamethylen). Sm. 89—90° (*Soc.* **83**, 304 *C.* **1903** [1] 879).

$C_{19}H_{18}O_4$ *13) Aethylester d. αδ-Diketo-αδ-Diphenylbutan-β-Carbonsäure. Sm. 69—72° (*A.* **331**, 316 *C.* **1904** [2] 46).
26) Diäthyläther d. 5,6-Dioxy-2-Keto-1-Benzyliden-1,2-Dihydrobenzfuran. Sm. 115° (*B.* **29**, 1889). — *III, *532.*
27) ε-Keto-γδ-Diphenylhexan-γδ-Oxyd-β-Carbonsäure. Na, Ag (*Soc.* **83**, 295 *C.* **1903** [1] 878).
28) Lakton d. β-Oxy-δ-Acetoxyl-αγ-Diphenylbutan-δ-Carbonsäure. Sm. 142° (*A.* **333**, 279 *C.* **1904** [2] 1393).

$C_{19}H_{18}O_5$ *10) α-Keto-αγ-Diphenylpentan-δε-Dicarbonsäure. Na_2 (*A.* **326**, 302 *C.* **1903** [1] 1124).
16) Methyläther d. Ononetin. Sm. 95—110° (*M.* **24**, 149 *C.* **1903** [1] 1033).
17) γδ-Diphenyl-β-Methylbutan-γδ-Oxyd-βδ-Dicarbonsäure. Sm. 171° (184°). Ag_2 (*Soc.* **83**, 306 *C.* **1903** [1] 879).
18) αγ-Lakton d. α-Oxy-γ-Acetoxyl-β-Phenyl-α-[4-Oxyphenyl]propan-4-Methyläther-γ-Carbonsäure. Sm. 117° (*A.* **333**, 271 *C.* **1904** [2] 1392).
19) Monolakton d. αε-Dioxy-αε-Diphenylpentan-βγ-Dicarbonsäure. Sm. noch nicht bei 160°. Ba, Ag (*A.* **331**, 189 *C.* **1904** [1] 1212).
20) $γ^2$-Acetat d. γ-Keto-γ-[2,4-Dioxyphenyl]-α-[3-Oxyphenyl]propen-$α^3$,$γ^4$-Dimethyläther. Sm. 70—71° (*B.* **37**, 4159 *C.* **1904** [2] 1658).
21) 2-Acetat d. γ-Keto-γ-[2,3,4-Trioxyphenyl]-α-Phenylpropen-3,4-Dimethyläther. Sm. 110° (*B.* **36**, 4239 *C.* **1904** [1] 381).
22) Diacetat d. 1,3-Dioxy-2,4-Dimethylxanthen. Sm. 117—118° (*M.* **25**, 327 *C.* **1904** [1] 1495).
23) Verbindung (aus d. Verb. $C_{27}H_{30}O_{12}$). Sm. 180—181° (*M.* **24**, 211 *C.* **1903** [2] 38).

$C_{19}H_{18}O_6$ *11) α-Trimethyläther d. Brasilon (*B.* **36**, 1221 *C.* **1903** [1] 1183).
*14) β-Trimethyläther d. Brasilon (*B.* **36**, 1220 *C.* **1903** [1] 1183).
17) 2^3,2^4-Dimethyläther-7-Aethyläther d. 3,7-Dioxy-2-[3,4-Dioxyphenyl]-1,4-Benzpyron. Sm. 193—194° (*B.* **37**, 789 *C.* **1904** [1] 1157).
18) αε-Dioxy-αε-Diphenyl-β-Penten-γδ-Dicarbonsäure. Ca, Ba, Ag_2 (*A.* **331**, 179 *C.* **1904** [1] 1212).
19) β-Acetat-αγ-Dibenzoat d. αβγ-Trioxypropan. Sd. 248—251°$_{22}$ (*C.* **1903** [1] 134).
20) Verbindung (aus Brasilon-β-Trimethyläther). Sm. 174—175° (*B.* **37**, 631 *C.* **1904** [1] 955; *M.* **25**, 880 *C.* **1904** [2] 1312).

$C_{19}H_{18}O_7$ 6) 2^3,2^4,5,7-Tetramethyläther d. 3,5,7-Trioxy-2-[3,4-Dioxyphenyl]-1,4-Benzpyron. Sm. 197—198° (*B.* **37**, 1404 *C.* **1904** [1] 1356).

$C_{19}H_{18}O_8$ 3) Pentamethyläther d. 1,2,3,5,6,7-Hexaoxy-9,10-Anthrachinon. Sm. 192—194° (*C.* **1904** [2] 709).

$C_{19}H_{18}O_9$ *3) Leprarin (Leprariasäure). Sm. 155° (*J. pr.* [2] **68**, 69 *C.* **1903** [2] 514).

$C_{19}H_{18}N_2$ *2) 4,4'-Diamidotriphenylmethan (*B.* **37**, 2860 *C.* **1904** [2] 776).
10) 4-[4-Methylphenyl]-s-Diphenylhydrazin. Sm. 102° (*C.* **1904** [1] 1401).

$C_{19}H_{19}N$ 4) 4-[4-Isopropylbenzyl]isochinolin. Sm. 72,5—73,5°. HCl, (HCl, $HgCl_2$), (2HCl, $PtCl_4$), Pikrat (*A.* **326**, 301 *C.* **1903** [1] 920).

$C_{19}H_{20}O_3$ 9) γ-Oxy-β-Phenyl-α-[4-Isopropylphenyl]propen-γ-Carbonsäure. Sm. 136° (*B.* **36**, 921 *C.* **1903** [1] 1031; *A.* **333**, 246 *C.* **1904** [2] 1391).
10) β-[4-Isopropylbenzoyl]-β-Phenylpropionsäure. Sm. 111° (*B.* **36**, 921 *C.* **1903** [1] 1031; *A.* **333**, 246 *C.* **1904** [2] 1391).
11) αγ-Lakton d. αγ-Dioxy-β-Phenyl-γ-[4-Isopropylphenyl]buttersäure. Sm. 169° (*B.* **36**, 920 *C.* **1903** [1] 1031; *A.* **333**, 242 *C.* **1904** [2] 1390).
12) Aethylester d. Säure $C_{17}H_{16}O_3$. Sm. 48—50° (*B.* **37**, 2247 *C.* **1904** [2] 328).

$C_{19}H_{20}O_4$ 21) 2-Keto-1,4,5-Trioxy-1,3-Dimethyl-4,5-Diphenyl-R-Pentamethylen. Sm. 89° (*Soc.* **83**, 295 *C.* **1903** [1] 878).
22) Dibenzylester d. Propan-αγ-Dicarbonsäure. Sd. 248°$_{14}$ (*B.* **35**, 4084 *C.* **1903** [1] 75).
23) Diacetat d. ββ-Di[4-Oxyphenyl]propan. Sm. 78° (*C.* **1904** [2] 1737).
24) Verbindung (aus Trimethylolbisacetophenon). Sm. 108° (*B.* **36**, 1354 *C.* **1903** [1] 1209).

$C_{19}H_{20}O_6$ 11) 2[3],2[4]-Dimethyläther-7-Aethyläther d. 7-Oxy-2-[3,4-Dioxyphenyl]-2,3-Dihydro-1,4-Benzpyron. Sm. 110° (*B.* **37**, 788 *C.* **1904** [1] 1157).
12) Anhydrolariciresinol. Sm. 207° (*M.* **23**, 1026 *C.* **1903** [1] 288).

$C_{19}H_{20}O_6$ 9) $\alpha^2,\alpha^4,\gamma^2,\gamma^4$-Tetramethyläther d. γ-Keto-γ-[2,4,6-Trioxyphenyl]-α-[2,4-Dioxyphenyl]propen. Sm. 152° (*B.* **37**, 794 *C.* **1904** [1] 1159).
10) $\alpha^3,\alpha^4,\gamma^2,\gamma^4$-Tetramethyläther d. γ-Keto-γ-[2,4,6-Trioxyphenyl]-α-[3,4-Dioxyphenyl]propen. Sm. 157° (*B.* **37**, 793 *C.* **1904** [1] 1158).
11) Tetramethyläther d. 5,7-Dioxy-2-[3,4-Dioxyphenyl]-2,3-Dihydro-1,4-Benzpyron. Sm. 159—160° (*B.* **37**, 1403 *C.* **1904** [1] 1355).
12) $\alpha\varepsilon$-Dioxy-$\alpha\varepsilon$-Diphenylpentan-$\beta\gamma$-Dicarbonsäure. Ca, Ag_2 (*A.* **331**, 189 *C.* **1904** [1] 1213).
13) Verbindung (aus d. Verb. $C_{19}H_{18}O_6$) (*M.* **25**, 881 *C.* **1904** [2] 1312).

$C_{19}H_{20}O_7$ *3) Barbatinsäure (Rhizonsäure). Na + $2H_2O$ (*J. pr.* [2] **68**, 12 *C.* **1903** [2] 510; *A.* **327**, 340 *C.* **1903** [2] 509).

$C_{19}H_{20}O_8$ 3) Anhydrodiacetylpikrotin. Sm. oberh. 300° (*B.* **31**, 2973). — *III, *472.*
4) Benzoat d. Arbutin. Sm. 184,5° (D.R.P. 151036 *C.* **1904** [1] 1308).

$C_{19}H_{20}N_2$ 6) ε-[2-Methylphenyl]imido-α-[2-Methylphenyl]amido-$\alpha\gamma$-Pentadiën. Fl. HCl, HBr (*J. pr.* [2] **69**, 136 *C.* **1904** [1] 816; *J. pr.* [2] **70**, 42 *C.* **1904** [2] 1235; *A.* **333**, 324 *C.* **1904** [2] 1149).
7) ε-[3-Methylphenyl]imido-α-[3-Methylphenyl]amido-$\alpha\gamma$-Pentadiën. HBr (*J. pr.* [2] **70**, 45 *C.* **1904** [2] 1235).
8) ε-[4-Methylphenyl]imido-α-[4-Methylphenyl]amido-$\alpha\gamma$-Pentadiën. Sm. 121°. HCl, HBr (*A.* **333**, 323 *C.* **1904** [2] 1149; *J. pr.* [2] **70**, 40 *C.* **1904** [2] 1236).

$C_{19}H_{20}N_4$ 3) 2,6-Di[Phenylamido]-4-Methyl-5-Aethyl-1,3-Diazin. HCl (*B.* **36**, 1922 *C.* **1903** [2] 209).

$C_{19}H_{21}Br$ 1) β-Brom-$\alpha\alpha$-Diphenyl-α-Hepten. Sm. 74° (*B.* **37**, 1454 *C.* **1904** [1] 1353).

$C_{19}H_{22}O_3$ 5) Isoamylester d. α-Oxydiphenylessigsäure. Sd. 230—232°$_{25}$ (*B.* **37**, 2767 *C.* **1904** [2] 708).

$C_{19}H_{22}O_4$ 2) $\alpha\gamma$-Dioxy-β-Phenyl-γ-[4-Isopropylphenyl]buttersäure. Ag (*A.* **333**, 243 *C.* **1904** [2] 1390).
3) Methylester d. O-Benzoylcamphocarbonsäure. Sm. 58,5—59,5° (*B.* **36**, 4273 *C.* **1904** [1] 457).

$C_{19}H_{22}O_5$ 6) Tri[Methylol]bisacetophenon. Sm. 156° (*B.* **36**, 1352 *C.* **1903** [1] 1299).

$C_{19}H_{22}O_6$ *2) Lariciresinol (*M.* **23**, 1022 *C.* **1903** [1] 287).
*3) isom. Lariciresinol. Sm. 104° (*M.* **23**, 1023 *C.* **1903** [1] 288).
6) Tetramethyläther d. Acakatechin. Sm. 152—153° (*C.* **1904** [2] 439).

$C_{19}H_{22}O_{10}$ 3) Pentaacetat d. 2,4,6-Trioxy-5-Dioxymethyl-1,3-Dimethylbenzol. Sm. 152—153° (*M.* **24**, 879 *C.* **1904** [1] 369).

$C_{19}H_{22}O_{11}$ C 53,5 — H 5,1 — O 41,3 — M. G. 426.
1) Saponarin (oder $C_{21}H_{24}O_{12}$). Sm. 231° u. Zers. (*C.* **1904** [2] 1508).

$C_{19}H_{24}O$ C 85,1 — H 8,9 — O 6,0 — M. G. 268.
1) α-Oxy-$\alpha\alpha$-Diphenylheptan. Sd. 200—201°$_{11}$ (*B.* **37**, 1454 *C.* **1904** [1] 1353).

$C_{19}H_{24}O_2$ 5) $\alpha\alpha$-Di[4-Oxyphenyl]heptan. Sm. 103° (*C.* **1904** [1] 1650).
6) Bornylester d. Zimmtsäure. Sm. 33° (*C. r.* **136**, 238 *C.* **1903** [1] 584).

$C_{19}H_{24}O_6$ *3) β_1-Benzylidenbisacetessigsäureäthylester. Sm. 154° (*B.* **36**, 2186 *C.* **1903** [2] 569; *Soc.* **83**, 1297 *C.* **1904** [1] 95).
*5) isom. Benzylidenbisacetessigsäureäthylester (*Soc.* **83**, 1298 *C.* **1904** [1] 95).

$C_{19}H_{25}N_3$ *1) 4-[4-Diäthylamidobenzyliden]amido-1-Dimethylamidobenzol. Sm. 136° (*B.* **37**, 860 *C.* **1904** [1] 1206).

$C_{19}H_{26}O$ C 84,4 — H 9,6 — O 5,9 — M. G. 270.
1) Kristallalban. Sm. 227,5—228° (*Ar.* **241**, 485 *C.* **1903** [2] 1178).

$C_{19}H_{26}O_3$ *4) l-Menthylester d. β-Oxy-α-Phenylakrylsäure. Na, Cu (*Soc.* **81**, 1496 *C.* **1903** [1] 153).
*5) l-Menthylester d. Formylphenylessigsäure (*Soc.* **81**, 1494 *C.* **1903** [1] 153).

$C_{19}H_{26}O_5$ C 68,3 — H 7,8 — O 23,9 — M. G. 334.
1) Diäthylester d. Dehydrodioxyparasantonsäure (*C.* **1903** [2] 1447).

$C_{19}H_{28}O_2$ *2) Abietinsäure (*Ar.* **241**, 523 *C.* **1903** [2] 1179; *Soc.* **85**, 1238 *C.* **1904** [2] 107, 1308).
8) α-Abietinsäure. Sm. 143—155°. Ag (*Ar.* **241**, 507 *C.* **1903** [2] 1179).
9) β-Abietinsäure. Sm. 145—158°. Ag (*Ar.* **241**, 508 *C.* **1903** [2] 1179).

$C_{19}H_{28}O_2$ 10) γ-Abietinsäure. Sm. 153—154°. Ag (*Ar.* **241**, 512 *C.* **1903** [2] 1179).

$C_{19}H_{28}O_3$ 4) Aethylester d. 1-Aethyläthersantonigen Säure. Sm. 31—32° (*G.* **25**, [1] 517). — *II, *978.*

$C_{19}H_{28}O_4$ 5) α-Palmitat d. αβγ-Trioxypropan. Sm. 65° (*C.* **1903** [1] 133).

$C_{19}H_{28}O_8$ 2) Verbindung (aus Formaldehyd u. Acetylaceton). Sm. 167° (*B.* **36**, 2178 *C.* **1903** [2] 372).

$C_{19}H_{30}O_9$ C 56,7 — H 7,4 — O 35,8 — M. G. 402.
1) Tetraäthylester d. δ-Ketoheptan-αγεη-Tetracarbonsäure. Sd. 220 bis 230°₁₂ (*B.* **37**, 3816 *C.* **1904** [2] 1600).

$C_{19}H_{30}O_{10}$ 6) Pentaäthylester d. Butan-ααββδ-Pentacarbonsäure. Sd. 215—218°₁₇ (*C.* **1903** [1] 628; *Soc.* **85**, 611 *C.* **1904** [1] 1254, 1553).

$C_{19}H_{32}O$ C 82,6 — H 11,6 — O 5,8 — M. G. 276.
1) Spongosterin. Sm. 119—120° (*H.* **41**, 112 *C.* **1904** [1] 996).

$C_{19}H_{32}O_4$ *1) Lichesterinsäure. Sm. 124,5° (*Ar.* **241**, 1 *C.* **1903** [1] 697).
2) Protolichesterinsäure. Sm. 104—105° (*A.* **324**, 39 *C.* **1902** [2] 904; *A.* **327**, 353 *C.* **1903** [2] 510).

$C_{19}H_{32}O_5$ 3) Methylester d. Proto-α-Lichesterinsäure. Sm. 33° (*J. pr.* [2] **68**, 31 *C.* **1903** [2] 511).

$C_{19}H_{34}O_2$ 2) Methylester d. Chaulmoograsäure. Sm. 22°; Sd. 227°₂₀ (*Soc.* **85**, 853 *C.* **1904** [2] 348, 604).

$C_{19}H_{36}O_2$ 5) Methylester d. [illegible]. Sm. 26—27°; Sd. 222 bis 223°₂₀ (*Soc.* **85**. [illegible] 1904 [illegible]

$C_{19}H_{36}O_3$ C 73,1 — H 11,5 [illegible]
1) Methylester d. Ricinolsäure. Sd. 245°₁₀ (*B.* **36**, 783 *C.* **1903** [1] 823).

$C_{19}H_{38}O_2$ *2) Methylester d. Stearinsäure. Sm. 38° (*B.* **37**, 3659 *C.* **1904** [2] 1452).
*4) Aethylester d. Margarinsäure. Sm. 28° (*Soc.* **85**, 837 *C.* **1904** [2] 509).

$C_{19}H_{38}O_4$ *3) α-Palmitat d. αβγ-Trioxypropan. Sm. 72° (*B.* **36**, 4342 *C.* **1904** [1] 434).

$C_{19}H_{38}N_4$ *1) [illegible] d. x-Keto-ϑ-Methyl-ϑ-Oktadeken. [illegible] 1903 [2] 655).

— 19 III —

$C_{19}H_4O_7Br_{12}$ 1) Verbindung (aus 3,4,5,6-Tetrabrom-1,2-Benzochinon). Sm. 192—193° (*Am.* **31**, 96 *C.* **1904** [1] 802).

$C_{19}H_6O_5Br_6$ 1) Monobenzoat d. Hexabrom-o-Oxybrenzkatechinäther. Sm. 316 bis 318° (*Am.* **30**, 524 *C.* **1904** [1] 366).

$C_{19}H_8O_4Br_2$ 1) 3-Brom-2-[2-Brom-1,3-Diketo-2,3-Dihydro-2-Indenyl]-1,4-Naphtochinon. Sm. 225° (*B.* **35**, 3964 *C.* **1903** [1] 33).

$C_{19}H_8O_5Br_8$ 1) α-Verbindung (aus Benzylalkohol u. 3,4,5,6-Tetrabrom-1,2-Benzochinon). Zers. bei 165—170° (*Am.* **31**, 101 *C.* **1904** [1] 802).
2) β-Verbindung (aus Benzylalkohol u. 3,4,5,6-Tetrabrom-1,2-Benzochinon). Sm. 216—217° (*Am.* **31**, 101 *C.* **1904** [1] 802).

$C_{19}H_9O_2N$ C 80,6 — H 3,2 — O 11,3 — N 4,9 — M. G. 283.
1) [illegible]. Sm. 256° (*G.* **32** [2] 331 *C.* **1903** [1] [illegible] 33 [illegible] 1903 [2] 951).

$C_{19}H_9O_3N$ C 76,2 — H 3,0 — O 16,1 — N 4,7 — M. G. 299.
1) Anhydrid d. Methenylbisindandionmonoxim. Sm. 303° u. Zers. (*G.* **33** [2] 156 *C.* **1903** [2] 1272).

$C_{19}H_9O_4Br$ *1) 3-Brom-2-[1,3-Diketo-2,3-Dihydro-2-Indenyl]-1,4-Naphtochinon. NH_3, Na (*B.* **35**, 3957 *C.* **1903** [1] 32).

$C_{19}H_9O_5Br$ 1) 1-Keto-2-[2-Brom-1,3-Diketo-2,3-Dihydro-2-Indenyl]inden-3-Carbonsäure. Sm. 234° (*B.* **35**, 3960 *C.* **1903** [1] 32).

$C_{19}H_9O_5Br_5$ 1) Pentabromformononetin. Sm. 325° (*M.* **25**, 578 *C.* **1904** [2] 907).

$C_{19}H_{10}O_{12}N_6$ C 44,4 — H 1,9 — O 37,3 — N 16,3 — M. G. 514.
1) Tri[2,4-Dinitrophenyl]methan. Sm. 260° u. Zers. HNO_3 (*B.* **36**, 2779 *C.* **1903** [2] 880).

$C_{19}H_{11}O_2N_3$ C 73,1 — H 3,2 — O 10,3 — N 13,4 — M. G. 312.
1) Dioxim d. α-Diphenylenpyridindiketon (*G.* **33** [1] 425 *C.* **1903** [2] 951).

$C_{19}H_{11}O_3N$ 2) Imid d. 2-Benzoylnaphtalin-1,8-Dicarbonsäure. Sm. 252° (*Bl.* [3] **31**, 380 *C.* **1904** [1] 1271).

$C_{19}H_{11}O_3N_3$ 2) Anhydrid d. Methenylbisindandiontrioxim. Sm. 312° u. Zers. (*G.* **33** [2] 158 *C.* **1903** [2] 1273).

$C_{19}H_{11}O_4N$ 2) Anhydrid d. 2-[α-Oximidobenzyl]naphtalin-4,5-Dicarbonsäure. Sm. 242° u. Zers. (*Bl.* [3] **31**, 380 *C.* **1904** [1] 1271).

$C_{19}H_{12}ON_2$ 2) **2,2'-Dichinolylketon.** Sm. 230—240° (*B.* **37**, 1239 *C.* **1904** [1] 1362).

$C_{19}H_{12}OBr_2$ 1) **3,5-Dibrom-4-Keto-1-Diphenylmethylen-1,4-Dihydrobenzol.** Sm. 232° (225°) (*B.* **34**, 3078; *B.* **36**, 3237 *C.* **1903** [2] 883).

$C_{19}H_{12}O_2N_4$ C 69,5 — H 3,6 — O 9,8 — N 17,1 — M. G. 328.
1) **Homofluorindin-2-Carbonsäure** (*B.* **36**, 4033 *C.* **1904** [1] 294).

$C_{19}H_{12}O_3N_2$ 7) **6-[2-Oxy-1-Naphtylazo]-1,2-Benzpyron.** Sm. 222° (*Soc.* **85**, 1234 *C.* **1904** [2] 1124).

$C_{19}H_{12}O_5Cl_2$ 2) **Diacetat d. 5,6-Dioxy-2-Keto-1-[?-Dichlorbenzyliden]-1,2-Dihydrobenzfuran.** Sm. 189—191° u. Zers. (*B.* **29**, 2434). — *III, *532*

$C_{19}H_{12}O_6Br_6$ 1) **Triacetat d. 2,3,5,2',3',5'-Hexabrom-α,4,4'-Trioxydiphenylmethan.** Sm. 204° (*A.* **330**, 76 *C.* **1904** [1] 1148).

$C_{19}H_{13}ON$ 7) **5-[2-Oxyphenyl]akridin.** Sm. 289—290° u. Zers. (*Bl.* [3] **31**, 1085 *C.* **1904** [2] 1508).
8) **5-[4-Oxyphenyl]akridin.** Sm. 355—356° u. Zers. (2HCl, $PtCl_4$), (HCl, $AuCl_3$), $H_2Cr_2O_7$, Pikrat (*Bl.* [3] **31**, 1091 *C.* **1904** [2] 1509).

$C_{19}H_{13}OCl$ 1) **9-Phenylxanthoniumchlorid.** + $FeCl_3$, + $HgCl_2$ (*B.* **37**, 2935 *C.* **1904** [2] 1142).

$C_{19}H_{13}OBr_3$ 1) **α,3,5-Tribrom-4-Oxytriphenylmethan.** Sm. 130—133° (*B.* **36**, 3243 *C.* **1903** [2] 884).
2) **9-Phenylxanthoniumtribromid.** Sm. 168—170° u. Zers. (*B.* **37**, 2936 *C.* **1904** [2] 1142).

$C_{19}H_{13}O_2N$ 6) **o-Methylchinophtalon.** Sm. 276,5—277° (279°) (*B.* **36**, 3917 *C.* **1904** [1] 97; *B.* **37**, 3017 *C.* **1904** [2] 1409).
7) **p-Methylchinophtalon.** Sm. 233° (*B.* **37**, 3017 *C.* **1904** [2] 1409).
8) **o-Methylisochinophtalon.** Sm. 235° (*B.* **37**, 3017 *C.* **1904** [2] 1409).
9) **p-Methylisochinophtalon.** Sm. 237° (*B.* **37**, 3017 *C.* **1904** [2] 1409).
10) **α-Di-o-Benzylenolpyridin.** Sm. 270—275° (*G.* **33** [1] 425 *C.* **1903** [2] 951).
11) **Imid d. 2-Benzylnaphtalin-4,5-Dicarbonsäure.** Sm. 227° (*Bl.* [3] **31**, 378 *C.* **1904** [1] 1271; *Bl.* [3] **31**, 924 *C.* **1904** [2] 778).

$C_{19}H_{13}O_2N_3$ 8) **?-Phenylazo-5-Oxy-1-Phenylbenzoxazol.** Sm. 184° (*B.* **35**, 4202 *C.* **1903** [1] 146).

$C_{19}H_{13}O_3N$ 3) **Naphtostyrilphenylessigsäure.** Sm. 186—187° (*B.* **35**, 4222 *C.* **1903** [1] 166).

$C_{19}H_{13}O_5N$ C 68,0 — H 3,9 — O 23,9 — N 4,2 — M. G. 335.
1) **1-[α-Oximidobenzyl]naphtalin-4,5-Dicarbonsäure.** Sm. 199° (*A.* **327**, 98 *C.* **1903** [1] 1228).

$C_{19}H_{13}O_7N_3$ *1) α-Oxytri[**4-Nitrophenyl]methan.** Sm. 188—189° (u. 167°). + ½C_6H_6 (*C.* **1904** [1] 461; [illegible] 37, [illegible] **1904** [1] 1649; *B.* **37**, 3355 *C.* **1904** [2] 1126).

$C_{19}H_{13}O_8N$ 2) **Diacetat d. 5,6-Dioxy-2-Keto-1-[3-Nitrobenzyliden]-1,2-Dihydrobenzfuran.** Sm. 218—219° (*B.* **29**, 2434). — *III, *532*.
3) **Diacetat d. 5,6-Dioxy-2-Keto-1-[4-Nitrobenzyliden]-1,2-Dihydrobenzfuran.** Sm. 219° (*B.* **37**, 823 *C.* **1904** [1] 1151).

$C_{19}H_{13}ClS$ 1) **9-Phenylthioxanthoniumchlorid.** + $FeCl_3$ (*B.* **37**, 2937 *C.* **1904** [2] 1143).

$C_{19}H_{13}Br_3S$ 1) **9-Phenylthioxanthoniumtribromid.** Sm. 180° (*B.* **37**, 2938 *C.* **1904** [2] 1143).

$C_{19}H_{14}OS$ 1) **9-Oxy-9-Phenylthioxanthen.** Sm. 105—106° (*B.* **37**, 2937 *C.* **1904** [2] 1142).

$C_{19}H_{14}O_2N_2$ 12) **Benzoat d. 3-Oxyazobenzol.** Sm. 91,5—92° (*B.* **36**, 4104 *C.* **1904** [1] 271).

$C_{19}H_{14}O_2Br_2$ 1) **3,5-Dibrom-α,4-Dioxytriphenylcarbinol.** Sm. 138° (*B.* **36**, 3242 *C.* **1903** [2] 884).

$C_{19}H_{14}O_2S_2$ 1) **Diphenyläther d. 3,6-Dimerkapto-2-Methyl-1,4-Benzochinon.** Sm. 141—142° (*A.* **336**, 160 *C.* **1904** [2] 1300).

$C_{19}H_{14}O_3N_4$ 2) **Phenylamid d. 5-Nitroazobenzol-2-Carbonsäure.** Sm. 180,5° (*B.* **35**, 2717 *C.* **1902** [1] 638; *B.* **36**, 4375 *C.* **1904** [1] 446).

$C_{19}H_{14}O_3S$ 4) **Sulton d. α-Oxytriphenylmethan-2-Sulfonsäure.** Sm. 210° (*B.* **37**, 3267 *C.* **1904** [2] 1031).

$C_{19}H_{14}O_4Br_2$ 1) **Dilakton d. γδ-Dibrom-αε-Dioxy-αε-Diphenylpentan-βγ-Dicarbonsäure.** Sm. 192° (*A.* **331**, 185 *C.* **1904** [1] 1212).

$C_{19}H_{14}O_5N_2$ 2) **2-Keto-1,3-Di[3-Nitrobenzyliden]-R-Pentamethylen.** Sm. 209° (*B.* **36**, 1504 *C.* **1903** [1] 1352).

$C_{19}H_{14}O_5N_2$ 3) **2-Keto-1,3-Di[4-Nitrobenzyliden]-R-Pentamethylen.** Sm. 240° u. Zers. (*B.* **36**, 1504 *C.* **1903** [1] 1352).

$C_{19}H_{14}O_5S$ *2) **Diphenylester d. Benzol-1-Carbonsäure-2-Sulfonsäure** (*Am.* **30**, 297 *C.* **1903** [2] 1121).

$C_{19}H_{14}O_6Cl_4$ 1) **4,4'-Diacetat d. α-Oxy-β-Keto-αβ-Di[3,5-Dichlor-4-Oxyphenyl]-äthan-α-Methyläther.** Sm. 128—130° (*A.* **325**, 59 *C.* **1903** [1] 462).

$C_{19}H_{14}ClBr$ 1) **α-Chlor-4-Bromtriphenylmethan.** Sm. 111° (*B.* **37**, 1633 *C.* **1904** [1] 1649).

$C_{19}H_{14}ClJ$ 1) **α-Chlor-4-Jodtriphenylmethan.** Sm. 119° (*B.* **37**, 1633 *C.* **1904** [1] 1649).

$C_{19}H_{15}ON$ 14) **3-[α-Oximidobenzyl]acenaphten.** Sm. 185° (175°) (*A.* **327**, 97 *C.* **1903** [1] 1228; *Bl.* [3] **31**, 861 *C.* **1904** [2] 653).

$C_{19}H_{15}ON_3$ *4) **isom. 5-Benzoylamido-2-Methyl-α-oder-β-Naphtimidazol.** Sm. 280° u. Zers. (*Soc.* **77**, 1165; *Soc.* **83**, 1199 *C.* **1903** [2] 1445).

6) **Phenylamid d. Azobenzol-2-Carbonsäure.** Sm. 113° (*B.* **36**, 4376 *C.* **1904** [1] 446).

$C_{19}H_{15}O_2N_3$ 20) **4-Phenylamidoazobenzol-4²-Carbonsäure.** Sm. 221—222° (D.R.P. 146950 *C.* **1903** [2] 1402; D.R.P. 150469 *C.* **1904** [1] 1115).

21) **Benzoat d. 4-Oxy-1-Phenylamidodiazobenzol.** Sm. 132,5° (*B.* **36**, 4145 *C.* **1904** [1] 186).

$C_{19}H_{15}O_3N$ *2) **α-Oxy-4-Nitrotriphenylmethan.** Sm. 97—98° (*B.* **37**, 606 *C.* **1904** [1] 887).

$C_{19}H_{15}O_4N$ 11) **α-Phenyl-α-[1-Naphtyl]amidoessigsäure-8-Carbonsäure.** Na_2 (*B.* **35**, 4222 *C.* **1903** [1] 166).

12) **Aethylester d. α-Cyan-β-Benzoxyl-β-Phenylakrylsäure.** Sm. 78 bis 79° (*C. r.* **136**, 691 *C.* **1903** [1] 920; *Bl.* [3] **31**, 336 *C.* **1904** [1] 1135).

$C_{19}H_{15}O_4Br$ 2) **Dilakton d. γ-oder-δ-Brom-αε-Dioxy-αε-Diphenylpentan-βγ-Dicarbonsäure.** Sm. 186° (*A.* **331**, 186 *C.* **1904** [1] 1212).

$C_{19}H_{15}O_5N$ 3) **Oxim d. Dipiperonalaceton?** Sm. 159—161° (*G.* **29** [2] 418). — *III, *192.*

$C_{19}H_{15}O_6N_5$ C 55,8 — H 3,7 — O 23,4 — N 17,1 — M. G. 409.

1) **2,4,6-Trinitro-3,5-Di[Phenylamido]-1-Methylbenzol.** Sm. 206° (*R.* **23**, 128 *C.* **1904** [2] 201).

$C_{19}H_{15}N_2Cl$ 4) **α-Chlor-α-Phenylimido-α-Diphenylamidomethan.** Sm. 90—92° (*B.* **37**, 964 *C.* **1904** [1] 1002).

$C_{19}H_{15}N_4Cl$ 2) **α-Phenylhydrazon-α-Phenylazo-α-[2-Chlorphenyl]methan.** Sm. 190° (*C.* **1903** [2] 427).

$C_{19}H_{16}ON_2$ 19) **α-Benzoyl-αβ-Diphenylhydrazin.** Sm. 138—139° (*C. r.* **136**, 1553 *C.* **1903** [2] 359; *B.* **36**, 139 *C.* **1903** [1] 507).

20) **isom. α-Benzoyl-αβ-Diphenylhydrazin.** Sm. 120° (*C. r.* **136**, 1554 *C.* **1903** [2] 359).

$C_{19}H_{16}ON_4$ 16) **α-Phenylazo-α-Phenylhydrazon-α-[2-Oxyphenyl]methan.** Sm. 164 bis 165° (*C.* **1903** [2] 426).

17) **6-Oxy-3-Phenylazo-1-Phenylhydrazonmethylbenzol** (*C.* **1903** [2] 427).

18) **6-Acetyl-3-Methyl-1,4-Diphenylbipyrazol.** Sm. 174° (*B.* **36**, 527 *C.* **1903** [1] 642).

$C_{19}H_{16}OCl_4$ 1) **1,3-Dichlor-2-Keto-1,3-Di[α-Chlorbenzyl]-R-Pentamethylen.** Sm. 185° u. Zers. (*B.* **36**, 1500 *C.* **1903** [1] 1351).

$C_{19}H_{16}O_2N_4$ 12) **3,5-Dioxy-?-Diphenylazo-1-Methylbenzol.** Sm. 229—230° u. Zers. (*A.* **329**, 304 *C.* **1904** [1] 793).

13) **α-[1-Phenyl-2,3-Dimethylpyrazolon-[5]-yl-[4]-imid d. Isatin.** Sm. 269° u. Zers. Pikrat (*B.* **36**, 4132 *C.* **1904** [1] 463).

$C_{19}H_{16}O_2S_2$ 1) **3,6-Diphenyläther d. 3,6-Dimerkapto-2,5-Dioxy-1-Methylbenzol.** Sm. 78—80° (*A.* **336**, 161 *C.* **1904** [2] 1300).

$C_{19}H_{16}O_3N_4$ 2) **2,4,6-Trioxy-3,5-Diphenylazo-1-Methylbenzol.** Sm. 238° (*A.* **329**, 283 *C.* **1904** [1] 796).

$C_{19}H_{16}O_4N_4$ 4) **2,4-Dinitro-3,5-Di[Phenylamido]-1-Methylbenzol.** Sm. 162° (*R.* **23**, 126 *C.* **1904** [2] 200).

$C_{19}H_{16}O_4S$ 1) **4-Oxytriphenylmethan-α-Sulfonsäure.** Na + $3^1/_2H_2O$ (*B.* **36**, 2793 *C.* **1903** [2] 883).

$C_{19}H_{16}O_5N_2$ 3) **1-Acetyl-3-Keto-5-[4-Acetylamidophenyl]-2,3-Dihydroindol-2-Carbonsäure?** Sm. 292° (*C.* **1903** [1] 35).

$C_{19}H_{16}O_5N_4$ C 60,0 — H 4,2 — O 21,1 — N 14,7 — M. G. 380.
1) **Methyläther d. 2,6-Dinitro-3,5-Di[Phenylamido]-1-Oxybenzol.** Sm. 234° (*R.* **23**, 117 *C.* **1904** [2] 205).

$C_{19}H_{16}O_6N_2$ 3) **α-Aethylester d. 2-Carboxyphenylazobenzoylbrenztraubensäure.** Sm. 158—160° u. Zers. (*B.* **37**, 2208 *C.* **1904** [2] 324).

$C_{19}H_{16}O_6N_6$ C 53,8 — H 3,8 — O 22,6 — N 19,8 — M. G. 424.
1) **Tri[2-Nitro-4-Amidophenyl]methan.** Sm. noch nicht bei 300° (*B.* **36**, 2781 *C.* **1903** [2] 880).

$C_{19}H_{18}O_6Br_2$ 3) **Tetramethyläther d. 6,8-Dibrom-5,7-Dioxy-2-[3,4-Dioxyphenyl]-1,4-Benzpyron.** Sm. 261—262° (*B.* **37**, 2626 *C.* **1904** [2] 538).

$C_{19}H_{16}O_{11}S_2$ 1) **Dipiperonylidenacetonbishydrosulfonsäure.** $K_2 + 2^1/_2 H_2O$, Ba (*B.* **37**, 4055 *C.* **1904** [2] 1649).

$C_{19}H_{16}NCl$ 1) **α-Chlor-2-Amidotriphenylmethan.** HCl (*B.* **37**, 3195 *C.* **1904** [2] 1471).
2) **α-Chlor-4-Amidotriphenylmethan.** HCl (*B.* **37**, 601 *C.* **1904** [1] 886).

$C_{19}H_{17}ON$ *2) **α-Oxy-4-Amidotriphenylmethan.** HCl (*B.* **37**, 599 *C.* **1904** [1] 886).
12) **α-Oxy-2-Amidotriphenylmethan.** Sm. 121,5°. 2HCl + H_2O, Pikrat (*B.* **37**, 3192 *C.* **1904** [2] 1471).
13) **4-Dimethylamidophenyl-1-Naphtylketon.** Sm. 115° (D.R.P. 42853). — *III, *194*.
14) **4-Dimethylamidophenyl-2-Naphtylketon.** Sm. 127° (D.R.P. 42853). — *III, *195*.
15) **Triphenylmethylhydroxylamin.** Sm. 124—135° (*B.* **37**, 3152 *C.* **1904** [2] 1047).

$C_{19}H_{17}ON_3$ *1) **β-Diphenylamido-α-Phenylharnstoff.** Sm. 206—207° (*B.* **36**, 3157 *C.* **1903** [2] 1057).
4) **Methyläther d. 2-Oxy-1-Diphenylamidodiazobenzol.** Sm. 30—32° (*C. r.* **139**, 571 *C.* **1904** [2] 1497).
5) **Methyläther d. 4-Oxy-1-Diphenylamidodiazobenzol.** Fl. (*C. r.* **139**, 571 *C.* **1904** [2] 1497).

$C_{19}H_{17}O_2N$ 16) **2-Oxy-1-[α-Acetylamidobenzyl]naphtalin.** Sm. 236—237° (*G.* **33** [1] 5 *C.* **1903** [1] 925).
17) **4-Oxy-1-[4-Acetylamidobenzyl]naphtalin.** Sm. 124—126° (*M.* **23**, 983 *C.* **1903** [1] 288).

$C_{19}H_{17}O_2N_3$ 14) **Phenylamid d. 4-Aethoxyl-1-Naphtylazoameisensäure.** Sm. 238° (*A.* **334**, 198 *C.* **1904** [2] 835).

$C_{19}H_{17}O_3N$ 12) **Apoprotopapaverin** (*J. pr.* [2] **68**, 200 *C.* **1903** [2] 839).
13) **Anhydrohydrastininсumaron.** Sm. 68—70°. (2HCl, $PtCl_4$) (*B.* **37**, 2743 *C.* **1904** [2] 544).

$C_{19}H_{17}O_3N_3$ 4) **4-Acetylamido-5-Phenyl-3-[4-Acetylamidophenyl]isoxazol.** Sm. oberh. 250° (*A.* **328**, 227 *C.* **1903** [2] 998).

$C_{19}H_{17}O_4N$ *3) **Aethylester d. 4,5-Diketo-1,2-Diphenyltetrahydropyrrol-3-Carbonsäure.** Sm. 173° (*C. r.* **139**, 211 *C.* **1904** [2] 650).
6) **2-Benzoat d. 2-Oximido-1,1-Dioxy-1,2-Dihydronaphtalin-1,1-Dimethyläther.** Sm. 109—110° (*B.* **36**, 4171 *C.* **1904** [1] 287).
7) **2-Keto-5,6-Dioxy-1-[4-Dimethylamidocinnamyliden]-1,2-Dihydrobenzfuran.** Sm. 262° (*B.* **37**, 826 *C.* **1904** [1] 1152).

$C_{19}H_{17}O_5N_3$ C 62,1 — H 4,6 — O 21,8 — N 11,4 — M. G. 367.
1) **Aethylester d. δ-Phenylazo-γ-Keto-α-[4-Nitrophenyl]-α-Buten-δ-Carbonsäure.** Zers. oberh. 100°. Na (*B.* **36**, 1450 *C.* **1903** [1] 1345).
2) **Aethylester d. 6-Keto-2-Phenyl-4-[3-Nitrophenyl]-3,4,5,6-Tetrahydro-1,3-Diazin-5-Carbonsäure.** Sm. 181—182° (*Soc.* **83**, 723 *C.* **1903** [2] 55).

$C_{19}H_{17}O_6N_3$ 2) **Aethylester d. β-Cyan-αγ-Di[4-Nitrophenyl]propan-β-Carbonsäure.** Sm. 164—165° (*G.* **32** [2] 358 *C.* **1903** [1] 629).

$C_{19}H_{17}O_6Br$ 1) **Bromtrimethylbrasilon.** Zers. bei 225° (*B.* **36**, 390 *C.* **1903** [1] 587). — *III, *480*.

$C_{19}H_{17}O_6Br_3$ 1) **Tetramethyläther d. 3,6,8-Tribrom-5,7-Dioxy-2-[3,4-Dioxyphenyl]-2,3-Dihydro-1,4-Benzpyron.** Sm. 200° u. Zers. (*B.* **37**, 2626 *C.* **1904** [2] 538).

$C_{19}H_{17}O_8N$ 2) **α-[4-Methoxylphenyl]-β-[2-Nitro-3-Acetoxyl-4-Methoxylphenyl]-akrylsäure.** Sm. 215° (*B.* **35**, 4407 *C.* **1903** [1] 342).

$C_{19}H_{17}N_3S$ 4) **4-Methylphenyläther d. 4'-Merkaptodiazoamidobenzol.** Sm. 85° (*J. pr.* [2] **68**, 275 *C.* **1903** [2] 994).

$C_{19}H_{18}ON_2$ *2) α-Oxy-4,4'-Diamidotriphenylmethan. Sm. 173—175° (B. 37, 2[illegible] C. 1904 [2] 776).
17) 4'-Phenylamido-4-Oxy-3-Methyldiphenylamin (D.R.P. 150[illegible] C. 1904 [1] 1467).
18) 2-Keto-1,3-Di[4-Amidobenzyliden]-R-Pentamethylen (B. 36, 1[illegible] C. 1903 [1] 1352).

$C_{19}H_{18}O_2N_4$ C 68,2 — H 5,4 — O 9,6 — N 16,8 — M. G. 334.
1) Aethylester d. α-Cyan-α-Imido-γ-Phenylhydrazonbutan-β-Carb[illegible]säure. Sm. 163° (A. 332, 153 C. 1904 [2] 192).

$C_{19}H_{18}O_2S_2$ 1) Verbindung (aus Merkaptobenzol u. 2-Methyl-1,4-Benzochinon). [illegible] 95—97° (A. 336, 159 C. 1904 [2] 1300).

$C_{19}H_{18}O_3N_2$ 8) 3-Keto-4-Aethyl-2,6-Diphenyl-2,3,4,5-Tetrahydro-1,2-Diazin-Carbonsäure? Sm. 134° (C. 1904 [1] 1259).
9) Aethylester d. 6-Keto-2,4-Diphenyl-3,4,5,6-Tetrahydro-1,[illegible] Diazin-5-Carbonsäure. Sm. 188° (Soc. 83, 376 C. 1903 [1] 845, 11[illegible]

$C_{19}H_{18}O_3Br_4$ 2) Dimethyläther d. αβδε-Tetrabrom-γ-Keto-αε-Di[4-Oxypheny[illegible] pentan. Sm. 157—159° u. Zers. (B. 36, 1475 C. 1903 [1] 1348).

$C_{19}H_{18}O_5N_2$ 2) 1,1-Dimethyläther-2-[4-Nitrobenzyl]äther d. 2-Oximido-1,1-Dio[illegible] 1,2-Dihydronaphtalin. Sm. 97—98° (B. 36, 4170 C. 1904 [1] 287

$C_{19}H_{18}O_5N_4$ C 59,7 — H 4,7 — O 20,9 — N 14,7 — M. G. 382.
1) Aethyläther d. β-Cyan-β-Imidooxymethyl-αγ-Di[4-Nitropheny[illegible] propan. Sm. 169—170° (G. 32 [2] 363 C. 1903 [1] 629).

$C_{19}H_{18}O_5Br_2$ 2) 2-Acetat d. αβ-Dibrom-γ-Keto-γ-[2,3,4-Trioxyphenyl]-α-Phen[illegible] propan-3,4-Dimethyläther. Sm. 140° (B. 36, 4239 C. 1904 [1] 3[illegible]

$C_{19}H_{18}O_6Br_2$ 1) α-Benzoat d. 6-Brom-2,3,4,5-Tetraoxy-1-[β-Brom-α-Oxypropy[illegible] benzol-3,4-Methylenäther-2,5-Dimethyläther. Sm. 117—11[illegible] (C. 1903 [1] 970).

$C_{19}H_{18}O_6S$ 1) Sulfonsäure (aus Dibenzalaceton). Na + 3H₂O, K + 4H₂O (B. [illegible] 1491 C. 1903 [1] 1350).

$C_{19}H_{18}O_8N_2$ C 56,7 — H 4,5 — O 31,8 — N 6,9 — M. G. 402.
1) Methylendi[Phenylamidoessigsäurecarbonsäure]. Sm. 206—207° Zers. (C. 1903 [2] 835).
2) Diacetat d. ββ-Di[?-Nitro-4-Oxyphenyl]propan. Sm. 150° (C. 19[illegible] [2] 1737).

$C_{19}H_{18}NBr_3$ *1) 2,5,8-Tribrom-1,3,4,6,7,9-Hexamethylakridin? Sm. 287° (Soc. [illegible] 1202 C. 1904 [2] 1060).

$C_{19}H_{19}ON$ 7) 4-Aethylamidophenyl-[2-Oxy-1-Naphtyl]methan. Sm. 99—10[illegible] HCl, N_2SO_4 (M. 23, 999 C. 1903 [1] 200).
8) 4-Aethylamido-[4-Oxy-1-Naphtyl]methan. Sm. 169°. H_2SO_4 (M. 2[illegible] 998 C. 1903 [1] 290).
9) ε-Oximido-αε-Di[4-Methylphenyl]-αγ-Pentadiën. Sm. 178° (B. 3[illegible] 852 C. 1903 [1] 976).

$C_{19}H_{19}ON_3$ *1) α-Oxytri[4-Amidophenyl]methan. (HCl, $HgCl_2$), HBr + $3H_2O$, H[illegible] HF, HNO_3, H_2SO_4 + $3H_2O$ (C. 1904 [1] 460; B. 37, 3031 C. 1904 [illegible] 1010).
2) 3-Benzoylimido-1,4,5-Trimethyl-2-Phenyl-2,3-Dihydropyra[illegible] + H_2O. Sm. 146° wasserfrei (B. 36, 3288 C. 1903 [2] 1191).

$C_{19}H_{19}O_2N$ 11) γ-Keto-β-Benzoyl-α-[4-Dimethylamidophenyl]-α-Buten. Sm. 18[illegible] (B. 37, 1744 C. 1904 [1] 1599).
12) 4-Aethylamidophenyl-[2,7-Dioxy-1-Naphtyl]methan. Sm. 153 [illegible] 154° (M. 23, 1001 C. 1903 [1] 290).
13) 1-Amylamido-9,10-Anthrachinon. Sm. 90° (D.R.P. 144634 C. 19[illegible] [2] 750).

$C_{19}H_{19}O_3N$ *1) Galipidin. Sm. 113° (182°?) (C. 1903 [2] 1010).
*2) Acetylapomorphin (B. 35, 4386 C. 1903 [1] 339).
5) Anhydrohydrastininacetophenon. Sm. 74°. (2HCl, $PtCl_4$) (B. 3[illegible] 215 C. 1904 [1] 591).
6) Phenylmonamid d. α-Phenyl-α-Buten-δ-Carbonsäure-γ-Methy[illegible] carbonsäure. Sm. 142° (B. 36, 2339 C. 1903 [2] 438).

$C_{19}H_{19}O_3N_3$ 2) Verbindung (aus Dicyanbenzoylessigsäureäthylester). Sm. 155° (A. 33[illegible] 151 C. 1904 [2] 192).

$C_{19}H_{19}O_3Br$ 1) Hydrobromid d. Dianisalaceton. Sm. 165° u. Zers. (B. 36, 35[illegible] C. 1903 [2] 1369).

$C_{19}H_{19}O_4N$ *1) **Bulbocapnin** (*Soc.* **83**, 625 *C.* **1903** [1] 1364).

9) **Trimethyläther d. Papaverolin** (Protopapaverin). Zers. bei 240° (260°). Na, HCl + $5H_2O$, (2HCl, $PtCl_4$), HBr + $5H_2O$, HJ + $3H_2O$, Oxalat + $5H_2O$, Pikrat, + $HgCl_2$ (*C.* **1903** [1] 844; *J. pr.* [2] **68**, 199 *C.* **1903** [2] 838).

10) **ε-Oximido-γδ-Diphenylhexan-γδ-Oxyd-β-Carbonsäure.** Sm. 172 bis 173° u. Zers. Ag (*Soc.* **83**, 295 *C.* **1903** [1] 878).

$C_{19}H_{19}O_4N_3$ 4) **δ-Semicarbazon-βγ-Diphenylpentan-βγ-Oxyd-α-Carbonsäure.** Sm. 198° u. Zers. (*Soc.* **83**, 291 *C.* **1903** [1] 877).

5) **Di[Methylphenylamid] d. Acetoximidomalonsäure.** Sm. 130° (*Soc.* **83**, 42 *C.* **1903** [1] 442).

6) **isom. Di[Methylphenylamid] d. Acetoximidomalonsäure.** Sm. 223° (*Soc.* **83**, 43 *C.* **1903** [1] 442).

$C_{19}H_{19}O_5Br$ 1) **Trimethyläther d. Brombrasilin,** Sm. 181—184° (*B.* **21**, 3014; **27**, 525; **36**, 398). — III, *653*; *III, *479*.

$C_{19}H_{19}O_6N$ 3) **2³,2⁴-Dimethyläther-7-Aethyläther d. 3-Oximido-7-Oxy-2-[3,4-Dioxyphenyl]-2,3-Dihydro-1,4-Benzpyron.** Sm. 175—176° (*B.* **37**, 788 *C.* **1904** [1] 1157).

4) **Oxim d. β-Trimethylbrasilon.** Sm. 203—205° (*B.* **36**, 398 *C.* **1903** [1] 587). — *III, *480*.

5) **Verbindung** (aus Cotarnin u. Protokatechualdehyd). HCl + H_2O (*B.* **37**, 1964 *C.* **1904** [2] 44).

$C_{19}H_{19}O_6N_3$ 3) **Lakton d. γ-Phenylhydrazon-α-Oxy-α-[6-Nitro-3,4-Dimethoxylphenyl]butan-2-Carbonsäure** (Phenylhydrazon d. Acetonylnitromekonin). Sm. 184° (*B.* **36**, 2209 *C.* **1903** [2] 443).

$C_{19}H_{19}O_7N$ 4) **2³,2⁴,5,7-Tetramethyläther d. 3-Oximido-5,7-Dioxy-2-[3,4-Dioxyphenyl]-2,3-Dihydro-1,4-Benzpyron.** Sm. 183° u. Zers. (*B.* **37**, 1404 *C.* **1904** [1] 1355).

$C_{19}H_{19}O_9N$ *1) **Nitrooxydihydrotrimethylbrasilon.** Sm. 222—225° (*B.* **35**, 4285 *C.* **1903** [1] 291; *B.* **36**, 2321 *C.* **1903** [2] 443).

$C_{19}H_{19}N_4J$ 1) **Jodmethylat d. 3,6-Dimethyl-1,4-Diphenylbipyrazol.** Sm. 205° (*B.* **36**, 529 *C.* **1903** [1] 642).

$C_{19}H_{20}ON_2$ 10) **5-Acetyl-6-Methyl-2,4-Diphenyl-1,2,3,4-Tetrahydro-1,3-Diazin.** Sm. 147° (*Soc.* **85**, 459 *C.* **1904** [1] 1080, 1438).

11) **Benzyläther d. 3,3-Dimethyl-2-[α-Oximidoäthyl]pseudoindol.** Sm. 77—78° (*G.* **32** [2] 430 *C.* **1903** [1] 838).

12) **Dehydrocinchonidin.** Sm. 194°. HCl + $2H_2O$, Oxalat + H_2O (*J. pr.* [2] **69**, 205 *C.* **1904** [1] 1448).

$C_{19}H_{20}O_2N_2$ 13) **Dimethyläther d. ε-[2-Oxyphenyl]imido-α-[2-Oxyphenyl]amido-αγ-Pentadiën.** HBr (*J. pr.* [2] **70**, 47 *C.* **1904** [2] 1236).

14) **Dimethyläther d. ε-[4-Oxyphenyl]imido-α-[4-Oxyphenyl]amido-αγ-Pentadiën.** HBr (*J. pr.* [2] **70**, 48 *C.* **1904** [2] 1236).

15) **1,2-Dibenzoyl-3,5-Dimethyltetrahydropyrazol.** Sm. 204,5° (*B.* **36**, 223 *C.* **1903** [1] 522).

$C_{19}H_{20}O_3N_4$ 3) **Benzylidenhydrazid d. α-Benzoylamidoacetylamidopropionsäure.** Sm. 216° (*J. pr.* [2] **70**, 119 *C.* **1904** [2] 1037).

4) **Benzylidenhydrazid d. α-Benzoylamidopropionylamidoessigsäure.** Sm. [illegible] **70**, 154 *C.* **1904** [2] 1395).

$C_{19}H_{20}O_3Cl_2$ 1) **Dianisalacetondihydrochlorid.** Sm. 123° (*B.* **36**, 1474 *C.* **1903** [1] 1348).

$C_{19}H_{20}O_3Br_2$ 1) **Dihydrobromid d. Dianisalaceton** (*B.* **36**, 3543 *C.* **1903** [2] 1369).

2) **βγ-Dibrom-α-Oxy-β-Phenyl-γ-[4-Isopropylphenyl]buttersäure.** Zers. bei 166—173° (*A.* **333**, 247 *C.* **1904** [2] 1391).

$C_{19}H_{20}O_3S$ 1) **γ-[4-Methylphenyl]sulfon-ε-Keto-α-Phenyl-α-Hexen.** Sm. 125—126° (*Am.* **31**, 183 *C.* **1904** [1] 877).

$C_{19}H_{20}O_4N_2$ 7) **α-Phenylhydrazon-α-Phenyl-β-Aethylpropan-γγ-Dicarbonsäure.** Sm. 162° u. Zers. Diphenylhydrazinsalz (*C.* **1904** [1] 1258).

$C_{19}H_{20}O_5N_2$ 6) **Diacetylderivat d. Verb.** $C_{15}H_{16}O_3N_2$. Sm. 211—212° (*J. pr.* [2] **70**, 373 *C.* **1904** [2] 1566).

$C_{19}H_{20}O_6N_2$ 3) **Diäthylester d. α-Phtalylamido-δ-Cyanbutan-αα-Dicarbonsäure.** Sm. 91° (*C.* **1903** [2] 33).

$C_{19}H_{20}O_7S_2$ 1) **Cinnamylidenbenzylidenacetonbishydrosulfonsäure.** K_2 + $3H_2O$ (*B.* **37**, 4053 *C.* **1904** [2] 1649).

$C_{19}H_{20}O_8N_4$ C 52,8 — H 4,6 — O 29,6 — N 13,0 — M. G. 432.
1) **Di[?-Nitro-4-Methoxylphenylamid] d. Propan-αβ-Dicarbonsäure.** Sm. 202° (*G.* **34** [2] 266 *C.* **1904** [2] 1453).

$C_{19}H_{20}O_9N_2$ C 54,3 — H 4,8 — O 34,3 — N 6,6 — M. G. 420.
1) **Oxim d. Nitrotrimethylbrasilon.** Sm. 159—162° (*B.* **36**, 2321 *C.* **1903** [2] 443).

$C_{19}H_{21}ON$ 3) **d-1-[β-Phenylisobutyryl]amido-2,3-Dihydroinden.** Sm. 148—149° (*Soc.* **85**, 449 *C.* **1904** [1] 1445).
4) **dl-1-[β-Phenylisobutyryl]amido-2,3-Dihydroinden.** Sm. 110—111° (*Soc.* **85**, 444 *C.* **1904** [1] 954, 1445).
5) **isom. dl-1-[β-Phenylisobutyryl]amido-2,3-Dihydroinden.** Sm. 119,5° (*Soc.* **85**, 445 *C.* **1904** [1] 954, 1445).
6) **1-Naphtylamid d. α-Oktin-α-Carbonsäure.** Sm. 99—100° (*C. r.* **136**, 554 *C.* **1903** [1] 825).

$C_{19}H_{21}O_2N$ 4) **α-[3-Methylphenyl]amido-β-Acetyl-γ-Keto-α-Phenylbutan.** Sm. 99 bis 100° (*Soc.* **85**, 1174 *C.* **1904** [2] 1215).
5) **α-[4-Methylphenyl]amido-β-Acetyl-γ-Keto-α-Phenylbutan.** Sm. 96° (*Soc.* **85**, 1174 *C.* **1904** [2] 1215).
6) **3-Methyläther-4-Aethyläther d. 3,5-Dimethyl-2-[3,4-Dioxyphenyl]-indol.** Sm. 174° (*B.* **37**, 874 *C.* **1904** [1] 1154).
7) **Dimethylapomorphin.** + C_2H_6O (*B.* **35**, 4388 *C.* **1903** [1] 339).

$C_{19}H_{21}O_2N_3$ 3) **β-Semicarbazon-γδ-Diphenylhexan-γδ-Oxyd.** Sm. 204° (*Soc.* **83**, 297 *C.* **1903** [1] 878).

$C_{19}H_{21}O_3N$ *6) **Methyläther d. Thebenin.** HCl, H_2SO_4 (*B.* **36**, 3082 *C.* **1903** [2] 955; *B.* **37**, 2785 *C.* **1904** [2] 716).
*7) **Aethylester d. α-Phenylamido-γ-Oxy-α-Phenyl-β-Buten-β-Carbonsäure.** Sm. 103—104° (107—108°) (*B.* **35**, 3947 *C.* **1903** [1] 18; *B.* **35**, 4326 *C.* **1903** [1] 283; *B.* **35**, 4439 *C.* **1903** [1] 283; *B.* **36**, 937 *C.* **1903** [1] 1018).
*8) **Aethylester d. α-Phenylamido-γ-Keto-α-Phenylbutan-β-Carbonsäure.** Sm. 78° (80°) (*B.* **35**, 3947 *C.* **1903** [1] 18; *B.* **35**, 4326 *C.* **1903** [1] 283; *B.* **35**, 4439 *C.* **1903** [1] 283; *B.* **36**, 937 *C.* **1903** [1] 1018; *Soc.* **83**, 1295 *C.* **1904** [1] 94).
15) **Aethylester d. α-Phenylamido-γ-Keto-α-Phenylbutan-β-Carbonsäure.** Sm. 103° (*Soc.* **85**, 1177 *C.* **1904** [2] 1216).

$C_{19}H_{21}O_3N_3$ C 67,3 — H 6,2 — O 14,1 — N 12,4 — M. G. 339.
1) **Phenylamid d. β-Benzoylamidoacetylamidobuttersäure.** Sm. 206° (*J. pr.* [2] **70**, 212 *C.* **1904** [2] 1460).
2) **Di[Methylphenylamid] d. Oximidomalonäthylläthersäure.** Sm. 138° (*Soc.* **83**, 43 *C.* **1903** [1] 442).
3) **isom. Di[Methylphenylamid] d. Oximidomalonäthylläthersäure.** Sm. 168° (*Soc.* **83**, 43 *C.* **1903** [1] 442).

$C_{19}H_{21}O_4N_3$ C 64,2 — H 5,9 — O 18,0 — N 11,8 — M. G. 355.
1) **Antipyrinorthoform** (*A.* **325**, 317 *C.* **1903** [1] 769).
2) **isom. Antipyrinorthoform.** Sm. 93° (*A.* **325**, 318 *C.* **1903** [1] 769).

$C_{19}H_{21}NCl_2$ 1) **5,10-Dichlor-1,3,4,6,7,9-Hexamethyl-5,10-Dihydroakridin.** Sm. 216° (*Soc.* **85**, 1202 *C.* **1904** [2] 1060).

$C_{19}H_{21}N_2Br$ 2) **Brommethylat d. 2-[Methylphenylamido]-1-Phenyl-1,2-Dihydrobenzol.** Sm. 139° (*J. pr.* [2] **69**, 134 *C.* **1904** [1] 816).

$C_{19}H_{22}ON_2$ *3) **Cinchonin** (*C. r.* **136**, 181 *C.* **1903** [1] 525; *Soc.* **83**, 624 *C.* **1903** [1] 1364; *M.* **24**, 313 *C.* **1903** [2] 578).
*8) **α-Isocinchonin** (*M.* **24**, 313 *C.* **1903** [2] 578).
*9) **β-Isocinchonin** (*M.* **24**, 313 *C.* **1903** [2] 578).
*10) **Allocinchonin** (*M.* **24**, 313 *C.* **1903** [2] 578).
*20) **Cinchonicin** (*M.* **24**, 669 *C.* **1903** [2] 1283).
*22) **Cinchonidin** (*C. r.* **136**, 184 *C.* **1903** [1] 525).
*33) **α-i-Pseudocinchonicin** (*M.* **24**, 332 *C.* **1903** [2] 578).
*34) **β-i-Pseudocinchonicin** (*M.* **24**, 299 *C.* **1903** [2] 297; *M.* **24**, 332 *C.* **1903** [2] 578; *M.* **24**, 675 *C.* **1903** [2] 1284).

$C_{19}H_{22}OS$ 1) **Phenyläther d. γ-Keto-ε-Merkapto-ε-Phenyl-β-Methylpentan.** Sm. 86—88° (*B.* **37**, 507 *C.* **1904** [1] 883).

$C_{19}H_{22}O_2N_2$ *4) **αε-Di[Benzoylamido]pentan.** Sm. 135° (*B.* **37**, 3588 *C.* **1904** [2] 1407).
*22) **Phenylamid d. β-Methylbutan-αδ-Dicarbonsäure.** Sm. 197—198° (*C.* **1903** [2] 288).

$C_{19}H_{22}O_2N_2$ *28) Di[Phenylamid] d. Pentan-αδ-Dicarbonsäure (*C.* **1903** [2] 289).
29) Aethyläther d. Benzoylimido-2,4,5-Trimethylphenylamidooxymethan. Sm. 79—80° (*Am.* **32**, 368 *C.* **1904** [2] 1507).
30) isom. Phenylamid d. β-Methylbutan-αδ-Dicarbonsäure. Sm. 203 bis 204° (*C.* **1903** [2] 288).
31) Phenylamid d. β-Methylbutan-βδ-Dicarbonsäure. Sm. 147° (*C. r.* **138**, 580 *C.* **1904** [1] 925).

$C_{19}H_{22}O_3N_2$ *1) Dioxycinchonidin? (*J. pr.* [2] **69**, 196 *C.* **1904** [1] 1448).

$C_{19}H_{22}O_3S$ 1) γ-Keto-ε-Phenylsulfon-ε-Phenyl-β-Methylpentan. Sm. 161—164° (*B.* **37**, 507 *C.* **1904** [1] 883).

$C_{19}H_{22}O_4N_2$ 11) ββ-Di[?-Acetylamido-4-Oxyphenyl]propan (*C.* **1904** [2] 1737).
12) Di[4-Methoxylphenylamid] d. Propan-αβ-Dicarbonsäure. Sm. 241 bis 242° (*G.* **34** [2] 264 *C.* **1904** [2] 1453).

$C_{19}H_{22}O_4N_4$ 2) Phenylhydrazon d. Glyazindihydrotetramethyldimalonsäuremethylester-δ-Lakton. Sm. 270° (*Soc.* **83**, 1259 *C.* **1903** [2] 1423).

$C_{19}H_{22}O_5N_2$ C 63,7 — H 6,1 — O 22,4 — N 7,8 — M. G. 358.
1) Diäthylester d. 1-Benzoylamido-2,5-Dimethylpyrrol-3,4-Dicarbonsäure. Sm. 123—124° (*B.* **36**, 4315 *C.* **1903** [1] 336).
2) Verbindung (aus uns-Phenylbenzylhydrazin u. Rhamnose). Sm. 50—60° (*Soc.* **83**, 1289 *C.* **1904** [1] 86).

$C_{19}H_{22}N_3J$ 1) 2-Jodäthylat d. 5-Methylphenylamido-3-Methyl-1-Phenylpyrazol. Sm. 184—185° (*B.* **36**, 3277 *C.* **1903** [2] 1189).

$C_{19}H_{23}ON$ 6) α-Phenyläthylamid d. α-Phenylbutan-β-Carbonsäure. Sm. 112° (*B.* **37**, 2703 *C.* **1904** [2] 518).
7) isom. α-Phenyläthylamid d. α-Phenylbutan-β-Carbonsäure. Sm. 85—87° (*B.* **37**, 2703 *C.* **1904** [2] 518).

$C_{19}H_{23}O_2N$ 8) Aethyläther d. 4-Diäthylamido-3′-Oxydiphenylketon. Sm. 104° (D.R.P. 65952). — *III, *153.*
9) Benzoat d. γ-Dimethylamido-β-Oxy-α-Phenyl-β-Methylpropan. HCl (*C. r.* **138**, 768 *C.* **1904** [1] 1196).
10) Phenylamidoformiat d. γ-Oxy-α-Phenyl-γ-Methylbutan. Sm. 94—95° (*B.* **37**, 2317 *C.* **1904** [2] 217).
11) Phenylamidoformiat d. γ-Oxy-γ-Benzylpentan. Sm. 98° (*B.* **37**, 1724 *C.* **1904** [1] 1515).

$C_{19}H_{23}O_3N$ 12) Aethylmorphin (D.R.P. 102634, 107225, 108075). — *III, *669.*

$C_{19}H_{23}O_4N$ *4) Cocamin (oder $C_{38}H_{46}O_8N_2$) (*J. pr.* [2] **66**, 418 *C.* **1903** [1] 528).

$C_{19}H_{23}O_8N$ *2) Diäthylester d. 5-Keto-1-Oxy-1-Methyl-3-[3-Nitrophenyl]hexahydrobenzol-2,4-Dicarbonsäure. Sm. 146° (148°) (*Soc.* **83**, 719 *C.* **1903** [2] 54; *A.* **332**, 35 *C.* **1904** [1] 1566).
*3) Diäthylester d. 5-Keto-1-Oxy-1-Methyl-3-[4-Nitrophenyl]hexahydrobenzol-2,4-Dicarbonsäure. Sm. 164° (*A.* **332**, 31 *C.* **1904** [1] 1566).
4) Diäthylester d. isom. 5-Keto-1-Oxy-1-Methyl-3-[4-Nitrophenyl]-hexahydrobenzol-2,4-Dicarbonsäure. Sm. 152—153° (*A.* **332**, 32 *C.* **1904** [1] 1566).
5) Diäthylester d. 3,5-Dioxy-3-Methyl-1-[3-Nitrophenyl]-1,2,3,4-Tetrahydrobenzol-2,6-Dicarbonsäure. Fl. Na + C_2H_6O (*A.* **332**, 36 *C.* **1904** [1] 1566).
6) Diäthylester d. 3,5-Dioxy-3-Methyl-1-[4-Nitrophenyl]-1,2,3,4-Tetrahydrobenzol-2,6-Dicarbonsäure. Sm. 129—130°. Na (*A.* **332**, 31 *C.* **1904** [1] 1566).
7) Diäthylester d. isom. 3,5-Dioxy-3-Methyl-1-[4-Nitrophenyl]-1,2,3,4-Tetrahydrobenzol-2,6-Dicarbonsäure. Sm. 130—135° (*A.* **332**, 33 *C.* **1904** [1] 1566).

$C_{19}H_{24}ON_2$ *8) Cinchonamin (*C. r.* **136**, 185 *C.* **1903** [1] 525).
18) α-[d-sec. Butyl]-ββ-Dibenzylharnstoff. Sm. 69° (*Ar.* **242**, 71 *C.* **1904** [1] 999).
19) 4-Dimethylamido-4′-Diäthylamidodiphenylketon. Sm. 94° (D.R.P. 44077). — *III, *149.*

$C_{19}H_{24}O_4N_2$ 4) Phenylbenzylhydrazon d. Fukose. Sm. 172—173° (*B.* **37**, 307 *C.* **1904** [1] 307).

$C_{19}H_{24}O_4N_4$ 4) Phenylhydrazon-Methylphenylhydrazon d. d-Glykose. Sm. 192° (192—195°) (*B.* **37**, 3852 *C.* **1904** [2] 1711; *B.* **37**, 3363 *C.* **1904** [2] 1210).

$C_{19}H_{24}O_4N_4$ 5) **isom. Phenylhydrazon - Methylphenylhydrazon d. d - Glykose** Sm. 205° (*B.* **37**, 3852 *C.* **1904** [2] 1711).

$C_{19}H_{24}O_4S_2$ 2) **α-Isoamylsulfon-α-Benzylsulfon-α-Phenylmethan.** Sm. 145° (*B.* **36** 301 *C.* **1903** [1] 500).

$C_{19}H_{24}O_5N_2$ 4) **Phenylbenzylhydrazon d. d-Galaktose.** Sm. 189—190° (*B.* **37**, 30 *C.* **1904** [1] 649).

5) **Verbindung** (aus 2-Keto-1,4,5-Trioxy-1,3-Dimethyl-4,5-Diphenyl-R Pentamethylen). Sm. 185° u. Zers. (*Soc.* **83**, 301 *C.* **1903** [1] 878).

$C_{19}H_{24}O_8N_6$ C 49,1 — H 5,2 — O 27,6 — N 18,1 — M. G. 464.

1) **Benzoylpenta[Amidoacetyl]amidoessigsäure.** Sm. 280—285° (268 u. Zers.). Ag (*J. pr.* [2] **24**, 240; [2] **26**, 197; *B.* **16**, 756; *B.* **37**, 127 *C.* **1904** [1] 1335; *J. pr.* [2] **70**, 88, 99 *C.* **1904** [2] 1034, 1035). — II, *1182*, *1190*.

$C_{19}H_{24}NJ$ 1) **Aethylallylbenzyl-4-Methylphenylammoniumjodid.** Zers. bei 11 bis 116° (*B.* **37**, 2725 *C.* **1904** [2] 592).

$C_{19}H_{24}N_2S$ 9) **α-[d-sec. Butyl]-ββ-Dibenzylthioharnstoff.** Sm. 56° (*Ar.* **242**, 6 *C.* **1904** [1] 998).

$C_{19}H_{25}ON$ C 80,6 — H 8,8 — O 5,7 — N 4,9 — M. G. 283.

1) **Aethylallylbenzyl-4-Methylphenylammoniumhydroxyd.** Salze sieh (*B.* **37**, 2726 *C.* **1904** [2] 592).

$C_{19}H_{25}O_3N$ C 72,4 — H 7,9 — O 15,2 — N 4,4 — M. G. 315.

1) **Dihydromethylmorphimethin** (*B.* **32**, 1048). — *III, *672*.

$C_{19}H_{25}O_4N$ 4) **Aethylester d. β-Methylamido-ζ-Keto-γ-Acetyl-δ-Phenyl-β-Hepten ε-Carbonsäure.** Sm. 198° (*B.* **36**, 2186 *C.* **1903** [2] 569).

$C_{19}H_{25}O_7N$ C 60,1 — H 6,6 — O 29,5 — N 3,7 — M. G. 379.

1) **Diäthylester d. Anhydrocotarninmalonsäure.** Sm. 73° (*B.* **37**, 274 *C.* **1904** [2] 544).

$C_{19}H_{25}O_7N_5$ C 52,4 — H 5,7 — O 25,7 — N 16,1 — M. G. 435.

1) **Aethylester d. Benzoyltetra[Amidoacetyl]amidoessigsäure.** Sm 256—257° u. Zers. (244—246°) (*B.* **37**, 1299 *C.* **1904** [1] 1337; *J. pr.* [2 **70**, 96 *C.* **1904** [2] 1035).

$C_{19}H_{25}N_2Br$ *5) **isom 4-Bromphenylhydrazon d. β-Jonon.** Sm. 166—167° (*C.* **1904** [1] 281).

6) **4-Bromphenylhydrazon d. Camphenilidenaceton.** Sm. 114—115 (D.R.P. 138211 *C.* **1903** [1] 269).

$C_{19}H_{26}O_4N_6$ C 56,7 — H 6,5 — O 15,9 — N 20,9 — M. G. 402.

1) **Di[Isopropylidenhydrazid] d. α-Benzoylamidoacetylamidoäthan αβ-Dicarbonsäure.** Sm. 183° u. Zers. (*J. pr.* [2] **70**, 176 *C.* **1904** [2 1396).

$C_{19}H_{26}O_5N_4$ C 58,5 — H 6,7 — O 20,5 — N 14,3 — M. G. 390.

1) **Aethylester d. β-[β-Benzoylamidoacetylamidobutyryl]hydrazon buttersäure.** Sm. 142° (*J. pr.* [2] **70**, 210 *C.* **1904** [2] 1460).

$C_{19}H_{26}NJ$ 1) **Methyl-l-Amylphenylbenzylammoniumjodid** (*C.* **1904** [2] 952).

2) **Methylisobutyldibenzylammoniumjodid.** Sm. 174—175° (*Soc.* **83** 1412 *C.* **1904** [1] 438).

$C_{19}H_{27}O_3Br_3$ 1) **Laurat d. 3,5-Dibrom-2-Oxy-1-Brommethylbenzol.** Sm. 60—61 (*A.* **332**, 201 *C.* **1904** [2] 211).

$C_{19}H_{27}O_5N_3$ C 60,5 — H 7,1 — O 21,2 — N 11,1 — M. G. 377.

1) **Aethylester d. β-[β-Benzoylamidoacetylamidobutyryl]amidobutter säure.** Sm. 103° (*J. pr.* [2] **70**, 220 *C.* **1904** [2] 1461).

$C_{19}H_{27}O_5Cl$ 1) **Chlorhydrin d. Dehydrodioxyparasantonsäurediäthylester.** Sm 170—171° (*C.* **1903** [2] 1447).

$C_{19}H_{28}O_8S_2$ 1) **Diäthylester d. 4-Methyl-1,3-Phenylendi[α-Sulfonbuttersäure].** F. (*J. pr.* [2] **68**, 338 *C.* **1903** [2] 1172).

$C_{19}H_{29}O_4N$ 2) **Aethyloxydhydrat d. Atropin.** Nitrat, Sulfat (D.R.P. 138443 *C.* **190** [1] 427).

$C_{19}H_{30}O_5N_6$ C 46,9 — H 6,2 — O 29,6 — N 17,3 — M. G. 486.

1) **Leimpepton** (*C.* **1903** [1] 1144).

2) **β-Trypsinglutinpepton** (*H.* **38**, 258 *C.* **1903** [2] 210; *H.* **38**, 32 *C.* **1903** [2] 211).

$C_{19}H_{31}ON$ *1) **2-Methylphenylamid d. Laurinsäure.** Sm. 81—82° (*Bl.* [3] **29**, 112 *C.* **1904** [1] 259).

2) **4-Methylphenylamid d. Laurinsäure.** Sm. 82—83° (*Bl.* [3] **29**, 112 *C.* **1904** [1] 259).

$H_{31}O_2N$ C 74,7 — H 10,2 — O 10,5 — N 4,6 — M. G. 305.
1) **4-Methylphenylamid d. α-Oxyundekan-α-Carbonsäure.** Sm. 100° (*Bl.* [3] **29**, 1127 *C.* **1904** [1] 261).

$H_{37}O_4N_3$ C 61,4 — H 10,0 — O 17,2 — N 11,3 — M. G. 371.
1) **Semicarbazonoxystearinsäure.** Sm. 134—135° (*B.* **36**, 2659 *C.* **1903** [2] 826).

— 19 IV —

$H_{10}O_4NBr$ 1) **Monooxim d. 3-Brom-2-[1,3-Diketo-2,3-Dihydro-2-Indenyl]-1,4-Naphtochinon.** Sm. 233° (*B.* **35**, 3958 *C.* **1903** [1] 32).

$H_{10}O_8N_4S$ 1) **2,4,6-Trinitrophenyläther d. 5-Merkaptoakridin.** Sm. 233° u. Zers. (*J. pr.* [2] **68**, 81 *C.* **1903** [2] 445).

$H_{10}O_6N_4Se$ 1) **2,4,6-Trinitrophenyläther d. 5-Merkaptoakridin.** Zers. bei 198°. Pikrat (*J. pr.* [2] **68**, 94 *C.* **1903** [2] 446).

$H_{11}O_4N_3S$ 1) **2,4-Dinitrophenyläther d. 5-Merkaptoakridin.** Sm. 290° u. Zers. (2HCl, $PtCl_4$), Pikrat (*J. pr.* [2] **68**, 83 *C.* **1903** [2] 445).

$H_{11}O_4N_3Se$ 1) **2,4-Dinitrophenyläther d. 5-Merkaptoakridin.** Sm. 273°. (2HCl, $PtCl_4$), Pikrat (*J. pr.* [2] **68**, 96 *C.* **1903** [2] 446).

$H_{11}O_{11}N_3S$ 1) **Di[2-Nitrophenylester] d. 4-Nitrobenzol-1-Carbonsäure-2-Sulfonsäure.** Sm. 164° (*Am.* **30**, 381 *C.* **1904** [1] 275).
2) **Di[4-Nitrophenylester] d. 4-Nitrobenzol-1-Carbonsäure-2-Sulfonsäure.** Sm. 152° (*Am.* **30**, 381 *C.* **1904** [1] 275).

$H_{12}O_2NBr$ 2) **Brom-o-Methylchinophtalon** (*B.* **36**, 3918 *C.* **1904** [1] 98).

$H_{12}O_2N_3Br$ 1) **6-[4-Brom-1-Amido-2-Naphtyl]azo-1,2-Benzpyron.** Sm. 240—241° u. Zers. (*Soc.* **85**, 751 *C.* **1904** [2] 448).

$H_{12}O_6N_3Cl$ 2) **α-Chlor-4,4',4''-Trinitrotriphenylmethan** (*B.* **37**, 1639 *C.* **1904** [1] 1649).

$H_{12}O_6N_5Cl$ 1) **α-Imidobenzyl-4-Chlorphenyl-2,4,6-Trinitrophenylamin.** Sm. 171° u. Zers. (*J. pr.* [2] **67**, 468 *C.* **1903** [1] 1422).

$H_{13}O_2NBr_4$ 2) **o-Methylchinophtalontetrabromid** (*B.* **36**, 3918 *C.* **1904** [1] 98).

$H_{13}O_4NS$ 1) **5-[4-Oxyphenyl]akridin-?-Sulfonsäure.** Na (*Bl.* [3] **31**, 1093 *C.* **1904** [2] 1509).

$H_{13}O_7NS$ *1) **Diphenylester d. 4-Nitrobenzol-1-Carbonsäure-2-Sulfonsäure.** Sm. 118—119° (*Am.* **30**, 374 *C.* **1904** [1] 275).

$H_{13}O_{11}N_5S$ 1) **4-Methylbenzolsulfonat d. 2',4',?,?-Tetranitro-4-Oxydiphenylamin.** Sm. 189,5° (*B.* **37**, 1732 *C.* **1904** [1] 1521).

$H_{14}O_2NCl$ 1) **α-Chlor-4-Nitrotriphenylmethan.** Sm. 92—93° (*B.* **37**, 606 *C.* **1904** [1] 887).

$H_{14}O_5N_2Br_4$ 1) **1,3-Dibrom-2-Keto-1,3-Di[α-Brom-3-Nitrobenzyl]-R-Pentamethylen.** Sm. 178° u. Zers. (*B.* **36**, 1504 *C.* **1903** [1] 1352).

$H_{15}O_2NBr_2$ 1) **N-Acetyl-3,5-Dibrom-2-Oxybenzyl-2-Naphtylamin.** Sm. 137° (*A.* **332**, 187 *C.* **1904** [2] 210).

$H_{15}O_3NS$ *4) **Benzoylphenylamid d. Benzolsulfonsäure.** Sm. 104° (und 114°) (*C. r.* **137**, 714 *C.* **1903** [2] 1428; *Bl.* [3] **31**, 623 *C.* **1904** [2] 97).
6) **4-Phenylsulfonamidodiphenylketon.** Sm. 156° (*Soc.* **85**, 397 *C.* **1904** [1] 1404).

$H_{15}O_4N_3S$ 1) **Phenylamid d. 3-Phenylsulfon-4-Oxyphenylazoameisensäure.** Sm. 195—196° u. Zers. (*A.* **334**, 179 *C.* **1904** [2] 834).

$H_{15}O_7N_3S$ 1) **4-Methylbenzolsulfonat d. 2',4'-Dinitro-4-Oxydiphenylamin.** Sm. 178,5 (*B.* **37**, 1731 *C.* **1904** [1] 1521).

$H_{16}O_2N_2S$ 2) **S-4-Methylphenyläther d. 4'-Merkapto-2,4-Dioxyazobenzol.** (*J. pr.* [2] **68**, 274 *C.* **1903** [2] 994).

$H_{16}O_2N_3Br$ 1) **3-Brom-5-[6-Cumarylazo]amido-1,2,3,4-Tetrahydronaphtalin.** Zers. bei 165—168° (*Soc.* **85**, 750 *C.* **1904** [2] 448).

$H_{16}O_2N_4S$ 1) **4-Methylphenyläther d. 4-Nitro-4'-Merkaptodiazoamidobenzol.** Sm. 166° u. Zers. (*J. pr.* [2] **68**, 276 *C.* **1903** [2] 994).

$H_{16}O_3N_2Br_2$ 1) **?-Dibrom-?-Di[Phenylamido]-1,2-Benzochinonmonomethylhemiacetal.** Sm. 144—145° (*B.* **35**, 3854 *C.* **1903** [1] 26).

$H_{16}O_3N_2S$ *2) **s-Di[Phenylamid] d. Benzol-1-Carbonsäure-2-Sulfonsäure** (*Am.* **30**, 273 *C.* **1903** [2] 1120).

$H_{16}O_4N_4S$ 2) **α-Phenylhydrazon-α-[4-Sulfophenyl]azo-α-2-Oxyphenylmethan.** K (*C.* **1903** [2] 427).

$H_{17}O_4N_3S$ 1) **3-Nitrobenzylidendiphenylaminanhydrosulfit.** Sm. 128° u. Zers. (*A.* **316**, 140). — ***III**, *21.*

$C_{19}H_{17}O_4N_3S$ 2) **Phenylamid d. α-Phenylsulfon-α-[4-Oxyphenyl]hydrazin-β-Carbonsäure.** Sm. 166—167° u. Zers. (*A.* **334**, 177 *C.* **1904** [2] 834).

$C_{19}H_{17}O_5NS$ 2) **4-Methylbenzolsulfonat d. α-Cyan-β-Oxy-β-Phenylakrylsäureäthylester.** Sm. 84° (*Bl.* [3] **31**, 338 *C.* **1904** [1] 1135).

$C_{19}H_{17}O_6N_3S$ 2) **6-[4-Acetylamidophenyl]ureïdo-1-Oxynaphtalin-3-Sulfonsäure** (D.R.P. 148505 *C.* **1904** [1] 488).

$C_{19}H_{18}O_2N_2S$ 3) **Benzylidendiphenylaminanhydrosulfit.** Sm. 125° (*A.* **316**, 137) — *III, *20.*

4) **isom. Benzylidendiphenylaminanhydrosulfit** + $^1/_2H_2O$. Sm. 132 bis 133° u. Zers. (*A.* **316**, 139). — *III, *20*

$C_{19}H_{18}O_2N_3Cl$ 1) **Diäthyläther d. 6-Chlor-2,4-Di[4-Oxyphenyl]-1,3,5-Triazin.** Sm. 149° corr. (*B.* **36**, 3194 *C.* **1903** [2] 956).

$C_{19}H_{18}O_3NP$ 3) **Phenylmonamid d. Phosphorsäurephenyl-4-Methylphenylester.** Sm. 106° (*A.* **326**, 227 *C.* **1903** [1] 866).

4) **Methylphenylmonamid d. Phosphorsäurediphenylester.** Sm. 50° (*A.* **326**, 254 *C.* **1903** [1] 868).

5) **Benzylmonamid d. Phosphorsäurediphenylester.** Sm. 104—105° (*A.* **326**, 175 *C.* **1903** [1] 819).

$C_{19}H_{19}O_2NBr_2$ 1) **Benzoat d. 1-[3,5-Dibrom-2-Oxybenzyl]hexahydropyridin.** Sm. 110—111° (*A.* **332**, 220 *C.* **1904** [2] 202).

$C_{19}H_{19}O_2N_2P$ 2) **Phenylamid-4-Methylphenylamid d. Phosphorsäuremonophenylester.** Sm. 136—137° (*A.* **326**, 249 *C.* **1903** [1] 868).

$C_{19}H_{19}O_3NBr_2$ 2) **Acetat d. N-Acetyl-3,6-Dibrom-4-Oxy-2,5-Dimethylbenzylamin.** Sm. 140° (*A.* **332**, 184 *C.* **1904** [2] 200).

$C_{19}H_{20}ON_2Br_2$ *1) Dibromcinchonidin (*J. pr.* [2] **69**, 193 *C.* **1904** [1] 1448).

5) **isom. Dibromcinchonidin.** Sm. 180°. ($2HBr$, Br_2) (*J. pr.* [2] **69** 209 *C.* **1904** [1] 1448).

$C_{19}H_{20}ON_3P$ 3) **Di[Phenylamid]-Methylphenylamid d. Phosphorsäure.** Sm. 192° (*A.* **326**, 255 *C.* **1903** [1] 869).

$C_{19}H_{20}O_2NBr_3$ 1) **Acetat d. 3,6,3'-Tribrom-4'-Dimethylamido-4-Oxy-2,5-Dimethyldiphenylmethan.** Sm. 156—157° (*A.* **334**, 300 *C.* **1904** [2] 985).

2) **Acetat d. 2,6,3'-Tribrom-4'-Dimethylamido-4-Oxy-3,5-Dimethyldiphenylmethan.** Sm. 150—151,5° (*A.* **334**, 324 *C.* **1904** [2] 988).

$C_{19}H_{20}O_3NJ$ 1) **Jodmethylat d. 6,7-Dioxy-1-Benzylisochinolindimethyläther.** Sm. 206—207° (*B.* **37**, 3401 *C.* **1904** [2] [illegible]).

$C_{19}H_{20}O_4N_2Br_2$ 1) **Di[?-Brom-4-Methoxylphenylamid] d. Propan-αβ-Dicarbonsäure.** Sm. 82—83° (*G.* **34** [2] 267 *C.* **1904** [2] 1453).

$C_{19}H_{21}ON_2Br$ *3) **isom. Bromcinchonin.** Sm. 225—226°. HCl + $2H_2O$, $2HBr$ Oxalat + $7H_2O$ (*J. pr.* [2] **68**, 430 *C.* **1904** [1] 179).

4) **Bromcinchonidin.** Sm. 218°. $2HBr$ + $2H_2O$, Oxalat + $2H_2O$ (*J. pr.* [2] **69**, 199 *C.* **1904** [1] 1448).

$C_{19}H_{21}O_2NBr_2$ 1) **Acetat d. 3,6-Dibrom-4'-Dimethylamido-4-Oxy-2,5-Dimethyldiphenylmethan.** Sm. 144—145° (*A.* **334**, 288 *C.* **1904** [2] 984).

2) **Acetat d. 2,6-Dibrom-4'-Dimethylamido-4-Oxy-3,5-Dimethyldiphenylmethan.** Sm. 145—146,5° (*A.* **334**, 320 *C.* **1904** [2] 987).

$C_{19}H_{21}O_4N_4Br$ 1) **4-Bromphenylhydrazon d. Glyazindihydrotetramethyldimalonsäuremethylester-ε-Lakton.** Sm. 196° (*Soc.* **83**, 1259 *C.* **1903** [2] 1423).

$C_{19}H_{22}ONBr_3$ 1) **3,6,3'-Tribrom-4'-Diäthylamido-4-Oxy-2,5-Dimethyldiphenylmethan** (*A.* **334**, 318 *C.* **1904** [2] 987).

$C_{19}H_{22}ON_2Cl_2$ 1) **Dichlordihydrocinchonin.** Sm. 215° (*J.* **1847/48**, 618; *B.* **25**, 1543 *M.* **25**, 904 *C.* **1904** [2] 1319).

2) **Dichlordihydroallocinchonin.** Sm. 205—206° (*M.* **25**, 905 *C.* **1904** [2] 1319).

$C_{19}H_{22}ON_2Br_2$ *1) **Dibromdihydrocinchonin.** $2HBr$, $2HNO_3$ + H_2O (*M.* **24**, 13[illegible] *C.* **1903** [1] 976; *J. pr.* [2] **68**, 428, 436 *C.* **1904** [1] 179).

*2) **Dibromdihydrocinchonidin.** ($2HBr$, Br_2) (*J. pr.* [2] **69**, 19[illegible] *C.* **1904** [1] 1447).

3) **Dibromdihydro-α-i-Cinchonin?** Sm. 199—200° (*M.* **24**, 12[illegible] *C.* **1903** [1] 976).

$C_{19}H_{22}ON_2Br_2$ 4) Dibromdihydro-β-i-Cinchonin? Sm. 217—218° (*M.* **24**, 126 *C.* **1903** [1] 976).

$C_{19}H_{22}ON_3P$ 1) Methylphenylamid-Di[Phenylhydrazid] d. Phosphorsäure. Sm. 148° (*A.* **326**, 255 *C.* **1903** [1] 869).

$C_{19}H_{22}O_2NJ$ 1) Jodmethylat d. Methylapomorphin. Sm. 229—230° u. Zers. (*B.* **35**, 4388 *C.* **1903** [1] 339).

$C_{19}H_{22}O_2N_2Br_2$ 1) 3,6-Dibrom-6'-Dimethylamido-3'-Acetylamido-4-Oxy-2,5-Dimethyldiphenylmethan. Sm. 223—224° (*A.* **334**, 314 *C.* **1904** [2] 987).

$C_{19}H_{22}O_3NJ$ 3) Jodmethylat d. Codeïnon. Sm. 180° (*B.* **36**, 3073 *C.* **1903** [2] 953).

$C_{19}H_{23}ONBr_2$ 2) 2,6-Dibrom-4'-Diäthylamido-4-Oxy-3,5-Dimethyldiphenylmethan. Sm. 132—133°. HBr (*A.* **334**, 325 *C.* **1904** [2] 988).

$C_{19}H_{23}ON_2Cl$ *2) Hydrochlor-α-Isocinchonin. Sm. 185—186°. $H_2SO_4 + 4H_2O$ (*M.* **25**, 899 *C.* **1904** [2] 1319).

$C_{19}H_{23}ON_2Br$ *1) Hydrobromcinchonin. 2HBr (*M.* **24**, 128 *C.* **1903** [1] 976).

$C_{19}H_{24}O_2N_3Br$ 1) Menthylester d. α-Cyan-α-[4-Bromphenyl]azoessigsäure (zwei isom. Formen). Sm. 97—98° (u. 95—105°) (*C.* **1903** [1] 566; *Soc.* **85**, 45 *C.* **1904** [1] 789).

$C_{19}H_{24}O_4NJ$ 1) Jodmethylat d. Oxycodeïn. + $^1/_2C_2H_6O$ (*B.* **36**, 3070 *C.* **1903** [2] 953).

$C_{19}H_{24}O_5N_2S$ 1) r-α-[2-Naphtylsulfon-α-Amidoisocapronyl]amidopropionsäure. Sm. 151° (*B.* **37**, 3107 *C.* **1904** [2] 1210).

$C_{19}H_{25}O_2NBr_2$ 1) Aethylhydroxyd d. 3,6-Dibrom-4'-Dimethylamido-4-Oxy-2,5-Dimethyldiphenylmethan. Sm. 189—190°. Salze siehe (*B.* **29**, 1125; *A.* **334**, 316 *C.* **1904** [2] 987). — *II, *455.*

$C_{19}H_{26}ON_3P$ 1) Di[4-Methylphenylamid] d. 1-Piperidylphosphinsäure. Sm. 173° (*A.* **326**, 187 *C.* **1903** [1] 820). — ***IV**, *9.*

$C_{19}H_{26}N_3SP$ 1) Di[4-Methylphenylamid] d. 1-Piperidylthiophosphinsäure. Sm. 190° (*A.* **326**, 215 *C.* **1903** [1] 822).

$C_{19}H_{28}O_3NBr$ 1) Bromäthylat d. Atropin. Sm. 173—174° (D.R.P. 145996 *C.* **1903** [2] 1226).

$C_{19}H_{28}N_3SP$ 1) Amylmonamid-Di[4-Methylphenylamid] d. Thiophosphorsäure. Sm. 129° (*A.* **326**, 205 *C.* **1903** [1] 821).

$C_{19}H_{33}O_3NS$ 1) Aethylamid d. ε-Oxy-ε-Phenyl-βϑ-Dimethylnonan-ε²-Sulfonsäure. Sm. 66—67° (*B.* **37**, 3261 *C.* **1904** [2] 1031).

$C_{19}H_{34}O_2N_2J_2$ 1) Jodmethylat d. Sparteïnjodammoniumessigsäuremethylester. Sm. 232° (*Ar.* **242**, 518 *C.* **1904** [2] 1412).
2) isom. Jodmethylat d. Sparteïnjodammoniumessigsäuremethylester. Sm. 249° (*Ar.* **242**, 518 *C.* **1904** [2] 1412).

$C_{19}H_{45}N_3JP$ 1) Methyltri[Dipropylamido]phosphoniumjodid. Sm. 83—84° (*A.* **326**, 170 *C.* **1903** [1] 762).

— 19 V —

$C_{19}H_{13}O_3N_2BrS$ 1) Dianil d. 4-Brombenzol-1-Carbonsäure-2-Sulfonsäure. Sm. 199 bis 200° (*Am.* **30**, 495 *C.* **1904** [1] 370).

$C_{19}H_{14}O_3NClS$ 1) 4-Phenylsulfonchloramidodiphenylketon. Sm. 114° (*Soc.* **85**, 397 *C.* **1904** [1] 1404).

$C_{19}H_{15}O_3N_2BrS$ 1) s-Di[Phenylamid] d. 4-Brombenzol-1-Carbonsäure-2-Sulfonsäure. Sm. 238—239° (*Am.* **30**, 494 *C.* **1904** [1] 371).
2) uns-Di[Phenylamid] d. 4-Brombenzol-1-Carbonsäure-2-Sulfonsäure. Sm. noch nicht bei 300° (*Am.* **30**, 494 *C.* **1904** [1] 370).

$C_{19}H_{15}O_3N_4ClS$ 1) α-Phenylhydrazon-α-[4-Sulfophenyl]azo-α-[2-Chlorphenyl]-methan. K (*C.* **1903** [2] 427).

$C_{19}H_{17}O_3NBrP$ 1) 2-Brom-4-Methylphenylmonamid d. Phosphorsäurediphenylester. Sm. 126° (*A.* **326**, 239 *C.* **1903** [1] 868).

$C_{19}H_{19}ON_2ClS$ 1) 2-Chlormethylat d. 5-Merkapto-3,4-Dimethyl-1-Phenylpyrazol-5-Benzoat. Sm. 72° (*A.* **331**, 219 *C.* **1904** [1] 1219).

$C_{19}H_{24}ONBr_2J$ 1) Jodäthylat d. 3,6-Dibrom-4'-Dimethylamido-4-Oxy-2,5-Dimethyldiphenylmethan. Sm. 172—173° (*A.* **334**, 316 *C.* **1904** [2] 987).

C_{20}-Gruppe.

$C_{20}H_{14}$ *3) **2,2'-Binaphtyl.** Sm. 187° (*A.* **332**, 50 *C.* **1904** [2] 40).
*5) **9-Benzylidenfluoren** (*C.* **1903** [1] 1369).

$C_{20}H_{16}$ *1) **2-Benzylfluoren** (*M.* **25**, 450 *C.* **1904** [2] 450).
7) **ααβ-Triphenyläthen.** Sm. 67—68° (*B.* **37**, 1431 *C.* **1904** [1] 1351; *B.* **37**, 1455 *C.* **1904** [1] 1353).
8) **1,4-Dibenzylidenbenzol** (*B.* **37**, 1468 *C.* **1904** [1] 1342).

$C_{20}H_{18}$ *1) **ααβ-Triphenyläthan.** Sm. 54°; Sd. 348—349° (*B.* **37**, 1455 *C.* **1904** [1] 1353).
*3) **3-Methyltriphenylmethan.** Sm. 61—62° (62—63°); Sd. 354° (*B.* **37**, 1251 *C.* **1904** [1] 1355; *B.* **37**, 3358 *C.* **1904** [2] 1126; *B.* **37**, 3696 *C.* **1904** [2] 1500).
*4) **4-Methyltriphenylmethan.** Sm. 71° (*B.* **37**, 658 *C.* **1904** [1] 951).
*5) **1,4-Dibenzylbenzol.** Sm. 83—84° (*B.* **37**, 1467 *C.* **1904** [1] 1342).
*7) **αϑ-Diphenyl-αγεη-Oktatetraën.** Sm. 225° u. Zers. (*A.* **331**, 165 *C.* **1904** [1] 1211).
8) **ααα-Triphenyläthan.** Sm. 95° (*B.* **36**, 472 *C.* **1903** [1] 638).
9) **2-Methyltriphenylmethan.** Sm. 82—83° (*B.* **37**, 1249 *C.* **1904** [1] 1355).

$C_{20}H_{20}$ *1) **Diphenyldibutadiën.** Sd. 217—220°$_{17}$ (*B.* **36**, 4325 *C.* **1904** [1] 453; *B.* **37**, 2274 *C.* **1904** [2] 217).
*2) **Diphenylcyklooktadiën.** Sd. 204—206°$_{18}$ (*B.* **36**, 4322 *C.* **1904** [1] 453).

$C_{20}H_{28}$ 2) **Kohlenwasserstoff** (aus Cholesterylchlorid). Sd. 241—265°$_{42}$ (*M.* **24**, 662 *C.* **1903** [2] 1236).

— 20 II —

$C_{20}H_{12}O_2$ 4) **Acenaphtanthrachinon.** Sm. 215—220° (*A.* **327**, 102 *C.* **1903** [1] 1229).

$C_{20}H_{12}O_3$ 4) **2-Benzoyl-3,4-β-Naphtopyron** (α-Benzoyl-β-Naphtocumarin). Sm. 207° (*B.* **36**, 1974 *C.* **1903** [2] 377).

$C_{20}H_{12}O_4$ 12) **Acetat d. 11-Oxy-5,12-Naphtacenchinon** (*B.* **36**, 551 *C.* **1903** [1] 720).

$C_{20}H_{12}O_6$ 5) **2²,3-Lakton d. 1-Keto-3-Methoxyl-2-[2-Oxy-1,3-Diketo-2,3-Dihydro-2-Indenyl]-2,3-Dihydroinden-3-Carbonsäure.** Sm. 198° (*B.* **35**, 3962 *C.* **1903** [1] 33).

$C_{20}H_{12}O_7$ *2) **Phloroglucinphtaleïn** (*B.* **36**, 1071 *C.* **1903** [1] 1181).
*5) **Galleïn** (*B.* **36**, 1561 *C.* **1903** [2] 118).

$C_{20}H_{12}O_8$ 2) **Trioxyfluoresceïn** (*B.* **36**, 1083 *C.* **1903** [1] 1183).

$C_{20}H_{12}N_2$ *1) **Dinaphtazin** (as-1,2-Naphtazin). Sm. 279° (*B.* **36**, 4172 *C.* **1904** [1] 287).
8) **1,1'-Dinaphto-2,2'-Orthodiazin.** Sm. 267—268°. (2HCl, $PtCl_4$) (*B.* **36** 4162 *C.* **1904** [1] 286).

$C_{20}H_{13}N$ *1) **ββ-Dinaphtylenamin** (1,1'-Dinaphto-2,2'-Imin). Sm. 157° (155°) (*B.* **36** 4160 *C.* **1904** [1] 286; *Soc.* **83**, 273 *C.* **1903** [1] 588, 883).
5) **1,2,2',1'-Dinaphtocarbazol.** Sm. 231° (*Soc.* **83**, 274 *C.* **1903** [1] 588, 883).

$C_{20}H_{14}O$ *1) **10-Oxy-9-Phenylanthracen.** (HJ, J_3), + J_2 (*B.* **37**, 3342 *C.* **1904** [2] 1057).
*2) **1,1'-Dinaphtyläther.** Sm. 105° (*B.* **36**, 2942 *C.* **1903** [2] 885).
*5) **2-Benzoylfluoren** (*M.* **24**, 591 *C.* **1903** [2] 1276; *M.* **24**, 592 *C.* **1903** [2] 1276; *M.* **25**, 449 *C.* **1904** [2] 449).

$C_{20}H_{14}O_2$ *6) **10-Oxy-9-Keto-10-Phenyl-9,10-Dihydroanthracen** (*C. r.* **138**, 125: *C.* **1904** [2] 118).
17) **3,3'-Dioxy-2,2'-Binaphtyl.** Sm. 216° (*C. r.* **138**, 1618 *C.* **1904** [2] 338).

$C_{20}H_{14}O_3$ 16) **Methylenäther d. γ-Keto-γ-[?-Naphtyl]-α-[3,4-Dioxyphenyl]propen.** Sm. 141° (*B.* **37**, 1703 *C.* **1904** [1] 1497).
17) **3-Benzoylacenaphten-3²-Carbonsäure.** Sm. 200° (*A.* **327**, 99 *C.* **1903** [1] 1228).

$C_{20}H_{14}O_4$ *15) **Phenolphtaleïn** (*Soc.* **85**, 398).
*21) **Diphenylester d. Benzol-1,2-Dicarbonsäure.** Sm. 73°; Sd. 405°$_{7?}$ (*B.* **35**, 4091 *C.* **1903** [1] 75).
24) **Phenylester d. 2-Benzoxylbenzol-1-Carbonsäure.** Sm. 80,5—81 (*G.* **34** [1] 268 *C.* **1904** [1] 1498).

$C_{20}H_{14}O_5$ 10) **Verbindung** (aus αβγ-Triketo-α-Phenylbutan). Sm. 168° (*B.* **36**, 323 *C.* **1903** [2] 941).

$C_{20}H_{14}O_6$ 11) **Verbindung** (aus Resorcin u. Benzil). Sm. oberh. 330° (*B.* **36**, 3051 *C.* **1903** [2] 1008; *B.* **36**, 3054 *C.* **1903** [2] 1009).

$C_{20}H_{14}O_8$ 9) αα-**Di[4-Oxy-1,2-Benzpyron-3-]äthan** (Aethylidenbis-β-Oxycumarin). Sm. 165° (*B.* **36**, 465 *C.* **1903** [1] 636).

10) **Fluoresceïnsäure.** Nur als Anhydrid bekannt (*A.* **183**, 1; **215**, 83; *B.* **29**, 2629). — **II**, *2060*; ***II**, *1208*.

11) **Dimethyldioxyäthindiphtalid.** Sm. noch nicht bei 330° (*B.* **37**, 3346 *C.* **1904** [2] 1057).

12) **Dimethyldioxyisoäthindiphtalid** (3,6,9,11-Tetraoxy-1,7-Dimethyl-5,12-Naphtacenchinon). Sm. noch nicht bei 330° (*B.* **37**, 3347 *C.* **1904** [2] 1057).

$C_{20}H_{14}O_8$ 9) **5,6-Diacetat d. 5,6-Dioxy-2-Keto-1-[3,4-Dioxybenzyliden]-1,2-Dihydrobenzfuran-3,4-Methylenäther** (*B.* **29**, 2435). — ***III**, *534*.

$C_{20}H_{14}O_9$ 4) **Norcocaflavetin.** Sm. 270° (*J. pr.* [2] **66**, 416 *C.* **1903** [1] 528).

$C_{20}H_{14}N_2$ *4) **2,2'-Azonaphtalin.** Sm. 208° (*B.* **36**, 4159 *C.* **1904** [1] 280).

$C_{20}H_{14}S_2$ *1) **1,1'-Dinaphtyldisulfid** (*Bl.* [3] **29**, 762 *C.* **1903** [2] 620).

$C_{20}H_{14}Se_2$ 1) **1,1'-Dinaphtyldiselenid.** Sm. 87—88° (*Bl.* [3] **29**, 763 *C.* **1903** [2] 621).

$C_{20}H_{15}N$ 12) **5-Benzylakridin.** Sm. 173°. Pikrat (*B.* **37**, 1565 *C.* **1904** [1] 1447).

$C_{20}H_{15}N_3$ *9) **6-Amido-2,3-Diphenyl-1,4-Benzdiazin.** Sm. 177° (*B.* **37**, 2278 *C.* **1904** [2] 434).

12) **3-Phenylazo-2-Phenylindol.** Sm. 166° (*G.* **32** [2] 462 *C.* **1903** [1] 839).

$C_{20}H_{16}O$ 9) **2-oder-3-[α-Oxybenzyl]fluoren.** Sm. 113° (*M.* **24**, 592 *C.* **1903** [2] 1276).

10) **4-Keto-3-Methyl-1-Diphenylmethylen-1,4-Dihydrobenzol.** Sm. 176° (*B.* **36**, 3562 *C.* **1903** [2] 1374).

$C_{20}H_{16}O_2$ *1) **α-Oxy-β-Keto-ααβ-Triphenyläthan** (Phenylbenzoin). Sm. 87° (*Am.* **29**, 597 *C.* **1903** [2] 196; *B.* **37**, 2758 *C.* **1904** [2] 707).

*3) **Triphenylessigsäure.** Sm. 264° (*B.* **36**, 146 *C.* **1903** [1] 466).

*5) **Triphenylmethan-4-Carbonsäure.** Sm. 162° (*B.* **37**, 662 *C.* **1904** [1] 952).

*8) **Benzoat d. 4-Oxydiphenylmethan.** Sm. 87° (*A.* **334**, 373 *C.* **1904** [2] 1050).

10) **Methyläther d. 9-Oxy-9-Phenylxanthen.** Sm. 96—97° (*B.* **37**, 2034 *C.* **1904** [2] 1142).

11) **Acetat d. 2-Oxy-1,4-Diphenylbenzol.** Sm. 144° (*B.* **36**, 1409 *C.* **1903** [1] 1358).

12) **Verbindung** (aus Benzylchlorid u. Phenol). Sm. 86—87° (*G.* **33** [2] 458 *C.* **1904** [1] 654).

$C_{20}H_{16}O_3$ *5) **α-Oxytriphenylmethan-3-Carbonsäure.** Sm. 166—167° (*B.* **37**, 3698 *C.* **1904** [2] 1501).

*6) **α-Oxytriphenylmethan-4-Carbonsäure.** Sm. 200°. Ba + $7H_2O$ (*B.* **37**, [illegible] *C.* **1904** [illegible] 951).

$C_{20}H_{16}O_4$ 20) **Diphenyloktendilakton.** Sm. 226—227° (*A.* **334**, 140 *C.* **1904** [2] 890).

21) **Dimethylester d. 2-Phenylnaphtalin-1,2²-Dicarbonsäure.** Sm. 90° (*A.* **335**, 118 *C.* **1904** [2] 1132).

22) **Aethylester d. 2-[1-Oxy-2-Naphtoyl]benzol-1-Carbonsäure.** Sm. 91° (*B.* **36**, 560 *C.* **1903** [1] 721).

$C_{20}H_{16}O_5$ *7) **Monoäthylester d. Pulvinsäure** (Aethylpulvinsäure) (*C.* **1903** [2] 121).

11) **Methyläther d. Formononetin.** Sm. 156° (*M.* **24**, 146 *C.* **1903** [1] 1033).

12) **Dibenzoylbernsteinsäureäthylesteranhydrid.** Sm. 198—200° u. Zers. (*A.* **293**, 119). — ***II**, *1187*.

$C_{20}H_{16}O_6$ 20) **Diacetat d. 1,7-Dioxy-2,6-Dimethyl-9,10-Anthrachinon.** Sm. 215° (*Soc.* **83**, 1332 *C.* **1904** [1] 100).

21) **Triacetat d. 2,3,9-Trioxyanthracen.** Sm. 163—164° (*B.* **36**, 2938 *C.* **1903** [2] 886).

22) **Verbindung** (aus αβγ-Triketo-α-Phenylbutan). Sm. 202° (*B.* **35**, 3319 *C.* **1902** [2] 1110; *B.* **36**, 3232 *C.* **1903** [2] 941).

$C_{20}H_{16}O_7$ 10) **Tetramethyläther d. Tetraoxybrasanchinon.** Sm. 264° (*B.* **36**, 2205 *C.* **1903** [2] 382).

$C_{20}H_{16}O_7$ 11) **Diacetat d. Emodinmonomethyläther.** Sm. 157° (*Soc.* **83**, 133 *C.* **1904** [1] 100).

$C_{20}H_{16}O_8$ 9) **Triacetat d. 2,3,7-Trioxy-9-Methylfluoron.** Sm. 225—228° (*B.* **37** 2731 *C.* **1904** [2] 541).

$C_{20}H_{16}N_2$ *2) **1,4-Di[Benzylidenamido]benzol.** Sm. 138—140° (*Soc.* **85**, 1176 *C.* **1904** [2] 1215).

*8) **s-Di[2-Naphtyl]hydrazin.** Sm. 140—141° (*B.* **36**, 4161 *C.* **1904** [1] 286).

25) **2,2'-Diamido-1,1'-Binaphtyl.** Sm. 191° (*B.* **30**, 82; *B.* **36**, 415[illegible] *C.* **1904** [1] 286).

26) **2,4-Di[β-Phenyläthenyl]-1,3-Diazin.** Sm. 145—146° (*B.* **36**, 338[illegible] *C.* **1903** [2] 1193).

$C_{20}H_{16}N_4$ 13) **3-Phenylamido-1,5-Diphenyl-1,2,4-Triazol.** Sm. 202° (*Am.* **29**, 8[illegible] *C.* **1903** [1] 523; *Am.* **32**, 365 *C.* **1904** [2] 1507).

14) **1,4,5-Triphenyl-4,5-Dihydro-1,2,4-Triazol-3,5-Imid.** Sm. 203° (*J. pr.* [2] **67**, 282 *C.* **1903** [1] 1262).

15) **2-[2-Phenylhydrazonmethylphenyl]indazol.** Sm. 191° u. Zers. (195°; (*C. r.* **137**, 983 *C.* **1904** [1] 176; *Bl.* [3] **31**, 872 *C.* **1904** [2] 661).

$C_{20}H_{16}Br_2$ 1) **1,4-Di[α-Brombenzyl]benzol.** Sm. 112,5° (*B.* **37**, 1467 *C.* **1904** [1] 1342).

$C_{20}H_{17}N$ 7) **1,2-Diphenyl-3-[2-Pyridyl]-R-Trimethylen.** Sm. 164°. HCl (*B.* **36**, 116 *C.* **1903** [1] 469).

8) **5,7-Diphenyl-2,3-Dihydro-4-Isobenzazol** (5,7-Diphenyl-2,3-Dihydropyrinden). Sm. 145—146°. HCl, Pikrat (*B.* **35**, 3975 *C.* **1903** [1] 37).

$C_{20}H_{17}Cl$ 2) **α-Chlor-2-Methyltriphenylmethan.** Sm. 136—137° (*B.* **37**, 1250 *C.* **1904** [1] 1355).

3) **α-Chlor-4-Methyltriphenylmethan.** Sm. 99° (*B.* **37**, 661 *C.* **1904** [1] 952; *B.* **37**, 1631 *C.* **1904** [1] 1049).

$C_{20}H_{18}O$ *2) **α-Oxy-?-Methyltriphenylmethan?** Sm. 160° (*B.* **37**, 991 *C.* **1904** [1] 1215; *B.* **37**, 1248 *C.* **1904** [1] 1354; *B.* **37**, 3359 *C.* **1904** [2] 1127).

*6) **Methyläther d. 4-Oxytriphenylmethan.** Sm. 64—65° (*B.* **36**, 2790 *C.* **1903** [2] 882).

7) **4-Oxy-ααα-Triphenyläthan.** Sm. 119—120° (*B.* **36**, 2794 *C.* **1903** [2] 883).

8) **α-Oxy-ααβ-Triphenyläthan.** Sm. 88—89° (*B.* **37**, 1430 *C.* **1904** [1] 1351; *B.* **37**, 1455 *C.* **1904** [1] 1353).

9) **α-Oxy-2-Methyltriphenylmethan.** Sm. 98° (*B.* **37**, 993 *C.* **1904** [1] 1215; *B.* **37**, 1248 *C.* **1904** [1] 1354).

10) **α-Oxy-3-Methyltriphenylmethan.** Sm. 65° (67—68°); Sd. 240—245°₁₅ (*B.* **37**, 993 *C.* **1904** [1] 1215; *B.* **37**, 1250 *C.* **1904** [1] 1355; *B.* **37**, 3360 *C.* **1904** [2] 1126).

11) **α-Oxy-4-Methyltriphenylmethan.** Sm. 72—73° (74°) (*B.* **37**, 656, 663 *C.* **1904** [1] 951; *B.* **37**, 992 *C.* **1904** [1] 1214).

12) **4-Oxy-3-Methyltriphenylmethan.** Sm. 100° (*B.* **36**, 3561 *C.* **1903** [2] 1374; *B.* **36**, 3565 *C.* **1903** [2] 1375).

13) **4-Keto-6-Phenyl-2-[β-Phenyläthenyl]-1,2,3,4-Tetrahydrobenzol.** Sm. 105° (*C.* **1903** [2] 944).

$C_{20}H_{18}O_2$ *2) **αβ-Dioxy-ααβ-Triphenyläthan.** Sm. 168° (163—165°) (*B.* **36**, 1577 *C.* **1903** [1] 1397; *B.* **36**, 1953 *C.* **1903** [2] 276; *B.* **37**, 2762 *C.* **1904** [2] 707).

*8) **4-Methyläther d. α,4-Dioxytriphenylmethan.** Sm. 84° (*B.* **36**, 2334 *C.* **1903** [2] 440; *B.* **36**, 2789 *C.* **1903** [2] 882).

9) **α,4-Dioxy-3-Methyltriphenylmethan.** Sm. 107—108°. K (*B.* **36**, 3558 *C.* **1903** [2] 1374).

10) **isom. α,4-Dioxy-3-Methyltriphenylmethan.** Sm. 148—149° (*B.* **36**, 3566 *C.* **1903** [2] 1375).

$C_{20}H_{18}O_3$ 10) **Anhydrid d. Phenylisocrotonsäure.** Sm. 120—121° (*B.* **37**, 2001 *C.* **1904** [2] 24).

11) **Benzoat d. Pyroguajacin.** Sm. 179° (*M.* **1**, 509; **19**, 99). — **III**, *645*; *III. *474*.

$C_{20}H_{18}O_4$ *12) **Methylester d. 3-Keto-2-Benzoyl-1-Phenyl-R-Pentamethylen-5-Carbonsäure.** Sm. 115—116° (*A.* **326**, 349 *C.* **1903** [1] 1124).

13) **Methylester d. 4-Oxy-5-Benzoyl-1-Phenyl-2,3-Dihydro-R-Penten-2-Carbonsäure.** Cu (*A.* **326**, 351 *C.* **1903** [1] 1124).

$C_{20}H_{18}O_6$ *10) β-Tetramethyläther d. Dehydrobrasilin (T. d. Tetraoxybrasan). Sm. 158° (B. 36, 2198 C. 1903 [2] 381).
12) γ-Benzoylmethyl-α-Phenyl-α-Buten-δδ-Dicarbonsäure. Sm. 163° (C. 1903 [2] 944).
13) Diphenylketoktolaktonsäure + $3H_2O$. Sm. 195—197° (wasserfrei). Ca + $2^1/_2H_2O$ (A. 334, 133 C. 1904 [2] 889).
14) Isodiphenylketoktolaktonsäure. Sm. 202—206°. Ca (A. 334, 138 C. 1904 [2] 890).
15) Säure (aus Diphenyloktendilakton). Sm. 170—171° (A. 334, 142 C. 1904 [2] 890).

$C_{20}H_{18}O_6$ 14) Resinotannol (aus Feroxaloe) (Ar. 241, 350 C. 1903 [2] 726).
15) Tetramethyläther d. Pentaoxybrasan. Sm. 218° (B. 36, 2204 C. 1903 [2] 382).
16) Tetramethyläther d. Pentaoxyrufinden (B. 36, 2203 C. 1903 [2] 382).
17) Dibenzoat d. Dulcid. Sm. 138° (C. r. 139, 638 C. 1904 [2] 1536).

$C_{20}H_{18}O_7$ 9) 3-Acetat d. 3,6-Dioxy-2-[3,4-Dioxyphenyl]-1,4-Benzpyron-2^3,2^4,6-Trimethyläther. Sm. 140—141° (B. 37, 780 C. 1904 [1] 1156).
10) 3-Acetat d. 3,5,7-Trioxy-2-[4-Oxyphenyl]-1,4-Benzpyron-2^4,5,7-Trimethyläther. Sm. 190—191° (B. 37, 2098 C. 1904 [2] 121).
11) 3-Acetat d. 3,7,8-Trioxy-2-[2-Oxyphenyl]-1,4-Benzpyron-2^2,7,8-Trimethyläther. Sm. 138—139° (B. 37, 2630 C. 1904 [2] 539).
12) 3-Acetat d. 3,7,8-Trioxy-2-[3-Oxyphenyl]-1,4-Benzpyron-2^3,7,8-Trimethyläther. Sm. 165° (B. 37, 2633 C. 1904 [2] 540).

$C_{20}H_{18}O_8$ 15) Säure (aus Citronensäure u. Benzaldehyd). Sm. 143—144°. Ag_3 (M. 24, 84 C. 1903 [1] 769).

$C_{20}H_{18}O_9$ 7) Atranorsäure (C. 1903 [2] 120).

$C_{20}H_{18}O_{10}$ 5) Pentamethyläther d. Galloflavin. Sm. 235—237° (M. 25, 607 C. 1904 [2] 908).

$C_{20}H_{18}N_2$ *5) α-Benzylimido-α-Phenylamido-α-Phenylmethan. Sm. 99—100° (Soc. 83, 327 C. 1903 [1] 581, 877).
*6) α-[4-Methylphenyl]imido-α-Phenylamido-α-Phenylmethan. HCl, (2HCl, $PtCl_4$, (B. 36, 33 C. 1903 [1] 510).
*10) β-Benzyliden-α-Phenyl-α-Benzylhydrazin. Sm. 111° (M. 25, 594 C. 1904 [2] 1293).
22) α-Diphenylmethyl-β-Benzylidenhydrazin. Sm. 85° u. Zers. (J. pr. [2] 67, 176 C. 1903 [1] 874).

$C_{20}H_{18}N_4$ 24) β-Phenylazo-β-Phenylhydrazon-α-Phenyläthan. Sm. 127° (B. 36, 2486 C. 1903 [2] 490).

$C_{20}H_{18}Br_4$ 1) αδεϑ-Tetrabrom-αϑ-Diphenyl-βζ-Oktadiën. Sm. 185° (A. 331, 166 C. 1904 [1] 1211).

$C_{20}H_{18}Br_8$ 1) αβγδεζηϑ-Oktobrom-αϑ-Diphenyloktan. Sm. 248° (A. 331, 167 C. 1904 [1] 1211).

$C_{20}H_{19}N$ 6) 2-Methylamidotriphenylmethan. Sm. 130—132°. HCl (B. 37, 3206 C. 1904 [2] 1473).
7) α-[4-Isopropylphenyl]-β-[4-Chinolyl]äthen. HCl + H_2O, (2HCl, $PtCl_4$), (HCl, $AuCl_3$) (B. 36, 1671 C. 1903 [2] 49).

$C_{20}H_{19}N_3$ 11) Anhydrid d. 4,4',4''-Triamido-α-Oxy-3-Methyltriphenylmethan (B. 36, 4024 C. 1904 [1] 167).

$C_{20}H_{19}Br_3$ 1) Brombisdiphenylbutadiëndibromid. Sm. 223° u. Zers. (B. 37, 2276 C. 1904 [2] 218).
2) Verbindung (aus Diphenylbutadiën). Sm. 213—214° (203—204°) (B. 36, 4325 C. 1904 [1] [illegible] 37, [illegible] C. 1904 [2] 104).

$C_{20}H_{20}O_2$ *2) 2-Keto-1-[γ-Keto-αγ-Diphenylpropyl]-R-Pentamethylen. Sm. 78—80° (B. 35, 3973 C. 1903 [illegible]).

$C_{20}H_{20}O_4$ *13) Diphenyloktolaktonsäure. Sm. 179°. Ca, Ba, Ag (A. 334, 120 C. 1904 [2] 889).
30) 2^2,2^4-Diäthyläther d. 7-Oxy-4-Methylen-2-[2,4-Dioxyphenyl]-1,4-Benzpyran. Sm. 77—81°. HCl, (2HCl, $PtCl_4$), H_2SO_4 + $2H_2O$, Pikrat (B. 37, 357 C. 1904 [1] 670).
31) Dibenzoat d. isom. 1,2-Dioxyhexahydrobenzol. Sm. 93,5° (C. r. 136, 385 C. 1903 [1] 711).

$C_{20}H_{20}O_5$ *6) Diphenylketoktonsäure. Sm. 132°. Ba, Ag_2 (A. 334, 126 C. 1904 [2] 889).

$C_{20}H_{20}O_6$

15) **Methyläther d. Verb.** $C_{19}H_{18}O_6$. Sm. 82—83° (*M.* **25**, 882 *C.* **1904** [2] 1313).

16) **Oxysäure** (aus Diphenylketoktolaktonsäure). Ca (*A.* **334**, 136 *C.* **1904** [2] 889).

17) **Oxysäure** (aus Isodiphenylketoktolaktonsäure). Ca (*A.* **334**, 140 *C.* **1904** [2] 890).

18) **γ^3-Acetat d. γ-Keto-α-[2-Oxyphenyl]-γ-[2, 3, 4-Trioxyphenyl]-propen-α^2,γ^3,γ^4-Trimethyläther.** Sm. 88° (*B.* **37**, 2029 *C.* **1904** [2] 539).

19) **γ^3-Acetat d. γ-Keto-α-[3-Ox[illegible]-[2, 3, 4-Trioxyphenyl]-propen-α^3,γ^3,γ^4-Trimethyläthe[illegible]** [illegible]° (*B.* **37**, 2632 *C.* **1904** [2] 539).

20) **γ^6-Acetat d. γ-Keto-γ-[2, 4, 6-Triox[illegible]-[4-Oxyphenyl]-propen-α^4,γ^2,γ^4-Trimethyläther.** Sm. [illegible] **37**, [illegible] *C.* **1904** [1] 1158).

$C_{20}H_{20}O_7$

*5) **Tetramethyläther d. Hämatoxylon** (T. d. Hexaoxyrufindan) (*B.* **36**, 2203 *C.* **1903** [2] 382).

8) **Pentamethyläther d. Quercetin** + H_2O. Sm. 148° (*Ar.* **242**, 242 *C.* **1904** [1] 1652).

9) **Verbindung** (aus Hämatoxylontetramethyläther). Sm. 165—167° (*B.* **37**, 632 *C.* **1904** [1] 955).

$C_{20}H_{20}O_8$

6) **Hexamethyläther d. 1, 2, 3, 5, 6, 7-Hexaoxy-9, 10-Anthrachinon.** Sm. 245° (*C.* **1904** [2] 709).

$C_{20}H_{20}N_4$

3) **β-Phenylhydrazon-β-Phenylhydrazido-α-Phenyläthan.** Sm. 127° (*B.* **36**, 2486 *C.* **1903** [2] 490).

4) **Phenylhydrazon d. Verb.** $C_{14}H_{14}ON_2$. Sm. 227—228° (*Bl.* [3] **31**, 452 *C.* **1904** [1] 1498).

$C_{20}H_{21}N_3$

4) **$\alpha\alpha\alpha$-Tri[?-Amidophenyl]äthan.** Sm. 191—192° (*B.* **36**, 474 *C.* **1903** [1] 638).

$C_{20}H_{22}O_4$

*10) **Diäthylester d. $\alpha\beta$-Diphenyläthan-2,2'-Dicarbonsäure.** Sm. 71° (*B.* **37**, 3219 *C.* **1904** [2] 1120).

16) **2^2,2^4-Diäthyläther d. 7-Oxy-4-Methyl-2-[2,4-Dioxyphenyl]-1,4-Benzpyran.** Sm. 125—147° (*B.* **37**, 361 *C.* **1904** [1] 671).

17) **Diäthylester d. $\alpha\beta$-Diphenyläthan-4,4'-Dicarbonsäure.** Sm. 100° (*B.* **37**, 3216 *C.* **1904** [2] 1120).

18) **Diphenylester d. para-Hexan-$\gamma\delta$-Dicarbonsäure.** Sm. 107—108° (*B.* **35**, 4083 *C.* **1903** [1] 74).

19) **Di[2,4-Dimethylphenylester] d. Bernsteinsäure.** Sm. 70° (*B.* **35**, 4080 *C.* **1903** [1] 74).

20) **Di[2, 5-Dimethylphenylester] d. Bernsteinsäure.** Sm. 81° (*B.* **35**, 4081 *C.* **1903** [1] 74).

21) **Di[3,4-Dimethylphenylester] d. Bernsteinsäure.** Sm. 110° (*B.* **35**, 4080 *C.* **1903** [1] 74).

22) **Dibenzoat d. $\alpha\zeta$-Dioxyhexan.** Sm. 56° (*C. r.* **136**, 245 *C.* **1903** [1] 583).

$C_{20}H_{22}O_5$

*9) **Oxysäure** (aus Diphenyloktolaktonsäure). Ba, Ag_2 (*A.* **334**, 123 *C.* **1904** [2] 889).

$C_{20}H_{22}O_6$

*5) **Tetramethyläther d. Hämatoxylin.** Sm. 142° (*B.* **36**, 2202 *C.* **1903** [2] 382).

15) **Dibenzyliden-l-Sorbit.** Sm. 160° (*R.* **19**, 8). — *III, *6.*

16) **4,4'-Diacetat d. $\alpha\beta$-Dioxy-$\alpha\beta$-Di[4-Oxyphenyl]äthan-$\alpha\beta$-Dimethyläther.** Sm. 153° (*A.* **335**, 174 *C.* **1904** [2] 1129).

17) **4,4'-Diacetat d. isom. $\alpha\beta$-Dioxy-$\alpha\beta$-Di[4-Oxyphenyl]äthan-$\alpha\beta$-Dimethyläther.** Sm. 91° (*A.* **335**, 175 *C.* **1904** [2] 1129).

18) **Verbindung** (aus Dihydroflavaspidsäurexanthen). Sm. 213—215°. + Aceton (*A.* **329**, 314 *C.* **1904** [1] 799).

$C_{20}H_{22}O_8$

*2) **Populin** (*C.* **1904** [2] 1405).

$C_{20}H_{22}O_{10}$

*1) **Erythrin** + H_2O. Sm. 137° (*Bl.* [3] **31**, 611 *C.* **1904** [2] 99; *Bl.* [3] **31**, 1098).

$C_{20}H_{24}O_4$

9) **Aethylester d. Benzoylcamphocarbonsäure.** Sm. 46—47°; Sd. 218 bis 218,5°$_{14}$ (*B.* **35**, 4039 *C.* **1903** [1] 82).

$C_{20}H_{24}O_7$

2) **Olivil.** Sm. 142,5° (*C.* **1903** [1] 920).

3) **Isoolivil** (*C.* **1903** [1] 921).

$C_{20}H_{24}N_2$ *2) **Di[2,4,6-Trimethylbenzyliden]hydrazin.** Sm. 167° (*C.* **1903** [1] 141).
*4) **αβ-Di[1,2,3,4-Tetrahydro-2-Isochinolyl]äthan.** Sm. 95—96° (*B.* **36,** 1167 *C.* **1903** [1] 1187; *B.* **36,** 3800 *C.* **1904** [1] 21).
5) **γ-Phenylhydrazon-α-[4-Isopropylphenyl]-α-Penten.** Sm. 87,5° (*A.* **330,** 258 *C.* **1904** [1] 946).
6) **γ-Phenylhydrazon-α-[4-Isopropylphenyl]-β-Methyl-α-Buten.** Sm. 106,5° (*A.* **330,** 261 *C.* **1904** [1] 947).
7) **αβ-Di[1,2,3,4-Tetrahydro-1-Chinolyl]äthan.** Sm. 146—147° (*B.* **36,** 3799 *C.* **1904** [1] 21).

$C_{20}H_{26}O_4$ 4) **Dihydrobidurochinon** (*B.* **29,** 2184). — *III, *273.*

$C_{20}H_{26}O_8$ C 60,9 — H 6,6 — O 32,5 — M. G. 394.
1) **Tetraacetat d. 2,3,5,6-Tetraoxy-1,4-Diisopropylbenzol.** Sm. 245° (*B.* **37,** 2390 *C.* **1904** [2] 308).

$C_{20}H_{26}O_{10}$ 2) **Diäthylester d. Glyko-o-Cumarincarbonsäure.** Sm. 152° (*C.* **1903** [1] 89).

$C_{20}H_{26}N_2$ *3) **αγ-Di[2,4-Dimethylphenylamido]-α-Buten** (*A.* **329,** 223 *C.* **1903** [2] 1428).
8) **γ-Phenylhydrazon-α-[4-Isopropylphenyl]pentan.** Sm. 135° (*A.* **330,** 260 *C.* **1904** [1] 947).
9) **α-[2,4,6-Trimethylbenzyl]-β-[2,4,6-Trimethylbenzyliden]hydrazin.** Sm. 86—89° (*C.* **1903** [1] 142).

$C_{20}H_{26}N_4$ 9) **3,8-Di[Diäthylamido]diphenazin.** Sm. 184° (*B.* **37,** 34 *C.* **1904** [1] 524).

$C_{20}H_{28}O_2$ *1) **Dicamphochinon** (*B.* **37,** 1569 *C.* **1904** [1] 1442).
*2) **ββ-Dicamphanhexan-1,4-dion** (Dicamphendion). Sm. 192—193° (D.R.P. 94498; *B.* **36,** 2610 *C.* **1903** [2] 623).
5) **Dicamphenhexadiënperoxyd.** Sm. 155—156° (*G.* **27** [1] 180). — *III, *369.*

$C_{20}H_{28}O_4$ 4) **Laricopinonsäure.** Sm. 97°. K, Ba, Pb, Ag (*Ar.* **241,** 576 *C.* **1904** [1] 166).

$C_{20}H_{28}O_8$ 4) **Methylester d. Diacetylsantolsäure.** Sm. 151° (*B.* **37,** 260 *C.* **1904** [1] 643).

$C_{20}H_{28}O_8$ C 60,6 — H 7,1 — O 32,3 — M. G. 396.
1) **Ciliansäure.** Sm. 242°. Ba_3 (*M.* **24,** 57 *C.* **1903** [1] 766).

$C_{20}H_{28}O_{13}$ *1) **Amygdalinsäure** (*B.* **35,** 4161 *C.* **1903** [1] 124).

$C_{20}H_{28}N_2$ *1) **4,4'-Di[Diäthylamido]biphenyl.** Sm. 86° (*B.* **37,** 33 *C.* **1904** [1] 524).

$C_{20}H_{30}O$ 4) **Abietoresen.** Sm. 168—169° (*C.* **1900** [2] 862). — *III, *426.*
5) **Verbindung** (aus d. Aldehyd d. Camphenilansäure). Sm. 72° (*H.* **37,** 198 *C.* **1903** [1] 595).

$C_{20}H_{30}O_2$ *1) **ββ-Dicampher.** Sm. 163—164° (*B.* **36,** 2611 *C.* **1903** [2] 623).
*14) **Metacopaïvasäure** (Gurjuturboresinol) (*Ar.* **241,** 390 *C.* **1903** [2] 724).
*15) **d-Pimarsäure** (*Soc.* **85,** 1242 *C.* **1904** [2] 1308).
27) **Isodicampher.** Sm. 90—95°? (*G.* **27** [1] 167). — *III, *370.*
28) **Beljiabietinsäure.** Sm. 153—154°. K, Pb, Ag (*Ar.* **240,** 589 *C.* **1903** [1] 164).
29) **Palabietinsäure.** Sm. 153—154°. K, Pb, Ag (*Ar.* **240,** 578 *C.* **1903** [1] 163).

$C_{20}H_{32}O$ 6) **Verbindung** (aus Erythroxylonmonogynum Roxb.). Sm. 117—118° (*C.* **1904** [1] 1265).

$C_{20}H_{32}O_2$ *4) **Dicampherpinakon.** Sm. 151° (*B.* **36,** 2625 *C.* **1903** [2] 624).
9) **Lepranthasäure.** Sm. 111—112° (*A.* **336,** 51 *C.* **1904** [2] 1325).
10) **Verbindung** (aus Campher). Sm. 160° (*B.* **35,** 3912 *C.* **1903** [1] 29; *B.* **36,** 2632 *C.* **1903** [2] 626).
11) **Verbindung** (aus Ficus elastica). Sm. 195° (*B.* **37,** 3847 *C.* **1904** [2] 1613).

$C_{20}H_{32}O_4$ 10) **Acetat-Methyläthylakrylat d. Glykol** $C_{12}H_{22}O_2$. Sd. 225—232°$_{11}$ (*M.* **24,** 162 *C.* **1903** [1] 957).

$C_{20}H_{32}O_8$ 2) **Digitsäure** (siehe auch $C_{10}H_{16}O_4$). KH (*B.* **37,** 1217 *C.* **1904** [1] 1363).

$C_{20}H_{32}O_{12}$ C 51,7 — H 6,9 — O 41,4 — M. G. 464.
1) **Verbindung** (aus Kautschuk) oder $C_{30}H_{48}O_{18}$ (*B.* **37,** 2709 *C.* **1904** [2] 528).

$C_{20}H_{34}O$ 12) **Verbindung** (aus Kô-Sam-Samen). Sm. 130—133° (*C.* **1903** [2] 893).

$C_{20}H_{34}O_2$ 12) **Verbindung** (aus Asclepias syriaca L.) (*J. pr.* [2] **68,** 406 *C.* **1904** [1] 105).

$C_{20}H_{34}O_4$ 3) **Monomenthylester d. Camphersäure.** Zers. bei 310°. Na (*C.* **1903** [1] 162; *B.* **37,** 1381 *C.* **1904** [1] 1442).

$C_{20}H_{34}Cl_2$ 1) **Bisabelendihydrochlorid.** Sm. 79,3° (*Ar.* **235**, 296). — *III, *404.*

$C_{20}H_{34}S_2$ 1) **Dibornyldisulfid.** Sm. 175—176° (*B.* **36**, 867 *C.* **1903** [1] 972).

$C_{20}H_{36}O$ 3) **Cyklogallipharol.** Sm. 46° (*Ar.* **242**, 274 *C.* **1904** [1] 1654).

$C_{20}H_{36}O_2$ 5) **Aethylester d. Chaulmoograsäure.** Sd. 230°$_{20}$ (*Soc.* **85**, 854 *C.* **1904** [2] 348, 604).

$C_{20}H_{36}O_5$ 3) **isom. Ketoacetoxylstearinsäure.** Fl. (*B.* **36**, 2659 *C.* **1903** [2] 826).

$C_{20}H_{38}O_2$ 5) **Aethylester d. α-Heptadeken-α-Carbonsäure.** Sm. 15°; Sd. oberh. 300° (*G.* **34** [2] 84 *C.* **1904** [2] 694).

$C_{20}H_{38}O_3$ *3) **Aethylester d. Ricinolsäure.** Sd. 258°$_{13}$ (*B.* **36**, 784 *C.* **1903** [1] 823).
*7) **Verbindung** (aus Isovaleraldehyd). Sd. 260—290° (*B.* **36**, 2063 *C.* **1903** [2] 357).

$C_{20}H_{40}O_2$ *1) **Arachinsäure** (*M.* **23**, 940 *C.* **1903** [1] 297).
*3) **Aethylester d. Stearinsäure.** Sd. 139°$_0$ (*B.* **36**, 4340 *C.* **1904** [1] 433).
8) **Aethylester d. λ-Isostearinsäure.** Fl. (*Ar.* **241**, 19 *C.* **1903** [1] 698).
9) **Verbindung** (aus d. Glykol $C_{10}H_{22}O_2$). Sd. 267° u. Zers. (*M.* **24**, 584 *C.* **1903** [2] 870).

$C_{20}H_{40}O_3$ 3) **Aethylester d. α-Oxyheptadekan-α-Carbonsäure.** Sm. 62—63° (*Soc.* **85**, 831 *C.* **1904** [2] 509).

— 20 III —

$C_{20}H_8O_3Cl_4$ 1) **Tetrachlorfluoran** (aus 3,4-Dichlor-1-Oxybenzol). Sm. 284—285° (D.R.P. 156333 *C.* **1904** [2] 1673).
2) **isom. Tetrachlorfluoran** (Dichlorfluoresceïnchlorid). Sm. 257° (D.R.P. 49057). — *II, *1209.*

$C_{20}H_8O_7Cl_4$ 1) **Tetrachlordioxyfluoresceïn.** Ca, Ba, HCl (*B.* **36**, 1076 *C.* **1903** [1] 1182).

$C_{20}H_8O_7Br_4$ 1) **Tetrabromdioxyfluoresceïn** (*B.* **36**, 1083 *C.* **1903** [1] 1183).
2) **Tetrabromphloroglucinphtaleïn** (*B.* **36**, 1073 *C.* **1903** [1] 1181).

$C_{20}H_9N_2Br_3$ 1) **Chinoxalin** (aus Phenanthrenchinon u. 3,4,5-Tribrom-1,2-Diamidobenzol). Sm. noch nicht bei 250° (*Am.* **30**, 79 *C.* **1903** [2] 356).

$C_{20}H_{10}OS_2$ 1) **Verbindung** (aus Phenanthrenchinon u. Tiophten) (*B.* **37**, 3352 *C.* **1904** [2] 1058).

$C_{20}H_{10}O_3Cl_2$ *1) **Dichlorfluoran** (aus 3-Chlor-1-Oxybenzol). Sm. 252° (D.R.P. 156333 *C.* **1904** [2] 1673).

$C_{20}H_{10}O_4N_4$ C 64,9 — H 2,7 — O 17,3 — N 15,1 — M. G. 370.
1) **2,7-Dinitrophenanthrophenazin.** Sm. 356° (*B.* **36**, 3740 *C.* **1904** [1] 37).
2) **4,5-Dinitrophenanthrophenazin.** Sm. 262—264° (*B.* **36**, 3748 *C.* **1904** [1] 38).

$C_{20}H_{10}O_4J_4$ *1) **Tetrajodphenolphtaleïn** (D.R.P. 143596 *C.* **1903** [2] 403).

$C_{20}H_{10}O_7Cl_2$ 1) **Dichlordioxyfluoresceïn.** Ba (*B.* **36**, 1080 *C.* **1903** [1] 1182).

$C_{20}H_{10}O_7Br_2$ 2) **isom. Dibromdioxyfluoresceïn** (*B.* **36**, 1081 *C.* **1903** [1] 1182).

$C_{20}H_{10}N_2Br_2$ 3) **2,7-Dibromphenanthrophenazin** (aus 2,7-Dibrom-9,10-Phenanthrenchinon). Sm. 294—295° (*B.* **37**, 3570 *C.* **1904** [2] 1402).

$C_{20}H_{11}O_2N_3$ 3) **4-Nitrophenanthrophenazin.** Sm. 217—218° (*B.* **36**, 3736 *C.* **1904** [1] 36).

$C_{20}H_{11}O_5N$ 2) **4,5-Imid d. 1-Benzoylnaphtalin-1^2,4,5-Tricarbonsäure.** Sm. oberh. 300° (*A.* **327**, 101 *C.* **1903** [1] 1229).

$C_{20}H_{11}O_6Br$ 1) **2′,3-Lakton d. 1-Keto-3-Methoxyl-2-[2-Brom-2-Oxy-1,3-Diketo-2,3-Dihydro-2-Indenyl]-2,3-Dihydroinden-3-Carbonsäure.** Sm. 198° (*B.* **35**, 3964 *C.* **1903** [1] 33).

$C_{20}H_{11}O_7N$ C 63,7 — H 2,9 — O 29,7 — N 3,7 — M. G. 377.
1) **β-Nitrofluoresceïn** (D.R.P. 139428 *C.* **1903** [1] 679).

$C_{20}H_{11}N_2Cl$ 1) **Phenazin** (aus 9,10-Phenanthrenchinon u. 4-Chlor-1,2-Diamidobenzol). Sm. 246° (*B.* **36**, 4028 *C.* **1904** [1] 294).

$C_{20}H_{11}N_2Br$ 1) **2-Bromphenanthrophenazin** (aus 2-Brom-9,10-Phenanthrenchinon). Sm. 252—254° (*B.* **37**, 3560 *C.* **1904** [2] 1401).
2) **3-Bromphenanthrophenazin** (aus 3-Brom-9,10-Phenanthrenchinon). Sm. 249° (*B.* **37**, 3572 *C.* **1904** [2] 1403).

$C_{20}H_{11}N_2Br_3$ 1) **5,6,7-Tribrom-2,3-Diphenyl-1,4-Benzdiazin** (*Am.* **30**, 79 *C.* **1903** [2] 356).

$C_{20}H_{12}ON_2$ 6) **1,1′-Dinaphto-2,2′-Orthodiazinoxyd.** Sm. 247—248° u. Zers. (*B.* **36**, 4164 *C.* **1904** [1] 286; *B.* **36**, 4173 *C.* **1904** [1] 287).

$C_{20}H_{12}O_3N_2$ 3) **2-[4-Oxyphenylazo]-9,10-Anthrachinon.** Sm. oberh. 290° u. Zers. (*C.* **1904** [1] 289).

$C_{20}H_{12}O_4N_2$ 3) **2-[2,4-Dioxyphenylazo]-9,10-Anthrachinon.** Sm. 261—263° u. Zers. (*C.* **1904** [1] 289).

$C_{20}H_{12}O_8N_6$ C 51,7 — H 2,6 — O 27,6 — N 18,1 — M. G. 464.
1) **1,4-Di[2,4-Dinitrobenzylidenamido]benzol.** Sm. 252° (*B.* **37**, 1871 *C.* **1904** [1] 1601).

$C_{20}H_{12}N_2S_2$ 2) **2,2'-Diphenylbenzbithiazol** (Dibenzenyl-2,5-Disulfhydro-p-Diamidobenzol). Sm. 232—234° (*Soc.* **83**, 1207 *C.* **1903** [2] 1328).

$C_{20}H_{12}N_3Cl_3$ 1) **1,3,5-Tri[4-Chlorphenyl]-1,2,4-Triazol?** Sm. 168—170° (*J. pr.* [2] **67**, 500 *C.* **1903** [2] 251).

$C_{20}H_{12}Cl_2S_2$ 3) **Di[4-Chlor-1-Naphtyl]disulfid.** Sm. 121—122° (*C. r.* **138**, 982 *C.* **1904** [1] 1413).

$C_{20}H_{12}Br_2S_2$ 1) **Di[4-Brom-1-Naphtyl]disulfid.** Sm. 131—132° (*C. r.* **138**, 982 *C.* **1904** [1] 1413).

$C_{20}H_{13}OCl$ 1) **9-Chlor-10-Keto-9-Phenyl-9,10-Dihydroanthracen.** Sm. 164° (168 bis 169°) (*Bl.* [3] **17**, 876; *B.* **37**, 3338 *C.* **1904** [2] 1056). — *III, *199.*

$C_{20}H_{13}OBr$ 1) **9-Brom-10-Keto-9-Phenyl-9,10-Dihydroanthracen.** Sm. 145—147° (*B.* **37**, 3338 *C.* **1904** [2] 1056).

$C_{20}H_{13}O_2N$ *7) **5-Phenylakridin-5²-Carbonsäure.** Sm. 347° u. Zers. (*B.* **37**, 1006 *C.* **1904** [1] 1276).
11) **α'-Phenylpyrophtalon.** Sm. 263° (*B.* **36**, 3919 *C.* **1904** [1] 98).

$C_{20}H_{13}O_3N$ 7) **Benzoat d. 5-Oxy-1-Phenylbenzoxazol.** Sm. 118,5° (*B.* **35**, 4201 *C.* **1903** [1] 146).
8) **Benzoat d. 3-Oxy-5-Keto-5,10-Dihydroakridin.** Sm. 265° (*C.* **1904** [2] 720).

$C_{20}H_{13}O_4N$ 5) **4-Phenylamido-1,3-Dioxy-9,10-Anthrachinon** (D.R.P. 145239 *C.* **1903** [2] 1100).
6) **2-Phenylamido-1,4-Dioxy-9,10-Anthrachinon.** Sm. 255—256° (D.R.P. 86150; D.R.P. 114199 *C.* **1900** [2] 884). — *III, *305.*

$C_{20}H_{13}O_5N_3$ 3) **3-Nitro-4,4'-Biphenylenamid d. Benzol-1,2-Dicarbonsäure.** Sm. 225° (*B.* **37**, 2882 *C.* **1904** [2] 594).

$C_{20}H_{13}O_4N_5$ 2) **1-Phenyl-3,4-Di[3-Nitrophenyl]-1,2,5-Triazol?** Sm. 174—175° (*B.* **36**, 97 *C.* **1903** [1] 453).

$C_{20}H_{13}O_5N$ C 69,2 — H 3,7 — O 23,1 — N 4,0 — M. G. 347.
1) **α-Oxim d. Hydrochinonphtaleïn.** Sm. 268—269° (*B.* **36**, 2962 *C.* **1903** [2] 1006).
2) **β-Oxim d. Hydrochinonphtaleïn** + $5H_2O$ (*B.* **36**, 2963 *C.* **1903** [2] 1006).
3) **γ-Oxim d. Hydrochinonphtaleïn** (*B.* **36**, 2963 *C.* **1903** [2] 1007).

$C_{20}H_{13}O_6N$ *2) **Dibenzoat d. 4-Nitro-1,3-Dioxybenzol.** Sm. 109° (*A.* **330**, 106 *C.* **1904** [1] 1076).

$C_{20}H_{13}O_8N_5$ C 53,2 — H 2,9 — O 28,4 — N 15,5 — M. G. 451.
1) **Di[3-Nitrophenylamid] d. 3-Nitrobenzol-1,2-Dicarbonsäure.** Sm. 225 bis 230° u. Zers. (*C.* **1903** [2] 431).
2) **Di[4-Nitrophenylamid] d. 3-Nitrobenzol-1,2-Dicarbonsäure.** Sm. 197 bis 200° u. Zers. (*C.* **1903** [2] 431).

$C_{20}H_{13}N_3Br_2$ 2) **4,4'-Dibrom-1'-Amido-1,2'-Azonaphtalin.** Sm. 181—182° (*Soc.* **85**, 751 *C.* **1904** [2] 448).

$C_{20}H_{14}ON_2$ *11) **6-Oxy-2,3-Diphenyl-1,4-Benzdiazin.** Sm. 251—252° (*B.* **37**, 2280 *C.* **1904** [2] 434).
13) **isom. ?-Nitroso-1,1'-Dinaphtylamin.** Sm. 143° (*B.* **36**, 4138 *C.* **1904** [1] 185).
14) **2,2'-Azoxynaphtalin.** Sm. 167—168° (*B.* **36**, 4163 *C.* **1904** [1] 286; *B.* **36**, 4173 *C.* **1904** [1] 288).
15) **α'-Phenylpyrophtalin.** Sm. oberh. 307° (*B.* **36**, 3922 *C.* **1904** [1] 98).
16) **Verbindung** (aus Isopyrophtalon u. Anilin). Sm. 185° (*B.* **36**, 1662 *C.* **1903** [2] 40).

$C_{20}H_{14}O_2N_2$ 18) **4,4'-Biphenylenamid d. Benzol-1,2-Dicarbonsäure.** Sm. oberh. 300° (*B.* **37**, 2882 *C.* **1904** [2] 594).

$C_{20}H_{14}O_4N_2$ 7) **Phenyl-3-Nitrobenzoylamid d. Benzolcarbonsäure.** Sm. 139° (*Am.* **30**, 37 *C.* **1903** [2] 363).

$C_{20}H_{14}O_4N_4$ 9) **1,4-Di[2-Nitrobenzylidenamido]benzol.** Sm. 208° (*B.* **37**, 1871 *C.* **1904** [1] 1601).

$C_{20}H_{14}O_4N_4$ 10) **Benzoat d. α-Oximido-α-Phenylazo-α-[3-Nitrophenyl]methan.** Zers. bei 145° (*B.* **36**, 73 *C.* **1903** [1] 452).

$C_{20}H_{14}O_4Cl_6$ 1) **Dimethylester d. 1,3-Dichlor-1,3-Di[2,4-Dichlorphenyl]-R-Tetramethylen-2,4-Dicarbonsäure.** Sm. 215° (*B.* **37**, 220 *C.* **1904** [1] 588).
2) **Dimethylester d. isom. 1,3-Dichlor-1,3-Di[2,4-Dichlorphenyl]-R-Tetramethylen-2,4-Dicarbonsäure** (D. d. Hexachlor-γ-Truxillsäure). Sm. 180—182° (*B.* **37**, 223 *C.* **1904** [1] 588).

$C_{20}H_{14}O_5N_4$ 2) **Verbindung** (aus 1,3-Dinitrobenzol u. Aceton) (*B.* **37**, 836 *C.* **1904** [1] 1201).

$C_{20}H_{14}N_3Cl$ 1) **1-[2-Chlorphenyl]-3,5-Diphenyl-1,2,4-Triazol.** Sm. 108° (*J. pr.* [2] **67**, 493 *C.* **1903** [2] 251).
2) **1-[3-Chlorphenyl]-3,5-Diphenyl-1,2,4-Triazol.** Sm. 107—109° (*J. pr.* [2] **67**, 495 *C.* **1903** [2] 251).
3) **1-[4-Chlorphenyl]-3,5-Diphenyl-1,2,4-Triazol.** Sm. 119° (*J. pr.* [2] **67**, 499 *C.* **1903** [2] 251).

$C_{20}H_{15}ON_3$ 15) **4-Nitroso-1,3-Dibenzylidenamidobenzol.** Sm. 240° u. Zers. (*B.* **37**, 2280 *C.* **1904** [2] 434).
16) **Phenylhydrazon d. Isopyrophtalon** + $2H_2O$. Sm. 127° (*B.* **36**, 1662 *C.* **1903** [2] 40).
17) **5-Keto-1,3,4-Triphenyl-4,5-Dihydro-1,2,4-Triazol.** Sm. 215—216° (217—218°) (*B.* **36**, 1360 *C.* **1903** [1] 1340; *Am.* **31**, 584 *C.* **1904** [2] 109).

$C_{20}H_{15}O_2N$ *1) **2-Benzoylamidodiphenylketon** (*C.* **1903** [1] 924).
*2) **4-Benzoylamidodiphenylketon** (*C.* **1903** [1] 924).
*9) **Phenylimid d. Benzolcarbonsäure.** Sm. 164° (*C.* **1903** [1] 924; *C. r.* **137**, 713 *C.* **1903** [2] 1428).

$C_{20}H_{15}O_2N$ 13) **o,p-Dimethylchinophtalon.** Sm. 290° (*B.* **37**, 3017 *C.* **1904** [2] 1409).
14) **o,p-Dimethylisochinophtalon.** Sm. 231° (*B.* **37**, 3017 *C.* **1904** [2] 1409).
15) **Benzoat d. 4-Benzylidenamido-1-Oxybenzol.** Sm. 148° (*B.* **36**, 4152 *C.* **1904** [1] 187).
16) **Benzoat d. β-Oxy-α-Phenyl-β-[2-Pyridyl]äthen.** Sm. 90—91°. HCl, Pikrat (*B.* **36**, 124 *C.* **1903** [1] 470).

$C_{20}H_{15}O_2N_3$ 9) **3-Phenylimidomethylazobenzol-3'-Carbonsäure.** Sm. 128° (*B.* **36**, 3474 *C.* **1903** [2] 1270).
10) **Benzoat d. α-Oximido-α-Phenylazo-α-Phenylmethan.** Sm. 126 bis 126,5° (*B.* **36**, 65 *C.* **1903** [1] 451).

$C_{20}H_{15}O_2P$ *1) **Di[1-Naphtyl]phosphinsäure.** Sm. 220° (*C. r.* **139**, 675 *C.* **1904** [2] 1638).

$C_{20}H_{15}O_3N$ *5) **Benzoat d. 2-Benzoylamido-1-Oxybenzol.** Sm. 183—184,5° (*B.* **36**, 2051 *C.* **1903** [illegible]).
*7) **Benzoat d. 4-Benzoylamido-1-Oxybenzol.** Sm. 231° (*B.* **37**, 3941 *C.* **1904** [2] 1597).
16) **1-Benzoat d. 4-Hydroxylamido-1-Oxybenzol-4-Benzylidenäther.** Sm. 205° (*B.* **36**, 4151 *C.* **1904** [1] 187).
17) **Phenylamid d. 2-Benzoxylbenzol-1-Carbonsäure.** Sm. 180° (*G.* **34** [1] 271 *C.* **1904** [1] 1499).

$C_{20}H_{15}O_3N_3$ 9) **Phenylamid d. 4-B[illegible]azoameisensäure.** Sm. 168—169° u. Zers. (*A.* **334**, [illegible] **1904** [illegible]).

$C_{20}H_{15}O_4N$ 7) **Diacetat d. Dihydronaphtophenoxazon.** Sm. 206° (*B.* **36**, 1809 *C.* **1903** [2] 206).

$C_{20}H_{15}O_4N_3$ 6) **?-Dinitro-1,2-Diphenyl-3-[2-Pyridyl]-R-Trimethylen.** Sm. 112° (*B.* **36**, 119 *C.* **1903** [1] 469).
7) **Di[Phenylamid] d. 3-Nitrobenzol-1,2-Dicarbonsäure.** Sm. 211 bis 212° u. Zers. (*C.* **1903** [2] 431; *B.* **37**, 2610 *C.* **1904** [2] 522).

$C_{20}H_{15}O_4Cl_5$ 1) **Dimethylester d. 1-Chlor-1,3-Di[2,4-Dichlorphenyl]-R-Tetramethylen-2,4-Dicarbonsäure.** Sm. 170° (*B.* **37**, 222 *C.* **1904** [1] 588).

$C_{20}H_{15}O_5N_3$ 5) **3'-Nitro-4'-Amido-4-Benzoylamidobiphenyl-4''-Carbonsäure.** Sm. 140° (*B.* **37**, 2883 *C.* **1904** [illegible]).

$C_{20}H_{15}O_6N_3$ C 61,1 — H 3,8 — O 24,4 — N 10,7 — M. G. 393.
1) **ααα-Tri[?-Nitrophenyl]äthan.** Sm. 200—202° (*B.* **36**, 474 *C.* **1903** [1] 638).

$C_{20}H_{15}O_6N_5$ C 56,9 — H 3,6 — O 22,8 — N 16,6 — M. G. 421.
1) **α-Phenyl-α-Benzyl-β-[2,4,6-Trinitrobenzyliden]hydrazin.** Sm. 161° (*B.* **36**, 961 *C.* **1903** [1] 969).

$C_{20}H_{15}NSe$ 1) **Benzyläther d. 5-Selenoakridin.** Sm. 110°. (2HCl, $PtCl_4$), Pikrat (*J. pr.* [2] **68**, 90 *C.* **1903** [2] 446).

$C_{20}H_{15}N_3S$ *2) **1,4,5-Triphenyl-4,5-Dihydro-1,2,4-Triazol-3,5-Sulfid.** Sm. 314 bis 315° (*J. pr.* [2] **67**, 219 *C.* **1903** [1] 1260).

$C_{20}H_{15}N_4Cl$ 1) **3-[3-Chlorphenyl]amido-1,5-Diphenyl-1,2,4-Triazol.** Sm. 195 bis 196° (*Am.* **32**, 366 *C.* **1904** [2] 1507).

$C_{20}H_{16}ON_2$ 11) **α-Imido-α-Phenylbenzoylamido-α-Phenylmethan.** Sm. 95—97° (*C.* **1903** [2] 831).
12) **2-[α-Phenylhydrazonäthyl]-β-Naphtofuran.** Sm. 189° (*B.* **36**, 2867 *C.* **1903** [2] 832).
13) **N-Methyl-o-Methylchinophtalin.** Sm. 205° (*B.* **36**, 3919 *C.* **1904** [1] 98).

$C_{20}H_{16}OS_3$ 1) **Dimethyläther d. 3,5-Dimerkapto-4-Thiocarbonyl-1-Keto-2,6-Diphenyl-1,4-Dihydrobenzol.** Sm. 167° (*B.* **37**, 1607 *C.* **1904** [1] 1444).

$C_{20}H_{16}O_2N_2$ *28) **Di[Phenylamid] d. Benzol-1,2-Dicarbonsäure.** Sm. 245—250° u. Zers. (*Am.* **26**, 456; *R.* **21**, 339 *C.* **1903** [1] 156).
34) **Benzoat d. α-Phenyl-β-[2-Oxybenzyliden]hydrazin.** Sm. 148—149° (*B.* **37**, 3938 *C.* **1904** [2] 1596).
35) **Benzoat d. α-Phenyl-β-[4-Oxybenzyliden]hydrazin.** Sm. 176—177° (*B.* **37**, 3939 *C.* **1904** [2] 1597).

$C_{20}H_{16}O_2N_4$ 7) **3,4-Methylenäther d. α-Phenylhydrazon-α-Phenylazo-α-[3,4-Dioxyphenyl]methan.** Sm. 156° (*C.* **1903** [2] 427).
8) **trans-γ-Phenylhydrazon-α-[2-Nitrophenyl]-γ-[2-Pyridyl]propen.** Sm. 137° (*B.* **35**, 4066 *C.* **1903** [1] 92).

$C_{20}H_{16}O_2S_2$ 3) **Dibenzyläther d. 2,5-Dimerkapto-1,4-Benzochinon.** Sm. 223 bis 224° (*A.* **336**, 152 *C.* **1904** [2] 1300).

$C_{20}H_{16}O_3N_2$ 11) **3,4-Di[Benzoylamido]-1-Oxybenzol.** Sm. 203—205° (*B.* **36**, 4126 *C.* **1904** [1] 273).

$C_{20}H_{16}O_4N_2$ *6) **Cotoïnazobenzol.** Sm. 183—184° (*A.* **329**, 278 *C.* **1904** [1] 795).
19) **Diacetylbiindoxyl** (*C.* **1903** [1] 35).

$C_{20}H_{16}O_4N_4$ 3) **pp'-Di[Acetylamido]indigo** (*M.* **24**, 10 *C.* **1903** [1] 775).
4) **2,6-Diphenylazo-3,5-Dioxy-1-Methylbenzol-4-Carbonsäure** (*B.* **37**, 1413 *C.* **1904** [1] 1417).

$C_{20}H_{16}O_6N_2$ 6) **Diacetylisatid.** Sm. 198° (*B.* **37**, 945 *C.* **1904** [1] 1217).

$C_{20}H_{16}N_2S$ 2) **α-Rhodan-4-Amidotriphenylmethan.** HCl (*B.* **37**, 602 *C.* **1904** [1] 886).

$C_{20}H_{16}N_4S$ 4) **4-Phenylamido-1,5-Diphenyl-4,5-Dihydro-1,2,4-Triazol-3,5-Disulfid.** Sm. 132° (*J. pr.* [2] **67**, 236 *C.* **1903** [1] 1262).

$C_{20}H_{17}ON$ *6) **Methyloxydhydrat d. 5-Phenylakridin.** Sm. 140°. Methylsulfat, 4-Methylbenzolsulfonat (*A.* **327**, 118, 122 *C.* **1903** [1] 1214, 1221; *C.* **1904** [2] 995).
*11) **Phenylbenzylamid d. Benzolcarbonsäure** (*B.* **37**, 2816 *C.* **1904** [2] 649).
*15) **5-Oxy-10-Methyl-5-Phenyl-5,10-Dihydroakridin.** Pikrat (*B.* **37**, 576 *C.* **1904** [1] 897).
19) **4-Methylphenylamidodiphenylketon.** Sm. 82° (D.R.P. 41751). — *III, *147*.
20) **Verbindung** (aus α'-Phenylpyrophtalon). Sm. 135° (*B.* **36**, 3921 *C.* **1904** [1] 98).

$C_{20}H_{17}ON_3$ 10) **α-Benzylidenamido-αβ-Diphenylharnstoff.** Sm. 173° (*B.* **36**, 1360 *C.* **1903** [1] 1340).
11) **α-Diphenylmethylenamido-β-Phenylharnstoff.** Sm. 163° (*B.* **37**, 3181 *C.* **1904** [2] 991).
12) **α-Nitroso-α-Diphenylmethyl-β-Benzylidenhydrazin.** Sm. 96° u. Zers. (*J. pr.* [2] **67**, 164 *C.* **1903** [1] 873).
13) **Diphenylmethylenhydrazid d. 2-Amidobenzol-1-Carbonsäure.** Sm. 157° (*J. pr.* [2] **69**, 99 *C.* **1904** [1] 730).

$C_{20}H_{17}ON_5$ 4) **α-Phenylazomethylenamido-αβ-Diphenylharnstoff** (Carbanilidoformazylwasserstoff). Sm. 178° u. Zers. (*B.* **36**, 1364 *C.* **1903** [1] 1341).
5) **Benzylidenhydrazid d. 6-Benzylidenhydrazidopyridin-3-Carbonsäure.** Sm. 313° (*B.* **36**, 1112 *C.* **1903** [1] 1184).

$C_{20}H_{17}OCl$ 1) **Methyläther d. α-Chlor-4-Oxytriphenylmethan.** Sm. 122—123° (124°) (*B.* **36**, 2335 *C.* **1903** [2] 441; *B.* **36**, 2789 *C.* **1903** [2] 882).

$C_{20}H_{17}O_2N$ 14) **2-Acetyl-1-Phenyl-1,3-Dihydro-4,2-β-Naphtisoxazin.** Sm. 142° (*G.* **33** [1] 30 *C.* **1903** [1] 926).

15) **Verbindung** (aus Acetophenon, Benzoylchlorid u. Pyridin). Sm. 110°; Zers. oberh. 230° (*B.* **36**, 3676 *C.* **1903** [2] 1442).

$C_{20}H_{17}O_2N_3$ 15) **α-Nitroso-α-Diphenylmethyl-β-[2-Oxybenzyliden]hydrazin.** Sm. 100° u. Zers. (*J. pr.* [2] **67**, 164 *C.* **1903** [1] 873).

16) **Benzoat d. 4-Oxy-1-[2-Methylphenylamido]diazobenzol.** Sm. 131 bis 132° (*B.* **36**, 4148 *C.* **1904** [1] 180).

17) **Benzoat d. 4-Oxy-1-[4-Methylphenylamido]diazobenzol.** Sm. 148,5° (*B.* **36**, 4147 *C.* **1904** [1] 180).

$C_{20}H_{17}O_2N_5$ *2) **Rubazonsäure.** Sm. 181° (*C. r.* **139**, 135 *C.* **1904** [2] 588).

$C_{20}H_{17}O_3N_3$ *8) **Phenylamidoformiat d. 4-Oxy-s-Diphenylharnstoff.** Sm. 238 bis 239° (*J. pr.* [2] **67**, 340 *C.* **1903** [1] 1339).

10) **Benzoat d. β-[4-Oxyphenyl]amido-α-Phenylharnstoff.** Sm. 203 bis 204° (*A.* **334**, 189 *C.* **1904** [2] 835).

$C_{20}H_{17}O_4N$ *1) **Berberin.** HNO_3 (*Soc.* **83**, 619 *C.* **1903** [1] 1364; *C.* **1903** [2] 1011).

13) **Verbindung** (aus Cotarnin u. Vanillin). HCl + H_2O (*B.* **37**, 1063 *C.* **1904** [2] 44).

$C_{20}H_{17}O_5N$ *1) **Protopin** (*Ar.* **241**, 319 *C.* **1903** [2] 1284).

$C_{20}H_{17}O_6Cl_3$ 1) **Verbindung** (aus Zimmtsäure u. Trichloressigsäure) (*R.* **21**, 353 *C.* **1903** [1] 150).

$C_{20}H_{17}O_7N_3$ *1) **Verbindung** (aus d. Methylenäther d. 3,4-Dioxyphenylisonitrosodimethylketon) (*A.* **332**, 332 *C.* **1904** [2] 652).

$C_{20}H_{17}NS$ 2) **4'-Benzylidenamido-4-Methyldiphenylsulfid.** Sm. 99° (*J. pr.* [2] **68**, 272 *C.* **1903** [2] 993).

$C_{20}H_{17}N_2Cl$ 4) **α-Chlor-α-[4-Methylphenyl]imido-α-Diphenylamidomethan.** Sm. 105 bis 107°; Sd. 240—250°$_{30}$ (*B.* **37**, 966 *C.* **1904** [1] 1002).

$C_{20}H_{18}ON_2$ *4) **2-Benzoylamido-1-Phenylamidomethylbenzol** (*B.* **37**, 3118 *C.* **1904** [2] 1317).

*6) **αα-Diphenyl-β-[4-Methylphenyl]harnstoff** (*B.* **37**, 965 *C.* **1904** [1] 1002).

26) **α-Phenylhydroxylamido-α-Benzylimido-α-Phenylmethan.** Fl. HCl (*B.* **36**, 20 *C.* **1903** [1] 510).

27) **α-Phenylhydroxylamido-α-[4-Methylphenyl]imido-α-Phenylmethan.** Sm. 191°. HCl (*B.* **36**, 21 *C.* **1903** [1] 510).

28) **α-[4-M[illegible]iroxylamido-α-Phenylimido-α-Phenylmetha[illegible]** [illegible] (*B.* **36**, 20 *C.* **1903** [1] 510).

29) **Verbindung** (aus d. Säure $C_{21}H_{18}O_3N_2$). Sm. 217—218° (*B.* **36**, 2126 *C.* **1903** [2] 365).

$C_{20}H_{18}ON_4$ 13) **α-Benzylidenamido-β-Phenylamido-α-Phenylharnstoff.** Sm. 206 bis 207° (*B.* **36**, 1361 *C.* **1903** [1] 1340).

14) **α-Phenylhydrazon-α-Phenylureïdo-α-Phenylmethan.** Sm. 168° u. Zers. (*B.* **36**, 2485 *C.* **1903** [2] 490).

$C_{20}H_{18}O_2N_2$ 20) **3,5,3',5'-Tetramethylindigo** (D.R.P. 61711). — *II, *969*.

$C_{20}H_{18}O_2N_4$ 17) **α-Phenyl-α-Benzyl-β-[4-Nitro-2-Amidobenzyliden]hydrazin.** Sm. 155° (*B.* **37**, 1863 *C.* **1904** [1] 1600).

18) **4,6-Di[Phenylazo]-3,5-Dioxy-1,2-Dimethylbenzol.** Sm. 229° u. Zers. + Eisessig (*A.* **329**, 307 *C.* **1904** [1] 794).

$C_{20}H_{18}O_2N_6$ C 64,2 — H 4,8 — O 8,6 — N 22,4 — M. G. 374.

1) **1,4-Di[β-Phenylsemicarbazon]-1,4-Dihydrobenzol.** Zers. bei 249° (*A.* **334**, 168, 171 *C.* **1904** [2] 834).

$C_{20}H_{18}O_2S_2$ 1) **2,5-Dibenzyläther d. 2,5-Dimerkapto-1,4-Dioxybenzol.** Sm. 134 bis 135° (*A.* **336**, 153 *C.* **1904** [2] 1300).

$C_{20}H_{18}O_3N_2$ 3) **Felicinsäuredisazobenzol.** Sm. 209° (*A.* **329**, 208 *C.* **1904** [1] 707).

$C_{20}H_{18}O_3N_4$ *6) **2-Methyläther d. 2,4,6-Trioxy-3,5-Diphenylazo-1-Methylbenzol.** Sm. 204° (*A.* **329**, 285 *C.* **1904** [1] 796).

$C_{20}H_{18}O_4N_4$ *4) **α-Phenyl-αβ-Di[2-Nitrobenzyl]hydrazin** (oder $C_{20}H_{16}O_4N_4$) (*M.* **25**, 602 *C.* **1904** [2] 1294).

5) **Dibenzoylderivat d. Bisdiazoaceton.** Sm. 170° (*G.* **34** [1] 205 *C.* **1904** [1] 1485).

$C_{20}H_{18}O_4N_6$ C 59,1 — H 4,4 — O 15,8 — N 20,7 — M. G. 406.

1) **αγ-Disemicarbazon-β-Phtalyl-α-Phenylbutan.** Sm. 252° (*B.* **37**, 582 *C.* **1904** [1] 940).

$C_{20}H_{18}O_4Br_2$ 2) **Dimethylester d. 1,3-Di[4-Bromphenyl]-R-Tetramethylen-2,4-Dicarbonsäure.** Sm. 172° (*B.* **37**, 219 *C.* **1904** [1] 588).
3) **Dimethylester d. isom. 1,3-Di[4-Bromphenyl]-R-Tetramethylen-2,4-Dicarbonsäure** (D. d. Dibrom-γ-Truxillsäure). Sm. 163° (*B.* **37**, 223 *C.* **1904** [1] 588).

$C_{20}H_{18}O_4S$ 1) **Sulfid d. β-Merkapto-αγ-Diketo-α-Phenylbutan** (Thiobenzoylaceton). Sm. 95°. NH_4, Na, Fe, Cu (*Bl.* [3] **29**, 528 *C.* **1903** [2] 243).
2) **4-Oxytriphenylmethan-4-Methyläther-α-Sulfonsäure.** Na + $5H_2O$ (*B.* **36**, 2790 *C.* **1903** [2] 882).

$C_{20}H_{18}O_4S_2$ 3) **α-Phenylsulfon-α-Benzylsulfon-α-Phenylmethan.** Sm. 173—174° (*B.* **36**, 301 *C.* **1903** [1] 500).

$C_{20}H_{18}O_5N_2$ 2) **Nitrocusparin** (*C.* **1903** [2] 1011).
3) **Anthranilopapaverin.** Sm. 244—245° (*B.* **37**, 1937 *C.* **1904** [2] 129).

$C_{20}H_{18}O_6N_2$ 4) **Bisnitrosobenzoylaceton.** Sm. 65° u. Zers. (*B.* **37**, 1535 *C.* **1904** [1] 1609).
5) **Tetramethyläther d. Tetraoxyindigo.** subl. oberh. 300° (*B.* **36**, 2932 *C.* **1903** [2] 888).
6) **αβ-Di[2-Acetylamidophenyl]äthen-αβ-Dicarbonsäure** (*A.* **332**, 276 *C.* **1904** [2] 701).

$C_{20}H_{18}O_6Cl_4$ 1) **4,4′-Diacetat d. αβ-Dioxy-αβ-Di[3,5-Dichlor-4-Oxyphenyl]äthan-αβ-Dimethyläther.** Sm. 164° (*A.* **325**, 57 *C.* **1903** [1] 462).

$C_{20}H_{18}O_7N_2$ 5) **Tetramethyläther d. 6,7-Dioxy-1-[6-Nitro-3,4-Dioxybenzoyl]-isochinolin** (Nitropapaveraldin). Sm. 199—200° (*B.* **37**, 1936 *C.* **1904** [2] 129).

$C_{20}H_{18}O_7N_4$ C 56,3 — H 4,2 — O 26,3 — N 13,1 — M. G. 426.
1) **2-Acetyläthylamidonaphtalin + 1,3,5-Trinitrobenzol.** Sm. 77—78° (*Soc.* **83**, 1339 *C.* **1904** [1] 99).

$C_{20}H_{18}N_2J_2$ 3) **Phenyl-2,3′-Dimethylazobenzol-4′-Jodoniumjodid.** Zers. bei 143° (*J. pr.* [2] **69**, 325 *C.* **1904** [2] 35).

$C_{20}H_{19}ON$ 5) **α-Oxy-4-Methylamidotriphenylmethan** (*B.* **37**, 2858 *C.* **1904** [2] 775).
6) **2-Oxy-1-[α-Isopropylidenamidobenzyl]naphtalin.** Sm. 124° (*G.* **33** [1] 33 *C.* **1903** [1] 926).
7) **Phenyläther d. Dibenzylhydroxylamin.** Sm. 125—126° (*G.* **33** [2] 459 *C.* **1904** [1] 655).

$C_{20}H_{19}ON_3$ 10) **Phenylamid d. Di[Phenylamido]essigsäure.** Sm. 141—142° (*A.* **332**, 262 *C.* **1904** [2] 699).

$C_{20}H_{19}ON_5$ 3) **4-[4-(Methyl-α-Cyanäthylamido)phenylimido]-5-Keto-3-Methyl-1-Phenyl-4,5-Dihydropyrazol.** Sm. 190° (*B.* **36**, 760 *C.* **1903** [1] 962).

$C_{20}H_{19}O_2N$ 8) **Di[β-Keto-α-Benzylidenpropyl]amin.** HCl (*Soc.* **83**, 379 *C.* **1903** [1] 845, 1144).
9) **6-Phenylimido-4-Keto-5-Acetyl-2-Phenylhexahydrobenzol.** Sm. 124—125° (*B.* **37**, 3383 *C.* **1904** [2] 1219).
10) **Verbindung** (aus β-Naphtolbenzalamin). Sm. 103° (*G.* **33** [1] 28 *C.* **1903** [1] 926).

$C_{20}H_{19}O_3N$ *1) **Cusparin** (*C.* **1903** [2] 1010).
8) **4-Acetylamido-1-[2,5-Dimethylbenzoyl]-2-Methylbenzfuran.** Sm. 200—205° u. Zers. (*B.* **36**, 1262 *C.* **1903** [1] 1184).

$C_{20}H_{19}O_4N$ *1) **Aethylester d. 4,5-Diketo-2-Phenyl-1-[4-Methylphenyl]tetrahydropyrrol-3-Carbonsäure.** Sm. 159° (*C. r.* **139**, 212 *C.* **1904** [2] 656).
4) **Anhydrocotarnincumaron.** Sm. 66—71°. (2 HCl, $PtCl_4$) (*B.* **37**, 2742 *C.* **1904** [2] 544).
5) **Monooxim d. 3-Keto-2-Benzoyl-1-Phenyl-R-Pentamethylen-5-Carbonsäuremethylester.** Sm. 184—185° (*A.* **326**, 371 *C.* **1903** [1] 1125).

$C_{20}H_{19}O_4N_3$ 2) **Diazopapaverin.** Sm. 281° (*B.* **37**, 1934 *C.* **1904** [2] 129).
3) **Monosemicarbazon d. 3-Keto-2-Benzoyl-1-Phenyl-R-Pentamethylen-5-Carbonsäure.** Sm. 236—237° u. Zers. Ag (*A.* **326**, 378 *C.* **1903** [1] 1126).

$C_{20}H_{19}O_4N_5$ C 61,1 — H 4,8 — O 16,3 — N 17,8 — M. G. 393.
1) **3,4-Dinitro-4′-Amido-4″-Dimethylamidotriphenylmethan.** Sm. 209° (*J. pr.* [2] **69**, 239 *C.* **1904** [1] 1268).

$C_{20}H_{19}O_5N$ *1) **Papaveraldin.** Sm. 210° (*B.* **37**, 1936 *C.* **1904** [2] 129).
*3) **Chelidonin** (*C.* **1904** [1] 1224).
*4) **Protopin.** Sm. 204—205° (*C.* **1903** [1] 1142).

$C_{20}H_{19}O_5N$ 8) **2[2],2[4]-Diäthyläther d. 8-Nitroso-7-Oxy-4-Methylen-2-[2,4-Dioxyphenyl]-1,4-Benzpyran.** Sm. 170–178° (*B.* **37**, 360 *C.* **1904** [1] 671).

$C_{20}H_{19}O_5N_3$ 2) **Aethylester d. α-Phenylazo-4-Acetylamidobenzoylbrenztraubensäure.** Sm. 123—124° (*B.* **36**, 2698 *C.* **1903** [2] 952).

$C_{20}H_{19}O_6N_3$ 2) **Diazopapaveraldin.** Sulfat (*B.* **37**, 1939 *C.* **1904** [2] 129).

$C_{20}H_{19}N_3S$ 3) **β-Diphenylmethylamido-α-Phenylthioharnstoff** (Benzhydrylphenylthiosemicarbazid). Sm. 163–164° (*J. pr.* [2] **67**, 171 *C.* **1903** [1] 874).

$C_{20}H_{20}ON_2$ 13) **Methyläther d. α-Oxy-4,4'-Diamidotriphenylmethan.** Sm. 161 bis 163° (*B.* **37**, 2863 *C.* **1904** [2] 776).

14) **4-Dimethylamidophenyl-4-Methylamido-1-Naphtylketon.** Sm 212° (D.R.P. 84655; *C.* **1903** [1] 87; *B.* **37**, 1902 *C.* **1904** [2] 115). — *III, *194.*

$C_{20}H_{20}O_2N_2$ 7) **4,6-Dioxy-1,3-Di[4-Amidobenzyl]benzol.** Sm. 212—213°. (2HCl, $PtCl_4$), H_2SO_4 (*M.* **23**, 980 *C.* **1903** [1] 288).

8) **Aethylester d. 6-Methyl-1,3-Diphenyl-1,4-Dihydro-1,2-Diazin-5-Carbonsäure.** Sm. 114—116° (*A.* **331**, 310 *C.* **1904** [2] 45).

9) **Verbindung** (aus α-Cyanpropionsäureäthylester). Sm. 195° u. Zers. (*C.* **1903** [2] 713).

$C_{20}H_{20}O_2N_4$ 4) **Verbindung** (aus Dibenzylhydroxylamin). Sm. 115° (*B.* **36**, 2289 *C.* **1903** [2] 564).

$C_{20}H_{20}O_2N_6$ C 63,8 — H 5,3 — O 8,5 — N 22,3 — M. G. 376.

1) **3,6-Di[4-Acetylamidobenzyl]-1,2,4,5-Tetrazin.** Sm. 205° (*B.* **35**, 3939 *C.* **1903** [1] 39).

$C_{20}H_{20}O_2S_2$ 1) **Dibenzyläther d. 2,5-Di[illegible]-1,4-Diketohexahydrobenzol.** Sm. 160—163° (*A.* **336**, [illegible] *C.* **1904** [illegible] 1300).

$C_{20}H_{20}O_3N_2$ 3) **Anhydrocotarninbenzylcyanid.** Sm. 134°. HCl (*B.* **37**, 3336 *C.* **1904** [2] 1155).

$C_{20}H_{20}O_4N_2$ 13) **Aethylester d. γ-Phenylhydrazon-α-[3,4-Dioxyphenyl]-α-Buten-3,4-Methylenäther-β-Carbonsäure.** Sm. 135° (*B.* **37**, 1704 *C.* **1904** [1] 1497).

14) **Diacetat d. Di[6-Oxy-3-Methylbenzyliden]hydrazin.** Sm. 103° (*B.* **37**, 3187 *C.* **1904** [2] 992).

$C_{20}H_{20}O_5N_2$ *1) **Papaveraldoxim** (*C.* **1903** [1] 844).

3) **Tetramethyläther d. 6,7-Dioxy-1-[6-Amido-3,4-Dioxybenzoyl]isochinolin** (Amidopapaveraldin). Sm. 171—172° (*B.* **37**, 1938 *C.* **1904** [2] 129).

4) **Nitrosopapaverin.** Sm. 181,5°. HCl, (2HCl, $PtCl_4$), HNO_2, HNO_3, Pikrat (*C.* **1903** [1] 844).

$C_{20}H_{20}O_6N_2$ *4) **Tetramethyläther d. 6,7-Dioxy-1-[6-Nitro-3,4-Dioxybenzyl]isochinolin** (Nitropapaverin). Sm. 186—187° (*B.* **37**, 1930 *C.* **1904** [2] 128).

17) **Diäthylester d. αβ-Dibenzoylhydrazin-αβ-Dicarbonsäure.** Sm. 83° (P. GUTMANN, Dissert., Heidelberg 1903).

18) **Diacetat d. 4,4'-Di[Acetylamido]-2,2'-Dioxybiphenyl.** Sm. 128° (*J. pr.* [2] **67**, 271 *C.* **1903** [1] 1221).

$C_{20}H_{20}O_6N_4$ C 58,2 — H 4,8 — O 23,3 — N 13,6 — M. G. 412.

1) **1-Diäthylamidonaphtalin + 1,3,5-Trinitrobenzol.** Sm. 95—95,5° (*Soc.* **83**, 1337 *C.* **1904** [1] 99).

2) **2-Diäthylamidonaphtalin + 1,3,5-Trinitrobenzol.** Sm. 116° (*Soc.* **83**, 1339 *C.* **1904** [1] 99).

$C_{20}H_{20}O_7N_2$ 4) **Aethylester d. β-Acetyl-αγ-Di[4-Nitrophenyl]propan-β-Carbonsäure** (Ae. d. Di-[4-Nitrobenzyl]acetessigsäure). Sm. 139—140° (*G.* **32** [2] 356 *C.* **1903** [1] 629).

$C_{20}H_{20}O_8N_2$ 2) **Di[?-Nitro-2,4-Dimethylphenylester] d. Bernsteinsäure.** Sm. 169° (*B.* **35**, 4080 *C.* **1903** [1] 74).

$C_{20}H_{20}O_8N_4$ C 54,0 — H 4,5 — O 28,0 — N 12,6 — M. G. 222.

1) **Benzalacetonpseudonitrosit.** Sm. 109—110° u. Zers. (*A.* **329**, 257 *C.* **1904** [1] 32).

$C_{20}H_{20}O_{10}N_2$ 2) **Di[3-Nitrobenzyliden]sorbit.** Sm. 220° (*Bl.* [3] **29**, 505 *C.* **1903** [2] 237).

$C_{20}H_{20}O_{12}N_2$ C 50,9 — H 4,2 — O 40,0 — N 5,8 — M. G. 480.

1) **Dinitrotetramethylhämatoxylon.** Sm. 187—192° u. Zers. (*B.* **36**, 399 *C.* **1903** [1] 587; *M.* **25**, 888 *C.* **1904** [2] 1313). — *III, *490.*

$C_{20}H_{20}N_2S_4$ 1) **Diallyläther d. Di[Phenylimidomerkaptomethyl]disulfid.** Sm. 74 bis 75° (*B.* **36**, 2265 *C.* **1903** [2] 502).

$C_{20}H_{21}ON$ 8) α-[1-Piperidyl]-γ-Keto-αγ-Diphenylpropen. Sm. 99—100° (*Soc.* **85**, 1323 *C.* **1904** [2] 1645).

$C_{20}H_{21}ON_3$ *1) **Rosanilin** (*B.* **37**, 3031 *C.* **1904** [2] 1010).

3) **Methyläther d. α-Oxy-4,4',4"-Triamidotriphenylmethan.** Sm. 105°. + $(C_2H_5)_2O$, + C_6H_6 (Sm. 135°) (*B.* **37**, 2874 *C.* **1904** [2] 777).

$C_{20}H_{21}O_2N$ 4) **Monoxim d. 2-Keto-1-[γ-Keto-αγ-Diphenylpropyl]-R-Pentamethylen.** Sm. 154—155° (*B.* **35**, 3074 *C.* **1903** [1] 37).

$C_{20}H_{21}O_3N$ 2) **Aethylester d. α-Phenylimido-γ-Keto-α-Phenyl-β-Methylbutan-β-Carbonsäure.** Sm. 158° (D.R.P. 33497). — *II, *1070.*

$C_{20}H_{21}O_4N$ *2) **Tetrahydroberberin** (i-Canadin) (*Soc.* **83**, 618 *C.* **1903** [1] 590).

*3) **Papaverin.** HJ, Ferrocyanat + $5H_2O$, CHNS, Oxalat (*C.* **1903** [2] 385; *Soc.* **83**, 616 *C.* **1903** [1] 590; *J. pr.* [2] **68**, 193 *C.* **1903** [2] 838).

8) **Acetylmorphotebaïn.** Sm. 183° (*B.* **17**, 531). — **III**, *910.*

9) **Anhydrocotarninacetophenon.** Sm. 126°. (2HCl, $PtCl_4$) (*B.* **37**, 215 *C.* **1904** [1] 591).

10) **Verbindung** (aus Tetramethoxydesoxybenzoïnacetalamin). Sm. 162° (*A.* **329**, 60 *C.* **1903** [2] 1448).

$C_{20}H_{21}O_4N_3$ C 65,4 — H 5,7 — O 17,4 — N 11,4 — M. G. 367.

1) **Monosemicarbazon d. αδ-Diketo-αδ-Diphenylbutan-β-Carbonsäure.** Sm. 138—140° (*A.* **331**, 317 *C.* **1904** [2] 46).

$C_{20}H_{21}O_4N_5$ C 60,7 — H 5,3 — O 16,2 — N 17,7 — M. G. 395.

1) **Benzylidenhydrazid d. Benzoylbis[Amidoacetyl]amidoessigsäure.** Sm. 264° (*J. pr.* [2] **70**, 95 *C.* **1904** [2] 1035).

$C_{20}H_{21}O_5N$ 5) **4-Acetat d. 4-Oximido-6-Oxy-2-[4-Oxyphenyl]-2,3-Dihydrobenzpyran-2⁴-Methyläther-6-Aethyläther.** Sm. 168° (*B.* **33**, 1484). — *III, *560.*

$C_{20}H_{21}O_7N$ 2) **Oxim d. Tetramethylhämatoxylon** (*B.* **36**, 3714 *C.* **1904** [1] 38).

$C_{20}H_{21}N_3Br_2$ 1) **8,8'-Dibrom-5,5'-Diazoamido-1,2,3,4,1',2',3',4'-Oktohydronaphtalin** (*Soc.* **85**, 748 *C.* **1904** [2] 447).

$C_{20}H_{22}O_2N_2$ 22) **Dehydrochinin.** Sm. 185°. HCl + xH_2O, Oxalat + xH_2O, (4 + $3H_2SO_4$, 2HJ, J_4) (*J. pr.* [2] **69**, 217 *C.* **1904** [1] 1448).

23) **Base** (aus Phenacetin). Sm. 220°. HCl (D.R.P. 137121 *C.* **1903** [1] 107).

24) **Phenylpyrazol d. 3-Keto-2-Benzoyl-1-Phenyl-R-Pentamethylen-5-Carbonsäuremethylester.** Sm. 149—150° (*A.* **326**, 378 *C.* **1903** [1] 1126).

$C_{20}H_{22}O_3N_2$ 7) **Succineïn d. m-Dimethylamidophenol** (D.R.P. 51983, 54997). — *III, *571.*

8) **Aethylester d. α-Phenylhydrazon-δ-Keto-α-Phenylpentan-γ-Carbonsäure.** Sm. 152° (*A.* **331**, 309 *C.* **1904** [2] 45).

$C_{20}H_{22}O_3N_4$ 4) **Benzylidenhydrazid d. β-Benzoylamidoacetylamidobuttersäure.** Sm. 154° (*J. pr.* [2] **70**, 208 *C.* **1904** [2] 1459).

5) **Benzylidenhydrazid d. α-[α-Benzoylamidopropionyl]amidopropionsäure.** Sm. 230° (*J. pr.* [2] **70**, 151 *C.* **1904** [2] 1394).

$C_{20}H_{22}O_4N_2$ 21) **Diäthyläther d. β-Phenylazo-αγ-Diketo-α-[2,4-Dioxyphenyl]butan.** Sm. 82—83° (*B.* **37**, 356 *C.* **1904** [1] 670).

22) **Tetramethyläther d. 6,7-Dioxy-1-[6-Amido-3,4-Dioxybenzyl]isochinolin** + H_2O (Amidopapaverin). Sm. 116° (143° wasserfrei) (*B.* **37**, 1933 *C.* **1904** [2] 129).

23) **Aethylester d. α-Benzoylamidoacetylamido-β-Phenylpropionsäure.** Sm. 98° (*J. pr.* [2] **70**, 227 *C.* **1904** [2] 1461).

$C_{20}H_{22}O_4N_4$ *2) **Diäthylester d. Di[Phenylhydrazon]äthan-αβ-Dicarbonsäure.** Sm. 154—155° (*Bl.* [3] **31**, 95 *C.* **1904** [1] 581).

8) **2,4,2',4',-Tetra[Acetylamido]biphenyl** + $3H_2O$. Sm. 284° (wasserfrei) (*J. pr.* [2] **66**, 562 *C.* **1903** [1] 518).

9) **αβ-Di[α-Benzoylamidopropionyl]hydrazin.** Sm. 262° (*J. pr.* [2] **70**, 147 *C.* **1904** [2] 1394).

10) **2-Oxybenzylidenhydrazid d. β-Benzoylamidoacetylamidobuttersäure.** Sm. 186° (*J. pr.* [2] **70**, 209 *C.* **1904** [2] 1460).

11) **Di[α-Phenyläthylidenhydrazid] d. d-Weinsäure.** Sm. 232° (*Soc.* **83**, 1365 *C.* **1904** [1] 85).

$C_{20}H_{22}O_4N_6$ C 58,5 — H 5,3 — O 15,6 — N 20,5 — M. G. 410.

1) **Benzylidenhydrazid d. β-Phenylureïdoacetylamidoacetylamidoessigsäure.** Sm. 247,5° (*J. pr.* [2] **70**, 261 *C.* **1904** [2] 1465).

$C_{20}H_{23}ON$ 2) d-1-[β-Phenylisobutyryl]amido-2-Methyl-2,3-Dihydroinden. Sm. 152° (*Soc.* **85**, 448 *C.* **1904** [1] 1445).

$C_{20}H_{23}O_2N$ 3) Dimethylapomorphimethin. Fl. HCl (*B.* **35**, 4390 *C.* **1903** [1] 339).

$C_{20}H_{23}O_2N_3$ C 71,2 — H 6,8 — O 9,5 — N 12,5 — M. G. 337.
1) Isonitrosomethylcinchotoxin (*B.* **33**, 3225). — *III, *637*.

$C_{20}H_{23}O_3N$ 5) Aethylester d. α-Phenylamido-γ-Keto-α-Phenyl-β-Methylbutan-β-Carbonsäure. Sm. 123°. HCl (*Soc.* **85**, 1000 *C.* **1904** [2] 704).
6) Aethylester d. α-[2-Methylphenyl]amido-γ-Keto-α-Phenylbutan-β-Carbonsäure. Sm. 89—90° (*Soc.* **85**, 1177 *C.* **1904** [2] 1216).

$C_{20}H_{23}O_3N_3$ 7) Triacetylderivat d. 4-Amido-4'-Dimethylamidodiphenylamin. Sm. 142° (*J. pr.* [2] **69**, 228 *C.* **1904** [1] 1268).

$C_{20}H_{23}O_4N_3$ 2) 2-Semicarbazon-1,4,5-Trioxy-1,3-Dimethyl-4,5-Diphenyl-R-Pentamethylen. Sm. 165—180° u. Zers. (*Soc.* **83**, 300 *C.* **1903** [1] 878).
3) Tolypyrinorthoform. Sm. 86° (*A.* **325**, 319 *C.* **1903** [1] 769).
4) isom. Tolypyrinorthoform. Sm. 79—80° (*A.* **325**, 319 *C.* **1903** [1] 769).
5) Benzylester d. β-Benzoylamidoacetylamidopropylamidoameisensäure. Sm. 152—153° (*J. pr.* [2] **70**, 218 *C.* **1904** [2] 1460).

$C_{20}H_{23}O_5N$ 2) Diäthylester d. 2,5-Dimethyl-1-[4-Acetylphenyl]pyrrol-3,4-Dicarbonsäure. Sm. 114° (*B.* **36**, 394 *C.* **1903** [1] 723).

$C_{20}H_{23}O_6P$ *2) Di[α-Benzoxylisopropyl]unterphosphorige Säure (*C.* **1904** [2] 1708).

$C_{20}H_{23}O_8N$ C 59,3 — H 5,7 — O 31,6 — N 3,4 — M. G. 405.
1) Verbindung (aus Triäthylamin u. Pyrogallolcarbonat). Sm. 111° (*B.* **37**, 111 *C.* **1904** [1] 584).

$C_{20}H_{24}ON_2$ *5) Methylcinchotoxin. Sm. 74—75° (*B.* **37**, 1675 *C.* **1904** [1] 1526).
11) α-Acetyl-α-[2,5-Dimethylbenzyl]-β-[2,5-Dimethylbenzyliden]-hydrazin. Sm. 137° (*C.* **1903** [1] 141).

$C_{20}H_{24}OS$ 1) Benzyläther d. γ-Keto-ε-Merkapto-ε-Phenyl-β-Methylpentan. Sm. 62—63° (*B.* **37**, 506 *C.* **1904** [1] 883).

$C_{20}H_{24}O_2N_2$ *18) Chinin. Nitroprussidwasserstoffsalz (*C.* **1903** [2] 385; *C. r.* **136**, 129 *C.* **1903** [1] 524; *Soc.* **83**, 624 *C.* **1903** [1] 1364; *Ar.* **241**, 54 *C.* **1903** [1] 1005; *C.* **1904** [2] 1742).
*20) Conchinin (Chinidin). Nitroprussidwasserstoffsalz + $2H_2O$ (*C.* **1903** [2] 385; *C. r.* **136**, 137 *C.* **1903** [1] 525).
40) 4,4'-Di[Acetyläthylamido]biphenyl. Sm. 167° (166,5—177,5°) (*C.* **1903** [1] 1128; *B.* **35**, 4184 *C.* **1903** [1] 143).
41) Di[Phenylamid] d. β-Methylpentan-αδ-Dicarbonsäure. Sm. 158° (*C. r.* **138**, 210 *C.* **1904** [1] 663).
42) Di[Phenylamid] d. β-Aethylbutan-αα-Dicarbonsäure. Sm. 219—220° (*Bl.* [3] **31**, 351 *C.* **1904** [1] 1134).

$C_{20}H_{24}O_2N_4$ 2) αγ-Di[2,4-Dimethylphenylnitrosamido]-α-Buten. Sm. 79—80° (*A.* **329**, 222 *C.* **1903** [2] 1428).

$C_{20}H_{24}O_2J_2$ 1) Verbindung (aus Thymol) (*M.* **24**, 74 *C.* **1903** [1] 767).

$C_{20}H_{24}O_3S$ 2) γ-Keto-ε-Benzylsulfon-ε-Phenyl-β-Methylpentan. Sm. 133—134° (*B.* **37**, 506 *C.* **1904** [1] 883).

$C_{20}H_{24}O_4N_2$ 11) 6-Methyläther-4,5-Methylenäther-1⁴-Aethyläther d. 4,5,6-Trioxy-2-[β-Methylamidoäthyl]-1-[4-Oxyphenyl]imidomethylbenzol (Cotarnin-p-Aethoxyanil). Sm. 120° (*B.* **36**, 1528 *C.* **1903** [2] 51).
12) Metochinon. Sm. 135° u. Zers. (*C.* **1903** [1] 1129).
13) Di[Phenylamidoformiat] d. αζ-Dioxyhexan. Sm. 171—172° (*C. r.* **136**, 245 *C.* **1903** [1] 583).

$C_{20}H_{24}O_5N_2$ 3) Nitrosoisotetrahydropapaverin. Sm. 138° (*B.* **37**, 3322 *C.* **1904** [2] 1155).
4) Diäthylester d. 1-Phenacetylamido-2,5-Dimethylpyrrol-3,4-Dicarbonsäure. Sm. 146—147° (*B.* **35**, 4316 *C.* **1903** [1] 336).

$C_{20}H_{24}O_5N_4$ C 60,0 — H 6,0 — O 20,0 — N 14,0 — M. G. 400.
1) Methylester d. δ-Oximido-ε-Phenylhydroxylhydrazon-γ-Phenylamido-γ-Oxy-β-Methylpentan-β-Carbonsäure. Sm. 108—110° u. Zers. (*Soc.* **83**, 1243 *C.* **1903** [2] 1421).

$C_{20}H_{24}O_6N_4$ 2) 1-Phenylhydrazid d. 2,5-Dimethylpyrrol-1-Oxaminsäure-3,4-Dicarbonsäure. Sm. 194—195° (*B.* **37**, 2427 *C.* **1904** [2] 341).

$C_{20}H_{24}O_8N_2$ C 57,1 — H 5,7 — O 30,5 — N 6,7 — M. G. 420.
1) Anetholpseudonitrosit. Zers. bei 120° (*A.* **329**, 261 *C.* **1904** [1] 32).

$C_{20}H_{24}O_9N_4$ C 51,7 — H 5,2 — O 31,0 — N 12,1 — M. G. 464.
1) **Di[4-Nitrobenzyl]hydrazon d. Fruktose.** Sm. 112° (*R.* **22**, 439 *C.* **1904** [1] 15).
2) **Di[4-Nitrobenzyl]hydrazon d. Galaktose.** Sm. 153° (*R.* **22**, 439 *C.* **1904** [1] 15).
3) **Di[4-Nitrobenzyl]hydrazon d. Glykose.** Sm. 142° (*R.* **22**, 439 *C.* **1904** [1] 15).

$C_{20}H_{24}N_3J$ 1) **2-Jodpropylat d. 5-Methylphenylamido-3-Methyl-1-Phenylpyrazol.** Sm. 134° (*B.* **36**, 3277 *C.* **1903** [2] 1189).

$C_{20}H_{25}ON_3$ 3) **α-Nitroso-α-[2,4,6-Trimethylbenzyl]-β-[2,4,6-Trimethylbenzyliden]hydrazin.** Sm. 117° (*C.* **1903** [1] 142).

$C_{20}H_{25}O_2N$ 5) **4-Keto-1-[4-Oxy-2-Methyl-5-Isopropylphenyl]imido-2-Methyl-5-Isopropyl-1,4-Dihydrobenzol** ([illegible] (*B.* **7**, 1100; *B.* **36**, 2892 *C.* **1903** [2] 876).
6) **Phenylamidoformiat d. α-Oxy-α-[2,4,6-Trimethylphenyl]-β-Methylpropan.** Sm. 169° (*B.* **37**, 928 *C.* **1904** [1] 1209).

$C_{20}H_{25}O_4N$ *2) **r-Laudanin** (*Soc.* **83**, 626 *C.* **1903** [1] 591).
*6) **i-Tetrahydropapaverin** (*Soc.* **83**, 616 *C.* **1903** [1] 591).
9) **Isotetrahydropapaverin.** HJ (*B.* **37**, 3323 *C.* **1904** [2] 1155).
10) **Isolaudanin.** Sm. 76° (*C.* **1903** [1] 845).

$C_{20}H_{26}O_3N_2$ 6) **Oxydihydrochinin.** HCl (D.R.P. 152174 *C.* **1904** [2] 166).

$C_{20}H_{26}O_4N_2$ 2) **Yohimboasäure** (Noryohimbin). Sm. 257—260° u. Zers. Ag (*B.* **36**, 170 *C.* **1903** [1] 471; *B.* **37**, 1762 *C.* **1904** [1] 1527).

$C_{20}H_{28}O_4N_4$ *1) **Di[Methylphenylhydrazon] d. d-Glykose.** Sm. 153° (*B.* **37**, 3362 *C.* **1904** [2] 1210).
11) **2,2′-Dinitro-4,4′-Di[Diäthylamido]biphenyl.** Sm. 114° (132°) (*C.* **1901** [2] 1375; *B.* **37**, 31 *C.* **1904** [1] 524).

$C_{20}H_{26}O_7N_4$ 2) **Dimethylester d. Phenylhydrazonglyoximperoxyddihydrotetramethyldimalonsäure.** Sm. 177° (*Soc.* **83**, 1261 *C.* **1903** [2] 1423).

$C_{20}H_{27}O_2N$ *2) **Di[4-Oxy-2-Methyl-5-Isopropylphenyl]amin.** HJ (*B.* **36**, 2892 *C.* **1903** [2] 875).

$C_{20}H_{27}O_2N_3$ C 70,4 — H 7,9 — O 9,4 — N 12,3 — M. G. 341.
1) **Menthylester d. α-Cyan-α-[4-Methylphenyl]azoessigsäure.** Sm. 93 bis 95° (*C.* **1903** [1] 566; *Soc.* **85**, 44 *C.* **1904** [1] 789).

$C_{20}H_{27}O_3N$ 2) **Monophenylamidoformiat d. 9-Methyl-3-Isopropenylbicyklo-[1,3,3]-Nonan-5,7-diol.** Sm. 55—65° (*B.* **36**, 232 *C.* **1903** [1] 514).
3) **Monophenylamidoformiat d. isom. 9-Methyl-3-Isopropenylbicyklo-[1,3,3]-Nonan-5,7-diol.** Zers. bei 80° (*B.* **36**, 233 *C.* **1903** [1] 514).

$C_{20}H_{27}O_6N$ C 63,7 — H 7,1 — O 25,5 — N 3,7 — M. G. 377.
1) **Aethylester d. Anhydrocotarninäthylacetessigsäure.** Fl. HCl, (2HCl, $PtCl_4$) (*B.* **37**, 2748 *C.* **1904** [2] 545).

$C_{20}H_{28}O_3N_2$ 2) **Anhydrid d. Oximidocampher.** Sm. 187° (*Soc.* **83**, 530 *C.* **1903** [1] 1136, 1353; *Soc.* **85**, 907 *C.* **1904** [2] 597).
3) **Menthylester d. α-Phenylazoacetylessigsäure.** Sm. 76—77° (*Soc.* **83**, 1120 *C.* **1903** [2] 23, 791).
4) **Verbindung** (aus d. Benzoat d. Oximidocampher). Sm. 154° (*Soc.* **85**, 907 *C.* **1904** [2] 597).

$C_{20}H_{28}O_4N_2$ 2) **Peroxyd** (aus Oximidocampher). Sm. 96° u. Zers. (*Soc.* **85**, 900 *C.* **1904** [2] 597).
3) **Verbindung** (aus d. Peroxyd $C_{20}H_{28}O_4N_2$). Sm. 207° u. Zers. (*Soc.* **85**, 901 *C.* **1904** [2] 597).

$C_{20}H_{28}O_5N_2$ 4) **Anhydrid d. Camphoryloxim.** Sm. 220° (*Soc.* **83**, 955 *C.* **1903** [2] 201, 665).
5) **Verbindung** (aus d. Verb. $C_{20}H_{28}O_4N_2$). Sm. 172—173° u. Zers. (*Soc.* **85**, 900 *C.* **1904** [2] 597).

$C_{20}H_{29}O_2N$ *1) **Menthylester d. β-Phenylamidopropen-α-Carbonsäure.** Sm. 89—90° (*Soc.* **81**, 1506 *C.* **1903** [1] 138).

$C_{20}H_{29}O_4N_3$ *1) **Menthylester d. β-[4-Nitrophenyl]hydrazidopropen-α-Carbonsäure** (*Soc.* **81**, 1504 *C.* **1903** [1] 138).

$C_{20}H_{29}O_5N_3$ C 61,4 — H 7,4 — O 20,5 — N 10,7 — M. G. 391.
1) **Amylester d. α-[α-Benzoylamidoacetylamidopropionyl]amidopropionsäure.** Sm. 155° (*J. pr.* [2] **70**, 124 *C.* **1904** [2] 1037).

$C_{20}H_{30}O_2S_2$ 1) **Disulfid d. Merkaptocampher.** Sm. 224° (*Soc.* **83**, 482 *C.* **1903** [1] 923, 1137).

$C_{20}H_{30}O_4N_4$ C 61,5 — H 7,7 — O 16,4 — N 14,4 — M. G. 390.
1) Verbindung (aus d. Verb. $C_{20}H_{28}O_4N_4$). Zers. bei 262° (Soc. 85, 10 C. 1904 [2] 597).

$C_{20}H_{30}O_4S_2$ 1) 1,4-Diacetat d. 2,5-Dimerkapto-1,4-Dioxybenzol-2,5-Diisoamyläther. Sm. 103—106° (A. 336, 157 C. 1904 [2] 1300).

$C_{20}H_{30}O_{14}N_8$ *1) Dimyrcennitrosit. Zers. bei 160—161° (B. 35, 4429 C. 1903 [1] 33; B. 36, 1937 C. 1903 [2] 201; B. 37, 3846 C. 1904 [2] 1613).

$C_{20}H_{31}ON$ 2) l-Menthylamid d. d-β-Phenylisobuttersäure. Sm. 140° (Soc. 85, 44 C. 1904 [1] 1445).

$C_{20}H_{32}O_4N_2$ 3) Verbindung (aus Nitrosodihydrolaurolaktam). Sm. 90° (Am. 32, 2 C. 1904 [2] 1222).

$C_{20}H_{34}NCl$ 1) Chlorisoamylat d. d-2-Propyl-1-Benzylhexahydropyridin (Ch. N-Benzylconiin). 2 + $PtCl_4$ (B. 37, 3635 C. 1904 [2] 1510).
2) isom. Chlorisoamylat d. d-2-Propyl-1-Benzylhexahydropyridin 2 + $PtCl_4$ (B. 37, 3635 C. 1904 [2] 1510).

$C_{20}H_{34}NJ$ 1) Jodisoamylat d. d-2-Propyl-1-Benzylhexahydropyridin (J. d. N Benzylconiin). Sm. 169° (B. 37, 3634 C. 1904 [2] 1510).
2) isom. Jodisoamylat d. d-2-Propyl-1-Benzylhexahydropyridin Sm. 185° (B. 37, 3634 C. 1904 [2] 1510).

$C_{20}H_{36}O_2N_2$ 3) Oxamid d. act. α-Dihydrocampholenamin. Sm. 147—148° (Bl. [3] 27, 74 C. 1902 [1] 585).
4) Oxamid d. r-α-Dihydrocampholenamin. Sm. 150° (C. r. 136, 114 C. 1903 [1] 1410).
5) Ureïd d. r-α-Dihydrocampholenaminharnstoff. Sm. 112° (Bl. [3] 29, 609 C. 1903 [2] 374).

$C_{20}H_{36}O_2Br_2$ 3) Aethylester d. Dibromdihydrochaulmoograsäure. Fl. (Soc. 85, 85 C. 1904 [2] 348, 604).

$C_{20}H_{37}O_3Br$ 1) Bromacetoxylstearinsäure. Fl. (J. pr. [2] 67, 295 C. 1903 [1] 1401,

$C_{20}H_{37}O_4Br$ 2) ?-Brom-?-Acetoxylstearinsäure. Fl. (C. 1903 [1] 319).

$C_{20}H_{37}O_6N$ C 62,0 — H 9,6 — O 24,8 — N 3,6 — M. G. 387.
1) ?-Nitro-?-Acetoxylstearinsäure. Fl. (C. 1904 [1] 260).

$C_{20}H_{37}N_2J$ 1) Jodisoamylat d. Sparteïn. Sm. 229°. HJ (Ar. 242, 519 C. 1904 [2] 1413).

— 20 IV —

$C_{20}H_6O_7Cl_4Br_2$ 1) Tetrachlordibromdioxyfluoresceïn (B. 36, 1079 C. 1903 [1] 1182)

$C_{20}H_7O_7NBr_4$ 1) β-Nitrotetrabromfluoresceïn (D.R.P. 139428 C. 1903 [1] 670).

$C_{20}H_8O_7Cl_2Br_2$ 1) Dichlordibromdioxyfluoresceïn (B. 36, 1081 C. 1903 [1] 1182)

$C_{20}H_{10}O_2N_2Cl_4$ 1) 2,3-Di[3,5-Dichlor-4-Oxyphenyl]-1,4-Benzdiazin. Sm. 256—257° (A. 325, 89 C. 1903 [1] 465).

$C_{20}H_{10}O_2N_2Br_4$ 1) 2,3-Di[3,5-Dibrom-4-Oxyphenyl]-1,4-Benzdiazin. Sm. 240° (A. 325, 91 C. 1903 [1] 465).

$C_{20}H_{11}O_3NCl_2$ 1) Verbindung (aus Fluoresceïnchlorid). Sm. 235° (D.R.P. 48980). — *II, 1209.

$C_{20}H_{11}O_7N_4Br$ 1) 3-Oxy-2-[3-Brom-2-(2,4,6-Trinitrophenyl)amidophenyl]-1,4-Benzdiazin. Sm. 287—288° (B. 35, 4334 C. 1903 [1] 293).

$C_{20}H_{12}O_2NBr$ 2) Brom-α'-Phenylpyrophtalon. Sm. 131° (B. 36, 3921 C. 1904 [1] 98).

$C_{20}H_{12}O_3NCl$ 1) Benzoat d. Verb. $C_{13}H_8O_2NCl$. Sm. 231° (Bl. [3] 31, 532 C. 1904 [1] 1598).

$C_{20}H_{12}O_4N_4Cl_2$ 1) 1,4-Di[4-Chlor-2-Nitrobenzylidenamido]benzol. Sm. 230° (B. 37, 1871 C. 1904 [1] 1601).

$C_{20}H_{13}ON_2Br$ 1) 2 [oder 7]-Brom-9-Phenylhydrazon-10-Keto-9,10-Dihydrophenanthren. Sm. 171—172° (B. 37, 3561 C. 1904 [2] 1401).

$C_{20}H_{13}O_2NCl_2$ 1) 3-Chlor-4-Benzoylchloramidodiphenylketon. Sm. 123° (Soc. 85, 343 C. 1904 [1] 1405).

$C_{20}H_{13}O_2NBr_4$ 1) α'-Phenylpyrophtalontetrabromid. Sm. 237° (B. 36, 3920 C. 1904 [1] 98).

$C_{20}H_{14}ON_2S$ 2) 2-[2-Naphtyl]imido-4-Keto-5-Benzylidentetrahydrothiazol. Sm. 272° u. Zers. (C. 1903 [2] 110).

$C_{20}H_{14}O_2NCl$ 1) Benzyläther d. Verb. $C_{13}H_8O_2NCl$. Sm. 142° (Bl. [3] 31, 532 C. 1904 [1] 1598).
2) 3-Chlor-4-Benzoylamidodiphenylketon. Sm. 126° (Soc. 85, 342 C. 1904 [1] 1405).

$C_{20}H_{14}O_2NCl$ 3) **2-Benzoylchloramidodiphenylketon.** Sm. 98° (*C.* **1903** [1] 1137).
4) **4-Benzoylchloramidodiphenylketon.** Sm. 107° (*C.* **1903** [1] 1138).

$C_{20}H_{14}O_2NBr$ 2) **4-Benzoylbromamidodiphenylketon.** Sm. 93° (*C.* **1903** [1] 1138).
3) **Phenyl-4-Brombenzoylamid d. Benzolcarbonsäure.** Sm. 150° (*Am.* **30**, 33 *C.* **1903** [2] 363).

$C_{20}H_{14}O_2N_2S$ 1) **α-Rhodan-4-Nitrotriphenylmethan.** Sm. 114—115° (*B.* **37**, 607 *C.* **1904** [1] 887).
2) **2-Nitrobenzyläther d. 5-Merkaptoakridin.** Sm. 129—130°. (2HCl, $PtCl_4$), Pikrat (*J. pr.* [2] **68**, 78 *C.* **1903** [2] 445).
3) **4-Nitrobenzyläther d. 5-Merkaptoakridin.** Sm. 152°. (2HCl, $PtCl_4$), Pikrat (*J. pr.* [2] **68**, 80 *C.* **1903** [2] 445).

$C_{20}H_{14}O_4N_2S$ 10) **Phenylsulfondianthranil.** Sm. 211—212° (*B.* **36**, 4185 *C.* **1904** [1] 279).

$C_{20}H_{14}O_7N_2S_2$ 5) **4-Oxy-1,1'-Azonaphtalin-3,2'-Disulfonsäure** (*Soc.* **83**, 212 *C.* **1903** [1] 638).

$C_{20}H_{15}ONS$ 1) **Benzoylphenylamid d. Benzolthiocarbonsäure.** Sm. 108—109° (*C.* **1904** [1] 1003).

$C_{20}H_{15}O_2NBr_2$ 1) **N-Benzoylderivat d. Phenyl-3,5-Dibrom-2-Oxybenzylamin.** Sm. 167—168° (163°) (*A.* **332**, 200 *C.* **1904** [2] 211; *B.* **37**, 3940 *C.* **1904** [2] 1597).

$C_{20}H_{15}O_2NS$ 6) **9-Phenylsulfonamidphenanthren.** Sm. 194—195° (*B.* **36**, 2515 *C.* **1903** [2] 507).

$C_{20}H_{15}O_5NS_2$ *1) **Oxyimid d. Naphtalin-1-Sulfonsäure.** Sm. 102° (*G.* **33** [2] 309 *C.* **1904** [1] 288).

$C_{20}H_{16}ON_3Cl$ 1) **α-Phenylamidoformylimido-α-[4-Chlorphenyl]amido-α-Phenylmethan.** Sm. 201° (*J. pr.* [2] **67**, 461 *C.* **1903** [1] 1422).

$C_{20}H_{16}O_2N_2S$ 2) **4'-[3-Nitrobenzyliden]amido-4-Methyldiphenylsulfid.** Sm. 115° (*J. pr.* [2] **68**, 272 *C.* **1903** [2] 993).
3) **4-[4-Nitrobenzyliden]amido-4-Methyldiphenylsulfid.** Sm. 109° (*J. pr.* [2] **68**, 273 *C.* **1903** [2] 993).

$C_{20}H_{16}O_8N_4S$ 1) **3,4-Methylenäther d. α-Phenylhydrazon-α-[4-Sulfophenyl]azo-α-[3,4-Dioxyphenyl]methan.** K (*C.* **1903** [2] 427).
2) **3-[4-Sulfophenyl]hydrazonmethylazobenzol-3'-Carbonsäure.** K_2 (*B.* **36**, 3474 *C.* **1903** [2] 1270).

$C_{20}H_{16}O_8N_4S_2$ 1) **Disazoverbindung** (aus 4,4'-Diamido-3,3'-Dimethylbiphenyl-6,6'-Disulfonsäure u. 1,3-Dioxybenzol). Ba (*J. pr.* [2] **66**, 567 *C.* **1903** [1] 519).

$C_{20}H_{16}NClS$ 1) **4'-[4-Chlorbenzyliden]amido-4-Methyldiphenylsulfid.** Sm. 138° (*J. pr.* [2] **68**, 273 *C.* **1903** [2] 993).

$C_{20}H_{16}N_3ClS$ 1) **α-Phenylamidothioformylimido-α-[4-Chlorphenyl]amido-α-Phenylmethan.** Sm. 148—151° (*J. pr.* [2] **67**, 462 *C.* **1903** [1] 1422).

$C_{20}H_{17}ONS$ 1) **4'-[2-Oxybenzyliden]amido-4-Methyldiphenylsulfid.** Sm. 114° (*J. pr.* [2] **68**, 272 *C.* **1903** [2] 993).
2) **4'-[4-Oxybenzyliden]amido-4-Methyldiphenylsulfid.** Sm. 185,5° (*J. pr.* [2] **68**, 272 *C.* **1903** [2] 993).
3) **4'-Benzoylamido-4-Methyldiphenylsulfid.** Sm. 192° (*J. pr.* [2] **68**, 267 *C.* **1903** [2] 993).

$C_{20}H_{17}ON_2Br$ 2) **8-Brom-5-[2-Oxy-1-Naphtyl]azo-1,2,3,4-Tetrahydronaphtalin.** Sm. 215° (*Soc.* **85**, 749 *C.* **1904** [2] 448).

$C_{20}H_{17}O_2N_2S$ 1) **Farbstoff** (aus Gallocyanin u. 2,2'-Diamidodiphenyldisulfid) (*C.* **1904** [2] 1175).

$C_{20}H_{17}O_3NS$ 3) **2-[4-Methylphenylsulfon]amidodiphenylketon.** Sm. 127° (*B.* **35**, 4275 *C.* **1903** [1] 332).
4) **4-[4-Methylphenylsulfon]amidodiphenylketon.** Sm. 184° (*Soc.* **85**, 398 *C.* **1904** [1] 1404).

$C_{20}H_{18}ON_2Cl_2$ 1) **Verbindung** (aus s-Dichlordimethyläther u. Chinolin). + $PtCl_4$ + $2AuCl_3$ (*A.* **334**, 66 *C.* **1904** [2] 949).

$C_{20}H_{18}ON_2S$ 3) **4-Methylphenyläther d. α-Phenyl-β-[4-Merkaptophenyl]harnstoff.** Sm. 190° (*J. pr.* [2] **68**, 270 *C.* **1903** [2] 993).

$C_{20}H_{18}ON_4S$ 2) **α-[β-Phenylthioureido]-αβ-Diphenylharnstoff.** Sm. 170° (*B.* **36**, 1368 *C.* **1903** [1] 1342).

$C_{20}H_{18}O_3N_2Br_2$ 1) **?-Dibrom-?-Di[Phenylamido]-1,2-Benzochinonmonoäthylhemiacetat.** Sm. 143° u. Zers. (*B.* **35**, 3853 *C.* **1903** [1] 26).

$C_{20}H_{18}O_4N_4S_2$ 1) **Cystinphenylhydantoïn.** Sm. 117° (*H.* **39**, 354 *C.* **1903** [2] 792).

$C_{20}H_{18}O_8N_2S$ 1) **Antranilopapaverinsulfonsäure.** Sm. 233° (*B.* **37**, 1037 *C.* **1904** [2] 129).

$C_{20}H_{18}N_2ClJ$ 1) **Phenyl-2,3'-Dimethylazobenzol-4'-Jodoniumchlorid.** Zers. bei 146°. 2 + $PtCl_4$ (*J. pr.* [2] **69**, 324 *C.* **1904** [2] 35).

$C_{20}H_{18}N_2BrJ$ 1) **Phenyl-2,3'-Dimethylazobenzol-4'-Jodoniumbromid.** Sm. 146° u. Zers. (*J. pr.* [2] **69**, 325 *C.* **1904** [2] 35).

$C_{20}H_{19}ON_2J$ 1) **Phenyl-2,3'-Dimethylazobenzol-4'-Jodoniumhydroxyd.** Salze siehe (*J. pr.* [2] **69**, 324 *C.* **1904** [2] 35).

$C_{20}H_{19}ON_7S_2$ 1) **Phenylsemicarbazid d. 6-Phenylsemicarbazidopyridin-3-Carbonsäure.** Sm. 170—171°. Pikrat (*B.* **36**, 1113 *C.* **1903** [1] 1184).

$C_{20}H_{19}O_3NS$ 1) **Methylamid d. α-Oxytriphenylmethan-2-Sulfonsäure.** Sm. 194 bis 195° (*B.* **37**, 3267 *C.* **1904** [2] 1031).

$C_{20}H_{19}O_4N_3S$ 1) **Aethylester d. 2-Phenylimido-5-Benzoxyl-2,3-Dihydro-1,3,4-Thiodiazol-3-[Aethyl-α-Carbonsäure].** Sm. 110° (*C.* **1904** [2] 1028).

2) **Phenylamid d. 5-Phenylsulfon-4-Oxy-3-Methylphenylazoameisensäure.** Sm. 153—154° u. Zers. (*A.* **334**, 193 *C.* **1904** [2] 835).

$C_{20}H_{20}O_3NP$ 2) **2,4-Dimethylphenylmonamid d. Phosphorsäurediphenylester.** Sm. 115° (*A.* **326**, 240 *C.* **1903** [1] 868).

$C_{20}H_{20}O_4NBr$ *1) **Tetramethyläther d. 6,7-Dioxy-1-[6-Brom-3,4-Dioxybenzyl]-isochinolin** (Brompapaverin). HCl, Pikrat (*B.* **37**, 3812 *C.* **1904** [2] 1575).

$C_{20}H_{21}O_2N_2Cl$ 1) **Cinchonidinkohlensäurechlorid.** Sm. 101° (D.R.P. 93698). — *III, *641.*

$C_{20}H_{21}O_2N_2P$ 1) **Di[Benzylamid] d. Phosphorsäuremonophenylester.** Sm. 114° (*A.* **326**, 176 *C.* **1903** [1] 819).

2) **Di[2-Methylphenylamid] d. Phosphorsäuremonophenylester.** Sm. 157,5° (*A.* **326**, 251 *C.* **1903** [1] 868).

$C_{20}H_{22}O_4NCl$ 1) **Chlormethylat d. Papaverolintrimethyläther.** Sm. 70—71° (*C.* **1903** [1] 845).

$C_{20}H_{22}O_4NJ$ 2) **Jodmethylat d. Papaverolintrimethyläther** + xH_2O. Sm. 63—64° (*C.* **1903** [1] 845).

$C_{20}H_{22}O_5N_4Cl_2$ 1) **Methylester d. δ-Oximido-ε-[4-Chlorphenyl]hydroxylhydrazon-γ-[4-C[illegible]-Oxy-β-Methylpentan-β-Carbonsäure.** Sm. 11[illegible] 83, [illegible] *C.* **1903** [2] 1421).

$C_{20}H_{22}O_6N_4S_2$ 1) **Di[β-Phenylureïdoäthyl]disulfid-ββ'-Dicarbonsäure** (Cystinphenylhydantoïnsäure) (*H.* **39**, 354 *C.* **1903** [2] 792).

$C_{20}H_{22}N_3SP$ 1) **Aethylphenylmonamid-Di[Phenylamid] d. Thiophosphorsäure.** Sm. 140° (*A.* **326**, 258 *C.* **1903** [1] 869).

$C_{20}H_{23}O_2N_2Br$ 1) **Bromchinin.** Sm. 210°. 2 HCl + H_2O, 2 HBr + 3 H_2O, H_2SO_4 + 7 H_2O, (4 + 3 H_2SO_4, 2 HJ, J_4) (*J. pr.* [2] **69**, 211 *C.* **1904** [1] 1448).

$C_{20}H_{23}O_2N_5J$ 1) **Verbindung** (aus 5-Oxy-4-Methyl-1-Phenyl-1,2,3-Triazol). Sm. 168° (*A.* **335**, 95 *C.* **1904** [2] 1232).

$C_{20}H_{24}ON_2S$ 1) **α-Caproylimido-α-Phenylbenzylamido-α-Merkaptomethan.** Sm. 77—78° (*Soc.* **85**, 811 *C.* **1904** [2] 202, 520).

$C_{20}H_{24}O_2NJ$ *1) **Jodbenzylat d. 1,2,3,4-Tetrahydro-2-Isochinolylessigsäureäthylester.** Zers. bei 154—155° (*B.* **36**, 1158 *C.* **1903** [1] 1186).

2) **Jodmethylat d. Dimethylapomorphin.** Sm. 195° (*B.* **35**, 4389 *C.* **1903** [1] 339).

$C_{20}H_{24}O_2N_2Br_2$ *1) **Chinindibromid** (*J. pr.* [2] **69**, 209 *C.* **1904** [1] 1448).

$C_{20}H_{24}O_2N_2Se_2$ 1) **Di[2,4-Dimethylphenylamid] d. Dimethyldiselenid-αα'-Dicarbonsäure.** Sm. 184° (*Ar.* **241**, 207 *C.* **1903** [2] 104).

2) **Di[2,5-Dimethylphenylamid] d. Dimethyldiselenid-αα'-Dicarbonsäure.** Sm. 180—181° (*Ar.* **241**, 208 *C.* **1903** [2] 104).

$C_{20}H_{24}O_2BrJ$ 1) **Verbindung** (aus Thymol) (*M.* **24**, 77 *C.* **1903** [1] 767).

$C_{20}H_{24}O_5NBr$ 1) **Methylhydroxyd d. Acetylbrommorphin.** Jodid + 2 H_2O (*A.* **297**, 217). — *III, *669.*

$C_{20}H_{25}O_3NBr_2$ 1) **4-Acetat d. 3,6-Dibrom-4'-Dimethylamido-4-Oxy-2,5-Dimethyldiphenylmethanmethylhydroxyd.** Zers. bei 120°. Chlorid (*A.* **334**, 296 *C.* **1904** [2] 985).

$C_{20}H_{25}O_3N_2J$ 1) **Jodmethylat d. 4,5,6-Trioxy-2-[β-Dimethylamidoäthyl]-1-Phenylimidomethylbenzol-6-Methyläther-4,5-Methylenäther** (Anil d. Cotarninmethinmethyljodid). Sm. 199° (*B.* **36**, 1528 *C.* **1903** [2] 52).

$C_{20}H_{26}O_3N_2Br_2$ 1) **Menthylester d. α-Brom-α-[4-Bromphenyl]azoacetessigsäure.** Sm. 155° (*Soc.* **83**, 1128 *C.* **1903** [2] 24, 792).

$C_{20}H_{27}O_3N_2Cl$ 1) **Menthylester d. α-[4-Chlorphenyl]azoacetylessigsäure.** Sm. 103—105° (*Soc.* **83**, 1123 *C.* **1903** [2] 24, 791).

$C_{20}H_{27}O_3N_2Br$ 1) **Menthylester d. α-Brom-α-Phenylazoacetessigsäure.** Sm. 133 bis 134° (*Soc.* **83**, 1126 *C.* **1903** [2] 24, 791).
2) **Menthylester d. α-[4-Bromphenyl]azoacetylessigsäure.** Sm. 119—121° (*Soc.* **83**, 1122 *C.* **1903** [2] 23, 791).

$C_{20}H_{22}O_2NP$ 1) **Diphenyläther d. Diisobutylamidodioxyphosphin.** Fl. (*A.* **326**, 156 *C.* **1903** [1] 761).

$C_{20}H_{28}O_3NP$ 1) **Diisobutylmonamid d. Phosphorsäurediphenylester.** Sm. 56° (*A.* **326**, 186 *C.* **1903** [1] 820).

$C_{20}H_{30}ON_3P$ 1) **Dipropylmonamid-Di[4-Methylphenylamid] d. Phosphorsäure.** Sm. 168° (*A.* **326**, 185 *C.* **1903** [1] 820).
2) **Diisobutylmonamid-Di[Phenylamid] d. Phosphorsäure.** Sm. 202° (*A.* **326**, 186 *C.* **1903** [1] 820).

$C_{20}H_{32}ON_5P$ 1) **Diisobutylmonamid-Di[Phenylhydrazid] d. Phosphorsäure.** Sm. 168° (*A.* **326**, 186 *C.* **1903** [1] 820).

$C_{20}H_{36}O_2N_2Cl_2$ *1) **Menthenbinitrosochlorid** (*C.* **1904** [1] 1347).

$C_{20}H_{46}N_3SP$ 1) **Diäthylmonamid-Di[Diisobutylamid] d. Thiophosphorsäure.** Fl. (*A.* **326**, 218 *C.* **1903** [1] 822).

— 20 V —

$C_{20}H_{14}ONBrS$ 1) **Phenyl-4-Brombenzoylamid d. Benzolthiocarbonsäure.** Sm. 120 bis 121° (*C.* **1904** [1] 1003).
2) **Benzoylphenylamid d. 4-Brombenzolthiocarbonsäure.** Sm. 133 bis 134° (*C.* **1904** [1] 1003).

$C_{20}H_{16}O_3NClS$ 1) **4-[4-Methylphenylsulfon]chloramidodiphenylketon.** Sm. 116° (*Soc.* **85**, 398 *C.* **1904** [1] 1404).

$C_{20}H_{18}O_3NCl_2P$ 1) **2,4-Dichlorphenylmonamid d. Phosphorsäuredi[4-Methylphenylester].** Sm. 162° (*A.* **326**, 229 *C.* **1903** [1] 867).

$C_{20}H_{18}O_3NBr_2P$ 1) **2,4-Dibromphenylmonamid d. Phosphorsäuredi[4-Methylphenylester].** Sm. 158° (*A.* **326**, 236 *C.* **1903** [1] 867).

$C_{20}H_{19}O_3NBrP$ 1) **4-Bromphenylmonamid d. Phosphorsäuredi[4-Methylphenylester].** Sm. 138° (*A.* **326**, 233 *C.* **1903** [1] 867).

$C_{20}H_{20}ON_3Br_2P$ 1) **2,4-Dibromphenylmonamid-Di[4-Methylphenylamid] d. Phosphorsäure.** Sm. 214° (*A.* **326**, 236 *C.* **1903** [1] 867).

$C_{20}H_{21}ON_2SP$ 1) **Di[Phenylamid] d. Thiophosphorsäuremonophenylester.** Sm. 73° (*A.* **326**, 206 *C.* **1903** [1] 821).

$C_{20}H_{24}O_3NClBr_2$ 1) **Acetat d. 3,6-Dibrom-4′-Dimethylamido-4-Oxy-2,5-Dimethyldiphenylmethanchlormethylat.** Sm. 205—207° (*A.* **334**, 296 *C.* **1904** [2] 985).

$C_{20}H_{24}O_3NBr_2J$ 1) **Acetat d. 3,6-Dibrom-4′-Dimethylamido-4-Oxy-2,5-Dimethyldiphenylmethanjodmethylat.** Sm. 169—171° (*A.* **334**, 289 *C.* **1904** [2] 984).
2) **Acetat d. 2,6-Dibrom-4′-Dimethylamido-4-Oxy-3,5-Dimethyldiphenylmethanjodmethylat.** Sm. 184—185° u. Zers. (*A.* **334**, 321 *C.* **1904** [2] 987).

$C_{20}H_{26}O_3N_2ClBr$ 1) **Menthylester d. α-Brom-α-[4-Chlorphenyl]azoacetessigsäure.** Sm. 147—148° (*Soc.* **83**, 1129 *C.* **1903** [2] 24, 792).

C_{21}-Gruppe.

$C_{21}H_{18}$ 3) **4-[4-Methylbenzyl]fluoren.** Sm. 72° (*M.* **25**, 984 *C.* **1904** [2] 1653).

$C_{21}H_{40}$ C 86,3 — H 13,7 — M. G. 292.
1) **Kohlenwasserstoff** (aus Petroleum) (*C.* **1904** [1] 409).

— 21 II —

$C_{21}H_{12}O_2$ *2) **α-Dinaphtoxanthon** (*C. r.* **136**, 1008 *C.* **1903** [1] 1267; *C.* **1904** [2] 122).
*3) **β-Dinaphtylenketonoxyd.** Sm. 149° (*C. r.* **138**, 1053 *C.* **1904** [1] 1612).

$C_{21}H_{12}O_2$ 5) **Dinaphtopyron.** Sm. 194° (*C. r.* **138**, 1053 *C.* **1904** [1] 1613).

$C_{21}H_{12}O_3$ 3) **α-Cumarylketo-β-Naphtofuran.** Sm. 200° (*B.* **36**, 2867 *C.* **1903** [2] 832).

$C_{21}H_{13}N$ *1) **1,2,1′,2′-Dinaphtakridin.** Sm. 216°. HNO_3 (*B.* **35**, 4171 *C.* **1903** [1] 172; *B.* **36**, 1028 *C.* **1903** [1] 1269; *B.* **36**, 4052 *C.* **1904** [1] 185).
*4) **1,2,2′,3′-[γ]-Naphtakridin** (*B.* **36**, 4052 *C.* **1904** [1] 185).
5) **1,2,2′,1′-Dinaphtakridin.** Sm. 228°. HCl, HNO_3 (*B.* **36**, 1029 *C.* **1903** [1] 1269).

$C_{21}H_{14}O$ *8) **Dinaphtoxanthen** (*C. r.* **139**, 600 *C.* **1904** [2] 1504).

$C_{21}H_{14}O_2$ *4) **Dinaphtoxanthydrol** (*C.* **1904** [2] 122).
8) **9-Keto-4-[4-Methylbenzoyl]fluoren.** Sm. 128° (*M.* **25**, 982 *C.* **1904** [2] 1653).

$C_{21}H_{14}O_3$ 5) **Methyläther d. 9-Keto-4-[4-Oxybenzoyl]fluoren.** Sm. 95° (*M.* **25**, 986 *C.* **1904** [2] 1653).
6) **2-Benzoylfluoren-2²-Carbonsäure.** Sm. 227—230°. Ag (*B.* **36**, 4035 *C.* **1904** [1] 168).
7) **2-Naphtylester d. 1-Oxynaphtalin-2-Carbonsäure.** Sm. 138° (D.R.P. 43713). — *II, *988.*

$C_{21}H_{14}O_5$ 2) **Aldehyd d. 3,4-Dibenzoylbenzol-1-Carbonsäure.** Sm. 98° (*B.* **36**, 2930 *C.* **1903** [2] 887).

$C_{21}H_{14}O_6$ C 69,6 — H 3,8 — O 26,5 — M. G. 362.
1) **2′,3-Lakton d. 1-Keto-3-Aethoxyl-2-[2-Oxy-1,3-Diketo-2,3-Dihydro-2-Indenyl]-2,3-Dihydroinden-3-Carbonsäure.** Sm. 138° (*B.* **35**, 3962 *C.* **1903** [1] 33).

$C_{21}H_{14}N_4$ C 78,3 — H 4,3 — N 17,4 — M. G. 322.
1) **Verbindung** (aus d. Verb. $C_{21}H_{18}ON_4$). Sm. 231° (*B.* **36**, 1136 *C.* **1903** [1] 1254).

$C_{21}H_{15}N_3$ *1) **2,4,6-Triphenyl-1,3,5-Triazin** (*Soc.* **85**, 262 *C.* **1904** [1] 1005).
5) **p-Tolylindophenazin.** Sm. 255—255,5° (*B.* **36**, 4335 *C.* **1903** [1] 293).

$C_{21}H_{16}O$ 12) **1,8-Dimethyl-4,5-Diisopropylxanthen.** Sm. 164,5° (*C. r.* **136**, 1567 *C.* **1903** [2] 383).

$C_{21}H_{16}O_3$ 14) **Lakton d. 3,3′-Dioxytriphenylessigmonomethyläthersäure.** Sm. 181° (*B.* **37**, 4037 *C.* **1904** [2] 1600).
15) **Methylester d. 3-Benzoylacenaphten-3²-Carbonsäure.** Sm. 128° (*A.* **327**, 100 *C.* **1903** [1] 1228).

$C_{21}H_{16}O_4$ 15) **Triphenylessigsäure-4-Carbonsäure.** Zers. bei 246—247°. Ag_2 (*B.* **37**, 662 *C.* **1904** [1] 952).
16) **Dibenzoat d. 2,6-Dioxy-1-Methylbenzol.** Sm. 101—103° (*M.* **24**, 908 *C.* **1904** [1] 513).

$C_{21}H_{16}O_5$ 7) **2-Keto-1,3-Dipiperonal-R-Pentamethylen.** Sm. 250° (*B.* **36**, 1504 *C.* **1903** [1] 1352).

$C_{21}H_{16}O_8$ *9) **Triacetat d. Emodin.** Sm. 193° (*B.* **35**, 609 *C.* **1903** [1] 176).
*10) **Triacetat d. 3,5,7-Trioxy-2-Phenyl-1,4-Benzpyron** (Tr. d. Galangin). Sm. 140—142° (*B.* **37**, 2806 *C.* **1904** [2] 713).
20) **Triacetat d. 5,6-Dioxy-2-Keto-1-[2-Oxybenzyliden]-1,2-Dihydrobenzfuran.** Sm. 160° (*B.* **29**, 2433). — ***III**, *533.*
21) **Triacetat d. 5,6-Dioxy-2-Keto-1-[3-Oxybenzyliden]-1,2-Dihydrobenzfuran.** Sm. 166—167° (*B.* **29**, 2433). — ***III**, *533.*
22) **Triacetat d. 5,6-Dioxy-2-Keto-1-[4-Oxybenzyliden]-1,2-Dihydrobenzfuran.** Sm. 199—201° (*B.* **29**, 2434). — ***III**, *533.*
23) **Triacetat d. Aloëemodin.** Sm. 170° (*Ar.* **238**, 434). — ***III**, *325.*
24) **Triacetat d. 3,6-Dioxy-2-[4-Oxyphenyl]-1,4-Benzpyron.** Sm. 169° (*B.* **37**, 784 *C.* **1904** [1] 1159).
25) **Triacetat d. 3,7-Dioxy-2-[3-Oxyphenyl]-1,4-Benzpyron.** Sm. 109° (*B.* **37**, 4161 *C.* **1904** [2] 1659).
26) **Triacetat d. 3,7-Dioxy-2-[4-Oxyphenyl]-1,4-Benzpyron.** Sm. 158° (*B.* **37**, 4163 *C.* **1904** [2] 1659).
27) **Triacetat d. 3,7,8-Trioxy-2-Phenyl-1,4-Benzpyron.** Sm. 210° (*B.* **37**, 2809 *C.* **1904** [2] 713).

$C_{21}H_{16}N_2$ *3) **1,3,5-Triphenylpyrazol.** Sm. 139,5° (*C. r.* **136**, 1264 *C.* **1903** [2] 123).
*5) **2,4,5-Triphenylimidazol.** Sm. 272° (*B.* **35**, 4140 *C.* **1903** [1] 295).
15) **γ-Phenylhydrazon-αγ-Diphenylpropin.** Sm. 150° (*Soc.* **85**, 1328 *C.* **1904** [2] 1645).

$C_{21}H_{16}N_4$ 4) **5-Benzylidenamido-1,4-Diphenyl-1,2,3-Triazol.** Sm. 175° (*B.* **35**, 4059 *C.* **1903** [1] 171).

$C_{21}H_{17}N$ *10) **3,7-Dimethyl-5-Phenylakridin.** Sm. 172°. Bichromat (*B.* **36**, 1020 *C.* **1903** [1] 1268).

11) **10-Methyl-5-Benzyliden-5,10-Dihydroakridin.** Sm. 141° (*B.* **37**, 1566 *C.* **1904** [1] 1447; *B.* **37**, 3398 *C.* **1904** [2] 1317).

$C_{21}H_{17}N_3$ 10) **3,5-Diphenyl-1-[2-Methylphenyl]-1,2,4-Triazol?** (*J. pr.* [2] **67**, 484 *C.* **1903** [2] 250).

11) **3,5-Diphenyl-1-[4-Methylphenyl]-1,2,4-Triazol.** Sm. 108—109° (*J. pr.* [2] **67**, 487 *C.* **1903** [2] 250).

$C_{21}H_{17}Cl$ 2) **α-Chlor-αγγ-Triphenylpropen.** Sm. 91° (*Am.* **29**, 358 *C.* **1903** [1] 1180; *Am.* **31**, 644 *C.* **1904** [2] 445).

$C_{21}H_{18}O$ *2) **ε-Keto-αι-Diphenyl-αγζϑ-Nonatetraën.** + 1(2)HCl, + 2FeCl₃ (*C.* **1903** [2] 284; *B.* **37**, 3671 *C.* **1904** [2] 1569).

6) **γ-Keto-ααγ-Triphenylpropan.** Sm. 96° (*Am.* **29**, 354 *C.* **1903** [1] 1180; *Am.* **31**, 649 *C.* **1904** [2] 446).

$C_{21}H_{18}O_2$ *9) **Acetat d. α-Oxytriphenylmethan.** Sm. 87—88° (*B.* **36**, 3926 *C.* **1904** [1] 96).

15) **γ-Oxy-γγ-Diphenyl-α-[2-Oxyphenyl]propen.** Sm. 164—166° (*B.* **37**, 496 *C.* **1904** [1] 805).

16) **α-Oxy-γ-Keto-ααγ-Triphenylpropan.** Sm. 126—127° (*B.* **37**, 2640 *C.* **1904** [2] 529).

17) **Aethyläther d. 9-Oxy-9-Phenylxanthen.** Sm. 102—103° (*B.* **37**, 2934 *C.* **1904** [2] 1142).

18) **Methylester d. Triphenylmethan-2-Carbonsäure.** Sm. 98° (*C. r.* **139**, 12 *C.* **1904** [2] 530).

$C_{21}H_{18}O_3$ *14) **4-Acetat d. α,4-Dioxytriphenylmethan.** Sm. 139° (*B.* **36**, 3252 *C.* **1903** [2] 884).

$C_{21}H_{18}O_5$ *4) **norm. Propylester d. Pulvinsäure** (*C.* **1903** [2] 121).

5) **Diacetat d. stab. γ-Keto-αε-Di[4-Oxyphenyl]-αδ-Pentadiën.** Sm. 165—166° (*B.* **36**, 131 *C.* **1903** [1] 457).

$C_{21}H_{18}O_6$ *5) **Triacetat d. Chrysarobin.** Sm. 238° (*Soc.* **81**, 1579 *C.* **1903** [1] 34, 167).

*6) **β-Trimethyläther d. Dehydrobrasilinmonacetat.** Sm. 183—185° (*B.* **37**, 631 *C.* **1904** [1] 955; *M.* **25**, 881 *C.* **1904** [2] 1312).

$C_{21}H_{18}O_8$ 3) **Triacetat d. 3,6-Dioxy-2-[3-Oxyphenyl]-1,4-Benzpyron.** Sm. 126 bis 127° (*B.* **37**, 960 *C.* **1904** [1] 1160).

4) **Triacetat d. Butin.** Sm. 123—125° (*C.* **1903** [1] 1415; **1904** [2] 451).

$C_{21}H_{18}N_2$ 17) **Di[2-Naphtylamido]methan.** Sm. 104° (*B.* **35**, 4169 *C.* **1903** [1] 172).

18) **3-[4-Dimethylamidophenyl]-β-Naphtochinolin.** Sm. 245° (*B.* **37**, 1743 *C.* **1904** [1] 1599).

19) **3,7-Dimethyl-5-[3-Amidophenyl]akridin.** Sm. 273° (*B.* **36**, 1024 *C.* **1903** [1] 1268).

20) **3,7-Dimethyl-5-[4-Amidophenyl]akridin.** Sm. 268° (*B.* **36**, 1023 *C.* **1903** [1] 1268).

$C_{21}H_{18}N_4$ 10) **3-[Methylphenylamido]-1,5-Diphenyl-1,2,4-Triazol.** Sm. 202—203° u. Zers. (*Am.* **29**, 81 *C.* **1903** [1] 523).

11) **3-[4-Methylphenyl]amido-1,5-Diphenyl-1,2,4-Triazol.** Sm. 227 bis 228° (*Am.* **29**, 81 *C.* **1903** [1] 523; *Am.* **32**, 367 *C.* **1904** [2] 1507).

$C_{21}H_{19}N$ C 88,4 — H 6,7 — N 4,9 — M. G. 285.

1) **3,7-Dimethyl-5-Phenyl-5,10-Dihydroakridin** (*B.* **36**, 1020 *C.* **1903** [1] 1268).

$C_{21}H_{19}N_3$ 4) **4'-[4-Methylphenylimido]methyl-4-Methylazobenzol.** Sm. 170—171° (*B.* **36**, 2311 *C.* **1903** [2] 429).

5) **2,6-Di[β-4-Amidophenyläthenyl]pyridin.** Sm. 146° (HCl, HgCl₂), (2HCl, PtCl₄) (*B.* **36**, 1689 *C.* **1903** [2] 47).

$C_{21}H_{19}Cl$ 1) **α-Chlor-4,4'-Dimethyltriphenylmethan.** Sm. 106—107° (*B.* **37**, 1631 *C.* **1904** [1] 1648).

$C_{21}H_{20}O$ *5) **Aethyläther d. 4-Oxytriphenylmethan** (*B.* **36**, 3571 *C.* **1903** [2] 1375).

7) **β-Oxy-αβγ-Triphenylpropan.** Sm. 86—87° (*B.* **37**, 1456 *C.* **1904** [1] 1353).

8) **α-Oxy-4,4'-Dimethyltriphenylmethan.** Sm. 79—80° (*B.* **37**, 1631 *C.* **1904** [1] 1648).

$C_{21}H_{20}O$ 9) **Methyläther d. 4-Oxy-3-Methyltriphenylmethan.** Sm. 80—81° (*B.* **36**, 3562 *C.* **1903** [2] 1374).

$C_{21}H_{20}O_2$ 5) **αβ-Dioxy-αβ-Diphenyl-α-[4-Methylphenyl]äthan.** Sm. 168° (*B.* **37**, 2763 *C.* **1904** [2] 708).

6) **Dimethyläther d. 3,4-Dioxytriphenylmethan.** Sm. 110,5° (*B.* **37**, 3333 *C.* **1904** [2] 1050).

$C_{21}H_{20}O_3$ 6) **3,4-Dimethyläther d. α,3,4-Trioxytriphenylmethan.** Sm. 151,5° (*B.* **37**, 3332 *C.* **1904** [2] 1050).

7) **4,4'-Dimethyläther d. α,4,4'-Trioxytriphenylmethan.** Sm. 76—77° (*B.* **36**, 2787 *C.* **1903** [2] 881).

$C_{21}H_{20}O_4$ 3) **Lakton d. α-Oxy-γ-Keto-β-Phenyl-α-[4-Isopropylphenyl]butan-β-Ketocarbonsäure.** Sm. 120° (*A.* **333**, 240 *C.* **1904** [2] 1390).

4) **isom. Lakton d. α-Oxy-γ-Keto-β-Phenyl-α-[4-Isopropylphenyl]-butan-β-Ketocarbonsäure.** Sm. 158° (*A.* **333**, 253 *C.* **1904** [2] 1391).

$C_{21}H_{20}O_5$ 2) **3,4-Dimethyläther d. α,3,4,3',4'-Pentaoxytriphenylmethan.** Sm. 73—74° (*B.* **37**, 3331 *C.* **1904** [2] 1050).

3) **2-Keto-1,3-Divanillal-R-Pentamethylen.** Sm. 210° (*B.* **36**, 1503 *C.* **1903** [1] 1352).

4) **Lakton d. ε-Keto-γ-Acetoxyl-δ-Oxy-γδ-Diphenylhexan-β-Carbonsäure.** Sm. 140° (*Soc.* **83**, 299 *C.* **1903** [1] 878).

$C_{21}H_{20}O_6$ *1) **Curcumin.** K (*Soc.* **83**, 140 *C.* **1903** [1] 89, 466; *Soc.* **85**, 63 *C.* **1904** [1] 381, 729).

9) **α-Pentamethyläther d. Pentaoxybrasan.** Sm. 167° (*B.* **36**, 2201 *C.* **1903** [2] 382; *B.* **36**, 3715 *C.* **1904** [1] 39).

10) **β-Pentamethyläther d. Pentaoxybrasan.** Sm. 174° (175—176°) (*B.* **36**, 2205 *C.* **1903** [2] 382; *B.* **36**, 3715 *C.* **1904** [1] 39).

$C_{21}H_{20}O_7$ 4) **γ⁶-Acetat d. γ-Keto-γ-[2,4,6-Trioxyphenyl]-α-[2,4-Dioxyphenyl]-propen-α²,α⁴,γ²,γ⁴-Tetramethyläther.** Sm. 118—119° (*B.* **37**, 794 *C.* **1904** [1] 1159).

5) **γ⁶-Acetat d. γ-Keto-γ-[2,4,6-Trioxyphenyl]-α-[3,4-Dioxyphenyl]-propen-α³,α⁴,γ²,γ⁴-Tetramethyläther.** Sm. 107° (*B.* **37**, 794 *C.* **1904** [1] 1158).

6) **3-Acetat d. 3,7-Dioxy-2-[3,4-Dioxyphenyl]-1,4-Benzpyron-2³,2⁴-Dimethyläther-7-Aethyläther.** Sm. 162—163° (*B.* **37**, 789 *C.* **1904** [1] 1157).

$C_{21}H_{20}O_9$ *4) **Barbaloïn** + 1½(4)H_2O (*Bl.* [3] **27**, 1225 *C.* **1903** [1] 401).

*5) **Isobarbaloïn** + 3(4)H_2O (*C.* **1903** [1] 235).

7) **Acetat d. 1,2,3,5,6,7-Hexaoxy-9,10-Anthrachinonpentamethyläther.** Sm. 170—180° (*C.* **1904** [2] 709).

$C_{21}H_{20}N_2$ *2) **α-Benzylimido-α-Methylphenylamido-α-Phenylmethan.** Sm. 80 bis 90° (*Soc.* **83**, 327 *C.* **1903** [1] 581, 876; *B.* **37**, 2681 *C.* **1904** [2] 521).

14) **α-Phenylimido-4-Dimethylamidodiphenylmethan.** Sm. 151° (D.R.P. 41751). — *III, *150*.

15) **α-[β-Phenyläthyliden]-β-Phenyl-β-Benzylhydrazin.** Sm. 83° (*C. r.* **137**, 717 *C.* **1903** [2] 1433).

16) **α-[2-Methylbenzyliden]-β-Phenyl-β-Benzylhydrazin.** Sm. 87° (*C. r.* **137**, 717 *C.* **1903** [2] 1433).

17) **α-[4-Methylbenzyliden]-β-Phenyl-β-Benzylhydrazin.** Sm. 140° (*C. r.* **137**, 717 *C.* **1903** [2] 1433).

$C_{21}H_{21}N$ *3) **Tribenzylamin.** Benzolsulfons. Salz (*B.* **37**, 4137 *C.* **1904** [2] 1713).

$C_{21}H_{22}O_3$ 4) **Aethylester d. γ-Benzoylmethyl-α-Phenyl-α-Buten-δ-Carbonsäure.** Sm. 75—76° (*C.* **1903** [2] 944).

$C_{21}H_{22}O_5$ 9) **Dimethyläther d. Verb.** $C_{19}H_{18}O_5$. Sm. 131° (*M.* **24**, 215 *C.* **1903** [2] 38).

$C_{21}H_{22}O_7$ 3) **Triäthyläther d. Quercetin.** Sm. 123—124°. K_2 (*Ar.* **242**, 238 *C.* **1904** [1] 1652).

$C_{21}H_{22}O_8$ 3) **Acetylbarbatinsäure.** Sm. 172° (*J. pr.* [2] **68**, 14 *C.* **1903** [2] 511).

$C_{21}H_{22}O_{10}$ 2) **Dibenzoylchitoheptonsäure.** Sm. 117—120° (*B.* **35**, 4022 *C.* **1903** [1] 392).

$C_{21}H_{22}N_2$ 10) **4,4'-Diamido-3,3'-Dimethyltriphenylmethan.** Sm. 121—122° (*C.* **1904** [2] 227).

11) **4,4'-Di[Methylamido]triphenylmethan.** Sm. 104° (*B.* **37**, 639 *C.* **1904** [1] 950).

$C_{21}H_{22}N_2$ 12) **Verbindung** (aus 2-Methylindol u. Propionaldehyd). Sm. 180° (*B.* **36**, 4326 *C.* **1904** [1] 462).

$C_{21}H_{23}N_3$ 7) **α-Imido-α-[4-Dimethylamidophenyl]-α-[4-Aethylamido-1-Naphtyl]-methan.** Sm. 199—200°. HCl (*B.* **37**, 1906 *C.* **1904** [2] 116).

$C_{21}H_{24}O_2$ 5) **1,8-Dimethyl-4,5-Diisopropylxanthon.** Sm. 121° (*C. r.* **136**, 1567 *C.* **1903** [2] 383).

$C_{21}H_{24}O_4$ 9) **Diacetat d. 4,4'-Dioxy-2,5,2',5'-Tetramethyldiphenylmethan.** Sm. 154—155° (*B.* **36**, 1891 *C.* **1903** [2] 291).

$C_{21}H_{24}O_6$ 2) **Dimethyläther d. Anhydrolariciresinol.** Sm. 148,5° (*M.* **23**, 1028 *C.* **1903** [1] 288).

3) **Aethylester d. β-Oxy-β-Phenylakryl-3,5-Diäthoxylphenyläthersäure.** Sd. 263—264°$_{17}$ (*Soc.* **83**, 1135 *C.* **1903** [2] 1060).

$C_{21}H_{24}O_8$ 2) **Aldeyhyd d. Di[2,4,6-Trioxyphenyl]methan-3,3'-Dicarbonsäure.** Sm. 154—155° (*M.* **24**, 871 *C.* **1904** [1] 308).

$C_{21}H_{24}O_{11}$ *3) **Tetracetylhelicin.** Sm. 142° (*B.* **36**, 2578 *C.* **1903** [2] 621).

$C_{21}H_{24}N_2$ C 82,9 — H 7,9 — N 9,2 — M. G. 304.

1) **ε-[2,4-Dimethylphenyl]imido-α-[2,4-Dimethylphenyl]amido-αγ-Pentadiën.** Fl. HCl (*A.* **333**, 325 *C.* 190[illegible]

$C_{21}H_{25}N_5$ C 72,6 — H 7,2 — N 20,2 — M. G. 347.

1) **4-Amidophenyldi[4,6-Diamido-3-Methylphenyl]methan** (*C.* **1903** [1] 884).

$C_{21}H_{26}O_2$ 3) **l-Menthylester d. Naphtalin-1-Carbonsäure.** Sd. 231—232°$_{11}$ (*A.* **327**, 196 *C.* **1903** [1] 1396).

$C_{21}H_{26}O_6$ *5) **Dimethyläther d. isom. Lariciresinol.** Sm. 167° (*M.* **23**, 1025 *C.* **1903** [1] 288).

$C_{21}H_{26}O_7$ 2) **Olivetorsäure** (siehe auch $C_{27}H_{36}O_8$). Sm. 141° (*J. pr.* [2] **68**, 48 *C.* **1903** [2] 512).

$C_{21}H_{26}N_4$ C 75,4 — H 7,8 — N 16,8 — M. G. 334.

1) **ε-[4-Dimethylamidophenyl]imido-α-[4-Dimethylamidophenyl]-amido-αγ-Pentadiën.** HBr (*J. pr.* [2] **70**, 49 *C.* **1904** [2] 1236).

$C_{21}H_{28}O_2$ 5) **Dimethyläther d. αα-Di[4-Oxyphenyl]heptan** (*C.* **1904** [1] 1650).

6) **l-Menthylester d. 1,2-Dihydronaphtalin-4-Carbonsäure.** Sd. 226 bis 227°$_{12}$ (*A.* **327**, 197 *C.* **1903** [1] 1396).

7) **l-Menthylester d. 1,4-Dihydronaphtalin-1-Carbonsäure.** Sm. 89—89,5° (*A.* **327**, 198 *C.* **1903** [1] 1396).

$C_{21}H_{28}O_3$ C 76,8 — H 8,5 — O 14,6 — M. G. 328.

1) **l-Menthylester d. γ-Keto-α-Phenyl-α-Buten-β-Carbonsäure.** Sm. 133—134° (*Soc.* **85**, 54 *C.* **1904** [1] 360, 788).

$C_{21}H_{28}O_4$ C 73,3 — H 8,1 — O 18,6 — M. G. 344.

1) **l-Menthylester d. β-Acetoxyl-α-Phenylakrylsäure.** Sm. 51—52° (*C.* **1902** [2] 208; *Soc.* **81**, 1497 *C.* **1903** [1] 153). — ***III**, *335*.

2) **l-Menthylester d. Benzoylacetylessigsäure.** Fl. Cu (*C.* **1902** [2] 208; *Soc.* **81**, 1507 *C.* **1903** [1] 139). — ***III**, *335*.

$C_{21}H_{28}O_8$ C 61,8 — H 6,8 — O 31,4 — M. G. 408.

1) **Tetraäthylester d. β-Phenylpropan-ααγγ-Tetracarbonsäure.** Sd. 225 bis 230°$_{14}$ (*J. pr.* [2] **68**, 162 *C.* **1903** [2] 759).

$C_{21}H_{28}O_{10}$ 1) **Triacetat d. Saponin** (*Ar.* **241**, 616 *C.* **1904** [1] 170).

$C_{21}H_{28}S_3$ 1) **Triäthyläther d. ααγ-Trimerkapto-αγ-Diphenylpropan.** Fl. (*B.* **34**, 1403). — ***III**, *169*.

$C_{21}H_{30}O_2$ 2) **Cannabinol.** Sd. 215°$_{9,5}$ (*C.* **1903** [2] 199).

3) **l-Menthylester d. 1,2,3,4-Tetrahydronaphtalin-1-Carbonsäure.** Sd. 207°$_{10}$ (*A.* **327**, 200 *C.* **1903** [1] 1396).

$C_{21}H_{30}O_3$ C 76,4 — H 9,1 — O 14,5 — M. G. 330.

1) **Laricopininsäure.** Sm. 80° (*Ar.* **241**, 573 *C.* **1904** [1] 166).

$C_{21}H_{30}O_8$ C 61,5 — H 7,3 — O 31,2 — M. G. 410.

1) **Antiarin** (siehe auch $C_{27}H_{42}O_{10}$) (*C.* **1903** [1] 782).

$C_{21}H_{30}O_{12}$ C 53,2 — H 6,3 — O 40,5 — M. G. 474.

1) **Hexaäthylester d. R-Trimethylenhexacarbonsäure.** Sd. 179—202°$_{12}$ (*J. pr.* [2] **68**, 165 *C.* **1903** [2] 760).

$C_{21}H_{32}O$ C 84,0 — H 10,7 — O 5,3 — M. G. 300.

1) **Verbindung** (aus Borneobresk). Sm. 125° (*B.* **37**, 4114 *C.* **1904** [2] 1656).

$C_{21}H_{32}O_4$ 5) **Trimethyläther d. γ-Keto-α-[2,4,5-Trioxyphenyl]-α-Dodeken.** Sm. 97,5° (*Ar.* **242**, 103 *C.* **1904** [1] 1008).

$C_{21}H_{33}O$ 1) **α-Takoresen.** Sm. 93—95° (*Ar.* **242**, 397 *C.* **1904** [2] 528).

$C_{21}H_{34}O$ 3) **Laktukol.** Sm. 154,5° (*C.* **1904** [1] 1162; *M.* **25**, 789 *C.* **1904** [2] 1138).

$C_{21}H_{34}O_2$ 2) **Acetat d. Spongosterin.** Sm. 124,5° (*H.* **41**, 114 *C.* **1904** [1] 996).

$C_{21}H_{36}O$ 2) **Beljoresen.** Sm. 168—170° (*Ar.* **240**, 593 *C.* **1903** [1] 164).

$C_{21}H_{36}O_3$ C 75,0 — H 10,7 — O 14,3 — M. G. 336.
1) **Cyklogallipharsäure.** Sm. 89°. Ca, Ag, Pyridinsalz (*Ar.* **242**, 257 *C.* **1904** [1] 1653).

$C_{21}H_{38}O_4$ C 71,2 — H 10,7 — O 18,1 — M. G. 354.
1) **Methylester d. Acetylricinolsäure.** Sd. 260°$_{13}$ (*B.* **36**, 786 *C.* 1903 [1] 824).
2) **Diäthylester d. Säure** $C_{17}H_{30}O_4$. Sm. 26—27° (*Soc.* **85**, 860 *C.* **1904** [2] 604).

$C_{21}H_{38}O_5$ C 68,1 — H 10,3 — O 21,6 — M. G. 370.
1) **Diäthylester d. Säure** $C_{17}H_{30}O_5$. Sm. 53° (*Soc.* **85**, 861 *C.* **1904** [2] 604).

$C_{21}H_{40}O_2$ 4) **Gynocardiasäure.** Sm. 29,5° (*C.* **1904** [1] 1607).

$C_{21}H_{40}O_3$ C 74,1 — H 11,8 — O 14,1 — M. G. 340.
1) **Propylester d. Ricinolsäure.** Sd. 268°$_{13}$ (*B.* **36**, 784 *C.* **1903** [1] 823).
2) **Isopropylester d. Ricinolsäure.** Sd. 260°$_{10}$ (*B.* **36**, 784 *C.* **1903** [1] 823).

$C_{21}H_{40}O_4$ *3) **α-Oleat d. αβγ-Trioxypropan.** Sm. 35° (*C.* **1903** [1] 133; *B.* **36**, 4343 *C.* **1904** [1] 434).
4) **Phellogensäure.** Sm. 121°. Na_2 (*M.* **25**, 284 *C.* **1904** [1] 1573).
5) **Isophellogensäure.** Sm. 100°. Na_2 (*M.* **25**, 289 *C.* **1904** [1] 1573).

$C_{21}H_{42}O_4$ *1) **α-Stearat d. αβγ-Trioxypropan.** Sm. 78° (73°) (*C.* **1903** [1] 133; *B.* **36**, 4343 *C.* **1904** [1] 434).

— 21 III —

$C_{21}H_{12}O_3N_2$ 3) **Asin** (aus Morphenolchinon u. o-Toluylendiamin) (*B.* **33**, 357). — *III, *322*.

$C_{21}H_{12}O_4N_2$ C 70,8 — H 3,4 — O 18,0 — N 7,8 — M. G. 356.
1) **2-[2-Nitrobenzyliden]amido-9,10-Anthrachinon.** Sm. 216—218° (*C.* **1904** [1] 290).
2) **2-[3-Nitrobenzyliden]amido-9,10-Anthrachinon.** Sm. 245—246° (*C.* **1904** [1] 290).
3) **2-[4-Nitrobenzyliden]amido-9,10-Anthrachinon.** Sm. 246—249° (*C.* **1904** [1] 290).

$C_{21}H_{12}O_5N_2$ C 67,7 — H 3,2 — O 21,5 — N 7,5 — M. G. 372.
1) **9,10-Anthrachinon-2-Azosalicylsäure.** Sm. 270° u. Zers. (*C.* **1904** [1] 289).

$C_{21}H_{12}O_7N_2$ 3) **4,4'-Dinitro-1,1'-Dioxy-2,2'-Dinaphtylketon.** Sm. 140° u. Zers. (*A.* **330**, 105 *C.* **1904** [1] 1076).

$C_{21}H_{12}O_9N_2$ C 57,8 — H 2,7 — O 33,0 — N 6,4 — M. G. 436.
1) **Aldehyd d. 3,4-Di[?-Nitrobenzoxyl]benzol-1-Carbonsäure** (*B.* **36**, 2930 *C.* **1903** [2] 888).

$C_{21}H_{13}ON$ 5) **Akridinderivat** (aus Alizarinirisol) (*C.* **1904** [1] 101).

$C_{21}H_{13}OBr$ 4) **Dinaphtopyryloxoniumbromid** (*C. r.* **136**, 381 *C.* **1903** [1] 648).

$C_{21}H_{13}O_2N$ C 81,0 — H 4,2 — O 10,3 — N 4,5 — M. G. 311.
1) **2-Benzylidenamido-9,10-Anthrachinon.** Sm. 185—187° (*C.* **1904** [1] 290).

$C_{21}H_{13}O_3N$ 5) **2-[2-Oxybenzyliden]amido-9,10-Anthrachinon.** Sm. 229—231° (*C.* **1904** [1] 290).
6) **2-[4-Oxybenzyliden]amido-9,10-Anthrachinon.** Sm. 258° (*C.* **1904** [1] 290).

$C_{21}H_{13}O_4N$ 3) **3-Phenyl-β-Naphtochinolin-?-Dicarbonsäure?** Sm. 215—220° (*C. r.* **139**, 298 *C.* **1904** [2] 714).

$C_{21}H_{13}O_6Br$ 1) **2',3-Lakton d. 1-Keto-3-Aethoxyl-2-[2-Brom-2-Oxy-1,3-Diketo-2,3-Dihydro-2-Indenyl]-2,3-Dihydroinden-3-Carbonsäure.** Sm. 211° (*B.* **35**, 3964 *C.* **1903** [1] 33).

$C_{21}H_{13}NCl_2$ 1) **α-Naphtakridindichlorid.** Sm. 156° (*Soc.* **85**, 1204 *C.* **1904** [2] 1060).

$C_{21}H_{13}NJ_2$ 1) **β-Naphtakridindijodid.** Sm. 270—273° (*Soc.* **85**, 1205 *C.* **1904** [2] 1060).

$C_{21}H_{14}O_2N_2$ 9) **6-Phenylazo-3-Phenyl-1,2-Benzpyron.** Sm. 205° (*B.* **37**, 4132 *C.* **1904** [2] 1736).

$C_{21}H_{14}O_3N_2$ 12) **Amid d. 1,3-Diketo-2-Phenyl-1,3-Dihydroisoindol-2²-Carbonsäure** (Anilid d. o-Phtalimidobenzoësäure). Sm. 205° (*J. pr.* [2] **69**, 27 *C.* **1904** [1] 641).

13) **Verbindung** (aus 2-Amidobenzol-1-Carbonsäure u. Benzol-1,2-Dicarbonsäureimid). Sm. 180° (*J. pr.* [2] **69**, 26 *C.* **1904** [1] 641).

$C_{21}H_{14}O_4Br_2$ 1) **Dibenzoat d. 3,5-Dibrom-2-Oxy-1-Oxymethylbenzol.** Sm. 121—122° (*A.* **332**, 200 *C.* **1904** [2] 211).

$C_{21}H_{14}O_6N_2$ C 64,6 — H 3,6 — O 24,6 — N 7,2 — M. G. 390.

1) **4,4'-Dinitro-1,1'-Dioxy-2,2'-Dinaphtylmethan.** Zers. oberh. 200° (*A.* **330**, 104 *C.* **1904** [1] 1076).

$C_{21}H_{14}N_3Br$ 1) **Brom-p-Tolylindophenazin.** Sm. 290—291° (*B.* **35**, 4336 *C.* **1903** [1] 293).

$C_{21}H_{15}ON$ *3) **2,4,5-Triphenyloxazol.** Sm. 115° (*B.* **35**, 4137 *C.* **1903** [1] 295).

*7) **2-Oxy-1-[1-Naphtylimido]methylnaphtalin.** Sm. 178° (*B.* **36**, 1975 *C.* **1903** [2] 378).

11) **2-Oxy-1-[2-Naphtylimido]methylnaphtalin.** Sm. 143° (*B.* **36**, 1975 *C.* **1903** [2] 378).

12) **7-Oxy-2,4-Diphenylchinolin.** Sm. 272° (*B.* **36**, 4017 *C.* **1904** [1] 293).

$C_{21}H_{15}OCl$ 2) **γ-Keto-βγ-Diphenyl-α-[2-Chlorphenyl]propen.** Sm. 113° (*B.* **35**, 3970 *C.* **1903** [1] 31).

3) **isom. γ-Keto-βγ-Diphenyl-α-[2-Chlorphenyl]propen.** Sm. 92° (*B.* **35**, 3970 *C.* **1903** [1] 31).

$C_{21}H_{15}O_2N$ 9) **1-Benzylamido-9,10-Anthrachinon.** Sm. 188° (D.R.P. 144634 *C.* **1903** [2] 750).

10) **Lakton d. 5-Oxy-10-Methyl-5-Phenyl-5,10-Dihydroakridin-5²-Carbonsäure.** Sm. 245° (*B.* **37**, 1009 *C.* **1904** [1] 1276).

11) **Betaïn d. 10-Methyl-5-Phenylakridin-5²-Carbonsäure.** Sm. 245° (*B.* **37**, 1010 *C.* **1904** [1] 1277).

12) **Methylester d. 5-Phenylakridin-5²-Carbonsäure.** Sm. 173°. HJ, $H_2Cr_2O_7$, Pikrat (*B.* **37**, 1007 *C.* **1904** [1] 1276).

$C_{21}H_{15}O_2N_3$ 9) **2-[4-Methylamidophenylazo]-9,10-Anthrachinon.** Sm. 202—204° (*C.* **1904** [1] 289).

10) **Benzoat d. 5-Oxy-1,4-Diphenyl-1,2,3-Triazol.** Sm. 132° (*A.* **335**, 105 *C.* **1904** [2] 1232).

$C_{21}H_{15}O_3N$ 5) **4-[4-Methylphenylamido]-1-Oxy-9,10-Anthrachinon**(Chinizarinblau) (*C.* **1904** [2] 339).

$C_{21}H_{15}O_3N_3$ 4) **2,4,6-Tri[4-Oxyphenyl]-1,3,5-Triazin.** Sm. 357° corr. (*B.* **36**, 3194 *C.* **1903** [2] 956).

$C_{21}H_{15}O_4N_3$ C 67,5 — H 4,0 — O 17,2 — N 11,2 — M. G. 373.

1) **2,6-Di[β-4-Nitrophenyläthenyl]pyridin.** Sm. 168—169°. HCl + H_2O, (HCl, $HgCl_2$), (2HCl, $PtCl_4$), (HCl, $AuCl_3$), Pikrat (*B.* **36**, 1688 *C.* **1903** [2] 47).

$C_{21}H_{15}O_6N_5$ *2) **m-Trinitrohydrobenzamid** (*C.* **1904** [1] 878).

$C_{21}H_{15}O_6B$ 1) **Gem. Anhydrid d. Benzolcarbonsäure u. Borsäure.** Sm. 145° (*B.* **36**, 2224 *C.* **1903** [2] 421).

$C_{21}H_{15}O_9N$ C 59,3 — H 3,5 — O 33,9 — N 3,3 — M. G. 425.

1) **4-Nitro-α,?,?-Trioxydiphenylmethan-?-Dicarbonsäure** (aus 4-Nitrobenzaldehyd u. Salicylsäure) (D.R.P. 75803). — *II, *1213.*

$C_{21}H_{15}O_9B$ 1) **Gem. Anhydrid d. 2-Oxybenzol-1-Carbonsäure u. Borsäure.** Sm. 258 bis 259° (*B.* **36**, 2224 *C.* **1903** [2] 421).

$C_{21}H_{16}ON_4$ *1) **4-Phenylhydrazon-5-Keto-1,3-Diphenyl-4,5-Dihydropyrazol.** Sm. 170° (*B.* **36**, 1135 *C.* **1903** [1] 1254).

2) **3-Benzoylamido-1,5-Diphenyl-1,2,4-Triazol.** Sm. 159—160°. HCl, H_2SO_4 (*Am.* **29**, 77 *C.* **1903** [1] 523).

3) **Verbindung** (aus 4,5-Diketo-1,3-Diphenyl-4,5-Dihydropyrazol). Sm. 240 bis 241° (*B.* **36**, 1135 *C.* **1903** [1] 1254).

$C_{21}H_{16}OCl_2$ 1) **γ-Chlor-α-Keto-αβ-Diphenyl-γ-[2-Chlorphenyl]propan.** Sm. 159° (*B.* **35**, 3969 *C.* **1903** [1] 31).

$C_{21}H_{16}O_2N_2$ 10) **1-Methylamido-5-Phenylamido-9,10-Anthrachinon** (D.R.P. 139581 *C.* **1903** [1] 680).

11) **1-Methylamido-8-Phenylamido-9,10-Anthrachinon** (D.R.P. 139581 *C.* **1903** [1] 680).

12) **4-Amido-1-[4-Methylphenyl]amido-9,10-Anthrachinon** (D.R.P. 125578; D.R.P. 148767 *C.* **1904** [1] 557).

$C_{21}H_{16}O_2N_2$ 13) **2-[α-Phenylhydrazonäthyl]-3,4-β-Naphtopyron** (α-Phenylhydrazonäthyl-β-Naphtocumarin). Sm. 209—211° u. Zers. (*B.* **36**, 1974 *C.* **1903** [2] 377).

14) **3,7-Dimethyl-5-[3-Nitrophenyl]akridin.** Sm. 268° (*B.* **36**, 1024 *C.* **1903** [1] 1268).

15) **3,7-Dimethyl-5-[4-Nitrophenyl]akridin.** Sm. 265° (*B.* **36**, 1023 *C.* **1903** [1] 1268).

16) **Benzoat d. 2-[2-Oxymethylphenyl]indazol.** Sm. 87,5° (*C. r.* **138**, 1277 *C.* **1904** [2] 121).

$C_{21}H_{16}O_3N_2$ 9) **Tribenzoylhydrazin.** Sm. 206° (*J. pr.* [2] **69**, 156 *C.* **1904** [1] 1274; *J. pr.* [2] **70**, 274 *C.* **1904** [2] 1544; *J. pr.* [2] **70**, 296, 300 *C.* **1904** [2] 1566)

10) **6-Oxyazobenzol-3-[α-Phenylakrylsäure].** Sm. 247° (*B.* **37**, 4133 *C.* **1904** [2] 1736).

$C_{21}H_{16}O_3Br_2$ 3) **Acetat d. 3,5-Dibrom-α,4-Dioxytriphenylmethan.** Sm. 171—172° (*B.* **34**, 3078 *C.* **1903** [2] 884).

$C_{21}H_{16}O_4N_2$ 6) **Dibenzoat d. 1,4-Dioximido-2-Methyl-1,4-Dihydrobenzol.** Zers. bei 196° (*G.* **33** [1] 240 *C.* **1903** [1] 1409).

$C_{21}H_{16}O_9Cl_4$ *1) **Tetrachlorbarbaloïn** + $1^1/_2H_2O$. Na_3 (*C.* **1903** [1] 234; *Bl.* [3] **27**, 1227 *C.* **1903** [1] 401).

2) **Tetrachlorisobarbaloïn** + $5H_2O$ (*C.* **1903** [1] 235; *C. r.* **127**, 236; *Bl.* [3] **23**, 788). — *III, *454.*

$C_{21}H_{16}O_9Br_4$ 1) **Tetrabrombarbaloïn** + $4H_2O$ (*C.* **1903** [1] 235). — *III, *453.*

2) **Tetrabromisobarbaloïn.** Sm. 191° (*B.* **23** [2] 207; *C.* **1898** [2] 582; *Bl.* [3] **21**, 670 Anm.; *C.* **1903** [1] 235). — *III, *454.*

$C_{21}H_{16}N_2S$ *2) **s-2,2-Dinaphtylthioharnstoff.** Sm. 192—193°; Sd. 293° (*C. r.* **139**, 451 *C.* **1904** [2] 1114).

$C_{21}H_{16}N_3Cl$ 1) **5-Imido-4-[4-Chlorphenyl]-1,3-Diphenyl-4,5-Dihydropyrazol.** Sm. 149° (*J. pr.* [2] **67**, 380 *C.* **1903** [1] 1356).

2) **1-[4-Chlor-2-Methylphenyl]-3,5-Diphenyl-1,2,4-Triazol.** Sm. 103 bis 104° (*J. pr.* [2] **67**, 502 *C.* **1903** [2] 251).

$C_{21}H_{17}ON$ 8) **α-[oder β]-Phenylamido-γ-Keto-αγ-Diphenylpropen.** Sm. 103—104° (*Soc.* **85**, 1326 *C.* **1904** [2] 1645).

9) **3-Methyl-1,1-Diphenyl-2,4-Benzoxazin.** Sm. 134,5—137° (*B.* **37**, 3197 *C.* **1904** [2] 1472).

$C_{21}H_{17}ON_3$ 10) **Verbindung** (aus o-Amidobenzaldehyd) (*B.* **36**, 835 *C.* **1903** [1] 1028).

$C_{21}H_{17}OBr$ 1) **β-Brom-γ-Keto-ααγ-Triphenylpropan.** Sm. 173° (*Am.* **29**, 358 *C.* **1903** [1] 1180; *Am.* **31**, 652 *C.* **1904** [2] 440).

$C_{21}H_{17}O_2N$ *1) **Benzilimid.** Sm. 138—139° (*B.* **35**, 4138 *C.* **1903** [1] 295).

*9) **6-Benzoylamido-3-Methyldiphenylketon.** Sm. 118° (*Soc.* **85**, 506 *C.* **1904** [1] 1554).

12) **γ-[3-Oxyphenyl]imido-α-Oxy-αγ-Diphenylpropen.** Sm. 172° (*B.* **36**, 4017 *C.* **1904** [1] 293).

13) **Phenylamidodibenzoylmethan.** Sm. 168—169° (*B.* **37**, 2528 *C.* **1904** [2] 336).

14) **Benzoyl-4-Methylbenzoylamidobenzol.** Sm. 159—160° (*C. r.* **137**, 714 *C.* **1903** [2] 1428).

15) **4-Benzoylamido-3-Methyldiphenylketon.** Sm. 158° (*Soc.* **85**, 503 *C.* **1904** [1] 1554).

16) **o,p,ana-Trimethylchinophtalon.** Sm. 284° (*B.* **37**, 3017 *C.* **1904** [2] 1409).

17) **o,p,ana-Trimethylisochinophtalon.** Sm. 236° (*B.* **37**, 3017 *C.* **1904** [2] 1409).

18) **Benzoat d. 1-Oxy-2-[2-Pyridyl]-2,3-Dihydroinden.** Sm. 36—37° (*B.* **36**, 1656 *C.* **1903** [2] 39).

19) **Phenylamidoformiat d. 2-Oxy-αα-Diphenyläthen.** Sm. 105° (und 86°) (*B.* **36**, 4000 *C.* **1904** [1] 174).

$C_{21}H_{17}O_2N_3$ *6) **s-Dibenzoylphenylguanidin.** Sm. 187° (*B.* **37**, 1683 *C.* **1904** [1] 1491).

$C_{21}H_{17}O_3N$ 20) **Methylhydroxyd d. 5-Phenylakridin-5¹-Carbonsäure.** Jodhydrat, Bichromat, Pikrat (*B.* **37**, 1010 *C.* **1904** [1] 1277).

21) **Aethylester d. Naphtostyrilphenylessigsäure** + H_2O. Sm. 105—106° (111—112° wasserfrei) (*B.* **35**, 4222 *C.* **1903** [1] 166).

22) **Benzoat d. 3-Benzoylamido-1-Oxymethylbenzol.** Sm. 113—114° (*B.* **37**, 3941 *C.* **1904** [2] 1597).

$C_{21}H_{17}O_3N$ 23) α-Benzoat d. β-Oximido-α-Oxy-αβ-Diphenyläthan. Sm. 148° (*Soc.* **85**, 453 *C.* **1904** [1] 954, 1445).
24) β-Benzoat d. β-Oximido-α-Oxy-αβ-Diphenyläthan. Sm. 165—166° (*Soc.* **85**, 451 *C.* **1904** [1] 954, 1445).
25) 2-Methylphenylamid d. 2-Benzoxylbenzol-1-Carbonsäure. Sm. 136° (*G.* **34** [1] 272 *C.* **1904** [1] 1499).
26) Phenyl-4-Methoxylbenzoylamid d. Benzolcarbonsäure. Sm. 162 bis 163° (*Am.* **30**, 36 *C.* **1903** [2] 303).

$C_{21}H_{17}O_3N_3$ 6) N-Benzoat d. α-Oximido-α-Phenylazo-α-[4-Oxyphenyl]methan-4-Methyläther. Sm. 129—129,5° (*B.* **36**, 67 *C.* **1903** [1] 451).
7) Phenylamid d. 4-Benzoxyl-3-Methylphenylazoameisensäure. Sm. 150° u. Zers. (*A.* **334**, 193 *C.* **1904** [2] 836).

$C_{21}H_{17}O_5N_3$ 3) 4-Methyläther d. 5-Nitro-3-Benzoxyl-4-Oxy-1-Phenylhydrazonmethylbenzol. Sm. 205—206° (*B.* **35**, 4399 *C.* **1903** [1] 341).
4) Semicarbazon d. Verb. $C_{20}H_{14}O_5$. Sm. 239° (*B.* **36**, 3233 *C.* **1903** [2] 941).

$C_{21}H_{17}O_8N_5$ C 57,9 — H 3,9 — O 22,1 — N 16,1 — M. G. 435.
1) αα-Di[4-Nitrobenzyl]-β-[2-Nitrobenzyliden]hydrazin. Sm. 120° (*R.* **22**, 439 *C.* **1904** [1] 15).

$C_{21}H_{17}O_6Br$ 1) Acetylbromtrimethyldehydrobrasilin. Sm. 271—274° (*B.* **36**, 390 *C.* **1903** [1] 587). — *III, *481.*

$C_{21}H_{17}O_9Br_3$ 1) Tribrombarbaloïn (*C.* **1903** [1] 235). — *III, *453.*

$C_{21}H_{17}N_3S$ 6) 1,5-Diphenyl-4-[2-Methylphenyl]-4,5-Dihydro-1,2,4-Triazol-3,5-Sulfid. Sm. 249—250° u. Zers. (*J. pr.* [2] **67**, 221 *C.* **1903** [1] 1261).
7) 1,5-Diphenyl-4-[4-Methylphenyl]-4,5-Dihydro-1,2,4-Triazol-3,5-Sulfid. Sm. 301—303° u. Zers. (*J. pr.* [2] **67**, 220 *C.* **1903** [1] 1261).
8) 1,5-Diphenyl-4-Benzyl-4,5-Dihydro-1,2,4-Triazol-3,5-Sulfid. Sm. 236° (*J. pr.* [2] **67**, 218 *C.* **1903** [1] 1260).
9) 4,5-Diphenyl-1-[4-Methylphenyl]-4,5-Dihydro-1,2,4-Triazol-3,5-Sulfid. Sm. 340° (*J. pr.* [2] **67**, 258 *C.* **1903** [1] 1265).

$C_{21}H_{18}ON_2$ 17) β-Imido-β-Phenylbenzoylamido-α-Phenyläthan. Sm. 110—111° (*C.* **1903** [2] 831).
18) α-Phenylimido-α-Benzoylamido-α-[4-Methylphenyl]methan. Sm. 126° (*C.* **1903** [2] 831).
19) α-[2-Methylphenyl]imido-α-Benzoylamido-α-Phenylmethan. Sm. 111—113° (*C.* **1903** [2] 831).
20) N-Aethyl-o-Methylchinophtalin. Sm. 198° (*B.* **36**, 3919 *C.* **1904** [1] 98).

$C_{21}H_{18}ON_4$ 4) Methyläther d. 3-[4-Oxyphenyl]amido-1,5-Diphenyl-1,2,4-Triazol. Sm. 224—225° (*Am.* **32**, 368 *C.* **1904** [2] 1507).

$C_{21}H_{18}OS$ 3) Aethyläther d. 9-Oxy-9-Phenylthioxanthen. Sm. 76—77° (*B.* **37**, 2937 *C.* **1904** [2] 1143).
4) Verbindung (aus Dibenzylsulfoxyd u. Benzaldehyd). Sm. 203° (*B.* **36**, 544 *C.* **1903** [1] 707).

$C_{21}H_{18}O_3N_2$ *16) αβ-Dibenzoyl-α-Benzoylhydrazin. Sm. 152° (*J. pr.* [2] **70**, 278 *C.* **1904** [2] 1545).
20) 4-Oxy-3-Benzoylphenylhydrazonmethyl-1-Methylbenzol. Sm. 155° (*B.* **35**, 4107 *C.* **1903** [1] 150).
21) αε-Diketo-γ-Phenyl-αε-Di[2-Pyridyl]pentan. Sm. 152° (*B.* **35**, 4062 *C.* **1903** [1] 91).
22) Benzoat d. 4-Oxy-3-Phenylhydrazonmethyl-1-Methylbenzol. Sm. 161° (*B.* **35**, 4107 *C.* **1903** [1] 150).

$C_{21}H_{18}O_2N_4$ 14) α-Imido-α-Benzoylamido-α-[β-Benzoyl-β-Phenylhydrazido]methan. Sm. 156° (*Am.* **29**, 79 *C.* **1903** [1] 523).

$C_{21}H_{18}O_2S_2$ 1) Dibenzyläther d. 3,6-Dimerkapto-2-Methyl-1,4-Benzochinon. Sm. 67—68° (*A.* **336**, 160 *C.* **1904** [2] 1361).

$C_{21}H_{18}O_3N_2$ 13) 4-Methyläther d. 3-Benzoxyl-4-Oxy-1-Phenylhydrazonmethylbenzol. Sm. 187° (*B.* **35**, 4399 *C.* **1903** [1] 341).
14) 4-Oxyazobenzol-2-[α-Phenylpropionsäure]. Sm. 177° (*B.* **37**, 4134 *C.* **1904** [2] 1736).
15) 4-Oxyazobenzol-3-[α-Phenylpropionsäure]. Sm. 152—153° (*B.* **37**, 4133 *C.* **1904** [2] 1736).
16) 6-Oxyazobenzol-3-[α-Phenylpropionsäure]. Sm. 159° (*B.* **37**, 4135 *C.* **1904** [2] 1736).

$C_{21}H_{18}O_3N_2$ 17) 8-[2-Oxy-1-Naphtyl]azo-1,2,3,4-Tetrahydronaphtalin-1-Carbonsäure (*B.* **35**, 4224 *C.* **1903** [1] 166).
18) Säure (aus d. Verb. $C_{23}H_{24}O_4N_2$). Sm. 180° (*B.* **36**, 2125 *C.* **1903** [2] 365).
19) Phenylamid d. *α*-Phenylamidoformoxyl-*α*-Phenylessigsäure. Sm. 163° (*Bl.* [3] **29**, 127 *C.* **1903** [1] 564).

$C_{21}H_{18}O_3N_4$ 2) 2-Oxy-3,5-Di[Phenylazo]benzol-1-Propionsäure. Sm. 194° (*B.* **37**, 4130 *C.* **1904** [2] 1735).
3) 3-Oxy-4,6-Di[Phenylazo]benzol-1-Propionsäure. Sm. 179—180° (*B.* **37**, 4131 *C.* **1904** [2] 1735).

$C_{21}H_{18}O_4N_2$ 6) *αε*-Di[Phtalylamido]pentan. Sm. 186° (*B.* **37**, 3584 *C.* **1904** [2] 1407).

$C_{21}H_{18}O_5N_4$ C 62,1 — H 4,4 — O 19,7 — N 13,8 — M. G. 406.
1) *αα*-Di[4-Nitrobenzyl]-*β*-[2-Oxybenzyliden]hydrazin. Sm. 183° (*R.* **22**, 439 *C.* **1903** [2] 15).

$C_{21}H_{18}O_8N_2$ C 59,1 — H 4,2 — O 30,0 — N 6,6 — M. G. 426.
1) Diacetat d. 2-Keto-5,6-Dioxy-1-[3-Nitro-4-Dimethylamidobenzyliden]-1,2-Dihydrobenzfuran. Sm. 212° (*B.* **37**, 825 *C.* **1904** [1] 1152).

$C_{21}H_{18}NJ$ 2) Jodmethylat d. 5-Benzylakridin (*B.* **37**, 1565 *C.* **1904** [1] 1447).

$C_{21}H_{18}N_3Cl_3$ 1) trimolec. Anhydroformaldehyd-4-Chloranilin. Sm. 157° (*B.* **36**, 47 *C.* **1903** [1] 505).
2) isom. trimolec. Anhydroformaldehyd-4-Chloranilin. Sm. 225° (*B.* **36**, 47 *C.* **1903** [1] 505).

$C_{21}H_{19}ON$ 19) 4-Methylbenzylamidodiphenylketon. Sm. 78—79° (D.R.P. 41751). — *III, *147.*
20) *γ*-Oximido-*ααγ*-Triphenylpropan. Sm. 131° (*Am.* **31**, 650 *C.* **1904** [2] 446).
21) 2-Acetylamidotriphenylmethan. Sm. 154—155° (*B.* **37**, 3199 *C.* **1904** [2] 1472).
22) Methylhydroxyd d. 5-Benzylakridin. Jodid, Pikrat (*B.* **37**, 1565 *C.* **1904** [1] 1447).
23) Phenylamid d. *ββ*-Diphenylpropionsäure. Sm. 167° (*Am.* **31**, 651 *C.* **1904** [2] 446).

$C_{21}H_{19}ON_3$ 8) *α*-Benzylidenamido-*β*-Phenyl-*α*-Benzylharnstoff. Sm. 152° (*B.* **37**, 2327 *C.* **1904** [2] 313).
9) *α*-Benzylidenamido-*α*-[2-Methylphenyl]-*β*-Phenylharnstoff. Sm. 118° (*B.* **36**, 1371 *C.* **1903** [1] 1342).
10) *α*-Benzylidenamido-*α*-[4-Methylphenyl]-*β*-Phenylharnstoff. Sm. 176 bis 177° (*B.* **36**, 1374 *C.* **1903** [1] 1343).

$C_{21}H_{19}O_2N$ *8) *β*-Benzoylamido-*α*-Oxy-*αβ*-Diphenyläthan. Sm. 235—236° (*B.* **37**, 3942 *C.* **1904** [2] 1597).
11) isom-*β*-Benzoylamido-*α*-Oxy-*αβ*-Diphenyläthan (N-Benzoylisodiphenyloxyäthylamin). Sm. 233° (*B.* **37**, 3943 *C.* **1904** [2] 1597).
12) r-*β*-[2-Oxybenzyliden]amido-*α*-Oxy-*αβ*-Diphenyläthan. Sm. 113° (*B.* **36**, 2342 Anm. *C.* **1903** [2] 410).
13) *α*-Oxy-2-Acetylamidotriphenylmethan. Sm. 192° (*B.* **37**, 3197 *C.* **1904** [2] 1472).
14) Acetyltriphenylmethylhydroxylamin. Sm. 98—102° (*B.* **37**, 3152 *C.* **1904** [2] 1047).
15) Phenylester d. Dibenzylamidoameisensäure. Sd. 282—284°$_{33}$ (*Bl.* [3] **31**, 21 *C.* **1904** [1] 508).
16) Phenylamidoformiat d. 2-Oxy-*αα*-Diphenyläthan. Sm. 90° (*B.* **36**, 4009 *C.* **1904** [1] 175).
17) Phenylamidoformiat d. 4-Oxy-*αα*-Diphenyläthan. Sm. 111° (*B.* **36**, 4013 *C.* **1904** [1] 176).
18) Phenylamidoformiat d. 4-Oxy-*αβ*-Diphenyläthan. Sm. 150° (*B.* **36**, 4010 *C.* **1904** [1] 176).
19) Phenylamidoformiat d. Phenol $C_{14}H_{14}O$. Sm. 139° (*B.* **36**, 3986 *C.* **1904** [1] 171).

$C_{21}H_{19}O_2N_3$ 10) 6-Phenylamido-3,4'-Dimethylazobenzol-6¹-Carbonsäure? Sm. 226 bis 227° (D.R.P. 146950 *C.* **1903** [2] 1402; D.R.P. 150469 *C.* **1904** [1] 1115).
11) 4-Phenylamido-2',3-Dimethylazobenzol-4¹-Carbonsäure? Sm. 217 bis 218° (D.R.P. 146950 *C.* **1903** [2] 1402; D.R.P. 150469 *C.* **1904** [1] 1115).

$C_{21}H_{19}O_2Cl$ 1) **Dimethyläther d. α-Chlor-3,4-Dioxytriphenylmethan.** Sm. 148,5° (*B.* **37**, 3333 *C.* **1904** [2] 1050).
2) **Dimethyläther d. α-Chlor-4,4'-Dioxytriphenylmethan.** Sm. 114 bis 115° (*B.* **36**, 2787 *C.* **1903** [2] 882).

$C_{21}H_{19}O_5N$ 3) **Acetat d. γ-Keto-γ-[5-Diacetylamido-2-Oxyphenyl]-α-Phenylpropen.** Sm. 147° (*B.* **37**, 2827 *C.* **1904** [2] 704).

$C_{21}H_{19}O_6N$ 4) **Diacetat d. 5,6-Dioxy-2-Keto-1-[4-Dimethylamidobenzyliden]-1,2-Dihydrobenzfuran.** Sm. 182° (215°) (*B.* **29**, 2434; *B.* **37**, 823 *C.* **1904** [1] 1151). — *III, *532.*

$C_{21}H_{19}O_6N_3$ C 61,6 — H 4,6 — O 23,5 — N 10,3 — M. G. 409.
1) **Semicarbazon d. Verb.** $C_{20}H_{16}O_6$. Sm. 265° u. Zers. (*B.* **36**, 3232 *C.* **1903** [2] 941).

$C_{21}H_{19}O_6N_5$ 2) **2,4,6-Trinitro-3,5-Di[4-Methylphenylamido]-1-Methylbenzol.** Sm. 185° (*R.* **23**, 128 *C.* **1904** [2] 201).

$C_{21}H_{19}O_8N$ 2) **Verbindung** (aus d. Verb. $C_{13}H_{14}O_4NJ$). Zers. bei 220—270° (*G.* **34** [1] 345 *C.* **1904** [2] 194).

$C_{21}H_{19}NS$ 1) **4-Benzylidenamido-3,4'-Dimethyldiphenylsulfid.** HCl (*J. pr.* [2] **68**, 288 *C.* **1903** [2] 995).

$C_{21}H_{19}N_3S$ 3) **α-Benzylidenamido-β-Phenyl-α-Benzylthioharnstoff.** Sm. 132° (*B.* **37**, 2329 *C.* **1904** [2] 313).

$C_{21}H_{19}N_3S_2$ 1) **Benzyläther d. α-[β-Phenylthioureïdo]-α-Phenylimido-α-Merkaptomethan.** Sm. 98—100° (*Am.* **30**, 177 *C.* **1903** [2] 872).

$C_{21}H_{20}ON_2$ *19) **β-Benzoyl-αα-Dibenzylhydrazin.** Sm. 166—168° (*A.* **329**, 364 *C.* **1904** [1] 442).
20) **Aethyläther d. α-Oxy-α-Phenylimido-α-Diphenylamidomethan** (Aethylisotriphenylharnstoff). Sm. 48—50° (*B.* **37**, 965 *C.* **1904** [1] 1002).
21) **αβ-Diphenyl-α-[α-Phenyläthyl]harnstoff.** Sm. 94—95° (*B.* **37**, 2693 *C.* **1904** [2] 519).
22) **α-Benzoyl-αβ-Dibenzylhydrazin.** Sm. 85—87° (*A.* **329**, 364 *C.* **1904** [1] 442).
23) **α-Benzoyl-αβ-Di[2-Methylphenyl]hydrazin.** Sm. 123,5—124° (*C. r.* **136**, 1555 *C.* **1903** [2] 350).
24) **α-Benzoyl-αβ-Di[4-Methylphenyl]hydrazin.** Sm. 189° (*B.* **36**, 140 *C.* **1903** [1] 507).

$C_{21}H_{20}ON_4$ *5) **2-Oxy-3,5-Di[2-Methylphenylazo]-1-Methylbenzol.** Sm. 146—147° (*B.* **37**, 2575 *C.* **1904** [2] 658).

$C_{21}H_{20}OCl_2$ 1) **Dicinnamylidenacetondihydrochlorid** (*B.* **36**, 1477 *C.* **1903** [1] 1348).

$C_{21}H_{20}O_2N_2$ 17) **Dimethyläther d. α-Phenylhdrazon-αα-Di[4-Oxyphenyl]methan.** Sm. 123—124° (*B.* **36**, 655 *C.* **1903** [1] 768).

$C_{21}H_{20}O_2N_4$ 7) **4,4'-Di[Methylnitrosamido]triphenylmethan.** Sm. 149° u. Zers. (*B.* **37**, 641 *C.* **1904** [1] 950).
8) **α-Phenylureïdo-β-Phenyl-α-Benzylharnstoff.** Sm. 222° (*B.* **37**, 2326 *C.* **1904** [2] 312).

$C_{21}H_{20}O_2N_6$ 2) **1,4-Di[β-Phenylsemicarbazon]-2-Methyl-1,4-Dihydrobenzol.** Zers. bei 246° (*A.* **334**, 191 *C.* **1904** [2] 835).

$C_{21}H_{20}O_2S_2$ 1) **3,6-Dibenzyläther d. 3,6-Dimerkapto-2,5-Dioxy-1-Methylbenzol.** Sm. 113° (*A.* **336**, 165 *C.* **1904** [2] 1300).

$C_{21}H_{20}O_3N_2$ 2) **Monophenylhydrazon d. ε-Keto-δ-Acetyl-α-[3,4-Dioxyphenyl]-αγ-Hexadiën-3,4-Methylenäther.** Sm. 160—161° (*B.* **37**, 1700 *C.* **1904** [1] 1497).

$C_{21}H_{20}O_3N_4$ C 67,0 — H 5,3 — O 12,8 — N 14,9 — M. G. 376.
1) **α-Oxy-4,4'-Di[Methylnitrosamido]triphenylmethan.** Sm. 159° u. Zers. (*B.* **37**, 644 *C.* **1904** [1] 951).

$C_{21}H_{20}O_5S$ 1) **4,4'-Dioxytriphenylmethandimethyläther-α-Sulfonsäure.** Na + H_2O (*B.* **36**, 2788 *C.* **1903** [2] 882).

$C_{21}H_{20}NJ$ 1) **Jodmethylat d. 5,7-Diphenyl-2,3-Dihydro-4-Isobenzazol.** Sm. 240 bis 241° u. Zers. (*B.* **35**, 3977 *C.* **1903** [1] 37).

$C_{21}H_{20}N_2S$ 5) **α-Phenyl-ββ-Dibenzylthioharnstoff.** Sm. 145—146° (*Soc.* **63**, 539). — *II, *1245.*

$C_{21}H_{20}N_2S_2$ 2) **4-Methylphenyläther d. α-Phenyl-β-[4-Merkapto-2-Methylphenyl]-thioharnstoff.** Sm. 143° (*J. pr.* [2] **68**, 287 *C.* **1903** [2] 995).
3) **4-Methylphenyläther d. α-Phenyl-β-[4-Merkapto-3-Methylphenyl]-thioharnstoff.** Sm. 147° (*J. pr.* [2] **68**, 293 *C.* **1903** [2] 995).

$C_{21}H_{20}N_4S_2$ 4) **Methylester d. α-Phenyl-α-[α-Phenylhydrazonbenzyl]hydrazin-β-Dithiocarbonsäure.** Sm. 145—146° u. Zers. (*J. pr.* [2] **67**, 235 *C.* **1903** [1] 1262).

$C_{21}H_{21}ON$ 4) **α-Oxy-2-Dimethylamidotriphenylmethan.** Sm. 156—160°. HCl + H_2O, Pikrat (*B.* **37**, 3204 *C.* **1904** [2] 1472).
5) **α-Oxy-4-Dimethylamidotriphenylmethan.** Sm. 92—93°. Oxalat (*B.* 37, 2857 *C.* **1904** [2] 775).
6) **4-Diäthylamidophenyl-2-Naphtylketon.** Sm. 74—75° (D.R.P. 52853). — *III, *195.*

$C_{21}H_{21}ON_3$ 6) **4-Methylphenylamid d. Di[Phenylamido]essigsäure** (*A.* **332**, 264 *C.* **1904** [2] 699).

$C_{21}H_{21}OP$ 1) **Tribenzylphosphinoxyd.** Sm. 217° (*C. r.* **139**, 675 *C.* **1904** [2] 1638).

$C_{21}H_{21}O_2N_3$ *4) **3¹-Nitro-6²,6³-Diamido-3²,3³-Dimethyltriphenylmethan.** Sm. 183° (123°?) (*B.* **36**, 1024 *C.* **1903** [1] 1268).
*5) **4¹-Nitro-6²,6³-Diamido-3²,3³-Dimethyltriphenylmethan.** Sm. 172° (*B.* **36**, 1022 *C.* **1903** [1] 1268).

$C_{21}H_{21}O_3N_3$ C 69,4 — H 5,8 — O 13,2 — N 11,6 — M. G. 363.
1) **1-Phenylamid d. 6-Methyl-3-Phenyl-1,4-Dihydro-1,2-Diazin-1,3-Dicarbonsäure-5-Aethylester.** Sm. 192° (*A.* **331**, 314 *C.* **1904** [2] 46).

$C_{21}H_{21}O_4N$ *3) **Dehydrocorybulbin** + $5H_2O$. Sm. 175—178° (wasserfrei). HCl, (2HCl, $PtCl_4$) (*Ar.* **241**, 637 *C.* **1904** [1] 181).
4) **Dehydroisocorybulbin.** HJ (*Ar.* **241**, 651 *C.* **1904** [1] 182).
5) **Pseudopapaverin.** HCl, (2HCl, $PtCl_4$ + $2H_2O$), HJ + $3H_2O$ (*J. pr.* [2] **68**, 196 *C.* **1903** [2] 838).

$C_{21}H_{21}O_4N_3$ *5) **Methylester d. 3-Semicarbazon-2-Benzoyl-1-Phenyl-R-Pentamethylen-5-Carbonsäure.** Sm. 232° (*A.* **326**, 376 *C.* **1903** [1] 1126).

$C_{21}H_{21}O_5N_3$ C 63,8 — H 5,3 — O 20,2 — N 10,6 — M. G. 395.
1) **o-Nitranilinazodesmotroposantonin.** Sm. 275° u. Zers. (*B.* **36**, 1392 *C.* **1903** [1] 1360).

$C_{21}H_{21}O_5Br_3$ 1) **6-Acetat-2,4-Diäthyläther d. αβ-Dibrom-γ-Keto-γ-[?-Brom-2,4,6-Trioxyphenyl]-α-Phenylpropan.** Sm. 169—170° u. Zers. (*B.* **32**, 2266). — *III, *168.*

$C_{21}H_{21}O_6N$ *1) **Hydrastin** (*Soc.* **83**, 617 *C.* **1903** [1] 500; *Ar.* **241**, 269 *C.* **1903** [2] 447).
*4) **Nitril d. Phenyl-o-Glykocumarsäure.** Sm. 169—170° (*C.* **1903** [1] 80).

$C_{21}H_{21}O_7N$ 5) **Acetylderivat d. β-Trimethylbrasilonoxim.** Sm. 179—182° (*B.* **36**, 398 *C.* **1903** [1] 587). — ***III**, *480.*

$C_{21}H_{21}O_{10}N$ *1) **Acetylnitrotrimethylbrasilon** (*M.* **25**, 880 *C.* **1904** [2] 1313).

$C_{21}H_{21}ClSn$ 1) **Zinntribenzylchlorid.** Sm. 127—130° (*B.* **37**, 321 *C.* **1904** [1] 637).

$C_{21}H_{22}ON_2$ 4) **α-Oxy-4,4'-Di[Methylamido]triphenylmethan.** Sm. 95°. (2HCl, $ZnCl_2$ + H_2O) (*B.* **37**, 643 *C.* **1904** [1] 951).
5) **Aethyläther d. α-[4-Oxyphenyl]imido-α-Dimethylamido-α-[1-Naphtyl]methan.** Sm. 150° (*B.* **37**, 2085 *C.* **1904** [2] 522).
6) **4-Dimethylamidophenyl-4-Aethylamido-1-Naphtylketon.** Sm. 156 bis 157° (162°) (D.R.P. 84655; *C.* **1903** [1] 87; *B.* **37**, 1902 *C.* **1904** [2] 115).

$C_{21}H_{22}OSn$ 1) **Zinntribenzylhydroxyd** (*B.* **37**, 322 *C.* **1904** [1] 637).

$C_{21}H_{22}O_2N_2$ *1) **Strychnin.** Nitroprussidwasserstoffsalz (*C.* **1903** [2] 385).
5) **Oxim d. Ketoapocinchenäthyläther.** Sm. 181—184° (*J. pr.* [2] **61**, 26). — *III, *634.*

$C_{21}H_{22}O_3N_2$ 2) **Anilinazodesmotroposantonin.** Sm. 260° (*B.* **36**, 1391 *C.* **1903** [1] 1359).

$C_{21}H_{22}O_4Br_2$ 1) **Diacetat d. 3,3'-Dibrom-4,4'-Dioxy-2,5,2',5'-Tetramethyldiphenylmethan.** Sm. 178—179° (*B.* **36**, 1891 *C.* **1903** [2] 291).

$C_{21}H_{22}O_6N_2$ 2) **αε-Di[Benzoylamido]pentan-2,2'-Dicarbonsäure** (Pentamethylendiphtalaminsäure). Sm. 156° u. Zers. (*B.* **37**, 3586 *C.* **1904** [2] 1407).
3) **Triacetylderivat d. Verb.** $C_{15}H_{16}O_3N_2$. Sm. 166—167° (*J. pr.* [2] **70**, 373 *C.* **1904** [2] 1566).

$C_{21}H_{22}O_8N_{12}$ C 44,2 — H 3,8 — O 22,5 — N 29,5 — M. G. 570.
1) **Hydraziazid d. Hippurylasparagylasparaginsäure** (*J. pr.* [2] **70**, 190 *C.* **1904** [2] 1397).

$C_{21}H_{22}NCl$ 1) **Methylphenyldibenzylammoniumchlorid.** Sm. 159—161° (*Soc.* **83**, 1410 *C.* **1904** [1] 438).

$C_{21}H_{22}NJ$ 2) **Methylphenyldibenzylammoniumjodid.** Sm. 134—135° (*Soc.* **83**, 1410 *C.* **1904** [1] 438).

$C_{21}H_{23}ON$ 2) **Methylphenyldibenzylammoniumhydroxyd.** d-Camphersulfonat (*Soc.* **83**, 1411 *C.* **1904** [1] 438).

$C_{21}H_{23}O_2N$ 2) **Methyläther d. γ-Keto-α-[oder β]-[1-Piperidyl]-γ-[4-Oxyphenyl]-α-Phenylpropen.** Sm. 127° (*Soc.* **85**, 1325 *C.* **1904** [2] 1645).

$C_{21}H_{23}O_2N_5$ 2) **4-Nitrophenyldi[4,6-Diamido-3-Methylphenyl]methan.** Sm. 265° (*C.* **1903** [1] 884).

$C_{21}H_{23}O_3N$ 2) **Aethylester d. α-Phenylimido-β-Acetyl-α-Phenylbutan-β-Carbonsäure.** Sm. 162° (D.R.P. 33497). — *II, *1080.*

$C_{21}H_{23}O_4N$ 8) **Tetramethyläther d. 6,7-Dioxy-2-Methyl-1-[3,4-Dioxybenzyliden]-1,2-Dihydroisochinolin** (N-Methylisopapaverin). Sm. 129—131°. HCl, Pikrat (*B.* **37**, 525 *C.* **1904** [1] 818).

9) **Anhydromethylcotarninacetophenon.** Sm. 78°. HJ (*B.* **37**, 2749 *C.* **1904** [2] 546).

10) **Aethylester d. Anhydrohydrastininphenylessigsäure.** Sm. 85—86° (*B.* **37**, 2739 *C.* **1904** [2] 544).

$C_{21}H_{23}O_5N$ *1) **β-Homochelidonin.** Sm. 159° (*C.* **1903** [1] 1142).

$C_{21}H_{23}O_5N_3$ 2) **Methylhydroxyd d. Diazopapaverin.** Sm. 170°. Jodid, Methylsulfat (*B.* **37**, 1935 *C.* **1904** [2] 129).

3) **p-Nitranilinazo-d-Santonigesäure.** Sm. 175° (*B.* **36**, 1394 *C.* **1903** [1] 1360).

$C_{21}H_{23}O_6N$ 4) **Methylester d. Acetylmorphinkohlensäure.** Sm. 168° (D.R.P. 106718 *C.* **1900** [1] 1085). — *III, *670.*

$C_{21}H_{24}O_2N_2$ *13) **Acetylallocinchonin** (*M.* **24**, 329 *C.* **1903** [2] 578).

$C_{21}H_{24}O_3N_2$ 7) **Anilinazo-d-Santonigesäure.** Sm. 250° (*B.* **36**, 1394 *C.* **1903** [1] 1360).

8) **Anilinazodesmotroposantonigesäure.** Sm. 218° (*B.* **36**, 1393 *C.* **1903** [1] 1360).

9) **Benzoat d. δ-Oximido-β-Benzoylmethylamido-β-Methylpentan.** Sm. 100—103° (*M.* **24**, 778 *C.* **1904** [1] 158).

$C_{21}H_{24}O_5N_2$ 5) **Aethylester d. 4,5,6-Trioxy-2-[β-Methylamidoäthyl]-1-Phenylimidomethylbenzol-6-Methyläther-4,5-Methylenäther-1⁴-Carbonsäure** (Ae. d. Cotarninanil-4-Carbonsäure). Sm. 147° (*B.* **36**, 1528 *C.* **1903** [2] 51).

$C_{21}H_{24}O_7N_2$ 3) **Methylhydroxyd d. 6,7-Dioxy-1-[6-Nitro-3,4-Dioxybenzyl]isochinolintetramethyläther** (M. d. Nitropapaverin). Salze siehe (*B.* **37**, 1931 *C.* **1904** [2] 128).

$C_{21}H_{24}O_{12}N_4$ C 48,1 — H 4,6 — O 36,6 — N 10,7 — M. G. 524.

1) **Hippurylasparagylasparaginsäure.** Sm. 100° u. Zers. Ba_2, Pb, Ag_4 (*J. pr.* [2] **70**, 184 *C.* **1904** [2] 1397).

$C_{21}H_{25}O_2N_3$ 3) **Isonitrosomethylchinin.** Sm. 90—100° (*B.* **33**, 3236). — *III, *629.*

$C_{21}H_{25}O_4N$ *1) **Corybulbin.** Sm. 237—238°. HCl, (HCl, $AuCl_3$) (*Ar.* **241**, 634 *C.* **1904** [1] 180; *Soc.* **83**, 625 *C.* **1903** [1] 1364).

*11) **i-Corybulbin.** Sm. 220—222°. HCl, (2HCl, $PtCl_4$), (HCl, $AuCl_3$) (*Ar.* **241**, 647 *C.* **1904** [1] 181).

*12) **d-Isocorybulbin.** Sm. 179—180° (*Ar.* **241**, 650 *C.* **1904** [1] 182).

14) **i-Isocorybulbin.** Sm. 165—167° (*Ar.* **241**, 651 *C.* **1904** [1] 182).

$C_{21}H_{25}O_4N_3$ C 65,8 — H 6,5 — O 16,7 — N 11,0 — M. G. 383.

1) **Verbindung** (aus Disazobenzolsantonsäure). (2HCl, $SnCl_4$) (*B.* **36**, 1395 *C.* **1903** [1] 1360).

$C_{21}H_{25}O_4N_5$ C 61,3 — H 6,1 — O 15,6 — N 17,0 — M. G. 411.

1) **Phenylamid d. α-[α-Benzoylamidoacetylamidopropionyl]amidoäthylamidoameisensäure.** Sm. 226° (*J. pr.* [2] **70**, 127 *C.* **1904** [2] 1037).

$C_{21}H_{25}O_6N$ C 65,1 — H 6,5 — O 24,8 — N 3,6 — M. G. 387.

1) **Papaveramin.** Sm. 128—129°. (2HCl, $PtCl_4$ + $3H_2O$) (*J. pr.* [2] **68**, 204 *C.* **1903** [2] 839).

$C_{21}H_{25}O_6N_3$ C 60,7 — H 6,0 — O 23,1 — N 10,1 — M. G. 415.

1) **Nitroderivat d. Propan-αβ-Dicarbonsäuredi[4-Aethoxylphenylamid].** Sm. 195° (*G.* **34** [2] 271 *C.* **1904** [2] 1454).

$C_{21}H_{25}N_2Br$ 1) **2,4-Dimethylbromphenylat d. 2-[2,4-Dimethylphenyl]amido-1,2-Dihydropyridin.** Sm. 153° (*J. pr.* [2] **69**, 125 *C.* **1904** [1] 815).

$C_{21}H_{26}ON_2$ 6) **α-[1-Naphtyl]-β-Bornylharnstoff** (*Soc.* **85**, 1191 *C.* **1904** [2] 1125).

$C_{21}H_{26}O_2N_4$ 3) **Aethylester d. βε-Di[Phenylhydrazon]hexan-γ-Carbonsäure.** Zers. bei 130° (*B.* **37**, 2102 *C.* **1904** [2] 240).

$C_{21}H_{26}O_4N_2$ 6) **Di[4-Aethoxylphenylamid] d. Propan-αβ-Dicarbonsäure.** Sm. 231 bis 235° (*G.* **34** [2] 269 *C.* **1904** [2] 1454).

$C_{21}H_{26}O_4N_4$ C 63,3 — H 6,5 — O 16,1 — N 14,1 — M. G. 398.
1) **Pyramidonorthoform.** Sm. 76° (*A.* **325**, 320 *C.* **1903** [1] 769).
2) **isom. Pyramidonorthoform.** Sm. 65—66° (*A.* **325**, 320 *C.* **1903** [1] 769).

$C_{21}H_{26}O_5N_4$ C 60,9 — H 6,3 — O 19,3 — N 13,5 — M. G. 414.
1) **Diäthylester d. Diphenylcarbaziddiessigsäure.** Sm. 114—115° (*B.* **36**, 3889 *C.* **1904** [1] 28).

$C_{21}H_{26}O_5S_2$ 3) **α-Keto-γε-Diäthylsulfon-αε-Diphenylpentan.** Fl. (*B.* **37**, 510 *C.* **1904** [1] 884).

$C_{21}H_{27}O_2N$ C 77,5 — H 8,3 — O 9,8 — N 4,3 — M. G. 325.
1) **Phenylamidoformiat d. 5-[α-Oxyäthyl]-1,2,4-Triäthylbenzol.** Sm. 75—76° (*B.* **36**, 1635 *C.* **1903** [2] 26).

$C_{21}H_{27}O_4N$ *1) **d-Laudanosin** (*Soc.* **83**, 626 *C.* **1903** [1] 591).

$C_{21}H_{27}O_5N$ C 67,6 — H 7,2 — O 21,4 — N 3,8 — M. G. 373.
1) **Aethyllaurotetanin.** Sm. 127—130°. HJ (*A.* **236**, 615). — ***III**, *661*.

$C_{21}H_{27}O_8N_3$ C 56,1 — H 6,0 — O 28,5 — N 9,4 — M. G. 449.
1) **Trinitrocannabinol** (*C.* **1903** [2] 199).

$C_{21}H_{28}O_4N_2$ C 67,7 — H 7,5 — O 17,2 — N 7,5 — M. G. 372.
1) **Tetramethyläther d. 6,7-Dioxy-1-[6-Amido-3,4-Dioxybenzyl]-2-Methyl-1,2,3,4-Tetrahydroisochinolin** (Amidotetrahydro-N-Methylpapaverin). Sm. 145° (*B.* **37**, 1940 *C.* **1904** [2] 130).

$C_{21}H_{28}O_4N_4$ C 63,0 — H 7,0 — O 16,0 — N 14,0 — M. G. 400.
1) **2,2'-Dinitro-4,4'-Di[Diäthylamido]diphenylmethan.** Sm. 121—121,5° (D.R.P. 139989 *C.* **1903** [1] 798).

$C_{21}H_{28}O_8N_4$ C 54,3 — H 6,0 — O 27,6 — N 12,1 — M. G. 464.
1) **Diäthylester d. Hippurylasparagyldiamidoessigsäure.** Sm. 195° (*J. pr.* [2] **70**, 193 *C.* **1904** [2] 1398).

$C_{21}H_{28}O_8N_6$ C 51,2 — H 5,7 — O 26,0 — N 17,1 — M. G. 492.
1) **Aethylester d. Benzoylpenta[Amidoacetyl]amidoessigsäure.** Sm. 263° u. Zers. (258—263°) (*B.* **37**, 1282 *C.* **1904** [1] 1335; *J. pr.* [2] **70**, 100 *C.* **1904** [2] 1035).

$C_{21}H_{30}ON_2$ *1) **α-Oxy-4,4'-Di[Diäthylamido]triphenylmethan.** (2HCl, $ZnCl_2$) (*B.* **37**, 3061 *C.* **1904** [2] 990).

$C_{21}H_{30}O_3N_2$ C 70,4 — H 8,4 — O 13,4 — N 7,8 — M. G. 358.
1) **Menthylester d. α-[4-Methylphenyl]azoacetylessigsäure.** Sm. 86 bis 87° (*Soc.* **83**, 1121 *C.* **1903** [2] 23, 791).

$C_{21}H_{31}O_3N$ *1) **Menthylester d. β-Benzylamidopropen-α-Carbonsäure.** Sm. 85—86° (*Soc.* **81**, 1505 *C.* **1903** [1] 138).

$C_{21}H_{31}O_{13}N_3$ C 47,3 — H 5,8 — O 39,0 — N 7,9 — M. G. 533.
1) **Säure** (aus Guttapercha) oder $C_{34}H_{54}O_{21}N_5$ (*C.* **1903** [1] 83).

$C_{21}H_{32}O_3Cl_2$ 1) **Dianisalcyklopentanondihydrochlorid** (*B.* **36**, 1477 *C.* **1903** [1] 1348).

$C_{21}H_{32}O_8N_{12}$ C 43,4 — H 5,5 — O 22,1 — N 29,0 — M. G. 580.
1) **Hydrazid d. Hippurylasparagylasparaginsäure.** Sm. 176° u. Zers. (*J. pr.* [2] **70**, 189 *C.* **1904** [2] 1397).

$C_{21}H_{33}O_4N$ C 69.4 — H 9,1 — O 17,6 — N 3,9 — M. G. 363.
1) **2,4,5-Trimethyläther d. γ-Oximido-α-[2,4,5-Trioxyphenyl]-α-Dodeken.** Sm. 86° (*Ar.* **242**, 103 *C.* **1904** [1] 1008).

$C_{21}H_{33}O_4N_3$ C 64,5 — H 8,4 — O 16,4 — N 10,7 — M. G. 391.
1) **α-[α-(α-Amidoisocapronyl)amidoisocapronyl]amido-β-Phenylpropionsäure** + $2H_2O$. Sm. 225—227° (*B.* **37**, 3311 *C.* **1904** [2] 1306).

$C_{21}H_{34}O_9N_6$ *1) **α-Pepsinfibrinpepton** (Säure aus Fibrin) (*H.* **38**, 258 *C.* **1903** [2] 210; *H.* **38**, 291 *C.* **1903** [2] 211).

$C_{21}H_{35}O_3Br_3$ 1) **Tribromdihydrocyklogallipharsäure.** Sm. 61° (*Ar.* **242**, 265 *C.* **1904** [1] 1654).

$C_{21}H_{36}ON_2$ C 75,9 — H 10,8 — O 4,8 — N 8,4 — M. G. 332.
1) **d-αβ-Dibornylharnstoff.** Sm. noch nicht bei 290° (*Soc.* **85**, 687 *C.* **1904** [2] 332).

$C_{21}H_{36}O_{10}N_6$ *1) **β-Pepsinfibrinpepton** (Säure aus Fibrin) (*H.* **38**, 258 *C.* **1903** [2] 210; *H.* **38**, 296 *C.* **1903** [2] 211).

$C_{21}H_{36}N_2S$ *1) **s-Dibornylthioharnstoff.** Sm. 227° (*C.* **1904** [1] 1605; *Soc.* **85**, 1193 *C.* **1904** [2] 1125).

$C_{21}H_{37}O_3N_2$ 1) **Samandatrin.** H_2SO_4 (*C.* **1904** [2] 130).

$C_{21}H_{39}O_8N_9$ C 46,2 — H 7,2 — O 23,5 — N 23,1 — M. G. 545.
1) **Glutokyrin.** 2 + $5H_2SO_4$ (*C.* **1903** [1] 1145; **1903** [2] 580; *H.* **43**, 44 *C.* **1904** [2] 1660).

$C_{21}H_{40}ON_2$ C 75,0 — H 11,9 — O 4,8 — N 8,3 — M. G. 336.
1) **1-αβ-Dimenthylharnstoff.** Sm. 258° (*Soc.* **85**, 690 *C.* **1904** [2] 332).

— 21 IV —

$C_{21}H_{13}O_6NS_2$ 1) **α-Naphtakridin-2,11-Disulfonsäure.** Na_2 (*B.* **35**, 4175 *C.* **1903** [1] 173).
2) **β-Naphtakridin-3,10-Disulfonsäure.** Ag_2 (*B.* **35**, 4173 *C.* **1903** [1] 173).

$C_{21}H_{14}O_2NBr$ 1) **2-Brom-4-[4-Methylphenyl]amido-1,3-Dioxy-9,10-Anthrachinon** (D.R.P. 153517 *C.* **1904** [2] 752).

$C_{21}H_{14}O_3NCl$ 1) **Chlormethylamidofluoran.** Sm. 168° (D.R.P. 139727 *C.* **1903** [1] 796).

$C_{21}H_{14}O_3NBr$ 1) **2-Brom-4-[4-Methylphenyl]amido-1-Oxy-9,10-Anthrachinon** (D.R.P. 127532 *C.* **1902** [1] 287). — *III, *301.*

$C_{21}H_{14}O_5N_2S$ 1) **6-Phenylazo-3-Phenyl-1,2-Benzpyron-6¹-Sulfonsäure** (*B.* **37**, 4132 *C.* **1904** [2] 1736).

$C_{21}H_{15}O_2N_2Br$ 1) **2-Brom-1-Amido-4-[4-Methylphenyl]amido-9,10-Anthrachinon** (*C.* **1904** [2] 340).

$C_{21}H_{15}O_4N_3Br_4$ 1) **2,6-Di[αβ-Dibrom-β-4-Nitrophenyläthyl]pyridin.** Sm. 252° (*B.* **36**, 1688 *C.* **1903** [2] 47).

$C_{21}H_{15}O_6NS$ 1) **4-[4-Methylphenyl]amido-1-Oxy-9,10-Anthrachinon-4²-oder-4³-Sulfonsäure** (Alizarinirisol) (*C.* **1904** [1] 101).

$C_{21}H_{15}N_3ClBr$ 1) **Nitril d. β-[4-Bromphenyl]hydrazon-α-[4-Chlorphenyl]-β-Phenylpropionsäure.** Sm. 144° (*J. pr.* [2] **67**, 388 *C.* **1903** [1] 1356).

$C_{21}H_{16}O_2NJ$ 1) **Jodmethylat d. 5-Phenylakridin-5²-Carbonsäure** + H_2O. Sm. 257—260° (*B.* **37**, 1010 *C.* **1904** [1] 1277).

$C_{21}H_{16}O_3NCl$ 1) **γ-Chlor-α-Keto-γ-[3-Nitrophenyl]-αβ-Diphenylpropan.** Sm. 166—167° (*Soc.* **83**, 1377 *C.* **1904** [1] 164, 450).

$C_{21}H_{16}O_3N_2S$ 2) **Verbindung** (aus 1-Amidobenzthiazol u. Benzoësäureanhydrid). Sm. 156° (*B.* **36**, 3136 *C.* **1903** [2] 1071).

$C_{21}H_{16}N_3BrS$ 1) **1-Phenyl-5-[4-Bromphenyl]-4-Benzyl-4,5-Dihydro-1,2,4-Triazol-3,5-Sulfid?** Sm. 218° (*J. pr.* [2] **67**, 238 *C.* **1903** [1] 1263).

$C_{21}H_{17}O_2NS$ 1) **3,4-Methylenäther d. 4′-[3,4-Dioxybenzyliden]amido-4-Methyldiphenylsulfid.** Sm. 95° (*J. pr.* [2] **68**, 273 *C.* **1903** [2] 993).

$C_{21}H_{17}O_2N_2Cl$ 4) **β-Phenylhydrazon-α-[4-Chlorphenyl]-β-Phenylpropionsäure.** Sm. 130° (*J. pr.* [2] **67**, 386 *C.* **1903** [1] 1357).

$C_{21}H_{17}O_6N_3S$ 1) **Laktam d. ?-Dinitro-α-Oxytriphenylmethan-2-Sulfonsäureäthylamid.** Sm. 220—230° (*B.* **37**, 3263 *C.* **1904** [2] 1031).

$C_{21}H_{17}O_9NS_3$ 1) **Verbindung** (aus d. Suprareninbenzolsulfonat) (*M.* **24**, 281 *C.* **1903** [2] 302). — *III, *667.*

$C_{21}H_{18}O_3N_3Br$ 1) **Aethyläther d. 3′-Brom-4′-[3-Nitrobenzyliden]amido-4-Oxydiphenylamin.** Sm. 137—138° (*B.* **36**, 3866 *C.* **1904** [1] 91).

$C_{21}H_{18}O_6N_2S$ 1) **4-Oxyazobenzol-3-[α-Phenylpropionsäure]-4′-Sulfonsäure** (*B.* **37**, 4134 *C.* **1904** [2] 1736).

$C_{21}H_{18}N_3ClS$ 1) **α-[2-Methylphenyl]amidothioformylimido-α-[4-Chlorphenyl]-amido-α-Phenylmethan.** Sm. 143° (*J. pr.* [2] **67**, 463 *C.* **1903** [1] 1422).

$C_{21}H_{18}N_3JS$ 1) **Methyläther d. 5-Jod-3-Merkapto-1,4,5-Triphenyl-4,5-Dihydro-1,2,4-Triazol.** Sm. 330° (*J. pr.* [2] **67**, 229 *C.* **1903** [1] 1262).

$C_{21}H_{19}ONS$ 1) **4-[2-Oxybenzyliden]amido-3,4′-Dimethyldiphenylsulfid.** HCl (*J. pr.* [2] **68**, 288 *C.* **1903** [2] 995).
2) **Methyläther d. 4′-[4-Oxybenzyliden]amido-4-Methyldiphenylsulfid.** Sm. 119° (*J. pr.* [2] **68**, 272 *C.* **1903** [2] 993).
3) **4-Benzoylamido-3,4′-Dimethyldiphenylsulfid.** Sm. 133° (*J. pr.* [2] **68**, 282 *C.* **1903** [2] 994).

$C_{21}H_{19}ON_3S$ 1) **3-Methyläther d. 3-Merkapto-5-Oxy-1,4,5-Triphenyl-4,5-Dihydro-1,2,4-Triazol.** Sm. 157° (*J. pr.* [2] **67**, 231 *C.* **1903** [1] 1262).

$C_{21}H_{19}O_3NS$ 1) **Sultam d. α-Oxytriphenylmethan-2-Sulfonsäureäthylamid.** Sm. 155—156° (*B.* **37**, 3262 *C.* **1904** [2] 1031).

$C_{21}H_{19}O_3N_2Br$ 1) 5-Aethyläther d. 3'-Brom-2-[2-Oxy[illegible]-5-Oxydiphenylamin. Sm. 116° (*B.* **36**, 3870 [illegible]).

$C_{21}H_{19}O_3NS$ 1) 2-[4-Methylphenylsulfon]amido-4'-Methyldiphenylketon. Sm. 123° (*B.* **35**, 4276 *C.* **1903** [1] 333).
2) 2-[Methyl-4-Methylphenylsulfon]amidodiphenylketon. Sm. 124° (*B.* **35**, 4276 *C.* **1903** [1] 332).

$C_{21}H_{19}O_4NS$ 1) Methyläther d. 2-[4-Meth[illegible]-4'-Oxydiphenylketon. Sm. 143° (*B.* **35**, [illegible] 1903 [illegible]).

$C_{21}H_{19}O_6NBr_2$ 1) Acetat d. αβ-Dibrom-γ-Keto-γ-[5-Diacetylamido-2-Oxyphenyl]-α-Phenylpropan. Sm. 170° (*B.* **37**, 2827 *C.* **1904** [2] 704).

$C_{21}H_{20}ON_2S$ 2) 4-Methylphenyläther d. α-Phenyl-β-[4-Merkapto-2-Methylphenyl]harnstoff. Sm. 187° (*J. pr.* [2] **68**, 286 *C.* **1903** [2] 995).
3) 4-Methylphenyläther d. α-Phenyl-β-[4-Merkapto-3-Methylphenyl]harnstoff. Sm. 227° (*J. pr.* [2] **68**, 292 *C.* **1903** [2] 995).

$C_{21}H_{20}O_2N_2Br_2$ 2) isom. Dibromstrychnin. Sm. 130—131°. (HBr, Br) (*Bl.* [3] **31**, 388 *C.* **1904** [1] 1280).

$C_{21}H_{20}O_3NP$ 1) Di[Phenylamid] d. 1,2,3,4-Tetrahydro-1-Chinolylphosphinsäure. Sm. 176° (*A.* **326**, 188 *C.* **1903** [1] 820).

$C_{21}H_{20}O_6N_2S$ 1) α-[2-Naphtylsulfonamidoacetyl]amido-β-[4-Oxyphenyl]propionsäure. Sm. 166—166,5° (*B.* **36**, 2599 *C.* **1903** [2] 619).

$C_{21}H_{21}O_2N_2Br$ 3) isom. Bromstrychnin. Sm. 199°. (HBr, Br) (*Bl.* [3] **31**, 386 *C.* **1904** [1] 1279).

$C_{21}H_{21}O_2N_2J$ 1) Jodstrychnin. Sm. 188°. (HJ, J) (*Bl.* [3] **31**, 389 *C.* **1904** [1] 1280).

$C_{21}H_{21}O_2N_3S$ 1) Sultam d. ?-Diamido-α-Oxytriphenylmethan-2-Sulfonsäureäthylamid. Sm. noch nicht bei 250° (*B.* **37**, 3263 *C.* **1904** [2] 1031).

$C_{21}H_{21}O_2N_3S_2$ 1) Methyläther d. α-[β-Phenylsulfon-α-Benzylhydrazido]-α-Phenylimido-α-Merkaptomethan. Sm. 126° (*B.* **37**, 2329 *C.* **1904** [2] 313).

$C_{21}H_{21}O_3NS$ 1) Aethylamid d. α-Oxytriphenylmethan-2-Sulfonsäure. Sm. 184 bis 185° (*B.* **37**, 390 *C.* **1904** [1] 669; *B.* **37**, 3262 *C.* **1904** [2] 1031).

$C_{21}H_{21}N_6S_3P$ *1) Phosphortri[Phenylthioharnstoff]. Sm. 67—69° (*Soc.* **85**, 355 *C.* **1904** [1] 1406).

$C_{21}H_{22}O_2N_2J_2$ 1) Dijoddihydrostrychnin. (*Bl.* [3] **31**, 390 *C.* **1904** [1] 1280).

$C_{21}H_{22}O_3Br_2S$ 1) αβ-Dibrom-ε-[4-Methylphenyl]sulfon-γ-Keto-αε-Diphenylpentan. Sm. 204° u. Zers. — *III, *175.*

$C_{21}H_{22}O_4NBr$ 1) Tetramethyläther d. 6,7-Dioxy-2-Methyl-1-[6-Brom-3,4-Dioxybenzyliden]-1,2-Dihydroisochinolin (N-Methylbromisopapaverin). Sm. 122° (*B.* **37**, 3818 *C.* **1904** [2] 1575).

$C_{21}H_{22}O_4N_3J$ 1) Jodmethylat d. Diazopapaverin + H_2O. Sm. 198° u. Zers. (wasserfrei) (*B.* **37**, 1935 *C.* **1904** [2] 129).

$C_{21}H_{22}O_5NJ$ *1) Jodmethylat d. Papaveraldin + $2H_2O$ (*M.* **24**, 716 *C.* **1904** [1] 218).

$C_{21}H_{23}O_6N_2Cl$ 1) Chlormethylat d. 6,7-Dioxy-1-[6-Nitro-3,4-Dioxybenzyl]isochinolintetramethyläther (Ch. d. Nitropapaverin). Sm. 212° (*B.* **37**, 1932 *C.* **1904** [2] 129).

$C_{21}H_{23}O_6N_2Br$ 1) Brommethylat d. 6,7-Dioxy-1-[6-Nitro-3,4-Dioxybenzyl]isochinolintetramethyläther (Br. d. Nitropapaverin). Sm. 227° u. Zers. (*B.* **37**, 1931 *C.* **1904** [2] 128).

$C_{21}H_{23}O_6N_2J$ 1) Jodmethylat d. 6,7-Dioxy-1-[6-Nitro-3,4-Dioxybenzyl]isochinolintetramethyläther (J. d. Nitropapaverin). Sm. 225° (*B.* **37**, 1931 *C.* **1904** [2] 128).

$C_{21}H_{24}ON_3P$ *1) Tri[2-Methylphenylamid] d. Phosphorsäure. Sm. 236° (*A.* **326**, 250 Anm. *C.* **1903** [1] 868).
4) Tri[Methylphenylamid] d. Phosphorsäure. Sm. 162° (*A.* **326**, 256 *C.* **1903** [1] 869).
5) Tri[Benzylamid] d. Phosphorsäure. Sm. 98° (*A.* **326**, 178 *C.* **1903** [1] 819).
6) Methylphenylamid-Di[4-Methylphenylamid] d. Phosphorsäure. Sm. 232° (*A.* **326**, 255 *C.* **1903** [1] 869).

$C_{21}H_{24}O_3NBr$ 1) Brombenzoylmethylat d. 1,2,3,4-Tetrahydro-2-Isochinolylessigsäureäthylester. Zers. 89—90° (*B.* **36**, 1160 *C.* **1903** [1] 1186).

$C_{21}H_{24}O_3NJ$ 2) Monoacetat d. Methylapomorphinjodmethylat. Sm. 241—242° u. Zers. (*B.* **35**, 4389 *C.* **1903** [1] 339).

$C_{21}H_{24}O_3N_2Br_2$ 1) Acetat d. 3,6-Dibrom-6'-Dimethylamido-3'-Acetylamido-4-Oxy-2,5-Dimethyldiphenylmethan. Sm. 138—139° (*A.* **334**, 315 *C.* **1904** [2] 987).

$C_{21}H_{24}O_7N_2S$ 1) **Sulfanilsäureazodesmotroposantonin.** Sm. 269° (*B.* **36**, 1392 *C.* **1903** [1] 1360).

$C_{21}H_{24}N_3SP$ 3) **Tri[Benzylamid] d. Thiophosphorsäure.** Sm. 127° (*A.* **326**, 209 *C.* **1903** [1] 822).

$C_{21}H_{25}O_2NBr_2$ 1) **Acetat d. 3,6-Dibrom-4'-Diäthylamido-4-Oxy-2,5-Dimethyldiphenylmethan.** Sm. 139—140° (*A.* **334**, 317 *C.* **1904** [2] 987).

$C_{21}H_{25}O_2N_2Br$ 1) **4-Aethoxylbromphenylat d. 2-[4-Aethoxylphenyl]amido-1,2-Dihydropyridin.** Sm. 143° (*J. pr.* [2] **69**, 130 *C.* **1904** [1] 815).

$C_{21}H_{26}O_4N_2Cl$ 1) **Chlormethylat d. 6,7-Dioxy-1-[6-Amido-3,4-Dioxybenzyl]isochinolin.** Sm. 147°. HCl (*B.* **37**, 1940 *C.* **1904** [2] 130).

$C_{21}H_{26}O_4N_2Br$ 1) **Bromderivat d. Propan-αβ-Dicarbonsäuredi[4-Aethoxylphenylamid].** Sm. 74° (*G.* **34** [2] 271 *C.* **1904** [2] 1454).

$C_{21}H_{28}O_2NJ$ 1) **Jodmethylat d. Dimethylapomorphimethin.** Sm. 242—244° (*B.* **35**, 4390 *C.* **1903** [1] 330).

$C_{21}H_{28}O_2N_3J$ 1) **Jodmethylat d. Isonitrosomethylcinchotoxin.** Sm. 235° (*B.* **33**, 3225). — *III, *637*.

$C_{21}H_{29}O_3N_2Br$ 1) **Menthylester d. α-Brom-α-[4-Methylphenyl]azoacetessigsäure.** Sm. 155—156° (*Soc.* **83**, 1128 *C.* **1903** [2] 24, 791).

$C_{21}H_{30}O_7NJ$ 1) **Jodmethylat d. Anhydromethylcotarninmalonsäurediäthylester.** Sm. 201° (*B.* **37**, 2741 *C.* **1904** [2] 544).

$C_{21}H_{31}O_4N_2Br$ 1) **α-[α-(α-Bromisocapronyl)amidoisocapronyl]amido-β-Phenylpropionsäure.** Sm. 163—165° (*B.* **37**, 3311 *C.* **1904** [2] 1300).

— 21 V —

$C_{21}H_{15}O_5N_2BrS$ 1) **2-Brom-1-Amido-4-[4-Methylphenyl]amido-9,10-Anthrachinon-4²[oder 4³]-Sulfonsäure** (Alizarinreinblau) (*C.* **1904** [2] 340).

$C_{21}H_{21}ON_6S_3P$ *1) **Phosphoryltri[Phenylthioharnstoff]** (*Soc.* **85**, 365 *C.* **1904** [1] 1407).

$C_{21}H_{21}O_3NBrP$ 1) **2-Brom-4-Methylphenylmonamid d. Phosphorsäuredi[4-Methylphenylester].** Sm. 154° (*A.* **326**, 239 *C.* **1903** [1] 868).

$C_{21}H_{23}O_4NBrJ$ 1) **Jodmethylat d. 6,7-Dioxy-1-[6-Brom-3,4-Dioxybenzyl]isochinolintetramethyläther.** Zers. bei 225° (*B.* **37**, 3813 *C.* **1904** [2] 1575).

C_{22}-Gruppe.

$C_{22}H_{22}$ *4) **Tri[4-Methylphenyl]methan.** Sm. 53—54°; Sd. oberh. 400° (*B.* **37**, 3155 *C.* **1904** [2] 1048).

$C_{22}H_{42}$ C 86,3 — H 13,7 — M. G. 306.
1) **Kohlenwasserstoff** (aus Petroleum) (*C.* **1904** [1] 409).

— 22 II —

$C_{22}H_{12}N_4$ 2) **Chinoxalophenanthrazin.** Sm. 200°. HCl (*B.* **36**, 4042 *C.* **1904** [1] 183; *B.* **36**, 4053 *C.* **1904** [1] 185).
3) **Naphtochinoxalonaphtazin.** Zers. bei 300° (*B.* **36**, 4046 *C.* **1904** [1] 184; *B.* **36**, 4053 *C.* **1904** [1] 185).

$C_{22}H_{14}O_5$ 3) **4-Benzoat d. 3,4-Dioxy-9,10-Phenanthrenchinon-3-Methyläther.** Sm. 228° (*B.* **31**, 3201). — *III, *318*.

$C_{22}H_{14}O_6$ *4) **Diacetat d. 6,11-Dioxy-5,12-Naphtacenchinon.** Sm. 235° (*B.* **36**, 722 *C.* **1903** [1] 774).

$C_{22}H_{14}O_9$ 2) **Triacetat d. Oxystyrogallol.** Sm. 250° (i. V.) (*C.* **1899** [2] 967). — *II, *1207*.
3) **Triacetat d. Trioxybrasanchinon.** Sm. 281° (*B.* **36**, 2200 *C.* **1903** [2] 381).

$C_{22}H_{14}N_4$ 3) **2,3-Diphenyl-1,4,5,10-Naphttetrazin** (Diphenylpyrazinophenazin). Sm. 235° (*B.* **36**, 4040 *C.* **1904** [1] 182).
4) **Dihydrochinoxalophenanthrazin.** Sm. oberh. 300° (*B.* **36**, 4043 *C.* **1904** [1] 183).
5) **Naphtobenzofluorindin.** 2HCl (*B.* **37**, 3890 *C.* **1904** [2] 1054).
6) **Dinaphtofluoflavin.** Zers. bei 300° (*B.* **36**, 4045 *C.* **1904** [1] 183).

$C_{32}H_{15}N_3$ 8) **Nitril d. α-[1-Naphtyl]imido-α-[1-Naphtyl]amidoessigsäure.** Sm. 150° (165°) (D.R.P. 152019 *C.* **1904** [2] 71; D.R.P. 153418 *C.* **1904** [2] 679).
9) **Nitril d. α-[2-Naphtyl]imido-α-[2-Naphtyl]amidoessigsäure.** Sm 166° (D.R.P. 152019 *C.* **1904** [2] 71).

$C_{22}H_{16}O_3$ 14) **Anhydrid d. αϑ-Diphenyl-αγεη-Oktatetraën-δε-Dicarbonsäure.** Sm. 215° u. Zers. (*A.* **331**, 167 *C.* **1904** [1] 1211).
15) **Methylester d. 2-Benzoylfluoren-2²-Carbonsäure.** Sm. 126—128° (*B.* **36**, 4037 *C.* **1904** [1] 168).
16) **Pseudomethylester d. 2-Benzoylfluoren-2²-Carbonsäure.** Sm. 200 bis 202° (*B.* **36**, 4038 *C.* **1904** [1] 168).
17) **Benzoat d. α-Oxy-γ-Keto-αγ-Diphenylpropen.** Sm. 108—109° (*B.* **36**, 3679 *C.* **1903** [2] 1443).

$C_{22}H_{16}O_4$ 10) **Diacetat d. 1,2-Dioxychrysen.** Sm. 225—228° (D.R.P. 151981 *C.* **1904** [2] 167).

$C_{22}H_{16}O_5$ 13) **Dimethyläther d. Hydrochinonphtaleïn.** Sm. 200° (*B.* **36**, 2959 *C.* **1903** [2] 1006).

$C_{22}H_{16}O_6$ C 70,2 — H 4,2 — O 25,5 — M. G. 376.
1) **2,5-Dibenzoxylbenzol-1-Carbonsäure.** Sm. 179—180° (*Journ. of Physiology* **27**, 92). — *II, *1031.*

$C_{22}H_{16}O_7$ 6) **Dimethyläther d. Phloroglucinphtaleïn** (*B.* **36**, 1074 *C.* **1903** [1] 1181).

$C_{22}H_{18}O_{10}$ 7) **Tetraacetat d. 1,6,?,?-Tetraoxy-9,10-Anthrachinon.** Sm. 195° (*B.* **36**, 2938 *C.* **1903** [2] 886).
8) **Tetraacetat d. isom. 1,6,?,?-Tetraoxy-9,10-Anthrachinon.** Sm. 238—240° (*B.* **36**, 2941 *C.* **1903** [2] 886).

$C_{22}H_{16}N_2$ 10) **Di[1-Naphtyliden]hydrazin.** Sm. 152° (*Bl.* [3] **17**, 303). — ***III**, *48.*

$C_{22}H_{16}N_4$ *2) **3,6-Di[2-Naphtyl]-1,2-Dihydro-1,2,4,5-Tetrazin.** Sm. 246° (*B.* **35**, 3933 *C.* **1903** [1] 38).
3) **Verbindung** (aus 4,5-Diketo-1,3-Diphenyl-4,5-Dihydropyrazol) (*B.* **36**, 1136 *C.* **1903** [1] 1254).

$C_{22}H_{17}N_5$ 5) **Chinolylformazyl.** Sm. 185° u. Zers. (*B.* **37**, 3014 *C.* **1904** [2] 1409).
6) **Verbindung** (aus d. Verb. $C_{22}H_{22}N_6$). 2HCl (*B.* **37**, 3891 *C.* **1904** [2] 1654).

$C_{22}H_{18}O$ *4) **Verbindung** (aus α-Chlor-γ-Keto-αβδ-Triphenylbutan). Sm. 162° (*M.* **24**, 725 *C.* **1904** [1] 167).
5) **γ-Keto-βγ-Diphenyl-α-[4-Methylphenyl]propen.** Sm. 95° (*B.* **35**, 3966 *C.* **1903** [1] 30).
6) **isom. γ-Keto-βγ-Diphenyl-α-[4-Methylphenyl]propen.** Sm. 78° (*B.* **35**, 3966 *C.* **1903** [1] 30).

$C_{22}H_{18}O_2$ 16) **Methyläther d. γ-Keto-βγ-Diphenyl-α-[4-Oxyphenyl]propen.** Sm. 113° (*B.* **35**, 3971 *C.* **1903** [1] 31).
17) **Methyläther d. isom. γ-Keto-βγ-Diphenyl-α-[4-Oxyphenyl]propen.** Sm. 85° (*B.* **35**, 3972 *C.* **1903** [1] 31).
18) **Lakton d. 6-Oxy-3,4-Dimethyltriphenylessigsäure.** Sm. 178° (*B.* **37**, 665 *C.* **1904** [1] 952).
19) **Lakton d. 2-Oxy-3,5-Dimethyltriphenylessigsäure.** Sm. 170° (*B.* **37**, 666 *C.* **1904** [1] 952).

$C_{22}H_{18}O_3$ 8) **Aethylester d. 3-Benzoylacenaphten-3²-Carbonsäure.** Sm. 111°. Pikrat (*A.* **327**, 101 *C.* **1903** [1] 1228).
9) **Verbindung** (aus Cinnamenylakrylsäure). Sm. 152° (*B.* **36**, 4324 Anm. *C.* **1904** [1] 453).

$C_{22}H_{18}O_4$ *5) **Dibenzylester d. Benzol-1,2-Dicarbonsäure.** Sm. 43°; Sd. 275—278°$_{12}$ (*B.* **35**, 4092 *C.* **1903** [1] 75; *B.* **36**, 160 *C.* **1903** [1] 502).
12) **αϑ-Diphenyl-αγεη-Oktatetraën-δε-Dicarbonsäure.** Ca + $4H_2O$, Ba + $4H_2O$, Ag_2 (*A.* **331**, 168 *C.* **1904** [1] 1211).
13) **Dibenzoat d. 3,5-Dioxy-1,2-Dimethylbenzol.** Sm. 100—102° (*A.* **329**, 306 *C.* **1904** [1] 793).

$C_{22}H_{18}O_5$ 9) **Aethylester d. Hydrochinonphtalincarbonsäure.** Sm. 188—189° (*B.* **36**, 2958 *C.* **1903** [2] 1006).

$C_{22}H_{18}O_6$ 12) **Verbindung** (aus Ononetin). Sm. 190° (*M.* **24**, 140 *C.* **1903** [1] 1033).

$C_{22}H_{18}O_7$ *3) **Triacetat d. 7-Oxy-4-Methylen-2-[2,4-Dioxyphenyl]-1,4-Benzpyran** (Tr. d. Resaceteïn). Sm. 239—240° (*B.* **36**, 734 *C.* **1903** [1] 840; *B.* **37**, 364 *C.* **1904** [1] 671).
*4) **Triacetat d. Verb.** $C_{16}H_{12}O_4$. Sm. 190—194° u. Zers. (*M.* **25**, 885 *C.* **1904** [2] 1313).

$C_{22}H_{18}O_9$ 4) Cocaflavetin + $3H_2O$. Sm. 230° (*J. pr.* [2] **66**, 415 *C.* **1903** [1] 528).

$C_{22}H_{19}N$ 5) α-Phenylimido-αγ-Diphenyl-β-Buten. Sm. 229° (*M.* **25**, 424 *C.* **1904** [2] 336).

6) 3,5-Diphenyl-1-[2,4-Dimethylphenyl]-1,2,4-Triazol. Sm. 85° (*J. pr.* [2] **67**, 490 *C.* **1903** [2] 250).

$C_{22}H_{19}N_3$ 4) 6-Dimethylamido-2,3-Diphenyl-1,4-Benzdiazin. Sm. 193—194° (*B.* **37**, 2616 *C.* **1904** [2] 517).

$C_{22}H_{20}O$ 2) α-Keto-αγγ-Triphenylbutan. Sm. 103° (*Am.* **31**, 658 *C.* **1904** [2] 447).

3) γ-Keto-ααγ-Triphenyl-β-Methylpropan. Sm. 105° (*Am.* **31**, 657 *C.* **1904** [2] 446).

$C_{22}H_{20}O_2$ 11) Acetat d. 4-Oxy-3-Methyltriphenylmethan. Sm. 63—64° (*B.* **36**, 3561 *C.* **1903** [2] 1374).

$C_{22}H_{20}O_3$ 5) 4-Acetat d. α,4-Dioxy-3-Methyltriphenylmethan. Sm. 127—128° (*B.* **36**, 3559 *C.* **1903** [2] 1374).

6) 4-Oxy-2,5-Dimethyltriphenylessigsäure. Zers. bei 236—237° (*B.* **37**, 666 *C.* **1904** [1] 952).

7) Anhydrid d. αϑ-Diphenyl-βζ-Oktadiën-δε-Dicarbonsäure. Sm. 164° (*A.* **331**, 171 *C.* **1904** [1] 1212).

$C_{22}H_{20}O_4$ 10) Diphenoxylmethylenäther d. 3,4-Dioxy-1-Propylbenzol. Sd. 256 bis 258°$_{17}$ (*C. r.* **138**, 424 *C.* **1904** [1] 798).

11) 3,3'-Dioxytriphenylessigdimethyläthersäure. Sm. 246° (*B.* **37**, 4037 *C.* **1904** [2] 1600).

$C_{22}H_{20}O_7$ *3) Acetat d. β-Dehydrohämatoxylintetramethyläther (A. d. Pentaoxyrufindentetramethyläther). Sm. 193—196° (*B.* **36**, 2203 *C.* **1903** [2] 382; *B.* **37**, 633 *C.* **1904** [1] 955).

6) Aethylester d. 4,7-Diacetoxyl-2-Phenyl-1,4-Benzpyran-4-Carbonsäure. Fl. (*B.* **36**, 1052 *C.* **1903** [2] 290).

7) Acetat d. α-Dehydrohämatoxylintetramethyläther. Sm. 165—171° (*B.* **37**, 633 *C.* **1904** [1] 955).

8) α-Acetat d. Pentaoxybrasantetramethyläther. Sm. 194° (*B.* **36**, 3714 *C.* **1904** [1] 39).

9) β-Acetat d. Pentaoxybrasantetramethyläther. Sm. 196° (*B.* **36**, 2204 *C.* **1903** [2] 382; *B.* **36**, 3714 *C.* **1904** [1] 39).

$C_{22}H_{20}O_{10}$ 4) Diacetat d. 1,2,3,5,6,7-Hexaoxy-9,10-Anthrachinontetramethyläther. Sm. 262° u. Zers. (D.R.P. 151724 *C.* **1904** [1] 1586; *C.* **1904** [2] 709).

$C_{22}H_{20}N_2$ 12) γ-Phenylhydrazon-αγ-Diphenyl-β-Methylpropen. Sm. 131° (*Am.* **31**, 656 *C.* **1904** [2] 446).

$C_{22}H_{20}N_6$ 3) Tri[Benzylidenamido]guanidin. Sm. 196°. HCl (*B.* **37**, 3548 *C.* **1904** [2] 1379).

$C_{22}H_{21}N$ C 88,3 — H 7,0 — N 4,7 — M. G. 299.

1) 5-Methyl-2,4-Diphenyl-5,6,7,8-Tetrahydrochinolin. Sm. 112—113°. HCl, (2HCl, $PtCl_4$), Pikrat (*B.* **35**, 3080 *C.* **1903** [1] 37).

$C_{22}H_{21}Cl$ *1) α-Chlortri[4-Methylphenyl]methan. Sm. 173° (181°). + $AlCl_3$ (*B.* **37**, 1627 *C.* **1904** [1] 1648; *B.* **37**, 3156 *C.* **1904** [2] 1048).

$C_{22}H_{21}Br$ 1) α-Bromtri[4-Methylphenyl]methan. Sm. 161—163° (*B.* **37**, 3156 *C.* **1904** [2] 1048).

$C_{22}H_{21}J$ 1) α-Jodtri[4-Methylphenyl]methan. + J_2 (*B.* **37**, 3157 *C.* **1904** [2] 1048).

$C_{22}H_{22}O$ *3) α-Oxytri[4-Methylphenyl]methan. Sm. 123—124° (94°; 96,5°). + $C_2H_4O_2$ (Sm. 87°) (*B.* **36**, 1589 *C.* **1903** [2] 111; *B.* **37**, 1630 *C.* **1904** [1] 1648; *B.* **37**, 3153 *C.* **1904** [2] 1047).

4) α-Oxytribenzylmethan. Sm. 108—111° (114°) (*B.* **36**, 1589 *C.* **1903** [2] 111; *B.* **36**, 3089 *C.* **1903** [2] 1004; *B.* **36**, 3237 *C.* **1903** [2] 950; *B.* **37**, 1456 *C.* **1904** [1] 1353).

5) Aethyläther d. 4-Oxy-3-Methyltriphenylmethan. Sm. 75° (*B.* **36**, 3562 *C.* **1903** [2] 1374).

$C_{22}H_{22}O_2$ C 83,0 — H 6,9 — O 10,1 — M. G. 318.

1) Dimethyläther d. α,4-Dioxy-3-Methyltriphenylmethan. Sm. 91—92° (*B.* **36**, 3560 *C.* **1903** [2] 1374).

2) α-Aethyläther d. α,4-Dioxy-3-Methyltriphenylmethan. Sm. 150 bis 151° (*B.* **36**, 3565 *C.* **1903** [2] 1375).

$C_{22}H_{22}O_4$ 7) αϑ-Diphenyl-βζ-Oktadiën-δε-Dicarbonsäure. Sm. 182°. Ba, Ag_2 (*A.* **331**, 170 *C.* **1904** [1] 1211).

$C_{22}H_{22}O_4$ 8) **Diäthylester d. αδ-Diphenyl-αγ-Butadiën-βγ-Dicarbonsäure.** Sm. 110,5° (*B.* **37**, 2244 *C.* **1904** [2] 328).

9) **Diacetat d. o-Dioxyreten.** Sm. 171° (D. R. P. 151981 *C.* **1904** [2] 167).

$C_{22}H_{22}O_5$ 5) **7-Acetat d. 7-Oxy-4-Methylen-2-[2,4-Dioxyphenyl]-1,4-Benzpyran-2²,2⁴-Diäthyläther.** Sm. 228—242° (*B.* **37**, 361 *C.* **1904** [1] 671).

$C_{22}H_{22}O_7$ 2) **Verbindung** (aus 4-Nitroso-1-Dimethylamidobenzol u. Benzoylessigsäureäthylester). Sm. 91,5° (*B.* **36**, 3235 *C.* **1903** [2] 941).

$C_{22}H_{22}O_8$ 14) **Tetraacetat d. αβ-Dioxy-αβ-Di[4-Oxyphenyl]äthan.** Sm. 172—173° (*A.* **335**, 190 *C.* **1904** [2] 1131).

15) **Tetraacetat d. isom. αβ-Dioxy-αβ-Di[4-Oxyphenyl]äthan.** Sm. 124 bis 125° (*A.* **335**, 190 *C.* **1904** [2] 1131).

$C_{22}H_{22}N_2$ 10) **α-Phenylhydrazon-αγ-Diphenylbutan.** Sm. 78—79° (*A.* **330**, 233 *C.* **1904** [1] 945).

11) **α-[4-Aethylbenzyliden]-β-Phenyl-β-Benzylhydrazin.** Sm. 104° (*C. r.* **137**, 717 *C.* **1903** [2] 1433).

$C_{22}H_{22}N_6$ 4) **2,4,2'-Triamido-5-[1-Amido-2-Naphtyl]amidodiphenylamin.** 4HCl (*B.* **37**, 3891 *C.* **1904** [2] 1654).

$C_{22}H_{23}N$ 3) **α-Amidotri[4-Methylphenyl]methan.** Sm. 97° (*B.* **37**, 3158 *C.* **1904** [2] 1048).

$C_{22}H_{24}O_4$ 13) **Diacetat d. αβ-Di[4-Oxy-2,5-Dimethylphenyl]äthen.** Sm. 185 bis 186° (*B.* **36**, 1893 *C.* **1903** [2] 292).

$C_{22}H_{24}O_5$ C 71,7 — H 6,5 — O 21,7 — M. G. 368.

1) **7-Acetat d. 7-Oxy-4-Methyl-2-[2,4-Dioxyphenyl]-1,4-Benzpyran-2²,2⁴-Diäthyläther.** Sm. 118° (*B.* **37**, 362 *C.* **1904** [1] 671).

$C_{22}H_{24}O_6$ 7) **bim. o-Cumaräthyläthersäure.** Sm. 273—274° (*B.* **37**, 1385 *C.* **1904** [1] 1344).

$C_{22}H_{24}O_{12}$ C 55,0 — H 5,0 — O 40,0 — M. G. 480.

1) **Carminsäure.** K (*Soc.* **83**, 139 *C.* **1903** [1] 90, 466).

$C_{22}H_{24}N_2$ 8) **Verbindung** (aus 2-Methylindol u. Isobuttersäurealdehyd). Sm. 207° (*B.* **36**, 4327 *C.* **1904** [1] 462).

$C_{22}H_{24}N_4$ 3) **β-[6-Phenylazo-4-Phenylhydrazon-5-Methyl-1,2,3,4-Tetrahydrophenyl-2-]propen.** Sm. 147° (*A.* **330**, 270 *C.* **1904** [1] 948).

4) **Verbindung** (aus C-Acetyldimethylhydroresorcin). Sm. 190° (*B.* **37**, 3381 *C.* **1904** [2] 1219).

$C_{22}H_{26}O_4$ 10) **Dimethyläther d. βη-Diketo-δε-Di[4-Oxyphenyl]oktan.** Sm. 151 bis 152° (*A.* **330**, 236 *C.* **1904** [1] 945).

$C_{22}H_{26}O_7$ *2) **Limonin.** Sm. 275° (*Ar.* **240**, 661 *C.* **1903** [1] 406).

*3) **Divaricatsäure** (*A.* **336**, 55 *C.* **1904** [2] 1325).

$C_{22}H_{26}O_8$ C 63,2 — H 6,2 — O 30,6 — M. G. 418.

1) **Dibenzylidenverbindung d. Oktit** (aus Rosaceen). Sm. 230° (*C. r.* **127**, 761). — *III, *6*.

$C_{22}H_{28}O_8$ 4) **Diacetoxyl-α-Dicamphylsäure.** Sm. 174—175° (*Soc.* **83**, 865 *C.* **1903** [2] 573).

$C_{22}H_{30}O_2$ 4) **Benzoat d. Gurjuresinol.** Sm. 106—107° (*Ar.* **241**, 389 *C.* **1903** [2] 724).

$C_{22}H_{34}O_2$ 5) **Acetat d. Verbindung** $C_{20}H_{32}O$. Sm. 72—73° (*C.* **1904** [1] 1265).

$C_{22}H_{34}O_3$ 5) **α-Oxy-αα-Dicamphoryläthan** (Methyldicamphorylcarbinol). Sm. 148 bis 149° (*B.* **36**, 2635 *C.* **1903** [2] 626).

$C_{22}H_{36}O$ *2) **Pentadekylphenylketon** (*C.* **1904** [1] 1259).

$C_{22}H_{36}O_2$ *5) **Pentadekyl-4-Oxyphenylketon.** Sm. 78° (*B.* **36**, 3891 *C.* **1904** [1] 93).

7) **Propionat d. Spongosterin.** Sm. 135—136° (*H.* **41**, 115 *C.* **1904** [1] 996).

$C_{22}H_{36}O_{10}$ C 57,4 — H 7,8 — O 34,8 — M. G. 460.

1) **Verbindung** (aus Essigsäure u. Camphersäure) (*R.* **21**, 353 *C.* **1903** [1] 150).

$C_{22}H_{36}O_{18}$ C 44,9 — H 6,1 — O 49,0 — M. G. 588.

1) **Leinsamenschleim** (*B.* **36**, 3198 *C.* **1903** [2] 1054).

$C_{22}H_{38}O_4$ *2) **Dimenthylester d. Oxalsäure.** Sm. 68° (*C.* **1903** [1] 162; *B.* **37**, 1378 *C.* **1904** [1] 1441).

$C_{22}H_{40}O_2$ *1) **Behenolsäure.** Sm. 57,5° (*G.* **34** [2] 53 *C.* **1904** [2] 693).

3) **Isobornylester d. Laurinsäure.** Sd. 202°₃₀ (*C. r.* **136**, 239 *C.* **1903** [1] 584).

$C_{22}H_{40}O_3$ C 75,0 — H 11,4 — O 13,6 — M. G. 352.

1) **Isobutylester d. Ricinolsäure.** Sd. 262°₉ (*B.* **36**, 785 *C.* **1903** [1] 824).

$C_{22}H_{40}O_5$ 3) **Methylester d. Propionylricinolsäure.** Sd. $200°_{18}$ (*B.* **36**, 787 *C.* **1903** [1] 824).
4) **Aethylester d. Acetylricinolsäure.** Sd. $255-260°_{18}$ (*B.* **36**, 786 *C.* **1903** [1] 824).

$C_{22}H_{42}O$ *1) **μ-Keto-x-Methyl-x-Heneikosen.** Sd. $214-216°_{10}$ (*B.* **36**, 2556 *C.* **1903** [2] 655).

$C_{22}H_{42}O_2$ *3) **Isoerukasäure.** Sm. 54—56° (*G.* **34** [2] 50 *C.* **1904** [2] 693).

$C_{22}H_{42}O_3$ *3) **Phellonsäure.** Sm. 96° (*M.* **25**, 279 *C.* **1904** [1] 1572).
6) **Isophellonsäure.** Sm. 73° (*M.* **25**, 293 *C.* **1904** [1] 1573).
7) **Glycidsäure** (aus Chloroxybehensäure). Sm. 64° (*B.* **36**, 3605 *C.* **1903** [2] 1314).
8) **Glycidsäure** (aus ?-Brom-?-Acetoxylbehensäure). Sm. 69—71° (*C.* **1903** [1] 319).
9) **Glycidsäure** (aus d. isom. Chloroxybehensäure). Sm. 71° (*B.* **36**, 3605 *C.* **1903** [2] 1314).
10) **Butylester d. Ricinolsäure.** Sd. $275°_{18}$ (*B.* **36**, 784 *C.* **1903** [1] 824).

$C_{22}H_{44}O_4$ *1) **Dioxybehensäure.** Sm. 99° (*J. pr.* [2] **67**, 297 *C.* **1903** [1] 1404; *J. pr.* [2] **67**, 364 *C.* **1903** [1] 1404; *B.* **36**, 3605 *C.* **1903** [2] 1314).
*2) isom. **Dioxybehensäure** (aus Brassidinsäure). Sm. 130—132° (132 bis 133°) (*C.* **1903** [1] 319; *J. pr.* [2] **67**, 299 *C.* **1903** [1] 1404; *J. pr.* [2] **67**, 365 *C.* **1903** [1] 1404; *B.* **36**, 3605 *C.* **1903** [2] 1314).

$C_{22}H_{44}N_2$ C 83,6 — H 7,6 — N 8,8 — M. G. 316.
1) **Di[Undekyliden]hydrazin.** Sm. 57° (*Bl.* [3] **29**, 1206 *C.* **1904** [1] 355).

$C_{22}H_{46}O$ *1) **Aether d. β-Oxyundekan.** Sd. $198-200°_{10}$ (*B.* **36**, 2549 *C.* **1903** [2] 654).
2) **Aether d. α-Oxyundekan** (*Bl.* [3] **29**, 1207 *C.* **1904** [1] 355).

$C_{22}H_{46}O_5$ C 67,7 — H 11,8 — O 20,5 — M. G. 390.
1) **Leiphämsäure.** Sm. 114—115° (*A.* **327**, 351 *C.* **1903** [2] 510).

— 22 III —

$C_{22}H_{12}O_4N_2$ *1) **1,3-Di[1,2-Phtalylamido]benzol.** Sm. 320° (*A.* **327**, 44 *C.* **1903** [1] 1336).
*2) **1,4-Di[1,2-Phtalylamido]benzol.** Sm. 356° (*A.* **327**, 45 *C.* **1903** [1] 1336).
3) **1,2-Di[1,2-Phtalylamido]benzol** (1,2-Phenylendiphtalimid). Sm. 292° (*A.* **327**, 42 *C.* **1903** [1] 1336).

$C_{22}H_{12}O_5Br_4$ 5) **Tetrabrom-α-Orcinphtaleïn** (*B.* **29**, 2632). — *II, *1212.*

$C_{22}H_{12}O_7Cl_4$ 1) **Dimethyläther d. Tetrachlordioxyfluoresceïn.** Sm. 275° (*B.* **36**, 1078 *C.* **1903** [1] 1182).

$C_{22}H_{13}O_2N$ 3) **Chinonaphtalon** (Phtalon aus Chinaldin u. Naphtalsäureanhydrid). Sm. 256° (*B.* **37**, 3611 *C.* **1904** [2] 1520).

$C_{22}H_{14}ON_2$ 6) **3-Keto-2-[1-Naphtyl]imido-2,3-Dihydro-α-Naphtindol** (D.R.P. 152019 *C.* **1904** [2] 72).
7) **1-Keto-2-[2-Naphtyl]imido-1,2-Dihydro-β-Naphtindol.** Sm. oberh. 180° (D.R.P. 152019 *C.* **1904** [2] 72).

$C_{22}H_{14}O_2N_2$ 11) **Phenylamidonaphtophenoxazon.** Sm. oberh. 360° (*B.* **36**, 1809 *C.* **1903** [2] 206).

$C_{22}H_{14}O_2N_4$ 3) **3,8-Di-[Furylidenamido]-5,6-Naphtisodiazin.** Sm. 207° (*C.* **1904** [1] 1614).

$C_{22}H_{14}O_3N_2$ *1) **Rosindonsäure.** Sm. 227—228° (*B.* **36**, 3624 *C.* **1903** [2] 1383).
2) **Isorosindonsäure.** Sm. 206° u. Zers. (*B.* **36**, 3623 *C.* **1903** [2] 1383).

$C_{22}H_{14}O_3Cl_2$ 1) **Dichlordimethylfluoran** (aus 2-Chlor-4-Oxy-1-Methylbenzol). Sm. 285° (D.R.P. 156333 *C.* **1904** [2] 1673).

$C_{22}H_{14}O_3Br_2$ 1) **Dibromdimethylfluoran** (aus 2-Brom-4-Oxy-1-Methylbenzol). Sm. 284 bis 285° (D.R.P. 156333 *C.* **1904** [2] 1673).

$C_{22}H_{14}O_7Br_2$ 1) **Aethylester d. Dibromdioxyfluoresceïn** (*B.* **36**, 1082 *C.* **1903** [1] 1182).

$C_{22}H_{14}O_9Br_2$ 1) **Dibromdioxyfluoresceïn** (aus Hemipinsäure) (*B.* **36**, 1074 Anm. *C.* **1903** [1] 1181).

$C_{22}H_{15}ON_3$ 13) **2-Naphtylhydrazon d. 2-Naphtylisatin.** Sm. 270—272° (*B.* **36**, 1739 *C.* **1903** [1] 119).

$C_{22}H_{15}O_2Cl$ 1) **Verbindung** (aus Piperonal u. Desoxybenzoïn). Sm. 203—204° (*B.* **35**, 3972 *C.* **1903** [1] 32).

$C_{22}H_{15}O_4N$ 2) **Dibenzoat d. 2,3-Dioxypseudoindol.** Sm. 170° (*B.* **37**, 947 *C.* **1904** [1] 1217).

$C_{22}H_{15}O_5N_3$ C 65,8 — H 3,7 — O 19,9 — N 10,5 — M. G. 401.
1) **γ-Keto-γ-[4-(3-Nitrobenzyliden)amidophenyl]-α-[3-Nitrophenyl]-propen.** Sm. 195° (*B.* **37**, 394 *C.* **1904** [1] 657).
2) **γ-Keto-γ-[4-(4-Nitrobenzyliden)amidophenyl]-α-[4-Nitrophenyl]-propen.** Sm. 191—193° (*B.* **37**, 394 *C.* **1904** [1] 657).

$C_{22}H_{15}O_8N$ *1) **Triacetat d. Gallorubin.** Sm. 234° (*B.* **37**, 829 *C.* **1904** [1] 1153).

$C_{22}H_{16}O_4N_2$ 7) **Dimethylenäther d. 1-[3,4-Dioxybenzyl]-2-[3,4-Dioxyphenyl]benzimidazol.** Sm. 115—116°. + C_2H_6O (*B.* **37**, 1703 *C.* **1904** [1] 1497).

$C_{22}H_{16}O_5N_2$ 3) **Anilidodihydrogallorubin.** Sm. 257° (*B.* **37**, 830 *C.* **1904** [1] 1153).

$C_{22}H_{16}O_8N_4$ C 61,1 — H 3,7 — O 22,2 — N 13,0 — M. G. 432.
1) **?-Dinitro-3-[4-Dimethylamidophenyl]-β-Naphtochinolin-1-Carbonsäure.** Sm. 260—263° (*B.* **37**, 1743 *C.* **1904** [1] 1599).

$C_{22}H_{16}O_{12}N_6$ C 47,5 — H 2,9 — O 34,5 — N 15,1 — M. G. 556.
1) **?-Hexanitrotri[4-Methylphenyl]methan.** Sm. 280° (*B.* **37**, 3163 *C.* **1904** [2] 1049).

$C_{22}H_{16}O_{13}N_6$ C 46,2 — H 2,8 — O 36,3 — N 14,7 — M. G. 572.
1) **?-Hexanitro-α-Oxytri[4-Methylphenyl]methan.** Sm. 253° (*B.* **37**, 3162 *C.* **1904** [2] 1049).

$C_{22}H_{17}ON$ 10) **γ-Keto-γ-[4-Benzylidenamidophenyl]-α-Phenylpropen.** Sm. 143 bis 144° (*B.* **37**, 392 *C.* **1904** [1] 657).

$C_{22}H_{17}O_2N$ 14) **2-Oxy-1-[α-Furalamidobenzyl]naphtalin.** Sm. 115—116° (*G.* **33** [1] 31 *C.* **1903** [1] 926).

$C_{22}H_{17}O_2N_3$ 6) **2-[4-Dimethylamidophenylazo]-9,10-Anthrachinon.** Sm. 264—266° (*C.* **1904** [1] 289).

$C_{22}H_{17}O_2Br$ 1) **Lakton d. ?-Brom-6-Oxy-3,4-Dimethyltriphenylessigsäure.** Sm. 161° (*B.* **37**, 666 *C.* **1904** [1] 952).

$C_{22}H_{17}O_4N$ 10) **Aethylrhodol** (D. R. P. 116415). — *III, *578.*
11) **Dimethylrhodol.** HCl (D. R. P. 108419). — *III, *578.*

$C_{22}H_{17}O_6N$ 5) **Aethylester d. 2,4,9-Triketo-1-[4-Methylphenyl]-2,3,4,9-Tetrahydro-ββ-Naphtindol-3-Carbonsäure.** Sm. 280° u. Zers. (E. Hoyer, Dissert., Berlin 1901).
6) **Amid d. 2,5-Dibenzoxylbenzol-1-Carbonsäure.** Sm. 204° (*Journ. of Physiologie* **27**, 92). — *II, *1031.*

$C_{22}H_{17}O_7N_5$ C 57,0 — H 3,7 — O 24,2 — N 15,1 — M. G. 463.
1) **α-Cyan-β-[3-Nitrophenyl]akrylsäureamid + α-Cyan-β-[3-Nitrophenyl]akrylsäureäthylester.** Sm. 186,5° (*C.* **1904** [1] 878).
2) **α-Cyan-β-[4-Nitrophenyl]akrylsäureamid + α-Cyan-β-[4-Nitrophenyl]akrylsäureäthylester.** Sm. 194—195° (*C.* **1904** [1] 878).

$C_{22}H_{17}N_3S_2$ 1) **Benzyläther d. 6-Merkapto-4-Thiocarbonyl-1,2-Diphenyl-1,4-Dihydro-1,3,5-Triazin?** Sm. 190—191° (*Am.* **30**, 178 *C.* **1903** [2] 872).

$C_{22}H_{18}ON_2$ 15) **N-Aethyl-α'-Phenylpyrophtalin.** Sm. 194°. (2HCl, $PtCl_4$) (*B.* **36**, 3922 *C.* **1904** [1] 98).

$C_{22}H_{18}O_2N_2$ 12) **1-Methylamido-4-[4-Methylphenyl]amido-9,10-Anthrachinon** (D. R. P. 139581 *C.* **1903** [1] 680).
13) **1-Methylamido-5-Benzylamido-9,10-Anthrachinon** (D. R. P. 144634 *C.* **1903** [2] 751).
14) **1-Methylamido-5-[4-Methylphenyl]amido-9,10-Anthrachinon.** Sm. 199° (D. R. P. 139581 *C.* **1903** [1] 680).
15) **1-Methylamido-8-[4-Methylphenyl]amido-9,10-Anthrachinon** (D. R. P. 139581 *C.* **1903** [1] 680).
16) **3-[4-Dimethylamidophenyl]-β-Naphtochinolin-1-Carbonsäure.** Sm. 293—295° (*B.* **37**, 1743 *C.* **1904** [1] 1599).

$C_{22}H_{18}O_3N_2$ 4) **s-Dimethylrhodamin** (D. R. P. 48731). — *III, *575.*

$C_{22}H_{18}O_4N_2$ 9) **Di[Phenylimid] d. cis-Hexahydrobenzol-1,2,4,5-Tetracarbonsäure.** Sm. 98° (*Soc.* **83**, 788 *C.* **1903** [2] 440).

$C_{22}H_{18}O_4N_6$ C 61,4 — H 4,2 — O 14,9 — N 19,5 — M. G. 215.
1) **4,6-Dinitro-2'-Amido-3-[1-Amido-2-Naphtyl]amidodiphenylamin.** Sm. 259° (*B.* **37**, 3891 *C.* **1904** [2] 1654).

$C_{22}H_{18}O_4Cl_6$ 1) **Diäthylester d. 1,3-Dichlor-1,3-Di[2,4-Dichlorphenyl]-R-Tetramethylen-2,4-Dicarbonsäure.** Sm. 178° (*B.* **37** [illegible] **1904** [1] 588).

$C_{22}H_{18}O_4S_2$ 3) **1,4-Diacetat d. 2,5-Dimerkapto-1,4-Dioxybenzol-2,5-Diphenyläther.** Sm. 168—168,5° (*A.* **336**, 135 *C.* **1904** [2] 1298).
4) **1,4-Diacetat d. 2,6-Dimerkapto-1,4-Dioxybenzol-2,6-Diphenyläther.** Sm. 112—114° (*A.* **336**, 137 *C.* **1904** [2] 1299).

$C_{22}H_{18}O_8Cl_4$ 1) **Tetraacetat d.** αβ-**Dioxy**-αβ-**Di[3,5-Dichlor-4-Oxyphenyl]äthan.** Sm. 173° (*A.* **325**, 61 *C.* **1903** [1] 462).
2) **Tetraacetat d. isom.** αβ-**Dioxy**-αβ-**Di[3,5-Dichlor-4-Oxyphenyl]-äthan.** Sm. 180° (*A.* **325**, 62 *C.* **1903** [1] 462).

$C_{22}H_{18}O_8Br_4$ 2) **Tetraacetat d.** αβ-**Dioxy**-αβ-**Di[3,5-Dibrom-4-Oxyphenyl]äthan.** Sm. 231° (*A.* **325**, 40 *C.* **1903** [1] 461).
3) **Tetraacetat d. isom.** αβ-**Dioxy**-αβ-**Di[3,5-Dibrom-4-Oxyphenyl]-äthan?** Sm. 191° (*A.* **325**, 41 *C.* **1903** [1] 461).

$C_{22}H_{18}N_3Cl$ 1) **1-[2-Chlorphenyl]-3,5-Di[4-Methylphenyl]-1,2,4-Triazol.** Sm. 159° (*J. pr.* [2] **67**, 495 *C.* **1903** [2] 251).
2) **1-[3-Chlorphenyl]-3,5-Di[4-Methylphenyl]-1,2,4-Triazol.** Sm. 121° (*J. pr.* [2] **67**, 497 *C.* **1903** [2] 251).
3) **1-[4-Chlorphenyl]-3,5-Di[4-Methylphenyl]-1,2,4-Triazol.** Sm. 155° (*J. pr.* [2] **67**, 499 *C.* **1903** [2] 251).
4) **Nitril d.** β-**Phenylhydrazon**-γ-**Phenyl**-α-**[4-Chlorphenyl]buttersäure.** Sm. 131° (*J. pr.* [2] **67**, 301 *C.* **1903** [1] 1357).

$C_{22}H_{18}N_3Br$ 1) **1-[4-Bromphenyl]-3,5-Di[4-Methylphenyl]-1,2,4-Triazol.** Sm. 168° (*J. pr.* [2] **67**, 501 *C.* **1903** [2] 251).

$C_{22}H_{19}OCl$ 2) γ-**Chlor**-α-**Keto**-αβ-**Diphenyl**-γ-**[4-Methylphenyl]propan.** Sm. 156° (*B.* **35**, 3966 *C.* **1903** [1] 30).

$C_{22}H_{19}O_2N$ 8) **4-Methyläther d.** γ-**Oximido**-βγ-**Diphenyl**-α-**[4-Oxyphenyl]propen.** Sm. 155° (*B.* **35**, 3971 *C.* **1903** [1] 31).
9) **Phenylamidoformiat d. 6-Oxy-3-Methyl**-αα-**Diphenyläthen.** Sm. 101° (*B.* **36**, 4002 *C.* **1904** [1] 174).

$C_{22}H_{19}O_2N_3$ 6) **2,8-Diamido-3,7-Dimethyl-5-Phenylakridin-5²-Carbonsäure** (D.R.P. 141356 *C.* **1903** [1] 1284).

$C_{22}H_{19}O_2N_5$ C 68,6 — H 4,9 — O 8,3 — N 18,2 — M. G. 385.
1) γδ-**Di[Phenylhydrazon]**-α-**[3-Nitrophenyl]**-α-**Buten.** Sm. 206—207° (*C.* **1904** [1] 28; *A.* **330**, 253 *C.* **1904** [1] 940).

$C_{22}H_{19}O_2Cl$ 1) **Methyläther d.** γ-**Chlor**-α-**Keto**-αβ-**Diphenyl**-γ-**[2-Chlorphenyl]-propan.** Sm. 144° (*B.* **35**, 3971 *C.* **1903** [1] 31).

$C_{22}H_{19}O_3N$ 5) **Methylhydroxyd d. 5-Phenylakridin-5²-Carbonsäuremethylester.** Methylsulfat, Trichromat, Pikrat (*B.* **37**, 1008 *C.* **1904** [1] 1276).
6) **Benzoat d. N-Benzoyl**-β-**Phenylamido**-α-**Oxyäthan.** Sm. 91—92° (*A.* **332**, 211 *C.* **1904** [2] 211; *B.* **37**, 3042 *C.* **1904** [2] 1597).

$C_{22}H_{19}O_3N_3$ 3) **Phenylmonamid d.** αβ-**Di[2-Amidophenyl]äthen**-αβ-**Dicarbonsäure** (*A.* **332**, 270 *C.* **1904** [2] 701).

$C_{22}H_{19}O_3N_5$ C 65,8 — H 4,7 — O 12,0 — N 17,5 — M. G. 401.
1) **4'-Dimethylamido-4-[**α-**Cyanbenzyliden]amido-3-Oxydiphenylamin.** Sm. 213—214° (*J. pr.* [2] **69**, 239 *C.* **1904** [1] 1269).

$C_{22}H_{19}O_3Br$ 2) **?-Brom-4-Oxy-2,5-Dimethyltriphenylessigsäure.** Sm. 232—235° (*B.* **37**, 668 *C.* **1904** [1] 953).

$C_{22}H_{19}O_4N$ 11) **Dimethyläther d. Phenolphtaleïnoxim.** Sm. 178° (*B.* **36**, 2965 *C.* **1903** [2] 1007).
12) **Dibenzoat d. 2-[**ββ'-**Dioxyisopropyl]pyridin.** Sm. 90—91° (*B.* **37**, 741 *C.* **1904** [1] 1089).

$C_{22}H_{19}O_4N_3$ 4) γ-**[4-Nitrophenyl]hydrazon**-αγ-**Diphenylbuttersäure.** Sm. 188—189° (*Soc.* **85**, 1363 *C.* **1904** [2] 1646).
5) **Di[4-Methylphenylamid] d. 3-Nitrobenzol-1,2-Dicarbonsäure.** Sm. 223—225° u. Zers. (*C.* **1903** [2] 431).

$C_{22}H_{19}O_4Cl_5$ 1) **Diäthylester d. 1-Chlor-1,4-Di[2,4-Dichlorphenyl]-R-Tetramethylen-2,4-Dicarbonsäure.** Sm. 142° (*B.* **37**, 221 *C.* **1904** [1] 588).

$C_{22}H_{19}O_7N_3$ C 60,4 — H 4,3 — O 25,6 — N 9,6 — M. G. 437.
1) **?-Trinitro**-α-**Oxytri[4-Methylphenyl]methan.** Sm. 162° (*B.* **37**, 3162 *C.* **1904** [2] 1049).

$C_{22}H_{19}O_8N_5$ C 54,9 — H 3,9 — O 26,6 — N 14,6 — M. G. 481.
1) **Aethylester d. 2,4,6-Trinitro-3,5-Di[Phenylamido]essigsäure.** Sm. 201°. + $2C_6H_6$ (*Am.* **32**, 176 *C.* **1904** [2] 951).

$C_{22}H_{19}NS$ 1) **4'-Cinnamylidenamido-4-Methyldiphenylsulfid.** Sm. 118° (*J. pr.* [2] **68**, 273 *C.* **1903** [2] 903).

$C_{22}H_{19}N_3S$ 2) 5-Phenyl-4-Benzyl-1-[4-Methylphenyl]-4,5-Dihydro-1,2,4-Triazol-3,5-Sulfid. Sm. 234° (*J. pr.* [2] **67**, 261 *C.* **1903** [1] 1266).

$C_{22}H_{20}OS_2$ 1) Diäthyläther d. 3,5-Dimerkapto-4-Thiocarbonyl-1-Keto-2,6-Diphenyl-1,4-Dihydrobenzol. Sm. 141,5—142° (*B.* **37**, 1606 *C.* **1904** [1] 1444).

$C_{22}H_{20}O_2N_2$ 27) α-Benzoyl-αβ-Di[4-Methylphenyl]harnstoff. Sm. 152—153° (*B.* **37**, 3118 *C.* **1904** [2] 1317).
28) isom. αβ-Diacetyl-α-Phenyl-β-[4-Biphenyl]hydrazin. Sm. 176° (*C.* **1904** [1] 1491).
29) isom. αβ-Diacetyl-α-Phenyl-β-[4-Biphenyl]hydrazin. Sm. 217° (*C.* **1904** [1] 1491).

$C_{22}H_{20}O_3N_2$ 11) Aethyläther d. 2,5-Di[Benzoylamido]-1-Oxybenzol. Sm. 213° (*B.* **36**, 4098 *C.* **1904** [1] 270; *B.* **36**, 4125 *C.* **1904** [1] 273).

$C_{22}H_{20}O_3S$ 3) γ-[4-Methylphenyl]sulfon-α-Keto-αγ-Diphenylpropan. Sm. 169 bis 170° (*Am.* **31**, 182 *C.* **1904** [1] 877). — *III, *169.*

$C_{22}H_{20}O_4N_2$ 19) 1,3-Di[Phenylamidomethyl]benzol-1²,3²-Dicarbonsäure (m-Xylylendianthranilsäure). Sm. 247° u. Zers. K_2, Ca, Fe_2 (*B.* **36**, 1674 *C.* **1903** [2] 28).

$C_{22}H_{20}O_4N_4$ *1) Phloroglucinbutanondisazobenzol. Sm. 234—235° (*Ar.* **242**, 498 *C.* **1904** [2] 1418).
3) αα-Di[4-Nitrobenzyl]-β-[4-Methylbenzyliden]hydrazin. Sm. 163° (*R.* **22**, 439 *C.* **1904** [1] 15).
4) Aethylester d. 4,6-Diphenylazo-3,5-Dioxy-1-Methylbenzol-2-Carbonsäure. Sm. 186°. + $C_2H_4O_2$ (*B.* **37**, 1409 *C.* **1904** [1] 1416).

$C_{22}H_{20}O_{10}N_2$ 2) αδ-Di[2-Carboxybenzoylamido]butan-αα-Dicarbonsäure + $4H_2O$. Sm. 101—106° (192—193° wasserfrei) (*C.* **1903** [2] 34).

$C_{22}H_{20}O_{12}N_4$ C 48,2 — H 3,6 — O 38,0 — N 10,2 — M. G. 548.
1) 3,3'-Dinitroazoxybenzol-4,4'-Di[Isopropyl-ββ'-Dicarbonsäure] (*B.* **36**, 2675 *C.* **1903** [2] 948).

$C_{22}H_{21}ON$ 10) α-Oximido-αγγ-Triphenylbutan. Sm. 163° (*Am.* **31**, 658 *C.* **1904** [2] 447).
11) γ-Oximido-ααγ-Triphenyl-β-Methylpropan. Sm. 145° (*Am.* **31**, 657 *C.* **1904** [2] 446).
12) N-Acetyl-2-Methylamidotriphenylmethan. Sm. 147,5—148,5° (*B.* **37**, 3207 *C.* **1904** [2] 1473).

$C_{22}H_{21}ON_5$ 2) α-[4-Methylphenyl]azomethylenamido-α-[4-Methylphenyl]-β-Phenylharnstoff. Sm. 184—185° (*B.* **36**, 1373 *C.* **1903** [1] 1343).

$C_{22}H_{21}O_2N$ 8) Benzyläther d. 4-Dimethylamido-3'-Oxydiphenylketon. Sm. 86° (D.R.P. 65952). — *III, *153.*
9) α-[2-Naphtyl]amido-β-Acetyl-γ-Keto-α-Phenylbutan. Sm. 114° (*Soc.* **85**, 1175 *C.* **1904** [2] 1215).
10) Benzoat d. 4'-Dimethylamido-4-Oxydiphenylmethan. Sm. 118 bis 118,5° (*A.* **334**, 340 *C.* **1904** [2] 989).

$C_{22}H_{21}O_4N$ 3) Propylester d. β-Cyan-αγ-Dibenzoylpropan-β-Carbonsäure. Sm. 114° (*A. ch.* [7] **10**, 174). — *II, *1188.*

$C_{22}H_{21}O_6N$ *1) Monoacetat d. Chelidonin. Sm. 161° (*C.* **1904** [1] 1224).
2) Diäthylester d. β-Phtalylamido-α-Phenyläthan-ββ-Dicarbonsäure. Sm. 105—106° (*C.* **1903** [2] 33).

$C_{22}H_{21}O_{13}Br_3$ 1) Dibromcarminsäurehydrobromid. HBr (*B.* **33**, 152). — *II, *1228.*

$C_{22}H_{21}N_3S$ 1) Methyläther d. α-[α-Benzyl-β-Benzylidenhydrazido]-α-Phenylimido-α-Merkaptomethan. Sm. 104° (*B.* **37**, 2329 *C.* **1904** [2] 313).

$C_{22}H_{22}ON_2$ 15) 4-Dimethylamido-4'-Methylphenylamidodiphenylketon. Sm. 141 bis 142° (D.R.P. 44077). — *III, *149.*
16) Aethylbenzyl-4-Benzoylamidophenylamin. Sm. 131,5° (*A.* **334**, 263 *C.* **1904** [2] 902).
17) α-[4-Methylbenzoyl]-αβ-Di[2-Methylphenyl]hydrazin. Sm. 132° (*C. r.* **137**, 714 *C.* **1903** [2] 1428).

$C_{22}H_{22}ON_4$ 7) 3-Oxy-2,6-Di[Phenylhydrazonmethyl]-1,4-Dimethylbenzol. Sm. 209° u. Zers. (*B.* **35**, 4105 *C.* **1903** [1] 149).

$C_{22}H_{22}O_2N_2$ 6) 3-Acetylamido-2-Methyl-1,2-Naphtakridin-4-Methylbenzolsulfonat (*A.* **327**, 122 *C.* **1903** [1] 1221).

$C_{22}H_{22}O_3N_2$ 4) Diacetylderivat d. 7-[4-Dimethylamidophenyl]amido-2-Oxynaphtalin. Sm. 100° (*J. pr.* [2] **69**, 244 *C.* **1904** [1] 1269).

$C_{22}H_{22}O_3S$ 1) **Tri[4-Methylphenyl]methan-α-Sulfonsäure.** Na + H_2O (*B.* **37**, 3158 *C.* **1904** [2] 1048).

$C_{22}H_{22}O_4N_6$ 2) **2,4,2',4'-Tetraketo-5,5,5',5'-Tetramethyl-3,3'-Diphenyloktohydro-1,1'-Azoimidazol.** Zers. bei 270° (*C.* **1904** [2] 1029).

$C_{22}H_{22}O_4Br_2$ *1) **Diäthylester d. 1,3-Di[4-Bromphenyl]-R-Tetramethylen-2,4-Dicarbonsäure** (*B.* **37**, 220 Anm. *C.* **1904** [1] 588).

$C_{22}H_{22}O_4Br_4$ 1) **βγζη-Tetrabrom-αϑ-Diphenyloktan-δε-Dicarbonsäure.** Sm. 201° (*A.* **331**, 172 *C.* **1904** [1] 1212).

$C_{22}H_{22}O_5N_2$ 3) **p-Amidobenzoësäureazodesmotroposantonin.** Zers. bei 260° (*B.* **36**, 1392 *C.* **1903** [1] 1360).

$C_{22}H_{22}O_6N_2$ C 64,4 — H 5,4 — O 23,4 — N 6,8 — M. G. 410.
1) **Di[Phenylmonamid] d. cis-Hexahydrobenzol-1,2,4,5-Tetracarbonsäure.** Sm. 172° (*Soc.* **83**, 787 *C.* **1903** [2] 439).

$C_{22}H_{22}O_6Cl_4$ 1) **4,4'-Diacetat d. αβ-Dioxy-αβ-Di[3,5-Dichlor-4-Oxyphenyl]äthan-αβ-Diäthyläther.** Sm. 139° (*A.* **325**, 60 *C.* **1903** [1] 462).

$C_{22}H_{23}ON$ C 83,3 — H 7,3 — O 5,0 — N 4,4 — M. G. 317.
1) **α-Benzylidenamido-α-[2-Oxy-1-Naphtyl]pentan** (β-Naphtolvaleralbenzalamin). Sm. 154° (*G.* **33** [1] 22 *C.* **1903** [1] 925).
2) **Tri[4-Methylphenyl]methylhydroxylamin.** Sm. 103—105° (*B.* **37**, 3161 *C.* **1904** [2] 1049).
3) **1-Butyl-3-Phenyl-1,3-Dihydro-4,2-β-Naphtisoxazin.** Sm. 128° (*G.* **33** [1] 22 *C.* **1903** [1] 925).
4) **3-Butyl-1-Phenyl-1,3-Dihydro-4,2-β-Naphtisoxazin.** Sm. 137° (*G.* **33** [1] 22 *C.* **1903** [1] 925).

$C_{22}H_{23}ON_3$ 2) **α-Phenylhydrazon-γ-Hydroxylamido-αγ-Diphenylbutan.** Sm. 125 bis 126° (*A.* **330**, 231 *C.* **1904** [1] 944).
3) **Phenylamid d. Di[2-Methylphenylamido]essigsäure.** Sm. 166,5 bis 167,5° (*A.* **332**, 262 *C.* **1904** [2] 699).

$C_{22}H_{23}O_4N$ *1) **Gnoskopin** (*Ar.* **241**, 267 *C.* **1903** [2] 447).
*2) **Dehydrocorydalin.** HNO_3 + $2H_2O$ (*Soc.* **83**, 619 *C.* **1903** [1] 1364).
6) **Diacetat d. Methylapomorphin.** + C_6H_6O (Sm. 85—90°) (*B.* **35**, 4389 *C.* **1903** [1] 339).

$C_{22}H_{23}O_5N$ 3) **Benzoylanhydrocotarninaceton.** Sm. 124° (*B.* **37**, 2750 *C.* **1904** [2] 546).
4) **Acetylanhydrocotarninacetophenon.** Sm. 139—140° (*B.* **37**, 2749 *C.* **1904** [2] 546).

$C_{22}H_{23}O_7N$ *1) **Narcotin** (*B.* **36**, 1527 *C.* **1903** [2] 50; *Soc.* **83**, 617 *C.* **1903** [1] 590; *Ar.* **241**, 259 *C.* **1903** [2] 447).

$C_{22}H_{23}O_8N$ 2) **Acetat d. Tetramethylhämatoxylonoxim.** Sm. 179—183° (*B.* **36**, 3714 *C.* **1904** [1] 38).

$C_{22}H_{23}N_3S$ 1) **α-Aethyl-β-[4-Aethylbenzylamidophenyl]thioharnstoff.** Sm. 149° (*A.* **334**, 264 *C.* **1904** [2] 902).

$C_{22}H_{24}ON_2$ 2) **4-Diäthylamidophenyl-4-Methylamido-1-Naphtylketon.** Sm. 149° (D.R.P. 84655; *B.* 37, 1903 *C.* **1904** [2] 115). — *III, *195.*

$C_{22}H_{24}O_2N_2$ 3) **4,6-Dioxy-1,3-Di[4-Methylamidobenzyl]benzol.** Sm. 174—175°. 2HCl, H_2SO_4 (*M.* **23**, 993 *C.* **1903** [1] 289).

$C_{22}H_{24}O_6N_2$ 3) **p-Toluidinazodesmotroposantonin.** Sm. 275° (*B.* **36**, 1391 *C.* **1903** [1] 1359).

$C_{22}H_{24}O_4N_6$ C 60,6 — H 6,4 — O 14,7 — N 19,3 — M. G. 436.
1) **Benzylidenhydrazid d. Benzylidentri[Amidoacetyl]amidoessigsäure.** Sm. 228° (*B.* **37**, 1298 *C.* **1904** [1] 1336).

$C_{22}H_{24}O_5N_2$ 3) **Tetramethyläther d. 6,7-Dioxy-1-[6-Acetylamido-3,4-Dioxybenzyl]-isochinolin.** Sm. 162°. + C_6H_6 (Sm. 125°) (*B.* **37**, 1934 *C.* **1904** [2] 129).
4) **Diäthylester d. 1-Benzoyl-4-Phenyltetrahydropyrazol-3,5-Dicarbonsäure.** Sm. 125° (*B.* **36**, 3779 *C.* **1904** [1] 41).

$C_{22}H_{24}O_8N_2$ *5) **2-Methylphenylamid d. d-Diacetylweinsäure.** Sm. 229° (*Soc.* **83**, 1366 *C.* **1904** [1] 85).

$C_{22}H_{24}O_{10}N_4$ C 52,4 — H 4,8 — O 31,7 — N 11,1 — M. G. 252.
1) **Phenylisocrotonsäuremethylesterpseudonitrosit.** Sm. 118° u. Zers. (*A.* **329**, 250 *C.* **1904** [1] 31).

$C_{22}H_{25}O_4N$ 2) **Tetramethyläther d. 6,7-Dioxy-2-Aethyl-1-[3,4-Dioxybenzyliden]-1,2-Dihydroisochinolin** (N-Aethylisopapaverin). Sm. 101°. Pikrat (*B.* **37**, 527 *C.* **1904** [1] 818).

$C_{22}H_{25}O_4N_5$ C 62,4 — H 5,9 — O 15,1 — N 16,5 — M. G. 423.
1) **Benzylidenhydrazid d. α-[α-Benzoylamidoacetylamidopropionyl]-amidopropionsäure.** Sm. 238° (*J. pr.* [2] **70**, 125 *C.* **1904** [2] 1037).

$C_{22}H_{25}O_5N$ C 68,9 — H 6,5 — O 20,9 — N 3,7 — M. G. 383.
1) **Aethylester d. Anhydrocotarninphenylessigsäure.** Sm. 91—92°. (2HCl, $PtCl_4$), HNO_3 (*B.* **37**, 2739 *C.* **1904** [2] 544).

$C_{22}H_{25}O_6N$ *1) **Colchicin** (*C.* **1903** [2] 1133).
6) **Diacetat d. Oxycodeïn.** Sm. 160—161° (*B.* **36**, 3069 *C.* **1903** [2] 953).

$C_{22}H_{25}O_{11}N$ *1) **Tetraacetylhelicincyanhydrin.** Sm. 162° (*B.* **36**, 2579 *C.* **1903** [2] 621).

$C_{22}H_{26}O_2N_2$ 16) **3,5-Di[Benzoylamido]-1,1-Dimethylhexahydrobenzol.** Sm. 263 bis 264° (*A.* **328**, 110 *C.* **1903** [2] 245).

$C_{22}H_{26}O_3N_2$ 9) **p-Toluidinazodesmotroposantonigesäure.** Sm. 214° (*B.* **36**, 1393 *C.* **1903** [1] 1360).
10) **Cinchonidinkohlensäureäthylester.** Sm. 85° (D.R.P. 91370; D.R.P. 118122 *C.* **1901** [1] 600; D.R.P. 123748 *C.* **1901** [2] 796). — ***III**, *641.*

$C_{22}H_{26}O_4N_2$ 11) **Methylcarbonat d. Chinin.** Sm. 123° (D.R.P. 91370). — ***III**, *627.*

$C_{22}H_{27}O_4N$ *1) **d-Corydalin** (*Soc.* **83**, 618 *C.* **1903** [1] 590).

$C_{22}H_{27}O_4N_3$ C 66,5 — H 6,8 — O 16,1 — N 10,6 — M. G. 397.
1) **α-[α-Phenylureïdoisocapronyl]amido-β-Phenylpropionsäure.** Sm. 193 bis 195° u. Zers. (*B.* **37**, 3309 *C.* **1904** [2] 1306).
2) **isom. α-[α-Phenylureïdoisocapronyl]amido-β-Phenylpropionsäure.** Sm. 183—184° (*B.* **37**, 3309 *C.* **1904** [2] 1306).

$C_{22}H_{27}O_5N$ 5) **3,4,3',4'-Tetramethyläther-β-Aethyläther d. α-[β-Oxyäthenyl]imido-αβ-Di[3,4-Dioxyphenyl]äthan.** Sd. 255—265°$_{0,86}$ (*A.* **329**, 58 *C.* **1903** [2] 1448).

$C_{22}H_{27}O_{12}N$ *1) **Tetraacetylglyko-o-Oxymandelsäureamid.** Sm. 213° (*B.* **36**, 2579 *C.* **1903** [2] 621).

$C_{22}H_{28}ON_2$ 2) **α-Acetyl-α-[2,4,6-Trimethylbenzyl]-β-[2,4,6-Trimethylbenzyliden]-hydrazin.** Sm. 155° (*C.* **1903** [1] 142).

$C_{22}H_{28}O_2N_2$ 13) **Di[Phenylamid] d. β-Methylheptan-γζ-Dicarbonsäure.** Sm. 231° (*C. r.* **136**, 458 *C.* **1903** [1] 696).

$C_{22}H_{28}O_2N_4$ 3) **3,5-Di[Phenylamidoformylamido]-1,1-Dimethylhexahydrobenzol.** Sm. 248° (*A.* **328**, 110 *C.* **1903** [2] 245).

$C_{22}H_{28}O_3N_2$ *2) **Yohimbin** (oder $C_{23}H_{32}O_4N_2$). Sm. 234—234,5°. HCl, HNO_3 (*C.* **1897** [2] 978; **1899** [1] 529; *B.* **37**, 1759 *C.* **1904** [1] 1527; *B.* **36**, 169 *C.* **1903** [1] 471).

$C_{22}H_{28}O_6N_2$ 2) **Phenylhydrazon d. Glutakonylglutakonsäuretriäthylester.** Sm. 126 bis 127° (*C. r.* **136**, 693 *C.* **1903** [1] 960).

$C_{22}H_{28}N_2Cl_2$ 1) **polym. Isoamyliden-4-Chlorphenylamin.** Sm. 104° (*A.* **328**, 129 *C.* **1903** [2] 790).

$C_{22}H_{28}N_2S_4$ *1) **Dipropyläther d. Di[Benzylimidomerkaptomethyl]disulfid** (*B.* **36**, 2266 *C.* **1903** [2] 562).
2) **Dibenzyläther d. Di[Propylimidomerkaptomethyl]disulfid.** Fl. (*B.* **36**, 2267 *C.* **1903** [2] 562).

$C_{22}H_{29}ON_5$ *1) **Aethyläther d. 5-Oxy-3-Diäthylamido-4-Phenylazo-3-Methyl-1-Phenyl-2,3-Dihydropyrazol.** Sm. 135—136° (*B.* **36**, 1451 *C.* **1903** [1] 1360).

$C_{22}H_{29}O_2N$ *1) **Aethyläther d. 4-Keto-1-[4-Oxy-2-Methyl-5-Isopropylphenyl]-imido-2-Methyl-5-Isopropyl-1,4-Dihydrobenzol** (*B.* **36**, 2889 *C.* **1903** [2] 875).

$C_{22}H_{29}O_4N$ 2) **Methylhydroxyd d. Methylthebenindimethyläther.** Salze siehe (*B.* **37**, 2787 *C.* **1904** [2] 716).

$C_{22}H_{30}O_2N_2$ 2) **O-Aethyläther d. 4-Oximido-1-[4-Oxy-2-Methyl-5-Isopropylphenyl]-imido-2-Methyl-5-Isopropyl-1,4-Dihydrobenzol.** Sm. 124—125° (*B.* **36**, 2890 *C.* **1903** [2] 875).
3) **Di[1-Piperidylmethyläther] d. 2,6-Dioxynaphtalin.** Sm. 215—220° u. Zers. (D.R.P. 89979). — ***IV**, *18.*

$C_{22}H_{30}O_4Cl_4$ 1) **Dicaprylat d. 2,3,5,6-Tetrachlor-1,4-Dioxybenzol.** Sm. 74° (*Bl.* [3] **29**, 1121 *C.* **1904** [1] 259).

$C_{22}H_{30}NJ$ 1) **Jodbenzylat d. d-2-Propyl-1-Benzylhexahydropyridin.** Sm. 176° (*B.* **37**, 3638 *C.* **1904** [2] 1511).

$C_{22}H_{30}N_2J_2$ 1) **Dijodmethylat d. αβ-Di[1,2,3,4-Tetrahydro-1-Chinolyl]äthan.** Sm. 206° u. Zers. (*B.* **36**, 3800 *C.* **1904** [1] 21).

$C_{22}H_{31}O_2N$ 4) **Monoäthyläther d. Di[4-Oxy-2-Methyl-5-Isopropylphenyl]amin** (*B.* **36**, 2891 *C.* **1903** [2] 875).

$C_{22}H_{33}O_{10}Cl_3$ 1) **Verbindung** (aus Camphersäure u. Trichloressigsäure) (*R.* **21**, 354 *C.* **1903** [1] 150).

$C_{22}H_{33}N_2J$ 1) **Jodbenzylat d. Sparteïn.** Sm. 230° (*Ar.* **242**, 517 *C.* **1904** [2] 1412).

$C_{22}H_{34}O_{10}Cl_2$ 1) **Verbindung** (aus Camphersäure u. Dichloressigsäure) (*R.* **21**, 354 *C.* **1903** [1] 150).

$C_{22}H_{35}O_3N$ C 73,1 — H 9,7 — O 13,3 — N 3,9 — M. G. 361.
1) **Bornylester d. Camphorylamidoessigsäure.** HCl (*Ar.* **240**, 651 *C.* **1903** [1] 399).

$C_{22}H_{35}O_4N$ 2) **2-Nitrophenylester d. Palmitinsäure.** Sm. 51—52° (*A.* **332**, 205 *C.* **1904** [2] 211).

$C_{22}H_{35}O_4N_3$ C 65,2 — H 8,6 — O 15,8 — N 10,4 — M. G. 405.
1) **Trimethyläther d. γ-Semicarbazon-α-[2,4,5-Trioxyphenyl]-α-Dodeken.** Sm. 151—152° (*Ar.* **242**, 103 *C.* **1904** [1] 1008).

$C_{22}H_{36}O_{10}Cl$ 1) **Verbindung** (aus Camphersäure u. Chloressigsäure) (*R.* **21**, 353 *C.* **1903** [1] 150).

$C_{22}H_{36}O_4N_2$ C 67,4 — H 9,2 — O 16,3 — N 7,1 — M. G. 392.
1) **Verbindung** (aus Nitrosodihydrolaurolaktam). Sm. 104° (*Am.* **32**, 291 *C.* **1904** [2] 1222).

$C_{22}H_{37}O_2N$ 4) **2-Oxyphenylamid d. Palmitinsäure.** Sm. 78—79° (*A.* **332**, 207 *C.* **1904** [2] 211).

$C_{22}H_{37}O_3N$ C 72,7 — H 10,2 — O 13,2 — N 3,9 — M. G. 363.
1) **Menthylester d. Camphorylamidoessigsäure.** HCl (*Ar.* **240**, 648 *C.* **1903** [1] 399).

$C_{22}H_{38}O_3S_2$ 1) **Anhydrid d. Menthylxanthogensäure.** Sm. 148—149° (*C.* **1904** [1] 1347).

$C_{22}H_{38}O_2S_4$ *1) **Menthyldioxysulfocarbonat.** Sm. 92,5—93° (*C.* **1904** [1] 1347; **1904** [2] 983).

$C_{22}H_{39}OCl$ 1) **Chlorid d. Behenolsäure.** Sm. 29—30° (*B.* **36**, 3602 *C.* **1903** [2] 1314).

$C_{22}H_{40}O_2N_2$ 2) **Oxamid d. ϑ-Amido-βζ-Dimethyl-β-Okten.** Sm. 96° (*Bl.* [3] **29**, 1048 *C.* **1903** [2] 1439).

$C_{22}H_{41}ON$ C 78,8 — H 12,2 — O 4,8 — N 4,2 — M. G. 335.
1) **Amid d. Behenolsäure.** Sm. 90° (*B.* **36**, 3602 *C.* **1903** [2] 1314).

$C_{22}H_{41}O_2Br$ *1) **Brombrassidinsäure.** Sm. 35° (*B.* **36**, 3603 *C.* **1903** [2] 1314).

$C_{22}H_{41}O_2J$ 1) **Jodphellansäure** (*M.* **25**, 293 *C.* **1904** [1] 1573).

$C_{22}H_{41}O_3Br$ 1) **Säure** (aus Dibromoxybehensäure). Sm. 44° (*B.* **36**, 3604 *C.* **1903** [2] 1314).

$C_{22}H_{42}O_2Br_2$ *1) **Dibrombehensäure** (aus Brassidinsäure). Sm. 54° (*J. pr.* [2] **67**, 312 *C.* **1903** [1] 1404).
*2) **Dibrombehensäure** (aus Erukasäure). Sm. 42—43° (*J. pr.* [2] **67**, 310 *C.* **1903** [1] 1404).
*3) **Dibrombehensäure** (aus Isoerukasäure). Sm. 44—46° (*G.* **34** [2] 53 *C.* **1904** [2] 693).

$C_{22}H_{42}N_4S_2$ 1) **Verbindung** (aus Valeraldehyd, Piperidin u. Rubeanwasserstoff). Sm. 119° (*C.* **1899** [2] 1025). — ***IV**, *18.*

$C_{22}H_{43}O_3Cl$ *1) **Chloroxybehensäure** (aus Brassidinsäure) (*B.* **36**, 3605 *C.* **1903** [2] 1314).

$C_{22}H_{43}O_3Br$ 1) **Bromoxybehensäure** (aus Brassidinsäure) (*B.* **36**, 3605 *C.* **1903** [2] 1314).
2) **Bromoxybehensäure** (aus Erukasäure) (*B.* **36**, 3605 *C.* **1903** [2] 1314).

$C_{22}H_{43}O_4Br$ 1) **Bromdioxybehensäure.** Sm. 71° (*B.* **36**, 3604 *C.* **1903** [2] 1314).

$C_{22}H_{45}O_3N$ C 71,2 — H 12,1 — O 12,9 — N 3,8 — M. G. 371.
1) **Amidooxybehensäure.** Sm. 86° (*B.* **36**, 3606 *C.* **1903** [2] 1314).

$C_{22}H_{47}O_8N_9$ C 46,7 — H 8,3 — O 22,7 — N 22,3 — M. G. 565.
1) **Kaseïnokyrin.** $3H_2SO_4$ (*C.* **1904** [2] 908; *H.* **43**, 46 *C.* **1904** [2] 1660).

— 22 IV —

$C_{22}H_{10}O_2N_2S_2$ 1) **Diisatinindophtenin** (*B.* **37**, 3351 *C.* **1904** [2] 1058).

$C_{22}H_{14}O_6N_2Br_4$ 1) **2,4,6,8-Tetrabrom-1,5-Di[Diacetylamido]-9,10-Anthrachinon.** Zers. oberh. 220° (*B.* **37**, 4184 *C.* **1904** [2] 1742).

$C_{22}H_{14}O_7N_4S_2$ 1) **Disazoverbindung** (aus 4,4'-Diamidobiphenyl-2,2'-Disulfonsäure). Ba (*J. pr.* [2] **66**, 573 *C.* **1903** [1] 520).

$C_{22}H_{15}O_2N_2Cl$ 2) **4-Keto-3-Benzoyl-2-[4-Chlorbenzyl]-3,4-Dihydro-1,3-Benzdiazin.** Sm. 210° (*J. pr.* [2] **69**, 22 *C.* **1904** [1] 640).

$C_{22}H_{16}O_2N_2S$ 1) **4-Keto-2-Phenylimido-3-Phenyl-5-[2-Oxybenzyliden]tetrahydrothiazol.** Sm. 230—235° (*M.* **24**, 516 *C.* **1903** [2] 837).

$C_{22}H_{18}O_3NCl$ 1) **6-Chlor-3-Aethylamidofluoran.** Sm. 186° (D.R.P. 85885). — *III, *574.*

2) **Chlordimethylamidofluoran.** Sm. 218° (D.R.P. 139727 *C.* **1903** [1] 796).

3) **Chloräthylamidofluoran** (D.R.P. 139727 *C.* **1903** [1] 796).

$C_{22}H_{16}O_6N_2Br_2$ 1) **2,6-Dibrom-1,5-Di[Diacetylamido]-9,10-Anthrachinon.** Zers. oberh. 240° (*B.* **37**, 4183 *C.* **1904** [2] 1741).

$C_{22}H_{18}O_2NJ$ 1) **Jodmethylat d. 5-Phenylakridin-5²-Carbonsäure.** Sm. 226—227° (*B.* **37**, 1008 *C.* **1904** [1] 1276).

$C_{22}H_{19}O_2NBr_2$ 1) **N-Benzoylderivat d. Phenyl-3,6-Dibrom-4-Oxy-2,5-Dimethylbenzylamin.** Sm. 163—165° (*B.* **37**, 3940 *C.* **1904** [2] 1597).

2) **Benzoat d. Phenyl-3,6-Dibrom-4-Oxy-2,5-Dimethylbenzylamin.** Sm. 174—175° (*B.* **37**, 3939 *C.* **1904** [2] 1597).

$C_{22}H_{19}O_2NS$ 2) **3,4-Methylenäther d. 4-[3,4-Dioxyb[illegible]amido-3,4'-Dimethyldiphenylsulfid.** HCl (*J. pr.* [2] 68, [illegible] C. 1903 [2] 995).

$C_{22}H_{19}O_2N_2Br_3$ *1) **2,5,6-Tribrom-4-Oxy-1-Phenylamidomethyl-3-Acetylphenylamidomethylbenzol.** Sm. 209° (*A.* **332**, 180 *C.* **1904** [2] 209; *B.* **37**, 3907 *C.* **1904** [2] 1592).

$C_{22}H_{20}O_2N_2S$ 3) **4-[4-Methylphenyl]merkapto-2-Methylphenylamid d. Phenyloxaminsäure.** Sm. 238° (*J. pr.* [2] **66**, 284 *C.* **1903** [2] 995).

$C_{22}H_{20}N_3JS$ 1) **Methyläther d. 5-Jod-3-Merkapto-1,5-Diphenyl-4-Benzyl-4,5-Dihydro-1,2,4-Triazol.** Sm. 176° (*J. pr.* [2] **67**, 228 *C.* **1903** [1] 1261).

2) **Methyläther d. 5-Jod-3-Merkapto-4,5-Diphenyl-1-[4-Methylphenyl]-4,5-Dihydro-1,2,4-Triazol.** Sm. 2[illegible] (*J. pr.* [2] **67**, 261 *C.* **1903** [1] 1266).

3) **Aethyläther d. 5-Jod-3-Merkapto-1,4,5-Triphenyl-4,5-Dihydro-1,2,4-Triazol.** Sm. 304° u. Zers. (*J. pr.* [2] **67**, 243 *C.* **1903** [1] 1263).

$C_{22}H_{21}ON_3S$ 2) **3-Methyläther d. 3-Merkapto-5-Oxy-1,5-Di[illegible]-4,5-Dihydro-1,2,4-Triazol.** Sm. 135° (*J. pr.* [illegible] 1903 [2] 1262).

3) **3-Methyläther d. 3-Merkapto-5-Oxy-4,5-Diphenyl-1-[4-Methylphenyl]-4,5-Dihydro-1,2,4-Triazol.** Sm. 136° (*J. pr.* [2] **67**, 262 *C.* **1903** [1] 1266).

4) **3-Aethyläther d. 3-Merkapto-5-Oxy-1,4,5-Triphenyl-4,5-Dihydro-1,2,4-Triazol.** Sm. 153° (*J. pr.* [2] **67**, 244 *C.* **1903** [1] 1264).

$C_{22}H_{21}O_2NS$ 1) **3-Methyläther d. 4-[3,4-Dioxybenzyliden]amido-3,4'-Dimethyldiphenylsulfid.** HCl (*J. pr.* [2] **68**, 288 *C.* **1903** [2] 995).

$C_{22}H_{22}O_3N_4S_3$ 1) **Phenylhydrazid d. α-Phenylthiosulfon-β-Phenylhydrazonbuttersäure.** Sm. 134—135° (*J. pr.* [2] **70**, 384 *C.* **1904** [2] 1720).

$C_{22}H_{22}O_4N_2Br_4$ 1) **Diacetat d. 1,4-Di[3,5-Dibrom-2-Oxybenzyl]hexahydro-1,4-Diazin.** Sm. 199—201° (*A.* **332**, 223 *C.* **1904** [2] 203).

$C_{22}H_{24}O_{10}N_2S_2$ 1) **4,4'-Di[Diacetylamido]-3,3'-Dimethylbiphenyl-6,6'-Disulfonsäure.** Na₂ (*J. pr.* [2] **66**, 570 *C.* **1903** [1] 519).

$C_{22}H_{24}O_{12}N_2S_2$ 1) **Benzol-1,3-Disulfonsäure + 2 Molec. 3-Amido-4-Oxybenzol-1-Carbonsäuremethylester.** Sm. 142° u. Zers. (D.R.P. 150070 *C.* **1904** [1] 975).

$C_{22}H_{25}O_3N_2J$ 2) **Jodmethylat d. Anhydrocotarninbenzylcyanid.** Sm. 225—227° (*B.* **37**, 3337 *C.* **1904** [2] 1156).

$C_{22}H_{26}O_4NJ$ 3) **Jodmethylat d. Anhydromethylcotarninacetophenon.** Sm. 225 bis 226° (*B.* **37**, 2748 *C.* **1904** [2] 546).

$C_{22}H_{26}N_3SP$ 1) **Aethylphenylmonamid-Di[4-Methylphenylamid] d. Thiophosphorsäure.** Sm. 158° (*A.* **326**, 258 *C.* **1903** [1] 869).

$C_{22}H_{28}O_3NJ$ 2) **Jodmethylat d. Methylthebenindimethyläther.** Sm. 247° (*B.* **37**, 2787 *C.* **1904** [2] 716).

$C_{22}H_{28}O_4NJ$ 6) **Jodmethylat d. Phenanthreno-N-Methyltetrahydropapaverin.** Sm. 215° (*B.* **37**, 1941 *C.* **1904** [2] 130).

$C_{22}H_{20}O_2N_2S$ 1) **4-Amido-4'-Sulfomethylamidodi[1-Naphtyl]methan.** Sm. 193 bis 195° (D.R.P. 148760 *C.* **1904** [1] 555).

$C_{22}H_{34}ON_3P$ 1) **Diisobutylmonamid-Di[4-Methylphenylamid] d. Phosphorsäure.** Sm. 180° (*A.* **326**, 186 *C.* **1903** [1] 820).

$C_{22}H_{34}N_3SP$ 1) **Diamylmonamid-Di-[Phenylamid] d. Thiophosphorsäure.** Sm. 141° (*A.* **326**, 213 *C.* **1903** [1] 822).

$C_{22}H_{41}ON_2P$ 1) **Phenyläther d. Di[Diisobutylamido]oxyphosphin.** Fl. (*A.* **326**, 168 *C.* **1903** [1] 762).

— 22 V —

$C_{22}H_{14}O_6N_6Cl_2S$ 1) **8-Amido-2-[4-Nitrophenyl]azo-7-[2,4-Dichlorphenyl]azo-1-Oxynaphtalin-4-Sulfonsäure** (*C.* **1903** [1] 676).

$C_{22}H_{21}O_3N_4ClS_2$ 1) **Phenylhydrazid d. α-[4-Chlorphenylthiosulfon]-β-Phenylhydrazonbuttersäure.** Sm. 160—161° u. Zers. (*J. pr.* [2] **70**, 388 *C.* **1904** [2] 1720).

$C_{22}H_{21}O_3N_4BrS_2$ 1) **Phenylhydrazid d. α-[4-Bromphenylthiosulfon]-β-Phenylhydrazonbuttersäure.** Sm. 168—169° u. Zers. (*J. pr.* [2] **70**, 389 *C.* **1904** [2] 1720).

$C_{22}H_{21}O_3N_4JS_2$ 1) **Phenylhydrazid d. α-[4-Jodphenylthiosulfon]-β-Phenylhydrazonbuttersäure.** Sm. 167—168° u. Zers. (*J. pr.* [2] **70**, 390 *C.* **1904** [2] 1721).

$C_{22}H_{23}O_2N_2Br_2J$ 1) **Jodmethylat d. isom. Dibromstrychnin.** Sm. 243° (*Bl.* [3] **31**, 389 *C.* **1904** [1] 1280).

$C_{22}H_{24}O_2N_2BrJ$ 2) **Jodmethylat d. isom. Bromstrychnin.** Sm. 298° (*Bl.* [3] **31**, 387 *C.* **1904** [1] 1279).

$C_{22}H_{25}O_5NBrJ$ 1) **Jodmethylat d. Diacetylbrommorphin** + $1^1/_2 H_2O$. Sm. 200° (*A.* **297**, 216). — ***III**, *670*.

$C_{22}H_{28}O_2NBr_2J$ 1) **Acetat d. 3,6-Dibrom-4'-Diäthylamido-4-Oxy-2,5-Dimethyldiphenylmethanjodmethylat.** Sm. 191—192° (*A.* **334**, 317 *C.* **1904** [2] 987).

$C_{22}H_{32}O_2NSP$ 1) **Diamylmonamid d. Thiophosphorsäurediphenylester.** Sm. 64° (*A.* **326**, 213 *C.* **1903** [1] 822).

C_{23}-Gruppe.

$C_{23}H_{18}$ 4) **Diphenyl-1-Naphtylmethan.** Sm. 150° (149°) (*B.* **13**, 358; *B.* **37**, 617 *C.* **1904** [1] 811; *B.* **37**, 2756 *C.* **1904** [2] 707). — **I**, *299*.

$C_{23}H_{34}$ C 89,0 — H 11,0 — M. G. 310.
1) **Kohlenwasserstoff** (aus Cholesterylchlorid). Sd. 270—286°$_{37-40}$ (*M.* **24**, 663 *C.* **1903** [2] 1236).

— 23 II —

$C_{23}H_{14}O_5$ C 74,6 — H 3,8 — O 21,6 — M. G. 370.
1) **Lakton d. 4-Oxy-7-Benzoxyl-2-Phenyl-1,4-Benzpyran-4-Carbonsäure.** Sm. 192° u. Zers. (*B.* **36**, 1950 *C.* **1903** [2] 296).

$C_{23}H_{16}O_6$ 9) **β-[3,4-Dibenzoxylphenyl]akrylsäure.** Sm. 204—206° (*B.* **36**, 2935 *C.* **1903** [2] 888).

$C_{23}H_{17}Cl$ 2) **α-Chlordiphenyl-1-Naphtylmethan.** Sm. 169° (*B.* **37**, 1637 *C.* **1904** [1] 1649).

$C_{23}H_{18}O$ 4) **α-Oxydiphenyl-1-Naphtylmethan.** Sm. 135° (*Am.* **29**, 602 *C.* **1903** [2] 197; *B.* **37**, 627 *C.* **1904** [1] 810; *B.* **37**, 1638 *C.* **1904** [1] 1649; *B.* **37**, 2755 *C.* **1904** [2] 707).

$C_{23}H_{18}O_4$ 7) **$4^{3,5}$-Dimethyläther d. chinoïden 7-Oxy-4-[3,5-Dioxyphenyl]-2-Phenyl-1,4-Benzpyran.** (HCl + $1^1/_2 H_2O$, (2 HCl, $PtCl_4$), H_2SO_4 + $1^1/_2 H_2O$, Pikrat (*B.* **36**, 2296 *C.* **1903** [2] 577).

$C_{23}H_{18}O_5$ 3) **$4^{3,5}$-Dimethyläther d. 5-Oxy-2-Phenyl-4-[3,5-Dioxyphenyl]-1,7-Benzpyron** + H_2O. Sm. 215—220°. Pikrat (*B.* **36**, 3609 *C.* **1903** [2] 1381).
4) **$4^{3,5}$-Dimethyläther d. 8-Oxy-2-Phenyl-4-[3,5-Dioxyphenyl]-1,7-Benzpyron.** Sm. 225—230°. HCl + H_2O, Pikrat (*B.* **36**, 3607 *C.* **1903** [2] 1381).

$C_{23}H_{18}O_{10}$ *7) **Tetraacetat d. 3,7-Dioxy-2-[3,4-Dioxyphenyl]-1,4-Benzpyron** (T. d. Fisetin). Sm. 200—201° (*B.* **37**, 791 *C.* **1904** [1] 1158).

*7) **Tetraacetat d. 3,5,7-Trioxy-2-[4-Oxyphenyl]-1,4-Benzpyron** (T. d. Kämpferol). Sm. 181° (*B.* **37**, 2099 *C.* **1904** [2] 121).

*8) **Tetraacetat d. Robigenin.** Sm. 182—183° (*Ar.* **242**, 223 *C.* **1904** [1] 1651).

9) **Tetraacetat d. 3,6-Dioxy-2-[3,4-Dioxyphenyl]-1,4-Benzpyron.** Sm. 197—198° (*B.* **37**, 781 *C.* **1904** [1] 1156).

10) **Tetraacetat d. 3,7,8-Trioxy-2-[3-Oxyphenyl]-1,4-Benzpyron.** Sm. 166—167° (*B.* **37**, 2633 *C.* **1904** [2] 540).

$C_{23}H_{18}N_4$ 4) **α-Phenylazo-α-[2-Naphtyl]hydrazon-α-Phenylmethan.** Sm. 150° (*C.* **1903** [2] 427).

5) **α-Phenylhydrazon-α-[2-Naphtyl]azo-α-Phenylmethan.** Sm. 172° (*C.* **1903** [2] 427).

$C_{23}H_{19}N$ 3) **γ-Phenylimido-αε-Diphenyl-αδ-Pentadiën.** Sm. 127° (*C.* **1903** [1] 399).

$C_{23}H_{20}O_4$ 6) **Dibenzoat d. 4,6-Dioxy-1,2,3-Trimethylbenzol.** Sm. 191° (*A.* **329**, 309 *C.* **1904** [1] 794).

$C_{23}H_{20}O_5$ 5) **4^3,5-Dimethyläther d. 4,7-Dioxy-4-[3,5-Dioxyphenyl]-2-Phenyl-1,4-Benzpyran.** Sm. 110° (*B.* **36**, 2208 *C.* **1903** [2] 577).

$C_{23}H_{20}O_8$ 5) **Aloresinotannol** (*Ar.* **241**, 356 *C.* **1903** [2] 726).

6) **Diacetat d. Pentaoxybrasandimethyläther.** Sm. 254—255° (*B.* **36**, 2201 *C.* **1903** [2] 381).

$C_{23}H_{20}O_9$ C 62,7 — H 4,5 — O 32,7 — M. G. 440.

1) **Tetraacetat d. Buteïn.** Sm. 129—131° (*C.* **1904** [2] 451).

$C_{23}H_{20}O_{11}$ 2) **Pentamethylester d. Diphenylketon-2,4,6,3′,5′-Pentacarbonsäure.** Sm. 146—147° (*B.* **33**, 343). — *II, *1231.*

$C_{23}H_{20}N_2$ *6) **γ-Phenylhydrazon-αε-Diphenyl-αδ-Pentadiën.** Sm. 147° (*C.* **1903** [1] 399).

8) **γ-Phenylhydrazon-αε-Diphenyl-αδ-Pentadiën.** Sm. 152—153° (*Soc.* **85**, 1179 *C.* **1904** [2] 1216).

$C_{23}H_{20}N_4$ 3) **4,4′-Di[Methylcyanamido]triphenylmethan.** Sm. 163° (*B.* **37**, 637 *C.* **1904** [1] 950).

$C_{23}H_{21}N$ C 88,7 — H 6,8 — N 4,5 — M. G. 311.

1) **2,6-Di[β-4-Methylphenyläthenyl]pyridin.** Sm. 202°. HCl + H_2O, (HCl, $HgCl_2$), (2HCl, $PtCl_4$), (HCl, $AuCl_3$), HBr + H_2O, Pikrat (*B.* **36**, 1685 *C.* **1903** [2] 46).

2) **1,3,7,9-Tetramethyl-5-Phenylakridin.** Sm. 152° (*B.* **36**, 1021 *C.* **1903** [1] 1268).

3) **Nitril d. Tri[4-Methylphenyl]essigsäure.** Sm. 192° (*B.* **37**, 3157 *C.* **1904** [2] 1048).

$C_{23}H_{21}N_3$ C 81,4 — H 6,2 — N 12,4 — M. G. 339.

1) **1,3,5-Tri[4-Methylphenyl]-1,2,4-Triazol.** Sm. 134° (*J. pr.* [2] **67**, 489 *C.* **1903** [2] 250).

2) **1-[2-Methylphenyl]-3,5-Di[4-Methylphenyl]-1,2,4-Triazol.** Sm. 137° (*J. pr.* [2] **67**, 485 *C.* **1903** [2] 250).

$C_{23}H_{22}O$ *5) **ααδ-Triphenylpentan-αδ-Oxyd.** Sm. 74° (*C.* **1903** [1] 225).

$C_{23}H_{22}O_3$ 4) **Aethylester d. 4-Keto-6-Phenyl-2-[β-Phenyläthenyl]-1,2,3,4-Tetrahydrobenzol-3-Carbonsäure.** Sm. 142° (*C.* **1903** [2] 944).

$C_{23}H_{22}O_4$ 2) **4^5,6-Dimethyläther d. 7-Oxy-4-[3,5-Dioxyphenyl]-2-Phenyl-2,3-Dihydro-1,4-Benzpyran.** Sm. 110° (*B.* **36**, 2299 *C.* **1903** [2] 577).

3) **Methylester d. 3,3′-Dioxytriphenylessigdimethyläthersäure.** Sm. 168° (*B.* **37**, 4037 *C.* **1904** [2] 1600).

4) **Aethylester d. 4-Keto-1-Acetyl-2,6-Diphenyl-1,2,3,4-Tetrahydrobenzol-3-Carbonsäure.** Sm. 164° (*B.* **36**, 2135 *C.* **1903** [2] 367).

$C_{23}H_{22}O_7$ 2) **Diacetat d. Verb.** $C_{19}H_{18}O_5$. Sm. 168° (*M.* **24**, 214 *C.* **1903** [2] 38).

$C_{23}H_{22}O_{10}$ 2) **Zeorsäure.** Sm. 235—236° (*A.* **327**, 345 *C.* **1904** [2] 509).

$C_{23}H_{22}N_2$ 6) **γ-Phenylhydrazon-αε-Diphenyl-α-Penten.** Sm. 116° (*A.* **330**, 234 *C.* **1904** [1] 945).

$C_{23}H_{22}N_4$ 3) **1,3-Di[Benzylidenamido]-2-Phenyltetrahydroimidazol.** Sm. 128° (*J. pr.* [2] **67**, 143 *C.* **1903** [1] 865).

4) **3-[2,4,5-Trimethylphenyl]amido-1,5-Diphenyl-1,2,4-Triazol.** Sm. 121—123° (*Am.* **32**, 365 *C.* **1904** [2] 1507).

$C_{23}H_{24}O_3$ 7) **Dimethyläther d. 3-Keto-2,4-Di[4-Oxybenzyliden]-1-Methylhexahydrobenzol.** Sm. 110° (*C. r.* **136**, 1225 *C.* **1903** [2] 116).

$C_{23}H_{24}O_5$ C 72,6 — H 6,3 — O 21,1 — M. G. 380.
1) **Aethylester d. βζ-Diketo-ε-Benzoyl-δ-Phenylheptan-γ-Carbonsäure.** Sm. 183° (*B.* **36**, 2135 *C.* **1903** [2] 366).

$C_{23}H_{24}O_7$ 2) **Diacetat d. Anhydrolariciresinol.** Sm. 140° (*M.* **23**, 1027 *C.* **1903** [1] 288).

$C_{23}H_{24}N_2$ 4) **α-[2,4-Dimethylphenyl]imido-4-Dimethylamidodiphenylmethan.** Sm. 121° (D.R.P. 41751). — *III, *150.*
5) **3-Dimethylamido-9-[4-Dimethylamidophenyl]fluoren.** Sm. 149° (*C. r.* **137**, 414 *C.* **1903** [2] 761).

$C_{23}H_{26}O_2$ 2) **α-Oxydiphenylmethylcampher.** Sm. 122,5° (*B.* **35**, 3912 *C.* **1903** [1] 29; *B.* **36**, 2631 *C.* **1903** [2] 625).

$C_{23}H_{26}O_7$ *1) **Tetraäthyläther d. Quercetin.** Sm. 121° (*Ar.* **242**, 237 *C.* **1904** [1] 1651).
2) **Evernurol.** Sm. 196° (*J. pr.* [2] **68**, 22 *C.* **1903** [2] 511).
3) **Tetraäthyläther d. Morin.** Sm. 126—128° (*Soc.* **85**, 61 *C.* **1904** [1] 381, 729).

$C_{23}H_{26}N_2$ *2) **4,4'-Di[Dimethylamido]triphenylmethan** (*B.* **37**, 640 *C.* **1904** [1] 950).
5) **α-Butyl-αα-Di[2-Methyl-3-Indolyl]methan.** Sm. 157° (*B.* **37**, 323 *C.* **1904** [1] 668).

$C_{23}H_{27}N_3$ *1) **2¹-Amido-4²,4³-Di[Dimethylamido]triphenylmethan.** Sm. 131 bis 133° (*B.* **36**, 2785 *C.* **1903** [2] 881).

$C_{23}H_{28}O_5$ 2) **Phloraspin.** Sm. 211° (*A.* **329**, 338 *C.* **1904** [1] 801).

$C_{23}H_{28}N_2$ C 83,1 — H 8,4 — N 8,4 — M. G. 332.
1) **ε-[2,4,5-Trimethylphenyl]imido-α-[2,4,5-Trimethylphenyl]-amido-αγ-Pentadiën.** Sm. 93° u. Zers. HCl (*A.* **333**, 325 *C.* **1904** [2] 1149).

$C_{23}H_{30}O_{11}$ *1) **Tetraacetylglyko-o-Oxyphenyläthylcarbinol.** Sm. 156° (*B.* **36**, 2581 *C.* **1903** [2] 621).
*2) **isom. Tetraacetylglyko-o-Oxyphenyläthylcarbinol.** Sm. 128° (*B.* **36**, 2582 *C.* **1903** [2] 621).

$C_{23}H_{32}O_3$ C 77,5 — H 9,0 — O 13,5 — M. G. 356.
1) **Acetat d. Cannabinol.** Fl. (*C.* **1903** [2] 199).

$C_{23}H_{34}O_8$ C 63,0 — H 7,8 — O 29,2 — M. G. 438.
1) **Trimethylester d. Ciliansäure.** Sm. 123—124° (*M.* **24**, 62 *C.* **1903** [1] 766).

$C_{23}H_{36}O_2$ 3) **Acetat d. Laktukol** (Laktukon). Sm. 184° (*C.* **1904** [1] 1162; *M.* **25**, 786 *C.* **1904** [2] 1137).

$C_{23}H_{36}O_3$ C 76,7 — H 10,0 — O 13,3 — M. G. 360.
1) **α-Oxy-αα-Dicamphorylpropan.** Sm. 158—160° (*B.* **36**, 2638 *C.* **1903** [2] 626).

$C_{23}H_{36}O_4$ C 73,4 — H 9,6 — O 17,0 — M. G. 376.
1) **α-Masticinsäure.** Sm. 90—91° (*Ar.* **242**, 105 *C.* **1904** [1] 1010).
2) **β-Masticinsäure.** Sm. 89,5—90,5° (*Ar.* **242**, 106 *C.* **1904** [1] 1010).
3) **Masticolsäure.** Sm. 201°. Ag (*Ar.* **242**, 107 *C.* **1904** [1] 1010).

$C_{23}H_{38}O_4$ 2) **Acetylcyklogallipharsäure.** Sm. 71°. Ag (*Ar.* **242**, 262 *C.* **1904** [1] 1653).

$C_{23}H_{38}O_{10}$ C 58,2 — H 8,0 — O 33,8 — M. G. 474.
1) **Sapotoxin.** Sm. 172° (*C.* **1904** [2] 119).

$C_{23}H_{40}O_3$ C 75,8 — H 11,0 — O 13,2 — M. G. 364.
1) **Aethylester d. Cyklogallipharsäure.** Sm. 37° (*Ar.* **242**, 264 *C.* **1904** [1] 1654).

$C_{23}H_{42}O_4$ 2) **Aethylester d. Propionylricinolsäure.** Sd. 265°₁₈ (*B.* **36**, 787 *C.* **1903** [1] 824).
3) **Propylester d. Acetylricinolsäure.** Sd. 260°₁₈ (*B.* **36**, 786 *C.* **1903** [1] 824).

$C_{23}H_{44}O_2$ 3) **Isoamylester d. Oelsäure.** Fl. (*C. r.* **138**, 378 *C.* **1904** [1] 787).

$C_{23}H_{46}O_2$ *2) **Isoamylester d. Stearinsäure.** Sm. 21° (*C. r.* **138**, 379 *C.* **1904** [1] 787).

$C_{23}H_{48}N_4$ *1) **Amidoguanidinverbindung d. μ-Keto-κ-Methyl-κ-Heneikosen.** Pikrat (*B.* **36**, 2557 *C.* **1903** [2] 655).

— 23 III —

$C_{23}H_{14}O_7Cl_4$ 1) **Trimethyläther d. Tetrachlordioxyfluoresceïn.** Sm. 245° (*B.* **36**, 1078 *C.* **1903** [1] 1182).

$C_{23}H_{15}O_6N$ C 68,8 — H 3,7 — O 23,9 — N 3,5 — M. G. 401.
1) **Lakton d. α-Oxy-γ-Keto-β-Benzoyl-α-Phenyl-β-[2-Nitrophenyl]-propan-γ-Carbonsäure.** Sm. 162° (*A.* **333**, 236 *C.* **1904** [2] 1390).

$C_{23}H_{16}O_7N_4$ C 60,0 — H 3,5 — O 24,3 — N 12,2 — M. G. 460.
1) **1-Benzoylamidonaphtalin + 1,3,5-Trinitrobenzol.** Sm. 131—132° (*Soc.* **83**, 1340 *C.* **1904** [1] 99).

$C_{23}H_{16}O_7Cl_2$ 1) **Trimethyläther d. Dichlordioxyfluoresceïn** (*B.* **36**, 1081 *C.* **1903** [1] 1182).

$C_{23}H_{17}O_2N$ 9) **Benzoat d. 7-Oxy-2-Methyl-4-Phenylchinolin.** Sm. 144° (*B.* **36**, 2456 *C.* **1903** [2] 670).

$C_{23}H_{17}O_2N_3$ 11) **Benzoat d. 4-Amido-1-[4-Oxyphenylazo]naphtalin.** Sm. 183—184° (*B.* **36**, 4148 *C.* **1904** [1] 186).

$C_{23}H_{17}O_3N_3$ 4) **Di[1-Naphtylamid] d. Oximidomalonsäure.** Sm. 184°. K (*Soc.* **83**, 40 *C.* **1903** [1] 73, 442).
5) **Di[2-Naphtylamid] d. Oximidomalonsäure.** Sm. 221° (*Soc.* **83**, 41 *C.* **1903** [1] 73, 442).

$C_{23}H_{18}O_2N_2$ 13) **6-Keto-5-Benzoyl-2,4-Diphenyl-3,4,5,6-Tetrahydro-1,3-Diazin.** Sm. 241—242° (*Soc.* **83**, 722 *C.* **1903** [2] 54).
14) **Di[1-Naphtylamid] d. Malonsäure.** Sm. 225° (*Soc.* **83**, 40 *C.* **1903** [1] 442).
15) **Di[2-Naphtylamid] d. Malonsäure.** Sm. 235° (*Soc.* **83**, 41 *C.* **1903** [1] 442).

$C_{23}H_{18}O_3N_2$ 5) **4-Acetylamido-1-[4-Methylphenyl]amido-9,10-Anthrachinon.** Sm. 193° (D.R.P. 148767 *C.* **1904** [1] 557).
6) **Benzoat d. 4-Oxy-3-Keto-1-Methyl-2,5-Diphenyl-2,3-Dihydropyrazol.** Sm. 190° (*B.* **36**, 1138 *C.* **1903** [1] 1254).

$C_{23}H_{19}ON_3$ 6) **5-Phenylamido-4-Benzoyl-3-Methyl-1-Phenylpyrazol.** Sm. 171° (*B.* **36**, 525 *C.* **1903** [1] 641).

$C_{23}H_{19}O_4N$ 4) **Oxim d. chinoïden 7-Oxy-4-[3,5-Dioxyphenyl]-2-Phenyl-1,4-Benzpyran-4^{3,5}-Dimethyläther.** Sm. 60—65° (*B.* **36**, 2300 *C.* **1903** [2] 577).
5) **Methyläther d. Dimethylrhodol.** HCl (D.R.P. 122289). — *III, *578.*

$C_{23}H_{19}O_8N$ *1) **3-Nitrobenzylidendivanillin** (*B.* **36**, 3977 Anm. *C.* **1904** [1] 373).

$C_{23}H_{19}N_4Cl$ 1) **5-Chlor-4-[α-Phenylhydrazonbenzyl]-3-Methyl-1-Phenylpyrazol.** Sm. 176° (*B.* **36**, 526 *C.* **1903** [1] 641).

$C_{23}H_{20}ON_2$ 7) **3,7-Dimethyl-5-[3-Acetylamidophenyl]akridin.** Sm. 280° (*B.* **36**, 1024 *C.* **1903** [1] 1268).
8) **Verbindung** (aus 2-Methylindol u. Furfurol). Sm. 220° (*B.* **36**, 4327 *C.* **1904** [1] 462).

$C_{23}H_{20}ON_4$ C 75,0 — H 5,4 — O 4,3 — N 15,2 — M. G. 368.
1) **α-Oxy-4,4′-Di[Methylcyanamido]triphenylmethan.** Sm. 168° (*B.* **37**, 641 *C.* **1904** [1] 951).
2) **5-Keto-4-[4-Dimethylamidophenyl]imido-1,3-Diphenyl-4,5-Dihydropyrazol.** Sm. 218,5° (*B.* **36**, 1133 *C.* **1903** [1] 1253).

$C_{23}H_{20}O_2N_2$ 11) **Phenylamidoformiat d. syn-α-Oximido-αγ-Diphenyl-β-Buten.** Sm. 149—150° (*M.* **25**, 437 *C.* **1904** [2] 336).

$C_{23}H_{20}O_3N_2$ 2) **Benzoat d. 4-Oxy-3-Acetylphenylhydrazonmethyl-1-Methylbenzol.** Sm. 140° (*B.* **35**, 4107 *C.* **1903** [1] 150).

$C_{23}H_{20}O_4N_2$ 2) **Dimethyläther d. β-Phenylazo-αγ-Diketo-γ-Phenyl-α-[3,5-Dioxyphenyl]propan.** Sm. 108° (*B.* **35**, 3904 *C.* **1903** [1] 27).

$C_{23}H_{20}O_4S_2$ 4) **2,5-Diacetat d. 3,6-Dimerkapto-2,5-Dioxy-1-Methylbenzol-3,6-Diphenyläther.** Sm. 121—122° (*A.* **336**, 161 *C.* **1904** [2] 1300).

$C_{23}H_{20}N_3Cl$ 1) **1-[4-Chlor-2-Methylphenyl]-3,5-Di[4-Methylphenyl]-1,2,4-Triazol.** Sm. 170° (*J. pr.* [2] **67**, 502 *C.* **1903** [2] 251).

$C_{23}H_{21}ON$ 3) **d-γ-[β-Oxy-αβ-Diphenyläthyl]imido-α-Phenylpropen.** Sm. 189—190° u. Zers. (*B.* **36**, 2343 *C.* **1903** [2] 410).
4) **isom. d-γ-[β-Oxy-αβ-Diphenyläthyl]imido-α-Phenylpropen.** Sm. 131° (*B.* **36**, 2343 *C.* **1903** [2] 410).
5) **l-γ-[β-Oxy-αβ-Diphenyläthyl]imido-α-Phenylpropen.** Sm. 189—190° u. Zers. (*B.* **36**, 2343 *C.* **1903** [2] 410).

$C_{23}H_{21}ON$ 6) isom. 1-γ-[β-Oxy-αβ-Diphenyläthyl]imido-α-Phenylpropen. Sm. 131° (*B.* **36**, 2343 *C.* **1903** [2] 410).
7) r-γ-[β-Oxy-αβ-Diphenyläthyl]imido-α-Phenylpropen. Sm. 186° (*B.* **36**, 2342 *C.* **1903** [2] 410).
8) 4-Keto-1,2,6-Triphenylhexahydropyridin. Sm. 220—221° (*Bl.* [3] **31**, 985 *C.* **1904** [2] 1151).

$C_{23}H_{21}O_{2}N$ 10) ε-Oximido-α-Keto-αγε-Trimethylpentan. Sm. 144° (*A.* **302**, 242). — *III, *237*.

$C_{23}H_{21}O_{3}Cl$ 1) Dimethyläther d. γ-Chlor-α-Keto-αβ-Diphenyl-γ-[3,4-Dioxyphenyl]-propen. Sm. 164° (*B.* **35**, 3972 *C.* **1903** [1] 31).

$C_{23}H_{21}O_{4}N$ 3) Trimethyläther d. Phenolphtaleïnoxim. Sm. 145—146° (*B.* **36**, 2964 *C.* **1903** [2] 1007).

$C_{23}H_{21}O_{6}N$ C 67,8 — H 5,2 — O 23,6 — N 3,4 — M. G. 407.
1) Diacetat d. 2-Keto-5,6-Dioxy-1-[4-Dimethylamidocinnamyliden]-1,2-Dihydrobenzfuran. Sm. 206° (*B.* **37**, 827 *C.* **1904** [1] 1152).

$C_{23}H_{21}NBr_{4}$ 1) 2,6-Di[αβ-Dibrom-β-4-Methylphenyläthyl]pyridin. Sm. 182° (*B.* **36**, 1686 *C.* **1903** [2] 47).

$C_{23}H_{21}NS$ 1) α-Rhodantri[4-Methylphenyl]methan. Sm. 147—148° (*B.* **37**, 3157 *C.* **1904** [2] 1048).
2) 4-Cinnamylidenamido-3,4'-Dimethyldiphenylsulfid. HCl (*J. pr.* [2] **68**, 288 *C.* **1903** [2] 995).

$C_{23}H_{22}ON_{2}$ 7) 4-Oximido-1,2,6-Triphenylhexahydropyridin. Sm. 220—221° (*Bl.* [3] **31**, 987 *C.* **1904** [2] 1151).
8) Monophenylhydrazon d. Dimethylphenyl-m-Bicyklohexenon. Sm. 199° (*B.* **36**, 2149 *C.* **1903** [2] 369).
9) N-Butyl-o-Methylchinophtalin. Sm. 178° (*B.* **36**, 3919 *C.* **1904** [1] 98).

$C_{23}H_{22}OCl_{2}$ 1) Dicinnamylidencyklopentanondihydrochlorid (*B.* **36**, 1478 *C.* **1903** [1] 1349).

$C_{23}H_{22}OBr_{2}$ 1) Dihydrobromid d. 2-Keto-1,3-Dicinnamyliden-R-Pentamethylen (*B.* **36**, 3545 *C.* **1903** [2] 1369).

$C_{23}H_{22}OS$ 1) Aethyläther d. γ-Keto-α-Merkapto-αβγ-Triphenylpropan. Sm. 172° (*B.* **37**, 505 *C.* **1904** [1] 882).

$C_{23}H_{22}O_{2}N_{2}$ 17) 4,4'-Di[Acetylamido]triphenylmethan. Sm. 234—235°. + C_6H_6 (*C.* **1904** [2] 227; *B.* **37**, 2860 *C.* **1904** [2] 776).

$C_{23}H_{22}O_{3}N_{2}$ 6) α-Oxy-4,4'-Di[Acetylamido]triphenylmethan. Sm. 266—267° (*B.* **37**, 2860 *C.* **1904** [2] 776).
7) γ-Phenylhydroxylureïdo-α-Keto-αγ-Diphenylbutan (Phenylharnstoff aus Dypnonhydroxylamin). Sm. 127° (*A.* **330**, 230 *C.* **1904** [1] 944).

$C_{23}H_{22}O_{3}S$ 2) α-Keto-γ-Benzylsulfon-αγ-Diphenyl-β-Methylpropan. Sm. 152 bis 153° (*B.* **37**, 507 *C.* **1904** [1] 883).
3) γ-Keto-α-Aethylsulfon-αβγ-Triphenylpropan. Sm. 206—207° (*B.* **37**, 505 *C.* **1904** [1] 882).

$C_{23}H_{23}ON$ 3) Phenylbenzylamid d. d-β-Phenylisobuttersäure. Sm. 69—70° (*Soc.* **85**, 447 *C.* **1904** [1] 1445).
4) Phenylbenzylamid d. dl-β-Phenylisobuttersäure. Sm. 69—70° (*Soc.* **85**, 446 *C.* **1904** [1] 1445).

$C_{23}H_{23}O_{3}N$ 4) Aethylester d. α-[Phenyl-2-Oxy-1-Naphtylmethyl]imidopropionsäure. Sm. 165° (*G.* **33** [1] 34 *C.* **1903** [1] 926).
5) Aethylester d. 5-Acetyl-2-Methyl-4,6-Diphenyl-1,4-Dihydropyridin-3-Carbonsäure. Sm. 174° (*B.* **36**, 2188 *C.* **1903** [2] 569).

$C_{23}H_{23}O_{7}N$ C 64,9 — H 5,4 — O 26,4 — N 3,3 — M. G. 425.
1) Triacetylbenzoylepinephrin (*H.* **28**, 333). — *III, *667*.

$C_{23}H_{23}N_{2}J$ 4) Jodmethylat d. cis-1-Methyl-2,4,5-Triphenyl-4,5-Dihydroimidazol. Sm. 247° (*B.* **13**, 1420; **18**, 3079; *Soc.* **77**, 629). — *III, *18*.

$C_{23}H_{24}ON_{2}$ 2) 4-Dimethylamido-4'-Methylbenzylamidodiphenylketon. Sm. 136° (D. R. P. 72808). — *III, *150*.
3) 3-Dimethylamido-9-Oxy-9-[4-Dimethylamidophenyl]fluoren. Chlorid, Nitrat (*C. r.* **137**, 414 *C.* **1903** [2] 761).

$C_{23}H_{24}O_{2}N_{2}$ 5) Protocatechualdehydblau + H_2O. 3HCl (*B.* **36**, 2920 *C.* **1903** [2] 1066).

$C_{23}H_{24}O_{4}N_{2}$ 2) Strychninbetaïn. HCl, (2HCl, $PtCl_4$ + $3H_2O$) (*A.* **326**, 329 *C.* **1903** [1] 1089).
3) Protocatechualdehydroth (*B.* **36**, 2925 *C.* **1903** [2] 1066).

33*

$C_{23}H_{24}O_4N_2$ 4) **Aethylester d. γ-Keto-α-Phenyl-α-[5-Keto-3-Methyl-1-Phenyl-4,5-Dihydro-4-Pyrazolyl]butan-β-Carbonsäure.** Sm. 160° (*B.* **36**, 2127 *C.* **1903** [2] 365).
5) **3-Phenylhydrazid d. 4-Keto-5-Methyl-2-Phenyl-1,2,3,4-Tetrahydrobenzol-1,3-Dicarbonsäure-1-Aethylester.** Sm. 171° (*B.* **36**, 2125 *C.* **1903** [2] 365).

$C_{23}H_{24}O_5S$ 1) **αγ-Di[4-Methylphenylsulfon]-γ-Oxy-α-Phenylpropan.** Sm. 126° u. Zers. (*Am.* **31**, 875 *C.* **1904** [1] 876).

$C_{23}H_{24}O_9N_2$ C 58,5 — H 5,1 — O 30,5 — N 5,9 — M. G. 472.
1) **Diäthylester d. β-Keto-αα-Di[4-Nitrobenzyl]propan-αγ-Dicarbonsäure.** Sm. 118—119° (*B.* **37**, 1993 *C.* **1904** [2] 26).

$C_{23}H_{24}NJ$ 1) **Jodmethylat d. 5-Methyl-2,4-Diphenyl-5,6,7,8-Tetrahydrochinolin.** Sm. 204—206° (*B.* **35**, 3981 *C.* **1903** [1] 37).

$C_{23}H_{24}N_4S_2$ 2) **4,4'-Di[α-Methylthioureïdo]triphenylmethan.** Sm. 200° (*B.* **37**, 639 *C.* **1904** [1] 950).

$C_{23}H_{25}O_5N$ *1) **Methyläther d. Diacetylthebenin.** Sm. 179° (*B.* **37**, 2787 *C.* **1904** [2] 716).

$C_{23}H_{25}O_8N$ 2) **Aethylester d. Anhydrocotarninbenzoylessigsäure.** Sm. 100—102°. (2HCl, PtCl₄) (*B.* **37**, 2747 *C.* **1904** [2] 545).

$C_{23}H_{25}N_2J$ *1) **Diäthylisocyaninjodid** (Aethylroth) (*R.* **3**, 346; *B.* **37**, 2010 *C.* **1904** [2] 124).
2) **Diäthylcyaninjodid** (*B.* **37**, 2821 *C.* **1904** [2] 662).

$C_{23}H_{25}N_2J_3$ 1) **Diäthylcyanintrijodid** (*B.* **37**, 2823 *C.* **1904** [2] 662).
2) **Diäthylisocyanintrijodid** (*B.* **37**, 2018 *C.* **1904** [2] 125).

$C_{23}H_{26}ON_2$ *3) **Malachitgrün.** Oxalat (*B.* **37**, 635 *C.* **1904** [1] 950; *B.* **37**, 3058 *C.* **1904** [2] 990; *C. r.* **139**, 676 *C.* **1904** [2] 1053).
5) **4-Diäthylamidophenyl-4-Aethylamido-1-Naphtylketon.** Sm. 130° (133,5°) (D.R.P. 84655; *B.* **37**, 1903 *C.* **1904** [2] 115). — *III, *194.*
6) **Diäthylisocyaninhydroxyd.** Nitrat (*B.* **37**, 2021 *C.* **1904** [2] 125).

$C_{23}H_{26}OBr_2$ 1) **Dibromid d. γ-Keto-αε-Di[4-Isopropylphenyl]-αδ-Pentadiën.** Sm. 110° (*B.* **36**, 3545 *C.* **1903** [2] 1369).

$C_{23}H_{26}OBr_4$ 1) **αβδε-Tetrabrom-γ-Keto-αε-Di[4-Isopropylphenyl]pentan.** Sm. 189° (*B.* **36**, 3545 *C.* **1903** [2] 1369).

$C_{23}H_{26}O_2N_2$ 2) **4',4''-Di[Dimethylamido]-3,4-Dioxytriphenylmethan.** Sm. 164° (*B.* **36**, 2917 *C.* **1903** [2] 1065; *B.* **37**, 3332 *C.* **1904** [2] 1050).

$C_{23}H_{26}O_4N_2$ *2) **Brucin.** Nitroprussidwasserstoffsalz + 5H₂O (*C.* **1903** [2] 385).
8) **4',4''-Di[Dimethylamido]-3,4,2',2''-Tetraoxytriphenylmethan.** Sm. 213° (*B.* **36**, 2919 *C.* **1903** [2] 1065).

$C_{23}H_{26}O_5N_4$ 2) **?-Dinitro-3,3'-Di[1-Piperidyl]diphenylketon.** Sm. 190° (*B.* **37**, 3485 *C.* **1904** [2] 1131).

$C_{23}H_{26}O_8N_2$ C 60,3 — H 5,7 — O 27,9 — N 6,1 — M. G. 458.
1) **Dimethylester d. Methylendi[Phenylamidoessigsäure-N-Carbonsäure].** Sm. 142—143° (*C.* **1903** [2] 835).

$C_{23}H_{26}N_2S$ 1) **α-Merkapto-4,4'-Di[Dimethylamido]triphenylmethan.** Oxalat (*B.* **37**, 3060 *C.* **1904** [2] 990).

$C_{23}H_{27}ON_3$ 6) **α-Oxy-2-Amido-4',4''-Di[Dimethylamido]triphenylmethan.** Sm. 160° u. Zers. (*B.* **36**, 2786 *C.* **1903** [2] 881).
7) **Methyläther d. α-Oxytri[4-Amido-3-Methylphenyl]methan.** Sm. 178° (*B.* **37**, 2875 *C.* **1904** [2] 778).
8) **5-Dipropylamido-4-Benzoyl-3-Methyl-1-Phenylpyrazol** (*B.* **36**, 526 *C.* **1903** [1] 641).

$C_{23}H_{27}ON_5$ C 70,9 — H 6,9 — O 4,1 — N 18,0 — M. G. 389.
1) **4-Acetylamidophenyldi[4,6-Diamido-3-Methylphenyl]methan.** Sm. 205° (*C.* **1903** [1] 884).

$C_{23}H_{27}O_2N$ 2) **Diphenylamidoformiat d. Nerol.** Sm. 73—75° (52—53°) (*J. pr.* [2] **66**, 502 *C.* **1903** [1] 517; *C.* **1903** [2] 877). — *III, *350.*

$C_{23}H_{27}O_5N$ 4) **Propylester d. Acetylmorphinkohlensäure.** Sm. 120° (D.R.P. 106718). — *III, *670.*

$C_{23}H_{27}O_8N$ *1) **Narceïn** (*C.* **1903** [2] 1011).

$C_{23}H_{29}N_2Br$ 1) **2,4,5-Trimethylbromphenylat d. 2-[2,4,5-Trimethylphenyl]amido-1,2-Dihydropyridin.** Sm. 158° (*J. pr.* [2] **69**, 125 *C.* **1904** [1] 815).

$C_{23}H_{30}O_2N_2$ 2) **Piperidocodid.** Sm. 118°. 2HCl (*B.* **36**. 1572 *C.* **1903** [2] 54).

$C_{23}H_{30}O_5S_2$ 2) **γ-Keto-αε-Diäthylsulfon-αε-Diphenyl-βδ-Dimethylpentan** (*B.* **37**, 509 *C.* **1904** [1] 884).

$C_{23}H_{30}O_7S_2$ 1) **Dicuminylidenacetonbishydrosulfonsäure.** $K_2 + 3H_2O$ (*B.* **37**, 4056 *C.* **1904** [2] 1649).

$C_{23}H_{31}O_9N_7$ C 50,3 — H 5,6 — O 26,2 — N 17,9 — M. G. 549.
1) **Aethylester d. Benzoylhexa[Amidoacetyl]amidoessigsäure.** Sm. 274—277° (*J. pr.* [2] **70**, 101 *C.* **1904** [2] 1035).

$C_{23}H_{33}O_7N$ C 63,5 — H 7,6 — O 25,7 — N 3,2 — M. G. 435.
1) **Verbindung** (aus Delphocurarin). Sm. 184—185°. (2HCl, $PtCl_4$), (HCl, $AuCl_3$) (*C.* **1903** [1] 1188). — *III, *656*.

$C_{23}H_{34}N_2Br_2$ 1) **Sparteïn-o-Xylylenammoniumbromid.** Sm. 237° (*Ar.* **242**, 520 *C.* **1904** [2] 1413).

$C_{23}H_{35}O_2Br_3$ 1) **Palmitat d. 3,5-Dibrom-2-Oxy-1-Brommethylbenzol.** Sm. 75° (*A.* **332**, 202 *C.* **1904** [2] 211).

$C_{23}H_{36}O_2Br_2$ 1) **Acetat d. Laktukoldibromid** (Laktukondibromid) (*C.* **1904** [1] 1162; *M.* **25**, 791 *C.* **1904** [2] 1138).

$C_{23}H_{38}O_8Br_2$ 1) **Aethylester d. Dibromcyklogalliphарsäure.** Sm. 46° (*Ar.* **242**, 265 *C.* **1904** [1] 1654).

$C_{23}H_{39}O_2N$ C 76,4 — H 10,8 — O 8,9 — N 3,9 — M. G. 361.
1) **Phenylamidoformiat d. α-Oxyhexadekan.** Sm. 73°; Sd. 310° u. Zers. (*Bl.* [3] **31**, 52 *C.* **1904** [1] 507).

$C_{23}H_{39}O_{10}N_7$ C 48,2 — H 6,8 — O 27,9 — N 17,1 — M. G. 573.
1) **Pepsinglutinpepton** (*H.* **38**, 258 *C.* **1903** [2] 210; *H.* **41**, 72 *C.* **1904** [1] 958).
2) **Pepton** (aus Gelatine) (*H.* **37**, 364 *C.* **1903** [1] 364).

$C_{23}H_{40}ON_2$ C 76,7 — H 11,1 — O 4,4 — N 7,8 — M. G. 360.
1) **α-Aethyl-αβ-Dibornylharnstoff.** Sm. 178° (*Soc.* **85**, 1192 *C.* **1904** [2] 1125).

— 23 IV —

$C_{23}H_{14}O_3N_2Br_2$ 1) **?-Dibrom-o-Tolylindigo** (D.R.P. 154338 *C.* **1904** [2] 1080).

$C_{23}H_{15}O_3N_2Br$ 3) **?-Brom-o-Tolylindigo** (D.R.P. 154338 *C.* **1904** [2] 1080).

$C_{23}H_{16}O_3N_2S$ 1) **3,4-Methylenätherd. 4-Keto-2-Phenylimido-3-Phenyl-5-[2-Oxybenzyliden]tetrahydrothiazol.** Sm. 160° (*M.* **24**, 517 *C.* **1903** [2] 837).

$C_{23}H_{16}O_3N_3Cl$ 1) **?-Chlordi[2-Naphtylamid] d. Oximidomalonsäure.** Sm. 202°. K (*Soc.* **83**, 42 *C.* **1903** [1] 442).

$C_{23}H_{18}ON_2S$ 1) **2-Phenylbenzylamido-4-Keto-5-Benzyliden-4,5-Dihydrothiazol** (*C.* **1903** [1] 1258).

$C_{23}H_{18}O_3N_4S$ 1) **α-Phenylhydrazon-α-[4-Sulfo-1-Naphtyl]azo-α-Phenylmethan.** Na (*C.* **1903** [2] 427).

$C_{23}H_{18}O_7N_2S_3$ 1) **1-[4-Merkaptophenyl]azo-2-Oxynaphtalin-S-4-Methylphenyläther-3,6-Disulfonsäure** (*J. pr.* [2] **68**, 275 *C.* **1903** [2] 994).

$C_{23}H_{21}O_2N_3S$ 1) **Aethyläther d. α-Benzoylimido-α-[β-Benzoyl-β-Phenylhydrazido]-α-Merkaptomethan.** Sm. 170—171° (*Am.* **29**, 79 *C.* **1903** [1] 523).

$C_{23}H_{22}O_4N_2S$ 2) **Verbindung** + $2H_2O$ (aus Lophin u. Methylsulfat). Sm. 115 bis 117° u. Zers. (*B.* **35**, 4141 *C.* **1903** [1] 296).

$C_{23}H_{22}O_8N_2S$ 1) **Dioxytetramethylrosaminsulfonsäure** + H_2O (*B.* **36**, 2927 *C.* **1903** [2] 1066; *B.* **37**, 203 *C.* **1904** [1] 664).

$C_{23}H_{22}N_3JS$ 1) **Aethyläther d. 5-Jod-3-Merkapto-1,5-Diphenyl-4-[2-Methylphenyl]-4,5-Dihydro-1,2,4-Triazol.** Sm. 245° (*J. pr.* [2] **67**, 245 *C.* **1903** [1] 1264).
2) **Aethyläther d. 5-Jod-3-Merkapto-1,5-Diphenyl-4-[4-Methylphenyl]-4,5-Dihydro-1,2,4-Triazol.** Sm. 256° (*J. pr.* [2] **67**, 245 *C.* **1903** [1] 1264).

$C_{23}H_{23}ON_5S$ 1) **Verbindung** (aus d. Chlorid $C_{15}H_{14}N_3ClS$). Sm. 152° (*J. pr.* [2] **67**, 254 *C.* **1903** [1] 1265).

$C_{23}H_{23}O_2N_5S_2$ 1) **Dimethyläther d. Phenylamidothioformyldi[2-Oxyphenyl]thiodicyandiamin.** Sm. 210—211° (*B.* **36**, 3325 *C.* **1903** [2] 1169).

$C_{23}H_{23}O_3N_5S$ 1) **Dimethyläther d. Phenylamidoformyldi[2-Oxyphenyl]thiodicyandiamin.** Sm. 185° (*B.* **36**, 3324 *C.* **1903** [2] 1169).

$C_{23}H_{24}O_3N_4S_2$ 1) **Phenylhydrazid d. α-[2-Methylphenylthiosulfon]-β-Phenylhydrazonbuttersäure.** Sm. 145—146° u. Zers. (*J. pr.* [2] **70**, 383 *C.* **1904** [2] 1720).

$C_{23}H_{24}O_3N_4S_2$ 2) **Phenylhydrazid d. α-[4-Methylphenylthiosulfon]-β-Phenylhydrazonbuttersäure.** Sm. 163—164° (*J. pr.* [2] **70**, 377 *C.* **1904** [2] 1719).

$C_{23}H_{24}O_4N_2S$ *1) **3,6-Di[Dimethylamido]-9-Phenylxanthen-9³-Sulfonsäure.** Na (*B.* **37**, 208 *C.* **1904** [1] 665).

$C_{23}H_{24}O_4N_4S_2$ 1) **Phenylhydrazid. d. α-[4-Methoxylphenylthiosulfon]-β-Phenylhydrazonbuttersäure.** Sm. 135—136° u. Zers. (*J. pr.* [2] **70**, 390 *C.* **1904** [2] 1721).

$C_{23}H_{25}O_4N_3S$ 1) **Phenylamid d. α-Phenylsulfon-α-[4-Oxy-5-Isopropyl-2-Methylphenyl]hydrazin-β-Carbonsäure.** Zers. bei 125—130° (*A.* **334**, 195 *C.* **1904** [2] 835).

$C_{23}H_{25}O_4N_4Cl$ *1) **4-Chlor-1,3-Dinitrobenzol + Di[4-Dimethylamidophenyl]-methan.** Sm. 73—74° (*J. pr.* [2] **68**, 254 *C.* **1903** [2] 1064).

$C_{23}H_{26}N_4Cl_2S_2$ 1) **Methylenäther d. 5-Merkapto-3-Methyl-1-Phenylpyrazol-2-Chlormethylat.** Sm. 201° (*A.* **331**, 205 *C.* **1904** [1] 1218).

$C_{23}H_{26}N_4Br_2S_2$ 1) **Methylenäther d. 5-Merkapto-3-Methyl-1-Phenylpyrazol-2-Brommethylat.** Sm. 176° (*A.* **331**, 206 *C.* **1904** [1] 1218).

$C_{23}H_{26}N_4J_2S_2$ 1) **Methylenäther d. 5-Merkapto-3-Methyl-1-Phenylpyrazol-2-Jodmethylat.** Sm. 197° u. Zers. (*A.* **331**, 205 *C.* **1904** [1] 1218).

$C_{23}H_{27}O_2N_2Cl$ 2) **Verbindung** (aus Chlordimethyläther u. Strychnin). 2 + $PtCl_4$, + $AuCl_3$ (*A.* **334**, 54 *C.* **1904** [2] 948).

$C_{23}H_{28}O_4NJ$ 1) **Jodpropylat d. Papaverin** (*B.* **37**, 3812 *C.* **1904** [2] 1575).
2) **Jodisopropylat d. Papaverin.** Sm. 93—94° (*B.* **37**, 3812 *C.* **1904** [2] 1575).

$C_{23}H_{28}O_6NJ$ 1) **Jodmethylat d. Oxycodeïndiacetat.** Zers. bei 248—255° (*B.* **36**, 3070 *C.* **1903** [2] 953).

— 23 V —

$C_{23}H_{17}O_3N_4ClS$ 1) **α-Phenylhydrazon-α-[4-Sulfo-1-Naphtyl]azo-α-[2-Chlorphenyl]-methan.** K (*C.* **1903** [2] 427).

$C_{23}H_{25}O_2N_2Br_2J$ 1) **Jodäthylat d. isom. Dibromstrychnin.** Sm. 251° (*Bl.* [3] **31**, 389 *C.* **1904** [1] 1280).

$C_{23}H_{26}O_2N_2BrJ$ 1) **Jodäthylat d. isom. Bromstrychnin.** Sm. 272° (*Bl.* [3] **31**, 387 *C.* **1904** [1] 1279).

C_{24}-Gruppe.

$C_{24}H_{18}$ *2) **1,3,5-Triphenylbenzol** (*M.* **25**, 975 *C.* **1904** [2] 1599).
*3) **4,4'-Diphenylbiphenyl.** Sm. 320° (*A.* **332**, 51 *C.* **1904** [2] 40).

$C_{24}H_{20}$ 1) **2-Methyl-1,3,4-Triphenyl-R-Penten.** Sm. 162—163° (*Soc.* **83**, 372 *C.* **1903** [1] 569).

$C_{24}H_{24}$ C 92,3 — H 7,7 — M. G. 312.
1) **1-Methyl-2,3,5-Triphenyl-R-Pentamethylen.** Sm. 121—122° (*Soc.* **83**, 373 *C.* **1903** [1] 569).
2) **isom. 1-Methyl-2,3,5-Triphenyl-R-Pentamethylen.** Sd. 260—262°$_{28}$ (*Soc.* **83**, 373 *C.* **1903** [1] 569).

$C_{24}H_{48}$ C 86,2 — H 13,8 — M. G. 334.
1) **Kohlenwasserstoff** (aus Petroleum) (*C.* **1904** [1] 409).

— 24 II —

$C_{24}H_{12}S$ 1) **Dinaphtylenthiophen.** Sm. 278° (275—276°). Pikrat (*B.* **36**, 966 *C.* **1903** [1] 1087; *B.* **36**, 1584 *C.* **1903** [2] 46).

$C_{24}H_{14}O_4$ C 78,7 — H 3,8 — O 17,5 — M. G. 366.
1) **Bisnaphtoketocumaran.** Sm. 218° u. Zers. (*Soc.* **83**, 1130 *C.* **1903** [2] 1060).

$C_{24}H_{15}N$ C 90,9 — H 4,7 — N 4,4 — M. G. 317.
1) **9,10-Phenanthro-1',2'-Naphtocarbazol.** Sm. 220° (*Soc.* **83**, 275 *C.* **1903** [1] 588, 883).
2) **9,10-Phenanthro-2',1'-Naphtocarbazol.** Sm. 225,5° (*Soc.* **83**, 276 *C.* **1903** [1] 589, 883).

$C_{24}H_{16}O$ C 90,0 — H 5,0 — O 5,0 — M. G. 320.
1) **1,4-Diphenyl-α-Naphtofuran.** Sm. 120—121° (*B.* **36**, 2435 *C.* **1903** [2] 503).

$C_{24}H_{16}O_2$ 3) **Lakton d. Diphenyl-2-Oxy-1-Naphtylessigsäure.** Sm. 183° (*B.* **37**, 672 *C.* **1904** [1] 953).
4) **Lakton d. Diphenyl-1-Oxy-2-Naphtylessigsäure.** Sm. 145—190° u. Zers. (*B.* **37**, 671 *C.* **1904** [1] 953).

$C_{24}H_{16}O_3$ *2) **Anhydrid d. ααδ-Triphenyl-αγ-Butadiën-βγ-Dicarbonsäure.** Sm. 218° (*B.* **37**, 2659 *C.* **1904** [2] 523).

$C_{24}H_{16}O_5$ C 75,0 — H 4,2 — O 20,8 — M. G. 384.
1) **7-Oxy-3-Benzoyl-4-Methylen-2-Phenyl-1,4-Benzpyran-2²-Carbonsäure.** Sm. 245° (*B.* **37**, 1968 *C.* **1904** [2] 231).

$C_{24}H_{16}O_6$ 2) **5,7-Dioxy-3-Benzoyl-4-Methylen-2-Phenyl-1,4-Benzpyran-2²-Carbonsäure.** Sm. 263° u. Zers. (*B.* **37**, 1970 *C.* **1904** [2] 232).
3) **Lakton d. α-Oxy-γ-Keto-β-Benzoyl-β-Phenyl-α-[3,4-Dioxyphenyl]-propan-3,4-Methylenäther-γ-Carbonsäure.** Sm. 179° (*A.* **333**, 257 *C.* **1904** [2] 1391).
4) **isom. Lakton d. α-Oxy-γ-Keto-β-Benzoyl-β-Phenyl-α-[3,4-Dioxyphenyl]propan-3,4-Methylenäther-γ-Carbonsäure.** Sm. 172° (*A.* **333**, 257 *C.* **1904** [2] 1391).

$C_{24}H_{16}O_8$ 2) **α-[3,4-Dibenzoxylphenyl]äthen-ββ-Dicarbonsäure.** Sm. 200—201° u. Zers. (*B.* **36**, 2935 *C.* **1903** [2] 888).

$C_{24}H_{18}O_2$ 7) **α-Oxy-β-Keto-αβ-Diphenyl-α-[1-Naphtyl]äthan** (α-Naphtylbenzoïn). Sm. 132—133° (*B.* **37**, 2760 *C.* **1904** [2] 707).
8) **3-Benzoylmethyl-2,5-Diphenylfuran.** Sm. 118° (*B.* **36**, 2433 *C.* **1903** [2] 503).
9) **Benzoat d. 2-Oxy-1-Benzylnaphtalin.** Sm. 95—97° (*G.* **33** [2] 491 *C.* **1904** [1] 656).
10) **Benzoat d. 4-Oxy-1-Benzylnaphtalin.** Sm. 102—103° (*G.* **33** [2] 474 *C.* **1904** [1] 655).

$C_{24}H_{18}O_3$ 4) **cis-1,2,3-Tribenzoyl-R-Trimethylen.** Sm. 215° (*B.* **36**, 2429 *C.* **1903** [2] 502).
5) **trans-1,2,3-Tribenzoyl-R-Trimethylen.** Sm. 292° (*B.* **36**, 2431 *C.* **1903** [2] 502).
6) **Lakton d. δ-Oxy-δ-[4-Methoxyl]-αγ-Diphenyl-αγ-Butadiën-β-Carbonsäure.** Sm. 195° (*B.* **36**, 2525 *C.* **1903** [2] 575; *A.* **333**, 275 *C.* **1904** [2] 1392).
7) **2-Oxybenzoat d. 4-Oxy-1-Benzylnaphtalin.** Sm. 85—86° (*G.* **33** [2] 476 *C.* **1904** [1] 655).

$C_{24}H_{18}O_4$ *1) **ααδ-Triphenyl-αγ-Butadiën-βγ-Dicarbonsäure** + $4^1/_2 H_2O$. Sm. 218 bis 219° u. Zers. (wasserfrei). + $2CHCl_3$, Na_2 + $6^1/_2 H_2O$, Ca + $4H_2O$, Ba + $4H_2O$, Piperidinsalz (*B.* **37**, 2657 *C.* **1904** [2] 522).
*6) **Chinhydron** (aus 2-Phenyl-1,4-Benzochinon). Sm. 177° (*B.* **37**, 880 *C.* **1904** [1] 1143).
10) **Di[1-Naphtylester] d. Bernsteinsäure.** Sm. 163° (*B.* **35**, 4081 *C.* **1903** [1] 74).
11) **Di[2-Naphtylester] d. Bernsteinsäure.** Sm. 155° (*B.* **35**, 4082 *C.* **1903** [1] 74).

$C_{24}H_{18}O_5$ *6) **Verbindung** (aus 1,3-Dioxybenzol) (*B.* **36**, 3051 *C.* **1903** [2] 1008).
7) **αγ-Lakton d. α-Oxy-γ-Keto-β-Benzoyl-β-Phenyl-α-[4-Oxyphenyl]-propan-4-Methyläther-γ-Carbonsäure.** Sm. 170° (*A.* **333**, 269 *C.* **1904** [2] 1392).

$C_{24}H_{18}O_9$ 4) **Tetraacetat d. Tetraoxy-ββ-Phenylennaphtylenoxyd** (T. d. Tetraoxybrasan). Sm. 208—209° (*B.* **36**, 2197 *C.* **1903** [2] 381).

$C_{24}H_{18}N_2$ *1) **4,4'-Diphenylazobenzol.** Sm. 250° (*C.* **1904** [1] 1491).

$C_{24}H_{18}N_4$ *2) **4,4'-Di[Phenylazo]biphenyl.** Sm. 233,5° (*A.* **332**, 81 *C.* **1904** [2] 43).

$C_{24}H_{19}N$ 2) **3-Methyl-2,4,6-Triphenylpyridin.** Sm. 141—142°. HCl, Pikrat (*Soc.* **83**, 363 *C.* **1903** [1] 577, 1129).

$C_{24}H_{19}N_3$ 3) **3'-Amido-2'-Methyl-9-[4-Amidophenyl]-1,2-Naphtakridin.** Sm. 318°. 2HCl, HNO_3 (*C.* **1903** [1] 884).

$C_{24}H_{20}O$ 3) **4-Keto-2,3,5-Triphenyl-1,2,3,4-Tetrahydrobenzol** (Triphenylcyklohexenon). Sm. 181—191° u. Zers. (*B.* **37**, 1146 *C.* **1904** [1] 1266).
4) **isom. Triphenylcyklohexenon.** Sm. 136° (*B.* **37**, 1147 *C.* **1904** [1] 1266).

$C_{24}H_{20}O_2$ 4) αβ-Dioxy-αβ-Diphenyl-α-[1-Naphtyl]äthan. Sm. 198° (*B.* **37**, 2764 *C.* **1904** [2] 708).
5) Methyläther d. 7-Oxy-5-Methyl-2-Phenyl-4-Benzyliden-1,4-Benzpyran. Sm. 141—145° (*B.* **35**, 1809 *C.* **1902** [2] 118). — *III, *548.*

$C_{24}H_{20}O_3$ 11) Aethyläther d. 6-Oxy-2-Phenyl-3-Benzyliden-2,3-Dihydro-1,4-Benzpyron. Sm. 106° (*B.* **37**, 3170 *C.* **1904** [2] 1059).

$C_{24}H_{20}O_5$ 5) Diäthyläther d. Hydrochinonphtaleïn. Sm. 164° (*B.* **36**, 2960 *C.* **1903** [2] 1006).

$C_{24}H_{20}O_6$ *5) Tribenzat d. αβγ-Trioxypropan. Sm. 71,5—72° (76°) (*B.* **36**, 1573 *C.* **1903** [2] 225; *B.* **36**, 4341 *C.* **1904** [1] 434).
8) Dibenzoat d. 3,6-Dioxy-2,5-Diäthyl-1,4-Benzochinon. Sm. 201° (*B.* **37**, 2386 *C.* **1904** [2] 307).

$C_{24}H_{20}O_7$ 5) Tetramethyläther d. Phloroglucinphtaleïn (*B.* **36**, 1075 *C.* **1903** [1] 1181).

$C_{24}H_{20}O_8$ *3) Tetraacetat d. Verb. $C_{16}H_{12}O_4$. Sm. 212—214° (*M.* **25**, 887 *C.* **1904** [2] 1313).

$C_{24}H_{20}O_{11}$ 2) Tetraacetat d. Cocacetin. Sm. 180° (*J. pr.* [2] **66**, 410 *C.* **1903** [1] 527).

$C_{24}H_{20}N_4$ 5) Base (aus Anilinschwarz) (*C.* **1903** [2] 1297).

$C_{24}H_{20}Pb$ *1) Bleitetraphenyl. Sm. 222—224° (*B.* **37**, 1126 *C.* **1904** [1] 1257).

$C_{24}H_{20}Sn$ *1) Zinntetraphenyl. Sm. 220° (*B.* **37**, 321 *C.* **1904** [1] 637; *C.* **1904** [1] 353).

$C_{24}H_{21}N_3$ *9) 2,4,6-Tri[4-Methylphenyl]-1,3,5-Triazin. Sm. 278° (*Soc.* **85**, 263 *C.* **1904** [1] 1005).

$C_{24}H_{22}O$ 2) γ-Keto-βγ-Diphenyl-α-[4-Isopropylphenyl]propen. Sm. 103—104° (*B.* **35**, 3968 *C.* **1903** [1] 31).
3) isom. γ-Keto-βγ-Diphenyl-α-[4-Isopropylphenyl]propen. Sm. 65° (*B.* **35**, 3968 *C.* **1903** [1] 31).

$C_{24}H_{22}O_2$ 4) αγ-Dibenzoyl-β-Phenylbutan. Sm. 103,5—104,5° (*Soc.* **83**, 362 *C.* **1903** [1] 577, 1129).

$C_{24}H_{22}O_3$ 2) Acetat d. α-Oxy-γ-Keto-αβδ-Triphenylbutan. Sm. 109—111° (*M.* **24**, 723 *C.* **1904** [1] 167).

$C_{24}H_{22}O_4$ 12) 4-Acetoxyl-2,5-Dimethyltriphenylessigsäure. Sm. 230—231° u. Zers. Na (*B.* **37**, 667 *C.* **1904** [1] 953).
13) cis-ααδ-Triphenylbutan-βγ-Dicarbonsäure. Sm. 175° (*B.* **37**, 2669 *C.* **1904** [2] 524).
14) trans-ααδ-Triphenylbutan-βγ-Dicarbonsäure. Sm. 205° (*B.* **37**, 2669 *C.* **1904** [2] 524).

$C_{24}H_{22}O_8$ 2) Verbindung (aus Acenaphtenchinon u. Acetessigsäureäthylester). Sm. 274—275° (*G.* **32** [1] 367 *C.* **1903** [1] 639).

$C_{24}H_{22}O_9$ *1) Tetraacetat d. Brasilin. Sm. 143—145° (*B.* **36**, 3952 *C.* **1904** [1] 170).
2) Diacetat d. Hexaoxybrasantetramethyläther. Sm. 234° (*B.* **36**, 2205 *C.* **1903** [2] 382).

$C_{24}H_{22}N_2$ 10) 4-Phenylhydrazon-3,5-Diphenyl-1,2,3,4-Tetrahydrobenzol. Sm. 181° (*B.* **36**, 2134 *C.* **1903** [2] 366).

$C_{24}H_{23}N_3$ 2) 3,5-Di[4-Methylphenyl]-1-[2,4-Dimethylphenyl]-1,2,4-Triazol. Sm. 168° (*J. pr.* [2] **67**, 492 *C.* **1903** [2] 251).

$C_{24}H_{24}O$ *1) 4-Keto-1,3-Dibenzyliden-5-Isopropyl-2-Methyl-1,2,3,4-Tetrahydrobenzol (Dibenzylidenmenthenon) (*C.* **1903** [2] 1373).

$C_{24}H_{24}O_2$ 6) 2,3-Dioxy-1-Methyl-2,3,5-Triphenyl-R-Pentamethylen. Sm. 68 bis 80° (*Soc.* **83**, 372 *C.* **1903** [1] 569).

$C_{24}H_{24}O_3$ 2) 4-Oxy-2-Methyl-5-Isopropyltriphenylessigsäure. Sm. 197—198° (*B.* **37**, 668 *C.* **1904** [1] 953).
3) 4-Oxy-3-Methyl-6-Isopropyltriphenylessigsäure. Sm. 241° u. Zers. Ag (*B.* **37**, 670 *C.* **1904** [1] 953).

$C_{24}H_{24}O_{12}$ C 57,1 — H 4,8 — O 38,1 — M. G. 504.
1) Verbindung (aus Gallacetophenon). K (*Soc.* **83**, 131 *C.* **1903** [1] 89, 466).

$C_{24}H_{26}O$ *3) Aethyläther d. α-Oxytri[4-Methylphenyl]methan. Sm. 114° (*B.* **37**, 3157 *C.* **1904** [2] 1048).

$C_{24}H_{26}O_2$ 2) Benzyläther d. α-Oxybenzylidencampher. Sm. 94—95° (*Soc.* **83**, 109 *C.* **1903** [1] 459).

$C_{24}H_{26}O_5$ 2) Diäthylester d. γ-Benzoylmethyl-α-Phenyl-α-Buten-δδ-Dicarbonsäure. Sm. 92,5—93° (*C.* **1903** [2] 944).

$C_{24}H_{20}O_9$ 2) **Evernursäure.** Sm. 191—192° u. Zers. K + $2H_2O$ (*J. pr.* [2] **68**, 534; *J. pr.* [2] **68**, 20 *C.* **1903** [2] 511). — *II, *1235.*

$C_{24}H_{26}O_{10}$ 4) **Tetraäthylester d. 1,4-Naphtochinon-2,3-Dimalonsäure.** Sm. 98° (*B.* **33**, 577). — *II, *1230.*

$C_{24}H_{27}N_3$ 6) **1,3,5-Tribenzylhexahydro-1,3,5-Triazin.** Sd. 230—240° (D.R.P. 139394 *C.* **1903** [1] 678).

$C_{24}H_{28}O_4$ 4) **Aethylester d. l-Benzoylsantonigen Säure.** Sm. 75° (*G.* **25** [1] 515). — *II, *978.*

$C_{24}H_{28}O_7$ 2) **Dihydroflavaspidsäurexanthen.** Sm. 257—259° u. Zers. (*A.* **329**, 312, 332 *C.* **1904** [1] 798).

$C_{24}H_{28}O_8$ *2) **β-Flavaspidsäure** (Polystichocitrin) (*C.* **1898** [2] 1103; *A.* **329**, 322 Anm. *C.* **1904** [1] 799; *A.* **329**, 310 *C.* **1904** [1] 798).

3) **α-Flavaspidsäure.** Sm. 92° (*A.* **329**, 310 *C.* **1904** [1] 798). — *III, *457.*

$C_{24}H_{29}N_3$ *2) **6′-Amido-4³,4³-Di[Dimethylamido]-3′-Methyltriphenylmethan.** Sm. 187,5° (*B.* **36**, 2782 *C.* **1903** [2] 881).

$C_{24}H_{30}O_4$ 3) **Di[2-Methyl-5-Isopropylphenylester] d. Bernsteinsäure.** Sm. 37°; Sd. 264—268°$_5$ (*B.* **35**, 4081 *C.* **1903** [1] 74).

4) **Di[3-Methyl-6-Isopropylphenylester] d. Bernsteinsäure.** Sm. 63°; Sd. oberh. 360° (*B.* **35**, 4081 *C.* **1903** [1] 74).

$C_{24}H_{30}O_7$ 2) **Pikroglobularin.** Sm. 100° u. Zers. (*Ar.* **241**, 295 *C.* **1903** [2] 515).

$C_{24}H_{30}O_{15}$ 4) **Anhydrid** (aus d. Säure $C_{12}H_{16}O_8$). Ca_3 + $2H_2O$, Ag_6 (*M.* **24**, 186 *C.* **1903** [2] 20).

$C_{24}H_{34}O_8$ 4) **Isobiliansäure** + H_2O. Sm. 244—245° (*M.* **24**, 53 *C.* **1903** [1] 765).

$C_{24}H_{36}O_3$ 3) **Verbindung** (aus Asclepias syriaca L.). Sm. 82—83° (*J. pr.* [2] **68**, 409 *C.* **1904** [1] 105).

$C_{24}H_{36}O_4$ *1) **Dehydrocholeïnsäure.** Sm. 183—184° (*M.* **24**, 29 *C.* **1903** [1] 764).

$C_{24}H_{36}O_7$ *2) **Cholansäure.** Sm. 294—295° (*M.* **24**, 30 *C.* **1903** [1] 764).

$C_{24}H_{38}O$ C 84,2 — H 11,1 — O 4,7 — M. G. 342.

1) **Alstol.** Sm. 162° (*B.* **37**, 4110 *C.* **1904** [2] 1656).

$C_{24}H_{38}O_4$ 4) **i-Dibornylester d. Bernsteinsäure.** Sm. 82° (*C. r.* **132**, 1574). — *III, *339.*

$C_{24}H_{38}O_9$ C 61,3 — H 8,1 — O 30,6 — M. G. 470.

1) **Dioscin** + $3H_2O$. Sm. 247—250° (*C.* **1904** [2] 118).

$C_{24}H_{38}O_{12}$ C 55,6 — H 7,3 — O 37,1 — M. G. 518.

1) **Hexaäthylester d. Hexan-αγγδδζ-Hexacarbonsäure** (*Soc.* **85**, 614 *C.* **1904** [1] 1254, 1553).

$C_{24}H_{40}O$ 4) **Verbindung** (aus Asclepias syriaca L.). Sm. 108—110° (*J. pr.* [2] **68**, 399 *C.* **1904** [1] 105).

5) **Verbindung** (aus Asclepias syriaca L.). Sm. 145—146° (*J. pr.* [2] **68**, 411 *C.* **1904** [1] 105).

$C_{24}H_{40}O_3$ 7) **Verbindung** (aus Asclepias syriaca L.) (*J. pr.* [2] **68**, 405 *C.* **1904** [1] 105).

$C_{24}H_{40}O_4$ *1) **Desoxycholsäure.** Sm. 172—173°. Ba, + Essigsäure (*M.* **24**, 23 *C.* **1903** [1] 764).

$C_{24}H_{40}O_5$ *1) **Cholsäure.** + C_2H_6O. Sm. 197° (*C.* **1903** [2] 727; *M.* **24**, 32 *C.* **1903** [1] 764).

$C_{24}H_{40}O_{21}$ C 43,4 — H 6,0 — O 50,6 — M. G. 664.

1) **Oxycellulose** (*C. r.* **136**, 898 *C.* **1903** [1] 1081).

$C_{24}H_{42}O_{21}$ *5) **Manneotetrose** (*C. r.* **136**, 1569 *C.* **1903** [2] 347).

$C_{24}H_{44}O_2$ C 79,1 — H 12,1 — O 8,8 — M. G. 364.

1) **Aethylester d. Behenolsäure.** Sm. 15—16° (*B.* **36**, 3602 *C.* **1903** [2] 1314).

$C_{24}H_{44}O_4$ 2) **Acetylphellonsäure.** Sm. 80° (*M.* **25**, 283 *C.* **1904** [1] 1573).

3) **Propylester d. Propionylricinolsäure.** Sd. 310—320°$_{648}$ (*B.* **36**, 788 *C.* **1903** [1] 824).

4) **Isobutylester d. Acetylricinolsäure.** Sd. 255—260°$_{18}$ (*B.* **36**, 786 *C.* **1903** [1] 824).

$C_{24}H_{44}N_2$ 3) **1,3-Di[Diisobutylamidomethyl]benzol.** Fl. (2HCl, $HgCl_2$), (2HCl, $PtCl_4$), 2Pikrat (*B.* **36**, 1675 *C.* **1903** [2] 29).

$C_{24}H_{46}O_3$ 3) **Aethylester d. Phellonsäure.** Sm. 66° (*M.* **25**, 294 *C.* **1904** [1] 1573).

4) **Aethylester d. Isophellonsäure.** Sm. 53° (*M.* **25**, 294 *C.* **1904** [1] 1573).

$C_{24}H_{47}N_3$ C 76,4 — H 12,5 — N 11,1 — M. G. 377.
1) **2,5-Diundekyl-1,3,4-Triazol.** Sm. 89° (*J. pr.* [2] **69**, 505 *C.* **1904** [2] 601).

$C_{24}H_{48}N_4$ C 73,4 — H 12,2 — N 14,3 — M. G. 392.
1) **3,6-Diundekyl-1,4-Dihydro-1,2,4,5-Tetrazin.** Sm. 142° (*J. pr.* [2] **69**, 505 *C.* **1904** [2] 601).

— 24 III —

$C_{24}H_{10}Br_2S$ 1) **αα-Dibromdinaphtylenthiophen.** Sm. 362—363° (*B.* **36**, 3770 *C.* **1903** [2] 1445).

$C_{24}H_{11}BrS$ 1) **α-Bromdinaphtylenthiophen.** Sm. 202° (*B.* **36**, 3769 *C.* **1903** [2] 1445).

$C_{24}H_{12}O_3Cl_4$ 1) **Verbindung** (aus 3,3′-Dichlor-4,4′-Diamidobiphenyl). + Essigsäureanhydrid (*Soc.* **83**, 690 *C.* **1903** [2] 38).

$C_{24}H_{13}O_{12}B$ 1) **Gem. Anhydrid d. Benzol-1,2-Dicarbonsäure u. Borsäure.** Sm. 165° (*B.* **36**, 2224 *C.* **1903** [2] 421).

$C_{24}H_{14}O_2N_2$ *1) **1-Naphtalinindigo** (D. R. P. 153418 *C.* **1904** [2] 679).
*2) **2-Naphtalinindigo** (D. R. P. 153418 *C.* **1904** [2] 679).

$C_{24}H_{14}O_3N_2$ C 76,2 — H 3,7 — O 12,7 — N 7,4 — M. G. 378.
1) **1-[2-Oxy-1-Naphtylazo]-9,10-Anthrachinon** (*B.* **37**, 4186 *C.* **1904** [2] 1742).
2) **2-[1-Oxy-2-Naphtylazo]-9,10-Anthrachinon.** Sm. 262—264° (*C.* **1904** [1] 289).
3) **2-[4-Oxy-1-Naphtylazo]-9,10-Anthrachinon.** Sm. 278° (*C.* **1904** [1] 289).

$C_{24}H_{14}O_4S_3$ 1) **Verbindung** (aus Thiophenochinon). Sm. 96° (*A.* **336**, 131 *C.* **1904** [2] 1298).

$C_{24}H_{15}O_2Br$ 1) **Lakton d. ?-Bromdiphenyl-2-Oxy-1-Naphtylessigsäure.** Sm. 162 bis 164° (*B.* **37**, 673 *C.* **1904** [1] 954).
2) **Lakton d. ?-Bromdiphenyl-1-Oxy-2-Naphtylessigsäure.** Sm. 205° (*B.* **37**, 671 *C.* **1904** [1] 953).

$C_{24}H_{15}O_4N$ C 75,6 — H 3,9 — O 16,8 — N 3,7 — M. G. 381.
1) **Lakton d. ?-Nitrodiphenyl-1-Oxy-2-Naphtylessigsäure.** Sm. 241° (*B.* **37**, 672 *C.* **1904** [1] 953).

$C_{24}H_{16}ON_2$ 2) **2-Oxy-1-[9-Phenanthrylazo]naphtalin.** Sm. 240° (*B.* **36**, 2518 *C.* **1903** [2] 507).

$C_{24}H_{16}O_2S_3$ 1) **Triphenyläther d. 2,3,5-Trimerkapto-1,4-Benzochinon.** Sm. 169° (*A.* **336**, 142 *C.* **1904** [2] 1299).

$C_{24}H_{16}O_7Cl_4$ 1) **Tetramethyläther d. Tetrachlordioxyfluoresceïn.** Sm. 175° (*B.* **36**, 1079 *C.* **1903** [1] 1182).

$C_{24}H_{17}ON_3$ 8) **Monophenylhydrazon d. Chinophtalon.** Sm. 206° (*B.* **37**, 3019 *C.* **1904** [2] 1410).
9) **Verbindung** (aus Chinolylacetophenon-2-Carbonsäure). Sm. 102—105° (*B.* **37**, 3012 *C.* **1904** [2] 1409).

$C_{24}H_{17}O_2N_3$ 8) **Indophenol** (aus 4,4′-Di[4-Oxyphenylamido]diphenylamin) (D. R. P. 153130 *C.* **1904** [2] 799).

$C_{24}H_{17}O_3N_3$ C 72,9 — H 4,3 — O 12,1 — N 10,6 — M. G. 395.
1) **Phenylamid d. 4-Benzoxyl-1-Naphtylazoameisensäure.** Sm. 230° u. Zers. (*A.* **334**, 198 *C.* **1904** [2] 835).

$C_{24}H_{17}O_4N_3$ 2) **4-Phtalidyl-3-Methyl-5-Phenyl-1-[4-Nitrophenyl]pyrazol.** Sm. 160° (*B.* **37**, 586 *C.* **1904** [1] 940).

$C_{24}H_{17}O_5N$ C 72,2 — H 4,3 — O 20,1 — N 3,5 — M. G. 399.
1) **Dimethylenäther d. γ-Keto-γ-[4-(3,4-Dioxybenzyliden)amidophenyl]-α-[3,4-Dioxyphenyl]propen.** Sm. 189° (*B.* **37**, 393 *C.* **1904** [1] 657).

$C_{24}H_{17}O_{12}N_3$ C 53,4 — H 3,1 — O 35,6 — N 7,8 — M. G. 539.
1) **Tri[4-Nitrobenzoat] d. αβγ-Trioxypropan.** Sm. 192° (*A.* **335**, 284 *C.* **1904** [2] 1285).

$C_{24}H_{17}N_3S_3$ 1) **Farbstoff** (aus Phenazthioniumchlorid u. 2,2′-Diamidodiphenyldisulfid) (*C.* **1904** [2] 1175).

$C_{24}H_{17}N_4Br$ 1) **3-Brom-7,8-Di[Phenylhydrazon]naphtacen.** Sm. 134° (*A.* **327**, 89 *C.* **1903** [1] 1228).

$C_{24}H_{18}ON_2$ 8) **4,5-Benzoylmethylen-3,6-Diphenyl-4,5-Dihydro-1,2-Diazin.** Sm. 235° (*B.* **36**, 2432 *C.* **1903** [2] 503).

$C_{24}H_{18}ON_4$ 4) **6-Benzoyl-3-Methyl-1,4-Diphenylbipyrazol.** Sm. 166° (*B.* **36**, 528 *C.* **1903** [1] 642).

$C_{24}H_{18}O_2N_2$ 16) **1,2-Di[Benzoylamido]naphtalin.** Sm. 130° (*Soc.* **83**, 1192 *C.* **1903** [2] 1444).

$C_{24}H_{18}O_2N_4$ *1) **4,4'-Di[4-Oxyphenylazo]biphenyl** (*B.* **36**, 2973 *C.* **1903** [2] 1031).

$C_{24}H_{18}O_2S_3$ 1) **2,3,5-Triphenyläther d. 2,3,5-Trimerkapto-1,4-Dioxybenzol.** Sm. 111,5—112,5° (*A.* **336**, 140 *C.* **1904** [2] 1299).

$C_{24}H_{19}ON_3$ *1) **2,5-Di[Phenylamido]-4-Phenylimido-1-Keto-1,4-Dihydrobenzol.** Sm. 202—203° (*Am.* **30**, 534 *C.* **1904** [1] 366).

$C_{24}H_{19}O_2N$ 7) **2-Oxy-1-[α-2-Oxybenzylidenamidobenzyl]naphtalin.** Sm. 174° (*G.* **33** [1] 32 *C.* **1903** [1] 926).

8) **2-Oxy-1-[α-Benzoylamidobenzyl]naphtalin.** Sm. 225° (*G.* **33** [1] 8 *C.* **1903** [1] 925).

$C_{24}H_{19}O_3N$ 3) **1,3-Di[2-Oxyphenyl]-1,3-Dihydro-4,2-β-Naptisoxazin.** Sm. 162° (*G.* **33** [1] 15 *C.* **1903** [1] 925).

$C_{24}H_{19}O_4N_3$ 2) **3-Methyl-4-Benzyl-5-Phenyl-1-[4-Nitrophenyl]pyrazol-4²-Carbonsäure.** Sm. 219° (*B.* **37**, 587 *C.* **1904** [1] 940).

$C_{24}H_{19}O_5N$ 3) **Diacetat d. 1-Keto-2,3-Di[4-Oxyphenyl]-1,3-Dihydroisoindol.** Sm. 205—208° (*M.* 17, 437). — *II, *1156*.

$C_{24}H_{19}O_6N_3$ C 67,1 — H 4,4 — O 18,7 — N 9,8 — M. G. 429.

1) **4-Nitro-1,2,3-Trioxybenzol + 2 Molec. Chinolin.** Sm. 74° (*B.* **37**, 116 *C.* **1904** [1] 585).

$C_{24}H_{20}ON_2$ 13) **5-Keto-3-Methyl-4-Benzyliden-1-Diphenylmethyl-4,5-Dihydropyrazol.** Sm. 176° (*J. pr.* [2] **67**, 175 *C.* **1903** [1] 874).

$C_{24}H_{20}O_2N_4$ 8) **Aethylester d. 4-Phenylazo-1,5-Diphenylpyrazol-3-Carbonsäure.** Sm. 148—149° (*B.* **37**, 2205 *C.* **1904** [2] 323).

$C_{24}H_{20}O_4N_2$ *2) **1-Naphtylamid d. d-Weinsäure.** Sm. 213—214° (*Soc.* **83**, 1359 *C.* **1904** [1] 84).

*3) **2-Naphtylamid d. d-Weinsäure.** Sm. 279° (*Soc.* **83**, 1359 *C.* **1904** [1] 84).

5) **Dimethyläther d. 4,4'-Di[Furylamido]-3,3'-Dioxybiphenyl.** Sm. 181—182° (*B.* 30, 2015). — *III, *518*.

$C_{24}H_{20}O_4Si$ *1) **Tetraphenylkieselsäure** (D.R.P. 140102 *C.* **1903** [1] 799).

$C_{24}H_{21}ON$ 7) **γ-Keto-γ-[4-p-Methylbenzylidenamidophenyl]-α-[4-Methylphenyl]-propen.** Sm. 188° (*B.* **37**, 393 *C.* **1904** [1] 657).

$C_{24}H_{21}ON_5$ 7) **Cinnamylidenhydrazid d. 6-Cinnamylidenhydrazidopyridin-3-Carbonsäure.** Sm. 265° (*B.* **36**, 1113 *C.* **1903** [1] 1184).

$C_{24}H_{21}O_2N_3$ *3) **4,4'-Di[4-Oxyphenylamido]diphenylamin.** Sm. 208° (D.R.P. 153130 *C.* **1904** [2] 799).

$C_{24}H_{21}O_3N$ 4) **Dimethyläther d. γ-Keto-γ-[4-(4-Oxybenzyliden)amidophenyl]-α-[4-Oxyphenyl]propen.** Sm. 191° (*B.* **37**, 394 *C.* **1904** [1] 657).

$C_{24}H_{21}O_3N_3$ 7) **Benzoyl-γ-Phenylsemicarbazon-α-[2-Oxyphenyl]-α-Buten.** Sm. 204 bis 205° (*B.* **37**, 3185 *C.* **1904** [2] 991).

8) **Trimethyläther d. 2,4,6-Tri[4-Oxyphenyl]-1,3,5-Triazin.** Sm. 217° (*Soc.* **85**, 264 *C.* **1904** [1] 1005).

$C_{24}H_{21}O_4N$ 2) **Diäthylrhodol** (D.R.P. 116415). — *III, *578*.

$C_{24}H_{21}O_4N_3$ C 69,4 — H 5,1 — O 15,4 — N 10,1 — M. G. 415.

1) **Di[Methylphenylamid] d. Benzoximidomalonsäure.** Sm. 157—158° (*Soc.* **83**, 43 *C.* **1903** [1] 443).

$C_{24}H_{22}ON_2$ 4) **N-Butyl-α'-Phenylpyrophtalin.** Sm. 168°. (2HCl, $PtCl_4$) (*B.* **36**, 3923 *C.* **1904** [1] 98).

$C_{24}H_{22}ON_4$ 3) **5-Keto-4-[4-Methylphenyl]hydrazon-3-Methyl-1-Diphenylmethyl-4,5-Dihydropyrazol.** Sm. 162—163° (*J. pr.* [2] **67**, 175 *C.* **1903** [1] 874).

$C_{24}H_{22}O_2N_2$ 9) **γ-[α-Imidobenzyl]amido-γ-Oxy-β-Acetyl-αγ-Diphenylpropen.** Sm. 132° (*Soc.* **83**, 1376 *C.* **1904** [1] 164, 450).

$C_{24}H_{22}O_3N_2$ 5) **s-Tetramethylrhodamin** (D.R.P. 44002, 56293, 116415). — *III, *575*.

$C_{24}H_{22}O_3S$ 1) **γ-[4-Methylphenyl]sulfon-ε-Keto-αε-Diphenyl-α-Penten.** Sm. 145° (*Am.* **31**, 184 *C.* **1904** [1] 877).

2) **ε-[4-Methylphenyl]sulfon-γ-Keto-αε-Diphenyl-α-Penten.** Sm. 189° (*Am.* **31**, 180 *C.* **1904** [1] 876). — *III, *186*.

$C_{24}H_{22}O_4N_2$ 5) **Methylenäther d. 2,6-Di[Benzoylamido]-3,4-Dioxy-1-Propylbenzol.** Sm. 248° (*Ar.* **242**, 91 *C.* **1904** [1] 1007).

$C_{24}H_{22}O_4S_2$ 2) **1,4-Diacetat d. 2,5-Dimerkapto-1,4-Dioxybenzol-2,5-Dibenzyläther.** Sm. 203—205° (*A.* **336**, 154 *C.* **1904** [2] 1300).

$C_{24}H_{22}O_5N_2$ 4) d-Usninsäureoximanilid. Sm. 222—230° (*A.* **310**, 259). — *II, *1204.*

$C_{24}H_{22}O_{10}N_4$ C 54,8 — H 4,2 — O 30,4 — N 10,6 — M. G. 526.
1) **4,4'-Biphenyldihydrazon d. Oxalessigsäuredimethylester** (*Bl.* [3] **31**, 89 *C.* **1904** [1] 580).

$C_{24}H_{23}OCl$ 1) **γ-Chlor-α-Keto-αβ-Diphenyl-γ-[4-Methylphenyl]propan.** Sm. 142 bis 143° (*B.* **35**, 3967 *C.* **1903** [1] 31).

$C_{24}H_{23}O_3N_5$ 3) **β-Methyl-α-Phenylhydrazid d. α-Benzoximido-β-Phenylhydrazonbuttersäure.** Sm. 179° (*A.* **328**, 70 *C.* **1903** [2] 249).

$C_{24}H_{23}O_4N_3$ 3) **Lakton d. α-Oxy-3[1]-Nitro-4[1],4[2]-Di[Dimethylamido]triphenylmethan-2[3]-Carbonsäure.** Sm. 175° (*C. r.* **132**, 748). — *II, *1020.*

$C_{24}H_{23}O_5N_3$ C 66,5 — H 5,3 — O 18,5 — N 9,7 — M. G. 433.
1) **Phenylhydrazon d. Aldehyd** $C_{18}H_{17}O_5N$ (aus Bebeerin). Sm. 166° (*Ar.* **236**, 539). — *III, *621.*

$C_{24}H_{23}N_4P$ 1) **Tri[Phenylamido]phosphinphenylimid.** Sm. 232°. HCl, HNO_3, H_2SO_4 (*Am.* **19**, 357; **27**, 444; *C. r.* **136**, 1666 *C.* **1903** [2] 427). — *II, *164.*

$C_{24}H_{24}OS_3$ 1) **Dipropyläther d. 3,5-Dimerkapto-4-Thiocarbonyl-1-Keto-2,6-Diphenyl-1,4-Dihydrobenzol.** Sm. 88° (*B.* **37**, 1607 *C.* **1904** [1] 1444).

$C_{24}H_{24}O_2N_2$ 15) **αγ-Di[α-Oximidobenzyl]-β-Phenylbutan.** Sm. 204—205° (*Soc.* **83**, 363 *C.* **1903** [1] 577, 1129).

$C_{24}H_{24}O_3N_4$ *4) **Tri[Benzoylamidomethyl]amin** (*C.* **1903** [2] 656).

$C_{24}H_{24}O_4N_2$ *1) **Dibenzoat d. β-[3,5-Dioximido-4-Methylhexahydrophenyl]propen.** Sm. 129° (*A.* **330**, 274 *C.* **1904** [1] 948).
3) **Dibenzoat d. α-d-Campherdioxim.** Sm. 153° (*Soc.* **85**, 910 *C.* **1904** [2] 597).
4) **Dibenzoat d. β-d-Campherdioxim.** Sm. 191° (*Soc.* **85**, 910 *C.* **1904** [2] 598).
5) **isom. Dibenzoat d. β-d-Campherdioxim.** Sm. 134° (*Soc.* **85**, 911 *C.* **1904** [2] 598).
6) **Dibenzoat d. γ-d-Campherdioxim.** Sm. 138° (*Soc.* **85**, 912 *C.* **1904** [2] 598).
7) **Di[Phenylamidoformiat] d. γ-Oxy-α-[2-Oxyphenyl]butan.** Sm. 107,5° (*B.* **36**, 2872 *C.* **1903** [2] 833).

$C_{24}H_{24}O_4N_4$ 5) **Acetophenonazobilirubin** (*H.* **29**, 411). — *III, *487.*

$C_{24}H_{24}O_5S_2$ 2) **ε-Keto-αγ-Diphenylsulfon-α-Phenylhexan.** Sm. 107—109° (*B.* **37**, 510 *C.* **1904** [1] 884).

$C_{24}H_{24}O_6N_2$ C 66,1 — H 5,5 — O 22,0 — N 6,4 — M. G. 436.
1) **Diäthylester d. γδ-Diimido-αζ-Diketohexan-βε-Dicarbonsäure.** Sm. 156,5° (*A.* **332**, 154 *C.* **1904** [2] 192).

$C_{24}H_{25}ON$ 4) **α-Acetylamidotri[4-Methylphenyl]methan.** Sm. 211° (*B.* **37**, 3159 *C.* **1904** [2] 1048).

$C_{24}H_{25}O_2N$ 4) **Acetyltri[4-Methylphenyl]methylhydroxylamin.** Sm. 157° (*B.* **37**, 3161 *C.* **1904** [2] 1049).
5) **Benzoylderivat d. Base** $C_{17}H_{21}ON$. Sm. 99—100° (*Soc.* **83**, 107 *C.* **1903** [1] 233, 458).

$C_{24}H_{26}O_2N_2$ 6) **3,4-Methylenäther d. 4',4''-Di[Dimethylamido]-3,4-Dioxytriphenylmethan.** Sm. 110—112° (*B.* **36**, 2919 *C.* **1903** [2] 1065).

$C_{24}H_{26}O_2N_6$ C 67,0 — H 6,0 — O 7,4 — N 19,5 — M. G. 430.
1) **1,4-Di[β-Phenylsemicarbazon]-5-Isopropyl-2-Methyl-1,4-Dihydrobenzol.** Zers. bei 242° (*A.* **334**, 194 *C.* **1904** [2] 835).

$C_{24}H_{26}O_4N_2$ 3) **3,4-Methylenäther d. 4',4''-Di[Dimethylamido]-3,4,2',2''-Tetraoxytriphenylmethan.** Sm. 115° (*B.* **36**, 2920 *C.* **1903** [2] 1065).
4) **Dibenzoat d. l-Oxamidocarvoxim.** Sm. 168° (*A.* **330**, 373 *C.* **1904** [1] 948).

$C_{24}H_{26}O_7N_2$ C 63,4 — H 5,7 — O 24,7 — N 6,2 — M. G. 454.
1) **Triäthylester d. 1-[5-Isoxazolyl]-4-[2,5-Dimethyl-1-Pyrrolyl]-benzol-1[3],4[3],4[4]-Tricarbonsäure.** Sm. 189° (*B.* **36**, 396 *C.* **1903** [1] 723; *B.* **36**, 2696 *C.* **1903** [2] 952).

$C_{24}H_{27}O_3N_3$ 2) **trimolec. Anhydroformaldehyd-4-Anisidin.** Sm. 132° (*B.* **36**, 48 *C.* **1903** [1] 505).

$C_{24}H_{27}O_6N_7$ C 56,6 — H 5,3 — O 18,9 — N 19,2 — M. G. 509.
1) **Benzylidenhydrazid d. Benzoyltetra[Amidoacetyl]amidoessigsäure.** Sm. 275° (*B.* **37**, 1300 *C.* **1904** [1] 1337).

$C_{24}H_{27}O_8N$ C 62,9 — H 5,9 — O 28,0 — N 3,1 — M. G. 457.
1) **Triäthylester d. 2,5-Dimethylpyrrol-1-Benzoylbrenztraubensäure-3,4-Dicarbonsäure.** Sm. 123° (*B.* **36**, 395 *C.* **1903** [1] 723).

$C_{24}H_{27}N_2J$ 1) **Verbindung** (aus 2-Methylchinolinjodäthylat) (*B.* **37**, 2016 *C.* **1904** [2] 125).

$C_{24}H_{28}O_2N_2$ 6) **4,6-Dioxy-1,3-Di[4-Aethylamidobenzyl]benzol.** Sm. 101°. H_2SO_4 (*M.* **23**, 995 *C.* **1903** [1] 290).

$C_{24}H_{28}O_4N_2$ 9) **1,2,3,4-Tetrahydro-2-Naphtylamid d. d-Weinsäure.** Sm. 221° (*Soc.* **83**, 1345 *C.* **1904** [1] 83).
10) **1,2,3,4-Tetrahydro-6-Naphtylamid d. d-Weinsäure.** Sm. 186° (*Soc.* **83**, 1344 *C.* **1904** [1] 83).

$C_{24}H_{28}O_4N_4$ *4) **Di[Phenylamidoformiat] d. d-Oxamidocarvoxim.** Sm. 161° (*A.* **330**, 274 *C.* **1904** [1] 948).
5) **Di[Phenylamidoformiat] d. l-Oxamidocarvoxim.** Sm. 152° (*A.* **330**, 273 *C.* **1904** [1] 948).
6) **Di[Phenylamidoformiat] d. Eucarvonoxaminoxim.** Sm. 157° (*A.* **330**, 277 *C.* **1904** [1] 948).

$C_{24}H_{28}O_{45}N_{12}$ C 23,9 — H 2,3 — O 59,8 — N 14,0 — M. G. 1204.
1) **Nitrocellulose** (*C. r.* **136**, 899 *C.* **1903** [1] 1081).

$C_{24}H_{29}ON_3$ 3) **α-Oxy-6-Amido-4′,4″-Di[Dimethylamido]-3-Methyltriphenylmethan** (2,5-Amidomethylmalachitgrün). Sm. 200° u. Zers. (*B.* **36**, 2783 *C.* **1903** [2] 881).

$C_{24}H_{29}O_2N$ C 79,3 — H 8,0 — O 8,8 — N 3,9 — M. G. 363.
1) **2-Dekylchinolin-4-Carbonsäure** (*Bl.* [3] **29**, 1205 *C.* **1904** [1] 355).

$C_{24}H_{30}OS_2$ 1) **Diphenylmenthylimidoxanthid** (*C.* **1904** [1] 1347).

$C_{24}H_{30}O_7N_2$ C 62,9 — H 6,5 — O 24,4 — N 6,1 — M. G. 458.
1) **Homonarceïnamid.** Sm. 111° (D.R.P. 58394). — *II, *1219.*

$C_{24}H_{30}O_8N_4$ *1) **Anhydrid d. Milchzuckerdi[Phenylhydrazon].** Sm. 223—224° (*Bl.* [3] **29**, 1225 *C.* **1904** [1] 361).

$C_{24}H_{31}O_5N$ C 69,7 — H 7,5 — O 19,4 — N 3,4 — M. G. 413.
1) **Butylhydroxyd d. Papaverin.** Salze siehe (*B.* **37**, 3810 *C.* **1904** [2] 1574).

$C_{24}H_{31}O_8Br$ 1) **Verbindung** (aus Dibromasaron). Sm. 109,5° (*Ar.* **242**, 101 *C.* **1904** [1] 1008).

$C_{24}H_{32}O_2N_2$ 2) **Piperidomethylmorphimethin.** Fl. (2HCl, $PtCl_4$) (*B.* **36**, 1593 *C.* **1903** [2] 54).
3) **Di[4-Methylphenylamid] d. β-Methylheptan-γζ-Dicarbonsäure.** Sm. 229° (*C. r.* **136**, 459 *C.* **1903** [1] 696).

$C_{24}H_{32}O_3N_2$ C 72,7 — H 8,1 — O 12,1 — N 7,1 — M. G. 396.
1) **Diäthylderivat d. Yohimboasäure.** Sm. 189° (191,5—192°) (*B.* **37**, 1764 *C.* **1904** [1] 1527).

$C_{24}H_{32}O_8N_2$ C 60,5 — H 6,7 — O 26,9 — N 5,9 — M. G. 476.
1) **Tetraäthylester d. 2,5,2′,5′-Tetramethyl-1,1′-Bipyrrol-3,4,3′,4′-Tetracarbonsäure.** Sm. 126—127° (*B.* **37**, 2690 *C.* **1904** [2] 532).

$C_{24}H_{32}O_9N_4$ *3) **Di[Phenylhydrazon] d. Milchzucker** (*Bl.* [3] **29**, 1225 *C.* **1904** [1] 361).

$C_{24}H_{33}O_3N$ 2) **4-Acetat d. Di[4-Oxy-2-Methyl-5-Isopropylphenyl]amin-4′-Aethyläther.** Sm. 122—123° (*B.* **36**, 2888 *C.* **1903** [2] 875).

$C_{24}H_{33}O_6N$ C 66,8 — H 7,7 — O 22,3 — N 3,2 — M. G. 431.
1) **3,4,3′,4′-Tetramethyläther-ββ-Diäthyläther d. α-[ββ-Dioxyäthyl]-imido-αβ-Di[3,4-Dioxyphenyl]äthan.** Fl. (*A.* **329**, 57 *C.* **1903** [2] 1448).

$C_{24}H_{34}O_7Cl_2$ 1) **Dichlormonodesoxybiliansäure.** Sm. 249—250° (*M.* **24**, 52 *C.* **1903** [1] 765).

$C_{24}H_{35}O_2N$ *1) **Diäthyläther d. Di[4-Oxy-2-Methyl-5-Isopropylphenyl]amin.** (HCl, $SnCl_2$ + $3H_2O$), HJ (*B.* **36**, 2887 *C.* **1903** [2] 874).

$C_{24}H_{35}O_9N_3$ *1) **Verbindung** (aus Thymoläthyläther). Sm. 79°. $2HNO_3$ (*B.* **36**, 2886 *C.* **1903** [2] 874).

$C_{24}H_{36}O_8N_2$ 2) **Verbindung** (aus Isobiliansäure). Zers. bei 270° (*M.* **24**, 56 *C.* **1903** [1] 766).

$C_{24}H_{38}OBr_2$ 1) **Alstoldibromid.** Sm. 135—138° (*B.* **37**, 4111 *C.* **1904** [2] 1656).

$C_{24}H_{39}O_4N$ C 71,1 — H 9,6 — O 15,8 — N 3,5 — M. G. 405.
1) **2-Nitrophenylester d. Stearinsäure.** Sm. 60—61° (*A.* **332**, 206 *C.* **1904** [2] 211).

$C_{24}H_{40}O_3N_2$ 2) **isom. Phenylhydrazonoxystearinsäure.** Sm. 102,5—105° (*B.* **36**, 2659 *C.* **1903** [2] 826).

$C_{24}H_{44}O_{12}N_6$ C 47,4 — H 7,2 — O 31,6 — N 13,8 — M. G. 608.
1) **Hexa[Aethylamidoformiat] d. d-Mannit.** Sm. 270° (*C. r.* **138**, 636 *C.* **1904** [1] 1068).

$C_{24}H_{45}O_4Br$ 1) **Bromacetoxylbehensäure** (*C.* **1903** [1] 319; *J. pr.* [2] **67**, 298 *C.* **1903** [1] 1404).

$C_{24}H_{46}ON_2$ C 76,2 — H 12,2 — O 4,2 — N 7,4 — M. G. 378.
1) **2,5-Diundekyl-1,3,4-Oxdiazol.** Sm. 50°; Sd. 275°$_{22}$ (*J. pr.* [2] **69**, 503 *C.* **1904** [2] 601).

$C_{24}H_{46}N_2S$ 1) **2,5-Diundekyl-1,3,4-Thiodiazol.** Sm. 49° (*J. pr.* [2] **69**, 504 *C.* **1904** [2] 601).

$C_{24}H_{54}N_3P$ 1) **Tri[Diisobutylamido]phosphin.** Sd. 190—200°$_{18}$ (*A.* **326**, 170 *C.* **1903** [1] 762).

— 24 IV —

$C_{24}H_{10}ON_2Br_2$ 1) **Verbindung** (aus 3-Brom-7,8-Acenaphtenchinon). Sm. noch nicht bei 300° (*A.* **327**, 88 *C.* **1903** [1] 1228).

$C_{24}H_{10}O_4N_2S$ 1) **αα-Dinitrodinaphtylenthiophen** (*B.* **36**, 3771 *C.* **1903** [2] 1446).

$C_{24}H_{14}O_6N_2S$ 1) **2-[2-Oxy-1-Naphtylazo]-9,10-Anthrachinon-2?-Sulfonsäure** (*C.* **1904** [1] 289).

$C_{24}H_{16}O_2N_2Br_2$ 1) **?-Dibrom-m-Xylylindigo** (D.R.P. 154338 *C.* **1904** [2] 1080).

$C_{24}H_{17}O_2N_2Br$ 2) **Brom-m-Xylylindigo** (D.R.P. 154338 *C.* **1904** [2] 1080).

$C_{24}H_{18}ON_3Br$ 3) **3- oder -6-Brom-2,5-Di[Phenylamido]-4-Phenylimido-1-Keto-1,4-Dihydrobenzol.** Sm. 173° (*B.* **35**, 3854 *C.* **1903** [1] 26; *Am.* **30**, 531 *C.* **1904** [1] 366).

$C_{24}H_{18}O_3NCl_3$ 1) **Trichlordiäthylamidofluoran** (D.R.P. 139727 *C.* **1903** [1] 796).

$C_{24}H_{18}O_4N_5Cl$ 1) **6-Chlor-2,4-Dinitro-1,3,5-Tri[Phenylamido]benzol.** Sm. 179°. + C_6H_6, + C_7H_8, + $C_2H_4O_2$, + $CHCl_3$ (*Am.* **31**, 367 *C.* **1904** [1] 1408).

$C_{24}H_{18}O_7N_4S_2$ 1) **Disazoverbindung** (aus 4,4'-Diamido-3,3'-Dimethylbiphenyl-6,6'-Disulfonsäure u. 2-Oxynaphtalin). Ba (*J. pr.* [2] **66**, 566 *C.* **1903** [1] 519).

$C_{24}H_{19}O_2N_3Br_2$ 1) **?-Dibrom-?-Di[Phenylamido]-1,2-Benzochinon + Anilin.** Sm. 123° (*B.* **35**, 3853 *C.* **1903** [1] 26).

$C_{24}H_{20}ON_2S$ 1) **2-[2-Methylphenyl]imido-4-Keto-3-[2-Methylphenyl]-5-Benzylidentetrahydrothiazol.** Sm. 179—180°. + C_2H_5ONa (*C.* **1903** [1] 1258).

$C_{24}H_{20}O_3NCl$ 1) **Chlordiäthylamidofluoran.** Sm. 148° (D.R.P. 139727 *C.* **1903** [1] 796).

$C_{24}H_{20}O_3N_2Cl_2$ 1) **s-Dichlordiäthylrhodamin** (D.R.P. 108347). — *III, *575*.

$C_{24}H_{20}O_4N_2S_2$ *1) **4,4'-Di[Phenylsulfonamido]biphenyl.** Sm. 234,5° (*B.* **37**, 3772 Anm. *C.* **1904** [2] 1547).

$C_{24}H_{20}O_4N_2S_3$ 1) **Di[Phenylamid] d. Disulfid-4,4'-Disulfonsäure.** Sm. 212,5° (*B.* **22**, 360 *C.* **1904** [1] 23).

$C_{24}H_{21}O_3N_2Br_3$ 2) **1,3-Diacetylderivat d. 2,5,6-Tribrom-4-Oxy-1,3-Di[Phenylamidomethyl]benzol.** Sm. 207—208° (*B.* **37**, 3908 *C.* **1904** [2] 1593).
3) **3,4-Diacetylderivat d. 2,5,6-Tribrom-4-Oxy-1,3-Di[Phenylamidomethyl]benzol.** Sm. 200—201° (*B.* **37**, 3909 *C.* **1904** [2] 1593).

$C_{24}H_{22}O_3Br_2S$ 1) **αβ-Dibrom-ε-[4-Methylphenyl]sulfon-γ-Keto-αε-Diphenylpentan** (*Am.* **31**, 182 *C.* **1904** [1] 877).

$C_{24}H_{22}O_4N_2Cl_2$ 1) **?-Dichlor-1,2-Di[?-Dimethylamido-?-Oxybenzoyl]benzol** (*Bl.* [3] **29**, 61 *C.* **1903** [1] 456).

$C_{24}H_{23}O_2N_2Br_3$ 1) **3-Acetylderivat d. 2,5,6-Tribrom-4-Oxy-1,3-Di[2-Methylphenylamidomethyl]benzol.** Sm. 190—191° (*B.* **37**, 3912 *C.* **1904** [2] 1593).
2) **3-Acetylderivat d. 2,5,6-Tribrom-4-Oxy-1,3-Di[4-Methylphenylamidomethyl]benzol.** Sm. 206° (*B.* **37**, 3910 *C.* **1904** [2] 1593).

$C_{24}H_{26}O_3N_4S_2$ 1) **Phenylhydrazid d. α-[2,4-Dimethylphenylthiosulfon]-β-Phenylhydrazonbuttersäure.** Sm. 150° u. Zers. (*J. pr.* [2] **70**, 387 *C.* **1904** [2] 1720).

$C_{24}H_{26}O_4N_4S_2$ 1) **1,3-Di[β-Phenylhydrazonpropylsulfon]benzol.** Sm. 172° u. Zers. (*J. pr.* [2] **68**, 326 *C.* **1903** [2] 1171).

$C_{24}H_{27}O_7N_6P$ 1) **Tri[?-Nitro-2,4-Dimethylphenylamid] d. Phosphorsäure** (*A.* **326**, 252 *C.* **1903** [1] 868).

$C_{24}H_{28}O_2N_4S_2$ 1) **Di[Phenylamidothioformiat] d. Oxamidocarvoxim.** Sm. 142 bis 143° (*B.* **32**, 1347). — ***III**, *86*.

$C_{24}H_{28}O_8NCl$ 1) **Verbindung** (aus Chlordimethyläther u. Narkotin). Sm. 210° u. Zers. + $AuCl_3$ (*A.* **334**, 55 *C.* **1904** [2] 948).

$C_{24}H_{28}O_{10}N_2S_2$ 1) **Benzol-1,3-Disulfonsäure + 2 Molec. 4-Amidobenzol-1-Carbonsäureäthylester.** Zers. bei 235° (D.R.P. 150070 *C.* **1904** [1] 975).

$C_{24}H_{30}ON_3P$ 3) **Tri[Aethylphenylamid] d. Phosphorsäure.** Sm. 182° (*A.* **326**, 257 *C.* **1903** [1] 869).
4) **Tri[2,4-Dimethylphenylamid] d. Phosphorsäure.** Sm. 198° (225°) (*A.* **326**, 252 *C.* **1903** [1] 868; *C.* **1904** [2] 647).
5) **Tri[2,5-Dimethylphenylamid] d. Phosphorsäure.** Sm. 247° (*A.* **326**, 252 *C.* **1903** [1] 868).
6) **Tri[3,4-Dimethylphenylamid] d. Phosphorsäure.** Sm. 183° (*A.* **326**, 252 *C.* **1903** [1] 868).

$C_{24}H_{30}O_4NCl$ 1) **Chlorbutylat d. Papaverin** + $2H_2O$. Sm. 131—132°. 2 + $PtCl_4$, + $AuCl_3$ (*B.* **37**, 3810 *C.* **1904** [2] 1574).

$C_{24}H_{30}O_4NBr$ 1) **Brombutylat d. Papaverin** + $2H_2O$ (*B.* **37**, 3810 *C.* **1904** [2] 1574).

$C_{24}H_{30}O_4NJ$ 1) **Jodisobutylat d. Papaverin.** Sm. 171—172° (*B.* **37**, 3811 *C.* **1904** [2] 1574).

$C_{24}H_{31}O_2N_2J$ *1) **Aethylester d. αβ-Di[1,2,3,4-Tetrahydro-2-Isochinolyl]äthan-2-Jodammoniumessigsäure.** Sm. 158—159° (*B.* **36**, 1168 *C.* **1903** [1] 1187).

$C_{24}H_{33}O_2N_2J$ 1) **Jodmethylat d. Piperidocodid.** Sm. 256° (*B.* **36**, 1593 *C.* **1903** [2] 54).

$C_{24}H_{54}ON_3P$ 1) **Tri[Diisobutylamid] d. Phosphorsäure.** Fl. (*A.* **326**, 200 *C.* **1903** [1] 821).

$C_{24}H_{54}O_3N_3P_3$ 1) **trim. Phosphinodiisobutylamin.** Sm. 79°; Sd. 255°$_{15}$ (*A.* **326**, 193 *C.* **1903** [1] 820).

$C_{24}H_{54}N_3SP$ 1) **Tri[Diisobutylamid] d. Thiophosphorsäure.** Fl. (*A.* **326**, 218 *C.* **1903** [1] 822).

— 24 V —

$C_{24}H_{27}ON_6S_3P$ 2) **Phosphoryltri[4-Methylphenylthioharnstoff].** Sm. 95—100° u. Zers. (*Soc.* **85**, 367 *C.* **1904** [1] 1407).

C_{25}-Gruppe.

$C_{25}H_{20}$ *1) **Tetraphenylmethan.** Sm. 282° (285°); Sd. 431°$_{760}$ (*B.* **36**, 408 *C.* **1903** [1] 586; *B.* **36**, 1090 *C.* **1903** [1] 1356).

$C_{25}H_{22}$ *2) **α-Dypnokinakolen.** Sm. 98°; Sd. 292—295°$_{40}$ (*C.* **1903** [2] 1373).
3) **2,5-Dimethyl-1,3,4-Triphenyl-R-Penten.** Sm. 127—128° (*Soc.* **83**, 370 *C.* **1903** [1] 569).

$C_{25}H_{24}$ *1) **Kohlenwasserstoff** (aus α-Dypnopinakolen). Sm. 145°; Sd. 275—280°$_{28}$ *C.* **1903** [2] 1373).
2) **Kohlenwasserstoff** (aus α-Dypnopinakolen). Sm. 115°; Sd. 275—280°$_{28}$ (*C.* **1903** [2] 1373).

$C_{25}H_{26}$ C 92,0 — H 8,0 — M. G. 326.
1) **1,3-Dimethyl-2,4,5-Triphenyl-R-Pentamethylen.** Sm. 80—81° (*Soc.* **83**, 371 *C.* **1903** [1] 568).
2) **isom. 1,3-Dimethyl-2,4,5-Triphenyl-R-Pentamethylen.** Sd. 246—248°$_{23}$ (*Soc.* **83**, 371 *C.* **1903** [1] 568).
3) **Kohlenwasserstoff** (aus α-Dypnopinakolen) (Gemisch) (*C.* **1903** [2] 1373).

— 25 II —

$C_{25}H_{18}O$ 2) **9-Phenyl-9-[4-Oxyphenyl]fluoren.** Sm. 191° (*B.* **37**, 77 *C.* **1903** [1] 519).
3) **9,9-Diphenylxanthen.** Sm. 200° (*B.* **37**, 2369 *C.* **1904** [2] 344).

$C_{25}H_{18}O_2$ 2) **Benzoat d. 2-Oxy-1,4-Diphenylbenzol.** Sm. 105° (*B.* **36**, 1409 *C.* **1903** [1] 1358).

$C_{25}H_{18}O_3$ 2) **Anhydrid d. αα-Diphenyl-δ-[4-Methylphenyl]-αγ-Butadiën-βγ-Dicarbonsäure.** Sm. 194° (*B.* **37**, 2661 *C.* **1904** [2] 523).

$C_{25}H_{18}O_5$ 2) **2,4,6-Triphenyl-1,4-Pyron-3,5-Dicarbonsäure** (Dehydrobenzylidenbisbenzoylessigsäure). Sm. 141° u. Zers. (*G.* **33** [2] 150 *C.* **1903** [2] 1270).

$C_{25}H_{18}O_8$ 2) **Triacetat d. 2,3,7-Trioxy-9-Phenylfluoron.** Sm. 230—233° (*B.* **37**, 1174 *C.* **1904** [1] 1161).

$C_{25}H_{19}N$ C 90,1 — H 5,7 — N 4,2 — M. G. 333.
1) **4-Phenylimido-1-Diphenylmethylen-1,4-Dihydrobenzol.** Sm. 133 bis 138°. HCl, Pikrat + $^1/_2$ C_6H_6 (*B.* **37**, 609 *C.* **1904** [1] 887).
2) **9-Phenyl-9-[4-Amidophenyl]fluoren.** Sm. 179° (*B.* **37**, 75 *C.* **1904** [1] 519).
3) **5,5-Diphenyl-5,10-Dihydroakridin.** Sm. 243,5—244,5° (*B.* **37**, 3202 *C.* **1904** [2] 1472).

$C_{25}H_{19}Br$ 1) **Verbindung** (aus α-Dypnopinakolen). Sm. 140°; Sd. oberh. 360° u. Zers. (*C.* **1903** [2] 1373).

$C_{25}H_{20}O$ *3) **4-Oxytetraphenylmethan** (*B.* **37**, 660 *C.* **1904** [1] 952).

$C_{25}H_{20}O_2$ 5) **3⁴-Methyläther d. 5-Oxy-1,2-Diphenyl-3-[4-Oxyphenyl]benzol.** Sm. 159—160° (*Am.* **31**, 148 *C.* **1904** [1] 806).
6) **2-Phenyläther d. α,2-Dioxytriphenylmethan.** Sm. 120° (*B.* **37**, 2368 *C.* **1904** [2] 344).

$C_{25}H_{20}O_4$ 4) **2³·⁴-Methylenäther d. 4-Keto-1-Oxy-1,6-Diphenyl-2-[3,4-Dioxyphenyl]-1,2,3,4-Tetrahydrobenzol.** Sm. 240° (*Am.* **31**, 148 *C.* **1904** [1] 807).
5) **αα-Diphenyl-δ-[4-Methylphenyl]-αγ-Butadiën-βγ-Dicarbonsäure.** Sm. 231°. Na_2 (*B.* **37**, 2660 *C.* **1904** [2] 523).

$C_{25}H_{20}O_6$ 5) **2²,6-Dimethyläther-3³·⁴-Methylenäther d. 6-Oxy-2-[2-Oxyphenyl]-3-[3,4-Dioxybenzyliden]-2,3-Dihydro-1,4-Benzpyron.** Sm. 207—209° (*B.* **37**, 3171 *C.* **1904** [2] 1059).
6) **7,8-Dimethyläther-3³·⁴-Methylenäther d. 7,8-Dioxy-2-Phenyl-3-[3,4-Dioxybenzyliden]-2,3-Dihydro-1,4-Benzpyron.** Sm. 185° (*B.* **37**, 3172 *C.* **1904** [2] 1059).
7) **Dimethylester d. 2,4-Dibenzoyl-1-Methylbenzol-3,5-Dicarbonsäure.** Fl. (*P. Ch. S.* Nr. 203). — *II, *1192.*
8) **Aethylester d. β-[3,4-Dibenzoxylphenyl]akrylsäure.** Sm. 104—105° (*B.* **36**, 2935 *C.* **1903** [2] 888).

$C_{25}H_{20}O_9$ 4) **Monobenzoat d. 1,2,3,5,6,7-Hexaoxy-9,10-Anthrachinontetramethyläther.** Sm. 195—205° (D.R.P. 151724 *C.* **1904** [1] 1587).

$C_{25}H_{20}O_{12}$ *1) **Pentaacetat d. 3,5,7-Trioxy-2-[3,4-Dioxyphenyl]-1,4-Benzpyron** (P. d. Quercetin). Sm. 193—194° (*B.* **37**, 1405 *C.* **1904** [1] 1350).

$C_{25}H_{20}N_2$ *2) **α-Phenylazotriphenylmethan.** Sm. 113—114° (*B.* **36**, 1089 *C.* **1903** [1] 1355).
8) **α-Phenylimido-α-Diphenylamido-α-Phenylmethan.** Sm. 170° (*B.* **37**, 2683 *C.* **1904** [2] 521).
9) **3-[α-Phenylhydrazonbenzyl]acenaphten.** Sm. 140° (*A.* **327**, 96 *C.* **1903** [1] 1228).

$C_{25}H_{21}N$ 3) **4-Amidotetraphenylmethan.** Sm. 256°. HCl (*B.* **36**, 407 *C.* **1903** [1] 585).

$C_{25}H_{21}N_3$ *1) **Tetraphenylguanidin.** Sm. 137—140° (*B.* **37**, 964 *C.* **1904** [1] 1002).

$C_{25}H_{22}O_3$ 2) **3⁴-Methyläther d. 4-Keto-1-Oxy-1,6-Diphenyl-2-[4-Oxyphenyl]-1,2,3,4-Tetrahydrobenzol.** Sm. 233,5° (*Am.* **31**, 147 *C.* **1904** [1] 806).

$C_{25}H_{22}O_4$ 5) **3⁴-Methyläther-6-Aethyläther d. 6-Oxy-2-Phenyl-3-[4-Oxybenzyliden]-2,3-Dihydro-1,4-Benzpyron.** Sm. 157° (*B.* **37**, 3170 *C.* **1904** [2] 1059).

$C_{25}H_{22}O_5$ 3) **3⁴,7,8-Trimethyläther d. 7,8-Dioxy-2-Phenyl-3-[4-Oxybenzyliden]-2,3-Dihydro-1,4-Benzpyron.** Sm. 186° (*B.* **37**, 3171 *C.* **1904** [2] 1059).

$C_{25}H_{22}N_2$ *1) **α-Phenylhydrazidotriphenylmethan.** Sm. 136—137° (*B.* **36**, 1089 *C.* **1903** [1] 1355).
11) **α-[1-Naphtyl]imido-4-Dimethylamidodiphenylmethan.** Sm. 167° (D.R.P. 41751). — *III, *150.*

$C_{25}H_{23}N_3$ 2) **α-Imido-α-[4-Dimethylamidophenyl]-α-[4-Phenylamido-1-Naphtyl]-methan.** Sm. 186°. HCl (*B.* **37**, 1906 *C.* **1904** [2] 116).

$C_{25}H_{24}O_2$ *4) **βδ-Dibenzoyl-γ-Phenylpentan.** Sm. 162—163° (*Soc.* **83**, 364 *C.* **1903** [1] 578, 1129).

$C_{25}H_{24}O_6$ C 74,3 — H 5,9 — O 19,8 — M. G. 404.
1) **7-Acetat d. 7-Oxy-4-[3,5-Dioxyphenyl]-2-Phenyl-2,3-Dihydro-1,4-Benzpyran-4^{3,5}-Dimethyläther.** Sm. 120—125° (*B.* **36**, 2300 *C.* **1903** [2] 577).

$C_{25}H_{24}O_{11}$ 2) **Diacetat d. Barbaloïn** (*Bl.* [3] **21**, 672). — *III, *453.*
3) **Pentaacetat d. Acakatechin.** Sm. 158—160° (*C.* **1904** [2] 439).
4) **Pentaacetat d. Cyanomaklurin.** Sm. 136—138° (*C.* **1904** [2] 438).

$C_{25}H_{24}O_{12}$ 2) **Hexaacetat d. Di[β-Trioxyphenyl]methan.** Sm. 152—155° (*B.* **37**, 1177 *C.* **1904** [1] 1161).

$C_{25}H_{26}O_2$ C 83,8 — H 7,2 — O 8,9 — M. G. 358.
1) **4,5-Dioxy-1,3-Dimethyl-2,4,5-Triphenyl-R-Pentamethylen.** Sm. 143—144° (*Soc.* **83**, 369 *C.* **1903** [1] 568).

$C_{25}H_{26}O_9$ 2) **Tetraacetat d. 1,3,6,8-Tetraoxy-2,4,5,7-Tetramethylxanthen.** Sm. 268—270° (*M.* **25**, 675 *C.* **1904** [2] 1145).

$C_{25}H_{26}O_{10}$ 3) **1,3,6,8-Tetraacetat d. 1,3,6,8,9-Pentaoxy-2,4,5,7-Tetramethylxanthen.** Sm. 255—260° (*M.* **25**, 676 *C.* **1904** [2] 1145).

$C_{25}H_{26}O_{11}$ *1) **Ononin** (*M.* **24**, 135 *C.* **1903** [1] 1032; *M.* **25**, 555 *C.* **1904** [2] 907).

$C_{25}H_{28}O$ 2) **2-Keto-1,3-Di[4-Isopropylbenzyliden]-R-Pentamethylen.** Sm. 143° (*B.* **36**, 1502 *C.* **1903** [1] 1351).

$C_{25}H_{28}O_6$ 2) **Methylester d. Dibenzoxyldihydropulegensäure.** Sm. 204—206° (*A.* **327**, 127 *C.* **1903** [1] 1412).

$C_{25}H_{28}O_8$ *1) **Acetat d. Quercetintetraäthyläther.** Sm. 152—153° (*Ar.* **242**, 239 *C.* **1904** [1] 1652).
2) **Tetraäthylätheracetat d. Morin.** Sm. 121—123° (*Soc.* **85**, 61 *C.* **1904** [1] 381, 729).

$C_{25}H_{28}N_4$ 4) **Phenylhydrazon d. Base** $C_{19}H_{22}ON_2$ (aus Allocinchonin). Sm. 94 bis 96° u. Zers. (*M.* **22**, 203). — *III, *640.*

$C_{25}H_{30}O_4$ 2) **l-Menthylester d. l-α-Benzoxylphenylessigsäure.** Sm. 54—55° (*Soc.* **85**, 1255 *C.* **1904** [2] 1304).

$C_{25}H_{30}O_7$ C 67,9 — H 6,8 — O 25,3 — M. G. 442.
1) **Monomethyläther d. Dihydroflavaspidsäurexanthen.** Sm. 249 bis 250° (*A.* **329**, 319 *C.* **1904** [1] 799).
2) **Verbindung** (aus Aspidin). Sm. 216° (*A.* **329**, 332 *C.* **1904** [1] 800).

$C_{25}H_{32}O_8$ *1) **Albaspidin** (Polystichalbin). Sm. 150—150,5°. Anilinsalz (*C.* **1895** [1] 887; **1898** [2] 1103; *A.* **329**, 322 Anm. *C.* **1904** [1] 799). — *III, *474.*
3) **Pseudoaspidin.** Sm. 158—159° (*A.* **329**, 334 *C.* **1904** [1] 800).
4) **Dihydroflavaspidmethyläthersäure.** Sm. 201—202° (*A.* **329**, 320 *C.* **1904** [1] 799).
5) **2,2'-Dimethyläther d. Di[2,4,6-Trioxy-5-Propionyl-3-Methylphenyl]methan** (Methylenbisaspidinol). Sm. 190—191° (*A.* **329**, 287 *C.* **1904** [1] 796).
6) **Aspidin** (Polystichin; Polystichumsäure). Sm. 124—125° (*C.* **1895** [1] 887; **1896** [2] 1036; **1898** [2] 1103; **1899** [2] 919; *A.* **329**, 327 *C.* **1904** [1] 799). — *III, *457, 474.*

$C_{25}H_{38}O_2$ C 81,1 — H 10,3 — O 8,6 — M. G. 370.
1) **Verbindung** (aus Asclepias syriaca L.). Sm. 87—88° (*J. pr.* [2] **68**, 408 *C.* **1904** [1] 105).

$C_{25}H_{40}O_2$ 2) **Verbindung** (aus Asclepias syriaca L.) (*J. pr.* [2] **68**, 410 *C.* **1904** [1] 105).

$C_{25}H_{40}O_8$ C 64,1 — H 8,5 — O 27,3 — M. G. 468.
1) **Saxatsäure.** Sm. 115°. Ba (*J. pr.* [2] **68**, 41 *C.* **1903** [2] 512).

$C_{25}H_{40}O_{10}$ 3) **Lepranthin.** Sm. 183° (*A.* **336**, 48 *C.* **1904** [2] 1324).

$C_{25}H_{42}O_2$ 2) **Verbindung** (aus Asclepias syriaca L.) oder $C_{30}H_{44}O_2$. Sm. 87—90° (*J. pr.* [2] **68**, 453 *C.* **1904** [1] 191).

$C_{25}H_{42}O_{12}$ C 56,2 — H 7,9 — O 35,9 — M. G. 534.
1) **Cyklamin.** Sm. 225° (*B.* **36**, 1761 *C.* **1903** [2] 119).

$C_{25}H_{46}O_4$ C 73,2 — H 11,2 — O 15,6 — M. G. 410.
1) **Isobutylester d. Propionylricinolsäure.** Sd. 325—335°$_{660}$ (*B.* **36**, 788 *C.* **1903** [1] 824).

$C_{25}H_{48}O_3$ 2) **norm. Heptylester d. Ricinolsäure.** Sd. 295°$_{10}$ (*B.* **36**, 785 *C.* **1903** [1] 824).

$C_{25}H_{50}O_3$ 2) **Cerebronsäure.** Sm. 99°. Na (*H.* **43**, 26 *C.* **1904** [2] 1550).

— 25 III —

$C_{25}H_{15}O_3N$ C 80,0 — H 3,5 — O 12,8 — N 3,7 — M. G. 375.
1) **αβ-Benzoylen-α₁β₁-Phtalyl-N-Phenylpyrrol** (*B.* **35**, 3959 *C.* **1903** [1] 32).

$C_{25}H_{15}O_4N$ 3) **3-Phenylamido-2-[1,3-Diketo-2,3-Dihydro-2-Indenyl]-1,4-Naphtochinon** (*B.* **35**, 3958 *C.* **1903** [1] 32).

$C_{25}H_{16}O_9N_6$ C 55,1 — H 2,9 — O 26,5 — N 15,4 — M. G. 544.
1) **3,5,3',5'-Tetranitro-4,4'-Di[Phenylamido]diphenylketon.** Sm. 262° (*G.* **34** [1] 382 *C.* **1904** [2] 111).

$C_{25}H_{17}O_4N$ C 75,9 — H 4,3 — O 16,2 — N 3,5 — M. G. 395.
1) **1-Naphtylester d. β-[4-Nitrophenyl]-α-Phenylakrylsäure.** Sm. 126 bis 127° (*G.* **33** [2] 475 *C.* **1904** [1] 655).

$C_{25}H_{17}O_6N_3$ C 65,9 — H 3,7 — O 21,1 — N 9,2 — M. G. 455.
1) **Trinitrotetraphenylmethan.** Sm. bei 330° (*B.* **36**, 1091 *C.* **1903** [1] 1356).

$C_{25}H_{18}O_5N_4$ *1) **3,3'-Dinitro-4,4'-Di[Phenylamido]diphenylketon.** Sm. 212° (*G.* **34** [1] 377 *C.* **1904** [2] 110).

$C_{25}H_{19}ON$ 3) **9-[4-Amidophenyl]-9-Phenylxanthen.** Sm. 227,5°. HCl (*B.* **37**, 2372 *C.* **1904** [2] 344).

$C_{25}H_{19}O_4N_3$ 4) **Di[2-Naphtylamid] d. Acetoximidomalonsäure.** Sm. 179° u. Zers. (*Soc.* **83**, 42 *C.* **1903** [1] 442).

$C_{25}H_{20}O_6N_4$ C 63,6 — H 4,2 — O 20,3 — N 11,9 — M. G. 472.
1) **Verbindung** (aus Knochenkohle) (*C.* **1903** [2] 960).

$C_{25}H_{20}O_2S$ 1) **α-Phenylsulfontriphenylmethan.** Sm. 175—176° (*B.* **36**, 2789 *C.* **1903** [2] 882).

$C_{25}H_{20}N_2S$ 4) **Phenyläther d. α-Merkapto-α-Phenylimido-α-Diphenylamidomethan** (Isothiotetraphenylharnstoff). Sm. 185—188° (*B.* **37**, 965 *C.* **1904** [1] 1002).

$C_{25}H_{21}ON$ 5) **α-Oxy-2-Phenylamidotriphenylmethan.** Sm. 127,5—128,5° (*B.* **37**, 3202 *C.* **1904** [2] 1472).
6) **α-Oxy-4-P**[illegible] *C.* **1904** [1] 888).

$C_{25}H_{21}O_3N_3$ 7) **Verbindu**[illegible] Sm. 230° (*B.* **36**, 4328 *C.* **1904** [1] 462).
8) **Verbindung** (aus 2-Methylindol u. 4-Nitrobenzaldehyd). Sm. 233° (*B.* **36**, 4328 *C.* **1904** [1] 462).

$C_{25}H_{21}O_4N$ C 75,2 — H 5,3 — O 16,0 — N 3,5 — M. G. 399.
1) **2^{3,4}-Methylenäther d. 4-Oximido-1-Oxy-1,6-Diphenyl-2-[3,4-Dioxyphenyl]-1,2,3,4-Tetrahydrobenzol.** Sm. 190—191° (*Am.* **31**, 149 *C.* **1904** [1] 807).
2) **Verbindung** (aus d. Verb. $C_{25}H_{23}O_4N$). Sm. 128° (*C. r.* **139**, 208 *C.* **1904** [2] 714).

$C_{25}H_{21}N_2Br$ 2) **Brom-1-Naphtylat d. 2-[1-Naphtyl]amido-1,2-Dihydropyridin.** Sm. 158° (*J. pr.* [2] **69**, 129 *C.* **1904** [1] 815).
3) **Brom-2-Naphtylat d. 2-[2-Naphtyl]amido-1,2-Dihydropyridin.** Sm. 182° (*J. pr.* [2] **69**, 126 *C.* **1904** [1] 815).

$C_{25}H_{22}ON_2$ 3) **4-Dimethylamidophenyl-4-Phenylamido-1-Naphtylketon.** Sm. 201 bis 202° (D.R.P. 79390; *C.* **1903** [1] 87; *B.* **37**, 1902 *C.* **1904** [2] 115). — ***III**, *195*.
4) **α-[2-Oxyphenyl]-αα-Di[2-Methyl-3-Indolyl]methan.** Sm. 230—231° (*B.* **36**, 4328 *C.* **1904** [1] 462; *B.* **37**, 323 *C.* **1904** [1] 668).

$C_{25}H_{22}ON_4$ C 76,1 — H 5,6 — O 4,1 — N 14,2 — M. G. 394.
1) **3,3'-Diamido-4,4'-Di[Phenylamido]diphenylketon.** Sm. 160° (*G.* **34** [1] 378 *C.* **1904** [2] 110).
2) **αβ-Di[Diphenylamido]harnstoff.** Sm. 239—240° (*B.* **36**, 3157 *C.* **1903** [2] 1057).

$C_{25}H_{22}O_5N_2$ 2) **Verbindung** (aus γδ-Diphenyl-β-Methylbutan-γδ-Oxyd-βδ Dicarbonsäure). Sm. 182° u. Zers. (*Soc.* **83**, 307 *C.* **1903** [1] 879).

$C_{25}H_{23}ON_3$ 2) **1-[4-Aethylbenzylamidophenyl]azo-1-Oxynaphtalin.** Sm. 135,5° (*A.* **334**, 264 *C.* **1904** [2] 902).

$C_{25}H_{23}O_2N_3$ C 75,6 — H 5,8 — O 8,0 — N 10,6 — M. G. 397.
1) **8-Nitro-6-tert. Amyl-2,3-Diphenyl-1,4-Benzdiazin.** Sm. 189—190° (*A.* **327**, 215 *C.* **1903** [1] 1408).

$C_{25}H_{23}O_3N$ 2) 3⁴-Methyläther d. 4-Oximido-1-Oxy-1,6-Diphenyl-2-[4-Oxyphenyl]-1,2,3,4-Tetrahydrobenzol. Sm. 196° (*Am.* **31**, 147 *C.* **1904** [1] 806).
3) Benzoat d. Methylapomorphin. + C_3H_8O (Sm. 85—90°) (*B.* **35**, 4388 *C.* **1903** [1] 339).

$C_{25}H_{23}O_3N_3$ C 72,6 — H 5,6 — O 11,6 — N 10,1 — M. G. 413.
1) Aethylester d. 4[oder 5]-Phenylhydrazon-5-[oder 4]-Keto-1,2-Diphenyltetrahydropyrrol-3-Carbonsäure. Sm. 150° (*C. r.* **139**, 212 *C.* **1904** [2] 656).

$C_{25}H_{23}O_4N$ 2) Verbindung (aus d. Verb. $C_{25}H_{25}O_5N$). Sm. 146—147° (*C. r.* **139**, 298 *C.* **1904** [2] 714).

$C_{25}H_{23}O_8N$ C 64,5 — H 4,9 — O 27,5 — N 3,0 — M. G. 465.
1) Dimethyläther d. 3-Nitrobenzylidendivanillin. Sm. 181—183° (*B.* **36**, 3977 *C.* **1904** [1] 373).
2) Dimethyläther d. 4-Nitrobenzylidendivanillin. Sm. 186—188° (*B.* **36**, 3975 *C.* **1904** [1] 373).

$C_{25}H_{24}O_3N_2$ C 75,0 — H 6,0 — O 12,0 — H 7,0 — M. G. 400.
1) Verbindung (aus ε-Keto-γδ-Diphenylhexan-γδ-Oxyd-β-Carbonsäure). Sm. 212° u. Zers. (*Soc.* **83**, 296 *C.* **1903** [1] 878).

$C_{25}H_{24}O_3N_4$ C 70,1 — H 5,6 — O 11,2 — N 13,1 — M. G. 428.
1) Benzylidenhydrazid d. α-Benzoylamidoacetylamido-β-Phenylpropionsäure. Sm. 158° (*J. pr.* [2] **70**, 228 *C.* **1904** [2] 1462).

$C_{25}H_{24}O_4N_2$ 3) 6-Methyläther-4,5-Methylenäther d. 4,5,6-Trioxy-2-[β-Methylbenzoylamidoäthyl]-1-Phenylimidomethylbenzol (Benzoylcotarninanil). Sm. 165° (*B.* **36**, 1536 *C.* **1903** [2] 53).

$C_{25}H_{24}O_4S_2$ 1) 2,5-Diacetat d. 3,6-Dimerkapto-2,5-Dioxy-1-Methylbenzol-3,6-Dibenzyläther. Sm. 116—117° (*A.* **336**, 165 *C.* **1904** [2] 1300).

$C_{25}H_{25}O_3N_3$ 2) 2,4',4''-Tri[Acetylamido]triphenylmethan (Triacetylparaleukanilin). Sm. 200—201° (*C.* **1904** [1] 460).

$C_{25}H_{25}O_4N_3$ 3) α-Oxytri[4-Acetylamidophenyl]methan (Triacetylpararosanilin). Sm. 192° (*C.* **1904** [1] 461).

$C_{25}H_{25}O_4N_5$ C 65,4 — H 5,4 — O 13,9 — N 15,3 — M. G. 459.
1) Di[Phenylamid] d. α-Benzoylamidoacetylamidoäthan-α-Carbonsäure-β-Amidoameisensäure. Sm. 218—220° u. Zers. (*J. pr.* [2] **70**, 180 *C.* **1904** [2] 1397).

$C_{25}H_{25}O_6N$ C 69,0 — H 5,7 — O 22,1 — N 3,2 — M. G. 435.
1) Verbindung (aus Oxalessigsäureäthylester, Benzaldehyd u. 2-Amidonaphtalin). Sm. 162° (*C. r.* **139**, 298 *C.* **1904** [2] 713).

$C_{25}H_{26}N_2Cl$ 1) Chloräthylat d. 1-Aethyl-2,4,5-Triphenylimidazol (Ch. d. Aethyllophin). + $AuCl_3$ (*A.* **122**, 326). — III, *27*; *III, *19*.

$C_{25}H_{26}ON_2$ *1) α-Phenylimido-γ-Benzoylphenylamido-β-Methylpentan. Sm. 144°. + C_2H_6O (*A.* **329**, 212 *C.* **1903** [2] 1427).
5) α-Benzoyl-α-[2,5-Dimethylbenzyl]-β-[2,5-Dimethylbenzyliden]-hydrazin. Sm. 134—134,5° (*C.* **1903** [1] 141).
6) Aethylhydroxyd d. 1-Aethyl-2,4,5-Triphenylimidazol (Diäthyllophin). Salze siehe (*A.* **122**, 326; *M.* **17**, 304). — III, *27*; *III, *19*.

$C_{25}H_{26}O_2N_2$ 3) 4,4'-Di[Acetylamido]-3,3'-Dimethyltriphenylmethan. Sm. 265 bis 266° (*C.* **1904** [2] 227).

$C_{25}H_{26}O_6N_2$ C 66,7 — H 5,8 — O 21,3 — N 6,2 — M. G. 450.
1) αβ-Di[Phenylamidoformiat] d. i-3,4-Dioxy-1-[αβ-Dioxypropyl]-benzol-3,4-Dimethyläther. Sm. 166—168° (*B.* **36**, 3582 *C.* **1903** [2] 1363).

$C_{25}H_{27}ON_3$ C 77,9 — H 7,0 — O 4,2 — N 10,9 — M. G. 385.
1) Inn. Anhydrid d. α-Oxy-2-Acetylamido-4',4''-Di[Dimethylamido]-triphenylmethan. Sm. 190—191° (*B.* **17**, 1892; *B.* **36**, 2784 *C.* **1903** [2] 881). — II, *1087*.

$C_{25}H_{28}O_4N_4$ C 67,0 — H 6,2 — O 14,3 — N 12,5 — M. G. 448.
1) Phenylhydrazon-Phenylbenzylhydrazon d. Glykose. Sm. 190° (*B.* **37**, 2624 *C.* **1904** [2] 588).

$C_{25}H_{29}ON_3$ *1) 2'-Acetylamido-4²,4³-Di[Dimethylamido]triphenylmethan. Sm. 185 bis 186° (*B.* **36**, 2785 *C.* **1903** [2] 881).

$C_{25}H_{29}O_4P$ 1) Amyldinaphtylester d. Phosphorsäure (D.R.P. 142971 *C.* **1903** [2] 171).

$C_{25}H_{29}O_5N$ C 70,9 — H 6,9 — O 18,9 — N 3,3 — M. G. 423.
1) Diäthylester d. β-Phenylamido-ζ-Keto-δ-Phenyl-β-Hepten-γε-Dicarbonsäure. Sm. 150° (*B.* **36**, 2187 *C.* **1903** [2] 569).

34*

$C_{25}H_{29}O_6N$ C 68,3 — H 6,6 — O 21,9 — N 3,2 — M. G. 439.
1) **Aethylester d. Anhydrocotarninbenzylacetessigsäure.** Fl. HCl, (2HCl, $PtCl_4$) (*B.* **37**, 2748 *C.* **1904** [2] 545).

$C_{25}H_{30}ON_2$ 3) **Aethyläther d. 4′, 4″-Di[Dimethylamido]-4-Oxytriphenylmethan.** Sm. 125° (*A.* **329**, 80 *C.* **1903** [2] 1441).

$C_{25}H_{30}O_5N_2$ 5) **Diäthylester d. ζ-Phenylhydrazon-β-Oxy-δ-Phenyl-β-Hepten-γε-Dicarbonsäure.** Sm. 193° (*B.* **36**, 2124 *C.* **1903** [2] 365).

$C_{25}H_{30}O_8N_4$ C 58,3 — H 5,8 — O 24,9 — N 10,9 — M. G. 514.
1) **Triäthylester d. 2, 5-Dimethylpyrrol-1-Semicarbazonbenzoylbrenztraubensäure-3, 4-Dicarbonsäure.** Sm. 134° (*B.* **36**, 397 *C.* **1903** [1] 723).

$C_{25}H_{31}ON_3$ *2) **α-Oxytri[4-Dimethylamidophenyl]methan** (*B.* **36**, 4297 *C.* **1904** [1] 379).

$C_{25}H_{31}O_8N$ 2) **Homonarceïnmethylester.** HCl (D.R.P. 71797). — *II, *1219*.

$C_{25}H_{32}ON_2$ 3) **αα[oder αβ]-Di[1-Piperidyl]-γ-Keto-αγ-Diphenylpropan.** Sm. 156 bis 157°. HCl (*Soc.* **85**, 1322 *C.* **1904** [2] 1645).

$C_{25}H_{32}O_5N_6$ C 60,5 — H 6,4 — O 16,1 — N 16,9 — M. G. 496.
1) **s-Di[β-Benzoylamidoacetylamidopropyl]harnstoff.** Sm. 157° (*J. pr.* [2] **70**, 214 *C.* **1904** [2] 1460).

$C_{25}H_{41}O_2N$ 1) **Phenylamidoformiat d. Alkohol** $C_{18}H_{36}O$ (aus Oelsäure). Sm. 38° (*C. r.* **137**, 328 *C.* **1903** [2] 710).

$C_{25}H_{41}O_9N$ C 60,1 — H 8,2 — O 28,9 — N 2,8 — M. G. 499.
1) **Akonin** (oder $C_{25}H_{39}O_9N$). HCl + $2H_2O$ (*C.* **1904** [2] 1239).

$C_{25}H_{48}N_2J_2$ 1) **Di[Jodisoamylat] d. Sparteïn.** Sm. 230° (*Ar.* **242**, 520 *C.* **1904** [2] 1413).

— 25 IV —

$C_{25}H_{17}O_3N_4Br$ 1) **Benzoat d. 3-Phenylazo-4-[4-Bromphenyl]azo-1-Oxybenzol.** Sm. 175—176,5° (*B.* **36**, 4116 *C.* **1904** [1] 272).

$C_{25}H_{19}O_4NS$ 1) **α-Phenylsulfon-4-Nitrotriphenylmethan.** Sm. 167—168° (*B.* **37**, 608 *C.* **1904** [1] 887).

$C_{25}H_{20}O_5NP$ 1) **Triphenylester d. Phosphorsäurephenylmonamid-2-Carbonsäure.** Sm. 94° (*B.* **36**, 1827 *C.* **1903** [2] 201).

$C_{25}H_{29}O_{18}N_3S_3$ 1) **Verbindung** + $7H_2O$ (aus Taurin u. Phtalsäureanhydrid). Sm. 50° (*C.* **1903** [2] 986).

$C_{25}H_{31}O_2N_4Cl$ 1) **Menthylester d. 4-Chlorphenylazo-4-Methylphenylhydrazonessigsäure.** Sm. 145—147° (*Soc.* **83**, 1126 *C.* **1903** [2] 24, 791).

$C_{25}H_{31}O_2N_4Br$ 1) **Menthylester d. 4-Bromphenylazo-4-Methylphenylhydrazonessigsäure.** Sm. 149—151° (*Soc.* **83**, 1126 *C.* **1903** [2] 24, 791).

$C_{25}H_{33}O_2NBr_2$ 1) **N-Laurylphenyl-3, 5-Dibrom-2-Oxybenzylamin.** Sm. 50—51° (*A.* **332**, 202 *C.* **1904** [2] 211).

$C_{25}H_{35}O_2N_2J$ 1) **Jodmethylat d. Piperidomethylmorphimethin.** Sm. 248° (*B.* **36**, 1594 *C.* **1903** [2] 54).

$C_{25}H_{36}O_2N_2J_2$ 1) **Di[Jodmethylat] d. Piperidocodid.** Sm. 250° (*B.* **36**, 1593 *C.* **1903** [2] 54).

$C_{25}H_{38}O_2N_2J_2$ 1) **Jodbenzylat d. Sparteïnjodammoniumessigsäuremethylester.** Sm. 219° (*Ar.* **242**, 518 *C.* **1904** [2] 1412).
2) **isom. Jodbenzylat d. Sparteïnjodammoniumessigsäuremethylester.** Sm. 245° (*Ar.* **242**, 518 *C.* **1904** [2] 1412).

$C_{25}H_{57}N_3JP$ 1) **Methyltri[Diisobutylamido]phosphoniumjodid.** Sm. 138° (*A.* **326**, 170 *C.* **1903** [1] 762).

C_{26}-Gruppe.

$C_{26}H_{18}$ *3) **9, 10-Diphenylphenanthren.** Sm. 233—234° (*B.* **37**, 2900 *C.* **1904** [2] 1311).
4) **9, 10-Diphenylanthracen.** Sm. 240° (*C. r.* **138**, 1252 *C.* **1904** [2] 118).

$C_{26}H_{20}$ 7) **isom. 9, 10-Diphenyl-9, 10-Dihydroanthracen.** Sm. 218° (*C. r.* **138**, 1253 *C.* **1904** [2] 118).

$C_{26}H_{22}$ *1) **ααββ-Tetraphenyläthan.** Sm. 209° (*J. pr.* [2] **67**, 128 *C.* **1903** [1] 872; *J. pr.* [2] **67**, 183 *C.* **1903** [1] 875; *B.* **36**, 2825 *C.* **1903** [2] 1128).

$C_{26}H_{42}$ 2) **Kohlenwasserstoff** (aus Cholesterinphenylamidoformiat) oder $C_{27}H_{44}$. Sm. 75,5° (*Bl.* [3] **31**, 72 *C.* **1904** [1] 578).

— 26 II —

$C_{26}H_{14}O_4$ C 80,0 — H 3,6 — O 16,4 — M. G. 390.
1) **Di-β-Naphtocumarin.** Sm. oberh. 300° (*B.* **36**, 1972 *C.* **1903** [2] 377).

$C_{26}H_{16}O_3$ 3) **Lakton d. Säure** $C_{26}H_{18}O_4$. Sm. 213—219° (*B.* **29**, 2155). — *II, *1023.*

$C_{26}H_{16}O_4$ 2) **Resorcinanthrachinon** (*B.* **36**, 2022 *C.* **1903** [2] 378).

$C_{26}H_{16}N_4$ 3) **Naphtofluorindin** (*B.* **37**, 3889 *C.* **1904** [2] 1654).

$C_{26}H_{16}Cl_4$ 1) **10,10-Dichlor-9,9-Di[4-Chlorphenyl]-9,10-Dihydroanthracen.** Sm. 158,5° (*B.* **37**, 3618 *C.* **1904** [2] 1503).

$C_{26}H_{16}Br_4$ *1) **Tetra[4-Bromphenyl]äthen.** Sm. 248° (*Am.* **30**, 456 *C.* **1904** [1] 377).

$C_{26}H_{18}O$ *2) **9-Benzoyl-9-Phenylfluoren.** Sm. 172° (*B.* **37**, 2898 *C.* **1904** [2] 1310).
6) **9,10-Anhydrid d. 9,10-Dioxy-9,10-Diphenyl-9,10-Dihydrophenanthren.** Sm. 194—195° (*B.* **37**, 2903 *C.* **1904** [2] 1311).
7) **Verbindung** (aus d. Verbindung $C_{26}H_{18}O_2$). Sm. 157° (*B.* **29**, 741). — *II, *993.*

$C_{26}H_{18}O_2$ *1) **4,4'-Dibenzoylbiphenyl.** Sm. 218° (*A.* **332**, 79 *C.* **1904** [2] 43).
*3) **2,2'-Dibenzoylbiphenyl.** Sm. 165—167° (*B.* **37**, 2899 *C.* **1904** [2] 1311).
4) **Verbindung** (aus d. Säure $C_{27}H_{20}O_3$). Sm. 175° (*B.* **29**, 740). — *II, *993.*

$C_{26}H_{18}O_3$ 2) **10-Keto-9,9-Di[4-Oxyphenyl]-9,10-Dihydroanthracen.** Sm. 308 bis 309° (*B.* **36**, 2020 *C.* **1903** [2] 378; *B.* **37**, 3616 *C.* **1904** [2] 1503).
3) **Säure** (aus d. Säure $C_{26}H_{16}O_3$). Sm. 177—179° u. Zers. (*B.* **29**, 2155). — *II, *1023.*

$C_{26}H_{18}O_4$ 7) **Dibenzoat d. 3,3'-Dioxybiphenyl.** Sm. 92° (*A.* **332**, 65 *C.* **1904** [2] 42).

$C_{26}H_{18}O_6$ 2) **7-Acetoxyl-3-Benzoyl-4-Methylen-2-Phenyl-1,4-Benzpyran-2³-Carbonsäure.** Sm. 148° (*B.* **37**, 1969 *C.* **1904** [2] 231).

$C_{26}H_{18}N_4$ 2) **3,8-Di[Benzylidenamido]-5,6-Naphtisodiazin.** Sm. 210° (*C.* **1904** [1] 1614).

$C_{26}H_{18}Cl_2$ 1) **9,10-Dichlor-9,10-Diphenyl-9,10-Dihydroanthracen.** Sm. 178° u. Zers. (*C. r.* **138**, 1252 *C.* **1904** [2] 118).

$C_{26}H_{18}Br_4$ 1) **ααββ-Tetra[4-Bromphenyl]äthan.** Sm. oberh. 300° (*Am.* **30**, 458 *C.* **1904** [1] 377).

$C_{26}H_{19}N_5$ C 77,8 — H 4,7 — N 17,5 — M. G. 401.
1) **Amidonaphtyldiamidonaphtophenazin.** 2HCl (*B.* **37**, 3889 *C.* **1904** [2] 1654).

$C_{26}H_{20}O_2$ 7) **9,10-Dioxy-9,10-Diphenyl-9,10-Dihydroanthracen.** Sm. 242° (247°) (*C. r.* **138**, 327 *C.* **1904** [1] 814; *Bl.* [3] **31**, 798 *C.* **1904** [2] 529).
8) **9,10-Dioxy-9,10-Diphenyl-9,10-Dihydrophenanthren.** Sm. 202—204° (*B.* **37**, 2901 *C.* **1904** [2] 1311).
9) **isom. 9,10-Dioxy-9,10-Diphenyl-9,10-Dihydrophenanthren.** Sm. 178—179° (*B.* **37**, 2903 *C.* **1904** [2] 1311).

$C_{26}H_{20}O_6$ *2) **Rhizocarpsäure** (*C.* **1903** [2] 121).

$C_{26}H_{20}O_{11}$ C 61,4 — H 3,9 — O 34,6 — M. G. 508.
1) **Pentaacetat d. Pentaoxybrasan.** Sm. 268° (*B.* **36**, 2200 *C.* **1903** [2] 381).

$C_{26}H_{20}O_{14}$ *1) **Hexaacetat d. 1,2,3,5,6,7-Hexaoxy-9,10-Anthrachinon.** Sm. 282 bis 283° (*C.* **1903** [1] 398).

$C_{26}H_{20}N_2$ *4) **4,4'-Di[Benzylidenamido]biphenyl.** Sm. 232—233° (234°) (*Soc.* **85**, 1176 *C.* **1904** [2] 1215; *B.* **37**, 3423 *C.* **1904** [2] 1295).
*6) **Di[Diphenylmethylen]hydrazin.** Sm. 160—162° (*B.* **37**, 3180 *C.* **1904** [2] 991).
13) **4,4'-Di[Phenylimidomethyl]biphenyl.** Sm. 215° (*A.* **332**, 75 *C.* **1904** [2] 43).

$C_{26}H_{22}O$ *2) **Benzhydroläther.** Sm. 109° (*B.* **36**, 2825 *C.* **1903** [2] 1128).
5) **4'-Oxy-4-Methyltetraphenylmethan.** Sm. 201° (*B.* **37**, 659 *C.* **1904** [1] 952).

$C_{26}H_{22}O_2$ *2) **Benzpinakon.** Sm. 186° (*B.* **36**, 1577 *C.* **1903** [1] 1397; *C. r.* **136**, 694 *C.* **1903** [1] 967; *J. pr.* [2] **67**, 191 *C.* **1903** [1] 875; *B.* **36**, 2632 *C.* **1903** [2] 426; *B.* **37**, 2761 *C.* **1904** [2] 707; *C. r.* **139**, 480 *C.* **1904** [2] 1052).
5) **Lakton d. α-Oxy-α-[4-Isopropylphenyl]-βδ-Diphenyl-αγ-Butadiën-γ-Carbonsäure.** Sm. 143° (*A.* **333**, 249 *C.* **1904** [2] 1391).

$C_{26}H_{22}O_4$ 6) **Lakton d. α-Oxy-γ-Keto-β-Benzoyl-β-Phenyl-α-[4-Isopropylphenyl]propan-γ-Carbonsäure.** Sm. 140° (*A.* **333**, 240 *C.* **1904** [2] 1390).

7) isom. **Lakton d. α-Oxy-γ-Keto-β-Benzoyl-β-Phenyl-α-[4-Isopropylphenyl]propan-γ-Carbonsäure.** Sm. 126° (*A.* **333**, 254 *C.* **1904** [2] 1391).

$C_{26}H_{22}N_2$ 11) **α-Diphenylmethyl-β-Diphenylmethylenhydrazin.** Sm. 91° (*J. pr.* [2] **67**, 177 *C.* **1903** [1] 874).

12) **4,4'-Di[4-Methylphenyl]azobenzol.** Sm. 260° (*C.* **1904** [1] 1491).

$C_{26}H_{22}N_4$ *1) **anti-αβ-Di[Diphenylhydrazon]-αβ-Diphenyläthan** (*B.* **36**, 62 *C.* **1903** [1] 451).

*3) **αβ-Di[Benzylidenamido]-αβ-Diphenylhydrazin.** Sm. 187—187,5° (179—181°) (*B.* **36**, 84 *C.* **1903** [1] 452; *G.* **33** [2] 54 *C.* **1903** [2] 1057).

*4) **Dehydrobenzalphenylhydrazon.** Sm. 203—205° (*G.* **33** [2] 55 *C.* **1903** [2] 1057).

*9) **4,4'-Di[Phenylhydrazonmethyl]biphenyl.** Sm. 274° (*A.* **332**, 76 *C.* **1904** [2] 43).

$C_{26}H_{22}N_6$ 2) **3,3'-Di[Phenylhydrazonmethyl]azobenzol.** Sm. 255° (*Bl.* [3] **31**, 453 *C.* **1904** [1] 1498).

3) **4,4'-Di[Phenylhydrazonmethyl]azobenzol.** Sm. 278,5° (*Bl.* [3] **31**, 454 *C.* **1904** [1] 1498).

$C_{26}H_{24}O_4$ C 78,0 — H 6,0 — O 16,0 — M. G. 400.

1) **1⁴,6⁴-Dimethyläther d. 4-Keto-1-Oxy-2-Phenyl-1,6-Di[4-Oxyphenyl]-1,2,3,4-Tetrahydrobenzol.** Sm. 207° (*Am.* **31**, 152 *C.* **1904** [1] 807).

$C_{26}H_{24}O_5$ C 75,0 — H 5,8 — O 19,2 — M. G. 416.

1) **3³,3⁴-Dimethyläther-6-Aethyläther d. 6-Oxy-2-Phenyl-3-[3,4-Dioxybenzyliden]-2,3-Dihydro-1,4-Benzpyron.** Sm. 145—146° (*B.* **37**, 3170 *C.* **1904** [2] 1059).

$C_{26}H_{24}O_6$ 7) **3³,3⁴,7,8-Tetramethyläther d. 7,8-Dioxy-2-Phenyl-3-[3,4-Dioxybenzyliden]-2,3-Dihydro-1,4-Benzpyron.** Sm. 196° (*B.* **37**, 3171 *C.* **1904** [2] 1059).

$C_{26}H_{24}O_9$ C 65,0 — H 5,0 — O 30,0 — M. G. 480.

1) **Tetraacetat d. Ononetin.** Sm. 119—120° (*M.* **24**, 142 *C.* **1903** [1] 1033).

$C_{26}H_{24}N_2$ 4) **αβ-Di[Diphenylmethyl]hydrazin.** Sm. 133°. HCl (*J. pr.* [2] **67**, 180 *C.* **1903** [1] 875).

5) **Verbindung** (aus 2-Methylindol u. 1-Methylbenzol-4-Carbonsäurealdehyd). Sm. 217—218° (*B.* **36**, 4327 *C.* **1904** [1] 462).

$C_{26}H_{24}N_4$ 5) **Verbindung** (aus C-Acetylphenylhydroresorcin). Sm. 176—180° (*B.* **37**, 3383 *C.* **1904** [2] 1219).

$C_{26}H_{24}N_6$ 2) **1,5-Diamido-2,4-Di[1-Amido-2-Naphtylamido]benzol.** 4HCl (*B.* **37**, 3889 *C.* **1904** [2] 1654).

$C_{26}H_{25}N_3$ C 82,3 — H 6,6 — N 11,1 — M. G. 379.

1) **α-Imido-α-[4-Dimethylamidophenyl]-α-[4-p-Methylphenylamido-1-Naphtyl]methan.** Sm. 164—165°. HCl (*B.* **37**, 1907 *C.* **1904** [2] 116).

$C_{26}H_{26}O_8$ 3) **Harz** (aus Klebwachs). Sm. 66° (*R.* **22**, 141 *C.* **1903** [2] 124).

$C_{26}H_{28}O_3$ C 80,4 — H 7,2 — O 12,4 — M. G. 388.

1) **Methylester d. 4-Oxy-2-Methyl-5-Isopropyltriphenylessigmethyläthersäure.** Sm. 145—146° (*B.* **37**, 669 *C.* **1904** [1] 953).

2) **Methylester d. 4-Oxy-3-Methyl-6-Isopropyltriphenylessigmethyläthersäure.** Sm. 137—138° (*B.* **37**, 670 *C.* **1904** [1] 953).

$C_{26}H_{28}O_6$ 2) **bim. o-Cumarallyläthersäure.** Sm. 236° (*B.* **37**, 1385 *C.* **1904** [1] 1344).

$C_{26}H_{28}O_{10}$ C 62,4 — H 5,6 — O 32,0 — M. G. 500.

1) **Diacetat d. 1,2,3,5,6,7-Hexaoxy-9,10-Anthrachinontetraäthyläther.** Sm. 230—235° (D.R.P. 151724 *C.* **1904** [1] 1587).

$C_{26}H_{30}O_3$ C 80,0 — H 7,7 — O 12,3 — M. G. 390.

1) **Methyläther d. αε-Diketo-αβδε-Tetraphenyl-γ-[4-Oxyphenyl]-pentan.** Sm. 233—234° (*B.* **35**, 3972 *C.* **1903** [1] 31).

$C_{26}H_{30}O_4$ C 76,8 — H 7,4 — O 15,8 — M. G. 406.

1) **Menthylester d. β-Benzoxyl-α-Phenylakrylsäure.** Fl. (*Soc.* **81**, 1497 *C.* **1903** [1] 153).

$C_{26}H_{30}O_8$ 4) **Eudesmin.** Sm. 99° (*C.* **1897** [1] 170). — *III, *497.*

5) **Triäthylester d. Säure** $C_{20}H_{18}O_8$. Sd. 195°₁₂ (*M.* **24**, 85 *C.* **1903** [1] 769).

$C_{26}H_{32}O_6$ C 70,9 — H 7,3 — O 21,8 — M. G. 440.
1) **bim. o-Cumarpropyläthersäure.** Sm. 254° (*B.* **37**, 1385 *C.* **1904** [1] 1344).
2) **bim. o-Cumarisopropyläthersäure.** Sm. 264° (*B.* **37**, 1385 *C.* **1904** [1] 1344).

$C_{26}H_{32}O_7$ C 68,4 — H 7,0 — O 34,6 — M. G. 456.
1) **Monoäthyläther d. Dihydroflavaspidsäurexanthen.** Sm. 236° (*A.* **329**, 317 *C.* **1904** [1] 799).
2) **Globulariasäure.** Sm. 228—230° u. Zers. (*Ar.* **241**, 294 *C.* **1903** [2] 514).

$C_{26}H_{34}O_8$ C 65,8 — H 7,2 — O 27,0 — M. G. 474.
1) **Dihydroflavaspidäthyläthersäure.** Sm. 198—200° (*A.* **329**, 319 *C.* **1904** [1] 799).

$C_{26}H_{36}O_2$ C 82,1 — H 9,5 — O 8,4 — M. G. 380.
1) **Benzoat d. Spongosterin.** Sm. 128° (*H.* **41**, 115 *C.* **1904** [1] 996).

$C_{26}H_{38}O_2$ 2) **Verbindung** (aus Asclepias syriaca L.). Sm. 83—84° (*J. pr.* [2] **68**, 413 *C.* **1904** [1] 105).

$C_{26}H_{40}O$ *1) **Ergosterin.** Sm. 154° (*M.* **25**, 542 *C.* **1904** [2] 909).

$C_{26}H_{40}O_2$ 2) **Acetat d. Alstol.** Sm. 200° (*B.* **37**, 4112 *C.* **1904** [2] 1656).

$C_{26}H_{42}O$ *1) **Lupeol.** Sm. 211—212° (213°) (*H.* **41**, 474 *C.* **1904** [1] 1652; *B.* **37**, 3442 *C.* **1904** [2] 1307; *B.* **37**, 4105 *C.* **1904** [2] 1655).

$C_{26}H_{43}Cl$ *1) **Cholesterylchlorid.** Sm. 96° (*B.* **37**, 3102 *C.* **1904** [2] 1535).

$C_{26}H_{44}O$ *1) **Cholesterin.** Oxalat (*M.* **24**, 663 *C.* **1903** [2] 1236).
*5) **Phytosterin.** Sm. 132,5—133° (*C.* **1903** [2] 125; *B.* **36**, 1053 *C.* **1903** [1] 1148).
11) **Betasterin.** Sm. 117° (*B.* **36**, 975 *C.* **1903** [1] 1016).
12) **Hefecholesterin** + H_2O. Sm. 159° (*H.* **38**, 12 *C.* **1903** [1] 1429).
13) **Alkohol** + $^1/_2 H_2O$ (aus Sesamöl) (*G.* **33** [2] 259 *C.* **1904** [1] 46).
14) **Verbindung** + H_2O (aus Olivenöl). Sm. 134° (wasserfrei) (*C.* **1903** [1] 93).

$C_{26}H_{50}O_4$ 2) **Dilaurinat d. αβ-Dioxyäthan.** Sm. 54°; Sd. 188°₀ (*B.* **36**, 4340 *C.* **1904** [1] 433).

— 26 III —

$C_{26}H_{15}O_3N$ C 80,2 — H 3,9 — O 12,3 — N 3,6 — M. G. 389.
1) **β-Naphtolonaphtophenoxazon.** Sm. oberh. 360° (*B.* **36**, 1814 *C.* **1903** [2] 207).

$C_{26}H_{16}O_6N_4$ 2) **1,5-Di[4-Nitrophenylamido]-9,10-Anthrachinon** (*C.* **1903** [1] 722).

$C_{26}H_{16}O_7N_6$ C 59,5 — H 3,0 — O 21,4 — N 16,0 — M. G. 524.
1) **5-Nitro-2-[4-Nitrophenyl]-1-[4-p-Nitrobenzoylamidophenyl]-benzimidazol.** Sm. 299—300° (*B.* **37**, 1073 *C.* **1904** [1] 1273).

$C_{26}H_{16}N_2S$ 1) **Sulfid d. 5-Merkaptoakridin.** Sm. 267° (*J. pr.* [2] **68**, 85 *C.* **1903** [2] 446).

$C_{26}H_{17}O_4N$ 3) **Hydrochinonphtaleïnanilid.** Sm. 305° (*B.* **36**, 2960 *C.* **1903** [2] 1006).

$C_{26}H_{17}O_4N_3$ C 71,7 — H 3,9 — O 14,7 — N 9,7 — M. G. 435.
1) **4-[4-Nitrophenyl]-3,3'-Dioxy-2,2'-Binaphtyl** (*C. r.* **138**, 1618 *C.* **1904** [2] 338).

$C_{26}H_{18}OBr_4$ 1) **Aether d. 4,4'-Dibrom-α-Oxydiphenylmethan.** Sm. 155—156° (*Am.* **30**, 460 *C.* **1904** [1] 377).

$C_{26}H_{18}O_2N_2$ *5) **3,3'-Dibenzoylazobenzol.** Sm. 154—155° (*C.* **1903** [2] 112).
7) **1,5-Di[Phenylamido]-9,10-Anthrachinon.** Sm. 180—190° (*C.* **1903** [1] 721).
8) **αβ-Dibenzoyl-αβ-Diphenylhydrazin.** Sm. 161—162° (*C. r.* **136**, 1554 *C.* **1903** [2] 359).

$C_{26}H_{18}O_3N_2$ 2) **2,4[oder 3,4]-Di[Phenylamido]-1-Oxy-9,10-Anthrachinon** (D.R.P. 86150, 86539, 114199). — *III, *300.*
3) **3,3'-Dibenzoylazoxybenzol.** Sm. 127° (*C.* **1903** [2] 112).

$C_{26}H_{18}O_4N_2$ 2) **Dibenzoat d. 3,3'-Dioxyazobenzol.** Sm. 129° (*J. pr.* [2] **67**, 267 *C.* **1903** [1] 1221).

$C_{26}H_{18}O_4N_6$ *2) **3,6-Diphenyl-1,4-Di[4-Nitrophenyl]-1,4-Dihydro-1,2,4,5-Tetrazin.** Sm. 305° (*B.* **36**, 356 *C.* **1903** [1] 575).

$C_{26}H_{18}O_4S_2$ 1) **Verbindung** (aus 2,5-Dimerkapto-1,4-Diketohexahydrobenzoldibenzyläther). Sm. 119—121° (*A.* **336**, 151 *C.* **1904** [2] 1300).

$C_{26}H_{20}ON_2$ 7) **α-Phenylimido-α-Phenylbenzoylamido-α-Phenylmethan.** Sm. 171° (*Am.* **30**, 36 *C.* **1903** [2] 363).

$C_{26}H_{20}ON_2$ 8) **N-Benzyl-o-Methylchinophtalin.** Sm. 208° (*B.* **36**, 3919 *C.* **1904** [1] 98).

$C_{26}H_{20}ON_4$ 6) **3,3'-Di[Phenylimidomethyl]azoxybenzol.** Sm. 125° (*B.* **36**, 3471 *C.* **1903** [2] 1269).

$C_{26}H_{20}O_2N_2$ *3) **2,4'-Di[2-Oxybenzylidenamido]biphenyl.** Sm. 151—152° (*B.* **36**, 4090 *C.* **1904** [1] 269).

*5) **4,4'-Di[Benzoylamido]biphenyl.** Sm. 352° (*B.* **36**, 137 *C.* **1903** [1] 507).

*6) **Phtalyl-1-Methylindol** (*B.* **37**, 1225 *C.* **1904** [1] 1272).

12) **3,3'-Di[Benzoylamido]biphenyl** (*C.* **1903** [2] 112).

13) **Indophtalon.** Sm. 212°. HCl, K (*B.* **37**, 1221 *C.* **1904** [1] 1272).

$C_{26}H_{20}O_4N_2$ 5) **Phenylhydrazon d. Verb.** $C_{20}H_{14}O_5$. Sm. 232° (*B.* **36**, 3233 *C.* **1903** [2] 941).

$C_{26}H_{20}O_4N_6$ *1) **Di-3-Nitrobenzaldiphenylhydrotetrazon.** Sm. 166° (*B.* **36**, 94 *C.* **1903** [1] 453; *G.* **34** [2] 278 *C.* **1904** [2] 1387).

*2) **Dehydro-3-Nitrobenzalphenylhydrazon.** Sm. 216—217° (*B.* **36**, 95 *C.* **1903** [1] 453; *G.* **34** [2] 279 *C.* **1904** [2] 1387).

*3) **isom. Dehydro-3-Nitrobenzalphenylhydrazon.** Sm. 265° (*B.* **36**, 97 *C.* **1903** [1] 453; *G.* **34** [2] 280 *C.* **1904** [2] 1387).

5) **α-[Benzyliden]-β-[4-Nitrophenyl]-β-[α-4-Nitrophenylhydrazonbenzyl]hydrazin.** Sm. 238° (*B.* **36**, 354 *C.* **1903** [1] 575).

6) **4,6-Dinitro-1,3-Di[1-Amido-2-Naphtylamido]benzol.** Sm. 300° (*B.* **37**, 3888 *C.* **1904** [2] 1654).

7) **isom. Verbindung** (aus 3-Nitrobenzaldehydphenylhydrazon). Sm. 212 bis 213° (*B.* **36**, 96 *C.* **1903** [1] 453).

$C_{26}H_{20}N_2S$ 1) **Verbindung** (aus Benzanilidchlorid u. Natriumthiobenzanilid). Sm. 202 bis 204° (*C.* **1904** [1] 1003).

$C_{26}H_{20}N_4S$ *1) **2,5-Diphenylimido-3,4-Diphenyltetrahydro-1,3,4-Thiodiazol.** Sm. 135—136° (*B.* **36**, 3131 *C.* **1903** [2] 1070).

$C_{26}H_{21}ON$ 3) **2-Oxy-1-[α-Cinnamylamidobenzyl]naphtalin.** Sm. 174° (*G.* **33** [1] 33 *C.* **1903** [1] 926).

4) **ε-Keto-ε-[4-Cinnamylidenamidophenyl]-α-Phenyl-αγ-Pentadiën.** Sm. 191° (*B.* **37**, 394 *C.* **1904** [1] 657).

$C_{26}H_{21}ON_3$ 3) **α-Phenylimido-α-[β-Benzoyl-α-Phenylhydrazido]-α-Phenylmethan.** Sm. 136° (*Am.* **31**, 583 *C.* **1904** [2] 109).

4) **α-Nitroso-α-Diphenylmethyl-α-Diphenylmethylenhydrazin.** Sm. 80 bis 81° u. Zers. (*J. pr.* [2] **67**, 178 *C.* **1903** [1] 874).

5) **3'-Amido-2'-Methyl-9-[4-Amidophenyl]-1,2-Naphtakridin.** Sm. 313°. HCl, HNO_3 (*C.* **1903** [1] 883).

$C_{26}H_{22}ON_2$ 5) **Methyläther d. α-Phenylazo-4-Oxytriphenylmethan.** Sm. 115° (*B.* **36**, 2790 *C.* **1903** [2] 882).

6) **Methyläther d. α-[2-Oxyphenyl]imido-α-Diphenylamido-α-Phenylmethan.** Pikrat (*B.* **37**, 2684 *C.* **1904** [2] 521).

$C_{26}H_{22}ON_6$ 2) **3,3'-Di[Phenylhydrazonmethyl]azoxybenzol.** Sm. 198° (*Am.* **28**, 480 *C.* **1903** [1] 328; *B.* **36**, 3471 *C.* **1903** [2] 1269).

$C_{26}H_{22}O_2N_2$ 9) **3,4-Methylenäther d. α-[3,4-Dioxyphenyl]-αα-Di[2-Methyl-3-Indolyl]methan.** Sm. 213° (*B.* **36**, 4329 *C.* **1904** [1] 463; *B.* **37**, 323 *C.* **1904** [1] 668).

$C_{26}H_{22}O_2N_4$ 6) **Monoäthyläther d. 4,4'-Di[4-Oxyphenylazo]biphenyl.** Sm. 272° (*B.* **36**, 2974 *C.* **1903** [2] 1031).

$C_{26}H_{22}O_3N_2$ 3) **Anhydrophenylhydrazondiphenylketoktolaktonsäure.** Sm. 50° (*A.* **334**, 137 *C.* **1904** [2] 890).

$C_{26}H_{22}O_3S$ 1) **Methyläther d. α-Phenylsulfon-4-Oxytriphenylmethan.** Sm. 165 bis 166° (*B.* **36**, 2791 *C.* **1903** [2] 882).

$C_{26}H_{22}O_5N_2$ 4) **Phenylhydrazon d. Verb.** $C_{20}H_{16}O_6$. Sm. 241° (*B.* **36**, 3232 *C.* **1903** [2] 941).

$C_{26}H_{22}O_6S_2$ 1) **Di[4-Methylbenzolsulfonat] d. 2,2'-Dioxybiphenyl.** Sm. 171° (*A.* **332**, 63 *C.* **1904** [2] 42).

$C_{26}H_{22}N_2Cl_2$ 2) **1,3-Xylylendichinoliniumchlorid.** 2 + $PtCl_4$ (*B.* **36**, 1680 *C.* **1903** [2] 29).

$C_{26}H_{22}N_2Br_2$ 1) **1,3-Xylylendichinoliniumbromid.** Sm. 276° u. Zers. + Br_4 (*B.* **36**, 1680 *C.* **1903** [2] 29).

2) **1,4-Xylylendichinoliniumbromid.** Sm. 306°. + Br_4 (*B.* **34**, 2090).

$C_{26}H_{22}N_4S_2$ 1) **2,4'-Di[β-Phenylthioureïdo]biphenyl.** Sm. 164° (*B.* **36**, 4093 *C.* **1904** [1] 270).

$C_{26}H_{23}ON$ 2) **Methyläther d. α-Oxy-4-Phenylamidotriphenylmethan.** Sm. 127° (*B.* **37**, 612 *C.* **1904** [1] 888).
3) **Methyläther d. α-Phenylamido-4-Oxytriphenylmethan.** Sm. 138 bis 139° (*B.* **37**, 608 *C.* **1904** [1] 887).

$C_{26}H_{23}ON_3$ 2) α-Nitroso-αβ-**Di[Diphenylmethyl]hydrazin.** Sm. 135° u. Zers. (*J. pr.* [2] **67**, 186 *C.* **1903** [1] 875).
3) **Leukobase d. 3′-Amido-2′-Methyl-9-[4-Acetylamidophenyl]-1,2-Naphtakridin** (*C.* **1903** [1] 883).

$C_{26}H_{24}ON_2$ 3) **4-Dimethylamidophenyl-4-[4-Methylphenyl]amido-1-Naphtylketon.** Sm. 219° (221°) (D.R.P. 79390; *B.* **37**, 1902 *C.* **1904** [2] 115). — *III, *195*.
4) **4-Dimethylamidophenyl-?-[4-Methylphenyl]amidonaphtylketon.** Sm. 121° (*C.* **1903** [1] 87).
5) **Verbindung** (aus 2-Methylindol u. 4-Methoxylbenzaldehyd). Sm. 211 bis 212° (*B.* **36**, 4328 *C.* **1904** [1] 462).

$C_{26}H_{24}O_2N_2$ 8) **1,3-Xylylendichinoliniumhydroxyd.** 2 Chlorid + $PtCl_4$, 2 Bromid + Br_4, 2 Pikrat (*B.* **36**, 1680 *C.* **1903** [2] 29).

$C_{26}H_{24}O_8N_2$ 2) **Diäthylester d. αδ-Di[Phtalylamido]butan-αα-Dicarbonsäure.** Sm. 125° (*C.* **1903** [2] 34).

$C_{26}H_{24}O_{10}N_2$ C 59,5 — H 4,6 — O 30,5 — N 5,3 — M. G. 524.
1) **Diäthylester d. Oxalyldi[4-Amidobenzoylbrenztraubensäure].** Sm. 151° (*B.* **36**, 2699 *C.* **1903** [2] 952).

$C_{26}H_{25}O_5N$ 2) **Triäthyläther d. Hydrochinonphtaleïn-α-Oxim.** Sm. 158—159° (*B.* **36**, 2962 *C.* **1903** [2] 1006).

$C_{26}H_{26}O_4N_2$ 2) **Salicylat d. Cinchonidin.** Sm. 65—70° (D. R. R. 137207 *C.* **1903** [1] 110).

$C_{26}H_{26}O_4N_8$ *1) **1,4-Di[2,5-Diacetyldiamidophenyl]-1,4-Azophenylen** (*B.* **37**, 2908 *C.* **1904** [2] 1458).

$C_{26}H_{26}O_6N_2$ 2) **Diäthylester d. 1-Dibenzoylamido-2,5-Dimethylpyrrol-3,4-Dicarbonsäure.** Sm. 132—133° (*B.* **35**, 4315 *C.* **1903** [1] 336).

$C_{26}H_{26}O_8N_4$ C 59,8 — H 5,0 — O 24,5 — N 10,7 — M. G. 522.
1) **Diäthylester d. Dibenzoylbisdiazoacetessigsäure.** Sm. 150° (*G.* **34** [1] 191 *C.* **1904** [1] 1333).

$C_{26}H_{27}O_4N$ 5) **Triäthyläther d. Phenolphtaleïnoxim.** Sm. 142—143° (*B.* **36**, 2966 *C.* **1903** [2] 1007).

$C_{26}H_{27}O_7N_3$ C 63,3 — H 5,5 — O 22,7 — N 8,5 — M. G. 493.
1) **Salipyrinorthoform.** Sm. 76° (*A.* **325**, 318 *C.* **1903** [1] 770).
2) **isom. Salipyrinorthoform.** Sm. 75—77° (*A.* **325**, 319 *C.* **1903** [1] 770).

$C_{26}H_{28}O_3N_2$ C 75,0 — H 6,7 — O 11,5 — N 6,7 — M. G. 416.
1) **α,2-Lakton d. 4′,4″-Di[Dimethylamido]-α,4-Dioxytriphenylmethan-4-Aethyläther-2-Carbonsäure.** Sm. 167—168° (*A.* **329**, 76 *C.* **1903** [2] 1440).

$C_{26}H_{28}O_5S_2$ 1) **ε-Keto-αγ-Dibenzylsulfon-α-Phenylhexan.** Sm. 265° (*B.* **37**, 509 *C.* **1904** [1] 884).

$C_{26}H_{29}O_3N_3$ 4) **Aethyläther d. 5-Oxy-3-Keto-1,1-Di[4-Dimethylamidophenyl]-2,3-Dihydropseudoisoindol.** Sm. 242—244° (*A.* **329**, 77 *C.* **1903** [2] 1440).
5) **Inn. Anhydrid d. α-Oxy-4′,4″-Di[Dimethylamido]triphenylmethan-2-Amidoameisensäureäthylester.** Sm. 172—174° (*B.* **36**, 2786 *C.* **1903** [2] 881).

$C_{26}H_{30}O_3N_2$ 2) **4′,4″-Di[Dimethylamido]-4-Oxytriphenylmethan-4-Aethyläther-2-Carbonsäure.** Sm. 197—198° (*A.* **329**, 73 *C.* **1903** [2] 1440).

$C_{26}H_{30}O_6S_3$ 1) **ββδ-Tribenzylsulfonpentan.** Sm. 187—188° (*B.* **37**, 505 *C.* **1904** [1] 882).

$C_{26}H_{31}O_2N_3$ 2) **Aethylester d. 4′,4″-Di[Dimethylamido]triphenylmethan-2-Amidoameisensäure.** Sm. 131—132° (u. 149°) (*B.* **36**, 2785 *C.* **1903** [2] 881).
3) **Amid d. 4′,4″-Di[Dimethylamido]-4-Oxytriphenylmethan-4-Aethyläther-2-Carbonsäure.** Sm. 191—192° (*A.* **329**, 74 *C.* **1903** [2] 1440).

$C_{26}H_{31}O_4N$ 2) **1-Menthylester d. β-Phenylamidoformoxyl-α-Phenylakrylsäure.** Sm. 235—237° (*Soc.* **81**, 1498 *C.* **1903** [1] 153). — *III, *335*.

$C_{26}H_{32}O_6N_6$ C 59,5 — H 6,1 — O 18,3 — N 16,0 — M. G. 524.
1) **s-Di[β-Benzoylamidoacetylamidobutyryl]hydrazin.** Sm. 264° (*J. pr.* [2] **70**, 210 *C.* **1904** [2] 1460).

$C_{26}H_{32}O_8N_2$ 2) **Tetraäthylester d. Biphenyl-4,4′-Di[Amidomalonsäure].** Sm. 138° (*C.* **1903** [1] 35).

$C_{28}H_{33}ON_3$ *3) **Methyläther d. α-Oxytri[4-Dimethylamidophenyl]methan.** Sm. 159 bis 160° (*B.* **37**, 2875 *C.* **1904** [2] 778).

$C_{28}H_{33}O_8N$ C 64,0 — H 6,8 — O 26,3 — N 2,9 — M. G. 487.
1) **Homonarceïnäthylester.** HCl (D.R.P. 71797). — *II, *1219.*

$C_{28}H_{34}O_2N_4$ C 71,9 — H 7,8 — O 7,4 — N 12,9 — M. G. 434.
1) **Menthylester d. 4-Methylphenylazo-4-Methylphenylhydrazonessigsäure.** Sm. 134—136° (*Soc.* **83**, 1125 *C.* **1903** [2] 24, 791).

$C_{26}H_{36}O_3N_2$ C 73,6 — H 8,5 — O 11,3 — N 6,6 — M. G. 424.
1) **Dipropylderivat d. Yohimboasäure.** Sm. 135—136° (*B.* **37**, 1764 *C.* **1904** [1] 1527).

$C_{26}H_{37}O_3N$ 2) **Diäthyläther d. N-Acetyldi[4-Oxy-2-Methyl-5-Isopropylphenyl]-amin.** Sm. 89—90° (*B.* **36**, 2888 *C.* **1903** [2] 875).

$C_{26}H_{41}ON$ C 81,5 — H 10.7 — O 4,2 — N 3,6 — M. G. 383.
1) **Verbindung** (aus Lupeol) oder $C_{27}H_{41}ON$. Sm. 226° (*B.* **37**, 4108 *C.* **1904** [2] 1655).

$C_{26}H_{43}OBr_2$ 1) **Lupeoldibromid.** Sm. 154° (*B.* **37**, 4107 *C.* **1904** [2] 1655).

$C_{26}H_{43}O_6N$ *1) **Glykocholsäure** (*C.* **1903** [2] 1242).

$C_{26}H_{50}N_2Cl_2$ 2) **Di[Chlormethylat] d. 1,3-Di[Dipropylamidomethyl]benzol.** 2+$PtCl_4$ (*B.* **36**, 1678 *C.* **1903** [2] 29).

$C_{26}H_{50}N_2Br_2$ 2) **Di[Brompropylat] d. 1,3-Di[Dipropylamidomethyl]benzol.** Sm. 226°. + Br_4 (*B.* **36**, 1677 *C.* **1903** [2] 29).

$C_{26}H_{52}O_2N_2$ 2) **Di[Propyloxydhydrat] d. 1,3-Di[Dipropylamidomethyl]benzol.** 2 Chlorid + $PtCl_4$, Bromid, Pikrat (*B.* **36**, 1678 *C.* **1903** [2] 29).

— 26 IV —

$C_{26}H_{18}O_3NCl$ 1) **6-Chlor-3-Phenylamidofluoran.** Sm. 211° (D.R.P. 85885). — *III, *574.*

$C_{26}H_{18}O_{10}N_2S_2$ 1) **Diphenylester d. cis-αβ-Di[4-Nitrophenyl]äthan-2,2'-Disulfonsäure.** Sm. 172° (*Soc.* **85**, 1434 *C.* **1904** [2] 1740).
2) **Diphenylester d. trans-αβ-Di[4-Nitrophenyl]äthen-2,2'-Disulfonsäure.** Sm. 192—192,5° (*Soc.* **85**, 1434 *C.* **1904** [2] 1740).

$C_{26}H_{19}O_4NS_2$ 1) **9-Diphenylsulfonamidophenanthren.** Sm. 263—264° (*B.* **36**, 2516 *C.* **1903** [2] 507).

$C_{26}H_{20}O_2N_2Cl_4$ 1) **αβ-Di[Phenylamido]-αβ-Di[3,5-Dichlor-4-Oxyphenyl]äthan.** Sm. 158° u. Zers. (*A.* **325**, 64 *C.* **1903** [1] 462).

$C_{26}H_{20}O_2N_2S_2$ 1) **Disulfid d. Diphenylamidothiolameisensäure.** Sm. 195—196° (*B.* **36**, 2273 *C.* **1903** [2] 563).

$C_{26}H_{21}O_5N_3S$ 1) **Phenylamid d. α-Phenylsulfon-α-[4-Benzoxylphenyl]hydrazin-β-Carbonsäure.** Sm. 140° (*A.* **334**, 189 *C.* **1904** [2] 835).

$C_{26}H_{21}O_6N_3S_2$ 1) **Di[2-Naphtylsulfon]histidin.** Sm. 149—150° (*H.* **42**, 516 *C.* **1904** [2] 1290).

$C_{26}H_{22}O_3N_2Cl_4$ 1) **3-Dimethylamido-6-Diäthylamido-9³,9⁴,9⁵,9⁶-Tetrachlorfluoran.** HCl (*Bl.* [3] **25**, 747). — *III, *576.*

$C_{26}H_{23}N_3JS$ 1) **Aethyläther d. 5-Jod-3-Merkapto-1,5-Diphenyl-4-[1-Naphtyl]-4,5-Dihydro-1,2,4-Triazol.** Sm. 278° (*J. pr.* [2] **67**, 245 *C.* **1903** [1] 1264).
2) **Aethyläther d. 5-Jod-3-Merkapto-1,5-Diphenyl-4-[2-Naphtyl]-4,5-Dihydro-1,2,4-Triazol.** Sm. 208° (*J. pr.* [2] **67**, 245 *C.* **1903** [1] 1264).

$C_{26}H_{23}O_4N_2Br_3$ 1) **Acetat d. 2,5,6-Tribrom-4-Oxy-1,3-Di[Acetylphenylamidomethyl]benzol.** Sm. 145° (*B.* **37**, 3907 *C.* **1904** [2] 1592).

$C_{26}H_{24}O_3N_4S_2$ 1) **Phenylhydrazid d. α-[1-Naphtylthiosulfon]-β-Phenylhydrazonbuttersäure.** Sm. 139—140° (*J. pr.* [2] **70**, 385 *C.* **1904** [2] 1720).
2) **Phenylhydrazid d. α-[2-Naphtylthiosulfon]-β-Phenylhydrazonbuttersäure.** Sm. 156—157° (*J. pr.* [2] **70**, 385 *C.* **1904** [2] 1720).

$C_{26}H_{24}O_4N_2S_2$ *1) **4,4'-Di[Methylphenylsulfonamido]biphenyl.** Sm. 189—190° (*B.* **37**, 3772 Anm. *C.* **1904** [2] 1547).
3) **Di[Methylphenylamid] d. Biphenyl-4,4'-Disulfonsäure.** Sm. 187° (*A.* **332**, 59 *C.* **1904** [2] 41).
4) **4,4'-Di[4-Methylphenylsulfonamido]biphenyl.** Sm. 243° (*B.* **37**, 3772 *C.* **1904** [2] 1547).

$C_{26}H_{24}O_8N_2S_4$ 1) **Di[2-Naphtylsulfon]cystin.** Sm. 214° (*H.* **38**, 558 *C.* **1903** [2] 390).

$C_{26}H_{24}O_8N_4S_2$ 1) **Säure** (aus Diamingoldgelb). Na_2 (*B.* **36**, 2977 *C.* **1903** [2] 1031).

$C_{26}H_{25}O_3N_2Br_3$ 1) **1,3-Diacetylderivat d. 2,5,6-Tribrom-4-Oxy-1,3-Di[4-Methylphenylamidomethyl]benzol.** Sm. unter 100° (*B.* **37**, 3911 *C.* **1904** [2] 1593).
2) **3,4-Diacetylderivat d. 2,5,6-Tribrom-4-Oxy-1,3-Di[2-Methylphenylamidomethyl]benzol.** Sm. 193° (*B.* **37**, 3912 *C.* **1904** [2] 1593).
3) **3,4-Diacetylderivat d. 2,5,6-Tribrom-4-Oxy-1,3-Di[4-Methylphenylamidomethyl]benzol.** Sm. 187—188° (*B.* **37**, 3911 *C.* **1904** [2] 1593).

$C_{26}H_{26}O_4N_2Cl_2$ 1) **?-Dichlor-1-[?-Dimethylamido-?-Oxybenzoyl]-2-[?-Diäthylamido-3-Oxybenzoyl]benzol** (*Bl.* [3] **29**, 61 *C.* **1903** [1] 456).

$C_{26}H_{28}O_5N_2S$ 1) **Laurotetaninphenylthioharnstoff.** Sm. 211—212° (*Ar.* **236**, 616). — *III, *661.*

$C_{26}H_{38}O_3N_2J_2$ 1) **Di[Jodmethylat] d. Piperidomethylmorphimethin** (*B.* **36**, 1594 *C.* **1903** [2] 54).

$C_{26}H_{45}O_7NS$ *1) **Taurocholsäure** + H_2O. Zers. bei 100° (*H.* **43**, 127).

— 26 V —

$C_{26}H_{19}O_6NBrP$ 1) **3-Bromphenylmonamid d. Phosphorsäuredi[2-Naphtylester].** Sm. 166,5° (*A.* **326**, 234 *C.* **1903** [1] 867).

C_{27}-Gruppe.

$C_{27}H_{42}$ *4) **α-Cholesteron.** Sm. 79° (*M.* **24**, 666 *C.* **1903** [2] 1236).
6) **isom. Cholesterilen.** Sd. 280—300°$_{55}$ (*M.* **24**, 661 *C.* **1903** [2] 1236).

$C_{27}H_{46}$ 2) **Verbindung** (aus Guttapercha). Sd. 320—360°$_{20}$ (*C.* **1903** [1] 83).

— 27 II —

$C_{27}H_{12}O_9$ C 67,5 — H 2,5 — O 30,0 — M. G. 480.
1) **Tridioxybenzoylenbenzol** (*B.* **33**, 2440, 3085). — *III, *245.*

$C_{27}H_{16}O_3$ C 83,5 — H 4,1 — O 12,4 — M. G. 388.
1) **Cinnamylidenbiindon.** Sm. 243° (*B.* **34**, 3270). — *III, *245.*

$C_{27}H_{17}N$ *1) **9-Phenyl-1,2,1',2'-Dinaphtoakridin.** Sm. 297° (*B.* **36**, 592 *C.* **1903** [1] 724; *B.* **36**, 1030 *C.* **1903** [1] 1269).
2) **9-Phenyl-1,2,2',1'-Dinaphtakridin.** Sm. 254°. HBr, HNO_3 (*B.* **36**, 1031 *C.* **1903** [1] 1270).

$C_{27}H_{18}O$ *1) **Anhydrid d. Phenyldi[2-Oxynaphtyl]methan.** Sm. 190—191° (*G.* **33** [1] 26 *C.* **1903** [1] 926; *Soc.* **85**, 793 *C.* **1904** [2] 227, 529).

$C_{27}H_{18}O_2$ 3) **Verbindung** (aus 4-Oxybenzaldehyd u. β-Naphtol). (Phenyloldinaphtopyran). Sm. 207° (*C. r.* **137**, 859 *C.* **1904** [1] 103).

$C_{27}H_{19}N$ C 90,8 — H 5,3 — N 3,9 — M. G. 357.
1) **9-Phenyldihydro-1,2,1',2'-Dinaphtakridin.** Sm. 230° (*B.* **36**, 591 *C.* **1903** [1] 724; *B.* **36**, 1029 *C.* **1903** [1] 1270).
2) **9-Phenyldihydro-1,2,2',1'-Dinaphtakridin.** Sm. 240° (*B.* **36**, 1030 *C.* **1903** [1] 1270).

$C_{27}H_{20}O_3$ 3) **Säure** (aus α-Oxydiphenylessigsäure). Ag (*B.* **29**, 740). — *II, *993.*

$C_{27}H_{20}O_{10}$ C 64,3 — H 4,0 — O 31,7 — M. G. 504.
1) **Tetraacetat d. 2,3,7-Trioxy-9-[2-Oxyphenyl]fluoron.** Sm. 223 bis 224° (*B.* **37**, 2734 *C.* **1904** [2] 542).
2) **Tetraacetat d. 2,3,7-Trioxy-2-[4-Oxyphenyl]fluoron.** Sm. 242 bis 243° (*B.* **37**, 2734 *C.* **1904** [2] 542).

$C_{27}H_{22}O_2$ 2) **Monomethyläther d. 9,10-Dioxy-9,10-Diphenyl-9,10-Dihydroanthracen.** Sm. 274° (*C. r.* **138**, 1252 *C.* **1904** [2] 118).
3) **Acetat d. 4-Oxytetraphenylmethan.** Sm. 175° (*B.* **37**, 661 *C.* **1904** [1] 952).

$C_{27}H_{22}O_3$ C 82,2 — H 5,6 — O 12,2 — M. G. 394.
1) **4-Keto-1-Acetyl-3-Benzoyl-2,6-Diphenyl-1,2,3,4-Tetrahydrobenzol.** Sm. 183° (*B.* **36**, 2132 *C.* **1903** [2] 366).
2) **Anhydrid d. αα-Diphenyl-δ-[4-Isopropylphenyl]-αγ-Butadiën-βγ-Dicarbonsäure.** Sm. 139—140° (*B.* **37**, 2662 *C.* **1904** [2] 523).

$C_{27}H_{22}O_3$ 3) **5-Acetat d. 5-Oxy-1,2-Diphenyl-3-[4-Oxyphenyl]benzol-3⁴-Methyläther.** Sm. 141—142° (*Am.* **31**, 147 *C.* **1904** [1] 806).

$C_{27}H_{23}N$ C 89,7 — H 6,4 — N 3,9 — M. G. 361.
1) **9-Phenyl-9-[4-Dimethylamidophenyl]fluoren.** Sm. 141,5° (*B.* **37**, 76 *C.* **1904** [1] 519).
2) **9-[4-Methylamido-3-Methylphenyl]-9-Phenylfluoren.** Sm. 190,5°. HCl (*B.* **37**, 77 *C.* **1904** [1] 519).

$C_{27}H_{24}O$ 2) **α-Oxy-ααγγ-Tetraphenylpropan.** Sm. 95—96° (*Am.* **31**, 651 *C.* **1904** [2] 446).
3) **5-Oxy-1,2-Diphenyl-3-[4-Isopropylphenyl]benzol.** Sm. 155° (*Am.* **31**, 146 *C.* **1904** [1] 806).

$C_{27}H_{24}O_4$ C 78,6 — H 5,8 — O 15,5 — M. G. 412.
1) lab. **γε-Dibenzoyl-βζ-Diketo-δ-Phenylheptan.** Sm. 121° (*B.* **36**, 2131 *C.* **1903** [2] 366).
2) stab. **γε-Dibenzoyl-βζ-Diketo-δ-Phenylheptan.** Sm. 195° (*B.* **36**, 2131 *C.* **1903** [2] 366).
3) **αα-Diphenyl-δ-[4-Isopropylphenyl]-αγ-Butadiën-βγ-Dicarbonsäure.** Sm. 229° u. Zers. Na_2 + $3H_2O$ (*B.* **37**, 2661 *C.* **1904** [2] 523).

$C_{27}H_{24}O_9$ 2) **Tribenzoat d. Chitose.** Sm. 116° (*B.* **35**, 4022 *C.* **1903** [1] 391).

$C_{27}H_{24}O_{13}$ C 58,3 — H 4,3 — O 37,4 — M. G. 556.
1) **Alectorinsäure** + $2H_2O$. Sm. 220° wasserfrei (*J. pr.* [2] **68**, 17 *C.* **1903** [2] 511).

$C_{27}H_{24}N_2$ 6) **γ-Phenylhydrazon-ααγ-Triphenylpropan.** Sm. 137° (*Am.* **31**, 650 *C.* **1904** [2] 446).
7) **Verbindung** (aus 2-Methylindol u. Zimmtaldehyd). Sm. 206° (*B.* **36**, 4329 *C.* **1904** [1] 462).

$C_{27}H_{26}O_2$ C 84,8 — H 6,8 — O 8,4 — M. G. 382.
1) **1-Oxy-4-Keto-1,6-Diphenyl-2-[4-Isopropylphenyl]-1,2,3,4-Tetrahydrobenzol.** Sm. 231° (*Am.* **31**, 144 *C.* **1904** [1] 806).

$C_{27}H_{26}O_6$ *3) **Tribenzyliden-d-Mannit.** Sm. 213—214° (*B.* **37**, 299 *C.* **1904** [1] 647).

$C_{27}H_{29}N$ 3) **Di[4-Dimethylamidophenyl]-4-Amido-1-Naphtylmethan.** Sm. 221 bis 222° (*C.* **1903** [1] 87; *B.* **37**, 1908 *C.* **1904** [2] 115).

$C_{27}H_{30}O_{12}$ C 59,3 — H 5,5 — O 35,2 — M. G. 546.
1) **Verbindung** (aus Lariciresinol). Sm. 140—141° (*M.* **24**, 210 *C.* **1903** [2] 38).

$C_{27}H_{30}O_{15}$ 2) **Oxyapiinmethyläther** (*B.* **33**, 2337; *A.* **318**, 136). — *III, *481.*

$C_{27}H_{30}O_{16}$ C 53,1 — H 4,9 — O 42,0 — M. G. 610.
1) **Globulariacitrin.** Sm. 190° u. Zers. (*Ar.* **241**, 297 *C.* **1903** [2] 515).
2) **Rutin** + $2H_2O$ (Sophorin). Sm. 188—190° (*Ar.* **242**, 212 *C.* **1904** [1] 1651; *Ar.* **242**, 225 *C.* **1904** [1] 1651; *Ar.* **242**, 547 *C.* **1904** [2] 1405; *Ar.* **242**, 556 *C.* **1904** [2] 1405).

$C_{27}H_{30}N_4$ C 79,0 — H 7,3 — N 13,7 — M. G. 410.
1) **Di[4-Dimethylamidophenyl]-3,4-Diamido-1-Naphtylmethan.** Sm. 233—234° (*C.* **1903** [1] 88; *B.* **37**, 1909 *C.* **1904** [2] 115).

$C_{27}H_{30}N_6$ C 74,0 — H 6,8 — N 19,2 — M. G. 438.
1) **2,4,6-Tri[4-Dimethylamidophenyl]-1,3,5-Triazin.** Sm. 357° (*B.* **37**, 1738 *C.* **1904** [1] 1599).

$C_{27}H_{32}O$ C 87,1 — H 8,6 — O 4,3 — M. G. 372.
1) **3-Keto-2,4-Di[4-Isopropylphenyl]-1-Methylhexahydrobenzol.** Sd. 300°₁₀ (*C. r.* **136**, 116).

$C_{27}H_{33}N_5$ C 75,9 — H 7,7 — N 16,4 — M. G. 427.
1) **4,4',4''-Tri[Dimethylamido]hydrobenzamid.** Sm. 193°. 3HCl, Pikrat (*B.* **37**, 1736 *C.* **1904** [1] 1598).

$C_{27}H_{34}O_5$ C 74,0 — H 7,8 — O 18,2 — M. G. 438.
1) **Anhydrostrophantidinsäurelakton** + $\frac{1}{2}H_2O$. Sm. 345° (*B.* **31**, 539; **33**, 2085). — *III, *477.*

$C_{27}H_{34}O_8$ 2) **Diacetat d. Lariciresinoldiäthyläther.** Sm. 113° (*M.* **23**, 1024 *C.* **1903** [1] 288).

$C_{27}H_{36}O_3$ C 79,4 — H 8,8 — O 11,8 — M. G. 408.
1) **α-Oxy-α-Phenyl-αα-Dicamphorylmethan.** Sm. 155—156° (*B.* **36**, 2640 *C.* **1903** [2] 627).

$C_{27}H_{40}O_2$ *1) **Oxycholestenon** (*C.* **1903** [1] 815).
3) **Careleresen.** Sm. 75—77° (*Ar.* **241**, 156 *C.* **1903** [1] 1029).

$C_{27}H_{40}O_4$ C 75,7 — H 9,3 — O 15,0 — M. G. 428.
1) **Anhydrid d. Säure** $C_{27}H_{42}O_5$ (aus Cholestanonol). Sm. 172° (*B.* **36**, 3758 *C.* **1903** [2] 1418).

$C_{27}H_{42}O_2$ *1) **α-Oxycholestenol** (*C.* **1903** [1] 815).
3) **Cholestandion.** Sm. 169° (*B.* **36**, 3755 *C.* **1903** [2] 1418; *B.* **37**, 2027 *C.* **1904** [2] 184).

$C_{27}H_{42}O_3$ *1) **Oxycholestendiol** (*C.* **1903** [1] 815).

$C_{27}H_{42}O_4$ C 75,3 — H 9,8 — O 14,9 — M. G. 430.
1) **Anhydrid d. Säure** $C_{27}H_{44}O_5$. Sm. 212° (*B.* **37**, 3705 *C.* **1904** [2] 1699).

$C_{27}H_{42}O_5$ 2) **Säure** (aus Cholestanonol oder Cholestandion). Sm. 217—219°. Mg (*B.* **36**, 3756 *C.* **1903** [2] 1418).
3) **isom. Säure** (aus d. Säure $C_{27}H_{44}O_6$). Sm. 255° (*B.* **37**, 3706 *C.* **1904** [2] 1699).

$C_{27}H_{42}O_8$ C 65,6 — H 8,5 — O 25,9 — M. G. 494.
1) **Säure** (aus der Säure $C_{27}H_{44}O_5$). Sm. 174° (*B.* **37**, 3707 *C.* **1904** [2] 1699).

$C_{27}H_{44}O$ 4) **Cholestenon.** Sm. 78° (*B.* **37**, 3099 *C.* **1904** [2] 1535).
5) **Euphorbon.** Sm. 113—114° (*Ar.* **241**, 227 *C.* **1903** [2] 119).

$C_{27}H_{44}O_2$ C 81,0 — H 11,0 — O 8,0 — M. G. 400.
1) **Cholestanonol.** Sm. 142—143° (140°) (*C.* **1903** [1] 814; *B.* **36**, 3754 *C.* **1903** [2] 1417; *M.* **24**, 654 *C.* **1903** [2] 1235).

$C_{27}H_{44}O_4$ 2) **Säure** (aus Cholestandion). Sm. 185—217°. Na (*B.* **37**, 2029 *C.* **1904** [2] 184).
3) **Säure** (aus Cholesterin). Sm. 297° (corr.). Ag_2 (*B.* **36**, 3179 *C.* **1903** [2] 935; *B.* **37**, 3096 *C.* **1904** [2] 1534).

$C_{27}H_{44}O_5$ C 72,3 — H 9,8 — O 17,9 — M. G. 448.
1) **Säure** + H_2O (aus d. Säure $C_{27}H_{43}O_4Cl$). Sm. 239—240° wasserfrei (*B.* **37**, 3705 *C.* **1904** [2] 1699).

$C_{27}H_{46}O$ *1) **Cholesterin** (*C.* **1903** [1] 918, 980).

$C_{27}H_{48}O_2$ C 80,2 — H 11,9 — O 7,9 — M. G. 404.
1) **Casimirol.** Sm. 207° (*Ar.* **241**, 173 *C.* **1903** [2] 125).

$C_{27}H_{52}O_4$ C 73,6 — H 11,8 — O 14,6 — M. G. 440.
1) **Acetylcerebronsäure.** Na (*H.* **43**, 27 *C.* **1904** [2] 1550).

— 27 III —

$C_{27}H_{18}O_4N_2$ C 75,0 — H 3,7 — O 14,8 — N 6,5 — M. G. 432.
1) **Benzoat d. Oxydiphenylbenzbisoxazol.** Sm. 291° (*B.* **37**, 122 *C.* **1904** [1] 586).

$C_{27}H_{16}O_5N_2$ C 72,3 — H 3,6 — O 17,9 — N 6,2 — M. G. 448.
1) **Anhydrid d. ?-Dinitrophenyldi[2-Oxynaphtyl]methan.** Sm. 252 bis 253° u. Zers. (*Soc.* **85**, 794 *C.* **1904** [2] 227, 529).

$C_{27}H_{16}O_{11}N_4$ C 56,6 — H 2,8 — O 30,8 — N 9,8 — M. G. 572.
1) **Di[2-Nitrobenzoat] d. 4-[2-Nitrobenzoyl]amido-1,3-Dioxybenzol.** Sm. 128° (*B.* **35**, 4204 *C.* **1903** [1] 146).
2) **Di[3-Nitrobenzoat] d. 4-[3-Nitrobenzoyl]amido-1,3-Dioxybenzol.** Sm. 231° (*B.* **35**, 4203 *C.* **1903** [1] 146).
3) **Di[4-Nitrobenzoat] d. 4-[4-Nitrobenzoyl]amido-1,3-Dioxybenzol.** Sm. 266° (*B.* **35**, 4203 *C.* **1903** [1] 146).

$C_{27}H_{17}O_5N$ C 74,5 — H 3,9 — O 18,4 — N 3,2 — M. G. 435.
1) **Dibenzoat d. 5,6-Dioxy-1-Phenylbenzoxazol.** Sm. 144° (*B.* **37**, 118 *C.* **1904** [1] 586).

$C_{27}H_{18}O_2N_2$ 2) **ms-[3-Nitrophenyl]dihydro-β-Naphtakridin.** Sm. 270° (*B.* **36**, 593 *C.* **1903** [1] 724).
3) **ms-[4-Nitrophenyl]dihydro-β-Naphtakridin.** Sm. 291° (*B.* **36**, 592 *C.* **1903** [1] 724).

$C_{27}H_{19}O_5N$ C 74,1 — H 4,3 — O 18,3 — N 3,2 — M. G. 437.
1) **Dibenzoat d. 4-Benzoylamido-1,3-Dioxybenzol.** Sm. 172° (*B.* **35**, 4200 *C.* **1903** [1] 146).

$C_{27}H_{20}ON_2$ 2) **Phenylhydrazon d. 9-Keto-4-[4-Methylbenzoyl]fluoren.** Zers. bei 82° (*M.* **25**, 983 *C.* **1904** [2] 1653).
3) **N-Benzyl-α'-Phenylpyrophtalin.** Sm. 211° (*B.* **36**, 3923 *C.* **1904** [1] 98).

$C_{27}H_{20}ON_4$ C 77,9 — H 4,8 — O 3,8 — N 13,5 — M. G. 416.
1) **3-Benzoylphenylamido-1,5-Diphenyl-1,2,4-Triazol.** Sm. 148—149° (*Am.* **29**, 80 *C.* **1903** [1] 523).

$C_{27}H_{20}O_2N_2$ 2) **Verbindung** (aus Benzilsäure u. Phenylisocyanat). Sm. 181° (*Bl.* [3] **29**, 128 *C.* **1903** [1] 564).

$C_{27}H_{20}O_3N_2$ 3) **Benzoat d. α-Benzoyl-α-Phenyl-β-[2-Oxybenzyliden]hydrazin.** Sm. 170—171° (*B.* **37**, 3938 *C.* **1904** [2] 1596).

$C_{27}H_{20}O_4N_2$ 4) **Benzoat d. 3,4-Di[Benzoylamido]-1-Oxybenzol.** Sm. 220—222° (225°) (*B.* **36**, 4117 *C.* **1904** [1] 272; *B.* **36**, 4125 *C.* **1904** [1] 273).
5) **Dibenzoat d. 3,4-Dioxy-1-Phenylhydrazonmethylbenzol.** Sm. 167° (*B.* **36**, 2930 *C.* **1903** [2] 887).

$C_{27}H_{20}N_3Cl$ 1) **Nitril d. β-Diphenylhydrazon-α-[4-Chlorphenyl]-β-Phenylpropionsäure.** Sm. 95° (*J. pr.* [2] **67**, 383 *C.* **1903** [1] 1356).

$C_{27}H_{21}ON$ 2) **9-Phenyl-9-[4-Acetylamidophenyl]fluoren.** Sm. 213,5° (*B.* **37**, 75 *C.* **1904** [1] 519).
3) **9-Phenylamido-10-Keto-9-Phenyl-9,10-Dihydroanthracen.** Sm. 174—178° u. Zers. (*B.* **37**, 3339 *C.* **1904** [2] 1056).
4) **10-Acetyl-5,5-Diphenyl-5,10-Dihydroakridin.** Sm. 216,5—218,5° (*B.* **37**, 3203 *C.* **1904** [2] 1472).

$C_{27}H_{21}O_2N$ 2) **Benzoat d. Verb.** $C_{20}H_{17}ON$. Sm. 155° (*B.* **36**, 3922 *C.* **1904** [1] 98).

$C_{27}H_{21}O_3N_3$ 3) **Di[Diphenylamid] d. Oximidomalonsäure.** Sm. 237—238° u. Zers. K (*C.* **1904** [1] 1555).

$C_{27}H_{21}O_3N_5$ 2) **αγ-Di[Phenylhydrazon]-β-Keto-α-Phenyl-γ-[4-Nitrophenyl]propan.** Sm. 219° (*B.* **37**, 1533 *C.* **1904** [1] 1609).

$C_{27}H_{21}O_4N$ C 76,6 — H 5,0 — O 15,1 — N 3,3 — M. G. 423.
1) **3-Nitrobenzoat d. 4-Oxy-3-Methyltriphenylmethan.** Sm. 93—94° (*B.* **36**, 3562 *C.* **1903** [2] 1374).
2) **Dibenzoat d. αβ-Dioxy-α-Phenyl-β-[2-Pyridyl]äthan.** Sm. 88—89°. HCl + H_2O (*B.* **36**, 121 *C.* **1903** [1] 470).

$C_{27}H_{21}O_5N$ C 73,8 — H 4,8 — O 18,2 — N 3,2 — M. G. 439.
1) **4-[3-Nitrobenzoat] d. α,4-Dioxy-3-Methyltriphenylmethan.** Sm. 118—119° (*B.* **36**, 3560 *C.* **1903** [2] 1374).

$C_{27}H_{21}N_2Cl$ 1) **γ-Phenylhydrazon-βγ-Diphenyl-α-[2-Chlorphenyl]propen.** Sm. 131° (*B.* **35**, 3970 *C.* **1903** [1] 31).

$C_{27}H_{22}ON_4$ 3) **s-Di[Diphenylmethylenamido]harnstoff.** Sm. 221—223° (*B.* **37**, 3180 *C.* **1904** [2] 991).

$C_{27}H_{22}O_2N_2$ 6) **N-Benzoyl-2-Benzoylamidobenzylphenylamin.** Sm. 201—203° (*B.* **37**, 3118 *C.* **1904** [2] 1317).
7) **αβ-Dibenzoyl-α-Diphenylmethylhydrazin.** Sm. 262° (*J. pr.* [2] **67**, 169 *C.* **1903** [1] 873).
8) **Di[Phenylamid] d. Diphenylmethan-2,4'-Dicarbonsäure.** Sm. 227° (*A.* **309**, 120). — *II, *1096.*
9) **Di[Diphenylamid] d. Malonsäure.** Sm. 219—220° u. Zers. (*C.* **1904** [1] 1555).

$C_{27}H_{22}O_3N_4$ C 72,0 — H 4,9 — O 10,7 — N 12,4 — M. G. 450.
1) **2-Oxy-3,5-Di[Phenylazo]benzol-1-[α-Phenylpropionsäure].** Sm. 223° (*B.* **37**, 4134 *C.* **1904** [2] 1736).

$C_{27}H_{22}O_8N_4$ 6) **Di[Phenylazo]cyanomaklurin.** Sm. 245—247° (*Soc.* **67**, 942; *C.* **1904** [2] 439). — **III**, *684.*

$C_{27}H_{22}N_2S$ 1) **Verbindung.** Sm. 198—201° (*C.* **1904** [1] 1003).

$C_{27}H_{23}ON$ 6) **9-[4-Dimethylamidophenyl]-9-Phenylxanthen.** Sm. 195,5° (*B.* **37**, 2374 *C.* **1904** [2] 344).

$C_{27}H_{23}OBr_9$ 1) **Nonabromdehydrocholesterin.** Sm. 145° (*M.* **24**, 224 *C.* **1903** [2] 21).

$C_{27}H_{23}O_2N$ C 82,4 — H 5,8 — O 8,1 — N 3,6 — M. G. 393.
1) **5-Acetyl-3-Benzoyl-2-Methyl-4,6-Diphenyl-1,4-Dihydropyridin?** Sm. 222° (*B.* **36**, 2188 *C.* **1903** [2] 569).

$C_{27}H_{23}O_2N_3$ 2) **Di[Diphenylamid] d. Amidomalonsäure.** Sm. 200—201° (*C.* **1904** [1] 1555).

$C_{27}H_{23}O_3N$ C 79,2 — H 5,6 — O 11,7 — N 3,4 — M. G. 409.
1) **4-Oximido-1-Acetyl-3-Benzoyl-2,6-Diphenyl-1,2,3,4-Tetrahydrobenzol.** Sm. 199° (*B.* **36**, 2132 *C.* **1903** [2] 366).

$C_{27}H_{23}O_6N$ *2) **Monobenzoat d. Chelidonin.** Sm. 217° (*C.* **1904** [1] 1224).
3) **βζ-Diketo-γε-Dibenzoyl-δ-[3-Nitrophenyl]heptan.** Sm. 229—230° u. Zers. (*Soc.* **83**, 1376 *C.* **1904** [1] 164, 450).

$C_{27}H_{23}O_6N_3$ C 66,8 — H 4,7 — O 19,8 — N 8,7 — M. G. 485.
1) **Tribenzoat d. βγε-Trioximidohexan.** Zers. bei 180° (*G.* **34** [1] 46 *C.* **1904** [1] 1150).

$C_{27}H_{23}O_{12}N_3$ *2) **Tri[3-Nitrobenzyliden]-d-Mannit.** Sm. 254° (*Bl.* [3] **29**, 504 *C.* **1903** [2] 237).

$C_{27}H_{24}O_2N_2$ 5) **Dimethyläther d. α-Phenylazo-4,4'-Dioxytriphenylmethan.** Sm. 112° (*B.* **36**, 2788 *C.* **1903** [2] 882).

$C_{27}H_{24}O_2S_3$ 1) **2,3,5-Tribenzyläther d. 2,3,5-Trimerkapto-1,4-Dioxybenzol.** Sm. 94—98° (*A.* **336**, 154 *C.* **1904** [2] 1300).

$C_{27}H_{24}O_4N_4$ C 69,2 — H 5,1 — O 13,7 — N 12,0 — M. G. 468.
1) **Di[4, 6 - Dioxy - 3 - (oder 5) - Phenylazo - 2 - Methylphenyl] methan** (Methylenbisbenzolazoorcin) (*A.* **329**, 303 *C.* **1904** [1] 793).

$C_{27}H_{24}O_4S$ 1) **Dimethyläther d. α-Phenylsulfon-4,4'-Dioxytriphenylmethan.** Sm. 160—161° (*B.* **36**, 2789 *C.* **1903** [2] 882).

$C_{27}H_{24}O_6N_4$ C 64,8 — H 4,8 — O 19,2 — N 11,2 — M. G. 500.
1) **Di[2, 4, 6 - Trioxy - 3, 5 - Diphenylazo - 3 - Methylphenyl] methan** (Methylenbisbenzolazomethylphloroglucin). Sm. noch nicht bei 290° (*A.* **329**, 282 *C.* **1904** [1] 796).

$C_{27}H_{24}N_2S_3$ 1) **Di[4-Methylphenyläther] d. s-Di[4-Merkaptophenyl]thioharnstoff.** Sm. 155° (*J. pr.* [2] **68**, 272 *C.* **1903** [2] 993).

$C_{27}H_{25}O_3N_5$ C 69,4 — H 5,3 — O 10,3 — N 15,0 — M. G. 467.
1) **Phenylamido-4-Nitrophenylhydrazonmethyläther d. Dibenzylhydroxylamin.** Sm. 209° (*B.* **37**, 3237 *C.* **1904** [2] 1153).

$C_{27}H_{25}O_4N$ C 75,9 — H 5,8 — O 15,0 — N 3,3 — M. G. 427.
1) **Benzyldihydroberberin.** Sm. 161—162° (*B.* **37**, 3336 *C.* **1904** [2] 1150).

$C_{27}H_{25}O_5N$ C 73,1 — H 5,6 — O 18,1 — N 3,2 — M. G. 443.
1) **Benzoylanhydrocotarninacetophenon.** Sm. 107—108° (*B.* **37**, 2750 *C.* **1904** [2] 546).

$C_{27}H_{26}ON_2$ 2) **4-Diäthylamidophenyl-4-Phenylamido-1-Naphtylketon.** Sm. 146 bis 147° (*B.* **37**, 1903 *C.* **1904** [2] 115).

$C_{27}H_{26}OBr_6$ 1) **Hexabromdehydrocholesterin.** Sm. 112° (*M.* **24**, 224 *C.* **1903** [2] 21).

$C_{27}H_{26}O_2N_2$ 3) **2-Naphtylamid d. β-Methylbutan-βδ-Dicarbonsäure.** Sm. 150° (*C. r.* **138**, 580 *C.* **1904** [1] 925).

$C_{27}H_{26}O_4N_2$ 3) **4,4'-Di[Diacetylamido]triphenylmethan.** Sm. 172—173° (*C.* **1904** [2] 227).

$C_{27}H_{26}O_4N_6$ C 65,0 — H 5,2 — O 12,9 — N 16,9 — M. G. 498.
1) **Di[Benzylidenhydrazid] d. α-Benzoylamidoacetylamidoäthan-αβ-Dicarbonsäure.** Sm. 204° (*J. pr.* [2] **70**, 175 *C.* **1904** [2] 1396).

$C_{27}H_{26}O_6N_6$ 2) **Di[2-Oxybenzylidenhydrazid] d. α-Benzoylamidoacetylamidoäthan-αβ-Dicarbonsäure.** Sm. 209° (*J. pr.* [2] **70**, 175 *C.* **1904** [2] 1396).
3) **Di[Benzoylhydrazid] d. α-Benzoylamidoacetylamidoäthan-αβ-Dicarbonsäure.** Sm. 228° (*J. pr.* [2] **70**, 176 *C.* **1904** [2] 1396).

$C_{27}H_{27}O_2N$ 2) **4-Oximido-1-Oxy-1,6-Diphenyl-2-[4-Isopropylphenyl]-1,2,3,4-Tetrahydrobenzol.** Sm. 221—223° (*Am.* **31**, 145 *C.* **1904** [1] 806).

$C_{27}H_{27}O_3N_3$ 1) **Triäthyläther d. 2,4,6-Tri[4-Oxyphenyl]-1,3,5-Triazin.** Sm. 171° corr. (*B.* **36**, 3193 *C.* **1903** [2] 956).

$C_{27}H_{27}O_4N$ *2) **Tetramethyläther d. 6,7-Dioxy-2-Benzyl-1-[3,4-Dioxybenzyliden]-1,2-Dihydroisochinolin** (Benzylidenpapaverin; N-Benzylisopapaverin). Sm. 139—140°. Pikrat (*B.* **37**, 528 *C.* **1904** [1] 818).

$C_{27}H_{28}O_4N_2$ *4) **Salicylat d. Chinin.** Sm. 140° (D.R.P. 137207 *C.* **1903** [1] 110).

$C_{27}H_{28}O_4N_4$ *2) **Disazobenzolsantonsäure** (*B.* **36**, 1395 *C.* **1903** [1] 1300).

$C_{27}H_{28}O_7N_2$ 3) **4-Nitrobenzylhydroxyd d. Papaverin.** Salze siehe (*B.* **37**, 3811 *C.* **1904** [2] 1574).

$C_{27}H_{29}O_4N_5$ C 66,5 — H 6,0 — O 13,1 — N 14,4 — M. G. 487.
1) **Di[4-Methylphenylamid] d. α-Benzoylamidoacetylamidoäthan-α-Carbonsäure-β-Amidoameisensäure.** Sm. 216° (*J. pr.* [2] **70**, 181 *C.* **1904** [2] 1397).

$C_{27}H_{30}ON_2$ 2) **α-Benzoyl-α-[2, 4, 6-Trimethylbenzyl]-β-[2, 4, 6-Trimethylbenzyliden]hydrazin.** Sm. 142,5—143° (*C.* **1903** [1] 142).

$C_{27}H_{30}OBr_2$ 1) **Dibromdehydrocholesterin.** Sm. 62—64° (*M.* **24**, 225 *C.* **1903** [2] 21).

$C_{27}H_{30}O_4N_2$ C 72,6 — H 6,7 — O 14,4 — N 6,3 — M. G. 446.
1) **Diacetat d. 4',4''-Di[Dimethylamido]-3,4-Dioxytriphenylmethan.** Sm. 141° (*B.* **36**, 2918 *C.* **1903** [2] 1065).

$C_{27}H_{30}N_3P$ *1) Tri[1,2,3,4-Tetrahydro-1-Chinolyl]phosphin. Sm. 202—204° (*A.* **326**, 171 *C.* **1903** [1] 762).

$C_{27}H_{31}O_2N_3$ C 75,5 — H 7,2 — O 7,5 — N 9,8 — M. G. 429.
1) **Aethyläther d. 5-Oxy-3-Keto-1,1-Di[4-Dimethylamidophenyl]-2-Methyl-2,3-Dihydropseudoisoindol.** Sm. 181° (*A.* **329**, 78 *C.* **1903** [2] 1440).

$C_{27}H_{32}O_2N_4$ 2) **δδ-Di[3-Keto-1,5-Dimethyl-2-Phenyl-2,3-Dihydro-4-Pyrazolyl]-β-Methylbutan** (Isovaleryldiantipyrin). Sm. 160—161° (*C.* **1903** [1] 167).

$C_{27}H_{32}O_6S_3$ 1) **ββε-Tribenzylsulfonhexan.** Sm. 129—130° (*B.* **37**, 507 *C.* **1904** [1] 883).

$C_{27}H_{33}O_2N_3$ 6) **Aethylester d. 4',4''-Di[Dimethylamido]-3-Methyltriphenylmethan-6-Amidoameisensäure.** Sm. 158—159° (*B.* **36**, 2783 *C.* **1903** [2] 881).
7) **Methylamid d. 4',4''-Di[Dimethylamido]-4-Oxytriphenylmethan-4-Aethyläther-2-Carbonsäure.** Sm. 185° (*A.* **329**, 74 *C.* **1903** [2] 1440).

$C_{27}H_{34}O_8N_2$ C 63,0 — H 6,6 — O 24,9 — N 5,4 — M. G. 514.
1) **Diäthylester d. Methylendi[Phenylamidoessigsäurecarbonsäure].** Sm. 113—114° (*C.* **1903** [2] 835).

$C_{27}H_{40}O_2Br_2$ 1) **Dibromcholestandion.** Sm. 165° u. Zers. (*B.* **37**, 2031 *C.* **1904** [2] 185).

$C_{27}H_{41}O_3Cl$ 1) **Anhydrid d. Säure $C_{27}H_{43}O_4Cl$.** Sm. 187° (*B.* **37**, 3705 *C.* **1904** [2] 1699).

$C_{27}H_{41}O_5Br$ 1) **Bromcholestanondisäure.** Sm. 151° u. Zers. (*B.* **37**, 2032 *C.* **1904** [2] 185).

$C_{27}H_{42}O_6N_2$ C 66,1 — H 8,6 — O 19,6 — N 5,7 — M. G. 490.
1) **Nitrat d. Nitrooxycholesterin.** Sm. 128° (*C.* **1903** [1] 814).

$C_{27}H_{43}OCl$ 1) **Chlorcholestanon.** Sm. 128,5—129° (*M.* **24**, 656 *C.* **1903** [2] 1236).
2) **isom. Chlorcholestanon.** Sm. 180—181° (*B.* **37**, 2032 Anm. *C.* **1904** [2] 185; *B.* **37**, 3702 *C.* **1904** [2] 1699).

$C_{27}H_{43}O_2N$ C 78,4 — H 10,4 — O 7,7 — N 3,4 — M. G. 413.
1) **Nitrocholesterin.** Sm. 94—95° (*M.* **24**, 649 *C.* **1903** [2] 1235).

$C_{27}H_{43}O_4N$ C 72,8 — H 9,7 — O 14,4 — N 3,1 — M. G. 445.
1) **Nitrooxycholesterin.** Sm. 123—124° (*C.* **1903** [1] 814).

$C_{27}H_{43}O_4Cl$ 1) **Säure** (aus Chlorcholestanon). Sm. 243° (*B.* **37**, 3704 *C.* **1904** [2] 1699).

$C_{27}H_{43}O_5N$ C 70,3 — H 9,3 — O 17,3 — N 3,0 — M. G. 461.
1) **Oxim d. Säure $C_{27}H_{42}O_5$.** Sm. 213—214° (*B.* **37**, 3707 *C.* **1904** [2] 1699).

$C_{27}H_{43}O_8N$ *1) **Cevin** (*B.* **37**, 1946 *C.* **1904** [2] 125).

$C_{27}H_{43}O_9N$ C 61,7 — H 8,2 — O 27,4 — N 2,7 — M. G. 525.
1) **Cevinoxyd.** Sm. 275—278°. HCl, (HCl, $AuCl_3$) (*B.* **37**, 1952 *C.* **1904** [2] 126).

$C_{27}H_{44}OBr_2$ 2) **Dibromdihydroeuphorbon.** Sm. 81° (*Ar.* **241**, 240 *C.* **1903** [2] 120).

$C_{27}H_{44}O_2N_2$ C 75,7 — H 10,3 — O 7,5 — N 6,5 — M. G. 428.
1) **Dioxim d. Cholestandion.** Sm. 205° u. Zers. (*B.* **36**, 3756 *C.* **1903** [2] 1418).

$C_{27}H_{45}ON$ C 81,2 — H 11,3 — O 4,0 — N 3,5 — M. G. 399.
1) **Oxim d. Cholestenon.** Sm. 152° (*B.* **37**, 3101 *C.* **1904** [2] 1535).

— 27 IV —

$C_{27}H_{17}O_7NS$ 1) **Di[2-Naphtylester] d. 4-Nitrobenzol-1-Carbonsäure-2-Sulfonsäure.** Sm. 134° (*Am.* **30**, 384 *C.* **1904** [1] 275).

$C_{27}H_{18}O_3NCl$ 1) **6-Chlor-3-[2-Methylphenyl]amidofluoran.** Sm. 192° (D.R.P. 85885; D.R.P. 139727 *C.* **1903** [1] 790). — ***III**, *574.*
2) **6-Chlor-3-[4-Methylphenyl]amidofluoran.** Sm. 194° (D.R.P. 85885). — *III, *574.*

$C_{27}H_{19}O_2N_2Cl$ 1) **α-Benzoylimido-α-[Benzoyl-4-Chlorphenyl]amido-α-Phenylmethan.** Sm. 169° (*J. pr.* [2] **67**, 456 *C.* **1903** [1] 1421).

$C_{27}H_{21}O_{12}N_3Br_2$ 1) **Säure** (aus Dibromdehydrocholesterin). Zers. bei 198° (*M.* **24**, 226 *C.* **1903** [2] 21).

$C_{27}H_{25}O_9NS_3$ 1) **Tribenzolsulfonat d. Suprarenin** (*M.* **24**, 279 *C.* **1903** [2] 302). — ***III**, *667.*

$C_{27}H_{26}O_4NBr$ 1) **Tetramethyläther d. 6,7-Dioxy-2-Benzyl-1-[6-Brom-3,4-Dioxybenzyliden]-1,2-Dihydroisochinolin.** Sm. 113° (*B.* **37**, 3814 *C.* **1904** [2] 1575).

$C_{27}H_{27}O_6N_2Cl$ 2) **4-Nitrochlorbenzylat d. Papaverin.** Sm. 132° u. Zers. + $HgCl_2$ (*B.* **37**, 3811 *C.* **1904** [2] 1574).

$C_{27}H_{29}N_5SSi$ 1) **Verbindung** (aus Aethylsenföl u. Silicotetraphenylamid) (*Soc.* **83**, 255 *C.* **1903** [1] 572, 875).

$C_{27}H_{30}N_3SP$ *1) **Tri[1,2,3,4-Tetrahydro-1-Chinolyl]phosphinsulfid** (*A.* **326**, 219 *C.* **1903** [1] 822).

$C_{27}H_{36}ON_3P$ 1) **Tri[2,4,5-Trimethylphenylamid] d. Phosphorsäure.** Sm. 217° (*A.* **326**, 252 *C.* **1903** [1] 868).
2) **Tri[2,4,6-Trimethylphenylamid] d. Phosphorsäure.** Sm. 240° (*A.* **326**, 252 *C.* **1903** [1] 868).

$C_{27}H_{42}OClBr$ 1) **Chlorbromcholestanon.** Sm. 116—117° (*B.* **37**, 3704 *C.* **1904** [2] 1699).

$C_{27}H_{44}ONCl$ 1) **Oxim d. isom. Chlorcholestanon.** Sm. 179—181° (*B.* **37**, 3703 *C.* **1904** [2] 1699).

— 27 V —

$C_{27}H_{27}O_4NClBr$ 1) **Chlorbenzylat d. 6,7-Dioxy-1-[6-Brom-3,4-Dioxybenzyl]isochinolintetramethyläther** (*B.* **37**, 3814 *C.* **1904** [2] 1575).

C_{28}-Gruppe.

$C_{28}H_{20}$ 2) **9,10-Dibenzylidenanthracen.** Sm. 237—240° (*M.* **25**, 799 *C.* **1904** [2] 1137).

$C_{28}H_{22}$ *2) **9,10-Dibenzylanthracen.** Sm. 241° (*M.* **25**, 793 *C.* **1904** [2] 1137).
3) **$\alpha\alpha\delta\delta$-Tetraphenyl-$\alpha\gamma$-Butadiën.** Sm. 202°. + C_6H_6 (*C. r.* **136**, 695 *C.* **1903** [1] 967; *Bl.* [3] **29**, 687 *C.* **1903** [2] 566).

$C_{28}H_{24}$ 2) **polym. Stilben.** Sm. 163° (*B.* **35**, 4129 *C.* **1903** [1] 160).

$C_{28}H_{26}$ *1) **$\alpha\beta\gamma\delta$-Tetraphenylbutan.** Sm. 255° (*B.* **36**, 539 *C.* **1903** [1] 707).
4) **$\alpha\alpha\delta\delta$-Tetraphenylbutan.** Sm. 121°. + C_6H_6 (*Bl.* [3] **29**, 688 *C.* **1903** [2] 566).

$C_{28}H_{58}$ 2) **Kohlenwasserstoff** (aus Haschisch) (*C.* **1903** [2] 199).

— 28 II —

$C_{28}H_{16}O_6$ 3) **Dibenzoat d. 4,5-Dioxy-9,10-Phenanthrenchinon.** Sm. 170° (*B.* **36**, 3752 *C.* **1904** [1] 38).

$C_{28}H_{16}N_2$ 3) **1,2,2',1'-Anthrazin.** Sm. 390° (400° u. Zers.) (*B.* **36**, 1722 *C.* **1903** [2] 44; *B.* **36**, 3442 *C.* **1903** [2] 1280).

$C_{28}H_{18}O_3$ 3) **Anhydrid d. $\alpha\alpha$-Diphenyl-$\beta\beta$-Biphenylenäthan-$\alpha\beta$-Dicarbonsäure.** Sm. 256° (*B.* **29**, 738). — *II, *1109.*

$C_{28}H_{18}O_4$ 7) **Dibenzoat d. 9,10-Dioxyphenanthren.** Sm. 230—231° (D.R.P. 151981 *C.* **1904** [2] 167).

$C_{28}H_{18}O_5$ *1) **Anhydrid d. Diphenylketon-2-Carbonsäure.** Sm. 127° (*M.* **25**, 478 *C.* **1904** [2] 337).

$C_{28}H_{16}O_8$ *2) **Tetrasalicylid** (*J. pr.* [2] **69**, 29 *C.* **1904** [1] 641).

$C_{28}H_{18}N_2$ 3) **9,9'-Azophenanthren.** Zers. bei 270° (*B.* **36**, 2514 *C.* **1903** [2] 506).

$C_{28}H_{20}O_2$ 9) **4-Oxy-2-Methylphenyldinaphtopyran.** Sm. 215° (*C. r.* **138**, 283 *C.* **1904** [1] 730).
10) **4-Oxy-3-Methylphenyldinaphtopyran.** Sm. 232—233° (*C. r.* **138**, 283 *C.* **1904** [1] 730).
11) **6-Oxy-3-Methylphenyldinaphtopyran.** Sm. 249—250° (*C. r.* **138**, 284 *C.* **1904** [1] 730).

$C_{28}H_{20}O_3$ *3) **Guajakoldinaphtopyran** (Verb. aus Vanillin u. β-Naphtol). Sm. 210° (*C. r.* **137**, 860 *C.* **1904** [1] 104).

$C_{28}H_{20}O_4$ 7) **$\alpha\alpha$-Diphenyl-$\beta\beta$-Biphenylenäthan-$\alpha\beta$-Dicarbonsäure** (*B.* **29**, 734). — *II, *1109.*

$C_{28}H_{20}O_8$ C 69,4 — H 4,1 — O 26,4 — M. G. 484.
1) **5,7-Diacetoxyl-3-Benzoyl-4-Methylen-2-Phenyl-1,4-Benzpyran-2¹-Carbonsäure.** Sm. 180° u. Zers. (*B.* **37**, 1971 *C.* **1904** [2] 232).

$C_{28}H_{20}O_{11}$ 4) **Tetraacetat d. Phloroglucinphtaleïn.** Sm. 230° u. Zers. (*B.* **36**, 1073 *C.* **1903** [1] 1181).

$C_{28}H_{20}Cl_6$ *1) **Ditolanhexachlorid** (*B.* **36**, 3063 *C.* **1903** [2] 946).

$C_{28}H_{20}S$ *1) **Thionessal.** Sm. 184° (*R.* **21**, 422 *C.* **1903** [1] 503; *B.* **36**, 538 *C.* **1903** [1] 707).

$C_{28}H_{21}Br$ *1) **9-[α-Brombenzyl]-10-Benzylanthracen.** Sm. 187° (*M.* **25**, 794 *C.* **1904** [2] 1137).

$C_{28}H_{22}O$ *7) **9-[α-Oxybenzyl]-10-Benzylanthracen.** Sm. 151° (*M.* **25**, 806 *C.* **1904** [2] 1137).

$C_{28}H_{22}O_2$ 7) **Benzoat d. α-Oxy-αγγ-Triphenylpropen.** Sm. 220° (*Am.* **31**, 653 *C.* **1904** [2] 446).

$C_{28}H_{22}O_3$ 4) **Dimethyläther d. 10-Keto-9,9-Di[4-Oxyphenyl]-9,10-Dihydroanthracen.** Sm. 208° (*B.* **37**, 3618 *C.* **1904** [2] 1503).

$C_{28}H_{22}O_4$ *2) **Dibenzoat d. αα-Di[4-Oxyphenyl]äthan.** Sm. 148,9° (*C.* **1904** [1] 1650).

$C_{28}H_{22}O_5$ *1) **Dibenzilsäure** (*B.* **36**, 145 *C.* **1903** [1] 465).
2) **2,5-Dibenzoat d. 2,5,4'-Trioxydiphenylmethan-4'-Methyläther.** Sm. 125° (*B.* **37**, 3488 *C.* **1904** [2] 1301).

$C_{28}H_{24}O$ 3) **2,2,5,5-Tetraphenyltetrahydrofuran.** Sm. 182° (*C. r.* **136**, 695 *C.* **1903** [1] 967).

$C_{28}H_{24}O_2$ 4) **Acetat d. 4'-Oxy-4-Methyltetraphenylmethan.** Sm. 135° (*B.* **37**, 660 *C.* **1904** [1] 952).

$C_{28}H_{24}O_8$ 2) **Tetraguajakchinon.** Sm 135—140° (*C. r.* **137**, 1271 *C.* **1904** [1] 445).

$C_{28}H_{24}N_2$ 12) **γ-Phenylhydrazon-βγ-Diphenyl-α-[4-Methylphenyl]propen.** Sm. 187° (*B.* **35**, 3967 *C.* **1903** [1] 31).
13) **4,4'-Di[4-Methylbenzylidenamido]biphenyl.** Sm. 231° (*B.* **37**, 3423 *C.* **1904** [2] 1295).

$C_{28}H_{26}O_2$ *1) **αβ-Dioxy-αβ-Diphenyl-αβ-Di[4-Methylphenyl]äthan.** Sm. 163—164° (*B.* **37**, 2762 *C.* **1904** [2] 707).
5) **αδ-Dioxy-ααδδ-Tetraphenylbutan.** Sm. 208° (202°) (*C. r.* **136**, 694 *C.* **1903** [1] 967; *B.* **37**, 2641 *C.* **1904** [2] 529).

$C_{28}H_{26}O_8$ C 68,6 — H 5,3 — O 26,1 — M. G. 490.
1) **Tetraguajakhydrochinon.** Sm. 115—120° (*C. r.* **137**, 1271 *C.* **1904** [1] 445).

$C_{28}H_{26}N_2$ 6) **α-Phenylazotri[4-Methylphenyl]methan.** Sm. 113—116° u. Zers. (*B.* **37**, 3160 *C.* **1904** [2] 1048).

$C_{28}H_{27}N$ C 89,1 — H 7,2 — N 3,7 — M. G. 377.
1) **α-Phenylamidotri[4-Methylphenyl]methan.** Sm. 131° (*B.* **37**, 3159 *C.* **1904** [2] 1048).

$C_{28}H_{28}O_6$ 2) **Tribenzoat d. δ-Oxy-γγ-Di[Oxymethyl]-β-Methylbutan.** Sm. 55° (*B.* **36**, 1346 *C.* **1903** [1] 1298).

$C_{28}H_{28}N_2$ 8) **α-Phenylhydrazidotri[4-Methylphenyl]methan** (*B.* **37**, 3160 *C.* **1904** [2] 1049).
9) **Verbindung** (aus 2-Methylindol u. Cuminol). Sm. 218—219° (*B.* **36**, 4329 *C.* **1904** [1] 463).

$C_{28}H_{31}N_3$ C 82,1 — H 7,6 — N 10,3 — M. G. 409.
1) **Di[4-Dimethylamidophenyl]-4-Methylamido-1-Naphtylmethan.** Sm. 201—202° (*C.* **1903** [1] 87; *B.* **37**, 1908 *C.* **1904** [2] 115).

$C_{28}H_{32}O_{17}$ C 52,5 — H 5,0 — O 42,5 — M. G. 640.
1) **Cocacitrin** + $3H_2O$. Sm. 186° (wasserfrei) (*J. pr.* [2] **66**, 403 *C.* **1903** [1] 527).

$C_{28}H_{38}O_2$ C 82,8 — H 9,3 — O 7,9 — M. G. 406.
1) **γϑ-Diketo-εζ-Di[4-Isopropylphenyl]dekan.** Sm. 169,5° (*A.* **330**, 260 *C.* **1904** [1] 947).
2) **βη-Diketo-δε-Di[4-Isopropylphenyl]-γζ-Dimethyloktan.** Sm. 145,5° (*A.* **330**, 263 *C.* **1904** [1] 947).

$C_{28}H_{38}O_{19}$ *4) **Oktoacetat d. Melibiose.** Sm. 170—171° (*C.* **1904** [1] 1645).
9) **Oktacetylcellose.** Sm. 228—229° (*Bl.* [3] **31**, 856 *C.* **1904** [2] 644).
10) **isom. Oktacetylcellose.** Sm. 196° (*Bl.* [3] **31**, 856 *C.* **1904** [2] 644).
11) **Oktaacetat d. Mannobiose** $C_{12}H_{22}O_{11}$ (aus Salepschleim) (*B.* **36**, 3201 *C.* **1903** [2] 1055).

$C_{28}H_{44}O_2$ *2) **Acetat d. Lupeol.** Sm. 210° (*B.* **37**, 4108 *C.* **1904** [2] 1655).
3) **Phenylester d. Behenolsäure.** Sm. 43° (*B.* **36**, 3602 *C.* **1903** [2] 1314).

$C_{28}H_{44}O_3$ C 78,5 — H 10,3 — O 11,2 — M. G. 428.
1) **Formiat d. Cholestanonol.** Sm. 104—105° (*B.* **36**, 3754 *C.* **1903** [2] 1417).

$C_{28}H_{48}O$ 2) **Verbindung** (aus Asclepias syriaca L.). Sm. 180—181° (*J. pr.* [2] **68**, 456 *C.* **1904** [1] 191).

$C_{28}H_{48}O_2$ 5) **Arnisterin.** Sm. 249—250°. + C_2H_6O (*C. r.* **138**, 765 *C.* **1904** [1] 1224).

$C_{28}H_{46}O_2$ 6) **Verbindung** (aus Asclepias syriaca L.). Sm. 40—45° (*J. pr.* [2] **68**, 398 *C.* **1904** [1] 105).

$C_{28}H_{46}O_4$ C 75,3 — H 10,3 — O 14,4 — M. G. 446.
1) **Methylester d. Säure** $C_{27}H_{44}O_4$. Sm. 105° (*B.* **37**, 2030 *C.* **1904** [2] 184).
2) **Monomethylester d. Säure** $C_{27}H_{44}O_4$ (aus Cholesterin). Sm. 125° (*B.* **37**, 3098 *C.* **1904** [2] 1535).

$C_{28}H_{48}O$ 3) **Anthesterin** (oder $C_{29}H_{50}O$). Sm. 221—223° (*Bl.* [3] **27**, 1231 *C.* **1903** [1] 237).

$C_{28}H_{48}O_{14}$ 1) **Herniariasäure** (*C.* **1904** [1] 1215).

$C_{28}H_{50}O_2$ C 80,4 — H 12,0 — O 7,6 — M. G. 418.
1) **Oleat d. Borneol.** Sd. 295°$_{18}$ (*C. r.* **136**, 238 *C.* **1903** [1] 584).

$C_{28}H_{52}O_2$ *1) **Stearat d. d-Borneol** (*C. r.* **136**, 238 *C.* **1903** [1] 584).

$C_{28}H_{52}N_2$ C 80,8 — H 12,5 — N 6,7 — M. G. 416.
1) **1,3-Di[Diisoamylamidomethyl]benzol.** Fl. (2HCl, $PtCl_4$), 2 Pikrat (*B.* **36**, 1676 *C.* **1903** [2] 29).

$C_{28}H_{56}O_2$ *5) **Acetat d. Cerylalkohol.** Sm. 64,3° (*B.* **36**, 1053 *C.* **1903** [1] 1148).

— 28 III —

$C_{28}H_{12}O_4N_2$ C 76,4 — H 2,7 — O 14,5 — N 6,4 — M. G. 440.
1) **1,2,2′,1′-Anthrachinonazin.** H_2SO_4 (*B.* **36**, 3434 *C.* **1903** [2] 1279).

$C_{28}H_{12}N_2Br_4$ 1) **2,7,2′,7′-Tetrabromphenanthrazin** (aus 2,7-Dibrom-9,10-Phenanthrenchinon). Sm. noch nicht bei 350° (*B.* **37**, 3570 *C.* **1904** [2] 1403).

$C_{28}H_{14}O_4N_2$ C 76,0 — H 3,2 — O 14,5 — N 6,3 — M. G. 442.
1) **Indanthren.** Zers. bei 470—500° (*B.* **36**, 931 *C.* **1903** [1] 1031; *B.* **36**, 3412 *C.* **1903** [2] 1276; *B.* **36**, 3427 *C.* **1903** [2] 1278).

$C_{28}H_{14}N_2Br_2$ 1) **Dibromphenanthrazin** (aus 2-Brom-9,10-Phenanthrenchinon). Sm. noch nicht bei 350° (*B.* **37**, 3562 *C.* **1904** [2] 1401).

$C_{28}H_{15}O_4N_3$ C 73,5 — H 3,3 — O 14,0 — N 9,2 — M. G. 457.
1) **4-Amidoindanthren** (*B.* **36**, 3438 *C.* **1903** [2] 1280).

$C_{28}H_{16}O_2N_2$ C 81,5 — H 3,9 — O 7,8 — N 6,8 — M. G. 412.
1) **Anthranonazin** (*B.* **36**, 3440 *C.* **1903** [2] 1280).
2) **Verbindung** (aus Indanthren) (*B.* **36**, 933 *C.* **1903** [1] 1032).

$C_{28}H_{16}O_{11}Cl_4$ 1) **Tetraacetat d. Tetrachlordioxyfluoresceïn.** Sm. 280° (*B.* **36**, 1077 *C.* **1903** [1] 1182).

$C_{28}H_{17}O_2N$ 2) **β-Naphtylchinophtalon.** Sm. 326° (*B.* **37**, 3017 *C.* **1904** [2] 1409).
3) **β-Naphtylisochinophtalon.** Sm. 273° (*B.* **37**, 3017 *C.* **1904** [2] 1409).

$C_{28}H_{18}ON_2$ C 84,4 — H 4,5 — O 4,0 — N 7,1 — M. G. 398.
1) **9,9′-Azoxyphenanthren.** Zers. bei 254—255°. + C_2H_6O (*B.* **36**, 2512 *C.* **1903** [2] 506).

$C_{28}H_{18}O_2N_2$ 4) **1,4-Di[Benzoylamido]naphtalin.** Sm. 280,5° (*B.* **36**, 4149, 4150 *C.* **1904** [1] 187).
5) **αβ-Dibenzoyl-α-[1-Naphtyl]hydrazin.** Sm. 195—196° (*B.* **36**, 4149 *C.* **1904** [1] 187).
6) **N-Dihydroanthranonazin** (*B.* **36**, 3439 *C.* **1903** [2] 1280).

$C_{28}H_{18}O_{11}Cl_2$ 1) **Tetraacetat d. Dichlordioxyfluoresceïn.** Sm. 276° (*B.* **36**, 1081 *C.* **1903** [1] 1182).

$C_{28}H_{18}O_{11}Br_2$ 2) **Tetraacetat d. Dibromdioxyfluoresceïn.** Sm. 272° (*B.* **36**, 1082 *C.* **1903** [1] 1182).

$C_{28}H_{20}O_4N_2$ 4) **Tetrabenzoylhydrazin.** Sm. 238° (220°) (*Bl.* [3] **31**, 626 *C.* **1904** [2] 97; *J. pr.* [2] **70**, 275 Anm. *C.* **1904** [2] 1544).

$C_{28}H_{20}O_4N_6$ C 66,6 — H 4,0 — O 12,7 — N 16,6 — M. G. 504.
1) **αβ-Di[3-(3-Carboxylphenyl)azobenzyliden]hydrazin** (*B.* **36**, 3473 *C.* **1903** [2] 1269).

$C_{28}H_{20}O_5N_4$ C 68,3 — H 4,0 — O 16,3 — N 11,4 — M. G. 492.
1) **N-4-Formylphenyläther d. 4-Azoxybenzaldoxim** (*B.* **36**, 794 *C.* **1903** [1] 968; *B.* **36**, 2307 *C.* **1903** [2] 429).

$C_{28}H_{20}O_6N_4$ C 66,1 — H 3,9 — O 18,9 — N 11,0 — M. G. 508.
1) **?-Dinitro-1,5-Di[4-Methylphenylamido]-9,10-Anthrachinon** (D.R.P. 142512 *C.* **1903** [2] 84).
2) **?-Dinitro-1,8-Di[4-Methylphenylamido]-9,10-Anthrachinon** (D.R.P. 142512 *C.* **1903** [2] 84).

$C_{28}H_{20}O_7N_6$ C 60,9 — H 3,6 — O 20,3 — N 15,2 — M. G. 552.
1) **Verbindung** (aus 1,3-Dinitrobenzol u. Benzylcyanid). Zers. bei 97° (*B.* **37**, 838 *C.* **1904** [1] 1202).

35*

$C_{28}H_{20}O_{10}Br_2$ 1) **Aethylester d. Triacetyldibromdioxyfluoresceïn.** Sm. 252° (*B.* **36**, 1083 *C.* **1903** [1] 1182).

$C_{28}H_{21}O_4N$ 5) **Dimethyläther d. Hydrochinonphtaleïnanilid.** Sm. 183° (*B.* **36**, 2960 *C.* **1903** [2] 1006).
6) **4-Benzylphenylester d. α-Phenyl-β-[4-Nitrophenyl]akrylsäure.** Sm. 155—156° (*G.* **33** [2] 457 *C.* **1904** [1] 654).

$C_{28}H_{21}O_5N$ 2) **Dimethylenäther d. 3,4-Dioxycinnamylidenmethyl-4-[3,4-Dioxycinnamyliden]amidophenylketon.** Sm. 195—196° u. Zers. (*B.* **37**, 1701 *C.* **1904** [1] 1497).

$C_{28}H_{22}O_2N_2$ 4) **1,4-Di[4-Methylphenylamido]-9,10-Anthrachinon** (Chinizaringrün). Sm. 218° (D.R.P. [illegible], 2 [illegible], 126803; *C.* **1904** [2] 339). — *III, *297.*
5) **β-Benzoylimido-β-Phenylbenzoylamido-α-Phenyläthan.** Sm. 175° (*C.* **1903** [2] 831).
6) **α-Benzoylimido-α-[Benzoyl-2-Methylphenyl]amido-α-Phenylmethan.** Sm. 167° (*C.* **1903** [2] 831).
7) **1,5-Di[4-Methylphenylamido]-9,10-Anthrachinon.** Sm. 200—210° (*C.* **1903** [1] 722).

$C_{28}H_{22}O_3N_2$ 5) **Benzoat d. 4-Oxy-3-Benzoylphenylhydrazonmethyl-1-Methylbenzol.** Sm. 164° (*B.* **35**, 4107 *C.* **1903** [1] 150).
6) **Benzoat d. 2-Oxy-1-Benzoyl-3-Phenyl-1,2,3,4-Tetrahydro-1,3-Benzdiazin.** Sm. 168—169° (*B.* **37**, 3119 *C.* **1904** [2] 1317).

$C_{28}H_{22}O_4S_3$ 1) **1,4-Diacetat d. 2,3,5-Trimerkapto-1,4-Dioxybenzol-2,3,5-Triphenyläther.** Sm. 101—101,5° (*A.* **336**, 141 *C.* **1904** [2] 1299).

$C_{28}H_{22}O_5N_4$ C 68,0 — H 4,4 — O 16,2 — N 11,3 — M. G. 494.
1) **Aethyläther d. 4,4'-Di[4-Nitrobenzylidenamido]-3-Oxybiphenyl.** Sm. 182—183° (*B.* **36**, 4073 *C.* **1904** [1] 267).

$C_{28}H_{23}O_2N_3$ 4) **3'-Acetylamido-2'-Methyl-9-[4-Acetylamidophenyl]-1,2-Naphtakridin.** Sm. 354° (*C.* **1903** [1] 884).

$C_{28}H_{24}ON_2$ 5) **α-Acetyl-α-Diphenylmethyl-β-Diphenylmethylenhydrazin.** Sm. 145° (*J. pr.* [2] **67**, 178 *C.* **1903** [1] 874).

$C_{28}H_{24}OS$ 1) **Benzyläther d. γ-Keto-α-Merkapto-αβγ-Triphenylpropan.** Sm. 207° (*B.* **37**, 505 *C.* **1904** [1] 882).

$C_{28}H_{24}O_2N_2$ *16) **1,4-Di[4-Methylphenylamido]-9,10-Dioxyanthracen** (*C.* **1904** [2] 339).
17) **1,5-Di[4-Methylphenylamido]-9,10-Dioxyanthracen.** Sm. 207° (*C.* **1904** [2] 340).
18) **Di[Phenylamid] d. αβ-Diphenyläthan-4,4'-Dicarbonsäure.** (*B.* **37**, 3218 *C.* **1904** [2] 1120).

$C_{28}H_{24}O_2N_4$ 2) **α-Imido-α-Benzoylamido-α-[β-Benzoyl-β-Phenyl-α-4-Methylphenylhydrazido]methan.** Sm. 279° (*Am.* **29**, 81 *C.* **1903** [1] 523).
3) **Dimethyläther d. 1,4-Diphenyl-3,6-Di[4-Oxyphenyl]-1,4-Dihydro-1,2,4,5-Tetrazin.** Sm. 173,5—174,5° (*B.* **36**, 371 *C.* **1903** [1] 577).

$C_{28}H_{24}O_3N_2$ *4) **Dibenzoylderivat d. 4-Dimethylamido-3'-Oxydiphenylamin.** Sm. 112° (*J. pr.* [2] **69**, 236 *C.* **1904** [1] 1269).
*5) **Dibenzoylderivat d. 4-Dimethylamido-4'-Oxydiphenylamin.** Sm. 210° (*J. pr.* [2] **69**, 165 *C.* **1904** [1] 1268).
12) **4,4'-Di[4-Methoxylbenzylidenamido]-2-Oxybiphenyl.** Sm. 200° (*B.* **36**, 4114 *C.* **1904** [1] 272).
13) **3-Aethyläther d. 4,4'-Di[2-Oxybenzylidenamido]-3-Oxybiphenyl.** Sm. 136—137° (*B.* **36**, 4073 *C.* **1904** [1] 267).

$C_{28}H_{24}O_3S$ 1) **α-Keto-γ-Benzylsulfon-αβγ-Triphenylpropan.** Sm. 252—254° (*B.* **37**, 506 *C.* **1904** [1] 882).

$C_{28}H_{24}O_7N_2$ *1) **Orceïn** (*M.* **24**, 902 *C.* **1904** [1] 513).

$C_{28}H_{24}N_2S_6$ 1) **Dibenzyläther d. Di[Phenylimidomerkaptomethyl]disulfid.** Sm. 121° (*B.* **36**, 2265 *C.* **1903** [2] 562).

$C_{28}H_{25}O_5N$ C 73,8 — H 5,5 — O 17,6 — N 3,1 — M. G. 455.
1) **Benzoyldehydrocorybulbin.** Sm. 173—174°. HCl + $2H_2O$, + $CHCl_3$, + Aceton (*Ar.* **241**, 642 *C.* **1904** [1] 161).

$C_{28}H_{26}ON_2$ C 82,8 — H 6,4 — O 3,9 — N 6,9 — M. G. 406.
1) **α-Acetyl-αβ-Di[Diphenylmethyl]hydrazin.** Sm. 158° (*J. pr.* [2] **67**, 188 *C.* **1903** [1] 875).

$C_{28}H_{26}O_2N_4$ *4) **Dimethyläther d. Dehydro-4-Oxybenzalphenylhydrazon.** Sm. 197 bis 198° (*B.* **36**, 68 *C.* **1903** [1] 451).

$C_{28}H_{28}O_2N_4$ 12) **Diäthyläther d. 4,4'-Di[4-Oxyphenylazo]biphenyl.** Sm. 252—253° (*B.* **36**, 2074 *C.* **1903** [2] 1031).

$C_{28}H_{28}N_5J$ *1) **Jodmethylat d. Base** $C_{27}H_{25}N_5$ (*J. pr.* [2] **66**, 576 *C.* **1903** [1] 589).

$C_{28}H_{28}ON_2$ 2) **4-Diäthylamidophenyl-4-[4-Methylphenyl]amido-1-Naphtylketon.** Sm. 176—177° (*B.* **37**, 1903 *C.* **1904** [2] 115).

$C_{28}H_{29}ON$ C 85,0 — H 7,3 — O 4,1 — N 3,5 — M. G. 395.
1) **γ-Keto-γ-[4-Isopropylbenzylidenamidophenyl]-α-[4-Isopropylphenyl]propen.** Sm. 128° (*B.* **37**, 394 *C.* **1904** [1] 657).

$C_{28}H_{30}O_3N_2$ 2) **s-Tetraäthylrhodamin** (D. R. P. 44002, 48367, 81056, 87028, 89092). — *III, *575.*

$C_{28}H_{30}O_{10}N_4$ *1) **4,4'-Biphenyldihydrazon d. Oxalessigsäurediäthylester** (*Bl.* [3] **31**, 87 *C.* **1904** [1] 580).

$C_{28}H_{30}N_5Cl$ 1) **Chlorid d. α-Oxy-αα-Di[4-Dimethylamidophenyl]-α-[4-Methylamido-1-Naphtyl]methan** (*B.* **37**, 1912 *C.* **1904** [2] 115).
2) **Chlormethylat d. α-Phenylimido-α-[4-Dimethylamidophenyl]-α-[4-Aethylamido-1-Naphtyl]methan** (*B.* **37**, 1904 *C.* **1904** [2] 116).

$C_{28}H_{30}N_5J$ 1) **Jodmethylat d. α-[4-Dimethylamidophenyl]-αα-Di[2-Methyl-3-Indolyl]methan.** Sm. 181—182° (*B.* **37**, 323 *C.* **1904** [1] 668).

$C_{28}H_{31}O_2N_2$ 2) **Imid d. s-Tetraäthylrhodamin.** Sm. 229° (D. R. P. 81264). — *III, *576.*

$C_{28}H_{31}N_4P$ 1) **Tri[2-Methylphenylamido]phosphin-2-Methylphenylimid.** HCl, (2HCl, $PtCl_4$), HNO_3 (*C. r.* **138**, 816 *C.* **1904** [1] 1204).

$C_{28}H_{32}O_2N_2$ C 78,5 — H 7,5 — O 7,5 — N 6,5 — M. G. 428.
1) **Lakton d. α-Oxy-4,4'-Di[Diäthylamido]triphenylmethan-2''-Carbonsäure** (Diäthylanilinphtaleïn). Sm. 126° (*C. r.* **126**, 1251). — *II, *1019.*

$C_{28}H_{35}O_3N_3$ C 75,5 — H 7,8 — O 7,2 — N 9,4 — M. G. 445.
1) **Dimethylamid d. 4',4''-Di[Dimethylamido]-4-Oxytriphenylmethan-4-Aethyläther-2-Carbonsäure.** Sm. 139—140° (*A.* **329**, 75 *C.* **1903** [2] 1440).

$C_{28}H_{35}O_3N_3$ C 72,9 — H 7,6 — O 10,4 — N 9,1 — M. G. 461.
1) **Aethylester d. α-Oxy-4',4''-Di[Dimethylamido]triphenylmethan-α-Aethyläther-2-Amidoameisensäure.** Sm. 161—162° u. Zers. (*B.* **36**, 2785 *C.* **1903** [2] 881).
2) **Dimethylamid d. 4',4''-Di[Dimethylamido]-α,4-Dioxytriphenylmethan-4-Aethyläther-2-Carbonsäure.** Sm. 188° (*A.* **329**, 79 *C.* **1903** [2] 1441).

$C_{28}H_{40}O_4N_2$ *1) **Cephaëlin** (*C.* **1903** [1] 92).

$C_{28}H_{40}O_5N_2$ C 69,4 — H 8,3 — O 16,5 — N 5,8 — M. G. 484.
1) **Emetin.** (HJ, J_7) (*C.* **1898** [2] 1190). — *III, *656.*

$C_{28}H_{42}O_4N_2$ C 71,5 — H 8,9 — O 13,6 — N 6,0 — M. G. 470.
1) **Diisobutylderivat d. Yohimboasäure.** Sm. 137—138° (*B.* **37**, 1764 *C.* **1904** [1] 1527).

$C_{28}H_{43}O_6N_3$ C 65,0 — H 8,3 — O 18,6 — N 8,1 — M. G. 517.
1) **Verbindung** (aus Cholesterin). Sm. 147—148° (*C.* **1903** [1] 814).

$C_{28}H_{45}ON$ *1) **Phenylamid d. Behenolsäure.** Sm. 72° (*B.* **36**, 3602 *C.* **1903** [2] 1314).

$C_{28}H_{46}O_9N$ C 62,2 — H 8,5 — O 26,6 — N 2,6 — M. G. 540.
1) **Isopyroin.** Sm. 160°. HCl, (2HCl, $PtCl_4$) (*C.* **1903** [1] 650).

$C_{28}H_{47}ON_3$ C 76,2 — H 10,7 — O 3,6 — N 9,5 — M. G. 441.
1) **Semicarbazon d. Cholestenon.** Sm. 240° (*B.* **37**, 3100 *C.* **1904** [2] 1535).

$C_{28}H_{47}O_4N$ C 72,9 — H 10,2 — O 13,9 — N 3,0 — M. G. 461.
1) **Methylester d. Oximsäure** $C_{27}H_{45}O_4N$. Sm. 148° (*B.* **37**, 2030 *C.* **1904** [2] 184).

$C_{28}H_{56}O_8N_{14}$ C 46,9 — H 7,8 — O 17,9 — N 27,4 — M. G. 716.
1) **Clupeon.** 2(2HCl, $PtCl_4$) (*H.* **37**, 109 *C.* **1903** [1] 236).

— 28 IV —

$C_{28}H_{10}O_4N_2Br_2$ 1) **Indanthren C.** (*B.* **36**, 931 *C.* **1903** [1] 1032).

$C_{28}H_{13}O_4N_2Cl$ 1) **4-Chlorindanthren** (*B.* **36**, 3436 *C.* **1903** [2] 1279).

$C_{28}H_{16}O_2N_4S$ 1) **Phenylsulfondihydrochinoxalophenanthrazin.** Sm. oberh. 300° (*B.* **36**, 4044 *C.* **1904** [1] 183).
2) **Phenylsulfondinaphtofluoflavin.** Sm. oberh. 300° (*B.* **36**, 4046 *C.* **1904** [1] 184).

$C_{28}H_{20}O_4NCl$ 1) **Aethyläther d. 6-Chlor-3-[4-Oxyphenyl]amidofluoran.** Sm. 192° (D. R. P. 85885). — *III, *574.*

$C_{28}H_{22}O_5N_2S$ 1) **1,4-Di[4-Methylphenylamido]-9,10-Anthrachinon-1²- oder -1³-Sulfonsäure** (Alizarincyaningrün) (*C.* **1904** [1] 101; **1904** [2] 339).

$C_{28}H_{22}O_8N_2S_2$ 1) **1,4-Di[4-Methylphenylamido]-9,10-Anthrachinon-1²,6[oder 1³,6]-Disulfonsäure** (Anthrachinongrün GX) (*C.* **1904** [2] 340).

$C_{28}H_{22}O_{12}N_4S_2$ 1) **Disazoverbindung** (aus 4,4'-Diamido-3,3'-Dimethylbiphenyl-6,6'-Disulfonsäure u. 2-Oxybenzol-1-Carbonsäure). Ba_2 (*J. pr.* [2] **66**, 567 *C.* **1903** [1] 519).

$C_{28}H_{23}O_2N_2Br$ 1) **7-Aethyläther d. 2,7-Dioxy-2,3-Diphenyl-1-[3-Bromphenyl]-1,2-Dihydro-1,4-Benzdiazin.** Sm. 166—169° (*B.* **36**, 3868 *C.* **1904** [1] 92).

$C_{28}H_{24}O_2N_2S_2$ 3) **Di[4-(4-Methylphenyl)merkaptophenylamid] d. Oxalsäure** (Di-p-Thiotolyloxanilid). Sm. 242° (*J. pr.* [2] **68**, 269 *C.* **1903** [2] 993).

$C_{28}H_{24}O_2N_2Se_2$ 1) **Di[Diphenylamid] d. Dimethyldiselenid-αα'-Dicarbonsäure.** Sm. 123—124° (*Ar.* **241**, 221 *C.* **1903** [2] 104).

$C_{28}H_{24}O_8N_4S_2$ *1) **Aethylbrillantgelb** (*B.* **36**, 2976 *C.* **1903** [2] 1031).

$C_{28}H_{26}ON_4S_2$ 1) **Aethyläther d. 4,4'-Di[β-Phenylthioureïdo]-3-Oxybiphenyl** (*B.* **36**, 4074 *C.* **1904** [1] 267).

$C_{28}H_{27}O_4N_2Br_3$ 1) **Acetat d. 2,5,6-Tribrom-4-Oxy-1,3-Di[Acetyl-4-Methylphenylamidomethyl]benzol.** Sm. 154° (*B.* **37**, 3910 *C.* **1904** [2] 1593).

$C_{28}H_{28}O_4N_2S_2$ 2) **3,3'-Di[Methyl-4-Methylphenylsulfonamido]biphenyl.** Sm. 150° (*A.* **332**, 61 *C.* **1904** [2] 41).
3) **4,4'-Di[Methyl-4-Methylphenylsulfonamido]biphenyl.** Sm. 235° (*B.* **37**, 3772 *C.* **1904** [2] 1548).

$C_{28}H_{30}O_4NJ$ 1) **Benzoat d. Methylthebeninmethylätherjodmethylat.** Sm. 271° (*B.* **37**, 2788 *C.* **1904** [2] 716).

$C_{28}H_{30}N_6S_2Si$ 1) **Verbindung** (aus Methylsenföl u. Silicotetraphenylamid) (*Soc.* **83**, 255 *C.* **1903** [1] 875).

$C_{28}H_{32}N_4ClP$ 4) **Chlortetra[Benzylamido]phosphor.** Sm. 208° (*A.* **326**, 151 *C.* **1903** [1] 760).

$C_{28}H_{38}O_4N_2J_2$ *1) **Diäthylester d. stab. αβ-Di[1,2,3,4-Tetrahydro-2-Isochinolyl]-äthan-2,2'-Di[Jodammoniumessigsäure].** Sm. [illegible] (*B.* **36**, 1167 *C.* **1903** [1] 1187).
*2) **Diäthylester d. lab. αβ-Di[1,2,3,4-Tetrahydro-2-Isochinolyl]-äthan-2,2'-Di[Jodammoniumessigsäure].** Sm. 51—53° (*B.* **36**, 1168 *C.* **1903** [1] 1187).

C_{29}-Gruppe.

$C_{29}H_{22}$ *1) **2,3,4,5-Tetraphenyl-R-Penten.** Sm. 177—178° (*B.* **36**, 936 *C.* **1903** [1] 1020).

— 29 II —

$C_{29}H_{18}O_5$ 3) **Dibenzoat d. 5,6-Dioxy-2-Keto-1-Benzyliden-1,2-Dihydrobenzfuran.** Sm. 192,5—194° (*B.* **29**, 2432). — *III, *532*.

$C_{29}H_{22}O_{12}$ C 61,9 — H 3,9 — O 34,2 — M. G. 562.
1) **Pentaacetat d. 2,3,7-Trioxy-9-[3,4-Dioxyphenyl]fluoron.** Sm. 227 bis 231° (*B.* **37**, 2733 *C.* **1904** [2] 542).

$C_{29}H_{24}O_3$ C 82,9 — H 5,7 — O 11,4 — M. G. 420.
1) **Benzoat d. α-Oxy-γ-Keto-αβδ-Triphenylbutan.** Sm. 147—149° (*M.* **24**, 723 *C.* **1904** [1] 167).

$C_{29}H_{24}O_5$ *3) **Methylendicotoïn.** Sm. 128° (*A.* **329**, 276 *C.* **1904** [1] 795).

$C_{29}H_{24}O_{14}$ C 58,4 — H 4,0 — O 37,6 — M. G. 596.
1) **Cetratasäure.** Sm. 178—180° (*J. pr.* [2] **68**, 44 *C.* **1903** [2] 512).

$C_{29}H_{26}O_2$ 3) **1,2-Dioxy-1,2,3,4-Tetraphenyl-R-Pentamethylen.** Sm. 171° (*B.* **36**, 936 *C.* **1903** [1] 1020).
4) **Acetat d. 5-Oxy-1,2-Diphenyl-3-[4-Isopropylphenyl]benzol.** Sm. 98° (*Am.* **31**, 146 *C.* **1904** [1] 806).

$C_{29}H_{27}N_3$ C 83,4 — H 6,5 — N 10,1 — M. G. 417.
1) **2,8-Di[Benzylamido]-3,7-Dimethylakridin** (D.R.P. 141297 *C.* **1903** [1] 1163).

$C_{29}H_{28}O_6$ *1) **Diäthylester d.** *αε*-**Diketo**-*αγε*-**Triphenylpentan**-*βδ*-**Dicarbonsäure** (Enolform). Sm. 115—116° (95° u. Zers.) (*Soc.* **83**, 721 *C.* **1903** [2] 54; *G.* **33** [2] 148 *C.* **1903** [2] 1270).
2) **Diäthylester d. isom.** *αε*-**Diketo**-*αγε*-**Triphenylpentan**-*βδ*-**Dicarbonsäure.** Sm. 93—94° (*G.* **33** [2] 149 *C.* **1903** [2] 1270).
3) **Diäthylester d. isom.** *αε*-**Diketo**-*αγε*-**Triphenylpentan**-*βδ*-**Dicarbonsäure.** Sm. 132° (*G.* **33** [2] 149 *C.* **1903** [2] 1270).

$C_{29}H_{30}N_2$ C 85,7 — H 7,4 — N 6,9 — M. G. 406.
1) **Di[Dibenzylamido]methan.** Sm. 97° (*B.* **36**, 1199 *C.* **1903** [1] 1215).
2) **4,4'-Di[Methylbenzylamidophenyl]methan.** Sm. 50°. Pikrat (D.R.P. 68665; *B.* **37**, 2676 *C.* **1904** [2] 443).
3) **Phenylimido-***α***-Phenylamidobenzylidencampher.** Sm. 117—118° (*Soc.* **83**, 105 *C.* **1903** [1] 233, 458).

$C_{29}H_{32}O_{12}$ 2) **Hexaacetat d. Di[2,4,6-Trioxy-3,5-Dimethylphenyl]methan.** Sm. 232—233° (*M.* **25**, 671 *C.* **1904** [2] 1145).

$C_{29}H_{32}N_4$ 3) **Di[6-Amido-4-Benzylamido-3-Methylphenyl]methan.** Sm. 157° (D.R.P. 141297 *C.* **1903** [1] 1163).

$C_{29}H_{33}N_3$ C 82,3 — H 7,8 — N 9,9 — M. G. 423.
1) **Di[4-Dimethylamidophenyl]-4-Aethylamido-1-Naphtylketon.** Sm. 172—173° (*C.* **1903** [1] 87; *B.* **37**, 1908 *C.* **1904** [2] 115).
2) **Di[4-Dimethylamidophenyl]-4-Dimethylamido-1-Naphtylmethan.** Sm. 172° (*C.* **1903** [1] 87).

$C_{29}H_{36}O_{10}$ C 64,0 — H 6,6 — O 29,4 — M. G. 544.
1) **Diacetat d. Aspidin.** Sm. 108° (*A.* **329**, 328 *C.* **1904** [1] 800).

$C_{29}H_{44}O_2$ 2) **Aethyläther d. Oxycholestenon.** Sm. 165° (*C.* **1903** [1] 815).

$C_{29}H_{44}O_{13}$ C 58,0 — H 7,3 — O 34,7 — M. G. 600.
1) **Abyssinin** (*C.* **1903** [1] 1425).

$C_{29}H_{46}O_3$ C 78,7 — H 10,4 — O 10,9 — M. G. 442.
1) **Acetat d. Cholestanonol.** Sm. 127° (128°) (*M.* **24**, 653 *C.* **1903** [2] 1235; *B.* **36**, 3755 *C.* **1903** [2] 1417).

$C_{29}H_{46}O_5$ 2) **Dimethylester d. Säure** $C_{27}H_{42}O_5$. Sm. 113—114° (*B.* **36**, 3757 *C.* **1903** [2] 1418).

$C_{29}H_{48}O_2$ C 81,3 — H 11,2 — O 7,5 — M. G. 428.
1) **Propionat d. Phytosterin.** Sm. 102,5—103,5° (*C.* **1903** [2] 125).
2) **Verbindung** (aus Asclepias syriaca L.). Sm. 55—60° (*J. pr.* [2] **68**, 402 *C.* **1904** [1] 105).

$C_{29}H_{48}O_3$ C 78,4 — H 10,8 — O 10,8 — M. G. 444.
1) **Verbindung** (aus Asclepias syriaca L.) oder $C_{30}H_{50}O_3$. Sm. 71—75° (*J. pr.* [2] **68**, 452 *C.* **1904** [1] 191).

$C_{29}H_{48}O_4$ 2) **Dimethylester d. Säure** $C_{27}H_{44}O_4$ (aus Cholesterin). Sm. 69° (*B.* **37**, 3097 *C.* **1904** [2] 1535).
3) **Monoäthylester d. Säure** $C_{27}H_{44}O_4$ (aus Cholesterin). Sm. 151° (corr.) (*B.* **36**, 3181 *C.* **1903** [2] 936; *B.* **37**, 3097 *C.* **1904** [2] 1535).

— 29 III —

$C_{29}H_{20}O_3N_2$ C 78,4 — H 4,5 — O 10,8 — N 6,3 — M. G. 444.
1) **Azin** (aus Benzoylmethylmorpholchinon u. o-Toluylendiamin) (*B.* **31**, 3202). — *III, *322.*

$C_{29}H_{20}O_4N_2$ C 75,7 — H 4,3 — O 13,9 — N 6,1 — M. G. 460.
1) **Dibenzoylderivat d. 4-Oxy-5-Keto-1,3-Diphenyl-4,5-Dihydropyrazol** (*B.* **36**, 1137 *C.* **1903** [1] 1254).

$C_{29}H_{20}N_2S$ 1) **s-Di[9-Phenanthryl]thioharnstoff.** Sm. 229° (*B.* **36**, 2516 *C.* **1903** [2] 507).

$C_{29}H_{23}ON$ 4) **4-Dimethylamidophenyldinaphtopyran.** Sm. 207—208° (*C. r.* **138**, 576 *C.* **1904** [1] 957).

$C_{29}H_{23}O_4N_3$ C 72,9 — H 4,8 — O 13,4 — N 8,8 — M. G. 477.
1) **Di[Diphenylamid] d. Acetoximidomalonsäure.** Sm. 190° (*C.* **1904** [1] 1555).

$C_{29}H_{24}ON_2$ 2) **N-[2,4,6-Trimethylphenyl]-***α'***-Phenylpyrophtalin.** Sm. 230° (*B.* **36**, 3923 *C.* **1904** [1] 98).

$C_{29}H_{24}ON_4$ 2) **4,4'-Di[Methylcyanamido]-4''-Oxytetraphenylmethan.** Sm. 205° (*B.* **37**, 643 *C.* **1904** [1] 951).

$C_{29}H_{24}O_3N_2$ *1) **4,4'-Di[Methylbenzoylamidophenyl]keton.** Sm. 204° (102°?) (*B.* **37,** 2677 *C.* **1904** [2] 444).

$C_{29}H_{25}O_3N_3$ C 75,2 — H 5,4 — O 10,3 — N 9,1 — M. G. 463.
1) **Di[Diphenylamid] d. Aethoximidomalonsäure.** Sm. 164—165° (*C.* **1904** [1] 1555).

$C_{29}H_{25}N_6Br$ 1) **Verbindung** (aus Pyridin u. Amidoazobenzol). Sm. 159° (*J. pr.* [2] **69,** 132 *C.* **1904** [1] 816).

$C_{29}H_{26}OS_2$ 2) **Diphenyläther d. α-Keto-γε-Dimerkapto-αε-Diphenylpentan.** Sm. 102° (*B.* **37,** 510 *C.* **1904** [1] 884).

$C_{29}H_{26}O_2N_2$ 5) **Di[Benzoyl-4-Methylphenylamido]methan** (*B.* **37,** 3117 *C.* **1904** [2] 1316).
6) **α-Benzoyl-β-[4-Methylbenzoyl]-αβ-Di[2-Methylphenyl]hydrazin.** Sm. 182° (*C. r.* **137,** 714 *C.* **1903** [2] 1428).
7) **7-Aethyläther d. 2,7-Dioxy-2,3-Diphenyl-1-[2-Methylphenyl]-1,2-Dihydro-1,4-Benzdiazin.** Sm. 172° (*B.* **36,** 3863 *C.* **1904** [1] 91).

$C_{29}H_{26}O_3N_2$ C 77,3 — H 5,8 — O 10,7 — N 6,2 — M. G. 450.
1) **Trimethyläther d. 4,4'-Di[4-Oxybenzylidenamido]-2-Oxybiphenyl.** Sm. 150° (*B.* **36,** 4078 *C.* **1904** [1] 268).

$C_{29}H_{26}O_4N_2$ C 74,7 — H 5,6 — O 13,7 — N 6,0 — M. G. 466.
1) **ββ-Di[?-2-Oxybenzylidenamido-4-Oxyphenyl]propan** (*C.* **1904** [2] 1737).

$C_{29}H_{27}O_8N$ C 67,3 — H 5,2 — O 24,8 — N 2,7 — M. G. 517.
1) **Diäthylester d. αε-Diketo-γ-[3-Nitrophenyl]-αε-Diphenylpentan-βδ-Dicarbonsäure.** Sm. 128—129° (*Soc.* **83,** 722 *C.* **1903** [2] 55).

$C_{29}H_{27}N_4Cl$ 1) **Verbindung** (aus Benzidin u. 2,4-Dinitrophenylpyridinchlorid). Sm. 179—180° (*J. pr.* [2] **68,** 261 *C.* **1903** [2] 1064).

$C_{29}H_{28}ON_2$ 5) **4,4'-Di[Methylbenzylamido]diphenylketon.** Sm. 152° (D. R. P. 72808). — *III, *150.*

$C_{29}H_{28}O_2N_4$ 3) **4,4'-Di[α-Methyl-β-Phenylureïdophenyl]methan.** Sm. 186—187° (*B.* **37,** 2675 *C.* **1904** [2] 443).

$C_{29}H_{28}O_5N_8$ C 61,3 — H 4,9 — O 14,1 — N 19,7 — M. G. 568.
1) **α-Oxydi[4'-Nitro-3-Methylamido-4-Methylazobenzol]methan?** Sm. 168—169° (*C.* **1903** [1] 400).

$C_{29}H_{28}O_6N_4$ C 65,9 — H 5,3 — O 18,2 — N 10,6 — M. G. 528.
1) **2,2'-Dimethyläther d. Di[2,4,6-Trioxy-3,5-Diphenylazo-3-Methylphenyl]methan.** Sm. 245° (*A.* **329,** 285 *C.* **1904** [1] 796).
2) **Methylenbisbenzolazofllicinsäure.** Sm. 223—224° (*A.* **329,** 298 *C.* **1904** [1] 797).

$C_{29}H_{28}N_2S_3$ 1) **Di[4-Methylphenyläther] d. s-Di[4-Merkapto-2-Methylphenyl]-thioharnstoff.** Sm. 151° (*J. pr.* [2] **68,** 286 *C.* **1903** [2] 995).

$C_{29}H_{28}N_4S_2$ 1) **4,4'-Di[α-Methyl-β-Phenylthioureïdophenyl]methan.** Sm. 153° (*B.* **37,** 2676 *C.* **1904** [2] 443).

$C_{29}H_{29}O_2N_3$ C 77,2 — H 6,4 — O 7,1 — N 9,3 — M. G. 451.
1) **α-[2-Nitrophenyl]-αα-Di[2-Methyl-1-Aethyl-3-Indolyl]methan.** Sm. 220—221° (*B.* **37,** 323 *C.* **1904** [1] 668).

$C_{29}H_{30}ON_2$ C 82,4 — H 7,1 — O 3,8 — N 6,6 — M. G. 422.
1) **α-[2-Oxyphenyl]-αα-Di[2-Methyl-1-Aethyl-3-Indolyl]methan.** Sm. 229° (*B.* **37,** 323 *C.* **1904** [1] 668).

$C_{29}H_{30}O_4N_2$ 2) **4,4'-Di[Diacetylamido]-3,3'-Dimethyltriphenylmethan.** Sm. 165 bis 166° (*C.* **1904** [2] 227).

$C_{29}H_{31}ON_3$ 2) **Di[4-Dimethylamidophenyl]-4-Acetylamido-1-Naphtylmethan.** Sm. 228—229° (*C.* **1903** [1] 87; *B.* **37,** 1908 *C.* **1904** [2] 115).

$C_{29}H_{31}O_5Cl$ 1) **Chlorhydrin d. Dehydrodioxyparasantonsäuredibenzylester.** Sm. 129—130° (*C.* **1903** [2] 1447).

$C_{29}H_{32}O_2N_4$ C 74,4 — H 6,8 — O 6,8 — N 12,0 — M. G. 468.
1) **4,4'-Di[4-Dimethylamidophenylamido]-2,2'-Dioxydiphenylmethan?** Sm. 150° (*J. pr.* [2] **69,** 240 *C.* **1904** [1] 1269).

$C_{29}H_{32}N_3Cl$ 1) **Chlorid d. α-Oxy-αα-Di[4-Dimethylamidophenyl]-α-[4-Aethylamido-1-Naphtyl]methan** (Neuvictoriablau). Sm. 183—184° (*B.* **37,** 1913 *C.* **1904** [2] 115).

$C_{29}H_{36}O_6S_3$ 1) **βζζ-Tribenzylsulfon-β-Methylheptan.** Sm. 158° (*B.* **37,** 508 *C.* **1904** [1] 883).

$C_{29}H_{37}O_5N_3$ C 73,3 — H 7,8 — O 10,1 — N 8,8 — M. G. 475.
1) **Aethylester d. α-Oxy-4',4''-Di[Dimethylamido]-3-Methyltriphenylmethan-α-Aethyläther-6-Amidoameisensäure.** Sm. 170—172° u. Zers. (*B.* **36**, 2781 *C.* **1903** [2] 881).

$C_{29}H_{40}O_{12}N_4$ C 54,7 — H 6,3 — O 30,2 — N 8,8 — M. G. 636.
1) **Tetraäthylester d. Hippurylasparagylasparaginsäure.** + Stickstoffwasserstoff (Sm. unterhalb 150°) (*J. pr.* [2] **70**, 182 *C.* **1904** [2] 1397).

$C_{29}H_{42}O_{12}N_6$ C 52,2 — H 6,3 — O 28,8 — N 12,6 — M. G. 666.
1) **Hydrazitetrahydrazid d. Hippuryldiasparagylasparaginsäure.** Sm. 175° u. Zers. (*J. pr.* [2] **70**, 192 *C.* **1904** [2] 1398).

$C_{29}H_{45}O_4N$ C 73,9 — H 9,5 — O 13,6 — N 3,0 — M. G. 471.
1) **Nitrocholesterylacetat.** Sm. 101—102° (*M.* **24**, 652 *C.* **1903** [2] 1235).

$C_{29}H_{45}O_5N$ C 71,4 — H 9,2 — O 16,4 — N 2,9 — M. G. 487.
1) **Acetat d. Nitrooxycholesterin.** Sm. 103—104° (*C.* **1903** [1] 814).

$C_{29}H_{47}O_5N$ C 71,1 — H 9,6 — O 16,4 — N 2,9 — M. G. 489.
1) **Dimethylester d. Oximsäure** $C_{27}H_{43}O_5N$. Sm. 76° (*B.* **36**, 3758 *C.* **1903** [2] 1418).

— 29 IV —

$C_{29}H_{22}O_3NCl$ 1) **6-Chlor-3-[2,4,6-Trimethylphenyl]amidofluoran.** Sm. 160° (D.R.P. 85885). — *III, *574*.

$C_{29}H_{20}O_3N_3S$ 1) **2-Pararosanilinnaphtalin-6-Sulfonsäure** (*C.* **1904** [1] 1013).

$C_{29}H_{23}O_7NS_2$ 1) **2-Naphtalinsulfonat d. 1-α-[2-Naphtylsulfon]amido-β-[4-Oxyphenyl]propionsäure.** Na (*B.* **36**, 2605 *C.* **1903** [2] 619).

$C_{29}H_{41}O_2NBr_2$ 1) **N-Palmitylphenyl-3,5-Dibrom-2-Oxybenzylamin.** Sm. 56—57° (*A.* **332**, 203 *C.* **1904** [2] 211).

$C_{29}H_{40}O_9NJ$ 1) **Jodmethylat d. Isopyroin** (*C.* **1903** [1] 650).

C_{30}-Gruppe.

$C_{30}H_{48}$ 4) **Kohlenwasserstoff** (aus Guttapercha). Sd. 280—300°$_{13}$ (*C.* **1903** [1] 88).

— 30 II —

$C_{30}H_{18}O_8$ 8) **5,6-Dibenzoat d. 5,6-Dioxy-2-Keto-1-[3,4-Dioxybenzyliden]-1,2-Dihydrobenzfuran-3,4-Methylenäther.** Sm. 178° (*B.* **29**, 2435). — *III, *534*.

$C_{30}H_{20}O_6$ 2) **Diacetat d. Resorcinanthrachinon** (*B.* **36**, 2023 *C.* **1903** [2] 378).

$C_{30}H_{20}O_7$ 2) **Aethylester d. 4,7-Dibenzoxyl-2-Phenyl-1,4-Benzpyran-4-Carbonsäure.** Fl. (*B.* **34**, 1953 *C.* **1903** [2] 296).

$C_{30}H_{22}O_3$ 4) **Acetat d. 4-Oxy-3-Methylphenyldinaphtopyran.** Sm. 240° (*C. r.* **138**, 283 *C.* **1904** [1] 730).
5) **Acetat d. 6-Oxy-3-Methylphenyldinaphtopyran.** Sm. 232—233° (*C. r.* **138**, 284 *C.* **1904** [1] 730).

$C_{30}H_{22}O_5$ 3) **Diacetat d. 10-Keto-9,9-Di[4-Oxyphenyl]-9,10-Dihydroanthracen.** Sm. 244° (*B.* **36**, 2021 *C.* **1903** [2] 378).

$C_{30}H_{22}N_8$ C 72,8 — H 4,4 — N 22,7 — M. G. 494.
1) **1-[4,4'-Biphenylenazo]-2-Phenylimidazol.** Zers. bei 260° (*B.* **37**, 700 *C.* **1904** [1] 1562).

$C_{30}H_{24}O_2$ 6) **Aethyläther d. 6-Oxy-3-Methylphenyldinaphtopyran.** Sm. 240 bis 241° (*C. r.* **138**, 284 *C.* **1904** [1] 730).
7) **3,4-Dibenzoyl-1,2-Diphenyl-R-Tetramethylen.** Sm. 134° (*B.* **37**, 1147 *C.* **1904** [1] 1266).
8) **Acetat d. 9-[α-Oxybenzyl]-10-Benzylanthracen.** Sm. 158° (*M.* **25**, 804 *C.* **1904** [2] 1137).

$C_{30}H_{24}O_7$ C 72,6 — H 4,8 — O 22,6 — M. G. 496.
1) **Dichrysarobin.** Zers. oberh. 250° (*Soc.* **81**, 1580 *C.* **1903** [1] 34, 167).

$C_{30}H_{26}O$ *3) **Aethyläther d. 9-[α-Oxybenzyl]-10-Benzylanthracen.** Sm. 197°. 4 + C_6H_6 (Sm. 217°) (*M.* **25**, 802 *C.* **1904** [2] 1137).

$C_{30}H_{26}O_{15}$ C 57,5 — H 4,1 — O 38,3 — M. G. 626.
1) **Ramalinsäure.** Sm. 240—245° (*J. pr.* [2] **68**, 24 *C.* **1903** [2] 511).

$C_{30}H_{28}O_8$ 2) **Anchusasäure** (Anchusaroth) (*C.* **1903** [1] 1041).

$C_{30}H_{30}O$ C 86,7 — H 7,4 — O 3,9 — M. G. 406.
1) **5-Oxy-3-Phenyl-1,2-Di[4-Isopropylphenyl]benzol.** Sm. 137° (*Am.* **31**, 151 *C.* **1904** [1] 807).

$C_{30}H_{30}O_8$ C 69,5 — H 5,8 — O 24,7 — M. G. 518.
1) **Dimethyläther d. Tetrajuajakhydrochinon.** Sm. 80° (*Bl.* [3] **31**, 180 *C.* **1904** [1] 939).

$C_{30}H_{30}O_{10}$ C 65,5 — H 5,4 — O 29,1 — M. G. 550.
1) **Diacetat d. Verb.** $C_{26}H_{26}O_8$. Sm. 80—95° (*R.* **22**, 142 *C.* **1903** [2] 124).

$C_{30}H_{32}O_2$ C 84,9 — H 7,5 — O 7,5 — M. G. 424.
1) **4-Keto-1-Oxy-2-Phenyl-1,6-Di[4-Isopropylphenyl]-1,2,3,4-Tetrahydrobenzol.** Sm. 214° (*Am.* **31**, 150 *C.* **1904** [1] 807).

$C_{30}H_{32}O_7$ C 71,4 — H 6,3 — O 22,2 — M. G. 504.
1) **Alkannasäure** (Alkannaroth) (*C.* **1903** [1] 1041).

$C_{30}H_{34}O_{10}$ 2) **Diacetylderivat d. Triäthylester** $C_{26}H_{30}O_8$. Sm. 104° (*M.* **24**, 85 *C.* **1903** [1] 769).

$C_{30}H_{38}O_5$ C 75,3 — H 7,9 — O 16,7 — M. G. 478.
1) **Anhydrid d. Desmotroposantonigen Säure** (*G.* **25** [1] 541). — *II, *978.*

$C_{30}H_{42}O_9$ C 65,9 — H 7,7 — O 26,4 — M. G. 546.
1) **Photosantoninsäure.** Sm. 258—260°. Ba, Ag_2 (*G.* **33** [2] 65 *C.* **1903** [2] 1182).

$C_{30}H_{44}O$ 2) **Albanan.** Sm. 61° (*Ar.* **241**, 487, 489 *C.* **1903** [2] 1178).

$C_{30}H_{44}O_2$ C 82,6 — H 10,1 — O 7,3 — M. G. 436.
1) **Sphäritalban.** Sm. 152° (*Ar.* **241**, 484 *C.* **1903** [2] 1178; *C.* **1904** [1] 517).
2) **Isosphäritalban.** Sm. 142° (*Ar.* **241**, 489 *C.* **1903** [2] 1178).

$C_{30}H_{44}O_8$ C 67,7 — H 8,3 — O 24,0 — M. G. 532.
1) **Alkannagrün** (*C.* **1903** [1] 1041).

$C_{30}H_{44}O_{10}$ 3) **Oktoäthylester d. Hexahydrobenzol-1,1,2,2,4,4,5,5-Oktocarbonsäure.** Sm. 46° (*Soc.* **83**, 782 *C.* **1903** [2] 201, 439).

$C_{30}H_{46}O_8$ 1) **Verbindung** (aus Guttapercha) = $(C_{30}H_{46}O_8)_x$. Sm. 144° (*C.* **1903** [1] 84).

$C_{30}H_{46}O_{12}$ *1) **Quabaïn** + $9H_2O$ (Strophantin). Sm. 187—188° (*C.* **1904** [1] 1277).

$C_{30}H_{48}O_2$ 4) **Amyrinsäure.** Sm. 126—127° (*Ar.* **242**, 361 *C.* **1904** [2] 527).

$C_{30}H_{48}O_3$ 3) **Gratiolon.** Na (*Ar.* **240**, 567 *C.* **1903** [1] 42).
4) **Verbindung** (aus Ficus magnol. Borei). Sm. 115° (*B.* **37**, 3847 *C.* **1904** [2] 1613).
5) **Verbindung** (aus Guttapercha) oder $C_{40}H_{64}O_4$. Sm. 160° (*C.* **1903** [1] 84).

$C_{30}H_{48}O_{13}$ 2) **Acocantherin** (*C.* **1903** [2] 886).

$C_{30}H_{50}O$ *1) **α-Amyrin.** Sm. 181° (*Ar.* **241**, 155 *C.* **1903** [1] 1029; *Ar.* **242**, 119 *C.* **1904** [1] 1011).
*2) **β-Amyrin.** Sm. 192° (*Ar.* **241**, 155 *C.* **1903** [1] 1029; *J. pr.* [2] **68**, 451 *C.* **1904** [1] 191; *Ar.* **242**, 120 *C.* **1904** [1] 1011).

$C_{30}H_{50}O_2$ *6) **Propionat d. Cholesterin.** Sm. 98° (*B.* **37**, 3424 *C.* **1904** [2] 1205).

$C_{30}H_{50}O_6$ C 71,1 — H 9,9 — O 19,0 — M. G. 506.
1) **Sapogenin** (*Ar.* **241**, 615 *C.* **1904** [1] 169).
2) **l-Dimenthylester d. βζ-Diketo-δ-Methylheptan-γε-Dicarbonsäure.** Sm. 194—196° (*Soc.* **85**, 51 *C.* **1904** [1] 360, 788).

$C_{30}H_{50}O_{13}$ C 58,2 — H 8,1 — O 33,7 — M. G. 618.
1) **Hemipolylaktid.** Sm. 165° (*Bl.* [3] **31**, 312 *C.* **1904** [1] 1134).

$C_{30}H_{58}O_4$ C 74,7 — H 12,0 — O 13,3 — M. G. 482.
1) **Dimyristat d. αβ-Dioxyäthan.** Sm. 64°; Sd. 208°₀ (*B.* **36**, 4340 *C.* **1904** [1] 433).

— 30 III —

$C_{30}H_{20}O_2N_2$ 3) **4-[2-Naphtylazo]-3,3'-Dioxy-2,2'-Binaphtyl** (*C. r.* **138**, 1618 *C.* **1904** [2] 338).

$C_{30}H_{21}OP$ 1) **Tri[1-Naphtyl]phosphinoxyd** (*C. r.* **139**, 675 *C.* **1904** [2] 1638).

$C_{30}H_{21}O_3B$ *1) **Tri[2-Naphtylester] d. Borsäure.** Sm. 116° (*B.* **36**, 2223 *C.* **1903** [2] 420).
2) **Tri[1-Naphtylester] d. Borsäure.** Sm. 84—85° (*B.* **36**, 2222 *C.* **1903** [2] 420).

$C_{30}H_{22}O_6N_2$ C 71,2 — H 4,3 — O 19,0 — N 5,5 — M. G. 506.
1) **Bisnitrosodibenzoylmethan.** Sm. 125° u. Zers. (*B.* **37**, 1530 *C.* **1904** [1] 1608).
2) **αβ-Di[2-o-Oxybenzylidenamidophenyl]äthen-αβ-Dicarbonsäure** (*A.* **332**, 276 *C.* **1904** [2] 701).

$C_{30}H_{22}O_6N_6$ C 64,0 — H 3,9 — O 17,1 — N 14,9 — M. G. 562.
1) **αγ-Di[4-Nitrophenylhydrazon]-β-Phtalyl-α-Phenylbutan.** Sm. 243° (*B.* **37**, 581 *C.* **1904** [1] 939).

$C_{30}H_{23}ON$ *3) **2, 3, 4-Triphenyl-3, 4-Dihydro-1, 3-α-Naphtisoxazin.** Sm. 158° (*C. r.* **138**, 1612 *C.* **1904** [2] 345).

$C_{30}H_{24}O_2N_4$ 4) **αγ-Di[Phenylhydrazon]-β-Phtalyl-α-Phenylbutan.** Sm. 181° (*B.* **37**, 580 *C.* **1904** [1] 939).

$C_{30}H_{24}O_4N_4$ 2) **4, 8-Di[Acetylamido]-1, 5-Di[Phenylamido]-9, 10-Anthrachinon.** Sm. oberh. 300° (D.R.P. 148767 *C.* **1904** [1] 557).

$C_{30}H_{24}O_4S_2$ 1) **Di[4-Aethoxylphenyläther] d. 1, 8-Dimerkapto-9, 10-Anthrachinon.** Sm. 251° (D.R.P. 116951 *C.* **1901** [1] 210). — *III, *308.*

$C_{30}H_{24}O_6N_4$ 2) **?-Dinitro-1, 5-Di[2, 4-Dimethylphenylamido]-9, 10-Anthrachinon** (D.R.P. 142512 *C.* **1903** [2] 84).

$C_{30}H_{24}O_{12}N_6$ C 53,3 — H 3,5 — O 30,8 — N 12,4 — M. G. 676.
1) **Verbindung** (aus Benzalacetophenon). Zers. bei 125—130° (*A.* **328**, 222 *C.* **1903** [2] 998).

$C_{30}H_{26}O_6N_2$ C 70,6 — H 5,1 — O 18,8 — N 5,5 — M. G. 510.
1) **Verbindung** (aus Benzalnitroacetophenon). Sm. 218° u. Zers. (*B.* **36**, 3019 *C.* **1903** [2] 1001).

$C_{30}H_{27}OCl$ 1) **Verbindung** (aus β-Chlor-αγ-Diphenylpropen). Sm. 197° (*B.* **37**, 1144 *C.* **1904** [1] 1266).

$C_{30}H_{28}ON_2$ C 83,3 — H 6,5 — O 3,7 — N 6,5 — M. G. 432.
1) **9, 9-Di[4-Dimethylamidophenyl]-10-Keto-9, 10-Dihydroanthracen.** Sm. 278° (*C. r.* **136**, 536 *C.* **1903** [1] 837).

$C_{30}H_{28}O_2N_2$ 11) **4, 4'-Di[Benzoyläthylamido]biphenyl.** Sm. 184,5—185,5 (*C.* **1903** [1] 1128; *B.* **35**, 4184 *C.* **1903** [1] 143).
12) **3, 4-Methylenäther d. α-[3, 4-Dioxyphenyl]-αα-Di[2-Methyl-1-Aethyl-3-Indolyl]methan.** Sm. 175° (*B.* **37**, 323 *C.* **1904** [1] 668).

$C_{30}H_{28}O_2N_4$ 4) **1, 5-Di[Methylamido]-4, 8-Di[4-Methylphenylamido]-9, 10-Anthrachinon** (D.R.P. 139581 *C.* **1903** [1] 680).

$C_{30}H_{28}O_3N_2$ 5) **3-Aethyläther d. 4, 4'-Di[4-Methoxylbenzylidenamido]-3-Oxybiphenyl.** Sm. 146—147° (*B.* **36**, 4073 *C.* **1904** [1] 267).

$C_{30}H_{28}N_4S$ 1) **3, 5-Di[4-Methylphenylimido]-2, 4-Diphenyltetrahydro-1, 2, 4-Thiodiazol.** Sm. 139° (*B.* **36**, 3133 *C.* **1903** [2] 1071).

$C_{30}H_{29}ON_3$ C 80,5 — H 6,5 — O 3,6 — N 9,4 — M. G. 447.
1) **Hydroxylaminderivat d. Base** $C_{30}H_{30}O_2N_2$. Sm. 210° (*C. r.* **137**, 608 *C.* **1903** [2] 1180).

$C_{30}H_{29}O_9N$ C 65,8 — H 5,3 — O 26,3 — N 2,6 — M. G. 547.
1) **Alumidin.** Sm. **234°** (*C.* **1903** [1] 1142).

$C_{30}H_{29}O_{11}N_3$ C 59,3 — H 4,8 — O 29,0 — N 6,9 — M. G. 607.
1) **Diäthylester d. β-Keto-ααγ-Tri[4-Nitrobenzyl]propan-αγ-Dicarbonsäure.** Sm. 167,5—168,5° (*B.* **37**, 1995 *C.* **1904** [2] 27).

$C_{30}H_{30}O_2N_2$ C 80,0 — H 6,7 — O 7,1 — N 6,2 — M. G. 450.
1) **2-Dimethylamido-9, 10-Dioxy-9-Phenyl-10-[4-Dimethylamidophenyl]-9, 10-Dihydroanthracen.** Sm. 140° (*C. r.* **137**, 608 *C.* **1903** [2] 1180).

$C_{30}H_{30}O_6N_2$ C 70,0 — H 5,8 — O 18,7 — N 5,4 — M. G. 514.
1) **Dibenzoylisatyd.** Sm. 186° (*B.* **37**, 945 *C.* **1904** [1] 1217).

$C_{30}H_{30}O_6N_4$ C 66,4 — H 5,5 — O 17,7 — N 10,3 — M. G. 542.
1) **Verbindung** (aus Anisylnitroformaldehydrazon). Sm. 219—220° (*B.* **36**, 365 Anm. *C.* **1903** [1] 577).

$C_{30}H_{31}O_8N_3$ C 64,2 — H 5,5 — O 22,8 — N 7,5 — M. G. 561.
1) **Triäthylester d. 2, 5-Dimethylpyrrol-1-Phenylazobenzoylbrenztraubensäure-3, 4-Dicarbonsäure.** Sm. 122° (*B.* **36**, 396 *C.* **1903** [1] 723).

$C_{30}H_{32}O_5N_2$ C 72,0 — H 6,4 — O 16,0 — N 5,6 — M. G. 500.
1) **Casimirin.** Sm. 106° (*Ar.* **241**, 172 *C.* **1903** [2] 125).

$C_{30}H_{33}O_2N$ C 82,0 — H 7,5 — O 7,3 — N 3,2 — M. G. 439.
1) **4-Oximido-1-Oxy-2-Phenyl-1,6-Di[4-Isopropylphenyl]-1,2,3,4-Tetrahydrobenzol.** Sm. 208° (*Am.* **31**, 150 *C.* **1904** [1] 807).

$C_{30}H_{36}O_5N_2$ 2) **Verbindung** (aus Parasantoninhydroxamsäure). Sm. 258° (*C.* **1903** [2] 1377).

$C_{30}H_{38}O_3N_2$ 2) **Aethylester d. α-Oxy-4,4'-Di[Diäthylamido]triphenylmethan-2''-Carbonsäure** (D.R.P. 98863). — *II, *1019.*

$C_{30}H_{40}O_6N_2$ C 68,7 — H 7,6 — O 18,3 — N 5,3 — M. G. 524.
1) **Hydrazon d. Santonsäure.** Sm. 206—207° (*G.* **33** [1] 198 *C.* **1903** [2] 45).

$C_{30}H_{42}O_8N_2$ C 64,5 — H 7,5 — O 22,9 — N 5,0 — M. G. 558.
1) **Sesquicamphorylhydroxylamin.** Sm. 256° (*C.* **1903** [1] 1410; *Soc.* **83**, 954 *C.* **1903** [2] 665).

$C_{30}H_{42}O_{13}N_4$ C 54,0 — H 6,3 — O 31,2 — N 8,4 — M. G. 666.
1) **Nukleotin.** Ba_4 + $11H_2O$ (*C.* **1904** [2] 134).

$C_{30}H_{44}O_4N_2$ *1) **Emetin** (*C.* **1903** [1] 92).

$C_{30}H_{46}O_4Cl_4$ 1) **Dilaurat d. 2,3,5,6-Tetrachlor-1,4-Dioxybenzol.** Sm. 83—84° (*Bl.* [3] **29**, 1123 *C.* **1904** [1] 259).

$C_{30}H_{47}O_2N$ C 79,5 — H 10,4 — O 7,0 — N 3,1 — M. G. 453.
1) **Acetylphenylamid d. Behenolsäure.** Sm. 45° (*B.* **36**, 3602 *C.* **1903** [2] 1314).

$C_{30}H_{57}O_6N_{17}$ *1) **Salmin.** 2(2HCl, $PtCl_4$) (*H.* **37**, 95 *C.* **1903** [1] 236).

$C_{30}H_{62}O_9N_{14}$ C 47,2 — H 8,1 — O 18,9 — N 25,7 — M. G. 762.
1) **Clupeïn.** 2(2HCl, $PtCl_4$) (*H.* **37**, 99 *C.* **1903** [1] 236).

— 30 IV —

$C_{30}H_{18}O_3NCl$ 1) **6-Chlor-3-[1-Naphtyl]amidofluoran.** Sm. 196° (D.R.P. 85885). — *III, *574.*
2) **6-Chlor-3-[2-Naphtyl]amidofluoran.** Sm. 216° (D.R.P. 85885). — *III, *574.*

$C_{30}H_{21}O_7NS_3$ 1) **α-Trinaphtalinsulfhydroxylamin.** Zers. bei 270—280° (*G.* **33** [2] 311 *C.* **1904** [1] 288).

$C_{30}H_{22}O_2N_4Br_2$ 1) **αγ-Di[4-Bromphenylhydrazon]-β-Phtalyl-α-Phenylbutan.** Sm. 201° (*B.* **37**, 581 *C.* **1904** [1] 940).

$C_{30}H_{22}O_6NCl_3$ 1) **Tri[4-Chlorbenzoyl]adrenalin.** Sm. 75° (*B.* **37**, 4151 *C.* **1904** [2] 1744).

$C_{30}H_{27}O_6ClSi$ 1) **Tribenzoylacetonylsiliciumchlorid.** + $FeCl_3$, + $AuCl_3$ (*B.* **36**, 1596 *C.* **1903** [2] 30).

$C_{30}H_{28}O_2N_2S_2$ 3) **Di[4-(4-Methylphenyl)merkapto-2-Methylphenylamid] d. Oxalsäure.** Sm. 198—199° (*J. pr.* [2] **68**, 284 *C.* **1903** [2] 995).
4) **Di[4-(4-Methylphenyl)merkapto-3-Methylphenylamid] d. Oxalsäure.** Sm. 207° (*J. pr.* [2] **68**, 291 *C.* **1903** [2] 995).

$C_{30}H_{28}O_2N_2Se_2$ 1) **Di[Phenylbenzylamid] d. Dimethyldiselenid-αα'-Dicarbonsäure.** Sm. 81° (*Ar.* **241**, 220 *C.* **1903** [2] 104).

$C_{30}H_{28}O_8N_4S_2$ 1) **Chrysopheninsäure.** Na_2 (*B.* **36**, 2975 *C.* **1903** [2] 1031).
2) **Diäthylbrillantgelb** (*B.* **36**, 2976 *C.* **1903** [2] 1031).

$C_{30}H_{30}O_4N_8S$ 1) **Tetra[Phenylhydrazid] d. Dimethylsulfid-ααββ-Tetracarbonsäure.** Sm. 120° (*B.* **36**, 3725 *C.* **1903** [2] 1416).

$C_{30}H_{34}N_6S_2Si$ 1) **Verbindung** (aus Aethylsenföl u. Silikotetraphenylamid) (*Soc.* **83**, 254 *C.* **1903** [1] 572, 875).

C_{31}-Gruppe.

$C_{31}H_{64}$ *1) **Hentriakontan.** Sm. 67—68° (*C.* **1903** [2] 893; **1904** [2] 1418).

— 31 II —

$C_{31}H_{20}O_2$ *1) **Naphtyloldinaphtopyran** (Tri[2-Oxynaphtyl]methanoxyd). Sm. 273° (*C. r.* **137**, 860 *C.* **1904** [1] 104).

$C_{31}H_{22}O$ 2) **isom. α-Oxytri[?-Naphtyl]methan** (*B.* **37**, 1638 *C.* **1904** [1] 1649).

$C_{31}H_{24}O$ C 90,3 — H 5,8 — O 3,9 — M. G. 412.
1) **α-Keton** (aus Anhydroacetondibenzil). Sm. 187—188° (*Soc.* **69**, 744). — *III, *206.*
2) **β-Keton** (aus Anhydroacetondibenzil). Sm. 155—159° (*Soc.* **69**, 744). — *III, *206.*

$C_{31}H_{24}N_2$ 3) **4 - Phenylimido - 1 - [4 - Phenylamidodiphenyl]methylen - 1, 4 - Dihydrobenzol** (p-Phenylamidofuchsonphenylimin). Sm. 166—168°. Pikrat (*B.* **37**, 2866 *C.* **1904** [2] 776).

$C_{31}H_{25}N_3$ 2) **Pentaphenylguanidin.** Sm. 177—179°. (2HCl, $PtCl_4$) (*B.* **37**, 965 *C.* **1904** [1] 1002).

$C_{31}H_{26}O_7$ C 73,0 — H 5,1 — O 21,9 — M. G. 510.
1) **Methyläther d. Dichrysarobin.** Sm. 160° (*Soc.* **81**, 1582 *C.* **1903** [1] 34, 167).

$C_{31}H_{27}N$ C 90,1 — H 6,5 — N 3,4 — M. G. 413.
1) **Verbindung** (aus 2-Keto-1,3-Dibenzyliden-R-Pentamethylen). Sm. 237° (*B.* **36**, 1500 *C.* **1903** [1] 1351).

$C_{31}H_{28}O_{10}$ C 66,4 — H 5,0 — O 28,6 — M. G. 560.
1) **Nataloresinotannol-p-Cumarsäureester** (*Ar.* **239**, 238). — *III, *418.*
2) **Ugandaaloresinotannol-p-Cumarsäureester** (*Ar.* **239**, 247). — *III, *419.*

$C_{31}H_{30}O_{14}$ 2) **Pentaacetat d. Barbaloïn.** Sm. 166,4° (*C.* **1903** [1] 234).

$C_{31}H_{31}N_3$ 2) **4 - Dimethylamidophenyldi[4 - Methylamido - 1 - Naphtyl]methan** (*B.* 37, 1910 *C.* **1904** [2] 115).

$C_{31}H_{38}O_{10}$ 2) **Diffusin.** Sm. 135° (*A.* **327**, 321 *C.* **1903** [2] 508).

$C_{31}H_{42}O_2$ C 83,4 — H 9,4 — O 7,2 — M. G. 446.
1) **Benzoat d. Alstol.** Sm. 254° (*B.* **37**, 4111 *C.* **1904** [2] 1656).

$C_{31}H_{46}O_2$ C 82,7 — H 10,2 — O 7,1 — M. G. 450.
1) **Verbindung** (aus Asclepias syriaca L.). Sm. 135—136° (*J. pr.* [2] **68**, 400 *C.* **1904** [1] 105).

$C_{31}H_{50}O_5$ C 74,1 — H 10,0 — O 15,9 — M. G. 502.
1) **Gratiogenin.** Sm. 198° (*Ar.* **240**, 566 *C.* **1903** [1] 42).

$C_{31}H_{52}O_6$ C 71,5 — H 10,0 — O 18,5 — M. G. 520.
1) **l-Dimenthylester d. βζ-Diketo-δ-Aethylheptan-γε-Dicarbonsäure.** Sm. 201—207° (*Soc.* **85**, 52 *C.* **1904** [1] 360, 788).

— 31 III —

$C_{31}H_{23}ON$ C 87,5 — H 5,4 — O 3,7 — N 3,3 — M. G. 425.
1) **Verbindung** (aus Benzylidenacetophenon). Sm. 249° (*B.* **28**, 962; *Soc.* **85**, 1359 *C.* **1904** [2] 1646).

$C_{31}H_{23}O_2N$ C 84,4 — H 5,2 — O 7,2 — N 3,2 — M. G. 441.
1) **2-Benzoyl-1,3-Diphenyl-1,3-Dihydro-4,2-β-Naphtisoxazin.** Sm. 224 bis 225° (*G.* **33** [1] 20 *C.* **1903** [1] 926).

$C_{31}H_{24}O_3N_4$ *1) **Monobenzyläther d. 4,4'-Di[4-Oxyphenylazo]biphenyl** (*B.* **36**, 2975 *C.* **1903** [2] 1031).

$C_{31}H_{25}O_4N$ C 78,3 — H 5,3 — O 13,5 — N 2,9 — M. G. 475.
1) **Dibenzoat d. Apomorphin.** Sm. 156—158° (*B.* **35**, 4383 *C.* **1903** [1] 338).

$C_{31}H_{25}O_7N$ C 71,1 — H 4,8 — O 21,4 — N 2,7 — M. G. 523.
1) **Aethylester d. 6-Benzoylamido-3,5-Dibenzoxyl-1-Methylbenzol-2-Carbonsäure.** Sm. 222,5° (*B.* **37**, 1420 *C.* **1904** [1] 1417).

$C_{31}H_{26}ON_2$ 2) **Nitrosoderivat d. Verb.** $C_{31}H_{27}N$. Sm. 210—215° u. Zers. + $C_2H_4O_2$ (*B.* **36**, 1502 *C.* **1903** [1] 1351).

$C_{31}H_{26}O_2N_2$ C 81,2 — H 5,7 — O 7,0 — N 6,1 — M. G. 458.
1) **γ-Keto-αβγ-Triphenyl-α-[5-Keto-3-Methyl-1-Phenyl-4,5-Dihydro-4-Pyrazolyl]propan.** Sm. 201° (*B.* **36**, 2128 *C.* **1903** [2] 365).

$C_{31}H_{26}O_9N_4$ C 62,2 — H 4,3 — O 24,1 — N 9,4 — M. G. 598.
1) **β-Keto-ααγγ-Tetra[4-Nitrobenzyl]propan.** Sm. 194—195° (*B.* **37**, 1996 *C.* **1904** [2] 27).

$C_{31}H_{26}O_{14}Cl_4$ 2) **Pentaacetat d. Tetrachlorbarbaloïn.** Sm. 166,4° (*C.* **1903** [1] 235; *Bl.* [3] **21**, 674). — *III, *453.*

$C_{31}H_{27}ON$ C 86,7 — H 6,3 — O 3,7 — N 3,3 — M. G. 429.
1) **4 - Diäthylamidophenyldinaphtopyran.** Sm. 230—231° (*C. r.* **138**, 577 *C.* **1904** [1] 957).

$C_{31}H_{27}O_6N_3$ C 69,3 — H 5,0 — O 17,9 — N 7,8 — M. G. 537.
1) **Di[Phenylamidoformiat] d. Benzoylepinephrin.** H_2SO_4 (*B.* **36**, 1840 *C.* **1903** [2] 303). — *III, *667.*

$C_{31}H_{27}NBr_4$ 1) **Verbindung** (aus der Verb. $C_{31}H_{27}N$). Sm. oberh. 300° (*B.* **36**, 1501 *C.* **1903** [1] 1351).

$C_{31}H_{28}O_3N_2$ C 78,1 — H 5,9 — O 10,1 — N 5,9 — M. G. 476.
1) **Verbindung** (aus Desoxybenzoïn u. 5-Keto-3-Methyl-4-Benzyliden-1-Phenyl-4,5-Dihydropyrazol). Sm. 195° (*B.* **36**, 2128 *C.* **1903** [2] 365).

$C_{31}H_{30}O_2N_4$ C 75,9 — H 6,1 — O 6,5 — N 11,4 — M. G. 490.
1) **3-Nitro-4-Dimethylamidophenyldi[4-Methylamido-1-Naphtyl]-methan** (*B.* **37**, 1911 *C.* **1904** [2] 115).

$C_{31}H_{30}O_4N_2$ 2) **Di[Benzoyl-4-Aethoxylphenylamido]methan.** Sm. 83—84° (*B.* **37**, 3117 *C.* **1904** [2] 1316).

$C_{31}H_{30}O_5S_2$ 2) **α-Keto-γε-Dibenzylsulfon-αε-Diphenylpentan** (*B.* **37**, 510 *C.* **1904** [1] 884).

$C_{31}H_{30}N_3Cl$ 1) **Chlorid d. α-Oxy-α-[4-Dimethylamidophenyl]-αα-Di[4-Methyl-amido-1-Naphtyl]methan** (*B.* **37**, 1913 *C.* **1904** [2] 116).

$C_{31}H_{31}ON_3$ C 80,7 — H 6,7 — O 3,5 — N 9,1 — M. G. 461.
1) **Hydroxylaminderivat d. Base** $C_{31}H_{32}O_2N_2$. Sm. 245° (*C. r.* **137**, 608 *C.* **1903** [2] 1180).

$C_{31}H_{31}O_2N_3$ C 78,0 — H 6,5 — O 6,7 — N 8,8 — M. G. 477.
1) **Verbindung** (aus d. Verbind. $C_{31}H_{32}O_2N_2$). Sm. 203° (*C. r.* **138**, 212 *C.* **1904** [1] 663).

$C_{31}H_{32}ON_2$ C 78,2 — H 6,7 — O 3,4 — N 11,7 — M. G. 476.
1) **Acetylderivat d. Phenylimido-α-Phenylamidobenzylidencampher.** Sm. 166° (*Soc.* **83**, 106 *C.* **1903** [1] 233, 458).

$C_{31}H_{32}O_2N_2$ C 80,2 — H 6,9 — O 6,9 — N 6,0 — M. G. 464.
1) **2-Dimethylamido-9,10-Dioxy-9-[4-Methylphenyl]-10-[4-Dimethyl-amidophenyl]-9,10-Dihydroanthracen.** Sm. 163—164° (*C. r.* **137**, 608 *C.* **1903** [2] 1180).

$C_{31}H_{32}O_3N_2$ C 77,5 — H 6,7 — O 10,0 — N 5,8 — M. G. 480.
1) **9⁴-Methyläther d. 9,10-Dioxy-2-Dimethylamido-9-[4-Oxyphenyl]-10-[4-Dimethylamidophenyl]-9,10-Dihydroanthracen.** Sm. 170° (*C. r.* **138**, 212 *C.* **1904** [1] 663).

$C_{31}H_{34}O_2N_4$ C 75,3 — H 6,9 — O 6,5 — N 11,3 — M. G. 494.
1) **Di[4-Dimethylamidophenyl]-3,4-Di[Acetylamido]-1-Naphtylme-than.** Sm. 258—259° (*C.* **1903** [1] 88; *B.* **37**, 1910 *C.* **1904** [2] 115).

$C_{31}H_{34}O_8N_2$ C 66,2 — H 6,0 — O 22,8 — N 5,0 — M. G. 562.
1) **Tetraacetat d. 4′,4″-Di[Dimethylamido]-3,4,2′,2″-Tetraoxytri-phenylmethan.** Sm. 165—167° (*B.* **36**, 2919 *C.* **1903** [2] 1065).

$C_{31}H_{34}N_3Cl$ 1) **α-[2-Chlor-4-Dimethylamidophenyl]-αα-Di[2-Methyl-1-Aethyl-3-Indolyl]methan.** Sm. 219° (*B.* **37**, 323 *C.* **1904** [1] 668).

$C_{31}H_{37}O_7N$ C 69,5 — H 6,9 — O 20,9 — N 2,6 — M. G. 535.
1) **Aspidinanilid.** Sm. 132° (*A.* **329**, 330 *C.* **1904** [1] 800).

$C_{31}H_{47}O_{10}N$ C 63,9 — H 6,3 — O 27,4 — N 2,4 — M. G. 583.
1) **Diacetylcevin.** Sm. 190° (*B.* **37**, 1952 *C.* **1904** [2] 126).

$C_{31}H_{51}O_4Cl$ 1) **Diäthylester d. Säure** $C_{27}H_{43}O_4Cl$. Sm. 142—143° (*B.* **37**, 3705 *C.* **1904** [2] 1699).

— 31 IV —

$C_{31}H_{43}O_3NBr_2$ 1) **2-Acetat d. N-Palmitylphenyl-3,5-Dibrom-2-Oxybenzylamin.** Sm. 64—65° (*A.* **332**, 203 *C.* **1904** [2] 211).

C_{32}-Gruppe.

$C_{32}H_{24}$ 5) **1,4-Di[Diphenylmethylen]-1,4-Dihydrobenzol.** Sm. 239—242° (*B.* **37**, 1469 *C.* **1904** [1] 1342).
6) **9,9,10-Triphenyl-9,10-Dihydroanthracen.** Sm. 220° (*C. r.* **139**, 11 *C.* **1904** [2] 530).

$C_{32}H_{26}$ 3) **1,4-Di[Diphenylmethyl]benzol.** Sm. 172° (*B.* **37**, 2006 *C.* **1904** [2] 225).

— 32 II —

$C_{32}H_{20}O_4$ C 82,0 — H 4,3 — O 13,7 — M. G. 468.
1) **Dibenzoat d. 1,2-Dioxychrysen.** Sm. 241—242° (D.R.P. 151981 *C.* **1904** [2] 167).

$C_{32}H_{20}O_6$ *1) **Tribenzoat d. Purpurogallin.** Sm. 212—213° (*Soc.* **83**, 195 *C.* **1903** [1] 639).

$C_{32}H_{24}O$ 4) **10-Oxy-9,9,10-Triphenyl-9,10-Dihydroanthracen.** Sm. 200°. + $(C_2H_5)_2O$ (*C. r.* **139**, 10 *C.* **1904** [2] 530).
5) **α-Dehydroisodypnopinakolin.** Sm. 174,5° (*C.* **1904** [1] 1258).

$C_{32}H_{24}O_4$ 4) **Bisanhydrooxydiphenacyl.** Sm. 279° (*B.* **36**, 2422 *C.* **1903** [2] 502).
5) **Isobisanhydrooxydiphenacyl.** Sm. 279° (*B.* **36**, 2424 *C.* **1903** [2] 502).

$C_{32}H_{24}Cl_2$ 1) **1,4-Di[α-Chlordiphenylmethyl]benzol.** Sm. 247° (*B.* **37**, 2003 *C.* **1904** [2] 225).

$C_{32}H_{24}Br_2$ 1) **1,4-Di[α-Bromdiphenylmethyl]benzol.** Sm. 270—272° (*B.* **37**, 1469 *C.* **1904** [1] 1342).

$C_{32}H_{26}O$ *4) **α-Isodypnopinakolin.** Sm. 134,5° (*C.* **1903** [1] 880; **1904** [1] 1258).
*9) **α-Homodypnopinakolin.** Sm. 162° (*C.* **1903** [1] 880).

$C_{32}H_{26}O_2$ 3) **1,4-Di[α-Oxydiphenylmethyl]benzol.** Sm. 169° (*B.* **37**, 2003 *C.* **1904** [2] 225).

$C_{32}H_{28}O_4$ 3) **Dibenzoat d. o-Dioxyreten.** Sm. 231—232° (D.R.P. 151981 *C.* **1904** [2] 167).

$C_{32}H_{28}N_2$ 4) **1,3-Di[Diphenylamidomethyl]benzol.** Sm. 116° (*B.* **36**, 1676 *C.* **1903** [2] 29).

$C_{32}H_{30}O_{10}$ C 66,9 — H 5,2 — O 27,9 — M. G. 574.
1) **Diacetat d. Tetraguajakhydrochinon.** Sm. 155—160° (*C. r.* **137**, 1272 *C.* **1904** [1] 445).

$C_{32}H_{32}O_2$ C 85,7 — H 7,1 — O 7,1 — M. G. 448.
1) **Acetat d. 5-Oxy-3-Phenyl-1,2-Di[4-Isopropylphenyl]benzol.** Sm. 122° (*Am.* **31**, 151 *C.* **1904** [1] 807).

$C_{32}H_{32}O_{11}$ C 64,9 — H 5,4 — O 29,7 — M. G. 592.
1) **Triacetat d. Verbindung $C_{26}H_{26}O_8$.** Sm. 110° (*R.* **22**, 142 *C.* **1903** [2] 124).

$C_{32}H_{32}O_{12}$ 2) **Tetrarin.** Sm. 204—205° u. Zers. (*C.* **1903** [1] 883; *C. r.* **136**, 980 *C.* **1903** [1] 722).

$C_{32}H_{32}N_6$ C 76,8 — H 6,4 — N 16,8 — M. G. 500.
1) **3,3'-Di[Benzylidenamido]-2,2'-Diphenyl-1,1'-Bitetrahydroimidazol.** Sm. 138° (*J. pr.* [2] **67**, 144 *C.* **1903** [1] 865).

$C_{32}H_{34}O_8$ C 70,3 — H 6,2 — O 23,4 — M. G. 546.
1) **Benzoat d. Verb. $C_{25}H_{30}O_7$.** Sm. 140—142° (*A.* **329**, 334 *C.* **1904** [1] 800).

$C_{32}H_{36}O_6$ C 74,4 — H 7,0 — O 18,6 — M. G. 516.
2) **Dibenzoylembeliasäure.** Sm. 97—98° (*Ar.* **238**, 21). — *II, *1235.*

$C_{32}H_{40}O_8$ C 69,5 — H 7,2 — O 23,2 — M. G. 552.
1) **Dilakton d. Acetylphotosantoninsäure.** Sm. 199—201° (*G.* **33** [2] 68 *C.* **1903** [2] 1182).

$C_{32}H_{42}O_2$ C 83,8 — H 9,2 — O 7,0 — M. G. 458.
1) **Verbindung** (aus Campher). Sm. 176° (*B.* **36**, 2627 *C.* **1903** [2] 626).

$C_{32}H_{42}O_6$ C 73,6 — H 8,0 — O 18,4 — M. G. 522.
1) **αβ-Dibenzoat-γ-Myristat d. αβγ-Trioxypropan.** Sm. 65° (*B.* **36**, 4343 *C.* **1904** [1] 434).

$C_{32}H_{48}O_4$ C 77,4 — H 9,7 — O 12,9 — M. G. 496.
1) **α-Masticonsäure.** Sm. 96—96,5° (*Ar.* **242**, 108 *C.* **1904** [1] 1010).
2) **β-Masticonsäure.** Sm. 91—92° (*Ar.* **242**, 109 *C.* **1904** [1] 1010).

$C_{32}H_{52}O_2$ *3) **Acetat d. β-Amyrin.** Sm. 239—240° (*J. pr.* [2] **68**, 449 *C.* **1904** [1] 191).
5) **Verbindung** (aus Asclepias syriaca L.). Sm. 215—216° (*J. pr.* [2] **68**, 455 *C.* **1904** [1] 191).

$C_{32}H_{52}O_{10}$ C 64,4 — H 8,7 — O 26,8 — M. G. 596.
1) **Digitophyllin.** Sm. 230—232° u. Zers. (*Ar.* **235**, 426). — *III, *439.*

$C_{32}H_{54}O_6$ C 71,9 — H 10,1 — O 18,0 — M. G. 534.
1) **l-Dimenthylester d. βζ-Diketo-δ-Propylheptan-γε-Dicarbonsäure.** Sm. 184° (*Soc.* **85**, 53 *C.* **1904** [1] 360, 788).

$C_{33}H_{40}O_{19}$ C 53,5 — H 5,4 — O 41,1 — M. G. 740.
1) **Robinin** + $^1/_2(7^1/_2)H_2O$. Sm. 195° (*C.* **1904** [1] 1600; *Ar.* **242**, 220 *C.* **1904** [1] 1651).

$C_{33}H_{46}O_2$ *1) **Benzoat d. Lupeol.** Sm. 265—266° (262°) (*H.* **41**, 474 *C.* **1904** [1] 1652; *B.* **37**, 3442 *C.* **1904** [2] 1307; *B.* **37**, 4107 *C.* **1904** [2] 1655).

$C_{33}H_{48}O_2$ 5) **Benzoat d. Phytosterin.** Sm. 145—145,5° (*C.* **1903** [2] 125).
6) **Verbindung** (aus Asclepias syriaca L.). Sm. 163—164° (*J. pr.* [2] **68**, 408 *C.* **1904** [1] 105).

$C_{33}H_{50}N_2$ C 83,6 — H 10,5 — N 5,9 — M. G. 474.
1) **Phenylhydrazon d. Cholestenon.** Sm. 142—152° (*B.* **37**, 3100 *C.* **1904** [2] 1535).

$C_{33}H_{66}O_3$ 2) **trim. Aldehyd d. Dekan-α-Carbonsäure.** Sm. 46—47°; Sd. 125°₁₄ (*Bl.* [3] **29**, 1203 *C.* **1904** [1] 355).

— 33 III —

$C_{33}H_{19}O_4N_3$ C 76,0 — H 3,6 — O 12,3 — N 8,1 — M. G. 521.
1) **Dibenzoat d. α-Diphenylenpyridindiketondioxim.** Sm. 250° u. Zers. (*G.* **33** [2] 160 *C.* **1903** [2] 1273).

$C_{33}H_{19}O_5N_3$ C 73,7 — H 3,5 — O 14,9 — N 7,8 — M. G. 537.
1) **Dibenzoat d. Methenylbisindandiontrioximanhydrid.** Sm. 280° u. Zers. (*G.* **33** [2] 159 *C.* **1903** [2] 1273).

$C_{33}H_{28}O_9N_7$ C 59,9 — H 3,5 — O 21,8 — N 14,8 — M. G. 661.
1) **2,4,4'-Tri[4-Nitrobenzoylamido]diphenylamin** + H_2O. Sm. 180 bis 190° (303—304° wasserfrei) (*B.* **37**, 1071 *C.* **1904** [1] 1273).

$C_{33}H_{27}O_3N$ C 81,7 — H 5,5 — O 9,9 — N 2,9 — M. G. 485.
1) **Tri[2-Oxy-1-Naphtylmethyl]amin.** Sm. 164°. HCl, Acetat (*G.* **34** [1] 214 *C.* **1904** [1] 1522).

$C_{33}H_{27}O_5N$ C 76,6 — H 5,2 — O 15,5 — N 2,7 — M. G. 517.
1) **Dibenzoat d. Acetylapomorphin.** Sm. 156—158° (*B.* **35**, 4385 *C.* **1903** [1] 338).

$C_{33}H_{28}ON_2$ C 84,6 — H 6,0 — O 3,4 — N 6,0 — M. G. 468.
1) **α-Benzoyl-αβ-Di[Diphenylmethyl]hydrazin.** Sm. 155° (*J. pr.* [2] **67**, 189 *C.* **1903** [1] 875).

$C_{33}H_{29}O_5N$ C 76,3 — H 5,6 — O 15,4 — N 2,7 — M. G. 519.
1) **Methyläther d. Dibenzoylthebenin.** Sm. 159° (*B.* **37**, 2787 *C.* **1904** [2] 716).

$C_{33}H_{30}O_9N_4$ C 63,3 — H 4,8 — O 23,0 — N 8,9 — M. G. 626.
1) **Tetra[Phenylamidoformiat] d. l-Arabinose.** Sm. 250—255° u. Zers. (*C. r.* **138**, 634 *C.* **1904** [1] 1068).
2) **Tetra[Phenylamidoformiat] d. l-Xylose.** Sm. 265—270° (*C. r.* **138**, 634 *C.* **1904** [1] 1068).

$C_{33}H_{31}O_7N$ C 71,6 — H 5,6 — O 20,2 — N 2,5 — M. G. 553.
1) **Dibenzoyllaurotetanin.** Sm. 194° (*Ar.* **236**, 619). — *III, *661.*

$C_{33}H_{32}N_3Cl$ *1) **Chlorid d. α-Oxy-αα-Di[4-Dimethylamidophenyl]-α-[4-Phenylamido-1-Naphtyl]methan** (Victoriablau B) (D.R.P. 27789, 29962; *B.* **37**, 1913 *C.* **1904** [2] 115).

$C_{33}H_{34}O_3N_4$ C 76,5 — H 6,5 — O 6,2 — N 10,8 — M. G. 518.
1) **3-Nitro-4-Dimethylamidophenyldi[4-Aethylamido-1-Naphtyl]-methan.** Sm. 200° (*C.* **1903** [1] 88; *B.* **37**, 1911 *C.* **1904** [2] 115).

$C_{33}H_{34}O_6S_2$ 1) **γ-Keto-αε-Dibenzylsulfon-αε-Diphenyl-βδ-Dimethylpentan.** Sm. 209—210° (*B.* **37**, 509 *C.* **1904** [1] 884).

$C_{33}H_{34}O_8N_8$ C 59,1 — H 5,1 — O 19,1 — N 16,7 — M. G. 670.
1) **Hydrazidianilid d. Hippurylasparagylasparaginsäure.** Zers. bei 147° (*J. pr.* [2] **70**, 191 *C.* **1904** [2] 1397).

$C_{33}H_{34}N_3Cl$ 1) **Chlorid d. α-Oxy-α-[4-Dimethylamidophenyl]-αα-Di[4-Aethylamido-1-Naphtyl]methan** (*B.* **37**, 1914 *C.* **1904** [2] 116).

$C_{33}H_{35}O_{14}N$ C 59,2 — H 5,2 — O 33,5 — N 2,1 — M. G. 669.
1) **Tetraacetat d. 4-Nitrobenzylidendivanillindimethyläther.** Sm. 186—188° (*B.* **36**, 3976 *C.* **1904** [1] 373).

$C_{33}H_{49}O_2N$ C 80,7 — H 10,0 — O 6,5 — N 2,8 — M. G. 491.
1) **Phenylamidoformiat d. Cholesterin.** Sm. 168—169° (*Bl.* [3] **31**, 71 *C.* **1904** [1] 578).

$C_{33}H_{49}O_2N_3$ C 76,3 — H 9,4 — O 6,2 — N 8,1 — M. G. 519.
1) **4-Nitrophenylhydrazon d. Cholestenon.** Sm. 160—195° (*B.* **37**, 3100 *C.* **1904** [2] 1535).

$C_{33}H_{49}O_3N_3$ C 74,0 — H 9,2 — O 9,0 — N 7,8 — M. G. 535.
1) **4-Nitrophenylhydrazon d. Cholestanonol.** Sm. 195° (194°). + C_2H_6O (*M.* **24**, 655 *C.* **1903** [2] 1236; *B.* **36**, 3755 *C.* **1903** [2] 1417).

— 33 IV —

$C_{33}H_{26}O_8N_4S_2$ *1) **Monobenzyläther d. Stilbendisulfonsäuredisazophenol** (*B.* **36**, 2977 *C.* **1903** [2] 1031).

— 33 V —

$C_{33}H_{27}ON_6S_3P$ 1) **Phosphoryltri[1-Naphtylthioharnstoff]** (*Soc.* **85**, 367 *C.* **1904** [1] 1407).

C_{34}-Gruppe.

$C_{34}H_{20}$ C 95,3 — H 4,7 — M. G. 428.
1) **Dinaphtylendiphenylenäthen.** Sm. 180—190° (*A.* **335**, 136 *C.* **1904** [2] 1134).

$C_{34}H_{54}$ C 88,3 — H 11,7 — M. G. 462.
1) **Kohlenwasserstoff** (aus Guttapercha) (*C.* **1903** [1] 83).

— 34 II —

$C_{34}H_{22}O_8$ C 73,1 — H 3,9 — O 22,9 — M. G. 558.
1) **Tetrabenzoat d. 1,2,3,4-Tetraoxybenzol** (*B.* **37**, 120 *C.* **1904** [1] 580).

$C_{34}H_{27}N$ C 90,9 — H 6,0 — N 3,1 — M. G. 449.
1) **Anilinderivat d. 9,10-Dibenzylidenanthracen.** Sm. 233° (*M.* **25**, 801 *C.* **1904** [2] 1137).

$C_{34}H_{28}O$ C 90,3 — H 6,2 — O 3,5 — M. G. 452.
1) **Aethyläther d. 10-Oxy-9,9,10-Triphenyl-9,10-Dihydroanthracen.** Sm. 250° (*C. r.* **139**, 11 *C.* **1904** [2] 530).

$C_{34}H_{30}O_2$ 2) **Dimethyläther d. 1,4-Di[α-Oxydiphenylmethyl]benzol.** Sm. 181 bis 182,5° (*B.* **37**, 1468 *C.* **1904** [1] 1342).

$C_{34}H_{34}O_2$ C 86,1 — H 7,2 — O 6,7 — M. G. 474.
1) **γϑ-Diketo-αεζκ-Tetraphenyldekan.** Sm. 171—172° (*A.* **330**, 234 *C.* **1904** [1] 945).

$C_{34}H_{35}N_3$ 2) **Di[4-Dimethylamidophenyl]-4-[4-Methylphenyl]amido-1-Naphtylmethan.** Sm. 193—194° (*C.* **1903** [1] 88; *B.* **37**, 1902 *C.* **1904** [2] 115).
3) **Verbindung** (aus Dibenzylidenaceton). Sm. 158° u. Zers. (*Soc.* **85**, 1180 *C.* **1904** [2] 1216).

$C_{34}H_{38}O_4$ 2) **Verbindung** (aus α-Oxybenzylidencampher). Sm. 221° (*Soc.* **83**, 102 *C.* **1903** [1] 234, 459).

$C_{34}H_{38}O_{19}$ C 54,4 — H 5,1 — O 40,5 — M. G. 750.
1) **Cocaflavin** + $4H_2O$. Sm. 163—164° (*J. pr.* [2] **66**, 413 *C.* **1903** [1] 528).

$C_{34}H_{46}O_5$ C 76,4 — H 8,6 — O 15,0 — M. G. 534.
1) **Verbindung** (aus d. d-Santonigesäureäthylester) (*G.* **25** [2] 292). — *II, *977.*

$C_{34}H_{46}O_6$ 2) **αβ-Dibenzoat-γ-Palmitat d. αβγ-Trioxypropan.** Sm. 69° (*B.* **36**, 4343 *C.* **1904** [1] 434).

$C_{34}H_{48}O_3$ C 80,9 — H 9,5 — O 9,5 — M. G. 504.
1) **Benzoat d. Cholestanonol.** Sm. 173° (*B.* **36**, 3755 *C.* **1903** [2] 1417).

$C_{34}H_{50}O_2$ 2) **Verbindung** (aus Asclepias syriaca L.). Sm. 165° (*J. pr.* [2] **68**, 413 *C.* **1904** [1] 105).
3) **Verbindung** (aus Asclepias syriaca L.). Sm. 180—182° (*J. pr.* [2] **68**, 401 *C.* **1904** [1] 105).

$C_{34}H_{50}O_9$ C 67,8 — H 8,3 — O 23,9 — M. G. 602.
1) **Diäthylester d. Photosantoninsäure.** Sm. 132° (*G.* **33** [2] 68 *C.* **1903** [2] 1182).

$C_{34}H_{54}O_5$ C 75,3 — H 10,0 — O 14,7 — M. G. 542.
1) **Acetat d. Cardol.** Fl. (*C.* **1896** [1] 112). — *III, *462.*

$C_{34}H_{58}O_3$ C 79,7 — H 10,9 — O 9,4 — M. G. 512.
1) **Verbindung** (aus Asclepias syriaca L.). Sm. 79—83° (*J. pr.* [2] **68**, 458 *C.* **1904** [1] 191).

$C_{34}H_{58}O_{21}$ *1) **Ericolin** (*C.* **1903** [2] 729).

$C_{34}H_{59}O_{19}$ 1) **Herniarin.** Sm. 228—231° (*C.* **1904** [1] 1215).

$C_{34}H_{66}O_4$ 2) **Dipalmitat d. αβ-Dioxyäthan.** Sm. 72°; Sd. 241°₆ (*B.* **36**, 4340 *C.* **1904** [1] 433).

— 34 III —

$C_{34}H_{19}O_4N_3$ C 76,5 — H 2,6 — O 12,0 — N 8,9 — M. G. 533.
1) **4-Phenylamidoindanthren** (*B.* **36**, 3438 *C.* **1903** [2] 1280).

$C_{34}H_{20}O_4N_4$ 3) **1,5-Di[2-Oxy-1-Naphtylazo]-9,10-Anthrachinon** (*B.* **37**, 4187 *C.* **1904** [2] 1742).
4) **1,5-Di[4-Oxy-1-Naphtylazo]-9,10-Anthrachinon** (*B.* **37**, 4187 *C.* **1904** [2] 1742).

$C_{34}H_{25}O_4N_3$ C 75,7 — H 4,6 — O 11,9 — N 7,8 — M. G. 539.
1) **Di[Diphenylamid] d. Benzoximidomalonsäure.** Sm. 175° (*C.* **1904** [1] 1555).

$C_{34}H_{26}O_3N_2$ C 80,0 — H 5,1 — O 9,4 — N 5,5 — M. G. 510.
1) **s-Di[4-Methylphenyl]rhodamin** (D.R.P. 47451). — ***III**, *577.*

$C_{34}H_{26}O_4N_4$ 5) **4,4'-Dimethyläther d. 4,4'-Di[4-Oxyphenyl]-3,3'-Dioxy-2,2'-Binaphtyl** (*C. r.* **138**, 1619 *C.* **1904** [2] 338).

$C_{34}H_{28}O_2N_6$ C 73,9 — H 5,1 — O 5,8 — N 15,2 — M. G. 552.
1) **Verbindung** (aus 3-Keto-4-Benzoyl-5-Methyl-2-Phenyl-2,3-Dihydropyrazol). Sm. oberh. 300° (*B.* **36**, 529 *C.* **1903** [1] 642).

$C_{34}H_{34}O_4N_4$ 5) **2-Nitrophenylimid d. s-Tetraäthylrhodamin.** Sm. 194° (D.R.P. 88675). — ***III**, *576.*
6) **3-Nitrophenylimid d. s-Tetraäthylrhodamin.** Sm. 145° (D.R.P. 88675). — ***III**, *576.*
7) **4-Nitrophenylimid d. s-Tetraäthylrhodamin.** Sm. 200° (D.R.P. 88675). — ***III**, *576.*

$C_{34}H_{34}N_3Cl$ *1) **Chlorid d. α-Oxy-αα-Di[4-Dimethylamidophenyl]-α-[4-p-Methylphenylamido-1-Naphtyl]methan** (Victoriablau 4R) (*B.* **37**, 1913 *C.* **1904** [2] 116).

$C_{34}H_{35}O_2N_3$ C 78,9 — H 6,8 — O 6,2 — N 8,1 — M. G. 517.
1) **Phenylimid d. s-Tetraäthylrhodamin.** Sm. 220—222° (D.R.P. 80153, 81958). — ***III**, *576.*

$C_{34}H_{36}ON_2$ C 83,6 — H 7,4 — O 3,3 — N 5,7 — M. G. 488.
1) **9,9-Di[4-Diäthylamidophenyl]-10-Keto-9,10-Dihydroanthracen.** Sm. 218° (*C. r.* **136**, 537 *C.* **1903** [1] 837).

$C_{34}H_{36}O_9N_2$ 1) **Cusparein.** Sm. 54° (*C.* **1903** [2] 1011).

$C_{34}H_{38}O_2N_4$ 2) **Dimethyläther d. βη-Di[Phenylhydrazon]-δε-Di[4-Oxyphenyl]-oktan.** Sm. 180° (*A.* **330**, 237 *C.* **1904** [1] 945).

$C_{34}H_{38}O_4N_4$ C 72,1 — H 6,7 — O 11,3 — N 9,9 — M. G. 566.
1) **Mesoporphyrin.** Sm. noch nicht bei 310°. Zn, Cu, 2HCl (*H.* **37**, 54 *C.* **1903** [1] 44; *B.* **35**, 4342 *C.* **1903** [1] 294).

$C_{34}H_{38}O_6N_4$ C 68,2 — H 6,3 — O 16,1 — N 9,4 — M. G. 598.
1) **Hämatoporphyrin.** 2HCl (*H.* **37**, 59 *C.* **1903** [1] 45).

$C_{34}H_{39}O_7P$ 1) **Phosphit d. αβγ-Trioxypropan-αγ-Di[2-Methylphenyläther].** Sm. 118—119° (*Soc.* **83**, 1139 *C.* **1903** [2] 1059).
2) **Phosphit d. αβγ-Trioxypropan-αγ-Di[4-Methylphenyläther].** Sm. 81—82° (*Soc.* **83**, 1140 *C.* **1903** [2] 1059).

$C_{34}H_{42}N_4S$ 2) **Sulfid d. α-Merkaptodi[3-Methylamido-4-Methylphenyl]methan?** Sm. 214—215° (*C.* **1903** [1] 400).

$C_{34}H_{47}O_{11}N$ *1) **Akonitin.** HBr + $2^1/_2H_2O$ (*C.* **1904** [2] 1238).

$C_{34}H_{51}O_{10}N$ C 64,4 — H 8,1 — O 25,3 — N 2,2 — M. G. 633.
1) **Acetylcevadin.** Sm. 234°. HCl (*B.* **37**, 1950 *C.* **1904** [2] 126).

$C_{34}H_{71}O_9N_{17}$ C 47,4 — H 8,2 — O 16,7 — N 27,6 — M. G. 861.
1) **Sturin.** $2(2HCl, PtCl_4)$ (*H.* **37**, 104 *C.* **1903** [1] 236).

— 34 IV —

$C_{34}H_{28}O_{12}N_6S_4$ 1) **Disazoverbindung** (aus 4,4'-Diamido-3,3'-Dimethylbiphenyl-6,6'-Disulfonsäure u. 1-Amidonaphtalin-4-Sulfonsäure). Ba_2 (*J. pr.* [2] **66**, 568 *C.* **1903** [1] 519).

$C_{34}H_{30}O_{15}N_4S_4$ 1) **1, 5-Di[2-Oxy-1-Naphtylazo]-9, 10-Anthrachinon-1³, 1⁶, 5³, 5⁶-Tetrasulfonsäure** (*B.* **37**, 4187 *C.* **1904** [2] 1742).

$C_{34}H_{32}O_4N_4Fe$ 2) **Dehydrohämatin** (*H.* **40**, 413 *C.* **1904** [1] 679).
3) **Dehydrochloridhämin.** HCl, HBr (*H.* **40**, 410 *C.* **1904** [1] 679).

$C_{34}H_{34}O_5N_4Fe$ 1) **Hämatin** (*H.* **40**, 415 *C.* **1904** [1] 679).

$C_{34}H_{47}O_2N_4P$ 1) **Verbindung** (aus 4-Amido-1,3-Dimethylbenzol). Sm. 98° (*C. r.* **139**, 411 *C.* **1904** [2] 764).

— 34 V —

$C_{34}H_{33}O_4N_4ClFe$ *1) **Hämin** (*H.* **40**, 393 *C.* **1904** [1] 678; *H.* **41**, 543 *C.* **1904** [2] 452; *H.* **42**, 65 *C.* **1904** [2] 598).

$C_{34}H_{33}O_4N_4BrFe$ 1) **Bromwasserstoffhämin** (*H.* **40**, 399 *C.* **1904** [1] 679).

C_{35}-Gruppe.

$C_{35}H_{68}$ C 86,1 — H 13,9 — M. G. 488.
1) **Kohlenwasserstoff** (aus Petroleum) *C.* **1904** [1] 409).

— 35 II —

$C_{35}H_{28}O_{11}$ 3) **Dibenzoat d. Barbaloïn** (*C.* **1903** [1] 235). — *III, *453.*

$C_{35}H_{38}O_{12}$ *1) **Filixsäure** (oder $C_{35}H_{40}O_{12}$) (*Ar.* **242**, 496 *C.* **1904** [2] 1418).

$C_{35}H_{48}O_{10}$ C 67,1 — H 7,4 — O 25,5 — M. G. 626.
1) **α-Ardisiol.** Sm. 107° (*C.* **1903** [1] 837).
2) **β-Ardisiol.** Sm. 183° (*C.* **1903** [1] 837).

$C_{35}H_{46}O_{11}$ C 65,4 — H 7,2 — O 27,4 — M. G. 642.
1) **Oxyardisiol.** Sm. 191° (*C.* **1903** [1] 837).

$C_{35}H_{50}O_2$ C 83,6 — H 10,0 — O 6,4 — M. G. 502.
1) **Benzoat d. Verbindung** $C_{28}H_{46}O$. Sm. 195—196° (*J. pr.* [2] **68**, 457 *C.* **1904** [1] 191).

$C_{35}H_{52}O_2$ 3) **Benzoat d. Anthesterin** (oder $C_{36}H_{54}O_2$). Sm. 284—286° (*Bl.* [3] **27**, 1231 *C.* **1903** [1] 237).
4) **Verbindung** (aus Asclepias syriaca L.). Sm. 95° (*J. pr.* [2] **68**, 412 *C.* **1904** [1] 105).

$C_{35}H_{52}O_6$ 2) **l-Dimenthylester d. βζ-Diketo-δ-Phenylheptan-γε-Dicarbonsäure.** Sm. 203—206° (*Soc.* **85**, 55 *C.* **1904** [1] 360, 788).

$C_{35}H_{56}O_4$ 2) **α-Masticoresen.** Sm. 74—75° (*Ar.* **242**, 110 *C.* **1904** [1] 1010).

$C_{35}H_{68}O_5$ 2) **αβ-Dipalmitat d. αβγ-Trioxypropan.** Sm. 67° (*C.* **1903** [1] 133).
3) **αγ-Dipalmitat d. αβγ-Trioxypropan.** Sm. 69° (*C.* **1903** [1] 133).

— 35 III —

$C_{35}H_{28}O_2N_2$ *1) **Imabenzil.** Sm. 195° (*B.* **35**, 4138 *C.* **1903** [1] 295).

$C_{35}H_{28}O_4N_4$ 2) **ββ-Di[?-(2-Oxy-1-Naphtyl)azo-4-Oxyphenyl]propan** (*C.* **1904** [2] 1737).

$C_{35}H_{29}O_3N_3$ 2) **αγε-Tri[2-Pyridoyl]-βδ-[Diphenyl]pentan.** Sm. 215° (*B.* **35**, 4062 *C.* **1903** [1] 91).

$C_{35}H_{30}O_{10}N_2$ C 65,8 — H 4,7 — O 25,1 — N 4,4 — M. G. 638.
1) **Tetrabenzoat d. Glykoseureïd.** Sm. 117° (*R.* **22**, 62 *C.* **1903** [1] 1080).

$C_{35}H_{31}O_{11}N$ C 65,5 — H 4,8 — O 27,5 — N 2,2 — M. G. 641.
1) **Tetrabenzoylderivat d. Amidoglykoheptonsäure.** Sm. 101° (*B.* **35**, 4020 *C.* **1903** [1] 391).

$C_{35}H_{32}N_4S_2$ 1) **4,4′-Di[α-Methyl-β-Phenylthioureïdo]triphenylmethan.** Sm. 124° (*B.* **37**, 641 *C.* **1904** [1] 951).

$C_{35}H_{51}O_4N_3$ C 72,8 — H 8,8 — O 11,1 — N 7,3 — M. G. 577.
1) **4-Nitrophenylhydrazon d. Cholestanonolacetat.** Sm. 144° (*M.* **24**, 654 *C.* **1903** [2] 1235).

— 35 IV —

$C_{35}H_{32}ON_4S_2$ 1) **α-Oxy-4,4′-Di[α-Methyl-β-Phenylthioureïdo]triphenylmethan.** Sm. 136° (*B.* **37**, 644 *C.* **1904** [1] 951).

$C_{35}H_{34}O_8N_2S_2$ 1) **Di[2-Naphtalinsulfotyrosyl-dl-Leucin.** Sm. 100—105° (*B.* **36**, 2606 *C.* **1903** [2] 619).

$C_{35}H_{51}O_{25}N_9P_4$ 1) **Heminukleïnsäure** + $3H_2O$ (*C.* **1904** [2] 133).

$C_{35}H_{56}O_{19}N_8S$ 1) **Uroferrinsäure.** Ba, Zn (*H.* **37**, 282 *C.* **1903** [1] 727).

— 35 V —

$C_{35}H_{24}O_7N_5Cl_5P_2$ 1) **Verbindung** (aus Anthranilsäure u. Phosphorpentachlorid). Sm. 148—153° (*B.* **36**, 1827 *C.* **1903** [2] 201).

C_{36}-Gruppe.

$C_{36}H_{18}$ C 96,0 — H 4,0 — M. G. 450.
1) **Trinaphtylenbenzol** (Dekakylen). Sm. 387°. Pikrat (*B.* **36**, 968 *C.* **1903** [1] 1088; *B.* **36**, 1586 *C.* **1903** [2] 46).

— 36 II —

$C_{36}H_9Cl_9$ 1) **Nonochlordekacyklen.** Sm. 215—218° u. Zers. (*B.* **36**, 3773 *C.* **1903** [2] 1446).

$C_{36}H_{15}Br_3$ 1) **Tribromdekacyklen.** Sm. 397—400° (*B.* **36**, 3773 *C.* **1903** [2] 1446).

$C_{36}H_{22}O_8$ 4) **Tribenzoat d. 5,6-Dioxy-2-Keto-1-[3-Oxybenzyliden]-1,2-Dihydrobenzfuran.** Sm. 173° (*B.* **29**, 2434). — *III, *533.*

$C_{36}H_{22}O_9$ 3) **Stictaurin** (*C.* **1903** [2] 121).

$C_{36}H_{24}O_8$ C 74,0 — H 4,1 — O 21,9 — M. G. 584.
1) **Tribenzoat d. Butin.** Sm. 155—157° (*C.* **1903** [1] 1415; **1904** [2] 451).

$C_{36}H_{30}O_2$ C 87,4 — H 6,1 — O 6,5 — M. G. 494.
1) **Verbindung** (aus Benzylidenacetophenon). Sm. 180° (*Am.* **29**, 360 *C.* **1903** [1] 1180).

$C_{36}H_{34}N_4$ C 82,8 — H 6,5 — N 10,7 — M. G. 522.
1) **Phenylhydrazinderivat d. Base** $C_{30}H_{30}O_2N_2$. Sm. 200° (*C. r.* **137**, 608 *C.* **1903** [2] 1180).

$C_{36}H_{44}N_6$ C 77,2 — H 7,8 — N 15,0 — M. G. 560.
1) **2,3,5,6-Tetra[4-Dimethylamidophenyl]-2,3,5,6-Tetrahydro-1,4-Diazin.** Sm. 95° (*B.* **37**, 1738 *C.* **1904** [1] 1599).

$C_{36}H_{56}O_4$ C 78,2 — H 10,1 — O 11,6 — M. G. 276.
1) **Resen** (aus Gräberharz). Sm. 74,5—76° (*Ar.* **242**, 114 *C.* **1904** [1] 1010).
2) **isom. Resen** (aus Gräberharz). Sm. 130—131° (*Ar.* **242**, 114 *C.* **1904** [1] 1010).

$C_{36}H_{60}O_3$ 3) **Verbindung** (aus Guttapercha) oder $C_{34}H_{56}O_3$. Sm. 145° (*C.* **1903** [1] 83).

$C_{36}H_{60}O_{16}$ *1) **Dilichesterinsäure** + $3H_2O$ (*J. pr.* [2] **68**, 34 *C.* **1903** [2] 512).

$C_{36}H_{64}O_2$ C 81,8 — H 12,1 — O 6,1 — M. G. 528.
1) **Chaulmoogrylester d. Chaulmoograsäure.** Sm. 42° (*Soc.* **85**, 857 *C.* **1904** [2] 348, 604).

$C_{36}H_{68}O_4$ C 76,6 — H 12,1 — O 11,3 — M. G. 564.
1) **Laktid d. α-Oxyheptadekan-α-Carbonsäure.** Sm. 88,5—90,5° (*Soc.* **85**, 835 *C.* **1904** [2] 510).

— 36 III —

$C_{36}H_{15}O_6N_3$ C 73,8 — H 2,6 — O 16,4 — N 7,2 — M. G. 585.
1) **Trinitrodekacyklen** (*B.* **36**, 3772 *C.* **1903** [2] 1446).

$C_{36}H_{22}O_6S$ 1) **Anhydro-3,5-Dimerkapto-4-Thiocarbonyl-1-Keto-2,6-Diphenyl-1,4-Dihydrobenzol.** Sm. 278° (*B.* **37**, 1608 *C.* **1904** [1] 1444).

$C_{36}H_{26}O_2N_8$ C 71,7 — H 4,3 — O 5,3 — N 18,6 — M. G. 602.
1) **Azoderivat d. 3,6-Di[4-Amidobenzyl]-1,2,4,5-Tetrazin.** Zers. bei 200° (*B.* **35**, 3939 *C.* **1903** [1] 39).

$C_{36}H_{26}O_6N_4$ C 70,8 — H 4,3 — O 15,7 — N 9,2 — M. G. 610.
1) **Tetrabenzoylderivat d. 3,6-Dimethyl-1,2-Dihydro-1,3-Diazin-4,5-Dicarbonsäurecyklohydrazid.** Sm. 189—191° (*B.* **37**, 95 *C.* **1904** [1] 589).

$C_{36}H_{30}O_3N_2$ C 80,3 — H 5,6 — O 8,9 — N 5,2 — M. G. 538.
1) **s-Diäthyldiphenylrhodamin** (D.R.P. 46354). — *III, *577.*

$C_{36}H_{30}O_8N_4$ C 66,9 — H 4,6 — O 19,8 — N 8,7 — M. G. 646.
1) **Diäthylester d. 4,4'-Biphenylendi[Azobenzoylbrenztraubensäure]** (*B.* **37**, 2209 *C.* **1904** [2] 324).

$C_{36}H_{36}O_6N_4$ C 69,7 — H 5,8 — O 15,5 — N 9,0 — M. G. 620.
1) **Di[Phenylhydrazon] d. Isobiliansäure.** Sm. 262° (*M.* **24**, 55 *C.* **1903** [1] 765).

$C_{36}H_{42}O_4N_4$ C 72,7 — H 7,1 — O 10,8 — N 9,4 — M. G. 594.
1) **Dimethylester d. Mesoporphyrin.** Sm. 213—214° (*H.* **37**, 63 *C.* **1903** [1] 45).

$C_{36}H_{48}O_{64}N_{17}$ C 24,8 — H 2,5 — O 58,9 — N 13,7 — M. G. 1737.
1) **Nitrostärke** (*C.* **1903** [1] 1122).

$C_{36}H_{44}N_6Br_2$ 1) **1,4-Dibrom-2,3,5,6-Tetra[4-Dimethylamidophenyl]hexahydro-1,4-Diazin.** Sm. 95° (*B.* **37**, 1739 *C.* **1904** [1] 1509).

— 36 IV —

$C_{36}H_{28}N_4J_2S$ 1) **polym. 4-Phenylazodiphenyljodoniumsulfid** (*B.* **37**, 1315 *C.* **1904** [1] 1341).

$C_{36}H_{43}O_7N_2J$ 1) **Methylhydroxyd d. Pseudomorphinjodmethylat** (*B.* **13**, 93). — III, *911*.

$C_{36}H_{51}O_2N_4P$ 1) **Verbindung** (aus 4-Amido-1,3-Dimethylbenzol). Sm. 107° (*C. r.* **139**, 411 *C.* **1904** [2] 764).

C_{37}-Gruppe.

$C_{37}H_{29}N_3$ 2) **4-Phenylimido-1-Di[4-Phenylamidophenyl]methylen-1,4-Dihydrobenzol** (4,4'-Diphenylamidofuchsonphenylimin). Sm. 237—238°. HCl, Pikrat (*B.* **37**, 2870 *C.* **1904** [2] 777).

$C_{37}H_{31}N_3$ C 85,9 — H 6,0 — N 8,1 — M. G. 517.
1) **4,4',4''-Tri[Phenylamidophenyl]methan.** Sm. 182—184° (*B.* **37**, 2873 *C.* **1904** [2] 777).

$C_{37}H_{36}N_4$ C 82,9 — H 6,7 — N 10,4 — M. G. 536.
1) **Phenylhydrazonderivat d. Base** $C_{31}H_{32}O_2N_2$. Sm. 220° (*C. r.* **137**, 608 *C.* **1903** [2] 1180).

$C_{37}H_{37}N_3$ C 84,9 — H 7,1 — N 8,0 — M. G. 523.
1) **Tri[4-Aethylamido-1-Naphtyl]methan.** Sm. oberh. 300° (*C.* **1903** [1] 88; *B.* **37**, 1912 *C.* **1904** [2] 115).

$C_{37}H_{54}O_2$ *1) **Benzoat d. α-Amyrin.** Sm. 191—192° (*Ar.* **241**, 154 *C.* **1903** [1] 1029).
*2) **Benzoat d. β-Amyrin.** Sm. 229° (*Ar.* **241**, 155 *C.* **1903** [1] 1029; *J. pr.* [2] **68**, 452 *C.* **1904** [1] 191).

$C_{37}H_{60}O_4$ 2) **Carelemisäure.** Sm. 120° (*Ar.* **241**, 152 *C.* **1903** [1] 1029; *Ar.* **242**, 119 *C.* **1904** [1] 1011).
3) **α-Isocolelemisäure.** Sm. 120—122° (*Ar.* **242**, 349 *C.* **1904** [2] 526).
4) **β-Isocolelemisäure.** Sm. 120° (*Ar.* **242**, 350 *C.* **1904** [2] 526).
5) **Tacelemisäure.** Sm. 215° (*Ar.* **242**, 357 *C.* **1904** [2] 527).
6) **α-Isotacelemisäure.** Sm. 120—121° (*Ar.* **242**, 355 *C.* **1904** [2] 527).
7) **β-Isotacelemisäure.** Sm. 120° (*Ar.* **242**, 358 *C.* **1904** [2] 527).

$C_{37}H_{60}O_{10}$ C 66,9 — H 9,0 — O 24,1 — M. G. 664.
1) **Gratioligenin.** Sm. 285° (*Ar.* **240**, 564 *C.* **1903** [1] 42).

— 37 III —

$C_{37}H_{31}ON_3$ C 83,3 — H 5,8 — O 3,0 — N 7,9 — M. G. 533.
1) **α-Oxy-4,4',4''-Tri[Phenylamido]triphenylmethan.** Sm. 85° (*B.* **37**, 2873 *C.* **1904** [2] 777).

$C_{37}H_{32}N_3Cl$ 1) **Chlorid d. α-Oxy-ααα-Tri[4-Aethylamido-1-Naphtyl]methan** (*B.* **37**, 1914 *C.* **1904** [2] 116).

$C_{37}H_{34}O_4N_2$ C 77,9 — H 6,0 — O 11,2 — N 4,9 — M. G. 570.
1) **Dibenzoat d. 4',4''-Di[Dimethylamido]-3,4-Dioxytriphenylmethan.** Sm. 154° (*B.* **36**, 2918 *C.* **1903** [2] 1065).

$C_{37}H_{35}O_6N_5$ C 68,8 — H 5,4 — O 14,9 — N 10,8 — M. G. 645.
1) **Di[Phenylhydrazon] d. 3-Nitrobenzylidendivanillindimethyläther.** Sm. 203,5—204,5° (*B.* **36**, 3978 *C.* **1904** [1] 373).

$C_{37}H_{35}ON_4$ C 80,5 — H 6,5 — O 2,9 — N 10,1 — M. G. 552.
1) **Verbindung** (aus d. Verb. $C_{31}H_{32}O_8N_2$). Sm. 203° (*C. r.* **138**, 212 *C.* **1904** [1] 663).

$C_{37}H_{42}O_5N_4$ C 71,4 — H 6,7 — O 12,9 — N 9,0 — M. G. 622.
1) **Verbindung** (aus Aspidin u. Phenylhydrazin). Sm. 208—209° (*A.* **329**, 331 *C.* **1904** [1] 800).
2) **Verbindung** (aus Pseudoaspidin). Sm. 201—202° (*A.* **329**, 335 *C.* **1904** [1] 800).

$C_{37}H_{64}O_3N_2$ C 76,0 — H 11,0 — O 8,2 — N 4,8 — M. G. 584.
1) **Spilanthol** (*Ar.* **241**, 280 *C.* **1903** [2] 451).

$C_{37}H_{67}O_2N$ C 79,7 — H 12,0 — O 5,7 — N 2,5 — M. G. 557.
1) **Phenylamidoformiat d. α-Oxytriakontan.** Sm. 91,5 (*Bl.* [3] **31**, 53 *C.* **1904** [1] 507).

C_{38}-Gruppe.

$C_{38}H_{30}$ *1) **Hexaphenyläthan.** Sm. 226—227° (*B.* **35**, 3918 *C.* **1903** [1] 84; *B.* **36**, 379 *C.* **1903** [1] 716; *C. r.* **137**, 59 *C.* **1903** [2] 574; *B.* **37**, 2397 *C.* **1904** [2] 443).
2) **bim. Triphenylmethyl.** Sm. 145—147°. + C_6H_6, + 2 Molec. Aether, + Essigsäureäthylester (*B.* **33**, 3150; **34**, 2726; *B.* **34**, 3815 *C.* **1902** [1] 44; *B.* **35**, 1822 *C.* **1902** [2] 210; *B.* **36**, 320 *C.* **1903** [1] 638; *B.* **36**, 579 *C.* **1903** [1] 638; *B.* **36**, 376 *C.* **1903** [1] 715; *B.* **37**, 2033 *C.* **1904** [2] 225; *B.* **37**, 2397 *C.* **1904** [2] 443). — *II, *128.*

— 38 II —

$C_{38}H_{24}S$ 1) **Dibenzyldinaphtylenthiophen.** Sm. 207—210° (*Bl.* [3] **31**, 928 *C.* **1904** [2] 779).

$C_{38}H_{26}O_4$ C 83,5 — H 4,8 — O 11,7 — M. G. 546.
1) **Verbindung** (aus Resorcin u. Benzil). Sm. 229° (*B.* **36**, 3051 *C.* **1903** [2] 1008).
2) **Verbindung** (aus d. Verb. $C_{40}H_{28}O_5$) (*B.* **36**, 3053 *C.* **1903** [2] 1009).

$C_{38}H_{28}O_3$ C 85,7 — H 5,2 — O 9,0 — M. G. 532.
1) **Verbindung** (aus d. Verb. $C_{40}H_{28}O_5$). Sm. 278° (*B.* **36**, 3053 *C.* **1903** [2] 1009).

$C_{38}H_{28}O_4$ C 83,2 — H 5,1 — O 11,7 — M. G. 548.
1) **Verbindung** (aus d. Verb. $C_{40}H_{30}O_5$) (*B.* **36**, 3052 *C.* **1903** [2] 1009).

$C_{38}H_{30}O_2$ *1) **Triphenylmethylperoxyd** (*B.* **37**, 3538 *C.* **1904** [2] 1737).

$C_{38}H_{30}O_8$ C 74,3 — H 4,9 — O 20,8 — M. G. 614.
1) **Tetrabenzoat d. 2,3,5,6-Tetraoxy-1,4-Diäthylbenzol.** Sm. 275° (*B.* **37**, 2387 *C.* **1904** [2] 308).

$C_{38}H_{30}N_2$ C 88,7 — H 5,8 — N 5,4 — M. G. 514.
1) **Anhydro-α-Oxy-2-Amidotriphenylmethan.** Sm. 250° u. Zers. (*B.* **37**, 3196 *C.* **1904** [2] 1472).
2) **Anhydro-α-Oxy-4-Amidotriphenylmethan.** Sm. 300° u. Zers. Pikrat (*B.* **37**, 603 *C.* **1904** [1] 886).

$C_{38}H_{32}O_3$ *1) **αγε-Tribenzoyl-βδ-Diphenylpentan.** β-Modif. Sm. 255—256°. + C_6H_6, + C_7H_8 (*Soc.* **83**, 366 *C.* **1903** [1] 578, 1129).

$C_{38}H_{32}O_4$ C 82,6 — H 5,8 — O 11,6 — M. G. 552.
1) **Verbindung** (aus d. Verb. $C_{38}H_{28}O_4$) (*B.* **36**, 3052 *C.* **1903** [2] 1009).

$C_{38}H_{34}O_2$ C 87,4 — H 6,5 — O 6,1 — M. G. 522.
1) **αε-Diketo-αβδε-Tetraphenyl-γ-[4-Isopropylphenyl]pentan.** Sm. 225° (*B.* **35**, 3969 *C.* **1903** [1] 31).

$C_{38}H_{39}N_5$ C 80,7 — H 6,9 — N 12,4 — M. G. 565.
1) **Phenylhydrazinderivat d. Phtalgrün.** Sm. 288° (*C.* **1903** [1] 86; *C. r.* **137**, 609 *C.* **1903** [2] 1181).

$C_{38}H_{40}O_{17}$ 2) **Heptaacetat d. Onospin.** Sm. 76—80° (*M.* **24**, 144 *C.* **1903** [1] 1033).

$C_{38}H_{56}O_4$ C 79,1 — H 9,7 — O 11,1 — M. G. 576.
1) **Carieleminsäure.** Sm. 215° (*Ar.* **242**, 118 *C.* **1904** [1] 1011).
2) **Isocarieleminsäure.** Sm. 75—76° (*Ar.* **242**, 118 *C.* **1904** [1] 1011).

$C_{38}H_{74}O_4$ *3) **Distearat d. αβ-Dioxyäthan.** Sm. 79°; Sd. 241°$_0$ (*B.* **36**, 4340 *C.* **1904** [1] 433).

— 38 III —

$C_{38}H_{24}ON_2$ C 87,0 — H 4,6 — O 3,1 — N 5,3 — M. G. 524.
1) **Aether d. 5-[3-Oxyphenyl]akridin.** Sm. 366—367° u. Zers. (2HCl, $PtCl_4$), (2HCl, $2AuCl_3$), $2(H_2Cr_2O_7)$, Pikrat (*Bl.* [3] **31**, 1086 *C.* **1904** [2] 1509).

$C_{38}H_{24}O_2Cl_6$ 1) **Peroxyd d. α-Oxy-4,4',4''-Trichlortriphenylmethan.** Sm. 140—142° (*B.* **37**, 1636 *C.* **1904** [1] 1649).

$C_{38}H_{24}O_{14}N_6$ *1) **Peroxyd d. α-Oxytri[4-Nitrophenyl]methan.** Sm. 218° (*B.* **37**, 1640 *C.* **1904** [1] 1649).

$C_{38}H_{28}O_2Cl_2$ 1) **Peroxyd d. α-Oxy-4-Chlortriphenylmethan.** Sm. 165° (*B.* **37**, 1634 *C.* **1904** [1] 1649).

$C_{38}H_{28}O_2Br_2$ 1) **Peroxyd d. α-Oxy-4-Bromtriphenylmethan.** Sm. 167° (*B.* **37**, 1634 *C.* **1904** [1] 1649).

$C_{38}H_{28}O_2J_2$ 1) **Peroxyd d. α-Oxy-4-Jodtriphenylmethan.** Sm. 169° (*B.* **37**, 1634 *C.* **1904** [1] 1649).

$C_{38}H_{29}O_6N$ C 78,7 — H 5,0 — O 13,8 — N 2,4 — M. G. 579.
1) **Dibenzoat d. Benzoylapomorphin.** Sm. 217—218° (*B.* **35**, 4385 *C.* **1903** [1] 338).

$C_{38}H_{30}O_2N_4$ C 79,4 — H 5,2 — O 5,6 — N 9,8 — M. G. 574.
1) **Dibenzyläther d. 4,4'-Di[4-Oxyphenylazo]biphenyl** (*B.* **36**, 2975 *C.* **1903** [2] 1031).

$C_{38}H_{31}ON$ C 88,2 — H 6,0 — O 3,1 — N 2,7 — M. G. 517.
1) **Di[Triphenylmethyl]hydroxylamin.** Sm. 184° (*B.* **37**, 3151 *C.* **1904** [2] 1047).

$C_{38}H_{32}O_6N_2$ C 74,5 — H 5,3 — O 15,7 — N 4,5 — M. G. 612.
1) **Tetrabenzoat d. Skatosin.** Sm. 169° (*C.* **1903** [1] 411).

$C_{38}H_{38}ON_4$ C 80,6 — H 6,7 — O 2,8 — N 9,9 — M. G. 566.
1) **Verbindung** (aus d. Verb. $C_{32}H_{24}O_3N_2$). Sm. 186° (*C. r.* **138**, 213 *C.* **1904** [1] 663).

$C_{38}H_{42}N_2Br_2$ 1) **10,10'-Bi[5-Brom-1,3,4,6,7,9-Hexamethyl-5,10-Dihydroakridin]** (*Soc.* **85**, 1203 *C.* **1904** [2] 1060).

$C_{38}H_{42}N_2Br_6$ 1) **10,10'-Bi[1,3,4,6,7,9-Hexamethylakridin]hexabromid.** Sm. 287° (*Soc.* **81**, 285; *Soc.* **85**, 1202 *C.* **1904** [2] 1060).

$C_{38}H_{42}N_2J_6$ 1) **10,10'-Bi[1,3,4,6,7,9-Hexamethylakridin]hexajodid.** Sm. 275° (*Soc.* **85**, 1203 *C.* **1904** [2] 1060).

$C_{38}H_{46}O_4N_4$ C 73,3 — H 7,4 — O 10,3 — N 9,0 — M. G. 622.
1) **Diäthylester d. Mesoporphyrin.** Sm. 202—203°. Cu (*H.* **37**, 63 *C.* **1903** [1] 45).

$C_{38}H_{74}N_2Br_2$ 1) **Di[Bromisoamylat] d. 1,3-Di[Diisoamylamidomethyl]benzol.** + Br_4 (*B.* **36**, 1678 *C.* **1903** [2] 29).

$C_{38}H_{76}O_2N_2$ C 77,0 — H 12,8 — O 5,4 — N 4,7 — M. G. 592.
1) **Di[Isoamyloxydhydrat] d. 1,3-Di[Diisoamylamidomethyl]benzol.** Bromid + Br_4, 2 Pikrat (*B.* **36**, 1678 *C.* **1903** [2] 29).

$C_{38}H_{78}O_{11}N_4$ C 59,5 — H 10,2 — O 23,0 — N 7,3 — M. G. 766.
1) **Verbindung** (aus Ketipinsäurediäthylester u. Benzyliden-β-Naphtylamin). Sm. 80° (*Bl.* [3] **23**, 437). — ***III**, *23*.

— 38 IV —

$C_{38}H_{34}N_8S_2Si$ 1) **Verbindung** (aus Phenylsenföl u. Silicotetraphenylamid) (*Soc.* **83**, 255 *C.* **1903** [1] 875).

C_{39}-Gruppe.

$C_{39}H_{28}O$ C 91,4 — H 5,4 — O 3,1 — M. G. 512.
1) **Tetraphenyldiphenylenpropylenoxyd.** Sm. 202—203° (*B.* **29**, 736). — ***II**, *994*.

$C_{39}H_{28}O_3$ C 86,0 — H 5,1 — O 8,8 — M. G. 544.
1) **Tetraphenyldiphenylentrioxymethylen.** Sm. 205—206° (*B.* **29**, 736). — ***II**, *993*.

$C_{39}H_{30}O$ C 91,0 — H 5,8 — O 3,1 — M. G. 514.
1) **Verbindung** (aus Tetraphenyldiphenylenpropylenoxyd). Sm. 186° (*B.* **29**, 737). — *II, *994*.
2) **Verbindung** (aus Tetraphenyldiphenylenpropylenoxyd). Sm. 223° (*B.* **29**, 737). — *II, *994*.

$C_{39}H_{30}O_2$ C 88,3 — H 5,7 — 6,0 — M. G. 530.
1) **Verbindung** (aus d. Säure $C_{40}H_{30}O_4$). Sm. 220° (*B.* **29**, 737). — *II, *994*.

$C_{39}H_{34}O_3$ C 85,1 — H 6,2 — O 8,7 — M. G. 550.
1) **αγε-Tribenzoyl-βδ-Diphenylhexan.** Sm. 241—242° (*Soc.* **83**, 362 *C.* **1903** [1] 577, 1129).

$C_{39}H_{56}O_4$ C 79,6 — H 9,5 — O 10,9 — M. G. 588.
1) **Coleleminsäure.** Sm. 215° (*Ar.* **242**, 349 *C.* **1904** [2] 526).

$C_{39}H_{72}O_5$ 2) **αβ-Dioleat d. αβγ-Trioxypropan** (*C.* **1903** [1] 133).
3) **αγ-Dioleat d. αβγ-Trioxypropan** (*C.* **1903** [1] 133).

$C_{39}H_{74}O_6$ *1) **Glycerintrilaurin.** Sm. 45° (*B.* **36**, 4344 *C.* **1904** [1] 434).

$C_{39}H_{76}O_5$ *1) **Glycerindistearin.** Sm. 74,2° (*B.* **36**, 1124 *C.* **1903** [1] 1312).
2) **αβ-Distearat d. αβγ-Trioxypropan.** Sm. 74,5° (*C.* **1903** [1] 133; **1904** [2] 414).
3) **αγ-Distearat d. αβγ-Trioxypropan** (α-Distearin). Sm. 72,5° (*C.* **1903** [1] 133; **1904** [2] 414).

— 39 III —

$C_{39}H_{39}O_{12}N$ C 65,6 — H 5,4 — O 26,9 — N 2,0 — M. G. 713.
1) **Adlumin** (oder $C_{39}H_{41}O_{12}N$). Sm. 188° (*C.* **1903** [1] 1142).

$C_{39}H_{42}O_3N_4$ C 76,2 — H 6,8 — O 7,8 — N 9,1 — M. G. 614.
1) **Carbonat d. Cinchonidin.** Sm. 117° (*C.* **1900** [1] 319). — *III, *641*.

$C_{39}H_{47}O_6N_3$ C 71,7 — H 7,2 — O 14,7 — N 6,4 — M. G. 653.
1) **Verbindung** (aus Phtalonsäure u. 3-Diäthylamido-1-Oxybenzol). Sm. 175° (D.R.P. 87028, 89092). — *II, *1129*.

$C_{39}H_{53}O_{10}N$ *1) **Benzoylcevadin.** Sm. 257°. HCl + H_2O, HJ, HNO_3, Benzoat + H_2O (*B.* **37**, 1948 *C.* **1904** [2] 125).

$C_{39}H_{61}O_2N$ C 81,4 — H 10,6 — O 5,6 — N 2,4 — M. G. 575.
1) **Solanidin** (*B.* **36**, 3206 *C.* **1903** [2] 1066).

C_{40}—C_{95}-Gruppen.

$C_{40}H_{26}O_4$ C 84,2 — H 4,6 — O 11,2 — M. G. 570.
1) **Peroxyd** (aus 9-Chlor-10-Keto-9-Phenyl-9,10-Dihydroanthracen). Sm. 219° (*B.* **37**, 3340 *C.* **1904** [2] 1057).

$C_{40}H_{26}O_5$ C 81,9 — H 4,4 — O 13,7 — M. G. 586.
1) **Dibenzoat d. 10-Keto-9,9-Di[4-Oxyphenyl]-9,10-Dihydroanthracen.** Sm. 224—225° (*B.* **36**, 2022 *C.* **1903** [2] 378).

$C_{40}H_{28}O_5$ C 81,6 — H 4,7 — O 13,6 — M. G. 588.
1) **Anhydroverbindung d. Base** $C_{40}H_{30}O_6$. HCl + $^1/_2H_2O$, H_2SO_4 + $1^1/_2H_2O$, Pikrat (*B.* **36**, 3052 *C.* **1903** [2] 1009).

$C_{40}H_{30}O_4$ C 83,6 — H 5,2 — O 11,2 — M. G. 574.
1) **Säure** (aus α-Oxydiphenylessigsäure). Sm. 208—210° u. Zers. K + H_2O, Ag (*B.* **29**, 735). — *II, *993*.

$C_{40}H_{30}O_6$ C 79,2 — H 5,0 — O 15,8 — M. G. 606.
1) **Dilakton d. Säure** $C_{40}H_{34}O_8$. Sm. 168° (*B.* **32**, 2332; *B.* **36**, 3047 *C.* **1903** [2] 1008).
2) **Base** (aus der Verbindung $C_{40}H_{28}O_6$). Na_2 + $2H_2O$, K_2 + $2H_2O$ (*B.* **36**, 3052 *C.* **1903** [2] 1009).
3) **Verbindung** (aus Resorcin u. Benzil) (*B.* **36**, 3051 *C.* **1903** [2] 1009).

$C_{40}H_{34}O_2$ C 87,9 — H 6,2 — O 5,9 — M. G. 546.
1) **Peroxyd d. α-Oxy-4-Methyltriphenylmethan.** Sm. 170—171° (*B.* **37**, 1633 *C.* **1904** [1] 1649).

$C_{40}H_{34}O_8$ C 74,8 — H 5,3 — O 19,9 — M. G. 642.
1) **Säure** + $2H_2O$ (aus Resorcin u. Benzil). $(NH_4)_2$ + $2C_2H_6O$, Na_2 + $4H_2O$, Na_8 + $9H_2O$, Na_8 + $2C_2H_6O$ + $8H_2O$, K_2 + $2C_2H_6O$ (*B.* **36**, 3047 *C.* **1903** [2] 1008).

$C_{40}H_{44}O_{20}$　C 56,9 — H 5,2 — O 37,9 — M. G. 844.
1) **Erythrin** + $2H_2O$. Sm. 146—148° (*Bl.* [3] **31**, 610 *C.* **1904** [2] 98).

$C_{40}H_{46}O_{21}$　C 55,7 — H 5,3 — O 39,0 — M. G. 862.
1) **Anhydrodierythrinsäure** (*Bl.* [3] **31**, 611 *C.* **1904** [2] 99).

$C_{40}H_{56}O_4$　C 80,0 — H 9,3 — O 10,7 — M. G. 600.
1) **Careleminsäure.** Sm. 215° (*Ar.* **241**, 151 *C.* **1903** [1] 1029).
2) **Isocareleminsäure.** Sm. 75° (*Ar.* **241**, 149 *C.* **1903** [1] 1029).

$C_{40}H_{66}O$　C 85,4 — H 11,7 — O 2,8 — M. G. 562.
1) **Verbindung** (aus Asclepias syriaca L.). Fl. (*J. pr.* [2] **68**, 416 *C.* **1904** [1] 105).

$C_{40}H_{68}S_5$　1) **Sulfid** (aus Campher). Sm. 145—155° (*B.* **36**, 866 *C.* **1903** [1] 972).

$C_{40}H_{26}O_2N_4$　C 80,8 — H 4,4 — O 5,4 — N 9,4 — M. G. 594.
1) **4,4'-Di[2-Naphtylazo]-3,3'-Dioxy-2,2'-Binaphtyl** (*C. r.* **138**, 1618 *C.* **1904** [2] 338).

$C_{40}H_{32}O_{14}S_2$　1) **Sulfonsäure** (aus d. Verb. $C_{40}H_{28}O_6$) (*B.* **36**, 3054 *C.* **1903** [2] 1009).

$C_{40}H_{34}O_4N_6$　C 72,5 — H 5,1 — O 9,7 — N 12,7 — M. G. 662.
1) **Bisdiazoamidorosanilin** (*Bl.* [3] **31**, 646 *C.* **1904** [2] 109).

$C_{40}H_{38}O_9N_6$　C 64,3 — H 5,1 — O 19,3 — N 11,3 — M. G. 746.
1) **Tetra[Phenylamidoformiat] d. α-[βγδε-Tetraoxyamyl]-β-Phenylharnstoff** (Arabinaminphenylharnstofftetracarbamat). Sm. 303° u. Zers. (*C. r.* **136**, 1081 *C.* **1903** [1] 1305).

$C_{40}H_{63}O_3Cl$　2) **Verbindung** (aus d. Verb. $C_{17}H_{28}O$ aus Guttapercha). Sm. 170° (*C.* **1903** [1] 83).

$C_{40}H_{39}O_4NCl$　1) **Tri[2-Oxy-1-Naphtylmethyl]amin + Benzoylchlorid.** HCl (*G.* **34** [1] 221 *C.* **1904** [1] 1523).

$C_{40}H_{32}O_8N_4S_2$　1) **Dibenzylbrillantgelb** (*B.* **36**, 2977 *C.* **1903** [2] 1031).

$C_{40}H_{59}O_{37}N_{14}P_4$　1) **Nukleïnsäure** (Rhomnol) (*C.* **1904** [1] 602).

$C_{40}H_{58}O_{26}N_{14}P_4$　1) **Thymusnucleïnsäure** (*C.* **1903** [2] 1013).

$C_{41}H_{32}O_4$　2) **Methylester d. Säure** $C_{40}H_{30}O_4$. Sm. 208—209° (*B.* **29**, 736). — *II, *993.*

$C_{41}H_{32}O_{10}$　C 71,9 — H 4,7 — O 23,4 — M. G. 684.
1) **Pentabenzoat d. 1-Quercit.** Sm. 148°. + C_2H_6O (*Soc.* **85**, 627 *C.* **1904** [2] 329).

$C_{41}H_{34}O_5$　C 81,2 — H 5,6 — O 13,2 — M. G. 606.
1) **Verbindung** (aus Benzophenon u. Benzaldehyd). Sm. 236—237° (*B.* **36**, 1579 *C.* **1903** [1] 1398).

$C_{41}H_{34}N_4$　C 84,5 — H 5,8 — N 9,6 — M. G. 582.
1) **Chinoxalinderivat aus Phenanthrenchinon u. Di[4-Dimethylamidophenyl]-3,4-Diamido-1-Naphtylmethan.** Sm. oberh. 336° (*B.* **37**, 1910 *C.* **1904** [2] 115).

$C_{41}H_{35}N_3$　C 86,4 — H 6,2 — N 7,4 — M. G. 569.
1) **4-Dimethylamidophenyldi[4-Phenylamido-1-Naphtyl]methan** (*B.* **37**, 1911 *C.* **1904** [2] 115).

$C_{41}H_{36}O_{12}$　C 68,3 — H 5,0 — O 26,7 — M. G. 720.
1) **Pentaacetat d. Dichrysarobinmethyläther.** Sm. 135° (*Soc.* **81**, 1583 *C.* **1903** [1] 34, 167).

$C_{41}H_{70}O_3$　C 80,6 — H 11,5 — O 7,8 — M. G. 610.
1) **Verbindung** (aus Cyklogallipharsäure). Sm. 48° (*Ar.* **242**, 272 *C.* **1904** [1] 1654).

$C_{41}H_{22}ON_4$　C 83,9 — H 3,8 — O 2,7 — N 9,6 — M. G. 586.
1) **Azin** (aus Phenanthrenchinon u. 3,4,3',4'-Tetraamidodiphenylketon). Zers. bei 160° (*G.* **34** [1] 381 *C.* **1904** [2] 111).

$C_{41}H_{32}O_8N_4$　C 69,5 — H 4,5 — O 18,0 — N 7,9 — M. G. 708.
1) **Methylendicotoïndisazobenzol.** Sm. 246° (*A.* **329**, 277 *C.* **1904** [1] 795).

$C_{41}H_{33}O_4N$　C 81,6 — H 5,5 — O 10,6 — N 2,3 — M. G. 603.
1) **Tribenzyläther d. Phenolphtaleïnoxim.** Sm. 134° (*B.* **36**, 2967 *C.* **1903** [2] 1007).

$C_{41}H_{34}O_2N_4$　C 80,1 — H 5,5 — O 5,2 — N 9,1 — M. G. 614.
1) **3-Nitro-4-Dimethylamidophenyldi[4-Phenylamido-1-Naphtyl]-methan** (*B.* **37**, 1912 *C.* **1904** [2] 115).

$C_{41}H_{34}N_3Cl$　1) **Chlorid d. α-Oxy-α-[4-Dimethylamidophenyl]-αα-Di[4-Phenylamido-1-Naphtyl]methan** (*B.* **37**, 1914 *C.* **1904** [2] 116).

$C_{41}H_{37}O_{11}N_5$ C 63,5 — H 4,8 — O 22,7 — N 9,0 — M. G. 775.
1) **Penta[Phenylamidoformiat] d. d-Galaktose.** Sm. 275° u. Zers. (*C. r.* **138**, 634 *C.* **1904** [1] 1068).
2) **Penta[Phenylamidoformiat] d. d-Glykose.** Sm. 255° (*C. r.* **138**, 634 *C.* **1904** [1] 1068).

$C_{41}H_{51}O_{10}N$ C 68,6 — H 7,1 — O 22,3 — N 2,0 — M. G. 717.
1) **Dibenzoylcevin.** Sm. 195—196°. HCl + H_2O, Benzoat (*B.* **37**, 1951 *C.* **1904** [2] 126).

$C_{41}H_{41}O_{16}N_{10}Cr$ 1) **Verbindung** (aus Diphenylcarbazid) (*Bl.* [3] **31**, 298 *C.* **1904** [1] 1176).

$C_{41}H_{74}O_{26}N_{14}P_4$ 1) **α-Nukleinsäure.** Ba (*H.* **39**, 556 *C.* **1903** [2] 1285).

$C_{42}H_{26}O_2$ *1) **Bisdinaphtoxanthen.** Sm. 300° u. Zers. (*C. r.* **136**, 380 *C.* **1903** [1] 647).

$C_{42}H_{28}O_3$ *1) **Bisdinaphtoxanthenoxyd** (*C.* **1904** [2] 122).

$C_{42}H_{28}N_2$ C 90,0 — H 5,0 — N 5,0 — M. G. 560.
1) **Naphtakrihydridin.** Sm. 235—236° (225—226°) (*Soc.* **73**, 541; *B.* **35**, 4160 *C.* **1903** [1] 172).

$C_{42}H_{32}O_7$ C 77,8 — H 4,9 — O 17,3 — M. G. 648.
1) **Acetat d. Dilakton** $C_{40}H_{30}O_6$. Sm. 120° (*B.* **36**, 3047 *C.* **1903** [2] 1008).

$C_{42}H_{32}O_9$ C 74,1 — H 4,7 — O 21,2 — M. G. 680.
1) **Tribenzoat d. Curcumin.** Sm. 176—178° (*Soc.* **85**, 63 *C.* **1904** [1] 729).

$C_{42}H_{34}O_7$ C 77,6 — H 5,2 — O 17,2 — M. G. 650.
1) **Verbindung** (aus d. Verb. $C_{40}H_{28}O_5$) (*B.* **36**, 3053 *C.* **1903** [2] 1009).

$C_{42}H_{36}O_{18}$ 2) **Hexaacetat d. Dichrysarobin.** Sm. 179—181° (*Soc.* **81**, 1581 *C.* **1903** [1] 34, 167).

$C_{42}H_{38}O_2$ C 87,8 — H 6,6 — O 5,6 — M. G. 574.
1) **Peroxyd d. α-Oxy-4,4'-Dimethyltriphenylmethan.** Sm. 147 bis 148° (*B.* **37**, 1631 *C.* **1904** [1] 1649).
2) **γδ-Dioxy-ααγδζζ-Hexaphenylhexan.** Sm. 195° (*Am.* **29**, 356 *C.* **1903** [1] 1180; *Am.* **31**, 644 *C.* **1904** [2] 445).

$C_{42}H_{46}O_{24}$ C 54,0 — H 4,9 — O 41,1 — M. G. 934.
1) **Heptaacetat d. Cocacitrin.** Sm. 118° (*J. pr.* [2] **66**, 406 *C.* **1903** [1] 527).

$C_{42}H_{60}O_{36}$ C 44,2 — H 5,3 — O 50,5 — M. G. 1140.
1) **Monoformiat d. Stärke** (*C.* **1904** [2] 1029).

$C_{42}H_{26}N_2Cl_2$ 1) **Bi[β-Naphtakridin]dichlorid.** Sm. noch nicht bei 300° (*Soc.* **85**, 1205 *C.* **1904** [2] 1060).

$C_{42}H_{26}N_2Br_6$ 1) **Bi[α-Naphtakridin]hexabromid.** Sm. 234° u. Zers. (*Soc.* **85**, 1204 *C.* **1904** [2] 1060).
2) **Bi[β-Naphtakridin]hexabromid** (*Soc.* **85**, 1205 *C.* **1904** [2] 1060).

$C_{42}H_{28}N_2J_6$ 1) **Bi[α-Naphtakridin]hexajodid** (*Soc.* **85**, 1204 *C.* **1904** [2] 1060).

$C_{42}H_{30}N_8S_2$ 1) **1-[4,4'-Biphenylazo]-2-Merkapto-4,5-Diphenylimidazol.** Sm. 120 bis 122° u. Zers. (*B.* **37**, 700 *C.* **1904** [1] 1562).

$C_{42}H_{31}O_6Cl$ 1) **Verbindung** (aus d. Verb. $C_{40}H_{28}O_5$ u. Acetylchlorid) (*B.* **36**, 3053 *C.* **1903** [2] 1009).

$C_{42}H_{44}O_{10}N_2$ C 68,5 — H 6,0 — O 21,7 — N 3,8 — M. G. 736.
1) **Tetraacetylpseudomorphin** + $8H_2O$. Sm. 276° (wasserfrei). 2HCl + $4H_2O$, (2HCl, $PtCl_4$ + $6H_2O$) (*Ar.* **228**, 586; *A.* **222**, 245). — *III, *678.*

$C_{42}H_{54}ON_2J_2$ 1) **Di[Jodäthylat] d. 5-[3-Oxyphenyl]akridinäther.** Sm. 208—209° (*Bl.* [3] **31**, 1090 *C.* **1904** [2] 1509).

$C_{43}H_{26}O_{11}$ C 71,9 — H 3,6 — O 24,5 — M. G. 718.
1) **Tetrabenzoat d. 3,5,7-Trioxy-2-[3,4-Dioxyphenyl]-1,4-Benzpyron** (T. d. Quercetin). Sm. 239° (*Ar.* **229**, 246). — *III, *448.*

$C_{43}H_{34}O_5$ C 81,9 — H 5,4 — O 12,7 — M. G. 630.
1) **Dibenzoat d. αε-Dioxy-γ-Keto-αβδε-Tetraphenylpentan.** Sm. 136° (*M.* **24**, 722 *C.* **1904** [1] 167).

$C_{43}H_{39}N_3$ C 86,4 — H 6,5 — N 7,0 — M. G. 597.
1) **4-Dimethylamidophenyldi[4-p-Methylphenylamido-1-Naphtyl]-methan** (*B.* **37**, 1911 *C.* **1904** [2] 115).

$C_{43}H_{70}O_{10}$ C 69,2 — H 9,4 — O 21,4 — M. G. 746.
1) **Porin.** Sm. 166° (*J. pr.* [2] **68**, 62 *C.* **1903** [2] 513).

$C_{43}H_{70}O_{15}$ C 62,5 — H 8,5 — O 29,0 — M. G. 826.
1) **Gratiolin.** Sm. 235—237° u. Zers. (*Ar.* **240**, 564 *C.* **1903** [1] 42).

$C_{43}H_{72}O_2$ C 83,2 — H 11,6 — O 5,2 — M. G. 620.
1) **Tacamahinsäure.** Sm. 95° (*Ar.* **242**, 396 *C.* **1904** [2] 527).

$C_{43}H_{38}O_2N_4$ C 80,4 — H 5,9 — O 5,0 — N 8,7 — M. G. 642.
1) **3 - Nitro - 4 - Dimethylamidophenyldi[4 - p - Methylphenylamido-1-Naphtyl]methan** (*B.* **37**, 1912 *C.* **1904** [2] 115).

$C_{43}H_{38}N_3Cl$ 1) **Chlorid d. α-Oxy-α-[4-Dimethylamidophenyl]-αα-Di[4-p-Methylphenylamido-1-Naphtyl]methan** (*B.* **37**, 1914 *C.* **1904** [2] 116).

$C_{44}H_{22}$ C 96,0 — N 4,0 — M. G. 550.
1) **αβ-Tri[4-Methylphenyl]äthan** (*B.* **37**, 1628 *C.* **1904** [1] 1648).

$C_{44}H_{32}O_7$ C 78,6 — H 4,8 — O 16,6 — M. G. 672.
1) **Diacetat d. Verb.** $C_{40}H_{28}O_5$ (*B.* **36**, 3053 *C.* **1903** [2] 1009).

$C_{44}H_{34}O_2$ C 88,9 — H 5,7 — O 5,4 — M. G. 594.
1) **1,4 - Di[4 - Oxytriphenylmethyl]benzol.** Sm. 304° (*B.* **37**, 2007 *C.* **1904** [2] 225).

$C_{44}H_{34}O_7$ C 78,3 — H 5,0 — O 16,6 — M. G. 674.
1) **Diacetat d. Verb.** $C_{40}H_{30}O_5$ (*B.* **36**, 3053 *C.* **1903** [2] 1009).

$C_{44}H_{34}O_8$ 2) **Diacetat d. Dilakton** $C_{40}H_{30}O_6$. Sm. 161° (*B.* **36**, 3047 *C.* **1903** [2] 1008).

$C_{44}H_{36}N_2$ C 89,2 — H 6,1 — N 4,7 — M. G. 592.
1) **1,4-Di[4-Amidotriphenylmethyl]benzol.** Sm. 358°. 2HCl (*B.* **37**, 2004 *C.* **1904** [2] 225).
2) **1,4-Di[α-Phenylamidodiphenylmethyl]benzol.** Sm. 225° (*B.* **37**, 2004 *C.* **1904** [2] 225).

$C_{44}H_{42}O_2$ C 87,7 — H 7,0 — O 5,3 — M. G. 602.
1) **Peroxyd d. α - Oxytri[4 - Methylphenyl]methan.** Sm. 169—170° (*B.* **37**, 1628 *C.* **1904** [1] 1648).

$C_{44}H_{66}O_5$ C 78,3 — H 9,8 — O 11,9 — M. G. 674.
1) **Aether d. α - Oxy - αα - Dicamphoryläthan.** Sm. 90—95° (*B.* **36**, 2636 *C.* **1903** [2] 626).

$C_{44}H_{28}O_6N_2$ C 77,7 — H 4,1 — O 14,1 — N 4,1 — M. G. 680.
1) **Tetrabenzoylindigweiss.** Sm. 217—218° (*B.* **36**, 2765 *C.* **1903** [2] 835).

$C_{44}H_{43}ON$ C 87,8 — H 7,2 — O 2,7 — N 2,3 — M. G. 601.
1) **Di[4-Methylphenyl]methylhydroxylamin.** Sm. 155° (*B.* **37**, 3161 *C.* **1904** [2] 1049).

$C_{44}H_{50}O_8N_4$ C 69,3 — H 6,6 — O 16,8 — N 7,3 — M. G. 762.
1) **o, o - Ditolyldisazodisantonsäure.** Sm. 164—166° (*B.* **36**, 1396 *C.* **1903** [1] 1360).

$C_{44}H_{92}O_8N$ 1) **Pseudocerebrin.** Sm. 210° (212°) (*H.* **43**, 22 *C.* **1904** [2] 1550).

$C_{44}H_{48}O_5N_4Cl_2$ 1) **Verbindung** (aus s-Dichlormethyläther u. Strychnin). + 2AuCl₃ (*A.* **330**, 117 *C.* **1904** [1] 1063).

$C_{44}H_{50}O_6N_2Br_2$ 1) **Dibebeerinxylylenammoniumbromid.** Sm. 258° (*Ar.* **236**, 539). — *III, *621.*

$C_{45}H_{86}O_6$ *1) **Glycerintrimyristin.** Sm. 55° (*B.* **36**, 4344 *C.* **1904** [1] 434).

$C_{45}H_{30}O_{15}N_{10}$ C 56,8 — H 3,2 — O 25,3 — N 14,7 — M. G. 950.
1) **Verbindung** (aus 1,3-Dinitrobenzol u. Aceton). Ba (*B.* **37**, 836 *C.* **1904** [1] 1201).

$C_{45}H_{34}O_7Si$ 1) **Tri[Dibenzoylmethyl]siliciumhydroxyd.** Salze siehe (*B.* **36**, 1599 *C.* **1903** [2] 30; *B.* **36**, 3209 *C.* **1903** [2] 1058).

$C_{45}H_{33}O_6ClSi$ 1) **Tri[Dibenzoylmethyl]siliciumchlorid.** HCl, + $FeCl_3$, + $AuCl_3$ (*B.* **36**, 1599 *C.* **1903** [2] 30; *B.* **36**, 3209 *C.* **1903** [2] 1058).

$C_{45}H_{33}O_6BrSi$ 1) **Tri[Dibenzoylmethyl]siliciumbromid.** ½HBr, HBr (*B.* **36**, 3210 *C.* **1903** [2] 1058).

$C_{45}H_{33}O_6JSi$ 1) **Tri[Dibenzoylmethyl]siliciumjodid.** + J_2 (*B.* **36**, 3211 *C.* **1903** [2] 1058).

$C_{45}H_{78}O_{20}N_{10}S$ 1) **Verbindung** (aus Pferdehaar) (*C.* **1903** [2] 128).

$C_{46}H_{34}O_2$ C 89,3 — H 5,5 — O 5,2 — M. G. 618.
1) **Peroxyd d. α-Oxydiphenyl-1-Naphtylmethan** (*B.* **37**, 1638 *C.* **1904** [1] 1649).

$C_{46}H_{40}N_2$ C 89,0 — H 6,4 — N 4,5 — M. G. 620.
1) **1,4-Di[4-Amido-3-Methyltriphenylmethyl]benzol.** Sm. 277°. 2HCl (*B.* **37**, 2005 *C.* **1904** [2] 225).

$C_{46}H_{80}O_6$ C 75,8 — H 11,0 — O 13,2 — M. G. 728.
1) **β-Benzoat-αγ-Distearat d. αβγ-Trioxypropan.** Sm. 64° (*C.* **1903** [1] 134).

$C_{46}H_{50}ON_6$ C 78,6 — H 7,1 — O 2,3 — N 12,0 — M. G. 702.
1) **3,3'-Di[Di(4-Dimethylamidophenyl)methyl]azoxybenzol.** Sm. 176° (*B.* **36**, 3472 *C.* **1903** [2] 1269).

$C_{46}H_{63}O_{20}N_8S$ 1) **Farbstoff** (aus schwarzer Schafwolle) (*C.* **1903** [2] 128).

$C_{47}H_{54}O_{16}$ C 64,5 — H 6,2 — O 29,3 — M. G. 874.
1) **Filmaron** (oder $C_{47}H_{52}O_{16}$). Ca (*C.* **1903** [1] 1090; *Ar.* **242**, 490 *C.* **1904** [2] 1417).

$C_{48}H_{28}O_{11}$ 1) **Tetrabenzoat d. Phloroglucinphtaleïn** (*B.* **36**, 1072 *C.* **1903** [1] 1181).

$C_{48}H_{34}N_2$ C 90,3 — H 5,3 — N 4,4 — M. G. 638.
1) **2,3,5,6-Tetraphenyl-1,4-Di[1-Naphtyl]-1,4-Dihydro-1,4-Diazin.** Sm. 223° (*C. r.* **138**, 1612 *C.* **1904** [2] 344).

$C_{48}H_{44}N_2$ C 88,9 — H 6,8 — N 4,3 — M. G. 648.
1) **1,4-Di[4-Methylamido-3-Methyltriphenylmethyl]benzol.** Sm. 287° (*B.* **37**, 2006 *C.* **1904** [2] 225).

$C_{48}H_{68}O_{20}$ C 59,7 — H 7,0 — O 33,2 — M. G. 964.
1) **Pentaacetat d. Strophantin.** Sm. 236—238° (*M.* **19**, 390). — *III, *476.*

$C_{48}H_{82}O_{41}$ 2) **Verbindung** (aus Glykose). = $(C_6H_{10}O_5)_8 + H_2O$ (*A.* **329**, 356 *C.* **1904** [1] 436).

$C_{48}H_{36}O_2N_2$ C 85,7 — H 5,3 — O 4,8 — N 4,2 — M. G. 672.
1) **Ketazin d. 3-Benzoylmethyl-2,5-Diphenylfuran.** Sm. 219—220° (*B.* **36**, 2434 *C.* **1903** [2] 503).

$C_{48}H_{40}O_2N_2$ C 85,2 — H 5,9 — O 4,7 — N 4,1 — M. G. 676.
1) **1,4-Di[4-Acetylamidotriphenylmethyl]benzol.** Sm. 231° (*B.* **37**, 2005 *C.* **1904** [2] 225).

$C_{48}H_{44}O_{12}N_6$ C 64,3 — H 4,9 — O 21,4 — N 9,4 — M. G. 896.
1) **Hexa[Phenylamidoformiat] d. Dulcit.** Sm. 315° (*C. r.* **138**, 635 *C.* **1904** [1] 1068).
2) **Hexa[Phenylamidoformiat] d. d-Mannit.** Sm. 303° (*C. r.* **138**, 635 *C.* **1904** [1] 1068).

$C_{49}H_{36}O_{13}$ C 70,7 — H 4,3 — O 25,0 — M. G. 832.
1) **Tetrabenzoat d. Barbaloïn** (*C.* **1903** [1] 234; *Bl.* [3] **21**, 672). — *III, *453.*

$C_{49}H_{48}O_8N_{12}$ C 63,1 — H 5,1 — O 13,7 — N 18,0 — M. G. 932.
1) **Tetra[Benzylidenhydrazid] d. Hippurylaspa[illegible]säure.** Sm. oberh. 150° u. Zers. (*J. pr.* [2] **70**, 190 *C.* **1904** [illegible]).

$C_{50}H_{34}O_{11}$ 3) **Pentabenzoat d. Cyanomaklurin.** Sm. 171—173° (*C.* **1904** [2] 439).

$C_{50}H_{40}O_{14}$ C 69,4 — H 4,6 — O 25,9 — M. G. 864.
1) **Tetrabenzoat d. Homonataloïn** (*C. r.* **128**, 1403; *C.* **1903** [1] 291; *Bl.* [3] **27**, 1229 *C.* **1903** [1] 401). — *III, *455.*

$C_{50}H_{80}O_2$ C 84,3 — H 11,2 — O 4,5 — M. G. 712.
1) **Verbindung** (aus Kautschuk) (*C.* **1904** [2] 705).
2) **Verbindung** (aus Pontianakharz) (*C.* **1904** [1] 518).

$C_{50}H_{54}O_6N_4$ C 74,4 — H 6,7 — O 11,9 — N 6,9 — M. G. 806.
1) **1,3-Xylylendistrychniniumhydroxyd.** Bromid, Pikrat (*B.* **36**, 1680 *C.* **1903** [2] 29).

$C_{50}H_{54}O_4N_4Br_2$ 2) **1,3-Xylylendistrychniniumbromid.** + $6\,CH_4O$ (*B.* **36**, 1680 *C.* **1903** [2] 29).

$C_{50}H_{58}O_{12}N_8S$ 1) **Farbstoff** (aus schwarzem Rosshaar) (*C.* **1903** [2] 128).

$C_{51}H_{42}O_{14}$ C 69,7 — H 4,8 — O 25,5 — M. G. 878.
1) **Tetrabenzoat d. Nataloïn** (*C.* **1903** [1] 291; *Bl.* [3] **27**, 1229 *C.* **1903** [1] 401). — *III, *454.*

$C_{51}H_{98}O_6$ *1) **Tripalmitat d. αβγ-Trioxypropan.** Sm. 65,5° (*C.* **1903** [1] 133).

$C_{51}H_{102}O_3$ C 80,3 — H 13,4 — O 6,3 — M. G. 762.
1) **trim. Aldehyd d. Margarinsäure.** Sm. 77—78° (*Soc.* **85**, 835 *C.* **1904** [2] 509).

$C_{52}H_{70}O_{31}$ C 52,4 — H 5,9 — O 41,7 — M. G. 1190.
1) **Tetradekaacetat eines Mannotetrasaccharid** (aus Salepschleim) (*B.* **36**, 3201 *C.* **1903** [2] 1055).

$C_{53}H_{82}O_{23}$ *1) **Aphrodäscin** (*C.* **1903** [2] 1133).

$C_{52}H_{94}O_{11}$ C 69,8 — H 10,5 — O 19,7 — M. G. 894.
1) **Anhydrid d. Diacetoxylbehensäure.** Sm. 63° (*B.* **36**, 3606 *C.* **1903** [2] 1314).

$C_{52}H_{87}O_{18}N$ C 61,5 — H 8,7 — O 28,4 — N 1,4 — M. G. 1013.
1) **Solanin** (*B.* **36**, 3204 *C.* **1903** [2] 1066).

$C_{52}H_{93}O_{18}N$ *1) **Solanin** (*B.* **36**, 3554 *C.* **1903** [2] 1376).

$C_{52}H_{32}O_{4}N_{4}S_{4}$ 1) **Farbstoff** (aus Chinizarinhydrür u. 2,2'-Diamidodiphenyldisulfid) (*C.* **1904** [2] 1175).

$C_{52}H_{39}O_{18}N_{9}S$ 1) **Hippomelanin** + $^{1}/_{2}H_{2}O$ (*J. Th.* **1886**, 478). — *III, *491.*

$C_{52}H_{60}O_{40}N_{20}P_{4}$ 1) **Guanylsäure** (*C.* **1903** [2] 385).

$C_{53}H_{100}O_{6}$ C 76,4 — H 12,0 — O 11,5 — M. G. 832.
1) **Glycerindipalmitinoleïn.** Sm. 29,2° (33—34°) (*M.* **24**, 411 *C.* **1903** [2] 629; *M.* **25**, 932 *C.* **1904** [2] 1617).

$C_{53}H_{102}O_{6}$ C 76,3 — H 12,2 — O 11,5 — M. G. 834.
1) **αβ-Dipalmitat-γ-Stearat d. αβγ-Trioxypropan.** Sm. 60° (*C.* **1903** [1] 134).
2) **αγ-Dipalmitat-β-Stearat d. αβγ-Trioxypropan.** Sm. 60° (*C.* **1903** [1] 134).

$C_{53}H_{34}O_{3}N_{4}$ C 82,2 — H 4,4 — O 6,2 — N 7,2 — M. G. 774.
1) **Azin** (aus Phenanthrenchinon u. 3,3'-Diamido-4,4'-Di[Phenylamido]-diphenylketon). Sm. 220° (*G.* **34** [1] 379 *C.* **1904** [2] 111).

$C_{54}H_{38}O_{8}$ C 79,6 — H 4,7 — O 15,7 — M. G. 814.
1) **Dibenzoat d. Dilakton** $C_{40}H_{30}O_{6}$. Sm. 208° (*B.* **36**, 3047 *C.* **1903** [2] 1008).

$C_{54}H_{50}O_{16}N_{6}$ C 62,4 — H 4,8 — O 24,7 — N 8,1 — M. G. 1038.
1) **Hexa[Phenylamidoformiat] d. Cellose.** Sm. 280° (*Bl.* [3] **31**, 857 *C.* **1904** [2] 644).

$C_{54}H_{105}O_{6}B$ 1) **Gem. Anhydrid d. Stearinsäure u. Borsäure.** Sm. 73° (*B.* **36**, 2224 *C.* **1903** [2] 421).

$C_{54}H_{42}O_{3}N_{2}S_{6}$ 1) **Verbindung** (aus 2,5-Dimerkapto-1,4-Benzochinon-2,5-Diphenyläther). Sm. 235° (*A.* **336**, 143 *C.* **1904** [2] 1299).

$C_{55}H_{106}O_{6}$ C 76,6 — H 12,3 — O 11,1 — M. G. 862.
1) **α-Palmitat-βγ-Distearat d. αβγ-Trioxypropan** (α-Palmitodistearin). Sm. 63° (*C.* **1903** [1] 134; *B.* **36**, 1125 *C.* **1903** [1] 1312; *C.* **1904** [2] 414).
2) **β-Palmitat-αγ-Distearat d. αβγ-Trioxypropan** (β-Palmitodistearin). Sm. 63° (*B.* **36**, 2767 *C.* **1903** [2] 896; *C.* **1904** [2] 414).

$C_{55}H_{40}O_{10}N_{2}$ C 74,3 — H 4,5 — O 18,0 — N 3,1 — M. G. 888.
1) **Benzoylderivat d. Suprarenin** (*M.* **24**, 282 *C.* **1903** [2] 302). — *III, *667.*

$C_{55}H_{104}O_{6}ClJ$ *1) **Chloridjodid d. Glycerid** $C_{55}H_{101}O_{6}$ (*B.* **35**, 4307 *C.* **1903** [1] 297).

$C_{56}H_{40}$ C 94,5 — H 4,5 — M. G. 712.
1) **bim. 9,10-Dibenzylidenanthracen.** Sm. 184° (*M.* **25**, 797 *C.* **1904** [2] 1137).

$C_{56}H_{40}O_{14}$ C 71,8 — H 4,3 — O 23,9 — M. G. 936.
1) **Pentabenzoat d. Barbaloïn** (*C.* **1903** [1] 234).

$C_{56}H_{42}O$ C 92,1 — H 5,7 — O 2,2 — M. G. 730.
1) **Aether d. 9-[α-Oxybenzyl]-10-Benzylanthracen.** Sm. 213—215° (*M.* **25**, 804 *C.* **1904** [2] 1137).

$C_{56}H_{86}O_{4}$ C 81,7 — H 10,5 — O 7,8 — M. G. 822.
1) **Dicholesterylester d. Oxalsäure.** Sm. 224° (*M.* **24**, 665 *C.* **1903** [2] 1236).

$C_{56}H_{108}O_{6}$ C 76,7 — H 12,3 — O 11,0 — M. G. 876.
1) **Glycerid** (aus Schweinefett). Sm. 66° (*B.* **36**, 2771 *C.* **1903** [2] 896; *C.* **1904** [2] 414).

$C_{56}H_{26}O_{8}N_{4}$ C 76,2 — H 2,9 — O 14,5 — N 6,4 — M. G. 882.
1) **1,2,2',1'-Anthrachinonazhydrin** (*B.* **36**, 3432 *C.* **1903** [2] 1279).

$C_{56}H_{36}O_{14}Cl_{4}$ 1) **Pentabenzoat d. Tetrachlorbarbaloïn** (*Bl.* [3] **21**, 675). — *III, *453.*

$C_{56}H_{50}O_{9}N_{2}$ C 75,2 — H 5,6 — O 16,1 — N 3,1 — M. G. 894.
1) **Tribenzoylmethylpseudomorphin.** 2HCl, ($2HCl, PtCl_{4}$) (*A.* **294**, 217). — *III, *678.*

$C_{56}H_{51}O_{14}N_{7}$ C 64,2 — H 5,0 — O 21,4 — N 9,4 — M. G. 1045.
1) **Hepta[Phenylamidoformiat] d. Perseït.** Sm. 297° (*C. r.* **138**, 635 *C.* **1904** [1] 1068).

$C_{57}H_{36}$ — C 95,0 — H 5,0 — M. G. 720.
1) **Tribenzyltrinaphtylenbenzol** (Tribenzyldekacylen). Sm. 270° (*Bl.* [3] **31**, 930 *C.* **1904** [2] 779).

$C_{57}H_{104}O_6$ — *1) **Trioleat d. *αβγ*-Trioxypropan** (*C.* **1903** [1] 133).

$C_{57}H_{108}O_6$ — *1) **Glycerinoleïndistearin.** Sm. 42° (44°) (*B.* **36**, 2772 *C.* **1903** [2] 897; *M.* **25**, 931 *C.* **1904** [2] 1617).

$C_{57}H_{110}O_6$ — *1) **Tristearat d. *αβγ*-Trioxypropan.** Sm. 71—71,5° (*C.* **1903** [1] 133).

$C_{57}H_{58}O_{12}N_{16}$ — C 59,1 — H 5,0 — O 16,6 — N 19,3 — M. G. 1158.
1) **Hydrazitetra[Benzylidenhydrazid] d. Hippuryldiasparagylasparaginsäure.** Sm. 190° (*J. pr.* [2] **70**, 193 *C.* **1904** [2] 1398).

$C_{61}H_{98}O_{20}N_{10}S$ — 1) **Verbindung** (aus weisser Schafwolle) (*C.* **1903** [2] 128).

$C_{62}H_{50}O_{10}N_2S_8$ — 1) **Tetraacetat d. Verb. $C_{54}H_{42}O_6N_2S_8$.** Sm. 163° (*A.* **336**, 144 *C.* **1904** [2] 1299).

$C_{63}H_{54}O_9$ — C 79,2 — H 5,7 — O 15,1 — M. G. 954.
1) **polym. Benzaldehyd.** Sm. 125—130° (*B.* **36**, 1575 *C.* **1903** [1] 1397).

$C_{63}H_{113}O_{16}N_3$ — C 63,0 — H 9,5 — O 24,0 — N 3,5 — M. G. 1109.
1) **Tri[β-Nitro-β-Oxystearat] d. *αβγ*-Trioxypropan** (*C.* **1904** [1] 261).

$C_{64}H_{42}O_{16}$ — C 71,6 — H 4,5 — O 23,9 — M. G. 1072.
1) **Hexabenzoat d. Homonataloïn** (*C. r.* **128**, 1403; *Bl.* [3] **27**, 1229 *C.* **1903** [1] 401). — *III, *455.*

$C_{65}H_{50}O_{16}$ — C 71,8 — H 4,6 — O 23,8 — M. G. 1086.
1) **Hexabenzoat d. Nataloïn** (*C.* **1903** [1] 291; *Bl.* [3] **27**, 1229 *C.* **1903** [1] 401). — *III, *454.*

$C_{66}H_{48}O_6S_8$ — 1) **Verbindung** (aus 2,5-Dimerkapto-1,4-Benzochinondiphenyläther u. 2 Molec. 2,3,5-Trimerkapto-1,4-Dioxybenzol-2,3,5-Triphenyläther). Sm. 164° (*A.* **336**, 146 *C.* **1904** [2] 1299).

$C_{68}H_{62}O_{19}N_8$ — C 63,1 — H 4,8 — O 23,5 — N 8,6 — M. G. 1294.
1) **Okto[Phenylamidoformiat] d. Milchzucker.** Sm. 275—280° (*C. r.* **138**, 635 *C.* **1904** [1] 1068).
2) **Okto[Phenylamidoformiat] d. Trehalose.** Sm. 283° (*C. r.* **138**, 635 *C.* **1904** [1] 1068).

$_{15}$ — C 75,0 — H 3,3 — O 21,7 — M. G. 1104.
1) **Hexabenzoat d. Tridioxybenzoylenbenzol** (*B.* **33**, 2442). — *III, *245.*

$_5N_9Fe$ — 1) **Verbindung** (aus Hämin) (*H.* **40**, 427 *C.* **1904** [1] 680).

$_{18}N_9S_5$ — 1) **Penta[2-Naphtylsulfonat] d. Glutokyrin + H_2O.** Sm. 137 bis 138° (*C.* **1903** [1] 1145; **1903** [2] 580).

$_{18}N_2$ — C 74,0 — H 5,8 — O 17,8 — N 2,4 — M. G. 1168.
1) **Verbindung** (aus Formaldehyd u. 2-Oxynaphtalin). Sm. 158—160° (*G.* **34** [1] 215 *C.* **1904** [1] 1523).

$_{32}$ — C 59,0 — H 6,5 — O 34,5 — M. G. 1484.
1) **Tetrabenzoylconvolvulinsäure.** Sm. 115—118° (*C.* **1897** [1] 419). — *III, *435.*

$_{21}$ — C 71,0 — H 4,8 — O 24,2 — M. G. 1386.
1) **Dekabenzoylanhydrodimannit.** Sm. 155—156° (*Bl.* [3] **31**, 619 *C.* **1904** [2] 97).

$N_{11}Fe$ — 1) **Verbindung** (aus Hämin) (*H.* **40**, 425 *C.* **1904** [1] 680).

$_{12}Br_9Si_2$ — 1) **Verbindung** (aus Dibenzoylmethan) (*B.* **36**, 3211 *C.* **1903** [2] 1058).

$_{61}N_{27}P_{10}$ — 1) ***β*-Nukleïnsäure.** Ba (*H.* **39**, 557 *C.* **1903** [2] 1285).

$_{27}N_{11}$ — C 62,8 — H 4,9 — O 23,8 — N 8,5 — M. G. 1813.
1) **Undeka[Phenylamidoformiat] d. Melezitose.** Sm. 180° u. Zers. (*C. r.* **138**, 635 *C.* **1904** [1] 1068).

Register der Eigennamen.

Abieten $C_{19}H_{28}$
Abietoresen $C_{20}H_{30}O$
Abyssinin $C_{29}H_{44}O_{13}$
Acakatechin $C_{15}H_{14}O_{6}$
Acocantherin $C_{30}H_{48}O_{13}$
Adlumin $C_{39}H_{39}O_{12}N$
Adrenalin $C_{9}H_{13}O_{3}N$
Adrenalon $C_{9}H_{11}O_{3}N$
Aethylroth $C_{23}H_{25}N_{2}J$
Akonin $C_{25}H_{41}O_{9}N$
Albanan $C_{30}H_{44}O$
Alectorinsäure $C_{27}H_{24}O_{13}$
Alizarincyaningrün
$C_{28}H_{29}O_{6}N_{2}S$
Alizarinirisol $C_{21}H_{15}O_{6}NS$
Alizarinreinblau
$C_{21}H_{15}O_{5}N_{2}BrS$
Alkannagrün $C_{34}H_{44}O_{8}$
Alkannaroth $C_{30}H_{32}O_{7}$
Alkannasäure $C_{30}H_{32}O_{7}$
Allomerochinon $C_{9}H_{15}O_{2}N$
Alochrysin $C_{15}H_{8}O_{5}$
Aloin $C_{16}H_{18}O_{7}$
Aloresinotannol $C_{23}H_{20}O_{8}$
Alstol $C_{21}H_{38}O$
Alstonin $C_{14}H_{22}O$
Alumidin $C_{30}H_{29}O_{9}N$
Amorphen $C_{15}H_{24}$
Anchusaroth $C_{30}H_{28}O_{8}$
Anchusasäure $C_{30}H_{28}O_{8}$
Anhydrodierythrinsäure
$C_{40}H_{46}O_{21}$
Anilopyrin $C_{17}H_{17}N_{3}$
Anthesterin $C_{29}H_{45}O$
[illegible]
[illegible]
[illegible]
Apionol $C_{6}H_{6}O_{4}$
Apopinol $C_{10}H_{18}O$
Ardisiol $C_{35}H_{48}O_{10}$
Areolatin $C_{12}H_{10}O_{7}$
Areolatol $C_{9}H_{8}O_{4}$
Arnisterin $C_{28}H_{18}O_{2}$
Artemisinsäure $C_{15}H_{10}O_{3}$
Aspidin $C_{25}H_{32}O_{8}$
Atractylen $C_{15}H_{24}$
Atractylol $C_{15}H_{26}O$
Atranorsäure $C_{20}H_{18}O_{9}$
Aucubigenin $C_{7}H_{9}O_{3}$
Aucubin $C_{13}H_{19}O_{8}$

Barringtogenin $C_{10}H_{16}O_{2}$
Barringtogenitin $C_{15}H_{24}O_{3}$
Barringtonin $C_{18}H_{28}O_{10}$
Beljiabieninsäure $C_{18}H_{20}O_{2}$
Beljiabietinolsäure $C_{18}H_{24}O_{2}$
Beljiabietinsäure $C_{20}H_{30}O_{2}$
Beljoresen $C_{?}H_{16}O$
Benzaurin $C_{19}H_{18}O_{3}$
Benzoltriozonid $C_{6}H_{6}O_{9}$
Betasterin $C_{26}H_{44}O$
Bilipurpurin $C_{32}H_{34}O_{6}N_{4}$
Biscumarin $C_{18}H_{12}O_{4}$
Bisdinaphtopyryl $C_{42}H_{26}O_{2}$
Brasan $C_{16}H_{10}O$
Buteïn $C_{15}H_{12}O_{5}$
Butin $C_{15}H_{12}O_{5}$

Calaminthon $C_{10}H_{16}O$
Camphancarbonsäure
$C_{11}H_{18}O_{2}$
Campherisochinon $C_{10}H_{14}O_{2}$
Campholandiol $C_{10}H_{20}O_{2}$
Campholenalkohol $C_{10}H_{18}O$
Cannabinol $C_{21}H_{30}O_{2}$
Carbousninsäure $C_{19}H_{16}O_{8}$
Careleminsäure $C_{40}H_{58}O_{4}$
Careleresen $C_{27}H_{40}O_{2}$
Carieleminsäure $C_{33}H_{58}O_{4}$
Carielemisäure $C_{37}H_{58}O_{4}$
Casimirin $C_{30}H_{32}O_{5}N_{2}$
Casimirol $C_{27}H_{48}O_{2}$
Ceratophyllin $C_{10}H_{12}O_{4}$
Cerebronsäure $C_{25}H_{50}O_{3}$
Ceropten $C_{18}H_{18}O_{4}$
Cetrarin $C_{26}H_{20}O_{12}$
Cetratasäure $C_{20}H_{24}O_{14}$
Chaulmoograsäure $C_{18}H_{32}O_{2}$
Chaulmoogren $C_{18}H_{34}$
Chaulmoogrylalkohol
$C_{18}H_{34}O$
Chinizarinblau $C_{21}H_{15}O_{3}N$
[illegible] $C_{28}H_{22}O_{2}N_{2}$
[illegible] $C_{22}H_{17}N_{5}$
Chinoxalophenanthrazin
$C_{22}H_{12}N_{4}$
Chitoheptonsäure $C_{7}H_{14}O_{8}$
Cholestandion $C_{27}H_{42}O_{2}$
Cholestanonol $C_{27}H_{44}O_{2}$
Cholestenon $C_{27}H_{44}O$
Chrysarobin $C_{15}H_{12}O_{3}$
Ciliansäure $C_{20}H_{28}O_{8}$
Cineolen $C_{10}H_{16}$
Clupeïn $C_{30}H_{62}O_{6}N_{14}$
Clupeon $C_{28}H_{58}O_{5}N_{14}$
Cocacetin $C_{16}H_{12}O_{7}$
Cocacitrin $C_{28}H_{32}O_{17}$
Cocaflavetin $C_{22}H_{18}O_{9}$
Cocaflavin $C_{34}H_{36}O_{18}$
Cocaose $C_{6}H_{12}O_{6}$
Cocasäure $C_{18}H_{18}O_{4}$
Codeïnon $C_{18}H_{19}O_{3}N$
Coleleminsäure $C_{32}H_{56}O_{4}$
Cumaran $C_{8}H_{8}O$
Cuspareïn $C_{64}H_{38}O_{2}N_{5}$
Cyanomaklurin $C_{15}H_{14}O_{6}$
Cyklamin $C_{25}H_{42}O_{12}$
Cyklamiretin $C_{14}H_{22}O_{2}$
Cyklen $C_{10}H_{16}$
Cyklogalliparol $C_{20}H_{38}O$
Cyklogalliparsäure
$C_{21}H_{36}O_{2}$
Cytilosidin $C_{11}H_{15}N$
Cytisolin $C_{11}H_{11}ON$
Cytisolinsäure $C_{11}H_{9}O_{3}N$
Cytosin $C_{4}H_{5}ON_{3}$

Decocacetin $C_{15}H_{14}O_{6}$
Dehydrochinin $C_{20}H_{22}O_{2}N_{2}$
Dehydrochloridhämin
$C_{34}H_{32}O_{4}N_{4}Fe$
Dehydrocinchonidin
$C_{19}H_{20}ON_{2}$
Dehydrohämatin
$C_{34}H_{32}O_{4}N_{4}Fe$
Diazopapaverin $C_{20}H_{19}O_{4}N_{3}$
Dicamphendion $C_{20}H_{28}O_{2}$
Dicampherpinakon $C_{20}H_{32}O_{2}$
Dichrysarobin $C_{30}H_{24}O_{7}$
Digitsäure $C_{20}H_{32}O_{8}$
Diindigotin $C_{32}H_{16}O_{4}N_{4}$
Diffusin $C_{21}H_{38}O_{10}$
Dinaphtofluoflavin $C_{22}H_{14}N_{4}$
Dinaphtylenthiophen
$C_{24}H_{12}S$
Dioscin $C_{24}H_{38}O_{9}$
Dulcid $C_{6}H_{10}O_{4}$
Dypnopinakolen $C_{25}H_{22}$

Protopapaverin $C_{19}H_{17}O_4N$
Pseudoaspidin $C_{25}H_{32}O_8$
Pseudocerebrin $C_{44}H_{92}O_8N$
Pseudopapaverin $C_{21}H_{21}O_4N$
Purpurogallon $C_{11}H_8O_5$
Pyrophtalin $C_{14}H_{10}ON_2$

Ramalinsäure $C_{30}H_{26}O_{15}$
Resorcinanthrachinon
$C_{28}H_{10}O_4$
Rheïn $C_{15}H_8O_6$
Rheosmin $C_{10}H_{12}O_2$
Rhodinal $C_{10}H_{18}O$
Rhodinamin $C_{10}H_{21}N$
Rhodinsäure $C_{10}H_{18}O_2$
Rhomnol $C_{40}H_{51}O_{27}N_{14}P_4$
Ricidin $C_{16}H_{18}O_4N_4$
Ricinin $C_8H_8O_2N_2$
— $C_{16}H_{16}O_4N_4$
Ricininsäure $C_7H_8O_3N_2$
Rimusäure $C_{16}H_{20}O_3$
Robigenin $C_{15}H_{10}O_6$
Robinin $C_{33}H_{40}O_{19}$
Rutin $C_{27}H_{30}O_{16}$

Samandatrin $C_{21}H_{37}O_5N_2$
Santolsäure $C_{15}H_{22}O_5$
Santoronsäure $C_{10}H_{16}O_6$
Santorsäure $C_{18}H_{18}O_5$
Sapogenin $C_{30}H_{50}O_6$
Saponarin $C_{19}H_{22}O_{11}$
Saponin $C_{15}H_{22}O_{10}$
Sapotoxin $C_{33}H_{38}O_{19}$
Saxatsäure $C_{25}H_{40}O_8$
Scammonolsäure $C_{15}H_{30}O_3$
Scombrin $C_{32}H_{72}O_8N_{16}$
Sepsin $C_5H_{14}O_2N_2$
Skatosin $C_{10}H_{16}O_2N_2$
Skimmianin $C_{32}H_{29}O_9N_3$
Solanidin $C_{39}H_{61}O_2N$
Solanin $C_{52}H_{87}O_{18}N$
Sophorin $C_{27}H_{30}O_{16}$
Sparteïnoxyd $C_{15}H_{26}O_2N_2$
Sphäritalban $C_{30}H_{44}O_2$
Spilanthen $C_{15}H_{30}$
Spilanthol $C_{37}H_{64}O_3N_2$
Spongosterin $C_{19}H_{32}O$
Stictaurin $C_{38}H_{22}O_9$
Strophantin $C_{30}H_{46}O_{12}$
Sturin $C_{34}H_{71}O_9N_{17}$
Suprarenin $C_9H_{13}O_3N$

Tacamahinsäure $C_{43}H_{72}O_2$
Tacamaholsäure $C_{15}H_{25}O_2$
Tacelemisäure $C_{37}H_{56}O_4$
Taceleresen $C_{15}H_{24}O$
Takoresen $C_{15}H_{26}O$
— $C_{21}H_{33}O$
Tetrajuajakchinon $C_{28}H_{24}O_8$
Tetrarin $C_{32}H_{32}O_{12}$
Thujamenthen $C_{10}H_{18}$
Tricylen $C_{10}H_{16}$
Trinaphtylenbenzol $C_{36}H_{18}$
Tryptophan $C_{11}H_{12}O_2N_2$

Umbellon $C_{10}H_{14}O$
Urobromalsäure $C_8H_{11}O_7Br_3$
Uroferrinsäure $C_{35}H_{56}O_{17}N_5S$
Usnidinsäure $C_{18}H_{18}O_5$

Valaktenbernsteinsäure
$C_9H_{12}O_6$
Valaktenpropionsäure
$C_8H_{12}O_5$
Vernin $C_{10}H_{13}O_5N_5$
Veronal $C_8H_{12}O_3N_2$
Vetirol $C_9H_{14}O$
— $C_{11}H_{18}O$
Vetiron $C_{13}H_{22}O$
Vetiven $C_{15}H_{24}$
Vetivenol $C_{15}H_{26}O$

Xanthanwasserstoff
$C_2H_2N_2S_3$

Yohimboasäure $C_{20}H_{26}O_4N_2$

Zellobionsäure $C_{12}H_{22}O_{12}$
Zeorsäure $C_{28}H_{22}O_{10}$

FSC
www.fsc.org
MIX
Papier aus verantwortungsvollen Quellen
Paper from responsible sources
FSC® C141904

Druck:
Customized Business Services GmbH
im Auftrag der KNV-Gruppe
Ferdinand-Jühlke-Str. 7
99095 Erfurt